# 大師專用彩色萬年曆

台中市五術教育協會 理事長
黃恆堉◎編校

本書原書名：史上最好用的萬年曆

## 關於編校者

### 黃恆堉

◎ 台中市五術教育協會 理事長
◎ 吉祥坊易經開運中心 負責人
◎ 中國五術教育協會 副理事長兼學術講師
◎ 台灣省星相卜卦與堪輿職業工會 監事
◎ 中信、住商、信義房屋 陽宅教育訓練講師
◎ 永春不動產加盟總部 陽宅教育訓練講師兼顧問
◎ 美國南加州理工大學 MBA
◎ 大學社團；讀書會 命理與人際關係養成講師
◎ 各大壽險公司，命理行銷專題講師（1000↑場）
◎ 扶輪社、獅子會、青商會、婦女會等社團 命理講座
◎ 著有：

學八字，這本最好用　　學擇日，原來這麼簡單
學數字斷吉凶，這本最好用　　這年頭，每個人都需要懂紫微
初學手相，這本最好用　　一次就學會，多派姓名學
大師教你論八字　　大師教你學八字
史上最好用的萬年曆　　大師專用彩色萬年曆

諮尋電話：04-24521393　0936286531

# 自序

自從出了第一本書《學八字，這本最好用》後受到許多讀者來電肯定與支持，多數原因是說該書的編排精美，字稿註解簡單易懂，更肯定我未來寫書的方向，我一定更用心。因此本書的編排便跳脫以往萬年曆的編排模式，嘗試創新的方式來編排，也迎合簡單化的趨勢，近日終於完成了，希望本書能帶給您更大的方便。綜觀以往市面上的萬年曆編排方式大同小異，在查閱上稍嫌不方便；況且有編排或打字方面的錯誤，也許是校稿問題，這本萬年曆是應用電腦軟體程式校正完成，堪稱百分之百正確無誤，本書更有下列其他的優點：

（一）**萬年曆內容資料幾乎零錯誤。**

（二）每年、每月之節、氣用色塊區分一目了然。

（三）每日均加上奇門遁甲盤局省掉查閱通書的困擾。

（四）日期編至民國一百六十年，**絕對夠用。**

（五）**內容增加一般擇日用事法、閩南婚喪禮儀之習俗通則。**

本書於二〇〇七年以《史上最好用的萬年曆》爲書名出版後，引起了五術命理界同業與讀者很大的迴響，咸認爲本書足以使用一甲子，平裝本的裝訂方式難以承受經年累月長期的翻閱，紛紛敦促筆者以精裝本呈現，知青頻道與筆者爲回應這些熱烈的要求，因此有了這本精裝本《大師專用彩色萬年曆》的問世，相信能夠滿足讀者的需求並回饋讀者多年來的支持。

祝福您。

黃恆堉

# 目錄

隨書附贈之五十分鐘背會一本萬年曆光碟，此記憶法是運用坊間很熱門的快速記憶圖像法的記憶方式來引導我們的右腦重新活起來。

如果您學會此種記憶方式，你就可以運用此方法來記憶各種科目較難記的地方，此方法在坊間的課程都相當貴，所以您單單學會此種記憶方法您就賺到不少了。

用快速記憶法來記一本萬年曆，全世界就只有這片DVD有在教，其他地方有錢也學不到喔，趕快帶回去花五十分鐘學會它，朋友會說你很棒！

# 如何使用這本萬年曆

干支　生肖　陽宅命卦

**西元2007年（丁亥）肖豬　民國96年（男坤命）**

奇門遁甲局數如標示為 一 ～九表示陰局　　如標示為1 ～9 表示陽局

九星

紅色代表每個月的節

黑色代表每個月的氣

同一色塊就屬同一月令（含白色）

| 六月 | | | | | 五月 | | | | | 四月 | | | | | 三月 | | | | | 二月 | | | | | 正月 | | | | |
|---|---|---|---|---|---|---|---|---|---|---|---|---|---|---|---|---|---|---|---|---|---|---|---|---|---|---|---|---|---|
| 丁未 | | | | | 丙午 | | | | | 乙巳 | | | | | 甲辰 | | | | | 癸卯 | | | | | 壬寅 | | | | |
| 六白金 | | | | | 七赤金 | | | | | 八白土 | | | | | 九紫火 | | | | | 一白水 | | | | | 二黑土 | | | | |
| 立秋 05時33分 廿六卯時 | | 大暑 13時01分 初十未時 | 奇門遁甲局數 | | 小暑 19時43分 廿三戌時 | | 夏至 02時08分 初八丑時 | 奇門遁甲局數 | | 芒種 09時28分 廿一巳時 | | 小滿 18時13分 初五酉時 | 奇門遁甲局數 | | 立夏 05時21分 二十卯時 | | 穀雨 19時08分 初四戌時 | 奇門遁甲局數 | | 清明 12時06分 十八午時 | | 春分 08時09分 初三辰時 | 奇門遁甲局數 | | 驚蟄 07時19分 十七辰時 | | 雨水 09時11分 初二巳時 | 奇門遁甲局數 | |
| 農曆 | 國曆 | 干支 | 時盤 | 日盤 | 農曆 | 國曆 | 干支 | 時盤 | 日盤 | 農曆 | 國曆 | 干支 | 時盤 | 日盤 | 農曆 | 國曆 | 干支 | 時盤 | 日盤 | 農曆 | 國曆 | 干支 | 時盤 | 日盤 | 農曆 | 國曆 | 干支 | 時盤 | 日盤 |
| 1 | 7/14 | 己酉 | 八 | 九 | 1 | 6/15 | 庚辰 | 6 | 8 | 1 | 5/17 | 辛亥 | 5 | 6 | 1 | 4/17 | 辛巳 | 5 | 3 | 1 | 3/19 | 壬子 | 3 | 1 | 1 | 2/18 | 癸未 | 9 | 8 |
| 2 | 7/15 | 庚戌 | 八 | 八 | 2 | 6/16 | 辛巳 | 6 | 9 | 2 | 5/18 | 壬子 | 5 | 7 | 2 | 4/18 | 壬午 | 5 | 4 | 2 | 3/20 | 癸丑 | 3 | 2 | 2 | 2/19 | 甲申 | 6 | 9 |
| 3 | 7/16 | 辛亥 | 八 | 七 | 3 | 6/17 | 壬午 | 6 | 1 | 3 | 5/19 | 癸丑 | 5 | 8 | 3 | 4/19 | 癸未 | 5 | 5 | 3 | 3/21 | 甲寅 | 9 | 3 | 3 | 2/20 | 乙酉 | 6 | 1 |
| 4 | 7/17 | 壬子 | 八 | 六 | 4 | 6/18 | 癸未 | 6 | 2 | 4 | 5/20 | 甲寅 | 2 | 9 | 4 | 4/20 | 甲申 | 2 | 6 | 4 | 3/22 | 乙卯 | 9 | 4 | 4 | 2/21 | 丙戌 | 6 | 2 |
| 5 | 7/18 | 癸丑 | 八 | 五 | 5 | 6/19 | 甲申 | 3 | 3 | 5 | 5/21 | 乙卯 | 2 | 1 | 5 | 4/21 | 乙酉 | 2 | 7 | 5 | 3/23 | 丙辰 | 9 | 5 | 5 | 2/22 | 丁亥 | 6 | 3 |
| 6 | 7/19 | 甲寅 | 二 | 四 | 6 | 6/20 | 乙酉 | 3 | 4 | 6 | 5/22 | 丙辰 | 2 | 2 | 6 | 4/22 | 丙戌 | 2 | 8 | 6 | 3/24 | 丁巳 | 9 | 6 | 6 | 2/23 | 戊子 | 6 | 4 |
| 7 | 7/20 | 乙卯 | 二 | 三 | 7 | 6/21 | 丙戌 | 3 | 5 | 7 | 5/23 | 丁巳 | 2 | 3 | 7 | 4/23 | 丁亥 | 2 | 9 | 7 | 3/25 | 戊午 | 9 | 7 | 7 | 2/24 | 己丑 | 3 | 5 |
| 8 | 7/21 | 丙辰 | 二 | 二 | 8 | 6/22 | 丁亥 | 3 | 四 | 8 | 5/24 | 戊午 | 2 | 4 | 8 | 4/24 | 戊子 | 2 | 1 | 8 | 3/26 | 己未 | 6 | 8 | 8 | 2/25 | 庚寅 | 3 | 6 |
| 9 | 7/22 | 丁巳 | 二 | 一 | 9 | 6/23 | 戊子 | 3 | 三 | 9 | 5/25 | 己未 | 8 | 5 | 9 | 4/25 | 己丑 | 8 | 2 | 9 | 3/27 | 庚申 | 6 | 9 | 9 | 2/26 | 辛卯 | 3 | 7 |
| 10 | 7/23 | 戊午 | 二 | 九 | 10 | 6/24 | 己丑 | 9 | 二 | 10 | 5/26 | 庚申 | 8 | 6 | 10 | 4/26 | 庚寅 | 8 | 3 | 10 | 3/28 | 辛酉 | 6 | 1 | 10 | 2/27 | 壬辰 | 3 | 8 |
| 11 | 7/24 | 己未 | 五 | 八 | 11 | 6/25 | 庚寅 | 9 | 一 | 11 | 5/27 | 辛酉 | 8 | 7 | 11 | 4/27 | 辛卯 | 8 | 4 | 11 | 3/29 | 壬戌 | 6 | 2 | 11 | 2/28 | 癸巳 | 3 | 9 |
| 12 | 7/25 | 庚申 | 五 | 七 | 12 | 6/26 | 辛卯 | 9 | 九 | 12 | 5/28 | 壬戌 | 8 | 8 | 12 | 4/28 | 壬辰 | 8 | 5 | 12 | 3/30 | 癸亥 | 6 | 3 | 12 | 3/1 | 甲午 | 1 | 1 |
| 13 | 7/26 | 辛酉 | 五 | 六 | 13 | 6/27 | 壬辰 | 9 | 八 | 13 | 5/29 | 癸亥 | 8 | 9 | 13 | 4/29 | 癸巳 | 8 | 6 | 13 | 3/31 | 甲子 | 4 | 4 | 13 | 3/2 | 乙未 | 1 | 2 |
| 14 | 7/27 | 壬戌 | 五 | 五 | 14 | 6/28 | 癸巳 | 9 | 七 | 14 | 5/30 | 甲子 | 6 | 1 | 14 | 4/30 | 甲午 | 4 | 7 | 14 | 4/1 | 乙丑 | 4 | 5 | 14 | 3/3 | 丙申 | 1 | 3 |
| 15 | 7/28 | 癸亥 | 五 | 四 | 15 | 6/29 | 甲午 | 九 | 六 | 15 | 5/31 | 乙丑 | 6 | 2 | 15 | 5/1 | 乙未 | 4 | 8 | 15 | 4/2 | 丙寅 | 4 | 6 | 15 | 3/4 | 丁酉 | 1 | 4 |
| 16 | 7/29 | 甲子 | 七 | 三 | 16 | 6/30 | 乙未 | 九 | 五 | 16 | 6/1 | 丙寅 | 6 | 3 | 16 | 5/2 | 丙申 | 4 | 9 | 16 | 4/3 | 丁卯 | 4 | 7 | 16 | 3/5 | 戊戌 | 1 | 5 |
| 17 | 7/30 | 乙丑 | 七 | 二 | 17 | 7/1 | 丙申 | 九 | 四 | 17 | 6/2 | 丁卯 | 6 | 4 | 17 | 5/3 | 丁酉 | 4 | 1 | 17 | 4/4 | 戊辰 | 4 | 8 | 17 | 3/6 | 己亥 | 7 | 6 |
| 18 | 7/31 | 丙寅 | 七 | 一 | 18 | 7/2 | 丁酉 | 九 | 三 | 18 | 6/3 | 戊辰 | 6 | 5 | 18 | 5/4 | 戊戌 | 4 | 2 | 18 | 4/5 | 己巳 | 1 | 9 | 18 | 3/7 | 庚子 | 7 | 7 |
| 19 | 8/1 | 丁卯 | 七 | 九 | 19 | 7/3 | 戊戌 | 九 | 二 | 19 | 6/4 | 己巳 | 3 | 6 | 19 | 5/5 | 己亥 | 1 | 3 | 19 | 4/6 | 庚午 | 1 | 1 | 19 | 3/8 | 辛丑 | 7 | 8 |
| 20 | 8/2 | 戊辰 | 七 | 八 | 20 | 7/4 | 己亥 | 三 | 一 | 20 | 6/5 | 庚午 | 3 | 7 | 20 | 5/6 | 庚子 | 1 | 4 | 20 | 4/7 | 辛未 | 1 | 2 | 20 | 3/9 | 壬寅 | 7 | 9 |
| 21 | 8/3 | 己巳 | 一 | 七 | 21 | 7/5 | 庚子 | 三 | 九 | 21 | 6/6 | 辛未 | 3 | 8 | 21 | 5/7 | 辛丑 | 1 | 5 | 21 | 4/8 | 壬申 | 1 | 3 | 21 | 3/10 | 癸卯 | 7 | 1 |
| 22 | 8/4 | 庚午 | 一 | 六 | 22 | 7/6 | 辛丑 | 三 | 八 | 22 | 6/7 | 壬申 | 3 | 9 | 22 | 5/8 | 壬寅 | 1 | 6 | 22 | 4/9 | 癸酉 | 1 | 4 | 22 | 3/11 | 甲辰 | 4 | 2 |
| 23 | 8/5 | 辛未 | 一 | 五 | 23 | 7/7 | 壬寅 | 三 | 七 | 23 | 6/8 | 癸酉 | 3 | 1 | 23 | 5/9 | 癸卯 | 1 | 7 | 23 | 4/10 | 甲戌 | 7 | 5 | 23 | 3/12 | 乙巳 | 4 | 3 |
| 24 | 8/6 | 壬申 | 一 | 四 | 24 | 7/8 | 癸卯 | 三 | 六 | 24 | 6/9 | 甲戌 | 9 | 2 | 24 | 5/10 | 甲辰 | 7 | 8 | 24 | 4/11 | 乙亥 | 7 | 6 | 24 | 3/13 | 丙午 | 4 | 4 |
| 25 | 8/7 | 癸酉 | 一 | 三 | 25 | 7/9 | 甲辰 | 六 | 五 | 25 | 6/10 | 乙亥 | 9 | 3 | 25 | 5/11 | 乙巳 | 7 | 9 | 25 | 4/12 | 丙子 | 7 | 7 | 25 | 3/14 | 丁未 | 4 | 5 |
| 26 | 8/8 | 甲戌 | 四 | 二 | 26 | 7/10 | 乙巳 | 六 | 四 | 26 | 6/11 | 丙子 | 9 | 4 | 26 | 5/12 | 丙午 | 7 | 1 | 26 | 4/13 | 丁丑 | 7 | 8 | 26 | 3/15 | 戊申 | 4 | 6 |
| 27 | 8/9 | 乙亥 | 四 | 一 | 27 | 7/11 | 丙午 | 六 | 三 | 27 | 6/12 | 丁丑 | 9 | 5 | 27 | 5/13 | 丁未 | 7 | 2 | 27 | 4/14 | 戊寅 | 7 | 9 | 27 | 3/16 | 己酉 | 3 | 7 |
| 28 | 8/10 | 丙子 | 四 | 九 | 28 | 7/12 | 丁未 | 六 | 二 | 28 | 6/13 | 戊寅 | 9 | 6 | 28 | 5/14 | 戊申 | 7 | 3 | 28 | 4/15 | 己卯 | 5 | 1 | 28 | 3/17 | 庚戌 | 3 | 8 |
| 29 | 8/11 | 丁丑 | 四 | 八 | 29 | 7/13 | 戊申 | 六 | 一 | 29 | 6/14 | 己卯 | 6 | 7 | 29 | 5/15 | 己酉 | 5 | 4 | 29 | 4/16 | 庚辰 | 5 | 2 | 29 | 3/18 | 辛亥 | 3 | 9 |
| 30 | 8/12 | 戊寅 | 四 | 七 | | | | | | | | | | | 30 | 5/16 | 庚戌 | 5 | 5 | | | | | | | | | | |

白色之後代表下個月的節氣

標紅色代表星期天

奇門遁甲每日之日盤局數

奇門遁甲每日之時盤局數

# 五十分鐘背會一本萬年曆

學過八字的人一定都知道排八字時年柱、月柱、時柱都可以推算出來，唯一日柱就一定得查萬年曆才可知道，幾乎所有的命理師也都想不出推算日柱的好方法，因爲本人學過近幾年還蠻流行的快速記憶法，於是就運用快速記憶法來解開千年不傳之秘。

用下頁附一之表格可查出一～三百年每日的干支（此法是用國曆換算）出門帶這張表就ｏｋ，但節氣就無法換算出，當然此方法可用在卜卦（因臨時找不到萬年曆或農民曆之狀況下）。

此表之公式由民國元年到民國一百一十二年的每日天干地支，都可從表中查出，如繼續往下推可推至三百年，因它的公式是呈規則性。

ＰＳ：如學會超記憶法也可以不用看表，約五十分鐘就可將三百年每天干支背出來。

◎ 附二

| 潤年 | 年次 | 代表數字 | 年次 | 代表數字 | 年次 | 代表數字 | 年次 | 代表數字 |
|---|---|---|---|---|---|---|---|---|
| ※ | 1. | 12 | 29. | 39 | 57. | 6 | 85. | 33 |
| | 2 | 18 | 30. | 45 | 58. | 12 | 86. | 39 |
| | 3. | 23 | 31. | 50 | 59. | 17 | 87. | 44 |
| | 4. | 28 | 32. | 55 | 60. | 22 | 88. | 49 |
| ※ | 5. | 33 | 33. | 0 | 61. | 27 | 89. | 54 |
| | 6. | 39 | 34. | 6 | 62. | 33 | 90. | 0 |
| | 7. | 44 | 35. | 11 | 63. | 38 | 91. | 5 |
| | 8. | 49 | 36. | 16 | 64. | 43 | 92. | 10 |
| ※ | 9. | 54 | 37. | 21 | 65. | 48 | 93. | 15 |
| | 10. | 0 | 38. | 27 | 66. | 54 | 94. | 21 |
| | 11. | 5 | 39. | 32 | 67. | 59 | 95. | 26 |
| | 12. | 10 | 40. | 37 | 68. | 4 | 96. | 31 |
| ※ | 13. | 15 | 41. | 42 | 69. | 9 | 97. | 36 |
| | 14. | 21 | 42. | 48 | 70. | 15 | 98. | 42 |
| | 15. | 26 | 43. | 53 | 71. | 20 | 99. | 47 |
| | 16. | 31 | 44. | 58 | 72. | 25 | 100. | 52 |
| ※ | 17. | 36 | 45. | 3 | 73. | 30 | 101 | 57 |
| | 18. | 42 | 46. | 9 | 74. | 36 | 102 | 3 |
| | 19. | 47 | 47. | 14 | 75. | 41 | 103 | 8 |
| | 20. | 52 | 48. | 19 | 76. | 46 | 104 | 13 |
| ※ | 21. | 57 | 49. | 24 | 77. | 51 | 105 | 15 |
| | 22. | 3 | 50. | 30 | 78. | 57 | 106 | 21 |
| | 23. | 8 | 51. | 35 | 79. | 2 | 107 | 26 |
| | 24. | 13 | 52. | 40 | 80. | 7 | 108 | 31 |
| ※ | 25. | 18 | 53. | 45 | 81. | 12 | 109 | 36 |
| | 26. | 24 | 54. | 51 | 82. | 18 | 110 | 42 |
| | 27. | 29 | 55. | 56 | 83. | 23 | 111 | 47 |
| | 28. | 34 | 56. | 1 | 84. | 28 | 112 | 52 |

◎ 附一

| 天干 | 代表數字 | 地支 | 代表數字 | 月令 | 代表數字 | 備註 |
|---|---|---|---|---|---|---|
| 甲 | 1 | 子 | 1 | 1月 | 31 | ◎先換算有無潤年<br>※者該橫排全為潤年<br>所查詢之年如為潤年時3月1日以後需多加1天<br>◎如所查詢之月份為4月份請直接查3月份之數字（通通往前一個月） |
| 乙 | 2 | 丑 | 2 | 2月 | 59 | |
| 丙 | 3 | 寅 | 3 | 3月 | 30 | |
| 丁 | 4 | 卯 | 4 | 4月 | 0 | |
| 戊 | 5 | 辰 | 5 | 5月 | 31 | |
| 己 | 6 | 巳 | 6 | 6月 | 1 | |
| 庚 | 7 | 午 | 7 | 7月 | 32 | |
| 辛 | 8 | 未 | 8 | 8月 | 3 | |
| 壬 | 9 | 申 | 9 | 9月 | 33 | |
| 癸 | 10. | 酉 | 10. | 10月 | 4 | |
| | | 戌 | 11. | 11月 | 34 | |
| | | 亥 | 12. | 12月 | 5 | |

| 年 | 圖像數字 | 公式 | 加總 | 月令 | 圖像數字 |
|---|---|---|---|---|---|
| 1 | 鉛筆12 | 時鐘 | 5 | 鼠 | 三義木雕 |
| 2 | 鴨子18 | 十八銅人 | 5 | 牛 | 無救了 |
| 10 | 十字架0 | 游泳圈 | 5 | 虎 | 三菱跑車 |
| 18 | 十八銅人42 | 蘇俄 | 6 | 兔 | 游泳圈 |
| 26 | 河流24 | 和室 | 5 | 龍 | 三義木雕 |
| 34 | 沙士6 | 櫻桃 | 5 | 蛇 | 鉛筆 |
| 42 | 蘇俄48 | 書包 | 5 | 馬 | 嫦娥 |
| 50 | 伍拾元30 | 三菱跑車 | | 羊 | 山 |
| 58 | 我爸爸12 | 鬧鐘 | | 猴 | 三商百貨 |
| 66 | 溜溜球54 | 武士 | | 雞 | 帆船 |
| 74 | 騎士36 | 山鹿 | | 狗 | 沙士 |
| 82 | 白鵝18 | 十八銅人 | | 豬 | 五隻手指 |
| 90 | 90手槍0 | 游永圈 | | | |
| 98 | 十八銅人42 | 蘇俄 | | | |

# 查表就能很快速得知每日的天干、地支

此方法就是不用帶萬年曆就可以用這個表格得知每天的天干、地支。

**例一：**此方法需用國曆來換算

54年11月24日

（1）、54年次查表＝代表數字51

（2）、11月令查表＝【請看10月令之數字】＝4（這是公式）

（3）、24日＝就是24

將（1）、（2）、（3）三組數字相加：

51＋4＋24＝79

查表中之天干、地支所代表的數字為何、再將總數79用以下公式換算：

79之個位數＝天干　個位數9＝天干　代表＝【壬】。

將79÷12＝6餘數7＝7就是地支＝【午】。

答案：【壬午】日。

**例二：**

98年5月26日

（1）、98年查表＝代表數字42

（2）、5月查表＝【看4月令之數字】＝0　（這是公式）

（3）、26日＝就是26

將（1）、（2）、（3）三組數字相加：

42＋0＋26＝68

查表中之天干、地支所代表的數字為何，再將總數68用以下公式換算：

68之個位數＝天干　8＝【辛】。

68÷12＝5餘數8＝地支＝【未】。

答：【辛未】日。

# 如果該年有閏年時的算法（不是真正的閏年）

表中在每年前方有※號則該年為閏年。

※者該橫排全為閏年，所查詢之年如為閏年時3月1日以後需多加1天。

**例三：**

國曆53年7月24日查表

53年＝45

7月＝1＋1【看6月】（閏月）請看備註欄

24日＝24

45＋1＋1（閏年）＋24＝71

個位數＝1　天干＝甲

71÷12＝5餘數11地支＝戌

答：【甲戌】日

**例四：**

國曆93年9月16日查表

93年＝15

9月＝3＋1【看8月】（閏月）請看備註欄

16日＝16

15＋4＋16＝35

個位數＝5　天干＝戊

35÷12＝2餘數11地支＝戌

答：【戊戌】日

# 搬家入厝八大步驟

## 第一步：先選擇良辰吉日

選定中意的房子後如果想搬家，先別急著搬進去，先選定一個良辰吉日再進行搬遷。如何選日子?應該把要住進房子的全家人生辰八字，拿來對照農民曆或請老師幫忙挑日子最好，至少比較心安。

## 第二步：準備七寶及家常用品

在選定良辰吉日後，接下來必須準備「七寶」。何謂七寶?就是柴、米、油、鹽、醬、醋、茶，這七寶代表著吉祥物以及新碗、筷子、掃把、畚斗以紅紙貼上，連同新衣物要一同搬入新家，這代表敬告屋內鬼神，表示有人要搬進房子，請鬼魅盡快離開。七寶每樣只要準備一小包，並在七寶上各貼一張五十元銅幣大小的紅紙，在良辰吉日當天拿進屋內，並擺放在客廳茶几上或廚房裏即可。

## 第三步：可進行搬東西

在選定良辰吉日，萬事俱備之後，就可以開始動手搬家囉！過程中一定要保持愉快的心情，不能動怒尤其不能罵三字經，否則會使家中的鬼神誤以爲在罵它們。剛參加過別人喪禮時一星期內不要搬家，如家中有孕婦，最好在三天之內搬完所有的家具，以免動到胎氣得不償失，搬動前用新掃把揮掃家具以及牆壁及地板。另必需準備一些硬幣，於良辰一到，到大門口踩進家門時，口唸：**雙腳踏入來，富貴帶進來**，然後將硬幣撒在地上，口唸：**滿地黃金，財源廣進，錢財滿大廳**，然後將先前所準備的七寶及一些物品歸定位。然後再開始搬舊家具等等。

## 第四步：拜門神

東西搬完後，進門第一件事就是先拜門神，首先買兩張新的門神貼紙貼在門上，表示這一戶人家有門神看守，髒東西不容易進來，拜門神時，心中要有誠意，默念：「請門神保祐全家人平安順利」即可。

## 第五步：安神

安神算是一項很重要且專業的事情，最好請專業的老師來安座最佳，祭祀時以一般三牲素果即可，講究一點的，可準備紅龜、壽桃、紅圓各十二個、壽麵十五包、五果、有殼花生、龍眼乾各一碗、紅豆、綠豆、黑豆、花豆、黃豆各一碗，請祖先保祐家中平安。

## 第六步：拜地基主

在風水學中，廚房管女人的財庫，客廳管男人的顏面，主人想順順利利生活不受三度空間無形干擾，就不能忽略了這個步驟。請準備白飯、青菜各一碗，雞腿一隻、福金、刈金各一放在廚房或大門口朝內拜，當有了地基主的保祐，保管小孩聽話，婆媳和睦，夫妻百年好合，信則靈。

## 第七步：安床（可在搬入之前或當日均可）

安床是搬家必做的動作，安床日最好也請老師擇日安放，最好等時辰一到再將床推正，首先要準備十枚十元硬幣，用鹽水洗過一遍，擦乾。安床時，將十個硬幣握在手中，雙手合十，口中唸著「**床母請保護我**」，再將手攤開，將十個平均分配在左右手上，即一邊五個，然後口中唸著「**十全十美**」，並將硬幣撒到床底下，就完成了安床的步驟。

## 第八步：圍爐

搬新家是一件值得慶祝的喜事，相信很多人都會請親朋好友來家中聚一聚，必備要件是要準備好一個小火爐或用電磁爐煮開水或用鍋子在廚房煮湯圓請親朋好友，代表發財、團圓等吉祥意味。搬入當天若無法完全居住於新家，則宜於夜晚將燈光全部打開至次日，以便讓旺氣持續到天明。

# 如何用指北針找出家中的文昌位

每個家長都希望自己子女未來能成龍、成鳳，依陽宅的文昌位是文昌帝君所駐之地，以能在文昌處放文昌筆或文昌塔對讀書會有很好的效果，切記至少在文昌處不要髒亂喔！

## ◎文昌方位

「文昌」代表智慧。陽宅中的文昌方位，具有神祕力量可幫助學子求到好學問喔。

○坐東向西住宅：文昌位在西北方。

○坐南向北住宅：文昌位在南方。

○坐西向東住宅：文昌位在西南方。

○坐北向南住宅：文昌位在東北方。

○坐東北向西南住宅：文昌位在北方。

○坐東南向西北住宅：文昌位在東南方。

○坐西南向東北住宅：文昌往在西方。

○坐西北向東南住宅：文昌位在東方。

# 一般擇日用事術語解說

我們常會翻閱通書或農民曆，往往對書本內的用事語不太了解，以下我們就將古代先人所流下來的用事指事語，用較簡單的白話文翻譯，好讓我們在擇日時不會搞不清楚。

用事術語在「憲書」、「協紀」、「通書」及各種擇日書籍都有註解，古今版本不同，術語名異而實同，或名同而實異，紛雜不一。後人以將其分類註解歸類爲七大類：一、爲祭祀類；二、爲生活類；三、爲婚姻類；四、爲建築類；五、爲工商類；六、爲農牧類；七、爲喪葬類。

今就此七大類，簡述如下：

## 一、祭祀篇

**祭祀**：祭拜祖先、拜神佛或廟宇祭拜等事。

**祈福**：祈求神明降臨降福，或設醮還願謝神恩。

**求嗣**：向神明祈求子息。

**齋醮**：建立道場設醮，普度祈求平安賜福。

**開光**：神像塑成後，供奉上位的儀式。
**出火**：移動神位到別處安置。
**入宅**：遷入新宅。
**安香**：神明或祖位移動位置，或重新安置。
**上表章**：立壇或建醮祈福時，向神明焚燒祈求的章表（疏文）。
**解除**：沖洗宅舍或器具，除去災厄等事。
**祭墓**：掃墓、培墓或新墳築竣後的謝土。
**謝土**：建築完工或築墳竣工後所舉行的祭祀。

## 二、生活篇

出行：外出旅遊、出國觀光考察。
移徙：搬家遷移。
上官赴任：就職就任、就職典禮。
會親友：宴會或訪問親友。
入學：拜師習藝或接受教育。

分居：大家庭分家，各起爐灶。
沐浴：齋戒沐浴之事。
剃頭：初生嬰兒剃胎頭，或削髮爲僧尼。
整手足甲：出生嬰兒第一次修剪手足甲。
求醫療病：求醫治療疾病，或動手術。
進人口：指收養子女，今之招考職員、雇用僕人亦通用。

## 三、婚姻篇

冠帶（幷）：男女成人的儀式。
結婚姻：締結婚姻的儀式。
納采問名：議婚的儀式，又稱「聘禮納吉」、俗稱「小聘」、「過小定」。
訂盟：締結婚姻的儀式，俗稱「文定」、「過定」、「完聘」、「大聘」、「訂婚」。
嫁娶：結婚典禮的日子。
裁衣：裁製新婚的新衣，或作壽衣。
合帳：做新房用的蚊帳。

安床：結婚安置新床，或搬移舊床再安置。
開容：新婚出嫁前整容的禮俗。或曰「整容」、「挽面」、「美容」。
納婿：俗稱「招贅」。男方入贅女方為婿，與「嫁娶」同。

## 四、建築篇

豎造：營造房舍。
修造動土：修建房屋、開基動土等事。
起基定磉：著手基礎工事，固定石磉（柱下的石頭）的工事。
豎柱上樑：豎立柱子，安上屋頂樑木等工事。
蓋屋合脊：蓋屋頂之事。
修飾垣牆：粉刷牆壁之事。
安碓磑：安裝磨具，或曰安修碓磨。
安硆：安裝敷設石階。
安門：安裝門戶。
作灶：安修廚灶。

**拆卸**：拆掉建物。
**破屋壞垣**：拆除房屋圍牆之事。
**平治道塗**：鋪平道路等工程。
**伐木做樑**：砍伐樹木製作屋樑。
**開柱眼**：在柱上穿洞。
**架馬**：指建築場立足架、板模等事。
**修置產室**：修建產房（孕婦居所）。
**修造倉庫**：建築或修理倉庫。
**造廟**：造宮觀、寺廟、講堂、尼庵、僧堂。
**開渠穿井**：構築下水道，開鑿水井。
**築隄防**：築造隄防工程。
**開池**：建造池塘。
**作廁**：建造廁所。
**作陂**：作蓄水池。
**放水**：將水注入蓄水池。
**造橋**：建造橋樑。

補垣塞穴：補修破牆，堵塞洞穴。

## 五、工商篇

**開市**：開張做生意。
**立劵交易**：訂立買賣契約。
**納財取債**：指商賈置貨、收租、收帳、借款。
**開倉庫出貨財**：送出貨物及放債等事。
**豎旗掛匾**：豎立旗柱、懸掛招牌或匾額。
**鼓鑄**：工廠起火爐、冶煉等事。
**經絡**：治絲織布，安機械、紡車、試車等。
**作染**：染造布帛、綢緞之事。
**醞釀**：釀酒、造麵、造醬之事。
**造車器**：製造陸上交通工具。
**造船**：製造水上交通工具。

## 六、農牧篇

**栽種**：播種農作物。
**捕捉**：撲滅有害的生物。
**畋獵**：打獵。或稱「畋獵網魚」。
**結網取魚**：漁夫作魚網，捕取魚類。
**割蜜**：養蜂家取蜜。
**牧養**：牧養家禽。納畜：買入家畜飼養。
**教牛馬**：訓練牛馬做工，引申爲職業訓練講習。
**造畜稠棧**：建造家畜用場所。

## 七、喪葬篇

**破土**：開築墓壙，與陽宅中的動土不同。
**入殮**：把大體放入棺木中。
**移柩**：將棺木移出屋外。
**安葬**：指埋葬或進金。

**起攢**：打開金井（墳墓）洗骨之事，俗稱拾金。

**修墳**：修理墳墓。

**開生墳**：人未死先找地作墳，即「壽墳」。

**合壽木**：活人預做棺材。

**進壽符**：俗稱「做生基」，將生辰八字放進空墓穴裡。

**立碑**：豎立墓碑或紀念碑。

**掃舍宇**：指大掃除，與「除靈」同。

**成除服**：穿上喪服，脫去喪服（除靈）。

# 如何看懂農民曆上的歲時記事

在每一年農民曆中的第一頁大部份都會有「歲時紀事」這個欄位，此區塊的用意是在預言今年一整年的狀況，以作為工作或事業規劃的參考，照以往經驗此區塊之預言很值得參考（農業時代預知天象、五穀是否豐收）。

## 歲時紀事（下圖畫框處）

農民曆（又稱黃曆）與農民的生活有密切的關係。翻開書中首頁，有許多令人難以理解的內容，「歲時紀事」就是其中之一，它提供了農民耕作及行事的指南。

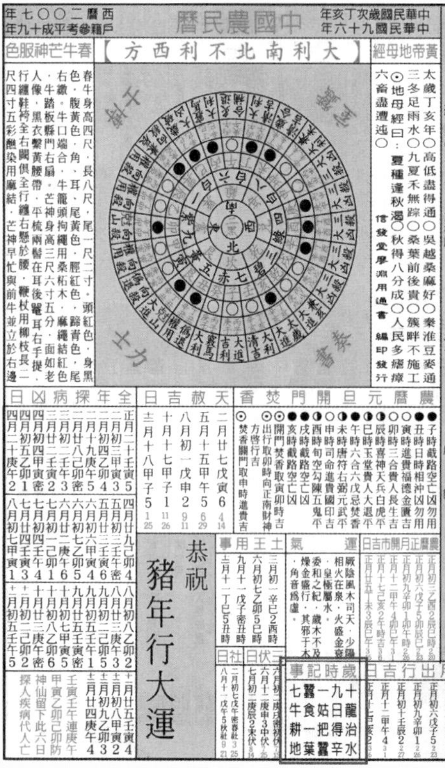

茲分述如下：

## 一、幾龍治水

其算法是看春節過後第幾天為「辰」（龍）日，便是幾龍治水。

例如：正月初三為「辰」支，就是「三龍治水」；如正月初六為「辰」支，就是「六龍治水」。據說**龍少雨水就多，龍多雨水就少**，如三龍治水及九龍治水顯然三龍治水該年雨水較多。

## 二、幾日得辛

其算法是看春節後第幾天為「辛」日，便是幾日得辛。

例如：正月初五日為「辛」干，便是「五日得辛」。

「辛」是指農民辛苦之後的收穫早晚，**愈多日得辛，收穫較晚；愈少日得辛，收穫就提前**。古代典籍有載：「得辛日祈穀於上帝。」

## 三、幾牛耕地

其算法是看春節後第幾天為「丑」日（牛）日，便是幾牛耕地。

例如：正月初二爲「丑」支，就是「二牛耕地」。

據說**牛多收穫就多**；另有一說認爲年歲不好才需要多牛耕作。

## 四、幾姑把蠶

其算法是凡寅申巳亥（四孟）年爲「一姑把蠶」，子午卯酉（四仲）年爲「二姑把蠶」，辰戌丑未（四季）爲「三姑把蠶」。

據說愈**多姑把蠶，代表養蠶人家勞力充足而豐收**。

## 五、蠶食幾葉

且算法是春節後第幾日，納音五行五行屬木者，即蠶食幾日。

如正月一日爲納音屬木，就是「蠶食一葉」；初七屬木，就是「蠶食七葉」。

據說**蠶有愈多的桑葉可吃，自然肥大豐收**。

（以上資料由中國五術教育協會理事長洪富連編撰）

# 如何運用農民曆上的十二建除

在農民曆及通書上大都會有十二建除神煞。

建除十二神指依建、除、滿、平、定、執、破、危、成、收、開、閉等十二順序，逐日記載於每天之中，周而復始，觀所值以定吉凶。其要領爲日支和月支相同之日爲「建」，其餘依序而定，在每月交節日，則以當日之値神重複一次。

如此一年十二個月，每逢月支和日支相同之日，都會由建神當值。

96年 國曆1月31天（大）

農曆十二月（大）

自十一月十八日丑時小寒後 至十二月十七日未時立春前

信發堂地理擇日造曆館編

為十二月 令臘 辛丑月

人胎神占房床 牛胎神占廚灶 豬胎神占在稠 羊胎神占碓棧

月煞 東方

| 國曆 | 星期 | 記事 | 農曆 | 建除 | 九星 | 星宿 | 卦 | 卦數 | 宜 | 每日犯忌注意勿用 | 每日沖煞年齡 | 每日胎神占方 |
|---|---|---|---|---|---|---|---|---|---|---|---|---|
| 1 | 星期一 | 民國96年元旦；十二月 | 十三乙未金 | 危 | 黃五 | 張 | 離 | 7 六 | 宜 祭祀開光祈福酬神齋醮出行安床入宅安香入殮除靈撿骨修墳立碑 | 動土破土 開池造橋 | 沖牛58 歲煞西 | 碓磨廁 房內北 |
| 2 | 星期二 | 歲德 ●刀砧 | 十四丙申火 | 成 | 白六 | 翼 | 震 | 8 四 | 宜 祭祀酬神齋醮訂婚嫁娶出火拆卸修造起基蓋屋入宅安香掛匾入殮除靈撿骨火葬進金安葬立碑 | 開市開光 出行動土 | 沖虎57 歲煞南 | 廚灶爐 房內北 |
| 3 | 星期三 | 〔無極老母娘聖誕〕 ○望21點59分 | 十五丁酉火 | 收 | 赤七 | 軫 | 巽 | 4 九 | 宜 祭祀進人口安床入殮除靈（傅星）（月德合）（刀砧） | 嫁娶開市 開光安葬 | 沖兔56 歲煞東 | 倉庫門 房內北 |
| 4 | 星期四 | | 十六戊戌木 | 開 | 白八 | 角 | 坎 | 1 六 | 宜 祭祀酬神開光訂婚修造動土起基蓋屋安門除靈破土 | 入宅嫁娶 開市安葬 | 沖龍55 歲煞北 | 房床栖 房內南 |
| 5 | 星期五 | 〔阿彌陀佛辰〕 | 十七己亥木 | 閉 | 紫九 | 亢 | 艮 | 2 二 | 宜 出行出火拆卸動土起基入宅開池廁 | 齋醮嫁娶 安床安葬 | 沖蛇54 歲煞西 | 占門床 房內南 |
| 6 | 星期六 | 天月德 丑時交小寒十二月令 | 十八庚子土 | 閉 | 白一 | 氐 | 坤 | 2 九 | 宜 節後：祭祀祈福酬神齋醮安門床造廟入殮除靈撿骨火葬進金安葬立碑謝土 | 開市嫁娶 入宅安香 | 沖馬53 歲煞南 | 占碓磨 房內南 |
| 7 | 星期日 | 顯星 歲德合 密日 〔九蓮菩薩佛辰〕 | 十九辛丑土 | 建 | 黑二 | 房 | 乾 | 1 三 | ★逢正紅紗凶日宜事不取 | 正紅紗日 宜事不取 | 沖羊52 歲煞東 | 廚灶廁 房內南 |
| 8 | 星期一 | 曲星 ●勿探病 新婚床審用 | 二十壬寅金 | 除 | 碧三 | 心 | 兌 | 9 七 | 宜 開光嫁娶蓋屋安床起基上樑入宅開市掛匾入殮除靈破土撿骨火葬進金安葬立碑修墳 | 祭祀上官 作灶入學 | 沖猴51 歲煞北 | 倉庫爐 房內南 |
| 9 | 星期二 | | 廿一癸卯金 | 滿 | 綠四 | 尾 | 離 | 8 七 | 宜 出行訂婚嫁娶開市安床入殮撿骨火葬進金安葬修墳立碑 | 入宅安香 齋醮動土 | 沖雞50 歲煞西 | 房床門 房內南 |
| 10 | 星期三 | | 廿二甲辰火 | 平 | 黃五 | 箕 | 震 | 3 二 | 宜 平治道塗結網 | 蓋屋安門 作灶除靈 | 沖狗49 歲煞南 | 門雞栖 房內東 |
| 11 | 星期四 | 〔張仙大帝聖誕〕 司法節 ◑下弦20點46分 | 廿三乙巳火 | 定 | 白六 | 斗 | 巽 | 7 三 | 宜 祭祀安機械酬神設醮訂婚出火拆卸修造動土上樑蓋屋安床入宅安香掛匾割蜜（傅星）（天月德合） | 開市嫁娶 開光安葬 | 沖豬48 歲煞東 | 碓磨床 房內東 |
| 12 | 星期五 | 歲德 | 廿四丙午水 | 執 | 赤七 | 牛 | 坎 | 4 三 | 宜 開生墳入殮除靈破土撿骨火葬進金安葬立碑修墳謝土 | 嫁娶開市 齋醮蓋屋 | 沖鼠47 歲煞北 | 廚灶碓 房內東 |
| 13 | 星期六 | 正八座 經國先生逝世紀念日 | 廿五丁未水 | 破 | 白八 | 女 | 艮 | 6 七 | ★逢月破大耗凶日宜事不取（宜求醫治病破屋壞垣） | 月破大耗 宜事不取 | 沖牛46 歲煞西 | 倉庫廁 房內東 |
| 14 | 星期日 | 密日 ●刀砧 | 廿六戊申土 | 危 | 紫九 | 虛 | 坤 | 2 六 | 宜 開市開池廁入殮除靈撿骨火葬進金安葬立碑修墳 | 嫁娶開光 入宅出火 | 沖虎45 歲煞南 | 房床爐 房內東 |
| 15 | 星期一 | 〔董公眞仙聖誕〕 藥師節 ●刀砧 | 廿七己酉土 | 成 | 白一 | 危 | 乾 | 3 八 | ★逢受死凶日吉事不取（宜補垣塞穴） | 受死凶日 宜事不取 | 沖兔44 歲煞東 | 占大門 外東北 |

小寒

日出：上午6點41分

丑時：上午1點41分

日入：下午5點19分

小寒：斗指戊為小寒，時天氣漸寒，尚未大冷，故名小寒。

| 種植 | |
|---|---|
| 北部 | 牛蒡、馬鈴薯、石刁、甘藍 |
| 中部 | 牛蒡、南瓜、小白菜、茎荷 |
| 南部 | 蘿蔔、醬瓜、南瓜、冬瓜、絲瓜 |

| 撈漁 | |
|---|---|
| 蘇澳 | 拖網、釘鰻…… |
| 基隆 | 釘鰻、龍蝦…… |
| 澎湖 | 沙魚、狗母、蘿蝦（魚鬆棘） |

茲將建除十二神資料列表如下：

| 星 | 意義 | 紅字：農民曆上該日有此字【用事吉】 | 黑字：農民曆上該日有此字【用事凶】 |
| --- | --- | --- | --- |
| 建 | 旺盛之氣 | 上樑、入學、結婚、動土、立柱、醫療、求財、謁貴、視事、豎造、出行 | 開倉、乘船、掘井 |
| 除 | 除舊佈新 | 祭祀、祈福、服藥 | 婚姻、出行、開市、掘井 |
| 滿 | 豐收圓滿 | 嫁娶、移徙、裁衣、開店、開市、祭祀、交易、修造、出行、栽植 | 求醫、赴任、葬儀 |
| 平 | 平凡普通 | 嫁娶、移徙、安葬、修造、裁衣 | 栽種、掘溝 |
| 定 | 陰氣衍生 | 嫁娶、移徙、祭祀、修造、造屋、交易 | 出行、訴訟 |
| 執 | 操收執著 | 造屋、播種、嫁娶、建造、祭祀、栽種、掘井 | 移徙、出行、開倉 |

| 破 | 危 | 成 | 收 | 開 | 閉 |
|---|---|---|---|---|---|
| 諸事耗損 | 招致意外 | 萬物成長 | 收穫有成 | 開端新生 | 堅固閉合 |
| 罪罰、出獵 | 造酒、其他諸事不吉 | 造屋、開市、交易、出行、移徙、嫁娶、祈福、入學、開店、播種 | 入學、嫁娶、造屋、買賣、開市、祭祀、求財、修造、移徙、播種 | 入學、嫁娶、移徙、開市、祭祀、交易、習藝、造屋、開業 | 儲蓄、安葬、開市、出行、築堤 |
| 大凶、諸事不宜 | 登山、乘馬、乘船、出行不宜 | 訴訟、爭鬥 | 求醫、出行、葬儀 | 動工、葬儀 | 開店、開市、出行 |

# 如何運用農民曆上的二十八星宿

在農民曆及通書上也大都會有二十八星宿。

依其星宿走到之日可以斷其日之行事吉凶，逢其星宿出生之人就能斷一生吉凶，以下就二十八星宿日提共各位讀者在用事時之參考。

## 農民曆上該日有此字【二十八星宿】

### 角

婚禮、旅行、穿新衣、立柱、立門、移徙、裁衣吉。葬儀凶。

此日出生之人壯年時多爲妻子勞苦至晚年萬事如意。

### 亢

婚禮、播種買牛馬吉。建屋凶。

此日出生之人少福祿，到老愈凶，若不奢侈而持和平者老而得榮。

### 氐

婚禮、播種吉。買田園、造倉庫吉。葬儀凶。

此日出生之人福祿豐厚願望如意到老愈榮。

## 房

祭祀、婚姻、上樑、移徙吉；買田園、裁衣凶。
此日出生之人有威德有福祿，少年雖吉，到老不吉是要修德行。

## 心

祭祀、移徙，旅行吉。裁衣、其他凶。
此日出生之人雖有逢火災盜難之運，但福祿豐厚，稱心如意。

## 尾

婚禮、造作吉。裁衣凶。
此日出生之人雖有福祿，但有時逢火難、失財之慮，要慎重注意。

## 箕

開池、造屋、收財吉。婚禮、葬禮、裁衣凶。
此日出生之人住所不定年老有災，若有憐憫愛護他人之心則送凶化吉。

## 斗

掘井、建倉、裁衣吉。
此日出生之人雖屬薄福之人，但有才能受賢良之所愛而得福。

## 牛

萬事進行大吉。要正直行善敬神佛自得庇佑。
此日出生之人雖有福祿，而屬短命，若長壽必貧。

## 女

學藝吉。裁衣、葬禮、爭訟凶。
此日出生之人薄福又好與人爭論，而惹禍多有眷族之累要謹慎作善以補之。

## 虛

不論何事，退守則吉。
此日出生之人薄福又好與人爭鬥而惹禍，萬事要謹慎注意。

## 危

塗壁、出行、納財吉。其他要戒慎。不可造高樓。
此日出生之人希望可望達成。

## 室

婚禮、造作、移徙、掘井吉。其他要戒慎，葬儀凶。
此日出生之人少年不好，老而有望，旅行中往往有失物之慮要注意。

## 壁

婚禮、造作吉。往南方凶。
此日出生之人一生多病而短命，但心正而愛人，節飲食者，可保長壽。

## 奎

出行、掘井、裁衣吉。開店凶。
此日出生之人雖是長壽，老而多凶，但富愛心者可以避之。

## 婁

造庭、裁衣、婚禮吉。往南方凶。
此日出生之人少年雖有凶，老而有福祿，若放蕩既變爲貧窮之命。

## 胃

公事吉。私事、裁衣凶。
此日出生之人少年時多病弱，諸事不如意但老後皆順適。

## 昴

萬事大吉。裁衣凶。
此日出生之人少年時代多勞苦老後多幸福，諸事皆順適。

## 畢

造屋、造橋、掘井、葬儀吉。

此日出生之人一生不得福祿，願望難成，事事若謹愼、正直，而行善者反爲得福。

## 觜

大惡日，萬事凶。

此日出生之人一生住所不定，至老變凶，若有慈善心而施陰德者，反得平安幸福。

## 參

婚禮、旅行、求財、養子、立門吉。裁衣、葬儀凶。

此日出生之人一生能保福祿、長壽，萬事稱心如意，若驕必破財。

## 井

祭祀、掘井、播種吉。裁衣凶。

此日出生之人，一生妻子薄緣，但老年萬事如意，對貧者施捨有福報。

## 鬼

婚禮凶。往西方亦凶。其他無妨。

此日出生之人少年時多勞心，但老後如意。

## 柳

造作、婚禮吉。葬儀凶。

此日出生之人一生有福祿，但多好與人爭鬥須要謹慎。

## 星

此日出生之人多福、萬事如願，但老年多勞心。
婚禮、播種吉。葬儀、裁衣凶。

## 張

此日出生之人能立身振作，願望達成又有官緣得祿之兆。
裁衣、婚禮、祭祀吉。

## 翼

此日出生之人一生多貧，不貧則夭，所以要修身行善天必賜福。
百事皆不利。大凶。

## 軫

此日出生之人一生多福，愈老愈得厚福。
買田園、掘井、婚禮、入學、裁衣吉。向北方旅行凶。

# 如何看懂農民曆上的四季、月建、四孟

我們常會看到匾額上，贈送單位或贈送人，大都會刻上贈送日期。

如：孟春端月——是指春季一月

孟夏梅月——是指夏季四月

孟秋瓜月——是指秋季七月

以下表格背起來就會很厲害了！

| 四季 | 月建 | 四孟 | 俗名 | 節 | 氣 | 陽曆月日（節） | （氣） |
|---|---|---|---|---|---|---|---|
| 春 | 寅 | 孟春 | 端 | 立春 | 雨水 | 2月4-5日 | 2月19-20日 |
| | 卯 | 仲春 | 花 | 驚蟄 | 春分 | 3月5-6日 | 3月20-21日 |
| | 辰 | 季春 | 桐 | 清明 | 穀雨 | 4月4-5日 | 4月20-21日 |
| 夏 | 巳 | 孟夏 | 梅 | 立夏 | 小滿 | 5月5-6日 | 5月20-21日 |
| | 午 | 仲夏 | 蒲 | 芒種 | 夏至 | 6月5-6日 | 6月21-22日 |
| | 未 | 季夏 | 荔 | 小暑 | 大暑 | 7月7-8日 | 7月22-23日 |
| 秋 | 申 | 孟秋 | 瓜 | 立秋 | 處暑 | 8月7-8日 | 8月23-24日 |
| | 酉 | 仲秋 | 桂 | 白露 | 秋分 | 9月7-8日 | 9月22-23日 |
| | 戌 | 季秋 | 菊 | 寒露 | 霜降 | 10月8-9日 | 10月23-24日 |
| 冬 | 亥 | 孟冬 | 陽 | 立冬 | 小雪 | 11月7-8日 | 11月22-23日 |
| | 子 | 仲冬 | 葭 | 大雪 | 冬至 | 12月7-8日 | 12月22-23日 |
| | 丑 | 季冬 | 臘 | 小寒 | 大寒 | 1月5-6日 | 1月20-21日 |

# 一般嫁娶時的禮俗婚前禮的流程

## （一）議婚的流程：

俗稱「相親」與「提親」。相親由男女雙方事先約定時間到餐廳或到女方家對看，如雙方合意，即進行提親。提親亦即六禮中的「問名」，主要是男方要探女方的姓名及出生年月日，由媒人送女方之庚帖於男方，經男方認為合乎條件，乃由男女兩家互換八字，即所謂「納吉」。

## （二）訂盟的流程：

「訂盟即所謂「訂婚」或「文定」，有「小聘」與「大聘」之分，惟今民間常將小聘與大聘（亦可稱完聘）合而為一，較為節省。

## （三）訂盟程序

### 1、上男方應準備物品

（一）庚帖：男女雙方生辰八字，請命理師合算。如無相剋之處，男方即請媒人至女方報訊，並商量訂婚事宜。

（二）聘金有小聘禮與大聘禮之分，台灣北部地區有只收小聘禮，不收大聘禮，也有大、小聘禮均不收或都收的地區，目前隨著經濟的發展，很多地方已不收聘金，但女方言明不再備辦嫁奩。

（三）禮品：禮餅、大餅、冬瓜糖、檳榔、冰糖、豬肉、羊肉、雞、鴨、麵線、魷魚、福圓（福圓即龍眼，俗稱女婿目），女方通常不收而還給男方）、罐頭、酒等（取十二樣或六樣，即：禮餅、豬肉、冬瓜、冰糖、桔餅（或檳榔）即可）。

（四）金、香、燭、炮四樣各二份，蓮招竽、石榴、桂花、及五穀子、鉛、炭包成一包。

（五）女訂婚人之衣服、鞋子、襪子、手鐲、戒指、耳環、項鍊等金飾（可折合現金）。

（六）各種紅包：謝宴禮（訂婚宴席通常由女方請客，男方應贈送女方謝宴禮儀一份）、廚師禮、端菜服務禮、端臉盆禮、接待禮、化妝禮、捧茶禮等六禮，有的地方另有母舅禮。

（七）總打：因訂婚禮儀繁瑣，為恐有掛一漏萬的疏失，另一方面為簡化訂婚禮儀，現在有所謂「總打」的方式，即全部禮物改用現金代替，以節省雙方不必要的浪費，不失是一個良好的方式，特別是男、女雙方相隔遙遠，買東西及辦事困難的情形下，更見方便。

（八）贈送介紹人（媒人）喜餅及紅包。

## 2、女方應準備之物品：

（一）贈送男訂婚人之衣服、鞋子、皮帶、皮包、戒指（互換信物用）等物品（取偶數，亦可折合現金）。

（二）將男方所送來之金、香、燭、炮一份及禮餅等禮品用來祭拜祖先，另外一份金、炮、香、燭及部份禮物退還給男方，禮餅則退回六盒或十二盒（取偶數）。

（三）贈送介紹人（媒人）喜餅及紅包。

## （四）訂婚流程：

（一）迎賓：女方家長在門口迎接男訂婚人及其親屬（取偶數）。

（二）受禮：即六禮中的「納徵」，亦即接受聘禮。

（三）奉茶：奉茶即「呷茶」，由女訂婚人手端茶盤出廳，向男訂婚人及其親屬一一奉茶，並由媒人一一介紹男訂婚人及其親屬。

（四）壓茶甌：甜茶飲畢，男方來客次第回贈紅包，俗稱「壓茶」。

（五）戴戒指：在雙方家長與親屬的見證下，男訂婚人爲女訂婚人戴上戒指，其禮儀如下：在女家正廳中央放一把椅子，女訂婚人面向外，然後由男方親戚取出事先預備好的戒指，套在女訂婚人右手中指上，依序再佩戴項鍊、手鐲及耳環，接著女訂婚人也爲男訂婚人戴上戒指（左手中指）、項鍊等。

（六）祭祖：戒指戴完後，男女訂婚人由女方家長陪同向女方廳堂上之神明及祖先祭拜奉告訂婚事。

（七）合照：首先由男女訂婚人與雙方家長合照，次與男方親友與女方親友合照。

（八）訂婚宴：由女方宴請男女雙方親戚朋友，男方應送女方「謝宴禮」乙份。

（九）送賓：宴畢，男方不必向女方說再見，即可離開。

## （五）完聘的流程：

「完聘」又稱「大聘」，亦即六禮中的所謂「納徵」與「納幣」，惟現今「大聘」與「小聘」差不多同時辦理，亦即訂婚與完聘同一天合併舉行，更有人將完聘與迎娶訂在同一天舉行，稱為「完聘娶」。

## （六）請期的流程：

過定後，男方即將新娘的八字，送請命理師擇定裁衣、挽面、安床、迎娶、上轎（出發）、進房之時刻，寫在紅紙上，托媒人送至女家，俗稱「送日頭」。男方選定的日子，應經女方覆核，男方則送女方一個覆日的紅包。

## （七）安床的流程：

男家於婚前擇一吉日，請一位福祿雙全的長輩舉行安床禮，並貼上安床符（用紅硃砂書寫「麒麟到此」或「鳳凰到此」在黃色紙上）。並請一位男孩在床上翻滾一番，謂之「壓床」，並自安床日起或結婚前一天晚上，請一位男孩（最好屬龍）與新郎同眠，意即不可睡空床。（即使婚後一個月內，新床也不能騰空，如出外度蜜月，或有其他不能回家睡的事實，可於床上放男女衣褲，以示有在使用新床）。

# 正婚禮時的流程

正婚禮就是迎親，俗稱「迎娶」，過程如下：

（一）迎娶人員之選定：迎娶人員包括新郎、介紹人（媒人）、男儐相、花童及親友（取偶數），每人佩帶紅花一朵於左胸前，分乘禮車出發，禮車除司機外，須有一人以上乘坐，回程時女方陪嫁人員也應取偶數，分別搭乘男方之禮車（禮車也應取偶數）。

（二）禮車出發時，開導車應鳴放鞭炮，抵達女方家門口時，女方應立即鳴炮以示歡迎，然後由女方一位親戚爲新郎開車門，請新郎下車，新郎則送給該人一個紅包。

（三）新娘由介紹人或親屬長輩扶出廳堂，由女方父母、舅舅「點燭」及「點香」。由新郎新娘向祖先牌位上香。

（四）新郎將禮花雙手遞給新娘，並相互行三鞠躬禮。

（五）新娘向父母辭行，感謝父母養育之恩，並接受父母的叮嚀及祝福的話。

（六）新郎扶新娘上禮車，男女雙方親友分別上車。

（七）禮車開動，女方鳴炮，女方主婚人持一碗水潑出去，意謂嫁出去的女兒如潑出去的水。

（八）新娘從車窗丟出一把扇給弟妹撿，意即去舊「姓」，留新「姓」，亦表示留善給娘家。

（九）迎娶車隊，以綁有竹簑爲先，竹簑即青竹連根帶葉，以示有始有終，竹端繫豬肉一塊，以防神白虎侵襲。

（十）禮車抵達男方家門時，男方即鳴長炮歡迎，男方親友陸續邀請女方親友下車，新郎亦先行下車，此時由一位男童手捧圓盤，上放兩粒橘子，開車門恭請新娘下車，新娘即送男童紅包一個。

# 進堂與拜堂時的流程

（一）進大廳：新娘走入廳堂，首先需踩破一片瓦，俗稱「破煞」，然後跨過一火爐，俗稱「過火」，才能進入廳內，進入廳堂之前，必須留意兩件事：一、不可踏著門檻（即戶碇）二、不可踏草，據說這樣子會帶來不利。

（二）拜堂：男方由族長或母舅主持拜堂儀式，稟告列祖列宗，並向父母親行拜見禮，然後夫妻行三鞠躬後，始行進入洞房。

（三）進房：新郎、新娘進入洞房，並肩坐在公婆椅上，上鋪一件新娘長褲，象徵夫婦同心協力，榮辱與共，並喝交杯酒，表示永結同心。

（四）探房：由新娘的兄弟前來探望其姊妹的婚後生活，謂之「舅仔探房」，以前都在結婚後第三天由新娘兄弟攜帶禮品到男方家探視，現今都在同一天舉行。

（五）合照：新郎新娘合照，並與雙方親友合照。

（六）歸寧：歸寧乃女子於出嫁後第一次回娘家省親，昔時都由娘家派一位小男孩（通常是新娘的弟弟）前去男方家邀請，今人往往用電話或結婚當天以口頭邀請。

新娘歸寧時，必攜帶禮品，如橘子、蘋果、碰柑、香蕉、酒等（取偶數），現今只需用簡單的水果或餅乾一件即可。新人歸寧時，女方應準備「歸寧宴」，宴請女方親屬及新郎等親友。宴畢，女方應準備連根帶尾之甘蔗二根，雞一對及米糕等物，供新娘帶回男方，但目前爲便於新人安排蜜月起見，凡歸寧時女方所需準備之物品，大都在結婚迎娶時，即順便帶去。

# 細說臺灣過年習俗

在臺灣民間習俗上，一年之間事情最多的，是農曆正月、七月、十二月等。

## 年的故事：

過農曆年的歷史悠久，象徵團圓、祥和的氣氛，更有那世代相傳的有趣習俗，流傳至今。

從前人們形容「過年」如「過關」，故謂之「年關」，過一次年彷彿度一個關口般地不易。據說在上古時候，「年」是一種猛獸，到了農曆除夕夜都要出來吃人，於是人們就準備佳餚美酒飽食一頓，再穿上華麗的衣服，全家守在一起，靜待這生死關頭的來臨。

次日，「年」走了，大家興高采烈地出來慶賀重生，親朋見面時互相打躬作揖，互道恭喜，「賀年」便由此起源。

**送神：**

農曆十二月廿四日爲送神日，展開了過年的序幕。俗傳此日，每家灶神帶諸神昇天述職，奏報天公（即玉皇上帝）關於人間一年來之善惡功罪，並朝賀新年。

各家乃於該日早晨，供牲禮，恭送灶神及諸神上天。供品中用甜湯圓。祀後，將甜圓仔黏於灶嘴使之口角生甜，俗謂「好話傳上天，壞話丟一邊」，意在上天奏好話，以求吉利。而爲使諸神趁早昇天，在天宮佔好席位，俗信送神要在早晨，愈早愈妙。因而清早上香放炮祭神，並燒神馬（畫有神馬畫像）、壽金，以便諸神乘煙火早刻上天又謂「送神風，接神雨」，爲期諸神早刻上天，希求此日最好有風助神昇天，而於正月初四的接神，解爲當日下雨正是神下降帶來的神雨。

送神後，趁此諸神昇天述職不在期中，每戶舉行大清潔。含有掃除家中一切晦氣之意。惟是年，家有不幸者，不舉行送神。

**天神下降：**

廿五日為天神下降日。俗以此日玉皇上帝帶領天神，代替廿四日昇天諸神，下降巡視。民間為免觸犯，乃有禁忌，如忌吵架、損壞杯碗器具等。

## 過年：

除夕稱為過年，意為舊歲至此夕而除，明日換新歲。俗稱廿九暝或三十暝，蓋臘月有月小廿九日，亦有月大三十日之別。

## 辭年：

隔日下午，供拜牲禮，拜神祭祖，神前公媽靈前，供年粿、春飯（飯上插春字剪紙、紙花謂春仔花、飯春花，「春」諧音（剩）之吉意；另以五味碗拜門口及拜地基主，用春飯拜灶、床母。

## 圍爐：

大年夜之辭年聚食稱「圍爐」。桌下置一火爐，爐之四周置錢多枚。圍爐，不分一家大小、均應團聚為吉祥，因而在他鄉者，亦趕回家團圓。圍爐，席上菜餚，有長年菜取意長壽，韭菜取久諧音，魚圓、肉圓取意三元則有團圓之意，菜頭（蘿蔔）諧音彩頭即有好彩頭之意，全雞「食雞起家」，均為吉祥食物。

長年菜（或謂長壽菜）也要一根根先頭後尾，不橫食不嚼斷而食之，表示對父母祝壽。凡圍爐所用的生菜，也不用刀切細，均以原狀煮食。圍爐，如果有家人外出，趕不回來時，則要空出一席，把那人的舊衣服放在座位上表示家人懷念之意。

## 分過年錢：

圍爐後，長輩以壓歲錢分賞婦幼為吉兆。

分過年錢後，闔家團坐爐邊，談笑歡娛，通宵不眠，以待元旦天明，此稱「守歲」。俗以守歲可使父母長壽，因而守歲，或稱「長壽夜」。現代人大都以打麻將看電視……等來替代其它舊民俗活動。

## 守歲：

## 春聯：

爲迎接「新正」，門柱貼春聯，門扉、飯桶等處貼「春」字紅條，菜廚貼「山海珍味」，米甕貼「五穀豐收」紅條，正廳貼福祿壽字樣及各色花樣之剪紙、五彩福符。「日日進財」「黃金萬兩」「招財進寶」等吉句，蓋春聯文字吉祥，富詩情雅意，最能象徵新春氣象，意在迎福。喪家未滿三年，舊俗，死男者須貼青紙聯，死女者須貼黃紙聯。

## 年粿：

十二月廿四日「送神」以後，家家戶戶炊年糕，如甜粿、發粿、菜頭粿、鹹粿等，均爲吉祥粿類。發糕取意發財。吉祥句說：「甜粿過年，發粿發錢」「新年食甜粿，大家恭喜發財」。

緊張忙碌的十二月，在除夕過年後，接著多彩多姿的正月，在臺灣也叫做「端月」，民間習俗上的節目，由下面的一首民歌，便可一目瞭然。

**初一場，初二場，初三老鼠娶新娘，初四神落天，初五隔開，初六挹肥。初七七元，初八**

完全，初九天公生，初十有食食，十一請子婿，十二查某子返來拜（女兒歸寧），十三食請糜（吃稀飯）配芥菜，十四結燈棚，十五上元暝，十六相公生。

這一首臺灣民歌，在光復以前，曾經流行在臺灣鹿港、萬華等地區。用臺語唸起來，有平仄，有押韻，短短的幾句話，幾乎把正月的民間節目及生活習慣形容得淋漓盡致。可惜現代人知道這首民歌者並不多，在此依據這首民歌分別介紹正月間的習俗上節目。

**正月初一**新年的序幕，是由「開正」的儀式揭開的。至於早晨時分，起得最早的還是主婦們，他們還要向祖先供奉「麵線」，祈求保佑全家大小新年平安。早餐大家都吃曾經在祖靈前供奉過的「麵線」，以為長壽的象徵，或者以長年菜、菠菜、蔥、豆腐代替。

現今社會很多人在初一會選個好時辰出門到各廟宇拜拜，祈求這一年事事順利，順道到親戚朋友處互道恭喜走春。這一天如果有親朋好友來訪，即請他們吃糖果，叫做「食甜」，過去以紅棗、紅菊、冰糖、落花生、糖瓜、瓜子等四種或六種（叫做四甜料或六甜料），然而十多年來，逐漸西化以洋式糖果瓜子作代表，也少有人去講究「四甜料」或「六甜料」。

客人「食甜」時，必須說一句吉祥話做答謝，例如：「食紅棗年年好」、「食甜給您生男生」等，如果端出甜料的小孩，即說「食甜給您快大漢」。

初一到初五之間，請客用「甜料」以外，茶也用「甜茶」，這些都是都是由於要取「吃甜頭」的好兆頭所形成的新正習俗。

**正月初二** 這一天是嫁出去女兒回娘家的日子。較注重習俗的家庭在今天一大早由男生到嫁出去的姐妹家或姑姑家邀請返回娘家做客，現在都以電話取代，雖然少了人情味但也不受塞車之累。

**正月初三** 俗稱「赤狗日」。現在工業社會有許多人今天就返回工作崗位。

**正月初四** 接神日。俗信「送神早接神遲」對自己有利，所以下午供奉牲禮與水果，歡迎祂們歸來，並燃放鞭炮表示隆重。

**正月初五** 「隔開」。多日以來的熱鬧與遊興，到此應該告一段落。也是交雨水節氣後農民也須準備春耕，放在神桌上得供品也都可移開。若是此日適合開張開市，許多商家也會選擇今日開始營業。

**正月初六** 眞正開始工作或做生意，如果在開工以前掃地的話，會把今年的好運一掃而光，所以五天來都不敢動掃把，到初六日才開始掃地，同時清理糞尿的工人也在這一天前來挑走水肥。

**正月初七** 俗稱「七四」或「人日」。有的家庭吃「麵線」祈求長壽，有的吃七種菜蔬，表示慶祝「人日」，惟此習俗已廢。何謂「人日」，因爲俗以元旦爲雞日，初二爲狗日，初三爲豬日，初四爲羊日，初五爲牛日，初六爲馬日，初七則爲人日。

**正月初八** 從初五起，照理應該結束所有的玩樂，但事實上有些人還是一直拖延下去，但到了初八，生活方面才能眞正恢複正常，所以民歌稱爲「初八完全」。不過此日由於須準備明天的「天公生」，市街還是非常熱鬧。

**正月初九** 「天公生」。從上午零點開始一直到天亮都可以聽到不停歇的爆竹聲，各大廟宇也準備安奉太歲、光明燈爲信衆點燈保平安。

習俗拜天公，先由長輩行「九跪九叩」之禮，如果去年曾經許下宿願的人，必須行「一百二拜」大禮，今日也有向天公許願或爲父母求壽……等。天公生的盛典是以燒化「燈座」及「天公金」（壽金）等紙箔，燃放鞭炮來結束。

**正月初十** 此日由於是天公生的翌日，家家戶戶尚剩有大量的剩餚，所以，民歌稱為「初十有食食」（有食食為有口福之意）。

**正月十一** 依據舊慣例，娘家在此日利用天公生的剩餚宴請女婿，可以不必多破費，故民歌稱之為「十一請子婿」。

**正月十二** 是饗宴出嫁女兒的日子，如果她們還把孫子帶回來的話，外公外婆還得用紅線串上幾個銀幣或銅幣，繫在小孩子胸前，這叫做「結衫帶」，現在大家都簡化而用「紅包」代替，同時大部份的出嫁女兒，都改在初二回娘家。

**正月十三** 天公生所準備的餚饌，到了此日大多已經被吃得精光，所以民歌裏稱「十三食請糜配芥菜」（糜為稀飯），頗帶有「樂極生悲」的幽默意味。以現代的角度去看，連續多日的大魚大肉也須讓胃腸休息休息頗有健康概念。

**正月十四** 為了準備明天的上元佳節，民家與廟宇均在這一天提「燈籠」，市面上賣元宵燈的商家早就開始大銷燈籠了。

**正月十五** 元宵節依照道教說法，此日三官大帝之一天官大帝聖誕，同時也在中午時分祭拜祖靈、地基主與床母（幼兒之守護神），晚上就是「上元暝」，是孩子們最快樂的時辰，他們三五成群，在街頭巷尾提燈進行。大人們則參加舉辦的猜燈謎，婦人們則上寺廟燒香，或到外面「聽香」（竊聽人語，以卜休咎，鄉下地方可能還有）。

**正月十六** 是相公生，到此正月所有的拜拜已到尾聲，桃花謝李花開，時序進入驚蟄節氣了。

# 中國民俗節日開運法

**正月初一** 正月，過年喜氣洋洋之月，有很多人會在這個月「選擇」買車、買房子、嫁娶、新居落成之類的喜事，親朋好友也會在此月來作客、拜訪，所以喜上加喜。

**二月初二日** 「財氣」。土地公的生日，人人都知道「財氣很強」，可以在這天初一晚上子正十二點整，買些土地公愛吃的麻薯、糖果蛋糕來祝壽，子正十二點整來拜才是正「初二」，來祈求一整年「好運氣」。

**三月初三日** 「情氣」。可特別在這天約丈夫、妻子、男女朋友，出去吃飯、看電影、唱歌，唱愛你一萬年、永遠愛妳之類歌曲，這時求婚一定成功，夫妻吵架一定會在這天合好。

**四月初四日** 「禁忌」。中國有開運就有禁忌，中國人對四的數字特別敏感，不管車牌、電話號碼都會刻意避「四」這個數字，可在這天放兩顆柿子即一對如意。例柿柿如意或象牙之類避邪，放在個人本命方位或財位方。

**五月初五日**「煞氣」。大家都知道是肉粽節的日，這天煞氣特別強，可以在這一天喝點雄黃酒或家裡擺一些避邪的植物草類，如香茅、芙蓉之植物，可除去煞氣。

**六月初六日**「霉氣」。六月梅雨季節正當時，一會下雨，一會出太陽，不管是食物、衣服、鞋子、棉被，拿出來曬太陽，不只可去除霉氣，後半年還可以有好運氣，一舉兩得。

**七月初七日**「傷氣」。大家知道這一天是情人節，牛郎和織女一年見一次面，他們婚姻沒有很好的的結果，所以夫妻、情侶避免在七月份的日子約會、談求婚之事。

**八月初八日**「官氣」。想要求官，想求個一官半職之人可特別在這一天開運造命，拜拜來祈求官職的事宜，這個月可說是財官兩旺之月。

**九月初九日**「壽氣」。可特別在這一天吃一點麵線、壽桃、白湯圓之類的食物，祈求長命百歲。

**十月・十一月・十二月** 十二月中國人開運用單數，雙數就不用，其中好日子很多，如雙十節、聖誕節等不錯的日子喔！

# 一般婚喪喜慶常用之題詞

## 賀新婚

心心相印　天作之和　永結同心　百年琴瑟　百年偕老　郎才女貌
夫唱婦隨　相敬如賓　同德同心　五世其昌　情投意合　珠聯璧合
鳳凰于飛　福祿鴛鴦　花開並蒂　永浴愛河　祥開百世　天緣巧合

## 賀定婚

締定三生　締結良緣　成家之始　喜締鴛鴦　誓約同心　鴛鴦璧合
白首成約　許定終身

## 賀嫁女

淑女于歸　百兩御之　鳳卜歸昌　適擇佳婿　妙選東床　跨鳳成龍
祥徵鳳律　成龍快婿　帶結同心

## 賀男女壽

松柏料香　福如東海　壽比南山　九如之頌　南山獻頌　日月長鳴
晉爵延齡　海屋添壽　松林歲月　祝無量壽　慶衍萱疇　蓬島春風
壽域宏開　鶴壽添壽

## 祝夫婦雙壽

百年偕老　天上雙星　福祿雙星　雙星並輝　松柏同春　華堂偕老
鴻案齊眉　極婺聯輝　鶴壽同添　壽域同登　椿萱並茂　桃開連理

## 賀男壽

南山之壽　河山長壽　東海之壽　南山同壽　天保九如　如日之昇
天賜百齡　壽比松齡　壽富康寧　春輝南極　耆英望重　海屋添壽

## 賀女壽

福海壽山　北堂萱茂　王母長生　慈林風和　春輝保婺　萱庭集慶
福閣長春　花燦金萱　蟠桃獻頌　眉壽顏堂　萱花挺秀　癸宿騰輝

## 賀生男

天賜石麟　啼試英聲　石麟呈彩　弄璋誌喜　能德門生　輝夢徵祥

## 賀生女

明珠入堂　弄瓦徵祥　女界增輝　輝增彩悅　綠鳳新雛

## 賀雙生子

雙芝競秀　璧合聯珠　玉樹聯芬　班聯玉筍　花萼欣榮

## 賀生孫

孫枝啓秀　秀茁蘭芽　玉筍呈祥　瓜瓞延祥　貽座騰歡　蘭階添喜

## 賀新廈落成

堂構增輝　美輪美奐　華廈開新　鴻猷丕展　金玉滿堂　瑞藹華堂
新基鼎定　偉哉新居　堂構更新　福地傑人　堂開華廈　煥然一新

## 賀遷居

良禽擇木　喬木鶯聲　鶯遷汁吉　德必有鄰　高第鶯遷　鶯遷喬木

## 賀廠商開業

駿業肇興 大展經綸 萬商雲集 駿業日新 駿葉崇隆 鴻猷大展
源遠流長 駿業鴻開 大展鴻圖 多財善賈 陶朱媲美 貨財恆足

## 賀金融界

欣欣向榮 輔導工商 裕國利民 金融樞紐 服務人群 信用卓著
服國利民 繁榮社會 安定經濟 通商惠工 實業昌隆 信孚中外

## 賀醫界

活人濟世 功同良相 萬病回春 仁心良術 著手成春 懸壺濟世
良相良醫 華陀妙術 病人福音 仁術超群 醫術精湛 術精岐黃

## 贈政界

爲國爲民 造福人群 政通人和 豐功偉績 口碑載道 德政可風
善政親民 政績斐然 功在桑梓 造福地方 公正廉明 萬衆共欽

## 賀當選

衆望所歸 爲民喉舌 自治之光 爲民前鋒 爲民造福 闡揚民意

# 萬年曆

# 西元1921年（辛酉）肖雞 民國10年（男兑命）

奇門遁甲局數如標示為 一 ～九表示陰局　　如標示為1 ～9 表示陽局

| 六月 | | | | |
|---|---|---|---|---|
| 乙未 | | | | |
| 三碧木 | | | | |
| 大暑 18時31分 十九酉時 | | 小暑 01時07分 初四丑時 | 奇門遁甲局數 | |
| 農曆 | 國曆 | 干支 | 時盤 | 日盤 |
| 1 | 7/5 | 己巳 | | 四 |
| 2 | 7/6 | 庚午 | | 三 |
| 3 | 7/7 | 辛未 | | 二 |
| 4 | 7/8 | 壬申 | | 一 |
| 5 | 7/9 | 癸酉 | | 九 |
| 6 | 7/10 | 甲戌 | | 八 |
| 7 | 7/11 | 乙亥 | | 七 |
| 8 | 7/12 | 丙子 | | 六 |
| 9 | 7/13 | 丁丑 | | 五 |
| 10 | 7/14 | 戊寅 | | 四 |
| 11 | 7/15 | 己卯 | | 三 |
| 12 | 7/16 | 庚辰 | | 二 |
| 13 | 7/17 | 辛巳 | | 一 |
| 14 | 7/18 | 壬午 | | 九 |
| 15 | 7/19 | 癸未 | | 八 |
| 16 | 7/20 | 甲申 | | 七 |
| 17 | 7/21 | 乙酉 | | 六 |
| 18 | 7/22 | 丙戌 | | 五 |
| 19 | 7/23 | 丁亥 | | 四 |
| 20 | 7/24 | 戊子 | | 三 |
| 21 | 7/25 | 己丑 | | 二 |
| 22 | 7/26 | 庚寅 | | 一 |
| 23 | 7/27 | 辛卯 | | 九 |
| 24 | 7/28 | 壬辰 | | 八 |
| 25 | 7/29 | 癸巳 | | 七 |
| 26 | 7/30 | 甲午 | | 六 |
| 27 | 7/31 | 乙未 | | 五 |
| 28 | 8/1 | 丙申 | | 四 |
| 29 | 8/2 | 丁酉 | | 三 |
| 30 | 8/3 | 戊戌 | | 二 |

| 五月 | | | | |
|---|---|---|---|---|
| 甲午 | | | | |
| 四綠木 | | | | |
| 夏至 07時36分 十七辰時 | | 芒種 14時42分 初一未時 | 奇門遁甲局數 | |
| 農曆 | 國曆 | 干支 | 時盤 | 日盤 |
| 1 | 6/6 | 庚子 | | 4 |
| 2 | 6/7 | 辛丑 | | 5 |
| 3 | 6/8 | 壬寅 | | 6 |
| 4 | 6/9 | 癸卯 | | 7 |
| 5 | 6/10 | 甲辰 | | 8 |
| 6 | 6/11 | 乙巳 | | 9 |
| 7 | 6/12 | 丙午 | | 1 |
| 8 | 6/13 | 丁未 | | 2 |
| 9 | 6/14 | 戊申 | | 3 |
| 10 | 6/15 | 己酉 | | 4 |
| 11 | 6/16 | 庚戌 | | 5 |
| 12 | 6/17 | 辛亥 | | 6 |
| 13 | 6/18 | 壬子 | | 7 |
| 14 | 6/19 | 癸丑 | | 8 |
| 15 | 6/20 | 甲寅 | | 9 |
| 16 | 6/21 | 乙卯 | | 1 |
| 17 | 6/22 | 丙辰 | | 八 |
| 18 | 6/23 | 丁巳 | | 七 |
| 19 | 6/24 | 戊午 | | 六 |
| 20 | 6/25 | 己未 | | 五 |
| 21 | 6/26 | 庚申 | | 四 |
| 22 | 6/27 | 辛酉 | | 三 |
| 23 | 6/28 | 壬戌 | | 二 |
| 24 | 6/29 | 癸亥 | | 一 |
| 25 | 6/30 | 甲子 | | 九 |
| 26 | 7/1 | 乙丑 | | 八 |
| 27 | 7/2 | 丙寅 | | 七 |
| 28 | 7/3 | 丁卯 | | 六 |
| 29 | 7/4 | 戊辰 | | 五 |

| 四月 | | | | |
|---|---|---|---|---|
| 癸巳 | | | | |
| 五黃土 | | | | |
| 小滿 23時19分 十四子時 | | | 奇門遁甲局數 | |
| 農曆 | 國曆 | 干支 | 時盤 | 日盤 |
| 1 | 5/8 | 辛未 | | 2 |
| 2 | 5/9 | 壬申 | | 3 |
| 3 | 5/10 | 癸酉 | | 4 |
| 4 | 5/11 | 甲戌 | | 5 |
| 5 | 5/12 | 乙亥 | | 6 |
| 6 | 5/13 | 丙子 | | 7 |
| 7 | 5/14 | 丁丑 | | 8 |
| 8 | 5/15 | 戊寅 | | 9 |
| 9 | 5/16 | 己卯 | | 1 |
| 10 | 5/17 | 庚辰 | | 2 |
| 11 | 5/18 | 辛巳 | | 3 |
| 12 | 5/19 | 壬午 | | 4 |
| 13 | 5/20 | 癸未 | | 5 |
| 14 | 5/21 | 甲申 | | 6 |
| 15 | 5/22 | 乙酉 | | 7 |
| 16 | 5/23 | 丙戌 | | 8 |
| 17 | 5/24 | 丁亥 | | 9 |
| 18 | 5/25 | 戊子 | | 1 |
| 19 | 5/26 | 己丑 | | 2 |
| 20 | 5/27 | 庚寅 | | 3 |
| 21 | 5/28 | 辛卯 | | 4 |
| 22 | 5/29 | 壬辰 | | 5 |
| 23 | 5/30 | 癸巳 | | 6 |
| 24 | 5/31 | 甲午 | | 7 |
| 25 | 6/1 | 乙未 | | 8 |
| 26 | 6/2 | 丙申 | | 9 |
| 27 | 6/3 | 丁酉 | | 1 |
| 28 | 6/4 | 戊戌 | | 2 |
| 29 | 6/5 | 己亥 | | 3 |

| 三月 | | | | |
|---|---|---|---|---|
| 壬辰 | | | | |
| 六白金 | | | | |
| 立夏 10時05分 廿九巳時 | | 穀雨 23時33分 十三子時 | 奇門遁甲局數 | |
| 農曆 | 國曆 | 干支 | 時盤 | 日盤 |
| 1 | 4/8 | 辛丑 | | 8 |
| 2 | 4/9 | 壬寅 | | 9 |
| 3 | 4/10 | 癸卯 | | 1 |
| 4 | 4/11 | 甲辰 | | 2 |
| 5 | 4/12 | 乙巳 | | 3 |
| 6 | 4/13 | 丙午 | | 4 |
| 7 | 4/14 | 丁未 | | 5 |
| 8 | 4/15 | 戊申 | | 6 |
| 9 | 4/16 | 己酉 | | 7 |
| 10 | 4/17 | 庚戌 | | 8 |
| 11 | 4/18 | 辛亥 | | 9 |
| 12 | 4/19 | 壬子 | | 1 |
| 13 | 4/20 | 癸丑 | | 2 |
| 14 | 4/21 | 甲寅 | | 3 |
| 15 | 4/22 | 乙卯 | | 4 |
| 16 | 4/23 | 丙辰 | | 5 |
| 17 | 4/24 | 丁巳 | | 6 |
| 18 | 4/25 | 戊午 | | 7 |
| 19 | 4/26 | 己未 | | 8 |
| 20 | 4/27 | 庚申 | | 9 |
| 21 | 4/28 | 辛酉 | | 1 |
| 22 | 4/29 | 壬戌 | | 2 |
| 23 | 4/30 | 癸亥 | | 3 |
| 24 | 5/1 | 甲子 | | 4 |
| 25 | 5/2 | 乙丑 | | 5 |
| 26 | 5/3 | 丙寅 | | 6 |
| 27 | 5/4 | 丁卯 | | 7 |
| 28 | 5/5 | 戊辰 | | 8 |
| 29 | 5/6 | 己巳 | | 9 |
| 30 | 5/7 | 庚午 | | 1 |

| 二月 | | | | |
|---|---|---|---|---|
| 辛卯 | | | | |
| 七赤金 | | | | |
| 清明 16時09分 廿七申時 | | 春分 11時51分 十二午時 | 奇門遁甲局數 | |
| 農曆 | 國曆 | 干支 | 時盤 | 日盤 |
| 1 | 3/10 | 壬申 | | 6 |
| 2 | 3/11 | 癸酉 | | 7 |
| 3 | 3/12 | 甲戌 | | 8 |
| 4 | 3/13 | 乙亥 | | 9 |
| 5 | 3/14 | 丙子 | | 1 |
| 6 | 3/15 | 丁丑 | | 2 |
| 7 | 3/16 | 戊寅 | | 3 |
| 8 | 3/17 | 己卯 | | 4 |
| 9 | 3/18 | 庚辰 | | 5 |
| 10 | 3/19 | 辛巳 | | 6 |
| 11 | 3/20 | 壬午 | | 7 |
| 12 | 3/21 | 癸未 | | 8 |
| 13 | 3/22 | 甲申 | | 9 |
| 14 | 3/23 | 乙酉 | | 1 |
| 15 | 3/24 | 丙戌 | | 2 |
| 16 | 3/25 | 丁亥 | | 3 |
| 17 | 3/26 | 戊子 | | 4 |
| 18 | 3/27 | 己丑 | | 5 |
| 19 | 3/28 | 庚寅 | | 6 |
| 20 | 3/29 | 辛卯 | | 7 |
| 21 | 3/30 | 壬辰 | | 8 |
| 22 | 3/31 | 癸巳 | | 9 |
| 23 | 4/1 | 甲午 | | 1 |
| 24 | 4/2 | 乙未 | | 2 |
| 25 | 4/3 | 丙申 | | 3 |
| 26 | 4/4 | 丁酉 | | 4 |
| 27 | 4/5 | 戊戌 | | 5 |
| 28 | 4/6 | 己亥 | | 6 |
| 29 | 4/7 | 庚子 | | 7 |

| 正月 | | | | |
|---|---|---|---|---|
| 庚寅 | | | | |
| 八白土 | | | | |
| 驚蟄 10時46分 廿七巳時 | | 雨水 12時20分 十二午時 | 奇門遁甲局數 | |
| 農曆 | 國曆 | 干支 | 時盤 | 日盤 |
| 1 | 2/8 | 壬寅 | | 3 |
| 2 | 2/9 | 癸卯 | | 4 |
| 3 | 2/10 | 甲辰 | | 5 |
| 4 | 2/11 | 乙巳 | | 6 |
| 5 | 2/12 | 丙午 | | 7 |
| 6 | 2/13 | 丁未 | | 8 |
| 7 | 2/14 | 戊申 | | 9 |
| 8 | 2/15 | 己酉 | | 1 |
| 9 | 2/16 | 庚戌 | | 2 |
| 10 | 2/17 | 辛亥 | | 3 |
| 11 | 2/18 | 壬子 | | 4 |
| 12 | 2/19 | 癸丑 | | 5 |
| 13 | 2/20 | 甲寅 | | 6 |
| 14 | 2/21 | 乙卯 | | 7 |
| 15 | 2/22 | 丙辰 | | 8 |
| 16 | 2/23 | 丁巳 | | 9 |
| 17 | 2/24 | 戊午 | | 1 |
| 18 | 2/25 | 己未 | | 2 |
| 19 | 2/26 | 庚申 | | 3 |
| 20 | 2/27 | 辛酉 | | 4 |
| 21 | 2/28 | 壬戌 | | 5 |
| 22 | 3/1 | 癸亥 | | 6 |
| 23 | 3/2 | 甲子 | | 7 |
| 24 | 3/3 | 乙丑 | | 8 |
| 25 | 3/4 | 丙寅 | | 9 |
| 26 | 3/5 | 丁卯 | | 1 |
| 27 | 3/6 | 戊辰 | | 2 |
| 28 | 3/7 | 己巳 | | 3 |
| 29 | 3/8 | 庚午 | | 4 |
| 30 | 3/9 | 辛未 | | 5 |

# 西元1921年（辛酉）肖雞 民國10年（女艮命）

奇門遁甲局數如標示為 一 ～九表示陰局　　如標示為1 ～9 表示陽局

| 十二月 | | | | |
|---|---|---|---|---|
| 辛丑 | | | | |
| 六白金 | | | | |
| 大寒 03時48分 廿四寅時 | | 小寒 10時17分 初九巳時 | 奇門遁甲局數 | |
| 農曆 | 國曆 | 干支 | 時盤 | 日盤 |
| 1 | 12/29 | 丙寅 | 1 | 3 |
| 2 | 12/30 | 丁卯 | 1 | 4 |
| 3 | 12/31 | 戊辰 | 1 | 5 |
| 4 | 1/1 | 己巳 | 7 | 6 |
| 5 | 1/2 | 庚午 | 7 | 7 |
| 6 | 1/3 | 辛未 | 7 | 8 |
| 7 | 1/4 | 壬申 | 7 | 9 |
| 8 | 1/5 | 癸酉 | 7 | 1 |
| 9 | 1/6 | 甲戌 | 4 | 2 |
| 10 | 1/7 | 乙亥 | 4 | 3 |
| 11 | 1/8 | 丙子 | 4 | 4 |
| 12 | 1/9 | 丁丑 | 4 | 5 |
| 13 | 1/10 | 戊寅 | 4 | 6 |
| 14 | 1/11 | 己卯 | 2 | 7 |
| 15 | 1/12 | 庚辰 | 2 | 8 |
| 16 | 1/13 | 辛巳 | 2 | 9 |
| 17 | 1/14 | 壬午 | 2 | 1 |
| 18 | 1/15 | 癸未 | 2 | 2 |
| 19 | 1/16 | 甲申 | 8 | 3 |
| 20 | 1/17 | 乙酉 | 8 | 4 |
| 21 | 1/18 | 丙戌 | 8 | 5 |
| 22 | 1/19 | 丁亥 | 8 | 6 |
| 23 | 1/20 | 戊子 | 8 | 7 |
| 24 | 1/21 | 己丑 | 5 | 8 |
| 25 | 1/22 | 庚寅 | 5 | 9 |
| 26 | 1/23 | 辛卯 | 5 | 1 |
| 27 | 1/24 | 壬辰 | 5 | 2 |
| 28 | 1/25 | 癸巳 | 5 | 3 |
| 29 | 1/26 | 甲午 | 3 | 4 |
| 30 | 1/27 | 乙未 | 3 | 5 |

| 十一月 | | | | |
|---|---|---|---|---|
| 庚子 | | | | |
| 七赤金 | | | | |
| 冬至 17時08分 廿四酉時 | | 大雪 23時12分 初九子時 | 奇門遁甲局數 | |
| 農曆 | 國曆 | 干支 | 時盤 | 日盤 |
| 1 | 11/29 | 丙申 | | 一 |
| 2 | 11/30 | 丁酉 | | 九 |
| 3 | 12/1 | 戊戌 | | 八 |
| 4 | 12/2 | 己亥 | | 七 |
| 5 | 12/3 | 庚子 | | 六 |
| 6 | 12/4 | 辛丑 | | 五 |
| 7 | 12/5 | 壬寅 | | 四 |
| 8 | 12/6 | 癸卯 | | 三 |
| 9 | 12/7 | 甲辰 | | 二 |
| 10 | 12/8 | 乙巳 | | 一 |
| 11 | 12/9 | 丙午 | | 九 |
| 12 | 12/10 | 丁未 | | 八 |
| 13 | 12/11 | 戊申 | | 七 |
| 14 | 12/12 | 己酉 | | 六 |
| 15 | 12/13 | 庚戌 | | 五 |
| 16 | 12/14 | 辛亥 | | 四 |
| 17 | 12/15 | 壬子 | | 三 |
| 18 | 12/16 | 癸丑 | | 二 |
| 19 | 12/17 | 甲寅 | | 一 |
| 20 | 12/18 | 乙卯 | | 九 |
| 21 | 12/19 | 丙辰 | | 八 |
| 22 | 12/20 | 丁巳 | | 七 |
| 23 | 12/21 | 戊午 | | 六 |
| 24 | 12/22 | 己未 | | 5 |
| 25 | 12/23 | 庚申 | | 6 |
| 26 | 12/24 | 辛酉 | | 7 |
| 27 | 12/25 | 壬戌 | | 8 |
| 28 | 12/26 | 癸亥 | | 9 |
| 29 | 12/27 | 甲子 | 1 | 1 |
| 30 | 12/28 | 乙丑 | 1 | 2 |

| 十　月 | | | | |
|---|---|---|---|---|
| 己亥 | | | | |
| 八白土 | | | | |
| 小雪 04時05分 廿四寅時 | | 立冬 06時46分 初九卯時 | 奇門遁甲局數 | |
| 農曆 | 國曆 | 干支 | 時盤 | 日盤 |
| 1 | 10/31 | 丁卯 | | 三 |
| 2 | 11/1 | 戊辰 | | 二 |
| 3 | 11/2 | 己巳 | | 一 |
| 4 | 11/3 | 庚午 | | 九 |
| 5 | 11/4 | 辛未 | | 八 |
| 6 | 11/5 | 壬申 | | 七 |
| 7 | 11/6 | 癸酉 | | 六 |
| 8 | 11/7 | 甲戌 | | 五 |
| 9 | 11/8 | 乙亥 | | 四 |
| 10 | 11/9 | 丙子 | | 三 |
| 11 | 11/10 | 丁丑 | | 二 |
| 12 | 11/11 | 戊寅 | | 一 |
| 13 | 11/12 | 己卯 | | 九 |
| 14 | 11/13 | 庚辰 | | 八 |
| 15 | 11/14 | 辛巳 | | 七 |
| 16 | 11/15 | 壬午 | | 六 |
| 17 | 11/16 | 癸未 | | 五 |
| 18 | 11/17 | 甲申 | | 四 |
| 19 | 11/18 | 乙酉 | | 三 |
| 20 | 11/19 | 丙戌 | | 二 |
| 21 | 11/20 | 丁亥 | | 一 |
| 22 | 11/21 | 戊子 | | 九 |
| 23 | 11/22 | 己丑 | | 八 |
| 24 | 11/23 | 庚寅 | | 七 |
| 25 | 11/24 | 辛卯 | | 六 |
| 26 | 11/25 | 壬辰 | | 五 |
| 27 | 11/26 | 癸巳 | | 四 |
| 28 | 11/27 | 甲午 | | 三 |
| 29 | 11/28 | 乙未 | | 二 |
| | | | | |

| 九　月 | | | | |
|---|---|---|---|---|
| 戊戌 | | | | |
| 九紫火 | | | | |
| 霜降 07時03分 廿四辰時 | | 寒露 04時11分 初九寅時 | 奇門遁甲局數 | |
| 農曆 | 國曆 | 干支 | 時盤 | 日盤 |
| 1 | 10/1 | 丁酉 | | 六 |
| 2 | 10/2 | 戊戌 | | 五 |
| 3 | 10/3 | 己亥 | | 四 |
| 4 | 10/4 | 庚子 | | 三 |
| 5 | 10/5 | 辛丑 | | 二 |
| 6 | 10/6 | 壬寅 | | 一 |
| 7 | 10/7 | 癸卯 | | 九 |
| 8 | 10/8 | 甲辰 | | 八 |
| 9 | 10/9 | 乙巳 | | 七 |
| 10 | 10/10 | 丙午 | | 六 |
| 11 | 10/11 | 丁未 | | 五 |
| 12 | 10/12 | 戊申 | | 四 |
| 13 | 10/13 | 己酉 | | 三 |
| 14 | 10/14 | 庚戌 | | 二 |
| 15 | 10/15 | 辛亥 | | 一 |
| 16 | 10/16 | 壬子 | | 九 |
| 17 | 10/17 | 癸丑 | | 八 |
| 18 | 10/18 | 甲寅 | | 七 |
| 19 | 10/19 | 乙卯 | | 六 |
| 20 | 10/20 | 丙辰 | | 五 |
| 21 | 10/21 | 丁巳 | | 四 |
| 22 | 10/22 | 戊午 | | 三 |
| 23 | 10/23 | 己未 | | 二 |
| 24 | 10/24 | 庚申 | | 一 |
| 25 | 10/25 | 辛酉 | | 九 |
| 26 | 10/26 | 壬戌 | | 八 |
| 27 | 10/27 | 癸亥 | | 七 |
| 28 | 10/28 | 甲子 | | 六 |
| 29 | 10/29 | 乙丑 | | 五 |
| 30 | 10/30 | 丙寅 | | 四 |

| 八　月 | | | | |
|---|---|---|---|---|
| 丁酉 | | | | |
| 一白水 | | | | |
| 秋分 22時20分 廿二亥時 | | 白露 13時10分 初七未時 | 奇門遁甲局數 | |
| 農曆 | 國曆 | 干支 | 時盤 | 日盤 |
| 1 | 9/2 | 戊辰 | | 八 |
| 2 | 9/3 | 己巳 | | 七 |
| 3 | 9/4 | 庚午 | | 六 |
| 4 | 9/5 | 辛未 | | 五 |
| 5 | 9/6 | 壬申 | | 四 |
| 6 | 9/7 | 癸酉 | | 三 |
| 7 | 9/8 | 甲戌 | | 二 |
| 8 | 9/9 | 乙亥 | | 一 |
| 9 | 9/10 | 丙子 | | 九 |
| 10 | 9/11 | 丁丑 | | 八 |
| 11 | 9/12 | 戊寅 | | 七 |
| 12 | 9/13 | 己卯 | | 六 |
| 13 | 9/14 | 庚辰 | | 五 |
| 14 | 9/15 | 辛巳 | | 四 |
| 15 | 9/16 | 壬午 | | 三 |
| 16 | 9/17 | 癸未 | | 二 |
| 17 | 9/18 | 甲申 | | 一 |
| 18 | 9/19 | 乙酉 | | 九 |
| 19 | 9/20 | 丙戌 | | 八 |
| 20 | 9/21 | 丁亥 | | 七 |
| 21 | 9/22 | 戊子 | | 六 |
| 22 | 9/23 | 己丑 | | 五 |
| 23 | 9/24 | 庚寅 | | 四 |
| 24 | 9/25 | 辛卯 | | 三 |
| 25 | 9/26 | 壬辰 | | 二 |
| 26 | 9/27 | 癸巳 | | 一 |
| 27 | 9/28 | 甲午 | | 九 |
| 28 | 9/29 | 乙未 | | 八 |
| 29 | 9/30 | 丙申 | | 七 |
| | | | | |

| 七　月 | | | | |
|---|---|---|---|---|
| 丙申 | | | | |
| 二黑土 | | | | |
| 處暑 01時15分 廿一丑時 | | 立秋 10時44分 初五巳時 | 奇門遁甲局數 | |
| 農曆 | 國曆 | 干支 | 時盤 | 日盤 |
| 1 | 8/4 | 己亥 | | 一 |
| 2 | 8/5 | 庚子 | | 九 |
| 3 | 8/6 | 辛丑 | | 八 |
| 4 | 8/7 | 壬寅 | | 七 |
| 5 | 8/8 | 癸卯 | | 六 |
| 6 | 8/9 | 甲辰 | | 五 |
| 7 | 8/10 | 乙巳 | | 四 |
| 8 | 8/11 | 丙午 | | 三 |
| 9 | 8/12 | 丁未 | | 二 |
| 10 | 8/13 | 戊申 | | 一 |
| 11 | 8/14 | 己酉 | | 九 |
| 12 | 8/15 | 庚戌 | | 八 |
| 13 | 8/16 | 辛亥 | | 七 |
| 14 | 8/17 | 壬子 | | 六 |
| 15 | 8/18 | 癸丑 | | 五 |
| 16 | 8/19 | 甲寅 | | 四 |
| 17 | 8/20 | 乙卯 | | 三 |
| 18 | 8/21 | 丙辰 | | 二 |
| 19 | 8/22 | 丁巳 | | 一 |
| 20 | 8/23 | 戊午 | | 九 |
| 21 | 8/24 | 己未 | | 八 |
| 22 | 8/25 | 庚申 | | 七 |
| 23 | 8/26 | 辛酉 | | 六 |
| 24 | 8/27 | 壬戌 | | 五 |
| 25 | 8/28 | 癸亥 | | 四 |
| 26 | 8/29 | 甲子 | | 三 |
| 27 | 8/30 | 乙丑 | | 二 |
| 28 | 8/31 | 丙寅 | | 一 |
| 29 | 9/1 | 丁卯 | | 九 |
| | | | | |

# 西元1922年（壬戌）肖狗 民國11年（男乾命）

奇門遁甲局數如標示為 一 ～九表示陰局　　如標示為1 ～9 表示陽局

## 正月　壬寅　五黃土

雨水：18時16分 廿三酉時　立春：22時07分 初八亥時

| 農曆 | 國曆 | 干支 | 時盤 | 日盤 |
|---|---|---|---|---|
| 1 | 1/28 | 丙申 | 3 | 6 |
| 2 | 1/29 | 丁酉 | 3 | 7 |
| 3 | 1/30 | 戊戌 | 3 | 8 |
| 4 | 1/31 | 己亥 | 9 | 9 |
| 5 | 2/1 | 庚子 | 9 | 1 |
| 6 | 2/2 | 辛丑 | 9 | 2 |
| 7 | 2/3 | 壬寅 | 9 | 3 |
| 8 | 2/4 | 癸卯 | 9 | 4 |
| 9 | 2/5 | 甲辰 | 6 | 5 |
| 10 | 2/6 | 乙巳 | 6 | 6 |
| 11 | 2/7 | 丙午 | 6 | 7 |
| 12 | 2/8 | 丁未 | 6 | 8 |
| 13 | 2/9 | 戊申 | 6 | 9 |
| 14 | 2/10 | 己酉 | 8 | 1 |
| 15 | 2/11 | 庚戌 | 8 | 2 |
| 16 | 2/12 | 辛亥 | 8 | 3 |
| 17 | 2/13 | 壬子 | 8 | 4 |
| 18 | 2/14 | 癸丑 | 8 | 5 |
| 19 | 2/15 | 甲寅 | 5 | 6 |
| 20 | 2/16 | 乙卯 | 5 | 7 |
| 21 | 2/17 | 丙辰 | 5 | 8 |
| 22 | 2/18 | 丁巳 | 5 | 9 |
| 23 | 2/19 | 戊午 | 5 | 1 |
| 24 | 2/20 | 己未 | 2 | 2 |
| 25 | 2/21 | 庚申 | 2 | 3 |
| 26 | 2/22 | 辛酉 | 2 | 4 |
| 27 | 2/23 | 壬戌 | 2 | 5 |
| 28 | 2/24 | 癸亥 | 2 | 6 |
| 29 | 2/25 | 甲子 | 9 | 7 |
| 30 | 2/26 | 乙丑 | 9 | 8 |

## 二月　癸卯　四綠木

春分：17時49分 廿三酉時　驚蟄：16時34分 初八申時

| 農曆 | 國曆 | 干支 | 時盤 | 日盤 |
|---|---|---|---|---|
| 1 | 2/27 | 丙寅 | 9 | 9 |
| 2 | 2/28 | 丁卯 | 9 | 1 |
| 3 | 3/1 | 戊辰 | 9 | 2 |
| 4 | 3/2 | 己巳 | 6 | 3 |
| 5 | 3/3 | 庚午 | 6 | 4 |
| 6 | 3/4 | 辛未 | 6 | 5 |
| 7 | 3/5 | 壬申 | 6 | 6 |
| 8 | 3/6 | 癸酉 | 6 | 7 |
| 9 | 3/7 | 甲戌 | 3 | 8 |
| 10 | 3/8 | 乙亥 | 3 | 9 |
| 11 | 3/9 | 丙子 | 3 | 1 |
| 12 | 3/10 | 丁丑 | 3 | 2 |
| 13 | 3/11 | 戊寅 | 3 | 3 |
| 14 | 3/12 | 己卯 | 1 | 4 |
| 15 | 3/13 | 庚辰 | 1 | 5 |
| 16 | 3/14 | 辛巳 | 1 | 6 |
| 17 | 3/15 | 壬午 | 1 | 7 |
| 18 | 3/16 | 癸未 | 1 | 8 |
| 19 | 3/17 | 甲申 | 7 | 9 |
| 20 | 3/18 | 乙酉 | 7 | 1 |
| 21 | 3/19 | 丙戌 | 7 | 2 |
| 22 | 3/20 | 丁亥 | 7 | 3 |
| 23 | 3/21 | 戊子 | 7 | 4 |
| 24 | 3/22 | 己丑 | 4 | 5 |
| 25 | 3/23 | 庚寅 | 4 | 6 |
| 26 | 3/24 | 辛卯 | 4 | 7 |
| 27 | 3/25 | 壬辰 | 4 | 8 |
| 28 | 3/26 | 癸巳 | 4 | 9 |
| 29 | 3/27 | 甲午 | 3 | 1 |

## 三月　甲辰　三碧木

穀雨：05時29分 廿五卯時　清明：21時58分 初九亥時

| 農曆 | 國曆 | 干支 | 時盤 | 日盤 |
|---|---|---|---|---|
| 1 | 3/28 | 乙未 | 3 | 2 |
| 2 | 3/29 | 丙申 | 3 | 3 |
| 3 | 3/30 | 丁酉 | 3 | 4 |
| 4 | 3/31 | 戊戌 | 3 | 5 |
| 5 | 4/1 | 己亥 | 9 | 6 |
| 6 | 4/2 | 庚子 | 9 | 7 |
| 7 | 4/3 | 辛丑 | 9 | 8 |
| 8 | 4/4 | 壬寅 | 9 | 9 |
| 9 | 4/5 | 癸卯 | 9 | 1 |
| 10 | 4/6 | 甲辰 | 6 | 2 |
| 11 | 4/7 | 乙巳 | 6 | 3 |
| 12 | 4/8 | 丙午 | 6 | 4 |
| 13 | 4/9 | 丁未 | 6 | 5 |
| 14 | 4/10 | 戊申 | 6 | 6 |
| 15 | 4/11 | 己酉 | 4 | 7 |
| 16 | 4/12 | 庚戌 | 4 | 8 |
| 17 | 4/13 | 辛亥 | 4 | 9 |
| 18 | 4/14 | 壬子 | 4 | 1 |
| 19 | 4/15 | 癸丑 | 4 | 2 |
| 20 | 4/16 | 甲寅 | 1 | 3 |
| 21 | 4/17 | 乙卯 | 1 | 4 |
| 22 | 4/18 | 丙辰 | 1 | 5 |
| 23 | 4/19 | 丁巳 | 1 | 6 |
| 24 | 4/20 | 戊午 | 1 | 7 |
| 25 | 4/21 | 己未 | 7 | 8 |
| 26 | 4/22 | 庚申 | 7 | 9 |
| 27 | 4/23 | 辛酉 | 7 | 1 |
| 28 | 4/24 | 壬戌 | 7 | 2 |
| 29 | 4/25 | 癸亥 | 7 | 3 |
| 30 | 4/26 | 甲子 | 5 | 4 |

## 四月　乙巳　二黑土

小滿：05時10分 廿六卯時　立夏：15時53分 初十申時

| 農曆 | 國曆 | 干支 | 時盤 | 日盤 |
|---|---|---|---|---|
| 1 | 4/27 | 乙丑 | 5 | 5 |
| 2 | 4/28 | 丙寅 | 5 | 6 |
| 3 | 4/29 | 丁卯 | 5 | 7 |
| 4 | 4/30 | 戊辰 | 5 | 8 |
| 5 | 5/1 | 己巳 | 2 | 9 |
| 6 | 5/2 | 庚午 | 2 | 1 |
| 7 | 5/3 | 辛未 | 2 | 2 |
| 8 | 5/4 | 壬申 | 2 | 3 |
| 9 | 5/5 | 癸酉 | 2 | 4 |
| 10 | 5/6 | 甲戌 | 8 | 5 |
| 11 | 5/7 | 乙亥 | 8 | 6 |
| 12 | 5/8 | 丙子 | 8 | 7 |
| 13 | 5/9 | 丁丑 | 8 | 8 |
| 14 | 5/10 | 戊寅 | 8 | 9 |
| 15 | 5/11 | 己卯 | 4 | 1 |
| 16 | 5/12 | 庚辰 | 4 | 2 |
| 17 | 5/13 | 辛巳 | 4 | 3 |
| 18 | 5/14 | 壬午 | 4 | 4 |
| 19 | 5/15 | 癸未 | 4 | 5 |
| 20 | 5/16 | 甲申 | 1 | 6 |
| 21 | 5/17 | 乙酉 | 1 | 7 |
| 22 | 5/18 | 丙戌 | 1 | 8 |
| 23 | 5/19 | 丁亥 | 1 | 9 |
| 24 | 5/20 | 戊子 | 1 | 1 |
| 25 | 5/21 | 己丑 | 7 | 2 |
| 26 | 5/22 | 庚寅 | 7 | 3 |
| 27 | 5/23 | 辛卯 | 7 | 4 |
| 28 | 5/24 | 壬辰 | 7 | 5 |
| 29 | 5/25 | 癸巳 | 7 | 6 |
| 30 | 5/26 | 甲午 | 5 | 7 |

## 五月　丙午　一白水

夏至：13時27分 廿七未時　芒種：20時30分 十一戌時

| 農曆 | 國曆 | 干支 | 時盤 | 日盤 |
|---|---|---|---|---|
| 1 | 5/27 | 乙未 | 5 | 8 |
| 2 | 5/28 | 丙申 | 5 | 9 |
| 3 | 5/29 | 丁酉 | 5 | 1 |
| 4 | 5/30 | 戊戌 | 5 | 2 |
| 5 | 5/31 | 己亥 | 2 | 3 |
| 6 | 6/1 | 庚子 | 2 | 4 |
| 7 | 6/2 | 辛丑 | 2 | 5 |
| 8 | 6/3 | 壬寅 | 2 | 6 |
| 9 | 6/4 | 癸卯 | 2 | 7 |
| 10 | 6/5 | 甲辰 | 8 | 8 |
| 11 | 6/6 | 乙巳 | 8 | 9 |
| 12 | 6/7 | 丙午 | 8 | 1 |
| 13 | 6/8 | 丁未 | 8 | 2 |
| 14 | 6/9 | 戊申 | 8 | 3 |
| 15 | 6/10 | 己酉 | 6 | 4 |
| 16 | 6/11 | 庚戌 | 6 | 5 |
| 17 | 6/12 | 辛亥 | 6 | 6 |
| 18 | 6/13 | 壬子 | 6 | 7 |
| 19 | 6/14 | 癸丑 | 6 | 8 |
| 20 | 6/15 | 甲寅 | 3 | 9 |
| 21 | 6/16 | 乙卯 | 3 | 1 |
| 22 | 6/17 | 丙辰 | 3 | 2 |
| 23 | 6/18 | 丁巳 | 3 | 3 |
| 24 | 6/19 | 戊午 | 3 | 4 |
| 25 | 6/20 | 己未 | 9 | 5 |
| 26 | 6/21 | 庚申 | 9 | 6 |
| 27 | 6/22 | 辛酉 | 9 | 三 |
| 28 | 6/23 | 壬戌 | 9 | 二 |
| 29 | 6/24 | 癸亥 | 9 | 一 |

## 閏五月　丁未

小暑：06時57分 十四卯時

| 農曆 | 國曆 | 干支 | 時盤 | 日盤 |
|---|---|---|---|---|
| 1 | 6/25 | 甲子 | 九 | 九 |
| 2 | 6/26 | 乙丑 | 九 | 八 |
| 3 | 6/27 | 丙寅 | 九 | 七 |
| 4 | 6/28 | 丁卯 | 九 | 六 |
| 5 | 6/29 | 戊辰 | 九 | 五 |
| 6 | 6/30 | 己巳 | 三 | 四 |
| 7 | 7/1 | 庚午 | 三 | 三 |
| 8 | 7/2 | 辛未 | 三 | 二 |
| 9 | 7/3 | 壬申 | 三 | 一 |
| 10 | 7/4 | 癸酉 | 三 | 九 |
| 11 | 7/5 | 甲戌 | 六 | 八 |
| 12 | 7/6 | 乙亥 | 六 | 七 |
| 13 | 7/7 | 丙子 | 六 | 六 |
| 14 | 7/8 | 丁丑 | 六 | 五 |
| 15 | 7/9 | 戊寅 | 六 | 四 |
| 16 | 7/10 | 己卯 | 八 | 三 |
| 17 | 7/11 | 庚辰 | 八 | 二 |
| 18 | 7/12 | 辛巳 | 八 | 一 |
| 19 | 7/13 | 壬午 | 八 | 九 |
| 20 | 7/14 | 癸未 | 八 | 八 |
| 21 | 7/15 | 甲申 | 二 | 七 |
| 22 | 7/16 | 乙酉 | 二 | 六 |
| 23 | 7/17 | 丙戌 | 二 | 五 |
| 24 | 7/18 | 丁亥 | 二 | 四 |
| 25 | 7/19 | 戊子 | 二 | 三 |
| 26 | 7/20 | 己丑 | 五 | 二 |
| 27 | 7/21 | 庚寅 | 五 | 一 |
| 28 | 7/22 | 辛卯 | 五 | 九 |
| 29 | 7/23 | 壬辰 | 五 | 八 |

## 六月　丁未　九紫火

立秋：…時…分 十六申時　大暑：00時20分 初一子時

| 農曆 | 國曆 | 干支 | 時盤 | 日盤 |
|---|---|---|---|---|
| 1 | 7/24 | 癸巳 | 五 | 七 |
| 2 | 7/25 | 甲午 | 七 | 六 |
| 3 | 7/26 | 乙未 | 七 | 五 |
| 4 | 7/27 | 丙申 | 七 | 四 |
| 5 | 7/28 | 丁酉 | 七 | 三 |
| 6 | 7/29 | 戊戌 | 七 | 二 |
| 7 | 7/30 | 己亥 | 一 | 一 |
| 8 | 7/31 | 庚子 | 一 | 九 |
| 9 | 8/1 | 辛丑 | 一 | 八 |
| 10 | 8/2 | 壬寅 | 一 | 七 |
| 11 | 8/3 | 癸卯 | 一 | 六 |
| 12 | 8/4 | 甲辰 | 四 | 五 |
| 13 | 8/5 | 乙巳 | 四 | 四 |
| 14 | 8/6 | 丙午 | 四 | 三 |
| 15 | 8/7 | 丁未 | 四 | 二 |
| 16 | 8/8 | 戊申 | 四 | 一 |
| 17 | 8/9 | 己酉 | 二 | 九 |
| 18 | 8/10 | 庚戌 | 二 | 八 |
| 19 | 8/11 | 辛亥 | 二 | 七 |
| 20 | 8/12 | 壬子 | 二 | 六 |
| 21 | 8/13 | 癸丑 | 二 | 五 |
| 22 | 8/14 | 甲寅 | 五 | 四 |
| 23 | 8/15 | 乙卯 | 五 | 三 |
| 24 | 8/16 | 丙辰 | 五 | 二 |
| 25 | 8/17 | 丁巳 | 五 | 一 |
| 26 | 8/18 | 戊午 | 五 | 九 |
| 27 | 8/19 | 己未 | 八 | 八 |
| 28 | 8/20 | 庚申 | 八 | 七 |
| 29 | 8/21 | 辛酉 | 八 | 六 |
| 30 | 8/22 | 壬戌 | 八 | 五 |

# 西元1922年（壬戌）肖狗 民國11年（女離命）

奇門遁甲局數如標示為 一 ～九表示陰局　　如標示為1 ～9 表示陽局

| 十二月 | | | | | 十一月 | | | | | 十月 | | | | | 九月 | | | | | 八月 | | | | | 七月 | | | | |
|---|---|---|---|---|---|---|---|---|---|---|---|---|---|---|---|---|---|---|---|---|---|---|---|---|---|---|---|---|---|
| 癸丑 | | | | | 壬子 | | | | | 辛亥 | | | | | 庚戌 | | | | | 己酉 | | | | | 戊申 | | | | |
| 三碧木 | | | | | 四綠木 | | | | | 五黃土 | | | | | 六白金 | | | | | 七赤金 | | | | | 八白土 | | | | |
| 立春 04時01分 二十寅時 | | 大寒 09時35分 初五巳時 | 奇門遁甲局數 | | 小寒 16時15分 二十申時 | | 冬至 22時57分 初五亥時 | 奇門遁甲局數 | | 大雪 05時11分 二十卯時 | | 小雪 09時56分 初五巳時 | 奇門遁甲局數 | | 立冬 12時24分 二十午時 | | 霜降 12時53分 初五午時 | 奇門遁甲局數 | | 寒露 10時10分 十九巳時 | | 秋分 04時10分 初四寅時 | 奇門遁甲局數 | | 白露 19時07分 十七戌時 | | 處暑 07時05分 初二辰時 | 奇門遁甲局數 | |
| 農曆 | 國曆 | 干支 | 時盤 | 日盤 | 農曆 | 國曆 | 干支 | 時盤 | 日盤 | 農曆 | 國曆 | 干支 | 時盤 | 日盤 | 農曆 | 國曆 | 干支 | 時盤 | 日盤 | 農曆 | 國曆 | 干支 | 時盤 | 日盤 | 農曆 | 國曆 | 干支 | 時盤 | 日盤 |
| 1 | 1/17 | 庚寅 | 5 | 9 | 1 | 12/18 | 庚申 | 一 | 四 | 1 | 11/19 | 辛卯 | 三 | 六 | 1 | 10/20 | 辛酉 | 三 | 九 | 1 | 9/21 | 壬辰 | 六 | 二 | 1 | 8/23 | 癸亥 | 八 | 四 |
| 2 | 1/18 | 辛卯 | 5 | 1 | 2 | 12/19 | 辛酉 | 一 | 三 | 2 | 11/20 | 壬辰 | 三 | 五 | 2 | 10/21 | 壬戌 | 三 | 八 | 2 | 9/22 | 癸巳 | 六 | 一 | 2 | 8/24 | 甲子 | 一 | 三 |
| 3 | 1/19 | 壬辰 | 5 | 2 | 3 | 12/20 | 壬戌 | 一 | 二 | 3 | 11/21 | 癸巳 | 三 | 四 | 3 | 10/22 | 癸亥 | 三 | 七 | 3 | 9/23 | 甲午 | 七 | 九 | 3 | 8/25 | 乙丑 | 一 | 二 |
| 4 | 1/20 | 癸巳 | 5 | 3 | 4 | 12/21 | 癸亥 | 一 | 一 | 4 | 11/22 | 甲午 | 五 | 三 | 4 | 10/23 | 甲子 | 五 | 六 | 4 | 9/24 | 乙未 | 七 | 八 | 4 | 8/26 | 丙寅 | 一 | 一 |
| 5 | 1/21 | 甲午 | 3 | 4 | 5 | 12/22 | 甲子 | 1 | 1 | 5 | 11/23 | 乙未 | 五 | 二 | 5 | 10/24 | 乙丑 | 五 | 五 | 5 | 9/25 | 丙申 | 七 | 七 | 5 | 8/27 | 丁卯 | 一 | 九 |
| 6 | 1/22 | 乙未 | 3 | 5 | 6 | 12/23 | 乙丑 | 1 | 2 | 6 | 11/24 | 丙申 | 五 | 一 | 6 | 10/25 | 丙寅 | 五 | 四 | 6 | 9/26 | 丁酉 | 七 | 六 | 6 | 8/28 | 戊辰 | 一 | 八 |
| 7 | 1/23 | 丙申 | 3 | 6 | 7 | 12/24 | 丙寅 | 1 | 3 | 7 | 11/25 | 丁酉 | 五 | 九 | 7 | 10/26 | 丁卯 | 五 | 三 | 7 | 9/27 | 戊戌 | 七 | 五 | 7 | 8/29 | 己巳 | 四 | 七 |
| 8 | 1/24 | 丁酉 | 3 | 7 | 8 | 12/25 | 丁卯 | 1 | 4 | 8 | 11/26 | 戊戌 | 五 | 八 | 8 | 10/27 | 戊辰 | 五 | 二 | 8 | 9/28 | 己亥 | 一 | 四 | 8 | 8/30 | 庚午 | 四 | 六 |
| 9 | 1/25 | 戊戌 | 3 | 8 | 9 | 12/26 | 戊辰 | 1 | 5 | 9 | 11/27 | 己亥 | 八 | 七 | 9 | 10/28 | 己巳 | 八 | 一 | 9 | 9/29 | 庚子 | 一 | 三 | 9 | 8/31 | 辛未 | 四 | 五 |
| 10 | 1/26 | 己亥 | 9 | 9 | 10 | 12/27 | 己巳 | 7 | 6 | 10 | 11/28 | 庚子 | 八 | 六 | 10 | 10/29 | 庚午 | 八 | 九 | 10 | 9/30 | 辛丑 | 一 | 二 | 10 | 9/1 | 壬申 | 四 | 四 |
| 11 | 1/27 | 庚子 | 9 | 1 | 11 | 12/28 | 庚午 | 7 | 7 | 11 | 11/29 | 辛丑 | 八 | 五 | 11 | 10/30 | 辛未 | 八 | 八 | 11 | 10/1 | 壬寅 | 一 | 一 | 11 | 9/2 | 癸酉 | 四 | 三 |
| 12 | 1/28 | 辛丑 | 9 | 2 | 12 | 12/29 | 辛未 | 7 | 8 | 12 | 11/30 | 壬寅 | 八 | 四 | 12 | 10/31 | 壬申 | 八 | 七 | 12 | 10/2 | 癸卯 | 一 | 九 | 12 | 9/3 | 甲戌 | 七 | 二 |
| 13 | 1/29 | 壬寅 | 9 | 3 | 13 | 12/30 | 壬申 | 7 | 9 | 13 | 12/1 | 癸卯 | 八 | 三 | 13 | 11/1 | 癸酉 | 八 | 六 | 13 | 10/3 | 甲辰 | 四 | 八 | 13 | 9/4 | 乙亥 | 七 | 一 |
| 14 | 1/30 | 癸卯 | 9 | 4 | 14 | 12/31 | 癸酉 | 7 | 1 | 14 | 12/2 | 甲辰 | 二 | 二 | 14 | 11/2 | 甲戌 | 二 | 五 | 14 | 10/4 | 乙巳 | 四 | 七 | 14 | 9/5 | 丙子 | 七 | 九 |
| 15 | 1/31 | 甲辰 | 6 | 5 | 15 | 1/1 | 甲戌 | 4 | 2 | 15 | 12/3 | 乙巳 | 二 | 一 | 15 | 11/3 | 乙亥 | 二 | 四 | 15 | 10/5 | 丙午 | 四 | 六 | 15 | 9/6 | 丁丑 | 七 | 八 |
| 16 | 2/1 | 乙巳 | 6 | 6 | 16 | 1/2 | 乙亥 | 4 | 3 | 16 | 12/4 | 丙午 | 二 | 九 | 16 | 11/4 | 丙子 | 二 | 三 | 16 | 10/6 | 丁未 | 四 | 五 | 16 | 9/7 | 戊寅 | 七 | 七 |
| 17 | 2/2 | 丙午 | 6 | 7 | 17 | 1/3 | 丙子 | 4 | 4 | 17 | 12/5 | 丁未 | 二 | 八 | 17 | 11/5 | 丁丑 | 二 | 二 | 17 | 10/7 | 戊申 | 四 | 四 | 17 | 9/8 | 己卯 | 九 | 六 |
| 18 | 2/3 | 丁未 | 6 | 8 | 18 | 1/4 | 丁丑 | 4 | 5 | 18 | 12/6 | 戊申 | 二 | 七 | 18 | 11/6 | 戊寅 | 二 | 一 | 18 | 10/8 | 己酉 | 六 | 三 | 18 | 9/9 | 庚辰 | 九 | 五 |
| 19 | 2/4 | 戊申 | 6 | 9 | 19 | 1/5 | 戊寅 | 4 | 6 | 19 | 12/7 | 己酉 | 四 | 六 | 19 | 11/7 | 己卯 | 六 | 九 | 19 | 10/9 | 庚戌 | 六 | 二 | 19 | 9/10 | 辛巳 | 九 | 四 |
| 20 | 2/5 | 己酉 | 8 | 1 | 20 | 1/6 | 己卯 | 2 | 7 | 20 | 12/8 | 庚戌 | 四 | 五 | 20 | 11/8 | 庚辰 | 六 | 八 | 20 | 10/10 | 辛亥 | 六 | 一 | 20 | 9/11 | 壬午 | 九 | 三 |
| 21 | 2/6 | 庚戌 | 8 | 2 | 21 | 1/7 | 庚辰 | 2 | 8 | 21 | 12/9 | 辛亥 | 四 | 四 | 21 | 11/9 | 辛巳 | 六 | 七 | 21 | 10/11 | 壬子 | 六 | 九 | 21 | 9/12 | 癸未 | 九 | 二 |
| 22 | 2/7 | 辛亥 | 8 | 3 | 22 | 1/8 | 辛巳 | 2 | 9 | 22 | 12/10 | 壬子 | 四 | 三 | 22 | 11/10 | 壬午 | 六 | 六 | 22 | 10/12 | 癸丑 | 六 | 八 | 22 | 9/13 | 甲申 | 三 | 一 |
| 23 | 2/8 | 壬子 | 8 | 4 | 23 | 1/9 | 壬午 | 2 | 1 | 23 | 12/11 | 癸丑 | 四 | 二 | 23 | 11/11 | 癸未 | 六 | 五 | 23 | 10/13 | 甲寅 | 九 | 七 | 23 | 9/14 | 乙酉 | 三 | 九 |
| 24 | 2/9 | 癸丑 | 8 | 5 | 24 | 1/10 | 癸未 | 2 | 2 | 24 | 12/12 | 甲寅 | 七 | 一 | 24 | 11/12 | 甲申 | 九 | 四 | 24 | 10/14 | 乙卯 | 九 | 六 | 24 | 9/15 | 丙戌 | 三 | 八 |
| 25 | 2/10 | 甲寅 | 5 | 6 | 25 | 1/11 | 甲申 | 8 | 3 | 25 | 12/13 | 乙卯 | 七 | 九 | 25 | 11/13 | 乙酉 | 九 | 三 | 25 | 10/15 | 丙辰 | 九 | 五 | 25 | 9/16 | 丁亥 | 三 | 七 |
| 26 | 2/11 | 乙卯 | 5 | 7 | 26 | 1/12 | 乙酉 | 8 | 4 | 26 | 12/14 | 丙辰 | 七 | 八 | 26 | 11/14 | 丙戌 | 九 | 二 | 26 | 10/16 | 丁巳 | 九 | 四 | 26 | 9/17 | 戊子 | 三 | 六 |
| 27 | 2/12 | 丙辰 | 5 | 8 | 27 | 1/13 | 丙戌 | 8 | 5 | 27 | 12/15 | 丁巳 | 七 | 七 | 27 | 11/15 | 丁亥 | 九 | 一 | 27 | 10/17 | 戊午 | 九 | 三 | 27 | 9/18 | 己丑 | 六 | 五 |
| 28 | 2/13 | 丁巳 | 5 | 9 | 28 | 1/14 | 丁亥 | 8 | 6 | 28 | 12/16 | 戊午 | 七 | 六 | 28 | 11/16 | 戊子 | 九 | 九 | 28 | 10/18 | 己未 | 三 | 二 | 28 | 9/19 | 庚寅 | 六 | 四 |
| 29 | 2/14 | 戊午 | 5 | 1 | 29 | 1/15 | 戊子 | 8 | 7 | 29 | 12/17 | 己未 | 一 | 五 | 29 | 11/17 | 己丑 | 三 | 八 | 29 | 10/19 | 庚申 | 三 | 一 | 29 | 9/20 | 辛卯 | 六 | 三 |
| 30 | 2/15 | 己未 | 2 | 2 | 30 | 1/16 | 己丑 | 5 | 8 | | | | | | 30 | 11/18 | 庚寅 | 三 | 七 | | | | | | | | | | |

# 西元1923年（癸亥）肖豬 民國12年（男坤命）

奇門遁甲局數如標示為 一 ～九表示陰局　　如標示為1 ～9 表示陽局

| 六月 | | | | | 五月 | | | | | 四月 | | | | | 三月 | | | | | 二月 | | | | | 正月 | | | | |
|---|---|---|---|---|---|---|---|---|---|---|---|---|---|---|---|---|---|---|---|---|---|---|---|---|---|---|---|---|---|
| 己未 | | | | | 戊午 | | | | | 丁巳 | | | | | 丙辰 | | | | | 乙卯 | | | | | 甲寅 | | | | |
| 六白金 | | | | | 七赤金 | | | | | 八白土 | | | | | 九紫火 | | | | | 一白水 | | | | | 二黑土 | | | | |
| 立秋 22時25分 廿六亥時 | | 大暑 06時01分 十一卯時 | 奇門遁甲局數 | | 小暑 12時42分 廿五午時 | | 夏至 19時03分 初九戌時 | 奇門遁甲局數 | | 芒種 02時15分 廿三丑時 | | 小滿 10時46分 初七巳時 | 奇門遁甲局數 | | 立夏 21時39分 廿一亥時 | | 穀雨 11時06分 初六午時 | 奇門遁甲局數 | | 清明 03時46分 廿一寅時 | | 春分 23時29分 初五子時 | 奇門遁甲局數 | | 驚蟄 22時25分 十九亥時 | | 雨水 00時00分 初五子時 | 奇門遁甲局數 | |
| 農曆 | 國曆 | 干支 | 時盤 | 日盤 | 農曆 | 國曆 | 干支 | 時盤 | 日盤 | 農曆 | 國曆 | 干支 | 時盤 | 日盤 | 農曆 | 國曆 | 干支 | 時盤 | 日盤 | 農曆 | 國曆 | 干支 | 時盤 | 日盤 | 農曆 | 國曆 | 干支 | 時盤 | 日盤 |
| 1 | 7/14 | 戊子 | 二 | 三 | 1 | 6/14 | 戊午 | 3 | 4 | 1 | 5/16 | 己丑 | 7 | 2 | 1 | 4/16 | 己未 | 7 | 8 | 1 | 3/17 | 己丑 | 4 | 5 | 1 | 2/16 | 庚申 | 2 | 3 |
| 2 | 7/15 | 己丑 | 五 | 二 | 2 | 6/15 | 己未 | 9 | 5 | 2 | 5/17 | 庚寅 | 7 | 3 | 2 | 4/17 | 庚申 | 7 | 9 | 2 | 3/18 | 庚寅 | 4 | 6 | 2 | 2/17 | 辛酉 | 2 | 4 |
| 3 | 7/16 | 庚寅 | 五 | 一 | 3 | 6/16 | 庚申 | 9 | 6 | 3 | 5/18 | 辛卯 | 7 | 4 | 3 | 4/18 | 辛酉 | 7 | 1 | 3 | 3/19 | 辛卯 | 4 | 7 | 3 | 2/18 | 壬戌 | 2 | 5 |
| 4 | 7/17 | 辛卯 | 五 | 九 | 4 | 6/17 | 辛酉 | 9 | 7 | 4 | 5/19 | 壬辰 | 7 | 5 | 4 | 4/19 | 壬戌 | 7 | 2 | 4 | 3/20 | 壬辰 | 4 | 8 | 4 | 2/19 | 癸亥 | 2 | 6 |
| 5 | 7/18 | 壬辰 | 五 | 八 | 5 | 6/18 | 壬戌 | 9 | 8 | 5 | 5/20 | 癸巳 | 7 | 6 | 5 | 4/20 | 癸亥 | 7 | 3 | 5 | 3/21 | 癸巳 | 4 | 9 | 5 | 2/20 | 甲子 | 9 | 7 |
| 6 | 7/19 | 癸巳 | 五 | 七 | 6 | 6/19 | 癸亥 | 9 | 9 | 6 | 5/21 | 甲午 | 5 | 7 | 6 | 4/21 | 甲子 | 5 | 4 | 6 | 3/22 | 甲午 | 3 | 1 | 6 | 2/21 | 乙丑 | 9 | 8 |
| 7 | 7/20 | 甲午 | 七 | 六 | 7 | 6/20 | 甲子 | 九 | 1 | 7 | 5/22 | 乙未 | 5 | 8 | 7 | 4/22 | 乙丑 | 5 | 5 | 7 | 3/23 | 乙未 | 3 | 2 | 7 | 2/22 | 丙寅 | 9 | 9 |
| 8 | 7/21 | 乙未 | 七 | 五 | 8 | 6/21 | 乙丑 | 九 | 2 | 8 | 5/23 | 丙申 | 5 | 9 | 8 | 4/23 | 丙寅 | 5 | 6 | 8 | 3/24 | 丙申 | 3 | 3 | 8 | 2/23 | 丁卯 | 9 | 1 |
| 9 | 7/22 | 丙申 | 七 | 四 | 9 | 6/22 | 丙寅 | 九 | 七 | 9 | 5/24 | 丁酉 | 5 | 1 | 9 | 4/24 | 丁卯 | 5 | 7 | 9 | 3/25 | 丁酉 | 3 | 4 | 9 | 2/24 | 戊辰 | 9 | 2 |
| 10 | 7/23 | 丁酉 | 七 | 三 | 10 | 6/23 | 丁卯 | 九 | 六 | 10 | 5/25 | 戊戌 | 5 | 2 | 10 | 4/25 | 戊辰 | 5 | 8 | 10 | 3/26 | 戊戌 | 3 | 5 | 10 | 2/25 | 己巳 | 6 | 3 |
| 11 | 7/24 | 戊戌 | 七 | 二 | 11 | 6/24 | 戊辰 | 九 | 五 | 11 | 5/26 | 己亥 | 2 | 3 | 11 | 4/26 | 己巳 | 2 | 9 | 11 | 3/27 | 己亥 | 9 | 6 | 11 | 2/26 | 庚午 | 6 | 4 |
| 12 | 7/25 | 己亥 | 一 | 一 | 12 | 6/25 | 己巳 | 三 | 四 | 12 | 5/27 | 庚子 | 2 | 4 | 12 | 4/27 | 庚午 | 2 | 1 | 12 | 3/28 | 庚子 | 9 | 7 | 12 | 2/27 | 辛未 | 6 | 5 |
| 13 | 7/26 | 庚子 | 一 | 九 | 13 | 6/26 | 庚午 | 三 | 三 | 13 | 5/28 | 辛丑 | 2 | 5 | 13 | 4/28 | 辛未 | 2 | 2 | 13 | 3/29 | 辛丑 | 9 | 8 | 13 | 2/28 | 壬申 | 6 | 6 |
| 14 | 7/27 | 辛丑 | 一 | 八 | 14 | 6/27 | 辛未 | 三 | 二 | 14 | 5/29 | 壬寅 | 2 | 6 | 14 | 4/29 | 壬申 | 2 | 3 | 14 | 3/30 | 壬寅 | 9 | 9 | 14 | 3/1 | 癸酉 | 6 | 7 |
| 15 | 7/28 | 壬寅 | 一 | 七 | 15 | 6/28 | 壬申 | 三 | 一 | 15 | 5/30 | 癸卯 | 2 | 7 | 15 | 4/30 | 癸酉 | 2 | 4 | 15 | 3/31 | 癸卯 | 9 | 1 | 15 | 3/2 | 甲戌 | 3 | 8 |
| 16 | 7/29 | 癸卯 | 一 | 六 | 16 | 6/29 | 癸酉 | 三 | 九 | 16 | 5/31 | 甲辰 | 8 | 8 | 16 | 5/1 | 甲戌 | 8 | 5 | 16 | 4/1 | 甲辰 | 6 | 2 | 16 | 3/3 | 乙亥 | 3 | 9 |
| 17 | 7/30 | 甲辰 | 四 | 五 | 17 | 6/30 | 甲戌 | 六 | 八 | 17 | 6/1 | 乙巳 | 8 | 9 | 17 | 5/2 | 乙亥 | 8 | 6 | 17 | 4/2 | 乙巳 | 6 | 3 | 17 | 3/4 | 丙子 | 3 | 1 |
| 18 | 7/31 | 乙巳 | 四 | 四 | 18 | 7/1 | 乙亥 | 六 | 七 | 18 | 6/2 | 丙午 | 8 | 1 | 18 | 5/3 | 丙子 | 8 | 7 | 18 | 4/3 | 丙午 | 6 | 4 | 18 | 3/5 | 丁丑 | 3 | 2 |
| 19 | 8/1 | 丙午 | 四 | 三 | 19 | 7/2 | 丙子 | 六 | 六 | 19 | 6/3 | 丁未 | 8 | 2 | 19 | 5/4 | 丁丑 | 8 | 8 | 19 | 4/4 | 丁未 | 6 | 5 | 19 | 3/6 | 戊寅 | 3 | 3 |
| 20 | 8/2 | 丁未 | 四 | 二 | 20 | 7/3 | 丁丑 | 六 | 五 | 20 | 6/4 | 戊申 | 8 | 3 | 20 | 5/5 | 戊寅 | 8 | 9 | 20 | 4/5 | 戊申 | 6 | 6 | 20 | 3/7 | 己卯 | 1 | 4 |
| 21 | 8/3 | 戊申 | 四 | 一 | 21 | 7/4 | 戊寅 | 六 | 四 | 21 | 6/5 | 己酉 | 6 | 4 | 21 | 5/6 | 己卯 | 4 | 1 | 21 | 4/6 | 己酉 | 4 | 7 | 21 | 3/8 | 庚辰 | 1 | 5 |
| 22 | 8/4 | 己酉 | 二 | 九 | 22 | 7/5 | 己卯 | 八 | 三 | 22 | 6/6 | 庚戌 | 6 | 5 | 22 | 5/7 | 庚辰 | 4 | 2 | 22 | 4/7 | 庚戌 | 4 | 8 | 22 | 3/9 | 辛巳 | 1 | 6 |
| 23 | 8/5 | 庚戌 | 二 | 八 | 23 | 7/6 | 庚辰 | 八 | 二 | 23 | 6/7 | 辛亥 | 6 | 6 | 23 | 5/8 | 辛巳 | 4 | 3 | 23 | 4/8 | 辛亥 | 4 | 9 | 23 | 3/10 | 壬午 | 1 | 7 |
| 24 | 8/6 | 辛亥 | 二 | 七 | 24 | 7/7 | 辛巳 | 八 | 一 | 24 | 6/8 | 壬子 | 6 | 7 | 24 | 5/9 | 壬午 | 4 | 4 | 24 | 4/9 | 壬子 | 4 | 1 | 24 | 3/11 | 癸未 | 1 | 8 |
| 25 | 8/7 | 壬子 | 二 | 六 | 25 | 7/8 | 壬午 | 八 | 九 | 25 | 6/9 | 癸丑 | 6 | 8 | 25 | 5/10 | 癸未 | 4 | 5 | 25 | 4/10 | 癸丑 | 4 | 2 | 25 | 3/12 | 甲申 | 7 | 9 |
| 26 | 8/8 | 癸丑 | 二 | 五 | 26 | 7/9 | 癸未 | 八 | 八 | 26 | 6/10 | 甲寅 | 3 | 9 | 26 | 5/11 | 甲申 | 1 | 6 | 26 | 4/11 | 甲寅 | 1 | 3 | 26 | 3/13 | 乙酉 | 7 | 1 |
| 27 | 8/9 | 甲寅 | 五 | 四 | 27 | 7/10 | 甲申 | 二 | 七 | 27 | 6/11 | 乙卯 | 3 | 1 | 27 | 5/12 | 乙酉 | 1 | 7 | 27 | 4/12 | 乙卯 | 1 | 4 | 27 | 3/14 | 丙戌 | 7 | 2 |
| 28 | 8/10 | 乙卯 | 五 | 三 | 28 | 7/11 | 乙酉 | 二 | 六 | 28 | 6/12 | 丙辰 | 3 | 2 | 28 | 5/13 | 丙戌 | 1 | 8 | 28 | 4/13 | 丙辰 | 1 | 5 | 28 | 3/15 | 丁亥 | 7 | 3 |
| 29 | 8/11 | 丙辰 | 五 | 二 | 29 | 7/12 | 丙戌 | 二 | 五 | 29 | 6/13 | 丁巳 | 3 | 3 | 29 | 5/14 | 丁亥 | 1 | 9 | 29 | 4/14 | 丁巳 | 1 | 6 | 29 | 3/16 | 戊子 | 7 | 4 |
| | | | | | 30 | 7/13 | 丁亥 | 二 | 四 | | | | | | 30 | 5/15 | 戊子 | 1 | 1 | 30 | 4/15 | 戊午 | 1 | 7 | | | | | |

# 西元1923年（癸亥）肖豬 民國12年（女坎命）

奇門遁甲局數如標示為 一 ～九表示陰局　　如標示為1 ～9 表示陽局

| 十二月 | | | | | 十一月 | | | | | 十　月 | | | | | 九　月 | | | | | 八　月 | | | | | 七　月 | | | | |
|---|---|---|---|---|---|---|---|---|---|---|---|---|---|---|---|---|---|---|---|---|---|---|---|---|---|---|---|---|---|
| 乙丑 | | | | | 甲子 | | | | | 癸亥 | | | | | 壬戌 | | | | | 辛酉 | | | | | 庚申 | | | | |
| 九紫火 | | | | | 一白水 | | | | | 二黑土 | | | | | 三碧木 | | | | | 四綠木 | | | | | 五黃土 | | | | |
| 大寒 15時29分 十六申時 | | 小寒 22時06分 初一亥時 | 奇門遁甲局數 | | 冬至 04時54分 十六寅時 | | 大雪 11時05分 初一午時 | 奇門遁甲局數 | | 小雪 15時54分 十六申時 | | 立冬 18時41分 初一酉時 | 奇門遁甲局數 | | 霜降 18時51分 十五酉時 | | | 奇門遁甲局數 | | 寒露 16時04分 廿九申時 | | 秋分 10時04分 十四巳時 | 奇門遁甲局數 | | 白露 00時58分 廿九子時 | | 處暑 12時52分 十三午時 | 奇門遁甲局數 | |
| 農曆 | 國曆 | 干支 | 時盤 | 日盤 | 農曆 | 國曆 | 干支 | 時盤 | 日盤 | 農曆 | 國曆 | 干支 | 時盤 | 日盤 | 農曆 | 國曆 | 干支 | 時盤 | 日盤 | 農曆 | 國曆 | 干支 | 時盤 | 日盤 | 農曆 | 國曆 | 干支 | 時盤 | 日盤 |
| 1 | 1/6 | 甲申 | 8 | 3 | 1 | 12/8 | 乙卯 | 七 | 九 | 1 | 11/8 | 乙酉 | 九 | 三 | 1 | 10/10 | 丙辰 | 九 | 五 | 1 | 9/11 | 丁亥 | 三 | 七 | 1 | 8/12 | 丁巳 | 五 | 一 |
| 2 | 1/7 | 乙酉 | 8 | 4 | 2 | 12/9 | 丙辰 | 七 | 八 | 2 | 11/9 | 丙戌 | 九 | 二 | 2 | 10/11 | 丁巳 | 九 | 四 | 2 | 9/12 | 戊子 | 三 | 六 | 2 | 8/13 | 戊午 | 五 | 九 |
| 3 | 1/8 | 丙戌 | 8 | 5 | 3 | 12/10 | 丁巳 | 七 | 七 | 3 | 11/10 | 丁亥 | 九 | 一 | 3 | 10/12 | 戊午 | 九 | 三 | 3 | 9/13 | 己丑 | 六 | 五 | 3 | 8/14 | 己未 | 八 | 八 |
| 4 | 1/9 | 丁亥 | 8 | 6 | 4 | 12/11 | 戊午 | 七 | 六 | 4 | 11/11 | 戊子 | 九 | 九 | 4 | 10/13 | 己未 | 三 | 二 | 4 | 9/14 | 庚寅 | 六 | 四 | 4 | 8/15 | 庚申 | 八 | 七 |
| 5 | 1/10 | 戊子 | 8 | 7 | 5 | 12/12 | 己未 | 一 | 五 | 5 | 11/12 | 己丑 | 三 | 八 | 5 | 10/14 | 庚申 | 三 | 一 | 5 | 9/15 | 辛卯 | 六 | 三 | 5 | 8/16 | 辛酉 | 八 | 六 |
| 6 | 1/11 | 己丑 | 5 | 8 | 6 | 12/13 | 庚申 | 一 | 四 | 6 | 11/13 | 庚寅 | 三 | 七 | 6 | 10/15 | 辛酉 | 三 | 九 | 6 | 9/16 | 壬辰 | 六 | 二 | 6 | 8/17 | 壬戌 | 八 | 五 |
| 7 | 1/12 | 庚寅 | 5 | 9 | 7 | 12/14 | 辛酉 | 一 | 三 | 7 | 11/14 | 辛卯 | 三 | 六 | 7 | 10/16 | 壬戌 | 三 | 八 | 7 | 9/17 | 癸巳 | 六 | 一 | 7 | 8/18 | 癸亥 | 八 | 四 |
| 8 | 1/13 | 辛卯 | 5 | 1 | 8 | 12/15 | 壬戌 | 一 | 二 | 8 | 11/15 | 壬辰 | 三 | 五 | 8 | 10/17 | 癸亥 | 三 | 七 | 8 | 9/18 | 甲午 | 七 | 九 | 8 | 8/19 | 甲子 | 一 | 三 |
| 9 | 1/14 | 壬辰 | 5 | 2 | 9 | 12/16 | 癸亥 | 一 | 一 | 9 | 11/16 | 癸巳 | 三 | 四 | 9 | 10/18 | 甲子 | 五 | 六 | 9 | 9/19 | 乙未 | 七 | 八 | 9 | 8/20 | 乙丑 | 一 | 二 |
| 10 | 1/15 | 癸巳 | 5 | 3 | 10 | 12/17 | 甲子 | 1 | 九 | 10 | 11/17 | 甲午 | 五 | 三 | 10 | 10/19 | 乙丑 | 五 | 五 | 10 | 9/20 | 丙申 | 七 | 七 | 10 | 8/21 | 丙寅 | 一 | 一 |
| 11 | 1/16 | 甲午 | 3 | 4 | 11 | 12/18 | 乙丑 | 1 | 八 | 11 | 11/18 | 乙未 | 五 | 二 | 11 | 10/20 | 丙寅 | 五 | 四 | 11 | 9/21 | 丁酉 | 七 | 六 | 11 | 8/22 | 丁卯 | 一 | 九 |
| 12 | 1/17 | 乙未 | 3 | 5 | 12 | 12/19 | 丙寅 | 1 | 七 | 12 | 11/19 | 丙申 | 五 | 一 | 12 | 10/21 | 丁卯 | 五 | 三 | 12 | 9/22 | 戊戌 | 七 | 五 | 12 | 8/23 | 戊辰 | 一 | 八 |
| 13 | 1/18 | 丙申 | 3 | 6 | 13 | 12/20 | 丁卯 | 1 | 六 | 13 | 11/20 | 丁酉 | 五 | 九 | 13 | 10/22 | 戊辰 | 五 | 二 | 13 | 9/23 | 己亥 | 一 | 四 | 13 | 8/24 | 己巳 | 四 | 七 |
| 14 | 1/19 | 丁酉 | 3 | 7 | 14 | 12/21 | 戊辰 | 1 | 五 | 14 | 11/21 | 戊戌 | 五 | 八 | 14 | 10/23 | 己巳 | 八 | 一 | 14 | 9/24 | 庚子 | 一 | 三 | 14 | 8/25 | 庚午 | 四 | 六 |
| 15 | 1/20 | 戊戌 | 3 | 8 | 15 | 12/22 | 己巳 | 7 | 四 | 15 | 11/22 | 己亥 | 八 | 七 | 15 | 10/24 | 庚午 | 八 | 九 | 15 | 9/25 | 辛丑 | 一 | 二 | 15 | 8/26 | 辛未 | 四 | 五 |
| 16 | 1/21 | 己亥 | 9 | 9 | 16 | 12/23 | 庚午 | 7 | 7 | 16 | 11/23 | 庚子 | 八 | 六 | 16 | 10/25 | 辛未 | 八 | 八 | 16 | 9/26 | 壬寅 | 一 | 一 | 16 | 8/27 | 壬申 | 四 | 四 |
| 17 | 1/22 | 庚子 | 9 | 1 | 17 | 12/24 | 辛未 | 7 | 8 | 17 | 11/24 | 辛丑 | 八 | 五 | 17 | 10/26 | 壬申 | 八 | 七 | 17 | 9/27 | 癸卯 | 一 | 九 | 17 | 8/28 | 癸酉 | 四 | 三 |
| 18 | 1/23 | 辛丑 | 9 | 2 | 18 | 12/25 | 壬申 | 7 | 9 | 18 | 11/25 | 壬寅 | 八 | 四 | 18 | 10/27 | 癸酉 | 八 | 六 | 18 | 9/28 | 甲辰 | 四 | 八 | 18 | 8/29 | 甲戌 | 七 | 二 |
| 19 | 1/24 | 壬寅 | 9 | 3 | 19 | 12/26 | 癸酉 | 7 | 1 | 19 | 11/26 | 癸卯 | 八 | 三 | 19 | 10/28 | 甲戌 | 二 | 五 | 19 | 9/29 | 乙巳 | 四 | 七 | 19 | 8/30 | 乙亥 | 七 | 一 |
| 20 | 1/25 | 癸卯 | 9 | 4 | 20 | 12/27 | 甲戌 | 4 | 2 | 20 | 11/27 | 甲辰 | 二 | 二 | 20 | 10/29 | 乙亥 | 二 | 四 | 20 | 9/30 | 丙午 | 四 | 六 | 20 | 8/31 | 丙子 | 七 | 九 |
| 21 | 1/26 | 甲辰 | 6 | 5 | 21 | 12/28 | 乙亥 | 4 | 3 | 21 | 11/28 | 乙巳 | 二 | 一 | 21 | 10/30 | 丙子 | 二 | 三 | 21 | 10/1 | 丁未 | 四 | 五 | 21 | 9/1 | 丁丑 | 七 | 八 |
| 22 | 1/27 | 乙巳 | 6 | 6 | 22 | 12/29 | 丙子 | 4 | 4 | 22 | 11/29 | 丙午 | 二 | 九 | 22 | 10/31 | 丁丑 | 二 | 二 | 22 | 10/2 | 戊申 | 四 | 四 | 22 | 9/2 | 戊寅 | 七 | 七 |
| 23 | 1/28 | 丙午 | 6 | 7 | 23 | 12/30 | 丁丑 | 4 | 5 | 23 | 11/30 | 丁未 | 二 | 八 | 23 | 11/1 | 戊寅 | 二 | 一 | 23 | 10/3 | 己酉 | 六 | 三 | 23 | 9/3 | 己卯 | 九 | 六 |
| 24 | 1/29 | 丁未 | 6 | 8 | 24 | 12/31 | 戊寅 | 4 | 6 | 24 | 12/1 | 戊申 | 二 | 七 | 24 | 11/2 | 己卯 | 六 | 九 | 24 | 10/4 | 庚戌 | 六 | 二 | 24 | 9/4 | 庚辰 | 九 | 五 |
| 25 | 1/30 | 戊申 | 6 | 9 | 25 | 1/1 | 己卯 | 2 | 7 | 25 | 12/2 | 己酉 | 四 | 六 | 25 | 11/3 | 庚辰 | 六 | 八 | 25 | 10/5 | 辛亥 | 六 | 一 | 25 | 9/5 | 辛巳 | 九 | 四 |
| 26 | 1/31 | 己酉 | 8 | 1 | 26 | 1/2 | 庚辰 | 2 | 8 | 26 | 12/3 | 庚戌 | 四 | 五 | 26 | 11/4 | 辛巳 | 六 | 七 | 26 | 10/6 | 壬子 | 六 | 九 | 26 | 9/6 | 壬午 | 九 | 三 |
| 27 | 2/1 | 庚戌 | 8 | 2 | 27 | 1/3 | 辛巳 | 2 | 9 | 27 | 12/4 | 辛亥 | 四 | 四 | 27 | 11/5 | 壬午 | 六 | 六 | 27 | 10/7 | 癸丑 | 六 | 八 | 27 | 9/7 | 癸未 | 九 | 二 |
| 28 | 2/2 | 辛亥 | 8 | 3 | 28 | 1/4 | 壬午 | 2 | 1 | 28 | 12/5 | 壬子 | 四 | 三 | 28 | 11/6 | 癸未 | 六 | 五 | 28 | 10/8 | 甲寅 | 九 | 七 | 28 | 9/8 | 甲申 | 三 | 一 |
| 29 | 2/3 | 壬子 | 8 | 4 | 29 | 1/5 | 癸未 | 2 | 2 | 29 | 12/6 | 癸丑 | 四 | 二 | 29 | 11/7 | 甲申 | 九 | 四 | 29 | 10/9 | 乙卯 | 九 | 六 | 29 | 9/9 | 乙酉 | 三 | 九 |
| 30 | 2/4 | 癸丑 | 8 | 5 | | | | | | 30 | 12/7 | 甲寅 | 七 | 一 | | | | | | | | | | | 30 | 9/10 | 丙戌 | 三 | 八 |

# 西元1924年（甲子）肖鼠 民國13年（男巽命）

奇門遁甲局數如標示為 一 ～九表示陰局　　如標示為1 ～9 表示陽局

| 六　月 | | | | | 五　月 | | | | | 四　月 | | | | | 三　月 | | | | | 二　月 | | | | | 正　月 | | | | |
|---|---|---|---|---|---|---|---|---|---|---|---|---|---|---|---|---|---|---|---|---|---|---|---|---|---|---|---|---|---|
| 辛未 | | | | | 庚午 | | | | | 己巳 | | | | | 戊辰 | | | | | 丁卯 | | | | | 丙寅 | | | | |
| 三碧木 | | | | | 四綠木 | | | | | 五黃土 | | | | | 六白金 | | | | | 七赤金 | | | | | 八白土 | | | | |
| 大暑 11時58分 廿二午時 | | 小暑 18時30分 初六酉時 | 奇門遁甲局數 | | 夏至 01時00分 廿一丑時 | | 芒種 08時02分 初五辰時 | 奇門遁甲局數 | | 小滿 16時41分 十八申時 | | 立夏 03時26分 初三寅時 | 奇門遁甲局數 | | 穀雨 16時59分 十七申時 | | 清明 09時34分 初二巳時 | 奇門遁甲局數 | | 春分 05時21分 十七卯時 | | 驚蟄 04時13分 初二寅時 | 奇門遁甲局數 | | 雨水 05時52分 十六卯時 | | 立春 09時50分 初一巳時 | 奇門遁甲局數 | |
| 農曆 | 國曆 | 干支 | 時盤 | 日盤 | 農曆 | 國曆 | 干支 | 時盤 | 日盤 | 農曆 | 國曆 | 干支 | 時盤 | 日盤 | 農曆 | 國曆 | 干支 | 時盤 | 日盤 | 農曆 | 國曆 | 干支 | 時盤 | 日盤 | 農曆 | 國曆 | 干支 | 時盤 | 日盤 |
| 1 | 7/2 | 壬午 | 九 | 九 | 1 | 6/2 | 壬子 | 6 | 7 | 1 | 5/4 | 癸未 | 4 | 5 | 1 | 4/4 | 癸丑 | 4 | 2 | 1 | 3/5 | 癸未 | 1 | 8 | 1 | 2/5 | 甲寅 | 5 | 6 |
| 2 | 7/3 | 癸未 | 九 | 八 | 2 | 6/3 | 癸丑 | 6 | 8 | 2 | 5/5 | 甲申 | 1 | 6 | 2 | 4/5 | 甲寅 | 1 | 3 | 2 | 3/6 | 甲申 | 7 | 9 | 2 | 2/6 | 乙卯 | 5 | 7 |
| 3 | 7/4 | 甲申 | 三 | 七 | 3 | 6/4 | 甲寅 | 3 | 9 | 3 | 5/6 | 乙酉 | 1 | 7 | 3 | 4/6 | 乙卯 | 1 | 4 | 3 | 3/7 | 乙酉 | 7 | 1 | 3 | 2/7 | 丙辰 | 5 | 8 |
| 4 | 7/5 | 乙酉 | 三 | 六 | 4 | 6/5 | 乙卯 | 3 | 1 | 4 | 5/7 | 丙戌 | 1 | 8 | 4 | 4/7 | 丙辰 | 1 | 5 | 4 | 3/8 | 丙戌 | 7 | 2 | 4 | 2/8 | 丁巳 | 5 | 9 |
| 5 | 7/6 | 丙戌 | 三 | 五 | 5 | 6/6 | 丙辰 | 3 | 2 | 5 | 5/8 | 丁亥 | 1 | 9 | 5 | 4/8 | 丁巳 | 1 | 6 | 5 | 3/9 | 丁亥 | 7 | 3 | 5 | 2/9 | 戊午 | 5 | 1 |
| 6 | 7/7 | 丁亥 | 三 | 四 | 6 | 6/7 | 丁巳 | 3 | 3 | 6 | 5/9 | 戊子 | 1 | 1 | 6 | 4/9 | 戊午 | 1 | 7 | 6 | 3/10 | 戊子 | 7 | 4 | 6 | 2/10 | 己未 | 2 | 2 |
| 7 | 7/8 | 戊子 | 三 | 三 | 7 | 6/8 | 戊午 | 3 | 4 | 7 | 5/10 | 己丑 | 7 | 2 | 7 | 4/10 | 己未 | 7 | 8 | 7 | 3/11 | 己丑 | 4 | 5 | 7 | 2/11 | 庚申 | 2 | 3 |
| 8 | 7/9 | 己丑 | 六 | 二 | 8 | 6/9 | 己未 | 9 | 5 | 8 | 5/11 | 庚寅 | 7 | 3 | 8 | 4/11 | 庚申 | 7 | 9 | 8 | 3/12 | 庚寅 | 4 | 6 | 8 | 2/12 | 辛酉 | 2 | 4 |
| 9 | 7/10 | 庚寅 | 六 | 一 | 9 | 6/10 | 庚申 | 9 | 6 | 9 | 5/12 | 辛卯 | 7 | 4 | 9 | 4/12 | 辛酉 | 7 | 1 | 9 | 3/13 | 辛卯 | 4 | 7 | 9 | 2/13 | 壬戌 | 2 | 5 |
| 10 | 7/11 | 辛卯 | 六 | 九 | 10 | 6/11 | 辛酉 | 9 | 7 | 10 | 5/13 | 壬辰 | 7 | 5 | 10 | 4/13 | 壬戌 | 7 | 2 | 10 | 3/14 | 壬辰 | 4 | 8 | 10 | 2/14 | 癸亥 | 2 | 6 |
| 11 | 7/12 | 壬辰 | 六 | 八 | 11 | 6/12 | 壬戌 | 9 | 8 | 11 | 5/14 | 癸巳 | 7 | 6 | 11 | 4/14 | 癸亥 | 7 | 3 | 11 | 3/15 | 癸巳 | 4 | 9 | 11 | 2/15 | 甲子 | 9 | 7 |
| 12 | 7/13 | 癸巳 | 六 | 七 | 12 | 6/13 | 癸亥 | 9 | 9 | 12 | 5/15 | 甲午 | 5 | 7 | 12 | 4/15 | 甲子 | 5 | 4 | 12 | 3/16 | 甲午 | 3 | 1 | 12 | 2/16 | 乙丑 | 9 | 8 |
| 13 | 7/14 | 甲午 | 八 | 六 | 13 | 6/14 | 甲子 | 6 | 1 | 13 | 5/16 | 乙未 | 5 | 8 | 13 | 4/16 | 乙丑 | 5 | 5 | 13 | 3/17 | 乙未 | 3 | 2 | 13 | 2/17 | 丙寅 | 9 | 9 |
| 14 | 7/15 | 乙未 | 八 | 五 | 14 | 6/15 | 乙丑 | 6 | 2 | 14 | 5/17 | 丙申 | 5 | 9 | 14 | 4/17 | 丙寅 | 5 | 6 | 14 | 3/18 | 丙申 | 3 | 3 | 14 | 2/18 | 丁卯 | 9 | 1 |
| 15 | 7/16 | 丙申 | 八 | 四 | 15 | 6/16 | 丙寅 | 6 | 3 | 15 | 5/18 | 丁酉 | 5 | 1 | 15 | 4/18 | 丁卯 | 5 | 7 | 15 | 3/19 | 丁酉 | 3 | 4 | 15 | 2/19 | 戊辰 | 9 | 2 |
| 16 | 7/17 | 丁酉 | 八 | 三 | 16 | 6/17 | 丁卯 | 6 | 4 | 16 | 5/19 | 戊戌 | 5 | 2 | 16 | 4/19 | 戊辰 | 5 | 8 | 16 | 3/20 | 戊戌 | 3 | 5 | 16 | 2/20 | 己巳 | 6 | 3 |
| 17 | 7/18 | 戊戌 | 八 | 二 | 17 | 6/18 | 戊辰 | 6 | 5 | 17 | 5/20 | 己亥 | 2 | 3 | 17 | 4/20 | 己巳 | 2 | 9 | 17 | 3/21 | 己亥 | 9 | 6 | 17 | 2/21 | 庚午 | 6 | 4 |
| 18 | 7/19 | 己亥 | 二 | 一 | 18 | 6/19 | 己巳 | 3 | 6 | 18 | 5/21 | 庚子 | 2 | 4 | 18 | 4/21 | 庚午 | 2 | 1 | 18 | 3/22 | 庚子 | 9 | 7 | 18 | 2/22 | 辛未 | 6 | 5 |
| 19 | 7/20 | 庚子 | 二 | 九 | 19 | 6/20 | 庚午 | 3 | 7 | 19 | 5/22 | 辛丑 | 2 | 5 | 19 | 4/22 | 辛未 | 2 | 2 | 19 | 3/23 | 辛丑 | 9 | 8 | 19 | 2/23 | 壬申 | 6 | 6 |
| 20 | 7/21 | 辛丑 | 二 | 八 | 20 | 6/21 | 辛未 | 3 | 8 | 20 | 5/23 | 壬寅 | 2 | 6 | 20 | 4/23 | 壬申 | 2 | 3 | 20 | 3/24 | 壬寅 | 9 | 9 | 20 | 2/24 | 癸酉 | 6 | 7 |
| 21 | 7/22 | 壬寅 | 二 | 七 | 21 | 6/22 | 壬申 | 3 | 一 | 21 | 5/24 | 癸卯 | 2 | 7 | 21 | 4/24 | 癸酉 | 2 | 4 | 21 | 3/25 | 癸卯 | 9 | 1 | 21 | 2/25 | 甲戌 | 3 | 8 |
| 22 | 7/23 | 癸卯 | 二 | 六 | 22 | 6/23 | 癸酉 | 3 | 九 | 22 | 5/25 | 甲辰 | 8 | 8 | 22 | 4/25 | 甲戌 | 8 | 5 | 22 | 3/26 | 甲辰 | 6 | 2 | 22 | 2/26 | 乙亥 | 3 | 9 |
| 23 | 7/24 | 甲辰 | 五 | 五 | 23 | 6/24 | 甲戌 | 9 | 八 | 23 | 5/26 | 乙巳 | 8 | 9 | 23 | 4/26 | 乙亥 | 8 | 6 | 23 | 3/27 | 乙巳 | 6 | 3 | 23 | 2/27 | 丙子 | 3 | 1 |
| 24 | 7/25 | 乙巳 | 五 | 四 | 24 | 6/25 | 乙亥 | 9 | 七 | 24 | 5/27 | 丙午 | 8 | 1 | 24 | 4/27 | 丙子 | 8 | 7 | 24 | 3/28 | 丙午 | 6 | 4 | 24 | 2/28 | 丁丑 | 3 | 2 |
| 25 | 7/26 | 丙午 | 五 | 三 | 25 | 6/26 | 丙子 | 9 | 六 | 25 | 5/28 | 丁未 | 8 | 2 | 25 | 4/28 | 丁丑 | 8 | 8 | 25 | 3/29 | 丁未 | 6 | 5 | 25 | 2/29 | 戊寅 | 3 | 3 |
| 26 | 7/27 | 丁未 | 五 | 二 | 26 | 6/27 | 丁丑 | 9 | 五 | 26 | 5/29 | 戊申 | 8 | 3 | 26 | 4/29 | 戊寅 | 8 | 9 | 26 | 3/30 | 戊申 | 6 | 6 | 26 | 3/1 | 己卯 | 1 | 4 |
| 27 | 7/28 | 戊申 | 五 | 一 | 27 | 6/28 | 戊寅 | 9 | 四 | 27 | 5/30 | 己酉 | 6 | 4 | 27 | 4/30 | 己卯 | 4 | 1 | 27 | 3/31 | 己酉 | 4 | 7 | 27 | 3/2 | 庚辰 | 1 | 5 |
| 28 | 7/29 | 己酉 | 七 | 九 | 28 | 6/29 | 己卯 | 九 | 三 | 28 | 5/31 | 庚戌 | 6 | 5 | 28 | 5/1 | 庚辰 | 4 | 2 | 28 | 4/1 | 庚戌 | 4 | 8 | 28 | 3/3 | 辛巳 | 1 | 6 |
| 29 | 7/30 | 庚戌 | 七 | 八 | 29 | 6/30 | 庚辰 | 九 | 二 | 29 | 6/1 | 辛亥 | 6 | 6 | 29 | 5/2 | 辛巳 | 4 | 3 | 29 | 4/2 | 辛亥 | 4 | 9 | 29 | 3/4 | 壬午 | 1 | 7 |
| 30 | 7/31 | 辛亥 | 七 | 七 | 30 | 7/1 | 辛巳 | 九 | 一 | | | | | | 30 | 5/3 | 壬午 | 4 | 4 | 30 | 4/3 | 壬子 | 4 | 1 | | | | | |

# 西元1924年（甲子）肖鼠 民國13年（女坤命）

奇門遁甲局數如標示為 一 ～九表示陰局　　如標示為1 ～9 表示陽局

| 十二月 | | | | | 十一月 | | | | | 十　月 | | | | | 九　月 | | | | | 八　月 | | | | | 七　月 | | | | |
|---|---|---|---|---|---|---|---|---|---|---|---|---|---|---|---|---|---|---|---|---|---|---|---|---|---|---|---|---|---|
| 丁丑 | | | | | 丙子 | | | | | 乙亥 | | | | | 甲戌 | | | | | 癸酉 | | | | | 壬申 | | | | |
| 六白金 | | | | | 七赤金 | | | | | 八白土 | | | | | 九紫火 | | | | | 一白水 | | | | | 二黑土 | | | | |
| 大寒 21時21分 廿六亥時 | | 小寒 03時54分 十二寅時 | 奇門遁甲局數 | | 冬至 10時46分 廿六巳時 | | 大雪 16時54分 十一申時 | 奇門遁甲局數 | | 小雪 21時47分 廿六亥時 | | 立冬 00時29分 十二子時 | 奇門遁甲局數 | | 霜降 00時45分 廿六子時 | | 寒露 21時53分 初十亥時 | 奇門遁甲局數 | | 秋分 15時59分 廿五申時 | | 白露 06時46分 初十卯時 | 奇門遁甲局數 | | 處暑 18時48分 廿三酉時 | | 立秋 04時13分 初八寅時 | 奇門遁甲局數 | |
| 農曆 | 國曆 | 干支 | 時盤 | 日盤 | 農曆 | 國曆 | 干支 | 時盤 | 日盤 | 農曆 | 國曆 | 干支 | 時盤 | 日盤 | 農曆 | 國曆 | 干支 | 時盤 | 日盤 | 農曆 | 國曆 | 干支 | 時盤 | 日盤 | 農曆 | 國曆 | 干支 | 時盤 | 日盤 |
| 1 | 12/26 | 己卯 | 1 | 7 | 1 | 11/27 | 庚戌 | 五 | 五 | 1 | 10/28 | 庚辰 | 五 | 八 | 1 | 9/29 | 辛亥 | 七 | 一 | 1 | 8/30 | 辛巳 | 一 | 四 | 1 | 8/1 | 壬子 | 七 | 六 |
| 2 | 12/27 | 庚辰 | 1 | 8 | 2 | 11/28 | 辛亥 | 五 | 四 | 2 | 10/29 | 辛巳 | 五 | 七 | 2 | 9/30 | 壬子 | 七 | 九 | 2 | 8/31 | 壬午 | 一 | 三 | 2 | 8/2 | 癸丑 | 七 | 五 |
| 3 | 12/28 | 辛巳 | 1 | 9 | 3 | 11/29 | 壬子 | 五 | 三 | 3 | 10/30 | 壬午 | 五 | 六 | 3 | 10/1 | 癸丑 | 七 | 八 | 3 | 9/1 | 癸未 | 一 | 二 | 3 | 8/3 | 甲寅 | 一 | 四 |
| 4 | 12/29 | 壬午 | 1 | 1 | 4 | 11/30 | 癸丑 | 五 | 二 | 4 | 10/31 | 癸未 | 五 | 五 | 4 | 10/2 | 甲寅 | 一 | 七 | 4 | 9/2 | 甲申 | 四 | 一 | 4 | 8/4 | 乙卯 | 一 | 三 |
| 5 | 12/30 | 癸未 | 1 | 2 | 5 | 12/1 | 甲寅 | 八 | 一 | 5 | 11/1 | 甲申 | 八 | 四 | 5 | 10/3 | 乙卯 | 一 | 六 | 5 | 9/3 | 乙酉 | 四 | 九 | 5 | 8/5 | 丙辰 | 一 | 二 |
| 6 | 12/31 | 甲申 | 7 | 3 | 6 | 12/2 | 乙卯 | 八 | 九 | 6 | 11/2 | 乙酉 | 八 | 三 | 6 | 10/4 | 丙辰 | 一 | 五 | 6 | 9/4 | 丙戌 | 四 | 八 | 6 | 8/6 | 丁巳 | 一 | 一 |
| 7 | 1/1 | 乙酉 | 7 | 4 | 7 | 12/3 | 丙辰 | 八 | 八 | 7 | 11/3 | 丙戌 | 八 | 二 | 7 | 10/5 | 丁巳 | 一 | 四 | 7 | 9/5 | 丁亥 | 四 | 七 | 7 | 8/7 | 戊午 | 一 | 九 |
| 8 | 1/2 | 丙戌 | 7 | 5 | 8 | 12/4 | 丁巳 | 八 | 七 | 8 | 11/4 | 丁亥 | 八 | 一 | 8 | 10/6 | 戊午 | 一 | 三 | 8 | 9/6 | 戊子 | 四 | 六 | 8 | 8/8 | 己未 | 四 | 八 |
| 9 | 1/3 | 丁亥 | 7 | 6 | 9 | 12/5 | 戊午 | 八 | 六 | 9 | 11/5 | 戊子 | 八 | 九 | 9 | 10/7 | 己未 | 四 | 二 | 9 | 9/7 | 己丑 | 七 | 五 | 9 | 8/9 | 庚申 | 四 | 七 |
| 10 | 1/4 | 戊子 | 7 | 7 | 10 | 12/6 | 己未 | 二 | 五 | 10 | 11/6 | 己丑 | 二 | 八 | 10 | 10/8 | 庚申 | 四 | 一 | 10 | 9/8 | 庚寅 | 七 | 四 | 10 | 8/10 | 辛酉 | 四 | 六 |
| 11 | 1/5 | 己丑 | 4 | 8 | 11 | 12/7 | 庚申 | 二 | 四 | 11 | 11/7 | 庚寅 | 二 | 七 | 11 | 10/9 | 辛酉 | 四 | 九 | 11 | 9/9 | 辛卯 | 七 | 三 | 11 | 8/11 | 壬戌 | 四 | 五 |
| 12 | 1/6 | 庚寅 | 4 | 9 | 12 | 12/8 | 辛酉 | 二 | 三 | 12 | 11/8 | 辛卯 | 二 | 六 | 12 | 10/10 | 壬戌 | 四 | 八 | 12 | 9/10 | 壬辰 | 七 | 二 | 12 | 8/12 | 癸亥 | 四 | 四 |
| 13 | 1/7 | 辛卯 | 4 | 1 | 13 | 12/9 | 壬戌 | 二 | 二 | 13 | 11/9 | 壬辰 | 二 | 五 | 13 | 10/11 | 癸亥 | 四 | 七 | 13 | 9/11 | 癸巳 | 七 | 一 | 13 | 8/13 | 甲子 | 二 | 三 |
| 14 | 1/8 | 壬辰 | 4 | 2 | 14 | 12/10 | 癸亥 | 二 | 一 | 14 | 11/10 | 癸巳 | 二 | 四 | 14 | 10/12 | 甲子 | 六 | 六 | 14 | 9/12 | 甲午 | 九 | 九 | 14 | 8/14 | 乙丑 | 二 | 二 |
| 15 | 1/9 | 癸巳 | 4 | 3 | 15 | 12/11 | 甲子 | 四 | 九 | 15 | 11/11 | 甲午 | 六 | 三 | 15 | 10/13 | 乙丑 | 六 | 五 | 15 | 9/13 | 乙未 | 九 | 八 | 15 | 8/15 | 丙寅 | 二 | 一 |
| 16 | 1/10 | 甲午 | 2 | 4 | 16 | 12/12 | 乙丑 | 四 | 八 | 16 | 11/12 | 乙未 | 六 | 二 | 16 | 10/14 | 丙寅 | 六 | 四 | 16 | 9/14 | 丙申 | 九 | 七 | 16 | 8/16 | 丁卯 | 二 | 九 |
| 17 | 1/11 | 乙未 | 2 | 5 | 17 | 12/13 | 丙寅 | 四 | 七 | 17 | 11/13 | 丙申 | 六 | 一 | 17 | 10/15 | 丁卯 | 六 | 三 | 17 | 9/15 | 丁酉 | 九 | 六 | 17 | 8/17 | 戊辰 | 二 | 八 |
| 18 | 1/12 | 丙申 | 2 | 6 | 18 | 12/14 | 丁卯 | 四 | 六 | 18 | 11/14 | 丁酉 | 六 | 九 | 18 | 10/16 | 戊辰 | 六 | 二 | 18 | 9/16 | 戊戌 | 九 | 五 | 18 | 8/18 | 己巳 | 五 | 七 |
| 19 | 1/13 | 丁酉 | 2 | 7 | 19 | 12/15 | 戊辰 | 四 | 五 | 19 | 11/15 | 戊戌 | 六 | 八 | 19 | 10/17 | 己巳 | 九 | 一 | 19 | 9/17 | 己亥 | 三 | 四 | 19 | 8/19 | 庚午 | 五 | 六 |
| 20 | 1/14 | 戊戌 | 2 | 8 | 20 | 12/16 | 己巳 | 七 | 四 | 20 | 11/16 | 己亥 | 九 | 七 | 20 | 10/18 | 庚午 | 九 | 九 | 20 | 9/18 | 庚子 | 三 | 三 | 20 | 8/20 | 辛未 | 五 | 五 |
| 21 | 1/15 | 己亥 | 8 | 9 | 21 | 12/17 | 庚午 | 七 | 三 | 21 | 11/17 | 庚子 | 九 | 六 | 21 | 10/19 | 辛未 | 九 | 八 | 21 | 9/19 | 辛丑 | 三 | 二 | 21 | 8/21 | 壬申 | 五 | 四 |
| 22 | 1/16 | 庚子 | 8 | 1 | 22 | 12/18 | 辛未 | 七 | 二 | 22 | 11/18 | 辛丑 | 九 | 五 | 22 | 10/20 | 壬申 | 九 | 七 | 22 | 9/20 | 壬寅 | 三 | 一 | 22 | 8/22 | 癸酉 | 五 | 三 |
| 23 | 1/17 | 辛丑 | 8 | 2 | 23 | 12/19 | 壬申 | 七 | 一 | 23 | 11/19 | 壬寅 | 九 | 四 | 23 | 10/21 | 癸酉 | 九 | 六 | 23 | 9/21 | 癸卯 | 三 | 九 | 23 | 8/23 | 甲戌 | 八 | 二 |
| 24 | 1/18 | 壬寅 | 8 | 3 | 24 | 12/20 | 癸酉 | 七 | 九 | 24 | 11/20 | 癸卯 | 九 | 三 | 24 | 10/22 | 甲戌 | 三 | 五 | 24 | 9/22 | 甲辰 | 六 | 八 | 24 | 8/24 | 乙亥 | 八 | 一 |
| 25 | 1/19 | 癸卯 | 8 | 4 | 25 | 12/21 | 甲戌 | 一 | 八 | 25 | 11/21 | 甲辰 | 三 | 二 | 25 | 10/23 | 乙亥 | 三 | 四 | 25 | 9/23 | 乙巳 | 六 | 七 | 25 | 8/25 | 丙子 | 八 | 九 |
| 26 | 1/20 | 甲辰 | 5 | 5 | 26 | 12/22 | 乙亥 | 一 | 3 | 26 | 11/22 | 乙巳 | 三 | 一 | 26 | 10/24 | 丙子 | 三 | 三 | 26 | 9/24 | 丙午 | 六 | 六 | 26 | 8/26 | 丁丑 | 八 | 八 |
| 27 | 1/21 | 乙巳 | 5 | 6 | 27 | 12/23 | 丙子 | 一 | 4 | 27 | 11/23 | 丙午 | 三 | 九 | 27 | 10/25 | 丁丑 | 三 | 二 | 27 | 9/25 | 丁未 | 六 | 五 | 27 | 8/27 | 戊寅 | 八 | 七 |
| 28 | 1/22 | 丙午 | 5 | 7 | 28 | 12/24 | 丁丑 | 一 | 5 | 28 | 11/24 | 丁未 | 三 | 八 | 28 | 10/26 | 戊寅 | 三 | 一 | 28 | 9/26 | 戊申 | 六 | 四 | 28 | 8/28 | 己卯 | 一 | 六 |
| 29 | 1/23 | 丁未 | 5 | 8 | 29 | 12/25 | 戊寅 | 一 | 6 | 29 | 11/25 | 戊申 | 三 | 七 | 29 | 10/27 | 己卯 | 五 | 九 | 29 | 9/27 | 己酉 | 七 | 三 | 29 | 8/29 | 庚辰 | 一 | 五 |
| | | | | | | | | | | 30 | 11/26 | 己酉 | 五 | 六 | | | | | | 30 | 9/28 | 庚戌 | 七 | 二 | | | | | |

# 西元1925年（乙丑）肖牛 民國14年（男震命）

奇門遁甲局數如標示為 一 ～九表示陰局　　如標示為1 ～9 表示陽局

| 六　月 | | | | | 五　月 | | | | | 潤四　月 | | | | | 四　月 | | | | | 三　月 | | | | | 二　月 | | | | | 正　月 | | | | |
|---|---|---|---|---|---|---|---|---|---|---|---|---|---|---|---|---|---|---|---|---|---|---|---|---|---|---|---|---|---|---|---|---|---|---|
| 癸未 | | | | | 壬午 | | | | | 壬午 | | | | | 辛巳 | | | | | 庚辰 | | | | | 己卯 | | | | | 戊寅 | | | | |
| 九紫火 | | | | | 一白水 | | | | | | | | | | 二黑土 | | | | | 三碧木 | | | | | 四綠木 | | | | | 五黃土 | | | | |
| 立秋 10時08分 十九巳時 | | 大暑 17時45分 初三酉時 | 奇門遁甲局數 | | 小暑 00時25分 十八子時 | | 夏至 06時50分 初二卯時 | 奇門遁甲局數 | | 芒種 13時55分 十六未時 | | | 奇門遁甲局數 | | 小滿 22時33分 廿九亥時 | | 立夏 09時18分 十四巳時 | 奇門遁甲局數 | | 穀雨 22時52分 廿八亥時 | | 清明 15時23分 十三申時 | 奇門遁甲局數 | | 春分 11時13分 廿七午時 | | 驚蟄 10時00分 十二巳時 | 奇門遁甲局數 | | 雨水 11時43分 廿七午時 | | 立春 15時37分 十二申時 | 奇門遁甲局數 | |
| 農曆 | 國曆 | 干支 | 時盤 | 日盤 | 農曆 | 國曆 | 干支 | 時盤 | 日盤 | 農曆 | 國曆 | 干支 | 時盤 | 日盤 | 農曆 | 國曆 | 干支 | 時盤 | 日盤 | 農曆 | 國曆 | 干支 | 時盤 | 日盤 | 農曆 | 國曆 | 干支 | 時盤 | 日盤 | 農曆 | 國曆 | 干支 | 時盤 | 日盤 |
| 1 | 7/21 | 丙午 | 五 | 三 | 1 | 6/21 | 丙子 | 9 | 4 | 1 | 5/22 | 丙午 | 7 | 1 | 1 | 4/23 | 丁丑 | 7 | 8 | 1 | 3/24 | 丁未 | 4 | 5 | 1 | 2/23 | 戊寅 | 2 | 3 | 1 | 1/24 | 戊申 | 5 | 9 |
| 2 | 7/22 | 丁未 | 五 | 二 | 2 | 6/22 | 丁丑 | 9 | 五 | 2 | 5/23 | 丁未 | 7 | 2 | 2 | 4/24 | 戊寅 | 7 | 9 | 2 | 3/25 | 戊申 | 4 | 6 | 2 | 2/24 | 己卯 | 9 | 4 | 2 | 1/25 | 己酉 | 3 | 1 |
| 3 | 7/23 | 戊申 | 五 | 一 | 3 | 6/23 | 戊寅 | 9 | 四 | 3 | 5/24 | 戊申 | 7 | 3 | 3 | 4/25 | 己卯 | 5 | 1 | 3 | 3/26 | 己酉 | 3 | 7 | 3 | 2/25 | 庚辰 | 9 | 5 | 3 | 1/26 | 庚戌 | 3 | 2 |
| 4 | 7/24 | 己酉 | 七 | 九 | 4 | 6/24 | 己卯 | 九 | 三 | 4 | 5/25 | 己酉 | 5 | 4 | 4 | 4/26 | 庚辰 | 5 | 2 | 4 | 3/27 | 庚戌 | 3 | 8 | 4 | 2/26 | 辛巳 | 9 | 6 | 4 | 1/27 | 辛亥 | 3 | 3 |
| 5 | 7/25 | 庚戌 | 七 | 八 | 5 | 6/25 | 庚辰 | 九 | 二 | 5 | 5/26 | 庚戌 | 5 | 5 | 5 | 4/27 | 辛巳 | 5 | 3 | 5 | 3/28 | 辛亥 | 3 | 9 | 5 | 2/27 | 壬午 | 9 | 7 | 5 | 1/28 | 壬子 | 3 | 4 |
| 6 | 7/26 | 辛亥 | 七 | 七 | 6 | 6/26 | 辛巳 | 九 | 一 | 6 | 5/27 | 辛亥 | 5 | 6 | 6 | 4/28 | 壬午 | 5 | 4 | 6 | 3/29 | 壬子 | 3 | 1 | 6 | 2/28 | 癸未 | 9 | 8 | 6 | 1/29 | 癸丑 | 3 | 5 |
| 7 | 7/27 | 壬子 | 七 | 六 | 7 | 6/27 | 壬午 | 九 | 九 | 7 | 5/28 | 壬子 | 5 | 7 | 7 | 4/29 | 癸未 | 5 | 5 | 7 | 3/30 | 癸丑 | 3 | 2 | 7 | 3/1 | 甲申 | 6 | 9 | 7 | 1/30 | 甲寅 | 9 | 6 |
| 8 | 7/28 | 癸丑 | 七 | 五 | 8 | 6/28 | 癸未 | 九 | 八 | 8 | 5/29 | 癸丑 | 5 | 8 | 8 | 4/30 | 甲申 | 2 | 6 | 8 | 3/31 | 甲寅 | 9 | 3 | 8 | 3/2 | 乙酉 | 6 | 1 | 8 | 1/31 | 乙卯 | 9 | 7 |
| 9 | 7/29 | 甲寅 | 一 | 四 | 9 | 6/29 | 甲申 | 三 | 七 | 9 | 5/30 | 甲寅 | 2 | 9 | 9 | 5/1 | 乙酉 | 2 | 7 | 9 | 4/1 | 乙卯 | 9 | 4 | 9 | 3/3 | 丙戌 | 6 | 2 | 9 | 2/1 | 丙辰 | 9 | 8 |
| 10 | 7/30 | 乙卯 | 一 | 三 | 10 | 6/30 | 乙酉 | 三 | 六 | 10 | 5/31 | 乙卯 | 2 | 1 | 10 | 5/2 | 丙戌 | 2 | 8 | 10 | 4/2 | 丙辰 | 9 | 5 | 10 | 3/4 | 丁亥 | 6 | 3 | 10 | 2/2 | 丁巳 | 9 | 9 |
| 11 | 7/31 | 丙辰 | 一 | 二 | 11 | 7/1 | 丙戌 | 三 | 五 | 11 | 6/1 | 丙辰 | 2 | 2 | 11 | 5/3 | 丁亥 | 2 | 9 | 11 | 4/3 | 丁巳 | 9 | 6 | 11 | 3/5 | 戊子 | 6 | 4 | 11 | 2/3 | 戊午 | 9 | 1 |
| 12 | 8/1 | 丁巳 | 一 | 一 | 12 | 7/2 | 丁亥 | 三 | 四 | 12 | 6/2 | 丁巳 | 2 | 3 | 12 | 5/4 | 戊子 | 2 | 1 | 12 | 4/4 | 戊午 | 9 | 7 | 12 | 3/6 | 己丑 | 3 | 5 | 12 | 2/4 | 己未 | 6 | 2 |
| 13 | 8/2 | 戊午 | 一 | 九 | 13 | 7/3 | 戊子 | 三 | 三 | 13 | 6/3 | 戊午 | 2 | 4 | 13 | 5/5 | 己丑 | 8 | 2 | 13 | 4/5 | 己未 | 6 | 8 | 13 | 3/7 | 庚寅 | 3 | 6 | 13 | 2/5 | 庚申 | 6 | 3 |
| 14 | 8/3 | 己未 | 四 | 八 | 14 | 7/4 | 己丑 | 六 | 二 | 14 | 6/4 | 己未 | 8 | 5 | 14 | 5/6 | 庚寅 | 8 | 3 | 14 | 4/6 | 庚申 | 6 | 9 | 14 | 3/8 | 辛卯 | 3 | 7 | 14 | 2/6 | 辛酉 | 6 | 4 |
| 15 | 8/4 | 庚申 | 四 | 七 | 15 | 7/5 | 庚寅 | 六 | 一 | 15 | 6/5 | 庚申 | 8 | 6 | 15 | 5/7 | 辛卯 | 8 | 4 | 15 | 4/7 | 辛酉 | 6 | 1 | 15 | 3/9 | 壬辰 | 3 | 8 | 15 | 2/7 | 壬戌 | 6 | 5 |
| 16 | 8/5 | 辛酉 | 四 | 六 | 16 | 7/6 | 辛卯 | 六 | 九 | 16 | 6/6 | 辛酉 | 8 | 7 | 16 | 5/8 | 壬辰 | 8 | 5 | 16 | 4/8 | 壬戌 | 6 | 2 | 16 | 3/10 | 癸巳 | 3 | 9 | 16 | 2/8 | 癸亥 | 6 | 6 |
| 17 | 8/6 | 壬戌 | 四 | 五 | 17 | 7/7 | 壬辰 | 六 | 八 | 17 | 6/7 | 壬戌 | 8 | 8 | 17 | 5/9 | 癸巳 | 8 | 6 | 17 | 4/9 | 癸亥 | 6 | 3 | 17 | 3/11 | 甲午 | 1 | 1 | 17 | 2/9 | 甲子 | 8 | 7 |
| 18 | 8/7 | 癸亥 | 四 | 四 | 18 | 7/8 | 癸巳 | 六 | 七 | 18 | 6/8 | 癸亥 | 8 | 9 | 18 | 5/10 | 甲午 | 4 | 7 | 18 | 4/10 | 甲子 | 4 | 4 | 18 | 3/12 | 乙未 | 1 | 2 | 18 | 2/10 | 乙丑 | 8 | 8 |
| 19 | 8/8 | 甲子 | 二 | 三 | 19 | 7/9 | 甲午 | 八 | 六 | 19 | 6/9 | 甲子 | 6 | 1 | 19 | 5/11 | 乙未 | 4 | 8 | 19 | 4/11 | 乙丑 | 4 | 5 | 19 | 3/13 | 丙申 | 1 | 3 | 19 | 2/11 | 丙寅 | 8 | 9 |
| 20 | 8/9 | 乙丑 | 二 | 二 | 20 | 7/10 | 乙未 | 八 | 五 | 20 | 6/10 | 乙丑 | 6 | 2 | 20 | 5/12 | 丙申 | 4 | 9 | 20 | 4/12 | 丙寅 | 4 | 6 | 20 | 3/14 | 丁酉 | 1 | 4 | 20 | 2/12 | 丁卯 | 8 | 1 |
| 21 | 8/10 | 丙寅 | 二 | 一 | 21 | 7/11 | 丙申 | 八 | 四 | 21 | 6/11 | 丙寅 | 6 | 3 | 21 | 5/13 | 丁酉 | 4 | 1 | 21 | 4/13 | 丁卯 | 4 | 7 | 21 | 3/15 | 戊戌 | 1 | 5 | 21 | 2/13 | 戊辰 | 8 | 2 |
| 22 | 8/11 | 丁卯 | 二 | 九 | 22 | 7/12 | 丁酉 | 八 | 三 | 22 | 6/12 | 丁卯 | 6 | 4 | 22 | 5/14 | 戊戌 | 4 | 2 | 22 | 4/14 | 戊辰 | 4 | 8 | 22 | 3/16 | 己亥 | 7 | 6 | 22 | 2/14 | 己巳 | 5 | 3 |
| 23 | 8/12 | 戊辰 | 二 | 八 | 23 | 7/13 | 戊戌 | 八 | 二 | 23 | 6/13 | 戊辰 | 6 | 5 | 23 | 5/15 | 己亥 | 1 | 3 | 23 | 4/15 | 己巳 | 1 | 9 | 23 | 3/17 | 庚子 | 7 | 7 | 23 | 2/15 | 庚午 | 5 | 4 |
| 24 | 8/13 | 己巳 | 五 | 七 | 24 | 7/14 | 己亥 | 二 | 一 | 24 | 6/14 | 己巳 | 3 | 6 | 24 | 5/16 | 庚子 | 1 | 4 | 24 | 4/16 | 庚午 | 1 | 1 | 24 | 3/18 | 辛丑 | 7 | 8 | 24 | 2/16 | 辛未 | 5 | 5 |
| 25 | 8/14 | 庚午 | 五 | 六 | 25 | 7/15 | 庚子 | 二 | 九 | 25 | 6/15 | 庚午 | 3 | 7 | 25 | 5/17 | 辛丑 | 1 | 5 | 25 | 4/17 | 辛未 | 1 | 2 | 25 | 3/19 | 壬寅 | 7 | 9 | 25 | 2/17 | 壬申 | 5 | 6 |
| 26 | 8/15 | 辛未 | 五 | 五 | 26 | 7/16 | 辛丑 | 二 | 八 | 26 | 6/16 | 辛未 | 3 | 8 | 26 | 5/18 | 壬寅 | 1 | 6 | 26 | 4/18 | 壬申 | 1 | 3 | 26 | 3/20 | 癸卯 | 7 | 1 | 26 | 2/18 | 癸酉 | 5 | 7 |
| 27 | 8/16 | 壬申 | 五 | 四 | 27 | 7/17 | 壬寅 | 二 | 七 | 27 | 6/17 | 壬申 | 3 | 9 | 27 | 5/19 | 癸卯 | 1 | 7 | 27 | 4/19 | 癸酉 | 1 | 4 | 27 | 3/21 | 甲辰 | 4 | 2 | 27 | 2/19 | 甲戌 | 2 | 8 |
| 28 | 8/17 | 癸酉 | 五 | 三 | 28 | 7/18 | 癸卯 | 二 | 六 | 28 | 6/18 | 癸酉 | 3 | 1 | 28 | 5/20 | 甲辰 | 7 | 8 | 28 | 4/20 | 甲戌 | 7 | 5 | 28 | 3/22 | 乙巳 | 4 | 3 | 28 | 2/20 | 乙亥 | 2 | 9 |
| 29 | 8/18 | 甲戌 | 八 | 二 | 29 | 7/19 | 甲辰 | 五 | 五 | 29 | 6/19 | 甲戌 | 9 | 2 | 29 | 5/21 | 乙巳 | 7 | 9 | 29 | 4/21 | 乙亥 | 7 | 6 | 29 | 3/23 | 丙午 | 4 | 4 | 29 | 2/21 | 丙子 | 2 | 1 |
| | | | | | 30 | 7/20 | 乙巳 | 五 | 四 | 30 | 6/20 | 乙亥 | 9 | 3 | | | | | | 30 | 4/22 | 丙子 | 7 | 7 | | | | | | 30 | 2/22 | 丁丑 | 2 | 2 |

# 西元1925年（乙丑）肖牛 民國14年（女震命）

奇門遁甲局數如標示為 一 ～九表示陰局　　如標示為1 ～9 表示陽局

| 十二月 | | | | | 十一月 | | | | | 十　月 | | | | | 九　月 | | | | | 八　月 | | | | | 七　月 | | | | |
|---|---|---|---|---|---|---|---|---|---|---|---|---|---|---|---|---|---|---|---|---|---|---|---|---|---|---|---|---|---|
| 己丑 | | | | | 戊子 | | | | | 丁亥 | | | | | 丙戌 | | | | | 乙酉 | | | | | 甲申 | | | | |
| 三碧木 | | | | | 四綠木 | | | | | 五黃土 | | | | | 六白金 | | | | | 七赤金 | | | | | 八白土 | | | | |
| 立春<br>21時39分<br>廿二亥時 | | 大寒<br>03時13分<br>初八寅時 | 奇門遁甲局數 | | 小寒<br>09時55分<br>廿二巳時 | | 冬至<br>16時37分<br>初七申時 | 奇門遁甲局數 | | 大雪<br>22時53分<br>廿二亥時 | | 小雪<br>03時36分<br>初八寅時 | 奇門遁甲局數 | | 立冬<br>06時27分<br>廿二卯時 | | 霜降<br>06時32分<br>初七卯時 | 奇門遁甲局數 | | 寒露<br>03時48分<br>廿二寅時 | | 秋分<br>21時44分<br>初六亥時 | 奇門遁甲局數 | | 白露<br>12時40分<br>廿一午時 | | 處暑<br>00時33分<br>初六子時 | 奇門遁甲局數 | |
| 農曆 | 國曆 | 干支 | 時盤 | 日盤 | 農曆 | 國曆 | 干支 | 時盤 | 日盤 | 農曆 | 國曆 | 干支 | 時盤 | 日盤 | 農曆 | 國曆 | 干支 | 時盤 | 日盤 | 農曆 | 國曆 | 干支 | 時盤 | 日盤 | 農曆 | 國曆 | 干支 | 時盤 | 日盤 |
| 1 | 1/14 | 癸卯 | 8 | 5 | 1 | 12/16 | 甲戌 | 一 | 七 | 1 | 11/16 | 甲辰 | 三 | 一 | 1 | 10/18 | 乙亥 | 三 | 四 | 1 | 9/18 | 乙巳 | 六 | 七 | 1 | 8/19 | 乙亥 | 八 | 一 |
| 2 | 1/15 | 甲辰 | 5 | 6 | 2 | 12/17 | 乙亥 | 一 | 六 | 2 | 11/17 | 乙巳 | 三 | 九 | 2 | 10/19 | 丙子 | 三 | 三 | 2 | 9/19 | 丙午 | 六 | 六 | 2 | 8/20 | 丙子 | 八 | 九 |
| 3 | 1/16 | 乙巳 | 5 | 7 | 3 | 12/18 | 丙子 | 一 | 五 | 3 | 11/18 | 丙午 | 三 | 八 | 3 | 10/20 | 丁丑 | 三 | 二 | 3 | 9/20 | 丁未 | 六 | 五 | 3 | 8/21 | 丁丑 | 八 | 八 |
| 4 | 1/17 | 丙午 | 5 | 8 | 4 | 12/19 | 丁丑 | 一 | 四 | 4 | 11/19 | 丁未 | 三 | 七 | 4 | 10/21 | 戊寅 | 三 | 一 | 4 | 9/21 | 戊申 | 六 | 四 | 4 | 8/22 | 戊寅 | 八 | 七 |
| 5 | 1/18 | 丁未 | 5 | 9 | 5 | 12/20 | 戊寅 | 一 | 三 | 5 | 11/20 | 戊申 | 三 | 六 | 5 | 10/22 | 己卯 | 五 | 九 | 5 | 9/22 | 己酉 | 七 | 三 | 5 | 8/23 | 己卯 | 一 | 六 |
| 6 | 1/19 | 戊申 | 5 | 1 | 6 | 12/21 | 己卯 | 1 | 二 | 6 | 11/21 | 己酉 | 五 | 五 | 6 | 10/23 | 庚辰 | 五 | 八 | 6 | 9/23 | 庚戌 | 七 | 二 | 6 | 8/24 | 庚辰 | 一 | 五 |
| 7 | 1/20 | 己酉 | 3 | 2 | 7 | 12/22 | 庚辰 | 1 | 9 | 7 | 11/22 | 庚戌 | 五 | 四 | 7 | 10/24 | 辛巳 | 五 | 七 | 7 | 9/24 | 辛亥 | 七 | 一 | 7 | 8/25 | 辛巳 | 一 | 四 |
| 8 | 1/21 | 庚戌 | 3 | 3 | 8 | 12/23 | 辛巳 | 1 | 1 | 8 | 11/23 | 辛亥 | 五 | 三 | 8 | 10/25 | 壬午 | 五 | 六 | 8 | 9/25 | 壬子 | 七 | 九 | 8 | 8/26 | 壬午 | 一 | 三 |
| 9 | 1/22 | 辛亥 | 3 | 4 | 9 | 12/24 | 壬午 | 1 | 2 | 9 | 11/24 | 壬子 | 五 | 二 | 9 | 10/26 | 癸未 | 五 | 五 | 9 | 9/26 | 癸丑 | 七 | 八 | 9 | 8/27 | 癸未 | 一 | 二 |
| 10 | 1/23 | 壬子 | 3 | 5 | 10 | 12/25 | 癸未 | 1 | 3 | 10 | 11/25 | 癸丑 | 五 | 一 | 10 | 10/27 | 甲申 | 八 | 四 | 10 | 9/27 | 甲寅 | 一 | 七 | 10 | 8/28 | 甲申 | 四 | 一 |
| 11 | 1/24 | 癸丑 | 3 | 6 | 11 | 12/26 | 甲申 | 7 | 4 | 11 | 11/26 | 甲寅 | 八 | 九 | 11 | 10/28 | 乙酉 | 八 | 三 | 11 | 9/28 | 乙卯 | 一 | 六 | 11 | 8/29 | 乙酉 | 四 | 九 |
| 12 | 1/25 | 甲寅 | 9 | 7 | 12 | 12/27 | 乙酉 | 7 | 5 | 12 | 11/27 | 乙卯 | 八 | 八 | 12 | 10/29 | 丙戌 | 八 | 二 | 12 | 9/29 | 丙辰 | 一 | 五 | 12 | 8/30 | 丙戌 | 四 | 八 |
| 13 | 1/26 | 乙卯 | 9 | 8 | 13 | 12/28 | 丙戌 | 7 | 6 | 13 | 11/28 | 丙辰 | 八 | 七 | 13 | 10/30 | 丁亥 | 八 | 一 | 13 | 9/30 | 丁巳 | 一 | 四 | 13 | 8/31 | 丁亥 | 四 | 七 |
| 14 | 1/27 | 丙辰 | 9 | 9 | 14 | 12/29 | 丁亥 | 7 | 7 | 14 | 11/29 | 丁巳 | 八 | 六 | 14 | 10/31 | 戊子 | 八 | 九 | 14 | 10/1 | 戊午 | 一 | 三 | 14 | 9/1 | 戊子 | 四 | 六 |
| 15 | 1/28 | 丁巳 | 9 | 1 | 15 | 12/30 | 戊子 | 7 | 8 | 15 | 11/30 | 戊午 | 八 | 五 | 15 | 11/1 | 己丑 | 二 | 八 | 15 | 10/2 | 己未 | 四 | 二 | 15 | 9/2 | 己丑 | 七 | 五 |
| 16 | 1/29 | 戊午 | 9 | 2 | 16 | 12/31 | 己丑 | 4 | 9 | 16 | 12/1 | 己未 | 二 | 四 | 16 | 11/2 | 庚寅 | 二 | 七 | 16 | 10/3 | 庚申 | 四 | 一 | 16 | 9/3 | 庚寅 | 七 | 四 |
| 17 | 1/30 | 己未 | 6 | 3 | 17 | 1/1 | 庚寅 | 4 | 1 | 17 | 12/2 | 庚申 | 二 | 三 | 17 | 11/3 | 辛卯 | 二 | 六 | 17 | 10/4 | 辛酉 | 四 | 九 | 17 | 9/4 | 辛卯 | 七 | 三 |
| 18 | 1/31 | 庚申 | 6 | 4 | 18 | 1/2 | 辛卯 | 4 | 2 | 18 | 12/3 | 辛酉 | 二 | 二 | 18 | 11/4 | 壬辰 | 二 | 五 | 18 | 10/5 | 壬戌 | 四 | 八 | 18 | 9/5 | 壬辰 | 七 | 二 |
| 19 | 2/1 | 辛酉 | 6 | 5 | 19 | 1/3 | 壬辰 | 4 | 3 | 19 | 12/4 | 壬戌 | 二 | 一 | 19 | 11/5 | 癸巳 | 二 | 四 | 19 | 10/6 | 癸亥 | 四 | 七 | 19 | 9/6 | 癸巳 | 七 | 一 |
| 20 | 2/2 | 壬戌 | 6 | 6 | 20 | 1/4 | 癸巳 | 4 | 4 | 20 | 12/5 | 癸亥 | 二 | 九 | 20 | 11/6 | 甲午 | 六 | 三 | 20 | 10/7 | 甲子 | 六 | 六 | 20 | 9/7 | 甲午 | 九 | 九 |
| 21 | 2/3 | 癸亥 | 6 | 7 | 21 | 1/5 | 甲午 | 2 | 5 | 21 | 12/6 | 甲子 | 四 | 八 | 21 | 11/7 | 乙未 | 六 | 二 | 21 | 10/8 | 乙丑 | 六 | 五 | 21 | 9/8 | 乙未 | 九 | 八 |
| 22 | 2/4 | 甲子 | 8 | 8 | 22 | 1/6 | 乙未 | 2 | 6 | 22 | 12/7 | 乙丑 | 四 | 七 | 22 | 11/8 | 丙申 | 六 | 一 | 22 | 10/9 | 丙寅 | 六 | 四 | 22 | 9/9 | 丙申 | 九 | 七 |
| 23 | 2/5 | 乙丑 | 8 | 9 | 23 | 1/7 | 丙申 | 2 | 7 | 23 | 12/8 | 丙寅 | 四 | 六 | 23 | 11/9 | 丁酉 | 六 | 九 | 23 | 10/10 | 丁卯 | 六 | 三 | 23 | 9/10 | 丁酉 | 九 | 六 |
| 24 | 2/6 | 丙寅 | 8 | 1 | 24 | 1/8 | 丁酉 | 2 | 8 | 24 | 12/9 | 丁卯 | 四 | 五 | 24 | 11/10 | 戊戌 | 六 | 八 | 24 | 10/11 | 戊辰 | 六 | 二 | 24 | 9/11 | 戊戌 | 九 | 五 |
| 25 | 2/7 | 丁卯 | 8 | 2 | 25 | 1/9 | 戊戌 | 2 | 9 | 25 | 12/10 | 戊辰 | 四 | 四 | 25 | 11/11 | 己亥 | 九 | 七 | 25 | 10/12 | 己巳 | 九 | 一 | 25 | 9/12 | 己亥 | 三 | 四 |
| 26 | 2/8 | 戊辰 | 8 | 3 | 26 | 1/10 | 己亥 | 8 | 1 | 26 | 12/11 | 己巳 | 七 | 三 | 26 | 11/12 | 庚子 | 九 | 六 | 26 | 10/13 | 庚午 | 九 | 九 | 26 | 9/13 | 庚子 | 三 | 三 |
| 27 | 2/9 | 己巳 | 5 | 4 | 27 | 1/11 | 庚子 | 8 | 2 | 27 | 12/12 | 庚午 | 七 | 二 | 27 | 11/13 | 辛丑 | 九 | 五 | 27 | 10/14 | 辛未 | 九 | 八 | 27 | 9/14 | 辛丑 | 三 | 二 |
| 28 | 2/10 | 庚午 | 5 | 5 | 28 | 1/12 | 辛丑 | 8 | 3 | 28 | 12/13 | 辛未 | 七 | 一 | 28 | 11/14 | 壬寅 | 九 | 四 | 28 | 10/15 | 壬申 | 九 | 七 | 28 | 9/15 | 壬寅 | 三 | 一 |
| 29 | 2/11 | 辛未 | 5 | 6 | 29 | 1/13 | 壬寅 | 8 | 4 | 29 | 12/14 | 壬申 | 七 | 九 | 29 | 11/15 | 癸卯 | 九 | 三 | 29 | 10/16 | 癸酉 | 九 | 六 | 29 | 9/16 | 癸卯 | 三 | 九 |
| 30 | 2/12 | 壬申 | 5 | 7 | | | | | | 30 | 12/15 | 癸酉 | 七 | 八 | | | | | | 30 | 10/17 | 甲戌 | 三 | 五 | 30 | 9/17 | 甲辰 | 六 | 八 |

# 西元1926年（丙寅）肖虎 民國15年（男坤命）

奇門遁甲局數如標示為 一 ～九表示陰局　　如標示為1 ～9 表示陽局

**六月　乙未　六白金**　大暑 23時25分 十四子時　奇門遁甲局數

| 農曆 | 國曆 | 干支 | 時盤 | 日盤 |
|---|---|---|---|---|
| 1 | 7/10 | 庚子 | 二 | 八 |
| 2 | 7/11 | 辛丑 | 二 | 七 |
| 3 | 7/12 | 壬寅 | 二 | 六 |
| 4 | 7/13 | 癸卯 | 二 | 五 |
| 5 | 7/14 | 甲辰 | 五 | 四 |
| 6 | 7/15 | 乙巳 | 五 | 三 |
| 7 | 7/16 | 丙午 | 五 | 二 |
| 8 | 7/17 | 丁未 | 五 | 一 |
| 9 | 7/18 | 戊申 | 五 | 九 |
| 10 | 7/19 | 己酉 | 七 | 八 |
| 11 | 7/20 | 庚戌 | 七 | 七 |
| 12 | 7/21 | 辛亥 | 七 | 六 |
| 13 | 7/22 | 壬子 | 七 | 五 |
| 14 | 7/23 | 癸丑 | 七 | 四 |
| 15 | 7/24 | 甲寅 | 一 | 三 |
| 16 | 7/25 | 乙卯 | 一 | 二 |
| 17 | 7/26 | 丙辰 | 一 | 一 |
| 18 | 7/27 | 丁巳 | 一 | 九 |
| 19 | 7/28 | 戊午 | 一 | 八 |
| 20 | 7/29 | 己未 | 四 | 七 |
| 21 | 7/30 | 庚申 | 四 | 六 |
| 22 | 7/31 | 辛酉 | 四 | 五 |
| 23 | 8/1 | 壬戌 | 四 | 四 |
| 24 | 8/2 | 癸亥 | 四 | 三 |
| 25 | 8/3 | 甲子 | 二 | 二 |
| 26 | 8/4 | 乙丑 | 二 | 一 |
| 27 | 8/5 | 丙寅 | 二 | 九 |
| 28 | 8/6 | 丁卯 | 二 | 八 |
| 29 | 8/7 | 戊辰 | 二 | 七 |

**五月　甲午　七赤金**　小暑 06時06分 廿九卯時　夏至 12時30分 十三午時　奇門遁甲局數

| 農曆 | 國曆 | 干支 | 時盤 | 日盤 |
|---|---|---|---|---|
| 1 | 6/10 | 庚午 | 3 | 8 |
| 2 | 6/11 | 辛未 | 3 | 9 |
| 3 | 6/12 | 壬申 | 3 | 1 |
| 4 | 6/13 | 癸酉 | 3 | 2 |
| 5 | 6/14 | 甲戌 | 9 | 3 |
| 6 | 6/15 | 乙亥 | 9 | 4 |
| 7 | 6/16 | 丙子 | 9 | 5 |
| 8 | 6/17 | 丁丑 | 9 | 6 |
| 9 | 6/18 | 戊寅 | 9 | 7 |
| 10 | 6/19 | 己卯 | 九 | 8 |
| 11 | 6/20 | 庚辰 | 九 | 9 |
| 12 | 6/21 | 辛巳 | 九 | 1 |
| 13 | 6/22 | 壬午 | 九 | 八 |
| 14 | 6/23 | 癸未 | 九 | 七 |
| 15 | 6/24 | 甲申 | 三 | 六 |
| 16 | 6/25 | 乙酉 | 三 | 五 |
| 17 | 6/26 | 丙戌 | 三 | 四 |
| 18 | 6/27 | 丁亥 | 三 | 三 |
| 19 | 6/28 | 戊子 | 三 | 二 |
| 20 | 6/29 | 己丑 | 六 | 一 |
| 21 | 6/30 | 庚寅 | 六 | 九 |
| 22 | 7/1 | 辛卯 | 六 | 八 |
| 23 | 7/2 | 壬辰 | 六 | 七 |
| 24 | 7/3 | 癸巳 | 六 | 六 |
| 25 | 7/4 | 甲午 | 八 | 五 |
| 26 | 7/5 | 乙未 | 八 | 四 |
| 27 | 7/6 | 丙申 | 八 | 三 |
| 28 | 7/7 | 丁酉 | 八 | 二 |
| 29 | 7/8 | 戊戌 | 八 | 一 |
| 30 | 7/9 | 己亥 | 二 | 九 |

**四月　癸巳　八白土**　芒種 19時42分 廿六戌時　小滿 04時15分 十一寅時　奇門遁甲局數

| 農曆 | 國曆 | 干支 | 時盤 | 日盤 |
|---|---|---|---|---|
| 1 | 5/12 | 辛丑 | 1 | 6 |
| 2 | 5/13 | 壬寅 | 1 | 7 |
| 3 | 5/14 | 癸卯 | 1 | 8 |
| 4 | 5/15 | 甲辰 | 7 | 9 |
| 5 | 5/16 | 乙巳 | 7 | 1 |
| 6 | 5/17 | 丙午 | 7 | 2 |
| 7 | 5/18 | 丁未 | 7 | 3 |
| 8 | 5/19 | 戊申 | 7 | 4 |
| 9 | 5/20 | 己酉 | 5 | 5 |
| 10 | 5/21 | 庚戌 | 5 | 6 |
| 11 | 5/22 | 辛亥 | 5 | 7 |
| 12 | 5/23 | 壬子 | 5 | 8 |
| 13 | 5/24 | 癸丑 | 5 | 9 |
| 14 | 5/25 | 甲寅 | 2 | 1 |
| 15 | 5/26 | 乙卯 | 2 | 2 |
| 16 | 5/27 | 丙辰 | 2 | 3 |
| 17 | 5/28 | 丁巳 | 2 | 4 |
| 18 | 5/29 | 戊午 | 2 | 5 |
| 19 | 5/30 | 己未 | 8 | 6 |
| 20 | 5/31 | 庚申 | 8 | 7 |
| 21 | 6/1 | 辛酉 | 8 | 8 |
| 22 | 6/2 | 壬戌 | 8 | 9 |
| 23 | 6/3 | 癸亥 | 8 | 1 |
| 24 | 6/4 | 甲子 | 6 | 2 |
| 25 | 6/5 | 乙丑 | 6 | 3 |
| 26 | 6/6 | 丙寅 | 6 | 4 |
| 27 | 6/7 | 丁卯 | 6 | 5 |
| 28 | 6/8 | 戊辰 | 6 | 6 |
| 29 | 6/9 | 己巳 | 3 | 7 |

**三月　壬辰　九紫火**　立夏 15時09分 廿五申時　穀雨 04時37分 初十寅時　奇門遁甲局數

| 農曆 | 國曆 | 干支 | 時盤 | 日盤 |
|---|---|---|---|---|
| 1 | 4/12 | 辛未 | 1 | 3 |
| 2 | 4/13 | 壬申 | 1 | 4 |
| 3 | 4/14 | 癸酉 | 1 | 5 |
| 4 | 4/15 | 甲戌 | 7 | 6 |
| 5 | 4/16 | 乙亥 | 7 | 7 |
| 6 | 4/17 | 丙子 | 7 | 8 |
| 7 | 4/18 | 丁丑 | 7 | 9 |
| 8 | 4/19 | 戊寅 | 7 | 1 |
| 9 | 4/20 | 己卯 | 5 | 2 |
| 10 | 4/21 | 庚辰 | 5 | 3 |
| 11 | 4/22 | 辛巳 | 5 | 4 |
| 12 | 4/23 | 壬午 | 5 | 5 |
| 13 | 4/24 | 癸未 | 5 | 6 |
| 14 | 4/25 | 甲申 | 2 | 7 |
| 15 | 4/26 | 乙酉 | 2 | 8 |
| 16 | 4/27 | 丙戌 | 2 | 9 |
| 17 | 4/28 | 丁亥 | 2 | 1 |
| 18 | 4/29 | 戊子 | 2 | 2 |
| 19 | 4/30 | 己丑 | 8 | 3 |
| 20 | 5/1 | 庚寅 | 8 | 4 |
| 21 | 5/2 | 辛卯 | 8 | 5 |
| 22 | 5/3 | 壬辰 | 8 | 6 |
| 23 | 5/4 | 癸巳 | 8 | 7 |
| 24 | 5/5 | 甲午 | 4 | 8 |
| 25 | 5/6 | 乙未 | 4 | 9 |
| 26 | 5/7 | 丙申 | 4 | 1 |
| 27 | 5/8 | 丁酉 | 4 | 2 |
| 28 | 5/9 | 戊戌 | 4 | 3 |
| 29 | 5/10 | 己亥 | 1 | 4 |
| 30 | 5/11 | 庚子 | 1 | 5 |

**二月　辛卯　一白水**　清明 21時19分 廿三亥時　春分 17時01分 初八酉時　奇門遁甲局數

| 農曆 | 國曆 | 干支 | 時盤 | 日盤 |
|---|---|---|---|---|
| 1 | 3/14 | 壬寅 | 7 | 1 |
| 2 | 3/15 | 癸卯 | 7 | 2 |
| 3 | 3/16 | 甲辰 | 4 | 3 |
| 4 | 3/17 | 乙巳 | 4 | 4 |
| 5 | 3/18 | 丙午 | 4 | 5 |
| 6 | 3/19 | 丁未 | 4 | 6 |
| 7 | 3/20 | 戊申 | 4 | 7 |
| 8 | 3/21 | 己酉 | 3 | 8 |
| 9 | 3/22 | 庚戌 | 3 | 9 |
| 10 | 3/23 | 辛亥 | 3 | 1 |
| 11 | 3/24 | 壬子 | 3 | 2 |
| 12 | 3/25 | 癸丑 | 3 | 3 |
| 13 | 3/26 | 甲寅 | 9 | 4 |
| 14 | 3/27 | 乙卯 | 9 | 5 |
| 15 | 3/28 | 丙辰 | 9 | 6 |
| 16 | 3/29 | 丁巳 | 9 | 7 |
| 17 | 3/30 | 戊午 | 9 | 8 |
| 18 | 3/31 | 己未 | 6 | 9 |
| 19 | 4/1 | 庚申 | 6 | 1 |
| 20 | 4/2 | 辛酉 | 6 | 2 |
| 21 | 4/3 | 壬戌 | 6 | 3 |
| 22 | 4/4 | 癸亥 | 6 | 4 |
| 23 | 4/5 | 甲子 | 4 | 5 |
| 24 | 4/6 | 乙丑 | 4 | 6 |
| 25 | 4/7 | 丙寅 | 4 | 7 |
| 26 | 4/8 | 丁卯 | 4 | 8 |
| 27 | 4/9 | 戊辰 | 4 | 9 |
| 28 | 4/10 | 己巳 | 1 | 1 |
| 29 | 4/11 | 庚午 | 1 | 2 |

**正月　庚寅　二黑土**　驚蟄 16時00分 廿二申時　雨水 17時35分 初七酉時　奇門遁甲局數

| 農曆 | 國曆 | 干支 | 時盤 | 日盤 |
|---|---|---|---|---|
| 1 | 2/13 | 癸酉 | 5 | 8 |
| 2 | 2/14 | 甲戌 | 2 | 9 |
| 3 | 2/15 | 乙亥 | 2 | 1 |
| 4 | 2/16 | 丙子 | 2 | 2 |
| 5 | 2/17 | 丁丑 | 2 | 3 |
| 6 | 2/18 | 戊寅 | 2 | 4 |
| 7 | 2/19 | 己卯 | 9 | 5 |
| 8 | 2/20 | 庚辰 | 9 | 6 |
| 9 | 2/21 | 辛巳 | 9 | 7 |
| 10 | 2/22 | 壬午 | 9 | 8 |
| 11 | 2/23 | 癸未 | 9 | 9 |
| 12 | 2/24 | 甲申 | 6 | 1 |
| 13 | 2/25 | 乙酉 | 6 | 2 |
| 14 | 2/26 | 丙戌 | 6 | 3 |
| 15 | 2/27 | 丁亥 | 6 | 4 |
| 16 | 2/28 | 戊子 | 6 | 5 |
| 17 | 3/1 | 己丑 | 3 | 6 |
| 18 | 3/2 | 庚寅 | 3 | 7 |
| 19 | 3/3 | 辛卯 | 3 | 8 |
| 20 | 3/4 | 壬辰 | 3 | 9 |
| 21 | 3/5 | 癸巳 | 3 | 1 |
| 22 | 3/6 | 甲午 | 1 | 2 |
| 23 | 3/7 | 乙未 | 1 | 3 |
| 24 | 3/8 | 丙申 | 1 | 4 |
| 25 | 3/9 | 丁酉 | 1 | 5 |
| 26 | 3/10 | 戊戌 | 1 | 6 |
| 27 | 3/11 | 己亥 | 7 | 7 |
| 28 | 3/12 | 庚子 | 7 | 8 |
| 29 | 3/13 | 辛丑 | 7 | 9 |

# 西元1926年（丙寅）肖虎 民國15年（女巽命）

奇門遁甲局數如標示為 一 ～九表示陰局　　如標示為1 ～9 表示陽局

| 十二月 | | | | | 十一月 | | | | | 十 月 | | | | | 九 月 | | | | | 八 月 | | | | | 七 月 | | | | |
|---|---|---|---|---|---|---|---|---|---|---|---|---|---|---|---|---|---|---|---|---|---|---|---|---|---|---|---|---|---|
| 辛丑 | | | | | 庚子 | | | | | 己亥 | | | | | 戊戌 | | | | | 丁酉 | | | | | 丙申 | | | | |
| 九紫火 | | | | | 一白水 | | | | | 二黑土 | | | | | 三碧木 | | | | | 四綠木 | | | | | 五黃土 | | | | |
| 大寒 09時12分 十八巳時 | | 小寒 15時45分 初三申時 | 奇門遁甲局數 | | 冬至 22時34分 十八亥時 | | 大雪 04時39分 初四寅時 | 奇門遁甲局數 | | 小雪 09時28分 十九巳時 | | 立冬 12時08分 初四午時 | 奇門遁甲局數 | | 霜降 12時19分 十八午時 | | 寒露 09時25分 初三巳時 | 奇門遁甲局數 | | 秋分 03時27分 十八寅時 | | 白露 18時16分 初二酉時 | 奇門遁甲局數 | | 處暑 06時14分 十七卯時 | | 立秋 15時45分 初一申時 | 奇門遁甲局數 | |
| 農曆 | 國曆 | 干支 | 時盤 | 日盤 | 農曆 | 國曆 | 干支 | 時盤 | 日盤 | 農曆 | 國曆 | 干支 | 時盤 | 日盤 | 農曆 | 國曆 | 干支 | 時盤 | 日盤 | 農曆 | 國曆 | 干支 | 時盤 | 日盤 | 農曆 | 國曆 | 干支 | 時盤 | 日盤 |
| 1 | 1/4 | 戊戌 | 2 | 9 | 1 | 12/5 | 戊辰 | 四 | 四 | 1 | 11/5 | 戊戌 | 六 | 七 | 1 | 10/7 | 己巳 | 九 | 九 | 1 | 9/7 | 己亥 | 三 | 三 | 1 | 8/8 | 己巳 | 五 | 六 |
| 2 | 1/5 | 己亥 | 8 | 1 | 2 | 12/6 | 己巳 | 七 | 三 | 2 | 11/6 | 己亥 | 九 | 六 | 2 | 10/8 | 庚午 | 九 | 八 | 2 | 9/8 | 庚子 | 三 | 二 | 2 | 8/9 | 庚午 | 五 | 五 |
| 3 | 1/6 | 庚子 | 8 | 2 | 3 | 12/7 | 庚午 | 七 | 二 | 3 | 11/7 | 庚子 | 九 | 五 | 3 | 10/9 | 辛未 | 九 | 七 | 3 | 9/9 | 辛丑 | 三 | 一 | 3 | 8/10 | 辛未 | 五 | 四 |
| 4 | 1/7 | 辛丑 | 8 | 3 | 4 | 12/8 | 辛未 | 七 | 一 | 4 | 11/8 | 辛丑 | 九 | 四 | 4 | 10/10 | 壬申 | 九 | 六 | 4 | 9/10 | 壬寅 | 三 | 九 | 4 | 8/11 | 壬申 | 五 | 三 |
| 5 | 1/8 | 壬寅 | 8 | 4 | 5 | 12/9 | 壬申 | 七 | 九 | 5 | 11/9 | 壬寅 | 九 | 三 | 5 | 10/11 | 癸酉 | 九 | 五 | 5 | 9/11 | 癸卯 | 三 | 八 | 5 | 8/12 | 癸酉 | 五 | 二 |
| 6 | 1/9 | 癸卯 | 8 | 5 | 6 | 12/10 | 癸酉 | 七 | 八 | 6 | 11/10 | 癸卯 | 九 | 二 | 6 | 10/12 | 甲戌 | 三 | 四 | 6 | 9/12 | 甲辰 | 六 | 七 | 6 | 8/13 | 甲戌 | 八 | 一 |
| 7 | 1/10 | 甲辰 | 5 | 6 | 7 | 12/11 | 甲戌 | 一 | 七 | 7 | 11/11 | 甲辰 | 三 | 一 | 7 | 10/13 | 乙亥 | 三 | 三 | 7 | 9/13 | 乙巳 | 六 | 六 | 7 | 8/14 | 乙亥 | 八 | 九 |
| 8 | 1/11 | 乙巳 | 5 | 7 | 8 | 12/12 | 乙亥 | 一 | 六 | 8 | 11/12 | 乙巳 | 三 | 九 | 8 | 10/14 | 丙子 | 三 | 二 | 8 | 9/14 | 丙午 | 六 | 五 | 8 | 8/15 | 丙子 | 八 | 八 |
| 9 | 1/12 | 丙午 | 5 | 8 | 9 | 12/13 | 丙子 | 一 | 五 | 9 | 11/13 | 丙午 | 三 | 八 | 9 | 10/15 | 丁丑 | 三 | 一 | 9 | 9/15 | 丁未 | 六 | 四 | 9 | 8/16 | 丁丑 | 八 | 七 |
| 10 | 1/13 | 丁未 | 5 | 9 | 10 | 12/14 | 丁丑 | 一 | 四 | 10 | 11/14 | 丁未 | 三 | 七 | 10 | 10/16 | 戊寅 | 三 | 九 | 10 | 9/16 | 戊申 | 六 | 三 | 10 | 8/17 | 戊寅 | 八 | 六 |
| 11 | 1/14 | 戊申 | 5 | 1 | 11 | 12/15 | 戊寅 | 一 | 三 | 11 | 11/15 | 戊申 | 三 | 六 | 11 | 10/17 | 己卯 | 五 | 八 | 11 | 9/17 | 己酉 | 七 | 二 | 11 | 8/18 | 己卯 | 一 | 五 |
| 12 | 1/15 | 己酉 | 3 | 2 | 12 | 12/16 | 己卯 | 1 | 二 | 12 | 11/16 | 己酉 | 五 | 五 | 12 | 10/18 | 庚辰 | 五 | 七 | 12 | 9/18 | 庚戌 | 七 | 一 | 12 | 8/19 | 庚辰 | 一 | 四 |
| 13 | 1/16 | 庚戌 | 3 | 3 | 13 | 12/17 | 庚辰 | 1 | 一 | 13 | 11/17 | 庚戌 | 五 | 四 | 13 | 10/19 | 辛巳 | 五 | 六 | 13 | 9/19 | 辛亥 | 七 | 九 | 13 | 8/20 | 辛巳 | 一 | 三 |
| 14 | 1/17 | 辛亥 | 3 | 4 | 14 | 12/18 | 辛巳 | 1 | 九 | 14 | 11/18 | 辛亥 | 五 | 三 | 14 | 10/20 | 壬午 | 五 | 五 | 14 | 9/20 | 壬子 | 七 | 八 | 14 | 8/21 | 壬午 | 一 | 二 |
| 15 | 1/18 | 壬子 | 3 | 5 | 15 | 12/19 | 壬午 | 1 | 八 | 15 | 11/19 | 壬子 | 五 | 二 | 15 | 10/21 | 癸未 | 五 | 四 | 15 | 9/21 | 癸丑 | 七 | 七 | 15 | 8/22 | 癸未 | 一 | 一 |
| 16 | 1/19 | 癸丑 | 3 | 6 | 16 | 12/20 | 癸未 | 1 | 七 | 16 | 11/20 | 癸丑 | 五 | 一 | 16 | 10/22 | 甲申 | 八 | 三 | 16 | 9/22 | 甲寅 | 一 | 六 | 16 | 8/23 | 甲申 | 四 | 九 |
| 17 | 1/20 | 甲寅 | 9 | 7 | 17 | 12/21 | 甲申 | 7 | 六 | 17 | 11/21 | 甲寅 | 八 | 九 | 17 | 10/23 | 乙酉 | 八 | 二 | 17 | 9/23 | 乙卯 | 一 | 五 | 17 | 8/24 | 乙酉 | 四 | 八 |
| 18 | 1/21 | 乙卯 | 9 | 8 | 18 | 12/22 | 乙酉 | 7 | 5 | 18 | 11/22 | 乙卯 | 八 | 八 | 18 | 10/24 | 丙戌 | 八 | 一 | 18 | 9/24 | 丙辰 | 一 | 四 | 18 | 8/25 | 丙戌 | 四 | 七 |
| 19 | 1/22 | 丙辰 | 9 | 9 | 19 | 12/23 | 丙戌 | 7 | 6 | 19 | 11/23 | 丙辰 | 八 | 七 | 19 | 10/25 | 丁亥 | 八 | 九 | 19 | 9/25 | 丁巳 | 一 | 三 | 19 | 8/26 | 丁亥 | 四 | 六 |
| 20 | 1/23 | 丁巳 | 9 | 1 | 20 | 12/24 | 丁亥 | 7 | 7 | 20 | 11/24 | 丁巳 | 八 | 六 | 20 | 10/26 | 戊子 | 八 | 八 | 20 | 9/26 | 戊午 | 一 | 二 | 20 | 8/27 | 戊子 | 四 | 五 |
| 21 | 1/24 | 戊午 | 9 | 2 | 21 | 12/25 | 戊子 | 7 | 8 | 21 | 11/25 | 戊午 | 八 | 五 | 21 | 10/27 | 己丑 | 二 | 七 | 21 | 9/27 | 己未 | 四 | 一 | 21 | 8/28 | 己丑 | 七 | 四 |
| 22 | 1/25 | 己未 | 6 | 3 | 22 | 12/26 | 己丑 | 4 | 9 | 22 | 11/26 | 己未 | 二 | 四 | 22 | 10/28 | 庚寅 | 二 | 六 | 22 | 9/28 | 庚申 | 四 | 九 | 22 | 8/29 | 庚寅 | 七 | 三 |
| 23 | 1/26 | 庚申 | 6 | 4 | 23 | 12/27 | 庚寅 | 4 | 1 | 23 | 11/27 | 庚申 | 二 | 三 | 23 | 10/29 | 辛卯 | 二 | 五 | 23 | 9/29 | 辛酉 | 四 | 八 | 23 | 8/30 | 辛卯 | 七 | 二 |
| 24 | 1/27 | 辛酉 | 6 | 5 | 24 | 12/28 | 辛卯 | 4 | 2 | 24 | 11/28 | 辛酉 | 二 | 二 | 24 | 10/30 | 壬辰 | 二 | 四 | 24 | 9/30 | 壬戌 | 四 | 七 | 24 | 8/31 | 壬辰 | 七 | 一 |
| 25 | 1/28 | 壬戌 | 6 | 6 | 25 | 12/29 | 壬辰 | 4 | 3 | 25 | 11/29 | 壬戌 | 二 | 一 | 25 | 10/31 | 癸巳 | 二 | 三 | 25 | 10/1 | 癸亥 | 四 | 六 | 25 | 9/1 | 癸巳 | 七 | 九 |
| 26 | 1/29 | 癸亥 | 6 | 7 | 26 | 12/30 | 癸巳 | 4 | 4 | 26 | 11/30 | 癸亥 | 二 | 九 | 26 | 11/1 | 甲午 | 六 | 二 | 26 | 10/2 | 甲子 | 六 | 五 | 26 | 9/2 | 甲午 | 九 | 八 |
| 27 | 1/30 | 甲子 | 8 | 8 | 27 | 12/31 | 甲午 | 2 | 5 | 27 | 12/1 | 甲子 | 四 | 八 | 27 | 11/2 | 乙未 | 六 | 一 | 27 | 10/3 | 乙丑 | 六 | 四 | 27 | 9/3 | 乙未 | 九 | 七 |
| 28 | 1/31 | 乙丑 | 8 | 9 | 28 | 1/1 | 乙未 | 2 | 6 | 28 | 12/2 | 乙丑 | 四 | 七 | 28 | 11/3 | 丙申 | 六 | 九 | 28 | 10/4 | 丙寅 | 六 | 三 | 28 | 9/4 | 丙申 | 九 | 六 |
| 29 | 2/1 | 丙寅 | 8 | 1 | 29 | 1/2 | 丙申 | 2 | 7 | 29 | 12/3 | 丙寅 | 四 | 六 | 29 | 11/4 | 丁酉 | 六 | 八 | 29 | 10/5 | 丁卯 | 六 | 二 | 29 | 9/5 | 丁酉 | 九 | 五 |
| | | | | | 30 | 1/3 | 丁酉 | 2 | 8 | 30 | 12/4 | 丁卯 | 四 | 五 | | | | | | 30 | 10/6 | 戊辰 | 六 | 一 | 30 | 9/6 | 戊戌 | 九 | 四 |

# 西元1927年（丁卯）肖兔 民國16年（男坎命）

奇門遁甲局數如標示為 一 ～九表示陰局　　如標示為1 ～9 表示陽局

| 六月 | | | | | 五月 | | | | | 四月 | | | | | 三月 | | | | | 二月 | | | | | 正月 | | | | |
|---|---|---|---|---|---|---|---|---|---|---|---|---|---|---|---|---|---|---|---|---|---|---|---|---|---|---|---|---|---|
| 丁未 | | | | | 丙午 | | | | | 乙巳 | | | | | 甲辰 | | | | | 癸卯 | | | | | 壬寅 | | | | |
| 三碧木 | | | | | 四綠木 | | | | | 五黃土 | | | | | 六白金 | | | | | 七赤金 | | | | | 八白土 | | | | |
| 大暑<br>05時17分<br>廿六卯時 | | 小暑<br>11時50分<br>初十午時 | 奇門遁甲局數 | | 夏至<br>18時23分<br>廿三酉時 | | 芒種<br>01時25分<br>初八丑時 | 奇門遁甲局數 | | 小滿<br>10時08分<br>廿二巳時 | | 立夏<br>20時54分<br>初六戌時 | 奇門遁甲局數 | | 穀雨<br>10時32分<br>二十巳時 | | 清明<br>03時06分<br>初五寅時 | 奇門遁甲局數 | | 春分<br>22時59分<br>十八亥時 | | 驚蟄<br>21時51分<br>初三亥時 | 奇門遁甲局數 | | 雨水<br>23時35分<br>十八子時 | | 立春<br>03時31分<br>初四寅時 | 奇門遁甲局數 | |
| 農曆 | 國曆 | 干支 | 時盤 | 日盤 | 農曆 | 國曆 | 干支 | 時盤 | 日盤 | 農曆 | 國曆 | 干支 | 時盤 | 日盤 | 農曆 | 國曆 | 干支 | 時盤 | 日盤 | 農曆 | 國曆 | 干支 | 時盤 | 日盤 | 農曆 | 國曆 | 干支 | 時盤 | 日盤 |
| 1 | 6/29 | 甲午 | 九 | 五 | 1 | 5/31 | 乙丑 | 6 | 3 | 1 | 5/1 | 乙未 | 4 | 9 | 1 | 4/2 | 丙寅 | 4 | 7 | 1 | 3/4 | 丁酉 | 1 | 5 | 1 | 2/2 | 丁卯 | 8 | 2 |
| 2 | 6/30 | 乙未 | 九 | 四 | 2 | 6/1 | 丙寅 | 6 | 4 | 2 | 5/2 | 丙申 | 4 | 1 | 2 | 4/3 | 丁卯 | 4 | 8 | 2 | 3/5 | 戊戌 | 1 | 6 | 2 | 2/3 | 戊辰 | 8 | 3 |
| 3 | 7/1 | 丙申 | 九 | 三 | 3 | 6/2 | 丁卯 | 6 | 5 | 3 | 5/3 | 丁酉 | 4 | 2 | 3 | 4/4 | 戊辰 | 4 | 9 | 3 | 3/6 | 己亥 | 7 | 7 | 3 | 2/4 | 己巳 | 5 | 4 |
| 4 | 7/2 | 丁酉 | 九 | 二 | 4 | 6/3 | 戊辰 | 6 | 6 | 4 | 5/4 | 戊戌 | 4 | 3 | 4 | 4/5 | 己巳 | 1 | 1 | 4 | 3/7 | 庚子 | 7 | 8 | 4 | 2/5 | 庚午 | 5 | 5 |
| 5 | 7/3 | 戊戌 | 九 | 一 | 5 | 6/4 | 己巳 | 3 | 7 | 5 | 5/5 | 己亥 | 1 | 4 | 5 | 4/6 | 庚午 | 1 | 2 | 5 | 3/8 | 辛丑 | 7 | 9 | 5 | 2/6 | 辛未 | 5 | 6 |
| 6 | 7/4 | 己亥 | 三 | 九 | 6 | 6/5 | 庚午 | 3 | 8 | 6 | 5/6 | 庚子 | 1 | 5 | 6 | 4/7 | 辛未 | 1 | 3 | 6 | 3/9 | 壬寅 | 7 | 1 | 6 | 2/7 | 壬申 | 5 | 7 |
| 7 | 7/5 | 庚子 | 三 | 八 | 7 | 6/6 | 辛未 | 3 | 9 | 7 | 5/7 | 辛丑 | 1 | 6 | 7 | 4/8 | 壬申 | 1 | 4 | 7 | 3/10 | 癸卯 | 7 | 2 | 7 | 2/8 | 癸酉 | 5 | 8 |
| 8 | 7/6 | 辛丑 | 三 | 七 | 8 | 6/7 | 壬申 | 3 | 1 | 8 | 5/8 | 壬寅 | 1 | 7 | 8 | 4/9 | 癸酉 | 1 | 5 | 8 | 3/11 | 甲辰 | 4 | 3 | 8 | 2/9 | 甲戌 | 2 | 9 |
| 9 | 7/7 | 壬寅 | 三 | 六 | 9 | 6/8 | 癸酉 | 3 | 2 | 9 | 5/9 | 癸卯 | 1 | 8 | 9 | 4/10 | 甲戌 | 7 | 6 | 9 | 3/12 | 乙巳 | 4 | 4 | 9 | 2/10 | 乙亥 | 2 | 1 |
| 10 | 7/8 | 癸卯 | 三 | 五 | 10 | 6/9 | 甲戌 | 9 | 3 | 10 | 5/10 | 甲辰 | 7 | 9 | 10 | 4/11 | 乙亥 | 7 | 7 | 10 | 3/13 | 丙午 | 4 | 5 | 10 | 2/11 | 丙子 | 2 | 2 |
| 11 | 7/9 | 甲辰 | 六 | 四 | 11 | 6/10 | 乙亥 | 9 | 4 | 11 | 5/11 | 乙巳 | 7 | 1 | 11 | 4/12 | 丙子 | 7 | 8 | 11 | 3/14 | 丁未 | 4 | 6 | 11 | 2/12 | 丁丑 | 2 | 3 |
| 12 | 7/10 | 乙巳 | 六 | 三 | 12 | 6/11 | 丙子 | 9 | 5 | 12 | 5/12 | 丙午 | 7 | 2 | 12 | 4/13 | 丁丑 | 7 | 9 | 12 | 3/15 | 戊申 | 4 | 7 | 12 | 2/13 | 戊寅 | 2 | 4 |
| 13 | 7/11 | 丙午 | 六 | 二 | 13 | 6/12 | 丁丑 | 9 | 6 | 13 | 5/13 | 丁未 | 7 | 3 | 13 | 4/14 | 戊寅 | 7 | 1 | 13 | 3/16 | 己酉 | 3 | 8 | 13 | 2/14 | 己卯 | 9 | 5 |
| 14 | 7/12 | 丁未 | 六 | 一 | 14 | 6/13 | 戊寅 | 9 | 7 | 14 | 5/14 | 戊申 | 7 | 4 | 14 | 4/15 | 己卯 | 5 | 2 | 14 | 3/17 | 庚戌 | 3 | 9 | 14 | 2/15 | 庚辰 | 9 | 6 |
| 15 | 7/13 | 戊申 | 六 | 九 | 15 | 6/14 | 己卯 | 6 | 8 | 15 | 5/15 | 己酉 | 5 | 5 | 15 | 4/16 | 庚辰 | 5 | 3 | 15 | 3/18 | 辛亥 | 3 | 1 | 15 | 2/16 | 辛巳 | 9 | 7 |
| 16 | 7/14 | 己酉 | 八 | 八 | 16 | 6/15 | 庚辰 | 6 | 9 | 16 | 5/16 | 庚戌 | 5 | 6 | 16 | 4/17 | 辛巳 | 5 | 4 | 16 | 3/19 | 壬子 | 3 | 2 | 16 | 2/17 | 壬午 | 9 | 8 |
| 17 | 7/15 | 庚戌 | 八 | 七 | 17 | 6/16 | 辛巳 | 6 | 1 | 17 | 5/17 | 辛亥 | 5 | 7 | 17 | 4/18 | 壬午 | 5 | 5 | 17 | 3/20 | 癸丑 | 3 | 3 | 17 | 2/18 | 癸未 | 9 | 9 |
| 18 | 7/16 | 辛亥 | 八 | 六 | 18 | 6/17 | 壬午 | 6 | 2 | 18 | 5/18 | 壬子 | 5 | 8 | 18 | 4/19 | 癸未 | 5 | 6 | 18 | 3/21 | 甲寅 | 9 | 4 | 18 | 2/19 | 甲申 | 6 | 1 |
| 19 | 7/17 | 壬子 | 八 | 五 | 19 | 6/18 | 癸未 | 6 | 3 | 19 | 5/19 | 癸丑 | 5 | 9 | 19 | 4/20 | 甲申 | 2 | 7 | 19 | 3/22 | 乙卯 | 9 | 5 | 19 | 2/20 | 乙酉 | 6 | 2 |
| 20 | 7/18 | 癸丑 | 八 | 四 | 20 | 6/19 | 甲申 | 3 | 4 | 20 | 5/20 | 甲寅 | 2 | 1 | 20 | 4/21 | 乙酉 | 2 | 8 | 20 | 3/23 | 丙辰 | 9 | 6 | 20 | 2/21 | 丙戌 | 6 | 3 |
| 21 | 7/19 | 甲寅 | 二 | 三 | 21 | 6/20 | 乙酉 | 3 | 5 | 21 | 5/21 | 乙卯 | 2 | 2 | 21 | 4/22 | 丙戌 | 2 | 9 | 21 | 3/24 | 丁巳 | 9 | 7 | 21 | 2/22 | 丁亥 | 6 | 4 |
| 22 | 7/20 | 乙卯 | 二 | 二 | 22 | 6/21 | 丙戌 | 3 | 6 | 22 | 5/22 | 丙辰 | 2 | 3 | 22 | 4/23 | 丁亥 | 2 | 1 | 22 | 3/25 | 戊午 | 9 | 8 | 22 | 2/23 | 戊子 | 6 | 5 |
| 23 | 7/21 | 丙辰 | 二 | 一 | 23 | 6/22 | 丁亥 | 3 | 三 | 23 | 5/23 | 丁巳 | 2 | 4 | 23 | 4/24 | 戊子 | 2 | 2 | 23 | 3/26 | 己未 | 6 | 9 | 23 | 2/24 | 己丑 | 3 | 6 |
| 24 | 7/22 | 丁巳 | 二 | 九 | 24 | 6/23 | 戊子 | 3 | 二 | 24 | 5/24 | 戊午 | 2 | 5 | 24 | 4/25 | 己丑 | 8 | 3 | 24 | 3/27 | 庚申 | 6 | 1 | 24 | 2/25 | 庚寅 | 3 | 7 |
| 25 | 7/23 | 戊午 | 二 | 八 | 25 | 6/24 | 己丑 | 9 | 一 | 25 | 5/25 | 己未 | 8 | 6 | 25 | 4/26 | 庚寅 | 8 | 4 | 25 | 3/28 | 辛酉 | 6 | 2 | 25 | 2/26 | 辛卯 | 3 | 8 |
| 26 | 7/24 | 己未 | 五 | 七 | 26 | 6/25 | 庚寅 | 9 | 九 | 26 | 5/26 | 庚申 | 8 | 7 | 26 | 4/27 | 辛卯 | 8 | 5 | 26 | 3/29 | 壬戌 | 6 | 3 | 26 | 2/27 | 壬辰 | 3 | 9 |
| 27 | 7/25 | 庚申 | 五 | 六 | 27 | 6/26 | 辛卯 | 9 | 八 | 27 | 5/27 | 辛酉 | 8 | 8 | 27 | 4/28 | 壬辰 | 8 | 6 | 27 | 3/30 | 癸亥 | 6 | 4 | 27 | 2/28 | 癸巳 | 3 | 1 |
| 28 | 7/26 | 辛酉 | 五 | 五 | 28 | 6/27 | 壬辰 | 9 | 七 | 28 | 5/28 | 壬戌 | 8 | 9 | 28 | 4/29 | 癸巳 | 8 | 7 | 28 | 3/31 | 甲子 | 4 | 5 | 28 | 3/1 | 甲午 | 1 | 2 |
| 29 | 7/27 | 壬戌 | 五 | 四 | 29 | 6/28 | 癸巳 | 9 | 六 | 29 | 5/29 | 癸亥 | 8 | 1 | 29 | 4/30 | 甲午 | 4 | 8 | 29 | 4/1 | 乙丑 | 4 | 6 | 29 | 3/2 | 乙未 | 1 | 3 |
| 30 | 7/28 | 癸亥 | 五 | 三 | | | | | | 30 | 5/30 | 甲子 | 6 | 2 | | | | | | | | | | | 30 | 3/3 | 丙申 | 1 | 4 |

# 西元1927年（丁卯）肖兔 民國16年（女艮命）

奇門遁甲局數如標示為 一 ～九表示陰局　　如標示為1 ～9 表示陽局

| 十二月 | | | | | 十一月 | | | | | 十　月 | | | | | 九　月 | | | | | 八　月 | | | | | 七　月 | | | | |
|---|---|---|---|---|---|---|---|---|---|---|---|---|---|---|---|---|---|---|---|---|---|---|---|---|---|---|---|---|---|
| 癸丑 | | | | | 壬子 | | | | | 辛亥 | | | | | 庚戌 | | | | | 己酉 | | | | | 戊申 | | | | |
| 六白金 | | | | | 七赤金 | | | | | 八白土 | | | | | 九紫火 | | | | | 一白水 | | | | | 二黑土 | | | | |
| 大寒 14時55分 廿九未時 | | 小寒 21時32分 十四亥時 | 奇門遁甲局數 | | 冬至 04時19分 三十寅時 | | 大雪 10時27分 十五巳時 | 奇門遁甲局數 | | 小雪 15時14分 三十申時 | | 立冬 17時57分 十五酉時 | 奇門遁甲局數 | | 霜降 18時07分 廿九酉時 | | 寒露 15時16分 十四申時 | 奇門遁甲局數 | | 秋分 09時17分 廿九巳時 | | 白露 00時06分 十四子時 | 奇門遁甲局數 | | 處暑 12時06分 廿七午時 | | 立秋 21時32分 十一亥時 | 奇門遁甲局數 | |
| 農曆 | 國曆 | 干支 | 時盤 | 日盤 | 農曆 | 國曆 | 干支 | 時盤 | 日盤 | 農曆 | 國曆 | 干支 | 時盤 | 日盤 | 農曆 | 國曆 | 干支 | 時盤 | 日盤 | 農曆 | 國曆 | 干支 | 時盤 | 日盤 | 農曆 | 國曆 | 干支 | 時盤 | 日盤 |
| 1 | 12/24 | 壬辰 | 一 | 3 | 1 | 11/24 | 壬戌 | 三 | 一 | 1 | 10/25 | 壬辰 | 三 | 四 | 1 | 9/26 | 癸亥 | 六 | 六 | 1 | 8/27 | 癸巳 | 八 | 九 | 1 | 7/29 | 甲子 | 七 | 二 |
| 2 | 12/25 | 癸巳 | 一 | 4 | 2 | 11/25 | 癸亥 | 三 | 九 | 2 | 10/26 | 癸巳 | 三 | 三 | 2 | 9/27 | 甲子 | 七 | 五 | 2 | 8/28 | 甲午 | 一 | 八 | 2 | 7/30 | 乙丑 | 七 | 一 |
| 3 | 12/26 | 甲午 | 1 | 5 | 3 | 11/26 | 甲子 | 五 | 八 | 3 | 10/27 | 甲午 | 五 | 二 | 3 | 9/28 | 乙丑 | 七 | 四 | 3 | 8/29 | 乙未 | 一 | 七 | 3 | 7/31 | 丙寅 | 七 | 九 |
| 4 | 12/27 | 乙未 | 1 | 6 | 4 | 11/27 | 乙丑 | 五 | 七 | 4 | 10/28 | 乙未 | 五 | 一 | 4 | 9/29 | 丙寅 | 七 | 三 | 4 | 8/30 | 丙申 | 一 | 六 | 4 | 8/ 1 | 丁卯 | 七 | 八 |
| 5 | 12/28 | 丙申 | 1 | 7 | 5 | 11/28 | 丙寅 | 五 | 六 | 5 | 10/29 | 丙申 | 五 | 九 | 5 | 9/30 | 丁卯 | 七 | 二 | 5 | 8/31 | 丁酉 | 一 | 五 | 5 | 8/ 2 | 戊辰 | 七 | 七 |
| 6 | 12/29 | 丁酉 | 1 | 8 | 6 | 11/29 | 丁卯 | 五 | 五 | 6 | 10/30 | 丁酉 | 五 | 八 | 6 | 10/ 1 | 戊辰 | 七 | 一 | 6 | 9/ 1 | 戊戌 | 一 | 四 | 6 | 8/ 3 | 己巳 | 一 | 六 |
| 7 | 12/30 | 戊戌 | 1 | 9 | 7 | 11/30 | 戊辰 | 五 | 四 | 7 | 10/31 | 戊戌 | 五 | 七 | 7 | 10/ 2 | 己巳 | 一 | 九 | 7 | 9/ 2 | 己亥 | 四 | 三 | 7 | 8/ 4 | 庚午 | 一 | 五 |
| 8 | 12/31 | 己亥 | 7 | 1 | 8 | 12/ 1 | 己巳 | 八 | 三 | 8 | 11/ 1 | 己亥 | 八 | 六 | 8 | 10/ 3 | 庚午 | 一 | 八 | 8 | 9/ 3 | 庚子 | 四 | 二 | 8 | 8/ 5 | 辛未 | 一 | 四 |
| 9 | 1/ 1 | 庚子 | 7 | 2 | 9 | 12/ 2 | 庚午 | 八 | 二 | 9 | 11/ 2 | 庚子 | 八 | 五 | 9 | 10/ 4 | 辛未 | 一 | 七 | 9 | 9/ 4 | 辛丑 | 四 | 一 | 9 | 8/ 6 | 壬申 | 一 | 三 |
| 10 | 1/ 2 | 辛丑 | 7 | 3 | 10 | 12/ 3 | 辛未 | 八 | 一 | 10 | 11/ 3 | 辛丑 | 八 | 四 | 10 | 10/ 5 | 壬申 | 一 | 六 | 10 | 9/ 5 | 壬寅 | 四 | 九 | 10 | 8/ 7 | 癸酉 | 一 | 二 |
| 11 | 1/ 3 | 壬寅 | 7 | 4 | 11 | 12/ 4 | 壬申 | 八 | 九 | 11 | 11/ 4 | 壬寅 | 八 | 三 | 11 | 10/ 6 | 癸酉 | 一 | 五 | 11 | 9/ 6 | 癸卯 | 四 | 八 | 11 | 8/ 8 | 甲戌 | 四 | 一 |
| 12 | 1/ 4 | 癸卯 | 7 | 5 | 12 | 12/ 5 | 癸酉 | 八 | 八 | 12 | 11/ 5 | 癸卯 | 八 | 二 | 12 | 10/ 7 | 甲戌 | 四 | 四 | 12 | 9/ 7 | 甲辰 | 七 | 七 | 12 | 8/ 9 | 乙亥 | 四 | 九 |
| 13 | 1/ 5 | 甲辰 | 4 | 6 | 13 | 12/ 6 | 甲戌 | 二 | 七 | 13 | 11/ 6 | 甲辰 | 二 | 一 | 13 | 10/ 8 | 乙亥 | 四 | 三 | 13 | 9/ 8 | 乙巳 | 七 | 六 | 13 | 8/10 | 丙子 | 四 | 八 |
| 14 | 1/ 6 | 乙巳 | 4 | 7 | 14 | 12/ 7 | 乙亥 | 二 | 六 | 14 | 11/ 7 | 乙巳 | 二 | 九 | 14 | 10/ 9 | 丙子 | 四 | 二 | 14 | 9/ 9 | 丙午 | 七 | 五 | 14 | 8/11 | 丁丑 | 四 | 七 |
| 15 | 1/ 7 | 丙午 | 4 | 8 | 15 | 12/ 8 | 丙子 | 二 | 五 | 15 | 11/ 8 | 丙午 | 二 | 八 | 15 | 10/10 | 丁丑 | 四 | 一 | 15 | 9/10 | 丁未 | 七 | 四 | 15 | 8/12 | 戊寅 | 四 | 六 |
| 16 | 1/ 8 | 丁未 | 4 | 9 | 16 | 12/ 9 | 丁丑 | 二 | 四 | 16 | 11/ 9 | 丁未 | 二 | 七 | 16 | 10/11 | 戊寅 | 四 | 九 | 16 | 9/11 | 戊申 | 七 | 三 | 16 | 8/13 | 己卯 | 二 | 五 |
| 17 | 1/ 9 | 戊申 | 4 | 1 | 17 | 12/10 | 戊寅 | 二 | 三 | 17 | 11/10 | 戊申 | 二 | 六 | 17 | 10/12 | 己卯 | 六 | 八 | 17 | 9/12 | 己酉 | 九 | 二 | 17 | 8/14 | 庚辰 | 二 | 四 |
| 18 | 1/10 | 己酉 | 2 | 2 | 18 | 12/11 | 己卯 | 四 | 二 | 18 | 11/11 | 己酉 | 六 | 五 | 18 | 10/13 | 庚辰 | 六 | 七 | 18 | 9/13 | 庚戌 | 九 | 一 | 18 | 8/15 | 辛巳 | 二 | 三 |
| 19 | 1/11 | 庚戌 | 2 | 3 | 19 | 12/12 | 庚辰 | 四 | 一 | 19 | 11/12 | 庚戌 | 六 | 四 | 19 | 10/14 | 辛巳 | 六 | 六 | 19 | 9/14 | 辛亥 | 九 | 九 | 19 | 8/16 | 壬午 | 二 | 二 |
| 20 | 1/12 | 辛亥 | 2 | 4 | 20 | 12/13 | 辛巳 | 四 | 九 | 20 | 11/13 | 辛亥 | 六 | 三 | 20 | 10/15 | 壬午 | 六 | 五 | 20 | 9/15 | 壬子 | 九 | 八 | 20 | 8/17 | 癸未 | 二 | 一 |
| 21 | 1/13 | 壬子 | 2 | 5 | 21 | 12/14 | 壬午 | 四 | 八 | 21 | 11/14 | 壬子 | 六 | 二 | 21 | 10/16 | 癸未 | 六 | 四 | 21 | 9/16 | 癸丑 | 九 | 七 | 21 | 8/18 | 甲申 | 五 | 九 |
| 22 | 1/14 | 癸丑 | 2 | 6 | 22 | 12/15 | 癸未 | 四 | 七 | 22 | 11/15 | 癸丑 | 六 | 一 | 22 | 10/17 | 甲申 | 九 | 三 | 22 | 9/17 | 甲寅 | 三 | 六 | 22 | 8/19 | 乙酉 | 五 | 八 |
| 23 | 1/15 | 甲寅 | 8 | 7 | 23 | 12/16 | 甲申 | 七 | 六 | 23 | 11/16 | 甲寅 | 九 | 九 | 23 | 10/18 | 乙酉 | 九 | 二 | 23 | 9/18 | 乙卯 | 三 | 五 | 23 | 8/20 | 丙戌 | 五 | 七 |
| 24 | 1/16 | 乙卯 | 8 | 8 | 24 | 12/17 | 乙酉 | 七 | 五 | 24 | 11/17 | 乙卯 | 九 | 八 | 24 | 10/19 | 丙戌 | 九 | 一 | 24 | 9/19 | 丙辰 | 三 | 四 | 24 | 8/21 | 丁亥 | 五 | 六 |
| 25 | 1/17 | 丙辰 | 8 | 9 | 25 | 12/18 | 丙戌 | 七 | 四 | 25 | 11/18 | 丙辰 | 九 | 七 | 25 | 10/20 | 丁亥 | 九 | 九 | 25 | 9/20 | 丁巳 | 三 | 三 | 25 | 8/22 | 戊子 | 五 | 五 |
| 26 | 1/18 | 丁巳 | 8 | 1 | 26 | 12/19 | 丁亥 | 七 | 三 | 26 | 11/19 | 丁巳 | 九 | 六 | 26 | 10/21 | 戊子 | 九 | 八 | 26 | 9/21 | 戊午 | 三 | 二 | 26 | 8/23 | 己丑 | 八 | 四 |
| 27 | 1/19 | 戊午 | 8 | 2 | 27 | 12/20 | 戊子 | 七 | 二 | 27 | 11/20 | 戊午 | 九 | 五 | 27 | 10/22 | 己丑 | 三 | 七 | 27 | 9/22 | 己未 | 六 | 一 | 27 | 8/24 | 庚寅 | 八 | 三 |
| 28 | 1/20 | 己未 | 5 | 3 | 28 | 12/21 | 己丑 | 一 | 一 | 28 | 11/21 | 己未 | 三 | 四 | 28 | 10/23 | 庚寅 | 三 | 六 | 28 | 9/23 | 庚申 | 六 | 九 | 28 | 8/25 | 辛卯 | 八 | 二 |
| 29 | 1/21 | 庚申 | 5 | 4 | 29 | 12/22 | 庚寅 | 一 | 九 | 29 | 11/22 | 庚申 | 三 | 三 | 29 | 10/24 | 辛卯 | 三 | 五 | 29 | 9/24 | 辛酉 | 六 | 八 | 29 | 8/26 | 壬辰 | 八 | 一 |
| 30 | 1/22 | 辛酉 | 5 | 5 | 30 | 12/23 | 辛卯 | 一 | 2 | 30 | 11/23 | 辛酉 | 三 | 二 | | | | | | 30 | 9/25 | 壬戌 | 六 | 七 | | | | | |

# 西元1928年（戊辰）肖龍 民國17年（男離命）

奇門遁甲局數如標示為 一 ～九表示陰局　　如標示為1 ～9 表示陽局

| 月份 | 六月 | 五月 | 四月 | 三月 | 潤二月 | 二月 | 正月 |
|---|---|---|---|---|---|---|---|
| 月干支 | 己未 | 戊午 | 丁巳 | 丙辰 | 丙辰 | 乙卯 | 甲寅 |
| 月紫白 | 九紫火 | 一白水 | 二黑土 | 三碧木 | | 四綠木 | 五黃土 |
| 節氣 | 立秋 03時27分 廿三寅時 | 小暑 17時45分 二十酉時 | 芒種 07時18分 十九辰時 | 立夏 02時44分 十七丑時 | 清明 08時55分 十五辰時 | 春分 04時45分 三十寅時 | 雨水 05時20分 廿九卯時 |
| 中氣 | 大暑 11時02分 初七午時 | 夏至 00時07分 初五子時 | 小滿 15時53分 初三申時 | 穀雨 16時17分 初一申時 | | 驚蟄 03時38分 十五寅時 | 立春 09時17分 十四巳時 |

## 六月（己未　九紫火）

| 農曆 | 國曆 | 干支 | 時盤 | 日盤 |
|---|---|---|---|---|
| 1 | 7/17 | 戊午 | 二 | 六 |
| 2 | 7/18 | 己未 | 五 | 五 |
| 3 | 7/19 | 庚申 | 五 | 四 |
| 4 | 7/20 | 辛酉 | 五 | 三 |
| 5 | 7/21 | 壬戌 | 五 | 二 |
| 6 | 7/22 | 癸亥 | 五 | 一 |
| 7 | 7/23 | 甲子 | 七 | 九 |
| 8 | 7/24 | 乙丑 | 七 | 八 |
| 9 | 7/25 | 丙寅 | 七 | 七 |
| 10 | 7/26 | 丁卯 | 七 | 六 |
| 11 | 7/27 | 戊辰 | 七 | 五 |
| 12 | 7/28 | 己巳 | 一 | 四 |
| 13 | 7/29 | 庚午 | 一 | 三 |
| 14 | 7/30 | 辛未 | 一 | 二 |
| 15 | 7/31 | 壬申 | 一 | 一 |
| 16 | 8/1 | 癸酉 | 一 | 九 |
| 17 | 8/2 | 甲戌 | 四 | 八 |
| 18 | 8/3 | 乙亥 | 四 | 七 |
| 19 | 8/4 | 丙子 | 四 | 六 |
| 20 | 8/5 | 丁丑 | 四 | 五 |
| 21 | 8/6 | 戊寅 | 四 | 四 |
| 22 | 8/7 | 己卯 | 二 | 三 |
| 23 | 8/8 | 庚辰 | 二 | 二 |
| 24 | 8/9 | 辛巳 | 二 | 一 |
| 25 | 8/10 | 壬午 | 二 | 九 |
| 26 | 8/11 | 癸未 | 二 | 八 |
| 27 | 8/12 | 甲申 | 五 | 七 |
| 28 | 8/13 | 乙酉 | 五 | 六 |
| 29 | 8/14 | 丙戌 | 五 | 五 |

## 五月（戊午　一白水）

| 農曆 | 國曆 | 干支 | 時盤 | 日盤 |
|---|---|---|---|---|
| 1 | 6/18 | 己丑 | 9 | 9 |
| 2 | 6/19 | 庚寅 | 9 | 1 |
| 3 | 6/20 | 辛卯 | 9 | 2 |
| 4 | 6/21 | 壬辰 | 9 | 3 |
| 5 | 6/22 | 癸巳 | 9 | 四 |
| 6 | 6/23 | 甲午 | 九 | 三 |
| 7 | 6/24 | 乙未 | 九 | 二 |
| 8 | 6/25 | 丙申 | 九 | 一 |
| 9 | 6/26 | 丁酉 | 九 | 九 |
| 10 | 6/27 | 戊戌 | 九 | 八 |
| 11 | 6/28 | 己亥 | 三 | 七 |
| 12 | 6/29 | 庚子 | 三 | 六 |
| 13 | 6/30 | 辛丑 | 三 | 五 |
| 14 | 7/1 | 壬寅 | 三 | 四 |
| 15 | 7/2 | 癸卯 | 三 | 三 |
| 16 | 7/3 | 甲辰 | 六 | 二 |
| 17 | 7/4 | 乙巳 | 六 | 一 |
| 18 | 7/5 | 丙午 | 六 | 九 |
| 19 | 7/6 | 丁未 | 六 | 八 |
| 20 | 7/7 | 戊申 | 六 | 七 |
| 21 | 7/8 | 己酉 | 八 | 六 |
| 22 | 7/9 | 庚戌 | 八 | 五 |
| 23 | 7/10 | 辛亥 | 八 | 四 |
| 24 | 7/11 | 壬子 | 八 | 三 |
| 25 | 7/12 | 癸丑 | 八 | 二 |
| 26 | 7/13 | 甲寅 | 二 | 一 |
| 27 | 7/14 | 乙卯 | 二 | 九 |
| 28 | 7/15 | 丙辰 | 二 | 八 |
| 29 | 7/16 | 丁巳 | 二 | 七 |

## 四月（丁巳　二黑土）

| 農曆 | 國曆 | 干支 | 時盤 | 日盤 |
|---|---|---|---|---|
| 1 | 5/19 | 己未 | 7 | 6 |
| 2 | 5/20 | 庚申 | 7 | 7 |
| 3 | 5/21 | 辛酉 | 7 | 8 |
| 4 | 5/22 | 壬戌 | 7 | 9 |
| 5 | 5/23 | 癸亥 | 7 | 1 |
| 6 | 5/24 | 甲子 | 5 | 2 |
| 7 | 5/25 | 乙丑 | 5 | 3 |
| 8 | 5/26 | 丙寅 | 5 | 4 |
| 9 | 5/27 | 丁卯 | 5 | 5 |
| 10 | 5/28 | 戊辰 | 5 | 6 |
| 11 | 5/29 | 己巳 | 2 | 7 |
| 12 | 5/30 | 庚午 | 2 | 8 |
| 13 | 5/31 | 辛未 | 2 | 9 |
| 14 | 6/1 | 壬申 | 2 | 1 |
| 15 | 6/2 | 癸酉 | 2 | 2 |
| 16 | 6/3 | 甲戌 | 8 | 3 |
| 17 | 6/4 | 乙亥 | 8 | 4 |
| 18 | 6/5 | 丙子 | 8 | 5 |
| 19 | 6/6 | 丁丑 | 8 | 6 |
| 20 | 6/7 | 戊寅 | 8 | 7 |
| 21 | 6/8 | 己卯 | 6 | 8 |
| 22 | 6/9 | 庚辰 | 6 | 9 |
| 23 | 6/10 | 辛巳 | 6 | 1 |
| 24 | 6/11 | 壬午 | 6 | 2 |
| 25 | 6/12 | 癸未 | 6 | 3 |
| 26 | 6/13 | 甲申 | 3 | 4 |
| 27 | 6/14 | 乙酉 | 3 | 5 |
| 28 | 6/15 | 丙戌 | 3 | 6 |
| 29 | 6/16 | 丁亥 | 3 | 7 |
| 30 | 6/17 | 戊子 | 3 | 8 |

## 三月（丙辰　三碧木）

| 農曆 | 國曆 | 干支 | 時盤 | 日盤 |
|---|---|---|---|---|
| 1 | 4/20 | 庚寅 | 7 | 4 |
| 2 | 4/21 | 辛卯 | 7 | 5 |
| 3 | 4/22 | 壬辰 | 7 | 6 |
| 4 | 4/23 | 癸巳 | 7 | 7 |
| 5 | 4/24 | 甲午 | 5 | 8 |
| 6 | 4/25 | 乙未 | 5 | 9 |
| 7 | 4/26 | 丙申 | 5 | 1 |
| 8 | 4/27 | 丁酉 | 5 | 2 |
| 9 | 4/28 | 戊戌 | 5 | 3 |
| 10 | 4/29 | 己亥 | 2 | 4 |
| 11 | 4/30 | 庚子 | 2 | 5 |
| 12 | 5/1 | 辛丑 | 2 | 6 |
| 13 | 5/2 | 壬寅 | 2 | 7 |
| 14 | 5/3 | 癸卯 | 2 | 8 |
| 15 | 5/4 | 甲辰 | 8 | 9 |
| 16 | 5/5 | 乙巳 | 8 | 1 |
| 17 | 5/6 | 丙午 | 8 | 2 |
| 18 | 5/7 | 丁未 | 8 | 3 |
| 19 | 5/8 | 戊申 | 8 | 4 |
| 20 | 5/9 | 己酉 | 4 | 5 |
| 21 | 5/10 | 庚戌 | 4 | 6 |
| 22 | 5/11 | 辛亥 | 4 | 7 |
| 23 | 5/12 | 壬子 | 4 | 8 |
| 24 | 5/13 | 癸丑 | 4 | 9 |
| 25 | 5/14 | 甲寅 | 1 | 1 |
| 26 | 5/15 | 乙卯 | 1 | 2 |
| 27 | 5/16 | 丙辰 | 1 | 3 |
| 28 | 5/17 | 丁巳 | 1 | 4 |
| 29 | 5/18 | 戊午 | 1 | 5 |

## 潤二月（丙辰）

| 農曆 | 國曆 | 干支 | 時盤 | 日盤 |
|---|---|---|---|---|
| 1 | 3/22 | 辛酉 | 4 | 2 |
| 2 | 3/23 | 壬戌 | 4 | 3 |
| 3 | 3/24 | 癸亥 | 4 | 4 |
| 4 | 3/25 | 甲子 | 3 | 5 |
| 5 | 3/26 | 乙丑 | 3 | 6 |
| 6 | 3/27 | 丙寅 | 3 | 7 |
| 7 | 3/28 | 丁卯 | 3 | 8 |
| 8 | 3/29 | 戊辰 | 3 | 9 |
| 9 | 3/30 | 己巳 | 9 | 1 |
| 10 | 3/31 | 庚午 | 9 | 2 |
| 11 | 4/1 | 辛未 | 9 | 3 |
| 12 | 4/2 | 壬申 | 9 | 4 |
| 13 | 4/3 | 癸酉 | 9 | 5 |
| 14 | 4/4 | 甲戌 | 6 | 6 |
| 15 | 4/5 | 乙亥 | 6 | 7 |
| 16 | 4/6 | 丙子 | 6 | 8 |
| 17 | 4/7 | 丁丑 | 6 | 9 |
| 18 | 4/8 | 戊寅 | 6 | 1 |
| 19 | 4/9 | 己卯 | 4 | 2 |
| 20 | 4/10 | 庚辰 | 4 | 3 |
| 21 | 4/11 | 辛巳 | 4 | 4 |
| 22 | 4/12 | 壬午 | 4 | 5 |
| 23 | 4/13 | 癸未 | 4 | 6 |
| 24 | 4/14 | 甲申 | 1 | 7 |
| 25 | 4/15 | 乙酉 | 1 | 8 |
| 26 | 4/16 | 丙戌 | 1 | 9 |
| 27 | 4/17 | 丁亥 | 1 | 1 |
| 28 | 4/18 | 戊子 | 1 | 2 |
| 29 | 4/19 | 己丑 | 7 | 3 |

## 二月（乙卯　四綠木）

| 農曆 | 國曆 | 干支 | 時盤 | 日盤 |
|---|---|---|---|---|
| 1 | 2/21 | 辛卯 | 2 | 8 |
| 2 | 2/22 | 壬辰 | 2 | 9 |
| 3 | 2/23 | 癸巳 | 2 | 1 |
| 4 | 2/24 | 甲午 | 9 | 2 |
| 5 | 2/25 | 乙未 | 9 | 3 |
| 6 | 2/26 | 丙申 | 9 | 4 |
| 7 | 2/27 | 丁酉 | 9 | 5 |
| 8 | 2/28 | 戊戌 | 9 | 6 |
| 9 | 2/29 | 己亥 | 6 | 7 |
| 10 | 3/1 | 庚子 | 6 | 8 |
| 11 | 3/2 | 辛丑 | 6 | 9 |
| 12 | 3/3 | 壬寅 | 6 | 1 |
| 13 | 3/4 | 癸卯 | 6 | 2 |
| 14 | 3/5 | 甲辰 | 3 | 3 |
| 15 | 3/6 | 乙巳 | 3 | 4 |
| 16 | 3/7 | 丙午 | 3 | 5 |
| 17 | 3/8 | 丁未 | 3 | 6 |
| 18 | 3/9 | 戊申 | 3 | 7 |
| 19 | 3/10 | 己酉 | 1 | 8 |
| 20 | 3/11 | 庚戌 | 1 | 9 |
| 21 | 3/12 | 辛亥 | 1 | 1 |
| 22 | 3/13 | 壬子 | 1 | 2 |
| 23 | 3/14 | 癸丑 | 1 | 3 |
| 24 | 3/15 | 甲寅 | 7 | 4 |
| 25 | 3/16 | 乙卯 | 7 | 5 |
| 26 | 3/17 | 丙辰 | 7 | 6 |
| 27 | 3/18 | 丁巳 | 7 | 7 |
| 28 | 3/19 | 戊午 | 7 | 8 |
| 29 | 3/20 | 己未 | 4 | 9 |
| 30 | 3/21 | 庚申 | 4 | 1 |

## 正月（甲寅　五黃土）

| 農曆 | 國曆 | 干支 | 時盤 | 日盤 |
|---|---|---|---|---|
| 1 | 1/23 | 壬戌 | 5 | 6 |
| 2 | 1/24 | 癸亥 | 5 | 7 |
| 3 | 1/25 | 甲子 | 3 | 8 |
| 4 | 1/26 | 乙丑 | 3 | 9 |
| 5 | 1/27 | 丙寅 | 3 | 1 |
| 6 | 1/28 | 丁卯 | 3 | 2 |
| 7 | 1/29 | 戊辰 | 3 | 3 |
| 8 | 1/30 | 己巳 | 9 | 4 |
| 9 | 1/31 | 庚午 | 9 | 5 |
| 10 | 2/1 | 辛未 | 9 | 6 |
| 11 | 2/2 | 壬申 | 9 | 7 |
| 12 | 2/3 | 癸酉 | 9 | 8 |
| 13 | 2/4 | 甲戌 | 6 | 9 |
| 14 | 2/5 | 乙亥 | 6 | 1 |
| 15 | 2/6 | 丙子 | 6 | 2 |
| 16 | 2/7 | 丁丑 | 6 | 3 |
| 17 | 2/8 | 戊寅 | 6 | 4 |
| 18 | 2/9 | 己卯 | 8 | 5 |
| 19 | 2/10 | 庚辰 | 8 | 6 |
| 20 | 2/11 | 辛巳 | 8 | 7 |
| 21 | 2/12 | 壬午 | 8 | 8 |
| 22 | 2/13 | 癸未 | 8 | 9 |
| 23 | 2/14 | 甲申 | 5 | 1 |
| 24 | 2/15 | 乙酉 | 5 | 2 |
| 25 | 2/16 | 丙戌 | 5 | 3 |
| 26 | 2/17 | 丁亥 | 5 | 4 |
| 27 | 2/18 | 戊子 | 5 | 5 |
| 28 | 2/19 | 己丑 | 2 | 6 |
| 29 | 2/20 | 庚寅 | 2 | 7 |

# 西元1928年（戊辰）肖龍 民國17年（女乾命）

奇門遁甲局數如標示為 一 ～九表示陰局　　如標示為1 ～9 表示陽局

| 十二月 | | | | | 十一月 | | | | | 十　月 | | | | | 九　月 | | | | | 八　月 | | | | | 七　月 | | | | |
|---|---|---|---|---|---|---|---|---|---|---|---|---|---|---|---|---|---|---|---|---|---|---|---|---|---|---|---|---|---|
| 乙丑 | | | | | 甲子 | | | | | 癸亥 | | | | | 壬戌 | | | | | 辛酉 | | | | | 庚申 | | | | |
| 三碧木 | | | | | 四綠木 | | | | | 五黃土 | | | | | 六白金 | | | | | 七赤金 | | | | | 八白土 | | | | |
| 立春 15時09分 廿五申時 | | 大寒 20時43分 初十戌時 | 奇門遁甲局數 | | 小寒 03時23分 廿六寅時 | | 冬至 10時04分 十一巳時 | 奇門遁甲局數 | | 大雪 16時18分 廿六申時 | | 小雪 21時00分 十一亥時 | 奇門遁甲局數 | | 立冬 23時50分 廿六子時 | | 霜降 23時55分 十一子時 | 奇門遁甲局數 | | 寒露 21時11分 廿五亥時 | | 秋分 15時06分 初十申時 | 奇門遁甲局數 | | 白露 06時02分 廿五卯時 | | 處暑 17時54分 初九酉時 | 奇門遁甲局數 | |
| 農曆 | 國曆 | 干支 | 時盤 | 日盤 | 農曆 | 國曆 | 干支 | 時盤 | 日盤 | 農曆 | 國曆 | 干支 | 時盤 | 日盤 | 農曆 | 國曆 | 干支 | 時盤 | 日盤 | 農曆 | 國曆 | 干支 | 時盤 | 日盤 | 農曆 | 國曆 | 干支 | 時盤 | 日盤 |
| 1 | 1/11 | 丙辰 | 8 | 2 | 1 | 12/12 | 丙戌 | 七 | 二 | 1 | 11/12 | 丙辰 | 九 | 五 | 1 | 10/13 | 丙戌 | 九 | 八 | 1 | 9/14 | 丁巳 | 三 | 一 | 1 | 8/15 | 丁亥 | 五 | 四 |
| 2 | 1/12 | 丁巳 | 8 | 3 | 2 | 12/13 | 丁亥 | 七 | 一 | 2 | 11/13 | 丁巳 | 九 | 四 | 2 | 10/14 | 丁亥 | 九 | 七 | 2 | 9/15 | 戊午 | 三 | 九 | 2 | 8/16 | 戊子 | 五 | 三 |
| 3 | 1/13 | 戊午 | 8 | 4 | 3 | 12/14 | 戊子 | 七 | 九 | 3 | 11/14 | 戊午 | 九 | 三 | 3 | 10/15 | 戊子 | 九 | 六 | 3 | 9/16 | 己未 | 六 | 八 | 3 | 8/17 | 己丑 | 八 | 二 |
| 4 | 1/14 | 己未 | 5 | 5 | 4 | 12/15 | 己丑 | 一 | 八 | 4 | 11/15 | 己未 | 三 | 二 | 4 | 10/16 | 己丑 | 三 | 五 | 4 | 9/17 | 庚申 | 六 | 七 | 4 | 8/18 | 庚寅 | 八 | 一 |
| 5 | 1/15 | 庚申 | 5 | 6 | 5 | 12/16 | 庚寅 | 一 | 七 | 5 | 11/16 | 庚申 | 三 | 一 | 5 | 10/17 | 庚寅 | 三 | 四 | 5 | 9/18 | 辛酉 | 六 | 六 | 5 | 8/19 | 辛卯 | 八 | 九 |
| 6 | 1/16 | 辛酉 | 5 | 7 | 6 | 12/17 | 辛卯 | 一 | 六 | 6 | 11/17 | 辛酉 | 三 | 九 | 6 | 10/18 | 辛卯 | 三 | 三 | 6 | 9/19 | 壬戌 | 六 | 五 | 6 | 8/20 | 壬辰 | 八 | 八 |
| 7 | 1/17 | 壬戌 | 5 | 8 | 7 | 12/18 | 壬辰 | 一 | 五 | 7 | 11/18 | 壬戌 | 三 | 八 | 7 | 10/19 | 壬辰 | 三 | 二 | 7 | 9/20 | 癸亥 | 六 | 四 | 7 | 8/21 | 癸巳 | 八 | 七 |
| 8 | 1/18 | 癸亥 | 5 | 9 | 8 | 12/19 | 癸巳 | 一 | 四 | 8 | 11/19 | 癸亥 | 三 | 七 | 8 | 10/20 | 癸巳 | 三 | 一 | 8 | 9/21 | 甲子 | 七 | 三 | 8 | 8/22 | 甲午 | 一 | 六 |
| 9 | 1/19 | 甲子 | 3 | 1 | 9 | 12/20 | 甲午 | 1 | 三 | 9 | 11/20 | 甲子 | 五 | 六 | 9 | 10/21 | 甲午 | 五 | 九 | 9 | 9/22 | 乙丑 | 七 | 二 | 9 | 8/23 | 乙未 | 一 | 五 |
| 10 | 1/20 | 乙丑 | 3 | 2 | 10 | 12/21 | 乙未 | 1 | 二 | 10 | 11/21 | 乙丑 | 五 | 五 | 10 | 10/22 | 乙未 | 五 | 八 | 10 | 9/23 | 丙寅 | 七 | 一 | 10 | 8/24 | 丙申 | 一 | 四 |
| 11 | 1/21 | 丙寅 | 3 | 3 | 11 | 12/22 | 丙申 | 1 | 9 | 11 | 11/22 | 丙寅 | 五 | 四 | 11 | 10/23 | 丙申 | 五 | 七 | 11 | 9/24 | 丁卯 | 七 | 九 | 11 | 8/25 | 丁酉 | 一 | 三 |
| 12 | 1/22 | 丁卯 | 3 | 4 | 12 | 12/23 | 丁酉 | 1 | 1 | 12 | 11/23 | 丁卯 | 五 | 三 | 12 | 10/24 | 丁酉 | 五 | 六 | 12 | 9/25 | 戊辰 | 七 | 八 | 12 | 8/26 | 戊戌 | 一 | 二 |
| 13 | 1/23 | 戊辰 | 3 | 5 | 13 | 12/24 | 戊戌 | 1 | 2 | 13 | 11/24 | 戊辰 | 五 | 二 | 13 | 10/25 | 戊戌 | 五 | 五 | 13 | 9/26 | 己巳 | 一 | 七 | 13 | 8/27 | 己亥 | 四 | 一 |
| 14 | 1/24 | 己巳 | 9 | 6 | 14 | 12/25 | 己亥 | 7 | 3 | 14 | 11/25 | 己巳 | 八 | 一 | 14 | 10/26 | 己亥 | 八 | 四 | 14 | 9/27 | 庚午 | 一 | 六 | 14 | 8/28 | 庚子 | 四 | 九 |
| 15 | 1/25 | 庚午 | 9 | 7 | 15 | 12/26 | 庚子 | 7 | 4 | 15 | 11/26 | 庚午 | 八 | 九 | 15 | 10/27 | 庚子 | 八 | 三 | 15 | 9/28 | 辛未 | 一 | 五 | 15 | 8/29 | 辛丑 | 四 | 八 |
| 16 | 1/26 | 辛未 | 9 | 8 | 16 | 12/27 | 辛丑 | 7 | 5 | 16 | 11/27 | 辛未 | 八 | 八 | 16 | 10/28 | 辛丑 | 八 | 二 | 16 | 9/29 | 壬申 | 一 | 四 | 16 | 8/30 | 壬寅 | 四 | 七 |
| 17 | 1/27 | 壬申 | 9 | 9 | 17 | 12/28 | 壬寅 | 7 | 6 | 17 | 11/28 | 壬申 | 八 | 七 | 17 | 10/29 | 壬寅 | 八 | 一 | 17 | 9/30 | 癸酉 | 一 | 三 | 17 | 8/31 | 癸卯 | 四 | 六 |
| 18 | 1/28 | 癸酉 | 9 | 1 | 18 | 12/29 | 癸卯 | 7 | 7 | 18 | 11/29 | 癸酉 | 八 | 六 | 18 | 10/30 | 癸卯 | 八 | 九 | 18 | 10/ 1 | 甲戌 | 四 | 二 | 18 | 9/ 1 | 甲辰 | 七 | 五 |
| 19 | 1/29 | 甲戌 | 6 | 2 | 19 | 12/30 | 甲辰 | 4 | 8 | 19 | 11/30 | 甲戌 | 二 | 五 | 19 | 10/31 | 甲辰 | 二 | 八 | 19 | 10/ 2 | 乙亥 | 四 | 一 | 19 | 9/ 2 | 乙巳 | 七 | 四 |
| 20 | 1/30 | 乙亥 | 6 | 3 | 20 | 12/31 | 乙巳 | 4 | 9 | 20 | 12/ 1 | 乙亥 | 二 | 四 | 20 | 11/ 1 | 乙巳 | 二 | 七 | 20 | 10/ 3 | 丙子 | 四 | 九 | 20 | 9/ 3 | 丙午 | 七 | 三 |
| 21 | 1/31 | 丙子 | 6 | 4 | 21 | 1/ 1 | 丙午 | 4 | 1 | 21 | 12/ 2 | 丙子 | 二 | 三 | 21 | 11/ 2 | 丙午 | 二 | 六 | 21 | 10/ 4 | 丁丑 | 四 | 八 | 21 | 9/ 4 | 丁未 | 七 | 二 |
| 22 | 2/ 1 | 丁丑 | 6 | 5 | 22 | 1/ 2 | 丁未 | 4 | 2 | 22 | 12/ 3 | 丁丑 | 二 | 二 | 22 | 11/ 3 | 丁未 | 二 | 五 | 22 | 10/ 5 | 戊寅 | 四 | 七 | 22 | 9/ 5 | 戊申 | 七 | 一 |
| 23 | 2/ 2 | 戊寅 | 6 | 6 | 23 | 1/ 3 | 戊申 | 4 | 3 | 23 | 12/ 4 | 戊寅 | 二 | 一 | 23 | 11/ 4 | 戊申 | 二 | 四 | 23 | 10/ 6 | 己卯 | 六 | 六 | 23 | 9/ 6 | 己酉 | 九 | 九 |
| 24 | 2/ 3 | 己卯 | 8 | 7 | 24 | 1/ 4 | 己酉 | 2 | 4 | 24 | 12/ 5 | 己卯 | 四 | 九 | 24 | 11/ 5 | 己酉 | 六 | 三 | 24 | 10/ 7 | 庚辰 | 六 | 五 | 24 | 9/ 7 | 庚戌 | 九 | 八 |
| 25 | 2/ 4 | 庚辰 | 8 | 8 | 25 | 1/ 5 | 庚戌 | 2 | 5 | 25 | 12/ 6 | 庚辰 | 四 | 八 | 25 | 11/ 6 | 庚戌 | 六 | 二 | 25 | 10/ 8 | 辛巳 | 六 | 四 | 25 | 9/ 8 | 辛亥 | 九 | 七 |
| 26 | 2/ 5 | 辛巳 | 8 | 9 | 26 | 1/ 6 | 辛亥 | 2 | 6 | 26 | 12/ 7 | 辛巳 | 四 | 七 | 26 | 11/ 7 | 辛亥 | 六 | 一 | 26 | 10/ 9 | 壬午 | 六 | 三 | 26 | 9/ 9 | 壬子 | 九 | 六 |
| 27 | 2/ 6 | 壬午 | 8 | 1 | 27 | 1/ 7 | 壬子 | 2 | 7 | 27 | 12/ 8 | 壬午 | 四 | 六 | 27 | 11/ 8 | 壬子 | 六 | 九 | 27 | 10/10 | 癸未 | 六 | 二 | 27 | 9/10 | 癸丑 | 九 | 五 |
| 28 | 2/ 7 | 癸未 | 8 | 2 | 28 | 1/ 8 | 癸丑 | 2 | 8 | 28 | 12/ 9 | 癸未 | 四 | 五 | 28 | 11/ 9 | 癸丑 | 六 | 八 | 28 | 10/11 | 甲申 | 九 | 一 | 28 | 9/11 | 甲寅 | 三 | 四 |
| 29 | 2/ 8 | 甲申 | 5 | 3 | 29 | 1/ 9 | 甲寅 | 8 | 9 | 29 | 12/10 | 甲申 | 七 | 四 | 29 | 11/10 | 甲寅 | 九 | 七 | 29 | 10/12 | 乙酉 | 九 | 九 | 29 | 9/12 | 乙卯 | 三 | 三 |
| 30 | 2/ 9 | 乙酉 | 5 | 4 | 30 | 1/10 | 乙卯 | 8 | 1 | 30 | 12/11 | 乙酉 | 七 | 三 | 30 | 11/11 | 乙卯 | 九 | 六 | | | | | | 30 | 9/13 | 丙辰 | 三 | 二 |

# 西元1929年（己巳）肖蛇 民國18年（男艮命）

奇門遁甲局數如標示為 一 ～九表示陰局　　如標示為1 ～9 表示陽局

| 六月 | | | | | 五月 | | | | | 四月 | | | | | 三月 | | | | | 二月 | | | | | 正月 | | | | |
|---|---|---|---|---|---|---|---|---|---|---|---|---|---|---|---|---|---|---|---|---|---|---|---|---|---|---|---|---|---|
| 辛未 | | | | | 庚午 | | | | | 己巳 | | | | | 戊辰 | | | | | 丁卯 | | | | | 丙寅 | | | | |
| 六白金 | | | | | 七赤金 | | | | | 八白土 | | | | | 九紫火 | | | | | 一白水 | | | | | 二黑土 | | | | |
| 大暑 16時54分 十七申時 | | 小暑 23時32分 初一子時 | 奇門遁甲局數 | | 夏至 06時01分 十六卯時 | | | 奇門遁甲局數 | | 芒種 13時11分 廿九未時 | | 小滿 21時48分 十三亥時 | 奇門遁甲局數 | | 立夏 08時41分 廿七辰時 | | 穀雨 22時11分 十一亥時 | 奇門遁甲局數 | | 清明 14時52分 廿六未時 | | 春分 10時35分 十一巳時 | 奇門遁甲局數 | | 驚蟄 09時32分 廿五巳時 | | 雨水 11時07分 初十午時 | 奇門遁甲局數 | |
| 農曆 | 國曆 | 干支 | 時盤 | 日盤 | 農曆 | 國曆 | 干支 | 時盤 | 日盤 | 農曆 | 國曆 | 干支 | 時盤 | 日盤 | 農曆 | 國曆 | 干支 | 時盤 | 日盤 | 農曆 | 國曆 | 干支 | 時盤 | 日盤 | 農曆 | 國曆 | 干支 | 時盤 | 日盤 |
| 1 | 7/7 | 癸丑 | 八 | 二 | 1 | 6/7 | 癸未 | 6 | 5 | 1 | 5/9 | 甲寅 | 1 | 3 | 1 | 4/10 | 乙酉 | 1 | 1 | 1 | 3/11 | 乙卯 | 7 | 7 | 1 | 2/10 | 丙戌 | 5 | 5 |
| 2 | 7/8 | 甲寅 | 二 | 一 | 2 | 6/8 | 甲申 | 3 | 6 | 2 | 5/10 | 乙卯 | 1 | 4 | 2 | 4/11 | 丙戌 | 1 | 2 | 2 | 3/12 | 丙辰 | 7 | 8 | 2 | 2/11 | 丁亥 | 5 | 6 |
| 3 | 7/9 | 乙卯 | 二 | 九 | 3 | 6/9 | 乙酉 | 3 | 7 | 3 | 5/11 | 丙辰 | 1 | 5 | 3 | 4/12 | 丁亥 | 1 | 3 | 3 | 3/13 | 丁巳 | 7 | 9 | 3 | 2/12 | 戊子 | 5 | 7 |
| 4 | 7/10 | 丙辰 | 二 | 八 | 4 | 6/10 | 丙戌 | 3 | 8 | 4 | 5/12 | 丁巳 | 1 | 6 | 4 | 4/13 | 戊子 | 1 | 4 | 4 | 3/14 | 戊午 | 7 | 1 | 4 | 2/13 | 己丑 | 2 | 8 |
| 5 | 7/11 | 丁巳 | 二 | 七 | 5 | 6/11 | 丁亥 | 3 | 9 | 5 | 5/13 | 戊午 | 1 | 7 | 5 | 4/14 | 己丑 | 7 | 5 | 5 | 3/15 | 己未 | 4 | 2 | 5 | 2/14 | 庚寅 | 2 | 9 |
| 6 | 7/12 | 戊午 | 二 | 六 | 6 | 6/12 | 戊子 | 3 | 1 | 6 | 5/14 | 己未 | 7 | 8 | 6 | 4/15 | 庚寅 | 7 | 6 | 6 | 3/16 | 庚申 | 4 | 3 | 6 | 2/15 | 辛卯 | 2 | 1 |
| 7 | 7/13 | 己未 | 五 | 五 | 7 | 6/13 | 己丑 | 9 | 2 | 7 | 5/15 | 庚申 | 7 | 9 | 7 | 4/16 | 辛卯 | 7 | 7 | 7 | 3/17 | 辛酉 | 4 | 4 | 7 | 2/16 | 壬辰 | 2 | 2 |
| 8 | 7/14 | 庚申 | 五 | 四 | 8 | 6/14 | 庚寅 | 9 | 3 | 8 | 5/16 | 辛酉 | 7 | 1 | 8 | 4/17 | 壬辰 | 7 | 8 | 8 | 3/18 | 壬戌 | 4 | 5 | 8 | 2/17 | 癸巳 | 2 | 3 |
| 9 | 7/15 | 辛酉 | 五 | 三 | 9 | 6/15 | 辛卯 | 9 | 4 | 9 | 5/17 | 壬戌 | 7 | 2 | 9 | 4/18 | 癸巳 | 7 | 9 | 9 | 3/19 | 癸亥 | 4 | 6 | 9 | 2/18 | 甲午 | 9 | 4 |
| 10 | 7/16 | 壬戌 | 五 | 二 | 10 | 6/16 | 壬辰 | 9 | 5 | 10 | 5/18 | 癸亥 | 7 | 3 | 10 | 4/19 | 甲午 | 5 | 1 | 10 | 3/20 | 甲子 | 3 | 7 | 10 | 2/19 | 乙未 | 9 | 5 |
| 11 | 7/17 | 癸亥 | 五 | 一 | 11 | 6/17 | 癸巳 | 9 | 6 | 11 | 5/19 | 甲子 | 5 | 4 | 11 | 4/20 | 乙未 | 5 | 2 | 11 | 3/21 | 乙丑 | 3 | 8 | 11 | 2/20 | 丙申 | 9 | 6 |
| 12 | 7/18 | 甲子 | 七 | 九 | 12 | 6/18 | 甲午 | 九 | 7 | 12 | 5/20 | 乙丑 | 5 | 5 | 12 | 4/21 | 丙申 | 5 | 3 | 12 | 3/22 | 丙寅 | 3 | 9 | 12 | 2/21 | 丁酉 | 9 | 7 |
| 13 | 7/19 | 乙丑 | 七 | 八 | 13 | 6/19 | 乙未 | 九 | 8 | 13 | 5/21 | 丙寅 | 5 | 6 | 13 | 4/22 | 丁酉 | 5 | 4 | 13 | 3/23 | 丁卯 | 3 | 1 | 13 | 2/22 | 戊戌 | 9 | 8 |
| 14 | 7/20 | 丙寅 | 七 | 七 | 14 | 6/20 | 丙申 | 九 | 9 | 14 | 5/22 | 丁卯 | 5 | 7 | 14 | 4/23 | 戊戌 | 5 | 5 | 14 | 3/24 | 戊辰 | 3 | 2 | 14 | 2/23 | 己亥 | 6 | 9 |
| 15 | 7/21 | 丁卯 | 七 | 六 | 15 | 6/21 | 丁酉 | 九 | 1 | 15 | 5/23 | 戊辰 | 5 | 8 | 15 | 4/24 | 己亥 | 2 | 6 | 15 | 3/25 | 己巳 | 9 | 3 | 15 | 2/24 | 庚子 | 6 | 1 |
| 16 | 7/22 | 戊辰 | 七 | 五 | 16 | 6/22 | 戊戌 | 九 | 八 | 16 | 5/24 | 己巳 | 2 | 9 | 16 | 4/25 | 庚子 | 2 | 7 | 16 | 3/26 | 庚午 | 9 | 4 | 16 | 2/25 | 辛丑 | 6 | 2 |
| 17 | 7/23 | 己巳 | 一 | 四 | 17 | 6/23 | 己亥 | 三 | 七 | 17 | 5/25 | 庚午 | 2 | 1 | 17 | 4/26 | 辛丑 | 2 | 8 | 17 | 3/27 | 辛未 | 9 | 5 | 17 | 2/26 | 壬寅 | 6 | 3 |
| 18 | 7/24 | 庚午 | 一 | 三 | 18 | 6/24 | 庚子 | 三 | 六 | 18 | 5/26 | 辛未 | 2 | 2 | 18 | 4/27 | 壬寅 | 2 | 9 | 18 | 3/28 | 壬申 | 9 | 6 | 18 | 2/27 | 癸卯 | 6 | 4 |
| 19 | 7/25 | 辛未 | 一 | 二 | 19 | 6/25 | 辛丑 | 三 | 五 | 19 | 5/27 | 壬申 | 2 | 3 | 19 | 4/28 | 癸卯 | 2 | 1 | 19 | 3/29 | 癸酉 | 9 | 7 | 19 | 2/28 | 甲辰 | 3 | 5 |
| 20 | 7/26 | 壬申 | 一 | 一 | 20 | 6/26 | 壬寅 | 三 | 四 | 20 | 5/28 | 癸酉 | 2 | 4 | 20 | 4/29 | 甲辰 | 8 | 2 | 20 | 3/30 | 甲戌 | 6 | 8 | 20 | 3/1 | 乙巳 | 3 | 6 |
| 21 | 7/27 | 癸酉 | 一 | 九 | 21 | 6/27 | 癸卯 | 三 | 三 | 21 | 5/29 | 甲戌 | 8 | 5 | 21 | 4/30 | 乙巳 | 8 | 3 | 21 | 3/31 | 乙亥 | 6 | 9 | 21 | 3/2 | 丙午 | 3 | 7 |
| 22 | 7/28 | 甲戌 | 四 | 八 | 22 | 6/28 | 甲辰 | 六 | 二 | 22 | 5/30 | 乙亥 | 8 | 6 | 22 | 5/1 | 丙午 | 8 | 4 | 22 | 4/1 | 丙子 | 6 | 1 | 22 | 3/3 | 丁未 | 3 | 8 |
| 23 | 7/29 | 乙亥 | 四 | 七 | 23 | 6/29 | 乙巳 | 六 | 一 | 23 | 5/31 | 丙子 | 8 | 7 | 23 | 5/2 | 丁未 | 8 | 5 | 23 | 4/2 | 丁丑 | 6 | 2 | 23 | 3/4 | 戊申 | 3 | 9 |
| 24 | 7/30 | 丙子 | 四 | 六 | 24 | 6/30 | 丙午 | 六 | 九 | 24 | 6/1 | 丁丑 | 8 | 8 | 24 | 5/3 | 戊申 | 8 | 6 | 24 | 4/3 | 戊寅 | 6 | 3 | 24 | 3/5 | 己酉 | 1 | 1 |
| 25 | 7/31 | 丁丑 | 四 | 五 | 25 | 7/1 | 丁未 | 六 | 八 | 25 | 6/2 | 戊寅 | 8 | 9 | 25 | 5/4 | 己酉 | 4 | 7 | 25 | 4/4 | 己卯 | 4 | 4 | 25 | 3/6 | 庚戌 | 1 | 2 |
| 26 | 8/1 | 戊寅 | 四 | 四 | 26 | 7/2 | 戊申 | 六 | 七 | 26 | 6/3 | 己卯 | 6 | 1 | 26 | 5/5 | 庚戌 | 4 | 8 | 26 | 4/5 | 庚辰 | 4 | 5 | 26 | 3/7 | 辛亥 | 1 | 3 |
| 27 | 8/2 | 己卯 | 二 | 三 | 27 | 7/3 | 己酉 | 八 | 六 | 27 | 6/4 | 庚辰 | 6 | 2 | 27 | 5/6 | 辛亥 | 4 | 9 | 27 | 4/6 | 辛巳 | 4 | 6 | 27 | 3/8 | 壬子 | 1 | 4 |
| 28 | 8/3 | 庚辰 | 二 | 二 | 28 | 7/4 | 庚戌 | 八 | 五 | 28 | 6/5 | 辛巳 | 6 | 3 | 28 | 5/7 | 壬子 | 4 | 1 | 28 | 4/7 | 壬午 | 4 | 7 | 28 | 3/9 | 癸丑 | 1 | 5 |
| 29 | 8/4 | 辛巳 | 二 | 一 | 29 | 7/5 | 辛亥 | 八 | 四 | 29 | 6/6 | 壬午 | 6 | 4 | 29 | 5/8 | 癸丑 | 4 | 2 | 29 | 4/8 | 癸未 | 4 | 8 | 29 | 3/10 | 甲寅 | 7 | 6 |
| | | | | | 30 | 7/6 | 壬子 | 八 | 三 | | | | | | | | | | | 30 | 4/9 | 甲申 | 1 | 9 | | | | | |

# 西元1929年（己巳）肖蛇 民國18年（女兌命）

奇門遁甲局數如標示為 一 ～九表示陰局　　如標示為1 ～9 表示陽局

| 十二月 | | | | |
|---|---|---|---|---|
| 丁丑 | | | | |
| 九紫火 | | | | |
| 大寒 02時33分 廿二丑時 | | 小寒 09時03分 初七巳時 | 奇門遁甲局數 | |
| 農曆 | 國曆 | 干支 | 時盤 | 日盤 |
| 1 | 12/31 | 庚戌 | 2 | 5 |
| 2 | 1/1 | 辛亥 | 2 | 6 |
| 3 | 1/2 | 壬子 | 2 | 7 |
| 4 | 1/3 | 癸丑 | 2 | 8 |
| 5 | 1/4 | 甲寅 | 8 | 9 |
| 6 | 1/5 | 乙卯 | 8 | 1 |
| 7 | 1/6 | 丙辰 | 8 | 2 |
| 8 | 1/7 | 丁巳 | 8 | 3 |
| 9 | 1/8 | 戊午 | 8 | 4 |
| 10 | 1/9 | 己未 | 5 | 5 |
| 11 | 1/10 | 庚申 | 5 | 6 |
| 12 | 1/11 | 辛酉 | 5 | 7 |
| 13 | 1/12 | 壬戌 | 5 | 8 |
| 14 | 1/13 | 癸亥 | 5 | 9 |
| 15 | 1/14 | 甲子 | 3 | 1 |
| 16 | 1/15 | 乙丑 | 3 | 2 |
| 17 | 1/16 | 丙寅 | 3 | 3 |
| 18 | 1/17 | 丁卯 | 3 | 4 |
| 19 | 1/18 | 戊辰 | 3 | 5 |
| 20 | 1/19 | 己巳 | 9 | 6 |
| 21 | 1/20 | 庚午 | 9 | 7 |
| 22 | 1/21 | 辛未 | 9 | 8 |
| 23 | 1/22 | 壬申 | 9 | 9 |
| 24 | 1/23 | 癸酉 | 9 | 1 |
| 25 | 1/24 | 甲戌 | 6 | 2 |
| 26 | 1/25 | 乙亥 | 6 | 3 |
| 27 | 1/26 | 丙子 | 6 | 4 |
| 28 | 1/27 | 丁丑 | 6 | 5 |
| 29 | 1/28 | 戊寅 | 6 | 6 |
| 30 | 1/29 | 己卯 | 8 | 7 |

| 十一月 | | | | |
|---|---|---|---|---|
| 丙子 | | | | |
| 一白水 | | | | |
| 冬至 15時53分 廿二申時 | | 大雪 21時57分 初七亥時 | 奇門遁甲局數 | |
| 農曆 | 國曆 | 干支 | 時盤 | 日盤 |
| 1 | 12/1 | 庚辰 | 四 | 八 |
| 2 | 12/2 | 辛巳 | 四 | 七 |
| 3 | 12/3 | 壬午 | 四 | 六 |
| 4 | 12/4 | 癸未 | 四 | 五 |
| 5 | 12/5 | 甲申 | 七 | 四 |
| 6 | 12/6 | 乙酉 | 七 | 三 |
| 7 | 12/7 | 丙戌 | 七 | 二 |
| 8 | 12/8 | 丁亥 | 七 | 一 |
| 9 | 12/9 | 戊子 | 七 | 九 |
| 10 | 12/10 | 己丑 | 一 | 八 |
| 11 | 12/11 | 庚寅 | 一 | 七 |
| 12 | 12/12 | 辛卯 | 一 | 六 |
| 13 | 12/13 | 壬辰 | 一 | 五 |
| 14 | 12/14 | 癸巳 | 一 | 四 |
| 15 | 12/15 | 甲午 | 1 | 三 |
| 16 | 12/16 | 乙未 | 1 | 二 |
| 17 | 12/17 | 丙申 | 1 | 一 |
| 18 | 12/18 | 丁酉 | 1 | 九 |
| 19 | 12/19 | 戊戌 | 1 | 八 |
| 20 | 12/20 | 己亥 | 7 | 七 |
| 21 | 12/21 | 庚子 | 7 | 六 |
| 22 | 12/22 | 辛丑 | 7 | 5 |
| 23 | 12/23 | 壬寅 | 7 | 6 |
| 24 | 12/24 | 癸卯 | 7 | 7 |
| 25 | 12/25 | 甲辰 | 4 | 8 |
| 26 | 12/26 | 乙巳 | 4 | 9 |
| 27 | 12/27 | 丙午 | 4 | 1 |
| 28 | 12/28 | 丁未 | 4 | 2 |
| 29 | 12/29 | 戊申 | 4 | 3 |
| 30 | 12/30 | 己酉 | 2 | 4 |

| 十月 | | | | |
|---|---|---|---|---|
| 乙亥 | | | | |
| 二黑土 | | | | |
| 小雪 02時49分 廿三丑時 | | 立冬 05時28分 初八卯時 | 奇門遁甲局數 | |
| 農曆 | 國曆 | 干支 | 時盤 | 日盤 |
| 1 | 11/1 | 庚戌 | 六 | 二 |
| 2 | 11/2 | 辛亥 | 六 | 一 |
| 3 | 11/3 | 壬子 | 六 | 九 |
| 4 | 11/4 | 癸丑 | 六 | 八 |
| 5 | 11/5 | 甲寅 | 九 | 七 |
| 6 | 11/6 | 乙卯 | 九 | 六 |
| 7 | 11/7 | 丙辰 | 九 | 五 |
| 8 | 11/8 | 丁巳 | 九 | 四 |
| 9 | 11/9 | 戊午 | 九 | 三 |
| 10 | 11/10 | 己未 | 三 | 二 |
| 11 | 11/11 | 庚申 | 三 | 一 |
| 12 | 11/12 | 辛酉 | 三 | 九 |
| 13 | 11/13 | 壬戌 | 三 | 八 |
| 14 | 11/14 | 癸亥 | 三 | 七 |
| 15 | 11/15 | 甲子 | 五 | 六 |
| 16 | 11/16 | 乙丑 | 五 | 五 |
| 17 | 11/17 | 丙寅 | 五 | 四 |
| 18 | 11/18 | 丁卯 | 五 | 三 |
| 19 | 11/19 | 戊辰 | 五 | 二 |
| 20 | 11/20 | 己巳 | 八 | 一 |
| 21 | 11/21 | 庚午 | 八 | 九 |
| 22 | 11/22 | 辛未 | 八 | 八 |
| 23 | 11/23 | 壬申 | 八 | 七 |
| 24 | 11/24 | 癸酉 | 八 | 六 |
| 25 | 11/25 | 甲戌 | 二 | 五 |
| 26 | 11/26 | 乙亥 | 二 | 四 |
| 27 | 11/27 | 丙子 | 二 | 三 |
| 28 | 11/28 | 丁丑 | 二 | 二 |
| 29 | 11/29 | 戊寅 | 二 | 一 |
| 30 | 11/30 | 己卯 | 四 | 九 |

| 九月 | | | | |
|---|---|---|---|---|
| 甲戌 | | | | |
| 三碧木 | | | | |
| 霜降 05時42分 廿二卯時 | | 寒露 02時48分 初七丑時 | 奇門遁甲局數 | |
| 農曆 | 國曆 | 干支 | 時盤 | 日盤 |
| 1 | 10/3 | 辛巳 | 六 | 四 |
| 2 | 10/4 | 壬午 | 六 | 三 |
| 3 | 10/5 | 癸未 | 六 | 二 |
| 4 | 10/6 | 甲申 | 九 | 一 |
| 5 | 10/7 | 乙酉 | 九 | 九 |
| 6 | 10/8 | 丙戌 | 九 | 八 |
| 7 | 10/9 | 丁亥 | 九 | 七 |
| 8 | 10/10 | 戊子 | 九 | 六 |
| 9 | 10/11 | 己丑 | 三 | 五 |
| 10 | 10/12 | 庚寅 | 三 | 四 |
| 11 | 10/13 | 辛卯 | 三 | 三 |
| 12 | 10/14 | 壬辰 | 三 | 二 |
| 13 | 10/15 | 癸巳 | 三 | 一 |
| 14 | 10/16 | 甲午 | 五 | 九 |
| 15 | 10/17 | 乙未 | 五 | 八 |
| 16 | 10/18 | 丙申 | 五 | 七 |
| 17 | 10/19 | 丁酉 | 五 | 六 |
| 18 | 10/20 | 戊戌 | 五 | 五 |
| 19 | 10/21 | 己亥 | 八 | 四 |
| 20 | 10/22 | 庚子 | 八 | 三 |
| 21 | 10/23 | 辛丑 | 八 | 二 |
| 22 | 10/24 | 壬寅 | 八 | 一 |
| 23 | 10/25 | 癸卯 | 八 | 九 |
| 24 | 10/26 | 甲辰 | 二 | 八 |
| 25 | 10/27 | 乙巳 | 二 | 七 |
| 26 | 10/28 | 丙午 | 二 | 六 |
| 27 | 10/29 | 丁未 | 二 | 五 |
| 28 | 10/30 | 戊申 | 二 | 四 |
| 29 | 10/31 | 己酉 | 六 | 三 |
| | | | | |

| 八月 | | | | |
|---|---|---|---|---|
| 癸酉 | | | | |
| 四綠木 | | | | |
| 秋分 20時53分 廿一戌時 | | 白露 11時40分 初六午時 | 奇門遁甲局數 | |
| 農曆 | 國曆 | 干支 | 時盤 | 日盤 |
| 1 | 9/3 | 辛亥 | 九 | 七 |
| 2 | 9/4 | 壬子 | 九 | 六 |
| 3 | 9/5 | 癸丑 | 九 | 五 |
| 4 | 9/6 | 甲寅 | 三 | 四 |
| 5 | 9/7 | 乙卯 | 三 | 三 |
| 6 | 9/8 | 丙辰 | 三 | 二 |
| 7 | 9/9 | 丁巳 | 三 | 一 |
| 8 | 9/10 | 戊午 | 三 | 九 |
| 9 | 9/11 | 己未 | 六 | 八 |
| 10 | 9/12 | 庚申 | 六 | 七 |
| 11 | 9/13 | 辛酉 | 六 | 六 |
| 12 | 9/14 | 壬戌 | 六 | 五 |
| 13 | 9/15 | 癸亥 | 六 | 四 |
| 14 | 9/16 | 甲子 | 七 | 三 |
| 15 | 9/17 | 乙丑 | 七 | 二 |
| 16 | 9/18 | 丙寅 | 七 | 一 |
| 17 | 9/19 | 丁卯 | 七 | 九 |
| 18 | 9/20 | 戊辰 | 七 | 八 |
| 19 | 9/21 | 己巳 | 一 | 七 |
| 20 | 9/22 | 庚午 | 一 | 六 |
| 21 | 9/23 | 辛未 | 一 | 五 |
| 22 | 9/24 | 壬申 | 一 | 四 |
| 23 | 9/25 | 癸酉 | 一 | 三 |
| 24 | 9/26 | 甲戌 | 四 | 二 |
| 25 | 9/27 | 乙亥 | 四 | 一 |
| 26 | 9/28 | 丙子 | 四 | 九 |
| 27 | 9/29 | 丁丑 | 四 | 八 |
| 28 | 9/30 | 戊寅 | 四 | 七 |
| 29 | 10/1 | 己卯 | 六 | 六 |
| 30 | 10/2 | 庚辰 | 六 | 五 |

| 七月 | | | | |
|---|---|---|---|---|
| 壬申 | | | | |
| 五黃土 | | | | |
| 處暑 23時42分 十九子時 | | 立秋 09時09分 初四巳時 | 奇門遁甲局數 | |
| 農曆 | 國曆 | 干支 | 時盤 | 日盤 |
| 1 | 8/5 | 壬午 | 二 | 九 |
| 2 | 8/6 | 癸未 | 二 | 八 |
| 3 | 8/7 | 甲申 | 五 | 七 |
| 4 | 8/8 | 乙酉 | 五 | 六 |
| 5 | 8/9 | 丙戌 | 五 | 五 |
| 6 | 8/10 | 丁亥 | 五 | 四 |
| 7 | 8/11 | 戊子 | 五 | 三 |
| 8 | 8/12 | 己丑 | 八 | 二 |
| 9 | 8/13 | 庚寅 | 八 | 一 |
| 10 | 8/14 | 辛卯 | 八 | 九 |
| 11 | 8/15 | 壬辰 | 八 | 八 |
| 12 | 8/16 | 癸巳 | 八 | 七 |
| 13 | 8/17 | 甲午 | 一 | 六 |
| 14 | 8/18 | 乙未 | 一 | 五 |
| 15 | 8/19 | 丙申 | 一 | 四 |
| 16 | 8/20 | 丁酉 | 一 | 三 |
| 17 | 8/21 | 戊戌 | 一 | 二 |
| 18 | 8/22 | 己亥 | 四 | 一 |
| 19 | 8/23 | 庚子 | 四 | 九 |
| 20 | 8/24 | 辛丑 | 四 | 八 |
| 21 | 8/25 | 壬寅 | 四 | 七 |
| 22 | 8/26 | 癸卯 | 四 | 六 |
| 23 | 8/27 | 甲辰 | 七 | 五 |
| 24 | 8/28 | 乙巳 | 七 | 四 |
| 25 | 8/29 | 丙午 | 七 | 三 |
| 26 | 8/30 | 丁未 | 七 | 二 |
| 27 | 8/31 | 戊申 | 七 | 一 |
| 28 | 9/1 | 己酉 | 九 | 九 |
| 29 | 9/2 | 庚戌 | 九 | 八 |
| | | | | |

# 西元1930年（庚午）肖馬 民國19年（男兌命）

奇門遁甲局數如標示為 一 ～九表示陰局　　如標示為1 ～9 表示陽局

| 月 | 潤六月 | 六月 | 五月 | 四月 | 三月 | 二月 | 正月 |
|---|---|---|---|---|---|---|---|
| 干支 | 甲申 | 癸未 | 壬午 | 辛巳 | 庚辰 | 己卯 | 戊寅 |
| 紫白 | | 三碧木 | 四綠木 | 五黃土 | 六白金 | 七赤金 | 八白土 |
| 中氣 | | 大暑 22時42分 廿八亥時 | 夏至 11時53分 廿六午時 | 小滿 03時42分 廿四寅時 | 穀雨 04時06分 廿三寅時 | 春分 16時30分 廿二申時 | 雨水 17時00分 廿一酉時 |
| 節氣 | 立秋 14時58分 十四未時 | 小暑 05時20分 十三卯時 | 芒種 18時58分 初十酉時 | 立夏 14時28分 初八未時 | 清明 20時38分 初七戌時 | 驚蟄 15時17分 初七申時 | 立春 20時51分 初六戌時 |

潤六月（甲申）

| 農曆 | 國曆 | 干支 | 時盤 | 日盤 |
|---|---|---|---|---|
| 1 | 7/26 | 丁丑 | 五 | 五 |
| 2 | 7/27 | 戊寅 | 五 | 四 |
| 3 | 7/28 | 己卯 | 七 | 三 |
| 4 | 7/29 | 庚辰 | 七 | 二 |
| 5 | 7/30 | 辛巳 | 七 | 一 |
| 6 | 7/31 | 壬午 | 七 | 九 |
| 7 | 8/1 | 癸未 | 七 | 八 |
| 8 | 8/2 | 甲申 | 一 | 七 |
| 9 | 8/3 | 乙酉 | 一 | 六 |
| 10 | 8/4 | 丙戌 | 一 | 五 |
| 11 | 8/5 | 丁亥 | 一 | 四 |
| 12 | 8/6 | 戊子 | 一 | 三 |
| 13 | 8/7 | 己丑 | 四 | 二 |
| 14 | 8/8 | 庚寅 | 四 | 一 |
| 15 | 8/9 | 辛卯 | 四 | 九 |
| 16 | 8/10 | 壬辰 | 四 | 八 |
| 17 | 8/11 | 癸巳 | 四 | 七 |
| 18 | 8/12 | 甲午 | 二 | 六 |
| 19 | 8/13 | 乙未 | 二 | 五 |
| 20 | 8/14 | 丙申 | 二 | 四 |
| 21 | 8/15 | 丁酉 | 二 | 三 |
| 22 | 8/16 | 戊戌 | 二 | 二 |
| 23 | 8/17 | 己亥 | 五 | 一 |
| 24 | 8/18 | 庚子 | 五 | 九 |
| 25 | 8/19 | 辛丑 | 五 | 八 |
| 26 | 8/20 | 壬寅 | 五 | 七 |
| 27 | 8/21 | 癸卯 | 五 | 六 |
| 28 | 8/22 | 甲辰 | 八 | 五 |
| 29 | 8/23 | 乙巳 | 八 | 四 |

六月（癸未）

| 農曆 | 國曆 | 干支 | 時盤 | 日盤 |
|---|---|---|---|---|
| 1 | 6/26 | 丁未 | 9 | 八 |
| 2 | 6/27 | 戊申 | 9 | 七 |
| 3 | 6/28 | 己酉 | 九 | 六 |
| 4 | 6/29 | 庚戌 | 九 | 五 |
| 5 | 6/30 | 辛亥 | 九 | 四 |
| 6 | 7/1 | 壬子 | 九 | 三 |
| 7 | 7/2 | 癸丑 | 九 | 二 |
| 8 | 7/3 | 甲寅 | 三 | 一 |
| 9 | 7/4 | 乙卯 | 三 | 九 |
| 10 | 7/5 | 丙辰 | 三 | 八 |
| 11 | 7/6 | 丁巳 | 三 | 七 |
| 12 | 7/7 | 戊午 | 三 | 六 |
| 13 | 7/8 | 己未 | 六 | 五 |
| 14 | 7/9 | 庚申 | 六 | 四 |
| 15 | 7/10 | 辛酉 | 六 | 三 |
| 16 | 7/11 | 壬戌 | 六 | 二 |
| 17 | 7/12 | 癸亥 | 六 | 一 |
| 18 | 7/13 | 甲子 | 八 | 九 |
| 19 | 7/14 | 乙丑 | 八 | 八 |
| 20 | 7/15 | 丙寅 | 八 | 七 |
| 21 | 7/16 | 丁卯 | 八 | 六 |
| 22 | 7/17 | 戊辰 | 八 | 五 |
| 23 | 7/18 | 己巳 | 二 | 四 |
| 24 | 7/19 | 庚午 | 二 | 三 |
| 25 | 7/20 | 辛未 | 二 | 二 |
| 26 | 7/21 | 壬申 | 二 | 一 |
| 27 | 7/22 | 癸酉 | 二 | 九 |
| 28 | 7/23 | 甲戌 | 五 | 八 |
| 29 | 7/24 | 乙亥 | 五 | 七 |
| 30 | 7/25 | 丙子 | 五 | 六 |

五月（壬午）

| 農曆 | 國曆 | 干支 | 時盤 | 日盤 |
|---|---|---|---|---|
| 1 | 5/28 | 戊寅 | 8 | 9 |
| 2 | 5/29 | 己卯 | 6 | 1 |
| 3 | 5/30 | 庚辰 | 6 | 2 |
| 4 | 5/31 | 辛巳 | 6 | 3 |
| 5 | 6/1 | 壬午 | 6 | 4 |
| 6 | 6/2 | 癸未 | 6 | 5 |
| 7 | 6/3 | 甲申 | 3 | 6 |
| 8 | 6/4 | 乙酉 | 3 | 7 |
| 9 | 6/5 | 丙戌 | 3 | 8 |
| 10 | 6/6 | 丁亥 | 3 | 9 |
| 11 | 6/7 | 戊子 | 3 | 1 |
| 12 | 6/8 | 己丑 | 9 | 2 |
| 13 | 6/9 | 庚寅 | 9 | 3 |
| 14 | 6/10 | 辛卯 | 9 | 4 |
| 15 | 6/11 | 壬辰 | 9 | 5 |
| 16 | 6/12 | 癸巳 | 9 | 6 |
| 17 | 6/13 | 甲午 | 6 | 7 |
| 18 | 6/14 | 乙未 | 6 | 8 |
| 19 | 6/15 | 丙申 | 6 | 9 |
| 20 | 6/16 | 丁酉 | 6 | 1 |
| 21 | 6/17 | 戊戌 | 6 | 2 |
| 22 | 6/18 | 己亥 | 3 | 3 |
| 23 | 6/19 | 庚子 | 3 | 4 |
| 24 | 6/20 | 辛丑 | 3 | 5 |
| 25 | 6/21 | 壬寅 | 3 | 6 |
| 26 | 6/22 | 癸卯 | 3 | 三 |
| 27 | 6/23 | 甲辰 | 9 | 二 |
| 28 | 6/24 | 乙巳 | 9 | 一 |
| 29 | 6/25 | 丙午 | 9 | 九 |

四月（辛巳）

| 農曆 | 國曆 | 干支 | 時盤 | 日盤 |
|---|---|---|---|---|
| 1 | 4/29 | 己酉 | 4 | 7 |
| 2 | 4/30 | 庚戌 | 4 | 8 |
| 3 | 5/1 | 辛亥 | 4 | 9 |
| 4 | 5/2 | 壬子 | 4 | 1 |
| 5 | 5/3 | 癸丑 | 4 | 2 |
| 6 | 5/4 | 甲寅 | 1 | 3 |
| 7 | 5/5 | 乙卯 | 1 | 4 |
| 8 | 5/6 | 丙辰 | 1 | 5 |
| 9 | 5/7 | 丁巳 | 1 | 6 |
| 10 | 5/8 | 戊午 | 1 | 7 |
| 11 | 5/9 | 己未 | 7 | 8 |
| 12 | 5/10 | 庚申 | 7 | 9 |
| 13 | 5/11 | 辛酉 | 7 | 1 |
| 14 | 5/12 | 壬戌 | 7 | 2 |
| 15 | 5/13 | 癸亥 | 7 | 3 |
| 16 | 5/14 | 甲子 | 5 | 4 |
| 17 | 5/15 | 乙丑 | 5 | 5 |
| 18 | 5/16 | 丙寅 | 5 | 6 |
| 19 | 5/17 | 丁卯 | 5 | 7 |
| 20 | 5/18 | 戊辰 | 5 | 8 |
| 21 | 5/19 | 己巳 | 2 | 9 |
| 22 | 5/20 | 庚午 | 2 | 1 |
| 23 | 5/21 | 辛未 | 2 | 2 |
| 24 | 5/22 | 壬申 | 2 | 3 |
| 25 | 5/23 | 癸酉 | 2 | 4 |
| 26 | 5/24 | 甲戌 | 8 | 5 |
| 27 | 5/25 | 乙亥 | 8 | 6 |
| 28 | 5/26 | 丙子 | 8 | 7 |
| 29 | 5/27 | 丁丑 | 8 | 8 |

三月（庚辰）

| 農曆 | 國曆 | 干支 | 時盤 | 日盤 |
|---|---|---|---|---|
| 1 | 3/30 | 己卯 | 4 | 4 |
| 2 | 3/31 | 庚辰 | 4 | 5 |
| 3 | 4/1 | 辛巳 | 4 | 6 |
| 4 | 4/2 | 壬午 | 4 | 7 |
| 5 | 4/3 | 癸未 | 4 | 8 |
| 6 | 4/4 | 甲申 | 1 | 9 |
| 7 | 4/5 | 乙酉 | 1 | 1 |
| 8 | 4/6 | 丙戌 | 1 | 2 |
| 9 | 4/7 | 丁亥 | 1 | 3 |
| 10 | 4/8 | 戊子 | 1 | 4 |
| 11 | 4/9 | 己丑 | 7 | 5 |
| 12 | 4/10 | 庚寅 | 7 | 6 |
| 13 | 4/11 | 辛卯 | 7 | 7 |
| 14 | 4/12 | 壬辰 | 7 | 8 |
| 15 | 4/13 | 癸巳 | 7 | 9 |
| 16 | 4/14 | 甲午 | 5 | 1 |
| 17 | 4/15 | 乙未 | 5 | 2 |
| 18 | 4/16 | 丙申 | 5 | 3 |
| 19 | 4/17 | 丁酉 | 5 | 4 |
| 20 | 4/18 | 戊戌 | 5 | 5 |
| 21 | 4/19 | 己亥 | 2 | 6 |
| 22 | 4/20 | 庚子 | 2 | 7 |
| 23 | 4/21 | 辛丑 | 2 | 8 |
| 24 | 4/22 | 壬寅 | 2 | 9 |
| 25 | 4/23 | 癸卯 | 2 | 1 |
| 26 | 4/24 | 甲辰 | 8 | 2 |
| 27 | 4/25 | 乙巳 | 8 | 3 |
| 28 | 4/26 | 丙午 | 8 | 4 |
| 29 | 4/27 | 丁未 | 8 | 5 |
| 30 | 4/28 | 戊申 | 8 | 6 |

二月（己卯）

| 農曆 | 國曆 | 干支 | 時盤 | 日盤 |
|---|---|---|---|---|
| 1 | 2/28 | 己酉 | 1 | 1 |
| 2 | 3/1 | 庚戌 | 1 | 2 |
| 3 | 3/2 | 辛亥 | 1 | 3 |
| 4 | 3/3 | 壬子 | 1 | 4 |
| 5 | 3/4 | 癸丑 | 1 | 5 |
| 6 | 3/5 | 甲寅 | 7 | 6 |
| 7 | 3/6 | 乙卯 | 7 | 7 |
| 8 | 3/7 | 丙辰 | 7 | 8 |
| 9 | 3/8 | 丁巳 | 7 | 9 |
| 10 | 3/9 | 戊午 | 7 | 1 |
| 11 | 3/10 | 己未 | 4 | 2 |
| 12 | 3/11 | 庚申 | 4 | 3 |
| 13 | 3/12 | 辛酉 | 4 | 4 |
| 14 | 3/13 | 壬戌 | 4 | 5 |
| 15 | 3/14 | 癸亥 | 4 | 6 |
| 16 | 3/15 | 甲子 | 3 | 7 |
| 17 | 3/16 | 乙丑 | 3 | 8 |
| 18 | 3/17 | 丙寅 | 3 | 9 |
| 19 | 3/18 | 丁卯 | 3 | 1 |
| 20 | 3/19 | 戊辰 | 3 | 2 |
| 21 | 3/20 | 己巳 | 9 | 3 |
| 22 | 3/21 | 庚午 | 9 | 4 |
| 23 | 3/22 | 辛未 | 9 | 5 |
| 24 | 3/23 | 壬申 | 9 | 6 |
| 25 | 3/24 | 癸酉 | 9 | 7 |
| 26 | 3/25 | 甲戌 | 6 | 8 |
| 27 | 3/26 | 乙亥 | 6 | 9 |
| 28 | 3/27 | 丙子 | 6 | 1 |
| 29 | 3/28 | 丁丑 | 6 | 2 |
| 30 | 3/29 | 戊寅 | 6 | 3 |

正月（戊寅）

| 農曆 | 國曆 | 干支 | 時盤 | 日盤 |
|---|---|---|---|---|
| 1 | 1/30 | 庚辰 | 8 | 8 |
| 2 | 1/31 | 辛巳 | 8 | 9 |
| 3 | 2/1 | 壬午 | 8 | 1 |
| 4 | 2/2 | 癸未 | 8 | 2 |
| 5 | 2/3 | 甲申 | 5 | 3 |
| 6 | 2/4 | 乙酉 | 5 | 4 |
| 7 | 2/5 | 丙戌 | 5 | 5 |
| 8 | 2/6 | 丁亥 | 5 | 6 |
| 9 | 2/7 | 戊子 | 5 | 7 |
| 10 | 2/8 | 己丑 | 2 | 8 |
| 11 | 2/9 | 庚寅 | 2 | 9 |
| 12 | 2/10 | 辛卯 | 2 | 1 |
| 13 | 2/11 | 壬辰 | 2 | 2 |
| 14 | 2/12 | 癸巳 | 2 | 3 |
| 15 | 2/13 | 甲午 | 9 | 4 |
| 16 | 2/14 | 乙未 | 9 | 5 |
| 17 | 2/15 | 丙申 | 9 | 6 |
| 18 | 2/16 | 丁酉 | 9 | 7 |
| 19 | 2/17 | 戊戌 | 9 | 8 |
| 20 | 2/18 | 己亥 | 6 | 9 |
| 21 | 2/19 | 庚子 | 6 | 1 |
| 22 | 2/20 | 辛丑 | 6 | 2 |
| 23 | 2/21 | 壬寅 | 6 | 3 |
| 24 | 2/22 | 癸卯 | 6 | 4 |
| 25 | 2/23 | 甲辰 | 3 | 5 |
| 26 | 2/24 | 乙巳 | 3 | 6 |
| 27 | 2/25 | 丙午 | 3 | 7 |
| 28 | 2/26 | 丁未 | 3 | 8 |
| 29 | 2/27 | 戊申 | 3 | 9 |

# 西元1930年（庚午）肖馬 民國19年（女艮命）

奇門遁甲局數如標示為 一 ～九表示陰局　　如標示為1 ～9 表示陽局

| 十二月 | | | | | 十一月 | | | | | 十　月 | | | | | 九　月 | | | | | 八　月 | | | | | 七　月 | | | | |
|---|---|---|---|---|---|---|---|---|---|---|---|---|---|---|---|---|---|---|---|---|---|---|---|---|---|---|---|---|---|
| 己丑 | | | | | 戊子 | | | | | 丁亥 | | | | | 丙戌 | | | | | 乙酉 | | | | | 甲申 | | | | |
| 六白金 | | | | | 七赤金 | | | | | 八白土 | | | | | 九紫火 | | | | | 一白水 | | | | | 二黑土 | | | | |
| 立春 02時41分 十八丑時 | | 大寒 08時18分 初三辰時 | 奇門遁甲局數 | | 小寒 14時56分 十八未時 | | 冬至 21時40分 初三亥時 | 奇門遁甲局數 | | 大雪 03時51分 十九寅時 | | 小雪 08時35分 初四辰時 | 奇門遁甲局數 | | 立冬 11時21分 十八午時 | | 霜降 11時26分 初三午時 | 奇門遁甲局數 | | 寒露 08時38分 十八辰時 | | 秋分 02時36分 初三丑時 | 奇門遁甲局數 | | 白露 17時29分 十六酉時 | | 處暑 05時27分 初一卯時 | 奇門遁甲局數 | |
| 農曆 | 國曆 | 干支 | 時盤 | 日盤 | 農曆 | 國曆 | 干支 | 時盤 | 日盤 | 農曆 | 國曆 | 干支 | 時盤 | 日盤 | 農曆 | 國曆 | 干支 | 時盤 | 日盤 | 農曆 | 國曆 | 干支 | 時盤 | 日盤 | 農曆 | 國曆 | 干支 | 時盤 | 日盤 |
| 1 | 1/19 | 甲戌 | 5 | 2 | 1 | 12/20 | 甲辰 | 一 | 二 | 1 | 11/20 | 甲戌 | 三 | 五 | 1 | 10/22 | 乙巳 | 三 | 七 | 1 | 9/22 | 乙亥 | 六 | 一 | 1 | 8/24 | 丙午 | 八 | 三 |
| 2 | 1/20 | 乙亥 | 5 | 3 | 2 | 12/21 | 乙巳 | 一 | 一 | 2 | 11/21 | 乙亥 | 三 | 四 | 2 | 10/23 | 丙午 | 三 | 六 | 2 | 9/23 | 丙子 | 六 | 九 | 2 | 8/25 | 丁未 | 八 | 二 |
| 3 | 1/21 | 丙子 | 5 | 4 | 3 | 12/22 | 丙午 | 一 | 1 | 3 | 11/22 | 丙子 | 三 | 三 | 3 | 10/24 | 丁未 | 三 | 五 | 3 | 9/24 | 丁丑 | 六 | 八 | 3 | 8/26 | 戊申 | 八 | 一 |
| 4 | 1/22 | 丁丑 | 5 | 5 | 4 | 12/23 | 丁未 | 一 | 2 | 4 | 11/23 | 丁丑 | 三 | 二 | 4 | 10/25 | 戊申 | 三 | 四 | 4 | 9/25 | 戊寅 | 六 | 七 | 4 | 8/27 | 己酉 | 一 | 九 |
| 5 | 1/23 | 戊寅 | 5 | 6 | 5 | 12/24 | 戊申 | 一 | 3 | 5 | 11/24 | 戊寅 | 三 | 一 | 5 | 10/26 | 己酉 | 五 | 三 | 5 | 9/26 | 己卯 | 七 | 六 | 5 | 8/28 | 庚戌 | 一 | 八 |
| 6 | 1/24 | 己卯 | 3 | 7 | 6 | 12/25 | 己酉 | 1 | 4 | 6 | 11/25 | 己卯 | 五 | 九 | 6 | 10/27 | 庚戌 | 五 | 二 | 6 | 9/27 | 庚辰 | 七 | 五 | 6 | 8/29 | 辛亥 | 一 | 七 |
| 7 | 1/25 | 庚辰 | 3 | 8 | 7 | 12/26 | 庚戌 | 1 | 5 | 7 | 11/26 | 庚辰 | 五 | 八 | 7 | 10/28 | 辛亥 | 五 | 一 | 7 | 9/28 | 辛巳 | 七 | 四 | 7 | 8/30 | 壬子 | 一 | 六 |
| 8 | 1/26 | 辛巳 | 3 | 9 | 8 | 12/27 | 辛亥 | 1 | 6 | 8 | 11/27 | 辛巳 | 五 | 七 | 8 | 10/29 | 壬子 | 五 | 九 | 8 | 9/29 | 壬午 | 七 | 三 | 8 | 8/31 | 癸丑 | 一 | 五 |
| 9 | 1/27 | 壬午 | 3 | 1 | 9 | 12/28 | 壬子 | 1 | 7 | 9 | 11/28 | 壬午 | 五 | 六 | 9 | 10/30 | 癸丑 | 五 | 八 | 9 | 9/30 | 癸未 | 七 | 二 | 9 | 9/1 | 甲寅 | 四 | 四 |
| 10 | 1/28 | 癸未 | 3 | 2 | 10 | 12/29 | 癸丑 | 1 | 8 | 10 | 11/29 | 癸未 | 五 | 五 | 10 | 10/31 | 甲寅 | 八 | 七 | 10 | 10/1 | 甲申 | 一 | 一 | 10 | 9/2 | 乙卯 | 四 | 三 |
| 11 | 1/29 | 甲申 | 9 | 3 | 11 | 12/30 | 甲寅 | 7 | 9 | 11 | 11/30 | 甲申 | 八 | 四 | 11 | 11/1 | 乙卯 | 八 | 六 | 11 | 10/2 | 乙酉 | 一 | 九 | 11 | 9/3 | 丙辰 | 四 | 二 |
| 12 | 1/30 | 乙酉 | 9 | 4 | 12 | 12/31 | 乙卯 | 7 | 1 | 12 | 12/1 | 乙酉 | 八 | 三 | 12 | 11/2 | 丙辰 | 八 | 五 | 12 | 10/3 | 丙戌 | 一 | 八 | 12 | 9/4 | 丁巳 | 四 | 一 |
| 13 | 1/31 | 丙戌 | 9 | 5 | 13 | 1/1 | 丙辰 | 7 | 2 | 13 | 12/2 | 丙戌 | 八 | 二 | 13 | 11/3 | 丁巳 | 八 | 四 | 13 | 10/4 | 丁亥 | 一 | 七 | 13 | 9/5 | 戊午 | 四 | 九 |
| 14 | 2/1 | 丁亥 | 9 | 6 | 14 | 1/2 | 丁巳 | 7 | 3 | 14 | 12/3 | 丁亥 | 八 | 一 | 14 | 11/4 | 戊午 | 八 | 三 | 14 | 10/5 | 戊子 | 一 | 六 | 14 | 9/6 | 己未 | 七 | 八 |
| 15 | 2/2 | 戊子 | 9 | 7 | 15 | 1/3 | 戊午 | 7 | 4 | 15 | 12/4 | 戊子 | 八 | 九 | 15 | 11/5 | 己未 | 二 | 二 | 15 | 10/6 | 己丑 | 四 | 五 | 15 | 9/7 | 庚申 | 七 | 七 |
| 16 | 2/3 | 己丑 | 6 | 8 | 16 | 1/4 | 己未 | 4 | 5 | 16 | 12/5 | 己丑 | 二 | 八 | 16 | 11/6 | 庚申 | 二 | 一 | 16 | 10/7 | 庚寅 | 四 | 四 | 16 | 9/8 | 辛酉 | 七 | 六 |
| 17 | 2/4 | 庚寅 | 6 | 9 | 17 | 1/5 | 庚申 | 4 | 6 | 17 | 12/6 | 庚寅 | 二 | 七 | 17 | 11/7 | 辛酉 | 二 | 九 | 17 | 10/8 | 辛卯 | 四 | 三 | 17 | 9/9 | 壬戌 | 七 | 五 |
| 18 | 2/5 | 辛卯 | 6 | 1 | 18 | 1/6 | 辛酉 | 4 | 7 | 18 | 12/7 | 辛卯 | 二 | 六 | 18 | 11/8 | 壬戌 | 二 | 八 | 18 | 10/9 | 壬辰 | 四 | 二 | 18 | 9/10 | 癸亥 | 七 | 四 |
| 19 | 2/6 | 壬辰 | 6 | 2 | 19 | 1/7 | 壬戌 | 4 | 8 | 19 | 12/8 | 壬辰 | 二 | 五 | 19 | 11/9 | 癸亥 | 二 | 七 | 19 | 10/10 | 癸巳 | 四 | 一 | 19 | 9/11 | 甲子 | 九 | 三 |
| 20 | 2/7 | 癸巳 | 6 | 3 | 20 | 1/8 | 癸亥 | 4 | 9 | 20 | 12/9 | 癸巳 | 二 | 四 | 20 | 11/10 | 甲子 | 六 | 六 | 20 | 10/11 | 甲午 | 六 | 九 | 20 | 9/12 | 乙丑 | 九 | 二 |
| 21 | 2/8 | 甲午 | 8 | 4 | 21 | 1/9 | 甲子 | 2 | 1 | 21 | 12/10 | 甲午 | 四 | 三 | 21 | 11/11 | 乙丑 | 六 | 五 | 21 | 10/12 | 乙未 | 六 | 八 | 21 | 9/13 | 丙寅 | 九 | 一 |
| 22 | 2/9 | 乙未 | 8 | 5 | 22 | 1/10 | 乙丑 | 2 | 2 | 22 | 12/11 | 乙未 | 四 | 二 | 22 | 11/12 | 丙寅 | 六 | 四 | 22 | 10/13 | 丙申 | 六 | 七 | 22 | 9/14 | 丁卯 | 九 | 九 |
| 23 | 2/10 | 丙申 | 8 | 6 | 23 | 1/11 | 丙寅 | 2 | 3 | 23 | 12/12 | 丙申 | 四 | 一 | 23 | 11/13 | 丁卯 | 六 | 三 | 23 | 10/14 | 丁酉 | 六 | 六 | 23 | 9/15 | 戊辰 | 九 | 八 |
| 24 | 2/11 | 丁酉 | 8 | 7 | 24 | 1/12 | 丁卯 | 2 | 4 | 24 | 12/13 | 丁酉 | 四 | 九 | 24 | 11/14 | 戊辰 | 六 | 二 | 24 | 10/15 | 戊戌 | 六 | 五 | 24 | 9/16 | 己巳 | 三 | 七 |
| 25 | 2/12 | 戊戌 | 8 | 8 | 25 | 1/13 | 戊辰 | 2 | 5 | 25 | 12/14 | 戊戌 | 四 | 八 | 25 | 11/15 | 己巳 | 九 | 一 | 25 | 10/16 | 己亥 | 九 | 四 | 25 | 9/17 | 庚午 | 三 | 六 |
| 26 | 2/13 | 己亥 | 5 | 9 | 26 | 1/14 | 己巳 | 8 | 6 | 26 | 12/15 | 己亥 | 七 | 七 | 26 | 11/16 | 庚午 | 九 | 九 | 26 | 10/17 | 庚子 | 九 | 三 | 26 | 9/18 | 辛未 | 三 | 五 |
| 27 | 2/14 | 庚子 | 5 | 1 | 27 | 1/15 | 庚午 | 8 | 7 | 27 | 12/16 | 庚子 | 七 | 六 | 27 | 11/17 | 辛未 | 九 | 八 | 27 | 10/18 | 辛丑 | 九 | 二 | 27 | 9/19 | 壬申 | 三 | 四 |
| 28 | 2/15 | 辛丑 | 5 | 2 | 28 | 1/16 | 辛未 | 8 | 8 | 28 | 12/17 | 辛丑 | 七 | 五 | 28 | 11/18 | 壬申 | 九 | 七 | 28 | 10/19 | 壬寅 | 九 | 一 | 28 | 9/20 | 癸酉 | 三 | 三 |
| 29 | 2/16 | 壬寅 | 5 | 3 | 29 | 1/17 | 壬申 | 8 | 9 | 29 | 12/18 | 壬寅 | 七 | 四 | 29 | 11/19 | 癸酉 | 九 | 六 | 29 | 10/20 | 癸卯 | 九 | 九 | 29 | 9/21 | 甲戌 | 六 | 二 |
| | | | | | 30 | 1/18 | 癸酉 | 8 | 1 | 30 | 12/19 | 癸卯 | 七 | 三 | | | | | | 30 | 10/21 | 甲辰 | 三 | 八 | | | | | |

# 西元1931年（辛未）肖羊 民國20年（男乾命）

奇門遁甲局數如標示為 一 ～九表示陰局　　如標示為1 ～9 表示陽局

| 六　月 | 五　月 | 四　月 | 三　月 | 二　月 | 正　月 |
|---|---|---|---|---|---|
| 乙未 | 甲午 | 癸巳 | 壬辰 | 辛卯 | 庚寅 |
| 九紫火 | 一白水 | 二黑土 | 三碧木 | 四綠木 | 五黃土 |
| 立秋 20時45分 廿五戌時 | 小暑 11時06分 廿三午時 | 芒種 00時42分 廿二子時 | 立夏 20時10分 十九戌時 | 清明 02時21分 十九丑時 | 驚蟄 21時03分 十八亥時 |
| 大暑 04時22分 初十寅時 | 夏至 17時28分 初七酉時 | 小滿 09時16分 初六巳時 | 穀雨 09時40分 初四巳時 | 春分 22時07分 初三亥時 | 雨水 22時41分 初三亥時 |
| 奇門遁甲局數 | 奇門遁甲局數 | 奇門遁甲局數 | 奇門遁甲局數 | 奇門遁甲局數 | 奇門遁甲局數 |

六月

| 農曆 | 國曆 | 干支 | 時盤 | 日盤 |
|---|---|---|---|---|
| 1 | 7/15 | 辛未 | 二 | 二 |
| 2 | 7/16 | 壬申 | 二 | 一 |
| 3 | 7/17 | 癸酉 | 二 | 九 |
| 4 | 7/18 | 甲戌 | 五 | 八 |
| 5 | 7/19 | 乙亥 | 五 | 七 |
| 6 | 7/20 | 丙子 | 五 | 六 |
| 7 | 7/21 | 丁丑 | 五 | 五 |
| 8 | 7/22 | 戊寅 | 五 | 四 |
| 9 | 7/23 | 己卯 | 七 | 三 |
| 10 | 7/24 | 庚辰 | 七 | 二 |
| 11 | 7/25 | 辛巳 | 七 | 一 |
| 12 | 7/26 | 壬午 | 七 | 九 |
| 13 | 7/27 | 癸未 | 七 | 八 |
| 14 | 7/28 | 甲申 | 一 | 七 |
| 15 | 7/29 | 乙酉 | 一 | 六 |
| 16 | 7/30 | 丙戌 | 一 | 五 |
| 17 | 7/31 | 丁亥 | 一 | 四 |
| 18 | 8/1 | 戊子 | 一 | 三 |
| 19 | 8/2 | 己丑 | 四 | 二 |
| 20 | 8/3 | 庚寅 | 四 | 一 |
| 21 | 8/4 | 辛卯 | 四 | 九 |
| 22 | 8/5 | 壬辰 | 四 | 八 |
| 23 | 8/6 | 癸巳 | 四 | 七 |
| 24 | 8/7 | 甲午 | 二 | 六 |
| 25 | 8/8 | 乙未 | 二 | 五 |
| 26 | 8/9 | 丙申 | 二 | 四 |
| 27 | 8/10 | 丁酉 | 二 | 三 |
| 28 | 8/11 | 戊戌 | 二 | 二 |
| 29 | 8/12 | 己亥 | 五 | 一 |
| 30 | 8/13 | 庚子 | 五 | 九 |

五月

| 農曆 | 國曆 | 干支 | 時盤 | 日盤 |
|---|---|---|---|---|
| 1 | 6/16 | 壬寅 | 3 | 6 |
| 2 | 6/17 | 癸卯 | 3 | 7 |
| 3 | 6/18 | 甲辰 | 9 | 8 |
| 4 | 6/19 | 乙巳 | 9 | 9 |
| 5 | 6/20 | 丙午 | 9 | 1 |
| 6 | 6/21 | 丁未 | 9 | 2 |
| 7 | 6/22 | 戊申 | 9 | 七 |
| 8 | 6/23 | 己酉 | 九 | 六 |
| 9 | 6/24 | 庚戌 | 九 | 五 |
| 10 | 6/25 | 辛亥 | 九 | 四 |
| 11 | 6/26 | 壬子 | 九 | 三 |
| 12 | 6/27 | 癸丑 | 九 | 二 |
| 13 | 6/28 | 甲寅 | 三 | 一 |
| 14 | 6/29 | 乙卯 | 三 | 九 |
| 15 | 6/30 | 丙辰 | 三 | 八 |
| 16 | 7/1 | 丁巳 | 三 | 七 |
| 17 | 7/2 | 戊午 | 三 | 六 |
| 18 | 7/3 | 己未 | 六 | 五 |
| 19 | 7/4 | 庚申 | 六 | 四 |
| 20 | 7/5 | 辛酉 | 六 | 三 |
| 21 | 7/6 | 壬戌 | 六 | 二 |
| 22 | 7/7 | 癸亥 | 六 | 一 |
| 23 | 7/8 | 甲子 | 八 | 九 |
| 24 | 7/9 | 乙丑 | 八 | 八 |
| 25 | 7/10 | 丙寅 | 八 | 七 |
| 26 | 7/11 | 丁卯 | 八 | 六 |
| 27 | 7/12 | 戊辰 | 八 | 五 |
| 28 | 7/13 | 己巳 | 二 | 四 |
| 29 | 7/14 | 庚午 | 二 | 三 |
| 30 | | | | |

四月

| 農曆 | 國曆 | 干支 | 時盤 | 日盤 |
|---|---|---|---|---|
| 1 | 5/17 | 壬申 | 1 | 3 |
| 2 | 5/18 | 癸酉 | 1 | 4 |
| 3 | 5/19 | 甲戌 | 7 | 5 |
| 4 | 5/20 | 乙亥 | 7 | 6 |
| 5 | 5/21 | 丙子 | 7 | 7 |
| 6 | 5/22 | 丁丑 | 7 | 8 |
| 7 | 5/23 | 戊寅 | 7 | 9 |
| 8 | 5/24 | 己卯 | 5 | 1 |
| 9 | 5/25 | 庚辰 | 5 | 2 |
| 10 | 5/26 | 辛巳 | 5 | 3 |
| 11 | 5/27 | 壬午 | 5 | 4 |
| 12 | 5/28 | 癸未 | 5 | 5 |
| 13 | 5/29 | 甲申 | 2 | 6 |
| 14 | 5/30 | 乙酉 | 2 | 7 |
| 15 | 5/31 | 丙戌 | 2 | 8 |
| 16 | 6/1 | 丁亥 | 2 | 9 |
| 17 | 6/2 | 戊子 | 2 | 1 |
| 18 | 6/3 | 己丑 | 8 | 2 |
| 19 | 6/4 | 庚寅 | 8 | 3 |
| 20 | 6/5 | 辛卯 | 8 | 4 |
| 21 | 6/6 | 壬辰 | 8 | 5 |
| 22 | 6/7 | 癸巳 | 8 | 6 |
| 23 | 6/8 | 甲午 | 6 | 7 |
| 24 | 6/9 | 乙未 | 6 | 8 |
| 25 | 6/10 | 丙申 | 6 | 9 |
| 26 | 6/11 | 丁酉 | 6 | 1 |
| 27 | 6/12 | 戊戌 | 6 | 2 |
| 28 | 6/13 | 己亥 | 3 | 3 |
| 29 | 6/14 | 庚子 | 3 | 4 |
| 30 | 6/15 | 辛丑 | 3 | 5 |

三月

| 農曆 | 國曆 | 干支 | 時盤 | 日盤 |
|---|---|---|---|---|
| 1 | 4/18 | 癸卯 | 1 | 1 |
| 2 | 4/19 | 甲辰 | 7 | 2 |
| 3 | 4/20 | 乙巳 | 7 | 3 |
| 4 | 4/21 | 丙午 | 7 | 4 |
| 5 | 4/22 | 丁未 | 7 | 5 |
| 6 | 4/23 | 戊申 | 7 | 6 |
| 7 | 4/24 | 己酉 | 5 | 7 |
| 8 | 4/25 | 庚戌 | 5 | 8 |
| 9 | 4/26 | 辛亥 | 5 | 9 |
| 10 | 4/27 | 壬子 | 5 | 1 |
| 11 | 4/28 | 癸丑 | 5 | 2 |
| 12 | 4/29 | 甲寅 | 2 | 3 |
| 13 | 4/30 | 乙卯 | 2 | 4 |
| 14 | 5/1 | 丙辰 | 2 | 5 |
| 15 | 5/2 | 丁巳 | 2 | 6 |
| 16 | 5/3 | 戊午 | 2 | 7 |
| 17 | 5/4 | 己未 | 8 | 8 |
| 18 | 5/5 | 庚申 | 8 | 9 |
| 19 | 5/6 | 辛酉 | 8 | 1 |
| 20 | 5/7 | 壬戌 | 8 | 2 |
| 21 | 5/8 | 癸亥 | 8 | 3 |
| 22 | 5/9 | 甲子 | 4 | 4 |
| 23 | 5/10 | 乙丑 | 4 | 5 |
| 24 | 5/11 | 丙寅 | 4 | 6 |
| 25 | 5/12 | 丁卯 | 4 | 7 |
| 26 | 5/13 | 戊辰 | 4 | 8 |
| 27 | 5/14 | 己巳 | 1 | 9 |
| 28 | 5/15 | 庚午 | 1 | 1 |
| 29 | 5/16 | 辛未 | 1 | 2 |
| | | | | |

二月

| 農曆 | 國曆 | 干支 | 時盤 | 日盤 |
|---|---|---|---|---|
| 1 | 3/19 | 癸酉 | 7 | 7 |
| 2 | 3/20 | 甲戌 | 4 | 8 |
| 3 | 3/21 | 乙亥 | 4 | 9 |
| 4 | 3/22 | 丙子 | 4 | 1 |
| 5 | 3/23 | 丁丑 | 4 | 2 |
| 6 | 3/24 | 戊寅 | 4 | 3 |
| 7 | 3/25 | 己卯 | 3 | 4 |
| 8 | 3/26 | 庚辰 | 3 | 5 |
| 9 | 3/27 | 辛巳 | 3 | 6 |
| 10 | 3/28 | 壬午 | 3 | 7 |
| 11 | 3/29 | 癸未 | 3 | 8 |
| 12 | 3/30 | 甲申 | 9 | 9 |
| 13 | 3/31 | 乙酉 | 9 | 1 |
| 14 | 4/1 | 丙戌 | 9 | 2 |
| 15 | 4/2 | 丁亥 | 9 | 3 |
| 16 | 4/3 | 戊子 | 9 | 4 |
| 17 | 4/4 | 己丑 | 6 | 5 |
| 18 | 4/5 | 庚寅 | 6 | 6 |
| 19 | 4/6 | 辛卯 | 6 | 7 |
| 20 | 4/7 | 壬辰 | 6 | 8 |
| 21 | 4/8 | 癸巳 | 6 | 9 |
| 22 | 4/9 | 甲午 | 4 | 1 |
| 23 | 4/10 | 乙未 | 4 | 2 |
| 24 | 4/11 | 丙申 | 4 | 3 |
| 25 | 4/12 | 丁酉 | 4 | 4 |
| 26 | 4/13 | 戊戌 | 4 | 5 |
| 27 | 4/14 | 己亥 | 1 | 6 |
| 28 | 4/15 | 庚子 | 1 | 7 |
| 29 | 4/16 | 辛丑 | 1 | 8 |
| 30 | 4/17 | 壬寅 | 1 | 9 |

正月

| 農曆 | 國曆 | 干支 | 時盤 | 日盤 |
|---|---|---|---|---|
| 1 | 2/17 | 癸卯 | 5 | 4 |
| 2 | 2/18 | 甲辰 | 2 | 5 |
| 3 | 2/19 | 乙巳 | 2 | 6 |
| 4 | 2/20 | 丙午 | 2 | 7 |
| 5 | 2/21 | 丁未 | 2 | 8 |
| 6 | 2/22 | 戊申 | 2 | 9 |
| 7 | 2/23 | 己酉 | 9 | 1 |
| 8 | 2/24 | 庚戌 | 9 | 2 |
| 9 | 2/25 | 辛亥 | 9 | 3 |
| 10 | 2/26 | 壬子 | 9 | 4 |
| 11 | 2/27 | 癸丑 | 9 | 5 |
| 12 | 2/28 | 甲寅 | 6 | 6 |
| 13 | 3/1 | 乙卯 | 6 | 7 |
| 14 | 3/2 | 丙辰 | 6 | 8 |
| 15 | 3/3 | 丁巳 | 6 | 9 |
| 16 | 3/4 | 戊午 | 6 | 1 |
| 17 | 3/5 | 己未 | 3 | 2 |
| 18 | 3/6 | 庚申 | 3 | 3 |
| 19 | 3/7 | 辛酉 | 3 | 4 |
| 20 | 3/8 | 壬戌 | 3 | 5 |
| 21 | 3/9 | 癸亥 | 3 | 6 |
| 22 | 3/10 | 甲子 | 1 | 7 |
| 23 | 3/11 | 乙丑 | 1 | 8 |
| 24 | 3/12 | 丙寅 | 1 | 9 |
| 25 | 3/13 | 丁卯 | 1 | 1 |
| 26 | 3/14 | 戊辰 | 1 | 2 |
| 27 | 3/15 | 己巳 | 7 | 3 |
| 28 | 3/16 | 庚午 | 7 | 4 |
| 29 | 3/17 | 辛未 | 7 | 5 |
| 30 | 3/18 | 壬申 | 7 | 6 |

# 西元1931年（辛未）肖羊 民國20年（女離命）

奇門遁甲局數如標示為 一 ～九表示陰局　　如標示為1 ～9 表示陽局

| 十二月 | | | | | 十一月 | | | | | 十 月 | | | | | 九 月 | | | | | 八 月 | | | | | 七 月 | | | | |
|---|---|---|---|---|---|---|---|---|---|---|---|---|---|---|---|---|---|---|---|---|---|---|---|---|---|---|---|---|---|
| 辛丑 | | | | | 庚子 | | | | | 己亥 | | | | | 戊戌 | | | | | 丁酉 | | | | | 丙申 | | | | |
| 三碧木 | | | | | 四綠木 | | | | | 五黃土 | | | | | 六白金 | | | | | 七赤金 | | | | | 八白土 | | | | |
| 立春 | | 大寒 | 奇門遁甲局數 | | 小寒 | | 冬至 | 奇門遁甲局數 | | 大雪 | | 小雪 | 奇門遁甲局數 | | 立冬 | | 霜降 | 奇門遁甲局數 | | 寒露 | | 秋分 | 奇門遁甲局數 | | 白露 | | 處暑 | 奇門遁甲局數 | |
| 08時30分 | 廿九辰時 | 14時07分 十四未時 | | | 20時46分 | 廿九戌時 | 03時30分 十五寅時 | | | 09時41分 | 廿九巳時 | 14時25分 十四未時 | | | 17時10分 | 廿九酉時 | 17時16分 十四酉時 | | | 14時27分 | 廿八未時 | 08時24分 十三辰時 | | | 23時18分 | 廿六子時 | 11時11分 十一午時 | | |
| 農曆 | 國曆 | 干支 | 時盤 | 日盤 | 農曆 | 國曆 | 干支 | 時盤 | 日盤 | 農曆 | 國曆 | 干支 | 時盤 | 日盤 | 農曆 | 國曆 | 干支 | 時盤 | 日盤 | 農曆 | 國曆 | 干支 | 時盤 | 日盤 | 農曆 | 國曆 | 干支 | 時盤 | 日盤 |
| 1 | 1/8 | 戊辰 | 2 | 5 | 1 | 12/9 | 戊戌 | 四 | 八 | 1 | 11/10 | 己巳 | 九 | 一 | 1 | 10/11 | 己亥 | 九 | 四 | 1 | 9/12 | 庚午 | 三 | 六 | 1 | 8/14 | 辛丑 | 五 | 八 |
| 2 | 1/9 | 己巳 | 8 | 6 | 2 | 12/10 | 己亥 | 七 | 七 | 2 | 11/11 | 庚午 | 九 | 九 | 2 | 10/12 | 庚子 | 九 | 三 | 2 | 9/13 | 辛未 | 三 | 五 | 2 | 8/15 | 壬寅 | 五 | 七 |
| 3 | 1/10 | 庚午 | 8 | 7 | 3 | 12/11 | 庚子 | 七 | 六 | 3 | 11/12 | 辛未 | 九 | 八 | 3 | 10/13 | 辛丑 | 九 | 二 | 3 | 9/14 | 壬申 | 三 | 四 | 3 | 8/16 | 癸卯 | 五 | 六 |
| 4 | 1/11 | 辛未 | 8 | 8 | 4 | 12/12 | 辛丑 | 七 | 五 | 4 | 11/13 | 壬申 | 九 | 七 | 4 | 10/14 | 壬寅 | 九 | 一 | 4 | 9/15 | 癸酉 | 三 | 三 | 4 | 8/17 | 甲辰 | 八 | 五 |
| 5 | 1/12 | 壬申 | 8 | 9 | 5 | 12/13 | 壬寅 | 七 | 四 | 5 | 11/14 | 癸酉 | 九 | 六 | 5 | 10/15 | 癸卯 | 九 | 九 | 5 | 9/16 | 甲戌 | 六 | 二 | 5 | 8/18 | 乙巳 | 八 | 四 |
| 6 | 1/13 | 癸酉 | 8 | 1 | 6 | 12/14 | 癸卯 | 七 | 三 | 6 | 11/15 | 甲戌 | 三 | 五 | 6 | 10/16 | 甲辰 | 三 | 八 | 6 | 9/17 | 乙亥 | 六 | 一 | 6 | 8/19 | 丙午 | 八 | 三 |
| 7 | 1/14 | 甲戌 | 5 | 2 | 7 | 12/15 | 甲辰 | 一 | 二 | 7 | 11/16 | 乙亥 | 三 | 四 | 7 | 10/17 | 乙巳 | 三 | 七 | 7 | 9/18 | 丙子 | 六 | 九 | 7 | 8/20 | 丁未 | 八 | 二 |
| 8 | 1/15 | 乙亥 | 5 | 3 | 8 | 12/16 | 乙巳 | 一 | 一 | 8 | 11/17 | 丙子 | 三 | 三 | 8 | 10/18 | 丙午 | 三 | 六 | 8 | 9/19 | 丁丑 | 六 | 八 | 8 | 8/21 | 戊申 | 八 | 一 |
| 9 | 1/16 | 丙子 | 5 | 4 | 9 | 12/17 | 丙午 | 一 | 九 | 9 | 11/18 | 丁丑 | 三 | 二 | 9 | 10/19 | 丁未 | 三 | 五 | 9 | 9/20 | 戊寅 | 六 | 七 | 9 | 8/22 | 己酉 | 一 | 九 |
| 10 | 1/17 | 丁丑 | 5 | 5 | 10 | 12/18 | 丁未 | 一 | 八 | 10 | 11/19 | 戊寅 | 三 | 一 | 10 | 10/20 | 戊申 | 三 | 四 | 10 | 9/21 | 己卯 | 七 | 六 | 10 | 8/23 | 庚戌 | 一 | 八 |
| 11 | 1/18 | 戊寅 | 5 | 6 | 11 | 12/19 | 戊申 | 一 | 七 | 11 | 11/20 | 己卯 | 五 | 九 | 11 | 10/21 | 己酉 | 五 | 三 | 11 | 9/22 | 庚辰 | 七 | 五 | 11 | 8/24 | 辛亥 | 一 | 七 |
| 12 | 1/19 | 己卯 | 3 | 7 | 12 | 12/20 | 己酉 | 1 | 六 | 12 | 11/21 | 庚辰 | 五 | 八 | 12 | 10/22 | 庚戌 | 五 | 二 | 12 | 9/23 | 辛巳 | 七 | 四 | 12 | 8/25 | 壬子 | 一 | 六 |
| 13 | 1/20 | 庚辰 | 3 | 8 | 13 | 12/21 | 庚戌 | 1 | 五 | 13 | 11/22 | 辛巳 | 五 | 七 | 13 | 10/23 | 辛亥 | 五 | 一 | 13 | 9/24 | 壬午 | 七 | 三 | 13 | 8/26 | 癸丑 | 一 | 五 |
| 14 | 1/21 | 辛巳 | 3 | 9 | 14 | 12/22 | 辛亥 | 1 | 四 | 14 | 11/23 | 壬午 | 五 | 六 | 14 | 10/24 | 壬子 | 五 | 九 | 14 | 9/25 | 癸未 | 七 | 二 | 14 | 8/27 | 甲寅 | 四 | 四 |
| 15 | 1/22 | 壬午 | 3 | 1 | 15 | 12/23 | 壬子 | 1 | 7 | 15 | 11/24 | 癸未 | 五 | 五 | 15 | 10/25 | 癸丑 | 五 | 八 | 15 | 9/26 | 甲申 | 一 | 一 | 15 | 8/28 | 乙卯 | 四 | 三 |
| 16 | 1/23 | 癸未 | 3 | 2 | 16 | 12/24 | 癸丑 | 1 | 8 | 16 | 11/25 | 甲申 | 八 | 四 | 16 | 10/26 | 甲寅 | 八 | 七 | 16 | 9/27 | 乙酉 | 一 | 九 | 16 | 8/29 | 丙辰 | 四 | 二 |
| 17 | 1/24 | 甲申 | 9 | 3 | 17 | 12/25 | 甲寅 | 7 | 9 | 17 | 11/26 | 乙酉 | 八 | 三 | 17 | 10/27 | 乙卯 | 八 | 六 | 17 | 9/28 | 丙戌 | 一 | 八 | 17 | 8/30 | 丁巳 | 四 | 一 |
| 18 | 1/25 | 乙酉 | 9 | 4 | 18 | 12/26 | 乙卯 | 7 | 1 | 18 | 11/27 | 丙戌 | 八 | 二 | 18 | 10/28 | 丙辰 | 八 | 五 | 18 | 9/29 | 丁亥 | 一 | 七 | 18 | 8/31 | 戊午 | 四 | 九 |
| 19 | 1/26 | 丙戌 | 9 | 5 | 19 | 12/27 | 丙辰 | 7 | 2 | 19 | 11/28 | 丁亥 | 八 | 一 | 19 | 10/29 | 丁巳 | 八 | 四 | 19 | 9/30 | 戊子 | 一 | 六 | 19 | 9/1 | 己未 | 七 | 八 |
| 20 | 1/27 | 丁亥 | 9 | 6 | 20 | 12/28 | 丁巳 | 7 | 3 | 20 | 11/29 | 戊子 | 八 | 九 | 20 | 10/30 | 戊午 | 八 | 三 | 20 | 10/1 | 己丑 | 四 | 五 | 20 | 9/2 | 庚申 | 七 | 七 |
| 21 | 1/28 | 戊子 | 9 | 7 | 21 | 12/29 | 戊午 | 7 | 4 | 21 | 11/30 | 己丑 | 二 | 八 | 21 | 10/31 | 己未 | 二 | 二 | 21 | 10/2 | 庚寅 | 四 | 四 | 21 | 9/3 | 辛酉 | 七 | 六 |
| 22 | 1/29 | 己丑 | 6 | 8 | 22 | 12/30 | 己未 | 4 | 5 | 22 | 12/1 | 庚寅 | 二 | 七 | 22 | 11/1 | 庚申 | 二 | 一 | 22 | 10/3 | 辛卯 | 四 | 三 | 22 | 9/4 | 壬戌 | 七 | 五 |
| 23 | 1/30 | 庚寅 | 6 | 9 | 23 | 12/31 | 庚申 | 4 | 6 | 23 | 12/2 | 辛卯 | 二 | 六 | 23 | 11/2 | 辛酉 | 二 | 九 | 23 | 10/4 | 壬辰 | 四 | 二 | 23 | 9/5 | 癸亥 | 七 | 四 |
| 24 | 1/31 | 辛卯 | 6 | 1 | 24 | 1/1 | 辛酉 | 4 | 7 | 24 | 12/3 | 壬辰 | 二 | 五 | 24 | 11/3 | 壬戌 | 二 | 八 | 24 | 10/5 | 癸巳 | 四 | 一 | 24 | 9/6 | 甲子 | 九 | 三 |
| 25 | 2/1 | 壬辰 | 6 | 2 | 25 | 1/2 | 壬戌 | 4 | 8 | 25 | 12/4 | 癸巳 | 二 | 四 | 25 | 11/4 | 癸亥 | 二 | 七 | 25 | 10/6 | 甲午 | 六 | 九 | 25 | 9/7 | 乙丑 | 九 | 二 |
| 26 | 2/2 | 癸巳 | 6 | 3 | 26 | 1/3 | 癸亥 | 4 | 9 | 26 | 12/5 | 甲午 | 四 | 三 | 26 | 11/5 | 甲子 | 六 | 六 | 26 | 10/7 | 乙未 | 六 | 八 | 26 | 9/8 | 丙寅 | 九 | 一 |
| 27 | 2/3 | 甲午 | 8 | 4 | 27 | 1/4 | 甲子 | 2 | 1 | 27 | 12/6 | 乙未 | 四 | 二 | 27 | 11/6 | 乙丑 | 六 | 五 | 27 | 10/8 | 丙申 | 六 | 七 | 27 | 9/9 | 丁卯 | 九 | 九 |
| 28 | 2/4 | 乙未 | 8 | 5 | 28 | 1/5 | 乙丑 | 2 | 2 | 28 | 12/7 | 丙申 | 四 | 一 | 28 | 11/7 | 丙寅 | 六 | 四 | 28 | 10/9 | 丁酉 | 六 | 六 | 28 | 9/10 | 戊辰 | 九 | 八 |
| 29 | 2/5 | 丙申 | 8 | 6 | 29 | 1/6 | 丙寅 | 2 | 3 | 29 | 12/8 | 丁酉 | 四 | 九 | 29 | 11/8 | 丁卯 | 六 | 三 | 29 | 10/10 | 戊戌 | 六 | 五 | 29 | 9/11 | 己巳 | 三 | 七 |
| | | | | | 30 | 1/7 | 丁卯 | 2 | 4 | | | | | | 30 | 11/9 | 戊辰 | 六 | 二 | | | | | | | | | | |

# 西元1932年（壬申）肖猴 民國21年（男坤命）

奇門遁甲局數如標示為 一 ～九表示陰局　　如標示為1 ～9 表示陽局

| 六月 | | | | | 五月 | | | | | 四月 | | | | | 三月 | | | | | 二月 | | | | | 正月 | | | | |
|---|---|---|---|---|---|---|---|---|---|---|---|---|---|---|---|---|---|---|---|---|---|---|---|---|---|---|---|---|---|
| 丁未 | | | | | 丙午 | | | | | 乙巳 | | | | | 甲辰 | | | | | 癸卯 | | | | | 壬寅 | | | | |
| 六白金 | | | | | 七赤金 | | | | | 八白土 | | | | | 九紫火 | | | | | 一白水 | | | | | 二黑土 | | | | |
| 大暑<br>10時18分<br>二十巳時 | | 小暑<br>16時53分<br>初四申時 | 奇門遁甲局數 | | 夏至<br>23時23分<br>十八子時 | | 芒種<br>06時28分<br>初三卯時 | 奇門遁甲局數 | | 小滿<br>15時07分<br>十六申時 | | 立夏<br>01時55分<br>初一丑時 | 奇門遁甲局數 | | 穀雨<br>15時28分<br>十五申時 | | | 奇門遁甲局數 | | 清明<br>08時07分<br>三十辰時 | | 春分<br>03時54分<br>十五寅時 | 奇門遁甲局數 | | 驚蟄<br>02時50分<br>三十丑時 | | 雨水<br>04時29分<br>十五寅時 | 奇門遁甲局數 | |
| 農曆 | 國曆 | 干支 | 時盤 | 日盤 | 農曆 | 國曆 | 干支 | 時盤 | 日盤 | 農曆 | 國曆 | 干支 | 時盤 | 日盤 | 農曆 | 國曆 | 干支 | 時盤 | 日盤 | 農曆 | 國曆 | 干支 | 時盤 | 日盤 | 農曆 | 國曆 | 干支 | 時盤 | 日盤 |
| 1 | 7/4 | 丙寅 | 八 | 七 | 1 | 6/4 | 丙申 | 6 | 9 | 1 | 5/6 | 丁卯 | 4 | 7 | 1 | 4/6 | 丁酉 | 4 | 4 | 1 | 3/7 | 丁卯 | 1 | 1 | 1 | 2/6 | 丁酉 | 8 | 7 |
| 2 | 7/5 | 丁卯 | 八 | 六 | 2 | 6/5 | 丁酉 | 6 | 1 | 2 | 5/7 | 戊辰 | 4 | 8 | 2 | 4/7 | 戊戌 | 4 | 5 | 2 | 3/8 | 戊辰 | 1 | 2 | 2 | 2/7 | 戊戌 | 8 | 8 |
| 3 | 7/6 | 戊辰 | 八 | 五 | 3 | 6/6 | 戊戌 | 6 | 2 | 3 | 5/8 | 己巳 | 1 | 9 | 3 | 4/8 | 己亥 | 1 | 6 | 3 | 3/9 | 己巳 | 7 | 3 | 3 | 2/8 | 己亥 | 5 | 9 |
| 4 | 7/7 | 己巳 | 二 | 四 | 4 | 6/7 | 己亥 | 3 | 3 | 4 | 5/9 | 庚午 | 1 | 1 | 4 | 4/9 | 庚子 | 1 | 7 | 4 | 3/10 | 庚午 | 7 | 4 | 4 | 2/9 | 庚子 | 5 | 1 |
| 5 | 7/8 | 庚午 | 二 | 三 | 5 | 6/8 | 庚子 | 3 | 4 | 5 | 5/10 | 辛未 | 1 | 2 | 5 | 4/10 | 辛丑 | 1 | 8 | 5 | 3/11 | 辛未 | 7 | 5 | 5 | 2/10 | 辛丑 | 5 | 2 |
| 6 | 7/9 | 辛未 | 二 | 二 | 6 | 6/9 | 辛丑 | 3 | 5 | 6 | 5/11 | 壬申 | 1 | 3 | 6 | 4/11 | 壬寅 | 1 | 9 | 6 | 3/12 | 壬申 | 7 | 6 | 6 | 2/11 | 壬寅 | 5 | 3 |
| 7 | 7/10 | 壬申 | 二 | 一 | 7 | 6/10 | 壬寅 | 3 | 6 | 7 | 5/12 | 癸酉 | 1 | 4 | 7 | 4/12 | 癸卯 | 1 | 1 | 7 | 3/13 | 癸酉 | 7 | 7 | 7 | 2/12 | 癸卯 | 5 | 4 |
| 8 | 7/11 | 癸酉 | 二 | 九 | 8 | 6/11 | 癸卯 | 3 | 7 | 8 | 5/13 | 甲戌 | 7 | 5 | 8 | 4/13 | 甲辰 | 7 | 2 | 8 | 3/14 | 甲戌 | 4 | 8 | 8 | 2/13 | 甲辰 | 2 | 5 |
| 9 | 7/12 | 甲戌 | 五 | 八 | 9 | 6/12 | 甲辰 | 9 | 8 | 9 | 5/14 | 乙亥 | 7 | 6 | 9 | 4/14 | 乙巳 | 7 | 3 | 9 | 3/15 | 乙亥 | 4 | 9 | 9 | 2/14 | 乙巳 | 2 | 6 |
| 10 | 7/13 | 乙亥 | 五 | 七 | 10 | 6/13 | 乙巳 | 9 | 9 | 10 | 5/15 | 丙子 | 7 | 7 | 10 | 4/15 | 丙午 | 7 | 4 | 10 | 3/16 | 丙子 | 4 | 1 | 10 | 2/15 | 丙午 | 2 | 7 |
| 11 | 7/14 | 丙子 | 五 | 六 | 11 | 6/14 | 丙午 | 9 | 1 | 11 | 5/16 | 丁丑 | 7 | 8 | 11 | 4/16 | 丁未 | 7 | 5 | 11 | 3/17 | 丁丑 | 4 | 2 | 11 | 2/16 | 丁未 | 2 | 8 |
| 12 | 7/15 | 丁丑 | 五 | 五 | 12 | 6/15 | 丁未 | 9 | 2 | 12 | 5/17 | 戊寅 | 7 | 9 | 12 | 4/17 | 戊申 | 7 | 6 | 12 | 3/18 | 戊寅 | 4 | 3 | 12 | 2/17 | 戊申 | 2 | 9 |
| 13 | 7/16 | 戊寅 | 五 | 四 | 13 | 6/16 | 戊申 | 9 | 3 | 13 | 5/18 | 己卯 | 5 | 1 | 13 | 4/18 | 己酉 | 5 | 7 | 13 | 3/19 | 己卯 | 3 | 4 | 13 | 2/18 | 己酉 | 9 | 1 |
| 14 | 7/17 | 己卯 | 七 | 三 | 14 | 6/17 | 己酉 | 九 | 4 | 14 | 5/19 | 庚辰 | 5 | 2 | 14 | 4/19 | 庚戌 | 5 | 8 | 14 | 3/20 | 庚辰 | 3 | 5 | 14 | 2/19 | 庚戌 | 9 | 2 |
| 15 | 7/18 | 庚辰 | 七 | 二 | 15 | 6/18 | 庚戌 | 九 | 5 | 15 | 5/20 | 辛巳 | 5 | 3 | 15 | 4/20 | 辛亥 | 5 | 9 | 15 | 3/21 | 辛巳 | 3 | 6 | 15 | 2/20 | 辛亥 | 9 | 3 |
| 16 | 7/19 | 辛巳 | 七 | 一 | 16 | 6/19 | 辛亥 | 九 | 6 | 16 | 5/21 | 壬午 | 5 | 4 | 16 | 4/21 | 壬子 | 5 | 1 | 16 | 3/22 | 壬午 | 3 | 7 | 16 | 2/21 | 壬子 | 9 | 4 |
| 17 | 7/20 | 壬午 | 七 | 九 | 17 | 6/20 | 壬子 | 九 | 7 | 17 | 5/22 | 癸未 | 5 | 5 | 17 | 4/22 | 癸丑 | 5 | 2 | 17 | 3/23 | 癸未 | 3 | 8 | 17 | 2/22 | 癸丑 | 9 | 5 |
| 18 | 7/21 | 癸未 | 七 | 八 | 18 | 6/21 | 癸丑 | 九 | 二 | 18 | 5/23 | 甲申 | 2 | 6 | 18 | 4/23 | 甲寅 | 2 | 3 | 18 | 3/24 | 甲申 | 9 | 9 | 18 | 2/23 | 甲寅 | 6 | 6 |
| 19 | 7/22 | 甲申 | 一 | 七 | 19 | 6/22 | 甲寅 | 三 | 一 | 19 | 5/24 | 乙酉 | 2 | 7 | 19 | 4/24 | 乙卯 | 2 | 4 | 19 | 3/25 | 乙酉 | 9 | 1 | 19 | 2/24 | 乙卯 | 6 | 7 |
| 20 | 7/23 | 乙酉 | 一 | 六 | 20 | 6/23 | 乙卯 | 三 | 九 | 20 | 5/25 | 丙戌 | 2 | 8 | 20 | 4/25 | 丙辰 | 2 | 5 | 20 | 3/26 | 丙戌 | 9 | 2 | 20 | 2/25 | 丙辰 | 6 | 8 |
| 21 | 7/24 | 丙戌 | 一 | 五 | 21 | 6/24 | 丙辰 | 三 | 八 | 21 | 5/26 | 丁亥 | 2 | 9 | 21 | 4/26 | 丁巳 | 2 | 6 | 21 | 3/27 | 丁亥 | 9 | 3 | 21 | 2/26 | 丁巳 | 6 | 9 |
| 22 | 7/25 | 丁亥 | 一 | 四 | 22 | 6/25 | 丁巳 | 三 | 七 | 22 | 5/27 | 戊子 | 2 | 1 | 22 | 4/27 | 戊午 | 2 | 7 | 22 | 3/28 | 戊子 | 9 | 4 | 22 | 2/27 | 戊午 | 6 | 1 |
| 23 | 7/26 | 戊子 | 一 | 三 | 23 | 6/26 | 戊午 | 三 | 六 | 23 | 5/28 | 己丑 | 8 | 2 | 23 | 4/28 | 己未 | 8 | 8 | 23 | 3/29 | 己丑 | 6 | 5 | 23 | 2/28 | 己未 | 3 | 2 |
| 24 | 7/27 | 己丑 | 四 | 二 | 24 | 6/27 | 己未 | 六 | 五 | 24 | 5/29 | 庚寅 | 8 | 3 | 24 | 4/29 | 庚申 | 8 | 9 | 24 | 3/30 | 庚寅 | 6 | 6 | 24 | 2/29 | 庚申 | 3 | 3 |
| 25 | 7/28 | 庚寅 | 四 | 一 | 25 | 6/28 | 庚申 | 六 | 四 | 25 | 5/30 | 辛卯 | 8 | 4 | 25 | 4/30 | 辛酉 | 8 | 1 | 25 | 3/31 | 辛卯 | 6 | 7 | 25 | 3/1 | 辛酉 | 3 | 4 |
| 26 | 7/29 | 辛卯 | 四 | 九 | 26 | 6/29 | 辛酉 | 六 | 三 | 26 | 5/31 | 壬辰 | 8 | 5 | 26 | 5/1 | 壬戌 | 8 | 2 | 26 | 4/1 | 壬辰 | 6 | 8 | 26 | 3/2 | 壬戌 | 3 | 5 |
| 27 | 7/30 | 壬辰 | 四 | 八 | 27 | 6/30 | 壬戌 | 六 | 二 | 27 | 6/1 | 癸巳 | 8 | 6 | 27 | 5/2 | 癸亥 | 8 | 3 | 27 | 4/2 | 癸巳 | 6 | 9 | 27 | 3/3 | 癸亥 | 3 | 6 |
| 28 | 7/31 | 癸巳 | 四 | 七 | 28 | 7/1 | 癸亥 | 六 | 一 | 28 | 6/2 | 甲午 | 6 | 7 | 28 | 5/3 | 甲子 | 4 | 4 | 28 | 4/3 | 甲午 | 4 | 1 | 28 | 3/4 | 甲子 | 1 | 7 |
| 29 | 8/1 | 甲午 | 二 | 六 | 29 | 7/2 | 甲子 | 八 | 九 | 29 | 6/3 | 乙未 | 6 | 8 | 29 | 5/4 | 乙丑 | 4 | 5 | 29 | 4/4 | 乙未 | 4 | 2 | 29 | 3/5 | 乙丑 | 1 | 8 |
| | | | | | 30 | 7/3 | 乙丑 | 八 | 八 | | | | | | 30 | 5/5 | 丙寅 | 4 | 6 | 30 | 4/5 | 丙申 | 4 | 3 | 30 | 3/6 | 丙寅 | 1 | 9 |

# 西元1932年（壬申）肖猴 民國21年（女坎命）

奇門遁甲局數如標示為 一 ～九表示陰局　　如標示為1 ～9 表示陽局

| 十二月 | | | | | 十一月 | | | | | 十　月 | | | | | 九　月 | | | | | 八　月 | | | | | 七　月 | | | | |
|---|---|---|---|---|---|---|---|---|---|---|---|---|---|---|---|---|---|---|---|---|---|---|---|---|---|---|---|---|---|
| 癸丑 | | | | | 壬子 | | | | | 辛亥 | | | | | 庚戌 | | | | | 己酉 | | | | | 戊申 | | | | |
| 九紫火 | | | | | 一白水 | | | | | 二黑土 | | | | | 三碧木 | | | | | 四綠木 | | | | | 五黃土 | | | | |
| 大寒 19時53分 廿五戌時 | | 小寒 02時24分 十一丑時 | 奇門遁甲局數 | | 冬至 09時15分 廿五巳時 | | 大雪 15時19分 初十申時 | 奇門遁甲局數 | | 小雪 20時11分 廿五戌時 | | 立冬 22時50分 初十亥時 | 奇門遁甲局數 | | 霜降 23時04分 廿四子時 | | 寒露 20時10分 初九戌時 | 奇門遁甲局數 | | 秋分 14時16分 廿三未時 | | 白露 05時03分 初八卯時 | 奇門遁甲局數 | | 處暑 17時06分 廿二酉時 | | 立秋 02時32分 初七丑時 | 奇門遁甲局數 | |
| 農曆 | 國曆 | 干支 | 時盤 | 日盤 | 農曆 | 國曆 | 干支 | 時盤 | 日盤 | 農曆 | 國曆 | 干支 | 時盤 | 日盤 | 農曆 | 國曆 | 干支 | 時盤 | 日盤 | 農曆 | 國曆 | 干支 | 時盤 | 日盤 | 農曆 | 國曆 | 干支 | 時盤 | 日盤 |
| 1 | 12/27 | 壬戌 | 一 | 8 | 1 | 11/28 | 癸巳 | 二 | 四 | 1 | 10/29 | 癸亥 | 二 | 七 | 1 | 9/30 | 甲午 | 六 | 九 | 1 | 9/1 | 乙丑 | 九 | 二 | 1 | 8/2 | 乙未 | 二 | 五 |
| 2 | 12/28 | 癸亥 | 一 | 9 | 2 | 11/29 | 甲午 | 四 | 三 | 2 | 10/30 | 甲子 | 六 | 六 | 2 | 10/1 | 乙未 | 六 | 八 | 2 | 9/2 | 丙寅 | 九 | 一 | 2 | 8/3 | 丙申 | 二 | 四 |
| 3 | 12/29 | 甲子 | 1 | 1 | 3 | 11/30 | 乙未 | 四 | 二 | 3 | 10/31 | 乙丑 | 六 | 五 | 3 | 10/2 | 丙申 | 六 | 七 | 3 | 9/3 | 丁卯 | 九 | 九 | 3 | 8/4 | 丁酉 | 二 | 三 |
| 4 | 12/30 | 乙丑 | 1 | 2 | 4 | 12/1 | 丙申 | 四 | 一 | 4 | 11/1 | 丙寅 | 六 | 四 | 4 | 10/3 | 丁酉 | 六 | 六 | 4 | 9/4 | 戊辰 | 九 | 八 | 4 | 8/5 | 戊戌 | 二 | 二 |
| 5 | 12/31 | 丙寅 | 1 | 3 | 5 | 12/2 | 丁酉 | 四 | 九 | 5 | 11/2 | 丁卯 | 六 | 三 | 5 | 10/4 | 戊戌 | 六 | 五 | 5 | 9/5 | 己巳 | 三 | 七 | 5 | 8/6 | 己亥 | 五 | 一 |
| 6 | 1/1 | 丁卯 | 1 | 4 | 6 | 12/3 | 戊戌 | 四 | 八 | 6 | 11/3 | 戊辰 | 六 | 二 | 6 | 10/5 | 己亥 | 九 | 四 | 6 | 9/6 | 庚午 | 三 | 六 | 6 | 8/7 | 庚子 | 五 | 九 |
| 7 | 1/2 | 戊辰 | 1 | 5 | 7 | 12/4 | 己亥 | 七 | 七 | 7 | 11/4 | 己巳 | 九 | 一 | 7 | 10/6 | 庚子 | 九 | 三 | 7 | 9/7 | 辛未 | 三 | 五 | 7 | 8/8 | 辛丑 | 五 | 八 |
| 8 | 1/3 | 己巳 | 7 | 6 | 8 | 12/5 | 庚子 | 七 | 六 | 8 | 11/5 | 庚午 | 九 | 九 | 8 | 10/7 | 辛丑 | 九 | 二 | 8 | 9/8 | 壬申 | 三 | 四 | 8 | 8/9 | 壬寅 | 五 | 七 |
| 9 | 1/4 | 庚午 | 7 | 7 | 9 | 12/6 | 辛丑 | 七 | 五 | 9 | 11/6 | 辛未 | 九 | 八 | 9 | 10/8 | 壬寅 | 九 | 一 | 9 | 9/9 | 癸酉 | 三 | 三 | 9 | 8/10 | 癸卯 | 五 | 六 |
| 10 | 1/5 | 辛未 | 7 | 8 | 10 | 12/7 | 壬寅 | 七 | 四 | 10 | 11/7 | 壬申 | 九 | 七 | 10 | 10/9 | 癸卯 | 九 | 九 | 10 | 9/10 | 甲戌 | 六 | 二 | 10 | 8/11 | 甲辰 | 八 | 五 |
| 11 | 1/6 | 壬申 | 7 | 9 | 11 | 12/8 | 癸卯 | 七 | 三 | 11 | 11/8 | 癸酉 | 九 | 六 | 11 | 10/10 | 甲辰 | 三 | 八 | 11 | 9/11 | 乙亥 | 六 | 一 | 11 | 8/12 | 乙巳 | 八 | 四 |
| 12 | 1/7 | 癸酉 | 7 | 1 | 12 | 12/9 | 甲辰 | 一 | 二 | 12 | 11/9 | 甲戌 | 三 | 五 | 12 | 10/11 | 乙巳 | 三 | 七 | 12 | 9/12 | 丙子 | 六 | 九 | 12 | 8/13 | 丙午 | 八 | 三 |
| 13 | 1/8 | 甲戌 | 4 | 2 | 13 | 12/10 | 乙巳 | 一 | 一 | 13 | 11/10 | 乙亥 | 三 | 四 | 13 | 10/12 | 丙午 | 三 | 六 | 13 | 9/13 | 丁丑 | 六 | 八 | 13 | 8/14 | 丁未 | 八 | 二 |
| 14 | 1/9 | 乙亥 | 4 | 3 | 14 | 12/11 | 丙午 | 一 | 九 | 14 | 11/11 | 丙子 | 三 | 三 | 14 | 10/13 | 丁未 | 三 | 五 | 14 | 9/14 | 戊寅 | 六 | 七 | 14 | 8/15 | 戊申 | 八 | 一 |
| 15 | 1/10 | 丙子 | 4 | 4 | 15 | 12/12 | 丁未 | 一 | 八 | 15 | 11/12 | 丁丑 | 三 | 二 | 15 | 10/14 | 戊申 | 三 | 四 | 15 | 9/15 | 己卯 | 七 | 六 | 15 | 8/16 | 己酉 | 一 | 九 |
| 16 | 1/11 | 丁丑 | 4 | 5 | 16 | 12/13 | 戊申 | 一 | 七 | 16 | 11/13 | 戊寅 | 三 | 一 | 16 | 10/15 | 己酉 | 五 | 三 | 16 | 9/16 | 庚辰 | 七 | 五 | 16 | 8/17 | 庚戌 | 一 | 八 |
| 17 | 1/12 | 戊寅 | 4 | 6 | 17 | 12/14 | 己酉 | 四 | 六 | 17 | 11/14 | 己卯 | 五 | 九 | 17 | 10/16 | 庚戌 | 五 | 二 | 17 | 9/17 | 辛巳 | 七 | 四 | 17 | 8/18 | 辛亥 | 一 | 七 |
| 18 | 1/13 | 己卯 | 2 | 7 | 18 | 12/15 | 庚戌 | 四 | 五 | 18 | 11/15 | 庚辰 | 五 | 八 | 18 | 10/17 | 辛亥 | 五 | 一 | 18 | 9/18 | 壬午 | 七 | 三 | 18 | 8/19 | 壬子 | 一 | 六 |
| 19 | 1/14 | 庚辰 | 2 | 8 | 19 | 12/16 | 辛亥 | 四 | 四 | 19 | 11/16 | 辛巳 | 五 | 七 | 19 | 10/18 | 壬子 | 五 | 九 | 19 | 9/19 | 癸未 | 七 | 二 | 19 | 8/20 | 癸丑 | 一 | 五 |
| 20 | 1/15 | 辛巳 | 2 | 9 | 20 | 12/17 | 壬子 | 四 | 三 | 20 | 11/17 | 壬午 | 五 | 六 | 20 | 10/19 | 癸丑 | 五 | 八 | 20 | 9/20 | 甲申 | 一 | 一 | 20 | 8/21 | 甲寅 | 四 | 四 |
| 21 | 1/16 | 壬午 | 2 | 1 | 21 | 12/18 | 癸丑 | 四 | 二 | 21 | 11/18 | 癸未 | 五 | 五 | 21 | 10/20 | 甲寅 | 八 | 七 | 21 | 9/21 | 乙酉 | 一 | 九 | 21 | 8/22 | 乙卯 | 四 | 三 |
| 22 | 1/17 | 癸未 | 2 | 2 | 22 | 12/19 | 甲寅 | 七 | 一 | 22 | 11/19 | 甲申 | 八 | 四 | 22 | 10/21 | 乙卯 | 八 | 六 | 22 | 9/22 | 丙戌 | 一 | 八 | 22 | 8/23 | 丙辰 | 四 | 二 |
| 23 | 1/18 | 甲申 | 8 | 3 | 23 | 12/20 | 乙卯 | 七 | 九 | 23 | 11/20 | 乙酉 | 八 | 三 | 23 | 10/22 | 丙辰 | 八 | 五 | 23 | 9/23 | 丁亥 | 一 | 七 | 23 | 8/24 | 丁巳 | 四 | 一 |
| 24 | 1/19 | 乙酉 | 8 | 4 | 24 | 12/21 | 丙辰 | 七 | 八 | 24 | 11/21 | 丙戌 | 八 | 二 | 24 | 10/23 | 丁巳 | 八 | 四 | 24 | 9/24 | 戊子 | 一 | 六 | 24 | 8/25 | 戊午 | 四 | 九 |
| 25 | 1/20 | 丙戌 | 8 | 5 | 25 | 12/22 | 丁巳 | 七 | 3 | 25 | 11/22 | 丁亥 | 八 | 一 | 25 | 10/24 | 戊午 | 八 | 三 | 25 | 9/25 | 己丑 | 四 | 五 | 25 | 8/26 | 己未 | 七 | 八 |
| 26 | 1/21 | 丁亥 | 8 | 6 | 26 | 12/23 | 戊午 | 七 | 4 | 26 | 11/23 | 戊子 | 八 | 九 | 26 | 10/25 | 己未 | 二 | 二 | 26 | 9/26 | 庚寅 | 四 | 四 | 26 | 8/27 | 庚申 | 七 | 七 |
| 27 | 1/22 | 戊子 | 8 | 7 | 27 | 12/24 | 己未 | 一 | 5 | 27 | 11/24 | 己丑 | 二 | 八 | 27 | 10/26 | 庚申 | 二 | 一 | 27 | 9/27 | 辛卯 | 四 | 三 | 27 | 8/28 | 辛酉 | 七 | 六 |
| 28 | 1/23 | 己丑 | 5 | 8 | 28 | 12/25 | 庚申 | 一 | 6 | 28 | 11/25 | 庚寅 | 二 | 七 | 28 | 10/27 | 辛酉 | 二 | 九 | 28 | 9/28 | 壬辰 | 四 | 二 | 28 | 8/29 | 壬戌 | 七 | 五 |
| 29 | 1/24 | 庚寅 | 5 | 9 | 29 | 12/26 | 辛酉 | 一 | 7 | 29 | 11/26 | 辛卯 | 二 | 六 | 29 | 10/28 | 壬戌 | 二 | 八 | 29 | 9/29 | 癸巳 | 四 | 一 | 29 | 8/30 | 癸亥 | 七 | 四 |
| 30 | 1/25 | 辛卯 | 5 | 1 | | | | | | 30 | 11/27 | 壬辰 | 二 | 五 | | | | | | | | | | | 30 | 8/31 | 甲子 | 九 | 三 |

# 西元1933年（癸酉）肖雞 民國22年（男巽命）

奇門遁甲局數如標示為 一 ～九表示陰局　　如標示為1 ～9 表示陽局

| 六月 | | | | | 潤五月 | | | | | 五月 | | | | | 四月 | | | | | 三月 | | | | | 二月 | | | | | 正月 | | | | |
|---|---|---|---|---|---|---|---|---|---|---|---|---|---|---|---|---|---|---|---|---|---|---|---|---|---|---|---|---|---|---|---|---|---|---|
| 己未 | | | | | 己未 | | | | | 戊午 | | | | | 丁巳 | | | | | 丙辰 | | | | | 乙卯 | | | | | 甲寅 | | | | |
| 三碧木 | | | | | | | | | | 四綠木 | | | | | 五黃土 | | | | | 六白金 | | | | | 七赤金 | | | | | 八白土 | | | | |
| 立秋 08時26分 十七辰時 | | 大暑 16時06分 初一申時 | 奇門遁甲局數 | | 小暑 22時45分 十五亥時 | | | 奇門遁甲局數 | | 夏至 05時12分 三十卯時 | | 芒種 12時18分 十四午時 | 奇門遁甲局數 | | 小滿 20時57分 廿七戌時 | | 立夏 07時42分 十二辰時 | 奇門遁甲局數 | | 穀雨 21時19分 廿六亥時 | | 清明 13時51分 十一未時 | 奇門遁甲局數 | | 春分 09時44分 廿六巳時 | | 驚蟄 08時32分 十一辰時 | 奇門遁甲局數 | | 雨水 10時17分 廿五巳時 | | 立春 14時10分 初十未時 | 奇門遁甲局數 | |
| 農曆 | 國曆 | 干支 | 時盤 | 日盤 | 農曆 | 國曆 | 干支 | 時盤 | 日盤 | 農曆 | 國曆 | 干支 | 時盤 | 日盤 | 農曆 | 國曆 | 干支 | 時盤 | 日盤 | 農曆 | 國曆 | 干支 | 時盤 | 日盤 | 農曆 | 國曆 | 干支 | 時盤 | 日盤 | 農曆 | 國曆 | 干支 | 時盤 | 日盤 |
| 1 | 7/22 | 己丑 | 五 | 二 | 1 | 6/23 | 庚申 | 9 | 四 | 1 | 5/24 | 庚寅 | 7 | 3 | 1 | 4/25 | 辛酉 | 7 | 1 | 1 | 3/26 | 辛卯 | 4 | 7 | 1 | 2/24 | 辛酉 | 2 | 4 | 1 | 1/26 | 壬辰 | 5 | 2 |
| 2 | 7/23 | 庚寅 | 五 | 一 | 2 | 6/24 | 辛酉 | 9 | 三 | 2 | 5/25 | 辛卯 | 7 | 4 | 2 | 4/26 | 壬戌 | 7 | 2 | 2 | 3/27 | 壬辰 | 4 | 8 | 2 | 2/25 | 壬戌 | 2 | 5 | 2 | 1/27 | 癸巳 | 5 | 3 |
| 3 | 7/24 | 辛卯 | 五 | 九 | 3 | 6/25 | 壬戌 | 9 | 二 | 3 | 5/26 | 壬辰 | 7 | 5 | 3 | 4/27 | 癸亥 | 7 | 3 | 3 | 3/28 | 癸巳 | 4 | 9 | 3 | 2/26 | 癸亥 | 2 | 6 | 3 | 1/28 | 甲午 | 3 | 4 |
| 4 | 7/25 | 壬辰 | 五 | 八 | 4 | 6/26 | 癸亥 | 9 | 一 | 4 | 5/27 | 癸巳 | 7 | 6 | 4 | 4/28 | 甲子 | 5 | 4 | 4 | 3/29 | 甲午 | 3 | 1 | 4 | 2/27 | 甲子 | 9 | 7 | 4 | 1/29 | 乙未 | 3 | 5 |
| 5 | 7/26 | 癸巳 | 五 | 七 | 5 | 6/27 | 甲子 | 九 | 九 | 5 | 5/28 | 甲午 | 5 | 7 | 5 | 4/29 | 乙丑 | 5 | 5 | 5 | 3/30 | 乙未 | 3 | 2 | 5 | 2/28 | 乙丑 | 9 | 8 | 5 | 1/30 | 丙申 | 3 | 6 |
| 6 | 7/27 | 甲午 | 七 | 六 | 6 | 6/28 | 乙丑 | 九 | 八 | 6 | 5/29 | 乙未 | 5 | 8 | 6 | 4/30 | 丙寅 | 5 | 6 | 6 | 3/31 | 丙申 | 3 | 3 | 6 | 3/1 | 丙寅 | 9 | 9 | 6 | 1/31 | 丁酉 | 3 | 7 |
| 7 | 7/28 | 乙未 | 七 | 五 | 7 | 6/29 | 丙寅 | 九 | 七 | 7 | 5/30 | 丙申 | 5 | 9 | 7 | 5/1 | 丁卯 | 5 | 7 | 7 | 4/1 | 丁酉 | 3 | 4 | 7 | 3/2 | 丁卯 | 9 | 1 | 7 | 2/1 | 戊戌 | 3 | 8 |
| 8 | 7/29 | 丙申 | 七 | 四 | 8 | 6/30 | 丁卯 | 九 | 六 | 8 | 5/31 | 丁酉 | 5 | 1 | 8 | 5/2 | 戊辰 | 5 | 8 | 8 | 4/2 | 戊戌 | 3 | 5 | 8 | 3/3 | 戊辰 | 9 | 2 | 8 | 2/2 | 己亥 | 9 | 9 |
| 9 | 7/30 | 丁酉 | 七 | 三 | 9 | 7/1 | 戊辰 | 九 | 五 | 9 | 6/1 | 戊戌 | 5 | 2 | 9 | 5/3 | 己巳 | 2 | 9 | 9 | 4/3 | 己亥 | 9 | 6 | 9 | 3/4 | 己巳 | 6 | 3 | 9 | 2/3 | 庚子 | 9 | 1 |
| 10 | 7/31 | 戊戌 | 七 | 二 | 10 | 7/2 | 己巳 | 三 | 四 | 10 | 6/2 | 己亥 | 2 | 3 | 10 | 5/4 | 庚午 | 2 | 1 | 10 | 4/4 | 庚子 | 9 | 7 | 10 | 3/5 | 庚午 | 6 | 4 | 10 | 2/4 | 辛丑 | 9 | 2 |
| 11 | 8/1 | 己亥 | 一 | 一 | 11 | 7/3 | 庚午 | 三 | 三 | 11 | 6/3 | 庚子 | 2 | 4 | 11 | 5/5 | 辛未 | 2 | 2 | 11 | 4/5 | 辛丑 | 9 | 8 | 11 | 3/6 | 辛未 | 6 | 5 | 11 | 2/5 | 壬寅 | 9 | 3 |
| 12 | 8/2 | 庚子 | 一 | 九 | 12 | 7/4 | 辛未 | 三 | 二 | 12 | 6/4 | 辛丑 | 2 | 5 | 12 | 5/6 | 壬申 | 2 | 3 | 12 | 4/6 | 壬寅 | 9 | 9 | 12 | 3/7 | 壬申 | 6 | 6 | 12 | 2/6 | 癸卯 | 9 | 4 |
| 13 | 8/3 | 辛丑 | 一 | 八 | 13 | 7/5 | 壬申 | 三 | 一 | 13 | 6/5 | 壬寅 | 2 | 6 | 13 | 5/7 | 癸酉 | 2 | 4 | 13 | 4/7 | 癸卯 | 9 | 1 | 13 | 3/8 | 癸酉 | 6 | 7 | 13 | 2/7 | 甲辰 | 6 | 5 |
| 14 | 8/4 | 壬寅 | 一 | 七 | 14 | 7/6 | 癸酉 | 三 | 九 | 14 | 6/6 | 癸卯 | 2 | 7 | 14 | 5/8 | 甲戌 | 8 | 5 | 14 | 4/8 | 甲辰 | 6 | 2 | 14 | 3/9 | 甲戌 | 3 | 8 | 14 | 2/8 | 乙巳 | 6 | 6 |
| 15 | 8/5 | 癸卯 | 一 | 六 | 15 | 7/7 | 甲戌 | 六 | 八 | 15 | 6/7 | 甲辰 | 8 | 8 | 15 | 5/9 | 乙亥 | 8 | 6 | 15 | 4/9 | 乙巳 | 6 | 3 | 15 | 3/10 | 乙亥 | 3 | 9 | 15 | 2/9 | 丙午 | 6 | 7 |
| 16 | 8/6 | 甲辰 | 四 | 五 | 16 | 7/8 | 乙亥 | 六 | 七 | 16 | 6/8 | 乙巳 | 8 | 9 | 16 | 5/10 | 丙子 | 8 | 7 | 16 | 4/10 | 丙午 | 6 | 4 | 16 | 3/11 | 丙子 | 3 | 1 | 16 | 2/10 | 丁未 | 6 | 8 |
| 17 | 8/7 | 乙巳 | 四 | 四 | 17 | 7/9 | 丙子 | 六 | 六 | 17 | 6/9 | 丙午 | 8 | 1 | 17 | 5/11 | 丁丑 | 8 | 8 | 17 | 4/11 | 丁未 | 6 | 5 | 17 | 3/12 | 丁丑 | 3 | 2 | 17 | 2/11 | 戊申 | 6 | 9 |
| 18 | 8/8 | 丙午 | 四 | 三 | 18 | 7/10 | 丁丑 | 六 | 五 | 18 | 6/10 | 丁未 | 8 | 2 | 18 | 5/12 | 戊寅 | 8 | 9 | 18 | 4/12 | 戊申 | 6 | 6 | 18 | 3/13 | 戊寅 | 3 | 3 | 18 | 2/12 | 己酉 | 8 | 1 |
| 19 | 8/9 | 丁未 | 四 | 二 | 19 | 7/11 | 戊寅 | 六 | 四 | 19 | 6/11 | 戊申 | 8 | 3 | 19 | 5/13 | 己卯 | 4 | 1 | 19 | 4/13 | 己酉 | 4 | 7 | 19 | 3/14 | 己卯 | 1 | 4 | 19 | 2/13 | 庚戌 | 8 | 2 |
| 20 | 8/10 | 戊申 | 四 | 一 | 20 | 7/12 | 己卯 | 八 | 三 | 20 | 6/12 | 己酉 | 6 | 4 | 20 | 5/14 | 庚辰 | 4 | 2 | 20 | 4/14 | 庚戌 | 4 | 8 | 20 | 3/15 | 庚辰 | 1 | 5 | 20 | 2/14 | 辛亥 | 8 | 3 |
| 21 | 8/11 | 己酉 | 二 | 九 | 21 | 7/13 | 庚辰 | 八 | 二 | 21 | 6/13 | 庚戌 | 6 | 5 | 21 | 5/15 | 辛巳 | 4 | 3 | 21 | 4/15 | 辛亥 | 4 | 9 | 21 | 3/16 | 辛巳 | 1 | 6 | 21 | 2/15 | 壬子 | 8 | 4 |
| 22 | 8/12 | 庚戌 | 二 | 八 | 22 | 7/14 | 辛巳 | 八 | 一 | 22 | 6/14 | 辛亥 | 6 | 6 | 22 | 5/16 | 壬午 | 4 | 4 | 22 | 4/16 | 壬子 | 4 | 1 | 22 | 3/17 | 壬午 | 1 | 7 | 22 | 2/16 | 癸丑 | 8 | 5 |
| 23 | 8/13 | 辛亥 | 二 | 七 | 23 | 7/15 | 壬午 | 八 | 九 | 23 | 6/15 | 壬子 | 6 | 7 | 23 | 5/17 | 癸未 | 4 | 5 | 23 | 4/17 | 癸丑 | 4 | 2 | 23 | 3/18 | 癸未 | 1 | 8 | 23 | 2/17 | 甲寅 | 5 | 6 |
| 24 | 8/14 | 壬子 | 二 | 六 | 24 | 7/16 | 癸未 | 八 | 八 | 24 | 6/16 | 癸丑 | 6 | 8 | 24 | 5/18 | 甲申 | 1 | 6 | 24 | 4/18 | 甲寅 | 1 | 3 | 24 | 3/19 | 甲申 | 7 | 9 | 24 | 2/18 | 乙卯 | 5 | 7 |
| 25 | 8/15 | 癸丑 | 二 | 五 | 25 | 7/17 | 甲申 | 二 | 七 | 25 | 6/17 | 甲寅 | 3 | 9 | 25 | 5/19 | 乙酉 | 1 | 7 | 25 | 4/19 | 乙卯 | 1 | 4 | 25 | 3/20 | 乙酉 | 7 | 1 | 25 | 2/19 | 丙辰 | 5 | 8 |
| 26 | 8/16 | 甲寅 | 五 | 四 | 26 | 7/18 | 乙酉 | 二 | 六 | 26 | 6/18 | 乙卯 | 3 | 1 | 26 | 5/20 | 丙戌 | 1 | 8 | 26 | 4/20 | 丙辰 | 1 | 5 | 26 | 3/21 | 丙戌 | 7 | 2 | 26 | 2/20 | 丁巳 | 5 | 9 |
| 27 | 8/17 | 乙卯 | 五 | 三 | 27 | 7/19 | 丙戌 | 二 | 五 | 27 | 6/19 | 丙辰 | 3 | 2 | 27 | 5/21 | 丁亥 | 1 | 9 | 27 | 4/21 | 丁巳 | 1 | 6 | 27 | 3/22 | 丁亥 | 7 | 3 | 27 | 2/21 | 戊午 | 5 | 1 |
| 28 | 8/18 | 丙辰 | 五 | 二 | 28 | 7/20 | 丁亥 | 二 | 四 | 28 | 6/20 | 丁巳 | 3 | 3 | 28 | 5/22 | 戊子 | 1 | 1 | 28 | 4/22 | 戊午 | 1 | 7 | 28 | 3/23 | 戊子 | 7 | 4 | 28 | 2/22 | 己未 | 2 | 2 |
| 29 | 8/19 | 丁巳 | 五 | 一 | 29 | 7/21 | 戊子 | 二 | 三 | 29 | 6/21 | 戊午 | 3 | 4 | 29 | 5/23 | 己丑 | 7 | 2 | 29 | 4/23 | 己未 | 7 | 8 | 29 | 3/24 | 己丑 | 4 | 5 | 29 | 2/23 | 庚申 | 2 | 3 |
| 30 | 8/20 | 戊午 | 五 | 九 | | | | | | 30 | 6/22 | 己未 | 9 | 五 | | | | | | 30 | 4/24 | 庚申 | 7 | 9 | 30 | 3/25 | 庚寅 | 4 | 6 | | | | | |

# 西元1933年（癸酉）肖雞 民國22年（女坤命）

奇門遁甲局數如標示為 一 ～九表示陰局　　如標示為1 ～9 表示陽局

| 十二月 | | | | | 十一月 | | | | | 十　月 | | | | | 九　月 | | | | | 八　月 | | | | | 七　月 | | | | |
|---|---|---|---|---|---|---|---|---|---|---|---|---|---|---|---|---|---|---|---|---|---|---|---|---|---|---|---|---|---|
| 乙丑 | | | | | 甲子 | | | | | 癸亥 | | | | | 壬戌 | | | | | 辛酉 | | | | | 庚申 | | | | |
| 六白金 | | | | | 七赤金 | | | | | 八白土 | | | | | 九紫火 | | | | | 一白水 | | | | | 二黑土 | | | | |
| 立春 20時04分 廿一戌時 | | 大寒 01時37分 初七丑時 | 奇門遁甲局數 | | 小寒 08時17分 廿一辰時 | | 冬至 14時58分 初六未時 | 奇門遁甲局數 | | 大雪 21時12分 二十亥時 | | 小雪 01時55分 初六丑時 | 奇門遁甲局數 | | 立冬 04時44分 廿一寅時 | | 霜降 04時49分 初六寅時 | 奇門遁甲局數 | | 寒露 02時05分 二十丑時 | | 秋分 20時01分 初四戌時 | 奇門遁甲局數 | | 白露 10時58分 十九巳時 | | 處暑 22時53分 初三亥時 | 奇門遁甲局數 | |
| 農曆 | 國曆 | 干支 | 時盤 | 日盤 | 農曆 | 國曆 | 干支 | 時盤 | 日盤 | 農曆 | 國曆 | 干支 | 時盤 | 日盤 | 農曆 | 國曆 | 干支 | 時盤 | 日盤 | 農曆 | 國曆 | 干支 | 時盤 | 日盤 | 農曆 | 國曆 | 干支 | 時盤 | 日盤 |
| 1 | 1/15 | 丙戌 | 8 | 5 | 1 | 12/17 | 丁巳 | 七 | 七 | 1 | 11/18 | 戊子 | 九 | 九 | 1 | 10/19 | 戊午 | 九 | 三 | 1 | 9/20 | 己丑 | 六 | 五 | 1 | 8/21 | 己未 | 八 | 八 |
| 2 | 1/16 | 丁亥 | 8 | 6 | 2 | 12/18 | 戊午 | 七 | 六 | 2 | 11/19 | 己丑 | 三 | 八 | 2 | 10/20 | 己未 | 三 | 二 | 2 | 9/21 | 庚寅 | 六 | 四 | 2 | 8/22 | 庚申 | 八 | 七 |
| 3 | 1/17 | 戊子 | 8 | 7 | 3 | 12/19 | 己未 | 一 | 五 | 3 | 11/20 | 庚寅 | 三 | 七 | 3 | 10/21 | 庚申 | 三 | 一 | 3 | 9/22 | 辛卯 | 六 | 三 | 3 | 8/23 | 辛酉 | 八 | 六 |
| 4 | 1/18 | 己丑 | 5 | 8 | 4 | 12/20 | 庚申 | 一 | 四 | 4 | 11/21 | 辛卯 | 三 | 六 | 4 | 10/22 | 辛酉 | 三 | 九 | 4 | 9/23 | 壬辰 | 六 | 二 | 4 | 8/24 | 壬戌 | 八 | 五 |
| 5 | 1/19 | 庚寅 | 5 | 9 | 5 | 12/21 | 辛酉 | 一 | 三 | 5 | 11/22 | 壬辰 | 三 | 五 | 5 | 10/23 | 壬戌 | 三 | 八 | 5 | 9/24 | 癸巳 | 六 | 一 | 5 | 8/25 | 癸亥 | 八 | 四 |
| 6 | 1/20 | 辛卯 | 5 | 1 | 6 | 12/22 | 壬戌 | 一 | 8 | 6 | 11/23 | 癸巳 | 三 | 四 | 6 | 10/24 | 癸亥 | 三 | 七 | 6 | 9/25 | 甲午 | 七 | 九 | 6 | 8/26 | 甲子 | 一 | 三 |
| 7 | 1/21 | 壬辰 | 5 | 2 | 7 | 12/23 | 癸亥 | 一 | 9 | 7 | 11/24 | 甲午 | 五 | 三 | 7 | 10/25 | 甲子 | 五 | 六 | 7 | 9/26 | 乙未 | 七 | 八 | 7 | 8/27 | 乙丑 | 一 | 二 |
| 8 | 1/22 | 癸巳 | 5 | 3 | 8 | 12/24 | 甲子 | 1 | 1 | 8 | 11/25 | 乙未 | 五 | 二 | 8 | 10/26 | 乙丑 | 五 | 五 | 8 | 9/27 | 丙申 | 七 | 七 | 8 | 8/28 | 丙寅 | 一 | 一 |
| 9 | 1/23 | 甲午 | 3 | 4 | 9 | 12/25 | 乙丑 | 1 | 2 | 9 | 11/26 | 丙申 | 五 | 一 | 9 | 10/27 | 丙寅 | 五 | 四 | 9 | 9/28 | 丁酉 | 七 | 六 | 9 | 8/29 | 丁卯 | 一 | 九 |
| 10 | 1/24 | 乙未 | 3 | 5 | 10 | 12/26 | 丙寅 | 1 | 3 | 10 | 11/27 | 丁酉 | 五 | 九 | 10 | 10/28 | 丁卯 | 五 | 三 | 10 | 9/29 | 戊戌 | 七 | 五 | 10 | 8/30 | 戊辰 | 一 | 八 |
| 11 | 1/25 | 丙申 | 3 | 6 | 11 | 12/27 | 丁卯 | 1 | 4 | 11 | 11/28 | 戊戌 | 五 | 八 | 11 | 10/29 | 戊辰 | 五 | 二 | 11 | 9/30 | 己亥 | 一 | 四 | 11 | 8/31 | 己巳 | 四 | 七 |
| 12 | 1/26 | 丁酉 | 3 | 7 | 12 | 12/28 | 戊辰 | 1 | 5 | 12 | 11/29 | 己亥 | 八 | 七 | 12 | 10/30 | 己巳 | 八 | 一 | 12 | 10/1 | 庚子 | 一 | 三 | 12 | 9/1 | 庚午 | 四 | 六 |
| 13 | 1/27 | 戊戌 | 3 | 8 | 13 | 12/29 | 己巳 | 7 | 6 | 13 | 11/30 | 庚子 | 八 | 六 | 13 | 10/31 | 庚午 | 八 | 九 | 13 | 10/2 | 辛丑 | 一 | 二 | 13 | 9/2 | 辛未 | 四 | 五 |
| 14 | 1/28 | 己亥 | 9 | 9 | 14 | 12/30 | 庚午 | 7 | 7 | 14 | 12/1 | 辛丑 | 八 | 五 | 14 | 11/1 | 辛未 | 八 | 八 | 14 | 10/3 | 壬寅 | 一 | 一 | 14 | 9/3 | 壬申 | 四 | 四 |
| 15 | 1/29 | 庚子 | 9 | 1 | 15 | 12/31 | 辛未 | 7 | 8 | 15 | 12/2 | 壬寅 | 八 | 四 | 15 | 11/2 | 壬申 | 八 | 七 | 15 | 10/4 | 癸卯 | 一 | 九 | 15 | 9/4 | 癸酉 | 四 | 三 |
| 16 | 1/30 | 辛丑 | 9 | 2 | 16 | 1/1 | 壬申 | 7 | 9 | 16 | 12/3 | 癸卯 | 八 | 三 | 16 | 11/3 | 癸酉 | 八 | 六 | 16 | 10/5 | 甲辰 | 四 | 八 | 16 | 9/5 | 甲戌 | 七 | 二 |
| 17 | 1/31 | 壬寅 | 9 | 3 | 17 | 1/2 | 癸酉 | 7 | 1 | 17 | 12/4 | 甲辰 | 二 | 二 | 17 | 11/4 | 甲戌 | 二 | 五 | 17 | 10/6 | 乙巳 | 四 | 七 | 17 | 9/6 | 乙亥 | 七 | 一 |
| 18 | 2/1 | 癸卯 | 9 | 4 | 18 | 1/3 | 甲戌 | 4 | 2 | 18 | 12/5 | 乙巳 | 二 | 一 | 18 | 11/5 | 乙亥 | 二 | 四 | 18 | 10/7 | 丙午 | 四 | 六 | 18 | 9/7 | 丙子 | 七 | 九 |
| 19 | 2/2 | 甲辰 | 6 | 5 | 19 | 1/4 | 乙亥 | 4 | 3 | 19 | 12/6 | 丙午 | 二 | 九 | 19 | 11/6 | 丙子 | 二 | 三 | 19 | 10/8 | 丁未 | 四 | 五 | 19 | 9/8 | 丁丑 | 七 | 八 |
| 20 | 2/3 | 乙巳 | 6 | 6 | 20 | 1/5 | 丙子 | 4 | 4 | 20 | 12/7 | 丁未 | 二 | 八 | 20 | 11/7 | 丁丑 | 二 | 二 | 20 | 10/9 | 戊申 | 四 | 四 | 20 | 9/9 | 戊寅 | 七 | 七 |
| 21 | 2/4 | 丙午 | 6 | 7 | 21 | 1/6 | 丁丑 | 4 | 5 | 21 | 12/8 | 戊申 | 二 | 七 | 21 | 11/8 | 戊寅 | 二 | 一 | 21 | 10/10 | 己酉 | 六 | 三 | 21 | 9/10 | 己卯 | 九 | 六 |
| 22 | 2/5 | 丁未 | 6 | 8 | 22 | 1/7 | 戊寅 | 4 | 6 | 22 | 12/9 | 己酉 | 四 | 六 | 22 | 11/9 | 己卯 | 六 | 九 | 22 | 10/11 | 庚戌 | 六 | 二 | 22 | 9/11 | 庚辰 | 九 | 五 |
| 23 | 2/6 | 戊申 | 6 | 9 | 23 | 1/8 | 己卯 | 2 | 7 | 23 | 12/10 | 庚戌 | 四 | 五 | 23 | 11/10 | 庚辰 | 六 | 八 | 23 | 10/12 | 辛亥 | 六 | 一 | 23 | 9/12 | 辛巳 | 九 | 四 |
| 24 | 2/7 | 己酉 | 8 | 1 | 24 | 1/9 | 庚辰 | 2 | 8 | 24 | 12/11 | 辛亥 | 四 | 四 | 24 | 11/11 | 辛巳 | 六 | 七 | 24 | 10/13 | 壬子 | 六 | 九 | 24 | 9/13 | 壬午 | 九 | 三 |
| 25 | 2/8 | 庚戌 | 8 | 2 | 25 | 1/10 | 辛巳 | 2 | 9 | 25 | 12/12 | 壬子 | 四 | 三 | 25 | 11/12 | 壬午 | 六 | 六 | 25 | 10/14 | 癸丑 | 六 | 八 | 25 | 9/14 | 癸未 | 九 | 二 |
| 26 | 2/9 | 辛亥 | 8 | 3 | 26 | 1/11 | 壬午 | 2 | 1 | 26 | 12/13 | 癸丑 | 四 | 二 | 26 | 11/13 | 癸未 | 六 | 五 | 26 | 10/15 | 甲寅 | 九 | 七 | 26 | 9/15 | 甲申 | 三 | 一 |
| 27 | 2/10 | 壬子 | 8 | 4 | 27 | 1/12 | 癸未 | 2 | 2 | 27 | 12/14 | 甲寅 | 七 | 一 | 27 | 11/14 | 甲申 | 九 | 四 | 27 | 10/16 | 乙卯 | 九 | 六 | 27 | 9/16 | 乙酉 | 三 | 九 |
| 28 | 2/11 | 癸丑 | 8 | 5 | 28 | 1/13 | 甲申 | 8 | 3 | 28 | 12/15 | 乙卯 | 七 | 九 | 28 | 11/15 | 乙酉 | 九 | 三 | 28 | 10/17 | 丙辰 | 九 | 五 | 28 | 9/17 | 丙戌 | 三 | 八 |
| 29 | 2/12 | 甲寅 | 5 | 6 | 29 | 1/14 | 乙酉 | 8 | 4 | 29 | 12/16 | 丙辰 | 七 | 八 | 29 | 11/16 | 丙戌 | 九 | 二 | 29 | 10/18 | 丁巳 | 九 | 四 | 29 | 9/18 | 丁亥 | 三 | 七 |
| 30 | 2/13 | 乙卯 | 5 | 7 | | | | | | | | | | | 30 | 11/17 | 丁亥 | 九 | 一 | | | | | | 30 | 9/19 | 戊子 | 三 | 六 |

# 西元1934年（甲戌）肖狗 民國23年（男震命）

奇門遁甲局數如標示為 一 ～九表示陰局　　如標示為1 ～9 表示陽局

| 六　月 | | | | | 五　月 | | | | | 四　月 | | | | | 三　月 | | | | | 二　月 | | | | | 正　月 | | | | |
|---|---|---|---|---|---|---|---|---|---|---|---|---|---|---|---|---|---|---|---|---|---|---|---|---|---|---|---|---|---|
| 辛未 | | | | | 庚午 | | | | | 己巳 | | | | | 戊辰 | | | | | 丁卯 | | | | | 丙寅 | | | | |
| 九紫火 | | | | | 一白水 | | | | | 二黑土 | | | | | 三碧木 | | | | | 四綠木 | | | | | 五黃土 | | | | |
| 立秋 14時04分 廿八未時 | | 大暑 21時44分 十二亥時 | 奇門遁甲局數 | | 小暑 04時25分 廿七寅時 | | 夏至 10時48分 十一巳時 | 奇門遁甲局數 | | 芒種 18時02分 廿五酉時 | | 小滿 02時35分 初十丑時 | 奇門遁甲局數 | | 立夏 13時31分 廿三未時 | | 穀雨 03時01分 初八寅時 | 奇門遁甲局數 | | 清明 19時44分 廿二戌時 | | 春分 15時28分 初七申時 | 奇門遁甲局數 | | 驚蟄 14時27分 廿一未時 | | 雨水 16時02分 初六申時 | 奇門遁甲局數 | |
| 農曆 | 國曆 | 干支 | 時盤 | 日盤 | 農曆 | 國曆 | 干支 | 時盤 | 日盤 | 農曆 | 國曆 | 干支 | 時盤 | 日盤 | 農曆 | 國曆 | 干支 | 時盤 | 日盤 | 農曆 | 國曆 | 干支 | 時盤 | 日盤 | 農曆 | 國曆 | 干支 | 時盤 | 日盤 |
| 1 | 7/12 | 甲申 | 二 | 七 | 1 | 6/12 | 甲寅 | 3 | 9 | 1 | 5/13 | 甲申 | 1 | 6 | 1 | 4/14 | 乙卯 | 1 | 4 | 1 | 3/15 | 乙酉 | 7 | 1 | 1 | 2/14 | 丙辰 | 5 | 8 |
| 2 | 7/13 | 乙酉 | 二 | 六 | 2 | 6/13 | 乙卯 | 3 | 1 | 2 | 5/14 | 乙酉 | 1 | 7 | 2 | 4/15 | 丙辰 | 1 | 5 | 2 | 3/16 | 丙戌 | 7 | 2 | 2 | 2/15 | 丁巳 | 5 | 9 |
| 3 | 7/14 | 丙戌 | 二 | 五 | 3 | 6/14 | 丙辰 | 3 | 2 | 3 | 5/15 | 丙戌 | 1 | 8 | 3 | 4/16 | 丁巳 | 1 | 6 | 3 | 3/17 | 丁亥 | 7 | 3 | 3 | 2/16 | 戊午 | 5 | 1 |
| 4 | 7/15 | 丁亥 | 二 | 四 | 4 | 6/15 | 丁巳 | 3 | 3 | 4 | 5/16 | 丁亥 | 1 | 9 | 4 | 4/17 | 戊午 | 1 | 7 | 4 | 3/18 | 戊子 | 7 | 4 | 4 | 2/17 | 己未 | 2 | 2 |
| 5 | 7/16 | 戊子 | 二 | 三 | 5 | 6/16 | 戊午 | 3 | 4 | 5 | 5/17 | 戊子 | 1 | 1 | 5 | 4/18 | 己未 | 7 | 8 | 5 | 3/19 | 己丑 | 4 | 5 | 5 | 2/18 | 庚申 | 2 | 3 |
| 6 | 7/17 | 己丑 | 五 | 二 | 6 | 6/17 | 己未 | 9 | 5 | 6 | 5/18 | 己丑 | 7 | 2 | 6 | 4/19 | 庚申 | 7 | 9 | 6 | 3/20 | 庚寅 | 4 | 6 | 6 | 2/19 | 辛酉 | 2 | 4 |
| 7 | 7/18 | 庚寅 | 五 | 一 | 7 | 6/18 | 庚申 | 9 | 6 | 7 | 5/19 | 庚寅 | 7 | 3 | 7 | 4/20 | 辛酉 | 7 | 1 | 7 | 3/21 | 辛卯 | 4 | 7 | 7 | 2/20 | 壬戌 | 2 | 5 |
| 8 | 7/19 | 辛卯 | 五 | 九 | 8 | 6/19 | 辛酉 | 9 | 7 | 8 | 5/20 | 辛卯 | 7 | 4 | 8 | 4/21 | 壬戌 | 7 | 2 | 8 | 3/22 | 壬辰 | 4 | 8 | 8 | 2/21 | 癸亥 | 2 | 6 |
| 9 | 7/20 | 壬辰 | 五 | 八 | 9 | 6/20 | 壬戌 | 9 | 8 | 9 | 5/21 | 壬辰 | 7 | 5 | 9 | 4/22 | 癸亥 | 7 | 3 | 9 | 3/23 | 癸巳 | 4 | 9 | 9 | 2/22 | 甲子 | 9 | 7 |
| 10 | 7/21 | 癸巳 | 五 | 七 | 10 | 6/21 | 癸亥 | 9 | 9 | 10 | 5/22 | 癸巳 | 7 | 6 | 10 | 4/23 | 甲子 | 5 | 4 | 10 | 3/24 | 甲午 | 3 | 1 | 10 | 2/23 | 乙丑 | 9 | 8 |
| 11 | 7/22 | 甲午 | 七 | 六 | 11 | 6/22 | 甲子 | 九 | 九 | 11 | 5/23 | 甲午 | 5 | 7 | 11 | 4/24 | 乙丑 | 5 | 5 | 11 | 3/25 | 乙未 | 3 | 2 | 11 | 2/24 | 丙寅 | 9 | 9 |
| 12 | 7/23 | 乙未 | 七 | 五 | 12 | 6/23 | 乙丑 | 九 | 八 | 12 | 5/24 | 乙未 | 5 | 8 | 12 | 4/25 | 丙寅 | 5 | 6 | 12 | 3/26 | 丙申 | 3 | 3 | 12 | 2/25 | 丁卯 | 9 | 1 |
| 13 | 7/24 | 丙申 | 七 | 四 | 13 | 6/24 | 丙寅 | 九 | 七 | 13 | 5/25 | 丙申 | 5 | 9 | 13 | 4/26 | 丁卯 | 5 | 7 | 13 | 3/27 | 丁酉 | 3 | 4 | 13 | 2/26 | 戊辰 | 9 | 2 |
| 14 | 7/25 | 丁酉 | 七 | 三 | 14 | 6/25 | 丁卯 | 九 | 六 | 14 | 5/26 | 丁酉 | 5 | 1 | 14 | 4/27 | 戊辰 | 5 | 8 | 14 | 3/28 | 戊戌 | 3 | 5 | 14 | 2/27 | 己巳 | 6 | 3 |
| 15 | 7/26 | 戊戌 | 七 | 二 | 15 | 6/26 | 戊辰 | 九 | 五 | 15 | 5/27 | 戊戌 | 5 | 2 | 15 | 4/28 | 己巳 | 2 | 9 | 15 | 3/29 | 己亥 | 9 | 6 | 15 | 2/28 | 庚午 | 6 | 4 |
| 16 | 7/27 | 己亥 | 一 | 一 | 16 | 6/27 | 己巳 | 三 | 四 | 16 | 5/28 | 己亥 | 2 | 3 | 16 | 4/29 | 庚午 | 2 | 1 | 16 | 3/30 | 庚子 | 9 | 7 | 16 | 3/ 1 | 辛未 | 6 | 5 |
| 17 | 7/28 | 庚子 | 一 | 九 | 17 | 6/28 | 庚午 | 三 | 三 | 17 | 5/29 | 庚子 | 2 | 4 | 17 | 4/30 | 辛未 | 2 | 2 | 17 | 3/31 | 辛丑 | 9 | 8 | 17 | 3/ 2 | 壬申 | 6 | 6 |
| 18 | 7/29 | 辛丑 | 一 | 八 | 18 | 6/29 | 辛未 | 三 | 二 | 18 | 5/30 | 辛丑 | 2 | 5 | 18 | 5/ 1 | 壬申 | 2 | 3 | 18 | 4/ 1 | 壬寅 | 9 | 9 | 18 | 3/ 3 | 癸酉 | 6 | 7 |
| 19 | 7/30 | 壬寅 | 一 | 七 | 19 | 6/30 | 壬申 | 三 | 一 | 19 | 5/31 | 壬寅 | 2 | 6 | 19 | 5/ 2 | 癸酉 | 2 | 4 | 19 | 4/ 2 | 癸卯 | 9 | 1 | 19 | 3/ 4 | 甲戌 | 3 | 8 |
| 20 | 7/31 | 癸卯 | 一 | 六 | 20 | 7/ 1 | 癸酉 | 三 | 九 | 20 | 6/ 1 | 癸卯 | 2 | 7 | 20 | 5/ 3 | 甲戌 | 8 | 5 | 20 | 4/ 3 | 甲辰 | 6 | 2 | 20 | 3/ 5 | 乙亥 | 3 | 9 |
| 21 | 8/ 1 | 甲辰 | 四 | 五 | 21 | 7/ 2 | 甲戌 | 六 | 八 | 21 | 6/ 2 | 甲辰 | 8 | 8 | 21 | 5/ 4 | 乙亥 | 8 | 6 | 21 | 4/ 4 | 乙巳 | 6 | 3 | 21 | 3/ 6 | 丙子 | 3 | 1 |
| 22 | 8/ 2 | 乙巳 | 四 | 四 | 22 | 7/ 3 | 乙亥 | 六 | 七 | 22 | 6/ 3 | 乙巳 | 8 | 9 | 22 | 5/ 5 | 丙子 | 8 | 7 | 22 | 4/ 5 | 丙午 | 6 | 4 | 22 | 3/ 7 | 丁丑 | 3 | 2 |
| 23 | 8/ 3 | 丙午 | 四 | 三 | 23 | 7/ 4 | 丙子 | 六 | 六 | 23 | 6/ 4 | 丙午 | 8 | 1 | 23 | 5/ 6 | 丁丑 | 8 | 8 | 23 | 4/ 6 | 丁未 | 6 | 5 | 23 | 3/ 8 | 戊寅 | 3 | 3 |
| 24 | 8/ 4 | 丁未 | 四 | 二 | 24 | 7/ 5 | 丁丑 | 六 | 五 | 24 | 6/ 5 | 丁未 | 8 | 2 | 24 | 5/ 7 | 戊寅 | 8 | 9 | 24 | 4/ 7 | 戊申 | 6 | 6 | 24 | 3/ 9 | 己卯 | 1 | 4 |
| 25 | 8/ 5 | 戊申 | 四 | 一 | 25 | 7/ 6 | 戊寅 | 六 | 四 | 25 | 6/ 6 | 戊申 | 8 | 3 | 25 | 5/ 8 | 己卯 | 4 | 1 | 25 | 4/ 8 | 己酉 | 4 | 7 | 25 | 3/10 | 庚辰 | 1 | 5 |
| 26 | 8/ 6 | 己酉 | 二 | 九 | 26 | 7/ 7 | 己卯 | 八 | 三 | 26 | 6/ 7 | 己酉 | 6 | 4 | 26 | 5/ 9 | 庚辰 | 4 | 2 | 26 | 4/ 9 | 庚戌 | 4 | 8 | 26 | 3/11 | 辛巳 | 1 | 6 |
| 27 | 8/ 7 | 庚戌 | 二 | 八 | 27 | 7/ 8 | 庚辰 | 八 | 二 | 27 | 6/ 8 | 庚戌 | 6 | 5 | 27 | 5/10 | 辛巳 | 4 | 3 | 27 | 4/10 | 辛亥 | 4 | 9 | 27 | 3/12 | 壬午 | 1 | 7 |
| 28 | 8/ 8 | 辛亥 | 二 | 七 | 28 | 7/ 9 | 辛巳 | 八 | 一 | 28 | 6/ 9 | 辛亥 | 6 | 6 | 28 | 5/11 | 壬午 | 4 | 4 | 28 | 4/11 | 壬子 | 4 | 1 | 28 | 3/13 | 癸未 | 1 | 8 |
| 29 | 8/ 9 | 壬子 | 二 | 六 | 29 | 7/10 | 壬午 | 八 | 九 | 29 | 6/10 | 壬子 | 6 | 7 | 29 | 5/12 | 癸未 | 4 | 5 | 29 | 4/12 | 癸丑 | 4 | 2 | 29 | 3/14 | 甲申 | 7 | 9 |
| | | | | | 30 | 7/11 | 癸未 | 八 | 八 | 30 | 6/11 | 癸丑 | 6 | 8 | | | | | | 30 | 4/13 | 甲寅 | 1 | 3 | | | | | |

# 西元1934年（甲戌）肖狗 民國23年（女震命）

奇門遁甲局數如標示為 一 ～九表示陰局　　如標示為1 ～9 表示陽局

| 十二月 | | | | | 十一月 | | | | | 十　月 | | | | | 九　月 | | | | | 八　月 | | | | | 七　月 | | | | |
|---|---|---|---|---|---|---|---|---|---|---|---|---|---|---|---|---|---|---|---|---|---|---|---|---|---|---|---|---|---|
| 丁丑 | | | | | 丙子 | | | | | 乙亥 | | | | | 甲戌 | | | | | 癸酉 | | | | | 壬申 | | | | |
| 三碧木 | | | | | 四綠木 | | | | | 五黃土 | | | | | 六白金 | | | | | 七赤金 | | | | | 八白土 | | | | |
| 大寒 07時29分 十七辰時 | | 小寒 14時03分 初二未時 | 奇門遁甲局數 | | 冬至 20時50分 十六戌時 | | 大雪 02時57分 初二丑時 | 奇門遁甲局數 | | 小雪 07時45分 十七辰時 | | 立冬 10時27分 初二巳時 | 奇門遁甲局數 | | 霜降 10時37分 十七巳時 | | 寒露 07時45分 初二辰時 | 奇門遁甲局數 | | 秋分 01時46分 十六丑時 | | | 奇門遁甲局數 | | 白露 16時37分 三十申時 | | 處暑 04時33分 十五寅時 | 奇門遁甲局數 | |
| 農曆 | 國曆 | 干支 | 時盤 | 日盤 | 農曆 | 國曆 | 干支 | 時盤 | 日盤 | 農曆 | 國曆 | 干支 | 時盤 | 日盤 | 農曆 | 國曆 | 干支 | 時盤 | 日盤 | 農曆 | 國曆 | 干支 | 時盤 | 日盤 | 農曆 | 國曆 | 干支 | 時盤 | 日盤 |
| 1 | 1/5 | 辛巳 | 2 | 9 | 1 | 12/7 | 壬子 | 四 | 三 | 1 | 11/7 | 壬午 | 六 | 六 | 1 | 10/8 | 壬子 | 六 | 九 | 1 | 9/9 | 癸未 | 九 | 二 | 1 | 8/10 | 癸丑 | 二 | 五 |
| 2 | 1/6 | 壬午 | 2 | 1 | 2 | 12/8 | 癸丑 | 四 | 二 | 2 | 11/8 | 癸未 | 六 | 五 | 2 | 10/9 | 癸丑 | 六 | 八 | 2 | 9/10 | 甲申 | 三 | 一 | 2 | 8/11 | 甲寅 | 五 | 四 |
| 3 | 1/7 | 癸未 | 2 | 2 | 3 | 12/9 | 甲寅 | 七 | 一 | 3 | 11/9 | 甲申 | 九 | 四 | 3 | 10/10 | 甲寅 | 九 | 七 | 3 | 9/11 | 乙酉 | 三 | 九 | 3 | 8/12 | 乙卯 | 五 | 三 |
| 4 | 1/8 | 甲申 | 8 | 3 | 4 | 12/10 | 乙卯 | 七 | 九 | 4 | 11/10 | 乙酉 | 九 | 三 | 4 | 10/11 | 乙卯 | 九 | 六 | 4 | 9/12 | 丙戌 | 三 | 八 | 4 | 8/13 | 丙辰 | 五 | 二 |
| 5 | 1/9 | 乙酉 | 8 | 4 | 5 | 12/11 | 丙辰 | 七 | 八 | 5 | 11/11 | 丙戌 | 九 | 二 | 5 | 10/12 | 丙辰 | 九 | 五 | 5 | 9/13 | 丁亥 | 三 | 七 | 5 | 8/14 | 丁巳 | 五 | 一 |
| 6 | 1/10 | 丙戌 | 8 | 5 | 6 | 12/12 | 丁巳 | 七 | 七 | 6 | 11/12 | 丁亥 | 九 | 一 | 6 | 10/13 | 丁巳 | 九 | 四 | 6 | 9/14 | 戊子 | 三 | 六 | 6 | 8/15 | 戊午 | 五 | 九 |
| 7 | 1/11 | 丁亥 | 8 | 6 | 7 | 12/13 | 戊午 | 七 | 六 | 7 | 11/13 | 戊子 | 九 | 九 | 7 | 10/14 | 戊午 | 九 | 三 | 7 | 9/15 | 己丑 | 六 | 五 | 7 | 8/16 | 己未 | 八 | 八 |
| 8 | 1/12 | 戊子 | 8 | 7 | 8 | 12/14 | 己未 | 一 | 五 | 8 | 11/14 | 己丑 | 三 | 八 | 8 | 10/15 | 己未 | 三 | 二 | 8 | 9/16 | 庚寅 | 六 | 四 | 8 | 8/17 | 庚申 | 八 | 七 |
| 9 | 1/13 | 己丑 | 5 | 8 | 9 | 12/15 | 庚申 | 一 | 四 | 9 | 11/15 | 庚寅 | 三 | 七 | 9 | 10/16 | 庚申 | 三 | 一 | 9 | 9/17 | 辛卯 | 六 | 三 | 9 | 8/18 | 辛酉 | 八 | 六 |
| 10 | 1/14 | 庚寅 | 5 | 9 | 10 | 12/16 | 辛酉 | 一 | 三 | 10 | 11/16 | 辛卯 | 三 | 六 | 10 | 10/17 | 辛酉 | 三 | 九 | 10 | 9/18 | 壬辰 | 六 | 二 | 10 | 8/19 | 壬戌 | 八 | 五 |
| 11 | 1/15 | 辛卯 | 5 | 1 | 11 | 12/17 | 壬戌 | 一 | 二 | 11 | 11/17 | 壬辰 | 三 | 五 | 11 | 10/18 | 壬戌 | 三 | 八 | 11 | 9/19 | 癸巳 | 六 | 一 | 11 | 8/20 | 癸亥 | 八 | 四 |
| 12 | 1/16 | 壬辰 | 5 | 2 | 12 | 12/18 | 癸亥 | 一 | 一 | 12 | 11/18 | 癸巳 | 三 | 四 | 12 | 10/19 | 癸亥 | 三 | 七 | 12 | 9/20 | 甲午 | 七 | 九 | 12 | 8/21 | 甲子 | 一 | 三 |
| 13 | 1/17 | 癸巳 | 5 | 3 | 13 | 12/19 | 甲子 | 1 | 九 | 13 | 11/19 | 甲午 | 五 | 三 | 13 | 10/20 | 甲子 | 五 | 六 | 13 | 9/21 | 乙未 | 七 | 八 | 13 | 8/22 | 乙丑 | 一 | 二 |
| 14 | 1/18 | 甲午 | 3 | 4 | 14 | 12/20 | 乙丑 | 1 | 八 | 14 | 11/20 | 乙未 | 五 | 二 | 14 | 10/21 | 乙丑 | 五 | 五 | 14 | 9/22 | 丙申 | 七 | 七 | 14 | 8/23 | 丙寅 | 一 | 一 |
| 15 | 1/19 | 乙未 | 3 | 5 | 15 | 12/21 | 丙寅 | 1 | 七 | 15 | 11/21 | 丙申 | 五 | 一 | 15 | 10/22 | 丙寅 | 五 | 四 | 15 | 9/23 | 丁酉 | 七 | 六 | 15 | 8/24 | 丁卯 | 一 | 九 |
| 16 | 1/20 | 丙申 | 3 | 6 | 16 | 12/22 | 丁卯 | 1 | 4 | 16 | 11/22 | 丁酉 | 五 | 九 | 16 | 10/23 | 丁卯 | 五 | 三 | 16 | 9/24 | 戊戌 | 七 | 五 | 16 | 8/25 | 戊辰 | 一 | 八 |
| 17 | 1/21 | 丁酉 | 3 | 7 | 17 | 12/23 | 戊辰 | 1 | 5 | 17 | 11/23 | 戊戌 | 五 | 八 | 17 | 10/24 | 戊辰 | 五 | 二 | 17 | 9/25 | 己亥 | 一 | 四 | 17 | 8/26 | 己巳 | 四 | 七 |
| 18 | 1/22 | 戊戌 | 3 | 8 | 18 | 12/24 | 己巳 | 7 | 6 | 18 | 11/24 | 己亥 | 八 | 七 | 18 | 10/25 | 己巳 | 八 | 一 | 18 | 9/26 | 庚子 | 一 | 三 | 18 | 8/27 | 庚午 | 四 | 六 |
| 19 | 1/23 | 己亥 | 9 | 9 | 19 | 12/25 | 庚午 | 7 | 7 | 19 | 11/25 | 庚子 | 八 | 六 | 19 | 10/26 | 庚午 | 八 | 九 | 19 | 9/27 | 辛丑 | 一 | 二 | 19 | 8/28 | 辛未 | 四 | 五 |
| 20 | 1/24 | 庚子 | 9 | 1 | 20 | 12/26 | 辛未 | 7 | 8 | 20 | 11/26 | 辛丑 | 八 | 五 | 20 | 10/27 | 辛未 | 八 | 八 | 20 | 9/28 | 壬寅 | 一 | 一 | 20 | 8/29 | 壬申 | 四 | 四 |
| 21 | 1/25 | 辛丑 | 9 | 2 | 21 | 12/27 | 壬申 | 7 | 9 | 21 | 11/27 | 壬寅 | 八 | 四 | 21 | 10/28 | 壬申 | 八 | 七 | 21 | 9/29 | 癸卯 | 一 | 九 | 21 | 8/30 | 癸酉 | 四 | 三 |
| 22 | 1/26 | 壬寅 | 9 | 3 | 22 | 12/28 | 癸酉 | 7 | 1 | 22 | 11/28 | 癸卯 | 八 | 三 | 22 | 10/29 | 癸酉 | 八 | 六 | 22 | 9/30 | 甲辰 | 四 | 八 | 22 | 8/31 | 甲戌 | 七 | 二 |
| 23 | 1/27 | 癸卯 | 9 | 4 | 23 | 12/29 | 甲戌 | 4 | 2 | 23 | 11/29 | 甲辰 | 二 | 二 | 23 | 10/30 | 甲戌 | 二 | 五 | 23 | 10/1 | 乙巳 | 四 | 七 | 23 | 9/1 | 乙亥 | 七 | 一 |
| 24 | 1/28 | 甲辰 | 6 | 5 | 24 | 12/30 | 乙亥 | 4 | 3 | 24 | 11/30 | 乙巳 | 二 | 一 | 24 | 10/31 | 乙亥 | 二 | 四 | 24 | 10/2 | 丙午 | 四 | 六 | 24 | 9/2 | 丙子 | 七 | 九 |
| 25 | 1/29 | 乙巳 | 6 | 6 | 25 | 12/31 | 丙子 | 4 | 4 | 25 | 12/1 | 丙午 | 二 | 九 | 25 | 11/1 | 丙子 | 二 | 三 | 25 | 10/3 | 丁未 | 四 | 五 | 25 | 9/3 | 丁丑 | 七 | 八 |
| 26 | 1/30 | 丙午 | 6 | 7 | 26 | 1/1 | 丁丑 | 4 | 5 | 26 | 12/2 | 丁未 | 二 | 八 | 26 | 11/2 | 丁丑 | 二 | 二 | 26 | 10/4 | 戊申 | 四 | 四 | 26 | 9/4 | 戊寅 | 七 | 七 |
| 27 | 1/31 | 丁未 | 6 | 8 | 27 | 1/2 | 戊寅 | 4 | 6 | 27 | 12/3 | 戊申 | 二 | 七 | 27 | 11/3 | 戊寅 | 二 | 一 | 27 | 10/5 | 己酉 | 六 | 三 | 27 | 9/5 | 己卯 | 九 | 六 |
| 28 | 2/1 | 戊申 | 6 | 9 | 28 | 1/3 | 己卯 | 2 | 7 | 28 | 12/4 | 己酉 | 四 | 六 | 28 | 11/4 | 己卯 | 六 | 九 | 28 | 10/6 | 庚戌 | 六 | 二 | 28 | 9/6 | 庚辰 | 九 | 五 |
| 29 | 2/2 | 己酉 | 8 | 1 | 29 | 1/4 | 庚辰 | 2 | 8 | 29 | 12/5 | 庚戌 | 四 | 五 | 29 | 11/5 | 庚辰 | 六 | 八 | 29 | 10/7 | 辛亥 | 六 | 一 | 29 | 9/7 | 辛巳 | 九 | 四 |
| 30 | 2/3 | 庚戌 | 8 | 2 | | | | | | 30 | 12/6 | 辛亥 | 四 | 四 | 30 | 11/6 | 辛巳 | 六 | 七 | | | | | | 30 | 9/8 | 壬午 | 九 | 三 |

# 西元1935年（乙亥）肖豬 民國24年（男坤命）

奇門遁甲局數如標示為 一 ～九表示陰局　　如標示為1 ～9 表示陽局

| 六月 | | | | | 五月 | | | | | 四月 | | | | | 三月 | | | | | 二月 | | | | | 正月 | | | | |
|---|---|---|---|---|---|---|---|---|---|---|---|---|---|---|---|---|---|---|---|---|---|---|---|---|---|---|---|---|---|
| 癸未 | | | | | 壬午 | | | | | 辛巳 | | | | | 庚辰 | | | | | 己卯 | | | | | 戊寅 | | | | |
| 六白金 | | | | | 七赤金 | | | | | 八白土 | | | | | 九紫火 | | | | | 一白水 | | | | | 二黑土 | | | | |
| 大暑 03時33分 廿四寅時 | | 小暑 10時06分 初八巳時 | 奇門遁甲局數 | | 夏至 16時38分 廿二申時 | | 芒種 23時42分 初六子時 | 奇門遁甲局數 | | 小滿 08時25分 二十辰時 | | 立夏 19時12分 初四戌時 | 奇門遁甲局數 | | 穀雨 08時50分 十九辰時 | | 清明 01時27分 初四丑時 | 奇門遁甲局數 | | 春分 21時18分 十七亥時 | | 驚蟄 20時12分 初二戌時 | 奇門遁甲局數 | | 雨水 21時52分 十六亥時 | | 立春 01時49分 初二丑時 | 奇門遁甲局數 | |
| 農曆 | 國曆 | 干支 | 時盤 | 日盤 | 農曆 | 國曆 | 干支 | 時盤 | 日盤 | 農曆 | 國曆 | 干支 | 時盤 | 日盤 | 農曆 | 國曆 | 干支 | 時盤 | 日盤 | 農曆 | 國曆 | 干支 | 時盤 | 日盤 | 農曆 | 國曆 | 干支 | 時盤 | 日盤 |
| 1 | 7/1 | 戊寅 | 六 | 四 | 1 | 6/1 | 戊申 | 8 | 3 | 1 | 5/3 | 己卯 | 4 | 1 | 1 | 4/3 | 己酉 | 4 | 7 | 1 | 3/5 | 庚辰 | 1 | 5 | 1 | 2/4 | 辛亥 | 8 | 3 |
| 2 | 7/2 | 己卯 | 八 | 三 | 2 | 6/2 | 己酉 | 6 | 4 | 2 | 5/4 | 庚辰 | 4 | 2 | 2 | 4/4 | 庚戌 | 4 | 8 | 2 | 3/6 | 辛巳 | 1 | 6 | 2 | 2/5 | 壬子 | 8 | 4 |
| 3 | 7/3 | 庚辰 | 八 | 二 | 3 | 6/3 | 庚戌 | 6 | 5 | 3 | 5/5 | 辛巳 | 4 | 3 | 3 | 4/5 | 辛亥 | 4 | 9 | 3 | 3/7 | 壬午 | 1 | 7 | 3 | 2/6 | 癸丑 | 8 | 5 |
| 4 | 7/4 | 辛巳 | 八 | 一 | 4 | 6/4 | 辛亥 | 6 | 6 | 4 | 5/6 | 壬午 | 4 | 4 | 4 | 4/6 | 壬子 | 4 | 1 | 4 | 3/8 | 癸未 | 1 | 8 | 4 | 2/7 | 甲寅 | 5 | 6 |
| 5 | 7/5 | 壬午 | 八 | 九 | 5 | 6/5 | 壬子 | 6 | 7 | 5 | 5/7 | 癸未 | 4 | 5 | 5 | 4/7 | 癸丑 | 4 | 2 | 5 | 3/9 | 甲申 | 7 | 9 | 5 | 2/8 | 乙卯 | 5 | 7 |
| 6 | 7/6 | 癸未 | 八 | 八 | 6 | 6/6 | 癸丑 | 6 | 8 | 6 | 5/8 | 甲申 | 1 | 6 | 6 | 4/8 | 甲寅 | 1 | 3 | 6 | 3/10 | 乙酉 | 7 | 1 | 6 | 2/9 | 丙辰 | 5 | 8 |
| 7 | 7/7 | 甲申 | 二 | 七 | 7 | 6/7 | 甲寅 | 3 | 9 | 7 | 5/9 | 乙酉 | 1 | 7 | 7 | 4/9 | 乙卯 | 1 | 4 | 7 | 3/11 | 丙戌 | 7 | 2 | 7 | 2/10 | 丁巳 | 5 | 9 |
| 8 | 7/8 | 乙酉 | 二 | 六 | 8 | 6/8 | 乙卯 | 3 | 1 | 8 | 5/10 | 丙戌 | 1 | 8 | 8 | 4/10 | 丙辰 | 1 | 5 | 8 | 3/12 | 丁亥 | 7 | 3 | 8 | 2/11 | 戊午 | 5 | 1 |
| 9 | 7/9 | 丙戌 | 二 | 五 | 9 | 6/9 | 丙辰 | 3 | 2 | 9 | 5/11 | 丁亥 | 1 | 9 | 9 | 4/11 | 丁巳 | 1 | 6 | 9 | 3/13 | 戊子 | 7 | 4 | 9 | 2/12 | 己未 | 2 | 2 |
| 10 | 7/10 | 丁亥 | 二 | 四 | 10 | 6/10 | 丁巳 | 3 | 3 | 10 | 5/12 | 戊子 | 1 | 1 | 10 | 4/12 | 戊午 | 1 | 7 | 10 | 3/14 | 己丑 | 4 | 5 | 10 | 2/13 | 庚申 | 2 | 3 |
| 11 | 7/11 | 戊子 | 二 | 三 | 11 | 6/11 | 戊午 | 3 | 4 | 11 | 5/13 | 己丑 | 7 | 2 | 11 | 4/13 | 己未 | 7 | 8 | 11 | 3/15 | 庚寅 | 4 | 6 | 11 | 2/14 | 辛酉 | 2 | 4 |
| 12 | 7/12 | 己丑 | 五 | 二 | 12 | 6/12 | 己未 | 9 | 5 | 12 | 5/14 | 庚寅 | 7 | 3 | 12 | 4/14 | 庚申 | 7 | 9 | 12 | 3/16 | 辛卯 | 4 | 7 | 12 | 2/15 | 壬戌 | 2 | 5 |
| 13 | 7/13 | 庚寅 | 五 | 一 | 13 | 6/13 | 庚申 | 9 | 6 | 13 | 5/15 | 辛卯 | 7 | 4 | 13 | 4/15 | 辛酉 | 7 | 1 | 13 | 3/17 | 壬辰 | 4 | 8 | 13 | 2/16 | 癸亥 | 2 | 6 |
| 14 | 7/14 | 辛卯 | 五 | 九 | 14 | 6/14 | 辛酉 | 9 | 7 | 14 | 5/16 | 壬辰 | 7 | 5 | 14 | 4/16 | 壬戌 | 7 | 2 | 14 | 3/18 | 癸巳 | 4 | 9 | 14 | 2/17 | 甲子 | 9 | 7 |
| 15 | 7/15 | 壬辰 | 五 | 八 | 15 | 6/15 | 壬戌 | 9 | 8 | 15 | 5/17 | 癸巳 | 7 | 6 | 15 | 4/17 | 癸亥 | 7 | 3 | 15 | 3/19 | 甲午 | 3 | 1 | 15 | 2/18 | 乙丑 | 9 | 8 |
| 16 | 7/16 | 癸巳 | 五 | 七 | 16 | 6/16 | 癸亥 | 9 | 9 | 16 | 5/18 | 甲午 | 5 | 7 | 16 | 4/18 | 甲子 | 5 | 4 | 16 | 3/20 | 乙未 | 3 | 2 | 16 | 2/19 | 丙寅 | 9 | 9 |
| 17 | 7/17 | 甲午 | 七 | 六 | 17 | 6/17 | 甲子 | 九 | 1 | 17 | 5/19 | 乙未 | 5 | 8 | 17 | 4/19 | 乙丑 | 5 | 5 | 17 | 3/21 | 丙申 | 3 | 3 | 17 | 2/20 | 丁卯 | 9 | 1 |
| 18 | 7/18 | 乙未 | 七 | 五 | 18 | 6/18 | 乙丑 | 九 | 2 | 18 | 5/20 | 丙申 | 5 | 9 | 18 | 4/20 | 丙寅 | 5 | 6 | 18 | 3/22 | 丁酉 | 3 | 4 | 18 | 2/21 | 戊辰 | 9 | 2 |
| 19 | 7/19 | 丙申 | 七 | 四 | 19 | 6/19 | 丙寅 | 九 | 3 | 19 | 5/21 | 丁酉 | 5 | 1 | 19 | 4/21 | 丁卯 | 5 | 7 | 19 | 3/23 | 戊戌 | 3 | 5 | 19 | 2/22 | 己巳 | 6 | 3 |
| 20 | 7/20 | 丁酉 | 七 | 三 | 20 | 6/20 | 丁卯 | 九 | 4 | 20 | 5/22 | 戊戌 | 5 | 2 | 20 | 4/22 | 戊辰 | 5 | 8 | 20 | 3/24 | 己亥 | 9 | 6 | 20 | 2/23 | 庚午 | 6 | 4 |
| 21 | 7/21 | 戊戌 | 七 | 二 | 21 | 6/21 | 戊辰 | 九 | 5 | 21 | 5/23 | 己亥 | 2 | 3 | 21 | 4/23 | 己巳 | 2 | 9 | 21 | 3/25 | 庚子 | 9 | 7 | 21 | 2/24 | 辛未 | 6 | 5 |
| 22 | 7/22 | 己亥 | 一 | 一 | 22 | 6/22 | 己巳 | 三 | 四 | 22 | 5/24 | 庚子 | 2 | 4 | 22 | 4/24 | 庚午 | 2 | 1 | 22 | 3/26 | 辛丑 | 9 | 8 | 22 | 2/25 | 壬申 | 6 | 6 |
| 23 | 7/23 | 庚子 | 一 | 九 | 23 | 6/23 | 庚午 | 三 | 三 | 23 | 5/25 | 辛丑 | 2 | 5 | 23 | 4/25 | 辛未 | 2 | 2 | 23 | 3/27 | 壬寅 | 9 | 9 | 23 | 2/26 | 癸酉 | 6 | 7 |
| 24 | 7/24 | 辛丑 | 一 | 八 | 24 | 6/24 | 辛未 | 三 | 二 | 24 | 5/26 | 壬寅 | 2 | 6 | 24 | 4/26 | 壬申 | 2 | 3 | 24 | 3/28 | 癸卯 | 9 | 1 | 24 | 2/27 | 甲戌 | 3 | 8 |
| 25 | 7/25 | 壬寅 | 一 | 七 | 25 | 6/25 | 壬申 | 三 | 一 | 25 | 5/27 | 癸卯 | 2 | 7 | 25 | 4/27 | 癸酉 | 2 | 4 | 25 | 3/29 | 甲辰 | 6 | 2 | 25 | 2/28 | 乙亥 | 3 | 9 |
| 26 | 7/26 | 癸卯 | 一 | 六 | 26 | 6/26 | 癸酉 | 三 | 九 | 26 | 5/28 | 甲辰 | 8 | 8 | 26 | 4/28 | 甲戌 | 8 | 5 | 26 | 3/30 | 乙巳 | 6 | 3 | 26 | 3/1 | 丙子 | 3 | 1 |
| 27 | 7/27 | 甲辰 | 四 | 五 | 27 | 6/27 | 甲戌 | 六 | 八 | 27 | 5/29 | 乙巳 | 8 | 9 | 27 | 4/29 | 乙亥 | 8 | 6 | 27 | 3/31 | 丙午 | 6 | 4 | 27 | 3/2 | 丁丑 | 3 | 2 |
| 28 | 7/28 | 乙巳 | 四 | 四 | 28 | 6/28 | 乙亥 | 六 | 七 | 28 | 5/30 | 丙午 | 8 | 1 | 28 | 4/30 | 丙子 | 8 | 7 | 28 | 4/1 | 丁未 | 6 | 5 | 28 | 3/3 | 戊寅 | 3 | 3 |
| 29 | 7/29 | 丙午 | 四 | 三 | 29 | 6/29 | 丙子 | 六 | 六 | 29 | 5/31 | 丁未 | 8 | 2 | 29 | 5/1 | 丁丑 | 8 | 8 | 29 | 4/2 | 戊申 | 6 | 6 | 29 | 3/4 | 己卯 | 1 | 4 |
| | | | | | 30 | 6/30 | 丁丑 | 六 | 五 | | | | | | 30 | 5/2 | 戊寅 | 8 | 9 | | | | | | | | | | |

# 西元1935年（乙亥）肖豬 民國24年（女巽命）

奇門遁甲局數如標示為 一 ～九表示陰局　　如標示為1 ～9 表示陽局

| 十二月 | | | | |
|---|---|---|---|---|
| 己丑 | | | | |
| 九紫火 | | | | |
| 大寒 13時13分 廿七未時 | | 小寒 19時47分 十二戌時 | 奇門遁甲局數 | |
| 農曆 | 國曆 | 干支 | 時盤 | 日盤 |
| 1 | 12/26 | 丙子 | 一 | 4 |
| 2 | 12/27 | 丁丑 | 一 | 5 |
| 3 | 12/28 | 戊寅 | 一 | 6 |
| 4 | 12/29 | 己卯 | 1 | 7 |
| 5 | 12/30 | 庚辰 | 1 | 8 |
| 6 | 12/31 | 辛巳 | 1 | 9 |
| 7 | 1/1 | 壬午 | 1 | 1 |
| 8 | 1/2 | 癸未 | 1 | 2 |
| 9 | 1/3 | 甲申 | 7 | 3 |
| 10 | 1/4 | 乙酉 | 7 | 4 |
| 11 | 1/5 | 丙戌 | 7 | 5 |
| 12 | 1/6 | 丁亥 | 7 | 6 |
| 13 | 1/7 | 戊子 | 7 | 7 |
| 14 | 1/8 | 己丑 | 4 | 8 |
| 15 | 1/9 | 庚寅 | 4 | 9 |
| 16 | 1/10 | 辛卯 | 4 | 1 |
| 17 | 1/11 | 壬辰 | 4 | 2 |
| 18 | 1/12 | 癸巳 | 4 | 3 |
| 19 | 1/13 | 甲午 | 2 | 4 |
| 20 | 1/14 | 乙未 | 2 | 5 |
| 21 | 1/15 | 丙申 | 2 | 6 |
| 22 | 1/16 | 丁酉 | 2 | 7 |
| 23 | 1/17 | 戊戌 | 2 | 8 |
| 24 | 1/18 | 己亥 | 8 | 9 |
| 25 | 1/19 | 庚子 | 8 | 1 |
| 26 | 1/20 | 辛丑 | 8 | 2 |
| 27 | 1/21 | 壬寅 | 8 | 3 |
| 28 | 1/22 | 癸卯 | 8 | 4 |
| 29 | 1/23 | 甲辰 | 5 | 5 |
| | | | | |

| 十一月 | | | | |
|---|---|---|---|---|
| 戊子 | | | | |
| 一白水 | | | | |
| 冬至 02時37分 廿八丑時 | | 大雪 08時45分 十三辰時 | 奇門遁甲局數 | |
| 農曆 | 國曆 | 干支 | 時盤 | 日盤 |
| 1 | 11/26 | 丙午 | 二 | 九 |
| 2 | 11/27 | 丁未 | 二 | 八 |
| 3 | 11/28 | 戊申 | 二 | 七 |
| 4 | 11/29 | 己酉 | 四 | 六 |
| 5 | 11/30 | 庚戌 | 四 | 五 |
| 6 | 12/1 | 辛亥 | 四 | 四 |
| 7 | 12/2 | 壬子 | 四 | 三 |
| 8 | 12/3 | 癸丑 | 四 | 二 |
| 9 | 12/4 | 甲寅 | 七 | 一 |
| 10 | 12/5 | 乙卯 | 七 | 九 |
| 11 | 12/6 | 丙辰 | 七 | 八 |
| 12 | 12/7 | 丁巳 | 七 | 七 |
| 13 | 12/8 | 戊午 | 七 | 六 |
| 14 | 12/9 | 己未 | 一 | 五 |
| 15 | 12/10 | 庚申 | 一 | 四 |
| 16 | 12/11 | 辛酉 | 一 | 三 |
| 17 | 12/12 | 壬戌 | 一 | 二 |
| 18 | 12/13 | 癸亥 | 一 | 一 |
| 19 | 12/14 | 甲子 | 四 | 九 |
| 20 | 12/15 | 乙丑 | 四 | 八 |
| 21 | 12/16 | 丙寅 | 四 | 七 |
| 22 | 12/17 | 丁卯 | 四 | 六 |
| 23 | 12/18 | 戊辰 | 四 | 五 |
| 24 | 12/19 | 己巳 | 七 | 四 |
| 25 | 12/20 | 庚午 | 七 | 三 |
| 26 | 12/21 | 辛未 | 七 | 二 |
| 27 | 12/22 | 壬申 | 七 | 一 |
| 28 | 12/23 | 癸酉 | 七 | 1 |
| 29 | 12/24 | 甲戌 | 一 | 2 |
| 30 | 12/25 | 乙亥 | 一 | 3 |

| 十 月 | | | | |
|---|---|---|---|---|
| 丁亥 | | | | |
| 二黑土 | | | | |
| 小雪 13時36分 廿八未時 | | 立冬 16時18分 十三申時 | 奇門遁甲局數 | |
| 農曆 | 國曆 | 干支 | 時盤 | 日盤 |
| 1 | 10/27 | 丙子 | 二 | 三 |
| 2 | 10/28 | 丁丑 | 二 | 二 |
| 3 | 10/29 | 戊寅 | 二 | 一 |
| 4 | 10/30 | 己卯 | 六 | 九 |
| 5 | 10/31 | 庚辰 | 六 | 八 |
| 6 | 11/1 | 辛巳 | 六 | 七 |
| 7 | 11/2 | 壬午 | 六 | 六 |
| 8 | 11/3 | 癸未 | 六 | 五 |
| 9 | 11/4 | 甲申 | 九 | 四 |
| 10 | 11/5 | 乙酉 | 九 | 三 |
| 11 | 11/6 | 丙戌 | 九 | 二 |
| 12 | 11/7 | 丁亥 | 九 | 一 |
| 13 | 11/8 | 戊子 | 九 | 九 |
| 14 | 11/9 | 己丑 | 三 | 八 |
| 15 | 11/10 | 庚寅 | 三 | 七 |
| 16 | 11/11 | 辛卯 | 三 | 六 |
| 17 | 11/12 | 壬辰 | 三 | 五 |
| 18 | 11/13 | 癸巳 | 三 | 四 |
| 19 | 11/14 | 甲午 | 五 | 三 |
| 20 | 11/15 | 乙未 | 五 | 二 |
| 21 | 11/16 | 丙申 | 五 | 一 |
| 22 | 11/17 | 丁酉 | 五 | 九 |
| 23 | 11/18 | 戊戌 | 五 | 八 |
| 24 | 11/19 | 己亥 | 八 | 七 |
| 25 | 11/20 | 庚子 | 八 | 六 |
| 26 | 11/21 | 辛丑 | 八 | 五 |
| 27 | 11/22 | 壬寅 | 八 | 四 |
| 28 | 11/23 | 癸卯 | 八 | 三 |
| 29 | 11/24 | 甲辰 | 二 | 二 |
| 30 | 11/25 | 乙巳 | 二 | 一 |

| 九 月 | | | | |
|---|---|---|---|---|
| 丙戌 | | | | |
| 三碧木 | | | | |
| 霜降 16時30分 廿七申時 | | 寒露 13時36分 十二未時 | 奇門遁甲局數 | |
| 農曆 | 國曆 | 干支 | 時盤 | 日盤 |
| 1 | 9/28 | 丁未 | 四 | 五 |
| 2 | 9/29 | 戊申 | 四 | 四 |
| 3 | 9/30 | 己酉 | 六 | 三 |
| 4 | 10/1 | 庚戌 | 六 | 二 |
| 5 | 10/2 | 辛亥 | 六 | 一 |
| 6 | 10/3 | 壬子 | 六 | 九 |
| 7 | 10/4 | 癸丑 | 六 | 八 |
| 8 | 10/5 | 甲寅 | 九 | 七 |
| 9 | 10/6 | 乙卯 | 九 | 六 |
| 10 | 10/7 | 丙辰 | 九 | 五 |
| 11 | 10/8 | 丁巳 | 九 | 四 |
| 12 | 10/9 | 戊午 | 九 | 三 |
| 13 | 10/10 | 己未 | 三 | 二 |
| 14 | 10/11 | 庚申 | 三 | 一 |
| 15 | 10/12 | 辛酉 | 三 | 九 |
| 16 | 10/13 | 壬戌 | 三 | 八 |
| 17 | 10/14 | 癸亥 | 三 | 七 |
| 18 | 10/15 | 甲子 | 五 | 六 |
| 19 | 10/16 | 乙丑 | 五 | 五 |
| 20 | 10/17 | 丙寅 | 五 | 四 |
| 21 | 10/18 | 丁卯 | 五 | 三 |
| 22 | 10/19 | 戊辰 | 五 | 二 |
| 23 | 10/20 | 己巳 | 八 | 一 |
| 24 | 10/21 | 庚午 | 八 | 九 |
| 25 | 10/22 | 辛未 | 八 | 八 |
| 26 | 10/23 | 壬申 | 八 | 七 |
| 27 | 10/24 | 癸酉 | 八 | 六 |
| 28 | 10/25 | 甲戌 | 二 | 五 |
| 29 | 10/26 | 乙亥 | 二 | 四 |
| | | | | |

| 八 月 | | | | |
|---|---|---|---|---|
| 乙酉 | | | | |
| 四綠木 | | | | |
| 秋分 07時39分 廿七辰時 | | 白露 22時25分 十一亥時 | 奇門遁甲局數 | |
| 農曆 | 國曆 | 干支 | 時盤 | 日盤 |
| 1 | 8/29 | 丁丑 | 七 | 八 |
| 2 | 8/30 | 戊寅 | 七 | 七 |
| 3 | 8/31 | 己卯 | 九 | 六 |
| 4 | 9/1 | 庚辰 | 九 | 五 |
| 5 | 9/2 | 辛巳 | 九 | 四 |
| 6 | 9/3 | 壬午 | 九 | 三 |
| 7 | 9/4 | 癸未 | 九 | 二 |
| 8 | 9/5 | 甲申 | 三 | 一 |
| 9 | 9/6 | 乙酉 | 三 | 九 |
| 10 | 9/7 | 丙戌 | 三 | 八 |
| 11 | 9/8 | 丁亥 | 三 | 七 |
| 12 | 9/9 | 戊子 | 三 | 六 |
| 13 | 9/10 | 己丑 | 六 | 五 |
| 14 | 9/11 | 庚寅 | 六 | 四 |
| 15 | 9/12 | 辛卯 | 六 | 三 |
| 16 | 9/13 | 壬辰 | 六 | 二 |
| 17 | 9/14 | 癸巳 | 六 | 一 |
| 18 | 9/15 | 甲午 | 七 | 九 |
| 19 | 9/16 | 乙未 | 七 | 八 |
| 20 | 9/17 | 丙申 | 七 | 七 |
| 21 | 9/18 | 丁酉 | 七 | 六 |
| 22 | 9/19 | 戊戌 | 七 | 五 |
| 23 | 9/20 | 己亥 | 一 | 四 |
| 24 | 9/21 | 庚子 | 一 | 三 |
| 25 | 9/22 | 辛丑 | 一 | 二 |
| 26 | 9/23 | 壬寅 | 一 | 一 |
| 27 | 9/24 | 癸卯 | 一 | 九 |
| 28 | 9/25 | 甲辰 | 四 | 八 |
| 29 | 9/26 | 乙巳 | 四 | 七 |
| 30 | 9/27 | 丙午 | 四 | 六 |

| 七 月 | | | | |
|---|---|---|---|---|
| 甲申 | | | | |
| 五黃土 | | | | |
| 處暑 10時24分 廿六巳時 | | 立秋 19時48分 初十戌時 | 奇門遁甲局數 | |
| 農曆 | 國曆 | 干支 | 時盤 | 日盤 |
| 1 | 7/30 | 丁未 | 四 | 二 |
| 2 | 7/31 | 戊申 | 四 | 一 |
| 3 | 8/1 | 己酉 | 二 | 九 |
| 4 | 8/2 | 庚戌 | 二 | 八 |
| 5 | 8/3 | 辛亥 | 二 | 七 |
| 6 | 8/4 | 壬子 | 二 | 六 |
| 7 | 8/5 | 癸丑 | 二 | 五 |
| 8 | 8/6 | 甲寅 | 五 | 四 |
| 9 | 8/7 | 乙卯 | 五 | 三 |
| 10 | 8/8 | 丙辰 | 五 | 二 |
| 11 | 8/9 | 丁巳 | 五 | 一 |
| 12 | 8/10 | 戊午 | 五 | 九 |
| 13 | 8/11 | 己未 | 八 | 八 |
| 14 | 8/12 | 庚申 | 八 | 七 |
| 15 | 8/13 | 辛酉 | 八 | 六 |
| 16 | 8/14 | 壬戌 | 八 | 五 |
| 17 | 8/15 | 癸亥 | 八 | 四 |
| 18 | 8/16 | 甲子 | 一 | 三 |
| 19 | 8/17 | 乙丑 | 一 | 二 |
| 20 | 8/18 | 丙寅 | 一 | 一 |
| 21 | 8/19 | 丁卯 | 一 | 九 |
| 22 | 8/20 | 戊辰 | 一 | 八 |
| 23 | 8/21 | 己巳 | 四 | 七 |
| 24 | 8/22 | 庚午 | 四 | 六 |
| 25 | 8/23 | 辛未 | 四 | 五 |
| 26 | 8/24 | 壬申 | 四 | 四 |
| 27 | 8/25 | 癸酉 | 四 | 三 |
| 28 | 8/26 | 甲戌 | 七 | 二 |
| 29 | 8/27 | 乙亥 | 七 | 一 |
| 30 | 8/28 | 丙子 | 七 | 九 |

# 西元1936年（丙子）肖鼠 民國25年（男坎命）

奇門遁甲局數如標示為 一 ～九表示陰局　　如標示為1 ～9 表示陽局

## 六月　乙未　三碧木

立秋 01時43分 廿二丑時　大暑 09時18分 初六巳時　奇門遁甲局數

| 農曆 | 國曆 | 干支 | 時盤 | 日盤 |
|---|---|---|---|---|
| 1 | 7/18 | 辛丑 | 二 | 八 |
| 2 | 7/19 | 壬寅 | 二 | 七 |
| 3 | 7/20 | 癸卯 | 二 | 六 |
| 4 | 7/21 | 甲辰 | 五 | 五 |
| 5 | 7/22 | 乙巳 | 五 | 四 |
| 6 | 7/23 | 丙午 | 五 | 三 |
| 7 | 7/24 | 丁未 | 五 | 二 |
| 8 | 7/25 | 戊申 | 五 | 一 |
| 9 | 7/26 | 己酉 | 七 | 九 |
| 10 | 7/27 | 庚戌 | 七 | 八 |
| 11 | 7/28 | 辛亥 | 七 | 七 |
| 12 | 7/29 | 壬子 | 七 | 六 |
| 13 | 7/30 | 癸丑 | 七 | 五 |
| 14 | 7/31 | 甲寅 | 一 | 四 |
| 15 | 8/1 | 乙卯 | 一 | 三 |
| 16 | 8/2 | 丙辰 | 一 | 二 |
| 17 | 8/3 | 丁巳 | 一 | 一 |
| 18 | 8/4 | 戊午 | 一 | 九 |
| 19 | 8/5 | 己未 | 四 | 八 |
| 20 | 8/6 | 庚申 | 四 | 七 |
| 21 | 8/7 | 辛酉 | 四 | 六 |
| 22 | 8/8 | 壬戌 | 四 | 五 |
| 23 | 8/9 | 癸亥 | 四 | 四 |
| 24 | 8/10 | 甲子 | 二 | 三 |
| 25 | 8/11 | 乙丑 | 二 | 二 |
| 26 | 8/12 | 丙寅 | 二 | 一 |
| 27 | 8/13 | 丁卯 | 二 | 九 |
| 28 | 8/14 | 戊辰 | 二 | 八 |
| 29 | 8/15 | 己巳 | 五 | 七 |
| 30 | 8/16 | 庚午 | 五 | 六 |

## 五月　甲午　四綠木

小暑 15時59分 十九申時　夏至 22時22分 初三亥時　奇門遁甲局數

| 農曆 | 國曆 | 干支 | 時盤 | 日盤 |
|---|---|---|---|---|
| 1 | 6/19 | 壬申 | 3 | 9 |
| 2 | 6/20 | 癸酉 | 3 | 1 |
| 3 | 6/21 | 甲戌 | 9 | 八 |
| 4 | 6/22 | 乙亥 | 9 | 七 |
| 5 | 6/23 | 丙子 | 9 | 六 |
| 6 | 6/24 | 丁丑 | 9 | 五 |
| 7 | 6/25 | 戊寅 | 9 | 四 |
| 8 | 6/26 | 己卯 | 九 | 三 |
| 9 | 6/27 | 庚辰 | 九 | 二 |
| 10 | 6/28 | 辛巳 | 九 | 一 |
| 11 | 6/29 | 壬午 | 九 | 九 |
| 12 | 6/30 | 癸未 | 九 | 八 |
| 13 | 7/1 | 甲申 | 三 | 七 |
| 14 | 7/2 | 乙酉 | 三 | 六 |
| 15 | 7/3 | 丙戌 | 三 | 五 |
| 16 | 7/4 | 丁亥 | 三 | 四 |
| 17 | 7/5 | 戊子 | 三 | 三 |
| 18 | 7/6 | 己丑 | 六 | 二 |
| 19 | 7/7 | 庚寅 | 六 | 一 |
| 20 | 7/8 | 辛卯 | 六 | 九 |
| 21 | 7/9 | 壬辰 | 六 | 八 |
| 22 | 7/10 | 癸巳 | 六 | 七 |
| 23 | 7/11 | 甲午 | 八 | 六 |
| 24 | 7/12 | 乙未 | 八 | 五 |
| 25 | 7/13 | 丙申 | 八 | 四 |
| 26 | 7/14 | 丁酉 | 八 | 三 |
| 27 | 7/15 | 戊戌 | 八 | 二 |
| 28 | 7/16 | 己亥 | 二 | 一 |
| 29 | 7/17 | 庚子 | 二 | 九 |

## 四月　癸巳　五黃土

芒種 05時31分 十七卯時　小滿 14時08分 初一未時　奇門遁甲局數

| 農曆 | 國曆 | 干支 | 時盤 | 日盤 |
|---|---|---|---|---|
| 1 | 5/21 | 癸卯 | 1 | 7 |
| 2 | 5/22 | 甲辰 | 7 | 8 |
| 3 | 5/23 | 乙巳 | 7 | 9 |
| 4 | 5/24 | 丙午 | 7 | 1 |
| 5 | 5/25 | 丁未 | 7 | 2 |
| 6 | 5/26 | 戊申 | 7 | 3 |
| 7 | 5/27 | 己酉 | 5 | 4 |
| 8 | 5/28 | 庚戌 | 5 | 5 |
| 9 | 5/29 | 辛亥 | 5 | 6 |
| 10 | 5/30 | 壬子 | 5 | 7 |
| 11 | 5/31 | 癸丑 | 5 | 8 |
| 12 | 6/1 | 甲寅 | 2 | 9 |
| 13 | 6/2 | 乙卯 | 2 | 1 |
| 14 | 6/3 | 丙辰 | 2 | 2 |
| 15 | 6/4 | 丁巳 | 2 | 3 |
| 16 | 6/5 | 戊午 | 2 | 4 |
| 17 | 6/6 | 己未 | 8 | 5 |
| 18 | 6/7 | 庚申 | 8 | 6 |
| 19 | 6/8 | 辛酉 | 8 | 7 |
| 20 | 6/9 | 壬戌 | 8 | 8 |
| 21 | 6/10 | 癸亥 | 8 | 9 |
| 22 | 6/11 | 甲子 | 6 | 1 |
| 23 | 6/12 | 乙丑 | 6 | 2 |
| 24 | 6/13 | 丙寅 | 6 | 3 |
| 25 | 6/14 | 丁卯 | 6 | 4 |
| 26 | 6/15 | 戊辰 | 6 | 5 |
| 27 | 6/16 | 己巳 | 3 | 6 |
| 28 | 6/17 | 庚午 | 3 | 7 |
| 29 | 6/18 | 辛未 | 3 | 8 |

## 潤三月　癸巳

立夏 00時57分 十六子時　奇門遁甲局數

| 農曆 | 國曆 | 干支 | 時盤 | 日盤 |
|---|---|---|---|---|
| 1 | 4/21 | 癸酉 | 1 | 4 |
| 2 | 4/22 | 甲戌 | 7 | 5 |
| 3 | 4/23 | 乙亥 | 7 | 6 |
| 4 | 4/24 | 丙子 | 7 | 7 |
| 5 | 4/25 | 丁丑 | 7 | 8 |
| 6 | 4/26 | 戊寅 | 7 | 9 |
| 7 | 4/27 | 己卯 | 5 | 1 |
| 8 | 4/28 | 庚辰 | 5 | 2 |
| 9 | 4/29 | 辛巳 | 5 | 3 |
| 10 | 4/30 | 壬午 | 5 | 4 |
| 11 | 5/1 | 癸未 | 5 | 5 |
| 12 | 5/2 | 甲申 | 2 | 6 |
| 13 | 5/3 | 乙酉 | 2 | 7 |
| 14 | 5/4 | 丙戌 | 2 | 8 |
| 15 | 5/5 | 丁亥 | 2 | 9 |
| 16 | 5/6 | 戊子 | 2 | 1 |
| 17 | 5/7 | 己丑 | 8 | 2 |
| 18 | 5/8 | 庚寅 | 8 | 3 |
| 19 | 5/9 | 辛卯 | 8 | 4 |
| 20 | 5/10 | 壬辰 | 8 | 5 |
| 21 | 5/11 | 癸巳 | 8 | 6 |
| 22 | 5/12 | 甲午 | 4 | 7 |
| 23 | 5/13 | 乙未 | 4 | 8 |
| 24 | 5/14 | 丙申 | 4 | 9 |
| 25 | 5/15 | 丁酉 | 4 | 1 |
| 26 | 5/16 | 戊戌 | 4 | 2 |
| 27 | 5/17 | 己亥 | 1 | 3 |
| 28 | 5/18 | 庚子 | 1 | 4 |
| 29 | 5/19 | 辛丑 | 1 | 5 |
| 30 | 5/20 | 壬寅 | 1 | 6 |

## 三月　壬辰　六白金

穀雨 14時31分 廿九未時　清明 07時07分 十四辰時　奇門遁甲局數

| 農曆 | 國曆 | 干支 | 時盤 | 日盤 |
|---|---|---|---|---|
| 1 | 3/23 | 甲辰 | 4 | 2 |
| 2 | 3/24 | 乙巳 | 4 | 3 |
| 3 | 3/25 | 丙午 | 4 | 4 |
| 4 | 3/26 | 丁未 | 4 | 5 |
| 5 | 3/27 | 戊申 | 4 | 6 |
| 6 | 3/28 | 己酉 | 3 | 7 |
| 7 | 3/29 | 庚戌 | 3 | 8 |
| 8 | 3/30 | 辛亥 | 3 | 9 |
| 9 | 3/31 | 壬子 | 3 | 1 |
| 10 | 4/1 | 癸丑 | 3 | 2 |
| 11 | 4/2 | 甲寅 | 9 | 3 |
| 12 | 4/3 | 乙卯 | 9 | 4 |
| 13 | 4/4 | 丙辰 | 9 | 5 |
| 14 | 4/5 | 丁巳 | 9 | 6 |
| 15 | 4/6 | 戊午 | 9 | 7 |
| 16 | 4/7 | 己未 | 6 | 8 |
| 17 | 4/8 | 庚申 | 6 | 9 |
| 18 | 4/9 | 辛酉 | 6 | 1 |
| 19 | 4/10 | 壬戌 | 6 | 2 |
| 20 | 4/11 | 癸亥 | 6 | 3 |
| 21 | 4/12 | 甲子 | 4 | 4 |
| 22 | 4/13 | 乙丑 | 4 | 5 |
| 23 | 4/14 | 丙寅 | 4 | 6 |
| 24 | 4/15 | 丁卯 | 4 | 7 |
| 25 | 4/16 | 戊辰 | 4 | 8 |
| 26 | 4/17 | 己巳 | 1 | 9 |
| 27 | 4/18 | 庚午 | 1 | 1 |
| 28 | 4/19 | 辛未 | 1 | 2 |
| 29 | 4/20 | 壬申 | 1 | 3 |

## 二月　辛卯　七赤金

春分 02時58分 廿八丑時　驚蟄 01時50分 十三丑時　奇門遁甲局數

| 農曆 | 國曆 | 干支 | 時盤 | 日盤 |
|---|---|---|---|---|
| 1 | 2/23 | 乙亥 | 2 | 9 |
| 2 | 2/24 | 丙子 | 2 | 1 |
| 3 | 2/25 | 丁丑 | 2 | 2 |
| 4 | 2/26 | 戊寅 | 2 | 3 |
| 5 | 2/27 | 己卯 | 9 | 4 |
| 6 | 2/28 | 庚辰 | 9 | 5 |
| 7 | 2/29 | 辛巳 | 9 | 6 |
| 8 | 3/1 | 壬午 | 9 | 7 |
| 9 | 3/2 | 癸未 | 9 | 8 |
| 10 | 3/3 | 甲申 | 6 | 9 |
| 11 | 3/4 | 乙酉 | 6 | 1 |
| 12 | 3/5 | 丙戌 | 6 | 2 |
| 13 | 3/6 | 丁亥 | 6 | 3 |
| 14 | 3/7 | 戊子 | 6 | 4 |
| 15 | 3/8 | 己丑 | 3 | 5 |
| 16 | 3/9 | 庚寅 | 3 | 6 |
| 17 | 3/10 | 辛卯 | 3 | 7 |
| 18 | 3/11 | 壬辰 | 3 | 8 |
| 19 | 3/12 | 癸巳 | 3 | 9 |
| 20 | 3/13 | 甲午 | 1 | 1 |
| 21 | 3/14 | 乙未 | 1 | 2 |
| 22 | 3/15 | 丙申 | 1 | 3 |
| 23 | 3/16 | 丁酉 | 1 | 4 |
| 24 | 3/17 | 戊戌 | 1 | 5 |
| 25 | 3/18 | 己亥 | 7 | 6 |
| 26 | 3/19 | 庚子 | 7 | 7 |
| 27 | 3/20 | 辛丑 | 7 | 8 |
| 28 | 3/21 | 壬寅 | 7 | 9 |
| 29 | 3/22 | 癸卯 | 7 | 1 |

## 正月　庚寅　八白土

雨水 03時34分 廿八寅時　立春 07時30分 十三辰時　奇門遁甲局數

| 農曆 | 國曆 | 干支 | 時盤 | 日盤 |
|---|---|---|---|---|
| 1 | 1/24 | 乙巳 | 5 | 6 |
| 2 | 1/25 | 丙午 | 5 | 7 |
| 3 | 1/26 | 丁未 | 5 | 8 |
| 4 | 1/27 | 戊申 | 5 | 9 |
| 5 | 1/28 | 己酉 | 3 | 1 |
| 6 | 1/29 | 庚戌 | 3 | 2 |
| 7 | 1/30 | 辛亥 | 3 | 3 |
| 8 | 1/31 | 壬子 | 3 | 4 |
| 9 | 2/1 | 癸丑 | 3 | 5 |
| 10 | 2/2 | 甲寅 | 9 | 6 |
| 11 | 2/3 | 乙卯 | 9 | 7 |
| 12 | 2/4 | 丙辰 | 9 | 8 |
| 13 | 2/5 | 丁巳 | 9 | 9 |
| 14 | 2/6 | 戊午 | 9 | 1 |
| 15 | 2/7 | 己未 | 6 | 2 |
| 16 | 2/8 | 庚申 | 6 | 3 |
| 17 | 2/9 | 辛酉 | 6 | 4 |
| 18 | 2/10 | 壬戌 | 6 | 5 |
| 19 | 2/11 | 癸亥 | 6 | 6 |
| 20 | 2/12 | 甲子 | 8 | 7 |
| 21 | 2/13 | 乙丑 | 8 | 8 |
| 22 | 2/14 | 丙寅 | 8 | 9 |
| 23 | 2/15 | 丁卯 | 8 | 1 |
| 24 | 2/16 | 戊辰 | 8 | 2 |
| 25 | 2/17 | 己巳 | 5 | 3 |
| 26 | 2/18 | 庚午 | 5 | 4 |
| 27 | 2/19 | 辛未 | 5 | 5 |
| 28 | 2/20 | 壬申 | 5 | 6 |
| 29 | 2/21 | 癸酉 | 5 | 7 |
| 30 | 2/22 | 甲戌 | 2 | 8 |

# 西元1936年（丙子）肖鼠 民國25年（女艮命）

奇門遁甲局數如標示為 一 ～九表示陰局　　如標示為1 ～9 表示陽局

| | 十二月 | 十一月 | 十　月 | 九　月 | 八　月 | 七　月 |
|---|---|---|---|---|---|---|
| | 辛丑 | 庚子 | 己亥 | 戊戌 | 丁酉 | 丙申 |
| | 六白金 | 七赤金 | 八白土 | 九紫火 | 一白水 | 二黑土 |
| | 立春 13時26分 廿三未時 | 小寒 01時44分 廿四丑時 | 大雪 14時43分 廿四未時 | 立冬 22時15分 廿四亥時 | 寒露 19時33分 廿三戌時 | 白露 04時21分 廿三寅時 |
| | 大寒 19時01分 初八戌時 | 冬至 08時27分 初九辰時 | 小雪 19時24分 初九戌時 | 霜降 22時19分 初九亥時 | 秋分 13時26分 初八未時 | 處暑 16時11分 初七申時 |
| | 奇門遁甲局數 | 奇門遁甲局數 | 奇門遁甲局數 | 奇門遁甲局數 | 奇門遁甲局數 | 奇門遁甲局數 |

十二月

| 農曆 | 國曆 | 干支 | 時盤 | 日盤 |
|---|---|---|---|---|
| 1 | 1/13 | 庚子 | 8 | 1 |
| 2 | 1/14 | 辛丑 | 8 | 2 |
| 3 | 1/15 | 壬寅 | 8 | 3 |
| 4 | 1/16 | 癸卯 | 8 | 4 |
| 5 | 1/17 | 甲辰 | 5 | 5 |
| 6 | 1/18 | 乙巳 | 5 | 6 |
| 7 | 1/19 | 丙午 | 5 | 7 |
| 8 | 1/20 | 丁未 | 5 | 8 |
| 9 | 1/21 | 戊申 | 5 | 9 |
| 10 | 1/22 | 己酉 | 3 | 1 |
| 11 | 1/23 | 庚戌 | 3 | 2 |
| 12 | 1/24 | 辛亥 | 3 | 3 |
| 13 | 1/25 | 壬子 | 3 | 4 |
| 14 | 1/26 | 癸丑 | 3 | 5 |
| 15 | 1/27 | 甲寅 | 9 | 6 |
| 16 | 1/28 | 乙卯 | 9 | 7 |
| 17 | 1/29 | 丙辰 | 9 | 8 |
| 18 | 1/30 | 丁巳 | 9 | 9 |
| 19 | 1/31 | 戊午 | 9 | 1 |
| 20 | 2/1 | 己未 | 6 | 2 |
| 21 | 2/2 | 庚申 | 6 | 3 |
| 22 | 2/3 | 辛酉 | 6 | 4 |
| 23 | 2/4 | 壬戌 | 6 | 5 |
| 24 | 2/5 | 癸亥 | 6 | 6 |
| 25 | 2/6 | 甲子 | 8 | 7 |
| 26 | 2/7 | 乙丑 | 8 | 8 |
| 27 | 2/8 | 丙寅 | 8 | 9 |
| 28 | 2/9 | 丁卯 | 8 | 1 |
| 29 | 2/10 | 戊辰 | 8 | 2 |

十一月

| 農曆 | 國曆 | 干支 | 時盤 | 日盤 |
|---|---|---|---|---|
| 1 | 12/14 | 庚午 | 七 | 三 |
| 2 | 12/15 | 辛未 | 七 | 二 |
| 3 | 12/16 | 壬申 | 七 | 一 |
| 4 | 12/17 | 癸酉 | 七 | 九 |
| 5 | 12/18 | 甲戌 | 一 | 八 |
| 6 | 12/19 | 乙亥 | 一 | 七 |
| 7 | 12/20 | 丙子 | 一 | 六 |
| 8 | 12/21 | 丁丑 | 一 | 五 |
| 9 | 12/22 | 戊寅 | 一 | 6 |
| 10 | 12/23 | 己卯 | 1 | 7 |
| 11 | 12/24 | 庚辰 | 1 | 8 |
| 12 | 12/25 | 辛巳 | 1 | 9 |
| 13 | 12/26 | 壬午 | 1 | 1 |
| 14 | 12/27 | 癸未 | 1 | 2 |
| 15 | 12/28 | 甲申 | 7 | 3 |
| 16 | 12/29 | 乙酉 | 7 | 4 |
| 17 | 12/30 | 丙戌 | 7 | 5 |
| 18 | 12/31 | 丁亥 | 7 | 6 |
| 19 | 1/1 | 戊子 | 7 | 7 |
| 20 | 1/2 | 己丑 | 4 | 8 |
| 21 | 1/3 | 庚寅 | 4 | 9 |
| 22 | 1/4 | 辛卯 | 4 | 1 |
| 23 | 1/5 | 壬辰 | 4 | 2 |
| 24 | 1/6 | 癸巳 | 4 | 3 |
| 25 | 1/7 | 甲午 | 2 | 4 |
| 26 | 1/8 | 乙未 | 2 | 5 |
| 27 | 1/9 | 丙申 | 2 | 6 |
| 28 | 1/10 | 丁酉 | 2 | 7 |
| 29 | 1/11 | 戊戌 | 2 | 8 |
| 30 | 1/12 | 己亥 | 8 | 9 |

十　月

| 農曆 | 國曆 | 干支 | 時盤 | 日盤 |
|---|---|---|---|---|
| 1 | 11/14 | 庚子 | 九 | 六 |
| 2 | 11/15 | 辛丑 | 九 | 五 |
| 3 | 11/16 | 壬寅 | 九 | 四 |
| 4 | 11/17 | 癸卯 | 九 | 三 |
| 5 | 11/18 | 甲辰 | 三 | 二 |
| 6 | 11/19 | 乙巳 | 三 | 一 |
| 7 | 11/20 | 丙午 | 三 | 九 |
| 8 | 11/21 | 丁未 | 三 | 八 |
| 9 | 11/22 | 戊申 | 三 | 七 |
| 10 | 11/23 | 己酉 | 五 | 六 |
| 11 | 11/24 | 庚戌 | 五 | 五 |
| 12 | 11/25 | 辛亥 | 五 | 四 |
| 13 | 11/26 | 壬子 | 五 | 三 |
| 14 | 11/27 | 癸丑 | 五 | 二 |
| 15 | 11/28 | 甲寅 | 八 | 一 |
| 16 | 11/29 | 乙卯 | 八 | 九 |
| 17 | 11/30 | 丙辰 | 八 | 八 |
| 18 | 12/1 | 丁巳 | 八 | 七 |
| 19 | 12/2 | 戊午 | 八 | 六 |
| 20 | 12/3 | 己未 | 二 | 五 |
| 21 | 12/4 | 庚申 | 二 | 四 |
| 22 | 12/5 | 辛酉 | 二 | 三 |
| 23 | 12/6 | 壬戌 | 二 | 二 |
| 24 | 12/7 | 癸亥 | 二 | 一 |
| 25 | 12/8 | 甲子 | 四 | 九 |
| 26 | 12/9 | 乙丑 | 四 | 八 |
| 27 | 12/10 | 丙寅 | 四 | 七 |
| 28 | 12/11 | 丁卯 | 四 | 六 |
| 29 | 12/12 | 戊辰 | 四 | 五 |
| 30 | 12/13 | 己巳 | 七 | 四 |

九　月

| 農曆 | 國曆 | 干支 | 時盤 | 日盤 |
|---|---|---|---|---|
| 1 | 10/15 | 庚午 | 九 | 九 |
| 2 | 10/16 | 辛未 | 九 | 八 |
| 3 | 10/17 | 壬申 | 九 | 七 |
| 4 | 10/18 | 癸酉 | 九 | 六 |
| 5 | 10/19 | 甲戌 | 三 | 五 |
| 6 | 10/20 | 乙亥 | 三 | 四 |
| 7 | 10/21 | 丙子 | 三 | 三 |
| 8 | 10/22 | 丁丑 | 三 | 二 |
| 9 | 10/23 | 戊寅 | 三 | 一 |
| 10 | 10/24 | 己卯 | 五 | 九 |
| 11 | 10/25 | 庚辰 | 五 | 八 |
| 12 | 10/26 | 辛巳 | 五 | 七 |
| 13 | 10/27 | 壬午 | 五 | 六 |
| 14 | 10/28 | 癸未 | 五 | 五 |
| 15 | 10/29 | 甲申 | 八 | 四 |
| 16 | 10/30 | 乙酉 | 八 | 三 |
| 17 | 10/31 | 丙戌 | 八 | 二 |
| 18 | 11/1 | 丁亥 | 八 | 一 |
| 19 | 11/2 | 戊子 | 八 | 九 |
| 20 | 11/3 | 己丑 | 二 | 八 |
| 21 | 11/4 | 庚寅 | 二 | 七 |
| 22 | 11/5 | 辛卯 | 二 | 六 |
| 23 | 11/6 | 壬辰 | 二 | 五 |
| 24 | 11/7 | 癸巳 | 二 | 四 |
| 25 | 11/8 | 甲午 | 六 | 三 |
| 26 | 11/9 | 乙未 | 六 | 二 |
| 27 | 11/10 | 丙申 | 六 | 一 |
| 28 | 11/11 | 丁酉 | 六 | 九 |
| 29 | 11/12 | 戊戌 | 六 | 八 |
| 30 | 11/13 | 己亥 | 九 | 七 |

八　月

| 農曆 | 國曆 | 干支 | 時盤 | 日盤 |
|---|---|---|---|---|
| 1 | 9/16 | 辛丑 | 三 | 二 |
| 2 | 9/17 | 壬寅 | 三 | 一 |
| 3 | 9/18 | 癸卯 | 三 | 九 |
| 4 | 9/19 | 甲辰 | 六 | 八 |
| 5 | 9/20 | 乙巳 | 六 | 七 |
| 6 | 9/21 | 丙午 | 六 | 六 |
| 7 | 9/22 | 丁未 | 六 | 五 |
| 8 | 9/23 | 戊申 | 六 | 四 |
| 9 | 9/24 | 己酉 | 七 | 三 |
| 10 | 9/25 | 庚戌 | 七 | 二 |
| 11 | 9/26 | 辛亥 | 七 | 一 |
| 12 | 9/27 | 壬子 | 七 | 九 |
| 13 | 9/28 | 癸丑 | 七 | 八 |
| 14 | 9/29 | 甲寅 | 一 | 七 |
| 15 | 9/30 | 乙卯 | 一 | 六 |
| 16 | 10/1 | 丙辰 | 一 | 五 |
| 17 | 10/2 | 丁巳 | 一 | 四 |
| 18 | 10/3 | 戊午 | 一 | 三 |
| 19 | 10/4 | 己未 | 四 | 二 |
| 20 | 10/5 | 庚申 | 四 | 一 |
| 21 | 10/6 | 辛酉 | 四 | 九 |
| 22 | 10/7 | 壬戌 | 四 | 八 |
| 23 | 10/8 | 癸亥 | 四 | 七 |
| 24 | 10/9 | 甲子 | 六 | 六 |
| 25 | 10/10 | 乙丑 | 六 | 五 |
| 26 | 10/11 | 丙寅 | 六 | 四 |
| 27 | 10/12 | 丁卯 | 六 | 三 |
| 28 | 10/13 | 戊辰 | 六 | 二 |
| 29 | 10/14 | 己巳 | 九 | 一 |

七　月

| 農曆 | 國曆 | 干支 | 時盤 | 日盤 |
|---|---|---|---|---|
| 1 | 8/17 | 辛未 | 五 | 五 |
| 2 | 8/18 | 壬申 | 五 | 四 |
| 3 | 8/19 | 癸酉 | 五 | 三 |
| 4 | 8/20 | 甲戌 | 八 | 二 |
| 5 | 8/21 | 乙亥 | 八 | 一 |
| 6 | 8/22 | 丙子 | 八 | 九 |
| 7 | 8/23 | 丁丑 | 八 | 八 |
| 8 | 8/24 | 戊寅 | 八 | 七 |
| 9 | 8/25 | 己卯 | 一 | 六 |
| 10 | 8/26 | 庚辰 | 一 | 五 |
| 11 | 8/27 | 辛巳 | 一 | 四 |
| 12 | 8/28 | 壬午 | 一 | 三 |
| 13 | 8/29 | 癸未 | 一 | 二 |
| 14 | 8/30 | 甲申 | 四 | 一 |
| 15 | 8/31 | 乙酉 | 四 | 九 |
| 16 | 9/1 | 丙戌 | 四 | 八 |
| 17 | 9/2 | 丁亥 | 四 | 七 |
| 18 | 9/3 | 戊子 | 四 | 六 |
| 19 | 9/4 | 己丑 | 七 | 五 |
| 20 | 9/5 | 庚寅 | 七 | 四 |
| 21 | 9/6 | 辛卯 | 七 | 三 |
| 22 | 9/7 | 壬辰 | 七 | 二 |
| 23 | 9/8 | 癸巳 | 七 | 一 |
| 24 | 9/9 | 甲午 | 九 | 九 |
| 25 | 9/10 | 乙未 | 九 | 八 |
| 26 | 9/11 | 丙申 | 九 | 七 |
| 27 | 9/12 | 丁酉 | 九 | 六 |
| 28 | 9/13 | 戊戌 | 九 | 五 |
| 29 | 9/14 | 己亥 | 三 | 四 |
| 30 | 9/15 | 庚子 | 三 | 三 |

# 西元1937年（丁丑）肖牛 民國26年（男離命）

奇門遁甲局數如標示為 一 ～九表示陰局　　如標示為1 ～9 表示陽局

**六月　丁未　九紫火**　大暑 十六 15時07分 申時

| 農曆 | 國曆 | 干支 | 時盤 | 日盤 |
|---|---|---|---|---|
| 1 | 7/8 | 丙申 | 八 | 四 |
| 2 | 7/9 | 丁酉 | 八 | 三 |
| 3 | 7/10 | 戊戌 | 八 | 二 |
| 4 | 7/11 | 己亥 | 二 | 一 |
| 5 | 7/12 | 庚子 | 二 | 九 |
| 6 | 7/13 | 辛丑 | 二 | 八 |
| 7 | 7/14 | 壬寅 | 二 | 七 |
| 8 | 7/15 | 癸卯 | 二 | 六 |
| 9 | 7/16 | 甲辰 | 五 | 五 |
| 10 | 7/17 | 乙巳 | 五 | 四 |
| 11 | 7/18 | 丙午 | 五 | 三 |
| 12 | 7/19 | 丁未 | 五 | 二 |
| 13 | 7/20 | 戊申 | 五 | 一 |
| 14 | 7/21 | 己酉 | 七 | 九 |
| 15 | 7/22 | 庚戌 | 七 | 八 |
| 16 | 7/23 | 辛亥 | 七 | 七 |
| 17 | 7/24 | 壬子 | 七 | 六 |
| 18 | 7/25 | 癸丑 | 七 | 五 |
| 19 | 7/26 | 甲寅 | 一 | 四 |
| 20 | 7/27 | 乙卯 | 一 | 三 |
| 21 | 7/28 | 丙辰 | 一 | 二 |
| 22 | 7/29 | 丁巳 | 一 | 一 |
| 23 | 7/30 | 戊午 | 一 | 九 |
| 24 | 7/31 | 己未 | 四 | 八 |
| 25 | 8/1 | 庚申 | 四 | 七 |
| 26 | 8/2 | 辛酉 | 四 | 六 |
| 27 | 8/3 | 壬戌 | 四 | 五 |
| 28 | 8/4 | 癸亥 | 四 | 四 |
| 29 | 8/5 | 甲子 | 二 | 三 |

**五月　丙午　一白水**　小暑 廿九 12時46分 午時；夏至 十四 04時12分 寅時

| 農曆 | 國曆 | 干支 | 時盤 | 日盤 |
|---|---|---|---|---|
| 1 | 6/9 | 丁卯 | 6 | 4 |
| 2 | 6/10 | 戊辰 | 6 | 5 |
| 3 | 6/11 | 己巳 | 3 | 6 |
| 4 | 6/12 | 庚午 | 3 | 7 |
| 5 | 6/13 | 辛未 | 3 | 8 |
| 6 | 6/14 | 壬申 | 3 | 9 |
| 7 | 6/15 | 癸酉 | 3 | 1 |
| 8 | 6/16 | 甲戌 | 9 | 2 |
| 9 | 6/17 | 乙亥 | 9 | 3 |
| 10 | 6/18 | 丙子 | 9 | 4 |
| 11 | 6/19 | 丁丑 | 9 | 5 |
| 12 | 6/20 | 戊寅 | 9 | 6 |
| 13 | 6/21 | 己卯 | 九 | 7 |
| 14 | 6/22 | 庚辰 | 九 | 二 |
| 15 | 6/23 | 辛巳 | 九 | 一 |
| 16 | 6/24 | 壬午 | 九 | 九 |
| 17 | 6/25 | 癸未 | 九 | 八 |
| 18 | 6/26 | 甲申 | 三 | 七 |
| 19 | 6/27 | 乙酉 | 三 | 六 |
| 20 | 6/28 | 丙戌 | 三 | 五 |
| 21 | 6/29 | 丁亥 | 三 | 四 |
| 22 | 6/30 | 戊子 | 三 | 三 |
| 23 | 7/1 | 己丑 | 六 | 二 |
| 24 | 7/2 | 庚寅 | 六 | 一 |
| 25 | 7/3 | 辛卯 | 六 | 九 |
| 26 | 7/4 | 壬辰 | 六 | 八 |
| 27 | 7/5 | 癸巳 | 六 | 七 |
| 28 | 7/6 | 甲午 | 八 | 六 |
| 29 | 7/7 | 乙未 | 八 | 五 |

**四月　乙巳　二黑土**　芒種 廿八 11時23分 午時；小滿 十二 19時57分 戌時

| 農曆 | 國曆 | 干支 | 時盤 | 日盤 |
|---|---|---|---|---|
| 1 | 5/10 | 丁酉 | 4 | 1 |
| 2 | 5/11 | 戊戌 | 4 | 2 |
| 3 | 5/12 | 己亥 | 1 | 3 |
| 4 | 5/13 | 庚子 | 1 | 4 |
| 5 | 5/14 | 辛丑 | 1 | 5 |
| 6 | 5/15 | 壬寅 | 1 | 6 |
| 7 | 5/16 | 癸卯 | 1 | 7 |
| 8 | 5/17 | 甲辰 | 7 | 8 |
| 9 | 5/18 | 乙巳 | 7 | 9 |
| 10 | 5/19 | 丙午 | 7 | 1 |
| 11 | 5/20 | 丁未 | 7 | 2 |
| 12 | 5/21 | 戊申 | 7 | 3 |
| 13 | 5/22 | 己酉 | 5 | 4 |
| 14 | 5/23 | 庚戌 | 5 | 5 |
| 15 | 5/24 | 辛亥 | 5 | 6 |
| 16 | 5/25 | 壬子 | 5 | 7 |
| 17 | 5/26 | 癸丑 | 5 | 8 |
| 18 | 5/27 | 甲寅 | 2 | 9 |
| 19 | 5/28 | 乙卯 | 2 | 1 |
| 20 | 5/29 | 丙辰 | 2 | 2 |
| 21 | 5/30 | 丁巳 | 2 | 3 |
| 22 | 5/31 | 戊午 | 2 | 4 |
| 23 | 6/1 | 己未 | 8 | 5 |
| 24 | 6/2 | 庚申 | 8 | 6 |
| 25 | 6/3 | 辛酉 | 8 | 7 |
| 26 | 6/4 | 壬戌 | 8 | 8 |
| 27 | 6/5 | 癸亥 | 8 | 9 |
| 28 | 6/6 | 甲子 | 6 | 1 |
| 29 | 6/7 | 乙丑 | 6 | 2 |
| 30 | 6/8 | 丙寅 | 6 | 3 |

**三月　甲辰　三碧木**　立夏 廿六 06時51分 卯時；穀雨 初十 20時20分 戌時

| 農曆 | 國曆 | 干支 | 時盤 | 日盤 |
|---|---|---|---|---|
| 1 | 4/11 | 戊辰 | 4 | 8 |
| 2 | 4/12 | 己巳 | 1 | 9 |
| 3 | 4/13 | 庚午 | 1 | 1 |
| 4 | 4/14 | 辛未 | 1 | 2 |
| 5 | 4/15 | 壬申 | 1 | 3 |
| 6 | 4/16 | 癸酉 | 1 | 4 |
| 7 | 4/17 | 甲戌 | 7 | 5 |
| 8 | 4/18 | 乙亥 | 7 | 6 |
| 9 | 4/19 | 丙子 | 7 | 7 |
| 10 | 4/20 | 丁丑 | 7 | 8 |
| 11 | 4/21 | 戊寅 | 7 | 9 |
| 12 | 4/22 | 己卯 | 5 | 1 |
| 13 | 4/23 | 庚辰 | 5 | 2 |
| 14 | 4/24 | 辛巳 | 5 | 3 |
| 15 | 4/25 | 壬午 | 5 | 4 |
| 16 | 4/26 | 癸未 | 5 | 5 |
| 17 | 4/27 | 甲申 | 2 | 6 |
| 18 | 4/28 | 乙酉 | 2 | 7 |
| 19 | 4/29 | 丙戌 | 2 | 8 |
| 20 | 4/30 | 丁亥 | 2 | 9 |
| 21 | 5/1 | 戊子 | 2 | 1 |
| 22 | 5/2 | 己丑 | 8 | 2 |
| 23 | 5/3 | 庚寅 | 8 | 3 |
| 24 | 5/4 | 辛卯 | 8 | 4 |
| 25 | 5/5 | 壬辰 | 8 | 5 |
| 26 | 5/6 | 癸巳 | 8 | 6 |
| 27 | 5/7 | 甲午 | 4 | 7 |
| 28 | 5/8 | 乙未 | 4 | 8 |
| 29 | 5/9 | 丙申 | 4 | 9 |

**二月　癸卯　四綠木**　清明 廿四 13時02分 未時；春分 初九 08時46分 辰時

| 農曆 | 國曆 | 干支 | 時盤 | 日盤 |
|---|---|---|---|---|
| 1 | 3/13 | 己亥 | 7 | 6 |
| 2 | 3/14 | 庚子 | 7 | 7 |
| 3 | 3/15 | 辛丑 | 7 | 8 |
| 4 | 3/16 | 壬寅 | 7 | 9 |
| 5 | 3/17 | 癸卯 | 7 | 1 |
| 6 | 3/18 | 甲辰 | 4 | 2 |
| 7 | 3/19 | 乙巳 | 4 | 3 |
| 8 | 3/20 | 丙午 | 4 | 4 |
| 9 | 3/21 | 丁未 | 4 | 5 |
| 10 | 3/22 | 戊申 | 4 | 6 |
| 11 | 3/23 | 己酉 | 3 | 7 |
| 12 | 3/24 | 庚戌 | 3 | 8 |
| 13 | 3/25 | 辛亥 | 3 | 9 |
| 14 | 3/26 | 壬子 | 3 | 1 |
| 15 | 3/27 | 癸丑 | 3 | 2 |
| 16 | 3/28 | 甲寅 | 9 | 3 |
| 17 | 3/29 | 乙卯 | 9 | 4 |
| 18 | 3/30 | 丙辰 | 9 | 5 |
| 19 | 3/31 | 丁巳 | 9 | 6 |
| 20 | 4/1 | 戊午 | 9 | 7 |
| 21 | 4/2 | 己未 | 6 | 8 |
| 22 | 4/3 | 庚申 | 6 | 9 |
| 23 | 4/4 | 辛酉 | 6 | 1 |
| 24 | 4/5 | 壬戌 | 6 | 2 |
| 25 | 4/6 | 癸亥 | 6 | 3 |
| 26 | 4/7 | 甲子 | 4 | 4 |
| 27 | 4/8 | 乙丑 | 4 | 5 |
| 28 | 4/9 | 丙寅 | 4 | 6 |
| 29 | 4/10 | 丁卯 | 4 | 7 |

**正月　壬寅　五黃土**　驚蟄 廿四 07時45分 辰時；雨水 初九 09時21分 巳時

| 農曆 | 國曆 | 干支 | 時盤 | 日盤 |
|---|---|---|---|---|
| 1 | 2/11 | 己巳 | 5 | 3 |
| 2 | 2/12 | 庚午 | 5 | 4 |
| 3 | 2/13 | 辛未 | 5 | 5 |
| 4 | 2/14 | 壬申 | 5 | 6 |
| 5 | 2/15 | 癸酉 | 5 | 7 |
| 6 | 2/16 | 甲戌 | 2 | 8 |
| 7 | 2/17 | 乙亥 | 2 | 9 |
| 8 | 2/18 | 丙子 | 2 | 1 |
| 9 | 2/19 | 丁丑 | 2 | 2 |
| 10 | 2/20 | 戊寅 | 2 | 3 |
| 11 | 2/21 | 己卯 | 9 | 4 |
| 12 | 2/22 | 庚辰 | 9 | 5 |
| 13 | 2/23 | 辛巳 | 9 | 6 |
| 14 | 2/24 | 壬午 | 9 | 7 |
| 15 | 2/25 | 癸未 | 9 | 8 |
| 16 | 2/26 | 甲申 | 6 | 9 |
| 17 | 2/27 | 乙酉 | 6 | 1 |
| 18 | 2/28 | 丙戌 | 6 | 2 |
| 19 | 3/1 | 丁亥 | 6 | 3 |
| 20 | 3/2 | 戊子 | 6 | 4 |
| 21 | 3/3 | 己丑 | 3 | 5 |
| 22 | 3/4 | 庚寅 | 3 | 6 |
| 23 | 3/5 | 辛卯 | 3 | 7 |
| 24 | 3/6 | 壬辰 | 3 | 8 |
| 25 | 3/7 | 癸巳 | 3 | 9 |
| 26 | 3/8 | 甲午 | 1 | 1 |
| 27 | 3/9 | 乙未 | 1 | 2 |
| 28 | 3/10 | 丙申 | 1 | 3 |
| 29 | 3/11 | 丁酉 | 1 | 4 |
| 30 | 3/12 | 戊戌 | 1 | 5 |

# 西元1937年（丁丑）肖牛 民國26年（女乾命）

奇門遁甲局數如標示為 一 ～九表示陰局　　如標示為1 ～9 表示陽局

| 十二月 | | | | |
|---|---|---|---|---|
| 癸丑 | | | | |
| 三碧木 | | | | |
| 大寒 00時59分 二十子時 | | 小寒 07時32分 初五辰時 | 奇門遁甲局數 | |
| 農曆 | 國曆 | 干支 | 時盤 | 日盤 |
| 1 | 1/2 | 甲午 | 2 | 4 |
| 2 | 1/3 | 乙未 | 2 | 5 |
| 3 | 1/4 | 丙申 | 2 | 6 |
| 4 | 1/5 | 丁酉 | 2 | 7 |
| 5 | 1/6 | 戊戌 | 2 | 8 |
| 6 | 1/7 | 己亥 | 8 | 9 |
| 7 | 1/8 | 庚子 | 8 | 1 |
| 8 | 1/9 | 辛丑 | 8 | 2 |
| 9 | 1/10 | 壬寅 | 8 | 3 |
| 10 | 1/11 | 癸卯 | 8 | 4 |
| 11 | 1/12 | 甲辰 | 5 | 5 |
| 12 | 1/13 | 乙巳 | 5 | 6 |
| 13 | 1/14 | 丙午 | 5 | 7 |
| 14 | 1/15 | 丁未 | 5 | 8 |
| 15 | 1/16 | 戊申 | 5 | 9 |
| 16 | 1/17 | 己酉 | 3 | 1 |
| 17 | 1/18 | 庚戌 | 3 | 2 |
| 18 | 1/19 | 辛亥 | 3 | 3 |
| 19 | 1/20 | 壬子 | 3 | 4 |
| 20 | 1/21 | 癸丑 | 3 | 5 |
| 21 | 1/22 | 甲寅 | 9 | 6 |
| 22 | 1/23 | 乙卯 | 9 | 7 |
| 23 | 1/24 | 丙辰 | 9 | 8 |
| 24 | 1/25 | 丁巳 | 9 | 9 |
| 25 | 1/26 | 戊午 | 9 | 1 |
| 26 | 1/27 | 己未 | 6 | 2 |
| 27 | 1/28 | 庚申 | 6 | 3 |
| 28 | 1/29 | 辛酉 | 6 | 4 |
| 29 | 1/30 | 壬戌 | 6 | 5 |
| | | | | |

| 十一月 | | | | |
|---|---|---|---|---|
| 壬子 | | | | |
| 四綠木 | | | | |
| 冬至 14時22分 二十未時 | | 大雪 20時27分 初五戌時 | 奇門遁甲局數 | |
| 農曆 | 國曆 | 干支 | 時盤 | 日盤 |
| 1 | 12/3 | 甲子 | 四 | 九 |
| 2 | 12/4 | 乙丑 | 四 | 八 |
| 3 | 12/5 | 丙寅 | 四 | 七 |
| 4 | 12/6 | 丁卯 | 四 | 六 |
| 5 | 12/7 | 戊辰 | 四 | 五 |
| 6 | 12/8 | 己巳 | 七 | 四 |
| 7 | 12/9 | 庚午 | 七 | 三 |
| 8 | 12/10 | 辛未 | 七 | 二 |
| 9 | 12/11 | 壬申 | 七 | 一 |
| 10 | 12/12 | 癸酉 | 七 | 九 |
| 11 | 12/13 | 甲戌 | 一 | 八 |
| 12 | 12/14 | 乙亥 | 一 | 七 |
| 13 | 12/15 | 丙子 | 一 | 六 |
| 14 | 12/16 | 丁丑 | 一 | 五 |
| 15 | 12/17 | 戊寅 | 一 | 四 |
| 16 | 12/18 | 己卯 | 1 | 三 |
| 17 | 12/19 | 庚辰 | 1 | 二 |
| 18 | 12/20 | 辛巳 | 1 | 一 |
| 19 | 12/21 | 壬午 | 1 | 九 |
| 20 | 12/22 | 癸未 | 1 | 2 |
| 21 | 12/23 | 甲申 | 7 | 3 |
| 22 | 12/24 | 乙酉 | 7 | 4 |
| 23 | 12/25 | 丙戌 | 7 | 5 |
| 24 | 12/26 | 丁亥 | 7 | 6 |
| 25 | 12/27 | 戊子 | 7 | 7 |
| 26 | 12/28 | 己丑 | 4 | 8 |
| 27 | 12/29 | 庚寅 | 4 | 9 |
| 28 | 12/30 | 辛卯 | 4 | 1 |
| 29 | 12/31 | 壬辰 | 4 | 2 |
| 30 | 1/1 | 癸巳 | 4 | 3 |

| 十　月 | | | | |
|---|---|---|---|---|
| 辛亥 | | | | |
| 五黃土 | | | | |
| 小雪 01時17分 廿一丑時 | | 立冬 03時56分 初六寅時 | 奇門遁甲局數 | |
| 農曆 | 國曆 | 干支 | 時盤 | 日盤 |
| 1 | 11/3 | 甲午 | 六 | 三 |
| 2 | 11/4 | 乙未 | 六 | 二 |
| 3 | 11/5 | 丙申 | 六 | 一 |
| 4 | 11/6 | 丁酉 | 六 | 九 |
| 5 | 11/7 | 戊戌 | 六 | 八 |
| 6 | 11/8 | 己亥 | 九 | 七 |
| 7 | 11/9 | 庚子 | 九 | 六 |
| 8 | 11/10 | 辛丑 | 九 | 五 |
| 9 | 11/11 | 壬寅 | 九 | 四 |
| 10 | 11/12 | 癸卯 | 九 | 三 |
| 11 | 11/13 | 甲辰 | 三 | 二 |
| 12 | 11/14 | 乙巳 | 三 | 一 |
| 13 | 11/15 | 丙午 | 三 | 九 |
| 14 | 11/16 | 丁未 | 三 | 八 |
| 15 | 11/17 | 戊申 | 三 | 七 |
| 16 | 11/18 | 己酉 | 五 | 六 |
| 17 | 11/19 | 庚戌 | 五 | 五 |
| 18 | 11/20 | 辛亥 | 五 | 四 |
| 19 | 11/21 | 壬子 | 五 | 三 |
| 20 | 11/22 | 癸丑 | 五 | 二 |
| 21 | 11/23 | 甲寅 | 八 | 一 |
| 22 | 11/24 | 乙卯 | 八 | 九 |
| 23 | 11/25 | 丙辰 | 八 | 八 |
| 24 | 11/26 | 丁巳 | 八 | 七 |
| 25 | 11/27 | 戊午 | 八 | 六 |
| 26 | 11/28 | 己未 | 二 | 五 |
| 27 | 11/29 | 庚申 | 二 | 四 |
| 28 | 11/30 | 辛酉 | 二 | 三 |
| 29 | 12/1 | 壬戌 | 二 | 二 |
| 30 | 12/2 | 癸亥 | 二 | 一 |

| 九　月 | | | | |
|---|---|---|---|---|
| 庚戌 | | | | |
| 六白金 | | | | |
| 霜降 04時07分 廿一寅時 | | 寒露 01時11分 初六丑時 | 奇門遁甲局數 | |
| 農曆 | 國曆 | 干支 | 時盤 | 日盤 |
| 1 | 10/4 | 甲子 | 六 | 六 |
| 2 | 10/5 | 乙丑 | 六 | 五 |
| 3 | 10/6 | 丙寅 | 六 | 四 |
| 4 | 10/7 | 丁卯 | 六 | 三 |
| 5 | 10/8 | 戊辰 | 六 | 二 |
| 6 | 10/9 | 己巳 | 九 | 一 |
| 7 | 10/10 | 庚午 | 九 | 九 |
| 8 | 10/11 | 辛未 | 九 | 八 |
| 9 | 10/12 | 壬申 | 九 | 七 |
| 10 | 10/13 | 癸酉 | 九 | 六 |
| 11 | 10/14 | 甲戌 | 三 | 五 |
| 12 | 10/15 | 乙亥 | 三 | 四 |
| 13 | 10/16 | 丙子 | 三 | 三 |
| 14 | 10/17 | 丁丑 | 三 | 二 |
| 15 | 10/18 | 戊寅 | 三 | 一 |
| 16 | 10/19 | 己卯 | 五 | 九 |
| 17 | 10/20 | 庚辰 | 五 | 八 |
| 18 | 10/21 | 辛巳 | 五 | 七 |
| 19 | 10/22 | 壬午 | 五 | 六 |
| 20 | 10/23 | 癸未 | 五 | 五 |
| 21 | 10/24 | 甲申 | 八 | 四 |
| 22 | 10/25 | 乙酉 | 八 | 三 |
| 23 | 10/26 | 丙戌 | 八 | 二 |
| 24 | 10/27 | 丁亥 | 八 | 一 |
| 25 | 10/28 | 戊子 | 八 | 九 |
| 26 | 10/29 | 己丑 | 二 | 八 |
| 27 | 10/30 | 庚寅 | 二 | 七 |
| 28 | 10/31 | 辛卯 | 二 | 六 |
| 29 | 11/1 | 壬辰 | 二 | 五 |
| 30 | 11/2 | 癸巳 | 二 | 四 |

| 八　月 | | | | |
|---|---|---|---|---|
| 己酉 | | | | |
| 七赤金 | | | | |
| 秋分 19時13分 十九戌時 | | 白露 10時00分 初四巳時 | 奇門遁甲局數 | |
| 農曆 | 國曆 | 干支 | 時盤 | 日盤 |
| 1 | 9/5 | 乙未 | 九 | 八 |
| 2 | 9/6 | 丙申 | 九 | 七 |
| 3 | 9/7 | 丁酉 | 九 | 六 |
| 4 | 9/8 | 戊戌 | 九 | 五 |
| 5 | 9/9 | 己亥 | 三 | 四 |
| 6 | 9/10 | 庚子 | 三 | 三 |
| 7 | 9/11 | 辛丑 | 三 | 二 |
| 8 | 9/12 | 壬寅 | 三 | 一 |
| 9 | 9/13 | 癸卯 | 三 | 九 |
| 10 | 9/14 | 甲辰 | 六 | 八 |
| 11 | 9/15 | 乙巳 | 六 | 七 |
| 12 | 9/16 | 丙午 | 六 | 六 |
| 13 | 9/17 | 丁未 | 六 | 五 |
| 14 | 9/18 | 戊申 | 六 | 四 |
| 15 | 9/19 | 己酉 | 七 | 三 |
| 16 | 9/20 | 庚戌 | 七 | 二 |
| 17 | 9/21 | 辛亥 | 七 | 一 |
| 18 | 9/22 | 壬子 | 七 | 九 |
| 19 | 9/23 | 癸丑 | 七 | 八 |
| 20 | 9/24 | 甲寅 | 一 | 七 |
| 21 | 9/25 | 乙卯 | 一 | 六 |
| 22 | 9/26 | 丙辰 | 一 | 五 |
| 23 | 9/27 | 丁巳 | 一 | 四 |
| 24 | 9/28 | 戊午 | 一 | 三 |
| 25 | 9/29 | 己未 | 四 | 二 |
| 26 | 9/30 | 庚申 | 四 | 一 |
| 27 | 10/1 | 辛酉 | 四 | 九 |
| 28 | 10/2 | 壬戌 | 四 | 八 |
| 29 | 10/3 | 癸亥 | 四 | 七 |
| | | | | |

| 七　月 | | | | |
|---|---|---|---|---|
| 戊申 | | | | |
| 八白土 | | | | |
| 處暑 21時58分 十八亥時 | | 立秋 07時26分 初三辰時 | 奇門遁甲局數 | |
| 農曆 | 國曆 | 干支 | 時盤 | 日盤 |
| 1 | 8/6 | 乙丑 | 二 | 二 |
| 2 | 8/7 | 丙寅 | 二 | 一 |
| 3 | 8/8 | 丁卯 | 二 | 九 |
| 4 | 8/9 | 戊辰 | 二 | 八 |
| 5 | 8/10 | 己巳 | 五 | 七 |
| 6 | 8/11 | 庚午 | 五 | 六 |
| 7 | 8/12 | 辛未 | 五 | 五 |
| 8 | 8/13 | 壬申 | 五 | 四 |
| 9 | 8/14 | 癸酉 | 五 | 三 |
| 10 | 8/15 | 甲戌 | 八 | 二 |
| 11 | 8/16 | 乙亥 | 八 | 一 |
| 12 | 8/17 | 丙子 | 八 | 九 |
| 13 | 8/18 | 丁丑 | 八 | 八 |
| 14 | 8/19 | 戊寅 | 八 | 七 |
| 15 | 8/20 | 己卯 | 一 | 六 |
| 16 | 8/21 | 庚辰 | 一 | 五 |
| 17 | 8/22 | 辛巳 | 一 | 四 |
| 18 | 8/23 | 壬午 | 一 | 三 |
| 19 | 8/24 | 癸未 | 一 | 二 |
| 20 | 8/25 | 甲申 | 四 | 一 |
| 21 | 8/26 | 乙酉 | 四 | 九 |
| 22 | 8/27 | 丙戌 | 四 | 八 |
| 23 | 8/28 | 丁亥 | 四 | 七 |
| 24 | 8/29 | 戊子 | 四 | 六 |
| 25 | 8/30 | 己丑 | 七 | 五 |
| 26 | 8/31 | 庚寅 | 七 | 四 |
| 27 | 9/1 | 辛卯 | 七 | 三 |
| 28 | 9/2 | 壬辰 | 七 | 二 |
| 29 | 9/3 | 癸巳 | 七 | 一 |
| 30 | 9/4 | 甲午 | 九 | 九 |

# 西元1938年（戊寅）肖虎 民國27年（男艮命）

奇門遁甲局數如標示為 一 ～九表示陰局　　如標示為1 ～9 表示陽局

| 六月 | | | | | 五月 | | | | | 四月 | | | | | 三月 | | | | | 二月 | | | | | 正月 | | | | |
|---|---|---|---|---|---|---|---|---|---|---|---|---|---|---|---|---|---|---|---|---|---|---|---|---|---|---|---|---|---|
| 己未 | | | | | 戊午 | | | | | 丁巳 | | | | | 丙辰 | | | | | 乙卯 | | | | | 甲寅 | | | | |
| 六白金 | | | | | 七赤金 | | | | | 八白土 | | | | | 九紫火 | | | | | 一白水 | | | | | 二黑土 | | | | |
| 大暑 20時57分 廿六戌時 | | 小暑 03時32分 十一寅時 | 奇門遁甲局數 | | 夏至 10時04分 廿五巳時 | | 芒種 17時07分 初九酉時 | 奇門遁甲局數 | | 小滿 01時51分 廿三丑時 | | 立夏 12時36分 初七午時 | 奇門遁甲局數 | | 穀雨 02時15分 廿一丑時 | | 清明 18時49分 初五酉時 | 奇門遁甲局數 | | 春分 14時43分 二十未時 | | 驚蟄 13時34分 初五未時 | 奇門遁甲局數 | | 雨水 15時20分 二十申時 | | 立春 19時15分 初五戌時 | 奇門遁甲局數 | |
| 農曆 | 國曆 | 干支 | 時盤 | 日盤 | 農曆 | 國曆 | 干支 | 時盤 | 日盤 | 農曆 | 國曆 | 干支 | 時盤 | 日盤 | 農曆 | 國曆 | 干支 | 時盤 | 日盤 | 農曆 | 國曆 | 干支 | 時盤 | 日盤 | 農曆 | 國曆 | 干支 | 時盤 | 日盤 |
| 1 | 6/28 | 辛卯 | 六 | 九 | 1 | 5/29 | 辛酉 | 8 | 7 | 1 | 4/30 | 壬辰 | 8 | 5 | 1 | 4/1 | 癸亥 | 6 | 3 | 1 | 3/2 | 癸巳 | 3 | 9 | 1 | 1/31 | 癸亥 | 6 | 6 |
| 2 | 6/29 | 壬辰 | 六 | 八 | 2 | 5/30 | 壬戌 | 8 | 8 | 2 | 5/1 | 癸巳 | 8 | 6 | 2 | 4/2 | 甲子 | 4 | 4 | 2 | 3/3 | 甲午 | 1 | 1 | 2 | 2/1 | 甲子 | 8 | 7 |
| 3 | 6/30 | 癸巳 | 六 | 七 | 3 | 5/31 | 癸亥 | 8 | 9 | 3 | 5/2 | 甲午 | 4 | 7 | 3 | 4/3 | 乙丑 | 4 | 5 | 3 | 3/4 | 乙未 | 1 | 2 | 3 | 2/2 | 乙丑 | 8 | 8 |
| 4 | 7/1 | 甲午 | 八 | 六 | 4 | 6/1 | 甲子 | 6 | 1 | 4 | 5/3 | 乙未 | 4 | 8 | 4 | 4/4 | 丙寅 | 4 | 6 | 4 | 3/5 | 丙申 | 1 | 3 | 4 | 2/3 | 丙寅 | 8 | 9 |
| 5 | 7/2 | 乙未 | 八 | 五 | 5 | 6/2 | 乙丑 | 6 | 2 | 5 | 5/4 | 丙申 | 4 | 9 | 5 | 4/5 | 丁卯 | 4 | 7 | 5 | 3/6 | 丁酉 | 1 | 4 | 5 | 2/4 | 丁卯 | 8 | 1 |
| 6 | 7/3 | 丙申 | 八 | 四 | 6 | 6/3 | 丙寅 | 6 | 3 | 6 | 5/5 | 丁酉 | 4 | 1 | 6 | 4/6 | 戊辰 | 4 | 8 | 6 | 3/7 | 戊戌 | 1 | 5 | 6 | 2/5 | 戊辰 | 8 | 2 |
| 7 | 7/4 | 丁酉 | 八 | 三 | 7 | 6/4 | 丁卯 | 6 | 4 | 7 | 5/6 | 戊戌 | 4 | 2 | 7 | 4/7 | 己巳 | 1 | 9 | 7 | 3/8 | 己亥 | 7 | 6 | 7 | 2/6 | 己巳 | 5 | 3 |
| 8 | 7/5 | 戊戌 | 八 | 二 | 8 | 6/5 | 戊辰 | 6 | 5 | 8 | 5/7 | 己亥 | 1 | 3 | 8 | 4/8 | 庚午 | 1 | 1 | 8 | 3/9 | 庚子 | 7 | 7 | 8 | 2/7 | 庚午 | 5 | 4 |
| 9 | 7/6 | 己亥 | 二 | 一 | 9 | 6/6 | 己巳 | 3 | 6 | 9 | 5/8 | 庚子 | 1 | 4 | 9 | 4/9 | 辛未 | 1 | 2 | 9 | 3/10 | 辛丑 | 7 | 8 | 9 | 2/8 | 辛未 | 5 | 5 |
| 10 | 7/7 | 庚子 | 二 | 九 | 10 | 6/7 | 庚午 | 3 | 7 | 10 | 5/9 | 辛丑 | 1 | 5 | 10 | 4/10 | 壬申 | 1 | 3 | 10 | 3/11 | 壬寅 | 7 | 9 | 10 | 2/9 | 壬申 | 5 | 6 |
| 11 | 7/8 | 辛丑 | 二 | 八 | 11 | 6/8 | 辛未 | 3 | 8 | 11 | 5/10 | 壬寅 | 1 | 6 | 11 | 4/11 | 癸酉 | 1 | 4 | 11 | 3/12 | 癸卯 | 7 | 1 | 11 | 2/10 | 癸酉 | 5 | 7 |
| 12 | 7/9 | 壬寅 | 二 | 七 | 12 | 6/9 | 壬申 | 3 | 9 | 12 | 5/11 | 癸卯 | 1 | 7 | 12 | 4/12 | 甲戌 | 7 | 5 | 12 | 3/13 | 甲辰 | 4 | 2 | 12 | 2/11 | 甲戌 | 2 | 8 |
| 13 | 7/10 | 癸卯 | 二 | 六 | 13 | 6/10 | 癸酉 | 3 | 1 | 13 | 5/12 | 甲辰 | 7 | 8 | 13 | 4/13 | 乙亥 | 7 | 6 | 13 | 3/14 | 乙巳 | 4 | 3 | 13 | 2/12 | 乙亥 | 2 | 9 |
| 14 | 7/11 | 甲辰 | 五 | 五 | 14 | 6/11 | 甲戌 | 9 | 2 | 14 | 5/13 | 乙巳 | 7 | 9 | 14 | 4/14 | 丙子 | 7 | 7 | 14 | 3/15 | 丙午 | 4 | 4 | 14 | 2/13 | 丙子 | 2 | 1 |
| 15 | 7/12 | 乙巳 | 五 | 四 | 15 | 6/12 | 乙亥 | 9 | 3 | 15 | 5/14 | 丙午 | 7 | 1 | 15 | 4/15 | 丁丑 | 7 | 8 | 15 | 3/16 | 丁未 | 4 | 5 | 15 | 2/14 | 丁丑 | 2 | 2 |
| 16 | 7/13 | 丙午 | 五 | 三 | 16 | 6/13 | 丙子 | 9 | 4 | 16 | 5/15 | 丁未 | 7 | 2 | 16 | 4/16 | 戊寅 | 7 | 9 | 16 | 3/17 | 戊申 | 4 | 6 | 16 | 2/15 | 戊寅 | 2 | 3 |
| 17 | 7/14 | 丁未 | 五 | 二 | 17 | 6/14 | 丁丑 | 9 | 5 | 17 | 5/16 | 戊申 | 7 | 3 | 17 | 4/17 | 己卯 | 5 | 1 | 17 | 3/18 | 己酉 | 3 | 7 | 17 | 2/16 | 己卯 | 9 | 4 |
| 18 | 7/15 | 戊申 | 五 | 一 | 18 | 6/15 | 戊寅 | 9 | 6 | 18 | 5/17 | 己酉 | 5 | 4 | 18 | 4/18 | 庚辰 | 5 | 2 | 18 | 3/19 | 庚戌 | 3 | 8 | 18 | 2/17 | 庚辰 | 9 | 5 |
| 19 | 7/16 | 己酉 | 七 | 九 | 19 | 6/16 | 己卯 | 九 | 7 | 19 | 5/18 | 庚戌 | 5 | 5 | 19 | 4/19 | 辛巳 | 5 | 3 | 19 | 3/20 | 辛亥 | 3 | 9 | 19 | 2/18 | 辛巳 | 9 | 6 |
| 20 | 7/17 | 庚戌 | 七 | 八 | 20 | 6/17 | 庚辰 | 九 | 8 | 20 | 5/19 | 辛亥 | 5 | 6 | 20 | 4/20 | 壬午 | 5 | 4 | 20 | 3/21 | 壬子 | 3 | 1 | 20 | 2/19 | 壬午 | 9 | 7 |
| 21 | 7/18 | 辛亥 | 七 | 七 | 21 | 6/18 | 辛巳 | 九 | 9 | 21 | 5/20 | 壬子 | 5 | 7 | 21 | 4/21 | 癸未 | 5 | 5 | 21 | 3/22 | 癸丑 | 3 | 2 | 21 | 2/20 | 癸未 | 9 | 8 |
| 22 | 7/19 | 壬子 | 七 | 六 | 22 | 6/19 | 壬午 | 九 | 1 | 22 | 5/21 | 癸丑 | 5 | 8 | 22 | 4/22 | 甲申 | 2 | 6 | 22 | 3/23 | 甲寅 | 9 | 3 | 22 | 2/21 | 甲申 | 6 | 9 |
| 23 | 7/20 | 癸丑 | 七 | 五 | 23 | 6/20 | 癸未 | 九 | 2 | 23 | 5/22 | 甲寅 | 2 | 9 | 23 | 4/23 | 乙酉 | 2 | 7 | 23 | 3/24 | 乙卯 | 9 | 4 | 23 | 2/22 | 乙酉 | 6 | 1 |
| 24 | 7/21 | 甲寅 | 一 | 四 | 24 | 6/21 | 甲申 | 三 | 3 | 24 | 5/23 | 乙卯 | 2 | 1 | 24 | 4/24 | 丙戌 | 2 | 8 | 24 | 3/25 | 丙辰 | 9 | 5 | 24 | 2/23 | 丙戌 | 6 | 2 |
| 25 | 7/22 | 乙卯 | 一 | 三 | 25 | 6/22 | 乙酉 | 三 | 六 | 25 | 5/24 | 丙辰 | 2 | 2 | 25 | 4/25 | 丁亥 | 2 | 9 | 25 | 3/26 | 丁巳 | 9 | 6 | 25 | 2/24 | 丁亥 | 6 | 3 |
| 26 | 7/23 | 丙辰 | 一 | 二 | 26 | 6/23 | 丙戌 | 三 | 五 | 26 | 5/25 | 丁巳 | 2 | 3 | 26 | 4/26 | 戊子 | 2 | 1 | 26 | 3/27 | 戊午 | 9 | 7 | 26 | 2/25 | 戊子 | 6 | 4 |
| 27 | 7/24 | 丁巳 | 一 | 一 | 27 | 6/24 | 丁亥 | 三 | 四 | 27 | 5/26 | 戊午 | 2 | 4 | 27 | 4/27 | 己丑 | 8 | 2 | 27 | 3/28 | 己未 | 6 | 8 | 27 | 2/26 | 己丑 | 3 | 5 |
| 28 | 7/25 | 戊午 | 一 | 九 | 28 | 6/25 | 戊子 | 三 | 三 | 28 | 5/27 | 己未 | 8 | 5 | 28 | 4/28 | 庚寅 | 8 | 3 | 28 | 3/29 | 庚申 | 6 | 9 | 28 | 2/27 | 庚寅 | 3 | 6 |
| 29 | 7/26 | 己未 | 四 | 八 | 29 | 6/26 | 己丑 | 六 | 二 | 29 | 5/28 | 庚申 | 8 | 6 | 29 | 4/29 | 辛卯 | 8 | 4 | 29 | 3/30 | 辛酉 | 6 | 1 | 29 | 2/28 | 辛卯 | 3 | 7 |
| | | | | | 30 | 6/27 | 庚寅 | 六 | 一 | | | | | | | | | | | 30 | 3/31 | 壬戌 | 6 | 2 | 30 | 3/1 | 壬辰 | 3 | 8 |

# 西元1938年（戊寅）肖虎 民國27年（女兌命）

奇門遁甲局數如標示為 一 ～九表示陰局　　如標示為1 ～9 表示陽局

| 十二月 | | | | |
|---|---|---|---|---|
| 乙丑 | | | | |
| 九紫火 | | | | |
| 立春 01時11分 十七丑時 | | 大寒 06時51分 初二卯時 | 奇門遁甲局數 | |
| 農曆 | 國曆 | 干支 | 時盤 | 日盤 |
| 1 | 1/20 | 丁巳 | 8 | 9 |
| 2 | 1/21 | 戊午 | 8 | 1 |
| 3 | 1/22 | 己未 | 5 | 2 |
| 4 | 1/23 | 庚申 | 5 | 3 |
| 5 | 1/24 | 辛酉 | 5 | 4 |
| 6 | 1/25 | 壬戌 | 5 | 5 |
| 7 | 1/26 | 癸亥 | 5 | 6 |
| 8 | 1/27 | 甲子 | 3 | 7 |
| 9 | 1/28 | 乙丑 | 3 | 8 |
| 10 | 1/29 | 丙寅 | 3 | 9 |
| 11 | 1/30 | 丁卯 | 3 | 1 |
| 12 | 1/31 | 戊辰 | 3 | 2 |
| 13 | 2/1 | 己巳 | 9 | 3 |
| 14 | 2/2 | 庚午 | 9 | 4 |
| 15 | 2/3 | 辛未 | 9 | 5 |
| 16 | 2/4 | 壬申 | 9 | 6 |
| 17 | 2/5 | 癸酉 | 9 | 7 |
| 18 | 2/6 | 甲戌 | 6 | 8 |
| 19 | 2/7 | 乙亥 | 6 | 9 |
| 20 | 2/8 | 丙子 | 6 | 1 |
| 21 | 2/9 | 丁丑 | 6 | 2 |
| 22 | 2/10 | 戊寅 | 6 | 3 |
| 23 | 2/11 | 己卯 | 8 | 4 |
| 24 | 2/12 | 庚辰 | 8 | 5 |
| 25 | 2/13 | 辛巳 | 8 | 6 |
| 26 | 2/14 | 壬午 | 8 | 7 |
| 27 | 2/15 | 癸未 | 8 | 8 |
| 28 | 2/16 | 甲申 | 5 | 9 |
| 29 | 2/17 | 乙酉 | 5 | 1 |
| 30 | 2/18 | 丙戌 | 5 | 2 |

| 十一月 | | | | |
|---|---|---|---|---|
| 甲子 | | | | |
| 一白水 | | | | |
| 小寒 13時28分 十六未時 | | 冬至 20時14分 初一戌時 | 奇門遁甲局數 | |
| 農曆 | 國曆 | 干支 | 時盤 | 日盤 |
| 1 | 12/22 | 戊子 | 七 | 7 |
| 2 | 12/23 | 己丑 | 一 | 8 |
| 3 | 12/24 | 庚寅 | 一 | 9 |
| 4 | 12/25 | 辛卯 | 一 | 1 |
| 5 | 12/26 | 壬辰 | 一 | 2 |
| 6 | 12/27 | 癸巳 | 一 | 3 |
| 7 | 12/28 | 甲午 | 1 | 4 |
| 8 | 12/29 | 乙未 | 1 | 5 |
| 9 | 12/30 | 丙申 | 1 | 6 |
| 10 | 12/31 | 丁酉 | 1 | 7 |
| 11 | 1/1 | 戊戌 | 1 | 8 |
| 12 | 1/2 | 己亥 | 7 | 9 |
| 13 | 1/3 | 庚子 | 7 | 1 |
| 14 | 1/4 | 辛丑 | 7 | 2 |
| 15 | 1/5 | 壬寅 | 7 | 3 |
| 16 | 1/6 | 癸卯 | 7 | 4 |
| 17 | 1/7 | 甲辰 | 4 | 5 |
| 18 | 1/8 | 乙巳 | 4 | 6 |
| 19 | 1/9 | 丙午 | 4 | 7 |
| 20 | 1/10 | 丁未 | 4 | 8 |
| 21 | 1/11 | 戊申 | 4 | 9 |
| 22 | 1/12 | 己酉 | 2 | 1 |
| 23 | 1/13 | 庚戌 | 2 | 2 |
| 24 | 1/14 | 辛亥 | 2 | 3 |
| 25 | 1/15 | 壬子 | 2 | 4 |
| 26 | 1/16 | 癸丑 | 2 | 5 |
| 27 | 1/17 | 甲寅 | 8 | 6 |
| 28 | 1/18 | 乙卯 | 8 | 7 |
| 29 | 1/19 | 丙辰 | 8 | 8 |

| 十　月 | | | | |
|---|---|---|---|---|
| 癸亥 | | | | |
| 二黑土 | | | | |
| 大雪 02時23分 十七丑時 | | 小雪 07時07分 初二辰時 | 奇門遁甲局數 | |
| 農曆 | 國曆 | 干支 | 時盤 | 日盤 |
| 1 | 11/22 | 戊午 | 八 | 六 |
| 2 | 11/23 | 己未 | 二 | 五 |
| 3 | 11/24 | 庚申 | 二 | 四 |
| 4 | 11/25 | 辛酉 | 二 | 三 |
| 5 | 11/26 | 壬戌 | 二 | 二 |
| 6 | 11/27 | 癸亥 | 二 | 一 |
| 7 | 11/28 | 甲子 | 四 | 九 |
| 8 | 11/29 | 乙丑 | 四 | 八 |
| 9 | 11/30 | 丙寅 | 四 | 七 |
| 10 | 12/1 | 丁卯 | 四 | 六 |
| 11 | 12/2 | 戊辰 | 四 | 五 |
| 12 | 12/3 | 己巳 | 七 | 四 |
| 13 | 12/4 | 庚午 | 七 | 三 |
| 14 | 12/5 | 辛未 | 七 | 二 |
| 15 | 12/6 | 壬申 | 七 | 一 |
| 16 | 12/7 | 癸酉 | 七 | 九 |
| 17 | 12/8 | 甲戌 | 一 | 八 |
| 18 | 12/9 | 乙亥 | 一 | 七 |
| 19 | 12/10 | 丙子 | 一 | 六 |
| 20 | 12/11 | 丁丑 | 一 | 五 |
| 21 | 12/12 | 戊寅 | 一 | 四 |
| 22 | 12/13 | 己卯 | 四 | 三 |
| 23 | 12/14 | 庚辰 | 四 | 二 |
| 24 | 12/15 | 辛巳 | 四 | 一 |
| 25 | 12/16 | 壬午 | 四 | 九 |
| 26 | 12/17 | 癸未 | 四 | 八 |
| 27 | 12/18 | 甲申 | 七 | 七 |
| 28 | 12/19 | 乙酉 | 七 | 六 |
| 29 | 12/20 | 丙戌 | 七 | 五 |
| 30 | 12/21 | 丁亥 | 七 | 四 |

| 九　月 | | | | |
|---|---|---|---|---|
| 壬戌 | | | | |
| 三碧木 | | | | |
| 立冬 09時49分 十七巳時 | | 霜降 09時54分 初二巳時 | 奇門遁甲局數 | |
| 農曆 | 國曆 | 干支 | 時盤 | 日盤 |
| 1 | 10/23 | 戊子 | 八 | 九 |
| 2 | 10/24 | 己丑 | 二 | 八 |
| 3 | 10/25 | 庚寅 | 二 | 七 |
| 4 | 10/26 | 辛卯 | 二 | 六 |
| 5 | 10/27 | 壬辰 | 二 | 五 |
| 6 | 10/28 | 癸巳 | 二 | 四 |
| 7 | 10/29 | 甲午 | 六 | 三 |
| 8 | 10/30 | 乙未 | 六 | 二 |
| 9 | 10/31 | 丙申 | 六 | 一 |
| 10 | 11/1 | 丁酉 | 六 | 九 |
| 11 | 11/2 | 戊戌 | 六 | 八 |
| 12 | 11/3 | 己亥 | 九 | 七 |
| 13 | 11/4 | 庚子 | 九 | 六 |
| 14 | 11/5 | 辛丑 | 九 | 五 |
| 15 | 11/6 | 壬寅 | 九 | 四 |
| 16 | 11/7 | 癸卯 | 九 | 三 |
| 17 | 11/8 | 甲辰 | 三 | 二 |
| 18 | 11/9 | 乙巳 | 三 | 一 |
| 19 | 11/10 | 丙午 | 三 | 九 |
| 20 | 11/11 | 丁未 | 三 | 八 |
| 21 | 11/12 | 戊申 | 三 | 七 |
| 22 | 11/13 | 己酉 | 五 | 六 |
| 23 | 11/14 | 庚戌 | 五 | 五 |
| 24 | 11/15 | 辛亥 | 五 | 四 |
| 25 | 11/16 | 壬子 | 五 | 三 |
| 26 | 11/17 | 癸丑 | 五 | 二 |
| 27 | 11/18 | 甲寅 | 八 | 一 |
| 28 | 11/19 | 乙卯 | 八 | 九 |
| 29 | 11/20 | 丙辰 | 八 | 八 |
| 30 | 11/21 | 丁巳 | 八 | 七 |

| 八　月 | | | | |
|---|---|---|---|---|
| 辛酉 | | | | |
| 四綠木 | | | | |
| 寒露 07時02分 十六辰時 | | 秋分 01時00分 初一丑時 | 奇門遁甲局數 | |
| 農曆 | 國曆 | 干支 | 時盤 | 日盤 |
| 1 | 9/24 | 己未 | 四 | 二 |
| 2 | 9/25 | 庚申 | 四 | 一 |
| 3 | 9/26 | 辛酉 | 四 | 九 |
| 4 | 9/27 | 壬戌 | 四 | 八 |
| 5 | 9/28 | 癸亥 | 四 | 七 |
| 6 | 9/29 | 甲子 | 六 | 六 |
| 7 | 9/30 | 乙丑 | 六 | 五 |
| 8 | 10/1 | 丙寅 | 六 | 四 |
| 9 | 10/2 | 丁卯 | 六 | 三 |
| 10 | 10/3 | 戊辰 | 六 | 二 |
| 11 | 10/4 | 己巳 | 九 | 一 |
| 12 | 10/5 | 庚午 | 九 | 九 |
| 13 | 10/6 | 辛未 | 九 | 八 |
| 14 | 10/7 | 壬申 | 九 | 七 |
| 15 | 10/8 | 癸酉 | 九 | 六 |
| 16 | 10/9 | 甲戌 | 三 | 五 |
| 17 | 10/10 | 乙亥 | 三 | 四 |
| 18 | 10/11 | 丙子 | 三 | 三 |
| 19 | 10/12 | 丁丑 | 三 | 二 |
| 20 | 10/13 | 戊寅 | 三 | 一 |
| 21 | 10/14 | 己卯 | 五 | 九 |
| 22 | 10/15 | 庚辰 | 五 | 八 |
| 23 | 10/16 | 辛巳 | 五 | 七 |
| 24 | 10/17 | 壬午 | 五 | 六 |
| 25 | 10/18 | 癸未 | 五 | 五 |
| 26 | 10/19 | 甲申 | 八 | 四 |
| 27 | 10/20 | 乙酉 | 八 | 三 |
| 28 | 10/21 | 丙戌 | 八 | 二 |
| 29 | 10/22 | 丁亥 | 八 | 一 |

| 潤七　月 | | | | |
|---|---|---|---|---|
| 辛酉 | | | | |
| | | | | |
| 白露 15時49分 十五申時 | | | 奇門遁甲局數 | |
| 農曆 | 國曆 | 干支 | 時盤 | 日盤 |
| 1 | 8/25 | 己丑 | 七 | 五 |
| 2 | 8/26 | 庚寅 | 七 | 四 |
| 3 | 8/27 | 辛卯 | 七 | 三 |
| 4 | 8/28 | 壬辰 | 七 | 二 |
| 5 | 8/29 | 癸巳 | 七 | 一 |
| 6 | 8/30 | 甲午 | 九 | 九 |
| 7 | 8/31 | 乙未 | 九 | 八 |
| 8 | 9/1 | 丙申 | 九 | 七 |
| 9 | 9/2 | 丁酉 | 九 | 六 |
| 10 | 9/3 | 戊戌 | 九 | 五 |
| 11 | 9/4 | 己亥 | 三 | 四 |
| 12 | 9/5 | 庚子 | 三 | 三 |
| 13 | 9/6 | 辛丑 | 三 | 二 |
| 14 | 9/7 | 壬寅 | 三 | 一 |
| 15 | 9/8 | 癸卯 | 三 | 九 |
| 16 | 9/9 | 甲辰 | 六 | 八 |
| 17 | 9/10 | 乙巳 | 六 | 七 |
| 18 | 9/11 | 丙午 | 六 | 六 |
| 19 | 9/12 | 丁未 | 六 | 五 |
| 20 | 9/13 | 戊申 | 六 | 四 |
| 21 | 9/14 | 己酉 | 七 | 三 |
| 22 | 9/15 | 庚戌 | 七 | 二 |
| 23 | 9/16 | 辛亥 | 七 | 一 |
| 24 | 9/17 | 壬子 | 七 | 九 |
| 25 | 9/18 | 癸丑 | 七 | 八 |
| 26 | 9/19 | 甲寅 | 一 | 七 |
| 27 | 9/20 | 乙卯 | 一 | 六 |
| 28 | 9/21 | 丙辰 | 一 | 五 |
| 29 | 9/22 | 丁巳 | 一 | 四 |
| 30 | 9/23 | 戊午 | 一 | 三 |

| 七　月 | | | | |
|---|---|---|---|---|
| 庚申 | | | | |
| 五黃土 | | | | |
| 處暑 03時46分 廿九寅時 | | 立秋 13時13分 十三未時 | 奇門遁甲局數 | |
| 農曆 | 國曆 | 干支 | 時盤 | 日盤 |
| 1 | 7/27 | 庚申 | 四 | 七 |
| 2 | 7/28 | 辛酉 | 四 | 六 |
| 3 | 7/29 | 壬戌 | 四 | 五 |
| 4 | 7/30 | 癸亥 | 四 | 四 |
| 5 | 7/31 | 甲子 | 二 | 三 |
| 6 | 8/1 | 乙丑 | 二 | 二 |
| 7 | 8/2 | 丙寅 | 二 | 一 |
| 8 | 8/3 | 丁卯 | 二 | 九 |
| 9 | 8/4 | 戊辰 | 二 | 八 |
| 10 | 8/5 | 己巳 | 五 | 七 |
| 11 | 8/6 | 庚午 | 五 | 六 |
| 12 | 8/7 | 辛未 | 五 | 五 |
| 13 | 8/8 | 壬申 | 五 | 四 |
| 14 | 8/9 | 癸酉 | 五 | 三 |
| 15 | 8/10 | 甲戌 | 八 | 二 |
| 16 | 8/11 | 乙亥 | 八 | 一 |
| 17 | 8/12 | 丙子 | 八 | 九 |
| 18 | 8/13 | 丁丑 | 八 | 八 |
| 19 | 8/14 | 戊寅 | 八 | 七 |
| 20 | 8/15 | 己卯 | 一 | 六 |
| 21 | 8/16 | 庚辰 | 一 | 五 |
| 22 | 8/17 | 辛巳 | 一 | 四 |
| 23 | 8/18 | 壬午 | 一 | 三 |
| 24 | 8/19 | 癸未 | 一 | 二 |
| 25 | 8/20 | 甲申 | 四 | 一 |
| 26 | 8/21 | 乙酉 | 四 | 九 |
| 27 | 8/22 | 丙戌 | 四 | 八 |
| 28 | 8/23 | 丁亥 | 四 | 七 |
| 29 | 8/24 | 戊子 | 四 | 六 |

# 西元1939年（己卯）肖兔 民國28年（男兌命）

奇門遁甲局數如標示為 一 ～九表示陰局　　如標示為1 ～9 表示陽局

| 六月 | | | | |
|---|---|---|---|---|
| 辛未 | | | | |
| 三碧木 | | | | |
| 立秋<br>19時04分<br>廿三戌時 | | 大暑<br>02時37分<br>初八丑時 | 奇門遁甲局數 | |
| 農曆 | 國曆 | 干支 | 時盤 | 日盤 |
| 1 | 7/17 | 乙卯 | 二 | 三 |
| 2 | 7/18 | 丙辰 | 二 | 二 |
| 3 | 7/19 | 丁巳 | 二 | 一 |
| 4 | 7/20 | 戊午 | 二 | 九 |
| 5 | 7/21 | 己未 | 五 | 八 |
| 6 | 7/22 | 庚申 | 五 | 七 |
| 7 | 7/23 | 辛酉 | 五 | 六 |
| 8 | 7/24 | 壬戌 | 五 | 五 |
| 9 | 7/25 | 癸亥 | 五 | 四 |
| 10 | 7/26 | 甲子 | 七 | 三 |
| 11 | 7/27 | 乙丑 | 七 | 二 |
| 12 | 7/28 | 丙寅 | 七 | 一 |
| 13 | 7/29 | 丁卯 | 七 | 九 |
| 14 | 7/30 | 戊辰 | 七 | 八 |
| 15 | 7/31 | 己巳 | 一 | 七 |
| 16 | 8/1 | 庚午 | 一 | 六 |
| 17 | 8/2 | 辛未 | 一 | 五 |
| 18 | 8/3 | 壬申 | 一 | 四 |
| 19 | 8/4 | 癸酉 | 一 | 三 |
| 20 | 8/5 | 甲戌 | 四 | 二 |
| 21 | 8/6 | 乙亥 | 四 | 一 |
| 22 | 8/7 | 丙子 | 四 | 九 |
| 23 | 8/8 | 丁丑 | 四 | 八 |
| 24 | 8/9 | 戊寅 | 四 | 七 |
| 25 | 8/10 | 己卯 | 二 | 六 |
| 26 | 8/11 | 庚辰 | 二 | 五 |
| 27 | 8/12 | 辛巳 | 二 | 四 |
| 28 | 8/13 | 壬午 | 二 | 三 |
| 29 | 8/14 | 癸未 | 二 | 二 |

| 五月 | | | | |
|---|---|---|---|---|
| 庚午 | | | | |
| 四綠木 | | | | |
| 小暑<br>09時19分<br>廿二巳時 | | 夏至<br>15時38分<br>初六申時 | 奇門遁甲局數 | |
| 農曆 | 國曆 | 干支 | 時盤 | 日盤 |
| 1 | 6/17 | 乙酉 | 3 | 4 |
| 2 | 6/18 | 丙戌 | 3 | 5 |
| 3 | 6/19 | 丁亥 | 3 | 6 |
| 4 | 6/20 | 戊子 | 3 | 7 |
| 5 | 6/21 | 己丑 | 9 | 8 |
| 6 | 6/22 | 庚寅 | 9 | 一 |
| 7 | 6/23 | 辛卯 | 9 | 九 |
| 8 | 6/24 | 壬辰 | 9 | 八 |
| 9 | 6/25 | 癸巳 | 9 | 七 |
| 10 | 6/26 | 甲午 | 九 | 六 |
| 11 | 6/27 | 乙未 | 九 | 五 |
| 12 | 6/28 | 丙申 | 九 | 四 |
| 13 | 6/29 | 丁酉 | 九 | 三 |
| 14 | 6/30 | 戊戌 | 九 | 二 |
| 15 | 7/1 | 己亥 | 三 | 一 |
| 16 | 7/2 | 庚子 | 三 | 九 |
| 17 | 7/3 | 辛丑 | 三 | 八 |
| 18 | 7/4 | 壬寅 | 三 | 七 |
| 19 | 7/5 | 癸卯 | 三 | 六 |
| 20 | 7/6 | 甲辰 | 六 | 五 |
| 21 | 7/7 | 乙巳 | 六 | 四 |
| 22 | 7/8 | 丙午 | 六 | 三 |
| 23 | 7/9 | 丁未 | 六 | 二 |
| 24 | 7/10 | 戊申 | 六 | 一 |
| 25 | 7/11 | 己酉 | 八 | 九 |
| 26 | 7/12 | 庚戌 | 八 | 八 |
| 27 | 7/13 | 辛亥 | 八 | 七 |
| 28 | 7/14 | 壬子 | 八 | 六 |
| 29 | 7/15 | 癸丑 | 八 | 五 |
| 30 | 7/16 | 甲寅 | 二 | 四 |

| 四月 | | | | |
|---|---|---|---|---|
| 己巳 | | | | |
| 五黃土 | | | | |
| 芒種<br>22時52分<br>十九亥時 | | 小滿<br>07時27分<br>初四辰時 | 奇門遁甲局數 | |
| 農曆 | 國曆 | 干支 | 時盤 | 日盤 |
| 1 | 5/19 | 丙辰 | 1 | 2 |
| 2 | 5/20 | 丁巳 | 1 | 3 |
| 3 | 5/21 | 戊午 | 1 | 4 |
| 4 | 5/22 | 己未 | 7 | 5 |
| 5 | 5/23 | 庚申 | 7 | 6 |
| 6 | 5/24 | 辛酉 | 7 | 7 |
| 7 | 5/25 | 壬戌 | 7 | 8 |
| 8 | 5/26 | 癸亥 | 7 | 9 |
| 9 | 5/27 | 甲子 | 5 | 1 |
| 10 | 5/28 | 乙丑 | 5 | 2 |
| 11 | 5/29 | 丙寅 | 5 | 3 |
| 12 | 5/30 | 丁卯 | 5 | 4 |
| 13 | 5/31 | 戊辰 | 5 | 5 |
| 14 | 6/1 | 己巳 | 2 | 6 |
| 15 | 6/2 | 庚午 | 2 | 7 |
| 16 | 6/3 | 辛未 | 2 | 8 |
| 17 | 6/4 | 壬申 | 2 | 9 |
| 18 | 6/5 | 癸酉 | 2 | 1 |
| 19 | 6/6 | 甲戌 | 8 | 2 |
| 20 | 6/7 | 乙亥 | 8 | 3 |
| 21 | 6/8 | 丙子 | 8 | 4 |
| 22 | 6/9 | 丁丑 | 8 | 5 |
| 23 | 6/10 | 戊寅 | 8 | 6 |
| 24 | 6/11 | 己卯 | 6 | 7 |
| 25 | 6/12 | 庚辰 | 6 | 8 |
| 26 | 6/13 | 辛巳 | 6 | 9 |
| 27 | 6/14 | 壬午 | 6 | 1 |
| 28 | 6/15 | 癸未 | 6 | 2 |
| 29 | 6/16 | 甲申 | 3 | 3 |

| 三月 | | | | |
|---|---|---|---|---|
| 戊辰 | | | | |
| 六白金 | | | | |
| 立夏<br>18時21分<br>十七酉時 | | 穀雨<br>07時55分<br>初二辰時 | 奇門遁甲局數 | |
| 農曆 | 國曆 | 干支 | 時盤 | 日盤 |
| 1 | 4/20 | 丁亥 | 1 | 9 |
| 2 | 4/21 | 戊子 | 1 | 1 |
| 3 | 4/22 | 己丑 | 7 | 2 |
| 4 | 4/23 | 庚寅 | 7 | 3 |
| 5 | 4/24 | 辛卯 | 7 | 4 |
| 6 | 4/25 | 壬辰 | 7 | 5 |
| 7 | 4/26 | 癸巳 | 7 | 6 |
| 8 | 4/27 | 甲午 | 5 | 7 |
| 9 | 4/28 | 乙未 | 5 | 8 |
| 10 | 4/29 | 丙申 | 5 | 9 |
| 11 | 4/30 | 丁酉 | 5 | 1 |
| 12 | 5/1 | 戊戌 | 5 | 2 |
| 13 | 5/2 | 己亥 | 2 | 3 |
| 14 | 5/3 | 庚子 | 2 | 4 |
| 15 | 5/4 | 辛丑 | 2 | 5 |
| 16 | 5/5 | 壬寅 | 2 | 6 |
| 17 | 5/6 | 癸卯 | 2 | 7 |
| 18 | 5/7 | 甲辰 | 8 | 8 |
| 19 | 5/8 | 乙巳 | 8 | 9 |
| 20 | 5/9 | 丙午 | 8 | 1 |
| 21 | 5/10 | 丁未 | 8 | 2 |
| 22 | 5/11 | 戊申 | 8 | 3 |
| 23 | 5/12 | 己酉 | 4 | 4 |
| 24 | 5/13 | 庚戌 | 4 | 5 |
| 25 | 5/14 | 辛亥 | 4 | 6 |
| 26 | 5/15 | 壬子 | 4 | 7 |
| 27 | 5/16 | 癸丑 | 4 | 8 |
| 28 | 5/17 | 甲寅 | 1 | 9 |
| 29 | 5/18 | 乙卯 | 1 | 1 |

| 二月 | | | | |
|---|---|---|---|---|
| 丁卯 | | | | |
| 七赤金 | | | | |
| 清明<br>00時38分<br>十七子時 | | 春分<br>20時29分<br>初一戌時 | 奇門遁甲局數 | |
| 農曆 | 國曆 | 干支 | 時盤 | 日盤 |
| 1 | 3/21 | 丁巳 | 7 | 6 |
| 2 | 3/22 | 戊午 | 7 | 7 |
| 3 | 3/23 | 己未 | 4 | 8 |
| 4 | 3/24 | 庚申 | 4 | 9 |
| 5 | 3/25 | 辛酉 | 4 | 1 |
| 6 | 3/26 | 壬戌 | 4 | 2 |
| 7 | 3/27 | 癸亥 | 4 | 3 |
| 8 | 3/28 | 甲子 | 3 | 4 |
| 9 | 3/29 | 乙丑 | 3 | 5 |
| 10 | 3/30 | 丙寅 | 3 | 6 |
| 11 | 3/31 | 丁卯 | 3 | 7 |
| 12 | 4/1 | 戊辰 | 3 | 8 |
| 13 | 4/2 | 己巳 | 9 | 9 |
| 14 | 4/3 | 庚午 | 9 | 1 |
| 15 | 4/4 | 辛未 | 9 | 2 |
| 16 | 4/5 | 壬申 | 9 | 3 |
| 17 | 4/6 | 癸酉 | 9 | 4 |
| 18 | 4/7 | 甲戌 | 6 | 5 |
| 19 | 4/8 | 乙亥 | 6 | 6 |
| 20 | 4/9 | 丙子 | 6 | 7 |
| 21 | 4/10 | 丁丑 | 6 | 8 |
| 22 | 4/11 | 戊寅 | 6 | 9 |
| 23 | 4/12 | 己卯 | 4 | 1 |
| 24 | 4/13 | 庚辰 | 4 | 2 |
| 25 | 4/14 | 辛巳 | 4 | 3 |
| 26 | 4/15 | 壬午 | 4 | 4 |
| 27 | 4/16 | 癸未 | 4 | 5 |
| 28 | 4/17 | 甲申 | 1 | 6 |
| 29 | 4/18 | 乙酉 | 1 | 7 |
| 30 | 4/19 | 丙戌 | 1 | 8 |

| 正月 | | | | |
|---|---|---|---|---|
| 丙寅 | | | | |
| 八白土 | | | | |
| 驚蟄<br>19時27分<br>十六戌時 | | 雨水<br>21時10分<br>初一亥時 | 奇門遁甲局數 | |
| 農曆 | 國曆 | 干支 | 時盤 | 日盤 |
| 1 | 2/19 | 丁亥 | 5 | 3 |
| 2 | 2/20 | 戊子 | 5 | 4 |
| 3 | 2/21 | 己丑 | 2 | 5 |
| 4 | 2/22 | 庚寅 | 2 | 6 |
| 5 | 2/23 | 辛卯 | 2 | 7 |
| 6 | 2/24 | 壬辰 | 2 | 8 |
| 7 | 2/25 | 癸巳 | 2 | 9 |
| 8 | 2/26 | 甲午 | 9 | 1 |
| 9 | 2/27 | 乙未 | 9 | 2 |
| 10 | 2/28 | 丙申 | 9 | 3 |
| 11 | 3/1 | 丁酉 | 9 | 4 |
| 12 | 3/2 | 戊戌 | 9 | 5 |
| 13 | 3/3 | 己亥 | 6 | 6 |
| 14 | 3/4 | 庚子 | 6 | 7 |
| 15 | 3/5 | 辛丑 | 6 | 8 |
| 16 | 3/6 | 壬寅 | 6 | 9 |
| 17 | 3/7 | 癸卯 | 6 | 1 |
| 18 | 3/8 | 甲辰 | 3 | 2 |
| 19 | 3/9 | 乙巳 | 3 | 3 |
| 20 | 3/10 | 丙午 | 3 | 4 |
| 21 | 3/11 | 丁未 | 3 | 5 |
| 22 | 3/12 | 戊申 | 3 | 6 |
| 23 | 3/13 | 己酉 | 1 | 7 |
| 24 | 3/14 | 庚戌 | 1 | 8 |
| 25 | 3/15 | 辛亥 | 1 | 9 |
| 26 | 3/16 | 壬子 | 1 | 1 |
| 27 | 3/17 | 癸丑 | 1 | 2 |
| 28 | 3/18 | 甲寅 | 7 | 3 |
| 29 | 3/19 | 乙卯 | 7 | 4 |
| 30 | 3/20 | 丙辰 | 7 | 5 |

# 西元1939年（己卯）肖兔 民國28年（女艮命）

奇門遁甲局數如標示為 一 ～九表示陰局　　如標示為1 ～9 表示陽局

| 十二月 | | | | | 十一月 | | | | | 十　月 | | | | | 九　月 | | | | | 八　月 | | | | | 七　月 | | | | |
|---|---|---|---|---|---|---|---|---|---|---|---|---|---|---|---|---|---|---|---|---|---|---|---|---|---|---|---|---|---|
| 丁丑 | | | | | 丙子 | | | | | 乙亥 | | | | | 甲戌 | | | | | 癸酉 | | | | | 壬申 | | | | |
| 六白金 | | | | | 七赤金 | | | | | 八白土 | | | | | 九紫火 | | | | | 一白水 | | | | | 二黑土 | | | | |
| 立春 07時08分 廿八辰時 | | 大寒 12時44分 十三午時 | 奇門遁甲局數 | | 小寒 19時24分 廿七戌時 | | 冬至 02時06分 十三丑時 | 奇門遁甲局數 | | 大雪 08時18分 廿八辰時 | | 小雪 12時59分 十三午時 | 奇門遁甲局數 | | 立冬 15時40分 廿七申時 | | 霜降 15時46分 十二申時 | 奇門遁甲局數 | | 寒露 12時57分 廿七午時 | | 秋分 06時50分 十二卯時 | 奇門遁甲局數 | | 白露 21時42分 廿五亥時 | | 處暑 09時32分 初十巳時 | 奇門遁甲局數 | |
| 農曆 | 國曆 | 干支 | 時盤 | 日盤 | 農曆 | 國曆 | 干支 | 時盤 | 日盤 | 農曆 | 國曆 | 干支 | 時盤 | 日盤 | 農曆 | 國曆 | 干支 | 時盤 | 日盤 | 農曆 | 國曆 | 干支 | 時盤 | 日盤 | 農曆 | 國曆 | 干支 | 時盤 | 日盤 |
| 1 | 1/9 | 辛亥 | 2 | 6 | 1 | 12/11 | 壬午 | 四 | 九 | 1 | 11/11 | 壬子 | 六 | 三 | 1 | 10/13 | 癸未 | 六 | 五 | 1 | 9/13 | 癸丑 | 九 | 八 | 1 | 8/15 | 甲申 | 五 | 一 |
| 2 | 1/10 | 壬子 | 2 | 7 | 2 | 12/12 | 癸未 | 四 | 八 | 2 | 11/12 | 癸丑 | 六 | 二 | 2 | 10/14 | 甲申 | 九 | 四 | 2 | 9/14 | 甲寅 | 三 | 七 | 2 | 8/16 | 乙酉 | 五 | 九 |
| 3 | 1/11 | 癸丑 | 2 | 8 | 3 | 12/13 | 甲申 | 七 | 七 | 3 | 11/13 | 甲寅 | 九 | 一 | 3 | 10/15 | 乙酉 | 九 | 三 | 3 | 9/15 | 乙卯 | 三 | 六 | 3 | 8/17 | 丙戌 | 五 | 八 |
| 4 | 1/12 | 甲寅 | 8 | 9 | 4 | 12/14 | 乙酉 | 七 | 六 | 4 | 11/14 | 乙卯 | 九 | 九 | 4 | 10/16 | 丙戌 | 九 | 二 | 4 | 9/16 | 丙辰 | 三 | 五 | 4 | 8/18 | 丁亥 | 五 | 七 |
| 5 | 1/13 | 乙卯 | 8 | 1 | 5 | 12/15 | 丙戌 | 七 | 五 | 5 | 11/15 | 丙辰 | 九 | 八 | 5 | 10/17 | 丁亥 | 九 | 一 | 5 | 9/17 | 丁巳 | 三 | 四 | 5 | 8/19 | 戊子 | 五 | 六 |
| 6 | 1/14 | 丙辰 | 8 | 2 | 6 | 12/16 | 丁亥 | 七 | 四 | 6 | 11/16 | 丁巳 | 九 | 七 | 6 | 10/18 | 戊子 | 九 | 九 | 6 | 9/18 | 戊午 | 三 | 三 | 6 | 8/20 | 己丑 | 八 | 五 |
| 7 | 1/15 | 丁巳 | 8 | 3 | 7 | 12/17 | 戊子 | 七 | 三 | 7 | 11/17 | 戊午 | 九 | 六 | 7 | 10/19 | 己丑 | 三 | 八 | 7 | 9/19 | 己未 | 六 | 二 | 7 | 8/21 | 庚寅 | 八 | 四 |
| 8 | 1/16 | 戊午 | 8 | 4 | 8 | 12/18 | 己丑 | 一 | 二 | 8 | 11/18 | 己未 | 三 | 五 | 8 | 10/20 | 庚寅 | 三 | 七 | 8 | 9/20 | 庚申 | 六 | 一 | 8 | 8/22 | 辛卯 | 八 | 三 |
| 9 | 1/17 | 己未 | 5 | 5 | 9 | 12/19 | 庚寅 | 一 | 一 | 9 | 11/19 | 庚申 | 三 | 四 | 9 | 10/21 | 辛卯 | 三 | 六 | 9 | 9/21 | 辛酉 | 六 | 九 | 9 | 8/23 | 壬辰 | 八 | 二 |
| 10 | 1/18 | 庚申 | 5 | 6 | 10 | 12/20 | 辛卯 | 一 | 九 | 10 | 11/20 | 辛酉 | 三 | 三 | 10 | 10/22 | 壬辰 | 三 | 五 | 10 | 9/22 | 壬戌 | 六 | 八 | 10 | 8/24 | 癸巳 | 八 | 一 |
| 11 | 1/19 | 辛酉 | 5 | 7 | 11 | 12/21 | 壬辰 | 一 | 八 | 11 | 11/21 | 壬戌 | 三 | 二 | 11 | 10/23 | 癸巳 | 三 | 四 | 11 | 9/23 | 癸亥 | 六 | 七 | 11 | 8/25 | 甲午 | 一 | 九 |
| 12 | 1/20 | 壬戌 | 5 | 8 | 12 | 12/22 | 癸巳 | 一 | 七 | 12 | 11/22 | 癸亥 | 三 | 一 | 12 | 10/24 | 甲午 | 五 | 三 | 12 | 9/24 | 甲子 | 七 | 六 | 12 | 8/26 | 乙未 | 一 | 八 |
| 13 | 1/21 | 癸亥 | 5 | 9 | 13 | 12/23 | 甲午 | 1 | 7 | 13 | 11/23 | 甲子 | 五 | 九 | 13 | 10/25 | 乙未 | 五 | 二 | 13 | 9/25 | 乙丑 | 七 | 五 | 13 | 8/27 | 丙申 | 一 | 七 |
| 14 | 1/22 | 甲子 | 3 | 1 | 14 | 12/24 | 乙未 | 1 | 8 | 14 | 11/24 | 乙丑 | 五 | 八 | 14 | 10/26 | 丙申 | 五 | 一 | 14 | 9/26 | 丙寅 | 七 | 四 | 14 | 8/28 | 丁酉 | 一 | 六 |
| 15 | 1/23 | 乙丑 | 3 | 2 | 15 | 12/25 | 丙申 | 1 | 9 | 15 | 11/25 | 丙寅 | 五 | 七 | 15 | 10/27 | 丁酉 | 五 | 九 | 15 | 9/27 | 丁卯 | 七 | 三 | 15 | 8/29 | 戊戌 | 一 | 五 |
| 16 | 1/24 | 丙寅 | 3 | 3 | 16 | 12/26 | 丁酉 | 1 | 1 | 16 | 11/26 | 丁卯 | 五 | 六 | 16 | 10/28 | 戊戌 | 五 | 八 | 16 | 9/28 | 戊辰 | 七 | 二 | 16 | 8/30 | 己亥 | 四 | 四 |
| 17 | 1/25 | 丁卯 | 3 | 4 | 17 | 12/27 | 戊戌 | 1 | 2 | 17 | 11/27 | 戊辰 | 五 | 五 | 17 | 10/29 | 己亥 | 八 | 七 | 17 | 9/29 | 己巳 | 一 | 一 | 17 | 8/31 | 庚子 | 四 | 三 |
| 18 | 1/26 | 戊辰 | 3 | 5 | 18 | 12/28 | 己亥 | 7 | 3 | 18 | 11/28 | 己巳 | 八 | 四 | 18 | 10/30 | 庚子 | 八 | 六 | 18 | 9/30 | 庚午 | 一 | 九 | 18 | 9/1 | 辛丑 | 四 | 二 |
| 19 | 1/27 | 己巳 | 9 | 6 | 19 | 12/29 | 庚子 | 7 | 4 | 19 | 11/29 | 庚午 | 八 | 三 | 19 | 10/31 | 辛丑 | 八 | 五 | 19 | 10/1 | 辛未 | 一 | 八 | 19 | 9/2 | 壬寅 | 四 | 一 |
| 20 | 1/28 | 庚午 | 9 | 7 | 20 | 12/30 | 辛丑 | 7 | 5 | 20 | 11/30 | 辛未 | 八 | 二 | 20 | 11/1 | 壬寅 | 八 | 四 | 20 | 10/2 | 壬申 | 一 | 七 | 20 | 9/3 | 癸卯 | 四 | 九 |
| 21 | 1/29 | 辛未 | 9 | 8 | 21 | 12/31 | 壬寅 | 7 | 6 | 21 | 12/1 | 壬申 | 八 | 一 | 21 | 11/2 | 癸卯 | 八 | 三 | 21 | 10/3 | 癸酉 | 一 | 六 | 21 | 9/4 | 甲辰 | 七 | 八 |
| 22 | 1/30 | 壬申 | 9 | 9 | 22 | 1/1 | 癸卯 | 7 | 7 | 22 | 12/2 | 癸酉 | 八 | 九 | 22 | 11/3 | 甲辰 | 二 | 二 | 22 | 10/4 | 甲戌 | 四 | 五 | 22 | 9/5 | 乙巳 | 七 | 七 |
| 23 | 1/31 | 癸酉 | 9 | 1 | 23 | 1/2 | 甲辰 | 4 | 8 | 23 | 12/3 | 甲戌 | 二 | 八 | 23 | 11/4 | 乙巳 | 二 | 一 | 23 | 10/5 | 乙亥 | 四 | 四 | 23 | 9/6 | 丙午 | 七 | 六 |
| 24 | 2/1 | 甲戌 | 6 | 2 | 24 | 1/3 | 乙巳 | 4 | 9 | 24 | 12/4 | 乙亥 | 二 | 七 | 24 | 11/5 | 丙午 | 二 | 九 | 24 | 10/6 | 丙子 | 四 | 三 | 24 | 9/7 | 丁未 | 七 | 五 |
| 25 | 2/2 | 乙亥 | 6 | 3 | 25 | 1/4 | 丙午 | 4 | 1 | 25 | 12/5 | 丙子 | 二 | 六 | 25 | 11/6 | 丁未 | 二 | 八 | 25 | 10/7 | 丁丑 | 四 | 二 | 25 | 9/8 | 戊申 | 七 | 四 |
| 26 | 2/3 | 丙子 | 6 | 4 | 26 | 1/5 | 丁未 | 4 | 2 | 26 | 12/6 | 丁丑 | 二 | 五 | 26 | 11/7 | 戊申 | 二 | 七 | 26 | 10/8 | 戊寅 | 四 | 一 | 26 | 9/9 | 己酉 | 九 | 三 |
| 27 | 2/4 | 丁丑 | 6 | 5 | 27 | 1/6 | 戊申 | 4 | 3 | 27 | 12/7 | 戊寅 | 二 | 四 | 27 | 11/8 | 己酉 | 六 | 六 | 27 | 10/9 | 己卯 | 六 | 九 | 27 | 9/10 | 庚戌 | 九 | 二 |
| 28 | 2/5 | 戊寅 | 6 | 6 | 28 | 1/7 | 己酉 | 2 | 4 | 28 | 12/8 | 己卯 | 四 | 三 | 28 | 11/9 | 庚戌 | 六 | 五 | 28 | 10/10 | 庚辰 | 六 | 八 | 28 | 9/11 | 辛亥 | 九 | 一 |
| 29 | 2/6 | 己卯 | 8 | 7 | 29 | 1/8 | 庚戌 | 2 | 5 | 29 | 12/9 | 庚辰 | 四 | 二 | 29 | 11/10 | 辛亥 | 六 | 四 | 29 | 10/11 | 辛巳 | 六 | 七 | 29 | 9/12 | 壬子 | 九 | 九 |
| 30 | 2/7 | 庚辰 | 8 | 8 | | | | | | 30 | 12/10 | 辛巳 | 四 | 一 | | | | | | 30 | 10/12 | 壬午 | 六 | 六 | | | | | |

# 西元1940年（庚辰）肖龍 民國29年（男乾命）

奇門遁甲局數如標示為 一 ～九表示陰局　　如標示為1 ～9 表示陽局

| 六月 | | | | | 五月 | | | | | 四月 | | | | | 三月 | | | | | 二月 | | | | | 正月 | | | | |
|---|---|---|---|---|---|---|---|---|---|---|---|---|---|---|---|---|---|---|---|---|---|---|---|---|---|---|---|---|---|
| 癸未 | | | | | 壬午 | | | | | 辛巳 | | | | | 庚辰 | | | | | 己卯 | | | | | 戊寅 | | | | |
| 九紫火 | | | | | 一白水 | | | | | 二黑土 | | | | | 三碧木 | | | | | 四綠木 | | | | | 五黃土 | | | | |
| 大暑 08時35分 十九辰時 | | 小暑 15時08分 初三申時 | 奇門遁甲局數 | | 夏至 21時37分 十六亥時 | | 芒種 04時44分 初一寅時 | 奇門遁甲局數 | | 小滿 13時23分 十五未時 | | | 奇門遁甲局數 | | 立夏 00時16分 廿九子時 | | 穀雨 13時50分 十三未時 | 奇門遁甲局數 | | 清明 06時35分 廿八卯時 | | 春分 02時24分 十三丑時 | 奇門遁甲局數 | | 驚蟄 01時24分 廿八丑時 | | 雨水 03時04分 十三寅時 | 奇門遁甲局數 | |
| 農曆 | 國曆 | 干支 | 時盤 | 日盤 | 農曆 | 國曆 | 干支 | 時盤 | 日盤 | 農曆 | 國曆 | 干支 | 時盤 | 日盤 | 農曆 | 國曆 | 干支 | 時盤 | 日盤 | 農曆 | 國曆 | 干支 | 時盤 | 日盤 | 農曆 | 國曆 | 干支 | 時盤 | 日盤 |
| 1 | 7/5 | 己酉 | 八 | 六 | 1 | 6/6 | 庚辰 | 6 | 2 | 1 | 5/7 | 庚戌 | 4 | 8 | 1 | 4/8 | 辛巳 | 4 | 6 | 1 | 3/9 | 辛亥 | 1 | 3 | 1 | 2/8 | 辛巳 | 8 | 9 |
| 2 | 7/6 | 庚戌 | 八 | 五 | 2 | 6/7 | 辛巳 | 6 | 3 | 2 | 5/8 | 辛亥 | 4 | 9 | 2 | 4/9 | 壬午 | 4 | 7 | 2 | 3/10 | 壬子 | 1 | 4 | 2 | 2/9 | 壬午 | 8 | 1 |
| 3 | 7/7 | 辛亥 | 八 | 四 | 3 | 6/8 | 壬午 | 6 | 4 | 3 | 5/9 | 壬子 | 4 | 1 | 3 | 4/10 | 癸未 | 4 | 8 | 3 | 3/11 | 癸丑 | 1 | 5 | 3 | 2/10 | 癸未 | 8 | 2 |
| 4 | 7/8 | 壬子 | 八 | 三 | 4 | 6/9 | 癸未 | 6 | 5 | 4 | 5/10 | 癸丑 | 4 | 2 | 4 | 4/11 | 甲申 | 1 | 9 | 4 | 3/12 | 甲寅 | 7 | 6 | 4 | 2/11 | 甲申 | 5 | 3 |
| 5 | 7/9 | 癸丑 | 八 | 二 | 5 | 6/10 | 甲申 | 3 | 6 | 5 | 5/11 | 甲寅 | 1 | 3 | 5 | 4/12 | 乙酉 | 1 | 1 | 5 | 3/13 | 乙卯 | 7 | 7 | 5 | 2/12 | 乙酉 | 5 | 4 |
| 6 | 7/10 | 甲寅 | 二 | 一 | 6 | 6/11 | 乙酉 | 3 | 7 | 6 | 5/12 | 乙卯 | 1 | 4 | 6 | 4/13 | 丙戌 | 1 | 2 | 6 | 3/14 | 丙辰 | 7 | 8 | 6 | 2/13 | 丙戌 | 5 | 5 |
| 7 | 7/11 | 乙卯 | 二 | 九 | 7 | 6/12 | 丙戌 | 3 | 8 | 7 | 5/13 | 丙辰 | 1 | 5 | 7 | 4/14 | 丁亥 | 1 | 3 | 7 | 3/15 | 丁巳 | 7 | 9 | 7 | 2/14 | 丁亥 | 5 | 6 |
| 8 | 7/12 | 丙辰 | 二 | 八 | 8 | 6/13 | 丁亥 | 3 | 9 | 8 | 5/14 | 丁巳 | 1 | 6 | 8 | 4/15 | 戊子 | 1 | 4 | 8 | 3/16 | 戊午 | 7 | 1 | 8 | 2/15 | 戊子 | 5 | 7 |
| 9 | 7/13 | 丁巳 | 二 | 七 | 9 | 6/14 | 戊子 | 3 | 1 | 9 | 5/15 | 戊午 | 1 | 7 | 9 | 4/16 | 己丑 | 7 | 5 | 9 | 3/17 | 己未 | 4 | 2 | 9 | 2/16 | 己丑 | 2 | 8 |
| 10 | 7/14 | 戊午 | 二 | 六 | 10 | 6/15 | 己丑 | 9 | 2 | 10 | 5/16 | 己未 | 7 | 8 | 10 | 4/17 | 庚寅 | 7 | 6 | 10 | 3/18 | 庚申 | 4 | 3 | 10 | 2/17 | 庚寅 | 2 | 9 |
| 11 | 7/15 | 己未 | 五 | 五 | 11 | 6/16 | 庚寅 | 9 | 3 | 11 | 5/17 | 庚申 | 7 | 9 | 11 | 4/18 | 辛卯 | 7 | 7 | 11 | 3/19 | 辛酉 | 4 | 4 | 11 | 2/18 | 辛卯 | 2 | 1 |
| 12 | 7/16 | 庚申 | 五 | 四 | 12 | 6/17 | 辛卯 | 9 | 4 | 12 | 5/18 | 辛酉 | 7 | 1 | 12 | 4/19 | 壬辰 | 7 | 8 | 12 | 3/20 | 壬戌 | 4 | 5 | 12 | 2/19 | 壬辰 | 2 | 2 |
| 13 | 7/17 | 辛酉 | 五 | 三 | 13 | 6/18 | 壬辰 | 9 | 5 | 13 | 5/19 | 壬戌 | 7 | 2 | 13 | 4/20 | 癸巳 | 7 | 9 | 13 | 3/21 | 癸亥 | 4 | 6 | 13 | 2/20 | 癸巳 | 2 | 3 |
| 14 | 7/18 | 壬戌 | 五 | 二 | 14 | 6/19 | 癸巳 | 9 | 6 | 14 | 5/20 | 癸亥 | 7 | 3 | 14 | 4/21 | 甲午 | 5 | 1 | 14 | 3/22 | 甲子 | 3 | 7 | 14 | 2/21 | 甲午 | 9 | 4 |
| 15 | 7/19 | 癸亥 | 五 | 一 | 15 | 6/20 | 甲午 | 九 | 7 | 15 | 5/21 | 甲子 | 5 | 4 | 15 | 4/22 | 乙未 | 5 | 2 | 15 | 3/23 | 乙丑 | 3 | 8 | 15 | 2/22 | 乙未 | 9 | 5 |
| 16 | 7/20 | 甲子 | 七 | 九 | 16 | 6/21 | 乙未 | 九 | 二 | 16 | 5/22 | 乙丑 | 5 | 5 | 16 | 4/23 | 丙申 | 5 | 3 | 16 | 3/24 | 丙寅 | 3 | 9 | 16 | 2/23 | 丙申 | 9 | 6 |
| 17 | 7/21 | 乙丑 | 七 | 八 | 17 | 6/22 | 丙申 | 九 | 一 | 17 | 5/23 | 丙寅 | 5 | 6 | 17 | 4/24 | 丁酉 | 5 | 4 | 17 | 3/25 | 丁卯 | 3 | 1 | 17 | 2/24 | 丁酉 | 9 | 7 |
| 18 | 7/22 | 丙寅 | 七 | 七 | 18 | 6/23 | 丁酉 | 九 | 九 | 18 | 5/24 | 丁卯 | 5 | 7 | 18 | 4/25 | 戊戌 | 5 | 5 | 18 | 3/26 | 戊辰 | 3 | 2 | 18 | 2/25 | 戊戌 | 9 | 8 |
| 19 | 7/23 | 丁卯 | 七 | 六 | 19 | 6/24 | 戊戌 | 九 | 八 | 19 | 5/25 | 戊辰 | 5 | 8 | 19 | 4/26 | 己亥 | 2 | 6 | 19 | 3/27 | 己巳 | 9 | 3 | 19 | 2/26 | 己亥 | 6 | 9 |
| 20 | 7/24 | 戊辰 | 七 | 五 | 20 | 6/25 | 己亥 | 三 | 七 | 20 | 5/26 | 己巳 | 2 | 9 | 20 | 4/27 | 庚子 | 2 | 7 | 20 | 3/28 | 庚午 | 9 | 4 | 20 | 2/27 | 庚子 | 6 | 1 |
| 21 | 7/25 | 己巳 | 一 | 四 | 21 | 6/26 | 庚子 | 三 | 六 | 21 | 5/27 | 庚午 | 2 | 1 | 21 | 4/28 | 辛丑 | 2 | 8 | 21 | 3/29 | 辛未 | 9 | 5 | 21 | 2/28 | 辛丑 | 6 | 2 |
| 22 | 7/26 | 庚午 | 一 | 三 | 22 | 6/27 | 辛丑 | 三 | 五 | 22 | 5/28 | 辛未 | 2 | 2 | 22 | 4/29 | 壬寅 | 2 | 9 | 22 | 3/30 | 壬申 | 9 | 6 | 22 | 2/29 | 壬寅 | 6 | 3 |
| 23 | 7/27 | 辛未 | 一 | 二 | 23 | 6/28 | 壬寅 | 三 | 四 | 23 | 5/29 | 壬申 | 2 | 3 | 23 | 4/30 | 癸卯 | 2 | 1 | 23 | 3/31 | 癸酉 | 9 | 7 | 23 | 3/1 | 癸卯 | 6 | 4 |
| 24 | 7/28 | 壬申 | 一 | 一 | 24 | 6/29 | 癸卯 | 三 | 三 | 24 | 5/30 | 癸酉 | 2 | 4 | 24 | 5/1 | 甲辰 | 8 | 2 | 24 | 4/1 | 甲戌 | 6 | 8 | 24 | 3/2 | 甲辰 | 3 | 5 |
| 25 | 7/29 | 癸酉 | 一 | 九 | 25 | 6/30 | 甲辰 | 六 | 二 | 25 | 5/31 | 甲戌 | 8 | 5 | 25 | 5/2 | 乙巳 | 8 | 3 | 25 | 4/2 | 乙亥 | 6 | 9 | 25 | 3/3 | 乙巳 | 3 | 6 |
| 26 | 7/30 | 甲戌 | 四 | 八 | 26 | 7/1 | 乙巳 | 六 | 一 | 26 | 6/1 | 乙亥 | 8 | 6 | 26 | 5/3 | 丙午 | 8 | 4 | 26 | 4/3 | 丙子 | 6 | 1 | 26 | 3/4 | 丙午 | 3 | 7 |
| 27 | 7/31 | 乙亥 | 四 | 七 | 27 | 7/2 | 丙午 | 六 | 九 | 27 | 6/2 | 丙子 | 8 | 7 | 27 | 5/4 | 丁未 | 8 | 5 | 27 | 4/4 | 丁丑 | 6 | 2 | 27 | 3/5 | 丁未 | 3 | 8 |
| 28 | 8/1 | 丙子 | 四 | 六 | 28 | 7/3 | 丁未 | 六 | 八 | 28 | 6/3 | 丁丑 | 8 | 8 | 28 | 5/5 | 戊申 | 8 | 6 | 28 | 4/5 | 戊寅 | 6 | 3 | 28 | 3/6 | 戊申 | 3 | 9 |
| 29 | 8/2 | 丁丑 | 四 | 五 | 29 | 7/4 | 戊申 | 六 | 七 | 29 | 6/4 | 戊寅 | 8 | 9 | 29 | 5/6 | 己酉 | 4 | 7 | 29 | 4/6 | 己卯 | 4 | 4 | 29 | 3/7 | 己酉 | 1 | 1 |
| 30 | 8/3 | 戊寅 | 四 | 四 | | | | | | 30 | 6/5 | 己卯 | 6 | 1 | | | | | | 30 | 4/7 | 庚辰 | 4 | 5 | 30 | 3/8 | 庚戌 | 1 | 2 |

# 西元1940年（庚辰）肖龍 民國29年（女離命）

奇門遁甲局數如標示為 一 ～九表示陰局　　如標示為1 ～9 表示陽局

| 十二月 | | | | | 十一月 | | | | | 十　月 | | | | | 九　月 | | | | | 八　月 | | | | | 七　月 | | | | |
|---|---|---|---|---|---|---|---|---|---|---|---|---|---|---|---|---|---|---|---|---|---|---|---|---|---|---|---|---|---|
| 己丑 | | | | | 戊子 | | | | | 丁亥 | | | | | 丙戌 | | | | | 乙酉 | | | | | 甲申 | | | | |
| 三碧木 | | | | | 四綠木 | | | | | 五黃土 | | | | | 六白金 | | | | | 七赤金 | | | | | 八白土 | | | | |
| 大寒 18時34分 廿三酉時 | | 小寒 01時04分 初九丑時 | 奇門遁甲局數 | | 冬至 07時55分 廿四辰時 | | 大雪 13時58分 初九未時 | 奇門遁甲局數 | | 小雪 18時49分 廿三酉時 | | 立冬 21時27分 初八亥時 | 奇門遁甲局數 | | 霜降 21時40分 廿三亥時 | | 寒露 18時43分 初八酉時 | 奇門遁甲局數 | | 秋分 12時46分 廿二午時 | | 白露 03時30分 初七寅時 | 奇門遁甲局數 | | 處暑 15時29分 二十申時 | | 立秋 00時52分 初五子時 | 奇門遁甲局數 | |
| 農曆 | 國曆 | 干支 | 時盤 | 日盤 | 農曆 | 國曆 | 干支 | 時盤 | 日盤 | 農曆 | 國曆 | 干支 | 時盤 | 日盤 | 農曆 | 國曆 | 干支 | 時盤 | 日盤 | 農曆 | 國曆 | 干支 | 時盤 | 日盤 | 農曆 | 國曆 | 干支 | 時盤 | 日盤 |
| 1 | 12/29 | 丙午 | 4 | 1 | 1 | 11/29 | 丙子 | 二 | 三 | 1 | 10/31 | 丁未 | 二 | 五 | 1 | 10/1 | 丁丑 | 四 | 八 | 1 | 9/2 | 戊申 | 七 | 一 | 1 | 8/4 | 己卯 | 二 | 三 |
| 2 | 12/30 | 丁未 | 4 | 2 | 2 | 11/30 | 丁丑 | 二 | 二 | 2 | 11/1 | 戊申 | 二 | 四 | 2 | 10/2 | 戊寅 | 四 | 七 | 2 | 9/3 | 己酉 | 九 | 九 | 2 | 8/5 | 庚辰 | 二 | 二 |
| 3 | 12/31 | 戊申 | 4 | 3 | 3 | 12/1 | 戊寅 | 二 | 一 | 3 | 11/2 | 己酉 | 六 | 三 | 3 | 10/3 | 己卯 | 六 | 六 | 3 | 9/4 | 庚戌 | 九 | 八 | 3 | 8/6 | 辛巳 | 二 | 一 |
| 4 | 1/1 | 己酉 | 2 | 4 | 4 | 12/2 | 己卯 | 四 | 九 | 4 | 11/3 | 庚戌 | 六 | 二 | 4 | 10/4 | 庚辰 | 六 | 五 | 4 | 9/5 | 辛亥 | 九 | 七 | 4 | 8/7 | 壬午 | 二 | 九 |
| 5 | 1/2 | 庚戌 | 2 | 5 | 5 | 12/3 | 庚辰 | 四 | 八 | 5 | 11/4 | 辛亥 | 六 | 一 | 5 | 10/5 | 辛巳 | 六 | 四 | 5 | 9/6 | 壬子 | 九 | 六 | 5 | 8/8 | 癸未 | 二 | 八 |
| 6 | 1/3 | 辛亥 | 2 | 6 | 6 | 12/4 | 辛巳 | 四 | 七 | 6 | 11/5 | 壬子 | 六 | 九 | 6 | 10/6 | 壬午 | 六 | 三 | 6 | 9/7 | 癸丑 | 九 | 五 | 6 | 8/9 | 甲申 | 五 | 七 |
| 7 | 1/4 | 壬子 | 2 | 7 | 7 | 12/5 | 壬午 | 四 | 六 | 7 | 11/6 | 癸丑 | 六 | 八 | 7 | 10/7 | 癸未 | 六 | 二 | 7 | 9/8 | 甲寅 | 三 | 四 | 7 | 8/10 | 乙酉 | 五 | 六 |
| 8 | 1/5 | 癸丑 | 2 | 8 | 8 | 12/6 | 癸未 | 四 | 五 | 8 | 11/7 | 甲寅 | 九 | 七 | 8 | 10/8 | 甲申 | 九 | 一 | 8 | 9/9 | 乙卯 | 三 | 三 | 8 | 8/11 | 丙戌 | 五 | 五 |
| 9 | 1/6 | 甲寅 | 8 | 9 | 9 | 12/7 | 甲申 | 七 | 四 | 9 | 11/8 | 乙卯 | 九 | 六 | 9 | 10/9 | 乙酉 | 九 | 九 | 9 | 9/10 | 丙辰 | 三 | 二 | 9 | 8/12 | 丁亥 | 五 | 四 |
| 10 | 1/7 | 乙卯 | 8 | 1 | 10 | 12/8 | 乙酉 | 七 | 三 | 10 | 11/9 | 丙辰 | 九 | 五 | 10 | 10/10 | 丙戌 | 九 | 八 | 10 | 9/11 | 丁巳 | 三 | 一 | 10 | 8/13 | 戊子 | 五 | 三 |
| 11 | 1/8 | 丙辰 | 8 | 2 | 11 | 12/9 | 丙戌 | 七 | 二 | 11 | 11/10 | 丁巳 | 九 | 四 | 11 | 10/11 | 丁亥 | 九 | 七 | 11 | 9/12 | 戊午 | 三 | 九 | 11 | 8/14 | 己丑 | 八 | 二 |
| 12 | 1/9 | 丁巳 | 8 | 3 | 12 | 12/10 | 丁亥 | 七 | 一 | 12 | 11/11 | 戊午 | 九 | 三 | 12 | 10/12 | 戊子 | 九 | 六 | 12 | 9/13 | 己未 | 六 | 八 | 12 | 8/15 | 庚寅 | 八 | 一 |
| 13 | 1/10 | 戊午 | 8 | 4 | 13 | 12/11 | 戊子 | 七 | 九 | 13 | 11/12 | 己未 | 三 | 二 | 13 | 10/13 | 己丑 | 三 | 五 | 13 | 9/14 | 庚申 | 六 | 七 | 13 | 8/16 | 辛卯 | 八 | 九 |
| 14 | 1/11 | 己未 | 5 | 5 | 14 | 12/12 | 己丑 | 一 | 八 | 14 | 11/13 | 庚申 | 三 | 一 | 14 | 10/14 | 庚寅 | 三 | 四 | 14 | 9/15 | 辛酉 | 六 | 六 | 14 | 8/17 | 壬辰 | 八 | 八 |
| 15 | 1/12 | 庚申 | 5 | 6 | 15 | 12/13 | 庚寅 | 一 | 七 | 15 | 11/14 | 辛酉 | 三 | 九 | 15 | 10/15 | 辛卯 | 三 | 三 | 15 | 9/16 | 壬戌 | 六 | 五 | 15 | 8/18 | 癸巳 | 八 | 七 |
| 16 | 1/13 | 辛酉 | 5 | 7 | 16 | 12/14 | 辛卯 | 一 | 六 | 16 | 11/15 | 壬戌 | 三 | 八 | 16 | 10/16 | 壬辰 | 三 | 二 | 16 | 9/17 | 癸亥 | 六 | 四 | 16 | 8/19 | 甲午 | 一 | 六 |
| 17 | 1/14 | 壬戌 | 5 | 8 | 17 | 12/15 | 壬辰 | 一 | 五 | 17 | 11/16 | 癸亥 | 三 | 七 | 17 | 10/17 | 癸巳 | 三 | 一 | 17 | 9/18 | 甲子 | 七 | 三 | 17 | 8/20 | 乙未 | 一 | 五 |
| 18 | 1/15 | 癸亥 | 5 | 9 | 18 | 12/16 | 癸巳 | 一 | 四 | 18 | 11/17 | 甲子 | 五 | 六 | 18 | 10/18 | 甲午 | 五 | 九 | 18 | 9/19 | 乙丑 | 七 | 二 | 18 | 8/21 | 丙申 | 一 | 四 |
| 19 | 1/16 | 甲子 | 3 | 1 | 19 | 12/17 | 甲午 | 1 | 三 | 19 | 11/18 | 乙丑 | 五 | 五 | 19 | 10/19 | 乙未 | 五 | 八 | 19 | 9/20 | 丙寅 | 七 | 一 | 19 | 8/22 | 丁酉 | 一 | 三 |
| 20 | 1/17 | 乙丑 | 3 | 2 | 20 | 12/18 | 乙未 | 1 | 二 | 20 | 11/19 | 丙寅 | 五 | 四 | 20 | 10/20 | 丙申 | 五 | 七 | 20 | 9/21 | 丁卯 | 七 | 九 | 20 | 8/23 | 戊戌 | 一 | 二 |
| 21 | 1/18 | 丙寅 | 3 | 3 | 21 | 12/19 | 丙申 | 1 | 一 | 21 | 11/20 | 丁卯 | 五 | 三 | 21 | 10/21 | 丁酉 | 五 | 六 | 21 | 9/22 | 戊辰 | 七 | 八 | 21 | 8/24 | 己亥 | 四 | 一 |
| 22 | 1/19 | 丁卯 | 3 | 4 | 22 | 12/20 | 丁酉 | 1 | 九 | 22 | 11/21 | 戊辰 | 五 | 二 | 22 | 10/22 | 戊戌 | 五 | 五 | 22 | 9/23 | 己巳 | 一 | 七 | 22 | 8/25 | 庚子 | 四 | 九 |
| 23 | 1/20 | 戊辰 | 3 | 5 | 23 | 12/21 | 戊戌 | 1 | 八 | 23 | 11/22 | 己巳 | 八 | 一 | 23 | 10/23 | 己亥 | 八 | 四 | 23 | 9/24 | 庚午 | 一 | 六 | 23 | 8/26 | 辛丑 | 四 | 八 |
| 24 | 1/21 | 己巳 | 9 | 6 | 24 | 12/22 | 己亥 | 7 | 3 | 24 | 11/23 | 庚午 | 八 | 九 | 24 | 10/24 | 庚子 | 八 | 三 | 24 | 9/25 | 辛未 | 一 | 五 | 24 | 8/27 | 壬寅 | 四 | 七 |
| 25 | 1/22 | 庚午 | 9 | 7 | 25 | 12/23 | 庚子 | 7 | 4 | 25 | 11/24 | 辛未 | 八 | 八 | 25 | 10/25 | 辛丑 | 八 | 二 | 25 | 9/26 | 壬申 | 一 | 四 | 25 | 8/28 | 癸卯 | 四 | 六 |
| 26 | 1/23 | 辛未 | 9 | 8 | 26 | 12/24 | 辛丑 | 7 | 5 | 26 | 11/25 | 壬申 | 八 | 七 | 26 | 10/26 | 壬寅 | 八 | 一 | 26 | 9/27 | 癸酉 | 一 | 三 | 26 | 8/29 | 甲辰 | 七 | 五 |
| 27 | 1/24 | 壬申 | 9 | 9 | 27 | 12/25 | 壬寅 | 7 | 6 | 27 | 11/26 | 癸酉 | 八 | 六 | 27 | 10/27 | 癸卯 | 八 | 九 | 27 | 9/28 | 甲戌 | 四 | 二 | 27 | 8/30 | 乙巳 | 七 | 四 |
| 28 | 1/25 | 癸酉 | 9 | 1 | 28 | 12/26 | 癸卯 | 7 | 7 | 28 | 11/27 | 甲戌 | 二 | 五 | 28 | 10/28 | 甲辰 | 二 | 八 | 28 | 9/29 | 乙亥 | 四 | 一 | 28 | 8/31 | 丙午 | 七 | 三 |
| 29 | 1/26 | 甲戌 | 6 | 2 | 29 | 12/27 | 甲辰 | 4 | 8 | 29 | 11/28 | 乙亥 | 二 | 四 | 29 | 10/29 | 乙巳 | 二 | 七 | 29 | 9/30 | 丙子 | 四 | 九 | 29 | 9/1 | 丁未 | 七 | 二 |
| | | | | | 30 | 12/28 | 乙巳 | 4 | 9 | | | | | | 30 | 10/30 | 丙午 | 二 | 六 | | | | | | | | | | |

# 西元1941年（辛巳）肖蛇 民國30年（男坤命）

奇門遁甲局數如標示為 一 ～九表示陰局　　如標示為1 ～9 表示陽局

| 潤六月 | | | | |
|---|---|---|---|---|
| 丙申 | | | | |
| 立秋 06時46分 十六卯時 | | | 奇門遁甲局數 | |
| 農曆 | 國曆 | 干支 | 時盤 | 日盤 |
| 1 | 7/24 | 癸酉 | 一 | 九 |
| 2 | 7/25 | 甲戌 | 四 | 八 |
| 3 | 7/26 | 乙亥 | 四 | 七 |
| 4 | 7/27 | 丙子 | 四 | 六 |
| 5 | 7/28 | 丁丑 | 四 | 五 |
| 6 | 7/29 | 戊寅 | 四 | 四 |
| 7 | 7/30 | 己卯 | 二 | 三 |
| 8 | 7/31 | 庚辰 | 二 | 二 |
| 9 | 8/1 | 辛巳 | 二 | 一 |
| 10 | 8/2 | 壬午 | 二 | 九 |
| 11 | 8/3 | 癸未 | 二 | 八 |
| 12 | 8/4 | 甲申 | 五 | 七 |
| 13 | 8/5 | 乙酉 | 五 | 六 |
| 14 | 8/6 | 丙戌 | 五 | 五 |
| 15 | 8/7 | 丁亥 | 五 | 四 |
| 16 | 8/8 | 戊子 | 五 | 三 |
| 17 | 8/9 | 己丑 | 八 | 二 |
| 18 | 8/10 | 庚寅 | 八 | 一 |
| 19 | 8/11 | 辛卯 | 八 | 九 |
| 20 | 8/12 | 壬辰 | 八 | 八 |
| 21 | 8/13 | 癸巳 | 八 | 七 |
| 22 | 8/14 | 甲午 | 一 | 六 |
| 23 | 8/15 | 乙未 | 一 | 五 |
| 24 | 8/16 | 丙申 | 一 | 四 |
| 25 | 8/17 | 丁酉 | 一 | 三 |
| 26 | 8/18 | 戊戌 | 一 | 二 |
| 27 | 8/19 | 己亥 | 四 | 一 |
| 28 | 8/20 | 庚子 | 四 | 九 |
| 29 | 8/21 | 辛丑 | 四 | 八 |
| 30 | 8/22 | 壬寅 | 四 | 七 |

| 六月 | | | | |
|---|---|---|---|---|
| 乙未 | | | | |
| 六白金 | | | | |
| 大暑 14時27分 廿九未時 | 小暑 21時03分 十三亥時 | | 奇門遁甲局數 | |
| 農曆 | 國曆 | 干支 | 時盤 | 日盤 |
| 1 | 6/25 | 甲辰 | 六 | 二 |
| 2 | 6/26 | 乙巳 | 六 | 一 |
| 3 | 6/27 | 丙午 | 六 | 九 |
| 4 | 6/28 | 丁未 | 六 | 八 |
| 5 | 6/29 | 戊申 | 六 | 七 |
| 6 | 6/30 | 己酉 | 八 | 六 |
| 7 | 7/1 | 庚戌 | 八 | 五 |
| 8 | 7/2 | 辛亥 | 八 | 四 |
| 9 | 7/3 | 壬子 | 八 | 三 |
| 10 | 7/4 | 癸丑 | 八 | 二 |
| 11 | 7/5 | 甲寅 | 二 | 一 |
| 12 | 7/6 | 乙卯 | 二 | 九 |
| 13 | 7/7 | 丙辰 | 二 | 八 |
| 14 | 7/8 | 丁巳 | 二 | 七 |
| 15 | 7/9 | 戊午 | 二 | 六 |
| 16 | 7/10 | 己未 | 五 | 五 |
| 17 | 7/11 | 庚申 | 五 | 四 |
| 18 | 7/12 | 辛酉 | 五 | 三 |
| 19 | 7/13 | 壬戌 | 五 | 二 |
| 20 | 7/14 | 癸亥 | 五 | 一 |
| 21 | 7/15 | 甲子 | 七 | 九 |
| 22 | 7/16 | 乙丑 | 七 | 八 |
| 23 | 7/17 | 丙寅 | 七 | 七 |
| 24 | 7/18 | 丁卯 | 七 | 六 |
| 25 | 7/19 | 戊辰 | 七 | 五 |
| 26 | 7/20 | 己巳 | 一 | 四 |
| 27 | 7/21 | 庚午 | 一 | 三 |
| 28 | 7/22 | 辛未 | 一 | 二 |
| 29 | 7/23 | 壬申 | 一 | 一 |
| | | | | |

| 五月 | | | | |
|---|---|---|---|---|
| 甲午 | | | | |
| 七赤金 | | | | |
| 夏至 03時34分 廿八寅時 | 芒種 10時40分 十二巳時 | | 奇門遁甲局數 | |
| 農曆 | 國曆 | 干支 | 時盤 | 日盤 |
| 1 | 5/26 | 甲戌 | 8 | 5 |
| 2 | 5/27 | 乙亥 | 8 | 6 |
| 3 | 5/28 | 丙子 | 8 | 7 |
| 4 | 5/29 | 丁丑 | 8 | 8 |
| 5 | 5/30 | 戊寅 | 8 | 9 |
| 6 | 5/31 | 己卯 | 6 | 1 |
| 7 | 6/1 | 庚辰 | 6 | 2 |
| 8 | 6/2 | 辛巳 | 6 | 3 |
| 9 | 6/3 | 壬午 | 6 | 4 |
| 10 | 6/4 | 癸未 | 6 | 5 |
| 11 | 6/5 | 甲申 | 3 | 6 |
| 12 | 6/6 | 乙酉 | 3 | 7 |
| 13 | 6/7 | 丙戌 | 3 | 8 |
| 14 | 6/8 | 丁亥 | 3 | 9 |
| 15 | 6/9 | 戊子 | 3 | 1 |
| 16 | 6/10 | 己丑 | 9 | 2 |
| 17 | 6/11 | 庚寅 | 9 | 3 |
| 18 | 6/12 | 辛卯 | 9 | 4 |
| 19 | 6/13 | 壬辰 | 9 | 5 |
| 20 | 6/14 | 癸巳 | 9 | 6 |
| 21 | 6/15 | 甲午 | 九 | 7 |
| 22 | 6/16 | 乙未 | 九 | 8 |
| 23 | 6/17 | 丙申 | 九 | 9 |
| 24 | 6/18 | 丁酉 | 九 | 1 |
| 25 | 6/19 | 戊戌 | 九 | 2 |
| 26 | 6/20 | 己亥 | 三 | 3 |
| 27 | 6/21 | 庚子 | 三 | 4 |
| 28 | 6/22 | 辛丑 | 三 | 五 |
| 29 | 6/23 | 壬寅 | 三 | 四 |
| 30 | 6/24 | 癸卯 | 三 | 三 |

| 四月 | | | | |
|---|---|---|---|---|
| 癸巳 | | | | |
| 八白土 | | | | |
| 小滿 19時23分 廿六戌時 | 立夏 06時09分 十一卯時 | | 奇門遁甲局數 | |
| 農曆 | 國曆 | 干支 | 時盤 | 日盤 |
| 1 | 4/26 | 甲辰 | 8 | 2 |
| 2 | 4/27 | 乙巳 | 8 | 3 |
| 3 | 4/28 | 丙午 | 8 | 4 |
| 4 | 4/29 | 丁未 | 8 | 5 |
| 5 | 4/30 | 戊申 | 8 | 6 |
| 6 | 5/1 | 己酉 | 4 | 7 |
| 7 | 5/2 | 庚戌 | 4 | 8 |
| 8 | 5/3 | 辛亥 | 4 | 9 |
| 9 | 5/4 | 壬子 | 4 | 1 |
| 10 | 5/5 | 癸丑 | 4 | 2 |
| 11 | 5/6 | 甲寅 | 1 | 3 |
| 12 | 5/7 | 乙卯 | 1 | 4 |
| 13 | 5/8 | 丙辰 | 1 | 5 |
| 14 | 5/9 | 丁巳 | 1 | 6 |
| 15 | 5/10 | 戊午 | 1 | 7 |
| 16 | 5/11 | 己未 | 7 | 8 |
| 17 | 5/12 | 庚申 | 7 | 9 |
| 18 | 5/13 | 辛酉 | 7 | 1 |
| 19 | 5/14 | 壬戌 | 7 | 2 |
| 20 | 5/15 | 癸亥 | 7 | 3 |
| 21 | 5/16 | 甲子 | 5 | 4 |
| 22 | 5/17 | 乙丑 | 5 | 5 |
| 23 | 5/18 | 丙寅 | 5 | 6 |
| 24 | 5/19 | 丁卯 | 5 | 7 |
| 25 | 5/20 | 戊辰 | 5 | 8 |
| 26 | 5/21 | 己巳 | 2 | 9 |
| 27 | 5/22 | 庚午 | 2 | 1 |
| 28 | 5/23 | 辛未 | 2 | 2 |
| 29 | 5/24 | 壬申 | 2 | 3 |
| 30 | 5/25 | 癸酉 | 2 | 4 |

| 三月 | | | | |
|---|---|---|---|---|
| 壬辰 | | | | |
| 九紫火 | | | | |
| 穀雨 19時51分 廿四戌時 | 清明 12時25分 初九午時 | | 奇門遁甲局數 | |
| 農曆 | 國曆 | 干支 | 時盤 | 日盤 |
| 1 | 3/28 | 乙亥 | 6 | 9 |
| 2 | 3/29 | 丙子 | 6 | 1 |
| 3 | 3/30 | 丁丑 | 6 | 2 |
| 4 | 3/31 | 戊寅 | 6 | 3 |
| 5 | 4/1 | 己卯 | 4 | 4 |
| 6 | 4/2 | 庚辰 | 4 | 5 |
| 7 | 4/3 | 辛巳 | 4 | 6 |
| 8 | 4/4 | 壬午 | 4 | 7 |
| 9 | 4/5 | 癸未 | 4 | 8 |
| 10 | 4/6 | 甲申 | 1 | 9 |
| 11 | 4/7 | 乙酉 | 1 | 1 |
| 12 | 4/8 | 丙戌 | 1 | 2 |
| 13 | 4/9 | 丁亥 | 1 | 3 |
| 14 | 4/10 | 戊子 | 1 | 4 |
| 15 | 4/11 | 己丑 | 7 | 5 |
| 16 | 4/12 | 庚寅 | 7 | 6 |
| 17 | 4/13 | 辛卯 | 7 | 7 |
| 18 | 4/14 | 壬辰 | 7 | 8 |
| 19 | 4/15 | 癸巳 | 7 | 9 |
| 20 | 4/16 | 甲午 | 5 | 1 |
| 21 | 4/17 | 乙未 | 5 | 2 |
| 22 | 4/18 | 丙申 | 5 | 3 |
| 23 | 4/19 | 丁酉 | 5 | 4 |
| 24 | 4/20 | 戊戌 | 5 | 5 |
| 25 | 4/21 | 己亥 | 2 | 6 |
| 26 | 4/22 | 庚子 | 2 | 7 |
| 27 | 4/23 | 辛丑 | 2 | 8 |
| 28 | 4/24 | 壬寅 | 2 | 9 |
| 29 | 4/25 | 癸卯 | 2 | 1 |
| | | | | |

| 二月 | | | | |
|---|---|---|---|---|
| 辛卯 | | | | |
| 一白水 | | | | |
| 春分 08時21分 廿四辰時 | 驚蟄 07時10分 初九辰時 | | 奇門遁甲局數 | |
| 農曆 | 國曆 | 干支 | 時盤 | 日盤 |
| 1 | 2/26 | 乙巳 | 3 | 6 |
| 2 | 2/27 | 丙午 | 3 | 7 |
| 3 | 2/28 | 丁未 | 3 | 8 |
| 4 | 3/1 | 戊申 | 3 | 9 |
| 5 | 3/2 | 己酉 | 1 | 1 |
| 6 | 3/3 | 庚戌 | 1 | 2 |
| 7 | 3/4 | 辛亥 | 1 | 3 |
| 8 | 3/5 | 壬子 | 1 | 4 |
| 9 | 3/6 | 癸丑 | 1 | 5 |
| 10 | 3/7 | 甲寅 | 7 | 6 |
| 11 | 3/8 | 乙卯 | 7 | 7 |
| 12 | 3/9 | 丙辰 | 7 | 8 |
| 13 | 3/10 | 丁巳 | 7 | 9 |
| 14 | 3/11 | 戊午 | 7 | 1 |
| 15 | 3/12 | 己未 | 4 | 2 |
| 16 | 3/13 | 庚申 | 4 | 3 |
| 17 | 3/14 | 辛酉 | 4 | 4 |
| 18 | 3/15 | 壬戌 | 4 | 5 |
| 19 | 3/16 | 癸亥 | 4 | 6 |
| 20 | 3/17 | 甲子 | 3 | 7 |
| 21 | 3/18 | 乙丑 | 3 | 8 |
| 22 | 3/19 | 丙寅 | 3 | 9 |
| 23 | 3/20 | 丁卯 | 3 | 1 |
| 24 | 3/21 | 戊辰 | 3 | 2 |
| 25 | 3/22 | 己巳 | 9 | 3 |
| 26 | 3/23 | 庚午 | 9 | 4 |
| 27 | 3/24 | 辛未 | 9 | 5 |
| 28 | 3/25 | 壬申 | 9 | 6 |
| 29 | 3/26 | 癸酉 | 9 | 7 |
| 30 | 3/27 | 甲戌 | 6 | 8 |

| 正月 | | | | |
|---|---|---|---|---|
| 庚寅 | | | | |
| 二黑土 | | | | |
| 雨水 08時57分 廿四辰時 | 立春 12時50分 初九午時 | | 奇門遁甲局數 | |
| 農曆 | 國曆 | 干支 | 時盤 | 日盤 |
| 1 | 1/27 | 乙亥 | 6 | 3 |
| 2 | 1/28 | 丙子 | 6 | 4 |
| 3 | 1/29 | 丁丑 | 6 | 5 |
| 4 | 1/30 | 戊寅 | 6 | 6 |
| 5 | 1/31 | 己卯 | 8 | 7 |
| 6 | 2/1 | 庚辰 | 8 | 8 |
| 7 | 2/2 | 辛巳 | 8 | 9 |
| 8 | 2/3 | 壬午 | 8 | 1 |
| 9 | 2/4 | 癸未 | 8 | 2 |
| 10 | 2/5 | 甲申 | 5 | 3 |
| 11 | 2/6 | 乙酉 | 5 | 4 |
| 12 | 2/7 | 丙戌 | 5 | 5 |
| 13 | 2/8 | 丁亥 | 5 | 6 |
| 14 | 2/9 | 戊子 | 5 | 7 |
| 15 | 2/10 | 己丑 | 2 | 8 |
| 16 | 2/11 | 庚寅 | 2 | 9 |
| 17 | 2/12 | 辛卯 | 2 | 1 |
| 18 | 2/13 | 壬辰 | 2 | 2 |
| 19 | 2/14 | 癸巳 | 2 | 3 |
| 20 | 2/15 | 甲午 | 9 | 4 |
| 21 | 2/16 | 乙未 | 9 | 5 |
| 22 | 2/17 | 丙申 | 9 | 6 |
| 23 | 2/18 | 丁酉 | 9 | 7 |
| 24 | 2/19 | 戊戌 | 9 | 8 |
| 25 | 2/20 | 己亥 | 6 | 9 |
| 26 | 2/21 | 庚子 | 6 | 1 |
| 27 | 2/22 | 辛丑 | 6 | 2 |
| 28 | 2/23 | 壬寅 | 6 | 3 |
| 29 | 2/24 | 癸卯 | 6 | 4 |
| 30 | 2/25 | 甲辰 | 3 | 5 |

# 西元1941年（辛巳）肖蛇 民國30年（女坎命）

奇門遁甲局數如標示為 一 ～九表示陰局　　如標示為1 ～9 表示陽局

| 十二月 | | | | | 十一月 | | | | | 十　月 | | | | | 九　月 | | | | | 八　月 | | | | | 七　月 | | | | |
|---|---|---|---|---|---|---|---|---|---|---|---|---|---|---|---|---|---|---|---|---|---|---|---|---|---|---|---|---|---|
| 辛丑 | | | | | 庚子 | | | | | 己亥 | | | | | 戊戌 | | | | | 丁酉 | | | | | 丙申 | | | | |
| 九紫火 | | | | | 一白水 | | | | | 二黑土 | | | | | 三碧木 | | | | | 四綠木 | | | | | 五黃土 | | | | |
| 立春 十九酉時 18時49分 | | 大寒 初五子時 00時24分 | 奇門遁甲局數 | | 小寒 二十辰時 07時03分 | | 冬至 初五未時 13時45分 | 奇門遁甲局數 | | 大雪 十九戌時 19時57分 | | 小雪 初五子時 00時38分 | 奇門遁甲局數 | | 立冬 二十寅時 03時25分 | | 霜降 初五寅時 03時28分 | 奇門遁甲局數 | | 寒露 十九子時 00時39分 | | 秋分 初三酉時 18時33分 | 奇門遁甲局數 | | 白露 十七巳時 09時24分 | | 處暑 初一亥時 21時21分 | 奇門遁甲局數 | |
| 農曆 | 國曆 | 干支 | 時盤 | 日盤 | 農曆 | 國曆 | 干支 | 時盤 | 日盤 | 農曆 | 國曆 | 干支 | 時盤 | 日盤 | 農曆 | 國曆 | 干支 | 時盤 | 日盤 | 農曆 | 國曆 | 干支 | 時盤 | 日盤 | 農曆 | 國曆 | 干支 | 時盤 | 日盤 |
| 1 | 1/17 | 庚午 | 8 | 7 | 1 | 12/18 | 庚子 | 七 | 六 | 1 | 11/19 | 辛未 | 八 | 八 | 1 | 10/20 | 辛丑 | 八 | 二 | 1 | 9/21 | 壬申 | 一 | 四 | 1 | 8/23 | 癸卯 | 四 | 六 |
| 2 | 1/18 | 辛未 | 8 | 8 | 2 | 12/19 | 辛丑 | 七 | 五 | 2 | 11/20 | 壬申 | 八 | 七 | 2 | 10/21 | 壬寅 | 八 | 一 | 2 | 9/22 | 癸酉 | 一 | 三 | 2 | 8/24 | 甲辰 | 七 | 五 |
| 3 | 1/19 | 壬申 | 8 | 9 | 3 | 12/20 | 壬寅 | 七 | 四 | 3 | 11/21 | 癸酉 | 八 | 六 | 3 | 10/22 | 癸卯 | 八 | 九 | 3 | 9/23 | 甲戌 | 四 | 二 | 3 | 8/25 | 乙巳 | 七 | 四 |
| 4 | 1/20 | 癸酉 | 8 | 1 | 4 | 12/21 | 癸卯 | 七 | 三 | 4 | 11/22 | 甲戌 | 二 | 五 | 4 | 10/23 | 甲辰 | 二 | 八 | 4 | 9/24 | 乙亥 | 四 | 一 | 4 | 8/26 | 丙午 | 七 | 三 |
| 5 | 1/21 | 甲戌 | 5 | 2 | 5 | 12/22 | 甲辰 | 一 | 8 | 5 | 11/23 | 乙亥 | 二 | 四 | 5 | 10/24 | 乙巳 | 二 | 七 | 5 | 9/25 | 丙子 | 四 | 九 | 5 | 8/27 | 丁未 | 七 | 二 |
| 6 | 1/22 | 乙亥 | 5 | 3 | 6 | 12/23 | 乙巳 | 一 | 9 | 6 | 11/24 | 丙子 | 二 | 三 | 6 | 10/25 | 丙午 | 二 | 六 | 6 | 9/26 | 丁丑 | 四 | 八 | 6 | 8/28 | 戊申 | 七 | 一 |
| 7 | 1/23 | 丙子 | 5 | 4 | 7 | 12/24 | 丙午 | 一 | 1 | 7 | 11/25 | 丁丑 | 二 | 二 | 7 | 10/26 | 丁未 | 二 | 五 | 7 | 9/27 | 戊寅 | 四 | 七 | 7 | 8/29 | 己酉 | 九 | 九 |
| 8 | 1/24 | 丁丑 | 5 | 5 | 8 | 12/25 | 丁未 | 一 | 2 | 8 | 11/26 | 戊寅 | 二 | 一 | 8 | 10/27 | 戊申 | 二 | 四 | 8 | 9/28 | 己卯 | 六 | 六 | 8 | 8/30 | 庚戌 | 九 | 八 |
| 9 | 1/25 | 戊寅 | 5 | 6 | 9 | 12/26 | 戊申 | 一 | 3 | 9 | 11/27 | 己卯 | 四 | 九 | 9 | 10/28 | 己酉 | 六 | 三 | 9 | 9/29 | 庚辰 | 六 | 五 | 9 | 8/31 | 辛亥 | 九 | 七 |
| 10 | 1/26 | 己卯 | 3 | 7 | 10 | 12/27 | 己酉 | 1 | 4 | 10 | 11/28 | 庚辰 | 四 | 八 | 10 | 10/29 | 庚戌 | 六 | 二 | 10 | 9/30 | 辛巳 | 六 | 四 | 10 | 9/ 1 | 壬子 | 九 | 六 |
| 11 | 1/27 | 庚辰 | 3 | 8 | 11 | 12/28 | 庚戌 | 1 | 5 | 11 | 11/29 | 辛巳 | 四 | 七 | 11 | 10/30 | 辛亥 | 六 | 一 | 11 | 10/ 1 | 壬午 | 六 | 三 | 11 | 9/ 2 | 癸丑 | 九 | 五 |
| 12 | 1/28 | 辛巳 | 3 | 9 | 12 | 12/29 | 辛亥 | 1 | 6 | 12 | 11/30 | 壬午 | 四 | 六 | 12 | 10/31 | 壬子 | 六 | 九 | 12 | 10/ 2 | 癸未 | 六 | 二 | 12 | 9/ 3 | 甲寅 | 三 | 四 |
| 13 | 1/29 | 壬午 | 3 | 1 | 13 | 12/30 | 壬子 | 1 | 7 | 13 | 12/ 1 | 癸未 | 四 | 五 | 13 | 11/ 1 | 癸丑 | 六 | 八 | 13 | 10/ 3 | 甲申 | 九 | 一 | 13 | 9/ 4 | 乙卯 | 三 | 三 |
| 14 | 1/30 | 癸未 | 3 | 2 | 14 | 12/31 | 癸丑 | 1 | 8 | 14 | 12/ 2 | 甲申 | 七 | 四 | 14 | 11/ 2 | 甲寅 | 九 | 七 | 14 | 10/ 4 | 乙酉 | 九 | 九 | 14 | 9/ 5 | 丙辰 | 三 | 二 |
| 15 | 1/31 | 甲申 | 9 | 3 | 15 | 1/ 1 | 甲寅 | 7 | 9 | 15 | 12/ 3 | 乙酉 | 七 | 三 | 15 | 11/ 3 | 乙卯 | 九 | 六 | 15 | 10/ 5 | 丙戌 | 九 | 八 | 15 | 9/ 6 | 丁巳 | 三 | 一 |
| 16 | 2/ 1 | 乙酉 | 9 | 4 | 16 | 1/ 2 | 乙卯 | 7 | 1 | 16 | 12/ 4 | 丙戌 | 七 | 二 | 16 | 11/ 4 | 丙辰 | 九 | 五 | 16 | 10/ 6 | 丁亥 | 九 | 七 | 16 | 9/ 7 | 戊午 | 三 | 九 |
| 17 | 2/ 2 | 丙戌 | 9 | 5 | 17 | 1/ 3 | 丙辰 | 7 | 2 | 17 | 12/ 5 | 丁亥 | 七 | 一 | 17 | 11/ 5 | 丁巳 | 九 | 四 | 17 | 10/ 7 | 戊子 | 九 | 六 | 17 | 9/ 8 | 己未 | 六 | 八 |
| 18 | 2/ 3 | 丁亥 | 9 | 6 | 18 | 1/ 4 | 丁巳 | 7 | 3 | 18 | 12/ 6 | 戊子 | 七 | 九 | 18 | 11/ 6 | 戊午 | 九 | 三 | 18 | 10/ 8 | 己丑 | 三 | 五 | 18 | 9/ 9 | 庚申 | 六 | 七 |
| 19 | 2/ 4 | 戊子 | 9 | 7 | 19 | 1/ 5 | 戊午 | 7 | 4 | 19 | 12/ 7 | 己丑 | 一 | 八 | 19 | 11/ 7 | 己未 | 三 | 二 | 19 | 10/ 9 | 庚寅 | 三 | 四 | 19 | 9/10 | 辛酉 | 六 | 六 |
| 20 | 2/ 5 | 己丑 | 6 | 8 | 20 | 1/ 6 | 己未 | 4 | 5 | 20 | 12/ 8 | 庚寅 | 一 | 七 | 20 | 11/ 8 | 庚申 | 三 | 一 | 20 | 10/10 | 辛卯 | 三 | 三 | 20 | 9/11 | 壬戌 | 六 | 五 |
| 21 | 2/ 6 | 庚寅 | 6 | 9 | 21 | 1/ 7 | 庚申 | 4 | 6 | 21 | 12/ 9 | 辛卯 | 一 | 六 | 21 | 11/ 9 | 辛酉 | 三 | 九 | 21 | 10/11 | 壬辰 | 三 | 二 | 21 | 9/12 | 癸亥 | 六 | 四 |
| 22 | 2/ 7 | 辛卯 | 6 | 1 | 22 | 1/ 8 | 辛酉 | 4 | 7 | 22 | 12/10 | 壬辰 | 一 | 五 | 22 | 11/10 | 壬戌 | 三 | 八 | 22 | 10/12 | 癸巳 | 三 | 一 | 22 | 9/13 | 甲子 | 七 | 三 |
| 23 | 2/ 8 | 壬辰 | 6 | 2 | 23 | 1/ 9 | 壬戌 | 4 | 8 | 23 | 12/11 | 癸巳 | 一 | 四 | 23 | 11/11 | 癸亥 | 三 | 七 | 23 | 10/13 | 甲午 | 五 | 九 | 23 | 9/14 | 乙丑 | 七 | 二 |
| 24 | 2/ 9 | 癸巳 | 6 | 3 | 24 | 1/10 | 癸亥 | 4 | 9 | 24 | 12/12 | 甲午 | 四 | 三 | 24 | 11/12 | 甲子 | 五 | 六 | 24 | 10/14 | 乙未 | 五 | 八 | 24 | 9/15 | 丙寅 | 七 | 一 |
| 25 | 2/10 | 甲午 | 8 | 4 | 25 | 1/11 | 甲子 | 2 | 1 | 25 | 12/13 | 乙未 | 四 | 二 | 25 | 11/13 | 乙丑 | 五 | 五 | 25 | 10/15 | 丙申 | 五 | 七 | 25 | 9/16 | 丁卯 | 七 | 九 |
| 26 | 2/11 | 乙未 | 8 | 5 | 26 | 1/12 | 乙丑 | 2 | 2 | 26 | 12/14 | 丙申 | 四 | 一 | 26 | 11/14 | 丙寅 | 五 | 四 | 26 | 10/16 | 丁酉 | 五 | 六 | 26 | 9/17 | 戊辰 | 七 | 八 |
| 27 | 2/12 | 丙申 | 8 | 6 | 27 | 1/13 | 丙寅 | 2 | 3 | 27 | 12/15 | 丁酉 | 四 | 九 | 27 | 11/15 | 丁卯 | 五 | 三 | 27 | 10/17 | 戊戌 | 五 | 五 | 27 | 9/18 | 己巳 | 一 | 七 |
| 28 | 2/13 | 丁酉 | 8 | 7 | 28 | 1/14 | 丁卯 | 2 | 4 | 28 | 12/16 | 戊戌 | 四 | 八 | 28 | 11/16 | 戊辰 | 五 | 二 | 28 | 10/18 | 己亥 | 八 | 四 | 28 | 9/19 | 庚午 | 一 | 六 |
| 29 | 2/14 | 戊戌 | 8 | 8 | 29 | 1/15 | 戊辰 | 2 | 5 | 29 | 12/17 | 己亥 | 七 | 七 | 29 | 11/17 | 己巳 | 八 | 一 | 29 | 10/19 | 庚子 | 八 | 三 | 29 | 9/20 | 辛未 | 一 | 五 |
| | | | | | 30 | 1/16 | 己巳 | 8 | 6 | | | | | | 30 | 11/18 | 庚午 | 八 | 九 | | | | | | | | | | |

# 西元1942年（壬午）肖馬 民國31年（男巽命）

奇門遁甲局數如標示為 一 ～九表示陰局　　如標示為1 ～9 表示陽局

| 六月 | | | | | 五月 | | | | | 四月 | | | | | 三月 | | | | | 二月 | | | | | 正月 | | | | |
|---|---|---|---|---|---|---|---|---|---|---|---|---|---|---|---|---|---|---|---|---|---|---|---|---|---|---|---|---|---|
| 丁未 | | | | | 丙午 | | | | | 乙巳 | | | | | 甲辰 | | | | | 癸卯 | | | | | 壬寅 | | | | |
| 三碧木 | | | | | 四綠木 | | | | | 五黃土 | | | | | 六白金 | | | | | 七赤金 | | | | | 八白土 | | | | |
| 立秋 12時31分 廿七午時 | | 大暑 20時08分 十一戌時 | 奇門遁甲局數 | | 小暑 02時52分 廿五丑時 | | 夏至 09時17分 初九巳時 | 奇門遁甲局數 | | 芒種 16時37分 廿三申時 | | 小滿 01時09分 初八丑時 | 奇門遁甲局數 | | 立夏 12時07分 廿二午時 | | 穀雨 01時38分 初七丑時 | 奇門遁甲局數 | | 清明 18時24分 二十酉時 | | 春分 14時11分 初五未時 | 奇門遁甲局數 | | 驚蟄 13時10分 二十未時 | | 雨水 14時47分 初五未時 | 奇門遁甲局數 | |
| 農曆 | 國曆 | 干支 | 時盤 | 日盤 | 農曆 | 國曆 | 干支 | 時盤 | 日盤 | 農曆 | 國曆 | 干支 | 時盤 | 日盤 | 農曆 | 國曆 | 干支 | 時盤 | 日盤 | 農曆 | 國曆 | 干支 | 時盤 | 日盤 | 農曆 | 國曆 | 干支 | 時盤 | 日盤 |
| 1 | 7/13 | 丁卯 | 八 | 六 | 1 | 6/14 | 戊戌 | 6 | 2 | 1 | 5/15 | 戊辰 | 4 | 8 | 1 | 4/15 | 戊戌 | 4 | 5 | 1 | 3/17 | 己巳 | 7 | 3 | 1 | 2/15 | 己亥 | 5 | 9 |
| 2 | 7/14 | 戊辰 | 八 | 五 | 2 | 6/15 | 己亥 | 3 | 3 | 2 | 5/16 | 己巳 | 1 | 9 | 2 | 4/16 | 己亥 | 1 | 6 | 2 | 3/18 | 庚午 | 7 | 4 | 2 | 2/16 | 庚子 | 5 | 1 |
| 3 | 7/15 | 己巳 | 二 | 四 | 3 | 6/16 | 庚子 | 3 | 4 | 3 | 5/17 | 庚午 | 1 | 1 | 3 | 4/17 | 庚子 | 1 | 7 | 3 | 3/19 | 辛未 | 7 | 5 | 3 | 2/17 | 辛丑 | 5 | 2 |
| 4 | 7/16 | 庚午 | 二 | 三 | 4 | 6/17 | 辛丑 | 3 | 5 | 4 | 5/18 | 辛未 | 1 | 2 | 4 | 4/18 | 辛丑 | 1 | 8 | 4 | 3/20 | 壬申 | 7 | 6 | 4 | 2/18 | 壬寅 | 5 | 3 |
| 5 | 7/17 | 辛未 | 二 | 二 | 5 | 6/18 | 壬寅 | 3 | 6 | 5 | 5/19 | 壬申 | 1 | 3 | 5 | 4/19 | 壬寅 | 1 | 9 | 5 | 3/21 | 癸酉 | 7 | 7 | 5 | 2/19 | 癸卯 | 5 | 4 |
| 6 | 7/18 | 壬申 | 二 | 一 | 6 | 6/19 | 癸卯 | 3 | 7 | 6 | 5/20 | 癸酉 | 1 | 4 | 6 | 4/20 | 癸卯 | 1 | 1 | 6 | 3/22 | 甲戌 | 4 | 8 | 6 | 2/20 | 甲辰 | 2 | 5 |
| 7 | 7/19 | 癸酉 | 二 | 九 | 7 | 6/20 | 甲辰 | 9 | 8 | 7 | 5/21 | 甲戌 | 7 | 5 | 7 | 4/21 | 甲辰 | 7 | 2 | 7 | 3/23 | 乙亥 | 4 | 9 | 7 | 2/21 | 乙巳 | 2 | 6 |
| 8 | 7/20 | 甲戌 | 五 | 八 | 8 | 6/21 | 乙巳 | 9 | 9 | 8 | 5/22 | 乙亥 | 7 | 6 | 8 | 4/22 | 乙巳 | 7 | 3 | 8 | 3/24 | 丙子 | 4 | 1 | 8 | 2/22 | 丙午 | 2 | 7 |
| 9 | 7/21 | 乙亥 | 五 | 七 | 9 | 6/22 | 丙午 | 9 | 九 | 9 | 5/23 | 丙子 | 7 | 7 | 9 | 4/23 | 丙午 | 7 | 4 | 9 | 3/25 | 丁丑 | 4 | 2 | 9 | 2/23 | 丁未 | 2 | 8 |
| 10 | 7/22 | 丙子 | 五 | 六 | 10 | 6/23 | 丁未 | 9 | 八 | 10 | 5/24 | 丁丑 | 7 | 8 | 10 | 4/24 | 丁未 | 7 | 5 | 10 | 3/26 | 戊寅 | 4 | 3 | 10 | 2/24 | 戊申 | 2 | 9 |
| 11 | 7/23 | 丁丑 | 五 | 五 | 11 | 6/24 | 戊申 | 9 | 七 | 11 | 5/25 | 戊寅 | 7 | 9 | 11 | 4/25 | 戊申 | 7 | 6 | 11 | 3/27 | 己卯 | 3 | 4 | 11 | 2/25 | 己酉 | 9 | 1 |
| 12 | 7/24 | 戊寅 | 五 | 四 | 12 | 6/25 | 己酉 | 九 | 六 | 12 | 5/26 | 己卯 | 5 | 1 | 12 | 4/26 | 己酉 | 5 | 7 | 12 | 3/28 | 庚辰 | 3 | 5 | 12 | 2/26 | 庚戌 | 9 | 2 |
| 13 | 7/25 | 己卯 | 七 | 三 | 13 | 6/26 | 庚戌 | 九 | 五 | 13 | 5/27 | 庚辰 | 5 | 2 | 13 | 4/27 | 庚戌 | 5 | 8 | 13 | 3/29 | 辛巳 | 3 | 6 | 13 | 2/27 | 辛亥 | 9 | 3 |
| 14 | 7/26 | 庚辰 | 七 | 二 | 14 | 6/27 | 辛亥 | 九 | 四 | 14 | 5/28 | 辛巳 | 5 | 3 | 14 | 4/28 | 辛亥 | 5 | 9 | 14 | 3/30 | 壬午 | 3 | 7 | 14 | 2/28 | 壬子 | 9 | 4 |
| 15 | 7/27 | 辛巳 | 七 | 一 | 15 | 6/28 | 壬子 | 九 | 三 | 15 | 5/29 | 壬午 | 5 | 4 | 15 | 4/29 | 壬子 | 5 | 1 | 15 | 3/31 | 癸未 | 3 | 8 | 15 | 3/ 1 | 癸丑 | 9 | 5 |
| 16 | 7/28 | 壬午 | 七 | 九 | 16 | 6/29 | 癸丑 | 九 | 二 | 16 | 5/30 | 癸未 | 5 | 5 | 16 | 4/30 | 癸丑 | 5 | 2 | 16 | 4/ 1 | 甲申 | 9 | 9 | 16 | 3/ 2 | 甲寅 | 6 | 6 |
| 17 | 7/29 | 癸未 | 七 | 八 | 17 | 6/30 | 甲寅 | 三 | 一 | 17 | 5/31 | 甲申 | 2 | 6 | 17 | 5/ 1 | 甲寅 | 2 | 3 | 17 | 4/ 2 | 乙酉 | 9 | 1 | 17 | 3/ 3 | 乙卯 | 6 | 7 |
| 18 | 7/30 | 甲申 | 一 | 七 | 18 | 7/ 1 | 乙卯 | 三 | 九 | 18 | 6/ 1 | 乙酉 | 2 | 7 | 18 | 5/ 2 | 乙卯 | 2 | 4 | 18 | 4/ 3 | 丙戌 | 9 | 2 | 18 | 3/ 4 | 丙辰 | 6 | 8 |
| 19 | 7/31 | 乙酉 | 一 | 六 | 19 | 7/ 2 | 丙辰 | 三 | 八 | 19 | 6/ 2 | 丙戌 | 2 | 8 | 19 | 5/ 3 | 丙辰 | 2 | 5 | 19 | 4/ 4 | 丁亥 | 9 | 3 | 19 | 3/ 5 | 丁巳 | 6 | 9 |
| 20 | 8/ 1 | 丙戌 | 一 | 五 | 20 | 7/ 3 | 丁巳 | 三 | 七 | 20 | 6/ 3 | 丁亥 | 2 | 9 | 20 | 5/ 4 | 丁巳 | 2 | 6 | 20 | 4/ 5 | 戊子 | 9 | 4 | 20 | 3/ 6 | 戊午 | 6 | 1 |
| 21 | 8/ 2 | 丁亥 | 一 | 四 | 21 | 7/ 4 | 戊午 | 三 | 六 | 21 | 6/ 4 | 戊子 | 2 | 1 | 21 | 5/ 5 | 戊午 | 2 | 7 | 21 | 4/ 6 | 己丑 | 6 | 5 | 21 | 3/ 7 | 己未 | 3 | 2 |
| 22 | 8/ 3 | 戊子 | 一 | 三 | 22 | 7/ 5 | 己未 | 六 | 五 | 22 | 6/ 5 | 己丑 | 8 | 2 | 22 | 5/ 6 | 己未 | 8 | 8 | 22 | 4/ 7 | 庚寅 | 6 | 6 | 22 | 3/ 8 | 庚申 | 3 | 3 |
| 23 | 8/ 4 | 己丑 | 四 | 二 | 23 | 7/ 6 | 庚申 | 六 | 四 | 23 | 6/ 6 | 庚寅 | 8 | 3 | 23 | 5/ 7 | 庚申 | 8 | 9 | 23 | 4/ 8 | 辛卯 | 6 | 7 | 23 | 3/ 9 | 辛酉 | 3 | 4 |
| 24 | 8/ 5 | 庚寅 | 四 | 一 | 24 | 7/ 7 | 辛酉 | 六 | 三 | 24 | 6/ 7 | 辛卯 | 8 | 4 | 24 | 5/ 8 | 辛酉 | 8 | 1 | 24 | 4/ 9 | 壬辰 | 6 | 8 | 24 | 3/10 | 壬戌 | 3 | 5 |
| 25 | 8/ 6 | 辛卯 | 四 | 九 | 25 | 7/ 8 | 壬戌 | 六 | 二 | 25 | 6/ 8 | 壬辰 | 8 | 5 | 25 | 5/ 9 | 壬戌 | 8 | 2 | 25 | 4/10 | 癸巳 | 6 | 9 | 25 | 3/11 | 癸亥 | 3 | 6 |
| 26 | 8/ 7 | 壬辰 | 四 | 八 | 26 | 7/ 9 | 癸亥 | 六 | 一 | 26 | 6/ 9 | 癸巳 | 8 | 6 | 26 | 5/10 | 癸亥 | 8 | 3 | 26 | 4/11 | 甲午 | 4 | 1 | 26 | 3/12 | 甲子 | 1 | 7 |
| 27 | 8/ 8 | 癸巳 | 四 | 七 | 27 | 7/10 | 甲子 | 八 | 九 | 27 | 6/10 | 甲午 | 6 | 7 | 27 | 5/11 | 甲子 | 4 | 4 | 27 | 4/12 | 乙未 | 4 | 2 | 27 | 3/13 | 乙丑 | 1 | 8 |
| 28 | 8/ 9 | 甲午 | 二 | 六 | 28 | 7/11 | 乙丑 | 八 | 八 | 28 | 6/11 | 乙未 | 6 | 8 | 28 | 5/12 | 乙丑 | 4 | 5 | 28 | 4/13 | 丙申 | 4 | 3 | 28 | 3/14 | 丙寅 | 1 | 9 |
| 29 | 8/10 | 乙未 | 二 | 五 | 29 | 7/12 | 丙寅 | 八 | 七 | 29 | 6/12 | 丙申 | 6 | 9 | 29 | 5/13 | 丙寅 | 4 | 6 | 29 | 4/14 | 丁酉 | 4 | 4 | 29 | 3/15 | 丁卯 | 1 | 1 |
| 30 | 8/11 | 丙申 | 二 | 四 | | | | | | 30 | 6/13 | 丁酉 | 6 | 1 | 30 | 5/14 | 丁卯 | 4 | 7 | | | | | | 30 | 3/16 | 戊辰 | 1 | 2 |

# 西元1942年（壬午）肖馬 民國31年（女坤命）

奇門遁甲局數如標示為 一 ～九表示陰局　　如標示為1 ～9 表示陽局

| 十二月 | | | | | 十一月 | | | | | 十　月 | | | | | 九　月 | | | | | 八　月 | | | | | 七　月 | | | | |
|---|---|---|---|---|---|---|---|---|---|---|---|---|---|---|---|---|---|---|---|---|---|---|---|---|---|---|---|---|---|
| 癸丑 | | | | | 壬子 | | | | | 辛亥 | | | | | 庚戌 | | | | | 己酉 | | | | | 戊申 | | | | |
| 六白金 | | | | | 七赤金 | | | | | 八白土 | | | | | 九紫火 | | | | | 一白水 | | | | | 二黑土 | | | | |
| 大寒 06時19分 十六卯時 | | 小寒 12時55分 初一午時 | 奇門遁甲局數 | | 冬至 19時40分 十五戌時 | | 大雪 01時47分 初一丑時 | 奇門遁甲局數 | | 小雪 06時31分 十六卯時 | | 立冬 09時12分 初一巳時 | 奇門遁甲局數 | | 霜降 09時16分 十五巳時 | | | 奇門遁甲局數 | | 寒露 06時22分 三十卯時 | | 秋分 00時17分 十五子時 | 奇門遁甲局數 | | 白露 15時07分 廿八申時 | | 處暑 02時59分 十三丑時 | 奇門遁甲局數 | |
| 農曆 | 國曆 | 干支 | 時盤 | 日盤 | 農曆 | 國曆 | 干支 | 時盤 | 日盤 | 農曆 | 國曆 | 干支 | 時盤 | 日盤 | 農曆 | 國曆 | 干支 | 時盤 | 日盤 | 農曆 | 國曆 | 干支 | 時盤 | 日盤 | 農曆 | 國曆 | 干支 | 時盤 | 日盤 |
| 1 | 1/6 | 甲子 | 2 | 1 | 1 | 12/8 | 乙未 | 四 | 二 | 1 | 11/8 | 乙丑 | 六 | 五 | 1 | 10/10 | 丙申 | 六 | 七 | 1 | 9/10 | 丙寅 | 九 | 一 | 1 | 8/12 | 丁酉 | 二 | 三 |
| 2 | 1/7 | 乙丑 | 2 | 2 | 2 | 12/9 | 丙申 | 四 | 一 | 2 | 11/9 | 丙寅 | 六 | 四 | 2 | 10/11 | 丁酉 | 六 | 六 | 2 | 9/11 | 丁卯 | 九 | 九 | 2 | 8/13 | 戊戌 | 二 | 二 |
| 3 | 1/8 | 丙寅 | 2 | 3 | 3 | 12/10 | 丁酉 | 四 | 九 | 3 | 11/10 | 丁卯 | 六 | 三 | 3 | 10/12 | 戊戌 | 六 | 五 | 3 | 9/12 | 戊辰 | 九 | 八 | 3 | 8/14 | 己亥 | 五 | 一 |
| 4 | 1/9 | 丁卯 | 2 | 4 | 4 | 12/11 | 戊戌 | 四 | 八 | 4 | 11/11 | 戊辰 | 六 | 二 | 4 | 10/13 | 己亥 | 九 | 四 | 4 | 9/13 | 己巳 | 三 | 七 | 4 | 8/15 | 庚子 | 五 | 九 |
| 5 | 1/10 | 戊辰 | 2 | 5 | 5 | 12/12 | 己亥 | 七 | 七 | 5 | 11/12 | 己巳 | 九 | 一 | 5 | 10/14 | 庚子 | 九 | 三 | 5 | 9/14 | 庚午 | 三 | 六 | 5 | 8/16 | 辛丑 | 五 | 八 |
| 6 | 1/11 | 己巳 | 8 | 6 | 6 | 12/13 | 庚子 | 七 | 六 | 6 | 11/13 | 庚午 | 九 | 九 | 6 | 10/15 | 辛丑 | 九 | 二 | 6 | 9/15 | 辛未 | 三 | 五 | 6 | 8/17 | 壬寅 | 五 | 七 |
| 7 | 1/12 | 庚午 | 8 | 7 | 7 | 12/14 | 辛丑 | 七 | 五 | 7 | 11/14 | 辛未 | 九 | 八 | 7 | 10/16 | 壬寅 | 九 | 一 | 7 | 9/16 | 壬申 | 三 | 四 | 7 | 8/18 | 癸卯 | 五 | 六 |
| 8 | 1/13 | 辛未 | 8 | 8 | 8 | 12/15 | 壬寅 | 七 | 四 | 8 | 11/15 | 壬申 | 九 | 七 | 8 | 10/17 | 癸卯 | 九 | 九 | 8 | 9/17 | 癸酉 | 三 | 三 | 8 | 8/19 | 甲辰 | 八 | 五 |
| 9 | 1/14 | 壬申 | 8 | 9 | 9 | 12/16 | 癸卯 | 七 | 三 | 9 | 11/16 | 癸酉 | 九 | 六 | 9 | 10/18 | 甲辰 | 三 | 八 | 9 | 9/18 | 甲戌 | 六 | 二 | 9 | 8/20 | 乙巳 | 八 | 四 |
| 10 | 1/15 | 癸酉 | 8 | 1 | 10 | 12/17 | 甲辰 | 一 | 二 | 10 | 11/17 | 甲戌 | 三 | 五 | 10 | 10/19 | 乙巳 | 三 | 七 | 10 | 9/19 | 乙亥 | 六 | 一 | 10 | 8/21 | 丙午 | 八 | 三 |
| 11 | 1/16 | 甲戌 | 5 | 2 | 11 | 12/18 | 乙巳 | 一 | 一 | 11 | 11/18 | 乙亥 | 三 | 四 | 11 | 10/20 | 丙午 | 三 | 六 | 11 | 9/20 | 丙子 | 六 | 九 | 11 | 8/22 | 丁未 | 八 | 二 |
| 12 | 1/17 | 乙亥 | 5 | 3 | 12 | 12/19 | 丙午 | 一 | 九 | 12 | 11/19 | 丙子 | 三 | 三 | 12 | 10/21 | 丁未 | 三 | 五 | 12 | 9/21 | 丁丑 | 六 | 八 | 12 | 8/23 | 戊申 | 八 | 一 |
| 13 | 1/18 | 丙子 | 5 | 4 | 13 | 12/20 | 丁未 | 一 | 八 | 13 | 11/20 | 丁丑 | 三 | 二 | 13 | 10/22 | 戊申 | 三 | 四 | 13 | 9/22 | 戊寅 | 六 | 七 | 13 | 8/24 | 己酉 | 一 | 九 |
| 14 | 1/19 | 丁丑 | 5 | 5 | 14 | 12/21 | 戊申 | 一 | 七 | 14 | 11/21 | 戊寅 | 三 | 一 | 14 | 10/23 | 己酉 | 五 | 三 | 14 | 9/23 | 己卯 | 七 | 六 | 14 | 8/25 | 庚戌 | 一 | 八 |
| 15 | 1/20 | 戊寅 | 5 | 6 | 15 | 12/22 | 己酉 | 1 | 4 | 15 | 11/22 | 己卯 | 五 | 九 | 15 | 10/24 | 庚戌 | 五 | 二 | 15 | 9/24 | 庚辰 | 七 | 五 | 15 | 8/26 | 辛亥 | 一 | 七 |
| 16 | 1/21 | 己卯 | 3 | 7 | 16 | 12/23 | 庚戌 | 1 | 5 | 16 | 11/23 | 庚辰 | 五 | 八 | 16 | 10/25 | 辛亥 | 五 | 一 | 16 | 9/25 | 辛巳 | 七 | 四 | 16 | 8/27 | 壬子 | 一 | 六 |
| 17 | 1/22 | 庚辰 | 3 | 8 | 17 | 12/24 | 辛亥 | 1 | 6 | 17 | 11/24 | 辛巳 | 五 | 七 | 17 | 10/26 | 壬子 | 五 | 九 | 17 | 9/26 | 壬午 | 七 | 三 | 17 | 8/28 | 癸丑 | 一 | 五 |
| 18 | 1/23 | 辛巳 | 3 | 9 | 18 | 12/25 | 壬子 | 1 | 7 | 18 | 11/25 | 壬午 | 五 | 六 | 18 | 10/27 | 癸丑 | 五 | 八 | 18 | 9/27 | 癸未 | 七 | 二 | 18 | 8/29 | 甲寅 | 四 | 四 |
| 19 | 1/24 | 壬午 | 3 | 1 | 19 | 12/26 | 癸丑 | 1 | 8 | 19 | 11/26 | 癸未 | 五 | 五 | 19 | 10/28 | 甲寅 | 八 | 七 | 19 | 9/28 | 甲申 | 一 | 一 | 19 | 8/30 | 乙卯 | 四 | 三 |
| 20 | 1/25 | 癸未 | 3 | 2 | 20 | 12/27 | 甲寅 | 7 | 9 | 20 | 11/27 | 甲申 | 八 | 四 | 20 | 10/29 | 乙卯 | 八 | 六 | 20 | 9/29 | 乙酉 | 一 | 九 | 20 | 8/31 | 丙辰 | 四 | 二 |
| 21 | 1/26 | 甲申 | 9 | 3 | 21 | 12/28 | 乙卯 | 7 | 1 | 21 | 11/28 | 乙酉 | 八 | 三 | 21 | 10/30 | 丙辰 | 八 | 五 | 21 | 9/30 | 丙戌 | 一 | 八 | 21 | 9/1 | 丁巳 | 四 | 一 |
| 22 | 1/27 | 乙酉 | 9 | 4 | 22 | 12/29 | 丙辰 | 7 | 2 | 22 | 11/29 | 丙戌 | 八 | 二 | 22 | 10/31 | 丁巳 | 八 | 四 | 22 | 10/1 | 丁亥 | 一 | 七 | 22 | 9/2 | 戊午 | 四 | 九 |
| 23 | 1/28 | 丙戌 | 9 | 5 | 23 | 12/30 | 丁巳 | 7 | 3 | 23 | 11/30 | 丁亥 | 八 | 一 | 23 | 11/1 | 戊午 | 八 | 三 | 23 | 10/2 | 戊子 | 一 | 六 | 23 | 9/3 | 己未 | 七 | 八 |
| 24 | 1/29 | 丁亥 | 9 | 6 | 24 | 12/31 | 戊午 | 7 | 4 | 24 | 12/1 | 戊子 | 八 | 九 | 24 | 11/2 | 己未 | 二 | 二 | 24 | 10/3 | 己丑 | 四 | 五 | 24 | 9/4 | 庚申 | 七 | 七 |
| 25 | 1/30 | 戊子 | 9 | 7 | 25 | 1/1 | 己未 | 4 | 5 | 25 | 12/2 | 己丑 | 二 | 八 | 25 | 11/3 | 庚申 | 二 | 一 | 25 | 10/4 | 庚寅 | 四 | 四 | 25 | 9/5 | 辛酉 | 七 | 六 |
| 26 | 1/31 | 己丑 | 6 | 8 | 26 | 1/2 | 庚申 | 4 | 6 | 26 | 12/3 | 庚寅 | 二 | 七 | 26 | 11/4 | 辛酉 | 二 | 九 | 26 | 10/5 | 辛卯 | 四 | 三 | 26 | 9/6 | 壬戌 | 七 | 五 |
| 27 | 2/1 | 庚寅 | 6 | 9 | 27 | 1/3 | 辛酉 | 4 | 7 | 27 | 12/4 | 辛卯 | 二 | 六 | 27 | 11/5 | 壬戌 | 二 | 八 | 27 | 10/6 | 壬辰 | 四 | 二 | 27 | 9/7 | 癸亥 | 七 | 四 |
| 28 | 2/2 | 辛卯 | 6 | 1 | 28 | 1/4 | 壬戌 | 4 | 8 | 28 | 12/5 | 壬辰 | 二 | 五 | 28 | 11/6 | 癸亥 | 二 | 七 | 28 | 10/7 | 癸巳 | 四 | 一 | 28 | 9/8 | 甲子 | 九 | 三 |
| 29 | 2/3 | 壬辰 | 6 | 2 | 29 | 1/5 | 癸亥 | 4 | 9 | 29 | 12/6 | 癸巳 | 二 | 四 | 29 | 11/7 | 甲子 | 六 | 六 | 29 | 10/8 | 甲午 | 六 | 九 | 29 | 9/9 | 乙丑 | 九 | 二 |
| 30 | 2/4 | 癸巳 | 6 | 3 | | | | | | 30 | 12/7 | 甲午 | 四 | 三 | | | | | | 30 | 10/9 | 乙未 | 六 | 八 | | | | | |

# 西元1943年（癸未）肖羊 民國32年（男震命）

奇門遁甲局數如標示為 一 ～九表示陰局　　如標示為1 ～9 表示陽局

| 六月 | | | | | 五月 | | | | | 四月 | | | | | 三月 | | | | | 二月 | | | | | 正月 | | | | |
|---|---|---|---|---|---|---|---|---|---|---|---|---|---|---|---|---|---|---|---|---|---|---|---|---|---|---|---|---|---|
| 己未 | | | | | 戊午 | | | | | 丁巳 | | | | | 丙辰 | | | | | 乙卯 | | | | | 甲寅 | | | | |
| 九紫火 | | | | | 一白水 | | | | | 二黑土 | | | | | 三碧木 | | | | | 四綠木 | | | | | 五黃土 | | | | |
| 大暑 | | 小暑 | 奇門遁甲局數 | | 夏至 | | 芒種 | 奇門遁甲局數 | | 小滿 | | 立夏 | 奇門遁甲局數 | | 穀雨 | | 清明 | 奇門遁甲局數 | | 春分 | | 驚蟄 | 奇門遁甲局數 | | 雨水 | | 立春 | 奇門遁甲局數 | |
| 02時05分 | 廿三丑時 | 08時39分 初七辰時 | | | 15時13分 | 二十申時 | 22時19分 初四亥時 | | | 07時03分 | 十九辰時 | 17時54分 初三酉時 | | | 07時32分 | 十七辰時 | 00時12分 初二子時 | | | 20時03分 | 十六戌時 | 18時59分 初一酉時 | | | 20時41分 | 十五戌時 | 00時41分 初一子時 | | |
| 農曆 | 國曆 | 干支 | 時盤 | 日盤 | 農曆 | 國曆 | 干支 | 時盤 | 日盤 | 農曆 | 國曆 | 干支 | 時盤 | 日盤 | 農曆 | 國曆 | 干支 | 時盤 | 日盤 | 農曆 | 國曆 | 干支 | 時盤 | 日盤 | 農曆 | 國曆 | 干支 | 時盤 | 日盤 |
| 1 | 7/2 | 辛酉 | 六 | 三 | 1 | 6/3 | 壬辰 | 8 | 5 | 1 | 5/4 | 壬戌 | 8 | 2 | 1 | 4/5 | 癸巳 | 6 | 9 | 1 | 3/6 | 癸亥 | 3 | 6 | 1 | 2/5 | 甲午 | 8 | 4 |
| 2 | 7/3 | 壬戌 | 六 | 二 | 2 | 6/4 | 癸巳 | 8 | 6 | 2 | 5/5 | 癸亥 | 8 | 3 | 2 | 4/6 | 甲午 | 4 | 1 | 2 | 3/7 | 甲子 | 1 | 7 | 2 | 2/6 | 乙未 | 8 | 5 |
| 3 | 7/4 | 癸亥 | 六 | 一 | 3 | 6/5 | 甲午 | 6 | 7 | 3 | 5/6 | 甲子 | 4 | 4 | 3 | 4/7 | 乙未 | 4 | 2 | 3 | 3/8 | 乙丑 | 1 | 8 | 3 | 2/7 | 丙申 | 8 | 6 |
| 4 | 7/5 | 甲子 | 八 | 九 | 4 | 6/6 | 乙未 | 6 | 8 | 4 | 5/7 | 乙丑 | 4 | 5 | 4 | 4/8 | 丙申 | 4 | 3 | 4 | 3/9 | 丙寅 | 1 | 9 | 4 | 2/8 | 丁酉 | 8 | 7 |
| 5 | 7/6 | 乙丑 | 八 | 八 | 5 | 6/7 | 丙申 | 6 | 9 | 5 | 5/8 | 丙寅 | 4 | 6 | 5 | 4/9 | 丁酉 | 4 | 4 | 5 | 3/10 | 丁卯 | 1 | 1 | 5 | 2/9 | 戊戌 | 8 | 8 |
| 6 | 7/7 | 丙寅 | 八 | 七 | 6 | 6/8 | 丁酉 | 6 | 1 | 6 | 5/9 | 丁卯 | 4 | 7 | 6 | 4/10 | 戊戌 | 4 | 5 | 6 | 3/11 | 戊辰 | 1 | 2 | 6 | 2/10 | 己亥 | 5 | 9 |
| 7 | 7/8 | 丁卯 | 八 | 六 | 7 | 6/9 | 戊戌 | 6 | 2 | 7 | 5/10 | 戊辰 | 4 | 8 | 7 | 4/11 | 己亥 | 1 | 6 | 7 | 3/12 | 己巳 | 7 | 3 | 7 | 2/11 | 庚子 | 5 | 1 |
| 8 | 7/9 | 戊辰 | 八 | 五 | 8 | 6/10 | 己亥 | 3 | 3 | 8 | 5/11 | 己巳 | 1 | 9 | 8 | 4/12 | 庚子 | 1 | 7 | 8 | 3/13 | 庚午 | 7 | 4 | 8 | 2/12 | 辛丑 | 5 | 2 |
| 9 | 7/10 | 己巳 | 二 | 四 | 9 | 6/11 | 庚子 | 3 | 4 | 9 | 5/12 | 庚午 | 1 | 1 | 9 | 4/13 | 辛丑 | 1 | 8 | 9 | 3/14 | 辛未 | 7 | 5 | 9 | 2/13 | 壬寅 | 5 | 3 |
| 10 | 7/11 | 庚午 | 二 | 三 | 10 | 6/12 | 辛丑 | 3 | 5 | 10 | 5/13 | 辛未 | 1 | 2 | 10 | 4/14 | 壬寅 | 1 | 9 | 10 | 3/15 | 壬申 | 7 | 6 | 10 | 2/14 | 癸卯 | 5 | 4 |
| 11 | 7/12 | 辛未 | 二 | 二 | 11 | 6/13 | 壬寅 | 3 | 6 | 11 | 5/14 | 壬申 | 1 | 3 | 11 | 4/15 | 癸卯 | 1 | 1 | 11 | 3/16 | 癸酉 | 7 | 7 | 11 | 2/15 | 甲辰 | 2 | 5 |
| 12 | 7/13 | 壬申 | 二 | 一 | 12 | 6/14 | 癸卯 | 3 | 7 | 12 | 5/15 | 癸酉 | 1 | 4 | 12 | 4/16 | 甲辰 | 7 | 2 | 12 | 3/17 | 甲戌 | 4 | 8 | 12 | 2/16 | 乙巳 | 2 | 6 |
| 13 | 7/14 | 癸酉 | 二 | 九 | 13 | 6/15 | 甲辰 | 9 | 8 | 13 | 5/16 | 甲戌 | 7 | 5 | 13 | 4/17 | 乙巳 | 7 | 3 | 13 | 3/18 | 乙亥 | 4 | 9 | 13 | 2/17 | 丙午 | 2 | 7 |
| 14 | 7/15 | 甲戌 | 五 | 八 | 14 | 6/16 | 乙巳 | 9 | 9 | 14 | 5/17 | 乙亥 | 7 | 6 | 14 | 4/18 | 丙午 | 7 | 4 | 14 | 3/19 | 丙子 | 4 | 1 | 14 | 2/18 | 丁未 | 2 | 8 |
| 15 | 7/16 | 乙亥 | 五 | 七 | 15 | 6/17 | 丙午 | 9 | 1 | 15 | 5/18 | 丙子 | 7 | 7 | 15 | 4/19 | 丁未 | 7 | 5 | 15 | 3/20 | 丁丑 | 4 | 2 | 15 | 2/19 | 戊申 | 2 | 9 |
| 16 | 7/17 | 丙子 | 五 | 六 | 16 | 6/18 | 丁未 | 9 | 2 | 16 | 5/19 | 丁丑 | 7 | 8 | 16 | 4/20 | 戊申 | 7 | 6 | 16 | 3/21 | 戊寅 | 4 | 3 | 16 | 2/20 | 己酉 | 9 | 1 |
| 17 | 7/18 | 丁丑 | 五 | 五 | 17 | 6/19 | 戊申 | 9 | 3 | 17 | 5/20 | 戊寅 | 7 | 9 | 17 | 4/21 | 己酉 | 5 | 7 | 17 | 3/22 | 己卯 | 3 | 4 | 17 | 2/21 | 庚戌 | 9 | 2 |
| 18 | 7/19 | 戊寅 | 五 | 四 | 18 | 6/20 | 己酉 | 九 | 4 | 18 | 5/21 | 己卯 | 5 | 1 | 18 | 4/22 | 庚戌 | 5 | 8 | 18 | 3/23 | 庚辰 | 3 | 5 | 18 | 2/22 | 辛亥 | 9 | 3 |
| 19 | 7/20 | 己卯 | 七 | 三 | 19 | 6/21 | 庚戌 | 九 | 5 | 19 | 5/22 | 庚辰 | 5 | 2 | 19 | 4/23 | 辛亥 | 5 | 9 | 19 | 3/24 | 辛巳 | 3 | 6 | 19 | 2/23 | 壬子 | 9 | 4 |
| 20 | 7/21 | 庚辰 | 七 | 二 | 20 | 6/22 | 辛亥 | 九 | 四 | 20 | 5/23 | 辛巳 | 5 | 3 | 20 | 4/24 | 壬子 | 5 | 1 | 20 | 3/25 | 壬午 | 3 | 7 | 20 | 2/24 | 癸丑 | 9 | 5 |
| 21 | 7/22 | 辛巳 | 七 | 一 | 21 | 6/23 | 壬子 | 九 | 三 | 21 | 5/24 | 壬午 | 5 | 4 | 21 | 4/25 | 癸丑 | 5 | 2 | 21 | 3/26 | 癸未 | 3 | 8 | 21 | 2/25 | 甲寅 | 6 | 6 |
| 22 | 7/23 | 壬午 | 七 | 九 | 22 | 6/24 | 癸丑 | 九 | 二 | 22 | 5/25 | 癸未 | 5 | 5 | 22 | 4/26 | 甲寅 | 2 | 3 | 22 | 3/27 | 甲申 | 9 | 9 | 22 | 2/26 | 乙卯 | 6 | 7 |
| 23 | 7/24 | 癸未 | 七 | 八 | 23 | 6/25 | 甲寅 | 三 | 一 | 23 | 5/26 | 甲申 | 2 | 6 | 23 | 4/27 | 乙卯 | 2 | 4 | 23 | 3/28 | 乙酉 | 9 | 1 | 23 | 2/27 | 丙辰 | 6 | 8 |
| 24 | 7/25 | 甲申 | 一 | 七 | 24 | 6/26 | 乙卯 | 三 | 九 | 24 | 5/27 | 乙酉 | 2 | 7 | 24 | 4/28 | 丙辰 | 2 | 5 | 24 | 3/29 | 丙戌 | 9 | 2 | 24 | 2/28 | 丁巳 | 6 | 9 |
| 25 | 7/26 | 乙酉 | 一 | 六 | 25 | 6/27 | 丙辰 | 三 | 八 | 25 | 5/28 | 丙戌 | 2 | 8 | 25 | 4/29 | 丁巳 | 2 | 6 | 25 | 3/30 | 丁亥 | 9 | 3 | 25 | 3/1 | 戊午 | 6 | 1 |
| 26 | 7/27 | 丙戌 | 一 | 五 | 26 | 6/28 | 丁巳 | 三 | 七 | 26 | 5/29 | 丁亥 | 2 | 9 | 26 | 4/30 | 戊午 | 2 | 7 | 26 | 3/31 | 戊子 | 9 | 4 | 26 | 3/2 | 己未 | 3 | 2 |
| 27 | 7/28 | 丁亥 | 一 | 四 | 27 | 6/29 | 戊午 | 三 | 六 | 27 | 5/30 | 戊子 | 2 | 1 | 27 | 5/1 | 己未 | 8 | 8 | 27 | 4/1 | 己丑 | 6 | 5 | 27 | 3/3 | 庚申 | 3 | 3 |
| 28 | 7/29 | 戊子 | 一 | 三 | 28 | 6/30 | 己未 | 六 | 五 | 28 | 5/31 | 己丑 | 8 | 2 | 28 | 5/2 | 庚申 | 8 | 9 | 28 | 4/2 | 庚寅 | 6 | 6 | 28 | 3/4 | 辛酉 | 3 | 4 |
| 29 | 7/30 | 己丑 | 四 | 二 | 29 | 7/1 | 庚申 | 六 | 四 | 29 | 6/1 | 庚寅 | 8 | 3 | 29 | 5/3 | 辛酉 | 8 | 1 | 29 | 4/3 | 辛卯 | 6 | 7 | 29 | 3/5 | 壬戌 | 3 | 5 |
| 30 | 7/31 | 庚寅 | 四 | 一 | | | | | | 30 | 6/2 | 辛卯 | 8 | 4 | | | | | | 30 | 4/4 | 壬辰 | 6 | 8 | | | | | |

# 西元1943年（癸未）肖羊 民國32年（女震命）

奇門遁甲局數如標示為 一 ～九表示陰局　　如標示為1 ～9 表示陽局

## 十二月 乙丑 三碧木

大寒：12時08分 廿六午時　小寒：18時40分 十一酉時　奇門遁甲局數

| 農曆 | 國曆 | 干支 | 時盤 | 日盤 |
|---|---|---|---|---|
| 1 | 12/27 | 己未 | 4 | 5 |
| 2 | 12/28 | 庚申 | 4 | 6 |
| 3 | 12/29 | 辛酉 | 4 | 7 |
| 4 | 12/30 | 壬戌 | 4 | 8 |
| 5 | 12/31 | 癸亥 | 4 | 9 |
| 6 | 1/1 | 甲子 | 2 | 1 |
| 7 | 1/2 | 乙丑 | 2 | 2 |
| 8 | 1/3 | 丙寅 | 2 | 3 |
| 9 | 1/4 | 丁卯 | 2 | 4 |
| 10 | 1/5 | 戊辰 | 2 | 5 |
| 11 | 1/6 | 己巳 | 8 | 6 |
| 12 | 1/7 | 庚午 | 8 | 7 |
| 13 | 1/8 | 辛未 | 8 | 8 |
| 14 | 1/9 | 壬申 | 8 | 9 |
| 15 | 1/10 | 癸酉 | 8 | 1 |
| 16 | 1/11 | 甲戌 | 5 | 2 |
| 17 | 1/12 | 乙亥 | 5 | 3 |
| 18 | 1/13 | 丙子 | 5 | 4 |
| 19 | 1/14 | 丁丑 | 5 | 5 |
| 20 | 1/15 | 戊寅 | 5 | 6 |
| 21 | 1/16 | 己卯 | 3 | 7 |
| 22 | 1/17 | 庚辰 | 3 | 8 |
| 23 | 1/18 | 辛巳 | 3 | 9 |
| 24 | 1/19 | 壬午 | 3 | 1 |
| 25 | 1/20 | 癸未 | 3 | 2 |
| 26 | 1/21 | 甲申 | 9 | 3 |
| 27 | 1/22 | 乙酉 | 9 | 4 |
| 28 | 1/23 | 丙戌 | 9 | 5 |
| 29 | 1/24 | 丁亥 | 9 | 6 |

## 十一月 甲子 四綠木

冬至：01時30分 廿七丑時　大雪：07時33分 十二辰時　奇門遁甲局數

| 農曆 | 國曆 | 干支 | 時盤 | 日盤 |
|---|---|---|---|---|
| 1 | 11/27 | 己丑 | 二 | 八 |
| 2 | 11/28 | 庚寅 | 二 | 七 |
| 3 | 11/29 | 辛卯 | 二 | 六 |
| 4 | 11/30 | 壬辰 | 二 | 五 |
| 5 | 12/1 | 癸巳 | 二 | 四 |
| 6 | 12/2 | 甲午 | 四 | 三 |
| 7 | 12/3 | 乙未 | 四 | 二 |
| 8 | 12/4 | 丙申 | 四 | 一 |
| 9 | 12/5 | 丁酉 | 四 | 九 |
| 10 | 12/6 | 戊戌 | 四 | 八 |
| 11 | 12/7 | 己亥 | 七 | 七 |
| 12 | 12/8 | 庚子 | 七 | 六 |
| 13 | 12/9 | 辛丑 | 七 | 五 |
| 14 | 12/10 | 壬寅 | 七 | 四 |
| 15 | 12/11 | 癸卯 | 七 | 三 |
| 16 | 12/12 | 甲辰 | 一 | 二 |
| 17 | 12/13 | 乙巳 | 一 | 一 |
| 18 | 12/14 | 丙午 | 一 | 九 |
| 19 | 12/15 | 丁未 | 一 | 八 |
| 20 | 12/16 | 戊申 | 一 | 七 |
| 21 | 12/17 | 己酉 | 1 | 六 |
| 22 | 12/18 | 庚戌 | 1 | 五 |
| 23 | 12/19 | 辛亥 | 1 | 四 |
| 24 | 12/20 | 壬子 | 1 | 三 |
| 25 | 12/21 | 癸丑 | 1 | 二 |
| 26 | 12/22 | 甲寅 | 7 | 一 |
| 27 | 12/23 | 乙卯 | 7 | 1 |
| 28 | 12/24 | 丙辰 | 7 | 2 |
| 29 | 12/25 | 丁巳 | 7 | 3 |
| 30 | 12/26 | 戊午 | 7 | 4 |

## 十月 癸亥 五黃土

小雪：12時22分 廿六午時　立冬：14時59分 十一未時　奇門遁甲局數

| 農曆 | 國曆 | 干支 | 時盤 | 日盤 |
|---|---|---|---|---|
| 1 | 10/29 | 庚申 | 二 | 一 |
| 2 | 10/30 | 辛酉 | 二 | 九 |
| 3 | 10/31 | 壬戌 | 二 | 八 |
| 4 | 11/1 | 癸亥 | 二 | 七 |
| 5 | 11/2 | 甲子 | 六 | 六 |
| 6 | 11/3 | 乙丑 | 六 | 五 |
| 7 | 11/4 | 丙寅 | 六 | 四 |
| 8 | 11/5 | 丁卯 | 六 | 三 |
| 9 | 11/6 | 戊辰 | 六 | 二 |
| 10 | 11/7 | 己巳 | 九 | 一 |
| 11 | 11/8 | 庚午 | 九 | 九 |
| 12 | 11/9 | 辛未 | 九 | 八 |
| 13 | 11/10 | 壬申 | 九 | 七 |
| 14 | 11/11 | 癸酉 | 九 | 六 |
| 15 | 11/12 | 甲戌 | 三 | 五 |
| 16 | 11/13 | 乙亥 | 三 | 四 |
| 17 | 11/14 | 丙子 | 三 | 三 |
| 18 | 11/15 | 丁丑 | 三 | 二 |
| 19 | 11/16 | 戊寅 | 三 | 一 |
| 20 | 11/17 | 己卯 | 五 | 九 |
| 21 | 11/18 | 庚辰 | 五 | 八 |
| 22 | 11/19 | 辛巳 | 五 | 七 |
| 23 | 11/20 | 壬午 | 五 | 六 |
| 24 | 11/21 | 癸未 | 五 | 五 |
| 25 | 11/22 | 甲申 | 八 | 四 |
| 26 | 11/23 | 乙酉 | 八 | 三 |
| 27 | 11/24 | 丙戌 | 八 | 二 |
| 28 | 11/25 | 丁亥 | 八 | 一 |
| 29 | 11/26 | 戊子 | 八 | 九 |

## 九月 壬戌 六白金

霜降：15時09分 廿六申時　寒露：12時11分 十一午時　奇門遁甲局數

| 農曆 | 國曆 | 干支 | 時盤 | 日盤 |
|---|---|---|---|---|
| 1 | 9/29 | 庚寅 | 四 | 四 |
| 2 | 9/30 | 辛卯 | 四 | 三 |
| 3 | 10/1 | 壬辰 | 四 | 二 |
| 4 | 10/2 | 癸巳 | 四 | 一 |
| 5 | 10/3 | 甲午 | 六 | 九 |
| 6 | 10/4 | 乙未 | 六 | 八 |
| 7 | 10/5 | 丙申 | 六 | 七 |
| 8 | 10/6 | 丁酉 | 六 | 六 |
| 9 | 10/7 | 戊戌 | 六 | 五 |
| 10 | 10/8 | 己亥 | 九 | 四 |
| 11 | 10/9 | 庚子 | 九 | 三 |
| 12 | 10/10 | 辛丑 | 九 | 二 |
| 13 | 10/11 | 壬寅 | 九 | 一 |
| 14 | 10/12 | 癸卯 | 九 | 九 |
| 15 | 10/13 | 甲辰 | 三 | 八 |
| 16 | 10/14 | 乙巳 | 三 | 七 |
| 17 | 10/15 | 丙午 | 三 | 六 |
| 18 | 10/16 | 丁未 | 三 | 五 |
| 19 | 10/17 | 戊申 | 三 | 四 |
| 20 | 10/18 | 己酉 | 五 | 三 |
| 21 | 10/19 | 庚戌 | 五 | 二 |
| 22 | 10/20 | 辛亥 | 五 | 一 |
| 23 | 10/21 | 壬子 | 五 | 九 |
| 24 | 10/22 | 癸丑 | 五 | 八 |
| 25 | 10/23 | 甲寅 | 八 | 七 |
| 26 | 10/24 | 乙卯 | 八 | 六 |
| 27 | 10/25 | 丙辰 | 八 | 五 |
| 28 | 10/26 | 丁巳 | 八 | 四 |
| 29 | 10/27 | 戊午 | 八 | 三 |
| 30 | 10/28 | 己未 | 二 | 二 |

## 八月 辛酉 七赤金

秋分：06時12分 廿五卯時　白露：20時56分 初九戌時　奇門遁甲局數

| 農曆 | 國曆 | 干支 | 時盤 | 日盤 |
|---|---|---|---|---|
| 1 | 8/31 | 辛酉 | 七 | 六 |
| 2 | 9/1 | 壬戌 | 七 | 五 |
| 3 | 9/2 | 癸亥 | 七 | 四 |
| 4 | 9/3 | 甲子 | 九 | 三 |
| 5 | 9/4 | 乙丑 | 九 | 二 |
| 6 | 9/5 | 丙寅 | 九 | 一 |
| 7 | 9/6 | 丁卯 | 九 | 九 |
| 8 | 9/7 | 戊辰 | 九 | 八 |
| 9 | 9/8 | 己巳 | 三 | 七 |
| 10 | 9/9 | 庚午 | 三 | 六 |
| 11 | 9/10 | 辛未 | 三 | 五 |
| 12 | 9/11 | 壬申 | 三 | 四 |
| 13 | 9/12 | 癸酉 | 三 | 三 |
| 14 | 9/13 | 甲戌 | 六 | 二 |
| 15 | 9/14 | 乙亥 | 六 | 一 |
| 16 | 9/15 | 丙子 | 六 | 九 |
| 17 | 9/16 | 丁丑 | 六 | 八 |
| 18 | 9/17 | 戊寅 | 六 | 七 |
| 19 | 9/18 | 己卯 | 七 | 六 |
| 20 | 9/19 | 庚辰 | 七 | 五 |
| 21 | 9/20 | 辛巳 | 七 | 四 |
| 22 | 9/21 | 壬午 | 七 | 三 |
| 23 | 9/22 | 癸未 | 七 | 二 |
| 24 | 9/23 | 甲申 | 一 | 一 |
| 25 | 9/24 | 乙酉 | 一 | 九 |
| 26 | 9/25 | 丙戌 | 一 | 八 |
| 27 | 9/26 | 丁亥 | 一 | 七 |
| 28 | 9/27 | 戊子 | 一 | 六 |
| 29 | 9/28 | 己丑 | 四 | 五 |

## 七月 庚申 八白土

處暑：08時55分 廿四辰時　立秋：18時19分 初八酉時　奇門遁甲局數

| 農曆 | 國曆 | 干支 | 時盤 | 日盤 |
|---|---|---|---|---|
| 1 | 8/1 | 辛卯 | 四 | 九 |
| 2 | 8/2 | 壬辰 | 四 | 八 |
| 3 | 8/3 | 癸巳 | 四 | 七 |
| 4 | 8/4 | 甲午 | 二 | 六 |
| 5 | 8/5 | 乙未 | 二 | 五 |
| 6 | 8/6 | 丙申 | 二 | 四 |
| 7 | 8/7 | 丁酉 | 二 | 三 |
| 8 | 8/8 | 戊戌 | 二 | 二 |
| 9 | 8/9 | 己亥 | 五 | 一 |
| 10 | 8/10 | 庚子 | 五 | 九 |
| 11 | 8/11 | 辛丑 | 五 | 八 |
| 12 | 8/12 | 壬寅 | 五 | 七 |
| 13 | 8/13 | 癸卯 | 五 | 六 |
| 14 | 8/14 | 甲辰 | 八 | 五 |
| 15 | 8/15 | 乙巳 | 八 | 四 |
| 16 | 8/16 | 丙午 | 八 | 三 |
| 17 | 8/17 | 丁未 | 八 | 二 |
| 18 | 8/18 | 戊申 | 八 | 一 |
| 19 | 8/19 | 己酉 | 一 | 九 |
| 20 | 8/20 | 庚戌 | 一 | 八 |
| 21 | 8/21 | 辛亥 | 一 | 七 |
| 22 | 8/22 | 壬子 | 一 | 六 |
| 23 | 8/23 | 癸丑 | 一 | 五 |
| 24 | 8/24 | 甲寅 | 四 | 四 |
| 25 | 8/25 | 乙卯 | 四 | 三 |
| 26 | 8/26 | 丙辰 | 四 | 二 |
| 27 | 8/27 | 丁巳 | 四 | 一 |
| 28 | 8/28 | 戊午 | 四 | 九 |
| 29 | 8/29 | 己未 | 七 | 八 |
| 30 | 8/30 | 庚申 | 七 | 七 |

# 西元1944年（甲申）肖猴 民國33年（男坤命）

奇門遁甲局數如標示為 一 ～九表示陰局　　如標示為1 ～9 表示陽局

| 六　月 | | | | |
|---|---|---|---|---|
| 辛未 | | | | |
| 六白金 | | | | |
| 立秋 00時19分 二十子時 | 大暑 07時56分 初四辰時 | 奇門遁甲局數 | | |
| 農曆 | 國曆 | 干支 | 時盤 | 日盤 |
| 1 | 7/20 | 乙酉 | 一 | 六 |
| 2 | 7/21 | 丙戌 | 一 | 五 |
| 3 | 7/22 | 丁亥 | 一 | 四 |
| 4 | 7/23 | 戊子 | 一 | 三 |
| 5 | 7/24 | 己丑 | 四 | 二 |
| 6 | 7/25 | 庚寅 | 四 | 一 |
| 7 | 7/26 | 辛卯 | 四 | 九 |
| 8 | 7/27 | 壬辰 | 四 | 八 |
| 9 | 7/28 | 癸巳 | 四 | 七 |
| 10 | 7/29 | 甲午 | 二 | 六 |
| 11 | 7/30 | 乙未 | 二 | 五 |
| 12 | 7/31 | 丙申 | 二 | 四 |
| 13 | 8/1 | 丁酉 | 二 | 三 |
| 14 | 8/2 | 戊戌 | 二 | 二 |
| 15 | 8/3 | 己亥 | 五 | 一 |
| 16 | 8/4 | 庚子 | 五 | 九 |
| 17 | 8/5 | 辛丑 | 五 | 八 |
| 18 | 8/6 | 壬寅 | 五 | 七 |
| 19 | 8/7 | 癸卯 | 五 | 六 |
| 20 | 8/8 | 甲辰 | 八 | 五 |
| 21 | 8/9 | 乙巳 | 八 | 四 |
| 22 | 8/10 | 丙午 | 八 | 三 |
| 23 | 8/11 | 丁未 | 八 | 二 |
| 24 | 8/12 | 戊申 | 八 | 一 |
| 25 | 8/13 | 己酉 | 一 | 九 |
| 26 | 8/14 | 庚戌 | 一 | 八 |
| 27 | 8/15 | 辛亥 | 一 | 七 |
| 28 | 8/16 | 壬子 | 一 | 六 |
| 29 | 8/17 | 癸丑 | 一 | 五 |
| 30 | 8/18 | 甲寅 | 四 | 四 |

| 五　月 | | | | |
|---|---|---|---|---|
| 庚午 | | | | |
| 七赤金 | | | | |
| 小暑 14時37分 十七未時 | 夏至 21時03分 初一亥時 | 奇門遁甲局數 | | |
| 農曆 | 國曆 | 干支 | 時盤 | 日盤 |
| 1 | 6/21 | 丙辰 | 三 | 八 |
| 2 | 6/22 | 丁巳 | 三 | 七 |
| 3 | 6/23 | 戊午 | 三 | 六 |
| 4 | 6/24 | 己未 | 六 | 五 |
| 5 | 6/25 | 庚申 | 六 | 四 |
| 6 | 6/26 | 辛酉 | 六 | 三 |
| 7 | 6/27 | 壬戌 | 六 | 二 |
| 8 | 6/28 | 癸亥 | 六 | 一 |
| 9 | 6/29 | 甲子 | 八 | 九 |
| 10 | 6/30 | 乙丑 | 八 | 八 |
| 11 | 7/1 | 丙寅 | 八 | 七 |
| 12 | 7/2 | 丁卯 | 八 | 六 |
| 13 | 7/3 | 戊辰 | 八 | 五 |
| 14 | 7/4 | 己巳 | 二 | 四 |
| 15 | 7/5 | 庚午 | 二 | 三 |
| 16 | 7/6 | 辛未 | 二 | 二 |
| 17 | 7/7 | 壬申 | 二 | 一 |
| 18 | 7/8 | 癸酉 | 二 | 九 |
| 19 | 7/9 | 甲戌 | 五 | 八 |
| 20 | 7/10 | 乙亥 | 五 | 七 |
| 21 | 7/11 | 丙子 | 五 | 六 |
| 22 | 7/12 | 丁丑 | 五 | 五 |
| 23 | 7/13 | 戊寅 | 五 | 四 |
| 24 | 7/14 | 己卯 | 七 | 三 |
| 25 | 7/15 | 庚辰 | 七 | 二 |
| 26 | 7/16 | 辛巳 | 七 | 一 |
| 27 | 7/17 | 壬午 | 七 | 九 |
| 28 | 7/18 | 癸未 | 七 | 八 |
| 29 | 7/19 | 甲申 | 一 | 七 |
| | | | | |

| 潤四　月 | | | | |
|---|---|---|---|---|
| 庚午 | | | | |
| | | | | |
| 芒種 04時14分 十六寅時 | | 奇門遁甲局數 | | |
| 農曆 | 國曆 | 干支 | 時盤 | 日盤 |
| 1 | 5/22 | 丙戌 | 2 | 8 |
| 2 | 5/23 | 丁亥 | 2 | 9 |
| 3 | 5/24 | 戊子 | 2 | 1 |
| 4 | 5/25 | 己丑 | 8 | 2 |
| 5 | 5/26 | 庚寅 | 8 | 3 |
| 6 | 5/27 | 辛卯 | 8 | 4 |
| 7 | 5/28 | 壬辰 | 8 | 5 |
| 8 | 5/29 | 癸巳 | 8 | 6 |
| 9 | 5/30 | 甲午 | 6 | 7 |
| 10 | 5/31 | 乙未 | 6 | 8 |
| 11 | 6/1 | 丙申 | 6 | 9 |
| 12 | 6/2 | 丁酉 | 6 | 1 |
| 13 | 6/3 | 戊戌 | 6 | 2 |
| 14 | 6/4 | 己亥 | 3 | 3 |
| 15 | 6/5 | 庚子 | 3 | 4 |
| 16 | 6/6 | 辛丑 | 3 | 5 |
| 17 | 6/7 | 壬寅 | 3 | 6 |
| 18 | 6/8 | 癸卯 | 3 | 7 |
| 19 | 6/9 | 甲辰 | 9 | 8 |
| 20 | 6/10 | 乙巳 | 9 | 9 |
| 21 | 6/11 | 丙午 | 9 | 1 |
| 22 | 6/12 | 丁未 | 9 | 2 |
| 23 | 6/13 | 戊申 | 9 | 3 |
| 24 | 6/14 | 己酉 | 九 | 4 |
| 25 | 6/15 | 庚戌 | 九 | 5 |
| 26 | 6/16 | 辛亥 | 九 | 6 |
| 27 | 6/17 | 壬子 | 九 | 7 |
| 28 | 6/18 | 癸丑 | 九 | 8 |
| 29 | 6/19 | 甲寅 | 三 | 9 |
| 30 | 6/20 | 乙卯 | 三 | 1 |

| 四　月 | | | | |
|---|---|---|---|---|
| 己巳 | | | | |
| 八白土 | | | | |
| 小滿 12時51分 廿九午時 | 立夏 23時40分 十三子時 | 奇門遁甲局數 | | |
| 農曆 | 國曆 | 干支 | 時盤 | 日盤 |
| 1 | 4/23 | 丁巳 | 2 | 6 |
| 2 | 4/24 | 戊午 | 2 | 7 |
| 3 | 4/25 | 己未 | 8 | 8 |
| 4 | 4/26 | 庚申 | 8 | 9 |
| 5 | 4/27 | 辛酉 | 8 | 1 |
| 6 | 4/28 | 壬戌 | 8 | 2 |
| 7 | 4/29 | 癸亥 | 8 | 3 |
| 8 | 4/30 | 甲子 | 4 | 4 |
| 9 | 5/1 | 乙丑 | 4 | 5 |
| 10 | 5/2 | 丙寅 | 4 | 6 |
| 11 | 5/3 | 丁卯 | 4 | 7 |
| 12 | 5/4 | 戊辰 | 4 | 8 |
| 13 | 5/5 | 己巳 | 1 | 9 |
| 14 | 5/6 | 庚午 | 1 | 1 |
| 15 | 5/7 | 辛未 | 1 | 2 |
| 16 | 5/8 | 壬申 | 1 | 3 |
| 17 | 5/9 | 癸酉 | 1 | 4 |
| 18 | 5/10 | 甲戌 | 7 | 5 |
| 19 | 5/11 | 乙亥 | 7 | 6 |
| 20 | 5/12 | 丙子 | 7 | 7 |
| 21 | 5/13 | 丁丑 | 7 | 8 |
| 22 | 5/14 | 戊寅 | 7 | 9 |
| 23 | 5/15 | 己卯 | 5 | 1 |
| 24 | 5/16 | 庚辰 | 5 | 2 |
| 25 | 5/17 | 辛巳 | 5 | 3 |
| 26 | 5/18 | 壬午 | 5 | 4 |
| 27 | 5/19 | 癸未 | 5 | 5 |
| 28 | 5/20 | 甲申 | 2 | 6 |
| 29 | 5/21 | 乙酉 | 2 | 7 |
| | | | | |

| 三　月 | | | | |
|---|---|---|---|---|
| 戊辰 | | | | |
| 九紫火 | | | | |
| 穀雨 13時18分 廿八未時 | 清明 05時54分 十三卯時 | 奇門遁甲局數 | | |
| 農曆 | 國曆 | 干支 | 時盤 | 日盤 |
| 1 | 3/24 | 丁亥 | 9 | 3 |
| 2 | 3/25 | 戊子 | 9 | 4 |
| 3 | 3/26 | 己丑 | 6 | 5 |
| 4 | 3/27 | 庚寅 | 6 | 6 |
| 5 | 3/28 | 辛卯 | 6 | 7 |
| 6 | 3/29 | 壬辰 | 6 | 8 |
| 7 | 3/30 | 癸巳 | 6 | 9 |
| 8 | 3/31 | 甲午 | 4 | 1 |
| 9 | 4/1 | 乙未 | 4 | 2 |
| 10 | 4/2 | 丙申 | 4 | 3 |
| 11 | 4/3 | 丁酉 | 4 | 4 |
| 12 | 4/4 | 戊戌 | 4 | 5 |
| 13 | 4/5 | 己亥 | 1 | 6 |
| 14 | 4/6 | 庚子 | 1 | 7 |
| 15 | 4/7 | 辛丑 | 1 | 8 |
| 16 | 4/8 | 壬寅 | 1 | 9 |
| 17 | 4/9 | 癸卯 | 1 | 1 |
| 18 | 4/10 | 甲辰 | 7 | 2 |
| 19 | 4/11 | 乙巳 | 7 | 3 |
| 20 | 4/12 | 丙午 | 7 | 4 |
| 21 | 4/13 | 丁未 | 7 | 5 |
| 22 | 4/14 | 戊申 | 7 | 6 |
| 23 | 4/15 | 己酉 | 5 | 7 |
| 24 | 4/16 | 庚戌 | 5 | 8 |
| 25 | 4/17 | 辛亥 | 5 | 9 |
| 26 | 4/18 | 壬子 | 5 | 1 |
| 27 | 4/19 | 癸丑 | 5 | 2 |
| 28 | 4/20 | 甲寅 | 2 | 3 |
| 29 | 4/21 | 乙卯 | 2 | 4 |
| 30 | 4/22 | 丙辰 | 2 | 5 |

| 二　月 | | | | |
|---|---|---|---|---|
| 丁卯 | | | | |
| 一白水 | | | | |
| 春分 01時49分 廿七丑時 | 驚蟄 00時41分 十二子時 | 奇門遁甲局數 | | |
| 農曆 | 國曆 | 干支 | 時盤 | 日盤 |
| 1 | 2/24 | 戊午 | 6 | 1 |
| 2 | 2/25 | 己未 | 3 | 2 |
| 3 | 2/26 | 庚申 | 3 | 3 |
| 4 | 2/27 | 辛酉 | 3 | 4 |
| 5 | 2/28 | 壬戌 | 3 | 5 |
| 6 | 2/29 | 癸亥 | 3 | 6 |
| 7 | 3/1 | 甲子 | 1 | 7 |
| 8 | 3/2 | 乙丑 | 1 | 8 |
| 9 | 3/3 | 丙寅 | 1 | 9 |
| 10 | 3/4 | 丁卯 | 1 | 1 |
| 11 | 3/5 | 戊辰 | 1 | 2 |
| 12 | 3/6 | 己巳 | 7 | 3 |
| 13 | 3/7 | 庚午 | 7 | 4 |
| 14 | 3/8 | 辛未 | 7 | 5 |
| 15 | 3/9 | 壬申 | 7 | 6 |
| 16 | 3/10 | 癸酉 | 7 | 7 |
| 17 | 3/11 | 甲戌 | 4 | 8 |
| 18 | 3/12 | 乙亥 | 4 | 9 |
| 19 | 3/13 | 丙子 | 4 | 1 |
| 20 | 3/14 | 丁丑 | 4 | 2 |
| 21 | 3/15 | 戊寅 | 4 | 3 |
| 22 | 3/16 | 己卯 | 3 | 4 |
| 23 | 3/17 | 庚辰 | 3 | 5 |
| 24 | 3/18 | 辛巳 | 3 | 6 |
| 25 | 3/19 | 壬午 | 3 | 7 |
| 26 | 3/20 | 癸未 | 3 | 8 |
| 27 | 3/21 | 甲申 | 9 | 9 |
| 28 | 3/22 | 乙酉 | 9 | 1 |
| 29 | 3/23 | 丙戌 | 9 | 2 |
| | | | | |

| 正　月 | | | | |
|---|---|---|---|---|
| 丙寅 | | | | |
| 二黑土 | | | | |
| 雨水 02時28分 廿七丑時 | 立春 06時23分 十二卯時 | 奇門遁甲局數 | | |
| 農曆 | 國曆 | 干支 | 時盤 | 日盤 |
| 1 | 1/25 | 戊子 | 9 | 7 |
| 2 | 1/26 | 己丑 | 6 | 8 |
| 3 | 1/27 | 庚寅 | 6 | 9 |
| 4 | 1/28 | 辛卯 | 6 | 1 |
| 5 | 1/29 | 壬辰 | 6 | 2 |
| 6 | 1/30 | 癸巳 | 6 | 3 |
| 7 | 1/31 | 甲午 | 8 | 4 |
| 8 | 2/1 | 乙未 | 8 | 5 |
| 9 | 2/2 | 丙申 | 8 | 6 |
| 10 | 2/3 | 丁酉 | 8 | 7 |
| 11 | 2/4 | 戊戌 | 8 | 8 |
| 12 | 2/5 | 己亥 | 5 | 9 |
| 13 | 2/6 | 庚子 | 5 | 1 |
| 14 | 2/7 | 辛丑 | 5 | 2 |
| 15 | 2/8 | 壬寅 | 5 | 3 |
| 16 | 2/9 | 癸卯 | 5 | 4 |
| 17 | 2/10 | 甲辰 | 2 | 5 |
| 18 | 2/11 | 乙巳 | 2 | 6 |
| 19 | 2/12 | 丙午 | 2 | 7 |
| 20 | 2/13 | 丁未 | 2 | 8 |
| 21 | 2/14 | 戊申 | 2 | 9 |
| 22 | 2/15 | 己酉 | 9 | 1 |
| 23 | 2/16 | 庚戌 | 9 | 2 |
| 24 | 2/17 | 辛亥 | 9 | 3 |
| 25 | 2/18 | 壬子 | 9 | 4 |
| 26 | 2/19 | 癸丑 | 9 | 5 |
| 27 | 2/20 | 甲寅 | 6 | 6 |
| 28 | 2/21 | 乙卯 | 6 | 7 |
| 29 | 2/22 | 丙辰 | 6 | 8 |
| 30 | 2/23 | 丁巳 | 6 | 9 |

# 西元1944年（甲申）肖猴 民國33年（女巽命）

奇門遁甲局數如標示為 一 ～九表示陰局　　如標示為1 ～9 表示陽局

| 十二月 | | | | |
|---|---|---|---|---|
| 丁丑 | | | | |
| 九紫火 | | | | |
| 立春 12時20分 廿二午時 | | 大寒 17時54分 初七酉時 | 奇門遁甲局數 | |
| 農曆 | 國曆 | 干支 | 時盤 | 日盤 |
| 1 | 1/14 | 癸未 | 2 | 2 |
| 2 | 1/15 | 甲申 | 8 | 3 |
| 3 | 1/16 | 乙酉 | 8 | 4 |
| 4 | 1/17 | 丙戌 | 8 | 5 |
| 5 | 1/18 | 丁亥 | 8 | 6 |
| 6 | 1/19 | 戊子 | 8 | 7 |
| 7 | 1/20 | 己丑 | 5 | 8 |
| 8 | 1/21 | 庚寅 | 5 | 9 |
| 9 | 1/22 | 辛卯 | 5 | 1 |
| 10 | 1/23 | 壬辰 | 5 | 2 |
| 11 | 1/24 | 癸巳 | 5 | 3 |
| 12 | 1/25 | 甲午 | 3 | 4 |
| 13 | 1/26 | 乙未 | 3 | 5 |
| 14 | 1/27 | 丙申 | 3 | 6 |
| 15 | 1/28 | 丁酉 | 3 | 7 |
| 16 | 1/29 | 戊戌 | 3 | 8 |
| 17 | 1/30 | 己亥 | 9 | 9 |
| 18 | 1/31 | 庚子 | 9 | 1 |
| 19 | 2/1 | 辛丑 | 9 | 2 |
| 20 | 2/2 | 壬寅 | 9 | 3 |
| 21 | 2/3 | 癸卯 | 9 | 4 |
| 22 | 2/4 | 甲辰 | 6 | 5 |
| 23 | 2/5 | 乙巳 | 6 | 6 |
| 24 | 2/6 | 丙午 | 6 | 7 |
| 25 | 2/7 | 丁未 | 6 | 8 |
| 26 | 2/8 | 戊申 | 6 | 9 |
| 27 | 2/9 | 己酉 | 8 | 1 |
| 28 | 2/10 | 庚戌 | 8 | 2 |
| 29 | 2/11 | 辛亥 | 8 | 3 |
| 30 | 2/12 | 壬子 | 8 | 4 |

| 十一月 | | | | |
|---|---|---|---|---|
| 丙子 | | | | |
| 一白水 | | | | |
| 小寒 00時35分 廿三子時 | | 冬至 07時15分 初八辰時 | 奇門遁甲局數 | |
| 農曆 | 國曆 | 干支 | 時盤 | 日盤 |
| 1 | 12/15 | 癸丑 | 四 | 二 |
| 2 | 12/16 | 甲寅 | 七 | 一 |
| 3 | 12/17 | 乙卯 | 七 | 九 |
| 4 | 12/18 | 丙辰 | 七 | 八 |
| 5 | 12/19 | 丁巳 | 七 | 七 |
| 6 | 12/20 | 戊午 | 七 | 六 |
| 7 | 12/21 | 己未 | 一 | 五 |
| 8 | 12/22 | 庚申 | 一 | 6 |
| 9 | 12/23 | 辛酉 | 一 | 7 |
| 10 | 12/24 | 壬戌 | 一 | 8 |
| 11 | 12/25 | 癸亥 | 一 | 9 |
| 12 | 12/26 | 甲子 | 1 | 1 |
| 13 | 12/27 | 乙丑 | 1 | 2 |
| 14 | 12/28 | 丙寅 | 1 | 3 |
| 15 | 12/29 | 丁卯 | 1 | 4 |
| 16 | 12/30 | 戊辰 | 1 | 5 |
| 17 | 12/31 | 己巳 | 7 | 6 |
| 18 | 1/1 | 庚午 | 7 | 7 |
| 19 | 1/2 | 辛未 | 7 | 8 |
| 20 | 1/3 | 壬申 | 7 | 9 |
| 21 | 1/4 | 癸酉 | 7 | 1 |
| 22 | 1/5 | 甲戌 | 4 | 2 |
| 23 | 1/6 | 乙亥 | 4 | 3 |
| 24 | 1/7 | 丙子 | 4 | 4 |
| 25 | 1/8 | 丁丑 | 4 | 5 |
| 26 | 1/9 | 戊寅 | 4 | 6 |
| 27 | 1/10 | 己卯 | 2 | 7 |
| 28 | 1/11 | 庚辰 | 2 | 8 |
| 29 | 1/12 | 辛巳 | 2 | 9 |
| 30 | 1/13 | 壬午 | 2 | 1 |

| 十月 | | | | |
|---|---|---|---|---|
| 乙亥 | | | | |
| 二黑土 | | | | |
| 大雪 13時28分 廿二未時 | | 小雪 18時08分 初七酉時 | 奇門遁甲局數 | |
| 農曆 | 國曆 | 干支 | 時盤 | 日盤 |
| 1 | 11/16 | 甲申 | 八 | 四 |
| 2 | 11/17 | 乙酉 | 八 | 三 |
| 3 | 11/18 | 丙戌 | 八 | 二 |
| 4 | 11/19 | 丁亥 | 八 | 一 |
| 5 | 11/20 | 戊子 | 八 | 九 |
| 6 | 11/21 | 己丑 | 二 | 八 |
| 7 | 11/22 | 庚寅 | 二 | 七 |
| 8 | 11/23 | 辛卯 | 二 | 六 |
| 9 | 11/24 | 壬辰 | 二 | 五 |
| 10 | 11/25 | 癸巳 | 二 | 四 |
| 11 | 11/26 | 甲午 | 四 | 三 |
| 12 | 11/27 | 乙未 | 四 | 二 |
| 13 | 11/28 | 丙申 | 四 | 一 |
| 14 | 11/29 | 丁酉 | 四 | 九 |
| 15 | 11/30 | 戊戌 | 四 | 八 |
| 16 | 12/1 | 己亥 | 七 | 七 |
| 17 | 12/2 | 庚子 | 七 | 六 |
| 18 | 12/3 | 辛丑 | 七 | 五 |
| 19 | 12/4 | 壬寅 | 七 | 四 |
| 20 | 12/5 | 癸卯 | 七 | 三 |
| 21 | 12/6 | 甲辰 | 一 | 二 |
| 22 | 12/7 | 乙巳 | 一 | 一 |
| 23 | 12/8 | 丙午 | 一 | 九 |
| 24 | 12/9 | 丁未 | 一 | 八 |
| 25 | 12/10 | 戊申 | 一 | 七 |
| 26 | 12/11 | 己酉 | 四 | 六 |
| 27 | 12/12 | 庚戌 | 四 | 五 |
| 28 | 12/13 | 辛亥 | 四 | 四 |
| 29 | 12/14 | 壬子 | 四 | 三 |
| | | | | |

| 九月 | | | | |
|---|---|---|---|---|
| 甲戌 | | | | |
| 三碧木 | | | | |
| 立冬 20時55分 廿二戌時 | | 霜降 20時57分 初七戌時 | 奇門遁甲局數 | |
| 農曆 | 國曆 | 干支 | 時盤 | 日盤 |
| 1 | 10/17 | 甲寅 | 八 | 七 |
| 2 | 10/18 | 乙卯 | 八 | 六 |
| 3 | 10/19 | 丙辰 | 八 | 五 |
| 4 | 10/20 | 丁巳 | 八 | 四 |
| 5 | 10/21 | 戊午 | 八 | 三 |
| 6 | 10/22 | 己未 | 二 | 二 |
| 7 | 10/23 | 庚申 | 二 | 一 |
| 8 | 10/24 | 辛酉 | 二 | 九 |
| 9 | 10/25 | 壬戌 | 二 | 八 |
| 10 | 10/26 | 癸亥 | 二 | 七 |
| 11 | 10/27 | 甲子 | 六 | 六 |
| 12 | 10/28 | 乙丑 | 六 | 五 |
| 13 | 10/29 | 丙寅 | 六 | 四 |
| 14 | 10/30 | 丁卯 | 六 | 三 |
| 15 | 10/31 | 戊辰 | 六 | 二 |
| 16 | 11/1 | 己巳 | 九 | 一 |
| 17 | 11/2 | 庚午 | 九 | 九 |
| 18 | 11/3 | 辛未 | 九 | 八 |
| 19 | 11/4 | 壬申 | 九 | 七 |
| 20 | 11/5 | 癸酉 | 九 | 六 |
| 21 | 11/6 | 甲戌 | 三 | 五 |
| 22 | 11/7 | 乙亥 | 三 | 四 |
| 23 | 11/8 | 丙子 | 三 | 三 |
| 24 | 11/9 | 丁丑 | 三 | 二 |
| 25 | 11/10 | 戊寅 | 三 | 一 |
| 26 | 11/11 | 己卯 | 五 | 九 |
| 27 | 11/12 | 庚辰 | 五 | 八 |
| 28 | 11/13 | 辛巳 | 五 | 七 |
| 29 | 11/14 | 壬午 | 五 | 六 |
| 30 | 11/15 | 癸未 | 五 | 五 |

| 八月 | | | | |
|---|---|---|---|---|
| 癸酉 | | | | |
| 四綠木 | | | | |
| 寒露 18時09分 廿二酉時 | | 秋分 12時02分 初七午時 | 奇門遁甲局數 | |
| 農曆 | 國曆 | 干支 | 時盤 | 日盤 |
| 1 | 9/17 | 甲申 | 一 | 一 |
| 2 | 9/18 | 乙酉 | 一 | 九 |
| 3 | 9/19 | 丙戌 | 一 | 八 |
| 4 | 9/20 | 丁亥 | 一 | 七 |
| 5 | 9/21 | 戊子 | 一 | 六 |
| 6 | 9/22 | 己丑 | 四 | 五 |
| 7 | 9/23 | 庚寅 | 四 | 四 |
| 8 | 9/24 | 辛卯 | 四 | 三 |
| 9 | 9/25 | 壬辰 | 四 | 二 |
| 10 | 9/26 | 癸巳 | 四 | 一 |
| 11 | 9/27 | 甲午 | 六 | 九 |
| 12 | 9/28 | 乙未 | 六 | 八 |
| 13 | 9/29 | 丙申 | 六 | 七 |
| 14 | 9/30 | 丁酉 | 六 | 六 |
| 15 | 10/1 | 戊戌 | 六 | 五 |
| 16 | 10/2 | 己亥 | 九 | 四 |
| 17 | 10/3 | 庚子 | 九 | 三 |
| 18 | 10/4 | 辛丑 | 九 | 二 |
| 19 | 10/5 | 壬寅 | 九 | 一 |
| 20 | 10/6 | 癸卯 | 九 | 九 |
| 21 | 10/7 | 甲辰 | 三 | 八 |
| 22 | 10/8 | 乙巳 | 三 | 七 |
| 23 | 10/9 | 丙午 | 三 | 六 |
| 24 | 10/10 | 丁未 | 三 | 五 |
| 25 | 10/11 | 戊申 | 三 | 四 |
| 26 | 10/12 | 己酉 | 五 | 三 |
| 27 | 10/13 | 庚戌 | 五 | 二 |
| 28 | 10/14 | 辛亥 | 五 | 一 |
| 29 | 10/15 | 壬子 | 五 | 九 |
| 30 | 10/16 | 癸丑 | 五 | 八 |

| 七月 | | | | |
|---|---|---|---|---|
| 壬申 | | | | |
| 五黃土 | | | | |
| 白露 02時56分 廿一丑時 | | 處暑 14時47分 初五未時 | 奇門遁甲局數 | |
| 農曆 | 國曆 | 干支 | 時盤 | 日盤 |
| 1 | 8/19 | 乙卯 | 四 | 三 |
| 2 | 8/20 | 丙辰 | 四 | 二 |
| 3 | 8/21 | 丁巳 | 四 | 一 |
| 4 | 8/22 | 戊午 | 四 | 九 |
| 5 | 8/23 | 己未 | 七 | 八 |
| 6 | 8/24 | 庚申 | 七 | 七 |
| 7 | 8/25 | 辛酉 | 七 | 六 |
| 8 | 8/26 | 壬戌 | 七 | 五 |
| 9 | 8/27 | 癸亥 | 七 | 四 |
| 10 | 8/28 | 甲子 | 九 | 三 |
| 11 | 8/29 | 乙丑 | 九 | 二 |
| 12 | 8/30 | 丙寅 | 九 | 一 |
| 13 | 8/31 | 丁卯 | 九 | 九 |
| 14 | 9/1 | 戊辰 | 九 | 八 |
| 15 | 9/2 | 己巳 | 三 | 七 |
| 16 | 9/3 | 庚午 | 三 | 六 |
| 17 | 9/4 | 辛未 | 三 | 五 |
| 18 | 9/5 | 壬申 | 三 | 四 |
| 19 | 9/6 | 癸酉 | 三 | 三 |
| 20 | 9/7 | 甲戌 | 六 | 二 |
| 21 | 9/8 | 乙亥 | 六 | 一 |
| 22 | 9/9 | 丙子 | 六 | 九 |
| 23 | 9/10 | 丁丑 | 六 | 八 |
| 24 | 9/11 | 戊寅 | 六 | 七 |
| 25 | 9/12 | 己卯 | 七 | 六 |
| 26 | 9/13 | 庚辰 | 七 | 五 |
| 27 | 9/14 | 辛巳 | 七 | 四 |
| 28 | 9/15 | 壬午 | 七 | 三 |
| 29 | 9/16 | 癸未 | 七 | 二 |
| | | | | |

# 西元1945年（乙酉）肖雞 民國34年（男坎命）

奇門遁甲局數如標示為 一 ～九表示陰局　　如標示為1 ～9 表示陽局

| 六　月 | | | | | 五　月 | | | | | 四　月 | | | | | 三　月 | | | | | 二　月 | | | | | 正　月 | | | | |
|---|---|---|---|---|---|---|---|---|---|---|---|---|---|---|---|---|---|---|---|---|---|---|---|---|---|---|---|---|---|
| 癸未 | | | | | 壬午 | | | | | 辛巳 | | | | | 庚辰 | | | | | 己卯 | | | | | 戊寅 | | | | |
| 三碧木 | | | | | 四綠木 | | | | | 五黃土 | | | | | 六白金 | | | | | 七赤金 | | | | | 八白土 | | | | |
| 大暑 13時46分 十五未時 | | | 奇門遁甲局數 | | 小暑 20時27分 廿八戌時 | | 夏至 02時52分 十三丑時 | 奇門遁甲局數 | | 芒種 10時06分 廿六巳時 | | 小滿 18時41分 初十酉時 | 奇門遁甲局數 | | 立夏 05時37分 廿五卯時 | | 穀雨 19時09分 初九戌時 | 奇門遁甲局數 | | 清明 11時52分 廿三午時 | | 春分 07時38分 初八辰時 | 奇門遁甲局數 | | 驚蟄 06時38分 廿二卯時 | | 雨水 08時15分 初七辰時 | 奇門遁甲局數 | |
| 農曆 | 國曆 | 干支 | 時盤 | 日盤 | 農曆 | 國曆 | 干支 | 時盤 | 日盤 | 農曆 | 國曆 | 干支 | 時盤 | 日盤 | 農曆 | 國曆 | 干支 | 時盤 | 日盤 | 農曆 | 國曆 | 干支 | 時盤 | 日盤 | 農曆 | 國曆 | 干支 | 時盤 | 日盤 |
| 1 | 7/9 | 己卯 | 八 | 三 | 1 | 6/10 | 庚戌 | 6 | 5 | 1 | 5/12 | 辛巳 | 4 | 3 | 1 | 4/12 | 辛亥 | 4 | 9 | 1 | 3/14 | 壬午 | 1 | 7 | 1 | 2/13 | 癸丑 | 8 | 5 |
| 2 | 7/10 | 庚辰 | 八 | 二 | 2 | 6/11 | 辛亥 | 6 | 6 | 2 | 5/13 | 壬午 | 4 | 4 | 2 | 4/13 | 壬子 | 4 | 1 | 2 | 3/15 | 癸未 | 1 | 8 | 2 | 2/14 | 甲寅 | 5 | 6 |
| 3 | 7/11 | 辛巳 | 八 | 一 | 3 | 6/12 | 壬子 | 6 | 7 | 3 | 5/14 | 癸未 | 4 | 5 | 3 | 4/14 | 癸丑 | 4 | 2 | 3 | 3/16 | 甲申 | 7 | 9 | 3 | 2/15 | 乙卯 | 5 | 7 |
| 4 | 7/12 | 壬午 | 八 | 九 | 4 | 6/13 | 癸丑 | 6 | 8 | 4 | 5/15 | 甲申 | 1 | 6 | 4 | 4/15 | 甲寅 | 1 | 3 | 4 | 3/17 | 乙酉 | 7 | 1 | 4 | 2/16 | 丙辰 | 5 | 8 |
| 5 | 7/13 | 癸未 | 八 | 八 | 5 | 6/14 | 甲寅 | 3 | 9 | 5 | 5/16 | 乙酉 | 1 | 7 | 5 | 4/16 | 乙卯 | 1 | 4 | 5 | 3/18 | 丙戌 | 7 | 2 | 5 | 2/17 | 丁巳 | 5 | 9 |
| 6 | 7/14 | 甲申 | 二 | 七 | 6 | 6/15 | 乙卯 | 3 | 1 | 6 | 5/17 | 丙戌 | 1 | 8 | 6 | 4/17 | 丙辰 | 1 | 5 | 6 | 3/19 | 丁亥 | 7 | 3 | 6 | 2/18 | 戊午 | 5 | 1 |
| 7 | 7/15 | 乙酉 | 二 | 六 | 7 | 6/16 | 丙辰 | 3 | 2 | 7 | 5/18 | 丁亥 | 1 | 9 | 7 | 4/18 | 丁巳 | 1 | 6 | 7 | 3/20 | 戊子 | 7 | 4 | 7 | 2/19 | 己未 | 2 | 2 |
| 8 | 7/16 | 丙戌 | 二 | 五 | 8 | 6/17 | 丁巳 | 3 | 3 | 8 | 5/19 | 戊子 | 1 | 1 | 8 | 4/19 | 戊午 | 1 | 7 | 8 | 3/21 | 己丑 | 4 | 5 | 8 | 2/20 | 庚申 | 2 | 3 |
| 9 | 7/17 | 丁亥 | 二 | 四 | 9 | 6/18 | 戊午 | 3 | 4 | 9 | 5/20 | 己丑 | 7 | 2 | 9 | 4/20 | 己未 | 7 | 8 | 9 | 3/22 | 庚寅 | 4 | 6 | 9 | 2/21 | 辛酉 | 2 | 4 |
| 10 | 7/18 | 戊子 | 二 | 三 | 10 | 6/19 | 己未 | 9 | 5 | 10 | 5/21 | 庚寅 | 7 | 3 | 10 | 4/21 | 庚申 | 7 | 9 | 10 | 3/23 | 辛卯 | 4 | 7 | 10 | 2/22 | 壬戌 | 2 | 5 |
| 11 | 7/19 | 己丑 | 五 | 二 | 11 | 6/20 | 庚申 | 9 | 6 | 11 | 5/22 | 辛卯 | 7 | 4 | 11 | 4/22 | 辛酉 | 7 | 1 | 11 | 3/24 | 壬辰 | 4 | 8 | 11 | 2/23 | 癸亥 | 2 | 6 |
| 12 | 7/20 | 庚寅 | 五 | 一 | 12 | 6/21 | 辛酉 | 9 | 7 | 12 | 5/23 | 壬辰 | 7 | 5 | 12 | 4/23 | 壬戌 | 7 | 2 | 12 | 3/25 | 癸巳 | 4 | 9 | 12 | 2/24 | 甲子 | 9 | 7 |
| 13 | 7/21 | 辛卯 | 五 | 九 | 13 | 6/22 | 壬戌 | 9 | 二 | 13 | 5/24 | 癸巳 | 7 | 6 | 13 | 4/24 | 癸亥 | 7 | 3 | 13 | 3/26 | 甲午 | 3 | 1 | 13 | 2/25 | 乙丑 | 9 | 8 |
| 14 | 7/22 | 壬辰 | 五 | 八 | 14 | 6/23 | 癸亥 | 9 | 一 | 14 | 5/25 | 甲午 | 5 | 7 | 14 | 4/25 | 甲子 | 5 | 4 | 14 | 3/27 | 乙未 | 3 | 2 | 14 | 2/26 | 丙寅 | 9 | 9 |
| 15 | 7/23 | 癸巳 | 五 | 七 | 15 | 6/24 | 甲子 | 九 | 九 | 15 | 5/26 | 乙未 | 5 | 8 | 15 | 4/26 | 乙丑 | 5 | 5 | 15 | 3/28 | 丙申 | 3 | 3 | 15 | 2/27 | 丁卯 | 9 | 1 |
| 16 | 7/24 | 甲午 | 七 | 六 | 16 | 6/25 | 乙丑 | 九 | 八 | 16 | 5/27 | 丙申 | 5 | 9 | 16 | 4/27 | 丙寅 | 5 | 6 | 16 | 3/29 | 丁酉 | 3 | 4 | 16 | 2/28 | 戊辰 | 9 | 2 |
| 17 | 7/25 | 乙未 | 七 | 五 | 17 | 6/26 | 丙寅 | 九 | 七 | 17 | 5/28 | 丁酉 | 5 | 1 | 17 | 4/28 | 丁卯 | 5 | 7 | 17 | 3/30 | 戊戌 | 3 | 5 | 17 | 3/1 | 己巳 | 6 | 3 |
| 18 | 7/26 | 丙申 | 七 | 四 | 18 | 6/27 | 丁卯 | 九 | 六 | 18 | 5/29 | 戊戌 | 5 | 2 | 18 | 4/29 | 戊辰 | 5 | 8 | 18 | 3/31 | 己亥 | 9 | 6 | 18 | 3/2 | 庚午 | 6 | 4 |
| 19 | 7/27 | 丁酉 | 七 | 三 | 19 | 6/28 | 戊辰 | 九 | 五 | 19 | 5/30 | 己亥 | 2 | 3 | 19 | 4/30 | 己巳 | 2 | 9 | 19 | 4/1 | 庚子 | 9 | 7 | 19 | 3/3 | 辛未 | 6 | 5 |
| 20 | 7/28 | 戊戌 | 七 | 二 | 20 | 6/29 | 己巳 | 三 | 四 | 20 | 5/31 | 庚子 | 2 | 4 | 20 | 5/1 | 庚午 | 2 | 1 | 20 | 4/2 | 辛丑 | 9 | 8 | 20 | 3/4 | 壬申 | 6 | 6 |
| 21 | 7/29 | 己亥 | 一 | 一 | 21 | 6/30 | 庚午 | 三 | 三 | 21 | 6/1 | 辛丑 | 2 | 5 | 21 | 5/2 | 辛未 | 2 | 2 | 21 | 4/3 | 壬寅 | 9 | 9 | 21 | 3/5 | 癸酉 | 6 | 7 |
| 22 | 7/30 | 庚子 | 一 | 九 | 22 | 7/1 | 辛未 | 三 | 二 | 22 | 6/2 | 壬寅 | 2 | 6 | 22 | 5/3 | 壬申 | 2 | 3 | 22 | 4/4 | 癸卯 | 9 | 1 | 22 | 3/6 | 甲戌 | 3 | 8 |
| 23 | 7/31 | 辛丑 | 一 | 八 | 23 | 7/2 | 壬申 | 三 | 一 | 23 | 6/3 | 癸卯 | 2 | 7 | 23 | 5/4 | 癸酉 | 2 | 4 | 23 | 4/5 | 甲辰 | 6 | 2 | 23 | 3/7 | 乙亥 | 3 | 9 |
| 24 | 8/1 | 壬寅 | 一 | 七 | 24 | 7/3 | 癸酉 | 三 | 九 | 24 | 6/4 | 甲辰 | 8 | 8 | 24 | 5/5 | 甲戌 | 8 | 5 | 24 | 4/6 | 乙巳 | 6 | 3 | 24 | 3/8 | 丙子 | 3 | 1 |
| 25 | 8/2 | 癸卯 | 一 | 六 | 25 | 7/4 | 甲戌 | 六 | 八 | 25 | 6/5 | 乙巳 | 8 | 9 | 25 | 5/6 | 乙亥 | 8 | 6 | 25 | 4/7 | 丙午 | 6 | 4 | 25 | 3/9 | 丁丑 | 3 | 2 |
| 26 | 8/3 | 甲辰 | 四 | 五 | 26 | 7/5 | 乙亥 | 六 | 七 | 26 | 6/6 | 丙午 | 8 | 1 | 26 | 5/7 | 丙子 | 8 | 7 | 26 | 4/8 | 丁未 | 6 | 5 | 26 | 3/10 | 戊寅 | 3 | 3 |
| 27 | 8/4 | 乙巳 | 四 | 四 | 27 | 7/6 | 丙子 | 六 | 六 | 27 | 6/7 | 丁未 | 8 | 2 | 27 | 5/8 | 丁丑 | 8 | 8 | 27 | 4/9 | 戊申 | 6 | 6 | 27 | 3/11 | 己卯 | 1 | 4 |
| 28 | 8/5 | 丙午 | 四 | 三 | 28 | 7/7 | 丁丑 | 六 | 五 | 28 | 6/8 | 戊申 | 8 | 3 | 28 | 5/9 | 戊寅 | 8 | 9 | 28 | 4/10 | 己酉 | 4 | 7 | 28 | 3/12 | 庚辰 | 1 | 5 |
| 29 | 8/6 | 丁未 | 四 | 二 | 29 | 7/8 | 戊寅 | 六 | 四 | 29 | 6/9 | 己酉 | 6 | 4 | 29 | 5/10 | 己卯 | 4 | 1 | 29 | 4/11 | 庚戌 | 4 | 8 | 29 | 3/13 | 辛巳 | 1 | 6 |
| 30 | 8/7 | 戊申 | 四 | 一 | | | | | | | | | | | 30 | 5/11 | 庚辰 | 4 | 2 | | | | | | | | | | |

# 西元1945年（乙酉）肖雞 民國34年（女艮命）

奇門遁甲局數如標示為 一 ～九表示陰局　　如標示為1 ～9 表示陽局

| 十二月 | | | | | 十一月 | | | | | 十 月 | | | | | 九 月 | | | | | 八 月 | | | | | 七 月 | | | | |
|---|---|---|---|---|---|---|---|---|---|---|---|---|---|---|---|---|---|---|---|---|---|---|---|---|---|---|---|---|---|
| 己丑 | | | | | 戊子 | | | | | 丁亥 | | | | | 丙戌 | | | | | 乙酉 | | | | | 甲申 | | | | |
| 六白金 | | | | | 七赤金 | | | | | 八白土 | | | | | 九紫火 | | | | | 一白水 | | | | | 二黑土 | | | | |
| 大寒 23時45分 十八子時 | | 小寒 06時17分 初四卯時 | 奇門遁甲局數 | | 冬至 13時04分 十八未時 | | 大雪 19時08分 初三戌時 | 奇門遁甲局數 | | 小雪 23時56分 十八子時 | | 立冬 02時35分 初四丑時 | 奇門遁甲局數 | | 霜降 02時44分 十九丑時 | | 寒露 23時50分 初三子時 | 奇門遁甲局數 | | 秋分 17時50分 十八酉時 | | 白露 08時39分 初三辰時 | 奇門遁甲局數 | | 處暑 20時36分 十六戌時 | | 立秋 06時06分 初一卯時 | 奇門遁甲局數 | |
| 農曆 | 國曆 | 干支 | 時盤 | 日盤 | 農曆 | 國曆 | 干支 | 時盤 | 日盤 | 農曆 | 國曆 | 干支 | 時盤 | 日盤 | 農曆 | 國曆 | 干支 | 時盤 | 日盤 | 農曆 | 國曆 | 干支 | 時盤 | 日盤 | 農曆 | 國曆 | 干支 | 時盤 | 日盤 |
| 1 | 1/3 | 丁丑 | 4 | 5 | 1 | 12/5 | 戊申 | 二 | 七 | 1 | 11/5 | 戊寅 | 二 | 一 | 1 | 10/6 | 戊申 | 四 | 四 | 1 | 9/6 | 戊寅 | 七 | 七 | 1 | 8/8 | 己酉 | 二 | 九 |
| 2 | 1/4 | 戊寅 | 4 | 6 | 2 | 12/6 | 己酉 | 四 | 六 | 2 | 11/6 | 己卯 | 六 | 九 | 2 | 10/7 | 己酉 | 六 | 三 | 2 | 9/7 | 己卯 | 九 | 六 | 2 | 8/9 | 庚戌 | 二 | 八 |
| 3 | 1/5 | 己卯 | 2 | 7 | 3 | 12/7 | 庚戌 | 四 | 五 | 3 | 11/7 | 庚辰 | 六 | 八 | 3 | 10/8 | 庚戌 | 六 | 二 | 3 | 9/8 | 庚辰 | 九 | 五 | 3 | 8/10 | 辛亥 | 二 | 七 |
| 4 | 1/6 | 庚辰 | 2 | 8 | 4 | 12/8 | 辛亥 | 四 | 四 | 4 | 11/8 | 辛巳 | 六 | 七 | 4 | 10/9 | 辛亥 | 六 | 一 | 4 | 9/9 | 辛巳 | 九 | 四 | 4 | 8/11 | 壬子 | 二 | 六 |
| 5 | 1/7 | 辛巳 | 2 | 9 | 5 | 12/9 | 壬子 | 四 | 三 | 5 | 11/9 | 壬午 | 六 | 六 | 5 | 10/10 | 壬子 | 六 | 九 | 5 | 9/10 | 壬午 | 九 | 三 | 5 | 8/12 | 癸丑 | 二 | 五 |
| 6 | 1/8 | 壬午 | 2 | 1 | 6 | 12/10 | 癸丑 | 四 | 二 | 6 | 11/10 | 癸未 | 六 | 五 | 6 | 10/11 | 癸丑 | 六 | 八 | 6 | 9/11 | 癸未 | 九 | 二 | 6 | 8/13 | 甲寅 | 五 | 四 |
| 7 | 1/9 | 癸未 | 2 | 2 | 7 | 12/11 | 甲寅 | 七 | 一 | 7 | 11/11 | 甲申 | 九 | 四 | 7 | 10/12 | 甲寅 | 九 | 七 | 7 | 9/12 | 甲申 | 三 | 一 | 7 | 8/14 | 乙卯 | 五 | 三 |
| 8 | 1/10 | 甲申 | 8 | 3 | 8 | 12/12 | 乙卯 | 七 | 九 | 8 | 11/12 | 乙酉 | 九 | 三 | 8 | 10/13 | 乙卯 | 九 | 六 | 8 | 9/13 | 乙酉 | 三 | 九 | 8 | 8/15 | 丙辰 | 五 | 二 |
| 9 | 1/11 | 乙酉 | 8 | 4 | 9 | 12/13 | 丙辰 | 七 | 八 | 9 | 11/13 | 丙戌 | 九 | 二 | 9 | 10/14 | 丙辰 | 九 | 五 | 9 | 9/14 | 丙戌 | 三 | 八 | 9 | 8/16 | 丁巳 | 五 | 一 |
| 10 | 1/12 | 丙戌 | 8 | 5 | 10 | 12/14 | 丁巳 | 七 | 七 | 10 | 11/14 | 丁亥 | 九 | 一 | 10 | 10/15 | 丁巳 | 九 | 四 | 10 | 9/15 | 丁亥 | 三 | 七 | 10 | 8/17 | 戊午 | 五 | 九 |
| 11 | 1/13 | 丁亥 | 8 | 6 | 11 | 12/15 | 戊午 | 七 | 六 | 11 | 11/15 | 戊子 | 九 | 九 | 11 | 10/16 | 戊午 | 九 | 三 | 11 | 9/16 | 戊子 | 三 | 六 | 11 | 8/18 | 己未 | 八 | 八 |
| 12 | 1/14 | 戊子 | 8 | 7 | 12 | 12/16 | 己未 | 一 | 五 | 12 | 11/16 | 己丑 | 三 | 八 | 12 | 10/17 | 己未 | 三 | 二 | 12 | 9/17 | 己丑 | 六 | 五 | 12 | 8/19 | 庚申 | 八 | 七 |
| 13 | 1/15 | 己丑 | 5 | 8 | 13 | 12/17 | 庚申 | 一 | 四 | 13 | 11/17 | 庚寅 | 三 | 七 | 13 | 10/18 | 庚申 | 三 | 一 | 13 | 9/18 | 庚寅 | 六 | 四 | 13 | 8/20 | 辛酉 | 八 | 六 |
| 14 | 1/16 | 庚寅 | 5 | 9 | 14 | 12/18 | 辛酉 | 一 | 三 | 14 | 11/18 | 辛卯 | 三 | 六 | 14 | 10/19 | 辛酉 | 三 | 九 | 14 | 9/19 | 辛卯 | 六 | 三 | 14 | 8/21 | 壬戌 | 八 | 五 |
| 15 | 1/17 | 辛卯 | 5 | 1 | 15 | 12/19 | 壬戌 | 一 | 二 | 15 | 11/19 | 壬辰 | 三 | 五 | 15 | 10/20 | 壬戌 | 三 | 八 | 15 | 9/20 | 壬辰 | 六 | 二 | 15 | 8/22 | 癸亥 | 八 | 四 |
| 16 | 1/18 | 壬辰 | 5 | 2 | 16 | 12/20 | 癸亥 | 一 | 一 | 16 | 11/20 | 癸巳 | 三 | 四 | 16 | 10/21 | 癸亥 | 三 | 七 | 16 | 9/21 | 癸巳 | 六 | 一 | 16 | 8/23 | 甲子 | 一 | 三 |
| 17 | 1/19 | 癸巳 | 5 | 3 | 17 | 12/21 | 甲子 | 1 | 九 | 17 | 11/21 | 甲午 | 五 | 三 | 17 | 10/22 | 甲子 | 五 | 六 | 17 | 9/22 | 甲午 | 七 | 九 | 17 | 8/24 | 乙丑 | 一 | 二 |
| 18 | 1/20 | 甲午 | 3 | 4 | 18 | 12/22 | 乙丑 | 1 | 2 | 18 | 11/22 | 乙未 | 五 | 二 | 18 | 10/23 | 乙丑 | 五 | 五 | 18 | 9/23 | 乙未 | 七 | 八 | 18 | 8/25 | 丙寅 | 一 | 一 |
| 19 | 1/21 | 乙未 | 3 | 5 | 19 | 12/23 | 丙寅 | 1 | 3 | 19 | 11/23 | 丙申 | 五 | 一 | 19 | 10/24 | 丙寅 | 五 | 四 | 19 | 9/24 | 丙申 | 七 | 七 | 19 | 8/26 | 丁卯 | 一 | 九 |
| 20 | 1/22 | 丙申 | 3 | 6 | 20 | 12/24 | 丁卯 | 1 | 4 | 20 | 11/24 | 丁酉 | 五 | 九 | 20 | 10/25 | 丁卯 | 五 | 三 | 20 | 9/25 | 丁酉 | 七 | 六 | 20 | 8/27 | 戊辰 | 一 | 八 |
| 21 | 1/23 | 丁酉 | 3 | 7 | 21 | 12/25 | 戊辰 | 1 | 5 | 21 | 11/25 | 戊戌 | 五 | 八 | 21 | 10/26 | 戊辰 | 五 | 二 | 21 | 9/26 | 戊戌 | 七 | 五 | 21 | 8/28 | 己巳 | 四 | 七 |
| 22 | 1/24 | 戊戌 | 3 | 8 | 22 | 12/26 | 己巳 | 7 | 6 | 22 | 11/26 | 己亥 | 八 | 七 | 22 | 10/27 | 己巳 | 八 | 一 | 22 | 9/27 | 己亥 | 一 | 四 | 22 | 8/29 | 庚午 | 四 | 六 |
| 23 | 1/25 | 己亥 | 9 | 9 | 23 | 12/27 | 庚午 | 7 | 7 | 23 | 11/27 | 庚子 | 八 | 六 | 23 | 10/28 | 庚午 | 八 | 九 | 23 | 9/28 | 庚子 | 一 | 三 | 23 | 8/30 | 辛未 | 四 | 五 |
| 24 | 1/26 | 庚子 | 9 | 1 | 24 | 12/28 | 辛未 | 7 | 8 | 24 | 11/28 | 辛丑 | 八 | 五 | 24 | 10/29 | 辛未 | 八 | 八 | 24 | 9/29 | 辛丑 | 一 | 二 | 24 | 8/31 | 壬申 | 四 | 四 |
| 25 | 1/27 | 辛丑 | 9 | 2 | 25 | 12/29 | 壬申 | 7 | 9 | 25 | 11/29 | 壬寅 | 八 | 四 | 25 | 10/30 | 壬申 | 八 | 七 | 25 | 9/30 | 壬寅 | 一 | 一 | 25 | 9/1 | 癸酉 | 四 | 三 |
| 26 | 1/28 | 壬寅 | 9 | 3 | 26 | 12/30 | 癸酉 | 7 | 1 | 26 | 11/30 | 癸卯 | 八 | 三 | 26 | 10/31 | 癸酉 | 八 | 六 | 26 | 10/1 | 癸卯 | 一 | 九 | 26 | 9/2 | 甲戌 | 七 | 二 |
| 27 | 1/29 | 癸卯 | 9 | 4 | 27 | 12/31 | 甲戌 | 4 | 2 | 27 | 12/1 | 甲辰 | 二 | 二 | 27 | 11/1 | 甲戌 | 二 | 五 | 27 | 10/2 | 甲辰 | 四 | 八 | 27 | 9/3 | 乙亥 | 七 | 一 |
| 28 | 1/30 | 甲辰 | 6 | 5 | 28 | 1/1 | 乙亥 | 4 | 3 | 28 | 12/2 | 乙巳 | 二 | 一 | 28 | 11/2 | 乙亥 | 二 | 四 | 28 | 10/3 | 乙巳 | 四 | 七 | 28 | 9/4 | 丙子 | 七 | 九 |
| 29 | 1/31 | 乙巳 | 6 | 6 | 29 | 1/2 | 丙子 | 4 | 4 | 29 | 12/3 | 丙午 | 二 | 九 | 29 | 11/3 | 丙子 | 二 | 三 | 29 | 10/4 | 丙午 | 四 | 六 | 29 | 9/5 | 丁丑 | 七 | 八 |
| 30 | 2/1 | 丙午 | 6 | 7 | | | | | | 30 | 12/4 | 丁未 | 二 | 八 | 30 | 11/4 | 丁丑 | 二 | 二 | 30 | 10/5 | 丁未 | 四 | 五 | | | | | |

# 西元1946年（丙戌）肖狗 民國35年（男離命）

奇門遁甲局數如標示為 一 ～九表示陰局　　如標示為1 ～9 表示陽局

| 六月 | | | | | 五月 | | | | | 四月 | | | | | 三月 | | | | | 二月 | | | | | 正月 | | | | |
|---|---|---|---|---|---|---|---|---|---|---|---|---|---|---|---|---|---|---|---|---|---|---|---|---|---|---|---|---|---|
| 乙未 | | | | | 甲午 | | | | | 癸巳 | | | | | 壬辰 | | | | | 辛卯 | | | | | 庚寅 | | | | |
| 九紫火 | | | | | 一白水 | | | | | 二黑土 | | | | | 三碧木 | | | | | 四綠木 | | | | | 五黃土 | | | | |
| 大暑 19時37分 廿五戌時 | | 小暑 02時11分 初十丑時 | 奇門遁甲局數 | | 夏至 08時45分 廿三辰時 | | 芒種 15時49分 初七申時 | 奇門遁甲局數 | | 小滿 00時34分 廿二子時 | | 立夏 11時22分 初六午時 | 奇門遁甲局數 | | 穀雨 01時02分 二十丑時 | | 清明 17時39分 初四酉時 | 奇門遁甲局數 | | 春分 13時33分 十八未時 | | 驚蟄 12時25分 初三午時 | 奇門遁甲局數 | | 雨水 14時09分 十八未時 | | 立春 18時05分 初三酉時 | 奇門遁甲局數 | |
| 農曆 | 國曆 | 干支 | 時盤 | 日盤 | 農曆 | 國曆 | 干支 | 時盤 | 日盤 | 農曆 | 國曆 | 干支 | 時盤 | 日盤 | 農曆 | 國曆 | 干支 | 時盤 | 日盤 | 農曆 | 國曆 | 干支 | 時盤 | 日盤 | 農曆 | 國曆 | 干支 | 時盤 | 日盤 |
| 1 | 6/29 | 甲戌 | 六 | 八 | 1 | 5/31 | 乙巳 | 8 | 9 | 1 | 5/1 | 乙亥 | 8 | 6 | 1 | 4/2 | 丙午 | 6 | 4 | 1 | 3/4 | 丁丑 | 3 | 2 | 1 | 2/2 | 丁未 | 6 | 8 |
| 2 | 6/30 | 乙亥 | 六 | 七 | 2 | 6/1 | 丙午 | 8 | 1 | 2 | 5/2 | 丙子 | 8 | 7 | 2 | 4/3 | 丁未 | 6 | 5 | 2 | 3/5 | 戊寅 | 3 | 3 | 2 | 2/3 | 戊申 | 6 | 9 |
| 3 | 7/1 | 丙子 | 六 | 六 | 3 | 6/2 | 丁未 | 8 | 2 | 3 | 5/3 | 丁丑 | 8 | 8 | 3 | 4/4 | 戊申 | 6 | 6 | 3 | 3/6 | 己卯 | 1 | 4 | 3 | 2/4 | 己酉 | 8 | 1 |
| 4 | 7/2 | 丁丑 | 六 | 五 | 4 | 6/3 | 戊申 | 8 | 3 | 4 | 5/4 | 戊寅 | 8 | 9 | 4 | 4/5 | 己酉 | 4 | 7 | 4 | 3/7 | 庚辰 | 1 | 5 | 4 | 2/5 | 庚戌 | 8 | 2 |
| 5 | 7/3 | 戊寅 | 六 | 四 | 5 | 6/4 | 己酉 | 6 | 4 | 5 | 5/5 | 己卯 | 4 | 1 | 5 | 4/6 | 庚戌 | 4 | 8 | 5 | 3/8 | 辛巳 | 1 | 6 | 5 | 2/6 | 辛亥 | 8 | 3 |
| 6 | 7/4 | 己卯 | 八 | 三 | 6 | 6/5 | 庚戌 | 6 | 5 | 6 | 5/6 | 庚辰 | 4 | 2 | 6 | 4/7 | 辛亥 | 4 | 9 | 6 | 3/9 | 壬午 | 1 | 7 | 6 | 2/7 | 壬子 | 8 | 4 |
| 7 | 7/5 | 庚辰 | 八 | 二 | 7 | 6/6 | 辛亥 | 6 | 6 | 7 | 5/7 | 辛巳 | 4 | 3 | 7 | 4/8 | 壬子 | 4 | 1 | 7 | 3/10 | 癸未 | 1 | 8 | 7 | 2/8 | 癸丑 | 8 | 5 |
| 8 | 7/6 | 辛巳 | 八 | 一 | 8 | 6/7 | 壬子 | 6 | 7 | 8 | 5/8 | 壬午 | 4 | 4 | 8 | 4/9 | 癸丑 | 4 | 2 | 8 | 3/11 | 甲申 | 7 | 9 | 8 | 2/9 | 甲寅 | 5 | 6 |
| 9 | 7/7 | 壬午 | 八 | 九 | 9 | 6/8 | 癸丑 | 6 | 8 | 9 | 5/9 | 癸未 | 4 | 5 | 9 | 4/10 | 甲寅 | 1 | 3 | 9 | 3/12 | 乙酉 | 7 | 1 | 9 | 2/10 | 乙卯 | 5 | 7 |
| 10 | 7/8 | 癸未 | 八 | 八 | 10 | 6/9 | 甲寅 | 3 | 9 | 10 | 5/10 | 甲申 | 1 | 6 | 10 | 4/11 | 乙卯 | 1 | 4 | 10 | 3/13 | 丙戌 | 7 | 2 | 10 | 2/11 | 丙辰 | 5 | 8 |
| 11 | 7/9 | 甲申 | 二 | 七 | 11 | 6/10 | 乙卯 | 3 | 1 | 11 | 5/11 | 乙酉 | 1 | 7 | 11 | 4/12 | 丙辰 | 1 | 5 | 11 | 3/14 | 丁亥 | 7 | 3 | 11 | 2/12 | 丁巳 | 5 | 9 |
| 12 | 7/10 | 乙酉 | 二 | 六 | 12 | 6/11 | 丙辰 | 3 | 2 | 12 | 5/12 | 丙戌 | 1 | 8 | 12 | 4/13 | 丁巳 | 1 | 6 | 12 | 3/15 | 戊子 | 7 | 4 | 12 | 2/13 | 戊午 | 5 | 1 |
| 13 | 7/11 | 丙戌 | 二 | 五 | 13 | 6/12 | 丁巳 | 3 | 3 | 13 | 5/13 | 丁亥 | 1 | 9 | 13 | 4/14 | 戊午 | 1 | 7 | 13 | 3/16 | 己丑 | 4 | 5 | 13 | 2/14 | 己未 | 2 | 2 |
| 14 | 7/12 | 丁亥 | 二 | 四 | 14 | 6/13 | 戊午 | 3 | 4 | 14 | 5/14 | 戊子 | 1 | 1 | 14 | 4/15 | 己未 | 7 | 8 | 14 | 3/17 | 庚寅 | 4 | 6 | 14 | 2/15 | 庚申 | 2 | 3 |
| 15 | 7/13 | 戊子 | 二 | 三 | 15 | 6/14 | 己未 | 9 | 5 | 15 | 5/15 | 己丑 | 7 | 2 | 15 | 4/16 | 庚申 | 7 | 9 | 15 | 3/18 | 辛卯 | 4 | 7 | 15 | 2/16 | 辛酉 | 2 | 4 |
| 16 | 7/14 | 己丑 | 五 | 二 | 16 | 6/15 | 庚申 | 9 | 6 | 16 | 5/16 | 庚寅 | 7 | 3 | 16 | 4/17 | 辛酉 | 7 | 1 | 16 | 3/19 | 壬辰 | 4 | 8 | 16 | 2/17 | 壬戌 | 2 | 5 |
| 17 | 7/15 | 庚寅 | 五 | 一 | 17 | 6/16 | 辛酉 | 9 | 7 | 17 | 5/17 | 辛卯 | 7 | 4 | 17 | 4/18 | 壬戌 | 7 | 2 | 17 | 3/20 | 癸巳 | 4 | 9 | 17 | 2/18 | 癸亥 | 2 | 6 |
| 18 | 7/16 | 辛卯 | 五 | 九 | 18 | 6/17 | 壬戌 | 9 | 8 | 18 | 5/18 | 壬辰 | 7 | 5 | 18 | 4/19 | 癸亥 | 7 | 3 | 18 | 3/21 | 甲午 | 3 | 1 | 18 | 2/19 | 甲子 | 9 | 7 |
| 19 | 7/17 | 壬辰 | 五 | 八 | 19 | 6/18 | 癸亥 | 9 | 9 | 19 | 5/19 | 癸巳 | 7 | 6 | 19 | 4/20 | 甲子 | 5 | 4 | 19 | 3/22 | 乙未 | 3 | 2 | 19 | 2/20 | 乙丑 | 9 | 8 |
| 20 | 7/18 | 癸巳 | 五 | 七 | 20 | 6/19 | 甲子 | 九 | 1 | 20 | 5/20 | 甲午 | 5 | 7 | 20 | 4/21 | 乙丑 | 5 | 5 | 20 | 3/23 | 丙申 | 3 | 3 | 20 | 2/21 | 丙寅 | 9 | 9 |
| 21 | 7/19 | 甲午 | 七 | 六 | 21 | 6/20 | 乙丑 | 九 | 2 | 21 | 5/21 | 乙未 | 5 | 8 | 21 | 4/22 | 丙寅 | 5 | 6 | 21 | 3/24 | 丁酉 | 3 | 4 | 21 | 2/22 | 丁卯 | 9 | 1 |
| 22 | 7/20 | 乙未 | 七 | 五 | 22 | 6/21 | 丙寅 | 九 | 3 | 22 | 5/22 | 丙申 | 5 | 9 | 22 | 4/23 | 丁卯 | 5 | 7 | 22 | 3/25 | 戊戌 | 3 | 5 | 22 | 2/23 | 戊辰 | 9 | 2 |
| 23 | 7/21 | 丙申 | 七 | 四 | 23 | 6/22 | 丁卯 | 九 | 六 | 23 | 5/23 | 丁酉 | 5 | 1 | 23 | 4/24 | 戊辰 | 5 | 8 | 23 | 3/26 | 己亥 | 9 | 6 | 23 | 2/24 | 己巳 | 6 | 3 |
| 24 | 7/22 | 丁酉 | 七 | 三 | 24 | 6/23 | 戊辰 | 九 | 五 | 24 | 5/24 | 戊戌 | 5 | 2 | 24 | 4/25 | 己巳 | 2 | 9 | 24 | 3/27 | 庚子 | 9 | 7 | 24 | 2/25 | 庚午 | 6 | 4 |
| 25 | 7/23 | 戊戌 | 七 | 二 | 25 | 6/24 | 己巳 | 三 | 四 | 25 | 5/25 | 己亥 | 2 | 3 | 25 | 4/26 | 庚午 | 2 | 1 | 25 | 3/28 | 辛丑 | 9 | 8 | 25 | 2/26 | 辛未 | 6 | 5 |
| 26 | 7/24 | 己亥 | 一 | 一 | 26 | 6/25 | 庚午 | 三 | 三 | 26 | 5/26 | 庚子 | 2 | 4 | 26 | 4/27 | 辛未 | 2 | 2 | 26 | 3/29 | 壬寅 | 9 | 9 | 26 | 2/27 | 壬申 | 6 | 6 |
| 27 | 7/25 | 庚子 | 一 | 九 | 27 | 6/26 | 辛未 | 三 | 二 | 27 | 5/27 | 辛丑 | 2 | 5 | 27 | 4/28 | 壬申 | 2 | 3 | 27 | 3/30 | 癸卯 | 9 | 1 | 27 | 2/28 | 癸酉 | 6 | 7 |
| 28 | 7/26 | 辛丑 | 一 | 八 | 28 | 6/27 | 壬申 | 三 | 一 | 28 | 5/28 | 壬寅 | 2 | 6 | 28 | 4/29 | 癸酉 | 2 | 4 | 28 | 3/31 | 甲辰 | 6 | 2 | 28 | 3/1 | 甲戌 | 3 | 8 |
| 29 | 7/27 | 壬寅 | 一 | 七 | 29 | 6/28 | 癸酉 | 三 | 九 | 29 | 5/29 | 癸卯 | 2 | 7 | 29 | 4/30 | 甲戌 | 8 | 5 | 29 | 4/1 | 乙巳 | 6 | 3 | 29 | 3/2 | 乙亥 | 3 | 9 |
| | | | | | | | | | | 30 | 5/30 | 甲辰 | 8 | 8 | | | | | | | | | | | 30 | 3/3 | 丙子 | 3 | 1 |

# 西元1946年（丙戌）肖狗 民國35年（女乾命）

奇門遁甲局數如標示為 一 ～九表示陰局　　如標示為1 ～9 表示陽局

| 十二月 | | | | | 十一月 | | | | | 十月 | | | | | 九月 | | | | | 八月 | | | | | 七月 | | | | |
|---|---|---|---|---|---|---|---|---|---|---|---|---|---|---|---|---|---|---|---|---|---|---|---|---|---|---|---|---|---|
| 辛丑 | | | | | 庚子 | | | | | 己亥 | | | | | 戊戌 | | | | | 丁酉 | | | | | 丙申 | | | | |
| 三碧木 | | | | | 四綠木 | | | | | 五黃土 | | | | | 六白金 | | | | | 七赤金 | | | | | 八白土 | | | | |
| 大寒 05時35分 三十卯時 | | 小寒 12時11分 十五午時 | 奇門遁甲局數 | | 冬至 18時54分 廿九酉時 | | 大雪 01時01分 十五丑時 | 奇門遁甲局數 | | 小雪 05時47分 三十卯時 | | 立冬 08時28分 十五辰時 | 奇門遁甲局數 | | 霜降 08時35分 三十辰時 | | 寒露 05時42分 十五卯時 | 奇門遁甲局數 | | 秋分 23時41分 廿八子時 | | 白露 14時28分 十三未時 | 奇門遁甲局數 | | 處暑 02時27分 廿八丑時 | | 立秋 11時52分 十二午時 | 奇門遁甲局數 | |
| 農曆 | 國曆 | 干支 | 時盤 | 日盤 | 農曆 | 國曆 | 干支 | 時盤 | 日盤 | 農曆 | 國曆 | 干支 | 時盤 | 日盤 | 農曆 | 國曆 | 干支 | 時盤 | 日盤 | 農曆 | 國曆 | 干支 | 時盤 | 日盤 | 農曆 | 國曆 | 干支 | 時盤 | 日盤 |
| 1 | 12/23 | 辛未 | 7 | 8 | 1 | 11/24 | 壬寅 | 八 | 四 | 1 | 10/25 | 壬申 | 八 | 七 | 1 | 9/25 | 壬寅 | 一 | 一 | 1 | 8/27 | 癸酉 | 四 | 三 | 1 | 7/28 | 癸卯 | 一 | 六 |
| 2 | 12/24 | 壬申 | 7 | 9 | 2 | 11/25 | 癸卯 | 八 | 三 | 2 | 10/26 | 癸酉 | 八 | 六 | 2 | 9/26 | 癸卯 | 一 | 九 | 2 | 8/28 | 甲戌 | 七 | 二 | 2 | 7/29 | 甲辰 | 四 | 五 |
| 3 | 12/25 | 癸酉 | 7 | 1 | 3 | 11/26 | 甲辰 | 二 | 二 | 3 | 10/27 | 甲戌 | 二 | 五 | 3 | 9/27 | 甲辰 | 四 | 八 | 3 | 8/29 | 乙亥 | 七 | 一 | 3 | 7/30 | 乙巳 | 四 | 四 |
| 4 | 12/26 | 甲戌 | 4 | 2 | 4 | 11/27 | 乙巳 | 二 | 一 | 4 | 10/28 | 乙亥 | 二 | 四 | 4 | 9/28 | 乙巳 | 四 | 七 | 4 | 8/30 | 丙子 | 七 | 九 | 4 | 7/31 | 丙午 | 四 | 三 |
| 5 | 12/27 | 乙亥 | 4 | 3 | 5 | 11/28 | 丙午 | 二 | 九 | 5 | 10/29 | 丙子 | 二 | 三 | 5 | 9/29 | 丙午 | 四 | 六 | 5 | 8/31 | 丁丑 | 七 | 八 | 5 | 8/1 | 丁未 | 四 | 二 |
| 6 | 12/28 | 丙子 | 4 | 4 | 6 | 11/29 | 丁未 | 二 | 八 | 6 | 10/30 | 丁丑 | 二 | 二 | 6 | 9/30 | 丁未 | 四 | 五 | 6 | 9/1 | 戊寅 | 七 | 七 | 6 | 8/2 | 戊申 | 四 | 一 |
| 7 | 12/29 | 丁丑 | 4 | 5 | 7 | 11/30 | 戊申 | 二 | 七 | 7 | 10/31 | 戊寅 | 二 | 一 | 7 | 10/1 | 戊申 | 四 | 四 | 7 | 9/2 | 己卯 | 九 | 六 | 7 | 8/3 | 己酉 | 二 | 九 |
| 8 | 12/30 | 戊寅 | 4 | 6 | 8 | 12/1 | 己酉 | 四 | 六 | 8 | 11/1 | 己卯 | 六 | 九 | 8 | 10/2 | 己酉 | 六 | 三 | 8 | 9/3 | 庚辰 | 九 | 五 | 8 | 8/4 | 庚戌 | 二 | 八 |
| 9 | 12/31 | 己卯 | 2 | 7 | 9 | 12/2 | 庚戌 | 四 | 五 | 9 | 11/2 | 庚辰 | 六 | 八 | 9 | 10/3 | 庚戌 | 六 | 二 | 9 | 9/4 | 辛巳 | 九 | 四 | 9 | 8/5 | 辛亥 | 二 | 七 |
| 10 | 1/1 | 庚辰 | 2 | 8 | 10 | 12/3 | 辛亥 | 四 | 四 | 10 | 11/3 | 辛巳 | 六 | 七 | 10 | 10/4 | 辛亥 | 六 | 一 | 10 | 9/5 | 壬午 | 九 | 三 | 10 | 8/6 | 壬子 | 二 | 六 |
| 11 | 1/2 | 辛巳 | 2 | 9 | 11 | 12/4 | 壬子 | 四 | 三 | 11 | 11/4 | 壬午 | 六 | 六 | 11 | 10/5 | 壬子 | 六 | 九 | 11 | 9/6 | 癸未 | 九 | 二 | 11 | 8/7 | 癸丑 | 二 | 五 |
| 12 | 1/3 | 壬午 | 2 | 1 | 12 | 12/5 | 癸丑 | 四 | 二 | 12 | 11/5 | 癸未 | 六 | 五 | 12 | 10/6 | 癸丑 | 六 | 八 | 12 | 9/7 | 甲申 | 三 | 一 | 12 | 8/8 | 甲寅 | 五 | 四 |
| 13 | 1/4 | 癸未 | 2 | 2 | 13 | 12/6 | 甲寅 | 七 | 一 | 13 | 11/6 | 甲申 | 九 | 四 | 13 | 10/7 | 甲寅 | 九 | 七 | 13 | 9/8 | 乙酉 | 三 | 九 | 13 | 8/9 | 乙卯 | 五 | 三 |
| 14 | 1/5 | 甲申 | 8 | 3 | 14 | 12/7 | 乙卯 | 七 | 九 | 14 | 11/7 | 乙酉 | 九 | 三 | 14 | 10/8 | 乙卯 | 九 | 六 | 14 | 9/9 | 丙戌 | 三 | 八 | 14 | 8/10 | 丙辰 | 五 | 二 |
| 15 | 1/6 | 乙酉 | 8 | 4 | 15 | 12/8 | 丙辰 | 七 | 八 | 15 | 11/8 | 丙戌 | 九 | 二 | 15 | 10/9 | 丙辰 | 九 | 五 | 15 | 9/10 | 丁亥 | 三 | 七 | 15 | 8/11 | 丁巳 | 五 | 一 |
| 16 | 1/7 | 丙戌 | 8 | 5 | 16 | 12/9 | 丁巳 | 七 | 七 | 16 | 11/9 | 丁亥 | 九 | 一 | 16 | 10/10 | 丁巳 | 九 | 四 | 16 | 9/11 | 戊子 | 三 | 六 | 16 | 8/12 | 戊午 | 五 | 九 |
| 17 | 1/8 | 丁亥 | 8 | 6 | 17 | 12/10 | 戊午 | 七 | 六 | 17 | 11/10 | 戊子 | 九 | 九 | 17 | 10/11 | 戊午 | 九 | 三 | 17 | 9/12 | 己丑 | 六 | 五 | 17 | 8/13 | 己未 | 八 | 八 |
| 18 | 1/9 | 戊子 | 8 | 7 | 18 | 12/11 | 己未 | 一 | 五 | 18 | 11/11 | 己丑 | 三 | 八 | 18 | 10/12 | 己未 | 三 | 二 | 18 | 9/13 | 庚寅 | 六 | 四 | 18 | 8/14 | 庚申 | 八 | 七 |
| 19 | 1/10 | 己丑 | 5 | 8 | 19 | 12/12 | 庚申 | 一 | 四 | 19 | 11/12 | 庚寅 | 三 | 七 | 19 | 10/13 | 庚申 | 三 | 一 | 19 | 9/14 | 辛卯 | 六 | 三 | 19 | 8/15 | 辛酉 | 八 | 六 |
| 20 | 1/11 | 庚寅 | 5 | 9 | 20 | 12/13 | 辛酉 | 一 | 三 | 20 | 11/13 | 辛卯 | 三 | 六 | 20 | 10/14 | 辛酉 | 三 | 九 | 20 | 9/15 | 壬辰 | 六 | 二 | 20 | 8/16 | 壬戌 | 八 | 五 |
| 21 | 1/12 | 辛卯 | 5 | 1 | 21 | 12/14 | 壬戌 | 一 | 二 | 21 | 11/14 | 壬辰 | 三 | 五 | 21 | 10/15 | 壬戌 | 三 | 八 | 21 | 9/16 | 癸巳 | 六 | 一 | 21 | 8/17 | 癸亥 | 八 | 四 |
| 22 | 1/13 | 壬辰 | 5 | 2 | 22 | 12/15 | 癸亥 | 一 | 一 | 22 | 11/15 | 癸巳 | 三 | 四 | 22 | 10/16 | 癸亥 | 三 | 七 | 22 | 9/17 | 甲午 | 七 | 九 | 22 | 8/18 | 甲子 | 一 | 三 |
| 23 | 1/14 | 癸巳 | 5 | 3 | 23 | 12/16 | 甲子 | 1 | 九 | 23 | 11/16 | 甲午 | 五 | 三 | 23 | 10/17 | 甲子 | 五 | 六 | 23 | 9/18 | 乙未 | 七 | 八 | 23 | 8/19 | 乙丑 | 一 | 二 |
| 24 | 1/15 | 甲午 | 3 | 4 | 24 | 12/17 | 乙丑 | 1 | 八 | 24 | 11/17 | 乙未 | 五 | 二 | 24 | 10/18 | 乙丑 | 五 | 五 | 24 | 9/19 | 丙申 | 七 | 七 | 24 | 8/20 | 丙寅 | 一 | 一 |
| 25 | 1/16 | 乙未 | 3 | 5 | 25 | 12/18 | 丙寅 | 1 | 七 | 25 | 11/18 | 丙申 | 五 | 一 | 25 | 10/19 | 丙寅 | 五 | 四 | 25 | 9/20 | 丁酉 | 七 | 六 | 25 | 8/21 | 丁卯 | 一 | 九 |
| 26 | 1/17 | 丙申 | 3 | 6 | 26 | 12/19 | 丁卯 | 1 | 六 | 26 | 11/19 | 丁酉 | 五 | 九 | 26 | 10/20 | 丁卯 | 五 | 三 | 26 | 9/21 | 戊戌 | 七 | 五 | 26 | 8/22 | 戊辰 | 一 | 八 |
| 27 | 1/18 | 丁酉 | 3 | 7 | 27 | 12/20 | 戊辰 | 1 | 五 | 27 | 11/20 | 戊戌 | 五 | 八 | 27 | 10/21 | 戊辰 | 五 | 二 | 27 | 9/22 | 己亥 | 一 | 四 | 27 | 8/23 | 己巳 | 四 | 七 |
| 28 | 1/19 | 戊戌 | 3 | 8 | 28 | 12/21 | 己巳 | 7 | 四 | 28 | 11/21 | 己亥 | 八 | 七 | 28 | 10/22 | 己巳 | 八 | 一 | 28 | 9/23 | 庚子 | 一 | 三 | 28 | 8/24 | 庚午 | 四 | 六 |
| 29 | 1/20 | 己亥 | 9 | 9 | 29 | 12/22 | 庚午 | 7 | 7 | 29 | 11/22 | 庚子 | 八 | 六 | 29 | 10/23 | 庚午 | 八 | 九 | 29 | 9/24 | 辛丑 | 一 | 二 | 29 | 8/25 | 辛未 | 四 | 五 |
| 30 | 1/21 | 庚子 | 9 | 1 | | | | | | 30 | 11/23 | 辛丑 | 八 | 五 | 30 | 10/24 | 辛未 | 八 | 八 | | | | | | 30 | 8/26 | 壬申 | 四 | 四 |

# 西元1947年（丁亥）肖豬 民國36年（男艮命）

奇門遁甲局數如標示為 一 ～九表示陰局　　如標示為1 ～9 表示陽局

| 六 月 | 五 月 | 四 月 | 三 月 | 潤二 月 | 二 月 | 正 月 |
|---|---|---|---|---|---|---|
| 丁未 | 丙午 | 乙巳 | 甲辰 | 甲辰 | 癸卯 | 壬寅 |
| 六白金 | 七赤金 | 八白土 | 九紫火 | | 一白水 | 二黑土 |
| 立秋 17時39分 廿二酉時 | 小暑 07時56分 二十辰時 | 芒種 21時33分 十八亥時 | 立夏 17時05分 十六酉時 | 清明 23時19分 十四子時 | 春分 19時15分 廿九戌時 | 雨水 19時55分 廿九戌時 |
| 大暑 01時19分 初七丑時 | 夏至 14時24分 初四未時 | 小滿 06時13分 初三卯時 | 穀雨 06時42分 初一卯時 | | 驚蟄 18時12分 十四酉時 | 立春 23時51分 十四子時 |
| 奇門遁甲局數 | 奇門遁甲局數 | 奇門遁甲局數 | 奇門遁甲局數 | 奇門遁甲局數 | 奇門遁甲局數 | 奇門遁甲局數 |

六月

| 農曆 | 國曆 | 干支 | 時盤 | 日盤 |
|---|---|---|---|---|
| 1 | 7/18 | 戊戌 | 八 | 二 |
| 2 | 7/19 | 己亥 | 二 | 一 |
| 3 | 7/20 | 庚子 | 二 | 九 |
| 4 | 7/21 | 辛丑 | 二 | 八 |
| 5 | 7/22 | 壬寅 | 二 | 七 |
| 6 | 7/23 | 癸卯 | 二 | 六 |
| 7 | 7/24 | 甲辰 | 五 | 五 |
| 8 | 7/25 | 乙巳 | 五 | 四 |
| 9 | 7/26 | 丙午 | 五 | 三 |
| 10 | 7/27 | 丁未 | 五 | 二 |
| 11 | 7/28 | 戊申 | 五 | 一 |
| 12 | 7/29 | 己酉 | 七 | 九 |
| 13 | 7/30 | 庚戌 | 七 | 八 |
| 14 | 7/31 | 辛亥 | 七 | 七 |
| 15 | 8/1 | 壬子 | 七 | 六 |
| 16 | 8/2 | 癸丑 | 七 | 五 |
| 17 | 8/3 | 甲寅 | 一 | 四 |
| 18 | 8/4 | 乙卯 | 一 | 三 |
| 19 | 8/5 | 丙辰 | 一 | 二 |
| 20 | 8/6 | 丁巳 | 一 | 一 |
| 21 | 8/7 | 戊午 | 一 | 九 |
| 22 | 8/8 | 己未 | 四 | 八 |
| 23 | 8/9 | 庚申 | 四 | 七 |
| 24 | 8/10 | 辛酉 | 四 | 六 |
| 25 | 8/11 | 壬戌 | 四 | 五 |
| 26 | 8/12 | 癸亥 | 四 | 四 |
| 27 | 8/13 | 甲子 | 二 | 三 |
| 28 | 8/14 | 乙丑 | 二 | 二 |
| 29 | 8/15 | 丙寅 | 二 | 一 |

五月

| 農曆 | 國曆 | 干支 | 時盤 | 日盤 |
|---|---|---|---|---|
| 1 | 6/19 | 己巳 | 3 | 6 |
| 2 | 6/20 | 庚午 | 3 | 7 |
| 3 | 6/21 | 辛未 | 3 | 8 |
| 4 | 6/22 | 壬申 | 3 | 一 |
| 5 | 6/23 | 癸酉 | 3 | 九 |
| 6 | 6/24 | 甲戌 | 9 | 八 |
| 7 | 6/25 | 乙亥 | 9 | 七 |
| 8 | 6/26 | 丙子 | 9 | 六 |
| 9 | 6/27 | 丁丑 | 9 | 五 |
| 10 | 6/28 | 戊寅 | 9 | 四 |
| 11 | 6/29 | 己卯 | 九 | 三 |
| 12 | 6/30 | 庚辰 | 九 | 二 |
| 13 | 7/1 | 辛巳 | 九 | 一 |
| 14 | 7/2 | 壬午 | 九 | 九 |
| 15 | 7/3 | 癸未 | 九 | 八 |
| 16 | 7/4 | 甲申 | 三 | 七 |
| 17 | 7/5 | 乙酉 | 三 | 六 |
| 18 | 7/6 | 丙戌 | 三 | 五 |
| 19 | 7/7 | 丁亥 | 三 | 四 |
| 20 | 7/8 | 戊子 | 三 | 三 |
| 21 | 7/9 | 己丑 | 六 | 二 |
| 22 | 7/10 | 庚寅 | 六 | 一 |
| 23 | 7/11 | 辛卯 | 六 | 九 |
| 24 | 7/12 | 壬辰 | 六 | 八 |
| 25 | 7/13 | 癸巳 | 六 | 七 |
| 26 | 7/14 | 甲午 | 八 | 六 |
| 27 | 7/15 | 乙未 | 八 | 五 |
| 28 | 7/16 | 丙申 | 八 | 四 |
| 29 | 7/17 | 丁酉 | 八 | 三 |

四月

| 農曆 | 國曆 | 干支 | 時盤 | 日盤 |
|---|---|---|---|---|
| 1 | 5/20 | 己亥 | 2 | 3 |
| 2 | 5/21 | 庚子 | 2 | 4 |
| 3 | 5/22 | 辛丑 | 2 | 5 |
| 4 | 5/23 | 壬寅 | 2 | 6 |
| 5 | 5/24 | 癸卯 | 2 | 7 |
| 6 | 5/25 | 甲辰 | 8 | 8 |
| 7 | 5/26 | 乙巳 | 8 | 9 |
| 8 | 5/27 | 丙午 | 8 | 1 |
| 9 | 5/28 | 丁未 | 8 | 2 |
| 10 | 5/29 | 戊申 | 8 | 3 |
| 11 | 5/30 | 己酉 | 6 | 4 |
| 12 | 5/31 | 庚戌 | 6 | 5 |
| 13 | 6/1 | 辛亥 | 6 | 6 |
| 14 | 6/2 | 壬子 | 6 | 7 |
| 15 | 6/3 | 癸丑 | 6 | 8 |
| 16 | 6/4 | 甲寅 | 3 | 9 |
| 17 | 6/5 | 乙卯 | 3 | 1 |
| 18 | 6/6 | 丙辰 | 3 | 2 |
| 19 | 6/7 | 丁巳 | 3 | 3 |
| 20 | 6/8 | 戊午 | 3 | 4 |
| 21 | 6/9 | 己未 | 9 | 5 |
| 22 | 6/10 | 庚申 | 9 | 6 |
| 23 | 6/11 | 辛酉 | 9 | 7 |
| 24 | 6/12 | 壬戌 | 9 | 8 |
| 25 | 6/13 | 癸亥 | 9 | 9 |
| 26 | 6/14 | 甲子 | 6 | 1 |
| 27 | 6/15 | 乙丑 | 6 | 2 |
| 28 | 6/16 | 丙寅 | 6 | 3 |
| 29 | 6/17 | 丁卯 | 6 | 4 |
| 30 | 6/18 | 戊辰 | 6 | 5 |

三月

| 農曆 | 國曆 | 干支 | 時盤 | 日盤 |
|---|---|---|---|---|
| 1 | 4/21 | 庚午 | 2 | 1 |
| 2 | 4/22 | 辛未 | 2 | 2 |
| 3 | 4/23 | 壬申 | 2 | 3 |
| 4 | 4/24 | 癸酉 | 2 | 4 |
| 5 | 4/25 | 甲戌 | 8 | 5 |
| 6 | 4/26 | 乙亥 | 8 | 6 |
| 7 | 4/27 | 丙子 | 8 | 7 |
| 8 | 4/28 | 丁丑 | 8 | 8 |
| 9 | 4/29 | 戊寅 | 8 | 9 |
| 10 | 4/30 | 己卯 | 4 | 1 |
| 11 | 5/1 | 庚辰 | 4 | 2 |
| 12 | 5/2 | 辛巳 | 4 | 3 |
| 13 | 5/3 | 壬午 | 4 | 4 |
| 14 | 5/4 | 癸未 | 4 | 5 |
| 15 | 5/5 | 甲申 | 1 | 6 |
| 16 | 5/6 | 乙酉 | 1 | 7 |
| 17 | 5/7 | 丙戌 | 1 | 8 |
| 18 | 5/8 | 丁亥 | 1 | 9 |
| 19 | 5/9 | 戊子 | 1 | 1 |
| 20 | 5/10 | 己丑 | 7 | 2 |
| 21 | 5/11 | 庚寅 | 7 | 3 |
| 22 | 5/12 | 辛卯 | 7 | 4 |
| 23 | 5/13 | 壬辰 | 7 | 5 |
| 24 | 5/14 | 癸巳 | 7 | 6 |
| 25 | 5/15 | 甲午 | 5 | 7 |
| 26 | 5/16 | 乙未 | 5 | 8 |
| 27 | 5/17 | 丙申 | 5 | 9 |
| 28 | 5/18 | 丁酉 | 5 | 1 |
| 29 | 5/19 | 戊戌 | 5 | 2 |

潤二月

| 農曆 | 國曆 | 干支 | 時盤 | 日盤 |
|---|---|---|---|---|
| 1 | 3/23 | 辛丑 | 9 | 8 |
| 2 | 3/24 | 壬寅 | 9 | 9 |
| 3 | 3/25 | 癸卯 | 9 | 1 |
| 4 | 3/26 | 甲辰 | 6 | 2 |
| 5 | 3/27 | 乙巳 | 6 | 3 |
| 6 | 3/28 | 丙午 | 6 | 4 |
| 7 | 3/29 | 丁未 | 6 | 5 |
| 8 | 3/30 | 戊申 | 6 | 6 |
| 9 | 3/31 | 己酉 | 4 | 7 |
| 10 | 4/1 | 庚戌 | 4 | 8 |
| 11 | 4/2 | 辛亥 | 4 | 9 |
| 12 | 4/3 | 壬子 | 4 | 1 |
| 13 | 4/4 | 癸丑 | 4 | 2 |
| 14 | 4/5 | 甲寅 | 1 | 3 |
| 15 | 4/6 | 乙卯 | 1 | 4 |
| 16 | 4/7 | 丙辰 | 1 | 5 |
| 17 | 4/8 | 丁巳 | 1 | 6 |
| 18 | 4/9 | 戊午 | 1 | 7 |
| 19 | 4/10 | 己未 | 7 | 8 |
| 20 | 4/11 | 庚申 | 7 | 9 |
| 21 | 4/12 | 辛酉 | 7 | 1 |
| 22 | 4/13 | 壬戌 | 7 | 2 |
| 23 | 4/14 | 癸亥 | 7 | 3 |
| 24 | 4/15 | 甲子 | 5 | 4 |
| 25 | 4/16 | 乙丑 | 5 | 5 |
| 26 | 4/17 | 丙寅 | 5 | 6 |
| 27 | 4/18 | 丁卯 | 5 | 7 |
| 28 | 4/19 | 戊辰 | 5 | 8 |
| 29 | 4/20 | 己巳 | 2 | 9 |

二月

| 農曆 | 國曆 | 干支 | 時盤 | 日盤 |
|---|---|---|---|---|
| 1 | 2/21 | 辛未 | 6 | 5 |
| 2 | 2/22 | 壬申 | 6 | 6 |
| 3 | 2/23 | 癸酉 | 6 | 7 |
| 4 | 2/24 | 甲戌 | 3 | 8 |
| 5 | 2/25 | 乙亥 | 3 | 9 |
| 6 | 2/26 | 丙子 | 3 | 1 |
| 7 | 2/27 | 丁丑 | 3 | 2 |
| 8 | 2/28 | 戊寅 | 3 | 3 |
| 9 | 3/1 | 己卯 | 1 | 4 |
| 10 | 3/2 | 庚辰 | 1 | 5 |
| 11 | 3/3 | 辛巳 | 1 | 6 |
| 12 | 3/4 | 壬午 | 1 | 7 |
| 13 | 3/5 | 癸未 | 1 | 8 |
| 14 | 3/6 | 甲申 | 7 | 9 |
| 15 | 3/7 | 乙酉 | 7 | 1 |
| 16 | 3/8 | 丙戌 | 7 | 2 |
| 17 | 3/9 | 丁亥 | 7 | 3 |
| 18 | 3/10 | 戊子 | 7 | 4 |
| 19 | 3/11 | 己丑 | 4 | 5 |
| 20 | 3/12 | 庚寅 | 4 | 6 |
| 21 | 3/13 | 辛卯 | 4 | 7 |
| 22 | 3/14 | 壬辰 | 4 | 8 |
| 23 | 3/15 | 癸巳 | 4 | 9 |
| 24 | 3/16 | 甲午 | 3 | 1 |
| 25 | 3/17 | 乙未 | 3 | 2 |
| 26 | 3/18 | 丙申 | 3 | 3 |
| 27 | 3/19 | 丁酉 | 3 | 4 |
| 28 | 3/20 | 戊戌 | 3 | 5 |
| 29 | 3/21 | 己亥 | 9 | 6 |
| 30 | 3/22 | 庚子 | 9 | 7 |

正月

| 農曆 | 國曆 | 干支 | 時盤 | 日盤 |
|---|---|---|---|---|
| 1 | 1/22 | 辛丑 | 9 | 2 |
| 2 | 1/23 | 壬寅 | 9 | 3 |
| 3 | 1/24 | 癸卯 | 9 | 4 |
| 4 | 1/25 | 甲辰 | 6 | 5 |
| 5 | 1/26 | 乙巳 | 6 | 6 |
| 6 | 1/27 | 丙午 | 6 | 7 |
| 7 | 1/28 | 丁未 | 6 | 8 |
| 8 | 1/29 | 戊申 | 6 | 9 |
| 9 | 1/30 | 己酉 | 8 | 1 |
| 10 | 1/31 | 庚戌 | 8 | 2 |
| 11 | 2/1 | 辛亥 | 8 | 3 |
| 12 | 2/2 | 壬子 | 8 | 4 |
| 13 | 2/3 | 癸丑 | 8 | 5 |
| 14 | 2/4 | 甲寅 | 5 | 6 |
| 15 | 2/5 | 乙卯 | 5 | 7 |
| 16 | 2/6 | 丙辰 | 5 | 8 |
| 17 | 2/7 | 丁巳 | 5 | 9 |
| 18 | 2/8 | 戊午 | 5 | 1 |
| 19 | 2/9 | 己未 | 2 | 2 |
| 20 | 2/10 | 庚申 | 2 | 3 |
| 21 | 2/11 | 辛酉 | 2 | 4 |
| 22 | 2/12 | 壬戌 | 2 | 5 |
| 23 | 2/13 | 癸亥 | 2 | 6 |
| 24 | 2/14 | 甲子 | 9 | 7 |
| 25 | 2/15 | 乙丑 | 9 | 8 |
| 26 | 2/16 | 丙寅 | 9 | 9 |
| 27 | 2/17 | 丁卯 | 9 | 1 |
| 28 | 2/18 | 戊辰 | 9 | 2 |
| 29 | 2/19 | 己巳 | 6 | 3 |
| 30 | 2/20 | 庚午 | 6 | 4 |

# 西元1947年（丁亥）肖豬 民國36年（女兌命）

奇門遁甲局數如標示為 一 ～九表示陰局　　如標示為1 ～9 表示陽局

| 十二月 | | | | | 十一月 | | | | | 十　月 | | | | | 九　月 | | | | | 八　月 | | | | | 七　月 | | | | |
|---|---|---|---|---|---|---|---|---|---|---|---|---|---|---|---|---|---|---|---|---|---|---|---|---|---|---|---|---|---|
| 癸丑 | | | | | 壬子 | | | | | 辛亥 | | | | | 庚戌 | | | | | 己酉 | | | | | 戊申 | | | | |
| 九紫火 | | | | | 一白水 | | | | | 二黑土 | | | | | 三碧木 | | | | | 四綠木 | | | | | 五黃土 | | | | |
| 立春 05時43分 廿六卯時 | | 大寒 11時19分 十一午時 | 奇門遁甲局數 | | 小寒 18時01分 廿六酉時 | | 冬至 00時45分 十二子時 | 奇門遁甲局數 | | 大雪 06時53分 廿六卯時 | | 小雪 11時37分 十一午時 | 奇門遁甲局數 | | 立冬 14時19分 廿六未時 | | 霜降 14時24分 十一未時 | 奇門遁甲局數 | | 寒露 11時32分 廿五午時 | | 秋分 05時28分 初十卯時 | 奇門遁甲局數 | | 白露 20時17分 廿四戌時 | | 處暑 08時11分 初九辰時 | 奇門遁甲局數 | |
| 農曆 | 國曆 | 干支 | 時盤 | 日盤 | 農曆 | 國曆 | 干支 | 時盤 | 日盤 | 農曆 | 國曆 | 干支 | 時盤 | 日盤 | 農曆 | 國曆 | 干支 | 時盤 | 日盤 | 農曆 | 國曆 | 干支 | 時盤 | 日盤 | 農曆 | 國曆 | 干支 | 時盤 | 日盤 |
| 1 | 1/11 | 乙未 | 2 | 5 | 1 | 12/12 | 乙丑 | 四 | 八 | 1 | 11/13 | 丙申 | 六 | 一 | 1 | 10/14 | 丙寅 | 六 | 四 | 1 | 9/15 | 丁酉 | 九 | 六 | 1 | 8/16 | 丁卯 | 二 | 九 |
| 2 | 1/12 | 丙申 | 2 | 6 | 2 | 12/13 | 丙寅 | 四 | 七 | 2 | 11/14 | 丁酉 | 六 | 九 | 2 | 10/15 | 丁卯 | 六 | 三 | 2 | 9/16 | 戊戌 | 九 | 五 | 2 | 8/17 | 戊辰 | 二 | 八 |
| 3 | 1/13 | 丁酉 | 2 | 7 | 3 | 12/14 | 丁卯 | 四 | 六 | 3 | 11/15 | 戊戌 | 六 | 八 | 3 | 10/16 | 戊辰 | 六 | 二 | 3 | 9/17 | 己亥 | 三 | 四 | 3 | 8/18 | 己巳 | 五 | 七 |
| 4 | 1/14 | 戊戌 | 2 | 8 | 4 | 12/15 | 戊辰 | 四 | 五 | 4 | 11/16 | 己亥 | 九 | 七 | 4 | 10/17 | 己巳 | 九 | 一 | 4 | 9/18 | 庚子 | 三 | 三 | 4 | 8/19 | 庚午 | 五 | 六 |
| 5 | 1/15 | 己亥 | 8 | 9 | 5 | 12/16 | 己巳 | 七 | 四 | 5 | 11/17 | 庚子 | 九 | 六 | 5 | 10/18 | 庚午 | 九 | 九 | 5 | 9/19 | 辛丑 | 三 | 二 | 5 | 8/20 | 辛未 | 五 | 五 |
| 6 | 1/16 | 庚子 | 8 | 1 | 6 | 12/17 | 庚午 | 七 | 三 | 6 | 11/18 | 辛丑 | 九 | 五 | 6 | 10/19 | 辛未 | 九 | 八 | 6 | 9/20 | 壬寅 | 三 | 一 | 6 | 8/21 | 壬申 | 五 | 四 |
| 7 | 1/17 | 辛丑 | 8 | 2 | 7 | 12/18 | 辛未 | 七 | 二 | 7 | 11/19 | 壬寅 | 九 | 四 | 7 | 10/20 | 壬申 | 九 | 七 | 7 | 9/21 | 癸卯 | 三 | 九 | 7 | 8/22 | 癸酉 | 五 | 三 |
| 8 | 1/18 | 壬寅 | 8 | 3 | 8 | 12/19 | 壬申 | 七 | 一 | 8 | 11/20 | 癸卯 | 九 | 三 | 8 | 10/21 | 癸酉 | 九 | 六 | 8 | 9/22 | 甲辰 | 六 | 八 | 8 | 8/23 | 甲戌 | 八 | 二 |
| 9 | 1/19 | 癸卯 | 8 | 4 | 9 | 12/20 | 癸酉 | 七 | 九 | 9 | 11/21 | 甲辰 | 三 | 二 | 9 | 10/22 | 甲戌 | 三 | 五 | 9 | 9/23 | 乙巳 | 六 | 七 | 9 | 8/24 | 乙亥 | 八 | 一 |
| 10 | 1/20 | 甲辰 | 5 | 5 | 10 | 12/21 | 甲戌 | 一 | 八 | 10 | 11/22 | 乙巳 | 三 | 一 | 10 | 10/23 | 乙亥 | 三 | 四 | 10 | 9/24 | 丙午 | 六 | 六 | 10 | 8/25 | 丙子 | 八 | 九 |
| 11 | 1/21 | 乙巳 | 5 | 6 | 11 | 12/22 | 乙亥 | 一 | 七 | 11 | 11/23 | 丙午 | 三 | 九 | 11 | 10/24 | 丙子 | 三 | 三 | 11 | 9/25 | 丁未 | 六 | 五 | 11 | 8/26 | 丁丑 | 八 | 八 |
| 12 | 1/22 | 丙午 | 5 | 7 | 12 | 12/23 | 丙子 | 一 | 4 | 12 | 11/24 | 丁未 | 三 | 八 | 12 | 10/25 | 丁丑 | 三 | 二 | 12 | 9/26 | 戊申 | 六 | 四 | 12 | 8/27 | 戊寅 | 八 | 七 |
| 13 | 1/23 | 丁未 | 5 | 8 | 13 | 12/24 | 丁丑 | 一 | 5 | 13 | 11/25 | 戊申 | 三 | 七 | 13 | 10/26 | 戊寅 | 三 | 一 | 13 | 9/27 | 己酉 | 七 | 三 | 13 | 8/28 | 己卯 | 一 | 六 |
| 14 | 1/24 | 戊申 | 5 | 9 | 14 | 12/25 | 戊寅 | 一 | 6 | 14 | 11/26 | 己酉 | 五 | 六 | 14 | 10/27 | 己卯 | 五 | 九 | 14 | 9/28 | 庚戌 | 七 | 二 | 14 | 8/29 | 庚辰 | 一 | 五 |
| 15 | 1/25 | 己酉 | 3 | 1 | 15 | 12/26 | 己卯 | 1 | 7 | 15 | 11/27 | 庚戌 | 五 | 五 | 15 | 10/28 | 庚辰 | 五 | 八 | 15 | 9/29 | 辛亥 | 七 | 一 | 15 | 8/30 | 辛巳 | 一 | 四 |
| 16 | 1/26 | 庚戌 | 3 | 2 | 16 | 12/27 | 庚辰 | 1 | 8 | 16 | 11/28 | 辛亥 | 五 | 四 | 16 | 10/29 | 辛巳 | 五 | 七 | 16 | 9/30 | 壬子 | 七 | 九 | 16 | 8/31 | 壬午 | 一 | 三 |
| 17 | 1/27 | 辛亥 | 3 | 3 | 17 | 12/28 | 辛巳 | 1 | 9 | 17 | 11/29 | 壬子 | 五 | 三 | 17 | 10/30 | 壬午 | 五 | 六 | 17 | 10/1 | 癸丑 | 七 | 八 | 17 | 9/1 | 癸未 | 一 | 二 |
| 18 | 1/28 | 壬子 | 3 | 4 | 18 | 12/29 | 壬午 | 1 | 1 | 18 | 11/30 | 癸丑 | 五 | 二 | 18 | 10/31 | 癸未 | 五 | 五 | 18 | 10/2 | 甲寅 | 一 | 七 | 18 | 9/2 | 甲申 | 四 | 一 |
| 19 | 1/29 | 癸丑 | 3 | 5 | 19 | 12/30 | 癸未 | 1 | 2 | 19 | 12/1 | 甲寅 | 八 | 一 | 19 | 11/1 | 甲申 | 八 | 四 | 19 | 10/3 | 乙卯 | 一 | 六 | 19 | 9/3 | 乙酉 | 四 | 九 |
| 20 | 1/30 | 甲寅 | 9 | 6 | 20 | 12/31 | 甲申 | 7 | 3 | 20 | 12/2 | 乙卯 | 八 | 九 | 20 | 11/2 | 乙酉 | 八 | 三 | 20 | 10/4 | 丙辰 | 一 | 五 | 20 | 9/4 | 丙戌 | 四 | 八 |
| 21 | 1/31 | 乙卯 | 9 | 7 | 21 | 1/1 | 乙酉 | 7 | 4 | 21 | 12/3 | 丙辰 | 八 | 八 | 21 | 11/3 | 丙戌 | 八 | 二 | 21 | 10/5 | 丁巳 | 一 | 四 | 21 | 9/5 | 丁亥 | 四 | 七 |
| 22 | 2/1 | 丙辰 | 9 | 8 | 22 | 1/2 | 丙戌 | 7 | 5 | 22 | 12/4 | 丁巳 | 八 | 七 | 22 | 11/4 | 丁亥 | 八 | 一 | 22 | 10/6 | 戊午 | 一 | 三 | 22 | 9/6 | 戊子 | 四 | 六 |
| 23 | 2/2 | 丁巳 | 9 | 9 | 23 | 1/3 | 丁亥 | 7 | 6 | 23 | 12/5 | 戊午 | 八 | 六 | 23 | 11/5 | 戊子 | 八 | 九 | 23 | 10/7 | 己未 | 四 | 二 | 23 | 9/7 | 己丑 | 七 | 五 |
| 24 | 2/3 | 戊午 | 9 | 1 | 24 | 1/4 | 戊子 | 7 | 7 | 24 | 12/6 | 己未 | 二 | 五 | 24 | 11/6 | 己丑 | 二 | 八 | 24 | 10/8 | 庚申 | 四 | 一 | 24 | 9/8 | 庚寅 | 七 | 四 |
| 25 | 2/4 | 己未 | 6 | 2 | 25 | 1/5 | 己丑 | 4 | 8 | 25 | 12/7 | 庚申 | 二 | 四 | 25 | 11/7 | 庚寅 | 二 | 七 | 25 | 10/9 | 辛酉 | 四 | 九 | 25 | 9/9 | 辛卯 | 七 | 三 |
| 26 | 2/5 | 庚申 | 6 | 3 | 26 | 1/6 | 庚寅 | 4 | 9 | 26 | 12/8 | 辛酉 | 二 | 三 | 26 | 11/8 | 辛卯 | 二 | 六 | 26 | 10/10 | 壬戌 | 四 | 八 | 26 | 9/10 | 壬辰 | 七 | 二 |
| 27 | 2/6 | 辛酉 | 6 | 4 | 27 | 1/7 | 辛卯 | 4 | 1 | 27 | 12/9 | 壬戌 | 二 | 二 | 27 | 11/9 | 壬辰 | 二 | 五 | 27 | 10/11 | 癸亥 | 四 | 七 | 27 | 9/11 | 癸巳 | 七 | 一 |
| 28 | 2/7 | 壬戌 | 6 | 5 | 28 | 1/8 | 壬辰 | 4 | 2 | 28 | 12/10 | 癸亥 | 二 | 一 | 28 | 11/10 | 癸巳 | 二 | 四 | 28 | 10/12 | 甲子 | 六 | 六 | 28 | 9/12 | 甲午 | 九 | 九 |
| 29 | 2/8 | 癸亥 | 6 | 6 | 29 | 1/9 | 癸巳 | 4 | 3 | 29 | 12/11 | 甲子 | 四 | 九 | 29 | 11/11 | 甲午 | 六 | 三 | 29 | 10/13 | 乙丑 | 六 | 五 | 29 | 9/13 | 乙未 | 九 | 八 |
| 30 | 2/9 | 甲子 | 8 | 7 | 30 | 1/10 | 甲午 | 2 | 4 | | | | | | 30 | 11/12 | 乙未 | 六 | 二 | | | | | | 30 | 9/14 | 丙申 | 九 | 七 |

# 西元1948年（戊子）肖鼠 民國37年（男兌命）

奇門遁甲局數如標示為 一 ～九表示陰局　　如標示為1 ～9 表示陽局

| 六月 | | | | | 五月 | | | | | 四月 | | | | | 三月 | | | | | 二月 | | | | | 正月 | | | | |
|---|---|---|---|---|---|---|---|---|---|---|---|---|---|---|---|---|---|---|---|---|---|---|---|---|---|---|---|---|---|
| 己未 | | | | | 戊午 | | | | | 丁巳 | | | | | 丙辰 | | | | | 乙卯 | | | | | 甲寅 | | | | |
| 三碧木 | | | | | 四綠木 | | | | | 五黃土 | | | | | 六白金 | | | | | 七赤金 | | | | | 八白土 | | | | |
| 大暑 07時08分 十七辰時 | | 小暑 13時44分 初一未時 | 奇門遁甲局數 | | 夏至 20時11分 十五戌時 | | | 奇門遁甲局數 | | 芒種 03時21分 廿九寅時 | | 小滿 11時58分 十三午時 | 奇門遁甲局數 | | 立夏 22時53分 廿七亥時 | | 穀雨 12時25分 十二午時 | 奇門遁甲局數 | | 清明 05時10分 廿六卯時 | | 春分 00時57分 十一子時 | 奇門遁甲局數 | | 驚蟄 23時58分 廿五子時 | | 雨水 01時37分 十一丑時 | 奇門遁甲局數 | |
| 農曆 | 國曆 | 干支 | 時盤 | 日盤 | 農曆 | 國曆 | 干支 | 時盤 | 日盤 | 農曆 | 國曆 | 干支 | 時盤 | 日盤 | 農曆 | 國曆 | 干支 | 時盤 | 日盤 | 農曆 | 國曆 | 干支 | 時盤 | 日盤 | 農曆 | 國曆 | 干支 | 時盤 | 日盤 |
| 1 | 7/7 | 癸巳 | 六 | 七 | 1 | 6/7 | 癸亥 | 8 | 9 | 1 | 5/9 | 甲午 | 4 | 7 | 1 | 4/9 | 甲子 | 4 | 4 | 1 | 3/11 | 乙未 | 1 | 2 | 1 | 2/10 | 乙丑 | 8 | 8 |
| 2 | 7/8 | 甲午 | 八 | 六 | 2 | 6/8 | 甲子 | 6 | 1 | 2 | 5/10 | 乙未 | 4 | 8 | 2 | 4/10 | 乙丑 | 4 | 5 | 2 | 3/12 | 丙申 | 1 | 3 | 2 | 2/11 | 丙寅 | 8 | 9 |
| 3 | 7/9 | 乙未 | 八 | 五 | 3 | 6/9 | 乙丑 | 6 | 2 | 3 | 5/11 | 丙申 | 4 | 9 | 3 | 4/11 | 丙寅 | 4 | 6 | 3 | 3/13 | 丁酉 | 1 | 4 | 3 | 2/12 | 丁卯 | 8 | 1 |
| 4 | 7/10 | 丙申 | 八 | 四 | 4 | 6/10 | 丙寅 | 6 | 3 | 4 | 5/12 | 丁酉 | 4 | 1 | 4 | 4/12 | 丁卯 | 4 | 7 | 4 | 3/14 | 戊戌 | 1 | 5 | 4 | 2/13 | 戊辰 | 8 | 2 |
| 5 | 7/11 | 丁酉 | 八 | 三 | 5 | 6/11 | 丁卯 | 6 | 4 | 5 | 5/13 | 戊戌 | 4 | 2 | 5 | 4/13 | 戊辰 | 4 | 8 | 5 | 3/15 | 己亥 | 7 | 6 | 5 | 2/14 | 己巳 | 5 | 3 |
| 6 | 7/12 | 戊戌 | 八 | 二 | 6 | 6/12 | 戊辰 | 6 | 5 | 6 | 5/14 | 己亥 | 1 | 3 | 6 | 4/14 | 己巳 | 1 | 9 | 6 | 3/16 | 庚子 | 7 | 7 | 6 | 2/15 | 庚午 | 5 | 4 |
| 7 | 7/13 | 己亥 | 二 | 一 | 7 | 6/13 | 己巳 | 3 | 6 | 7 | 5/15 | 庚子 | 1 | 4 | 7 | 4/15 | 庚午 | 1 | 1 | 7 | 3/17 | 辛丑 | 7 | 8 | 7 | 2/16 | 辛未 | 5 | 5 |
| 8 | 7/14 | 庚子 | 二 | 九 | 8 | 6/14 | 庚午 | 3 | 7 | 8 | 5/16 | 辛丑 | 1 | 5 | 8 | 4/16 | 辛未 | 1 | 2 | 8 | 3/18 | 壬寅 | 7 | 9 | 8 | 2/17 | 壬申 | 5 | 6 |
| 9 | 7/15 | 辛丑 | 二 | 八 | 9 | 6/15 | 辛未 | 3 | 8 | 9 | 5/17 | 壬寅 | 1 | 6 | 9 | 4/17 | 壬申 | 1 | 3 | 9 | 3/19 | 癸卯 | 7 | 1 | 9 | 2/18 | 癸酉 | 5 | 7 |
| 10 | 7/16 | 壬寅 | 二 | 七 | 10 | 6/16 | 壬申 | 3 | 9 | 10 | 5/18 | 癸卯 | 1 | 7 | 10 | 4/18 | 癸酉 | 1 | 4 | 10 | 3/20 | 甲辰 | 4 | 2 | 10 | 2/19 | 甲戌 | 2 | 8 |
| 11 | 7/17 | 癸卯 | 二 | 六 | 11 | 6/17 | 癸酉 | 3 | 1 | 11 | 5/19 | 甲辰 | 7 | 8 | 11 | 4/19 | 甲戌 | 7 | 5 | 11 | 3/21 | 乙巳 | 4 | 3 | 11 | 2/20 | 乙亥 | 2 | 9 |
| 12 | 7/18 | 甲辰 | 五 | 五 | 12 | 6/18 | 甲戌 | 9 | 2 | 12 | 5/20 | 乙巳 | 7 | 9 | 12 | 4/20 | 乙亥 | 7 | 6 | 12 | 3/22 | 丙午 | 4 | 4 | 12 | 2/21 | 丙子 | 2 | 1 |
| 13 | 7/19 | 乙巳 | 五 | 四 | 13 | 6/19 | 乙亥 | 9 | 3 | 13 | 5/21 | 丙午 | 7 | 1 | 13 | 4/21 | 丙子 | 7 | 7 | 13 | 3/23 | 丁未 | 4 | 5 | 13 | 2/22 | 丁丑 | 2 | 2 |
| 14 | 7/20 | 丙午 | 五 | 三 | 14 | 6/20 | 丙子 | 9 | 4 | 14 | 5/22 | 丁未 | 7 | 2 | 14 | 4/22 | 丁丑 | 7 | 8 | 14 | 3/24 | 戊申 | 4 | 6 | 14 | 2/23 | 戊寅 | 2 | 3 |
| 15 | 7/21 | 丁未 | 五 | 二 | 15 | 6/21 | 丁丑 | 9 | 五 | 15 | 5/23 | 戊申 | 7 | 3 | 15 | 4/23 | 戊寅 | 7 | 9 | 15 | 3/25 | 己酉 | 3 | 7 | 15 | 2/24 | 己卯 | 9 | 4 |
| 16 | 7/22 | 戊申 | 五 | 一 | 16 | 6/22 | 戊寅 | 9 | 四 | 16 | 5/24 | 己酉 | 5 | 4 | 16 | 4/24 | 己卯 | 5 | 1 | 16 | 3/26 | 庚戌 | 3 | 8 | 16 | 2/25 | 庚辰 | 9 | 5 |
| 17 | 7/23 | 己酉 | 七 | 九 | 17 | 6/23 | 己卯 | 九 | 三 | 17 | 5/25 | 庚戌 | 5 | 5 | 17 | 4/25 | 庚辰 | 5 | 2 | 17 | 3/27 | 辛亥 | 3 | 9 | 17 | 2/26 | 辛巳 | 9 | 6 |
| 18 | 7/24 | 庚戌 | 七 | 八 | 18 | 6/24 | 庚辰 | 九 | 二 | 18 | 5/26 | 辛亥 | 5 | 6 | 18 | 4/26 | 辛巳 | 5 | 3 | 18 | 3/28 | 壬子 | 3 | 1 | 18 | 2/27 | 壬午 | 9 | 7 |
| 19 | 7/25 | 辛亥 | 七 | 七 | 19 | 6/25 | 辛巳 | 九 | 一 | 19 | 5/27 | 壬子 | 5 | 7 | 19 | 4/27 | 壬午 | 5 | 4 | 19 | 3/29 | 癸丑 | 3 | 2 | 19 | 2/28 | 癸未 | 9 | 8 |
| 20 | 7/26 | 壬子 | 七 | 六 | 20 | 6/26 | 壬午 | 九 | 九 | 20 | 5/28 | 癸丑 | 5 | 8 | 20 | 4/28 | 癸未 | 5 | 5 | 20 | 3/30 | 甲寅 | 9 | 3 | 20 | 2/29 | 甲申 | 6 | 9 |
| 21 | 7/27 | 癸丑 | 七 | 五 | 21 | 6/27 | 癸未 | 九 | 八 | 21 | 5/29 | 甲寅 | 2 | 9 | 21 | 4/29 | 甲申 | 2 | 6 | 21 | 3/31 | 乙卯 | 9 | 4 | 21 | 3/1 | 乙酉 | 6 | 1 |
| 22 | 7/28 | 甲寅 | 一 | 四 | 22 | 6/28 | 甲申 | 三 | 七 | 22 | 5/30 | 乙卯 | 2 | 1 | 22 | 4/30 | 乙酉 | 2 | 7 | 22 | 4/1 | 丙辰 | 9 | 5 | 22 | 3/2 | 丙戌 | 6 | 2 |
| 23 | 7/29 | 乙卯 | 一 | 三 | 23 | 6/29 | 乙酉 | 三 | 六 | 23 | 5/31 | 丙辰 | 2 | 2 | 23 | 5/1 | 丙戌 | 2 | 8 | 23 | 4/2 | 丁巳 | 9 | 6 | 23 | 3/3 | 丁亥 | 6 | 3 |
| 24 | 7/30 | 丙辰 | 一 | 二 | 24 | 6/30 | 丙戌 | 三 | 五 | 24 | 6/1 | 丁巳 | 2 | 3 | 24 | 5/2 | 丁亥 | 2 | 9 | 24 | 4/3 | 戊午 | 9 | 7 | 24 | 3/4 | 戊子 | 6 | 4 |
| 25 | 7/31 | 丁巳 | 一 | 一 | 25 | 7/1 | 丁亥 | 三 | 四 | 25 | 6/2 | 戊午 | 2 | 4 | 25 | 5/3 | 戊子 | 2 | 1 | 25 | 4/4 | 己未 | 6 | 8 | 25 | 3/5 | 己丑 | 3 | 5 |
| 26 | 8/1 | 戊午 | 一 | 九 | 26 | 7/2 | 戊子 | 三 | 三 | 26 | 6/3 | 己未 | 8 | 5 | 26 | 5/4 | 己丑 | 8 | 2 | 26 | 4/5 | 庚申 | 6 | 9 | 26 | 3/6 | 庚寅 | 3 | 6 |
| 27 | 8/2 | 己未 | 四 | 八 | 27 | 7/3 | 己丑 | 六 | 二 | 27 | 6/4 | 庚申 | 8 | 6 | 27 | 5/5 | 庚寅 | 8 | 3 | 27 | 4/6 | 辛酉 | 6 | 1 | 27 | 3/7 | 辛卯 | 3 | 7 |
| 28 | 8/3 | 庚申 | 四 | 七 | 28 | 7/4 | 庚寅 | 六 | 一 | 28 | 6/5 | 辛酉 | 8 | 7 | 28 | 5/6 | 辛卯 | 8 | 4 | 28 | 4/7 | 壬戌 | 6 | 2 | 28 | 3/8 | 壬辰 | 3 | 8 |
| 29 | 8/4 | 辛酉 | 四 | 六 | 29 | 7/5 | 辛卯 | 六 | 九 | 29 | 6/6 | 壬戌 | 8 | 8 | 29 | 5/7 | 壬辰 | 8 | 5 | 29 | 4/8 | 癸亥 | 6 | 3 | 29 | 3/9 | 癸巳 | 3 | 9 |
| | | | | | 30 | 7/6 | 壬辰 | 六 | 八 | | | | | | 30 | 5/8 | 癸巳 | 8 | 6 | | | | | | 30 | 3/10 | 甲午 | 1 | 1 |

# 西元1948年（戊子）肖鼠 民國37年（女艮命）

奇門遁甲局數如標示為 一 ～九表示陰局　　如標示為1 ～9 表示陽局

| 十二月 | | | | |
|---|---|---|---|---|
| 乙丑 | | | | |
| 六白金 | | | | |
| 大寒 17時09分 廿二酉時 | | 小寒 23時42分 初七子時 | 奇門遁甲局數 | |
| 農曆 | 國曆 | 干支 | 時盤 | 日盤 |
| 1 | 12/30 | 己丑 | 4 | 8 |
| 2 | 12/31 | 庚寅 | 4 | 9 |
| 3 | 1/1 | 辛卯 | 4 | 1 |
| 4 | 1/2 | 壬辰 | 4 | 2 |
| 5 | 1/3 | 癸巳 | 4 | 3 |
| 6 | 1/4 | 甲午 | 2 | 4 |
| 7 | 1/5 | 乙未 | 2 | 5 |
| 8 | 1/6 | 丙申 | 2 | 6 |
| 9 | 1/7 | 丁酉 | 2 | 7 |
| 10 | 1/8 | 戊戌 | 2 | 8 |
| 11 | 1/9 | 己亥 | 8 | 9 |
| 12 | 1/10 | 庚子 | 8 | 1 |
| 13 | 1/11 | 辛丑 | 8 | 2 |
| 14 | 1/12 | 壬寅 | 8 | 3 |
| 15 | 1/13 | 癸卯 | 8 | 4 |
| 16 | 1/14 | 甲辰 | 5 | 5 |
| 17 | 1/15 | 乙巳 | 5 | 6 |
| 18 | 1/16 | 丙午 | 5 | 7 |
| 19 | 1/17 | 丁未 | 5 | 8 |
| 20 | 1/18 | 戊申 | 5 | 9 |
| 21 | 1/19 | 己酉 | 3 | 1 |
| 22 | 1/20 | 庚戌 | 3 | 2 |
| 23 | 1/21 | 辛亥 | 3 | 3 |
| 24 | 1/22 | 壬子 | 3 | 4 |
| 25 | 1/23 | 癸丑 | 3 | 5 |
| 26 | 1/24 | 甲寅 | 9 | 6 |
| 27 | 1/25 | 乙卯 | 9 | 7 |
| 28 | 1/26 | 丙辰 | 9 | 8 |
| 29 | 1/27 | 丁巳 | 9 | 9 |
| 30 | 1/28 | 戊午 | 9 | 1 |

| 十一月 | | | | |
|---|---|---|---|---|
| 甲子 | | | | |
| 七赤金 | | | | |
| 冬至 06時34分 廿二卯時 | | 大雪 12時38分 初七午時 | 奇門遁甲局數 | |
| 農曆 | 國曆 | 干支 | 時盤 | 日盤 |
| 1 | 12/1 | 庚申 | 二 | 四 |
| 2 | 12/2 | 辛酉 | 二 | 三 |
| 3 | 12/3 | 壬戌 | 二 | 二 |
| 4 | 12/4 | 癸亥 | 二 | 一 |
| 5 | 12/5 | 甲子 | 四 | 九 |
| 6 | 12/6 | 乙丑 | 四 | 八 |
| 7 | 12/7 | 丙寅 | 四 | 七 |
| 8 | 12/8 | 丁卯 | 四 | 六 |
| 9 | 12/9 | 戊辰 | 四 | 五 |
| 10 | 12/10 | 己巳 | 七 | 四 |
| 11 | 12/11 | 庚午 | 七 | 三 |
| 12 | 12/12 | 辛未 | 七 | 二 |
| 13 | 12/13 | 壬申 | 七 | 一 |
| 14 | 12/14 | 癸酉 | 七 | 九 |
| 15 | 12/15 | 甲戌 | 一 | 八 |
| 16 | 12/16 | 乙亥 | 一 | 七 |
| 17 | 12/17 | 丙子 | 一 | 六 |
| 18 | 12/18 | 丁丑 | 一 | 五 |
| 19 | 12/19 | 戊寅 | 一 | 四 |
| 20 | 12/20 | 己卯 | 1 | 三 |
| 21 | 12/21 | 庚辰 | 1 | 二 |
| 22 | 12/22 | 辛巳 | 1 | 9 |
| 23 | 12/23 | 壬午 | 1 | 1 |
| 24 | 12/24 | 癸未 | 1 | 2 |
| 25 | 12/25 | 甲申 | 7 | 3 |
| 26 | 12/26 | 乙酉 | 7 | 4 |
| 27 | 12/27 | 丙戌 | 7 | 5 |
| 28 | 12/28 | 丁亥 | 7 | 6 |
| 29 | 12/29 | 戊子 | 7 | 7 |
| | | | | |

| 十月 | | | | |
|---|---|---|---|---|
| 癸亥 | | | | |
| 八白土 | | | | |
| 小雪 17時30分 廿二酉時 | | 立冬 20時07分 初七戌時 | 奇門遁甲局數 | |
| 農曆 | 國曆 | 干支 | 時盤 | 日盤 |
| 1 | 11/1 | 庚寅 | 二 | 七 |
| 2 | 11/2 | 辛卯 | 二 | 六 |
| 3 | 11/3 | 壬辰 | 二 | 五 |
| 4 | 11/4 | 癸巳 | 二 | 四 |
| 5 | 11/5 | 甲午 | 六 | 三 |
| 6 | 11/6 | 乙未 | 六 | 二 |
| 7 | 11/7 | 丙申 | 六 | 一 |
| 8 | 11/8 | 丁酉 | 六 | 九 |
| 9 | 11/9 | 戊戌 | 六 | 八 |
| 10 | 11/10 | 己亥 | 九 | 七 |
| 11 | 11/11 | 庚子 | 九 | 六 |
| 12 | 11/12 | 辛丑 | 九 | 五 |
| 13 | 11/13 | 壬寅 | 九 | 四 |
| 14 | 11/14 | 癸卯 | 九 | 三 |
| 15 | 11/15 | 甲辰 | 三 | 二 |
| 16 | 11/16 | 乙巳 | 三 | 一 |
| 17 | 11/17 | 丙午 | 三 | 九 |
| 18 | 11/18 | 丁未 | 三 | 八 |
| 19 | 11/19 | 戊申 | 三 | 七 |
| 20 | 11/20 | 己酉 | 五 | 六 |
| 21 | 11/21 | 庚戌 | 五 | 五 |
| 22 | 11/22 | 辛亥 | 五 | 四 |
| 23 | 11/23 | 壬子 | 五 | 三 |
| 24 | 11/24 | 癸丑 | 五 | 二 |
| 25 | 11/25 | 甲寅 | 八 | 一 |
| 26 | 11/26 | 乙卯 | 八 | 九 |
| 27 | 11/27 | 丙辰 | 八 | 八 |
| 28 | 11/28 | 丁巳 | 八 | 七 |
| 29 | 11/29 | 戊午 | 八 | 六 |
| 30 | 11/30 | 己未 | 二 | 五 |

| 九月 | | | | |
|---|---|---|---|---|
| 壬戌 | | | | |
| 九紫火 | | | | |
| 霜降 20時19分 廿一戌時 | | 寒露 17時21分 初六酉時 | 奇門遁甲局數 | |
| 農曆 | 國曆 | 干支 | 時盤 | 日盤 |
| 1 | 10/3 | 辛酉 | 四 | 九 |
| 2 | 10/4 | 壬戌 | 四 | 八 |
| 3 | 10/5 | 癸亥 | 四 | 七 |
| 4 | 10/6 | 甲子 | 六 | 六 |
| 5 | 10/7 | 乙丑 | 六 | 五 |
| 6 | 10/8 | 丙寅 | 六 | 四 |
| 7 | 10/9 | 丁卯 | 六 | 三 |
| 8 | 10/10 | 戊辰 | 六 | 二 |
| 9 | 10/11 | 己巳 | 九 | 一 |
| 10 | 10/12 | 庚午 | 九 | 九 |
| 11 | 10/13 | 辛未 | 九 | 八 |
| 12 | 10/14 | 壬申 | 九 | 七 |
| 13 | 10/15 | 癸酉 | 九 | 六 |
| 14 | 10/16 | 甲戌 | 三 | 五 |
| 15 | 10/17 | 乙亥 | 三 | 四 |
| 16 | 10/18 | 丙子 | 三 | 三 |
| 17 | 10/19 | 丁丑 | 三 | 二 |
| 18 | 10/20 | 戊寅 | 三 | 一 |
| 19 | 10/21 | 己卯 | 五 | 九 |
| 20 | 10/22 | 庚辰 | 五 | 八 |
| 21 | 10/23 | 辛巳 | 五 | 七 |
| 22 | 10/24 | 壬午 | 五 | 六 |
| 23 | 10/25 | 癸未 | 五 | 五 |
| 24 | 10/26 | 甲申 | 八 | 四 |
| 25 | 10/27 | 乙酉 | 八 | 三 |
| 26 | 10/28 | 丙戌 | 八 | 二 |
| 27 | 10/29 | 丁亥 | 八 | 一 |
| 28 | 10/30 | 戊子 | 八 | 九 |
| 29 | 10/31 | 己丑 | 二 | 八 |
| | | | | |

| 八月 | | | | |
|---|---|---|---|---|
| 辛酉 | | | | |
| 一白水 | | | | |
| 秋分 11時22分 廿一午時 | | 白露 02時06分 初六丑時 | 奇門遁甲局數 | |
| 農曆 | 國曆 | 干支 | 時盤 | 日盤 |
| 1 | 9/3 | 辛卯 | 七 | 三 |
| 2 | 9/4 | 壬辰 | 七 | 二 |
| 3 | 9/5 | 癸巳 | 七 | 一 |
| 4 | 9/6 | 甲午 | 九 | 九 |
| 5 | 9/7 | 乙未 | 九 | 八 |
| 6 | 9/8 | 丙申 | 九 | 七 |
| 7 | 9/9 | 丁酉 | 九 | 六 |
| 8 | 9/10 | 戊戌 | 九 | 五 |
| 9 | 9/11 | 己亥 | 三 | 四 |
| 10 | 9/12 | 庚子 | 三 | 三 |
| 11 | 9/13 | 辛丑 | 三 | 二 |
| 12 | 9/14 | 壬寅 | 三 | 一 |
| 13 | 9/15 | 癸卯 | 三 | 九 |
| 14 | 9/16 | 甲辰 | 六 | 八 |
| 15 | 9/17 | 乙巳 | 六 | 七 |
| 16 | 9/18 | 丙午 | 六 | 六 |
| 17 | 9/19 | 丁未 | 六 | 五 |
| 18 | 9/20 | 戊申 | 六 | 四 |
| 19 | 9/21 | 己酉 | 七 | 三 |
| 20 | 9/22 | 庚戌 | 七 | 二 |
| 21 | 9/23 | 辛亥 | 七 | 一 |
| 22 | 9/24 | 壬子 | 七 | 九 |
| 23 | 9/25 | 癸丑 | 七 | 八 |
| 24 | 9/26 | 甲寅 | 一 | 七 |
| 25 | 9/27 | 乙卯 | 一 | 六 |
| 26 | 9/28 | 丙辰 | 一 | 五 |
| 27 | 9/29 | 丁巳 | 一 | 四 |
| 28 | 9/30 | 戊午 | 一 | 三 |
| 29 | 10/1 | 己未 | 四 | 二 |
| 30 | 10/2 | 庚申 | 四 | 一 |

| 七月 | | | | |
|---|---|---|---|---|
| 庚申 | | | | |
| 二黑土 | | | | |
| 處暑 14時03分 十九未時 | | 立秋 23時27分 初三子時 | 奇門遁甲局數 | |
| 農曆 | 國曆 | 干支 | 時盤 | 日盤 |
| 1 | 8/5 | 壬戌 | 四 | 五 |
| 2 | 8/6 | 癸亥 | 四 | 四 |
| 3 | 8/7 | 甲子 | 二 | 三 |
| 4 | 8/8 | 乙丑 | 二 | 二 |
| 5 | 8/9 | 丙寅 | 二 | 一 |
| 6 | 8/10 | 丁卯 | 二 | 九 |
| 7 | 8/11 | 戊辰 | 二 | 八 |
| 8 | 8/12 | 己巳 | 五 | 七 |
| 9 | 8/13 | 庚午 | 五 | 六 |
| 10 | 8/14 | 辛未 | 五 | 五 |
| 11 | 8/15 | 壬申 | 五 | 四 |
| 12 | 8/16 | 癸酉 | 五 | 三 |
| 13 | 8/17 | 甲戌 | 八 | 二 |
| 14 | 8/18 | 乙亥 | 八 | 一 |
| 15 | 8/19 | 丙子 | 八 | 九 |
| 16 | 8/20 | 丁丑 | 八 | 八 |
| 17 | 8/21 | 戊寅 | 八 | 七 |
| 18 | 8/22 | 己卯 | 一 | 六 |
| 19 | 8/23 | 庚辰 | 一 | 五 |
| 20 | 8/24 | 辛巳 | 一 | 四 |
| 21 | 8/25 | 壬午 | 一 | 三 |
| 22 | 8/26 | 癸未 | 一 | 二 |
| 23 | 8/27 | 甲申 | 四 | 一 |
| 24 | 8/28 | 乙酉 | 四 | 九 |
| 25 | 8/29 | 丙戌 | 四 | 八 |
| 26 | 8/30 | 丁亥 | 四 | 七 |
| 27 | 8/31 | 戊子 | 四 | 六 |
| 28 | 9/1 | 己丑 | 七 | 五 |
| 29 | 9/2 | 庚寅 | 七 | 四 |
| | | | | |

# 西元1949年（己丑）肖牛 民國38年（男乾命）

奇門遁甲局數如標示為 一 ～九表示陰局　　如標示為1 ～9 表示陽局

**六月** 辛未 九紫火 — 大暑 12時57分 廿八午時；小暑 19時32分 十二戌時；奇門遁甲局數

| 農曆 | 國曆 | 干支 | 時盤 | 日盤 |
|---|---|---|---|---|
| 1 | 6/26 | 丁亥 | 三 | 四 |
| 2 | 6/27 | 戊子 | 三 | 三 |
| 3 | 6/28 | 己丑 | 六 | 二 |
| 4 | 6/29 | 庚寅 | 六 | 一 |
| 5 | 6/30 | 辛卯 | 六 | 九 |
| 6 | 7/1 | 壬辰 | 六 | 八 |
| 7 | 7/2 | 癸巳 | 六 | 七 |
| 8 | 7/3 | 甲午 | 八 | 六 |
| 9 | 7/4 | 乙未 | 八 | 五 |
| 10 | 7/5 | 丙申 | 八 | 四 |
| 11 | 7/6 | 丁酉 | 八 | 三 |
| 12 | 7/7 | 戊戌 | 八 | 二 |
| 13 | 7/8 | 己亥 | 二 | 一 |
| 14 | 7/9 | 庚子 | 二 | 九 |
| 15 | 7/10 | 辛丑 | 二 | 八 |
| 16 | 7/11 | 壬寅 | 二 | 七 |
| 17 | 7/12 | 癸卯 | 二 | 六 |
| 18 | 7/13 | 甲辰 | 五 | 五 |
| 19 | 7/14 | 乙巳 | 五 | 四 |
| 20 | 7/15 | 丙午 | 五 | 三 |
| 21 | 7/16 | 丁未 | 五 | 二 |
| 22 | 7/17 | 戊申 | 五 | 一 |
| 23 | 7/18 | 己酉 | 七 | 九 |
| 24 | 7/19 | 庚戌 | 七 | 八 |
| 25 | 7/20 | 辛亥 | 七 | 七 |
| 26 | 7/21 | 壬子 | 七 | 六 |
| 27 | 7/22 | 癸丑 | 七 | 五 |
| 28 | 7/23 | 甲寅 | 一 | 四 |
| 29 | 7/24 | 乙卯 | 一 | 三 |
| 30 | 7/25 | 丙辰 | 一 | 二 |

**五月** 庚午 一白水 — 夏至 02時03分 廿六丑時；芒種 09時07分 初十巳時；奇門遁甲局數

| 農曆 | 國曆 | 干支 | 時盤 | 日盤 |
|---|---|---|---|---|
| 1 | 5/28 | 戊午 | 2 | 4 |
| 2 | 5/29 | 己未 | 8 | 5 |
| 3 | 5/30 | 庚申 | 8 | 6 |
| 4 | 5/31 | 辛酉 | 8 | 7 |
| 5 | 6/1 | 壬戌 | 8 | 8 |
| 6 | 6/2 | 癸亥 | 8 | 9 |
| 7 | 6/3 | 甲子 | 6 | 1 |
| 8 | 6/4 | 乙丑 | 6 | 2 |
| 9 | 6/5 | 丙寅 | 6 | 3 |
| 10 | 6/6 | 丁卯 | 6 | 4 |
| 11 | 6/7 | 戊辰 | 6 | 5 |
| 12 | 6/8 | 己巳 | 3 | 6 |
| 13 | 6/9 | 庚午 | 3 | 7 |
| 14 | 6/10 | 辛未 | 3 | 8 |
| 15 | 6/11 | 壬申 | 3 | 9 |
| 16 | 6/12 | 癸酉 | 3 | 1 |
| 17 | 6/13 | 甲戌 | 9 | 2 |
| 18 | 6/14 | 乙亥 | 9 | 3 |
| 19 | 6/15 | 丙子 | 9 | 4 |
| 20 | 6/16 | 丁丑 | 9 | 5 |
| 21 | 6/17 | 戊寅 | 9 | 6 |
| 22 | 6/18 | 己卯 | 九 | 7 |
| 23 | 6/19 | 庚辰 | 九 | 8 |
| 24 | 6/20 | 辛巳 | 九 | 9 |
| 25 | 6/21 | 壬午 | 九 | 1 |
| 26 | 6/22 | 癸未 | 九 | 八 |
| 27 | 6/23 | 甲申 | 三 | 七 |
| 28 | 6/24 | 乙酉 | 三 | 六 |
| 29 | 6/25 | 丙戌 | 三 | 五 |

**四月** 己巳 二黑土 — 小滿 17時52分 廿四酉時；立夏 04時37分 初九寅時；奇門遁甲局數

| 農曆 | 國曆 | 干支 | 時盤 | 日盤 |
|---|---|---|---|---|
| 1 | 4/28 | 戊子 | 2 | 1 |
| 2 | 4/29 | 己丑 | 8 | 2 |
| 3 | 4/30 | 庚寅 | 8 | 3 |
| 4 | 5/1 | 辛卯 | 8 | 4 |
| 5 | 5/2 | 壬辰 | 8 | 5 |
| 6 | 5/3 | 癸巳 | 8 | 6 |
| 7 | 5/4 | 甲午 | 4 | 7 |
| 8 | 5/5 | 乙未 | 4 | 8 |
| 9 | 5/6 | 丙申 | 4 | 9 |
| 10 | 5/7 | 丁酉 | 4 | 1 |
| 11 | 5/8 | 戊戌 | 4 | 2 |
| 12 | 5/9 | 己亥 | 1 | 3 |
| 13 | 5/10 | 庚子 | 1 | 4 |
| 14 | 5/11 | 辛丑 | 1 | 5 |
| 15 | 5/12 | 壬寅 | 1 | 6 |
| 16 | 5/13 | 癸卯 | 1 | 7 |
| 17 | 5/14 | 甲辰 | 7 | 8 |
| 18 | 5/15 | 乙巳 | 7 | 9 |
| 19 | 5/16 | 丙午 | 7 | 1 |
| 20 | 5/17 | 丁未 | 7 | 2 |
| 21 | 5/18 | 戊申 | 7 | 3 |
| 22 | 5/19 | 己酉 | 5 | 4 |
| 23 | 5/20 | 庚戌 | 5 | 5 |
| 24 | 5/21 | 辛亥 | 5 | 6 |
| 25 | 5/22 | 壬子 | 5 | 7 |
| 26 | 5/23 | 癸丑 | 5 | 8 |
| 27 | 5/24 | 甲寅 | 2 | 9 |
| 28 | 5/25 | 乙卯 | 2 | 1 |
| 29 | 5/26 | 丙辰 | 2 | 2 |
| 30 | 5/27 | 丁巳 | 2 | 3 |

**三月** 戊辰 三碧木 — 穀雨 18時18分 廿三酉時；清明 10時52分 初八巳時；奇門遁甲局數

| 農曆 | 國曆 | 干支 | 時盤 | 日盤 |
|---|---|---|---|---|
| 1 | 3/29 | 戊午 | 9 | 7 |
| 2 | 3/30 | 己未 | 6 | 8 |
| 3 | 3/31 | 庚申 | 6 | 9 |
| 4 | 4/1 | 辛酉 | 6 | 1 |
| 5 | 4/2 | 壬戌 | 6 | 2 |
| 6 | 4/3 | 癸亥 | 6 | 3 |
| 7 | 4/4 | 甲子 | 4 | 4 |
| 8 | 4/5 | 乙丑 | 4 | 5 |
| 9 | 4/6 | 丙寅 | 4 | 6 |
| 10 | 4/7 | 丁卯 | 4 | 7 |
| 11 | 4/8 | 戊辰 | 4 | 8 |
| 12 | 4/9 | 己巳 | 1 | 9 |
| 13 | 4/10 | 庚午 | 1 | 1 |
| 14 | 4/11 | 辛未 | 1 | 2 |
| 15 | 4/12 | 壬申 | 1 | 3 |
| 16 | 4/13 | 癸酉 | 1 | 4 |
| 17 | 4/14 | 甲戌 | 7 | 5 |
| 18 | 4/15 | 乙亥 | 7 | 6 |
| 19 | 4/16 | 丙子 | 7 | 7 |
| 20 | 4/17 | 丁丑 | 7 | 8 |
| 21 | 4/18 | 戊寅 | 7 | 9 |
| 22 | 4/19 | 己卯 | 5 | 1 |
| 23 | 4/20 | 庚辰 | 5 | 2 |
| 24 | 4/21 | 辛巳 | 5 | 3 |
| 25 | 4/22 | 壬午 | 5 | 4 |
| 26 | 4/23 | 癸未 | 5 | 5 |
| 27 | 4/24 | 甲申 | 2 | 6 |
| 28 | 4/25 | 乙酉 | 2 | 7 |
| 29 | 4/26 | 丙戌 | 2 | 8 |
| 30 | 4/27 | 丁亥 | 2 | 9 |

**二月** 丁卯 四綠木 — 春分 06時49分 廿二卯時；驚蟄 05時40分 初七卯時；奇門遁甲局數

| 農曆 | 國曆 | 干支 | 時盤 | 日盤 |
|---|---|---|---|---|
| 1 | 2/28 | 己丑 | 3 | 5 |
| 2 | 3/1 | 庚寅 | 3 | 6 |
| 3 | 3/2 | 辛卯 | 3 | 7 |
| 4 | 3/3 | 壬辰 | 3 | 8 |
| 5 | 3/4 | 癸巳 | 3 | 9 |
| 6 | 3/5 | 甲午 | 1 | 1 |
| 7 | 3/6 | 乙未 | 1 | 2 |
| 8 | 3/7 | 丙申 | 1 | 3 |
| 9 | 3/8 | 丁酉 | 1 | 4 |
| 10 | 3/9 | 戊戌 | 1 | 5 |
| 11 | 3/10 | 己亥 | 7 | 6 |
| 12 | 3/11 | 庚子 | 7 | 7 |
| 13 | 3/12 | 辛丑 | 7 | 8 |
| 14 | 3/13 | 壬寅 | 7 | 9 |
| 15 | 3/14 | 癸卯 | 7 | 1 |
| 16 | 3/15 | 甲辰 | 4 | 2 |
| 17 | 3/16 | 乙巳 | 4 | 3 |
| 18 | 3/17 | 丙午 | 4 | 4 |
| 19 | 3/18 | 丁未 | 4 | 5 |
| 20 | 3/19 | 戊申 | 4 | 6 |
| 21 | 3/20 | 己酉 | 3 | 7 |
| 22 | 3/21 | 庚戌 | 3 | 8 |
| 23 | 3/22 | 辛亥 | 3 | 9 |
| 24 | 3/23 | 壬子 | 3 | 1 |
| 25 | 3/24 | 癸丑 | 3 | 2 |
| 26 | 3/25 | 甲寅 | 9 | 3 |
| 27 | 3/26 | 乙卯 | 9 | 4 |
| 28 | 3/27 | 丙辰 | 9 | 5 |
| 29 | 3/28 | 丁巳 | 9 | 6 |

**正月** 丙寅 五黃土 — 雨水 07時27分 廿二辰時；立春 11時23分 初七午時；奇門遁甲局數

| 農曆 | 國曆 | 干支 | 時盤 | 日盤 |
|---|---|---|---|---|
| 1 | 1/29 | 己未 | 6 | 2 |
| 2 | 1/30 | 庚申 | 6 | 3 |
| 3 | 1/31 | 辛酉 | 6 | 4 |
| 4 | 2/1 | 壬戌 | 6 | 5 |
| 5 | 2/2 | 癸亥 | 6 | 6 |
| 6 | 2/3 | 甲子 | 8 | 7 |
| 7 | 2/4 | 乙丑 | 8 | 8 |
| 8 | 2/5 | 丙寅 | 8 | 9 |
| 9 | 2/6 | 丁卯 | 8 | 1 |
| 10 | 2/7 | 戊辰 | 8 | 2 |
| 11 | 2/8 | 己巳 | 5 | 3 |
| 12 | 2/9 | 庚午 | 5 | 4 |
| 13 | 2/10 | 辛未 | 5 | 5 |
| 14 | 2/11 | 壬申 | 5 | 6 |
| 15 | 2/12 | 癸酉 | 5 | 7 |
| 16 | 2/13 | 甲戌 | 2 | 8 |
| 17 | 2/14 | 乙亥 | 2 | 9 |
| 18 | 2/15 | 丙子 | 2 | 1 |
| 19 | 2/16 | 丁丑 | 2 | 2 |
| 20 | 2/17 | 戊寅 | 2 | 3 |
| 21 | 2/18 | 己卯 | 9 | 4 |
| 22 | 2/19 | 庚辰 | 9 | 5 |
| 23 | 2/20 | 辛巳 | 9 | 6 |
| 24 | 2/21 | 壬午 | 9 | 7 |
| 25 | 2/22 | 癸未 | 9 | 8 |
| 26 | 2/23 | 甲申 | 6 | 9 |
| 27 | 2/24 | 乙酉 | 6 | 1 |
| 28 | 2/25 | 丙戌 | 6 | 2 |
| 29 | 2/26 | 丁亥 | 6 | 3 |
| 30 | 2/27 | 戊子 | 6 | 4 |

# 西元1949年（己丑）肖牛 民國38年（女離命）

奇門遁甲局數如標示為 一 ～九表示陰局　　如標示為1 ～9 表示陽局

| 十二月 | | | | |
|---|---|---|---|---|
| 丁丑 | | | | |
| 三碧木 | | | | |
| 立春 17時21分 十八酉時 | | 大寒 23時00分 初三子時 | 奇門遁甲局數 | |
| 農曆 | 國曆 | 干支 | 時盤 | 日盤 |
| 1 | 1/18 | 癸丑 | 3 | 5 |
| 2 | 1/19 | 甲寅 | 9 | 6 |
| 3 | 1/20 | 乙卯 | 9 | 7 |
| 4 | 1/21 | 丙辰 | 9 | 8 |
| 5 | 1/22 | 丁巳 | 9 | 9 |
| 6 | 1/23 | 戊午 | 9 | 1 |
| 7 | 1/24 | 己未 | 6 | 2 |
| 8 | 1/25 | 庚申 | 6 | 3 |
| 9 | 1/26 | 辛酉 | 6 | 4 |
| 10 | 1/27 | 壬戌 | 6 | 5 |
| 11 | 1/28 | 癸亥 | 6 | 6 |
| 12 | 1/29 | 甲子 | 8 | 7 |
| 13 | 1/30 | 乙丑 | 8 | 8 |
| 14 | 1/31 | 丙寅 | 8 | 9 |
| 15 | 2/1 | 丁卯 | 8 | 1 |
| 16 | 2/2 | 戊辰 | 8 | 2 |
| 17 | 2/3 | 己巳 | 5 | 3 |
| 18 | 2/4 | 庚午 | 5 | 4 |
| 19 | 2/5 | 辛未 | 5 | 5 |
| 20 | 2/6 | 壬申 | 5 | 6 |
| 21 | 2/7 | 癸酉 | 5 | 7 |
| 22 | 2/8 | 甲戌 | 2 | 8 |
| 23 | 2/9 | 乙亥 | 2 | 9 |
| 24 | 2/10 | 丙子 | 2 | 1 |
| 25 | 2/11 | 丁丑 | 2 | 2 |
| 26 | 2/12 | 戊寅 | 2 | 3 |
| 27 | 2/13 | 己卯 | 9 | 4 |
| 28 | 2/14 | 庚辰 | 9 | 5 |
| 29 | 2/15 | 辛巳 | 9 | 6 |
| 30 | 2/16 | 壬午 | 9 | 7 |

| 十一月 | | | | |
|---|---|---|---|---|
| 丙子 | | | | |
| 四綠木 | | | | |
| 小寒 05時39分 十八卯時 | | 冬至 12時24分 初三午時 | 奇門遁甲局數 | |
| 農曆 | 國曆 | 干支 | 時盤 | 日盤 |
| 1 | 12/20 | 甲申 | 7 | 七 |
| 2 | 12/21 | 乙酉 | 7 | 六 |
| 3 | 12/22 | 丙戌 | 7 | 5 |
| 4 | 12/23 | 丁亥 | 7 | 6 |
| 5 | 12/24 | 戊子 | 7 | 7 |
| 6 | 12/25 | 己丑 | 4 | 8 |
| 7 | 12/26 | 庚寅 | 4 | 9 |
| 8 | 12/27 | 辛卯 | 4 | 1 |
| 9 | 12/28 | 壬辰 | 4 | 2 |
| 10 | 12/29 | 癸巳 | 4 | 3 |
| 11 | 12/30 | 甲午 | 2 | 4 |
| 12 | 12/31 | 乙未 | 2 | 5 |
| 13 | 1/1 | 丙申 | 2 | 6 |
| 14 | 1/2 | 丁酉 | 2 | 7 |
| 15 | 1/3 | 戊戌 | 2 | 8 |
| 16 | 1/4 | 己亥 | 8 | 9 |
| 17 | 1/5 | 庚子 | 8 | 1 |
| 18 | 1/6 | 辛丑 | 8 | 2 |
| 19 | 1/7 | 壬寅 | 8 | 3 |
| 20 | 1/8 | 癸卯 | 8 | 4 |
| 21 | 1/9 | 甲辰 | 5 | 5 |
| 22 | 1/10 | 乙巳 | 5 | 6 |
| 23 | 1/11 | 丙午 | 5 | 7 |
| 24 | 1/12 | 丁未 | 5 | 8 |
| 25 | 1/13 | 戊申 | 5 | 9 |
| 26 | 1/14 | 己酉 | 3 | 1 |
| 27 | 1/15 | 庚戌 | 3 | 2 |
| 28 | 1/16 | 辛亥 | 3 | 3 |
| 29 | 1/17 | 壬子 | 3 | 4 |
| | | | | |

| 十　月 | | | | |
|---|---|---|---|---|
| 乙亥 | | | | |
| 五黃土 | | | | |
| 大雪 18時34分 十八酉時 | | 小雪 23時17分 初三子時 | 奇門遁甲局數 | |
| 農曆 | 國曆 | 干支 | 時盤 | 日盤 |
| 1 | 11/20 | 甲寅 | 八 | 一 |
| 2 | 11/21 | 乙卯 | 八 | 九 |
| 3 | 11/22 | 丙辰 | 八 | 八 |
| 4 | 11/23 | 丁巳 | 八 | 七 |
| 5 | 11/24 | 戊午 | 八 | 六 |
| 6 | 11/25 | 己未 | 二 | 五 |
| 7 | 11/26 | 庚申 | 二 | 四 |
| 8 | 11/27 | 辛酉 | 二 | 三 |
| 9 | 11/28 | 壬戌 | 二 | 二 |
| 10 | 11/29 | 癸亥 | 二 | 一 |
| 11 | 11/30 | 甲子 | 四 | 九 |
| 12 | 12/1 | 乙丑 | 四 | 八 |
| 13 | 12/2 | 丙寅 | 四 | 七 |
| 14 | 12/3 | 丁卯 | 四 | 六 |
| 15 | 12/4 | 戊辰 | 四 | 五 |
| 16 | 12/5 | 己巳 | 七 | 四 |
| 17 | 12/6 | 庚午 | 七 | 三 |
| 18 | 12/7 | 辛未 | 七 | 二 |
| 19 | 12/8 | 壬申 | 七 | 一 |
| 20 | 12/9 | 癸酉 | 七 | 九 |
| 21 | 12/10 | 甲戌 | 一 | 八 |
| 22 | 12/11 | 乙亥 | 一 | 七 |
| 23 | 12/12 | 丙子 | 一 | 六 |
| 24 | 12/13 | 丁丑 | 一 | 五 |
| 25 | 12/14 | 戊寅 | 一 | 四 |
| 26 | 12/15 | 己卯 | 1 | 三 |
| 27 | 12/16 | 庚辰 | 1 | 二 |
| 28 | 12/17 | 辛巳 | 1 | 一 |
| 29 | 12/18 | 壬午 | 1 | 九 |
| 30 | 12/19 | 癸未 | 1 | 八 |

| 九　月 | | | | |
|---|---|---|---|---|
| 甲戌 | | | | |
| 六白金 | | | | |
| 立冬 02時00分 十八丑時 | | 霜降 02時04分 初三丑時 | 奇門遁甲局數 | |
| 農曆 | 國曆 | 干支 | 時盤 | 日盤 |
| 1 | 10/22 | 乙酉 | 八 | 三 |
| 2 | 10/23 | 丙戌 | 八 | 二 |
| 3 | 10/24 | 丁亥 | 八 | 一 |
| 4 | 10/25 | 戊子 | 八 | 九 |
| 5 | 10/26 | 己丑 | 二 | 八 |
| 6 | 10/27 | 庚寅 | 二 | 七 |
| 7 | 10/28 | 辛卯 | 二 | 六 |
| 8 | 10/29 | 壬辰 | 二 | 五 |
| 9 | 10/30 | 癸巳 | 二 | 四 |
| 10 | 10/31 | 甲午 | 六 | 三 |
| 11 | 11/1 | 乙未 | 六 | 二 |
| 12 | 11/2 | 丙申 | 六 | 一 |
| 13 | 11/3 | 丁酉 | 六 | 九 |
| 14 | 11/4 | 戊戌 | 六 | 八 |
| 15 | 11/5 | 己亥 | 九 | 七 |
| 16 | 11/6 | 庚子 | 九 | 六 |
| 17 | 11/7 | 辛丑 | 九 | 五 |
| 18 | 11/8 | 壬寅 | 九 | 四 |
| 19 | 11/9 | 癸卯 | 九 | 三 |
| 20 | 11/10 | 甲辰 | 三 | 二 |
| 21 | 11/11 | 乙巳 | 三 | 一 |
| 22 | 11/12 | 丙午 | 三 | 九 |
| 23 | 11/13 | 丁未 | 三 | 八 |
| 24 | 11/14 | 戊申 | 三 | 七 |
| 25 | 11/15 | 己酉 | 五 | 六 |
| 26 | 11/16 | 庚戌 | 五 | 五 |
| 27 | 11/17 | 辛亥 | 五 | 四 |
| 28 | 11/18 | 壬子 | 五 | 三 |
| 29 | 11/19 | 癸丑 | 五 | 二 |
| | | | | |

| 八　月 | | | | |
|---|---|---|---|---|
| 癸酉 | | | | |
| 七赤金 | | | | |
| 寒露 23時12分 十七子時 | | 秋分 17時06分 初二酉時 | 奇門遁甲局數 | |
| 農曆 | 國曆 | 干支 | 時盤 | 日盤 |
| 1 | 9/22 | 乙卯 | 一 | 六 |
| 2 | 9/23 | 丙辰 | 一 | 五 |
| 3 | 9/24 | 丁巳 | 一 | 四 |
| 4 | 9/25 | 戊午 | 一 | 三 |
| 5 | 9/26 | 己未 | 四 | 二 |
| 6 | 9/27 | 庚申 | 四 | 一 |
| 7 | 9/28 | 辛酉 | 四 | 九 |
| 8 | 9/29 | 壬戌 | 四 | 八 |
| 9 | 9/30 | 癸亥 | 四 | 七 |
| 10 | 10/1 | 甲子 | 六 | 六 |
| 11 | 10/2 | 乙丑 | 六 | 五 |
| 12 | 10/3 | 丙寅 | 六 | 四 |
| 13 | 10/4 | 丁卯 | 六 | 三 |
| 14 | 10/5 | 戊辰 | 六 | 二 |
| 15 | 10/6 | 己巳 | 九 | 一 |
| 16 | 10/7 | 庚午 | 九 | 九 |
| 17 | 10/8 | 辛未 | 九 | 八 |
| 18 | 10/9 | 壬申 | 九 | 七 |
| 19 | 10/10 | 癸酉 | 九 | 六 |
| 20 | 10/11 | 甲戌 | 三 | 五 |
| 21 | 10/12 | 乙亥 | 三 | 四 |
| 22 | 10/13 | 丙子 | 三 | 三 |
| 23 | 10/14 | 丁丑 | 三 | 二 |
| 24 | 10/15 | 戊寅 | 三 | 一 |
| 25 | 10/16 | 己卯 | 五 | 九 |
| 26 | 10/17 | 庚辰 | 五 | 八 |
| 27 | 10/18 | 辛巳 | 五 | 七 |
| 28 | 10/19 | 壬午 | 五 | 六 |
| 29 | 10/20 | 癸未 | 五 | 五 |
| 30 | 10/21 | 甲申 | 八 | 四 |

| 潤七　月 | | | | |
|---|---|---|---|---|
| 癸酉 | | | | |
| | | | | |
| 白露 07時55分 十六辰時 | | | 奇門遁甲局數 | |
| 農曆 | 國曆 | 干支 | 時盤 | 日盤 |
| 1 | 8/24 | 丙戌 | 四 | 八 |
| 2 | 8/25 | 丁亥 | 四 | 七 |
| 3 | 8/26 | 戊子 | 四 | 六 |
| 4 | 8/27 | 己丑 | 七 | 五 |
| 5 | 8/28 | 庚寅 | 七 | 四 |
| 6 | 8/29 | 辛卯 | 七 | 三 |
| 7 | 8/30 | 壬辰 | 七 | 二 |
| 8 | 8/31 | 癸巳 | 七 | 一 |
| 9 | 9/1 | 甲午 | 九 | 九 |
| 10 | 9/2 | 乙未 | 九 | 八 |
| 11 | 9/3 | 丙申 | 九 | 七 |
| 12 | 9/4 | 丁酉 | 九 | 六 |
| 13 | 9/5 | 戊戌 | 九 | 五 |
| 14 | 9/6 | 己亥 | 三 | 四 |
| 15 | 9/7 | 庚子 | 三 | 三 |
| 16 | 9/8 | 辛丑 | 三 | 二 |
| 17 | 9/9 | 壬寅 | 三 | 一 |
| 18 | 9/10 | 癸卯 | 三 | 九 |
| 19 | 9/11 | 甲辰 | 六 | 八 |
| 20 | 9/12 | 乙巳 | 六 | 七 |
| 21 | 9/13 | 丙午 | 六 | 六 |
| 22 | 9/14 | 丁未 | 六 | 五 |
| 23 | 9/15 | 戊申 | 六 | 四 |
| 24 | 9/16 | 己酉 | 七 | 三 |
| 25 | 9/17 | 庚戌 | 七 | 二 |
| 26 | 9/18 | 辛亥 | 七 | 一 |
| 27 | 9/19 | 壬子 | 七 | 九 |
| 28 | 9/20 | 癸丑 | 七 | 八 |
| 29 | 9/21 | 甲寅 | 一 | 七 |
| | | | | |

| 七　月 | | | | |
|---|---|---|---|---|
| 壬申 | | | | |
| 八白土 | | | | |
| 處暑 19時49分 廿九戌時 | | 立秋 05時16分 十四卯時 | 奇門遁甲局數 | |
| 農曆 | 國曆 | 干支 | 時盤 | 日盤 |
| 1 | 7/26 | 丁巳 | 一 | 一 |
| 2 | 7/27 | 戊午 | 一 | 九 |
| 3 | 7/28 | 己未 | 四 | 八 |
| 4 | 7/29 | 庚申 | 四 | 七 |
| 5 | 7/30 | 辛酉 | 四 | 六 |
| 6 | 7/31 | 壬戌 | 四 | 五 |
| 7 | 8/1 | 癸亥 | 四 | 四 |
| 8 | 8/2 | 甲子 | 二 | 三 |
| 9 | 8/3 | 乙丑 | 二 | 二 |
| 10 | 8/4 | 丙寅 | 二 | 一 |
| 11 | 8/5 | 丁卯 | 二 | 九 |
| 12 | 8/6 | 戊辰 | 二 | 八 |
| 13 | 8/7 | 己巳 | 五 | 七 |
| 14 | 8/8 | 庚午 | 五 | 六 |
| 15 | 8/9 | 辛未 | 五 | 五 |
| 16 | 8/10 | 壬申 | 五 | 四 |
| 17 | 8/11 | 癸酉 | 五 | 三 |
| 18 | 8/12 | 甲戌 | 八 | 二 |
| 19 | 8/13 | 乙亥 | 八 | 一 |
| 20 | 8/14 | 丙子 | 八 | 九 |
| 21 | 8/15 | 丁丑 | 八 | 八 |
| 22 | 8/16 | 戊寅 | 八 | 七 |
| 23 | 8/17 | 己卯 | 一 | 六 |
| 24 | 8/18 | 庚辰 | 一 | 五 |
| 25 | 8/19 | 辛巳 | 一 | 四 |
| 26 | 8/20 | 壬午 | 一 | 三 |
| 27 | 8/21 | 癸未 | 一 | 二 |
| 28 | 8/22 | 甲申 | 四 | 一 |
| 29 | 8/23 | 乙酉 | 四 | 九 |
| | | | | |

# 西元1950年（庚寅）肖虎 民國39年（男坤命）

奇門遁甲局數如標示為 一 ～九表示陰局　　如標示為1 ～9 表示陽局

| 六月 | | | | | 五月 | | | | | 四月 | | | | | 三月 | | | | | 二月 | | | | | 正月 | | | | |
|---|---|---|---|---|---|---|---|---|---|---|---|---|---|---|---|---|---|---|---|---|---|---|---|---|---|---|---|---|---|
| 癸未 | | | | | 壬午 | | | | | 辛巳 | | | | | 庚辰 | | | | | 己卯 | | | | | 戊寅 | | | | |
| 六白金 | | | | | 七赤金 | | | | | 八白土 | | | | | 九紫火 | | | | | 一白水 | | | | | 二黑土 | | | | |
| 立秋 廿五巳時 10時56分 | | 大暑 初九酉時 18時30分 | 奇門遁甲局數 | | 小暑 廿四丑時 01時14分 | | 夏至 初八辰時 07時37分 | 奇門遁甲局數 | | 芒種 廿一未時 14時52分 | | 小滿 初五子時 23時28分 | 奇門遁甲局數 | | 立夏 二十巳時 10時25分 | | 穀雨 初五子時 00時00分 | 奇門遁甲局數 | | 清明 十九申時 16時45分 | | 春分 初四午時 12時36分 | 奇門遁甲局數 | | 驚蟄 十八午時 11時36分 | | 雨水 初三未時 13時18分 | 奇門遁甲局數 | |
| 農曆 | 國曆 | 干支 | 時盤 | 日盤 | 農曆 | 國曆 | 干支 | 時盤 | 日盤 | 農曆 | 國曆 | 干支 | 時盤 | 日盤 | 農曆 | 國曆 | 干支 | 時盤 | 日盤 | 農曆 | 國曆 | 干支 | 時盤 | 日盤 | 農曆 | 國曆 | 干支 | 時盤 | 日盤 |
| 1 | 7/15 | 辛亥 | 八 | 七 | 1 | 6/15 | 辛巳 | 6 | 9 | 1 | 5/17 | 壬子 | 5 | 7 | 1 | 4/17 | 壬午 | 5 | 4 | 1 | 3/18 | 壬子 | 3 | 1 | 1 | 2/17 | 癸未 | 9 | 8 |
| 2 | 7/16 | 壬子 | 八 | 六 | 2 | 6/16 | 壬午 | 6 | 1 | 2 | 5/18 | 癸丑 | 5 | 8 | 2 | 4/18 | 癸未 | 5 | 5 | 2 | 3/19 | 癸丑 | 3 | 2 | 2 | 2/18 | 甲申 | 6 | 9 |
| 3 | 7/17 | 癸丑 | 八 | 五 | 3 | 6/17 | 癸未 | 6 | 2 | 3 | 5/19 | 甲寅 | 2 | 9 | 3 | 4/19 | 甲申 | 2 | 6 | 3 | 3/20 | 甲寅 | 9 | 3 | 3 | 2/19 | 乙酉 | 6 | 1 |
| 4 | 7/18 | 甲寅 | 二 | 四 | 4 | 6/18 | 甲申 | 3 | 3 | 4 | 5/20 | 乙卯 | 2 | 1 | 4 | 4/20 | 乙酉 | 2 | 7 | 4 | 3/21 | 乙卯 | 9 | 4 | 4 | 2/20 | 丙戌 | 6 | 2 |
| 5 | 7/19 | 乙卯 | 二 | 三 | 5 | 6/19 | 乙酉 | 3 | 4 | 5 | 5/21 | 丙辰 | 2 | 2 | 5 | 4/21 | 丙戌 | 2 | 8 | 5 | 3/22 | 丙辰 | 9 | 5 | 5 | 2/21 | 丁亥 | 6 | 3 |
| 6 | 7/20 | 丙辰 | 二 | 二 | 6 | 6/20 | 丙戌 | 3 | 5 | 6 | 5/22 | 丁巳 | 2 | 3 | 6 | 4/22 | 丁亥 | 2 | 9 | 6 | 3/23 | 丁巳 | 9 | 6 | 6 | 2/22 | 戊子 | 6 | 4 |
| 7 | 7/21 | 丁巳 | 二 | 一 | 7 | 6/21 | 丁亥 | 3 | 6 | 7 | 5/23 | 戊午 | 2 | 4 | 7 | 4/23 | 戊子 | 2 | 1 | 7 | 3/24 | 戊午 | 9 | 7 | 7 | 2/23 | 己丑 | 3 | 5 |
| 8 | 7/22 | 戊午 | 二 | 九 | 8 | 6/22 | 戊子 | 3 | 三 | 8 | 5/24 | 己未 | 8 | 5 | 8 | 4/24 | 己丑 | 8 | 2 | 8 | 3/25 | 己未 | 6 | 8 | 8 | 2/24 | 庚寅 | 3 | 6 |
| 9 | 7/23 | 己未 | 五 | 八 | 9 | 6/23 | 己丑 | 9 | 二 | 9 | 5/25 | 庚申 | 8 | 6 | 9 | 4/25 | 庚寅 | 8 | 3 | 9 | 3/26 | 庚申 | 6 | 9 | 9 | 2/25 | 辛卯 | 3 | 7 |
| 10 | 7/24 | 庚申 | 五 | 七 | 10 | 6/24 | 庚寅 | 9 | 一 | 10 | 5/26 | 辛酉 | 8 | 7 | 10 | 4/26 | 辛卯 | 8 | 4 | 10 | 3/27 | 辛酉 | 6 | 1 | 10 | 2/26 | 壬辰 | 3 | 8 |
| 11 | 7/25 | 辛酉 | 五 | 六 | 11 | 6/25 | 辛卯 | 9 | 九 | 11 | 5/27 | 壬戌 | 8 | 8 | 11 | 4/27 | 壬辰 | 8 | 5 | 11 | 3/28 | 壬戌 | 6 | 2 | 11 | 2/27 | 癸巳 | 3 | 9 |
| 12 | 7/26 | 壬戌 | 五 | 五 | 12 | 6/26 | 壬辰 | 9 | 八 | 12 | 5/28 | 癸亥 | 8 | 9 | 12 | 4/28 | 癸巳 | 8 | 6 | 12 | 3/29 | 癸亥 | 6 | 3 | 12 | 2/28 | 甲午 | 1 | 1 |
| 13 | 7/27 | 癸亥 | 五 | 四 | 13 | 6/27 | 癸巳 | 9 | 七 | 13 | 5/29 | 甲子 | 6 | 1 | 13 | 4/29 | 甲午 | 4 | 7 | 13 | 3/30 | 甲子 | 4 | 4 | 13 | 3/1 | 乙未 | 1 | 2 |
| 14 | 7/28 | 甲子 | 七 | 三 | 14 | 6/28 | 甲午 | 九 | 六 | 14 | 5/30 | 乙丑 | 6 | 2 | 14 | 4/30 | 乙未 | 4 | 8 | 14 | 3/31 | 乙丑 | 4 | 5 | 14 | 3/2 | 丙申 | 1 | 3 |
| 15 | 7/29 | 乙丑 | 七 | 二 | 15 | 6/29 | 乙未 | 九 | 五 | 15 | 5/31 | 丙寅 | 6 | 3 | 15 | 5/1 | 丙申 | 4 | 9 | 15 | 4/1 | 丙寅 | 4 | 6 | 15 | 3/3 | 丁酉 | 1 | 4 |
| 16 | 7/30 | 丙寅 | 七 | 一 | 16 | 6/30 | 丙申 | 九 | 四 | 16 | 6/1 | 丁卯 | 6 | 4 | 16 | 5/2 | 丁酉 | 4 | 1 | 16 | 4/2 | 丁卯 | 4 | 7 | 16 | 3/4 | 戊戌 | 1 | 5 |
| 17 | 7/31 | 丁卯 | 七 | 九 | 17 | 7/1 | 丁酉 | 九 | 三 | 17 | 6/2 | 戊辰 | 6 | 5 | 17 | 5/3 | 戊戌 | 4 | 2 | 17 | 4/3 | 戊辰 | 4 | 8 | 17 | 3/5 | 己亥 | 7 | 6 |
| 18 | 8/1 | 戊辰 | 七 | 八 | 18 | 7/2 | 戊戌 | 九 | 二 | 18 | 6/3 | 己巳 | 3 | 6 | 18 | 5/4 | 己亥 | 1 | 3 | 18 | 4/4 | 己巳 | 1 | 9 | 18 | 3/6 | 庚子 | 7 | 7 |
| 19 | 8/2 | 己巳 | 一 | 七 | 19 | 7/3 | 己亥 | 三 | 一 | 19 | 6/4 | 庚午 | 3 | 7 | 19 | 5/5 | 庚子 | 1 | 4 | 19 | 4/5 | 庚午 | 1 | 1 | 19 | 3/7 | 辛丑 | 7 | 8 |
| 20 | 8/3 | 庚午 | 一 | 六 | 20 | 7/4 | 庚子 | 三 | 九 | 20 | 6/5 | 辛未 | 3 | 8 | 20 | 5/6 | 辛丑 | 1 | 5 | 20 | 4/6 | 辛未 | 1 | 2 | 20 | 3/8 | 壬寅 | 7 | 9 |
| 21 | 8/4 | 辛未 | 一 | 五 | 21 | 7/5 | 辛丑 | 三 | 八 | 21 | 6/6 | 壬申 | 3 | 9 | 21 | 5/7 | 壬寅 | 1 | 6 | 21 | 4/7 | 壬申 | 1 | 3 | 21 | 3/9 | 癸卯 | 7 | 1 |
| 22 | 8/5 | 壬申 | 一 | 四 | 22 | 7/6 | 壬寅 | 三 | 七 | 22 | 6/7 | 癸酉 | 3 | 1 | 22 | 5/8 | 癸卯 | 1 | 7 | 22 | 4/8 | 癸酉 | 1 | 4 | 22 | 3/10 | 甲辰 | 4 | 2 |
| 23 | 8/6 | 癸酉 | 一 | 三 | 23 | 7/7 | 癸卯 | 三 | 六 | 23 | 6/8 | 甲戌 | 9 | 2 | 23 | 5/9 | 甲辰 | 7 | 8 | 23 | 4/9 | 甲戌 | 7 | 5 | 23 | 3/11 | 乙巳 | 4 | 3 |
| 24 | 8/7 | 甲戌 | 四 | 二 | 24 | 7/8 | 甲辰 | 六 | 五 | 24 | 6/9 | 乙亥 | 9 | 3 | 24 | 5/10 | 乙巳 | 7 | 9 | 24 | 4/10 | 乙亥 | 7 | 6 | 24 | 3/12 | 丙午 | 4 | 4 |
| 25 | 8/8 | 乙亥 | 四 | 一 | 25 | 7/9 | 乙巳 | 六 | 四 | 25 | 6/10 | 丙子 | 9 | 4 | 25 | 5/11 | 丙午 | 7 | 1 | 25 | 4/11 | 丙子 | 7 | 7 | 25 | 3/13 | 丁未 | 4 | 5 |
| 26 | 8/9 | 丙子 | 四 | 九 | 26 | 7/10 | 丙午 | 六 | 三 | 26 | 6/11 | 丁丑 | 9 | 5 | 26 | 5/12 | 丁未 | 7 | 2 | 26 | 4/12 | 丁丑 | 7 | 8 | 26 | 3/14 | 戊申 | 4 | 6 |
| 27 | 8/10 | 丁丑 | 四 | 八 | 27 | 7/11 | 丁未 | 六 | 二 | 27 | 6/12 | 戊寅 | 9 | 6 | 27 | 5/13 | 戊申 | 7 | 3 | 27 | 4/13 | 戊寅 | 7 | 9 | 27 | 3/15 | 己酉 | 3 | 7 |
| 28 | 8/11 | 戊寅 | 四 | 七 | 28 | 7/12 | 戊申 | 六 | 一 | 28 | 6/13 | 己卯 | 6 | 7 | 28 | 5/14 | 己酉 | 5 | 4 | 28 | 4/14 | 己卯 | 5 | 1 | 28 | 3/16 | 庚戌 | 3 | 8 |
| 29 | 8/12 | 己卯 | 二 | 六 | 29 | 7/13 | 己酉 | 八 | 九 | 29 | 6/14 | 庚辰 | 6 | 8 | 29 | 5/15 | 庚戌 | 5 | 5 | 29 | 4/15 | 庚辰 | 5 | 2 | 29 | 3/17 | 辛亥 | 3 | 9 |
| 30 | 8/13 | 庚辰 | 二 | 五 | 30 | 7/14 | 庚戌 | 八 | 八 | | | | | | 30 | 5/16 | 辛亥 | 5 | 6 | 30 | 4/16 | 辛巳 | 5 | 3 | | | | | |

# 西元1950年（庚寅）肖虎 民國39年（女坎命）

奇門遁甲局數如標示為 一 ～九表示陰局　　如標示為1 ～9 表示陽局

| 十二月 | | | | | 十一月 | | | | | 十 月 | | | | | 九 月 | | | | | 八 月 | | | | | 七 月 | | | | |
|---|---|---|---|---|---|---|---|---|---|---|---|---|---|---|---|---|---|---|---|---|---|---|---|---|---|---|---|---|---|
| 己丑 | | | | | 戊子 | | | | | 丁亥 | | | | | 丙戌 | | | | | 乙酉 | | | | | 甲申 | | | | |
| 九紫火 | | | | | 一白水 | | | | | 二黑土 | | | | | 三碧木 | | | | | 四綠木 | | | | | 五黃土 | | | | |
| 立春 23時14分 廿八子時 | | 大寒 04時53分 十四寅時 | 奇門遁甲局數 | | 小寒 11時31分 廿九午時 | | 冬至 18時14分 十四酉時 | 奇門遁甲局數 | | 大雪 00時22分 廿九子時 | | 小雪 05時03分 十四卯時 | 奇門遁甲局數 | | 立冬 07時44分 廿九辰時 | | 霜降 07時45分 十四辰時 | 奇門遁甲局數 | | 寒露 04時52分 廿八寅時 | | 秋分 22時44分 十二亥時 | 奇門遁甲局數 | | 白露 13時34分 廿六未時 | | 處暑 01時24分 十一丑時 | 奇門遁甲局數 | |
| 農曆 | 國曆 | 干支 | 時盤 | 日盤 | 農曆 | 國曆 | 干支 | 時盤 | 日盤 | 農曆 | 國曆 | 干支 | 時盤 | 日盤 | 農曆 | 國曆 | 干支 | 時盤 | 日盤 | 農曆 | 國曆 | 干支 | 時盤 | 日盤 | 農曆 | 國曆 | 干支 | 時盤 | 日盤 |
| 1 | 1/8 | 戊申 | 4 | 9 | 1 | 12/9 | 戊寅 | 二 | 四 | 1 | 11/10 | 己酉 | 六 | 六 | 1 | 10/11 | 己卯 | 六 | 九 | 1 | 9/12 | 庚戌 | 九 | 二 | 1 | 8/14 | 辛巳 | 二 | 四 |
| 2 | 1/9 | 己酉 | 2 | 1 | 2 | 12/10 | 己卯 | 四 | 三 | 2 | 11/11 | 庚戌 | 六 | 五 | 2 | 10/12 | 庚辰 | 六 | 八 | 2 | 9/13 | 辛亥 | 九 | 一 | 2 | 8/15 | 壬午 | 二 | 三 |
| 3 | 1/10 | 庚戌 | 2 | 2 | 3 | 12/11 | 庚辰 | 四 | 二 | 3 | 11/12 | 辛亥 | 六 | 四 | 3 | 10/13 | 辛巳 | 六 | 七 | 3 | 9/14 | 壬子 | 九 | 九 | 3 | 8/16 | 癸未 | 二 | 二 |
| 4 | 1/11 | 辛亥 | 2 | 3 | 4 | 12/12 | 辛巳 | 四 | 一 | 4 | 11/13 | 壬子 | 六 | 三 | 4 | 10/14 | 壬午 | 六 | 六 | 4 | 9/15 | 癸丑 | 九 | 八 | 4 | 8/17 | 甲申 | 五 | 一 |
| 5 | 1/12 | 壬子 | 2 | 4 | 5 | 12/13 | 壬午 | 四 | 九 | 5 | 11/14 | 癸丑 | 六 | 二 | 5 | 10/15 | 癸未 | 六 | 五 | 5 | 9/16 | 甲寅 | 三 | 七 | 5 | 8/18 | 乙酉 | 五 | 九 |
| 6 | 1/13 | 癸丑 | 2 | 5 | 6 | 12/14 | 癸未 | 四 | 八 | 6 | 11/15 | 甲寅 | 九 | 一 | 6 | 10/16 | 甲申 | 九 | 四 | 6 | 9/17 | 乙卯 | 三 | 六 | 6 | 8/19 | 丙戌 | 五 | 八 |
| 7 | 1/14 | 甲寅 | 8 | 6 | 7 | 12/15 | 甲申 | 七 | 七 | 7 | 11/16 | 乙卯 | 九 | 九 | 7 | 10/17 | 乙酉 | 九 | 三 | 7 | 9/18 | 丙辰 | 三 | 五 | 7 | 8/20 | 丁亥 | 五 | 七 |
| 8 | 1/15 | 乙卯 | 8 | 7 | 8 | 12/16 | 乙酉 | 七 | 六 | 8 | 11/17 | 丙辰 | 九 | 八 | 8 | 10/18 | 丙戌 | 九 | 二 | 8 | 9/19 | 丁巳 | 三 | 四 | 8 | 8/21 | 戊子 | 五 | 六 |
| 9 | 1/16 | 丙辰 | 8 | 8 | 9 | 12/17 | 丙戌 | 七 | 五 | 9 | 11/18 | 丁巳 | 九 | 七 | 9 | 10/19 | 丁亥 | 九 | 一 | 9 | 9/20 | 戊午 | 三 | 三 | 9 | 8/22 | 己丑 | 八 | 五 |
| 10 | 1/17 | 丁巳 | 8 | 9 | 10 | 12/18 | 丁亥 | 七 | 四 | 10 | 11/19 | 戊午 | 九 | 六 | 10 | 10/20 | 戊子 | 九 | 九 | 10 | 9/21 | 己未 | 六 | 二 | 10 | 8/23 | 庚寅 | 八 | 四 |
| 11 | 1/18 | 戊午 | 8 | 1 | 11 | 12/19 | 戊子 | 七 | 三 | 11 | 11/20 | 己未 | 三 | 五 | 11 | 10/21 | 己丑 | 三 | 八 | 11 | 9/22 | 庚申 | 六 | 一 | 11 | 8/24 | 辛卯 | 八 | 三 |
| 12 | 1/19 | 己未 | 5 | 2 | 12 | 12/20 | 己丑 | 一 | 二 | 12 | 11/21 | 庚申 | 三 | 四 | 12 | 10/22 | 庚寅 | 三 | 七 | 12 | 9/23 | 辛酉 | 六 | 九 | 12 | 8/25 | 壬辰 | 八 | 二 |
| 13 | 1/20 | 庚申 | 5 | 3 | 13 | 12/21 | 庚寅 | 一 | 一 | 13 | 11/22 | 辛酉 | 三 | 三 | 13 | 10/23 | 辛卯 | 三 | 六 | 13 | 9/24 | 壬戌 | 六 | 八 | 13 | 8/26 | 癸巳 | 八 | 一 |
| 14 | 1/21 | 辛酉 | 5 | 4 | 14 | 12/22 | 辛卯 | 一 | 1 | 14 | 11/23 | 壬戌 | 三 | 二 | 14 | 10/24 | 壬辰 | 三 | 五 | 14 | 9/25 | 癸亥 | 六 | 七 | 14 | 8/27 | 甲午 | 一 | 九 |
| 15 | 1/22 | 壬戌 | 5 | 5 | 15 | 12/23 | 壬辰 | 一 | 2 | 15 | 11/24 | 癸亥 | 三 | 一 | 15 | 10/25 | 癸巳 | 三 | 四 | 15 | 9/26 | 甲子 | 七 | 六 | 15 | 8/28 | 乙未 | 一 | 八 |
| 16 | 1/23 | 癸亥 | 5 | 6 | 16 | 12/24 | 癸巳 | 一 | 3 | 16 | 11/25 | 甲子 | 五 | 九 | 16 | 10/26 | 甲午 | 五 | 三 | 16 | 9/27 | 乙丑 | 七 | 五 | 16 | 8/29 | 丙申 | 一 | 七 |
| 17 | 1/24 | 甲子 | 3 | 7 | 17 | 12/25 | 甲午 | 1 | 4 | 17 | 11/26 | 乙丑 | 五 | 八 | 17 | 10/27 | 乙未 | 五 | 二 | 17 | 9/28 | 丙寅 | 七 | 四 | 17 | 8/30 | 丁酉 | 一 | 六 |
| 18 | 1/25 | 乙丑 | 3 | 8 | 18 | 12/26 | 乙未 | 1 | 5 | 18 | 11/27 | 丙寅 | 五 | 七 | 18 | 10/28 | 丙申 | 五 | 一 | 18 | 9/29 | 丁卯 | 七 | 三 | 18 | 8/31 | 戊戌 | 一 | 五 |
| 19 | 1/26 | 丙寅 | 3 | 9 | 19 | 12/27 | 丙申 | 1 | 6 | 19 | 11/28 | 丁卯 | 五 | 六 | 19 | 10/29 | 丁酉 | 五 | 九 | 19 | 9/30 | 戊辰 | 七 | 二 | 19 | 9/1 | 己亥 | 四 | 四 |
| 20 | 1/27 | 丁卯 | 3 | 1 | 20 | 12/28 | 丁酉 | 1 | 7 | 20 | 11/29 | 戊辰 | 五 | 五 | 20 | 10/30 | 戊戌 | 五 | 八 | 20 | 10/1 | 己巳 | 一 | 一 | 20 | 9/2 | 庚子 | 四 | 三 |
| 21 | 1/28 | 戊辰 | 3 | 2 | 21 | 12/29 | 戊戌 | 1 | 8 | 21 | 11/30 | 己巳 | 八 | 四 | 21 | 10/31 | 己亥 | 八 | 七 | 21 | 10/2 | 庚午 | 一 | 九 | 21 | 9/3 | 辛丑 | 四 | 二 |
| 22 | 1/29 | 己巳 | 9 | 3 | 22 | 12/30 | 己亥 | 7 | 9 | 22 | 12/1 | 庚午 | 八 | 三 | 22 | 11/1 | 庚子 | 八 | 六 | 22 | 10/3 | 辛未 | 一 | 八 | 22 | 9/4 | 壬寅 | 四 | 一 |
| 23 | 1/30 | 庚午 | 9 | 4 | 23 | 12/31 | 庚子 | 7 | 1 | 23 | 12/2 | 辛未 | 八 | 二 | 23 | 11/2 | 辛丑 | 八 | 五 | 23 | 10/4 | 壬申 | 一 | 七 | 23 | 9/5 | 癸卯 | 四 | 九 |
| 24 | 1/31 | 辛未 | 9 | 5 | 24 | 1/1 | 辛丑 | 7 | 2 | 24 | 12/3 | 壬申 | 八 | 一 | 24 | 11/3 | 壬寅 | 八 | 四 | 24 | 10/5 | 癸酉 | 一 | 六 | 24 | 9/6 | 甲辰 | 七 | 八 |
| 25 | 2/1 | 壬申 | 9 | 6 | 25 | 1/2 | 壬寅 | 7 | 3 | 25 | 12/4 | 癸酉 | 八 | 九 | 25 | 11/4 | 癸卯 | 八 | 三 | 25 | 10/6 | 甲戌 | 四 | 五 | 25 | 9/7 | 乙巳 | 七 | 七 |
| 26 | 2/2 | 癸酉 | 9 | 7 | 26 | 1/3 | 癸卯 | 7 | 4 | 26 | 12/5 | 甲戌 | 二 | 八 | 26 | 11/5 | 甲辰 | 二 | 二 | 26 | 10/7 | 乙亥 | 四 | 四 | 26 | 9/8 | 丙午 | 七 | 六 |
| 27 | 2/3 | 甲戌 | 6 | 8 | 27 | 1/4 | 甲辰 | 4 | 5 | 27 | 12/6 | 乙亥 | 二 | 七 | 27 | 11/6 | 乙巳 | 二 | 一 | 27 | 10/8 | 丙子 | 四 | 三 | 27 | 9/9 | 丁未 | 七 | 五 |
| 28 | 2/4 | 乙亥 | 6 | 9 | 28 | 1/5 | 乙巳 | 4 | 6 | 28 | 12/7 | 丙子 | 二 | 六 | 28 | 11/7 | 丙午 | 二 | 九 | 28 | 10/9 | 丁丑 | 四 | 二 | 28 | 9/10 | 戊申 | 七 | 四 |
| 29 | 2/5 | 丙子 | 6 | 1 | 29 | 1/6 | 丙午 | 4 | 7 | 29 | 12/8 | 丁丑 | 二 | 五 | 29 | 11/8 | 丁未 | 二 | 八 | 29 | 10/10 | 戊寅 | 四 | 一 | 29 | 9/11 | 己酉 | 九 | 三 |
| | | | | | 30 | 1/7 | 丁未 | 4 | 8 | | | | | | 30 | 11/9 | 戊申 | 二 | 七 | | | | | | | | | | |

# 西元1951年（辛卯）肖兔 民國40年（男巽命）

奇門遁甲局數如標示為 一 ～九表示陰局　　如標示為1 ～9 表示陽局

| 六　月 | | | | | 五　月 | | | | | 四　月 | | | | | 三　月 | | | | | 二　月 | | | | | 正　月 | | | | |
|---|---|---|---|---|---|---|---|---|---|---|---|---|---|---|---|---|---|---|---|---|---|---|---|---|---|---|---|---|---|
| 乙未 | | | | | 甲午 | | | | | 癸巳 | | | | | 壬辰 | | | | | 辛卯 | | | | | 庚寅 | | | | |
| 三碧木 | | | | | 四綠木 | | | | | 五黃土 | | | | | 六白金 | | | | | 七赤金 | | | | | 八白土 | | | | |
| 大暑 00時21分 廿一子時 | | 小暑 06時54分 初五卯時 | 奇門遁甲局數 | | 夏至 13時25分 十八未時 | | 芒種 20時33分 初二戌時 | 奇門遁甲局數 | | 小滿 05時16分 十七卯時 | | 立夏 16時10分 初一申時 | 奇門遁甲局數 | | 穀雨 05時48分 十六卯時 | | | 奇門遁甲局數 | | 清明 22時33分 廿九亥時 | | 春分 18時26分 十四酉時 | 奇門遁甲局數 | | 驚蟄 17時27分 廿九酉時 | | 雨水 19時10分 十四戌時 | 奇門遁甲局數 | |
| 農曆 | 國曆 | 干支 | 時盤 | 日盤 | 農曆 | 國曆 | 干支 | 時盤 | 日盤 | 農曆 | 國曆 | 干支 | 時盤 | 日盤 | 農曆 | 國曆 | 干支 | 時盤 | 日盤 | 農曆 | 國曆 | 干支 | 時盤 | 日盤 | 農曆 | 國曆 | 干支 | 時盤 | 日盤 |
| 1 | 7/4 | 乙巳 | 六 | 四 | 1 | 6/5 | 丙子 | 8 | 4 | 1 | 5/6 | 丙午 | 8 | 1 | 1 | 4/6 | 丙子 | 6 | 7 | 1 | 3/8 | 丁未 | 3 | 5 | 1 | 2/6 | 丁丑 | 6 | 2 |
| 2 | 7/5 | 丙午 | 六 | 三 | 2 | 6/6 | 丁丑 | 8 | 5 | 2 | 5/7 | 丁未 | 8 | 2 | 2 | 4/7 | 丁丑 | 6 | 8 | 2 | 3/9 | 戊申 | 3 | 6 | 2 | 2/7 | 戊寅 | 6 | 3 |
| 3 | 7/6 | 丁未 | 六 | 二 | 3 | 6/7 | 戊寅 | 8 | 6 | 3 | 5/8 | 戊申 | 8 | 3 | 3 | 4/8 | 戊寅 | 6 | 9 | 3 | 3/10 | 己酉 | 1 | 7 | 3 | 2/8 | 己卯 | 8 | 4 |
| 4 | 7/7 | 戊申 | 六 | 一 | 4 | 6/8 | 己卯 | 6 | 7 | 4 | 5/9 | 己酉 | 4 | 4 | 4 | 4/9 | 己卯 | 4 | 1 | 4 | 3/11 | 庚戌 | 1 | 8 | 4 | 2/9 | 庚辰 | 8 | 5 |
| 5 | 7/8 | 己酉 | 八 | 九 | 5 | 6/9 | 庚辰 | 6 | 8 | 5 | 5/10 | 庚戌 | 4 | 5 | 5 | 4/10 | 庚辰 | 4 | 2 | 5 | 3/12 | 辛亥 | 1 | 9 | 5 | 2/10 | 辛巳 | 8 | 6 |
| 6 | 7/9 | 庚戌 | 八 | 八 | 6 | 6/10 | 辛巳 | 6 | 9 | 6 | 5/11 | 辛亥 | 4 | 6 | 6 | 4/11 | 辛巳 | 4 | 3 | 6 | 3/13 | 壬子 | 1 | 1 | 6 | 2/11 | 壬午 | 8 | 7 |
| 7 | 7/10 | 辛亥 | 八 | 七 | 7 | 6/11 | 壬午 | 6 | 1 | 7 | 5/12 | 壬子 | 4 | 7 | 7 | 4/12 | 壬午 | 4 | 4 | 7 | 3/14 | 癸丑 | 1 | 2 | 7 | 2/12 | 癸未 | 8 | 8 |
| 8 | 7/11 | 壬子 | 八 | 六 | 8 | 6/12 | 癸未 | 6 | 2 | 8 | 5/13 | 癸丑 | 4 | 8 | 8 | 4/13 | 癸未 | 4 | 5 | 8 | 3/15 | 甲寅 | 7 | 3 | 8 | 2/13 | 甲申 | 5 | 9 |
| 9 | 7/12 | 癸丑 | 八 | 五 | 9 | 6/13 | 甲申 | 3 | 3 | 9 | 5/14 | 甲寅 | 1 | 9 | 9 | 4/14 | 甲申 | 1 | 6 | 9 | 3/16 | 乙卯 | 7 | 4 | 9 | 2/14 | 乙酉 | 5 | 1 |
| 10 | 7/13 | 甲寅 | 二 | 四 | 10 | 6/14 | 乙酉 | 3 | 4 | 10 | 5/15 | 乙卯 | 1 | 1 | 10 | 4/15 | 乙酉 | 1 | 7 | 10 | 3/17 | 丙辰 | 7 | 5 | 10 | 2/15 | 丙戌 | 5 | 2 |
| 11 | 7/14 | 乙卯 | 二 | 三 | 11 | 6/15 | 丙戌 | 3 | 5 | 11 | 5/16 | 丙辰 | 1 | 2 | 11 | 4/16 | 丙戌 | 1 | 8 | 11 | 3/18 | 丁巳 | 7 | 6 | 11 | 2/16 | 丁亥 | 5 | 3 |
| 12 | 7/15 | 丙辰 | 二 | 二 | 12 | 6/16 | 丁亥 | 3 | 6 | 12 | 5/17 | 丁巳 | 1 | 3 | 12 | 4/17 | 丁亥 | 1 | 9 | 12 | 3/19 | 戊午 | 7 | 7 | 12 | 2/17 | 戊子 | 5 | 4 |
| 13 | 7/16 | 丁巳 | 二 | 一 | 13 | 6/17 | 戊子 | 3 | 7 | 13 | 5/18 | 戊午 | 1 | 4 | 13 | 4/18 | 戊子 | 1 | 1 | 13 | 3/20 | 己未 | 4 | 8 | 13 | 2/18 | 己丑 | 2 | 5 |
| 14 | 7/17 | 戊午 | 二 | 九 | 14 | 6/18 | 己丑 | 9 | 8 | 14 | 5/19 | 己未 | 7 | 5 | 14 | 4/19 | 己丑 | 7 | 2 | 14 | 3/21 | 庚申 | 4 | 9 | 14 | 2/19 | 庚寅 | 2 | 6 |
| 15 | 7/18 | 己未 | 五 | 八 | 15 | 6/19 | 庚寅 | 9 | 9 | 15 | 5/20 | 庚申 | 7 | 6 | 15 | 4/20 | 庚寅 | 7 | 3 | 15 | 3/22 | 辛酉 | 4 | 1 | 15 | 2/20 | 辛卯 | 2 | 7 |
| 16 | 7/19 | 庚申 | 五 | 七 | 16 | 6/20 | 辛卯 | 9 | 1 | 16 | 5/21 | 辛酉 | 7 | 7 | 16 | 4/21 | 辛卯 | 7 | 4 | 16 | 3/23 | 壬戌 | 4 | 2 | 16 | 2/21 | 壬辰 | 2 | 8 |
| 17 | 7/20 | 辛酉 | 五 | 六 | 17 | 6/21 | 壬辰 | 9 | 2 | 17 | 5/22 | 壬戌 | 7 | 8 | 17 | 4/22 | 壬辰 | 7 | 5 | 17 | 3/24 | 癸亥 | 4 | 3 | 17 | 2/22 | 癸巳 | 2 | 9 |
| 18 | 7/21 | 壬戌 | 五 | 五 | 18 | 6/22 | 癸巳 | 9 | 七 | 18 | 5/23 | 癸亥 | 7 | 9 | 18 | 4/23 | 癸巳 | 7 | 6 | 18 | 3/25 | 甲子 | 3 | 4 | 18 | 2/23 | 甲午 | 9 | 1 |
| 19 | 7/22 | 癸亥 | 五 | 四 | 19 | 6/23 | 甲午 | 九 | 六 | 19 | 5/24 | 甲子 | 5 | 1 | 19 | 4/24 | 甲午 | 5 | 7 | 19 | 3/26 | 乙丑 | 3 | 5 | 19 | 2/24 | 乙未 | 9 | 2 |
| 20 | 7/23 | 甲子 | 七 | 三 | 20 | 6/24 | 乙未 | 九 | 五 | 20 | 5/25 | 乙丑 | 5 | 2 | 20 | 4/25 | 乙未 | 5 | 8 | 20 | 3/27 | 丙寅 | 3 | 6 | 20 | 2/25 | 丙申 | 9 | 3 |
| 21 | 7/24 | 乙丑 | 七 | 二 | 21 | 6/25 | 丙申 | 九 | 四 | 21 | 5/26 | 丙寅 | 5 | 3 | 21 | 4/26 | 丙申 | 5 | 9 | 21 | 3/28 | 丁卯 | 3 | 7 | 21 | 2/26 | 丁酉 | 9 | 4 |
| 22 | 7/25 | 丙寅 | 七 | 一 | 22 | 6/26 | 丁酉 | 九 | 三 | 22 | 5/27 | 丁卯 | 5 | 4 | 22 | 4/27 | 丁酉 | 5 | 1 | 22 | 3/29 | 戊辰 | 3 | 8 | 22 | 2/27 | 戊戌 | 9 | 5 |
| 23 | 7/26 | 丁卯 | 七 | 九 | 23 | 6/27 | 戊戌 | 九 | 二 | 23 | 5/28 | 戊辰 | 5 | 5 | 23 | 4/28 | 戊戌 | 5 | 2 | 23 | 3/30 | 己巳 | 9 | 9 | 23 | 2/28 | 己亥 | 6 | 6 |
| 24 | 7/27 | 戊辰 | 七 | 八 | 24 | 6/28 | 己亥 | 三 | 一 | 24 | 5/29 | 己巳 | 2 | 6 | 24 | 4/29 | 己亥 | 2 | 3 | 24 | 3/31 | 庚午 | 9 | 1 | 24 | 3/1 | 庚子 | 6 | 7 |
| 25 | 7/28 | 己巳 | 一 | 七 | 25 | 6/29 | 庚子 | 三 | 九 | 25 | 5/30 | 庚午 | 2 | 7 | 25 | 4/30 | 庚子 | 2 | 4 | 25 | 4/1 | 辛未 | 9 | 2 | 25 | 3/2 | 辛丑 | 6 | 8 |
| 26 | 7/29 | 庚午 | 一 | 六 | 26 | 6/30 | 辛丑 | 三 | 八 | 26 | 5/31 | 辛未 | 2 | 8 | 26 | 5/1 | 辛丑 | 2 | 5 | 26 | 4/2 | 壬申 | 9 | 3 | 26 | 3/3 | 壬寅 | 6 | 9 |
| 27 | 7/30 | 辛未 | 一 | 五 | 27 | 7/1 | 壬寅 | 三 | 七 | 27 | 6/1 | 壬申 | 2 | 9 | 27 | 5/2 | 壬寅 | 2 | 6 | 27 | 4/3 | 癸酉 | 9 | 4 | 27 | 3/4 | 癸卯 | 6 | 1 |
| 28 | 7/31 | 壬申 | 一 | 四 | 28 | 7/2 | 癸卯 | 三 | 六 | 28 | 6/2 | 癸酉 | 2 | 1 | 28 | 5/3 | 癸卯 | 2 | 7 | 28 | 4/4 | 甲戌 | 6 | 5 | 28 | 3/5 | 甲辰 | 3 | 2 |
| 29 | 8/1 | 癸酉 | 一 | 三 | 29 | 7/3 | 甲辰 | 六 | 五 | 29 | 6/3 | 甲戌 | 8 | 2 | 29 | 5/4 | 甲辰 | 8 | 8 | 29 | 4/5 | 乙亥 | 6 | 6 | 29 | 3/6 | 乙巳 | 3 | 3 |
| 30 | 8/2 | 甲戌 | 四 | 二 | | | | | | 30 | 6/4 | 乙亥 | 8 | 3 | 30 | 5/5 | 乙巳 | 8 | 9 | | | | | | 30 | 3/7 | 丙午 | 3 | 4 |

# 西元1951年（辛卯）肖兔 民國40年（女坤命）

奇門遁甲局數如標示為 一 ～九表示陰局　　如標示為1 ～9 表示陽局

| 十二月 | | | | |
|---|---|---|---|---|
| 辛丑 | | | | |
| 六白金 | | | | |
| 大寒 10時39分 廿五巳時 | | 小寒 17時10分 初十酉時 | 奇門遁甲局數 | |
| 農曆 | 國曆 | 干支 | 時盤 | 日盤 |
| 1 | 12/28 | 壬寅 | 7 | 6 |
| 2 | 12/29 | 癸卯 | 7 | 7 |
| 3 | 12/30 | 甲辰 | 4 | 8 |
| 4 | 12/31 | 乙巳 | 4 | 9 |
| 5 | 1/1 | 丙午 | 4 | 1 |
| 6 | 1/2 | 丁未 | 4 | 2 |
| 7 | 1/3 | 戊申 | 4 | 3 |
| 8 | 1/4 | 己酉 | 2 | 4 |
| 9 | 1/5 | 庚戌 | 2 | 5 |
| 10 | 1/6 | 辛亥 | 2 | 6 |
| 11 | 1/7 | 壬子 | 2 | 7 |
| 12 | 1/8 | 癸丑 | 2 | 8 |
| 13 | 1/9 | 甲寅 | 8 | 9 |
| 14 | 1/10 | 乙卯 | 8 | 1 |
| 15 | 1/11 | 丙辰 | 8 | 2 |
| 16 | 1/12 | 丁巳 | 8 | 3 |
| 17 | 1/13 | 戊午 | 8 | 4 |
| 18 | 1/14 | 己未 | 5 | 5 |
| 19 | 1/15 | 庚申 | 5 | 6 |
| 20 | 1/16 | 辛酉 | 5 | 7 |
| 21 | 1/17 | 壬戌 | 5 | 8 |
| 22 | 1/18 | 癸亥 | 5 | 9 |
| 23 | 1/19 | 甲子 | 3 | 1 |
| 24 | 1/20 | 乙丑 | 3 | 2 |
| 25 | 1/21 | 丙寅 | 3 | 3 |
| 26 | 1/22 | 丁卯 | 3 | 4 |
| 27 | 1/23 | 戊辰 | 3 | 5 |
| 28 | 1/24 | 己巳 | 9 | 6 |
| 29 | 1/25 | 庚午 | 9 | 7 |
| 30 | 1/26 | 辛未 | 9 | 8 |

| 十一月 | | | | |
|---|---|---|---|---|
| 庚子 | | | | |
| 七赤金 | | | | |
| 冬至 00時01分 廿五子時 | | 大雪 06時03分 初十卯時 | 奇門遁甲局數 | |
| 農曆 | 國曆 | 干支 | 時盤 | 日盤 |
| 1 | 11/29 | 癸酉 | 八 | 九 |
| 2 | 11/30 | 甲戌 | 二 | 八 |
| 3 | 12/1 | 乙亥 | 二 | 七 |
| 4 | 12/2 | 丙子 | 二 | 六 |
| 5 | 12/3 | 丁丑 | 二 | 五 |
| 6 | 12/4 | 戊寅 | 二 | 四 |
| 7 | 12/5 | 己卯 | 四 | 三 |
| 8 | 12/6 | 庚辰 | 四 | 二 |
| 9 | 12/7 | 辛巳 | 四 | 一 |
| 10 | 12/8 | 壬午 | 四 | 九 |
| 11 | 12/9 | 癸未 | 四 | 八 |
| 12 | 12/10 | 甲申 | 七 | 七 |
| 13 | 12/11 | 乙酉 | 七 | 六 |
| 14 | 12/12 | 丙戌 | 七 | 五 |
| 15 | 12/13 | 丁亥 | 七 | 四 |
| 16 | 12/14 | 戊子 | 七 | 三 |
| 17 | 12/15 | 己丑 | 一 | 二 |
| 18 | 12/16 | 庚寅 | 一 | 一 |
| 19 | 12/17 | 辛卯 | 一 | 九 |
| 20 | 12/18 | 壬辰 | 一 | 八 |
| 21 | 12/19 | 癸巳 | 一 | 七 |
| 22 | 12/20 | 甲午 | 1 | 六 |
| 23 | 12/21 | 乙未 | 1 | 五 |
| 24 | 12/22 | 丙申 | 1 | 四 |
| 25 | 12/23 | 丁酉 | 1 | 1 |
| 26 | 12/24 | 戊戌 | 1 | 2 |
| 27 | 12/25 | 己亥 | 7 | 3 |
| 28 | 12/26 | 庚子 | 7 | 4 |
| 29 | 12/27 | 辛丑 | 7 | 5 |

| 十月 | | | | |
|---|---|---|---|---|
| 己亥 | | | | |
| 八白土 | | | | |
| 小雪 10時52分 廿五巳時 | | 立冬 13時27分 初十未時 | 奇門遁甲局數 | |
| 農曆 | 國曆 | 干支 | 時盤 | 日盤 |
| 1 | 10/30 | 癸卯 | 八 | 三 |
| 2 | 10/31 | 甲辰 | 二 | 二 |
| 3 | 11/1 | 乙巳 | 二 | 一 |
| 4 | 11/2 | 丙午 | 二 | 九 |
| 5 | 11/3 | 丁未 | 二 | 八 |
| 6 | 11/4 | 戊申 | 二 | 七 |
| 7 | 11/5 | 己酉 | 六 | 六 |
| 8 | 11/6 | 庚戌 | 六 | 五 |
| 9 | 11/7 | 辛亥 | 六 | 四 |
| 10 | 11/8 | 壬子 | 六 | 三 |
| 11 | 11/9 | 癸丑 | 六 | 二 |
| 12 | 11/10 | 甲寅 | 九 | 一 |
| 13 | 11/11 | 乙卯 | 九 | 九 |
| 14 | 11/12 | 丙辰 | 九 | 八 |
| 15 | 11/13 | 丁巳 | 九 | 七 |
| 16 | 11/14 | 戊午 | 九 | 六 |
| 17 | 11/15 | 己未 | 三 | 五 |
| 18 | 11/16 | 庚申 | 三 | 四 |
| 19 | 11/17 | 辛酉 | 三 | 三 |
| 20 | 11/18 | 壬戌 | 三 | 二 |
| 21 | 11/19 | 癸亥 | 三 | 一 |
| 22 | 11/20 | 甲子 | 五 | 九 |
| 23 | 11/21 | 乙丑 | 五 | 八 |
| 24 | 11/22 | 丙寅 | 五 | 七 |
| 25 | 11/23 | 丁卯 | 五 | 六 |
| 26 | 11/24 | 戊辰 | 五 | 五 |
| 27 | 11/25 | 己巳 | 八 | 四 |
| 28 | 11/26 | 庚午 | 八 | 三 |
| 29 | 11/27 | 辛未 | 八 | 二 |
| 30 | 11/28 | 壬申 | 八 | 一 |

| 九月 | | | | |
|---|---|---|---|---|
| 戊戌 | | | | |
| 九紫火 | | | | |
| 霜降 13時37分 廿四未時 | | 寒露 10時37分 初九巳時 | 奇門遁甲局數 | |
| 農曆 | 國曆 | 干支 | 時盤 | 日盤 |
| 1 | 10/1 | 甲戌 | 四 | 五 |
| 2 | 10/2 | 乙亥 | 四 | 四 |
| 3 | 10/3 | 丙子 | 四 | 三 |
| 4 | 10/4 | 丁丑 | 四 | 二 |
| 5 | 10/5 | 戊寅 | 四 | 一 |
| 6 | 10/6 | 己卯 | 六 | 九 |
| 7 | 10/7 | 庚辰 | 六 | 八 |
| 8 | 10/8 | 辛巳 | 六 | 七 |
| 9 | 10/9 | 壬午 | 六 | 六 |
| 10 | 10/10 | 癸未 | 六 | 五 |
| 11 | 10/11 | 甲申 | 九 | 四 |
| 12 | 10/12 | 乙酉 | 九 | 三 |
| 13 | 10/13 | 丙戌 | 九 | 二 |
| 14 | 10/14 | 丁亥 | 九 | 一 |
| 15 | 10/15 | 戊子 | 九 | 九 |
| 16 | 10/16 | 己丑 | 三 | 八 |
| 17 | 10/17 | 庚寅 | 三 | 七 |
| 18 | 10/18 | 辛卯 | 三 | 六 |
| 19 | 10/19 | 壬辰 | 三 | 五 |
| 20 | 10/20 | 癸巳 | 三 | 四 |
| 21 | 10/21 | 甲午 | 五 | 三 |
| 22 | 10/22 | 乙未 | 五 | 二 |
| 23 | 10/23 | 丙申 | 五 | 一 |
| 24 | 10/24 | 丁酉 | 五 | 九 |
| 25 | 10/25 | 戊戌 | 五 | 八 |
| 26 | 10/26 | 己亥 | 八 | 七 |
| 27 | 10/27 | 庚子 | 八 | 六 |
| 28 | 10/28 | 辛丑 | 八 | 五 |
| 29 | 10/29 | 壬寅 | 八 | 四 |

| 八月 | | | | |
|---|---|---|---|---|
| 丁酉 | | | | |
| 一白水 | | | | |
| 秋分 04時38分 廿四寅時 | | 白露 19時19分 初八戌時 | 奇門遁甲局數 | |
| 農曆 | 國曆 | 干支 | 時盤 | 日盤 |
| 1 | 9/1 | 甲辰 | 七 | 八 |
| 2 | 9/2 | 乙巳 | 七 | 七 |
| 3 | 9/3 | 丙午 | 七 | 六 |
| 4 | 9/4 | 丁未 | 七 | 五 |
| 5 | 9/5 | 戊申 | 七 | 四 |
| 6 | 9/6 | 己酉 | 九 | 三 |
| 7 | 9/7 | 庚戌 | 九 | 二 |
| 8 | 9/8 | 辛亥 | 九 | 一 |
| 9 | 9/9 | 壬子 | 九 | 九 |
| 10 | 9/10 | 癸丑 | 九 | 八 |
| 11 | 9/11 | 甲寅 | 三 | 七 |
| 12 | 9/12 | 乙卯 | 三 | 六 |
| 13 | 9/13 | 丙辰 | 三 | 五 |
| 14 | 9/14 | 丁巳 | 三 | 四 |
| 15 | 9/15 | 戊午 | 三 | 三 |
| 16 | 9/16 | 己未 | 六 | 二 |
| 17 | 9/17 | 庚申 | 六 | 一 |
| 18 | 9/18 | 辛酉 | 六 | 九 |
| 19 | 9/19 | 壬戌 | 六 | 八 |
| 20 | 9/20 | 癸亥 | 六 | 七 |
| 21 | 9/21 | 甲子 | 七 | 六 |
| 22 | 9/22 | 乙丑 | 七 | 五 |
| 23 | 9/23 | 丙寅 | 七 | 四 |
| 24 | 9/24 | 丁卯 | 七 | 三 |
| 25 | 9/25 | 戊辰 | 七 | 二 |
| 26 | 9/26 | 己巳 | 一 | 一 |
| 27 | 9/27 | 庚午 | 一 | 九 |
| 28 | 9/28 | 辛未 | 一 | 八 |
| 29 | 9/29 | 壬申 | 一 | 七 |
| 30 | 9/30 | 癸酉 | 一 | 六 |

| 七月 | | | | |
|---|---|---|---|---|
| 丙申 | | | | |
| 二黑土 | | | | |
| 處暑 07時17分 廿二辰時 | | 立秋 16時38分 初六申時 | 奇門遁甲局數 | |
| 農曆 | 國曆 | 干支 | 時盤 | 日盤 |
| 1 | 8/3 | 乙亥 | 四 | 一 |
| 2 | 8/4 | 丙子 | 四 | 九 |
| 3 | 8/5 | 丁丑 | 四 | 八 |
| 4 | 8/6 | 戊寅 | 四 | 七 |
| 5 | 8/7 | 己卯 | 二 | 六 |
| 6 | 8/8 | 庚辰 | 二 | 五 |
| 7 | 8/9 | 辛巳 | 二 | 四 |
| 8 | 8/10 | 壬午 | 二 | 三 |
| 9 | 8/11 | 癸未 | 二 | 二 |
| 10 | 8/12 | 甲申 | 五 | 一 |
| 11 | 8/13 | 乙酉 | 五 | 九 |
| 12 | 8/14 | 丙戌 | 五 | 八 |
| 13 | 8/15 | 丁亥 | 五 | 七 |
| 14 | 8/16 | 戊子 | 五 | 六 |
| 15 | 8/17 | 己丑 | 八 | 五 |
| 16 | 8/18 | 庚寅 | 八 | 四 |
| 17 | 8/19 | 辛卯 | 八 | 三 |
| 18 | 8/20 | 壬辰 | 八 | 二 |
| 19 | 8/21 | 癸巳 | 八 | 一 |
| 20 | 8/22 | 甲午 | 一 | 九 |
| 21 | 8/23 | 乙未 | 一 | 八 |
| 22 | 8/24 | 丙申 | 一 | 七 |
| 23 | 8/25 | 丁酉 | 一 | 六 |
| 24 | 8/26 | 戊戌 | 一 | 五 |
| 25 | 8/27 | 己亥 | 四 | 四 |
| 26 | 8/28 | 庚子 | 四 | 三 |
| 27 | 8/29 | 辛丑 | 四 | 二 |
| 28 | 8/30 | 壬寅 | 四 | 一 |
| 29 | 8/31 | 癸卯 | 四 | 九 |

# 西元1952年（壬辰）肖龍 民國41年（男震命）

奇門遁甲局數如標示為 一 ～九表示陰局　　如標示為1 ～9 表示陽局

| 六月 | | | | | 閏五月 | | | | | 五月 | | | | | 四月 | | | | | 三月 | | | | | 二月 | | | | | 正月 | | | | |
|---|---|---|---|---|---|---|---|---|---|---|---|---|---|---|---|---|---|---|---|---|---|---|---|---|---|---|---|---|---|---|---|---|---|---|
| 丁未 | | | | | 丁未 | | | | | 丙午 | | | | | 乙巳 | | | | | 甲辰 | | | | | 癸卯 | | | | | 壬寅 | | | | |
| 九紫火 | | | | | | | | | | 一白水 | | | | | 二黑土 | | | | | 三碧木 | | | | | 四綠木 | | | | | 五黃土 | | | | |
| 立秋 | | 大暑 | 奇門遁甲局數 | | 小暑 | | | 奇門遁甲局數 | | 夏至 | | 芒種 | 奇門遁甲局數 | | 小滿 | | 立夏 | 奇門遁甲局數 | | 穀雨 | | 清明 | 奇門遁甲局數 | | 春分 | | 驚蟄 | 奇門遁甲局數 | | 雨水 | | 立春 | 奇門遁甲局數 | |
| 22時32分 | 十七亥時 | 06時08分初二卯時 | | | 12時45分 | 十六午時 | | | | 19時13分 | 廿九戌時 | 02時21分十四丑時 | | | 11時04分 | 廿八午時 | 21時54分十二亥時 | | | 11時37分 | 廿六午時 | 04時16分十一寅時 | | | 00時14分 | 廿六子時 | 23時08分初十子時 | | | 00時57分 | 廿五子時 | 04時54分初十寅時 | | |
| 農曆 | 國曆 | 干支 | 時盤 | 日盤 | 農曆 | 國曆 | 干支 | 時盤 | 日盤 | 農曆 | 國曆 | 干支 | 時盤 | 日盤 | 農曆 | 國曆 | 干支 | 時盤 | 日盤 | 農曆 | 國曆 | 干支 | 時盤 | 日盤 | 農曆 | 國曆 | 干支 | 時盤 | 日盤 | 農曆 | 國曆 | 干支 | 時盤 | 日盤 |
| 1 | 7/22 | 己巳 | 一 | 四 | 1 | 6/22 | 己亥 | 三 | 七 | 1 | 5/24 | 庚午 | 2 | 1 | 1 | 4/24 | 庚子 | 2 | 7 | 1 | 3/26 | 辛未 | 9 | 5 | 1 | 2/25 | 辛丑 | 6 | 2 | 1 | 1/27 | 壬申 | 9 | 9 |
| 2 | 7/23 | 庚午 | 一 | 三 | 2 | 6/23 | 庚子 | 三 | 六 | 2 | 5/25 | 辛未 | 2 | 2 | 2 | 4/25 | 辛丑 | 2 | 8 | 2 | 3/27 | 壬申 | 9 | 6 | 2 | 2/26 | 壬寅 | 6 | 3 | 2 | 1/28 | 癸酉 | 9 | 1 |
| 3 | 7/24 | 辛未 | 一 | 二 | 3 | 6/24 | 辛丑 | 三 | 五 | 3 | 5/26 | 壬申 | 2 | 3 | 3 | 4/26 | 壬寅 | 2 | 9 | 3 | 3/28 | 癸酉 | 9 | 7 | 3 | 2/27 | 癸卯 | 6 | 4 | 3 | 1/29 | 甲戌 | 6 | 2 |
| 4 | 7/25 | 壬申 | 一 | 一 | 4 | 6/25 | 壬寅 | 三 | 四 | 4 | 5/27 | 癸酉 | 2 | 4 | 4 | 4/27 | 癸卯 | 2 | 1 | 4 | 3/29 | 甲戌 | 6 | 8 | 4 | 2/28 | 甲辰 | 3 | 5 | 4 | 1/30 | 乙亥 | 6 | 3 |
| 5 | 7/26 | 癸酉 | 一 | 九 | 5 | 6/26 | 癸卯 | 三 | 三 | 5 | 5/28 | 甲戌 | 8 | 5 | 5 | 4/28 | 甲辰 | 8 | 2 | 5 | 3/30 | 乙亥 | 6 | 9 | 5 | 2/29 | 乙巳 | 3 | 6 | 5 | 1/31 | 丙子 | 6 | 4 |
| 6 | 7/27 | 甲戌 | 四 | 八 | 6 | 6/27 | 甲辰 | 六 | 二 | 6 | 5/29 | 乙亥 | 8 | 6 | 6 | 4/29 | 乙巳 | 8 | 3 | 6 | 3/31 | 丙子 | 6 | 1 | 6 | 3/1 | 丙午 | 3 | 7 | 6 | 2/1 | 丁丑 | 6 | 5 |
| 7 | 7/28 | 乙亥 | 四 | 七 | 7 | 6/28 | 乙巳 | 六 | 一 | 7 | 5/30 | 丙子 | 8 | 7 | 7 | 4/30 | 丙午 | 8 | 4 | 7 | 4/1 | 丁丑 | 6 | 2 | 7 | 3/2 | 丁未 | 3 | 8 | 7 | 2/2 | 戊寅 | 6 | 6 |
| 8 | 7/29 | 丙子 | 四 | 六 | 8 | 6/29 | 丙午 | 六 | 九 | 8 | 5/31 | 丁丑 | 8 | 8 | 8 | 5/1 | 丁未 | 8 | 5 | 8 | 4/2 | 戊寅 | 6 | 3 | 8 | 3/3 | 戊申 | 3 | 9 | 8 | 2/3 | 己卯 | 8 | 7 |
| 9 | 7/30 | 丁丑 | 四 | 五 | 9 | 6/30 | 丁未 | 六 | 八 | 9 | 6/1 | 戊寅 | 8 | 9 | 9 | 5/2 | 戊申 | 8 | 6 | 9 | 4/3 | 己卯 | 4 | 4 | 9 | 3/4 | 己酉 | 1 | 1 | 9 | 2/4 | 庚辰 | 8 | 8 |
| 10 | 7/31 | 戊寅 | 四 | 四 | 10 | 7/1 | 戊申 | 六 | 七 | 10 | 6/2 | 己卯 | 6 | 1 | 10 | 5/3 | 己酉 | 4 | 7 | 10 | 4/4 | 庚辰 | 4 | 5 | 10 | 3/5 | 庚戌 | 1 | 2 | 10 | 2/5 | 辛巳 | 8 | 9 |
| 11 | 8/1 | 己卯 | 二 | 三 | 11 | 7/2 | 己酉 | 八 | 六 | 11 | 6/3 | 庚辰 | 6 | 2 | 11 | 5/4 | 庚戌 | 4 | 8 | 11 | 4/5 | 辛巳 | 4 | 6 | 11 | 3/6 | 辛亥 | 1 | 3 | 11 | 2/6 | 壬午 | 8 | 1 |
| 12 | 8/2 | 庚辰 | 二 | 二 | 12 | 7/3 | 庚戌 | 八 | 五 | 12 | 6/4 | 辛巳 | 6 | 3 | 12 | 5/5 | 辛亥 | 4 | 9 | 12 | 4/6 | 壬午 | 4 | 7 | 12 | 3/7 | 壬子 | 1 | 4 | 12 | 2/7 | 癸未 | 8 | 2 |
| 13 | 8/3 | 辛巳 | 二 | 一 | 13 | 7/4 | 辛亥 | 八 | 四 | 13 | 6/5 | 壬午 | 6 | 4 | 13 | 5/6 | 壬子 | 4 | 1 | 13 | 4/7 | 癸未 | 4 | 8 | 13 | 3/8 | 癸丑 | 1 | 5 | 13 | 2/8 | 甲申 | 5 | 3 |
| 14 | 8/4 | 壬午 | 二 | 九 | 14 | 7/5 | 壬子 | 八 | 三 | 14 | 6/6 | 癸未 | 6 | 5 | 14 | 5/7 | 癸丑 | 4 | 2 | 14 | 4/8 | 甲申 | 1 | 9 | 14 | 3/9 | 甲寅 | 7 | 6 | 14 | 2/9 | 乙酉 | 5 | 4 |
| 15 | 8/5 | 癸未 | 二 | 八 | 15 | 7/6 | 癸丑 | 八 | 二 | 15 | 6/7 | 甲申 | 3 | 6 | 15 | 5/8 | 甲寅 | 1 | 3 | 15 | 4/9 | 乙酉 | 1 | 1 | 15 | 3/10 | 乙卯 | 7 | 7 | 15 | 2/10 | 丙戌 | 5 | 5 |
| 16 | 8/6 | 甲申 | 五 | 七 | 16 | 7/7 | 甲寅 | 二 | 一 | 16 | 6/8 | 乙酉 | 3 | 7 | 16 | 5/9 | 乙卯 | 1 | 4 | 16 | 4/10 | 丙戌 | 1 | 2 | 16 | 3/11 | 丙辰 | 7 | 8 | 16 | 2/11 | 丁亥 | 5 | 6 |
| 17 | 8/7 | 乙酉 | 五 | 六 | 17 | 7/8 | 乙卯 | 二 | 九 | 17 | 6/9 | 丙戌 | 3 | 8 | 17 | 5/10 | 丙辰 | 1 | 5 | 17 | 4/11 | 丁亥 | 1 | 3 | 17 | 3/12 | 丁巳 | 7 | 9 | 17 | 2/12 | 戊子 | 5 | 7 |
| 18 | 8/8 | 丙戌 | 五 | 五 | 18 | 7/9 | 丙辰 | 二 | 八 | 18 | 6/10 | 丁亥 | 3 | 9 | 18 | 5/11 | 丁巳 | 1 | 6 | 18 | 4/12 | 戊子 | 1 | 4 | 18 | 3/13 | 戊午 | 7 | 1 | 18 | 2/13 | 己丑 | 2 | 8 |
| 19 | 8/9 | 丁亥 | 五 | 四 | 19 | 7/10 | 丁巳 | 二 | 七 | 19 | 6/11 | 戊子 | 3 | 1 | 19 | 5/12 | 戊午 | 1 | 7 | 19 | 4/13 | 己丑 | 7 | 5 | 19 | 3/14 | 己未 | 4 | 2 | 19 | 2/14 | 庚寅 | 2 | 9 |
| 20 | 8/10 | 戊子 | 五 | 三 | 20 | 7/11 | 戊午 | 二 | 六 | 20 | 6/12 | 己丑 | 9 | 2 | 20 | 5/13 | 己未 | 7 | 8 | 20 | 4/14 | 庚寅 | 7 | 6 | 20 | 3/15 | 庚申 | 4 | 3 | 20 | 2/15 | 辛卯 | 2 | 1 |
| 21 | 8/11 | 己丑 | 八 | 二 | 21 | 7/12 | 己未 | 五 | 五 | 21 | 6/13 | 庚寅 | 9 | 3 | 21 | 5/14 | 庚申 | 7 | 9 | 21 | 4/15 | 辛卯 | 7 | 7 | 21 | 3/16 | 辛酉 | 4 | 4 | 21 | 2/16 | 壬辰 | 2 | 2 |
| 22 | 8/12 | 庚寅 | 八 | 一 | 22 | 7/13 | 庚申 | 五 | 四 | 22 | 6/14 | 辛卯 | 9 | 4 | 22 | 5/15 | 辛酉 | 7 | 1 | 22 | 4/16 | 壬辰 | 7 | 8 | 22 | 3/17 | 壬戌 | 4 | 5 | 22 | 2/17 | 癸巳 | 2 | 3 |
| 23 | 8/13 | 辛卯 | 八 | 九 | 23 | 7/14 | 辛酉 | 五 | 三 | 23 | 6/15 | 壬辰 | 9 | 5 | 23 | 5/16 | 壬戌 | 7 | 2 | 23 | 4/17 | 癸巳 | 7 | 9 | 23 | 3/18 | 癸亥 | 4 | 6 | 23 | 2/18 | 甲午 | 9 | 4 |
| 24 | 8/14 | 壬辰 | 八 | 八 | 24 | 7/15 | 壬戌 | 五 | 二 | 24 | 6/16 | 癸巳 | 9 | 6 | 24 | 5/17 | 癸亥 | 7 | 3 | 24 | 4/18 | 甲午 | 5 | 1 | 24 | 3/19 | 甲子 | 3 | 7 | 24 | 2/19 | 乙未 | 9 | 5 |
| 25 | 8/15 | 癸巳 | 八 | 七 | 25 | 7/16 | 癸亥 | 五 | 一 | 25 | 6/17 | 甲午 | 九 | 7 | 25 | 5/18 | 甲子 | 5 | 4 | 25 | 4/19 | 乙未 | 5 | 2 | 25 | 3/20 | 乙丑 | 3 | 8 | 25 | 2/20 | 丙申 | 9 | 6 |
| 26 | 8/16 | 甲午 | 一 | 六 | 26 | 7/17 | 甲子 | 七 | 九 | 26 | 6/18 | 乙未 | 九 | 8 | 26 | 5/19 | 乙丑 | 5 | 5 | 26 | 4/20 | 丙申 | 5 | 3 | 26 | 3/21 | 丙寅 | 3 | 9 | 26 | 2/21 | 丁酉 | 9 | 7 |
| 27 | 8/17 | 乙未 | 一 | 五 | 27 | 7/18 | 乙丑 | 七 | 八 | 27 | 6/19 | 丙申 | 九 | 9 | 27 | 5/20 | 丙寅 | 5 | 6 | 27 | 4/21 | 丁酉 | 5 | 4 | 27 | 3/22 | 丁卯 | 3 | 1 | 27 | 2/22 | 戊戌 | 9 | 8 |
| 28 | 8/18 | 丙申 | 一 | 四 | 28 | 7/19 | 丙寅 | 七 | 七 | 28 | 6/20 | 丁酉 | 九 | 1 | 28 | 5/21 | 丁卯 | 5 | 7 | 28 | 4/22 | 戊戌 | 5 | 5 | 28 | 3/23 | 戊辰 | 3 | 2 | 28 | 2/23 | 己亥 | 6 | 9 |
| 29 | 8/19 | 丁酉 | 一 | 三 | 29 | 7/20 | 丁卯 | 七 | 六 | 29 | 6/21 | 戊戌 | 九 | 八 | 29 | 5/22 | 戊辰 | 5 | 8 | 29 | 4/23 | 己亥 | 2 | 6 | 29 | 3/24 | 己巳 | 9 | 3 | 29 | 2/24 | 庚子 | 6 | 1 |
| | | | | | 30 | 7/21 | 戊辰 | 七 | 五 | | | | | | 30 | 5/23 | 己巳 | 2 | 9 | | | | | | 30 | 3/25 | 庚午 | 9 | 4 | | | | | |

# 西元1952年（壬辰）肖龍 民國41年（女震命）

奇門遁甲局數如標示為 一 ～九表示陰局　　如標示為1 ～9 表示陽局

| 十二月 | | | | |
|---|---|---|---|---|
| 癸丑 | | | | |
| 三碧木 | | | | |
| 立春 10時46分 廿一巳時 | | 大寒 16時22分 初六申時 | 奇門遁甲局數 | |
| 農曆 | 國曆 | 干支 | 時盤 | 日盤 |
| 1 | 1/15 | 丙寅 | 2 | 3 |
| 2 | 1/16 | 丁卯 | 2 | 4 |
| 3 | 1/17 | 戊辰 | 2 | 5 |
| 4 | 1/18 | 己巳 | 8 | 6 |
| 5 | 1/19 | 庚午 | 8 | 7 |
| 6 | 1/20 | 辛未 | 8 | 8 |
| 7 | 1/21 | 壬申 | 8 | 9 |
| 8 | 1/22 | 癸酉 | 8 | 1 |
| 9 | 1/23 | 甲戌 | 5 | 2 |
| 10 | 1/24 | 乙亥 | 5 | 3 |
| 11 | 1/25 | 丙子 | 5 | 4 |
| 12 | 1/26 | 丁丑 | 5 | 5 |
| 13 | 1/27 | 戊寅 | 5 | 6 |
| 14 | 1/28 | 己卯 | 3 | 7 |
| 15 | 1/29 | 庚辰 | 3 | 8 |
| 16 | 1/30 | 辛巳 | 3 | 9 |
| 17 | 1/31 | 壬午 | 3 | 1 |
| 18 | 2/1 | 癸未 | 3 | 2 |
| 19 | 2/2 | 甲申 | 9 | 3 |
| 20 | 2/3 | 乙酉 | 9 | 4 |
| 21 | 2/4 | 丙戌 | 9 | 5 |
| 22 | 2/5 | 丁亥 | 9 | 6 |
| 23 | 2/6 | 戊子 | 9 | 7 |
| 24 | 2/7 | 己丑 | 6 | 8 |
| 25 | 2/8 | 庚寅 | 6 | 9 |
| 26 | 2/9 | 辛卯 | 6 | 1 |
| 27 | 2/10 | 壬辰 | 6 | 2 |
| 28 | 2/11 | 癸巳 | 6 | 3 |
| 29 | 2/12 | 甲午 | 8 | 4 |
| 30 | 2/13 | 乙未 | 8 | 5 |

| 十一月 | | | | |
|---|---|---|---|---|
| 壬子 | | | | |
| 四綠木 | | | | |
| 小寒 23時03分 二十子時 | | 冬至 05時44分 初六卯時 | 奇門遁甲局數 | |
| 農曆 | 國曆 | 干支 | 時盤 | 日盤 |
| 1 | 12/17 | 丁酉 | 四 | 九 |
| 2 | 12/18 | 戊戌 | 四 | 八 |
| 3 | 12/19 | 己亥 | 七 | 七 |
| 4 | 12/20 | 庚子 | 七 | 六 |
| 5 | 12/21 | 辛丑 | 七 | 五 |
| 6 | 12/22 | 壬寅 | 七 | 6 |
| 7 | 12/23 | 癸卯 | 七 | 7 |
| 8 | 12/24 | 甲辰 | 一 | 8 |
| 9 | 12/25 | 乙巳 | 一 | 9 |
| 10 | 12/26 | 丙午 | 一 | 1 |
| 11 | 12/27 | 丁未 | 一 | 2 |
| 12 | 12/28 | 戊申 | 一 | 3 |
| 13 | 12/29 | 己酉 | 1 | 4 |
| 14 | 12/30 | 庚戌 | 1 | 5 |
| 15 | 12/31 | 辛亥 | 1 | 6 |
| 16 | 1/1 | 壬子 | 1 | 7 |
| 17 | 1/2 | 癸丑 | 1 | 8 |
| 18 | 1/3 | 甲寅 | 7 | 9 |
| 19 | 1/4 | 乙卯 | 7 | 1 |
| 20 | 1/5 | 丙辰 | 7 | 2 |
| 21 | 1/6 | 丁巳 | 7 | 3 |
| 22 | 1/7 | 戊午 | 7 | 4 |
| 23 | 1/8 | 己未 | 4 | 5 |
| 24 | 1/9 | 庚申 | 4 | 6 |
| 25 | 1/10 | 辛酉 | 4 | 7 |
| 26 | 1/11 | 壬戌 | 4 | 8 |
| 27 | 1/12 | 癸亥 | 4 | 9 |
| 28 | 1/13 | 甲子 | 2 | 1 |
| 29 | 1/14 | 乙丑 | 2 | 2 |

| 十　月 | | | | |
|---|---|---|---|---|
| 辛亥 | | | | |
| 五黃土 | | | | |
| 大雪 11時56分 廿一午時 | | 小雪 16時36分 初六申時 | 奇門遁甲局數 | |
| 農曆 | 國曆 | 干支 | 時盤 | 日盤 |
| 1 | 11/17 | 丁卯 | 五 | 三 |
| 2 | 11/18 | 戊辰 | 五 | 二 |
| 3 | 11/19 | 己巳 | 八 | 一 |
| 4 | 11/20 | 庚午 | 八 | 九 |
| 5 | 11/21 | 辛未 | 八 | 八 |
| 6 | 11/22 | 壬申 | 八 | 七 |
| 7 | 11/23 | 癸酉 | 八 | 六 |
| 8 | 11/24 | 甲戌 | 二 | 五 |
| 9 | 11/25 | 乙亥 | 二 | 四 |
| 10 | 11/26 | 丙子 | 二 | 三 |
| 11 | 11/27 | 丁丑 | 二 | 二 |
| 12 | 11/28 | 戊寅 | 二 | 一 |
| 13 | 11/29 | 己卯 | 四 | 九 |
| 14 | 11/30 | 庚辰 | 四 | 八 |
| 15 | 12/1 | 辛巳 | 四 | 七 |
| 16 | 12/2 | 壬午 | 四 | 六 |
| 17 | 12/3 | 癸未 | 四 | 五 |
| 18 | 12/4 | 甲申 | 七 | 四 |
| 19 | 12/5 | 乙酉 | 七 | 三 |
| 20 | 12/6 | 丙戌 | 七 | 二 |
| 21 | 12/7 | 丁亥 | 七 | 一 |
| 22 | 12/8 | 戊子 | 七 | 九 |
| 23 | 12/9 | 己丑 | 一 | 八 |
| 24 | 12/10 | 庚寅 | 一 | 七 |
| 25 | 12/11 | 辛卯 | 一 | 六 |
| 26 | 12/12 | 壬辰 | 一 | 五 |
| 27 | 12/13 | 癸巳 | 一 | 四 |
| 28 | 12/14 | 甲午 | 四 | 三 |
| 29 | 12/15 | 乙未 | 四 | 二 |
| 30 | 12/16 | 丙申 | 四 | 一 |

| 九　月 | | | | |
|---|---|---|---|---|
| 庚戌 | | | | |
| 六白金 | | | | |
| 立冬 19時22分 二十戌時 | | 霜降 19時23分 初五戌時 | 奇門遁甲局數 | |
| 農曆 | 國曆 | 干支 | 時盤 | 日盤 |
| 1 | 10/19 | 戊戌 | 五 | 五 |
| 2 | 10/20 | 己亥 | 八 | 四 |
| 3 | 10/21 | 庚子 | 八 | 三 |
| 4 | 10/22 | 辛丑 | 八 | 二 |
| 5 | 10/23 | 壬寅 | 八 | 一 |
| 6 | 10/24 | 癸卯 | 八 | 九 |
| 7 | 10/25 | 甲辰 | 二 | 八 |
| 8 | 10/26 | 乙巳 | 二 | 七 |
| 9 | 10/27 | 丙午 | 二 | 六 |
| 10 | 10/28 | 丁未 | 二 | 五 |
| 11 | 10/29 | 戊申 | 二 | 四 |
| 12 | 10/30 | 己酉 | 六 | 三 |
| 13 | 10/31 | 庚戌 | 六 | 二 |
| 14 | 11/1 | 辛亥 | 六 | 一 |
| 15 | 11/2 | 壬子 | 六 | 九 |
| 16 | 11/3 | 癸丑 | 六 | 八 |
| 17 | 11/4 | 甲寅 | 九 | 七 |
| 18 | 11/5 | 乙卯 | 九 | 六 |
| 19 | 11/6 | 丙辰 | 九 | 五 |
| 20 | 11/7 | 丁巳 | 九 | 四 |
| 21 | 11/8 | 戊午 | 九 | 三 |
| 22 | 11/9 | 己未 | 三 | 二 |
| 23 | 11/10 | 庚申 | 三 | 一 |
| 24 | 11/11 | 辛酉 | 三 | 九 |
| 25 | 11/12 | 壬戌 | 三 | 八 |
| 26 | 11/13 | 癸亥 | 三 | 七 |
| 27 | 11/14 | 甲子 | 五 | 六 |
| 28 | 11/15 | 乙丑 | 五 | 五 |
| 29 | 11/16 | 丙寅 | 五 | 四 |

| 八　月 | | | | |
|---|---|---|---|---|
| 己酉 | | | | |
| 七赤金 | | | | |
| 寒露 16時33分 二十申時 | | 秋分 10時24分 初五巳時 | 奇門遁甲局數 | |
| 農曆 | 國曆 | 干支 | 時盤 | 日盤 |
| 1 | 9/19 | 戊辰 | 七 | 八 |
| 2 | 9/20 | 己巳 | 一 | 七 |
| 3 | 9/21 | 庚午 | 一 | 六 |
| 4 | 9/22 | 辛未 | 一 | 五 |
| 5 | 9/23 | 壬申 | 一 | 四 |
| 6 | 9/24 | 癸酉 | 一 | 三 |
| 7 | 9/25 | 甲戌 | 四 | 二 |
| 8 | 9/26 | 乙亥 | 四 | 一 |
| 9 | 9/27 | 丙子 | 四 | 九 |
| 10 | 9/28 | 丁丑 | 四 | 八 |
| 11 | 9/29 | 戊寅 | 四 | 七 |
| 12 | 9/30 | 己卯 | 六 | 六 |
| 13 | 10/1 | 庚辰 | 六 | 五 |
| 14 | 10/2 | 辛巳 | 六 | 四 |
| 15 | 10/3 | 壬午 | 六 | 三 |
| 16 | 10/4 | 癸未 | 六 | 二 |
| 17 | 10/5 | 甲申 | 九 | 一 |
| 18 | 10/6 | 乙酉 | 九 | 九 |
| 19 | 10/7 | 丙戌 | 九 | 八 |
| 20 | 10/8 | 丁亥 | 九 | 七 |
| 21 | 10/9 | 戊子 | 九 | 六 |
| 22 | 10/10 | 己丑 | 三 | 五 |
| 23 | 10/11 | 庚寅 | 三 | 四 |
| 24 | 10/12 | 辛卯 | 三 | 三 |
| 25 | 10/13 | 壬辰 | 三 | 二 |
| 26 | 10/14 | 癸巳 | 三 | 一 |
| 27 | 10/15 | 甲午 | 五 | 九 |
| 28 | 10/16 | 乙未 | 五 | 八 |
| 29 | 10/17 | 丙申 | 五 | 七 |
| 30 | 10/18 | 丁酉 | 五 | 六 |

| 七　月 | | | | |
|---|---|---|---|---|
| 戊申 | | | | |
| 八白土 | | | | |
| 白露 01時14分 二十丑時 | | 處暑 13時03分 初四未時 | 奇門遁甲局數 | |
| 農曆 | 國曆 | 干支 | 時盤 | 日盤 |
| 1 | 8/20 | 戊戌 | 一 | 二 |
| 2 | 8/21 | 己亥 | 四 | 一 |
| 3 | 8/22 | 庚子 | 四 | 九 |
| 4 | 8/23 | 辛丑 | 四 | 八 |
| 5 | 8/24 | 壬寅 | 四 | 七 |
| 6 | 8/25 | 癸卯 | 四 | 六 |
| 7 | 8/26 | 甲辰 | 七 | 五 |
| 8 | 8/27 | 乙巳 | 七 | 四 |
| 9 | 8/28 | 丙午 | 七 | 三 |
| 10 | 8/29 | 丁未 | 七 | 二 |
| 11 | 8/30 | 戊申 | 七 | 一 |
| 12 | 8/31 | 己酉 | 九 | 九 |
| 13 | 9/1 | 庚戌 | 九 | 八 |
| 14 | 9/2 | 辛亥 | 九 | 七 |
| 15 | 9/3 | 壬子 | 九 | 六 |
| 16 | 9/4 | 癸丑 | 九 | 五 |
| 17 | 9/5 | 甲寅 | 三 | 四 |
| 18 | 9/6 | 乙卯 | 三 | 三 |
| 19 | 9/7 | 丙辰 | 三 | 二 |
| 20 | 9/8 | 丁巳 | 三 | 一 |
| 21 | 9/9 | 戊午 | 三 | 九 |
| 22 | 9/10 | 己未 | 六 | 八 |
| 23 | 9/11 | 庚申 | 六 | 七 |
| 24 | 9/12 | 辛酉 | 六 | 六 |
| 25 | 9/13 | 壬戌 | 六 | 五 |
| 26 | 9/14 | 癸亥 | 六 | 四 |
| 27 | 9/15 | 甲子 | 七 | 三 |
| 28 | 9/16 | 乙丑 | 七 | 二 |
| 29 | 9/17 | 丙寅 | 七 | 一 |
| 30 | 9/18 | 丁卯 | 七 | 九 |

# 西元1953年（癸巳）肖蛇 民國42年（男坤命）

奇門遁甲局數如標示為 一 ～九表示陰局　　如標示為1 ～9 表示陽局

| 六月 | | | | | 五月 | | | | | 四月 | | | | | 三月 | | | | | 二月 | | | | | 正月 | | | | |
|---|---|---|---|---|---|---|---|---|---|---|---|---|---|---|---|---|---|---|---|---|---|---|---|---|---|---|---|---|---|
| 己未 | | | | | 戊午 | | | | | 丁巳 | | | | | 丙辰 | | | | | 乙卯 | | | | | 甲寅 | | | | |
| 六白金 | | | | | 七赤金 | | | | | 八白土 | | | | | 九紫火 | | | | | 一白水 | | | | | 二黑土 | | | | |
| 立秋 04時15分 廿九寅時 | | 大暑 11時53分 十三午時 | 奇門遁甲局數 | | 小暑 18時36分 廿七酉時 | | 夏至 01時00分 十二丑時 | 奇門遁甲局數 | | 芒種 08時17分 廿五辰時 | | 小滿 16時54分 初九申時 | 奇門遁甲局數 | | 立夏 03時53分 廿三寅時 | | 穀雨 17時26分 初七酉時 | 奇門遁甲局數 | | 清明 10時13分 廿二巳時 | | 春分 06時01分 初七卯時 | 奇門遁甲局數 | | 驚蟄 05時03分 廿一卯時 | | 雨水 06時42分 初六卯時 | 奇門遁甲局數 | |
| 農曆 | 國曆 | 干支 | 時盤 | 日盤 | 農曆 | 國曆 | 干支 | 時盤 | 日盤 | 農曆 | 國曆 | 干支 | 時盤 | 日盤 | 農曆 | 國曆 | 干支 | 時盤 | 日盤 | 農曆 | 國曆 | 干支 | 時盤 | 日盤 | 農曆 | 國曆 | 干支 | 時盤 | 日盤 |
| 1 | 7/11 | 癸亥 | 六 | 一 | 1 | 6/11 | 癸巳 | 8 | 6 | 1 | 5/13 | 甲子 | 4 | 4 | 1 | 4/14 | 乙未 | 4 | 2 | 1 | 3/15 | 乙丑 | 1 | 8 | 1 | 2/14 | 丙申 | 8 | 6 |
| 2 | 7/12 | 甲子 | 八 | 九 | 2 | 6/12 | 甲午 | 6 | 7 | 2 | 5/14 | 乙丑 | 4 | 5 | 2 | 4/15 | 丙申 | 4 | 3 | 2 | 3/16 | 丙寅 | 1 | 9 | 2 | 2/15 | 丁酉 | 8 | 7 |
| 3 | 7/13 | 乙丑 | 八 | 八 | 3 | 6/13 | 乙未 | 6 | 8 | 3 | 5/15 | 丙寅 | 4 | 6 | 3 | 4/16 | 丁酉 | 4 | 4 | 3 | 3/17 | 丁卯 | 1 | 1 | 3 | 2/16 | 戊戌 | 8 | 8 |
| 4 | 7/14 | 丙寅 | 八 | 七 | 4 | 6/14 | 丙申 | 6 | 9 | 4 | 5/16 | 丁卯 | 4 | 7 | 4 | 4/17 | 戊戌 | 4 | 5 | 4 | 3/18 | 戊辰 | 1 | 2 | 4 | 2/17 | 己亥 | 5 | 9 |
| 5 | 7/15 | 丁卯 | 八 | 六 | 5 | 6/15 | 丁酉 | 6 | 1 | 5 | 5/17 | 戊辰 | 4 | 8 | 5 | 4/18 | 己亥 | 1 | 6 | 5 | 3/19 | 己巳 | 7 | 3 | 5 | 2/18 | 庚子 | 5 | 1 |
| 6 | 7/16 | 戊辰 | 八 | 五 | 6 | 6/16 | 戊戌 | 6 | 2 | 6 | 5/18 | 己巳 | 1 | 9 | 6 | 4/19 | 庚子 | 1 | 7 | 6 | 3/20 | 庚午 | 7 | 4 | 6 | 2/19 | 辛丑 | 5 | 2 |
| 7 | 7/17 | 己巳 | 二 | 四 | 7 | 6/17 | 己亥 | 3 | 3 | 7 | 5/19 | 庚午 | 1 | 1 | 7 | 4/20 | 辛丑 | 1 | 8 | 7 | 3/21 | 辛未 | 7 | 5 | 7 | 2/20 | 壬寅 | 5 | 3 |
| 8 | 7/18 | 庚午 | 二 | 三 | 8 | 6/18 | 庚子 | 3 | 4 | 8 | 5/20 | 辛未 | 1 | 2 | 8 | 4/21 | 壬寅 | 1 | 9 | 8 | 3/22 | 壬申 | 7 | 6 | 8 | 2/21 | 癸卯 | 5 | 4 |
| 9 | 7/19 | 辛未 | 二 | 二 | 9 | 6/19 | 辛丑 | 3 | 5 | 9 | 5/21 | 壬申 | 1 | 3 | 9 | 4/22 | 癸卯 | 1 | 1 | 9 | 3/23 | 癸酉 | 7 | 7 | 9 | 2/22 | 甲辰 | 2 | 5 |
| 10 | 7/20 | 壬申 | 二 | 一 | 10 | 6/20 | 壬寅 | 3 | 6 | 10 | 5/22 | 癸酉 | 1 | 4 | 10 | 4/23 | 甲辰 | 7 | 2 | 10 | 3/24 | 甲戌 | 4 | 8 | 10 | 2/23 | 乙巳 | 2 | 6 |
| 11 | 7/21 | 癸酉 | 二 | 九 | 11 | 6/21 | 癸卯 | 3 | 7 | 11 | 5/23 | 甲戌 | 7 | 5 | 11 | 4/24 | 乙巳 | 7 | 3 | 11 | 3/25 | 乙亥 | 4 | 9 | 11 | 2/24 | 丙午 | 2 | 7 |
| 12 | 7/22 | 甲戌 | 五 | 八 | 12 | 6/22 | 甲辰 | 9 | 二 | 12 | 5/24 | 乙亥 | 7 | 6 | 12 | 4/25 | 丙午 | 7 | 4 | 12 | 3/26 | 丙子 | 4 | 1 | 12 | 2/25 | 丁未 | 2 | 8 |
| 13 | 7/23 | 乙亥 | 五 | 七 | 13 | 6/23 | 乙巳 | 9 | 一 | 13 | 5/25 | 丙子 | 7 | 7 | 13 | 4/26 | 丁未 | 7 | 5 | 13 | 3/27 | 丁丑 | 4 | 2 | 13 | 2/26 | 戊申 | 2 | 9 |
| 14 | 7/24 | 丙子 | 五 | 六 | 14 | 6/24 | 丙午 | 9 | 九 | 14 | 5/26 | 丁丑 | 7 | 8 | 14 | 4/27 | 戊申 | 7 | 6 | 14 | 3/28 | 戊寅 | 4 | 3 | 14 | 2/27 | 己酉 | 9 | 1 |
| 15 | 7/25 | 丁丑 | 五 | 五 | 15 | 6/25 | 丁未 | 9 | 八 | 15 | 5/27 | 戊寅 | 7 | 9 | 15 | 4/28 | 己酉 | 5 | 7 | 15 | 3/29 | 己卯 | 3 | 4 | 15 | 2/28 | 庚戌 | 9 | 2 |
| 16 | 7/26 | 戊寅 | 五 | 四 | 16 | 6/26 | 戊申 | 9 | 七 | 16 | 5/28 | 己卯 | 5 | 1 | 16 | 4/29 | 庚戌 | 5 | 8 | 16 | 3/30 | 庚辰 | 3 | 5 | 16 | 3/1 | 辛亥 | 9 | 3 |
| 17 | 7/27 | 己卯 | 七 | 三 | 17 | 6/27 | 己酉 | 九 | 六 | 17 | 5/29 | 庚辰 | 5 | 2 | 17 | 4/30 | 辛亥 | 5 | 9 | 17 | 3/31 | 辛巳 | 3 | 6 | 17 | 3/2 | 壬子 | 9 | 4 |
| 18 | 7/28 | 庚辰 | 七 | 二 | 18 | 6/28 | 庚戌 | 九 | 五 | 18 | 5/30 | 辛巳 | 5 | 3 | 18 | 5/1 | 壬子 | 5 | 1 | 18 | 4/1 | 壬午 | 3 | 7 | 18 | 3/3 | 癸丑 | 9 | 5 |
| 19 | 7/29 | 辛巳 | 七 | 一 | 19 | 6/29 | 辛亥 | 九 | 四 | 19 | 5/31 | 壬午 | 5 | 4 | 19 | 5/2 | 癸丑 | 5 | 2 | 19 | 4/2 | 癸未 | 3 | 8 | 19 | 3/4 | 甲寅 | 6 | 6 |
| 20 | 7/30 | 壬午 | 七 | 九 | 20 | 6/30 | 壬子 | 九 | 三 | 20 | 6/1 | 癸未 | 5 | 5 | 20 | 5/3 | 甲寅 | 2 | 3 | 20 | 4/3 | 甲申 | 9 | 9 | 20 | 3/5 | 乙卯 | 6 | 7 |
| 21 | 7/31 | 癸未 | 七 | 八 | 21 | 7/1 | 癸丑 | 九 | 二 | 21 | 6/2 | 甲申 | 2 | 6 | 21 | 5/4 | 乙卯 | 2 | 4 | 21 | 4/4 | 乙酉 | 9 | 1 | 21 | 3/6 | 丙辰 | 6 | 8 |
| 22 | 8/1 | 甲申 | 一 | 七 | 22 | 7/2 | 甲寅 | 三 | 一 | 22 | 6/3 | 乙酉 | 2 | 7 | 22 | 5/5 | 丙辰 | 2 | 5 | 22 | 4/5 | 丙戌 | 9 | 2 | 22 | 3/7 | 丁巳 | 6 | 9 |
| 23 | 8/2 | 乙酉 | 一 | 六 | 23 | 7/3 | 乙卯 | 三 | 九 | 23 | 6/4 | 丙戌 | 2 | 8 | 23 | 5/6 | 丁巳 | 2 | 6 | 23 | 4/6 | 丁亥 | 9 | 3 | 23 | 3/8 | 戊午 | 6 | 1 |
| 24 | 8/3 | 丙戌 | 一 | 五 | 24 | 7/4 | 丙辰 | 三 | 八 | 24 | 6/5 | 丁亥 | 2 | 9 | 24 | 5/7 | 戊午 | 2 | 7 | 24 | 4/7 | 戊子 | 9 | 4 | 24 | 3/9 | 己未 | 3 | 2 |
| 25 | 8/4 | 丁亥 | 一 | 四 | 25 | 7/5 | 丁巳 | 三 | 七 | 25 | 6/6 | 戊子 | 2 | 1 | 25 | 5/8 | 己未 | 8 | 8 | 25 | 4/8 | 己丑 | 6 | 5 | 25 | 3/10 | 庚申 | 3 | 3 |
| 26 | 8/5 | 戊子 | 一 | 三 | 26 | 7/6 | 戊午 | 三 | 六 | 26 | 6/7 | 己丑 | 8 | 2 | 26 | 5/9 | 庚申 | 8 | 9 | 26 | 4/9 | 庚寅 | 6 | 6 | 26 | 3/11 | 辛酉 | 3 | 4 |
| 27 | 8/6 | 己丑 | 四 | 二 | 27 | 7/7 | 己未 | 六 | 五 | 27 | 6/8 | 庚寅 | 8 | 3 | 27 | 5/10 | 辛酉 | 8 | 1 | 27 | 4/10 | 辛卯 | 6 | 7 | 27 | 3/12 | 壬戌 | 3 | 5 |
| 28 | 8/7 | 庚寅 | 四 | 一 | 28 | 7/8 | 庚申 | 六 | 四 | 28 | 6/9 | 辛卯 | 8 | 4 | 28 | 5/11 | 壬戌 | 8 | 2 | 28 | 4/11 | 壬辰 | 6 | 8 | 28 | 3/13 | 癸亥 | 3 | 6 |
| 29 | 8/8 | 辛卯 | 四 | 九 | 29 | 7/9 | 辛酉 | 六 | 三 | 29 | 6/10 | 壬辰 | 8 | 5 | 29 | 5/12 | 癸亥 | 8 | 3 | 29 | 4/12 | 癸巳 | 6 | 9 | 29 | 3/14 | 甲子 | 1 | 7 |
| 30 | 8/9 | 壬辰 | 四 | 八 | 30 | 7/10 | 壬戌 | 六 | 二 | | | | | | | | | | | 30 | 4/13 | 甲午 | 4 | 1 | | | | | |

# 西元1953年（癸巳）肖蛇 民國42年（女巽命）

奇門遁甲局數如標示為 一 ～九表示陰局　　如標示為1 ～9 表示陽局

| 十二月 | 十一月 | 十　月 | 九　月 | 八　月 | 七　月 |
|---|---|---|---|---|---|
| 乙丑 | 甲子 | 癸亥 | 壬戌 | 辛酉 | 庚申 |
| 九紫火 | 一白水 | 二黑土 | 三碧木 | 四綠木 | 五黃土 |
| 大寒 22時12分 十六亥時；小寒 04時46分 初二寅時 | 冬至 11時32分 十七午時；大雪 17時38分 初二酉時 | 小雪 22時23分 十六亥時；立冬 01時02分 初二丑時 | 霜降 01時07分 十七丑時；寒露 22時11分 初一亥時 | 秋分 16時07分 十六申時；白露 06時54分 初一卯時 | 處暑 18時46分 十四酉時 |
| 奇門遁甲局數 | 奇門遁甲局數 | 奇門遁甲局數 | 奇門遁甲局數 | 奇門遁甲局數 | 奇門遁甲局數 |

十二月

| 農曆 | 國曆 | 干支 | 時盤 | 日盤 |
|---|---|---|---|---|
| 1 | 1/5 | 辛酉 | 4 | 7 |
| 2 | 1/6 | 壬戌 | 4 | 8 |
| 3 | 1/7 | 癸亥 | 4 | 9 |
| 4 | 1/8 | 甲子 | 2 | 1 |
| 5 | 1/9 | 乙丑 | 2 | 2 |
| 6 | 1/10 | 丙寅 | 2 | 3 |
| 7 | 1/11 | 丁卯 | 2 | 4 |
| 8 | 1/12 | 戊辰 | 2 | 5 |
| 9 | 1/13 | 己巳 | 8 | 6 |
| 10 | 1/14 | 庚午 | 8 | 7 |
| 11 | 1/15 | 辛未 | 8 | 8 |
| 12 | 1/16 | 壬申 | 8 | 9 |
| 13 | 1/17 | 癸酉 | 8 | 1 |
| 14 | 1/18 | 甲戌 | 5 | 2 |
| 15 | 1/19 | 乙亥 | 5 | 3 |
| 16 | 1/20 | 丙子 | 5 | 4 |
| 17 | 1/21 | 丁丑 | 5 | 5 |
| 18 | 1/22 | 戊寅 | 5 | 6 |
| 19 | 1/23 | 己卯 | 3 | 7 |
| 20 | 1/24 | 庚辰 | 3 | 8 |
| 21 | 1/25 | 辛巳 | 3 | 9 |
| 22 | 1/26 | 壬午 | 3 | 1 |
| 23 | 1/27 | 癸未 | 3 | 2 |
| 24 | 1/28 | 甲申 | 9 | 3 |
| 25 | 1/29 | 乙酉 | 9 | 4 |
| 26 | 1/30 | 丙戌 | 9 | 5 |
| 27 | 1/31 | 丁亥 | 9 | 6 |
| 28 | 2/1 | 戊子 | 9 | 7 |
| 29 | 2/2 | 己丑 | 6 | 8 |

十一月

| 農曆 | 國曆 | 干支 | 時盤 | 日盤 |
|---|---|---|---|---|
| 1 | 12/6 | 辛卯 | 二 | 六 |
| 2 | 12/7 | 壬辰 | 二 | 五 |
| 3 | 12/8 | 癸巳 | 二 | 四 |
| 4 | 12/9 | 甲午 | 四 | 三 |
| 5 | 12/10 | 乙未 | 四 | 二 |
| 6 | 12/11 | 丙申 | 四 | 一 |
| 7 | 12/12 | 丁酉 | 四 | 九 |
| 8 | 12/13 | 戊戌 | 四 | 八 |
| 9 | 12/14 | 己亥 | 七 | 七 |
| 10 | 12/15 | 庚子 | 七 | 六 |
| 11 | 12/16 | 辛丑 | 七 | 五 |
| 12 | 12/17 | 壬寅 | 七 | 四 |
| 13 | 12/18 | 癸卯 | 七 | 三 |
| 14 | 12/19 | 甲辰 | 一 | 二 |
| 15 | 12/20 | 乙巳 | 一 | 一 |
| 16 | 12/21 | 丙午 | 一 | 九 |
| 17 | 12/22 | 丁未 | 一 | 2 |
| 18 | 12/23 | 戊申 | 一 | 3 |
| 19 | 12/24 | 己酉 | 1 | 4 |
| 20 | 12/25 | 庚戌 | 1 | 5 |
| 21 | 12/26 | 辛亥 | 1 | 6 |
| 22 | 12/27 | 壬子 | 1 | 7 |
| 23 | 12/28 | 癸丑 | 1 | 8 |
| 24 | 12/29 | 甲寅 | 7 | 9 |
| 25 | 12/30 | 乙卯 | 7 | 1 |
| 26 | 12/31 | 丙辰 | 7 | 2 |
| 27 | 1/1 | 丁巳 | 7 | 3 |
| 28 | 1/2 | 戊午 | 7 | 4 |
| 29 | 1/3 | 己未 | 4 | 5 |
| 30 | 1/4 | 庚申 | 4 | 6 |

十月

| 農曆 | 國曆 | 干支 | 時盤 | 日盤 |
|---|---|---|---|---|
| 1 | 11/7 | 壬戌 | 二 | 八 |
| 2 | 11/8 | 癸亥 | 二 | 七 |
| 3 | 11/9 | 甲子 | 六 | 六 |
| 4 | 11/10 | 乙丑 | 六 | 五 |
| 5 | 11/11 | 丙寅 | 六 | 四 |
| 6 | 11/12 | 丁卯 | 六 | 三 |
| 7 | 11/13 | 戊辰 | 六 | 二 |
| 8 | 11/14 | 己巳 | 九 | 一 |
| 9 | 11/15 | 庚午 | 九 | 九 |
| 10 | 11/16 | 辛未 | 九 | 八 |
| 11 | 11/17 | 壬申 | 九 | 七 |
| 12 | 11/18 | 癸酉 | 九 | 六 |
| 13 | 11/19 | 甲戌 | 三 | 五 |
| 14 | 11/20 | 乙亥 | 三 | 四 |
| 15 | 11/21 | 丙子 | 三 | 三 |
| 16 | 11/22 | 丁丑 | 三 | 二 |
| 17 | 11/23 | 戊寅 | 三 | 一 |
| 18 | 11/24 | 己卯 | 五 | 九 |
| 19 | 11/25 | 庚辰 | 五 | 八 |
| 20 | 11/26 | 辛巳 | 五 | 七 |
| 21 | 11/27 | 壬午 | 五 | 六 |
| 22 | 11/28 | 癸未 | 五 | 五 |
| 23 | 11/29 | 甲申 | 八 | 四 |
| 24 | 11/30 | 乙酉 | 八 | 三 |
| 25 | 12/1 | 丙戌 | 八 | 二 |
| 26 | 12/2 | 丁亥 | 八 | 一 |
| 27 | 12/3 | 戊子 | 八 | 九 |
| 28 | 12/4 | 己丑 | 二 | 八 |
| 29 | 12/5 | 庚寅 | 二 | 七 |

九月

| 農曆 | 國曆 | 干支 | 時盤 | 日盤 |
|---|---|---|---|---|
| 1 | 10/8 | 壬辰 | 四 | 二 |
| 2 | 10/9 | 癸巳 | 四 | 一 |
| 3 | 10/10 | 甲午 | 六 | 九 |
| 4 | 10/11 | 乙未 | 六 | 八 |
| 5 | 10/12 | 丙申 | 六 | 七 |
| 6 | 10/13 | 丁酉 | 六 | 六 |
| 7 | 10/14 | 戊戌 | 六 | 五 |
| 8 | 10/15 | 己亥 | 九 | 四 |
| 9 | 10/16 | 庚子 | 九 | 三 |
| 10 | 10/17 | 辛丑 | 九 | 二 |
| 11 | 10/18 | 壬寅 | 九 | 一 |
| 12 | 10/19 | 癸卯 | 九 | 九 |
| 13 | 10/20 | 甲辰 | 三 | 八 |
| 14 | 10/21 | 乙巳 | 三 | 七 |
| 15 | 10/22 | 丙午 | 三 | 六 |
| 16 | 10/23 | 丁未 | 三 | 五 |
| 17 | 10/24 | 戊申 | 三 | 四 |
| 18 | 10/25 | 己酉 | 五 | 三 |
| 19 | 10/26 | 庚戌 | 五 | 二 |
| 20 | 10/27 | 辛亥 | 五 | 一 |
| 21 | 10/28 | 壬子 | 五 | 九 |
| 22 | 10/29 | 癸丑 | 五 | 八 |
| 23 | 10/30 | 甲寅 | 八 | 七 |
| 24 | 10/31 | 乙卯 | 八 | 六 |
| 25 | 11/1 | 丙辰 | 八 | 五 |
| 26 | 11/2 | 丁巳 | 八 | 四 |
| 27 | 11/3 | 戊午 | 八 | 三 |
| 28 | 11/4 | 己未 | 二 | 二 |
| 29 | 11/5 | 庚申 | 二 | 一 |
| 30 | 11/6 | 辛酉 | 二 | 九 |

八月

| 農曆 | 國曆 | 干支 | 時盤 | 日盤 |
|---|---|---|---|---|
| 1 | 9/8 | 壬戌 | 七 | 五 |
| 2 | 9/9 | 癸亥 | 七 | 四 |
| 3 | 9/10 | 甲子 | 九 | 三 |
| 4 | 9/11 | 乙丑 | 九 | 二 |
| 5 | 9/12 | 丙寅 | 九 | 一 |
| 6 | 9/13 | 丁卯 | 九 | 九 |
| 7 | 9/14 | 戊辰 | 九 | 八 |
| 8 | 9/15 | 己巳 | 三 | 七 |
| 9 | 9/16 | 庚午 | 三 | 六 |
| 10 | 9/17 | 辛未 | 三 | 五 |
| 11 | 9/18 | 壬申 | 三 | 四 |
| 12 | 9/19 | 癸酉 | 三 | 三 |
| 13 | 9/20 | 甲戌 | 六 | 二 |
| 14 | 9/21 | 乙亥 | 六 | 一 |
| 15 | 9/22 | 丙子 | 六 | 九 |
| 16 | 9/23 | 丁丑 | 六 | 八 |
| 17 | 9/24 | 戊寅 | 六 | 七 |
| 18 | 9/25 | 己卯 | 七 | 六 |
| 19 | 9/26 | 庚辰 | 七 | 五 |
| 20 | 9/27 | 辛巳 | 七 | 四 |
| 21 | 9/28 | 壬午 | 七 | 三 |
| 22 | 9/29 | 癸未 | 七 | 二 |
| 23 | 9/30 | 甲申 | 一 | 一 |
| 24 | 10/1 | 乙酉 | 一 | 九 |
| 25 | 10/2 | 丙戌 | 一 | 八 |
| 26 | 10/3 | 丁亥 | 一 | 七 |
| 27 | 10/4 | 戊子 | 一 | 六 |
| 28 | 10/5 | 己丑 | 四 | 五 |
| 29 | 10/6 | 庚寅 | 四 | 四 |
| 30 | 10/7 | 辛卯 | 四 | 三 |

七月

| 農曆 | 國曆 | 干支 | 時盤 | 日盤 |
|---|---|---|---|---|
| 1 | 8/10 | 癸巳 | 四 | 七 |
| 2 | 8/11 | 甲午 | 二 | 六 |
| 3 | 8/12 | 乙未 | 二 | 五 |
| 4 | 8/13 | 丙申 | 二 | 四 |
| 5 | 8/14 | 丁酉 | 二 | 三 |
| 6 | 8/15 | 戊戌 | 二 | 二 |
| 7 | 8/16 | 己亥 | 五 | 一 |
| 8 | 8/17 | 庚子 | 五 | 九 |
| 9 | 8/18 | 辛丑 | 五 | 八 |
| 10 | 8/19 | 壬寅 | 五 | 七 |
| 11 | 8/20 | 癸卯 | 五 | 六 |
| 12 | 8/21 | 甲辰 | 八 | 五 |
| 13 | 8/22 | 乙巳 | 八 | 四 |
| 14 | 8/23 | 丙午 | 八 | 三 |
| 15 | 8/24 | 丁未 | 八 | 二 |
| 16 | 8/25 | 戊申 | 八 | 一 |
| 17 | 8/26 | 己酉 | 一 | 九 |
| 18 | 8/27 | 庚戌 | 一 | 八 |
| 19 | 8/28 | 辛亥 | 一 | 七 |
| 20 | 8/29 | 壬子 | 一 | 六 |
| 21 | 8/30 | 癸丑 | 一 | 五 |
| 22 | 8/31 | 甲寅 | 四 | 四 |
| 23 | 9/1 | 乙卯 | 四 | 三 |
| 24 | 9/2 | 丙辰 | 四 | 二 |
| 25 | 9/3 | 丁巳 | 四 | 一 |
| 26 | 9/4 | 戊午 | 四 | 九 |
| 27 | 9/5 | 己未 | 七 | 八 |
| 28 | 9/6 | 庚申 | 七 | 七 |
| 29 | 9/7 | 辛酉 | 七 | 六 |

# 西元1954年（甲午）肖馬 民國43年（男坎命）

奇門遁甲局數如標示為 一 ～九表示陰局　　如標示為1 ～9 表示陽局

| 六月 | | | | | 五月 | | | | | 四月 | | | | | 三月 | | | | | 二月 | | | | | 正月 | | | | |
|---|---|---|---|---|---|---|---|---|---|---|---|---|---|---|---|---|---|---|---|---|---|---|---|---|---|---|---|---|---|
| 辛未 | | | | | 庚午 | | | | | 己巳 | | | | | 戊辰 | | | | | 丁卯 | | | | | 丙寅 | | | | |
| 三碧木 | | | | | 四綠木 | | | | | 五黃土 | | | | | 六白金 | | | | | 七赤金 | | | | | 八白土 | | | | |
| 大暑 17時45分 | 廿四酉時 | 小暑 00時20分 初九子時 | 奇門遁甲局數 | | 夏至 06時55分 | 廿二卯時 | 芒種 14時02分 初六未時 | 奇門遁甲局數 | | 小滿 22時48分 | 十九亥時 | 立夏 09時38分 初四巳時 | 奇門遁甲局數 | | 穀雨 23時20分 | 十八子時 | 清明 16時00分 初三申時 | 奇門遁甲局數 | | 春分 11時54分 | 十七午時 | 驚蟄 10時49分 初二巳時 | 奇門遁甲局數 | | 雨水 12時33分 | 十七午時 | 立春 16時31分 初二申時 | 奇門遁甲局數 | |
| 農曆 | 國曆 | 干支 | 時盤 | 日盤 | 農曆 | 國曆 | 干支 | 時盤 | 日盤 | 農曆 | 國曆 | 干支 | 時盤 | 日盤 | 農曆 | 國曆 | 干支 | 時盤 | 日盤 | 農曆 | 國曆 | 干支 | 時盤 | 日盤 | 農曆 | 國曆 | 干支 | 時盤 | 日盤 |
| 1 | 6/30 | 丁巳 | 三 | 七 | 1 | 6/1 | 戊子 | 2 | 1 | 1 | 5/3 | 己未 | 8 | 8 | 1 | 4/3 | 己丑 | 6 | 5 | 1 | 3/5 | 庚申 | 3 | 3 | 1 | 2/3 | 庚寅 | 6 | 9 |
| 2 | 7/1 | 戊午 | 三 | 六 | 2 | 6/2 | 己丑 | 8 | 2 | 2 | 5/4 | 庚申 | 8 | 9 | 2 | 4/4 | 庚寅 | 6 | 6 | 2 | 3/6 | 辛酉 | 3 | 4 | 2 | 2/4 | 辛卯 | 6 | 1 |
| 3 | 7/2 | 己未 | 六 | 五 | 3 | 6/3 | 庚寅 | 8 | 3 | 3 | 5/5 | 辛酉 | 8 | 1 | 3 | 4/5 | 辛卯 | 6 | 7 | 3 | 3/7 | 壬戌 | 3 | 5 | 3 | 2/5 | 壬辰 | 6 | 2 |
| 4 | 7/3 | 庚申 | 六 | 四 | 4 | 6/4 | 辛卯 | 8 | 4 | 4 | 5/6 | 壬戌 | 8 | 2 | 4 | 4/6 | 壬辰 | 6 | 8 | 4 | 3/8 | 癸亥 | 3 | 6 | 4 | 2/6 | 癸巳 | 6 | 3 |
| 5 | 7/4 | 辛酉 | 六 | 三 | 5 | 6/5 | 壬辰 | 8 | 5 | 5 | 5/7 | 癸亥 | 8 | 3 | 5 | 4/7 | 癸巳 | 6 | 9 | 5 | 3/9 | 甲子 | 1 | 7 | 5 | 2/7 | 甲午 | 8 | 4 |
| 6 | 7/5 | 壬戌 | 六 | 二 | 6 | 6/6 | 癸巳 | 8 | 6 | 6 | 5/8 | 甲子 | 4 | 4 | 6 | 4/8 | 甲午 | 4 | 1 | 6 | 3/10 | 乙丑 | 1 | 8 | 6 | 2/8 | 乙未 | 8 | 5 |
| 7 | 7/6 | 癸亥 | 六 | 一 | 7 | 6/7 | 甲午 | 6 | 7 | 7 | 5/9 | 乙丑 | 4 | 5 | 7 | 4/9 | 乙未 | 4 | 2 | 7 | 3/11 | 丙寅 | 1 | 9 | 7 | 2/9 | 丙申 | 8 | 6 |
| 8 | 7/7 | 甲子 | 八 | 九 | 8 | 6/8 | 乙未 | 6 | 8 | 8 | 5/10 | 丙寅 | 4 | 6 | 8 | 4/10 | 丙申 | 4 | 3 | 8 | 3/12 | 丁卯 | 1 | 1 | 8 | 2/10 | 丁酉 | 8 | 7 |
| 9 | 7/8 | 乙丑 | 八 | 八 | 9 | 6/9 | 丙申 | 6 | 9 | 9 | 5/11 | 丁卯 | 4 | 7 | 9 | 4/11 | 丁酉 | 4 | 4 | 9 | 3/13 | 戊辰 | 1 | 2 | 9 | 2/11 | 戊戌 | 8 | 8 |
| 10 | 7/9 | 丙寅 | 八 | 七 | 10 | 6/10 | 丁酉 | 6 | 1 | 10 | 5/12 | 戊辰 | 4 | 8 | 10 | 4/12 | 戊戌 | 4 | 5 | 10 | 3/14 | 己巳 | 7 | 3 | 10 | 2/12 | 己亥 | 5 | 9 |
| 11 | 7/10 | 丁卯 | 八 | 六 | 11 | 6/11 | 戊戌 | 6 | 2 | 11 | 5/13 | 己巳 | 1 | 9 | 11 | 4/13 | 己亥 | 1 | 6 | 11 | 3/15 | 庚午 | 7 | 4 | 11 | 2/13 | 庚子 | 5 | 1 |
| 12 | 7/11 | 戊辰 | 八 | 五 | 12 | 6/12 | 己亥 | 3 | 3 | 12 | 5/14 | 庚午 | 1 | 1 | 12 | 4/14 | 庚子 | 1 | 7 | 12 | 3/16 | 辛未 | 7 | 5 | 12 | 2/14 | 辛丑 | 5 | 2 |
| 13 | 7/12 | 己巳 | 二 | 四 | 13 | 6/13 | 庚子 | 3 | 4 | 13 | 5/15 | 辛未 | 1 | 2 | 13 | 4/15 | 辛丑 | 1 | 8 | 13 | 3/17 | 壬申 | 7 | 6 | 13 | 2/15 | 壬寅 | 5 | 3 |
| 14 | 7/13 | 庚午 | 二 | 三 | 14 | 6/14 | 辛丑 | 3 | 5 | 14 | 5/16 | 壬申 | 1 | 3 | 14 | 4/16 | 壬寅 | 1 | 9 | 14 | 3/18 | 癸酉 | 7 | 7 | 14 | 2/16 | 癸卯 | 5 | 4 |
| 15 | 7/14 | 辛未 | 二 | 二 | 15 | 6/15 | 壬寅 | 3 | 6 | 15 | 5/17 | 癸酉 | 1 | 4 | 15 | 4/17 | 癸卯 | 1 | 1 | 15 | 3/19 | 甲戌 | 4 | 8 | 15 | 2/17 | 甲辰 | 2 | 5 |
| 16 | 7/15 | 壬申 | 二 | 一 | 16 | 6/16 | 癸卯 | 3 | 7 | 16 | 5/18 | 甲戌 | 7 | 5 | 16 | 4/18 | 甲辰 | 7 | 2 | 16 | 3/20 | 乙亥 | 4 | 9 | 16 | 2/18 | 乙巳 | 2 | 6 |
| 17 | 7/16 | 癸酉 | 二 | 九 | 17 | 6/17 | 甲辰 | 9 | 8 | 17 | 5/19 | 乙亥 | 7 | 6 | 17 | 4/19 | 乙巳 | 7 | 3 | 17 | 3/21 | 丙子 | 4 | 1 | 17 | 2/19 | 丙午 | 2 | 7 |
| 18 | 7/17 | 甲戌 | 五 | 八 | 18 | 6/18 | 乙巳 | 9 | 9 | 18 | 5/20 | 丙子 | 7 | 7 | 18 | 4/20 | 丙午 | 7 | 4 | 18 | 3/22 | 丁丑 | 4 | 2 | 18 | 2/20 | 丁未 | 2 | 8 |
| 19 | 7/18 | 乙亥 | 五 | 七 | 19 | 6/19 | 丙午 | 9 | 1 | 19 | 5/21 | 丁丑 | 7 | 8 | 19 | 4/21 | 丁未 | 7 | 5 | 19 | 3/23 | 戊寅 | 4 | 3 | 19 | 2/21 | 戊申 | 2 | 9 |
| 20 | 7/19 | 丙子 | 五 | 六 | 20 | 6/20 | 丁未 | 9 | 2 | 20 | 5/22 | 戊寅 | 7 | 9 | 20 | 4/22 | 戊申 | 7 | 6 | 20 | 3/24 | 己卯 | 3 | 4 | 20 | 2/22 | 己酉 | 9 | 1 |
| 21 | 7/20 | 丁丑 | 五 | 五 | 21 | 6/21 | 戊申 | 9 | 3 | 21 | 5/23 | 己卯 | 5 | 1 | 21 | 4/23 | 己酉 | 5 | 7 | 21 | 3/25 | 庚辰 | 3 | 5 | 21 | 2/23 | 庚戌 | 9 | 2 |
| 22 | 7/21 | 戊寅 | 五 | 四 | 22 | 6/22 | 己酉 | 九 | 六 | 22 | 5/24 | 庚辰 | 5 | 2 | 22 | 4/24 | 庚戌 | 5 | 8 | 22 | 3/26 | 辛巳 | 3 | 6 | 22 | 2/24 | 辛亥 | 9 | 3 |
| 23 | 7/22 | 己卯 | 七 | 三 | 23 | 6/23 | 庚戌 | 九 | 五 | 23 | 5/25 | 辛巳 | 5 | 3 | 23 | 4/25 | 辛亥 | 5 | 9 | 23 | 3/27 | 壬午 | 3 | 7 | 23 | 2/25 | 壬子 | 9 | 4 |
| 24 | 7/23 | 庚辰 | 七 | 二 | 24 | 6/24 | 辛亥 | 九 | 四 | 24 | 5/26 | 壬午 | 5 | 4 | 24 | 4/26 | 壬子 | 5 | 1 | 24 | 3/28 | 癸未 | 3 | 8 | 24 | 2/26 | 癸丑 | 9 | 5 |
| 25 | 7/24 | 辛巳 | 七 | 一 | 25 | 6/25 | 壬子 | 九 | 三 | 25 | 5/27 | 癸未 | 5 | 5 | 25 | 4/27 | 癸丑 | 5 | 2 | 25 | 3/29 | 甲申 | 9 | 9 | 25 | 2/27 | 甲寅 | 6 | 6 |
| 26 | 7/25 | 壬午 | 七 | 九 | 26 | 6/26 | 癸丑 | 九 | 二 | 26 | 5/28 | 甲申 | 2 | 6 | 26 | 4/28 | 甲寅 | 2 | 3 | 26 | 3/30 | 乙酉 | 9 | 1 | 26 | 2/28 | 乙卯 | 6 | 7 |
| 27 | 7/26 | 癸未 | 七 | 八 | 27 | 6/27 | 甲寅 | 三 | 一 | 27 | 5/29 | 乙酉 | 2 | 7 | 27 | 4/29 | 乙卯 | 2 | 4 | 27 | 3/31 | 丙戌 | 9 | 2 | 27 | 3/1 | 丙辰 | 6 | 8 |
| 28 | 7/27 | 甲申 | 一 | 七 | 28 | 6/28 | 乙卯 | 三 | 九 | 28 | 5/30 | 丙戌 | 2 | 8 | 28 | 4/30 | 丙辰 | 2 | 5 | 28 | 4/1 | 丁亥 | 9 | 3 | 28 | 3/2 | 丁巳 | 6 | 9 |
| 29 | 7/28 | 乙酉 | 一 | 六 | 29 | 6/29 | 丙辰 | 三 | 八 | 29 | 5/31 | 丁亥 | 2 | 9 | 29 | 5/1 | 丁巳 | 2 | 6 | 29 | 4/2 | 戊子 | 9 | 4 | 29 | 3/3 | 戊午 | 6 | 1 |
| 30 | 7/29 | 丙戌 | 一 | 五 | | | | | | | | | | | 30 | 5/2 | 戊午 | 2 | 7 | | | | | | 30 | 3/4 | 己未 | 3 | 2 |

# 西元1954年（甲午）肖馬 民國43年（女艮命）

奇門遁甲局數如標示為 一 ～九表示陰局　　如標示為1 ～9 表示陽局

## 十二月　丁丑　六白金

大寒 04時02分 廿八寅時　小寒 10時36分 十三巳時

| 農曆 | 國曆 | 干支 | 時盤 | 日盤 |
|---|---|---|---|---|
| 1 | 12/25 | 乙卯 | 7 | 1 |
| 2 | 12/26 | 丙辰 | 7 | 2 |
| 3 | 12/27 | 丁巳 | 7 | 3 |
| 4 | 12/28 | 戊午 | 7 | 4 |
| 5 | 12/29 | 己未 | 4 | 5 |
| 6 | 12/30 | 庚申 | 4 | 6 |
| 7 | 12/31 | 辛酉 | 4 | 7 |
| 8 | 1/1 | 壬戌 | 4 | 8 |
| 9 | 1/2 | 癸亥 | 4 | 9 |
| 10 | 1/3 | 甲子 | 2 | 1 |
| 11 | 1/4 | 乙丑 | 2 | 2 |
| 12 | 1/5 | 丙寅 | 2 | 3 |
| 13 | 1/6 | 丁卯 | 2 | 4 |
| 14 | 1/7 | 戊辰 | 2 | 5 |
| 15 | 1/8 | 己巳 | 8 | 6 |
| 16 | 1/9 | 庚午 | 8 | 7 |
| 17 | 1/10 | 辛未 | 8 | 8 |
| 18 | 1/11 | 壬申 | 8 | 9 |
| 19 | 1/12 | 癸酉 | 8 | 1 |
| 20 | 1/13 | 甲戌 | 5 | 2 |
| 21 | 1/14 | 乙亥 | 5 | 3 |
| 22 | 1/15 | 丙子 | 5 | 4 |
| 23 | 1/16 | 丁丑 | 5 | 5 |
| 24 | 1/17 | 戊寅 | 5 | 6 |
| 25 | 1/18 | 己卯 | 3 | 7 |
| 26 | 1/19 | 庚辰 | 3 | 8 |
| 27 | 1/20 | 辛巳 | 3 | 9 |
| 28 | 1/21 | 壬午 | 3 | 1 |
| 29 | 1/22 | 癸未 | 3 | 2 |
| 30 | 1/23 | 甲申 | 9 | 3 |

## 十一月　丙子　七赤金

冬至 17時25分 廿八酉時　大雪 23時29分 十三子時

| 農曆 | 國曆 | 干支 | 時盤 | 日盤 |
|---|---|---|---|---|
| 1 | 11/25 | 乙酉 | 八 | 三 |
| 2 | 11/26 | 丙戌 | 八 | 二 |
| 3 | 11/27 | 丁亥 | 八 | 一 |
| 4 | 11/28 | 戊子 | 八 | 九 |
| 5 | 11/29 | 己丑 | 二 | 八 |
| 6 | 11/30 | 庚寅 | 二 | 七 |
| 7 | 12/1 | 辛卯 | 二 | 六 |
| 8 | 12/2 | 壬辰 | 二 | 五 |
| 9 | 12/3 | 癸巳 | 二 | 四 |
| 10 | 12/4 | 甲午 | 四 | 三 |
| 11 | 12/5 | 乙未 | 四 | 二 |
| 12 | 12/6 | 丙申 | 四 | 一 |
| 13 | 12/7 | 丁酉 | 四 | 九 |
| 14 | 12/8 | 戊戌 | 四 | 八 |
| 15 | 12/9 | 己亥 | 七 | 七 |
| 16 | 12/10 | 庚子 | 七 | 六 |
| 17 | 12/11 | 辛丑 | 七 | 五 |
| 18 | 12/12 | 壬寅 | 七 | 四 |
| 19 | 12/13 | 癸卯 | 七 | 三 |
| 20 | 12/14 | 甲辰 | 一 | 二 |
| 21 | 12/15 | 乙巳 | 一 | 一 |
| 22 | 12/16 | 丙午 | 一 | 九 |
| 23 | 12/17 | 丁未 | 一 | 八 |
| 24 | 12/18 | 戊申 | 一 | 七 |
| 25 | 12/19 | 己酉 | 1 | 六 |
| 26 | 12/20 | 庚戌 | 1 | 五 |
| 27 | 12/21 | 辛亥 | 1 | 四 |
| 28 | 12/22 | 壬子 | 1 | 7 |
| 29 | 12/23 | 癸丑 | 1 | 8 |
| 30 | 12/24 | 甲寅 | 7 | 9 |

## 十月　乙亥　八白土

小雪 04時15分 廿八寅時　立冬 06時51分 十三卯時

| 農曆 | 國曆 | 干支 | 時盤 | 日盤 |
|---|---|---|---|---|
| 1 | 10/27 | 丙辰 | 八 | 五 |
| 2 | 10/28 | 丁巳 | 八 | 四 |
| 3 | 10/29 | 戊午 | 八 | 三 |
| 4 | 10/30 | 己未 | 二 | 二 |
| 5 | 10/31 | 庚申 | 二 | 一 |
| 6 | 11/1 | 辛酉 | 二 | 九 |
| 7 | 11/2 | 壬戌 | 二 | 八 |
| 8 | 11/3 | 癸亥 | 二 | 七 |
| 9 | 11/4 | 甲子 | 六 | 六 |
| 10 | 11/5 | 乙丑 | 六 | 五 |
| 11 | 11/6 | 丙寅 | 六 | 四 |
| 12 | 11/7 | 丁卯 | 六 | 三 |
| 13 | 11/8 | 戊辰 | 六 | 二 |
| 14 | 11/9 | 己巳 | 九 | 一 |
| 15 | 11/10 | 庚午 | 九 | 九 |
| 16 | 11/11 | 辛未 | 九 | 八 |
| 17 | 11/12 | 壬申 | 九 | 七 |
| 18 | 11/13 | 癸酉 | 九 | 六 |
| 19 | 11/14 | 甲戌 | 三 | 五 |
| 20 | 11/15 | 乙亥 | 三 | 四 |
| 21 | 11/16 | 丙子 | 三 | 三 |
| 22 | 11/17 | 丁丑 | 三 | 二 |
| 23 | 11/18 | 戊寅 | 三 | 一 |
| 24 | 11/19 | 己卯 | 五 | 九 |
| 25 | 11/20 | 庚辰 | 五 | 八 |
| 26 | 11/21 | 辛巳 | 五 | 七 |
| 27 | 11/22 | 壬午 | 五 | 六 |
| 28 | 11/23 | 癸未 | 五 | 五 |
| 29 | 11/24 | 甲申 | 八 | 四 |

## 九月　甲戌　九紫火

霜降 06時57分 廿八卯時　寒露 03時58分 十三寅時

| 農曆 | 國曆 | 干支 | 時盤 | 日盤 |
|---|---|---|---|---|
| 1 | 9/27 | 丙戌 | 一 | 八 |
| 2 | 9/28 | 丁亥 | 一 | 七 |
| 3 | 9/29 | 戊子 | 一 | 六 |
| 4 | 9/30 | 己丑 | 四 | 五 |
| 5 | 10/1 | 庚寅 | 四 | 四 |
| 6 | 10/2 | 辛卯 | 四 | 三 |
| 7 | 10/3 | 壬辰 | 四 | 二 |
| 8 | 10/4 | 癸巳 | 四 | 一 |
| 9 | 10/5 | 甲午 | 六 | 九 |
| 10 | 10/6 | 乙未 | 六 | 八 |
| 11 | 10/7 | 丙申 | 六 | 七 |
| 12 | 10/8 | 丁酉 | 六 | 六 |
| 13 | 10/9 | 戊戌 | 六 | 五 |
| 14 | 10/10 | 己亥 | 九 | 四 |
| 15 | 10/11 | 庚子 | 九 | 三 |
| 16 | 10/12 | 辛丑 | 九 | 二 |
| 17 | 10/13 | 壬寅 | 九 | 一 |
| 18 | 10/14 | 癸卯 | 九 | 九 |
| 19 | 10/15 | 甲辰 | 三 | 八 |
| 20 | 10/16 | 乙巳 | 三 | 七 |
| 21 | 10/17 | 丙午 | 三 | 六 |
| 22 | 10/18 | 丁未 | 三 | 五 |
| 23 | 10/19 | 戊申 | 三 | 四 |
| 24 | 10/20 | 己酉 | 五 | 三 |
| 25 | 10/21 | 庚戌 | 五 | 二 |
| 26 | 10/22 | 辛亥 | 五 | 一 |
| 27 | 10/23 | 壬子 | 五 | 九 |
| 28 | 10/24 | 癸丑 | 五 | 八 |
| 29 | 10/25 | 甲寅 | 八 | 七 |
| 30 | 10/26 | 乙卯 | 八 | 六 |

## 八月　癸酉　一白水

秋分 21時56分 廿七亥時　白露 12時39分 十二午時

| 農曆 | 國曆 | 干支 | 時盤 | 日盤 |
|---|---|---|---|---|
| 1 | 8/28 | 丙辰 | 四 | 二 |
| 2 | 8/29 | 丁巳 | 四 | 一 |
| 3 | 8/30 | 戊午 | 四 | 九 |
| 4 | 8/31 | 己未 | 七 | 八 |
| 5 | 9/1 | 庚申 | 七 | 七 |
| 6 | 9/2 | 辛酉 | 七 | 六 |
| 7 | 9/3 | 壬戌 | 七 | 五 |
| 8 | 9/4 | 癸亥 | 七 | 四 |
| 9 | 9/5 | 甲子 | 九 | 三 |
| 10 | 9/6 | 乙丑 | 九 | 二 |
| 11 | 9/7 | 丙寅 | 九 | 一 |
| 12 | 9/8 | 丁卯 | 九 | 九 |
| 13 | 9/9 | 戊辰 | 九 | 八 |
| 14 | 9/10 | 己巳 | 三 | 七 |
| 15 | 9/11 | 庚午 | 三 | 六 |
| 16 | 9/12 | 辛未 | 三 | 五 |
| 17 | 9/13 | 壬申 | 三 | 四 |
| 18 | 9/14 | 癸酉 | 三 | 三 |
| 19 | 9/15 | 甲戌 | 六 | 二 |
| 20 | 9/16 | 乙亥 | 六 | 一 |
| 21 | 9/17 | 丙子 | 六 | 九 |
| 22 | 9/18 | 丁丑 | 六 | 八 |
| 23 | 9/19 | 戊寅 | 六 | 七 |
| 24 | 9/20 | 己卯 | 七 | 六 |
| 25 | 9/21 | 庚辰 | 七 | 五 |
| 26 | 9/22 | 辛巳 | 七 | 四 |
| 27 | 9/23 | 壬午 | 七 | 三 |
| 28 | 9/24 | 癸未 | 七 | 二 |
| 29 | 9/25 | 甲申 | 一 | 一 |
| 30 | 9/26 | 乙酉 | 一 | 九 |

## 七月　壬申　二黑土

處暑 00時37分 廿六子時　立秋 10時00分 初十巳時

| 農曆 | 國曆 | 干支 | 時盤 | 日盤 |
|---|---|---|---|---|
| 1 | 7/30 | 丁亥 | 一 | 四 |
| 2 | 7/31 | 戊子 | 一 | 三 |
| 3 | 8/1 | 己丑 | 四 | 二 |
| 4 | 8/2 | 庚寅 | 四 | 一 |
| 5 | 8/3 | 辛卯 | 四 | 九 |
| 6 | 8/4 | 壬辰 | 四 | 八 |
| 7 | 8/5 | 癸巳 | 四 | 七 |
| 8 | 8/6 | 甲午 | 二 | 六 |
| 9 | 8/7 | 乙未 | 二 | 五 |
| 10 | 8/8 | 丙申 | 二 | 四 |
| 11 | 8/9 | 丁酉 | 二 | 三 |
| 12 | 8/10 | 戊戌 | 二 | 二 |
| 13 | 8/11 | 己亥 | 五 | 一 |
| 14 | 8/12 | 庚子 | 五 | 九 |
| 15 | 8/13 | 辛丑 | 五 | 八 |
| 16 | 8/14 | 壬寅 | 五 | 七 |
| 17 | 8/15 | 癸卯 | 五 | 六 |
| 18 | 8/16 | 甲辰 | 八 | 五 |
| 19 | 8/17 | 乙巳 | 八 | 四 |
| 20 | 8/18 | 丙午 | 八 | 三 |
| 21 | 8/19 | 丁未 | 八 | 二 |
| 22 | 8/20 | 戊申 | 八 | 一 |
| 23 | 8/21 | 己酉 | 一 | 九 |
| 24 | 8/22 | 庚戌 | 一 | 八 |
| 25 | 8/23 | 辛亥 | 一 | 七 |
| 26 | 8/24 | 壬子 | 一 | 六 |
| 27 | 8/25 | 癸丑 | 一 | 五 |
| 28 | 8/26 | 甲寅 | 四 | 四 |
| 29 | 8/27 | 乙卯 | 四 | 三 |

# 西元1955年（乙未）肖羊 民國44年（男離命）

奇門遁甲局數如標示為 一 ～九表示陰局　　如標示為1 ～9 表示陽局

**六月** 癸未 九紫火 ｜ 立秋 15時50分 廿一申時 ｜ 大暑 23時25分 初五子時 ｜ 奇門遁甲局數

| 農曆 | 國曆 | 干支 | 時盤 | 日盤 |
|---|---|---|---|---|
| 1 | 7/19 | 辛巳 | 七 | 一 |
| 2 | 7/20 | 壬午 | 七 | 九 |
| 3 | 7/21 | 癸未 | 七 | 八 |
| 4 | 7/22 | 甲申 | 一 | 七 |
| 5 | 7/23 | 乙酉 | 一 | 六 |
| 6 | 7/24 | 丙戌 | 一 | 五 |
| 7 | 7/25 | 丁亥 | 一 | 四 |
| 8 | 7/26 | 戊子 | 一 | 三 |
| 9 | 7/27 | 己丑 | 四 | 二 |
| 10 | 7/28 | 庚寅 | 四 | 一 |
| 11 | 7/29 | 辛卯 | 四 | 九 |
| 12 | 7/30 | 壬辰 | 四 | 八 |
| 13 | 7/31 | 癸巳 | 四 | 七 |
| 14 | 8/1 | 甲午 | 二 | 六 |
| 15 | 8/2 | 乙未 | 二 | 五 |
| 16 | 8/3 | 丙申 | 二 | 四 |
| 17 | 8/4 | 丁酉 | 二 | 三 |
| 18 | 8/5 | 戊戌 | 二 | 二 |
| 19 | 8/6 | 己亥 | 五 | 一 |
| 20 | 8/7 | 庚子 | 五 | 九 |
| 21 | 8/8 | 辛丑 | 五 | 八 |
| 22 | 8/9 | 壬寅 | 五 | 七 |
| 23 | 8/10 | 癸卯 | 五 | 六 |
| 24 | 8/11 | 甲辰 | 八 | 五 |
| 25 | 8/12 | 乙巳 | 八 | 四 |
| 26 | 8/13 | 丙午 | 八 | 三 |
| 27 | 8/14 | 丁未 | 八 | 二 |
| 28 | 8/15 | 戊申 | 八 | 一 |
| 29 | 8/16 | 己酉 | 一 | 九 |
| 30 | 8/17 | 庚戌 | 一 | 八 |

**五月** 壬午 一白水 ｜ 小暑 06時07分 十九卯時 ｜ 夏至 12時32分 初三午時 ｜ 奇門遁甲局數

| 農曆 | 國曆 | 干支 | 時盤 | 日盤 |
|---|---|---|---|---|
| 1 | 6/20 | 壬子 | 九 | 7 |
| 2 | 6/21 | 癸丑 | 九 | 8 |
| 3 | 6/22 | 甲寅 | 三 | 一 |
| 4 | 6/23 | 乙卯 | 三 | 九 |
| 5 | 6/24 | 丙辰 | 三 | 八 |
| 6 | 6/25 | 丁巳 | 三 | 七 |
| 7 | 6/26 | 戊午 | 三 | 六 |
| 8 | 6/27 | 己未 | 六 | 五 |
| 9 | 6/28 | 庚申 | 六 | 四 |
| 10 | 6/29 | 辛酉 | 六 | 三 |
| 11 | 6/30 | 壬戌 | 六 | 二 |
| 12 | 7/1 | 癸亥 | 六 | 一 |
| 13 | 7/2 | 甲子 | 八 | 九 |
| 14 | 7/3 | 乙丑 | 八 | 八 |
| 15 | 7/4 | 丙寅 | 八 | 七 |
| 16 | 7/5 | 丁卯 | 八 | 六 |
| 17 | 7/6 | 戊辰 | 八 | 五 |
| 18 | 7/7 | 己巳 | 二 | 四 |
| 19 | 7/8 | 庚午 | 二 | 三 |
| 20 | 7/9 | 辛未 | 二 | 二 |
| 21 | 7/10 | 壬申 | 二 | 一 |
| 22 | 7/11 | 癸酉 | 二 | 九 |
| 23 | 7/12 | 甲戌 | 五 | 八 |
| 24 | 7/13 | 乙亥 | 五 | 七 |
| 25 | 7/14 | 丙子 | 五 | 六 |
| 26 | 7/15 | 丁丑 | 五 | 五 |
| 27 | 7/16 | 戊寅 | 五 | 四 |
| 28 | 7/17 | 己卯 | 七 | 三 |
| 29 | 7/18 | 庚辰 | 七 | 二 |

**四月** 辛巳 二黑土 ｜ 芒種 19時44分 十六戌時 ｜ 小滿 04時25分 初一寅時 ｜ 奇門遁甲局數

| 農曆 | 國曆 | 干支 | 時盤 | 日盤 |
|---|---|---|---|---|
| 1 | 5/22 | 癸未 | 5 | 5 |
| 2 | 5/23 | 甲申 | 2 | 6 |
| 3 | 5/24 | 乙酉 | 2 | 7 |
| 4 | 5/25 | 丙戌 | 2 | 8 |
| 5 | 5/26 | 丁亥 | 2 | 9 |
| 6 | 5/27 | 戊子 | 2 | 1 |
| 7 | 5/28 | 己丑 | 8 | 2 |
| 8 | 5/29 | 庚寅 | 8 | 3 |
| 9 | 5/30 | 辛卯 | 8 | 4 |
| 10 | 5/31 | 壬辰 | 8 | 5 |
| 11 | 6/1 | 癸巳 | 8 | 6 |
| 12 | 6/2 | 甲午 | 6 | 7 |
| 13 | 6/3 | 乙未 | 6 | 8 |
| 14 | 6/4 | 丙申 | 6 | 9 |
| 15 | 6/5 | 丁酉 | 6 | 1 |
| 16 | 6/6 | 戊戌 | 6 | 2 |
| 17 | 6/7 | 己亥 | 3 | 3 |
| 18 | 6/8 | 庚子 | 3 | 4 |
| 19 | 6/9 | 辛丑 | 3 | 5 |
| 20 | 6/10 | 壬寅 | 3 | 6 |
| 21 | 6/11 | 癸卯 | 3 | 7 |
| 22 | 6/12 | 甲辰 | 9 | 8 |
| 23 | 6/13 | 乙巳 | 9 | 9 |
| 24 | 6/14 | 丙午 | 9 | 1 |
| 25 | 6/15 | 丁未 | 9 | 2 |
| 26 | 6/16 | 戊申 | 9 | 3 |
| 27 | 6/17 | 己酉 | 九 | 4 |
| 28 | 6/18 | 庚戌 | 九 | 5 |
| 29 | 6/19 | 辛亥 | 九 | 6 |

**閏三月** 辛巳 ｜ 立夏 15時18分 十五申時 ｜ 奇門遁甲局數

| 農曆 | 國曆 | 干支 | 時盤 | 日盤 |
|---|---|---|---|---|
| 1 | 4/22 | 癸丑 | 5 | 2 |
| 2 | 4/23 | 甲寅 | 2 | 3 |
| 3 | 4/24 | 乙卯 | 2 | 4 |
| 4 | 4/25 | 丙辰 | 2 | 5 |
| 5 | 4/26 | 丁巳 | 2 | 6 |
| 6 | 4/27 | 戊午 | 2 | 7 |
| 7 | 4/28 | 己未 | 8 | 8 |
| 8 | 4/29 | 庚申 | 8 | 9 |
| 9 | 4/30 | 辛酉 | 8 | 1 |
| 10 | 5/1 | 壬戌 | 8 | 2 |
| 11 | 5/2 | 癸亥 | 8 | 3 |
| 12 | 5/3 | 甲子 | 4 | 4 |
| 13 | 5/4 | 乙丑 | 4 | 5 |
| 14 | 5/5 | 丙寅 | 4 | 6 |
| 15 | 5/6 | 丁卯 | 4 | 7 |
| 16 | 5/7 | 戊辰 | 4 | 8 |
| 17 | 5/8 | 己巳 | 1 | 9 |
| 18 | 5/9 | 庚午 | 1 | 1 |
| 19 | 5/10 | 辛未 | 1 | 2 |
| 20 | 5/11 | 壬申 | 1 | 3 |
| 21 | 5/12 | 癸酉 | 1 | 4 |
| 22 | 5/13 | 甲戌 | 7 | 5 |
| 23 | 5/14 | 乙亥 | 7 | 6 |
| 24 | 5/15 | 丙子 | 7 | 7 |
| 25 | 5/16 | 丁丑 | 7 | 8 |
| 26 | 5/17 | 戊寅 | 7 | 9 |
| 27 | 5/18 | 己卯 | 5 | 1 |
| 28 | 5/19 | 庚辰 | 5 | 2 |
| 29 | 5/20 | 辛巳 | 5 | 3 |
| 30 | 5/21 | 壬午 | 5 | 4 |

**三月** 庚辰 三碧木 ｜ 穀雨 04時58分 廿九寅時 ｜ 清明 21時39分 十三亥時 ｜ 奇門遁甲局數

| 農曆 | 國曆 | 干支 | 時盤 | 日盤 |
|---|---|---|---|---|
| 1 | 3/24 | 甲申 | 9 | 9 |
| 2 | 3/25 | 乙酉 | 9 | 1 |
| 3 | 3/26 | 丙戌 | 9 | 2 |
| 4 | 3/27 | 丁亥 | 9 | 3 |
| 5 | 3/28 | 戊子 | 9 | 4 |
| 6 | 3/29 | 己丑 | 6 | 5 |
| 7 | 3/30 | 庚寅 | 6 | 6 |
| 8 | 3/31 | 辛卯 | 6 | 7 |
| 9 | 4/1 | 壬辰 | 6 | 8 |
| 10 | 4/2 | 癸巳 | 6 | 9 |
| 11 | 4/3 | 甲午 | 4 | 1 |
| 12 | 4/4 | 乙未 | 4 | 2 |
| 13 | 4/5 | 丙申 | 4 | 3 |
| 14 | 4/6 | 丁酉 | 4 | 4 |
| 15 | 4/7 | 戊戌 | 4 | 5 |
| 16 | 4/8 | 己亥 | 1 | 6 |
| 17 | 4/9 | 庚子 | 1 | 7 |
| 18 | 4/10 | 辛丑 | 1 | 8 |
| 19 | 4/11 | 壬寅 | 1 | 9 |
| 20 | 4/12 | 癸卯 | 1 | 1 |
| 21 | 4/13 | 甲辰 | 7 | 2 |
| 22 | 4/14 | 乙巳 | 7 | 3 |
| 23 | 4/15 | 丙午 | 7 | 4 |
| 24 | 4/16 | 丁未 | 7 | 5 |
| 25 | 4/17 | 戊申 | 7 | 6 |
| 26 | 4/18 | 己酉 | 5 | 7 |
| 27 | 4/19 | 庚戌 | 5 | 8 |
| 28 | 4/20 | 辛亥 | 5 | 9 |
| 29 | 4/21 | 壬子 | 5 | 1 |

**二月** 己卯 四綠木 ｜ 春分 17時36分 廿八酉時 ｜ 驚蟄 16時32分 十三申時 ｜ 奇門遁甲局數

| 農曆 | 國曆 | 干支 | 時盤 | 日盤 |
|---|---|---|---|---|
| 1 | 2/22 | 甲寅 | 6 | 6 |
| 2 | 2/23 | 乙卯 | 6 | 7 |
| 3 | 2/24 | 丙辰 | 6 | 8 |
| 4 | 2/25 | 丁巳 | 6 | 9 |
| 5 | 2/26 | 戊午 | 6 | 1 |
| 6 | 2/27 | 己未 | 3 | 2 |
| 7 | 2/28 | 庚申 | 3 | 3 |
| 8 | 3/1 | 辛酉 | 3 | 4 |
| 9 | 3/2 | 壬戌 | 3 | 5 |
| 10 | 3/3 | 癸亥 | 3 | 6 |
| 11 | 3/4 | 甲子 | 1 | 7 |
| 12 | 3/5 | 乙丑 | 1 | 8 |
| 13 | 3/6 | 丙寅 | 1 | 9 |
| 14 | 3/7 | 丁卯 | 1 | 1 |
| 15 | 3/8 | 戊辰 | 1 | 2 |
| 16 | 3/9 | 己巳 | 7 | 3 |
| 17 | 3/10 | 庚午 | 7 | 4 |
| 18 | 3/11 | 辛未 | 7 | 5 |
| 19 | 3/12 | 壬申 | 7 | 6 |
| 20 | 3/13 | 癸酉 | 7 | 7 |
| 21 | 3/14 | 甲戌 | 4 | 8 |
| 22 | 3/15 | 乙亥 | 4 | 9 |
| 23 | 3/16 | 丙子 | 4 | 1 |
| 24 | 3/17 | 丁丑 | 4 | 2 |
| 25 | 3/18 | 戊寅 | 4 | 3 |
| 26 | 3/19 | 己卯 | 3 | 4 |
| 27 | 3/20 | 庚辰 | 3 | 5 |
| 28 | 3/21 | 辛巳 | 3 | 6 |
| 29 | 3/22 | 壬午 | 3 | 7 |
| 30 | 3/23 | 癸未 | 3 | 8 |

**正月** 戊寅 五黃土 ｜ 雨水 18時19分 廿七酉時 ｜ 立春 22時18分 十二亥時 ｜ 奇門遁甲局數

| 農曆 | 國曆 | 干支 | 時盤 | 日盤 |
|---|---|---|---|---|
| 1 | 1/24 | 乙酉 | 9 | 4 |
| 2 | 1/25 | 丙戌 | 9 | 5 |
| 3 | 1/26 | 丁亥 | 9 | 6 |
| 4 | 1/27 | 戊子 | 9 | 7 |
| 5 | 1/28 | 己丑 | 6 | 8 |
| 6 | 1/29 | 庚寅 | 6 | 9 |
| 7 | 1/30 | 辛卯 | 6 | 1 |
| 8 | 1/31 | 壬辰 | 6 | 2 |
| 9 | 2/1 | 癸巳 | 6 | 3 |
| 10 | 2/2 | 甲午 | 8 | 4 |
| 11 | 2/3 | 乙未 | 8 | 5 |
| 12 | 2/4 | 丙申 | 8 | 6 |
| 13 | 2/5 | 丁酉 | 8 | 7 |
| 14 | 2/6 | 戊戌 | 8 | 8 |
| 15 | 2/7 | 己亥 | 5 | 9 |
| 16 | 2/8 | 庚子 | 5 | 1 |
| 17 | 2/9 | 辛丑 | 5 | 2 |
| 18 | 2/10 | 壬寅 | 5 | 3 |
| 19 | 2/11 | 癸卯 | 5 | 4 |
| 20 | 2/12 | 甲辰 | 2 | 5 |
| 21 | 2/13 | 乙巳 | 2 | 6 |
| 22 | 2/14 | 丙午 | 2 | 7 |
| 23 | 2/15 | 丁未 | 2 | 8 |
| 24 | 2/16 | 戊申 | 2 | 9 |
| 25 | 2/17 | 己酉 | 9 | 1 |
| 26 | 2/18 | 庚戌 | 9 | 2 |
| 27 | 2/19 | 辛亥 | 9 | 3 |
| 28 | 2/20 | 壬子 | 9 | 4 |
| 29 | 2/21 | 癸丑 | 9 | 5 |

# 西元1955年（乙未）肖羊 民國44年（女乾命）

奇門遁甲局數如標示為 一 ～九表示陰局　　如標示為1 ～9 表示陽局

| 十二月 | | | | | 十一月 | | | | | 十　月 | | | | | 九　月 | | | | | 八　月 | | | | | 七　月 | | | | |
|---|---|---|---|---|---|---|---|---|---|---|---|---|---|---|---|---|---|---|---|---|---|---|---|---|---|---|---|---|---|
| 己丑 | | | | | 戊子 | | | | | 丁亥 | | | | | 丙戌 | | | | | 乙酉 | | | | | 甲申 | | | | |
| 三碧木 | | | | | 四綠木 | | | | | 五黃土 | | | | | 六白金 | | | | | 七赤金 | | | | | 八白土 | | | | |
| 立春 04時13分 廿四寅時 | | 大寒 09時49分 初九巳時 | 奇門遁甲局數 | | 小寒 16時31分 廿四申時 | | 冬至 23時12分 初九子時 | 奇門遁甲局數 | | 大雪 05時23分 廿五卯時 | | 小雪 10時02分 初十巳時 | 奇門遁甲局數 | | 立冬 12時46分 廿四午時 | | 霜降 12時44分 初九午時 | 奇門遁甲局數 | | 寒露 09時53分 廿四巳時 | | 秋分 03時42分 初九寅時 | 奇門遁甲局數 | | 白露 18時32分 廿二酉時 | | 處暑 06時20分 初七卯時 | 奇門遁甲局數 | |
| 農曆 | 國曆 | 干支 | 時盤 | 日盤 | 農曆 | 國曆 | 干支 | 時盤 | 日盤 | 農曆 | 國曆 | 干支 | 時盤 | 日盤 | 農曆 | 國曆 | 干支 | 時盤 | 日盤 | 農曆 | 國曆 | 干支 | 時盤 | 日盤 | 農曆 | 國曆 | 干支 | 時盤 | 日盤 |
| 1 | 1/13 | 己卯 | 2 | 7 | 1 | 12/14 | 己酉 | 四 | 六 | 1 | 11/14 | 己卯 | 五 | 九 | 1 | 10/16 | 庚戌 | 五 | 二 | 1 | 9/16 | 庚辰 | 七 | 五 | 1 | 8/18 | 辛亥 | 一 | 七 |
| 2 | 1/14 | 庚辰 | 2 | 8 | 2 | 12/15 | 庚戌 | 四 | 五 | 2 | 11/15 | 庚辰 | 五 | 八 | 2 | 10/17 | 辛亥 | 五 | 一 | 2 | 9/17 | 辛巳 | 七 | 四 | 2 | 8/19 | 壬子 | 一 | 六 |
| 3 | 1/15 | 辛巳 | 2 | 9 | 3 | 12/16 | 辛亥 | 四 | 四 | 3 | 11/16 | 辛巳 | 五 | 七 | 3 | 10/18 | 壬子 | 五 | 九 | 3 | 9/18 | 壬午 | 七 | 三 | 3 | 8/20 | 癸丑 | 一 | 五 |
| 4 | 1/16 | 壬午 | 2 | 1 | 4 | 12/17 | 壬子 | 四 | 三 | 4 | 11/17 | 壬午 | 五 | 六 | 4 | 10/19 | 癸丑 | 五 | 八 | 4 | 9/19 | 癸未 | 七 | 二 | 4 | 8/21 | 甲寅 | 四 | 四 |
| 5 | 1/17 | 癸未 | 2 | 2 | 5 | 12/18 | 癸丑 | 四 | 二 | 5 | 11/18 | 癸未 | 五 | 五 | 5 | 10/20 | 甲寅 | 八 | 七 | 5 | 9/20 | 甲申 | 一 | 一 | 5 | 8/22 | 乙卯 | 四 | 三 |
| 6 | 1/18 | 甲申 | 8 | 3 | 6 | 12/19 | 甲寅 | 七 | 一 | 6 | 11/19 | 甲申 | 八 | 四 | 6 | 10/21 | 乙卯 | 八 | 六 | 6 | 9/21 | 乙酉 | 一 | 九 | 6 | 8/23 | 丙辰 | 四 | 二 |
| 7 | 1/19 | 乙酉 | 8 | 4 | 7 | 12/20 | 乙卯 | 七 | 九 | 7 | 11/20 | 乙酉 | 八 | 三 | 7 | 10/22 | 丙辰 | 八 | 五 | 7 | 9/22 | 丙戌 | 一 | 八 | 7 | 8/24 | 丁巳 | 四 | 一 |
| 8 | 1/20 | 丙戌 | 8 | 5 | 8 | 12/21 | 丙辰 | 七 | 八 | 8 | 11/21 | 丙戌 | 八 | 二 | 8 | 10/23 | 丁巳 | 八 | 四 | 8 | 9/23 | 丁亥 | 一 | 七 | 8 | 8/25 | 戊午 | 四 | 九 |
| 9 | 1/21 | 丁亥 | 8 | 6 | 9 | 12/22 | 丁巳 | 七 | 3 | 9 | 11/22 | 丁亥 | 八 | 一 | 9 | 10/24 | 戊午 | 八 | 三 | 9 | 9/24 | 戊子 | 一 | 六 | 9 | 8/26 | 己未 | 七 | 八 |
| 10 | 1/22 | 戊子 | 8 | 7 | 10 | 12/23 | 戊午 | 七 | 4 | 10 | 11/23 | 戊子 | 八 | 九 | 10 | 10/25 | 己未 | 二 | 二 | 10 | 9/25 | 己丑 | 四 | 五 | 10 | 8/27 | 庚申 | 七 | 七 |
| 11 | 1/23 | 己丑 | 5 | 8 | 11 | 12/24 | 己未 | 一 | 5 | 11 | 11/24 | 己丑 | 二 | 八 | 11 | 10/26 | 庚申 | 二 | 一 | 11 | 9/26 | 庚寅 | 四 | 四 | 11 | 8/28 | 辛酉 | 七 | 六 |
| 12 | 1/24 | 庚寅 | 5 | 9 | 12 | 12/25 | 庚申 | 一 | 6 | 12 | 11/25 | 庚寅 | 二 | 七 | 12 | 10/27 | 辛酉 | 二 | 九 | 12 | 9/27 | 辛卯 | 四 | 三 | 12 | 8/29 | 壬戌 | 七 | 五 |
| 13 | 1/25 | 辛卯 | 5 | 1 | 13 | 12/26 | 辛酉 | 一 | 7 | 13 | 11/26 | 辛卯 | 二 | 六 | 13 | 10/28 | 壬戌 | 二 | 八 | 13 | 9/28 | 壬辰 | 四 | 二 | 13 | 8/30 | 癸亥 | 七 | 四 |
| 14 | 1/26 | 壬辰 | 5 | 2 | 14 | 12/27 | 壬戌 | 一 | 8 | 14 | 11/27 | 壬辰 | 二 | 五 | 14 | 10/29 | 癸亥 | 二 | 七 | 14 | 9/29 | 癸巳 | 四 | 一 | 14 | 8/31 | 甲子 | 九 | 三 |
| 15 | 1/27 | 癸巳 | 5 | 3 | 15 | 12/28 | 癸亥 | 一 | 9 | 15 | 11/28 | 癸巳 | 二 | 四 | 15 | 10/30 | 甲子 | 六 | 六 | 15 | 9/30 | 甲午 | 六 | 九 | 15 | 9/1 | 乙丑 | 九 | 二 |
| 16 | 1/28 | 甲午 | 3 | 4 | 16 | 12/29 | 甲子 | 1 | 1 | 16 | 11/29 | 甲午 | 四 | 三 | 16 | 10/31 | 乙丑 | 六 | 五 | 16 | 10/1 | 乙未 | 六 | 八 | 16 | 9/2 | 丙寅 | 九 | 一 |
| 17 | 1/29 | 乙未 | 3 | 5 | 17 | 12/30 | 乙丑 | 1 | 2 | 17 | 11/30 | 乙未 | 四 | 二 | 17 | 11/1 | 丙寅 | 六 | 四 | 17 | 10/2 | 丙申 | 六 | 七 | 17 | 9/3 | 丁卯 | 九 | 九 |
| 18 | 1/30 | 丙申 | 3 | 6 | 18 | 12/31 | 丙寅 | 1 | 3 | 18 | 12/1 | 丙申 | 四 | 一 | 18 | 11/2 | 丁卯 | 六 | 三 | 18 | 10/3 | 丁酉 | 六 | 六 | 18 | 9/4 | 戊辰 | 九 | 八 |
| 19 | 1/31 | 丁酉 | 3 | 7 | 19 | 1/1 | 丁卯 | 1 | 4 | 19 | 12/2 | 丁酉 | 四 | 九 | 19 | 11/3 | 戊辰 | 六 | 二 | 19 | 10/4 | 戊戌 | 六 | 五 | 19 | 9/5 | 己巳 | 三 | 七 |
| 20 | 2/1 | 戊戌 | 3 | 8 | 20 | 1/2 | 戊辰 | 1 | 5 | 20 | 12/3 | 戊戌 | 四 | 八 | 20 | 11/4 | 己巳 | 九 | 一 | 20 | 10/5 | 己亥 | 九 | 四 | 20 | 9/6 | 庚午 | 三 | 六 |
| 21 | 2/2 | 己亥 | 9 | 9 | 21 | 1/3 | 己巳 | 7 | 6 | 21 | 12/4 | 己亥 | 七 | 七 | 21 | 11/5 | 庚午 | 九 | 九 | 21 | 10/6 | 庚子 | 九 | 三 | 21 | 9/7 | 辛未 | 三 | 五 |
| 22 | 2/3 | 庚子 | 9 | 1 | 22 | 1/4 | 庚午 | 7 | 7 | 22 | 12/5 | 庚子 | 七 | 六 | 22 | 11/6 | 辛未 | 九 | 八 | 22 | 10/7 | 辛丑 | 九 | 二 | 22 | 9/8 | 壬申 | 三 | 四 |
| 23 | 2/4 | 辛丑 | 9 | 2 | 23 | 1/5 | 辛未 | 7 | 8 | 23 | 12/6 | 辛丑 | 七 | 五 | 23 | 11/7 | 壬申 | 九 | 七 | 23 | 10/8 | 壬寅 | 九 | 一 | 23 | 9/9 | 癸酉 | 三 | 三 |
| 24 | 2/5 | 壬寅 | 9 | 3 | 24 | 1/6 | 壬申 | 7 | 9 | 24 | 12/7 | 壬寅 | 七 | 四 | 24 | 11/8 | 癸酉 | 九 | 六 | 24 | 10/9 | 癸卯 | 九 | 九 | 24 | 9/10 | 甲戌 | 六 | 二 |
| 25 | 2/6 | 癸卯 | 9 | 4 | 25 | 1/7 | 癸酉 | 7 | 1 | 25 | 12/8 | 癸卯 | 七 | 三 | 25 | 11/9 | 甲戌 | 三 | 五 | 25 | 10/10 | 甲辰 | 三 | 八 | 25 | 9/11 | 乙亥 | 六 | 一 |
| 26 | 2/7 | 甲辰 | 6 | 5 | 26 | 1/8 | 甲戌 | 4 | 2 | 26 | 12/9 | 甲辰 | 一 | 二 | 26 | 11/10 | 乙亥 | 三 | 四 | 26 | 10/11 | 乙巳 | 三 | 七 | 26 | 9/12 | 丙子 | 六 | 九 |
| 27 | 2/8 | 乙巳 | 6 | 6 | 27 | 1/9 | 乙亥 | 4 | 3 | 27 | 12/10 | 乙巳 | 一 | 一 | 27 | 11/11 | 丙子 | 三 | 三 | 27 | 10/12 | 丙午 | 三 | 六 | 27 | 9/13 | 丁丑 | 六 | 八 |
| 28 | 2/9 | 丙午 | 6 | 7 | 28 | 1/10 | 丙子 | 4 | 4 | 28 | 12/11 | 丙午 | 一 | 九 | 28 | 11/12 | 丁丑 | 三 | 二 | 28 | 10/13 | 丁未 | 三 | 五 | 28 | 9/14 | 戊寅 | 六 | 七 |
| 29 | 2/10 | 丁未 | 6 | 8 | 29 | 1/11 | 丁丑 | 4 | 5 | 29 | 12/12 | 丁未 | 一 | 八 | 29 | 11/13 | 戊寅 | 三 | 一 | 29 | 10/14 | 戊申 | 三 | 四 | 29 | 9/15 | 己卯 | 七 | 六 |
| 30 | 2/11 | 戊申 | 6 | 9 | 30 | 1/12 | 戊寅 | 4 | 6 | 30 | 12/13 | 戊申 | 一 | 七 | | | | | | 30 | 10/15 | 己酉 | 五 | 三 | | | | | |

# 西元1956年（丙申）肖猴 民國45年（男艮命）

奇門遁甲局數如標示為 一 ～九表示陰局　　如標示為1 ～9 表示陽局

| 六月 | | | | | 五月 | | | | | 四月 | | | | | 三月 | | | | | 二月 | | | | | 正月 | | | | |
|---|---|---|---|---|---|---|---|---|---|---|---|---|---|---|---|---|---|---|---|---|---|---|---|---|---|---|---|---|---|
| 乙未 | | | | | 甲午 | | | | | 癸巳 | | | | | 壬辰 | | | | | 辛卯 | | | | | 庚寅 | | | | |
| 六白金 | | | | | 七赤金 | | | | | 八白土 | | | | | 九紫火 | | | | | 一白水 | | | | | 二黑土 | | | | |
| 大暑 05時21分 十六卯時 | | | 奇門遁甲局數 | | 小暑 11時59分 廿九午時 | | 夏至 18時24分 十三酉時 | 奇門遁甲局數 | | 芒種 01時36分 廿八丑時 | | 小滿 10時13分 十二巳時 | 奇門遁甲局數 | | 立夏 21時11分 廿五亥時 | | 穀雨 10時44分 初十巳時 | 奇門遁甲局數 | | 清明 03時32分 廿五寅時 | | 春分 23時21分 初九子時 | 奇門遁甲局數 | | 驚蟄 22時25分 廿三亥時 | | 雨水 00時05分 初九子時 | 奇門遁甲局數 | |
| 農曆 | 國曆 | 干支 | 時盤 | 日盤 | 農曆 | 國曆 | 干支 | 時盤 | 日盤 | 農曆 | 國曆 | 干支 | 時盤 | 日盤 | 農曆 | 國曆 | 干支 | 時盤 | 日盤 | 農曆 | 國曆 | 干支 | 時盤 | 日盤 | 農曆 | 國曆 | 干支 | 時盤 | 日盤 |
| 1 | 7/8 | 丙子 | 六 | 六 | 1 | 6/9 | 丁未 | 8 | 2 | 1 | 5/10 | 丁丑 | 8 | 8 | 1 | 4/11 | 戊申 | 6 | 6 | 1 | 3/12 | 戊寅 | 3 | 3 | 1 | 2/12 | 己酉 | 8 | 1 |
| 2 | 7/9 | 丁丑 | 六 | 五 | 2 | 6/10 | 戊申 | 8 | 3 | 2 | 5/11 | 戊寅 | 8 | 9 | 2 | 4/12 | 己酉 | 4 | 7 | 2 | 3/13 | 己卯 | 1 | 4 | 2 | 2/13 | 庚戌 | 8 | 2 |
| 3 | 7/10 | 戊寅 | 六 | 四 | 3 | 6/11 | 己酉 | 6 | 4 | 3 | 5/12 | 己卯 | 4 | 1 | 3 | 4/13 | 庚戌 | 4 | 8 | 3 | 3/14 | 庚辰 | 1 | 5 | 3 | 2/14 | 辛亥 | 8 | 3 |
| 4 | 7/11 | 己卯 | 八 | 三 | 4 | 6/12 | 庚戌 | 6 | 5 | 4 | 5/13 | 庚辰 | 4 | 2 | 4 | 4/14 | 辛亥 | 4 | 9 | 4 | 3/15 | 辛巳 | 1 | 6 | 4 | 2/15 | 壬子 | 8 | 4 |
| 5 | 7/12 | 庚辰 | 八 | 二 | 5 | 6/13 | 辛亥 | 6 | 6 | 5 | 5/14 | 辛巳 | 4 | 3 | 5 | 4/15 | 壬子 | 4 | 1 | 5 | 3/16 | 壬午 | 1 | 7 | 5 | 2/16 | 癸丑 | 8 | 5 |
| 6 | 7/13 | 辛巳 | 八 | 一 | 6 | 6/14 | 壬子 | 6 | 7 | 6 | 5/15 | 壬午 | 4 | 4 | 6 | 4/16 | 癸丑 | 4 | 2 | 6 | 3/17 | 癸未 | 1 | 8 | 6 | 2/17 | 甲寅 | 5 | 6 |
| 7 | 7/14 | 壬午 | 八 | 九 | 7 | 6/15 | 癸丑 | 6 | 8 | 7 | 5/16 | 癸未 | 4 | 5 | 7 | 4/17 | 甲寅 | 1 | 3 | 7 | 3/18 | 甲申 | 7 | 9 | 7 | 2/18 | 乙卯 | 5 | 7 |
| 8 | 7/15 | 癸未 | 八 | 八 | 8 | 6/16 | 甲寅 | 3 | 9 | 8 | 5/17 | 甲申 | 1 | 6 | 8 | 4/18 | 乙卯 | 1 | 4 | 8 | 3/19 | 乙酉 | 7 | 1 | 8 | 2/19 | 丙辰 | 5 | 8 |
| 9 | 7/16 | 甲申 | 二 | 七 | 9 | 6/17 | 乙卯 | 3 | 1 | 9 | 5/18 | 乙酉 | 1 | 7 | 9 | 4/19 | 丙辰 | 1 | 5 | 9 | 3/20 | 丙戌 | 7 | 2 | 9 | 2/20 | 丁巳 | 5 | 9 |
| 10 | 7/17 | 乙酉 | 二 | 六 | 10 | 6/18 | 丙辰 | 3 | 2 | 10 | 5/19 | 丙戌 | 1 | 8 | 10 | 4/20 | 丁巳 | 1 | 6 | 10 | 3/21 | 丁亥 | 7 | 3 | 10 | 2/21 | 戊午 | 5 | 1 |
| 11 | 7/18 | 丙戌 | 二 | 五 | 11 | 6/19 | 丁巳 | 3 | 3 | 11 | 5/20 | 丁亥 | 1 | 9 | 11 | 4/21 | 戊午 | 1 | 7 | 11 | 3/22 | 戊子 | 7 | 4 | 11 | 2/22 | 己未 | 2 | 2 |
| 12 | 7/19 | 丁亥 | 二 | 四 | 12 | 6/20 | 戊午 | 3 | 4 | 12 | 5/21 | 戊子 | 1 | 1 | 12 | 4/22 | 己未 | 7 | 8 | 12 | 3/23 | 己丑 | 4 | 5 | 12 | 2/23 | 庚申 | 2 | 3 |
| 13 | 7/20 | 戊子 | 二 | 三 | 13 | 6/21 | 己未 | 9 | 五 | 13 | 5/22 | 己丑 | 7 | 2 | 13 | 4/23 | 庚申 | 7 | 9 | 13 | 3/24 | 庚寅 | 4 | 6 | 13 | 2/24 | 辛酉 | 2 | 4 |
| 14 | 7/21 | 己丑 | 五 | 二 | 14 | 6/22 | 庚申 | 9 | 四 | 14 | 5/23 | 庚寅 | 7 | 3 | 14 | 4/24 | 辛酉 | 7 | 1 | 14 | 3/25 | 辛卯 | 4 | 7 | 14 | 2/25 | 壬戌 | 2 | 5 |
| 15 | 7/22 | 庚寅 | 五 | 一 | 15 | 6/23 | 辛酉 | 9 | 三 | 15 | 5/24 | 辛卯 | 7 | 4 | 15 | 4/25 | 壬戌 | 7 | 2 | 15 | 3/26 | 壬辰 | 4 | 8 | 15 | 2/26 | 癸亥 | 2 | 6 |
| 16 | 7/23 | 辛卯 | 五 | 九 | 16 | 6/24 | 壬戌 | 9 | 二 | 16 | 5/25 | 壬辰 | 7 | 5 | 16 | 4/26 | 癸亥 | 7 | 3 | 16 | 3/27 | 癸巳 | 4 | 9 | 16 | 2/27 | 甲子 | 9 | 7 |
| 17 | 7/24 | 壬辰 | 五 | 八 | 17 | 6/25 | 癸亥 | 9 | 一 | 17 | 5/26 | 癸巳 | 7 | 6 | 17 | 4/27 | 甲子 | 5 | 4 | 17 | 3/28 | 甲午 | 3 | 1 | 17 | 2/28 | 乙丑 | 9 | 8 |
| 18 | 7/25 | 癸巳 | 五 | 七 | 18 | 6/26 | 甲子 | 九 | 九 | 18 | 5/27 | 甲午 | 5 | 7 | 18 | 4/28 | 乙丑 | 5 | 5 | 18 | 3/29 | 乙未 | 3 | 2 | 18 | 2/29 | 丙寅 | 9 | 9 |
| 19 | 7/26 | 甲午 | 七 | 六 | 19 | 6/27 | 乙丑 | 九 | 八 | 19 | 5/28 | 乙未 | 5 | 8 | 19 | 4/29 | 丙寅 | 5 | 6 | 19 | 3/30 | 丙申 | 3 | 3 | 19 | 3/1 | 丁卯 | 9 | 1 |
| 20 | 7/27 | 乙未 | 七 | 五 | 20 | 6/28 | 丙寅 | 九 | 七 | 20 | 5/29 | 丙申 | 5 | 9 | 20 | 4/30 | 丁卯 | 5 | 7 | 20 | 3/31 | 丁酉 | 3 | 4 | 20 | 3/2 | 戊辰 | 9 | 2 |
| 21 | 7/28 | 丙申 | 七 | 四 | 21 | 6/29 | 丁卯 | 九 | 六 | 21 | 5/30 | 丁酉 | 5 | 1 | 21 | 5/1 | 戊辰 | 5 | 8 | 21 | 4/1 | 戊戌 | 3 | 5 | 21 | 3/3 | 己巳 | 6 | 3 |
| 22 | 7/29 | 丁酉 | 七 | 三 | 22 | 6/30 | 戊辰 | 九 | 五 | 22 | 5/31 | 戊戌 | 5 | 2 | 22 | 5/2 | 己巳 | 2 | 9 | 22 | 4/2 | 己亥 | 9 | 6 | 22 | 3/4 | 庚午 | 6 | 4 |
| 23 | 7/30 | 戊戌 | 七 | 二 | 23 | 7/1 | 己巳 | 三 | 四 | 23 | 6/1 | 己亥 | 2 | 3 | 23 | 5/3 | 庚午 | 2 | 1 | 23 | 4/3 | 庚子 | 9 | 7 | 23 | 3/5 | 辛未 | 6 | 5 |
| 24 | 7/31 | 己亥 | 一 | 一 | 24 | 7/2 | 庚午 | 三 | 三 | 24 | 6/2 | 庚子 | 2 | 4 | 24 | 5/4 | 辛未 | 2 | 2 | 24 | 4/4 | 辛丑 | 9 | 8 | 24 | 3/6 | 壬申 | 6 | 6 |
| 25 | 8/1 | 庚子 | 一 | 九 | 25 | 7/3 | 辛未 | 三 | 二 | 25 | 6/3 | 辛丑 | 2 | 5 | 25 | 5/5 | 壬申 | 2 | 3 | 25 | 4/5 | 壬寅 | 9 | 9 | 25 | 3/7 | 癸酉 | 6 | 7 |
| 26 | 8/2 | 辛丑 | 一 | 八 | 26 | 7/4 | 壬申 | 三 | 一 | 26 | 6/4 | 壬寅 | 2 | 6 | 26 | 5/6 | 癸酉 | 2 | 4 | 26 | 4/6 | 癸卯 | 9 | 1 | 26 | 3/8 | 甲戌 | 3 | 8 |
| 27 | 8/3 | 壬寅 | 一 | 七 | 27 | 7/5 | 癸酉 | 三 | 九 | 27 | 6/5 | 癸卯 | 2 | 7 | 27 | 5/7 | 甲戌 | 8 | 5 | 27 | 4/7 | 甲辰 | 6 | 2 | 27 | 3/9 | 乙亥 | 3 | 9 |
| 28 | 8/4 | 癸卯 | 一 | 六 | 28 | 7/6 | 甲戌 | 六 | 八 | 28 | 6/6 | 甲辰 | 8 | 8 | 28 | 5/8 | 乙亥 | 8 | 6 | 28 | 4/8 | 乙巳 | 6 | 3 | 28 | 3/10 | 丙子 | 3 | 1 |
| 29 | 8/5 | 甲辰 | 四 | 五 | 29 | 7/7 | 乙亥 | 六 | 七 | 29 | 6/7 | 乙巳 | 8 | 9 | 29 | 5/9 | 丙子 | 8 | 7 | 29 | 4/9 | 丙午 | 6 | 4 | 29 | 3/11 | 丁丑 | 3 | 2 |
| | | | | | | | | | | 30 | 6/8 | 丙午 | 8 | 1 | | | | | | 30 | 4/10 | 丁未 | 6 | 5 | | | | | |

# 西元1956年（丙申）肖猴 民國45年（女兌命）

奇門遁甲局數如標示為 一 ～九表示陰局　　如標示為1 ～9 表示陽局

| 十二月 | | | | | 十一月 | | | | | 十　月 | | | | | 九　月 | | | | | 八　月 | | | | | 七　月 | | | | |
|---|---|---|---|---|---|---|---|---|---|---|---|---|---|---|---|---|---|---|---|---|---|---|---|---|---|---|---|---|---|
| 辛丑 | | | | | 庚子 | | | | | 己亥 | | | | | 戊戌 | | | | | 丁酉 | | | | | 丙申 | | | | |
| 九紫火 | | | | | 一白水 | | | | | 二黑土 | | | | | 三碧木 | | | | | 四綠木 | | | | | 五黃土 | | | | |
| 大寒 15時39分 二十申時 | | 小寒 22時11分 初五亥時 | 奇門遁甲局數 | | 冬至 05時00分 廿一卯時 | | 大雪 11時03分 初六午時 | 奇門遁甲局數 | | 小雪 15時51分 二十申時 | | 立冬 18時27分 初五酉時 | 奇門遁甲局數 | | 霜降 18時35分 二十酉時 | | 寒露 15時37分 初五申時 | 奇門遁甲局數 | | 秋分 09時36分 十九巳時 | | 白露 00時20分 初四子時 | 奇門遁甲局數 | | 處暑 12時15分 十八午時 | | 立秋 21時41分 初二亥時 | 奇門遁甲局數 | |
| 農曆 | 國曆 | 干支 | 時盤 | 日盤 | 農曆 | 國曆 | 干支 | 時盤 | 日盤 | 農曆 | 國曆 | 干支 | 時盤 | 日盤 | 農曆 | 國曆 | 干支 | 時盤 | 日盤 | 農曆 | 國曆 | 干支 | 時盤 | 日盤 | 農曆 | 國曆 | 干支 | 時盤 | 日盤 |
| 1 | 1/1 | 癸酉 | 7 | 1 | 1 | 12/2 | 癸卯 | 八 | 三 | 1 | 11/3 | 甲戌 | 二 | 五 | 1 | 10/4 | 甲辰 | 四 | 八 | 1 | 9/5 | 乙亥 | 七 | 一 | 1 | 8/6 | 乙巳 | 四 | 四 |
| 2 | 1/2 | 甲戌 | 4 | 2 | 2 | 12/3 | 甲辰 | 二 | 二 | 2 | 11/4 | 乙亥 | 二 | 四 | 2 | 10/5 | 乙巳 | 四 | 七 | 2 | 9/6 | 丙子 | 七 | 九 | 2 | 8/7 | 丙午 | 四 | 三 |
| 3 | 1/3 | 乙亥 | 4 | 3 | 3 | 12/4 | 乙巳 | 二 | 一 | 3 | 11/5 | 丙子 | 二 | 三 | 3 | 10/6 | 丙午 | 四 | 六 | 3 | 9/7 | 丁丑 | 七 | 八 | 3 | 8/8 | 丁未 | 四 | 二 |
| 4 | 1/4 | 丙子 | 4 | 4 | 4 | 12/5 | 丙午 | 二 | 九 | 4 | 11/6 | 丁丑 | 二 | 二 | 4 | 10/7 | 丁未 | 四 | 五 | 4 | 9/8 | 戊寅 | 七 | 七 | 4 | 8/9 | 戊申 | 四 | 一 |
| 5 | 1/5 | 丁丑 | 4 | 5 | 5 | 12/6 | 丁未 | 二 | 八 | 5 | 11/7 | 戊寅 | 二 | 一 | 5 | 10/8 | 戊申 | 四 | 四 | 5 | 9/9 | 己卯 | 九 | 六 | 5 | 8/10 | 己酉 | 二 | 九 |
| 6 | 1/6 | 戊寅 | 4 | 6 | 6 | 12/7 | 戊申 | 二 | 七 | 6 | 11/8 | 己卯 | 六 | 九 | 6 | 10/9 | 己酉 | 六 | 三 | 6 | 9/10 | 庚辰 | 九 | 五 | 6 | 8/11 | 庚戌 | 二 | 八 |
| 7 | 1/7 | 己卯 | 2 | 7 | 7 | 12/8 | 己酉 | 四 | 六 | 7 | 11/9 | 庚辰 | 六 | 八 | 7 | 10/10 | 庚戌 | 六 | 二 | 7 | 9/11 | 辛巳 | 九 | 四 | 7 | 8/12 | 辛亥 | 二 | 七 |
| 8 | 1/8 | 庚辰 | 2 | 8 | 8 | 12/9 | 庚戌 | 四 | 五 | 8 | 11/10 | 辛巳 | 六 | 七 | 8 | 10/11 | 辛亥 | 六 | 一 | 8 | 9/12 | 壬午 | 九 | 三 | 8 | 8/13 | 壬子 | 二 | 六 |
| 9 | 1/9 | 辛巳 | 2 | 9 | 9 | 12/10 | 辛亥 | 四 | 四 | 9 | 11/11 | 壬午 | 六 | 六 | 9 | 10/12 | 壬子 | 六 | 九 | 9 | 9/13 | 癸未 | 九 | 二 | 9 | 8/14 | 癸丑 | 二 | 五 |
| 10 | 1/10 | 壬午 | 2 | 1 | 10 | 12/11 | 壬子 | 四 | 三 | 10 | 11/12 | 癸未 | 六 | 五 | 10 | 10/13 | 癸丑 | 六 | 八 | 10 | 9/14 | 甲申 | 三 | 一 | 10 | 8/15 | 甲寅 | 五 | 四 |
| 11 | 1/11 | 癸未 | 2 | 2 | 11 | 12/12 | 癸丑 | 四 | 二 | 11 | 11/13 | 甲申 | 九 | 四 | 11 | 10/14 | 甲寅 | 九 | 七 | 11 | 9/15 | 乙酉 | 三 | 九 | 11 | 8/16 | 乙卯 | 五 | 三 |
| 12 | 1/12 | 甲申 | 8 | 3 | 12 | 12/13 | 甲寅 | 七 | 一 | 12 | 11/14 | 乙酉 | 九 | 三 | 12 | 10/15 | 乙卯 | 九 | 六 | 12 | 9/16 | 丙戌 | 三 | 八 | 12 | 8/17 | 丙辰 | 五 | 二 |
| 13 | 1/13 | 乙酉 | 8 | 4 | 13 | 12/14 | 乙卯 | 七 | 九 | 13 | 11/15 | 丙戌 | 九 | 二 | 13 | 10/16 | 丙辰 | 九 | 五 | 13 | 9/17 | 丁亥 | 三 | 七 | 13 | 8/18 | 丁巳 | 五 | 一 |
| 14 | 1/14 | 丙戌 | 8 | 5 | 14 | 12/15 | 丙辰 | 七 | 八 | 14 | 11/16 | 丁亥 | 九 | 一 | 14 | 10/17 | 丁巳 | 九 | 四 | 14 | 9/18 | 戊子 | 三 | 六 | 14 | 8/19 | 戊午 | 五 | 九 |
| 15 | 1/15 | 丁亥 | 8 | 6 | 15 | 12/16 | 丁巳 | 七 | 七 | 15 | 11/17 | 戊子 | 九 | 九 | 15 | 10/18 | 戊午 | 九 | 三 | 15 | 9/19 | 己丑 | 六 | 五 | 15 | 8/20 | 己未 | 八 | 八 |
| 16 | 1/16 | 戊子 | 8 | 7 | 16 | 12/17 | 戊午 | 七 | 六 | 16 | 11/18 | 己丑 | 三 | 八 | 16 | 10/19 | 己未 | 三 | 二 | 16 | 9/20 | 庚寅 | 六 | 四 | 16 | 8/21 | 庚申 | 八 | 七 |
| 17 | 1/17 | 己丑 | 5 | 8 | 17 | 12/18 | 己未 | 一 | 五 | 17 | 11/19 | 庚寅 | 三 | 七 | 17 | 10/20 | 庚申 | 三 | 一 | 17 | 9/21 | 辛卯 | 六 | 三 | 17 | 8/22 | 辛酉 | 八 | 六 |
| 18 | 1/18 | 庚寅 | 5 | 9 | 18 | 12/19 | 庚申 | 一 | 四 | 18 | 11/20 | 辛卯 | 三 | 六 | 18 | 10/21 | 辛酉 | 三 | 九 | 18 | 9/22 | 壬辰 | 六 | 二 | 18 | 8/23 | 壬戌 | 八 | 五 |
| 19 | 1/19 | 辛卯 | 5 | 1 | 19 | 12/20 | 辛酉 | 一 | 三 | 19 | 11/21 | 壬辰 | 三 | 五 | 19 | 10/22 | 壬戌 | 三 | 八 | 19 | 9/23 | 癸巳 | 六 | 一 | 19 | 8/24 | 癸亥 | 八 | 四 |
| 20 | 1/20 | 壬辰 | 5 | 2 | 20 | 12/21 | 壬戌 | 一 | 二 | 20 | 11/22 | 癸巳 | 三 | 四 | 20 | 10/23 | 癸亥 | 三 | 七 | 20 | 9/24 | 甲午 | 七 | 九 | 20 | 8/25 | 甲子 | 一 | 三 |
| 21 | 1/21 | 癸巳 | 5 | 3 | 21 | 12/22 | 癸亥 | 一 | 9 | 21 | 11/23 | 甲午 | 五 | 三 | 21 | 10/24 | 甲子 | 五 | 六 | 21 | 9/25 | 乙未 | 七 | 八 | 21 | 8/26 | 乙丑 | 一 | 二 |
| 22 | 1/22 | 甲午 | 3 | 4 | 22 | 12/23 | 甲子 | 1 | 1 | 22 | 11/24 | 乙未 | 五 | 二 | 22 | 10/25 | 乙丑 | 五 | 五 | 22 | 9/26 | 丙申 | 七 | 七 | 22 | 8/27 | 丙寅 | 一 | 一 |
| 23 | 1/23 | 乙未 | 3 | 5 | 23 | 12/24 | 乙丑 | 1 | 2 | 23 | 11/25 | 丙申 | 五 | 一 | 23 | 10/26 | 丙寅 | 五 | 四 | 23 | 9/27 | 丁酉 | 七 | 六 | 23 | 8/28 | 丁卯 | 一 | 九 |
| 24 | 1/24 | 丙申 | 3 | 6 | 24 | 12/25 | 丙寅 | 1 | 3 | 24 | 11/26 | 丁酉 | 五 | 九 | 24 | 10/27 | 丁卯 | 五 | 三 | 24 | 9/28 | 戊戌 | 七 | 五 | 24 | 8/29 | 戊辰 | 一 | 八 |
| 25 | 1/25 | 丁酉 | 3 | 7 | 25 | 12/26 | 丁卯 | 1 | 4 | 25 | 11/27 | 戊戌 | 五 | 八 | 25 | 10/28 | 戊辰 | 五 | 二 | 25 | 9/29 | 己亥 | 一 | 四 | 25 | 8/30 | 己巳 | 四 | 七 |
| 26 | 1/26 | 戊戌 | 3 | 8 | 26 | 12/27 | 戊辰 | 1 | 5 | 26 | 11/28 | 己亥 | 八 | 七 | 26 | 10/29 | 己巳 | 八 | 一 | 26 | 9/30 | 庚子 | 一 | 三 | 26 | 8/31 | 庚午 | 四 | 六 |
| 27 | 1/27 | 己亥 | 9 | 9 | 27 | 12/28 | 己巳 | 7 | 6 | 27 | 11/29 | 庚子 | 八 | 六 | 27 | 10/30 | 庚午 | 八 | 九 | 27 | 10/1 | 辛丑 | 一 | 二 | 27 | 9/1 | 辛未 | 四 | 五 |
| 28 | 1/28 | 庚子 | 9 | 1 | 28 | 12/29 | 庚午 | 7 | 7 | 28 | 11/30 | 辛丑 | 八 | 五 | 28 | 10/31 | 辛未 | 八 | 八 | 28 | 10/2 | 壬寅 | 一 | 一 | 28 | 9/2 | 壬申 | 四 | 四 |
| 29 | 1/29 | 辛丑 | 9 | 2 | 29 | 12/30 | 辛未 | 7 | 8 | 29 | 12/1 | 壬寅 | 八 | 四 | 29 | 11/1 | 壬申 | 八 | 七 | 29 | 10/3 | 癸卯 | 一 | 九 | 29 | 9/3 | 癸酉 | 四 | 三 |
| 30 | 1/30 | 壬寅 | 9 | 3 | 30 | 12/31 | 壬申 | 7 | 9 | | | | | | 30 | 11/2 | 癸酉 | 八 | 六 | | | | | | 30 | 9/4 | 甲戌 | 七 | 二 |

# 西元1957年（丁酉）肖雞 民國46年（男兌命）

奇門遁甲局數如標示為 一 ～九表示陰局　　如標示為1 ～9 表示陽局

| 六月 | | | | | 五月 | | | | | 四月 | | | | | 三月 | | | | | 二月 | | | | | 正月 | | | | |
|---|---|---|---|---|---|---|---|---|---|---|---|---|---|---|---|---|---|---|---|---|---|---|---|---|---|---|---|---|---|
| 丁未 | | | | | 丙午 | | | | | 乙巳 | | | | | 甲辰 | | | | | 癸卯 | | | | | 壬寅 | | | | |
| 三碧木 | | | | | 四綠木 | | | | | 五黃土 | | | | | 六白金 | | | | | 七赤金 | | | | | 八白土 | | | | |
| 大暑 11時15分 廿六午時 | | 小暑 17時49分 初十酉時 | 奇門遁甲局數 | | 夏至 00時21分 廿五子時 | | 芒種 07時25分 初九辰時 | 奇門遁甲局數 | | 小滿 16時11分 廿二申時 | | 立夏 02時59分 初七丑時 | 奇門遁甲局數 | | 穀雨 16時42分 廿一申時 | | 清明 09時19分 初六巳時 | 奇門遁甲局數 | | 春分 05時17分 二十卯時 | | 驚蟄 04時11分 初五寅時 | 奇門遁甲局數 | | 雨水 05時58分 二十卯時 | | 立春 09時55分 初五巳時 | 奇門遁甲局數 | |
| 農曆 | 國曆 | 干支 | 時盤 | 日盤 | 農曆 | 國曆 | 干支 | 時盤 | 日盤 | 農曆 | 國曆 | 干支 | 時盤 | 日盤 | 農曆 | 國曆 | 干支 | 時盤 | 日盤 | 農曆 | 國曆 | 干支 | 時盤 | 日盤 | 農曆 | 國曆 | 干支 | 時盤 | 日盤 |
| 1 | 6/28 | 辛未 | 三 | 二 | 1 | 5/29 | 辛丑 | 2 | 5 | 1 | 4/30 | 壬申 | 2 | 3 | 1 | 3/31 | 壬寅 | 9 | 9 | 1 | 3/2 | 癸酉 | 6 | 7 | 1 | 1/31 | 癸卯 | 9 | 4 |
| 2 | 6/29 | 壬申 | 三 | 一 | 2 | 5/30 | 壬寅 | 2 | 6 | 2 | 5/1 | 癸酉 | 2 | 4 | 2 | 4/1 | 癸卯 | 9 | 1 | 2 | 3/3 | 甲戌 | 3 | 8 | 2 | 2/1 | 甲辰 | 6 | 5 |
| 3 | 6/30 | 癸酉 | 三 | 九 | 3 | 5/31 | 癸卯 | 2 | 7 | 3 | 5/2 | 甲戌 | 8 | 5 | 3 | 4/2 | 甲辰 | 6 | 2 | 3 | 3/4 | 乙亥 | 3 | 9 | 3 | 2/2 | 乙巳 | 6 | 6 |
| 4 | 7/1 | 甲戌 | 六 | 八 | 4 | 6/1 | 甲辰 | 8 | 8 | 4 | 5/3 | 乙亥 | 8 | 6 | 4 | 4/3 | 乙巳 | 6 | 3 | 4 | 3/5 | 丙子 | 3 | 1 | 4 | 2/3 | 丙午 | 6 | 7 |
| 5 | 7/2 | 乙亥 | 六 | 七 | 5 | 6/2 | 乙巳 | 8 | 9 | 5 | 5/4 | 丙子 | 8 | 7 | 5 | 4/4 | 丙午 | 6 | 4 | 5 | 3/6 | 丁丑 | 3 | 2 | 5 | 2/4 | 丁未 | 6 | 8 |
| 6 | 7/3 | 丙子 | 六 | 六 | 6 | 6/3 | 丙午 | 8 | 1 | 6 | 5/5 | 丁丑 | 8 | 8 | 6 | 4/5 | 丁未 | 6 | 5 | 6 | 3/7 | 戊寅 | 3 | 3 | 6 | 2/5 | 戊申 | 6 | 9 |
| 7 | 7/4 | 丁丑 | 六 | 五 | 7 | 6/4 | 丁未 | 8 | 2 | 7 | 5/6 | 戊寅 | 8 | 9 | 7 | 4/6 | 戊申 | 6 | 6 | 7 | 3/8 | 己卯 | 1 | 4 | 7 | 2/6 | 己酉 | 8 | 1 |
| 8 | 7/5 | 戊寅 | 六 | 四 | 8 | 6/5 | 戊申 | 8 | 3 | 8 | 5/7 | 己卯 | 4 | 1 | 8 | 4/7 | 己酉 | 4 | 7 | 8 | 3/9 | 庚辰 | 1 | 5 | 8 | 2/7 | 庚戌 | 8 | 2 |
| 9 | 7/6 | 己卯 | 八 | 三 | 9 | 6/6 | 己酉 | 6 | 4 | 9 | 5/8 | 庚辰 | 4 | 2 | 9 | 4/8 | 庚戌 | 4 | 8 | 9 | 3/10 | 辛巳 | 1 | 6 | 9 | 2/8 | 辛亥 | 8 | 3 |
| 10 | 7/7 | 庚辰 | 八 | 二 | 10 | 6/7 | 庚戌 | 6 | 5 | 10 | 5/9 | 辛巳 | 4 | 3 | 10 | 4/9 | 辛亥 | 4 | 9 | 10 | 3/11 | 壬午 | 1 | 7 | 10 | 2/9 | 壬子 | 8 | 4 |
| 11 | 7/8 | 辛巳 | 八 | 一 | 11 | 6/8 | 辛亥 | 6 | 6 | 11 | 5/10 | 壬午 | 4 | 4 | 11 | 4/10 | 壬子 | 4 | 1 | 11 | 3/12 | 癸未 | 1 | 8 | 11 | 2/10 | 癸丑 | 8 | 5 |
| 12 | 7/9 | 壬午 | 八 | 九 | 12 | 6/9 | 壬子 | 6 | 7 | 12 | 5/11 | 癸未 | 4 | 5 | 12 | 4/11 | 癸丑 | 4 | 2 | 12 | 3/13 | 甲申 | 7 | 9 | 12 | 2/11 | 甲寅 | 5 | 6 |
| 13 | 7/10 | 癸未 | 八 | 八 | 13 | 6/10 | 癸丑 | 6 | 8 | 13 | 5/12 | 甲申 | 1 | 6 | 13 | 4/12 | 甲寅 | 1 | 3 | 13 | 3/14 | 乙酉 | 7 | 1 | 13 | 2/12 | 乙卯 | 5 | 7 |
| 14 | 7/11 | 甲申 | 二 | 七 | 14 | 6/11 | 甲寅 | 3 | 9 | 14 | 5/13 | 乙酉 | 1 | 7 | 14 | 4/13 | 乙卯 | 1 | 4 | 14 | 3/15 | 丙戌 | 7 | 2 | 14 | 2/13 | 丙辰 | 5 | 8 |
| 15 | 7/12 | 乙酉 | 二 | 六 | 15 | 6/12 | 乙卯 | 3 | 1 | 15 | 5/14 | 丙戌 | 1 | 8 | 15 | 4/14 | 丙辰 | 1 | 5 | 15 | 3/16 | 丁亥 | 7 | 3 | 15 | 2/14 | 丁巳 | 5 | 9 |
| 16 | 7/13 | 丙戌 | 二 | 五 | 16 | 6/13 | 丙辰 | 3 | 2 | 16 | 5/15 | 丁亥 | 1 | 9 | 16 | 4/15 | 丁巳 | 1 | 6 | 16 | 3/17 | 戊子 | 7 | 4 | 16 | 2/15 | 戊午 | 5 | 1 |
| 17 | 7/14 | 丁亥 | 二 | 四 | 17 | 6/14 | 丁巳 | 3 | 3 | 17 | 5/16 | 戊子 | 1 | 1 | 17 | 4/16 | 戊午 | 1 | 7 | 17 | 3/18 | 己丑 | 4 | 5 | 17 | 2/16 | 己未 | 2 | 2 |
| 18 | 7/15 | 戊子 | 二 | 三 | 18 | 6/15 | 戊午 | 3 | 4 | 18 | 5/17 | 己丑 | 7 | 2 | 18 | 4/17 | 己未 | 7 | 8 | 18 | 3/19 | 庚寅 | 4 | 6 | 18 | 2/17 | 庚申 | 2 | 3 |
| 19 | 7/16 | 己丑 | 五 | 二 | 19 | 6/16 | 己未 | 9 | 5 | 19 | 5/18 | 庚寅 | 7 | 3 | 19 | 4/18 | 庚申 | 7 | 9 | 19 | 3/20 | 辛卯 | 4 | 7 | 19 | 2/18 | 辛酉 | 2 | 4 |
| 20 | 7/17 | 庚寅 | 五 | 一 | 20 | 6/17 | 庚申 | 9 | 6 | 20 | 5/19 | 辛卯 | 7 | 4 | 20 | 4/19 | 辛酉 | 7 | 1 | 20 | 3/21 | 壬辰 | 4 | 8 | 20 | 2/19 | 壬戌 | 2 | 5 |
| 21 | 7/18 | 辛卯 | 五 | 九 | 21 | 6/18 | 辛酉 | 9 | 7 | 21 | 5/20 | 壬辰 | 7 | 5 | 21 | 4/20 | 壬戌 | 7 | 2 | 21 | 3/22 | 癸巳 | 4 | 9 | 21 | 2/20 | 癸亥 | 2 | 6 |
| 22 | 7/19 | 壬辰 | 五 | 八 | 22 | 6/19 | 壬戌 | 9 | 8 | 22 | 5/21 | 癸巳 | 7 | 6 | 22 | 4/21 | 癸亥 | 7 | 3 | 22 | 3/23 | 甲午 | 3 | 1 | 22 | 2/21 | 甲子 | 9 | 7 |
| 23 | 7/20 | 癸巳 | 五 | 七 | 23 | 6/20 | 癸亥 | 9 | 9 | 23 | 5/22 | 甲午 | 5 | 7 | 23 | 4/22 | 甲子 | 5 | 4 | 23 | 3/24 | 乙未 | 3 | 2 | 23 | 2/22 | 乙丑 | 9 | 8 |
| 24 | 7/21 | 甲午 | 七 | 六 | 24 | 6/21 | 甲子 | 九 | 1 | 24 | 5/23 | 乙未 | 5 | 8 | 24 | 4/23 | 乙丑 | 5 | 5 | 24 | 3/25 | 丙申 | 3 | 3 | 24 | 2/23 | 丙寅 | 9 | 9 |
| 25 | 7/22 | 乙未 | 七 | 五 | 25 | 6/22 | 乙丑 | 九 | 八 | 25 | 5/24 | 丙申 | 5 | 9 | 25 | 4/24 | 丙寅 | 5 | 6 | 25 | 3/26 | 丁酉 | 3 | 4 | 25 | 2/24 | 丁卯 | 9 | 1 |
| 26 | 7/23 | 丙申 | 七 | 四 | 26 | 6/23 | 丙寅 | 九 | 七 | 26 | 5/25 | 丁酉 | 5 | 1 | 26 | 4/25 | 丁卯 | 5 | 7 | 26 | 3/27 | 戊戌 | 3 | 5 | 26 | 2/25 | 戊辰 | 9 | 2 |
| 27 | 7/24 | 丁酉 | 七 | 三 | 27 | 6/24 | 丁卯 | 九 | 六 | 27 | 5/26 | 戊戌 | 5 | 2 | 27 | 4/26 | 戊辰 | 5 | 8 | 27 | 3/28 | 己亥 | 9 | 6 | 27 | 2/26 | 己巳 | 6 | 3 |
| 28 | 7/25 | 戊戌 | 七 | 二 | 28 | 6/25 | 戊辰 | 九 | 五 | 28 | 5/27 | 己亥 | 2 | 3 | 28 | 4/27 | 己巳 | 2 | 9 | 28 | 3/29 | 庚子 | 9 | 7 | 28 | 2/27 | 庚午 | 6 | 4 |
| 29 | 7/26 | 己亥 | 一 | 一 | 29 | 6/26 | 己巳 | 三 | 四 | 29 | 5/28 | 庚子 | 2 | 4 | 29 | 4/28 | 庚午 | 2 | 1 | 29 | 3/30 | 辛丑 | 9 | 8 | 29 | 2/28 | 辛未 | 6 | 5 |
| | | | | | 30 | 6/27 | 庚午 | 三 | 三 | | | | | | 30 | 4/29 | 辛未 | 2 | 2 | | | | | | 30 | 3/1 | 壬申 | 6 | 6 |

# 西元1957年（丁酉）肖雞 民國46年（女艮命）

奇門遁甲局數如標示為 一 ～九表示陰局　　如標示為1 ～9 表示陽局

| 十二月 | | | | | 十一月 | | | | | 十　月 | | | | | 九　月 | | | | | 潤八　月 | | | | | 八　月 | | | | | 七　月 | | | | |
|---|---|---|---|---|---|---|---|---|---|---|---|---|---|---|---|---|---|---|---|---|---|---|---|---|---|---|---|---|---|---|---|---|---|---|
| 癸丑 | | | | | 壬子 | | | | | 辛亥 | | | | | 庚戌 | | | | | 庚戌 | | | | | 己酉 | | | | | 戊申 | | | | |
| 六白金 | | | | | 七赤金 | | | | | 八白土 | | | | | 九紫火 | | | | | | | | | | 一白水 | | | | | 二黑土 | | | | |
| 立春 15時50分 十六申時 | | 大寒 21時29分 初一亥時 | 奇門遁甲局數 | | 小寒 04時05分 十七寅時 | | 冬至 10時49分 初二巳時 | 奇門遁甲局數 | | 大雪 16時57分 十六申時 | | 小雪 21時40分 初一亥時 | 奇門遁甲局數 | | 立冬 00時21分 十七子時 | | 霜降 00時25分 初二子時 | 奇門遁甲局數 | | 寒露 21時31分 十五亥時 | | | 奇門遁甲局數 | | 秋分 15時27分 三十申時 | | 白露 06時13分 十五卯時 | 奇門遁甲局數 | | 處暑 18時08分 廿八酉時 | | 立秋 03時33分 十三寅時 | 奇門遁甲局數 | |
| 農曆 | 國曆 | 干支 | 時盤 | 日盤 | 農曆 | 國曆 | 干支 | 時盤 | 日盤 | 農曆 | 國曆 | 干支 | 時盤 | 日盤 | 農曆 | 國曆 | 干支 | 時盤 | 日盤 | 農曆 | 國曆 | 干支 | 時盤 | 日盤 | 農曆 | 國曆 | 干支 | 時盤 | 日盤 | 農曆 | 國曆 | 干支 | 時盤 | 日盤 |
| 1 | 1/20 | 丁酉 | 3 | 7 | 1 | 12/21 | 丁卯 | 1 | 六 | 1 | 11/22 | 戊戌 | 五 | 八 | 1 | 10/23 | 戊辰 | 五 | 二 | 1 | 9/24 | 己亥 | 一 | 四 | 1 | 8/25 | 己巳 | 四 | 七 | 1 | 7/27 | 庚子 | 一 | 九 |
| 2 | 1/21 | 戊戌 | 3 | 8 | 2 | 12/22 | 戊辰 | 1 | 5 | 2 | 11/23 | 己亥 | 八 | 七 | 2 | 10/24 | 己巳 | 八 | 一 | 2 | 9/25 | 庚子 | 一 | 三 | 2 | 8/26 | 庚午 | 四 | 六 | 2 | 7/28 | 辛丑 | 一 | 八 |
| 3 | 1/22 | 己亥 | 9 | 9 | 3 | 12/23 | 己巳 | 7 | 6 | 3 | 11/24 | 庚子 | 八 | 六 | 3 | 10/25 | 庚午 | 八 | 九 | 3 | 9/26 | 辛丑 | 一 | 二 | 3 | 8/27 | 辛未 | 四 | 五 | 3 | 7/29 | 壬寅 | 一 | 七 |
| 4 | 1/23 | 庚子 | 9 | 1 | 4 | 12/24 | 庚午 | 7 | 7 | 4 | 11/25 | 辛丑 | 八 | 五 | 4 | 10/26 | 辛未 | 八 | 八 | 4 | 9/27 | 壬寅 | 一 | 一 | 4 | 8/28 | 壬申 | 四 | 四 | 4 | 7/30 | 癸卯 | 一 | 六 |
| 5 | 1/24 | 辛丑 | 9 | 2 | 5 | 12/25 | 辛未 | 7 | 8 | 5 | 11/26 | 壬寅 | 八 | 四 | 5 | 10/27 | 壬申 | 八 | 七 | 5 | 9/28 | 癸卯 | 一 | 九 | 5 | 8/29 | 癸酉 | 四 | 三 | 5 | 7/31 | 甲辰 | 四 | 五 |
| 6 | 1/25 | 壬寅 | 9 | 3 | 6 | 12/26 | 壬申 | 7 | 9 | 6 | 11/27 | 癸卯 | 八 | 三 | 6 | 10/28 | 癸酉 | 八 | 六 | 6 | 9/29 | 甲辰 | 四 | 八 | 6 | 8/30 | 甲戌 | 七 | 二 | 6 | 8/1 | 乙巳 | 四 | 四 |
| 7 | 1/26 | 癸卯 | 9 | 4 | 7 | 12/27 | 癸酉 | 7 | 1 | 7 | 11/28 | 甲辰 | 二 | 二 | 7 | 10/29 | 甲戌 | 二 | 五 | 7 | 9/30 | 乙巳 | 四 | 七 | 7 | 8/31 | 乙亥 | 七 | 一 | 7 | 8/2 | 丙午 | 四 | 三 |
| 8 | 1/27 | 甲辰 | 6 | 5 | 8 | 12/28 | 甲戌 | 4 | 2 | 8 | 11/29 | 乙巳 | 二 | 一 | 8 | 10/30 | 乙亥 | 二 | 四 | 8 | 10/1 | 丙午 | 四 | 六 | 8 | 9/1 | 丙子 | 七 | 九 | 8 | 8/3 | 丁未 | 四 | 二 |
| 9 | 1/28 | 乙巳 | 6 | 6 | 9 | 12/29 | 乙亥 | 4 | 3 | 9 | 11/30 | 丙午 | 二 | 九 | 9 | 10/31 | 丙子 | 二 | 三 | 9 | 10/2 | 丁未 | 四 | 五 | 9 | 9/2 | 丁丑 | 七 | 八 | 9 | 8/4 | 戊申 | 四 | 一 |
| 10 | 1/29 | 丙午 | 6 | 7 | 10 | 12/30 | 丙子 | 4 | 4 | 10 | 12/1 | 丁未 | 二 | 八 | 10 | 11/1 | 丁丑 | 二 | 二 | 10 | 10/3 | 戊申 | 四 | 四 | 10 | 9/3 | 戊寅 | 七 | 七 | 10 | 8/5 | 己酉 | 二 | 九 |
| 11 | 1/30 | 丁未 | 6 | 8 | 11 | 12/31 | 丁丑 | 4 | 5 | 11 | 12/2 | 戊申 | 二 | 七 | 11 | 11/2 | 戊寅 | 二 | 一 | 11 | 10/4 | 己酉 | 六 | 三 | 11 | 9/4 | 己卯 | 九 | 六 | 11 | 8/6 | 庚戌 | 二 | 八 |
| 12 | 1/31 | 戊申 | 6 | 9 | 12 | 1/1 | 戊寅 | 4 | 6 | 12 | 12/3 | 己酉 | 四 | 六 | 12 | 11/3 | 己卯 | 六 | 九 | 12 | 10/5 | 庚戌 | 六 | 二 | 12 | 9/5 | 庚辰 | 九 | 五 | 12 | 8/7 | 辛亥 | 二 | 七 |
| 13 | 2/1 | 己酉 | 8 | 1 | 13 | 1/2 | 己卯 | 2 | 7 | 13 | 12/4 | 庚戌 | 四 | 五 | 13 | 11/4 | 庚辰 | 六 | 八 | 13 | 10/6 | 辛亥 | 六 | 一 | 13 | 9/6 | 辛巳 | 九 | 四 | 13 | 8/8 | 壬子 | 二 | 六 |
| 14 | 2/2 | 庚戌 | 8 | 2 | 14 | 1/3 | 庚辰 | 2 | 8 | 14 | 12/5 | 辛亥 | 四 | 四 | 14 | 11/5 | 辛巳 | 六 | 七 | 14 | 10/7 | 壬子 | 六 | 九 | 14 | 9/7 | 壬午 | 九 | 三 | 14 | 8/9 | 癸丑 | 二 | 五 |
| 15 | 2/3 | 辛亥 | 8 | 3 | 15 | 1/4 | 辛巳 | 2 | 9 | 15 | 12/6 | 壬子 | 四 | 三 | 15 | 11/6 | 壬午 | 六 | 六 | 15 | 10/8 | 癸丑 | 六 | 八 | 15 | 9/8 | 癸未 | 九 | 二 | 15 | 8/10 | 甲寅 | 五 | 四 |
| 16 | 2/4 | 壬子 | 8 | 4 | 16 | 1/5 | 壬午 | 2 | 1 | 16 | 12/7 | 癸丑 | 四 | 二 | 16 | 11/7 | 癸未 | 六 | 五 | 16 | 10/9 | 甲寅 | 九 | 七 | 16 | 9/9 | 甲申 | 三 | 一 | 16 | 8/11 | 乙卯 | 五 | 三 |
| 17 | 2/5 | 癸丑 | 8 | 5 | 17 | 1/6 | 癸未 | 2 | 2 | 17 | 12/8 | 甲寅 | 七 | 一 | 17 | 11/8 | 甲申 | 九 | 四 | 17 | 10/10 | 乙卯 | 九 | 六 | 17 | 9/10 | 乙酉 | 三 | 九 | 17 | 8/12 | 丙辰 | 五 | 二 |
| 18 | 2/6 | 甲寅 | 5 | 6 | 18 | 1/7 | 甲申 | 8 | 3 | 18 | 12/9 | 乙卯 | 七 | 九 | 18 | 11/9 | 乙酉 | 九 | 三 | 18 | 10/11 | 丙辰 | 九 | 五 | 18 | 9/11 | 丙戌 | 三 | 八 | 18 | 8/13 | 丁巳 | 五 | 一 |
| 19 | 2/7 | 乙卯 | 5 | 7 | 19 | 1/8 | 乙酉 | 8 | 4 | 19 | 12/10 | 丙辰 | 七 | 八 | 19 | 11/10 | 丙戌 | 九 | 二 | 19 | 10/12 | 丁巳 | 九 | 四 | 19 | 9/12 | 丁亥 | 三 | 七 | 19 | 8/14 | 戊午 | 五 | 九 |
| 20 | 2/8 | 丙辰 | 5 | 8 | 20 | 1/9 | 丙戌 | 8 | 5 | 20 | 12/11 | 丁巳 | 七 | 七 | 20 | 11/11 | 丁亥 | 九 | 一 | 20 | 10/13 | 戊午 | 九 | 三 | 20 | 9/13 | 戊子 | 三 | 六 | 20 | 8/15 | 己未 | 八 | 八 |
| 21 | 2/9 | 丁巳 | 5 | 9 | 21 | 1/10 | 丁亥 | 8 | 6 | 21 | 12/12 | 戊午 | 七 | 六 | 21 | 11/12 | 戊子 | 九 | 九 | 21 | 10/14 | 己未 | 三 | 二 | 21 | 9/14 | 己丑 | 六 | 五 | 21 | 8/16 | 庚申 | 八 | 七 |
| 22 | 2/10 | 戊午 | 5 | 1 | 22 | 1/11 | 戊子 | 8 | 7 | 22 | 12/13 | 己未 | 一 | 五 | 22 | 11/13 | 己丑 | 三 | 八 | 22 | 10/15 | 庚申 | 三 | 一 | 22 | 9/15 | 庚寅 | 六 | 四 | 22 | 8/17 | 辛酉 | 八 | 六 |
| 23 | 2/11 | 己未 | 2 | 2 | 23 | 1/12 | 己丑 | 5 | 8 | 23 | 12/14 | 庚申 | 一 | 四 | 23 | 11/14 | 庚寅 | 三 | 七 | 23 | 10/16 | 辛酉 | 三 | 九 | 23 | 9/16 | 辛卯 | 六 | 三 | 23 | 8/18 | 壬戌 | 八 | 五 |
| 24 | 2/12 | 庚申 | 2 | 3 | 24 | 1/13 | 庚寅 | 5 | 9 | 24 | 12/15 | 辛酉 | 一 | 三 | 24 | 11/15 | 辛卯 | 三 | 六 | 24 | 10/17 | 壬戌 | 三 | 八 | 24 | 9/17 | 壬辰 | 六 | 二 | 24 | 8/19 | 癸亥 | 八 | 四 |
| 25 | 2/13 | 辛酉 | 2 | 4 | 25 | 1/14 | 辛卯 | 5 | 1 | 25 | 12/16 | 壬戌 | 一 | 二 | 25 | 11/16 | 壬辰 | 三 | 五 | 25 | 10/18 | 癸亥 | 三 | 七 | 25 | 9/18 | 癸巳 | 六 | 一 | 25 | 8/20 | 甲子 | 一 | 三 |
| 26 | 2/14 | 壬戌 | 2 | 5 | 26 | 1/15 | 壬辰 | 5 | 2 | 26 | 12/17 | 癸亥 | 一 | 一 | 26 | 11/17 | 癸巳 | 三 | 四 | 26 | 10/19 | 甲子 | 五 | 六 | 26 | 9/19 | 甲午 | 七 | 九 | 26 | 8/21 | 乙丑 | 一 | 二 |
| 27 | 2/15 | 癸亥 | 2 | 6 | 27 | 1/16 | 癸巳 | 5 | 3 | 27 | 12/18 | 甲子 | 1 | 九 | 27 | 11/18 | 甲午 | 五 | 三 | 27 | 10/20 | 乙丑 | 五 | 五 | 27 | 9/20 | 乙未 | 七 | 八 | 27 | 8/22 | 丙寅 | 一 | 一 |
| 28 | 2/16 | 甲子 | 9 | 7 | 28 | 1/17 | 甲午 | 3 | 4 | 28 | 12/19 | 乙丑 | 1 | 八 | 28 | 11/19 | 乙未 | 五 | 二 | 28 | 10/21 | 丙寅 | 五 | 四 | 28 | 9/21 | 丙申 | 七 | 七 | 28 | 8/23 | 丁卯 | 一 | 九 |
| 29 | 2/17 | 乙丑 | 9 | 8 | 29 | 1/18 | 乙未 | 3 | 5 | 29 | 12/20 | 丙寅 | 1 | 七 | 29 | 11/20 | 丙申 | 五 | 一 | 29 | 10/22 | 丁卯 | 五 | 三 | 29 | 9/22 | 丁酉 | 七 | 六 | 29 | 8/24 | 戊辰 | 一 | 八 |
| | | | | | 30 | 1/19 | 丙申 | 3 | 6 | | | | | | 30 | 11/21 | 丁酉 | 五 | 九 | | | | | | 30 | 9/23 | 戊戌 | 七 | 五 | | | | | |

# 西元1958年（戊戌）肖狗 民國47年（男乾命）

奇門遁甲局數如標示為 一 ～九表示陰局　　如標示為1 ～9 表示陽局

| 六　月 | | | | |
|---|---|---|---|---|
| 己未 | | | | |
| 九紫火 | | | | |
| 立秋 09時18分 廿三巳時 | | 大暑 16時51分 初七申時 | 奇門遁甲局數 | |
| 農曆 | 國曆 | 干支 | 時盤 | 日盤 |
| 1 | 7/17 | 乙未 | 七 | 五 |
| 2 | 7/18 | 丙申 | 七 | 四 |
| 3 | 7/19 | 丁酉 | 七 | 三 |
| 4 | 7/20 | 戊戌 | 七 | 二 |
| 5 | 7/21 | 己亥 | 一 | 一 |
| 6 | 7/22 | 庚子 | 一 | 九 |
| 7 | 7/23 | 辛丑 | 一 | 八 |
| 8 | 7/24 | 壬寅 | 一 | 七 |
| 9 | 7/25 | 癸卯 | 一 | 六 |
| 10 | 7/26 | 甲辰 | 四 | 五 |
| 11 | 7/27 | 乙巳 | 四 | 四 |
| 12 | 7/28 | 丙午 | 四 | 三 |
| 13 | 7/29 | 丁未 | 四 | 二 |
| 14 | 7/30 | 戊申 | 四 | 一 |
| 15 | 7/31 | 己酉 | 二 | 九 |
| 16 | 8/1 | 庚戌 | 二 | 八 |
| 17 | 8/2 | 辛亥 | 二 | 七 |
| 18 | 8/3 | 壬子 | 二 | 六 |
| 19 | 8/4 | 癸丑 | 二 | 五 |
| 20 | 8/5 | 甲寅 | 五 | 四 |
| 21 | 8/6 | 乙卯 | 五 | 三 |
| 22 | 8/7 | 丙辰 | 五 | 二 |
| 23 | 8/8 | 丁巳 | 五 | 一 |
| 24 | 8/9 | 戊午 | 五 | 九 |
| 25 | 8/10 | 己未 | 八 | 八 |
| 26 | 8/11 | 庚申 | 八 | 七 |
| 27 | 8/12 | 辛酉 | 八 | 六 |
| 28 | 8/13 | 壬戌 | 八 | 五 |
| 29 | 8/14 | 癸亥 | 八 | 四 |
| | | | | |

| 五　月 | | | | |
|---|---|---|---|---|
| 戊午 | | | | |
| 一白水 | | | | |
| 小暑 23時34分 廿一子時 | | 夏至 05時58分 初六卯時 | 奇門遁甲局數 | |
| 農曆 | 國曆 | 干支 | 時盤 | 日盤 |
| 1 | 6/17 | 乙丑 | 九 | 2 |
| 2 | 6/18 | 丙寅 | 九 | 3 |
| 3 | 6/19 | 丁卯 | 九 | 4 |
| 4 | 6/20 | 戊辰 | 九 | 5 |
| 5 | 6/21 | 己巳 | 三 | 6 |
| 6 | 6/22 | 庚午 | 三 | 三 |
| 7 | 6/23 | 辛未 | 三 | 二 |
| 8 | 6/24 | 壬申 | 三 | 一 |
| 9 | 6/25 | 癸酉 | 三 | 九 |
| 10 | 6/26 | 甲戌 | 六 | 八 |
| 11 | 6/27 | 乙亥 | 六 | 七 |
| 12 | 6/28 | 丙子 | 六 | 六 |
| 13 | 6/29 | 丁丑 | 六 | 五 |
| 14 | 6/30 | 戊寅 | 六 | 四 |
| 15 | 7/1 | 己卯 | 八 | 三 |
| 16 | 7/2 | 庚辰 | 八 | 二 |
| 17 | 7/3 | 辛巳 | 八 | 一 |
| 18 | 7/4 | 壬午 | 八 | 九 |
| 19 | 7/5 | 癸未 | 八 | 八 |
| 20 | 7/6 | 甲申 | 二 | 七 |
| 21 | 7/7 | 乙酉 | 二 | 六 |
| 22 | 7/8 | 丙戌 | 二 | 五 |
| 23 | 7/9 | 丁亥 | 二 | 四 |
| 24 | 7/10 | 戊子 | 二 | 三 |
| 25 | 7/11 | 己丑 | 五 | 二 |
| 26 | 7/12 | 庚寅 | 五 | 一 |
| 27 | 7/13 | 辛卯 | 五 | 九 |
| 28 | 7/14 | 壬辰 | 五 | 八 |
| 29 | 7/15 | 癸巳 | 五 | 七 |
| 30 | 7/16 | 甲午 | 七 | 六 |

| 四　月 | | | | |
|---|---|---|---|---|
| 丁巳 | | | | |
| 二黑土 | | | | |
| 芒種 13時13分 十九未時 | | 小滿 21時52分 初三亥時 | 奇門遁甲局數 | |
| 農曆 | 國曆 | 干支 | 時盤 | 日盤 |
| 1 | 5/19 | 丙申 | 5 | 9 |
| 2 | 5/20 | 丁酉 | 5 | 1 |
| 3 | 5/21 | 戊戌 | 5 | 2 |
| 4 | 5/22 | 己亥 | 2 | 3 |
| 5 | 5/23 | 庚子 | 2 | 4 |
| 6 | 5/24 | 辛丑 | 2 | 5 |
| 7 | 5/25 | 壬寅 | 2 | 6 |
| 8 | 5/26 | 癸卯 | 2 | 7 |
| 9 | 5/27 | 甲辰 | 8 | 8 |
| 10 | 5/28 | 乙巳 | 8 | 9 |
| 11 | 5/29 | 丙午 | 8 | 1 |
| 12 | 5/30 | 丁未 | 8 | 2 |
| 13 | 5/31 | 戊申 | 8 | 3 |
| 14 | 6/1 | 己酉 | 6 | 4 |
| 15 | 6/2 | 庚戌 | 6 | 5 |
| 16 | 6/3 | 辛亥 | 6 | 6 |
| 17 | 6/4 | 壬子 | 6 | 7 |
| 18 | 6/5 | 癸丑 | 6 | 8 |
| 19 | 6/6 | 甲寅 | 3 | 9 |
| 20 | 6/7 | 乙卯 | 3 | 1 |
| 21 | 6/8 | 丙辰 | 3 | 2 |
| 22 | 6/9 | 丁巳 | 3 | 3 |
| 23 | 6/10 | 戊午 | 3 | 4 |
| 24 | 6/11 | 己未 | 9 | 5 |
| 25 | 6/12 | 庚申 | 9 | 6 |
| 26 | 6/13 | 辛酉 | 9 | 7 |
| 27 | 6/14 | 壬戌 | 9 | 8 |
| 28 | 6/15 | 癸亥 | 9 | 9 |
| 29 | 6/16 | 甲子 | 九 | 1 |
| | | | | |

| 三　月 | | | | |
|---|---|---|---|---|
| 丙辰 | | | | |
| 三碧木 | | | | |
| 立夏 08時50分 十八辰時 | | 穀雨 22時28分 初二亥時 | 奇門遁甲局數 | |
| 農曆 | 國曆 | 干支 | 時盤 | 日盤 |
| 1 | 4/19 | 丙寅 | 5 | 6 |
| 2 | 4/20 | 丁卯 | 5 | 7 |
| 3 | 4/21 | 戊辰 | 5 | 8 |
| 4 | 4/22 | 己巳 | 2 | 9 |
| 5 | 4/23 | 庚午 | 2 | 1 |
| 6 | 4/24 | 辛未 | 2 | 2 |
| 7 | 4/25 | 壬申 | 2 | 3 |
| 8 | 4/26 | 癸酉 | 2 | 4 |
| 9 | 4/27 | 甲戌 | 8 | 5 |
| 10 | 4/28 | 乙亥 | 8 | 6 |
| 11 | 4/29 | 丙子 | 8 | 7 |
| 12 | 4/30 | 丁丑 | 8 | 8 |
| 13 | 5/1 | 戊寅 | 8 | 9 |
| 14 | 5/2 | 己卯 | 4 | 1 |
| 15 | 5/3 | 庚辰 | 4 | 2 |
| 16 | 5/4 | 辛巳 | 4 | 3 |
| 17 | 5/5 | 壬午 | 4 | 4 |
| 18 | 5/6 | 癸未 | 4 | 5 |
| 19 | 5/7 | 甲申 | 1 | 6 |
| 20 | 5/8 | 乙酉 | 1 | 7 |
| 21 | 5/9 | 丙戌 | 1 | 8 |
| 22 | 5/10 | 丁亥 | 1 | 9 |
| 23 | 5/11 | 戊子 | 1 | 1 |
| 24 | 5/12 | 己丑 | 7 | 2 |
| 25 | 5/13 | 庚寅 | 7 | 3 |
| 26 | 5/14 | 辛卯 | 7 | 4 |
| 27 | 5/15 | 壬辰 | 7 | 5 |
| 28 | 5/16 | 癸巳 | 7 | 6 |
| 29 | 5/17 | 甲午 | 5 | 7 |
| 30 | 5/18 | 乙未 | 5 | 8 |

| 二　月 | | | | |
|---|---|---|---|---|
| 乙卯 | | | | |
| 四綠木 | | | | |
| 清明 15時13分 十七申時 | | 春分 11時06分 初二午時 | 奇門遁甲局數 | |
| 農曆 | 國曆 | 干支 | 時盤 | 日盤 |
| 1 | 3/20 | 丙申 | 3 | 3 |
| 2 | 3/21 | 丁酉 | 3 | 4 |
| 3 | 3/22 | 戊戌 | 3 | 5 |
| 4 | 3/23 | 己亥 | 9 | 6 |
| 5 | 3/24 | 庚子 | 9 | 7 |
| 6 | 3/25 | 辛丑 | 9 | 8 |
| 7 | 3/26 | 壬寅 | 9 | 9 |
| 8 | 3/27 | 癸卯 | 9 | 1 |
| 9 | 3/28 | 甲辰 | 6 | 2 |
| 10 | 3/29 | 乙巳 | 6 | 3 |
| 11 | 3/30 | 丙午 | 6 | 4 |
| 12 | 3/31 | 丁未 | 6 | 5 |
| 13 | 4/1 | 戊申 | 6 | 6 |
| 14 | 4/2 | 己酉 | 4 | 7 |
| 15 | 4/3 | 庚戌 | 4 | 8 |
| 16 | 4/4 | 辛亥 | 4 | 9 |
| 17 | 4/5 | 壬子 | 4 | 1 |
| 18 | 4/6 | 癸丑 | 4 | 2 |
| 19 | 4/7 | 甲寅 | 1 | 3 |
| 20 | 4/8 | 乙卯 | 1 | 4 |
| 21 | 4/9 | 丙辰 | 1 | 5 |
| 22 | 4/10 | 丁巳 | 1 | 6 |
| 23 | 4/11 | 戊午 | 1 | 7 |
| 24 | 4/12 | 己未 | 7 | 8 |
| 25 | 4/13 | 庚申 | 7 | 9 |
| 26 | 4/14 | 辛酉 | 7 | 1 |
| 27 | 4/15 | 壬戌 | 7 | 2 |
| 28 | 4/16 | 癸亥 | 7 | 3 |
| 29 | 4/17 | 甲子 | 5 | 4 |
| 30 | 4/18 | 乙丑 | 5 | 5 |

| 正　月 | | | | |
|---|---|---|---|---|
| 甲寅 | | | | |
| 五黃土 | | | | |
| 驚蟄 10時06分 十七巳時 | | 雨水 11時49分 初二午時 | 奇門遁甲局數 | |
| 農曆 | 國曆 | 干支 | 時盤 | 日盤 |
| 1 | 2/18 | 丙寅 | 9 | 9 |
| 2 | 2/19 | 丁卯 | 9 | 1 |
| 3 | 2/20 | 戊辰 | 9 | 2 |
| 4 | 2/21 | 己巳 | 6 | 3 |
| 5 | 2/22 | 庚午 | 6 | 4 |
| 6 | 2/23 | 辛未 | 6 | 5 |
| 7 | 2/24 | 壬申 | 6 | 6 |
| 8 | 2/25 | 癸酉 | 6 | 7 |
| 9 | 2/26 | 甲戌 | 3 | 8 |
| 10 | 2/27 | 乙亥 | 3 | 9 |
| 11 | 2/28 | 丙子 | 3 | 1 |
| 12 | 3/1 | 丁丑 | 3 | 2 |
| 13 | 3/2 | 戊寅 | 3 | 3 |
| 14 | 3/3 | 己卯 | 1 | 4 |
| 15 | 3/4 | 庚辰 | 1 | 5 |
| 16 | 3/5 | 辛巳 | 1 | 6 |
| 17 | 3/6 | 壬午 | 1 | 7 |
| 18 | 3/7 | 癸未 | 1 | 8 |
| 19 | 3/8 | 甲申 | 7 | 9 |
| 20 | 3/9 | 乙酉 | 7 | 1 |
| 21 | 3/10 | 丙戌 | 7 | 2 |
| 22 | 3/11 | 丁亥 | 7 | 3 |
| 23 | 3/12 | 戊子 | 7 | 4 |
| 24 | 3/13 | 己丑 | 4 | 5 |
| 25 | 3/14 | 庚寅 | 4 | 6 |
| 26 | 3/15 | 辛卯 | 4 | 7 |
| 27 | 3/16 | 壬辰 | 4 | 8 |
| 28 | 3/17 | 癸巳 | 4 | 9 |
| 29 | 3/18 | 甲午 | 3 | 1 |
| 30 | 3/19 | 乙未 | 3 | 2 |

# 西元1958年（戊戌）肖狗 民國47年（女離命）

奇門遁甲局數如標示為 一 ～九表示陰局　　如標示為1 ～9 表示陽局

| 十二月 | | | | | 十一月 | | | | | 十　月 | | | | | 九　月 | | | | | 八　月 | | | | | 七　月 | | | | |
|---|---|---|---|---|---|---|---|---|---|---|---|---|---|---|---|---|---|---|---|---|---|---|---|---|---|---|---|---|---|
| 乙丑 | | | | | 甲子 | | | | | 癸亥 | | | | | 壬戌 | | | | | 辛酉 | | | | | 庚申 | | | | |
| 三碧木 | | | | | 四綠木 | | | | | 五黃土 | | | | | 六白金 | | | | | 七赤金 | | | | | 八白土 | | | | |
| 立春 21時43分 廿七亥時 | | 大寒 03時20分 十三寅時 | 奇門遁甲局數 | | 小寒 09時59分 廿七巳時 | | 冬至 16時40分 十二申時 | 奇門遁甲局數 | | 大雪 22時50分 廿七亥時 | | 小雪 03時30分 十三寅時 | 奇門遁甲局數 | | 立冬 06時13分 廿七卯時 | | 霜降 06時12分 十二卯時 | 奇門遁甲局數 | | 寒露 03時20分 廿七寅時 | | 秋分 21時10分 十一亥時 | 奇門遁甲局數 | | 白露 12時00分 廿五午時 | | 處暑 23時47分 初九子時 | 奇門遁甲局數 | |
| 農曆 | 國曆 | 干支 | 時盤 | 日盤 | 農曆 | 國曆 | 干支 | 時盤 | 日盤 | 農曆 | 國曆 | 干支 | 時盤 | 日盤 | 農曆 | 國曆 | 干支 | 時盤 | 日盤 | 農曆 | 國曆 | 干支 | 時盤 | 日盤 | 農曆 | 國曆 | 干支 | 時盤 | 日盤 |
| 1 | 1/9 | 辛卯 | 4 | 1 | 1 | 12/11 | 壬戌 | 一 | 二 | 1 | 11/11 | 壬辰 | 三 | 五 | 1 | 10/13 | 癸亥 | 三 | 七 | 1 | 9/13 | 癸巳 | 六 | 一 | 1 | 8/15 | 甲子 | 一 | 三 |
| 2 | 1/10 | 壬辰 | 4 | 2 | 2 | 12/12 | 癸亥 | 一 | 一 | 2 | 11/12 | 癸巳 | 三 | 四 | 2 | 10/14 | 甲子 | 五 | 六 | 2 | 9/14 | 甲午 | 七 | 九 | 2 | 8/16 | 乙丑 | 一 | 二 |
| 3 | 1/11 | 癸巳 | 4 | 3 | 3 | 12/13 | 甲子 | 四 | 九 | 3 | 11/13 | 甲午 | 五 | 三 | 3 | 10/15 | 乙丑 | 五 | 五 | 3 | 9/15 | 乙未 | 七 | 八 | 3 | 8/17 | 丙寅 | 一 | 一 |
| 4 | 1/12 | 甲午 | 2 | 4 | 4 | 12/14 | 乙丑 | 四 | 八 | 4 | 11/14 | 乙未 | 五 | 二 | 4 | 10/16 | 丙寅 | 五 | 四 | 4 | 9/16 | 丙申 | 七 | 七 | 4 | 8/18 | 丁卯 | 一 | 九 |
| 5 | 1/13 | 乙未 | 2 | 5 | 5 | 12/15 | 丙寅 | 四 | 七 | 5 | 11/15 | 丙申 | 五 | 一 | 5 | 10/17 | 丁卯 | 五 | 三 | 5 | 9/17 | 丁酉 | 七 | 六 | 5 | 8/19 | 戊辰 | 一 | 八 |
| 6 | 1/14 | 丙申 | 2 | 6 | 6 | 12/16 | 丁卯 | 四 | 六 | 6 | 11/16 | 丁酉 | 五 | 九 | 6 | 10/18 | 戊辰 | 五 | 二 | 6 | 9/18 | 戊戌 | 七 | 五 | 6 | 8/20 | 己巳 | 四 | 七 |
| 7 | 1/15 | 丁酉 | 2 | 7 | 7 | 12/17 | 戊辰 | 四 | 五 | 7 | 11/17 | 戊戌 | 五 | 八 | 7 | 10/19 | 己巳 | 八 | 一 | 7 | 9/19 | 己亥 | 一 | 四 | 7 | 8/21 | 庚午 | 四 | 六 |
| 8 | 1/16 | 戊戌 | 2 | 8 | 8 | 12/18 | 己巳 | 七 | 四 | 8 | 11/18 | 己亥 | 八 | 七 | 8 | 10/20 | 庚午 | 八 | 九 | 8 | 9/20 | 庚子 | 一 | 三 | 8 | 8/22 | 辛未 | 四 | 五 |
| 9 | 1/17 | 己亥 | 8 | 9 | 9 | 12/19 | 庚午 | 七 | 三 | 9 | 11/19 | 庚子 | 八 | 六 | 9 | 10/21 | 辛未 | 八 | 八 | 9 | 9/21 | 辛丑 | 一 | 二 | 9 | 8/23 | 壬申 | 四 | 四 |
| 10 | 1/18 | 庚子 | 8 | 1 | 10 | 12/20 | 辛未 | 七 | 二 | 10 | 11/20 | 辛丑 | 八 | 五 | 10 | 10/22 | 壬申 | 八 | 七 | 10 | 9/22 | 壬寅 | 一 | 一 | 10 | 8/24 | 癸酉 | 四 | 三 |
| 11 | 1/19 | 辛丑 | 8 | 2 | 11 | 12/21 | 壬申 | 七 | 一 | 11 | 11/21 | 壬寅 | 八 | 四 | 11 | 10/23 | 癸酉 | 八 | 六 | 11 | 9/23 | 癸卯 | 一 | 九 | 11 | 8/25 | 甲戌 | 七 | 二 |
| 12 | 1/20 | 壬寅 | 8 | 3 | 12 | 12/22 | 癸酉 | 七 | 1 | 12 | 11/22 | 癸卯 | 八 | 三 | 12 | 10/24 | 甲戌 | 二 | 五 | 12 | 9/24 | 甲辰 | 四 | 八 | 12 | 8/26 | 乙亥 | 七 | 一 |
| 13 | 1/21 | 癸卯 | 8 | 4 | 13 | 12/23 | 甲戌 | 一 | 2 | 13 | 11/23 | 甲辰 | 二 | 二 | 13 | 10/25 | 乙亥 | 二 | 四 | 13 | 9/25 | 乙巳 | 四 | 七 | 13 | 8/27 | 丙子 | 七 | 九 |
| 14 | 1/22 | 甲辰 | 5 | 5 | 14 | 12/24 | 乙亥 | 一 | 3 | 14 | 11/24 | 乙巳 | 二 | 一 | 14 | 10/26 | 丙子 | 二 | 三 | 14 | 9/26 | 丙午 | 四 | 六 | 14 | 8/28 | 丁丑 | 七 | 八 |
| 15 | 1/23 | 乙巳 | 5 | 6 | 15 | 12/25 | 丙子 | 一 | 4 | 15 | 11/25 | 丙午 | 二 | 九 | 15 | 10/27 | 丁丑 | 二 | 二 | 15 | 9/27 | 丁未 | 四 | 五 | 15 | 8/29 | 戊寅 | 七 | 七 |
| 16 | 1/24 | 丙午 | 5 | 7 | 16 | 12/26 | 丁丑 | 一 | 5 | 16 | 11/26 | 丁未 | 二 | 八 | 16 | 10/28 | 戊寅 | 二 | 一 | 16 | 9/28 | 戊申 | 四 | 四 | 16 | 8/30 | 己卯 | 九 | 六 |
| 17 | 1/25 | 丁未 | 5 | 8 | 17 | 12/27 | 戊寅 | 一 | 6 | 17 | 11/27 | 戊申 | 二 | 七 | 17 | 10/29 | 己卯 | 六 | 九 | 17 | 9/29 | 己酉 | 六 | 三 | 17 | 8/31 | 庚辰 | 九 | 五 |
| 18 | 1/26 | 戊申 | 5 | 9 | 18 | 12/28 | 己卯 | 1 | 7 | 18 | 11/28 | 己酉 | 四 | 六 | 18 | 10/30 | 庚辰 | 六 | 八 | 18 | 9/30 | 庚戌 | 六 | 二 | 18 | 9/1 | 辛巳 | 九 | 四 |
| 19 | 1/27 | 己酉 | 3 | 1 | 19 | 12/29 | 庚辰 | 1 | 8 | 19 | 11/29 | 庚戌 | 四 | 五 | 19 | 10/31 | 辛巳 | 六 | 七 | 19 | 10/1 | 辛亥 | 六 | 一 | 19 | 9/2 | 壬午 | 九 | 三 |
| 20 | 1/28 | 庚戌 | 3 | 2 | 20 | 12/30 | 辛巳 | 1 | 9 | 20 | 11/30 | 辛亥 | 四 | 四 | 20 | 11/1 | 壬午 | 六 | 六 | 20 | 10/2 | 壬子 | 六 | 九 | 20 | 9/3 | 癸未 | 九 | 二 |
| 21 | 1/29 | 辛亥 | 3 | 3 | 21 | 12/31 | 壬午 | 1 | 1 | 21 | 12/1 | 壬子 | 四 | 三 | 21 | 11/2 | 癸未 | 六 | 五 | 21 | 10/3 | 癸丑 | 六 | 八 | 21 | 9/4 | 甲申 | 三 | 一 |
| 22 | 1/30 | 壬子 | 3 | 4 | 22 | 1/1 | 癸未 | 1 | 2 | 22 | 12/2 | 癸丑 | 四 | 二 | 22 | 11/3 | 甲申 | 九 | 四 | 22 | 10/4 | 甲寅 | 九 | 七 | 22 | 9/5 | 乙酉 | 三 | 九 |
| 23 | 1/31 | 癸丑 | 3 | 5 | 23 | 1/2 | 甲申 | 7 | 3 | 23 | 12/3 | 甲寅 | 七 | 一 | 23 | 11/4 | 乙酉 | 九 | 三 | 23 | 10/5 | 乙卯 | 九 | 六 | 23 | 9/6 | 丙戌 | 三 | 八 |
| 24 | 2/1 | 甲寅 | 9 | 6 | 24 | 1/3 | 乙酉 | 7 | 4 | 24 | 12/4 | 乙卯 | 七 | 九 | 24 | 11/5 | 丙戌 | 九 | 二 | 24 | 10/6 | 丙辰 | 九 | 五 | 24 | 9/7 | 丁亥 | 三 | 七 |
| 25 | 2/2 | 乙卯 | 9 | 7 | 25 | 1/4 | 丙戌 | 7 | 5 | 25 | 12/5 | 丙辰 | 七 | 八 | 25 | 11/6 | 丁亥 | 九 | 一 | 25 | 10/7 | 丁巳 | 九 | 四 | 25 | 9/8 | 戊子 | 三 | 六 |
| 26 | 2/3 | 丙辰 | 9 | 8 | 26 | 1/5 | 丁亥 | 7 | 6 | 26 | 12/6 | 丁巳 | 七 | 七 | 26 | 11/7 | 戊子 | 九 | 九 | 26 | 10/8 | 戊午 | 九 | 三 | 26 | 9/9 | 己丑 | 六 | 五 |
| 27 | 2/4 | 丁巳 | 9 | 9 | 27 | 1/6 | 戊子 | 7 | 7 | 27 | 12/7 | 戊午 | 七 | 六 | 27 | 11/8 | 己丑 | 三 | 八 | 27 | 10/9 | 己未 | 三 | 二 | 27 | 9/10 | 庚寅 | 六 | 四 |
| 28 | 2/5 | 戊午 | 9 | 1 | 28 | 1/7 | 己丑 | 4 | 8 | 28 | 12/8 | 己未 | 一 | 五 | 28 | 11/9 | 庚寅 | 三 | 七 | 28 | 10/10 | 庚申 | 三 | 一 | 28 | 9/11 | 辛卯 | 六 | 三 |
| 29 | 2/6 | 己未 | 6 | 2 | 29 | 1/8 | 庚寅 | 4 | 9 | 29 | 12/9 | 庚申 | 一 | 四 | 29 | 11/10 | 辛卯 | 三 | 六 | 29 | 10/11 | 辛酉 | 三 | 九 | 29 | 9/12 | 壬辰 | 六 | 二 |
| 30 | 2/7 | 庚申 | 6 | 3 | | | | | | 30 | 12/10 | 辛酉 | 一 | 三 | | | | | | 30 | 10/12 | 壬戌 | 三 | 八 | | | | | |

# 西元1959年（己亥）肖豬 民國48年（男坤命）

奇門遁甲局數如標示為 一 ～九表示陰局　　如標示為1 ～9 表示陽局

| 六月 | | | | | 五月 | | | | | 四月 | | | | | 三月 | | | | | 二月 | | | | | 正月 | | | | |
|---|---|---|---|---|---|---|---|---|---|---|---|---|---|---|---|---|---|---|---|---|---|---|---|---|---|---|---|---|---|
| 辛未 | | | | | 庚午 | | | | | 己巳 | | | | | 戊辰 | | | | | 丁卯 | | | | | 丙寅 | | | | |
| 六白金 | | | | | 七赤金 | | | | | 八白土 | | | | | 九紫火 | | | | | 一白水 | | | | | 二黑土 | | | | |
| 大暑 | | 小暑 | 奇門遁甲局數 | | 夏至 | | 芒種 | 奇門遁甲局數 | | 小滿 | | | 奇門遁甲局數 | | 立夏 | | 穀雨 | 奇門遁甲局數 | | 清明 | | 春分 | 奇門遁甲局數 | | 驚蟄 | | 雨水 | 奇門遁甲局數 | |
| 22時46分 | 十八亥時 | 05時21分 初三卯時 | | | 11時51分 | 十七午時 | 19時01分 初一戌時 | | | 03時43分 | 十五寅時 | | | | 14時39分 | 廿九未時 | 04時17分 十四寅時 | | | 21時04分 | 廿八亥時 | 16時55分 十三申時 | | | 15時57分 | 廿七申時 | 17時38分 十二酉時 | | |
| 農曆 | 國曆 | 干支 | 時盤 | 日盤 | 農曆 | 國曆 | 干支 | 時盤 | 日盤 | 農曆 | 國曆 | 干支 | 時盤 | 日盤 | 農曆 | 國曆 | 干支 | 時盤 | 日盤 | 農曆 | 國曆 | 干支 | 時盤 | 日盤 | 農曆 | 國曆 | 干支 | 時盤 | 日盤 |
| 1 | 7/6 | 己丑 | 六 | 二 | 1 | 6/6 | 己未 | 8 | 5 | 1 | 5/8 | 庚寅 | 8 | 3 | 1 | 4/8 | 庚申 | 6 | 9 | 1 | 3/9 | 庚寅 | 3 | 6 | 1 | 2/8 | 辛酉 | 6 | 4 |
| 2 | 7/7 | 庚寅 | 六 | 一 | 2 | 6/7 | 庚申 | 8 | 6 | 2 | 5/9 | 辛卯 | 8 | 4 | 2 | 4/9 | 辛酉 | 6 | 1 | 2 | 3/10 | 辛卯 | 3 | 7 | 2 | 2/9 | 壬戌 | 6 | 5 |
| 3 | 7/8 | 辛卯 | 六 | 九 | 3 | 6/8 | 辛酉 | 8 | 7 | 3 | 5/10 | 壬辰 | 8 | 5 | 3 | 4/10 | 壬戌 | 6 | 2 | 3 | 3/11 | 壬辰 | 3 | 8 | 3 | 2/10 | 癸亥 | 6 | 6 |
| 4 | 7/9 | 壬辰 | 六 | 八 | 4 | 6/9 | 壬戌 | 8 | 8 | 4 | 5/11 | 癸巳 | 8 | 6 | 4 | 4/11 | 癸亥 | 6 | 3 | 4 | 3/12 | 癸巳 | 3 | 9 | 4 | 2/11 | 甲子 | 8 | 7 |
| 5 | 7/10 | 癸巳 | 六 | 七 | 5 | 6/10 | 癸亥 | 8 | 9 | 5 | 5/12 | 甲午 | 4 | 7 | 5 | 4/12 | 甲子 | 4 | 4 | 5 | 3/13 | 甲午 | 1 | 1 | 5 | 2/12 | 乙丑 | 8 | 8 |
| 6 | 7/11 | 甲午 | 八 | 六 | 6 | 6/11 | 甲子 | 6 | 1 | 6 | 5/13 | 乙未 | 4 | 8 | 6 | 4/13 | 乙丑 | 4 | 5 | 6 | 3/14 | 乙未 | 1 | 2 | 6 | 2/13 | 丙寅 | 8 | 9 |
| 7 | 7/12 | 乙未 | 八 | 五 | 7 | 6/12 | 乙丑 | 6 | 2 | 7 | 5/14 | 丙申 | 4 | 9 | 7 | 4/14 | 丙寅 | 4 | 6 | 7 | 3/15 | 丙申 | 1 | 3 | 7 | 2/14 | 丁卯 | 8 | 1 |
| 8 | 7/13 | 丙申 | 八 | 四 | 8 | 6/13 | 丙寅 | 6 | 3 | 8 | 5/15 | 丁酉 | 4 | 1 | 8 | 4/15 | 丁卯 | 4 | 7 | 8 | 3/16 | 丁酉 | 1 | 4 | 8 | 2/15 | 戊辰 | 8 | 2 |
| 9 | 7/14 | 丁酉 | 八 | 三 | 9 | 6/14 | 丁卯 | 6 | 4 | 9 | 5/16 | 戊戌 | 4 | 2 | 9 | 4/16 | 戊辰 | 4 | 8 | 9 | 3/17 | 戊戌 | 1 | 5 | 9 | 2/16 | 己巳 | 5 | 3 |
| 10 | 7/15 | 戊戌 | 八 | 二 | 10 | 6/15 | 戊辰 | 6 | 5 | 10 | 5/17 | 己亥 | 1 | 3 | 10 | 4/17 | 己巳 | 1 | 9 | 10 | 3/18 | 己亥 | 7 | 6 | 10 | 2/17 | 庚午 | 5 | 4 |
| 11 | 7/16 | 己亥 | 二 | 一 | 11 | 6/16 | 己巳 | 3 | 6 | 11 | 5/18 | 庚子 | 1 | 4 | 11 | 4/18 | 庚午 | 1 | 1 | 11 | 3/19 | 庚子 | 7 | 7 | 11 | 2/18 | 辛未 | 5 | 5 |
| 12 | 7/17 | 庚子 | 二 | 九 | 12 | 6/17 | 庚午 | 3 | 7 | 12 | 5/19 | 辛丑 | 1 | 5 | 12 | 4/19 | 辛未 | 1 | 2 | 12 | 3/20 | 辛丑 | 7 | 8 | 12 | 2/19 | 壬申 | 5 | 6 |
| 13 | 7/18 | 辛丑 | 二 | 八 | 13 | 6/18 | 辛未 | 3 | 8 | 13 | 5/20 | 壬寅 | 1 | 6 | 13 | 4/20 | 壬申 | 1 | 3 | 13 | 3/21 | 壬寅 | 7 | 9 | 13 | 2/20 | 癸酉 | 5 | 7 |
| 14 | 7/19 | 壬寅 | 二 | 七 | 14 | 6/19 | 壬申 | 3 | 9 | 14 | 5/21 | 癸卯 | 1 | 7 | 14 | 4/21 | 癸酉 | 1 | 4 | 14 | 3/22 | 癸卯 | 7 | 1 | 14 | 2/21 | 甲戌 | 2 | 8 |
| 15 | 7/20 | 癸卯 | 二 | 六 | 15 | 6/20 | 癸酉 | 3 | 1 | 15 | 5/22 | 甲辰 | 7 | 8 | 15 | 4/22 | 甲戌 | 7 | 5 | 15 | 3/23 | 甲辰 | 4 | 2 | 15 | 2/22 | 乙亥 | 2 | 9 |
| 16 | 7/21 | 甲辰 | 五 | 五 | 16 | 6/21 | 甲戌 | 9 | 2 | 16 | 5/23 | 乙巳 | 7 | 9 | 16 | 4/23 | 乙亥 | 7 | 6 | 16 | 3/24 | 乙巳 | 4 | 3 | 16 | 2/23 | 丙子 | 2 | 1 |
| 17 | 7/22 | 乙巳 | 五 | 四 | 17 | 6/22 | 乙亥 | 9 | 七 | 17 | 5/24 | 丙午 | 7 | 1 | 17 | 4/24 | 丙子 | 7 | 7 | 17 | 3/25 | 丙午 | 4 | 4 | 17 | 2/24 | 丁丑 | 2 | 2 |
| 18 | 7/23 | 丙午 | 五 | 三 | 18 | 6/23 | 丙子 | 9 | 六 | 18 | 5/25 | 丁未 | 7 | 2 | 18 | 4/25 | 丁丑 | 7 | 8 | 18 | 3/26 | 丁未 | 4 | 5 | 18 | 2/25 | 戊寅 | 2 | 3 |
| 19 | 7/24 | 丁未 | 五 | 二 | 19 | 6/24 | 丁丑 | 9 | 五 | 19 | 5/26 | 戊申 | 7 | 3 | 19 | 4/26 | 戊寅 | 7 | 9 | 19 | 3/27 | 戊申 | 4 | 6 | 19 | 2/26 | 己卯 | 9 | 4 |
| 20 | 7/25 | 戊申 | 五 | 一 | 20 | 6/25 | 戊寅 | 9 | 四 | 20 | 5/27 | 己酉 | 5 | 4 | 20 | 4/27 | 己卯 | 5 | 1 | 20 | 3/28 | 己酉 | 3 | 7 | 20 | 2/27 | 庚辰 | 9 | 5 |
| 21 | 7/26 | 己酉 | 七 | 九 | 21 | 6/26 | 己卯 | 九 | 三 | 21 | 5/28 | 庚戌 | 5 | 5 | 21 | 4/28 | 庚辰 | 5 | 2 | 21 | 3/29 | 庚戌 | 3 | 8 | 21 | 2/28 | 辛巳 | 9 | 6 |
| 22 | 7/27 | 庚戌 | 七 | 八 | 22 | 6/27 | 庚辰 | 九 | 二 | 22 | 5/29 | 辛亥 | 5 | 6 | 22 | 4/29 | 辛巳 | 5 | 3 | 22 | 3/30 | 辛亥 | 3 | 9 | 22 | 3/1 | 壬午 | 9 | 7 |
| 23 | 7/28 | 辛亥 | 七 | 七 | 23 | 6/28 | 辛巳 | 九 | 一 | 23 | 5/30 | 壬子 | 5 | 7 | 23 | 4/30 | 壬午 | 5 | 4 | 23 | 3/31 | 壬子 | 3 | 1 | 23 | 3/2 | 癸未 | 9 | 8 |
| 24 | 7/29 | 壬子 | 七 | 六 | 24 | 6/29 | 壬午 | 九 | 九 | 24 | 5/31 | 癸丑 | 5 | 8 | 24 | 5/1 | 癸未 | 5 | 5 | 24 | 4/1 | 癸丑 | 3 | 2 | 24 | 3/3 | 甲申 | 6 | 9 |
| 25 | 7/30 | 癸丑 | 七 | 五 | 25 | 6/30 | 癸未 | 九 | 八 | 25 | 6/1 | 甲寅 | 2 | 9 | 25 | 5/2 | 甲申 | 2 | 6 | 25 | 4/2 | 甲寅 | 9 | 3 | 25 | 3/4 | 乙酉 | 6 | 1 |
| 26 | 7/31 | 甲寅 | 一 | 四 | 26 | 7/1 | 甲申 | 三 | 七 | 26 | 6/2 | 乙卯 | 2 | 1 | 26 | 5/3 | 乙酉 | 2 | 7 | 26 | 4/3 | 乙卯 | 9 | 4 | 26 | 3/5 | 丙戌 | 6 | 2 |
| 27 | 8/1 | 乙卯 | 一 | 三 | 27 | 7/2 | 乙酉 | 三 | 六 | 27 | 6/3 | 丙辰 | 2 | 2 | 27 | 5/4 | 丙戌 | 2 | 8 | 27 | 4/4 | 丙辰 | 9 | 5 | 27 | 3/6 | 丁亥 | 6 | 3 |
| 28 | 8/2 | 丙辰 | 一 | 二 | 28 | 7/3 | 丙戌 | 三 | 五 | 28 | 6/4 | 丁巳 | 2 | 3 | 28 | 5/5 | 丁亥 | 2 | 9 | 28 | 4/5 | 丁巳 | 9 | 6 | 28 | 3/7 | 戊子 | 6 | 4 |
| 29 | 8/3 | 丁巳 | 一 | 一 | 29 | 7/4 | 丁亥 | 三 | 四 | 29 | 6/5 | 戊午 | 2 | 4 | 29 | 5/6 | 戊子 | 2 | 1 | 29 | 4/6 | 戊午 | 9 | 7 | 29 | 3/8 | 己丑 | 3 | 5 |
| | | | | | 30 | 7/5 | 戊子 | 三 | 三 | | | | | | 30 | 5/7 | 己丑 | 8 | 2 | 30 | 4/7 | 己未 | 6 | 8 | | | | | |

# 西元1959年（己亥）肖豬 民國48年（女坎命）

奇門遁甲局數如標示為 一 ～九表示陰局　　如標示為1 ～9 表示陽局

| 十二月 | | | | |
|---|---|---|---|---|
| 丁丑 | | | | |
| 九紫火 | | | | |
| 大寒 09時10分 廿三巳時 | | 小寒 15時43分 初八申時 | 奇門遁甲局數 | |
| 農曆 | 國曆 | 干支 | 時盤 | 日盤 |
| 1 | 12/30 | 丙戌 | 7 | 5 |
| 2 | 12/31 | 丁亥 | 7 | 6 |
| 3 | 1/1 | 戊子 | 7 | 7 |
| 4 | 1/2 | 己丑 | 4 | 8 |
| 5 | 1/3 | 庚寅 | 4 | 9 |
| 6 | 1/4 | 辛卯 | 4 | 1 |
| 7 | 1/5 | 壬辰 | 4 | 2 |
| 8 | 1/6 | 癸巳 | 4 | 3 |
| 9 | 1/7 | 甲午 | 2 | 4 |
| 10 | 1/8 | 乙未 | 2 | 5 |
| 11 | 1/9 | 丙申 | 2 | 6 |
| 12 | 1/10 | 丁酉 | 2 | 7 |
| 13 | 1/11 | 戊戌 | 2 | 8 |
| 14 | 1/12 | 己亥 | 8 | 9 |
| 15 | 1/13 | 庚子 | 8 | 1 |
| 16 | 1/14 | 辛丑 | 8 | 2 |
| 17 | 1/15 | 壬寅 | 8 | 3 |
| 18 | 1/16 | 癸卯 | 8 | 4 |
| 19 | 1/17 | 甲辰 | 5 | 5 |
| 20 | 1/18 | 乙巳 | 5 | 6 |
| 21 | 1/19 | 丙午 | 5 | 7 |
| 22 | 1/20 | 丁未 | 5 | 8 |
| 23 | 1/21 | 戊申 | 5 | 9 |
| 24 | 1/22 | 己酉 | 3 | 1 |
| 25 | 1/23 | 庚戌 | 3 | 2 |
| 26 | 1/24 | 辛亥 | 3 | 3 |
| 27 | 1/25 | 壬子 | 3 | 4 |
| 28 | 1/26 | 癸丑 | 3 | 5 |
| 29 | 1/27 | 甲寅 | 9 | 6 |
| | | | | |

| 十一月 | | | | |
|---|---|---|---|---|
| 丙子 | | | | |
| 一白水 | | | | |
| 冬至 22時35分 廿三亥時 | | 大雪 04時38分 初九寅時 | 奇門遁甲局數 | |
| 農曆 | 國曆 | 干支 | 時盤 | 日盤 |
| 1 | 11/30 | 丙辰 | 八 | 八 |
| 2 | 12/1 | 丁巳 | 八 | 七 |
| 3 | 12/2 | 戊午 | 八 | 六 |
| 4 | 12/3 | 己未 | 二 | 五 |
| 5 | 12/4 | 庚申 | 二 | 四 |
| 6 | 12/5 | 辛酉 | 二 | 三 |
| 7 | 12/6 | 壬戌 | 二 | 二 |
| 8 | 12/7 | 癸亥 | 二 | 一 |
| 9 | 12/8 | 甲子 | 四 | 九 |
| 10 | 12/9 | 乙丑 | 四 | 八 |
| 11 | 12/10 | 丙寅 | 四 | 七 |
| 12 | 12/11 | 丁卯 | 四 | 六 |
| 13 | 12/12 | 戊辰 | 四 | 五 |
| 14 | 12/13 | 己巳 | 七 | 四 |
| 15 | 12/14 | 庚午 | 七 | 三 |
| 16 | 12/15 | 辛未 | 七 | 二 |
| 17 | 12/16 | 壬申 | 七 | 一 |
| 18 | 12/17 | 癸酉 | 七 | 九 |
| 19 | 12/18 | 甲戌 | 一 | 八 |
| 20 | 12/19 | 乙亥 | 一 | 七 |
| 21 | 12/20 | 丙子 | 一 | 六 |
| 22 | 12/21 | 丁丑 | 一 | 五 |
| 23 | 12/22 | 戊寅 | 一 | 6 |
| 24 | 12/23 | 己卯 | 1 | 7 |
| 25 | 12/24 | 庚辰 | 1 | 8 |
| 26 | 12/25 | 辛巳 | 1 | 9 |
| 27 | 12/26 | 壬午 | 1 | 1 |
| 28 | 12/27 | 癸未 | 1 | 2 |
| 29 | 12/28 | 甲申 | 7 | 3 |
| 30 | 12/29 | 乙酉 | 7 | 4 |

| 十　月 | | | | |
|---|---|---|---|---|
| 乙亥 | | | | |
| 二黑土 | | | | |
| 小雪 09時28分 廿三巳時 | | 立冬 12時03分 初八午時 | 奇門遁甲局數 | |
| 農曆 | 國曆 | 干支 | 時盤 | 日盤 |
| 1 | 11/1 | 丁亥 | 八 | 一 |
| 2 | 11/2 | 戊子 | 八 | 九 |
| 3 | 11/3 | 己丑 | 二 | 八 |
| 4 | 11/4 | 庚寅 | 二 | 七 |
| 5 | 11/5 | 辛卯 | 二 | 六 |
| 6 | 11/6 | 壬辰 | 二 | 五 |
| 7 | 11/7 | 癸巳 | 二 | 四 |
| 8 | 11/8 | 甲午 | 六 | 三 |
| 9 | 11/9 | 乙未 | 六 | 二 |
| 10 | 11/10 | 丙申 | 六 | 一 |
| 11 | 11/11 | 丁酉 | 六 | 九 |
| 12 | 11/12 | 戊戌 | 六 | 八 |
| 13 | 11/13 | 己亥 | 九 | 七 |
| 14 | 11/14 | 庚子 | 九 | 六 |
| 15 | 11/15 | 辛丑 | 九 | 五 |
| 16 | 11/16 | 壬寅 | 九 | 四 |
| 17 | 11/17 | 癸卯 | 九 | 三 |
| 18 | 11/18 | 甲辰 | 三 | 二 |
| 19 | 11/19 | 乙巳 | 三 | 一 |
| 20 | 11/20 | 丙午 | 三 | 九 |
| 21 | 11/21 | 丁未 | 三 | 八 |
| 22 | 11/22 | 戊申 | 三 | 七 |
| 23 | 11/23 | 己酉 | 五 | 六 |
| 24 | 11/24 | 庚戌 | 五 | 五 |
| 25 | 11/25 | 辛亥 | 五 | 四 |
| 26 | 11/26 | 壬子 | 五 | 三 |
| 27 | 11/27 | 癸丑 | 五 | 二 |
| 28 | 11/28 | 甲寅 | 八 | 一 |
| 29 | 11/29 | 乙卯 | 八 | 九 |
| | | | | |

| 九　月 | | | | |
|---|---|---|---|---|
| 甲戌 | | | | |
| 三碧木 | | | | |
| 霜降 12時12分 廿三午時 | | 寒露 09時11分 初八巳時 | 奇門遁甲局數 | |
| 農曆 | 國曆 | 干支 | 時盤 | 日盤 |
| 1 | 10/2 | 丁巳 | 一 | 四 |
| 2 | 10/3 | 戊午 | 一 | 三 |
| 3 | 10/4 | 己未 | 四 | 二 |
| 4 | 10/5 | 庚申 | 四 | 一 |
| 5 | 10/6 | 辛酉 | 四 | 九 |
| 6 | 10/7 | 壬戌 | 四 | 八 |
| 7 | 10/8 | 癸亥 | 四 | 七 |
| 8 | 10/9 | 甲子 | 六 | 六 |
| 9 | 10/10 | 乙丑 | 六 | 五 |
| 10 | 10/11 | 丙寅 | 六 | 四 |
| 11 | 10/12 | 丁卯 | 六 | 三 |
| 12 | 10/13 | 戊辰 | 六 | 二 |
| 13 | 10/14 | 己巳 | 九 | 一 |
| 14 | 10/15 | 庚午 | 九 | 九 |
| 15 | 10/16 | 辛未 | 九 | 八 |
| 16 | 10/17 | 壬申 | 九 | 七 |
| 17 | 10/18 | 癸酉 | 九 | 六 |
| 18 | 10/19 | 甲戌 | 三 | 五 |
| 19 | 10/20 | 乙亥 | 三 | 四 |
| 20 | 10/21 | 丙子 | 三 | 三 |
| 21 | 10/22 | 丁丑 | 三 | 二 |
| 22 | 10/23 | 戊寅 | 三 | 一 |
| 23 | 10/24 | 己卯 | 五 | 九 |
| 24 | 10/25 | 庚辰 | 五 | 八 |
| 25 | 10/26 | 辛巳 | 五 | 七 |
| 26 | 10/27 | 壬午 | 五 | 六 |
| 27 | 10/28 | 癸未 | 五 | 五 |
| 28 | 10/29 | 甲申 | 八 | 四 |
| 29 | 10/30 | 乙酉 | 八 | 三 |
| 30 | 10/31 | 丙戌 | 八 | 二 |

| 八　月 | | | | |
|---|---|---|---|---|
| 癸酉 | | | | |
| 四綠木 | | | | |
| 秋分 03時09分 廿二寅時 | | 白露 17時49分 初六酉時 | 奇門遁甲局數 | |
| 農曆 | 國曆 | 干支 | 時盤 | 日盤 |
| 1 | 9/3 | 戊子 | 四 | 六 |
| 2 | 9/4 | 己丑 | 七 | 五 |
| 3 | 9/5 | 庚寅 | 七 | 四 |
| 4 | 9/6 | 辛卯 | 七 | 三 |
| 5 | 9/7 | 壬辰 | 七 | 二 |
| 6 | 9/8 | 癸巳 | 七 | 一 |
| 7 | 9/9 | 甲午 | 九 | 九 |
| 8 | 9/10 | 乙未 | 九 | 八 |
| 9 | 9/11 | 丙申 | 九 | 七 |
| 10 | 9/12 | 丁酉 | 九 | 六 |
| 11 | 9/13 | 戊戌 | 九 | 五 |
| 12 | 9/14 | 己亥 | 三 | 四 |
| 13 | 9/15 | 庚子 | 三 | 三 |
| 14 | 9/16 | 辛丑 | 三 | 二 |
| 15 | 9/17 | 壬寅 | 三 | 一 |
| 16 | 9/18 | 癸卯 | 三 | 九 |
| 17 | 9/19 | 甲辰 | 六 | 八 |
| 18 | 9/20 | 乙巳 | 六 | 七 |
| 19 | 9/21 | 丙午 | 六 | 六 |
| 20 | 9/22 | 丁未 | 六 | 五 |
| 21 | 9/23 | 戊申 | 六 | 四 |
| 22 | 9/24 | 己酉 | 七 | 三 |
| 23 | 9/25 | 庚戌 | 七 | 二 |
| 24 | 9/26 | 辛亥 | 七 | 一 |
| 25 | 9/27 | 壬子 | 七 | 九 |
| 26 | 9/28 | 癸丑 | 七 | 八 |
| 27 | 9/29 | 甲寅 | 一 | 七 |
| 28 | 9/30 | 乙卯 | 一 | 六 |
| 29 | 10/1 | 丙辰 | 一 | 五 |
| | | | | |

| 七　月 | | | | |
|---|---|---|---|---|
| 壬申 | | | | |
| 五黃土 | | | | |
| 處暑 05時44分 廿一卯時 | | 立秋 15時05分 初五申時 | 奇門遁甲局數 | |
| 農曆 | 國曆 | 干支 | 時盤 | 日盤 |
| 1 | 8/4 | 戊午 | 一 | 九 |
| 2 | 8/5 | 己未 | 四 | 八 |
| 3 | 8/6 | 庚申 | 四 | 七 |
| 4 | 8/7 | 辛酉 | 四 | 六 |
| 5 | 8/8 | 壬戌 | 四 | 五 |
| 6 | 8/9 | 癸亥 | 四 | 四 |
| 7 | 8/10 | 甲子 | 二 | 三 |
| 8 | 8/11 | 乙丑 | 二 | 二 |
| 9 | 8/12 | 丙寅 | 二 | 一 |
| 10 | 8/13 | 丁卯 | 二 | 九 |
| 11 | 8/14 | 戊辰 | 二 | 八 |
| 12 | 8/15 | 己巳 | 五 | 七 |
| 13 | 8/16 | 庚午 | 五 | 六 |
| 14 | 8/17 | 辛未 | 五 | 五 |
| 15 | 8/18 | 壬申 | 五 | 四 |
| 16 | 8/19 | 癸酉 | 五 | 三 |
| 17 | 8/20 | 甲戌 | 八 | 二 |
| 18 | 8/21 | 乙亥 | 八 | 一 |
| 19 | 8/22 | 丙子 | 八 | 九 |
| 20 | 8/23 | 丁丑 | 八 | 八 |
| 21 | 8/24 | 戊寅 | 八 | 七 |
| 22 | 8/25 | 己卯 | 一 | 六 |
| 23 | 8/26 | 庚辰 | 一 | 五 |
| 24 | 8/27 | 辛巳 | 一 | 四 |
| 25 | 8/28 | 壬午 | 一 | 三 |
| 26 | 8/29 | 癸未 | 一 | 二 |
| 27 | 8/30 | 甲申 | 四 | 一 |
| 28 | 8/31 | 乙酉 | 四 | 九 |
| 29 | 9/1 | 丙戌 | 四 | 八 |
| 30 | 9/2 | 丁亥 | 四 | 七 |

# 西元1960年（庚子）肖鼠 民國49年（男巽命）

奇門遁甲局數如標示為 一 ～九表示陰局　　如標示為1 ～9 表示陽局

| 潤六　月 | | | | | 六　月 | | | | | 五　月 | | | | | 四　月 | | | | | 三　月 | | | | | 二　月 | | | | | 正　月 | | | | |
|---|---|---|---|---|---|---|---|---|---|---|---|---|---|---|---|---|---|---|---|---|---|---|---|---|---|---|---|---|---|---|---|---|---|---|
| 甲申 | | | | | 癸未 | | | | | 壬午 | | | | | 辛巳 | | | | | 庚辰 | | | | | 己卯 | | | | | 戊寅 | | | | |
| | | | | | 三碧木 | | | | | 四綠木 | | | | | 五黃土 | | | | | 六白金 | | | | | 七赤金 | | | | | 八白土 | | | | |
| 立秋 21時00分 十五亥時 | | | 奇門遁甲局數 | | 大暑 04時38分 三十寅時 | | 小暑 11時13分 十四午時 | 奇門遁甲局數 | | 夏至 17時42分 廿八酉時 | | 芒種 00時49分 十三子時 | 奇門遁甲局數 | | 小滿 09時34分 廿六巳時 | | 立夏 20時23分 初十戌時 | 奇門遁甲局數 | | 穀雨 10時06分 廿五巳時 | | 清明 02時44分 初十丑時 | 奇門遁甲局數 | | 春分 22時43分 廿三亥時 | | 驚蟄 21時36分 初八亥時 | 奇門遁甲局數 | | 雨水 23時26分 廿三子時 | | 立春 03時23分 初九寅時 | 奇門遁甲局數 | |
| 農曆 | 國曆 | 干支 | 時盤 | 日盤 | 農曆 | 國曆 | 干支 | 時盤 | 日盤 | 農曆 | 國曆 | 干支 | 時盤 | 日盤 | 農曆 | 國曆 | 干支 | 時盤 | 日盤 | 農曆 | 國曆 | 干支 | 時盤 | 日盤 | 農曆 | 國曆 | 干支 | 時盤 | 日盤 | 農曆 | 國曆 | 干支 | 時盤 | 日盤 |
| 1 | 7/24 | 癸丑 | 七 | 五 | 1 | 6/24 | 癸未 | 九 | 八 | 1 | 5/25 | 癸丑 | 5 | 8 | 1 | 4/26 | 甲申 | 2 | 6 | 1 | 3/27 | 甲寅 | 9 | 3 | 1 | 2/27 | 乙酉 | 6 | 1 | 1 | 1/28 | 乙卯 | 9 | 7 |
| 2 | 7/25 | 甲寅 | 一 | 四 | 2 | 6/25 | 甲申 | 三 | 七 | 2 | 5/26 | 甲寅 | 2 | 9 | 2 | 4/27 | 乙酉 | 2 | 7 | 2 | 3/28 | 乙卯 | 9 | 4 | 2 | 2/28 | 丙戌 | 6 | 2 | 2 | 1/29 | 丙辰 | 9 | 8 |
| 3 | 7/26 | 乙卯 | 一 | 三 | 3 | 6/26 | 乙酉 | 三 | 六 | 3 | 5/27 | 乙卯 | 2 | 1 | 3 | 4/28 | 丙戌 | 2 | 8 | 3 | 3/29 | 丙辰 | 9 | 5 | 3 | 2/29 | 丁亥 | 6 | 3 | 3 | 1/30 | 丁巳 | 9 | 9 |
| 4 | 7/27 | 丙辰 | 一 | 二 | 4 | 6/27 | 丙戌 | 三 | 五 | 4 | 5/28 | 丙辰 | 2 | 2 | 4 | 4/29 | 丁亥 | 2 | 9 | 4 | 3/30 | 丁巳 | 9 | 6 | 4 | 3/1 | 戊子 | 6 | 4 | 4 | 1/31 | 戊午 | 9 | 1 |
| 5 | 7/28 | 丁巳 | 一 | 一 | 5 | 6/28 | 丁亥 | 三 | 四 | 5 | 5/29 | 丁巳 | 2 | 3 | 5 | 4/30 | 戊子 | 2 | 1 | 5 | 3/31 | 戊午 | 9 | 7 | 5 | 3/2 | 己丑 | 3 | 5 | 5 | 2/1 | 己未 | 6 | 2 |
| 6 | 7/29 | 戊午 | 一 | 九 | 6 | 6/29 | 戊子 | 三 | 三 | 6 | 5/30 | 戊午 | 2 | 4 | 6 | 5/1 | 己丑 | 8 | 2 | 6 | 4/1 | 己未 | 6 | 8 | 6 | 3/3 | 庚寅 | 3 | 6 | 6 | 2/2 | 庚申 | 6 | 3 |
| 7 | 7/30 | 己未 | 四 | 八 | 7 | 6/30 | 己丑 | 六 | 二 | 7 | 5/31 | 己未 | 8 | 5 | 7 | 5/2 | 庚寅 | 8 | 3 | 7 | 4/2 | 庚申 | 6 | 9 | 7 | 3/4 | 辛卯 | 3 | 7 | 7 | 2/3 | 辛酉 | 6 | 4 |
| 8 | 7/31 | 庚申 | 四 | 七 | 8 | 7/1 | 庚寅 | 六 | 一 | 8 | 6/1 | 庚申 | 8 | 6 | 8 | 5/3 | 辛卯 | 8 | 4 | 8 | 4/3 | 辛酉 | 6 | 1 | 8 | 3/5 | 壬辰 | 3 | 8 | 8 | 2/4 | 壬戌 | 6 | 5 |
| 9 | 8/1 | 辛酉 | 四 | 六 | 9 | 7/2 | 辛卯 | 六 | 九 | 9 | 6/2 | 辛酉 | 8 | 7 | 9 | 5/4 | 壬辰 | 8 | 5 | 9 | 4/4 | 壬戌 | 6 | 2 | 9 | 3/6 | 癸巳 | 3 | 9 | 9 | 2/5 | 癸亥 | 6 | 6 |
| 10 | 8/2 | 壬戌 | 四 | 五 | 10 | 7/3 | 壬辰 | 六 | 八 | 10 | 6/3 | 壬戌 | 8 | 8 | 10 | 5/5 | 癸巳 | 8 | 6 | 10 | 4/5 | 癸亥 | 6 | 3 | 10 | 3/7 | 甲午 | 1 | 1 | 10 | 2/6 | 甲子 | 8 | 7 |
| 11 | 8/3 | 癸亥 | 四 | 四 | 11 | 7/4 | 癸巳 | 六 | 七 | 11 | 6/4 | 癸亥 | 8 | 9 | 11 | 5/6 | 甲午 | 4 | 7 | 11 | 4/6 | 甲子 | 4 | 4 | 11 | 3/8 | 乙未 | 1 | 2 | 11 | 2/7 | 乙丑 | 8 | 8 |
| 12 | 8/4 | 甲子 | 二 | 三 | 12 | 7/5 | 甲午 | 八 | 六 | 12 | 6/5 | 甲子 | 6 | 1 | 12 | 5/7 | 乙未 | 4 | 8 | 12 | 4/7 | 乙丑 | 4 | 5 | 12 | 3/9 | 丙申 | 1 | 3 | 12 | 2/8 | 丙寅 | 8 | 9 |
| 13 | 8/5 | 乙丑 | 二 | 二 | 13 | 7/6 | 乙未 | 八 | 五 | 13 | 6/6 | 乙丑 | 6 | 2 | 13 | 5/8 | 丙申 | 4 | 9 | 13 | 4/8 | 丙寅 | 4 | 6 | 13 | 3/10 | 丁酉 | 1 | 4 | 13 | 2/9 | 丁卯 | 8 | 1 |
| 14 | 8/6 | 丙寅 | 二 | 一 | 14 | 7/7 | 丙申 | 八 | 四 | 14 | 6/7 | 丙寅 | 6 | 3 | 14 | 5/9 | 丁酉 | 4 | 1 | 14 | 4/9 | 丁卯 | 4 | 7 | 14 | 3/11 | 戊戌 | 1 | 5 | 14 | 2/10 | 戊辰 | 8 | 2 |
| 15 | 8/7 | 丁卯 | 二 | 九 | 15 | 7/8 | 丁酉 | 八 | 三 | 15 | 6/8 | 丁卯 | 6 | 4 | 15 | 5/10 | 戊戌 | 4 | 2 | 15 | 4/10 | 戊辰 | 4 | 8 | 15 | 3/12 | 己亥 | 7 | 6 | 15 | 2/11 | 己巳 | 5 | 3 |
| 16 | 8/8 | 戊辰 | 二 | 八 | 16 | 7/9 | 戊戌 | 八 | 二 | 16 | 6/9 | 戊辰 | 6 | 5 | 16 | 5/11 | 己亥 | 1 | 3 | 16 | 4/11 | 己巳 | 1 | 9 | 16 | 3/13 | 庚子 | 7 | 7 | 16 | 2/12 | 庚午 | 5 | 4 |
| 17 | 8/9 | 己巳 | 五 | 七 | 17 | 7/10 | 己亥 | 二 | 一 | 17 | 6/10 | 己巳 | 3 | 6 | 17 | 5/12 | 庚子 | 1 | 4 | 17 | 4/12 | 庚午 | 1 | 1 | 17 | 3/14 | 辛丑 | 7 | 8 | 17 | 2/13 | 辛未 | 5 | 5 |
| 18 | 8/10 | 庚午 | 五 | 六 | 18 | 7/11 | 庚子 | 二 | 九 | 18 | 6/11 | 庚午 | 3 | 7 | 18 | 5/13 | 辛丑 | 1 | 5 | 18 | 4/13 | 辛未 | 1 | 2 | 18 | 3/15 | 壬寅 | 7 | 9 | 18 | 2/14 | 壬申 | 5 | 6 |
| 19 | 8/11 | 辛未 | 五 | 五 | 19 | 7/12 | 辛丑 | 二 | 八 | 19 | 6/12 | 辛未 | 3 | 8 | 19 | 5/14 | 壬寅 | 1 | 6 | 19 | 4/14 | 壬申 | 1 | 3 | 19 | 3/16 | 癸卯 | 7 | 1 | 19 | 2/15 | 癸酉 | 5 | 7 |
| 20 | 8/12 | 壬申 | 五 | 四 | 20 | 7/13 | 壬寅 | 二 | 七 | 20 | 6/13 | 壬申 | 3 | 9 | 20 | 5/15 | 癸卯 | 1 | 7 | 20 | 4/15 | 癸酉 | 1 | 4 | 20 | 3/17 | 甲辰 | 4 | 2 | 20 | 2/16 | 甲戌 | 2 | 8 |
| 21 | 8/13 | 癸酉 | 五 | 三 | 21 | 7/14 | 癸卯 | 二 | 六 | 21 | 6/14 | 癸酉 | 3 | 1 | 21 | 5/16 | 甲辰 | 7 | 8 | 21 | 4/16 | 甲戌 | 7 | 5 | 21 | 3/18 | 乙巳 | 4 | 3 | 21 | 2/17 | 乙亥 | 2 | 9 |
| 22 | 8/14 | 甲戌 | 八 | 二 | 22 | 7/15 | 甲辰 | 五 | 五 | 22 | 6/15 | 甲戌 | 9 | 2 | 22 | 5/17 | 乙巳 | 7 | 9 | 22 | 4/17 | 乙亥 | 7 | 6 | 22 | 3/19 | 丙午 | 4 | 4 | 22 | 2/18 | 丙子 | 2 | 1 |
| 23 | 8/15 | 乙亥 | 八 | 一 | 23 | 7/16 | 乙巳 | 五 | 四 | 23 | 6/16 | 乙亥 | 9 | 3 | 23 | 5/18 | 丙午 | 7 | 1 | 23 | 4/18 | 丙子 | 7 | 7 | 23 | 3/20 | 丁未 | 4 | 5 | 23 | 2/19 | 丁丑 | 2 | 2 |
| 24 | 8/16 | 丙子 | 八 | 九 | 24 | 7/17 | 丙午 | 五 | 三 | 24 | 6/17 | 丙子 | 9 | 4 | 24 | 5/19 | 丁未 | 7 | 2 | 24 | 4/19 | 丁丑 | 7 | 8 | 24 | 3/21 | 戊申 | 4 | 6 | 24 | 2/20 | 戊寅 | 2 | 3 |
| 25 | 8/17 | 丁丑 | 八 | 八 | 25 | 7/18 | 丁未 | 五 | 二 | 25 | 6/18 | 丁丑 | 9 | 5 | 25 | 5/20 | 戊申 | 7 | 3 | 25 | 4/20 | 戊寅 | 7 | 9 | 25 | 3/22 | 己酉 | 3 | 7 | 25 | 2/21 | 己卯 | 9 | 4 |
| 26 | 8/18 | 戊寅 | 八 | 七 | 26 | 7/19 | 戊申 | 五 | 一 | 26 | 6/19 | 戊寅 | 9 | 6 | 26 | 5/21 | 己酉 | 5 | 4 | 26 | 4/21 | 己卯 | 5 | 1 | 26 | 3/23 | 庚戌 | 3 | 8 | 26 | 2/22 | 庚辰 | 9 | 5 |
| 27 | 8/19 | 己卯 | 一 | 六 | 27 | 7/20 | 己酉 | 七 | 九 | 27 | 6/20 | 己卯 | 九 | 7 | 27 | 5/22 | 庚戌 | 5 | 5 | 27 | 4/22 | 庚辰 | 5 | 2 | 27 | 3/24 | 辛亥 | 3 | 9 | 27 | 2/23 | 辛巳 | 9 | 6 |
| 28 | 8/20 | 庚辰 | 一 | 五 | 28 | 7/21 | 庚戌 | 七 | 八 | 28 | 6/21 | 庚辰 | 九 | 二 | 28 | 5/23 | 辛亥 | 5 | 6 | 28 | 4/23 | 辛巳 | 5 | 3 | 28 | 3/25 | 壬子 | 3 | 1 | 28 | 2/24 | 壬午 | 9 | 7 |
| 29 | 8/21 | 辛巳 | 一 | 四 | 29 | 7/22 | 辛亥 | 七 | 七 | 29 | 6/22 | 辛巳 | 九 | 一 | 29 | 5/24 | 壬子 | 5 | 7 | 29 | 4/24 | 壬午 | 5 | 4 | 29 | 3/26 | 癸丑 | 3 | 2 | 29 | 2/25 | 癸未 | 9 | 8 |
| | | | | | 30 | 7/23 | 壬子 | 七 | 六 | 30 | 6/23 | 壬午 | 九 | 九 | | | | | | 30 | 4/25 | 癸未 | 5 | 5 | | | | | | 30 | 2/26 | 甲申 | 6 | 9 |

# 西元1960年（庚子）肖鼠 民國49年（女坤命）

奇門遁甲局數如標示為 一 ～九表示陰局　　如標示為1 ～9 表示陽局

## 十二月　己丑　六白金

立春：十九巳時 09時23分　大寒：初四申時 15時01分　奇門遁甲局數

| 農曆 | 國曆 | 干支 | 時盤 | 日盤 |
|---|---|---|---|---|
| 1 | 1/17 | 庚戌 | 3 | 2 |
| 2 | 1/18 | 辛亥 | 3 | 3 |
| 3 | 1/19 | 壬子 | 3 | 4 |
| 4 | 1/20 | 癸丑 | 3 | 5 |
| 5 | 1/21 | 甲寅 | 9 | 6 |
| 6 | 1/22 | 乙卯 | 9 | 7 |
| 7 | 1/23 | 丙辰 | 9 | 8 |
| 8 | 1/24 | 丁巳 | 9 | 9 |
| 9 | 1/25 | 戊午 | 9 | 1 |
| 10 | 1/26 | 己未 | 6 | 2 |
| 11 | 1/27 | 庚申 | 6 | 3 |
| 12 | 1/28 | 辛酉 | 6 | 4 |
| 13 | 1/29 | 壬戌 | 6 | 5 |
| 14 | 1/30 | 癸亥 | 6 | 6 |
| 15 | 1/31 | 甲子 | 8 | 7 |
| 16 | 2/1 | 乙丑 | 8 | 8 |
| 17 | 2/2 | 丙寅 | 8 | 9 |
| 18 | 2/3 | 丁卯 | 8 | 1 |
| 19 | 2/4 | 戊辰 | 8 | 2 |
| 20 | 2/5 | 己巳 | 5 | 3 |
| 21 | 2/6 | 庚午 | 5 | 4 |
| 22 | 2/7 | 辛未 | 5 | 5 |
| 23 | 2/8 | 壬申 | 5 | 6 |
| 24 | 2/9 | 癸酉 | 5 | 7 |
| 25 | 2/10 | 甲戌 | 2 | 8 |
| 26 | 2/11 | 乙亥 | 2 | 9 |
| 27 | 2/12 | 丙子 | 2 | 1 |
| 28 | 2/13 | 丁丑 | 2 | 2 |
| 29 | 2/14 | 戊寅 | 2 | 3 |

## 十一月　戊子　七赤金

小寒：十九亥時 21時43分　冬至：初五寅時 04時26分　奇門遁甲局數

| 農曆 | 國曆 | 干支 | 時盤 | 日盤 |
|---|---|---|---|---|
| 1 | 12/18 | 庚辰 | 1 | 二 |
| 2 | 12/19 | 辛巳 | 1 | 一 |
| 3 | 12/20 | 壬午 | 1 | 九 |
| 4 | 12/21 | 癸未 | 1 | 八 |
| 5 | 12/22 | 甲申 | 7 | 3 |
| 6 | 12/23 | 乙酉 | 7 | 4 |
| 7 | 12/24 | 丙戌 | 7 | 5 |
| 8 | 12/25 | 丁亥 | 7 | 6 |
| 9 | 12/26 | 戊子 | 7 | 7 |
| 10 | 12/27 | 己丑 | 4 | 8 |
| 11 | 12/28 | 庚寅 | 4 | 9 |
| 12 | 12/29 | 辛卯 | 4 | 1 |
| 13 | 12/30 | 壬辰 | 4 | 2 |
| 14 | 12/31 | 癸巳 | 4 | 3 |
| 15 | 1/1 | 甲午 | 2 | 4 |
| 16 | 1/2 | 乙未 | 2 | 5 |
| 17 | 1/3 | 丙申 | 2 | 6 |
| 18 | 1/4 | 丁酉 | 2 | 7 |
| 19 | 1/5 | 戊戌 | 2 | 8 |
| 20 | 1/6 | 己亥 | 8 | 9 |
| 21 | 1/7 | 庚子 | 8 | 1 |
| 22 | 1/8 | 辛丑 | 8 | 2 |
| 23 | 1/9 | 壬寅 | 8 | 3 |
| 24 | 1/10 | 癸卯 | 8 | 4 |
| 25 | 1/11 | 甲辰 | 5 | 5 |
| 26 | 1/12 | 乙巳 | 5 | 6 |
| 27 | 1/13 | 丙午 | 5 | 7 |
| 28 | 1/14 | 丁未 | 5 | 8 |
| 29 | 1/15 | 戊申 | 5 | 9 |
| 30 | 1/16 | 己酉 | 3 | 1 |

## 十月　丁亥　八白土

大雪：十九巳時 10時38分　小雪：初四申時 15時18分　奇門遁甲局數

| 農曆 | 國曆 | 干支 | 時盤 | 日盤 |
|---|---|---|---|---|
| 1 | 11/19 | 辛亥 | 五 | 四 |
| 2 | 11/20 | 壬子 | 五 | 三 |
| 3 | 11/21 | 癸丑 | 五 | 二 |
| 4 | 11/22 | 甲寅 | 八 | 一 |
| 5 | 11/23 | 乙卯 | 八 | 九 |
| 6 | 11/24 | 丙辰 | 八 | 八 |
| 7 | 11/25 | 丁巳 | 八 | 七 |
| 8 | 11/26 | 戊午 | 八 | 六 |
| 9 | 11/27 | 己未 | 二 | 五 |
| 10 | 11/28 | 庚申 | 二 | 四 |
| 11 | 11/29 | 辛酉 | 二 | 三 |
| 12 | 11/30 | 壬戌 | 二 | 二 |
| 13 | 12/1 | 癸亥 | 二 | 一 |
| 14 | 12/2 | 甲子 | 四 | 九 |
| 15 | 12/3 | 乙丑 | 四 | 八 |
| 16 | 12/4 | 丙寅 | 四 | 七 |
| 17 | 12/5 | 丁卯 | 四 | 六 |
| 18 | 12/6 | 戊辰 | 四 | 五 |
| 19 | 12/7 | 己巳 | 七 | 四 |
| 20 | 12/8 | 庚午 | 七 | 三 |
| 21 | 12/9 | 辛未 | 七 | 二 |
| 22 | 12/10 | 壬申 | 七 | 一 |
| 23 | 12/11 | 癸酉 | 七 | 九 |
| 24 | 12/12 | 甲戌 | 一 | 八 |
| 25 | 12/13 | 乙亥 | 一 | 七 |
| 26 | 12/14 | 丙子 | 一 | 六 |
| 27 | 12/15 | 丁丑 | 一 | 五 |
| 28 | 12/16 | 戊寅 | 一 | 四 |
| 29 | 12/17 | 己卯 | 1 | 三 |

## 九月　丙戌　九紫火

立冬：十九酉時 18時02分　霜降：初四酉時 18時02分　奇門遁甲局數

| 農曆 | 國曆 | 干支 | 時盤 | 日盤 |
|---|---|---|---|---|
| 1 | 10/20 | 辛巳 | 五 | 七 |
| 2 | 10/21 | 壬午 | 五 | 六 |
| 3 | 10/22 | 癸未 | 五 | 五 |
| 4 | 10/23 | 甲申 | 八 | 四 |
| 5 | 10/24 | 乙酉 | 八 | 三 |
| 6 | 10/25 | 丙戌 | 八 | 二 |
| 7 | 10/26 | 丁亥 | 八 | 一 |
| 8 | 10/27 | 戊子 | 八 | 九 |
| 9 | 10/28 | 己丑 | 二 | 八 |
| 10 | 10/29 | 庚寅 | 二 | 七 |
| 11 | 10/30 | 辛卯 | 二 | 六 |
| 12 | 10/31 | 壬辰 | 二 | 五 |
| 13 | 11/1 | 癸巳 | 二 | 四 |
| 14 | 11/2 | 甲午 | 六 | 三 |
| 15 | 11/3 | 乙未 | 六 | 二 |
| 16 | 11/4 | 丙申 | 六 | 一 |
| 17 | 11/5 | 丁酉 | 六 | 九 |
| 18 | 11/6 | 戊戌 | 六 | 八 |
| 19 | 11/7 | 己亥 | 九 | 七 |
| 20 | 11/8 | 庚子 | 九 | 六 |
| 21 | 11/9 | 辛丑 | 九 | 五 |
| 22 | 11/10 | 壬寅 | 九 | 四 |
| 23 | 11/11 | 癸卯 | 九 | 三 |
| 24 | 11/12 | 甲辰 | 三 | 二 |
| 25 | 11/13 | 乙巳 | 三 | 一 |
| 26 | 11/14 | 丙午 | 三 | 九 |
| 27 | 11/15 | 丁未 | 三 | 八 |
| 28 | 11/16 | 戊申 | 三 | 七 |
| 29 | 11/17 | 己酉 | 五 | 六 |
| 30 | 11/18 | 庚戌 | 五 | 五 |

## 八月　乙酉　一白水

寒露：十八申時 15時09分　秋分：初三辰時 08時59分　奇門遁甲局數

| 農曆 | 國曆 | 干支 | 時盤 | 日盤 |
|---|---|---|---|---|
| 1 | 9/21 | 壬子 | 七 | 九 |
| 2 | 9/22 | 癸丑 | 七 | 八 |
| 3 | 9/23 | 甲寅 | 一 | 七 |
| 4 | 9/24 | 乙卯 | 一 | 六 |
| 5 | 9/25 | 丙辰 | 一 | 五 |
| 6 | 9/26 | 丁巳 | 一 | 四 |
| 7 | 9/27 | 戊午 | 一 | 三 |
| 8 | 9/28 | 己未 | 四 | 二 |
| 9 | 9/29 | 庚申 | 四 | 一 |
| 10 | 9/30 | 辛酉 | 四 | 九 |
| 11 | 10/1 | 壬戌 | 四 | 八 |
| 12 | 10/2 | 癸亥 | 四 | 七 |
| 13 | 10/3 | 甲子 | 六 | 六 |
| 14 | 10/4 | 乙丑 | 六 | 五 |
| 15 | 10/5 | 丙寅 | 六 | 四 |
| 16 | 10/6 | 丁卯 | 六 | 三 |
| 17 | 10/7 | 戊辰 | 六 | 二 |
| 18 | 10/8 | 己巳 | 九 | 一 |
| 19 | 10/9 | 庚午 | 九 | 九 |
| 20 | 10/10 | 辛未 | 九 | 八 |
| 21 | 10/11 | 壬申 | 九 | 七 |
| 22 | 10/12 | 癸酉 | 九 | 六 |
| 23 | 10/13 | 甲戌 | 三 | 五 |
| 24 | 10/14 | 乙亥 | 三 | 四 |
| 25 | 10/15 | 丙子 | 三 | 三 |
| 26 | 10/16 | 丁丑 | 三 | 二 |
| 27 | 10/17 | 戊寅 | 三 | 一 |
| 28 | 10/18 | 己卯 | 五 | 九 |
| 29 | 10/19 | 庚辰 | 五 | 八 |

## 七月　甲申　二黑土

白露：十七子時 23時46分　處暑：初二午時 11時35分　奇門遁甲局數

| 農曆 | 國曆 | 干支 | 時盤 | 日盤 |
|---|---|---|---|---|
| 1 | 8/22 | 壬午 | 一 | 三 |
| 2 | 8/23 | 癸未 | 一 | 二 |
| 3 | 8/24 | 甲申 | 四 | 一 |
| 4 | 8/25 | 乙酉 | 四 | 九 |
| 5 | 8/26 | 丙戌 | 四 | 八 |
| 6 | 8/27 | 丁亥 | 四 | 七 |
| 7 | 8/28 | 戊子 | 四 | 六 |
| 8 | 8/29 | 己丑 | 七 | 五 |
| 9 | 8/30 | 庚寅 | 七 | 四 |
| 10 | 8/31 | 辛卯 | 七 | 三 |
| 11 | 9/1 | 壬辰 | 七 | 二 |
| 12 | 9/2 | 癸巳 | 七 | 一 |
| 13 | 9/3 | 甲午 | 九 | 九 |
| 14 | 9/4 | 乙未 | 九 | 八 |
| 15 | 9/5 | 丙申 | 九 | 七 |
| 16 | 9/6 | 丁酉 | 九 | 六 |
| 17 | 9/7 | 戊戌 | 九 | 五 |
| 18 | 9/8 | 己亥 | 三 | 四 |
| 19 | 9/9 | 庚子 | 三 | 三 |
| 20 | 9/10 | 辛丑 | 三 | 二 |
| 21 | 9/11 | 壬寅 | 三 | 一 |
| 22 | 9/12 | 癸卯 | 三 | 九 |
| 23 | 9/13 | 甲辰 | 六 | 八 |
| 24 | 9/14 | 乙巳 | 六 | 七 |
| 25 | 9/15 | 丙午 | 六 | 六 |
| 26 | 9/16 | 丁未 | 六 | 五 |
| 27 | 9/17 | 戊申 | 六 | 四 |
| 28 | 9/18 | 己酉 | 七 | 三 |
| 29 | 9/19 | 庚戌 | 七 | 二 |
| 30 | 9/20 | 辛亥 | 七 | 一 |

# 西元1961年（辛丑）肖牛 民國50年（男震命）

奇門遁甲局數如標示為 一 ～九表示陰局　　如標示為1 ～9 表示陽局

| 六月 | | | | | 五月 | | | | | 四月 | | | | | 三月 | | | | | 二月 | | | | | 正月 | | | | |
|---|---|---|---|---|---|---|---|---|---|---|---|---|---|---|---|---|---|---|---|---|---|---|---|---|---|---|---|---|---|
| 乙未 | | | | | 甲午 | | | | | 癸巳 | | | | | 壬辰 | | | | | 辛卯 | | | | | 庚寅 | | | | |
| 九紫火 | | | | | 一白水 | | | | | 二黑土 | | | | | 三碧木 | | | | | 四綠木 | | | | | 五黃土 | | | | |
| 立秋 02時49分 廿七丑時 | | 大暑 10時24分 十一巳時 | 奇門遁甲局數 | | 小暑 17時07分 廿五酉時 | | 夏至 23時30分 初九子時 | 奇門遁甲局數 | | 芒種 06時46分 廿三卯時 | | 小滿 15時22分 初七申時 | 奇門遁甲局數 | | 立夏 02時21分 廿二丑時 | | 穀雨 15時55分 初六申時 | 奇門遁甲局數 | | 清明 08時42分 二十辰時 | | 春分 04時32分 初五寅時 | 奇門遁甲局數 | | 驚蟄 03時35分 二十寅時 | | 雨水 05時17分 初五卯時 | 奇門遁甲局數 | |
| 農曆 | 國曆 | 干支 | 時盤 | 日盤 | 農曆 | 國曆 | 干支 | 時盤 | 日盤 | 農曆 | 國曆 | 干支 | 時盤 | 日盤 | 農曆 | 國曆 | 干支 | 時盤 | 日盤 | 農曆 | 國曆 | 干支 | 時盤 | 日盤 | 農曆 | 國曆 | 干支 | 時盤 | 日盤 |
| 1 | 7/13 | 丁未 | 五 | 二 | 1 | 6/13 | 丁丑 | 9 | 5 | 1 | 5/15 | 戊申 | 7 | 3 | 1 | 4/15 | 戊寅 | 7 | 9 | 1 | 3/17 | 己酉 | 3 | 7 | 1 | 2/15 | 己卯 | 9 | 4 |
| 2 | 7/14 | 戊申 | 五 | 一 | 2 | 6/14 | 戊寅 | 9 | 6 | 2 | 5/16 | 己酉 | 5 | 4 | 2 | 4/16 | 己卯 | 5 | 1 | 2 | 3/18 | 庚戌 | 3 | 8 | 2 | 2/16 | 庚辰 | 9 | 5 |
| 3 | 7/15 | 己酉 | 七 | 九 | 3 | 6/15 | 己卯 | 九 | 7 | 3 | 5/17 | 庚戌 | 5 | 5 | 3 | 4/17 | 庚辰 | 5 | 2 | 3 | 3/19 | 辛亥 | 3 | 9 | 3 | 2/17 | 辛巳 | 9 | 6 |
| 4 | 7/16 | 庚戌 | 七 | 八 | 4 | 6/16 | 庚辰 | 九 | 8 | 4 | 5/18 | 辛亥 | 5 | 6 | 4 | 4/18 | 辛巳 | 5 | 3 | 4 | 3/20 | 壬子 | 3 | 1 | 4 | 2/18 | 壬午 | 9 | 7 |
| 5 | 7/17 | 辛亥 | 七 | 七 | 5 | 6/17 | 辛巳 | 九 | 9 | 5 | 5/19 | 壬子 | 5 | 7 | 5 | 4/19 | 壬午 | 5 | 4 | 5 | 3/21 | 癸丑 | 3 | 2 | 5 | 2/19 | 癸未 | 9 | 8 |
| 6 | 7/18 | 壬子 | 七 | 六 | 6 | 6/18 | 壬午 | 九 | 1 | 6 | 5/20 | 癸丑 | 5 | 8 | 6 | 4/20 | 癸未 | 5 | 5 | 6 | 3/22 | 甲寅 | 9 | 3 | 6 | 2/20 | 甲申 | 6 | 9 |
| 7 | 7/19 | 癸丑 | 七 | 五 | 7 | 6/19 | 癸未 | 九 | 2 | 7 | 5/21 | 甲寅 | 2 | 9 | 7 | 4/21 | 甲申 | 2 | 6 | 7 | 3/23 | 乙卯 | 9 | 4 | 7 | 2/21 | 乙酉 | 6 | 1 |
| 8 | 7/20 | 甲寅 | 一 | 四 | 8 | 6/20 | 甲申 | 三 | 3 | 8 | 5/22 | 乙卯 | 2 | 1 | 8 | 4/22 | 乙酉 | 2 | 7 | 8 | 3/24 | 丙辰 | 9 | 5 | 8 | 2/22 | 丙戌 | 6 | 2 |
| 9 | 7/21 | 乙卯 | 一 | 三 | 9 | 6/21 | 乙酉 | 三 | 六 | 9 | 5/23 | 丙辰 | 2 | 2 | 9 | 4/23 | 丙戌 | 2 | 8 | 9 | 3/25 | 丁巳 | 9 | 6 | 9 | 2/23 | 丁亥 | 6 | 3 |
| 10 | 7/22 | 丙辰 | 一 | 二 | 10 | 6/22 | 丙戌 | 三 | 五 | 10 | 5/24 | 丁巳 | 2 | 3 | 10 | 4/24 | 丁亥 | 2 | 9 | 10 | 3/26 | 戊午 | 9 | 7 | 10 | 2/24 | 戊子 | 6 | 4 |
| 11 | 7/23 | 丁巳 | 一 | 一 | 11 | 6/23 | 丁亥 | 三 | 四 | 11 | 5/25 | 戊午 | 2 | 4 | 11 | 4/25 | 戊子 | 2 | 1 | 11 | 3/27 | 己未 | 6 | 8 | 11 | 2/25 | 己丑 | 3 | 5 |
| 12 | 7/24 | 戊午 | 一 | 九 | 12 | 6/24 | 戊子 | 三 | 三 | 12 | 5/26 | 己未 | 8 | 5 | 12 | 4/26 | 己丑 | 8 | 2 | 12 | 3/28 | 庚申 | 6 | 9 | 12 | 2/26 | 庚寅 | 3 | 6 |
| 13 | 7/25 | 己未 | 四 | 八 | 13 | 6/25 | 己丑 | 六 | 二 | 13 | 5/27 | 庚申 | 8 | 6 | 13 | 4/27 | 庚寅 | 8 | 3 | 13 | 3/29 | 辛酉 | 6 | 1 | 13 | 2/27 | 辛卯 | 3 | 7 |
| 14 | 7/26 | 庚申 | 四 | 七 | 14 | 6/26 | 庚寅 | 六 | 一 | 14 | 5/28 | 辛酉 | 8 | 7 | 14 | 4/28 | 辛卯 | 8 | 4 | 14 | 3/30 | 壬戌 | 6 | 2 | 14 | 2/28 | 壬辰 | 3 | 8 |
| 15 | 7/27 | 辛酉 | 四 | 六 | 15 | 6/27 | 辛卯 | 六 | 九 | 15 | 5/29 | 壬戌 | 8 | 8 | 15 | 4/29 | 壬辰 | 8 | 5 | 15 | 3/31 | 癸亥 | 6 | 3 | 15 | 3/ 1 | 癸巳 | 3 | 9 |
| 16 | 7/28 | 壬戌 | 四 | 五 | 16 | 6/28 | 壬辰 | 六 | 八 | 16 | 5/30 | 癸亥 | 8 | 9 | 16 | 4/30 | 癸巳 | 8 | 6 | 16 | 4/ 1 | 甲子 | 4 | 4 | 16 | 3/ 2 | 甲午 | 1 | 1 |
| 17 | 7/29 | 癸亥 | 四 | 四 | 17 | 6/29 | 癸巳 | 六 | 七 | 17 | 5/31 | 甲子 | 6 | 1 | 17 | 5/ 1 | 甲午 | 4 | 7 | 17 | 4/ 2 | 乙丑 | 4 | 5 | 17 | 3/ 3 | 乙未 | 1 | 2 |
| 18 | 7/30 | 甲子 | 二 | 三 | 18 | 6/30 | 甲午 | 八 | 六 | 18 | 6/ 1 | 乙丑 | 6 | 2 | 18 | 5/ 2 | 乙未 | 4 | 8 | 18 | 4/ 3 | 丙寅 | 4 | 6 | 18 | 3/ 4 | 丙申 | 1 | 3 |
| 19 | 7/31 | 乙丑 | 二 | 二 | 19 | 7/ 1 | 乙未 | 八 | 五 | 19 | 6/ 2 | 丙寅 | 6 | 3 | 19 | 5/ 3 | 丙申 | 4 | 9 | 19 | 4/ 4 | 丁卯 | 4 | 7 | 19 | 3/ 5 | 丁酉 | 1 | 4 |
| 20 | 8/ 1 | 丙寅 | 二 | 一 | 20 | 7/ 2 | 丙申 | 八 | 四 | 20 | 6/ 3 | 丁卯 | 6 | 4 | 20 | 5/ 4 | 丁酉 | 4 | 1 | 20 | 4/ 5 | 戊辰 | 4 | 8 | 20 | 3/ 6 | 戊戌 | 1 | 5 |
| 21 | 8/ 2 | 丁卯 | 二 | 九 | 21 | 7/ 3 | 丁酉 | 八 | 三 | 21 | 6/ 4 | 戊辰 | 6 | 5 | 21 | 5/ 5 | 戊戌 | 4 | 2 | 21 | 4/ 6 | 己巳 | 1 | 9 | 21 | 3/ 7 | 己亥 | 7 | 6 |
| 22 | 8/ 3 | 戊辰 | 二 | 八 | 22 | 7/ 4 | 戊戌 | 八 | 二 | 22 | 6/ 5 | 己巳 | 3 | 6 | 22 | 5/ 6 | 己亥 | 1 | 3 | 22 | 4/ 7 | 庚午 | 1 | 1 | 22 | 3/ 8 | 庚子 | 7 | 7 |
| 23 | 8/ 4 | 己巳 | 五 | 七 | 23 | 7/ 5 | 己亥 | 二 | 一 | 23 | 6/ 6 | 庚午 | 3 | 7 | 23 | 5/ 7 | 庚子 | 1 | 4 | 23 | 4/ 8 | 辛未 | 1 | 2 | 23 | 3/ 9 | 辛丑 | 7 | 8 |
| 24 | 8/ 5 | 庚午 | 五 | 六 | 24 | 7/ 6 | 庚子 | 二 | 九 | 24 | 6/ 7 | 辛未 | 3 | 8 | 24 | 5/ 8 | 辛丑 | 1 | 5 | 24 | 4/ 9 | 壬申 | 1 | 3 | 24 | 3/10 | 壬寅 | 7 | 9 |
| 25 | 8/ 6 | 辛未 | 五 | 五 | 25 | 7/ 7 | 辛丑 | 二 | 八 | 25 | 6/ 8 | 壬申 | 3 | 9 | 25 | 5/ 9 | 壬寅 | 1 | 6 | 25 | 4/10 | 癸酉 | 1 | 4 | 25 | 3/11 | 癸卯 | 7 | 1 |
| 26 | 8/ 7 | 壬申 | 五 | 四 | 26 | 7/ 8 | 壬寅 | 二 | 七 | 26 | 6/ 9 | 癸酉 | 3 | 1 | 26 | 5/10 | 癸卯 | 1 | 7 | 26 | 4/11 | 甲戌 | 7 | 5 | 26 | 3/12 | 甲辰 | 4 | 2 |
| 27 | 8/ 8 | 癸酉 | 五 | 三 | 27 | 7/ 9 | 癸卯 | 二 | 六 | 27 | 6/10 | 甲戌 | 9 | 2 | 27 | 5/11 | 甲辰 | 7 | 8 | 27 | 4/12 | 乙亥 | 7 | 6 | 27 | 3/13 | 乙巳 | 4 | 3 |
| 28 | 8/ 9 | 甲戌 | 八 | 二 | 28 | 7/10 | 甲辰 | 五 | 五 | 28 | 6/11 | 乙亥 | 9 | 3 | 28 | 5/12 | 乙巳 | 7 | 9 | 28 | 4/13 | 丙子 | 7 | 7 | 28 | 3/14 | 丙午 | 4 | 4 |
| 29 | 8/10 | 乙亥 | 八 | 一 | 29 | 7/11 | 乙巳 | 五 | 四 | 29 | 6/12 | 丙子 | 9 | 4 | 29 | 5/13 | 丙午 | 7 | 1 | 29 | 4/14 | 丁丑 | 7 | 8 | 29 | 3/15 | 丁未 | 4 | 5 |
| | | | | | 30 | 7/12 | 丙午 | 五 | 三 | | | | | | 30 | 5/14 | 丁未 | 7 | 2 | | | | | | 30 | 3/16 | 戊申 | 4 | 6 |

# 西元1961年（辛丑）肖牛 民國50年（女震命）

奇門遁甲局數如標示為 一 ～九表示陰局　　如標示為1 ～9 表示陽局

| 十二月 | | | | | 十一月 | | | | | 十 月 | | | | | 九 月 | | | | | 八 月 | | | | | 七 月 | | | | |
|---|---|---|---|---|---|---|---|---|---|---|---|---|---|---|---|---|---|---|---|---|---|---|---|---|---|---|---|---|---|
| 辛丑 | | | | | 庚子 | | | | | 己亥 | | | | | 戊戌 | | | | | 丁酉 | | | | | 丙申 | | | | |
| 三碧木 | | | | | 四綠木 | | | | | 五黃土 | | | | | 六白金 | | | | | 七赤金 | | | | | 八白土 | | | | |
| 立春 15時18分 三十申時 | | 大寒 20時58分 十五戌時 | 奇門遁甲局數 | | 小寒 03時35分 初一寅時 | | 冬至 10時20分 十五巳時 | 奇門遁甲局數 | | 大雪 16時26分 三十申時 | | 小雪 21時08分 十五亥時 | 奇門遁甲局數 | | 立冬 23時46分 廿九子時 | | 霜降 23時47分 十四子時 | 奇門遁甲局數 | | 寒露 20時51分 廿九戌時 | | 秋分 14時43分 十四未時 | 奇門遁甲局數 | | 白露 05時29分 廿九卯時 | | 處暑 17時19分 十三酉時 | 奇門遁甲局數 | |
| 農曆 | 國曆 | 干支 | 時盤 | 日盤 | 農曆 | 國曆 | 干支 | 時盤 | 日盤 | 農曆 | 國曆 | 干支 | 時盤 | 日盤 | 農曆 | 國曆 | 干支 | 時盤 | 日盤 | 農曆 | 國曆 | 干支 | 時盤 | 日盤 | 農曆 | 國曆 | 干支 | 時盤 | 日盤 |
| 1 | 1/6 | 甲辰 | 4 | 5 | 1 | 12/8 | 乙亥 | 一 | 七 | 1 | 11/8 | 乙巳 | 三 | 一 | 1 | 10/10 | 丙子 | 三 | 三 | 1 | 9/10 | 丙午 | 六 | 六 | 1 | 8/11 | 丙子 | 八 | 九 |
| 2 | 1/7 | 乙巳 | 4 | 6 | 2 | 12/9 | 丙子 | 一 | 六 | 2 | 11/9 | 丙午 | 三 | 九 | 2 | 10/11 | 丁丑 | 三 | 二 | 2 | 9/11 | 丁未 | 六 | 五 | 2 | 8/12 | 丁丑 | 八 | 八 |
| 3 | 1/8 | 丙午 | 4 | 7 | 3 | 12/10 | 丁丑 | 一 | 五 | 3 | 11/10 | 丁未 | 三 | 八 | 3 | 10/12 | 戊寅 | 三 | 一 | 3 | 9/12 | 戊申 | 六 | 四 | 3 | 8/13 | 戊寅 | 八 | 七 |
| 4 | 1/9 | 丁未 | 4 | 8 | 4 | 12/11 | 戊寅 | 一 | 四 | 4 | 11/11 | 戊申 | 三 | 七 | 4 | 10/13 | 己卯 | 五 | 九 | 4 | 9/13 | 己酉 | 七 | 三 | 4 | 8/14 | 己卯 | 一 | 六 |
| 5 | 1/10 | 戊申 | 4 | 9 | 5 | 12/12 | 己卯 | 四 | 三 | 5 | 11/12 | 己酉 | 五 | 六 | 5 | 10/14 | 庚辰 | 五 | 八 | 5 | 9/14 | 庚戌 | 七 | 二 | 5 | 8/15 | 庚辰 | 一 | 五 |
| 6 | 1/11 | 己酉 | 2 | 1 | 6 | 12/13 | 庚辰 | 四 | 二 | 6 | 11/13 | 庚戌 | 五 | 五 | 6 | 10/15 | 辛巳 | 五 | 七 | 6 | 9/15 | 辛亥 | 七 | 一 | 6 | 8/16 | 辛巳 | 一 | 四 |
| 7 | 1/12 | 庚戌 | 2 | 2 | 7 | 12/14 | 辛巳 | 四 | 一 | 7 | 11/14 | 辛亥 | 五 | 四 | 7 | 10/16 | 壬午 | 五 | 六 | 7 | 9/16 | 壬子 | 七 | 九 | 7 | 8/17 | 壬午 | 一 | 三 |
| 8 | 1/13 | 辛亥 | 2 | 3 | 8 | 12/15 | 壬午 | 四 | 九 | 8 | 11/15 | 壬子 | 五 | 三 | 8 | 10/17 | 癸未 | 五 | 五 | 8 | 9/17 | 癸丑 | 七 | 八 | 8 | 8/18 | 癸未 | 一 | 二 |
| 9 | 1/14 | 壬子 | 2 | 4 | 9 | 12/16 | 癸未 | 四 | 八 | 9 | 11/16 | 癸丑 | 五 | 二 | 9 | 10/18 | 甲申 | 八 | 四 | 9 | 9/18 | 甲寅 | 一 | 七 | 9 | 8/19 | 甲申 | 四 | 一 |
| 10 | 1/15 | 癸丑 | 2 | 5 | 10 | 12/17 | 甲申 | 七 | 七 | 10 | 11/17 | 甲寅 | 八 | 一 | 10 | 10/19 | 乙酉 | 八 | 三 | 10 | 9/19 | 乙卯 | 一 | 六 | 10 | 8/20 | 乙酉 | 四 | 九 |
| 11 | 1/16 | 甲寅 | 8 | 6 | 11 | 12/18 | 乙酉 | 七 | 六 | 11 | 11/18 | 乙卯 | 八 | 九 | 11 | 10/20 | 丙戌 | 八 | 二 | 11 | 9/20 | 丙辰 | 一 | 五 | 11 | 8/21 | 丙戌 | 四 | 八 |
| 12 | 1/17 | 乙卯 | 8 | 7 | 12 | 12/19 | 丙戌 | 七 | 五 | 12 | 11/19 | 丙辰 | 八 | 八 | 12 | 10/21 | 丁亥 | 八 | 一 | 12 | 9/21 | 丁巳 | 一 | 四 | 12 | 8/22 | 丁亥 | 四 | 七 |
| 13 | 1/18 | 丙辰 | 8 | 8 | 13 | 12/20 | 丁亥 | 七 | 四 | 13 | 11/20 | 丁巳 | 八 | 七 | 13 | 10/22 | 戊子 | 八 | 九 | 13 | 9/22 | 戊午 | 一 | 三 | 13 | 8/23 | 戊子 | 四 | 六 |
| 14 | 1/19 | 丁巳 | 8 | 9 | 14 | 12/21 | 戊子 | 七 | 三 | 14 | 11/21 | 戊午 | 八 | 六 | 14 | 10/23 | 己丑 | 二 | 八 | 14 | 9/23 | 己未 | 四 | 二 | 14 | 8/24 | 己丑 | 七 | 五 |
| 15 | 1/20 | 戊午 | 8 | 1 | 15 | 12/22 | 己丑 | 一 | 8 | 15 | 11/22 | 己未 | 二 | 五 | 15 | 10/24 | 庚寅 | 二 | 七 | 15 | 9/24 | 庚申 | 四 | 一 | 15 | 8/25 | 庚寅 | 七 | 四 |
| 16 | 1/21 | 己未 | 5 | 2 | 16 | 12/23 | 庚寅 | 一 | 9 | 16 | 11/23 | 庚申 | 二 | 四 | 16 | 10/25 | 辛卯 | 二 | 六 | 16 | 9/25 | 辛酉 | 四 | 九 | 16 | 8/26 | 辛卯 | 七 | 三 |
| 17 | 1/22 | 庚申 | 5 | 3 | 17 | 12/24 | 辛卯 | 一 | 1 | 17 | 11/24 | 辛酉 | 二 | 三 | 17 | 10/26 | 壬辰 | 二 | 五 | 17 | 9/26 | 壬戌 | 四 | 八 | 17 | 8/27 | 壬辰 | 七 | 二 |
| 18 | 1/23 | 辛酉 | 5 | 4 | 18 | 12/25 | 壬辰 | 一 | 2 | 18 | 11/25 | 壬戌 | 二 | 二 | 18 | 10/27 | 癸巳 | 二 | 四 | 18 | 9/27 | 癸亥 | 四 | 七 | 18 | 8/28 | 癸巳 | 七 | 一 |
| 19 | 1/24 | 壬戌 | 5 | 5 | 19 | 12/26 | 癸巳 | 一 | 3 | 19 | 11/26 | 癸亥 | 二 | 一 | 19 | 10/28 | 甲午 | 六 | 三 | 19 | 9/28 | 甲子 | 六 | 六 | 19 | 8/29 | 甲午 | 九 | 九 |
| 20 | 1/25 | 癸亥 | 5 | 6 | 20 | 12/27 | 甲午 | 1 | 4 | 20 | 11/27 | 甲子 | 四 | 九 | 20 | 10/29 | 乙未 | 六 | 二 | 20 | 9/29 | 乙丑 | 六 | 五 | 20 | 8/30 | 乙未 | 九 | 八 |
| 21 | 1/26 | 甲子 | 3 | 7 | 21 | 12/28 | 乙未 | 1 | 5 | 21 | 11/28 | 乙丑 | 四 | 八 | 21 | 10/30 | 丙申 | 六 | 一 | 21 | 9/30 | 丙寅 | 六 | 四 | 21 | 8/31 | 丙申 | 九 | 七 |
| 22 | 1/27 | 乙丑 | 3 | 8 | 22 | 12/29 | 丙申 | 1 | 6 | 22 | 11/29 | 丙寅 | 四 | 七 | 22 | 10/31 | 丁酉 | 六 | 九 | 22 | 10/1 | 丁卯 | 六 | 三 | 22 | 9/1 | 丁酉 | 九 | 六 |
| 23 | 1/28 | 丙寅 | 3 | 9 | 23 | 12/30 | 丁酉 | 1 | 7 | 23 | 11/30 | 丁卯 | 四 | 六 | 23 | 11/1 | 戊戌 | 六 | 八 | 23 | 10/2 | 戊辰 | 六 | 二 | 23 | 9/2 | 戊戌 | 九 | 五 |
| 24 | 1/29 | 丁卯 | 3 | 1 | 24 | 12/31 | 戊戌 | 1 | 8 | 24 | 12/1 | 戊辰 | 四 | 五 | 24 | 11/2 | 己亥 | 九 | 七 | 24 | 10/3 | 己巳 | 九 | 一 | 24 | 9/3 | 己亥 | 三 | 四 |
| 25 | 1/30 | 戊辰 | 3 | 2 | 25 | 1/1 | 己亥 | 7 | 9 | 25 | 12/2 | 己巳 | 七 | 四 | 25 | 11/3 | 庚子 | 九 | 六 | 25 | 10/4 | 庚午 | 九 | 九 | 25 | 9/4 | 庚子 | 三 | 三 |
| 26 | 1/31 | 己巳 | 9 | 3 | 26 | 1/2 | 庚子 | 7 | 1 | 26 | 12/3 | 庚午 | 七 | 三 | 26 | 11/4 | 辛丑 | 九 | 五 | 26 | 10/5 | 辛未 | 九 | 八 | 26 | 9/5 | 辛丑 | 三 | 二 |
| 27 | 2/1 | 庚午 | 9 | 4 | 27 | 1/3 | 辛丑 | 7 | 2 | 27 | 12/4 | 辛未 | 七 | 二 | 27 | 11/5 | 壬寅 | 九 | 四 | 27 | 10/6 | 壬申 | 九 | 七 | 27 | 9/6 | 壬寅 | 三 | 一 |
| 28 | 2/2 | 辛未 | 9 | 5 | 28 | 1/4 | 壬寅 | 7 | 3 | 28 | 12/5 | 壬申 | 七 | 一 | 28 | 11/6 | 癸卯 | 九 | 三 | 28 | 10/7 | 癸酉 | 九 | 六 | 28 | 9/7 | 癸卯 | 三 | 九 |
| 29 | 2/3 | 壬申 | 9 | 6 | 29 | 1/5 | 癸卯 | 7 | 4 | 29 | 12/6 | 癸酉 | 七 | 九 | 29 | 11/7 | 甲辰 | 三 | 二 | 29 | 10/8 | 甲戌 | 三 | 五 | 29 | 9/8 | 甲辰 | 六 | 八 |
| 30 | 2/4 | 癸酉 | 9 | 7 | | | | | | 30 | 12/7 | 甲戌 | 一 | 八 | | | | | | 30 | 10/9 | 乙亥 | 三 | 四 | 30 | 9/9 | 乙巳 | 六 | 七 |

# 西元1962年（壬寅）肖虎 民國51年（男坤命）

奇門遁甲局數如標示為 一 ～九表示陰局　　如標示為1 ～9 表示陽局

| 六　月 | | | | | 五　月 | | | | | 四　月 | | | | | 三　月 | | | | | 二　月 | | | | | 正　月 | | | | |
|---|---|---|---|---|---|---|---|---|---|---|---|---|---|---|---|---|---|---|---|---|---|---|---|---|---|---|---|---|---|
| 丁未 | | | | | 丙午 | | | | | 乙巳 | | | | | 甲辰 | | | | | 癸卯 | | | | | 壬寅 | | | | |
| 六白金 | | | | | 七赤金 | | | | | 八白土 | | | | | 九紫火 | | | | | 一白水 | | | | | 二黑土 | | | | |
| 大暑 16時18分 廿二申時 | | 小暑 22時51分 初六亥時 | 奇門遁甲局數 | | 夏至 05時24分 廿一卯時 | | 芒種 12時31分 初五午時 | 奇門遁甲局數 | | 小滿 21時17分 十八亥時 | | 立夏 08時10分 初三辰時 | 奇門遁甲局數 | | 穀雨 21時51分 十六亥時 | | 清明 14時34分 初一未時 | 奇門遁甲局數 | | 春分 10時30分 十六巳時 | | 驚蟄 09時30分 初一巳時 | 奇門遁甲局數 | | 雨水 11時15分 十五午時 | | | 奇門遁甲局數 | |
| 農曆 | 國曆 | 干支 | 時盤 | 日盤 | 農曆 | 國曆 | 干支 | 時盤 | 日盤 | 農曆 | 國曆 | 干支 | 時盤 | 日盤 | 農曆 | 國曆 | 干支 | 時盤 | 日盤 | 農曆 | 國曆 | 干支 | 時盤 | 日盤 | 農曆 | 國曆 | 干支 | 時盤 | 日盤 |
| 1 | 7/2 | 辛丑 | 三 | 八 | 1 | 6/2 | 辛未 | 2 | 8 | 1 | 5/4 | 壬寅 | 2 | 6 | 1 | 4/5 | 癸酉 | 9 | 4 | 1 | 3/6 | 癸卯 | 6 | 1 | 1 | 2/5 | 甲戌 | 6 | 8 |
| 2 | 7/3 | 壬寅 | 三 | 七 | 2 | 6/3 | 壬申 | 2 | 9 | 2 | 5/5 | 癸卯 | 2 | 7 | 2 | 4/6 | 甲戌 | 6 | 5 | 2 | 3/7 | 甲辰 | 3 | 2 | 2 | 2/6 | 乙亥 | 6 | 9 |
| 3 | 7/4 | 癸卯 | 三 | 六 | 3 | 6/4 | 癸酉 | 2 | 1 | 3 | 5/6 | 甲辰 | 8 | 8 | 3 | 4/7 | 乙亥 | 6 | 6 | 3 | 3/8 | 乙巳 | 3 | 3 | 3 | 2/7 | 丙子 | 6 | 1 |
| 4 | 7/5 | 甲辰 | 六 | 五 | 4 | 6/5 | 甲戌 | 8 | 2 | 4 | 5/7 | 乙巳 | 8 | 9 | 4 | 4/8 | 丙子 | 6 | 7 | 4 | 3/9 | 丙午 | 3 | 4 | 4 | 2/8 | 丁丑 | 6 | 2 |
| 5 | 7/6 | 乙巳 | 六 | 四 | 5 | 6/6 | 乙亥 | 8 | 3 | 5 | 5/8 | 丙午 | 8 | 1 | 5 | 4/9 | 丁丑 | 6 | 8 | 5 | 3/10 | 丁未 | 3 | 5 | 5 | 2/9 | 戊寅 | 6 | 3 |
| 6 | 7/7 | 丙午 | 六 | 三 | 6 | 6/7 | 丙子 | 8 | 4 | 6 | 5/9 | 丁未 | 8 | 2 | 6 | 4/10 | 戊寅 | 6 | 9 | 6 | 3/11 | 戊申 | 3 | 6 | 6 | 2/10 | 己卯 | 8 | 4 |
| 7 | 7/8 | 丁未 | 六 | 二 | 7 | 6/8 | 丁丑 | 8 | 5 | 7 | 5/10 | 戊申 | 8 | 3 | 7 | 4/11 | 己卯 | 4 | 1 | 7 | 3/12 | 己酉 | 1 | 7 | 7 | 2/11 | 庚辰 | 8 | 5 |
| 8 | 7/9 | 戊申 | 六 | 一 | 8 | 6/9 | 戊寅 | 8 | 6 | 8 | 5/11 | 己酉 | 4 | 4 | 8 | 4/12 | 庚辰 | 4 | 2 | 8 | 3/13 | 庚戌 | 1 | 8 | 8 | 2/12 | 辛巳 | 8 | 6 |
| 9 | 7/10 | 己酉 | 八 | 九 | 9 | 6/10 | 己卯 | 6 | 7 | 9 | 5/12 | 庚戌 | 4 | 5 | 9 | 4/13 | 辛巳 | 4 | 3 | 9 | 3/14 | 辛亥 | 1 | 9 | 9 | 2/13 | 壬午 | 8 | 7 |
| 10 | 7/11 | 庚戌 | 八 | 八 | 10 | 6/11 | 庚辰 | 6 | 8 | 10 | 5/13 | 辛亥 | 4 | 6 | 10 | 4/14 | 壬午 | 4 | 4 | 10 | 3/15 | 壬子 | 1 | 1 | 10 | 2/14 | 癸未 | 8 | 8 |
| 11 | 7/12 | 辛亥 | 八 | 七 | 11 | 6/12 | 辛巳 | 6 | 9 | 11 | 5/14 | 壬子 | 4 | 7 | 11 | 4/15 | 癸未 | 4 | 5 | 11 | 3/16 | 癸丑 | 1 | 2 | 11 | 2/15 | 甲申 | 5 | 9 |
| 12 | 7/13 | 壬子 | 八 | 六 | 12 | 6/13 | 壬午 | 6 | 1 | 12 | 5/15 | 癸丑 | 4 | 8 | 12 | 4/16 | 甲申 | 1 | 6 | 12 | 3/17 | 甲寅 | 7 | 3 | 12 | 2/16 | 乙酉 | 5 | 1 |
| 13 | 7/14 | 癸丑 | 八 | 五 | 13 | 6/14 | 癸未 | 6 | 2 | 13 | 5/16 | 甲寅 | 1 | 9 | 13 | 4/17 | 乙酉 | 1 | 7 | 13 | 3/18 | 乙卯 | 7 | 4 | 13 | 2/17 | 丙戌 | 5 | 2 |
| 14 | 7/15 | 甲寅 | 二 | 四 | 14 | 6/15 | 甲申 | 3 | 3 | 14 | 5/17 | 乙卯 | 1 | 1 | 14 | 4/18 | 丙戌 | 1 | 8 | 14 | 3/19 | 丙辰 | 7 | 5 | 14 | 2/18 | 丁亥 | 5 | 3 |
| 15 | 7/16 | 乙卯 | 二 | 三 | 15 | 6/16 | 乙酉 | 3 | 4 | 15 | 5/18 | 丙辰 | 1 | 2 | 15 | 4/19 | 丁亥 | 1 | 9 | 15 | 3/20 | 丁巳 | 7 | 6 | 15 | 2/19 | 戊子 | 5 | 4 |
| 16 | 7/17 | 丙辰 | 二 | 二 | 16 | 6/17 | 丙戌 | 3 | 5 | 16 | 5/19 | 丁巳 | 1 | 3 | 16 | 4/20 | 戊子 | 1 | 1 | 16 | 3/21 | 戊午 | 7 | 7 | 16 | 2/20 | 己丑 | 2 | 5 |
| 17 | 7/18 | 丁巳 | 二 | 一 | 17 | 6/18 | 丁亥 | 3 | 6 | 17 | 5/20 | 戊午 | 1 | 4 | 17 | 4/21 | 己丑 | 7 | 2 | 17 | 3/22 | 己未 | 4 | 8 | 17 | 2/21 | 庚寅 | 2 | 6 |
| 18 | 7/19 | 戊午 | 二 | 九 | 18 | 6/19 | 戊子 | 3 | 7 | 18 | 5/21 | 己未 | 7 | 5 | 18 | 4/22 | 庚寅 | 7 | 3 | 18 | 3/23 | 庚申 | 4 | 9 | 18 | 2/22 | 辛卯 | 2 | 7 |
| 19 | 7/20 | 己未 | 五 | 八 | 19 | 6/20 | 己丑 | 9 | 8 | 19 | 5/22 | 庚申 | 7 | 6 | 19 | 4/23 | 辛卯 | 7 | 4 | 19 | 3/24 | 辛酉 | 4 | 1 | 19 | 2/23 | 壬辰 | 2 | 8 |
| 20 | 7/21 | 庚申 | 五 | 七 | 20 | 6/21 | 庚寅 | 9 | 9 | 20 | 5/23 | 辛酉 | 7 | 7 | 20 | 4/24 | 壬辰 | 7 | 5 | 20 | 3/25 | 壬戌 | 4 | 2 | 20 | 2/24 | 癸巳 | 2 | 9 |
| 21 | 7/22 | 辛酉 | 五 | 六 | 21 | 6/22 | 辛卯 | 9 | 九 | 21 | 5/24 | 壬戌 | 7 | 8 | 21 | 4/25 | 癸巳 | 7 | 6 | 21 | 3/26 | 癸亥 | 4 | 3 | 21 | 2/25 | 甲午 | 9 | 1 |
| 22 | 7/23 | 壬戌 | 五 | 五 | 22 | 6/23 | 壬辰 | 9 | 八 | 22 | 5/25 | 癸亥 | 7 | 9 | 22 | 4/26 | 甲午 | 5 | 7 | 22 | 3/27 | 甲子 | 3 | 4 | 22 | 2/26 | 乙未 | 9 | 2 |
| 23 | 7/24 | 癸亥 | 五 | 四 | 23 | 6/24 | 癸巳 | 9 | 七 | 23 | 5/26 | 甲子 | 5 | 1 | 23 | 4/27 | 乙未 | 5 | 8 | 23 | 3/28 | 乙丑 | 3 | 5 | 23 | 2/27 | 丙申 | 9 | 3 |
| 24 | 7/25 | 甲子 | 七 | 三 | 24 | 6/25 | 甲午 | 九 | 六 | 24 | 5/27 | 乙丑 | 5 | 2 | 24 | 4/28 | 丙申 | 5 | 9 | 24 | 3/29 | 丙寅 | 3 | 6 | 24 | 2/28 | 丁酉 | 9 | 4 |
| 25 | 7/26 | 乙丑 | 七 | 二 | 25 | 6/26 | 乙未 | 九 | 五 | 25 | 5/28 | 丙寅 | 5 | 3 | 25 | 4/29 | 丁酉 | 5 | 1 | 25 | 3/30 | 丁卯 | 3 | 7 | 25 | 3/1 | 戊戌 | 9 | 5 |
| 26 | 7/27 | 丙寅 | 七 | 一 | 26 | 6/27 | 丙申 | 九 | 四 | 26 | 5/29 | 丁卯 | 5 | 4 | 26 | 4/30 | 戊戌 | 5 | 2 | 26 | 3/31 | 戊辰 | 3 | 8 | 26 | 3/2 | 己亥 | 6 | 6 |
| 27 | 7/28 | 丁卯 | 七 | 九 | 27 | 6/28 | 丁酉 | 九 | 三 | 27 | 5/30 | 戊辰 | 5 | 5 | 27 | 5/1 | 己亥 | 2 | 3 | 27 | 4/1 | 己巳 | 9 | 9 | 27 | 3/3 | 庚子 | 6 | 7 |
| 28 | 7/29 | 戊辰 | 七 | 八 | 28 | 6/29 | 戊戌 | 九 | 二 | 28 | 5/31 | 己巳 | 2 | 6 | 28 | 5/2 | 庚子 | 2 | 4 | 28 | 4/2 | 庚午 | 9 | 1 | 28 | 3/4 | 辛丑 | 6 | 8 |
| 29 | 7/30 | 己巳 | 一 | 七 | 29 | 6/30 | 己亥 | 三 | 一 | 29 | 6/1 | 庚午 | 2 | 7 | 29 | 5/3 | 辛丑 | 2 | 5 | 29 | 4/3 | 辛未 | 9 | 2 | 29 | 3/5 | 壬寅 | 6 | 9 |
| | | | | | 30 | 7/1 | 庚子 | 三 | 九 | | | | | | | | | | | 30 | 4/4 | 壬申 | 9 | 3 | | | | | |

# 西元1962年（壬寅）肖虎 民國51年（女巽命）

奇門遁甲局數如標示為 一 ～九表示陰局　　如標示為1 ～9 表示陽局

| 十二月 | | | | | 十一月 | | | | | 十　月 | | | | | 九　月 | | | | | 八　月 | | | | | 七　月 | | | | |
|---|---|---|---|---|---|---|---|---|---|---|---|---|---|---|---|---|---|---|---|---|---|---|---|---|---|---|---|---|---|
| 癸丑 | | | | | 壬子 | | | | | 辛亥 | | | | | 庚戌 | | | | | 己酉 | | | | | 戊申 | | | | |
| 九紫火 | | | | | 一白水 | | | | | 二黑土 | | | | | 三碧木 | | | | | 四綠木 | | | | | 五黃土 | | | | |
| 大寒 | | 小寒 | 奇門遁甲局數 | | 冬至 | | 大雪 | 奇門遁甲局數 | | 小雪 | | 立冬 | 奇門遁甲局數 | | 霜降 | | 寒露 | 奇門遁甲局數 | | 秋分 | | 白露 | 奇門遁甲局數 | | 處暑 | | 立秋 | 奇門遁甲局數 | |
| 02時54分 | 廿六丑時 | 09時27分 十一巳時 | | | 16時15分 | 廿六申時 | 22時17分 十一亥時 | | | 03時03分 | 廿七寅時 | 05時35分 十二卯時 | | | 05時40分 | 廿六卯時 | 02時38分 十一丑時 | | | 20時35分 | 廿五戌時 | 11時16分 初十午時 | | | 23時13分 | 廿四子時 | 08時34分 初九辰時 | | |
| 農曆 | 國曆 | 干支 | 時盤 | 日盤 | 農曆 | 國曆 | 干支 | 時盤 | 日盤 | 農曆 | 國曆 | 干支 | 時盤 | 日盤 | 農曆 | 國曆 | 干支 | 時盤 | 日盤 | 農曆 | 國曆 | 干支 | 時盤 | 日盤 | 農曆 | 國曆 | 干支 | 時盤 | 日盤 |
| 1 | 12/27 | 己亥 | 7 | 3 | 1 | 11/27 | 己巳 | 八 | 四 | 1 | 10/28 | 己亥 | 八 | 七 | 1 | 9/29 | 庚午 | 一 | 九 | 1 | 8/30 | 庚子 | 四 | 三 | 1 | 7/31 | 庚午 | 一 | 六 |
| 2 | 12/28 | 庚子 | 7 | 4 | 2 | 11/28 | 庚午 | 八 | 三 | 2 | 10/29 | 庚子 | 八 | 六 | 2 | 9/30 | 辛未 | 一 | 八 | 2 | 8/31 | 辛丑 | 四 | 二 | 2 | 8/1 | 辛未 | 一 | 五 |
| 3 | 12/29 | 辛丑 | 7 | 5 | 3 | 11/29 | 辛未 | 八 | 二 | 3 | 10/30 | 辛丑 | 八 | 五 | 3 | 10/1 | 壬申 | 一 | 七 | 3 | 9/1 | 壬寅 | 四 | 一 | 3 | 8/2 | 壬申 | 一 | 四 |
| 4 | 12/30 | 壬寅 | 7 | 6 | 4 | 11/30 | 壬申 | 八 | 一 | 4 | 10/31 | 壬寅 | 八 | 四 | 4 | 10/2 | 癸酉 | 一 | 六 | 4 | 9/2 | 癸卯 | 四 | 九 | 4 | 8/3 | 癸酉 | 一 | 三 |
| 5 | 12/31 | 癸卯 | 7 | 7 | 5 | 12/1 | 癸酉 | 八 | 九 | 5 | 11/1 | 癸卯 | 八 | 三 | 5 | 10/3 | 甲戌 | 四 | 五 | 5 | 9/3 | 甲辰 | 七 | 八 | 5 | 8/4 | 甲戌 | 四 | 二 |
| 6 | 1/1 | 甲辰 | 4 | 8 | 6 | 12/2 | 甲戌 | 二 | 八 | 6 | 11/2 | 甲辰 | 二 | 二 | 6 | 10/4 | 乙亥 | 四 | 四 | 6 | 9/4 | 乙巳 | 七 | 七 | 6 | 8/5 | 乙亥 | 四 | 一 |
| 7 | 1/2 | 乙巳 | 4 | 9 | 7 | 12/3 | 乙亥 | 二 | 七 | 7 | 11/3 | 乙巳 | 二 | 一 | 7 | 10/5 | 丙子 | 四 | 三 | 7 | 9/5 | 丙午 | 七 | 六 | 7 | 8/6 | 丙子 | 四 | 九 |
| 8 | 1/3 | 丙午 | 4 | 1 | 8 | 12/4 | 丙子 | 二 | 六 | 8 | 11/4 | 丙午 | 二 | 九 | 8 | 10/6 | 丁丑 | 四 | 二 | 8 | 9/6 | 丁未 | 七 | 五 | 8 | 8/7 | 丁丑 | 四 | 八 |
| 9 | 1/4 | 丁未 | 4 | 2 | 9 | 12/5 | 丁丑 | 二 | 五 | 9 | 11/5 | 丁未 | 二 | 八 | 9 | 10/7 | 戊寅 | 四 | 一 | 9 | 9/7 | 戊申 | 七 | 四 | 9 | 8/8 | 戊寅 | 四 | 七 |
| 10 | 1/5 | 戊申 | 4 | 3 | 10 | 12/6 | 戊寅 | 二 | 四 | 10 | 11/6 | 戊申 | 二 | 七 | 10 | 10/8 | 己卯 | 六 | 九 | 10 | 9/8 | 己酉 | 九 | 三 | 10 | 8/9 | 己卯 | 二 | 六 |
| 11 | 1/6 | 己酉 | 2 | 4 | 11 | 12/7 | 己卯 | 四 | 三 | 11 | 11/7 | 己酉 | 六 | 六 | 11 | 10/9 | 庚辰 | 六 | 八 | 11 | 9/9 | 庚戌 | 九 | 二 | 11 | 8/10 | 庚辰 | 二 | 五 |
| 12 | 1/7 | 庚戌 | 2 | 5 | 12 | 12/8 | 庚辰 | 四 | 二 | 12 | 11/8 | 庚戌 | 六 | 五 | 12 | 10/10 | 辛巳 | 六 | 七 | 12 | 9/10 | 辛亥 | 九 | 一 | 12 | 8/11 | 辛巳 | 二 | 四 |
| 13 | 1/8 | 辛亥 | 2 | 6 | 13 | 12/9 | 辛巳 | 四 | 一 | 13 | 11/9 | 辛亥 | 六 | 四 | 13 | 10/11 | 壬午 | 六 | 六 | 13 | 9/11 | 壬子 | 九 | 九 | 13 | 8/12 | 壬午 | 二 | 三 |
| 14 | 1/9 | 壬子 | 2 | 7 | 14 | 12/10 | 壬午 | 四 | 九 | 14 | 11/10 | 壬子 | 六 | 三 | 14 | 10/12 | 癸未 | 六 | 五 | 14 | 9/12 | 癸丑 | 九 | 八 | 14 | 8/13 | 癸未 | 二 | 二 |
| 15 | 1/10 | 癸丑 | 2 | 8 | 15 | 12/11 | 癸未 | 四 | 八 | 15 | 11/11 | 癸丑 | 六 | 二 | 15 | 10/13 | 甲申 | 九 | 四 | 15 | 9/13 | 甲寅 | 三 | 七 | 15 | 8/14 | 甲申 | 五 | 一 |
| 16 | 1/11 | 甲寅 | 8 | 9 | 16 | 12/12 | 甲申 | 七 | 七 | 16 | 11/12 | 甲寅 | 九 | 一 | 16 | 10/14 | 乙酉 | 九 | 三 | 16 | 9/14 | 乙卯 | 三 | 六 | 16 | 8/15 | 乙酉 | 五 | 九 |
| 17 | 1/12 | 乙卯 | 8 | 1 | 17 | 12/13 | 乙酉 | 七 | 六 | 17 | 11/13 | 乙卯 | 九 | 九 | 17 | 10/15 | 丙戌 | 九 | 二 | 17 | 9/15 | 丙辰 | 三 | 五 | 17 | 8/16 | 丙戌 | 五 | 八 |
| 18 | 1/13 | 丙辰 | 8 | 2 | 18 | 12/14 | 丙戌 | 七 | 五 | 18 | 11/14 | 丙辰 | 九 | 八 | 18 | 10/16 | 丁亥 | 九 | 一 | 18 | 9/16 | 丁巳 | 三 | 四 | 18 | 8/17 | 丁亥 | 五 | 七 |
| 19 | 1/14 | 丁巳 | 8 | 3 | 19 | 12/15 | 丁亥 | 七 | 四 | 19 | 11/15 | 丁巳 | 九 | 七 | 19 | 10/17 | 戊子 | 九 | 九 | 19 | 9/17 | 戊午 | 三 | 三 | 19 | 8/18 | 戊子 | 五 | 六 |
| 20 | 1/15 | 戊午 | 8 | 4 | 20 | 12/16 | 戊子 | 七 | 三 | 20 | 11/16 | 戊午 | 九 | 六 | 20 | 10/18 | 己丑 | 三 | 八 | 20 | 9/18 | 己未 | 六 | 二 | 20 | 8/19 | 己丑 | 八 | 五 |
| 21 | 1/16 | 己未 | 5 | 5 | 21 | 12/17 | 己丑 | 一 | 二 | 21 | 11/17 | 己未 | 三 | 五 | 21 | 10/19 | 庚寅 | 三 | 七 | 21 | 9/19 | 庚申 | 六 | 一 | 21 | 8/20 | 庚寅 | 八 | 四 |
| 22 | 1/17 | 庚申 | 5 | 6 | 22 | 12/18 | 庚寅 | 一 | 一 | 22 | 11/18 | 庚申 | 三 | 四 | 22 | 10/20 | 辛卯 | 三 | 六 | 22 | 9/20 | 辛酉 | 六 | 九 | 22 | 8/21 | 辛卯 | 八 | 三 |
| 23 | 1/18 | 辛酉 | 5 | 7 | 23 | 12/19 | 辛卯 | 一 | 九 | 23 | 11/19 | 辛酉 | 三 | 三 | 23 | 10/21 | 壬辰 | 三 | 五 | 23 | 9/21 | 壬戌 | 六 | 八 | 23 | 8/22 | 壬辰 | 八 | 二 |
| 24 | 1/19 | 壬戌 | 5 | 8 | 24 | 12/20 | 壬辰 | 一 | 八 | 24 | 11/20 | 壬戌 | 三 | 二 | 24 | 10/22 | 癸巳 | 三 | 四 | 24 | 9/22 | 癸亥 | 六 | 七 | 24 | 8/23 | 癸巳 | 八 | 一 |
| 25 | 1/20 | 癸亥 | 5 | 9 | 25 | 12/21 | 癸巳 | 一 | 七 | 25 | 11/21 | 癸亥 | 三 | 一 | 25 | 10/23 | 甲午 | 五 | 三 | 25 | 9/23 | 甲子 | 七 | 六 | 25 | 8/24 | 甲午 | 一 | 九 |
| 26 | 1/21 | 甲子 | 3 | 1 | 26 | 12/22 | 甲午 | 1 | 7 | 26 | 11/22 | 甲子 | 五 | 九 | 26 | 10/24 | 乙未 | 五 | 二 | 26 | 9/24 | 乙丑 | 七 | 五 | 26 | 8/25 | 乙未 | 一 | 八 |
| 27 | 1/22 | 乙丑 | 3 | 2 | 27 | 12/23 | 乙未 | 1 | 8 | 27 | 11/23 | 乙丑 | 五 | 八 | 27 | 10/25 | 丙申 | 五 | 一 | 27 | 9/25 | 丙寅 | 七 | 四 | 27 | 8/26 | 丙申 | 一 | 七 |
| 28 | 1/23 | 丙寅 | 3 | 3 | 28 | 12/24 | 丙申 | 1 | 9 | 28 | 11/24 | 丙寅 | 五 | 七 | 28 | 10/26 | 丁酉 | 五 | 九 | 28 | 9/26 | 丁卯 | 七 | 三 | 28 | 8/27 | 丁酉 | 一 | 六 |
| 29 | 1/24 | 丁卯 | 3 | 4 | 29 | 12/25 | 丁酉 | 1 | 1 | 29 | 11/25 | 丁卯 | 五 | 六 | 29 | 10/27 | 戊戌 | 五 | 八 | 29 | 9/27 | 戊辰 | 七 | 二 | 29 | 8/28 | 戊戌 | 一 | 五 |
| | | | | | 30 | 12/26 | 戊戌 | 1 | 2 | 30 | 11/26 | 戊辰 | 五 | 五 | | | | | | 30 | 9/28 | 己巳 | 一 | 一 | 30 | 8/29 | 己亥 | 四 | 四 |

# 西元1963年（癸卯）肖兔 民國52年（男坎命）

奇門遁甲局數如標示為 一 ～九表示陰局　　如標示為1 ～9 表示陽局

## 正月 甲寅 八白土

雨水：17時09分 廿六酉時　立春：21時08分 十一亥時

| 農曆 | 國曆 | 干支 | 時盤 | 日盤 |
|---|---|---|---|---|
| 1 | 1/25 | 戊辰 | 3 | 5 |
| 2 | 1/26 | 己巳 | 9 | 6 |
| 3 | 1/27 | 庚午 | 9 | 7 |
| 4 | 1/28 | 辛未 | 9 | 8 |
| 5 | 1/29 | 壬申 | 9 | 9 |
| 6 | 1/30 | 癸酉 | 9 | 1 |
| 7 | 1/31 | 甲戌 | 6 | 2 |
| 8 | 2/1 | 乙亥 | 6 | 3 |
| 9 | 2/2 | 丙子 | 6 | 4 |
| 10 | 2/3 | 丁丑 | 6 | 5 |
| 11 | 2/4 | 戊寅 | 6 | 6 |
| 12 | 2/5 | 己卯 | 8 | 7 |
| 13 | 2/6 | 庚辰 | 8 | 8 |
| 14 | 2/7 | 辛巳 | 8 | 9 |
| 15 | 2/8 | 壬午 | 8 | 1 |
| 16 | 2/9 | 癸未 | 8 | 2 |
| 17 | 2/10 | 甲申 | 5 | 3 |
| 18 | 2/11 | 乙酉 | 5 | 4 |
| 19 | 2/12 | 丙戌 | 5 | 5 |
| 20 | 2/13 | 丁亥 | 5 | 6 |
| 21 | 2/14 | 戊子 | 5 | 7 |
| 22 | 2/15 | 己丑 | 2 | 8 |
| 23 | 2/16 | 庚寅 | 2 | 9 |
| 24 | 2/17 | 辛卯 | 2 | 1 |
| 25 | 2/18 | 壬辰 | 2 | 2 |
| 26 | 2/19 | 癸巳 | 2 | 3 |
| 27 | 2/20 | 甲午 | 9 | 4 |
| 28 | 2/21 | 乙未 | 9 | 5 |
| 29 | 2/22 | 丙申 | 9 | 6 |
| 30 | 2/23 | 丁酉 | 9 | 7 |

## 二月 乙卯 七赤金

春分：16時20分 廿六申時　驚蟄：15時17分 十一申時

| 農曆 | 國曆 | 干支 | 時盤 | 日盤 |
|---|---|---|---|---|
| 1 | 2/24 | 戊戌 | 9 | 8 |
| 2 | 2/25 | 己亥 | 6 | 9 |
| 3 | 2/26 | 庚子 | 6 | 1 |
| 4 | 2/27 | 辛丑 | 6 | 2 |
| 5 | 2/28 | 壬寅 | 6 | 3 |
| 6 | 3/1 | 癸卯 | 6 | 4 |
| 7 | 3/2 | 甲辰 | 3 | 5 |
| 8 | 3/3 | 乙巳 | 3 | 6 |
| 9 | 3/4 | 丙午 | 3 | 7 |
| 10 | 3/5 | 丁未 | 3 | 8 |
| 11 | 3/6 | 戊申 | 3 | 9 |
| 12 | 3/7 | 己酉 | 1 | 1 |
| 13 | 3/8 | 庚戌 | 1 | 2 |
| 14 | 3/9 | 辛亥 | 1 | 3 |
| 15 | 3/10 | 壬子 | 1 | 4 |
| 16 | 3/11 | 癸丑 | 1 | 5 |
| 17 | 3/12 | 甲寅 | 7 | 6 |
| 18 | 3/13 | 乙卯 | 7 | 7 |
| 19 | 3/14 | 丙辰 | 7 | 8 |
| 20 | 3/15 | 丁巳 | 7 | 9 |
| 21 | 3/16 | 戊午 | 7 | 1 |
| 22 | 3/17 | 己未 | 4 | 2 |
| 23 | 3/18 | 庚申 | 4 | 3 |
| 24 | 3/19 | 辛酉 | 4 | 4 |
| 25 | 3/20 | 壬戌 | 4 | 5 |
| 26 | 3/21 | 癸亥 | 4 | 6 |
| 27 | 3/22 | 甲子 | 3 | 7 |
| 28 | 3/23 | 乙丑 | 3 | 8 |
| 29 | 3/24 | 丙寅 | 3 | 9 |

## 三月 丙辰 六白金

穀雨：03時36分 廿八寅時　清明：20時19分 十二戌時

| 農曆 | 國曆 | 干支 | 時盤 | 日盤 |
|---|---|---|---|---|
| 1 | 3/25 | 丁卯 | 3 | 1 |
| 2 | 3/26 | 戊辰 | 3 | 2 |
| 3 | 3/27 | 己巳 | 9 | 3 |
| 4 | 3/28 | 庚午 | 9 | 4 |
| 5 | 3/29 | 辛未 | 9 | 5 |
| 6 | 3/30 | 壬申 | 9 | 6 |
| 7 | 3/31 | 癸酉 | 9 | 7 |
| 8 | 4/1 | 甲戌 | 6 | 8 |
| 9 | 4/2 | 乙亥 | 6 | 9 |
| 10 | 4/3 | 丙子 | 6 | 1 |
| 11 | 4/4 | 丁丑 | 6 | 2 |
| 12 | 4/5 | 戊寅 | 6 | 3 |
| 13 | 4/6 | 己卯 | 4 | 4 |
| 14 | 4/7 | 庚辰 | 4 | 5 |
| 15 | 4/8 | 辛巳 | 4 | 6 |
| 16 | 4/9 | 壬午 | 4 | 7 |
| 17 | 4/10 | 癸未 | 4 | 8 |
| 18 | 4/11 | 甲申 | 1 | 9 |
| 19 | 4/12 | 乙酉 | 1 | 1 |
| 20 | 4/13 | 丙戌 | 1 | 2 |
| 21 | 4/14 | 丁亥 | 1 | 3 |
| 22 | 4/15 | 戊子 | 1 | 4 |
| 23 | 4/16 | 己丑 | 7 | 5 |
| 24 | 4/17 | 庚寅 | 7 | 6 |
| 25 | 4/18 | 辛卯 | 7 | 7 |
| 26 | 4/19 | 壬辰 | 7 | 8 |
| 27 | 4/20 | 癸巳 | 7 | 9 |
| 28 | 4/21 | 甲午 | 5 | 1 |
| 29 | 4/22 | 乙未 | 5 | 2 |
| 30 | 4/23 | 丙申 | 5 | 3 |

## 四月 丁巳 五黃土

小滿：02時58分 廿九丑時　立夏：13時52分 十三未時

| 農曆 | 國曆 | 干支 | 時盤 | 日盤 |
|---|---|---|---|---|
| 1 | 4/24 | 丁酉 | 5 | 4 |
| 2 | 4/25 | 戊戌 | 5 | 5 |
| 3 | 4/26 | 己亥 | 2 | 6 |
| 4 | 4/27 | 庚子 | 2 | 7 |
| 5 | 4/28 | 辛丑 | 2 | 8 |
| 6 | 4/29 | 壬寅 | 2 | 9 |
| 7 | 4/30 | 癸卯 | 2 | 1 |
| 8 | 5/1 | 甲辰 | 8 | 2 |
| 9 | 5/2 | 乙巳 | 8 | 3 |
| 10 | 5/3 | 丙午 | 8 | 4 |
| 11 | 5/4 | 丁未 | 8 | 5 |
| 12 | 5/5 | 戊申 | 8 | 6 |
| 13 | 5/6 | 己酉 | 4 | 7 |
| 14 | 5/7 | 庚戌 | 4 | 8 |
| 15 | 5/8 | 辛亥 | 4 | 9 |
| 16 | 5/9 | 壬子 | 4 | 1 |
| 17 | 5/10 | 癸丑 | 4 | 2 |
| 18 | 5/11 | 甲寅 | 1 | 3 |
| 19 | 5/12 | 乙卯 | 1 | 4 |
| 20 | 5/13 | 丙辰 | 1 | 5 |
| 21 | 5/14 | 丁巳 | 1 | 6 |
| 22 | 5/15 | 戊午 | 1 | 7 |
| 23 | 5/16 | 己未 | 7 | 8 |
| 24 | 5/17 | 庚申 | 7 | 9 |
| 25 | 5/18 | 辛酉 | 7 | 1 |
| 26 | 5/19 | 壬戌 | 7 | 2 |
| 27 | 5/20 | 癸亥 | 7 | 3 |
| 28 | 5/21 | 甲子 | 5 | 4 |
| 29 | 5/22 | 乙丑 | 5 | 5 |

## 潤四月 戊午

芒種：18時15分 十五酉時

| 農曆 | 國曆 | 干支 | 時盤 | 日盤 |
|---|---|---|---|---|
| 1 | 5/23 | 丙寅 | 5 | 6 |
| 2 | 5/24 | 丁卯 | 5 | 7 |
| 3 | 5/25 | 戊辰 | 5 | 8 |
| 4 | 5/26 | 己巳 | 2 | 9 |
| 5 | 5/27 | 庚午 | 2 | 1 |
| 6 | 5/28 | 辛未 | 2 | 2 |
| 7 | 5/29 | 壬申 | 2 | 3 |
| 8 | 5/30 | 癸酉 | 2 | 4 |
| 9 | 5/31 | 甲戌 | 8 | 5 |
| 10 | 6/1 | 乙亥 | 8 | 6 |
| 11 | 6/2 | 丙子 | 8 | 7 |
| 12 | 6/3 | 丁丑 | 8 | 8 |
| 13 | 6/4 | 戊寅 | 8 | 9 |
| 14 | 6/5 | 己卯 | 6 | 1 |
| 15 | 6/6 | 庚辰 | 6 | 2 |
| 16 | 6/7 | 辛巳 | 6 | 3 |
| 17 | 6/8 | 壬午 | 6 | 4 |
| 18 | 6/9 | 癸未 | 6 | 5 |
| 19 | 6/10 | 甲申 | 3 | 6 |
| 20 | 6/11 | 乙酉 | 3 | 7 |
| 21 | 6/12 | 丙戌 | 3 | 8 |
| 22 | 6/13 | 丁亥 | 3 | 9 |
| 23 | 6/14 | 戊子 | 3 | 1 |
| 24 | 6/15 | 己丑 | 9 | 2 |
| 25 | 6/16 | 庚寅 | 9 | 3 |
| 26 | 6/17 | 辛卯 | 9 | 4 |
| 27 | 6/18 | 壬辰 | 9 | 5 |
| 28 | 6/19 | 癸巳 | 9 | 6 |
| 29 | 6/20 | 甲午 | 九 | 7 |

## 五月 戊午 四綠木

夏至：11時04分 初二午時　小暑：04時38分 十八寅時

| 農曆 | 國曆 | 干支 | 時盤 | 日盤 |
|---|---|---|---|---|
| 1 | 6/21 | 乙未 | 九 | 8 |
| 2 | 6/22 | 丙申 | 九 | 一 |
| 3 | 6/23 | 丁酉 | 九 | 九 |
| 4 | 6/24 | 戊戌 | 九 | 八 |
| 5 | 6/25 | 己亥 | 三 | 七 |
| 6 | 6/26 | 庚子 | 三 | 六 |
| 7 | 6/27 | 辛丑 | 三 | 五 |
| 8 | 6/28 | 壬寅 | 三 | 四 |
| 9 | 6/29 | 癸卯 | 三 | 三 |
| 10 | 6/30 | 甲辰 | 六 | 二 |
| 11 | 7/1 | 乙巳 | 六 | 一 |
| 12 | 7/2 | 丙午 | 六 | 九 |
| 13 | 7/3 | 丁未 | 六 | 八 |
| 14 | 7/4 | 戊申 | 六 | 七 |
| 15 | 7/5 | 己酉 | 八 | 六 |
| 16 | 7/6 | 庚戌 | 八 | 五 |
| 17 | 7/7 | 辛亥 | 八 | 四 |
| 18 | 7/8 | 壬子 | 八 | 三 |
| 19 | 7/9 | 癸丑 | 八 | 二 |
| 20 | 7/10 | 甲寅 | 二 | 一 |
| 21 | 7/11 | 乙卯 | 二 | 九 |
| 22 | 7/12 | 丙辰 | 二 | 八 |
| 23 | 7/13 | 丁巳 | 二 | 七 |
| 24 | 7/14 | 戊午 | 二 | 六 |
| 25 | 7/15 | 己未 | 五 | 五 |
| 26 | 7/16 | 庚申 | 五 | 四 |
| 27 | 7/17 | 辛酉 | 五 | 三 |
| 28 | 7/18 | 壬戌 | 五 | 二 |
| 29 | 7/19 | 癸亥 | 五 | 一 |
| 30 | 7/20 | 甲子 | 七 | 九 |

## 六月 己未 三碧木

大暑：21時59分 初三亥時　立秋：14時26分 十九未時

| 農曆 | 國曆 | 干支 | 時盤 | 日盤 |
|---|---|---|---|---|
| 1 | 7/21 | 乙丑 | 七 | 八 |
| 2 | 7/22 | 丙寅 | 七 | 七 |
| 3 | 7/23 | 丁卯 | 七 | 六 |
| 4 | 7/24 | 戊辰 | 七 | 五 |
| 5 | 7/25 | 己巳 | 一 | 四 |
| 6 | 7/26 | 庚午 | 一 | 三 |
| 7 | 7/27 | 辛未 | 一 | 二 |
| 8 | 7/28 | 壬申 | 一 | 一 |
| 9 | 7/29 | 癸酉 | 一 | 九 |
| 10 | 7/30 | 甲戌 | 四 | 八 |
| 11 | 7/31 | 乙亥 | 四 | 七 |
| 12 | 8/1 | 丙子 | 四 | 六 |
| 13 | 8/2 | 丁丑 | 四 | 五 |
| 14 | 8/3 | 戊寅 | 四 | 四 |
| 15 | 8/4 | 己卯 | 二 | 三 |
| 16 | 8/5 | 庚辰 | 二 | 二 |
| 17 | 8/6 | 辛巳 | 二 | 一 |
| 18 | 8/7 | 壬午 | 二 | 九 |
| 19 | 8/8 | 癸未 | 二 | 八 |
| 20 | 8/9 | 甲申 | 五 | 七 |
| 21 | 8/10 | 乙酉 | 五 | 六 |
| 22 | 8/11 | 丙戌 | 五 | 五 |
| 23 | 8/12 | 丁亥 | 五 | 四 |
| 24 | 8/13 | 戊子 | 五 | 三 |
| 25 | 8/14 | 己丑 | 八 | 二 |
| 26 | 8/15 | 庚寅 | 八 | 一 |
| 27 | 8/16 | 辛卯 | 八 | 九 |
| 28 | 8/17 | 壬辰 | 八 | 八 |
| 29 | 8/18 | 癸巳 | 八 | 七 |

# 西元1963年（癸卯）肖兔 民國52年（女艮命）

奇門遁甲局數如標示為 一 ～九表示陰局　　如標示為1 ～9 表示陽局

| 十二月 | | | | | 十一月 | | | | | 十　月 | | | | | 九　月 | | | | | 八　月 | | | | | 七　月 | | | | |
|---|---|---|---|---|---|---|---|---|---|---|---|---|---|---|---|---|---|---|---|---|---|---|---|---|---|---|---|---|---|
| 乙丑 | | | | | 甲子 | | | | | 癸亥 | | | | | 壬戌 | | | | | 辛酉 | | | | | 庚申 | | | | |
| 六白金 | | | | | 七赤金 | | | | | 八白土 | | | | | 九紫火 | | | | | 一白水 | | | | | 二黑土 | | | | |
| 立春 03時05分 廿二寅時 | | 大寒 08時41分 初七辰時 | 奇門遁甲局數 | | 小寒 15時22分 廿二申時 | | 冬至 22時02分 初七亥時 | 奇門遁甲局數 | | 大雪 04時13分 廿三寅時 | | 小雪 08時50分 初八辰時 | 奇門遁甲局數 | | 立冬 11時32分 廿三午時 | | 霜降 11時29分 初八午時 | 奇門遁甲局數 | | 寒露 08時36分 廿二辰時 | | 秋分 02時24分 初七丑時 | 奇門遁甲局數 | | 白露 17時12分 廿一酉時 | | 處暑 04時58分 初六寅時 | 奇門遁甲局數 | |
| 農曆 | 國曆 | 干支 | 時盤 | 日盤 | 農曆 | 國曆 | 干支 | 時盤 | 日盤 | 農曆 | 國曆 | 干支 | 時盤 | 日盤 | 農曆 | 國曆 | 干支 | 時盤 | 日盤 | 農曆 | 國曆 | 干支 | 時盤 | 日盤 | 農曆 | 國曆 | 干支 | 時盤 | 日盤 |
| 1 | 1/15 | 癸亥 | 5 | 9 | 1 | 12/16 | 癸巳 | 一 | 四 | 1 | 11/16 | 癸亥 | 三 | 七 | 1 | 10/17 | 癸巳 | 三 | 一 | 1 | 9/18 | 甲子 | 七 | 三 | 1 | 8/19 | 甲午 | 一 | 六 |
| 2 | 1/16 | 甲子 | 3 | 1 | 2 | 12/17 | 甲午 | 1 | 三 | 2 | 11/17 | 甲子 | 五 | 六 | 2 | 10/18 | 甲午 | 五 | 九 | 2 | 9/19 | 乙丑 | 七 | 二 | 2 | 8/20 | 乙未 | 一 | 五 |
| 3 | 1/17 | 乙丑 | 3 | 2 | 3 | 12/18 | 乙未 | 1 | 二 | 3 | 11/18 | 乙丑 | 五 | 五 | 3 | 10/19 | 乙未 | 五 | 八 | 3 | 9/20 | 丙寅 | 七 | 一 | 3 | 8/21 | 丙申 | 一 | 四 |
| 4 | 1/18 | 丙寅 | 3 | 3 | 4 | 12/19 | 丙申 | 1 | 一 | 4 | 11/19 | 丙寅 | 五 | 四 | 4 | 10/20 | 丙申 | 五 | 七 | 4 | 9/21 | 丁卯 | 七 | 九 | 4 | 8/22 | 丁酉 | 一 | 三 |
| 5 | 1/19 | 丁卯 | 3 | 4 | 5 | 12/20 | 丁酉 | 1 | 九 | 5 | 11/20 | 丁卯 | 五 | 三 | 5 | 10/21 | 丁酉 | 五 | 六 | 5 | 9/22 | 戊辰 | 七 | 八 | 5 | 8/23 | 戊戌 | 一 | 二 |
| 6 | 1/20 | 戊辰 | 3 | 5 | 6 | 12/21 | 戊戌 | 1 | 八 | 6 | 11/21 | 戊辰 | 五 | 二 | 6 | 10/22 | 戊戌 | 五 | 五 | 6 | 9/23 | 己巳 | 一 | 七 | 6 | 8/24 | 己亥 | 四 | 一 |
| 7 | 1/21 | 己巳 | 9 | 6 | 7 | 12/22 | 己亥 | 7 | 3 | 7 | 11/22 | 己巳 | 八 | 一 | 7 | 10/23 | 己亥 | 八 | 四 | 7 | 9/24 | 庚午 | 一 | 六 | 7 | 8/25 | 庚子 | 四 | 九 |
| 8 | 1/22 | 庚午 | 9 | 7 | 8 | 12/23 | 庚子 | 7 | 4 | 8 | 11/23 | 庚午 | 八 | 九 | 8 | 10/24 | 庚子 | 八 | 三 | 8 | 9/25 | 辛未 | 一 | 五 | 8 | 8/26 | 辛丑 | 四 | 八 |
| 9 | 1/23 | 辛未 | 9 | 8 | 9 | 12/24 | 辛丑 | 7 | 5 | 9 | 11/24 | 辛未 | 八 | 八 | 9 | 10/25 | 辛丑 | 八 | 二 | 9 | 9/26 | 壬申 | 一 | 四 | 9 | 8/27 | 壬寅 | 四 | 七 |
| 10 | 1/24 | 壬申 | 9 | 9 | 10 | 12/25 | 壬寅 | 7 | 6 | 10 | 11/25 | 壬申 | 八 | 七 | 10 | 10/26 | 壬寅 | 八 | 一 | 10 | 9/27 | 癸酉 | 一 | 三 | 10 | 8/28 | 癸卯 | 四 | 六 |
| 11 | 1/25 | 癸酉 | 9 | 1 | 11 | 12/26 | 癸卯 | 7 | 7 | 11 | 11/26 | 癸酉 | 八 | 六 | 11 | 10/27 | 癸卯 | 八 | 九 | 11 | 9/28 | 甲戌 | 四 | 二 | 11 | 8/29 | 甲辰 | 七 | 五 |
| 12 | 1/26 | 甲戌 | 6 | 2 | 12 | 12/27 | 甲辰 | 4 | 8 | 12 | 11/27 | 甲戌 | 二 | 五 | 12 | 10/28 | 甲辰 | 二 | 八 | 12 | 9/29 | 乙亥 | 四 | 一 | 12 | 8/30 | 乙巳 | 七 | 四 |
| 13 | 1/27 | 乙亥 | 6 | 3 | 13 | 12/28 | 乙巳 | 4 | 9 | 13 | 11/28 | 乙亥 | 二 | 四 | 13 | 10/29 | 乙巳 | 二 | 七 | 13 | 9/30 | 丙子 | 四 | 九 | 13 | 8/31 | 丙午 | 七 | 三 |
| 14 | 1/28 | 丙子 | 6 | 4 | 14 | 12/29 | 丙午 | 4 | 1 | 14 | 11/29 | 丙子 | 二 | 三 | 14 | 10/30 | 丙午 | 二 | 六 | 14 | 10/1 | 丁丑 | 四 | 八 | 14 | 9/1 | 丁未 | 七 | 二 |
| 15 | 1/29 | 丁丑 | 6 | 5 | 15 | 12/30 | 丁未 | 4 | 2 | 15 | 11/30 | 丁丑 | 二 | 二 | 15 | 10/31 | 丁未 | 二 | 五 | 15 | 10/2 | 戊寅 | 四 | 七 | 15 | 9/2 | 戊申 | 七 | 一 |
| 16 | 1/30 | 戊寅 | 6 | 6 | 16 | 12/31 | 戊申 | 4 | 3 | 16 | 12/1 | 戊寅 | 二 | 一 | 16 | 11/1 | 戊申 | 二 | 四 | 16 | 10/3 | 己卯 | 六 | 六 | 16 | 9/3 | 己酉 | 九 | 九 |
| 17 | 1/31 | 己卯 | 8 | 7 | 17 | 1/1 | 己酉 | 2 | 4 | 17 | 12/2 | 己卯 | 四 | 九 | 17 | 11/2 | 己酉 | 六 | 三 | 17 | 10/4 | 庚辰 | 六 | 五 | 17 | 9/4 | 庚戌 | 九 | 八 |
| 18 | 2/1 | 庚辰 | 8 | 8 | 18 | 1/2 | 庚戌 | 2 | 5 | 18 | 12/3 | 庚辰 | 四 | 八 | 18 | 11/3 | 庚戌 | 六 | 二 | 18 | 10/5 | 辛巳 | 六 | 四 | 18 | 9/5 | 辛亥 | 九 | 七 |
| 19 | 2/2 | 辛巳 | 8 | 9 | 19 | 1/3 | 辛亥 | 2 | 6 | 19 | 12/4 | 辛巳 | 四 | 七 | 19 | 11/4 | 辛亥 | 六 | 一 | 19 | 10/6 | 壬午 | 六 | 三 | 19 | 9/6 | 壬子 | 九 | 六 |
| 20 | 2/3 | 壬午 | 8 | 1 | 20 | 1/4 | 壬子 | 2 | 7 | 20 | 12/5 | 壬午 | 四 | 六 | 20 | 11/5 | 壬子 | 六 | 九 | 20 | 10/7 | 癸未 | 六 | 二 | 20 | 9/7 | 癸丑 | 九 | 五 |
| 21 | 2/4 | 癸未 | 8 | 2 | 21 | 1/5 | 癸丑 | 2 | 8 | 21 | 12/6 | 癸未 | 四 | 五 | 21 | 11/6 | 癸丑 | 六 | 八 | 21 | 10/8 | 甲申 | 九 | 一 | 21 | 9/8 | 甲寅 | 三 | 四 |
| 22 | 2/5 | 甲申 | 5 | 3 | 22 | 1/6 | 甲寅 | 8 | 9 | 22 | 12/7 | 甲申 | 七 | 四 | 22 | 11/7 | 甲寅 | 九 | 七 | 22 | 10/9 | 乙酉 | 九 | 九 | 22 | 9/9 | 乙卯 | 三 | 三 |
| 23 | 2/6 | 乙酉 | 5 | 4 | 23 | 1/7 | 乙卯 | 8 | 1 | 23 | 12/8 | 乙酉 | 七 | 三 | 23 | 11/8 | 乙卯 | 九 | 六 | 23 | 10/10 | 丙戌 | 九 | 八 | 23 | 9/10 | 丙辰 | 三 | 二 |
| 24 | 2/7 | 丙戌 | 5 | 5 | 24 | 1/8 | 丙辰 | 8 | 2 | 24 | 12/9 | 丙戌 | 七 | 二 | 24 | 11/9 | 丙辰 | 九 | 五 | 24 | 10/11 | 丁亥 | 九 | 七 | 24 | 9/11 | 丁巳 | 三 | 一 |
| 25 | 2/8 | 丁亥 | 5 | 6 | 25 | 1/9 | 丁巳 | 8 | 3 | 25 | 12/10 | 丁亥 | 七 | 一 | 25 | 11/10 | 丁巳 | 九 | 四 | 25 | 10/12 | 戊子 | 九 | 六 | 25 | 9/12 | 戊午 | 三 | 九 |
| 26 | 2/9 | 戊子 | 5 | 7 | 26 | 1/10 | 戊午 | 8 | 4 | 26 | 12/11 | 戊子 | 七 | 九 | 26 | 11/11 | 戊午 | 九 | 三 | 26 | 10/13 | 己丑 | 三 | 五 | 26 | 9/13 | 己未 | 六 | 八 |
| 27 | 2/10 | 己丑 | 2 | 8 | 27 | 1/11 | 己未 | 5 | 5 | 27 | 12/12 | 己丑 | 一 | 八 | 27 | 11/12 | 己未 | 三 | 二 | 27 | 10/14 | 庚寅 | 三 | 四 | 27 | 9/14 | 庚申 | 六 | 七 |
| 28 | 2/11 | 庚寅 | 2 | 9 | 28 | 1/12 | 庚申 | 5 | 6 | 28 | 12/13 | 庚寅 | 一 | 七 | 28 | 11/13 | 庚申 | 三 | 一 | 28 | 10/15 | 辛卯 | 三 | 三 | 28 | 9/15 | 辛酉 | 六 | 六 |
| 29 | 2/12 | 辛卯 | 2 | 1 | 29 | 1/13 | 辛酉 | 5 | 7 | 29 | 12/14 | 辛卯 | 一 | 六 | 29 | 11/14 | 辛酉 | 三 | 九 | 29 | 10/16 | 壬辰 | 三 | 二 | 29 | 9/16 | 壬戌 | 六 | 五 |
| | | | | | 30 | 1/14 | 壬戌 | 5 | 8 | 30 | 12/15 | 壬辰 | 一 | 五 | 30 | 11/15 | 壬戌 | 三 | 八 | | | | | | 30 | 9/17 | 癸亥 | 六 | 四 |

# 西元1964年（甲辰）肖龍 民國53年（男離命）

奇門遁甲局數如標示為 一 ～九表示陰局　　如標示為1 ～9 表示陽局

| 六月 | | | | | 五月 | | | | | 四月 | | | | | 三月 | | | | | 二月 | | | | | 正月 | | | | |
|---|---|---|---|---|---|---|---|---|---|---|---|---|---|---|---|---|---|---|---|---|---|---|---|---|---|---|---|---|---|
| 辛未 | | | | | 庚午 | | | | | 己巳 | | | | | 戊辰 | | | | | 丁卯 | | | | | 丙寅 | | | | |
| 九紫火 | | | | | 一白水 | | | | | 二黑土 | | | | | 三碧木 | | | | | 四綠木 | | | | | 五黃土 | | | | |
| 立秋 20時16分 三十戌時 | | 大暑 03時53分 廿五寅時 | 奇門遁甲局數 | | 小暑 10時32分 廿八巳時 | | 夏至 16時57分 十二申時 | 奇門遁甲局數 | | 芒種 00時12分 廿六子時 | | 小滿 08時50分 初十辰時 | 奇門遁甲局數 | | 立夏 19時51分 廿四戌時 | | 穀雨 09時27分 初九巳時 | 奇門遁甲局數 | | 清明 02時18分 廿三丑時 | | 春分 22時10分 初七亥時 | 奇門遁甲局數 | | 驚蟄 21時16分 廿二亥時 | | 雨水 22時57分 初七亥時 | 奇門遁甲局數 | |
| 農曆 | 國曆 | 干支 | 時盤 | 日盤 | 農曆 | 國曆 | 干支 | 時盤 | 日盤 | 農曆 | 國曆 | 干支 | 時盤 | 日盤 | 農曆 | 國曆 | 干支 | 時盤 | 日盤 | 農曆 | 國曆 | 干支 | 時盤 | 日盤 | 農曆 | 國曆 | 干支 | 時盤 | 日盤 |
| 1 | 7/9 | 己未 | 五 | 五 | 1 | 6/10 | 庚寅 | 9 | 3 | 1 | 5/12 | 辛酉 | 7 | 1 | 1 | 4/12 | 辛卯 | 7 | 7 | 1 | 3/14 | 壬戌 | 4 | 5 | 1 | 2/13 | 壬辰 | 2 | 2 |
| 2 | 7/10 | 庚申 | 五 | 四 | 2 | 6/11 | 辛卯 | 9 | 4 | 2 | 5/13 | 壬戌 | 7 | 2 | 2 | 4/13 | 壬辰 | 7 | 8 | 2 | 3/15 | 癸亥 | 4 | 6 | 2 | 2/14 | 癸巳 | 2 | 3 |
| 3 | 7/11 | 辛酉 | 五 | 三 | 3 | 6/12 | 壬辰 | 9 | 5 | 3 | 5/14 | 癸亥 | 7 | 3 | 3 | 4/14 | 癸巳 | 7 | 9 | 3 | 3/16 | 甲子 | 3 | 7 | 3 | 2/15 | 甲午 | 9 | 4 |
| 4 | 7/12 | 壬戌 | 五 | 二 | 4 | 6/13 | 癸巳 | 9 | 6 | 4 | 5/15 | 甲子 | 5 | 4 | 4 | 4/15 | 甲午 | 5 | 1 | 4 | 3/17 | 乙丑 | 3 | 8 | 4 | 2/16 | 乙未 | 9 | 5 |
| 5 | 7/13 | 癸亥 | 五 | 一 | 5 | 6/14 | 甲午 | 九 | 7 | 5 | 5/16 | 乙丑 | 5 | 5 | 5 | 4/16 | 乙未 | 5 | 2 | 5 | 3/18 | 丙寅 | 3 | 9 | 5 | 2/17 | 丙申 | 9 | 6 |
| 6 | 7/14 | 甲子 | 七 | 九 | 6 | 6/15 | 乙未 | 九 | 8 | 6 | 5/17 | 丙寅 | 5 | 6 | 6 | 4/17 | 丙申 | 5 | 3 | 6 | 3/19 | 丁卯 | 3 | 1 | 6 | 2/18 | 丁酉 | 9 | 7 |
| 7 | 7/15 | 乙丑 | 七 | 八 | 7 | 6/16 | 丙申 | 九 | 9 | 7 | 5/18 | 丁卯 | 5 | 7 | 7 | 4/18 | 丁酉 | 5 | 4 | 7 | 3/20 | 戊辰 | 3 | 2 | 7 | 2/19 | 戊戌 | 9 | 8 |
| 8 | 7/16 | 丙寅 | 七 | 七 | 8 | 6/17 | 丁酉 | 九 | 1 | 8 | 5/19 | 戊辰 | 5 | 8 | 8 | 4/19 | 戊戌 | 5 | 5 | 8 | 3/21 | 己巳 | 9 | 3 | 8 | 2/20 | 己亥 | 6 | 9 |
| 9 | 7/17 | 丁卯 | 七 | 六 | 9 | 6/18 | 戊戌 | 九 | 2 | 9 | 5/20 | 己巳 | 2 | 9 | 9 | 4/20 | 己亥 | 2 | 6 | 9 | 3/22 | 庚午 | 9 | 4 | 9 | 2/21 | 庚子 | 6 | 1 |
| 10 | 7/18 | 戊辰 | 七 | 五 | 10 | 6/19 | 己亥 | 三 | 3 | 10 | 5/21 | 庚午 | 2 | 1 | 10 | 4/21 | 庚子 | 2 | 7 | 10 | 3/23 | 辛未 | 9 | 5 | 10 | 2/22 | 辛丑 | 6 | 2 |
| 11 | 7/19 | 己巳 | 一 | 四 | 11 | 6/20 | 庚子 | 三 | 4 | 11 | 5/22 | 辛未 | 2 | 2 | 11 | 4/22 | 辛丑 | 2 | 8 | 11 | 3/24 | 壬申 | 9 | 6 | 11 | 2/23 | 壬寅 | 6 | 3 |
| 12 | 7/20 | 庚午 | 一 | 三 | 12 | 6/21 | 辛丑 | 三 | 五 | 12 | 5/23 | 壬申 | 2 | 3 | 12 | 4/23 | 壬寅 | 2 | 9 | 12 | 3/25 | 癸酉 | 9 | 7 | 12 | 2/24 | 癸卯 | 6 | 4 |
| 13 | 7/21 | 辛未 | 一 | 二 | 13 | 6/22 | 壬寅 | 三 | 四 | 13 | 5/24 | 癸酉 | 2 | 4 | 13 | 4/24 | 癸卯 | 2 | 1 | 13 | 3/26 | 甲戌 | 6 | 8 | 13 | 2/25 | 甲辰 | 3 | 5 |
| 14 | 7/22 | 壬申 | 一 | 一 | 14 | 6/23 | 癸卯 | 三 | 三 | 14 | 5/25 | 甲戌 | 8 | 5 | 14 | 4/25 | 甲辰 | 8 | 2 | 14 | 3/27 | 乙亥 | 6 | 9 | 14 | 2/26 | 乙巳 | 3 | 6 |
| 15 | 7/23 | 癸酉 | 一 | 九 | 15 | 6/24 | 甲辰 | 六 | 二 | 15 | 5/26 | 乙亥 | 8 | 6 | 15 | 4/26 | 乙巳 | 8 | 3 | 15 | 3/28 | 丙子 | 6 | 1 | 15 | 2/27 | 丙午 | 3 | 7 |
| 16 | 7/24 | 甲戌 | 四 | 八 | 16 | 6/25 | 乙巳 | 六 | 一 | 16 | 5/27 | 丙子 | 8 | 7 | 16 | 4/27 | 丙午 | 8 | 4 | 16 | 3/29 | 丁丑 | 6 | 2 | 16 | 2/28 | 丁未 | 3 | 8 |
| 17 | 7/25 | 乙亥 | 四 | 七 | 17 | 6/26 | 丙午 | 六 | 九 | 17 | 5/28 | 丁丑 | 8 | 8 | 17 | 4/28 | 丁未 | 8 | 5 | 17 | 3/30 | 戊寅 | 6 | 3 | 17 | 2/29 | 戊申 | 3 | 9 |
| 18 | 7/26 | 丙子 | 四 | 六 | 18 | 6/27 | 丁未 | 六 | 八 | 18 | 5/29 | 戊寅 | 8 | 9 | 18 | 4/29 | 戊申 | 8 | 6 | 18 | 3/31 | 己卯 | 4 | 4 | 18 | 3/1 | 己酉 | 1 | 1 |
| 19 | 7/27 | 丁丑 | 四 | 五 | 19 | 6/28 | 戊申 | 六 | 七 | 19 | 5/30 | 己卯 | 6 | 1 | 19 | 4/30 | 己酉 | 4 | 7 | 19 | 4/1 | 庚辰 | 4 | 5 | 19 | 3/2 | 庚戌 | 1 | 2 |
| 20 | 7/28 | 戊寅 | 四 | 四 | 20 | 6/29 | 己酉 | 八 | 六 | 20 | 5/31 | 庚辰 | 6 | 2 | 20 | 5/1 | 庚戌 | 4 | 8 | 20 | 4/2 | 辛巳 | 4 | 6 | 20 | 3/3 | 辛亥 | 1 | 3 |
| 21 | 7/29 | 己卯 | 八 | 三 | 21 | 6/30 | 庚戌 | 八 | 五 | 21 | 6/1 | 辛巳 | 6 | 3 | 21 | 5/2 | 辛亥 | 4 | 9 | 21 | 4/3 | 壬午 | 4 | 7 | 21 | 3/4 | 壬子 | 1 | 4 |
| 22 | 7/30 | 庚辰 | 八 | 二 | 22 | 7/1 | 辛亥 | 八 | 四 | 22 | 6/2 | 壬午 | 6 | 4 | 22 | 5/3 | 壬子 | 4 | 1 | 22 | 4/4 | 癸未 | 4 | 8 | 22 | 3/5 | 癸丑 | 1 | 5 |
| 23 | 7/31 | 辛巳 | 八 | 一 | 23 | 7/2 | 壬子 | 八 | 三 | 23 | 6/3 | 癸未 | 6 | 5 | 23 | 5/4 | 癸丑 | 4 | 2 | 23 | 4/5 | 甲申 | 1 | 9 | 23 | 3/6 | 甲寅 | 7 | 6 |
| 24 | 8/1 | 壬午 | 八 | 九 | 24 | 7/3 | 癸丑 | 八 | 二 | 24 | 6/4 | 甲申 | 3 | 6 | 24 | 5/5 | 甲寅 | 1 | 3 | 24 | 4/6 | 乙酉 | 1 | 1 | 24 | 3/7 | 乙卯 | 7 | 7 |
| 25 | 8/2 | 癸未 | 八 | 八 | 25 | 7/4 | 甲寅 | 二 | 一 | 25 | 6/5 | 乙酉 | 3 | 7 | 25 | 5/6 | 乙卯 | 1 | 4 | 25 | 4/7 | 丙戌 | 1 | 2 | 25 | 3/8 | 丙辰 | 7 | 8 |
| 26 | 8/3 | 甲申 | 二 | 七 | 26 | 7/5 | 乙卯 | 二 | 九 | 26 | 6/6 | 丙戌 | 3 | 8 | 26 | 5/7 | 丙辰 | 1 | 5 | 26 | 4/8 | 丁亥 | 1 | 3 | 26 | 3/9 | 丁巳 | 7 | 9 |
| 27 | 8/4 | 乙酉 | 二 | 六 | 27 | 7/6 | 丙辰 | 二 | 八 | 27 | 6/7 | 丁亥 | 3 | 9 | 27 | 5/8 | 丁巳 | 1 | 6 | 27 | 4/9 | 戊子 | 1 | 4 | 27 | 3/10 | 戊午 | 7 | 1 |
| 28 | 8/5 | 丙戌 | 二 | 五 | 28 | 7/7 | 丁巳 | 二 | 七 | 28 | 6/8 | 戊子 | 3 | 1 | 28 | 5/9 | 戊午 | 1 | 7 | 28 | 4/10 | 己丑 | 7 | 5 | 28 | 3/11 | 己未 | 4 | 2 |
| 29 | 8/6 | 丁亥 | 二 | 四 | 29 | 7/8 | 戊午 | 二 | 六 | 29 | 6/9 | 己丑 | 9 | 2 | 29 | 5/10 | 己未 | 7 | 8 | 29 | 4/11 | 庚寅 | 7 | 6 | 29 | 3/12 | 庚申 | 4 | 3 |
| 30 | 8/7 | 戊子 | 二 | 三 | | | | | | | | | | | 30 | 5/11 | 庚申 | 7 | 9 | | | | | | 30 | 3/13 | 辛酉 | 4 | 4 |

# 西元1964年（甲辰）肖龍 民國53年（女乾命）

奇門遁甲局數如標示為 一 ～九表示陰局　　如標示為1 ～9 表示陽局

| 十二月 | | | | |
|---|---|---|---|---|
| 丁丑 | | | | |
| 三碧木 | | | | |
| 大寒 14時29分 十八未時 | 小寒 21時02分 初三亥時 | 奇門遁甲局數 | | |
| 農曆 | 國曆 | 干支 | 時盤 | 日盤 |
| 1 | 1/3 | 丁巳 | 7 | 3 |
| 2 | 1/4 | 戊午 | 7 | 4 |
| 3 | 1/5 | 己未 | 4 | 5 |
| 4 | 1/6 | 庚申 | 4 | 6 |
| 5 | 1/7 | 辛酉 | 4 | 7 |
| 6 | 1/8 | 壬戌 | 4 | 8 |
| 7 | 1/9 | 癸亥 | 4 | 9 |
| 8 | 1/10 | 甲子 | 2 | 1 |
| 9 | 1/11 | 乙丑 | 2 | 2 |
| 10 | 1/12 | 丙寅 | 2 | 3 |
| 11 | 1/13 | 丁卯 | 2 | 4 |
| 12 | 1/14 | 戊辰 | 2 | 5 |
| 13 | 1/15 | 己巳 | 8 | 6 |
| 14 | 1/16 | 庚午 | 8 | 7 |
| 15 | 1/17 | 辛未 | 8 | 8 |
| 16 | 1/18 | 壬申 | 8 | 9 |
| 17 | 1/19 | 癸酉 | 8 | 1 |
| 18 | 1/20 | 甲戌 | 5 | 2 |
| 19 | 1/21 | 乙亥 | 5 | 3 |
| 20 | 1/22 | 丙子 | 5 | 4 |
| 21 | 1/23 | 丁丑 | 5 | 5 |
| 22 | 1/24 | 戊寅 | 5 | 6 |
| 23 | 1/25 | 己卯 | 3 | 7 |
| 24 | 1/26 | 庚辰 | 3 | 8 |
| 25 | 1/27 | 辛巳 | 3 | 9 |
| 26 | 1/28 | 壬午 | 3 | 1 |
| 27 | 1/29 | 癸未 | 3 | 2 |
| 28 | 1/30 | 甲申 | 9 | 3 |
| 29 | 1/31 | 乙酉 | 9 | 4 |
| 30 | 2/1 | 丙戌 | 9 | 5 |

| 十一月 | | | | |
|---|---|---|---|---|
| 丙子 | | | | |
| 四綠木 | | | | |
| 冬至 03時50分 十九寅時 | 大雪 09時53分 初四巳時 | 奇門遁甲局數 | | |
| 農曆 | 國曆 | 干支 | 時盤 | 日盤 |
| 1 | 12/4 | 丁亥 | 八 | 一 |
| 2 | 12/5 | 戊子 | 八 | 九 |
| 3 | 12/6 | 己丑 | 二 | 八 |
| 4 | 12/7 | 庚寅 | 二 | 七 |
| 5 | 12/8 | 辛卯 | 二 | 六 |
| 6 | 12/9 | 壬辰 | 二 | 五 |
| 7 | 12/10 | 癸巳 | 二 | 四 |
| 8 | 12/11 | 甲午 | 四 | 三 |
| 9 | 12/12 | 乙未 | 四 | 二 |
| 10 | 12/13 | 丙申 | 四 | 一 |
| 11 | 12/14 | 丁酉 | 四 | 九 |
| 12 | 12/15 | 戊戌 | 四 | 八 |
| 13 | 12/16 | 己亥 | 七 | 七 |
| 14 | 12/17 | 庚子 | 七 | 六 |
| 15 | 12/18 | 辛丑 | 七 | 五 |
| 16 | 12/19 | 壬寅 | 七 | 四 |
| 17 | 12/20 | 癸卯 | 七 | 三 |
| 18 | 12/21 | 甲辰 | 一 | 二 |
| 19 | 12/22 | 乙巳 | 一 | 9 |
| 20 | 12/23 | 丙午 | 一 | 1 |
| 21 | 12/24 | 丁未 | 一 | 2 |
| 22 | 12/25 | 戊申 | 一 | 3 |
| 23 | 12/26 | 己酉 | 1 | 4 |
| 24 | 12/27 | 庚戌 | 1 | 5 |
| 25 | 12/28 | 辛亥 | 1 | 6 |
| 26 | 12/29 | 壬子 | 1 | 7 |
| 27 | 12/30 | 癸丑 | 1 | 8 |
| 28 | 12/31 | 甲寅 | 7 | 9 |
| 29 | 1/1 | 乙卯 | 7 | 1 |
| 30 | 1/2 | 丙辰 | 7 | 2 |

| 十月 | | | | |
|---|---|---|---|---|
| 乙亥 | | | | |
| 五黃土 | | | | |
| 小雪 14時39分 十九未時 | 立冬 17時15分 初四酉時 | 奇門遁甲局數 | | |
| 農曆 | 國曆 | 干支 | 時盤 | 日盤 |
| 1 | 11/4 | 丁巳 | 八 | 四 |
| 2 | 11/5 | 戊午 | 八 | 三 |
| 3 | 11/6 | 己未 | 二 | 二 |
| 4 | 11/7 | 庚申 | 二 | 一 |
| 5 | 11/8 | 辛酉 | 二 | 九 |
| 6 | 11/9 | 壬戌 | 二 | 八 |
| 7 | 11/10 | 癸亥 | 二 | 七 |
| 8 | 11/11 | 甲子 | 六 | 六 |
| 9 | 11/12 | 乙丑 | 六 | 五 |
| 10 | 11/13 | 丙寅 | 六 | 四 |
| 11 | 11/14 | 丁卯 | 六 | 三 |
| 12 | 11/15 | 戊辰 | 六 | 二 |
| 13 | 11/16 | 己巳 | 九 | 一 |
| 14 | 11/17 | 庚午 | 九 | 九 |
| 15 | 11/18 | 辛未 | 九 | 八 |
| 16 | 11/19 | 壬申 | 九 | 七 |
| 17 | 11/20 | 癸酉 | 九 | 六 |
| 18 | 11/21 | 甲戌 | 三 | 五 |
| 19 | 11/22 | 乙亥 | 三 | 四 |
| 20 | 11/23 | 丙子 | 三 | 三 |
| 21 | 11/24 | 丁丑 | 三 | 二 |
| 22 | 11/25 | 戊寅 | 三 | 一 |
| 23 | 11/26 | 己卯 | 五 | 九 |
| 24 | 11/27 | 庚辰 | 五 | 八 |
| 25 | 11/28 | 辛巳 | 五 | 七 |
| 26 | 11/29 | 壬午 | 五 | 六 |
| 27 | 11/30 | 癸未 | 五 | 五 |
| 28 | 12/1 | 甲申 | 八 | 四 |
| 29 | 12/2 | 乙酉 | 八 | 三 |
| 30 | 12/3 | 丙戌 | 八 | 二 |

| 九月 | | | | |
|---|---|---|---|---|
| 甲戌 | | | | |
| 六白金 | | | | |
| 霜降 17時21分 十八酉時 | 寒露 14時22分 初三未時 | 奇門遁甲局數 | | |
| 農曆 | 國曆 | 干支 | 時盤 | 日盤 |
| 1 | 10/6 | 戊子 | 一 | 六 |
| 2 | 10/7 | 己丑 | 四 | 五 |
| 3 | 10/8 | 庚寅 | 四 | 四 |
| 4 | 10/9 | 辛卯 | 四 | 三 |
| 5 | 10/10 | 壬辰 | 四 | 二 |
| 6 | 10/11 | 癸巳 | 四 | 一 |
| 7 | 10/12 | 甲午 | 六 | 九 |
| 8 | 10/13 | 乙未 | 六 | 八 |
| 9 | 10/14 | 丙申 | 六 | 七 |
| 10 | 10/15 | 丁酉 | 六 | 六 |
| 11 | 10/16 | 戊戌 | 六 | 五 |
| 12 | 10/17 | 己亥 | 九 | 四 |
| 13 | 10/18 | 庚子 | 九 | 三 |
| 14 | 10/19 | 辛丑 | 九 | 二 |
| 15 | 10/20 | 壬寅 | 九 | 一 |
| 16 | 10/21 | 癸卯 | 九 | 九 |
| 17 | 10/22 | 甲辰 | 三 | 八 |
| 18 | 10/23 | 乙巳 | 三 | 七 |
| 19 | 10/24 | 丙午 | 三 | 六 |
| 20 | 10/25 | 丁未 | 三 | 五 |
| 21 | 10/26 | 戊申 | 三 | 四 |
| 22 | 10/27 | 己酉 | 五 | 三 |
| 23 | 10/28 | 庚戌 | 五 | 二 |
| 24 | 10/29 | 辛亥 | 五 | 一 |
| 25 | 10/30 | 壬子 | 五 | 九 |
| 26 | 10/31 | 癸丑 | 五 | 八 |
| 27 | 11/1 | 甲寅 | 八 | 七 |
| 28 | 11/2 | 乙卯 | 八 | 六 |
| 29 | 11/3 | 丙辰 | 八 | 五 |
| | | | | |

| 八月 | | | | |
|---|---|---|---|---|
| 癸酉 | | | | |
| 七赤金 | | | | |
| 秋分 08時17分 十八辰時 | 白露 23時00分 初二子時 | 奇門遁甲局數 | | |
| 農曆 | 國曆 | 干支 | 時盤 | 日盤 |
| 1 | 9/6 | 戊午 | 四 | 九 |
| 2 | 9/7 | 己未 | 七 | 八 |
| 3 | 9/8 | 庚申 | 七 | 七 |
| 4 | 9/9 | 辛酉 | 七 | 六 |
| 5 | 9/10 | 壬戌 | 七 | 五 |
| 6 | 9/11 | 癸亥 | 七 | 四 |
| 7 | 9/12 | 甲子 | 九 | 三 |
| 8 | 9/13 | 乙丑 | 九 | 二 |
| 9 | 9/14 | 丙寅 | 九 | 一 |
| 10 | 9/15 | 丁卯 | 九 | 九 |
| 11 | 9/16 | 戊辰 | 九 | 八 |
| 12 | 9/17 | 己巳 | 三 | 七 |
| 13 | 9/18 | 庚午 | 三 | 六 |
| 14 | 9/19 | 辛未 | 三 | 五 |
| 15 | 9/20 | 壬申 | 三 | 四 |
| 16 | 9/21 | 癸酉 | 三 | 三 |
| 17 | 9/22 | 甲戌 | 六 | 二 |
| 18 | 9/23 | 乙亥 | 六 | 一 |
| 19 | 9/24 | 丙子 | 六 | 九 |
| 20 | 9/25 | 丁丑 | 六 | 八 |
| 21 | 9/26 | 戊寅 | 六 | 七 |
| 22 | 9/27 | 己卯 | 七 | 六 |
| 23 | 9/28 | 庚辰 | 七 | 五 |
| 24 | 9/29 | 辛巳 | 七 | 四 |
| 25 | 9/30 | 壬午 | 七 | 三 |
| 26 | 10/1 | 癸未 | 七 | 二 |
| 27 | 10/2 | 甲申 | 一 | 一 |
| 28 | 10/3 | 乙酉 | 一 | 九 |
| 29 | 10/4 | 丙戌 | 一 | 八 |
| 30 | 10/5 | 丁亥 | 一 | 七 |

| 七月 | | | | |
|---|---|---|---|---|
| 壬申 | | | | |
| 八白土 | | | | |
| 處暑 10時51分 十六巳時 | | 奇門遁甲局數 | | |
| 農曆 | 國曆 | 干支 | 時盤 | 日盤 |
| 1 | 8/8 | 己丑 | 五 | 二 |
| 2 | 8/9 | 庚寅 | 五 | 一 |
| 3 | 8/10 | 辛卯 | 五 | 九 |
| 4 | 8/11 | 壬辰 | 五 | 八 |
| 5 | 8/12 | 癸巳 | 五 | 七 |
| 6 | 8/13 | 甲午 | 二 | 六 |
| 7 | 8/14 | 乙未 | 二 | 五 |
| 8 | 8/15 | 丙申 | 二 | 四 |
| 9 | 8/16 | 丁酉 | 二 | 三 |
| 10 | 8/17 | 戊戌 | 二 | 二 |
| 11 | 8/18 | 己亥 | 五 | 一 |
| 12 | 8/19 | 庚子 | 五 | 九 |
| 13 | 8/20 | 辛丑 | 五 | 八 |
| 14 | 8/21 | 壬寅 | 五 | 七 |
| 15 | 8/22 | 癸卯 | 五 | 六 |
| 16 | 8/23 | 甲辰 | 八 | 五 |
| 17 | 8/24 | 乙巳 | 八 | 四 |
| 18 | 8/25 | 丙午 | 八 | 三 |
| 19 | 8/26 | 丁未 | 八 | 二 |
| 20 | 8/27 | 戊申 | 八 | 一 |
| 21 | 8/28 | 己酉 | 一 | 九 |
| 22 | 8/29 | 庚戌 | 一 | 八 |
| 23 | 8/30 | 辛亥 | 一 | 七 |
| 24 | 8/31 | 壬子 | 一 | 六 |
| 25 | 9/1 | 癸丑 | 一 | 五 |
| 26 | 9/2 | 甲寅 | 四 | 四 |
| 27 | 9/3 | 乙卯 | 四 | 三 |
| 28 | 9/4 | 丙辰 | 四 | 二 |
| 29 | 9/5 | 丁巳 | 四 | 一 |
| | | | | |

# 西元1965年（乙巳）肖蛇 民國54年（男艮命）

奇門遁甲局數如標示為 一 ～九表示陰局　　如標示為1 ～9 表示陽局

### 六月 癸未 六白金
大暑 09時48分 廿五巳時；小暑 16時22分 初九申時；奇門遁甲局數

| 農曆 | 國曆 | 干支 | 時盤 | 日盤 |
|---|---|---|---|---|
| 1 | 6/29 | 甲寅 | 三 | 一 |
| 2 | 6/30 | 乙卯 | 三 | 九 |
| 3 | 7/1 | 丙辰 | 三 | 八 |
| 4 | 7/2 | 丁巳 | 三 | 七 |
| 5 | 7/3 | 戊午 | 三 | 六 |
| 6 | 7/4 | 己未 | 六 | 五 |
| 7 | 7/5 | 庚申 | 六 | 四 |
| 8 | 7/6 | 辛酉 | 六 | 三 |
| 9 | 7/7 | 壬戌 | 六 | 二 |
| 10 | 7/8 | 癸亥 | 六 | 一 |
| 11 | 7/9 | 甲子 | 八 | 九 |
| 12 | 7/10 | 乙丑 | 八 | 八 |
| 13 | 7/11 | 丙寅 | 八 | 七 |
| 14 | 7/12 | 丁卯 | 八 | 六 |
| 15 | 7/13 | 戊辰 | 八 | 五 |
| 16 | 7/14 | 己巳 | 二 | 四 |
| 17 | 7/15 | 庚午 | 二 | 三 |
| 18 | 7/16 | 辛未 | 二 | 二 |
| 19 | 7/17 | 壬申 | 二 | 一 |
| 20 | 7/18 | 癸酉 | 二 | 九 |
| 21 | 7/19 | 甲戌 | 五 | 八 |
| 22 | 7/20 | 乙亥 | 五 | 七 |
| 23 | 7/21 | 丙子 | 五 | 六 |
| 24 | 7/22 | 丁丑 | 五 | 五 |
| 25 | 7/23 | 戊寅 | 五 | 四 |
| 26 | 7/24 | 己卯 | 七 | 三 |
| 27 | 7/25 | 庚辰 | 七 | 二 |
| 28 | 7/26 | 辛巳 | 七 | 一 |
| 29 | 7/27 | 壬午 | 七 | 九 |

### 五月 壬午 七赤金
夏至 22時56分 廿二亥時；芒種 06時02分 初七卯時；奇門遁甲局數

| 農曆 | 國曆 | 干支 | 時盤 | 日盤 |
|---|---|---|---|---|
| 1 | 5/31 | 乙酉 | 2 | 7 |
| 2 | 6/1 | 丙戌 | 2 | 8 |
| 3 | 6/2 | 丁亥 | 2 | 9 |
| 4 | 6/3 | 戊子 | 2 | 1 |
| 5 | 6/4 | 己丑 | 8 | 2 |
| 6 | 6/5 | 庚寅 | 8 | 3 |
| 7 | 6/6 | 辛卯 | 8 | 4 |
| 8 | 6/7 | 壬辰 | 8 | 5 |
| 9 | 6/8 | 癸巳 | 8 | 6 |
| 10 | 6/9 | 甲午 | 6 | 7 |
| 11 | 6/10 | 乙未 | 6 | 8 |
| 12 | 6/11 | 丙申 | 6 | 9 |
| 13 | 6/12 | 丁酉 | 6 | 1 |
| 14 | 6/13 | 戊戌 | 6 | 2 |
| 15 | 6/14 | 己亥 | 3 | 3 |
| 16 | 6/15 | 庚子 | 3 | 4 |
| 17 | 6/16 | 辛丑 | 3 | 5 |
| 18 | 6/17 | 壬寅 | 3 | 6 |
| 19 | 6/18 | 癸卯 | 3 | 7 |
| 20 | 6/19 | 甲辰 | 9 | 8 |
| 21 | 6/20 | 乙巳 | 9 | 9 |
| 22 | 6/21 | 丙午 | 9 | 九 |
| 23 | 6/22 | 丁未 | 9 | 八 |
| 24 | 6/23 | 戊申 | 9 | 七 |
| 25 | 6/24 | 己酉 | 九 | 六 |
| 26 | 6/25 | 庚戌 | 九 | 五 |
| 27 | 6/26 | 辛亥 | 九 | 四 |
| 28 | 6/27 | 壬子 | 九 | 三 |
| 29 | 6/28 | 癸丑 | 九 | 二 |

### 四月 辛巳 八白土
小滿 14時50分 廿一未時；立夏 01時42分 初六丑時；奇門遁甲局數

| 農曆 | 國曆 | 干支 | 時盤 | 日盤 |
|---|---|---|---|---|
| 1 | 5/1 | 乙卯 | 2 | 4 |
| 2 | 5/2 | 丙辰 | 2 | 5 |
| 3 | 5/3 | 丁巳 | 2 | 6 |
| 4 | 5/4 | 戊午 | 2 | 7 |
| 5 | 5/5 | 己未 | 8 | 8 |
| 6 | 5/6 | 庚申 | 8 | 9 |
| 7 | 5/7 | 辛酉 | 8 | 1 |
| 8 | 5/8 | 壬戌 | 8 | 2 |
| 9 | 5/9 | 癸亥 | 8 | 3 |
| 10 | 5/10 | 甲子 | 4 | 4 |
| 11 | 5/11 | 乙丑 | 4 | 5 |
| 12 | 5/12 | 丙寅 | 4 | 6 |
| 13 | 5/13 | 丁卯 | 4 | 7 |
| 14 | 5/14 | 戊辰 | 4 | 8 |
| 15 | 5/15 | 己巳 | 1 | 9 |
| 16 | 5/16 | 庚午 | 1 | 1 |
| 17 | 5/17 | 辛未 | 1 | 2 |
| 18 | 5/18 | 壬申 | 1 | 3 |
| 19 | 5/19 | 癸酉 | 1 | 4 |
| 20 | 5/20 | 甲戌 | 7 | 5 |
| 21 | 5/21 | 乙亥 | 7 | 6 |
| 22 | 5/22 | 丙子 | 7 | 7 |
| 23 | 5/23 | 丁丑 | 7 | 8 |
| 24 | 5/24 | 戊寅 | 7 | 9 |
| 25 | 5/25 | 己卯 | 5 | 1 |
| 26 | 5/26 | 庚辰 | 5 | 2 |
| 27 | 5/27 | 辛巳 | 5 | 3 |
| 28 | 5/28 | 壬午 | 5 | 4 |
| 29 | 5/29 | 癸未 | 5 | 5 |
| 30 | 5/30 | 甲申 | 2 | 6 |

### 三月 庚辰 九紫火
穀雨 15時26分 十九申時；清明 08時07分 初四辰時；奇門遁甲局數

| 農曆 | 國曆 | 干支 | 時盤 | 日盤 |
|---|---|---|---|---|
| 1 | 4/2 | 丙戌 | 9 | 2 |
| 2 | 4/3 | 丁亥 | 9 | 3 |
| 3 | 4/4 | 戊子 | 9 | 4 |
| 4 | 4/5 | 己丑 | 6 | 5 |
| 5 | 4/6 | 庚寅 | 6 | 6 |
| 6 | 4/7 | 辛卯 | 6 | 7 |
| 7 | 4/8 | 壬辰 | 6 | 8 |
| 8 | 4/9 | 癸巳 | 6 | 9 |
| 9 | 4/10 | 甲午 | 4 | 1 |
| 10 | 4/11 | 乙未 | 4 | 2 |
| 11 | 4/12 | 丙申 | 4 | 3 |
| 12 | 4/13 | 丁酉 | 4 | 4 |
| 13 | 4/14 | 戊戌 | 4 | 5 |
| 14 | 4/15 | 己亥 | 1 | 6 |
| 15 | 4/16 | 庚子 | 1 | 7 |
| 16 | 4/17 | 辛丑 | 1 | 8 |
| 17 | 4/18 | 壬寅 | 1 | 9 |
| 18 | 4/19 | 癸卯 | 1 | 1 |
| 19 | 4/20 | 甲辰 | 7 | 2 |
| 20 | 4/21 | 乙巳 | 7 | 3 |
| 21 | 4/22 | 丙午 | 7 | 4 |
| 22 | 4/23 | 丁未 | 7 | 5 |
| 23 | 4/24 | 戊申 | 7 | 6 |
| 24 | 4/25 | 己酉 | 5 | 7 |
| 25 | 4/26 | 庚戌 | 5 | 8 |
| 26 | 4/27 | 辛亥 | 5 | 9 |
| 27 | 4/28 | 壬子 | 5 | 1 |
| 28 | 4/29 | 癸丑 | 5 | 2 |
| 29 | 4/30 | 甲寅 | 2 | 3 |

### 二月 己卯 一白水
春分 04時05分 十九寅時；驚蟄 03時01分 初四寅時；奇門遁甲局數

| 農曆 | 國曆 | 干支 | 時盤 | 日盤 |
|---|---|---|---|---|
| 1 | 3/3 | 丙辰 | 6 | 8 |
| 2 | 3/4 | 丁巳 | 6 | 9 |
| 3 | 3/5 | 戊午 | 6 | 1 |
| 4 | 3/6 | 己未 | 3 | 2 |
| 5 | 3/7 | 庚申 | 3 | 3 |
| 6 | 3/8 | 辛酉 | 3 | 4 |
| 7 | 3/9 | 壬戌 | 3 | 5 |
| 8 | 3/10 | 癸亥 | 3 | 6 |
| 9 | 3/11 | 甲子 | 1 | 7 |
| 10 | 3/12 | 乙丑 | 1 | 8 |
| 11 | 3/13 | 丙寅 | 1 | 9 |
| 12 | 3/14 | 丁卯 | 1 | 1 |
| 13 | 3/15 | 戊辰 | 1 | 2 |
| 14 | 3/16 | 己巳 | 7 | 3 |
| 15 | 3/17 | 庚午 | 7 | 4 |
| 16 | 3/18 | 辛未 | 7 | 5 |
| 17 | 3/19 | 壬申 | 7 | 6 |
| 18 | 3/20 | 癸酉 | 7 | 7 |
| 19 | 3/21 | 甲戌 | 4 | 8 |
| 20 | 3/22 | 乙亥 | 4 | 9 |
| 21 | 3/23 | 丙子 | 4 | 1 |
| 22 | 3/24 | 丁丑 | 4 | 2 |
| 23 | 3/25 | 戊寅 | 4 | 3 |
| 24 | 3/26 | 己卯 | 3 | 4 |
| 25 | 3/27 | 庚辰 | 3 | 5 |
| 26 | 3/28 | 辛巳 | 3 | 6 |
| 27 | 3/29 | 壬午 | 3 | 7 |
| 28 | 3/30 | 癸未 | 3 | 8 |
| 29 | 3/31 | 甲申 | 9 | 9 |
| 30 | 4/1 | 乙酉 | 9 | 1 |

### 正月 戊寅 二黑土
雨水 04時48分 十八寅時；立春 08時46分 初三辰時；奇門遁甲局數

| 農曆 | 國曆 | 干支 | 時盤 | 日盤 |
|---|---|---|---|---|
| 1 | 2/2 | 丁亥 | 9 | 6 |
| 2 | 2/3 | 戊子 | 9 | 7 |
| 3 | 2/4 | 己丑 | 6 | 8 |
| 4 | 2/5 | 庚寅 | 6 | 9 |
| 5 | 2/6 | 辛卯 | 6 | 1 |
| 6 | 2/7 | 壬辰 | 6 | 2 |
| 7 | 2/8 | 癸巳 | 6 | 3 |
| 8 | 2/9 | 甲午 | 8 | 4 |
| 9 | 2/10 | 乙未 | 8 | 5 |
| 10 | 2/11 | 丙申 | 8 | 6 |
| 11 | 2/12 | 丁酉 | 8 | 7 |
| 12 | 2/13 | 戊戌 | 8 | 8 |
| 13 | 2/14 | 己亥 | 5 | 9 |
| 14 | 2/15 | 庚子 | 5 | 1 |
| 15 | 2/16 | 辛丑 | 5 | 2 |
| 16 | 2/17 | 壬寅 | 5 | 3 |
| 17 | 2/18 | 癸卯 | 5 | 4 |
| 18 | 2/19 | 甲辰 | 2 | 5 |
| 19 | 2/20 | 乙巳 | 2 | 6 |
| 20 | 2/21 | 丙午 | 2 | 7 |
| 21 | 2/22 | 丁未 | 2 | 8 |
| 22 | 2/23 | 戊申 | 2 | 9 |
| 23 | 2/24 | 己酉 | 9 | 1 |
| 24 | 2/25 | 庚戌 | 9 | 2 |
| 25 | 2/26 | 辛亥 | 9 | 3 |
| 26 | 2/27 | 壬子 | 9 | 4 |
| 27 | 2/28 | 癸丑 | 9 | 5 |
| 28 | 3/1 | 甲寅 | 6 | 6 |
| 29 | 3/2 | 乙卯 | 6 | 7 |

# 西元1965年（乙巳）肖蛇 民國54年（女兌命）

奇門遁甲局數如標示為 一 ～九表示陰局　　如標示為1 ～9 表示陽局

| 十二月 | | | | | 十一月 | | | | | 十　月 | | | | |
|---|---|---|---|---|---|---|---|---|---|---|---|---|---|---|
| 己丑 | | | | | 戊子 | | | | | 丁亥 | | | | |
| 九紫火 | | | | | 一白水 | | | | | 二黑土 | | | | |
| 大寒 20時20分 廿九戌時 | | 小寒 02時55分 十五丑時 | 奇門遁甲局數 | | 冬至 09時41分 三十巳時 | | 大雪 15時46分 十五申時 | 奇門遁甲局數 | | 小雪 20時29分 三十戌時 | | 立冬 23時07分 十五子時 | 奇門遁甲局數 | |
| 農曆 | 國曆 | 干支 | 時盤 | 日盤 | 農曆 | 國曆 | 干支 | 時盤 | 日盤 | 農曆 | 國曆 | 干支 | 時盤 | 日盤 |
| 1 | 12/23 | 辛亥 | 1 | 6 | 1 | 11/23 | 辛巳 | 五 | 七 | 1 | 10/24 | 辛亥 | 五 | 一 |
| 2 | 12/24 | 壬子 | 1 | 7 | 2 | 11/24 | 壬午 | 五 | 六 | 2 | 10/25 | 壬子 | 五 | 九 |
| 3 | 12/25 | 癸丑 | 1 | 8 | 3 | 11/25 | 癸未 | 五 | 五 | 3 | 10/26 | 癸丑 | 五 | 八 |
| 4 | 12/26 | 甲寅 | 7 | 9 | 4 | 11/26 | 甲申 | 八 | 四 | 4 | 10/27 | 甲寅 | 八 | 七 |
| 5 | 12/27 | 乙卯 | 7 | 1 | 5 | 11/27 | 乙酉 | 八 | 三 | 5 | 10/28 | 乙卯 | 八 | 六 |
| 6 | 12/28 | 丙辰 | 7 | 2 | 6 | 11/28 | 丙戌 | 八 | 二 | 6 | 10/29 | 丙辰 | 八 | 五 |
| 7 | 12/29 | 丁巳 | 7 | 3 | 7 | 11/29 | 丁亥 | 八 | 一 | 7 | 10/30 | 丁巳 | 八 | 四 |
| 8 | 12/30 | 戊午 | 7 | 4 | 8 | 11/30 | 戊子 | 八 | 九 | 8 | 10/31 | 戊午 | 八 | 三 |
| 9 | 12/31 | 己未 | 4 | 5 | 9 | 12/ 1 | 己丑 | 二 | 八 | 9 | 11/ 1 | 己未 | 二 | 二 |
| 10 | 1/ 1 | 庚申 | 4 | 6 | 10 | 12/ 2 | 庚寅 | 二 | 七 | 10 | 11/ 2 | 庚申 | 二 | 一 |
| 11 | 1/ 2 | 辛酉 | 4 | 7 | 11 | 12/ 3 | 辛卯 | 二 | 六 | 11 | 11/ 3 | 辛酉 | 二 | 九 |
| 12 | 1/ 3 | 壬戌 | 4 | 8 | 12 | 12/ 4 | 壬辰 | 二 | 五 | 12 | 11/ 4 | 壬戌 | 二 | 八 |
| 13 | 1/ 4 | 癸亥 | 4 | 9 | 13 | 12/ 5 | 癸巳 | 二 | 四 | 13 | 11/ 5 | 癸亥 | 二 | 七 |
| 14 | 1/ 5 | 甲子 | 2 | 1 | 14 | 12/ 6 | 甲午 | 四 | 三 | 14 | 11/ 6 | 甲子 | 六 | 六 |
| 15 | 1/ 6 | 乙丑 | 2 | 2 | 15 | 12/ 7 | 乙未 | 四 | 二 | 15 | 11/ 7 | 乙丑 | 六 | 五 |
| 16 | 1/ 7 | 丙寅 | 2 | 3 | 16 | 12/ 8 | 丙申 | 四 | 一 | 16 | 11/ 8 | 丙寅 | 六 | 四 |
| 17 | 1/ 8 | 丁卯 | 2 | 4 | 17 | 12/ 9 | 丁酉 | 四 | 九 | 17 | 11/ 9 | 丁卯 | 六 | 三 |
| 18 | 1/ 9 | 戊辰 | 2 | 5 | 18 | 12/10 | 戊戌 | 四 | 八 | 18 | 11/10 | 戊辰 | 六 | 二 |
| 19 | 1/10 | 己巳 | 8 | 6 | 19 | 12/11 | 己亥 | 七 | 七 | 19 | 11/11 | 己巳 | 九 | 一 |
| 20 | 1/11 | 庚午 | 8 | 7 | 20 | 12/12 | 庚子 | 七 | 六 | 20 | 11/12 | 庚午 | 九 | 九 |
| 21 | 1/12 | 辛未 | 8 | 8 | 21 | 12/13 | 辛丑 | 七 | 五 | 21 | 11/13 | 辛未 | 九 | 八 |
| 22 | 1/13 | 壬申 | 8 | 9 | 22 | 12/14 | 壬寅 | 七 | 四 | 22 | 11/14 | 壬申 | 九 | 七 |
| 23 | 1/14 | 癸酉 | 8 | 1 | 23 | 12/15 | 癸卯 | 七 | 三 | 23 | 11/15 | 癸酉 | 九 | 六 |
| 24 | 1/15 | 甲戌 | 5 | 2 | 24 | 12/16 | 甲辰 | 一 | 二 | 24 | 11/16 | 甲戌 | 三 | 五 |
| 25 | 1/16 | 乙亥 | 5 | 3 | 25 | 12/17 | 乙巳 | 一 | 一 | 25 | 11/17 | 乙亥 | 三 | 四 |
| 26 | 1/17 | 丙子 | 5 | 4 | 26 | 12/18 | 丙午 | 一 | 九 | 26 | 11/18 | 丙子 | 三 | 三 |
| 27 | 1/18 | 丁丑 | 5 | 5 | 27 | 12/19 | 丁未 | 一 | 八 | 27 | 11/19 | 丁丑 | 三 | 二 |
| 28 | 1/19 | 戊寅 | 5 | 6 | 28 | 12/20 | 戊申 | 一 | 七 | 28 | 11/20 | 戊寅 | 三 | 一 |
| 29 | 1/20 | 己卯 | 3 | 7 | 29 | 12/21 | 己酉 | 1 | 六 | 29 | 11/21 | 己卯 | 五 | 九 |
| | | | | | 30 | 12/22 | 庚戌 | 1 | 5 | 30 | 11/22 | 庚辰 | 五 | 八 |

| 九　月 | | | | | 八　月 | | | | | 七　月 | | | | |
|---|---|---|---|---|---|---|---|---|---|---|---|---|---|---|
| 丙戌 | | | | | 乙酉 | | | | | 甲申 | | | | |
| 三碧木 | | | | | 四綠木 | | | | | 五黃土 | | | | |
| 霜降 23時10分 廿九子時 | | 寒露 20時11分 十四戌時 | 奇門遁甲局數 | | 秋分 14時06分 廿八未時 | | 白露 04時48分 十三寅時 | 奇門遁甲局數 | | 處暑 16時43分 廿七申時 | | 立秋 02時05分 十二丑時 | 奇門遁甲局數 | |
| 農曆 | 國曆 | 干支 | 時盤 | 日盤 | 農曆 | 國曆 | 干支 | 時盤 | 日盤 | 農曆 | 國曆 | 干支 | 時盤 | 日盤 |
| 1 | 9/25 | 壬午 | 七 | 三 | 1 | 8/27 | 癸丑 | 一 | 五 | 1 | 7/28 | 癸未 | 七 | 八 |
| 2 | 9/26 | 癸未 | 七 | 二 | 2 | 8/28 | 甲寅 | 四 | 四 | 2 | 7/29 | 甲申 | 一 | 七 |
| 3 | 9/27 | 甲申 | 一 | 一 | 3 | 8/29 | 乙卯 | 四 | 三 | 3 | 7/30 | 乙酉 | 一 | 六 |
| 4 | 9/28 | 乙酉 | 一 | 九 | 4 | 8/30 | 丙辰 | 四 | 二 | 4 | 7/31 | 丙戌 | 一 | 五 |
| 5 | 9/29 | 丙戌 | 一 | 八 | 5 | 8/31 | 丁巳 | 四 | 一 | 5 | 8/ 1 | 丁亥 | 一 | 四 |
| 6 | 9/30 | 丁亥 | 一 | 七 | 6 | 9/ 1 | 戊午 | 四 | 九 | 6 | 8/ 2 | 戊子 | 一 | 三 |
| 7 | 10/ 1 | 戊子 | 一 | 六 | 7 | 9/ 2 | 己未 | 七 | 八 | 7 | 8/ 3 | 己丑 | 四 | 二 |
| 8 | 10/ 2 | 己丑 | 四 | 五 | 8 | 9/ 3 | 庚申 | 七 | 七 | 8 | 8/ 4 | 庚寅 | 四 | 一 |
| 9 | 10/ 3 | 庚寅 | 四 | 四 | 9 | 9/ 4 | 辛酉 | 七 | 六 | 9 | 8/ 5 | 辛卯 | 四 | 九 |
| 10 | 10/ 4 | 辛卯 | 四 | 三 | 10 | 9/ 5 | 壬戌 | 七 | 五 | 10 | 8/ 6 | 壬辰 | 四 | 八 |
| 11 | 10/ 5 | 壬辰 | 四 | 二 | 11 | 9/ 6 | 癸亥 | 七 | 四 | 11 | 8/ 7 | 癸巳 | 四 | 七 |
| 12 | 10/ 6 | 癸巳 | 四 | 一 | 12 | 9/ 7 | 甲子 | 九 | 三 | 12 | 8/ 8 | 甲午 | 二 | 六 |
| 13 | 10/ 7 | 甲午 | 六 | 九 | 13 | 9/ 8 | 乙丑 | 九 | 二 | 13 | 8/ 9 | 乙未 | 二 | 五 |
| 14 | 10/ 8 | 乙未 | 六 | 八 | 14 | 9/ 9 | 丙寅 | 九 | 一 | 14 | 8/10 | 丙申 | 二 | 四 |
| 15 | 10/ 9 | 丙申 | 六 | 七 | 15 | 9/10 | 丁卯 | 九 | 九 | 15 | 8/11 | 丁酉 | 二 | 三 |
| 16 | 10/10 | 丁酉 | 六 | 六 | 16 | 9/11 | 戊辰 | 九 | 八 | 16 | 8/12 | 戊戌 | 二 | 二 |
| 17 | 10/11 | 戊戌 | 六 | 五 | 17 | 9/12 | 己巳 | 三 | 七 | 17 | 8/13 | 己亥 | 五 | 一 |
| 18 | 10/12 | 己亥 | 九 | 四 | 18 | 9/13 | 庚午 | 三 | 六 | 18 | 8/14 | 庚子 | 五 | 九 |
| 19 | 10/13 | 庚子 | 九 | 三 | 19 | 9/14 | 辛未 | 三 | 五 | 19 | 8/15 | 辛丑 | 五 | 八 |
| 20 | 10/14 | 辛丑 | 九 | 二 | 20 | 9/15 | 壬申 | 三 | 四 | 20 | 8/16 | 壬寅 | 五 | 七 |
| 21 | 10/15 | 壬寅 | 九 | 一 | 21 | 9/16 | 癸酉 | 三 | 三 | 21 | 8/17 | 癸卯 | 五 | 六 |
| 22 | 10/16 | 癸卯 | 九 | 九 | 22 | 9/17 | 甲戌 | 六 | 二 | 22 | 8/18 | 甲辰 | 八 | 五 |
| 23 | 10/17 | 甲辰 | 三 | 八 | 23 | 9/18 | 乙亥 | 六 | 一 | 23 | 8/19 | 乙巳 | 八 | 四 |
| 24 | 10/18 | 乙巳 | 三 | 七 | 24 | 9/19 | 丙子 | 六 | 九 | 24 | 8/20 | 丙午 | 八 | 三 |
| 25 | 10/19 | 丙午 | 三 | 六 | 25 | 9/20 | 丁丑 | 六 | 八 | 25 | 8/21 | 丁未 | 八 | 二 |
| 26 | 10/20 | 丁未 | 三 | 五 | 26 | 9/21 | 戊寅 | 六 | 七 | 26 | 8/22 | 戊申 | 八 | 一 |
| 27 | 10/21 | 戊申 | 三 | 四 | 27 | 9/22 | 己卯 | 七 | 六 | 27 | 8/23 | 己酉 | 一 | 九 |
| 28 | 10/22 | 己酉 | 五 | 三 | 28 | 9/23 | 庚辰 | 七 | 五 | 28 | 8/24 | 庚戌 | 一 | 八 |
| 29 | 10/23 | 庚戌 | 五 | 二 | 29 | 9/24 | 辛巳 | 七 | 四 | 29 | 8/25 | 辛亥 | 一 | 七 |
| | | | | | | | | | | 30 | 8/26 | 壬子 | 一 | 六 |

# 西元1966年（丙午）肖馬 民國55年（男兌命）

奇門遁甲局數如標示為 一 ～九表示陰局　　如標示為1 ～9 表示陽局

| 六月 | 乙未 | 三碧木 | 立秋 07時49分 廿二辰時 | 大暑 15時23分 初六申時 |
|---|---|---|---|---|
| 農曆 | 國曆 | 干支 | 時盤 | 日盤 |
| 1 | 7/18 | 戊寅 | 五 | 四 |
| 2 | 7/19 | 己卯 | 七 | 三 |
| 3 | 7/20 | 庚辰 | 七 | 二 |
| 4 | 7/21 | 辛巳 | 七 | 一 |
| 5 | 7/22 | 壬午 | 七 | 九 |
| 6 | 7/23 | 癸未 | 七 | 八 |
| 7 | 7/24 | 甲申 | 一 | 七 |
| 8 | 7/25 | 乙酉 | 一 | 六 |
| 9 | 7/26 | 丙戌 | 一 | 五 |
| 10 | 7/27 | 丁亥 | 一 | 四 |
| 11 | 7/28 | 戊子 | 一 | 三 |
| 12 | 7/29 | 己丑 | 四 | 二 |
| 13 | 7/30 | 庚寅 | 四 | 一 |
| 14 | 7/31 | 辛卯 | 四 | 九 |
| 15 | 8/1 | 壬辰 | 四 | 八 |
| 16 | 8/2 | 癸巳 | 四 | 七 |
| 17 | 8/3 | 甲午 | 二 | 六 |
| 18 | 8/4 | 乙未 | 二 | 五 |
| 19 | 8/5 | 丙申 | 二 | 四 |
| 20 | 8/6 | 丁酉 | 二 | 三 |
| 21 | 8/7 | 戊戌 | 二 | 二 |
| 22 | 8/8 | 己亥 | 五 | 一 |
| 23 | 8/9 | 庚子 | 五 | 九 |
| 24 | 8/10 | 辛丑 | 五 | 八 |
| 25 | 8/11 | 壬寅 | 五 | 七 |
| 26 | 8/12 | 癸卯 | 五 | 六 |
| 27 | 8/13 | 甲辰 | 八 | 五 |
| 28 | 8/14 | 乙巳 | 八 | 四 |
| 29 | 8/15 | 丙午 | 八 | 三 |

| 五月 | 甲午 | 四綠木 | 小暑 22時07分 十九亥時 | 夏至 04時34分 初四寅時 |
|---|---|---|---|---|
| 農曆 | 國曆 | 干支 | 時盤 | 日盤 |
| 1 | 6/19 | 己酉 | 九 | 4 |
| 2 | 6/20 | 庚戌 | 九 | 5 |
| 3 | 6/21 | 辛亥 | 九 | 6 |
| 4 | 6/22 | 壬子 | 九 | 三 |
| 5 | 6/23 | 癸丑 | 九 | 二 |
| 6 | 6/24 | 甲寅 | 三 | 一 |
| 7 | 6/25 | 乙卯 | 三 | 九 |
| 8 | 6/26 | 丙辰 | 三 | 八 |
| 9 | 6/27 | 丁巳 | 三 | 七 |
| 10 | 6/28 | 戊午 | 三 | 六 |
| 11 | 6/29 | 己未 | 六 | 五 |
| 12 | 6/30 | 庚申 | 六 | 四 |
| 13 | 7/1 | 辛酉 | 六 | 三 |
| 14 | 7/2 | 壬戌 | 六 | 二 |
| 15 | 7/3 | 癸亥 | 六 | 一 |
| 16 | 7/4 | 甲子 | 八 | 九 |
| 17 | 7/5 | 乙丑 | 八 | 八 |
| 18 | 7/6 | 丙寅 | 八 | 七 |
| 19 | 7/7 | 丁卯 | 八 | 六 |
| 20 | 7/8 | 戊辰 | 八 | 五 |
| 21 | 7/9 | 己巳 | 二 | 四 |
| 22 | 7/10 | 庚午 | 二 | 三 |
| 23 | 7/11 | 辛未 | 二 | 二 |
| 24 | 7/12 | 壬申 | 二 | 一 |
| 25 | 7/13 | 癸酉 | 二 | 九 |
| 26 | 7/14 | 甲戌 | 五 | 八 |
| 27 | 7/15 | 乙亥 | 五 | 七 |
| 28 | 7/16 | 丙子 | 五 | 六 |
| 29 | 7/17 | 丁丑 | 五 | 五 |

| 四月 | 癸巳 | 五黃土 | 芒種 11時50分 十八午時 | 小滿 20時32分 初二戌時 |
|---|---|---|---|---|
| 農曆 | 國曆 | 干支 | 時盤 | 日盤 |
| 1 | 5/20 | 己卯 | 5 | 1 |
| 2 | 5/21 | 庚辰 | 5 | 2 |
| 3 | 5/22 | 辛巳 | 5 | 3 |
| 4 | 5/23 | 壬午 | 5 | 4 |
| 5 | 5/24 | 癸未 | 5 | 5 |
| 6 | 5/25 | 甲申 | 2 | 6 |
| 7 | 5/26 | 乙酉 | 2 | 7 |
| 8 | 5/27 | 丙戌 | 2 | 8 |
| 9 | 5/28 | 丁亥 | 2 | 9 |
| 10 | 5/29 | 戊子 | 2 | 1 |
| 11 | 5/30 | 己丑 | 8 | 2 |
| 12 | 5/31 | 庚寅 | 8 | 3 |
| 13 | 6/1 | 辛卯 | 8 | 4 |
| 14 | 6/2 | 壬辰 | 8 | 5 |
| 15 | 6/3 | 癸巳 | 8 | 6 |
| 16 | 6/4 | 甲午 | 6 | 7 |
| 17 | 6/5 | 乙未 | 6 | 8 |
| 18 | 6/6 | 丙申 | 6 | 9 |
| 19 | 6/7 | 丁酉 | 6 | 1 |
| 20 | 6/8 | 戊戌 | 6 | 2 |
| 21 | 6/9 | 己亥 | 3 | 3 |
| 22 | 6/10 | 庚子 | 3 | 4 |
| 23 | 6/11 | 辛丑 | 3 | 5 |
| 24 | 6/12 | 壬寅 | 3 | 6 |
| 25 | 6/13 | 癸卯 | 3 | 7 |
| 26 | 6/14 | 甲辰 | 9 | 8 |
| 27 | 6/15 | 乙巳 | 9 | 9 |
| 28 | 6/16 | 丙午 | 9 | 1 |
| 29 | 6/17 | 丁未 | 9 | 2 |
| 30 | 6/18 | 戊申 | 9 | 3 |

| 潤三月 | 癸巳 | | 立夏 07時31分 十六辰時 | |
|---|---|---|---|---|
| 農曆 | 國曆 | 干支 | 時盤 | 日盤 |
| 1 | 4/21 | 庚戌 | 5 | 8 |
| 2 | 4/22 | 辛亥 | 5 | 9 |
| 3 | 4/23 | 壬子 | 5 | 1 |
| 4 | 4/24 | 癸丑 | 5 | 2 |
| 5 | 4/25 | 甲寅 | 2 | 3 |
| 6 | 4/26 | 乙卯 | 2 | 4 |
| 7 | 4/27 | 丙辰 | 2 | 5 |
| 8 | 4/28 | 丁巳 | 2 | 6 |
| 9 | 4/29 | 戊午 | 2 | 7 |
| 10 | 4/30 | 己未 | 8 | 8 |
| 11 | 5/1 | 庚申 | 8 | 9 |
| 12 | 5/2 | 辛酉 | 8 | 1 |
| 13 | 5/3 | 壬戌 | 8 | 2 |
| 14 | 5/4 | 癸亥 | 8 | 3 |
| 15 | 5/5 | 甲子 | 4 | 4 |
| 16 | 5/6 | 乙丑 | 4 | 5 |
| 17 | 5/7 | 丙寅 | 4 | 6 |
| 18 | 5/8 | 丁卯 | 4 | 7 |
| 19 | 5/9 | 戊辰 | 4 | 8 |
| 20 | 5/10 | 己巳 | 1 | 9 |
| 21 | 5/11 | 庚午 | 1 | 1 |
| 22 | 5/12 | 辛未 | 1 | 2 |
| 23 | 5/13 | 壬申 | 1 | 3 |
| 24 | 5/14 | 癸酉 | 1 | 4 |
| 25 | 5/15 | 甲戌 | 7 | 5 |
| 26 | 5/16 | 乙亥 | 7 | 6 |
| 27 | 5/17 | 丙子 | 7 | 7 |
| 28 | 5/18 | 丁丑 | 7 | 8 |
| 29 | 5/19 | 戊寅 | 7 | 9 |

| 三月 | 壬辰 | 六白金 | 穀雨 21時12分 三十亥時 | 清明 13時57分 十五未時 |
|---|---|---|---|---|
| 農曆 | 國曆 | 干支 | 時盤 | 日盤 |
| 1 | 3/22 | 庚辰 | 3 | 5 |
| 2 | 3/23 | 辛巳 | 3 | 6 |
| 3 | 3/24 | 壬午 | 3 | 7 |
| 4 | 3/25 | 癸未 | 3 | 8 |
| 5 | 3/26 | 甲申 | 9 | 9 |
| 6 | 3/27 | 乙酉 | 9 | 1 |
| 7 | 3/28 | 丙戌 | 9 | 2 |
| 8 | 3/29 | 丁亥 | 9 | 3 |
| 9 | 3/30 | 戊子 | 9 | 4 |
| 10 | 3/31 | 己丑 | 6 | 5 |
| 11 | 4/1 | 庚寅 | 6 | 6 |
| 12 | 4/2 | 辛卯 | 6 | 7 |
| 13 | 4/3 | 壬辰 | 6 | 8 |
| 14 | 4/4 | 癸巳 | 6 | 9 |
| 15 | 4/5 | 甲午 | 4 | 1 |
| 16 | 4/6 | 乙未 | 4 | 2 |
| 17 | 4/7 | 丙申 | 4 | 3 |
| 18 | 4/8 | 丁酉 | 4 | 4 |
| 19 | 4/9 | 戊戌 | 4 | 5 |
| 20 | 4/10 | 己亥 | 1 | 6 |
| 21 | 4/11 | 庚子 | 1 | 7 |
| 22 | 4/12 | 辛丑 | 1 | 8 |
| 23 | 4/13 | 壬寅 | 1 | 9 |
| 24 | 4/14 | 癸卯 | 1 | 1 |
| 25 | 4/15 | 甲辰 | 7 | 2 |
| 26 | 4/16 | 乙巳 | 7 | 3 |
| 27 | 4/17 | 丙午 | 7 | 4 |
| 28 | 4/18 | 丁未 | 7 | 5 |
| 29 | 4/19 | 戊申 | 7 | 6 |
| 30 | 4/20 | 己酉 | 5 | 7 |

| 二月 | 辛卯 | 七赤金 | 春分 09時53分 三十巳時 | 驚蟄 08時51分 十五辰時 |
|---|---|---|---|---|
| 農曆 | 國曆 | 干支 | 時盤 | 日盤 |
| 1 | 2/20 | 庚戌 | 9 | 2 |
| 2 | 2/21 | 辛亥 | 9 | 3 |
| 3 | 2/22 | 壬子 | 9 | 4 |
| 4 | 2/23 | 癸丑 | 9 | 5 |
| 5 | 2/24 | 甲寅 | 6 | 6 |
| 6 | 2/25 | 乙卯 | 6 | 7 |
| 7 | 2/26 | 丙辰 | 6 | 8 |
| 8 | 2/27 | 丁巳 | 6 | 9 |
| 9 | 2/28 | 戊午 | 6 | 1 |
| 10 | 3/1 | 己未 | 3 | 2 |
| 11 | 3/2 | 庚申 | 3 | 3 |
| 12 | 3/3 | 辛酉 | 3 | 4 |
| 13 | 3/4 | 壬戌 | 3 | 5 |
| 14 | 3/5 | 癸亥 | 3 | 6 |
| 15 | 3/6 | 甲子 | 1 | 7 |
| 16 | 3/7 | 乙丑 | 1 | 8 |
| 17 | 3/8 | 丙寅 | 1 | 9 |
| 18 | 3/9 | 丁卯 | 1 | 1 |
| 19 | 3/10 | 戊辰 | 1 | 2 |
| 20 | 3/11 | 己巳 | 7 | 3 |
| 21 | 3/12 | 庚午 | 7 | 4 |
| 22 | 3/13 | 辛未 | 7 | 5 |
| 23 | 3/14 | 壬申 | 7 | 6 |
| 24 | 3/15 | 癸酉 | 7 | 7 |
| 25 | 3/16 | 甲戌 | 4 | 8 |
| 26 | 3/17 | 乙亥 | 4 | 9 |
| 27 | 3/18 | 丙子 | 4 | 1 |
| 28 | 3/19 | 丁丑 | 4 | 2 |
| 29 | 3/20 | 戊寅 | 4 | 3 |
| 30 | 3/21 | 己卯 | 3 | 4 |

| 正月 | 庚寅 | 八白土 | 雨水 10時38分 三十巳時 | 立春 14時38分 十五未時 |
|---|---|---|---|---|
| 農曆 | 國曆 | 干支 | 時盤 | 日盤 |
| 1 | 1/21 | 庚辰 | 3 | 8 |
| 2 | 1/22 | 辛巳 | 3 | 9 |
| 3 | 1/23 | 壬午 | 3 | 1 |
| 4 | 1/24 | 癸未 | 3 | 2 |
| 5 | 1/25 | 甲申 | 9 | 3 |
| 6 | 1/26 | 乙酉 | 9 | 4 |
| 7 | 1/27 | 丙戌 | 9 | 5 |
| 8 | 1/28 | 丁亥 | 9 | 6 |
| 9 | 1/29 | 戊子 | 9 | 7 |
| 10 | 1/30 | 己丑 | 6 | 8 |
| 11 | 1/31 | 庚寅 | 6 | 9 |
| 12 | 2/1 | 辛卯 | 6 | 1 |
| 13 | 2/2 | 壬辰 | 6 | 2 |
| 14 | 2/3 | 癸巳 | 6 | 3 |
| 15 | 2/4 | 甲午 | 8 | 4 |
| 16 | 2/5 | 乙未 | 8 | 5 |
| 17 | 2/6 | 丙申 | 8 | 6 |
| 18 | 2/7 | 丁酉 | 8 | 7 |
| 19 | 2/8 | 戊戌 | 8 | 8 |
| 20 | 2/9 | 己亥 | 5 | 9 |
| 21 | 2/10 | 庚子 | 5 | 1 |
| 22 | 2/11 | 辛丑 | 5 | 2 |
| 23 | 2/12 | 壬寅 | 5 | 3 |
| 24 | 2/13 | 癸卯 | 5 | 4 |
| 25 | 2/14 | 甲辰 | 2 | 5 |
| 26 | 2/15 | 乙巳 | 2 | 6 |
| 27 | 2/16 | 丙午 | 2 | 7 |
| 28 | 2/17 | 丁未 | 2 | 8 |
| 29 | 2/18 | 戊申 | 2 | 9 |
| 30 | 2/19 | 己酉 | 9 | 1 |

# 西元1966年（丙午）肖馬 民國55年（女艮命）

奇門遁甲局數如標示為 一 ～九表示陰局　如標示為1 ～9 表示陽局

| 十二月 | | | | |
|---|---|---|---|---|
| 辛丑 | | | | |
| 六白金 | | | | |
| 立春 20時31分 廿五戌時 | | 大寒 02時08分 十一丑時 | 奇門遁甲局數 | |
| 農曆 | 國曆 | 干支 | 時盤 | 日盤 |
| 1 | 1/11 | 乙亥 | 5 | 3 |
| 2 | 1/12 | 丙子 | 5 | 4 |
| 3 | 1/13 | 丁丑 | 5 | 5 |
| 4 | 1/14 | 戊寅 | 5 | 6 |
| 5 | 1/15 | 己卯 | 3 | 7 |
| 6 | 1/16 | 庚辰 | 3 | 8 |
| 7 | 1/17 | 辛巳 | 3 | 9 |
| 8 | 1/18 | 壬午 | 3 | 1 |
| 9 | 1/19 | 癸未 | 3 | 2 |
| 10 | 1/20 | 甲申 | 9 | 3 |
| 11 | 1/21 | 乙酉 | 9 | 4 |
| 12 | 1/22 | 丙戌 | 9 | 5 |
| 13 | 1/23 | 丁亥 | 9 | 6 |
| 14 | 1/24 | 戊子 | 9 | 7 |
| 15 | 1/25 | 己丑 | 6 | 8 |
| 16 | 1/26 | 庚寅 | 6 | 9 |
| 17 | 1/27 | 辛卯 | 6 | 1 |
| 18 | 1/28 | 壬辰 | 6 | 2 |
| 19 | 1/29 | 癸巳 | 6 | 3 |
| 20 | 1/30 | 甲午 | 8 | 4 |
| 21 | 1/31 | 乙未 | 8 | 5 |
| 22 | 2/1 | 丙申 | 8 | 6 |
| 23 | 2/2 | 丁酉 | 8 | 7 |
| 24 | 2/3 | 戊戌 | 8 | 8 |
| 25 | 2/4 | 己亥 | 5 | 9 |
| 26 | 2/5 | 庚子 | 5 | 1 |
| 27 | 2/6 | 辛丑 | 5 | 2 |
| 28 | 2/7 | 壬寅 | 5 | 3 |
| 29 | 2/8 | 癸卯 | 5 | 4 |
| | | | | |

| 十一月 | | | | |
|---|---|---|---|---|
| 庚子 | | | | |
| 七赤金 | | | | |
| 小寒 08時48分 廿六辰時 | | 冬至 15時28分 十一申時 | 奇門遁甲局數 | |
| 農曆 | 國曆 | 干支 | 時盤 | 日盤 |
| 1 | 12/12 | 乙巳 | 一 | 一 |
| 2 | 12/13 | 丙午 | 一 | 九 |
| 3 | 12/14 | 丁未 | 一 | 八 |
| 4 | 12/15 | 戊申 | 一 | 七 |
| 5 | 12/16 | 己酉 | 1 | 六 |
| 6 | 12/17 | 庚戌 | 1 | 五 |
| 7 | 12/18 | 辛亥 | 1 | 四 |
| 8 | 12/19 | 壬子 | 1 | 三 |
| 9 | 12/20 | 癸丑 | 1 | 二 |
| 10 | 12/21 | 甲寅 | 7 | 一 |
| 11 | 12/22 | 乙卯 | 7 | 1 |
| 12 | 12/23 | 丙辰 | 7 | 2 |
| 13 | 12/24 | 丁巳 | 7 | 3 |
| 14 | 12/25 | 戊午 | 7 | 4 |
| 15 | 12/26 | 己未 | 4 | 5 |
| 16 | 12/27 | 庚申 | 4 | 6 |
| 17 | 12/28 | 辛酉 | 4 | 7 |
| 18 | 12/29 | 壬戌 | 4 | 8 |
| 19 | 12/30 | 癸亥 | 4 | 9 |
| 20 | 12/31 | 甲子 | 2 | 1 |
| 21 | 1/1 | 乙丑 | 2 | 2 |
| 22 | 1/2 | 丙寅 | 2 | 3 |
| 23 | 1/3 | 丁卯 | 2 | 4 |
| 24 | 1/4 | 戊辰 | 2 | 5 |
| 25 | 1/5 | 己巳 | 8 | 6 |
| 26 | 1/6 | 庚午 | 8 | 7 |
| 27 | 1/7 | 辛未 | 8 | 8 |
| 28 | 1/8 | 壬申 | 8 | 9 |
| 29 | 1/9 | 癸酉 | 8 | 1 |
| 30 | 1/10 | 甲戌 | 5 | 2 |

| 十　月 | | | | |
|---|---|---|---|---|
| 己亥 | | | | |
| 八白土 | | | | |
| 大雪 21時38分 廿六亥時 | | 小雪 02時14分 十二丑時 | 奇門遁甲局數 | |
| 農曆 | 國曆 | 干支 | 時盤 | 日盤 |
| 1 | 11/12 | 乙亥 | 三 | 四 |
| 2 | 11/13 | 丙子 | 三 | 三 |
| 3 | 11/14 | 丁丑 | 三 | 二 |
| 4 | 11/15 | 戊寅 | 三 | 一 |
| 5 | 11/16 | 己卯 | 五 | 九 |
| 6 | 11/17 | 庚辰 | 五 | 八 |
| 7 | 11/18 | 辛巳 | 五 | 七 |
| 8 | 11/19 | 壬午 | 五 | 六 |
| 9 | 11/20 | 癸未 | 五 | 五 |
| 10 | 11/21 | 甲申 | 八 | 四 |
| 11 | 11/22 | 乙酉 | 八 | 三 |
| 12 | 11/23 | 丙戌 | 八 | 二 |
| 13 | 11/24 | 丁亥 | 八 | 一 |
| 14 | 11/25 | 戊子 | 八 | 九 |
| 15 | 11/26 | 己丑 | 二 | 八 |
| 16 | 11/27 | 庚寅 | 二 | 七 |
| 17 | 11/28 | 辛卯 | 二 | 六 |
| 18 | 11/29 | 壬辰 | 二 | 五 |
| 19 | 11/30 | 癸巳 | 二 | 四 |
| 20 | 12/1 | 甲午 | 四 | 三 |
| 21 | 12/2 | 乙未 | 四 | 二 |
| 22 | 12/3 | 丙申 | 四 | 一 |
| 23 | 12/4 | 丁酉 | 四 | 九 |
| 24 | 12/5 | 戊戌 | 四 | 八 |
| 25 | 12/6 | 己亥 | 七 | 七 |
| 26 | 12/7 | 庚子 | 七 | 六 |
| 27 | 12/8 | 辛丑 | 七 | 五 |
| 28 | 12/9 | 壬寅 | 七 | 四 |
| 29 | 12/10 | 癸卯 | 七 | 三 |
| 30 | 12/11 | 甲辰 | 一 | 二 |

| 九　月 | | | | |
|---|---|---|---|---|
| 戊戌 | | | | |
| 九紫火 | | | | |
| 立冬 04時56分 廿六寅時 | | 霜降 04時51分 十一寅時 | 奇門遁甲局數 | |
| 農曆 | 國曆 | 干支 | 時盤 | 日盤 |
| 1 | 10/14 | 丙午 | 三 | 六 |
| 2 | 10/15 | 丁未 | 三 | 五 |
| 3 | 10/16 | 戊申 | 三 | 四 |
| 4 | 10/17 | 己酉 | 五 | 三 |
| 5 | 10/18 | 庚戌 | 五 | 二 |
| 6 | 10/19 | 辛亥 | 五 | 一 |
| 7 | 10/20 | 壬子 | 五 | 九 |
| 8 | 10/21 | 癸丑 | 五 | 八 |
| 9 | 10/22 | 甲寅 | 八 | 七 |
| 10 | 10/23 | 乙卯 | 八 | 六 |
| 11 | 10/24 | 丙辰 | 八 | 五 |
| 12 | 10/25 | 丁巳 | 八 | 四 |
| 13 | 10/26 | 戊午 | 八 | 三 |
| 14 | 10/27 | 己未 | 二 | 二 |
| 15 | 10/28 | 庚申 | 二 | 一 |
| 16 | 10/29 | 辛酉 | 二 | 九 |
| 17 | 10/30 | 壬戌 | 二 | 八 |
| 18 | 10/31 | 癸亥 | 二 | 七 |
| 19 | 11/1 | 甲子 | 六 | 六 |
| 20 | 11/2 | 乙丑 | 六 | 五 |
| 21 | 11/3 | 丙寅 | 六 | 四 |
| 22 | 11/4 | 丁卯 | 六 | 三 |
| 23 | 11/5 | 戊辰 | 六 | 二 |
| 24 | 11/6 | 己巳 | 九 | 一 |
| 25 | 11/7 | 庚午 | 九 | 九 |
| 26 | 11/8 | 辛未 | 九 | 八 |
| 27 | 11/9 | 壬申 | 九 | 七 |
| 28 | 11/10 | 癸酉 | 九 | 六 |
| 29 | 11/11 | 甲戌 | 三 | 五 |
| | | | | |

| 八　月 | | | | |
|---|---|---|---|---|
| 丁酉 | | | | |
| 一白水 | | | | |
| 寒露 01時57分 廿五丑時 | | 秋分 19時43分 初九戌時 | 奇門遁甲局數 | |
| 農曆 | 國曆 | 干支 | 時盤 | 日盤 |
| 1 | 9/15 | 丁丑 | 六 | 八 |
| 2 | 9/16 | 戊寅 | 六 | 七 |
| 3 | 9/17 | 己卯 | 七 | 六 |
| 4 | 9/18 | 庚辰 | 七 | 五 |
| 5 | 9/19 | 辛巳 | 七 | 四 |
| 6 | 9/20 | 壬午 | 七 | 三 |
| 7 | 9/21 | 癸未 | 七 | 二 |
| 8 | 9/22 | 甲申 | 一 | 一 |
| 9 | 9/23 | 乙酉 | 一 | 九 |
| 10 | 9/24 | 丙戌 | 一 | 八 |
| 11 | 9/25 | 丁亥 | 一 | 七 |
| 12 | 9/26 | 戊子 | 一 | 六 |
| 13 | 9/27 | 己丑 | 四 | 五 |
| 14 | 9/28 | 庚寅 | 四 | 四 |
| 15 | 9/29 | 辛卯 | 四 | 三 |
| 16 | 9/30 | 壬辰 | 四 | 二 |
| 17 | 10/1 | 癸巳 | 四 | 一 |
| 18 | 10/2 | 甲午 | 六 | 九 |
| 19 | 10/3 | 乙未 | 六 | 八 |
| 20 | 10/4 | 丙申 | 六 | 七 |
| 21 | 10/5 | 丁酉 | 六 | 六 |
| 22 | 10/6 | 戊戌 | 六 | 五 |
| 23 | 10/7 | 己亥 | 九 | 四 |
| 24 | 10/8 | 庚子 | 九 | 三 |
| 25 | 10/9 | 辛丑 | 九 | 二 |
| 26 | 10/10 | 壬寅 | 九 | 一 |
| 27 | 10/11 | 癸卯 | 九 | 九 |
| 28 | 10/12 | 甲辰 | 三 | 八 |
| 29 | 10/13 | 乙巳 | 三 | 七 |
| | | | | |

| 七　月 | | | | |
|---|---|---|---|---|
| 丙申 | | | | |
| 二黑土 | | | | |
| 白露 10時32分 廿四巳時 | | 處暑 22時18分 初八亥時 | 奇門遁甲局數 | |
| 農曆 | 國曆 | 干支 | 時盤 | 日盤 |
| 1 | 8/16 | 丁未 | 八 | 二 |
| 2 | 8/17 | 戊申 | 八 | 一 |
| 3 | 8/18 | 己酉 | 一 | 九 |
| 4 | 8/19 | 庚戌 | 一 | 八 |
| 5 | 8/20 | 辛亥 | 一 | 七 |
| 6 | 8/21 | 壬子 | 一 | 六 |
| 7 | 8/22 | 癸丑 | 一 | 五 |
| 8 | 8/23 | 甲寅 | 四 | 四 |
| 9 | 8/24 | 乙卯 | 四 | 三 |
| 10 | 8/25 | 丙辰 | 四 | 二 |
| 11 | 8/26 | 丁巳 | 四 | 一 |
| 12 | 8/27 | 戊午 | 四 | 九 |
| 13 | 8/28 | 己未 | 七 | 八 |
| 14 | 8/29 | 庚申 | 七 | 七 |
| 15 | 8/30 | 辛酉 | 七 | 六 |
| 16 | 8/31 | 壬戌 | 七 | 五 |
| 17 | 9/1 | 癸亥 | 七 | 四 |
| 18 | 9/2 | 甲子 | 九 | 三 |
| 19 | 9/3 | 乙丑 | 九 | 二 |
| 20 | 9/4 | 丙寅 | 九 | 一 |
| 21 | 9/5 | 丁卯 | 九 | 九 |
| 22 | 9/6 | 戊辰 | 九 | 八 |
| 23 | 9/7 | 己巳 | 三 | 七 |
| 24 | 9/8 | 庚午 | 三 | 六 |
| 25 | 9/9 | 辛未 | 三 | 五 |
| 26 | 9/10 | 壬申 | 三 | 四 |
| 27 | 9/11 | 癸酉 | 三 | 三 |
| 28 | 9/12 | 甲戌 | 六 | 二 |
| 29 | 9/13 | 乙亥 | 六 | 一 |
| 30 | 9/14 | 丙子 | 六 | 九 |

# 西元1967年（丁未）肖羊 民國56年（男乾命）

奇門遁甲局數如標示為 一 ～九表示陰局　　如標示為1 ～9 表示陽局

### 六月　丁未　九紫火

大暑：21時16分 十六亥時　小暑：03時54分 初一寅時

| 農曆 | 國曆 | 干支 | 時盤 | 日盤 |
|---|---|---|---|---|
| 1 | 7/8 | 癸酉 | 三 | 九 |
| 2 | 7/9 | 甲戌 | 六 | 八 |
| 3 | 7/10 | 乙亥 | 六 | 七 |
| 4 | 7/11 | 丙子 | 六 | 六 |
| 5 | 7/12 | 丁丑 | 六 | 五 |
| 6 | 7/13 | 戊寅 | 六 | 四 |
| 7 | 7/14 | 己卯 | 八 | 三 |
| 8 | 7/15 | 庚辰 | 八 | 二 |
| 9 | 7/16 | 辛巳 | 八 | 一 |
| 10 | 7/17 | 壬午 | 八 | 九 |
| 11 | 7/18 | 癸未 | 八 | 八 |
| 12 | 7/19 | 甲申 | 二 | 七 |
| 13 | 7/20 | 乙酉 | 二 | 六 |
| 14 | 7/21 | 丙戌 | 二 | 五 |
| 15 | 7/22 | 丁亥 | 二 | 四 |
| 16 | 7/23 | 戊子 | 二 | 三 |
| 17 | 7/24 | 己丑 | 五 | 二 |
| 18 | 7/25 | 庚寅 | 五 | 一 |
| 19 | 7/26 | 辛卯 | 五 | 九 |
| 20 | 7/27 | 壬辰 | 五 | 八 |
| 21 | 7/28 | 癸巳 | 五 | 七 |
| 22 | 7/29 | 甲午 | 七 | 六 |
| 23 | 7/30 | 乙未 | 七 | 五 |
| 24 | 7/31 | 丙申 | 七 | 四 |
| 25 | 8/1 | 丁酉 | 七 | 三 |
| 26 | 8/2 | 戊戌 | 七 | 二 |
| 27 | 8/3 | 己亥 | 一 | 一 |
| 28 | 8/4 | 庚子 | 一 | 九 |
| 29 | 8/5 | 辛丑 | 一 | 八 |

### 五月　丙午　一白水

夏至：10時23分 十五巳時

| 農曆 | 國曆 | 干支 | 時盤 | 日盤 |
|---|---|---|---|---|
| 1 | 6/8 | 癸卯 | 3 | 7 |
| 2 | 6/9 | 甲辰 | 9 | 8 |
| 3 | 6/10 | 乙巳 | 9 | 9 |
| 4 | 6/11 | 丙午 | 9 | 1 |
| 5 | 6/12 | 丁未 | 9 | 2 |
| 6 | 6/13 | 戊申 | 9 | 3 |
| 7 | 6/14 | 己酉 | 6 | 4 |
| 8 | 6/15 | 庚戌 | 6 | 5 |
| 9 | 6/16 | 辛亥 | 6 | 6 |
| 10 | 6/17 | 壬子 | 6 | 7 |
| 11 | 6/18 | 癸丑 | 6 | 8 |
| 12 | 6/19 | 甲寅 | 3 | 9 |
| 13 | 6/20 | 乙卯 | 3 | 1 |
| 14 | 6/21 | 丙辰 | 3 | 2 |
| 15 | 6/22 | 丁巳 | 3 | 七 |
| 16 | 6/23 | 戊午 | 3 | 六 |
| 17 | 6/24 | 己未 | 9 | 五 |
| 18 | 6/25 | 庚申 | 9 | 四 |
| 19 | 6/26 | 辛酉 | 9 | 三 |
| 20 | 6/27 | 壬戌 | 9 | 二 |
| 21 | 6/28 | 癸亥 | 9 | 一 |
| 22 | 6/29 | 甲子 | 九 | 九 |
| 23 | 6/30 | 乙丑 | 九 | 八 |
| 24 | 7/1 | 丙寅 | 九 | 七 |
| 25 | 7/2 | 丁卯 | 九 | 六 |
| 26 | 7/3 | 戊辰 | 九 | 五 |
| 27 | 7/4 | 己巳 | 三 | 四 |
| 28 | 7/5 | 庚午 | 三 | 三 |
| 29 | 7/6 | 辛未 | 三 | 二 |
| 30 | 7/7 | 壬申 | 三 | 一 |

### 四月　乙巳　二黑土

芒種：17時36分 廿九酉時　小滿：02時18分 十四丑時

| 農曆 | 國曆 | 干支 | 時盤 | 日盤 |
|---|---|---|---|---|
| 1 | 5/9 | 癸酉 | 1 | 4 |
| 2 | 5/10 | 甲戌 | 7 | 5 |
| 3 | 5/11 | 乙亥 | 7 | 6 |
| 4 | 5/12 | 丙子 | 7 | 7 |
| 5 | 5/13 | 丁丑 | 7 | 8 |
| 6 | 5/14 | 戊寅 | 7 | 9 |
| 7 | 5/15 | 己卯 | 5 | 1 |
| 8 | 5/16 | 庚辰 | 5 | 2 |
| 9 | 5/17 | 辛巳 | 5 | 3 |
| 10 | 5/18 | 壬午 | 5 | 4 |
| 11 | 5/19 | 癸未 | 5 | 5 |
| 12 | 5/20 | 甲申 | 2 | 6 |
| 13 | 5/21 | 乙酉 | 2 | 7 |
| 14 | 5/22 | 丙戌 | 2 | 8 |
| 15 | 5/23 | 丁亥 | 2 | 9 |
| 16 | 5/24 | 戊子 | 2 | 1 |
| 17 | 5/25 | 己丑 | 8 | 2 |
| 18 | 5/26 | 庚寅 | 8 | 3 |
| 19 | 5/27 | 辛卯 | 8 | 4 |
| 20 | 5/28 | 壬辰 | 8 | 5 |
| 21 | 5/29 | 癸巳 | 8 | 6 |
| 22 | 5/30 | 甲午 | 6 | 7 |
| 23 | 5/31 | 乙未 | 6 | 8 |
| 24 | 6/1 | 丙申 | 6 | 9 |
| 25 | 6/2 | 丁酉 | 6 | 1 |
| 26 | 6/3 | 戊戌 | 6 | 2 |
| 27 | 6/4 | 己亥 | 3 | 3 |
| 28 | 6/5 | 庚子 | 3 | 4 |
| 29 | 6/6 | 辛丑 | 3 | 5 |
| 30 | 6/7 | 壬寅 | 3 | 6 |

### 三月　甲辰　三碧木

立夏：13時18分 廿七未時　穀雨：02時55分 十二丑時

| 農曆 | 國曆 | 干支 | 時盤 | 日盤 |
|---|---|---|---|---|
| 1 | 4/10 | 甲辰 | 7 | 2 |
| 2 | 4/11 | 乙巳 | 7 | 3 |
| 3 | 4/12 | 丙午 | 7 | 4 |
| 4 | 4/13 | 丁未 | 7 | 5 |
| 5 | 4/14 | 戊申 | 7 | 6 |
| 6 | 4/15 | 己酉 | 5 | 7 |
| 7 | 4/16 | 庚戌 | 5 | 8 |
| 8 | 4/17 | 辛亥 | 5 | 9 |
| 9 | 4/18 | 壬子 | 5 | 1 |
| 10 | 4/19 | 癸丑 | 5 | 2 |
| 11 | 4/20 | 甲寅 | 2 | 3 |
| 12 | 4/21 | 乙卯 | 2 | 4 |
| 13 | 4/22 | 丙辰 | 2 | 5 |
| 14 | 4/23 | 丁巳 | 2 | 6 |
| 15 | 4/24 | 戊午 | 2 | 7 |
| 16 | 4/25 | 己未 | 8 | 8 |
| 17 | 4/26 | 庚申 | 8 | 9 |
| 18 | 4/27 | 辛酉 | 8 | 1 |
| 19 | 4/28 | 壬戌 | 8 | 2 |
| 20 | 4/29 | 癸亥 | 8 | 3 |
| 21 | 4/30 | 甲子 | 4 | 4 |
| 22 | 5/1 | 乙丑 | 4 | 5 |
| 23 | 5/2 | 丙寅 | 4 | 6 |
| 24 | 5/3 | 丁卯 | 4 | 7 |
| 25 | 5/4 | 戊辰 | 4 | 8 |
| 26 | 5/5 | 己巳 | 1 | 9 |
| 27 | 5/6 | 庚午 | 1 | 1 |
| 28 | 5/7 | 辛未 | 1 | 2 |
| 29 | 5/8 | 壬申 | 1 | 3 |

### 二月　癸卯　四綠木

清明：19時45分 廿六戌時　春分：15時37分 十一申時

| 農曆 | 國曆 | 干支 | 時盤 | 日盤 |
|---|---|---|---|---|
| 1 | 3/11 | 甲戌 | 4 | 8 |
| 2 | 3/12 | 乙亥 | 4 | 9 |
| 3 | 3/13 | 丙子 | 4 | 1 |
| 4 | 3/14 | 丁丑 | 4 | 2 |
| 5 | 3/15 | 戊寅 | 4 | 3 |
| 6 | 3/16 | 己卯 | 3 | 4 |
| 7 | 3/17 | 庚辰 | 3 | 5 |
| 8 | 3/18 | 辛巳 | 3 | 6 |
| 9 | 3/19 | 壬午 | 3 | 7 |
| 10 | 3/20 | 癸未 | 3 | 8 |
| 11 | 3/21 | 甲申 | 9 | 9 |
| 12 | 3/22 | 乙酉 | 9 | 1 |
| 13 | 3/23 | 丙戌 | 9 | 2 |
| 14 | 3/24 | 丁亥 | 9 | 3 |
| 15 | 3/25 | 戊子 | 9 | 4 |
| 16 | 3/26 | 己丑 | 6 | 5 |
| 17 | 3/27 | 庚寅 | 6 | 6 |
| 18 | 3/28 | 辛卯 | 6 | 7 |
| 19 | 3/29 | 壬辰 | 6 | 8 |
| 20 | 3/30 | 癸巳 | 6 | 9 |
| 21 | 3/31 | 甲午 | 4 | 1 |
| 22 | 4/1 | 乙未 | 4 | 2 |
| 23 | 4/2 | 丙申 | 4 | 3 |
| 24 | 4/3 | 丁酉 | 4 | 4 |
| 25 | 4/4 | 戊戌 | 4 | 5 |
| 26 | 4/5 | 己亥 | 1 | 6 |
| 27 | 4/6 | 庚子 | 1 | 7 |
| 28 | 4/7 | 辛丑 | 1 | 8 |
| 29 | 4/8 | 壬寅 | 1 | 9 |
| 30 | 4/9 | 癸卯 | 1 | 1 |

### 正月　壬寅　五黃土

驚蟄：14時42分 廿六未時　雨水：16時24分 十一申時

| 農曆 | 國曆 | 干支 | 時盤 | 日盤 |
|---|---|---|---|---|
| 1 | 2/9 | 甲辰 | 2 | 5 |
| 2 | 2/10 | 乙巳 | 2 | 6 |
| 3 | 2/11 | 丙午 | 2 | 7 |
| 4 | 2/12 | 丁未 | 2 | 8 |
| 5 | 2/13 | 戊申 | 2 | 9 |
| 6 | 2/14 | 己酉 | 9 | 1 |
| 7 | 2/15 | 庚戌 | 9 | 2 |
| 8 | 2/16 | 辛亥 | 9 | 3 |
| 9 | 2/17 | 壬子 | 9 | 4 |
| 10 | 2/18 | 癸丑 | 9 | 5 |
| 11 | 2/19 | 甲寅 | 6 | 6 |
| 12 | 2/20 | 乙卯 | 6 | 7 |
| 13 | 2/21 | 丙辰 | 6 | 8 |
| 14 | 2/22 | 丁巳 | 6 | 9 |
| 15 | 2/23 | 戊午 | 6 | 1 |
| 16 | 2/24 | 己未 | 3 | 2 |
| 17 | 2/25 | 庚申 | 3 | 3 |
| 18 | 2/26 | 辛酉 | 3 | 4 |
| 19 | 2/27 | 壬戌 | 3 | 5 |
| 20 | 2/28 | 癸亥 | 3 | 6 |
| 21 | 3/1 | 甲子 | 1 | 7 |
| 22 | 3/2 | 乙丑 | 1 | 8 |
| 23 | 3/3 | 丙寅 | 1 | 9 |
| 24 | 3/4 | 丁卯 | 1 | 1 |
| 25 | 3/5 | 戊辰 | 1 | 2 |
| 26 | 3/6 | 己巳 | 7 | 3 |
| 27 | 3/7 | 庚午 | 7 | 4 |
| 28 | 3/8 | 辛未 | 7 | 5 |
| 29 | 3/9 | 壬申 | 7 | 6 |
| 30 | 3/10 | 癸酉 | 7 | 7 |

# 西元1967年（丁未）肖羊 民國56年（女離命）

奇門遁甲局數如標示為 一 ～九表示陰局　　如標示為1 ～9 表示陽局

| 十二月 | | | | | 十一月 | | | | | 十　月 | | | | | 九　月 | | | | | 八　月 | | | | | 七　月 | | | | |
|---|---|---|---|---|---|---|---|---|---|---|---|---|---|---|---|---|---|---|---|---|---|---|---|---|---|---|---|---|---|
| 癸丑 | | | | | 壬子 | | | | | 辛亥 | | | | | 庚戌 | | | | | 己酉 | | | | | 戊申 | | | | |
| 三碧木 | | | | | 四綠木 | | | | | 五黃土 | | | | | 六白金 | | | | | 七赤金 | | | | | 八白土 | | | | |
| 大寒 07時54分 廿二辰時 | | 小寒 14時26分 初七未時 | 奇門遁甲局數 | | 冬至 21時17分 廿一亥時 | | 大雪 03時18分 初七寅時 | 奇門遁甲局數 | | 小雪 08時05分 廿二辰時 | | 立冬 10時38分 初七巳時 | 奇門遁甲局數 | | 霜降 10時44分 廿一巳時 | | 寒露 07時42分 初六辰時 | 奇門遁甲局數 | | 秋分 01時38分 廿一丑時 | | 白露 16時18分 初五申時 | 奇門遁甲局數 | | 處暑 04時13分 十九寅時 | | 立秋 13時35分 初三未時 | 奇門遁甲局數 | |
| 農曆 | 國曆 | 干支 | 時盤 | 日盤 | 農曆 | 國曆 | 干支 | 時盤 | 日盤 | 農曆 | 國曆 | 干支 | 時盤 | 日盤 | 農曆 | 國曆 | 干支 | 時盤 | 日盤 | 農曆 | 國曆 | 干支 | 時盤 | 日盤 | 農曆 | 國曆 | 干支 | 時盤 | 日盤 |
| 1 | 12/31 | 己巳 | 7 | 6 | 1 | 12/2 | 庚子 | 八 | 六 | 1 | 11/2 | 庚午 | 八 | 九 | 1 | 10/4 | 辛丑 | 一 | 二 | 1 | 9/4 | 辛未 | 四 | 五 | 1 | 8/6 | 壬寅 | 一 | 七 |
| 2 | 1/1 | 庚午 | 7 | 7 | 2 | 12/3 | 辛丑 | 八 | 五 | 2 | 11/3 | 辛未 | 八 | 八 | 2 | 10/5 | 壬寅 | 一 | 一 | 2 | 9/5 | 壬申 | 四 | 四 | 2 | 8/7 | 癸卯 | 一 | 六 |
| 3 | 1/2 | 辛未 | 7 | 8 | 3 | 12/4 | 壬寅 | 八 | 四 | 3 | 11/4 | 壬申 | 八 | 七 | 3 | 10/6 | 癸卯 | 一 | 九 | 3 | 9/6 | 癸酉 | 四 | 三 | 3 | 8/8 | 甲辰 | 四 | 五 |
| 4 | 1/3 | 壬申 | 7 | 9 | 4 | 12/5 | 癸卯 | 八 | 三 | 4 | 11/5 | 癸酉 | 八 | 六 | 4 | 10/7 | 甲辰 | 四 | 八 | 4 | 9/7 | 甲戌 | 七 | 二 | 4 | 8/9 | 乙巳 | 四 | 四 |
| 5 | 1/4 | 癸酉 | 7 | 1 | 5 | 12/6 | 甲辰 | 二 | 二 | 5 | 11/6 | 甲戌 | 二 | 五 | 5 | 10/8 | 乙巳 | 四 | 七 | 5 | 9/8 | 乙亥 | 七 | 一 | 5 | 8/10 | 丙午 | 四 | 三 |
| 6 | 1/5 | 甲戌 | 4 | 2 | 6 | 12/7 | 乙巳 | 二 | 一 | 6 | 11/7 | 乙亥 | 二 | 四 | 6 | 10/9 | 丙午 | 四 | 六 | 6 | 9/9 | 丙子 | 七 | 九 | 6 | 8/11 | 丁未 | 四 | 二 |
| 7 | 1/6 | 乙亥 | 4 | 3 | 7 | 12/8 | 丙午 | 二 | 九 | 7 | 11/8 | 丙子 | 二 | 三 | 7 | 10/10 | 丁未 | 四 | 五 | 7 | 9/10 | 丁丑 | 七 | 八 | 7 | 8/12 | 戊申 | 四 | 一 |
| 8 | 1/7 | 丙子 | 4 | 4 | 8 | 12/9 | 丁未 | 二 | 八 | 8 | 11/9 | 丁丑 | 二 | 二 | 8 | 10/11 | 戊申 | 四 | 四 | 8 | 9/11 | 戊寅 | 七 | 七 | 8 | 8/13 | 己酉 | 二 | 九 |
| 9 | 1/8 | 丁丑 | 4 | 5 | 9 | 12/10 | 戊申 | 二 | 七 | 9 | 11/10 | 戊寅 | 二 | 一 | 9 | 10/12 | 己酉 | 六 | 三 | 9 | 9/12 | 己卯 | 九 | 六 | 9 | 8/14 | 庚戌 | 二 | 八 |
| 10 | 1/9 | 戊寅 | 4 | 6 | 10 | 12/11 | 己酉 | 四 | 六 | 10 | 11/11 | 己卯 | 六 | 九 | 10 | 10/13 | 庚戌 | 六 | 二 | 10 | 9/13 | 庚辰 | 九 | 五 | 10 | 8/15 | 辛亥 | 二 | 七 |
| 11 | 1/10 | 己卯 | 2 | 7 | 11 | 12/12 | 庚戌 | 四 | 五 | 11 | 11/12 | 庚辰 | 六 | 八 | 11 | 10/14 | 辛亥 | 六 | 一 | 11 | 9/14 | 辛巳 | 九 | 四 | 11 | 8/16 | 壬子 | 二 | 六 |
| 12 | 1/11 | 庚辰 | 2 | 8 | 12 | 12/13 | 辛亥 | 四 | 四 | 12 | 11/13 | 辛巳 | 六 | 七 | 12 | 10/15 | 壬子 | 六 | 九 | 12 | 9/15 | 壬午 | 九 | 三 | 12 | 8/17 | 癸丑 | 二 | 五 |
| 13 | 1/12 | 辛巳 | 2 | 9 | 13 | 12/14 | 壬子 | 四 | 三 | 13 | 11/14 | 壬午 | 六 | 六 | 13 | 10/16 | 癸丑 | 六 | 八 | 13 | 9/16 | 癸未 | 九 | 二 | 13 | 8/18 | 甲寅 | 五 | 四 |
| 14 | 1/13 | 壬午 | 2 | 1 | 14 | 12/15 | 癸丑 | 四 | 二 | 14 | 11/15 | 癸未 | 六 | 五 | 14 | 10/17 | 甲寅 | 九 | 七 | 14 | 9/17 | 甲申 | 三 | 一 | 14 | 8/19 | 乙卯 | 五 | 三 |
| 15 | 1/14 | 癸未 | 2 | 2 | 15 | 12/16 | 甲寅 | 七 | 一 | 15 | 11/16 | 甲申 | 九 | 四 | 15 | 10/18 | 乙卯 | 九 | 六 | 15 | 9/18 | 乙酉 | 三 | 九 | 15 | 8/20 | 丙辰 | 五 | 二 |
| 16 | 1/15 | 甲申 | 8 | 3 | 16 | 12/17 | 乙卯 | 七 | 九 | 16 | 11/17 | 乙酉 | 九 | 三 | 16 | 10/19 | 丙辰 | 九 | 五 | 16 | 9/19 | 丙戌 | 三 | 八 | 16 | 8/21 | 丁巳 | 五 | 一 |
| 17 | 1/16 | 乙酉 | 8 | 4 | 17 | 12/18 | 丙辰 | 七 | 八 | 17 | 11/18 | 丙戌 | 九 | 二 | 17 | 10/20 | 丁巳 | 九 | 四 | 17 | 9/20 | 丁亥 | 三 | 七 | 17 | 8/22 | 戊午 | 五 | 九 |
| 18 | 1/17 | 丙戌 | 8 | 5 | 18 | 12/19 | 丁巳 | 七 | 七 | 18 | 11/19 | 丁亥 | 九 | 一 | 18 | 10/21 | 戊午 | 九 | 三 | 18 | 9/21 | 戊子 | 三 | 六 | 18 | 8/23 | 己未 | 八 | 八 |
| 19 | 1/18 | 丁亥 | 8 | 6 | 19 | 12/20 | 戊午 | 七 | 六 | 19 | 11/20 | 戊子 | 九 | 九 | 19 | 10/22 | 己未 | 三 | 二 | 19 | 9/22 | 己丑 | 六 | 五 | 19 | 8/24 | 庚申 | 八 | 七 |
| 20 | 1/19 | 戊子 | 8 | 7 | 20 | 12/21 | 己未 | 一 | 五 | 20 | 11/21 | 己丑 | 三 | 八 | 20 | 10/23 | 庚申 | 三 | 一 | 20 | 9/23 | 庚寅 | 六 | 四 | 20 | 8/25 | 辛酉 | 八 | 六 |
| 21 | 1/20 | 己丑 | 5 | 8 | 21 | 12/22 | 庚申 | 一 | 6 | 21 | 11/22 | 庚寅 | 三 | 七 | 21 | 10/24 | 辛酉 | 三 | 九 | 21 | 9/24 | 辛卯 | 六 | 三 | 21 | 8/26 | 壬戌 | 八 | 五 |
| 22 | 1/21 | 庚寅 | 5 | 9 | 22 | 12/23 | 辛酉 | 一 | 7 | 22 | 11/23 | 辛卯 | 三 | 六 | 22 | 10/25 | 壬戌 | 三 | 八 | 22 | 9/25 | 壬辰 | 六 | 二 | 22 | 8/27 | 癸亥 | 八 | 四 |
| 23 | 1/22 | 辛卯 | 5 | 1 | 23 | 12/24 | 壬戌 | 一 | 8 | 23 | 11/24 | 壬辰 | 三 | 五 | 23 | 10/26 | 癸亥 | 三 | 七 | 23 | 9/26 | 癸巳 | 六 | 一 | 23 | 8/28 | 甲子 | 一 | 三 |
| 24 | 1/23 | 壬辰 | 5 | 2 | 24 | 12/25 | 癸亥 | 一 | 9 | 24 | 11/25 | 癸巳 | 三 | 四 | 24 | 10/27 | 甲子 | 五 | 六 | 24 | 9/27 | 甲午 | 七 | 九 | 24 | 8/29 | 乙丑 | 一 | 二 |
| 25 | 1/24 | 癸巳 | 5 | 3 | 25 | 12/26 | 甲子 | 1 | 1 | 25 | 11/26 | 甲午 | 五 | 三 | 25 | 10/28 | 乙丑 | 五 | 五 | 25 | 9/28 | 乙未 | 七 | 八 | 25 | 8/30 | 丙寅 | 一 | 一 |
| 26 | 1/25 | 甲午 | 3 | 4 | 26 | 12/27 | 乙丑 | 1 | 2 | 26 | 11/27 | 乙未 | 五 | 二 | 26 | 10/29 | 丙寅 | 五 | 四 | 26 | 9/29 | 丙申 | 七 | 七 | 26 | 8/31 | 丁卯 | 一 | 九 |
| 27 | 1/26 | 乙未 | 3 | 5 | 27 | 12/28 | 丙寅 | 1 | 3 | 27 | 11/28 | 丙申 | 五 | 一 | 27 | 10/30 | 丁卯 | 五 | 三 | 27 | 9/30 | 丁酉 | 七 | 六 | 27 | 9/1 | 戊辰 | 一 | 八 |
| 28 | 1/27 | 丙申 | 3 | 6 | 28 | 12/29 | 丁卯 | 1 | 4 | 28 | 11/29 | 丁酉 | 五 | 九 | 28 | 10/31 | 戊辰 | 五 | 二 | 28 | 10/1 | 戊戌 | 七 | 五 | 28 | 9/2 | 己巳 | 四 | 七 |
| 29 | 1/28 | 丁酉 | 3 | 7 | 29 | 12/30 | 戊辰 | 1 | 5 | 29 | 11/30 | 戊戌 | 五 | 八 | 29 | 11/1 | 己巳 | 八 | 一 | 29 | 10/2 | 己亥 | 一 | 四 | 29 | 9/3 | 庚午 | 四 | 六 |
| 30 | 1/29 | 戊戌 | 3 | 8 | | | | | | 30 | 12/1 | 己亥 | 八 | 七 | | | | | | 30 | 10/3 | 庚子 | 一 | 三 | | | | | |

# 西元1968年（戊申）肖猴 民國57年（男坤命）

奇門遁甲局數如標示為 一 ～九表示陰局　　如標示為1 ～9 表示陽局

| 六月 | | | | | 五月 | | | | | 四月 | | | | | 三月 | | | | | 二月 | | | | | 正月 | | | | |
|---|---|---|---|---|---|---|---|---|---|---|---|---|---|---|---|---|---|---|---|---|---|---|---|---|---|---|---|---|---|
| 己未 | | | | | 戊午 | | | | | 丁巳 | | | | | 丙辰 | | | | | 乙卯 | | | | | 甲寅 | | | | |
| 六白金 | | | | | 七赤金 | | | | | 八白土 | | | | | 九紫火 | | | | | 一白水 | | | | | 二黑土 | | | | |
| 大暑 03時08分 廿八寅時 | | 小暑 09時42分 十二巳時 | 奇門遁甲局數 | | 夏至 16時13分 廿六申時 | | 芒種 23時19分 初十子時 | 奇門遁甲局數 | | 小滿 08時06分 廿五辰時 | | 立夏 18時56分 初九酉時 | 奇門遁甲局數 | | 穀雨 08時41分 廿三辰時 | | 清明 01時21分 初八丑時 | 奇門遁甲局數 | | 春分 21時22分 廿二亥時 | | 驚蟄 20時18分 初七戌時 | 奇門遁甲局數 | | 雨水 22時09分 廿一亥時 | | 立春 02時08分 初七丑時 | 奇門遁甲局數 | |
| 農曆 | 國曆 | 干支 | 時盤 | 日盤 | 農曆 | 國曆 | 干支 | 時盤 | 日盤 | 農曆 | 國曆 | 干支 | 時盤 | 日盤 | 農曆 | 國曆 | 干支 | 時盤 | 日盤 | 農曆 | 國曆 | 干支 | 時盤 | 日盤 | 農曆 | 國曆 | 干支 | 時盤 | 日盤 |
| 1 | 6/26 | 丁卯 | 九 | 六 | 1 | 5/27 | 丁酉 | 5 | 1 | 1 | 4/27 | 丁卯 | 5 | 7 | 1 | 3/29 | 戊戌 | 3 | 5 | 1 | 2/28 | 戊辰 | 9 | 2 | 1 | 1/30 | 己亥 | 9 | 9 |
| 2 | 6/27 | 戊辰 | 九 | 五 | 2 | 5/28 | 戊戌 | 5 | 2 | 2 | 4/28 | 戊辰 | 5 | 8 | 2 | 3/30 | 己亥 | 9 | 6 | 2 | 2/29 | 己巳 | 6 | 3 | 2 | 1/31 | 庚子 | 9 | 1 |
| 3 | 6/28 | 己巳 | 三 | 四 | 3 | 5/29 | 己亥 | 2 | 3 | 3 | 4/29 | 己巳 | 2 | 9 | 3 | 3/31 | 庚子 | 9 | 7 | 3 | 3/1 | 庚午 | 6 | 4 | 3 | 2/1 | 辛丑 | 9 | 2 |
| 4 | 6/29 | 庚午 | 三 | 三 | 4 | 5/30 | 庚子 | 2 | 4 | 4 | 4/30 | 庚午 | 2 | 1 | 4 | 4/1 | 辛丑 | 9 | 8 | 4 | 3/2 | 辛未 | 6 | 5 | 4 | 2/2 | 壬寅 | 9 | 3 |
| 5 | 6/30 | 辛未 | 三 | 二 | 5 | 5/31 | 辛丑 | 2 | 5 | 5 | 5/1 | 辛未 | 2 | 2 | 5 | 4/2 | 壬寅 | 9 | 9 | 5 | 3/3 | 壬申 | 6 | 6 | 5 | 2/3 | 癸卯 | 9 | 4 |
| 6 | 7/1 | 壬申 | 三 | 一 | 6 | 6/1 | 壬寅 | 2 | 6 | 6 | 5/2 | 壬申 | 2 | 3 | 6 | 4/3 | 癸卯 | 9 | 1 | 6 | 3/4 | 癸酉 | 6 | 7 | 6 | 2/4 | 甲辰 | 6 | 5 |
| 7 | 7/2 | 癸酉 | 三 | 九 | 7 | 6/2 | 癸卯 | 2 | 7 | 7 | 5/3 | 癸酉 | 2 | 4 | 7 | 4/4 | 甲辰 | 6 | 2 | 7 | 3/5 | 甲戌 | 3 | 8 | 7 | 2/5 | 乙巳 | 6 | 6 |
| 8 | 7/3 | 甲戌 | 六 | 八 | 8 | 6/3 | 甲辰 | 8 | 8 | 8 | 5/4 | 甲戌 | 8 | 5 | 8 | 4/5 | 乙巳 | 6 | 3 | 8 | 3/6 | 乙亥 | 3 | 9 | 8 | 2/6 | 丙午 | 6 | 7 |
| 9 | 7/4 | 乙亥 | 六 | 七 | 9 | 6/4 | 乙巳 | 8 | 9 | 9 | 5/5 | 乙亥 | 8 | 6 | 9 | 4/6 | 丙午 | 6 | 4 | 9 | 3/7 | 丙子 | 3 | 1 | 9 | 2/7 | 丁未 | 6 | 8 |
| 10 | 7/5 | 丙子 | 六 | 六 | 10 | 6/5 | 丙午 | 8 | 1 | 10 | 5/6 | 丙子 | 8 | 7 | 10 | 4/7 | 丁未 | 6 | 5 | 10 | 3/8 | 丁丑 | 3 | 2 | 10 | 2/8 | 戊申 | 6 | 9 |
| 11 | 7/6 | 丁丑 | 六 | 五 | 11 | 6/6 | 丁未 | 8 | 2 | 11 | 5/7 | 丁丑 | 8 | 8 | 11 | 4/8 | 戊申 | 6 | 6 | 11 | 3/9 | 戊寅 | 3 | 3 | 11 | 2/9 | 己酉 | 8 | 1 |
| 12 | 7/7 | 戊寅 | 六 | 四 | 12 | 6/7 | 戊申 | 8 | 3 | 12 | 5/8 | 戊寅 | 8 | 9 | 12 | 4/9 | 己酉 | 4 | 7 | 12 | 3/10 | 己卯 | 1 | 4 | 12 | 2/10 | 庚戌 | 8 | 2 |
| 13 | 7/8 | 己卯 | 八 | 三 | 13 | 6/8 | 己酉 | 6 | 4 | 13 | 5/9 | 己卯 | 4 | 1 | 13 | 4/10 | 庚戌 | 4 | 8 | 13 | 3/11 | 庚辰 | 1 | 5 | 13 | 2/11 | 辛亥 | 8 | 3 |
| 14 | 7/9 | 庚辰 | 八 | 二 | 14 | 6/9 | 庚戌 | 6 | 5 | 14 | 5/10 | 庚辰 | 4 | 2 | 14 | 4/11 | 辛亥 | 4 | 9 | 14 | 3/12 | 辛巳 | 1 | 6 | 14 | 2/12 | 壬子 | 8 | 4 |
| 15 | 7/10 | 辛巳 | 八 | 一 | 15 | 6/10 | 辛亥 | 6 | 6 | 15 | 5/11 | 辛巳 | 4 | 3 | 15 | 4/12 | 壬子 | 4 | 1 | 15 | 3/13 | 壬午 | 1 | 7 | 15 | 2/13 | 癸丑 | 8 | 5 |
| 16 | 7/11 | 壬午 | 八 | 九 | 16 | 6/11 | 壬子 | 6 | 7 | 16 | 5/12 | 壬午 | 4 | 4 | 16 | 4/13 | 癸丑 | 4 | 2 | 16 | 3/14 | 癸未 | 1 | 8 | 16 | 2/14 | 甲寅 | 5 | 6 |
| 17 | 7/12 | 癸未 | 八 | 八 | 17 | 6/12 | 癸丑 | 6 | 8 | 17 | 5/13 | 癸未 | 4 | 5 | 17 | 4/14 | 甲寅 | 1 | 3 | 17 | 3/15 | 甲申 | 7 | 9 | 17 | 2/15 | 乙卯 | 5 | 7 |
| 18 | 7/13 | 甲申 | 二 | 七 | 18 | 6/13 | 甲寅 | 3 | 9 | 18 | 5/14 | 甲申 | 1 | 6 | 18 | 4/15 | 乙卯 | 1 | 4 | 18 | 3/16 | 乙酉 | 7 | 1 | 18 | 2/16 | 丙辰 | 5 | 8 |
| 19 | 7/14 | 乙酉 | 二 | 六 | 19 | 6/14 | 乙卯 | 3 | 1 | 19 | 5/15 | 乙酉 | 1 | 7 | 19 | 4/16 | 丙辰 | 1 | 5 | 19 | 3/17 | 丙戌 | 7 | 2 | 19 | 2/17 | 丁巳 | 5 | 9 |
| 20 | 7/15 | 丙戌 | 二 | 五 | 20 | 6/15 | 丙辰 | 3 | 2 | 20 | 5/16 | 丙戌 | 1 | 8 | 20 | 4/17 | 丁巳 | 1 | 6 | 20 | 3/18 | 丁亥 | 7 | 3 | 20 | 2/18 | 戊午 | 5 | 1 |
| 21 | 7/16 | 丁亥 | 二 | 四 | 21 | 6/16 | 丁巳 | 3 | 3 | 21 | 5/17 | 丁亥 | 1 | 9 | 21 | 4/18 | 戊午 | 1 | 7 | 21 | 3/19 | 戊子 | 7 | 4 | 21 | 2/19 | 己未 | 2 | 2 |
| 22 | 7/17 | 戊子 | 二 | 三 | 22 | 6/17 | 戊午 | 3 | 4 | 22 | 5/18 | 戊子 | 1 | 1 | 22 | 4/19 | 己未 | 7 | 8 | 22 | 3/20 | 己丑 | 4 | 5 | 22 | 2/20 | 庚申 | 2 | 3 |
| 23 | 7/18 | 己丑 | 五 | 二 | 23 | 6/18 | 己未 | 9 | 5 | 23 | 5/19 | 己丑 | 7 | 2 | 23 | 4/20 | 庚申 | 7 | 9 | 23 | 3/21 | 庚寅 | 4 | 6 | 23 | 2/21 | 辛酉 | 2 | 4 |
| 24 | 7/19 | 庚寅 | 五 | 一 | 24 | 6/19 | 庚申 | 9 | 6 | 24 | 5/20 | 庚寅 | 7 | 3 | 24 | 4/21 | 辛酉 | 7 | 1 | 24 | 3/22 | 辛卯 | 4 | 7 | 24 | 2/22 | 壬戌 | 2 | 5 |
| 25 | 7/20 | 辛卯 | 五 | 九 | 25 | 6/20 | 辛酉 | 9 | 7 | 25 | 5/21 | 辛卯 | 7 | 4 | 25 | 4/22 | 壬戌 | 7 | 2 | 25 | 3/23 | 壬辰 | 4 | 8 | 25 | 2/23 | 癸亥 | 2 | 6 |
| 26 | 7/21 | 壬辰 | 五 | 八 | 26 | 6/21 | 壬戌 | 9 | 二 | 26 | 5/22 | 壬辰 | 7 | 5 | 26 | 4/23 | 癸亥 | 7 | 3 | 26 | 3/24 | 癸巳 | 4 | 9 | 26 | 2/24 | 甲子 | 9 | 7 |
| 27 | 7/22 | 癸巳 | 五 | 七 | 27 | 6/22 | 癸亥 | 9 | 一 | 27 | 5/23 | 癸巳 | 7 | 6 | 27 | 4/24 | 甲子 | 5 | 4 | 27 | 3/25 | 甲午 | 3 | 1 | 27 | 2/25 | 乙丑 | 9 | 8 |
| 28 | 7/23 | 甲午 | 七 | 六 | 28 | 6/23 | 甲子 | 九 | 九 | 28 | 5/24 | 甲午 | 5 | 7 | 28 | 4/25 | 乙丑 | 5 | 5 | 28 | 3/26 | 乙未 | 3 | 2 | 28 | 2/26 | 丙寅 | 9 | 9 |
| 29 | 7/24 | 乙未 | 七 | 五 | 29 | 6/24 | 乙丑 | 九 | 八 | 29 | 5/25 | 乙未 | 5 | 8 | 29 | 4/26 | 丙寅 | 5 | 6 | 29 | 3/27 | 丙申 | 3 | 3 | 29 | 2/27 | 丁卯 | 9 | 1 |
| | | | | | 30 | 6/25 | 丙寅 | 九 | 七 | 30 | 5/26 | 丙申 | 5 | 9 | | | | | | 30 | 3/28 | 丁酉 | 3 | 4 | | | | | |

# 西元1968年（戊申）肖猴 民國57年（女坎命）

奇門遁甲局數如標示為 一 ～九表示陰局　　如標示為1 ～9 表示陽局

| 十二月 | | | | | 十一月 | | | | | 十　月 | | | | | 九　月 | | | | | 八　月 | | | | | 潤七　月 | | | | | 七　月 | | | | |
|---|---|---|---|---|---|---|---|---|---|---|---|---|---|---|---|---|---|---|---|---|---|---|---|---|---|---|---|---|---|---|---|---|---|---|
| 乙丑 | | | | | 甲子 | | | | | 癸亥 | | | | | 壬戌 | | | | | 辛酉 | | | | | 辛酉 | | | | | 庚申 | | | | |
| 九紫火 | | | | | 一白水 | | | | | 二黑土 | | | | | 三碧木 | | | | | 四綠木 | | | | | | | | | | 五黃土 | | | | |
| 立春 07時59分 十八辰時 | | 大寒 13時38分 初三未時 | 奇門遁甲局數 | | 小寒 20時17分 十七戌時 | | 冬至 03時00分 初三寅時 | 奇門遁甲局數 | | 大雪 09時09分 十八巳時 | | 小雪 13時49分 初三未時 | 奇門遁甲局數 | | 立冬 16時29分 十七申時 | | 霜降 16時30分 初二申時 | 奇門遁甲局數 | | 寒露 13時35分 十七未時 | | 秋分 07時26分 初二辰時 | 奇門遁甲局數 | | 白露 22時12分 十五亥時 | | | 奇門遁甲局數 | | 處暑 10時03分 三十巳時 | | 立秋 19時27分 十四戌時 | 奇門遁甲局數 | |
| 農曆 | 國曆 | 干支 | 時盤 | 日盤 | 農曆 | 國曆 | 干支 | 時盤 | 日盤 | 農曆 | 國曆 | 干支 | 時盤 | 日盤 | 農曆 | 國曆 | 干支 | 時盤 | 日盤 | 農曆 | 國曆 | 干支 | 時盤 | 日盤 | 農曆 | 國曆 | 干支 | 時盤 | 日盤 | 農曆 | 國曆 | 干支 | 時盤 | 日盤 |
| 1 | 1/18 | 癸巳 | 5 | 3 | 1 | 12/20 | 甲子 | 1 | 九 | 1 | 11/20 | 甲午 | 五 | 三 | 1 | 10/22 | 乙丑 | 五 | 五 | 1 | 9/22 | 乙未 | 七 | 八 | 1 | 8/24 | 丙寅 | 一 | 一 | 1 | 7/25 | 丙申 | 七 | 四 |
| 2 | 1/19 | 甲午 | 3 | 4 | 2 | 12/21 | 乙丑 | 1 | 八 | 2 | 11/21 | 乙未 | 五 | 二 | 2 | 10/23 | 丙寅 | 五 | 四 | 2 | 9/23 | 丙申 | 七 | 七 | 2 | 8/25 | 丁卯 | 一 | 九 | 2 | 7/26 | 丁酉 | 七 | 三 |
| 3 | 1/20 | 乙未 | 3 | 5 | 3 | 12/22 | 丙寅 | 1 | 3 | 3 | 11/22 | 丙申 | 五 | 一 | 3 | 10/24 | 丁卯 | 五 | 三 | 3 | 9/24 | 丁酉 | 七 | 六 | 3 | 8/26 | 戊辰 | 一 | 八 | 3 | 7/27 | 戊戌 | 七 | 二 |
| 4 | 1/21 | 丙申 | 3 | 6 | 4 | 12/23 | 丁卯 | 1 | 4 | 4 | 11/23 | 丁酉 | 五 | 九 | 4 | 10/25 | 戊辰 | 五 | 二 | 4 | 9/25 | 戊戌 | 七 | 五 | 4 | 8/27 | 己巳 | 四 | 七 | 4 | 7/28 | 己亥 | 一 | 一 |
| 5 | 1/22 | 丁酉 | 3 | 7 | 5 | 12/24 | 戊辰 | 1 | 5 | 5 | 11/24 | 戊戌 | 五 | 八 | 5 | 10/26 | 己巳 | 八 | 一 | 5 | 9/26 | 己亥 | 一 | 四 | 5 | 8/28 | 庚午 | 四 | 六 | 5 | 7/29 | 庚子 | 一 | 九 |
| 6 | 1/23 | 戊戌 | 3 | 8 | 6 | 12/25 | 己巳 | 7 | 6 | 6 | 11/25 | 己亥 | 八 | 七 | 6 | 10/27 | 庚午 | 八 | 九 | 6 | 9/27 | 庚子 | 一 | 三 | 6 | 8/29 | 辛未 | 四 | 五 | 6 | 7/30 | 辛丑 | 一 | 八 |
| 7 | 1/24 | 己亥 | 9 | 9 | 7 | 12/26 | 庚午 | 7 | 7 | 7 | 11/26 | 庚子 | 八 | 六 | 7 | 10/28 | 辛未 | 八 | 八 | 7 | 9/28 | 辛丑 | 一 | 二 | 7 | 8/30 | 壬申 | 四 | 四 | 7 | 7/31 | 壬寅 | 一 | 七 |
| 8 | 1/25 | 庚子 | 9 | 1 | 8 | 12/27 | 辛未 | 7 | 8 | 8 | 11/27 | 辛丑 | 八 | 五 | 8 | 10/29 | 壬申 | 八 | 七 | 8 | 9/29 | 壬寅 | 一 | 一 | 8 | 8/31 | 癸酉 | 四 | 三 | 8 | 8/1 | 癸卯 | 一 | 六 |
| 9 | 1/26 | 辛丑 | 9 | 2 | 9 | 12/28 | 壬申 | 7 | 9 | 9 | 11/28 | 壬寅 | 八 | 四 | 9 | 10/30 | 癸酉 | 八 | 六 | 9 | 9/30 | 癸卯 | 一 | 九 | 9 | 9/1 | 甲戌 | 七 | 二 | 9 | 8/2 | 甲辰 | 四 | 五 |
| 10 | 1/27 | 壬寅 | 9 | 3 | 10 | 12/29 | 癸酉 | 7 | 1 | 10 | 11/29 | 癸卯 | 八 | 三 | 10 | 10/31 | 甲戌 | 二 | 五 | 10 | 10/1 | 甲辰 | 四 | 八 | 10 | 9/2 | 乙亥 | 七 | 一 | 10 | 8/3 | 乙巳 | 四 | 四 |
| 11 | 1/28 | 癸卯 | 9 | 4 | 11 | 12/30 | 甲戌 | 4 | 2 | 11 | 11/30 | 甲辰 | 二 | 二 | 11 | 11/1 | 乙亥 | 二 | 四 | 11 | 10/2 | 乙巳 | 四 | 七 | 11 | 9/3 | 丙子 | 七 | 九 | 11 | 8/4 | 丙午 | 四 | 三 |
| 12 | 1/29 | 甲辰 | 6 | 5 | 12 | 12/31 | 乙亥 | 4 | 3 | 12 | 12/1 | 乙巳 | 二 | 一 | 12 | 11/2 | 丙子 | 二 | 三 | 12 | 10/3 | 丙午 | 四 | 六 | 12 | 9/4 | 丁丑 | 七 | 八 | 12 | 8/5 | 丁未 | 四 | 二 |
| 13 | 1/30 | 乙巳 | 6 | 6 | 13 | 1/1 | 丙子 | 4 | 4 | 13 | 12/2 | 丙午 | 二 | 九 | 13 | 11/3 | 丁丑 | 二 | 二 | 13 | 10/4 | 丁未 | 四 | 五 | 13 | 9/5 | 戊寅 | 七 | 七 | 13 | 8/6 | 戊申 | 四 | 一 |
| 14 | 1/31 | 丙午 | 6 | 7 | 14 | 1/2 | 丁丑 | 4 | 5 | 14 | 12/3 | 丁未 | 二 | 八 | 14 | 11/4 | 戊寅 | 二 | 一 | 14 | 10/5 | 戊申 | 四 | 四 | 14 | 9/6 | 己卯 | 九 | 六 | 14 | 8/7 | 己酉 | 二 | 九 |
| 15 | 2/1 | 丁未 | 6 | 8 | 15 | 1/3 | 戊寅 | 4 | 6 | 15 | 12/4 | 戊申 | 二 | 七 | 15 | 11/5 | 己卯 | 六 | 九 | 15 | 10/6 | 己酉 | 六 | 三 | 15 | 9/7 | 庚辰 | 九 | 五 | 15 | 8/8 | 庚戌 | 二 | 八 |
| 16 | 2/2 | 戊申 | 6 | 9 | 16 | 1/4 | 己卯 | 2 | 7 | 16 | 12/5 | 己酉 | 四 | 六 | 16 | 11/6 | 庚辰 | 六 | 八 | 16 | 10/7 | 庚戌 | 六 | 二 | 16 | 9/8 | 辛巳 | 九 | 四 | 16 | 8/9 | 辛亥 | 二 | 七 |
| 17 | 2/3 | 己酉 | 8 | 1 | 17 | 1/5 | 庚辰 | 2 | 8 | 17 | 12/6 | 庚戌 | 四 | 五 | 17 | 11/7 | 辛巳 | 六 | 七 | 17 | 10/8 | 辛亥 | 六 | 一 | 17 | 9/9 | 壬午 | 九 | 三 | 17 | 8/10 | 壬子 | 二 | 六 |
| 18 | 2/4 | 庚戌 | 8 | 2 | 18 | 1/6 | 辛巳 | 2 | 9 | 18 | 12/7 | 辛亥 | 四 | 四 | 18 | 11/8 | 壬午 | 六 | 六 | 18 | 10/9 | 壬子 | 六 | 九 | 18 | 9/10 | 癸未 | 九 | 二 | 18 | 8/11 | 癸丑 | 二 | 五 |
| 19 | 2/5 | 辛亥 | 8 | 3 | 19 | 1/7 | 壬午 | 2 | 1 | 19 | 12/8 | 壬子 | 四 | 三 | 19 | 11/9 | 癸未 | 六 | 五 | 19 | 10/10 | 癸丑 | 六 | 八 | 19 | 9/11 | 甲申 | 三 | 一 | 19 | 8/12 | 甲寅 | 五 | 四 |
| 20 | 2/6 | 壬子 | 8 | 4 | 20 | 1/8 | 癸未 | 2 | 2 | 20 | 12/9 | 癸丑 | 四 | 二 | 20 | 11/10 | 甲申 | 九 | 四 | 20 | 10/11 | 甲寅 | 九 | 七 | 20 | 9/12 | 乙酉 | 三 | 九 | 20 | 8/13 | 乙卯 | 五 | 三 |
| 21 | 2/7 | 癸丑 | 8 | 5 | 21 | 1/9 | 甲申 | 8 | 3 | 21 | 12/10 | 甲寅 | 七 | 一 | 21 | 11/11 | 乙酉 | 九 | 三 | 21 | 10/12 | 乙卯 | 九 | 六 | 21 | 9/13 | 丙戌 | 三 | 八 | 21 | 8/14 | 丙辰 | 五 | 二 |
| 22 | 2/8 | 甲寅 | 5 | 6 | 22 | 1/10 | 乙酉 | 8 | 4 | 22 | 12/11 | 乙卯 | 七 | 九 | 22 | 11/12 | 丙戌 | 九 | 二 | 22 | 10/13 | 丙辰 | 九 | 五 | 22 | 9/14 | 丁亥 | 三 | 七 | 22 | 8/15 | 丁巳 | 五 | 一 |
| 23 | 2/9 | 乙卯 | 5 | 7 | 23 | 1/11 | 丙戌 | 8 | 5 | 23 | 12/12 | 丙辰 | 七 | 八 | 23 | 11/13 | 丁亥 | 九 | 一 | 23 | 10/14 | 丁巳 | 九 | 四 | 23 | 9/15 | 戊子 | 三 | 六 | 23 | 8/16 | 戊午 | 五 | 九 |
| 24 | 2/10 | 丙辰 | 5 | 8 | 24 | 1/12 | 丁亥 | 8 | 6 | 24 | 12/13 | 丁巳 | 七 | 七 | 24 | 11/14 | 戊子 | 九 | 九 | 24 | 10/15 | 戊午 | 九 | 三 | 24 | 9/16 | 己丑 | 六 | 五 | 24 | 8/17 | 己未 | 八 | 八 |
| 25 | 2/11 | 丁巳 | 5 | 9 | 25 | 1/13 | 戊子 | 8 | 7 | 25 | 12/14 | 戊午 | 七 | 六 | 25 | 11/15 | 己丑 | 三 | 八 | 25 | 10/16 | 己未 | 三 | 二 | 25 | 9/17 | 庚寅 | 六 | 四 | 25 | 8/18 | 庚申 | 八 | 七 |
| 26 | 2/12 | 戊午 | 5 | 1 | 26 | 1/14 | 己丑 | 5 | 8 | 26 | 12/15 | 己未 | 一 | 五 | 26 | 11/16 | 庚寅 | 三 | 七 | 26 | 10/17 | 庚申 | 三 | 一 | 26 | 9/18 | 辛卯 | 六 | 三 | 26 | 8/19 | 辛酉 | 八 | 六 |
| 27 | 2/13 | 己未 | 2 | 2 | 27 | 1/15 | 庚寅 | 5 | 9 | 27 | 12/16 | 庚申 | 一 | 四 | 27 | 11/17 | 辛卯 | 三 | 六 | 27 | 10/18 | 辛酉 | 三 | 九 | 27 | 9/19 | 壬辰 | 六 | 二 | 27 | 8/20 | 壬戌 | 八 | 五 |
| 28 | 2/14 | 庚申 | 2 | 3 | 28 | 1/16 | 辛卯 | 5 | 1 | 28 | 12/17 | 辛酉 | 一 | 三 | 28 | 11/18 | 壬辰 | 三 | 五 | 28 | 10/19 | 壬戌 | 三 | 八 | 28 | 9/20 | 癸巳 | 六 | 一 | 28 | 8/21 | 癸亥 | 八 | 四 |
| 29 | 2/15 | 辛酉 | 2 | 4 | 29 | 1/17 | 壬辰 | 5 | 2 | 29 | 12/18 | 壬戌 | 一 | 二 | 29 | 11/19 | 癸巳 | 三 | 四 | 29 | 10/20 | 癸亥 | 三 | 七 | 29 | 9/21 | 甲午 | 七 | 九 | 29 | 8/22 | 甲子 | 一 | 三 |
| 30 | 2/16 | 壬戌 | 2 | 5 | | | | | | 30 | 12/19 | 癸亥 | 一 | 一 | | | | | | 30 | 10/21 | 甲子 | 五 | 六 | | | | | | 30 | 8/23 | 乙丑 | 一 | 二 |

# 西元1969年（己酉）肖雞 民國58年（男巽命）

奇門遁甲局數如標示為 一 ～九表示陰局　　如標示為1 ～9 表示陽局

| | 六月 | 五月 | 四月 | 三月 | 二月 | 正月 |
|---|---|---|---|---|---|---|
| | 辛未 | 庚午 | 己巳 | 戊辰 | 丁卯 | 丙寅 |
| | 三碧木 | 四綠木 | 五黃土 | 六白金 | 七赤金 | 八白土 |
| | 立秋 01時14分 廿六丑時 | 小暑 15時32分 廿三申時 | 芒種 05時12分 廿二卯時 | 立夏 00時50分 二十子時 | 清明 07時15分 十九辰時 | 驚蟄 02時11分 十八丑時 |
| | 大暑 08時48分 初十辰時 | 夏至 21時55分 初七亥時 | 小滿 13時50分 初六未時 | 穀雨 14時27分 初四未時 | 春分 03時08分 初四寅時 | 雨水 03時55分 初三寅時 |
| | 奇門遁甲局數 | 奇門遁甲局數 | 奇門遁甲局數 | 奇門遁甲局數 | 奇門遁甲局數 | 奇門遁甲局數 |

六月

| 農曆 | 國曆 | 干支 | 時盤 | 日盤 |
|---|---|---|---|---|
| 1 | 7/14 | 庚寅 | 五 | 一 |
| 2 | 7/15 | 辛卯 | 五 | 九 |
| 3 | 7/16 | 壬辰 | 五 | 八 |
| 4 | 7/17 | 癸巳 | 五 | 七 |
| 5 | 7/18 | 甲午 | 七 | 六 |
| 6 | 7/19 | 乙未 | 七 | 五 |
| 7 | 7/20 | 丙申 | 七 | 四 |
| 8 | 7/21 | 丁酉 | 七 | 三 |
| 9 | 7/22 | 戊戌 | 七 | 二 |
| 10 | 7/23 | 己亥 | 一 | 一 |
| 11 | 7/24 | 庚子 | 一 | 九 |
| 12 | 7/25 | 辛丑 | 一 | 八 |
| 13 | 7/26 | 壬寅 | 一 | 七 |
| 14 | 7/27 | 癸卯 | 一 | 六 |
| 15 | 7/28 | 甲辰 | 四 | 五 |
| 16 | 7/29 | 乙巳 | 四 | 四 |
| 17 | 7/30 | 丙午 | 四 | 三 |
| 18 | 7/31 | 丁未 | 四 | 二 |
| 19 | 8/1 | 戊申 | 四 | 一 |
| 20 | 8/2 | 己酉 | 二 | 九 |
| 21 | 8/3 | 庚戌 | 二 | 八 |
| 22 | 8/4 | 辛亥 | 二 | 七 |
| 23 | 8/5 | 壬子 | 二 | 六 |
| 24 | 8/6 | 癸丑 | 二 | 五 |
| 25 | 8/7 | 甲寅 | 五 | 四 |
| 26 | 8/8 | 乙卯 | 五 | 三 |
| 27 | 8/9 | 丙辰 | 五 | 二 |
| 28 | 8/10 | 丁巳 | 五 | 一 |
| 29 | 8/11 | 戊午 | 五 | 九 |
| 30 | 8/12 | 己未 | 八 | 八 |

五月

| 農曆 | 國曆 | 干支 | 時盤 | 日盤 |
|---|---|---|---|---|
| 1 | 6/15 | 辛酉 | 9 | 7 |
| 2 | 6/16 | 壬戌 | 9 | 8 |
| 3 | 6/17 | 癸亥 | 9 | 9 |
| 4 | 6/18 | 甲子 | 九 | 1 |
| 5 | 6/19 | 乙丑 | 九 | 2 |
| 6 | 6/20 | 丙寅 | 九 | 3 |
| 7 | 6/21 | 丁卯 | 九 | 六 |
| 8 | 6/22 | 戊辰 | 九 | 五 |
| 9 | 6/23 | 己巳 | 三 | 四 |
| 10 | 6/24 | 庚午 | 三 | 三 |
| 11 | 6/25 | 辛未 | 三 | 二 |
| 12 | 6/26 | 壬申 | 三 | 一 |
| 13 | 6/27 | 癸酉 | 三 | 九 |
| 14 | 6/28 | 甲戌 | 六 | 八 |
| 15 | 6/29 | 乙亥 | 六 | 七 |
| 16 | 6/30 | 丙子 | 六 | 六 |
| 17 | 7/1 | 丁丑 | 六 | 五 |
| 18 | 7/2 | 戊寅 | 六 | 四 |
| 19 | 7/3 | 己卯 | 八 | 三 |
| 20 | 7/4 | 庚辰 | 八 | 二 |
| 21 | 7/5 | 辛巳 | 八 | 一 |
| 22 | 7/6 | 壬午 | 八 | 九 |
| 23 | 7/7 | 癸未 | 八 | 八 |
| 24 | 7/8 | 甲申 | 二 | 七 |
| 25 | 7/9 | 乙酉 | 二 | 六 |
| 26 | 7/10 | 丙戌 | 二 | 五 |
| 27 | 7/11 | 丁亥 | 二 | 四 |
| 28 | 7/12 | 戊子 | 二 | 三 |
| 29 | 7/13 | 己丑 | 五 | 二 |
| | | | | |

四月

| 農曆 | 國曆 | 干支 | 時盤 | 日盤 |
|---|---|---|---|---|
| 1 | 5/16 | 辛卯 | 7 | 4 |
| 2 | 5/17 | 壬辰 | 7 | 5 |
| 3 | 5/18 | 癸巳 | 7 | 6 |
| 4 | 5/19 | 甲午 | 5 | 7 |
| 5 | 5/20 | 乙未 | 5 | 8 |
| 6 | 5/21 | 丙申 | 5 | 9 |
| 7 | 5/22 | 丁酉 | 5 | 1 |
| 8 | 5/23 | 戊戌 | 5 | 2 |
| 9 | 5/24 | 己亥 | 2 | 3 |
| 10 | 5/25 | 庚子 | 2 | 4 |
| 11 | 5/26 | 辛丑 | 2 | 5 |
| 12 | 5/27 | 壬寅 | 2 | 6 |
| 13 | 5/28 | 癸卯 | 2 | 7 |
| 14 | 5/29 | 甲辰 | 8 | 8 |
| 15 | 5/30 | 乙巳 | 8 | 9 |
| 16 | 5/31 | 丙午 | 8 | 1 |
| 17 | 6/1 | 丁未 | 8 | 2 |
| 18 | 6/2 | 戊申 | 8 | 3 |
| 19 | 6/3 | 己酉 | 6 | 4 |
| 20 | 6/4 | 庚戌 | 6 | 5 |
| 21 | 6/5 | 辛亥 | 6 | 6 |
| 22 | 6/6 | 壬子 | 6 | 7 |
| 23 | 6/7 | 癸丑 | 6 | 8 |
| 24 | 6/8 | 甲寅 | 3 | 9 |
| 25 | 6/9 | 乙卯 | 3 | 1 |
| 26 | 6/10 | 丙辰 | 3 | 2 |
| 27 | 6/11 | 丁巳 | 3 | 3 |
| 28 | 6/12 | 戊午 | 3 | 4 |
| 29 | 6/13 | 己未 | 9 | 5 |
| 30 | 6/14 | 庚申 | 9 | 6 |

三月

| 農曆 | 國曆 | 干支 | 時盤 | 日盤 |
|---|---|---|---|---|
| 1 | 4/17 | 壬戌 | 7 | 2 |
| 2 | 4/18 | 癸亥 | 7 | 3 |
| 3 | 4/19 | 甲子 | 5 | 4 |
| 4 | 4/20 | 乙丑 | 5 | 5 |
| 5 | 4/21 | 丙寅 | 5 | 6 |
| 6 | 4/22 | 丁卯 | 5 | 7 |
| 7 | 4/23 | 戊辰 | 5 | 8 |
| 8 | 4/24 | 己巳 | 2 | 9 |
| 9 | 4/25 | 庚午 | 2 | 1 |
| 10 | 4/26 | 辛未 | 2 | 2 |
| 11 | 4/27 | 壬申 | 2 | 3 |
| 12 | 4/28 | 癸酉 | 2 | 4 |
| 13 | 4/29 | 甲戌 | 8 | 5 |
| 14 | 4/30 | 乙亥 | 8 | 6 |
| 15 | 5/1 | 丙子 | 8 | 7 |
| 16 | 5/2 | 丁丑 | 8 | 8 |
| 17 | 5/3 | 戊寅 | 8 | 9 |
| 18 | 5/4 | 己卯 | 4 | 1 |
| 19 | 5/5 | 庚辰 | 4 | 2 |
| 20 | 5/6 | 辛巳 | 4 | 3 |
| 21 | 5/7 | 壬午 | 4 | 4 |
| 22 | 5/8 | 癸未 | 4 | 5 |
| 23 | 5/9 | 甲申 | 1 | 6 |
| 24 | 5/10 | 乙酉 | 1 | 7 |
| 25 | 5/11 | 丙戌 | 1 | 8 |
| 26 | 5/12 | 丁亥 | 1 | 9 |
| 27 | 5/13 | 戊子 | 1 | 1 |
| 28 | 5/14 | 己丑 | 7 | 2 |
| 29 | 5/15 | 庚寅 | 7 | 3 |
| | | | | |

二月

| 農曆 | 國曆 | 干支 | 時盤 | 日盤 |
|---|---|---|---|---|
| 1 | 3/18 | 壬辰 | 4 | 8 |
| 2 | 3/19 | 癸巳 | 4 | 9 |
| 3 | 3/20 | 甲午 | 3 | 1 |
| 4 | 3/21 | 乙未 | 3 | 2 |
| 5 | 3/22 | 丙申 | 3 | 3 |
| 6 | 3/23 | 丁酉 | 3 | 4 |
| 7 | 3/24 | 戊戌 | 3 | 5 |
| 8 | 3/25 | 己亥 | 9 | 6 |
| 9 | 3/26 | 庚子 | 9 | 7 |
| 10 | 3/27 | 辛丑 | 9 | 8 |
| 11 | 3/28 | 壬寅 | 9 | 9 |
| 12 | 3/29 | 癸卯 | 9 | 1 |
| 13 | 3/30 | 甲辰 | 6 | 2 |
| 14 | 3/31 | 乙巳 | 6 | 3 |
| 15 | 4/1 | 丙午 | 6 | 4 |
| 16 | 4/2 | 丁未 | 6 | 5 |
| 17 | 4/3 | 戊申 | 6 | 6 |
| 18 | 4/4 | 己酉 | 4 | 7 |
| 19 | 4/5 | 庚戌 | 4 | 8 |
| 20 | 4/6 | 辛亥 | 4 | 9 |
| 21 | 4/7 | 壬子 | 4 | 1 |
| 22 | 4/8 | 癸丑 | 4 | 2 |
| 23 | 4/9 | 甲寅 | 1 | 3 |
| 24 | 4/10 | 乙卯 | 1 | 4 |
| 25 | 4/11 | 丙辰 | 1 | 5 |
| 26 | 4/12 | 丁巳 | 1 | 6 |
| 27 | 4/13 | 戊午 | 1 | 7 |
| 28 | 4/14 | 己未 | 7 | 8 |
| 29 | 4/15 | 庚申 | 7 | 9 |
| 30 | 4/16 | 辛酉 | 7 | 1 |

正月

| 農曆 | 國曆 | 干支 | 時盤 | 日盤 |
|---|---|---|---|---|
| 1 | 2/17 | 癸亥 | 2 | 6 |
| 2 | 2/18 | 甲子 | 9 | 7 |
| 3 | 2/19 | 乙丑 | 9 | 8 |
| 4 | 2/20 | 丙寅 | 9 | 9 |
| 5 | 2/21 | 丁卯 | 9 | 1 |
| 6 | 2/22 | 戊辰 | 9 | 2 |
| 7 | 2/23 | 己巳 | 6 | 3 |
| 8 | 2/24 | 庚午 | 6 | 4 |
| 9 | 2/25 | 辛未 | 6 | 5 |
| 10 | 2/26 | 壬申 | 6 | 6 |
| 11 | 2/27 | 癸酉 | 6 | 7 |
| 12 | 2/28 | 甲戌 | 3 | 8 |
| 13 | 3/1 | 乙亥 | 3 | 9 |
| 14 | 3/2 | 丙子 | 3 | 1 |
| 15 | 3/3 | 丁丑 | 3 | 2 |
| 16 | 3/4 | 戊寅 | 3 | 3 |
| 17 | 3/5 | 己卯 | 1 | 4 |
| 18 | 3/6 | 庚辰 | 1 | 5 |
| 19 | 3/7 | 辛巳 | 1 | 6 |
| 20 | 3/8 | 壬午 | 1 | 7 |
| 21 | 3/9 | 癸未 | 1 | 8 |
| 22 | 3/10 | 甲申 | 7 | 9 |
| 23 | 3/11 | 乙酉 | 7 | 1 |
| 24 | 3/12 | 丙戌 | 7 | 2 |
| 25 | 3/13 | 丁亥 | 7 | 3 |
| 26 | 3/14 | 戊子 | 7 | 4 |
| 27 | 3/15 | 己丑 | 4 | 5 |
| 28 | 3/16 | 庚寅 | 4 | 6 |
| 29 | 3/17 | 辛卯 | 4 | 7 |
| | | | | |

# 西元1969年（己酉）肖雞 民國58年（女坤命）

奇門遁甲局數如標示為 一 ～九表示陰局　　如標示為1 ～9 表示陽局

| 十二月 | | | | | 十一月 | | | | | 十　月 | | | | | 九　月 | | | | | 八　月 | | | | | 七　月 | | | | |
|---|---|---|---|---|---|---|---|---|---|---|---|---|---|---|---|---|---|---|---|---|---|---|---|---|---|---|---|---|---|
| 丁丑 | | | | | 丙子 | | | | | 乙亥 | | | | | 甲戌 | | | | | 癸酉 | | | | | 壬申 | | | | |
| 六白金 | | | | | 七赤金 | | | | | 八白土 | | | | | 九紫火 | | | | | 一白水 | | | | | 二黑土 | | | | |
| 立春 | | 大寒 | 奇門遁甲局數 | | 小寒 | | 冬至 | 奇門遁甲局數 | | 大雪 | | 小雪 | 奇門遁甲局數 | | 立冬 | | 霜降 | 奇門遁甲局數 | | 寒露 | | 秋分 | 奇門遁甲局數 | | 白露 | | 處暑 | 奇門遁甲局數 | |
| 13時46分 | 廿八未時 | 19時24分十三戌時 | | | 02時02分 | 廿九丑時 | 08時44分十四辰時 | | | 14時51分 | 廿八未時 | 19時31分十三戌時 | | | 22時12分 | 廿八亥時 | 22時11分十三亥時 | | | 19時17分 | 廿七戌時 | 13時07分十二未時 | | | 03時56分 | 廿七寅時 | 15時43分十一申時 | | |
| 農曆 | 國曆 | 干支 | 時盤 | 日盤 | 農曆 | 國曆 | 干支 | 時盤 | 日盤 | 農曆 | 國曆 | 干支 | 時盤 | 日盤 | 農曆 | 國曆 | 干支 | 時盤 | 日盤 | 農曆 | 國曆 | 干支 | 時盤 | 日盤 | 農曆 | 國曆 | 干支 | 時盤 | 日盤 |
| 1 | 1/8 | 戊子 | 8 | 7 | 1 | 12/9 | 戊午 | 七 | 六 | 1 | 11/10 | 己丑 | 三 | 八 | 1 | 10/11 | 己未 | 三 | 二 | 1 | 9/12 | 庚寅 | 六 | 四 | 1 | 8/13 | 庚申 | 八 | 七 |
| 2 | 1/9 | 己丑 | 5 | 8 | 2 | 12/10 | 己未 | 一 | 五 | 2 | 11/11 | 庚寅 | 三 | 七 | 2 | 10/12 | 庚申 | 三 | 一 | 2 | 9/13 | 辛卯 | 六 | 三 | 2 | 8/14 | 辛酉 | 八 | 六 |
| 3 | 1/10 | 庚寅 | 5 | 9 | 3 | 12/11 | 庚申 | 一 | 四 | 3 | 11/12 | 辛卯 | 三 | 六 | 3 | 10/13 | 辛酉 | 三 | 九 | 3 | 9/14 | 壬辰 | 六 | 二 | 3 | 8/15 | 壬戌 | 八 | 五 |
| 4 | 1/11 | 辛卯 | 5 | 1 | 4 | 12/12 | 辛酉 | 一 | 三 | 4 | 11/13 | 壬辰 | 三 | 五 | 4 | 10/14 | 壬戌 | 三 | 八 | 4 | 9/15 | 癸巳 | 六 | 一 | 4 | 8/16 | 癸亥 | 八 | 四 |
| 5 | 1/12 | 壬辰 | 5 | 2 | 5 | 12/13 | 壬戌 | 一 | 二 | 5 | 11/14 | 癸巳 | 三 | 四 | 5 | 10/15 | 癸亥 | 三 | 七 | 5 | 9/16 | 甲午 | 七 | 九 | 5 | 8/17 | 甲子 | 一 | 三 |
| 6 | 1/13 | 癸巳 | 5 | 3 | 6 | 12/14 | 癸亥 | 一 | 一 | 6 | 11/15 | 甲午 | 五 | 三 | 6 | 10/16 | 甲子 | 五 | 六 | 6 | 9/17 | 乙未 | 七 | 八 | 6 | 8/18 | 乙丑 | 一 | 二 |
| 7 | 1/14 | 甲午 | 3 | 4 | 7 | 12/15 | 甲子 | 1 | 九 | 7 | 11/16 | 乙未 | 五 | 二 | 7 | 10/17 | 乙丑 | 五 | 五 | 7 | 9/18 | 丙申 | 七 | 七 | 7 | 8/19 | 丙寅 | 一 | 一 |
| 8 | 1/15 | 乙未 | 3 | 5 | 8 | 12/16 | 乙丑 | 1 | 八 | 8 | 11/17 | 丙申 | 五 | 一 | 8 | 10/18 | 丙寅 | 五 | 四 | 8 | 9/19 | 丁酉 | 七 | 六 | 8 | 8/20 | 丁卯 | 一 | 九 |
| 9 | 1/16 | 丙申 | 3 | 6 | 9 | 12/17 | 丙寅 | 1 | 七 | 9 | 11/18 | 丁酉 | 五 | 九 | 9 | 10/19 | 丁卯 | 五 | 三 | 9 | 9/20 | 戊戌 | 七 | 五 | 9 | 8/21 | 戊辰 | 一 | 八 |
| 10 | 1/17 | 丁酉 | 3 | 7 | 10 | 12/18 | 丁卯 | 1 | 六 | 10 | 11/19 | 戊戌 | 五 | 八 | 10 | 10/20 | 戊辰 | 五 | 二 | 10 | 9/21 | 己亥 | 一 | 四 | 10 | 8/22 | 己巳 | 四 | 七 |
| 11 | 1/18 | 戊戌 | 3 | 8 | 11 | 12/19 | 戊辰 | 1 | 五 | 11 | 11/20 | 己亥 | 八 | 七 | 11 | 10/21 | 己巳 | 八 | 一 | 11 | 9/22 | 庚子 | 一 | 三 | 11 | 8/23 | 庚午 | 四 | 六 |
| 12 | 1/19 | 己亥 | 9 | 9 | 12 | 12/20 | 己巳 | 7 | 四 | 12 | 11/21 | 庚子 | 八 | 六 | 12 | 10/22 | 庚午 | 八 | 九 | 12 | 9/23 | 辛丑 | 一 | 二 | 12 | 8/24 | 辛未 | 四 | 五 |
| 13 | 1/20 | 庚子 | 9 | 1 | 13 | 12/21 | 庚午 | 7 | 三 | 13 | 11/22 | 辛丑 | 八 | 五 | 13 | 10/23 | 辛未 | 八 | 八 | 13 | 9/24 | 壬寅 | 一 | 一 | 13 | 8/25 | 壬申 | 四 | 四 |
| 14 | 1/21 | 辛丑 | 9 | 2 | 14 | 12/22 | 辛未 | 7 | 8 | 14 | 11/23 | 壬寅 | 八 | 四 | 14 | 10/24 | 壬申 | 八 | 七 | 14 | 9/25 | 癸卯 | 一 | 九 | 14 | 8/26 | 癸酉 | 四 | 三 |
| 15 | 1/22 | 壬寅 | 9 | 3 | 15 | 12/23 | 壬申 | 7 | 9 | 15 | 11/24 | 癸卯 | 八 | 三 | 15 | 10/25 | 癸酉 | 八 | 六 | 15 | 9/26 | 甲辰 | 四 | 八 | 15 | 8/27 | 甲戌 | 七 | 二 |
| 16 | 1/23 | 癸卯 | 9 | 4 | 16 | 12/24 | 癸酉 | 7 | 1 | 16 | 11/25 | 甲辰 | 二 | 二 | 16 | 10/26 | 甲戌 | 二 | 五 | 16 | 9/27 | 乙巳 | 四 | 七 | 16 | 8/28 | 乙亥 | 七 | 一 |
| 17 | 1/24 | 甲辰 | 6 | 5 | 17 | 12/25 | 甲戌 | 4 | 2 | 17 | 11/26 | 乙巳 | 二 | 一 | 17 | 10/27 | 乙亥 | 二 | 四 | 17 | 9/28 | 丙午 | 四 | 六 | 17 | 8/29 | 丙子 | 七 | 九 |
| 18 | 1/25 | 乙巳 | 6 | 6 | 18 | 12/26 | 乙亥 | 4 | 3 | 18 | 11/27 | 丙午 | 二 | 九 | 18 | 10/28 | 丙子 | 二 | 三 | 18 | 9/29 | 丁未 | 四 | 五 | 18 | 8/30 | 丁丑 | 七 | 八 |
| 19 | 1/26 | 丙午 | 6 | 7 | 19 | 12/27 | 丙子 | 4 | 4 | 19 | 11/28 | 丁未 | 二 | 八 | 19 | 10/29 | 丁丑 | 二 | 二 | 19 | 9/30 | 戊申 | 四 | 四 | 19 | 8/31 | 戊寅 | 七 | 七 |
| 20 | 1/27 | 丁未 | 6 | 8 | 20 | 12/28 | 丁丑 | 4 | 5 | 20 | 11/29 | 戊申 | 二 | 七 | 20 | 10/30 | 戊寅 | 二 | 一 | 20 | 10/1 | 己酉 | 六 | 三 | 20 | 9/1 | 己卯 | 九 | 六 |
| 21 | 1/28 | 戊申 | 6 | 9 | 21 | 12/29 | 戊寅 | 4 | 6 | 21 | 11/30 | 己酉 | 四 | 六 | 21 | 10/31 | 己卯 | 六 | 九 | 21 | 10/2 | 庚戌 | 六 | 二 | 21 | 9/2 | 庚辰 | 九 | 五 |
| 22 | 1/29 | 己酉 | 8 | 1 | 22 | 12/30 | 己卯 | 2 | 7 | 22 | 12/1 | 庚戌 | 四 | 五 | 22 | 11/1 | 庚辰 | 六 | 八 | 22 | 10/3 | 辛亥 | 六 | 一 | 22 | 9/3 | 辛巳 | 九 | 四 |
| 23 | 1/30 | 庚戌 | 8 | 2 | 23 | 12/31 | 庚辰 | 2 | 8 | 23 | 12/2 | 辛亥 | 四 | 四 | 23 | 11/2 | 辛巳 | 六 | 七 | 23 | 10/4 | 壬子 | 六 | 九 | 23 | 9/4 | 壬午 | 九 | 三 |
| 24 | 1/31 | 辛亥 | 8 | 3 | 24 | 1/1 | 辛巳 | 2 | 9 | 24 | 12/3 | 壬子 | 四 | 三 | 24 | 11/3 | 壬午 | 六 | 六 | 24 | 10/5 | 癸丑 | 六 | 八 | 24 | 9/5 | 癸未 | 九 | 二 |
| 25 | 2/1 | 壬子 | 8 | 4 | 25 | 1/2 | 壬午 | 2 | 1 | 25 | 12/4 | 癸丑 | 四 | 二 | 25 | 11/4 | 癸未 | 六 | 五 | 25 | 10/6 | 甲寅 | 九 | 七 | 25 | 9/6 | 甲申 | 三 | 一 |
| 26 | 2/2 | 癸丑 | 8 | 5 | 26 | 1/3 | 癸未 | 2 | 2 | 26 | 12/5 | 甲寅 | 七 | 一 | 26 | 11/5 | 甲申 | 九 | 四 | 26 | 10/7 | 乙卯 | 九 | 六 | 26 | 9/7 | 乙酉 | 三 | 九 |
| 27 | 2/3 | 甲寅 | 5 | 6 | 27 | 1/4 | 甲申 | 8 | 3 | 27 | 12/6 | 乙卯 | 七 | 九 | 27 | 11/6 | 乙酉 | 九 | 三 | 27 | 10/8 | 丙辰 | 九 | 五 | 27 | 9/8 | 丙戌 | 三 | 八 |
| 28 | 2/4 | 乙卯 | 5 | 7 | 28 | 1/5 | 乙酉 | 8 | 4 | 28 | 12/7 | 丙辰 | 七 | 八 | 28 | 11/7 | 丙戌 | 九 | 二 | 28 | 10/9 | 丁巳 | 九 | 四 | 28 | 9/9 | 丁亥 | 三 | 七 |
| 29 | 2/5 | 丙辰 | 5 | 8 | 29 | 1/6 | 丙戌 | 8 | 5 | 29 | 12/8 | 丁巳 | 七 | 七 | 29 | 11/8 | 丁亥 | 九 | 一 | 29 | 10/10 | 戊午 | 九 | 三 | 29 | 9/10 | 戊子 | 三 | 六 |
| | | | | | 30 | 1/7 | 丁亥 | 8 | 6 | | | | | | 30 | 11/9 | 戊子 | 九 | 九 | | | | | | 30 | 9/11 | 己丑 | 六 | 五 |

# 西元1970年（庚戌）肖狗 民國59年（男震命）

奇門遁甲局數如標示為 一 ～九表示陰局　　如標示為1 ～9 表示陽局

## 六月 癸未 九紫火

大暑 廿一 14時37分 未時｜小暑 初五 21時11分 亥時｜奇門遁甲局數

| 農曆 | 國曆 | 干支 | 時盤 | 日盤 |
|---|---|---|---|---|
| 1 | 7/3 | 甲申 | 三 | 七 |
| 2 | 7/4 | 乙酉 | 三 | 六 |
| 3 | 7/5 | 丙戌 | 三 | 五 |
| 4 | 7/6 | 丁亥 | 三 | 四 |
| 5 | 7/7 | 戊子 | 三 | 三 |
| 6 | 7/8 | 己丑 | 六 | 二 |
| 7 | 7/9 | 庚寅 | 六 | 一 |
| 8 | 7/10 | 辛卯 | 六 | 九 |
| 9 | 7/11 | 壬辰 | 六 | 八 |
| 10 | 7/12 | 癸巳 | 六 | 七 |
| 11 | 7/13 | 甲午 | 八 | 六 |
| 12 | 7/14 | 乙未 | 八 | 五 |
| 13 | 7/15 | 丙申 | 八 | 四 |
| 14 | 7/16 | 丁酉 | 八 | 三 |
| 15 | 7/17 | 戊戌 | 八 | 二 |
| 16 | 7/18 | 己亥 | 二 | 一 |
| 17 | 7/19 | 庚子 | 二 | 九 |
| 18 | 7/20 | 辛丑 | 二 | 八 |
| 19 | 7/21 | 壬寅 | 二 | 七 |
| 20 | 7/22 | 癸卯 | 二 | 六 |
| 21 | 7/23 | 甲辰 | 五 | 五 |
| 22 | 7/24 | 乙巳 | 五 | 四 |
| 23 | 7/25 | 丙午 | 五 | 三 |
| 24 | 7/26 | 丁未 | 五 | 二 |
| 25 | 7/27 | 戊申 | 五 | 一 |
| 26 | 7/28 | 己酉 | 七 | 九 |
| 27 | 7/29 | 庚戌 | 七 | 八 |
| 28 | 7/30 | 辛亥 | 七 | 七 |
| 29 | 7/31 | 壬子 | 七 | 六 |
| 30 | 8/1 | 癸丑 | 七 | 五 |

## 五月 壬午 一白水

夏至 十九 03時43分 寅時｜芒種 初三 10時52分 巳時｜奇門遁甲局數

| 農曆 | 國曆 | 干支 | 時盤 | 日盤 |
|---|---|---|---|---|
| 1 | 6/4 | 乙卯 | 3 | 1 |
| 2 | 6/5 | 丙辰 | 3 | 2 |
| 3 | 6/6 | 丁巳 | 3 | 3 |
| 4 | 6/7 | 戊午 | 3 | 4 |
| 5 | 6/8 | 己未 | 9 | 5 |
| 6 | 6/9 | 庚申 | 9 | 6 |
| 7 | 6/10 | 辛酉 | 9 | 7 |
| 8 | 6/11 | 壬戌 | 9 | 8 |
| 9 | 6/12 | 癸亥 | 9 | 9 |
| 10 | 6/13 | 甲子 | 6 | 1 |
| 11 | 6/14 | 乙丑 | 6 | 2 |
| 12 | 6/15 | 丙寅 | 6 | 3 |
| 13 | 6/16 | 丁卯 | 6 | 4 |
| 14 | 6/17 | 戊辰 | 6 | 5 |
| 15 | 6/18 | 己巳 | 3 | 6 |
| 16 | 6/19 | 庚午 | 3 | 7 |
| 17 | 6/20 | 辛未 | 3 | 8 |
| 18 | 6/21 | 壬申 | 3 | 9 |
| 19 | 6/22 | 癸酉 | 3 | 九 |
| 20 | 6/23 | 甲戌 | 9 | 八 |
| 21 | 6/24 | 乙亥 | 9 | 七 |
| 22 | 6/25 | 丙子 | 9 | 六 |
| 23 | 6/26 | 丁丑 | 9 | 五 |
| 24 | 6/27 | 戊寅 | 9 | 四 |
| 25 | 6/28 | 己卯 | 九 | 三 |
| 26 | 6/29 | 庚辰 | 九 | 二 |
| 27 | 6/30 | 辛巳 | 九 | 一 |
| 28 | 7/1 | 壬午 | 九 | 九 |
| 29 | 7/2 | 癸未 | 九 | 八 |
| 30 | | | | |

## 四月 辛巳 二黑土

小滿 十七 19時38分 戌時｜立夏 初二 06時34分 卯時｜奇門遁甲局數

| 農曆 | 國曆 | 干支 | 時盤 | 日盤 |
|---|---|---|---|---|
| 1 | 5/5 | 乙酉 | 1 | 7 |
| 2 | 5/6 | 丙戌 | 1 | 8 |
| 3 | 5/7 | 丁亥 | 1 | 9 |
| 4 | 5/8 | 戊子 | 1 | 1 |
| 5 | 5/9 | 己丑 | 7 | 2 |
| 6 | 5/10 | 庚寅 | 7 | 3 |
| 7 | 5/11 | 辛卯 | 7 | 4 |
| 8 | 5/12 | 壬辰 | 7 | 5 |
| 9 | 5/13 | 癸巳 | 7 | 6 |
| 10 | 5/14 | 甲午 | 5 | 7 |
| 11 | 5/15 | 乙未 | 5 | 8 |
| 12 | 5/16 | 丙申 | 5 | 9 |
| 13 | 5/17 | 丁酉 | 5 | 1 |
| 14 | 5/18 | 戊戌 | 5 | 2 |
| 15 | 5/19 | 己亥 | 2 | 3 |
| 16 | 5/20 | 庚子 | 2 | 4 |
| 17 | 5/21 | 辛丑 | 2 | 5 |
| 18 | 5/22 | 壬寅 | 2 | 6 |
| 19 | 5/23 | 癸卯 | 2 | 7 |
| 20 | 5/24 | 甲辰 | 8 | 8 |
| 21 | 5/25 | 乙巳 | 8 | 9 |
| 22 | 5/26 | 丙午 | 8 | 1 |
| 23 | 5/27 | 丁未 | 8 | 2 |
| 24 | 5/28 | 戊申 | 8 | 3 |
| 25 | 5/29 | 己酉 | 6 | 4 |
| 26 | 5/30 | 庚戌 | 6 | 5 |
| 27 | 5/31 | 辛亥 | 6 | 6 |
| 28 | 6/1 | 壬子 | 6 | 7 |
| 29 | 6/2 | 癸丑 | 6 | 8 |
| 30 | 6/3 | 甲寅 | 3 | 9 |

## 三月 庚辰 三碧木

穀雨 十五 20時15分 戌時｜奇門遁甲局數

| 農曆 | 國曆 | 干支 | 時盤 | 日盤 |
|---|---|---|---|---|
| 1 | 4/6 | 丙辰 | 1 | 5 |
| 2 | 4/7 | 丁巳 | 1 | 6 |
| 3 | 4/8 | 戊午 | 1 | 7 |
| 4 | 4/9 | 己未 | 7 | 8 |
| 5 | 4/10 | 庚申 | 7 | 9 |
| 6 | 4/11 | 辛酉 | 7 | 1 |
| 7 | 4/12 | 壬戌 | 7 | 2 |
| 8 | 4/13 | 癸亥 | 7 | 3 |
| 9 | 4/14 | 甲子 | 5 | 4 |
| 10 | 4/15 | 乙丑 | 5 | 5 |
| 11 | 4/16 | 丙寅 | 5 | 6 |
| 12 | 4/17 | 丁卯 | 5 | 7 |
| 13 | 4/18 | 戊辰 | 5 | 8 |
| 14 | 4/19 | 己巳 | 2 | 9 |
| 15 | 4/20 | 庚午 | 2 | 1 |
| 16 | 4/21 | 辛未 | 2 | 2 |
| 17 | 4/22 | 壬申 | 2 | 3 |
| 18 | 4/23 | 癸酉 | 2 | 4 |
| 19 | 4/24 | 甲戌 | 8 | 5 |
| 20 | 4/25 | 乙亥 | 8 | 6 |
| 21 | 4/26 | 丙子 | 8 | 7 |
| 22 | 4/27 | 丁丑 | 8 | 8 |
| 23 | 4/28 | 戊寅 | 8 | 9 |
| 24 | 4/29 | 己卯 | 4 | 1 |
| 25 | 4/30 | 庚辰 | 4 | 2 |
| 26 | 5/1 | 辛巳 | 4 | 3 |
| 27 | 5/2 | 壬午 | 4 | 4 |
| 28 | 5/3 | 癸未 | 4 | 5 |
| 29 | 5/4 | 甲申 | 1 | 6 |
| | | | | |

## 二月 己卯 四綠木

清明 廿九 13時02分 未時｜春分 十四 08時56分 辰時｜奇門遁甲局數

| 農曆 | 國曆 | 干支 | 時盤 | 日盤 |
|---|---|---|---|---|
| 1 | 3/8 | 丁亥 | 7 | 3 |
| 2 | 3/9 | 戊子 | 7 | 4 |
| 3 | 3/10 | 己丑 | 4 | 5 |
| 4 | 3/11 | 庚寅 | 4 | 6 |
| 5 | 3/12 | 辛卯 | 4 | 7 |
| 6 | 3/13 | 壬辰 | 4 | 8 |
| 7 | 3/14 | 癸巳 | 4 | 9 |
| 8 | 3/15 | 甲午 | 3 | 1 |
| 9 | 3/16 | 乙未 | 3 | 2 |
| 10 | 3/17 | 丙申 | 3 | 3 |
| 11 | 3/18 | 丁酉 | 3 | 4 |
| 12 | 3/19 | 戊戌 | 3 | 5 |
| 13 | 3/20 | 己亥 | 9 | 6 |
| 14 | 3/21 | 庚子 | 9 | 7 |
| 15 | 3/22 | 辛丑 | 9 | 8 |
| 16 | 3/23 | 壬寅 | 9 | 9 |
| 17 | 3/24 | 癸卯 | 9 | 1 |
| 18 | 3/25 | 甲辰 | 6 | 2 |
| 19 | 3/26 | 乙巳 | 6 | 3 |
| 20 | 3/27 | 丙午 | 6 | 4 |
| 21 | 3/28 | 丁未 | 6 | 5 |
| 22 | 3/29 | 戊申 | 6 | 6 |
| 23 | 3/30 | 己酉 | 4 | 7 |
| 24 | 3/31 | 庚戌 | 4 | 8 |
| 25 | 4/1 | 辛亥 | 4 | 9 |
| 26 | 4/2 | 壬子 | 4 | 1 |
| 27 | 4/3 | 癸丑 | 4 | 2 |
| 28 | 4/4 | 甲寅 | 1 | 3 |
| 29 | 4/5 | 乙卯 | 1 | 4 |
| | | | | |

## 正月 戊寅 五黃土

驚蟄 廿九 07時59分 辰時｜雨水 十四 09時42分 巳時｜奇門遁甲局數

| 農曆 | 國曆 | 干支 | 時盤 | 日盤 |
|---|---|---|---|---|
| 1 | 2/6 | 丁巳 | 5 | 9 |
| 2 | 2/7 | 戊午 | 5 | 1 |
| 3 | 2/8 | 己未 | 2 | 2 |
| 4 | 2/9 | 庚申 | 2 | 3 |
| 5 | 2/10 | 辛酉 | 2 | 4 |
| 6 | 2/11 | 壬戌 | 2 | 5 |
| 7 | 2/12 | 癸亥 | 2 | 6 |
| 8 | 2/13 | 甲子 | 9 | 7 |
| 9 | 2/14 | 乙丑 | 9 | 8 |
| 10 | 2/15 | 丙寅 | 9 | 9 |
| 11 | 2/16 | 丁卯 | 9 | 1 |
| 12 | 2/17 | 戊辰 | 9 | 2 |
| 13 | 2/18 | 己巳 | 6 | 3 |
| 14 | 2/19 | 庚午 | 6 | 4 |
| 15 | 2/20 | 辛未 | 6 | 5 |
| 16 | 2/21 | 壬申 | 6 | 6 |
| 17 | 2/22 | 癸酉 | 6 | 7 |
| 18 | 2/23 | 甲戌 | 3 | 8 |
| 19 | 2/24 | 乙亥 | 3 | 9 |
| 20 | 2/25 | 丙子 | 3 | 1 |
| 21 | 2/26 | 丁丑 | 3 | 2 |
| 22 | 2/27 | 戊寅 | 3 | 3 |
| 23 | 2/28 | 己卯 | 1 | 4 |
| 24 | 3/1 | 庚辰 | 1 | 5 |
| 25 | 3/2 | 辛巳 | 1 | 6 |
| 26 | 3/3 | 壬午 | 1 | 7 |
| 27 | 3/4 | 癸未 | 1 | 8 |
| 28 | 3/5 | 甲申 | 7 | 9 |
| 29 | 3/6 | 乙酉 | 7 | 1 |
| 30 | 3/7 | 丙戌 | 7 | 2 |

# 西元1970年（庚戌）肖狗 民國59年（女震命）

奇門遁甲局數如標示為 一 ～九表示陰局　　如標示為1 ～9 表示陽局

| 十二月 | | | | | 十一月 | | | | | 十　月 | | | | | 九　月 | | | | | 八　月 | | | | | 七　月 | | | | |
|---|---|---|---|---|---|---|---|---|---|---|---|---|---|---|---|---|---|---|---|---|---|---|---|---|---|---|---|---|---|
| 己丑 | | | | | 戊子 | | | | | 丁亥 | | | | | 丙戌 | | | | | 乙酉 | | | | | 甲申 | | | | |
| 三碧木 | | | | | 四綠木 | | | | | 五黃土 | | | | | 六白金 | | | | | 七赤金 | | | | | 八白土 | | | | |
| 大寒 01時13分 | 廿五丑時 | 小寒 07時45分 初十辰時 | 奇門遁甲局數 | | 冬至 14時36分 | 廿四未時 | 大雪 20時38分 初九戌時 | 奇門遁甲局數 | | 小雪 01時25分 | 廿五丑時 | 立冬 03時58分 初十寅時 | 奇門遁甲局數 | | 霜降 04時04分 | 廿五寅時 | 寒露 01時02分 初十丑時 | 奇門遁甲局數 | | 秋分 18時59分 | 廿三酉時 | 白露 09時38分 初八巳時 | 奇門遁甲局數 | | 處暑 21時34分 | 廿二亥時 | 立秋 06時54分 初七卯時 | 奇門遁甲局數 | |
| 農曆 | 國曆 | 干支 | 時盤 | 日盤 | 農曆 | 國曆 | 干支 | 時盤 | 日盤 | 農曆 | 國曆 | 干支 | 時盤 | 日盤 | 農曆 | 國曆 | 干支 | 時盤 | 日盤 | 農曆 | 國曆 | 干支 | 時盤 | 日盤 | 農曆 | 國曆 | 干支 | 時盤 | 日盤 |
| 1 | 12/28 | 壬午 | 1 | 1 | 1 | 11/29 | 癸丑 | 五 | 二 | 1 | 10/30 | 癸未 | 五 | 五 | 1 | 9/30 | 癸丑 | 七 | 八 | 1 | 9/1 | 甲申 | 四 | 一 | 1 | 8/2 | 甲寅 | 一 | 四 |
| 2 | 12/29 | 癸未 | 1 | 2 | 2 | 11/30 | 甲寅 | 八 | 一 | 2 | 10/31 | 甲申 | 八 | 四 | 2 | 10/1 | 甲寅 | 一 | 七 | 2 | 9/2 | 乙酉 | 四 | 九 | 2 | 8/3 | 乙卯 | 一 | 三 |
| 3 | 12/30 | 甲申 | 7 | 3 | 3 | 12/1 | 乙卯 | 八 | 九 | 3 | 11/1 | 乙酉 | 八 | 三 | 3 | 10/2 | 乙卯 | 一 | 六 | 3 | 9/3 | 丙戌 | 四 | 八 | 3 | 8/4 | 丙辰 | 一 | 二 |
| 4 | 12/31 | 乙酉 | 7 | 4 | 4 | 12/2 | 丙辰 | 八 | 八 | 4 | 11/2 | 丙戌 | 八 | 二 | 4 | 10/3 | 丙辰 | 一 | 五 | 4 | 9/4 | 丁亥 | 四 | 七 | 4 | 8/5 | 丁巳 | 一 | 一 |
| 5 | 1/1 | 丙戌 | 7 | 5 | 5 | 12/3 | 丁巳 | 八 | 七 | 5 | 11/3 | 丁亥 | 八 | 一 | 5 | 10/4 | 丁巳 | 一 | 四 | 5 | 9/5 | 戊子 | 四 | 六 | 5 | 8/6 | 戊午 | 一 | 九 |
| 6 | 1/2 | 丁亥 | 7 | 6 | 6 | 12/4 | 戊午 | 八 | 六 | 6 | 11/4 | 戊子 | 八 | 九 | 6 | 10/5 | 戊午 | 一 | 三 | 6 | 9/6 | 己丑 | 七 | 五 | 6 | 8/7 | 己未 | 四 | 八 |
| 7 | 1/3 | 戊子 | 7 | 7 | 7 | 12/5 | 己未 | 二 | 五 | 7 | 11/5 | 己丑 | 二 | 八 | 7 | 10/6 | 己未 | 四 | 二 | 7 | 9/7 | 庚寅 | 七 | 四 | 7 | 8/8 | 庚申 | 四 | 七 |
| 8 | 1/4 | 己丑 | 4 | 8 | 8 | 12/6 | 庚申 | 二 | 四 | 8 | 11/6 | 庚寅 | 二 | 七 | 8 | 10/7 | 庚申 | 四 | 一 | 8 | 9/8 | 辛卯 | 七 | 三 | 8 | 8/9 | 辛酉 | 四 | 六 |
| 9 | 1/5 | 庚寅 | 4 | 9 | 9 | 12/7 | 辛酉 | 二 | 三 | 9 | 11/7 | 辛卯 | 二 | 六 | 9 | 10/8 | 辛酉 | 四 | 九 | 9 | 9/9 | 壬辰 | 七 | 二 | 9 | 8/10 | 壬戌 | 四 | 五 |
| 10 | 1/6 | 辛卯 | 4 | 1 | 10 | 12/8 | 壬戌 | 二 | 二 | 10 | 11/8 | 壬辰 | 二 | 五 | 10 | 10/9 | 壬戌 | 四 | 八 | 10 | 9/10 | 癸巳 | 七 | 一 | 10 | 8/11 | 癸亥 | 四 | 四 |
| 11 | 1/7 | 壬辰 | 4 | 2 | 11 | 12/9 | 癸亥 | 二 | 一 | 11 | 11/9 | 癸巳 | 二 | 四 | 11 | 10/10 | 癸亥 | 四 | 七 | 11 | 9/11 | 甲午 | 九 | 九 | 11 | 8/12 | 甲子 | 二 | 三 |
| 12 | 1/8 | 癸巳 | 4 | 3 | 12 | 12/10 | 甲子 | 四 | 九 | 12 | 11/10 | 甲午 | 六 | 三 | 12 | 10/11 | 甲子 | 六 | 六 | 12 | 9/12 | 乙未 | 九 | 八 | 12 | 8/13 | 乙丑 | 二 | 二 |
| 13 | 1/9 | 甲午 | 2 | 4 | 13 | 12/11 | 乙丑 | 四 | 八 | 13 | 11/11 | 乙未 | 六 | 二 | 13 | 10/12 | 乙丑 | 六 | 五 | 13 | 9/13 | 丙申 | 九 | 七 | 13 | 8/14 | 丙寅 | 二 | 一 |
| 14 | 1/10 | 乙未 | 2 | 5 | 14 | 12/12 | 丙寅 | 四 | 七 | 14 | 11/12 | 丙申 | 六 | 一 | 14 | 10/13 | 丙寅 | 六 | 四 | 14 | 9/14 | 丁酉 | 九 | 六 | 14 | 8/15 | 丁卯 | 二 | 九 |
| 15 | 1/11 | 丙申 | 2 | 6 | 15 | 12/13 | 丁卯 | 四 | 六 | 15 | 11/13 | 丁酉 | 六 | 九 | 15 | 10/14 | 丁卯 | 六 | 三 | 15 | 9/15 | 戊戌 | 九 | 五 | 15 | 8/16 | 戊辰 | 二 | 八 |
| 16 | 1/12 | 丁酉 | 2 | 7 | 16 | 12/14 | 戊辰 | 四 | 五 | 16 | 11/14 | 戊戌 | 六 | 八 | 16 | 10/15 | 戊辰 | 六 | 二 | 16 | 9/16 | 己亥 | 三 | 四 | 16 | 8/17 | 己巳 | 五 | 七 |
| 17 | 1/13 | 戊戌 | 2 | 8 | 17 | 12/15 | 己巳 | 七 | 四 | 17 | 11/15 | 己亥 | 九 | 七 | 17 | 10/16 | 己巳 | 九 | 一 | 17 | 9/17 | 庚子 | 三 | 三 | 17 | 8/18 | 庚午 | 五 | 六 |
| 18 | 1/14 | 己亥 | 8 | 9 | 18 | 12/16 | 庚午 | 七 | 三 | 18 | 11/16 | 庚子 | 九 | 六 | 18 | 10/17 | 庚午 | 九 | 九 | 18 | 9/18 | 辛丑 | 三 | 二 | 18 | 8/19 | 辛未 | 五 | 五 |
| 19 | 1/15 | 庚子 | 8 | 1 | 19 | 12/17 | 辛未 | 七 | 二 | 19 | 11/17 | 辛丑 | 九 | 五 | 19 | 10/18 | 辛未 | 九 | 八 | 19 | 9/19 | 壬寅 | 三 | 一 | 19 | 8/20 | 壬申 | 五 | 四 |
| 20 | 1/16 | 辛丑 | 8 | 2 | 20 | 12/18 | 壬申 | 七 | 一 | 20 | 11/18 | 壬寅 | 九 | 四 | 20 | 10/19 | 壬申 | 九 | 七 | 20 | 9/20 | 癸卯 | 三 | 九 | 20 | 8/21 | 癸酉 | 五 | 三 |
| 21 | 1/17 | 壬寅 | 8 | 3 | 21 | 12/19 | 癸酉 | 七 | 九 | 21 | 11/19 | 癸卯 | 九 | 三 | 21 | 10/20 | 癸酉 | 九 | 六 | 21 | 9/21 | 甲辰 | 六 | 八 | 21 | 8/22 | 甲戌 | 八 | 二 |
| 22 | 1/18 | 癸卯 | 8 | 4 | 22 | 12/20 | 甲戌 | 一 | 八 | 22 | 11/20 | 甲辰 | 三 | 二 | 22 | 10/21 | 甲戌 | 三 | 五 | 22 | 9/22 | 乙巳 | 六 | 七 | 22 | 8/23 | 乙亥 | 八 | 一 |
| 23 | 1/19 | 甲辰 | 5 | 5 | 23 | 12/21 | 乙亥 | 一 | 七 | 23 | 11/21 | 乙巳 | 三 | 一 | 23 | 10/22 | 乙亥 | 三 | 四 | 23 | 9/23 | 丙午 | 六 | 六 | 23 | 8/24 | 丙子 | 八 | 九 |
| 24 | 1/20 | 乙巳 | 5 | 6 | 24 | 12/22 | 丙子 | 一 | 4 | 24 | 11/22 | 丙午 | 三 | 九 | 24 | 10/23 | 丙子 | 三 | 三 | 24 | 9/24 | 丁未 | 六 | 五 | 24 | 8/25 | 丁丑 | 八 | 八 |
| 25 | 1/21 | 丙午 | 5 | 7 | 25 | 12/23 | 丁丑 | 一 | 5 | 25 | 11/23 | 丁未 | 三 | 八 | 25 | 10/24 | 丁丑 | 三 | 二 | 25 | 9/25 | 戊申 | 六 | 四 | 25 | 8/26 | 戊寅 | 八 | 七 |
| 26 | 1/22 | 丁未 | 5 | 8 | 26 | 12/24 | 戊寅 | 一 | 6 | 26 | 11/24 | 戊申 | 三 | 七 | 26 | 10/25 | 戊寅 | 三 | 一 | 26 | 9/26 | 己酉 | 七 | 三 | 26 | 8/27 | 己卯 | 一 | 六 |
| 27 | 1/23 | 戊申 | 5 | 9 | 27 | 12/25 | 己卯 | 1 | 7 | 27 | 11/25 | 己酉 | 五 | 六 | 27 | 10/26 | 己卯 | 五 | 九 | 27 | 9/27 | 庚戌 | 七 | 二 | 27 | 8/28 | 庚辰 | 一 | 五 |
| 28 | 1/24 | 己酉 | 3 | 1 | 28 | 12/26 | 庚辰 | 1 | 8 | 28 | 11/26 | 庚戌 | 五 | 五 | 28 | 10/27 | 庚辰 | 五 | 八 | 28 | 9/28 | 辛亥 | 七 | 一 | 28 | 8/29 | 辛巳 | 一 | 四 |
| 29 | 1/25 | 庚戌 | 3 | 2 | 29 | 12/27 | 辛巳 | 1 | 9 | 29 | 11/27 | 辛亥 | 五 | 四 | 29 | 10/28 | 辛巳 | 五 | 七 | 29 | 9/29 | 壬子 | 七 | 九 | 29 | 8/30 | 壬午 | 一 | 三 |
| 30 | 1/26 | 辛亥 | 3 | 3 | | | | | | 30 | 11/28 | 壬子 | 五 | 三 | 30 | 10/29 | 壬午 | 五 | 六 | | | | | | 30 | 8/31 | 癸未 | 一 | 二 |

# 西元1971年（辛亥）肖豬 民國60年（男坤命）

奇門遁甲局數如標示為 一 ～九表示陰局　　如標示為1 ～9 表示陽局

| 月份 | 六　月 | 潤五　月 | 五　月 | 四　月 | 三　月 | 二　月 | 正　月 |
|---|---|---|---|---|---|---|---|
| 月干支 | 乙未 | 乙未 | 甲午 | 癸巳 | 壬辰 | 辛卯 | 庚寅 |
| 月星 | 六白金 | | 七赤金 | 八白土 | 九紫火 | 一白水 | 二黑土 |
| 節氣 | 立秋 12時40分 十八午時；大暑 20時15分 初二戌時 | 小暑 02時51分 十六丑時 | 夏至 09時20分 三十巳時；芒種 16時29分 十四申時 | 小滿 01時15分 廿八丑時；立夏 12時08分 十二午時 | 穀雨 01時54分 廿六丑時；清明 18時36分 初十酉時 | 春分 14時38分 廿五未時；驚蟄 13時35分 初十未時 | 雨水 15時27分 廿四申時；立春 19時26分 初九戌時 |

## 六月 乙未 六白金

| 農曆 | 國曆 | 干支 | 時盤 | 日盤 |
|---|---|---|---|---|
| 1 | 7/22 | 戊申 | 五 | 一 |
| 2 | 7/23 | 己酉 | 七 | 九 |
| 3 | 7/24 | 庚戌 | 七 | 八 |
| 4 | 7/25 | 辛亥 | 七 | 七 |
| 5 | 7/26 | 壬子 | 七 | 六 |
| 6 | 7/27 | 癸丑 | 七 | 五 |
| 7 | 7/28 | 甲寅 | 一 | 四 |
| 8 | 7/29 | 乙卯 | 一 | 三 |
| 9 | 7/30 | 丙辰 | 一 | 二 |
| 10 | 7/31 | 丁巳 | 一 | 一 |
| 11 | 8/1 | 戊午 | 一 | 九 |
| 12 | 8/2 | 己未 | 四 | 八 |
| 13 | 8/3 | 庚申 | 四 | 七 |
| 14 | 8/4 | 辛酉 | 四 | 六 |
| 15 | 8/5 | 壬戌 | 四 | 五 |
| 16 | 8/6 | 癸亥 | 四 | 四 |
| 17 | 8/7 | 甲子 | 二 | 三 |
| 18 | 8/8 | 乙丑 | 二 | 二 |
| 19 | 8/9 | 丙寅 | 二 | 一 |
| 20 | 8/10 | 丁卯 | 二 | 九 |
| 21 | 8/11 | 戊辰 | 二 | 八 |
| 22 | 8/12 | 己巳 | 五 | 七 |
| 23 | 8/13 | 庚午 | 五 | 六 |
| 24 | 8/14 | 辛未 | 五 | 五 |
| 25 | 8/15 | 壬申 | 五 | 四 |
| 26 | 8/16 | 癸酉 | 五 | 三 |
| 27 | 8/17 | 甲戌 | 八 | 二 |
| 28 | 8/18 | 乙亥 | 八 | 一 |
| 29 | 8/19 | 丙子 | 八 | 九 |
| 30 | 8/20 | 丁丑 | 八 | 八 |

## 潤五月 乙未

| 農曆 | 國曆 | 干支 | 時盤 | 日盤 |
|---|---|---|---|---|
| 1 | 6/23 | 己卯 | 九 | 三 |
| 2 | 6/24 | 庚辰 | 九 | 二 |
| 3 | 6/25 | 辛巳 | 九 | 一 |
| 4 | 6/26 | 壬午 | 九 | 九 |
| 5 | 6/27 | 癸未 | 九 | 八 |
| 6 | 6/28 | 甲申 | 三 | 七 |
| 7 | 6/29 | 乙酉 | 三 | 六 |
| 8 | 6/30 | 丙戌 | 三 | 五 |
| 9 | 7/1 | 丁亥 | 三 | 四 |
| 10 | 7/2 | 戊子 | 三 | 三 |
| 11 | 7/3 | 己丑 | 六 | 二 |
| 12 | 7/4 | 庚寅 | 六 | 一 |
| 13 | 7/5 | 辛卯 | 六 | 九 |
| 14 | 7/6 | 壬辰 | 六 | 八 |
| 15 | 7/7 | 癸巳 | 六 | 七 |
| 16 | 7/8 | 甲午 | 八 | 六 |
| 17 | 7/9 | 乙未 | 八 | 五 |
| 18 | 7/10 | 丙申 | 八 | 四 |
| 19 | 7/11 | 丁酉 | 八 | 三 |
| 20 | 7/12 | 戊戌 | 八 | 二 |
| 21 | 7/13 | 己亥 | 二 | 一 |
| 22 | 7/14 | 庚子 | 二 | 九 |
| 23 | 7/15 | 辛丑 | 二 | 八 |
| 24 | 7/16 | 壬寅 | 二 | 七 |
| 25 | 7/17 | 癸卯 | 二 | 六 |
| 26 | 7/18 | 甲辰 | 五 | 五 |
| 27 | 7/19 | 乙巳 | 五 | 四 |
| 28 | 7/20 | 丙午 | 五 | 三 |
| 29 | 7/21 | 丁未 | 五 | 二 |
| | | | | |

## 五月 甲午 七赤金

| 農曆 | 國曆 | 干支 | 時盤 | 日盤 |
|---|---|---|---|---|
| 1 | 5/24 | 己酉 | 5 | 4 |
| 2 | 5/25 | 庚戌 | 5 | 5 |
| 3 | 5/26 | 辛亥 | 5 | 6 |
| 4 | 5/27 | 壬子 | 5 | 7 |
| 5 | 5/28 | 癸丑 | 5 | 8 |
| 6 | 5/29 | 甲寅 | 2 | 9 |
| 7 | 5/30 | 乙卯 | 2 | 1 |
| 8 | 5/31 | 丙辰 | 2 | 2 |
| 9 | 6/1 | 丁巳 | 2 | 3 |
| 10 | 6/2 | 戊午 | 2 | 4 |
| 11 | 6/3 | 己未 | 8 | 5 |
| 12 | 6/4 | 庚申 | 8 | 6 |
| 13 | 6/5 | 辛酉 | 8 | 7 |
| 14 | 6/6 | 壬戌 | 8 | 8 |
| 15 | 6/7 | 癸亥 | 8 | 9 |
| 16 | 6/8 | 甲子 | 6 | 1 |
| 17 | 6/9 | 乙丑 | 6 | 2 |
| 18 | 6/10 | 丙寅 | 6 | 3 |
| 19 | 6/11 | 丁卯 | 6 | 4 |
| 20 | 6/12 | 戊辰 | 6 | 5 |
| 21 | 6/13 | 己巳 | 3 | 6 |
| 22 | 6/14 | 庚午 | 3 | 7 |
| 23 | 6/15 | 辛未 | 3 | 8 |
| 24 | 6/16 | 壬申 | 3 | 9 |
| 25 | 6/17 | 癸酉 | 3 | 1 |
| 26 | 6/18 | 甲戌 | 9 | 2 |
| 27 | 6/19 | 乙亥 | 9 | 3 |
| 28 | 6/20 | 丙子 | 9 | 4 |
| 29 | 6/21 | 丁丑 | 9 | 5 |
| 30 | 6/22 | 戊寅 | 9 | 四 |

## 四月 癸巳 八白土

| 農曆 | 國曆 | 干支 | 時盤 | 日盤 |
|---|---|---|---|---|
| 1 | 4/25 | 庚辰 | 5 | 2 |
| 2 | 4/26 | 辛巳 | 5 | 3 |
| 3 | 4/27 | 壬午 | 5 | 4 |
| 4 | 4/28 | 癸未 | 5 | 5 |
| 5 | 4/29 | 甲申 | 2 | 6 |
| 6 | 4/30 | 乙酉 | 2 | 7 |
| 7 | 5/1 | 丙戌 | 2 | 8 |
| 8 | 5/2 | 丁亥 | 2 | 9 |
| 9 | 5/3 | 戊子 | 2 | 1 |
| 10 | 5/4 | 己丑 | 8 | 2 |
| 11 | 5/5 | 庚寅 | 8 | 3 |
| 12 | 5/6 | 辛卯 | 8 | 4 |
| 13 | 5/7 | 壬辰 | 8 | 5 |
| 14 | 5/8 | 癸巳 | 8 | 6 |
| 15 | 5/9 | 甲午 | 4 | 7 |
| 16 | 5/10 | 乙未 | 4 | 8 |
| 17 | 5/11 | 丙申 | 4 | 9 |
| 18 | 5/12 | 丁酉 | 4 | 1 |
| 19 | 5/13 | 戊戌 | 4 | 2 |
| 20 | 5/14 | 己亥 | 1 | 3 |
| 21 | 5/15 | 庚子 | 1 | 4 |
| 22 | 5/16 | 辛丑 | 1 | 5 |
| 23 | 5/17 | 壬寅 | 1 | 6 |
| 24 | 5/18 | 癸卯 | 1 | 7 |
| 25 | 5/19 | 甲辰 | 7 | 8 |
| 26 | 5/20 | 乙巳 | 7 | 9 |
| 27 | 5/21 | 丙午 | 7 | 1 |
| 28 | 5/22 | 丁未 | 7 | 2 |
| 29 | 5/23 | 戊申 | 7 | 3 |
| | | | | |

## 三月 壬辰 九紫火

| 農曆 | 國曆 | 干支 | 時盤 | 日盤 |
|---|---|---|---|---|
| 1 | 3/27 | 辛亥 | 3 | 9 |
| 2 | 3/28 | 壬子 | 3 | 1 |
| 3 | 3/29 | 癸丑 | 3 | 2 |
| 4 | 3/30 | 甲寅 | 9 | 3 |
| 5 | 3/31 | 乙卯 | 9 | 4 |
| 6 | 4/1 | 丙辰 | 9 | 5 |
| 7 | 4/2 | 丁巳 | 9 | 6 |
| 8 | 4/3 | 戊午 | 9 | 7 |
| 9 | 4/4 | 己未 | 6 | 8 |
| 10 | 4/5 | 庚申 | 6 | 9 |
| 11 | 4/6 | 辛酉 | 6 | 1 |
| 12 | 4/7 | 壬戌 | 6 | 2 |
| 13 | 4/8 | 癸亥 | 6 | 3 |
| 14 | 4/9 | 甲子 | 4 | 4 |
| 15 | 4/10 | 乙丑 | 4 | 5 |
| 16 | 4/11 | 丙寅 | 4 | 6 |
| 17 | 4/12 | 丁卯 | 4 | 7 |
| 18 | 4/13 | 戊辰 | 4 | 8 |
| 19 | 4/14 | 己巳 | 1 | 9 |
| 20 | 4/15 | 庚午 | 1 | 1 |
| 21 | 4/16 | 辛未 | 1 | 2 |
| 22 | 4/17 | 壬申 | 1 | 3 |
| 23 | 4/18 | 癸酉 | 1 | 4 |
| 24 | 4/19 | 甲戌 | 7 | 5 |
| 25 | 4/20 | 乙亥 | 7 | 6 |
| 26 | 4/21 | 丙子 | 7 | 7 |
| 27 | 4/22 | 丁丑 | 7 | 8 |
| 28 | 4/23 | 戊寅 | 7 | 9 |
| 29 | 4/24 | 己卯 | 5 | 1 |
| | | | | |

## 二月 辛卯 一白水

| 農曆 | 國曆 | 干支 | 時盤 | 日盤 |
|---|---|---|---|---|
| 1 | 2/25 | 辛巳 | 9 | 6 |
| 2 | 2/26 | 壬午 | 9 | 7 |
| 3 | 2/27 | 癸未 | 9 | 8 |
| 4 | 2/28 | 甲申 | 6 | 9 |
| 5 | 3/1 | 乙酉 | 6 | 1 |
| 6 | 3/2 | 丙戌 | 6 | 2 |
| 7 | 3/3 | 丁亥 | 6 | 3 |
| 8 | 3/4 | 戊子 | 6 | 4 |
| 9 | 3/5 | 己丑 | 3 | 5 |
| 10 | 3/6 | 庚寅 | 3 | 6 |
| 11 | 3/7 | 辛卯 | 3 | 7 |
| 12 | 3/8 | 壬辰 | 3 | 8 |
| 13 | 3/9 | 癸巳 | 3 | 9 |
| 14 | 3/10 | 甲午 | 1 | 1 |
| 15 | 3/11 | 乙未 | 1 | 2 |
| 16 | 3/12 | 丙申 | 1 | 3 |
| 17 | 3/13 | 丁酉 | 1 | 4 |
| 18 | 3/14 | 戊戌 | 1 | 5 |
| 19 | 3/15 | 己亥 | 7 | 6 |
| 20 | 3/16 | 庚子 | 7 | 7 |
| 21 | 3/17 | 辛丑 | 7 | 8 |
| 22 | 3/18 | 壬寅 | 7 | 9 |
| 23 | 3/19 | 癸卯 | 7 | 1 |
| 24 | 3/20 | 甲辰 | 4 | 2 |
| 25 | 3/21 | 乙巳 | 4 | 3 |
| 26 | 3/22 | 丙午 | 4 | 4 |
| 27 | 3/23 | 丁未 | 4 | 5 |
| 28 | 3/24 | 戊申 | 4 | 6 |
| 29 | 3/25 | 己酉 | 3 | 7 |
| 30 | 3/26 | 庚戌 | 3 | 8 |

## 正月 庚寅 二黑土

| 農曆 | 國曆 | 干支 | 時盤 | 日盤 |
|---|---|---|---|---|
| 1 | 1/27 | 壬子 | 3 | 4 |
| 2 | 1/28 | 癸丑 | 3 | 5 |
| 3 | 1/29 | 甲寅 | 9 | 6 |
| 4 | 1/30 | 乙卯 | 9 | 7 |
| 5 | 1/31 | 丙辰 | 9 | 8 |
| 6 | 2/1 | 丁巳 | 9 | 9 |
| 7 | 2/2 | 戊午 | 9 | 1 |
| 8 | 2/3 | 己未 | 6 | 2 |
| 9 | 2/4 | 庚申 | 6 | 3 |
| 10 | 2/5 | 辛酉 | 6 | 4 |
| 11 | 2/6 | 壬戌 | 6 | 5 |
| 12 | 2/7 | 癸亥 | 6 | 6 |
| 13 | 2/8 | 甲子 | 8 | 7 |
| 14 | 2/9 | 乙丑 | 8 | 8 |
| 15 | 2/10 | 丙寅 | 8 | 9 |
| 16 | 2/11 | 丁卯 | 8 | 1 |
| 17 | 2/12 | 戊辰 | 8 | 2 |
| 18 | 2/13 | 己巳 | 5 | 3 |
| 19 | 2/14 | 庚午 | 5 | 4 |
| 20 | 2/15 | 辛未 | 5 | 5 |
| 21 | 2/16 | 壬申 | 5 | 6 |
| 22 | 2/17 | 癸酉 | 5 | 7 |
| 23 | 2/18 | 甲戌 | 2 | 8 |
| 24 | 2/19 | 乙亥 | 2 | 9 |
| 25 | 2/20 | 丙子 | 2 | 1 |
| 26 | 2/21 | 丁丑 | 2 | 2 |
| 27 | 2/22 | 戊寅 | 2 | 3 |
| 28 | 2/23 | 己卯 | 9 | 4 |
| 29 | 2/24 | 庚辰 | 9 | 5 |
| | | | | |

# 西元1971年（辛亥）肖豬 民國60年（女巽命）

奇門遁甲局數如標示為 一 ～九表示陰局　　如標示為1 ～9 表示陽局

| 十二月 | | | | | 十一月 | | | | | 十　月 | | | | | 九　月 | | | | | 八　月 | | | | | 七　月 | | | | |
|---|---|---|---|---|---|---|---|---|---|---|---|---|---|---|---|---|---|---|---|---|---|---|---|---|---|---|---|---|---|
| 辛丑 | | | | | 庚子 | | | | | 己亥 | | | | | 戊戌 | | | | | 丁酉 | | | | | 丙申 | | | | |
| 九紫火 | | | | | 一白水 | | | | | 二黑土 | | | | | 三碧木 | | | | | 四綠木 | | | | | 五黃土 | | | | |
| 立春 01時20分 廿一丑時 | | 大寒 06時59分 初六卯時 | 奇門遁甲局數 | | 小寒 13時42分 二十未時 | | 冬至 20時24分 初五戌時 | 奇門遁甲局數 | | 大雪 02時36分 廿一丑時 | | 小雪 07時14分 初六辰時 | 奇門遁甲局數 | | 立冬 09時57分 廿一巳時 | | 霜降 09時53分 初六巳時 | 奇門遁甲局數 | | 寒露 06時59分 廿一卯時 | | 秋分 00時45分 初六子時 | 奇門遁甲局數 | | 白露 15時30分 十九申時 | | 處暑 03時15分 初四寅時 | 奇門遁甲局數 | |
| 農曆 | 國曆 | 干支 | 時盤 | 日盤 | 農曆 | 國曆 | 干支 | 時盤 | 日盤 | 農曆 | 國曆 | 干支 | 時盤 | 日盤 | 農曆 | 國曆 | 干支 | 時盤 | 日盤 | 農曆 | 國曆 | 干支 | 時盤 | 日盤 | 農曆 | 國曆 | 干支 | 時盤 | 日盤 |
| 1 | 1/16 | 丙午 | 5 | 7 | 1 | 12/18 | 丁丑 | 一 | 五 | 1 | 11/18 | 丁未 | 三 | 八 | 1 | 10/19 | 丁丑 | 三 | 二 | 1 | 9/19 | 丁未 | 六 | 五 | 1 | 8/21 | 戊寅 | 八 | 七 |
| 2 | 1/17 | 丁未 | 5 | 8 | 2 | 12/19 | 戊寅 | 一 | 四 | 2 | 11/19 | 戊申 | 三 | 七 | 2 | 10/20 | 戊寅 | 三 | 一 | 2 | 9/20 | 戊申 | 六 | 四 | 2 | 8/22 | 己卯 | 一 | 六 |
| 3 | 1/18 | 戊申 | 5 | 9 | 3 | 12/20 | 己卯 | 1 | 三 | 3 | 11/20 | 己酉 | 五 | 六 | 3 | 10/21 | 己卯 | 五 | 九 | 3 | 9/21 | 己酉 | 七 | 三 | 3 | 8/23 | 庚辰 | 一 | 五 |
| 4 | 1/19 | 己酉 | 3 | 1 | 4 | 12/21 | 庚辰 | 1 | 二 | 4 | 11/21 | 庚戌 | 五 | 五 | 4 | 10/22 | 庚辰 | 五 | 八 | 4 | 9/22 | 庚戌 | 七 | 二 | 4 | 8/24 | 辛巳 | 一 | 四 |
| 5 | 1/20 | 庚戌 | 3 | 2 | 5 | 12/22 | 辛巳 | 1 | 9 | 5 | 11/22 | 辛亥 | 五 | 四 | 5 | 10/23 | 辛巳 | 五 | 七 | 5 | 9/23 | 辛亥 | 七 | 一 | 5 | 8/25 | 壬午 | 一 | 三 |
| 6 | 1/21 | 辛亥 | 3 | 3 | 6 | 12/23 | 壬午 | 1 | 1 | 6 | 11/23 | 壬子 | 五 | 三 | 6 | 10/24 | 壬午 | 五 | 六 | 6 | 9/24 | 壬子 | 七 | 九 | 6 | 8/26 | 癸未 | 一 | 二 |
| 7 | 1/22 | 壬子 | 3 | 4 | 7 | 12/24 | 癸未 | 1 | 2 | 7 | 11/24 | 癸丑 | 五 | 二 | 7 | 10/25 | 癸未 | 五 | 五 | 7 | 9/25 | 癸丑 | 七 | 八 | 7 | 8/27 | 甲申 | 四 | 一 |
| 8 | 1/23 | 癸丑 | 3 | 5 | 8 | 12/25 | 甲申 | 7 | 3 | 8 | 11/25 | 甲寅 | 八 | 一 | 8 | 10/26 | 甲申 | 八 | 四 | 8 | 9/26 | 甲寅 | 一 | 七 | 8 | 8/28 | 乙酉 | 四 | 九 |
| 9 | 1/24 | 甲寅 | 9 | 6 | 9 | 12/26 | 乙酉 | 7 | 4 | 9 | 11/26 | 乙卯 | 八 | 九 | 9 | 10/27 | 乙酉 | 八 | 三 | 9 | 9/27 | 乙卯 | 一 | 六 | 9 | 8/29 | 丙戌 | 四 | 八 |
| 10 | 1/25 | 乙卯 | 9 | 7 | 10 | 12/27 | 丙戌 | 7 | 5 | 10 | 11/27 | 丙辰 | 八 | 八 | 10 | 10/28 | 丙戌 | 八 | 二 | 10 | 9/28 | 丙辰 | 一 | 五 | 10 | 8/30 | 丁亥 | 四 | 七 |
| 11 | 1/26 | 丙辰 | 9 | 8 | 11 | 12/28 | 丁亥 | 7 | 6 | 11 | 11/28 | 丁巳 | 八 | 七 | 11 | 10/29 | 丁亥 | 八 | 一 | 11 | 9/29 | 丁巳 | 一 | 四 | 11 | 8/31 | 戊子 | 四 | 六 |
| 12 | 1/27 | 丁巳 | 9 | 9 | 12 | 12/29 | 戊子 | 7 | 7 | 12 | 11/29 | 戊午 | 八 | 六 | 12 | 10/30 | 戊子 | 八 | 九 | 12 | 9/30 | 戊午 | 一 | 三 | 12 | 9/1 | 己丑 | 七 | 五 |
| 13 | 1/28 | 戊午 | 9 | 1 | 13 | 12/30 | 己丑 | 4 | 8 | 13 | 11/30 | 己未 | 二 | 五 | 13 | 10/31 | 己丑 | 二 | 八 | 13 | 10/1 | 己未 | 四 | 二 | 13 | 9/2 | 庚寅 | 七 | 四 |
| 14 | 1/29 | 己未 | 6 | 2 | 14 | 12/31 | 庚寅 | 4 | 9 | 14 | 12/1 | 庚申 | 二 | 四 | 14 | 11/1 | 庚寅 | 二 | 七 | 14 | 10/2 | 庚申 | 四 | 一 | 14 | 9/3 | 辛卯 | 七 | 三 |
| 15 | 1/30 | 庚申 | 6 | 3 | 15 | 1/1 | 辛卯 | 4 | 1 | 15 | 12/2 | 辛酉 | 二 | 三 | 15 | 11/2 | 辛卯 | 二 | 六 | 15 | 10/3 | 辛酉 | 四 | 九 | 15 | 9/4 | 壬辰 | 七 | 二 |
| 16 | 1/31 | 辛酉 | 6 | 4 | 16 | 1/2 | 壬辰 | 4 | 2 | 16 | 12/3 | 壬戌 | 二 | 二 | 16 | 11/3 | 壬辰 | 二 | 五 | 16 | 10/4 | 壬戌 | 四 | 八 | 16 | 9/5 | 癸巳 | 七 | 一 |
| 17 | 2/1 | 壬戌 | 6 | 5 | 17 | 1/3 | 癸巳 | 4 | 3 | 17 | 12/4 | 癸亥 | 二 | 一 | 17 | 11/4 | 癸巳 | 二 | 四 | 17 | 10/5 | 癸亥 | 四 | 七 | 17 | 9/6 | 甲午 | 九 | 九 |
| 18 | 2/2 | 癸亥 | 6 | 6 | 18 | 1/4 | 甲午 | 2 | 4 | 18 | 12/5 | 甲子 | 四 | 九 | 18 | 11/5 | 甲午 | 六 | 三 | 18 | 10/6 | 甲子 | 六 | 六 | 18 | 9/7 | 乙未 | 九 | 八 |
| 19 | 2/3 | 甲子 | 8 | 7 | 19 | 1/5 | 乙未 | 2 | 5 | 19 | 12/6 | 乙丑 | 四 | 八 | 19 | 11/6 | 乙未 | 六 | 二 | 19 | 10/7 | 乙丑 | 六 | 五 | 19 | 9/8 | 丙申 | 九 | 七 |
| 20 | 2/4 | 乙丑 | 8 | 8 | 20 | 1/6 | 丙申 | 2 | 6 | 20 | 12/7 | 丙寅 | 四 | 七 | 20 | 11/7 | 丙申 | 六 | 一 | 20 | 10/8 | 丙寅 | 六 | 四 | 20 | 9/9 | 丁酉 | 九 | 六 |
| 21 | 2/5 | 丙寅 | 8 | 9 | 21 | 1/7 | 丁酉 | 2 | 7 | 21 | 12/8 | 丁卯 | 四 | 六 | 21 | 11/8 | 丁酉 | 六 | 九 | 21 | 10/9 | 丁卯 | 六 | 三 | 21 | 9/10 | 戊戌 | 九 | 五 |
| 22 | 2/6 | 丁卯 | 8 | 1 | 22 | 1/8 | 戊戌 | 2 | 8 | 22 | 12/9 | 戊辰 | 四 | 五 | 22 | 11/9 | 戊戌 | 六 | 八 | 22 | 10/10 | 戊辰 | 六 | 二 | 22 | 9/11 | 己亥 | 三 | 四 |
| 23 | 2/7 | 戊辰 | 8 | 2 | 23 | 1/9 | 己亥 | 8 | 9 | 23 | 12/10 | 己巳 | 七 | 四 | 23 | 11/10 | 己亥 | 九 | 七 | 23 | 10/11 | 己巳 | 九 | 一 | 23 | 9/12 | 庚子 | 三 | 三 |
| 24 | 2/8 | 己巳 | 5 | 3 | 24 | 1/10 | 庚子 | 8 | 1 | 24 | 12/11 | 庚午 | 七 | 三 | 24 | 11/11 | 庚子 | 九 | 六 | 24 | 10/12 | 庚午 | 九 | 九 | 24 | 9/13 | 辛丑 | 三 | 二 |
| 25 | 2/9 | 庚午 | 5 | 4 | 25 | 1/11 | 辛丑 | 8 | 2 | 25 | 12/12 | 辛未 | 七 | 二 | 25 | 11/12 | 辛丑 | 九 | 五 | 25 | 10/13 | 辛未 | 九 | 八 | 25 | 9/14 | 壬寅 | 三 | 一 |
| 26 | 2/10 | 辛未 | 5 | 5 | 26 | 1/12 | 壬寅 | 8 | 3 | 26 | 12/13 | 壬申 | 七 | 一 | 26 | 11/13 | 壬寅 | 九 | 四 | 26 | 10/14 | 壬申 | 九 | 七 | 26 | 9/15 | 癸卯 | 三 | 九 |
| 27 | 2/11 | 壬申 | 5 | 6 | 27 | 1/13 | 癸卯 | 8 | 4 | 27 | 12/14 | 癸酉 | 七 | 九 | 27 | 11/14 | 癸卯 | 九 | 三 | 27 | 10/15 | 癸酉 | 九 | 六 | 27 | 9/16 | 甲辰 | 六 | 八 |
| 28 | 2/12 | 癸酉 | 5 | 7 | 28 | 1/14 | 甲辰 | 5 | 5 | 28 | 12/15 | 甲戌 | 一 | 八 | 28 | 11/15 | 甲辰 | 三 | 二 | 28 | 10/16 | 甲戌 | 三 | 五 | 28 | 9/17 | 乙巳 | 六 | 七 |
| 29 | 2/13 | 甲戌 | 2 | 8 | 29 | 1/15 | 乙巳 | 5 | 6 | 29 | 12/16 | 乙亥 | 一 | 七 | 29 | 11/16 | 乙巳 | 三 | 一 | 29 | 10/17 | 乙亥 | 三 | 四 | 29 | 9/18 | 丙午 | 六 | 六 |
| 30 | 2/14 | 乙亥 | 2 | 9 | | | | | | 30 | 12/17 | 丙子 | 一 | 六 | 30 | 11/17 | 丙午 | 三 | 九 | 30 | 10/18 | 丙子 | 三 | 三 | | | | | |

# 西元1972年（壬子）肖鼠 民國61年（男坎命）

奇門遁甲局數如標示為 一 ～九表示陰局　　如標示為1 ～9 表示陽局

| 六月 | | | | | 五月 | | | | | 四月 | | | | |
|---|---|---|---|---|---|---|---|---|---|---|---|---|---|---|
| 丁未 | | | | | 丙午 | | | | | 乙巳 | | | | |
| 三碧木 | | | | | 四綠木 | | | | | 五黃土 | | | | |
| 立秋 18時29分 廿八酉時 | | 大暑 02時03分 十三丑時 | 奇門遁甲局數 | | 小暑 08時43分 廿七辰時 | | 夏至 15時06分 十一申時 | 奇門遁甲局數 | | 芒種 22時22分 廿四亥時 | | 小滿 07時00分 初九辰時 | 奇門遁甲局數 | |
| 農曆 | 國曆 | 干支 | 時盤 | 日盤 | 農曆 | 國曆 | 干支 | 時盤 | 日盤 | 農曆 | 國曆 | 干支 | 時盤 | 日盤 |
| 1 | 7/11 | 癸卯 | 二 | 六 | 1 | 6/11 | 癸酉 | 3 | 1 | 1 | 5/13 | 甲辰 | 7 | 8 |
| 2 | 7/12 | 甲辰 | 五 | 五 | 2 | 6/12 | 甲戌 | 9 | 2 | 2 | 5/14 | 乙巳 | 7 | 9 |
| 3 | 7/13 | 乙巳 | 五 | 四 | 3 | 6/13 | 乙亥 | 9 | 3 | 3 | 5/15 | 丙午 | 7 | 1 |
| 4 | 7/14 | 丙午 | 五 | 三 | 4 | 6/14 | 丙子 | 9 | 4 | 4 | 5/16 | 丁未 | 7 | 2 |
| 5 | 7/15 | 丁未 | 五 | 二 | 5 | 6/15 | 丁丑 | 9 | 5 | 5 | 5/17 | 戊申 | 7 | 3 |
| 6 | 7/16 | 戊申 | 五 | 一 | 6 | 6/16 | 戊寅 | 9 | 6 | 6 | 5/18 | 己酉 | 5 | 4 |
| 7 | 7/17 | 己酉 | 七 | 九 | 7 | 6/17 | 己卯 | 九 | 7 | 7 | 5/19 | 庚戌 | 5 | 5 |
| 8 | 7/18 | 庚戌 | 七 | 八 | 8 | 6/18 | 庚辰 | 九 | 8 | 8 | 5/20 | 辛亥 | 5 | 6 |
| 9 | 7/19 | 辛亥 | 七 | 七 | 9 | 6/19 | 辛巳 | 九 | 9 | 9 | 5/21 | 壬子 | 5 | 7 |
| 10 | 7/20 | 壬子 | 七 | 六 | 10 | 6/20 | 壬午 | 九 | 1 | 10 | 5/22 | 癸丑 | 5 | 8 |
| 11 | 7/21 | 癸丑 | 七 | 五 | 11 | 6/21 | 癸未 | 九 | 八 | 11 | 5/23 | 甲寅 | 2 | 9 |
| 12 | 7/22 | 甲寅 | 一 | 四 | 12 | 6/22 | 甲申 | 三 | 七 | 12 | 5/24 | 乙卯 | 2 | 1 |
| 13 | 7/23 | 乙卯 | 一 | 三 | 13 | 6/23 | 乙酉 | 三 | 六 | 13 | 5/25 | 丙辰 | 2 | 2 |
| 14 | 7/24 | 丙辰 | 一 | 二 | 14 | 6/24 | 丙戌 | 三 | 五 | 14 | 5/26 | 丁巳 | 2 | 3 |
| 15 | 7/25 | 丁巳 | 一 | 一 | 15 | 6/25 | 丁亥 | 三 | 四 | 15 | 5/27 | 戊午 | 2 | 4 |
| 16 | 7/26 | 戊午 | 一 | 九 | 16 | 6/26 | 戊子 | 三 | 三 | 16 | 5/28 | 己未 | 8 | 5 |
| 17 | 7/27 | 己未 | 四 | 八 | 17 | 6/27 | 己丑 | 六 | 二 | 17 | 5/29 | 庚申 | 8 | 6 |
| 18 | 7/28 | 庚申 | 四 | 七 | 18 | 6/28 | 庚寅 | 六 | 一 | 18 | 5/30 | 辛酉 | 8 | 7 |
| 19 | 7/29 | 辛酉 | 四 | 六 | 19 | 6/29 | 辛卯 | 六 | 九 | 19 | 5/31 | 壬戌 | 8 | 8 |
| 20 | 7/30 | 壬戌 | 四 | 五 | 20 | 6/30 | 壬辰 | 六 | 八 | 20 | 6/1 | 癸亥 | 8 | 9 |
| 21 | 7/31 | 癸亥 | 四 | 四 | 21 | 7/1 | 癸巳 | 六 | 七 | 21 | 6/2 | 甲子 | 6 | 1 |
| 22 | 8/1 | 甲子 | 二 | 三 | 22 | 7/2 | 甲午 | 八 | 六 | 22 | 6/3 | 乙丑 | 6 | 2 |
| 23 | 8/2 | 乙丑 | 二 | 二 | 23 | 7/3 | 乙未 | 八 | 五 | 23 | 6/4 | 丙寅 | 6 | 3 |
| 24 | 8/3 | 丙寅 | 二 | 一 | 24 | 7/4 | 丙申 | 八 | 四 | 24 | 6/5 | 丁卯 | 6 | 4 |
| 25 | 8/4 | 丁卯 | 二 | 九 | 25 | 7/5 | 丁酉 | 八 | 三 | 25 | 6/6 | 戊辰 | 6 | 5 |
| 26 | 8/5 | 戊辰 | 二 | 八 | 26 | 7/6 | 戊戌 | 八 | 二 | 26 | 6/7 | 己巳 | 3 | 6 |
| 27 | 8/6 | 己巳 | 五 | 七 | 27 | 7/7 | 己亥 | 二 | 一 | 27 | 6/8 | 庚午 | 3 | 7 |
| 28 | 8/7 | 庚午 | 五 | 六 | 28 | 7/8 | 庚子 | 二 | 九 | 28 | 6/9 | 辛未 | 3 | 8 |
| 29 | 8/8 | 辛未 | 五 | 五 | 29 | 7/9 | 辛丑 | 二 | 八 | 29 | 6/10 | 壬申 | 3 | 9 |
| | | | | | 30 | 7/10 | 壬寅 | 二 | 七 | | | | | |

| 三月 | | | | | 二月 | | | | | 正月 | | | | |
|---|---|---|---|---|---|---|---|---|---|---|---|---|---|---|
| 甲辰 | | | | | 癸卯 | | | | | 壬寅 | | | | |
| 六白金 | | | | | 七赤金 | | | | | 八白土 | | | | |
| 立夏 18時01分 廿二酉時 | | 穀雨 07時38分 初七辰時 | 奇門遁甲局數 | | 清明 00時29分 廿二子時 | | 春分 20時22分 初六戌時 | 奇門遁甲局數 | | 驚蟄 19時28分 二十戌時 | | 雨水 21時12分 初五亥時 | 奇門遁甲局數 | |
| 農曆 | 國曆 | 干支 | 時盤 | 日盤 | 農曆 | 國曆 | 干支 | 時盤 | 日盤 | 農曆 | 國曆 | 干支 | 時盤 | 日盤 |
| 1 | 4/14 | 乙亥 | 7 | 6 | 1 | 3/15 | 乙巳 | 4 | 3 | 1 | 2/15 | 丙子 | 2 | 1 |
| 2 | 4/15 | 丙子 | 7 | 7 | 2 | 3/16 | 丙午 | 4 | 4 | 2 | 2/16 | 丁丑 | 2 | 2 |
| 3 | 4/16 | 丁丑 | 7 | 8 | 3 | 3/17 | 丁未 | 4 | 5 | 3 | 2/17 | 戊寅 | 2 | 3 |
| 4 | 4/17 | 戊寅 | 7 | 9 | 4 | 3/18 | 戊申 | 4 | 6 | 4 | 2/18 | 己卯 | 9 | 4 |
| 5 | 4/18 | 己卯 | 5 | 1 | 5 | 3/19 | 己酉 | 3 | 7 | 5 | 2/19 | 庚辰 | 9 | 5 |
| 6 | 4/19 | 庚辰 | 5 | 2 | 6 | 3/20 | 庚戌 | 3 | 8 | 6 | 2/20 | 辛巳 | 9 | 6 |
| 7 | 4/20 | 辛巳 | 5 | 3 | 7 | 3/21 | 辛亥 | 3 | 9 | 7 | 2/21 | 壬午 | 9 | 7 |
| 8 | 4/21 | 壬午 | 5 | 4 | 8 | 3/22 | 壬子 | 3 | 1 | 8 | 2/22 | 癸未 | 9 | 8 |
| 9 | 4/22 | 癸未 | 5 | 5 | 9 | 3/23 | 癸丑 | 3 | 2 | 9 | 2/23 | 甲申 | 6 | 9 |
| 10 | 4/23 | 甲申 | 2 | 6 | 10 | 3/24 | 甲寅 | 9 | 3 | 10 | 2/24 | 乙酉 | 6 | 1 |
| 11 | 4/24 | 乙酉 | 2 | 7 | 11 | 3/25 | 乙卯 | 9 | 4 | 11 | 2/25 | 丙戌 | 6 | 2 |
| 12 | 4/25 | 丙戌 | 2 | 8 | 12 | 3/26 | 丙辰 | 9 | 5 | 12 | 2/26 | 丁亥 | 6 | 3 |
| 13 | 4/26 | 丁亥 | 2 | 9 | 13 | 3/27 | 丁巳 | 9 | 6 | 13 | 2/27 | 戊子 | 6 | 4 |
| 14 | 4/27 | 戊子 | 2 | 1 | 14 | 3/28 | 戊午 | 9 | 7 | 14 | 2/28 | 己丑 | 3 | 5 |
| 15 | 4/28 | 己丑 | 8 | 2 | 15 | 3/29 | 己未 | 6 | 8 | 15 | 2/29 | 庚寅 | 3 | 6 |
| 16 | 4/29 | 庚寅 | 8 | 3 | 16 | 3/30 | 庚申 | 6 | 9 | 16 | 3/1 | 辛卯 | 3 | 7 |
| 17 | 4/30 | 辛卯 | 8 | 4 | 17 | 3/31 | 辛酉 | 6 | 1 | 17 | 3/2 | 壬辰 | 3 | 8 |
| 18 | 5/1 | 壬辰 | 8 | 5 | 18 | 4/1 | 壬戌 | 6 | 2 | 18 | 3/3 | 癸巳 | 3 | 9 |
| 19 | 5/2 | 癸巳 | 8 | 6 | 19 | 4/2 | 癸亥 | 6 | 3 | 19 | 3/4 | 甲午 | 1 | 1 |
| 20 | 5/3 | 甲午 | 4 | 7 | 20 | 4/3 | 甲子 | 4 | 4 | 20 | 3/5 | 乙未 | 1 | 2 |
| 21 | 5/4 | 乙未 | 4 | 8 | 21 | 4/4 | 乙丑 | 4 | 5 | 21 | 3/6 | 丙申 | 1 | 3 |
| 22 | 5/5 | 丙申 | 4 | 9 | 22 | 4/5 | 丙寅 | 4 | 6 | 22 | 3/7 | 丁酉 | 1 | 4 |
| 23 | 5/6 | 丁酉 | 4 | 1 | 23 | 4/6 | 丁卯 | 4 | 7 | 23 | 3/8 | 戊戌 | 1 | 5 |
| 24 | 5/7 | 戊戌 | 4 | 2 | 24 | 4/7 | 戊辰 | 4 | 8 | 24 | 3/9 | 己亥 | 7 | 6 |
| 25 | 5/8 | 己亥 | 1 | 3 | 25 | 4/8 | 己巳 | 1 | 9 | 25 | 3/10 | 庚子 | 7 | 7 |
| 26 | 5/9 | 庚子 | 1 | 4 | 26 | 4/9 | 庚午 | 1 | 1 | 26 | 3/11 | 辛丑 | 7 | 8 |
| 27 | 5/10 | 辛丑 | 1 | 5 | 27 | 4/10 | 辛未 | 1 | 2 | 27 | 3/12 | 壬寅 | 7 | 9 |
| 28 | 5/11 | 壬寅 | 1 | 6 | 28 | 4/11 | 壬申 | 1 | 3 | 28 | 3/13 | 癸卯 | 7 | 1 |
| 29 | 5/12 | 癸卯 | 1 | 7 | 29 | 4/12 | 癸酉 | 1 | 4 | 29 | 3/14 | 甲辰 | 4 | 2 |
| | | | | | 30 | 4/13 | 甲戌 | 7 | 5 | | | | | |

# 西元1972年（壬子）肖鼠 民國61年（女艮命）

奇門遁甲局數如標示為 一 ～九表示陰局　　如標示為1 ～9 表示陽局

| 十二月 | | | | |
|---|---|---|---|---|
| 癸丑 | | | | |
| 六白金 | | | | |
| 大寒 12時48分 十七午時 | | 小寒 19時26分 初二戌時 | 奇門遁甲局數 | |
| 農曆 | 國曆 | 干支 | 時盤 | 日盤 |
| 1 | 1/4 | 庚子 | 7 | 1 |
| 2 | 1/5 | 辛丑 | 7 | 2 |
| 3 | 1/6 | 壬寅 | 7 | 3 |
| 4 | 1/7 | 癸卯 | 7 | 4 |
| 5 | 1/8 | 甲辰 | 4 | 5 |
| 6 | 1/9 | 乙巳 | 4 | 6 |
| 7 | 1/10 | 丙午 | 4 | 7 |
| 8 | 1/11 | 丁未 | 4 | 8 |
| 9 | 1/12 | 戊申 | 4 | 9 |
| 10 | 1/13 | 己酉 | 2 | 1 |
| 11 | 1/14 | 庚戌 | 2 | 2 |
| 12 | 1/15 | 辛亥 | 2 | 3 |
| 13 | 1/16 | 壬子 | 2 | 4 |
| 14 | 1/17 | 癸丑 | 2 | 5 |
| 15 | 1/18 | 甲寅 | 8 | 6 |
| 16 | 1/19 | 乙卯 | 8 | 7 |
| 17 | 1/20 | 丙辰 | 8 | 8 |
| 18 | 1/21 | 丁巳 | 8 | 9 |
| 19 | 1/22 | 戊午 | 8 | 1 |
| 20 | 1/23 | 己未 | 5 | 2 |
| 21 | 1/24 | 庚申 | 5 | 3 |
| 22 | 1/25 | 辛酉 | 5 | 4 |
| 23 | 1/26 | 壬戌 | 5 | 5 |
| 24 | 1/27 | 癸亥 | 5 | 6 |
| 25 | 1/28 | 甲子 | 3 | 7 |
| 26 | 1/29 | 乙丑 | 3 | 8 |
| 27 | 1/30 | 丙寅 | 3 | 9 |
| 28 | 1/31 | 丁卯 | 3 | 1 |
| 29 | 2/1 | 戊辰 | 3 | 2 |
| 30 | 2/2 | 己巳 | 9 | 3 |

| 十一月 | | | | |
|---|---|---|---|---|
| 壬子 | | | | |
| 七赤金 | | | | |
| 冬至 02時13分 十七丑時 | | 大雪 08時19分 初二辰時 | 奇門遁甲局數 | |
| 農曆 | 國曆 | 干支 | 時盤 | 日盤 |
| 1 | 12/6 | 辛未 | 七 | 二 |
| 2 | 12/7 | 壬申 | 七 | 一 |
| 3 | 12/8 | 癸酉 | 七 | 九 |
| 4 | 12/9 | 甲戌 | 一 | 八 |
| 5 | 12/10 | 乙亥 | 一 | 七 |
| 6 | 12/11 | 丙子 | 一 | 六 |
| 7 | 12/12 | 丁丑 | 一 | 五 |
| 8 | 12/13 | 戊寅 | 一 | 四 |
| 9 | 12/14 | 己卯 | 四 | 三 |
| 10 | 12/15 | 庚辰 | 四 | 二 |
| 11 | 12/16 | 辛巳 | 四 | 一 |
| 12 | 12/17 | 壬午 | 四 | 九 |
| 13 | 12/18 | 癸未 | 四 | 八 |
| 14 | 12/19 | 甲申 | 七 | 七 |
| 15 | 12/20 | 乙酉 | 七 | 六 |
| 16 | 12/21 | 丙戌 | 七 | 五 |
| 17 | 12/22 | 丁亥 | 七 | 6 |
| 18 | 12/23 | 戊子 | 七 | 7 |
| 19 | 12/24 | 己丑 | 一 | 8 |
| 20 | 12/25 | 庚寅 | 一 | 9 |
| 21 | 12/26 | 辛卯 | 一 | 1 |
| 22 | 12/27 | 壬辰 | 一 | 2 |
| 23 | 12/28 | 癸巳 | 一 | 3 |
| 24 | 12/29 | 甲午 | 1 | 4 |
| 25 | 12/30 | 乙未 | 1 | 5 |
| 26 | 12/31 | 丙申 | 1 | 6 |
| 27 | 1/1 | 丁酉 | 1 | 7 |
| 28 | 1/2 | 戊戌 | 1 | 8 |
| 29 | 1/3 | 己亥 | 7 | 9 |
| | | | | |

| 十月 | | | | |
|---|---|---|---|---|
| 辛亥 | | | | |
| 八白土 | | | | |
| 小雪 13時03分 十七未時 | | 立冬 15時40分 初二申時 | 奇門遁甲局數 | |
| 農曆 | 國曆 | 干支 | 時盤 | 日盤 |
| 1 | 11/6 | 辛丑 | 九 | 五 |
| 2 | 11/7 | 壬寅 | 九 | 四 |
| 3 | 11/8 | 癸卯 | 九 | 三 |
| 4 | 11/9 | 甲辰 | 三 | 二 |
| 5 | 11/10 | 乙巳 | 三 | 一 |
| 6 | 11/11 | 丙午 | 三 | 九 |
| 7 | 11/12 | 丁未 | 三 | 八 |
| 8 | 11/13 | 戊申 | 三 | 七 |
| 9 | 11/14 | 己酉 | 五 | 六 |
| 10 | 11/15 | 庚戌 | 五 | 五 |
| 11 | 11/16 | 辛亥 | 五 | 四 |
| 12 | 11/17 | 壬子 | 五 | 三 |
| 13 | 11/18 | 癸丑 | 五 | 二 |
| 14 | 11/19 | 甲寅 | 八 | 一 |
| 15 | 11/20 | 乙卯 | 八 | 九 |
| 16 | 11/21 | 丙辰 | 八 | 八 |
| 17 | 11/22 | 丁巳 | 八 | 七 |
| 18 | 11/23 | 戊午 | 八 | 六 |
| 19 | 11/24 | 己未 | 二 | 五 |
| 20 | 11/25 | 庚申 | 二 | 四 |
| 21 | 11/26 | 辛酉 | 二 | 三 |
| 22 | 11/27 | 壬戌 | 二 | 二 |
| 23 | 11/28 | 癸亥 | 二 | 一 |
| 24 | 11/29 | 甲子 | 四 | 九 |
| 25 | 11/30 | 乙丑 | 四 | 八 |
| 26 | 12/1 | 丙寅 | 四 | 七 |
| 27 | 12/2 | 丁卯 | 四 | 六 |
| 28 | 12/3 | 戊辰 | 四 | 五 |
| 29 | 12/4 | 己巳 | 七 | 四 |
| 30 | 12/5 | 庚午 | 七 | 三 |

| 九月 | | | | |
|---|---|---|---|---|
| 庚戌 | | | | |
| 九紫火 | | | | |
| 霜降 15時42分 十七申時 | | 寒露 12時42分 初二午時 | 奇門遁甲局數 | |
| 農曆 | 國曆 | 干支 | 時盤 | 日盤 |
| 1 | 10/7 | 辛未 | 九 | 八 |
| 2 | 10/8 | 壬申 | 九 | 七 |
| 3 | 10/9 | 癸酉 | 九 | 六 |
| 4 | 10/10 | 甲戌 | 三 | 五 |
| 5 | 10/11 | 乙亥 | 三 | 四 |
| 6 | 10/12 | 丙子 | 三 | 三 |
| 7 | 10/13 | 丁丑 | 三 | 二 |
| 8 | 10/14 | 戊寅 | 三 | 一 |
| 9 | 10/15 | 己卯 | 五 | 九 |
| 10 | 10/16 | 庚辰 | 五 | 八 |
| 11 | 10/17 | 辛巳 | 五 | 七 |
| 12 | 10/18 | 壬午 | 五 | 六 |
| 13 | 10/19 | 癸未 | 五 | 五 |
| 14 | 10/20 | 甲申 | 八 | 四 |
| 15 | 10/21 | 乙酉 | 八 | 三 |
| 16 | 10/22 | 丙戌 | 八 | 二 |
| 17 | 10/23 | 丁亥 | 八 | 一 |
| 18 | 10/24 | 戊子 | 八 | 九 |
| 19 | 10/25 | 己丑 | 二 | 八 |
| 20 | 10/26 | 庚寅 | 二 | 七 |
| 21 | 10/27 | 辛卯 | 二 | 六 |
| 22 | 10/28 | 壬辰 | 二 | 五 |
| 23 | 10/29 | 癸巳 | 二 | 四 |
| 24 | 10/30 | 甲午 | 六 | 三 |
| 25 | 10/31 | 乙未 | 六 | 二 |
| 26 | 11/1 | 丙申 | 六 | 一 |
| 27 | 11/2 | 丁酉 | 六 | 九 |
| 28 | 11/3 | 戊戌 | 六 | 八 |
| 29 | 11/4 | 己亥 | 九 | 七 |
| 30 | 11/5 | 庚子 | 九 | 六 |

| 八月 | | | | |
|---|---|---|---|---|
| 己酉 | | | | |
| 一白水 | | | | |
| 秋分 06時33分 十六卯時 | | | 奇門遁甲局數 | |
| 農曆 | 國曆 | 干支 | 時盤 | 日盤 |
| 1 | 9/8 | 壬寅 | 三 | 一 |
| 2 | 9/9 | 癸卯 | 三 | 九 |
| 3 | 9/10 | 甲辰 | 六 | 八 |
| 4 | 9/11 | 乙巳 | 六 | 七 |
| 5 | 9/12 | 丙午 | 六 | 六 |
| 6 | 9/13 | 丁未 | 六 | 五 |
| 7 | 9/14 | 戊申 | 六 | 四 |
| 8 | 9/15 | 己酉 | 七 | 三 |
| 9 | 9/16 | 庚戌 | 七 | 二 |
| 10 | 9/17 | 辛亥 | 七 | 一 |
| 11 | 9/18 | 壬子 | 七 | 九 |
| 12 | 9/19 | 癸丑 | 七 | 八 |
| 13 | 9/20 | 甲寅 | 一 | 七 |
| 14 | 9/21 | 乙卯 | 一 | 六 |
| 15 | 9/22 | 丙辰 | 一 | 五 |
| 16 | 9/23 | 丁巳 | 一 | 四 |
| 17 | 9/24 | 戊午 | 一 | 三 |
| 18 | 9/25 | 己未 | 四 | 二 |
| 19 | 9/26 | 庚申 | 四 | 一 |
| 20 | 9/27 | 辛酉 | 四 | 九 |
| 21 | 9/28 | 壬戌 | 四 | 八 |
| 22 | 9/29 | 癸亥 | 四 | 七 |
| 23 | 9/30 | 甲子 | 六 | 六 |
| 24 | 10/1 | 乙丑 | 六 | 五 |
| 25 | 10/2 | 丙寅 | 六 | 四 |
| 26 | 10/3 | 丁卯 | 六 | 三 |
| 27 | 10/4 | 戊辰 | 六 | 二 |
| 28 | 10/5 | 己巳 | 九 | 一 |
| 29 | 10/6 | 庚午 | 九 | 九 |
| | | | | |

| 七月 | | | | |
|---|---|---|---|---|
| 戊申 | | | | |
| 二黑土 | | | | |
| 白露 21時15分 三十亥時 | | 處暑 09時03分 十五巳時 | 奇門遁甲局數 | |
| 農曆 | 國曆 | 干支 | 時盤 | 日盤 |
| 1 | 8/9 | 壬申 | 五 | 四 |
| 2 | 8/10 | 癸酉 | 五 | 三 |
| 3 | 8/11 | 甲戌 | 八 | 二 |
| 4 | 8/12 | 乙亥 | 八 | 一 |
| 5 | 8/13 | 丙子 | 八 | 九 |
| 6 | 8/14 | 丁丑 | 八 | 八 |
| 7 | 8/15 | 戊寅 | 八 | 七 |
| 8 | 8/16 | 己卯 | 一 | 六 |
| 9 | 8/17 | 庚辰 | 一 | 五 |
| 10 | 8/18 | 辛巳 | 一 | 四 |
| 11 | 8/19 | 壬午 | 一 | 三 |
| 12 | 8/20 | 癸未 | 一 | 二 |
| 13 | 8/21 | 甲申 | 四 | 一 |
| 14 | 8/22 | 乙酉 | 四 | 九 |
| 15 | 8/23 | 丙戌 | 四 | 八 |
| 16 | 8/24 | 丁亥 | 四 | 七 |
| 17 | 8/25 | 戊子 | 四 | 六 |
| 18 | 8/26 | 己丑 | 七 | 五 |
| 19 | 8/27 | 庚寅 | 七 | 四 |
| 20 | 8/28 | 辛卯 | 七 | 三 |
| 21 | 8/29 | 壬辰 | 七 | 二 |
| 22 | 8/30 | 癸巳 | 七 | 一 |
| 23 | 8/31 | 甲午 | 九 | 九 |
| 24 | 9/1 | 乙未 | 九 | 八 |
| 25 | 9/2 | 丙申 | 九 | 七 |
| 26 | 9/3 | 丁酉 | 九 | 六 |
| 27 | 9/4 | 戊戌 | 九 | 五 |
| 28 | 9/5 | 己亥 | 三 | 四 |
| 29 | 9/6 | 庚子 | 三 | 三 |
| 30 | 9/7 | 辛丑 | 三 | 二 |

# 西元1973年（癸丑）肖牛 民國62年（男離命）

奇門遁甲局數如標示為 一 ～九表示陰局　　如標示為1 ～9 表示陽局

| 六月 | | | | | 五月 | | | | | 四月 | | | | | 三月 | | | | | 二月 | | | | | 正月 | | | | |
|---|---|---|---|---|---|---|---|---|---|---|---|---|---|---|---|---|---|---|---|---|---|---|---|---|---|---|---|---|---|
| 己未 | | | | | 戊午 | | | | | 丁巳 | | | | | 丙辰 | | | | | 乙卯 | | | | | 甲寅 | | | | |
| 九紫火 | | | | | 一白水 | | | | | 二黑土 | | | | | 三碧木 | | | | | 四綠木 | | | | | 五黃土 | | | | |
| 大暑 07時56分 廿四辰時 | | 小暑 14時28分 初八未時 | 奇門遁甲局數 | | 夏至 21時01分 廿一亥時 | | 芒種 04時07分 初六寅時 | 奇門遁甲局數 | | 小滿 12時54分 十九午時 | | 立夏 23時47分 初三子時 | 奇門遁甲局數 | | 穀雨 13時30分 十八未時 | | 清明 06時14分 初三卯時 | 奇門遁甲局數 | | 春分 02時13分 十七丑時 | | 驚蟄 01時13分 初二丑時 | 奇門遁甲局數 | | 雨水 03時01分 十七寅時 | | 立春 07時04分 初二辰時 | 奇門遁甲局數 | |
| 農曆 | 國曆 | 干支 | 時盤 | 日盤 | 農曆 | 國曆 | 干支 | 時盤 | 日盤 | 農曆 | 國曆 | 干支 | 時盤 | 日盤 | 農曆 | 國曆 | 干支 | 時盤 | 日盤 | 農曆 | 國曆 | 干支 | 時盤 | 日盤 | 農曆 | 國曆 | 干支 | 時盤 | 日盤 |
| 1 | 6/30 | 丁酉 | 九 | 三 | 1 | 6/1 | 戊辰 | 5 | 5 | 1 | 5/3 | 己亥 | 2 | 3 | 1 | 4/3 | 己巳 | 9 | 9 | 1 | 3/5 | 庚子 | 6 | 7 | 1 | 2/3 | 庚午 | 9 | 4 |
| 2 | 7/1 | 戊戌 | 九 | 二 | 2 | 6/2 | 己巳 | 2 | 6 | 2 | 5/4 | 庚子 | 2 | 4 | 2 | 4/4 | 庚午 | 9 | 1 | 2 | 3/6 | 辛丑 | 6 | 8 | 2 | 2/4 | 辛未 | 9 | 5 |
| 3 | 7/2 | 己亥 | 三 | 一 | 3 | 6/3 | 庚午 | 2 | 7 | 3 | 5/5 | 辛丑 | 2 | 5 | 3 | 4/5 | 辛未 | 9 | 2 | 3 | 3/7 | 壬寅 | 6 | 9 | 3 | 2/5 | 壬申 | 9 | 6 |
| 4 | 7/3 | 庚子 | 三 | 九 | 4 | 6/4 | 辛未 | 2 | 8 | 4 | 5/6 | 壬寅 | 2 | 6 | 4 | 4/6 | 壬申 | 9 | 3 | 4 | 3/8 | 癸卯 | 6 | 1 | 4 | 2/6 | 癸酉 | 9 | 7 |
| 5 | 7/4 | 辛丑 | 三 | 八 | 5 | 6/5 | 壬申 | 2 | 9 | 5 | 5/7 | 癸卯 | 2 | 7 | 5 | 4/7 | 癸酉 | 9 | 4 | 5 | 3/9 | 甲辰 | 3 | 2 | 5 | 2/7 | 甲戌 | 6 | 8 |
| 6 | 7/5 | 壬寅 | 三 | 七 | 6 | 6/6 | 癸酉 | 2 | 1 | 6 | 5/8 | 甲辰 | 8 | 8 | 6 | 4/8 | 甲戌 | 6 | 5 | 6 | 3/10 | 乙巳 | 3 | 3 | 6 | 2/8 | 乙亥 | 6 | 9 |
| 7 | 7/6 | 癸卯 | 三 | 六 | 7 | 6/7 | 甲戌 | 8 | 2 | 7 | 5/9 | 乙巳 | 8 | 9 | 7 | 4/9 | 乙亥 | 6 | 6 | 7 | 3/11 | 丙午 | 3 | 4 | 7 | 2/9 | 丙子 | 6 | 1 |
| 8 | 7/7 | 甲辰 | 六 | 五 | 8 | 6/8 | 乙亥 | 8 | 3 | 8 | 5/10 | 丙午 | 8 | 1 | 8 | 4/10 | 丙子 | 6 | 7 | 8 | 3/12 | 丁未 | 3 | 5 | 8 | 2/10 | 丁丑 | 6 | 2 |
| 9 | 7/8 | 乙巳 | 六 | 四 | 9 | 6/9 | 丙子 | 8 | 4 | 9 | 5/11 | 丁未 | 8 | 2 | 9 | 4/11 | 丁丑 | 6 | 8 | 9 | 3/13 | 戊申 | 3 | 6 | 9 | 2/11 | 戊寅 | 6 | 3 |
| 10 | 7/9 | 丙午 | 六 | 三 | 10 | 6/10 | 丁丑 | 8 | 5 | 10 | 5/12 | 戊申 | 8 | 3 | 10 | 4/12 | 戊寅 | 6 | 9 | 10 | 3/14 | 己酉 | 1 | 7 | 10 | 2/12 | 己卯 | 8 | 4 |
| 11 | 7/10 | 丁未 | 六 | 二 | 11 | 6/11 | 戊寅 | 8 | 6 | 11 | 5/13 | 己酉 | 4 | 4 | 11 | 4/13 | 己卯 | 4 | 1 | 11 | 3/15 | 庚戌 | 1 | 8 | 11 | 2/13 | 庚辰 | 8 | 5 |
| 12 | 7/11 | 戊申 | 六 | 一 | 12 | 6/12 | 己卯 | 6 | 7 | 12 | 5/14 | 庚戌 | 4 | 5 | 12 | 4/14 | 庚辰 | 4 | 2 | 12 | 3/16 | 辛亥 | 1 | 9 | 12 | 2/14 | 辛巳 | 8 | 6 |
| 13 | 7/12 | 己酉 | 八 | 九 | 13 | 6/13 | 庚辰 | 6 | 8 | 13 | 5/15 | 辛亥 | 4 | 6 | 13 | 4/15 | 辛巳 | 4 | 3 | 13 | 3/17 | 壬子 | 1 | 1 | 13 | 2/15 | 壬午 | 8 | 7 |
| 14 | 7/13 | 庚戌 | 八 | 八 | 14 | 6/14 | 辛巳 | 6 | 9 | 14 | 5/16 | 壬子 | 4 | 7 | 14 | 4/16 | 壬午 | 4 | 4 | 14 | 3/18 | 癸丑 | 1 | 2 | 14 | 2/16 | 癸未 | 8 | 8 |
| 15 | 7/14 | 辛亥 | 八 | 七 | 15 | 6/15 | 壬午 | 6 | 1 | 15 | 5/17 | 癸丑 | 4 | 8 | 15 | 4/17 | 癸未 | 4 | 5 | 15 | 3/19 | 甲寅 | 7 | 3 | 15 | 2/17 | 甲申 | 5 | 9 |
| 16 | 7/15 | 壬子 | 八 | 六 | 16 | 6/16 | 癸未 | 6 | 2 | 16 | 5/18 | 甲寅 | 1 | 9 | 16 | 4/18 | 甲申 | 1 | 6 | 16 | 3/20 | 乙卯 | 7 | 4 | 16 | 2/18 | 乙酉 | 5 | 1 |
| 17 | 7/16 | 癸丑 | 八 | 五 | 17 | 6/17 | 甲申 | 3 | 3 | 17 | 5/19 | 乙卯 | 1 | 1 | 17 | 4/19 | 乙酉 | 1 | 7 | 17 | 3/21 | 丙辰 | 7 | 5 | 17 | 2/19 | 丙戌 | 5 | 2 |
| 18 | 7/17 | 甲寅 | 二 | 四 | 18 | 6/18 | 乙酉 | 3 | 4 | 18 | 5/20 | 丙辰 | 1 | 2 | 18 | 4/20 | 丙戌 | 1 | 8 | 18 | 3/22 | 丁巳 | 7 | 6 | 18 | 2/20 | 丁亥 | 5 | 3 |
| 19 | 7/18 | 乙卯 | 二 | 三 | 19 | 6/19 | 丙戌 | 3 | 5 | 19 | 5/21 | 丁巳 | 1 | 3 | 19 | 4/21 | 丁亥 | 1 | 9 | 19 | 3/23 | 戊午 | 7 | 7 | 19 | 2/21 | 戊子 | 5 | 4 |
| 20 | 7/19 | 丙辰 | 二 | 二 | 20 | 6/20 | 丁亥 | 3 | 6 | 20 | 5/22 | 戊午 | 1 | 4 | 20 | 4/22 | 戊子 | 1 | 1 | 20 | 3/24 | 己未 | 4 | 8 | 20 | 2/22 | 己丑 | 2 | 5 |
| 21 | 7/20 | 丁巳 | 二 | 一 | 21 | 6/21 | 戊子 | 3 | 三 | 21 | 5/23 | 己未 | 7 | 5 | 21 | 4/23 | 己丑 | 7 | 2 | 21 | 3/25 | 庚申 | 4 | 9 | 21 | 2/23 | 庚寅 | 2 | 6 |
| 22 | 7/21 | 戊午 | 二 | 九 | 22 | 6/22 | 己丑 | 9 | 二 | 22 | 5/24 | 庚申 | 7 | 6 | 22 | 4/24 | 庚寅 | 7 | 3 | 22 | 3/26 | 辛酉 | 4 | 1 | 22 | 2/24 | 辛卯 | 2 | 7 |
| 23 | 7/22 | 己未 | 五 | 八 | 23 | 6/23 | 庚寅 | 9 | 一 | 23 | 5/25 | 辛酉 | 7 | 7 | 23 | 4/25 | 辛卯 | 7 | 4 | 23 | 3/27 | 壬戌 | 4 | 2 | 23 | 2/25 | 壬辰 | 2 | 8 |
| 24 | 7/23 | 庚申 | 五 | 七 | 24 | 6/24 | 辛卯 | 9 | 九 | 24 | 5/26 | 壬戌 | 7 | 8 | 24 | 4/26 | 壬辰 | 7 | 5 | 24 | 3/28 | 癸亥 | 4 | 3 | 24 | 2/26 | 癸巳 | 2 | 9 |
| 25 | 7/24 | 辛酉 | 五 | 六 | 25 | 6/25 | 壬辰 | 9 | 八 | 25 | 5/27 | 癸亥 | 7 | 9 | 25 | 4/27 | 癸巳 | 7 | 6 | 25 | 3/29 | 甲子 | 3 | 4 | 25 | 2/27 | 甲午 | 9 | 1 |
| 26 | 7/25 | 壬戌 | 五 | 五 | 26 | 6/26 | 癸巳 | 9 | 七 | 26 | 5/28 | 甲子 | 5 | 1 | 26 | 4/28 | 甲午 | 5 | 7 | 26 | 3/30 | 乙丑 | 3 | 5 | 26 | 2/28 | 乙未 | 9 | 2 |
| 27 | 7/26 | 癸亥 | 五 | 四 | 27 | 6/27 | 甲午 | 九 | 六 | 27 | 5/29 | 乙丑 | 5 | 2 | 27 | 4/29 | 乙未 | 5 | 8 | 27 | 3/31 | 丙寅 | 3 | 6 | 27 | 3/1 | 丙申 | 9 | 3 |
| 28 | 7/27 | 甲子 | 七 | 三 | 28 | 6/28 | 乙未 | 九 | 五 | 28 | 5/30 | 丙寅 | 5 | 3 | 28 | 4/30 | 丙申 | 5 | 9 | 28 | 4/1 | 丁卯 | 3 | 7 | 28 | 3/2 | 丁酉 | 9 | 4 |
| 29 | 7/28 | 乙丑 | 七 | 二 | 29 | 6/29 | 丙申 | 九 | 四 | 29 | 5/31 | 丁卯 | 5 | 4 | 29 | 5/1 | 丁酉 | 5 | 1 | 29 | 4/2 | 戊辰 | 3 | 8 | 29 | 3/3 | 戊戌 | 9 | 5 |
| 30 | 7/29 | 丙寅 | 七 | 一 | | | | | | | | | | | 30 | 5/2 | 戊戌 | 5 | 2 | | | | | | 30 | 3/4 | 己亥 | 6 | 6 |

# 西元1973年（癸丑）肖牛 民國62年（女乾命）

奇門遁甲局數如標示為 一 ～九表示陰局　　如標示為1 ～9 表示陽局

| 十二月 | | | | |
|---|---|---|---|---|
| 乙丑 | | | | |
| 三碧木 | | | | |
| 大寒 18時46分 廿八酉時 | 小寒 01時20分 十四丑時 | | 奇門遁甲局數 | |
| 農曆 | 國曆 | 干支 | 時盤 | 日盤 |
| 1 | 12/24 | 甲午 | 1 | 4 |
| 2 | 12/25 | 乙未 | 1 | 5 |
| 3 | 12/26 | 丙申 | 1 | 6 |
| 4 | 12/27 | 丁酉 | 1 | 7 |
| 5 | 12/28 | 戊戌 | 1 | 8 |
| 6 | 12/29 | 己亥 | 7 | 9 |
| 7 | 12/30 | 庚子 | 7 | 1 |
| 8 | 12/31 | 辛丑 | 7 | 2 |
| 9 | 1/1 | 壬寅 | 7 | 3 |
| 10 | 1/2 | 癸卯 | 7 | 4 |
| 11 | 1/3 | 甲辰 | 4 | 5 |
| 12 | 1/4 | 乙巳 | 4 | 6 |
| 13 | 1/5 | 丙午 | 4 | 7 |
| 14 | 1/6 | 丁未 | 4 | 8 |
| 15 | 1/7 | 戊申 | 4 | 9 |
| 16 | 1/8 | 己酉 | 2 | 1 |
| 17 | 1/9 | 庚戌 | 2 | 2 |
| 18 | 1/10 | 辛亥 | 2 | 3 |
| 19 | 1/11 | 壬子 | 2 | 4 |
| 20 | 1/12 | 癸丑 | 2 | 5 |
| 21 | 1/13 | 甲寅 | 8 | 6 |
| 22 | 1/14 | 乙卯 | 8 | 7 |
| 23 | 1/15 | 丙辰 | 8 | 8 |
| 24 | 1/16 | 丁巳 | 8 | 9 |
| 25 | 1/17 | 戊午 | 8 | 1 |
| 26 | 1/18 | 己未 | 5 | 2 |
| 27 | 1/19 | 庚申 | 5 | 3 |
| 28 | 1/20 | 辛酉 | 5 | 4 |
| 29 | 1/21 | 壬戌 | 5 | 5 |
| 30 | 1/22 | 癸亥 | 5 | 6 |

| 十一月 | | | | |
|---|---|---|---|---|
| 甲子 | | | | |
| 四綠木 | | | | |
| 冬至 08時08分 廿八辰時 | 大雪 14時11分 十三未時 | | 奇門遁甲局數 | |
| 農曆 | 國曆 | 干支 | 時盤 | 日盤 |
| 1 | 11/25 | 乙丑 | 五 | 八 |
| 2 | 11/26 | 丙寅 | 五 | 七 |
| 3 | 11/27 | 丁卯 | 五 | 六 |
| 4 | 11/28 | 戊辰 | 五 | 五 |
| 5 | 11/29 | 己巳 | 八 | 四 |
| 6 | 11/30 | 庚午 | 八 | 三 |
| 7 | 12/1 | 辛未 | 八 | 二 |
| 8 | 12/2 | 壬申 | 八 | 一 |
| 9 | 12/3 | 癸酉 | 八 | 九 |
| 10 | 12/4 | 甲戌 | 二 | 八 |
| 11 | 12/5 | 乙亥 | 二 | 七 |
| 12 | 12/6 | 丙子 | 二 | 六 |
| 13 | 12/7 | 丁丑 | 二 | 五 |
| 14 | 12/8 | 戊寅 | 二 | 四 |
| 15 | 12/9 | 己卯 | 四 | 三 |
| 16 | 12/10 | 庚辰 | 四 | 二 |
| 17 | 12/11 | 辛巳 | 四 | 一 |
| 18 | 12/12 | 壬午 | 四 | 九 |
| 19 | 12/13 | 癸未 | 四 | 八 |
| 20 | 12/14 | 甲申 | 七 | 七 |
| 21 | 12/15 | 乙酉 | 七 | 六 |
| 22 | 12/16 | 丙戌 | 七 | 五 |
| 23 | 12/17 | 丁亥 | 七 | 四 |
| 24 | 12/18 | 戊子 | 七 | 三 |
| 25 | 12/19 | 己丑 | 一 | 二 |
| 26 | 12/20 | 庚寅 | 一 | 一 |
| 27 | 12/21 | 辛卯 | 一 | 九 |
| 28 | 12/22 | 壬辰 | 一 | 2 |
| 29 | 12/23 | 癸巳 | 一 | 3 |
| | | | | |

| 十月 | | | | |
|---|---|---|---|---|
| 癸亥 | | | | |
| 五黃土 | | | | |
| 小雪 18時54分 廿八酉時 | 立冬 21時28分 十三亥時 | | 奇門遁甲局數 | |
| 農曆 | 國曆 | 干支 | 時盤 | 日盤 |
| 1 | 10/26 | 乙未 | 五 | 二 |
| 2 | 10/27 | 丙申 | 五 | 一 |
| 3 | 10/28 | 丁酉 | 五 | 九 |
| 4 | 10/29 | 戊戌 | 五 | 八 |
| 5 | 10/30 | 己亥 | 八 | 七 |
| 6 | 10/31 | 庚子 | 八 | 六 |
| 7 | 11/1 | 辛丑 | 八 | 五 |
| 8 | 11/2 | 壬寅 | 八 | 四 |
| 9 | 11/3 | 癸卯 | 八 | 三 |
| 10 | 11/4 | 甲辰 | 二 | 二 |
| 11 | 11/5 | 乙巳 | 二 | 一 |
| 12 | 11/6 | 丙午 | 二 | 九 |
| 13 | 11/7 | 丁未 | 二 | 八 |
| 14 | 11/8 | 戊申 | 二 | 七 |
| 15 | 11/9 | 己酉 | 六 | 六 |
| 16 | 11/10 | 庚戌 | 六 | 五 |
| 17 | 11/11 | 辛亥 | 六 | 四 |
| 18 | 11/12 | 壬子 | 六 | 三 |
| 19 | 11/13 | 癸丑 | 六 | 二 |
| 20 | 11/14 | 甲寅 | 九 | 一 |
| 21 | 11/15 | 乙卯 | 九 | 九 |
| 22 | 11/16 | 丙辰 | 九 | 八 |
| 23 | 11/17 | 丁巳 | 九 | 七 |
| 24 | 11/18 | 戊午 | 九 | 六 |
| 25 | 11/19 | 己未 | 三 | 五 |
| 26 | 11/20 | 庚申 | 三 | 四 |
| 27 | 11/21 | 辛酉 | 三 | 三 |
| 28 | 11/22 | 壬戌 | 三 | 二 |
| 29 | 11/23 | 癸亥 | 三 | 一 |
| 30 | 11/24 | 甲子 | 五 | 九 |

| 九月 | | | | |
|---|---|---|---|---|
| 壬戌 | | | | |
| 六白金 | | | | |
| 霜降 21時30分 廿八亥時 | 寒露 18時27分 十三酉時 | | 奇門遁甲局數 | |
| 農曆 | 國曆 | 干支 | 時盤 | 日盤 |
| 1 | 9/26 | 乙丑 | 七 | 五 |
| 2 | 9/27 | 丙寅 | 七 | 四 |
| 3 | 9/28 | 丁卯 | 七 | 三 |
| 4 | 9/29 | 戊辰 | 七 | 二 |
| 5 | 9/30 | 己巳 | 一 | 一 |
| 6 | 10/1 | 庚午 | 一 | 九 |
| 7 | 10/2 | 辛未 | 一 | 八 |
| 8 | 10/3 | 壬申 | 一 | 七 |
| 9 | 10/4 | 癸酉 | 一 | 六 |
| 10 | 10/5 | 甲戌 | 四 | 五 |
| 11 | 10/6 | 乙亥 | 四 | 四 |
| 12 | 10/7 | 丙子 | 四 | 三 |
| 13 | 10/8 | 丁丑 | 四 | 二 |
| 14 | 10/9 | 戊寅 | 四 | 一 |
| 15 | 10/10 | 己卯 | 六 | 九 |
| 16 | 10/11 | 庚辰 | 六 | 八 |
| 17 | 10/12 | 辛巳 | 六 | 七 |
| 18 | 10/13 | 壬午 | 六 | 六 |
| 19 | 10/14 | 癸未 | 六 | 五 |
| 20 | 10/15 | 甲申 | 九 | 四 |
| 21 | 10/16 | 乙酉 | 九 | 三 |
| 22 | 10/17 | 丙戌 | 九 | 二 |
| 23 | 10/18 | 丁亥 | 九 | 一 |
| 24 | 10/19 | 戊子 | 九 | 九 |
| 25 | 10/20 | 己丑 | 三 | 八 |
| 26 | 10/21 | 庚寅 | 三 | 七 |
| 27 | 10/22 | 辛卯 | 三 | 六 |
| 28 | 10/23 | 壬辰 | 三 | 五 |
| 29 | 10/24 | 癸巳 | 三 | 四 |
| 30 | 10/25 | 甲午 | 五 | 三 |

| 八月 | | | | |
|---|---|---|---|---|
| 辛酉 | | | | |
| 七赤金 | | | | |
| 秋分 12時21分 廿七午時 | 白露 03時00分 十二寅時 | | 奇門遁甲局數 | |
| 農曆 | 國曆 | 干支 | 時盤 | 日盤 |
| 1 | 8/28 | 丙申 | 一 | 七 |
| 2 | 8/29 | 丁酉 | 一 | 六 |
| 3 | 8/30 | 戊戌 | 一 | 五 |
| 4 | 8/31 | 己亥 | 四 | 四 |
| 5 | 9/1 | 庚子 | 四 | 三 |
| 6 | 9/2 | 辛丑 | 四 | 二 |
| 7 | 9/3 | 壬寅 | 四 | 一 |
| 8 | 9/4 | 癸卯 | 四 | 九 |
| 9 | 9/5 | 甲辰 | 七 | 八 |
| 10 | 9/6 | 乙巳 | 七 | 七 |
| 11 | 9/7 | 丙午 | 七 | 六 |
| 12 | 9/8 | 丁未 | 七 | 五 |
| 13 | 9/9 | 戊申 | 七 | 四 |
| 14 | 9/10 | 己酉 | 九 | 三 |
| 15 | 9/11 | 庚戌 | 九 | 二 |
| 16 | 9/12 | 辛亥 | 九 | 一 |
| 17 | 9/13 | 壬子 | 九 | 九 |
| 18 | 9/14 | 癸丑 | 九 | 八 |
| 19 | 9/15 | 甲寅 | 三 | 七 |
| 20 | 9/16 | 乙卯 | 三 | 六 |
| 21 | 9/17 | 丙辰 | 三 | 五 |
| 22 | 9/18 | 丁巳 | 三 | 四 |
| 23 | 9/19 | 戊午 | 三 | 三 |
| 24 | 9/20 | 己未 | 六 | 二 |
| 25 | 9/21 | 庚申 | 六 | 一 |
| 26 | 9/22 | 辛酉 | 六 | 九 |
| 27 | 9/23 | 壬戌 | 六 | 八 |
| 28 | 9/24 | 癸亥 | 六 | 七 |
| 29 | 9/25 | 甲子 | 七 | 六 |
| | | | | |

| 七月 | | | | |
|---|---|---|---|---|
| 庚申 | | | | |
| 八白土 | | | | |
| 處暑 14時54分 廿五未時 | 立秋 00時13分 初十子時 | | 奇門遁甲局數 | |
| 農曆 | 國曆 | 干支 | 時盤 | 日盤 |
| 1 | 7/30 | 丁卯 | 七 | 九 |
| 2 | 7/31 | 戊辰 | 七 | 八 |
| 3 | 8/1 | 己巳 | 一 | 七 |
| 4 | 8/2 | 庚午 | 一 | 六 |
| 5 | 8/3 | 辛未 | 一 | 五 |
| 6 | 8/4 | 壬申 | 一 | 四 |
| 7 | 8/5 | 癸酉 | 一 | 三 |
| 8 | 8/6 | 甲戌 | 四 | 二 |
| 9 | 8/7 | 乙亥 | 四 | 一 |
| 10 | 8/8 | 丙子 | 四 | 九 |
| 11 | 8/9 | 丁丑 | 四 | 八 |
| 12 | 8/10 | 戊寅 | 四 | 七 |
| 13 | 8/11 | 己卯 | 二 | 六 |
| 14 | 8/12 | 庚辰 | 二 | 五 |
| 15 | 8/13 | 辛巳 | 二 | 四 |
| 16 | 8/14 | 壬午 | 二 | 三 |
| 17 | 8/15 | 癸未 | 二 | 二 |
| 18 | 8/16 | 甲申 | 五 | 一 |
| 19 | 8/17 | 乙酉 | 五 | 九 |
| 20 | 8/18 | 丙戌 | 五 | 八 |
| 21 | 8/19 | 丁亥 | 五 | 七 |
| 22 | 8/20 | 戊子 | 五 | 六 |
| 23 | 8/21 | 己丑 | 八 | 五 |
| 24 | 8/22 | 庚寅 | 八 | 四 |
| 25 | 8/23 | 辛卯 | 八 | 三 |
| 26 | 8/24 | 壬辰 | 八 | 二 |
| 27 | 8/25 | 癸巳 | 八 | 一 |
| 28 | 8/26 | 甲午 | 一 | 九 |
| 29 | 8/27 | 乙未 | 一 | 八 |
| | | | | |

# 西元1974年（甲寅）肖虎 民國63年（男艮命）

奇門遁甲局數如標示為 一 ～九表示陰局　　如標示為1 ～9 表示陽局

| 六月 | | | | |
|---|---|---|---|---|
| 辛未 | | | | |
| 六白金 | | | | |
| 立秋 05時57分 廿一 卯時 | 大暑 13時30分 初五 未時 | | 奇門遁甲局數 | |
| 農曆 | 國曆 | 干支 | 時盤 | 日盤 |
| 1 | 7/19 | 辛酉 | 五 | 三 |
| 2 | 7/20 | 壬戌 | 五 | 二 |
| 3 | 7/21 | 癸亥 | 五 | 一 |
| 4 | 7/22 | 甲子 | 七 | 九 |
| 5 | 7/23 | 乙丑 | 七 | 八 |
| 6 | 7/24 | 丙寅 | 七 | 七 |
| 7 | 7/25 | 丁卯 | 七 | 六 |
| 8 | 7/26 | 戊辰 | 七 | 五 |
| 9 | 7/27 | 己巳 | 一 | 四 |
| 10 | 7/28 | 庚午 | 一 | 三 |
| 11 | 7/29 | 辛未 | 一 | 二 |
| 12 | 7/30 | 壬申 | 一 | 一 |
| 13 | 7/31 | 癸酉 | 一 | 九 |
| 14 | 8/1 | 甲戌 | 四 | 八 |
| 15 | 8/2 | 乙亥 | 四 | 七 |
| 16 | 8/3 | 丙子 | 四 | 六 |
| 17 | 8/4 | 丁丑 | 四 | 五 |
| 18 | 8/5 | 戊寅 | 四 | 四 |
| 19 | 8/6 | 己卯 | 二 | 三 |
| 20 | 8/7 | 庚辰 | 二 | 二 |
| 21 | 8/8 | 辛巳 | 二 | 一 |
| 22 | 8/9 | 壬午 | 二 | 九 |
| 23 | 8/10 | 癸未 | 二 | 八 |
| 24 | 8/11 | 甲申 | 五 | 七 |
| 25 | 8/12 | 乙酉 | 五 | 六 |
| 26 | 8/13 | 丙戌 | 五 | 五 |
| 27 | 8/14 | 丁亥 | 五 | 四 |
| 28 | 8/15 | 戊子 | 五 | 三 |
| 29 | 8/16 | 己丑 | 八 | 二 |
| 30 | 8/17 | 庚寅 | 八 | 一 |

| 五月 | | | | |
|---|---|---|---|---|
| 庚午 | | | | |
| 七赤金 | | | | |
| 小暑 20時13分 十八 戌時 | 夏至 02時38分 初三 丑時 | | 奇門遁甲局數 | |
| 農曆 | 國曆 | 干支 | 時盤 | 日盤 |
| 1 | 6/20 | 壬辰 | 9 | 2 |
| 2 | 6/21 | 癸巳 | 9 | 3 |
| 3 | 6/22 | 甲午 | 九 | 三 |
| 4 | 6/23 | 乙未 | 九 | 二 |
| 5 | 6/24 | 丙申 | 九 | 一 |
| 6 | 6/25 | 丁酉 | 九 | 九 |
| 7 | 6/26 | 戊戌 | 九 | 八 |
| 8 | 6/27 | 己亥 | 三 | 七 |
| 9 | 6/28 | 庚子 | 三 | 六 |
| 10 | 6/29 | 辛丑 | 三 | 五 |
| 11 | 6/30 | 壬寅 | 三 | 四 |
| 12 | 7/1 | 癸卯 | 三 | 三 |
| 13 | 7/2 | 甲辰 | 六 | 二 |
| 14 | 7/3 | 乙巳 | 六 | 一 |
| 15 | 7/4 | 丙午 | 六 | 九 |
| 16 | 7/5 | 丁未 | 六 | 八 |
| 17 | 7/6 | 戊申 | 六 | 七 |
| 18 | 7/7 | 己酉 | 八 | 六 |
| 19 | 7/8 | 庚戌 | 八 | 五 |
| 20 | 7/9 | 辛亥 | 八 | 四 |
| 21 | 7/10 | 壬子 | 八 | 三 |
| 22 | 7/11 | 癸丑 | 八 | 二 |
| 23 | 7/12 | 甲寅 | 二 | 一 |
| 24 | 7/13 | 乙卯 | 二 | 九 |
| 25 | 7/14 | 丙辰 | 二 | 八 |
| 26 | 7/15 | 丁巳 | 二 | 七 |
| 27 | 7/16 | 戊午 | 二 | 六 |
| 28 | 7/17 | 己未 | 五 | 五 |
| 29 | 7/18 | 庚申 | 五 | 四 |
| | | | | |

| 潤四月 | | | | |
|---|---|---|---|---|
| 庚午 | | | | |
| | | | | |
| 芒種 09時52分 十六 巳時 | | | 奇門遁甲局數 | |
| 農曆 | 國曆 | 干支 | 時盤 | 日盤 |
| 1 | 5/22 | 癸亥 | 7 | 9 |
| 2 | 5/23 | 甲子 | 5 | 1 |
| 3 | 5/24 | 乙丑 | 5 | 2 |
| 4 | 5/25 | 丙寅 | 5 | 3 |
| 5 | 5/26 | 丁卯 | 5 | 4 |
| 6 | 5/27 | 戊辰 | 5 | 5 |
| 7 | 5/28 | 己巳 | 2 | 6 |
| 8 | 5/29 | 庚午 | 2 | 7 |
| 9 | 5/30 | 辛未 | 2 | 8 |
| 10 | 5/31 | 壬申 | 2 | 9 |
| 11 | 6/1 | 癸酉 | 2 | 1 |
| 12 | 6/2 | 甲戌 | 8 | 2 |
| 13 | 6/3 | 乙亥 | 8 | 3 |
| 14 | 6/4 | 丙子 | 8 | 4 |
| 15 | 6/5 | 丁丑 | 8 | 5 |
| 16 | 6/6 | 戊寅 | 8 | 6 |
| 17 | 6/7 | 己卯 | 6 | 7 |
| 18 | 6/8 | 庚辰 | 6 | 8 |
| 19 | 6/9 | 辛巳 | 6 | 9 |
| 20 | 6/10 | 壬午 | 6 | 1 |
| 21 | 6/11 | 癸未 | 6 | 2 |
| 22 | 6/12 | 甲申 | 3 | 3 |
| 23 | 6/13 | 乙酉 | 3 | 4 |
| 24 | 6/14 | 丙戌 | 3 | 5 |
| 25 | 6/15 | 丁亥 | 3 | 6 |
| 26 | 6/16 | 戊子 | 3 | 7 |
| 27 | 6/17 | 己丑 | 9 | 8 |
| 28 | 6/18 | 庚寅 | 9 | 9 |
| 29 | 6/19 | 辛卯 | 9 | 1 |
| | | | | |

| 四月 | | | | |
|---|---|---|---|---|
| 己巳 | | | | |
| 八白土 | | | | |
| 小滿 18時36分 三十 酉時 | 立夏 05時34分 十五 卯時 | | 奇門遁甲局數 | |
| 農曆 | 國曆 | 干支 | 時盤 | 日盤 |
| 1 | 4/22 | 癸巳 | 7 | 6 |
| 2 | 4/23 | 甲午 | 5 | 7 |
| 3 | 4/24 | 乙未 | 5 | 8 |
| 4 | 4/25 | 丙申 | 5 | 9 |
| 5 | 4/26 | 丁酉 | 5 | 1 |
| 6 | 4/27 | 戊戌 | 5 | 2 |
| 7 | 4/28 | 己亥 | 2 | 3 |
| 8 | 4/29 | 庚子 | 2 | 4 |
| 9 | 4/30 | 辛丑 | 2 | 5 |
| 10 | 5/1 | 壬寅 | 2 | 6 |
| 11 | 5/2 | 癸卯 | 2 | 7 |
| 12 | 5/3 | 甲辰 | 8 | 8 |
| 13 | 5/4 | 乙巳 | 8 | 9 |
| 14 | 5/5 | 丙午 | 8 | 1 |
| 15 | 5/6 | 丁未 | 8 | 2 |
| 16 | 5/7 | 戊申 | 8 | 3 |
| 17 | 5/8 | 己酉 | 4 | 4 |
| 18 | 5/9 | 庚戌 | 4 | 5 |
| 19 | 5/10 | 辛亥 | 4 | 6 |
| 20 | 5/11 | 壬子 | 4 | 7 |
| 21 | 5/12 | 癸丑 | 4 | 8 |
| 22 | 5/13 | 甲寅 | 1 | 9 |
| 23 | 5/14 | 乙卯 | 1 | 1 |
| 24 | 5/15 | 丙辰 | 1 | 2 |
| 25 | 5/16 | 丁巳 | 1 | 3 |
| 26 | 5/17 | 戊午 | 1 | 4 |
| 27 | 5/18 | 己未 | 7 | 5 |
| 28 | 5/19 | 庚申 | 7 | 6 |
| 29 | 5/20 | 辛酉 | 7 | 7 |
| 30 | 5/21 | 壬戌 | 7 | 8 |

| 三月 | | | | |
|---|---|---|---|---|
| 戊辰 | | | | |
| 九紫火 | | | | |
| 穀雨 19時19分 廿八 戌時 | 清明 12時05分 十三 午時 | | 奇門遁甲局數 | |
| 農曆 | 國曆 | 干支 | 時盤 | 日盤 |
| 1 | 3/24 | 甲子 | 3 | 4 |
| 2 | 3/25 | 乙丑 | 3 | 5 |
| 3 | 3/26 | 丙寅 | 3 | 6 |
| 4 | 3/27 | 丁卯 | 3 | 7 |
| 5 | 3/28 | 戊辰 | 3 | 8 |
| 6 | 3/29 | 己巳 | 9 | 9 |
| 7 | 3/30 | 庚午 | 9 | 1 |
| 8 | 3/31 | 辛未 | 9 | 2 |
| 9 | 4/1 | 壬申 | 9 | 3 |
| 10 | 4/2 | 癸酉 | 9 | 4 |
| 11 | 4/3 | 甲戌 | 6 | 5 |
| 12 | 4/4 | 乙亥 | 6 | 6 |
| 13 | 4/5 | 丙子 | 6 | 7 |
| 14 | 4/6 | 丁丑 | 6 | 8 |
| 15 | 4/7 | 戊寅 | 6 | 9 |
| 16 | 4/8 | 己卯 | 4 | 1 |
| 17 | 4/9 | 庚辰 | 4 | 2 |
| 18 | 4/10 | 辛巳 | 4 | 3 |
| 19 | 4/11 | 壬午 | 4 | 4 |
| 20 | 4/12 | 癸未 | 4 | 5 |
| 21 | 4/13 | 甲申 | 1 | 6 |
| 22 | 4/14 | 乙酉 | 1 | 7 |
| 23 | 4/15 | 丙戌 | 1 | 8 |
| 24 | 4/16 | 丁亥 | 1 | 9 |
| 25 | 4/17 | 戊子 | 1 | 1 |
| 26 | 4/18 | 己丑 | 7 | 2 |
| 27 | 4/19 | 庚寅 | 7 | 3 |
| 28 | 4/20 | 辛卯 | 7 | 4 |
| 29 | 4/21 | 壬辰 | 7 | 5 |
| | | | | |

| 二月 | | | | |
|---|---|---|---|---|
| 丁卯 | | | | |
| 一白水 | | | | |
| 春分 08時07分 廿八 辰時 | 驚蟄 07時07分 十三 辰時 | | 奇門遁甲局數 | |
| 農曆 | 國曆 | 干支 | 時盤 | 日盤 |
| 1 | 2/22 | 甲午 | 9 | 1 |
| 2 | 2/23 | 乙未 | 9 | 2 |
| 3 | 2/24 | 丙申 | 9 | 3 |
| 4 | 2/25 | 丁酉 | 9 | 4 |
| 5 | 2/26 | 戊戌 | 9 | 5 |
| 6 | 2/27 | 己亥 | 6 | 6 |
| 7 | 2/28 | 庚子 | 6 | 7 |
| 8 | 3/1 | 辛丑 | 6 | 8 |
| 9 | 3/2 | 壬寅 | 6 | 9 |
| 10 | 3/3 | 癸卯 | 6 | 1 |
| 11 | 3/4 | 甲辰 | 3 | 2 |
| 12 | 3/5 | 乙巳 | 3 | 3 |
| 13 | 3/6 | 丙午 | 3 | 4 |
| 14 | 3/7 | 丁未 | 3 | 5 |
| 15 | 3/8 | 戊申 | 3 | 6 |
| 16 | 3/9 | 己酉 | 1 | 7 |
| 17 | 3/10 | 庚戌 | 1 | 8 |
| 18 | 3/11 | 辛亥 | 1 | 9 |
| 19 | 3/12 | 壬子 | 1 | 1 |
| 20 | 3/13 | 癸丑 | 1 | 2 |
| 21 | 3/14 | 甲寅 | 7 | 3 |
| 22 | 3/15 | 乙卯 | 7 | 4 |
| 23 | 3/16 | 丙辰 | 7 | 5 |
| 24 | 3/17 | 丁巳 | 7 | 6 |
| 25 | 3/18 | 戊午 | 7 | 7 |
| 26 | 3/19 | 己未 | 4 | 8 |
| 27 | 3/20 | 庚申 | 4 | 9 |
| 28 | 3/21 | 辛酉 | 4 | 1 |
| 29 | 3/22 | 壬戌 | 4 | 2 |
| 30 | 3/23 | 癸亥 | 4 | 3 |

| 正月 | | | | |
|---|---|---|---|---|
| 丙寅 | | | | |
| 二黑土 | | | | |
| 雨水 08時59分 廿八 辰時 | 立春 13時00分 十三 未時 | | 奇門遁甲局數 | |
| 農曆 | 國曆 | 干支 | 時盤 | 日盤 |
| 1 | 1/23 | 甲子 | 3 | 7 |
| 2 | 1/24 | 乙丑 | 3 | 8 |
| 3 | 1/25 | 丙寅 | 3 | 9 |
| 4 | 1/26 | 丁卯 | 3 | 1 |
| 5 | 1/27 | 戊辰 | 3 | 2 |
| 6 | 1/28 | 己巳 | 9 | 3 |
| 7 | 1/29 | 庚午 | 9 | 4 |
| 8 | 1/30 | 辛未 | 9 | 5 |
| 9 | 1/31 | 壬申 | 9 | 6 |
| 10 | 2/1 | 癸酉 | 9 | 7 |
| 11 | 2/2 | 甲戌 | 6 | 8 |
| 12 | 2/3 | 乙亥 | 6 | 9 |
| 13 | 2/4 | 丙子 | 6 | 1 |
| 14 | 2/5 | 丁丑 | 6 | 2 |
| 15 | 2/6 | 戊寅 | 6 | 3 |
| 16 | 2/7 | 己卯 | 8 | 4 |
| 17 | 2/8 | 庚辰 | 8 | 5 |
| 18 | 2/9 | 辛巳 | 8 | 6 |
| 19 | 2/10 | 壬午 | 8 | 7 |
| 20 | 2/11 | 癸未 | 8 | 8 |
| 21 | 2/12 | 甲申 | 5 | 9 |
| 22 | 2/13 | 乙酉 | 5 | 1 |
| 23 | 2/14 | 丙戌 | 5 | 2 |
| 24 | 2/15 | 丁亥 | 5 | 3 |
| 25 | 2/16 | 戊子 | 5 | 4 |
| 26 | 2/17 | 己丑 | 2 | 5 |
| 27 | 2/18 | 庚寅 | 2 | 6 |
| 28 | 2/19 | 辛卯 | 2 | 7 |
| 29 | 2/20 | 壬辰 | 2 | 8 |
| 30 | 2/21 | 癸巳 | 2 | 9 |

# 西元1974年（甲寅）肖虎 民國63年（女兌命）

奇門遁甲局數如標示為 一 ～九表示陰局　　如標示為1 ～9 表示陽局

| 十二月 | | | | |
|---|---|---|---|---|
| 丁丑 | | | | |
| 九紫火 | | | | |
| 立春 18時59分 廿四酉時 | | 大寒 00時36分 初十子時 | 奇門遁甲局數 | |
| 農曆 | 國曆 | 干支 | 時盤 | 日盤 |
| 1 | 1/12 | 戊午 | 8 | 4 |
| 2 | 1/13 | 己未 | 5 | 5 |
| 3 | 1/14 | 庚申 | 5 | 6 |
| 4 | 1/15 | 辛酉 | 5 | 7 |
| 5 | 1/16 | 壬戌 | 5 | 8 |
| 6 | 1/17 | 癸亥 | 5 | 9 |
| 7 | 1/18 | 甲子 | 3 | 1 |
| 8 | 1/19 | 乙丑 | 3 | 2 |
| 9 | 1/20 | 丙寅 | 3 | 3 |
| 10 | 1/21 | 丁卯 | 3 | 4 |
| 11 | 1/22 | 戊辰 | 3 | 5 |
| 12 | 1/23 | 己巳 | 9 | 6 |
| 13 | 1/24 | 庚午 | 9 | 7 |
| 14 | 1/25 | 辛未 | 9 | 8 |
| 15 | 1/26 | 壬申 | 9 | 9 |
| 16 | 1/27 | 癸酉 | 9 | 1 |
| 17 | 1/28 | 甲戌 | 6 | 2 |
| 18 | 1/29 | 乙亥 | 6 | 3 |
| 19 | 1/30 | 丙子 | 6 | 4 |
| 20 | 1/31 | 丁丑 | 6 | 5 |
| 21 | 2/1 | 戊寅 | 6 | 6 |
| 22 | 2/2 | 己卯 | 8 | 7 |
| 23 | 2/3 | 庚辰 | 8 | 8 |
| 24 | 2/4 | 辛巳 | 8 | 9 |
| 25 | 2/5 | 壬午 | 8 | 1 |
| 26 | 2/6 | 癸未 | 8 | 2 |
| 27 | 2/7 | 甲申 | 5 | 3 |
| 28 | 2/8 | 乙酉 | 5 | 4 |
| 29 | 2/9 | 丙戌 | 5 | 5 |
| 30 | 2/10 | 丁亥 | 5 | 6 |

| 十一月 | | | | |
|---|---|---|---|---|
| 丙子 | | | | |
| 一白水 | | | | |
| 小寒 07時18分 廿四辰時 | | 冬至 13時56分 初九未時 | 奇門遁甲局數 | |
| 農曆 | 國曆 | 干支 | 時盤 | 日盤 |
| 1 | 12/14 | 己丑 | 一 | 八 |
| 2 | 12/15 | 庚寅 | 一 | 七 |
| 3 | 12/16 | 辛卯 | 一 | 六 |
| 4 | 12/17 | 壬辰 | 一 | 五 |
| 5 | 12/18 | 癸巳 | 一 | 四 |
| 6 | 12/19 | 甲午 | 1 | 三 |
| 7 | 12/20 | 乙未 | 1 | 二 |
| 8 | 12/21 | 丙申 | 1 | 一 |
| 9 | 12/22 | 丁酉 | 1 | 1 |
| 10 | 12/23 | 戊戌 | 1 | 2 |
| 11 | 12/24 | 己亥 | 7 | 3 |
| 12 | 12/25 | 庚子 | 7 | 4 |
| 13 | 12/26 | 辛丑 | 7 | 5 |
| 14 | 12/27 | 壬寅 | 7 | 6 |
| 15 | 12/28 | 癸卯 | 7 | 7 |
| 16 | 12/29 | 甲辰 | 4 | 8 |
| 17 | 12/30 | 乙巳 | 4 | 9 |
| 18 | 12/31 | 丙午 | 4 | 1 |
| 19 | 1/1 | 丁未 | 4 | 2 |
| 20 | 1/2 | 戊申 | 4 | 3 |
| 21 | 1/3 | 己酉 | 2 | 4 |
| 22 | 1/4 | 庚戌 | 2 | 5 |
| 23 | 1/5 | 辛亥 | 2 | 6 |
| 24 | 1/6 | 壬子 | 2 | 7 |
| 25 | 1/7 | 癸丑 | 2 | 8 |
| 26 | 1/8 | 甲寅 | 8 | 9 |
| 27 | 1/9 | 乙卯 | 8 | 1 |
| 28 | 1/10 | 丙辰 | 8 | 2 |
| 29 | 1/11 | 丁巳 | 8 | 3 |
| | | | | |

| 十月 | | | | |
|---|---|---|---|---|
| 乙亥 | | | | |
| 二黑土 | | | | |
| 大雪 20時05分 廿四戌時 | | 小雪 00時39分 初十子時 | 奇門遁甲局數 | |
| 農曆 | 國曆 | 干支 | 時盤 | 日盤 |
| 1 | 11/14 | 己未 | 三 | 二 |
| 2 | 11/15 | 庚申 | 三 | 一 |
| 3 | 11/16 | 辛酉 | 三 | 九 |
| 4 | 11/17 | 壬戌 | 三 | 八 |
| 5 | 11/18 | 癸亥 | 三 | 七 |
| 6 | 11/19 | 甲子 | 五 | 六 |
| 7 | 11/20 | 乙丑 | 五 | 五 |
| 8 | 11/21 | 丙寅 | 五 | 四 |
| 9 | 11/22 | 丁卯 | 五 | 三 |
| 10 | 11/23 | 戊辰 | 五 | 二 |
| 11 | 11/24 | 己巳 | 八 | 一 |
| 12 | 11/25 | 庚午 | 八 | 九 |
| 13 | 11/26 | 辛未 | 八 | 八 |
| 14 | 11/27 | 壬申 | 八 | 七 |
| 15 | 11/28 | 癸酉 | 八 | 六 |
| 16 | 11/29 | 甲戌 | 二 | 五 |
| 17 | 11/30 | 乙亥 | 二 | 四 |
| 18 | 12/1 | 丙子 | 二 | 三 |
| 19 | 12/2 | 丁丑 | 二 | 二 |
| 20 | 12/3 | 戊寅 | 二 | 一 |
| 21 | 12/4 | 己卯 | 四 | 九 |
| 22 | 12/5 | 庚辰 | 四 | 八 |
| 23 | 12/6 | 辛巳 | 四 | 七 |
| 24 | 12/7 | 壬午 | 四 | 六 |
| 25 | 12/8 | 癸未 | 四 | 五 |
| 26 | 12/9 | 甲申 | 七 | 四 |
| 27 | 12/10 | 乙酉 | 七 | 三 |
| 28 | 12/11 | 丙戌 | 七 | 二 |
| 29 | 12/12 | 丁亥 | 七 | 一 |
| 30 | 12/13 | 戊子 | 七 | 九 |

| 九月 | | | | |
|---|---|---|---|---|
| 甲戌 | | | | |
| 三碧木 | | | | |
| 立冬 03時18分 廿五寅時 | | 霜降 03時11分 初十寅時 | 奇門遁甲局數 | |
| 農曆 | 國曆 | 干支 | 時盤 | 日盤 |
| 1 | 10/15 | 己丑 | 三 | 五 |
| 2 | 10/16 | 庚寅 | 三 | 四 |
| 3 | 10/17 | 辛卯 | 三 | 三 |
| 4 | 10/18 | 壬辰 | 三 | 二 |
| 5 | 10/19 | 癸巳 | 三 | 一 |
| 6 | 10/20 | 甲午 | 五 | 九 |
| 7 | 10/21 | 乙未 | 五 | 八 |
| 8 | 10/22 | 丙申 | 五 | 七 |
| 9 | 10/23 | 丁酉 | 五 | 六 |
| 10 | 10/24 | 戊戌 | 五 | 五 |
| 11 | 10/25 | 己亥 | 八 | 四 |
| 12 | 10/26 | 庚子 | 八 | 三 |
| 13 | 10/27 | 辛丑 | 八 | 二 |
| 14 | 10/28 | 壬寅 | 八 | 一 |
| 15 | 10/29 | 癸卯 | 八 | 九 |
| 16 | 10/30 | 甲辰 | 二 | 八 |
| 17 | 10/31 | 乙巳 | 二 | 七 |
| 18 | 11/1 | 丙午 | 二 | 六 |
| 19 | 11/2 | 丁未 | 二 | 五 |
| 20 | 11/3 | 戊申 | 二 | 四 |
| 21 | 11/4 | 己酉 | 六 | 三 |
| 22 | 11/5 | 庚戌 | 六 | 二 |
| 23 | 11/6 | 辛亥 | 六 | 一 |
| 24 | 11/7 | 壬子 | 六 | 九 |
| 25 | 11/8 | 癸丑 | 六 | 八 |
| 26 | 11/9 | 甲寅 | 九 | 七 |
| 27 | 11/10 | 乙卯 | 九 | 六 |
| 28 | 11/11 | 丙辰 | 九 | 五 |
| 29 | 11/12 | 丁巳 | 九 | 四 |
| 30 | 11/13 | 戊午 | 九 | 三 |

| 八月 | | | | |
|---|---|---|---|---|
| 癸酉 | | | | |
| 四綠木 | | | | |
| 寒露 00時15分 廿四子時 | | 秋分 17時59分 初八酉時 | 奇門遁甲局數 | |
| 農曆 | 國曆 | 干支 | 時盤 | 日盤 |
| 1 | 9/16 | 庚申 | 六 | 七 |
| 2 | 9/17 | 辛酉 | 六 | 六 |
| 3 | 9/18 | 壬戌 | 六 | 五 |
| 4 | 9/19 | 癸亥 | 六 | 四 |
| 5 | 9/20 | 甲子 | 七 | 三 |
| 6 | 9/21 | 乙丑 | 七 | 二 |
| 7 | 9/22 | 丙寅 | 七 | 一 |
| 8 | 9/23 | 丁卯 | 七 | 九 |
| 9 | 9/24 | 戊辰 | 七 | 八 |
| 10 | 9/25 | 己巳 | 一 | 七 |
| 11 | 9/26 | 庚午 | 一 | 六 |
| 12 | 9/27 | 辛未 | 一 | 五 |
| 13 | 9/28 | 壬申 | 一 | 四 |
| 14 | 9/29 | 癸酉 | 一 | 三 |
| 15 | 9/30 | 甲戌 | 四 | 二 |
| 16 | 10/1 | 乙亥 | 四 | 一 |
| 17 | 10/2 | 丙子 | 四 | 九 |
| 18 | 10/3 | 丁丑 | 四 | 八 |
| 19 | 10/4 | 戊寅 | 四 | 七 |
| 20 | 10/5 | 己卯 | 六 | 六 |
| 21 | 10/6 | 庚辰 | 六 | 五 |
| 22 | 10/7 | 辛巳 | 六 | 四 |
| 23 | 10/8 | 壬午 | 六 | 三 |
| 24 | 10/9 | 癸未 | 六 | 二 |
| 25 | 10/10 | 甲申 | 九 | 一 |
| 26 | 10/11 | 乙酉 | 九 | 九 |
| 27 | 10/12 | 丙戌 | 九 | 八 |
| 28 | 10/13 | 丁亥 | 九 | 七 |
| 29 | 10/14 | 戊子 | 九 | 六 |
| | | | | |

| 七月 | | | | |
|---|---|---|---|---|
| 壬申 | | | | |
| 五黃土 | | | | |
| 白露 08時45分 廿二辰時 | | 處暑 20時29分 初六戌時 | 奇門遁甲局數 | |
| 農曆 | 國曆 | 干支 | 時盤 | 日盤 |
| 1 | 8/18 | 辛卯 | 八 | 九 |
| 2 | 8/19 | 壬辰 | 八 | 八 |
| 3 | 8/20 | 癸巳 | 八 | 七 |
| 4 | 8/21 | 甲午 | 一 | 六 |
| 5 | 8/22 | 乙未 | 一 | 五 |
| 6 | 8/23 | 丙申 | 一 | 四 |
| 7 | 8/24 | 丁酉 | 一 | 三 |
| 8 | 8/25 | 戊戌 | 一 | 二 |
| 9 | 8/26 | 己亥 | 四 | 一 |
| 10 | 8/27 | 庚子 | 四 | 九 |
| 11 | 8/28 | 辛丑 | 四 | 八 |
| 12 | 8/29 | 壬寅 | 四 | 七 |
| 13 | 8/30 | 癸卯 | 四 | 六 |
| 14 | 8/31 | 甲辰 | 七 | 五 |
| 15 | 9/1 | 乙巳 | 七 | 四 |
| 16 | 9/2 | 丙午 | 七 | 三 |
| 17 | 9/3 | 丁未 | 七 | 二 |
| 18 | 9/4 | 戊申 | 七 | 一 |
| 19 | 9/5 | 己酉 | 九 | 九 |
| 20 | 9/6 | 庚戌 | 九 | 八 |
| 21 | 9/7 | 辛亥 | 九 | 七 |
| 22 | 9/8 | 壬子 | 九 | 六 |
| 23 | 9/9 | 癸丑 | 九 | 五 |
| 24 | 9/10 | 甲寅 | 三 | 四 |
| 25 | 9/11 | 乙卯 | 三 | 三 |
| 26 | 9/12 | 丙辰 | 三 | 二 |
| 27 | 9/13 | 丁巳 | 三 | 一 |
| 28 | 9/14 | 戊午 | 三 | 九 |
| 29 | 9/15 | 己未 | 六 | 八 |
| | | | | |

# 西元1975年（乙卯）肖兔 民國64年（男兌命）

奇門遁甲局數如標示為 一 ～九表示陰局　　如標示為1 ～9 表示陽局

| 六月 | | | | | 五月 | | | | | 四月 | | | | | 三月 | | | | | 二月 | | | | | 正月 | | | | |
|---|---|---|---|---|---|---|---|---|---|---|---|---|---|---|---|---|---|---|---|---|---|---|---|---|---|---|---|---|---|
| 癸未 | | | | | 壬午 | | | | | 辛巳 | | | | | 庚辰 | | | | | 己卯 | | | | | 戊寅 | | | | |
| 三碧木 | | | | | 四綠木 | | | | | 五黃土 | | | | | 六白金 | | | | | 七赤金 | | | | | 八白土 | | | | |
| 大暑 十五 19時22分 戌時 | | | 奇門遁甲局數 | | 小暑 廿九 02時00分 丑時 | | 夏至 十三 08時27分 辰時 | 奇門遁甲局數 | | 芒種 廿七 15時42分 申時 | | 小滿 十二 00時24分 子時 | 奇門遁甲局數 | | 立夏 廿五 11時27分 午時 | | 穀雨 初十 01時07分 丑時 | 奇門遁甲局數 | | 清明 廿四 18時02分 酉時 | | 春分 初九 13時57分 未時 | 奇門遁甲局數 | | 驚蟄 廿四 13時06分 未時 | | 雨水 初九 14時50分 未時 | 奇門遁甲局數 | |
| 農曆 | 國曆 | 干支 | 時盤 | 日盤 | 農曆 | 國曆 | 干支 | 時盤 | 日盤 | 農曆 | 國曆 | 干支 | 時盤 | 日盤 | 農曆 | 國曆 | 干支 | 時盤 | 日盤 | 農曆 | 國曆 | 干支 | 時盤 | 日盤 | 農曆 | 國曆 | 干支 | 時盤 | 日盤 |
| 1 | 7/9 | 丙辰 | 二 | 八 | 1 | 6/10 | 丁亥 | 3 | 9 | 1 | 5/11 | 丁巳 | 1 | 6 | 1 | 4/12 | 戊子 | 1 | 4 | 1 | 3/13 | 戊午 | 7 | 1 | 1 | 2/11 | 戊子 | 5 | 7 |
| 2 | 7/10 | 丁巳 | 二 | 七 | 2 | 6/11 | 戊子 | 3 | 1 | 2 | 5/12 | 戊午 | 1 | 7 | 2 | 4/13 | 己丑 | 7 | 5 | 2 | 3/14 | 己未 | 4 | 2 | 2 | 2/12 | 己丑 | 2 | 8 |
| 3 | 7/11 | 戊午 | 二 | 六 | 3 | 6/12 | 己丑 | 9 | 2 | 3 | 5/13 | 己未 | 7 | 8 | 3 | 4/14 | 庚寅 | 7 | 6 | 3 | 3/15 | 庚申 | 4 | 3 | 3 | 2/13 | 庚寅 | 2 | 9 |
| 4 | 7/12 | 己未 | 五 | 五 | 4 | 6/13 | 庚寅 | 9 | 3 | 4 | 5/14 | 庚申 | 7 | 9 | 4 | 4/15 | 辛卯 | 7 | 7 | 4 | 3/16 | 辛酉 | 4 | 4 | 4 | 2/14 | 辛卯 | 2 | 1 |
| 5 | 7/13 | 庚申 | 五 | 四 | 5 | 6/14 | 辛卯 | 9 | 4 | 5 | 5/15 | 辛酉 | 7 | 1 | 5 | 4/16 | 壬辰 | 7 | 8 | 5 | 3/17 | 壬戌 | 4 | 5 | 5 | 2/15 | 壬辰 | 2 | 2 |
| 6 | 7/14 | 辛酉 | 五 | 三 | 6 | 6/15 | 壬辰 | 9 | 5 | 6 | 5/16 | 壬戌 | 7 | 2 | 6 | 4/17 | 癸巳 | 7 | 9 | 6 | 3/18 | 癸亥 | 4 | 6 | 6 | 2/16 | 癸巳 | 2 | 3 |
| 7 | 7/15 | 壬戌 | 五 | 二 | 7 | 6/16 | 癸巳 | 9 | 6 | 7 | 5/17 | 癸亥 | 7 | 3 | 7 | 4/18 | 甲午 | 5 | 1 | 7 | 3/19 | 甲子 | 3 | 7 | 7 | 2/17 | 甲午 | 9 | 4 |
| 8 | 7/16 | 癸亥 | 五 | 一 | 8 | 6/17 | 甲午 | 九 | 7 | 8 | 5/18 | 甲子 | 5 | 4 | 8 | 4/19 | 乙未 | 5 | 2 | 8 | 3/20 | 乙丑 | 3 | 8 | 8 | 2/18 | 乙未 | 9 | 5 |
| 9 | 7/17 | 甲子 | 七 | 九 | 9 | 6/18 | 乙未 | 九 | 8 | 9 | 5/19 | 乙丑 | 5 | 5 | 9 | 4/20 | 丙申 | 5 | 3 | 9 | 3/21 | 丙寅 | 3 | 9 | 9 | 2/19 | 丙申 | 9 | 6 |
| 10 | 7/18 | 乙丑 | 七 | 八 | 10 | 6/19 | 丙申 | 九 | 9 | 10 | 5/20 | 丙寅 | 5 | 6 | 10 | 4/21 | 丁酉 | 5 | 4 | 10 | 3/22 | 丁卯 | 3 | 1 | 10 | 2/20 | 丁酉 | 9 | 7 |
| 11 | 7/19 | 丙寅 | 七 | 七 | 11 | 6/20 | 丁酉 | 九 | 1 | 11 | 5/21 | 丁卯 | 5 | 7 | 11 | 4/22 | 戊戌 | 5 | 5 | 11 | 3/23 | 戊辰 | 3 | 2 | 11 | 2/21 | 戊戌 | 9 | 8 |
| 12 | 7/20 | 丁卯 | 七 | 六 | 12 | 6/21 | 戊戌 | 九 | 2 | 12 | 5/22 | 戊辰 | 5 | 8 | 12 | 4/23 | 己亥 | 2 | 6 | 12 | 3/24 | 己巳 | 9 | 3 | 12 | 2/22 | 己亥 | 6 | 9 |
| 13 | 7/21 | 戊辰 | 七 | 五 | 13 | 6/22 | 己亥 | 三 | 七 | 13 | 5/23 | 己巳 | 2 | 9 | 13 | 4/24 | 庚子 | 2 | 7 | 13 | 3/25 | 庚午 | 9 | 4 | 13 | 2/23 | 庚子 | 6 | 1 |
| 14 | 7/22 | 己巳 | 一 | 四 | 14 | 6/23 | 庚子 | 三 | 六 | 14 | 5/24 | 庚午 | 2 | 1 | 14 | 4/25 | 辛丑 | 2 | 8 | 14 | 3/26 | 辛未 | 9 | 5 | 14 | 2/24 | 辛丑 | 6 | 2 |
| 15 | 7/23 | 庚午 | 一 | 三 | 15 | 6/24 | 辛丑 | 三 | 五 | 15 | 5/25 | 辛未 | 2 | 2 | 15 | 4/26 | 壬寅 | 2 | 9 | 15 | 3/27 | 壬申 | 9 | 6 | 15 | 2/25 | 壬寅 | 6 | 3 |
| 16 | 7/24 | 辛未 | 一 | 二 | 16 | 6/25 | 壬寅 | 三 | 四 | 16 | 5/26 | 壬申 | 2 | 3 | 16 | 4/27 | 癸卯 | 2 | 1 | 16 | 3/28 | 癸酉 | 9 | 7 | 16 | 2/26 | 癸卯 | 6 | 4 |
| 17 | 7/25 | 壬申 | 一 | 一 | 17 | 6/26 | 癸卯 | 三 | 三 | 17 | 5/27 | 癸酉 | 2 | 4 | 17 | 4/28 | 甲辰 | 8 | 2 | 17 | 3/29 | 甲戌 | 6 | 8 | 17 | 2/27 | 甲辰 | 3 | 5 |
| 18 | 7/26 | 癸酉 | 一 | 九 | 18 | 6/27 | 甲辰 | 六 | 二 | 18 | 5/28 | 甲戌 | 8 | 5 | 18 | 4/29 | 乙巳 | 8 | 3 | 18 | 3/30 | 乙亥 | 6 | 9 | 18 | 2/28 | 乙巳 | 3 | 6 |
| 19 | 7/27 | 甲戌 | 四 | 八 | 19 | 6/28 | 乙巳 | 六 | 一 | 19 | 5/29 | 乙亥 | 8 | 6 | 19 | 4/30 | 丙午 | 8 | 4 | 19 | 3/31 | 丙子 | 6 | 1 | 19 | 3/1 | 丙午 | 3 | 7 |
| 20 | 7/28 | 乙亥 | 四 | 七 | 20 | 6/29 | 丙午 | 六 | 九 | 20 | 5/30 | 丙子 | 8 | 7 | 20 | 5/1 | 丁未 | 8 | 5 | 20 | 4/1 | 丁丑 | 6 | 2 | 20 | 3/2 | 丁未 | 3 | 8 |
| 21 | 7/29 | 丙子 | 四 | 六 | 21 | 6/30 | 丁未 | 六 | 八 | 21 | 5/31 | 丁丑 | 8 | 8 | 21 | 5/2 | 戊申 | 8 | 6 | 21 | 4/2 | 戊寅 | 6 | 3 | 21 | 3/3 | 戊申 | 3 | 9 |
| 22 | 7/30 | 丁丑 | 四 | 五 | 22 | 7/1 | 戊申 | 六 | 七 | 22 | 6/1 | 戊寅 | 8 | 9 | 22 | 5/3 | 己酉 | 4 | 7 | 22 | 4/3 | 己卯 | 4 | 4 | 22 | 3/4 | 己酉 | 1 | 1 |
| 23 | 7/31 | 戊寅 | 四 | 四 | 23 | 7/2 | 己酉 | 八 | 六 | 23 | 6/2 | 己卯 | 6 | 1 | 23 | 5/4 | 庚戌 | 4 | 8 | 23 | 4/4 | 庚辰 | 4 | 5 | 23 | 3/5 | 庚戌 | 1 | 2 |
| 24 | 8/1 | 己卯 | 二 | 三 | 24 | 7/3 | 庚戌 | 八 | 五 | 24 | 6/3 | 庚辰 | 6 | 2 | 24 | 5/5 | 辛亥 | 4 | 9 | 24 | 4/5 | 辛巳 | 4 | 6 | 24 | 3/6 | 辛亥 | 1 | 3 |
| 25 | 8/2 | 庚辰 | 二 | 二 | 25 | 7/4 | 辛亥 | 八 | 四 | 25 | 6/4 | 辛巳 | 6 | 3 | 25 | 5/6 | 壬子 | 4 | 1 | 25 | 4/6 | 壬午 | 4 | 7 | 25 | 3/7 | 壬子 | 1 | 4 |
| 26 | 8/3 | 辛巳 | 二 | 一 | 26 | 7/5 | 壬子 | 八 | 三 | 26 | 6/5 | 壬午 | 6 | 4 | 26 | 5/7 | 癸丑 | 4 | 2 | 26 | 4/7 | 癸未 | 4 | 8 | 26 | 3/8 | 癸丑 | 1 | 5 |
| 27 | 8/4 | 壬午 | 二 | 九 | 27 | 7/6 | 癸丑 | 八 | 二 | 27 | 6/6 | 癸未 | 6 | 5 | 27 | 5/8 | 甲寅 | 1 | 3 | 27 | 4/8 | 甲申 | 1 | 9 | 27 | 3/9 | 甲寅 | 7 | 6 |
| 28 | 8/5 | 癸未 | 二 | 八 | 28 | 7/7 | 甲寅 | 二 | 一 | 28 | 6/7 | 甲申 | 3 | 6 | 28 | 5/9 | 乙卯 | 1 | 4 | 28 | 4/9 | 乙酉 | 1 | 1 | 28 | 3/10 | 乙卯 | 7 | 7 |
| 29 | 8/6 | 甲申 | 五 | 七 | 29 | 7/8 | 乙卯 | 二 | 九 | 29 | 6/8 | 乙酉 | 3 | 7 | 29 | 5/10 | 丙辰 | 1 | 5 | 29 | 4/10 | 丙戌 | 1 | 2 | 29 | 3/11 | 丙辰 | 7 | 8 |
| | | | | | | | | | | 30 | 6/9 | 丙戌 | 3 | 8 | | | | | | 30 | 4/11 | 丁亥 | 1 | 3 | 30 | 3/12 | 丁巳 | 7 | 9 |

# 西元1975年（乙卯）肖兔 民國64年（女艮命）

奇門遁甲局數如標示為 一 ～九表示陰局　　如標示為1 ～9 表示陽局

**十二月　己丑　六白金**
大寒 06時25分 廿一卯時｜小寒 12時58分 初六午時｜奇門遁甲局數

| 農曆 | 國曆 | 干支 | 時盤 | 日盤 |
|---|---|---|---|---|
| 1 | 1/1 | 壬子 | 1 | 7 |
| 2 | 1/2 | 癸丑 | 1 | 8 |
| 3 | 1/3 | 甲寅 | 7 | 9 |
| 4 | 1/4 | 乙卯 | 7 | 1 |
| 5 | 1/5 | 丙辰 | 7 | 2 |
| 6 | 1/6 | 丁巳 | 7 | 3 |
| 7 | 1/7 | 戊午 | 7 | 4 |
| 8 | 1/8 | 己未 | 4 | 5 |
| 9 | 1/9 | 庚申 | 4 | 6 |
| 10 | 1/10 | 辛酉 | 4 | 7 |
| 11 | 1/11 | 壬戌 | 4 | 8 |
| 12 | 1/12 | 癸亥 | 4 | 9 |
| 13 | 1/13 | 甲子 | 2 | 1 |
| 14 | 1/14 | 乙丑 | 2 | 2 |
| 15 | 1/15 | 丙寅 | 2 | 3 |
| 16 | 1/16 | 丁卯 | 2 | 4 |
| 17 | 1/17 | 戊辰 | 2 | 5 |
| 18 | 1/18 | 己巳 | 8 | 6 |
| 19 | 1/19 | 庚午 | 8 | 7 |
| 20 | 1/20 | 辛未 | 8 | 8 |
| 21 | 1/21 | 壬申 | 8 | 9 |
| 22 | 1/22 | 癸酉 | 8 | 1 |
| 23 | 1/23 | 甲戌 | 5 | 2 |
| 24 | 1/24 | 乙亥 | 5 | 3 |
| 25 | 1/25 | 丙子 | 5 | 4 |
| 26 | 1/26 | 丁丑 | 5 | 5 |
| 27 | 1/27 | 戊寅 | 5 | 6 |
| 28 | 1/28 | 己卯 | 3 | 7 |
| 29 | 1/29 | 庚辰 | 3 | 8 |
| 30 | 1/30 | 辛巳 | 3 | 9 |

**十一月　戊子　七赤金**
冬至 19時46分 二十戌時｜大雪 01時46分 初六丑時｜奇門遁甲局數

| 農曆 | 國曆 | 干支 | 時盤 | 日盤 |
|---|---|---|---|---|
| 1 | 12/3 | 癸未 | 四 | 五 |
| 2 | 12/4 | 甲申 | 七 | 四 |
| 3 | 12/5 | 乙酉 | 七 | 三 |
| 4 | 12/6 | 丙戌 | 七 | 二 |
| 5 | 12/7 | 丁亥 | 七 | 一 |
| 6 | 12/8 | 戊子 | 七 | 九 |
| 7 | 12/9 | 己丑 | 一 | 八 |
| 8 | 12/10 | 庚寅 | 一 | 七 |
| 9 | 12/11 | 辛卯 | 一 | 六 |
| 10 | 12/12 | 壬辰 | 一 | 五 |
| 11 | 12/13 | 癸巳 | 一 | 四 |
| 12 | 12/14 | 甲午 | 四 | 三 |
| 13 | 12/15 | 乙未 | 四 | 二 |
| 14 | 12/16 | 丙申 | 四 | 一 |
| 15 | 12/17 | 丁酉 | 四 | 九 |
| 16 | 12/18 | 戊戌 | 四 | 八 |
| 17 | 12/19 | 己亥 | 七 | 七 |
| 18 | 12/20 | 庚子 | 七 | 六 |
| 19 | 12/21 | 辛丑 | 七 | 五 |
| 20 | 12/22 | 壬寅 | 七 | 6 |
| 21 | 12/23 | 癸卯 | 七 | 7 |
| 22 | 12/24 | 甲辰 | 一 | 8 |
| 23 | 12/25 | 乙巳 | 一 | 9 |
| 24 | 12/26 | 丙午 | 一 | 1 |
| 25 | 12/27 | 丁未 | 一 | 2 |
| 26 | 12/28 | 戊申 | 一 | 3 |
| 27 | 12/29 | 己酉 | 1 | 4 |
| 28 | 12/30 | 庚戌 | 1 | 5 |
| 29 | 12/31 | 辛亥 | 1 | 6 |
| | | | | |

**十月　丁亥　八白土**
小雪 06時31分 廿一卯時｜立冬 09時03分 初六巳時｜奇門遁甲局數

| 農曆 | 國曆 | 干支 | 時盤 | 日盤 |
|---|---|---|---|---|
| 1 | 11/3 | 癸丑 | 六 | 八 |
| 2 | 11/4 | 甲寅 | 九 | 七 |
| 3 | 11/5 | 乙卯 | 九 | 六 |
| 4 | 11/6 | 丙辰 | 九 | 五 |
| 5 | 11/7 | 丁巳 | 九 | 四 |
| 6 | 11/8 | 戊午 | 九 | 三 |
| 7 | 11/9 | 己未 | 三 | 二 |
| 8 | 11/10 | 庚申 | 三 | 一 |
| 9 | 11/11 | 辛酉 | 三 | 九 |
| 10 | 11/12 | 壬戌 | 三 | 八 |
| 11 | 11/13 | 癸亥 | 三 | 七 |
| 12 | 11/14 | 甲子 | 五 | 六 |
| 13 | 11/15 | 乙丑 | 五 | 五 |
| 14 | 11/16 | 丙寅 | 五 | 四 |
| 15 | 11/17 | 丁卯 | 五 | 三 |
| 16 | 11/18 | 戊辰 | 五 | 二 |
| 17 | 11/19 | 己巳 | 八 | 一 |
| 18 | 11/20 | 庚午 | 八 | 九 |
| 19 | 11/21 | 辛未 | 八 | 八 |
| 20 | 11/22 | 壬申 | 八 | 七 |
| 21 | 11/23 | 癸酉 | 八 | 六 |
| 22 | 11/24 | 甲戌 | 二 | 五 |
| 23 | 11/25 | 乙亥 | 二 | 四 |
| 24 | 11/26 | 丙子 | 二 | 三 |
| 25 | 11/27 | 丁丑 | 二 | 二 |
| 26 | 11/28 | 戊寅 | 二 | 一 |
| 27 | 11/29 | 己卯 | 四 | 九 |
| 28 | 11/30 | 庚辰 | 四 | 八 |
| 29 | 12/1 | 辛巳 | 四 | 七 |
| 30 | 12/2 | 壬午 | 四 | 六 |

**九月　丙戌　九紫火**
霜降 09時06分 二十巳時｜寒露 06時02分 初五卯時｜奇門遁甲局數

| 農曆 | 國曆 | 干支 | 時盤 | 日盤 |
|---|---|---|---|---|
| 1 | 10/5 | 甲申 | 九 | 一 |
| 2 | 10/6 | 乙酉 | 九 | 九 |
| 3 | 10/7 | 丙戌 | 九 | 八 |
| 4 | 10/8 | 丁亥 | 九 | 七 |
| 5 | 10/9 | 戊子 | 九 | 六 |
| 6 | 10/10 | 己丑 | 三 | 五 |
| 7 | 10/11 | 庚寅 | 三 | 四 |
| 8 | 10/12 | 辛卯 | 三 | 三 |
| 9 | 10/13 | 壬辰 | 三 | 二 |
| 10 | 10/14 | 癸巳 | 三 | 一 |
| 11 | 10/15 | 甲午 | 五 | 九 |
| 12 | 10/16 | 乙未 | 五 | 八 |
| 13 | 10/17 | 丙申 | 五 | 七 |
| 14 | 10/18 | 丁酉 | 五 | 六 |
| 15 | 10/19 | 戊戌 | 五 | 五 |
| 16 | 10/20 | 己亥 | 八 | 四 |
| 17 | 10/21 | 庚子 | 八 | 三 |
| 18 | 10/22 | 辛丑 | 八 | 二 |
| 19 | 10/23 | 壬寅 | 八 | 一 |
| 20 | 10/24 | 癸卯 | 八 | 九 |
| 21 | 10/25 | 甲辰 | 二 | 八 |
| 22 | 10/26 | 乙巳 | 二 | 七 |
| 23 | 10/27 | 丙午 | 二 | 六 |
| 24 | 10/28 | 丁未 | 二 | 五 |
| 25 | 10/29 | 戊申 | 二 | 四 |
| 26 | 10/30 | 己酉 | 六 | 三 |
| 27 | 10/31 | 庚戌 | 六 | 二 |
| 28 | 11/1 | 辛亥 | 六 | 一 |
| 29 | 11/2 | 壬子 | 六 | 九 |
| | | | | |

**八月　乙酉　一白水**
秋分 23時55分 十八子時｜白露 14時33分 初三未時｜奇門遁甲局數

| 農曆 | 國曆 | 干支 | 時盤 | 日盤 |
|---|---|---|---|---|
| 1 | 9/6 | 乙卯 | 三 | 三 |
| 2 | 9/7 | 丙辰 | 三 | 二 |
| 3 | 9/8 | 丁巳 | 三 | 一 |
| 4 | 9/9 | 戊午 | 三 | 九 |
| 5 | 9/10 | 己未 | 六 | 八 |
| 6 | 9/11 | 庚申 | 六 | 七 |
| 7 | 9/12 | 辛酉 | 六 | 六 |
| 8 | 9/13 | 壬戌 | 六 | 五 |
| 9 | 9/14 | 癸亥 | 六 | 四 |
| 10 | 9/15 | 甲子 | 七 | 三 |
| 11 | 9/16 | 乙丑 | 七 | 二 |
| 12 | 9/17 | 丙寅 | 七 | 一 |
| 13 | 9/18 | 丁卯 | 七 | 九 |
| 14 | 9/19 | 戊辰 | 七 | 八 |
| 15 | 9/20 | 己巳 | 一 | 七 |
| 16 | 9/21 | 庚午 | 一 | 六 |
| 17 | 9/22 | 辛未 | 一 | 五 |
| 18 | 9/23 | 壬申 | 一 | 四 |
| 19 | 9/24 | 癸酉 | 一 | 三 |
| 20 | 9/25 | 甲戌 | 四 | 二 |
| 21 | 9/26 | 乙亥 | 四 | 一 |
| 22 | 9/27 | 丙子 | 四 | 九 |
| 23 | 9/28 | 丁丑 | 四 | 八 |
| 24 | 9/29 | 戊寅 | 四 | 七 |
| 25 | 9/30 | 己卯 | 六 | 六 |
| 26 | 10/1 | 庚辰 | 六 | 五 |
| 27 | 10/2 | 辛巳 | 六 | 四 |
| 28 | 10/3 | 壬午 | 六 | 三 |
| 29 | 10/4 | 癸未 | 六 | 二 |
| | | | | |

**七月　甲申　二黑土**
處暑 02時24分 十八丑時｜立秋 11時45分 初二午時｜奇門遁甲局數

| 農曆 | 國曆 | 干支 | 時盤 | 日盤 |
|---|---|---|---|---|
| 1 | 8/7 | 乙酉 | 五 | 六 |
| 2 | 8/8 | 丙戌 | 五 | 五 |
| 3 | 8/9 | 丁亥 | 五 | 四 |
| 4 | 8/10 | 戊子 | 五 | 三 |
| 5 | 8/11 | 己丑 | 八 | 二 |
| 6 | 8/12 | 庚寅 | 八 | 一 |
| 7 | 8/13 | 辛卯 | 八 | 九 |
| 8 | 8/14 | 壬辰 | 八 | 八 |
| 9 | 8/15 | 癸巳 | 八 | 七 |
| 10 | 8/16 | 甲午 | 一 | 六 |
| 11 | 8/17 | 乙未 | 一 | 五 |
| 12 | 8/18 | 丙申 | 一 | 四 |
| 13 | 8/19 | 丁酉 | 一 | 三 |
| 14 | 8/20 | 戊戌 | 一 | 二 |
| 15 | 8/21 | 己亥 | 四 | 一 |
| 16 | 8/22 | 庚子 | 四 | 九 |
| 17 | 8/23 | 辛丑 | 四 | 八 |
| 18 | 8/24 | 壬寅 | 四 | 七 |
| 19 | 8/25 | 癸卯 | 四 | 六 |
| 20 | 8/26 | 甲辰 | 七 | 五 |
| 21 | 8/27 | 乙巳 | 七 | 四 |
| 22 | 8/28 | 丙午 | 七 | 三 |
| 23 | 8/29 | 丁未 | 七 | 二 |
| 24 | 8/30 | 戊申 | 七 | 一 |
| 25 | 8/31 | 己酉 | 九 | 九 |
| 26 | 9/1 | 庚戌 | 九 | 八 |
| 27 | 9/2 | 辛亥 | 九 | 七 |
| 28 | 9/3 | 壬子 | 九 | 六 |
| 29 | 9/4 | 癸丑 | 九 | 五 |
| 30 | 9/5 | 甲寅 | 三 | 四 |

# 西元1976年（丙辰）肖龍 民國65年（男乾命）

奇門遁甲局數如標示為 一 ～九表示陰局　　如標示為1 ～9 表示陽局

## 六月 乙未 九紫火

大暑 01時19分 廿七丑時　小暑 07時51分 十一辰時　奇門遁甲局數

| 農曆 | 國曆 | 干支 | 時盤 | 日盤 |
|---|---|---|---|---|
| 1 | 6/27 | 庚戌 | 九 | 五 |
| 2 | 6/28 | 辛亥 | 九 | 四 |
| 3 | 6/29 | 壬子 | 九 | 三 |
| 4 | 6/30 | 癸丑 | 九 | 二 |
| 5 | 7/1 | 甲寅 | 三 | 一 |
| 6 | 7/2 | 乙卯 | 三 | 九 |
| 7 | 7/3 | 丙辰 | 三 | 八 |
| 8 | 7/4 | 丁巳 | 三 | 七 |
| 9 | 7/5 | 戊午 | 三 | 六 |
| 10 | 7/6 | 己未 | 六 | 五 |
| 11 | 7/7 | 庚申 | 六 | 四 |
| 12 | 7/8 | 辛酉 | 六 | 三 |
| 13 | 7/9 | 壬戌 | 六 | 二 |
| 14 | 7/10 | 癸亥 | 六 | 一 |
| 15 | 7/11 | 甲子 | 八 | 九 |
| 16 | 7/12 | 乙丑 | 八 | 八 |
| 17 | 7/13 | 丙寅 | 八 | 七 |
| 18 | 7/14 | 丁卯 | 八 | 六 |
| 19 | 7/15 | 戊辰 | 八 | 五 |
| 20 | 7/16 | 己巳 | 二 | 四 |
| 21 | 7/17 | 庚午 | 二 | 三 |
| 22 | 7/18 | 辛未 | 二 | 二 |
| 23 | 7/19 | 壬申 | 二 | 一 |
| 24 | 7/20 | 癸酉 | 二 | 九 |
| 25 | 7/21 | 甲戌 | 五 | 八 |
| 26 | 7/22 | 乙亥 | 五 | 七 |
| 27 | 7/23 | 丙子 | 五 | 六 |
| 28 | 7/24 | 丁丑 | 五 | 五 |
| 29 | 7/25 | 戊寅 | 五 | 四 |
| 30 | 7/26 | 己卯 | 七 | 三 |

## 五月 甲午 一白水

夏至 14時24分 廿四未時　芒種 21時31分 初八亥時　奇門遁甲局數

| 農曆 | 國曆 | 干支 | 時盤 | 日盤 |
|---|---|---|---|---|
| 1 | 5/29 | 辛巳 | 5 | 3 |
| 2 | 5/30 | 壬午 | 5 | 4 |
| 3 | 5/31 | 癸未 | 5 | 5 |
| 4 | 6/1 | 甲申 | 2 | 6 |
| 5 | 6/2 | 乙酉 | 2 | 7 |
| 6 | 6/3 | 丙戌 | 2 | 8 |
| 7 | 6/4 | 丁亥 | 2 | 9 |
| 8 | 6/5 | 戊子 | 2 | 1 |
| 9 | 6/6 | 己丑 | 8 | 2 |
| 10 | 6/7 | 庚寅 | 8 | 3 |
| 11 | 6/8 | 辛卯 | 8 | 4 |
| 12 | 6/9 | 壬辰 | 8 | 5 |
| 13 | 6/10 | 癸巳 | 8 | 6 |
| 14 | 6/11 | 甲午 | 6 | 7 |
| 15 | 6/12 | 乙未 | 6 | 8 |
| 16 | 6/13 | 丙申 | 6 | 9 |
| 17 | 6/14 | 丁酉 | 6 | 1 |
| 18 | 6/15 | 戊戌 | 6 | 2 |
| 19 | 6/16 | 己亥 | 3 | 3 |
| 20 | 6/17 | 庚子 | 3 | 4 |
| 21 | 6/18 | 辛丑 | 3 | 5 |
| 22 | 6/19 | 壬寅 | 3 | 6 |
| 23 | 6/20 | 癸卯 | 3 | 7 |
| 24 | 6/21 | 甲辰 | 9 | 二 |
| 25 | 6/22 | 乙巳 | 9 | 一 |
| 26 | 6/23 | 丙午 | 9 | 九 |
| 27 | 6/24 | 丁未 | 9 | 八 |
| 28 | 6/25 | 戊申 | 9 | 七 |
| 29 | 6/26 | 己酉 | 九 | 六 |

## 四月 癸巳 二黑土

小滿 06時21分 廿三卯時　立夏 17時15分 初七酉時　奇門遁甲局數

| 農曆 | 國曆 | 干支 | 時盤 | 日盤 |
|---|---|---|---|---|
| 1 | 4/29 | 辛亥 | 5 | 9 |
| 2 | 4/30 | 壬子 | 5 | 1 |
| 3 | 5/1 | 癸丑 | 5 | 2 |
| 4 | 5/2 | 甲寅 | 2 | 3 |
| 5 | 5/3 | 乙卯 | 2 | 4 |
| 6 | 5/4 | 丙辰 | 2 | 5 |
| 7 | 5/5 | 丁巳 | 2 | 6 |
| 8 | 5/6 | 戊午 | 2 | 7 |
| 9 | 5/7 | 己未 | 8 | 8 |
| 10 | 5/8 | 庚申 | 8 | 9 |
| 11 | 5/9 | 辛酉 | 8 | 1 |
| 12 | 5/10 | 壬戌 | 8 | 2 |
| 13 | 5/11 | 癸亥 | 8 | 3 |
| 14 | 5/12 | 甲子 | 4 | 4 |
| 15 | 5/13 | 乙丑 | 4 | 5 |
| 16 | 5/14 | 丙寅 | 4 | 6 |
| 17 | 5/15 | 丁卯 | 4 | 7 |
| 18 | 5/16 | 戊辰 | 4 | 8 |
| 19 | 5/17 | 己巳 | 1 | 9 |
| 20 | 5/18 | 庚午 | 1 | 1 |
| 21 | 5/19 | 辛未 | 1 | 2 |
| 22 | 5/20 | 壬申 | 1 | 3 |
| 23 | 5/21 | 癸酉 | 1 | 4 |
| 24 | 5/22 | 甲戌 | 7 | 5 |
| 25 | 5/23 | 乙亥 | 7 | 6 |
| 26 | 5/24 | 丙子 | 7 | 7 |
| 27 | 5/25 | 丁丑 | 7 | 8 |
| 28 | 5/26 | 戊寅 | 7 | 9 |
| 29 | 5/27 | 己卯 | 5 | 1 |
| 30 | 5/28 | 庚辰 | 5 | 2 |

## 三月 壬辰 三碧木

穀雨 07時03分 廿一辰時　清明 23時47分 初五子時　奇門遁甲局數

| 農曆 | 國曆 | 干支 | 時盤 | 日盤 |
|---|---|---|---|---|
| 1 | 3/31 | 壬午 | 3 | 7 |
| 2 | 4/1 | 癸未 | 3 | 8 |
| 3 | 4/2 | 甲申 | 9 | 9 |
| 4 | 4/3 | 乙酉 | 9 | 1 |
| 5 | 4/4 | 丙戌 | 9 | 2 |
| 6 | 4/5 | 丁亥 | 9 | 3 |
| 7 | 4/6 | 戊子 | 9 | 4 |
| 8 | 4/7 | 己丑 | 6 | 5 |
| 9 | 4/8 | 庚寅 | 6 | 6 |
| 10 | 4/9 | 辛卯 | 6 | 7 |
| 11 | 4/10 | 壬辰 | 6 | 8 |
| 12 | 4/11 | 癸巳 | 6 | 9 |
| 13 | 4/12 | 甲午 | 4 | 1 |
| 14 | 4/13 | 乙未 | 4 | 2 |
| 15 | 4/14 | 丙申 | 4 | 3 |
| 16 | 4/15 | 丁酉 | 4 | 4 |
| 17 | 4/16 | 戊戌 | 4 | 5 |
| 18 | 4/17 | 己亥 | 1 | 6 |
| 19 | 4/18 | 庚子 | 1 | 7 |
| 20 | 4/19 | 辛丑 | 1 | 8 |
| 21 | 4/20 | 壬寅 | 1 | 9 |
| 22 | 4/21 | 癸卯 | 1 | 1 |
| 23 | 4/22 | 甲辰 | 7 | 2 |
| 24 | 4/23 | 乙巳 | 7 | 3 |
| 25 | 4/24 | 丙午 | 7 | 4 |
| 26 | 4/25 | 丁未 | 7 | 5 |
| 27 | 4/26 | 戊申 | 7 | 6 |
| 28 | 4/27 | 己酉 | 5 | 7 |
| 29 | 4/28 | 庚戌 | 5 | 8 |

## 二月 辛卯 四綠木

春分 19時50分 二十戌時　驚蟄 18時48分 初五酉時　奇門遁甲局數

| 農曆 | 國曆 | 干支 | 時盤 | 日盤 |
|---|---|---|---|---|
| 1 | 3/1 | 壬子 | 9 | 4 |
| 2 | 3/2 | 癸丑 | 9 | 5 |
| 3 | 3/3 | 甲寅 | 6 | 6 |
| 4 | 3/4 | 乙卯 | 6 | 7 |
| 5 | 3/5 | 丙辰 | 6 | 8 |
| 6 | 3/6 | 丁巳 | 6 | 9 |
| 7 | 3/7 | 戊午 | 6 | 1 |
| 8 | 3/8 | 己未 | 3 | 2 |
| 9 | 3/9 | 庚申 | 3 | 3 |
| 10 | 3/10 | 辛酉 | 3 | 4 |
| 11 | 3/11 | 壬戌 | 3 | 5 |
| 12 | 3/12 | 癸亥 | 3 | 6 |
| 13 | 3/13 | 甲子 | 1 | 7 |
| 14 | 3/14 | 乙丑 | 1 | 8 |
| 15 | 3/15 | 丙寅 | 1 | 9 |
| 16 | 3/16 | 丁卯 | 1 | 1 |
| 17 | 3/17 | 戊辰 | 1 | 2 |
| 18 | 3/18 | 己巳 | 7 | 3 |
| 19 | 3/19 | 庚午 | 7 | 4 |
| 20 | 3/20 | 辛未 | 7 | 5 |
| 21 | 3/21 | 壬申 | 7 | 6 |
| 22 | 3/22 | 癸酉 | 7 | 7 |
| 23 | 3/23 | 甲戌 | 4 | 8 |
| 24 | 3/24 | 乙亥 | 4 | 9 |
| 25 | 3/25 | 丙子 | 4 | 1 |
| 26 | 3/26 | 丁丑 | 4 | 2 |
| 27 | 3/27 | 戊寅 | 4 | 3 |
| 28 | 3/28 | 己卯 | 3 | 4 |
| 29 | 3/29 | 庚辰 | 3 | 5 |
| 30 | 3/30 | 辛巳 | 3 | 6 |

## 正月 庚寅 五黃土

雨水 20時40分 二十戌時　立春 00時40分 初六子時　奇門遁甲局數

| 農曆 | 國曆 | 干支 | 時盤 | 日盤 |
|---|---|---|---|---|
| 1 | 1/31 | 壬午 | 3 | 1 |
| 2 | 2/1 | 癸未 | 3 | 2 |
| 3 | 2/2 | 甲申 | 9 | 3 |
| 4 | 2/3 | 乙酉 | 9 | 4 |
| 5 | 2/4 | 丙戌 | 9 | 5 |
| 6 | 2/5 | 丁亥 | 9 | 6 |
| 7 | 2/6 | 戊子 | 9 | 7 |
| 8 | 2/7 | 己丑 | 6 | 8 |
| 9 | 2/8 | 庚寅 | 6 | 9 |
| 10 | 2/9 | 辛卯 | 6 | 1 |
| 11 | 2/10 | 壬辰 | 6 | 2 |
| 12 | 2/11 | 癸巳 | 6 | 3 |
| 13 | 2/12 | 甲午 | 8 | 4 |
| 14 | 2/13 | 乙未 | 8 | 5 |
| 15 | 2/14 | 丙申 | 8 | 6 |
| 16 | 2/15 | 丁酉 | 8 | 7 |
| 17 | 2/16 | 戊戌 | 8 | 8 |
| 18 | 2/17 | 己亥 | 5 | 9 |
| 19 | 2/18 | 庚子 | 5 | 1 |
| 20 | 2/19 | 辛丑 | 5 | 2 |
| 21 | 2/20 | 壬寅 | 5 | 3 |
| 22 | 2/21 | 癸卯 | 5 | 4 |
| 23 | 2/22 | 甲辰 | 2 | 5 |
| 24 | 2/23 | 乙巳 | 2 | 6 |
| 25 | 2/24 | 丙午 | 2 | 7 |
| 26 | 2/25 | 丁未 | 2 | 8 |
| 27 | 2/26 | 戊申 | 2 | 9 |
| 28 | 2/27 | 己酉 | 9 | 1 |
| 29 | 2/28 | 庚戌 | 9 | 2 |
| 30 | 2/29 | 辛亥 | 9 | 3 |

# 西元1976年（丙辰）肖龍 民國65年（女離命）

奇門遁甲局數如標示為 一 ～九表示陰局　　如標示為1 ～9 表示陽局

| 十二月 | | | | | 十一月 | | | | | 十　月 | | | | | 九　月 | | | | | 潤八　月 | | | | | 八　月 | | | | | 七　月 | | | | |
|---|---|---|---|---|---|---|---|---|---|---|---|---|---|---|---|---|---|---|---|---|---|---|---|---|---|---|---|---|---|---|---|---|---|---|
| 辛丑 | | | | | 庚子 | | | | | 己亥 | | | | | 戊戌 | | | | | 戊戌 | | | | | 丁酉 | | | | | 丙申 | | | | |
| 三碧木 | | | | | 四綠木 | | | | | 五黃土 | | | | | 六白金 | | | | | | | | | | 七赤金 | | | | | 八白土 | | | | |
| 立春 06時34分 十七卯時 | | 大寒 12時15分 初二午時 | 奇門遁甲局數 | | 小寒 18時51分 十六酉時 | | 冬至 01時35分 初二丑時 | 奇門遁甲局數 | | 大雪 07時41分 十七辰時 | | 小雪 12時22分 初二午時 | 奇門遁甲局數 | | 立冬 14時59分 十六未時 | | 霜降 14時58分 初一未時 | 奇門遁甲局數 | | 寒露 11時58分 十五午時 | | | 奇門遁甲局數 | | 秋分 05時48分 三十卯時 | | 白露 20時28分 十四戌時 | 奇門遁甲局數 | | 處暑 08時19分 廿八辰時 | | 立秋 17時39分 十二酉時 | 奇門遁甲局數 | |
| 農曆 | 國曆 | 干支 | 時盤 | 日盤 | 農曆 | 國曆 | 干支 | 時盤 | 日盤 | 農曆 | 國曆 | 干支 | 時盤 | 日盤 | 農曆 | 國曆 | 干支 | 時盤 | 日盤 | 農曆 | 國曆 | 干支 | 時盤 | 日盤 | 農曆 | 國曆 | 干支 | 時盤 | 日盤 | 農曆 | 國曆 | 干支 | 時盤 | 日盤 |
| 1 | 1/19 | 丙子 | 5 | 4 | 1 | 12/21 | 丁未 | 一 | 八 | 1 | 11/21 | 丁丑 | 三 | 二 | 1 | 10/23 | 戊申 | 三 | 四 | 1 | 9/24 | 己卯 | 七 | 六 | 1 | 8/25 | 己酉 | 一 | 九 | 1 | 7/27 | 庚辰 | 七 | 二 |
| 2 | 1/20 | 丁丑 | 5 | 5 | 2 | 12/22 | 戊申 | 一 | 3 | 2 | 11/22 | 戊寅 | 三 | 一 | 2 | 10/24 | 己酉 | 五 | 三 | 2 | 9/25 | 庚辰 | 七 | 五 | 2 | 8/26 | 庚戌 | 一 | 八 | 2 | 7/28 | 辛巳 | 七 | 一 |
| 3 | 1/21 | 戊寅 | 5 | 6 | 3 | 12/23 | 己酉 | 1 | 4 | 3 | 11/23 | 己卯 | 五 | 九 | 3 | 10/25 | 庚戌 | 五 | 二 | 3 | 9/26 | 辛巳 | 七 | 四 | 3 | 8/27 | 辛亥 | 一 | 七 | 3 | 7/29 | 壬午 | 七 | 九 |
| 4 | 1/22 | 己卯 | 3 | 7 | 4 | 12/24 | 庚戌 | 1 | 5 | 4 | 11/24 | 庚辰 | 五 | 八 | 4 | 10/26 | 辛亥 | 五 | 一 | 4 | 9/27 | 壬午 | 七 | 三 | 4 | 8/28 | 壬子 | 一 | 六 | 4 | 7/30 | 癸未 | 七 | 八 |
| 5 | 1/23 | 庚辰 | 3 | 8 | 5 | 12/25 | 辛亥 | 1 | 6 | 5 | 11/25 | 辛巳 | 五 | 七 | 5 | 10/27 | 壬子 | 五 | 九 | 5 | 9/28 | 癸未 | 七 | 二 | 5 | 8/29 | 癸丑 | 一 | 五 | 5 | 7/31 | 甲申 | 一 | 七 |
| 6 | 1/24 | 辛巳 | 3 | 9 | 6 | 12/26 | 壬子 | 1 | 7 | 6 | 11/26 | 壬午 | 五 | 六 | 6 | 10/28 | 癸丑 | 五 | 八 | 6 | 9/29 | 甲申 | 一 | 一 | 6 | 8/30 | 甲寅 | 四 | 四 | 6 | 8/1 | 乙酉 | 一 | 六 |
| 7 | 1/25 | 壬午 | 3 | 1 | 7 | 12/27 | 癸丑 | 1 | 8 | 7 | 11/27 | 癸未 | 五 | 五 | 7 | 10/29 | 甲寅 | 八 | 七 | 7 | 9/30 | 乙酉 | 一 | 九 | 7 | 8/31 | 乙卯 | 四 | 三 | 7 | 8/2 | 丙戌 | 一 | 五 |
| 8 | 1/26 | 癸未 | 3 | 2 | 8 | 12/28 | 甲寅 | 7 | 9 | 8 | 11/28 | 甲申 | 八 | 四 | 8 | 10/30 | 乙卯 | 八 | 六 | 8 | 10/1 | 丙戌 | 一 | 八 | 8 | 9/1 | 丙辰 | 四 | 二 | 8 | 8/3 | 丁亥 | 一 | 四 |
| 9 | 1/27 | 甲申 | 9 | 3 | 9 | 12/29 | 乙卯 | 7 | 1 | 9 | 11/29 | 乙酉 | 八 | 三 | 9 | 10/31 | 丙辰 | 八 | 五 | 9 | 10/2 | 丁亥 | 一 | 七 | 9 | 9/2 | 丁巳 | 四 | 一 | 9 | 8/4 | 戊子 | 一 | 三 |
| 10 | 1/28 | 乙酉 | 9 | 4 | 10 | 12/30 | 丙辰 | 7 | 2 | 10 | 11/30 | 丙戌 | 八 | 二 | 10 | 11/1 | 丁巳 | 八 | 四 | 10 | 10/3 | 戊子 | 一 | 六 | 10 | 9/3 | 戊午 | 四 | 九 | 10 | 8/5 | 己丑 | 四 | 二 |
| 11 | 1/29 | 丙戌 | 9 | 5 | 11 | 12/31 | 丁巳 | 7 | 3 | 11 | 12/1 | 丁亥 | 八 | 一 | 11 | 11/2 | 戊午 | 八 | 三 | 11 | 10/4 | 己丑 | 四 | 五 | 11 | 9/4 | 己未 | 七 | 八 | 11 | 8/6 | 庚寅 | 四 | 一 |
| 12 | 1/30 | 丁亥 | 9 | 6 | 12 | 1/1 | 戊午 | 7 | 4 | 12 | 12/2 | 戊子 | 八 | 九 | 12 | 11/3 | 己未 | 二 | 二 | 12 | 10/5 | 庚寅 | 四 | 四 | 12 | 9/5 | 庚申 | 七 | 七 | 12 | 8/7 | 辛卯 | 四 | 九 |
| 13 | 1/31 | 戊子 | 9 | 7 | 13 | 1/2 | 己未 | 4 | 5 | 13 | 12/3 | 己丑 | 二 | 八 | 13 | 11/4 | 庚申 | 二 | 一 | 13 | 10/6 | 辛卯 | 四 | 三 | 13 | 9/6 | 辛酉 | 七 | 六 | 13 | 8/8 | 壬辰 | 四 | 八 |
| 14 | 2/1 | 己丑 | 6 | 8 | 14 | 1/3 | 庚申 | 4 | 6 | 14 | 12/4 | 庚寅 | 二 | 七 | 14 | 11/5 | 辛酉 | 二 | 九 | 14 | 10/7 | 壬辰 | 四 | 二 | 14 | 9/7 | 壬戌 | 七 | 五 | 14 | 8/9 | 癸巳 | 四 | 七 |
| 15 | 2/2 | 庚寅 | 6 | 9 | 15 | 1/4 | 辛酉 | 4 | 7 | 15 | 12/5 | 辛卯 | 二 | 六 | 15 | 11/6 | 壬戌 | 二 | 八 | 15 | 10/8 | 癸巳 | 四 | 一 | 15 | 9/8 | 癸亥 | 七 | 四 | 15 | 8/10 | 甲午 | 二 | 六 |
| 16 | 2/3 | 辛卯 | 6 | 1 | 16 | 1/5 | 壬戌 | 4 | 8 | 16 | 12/6 | 壬辰 | 二 | 五 | 16 | 11/7 | 癸亥 | 二 | 七 | 16 | 10/9 | 甲午 | 六 | 九 | 16 | 9/9 | 甲子 | 九 | 三 | 16 | 8/11 | 乙未 | 二 | 五 |
| 17 | 2/4 | 壬辰 | 6 | 2 | 17 | 1/6 | 癸亥 | 4 | 9 | 17 | 12/7 | 癸巳 | 二 | 四 | 17 | 11/8 | 甲子 | 六 | 六 | 17 | 10/10 | 乙未 | 六 | 八 | 17 | 9/10 | 乙丑 | 九 | 二 | 17 | 8/12 | 丙申 | 二 | 四 |
| 18 | 2/5 | 癸巳 | 6 | 3 | 18 | 1/7 | 甲子 | 2 | 1 | 18 | 12/8 | 甲午 | 四 | 三 | 18 | 11/9 | 乙丑 | 六 | 五 | 18 | 10/11 | 丙申 | 六 | 七 | 18 | 9/11 | 丙寅 | 九 | 一 | 18 | 8/13 | 丁酉 | 二 | 三 |
| 19 | 2/6 | 甲午 | 8 | 4 | 19 | 1/8 | 乙丑 | 2 | 2 | 19 | 12/9 | 乙未 | 四 | 二 | 19 | 11/10 | 丙寅 | 六 | 四 | 19 | 10/12 | 丁酉 | 六 | 六 | 19 | 9/12 | 丁卯 | 九 | 九 | 19 | 8/14 | 戊戌 | 二 | 二 |
| 20 | 2/7 | 乙未 | 8 | 5 | 20 | 1/9 | 丙寅 | 2 | 3 | 20 | 12/10 | 丙申 | 四 | 一 | 20 | 11/11 | 丁卯 | 六 | 三 | 20 | 10/13 | 戊戌 | 六 | 五 | 20 | 9/13 | 戊辰 | 九 | 八 | 20 | 8/15 | 己亥 | 五 | 一 |
| 21 | 2/8 | 丙申 | 8 | 6 | 21 | 1/10 | 丁卯 | 2 | 4 | 21 | 12/11 | 丁酉 | 四 | 九 | 21 | 11/12 | 戊辰 | 六 | 二 | 21 | 10/14 | 己亥 | 九 | 四 | 21 | 9/14 | 己巳 | 三 | 七 | 21 | 8/16 | 庚子 | 五 | 九 |
| 22 | 2/9 | 丁酉 | 8 | 7 | 22 | 1/11 | 戊辰 | 2 | 5 | 22 | 12/12 | 戊戌 | 四 | 八 | 22 | 11/13 | 己巳 | 九 | 一 | 22 | 10/15 | 庚子 | 九 | 三 | 22 | 9/15 | 庚午 | 三 | 六 | 22 | 8/17 | 辛丑 | 五 | 八 |
| 23 | 2/10 | 戊戌 | 8 | 8 | 23 | 1/12 | 己巳 | 8 | 6 | 23 | 12/13 | 己亥 | 七 | 七 | 23 | 11/14 | 庚午 | 九 | 九 | 23 | 10/16 | 辛丑 | 九 | 二 | 23 | 9/16 | 辛未 | 三 | 五 | 23 | 8/18 | 壬寅 | 五 | 七 |
| 24 | 2/11 | 己亥 | 5 | 9 | 24 | 1/13 | 庚午 | 8 | 7 | 24 | 12/14 | 庚子 | 七 | 六 | 24 | 11/15 | 辛未 | 九 | 八 | 24 | 10/17 | 壬寅 | 九 | 一 | 24 | 9/17 | 壬申 | 三 | 四 | 24 | 8/19 | 癸卯 | 五 | 六 |
| 25 | 2/12 | 庚子 | 5 | 1 | 25 | 1/14 | 辛未 | 8 | 8 | 25 | 12/15 | 辛丑 | 七 | 五 | 25 | 11/16 | 壬申 | 九 | 七 | 25 | 10/18 | 癸卯 | 九 | 九 | 25 | 9/18 | 癸酉 | 三 | 三 | 25 | 8/20 | 甲辰 | 八 | 五 |
| 26 | 2/13 | 辛丑 | 5 | 2 | 26 | 1/15 | 壬申 | 8 | 9 | 26 | 12/16 | 壬寅 | 七 | 四 | 26 | 11/17 | 癸酉 | 九 | 六 | 26 | 10/19 | 甲辰 | 三 | 八 | 26 | 9/19 | 甲戌 | 六 | 二 | 26 | 8/21 | 乙巳 | 八 | 四 |
| 27 | 2/14 | 壬寅 | 5 | 3 | 27 | 1/16 | 癸酉 | 8 | 1 | 27 | 12/17 | 癸卯 | 七 | 三 | 27 | 11/18 | 甲戌 | 三 | 五 | 27 | 10/20 | 乙巳 | 三 | 七 | 27 | 9/20 | 乙亥 | 六 | 一 | 27 | 8/22 | 丙午 | 八 | 三 |
| 28 | 2/15 | 癸卯 | 5 | 4 | 28 | 1/17 | 甲戌 | 5 | 2 | 28 | 12/18 | 甲辰 | 一 | 二 | 28 | 11/19 | 乙亥 | 三 | 四 | 28 | 10/21 | 丙午 | 三 | 六 | 28 | 9/21 | 丙子 | 六 | 九 | 28 | 8/23 | 丁未 | 八 | 二 |
| 29 | 2/16 | 甲辰 | 2 | 5 | 29 | 1/18 | 乙亥 | 5 | 3 | 29 | 12/19 | 乙巳 | 一 | 一 | 29 | 11/20 | 丙子 | 三 | 三 | 29 | 10/22 | 丁未 | 三 | 五 | 29 | 9/22 | 丁丑 | 六 | 八 | 29 | 8/24 | 戊申 | 八 | 一 |
| 30 | 2/17 | 乙巳 | 2 | 6 | | | | | | 30 | 12/20 | 丙午 | 一 | 九 | | | | | | | | | | | 30 | 9/23 | 戊寅 | 六 | 七 | | | | | |

# 西元1977年（丁巳）肖蛇 民國66年（男坤命）

奇門遁甲局數如標示為 一 ～九表示陰局　　如標示為1 ～9 表示陽局

| 六月 | | | | | 五月 | | | | | 四月 | | | | | 三月 | | | | | 二月 | | | | | 正月 | | | | |
|---|---|---|---|---|---|---|---|---|---|---|---|---|---|---|---|---|---|---|---|---|---|---|---|---|---|---|---|---|---|
| 丁未 | | | | | 丙午 | | | | | 乙巳 | | | | | 甲辰 | | | | | 癸卯 | | | | | 壬寅 | | | | |
| 六白金 | | | | | 七赤金 | | | | | 八白土 | | | | | 九紫火 | | | | | 一白水 | | | | | 二黑土 | | | | |
| 立秋 23時30分 廿三子時 | | 大暑 07時04分 初八辰時 | 奇門遁甲局數 | | 小暑 13時48分 廿一未時 | | 夏至 20時14分 初五戌時 | 奇門遁甲局數 | | 芒種 03時32分 二十寅時 | | 小滿 12時15分 初四午時 | 奇門遁甲局數 | | 立夏 23時16分 十八子時 | | 穀雨 12時57分 初三午時 | 奇門遁甲局數 | | 清明 05時46分 十七卯時 | | 春分 01時43分 初二丑時 | 奇門遁甲局數 | | 驚蟄 00時44分 十七子時 | | 雨水 02時31分 初二丑時 | 奇門遁甲局數 | |
| 農曆 | 國曆 | 干支 | 時盤 | 日盤 | 農曆 | 國曆 | 干支 | 時盤 | 日盤 | 農曆 | 國曆 | 干支 | 時盤 | 日盤 | 農曆 | 國曆 | 干支 | 時盤 | 日盤 | 農曆 | 國曆 | 干支 | 時盤 | 日盤 | 農曆 | 國曆 | 干支 | 時盤 | 日盤 |
| 1 | 7/16 | 甲戌 | 五 | 八 | 1 | 6/17 | 乙巳 | 9 | 9 | 1 | 5/18 | 乙亥 | 7 | 6 | 1 | 4/18 | 乙巳 | 7 | 3 | 1 | 3/20 | 丙子 | 4 | 1 | 1 | 2/18 | 丙午 | 2 | 7 |
| 2 | 7/17 | 乙亥 | 五 | 七 | 2 | 6/18 | 丙午 | 9 | 1 | 2 | 5/19 | 丙子 | 7 | 7 | 2 | 4/19 | 丙午 | 7 | 4 | 2 | 3/21 | 丁丑 | 4 | 2 | 2 | 2/19 | 丁未 | 2 | 8 |
| 3 | 7/18 | 丙子 | 五 | 六 | 3 | 6/19 | 丁未 | 9 | 2 | 3 | 5/20 | 丁丑 | 7 | 8 | 3 | 4/20 | 丁未 | 7 | 5 | 3 | 3/22 | 戊寅 | 4 | 3 | 3 | 2/20 | 戊申 | 2 | 9 |
| 4 | 7/19 | 丁丑 | 五 | 五 | 4 | 6/20 | 戊申 | 9 | 3 | 4 | 5/21 | 戊寅 | 7 | 9 | 4 | 4/21 | 戊申 | 7 | 6 | 4 | 3/23 | 己卯 | 3 | 4 | 4 | 2/21 | 己酉 | 9 | 1 |
| 5 | 7/20 | 戊寅 | 五 | 四 | 5 | 6/21 | 己酉 | 九 | 六 | 5 | 5/22 | 己卯 | 5 | 1 | 5 | 4/22 | 己酉 | 5 | 7 | 5 | 3/24 | 庚辰 | 3 | 5 | 5 | 2/22 | 庚戌 | 9 | 2 |
| 6 | 7/21 | 己卯 | 七 | 三 | 6 | 6/22 | 庚戌 | 九 | 五 | 6 | 5/23 | 庚辰 | 5 | 2 | 6 | 4/23 | 庚戌 | 5 | 8 | 6 | 3/25 | 辛巳 | 3 | 6 | 6 | 2/23 | 辛亥 | 9 | 3 |
| 7 | 7/22 | 庚辰 | 七 | 二 | 7 | 6/23 | 辛亥 | 九 | 四 | 7 | 5/24 | 辛巳 | 5 | 3 | 7 | 4/24 | 辛亥 | 5 | 9 | 7 | 3/26 | 壬午 | 3 | 7 | 7 | 2/24 | 壬子 | 9 | 4 |
| 8 | 7/23 | 辛巳 | 七 | 一 | 8 | 6/24 | 壬子 | 九 | 三 | 8 | 5/25 | 壬午 | 5 | 4 | 8 | 4/25 | 壬子 | 5 | 1 | 8 | 3/27 | 癸未 | 3 | 8 | 8 | 2/25 | 癸丑 | 9 | 5 |
| 9 | 7/24 | 壬午 | 七 | 九 | 9 | 6/25 | 癸丑 | 九 | 二 | 9 | 5/26 | 癸未 | 5 | 5 | 9 | 4/26 | 癸丑 | 5 | 2 | 9 | 3/28 | 甲申 | 9 | 9 | 9 | 2/26 | 甲寅 | 6 | 6 |
| 10 | 7/25 | 癸未 | 七 | 八 | 10 | 6/26 | 甲寅 | 三 | 一 | 10 | 5/27 | 甲申 | 2 | 6 | 10 | 4/27 | 甲寅 | 2 | 3 | 10 | 3/29 | 乙酉 | 9 | 1 | 10 | 2/27 | 乙卯 | 6 | 7 |
| 11 | 7/26 | 甲申 | 一 | 七 | 11 | 6/27 | 乙卯 | 三 | 九 | 11 | 5/28 | 乙酉 | 2 | 7 | 11 | 4/28 | 乙卯 | 2 | 4 | 11 | 3/30 | 丙戌 | 9 | 2 | 11 | 2/28 | 丙辰 | 6 | 8 |
| 12 | 7/27 | 乙酉 | 一 | 六 | 12 | 6/28 | 丙辰 | 三 | 八 | 12 | 5/29 | 丙戌 | 2 | 8 | 12 | 4/29 | 丙辰 | 2 | 5 | 12 | 3/31 | 丁亥 | 9 | 3 | 12 | 3/ 1 | 丁巳 | 6 | 9 |
| 13 | 7/28 | 丙戌 | 一 | 五 | 13 | 6/29 | 丁巳 | 三 | 七 | 13 | 5/30 | 丁亥 | 2 | 9 | 13 | 4/30 | 丁巳 | 2 | 6 | 13 | 4/ 1 | 戊子 | 9 | 4 | 13 | 3/ 2 | 戊午 | 6 | 1 |
| 14 | 7/29 | 丁亥 | 一 | 四 | 14 | 6/30 | 戊午 | 三 | 六 | 14 | 5/31 | 戊子 | 2 | 1 | 14 | 5/ 1 | 戊午 | 2 | 7 | 14 | 4/ 2 | 己丑 | 6 | 5 | 14 | 3/ 3 | 己未 | 3 | 2 |
| 15 | 7/30 | 戊子 | 一 | 三 | 15 | 7/ 1 | 己未 | 六 | 五 | 15 | 6/ 1 | 己丑 | 8 | 2 | 15 | 5/ 2 | 己未 | 8 | 8 | 15 | 4/ 3 | 庚寅 | 6 | 6 | 15 | 3/ 4 | 庚申 | 3 | 3 |
| 16 | 7/31 | 己丑 | 四 | 二 | 16 | 7/ 2 | 庚申 | 六 | 四 | 16 | 6/ 2 | 庚寅 | 8 | 3 | 16 | 5/ 3 | 庚申 | 8 | 9 | 16 | 4/ 4 | 辛卯 | 6 | 7 | 16 | 3/ 5 | 辛酉 | 3 | 4 |
| 17 | 8/ 1 | 庚寅 | 四 | 一 | 17 | 7/ 3 | 辛酉 | 六 | 三 | 17 | 6/ 3 | 辛卯 | 8 | 4 | 17 | 5/ 4 | 辛酉 | 8 | 1 | 17 | 4/ 5 | 壬辰 | 6 | 8 | 17 | 3/ 6 | 壬戌 | 3 | 5 |
| 18 | 8/ 2 | 辛卯 | 四 | 九 | 18 | 7/ 4 | 壬戌 | 六 | 二 | 18 | 6/ 4 | 壬辰 | 8 | 5 | 18 | 5/ 5 | 壬戌 | 8 | 2 | 18 | 4/ 6 | 癸巳 | 6 | 9 | 18 | 3/ 7 | 癸亥 | 3 | 6 |
| 19 | 8/ 3 | 壬辰 | 四 | 八 | 19 | 7/ 5 | 癸亥 | 六 | 一 | 19 | 6/ 5 | 癸巳 | 8 | 6 | 19 | 5/ 6 | 癸亥 | 8 | 3 | 19 | 4/ 7 | 甲午 | 4 | 1 | 19 | 3/ 8 | 甲子 | 1 | 7 |
| 20 | 8/ 4 | 癸巳 | 四 | 七 | 20 | 7/ 6 | 甲子 | 八 | 九 | 20 | 6/ 6 | 甲午 | 6 | 7 | 20 | 5/ 7 | 甲子 | 4 | 4 | 20 | 4/ 8 | 乙未 | 4 | 2 | 20 | 3/ 9 | 乙丑 | 1 | 8 |
| 21 | 8/ 5 | 甲午 | 二 | 六 | 21 | 7/ 7 | 乙丑 | 八 | 八 | 21 | 6/ 7 | 乙未 | 6 | 8 | 21 | 5/ 8 | 乙丑 | 4 | 5 | 21 | 4/ 9 | 丙申 | 4 | 3 | 21 | 3/10 | 丙寅 | 1 | 9 |
| 22 | 8/ 6 | 乙未 | 二 | 五 | 22 | 7/ 8 | 丙寅 | 八 | 七 | 22 | 6/ 8 | 丙申 | 6 | 9 | 22 | 5/ 9 | 丙寅 | 4 | 6 | 22 | 4/10 | 丁酉 | 4 | 4 | 22 | 3/11 | 丁卯 | 1 | 1 |
| 23 | 8/ 7 | 丙申 | 二 | 四 | 23 | 7/ 9 | 丁卯 | 八 | 六 | 23 | 6/ 9 | 丁酉 | 6 | 1 | 23 | 5/10 | 丁卯 | 4 | 7 | 23 | 4/11 | 戊戌 | 4 | 5 | 23 | 3/12 | 戊辰 | 1 | 2 |
| 24 | 8/ 8 | 丁酉 | 二 | 三 | 24 | 7/10 | 戊辰 | 八 | 五 | 24 | 6/10 | 戊戌 | 6 | 2 | 24 | 5/11 | 戊辰 | 4 | 8 | 24 | 4/12 | 己亥 | 1 | 6 | 24 | 3/13 | 己巳 | 7 | 3 |
| 25 | 8/ 9 | 戊戌 | 二 | 二 | 25 | 7/11 | 己巳 | 二 | 四 | 25 | 6/11 | 己亥 | 3 | 3 | 25 | 5/12 | 己巳 | 1 | 9 | 25 | 4/13 | 庚子 | 1 | 7 | 25 | 3/14 | 庚午 | 7 | 4 |
| 26 | 8/10 | 己亥 | 五 | 一 | 26 | 7/12 | 庚午 | 二 | 三 | 26 | 6/12 | 庚子 | 3 | 4 | 26 | 5/13 | 庚午 | 1 | 1 | 26 | 4/14 | 辛丑 | 1 | 8 | 26 | 3/15 | 辛未 | 7 | 5 |
| 27 | 8/11 | 庚子 | 五 | 九 | 27 | 7/13 | 辛未 | 二 | 二 | 27 | 6/13 | 辛丑 | 3 | 5 | 27 | 5/14 | 辛未 | 1 | 2 | 27 | 4/15 | 壬寅 | 1 | 9 | 27 | 3/16 | 壬申 | 7 | 6 |
| 28 | 8/12 | 辛丑 | 五 | 八 | 28 | 7/14 | 壬申 | 二 | 一 | 28 | 6/14 | 壬寅 | 3 | 6 | 28 | 5/15 | 壬申 | 1 | 3 | 28 | 4/16 | 癸卯 | 1 | 1 | 28 | 3/17 | 癸酉 | 7 | 7 |
| 29 | 8/13 | 壬寅 | 五 | 七 | 29 | 7/15 | 癸酉 | 二 | 九 | 29 | 6/15 | 癸卯 | 3 | 7 | 29 | 5/16 | 癸酉 | 1 | 4 | 29 | 4/17 | 甲辰 | 7 | 2 | 29 | 3/18 | 甲戌 | 4 | 8 |
| 30 | 8/14 | 癸卯 | 五 | 六 | | | | | | 30 | 6/16 | 甲辰 | 9 | 8 | 30 | 5/17 | 甲戌 | 7 | 5 | | | | | | 30 | 3/19 | 乙亥 | 4 | 9 |

# 西元1977年（丁巳）肖蛇 民國66年（女坎命）

奇門遁甲局數如標示為 一 ～九表示陰局　　如標示為1 ～9 表示陽局

| 十二月 | | | | | 十一月 | | | | | 十　月 | | | | | 九　月 | | | | | 八　月 | | | | | 七　月 | | | | |
|---|---|---|---|---|---|---|---|---|---|---|---|---|---|---|---|---|---|---|---|---|---|---|---|---|---|---|---|---|---|
| 癸丑 | | | | | 壬子 | | | | | 辛亥 | | | | | 庚戌 | | | | | 己酉 | | | | | 戊申 | | | | |
| 九紫火 | | | | | 一白水 | | | | | 二黑土 | | | | | 三碧木 | | | | | 四綠木 | | | | | 五黃土 | | | | |
| 立春 | | 大寒 | 奇門遁甲局數 | | 小寒 | | 冬至 | 奇門遁甲局數 | | 大雪 | | 小雪 | 奇門遁甲局數 | | 立冬 | | 霜降 | 奇門遁甲局數 | | 寒露 | | 秋分 | 奇門遁甲局數 | | 白露 | | 處暑 | 奇門遁甲局數 | |
| 12時27分 | 廿七午時 | 18時04分 十二酉時 | | | 00時43分 | 廿七子時 | 07時24分 十二辰時 | | | 13時31分 | 廿七未時 | 18時07分 十二酉時 | | | 20時46分 | 廿六戌時 | 20時41分 十一戌時 | | | 17時44分 | 廿六酉時 | 11時30分 十一午時 | | | 02時16分 | 廿五丑時 | 14時00分 初九未時 | | |
| 農曆 | 國曆 | 干支 | 時盤 | 日盤 | 農曆 | 國曆 | 干支 | 時盤 | 日盤 | 農曆 | 國曆 | 干支 | 時盤 | 日盤 | 農曆 | 國曆 | 干支 | 時盤 | 日盤 | 農曆 | 國曆 | 干支 | 時盤 | 日盤 | 農曆 | 國曆 | 干支 | 時盤 | 日盤 |
| 1 | 1/9 | 辛未 | 8 | 8 | 1 | 12/11 | 壬寅 | 七 | 四 | 1 | 11/11 | 壬申 | 九 | 七 | 1 | 10/13 | 癸卯 | 九 | 九 | 1 | 9/13 | 癸酉 | 三 | 三 | 1 | 8/15 | 甲辰 | 八 | 五 |
| 2 | 1/10 | 壬申 | 8 | 9 | 2 | 12/12 | 癸卯 | 七 | 三 | 2 | 11/12 | 癸酉 | 九 | 六 | 2 | 10/14 | 甲辰 | 三 | 八 | 2 | 9/14 | 甲戌 | 六 | 二 | 2 | 8/16 | 乙巳 | 八 | 四 |
| 3 | 1/11 | 癸酉 | 8 | 1 | 3 | 12/13 | 甲辰 | 一 | 二 | 3 | 11/13 | 甲戌 | 三 | 五 | 3 | 10/15 | 乙巳 | 三 | 七 | 3 | 9/15 | 乙亥 | 六 | 一 | 3 | 8/17 | 丙午 | 八 | 三 |
| 4 | 1/12 | 甲戌 | 5 | 2 | 4 | 12/14 | 乙巳 | 一 | 一 | 4 | 11/14 | 乙亥 | 三 | 四 | 4 | 10/16 | 丙午 | 三 | 六 | 4 | 9/16 | 丙子 | 六 | 九 | 4 | 8/18 | 丁未 | 八 | 二 |
| 5 | 1/13 | 乙亥 | 5 | 3 | 5 | 12/15 | 丙午 | 一 | 九 | 5 | 11/15 | 丙子 | 三 | 三 | 5 | 10/17 | 丁未 | 三 | 五 | 5 | 9/17 | 丁丑 | 六 | 八 | 5 | 8/19 | 戊申 | 八 | 一 |
| 6 | 1/14 | 丙子 | 5 | 4 | 6 | 12/16 | 丁未 | 一 | 八 | 6 | 11/16 | 丁丑 | 三 | 二 | 6 | 10/18 | 戊申 | 三 | 四 | 6 | 9/18 | 戊寅 | 六 | 七 | 6 | 8/20 | 己酉 | 一 | 九 |
| 7 | 1/15 | 丁丑 | 5 | 5 | 7 | 12/17 | 戊申 | 一 | 七 | 7 | 11/17 | 戊寅 | 三 | 一 | 7 | 10/19 | 己酉 | 五 | 三 | 7 | 9/19 | 己卯 | 七 | 六 | 7 | 8/21 | 庚戌 | 一 | 八 |
| 8 | 1/16 | 戊寅 | 5 | 6 | 8 | 12/18 | 己酉 | 1 | 六 | 8 | 11/18 | 己卯 | 五 | 九 | 8 | 10/20 | 庚戌 | 五 | 二 | 8 | 9/20 | 庚辰 | 七 | 五 | 8 | 8/22 | 辛亥 | 一 | 七 |
| 9 | 1/17 | 己卯 | 3 | 7 | 9 | 12/19 | 庚戌 | 1 | 五 | 9 | 11/19 | 庚辰 | 五 | 八 | 9 | 10/21 | 辛亥 | 五 | 一 | 9 | 9/21 | 辛巳 | 七 | 四 | 9 | 8/23 | 壬子 | 一 | 六 |
| 10 | 1/18 | 庚辰 | 3 | 8 | 10 | 12/20 | 辛亥 | 1 | 四 | 10 | 11/20 | 辛巳 | 五 | 七 | 10 | 10/22 | 壬子 | 五 | 九 | 10 | 9/22 | 壬午 | 七 | 三 | 10 | 8/24 | 癸丑 | 一 | 五 |
| 11 | 1/19 | 辛巳 | 3 | 9 | 11 | 12/21 | 壬子 | 1 | 三 | 11 | 11/21 | 壬午 | 五 | 六 | 11 | 10/23 | 癸丑 | 五 | 八 | 11 | 9/23 | 癸未 | 七 | 二 | 11 | 8/25 | 甲寅 | 四 | 四 |
| 12 | 1/20 | 壬午 | 3 | 1 | 12 | 12/22 | 癸丑 | 1 | 8 | 12 | 11/22 | 癸未 | 五 | 五 | 12 | 10/24 | 甲寅 | 八 | 七 | 12 | 9/24 | 甲申 | 一 | 一 | 12 | 8/26 | 乙卯 | 四 | 三 |
| 13 | 1/21 | 癸未 | 3 | 2 | 13 | 12/23 | 甲寅 | 7 | 9 | 13 | 11/23 | 甲申 | 八 | 四 | 13 | 10/25 | 乙卯 | 八 | 六 | 13 | 9/25 | 乙酉 | 一 | 九 | 13 | 8/27 | 丙辰 | 四 | 二 |
| 14 | 1/22 | 甲申 | 9 | 3 | 14 | 12/24 | 乙卯 | 7 | 1 | 14 | 11/24 | 乙酉 | 八 | 三 | 14 | 10/26 | 丙辰 | 八 | 五 | 14 | 9/26 | 丙戌 | 一 | 八 | 14 | 8/28 | 丁巳 | 四 | 一 |
| 15 | 1/23 | 乙酉 | 9 | 4 | 15 | 12/25 | 丙辰 | 7 | 2 | 15 | 11/25 | 丙戌 | 八 | 二 | 15 | 10/27 | 丁巳 | 八 | 四 | 15 | 9/27 | 丁亥 | 一 | 七 | 15 | 8/29 | 戊午 | 四 | 九 |
| 16 | 1/24 | 丙戌 | 9 | 5 | 16 | 12/26 | 丁巳 | 7 | 3 | 16 | 11/26 | 丁亥 | 八 | 一 | 16 | 10/28 | 戊午 | 八 | 三 | 16 | 9/28 | 戊子 | 一 | 六 | 16 | 8/30 | 己未 | 七 | 八 |
| 17 | 1/25 | 丁亥 | 9 | 6 | 17 | 12/27 | 戊午 | 7 | 4 | 17 | 11/27 | 戊子 | 八 | 九 | 17 | 10/29 | 己未 | 二 | 二 | 17 | 9/29 | 己丑 | 四 | 五 | 17 | 8/31 | 庚申 | 七 | 七 |
| 18 | 1/26 | 戊子 | 9 | 7 | 18 | 12/28 | 己未 | 4 | 5 | 18 | 11/28 | 己丑 | 二 | 八 | 18 | 10/30 | 庚申 | 二 | 一 | 18 | 9/30 | 庚寅 | 四 | 四 | 18 | 9/ 1 | 辛酉 | 七 | 六 |
| 19 | 1/27 | 己丑 | 6 | 8 | 19 | 12/29 | 庚申 | 4 | 6 | 19 | 11/29 | 庚寅 | 二 | 七 | 19 | 10/31 | 辛酉 | 二 | 九 | 19 | 10/ 1 | 辛卯 | 四 | 三 | 19 | 9/ 2 | 壬戌 | 七 | 五 |
| 20 | 1/28 | 庚寅 | 6 | 9 | 20 | 12/30 | 辛酉 | 4 | 7 | 20 | 11/30 | 辛卯 | 二 | 六 | 20 | 11/ 1 | 壬戌 | 二 | 八 | 20 | 10/ 2 | 壬辰 | 四 | 二 | 20 | 9/ 3 | 癸亥 | 七 | 四 |
| 21 | 1/29 | 辛卯 | 6 | 1 | 21 | 12/31 | 壬戌 | 4 | 8 | 21 | 12/ 1 | 壬辰 | 二 | 五 | 21 | 11/ 2 | 癸亥 | 二 | 七 | 21 | 10/ 3 | 癸巳 | 四 | 一 | 21 | 9/ 4 | 甲子 | 九 | 三 |
| 22 | 1/30 | 壬辰 | 6 | 2 | 22 | 1/ 1 | 癸亥 | 4 | 9 | 22 | 12/ 2 | 癸巳 | 二 | 四 | 22 | 11/ 3 | 甲子 | 六 | 六 | 22 | 10/ 4 | 甲午 | 六 | 九 | 22 | 9/ 5 | 乙丑 | 九 | 二 |
| 23 | 1/31 | 癸巳 | 6 | 3 | 23 | 1/ 2 | 甲子 | 2 | 1 | 23 | 12/ 3 | 甲午 | 四 | 三 | 23 | 11/ 4 | 乙丑 | 六 | 五 | 23 | 10/ 5 | 乙未 | 六 | 八 | 23 | 9/ 6 | 丙寅 | 九 | 一 |
| 24 | 2/ 1 | 甲午 | 8 | 4 | 24 | 1/ 3 | 乙丑 | 2 | 2 | 24 | 12/ 4 | 乙未 | 四 | 二 | 24 | 11/ 5 | 丙寅 | 六 | 四 | 24 | 10/ 6 | 丙申 | 六 | 七 | 24 | 9/ 7 | 丁卯 | 九 | 九 |
| 25 | 2/ 2 | 乙未 | 8 | 5 | 25 | 1/ 4 | 丙寅 | 2 | 3 | 25 | 12/ 5 | 丙申 | 四 | 一 | 25 | 11/ 6 | 丁卯 | 六 | 三 | 25 | 10/ 7 | 丁酉 | 六 | 六 | 25 | 9/ 8 | 戊辰 | 九 | 八 |
| 26 | 2/ 3 | 丙申 | 8 | 6 | 26 | 1/ 5 | 丁卯 | 2 | 4 | 26 | 12/ 6 | 丁酉 | 四 | 九 | 26 | 11/ 7 | 戊辰 | 六 | 二 | 26 | 10/ 8 | 戊戌 | 六 | 五 | 26 | 9/ 9 | 己巳 | 三 | 七 |
| 27 | 2/ 4 | 丁酉 | 8 | 7 | 27 | 1/ 6 | 戊辰 | 2 | 5 | 27 | 12/ 7 | 戊戌 | 四 | 八 | 27 | 11/ 8 | 己巳 | 九 | 一 | 27 | 10/ 9 | 己亥 | 九 | 四 | 27 | 9/10 | 庚午 | 三 | 六 |
| 28 | 2/ 5 | 戊戌 | 8 | 8 | 28 | 1/ 7 | 己巳 | 8 | 6 | 28 | 12/ 8 | 己亥 | 七 | 七 | 28 | 11/ 9 | 庚午 | 九 | 九 | 28 | 10/10 | 庚子 | 九 | 三 | 28 | 9/11 | 辛未 | 三 | 五 |
| 29 | 2/ 6 | 己亥 | 5 | 9 | 29 | 1/ 8 | 庚午 | 8 | 7 | 29 | 12/ 9 | 庚子 | 七 | 六 | 29 | 11/10 | 辛未 | 九 | 八 | 29 | 10/11 | 辛丑 | 九 | 二 | 29 | 9/12 | 壬申 | 三 | 四 |
| | | | | | | | | | | 30 | 12/10 | 辛丑 | 七 | 五 | | | | | | 30 | 10/12 | 壬寅 | 九 | 一 | | | | | |

# 西元1978年（戊午）肖馬 民國67年（男巽命）

奇門遁甲局數如標示為 一 ～九表示陰局　　如標示為1 ～9 表示陽局

| 六月 | | | | | 五月 | | | | | 四月 | | | | | 三月 | | | | | 二月 | | | | | 正月 | | | | |
|---|---|---|---|---|---|---|---|---|---|---|---|---|---|---|---|---|---|---|---|---|---|---|---|---|---|---|---|---|---|
| 己未 | | | | | 戊午 | | | | | 丁巳 | | | | | 丙辰 | | | | | 乙卯 | | | | | 甲寅 | | | | |
| 三碧木 | | | | | 四綠木 | | | | | 五黃土 | | | | | 六白金 | | | | | 七赤金 | | | | | 八白土 | | | | |
| 大暑 13時00分 十九未時 | | 小暑 19時37分 初三戌時 | 奇門遁甲局數 | | 夏至 02時10分 十七丑時 | | 芒種 09時23分 初一巳時 | 奇門遁甲局數 | | 小滿 18時09分 十五酉時 | | | 奇門遁甲局數 | | 立夏 05時09分 三十卯時 | | 穀雨 18時50分 十四酉時 | 奇門遁甲局數 | | 清明 11時39分 廿八午時 | | 春分 07時34分 十三辰時 | 奇門遁甲局數 | | 驚蟄 06時38分 廿八卯時 | | 雨水 08時21分 十三辰時 | 奇門遁甲局數 | |
| 農曆 | 國曆 | 干支 | 時盤 | 日盤 | 農曆 | 國曆 | 干支 | 時盤 | 日盤 | 農曆 | 國曆 | 干支 | 時盤 | 日盤 | 農曆 | 國曆 | 干支 | 時盤 | 日盤 | 農曆 | 國曆 | 干支 | 時盤 | 日盤 | 農曆 | 國曆 | 干支 | 時盤 | 日盤 |
| 1 | 7/5 | 戊辰 | 八 | 五 | 1 | 6/6 | 己亥 | 3 | 3 | 1 | 5/7 | 己巳 | 1 | 9 | 1 | 4/7 | 己亥 | 1 | 6 | 1 | 3/9 | 庚午 | 7 | 4 | 1 | 2/7 | 庚子 | 5 | 1 |
| 2 | 7/6 | 己巳 | 二 | 四 | 2 | 6/7 | 庚子 | 3 | 4 | 2 | 5/8 | 庚午 | 1 | 1 | 2 | 4/8 | 庚子 | 1 | 7 | 2 | 3/10 | 辛未 | 7 | 5 | 2 | 2/8 | 辛丑 | 5 | 2 |
| 3 | 7/7 | 庚午 | 二 | 三 | 3 | 6/8 | 辛丑 | 3 | 5 | 3 | 5/9 | 辛未 | 1 | 2 | 3 | 4/9 | 辛丑 | 1 | 8 | 3 | 3/11 | 壬申 | 7 | 6 | 3 | 2/9 | 壬寅 | 5 | 3 |
| 4 | 7/8 | 辛未 | 二 | 二 | 4 | 6/9 | 壬寅 | 3 | 6 | 4 | 5/10 | 壬申 | 1 | 3 | 4 | 4/10 | 壬寅 | 1 | 9 | 4 | 3/12 | 癸酉 | 7 | 7 | 4 | 2/10 | 癸卯 | 5 | 4 |
| 5 | 7/9 | 壬申 | 二 | 一 | 5 | 6/10 | 癸卯 | 3 | 7 | 5 | 5/11 | 癸酉 | 1 | 4 | 5 | 4/11 | 癸卯 | 1 | 1 | 5 | 3/13 | 甲戌 | 4 | 8 | 5 | 2/11 | 甲辰 | 2 | 5 |
| 6 | 7/10 | 癸酉 | 二 | 九 | 6 | 6/11 | 甲辰 | 9 | 8 | 6 | 5/12 | 甲戌 | 7 | 5 | 6 | 4/12 | 甲辰 | 7 | 2 | 6 | 3/14 | 乙亥 | 4 | 9 | 6 | 2/12 | 乙巳 | 2 | 6 |
| 7 | 7/11 | 甲戌 | 五 | 八 | 7 | 6/12 | 乙巳 | 9 | 9 | 7 | 5/13 | 乙亥 | 7 | 6 | 7 | 4/13 | 乙巳 | 7 | 3 | 7 | 3/15 | 丙子 | 4 | 1 | 7 | 2/13 | 丙午 | 2 | 7 |
| 8 | 7/12 | 乙亥 | 五 | 七 | 8 | 6/13 | 丙午 | 9 | 1 | 8 | 5/14 | 丙子 | 7 | 7 | 8 | 4/14 | 丙午 | 7 | 4 | 8 | 3/16 | 丁丑 | 4 | 2 | 8 | 2/14 | 丁未 | 2 | 8 |
| 9 | 7/13 | 丙子 | 五 | 六 | 9 | 6/14 | 丁未 | 9 | 2 | 9 | 5/15 | 丁丑 | 7 | 8 | 9 | 4/15 | 丁未 | 7 | 5 | 9 | 3/17 | 戊寅 | 4 | 3 | 9 | 2/15 | 戊申 | 2 | 9 |
| 10 | 7/14 | 丁丑 | 五 | 五 | 10 | 6/15 | 戊申 | 9 | 3 | 10 | 5/16 | 戊寅 | 7 | 9 | 10 | 4/16 | 戊申 | 7 | 6 | 10 | 3/18 | 己卯 | 3 | 4 | 10 | 2/16 | 己酉 | 9 | 1 |
| 11 | 7/15 | 戊寅 | 五 | 四 | 11 | 6/16 | 己酉 | 九 | 4 | 11 | 5/17 | 己卯 | 5 | 1 | 11 | 4/17 | 己酉 | 5 | 7 | 11 | 3/19 | 庚辰 | 3 | 5 | 11 | 2/17 | 庚戌 | 9 | 2 |
| 12 | 7/16 | 己卯 | 七 | 三 | 12 | 6/17 | 庚戌 | 九 | 5 | 12 | 5/18 | 庚辰 | 5 | 2 | 12 | 4/18 | 庚戌 | 5 | 8 | 12 | 3/20 | 辛巳 | 3 | 6 | 12 | 2/18 | 辛亥 | 9 | 3 |
| 13 | 7/17 | 庚辰 | 七 | 二 | 13 | 6/18 | 辛亥 | 九 | 6 | 13 | 5/19 | 辛巳 | 5 | 3 | 13 | 4/19 | 辛亥 | 5 | 9 | 13 | 3/21 | 壬午 | 3 | 7 | 13 | 2/19 | 壬子 | 9 | 4 |
| 14 | 7/18 | 辛巳 | 七 | 一 | 14 | 6/19 | 壬子 | 九 | 7 | 14 | 5/20 | 壬午 | 5 | 4 | 14 | 4/20 | 壬子 | 5 | 1 | 14 | 3/22 | 癸未 | 3 | 8 | 14 | 2/20 | 癸丑 | 9 | 5 |
| 15 | 7/19 | 壬午 | 七 | 九 | 15 | 6/20 | 癸丑 | 九 | 8 | 15 | 5/21 | 癸未 | 5 | 5 | 15 | 4/21 | 癸丑 | 5 | 2 | 15 | 3/23 | 甲申 | 9 | 9 | 15 | 2/21 | 甲寅 | 6 | 6 |
| 16 | 7/20 | 癸未 | 七 | 八 | 16 | 6/21 | 甲寅 | 三 | 9 | 16 | 5/22 | 甲申 | 2 | 6 | 16 | 4/22 | 甲寅 | 2 | 3 | 16 | 3/24 | 乙酉 | 9 | 1 | 16 | 2/22 | 乙卯 | 6 | 7 |
| 17 | 7/21 | 甲申 | 一 | 七 | 17 | 6/22 | 乙卯 | 三 | 九 | 17 | 5/23 | 乙酉 | 2 | 7 | 17 | 4/23 | 乙卯 | 2 | 4 | 17 | 3/25 | 丙戌 | 9 | 2 | 17 | 2/23 | 丙辰 | 6 | 8 |
| 18 | 7/22 | 乙酉 | 一 | 六 | 18 | 6/23 | 丙辰 | 三 | 八 | 18 | 5/24 | 丙戌 | 2 | 8 | 18 | 4/24 | 丙辰 | 2 | 5 | 18 | 3/26 | 丁亥 | 9 | 3 | 18 | 2/24 | 丁巳 | 6 | 9 |
| 19 | 7/23 | 丙戌 | 一 | 五 | 19 | 6/24 | 丁巳 | 三 | 七 | 19 | 5/25 | 丁亥 | 2 | 9 | 19 | 4/25 | 丁巳 | 2 | 6 | 19 | 3/27 | 戊子 | 9 | 4 | 19 | 2/25 | 戊午 | 6 | 1 |
| 20 | 7/24 | 丁亥 | 一 | 四 | 20 | 6/25 | 戊午 | 三 | 六 | 20 | 5/26 | 戊子 | 2 | 1 | 20 | 4/26 | 戊午 | 2 | 7 | 20 | 3/28 | 己丑 | 6 | 5 | 20 | 2/26 | 己未 | 3 | 2 |
| 21 | 7/25 | 戊子 | 一 | 三 | 21 | 6/26 | 己未 | 六 | 五 | 21 | 5/27 | 己丑 | 8 | 2 | 21 | 4/27 | 己未 | 8 | 8 | 21 | 3/29 | 庚寅 | 6 | 6 | 21 | 2/27 | 庚申 | 3 | 3 |
| 22 | 7/26 | 己丑 | 四 | 二 | 22 | 6/27 | 庚申 | 六 | 四 | 22 | 5/28 | 庚寅 | 8 | 3 | 22 | 4/28 | 庚申 | 8 | 9 | 22 | 3/30 | 辛卯 | 6 | 7 | 22 | 2/28 | 辛酉 | 3 | 4 |
| 23 | 7/27 | 庚寅 | 四 | 一 | 23 | 6/28 | 辛酉 | 六 | 三 | 23 | 5/29 | 辛卯 | 8 | 4 | 23 | 4/29 | 辛酉 | 8 | 1 | 23 | 3/31 | 壬辰 | 6 | 8 | 23 | 3/1 | 壬戌 | 3 | 5 |
| 24 | 7/28 | 辛卯 | 四 | 九 | 24 | 6/29 | 壬戌 | 六 | 二 | 24 | 5/30 | 壬辰 | 8 | 5 | 24 | 4/30 | 壬戌 | 8 | 2 | 24 | 4/1 | 癸巳 | 6 | 9 | 24 | 3/2 | 癸亥 | 3 | 6 |
| 25 | 7/29 | 壬辰 | 四 | 八 | 25 | 6/30 | 癸亥 | 六 | 一 | 25 | 5/31 | 癸巳 | 8 | 6 | 25 | 5/1 | 癸亥 | 8 | 3 | 25 | 4/2 | 甲午 | 4 | 1 | 25 | 3/3 | 甲子 | 1 | 7 |
| 26 | 7/30 | 癸巳 | 四 | 七 | 26 | 7/1 | 甲子 | 八 | 九 | 26 | 6/1 | 甲午 | 6 | 7 | 26 | 5/2 | 甲子 | 4 | 4 | 26 | 4/3 | 乙未 | 4 | 2 | 26 | 3/4 | 乙丑 | 1 | 8 |
| 27 | 7/31 | 甲午 | 二 | 六 | 27 | 7/2 | 乙丑 | 八 | 八 | 27 | 6/2 | 乙未 | 6 | 8 | 27 | 5/3 | 乙丑 | 4 | 5 | 27 | 4/4 | 丙申 | 4 | 3 | 27 | 3/5 | 丙寅 | 1 | 9 |
| 28 | 8/1 | 乙未 | 二 | 五 | 28 | 7/3 | 丙寅 | 八 | 七 | 28 | 6/3 | 丙申 | 6 | 9 | 28 | 5/4 | 丙寅 | 4 | 6 | 28 | 4/5 | 丁酉 | 4 | 4 | 28 | 3/6 | 丁卯 | 1 | 1 |
| 29 | 8/2 | 丙申 | 二 | 四 | 29 | 7/4 | 丁卯 | 八 | 六 | 29 | 6/4 | 丁酉 | 6 | 1 | 29 | 5/5 | 丁卯 | 4 | 7 | 29 | 4/6 | 戊戌 | 4 | 5 | 29 | 3/7 | 戊辰 | 1 | 2 |
| 30 | 8/3 | 丁酉 | 二 | 三 | | | | | | 30 | 6/5 | 戊戌 | 6 | 2 | 30 | 5/6 | 戊辰 | 4 | 8 | | | | | | 30 | 3/8 | 己巳 | 7 | 3 |

# 西元1978年（戊午）肖馬 民國67年（女坤命）

奇門遁甲局數如標示為 一 ～九表示陰局　　如標示為1 ～9 表示陽局

## 十二月　乙丑　六白金

大寒 00時00分 廿三子時；小寒 06時32分 初八卯時；奇門遁甲局數

| 農曆 | 國曆 | 干支 | 時盤 | 日盤 |
|---|---|---|---|---|
| 1 | 12/30 | 丙寅 | 1 | 3 |
| 2 | 12/31 | 丁卯 | 1 | 4 |
| 3 | 1/1 | 戊辰 | 1 | 5 |
| 4 | 1/2 | 己巳 | 7 | 6 |
| 5 | 1/3 | 庚午 | 7 | 7 |
| 6 | 1/4 | 辛未 | 7 | 8 |
| 7 | 1/5 | 壬申 | 7 | 9 |
| 8 | 1/6 | 癸酉 | 7 | 1 |
| 9 | 1/7 | 甲戌 | 4 | 2 |
| 10 | 1/8 | 乙亥 | 4 | 3 |
| 11 | 1/9 | 丙子 | 4 | 4 |
| 12 | 1/10 | 丁丑 | 4 | 5 |
| 13 | 1/11 | 戊寅 | 4 | 6 |
| 14 | 1/12 | 己卯 | 2 | 7 |
| 15 | 1/13 | 庚辰 | 2 | 8 |
| 16 | 1/14 | 辛巳 | 2 | 9 |
| 17 | 1/15 | 壬午 | 2 | 1 |
| 18 | 1/16 | 癸未 | 2 | 2 |
| 19 | 1/17 | 甲申 | 8 | 3 |
| 20 | 1/18 | 乙酉 | 8 | 4 |
| 21 | 1/19 | 丙戌 | 8 | 5 |
| 22 | 1/20 | 丁亥 | 8 | 6 |
| 23 | 1/21 | 戊子 | 8 | 7 |
| 24 | 1/22 | 己丑 | 5 | 8 |
| 25 | 1/23 | 庚寅 | 5 | 9 |
| 26 | 1/24 | 辛卯 | 5 | 1 |
| 27 | 1/25 | 壬辰 | 5 | 2 |
| 28 | 1/26 | 癸巳 | 5 | 3 |
| 29 | 1/27 | 甲午 | 3 | 4 |

## 十一月　甲子　七赤金

冬至 13時21分 廿三未時；大雪 19時20分 初八戌時；奇門遁甲局數

| 農曆 | 國曆 | 干支 | 時盤 | 日盤 |
|---|---|---|---|---|
| 1 | 11/30 | 丙申 | 四 | 一 |
| 2 | 12/1 | 丁酉 | 四 | 九 |
| 3 | 12/2 | 戊戌 | 四 | 八 |
| 4 | 12/3 | 己亥 | 七 | 七 |
| 5 | 12/4 | 庚子 | 七 | 六 |
| 6 | 12/5 | 辛丑 | 七 | 五 |
| 7 | 12/6 | 壬寅 | 七 | 四 |
| 8 | 12/7 | 癸卯 | 七 | 三 |
| 9 | 12/8 | 甲辰 | 一 | 二 |
| 10 | 12/9 | 乙巳 | 一 | 一 |
| 11 | 12/10 | 丙午 | 一 | 九 |
| 12 | 12/11 | 丁未 | 一 | 八 |
| 13 | 12/12 | 戊申 | 一 | 七 |
| 14 | 12/13 | 己酉 | 四 | 六 |
| 15 | 12/14 | 庚戌 | 四 | 五 |
| 16 | 12/15 | 辛亥 | 四 | 四 |
| 17 | 12/16 | 壬子 | 四 | 三 |
| 18 | 12/17 | 癸丑 | 四 | 二 |
| 19 | 12/18 | 甲寅 | 七 | 一 |
| 20 | 12/19 | 乙卯 | 七 | 九 |
| 21 | 12/20 | 丙辰 | 七 | 八 |
| 22 | 12/21 | 丁巳 | 七 | 七 |
| 23 | 12/22 | 戊午 | 七 | 4 |
| 24 | 12/23 | 己未 | 一 | 5 |
| 25 | 12/24 | 庚申 | 一 | 6 |
| 26 | 12/25 | 辛酉 | 一 | 7 |
| 27 | 12/26 | 壬戌 | 一 | 8 |
| 28 | 12/27 | 癸亥 | 一 | 9 |
| 29 | 12/28 | 甲子 | 1 | 1 |
| 30 | 12/29 | 乙丑 | 1 | 2 |

## 十月　癸亥　八白土

小雪 00時05分 廿三子時；立冬 02時34分 初八丑時；奇門遁甲局數

| 農曆 | 國曆 | 干支 | 時盤 | 日盤 |
|---|---|---|---|---|
| 1 | 11/1 | 丁卯 | 六 | 三 |
| 2 | 11/2 | 戊辰 | 六 | 二 |
| 3 | 11/3 | 己巳 | 九 | 一 |
| 4 | 11/4 | 庚午 | 九 | 九 |
| 5 | 11/5 | 辛未 | 九 | 八 |
| 6 | 11/6 | 壬申 | 九 | 七 |
| 7 | 11/7 | 癸酉 | 九 | 六 |
| 8 | 11/8 | 甲戌 | 三 | 五 |
| 9 | 11/9 | 乙亥 | 三 | 四 |
| 10 | 11/10 | 丙子 | 三 | 三 |
| 11 | 11/11 | 丁丑 | 三 | 二 |
| 12 | 11/12 | 戊寅 | 三 | 一 |
| 13 | 11/13 | 己卯 | 五 | 九 |
| 14 | 11/14 | 庚辰 | 五 | 八 |
| 15 | 11/15 | 辛巳 | 五 | 七 |
| 16 | 11/16 | 壬午 | 五 | 六 |
| 17 | 11/17 | 癸未 | 五 | 五 |
| 18 | 11/18 | 甲申 | 八 | 四 |
| 19 | 11/19 | 乙酉 | 八 | 三 |
| 20 | 11/20 | 丙戌 | 八 | 二 |
| 21 | 11/21 | 丁亥 | 八 | 一 |
| 22 | 11/22 | 戊子 | 八 | 九 |
| 23 | 11/23 | 己丑 | 二 | 八 |
| 24 | 11/24 | 庚寅 | 二 | 七 |
| 25 | 11/25 | 辛卯 | 二 | 六 |
| 26 | 11/26 | 壬辰 | 二 | 五 |
| 27 | 11/27 | 癸巳 | 二 | 四 |
| 28 | 11/28 | 甲午 | 四 | 三 |
| 29 | 11/29 | 乙未 | 四 | 二 |

## 九月　壬戌　九紫火

霜降 02時37分 廿三丑時；寒露 23時31分 初七子時；奇門遁甲局數

| 農曆 | 國曆 | 干支 | 時盤 | 日盤 |
|---|---|---|---|---|
| 1 | 10/2 | 丁酉 | 六 | 六 |
| 2 | 10/3 | 戊戌 | 六 | 五 |
| 3 | 10/4 | 己亥 | 九 | 四 |
| 4 | 10/5 | 庚子 | 九 | 三 |
| 5 | 10/6 | 辛丑 | 九 | 二 |
| 6 | 10/7 | 壬寅 | 九 | 一 |
| 7 | 10/8 | 癸卯 | 九 | 九 |
| 8 | 10/9 | 甲辰 | 三 | 八 |
| 9 | 10/10 | 乙巳 | 三 | 七 |
| 10 | 10/11 | 丙午 | 三 | 六 |
| 11 | 10/12 | 丁未 | 三 | 五 |
| 12 | 10/13 | 戊申 | 三 | 四 |
| 13 | 10/14 | 己酉 | 五 | 三 |
| 14 | 10/15 | 庚戌 | 五 | 二 |
| 15 | 10/16 | 辛亥 | 五 | 一 |
| 16 | 10/17 | 壬子 | 五 | 九 |
| 17 | 10/18 | 癸丑 | 五 | 八 |
| 18 | 10/19 | 甲寅 | 八 | 七 |
| 19 | 10/20 | 乙卯 | 八 | 六 |
| 20 | 10/21 | 丙辰 | 八 | 五 |
| 21 | 10/22 | 丁巳 | 八 | 四 |
| 22 | 10/23 | 戊午 | 八 | 三 |
| 23 | 10/24 | 己未 | 二 | 二 |
| 24 | 10/25 | 庚申 | 二 | 一 |
| 25 | 10/26 | 辛酉 | 二 | 九 |
| 26 | 10/27 | 壬戌 | 二 | 八 |
| 27 | 10/28 | 癸亥 | 二 | 七 |
| 28 | 10/29 | 甲子 | 六 | 六 |
| 29 | 10/30 | 乙丑 | 六 | 五 |
| 30 | 10/31 | 丙寅 | 六 | 四 |

## 八月　辛酉　一白水

秋分 17時26分 廿一酉時；白露 08時03分 初六辰時；奇門遁甲局數

| 農曆 | 國曆 | 干支 | 時盤 | 日盤 |
|---|---|---|---|---|
| 1 | 9/3 | 戊辰 | 九 | 八 |
| 2 | 9/4 | 己巳 | 三 | 七 |
| 3 | 9/5 | 庚午 | 三 | 六 |
| 4 | 9/6 | 辛未 | 三 | 五 |
| 5 | 9/7 | 壬申 | 三 | 四 |
| 6 | 9/8 | 癸酉 | 三 | 三 |
| 7 | 9/9 | 甲戌 | 六 | 二 |
| 8 | 9/10 | 乙亥 | 六 | 一 |
| 9 | 9/11 | 丙子 | 六 | 九 |
| 10 | 9/12 | 丁丑 | 六 | 八 |
| 11 | 9/13 | 戊寅 | 六 | 七 |
| 12 | 9/14 | 己卯 | 七 | 六 |
| 13 | 9/15 | 庚辰 | 七 | 五 |
| 14 | 9/16 | 辛巳 | 七 | 四 |
| 15 | 9/17 | 壬午 | 七 | 三 |
| 16 | 9/18 | 癸未 | 七 | 二 |
| 17 | 9/19 | 甲申 | 一 | 一 |
| 18 | 9/20 | 乙酉 | 一 | 九 |
| 19 | 9/21 | 丙戌 | 一 | 八 |
| 20 | 9/22 | 丁亥 | 一 | 七 |
| 21 | 9/23 | 戊子 | 一 | 六 |
| 22 | 9/24 | 己丑 | 四 | 五 |
| 23 | 9/25 | 庚寅 | 四 | 四 |
| 24 | 9/26 | 辛卯 | 四 | 三 |
| 25 | 9/27 | 壬辰 | 四 | 二 |
| 26 | 9/28 | 癸巳 | 四 | 一 |
| 27 | 9/29 | 甲午 | 六 | 九 |
| 28 | 9/30 | 乙未 | 六 | 八 |
| 29 | 10/1 | 丙申 | 六 | 七 |

## 七月　庚申　二黑土

處暑 19時57分 二十戌時；立秋 05時18分 初五卯時；奇門遁甲局數

| 農曆 | 國曆 | 干支 | 時盤 | 日盤 |
|---|---|---|---|---|
| 1 | 8/4 | 戊戌 | 二 | 二 |
| 2 | 8/5 | 己亥 | 五 | 一 |
| 3 | 8/6 | 庚子 | 五 | 九 |
| 4 | 8/7 | 辛丑 | 五 | 八 |
| 5 | 8/8 | 壬寅 | 五 | 七 |
| 6 | 8/9 | 癸卯 | 五 | 六 |
| 7 | 8/10 | 甲辰 | 八 | 五 |
| 8 | 8/11 | 乙巳 | 八 | 四 |
| 9 | 8/12 | 丙午 | 八 | 三 |
| 10 | 8/13 | 丁未 | 八 | 二 |
| 11 | 8/14 | 戊申 | 八 | 一 |
| 12 | 8/15 | 己酉 | 一 | 九 |
| 13 | 8/16 | 庚戌 | 一 | 八 |
| 14 | 8/17 | 辛亥 | 一 | 七 |
| 15 | 8/18 | 壬子 | 一 | 六 |
| 16 | 8/19 | 癸丑 | 一 | 五 |
| 17 | 8/20 | 甲寅 | 四 | 四 |
| 18 | 8/21 | 乙卯 | 四 | 三 |
| 19 | 8/22 | 丙辰 | 四 | 二 |
| 20 | 8/23 | 丁巳 | 四 | 一 |
| 21 | 8/24 | 戊午 | 四 | 九 |
| 22 | 8/25 | 己未 | 七 | 八 |
| 23 | 8/26 | 庚申 | 七 | 七 |
| 24 | 8/27 | 辛酉 | 七 | 六 |
| 25 | 8/28 | 壬戌 | 七 | 五 |
| 26 | 8/29 | 癸亥 | 七 | 四 |
| 27 | 8/30 | 甲子 | 九 | 三 |
| 28 | 8/31 | 乙丑 | 九 | 二 |
| 29 | 9/1 | 丙寅 | 九 | 一 |
| 30 | 9/2 | 丁卯 | 九 | 九 |

# 西元1979年（己未）肖羊 民國68年（男震命）

奇門遁甲局數如標示為 一 ～九表示陰局　　如標示為1 ～9 表示陽局

| 閏六　月 | | | | | 六　月 | | | | | 五　月 | | | | | 四　月 | | | | | 三　月 | | | | | 二　月 | | | | | 正　月 | | | | |
|---|---|---|---|---|---|---|---|---|---|---|---|---|---|---|---|---|---|---|---|---|---|---|---|---|---|---|---|---|---|---|---|---|---|---|
| 壬申 | | | | | 辛未 | | | | | 庚午 | | | | | 己巳 | | | | | 戊辰 | | | | | 丁卯 | | | | | 丙寅 | | | | |
| | | | | | 九紫火 | | | | | 一白水 | | | | | 二黑土 | | | | | 三碧木 | | | | | 四綠木 | | | | | 五黃土 | | | | |
| 立秋 11時11分 十六午時 | | | 奇門遁甲局數 | | 大暑 18時49分 三十酉時 | | 小暑 01時25分 十五丑時 | 奇門遁甲局數 | | 夏至 07時56分 廿八辰時 | | 芒種 15時05分 十二申時 | 奇門遁甲局數 | | 小滿 23時54分 廿六子時 | | 立夏 10時47分 十一巳時 | 奇門遁甲局數 | | 穀雨 00時36分 廿五子時 | | 清明 17時18分 初九酉時 | 奇門遁甲局數 | | 春分 13時22分 廿三未時 | | 驚蟄 12時20分 初八午時 | 奇門遁甲局數 | | 雨水 14時13分 廿三未時 | | 立春 18時13分 初八酉時 | 奇門遁甲局數 | |
| 農曆 | 國曆 | 干支 | 時盤 | 日盤 | 農曆 | 國曆 | 干支 | 時盤 | 日盤 | 農曆 | 國曆 | 干支 | 時盤 | 日盤 | 農曆 | 國曆 | 干支 | 時盤 | 日盤 | 農曆 | 國曆 | 干支 | 時盤 | 日盤 | 農曆 | 國曆 | 干支 | 時盤 | 日盤 | 農曆 | 國曆 | 干支 | 時盤 | 日盤 |
| 1 | 7/24 | 壬辰 | 五 | 八 | 1 | 6/24 | 壬戌 | 9 | 二 | 1 | 5/26 | 癸巳 | 7 | 6 | 1 | 4/26 | 癸亥 | 7 | 3 | 1 | 3/28 | 甲午 | 3 | 1 | 1 | 2/27 | 乙丑 | 9 | 8 | 1 | 1/28 | 乙未 | 3 | 5 |
| 2 | 7/25 | 癸巳 | 五 | 七 | 2 | 6/25 | 癸亥 | 9 | 一 | 2 | 5/27 | 甲午 | 5 | 7 | 2 | 4/27 | 甲子 | 5 | 4 | 2 | 3/29 | 乙未 | 3 | 2 | 2 | 2/28 | 丙寅 | 9 | 9 | 2 | 1/29 | 丙申 | 3 | 6 |
| 3 | 7/26 | 甲午 | 七 | 六 | 3 | 6/26 | 甲子 | 九 | 九 | 3 | 5/28 | 乙未 | 5 | 8 | 3 | 4/28 | 乙丑 | 5 | 5 | 3 | 3/30 | 丙申 | 3 | 3 | 3 | 3/1 | 丁卯 | 9 | 1 | 3 | 1/30 | 丁酉 | 3 | 7 |
| 4 | 7/27 | 乙未 | 七 | 五 | 4 | 6/27 | 乙丑 | 九 | 八 | 4 | 5/29 | 丙申 | 5 | 9 | 4 | 4/29 | 丙寅 | 5 | 6 | 4 | 3/31 | 丁酉 | 3 | 4 | 4 | 3/2 | 戊辰 | 9 | 2 | 4 | 1/31 | 戊戌 | 3 | 8 |
| 5 | 7/28 | 丙申 | 七 | 四 | 5 | 6/28 | 丙寅 | 九 | 七 | 5 | 5/30 | 丁酉 | 5 | 1 | 5 | 4/30 | 丁卯 | 5 | 7 | 5 | 4/1 | 戊戌 | 3 | 5 | 5 | 3/3 | 己巳 | 6 | 3 | 5 | 2/1 | 己亥 | 9 | 9 |
| 6 | 7/29 | 丁酉 | 七 | 三 | 6 | 6/29 | 丁卯 | 九 | 六 | 6 | 5/31 | 戊戌 | 5 | 2 | 6 | 5/1 | 戊辰 | 5 | 8 | 6 | 4/2 | 己亥 | 9 | 6 | 6 | 3/4 | 庚午 | 6 | 4 | 6 | 2/2 | 庚子 | 9 | 1 |
| 7 | 7/30 | 戊戌 | 七 | 二 | 7 | 6/30 | 戊辰 | 九 | 五 | 7 | 6/1 | 己亥 | 2 | 3 | 7 | 5/2 | 己巳 | 2 | 9 | 7 | 4/3 | 庚子 | 9 | 7 | 7 | 3/5 | 辛未 | 6 | 5 | 7 | 2/3 | 辛丑 | 9 | 2 |
| 8 | 7/31 | 己亥 | 一 | 一 | 8 | 7/1 | 己巳 | 三 | 四 | 8 | 6/2 | 庚子 | 2 | 4 | 8 | 5/3 | 庚午 | 2 | 1 | 8 | 4/4 | 辛丑 | 9 | 8 | 8 | 3/6 | 壬申 | 6 | 6 | 8 | 2/4 | 壬寅 | 9 | 3 |
| 9 | 8/1 | 庚子 | 一 | 九 | 9 | 7/2 | 庚午 | 三 | 三 | 9 | 6/3 | 辛丑 | 2 | 5 | 9 | 5/4 | 辛未 | 2 | 2 | 9 | 4/5 | 壬寅 | 9 | 9 | 9 | 3/7 | 癸酉 | 6 | 7 | 9 | 2/5 | 癸卯 | 9 | 4 |
| 10 | 8/2 | 辛丑 | 一 | 八 | 10 | 7/3 | 辛未 | 三 | 二 | 10 | 6/4 | 壬寅 | 2 | 6 | 10 | 5/5 | 壬申 | 2 | 3 | 10 | 4/6 | 癸卯 | 9 | 1 | 10 | 3/8 | 甲戌 | 3 | 8 | 10 | 2/6 | 甲辰 | 6 | 5 |
| 11 | 8/3 | 壬寅 | 一 | 七 | 11 | 7/4 | 壬申 | 三 | 一 | 11 | 6/5 | 癸卯 | 2 | 7 | 11 | 5/6 | 癸酉 | 2 | 4 | 11 | 4/7 | 甲辰 | 6 | 2 | 11 | 3/9 | 乙亥 | 3 | 9 | 11 | 2/7 | 乙巳 | 6 | 6 |
| 12 | 8/4 | 癸卯 | 一 | 六 | 12 | 7/5 | 癸酉 | 三 | 九 | 12 | 6/6 | 甲辰 | 8 | 8 | 12 | 5/7 | 甲戌 | 8 | 5 | 12 | 4/8 | 乙巳 | 6 | 3 | 12 | 3/10 | 丙子 | 3 | 1 | 12 | 2/8 | 丙午 | 6 | 7 |
| 13 | 8/5 | 甲辰 | 四 | 五 | 13 | 7/6 | 甲戌 | 六 | 八 | 13 | 6/7 | 乙巳 | 8 | 9 | 13 | 5/8 | 乙亥 | 8 | 6 | 13 | 4/9 | 丙午 | 6 | 4 | 13 | 3/11 | 丁丑 | 3 | 2 | 13 | 2/9 | 丁未 | 6 | 8 |
| 14 | 8/6 | 乙巳 | 四 | 四 | 14 | 7/7 | 乙亥 | 六 | 七 | 14 | 6/8 | 丙午 | 8 | 1 | 14 | 5/9 | 丙子 | 8 | 7 | 14 | 4/10 | 丁未 | 6 | 5 | 14 | 3/12 | 戊寅 | 3 | 3 | 14 | 2/10 | 戊申 | 6 | 9 |
| 15 | 8/7 | 丙午 | 四 | 三 | 15 | 7/8 | 丙子 | 六 | 六 | 15 | 6/9 | 丁未 | 8 | 2 | 15 | 5/10 | 丁丑 | 8 | 8 | 15 | 4/11 | 戊申 | 6 | 6 | 15 | 3/13 | 己卯 | 1 | 4 | 15 | 2/11 | 己酉 | 8 | 1 |
| 16 | 8/8 | 丁未 | 四 | 二 | 16 | 7/9 | 丁丑 | 六 | 五 | 16 | 6/10 | 戊申 | 8 | 3 | 16 | 5/11 | 戊寅 | 8 | 9 | 16 | 4/12 | 己酉 | 4 | 7 | 16 | 3/14 | 庚辰 | 1 | 5 | 16 | 2/12 | 庚戌 | 8 | 2 |
| 17 | 8/9 | 戊申 | 四 | 一 | 17 | 7/10 | 戊寅 | 六 | 四 | 17 | 6/11 | 己酉 | 6 | 4 | 17 | 5/12 | 己卯 | 4 | 1 | 17 | 4/13 | 庚戌 | 4 | 8 | 17 | 3/15 | 辛巳 | 1 | 6 | 17 | 2/13 | 辛亥 | 8 | 3 |
| 18 | 8/10 | 己酉 | 二 | 九 | 18 | 7/11 | 己卯 | 八 | 三 | 18 | 6/12 | 庚戌 | 6 | 5 | 18 | 5/13 | 庚辰 | 4 | 2 | 18 | 4/14 | 辛亥 | 4 | 9 | 18 | 3/16 | 壬午 | 1 | 7 | 18 | 2/14 | 壬子 | 8 | 4 |
| 19 | 8/11 | 庚戌 | 二 | 八 | 19 | 7/12 | 庚辰 | 八 | 二 | 19 | 6/13 | 辛亥 | 6 | 6 | 19 | 5/14 | 辛巳 | 4 | 3 | 19 | 4/15 | 壬子 | 4 | 1 | 19 | 3/17 | 癸未 | 1 | 8 | 19 | 2/15 | 癸丑 | 8 | 5 |
| 20 | 8/12 | 辛亥 | 二 | 七 | 20 | 7/13 | 辛巳 | 八 | 一 | 20 | 6/14 | 壬子 | 6 | 7 | 20 | 5/15 | 壬午 | 4 | 4 | 20 | 4/16 | 癸丑 | 4 | 2 | 20 | 3/18 | 甲申 | 7 | 9 | 20 | 2/16 | 甲寅 | 5 | 6 |
| 21 | 8/13 | 壬子 | 二 | 六 | 21 | 7/14 | 壬午 | 八 | 九 | 21 | 6/15 | 癸丑 | 6 | 8 | 21 | 5/16 | 癸未 | 4 | 5 | 21 | 4/17 | 甲寅 | 1 | 3 | 21 | 3/19 | 乙酉 | 7 | 1 | 21 | 2/17 | 乙卯 | 5 | 7 |
| 22 | 8/14 | 癸丑 | 二 | 五 | 22 | 7/15 | 癸未 | 八 | 八 | 22 | 6/16 | 甲寅 | 3 | 9 | 22 | 5/17 | 甲申 | 1 | 6 | 22 | 4/18 | 乙卯 | 1 | 4 | 22 | 3/20 | 丙戌 | 7 | 2 | 22 | 2/18 | 丙辰 | 5 | 8 |
| 23 | 8/15 | 甲寅 | 五 | 四 | 23 | 7/16 | 甲申 | 二 | 七 | 23 | 6/17 | 乙卯 | 3 | 1 | 23 | 5/18 | 乙酉 | 1 | 7 | 23 | 4/19 | 丙辰 | 1 | 5 | 23 | 3/21 | 丁亥 | 7 | 3 | 23 | 2/19 | 丁巳 | 5 | 9 |
| 24 | 8/16 | 乙卯 | 五 | 三 | 24 | 7/17 | 乙酉 | 二 | 六 | 24 | 6/18 | 丙辰 | 3 | 2 | 24 | 5/19 | 丙戌 | 1 | 8 | 24 | 4/20 | 丁巳 | 1 | 6 | 24 | 3/22 | 戊子 | 7 | 4 | 24 | 2/20 | 戊午 | 5 | 1 |
| 25 | 8/17 | 丙辰 | 五 | 二 | 25 | 7/18 | 丙戌 | 二 | 五 | 25 | 6/19 | 丁巳 | 3 | 3 | 25 | 5/20 | 丁亥 | 1 | 9 | 25 | 4/21 | 戊午 | 1 | 7 | 25 | 3/23 | 己丑 | 4 | 5 | 25 | 2/21 | 己未 | 2 | 2 |
| 26 | 8/18 | 丁巳 | 五 | 一 | 26 | 7/19 | 丁亥 | 二 | 四 | 26 | 6/20 | 戊午 | 3 | 4 | 26 | 5/21 | 戊子 | 1 | 1 | 26 | 4/22 | 己未 | 7 | 8 | 26 | 3/24 | 庚寅 | 4 | 6 | 26 | 2/22 | 庚申 | 2 | 3 |
| 27 | 8/19 | 戊午 | 五 | 九 | 27 | 7/20 | 戊子 | 二 | 三 | 27 | 6/21 | 己未 | 9 | 5 | 27 | 5/22 | 己丑 | 7 | 2 | 27 | 4/23 | 庚申 | 7 | 9 | 27 | 3/25 | 辛卯 | 4 | 7 | 27 | 2/23 | 辛酉 | 2 | 4 |
| 28 | 8/20 | 己未 | 八 | 八 | 28 | 7/21 | 己丑 | 五 | 二 | 28 | 6/22 | 庚申 | 9 | 四 | 28 | 5/23 | 庚寅 | 7 | 3 | 28 | 4/24 | 辛酉 | 7 | 1 | 28 | 3/26 | 壬辰 | 4 | 8 | 28 | 2/24 | 壬戌 | 2 | 5 |
| 29 | 8/21 | 庚申 | 八 | 七 | 29 | 7/22 | 庚寅 | 五 | 一 | 29 | 6/23 | 辛酉 | 9 | 三 | 29 | 5/24 | 辛卯 | 7 | 4 | 29 | 4/25 | 壬戌 | 7 | 2 | 29 | 3/27 | 癸巳 | 4 | 9 | 29 | 2/25 | 癸亥 | 2 | 6 |
| 30 | 8/22 | 辛酉 | 八 | 六 | 30 | 7/23 | 辛卯 | 五 | 九 | | | | | | 30 | 5/25 | 壬辰 | 7 | 5 | | | | | | | | | | | 30 | 2/26 | 甲子 | 9 | 7 |

# 西元1979年（己未）肖羊 民國68年（女震命）

奇門遁甲局數如標示為 一 ～九表示陰局　　如標示為1 ～9 表示陽局

| 十二月 | | | | | 十一月 | | | | | 十　月 | | | | | 九　月 | | | | | 八　月 | | | | | 七　月 | | | | |
|---|---|---|---|---|---|---|---|---|---|---|---|---|---|---|---|---|---|---|---|---|---|---|---|---|---|---|---|---|---|
| 丁丑 | | | | | 丙子 | | | | | 乙亥 | | | | | 甲戌 | | | | | 癸酉 | | | | | 壬申 | | | | |
| 三碧木 | | | | | 四綠木 | | | | | 五黃土 | | | | | 六白金 | | | | | 七赤金 | | | | | 八白土 | | | | |
| 立春 | | 大寒 | 奇門遁甲局數 | | 小寒 | | 冬至 | 奇門遁甲局數 | | 大雪 | | 小雪 | 奇門遁甲局數 | | 立冬 | | 霜降 | 奇門遁甲局數 | | 寒露 | | 秋分 | 奇門遁甲局數 | | 白露 | | 處暑 | 奇門遁甲局數 | |
| 00時10分 | 十九子時 | 05時49分初四卯時 | | | 12時29分 | 十九午時 | 19時10分初四戌時 | | | 01時18分 | 十九丑時 | 05時54分初四卯時 | | | 08時33分 | 十九辰時 | 08時28分初四辰時 | | | 05時30分 | 十九卯時 | 23時17分初三子時 | | | 14時00分 | 十七未時 | 01時47分初二丑時 | | |
| 農曆 | 國曆 | 干支 | 時盤 | 日盤 | 農曆 | 國曆 | 干支 | 時盤 | 日盤 | 農曆 | 國曆 | 干支 | 時盤 | 日盤 | 農曆 | 國曆 | 干支 | 時盤 | 日盤 | 農曆 | 國曆 | 干支 | 時盤 | 日盤 | 農曆 | 國曆 | 干支 | 時盤 | 日盤 |
| 1 | 1/18 | 庚寅 | 5 | 9 | 1 | 12/19 | 庚申 | 一 | 四 | 1 | 11/20 | 辛卯 | 三 | 六 | 1 | 10/21 | 辛酉 | 三 | 九 | 1 | 9/21 | 辛卯 | 六 | 三 | 1 | 8/23 | 壬戌 | 八 | 五 |
| 2 | 1/19 | 辛卯 | 5 | 1 | 2 | 12/20 | 辛酉 | 一 | 三 | 2 | 11/21 | 壬辰 | 三 | 五 | 2 | 10/22 | 壬戌 | 三 | 八 | 2 | 9/22 | 壬辰 | 六 | 二 | 2 | 8/24 | 癸亥 | 八 | 四 |
| 3 | 1/20 | 壬辰 | 5 | 2 | 3 | 12/21 | 壬戌 | 一 | 二 | 3 | 11/22 | 癸巳 | 三 | 四 | 3 | 10/23 | 癸亥 | 三 | 七 | 3 | 9/23 | 癸巳 | 六 | 一 | 3 | 8/25 | 甲子 | 一 | 三 |
| 4 | 1/21 | 癸巳 | 5 | 3 | 4 | 12/22 | 癸亥 | 一 | 9 | 4 | 11/23 | 甲午 | 五 | 三 | 4 | 10/24 | 甲子 | 五 | 六 | 4 | 9/24 | 甲午 | 七 | 九 | 4 | 8/26 | 乙丑 | 一 | 二 |
| 5 | 1/22 | 甲午 | 3 | 4 | 5 | 12/23 | 甲子 | 1 | 1 | 5 | 11/24 | 乙未 | 五 | 二 | 5 | 10/25 | 乙丑 | 五 | 五 | 5 | 9/25 | 乙未 | 七 | 八 | 5 | 8/27 | 丙寅 | 一 | 一 |
| 6 | 1/23 | 乙未 | 3 | 5 | 6 | 12/24 | 乙丑 | 1 | 2 | 6 | 11/25 | 丙申 | 五 | 一 | 6 | 10/26 | 丙寅 | 五 | 四 | 6 | 9/26 | 丙申 | 七 | 七 | 6 | 8/28 | 丁卯 | 一 | 九 |
| 7 | 1/24 | 丙申 | 3 | 6 | 7 | 12/25 | 丙寅 | 1 | 3 | 7 | 11/26 | 丁酉 | 五 | 九 | 7 | 10/27 | 丁卯 | 五 | 三 | 7 | 9/27 | 丁酉 | 七 | 六 | 7 | 8/29 | 戊辰 | 一 | 八 |
| 8 | 1/25 | 丁酉 | 3 | 7 | 8 | 12/26 | 丁卯 | 1 | 4 | 8 | 11/27 | 戊戌 | 五 | 八 | 8 | 10/28 | 戊辰 | 五 | 二 | 8 | 9/28 | 戊戌 | 七 | 五 | 8 | 8/30 | 己巳 | 四 | 七 |
| 9 | 1/26 | 戊戌 | 3 | 8 | 9 | 12/27 | 戊辰 | 1 | 5 | 9 | 11/28 | 己亥 | 八 | 七 | 9 | 10/29 | 己巳 | 八 | 一 | 9 | 9/29 | 己亥 | 一 | 四 | 9 | 8/31 | 庚午 | 四 | 六 |
| 10 | 1/27 | 己亥 | 9 | 9 | 10 | 12/28 | 己巳 | 7 | 6 | 10 | 11/29 | 庚子 | 八 | 六 | 10 | 10/30 | 庚午 | 八 | 九 | 10 | 9/30 | 庚子 | 一 | 三 | 10 | 9/1 | 辛未 | 四 | 五 |
| 11 | 1/28 | 庚子 | 9 | 1 | 11 | 12/29 | 庚午 | 7 | 7 | 11 | 11/30 | 辛丑 | 八 | 五 | 11 | 10/31 | 辛未 | 八 | 八 | 11 | 10/1 | 辛丑 | 一 | 二 | 11 | 9/2 | 壬申 | 四 | 四 |
| 12 | 1/29 | 辛丑 | 9 | 2 | 12 | 12/30 | 辛未 | 7 | 8 | 12 | 12/1 | 壬寅 | 八 | 四 | 12 | 11/1 | 壬申 | 八 | 七 | 12 | 10/2 | 壬寅 | 一 | 一 | 12 | 9/3 | 癸酉 | 四 | 三 |
| 13 | 1/30 | 壬寅 | 9 | 3 | 13 | 12/31 | 壬申 | 7 | 9 | 13 | 12/2 | 癸卯 | 八 | 三 | 13 | 11/2 | 癸酉 | 八 | 六 | 13 | 10/3 | 癸卯 | 一 | 九 | 13 | 9/4 | 甲戌 | 七 | 二 |
| 14 | 1/31 | 癸卯 | 9 | 4 | 14 | 1/1 | 癸酉 | 7 | 1 | 14 | 12/3 | 甲辰 | 二 | 二 | 14 | 11/3 | 甲戌 | 二 | 五 | 14 | 10/4 | 甲辰 | 四 | 八 | 14 | 9/5 | 乙亥 | 七 | 一 |
| 15 | 2/1 | 甲辰 | 6 | 5 | 15 | 1/2 | 甲戌 | 4 | 2 | 15 | 12/4 | 乙巳 | 二 | 一 | 15 | 11/4 | 乙亥 | 二 | 四 | 15 | 10/5 | 乙巳 | 四 | 七 | 15 | 9/6 | 丙子 | 七 | 九 |
| 16 | 2/2 | 乙巳 | 6 | 6 | 16 | 1/3 | 乙亥 | 4 | 3 | 16 | 12/5 | 丙午 | 二 | 九 | 16 | 11/5 | 丙子 | 二 | 三 | 16 | 10/6 | 丙午 | 四 | 六 | 16 | 9/7 | 丁丑 | 七 | 八 |
| 17 | 2/3 | 丙午 | 6 | 7 | 17 | 1/4 | 丙子 | 4 | 4 | 17 | 12/6 | 丁未 | 二 | 八 | 17 | 11/6 | 丁丑 | 二 | 二 | 17 | 10/7 | 丁未 | 四 | 五 | 17 | 9/8 | 戊寅 | 七 | 七 |
| 18 | 2/4 | 丁未 | 6 | 8 | 18 | 1/5 | 丁丑 | 4 | 5 | 18 | 12/7 | 戊申 | 二 | 七 | 18 | 11/7 | 戊寅 | 二 | 一 | 18 | 10/8 | 戊申 | 四 | 四 | 18 | 9/9 | 己卯 | 九 | 六 |
| 19 | 2/5 | 戊申 | 6 | 9 | 19 | 1/6 | 戊寅 | 4 | 6 | 19 | 12/8 | 己酉 | 四 | 六 | 19 | 11/8 | 己卯 | 六 | 九 | 19 | 10/9 | 己酉 | 六 | 三 | 19 | 9/10 | 庚辰 | 九 | 五 |
| 20 | 2/6 | 己酉 | 8 | 1 | 20 | 1/7 | 己卯 | 2 | 7 | 20 | 12/9 | 庚戌 | 四 | 五 | 20 | 11/9 | 庚辰 | 六 | 八 | 20 | 10/10 | 庚戌 | 六 | 二 | 20 | 9/11 | 辛巳 | 九 | 四 |
| 21 | 2/7 | 庚戌 | 8 | 2 | 21 | 1/8 | 庚辰 | 2 | 8 | 21 | 12/10 | 辛亥 | 四 | 四 | 21 | 11/10 | 辛巳 | 六 | 七 | 21 | 10/11 | 辛亥 | 六 | 一 | 21 | 9/12 | 壬午 | 九 | 三 |
| 22 | 2/8 | 辛亥 | 8 | 3 | 22 | 1/9 | 辛巳 | 2 | 9 | 22 | 12/11 | 壬子 | 四 | 三 | 22 | 11/11 | 壬午 | 六 | 六 | 22 | 10/12 | 壬子 | 六 | 九 | 22 | 9/13 | 癸未 | 九 | 二 |
| 23 | 2/9 | 壬子 | 8 | 4 | 23 | 1/10 | 壬午 | 2 | 1 | 23 | 12/12 | 癸丑 | 四 | 二 | 23 | 11/12 | 癸未 | 六 | 五 | 23 | 10/13 | 癸丑 | 六 | 八 | 23 | 9/14 | 甲申 | 三 | 一 |
| 24 | 2/10 | 癸丑 | 8 | 5 | 24 | 1/11 | 癸未 | 2 | 2 | 24 | 12/13 | 甲寅 | 七 | 一 | 24 | 11/13 | 甲申 | 九 | 四 | 24 | 10/14 | 甲寅 | 九 | 七 | 24 | 9/15 | 乙酉 | 三 | 九 |
| 25 | 2/11 | 甲寅 | 5 | 6 | 25 | 1/12 | 甲申 | 8 | 3 | 25 | 12/14 | 乙卯 | 七 | 九 | 25 | 11/14 | 乙酉 | 九 | 三 | 25 | 10/15 | 乙卯 | 九 | 六 | 25 | 9/16 | 丙戌 | 三 | 八 |
| 26 | 2/12 | 乙卯 | 5 | 7 | 26 | 1/13 | 乙酉 | 8 | 4 | 26 | 12/15 | 丙辰 | 七 | 八 | 26 | 11/15 | 丙戌 | 九 | 二 | 26 | 10/16 | 丙辰 | 九 | 五 | 26 | 9/17 | 丁亥 | 三 | 七 |
| 27 | 2/13 | 丙辰 | 5 | 8 | 27 | 1/14 | 丙戌 | 8 | 5 | 27 | 12/16 | 丁巳 | 七 | 七 | 27 | 11/16 | 丁亥 | 九 | 一 | 27 | 10/17 | 丁巳 | 九 | 四 | 27 | 9/18 | 戊子 | 三 | 六 |
| 28 | 2/14 | 丁巳 | 5 | 9 | 28 | 1/15 | 丁亥 | 8 | 6 | 28 | 12/17 | 戊午 | 七 | 六 | 28 | 11/17 | 戊子 | 九 | 九 | 28 | 10/18 | 戊午 | 九 | 三 | 28 | 9/19 | 己丑 | 六 | 五 |
| 29 | 2/15 | 戊午 | 5 | 1 | 29 | 1/16 | 戊子 | 8 | 7 | 29 | 12/18 | 己未 | 一 | 五 | 29 | 11/18 | 己丑 | 三 | 八 | 29 | 10/19 | 己未 | 三 | 二 | 29 | 9/20 | 庚寅 | 六 | 四 |
| | | | | | 30 | 1/17 | 己丑 | 5 | 8 | | | | | | 30 | 11/19 | 庚寅 | 三 | 七 | 30 | 10/20 | 庚申 | 三 | 一 | | | | | |

# 西元1980年（庚申）肖猴 民國69年（男坤命）

奇門遁甲局數如標示為 一 ～九表示陰局　　如標示為1 ～9 表示陽局

**六月　癸未　六白金**　立秋：廿七 17時09分 酉時；大暑：十二 00時42分 子時；奇門遁甲局數

| 農曆 | 國曆 | 干支 | 時盤 | 日盤 |
|---|---|---|---|---|
| 1 | 7/12 | 丙戌 | 二 | 五 |
| 2 | 7/13 | 丁亥 | 二 | 四 |
| 3 | 7/14 | 戊子 | 二 | 三 |
| 4 | 7/15 | 己丑 | 五 | 二 |
| 5 | 7/16 | 庚寅 | 五 | 一 |
| 6 | 7/17 | 辛卯 | 五 | 九 |
| 7 | 7/18 | 壬辰 | 五 | 八 |
| 8 | 7/19 | 癸巳 | 五 | 七 |
| 9 | 7/20 | 甲午 | 七 | 六 |
| 10 | 7/21 | 乙未 | 七 | 五 |
| 11 | 7/22 | 丙申 | 七 | 四 |
| 12 | 7/23 | 丁酉 | 七 | 三 |
| 13 | 7/24 | 戊戌 | 七 | 二 |
| 14 | 7/25 | 己亥 | 一 | 一 |
| 15 | 7/26 | 庚子 | 一 | 九 |
| 16 | 7/27 | 辛丑 | 一 | 八 |
| 17 | 7/28 | 壬寅 | 一 | 七 |
| 18 | 7/29 | 癸卯 | 一 | 六 |
| 19 | 7/30 | 甲辰 | 四 | 五 |
| 20 | 7/31 | 乙巳 | 四 | 四 |
| 21 | 8/1 | 丙午 | 四 | 三 |
| 22 | 8/2 | 丁未 | 四 | 二 |
| 23 | 8/3 | 戊申 | 四 | 一 |
| 24 | 8/4 | 己酉 | 二 | 九 |
| 25 | 8/5 | 庚戌 | 二 | 八 |
| 26 | 8/6 | 辛亥 | 二 | 七 |
| 27 | 8/7 | 壬子 | 二 | 六 |
| 28 | 8/8 | 癸丑 | 二 | 五 |
| 29 | 8/9 | 甲寅 | 五 | 四 |
| 30 | 8/10 | 乙卯 | 五 | 三 |

**五月　壬午　七赤金**　小暑：廿五 07時24分 辰時；夏至：初九 13時47分 未時；奇門遁甲局數

| 農曆 | 國曆 | 干支 | 時盤 | 日盤 |
|---|---|---|---|---|
| 1 | 6/13 | 丁巳 | 3 | 3 |
| 2 | 6/14 | 戊午 | 3 | 4 |
| 3 | 6/15 | 己未 | 9 | 5 |
| 4 | 6/16 | 庚申 | 9 | 6 |
| 5 | 6/17 | 辛酉 | 9 | 7 |
| 6 | 6/18 | 壬戌 | 9 | 8 |
| 7 | 6/19 | 癸亥 | 9 | 9 |
| 8 | 6/20 | 甲子 | 九 | 1 |
| 9 | 6/21 | 乙丑 | 九 | 八 |
| 10 | 6/22 | 丙寅 | 九 | 七 |
| 11 | 6/23 | 丁卯 | 九 | 六 |
| 12 | 6/24 | 戊辰 | 九 | 五 |
| 13 | 6/25 | 己巳 | 三 | 四 |
| 14 | 6/26 | 庚午 | 三 | 三 |
| 15 | 6/27 | 辛未 | 三 | 二 |
| 16 | 6/28 | 壬申 | 三 | 一 |
| 17 | 6/29 | 癸酉 | 三 | 九 |
| 18 | 6/30 | 甲戌 | 六 | 八 |
| 19 | 7/1 | 乙亥 | 六 | 七 |
| 20 | 7/2 | 丙子 | 六 | 六 |
| 21 | 7/3 | 丁丑 | 六 | 五 |
| 22 | 7/4 | 戊寅 | 六 | 四 |
| 23 | 7/5 | 己卯 | 八 | 三 |
| 24 | 7/6 | 庚辰 | 八 | 二 |
| 25 | 7/7 | 辛巳 | 八 | 一 |
| 26 | 7/8 | 壬午 | 八 | 九 |
| 27 | 7/9 | 癸未 | 八 | 八 |
| 28 | 7/10 | 甲申 | 二 | 七 |
| 29 | 7/11 | 乙酉 | 二 | 六 |

**四月　辛巳　八白土**　芒種：廿三 21時04分 亥時；小滿：初八 05時42分 卯時；奇門遁甲局數

| 農曆 | 國曆 | 干支 | 時盤 | 日盤 |
|---|---|---|---|---|
| 1 | 5/14 | 丁亥 | 1 | 9 |
| 2 | 5/15 | 戊子 | 1 | 1 |
| 3 | 5/16 | 己丑 | 7 | 2 |
| 4 | 5/17 | 庚寅 | 7 | 3 |
| 5 | 5/18 | 辛卯 | 7 | 4 |
| 6 | 5/19 | 壬辰 | 7 | 5 |
| 7 | 5/20 | 癸巳 | 7 | 6 |
| 8 | 5/21 | 甲午 | 5 | 7 |
| 9 | 5/22 | 乙未 | 5 | 8 |
| 10 | 5/23 | 丙申 | 5 | 9 |
| 11 | 5/24 | 丁酉 | 5 | 1 |
| 12 | 5/25 | 戊戌 | 5 | 2 |
| 13 | 5/26 | 己亥 | 2 | 3 |
| 14 | 5/27 | 庚子 | 2 | 4 |
| 15 | 5/28 | 辛丑 | 2 | 5 |
| 16 | 5/29 | 壬寅 | 2 | 6 |
| 17 | 5/30 | 癸卯 | 2 | 7 |
| 18 | 5/31 | 甲辰 | 8 | 8 |
| 19 | 6/1 | 乙巳 | 8 | 9 |
| 20 | 6/2 | 丙午 | 8 | 1 |
| 21 | 6/3 | 丁未 | 8 | 2 |
| 22 | 6/4 | 戊申 | 8 | 3 |
| 23 | 6/5 | 己酉 | 6 | 4 |
| 24 | 6/6 | 庚戌 | 6 | 5 |
| 25 | 6/7 | 辛亥 | 6 | 6 |
| 26 | 6/8 | 壬子 | 6 | 7 |
| 27 | 6/9 | 癸丑 | 6 | 8 |
| 28 | 6/10 | 甲寅 | 3 | 9 |
| 29 | 6/11 | 乙卯 | 3 | 1 |
| 30 | 6/12 | 丙辰 | 3 | 2 |

**三月　庚辰　九紫火**　立夏：廿一 16時45分 申時；穀雨：初六 06時23分 卯時；奇門遁甲局數

| 農曆 | 國曆 | 干支 | 時盤 | 日盤 |
|---|---|---|---|---|
| 1 | 4/15 | 戊午 | 1 | 7 |
| 2 | 4/16 | 己未 | 7 | 8 |
| 3 | 4/17 | 庚申 | 7 | 9 |
| 4 | 4/18 | 辛酉 | 7 | 1 |
| 5 | 4/19 | 壬戌 | 7 | 2 |
| 6 | 4/20 | 癸亥 | 7 | 3 |
| 7 | 4/21 | 甲子 | 5 | 4 |
| 8 | 4/22 | 乙丑 | 5 | 5 |
| 9 | 4/23 | 丙寅 | 5 | 6 |
| 10 | 4/24 | 丁卯 | 5 | 7 |
| 11 | 4/25 | 戊辰 | 5 | 8 |
| 12 | 4/26 | 己巳 | 2 | 9 |
| 13 | 4/27 | 庚午 | 2 | 1 |
| 14 | 4/28 | 辛未 | 2 | 2 |
| 15 | 4/29 | 壬申 | 2 | 3 |
| 16 | 4/30 | 癸酉 | 2 | 4 |
| 17 | 5/1 | 甲戌 | 8 | 5 |
| 18 | 5/2 | 乙亥 | 8 | 6 |
| 19 | 5/3 | 丙子 | 8 | 7 |
| 20 | 5/4 | 丁丑 | 8 | 8 |
| 21 | 5/5 | 戊寅 | 8 | 9 |
| 22 | 5/6 | 己卯 | 4 | 1 |
| 23 | 5/7 | 庚辰 | 4 | 2 |
| 24 | 5/8 | 辛巳 | 4 | 3 |
| 25 | 5/9 | 壬午 | 4 | 4 |
| 26 | 5/10 | 癸未 | 4 | 5 |
| 27 | 5/11 | 甲申 | 1 | 6 |
| 28 | 5/12 | 乙酉 | 1 | 7 |
| 29 | 5/13 | 丙戌 | 1 | 8 |

**二月　己卯　一白水**　清明：十九 23時15分 子時；春分：初四 19時10分 戌時；奇門遁甲局數

| 農曆 | 國曆 | 干支 | 時盤 | 日盤 |
|---|---|---|---|---|
| 1 | 3/17 | 己丑 | 4 | 5 |
| 2 | 3/18 | 庚寅 | 4 | 6 |
| 3 | 3/19 | 辛卯 | 4 | 7 |
| 4 | 3/20 | 壬辰 | 4 | 8 |
| 5 | 3/21 | 癸巳 | 4 | 9 |
| 6 | 3/22 | 甲午 | 3 | 1 |
| 7 | 3/23 | 乙未 | 3 | 2 |
| 8 | 3/24 | 丙申 | 3 | 3 |
| 9 | 3/25 | 丁酉 | 3 | 4 |
| 10 | 3/26 | 戊戌 | 3 | 5 |
| 11 | 3/27 | 己亥 | 9 | 6 |
| 12 | 3/28 | 庚子 | 9 | 7 |
| 13 | 3/29 | 辛丑 | 9 | 8 |
| 14 | 3/30 | 壬寅 | 9 | 9 |
| 15 | 3/31 | 癸卯 | 9 | 1 |
| 16 | 4/1 | 甲辰 | 6 | 2 |
| 17 | 4/2 | 乙巳 | 6 | 3 |
| 18 | 4/3 | 丙午 | 6 | 4 |
| 19 | 4/4 | 丁未 | 6 | 5 |
| 20 | 4/5 | 戊申 | 6 | 6 |
| 21 | 4/6 | 己酉 | 4 | 7 |
| 22 | 4/7 | 庚戌 | 4 | 8 |
| 23 | 4/8 | 辛亥 | 4 | 9 |
| 24 | 4/9 | 壬子 | 4 | 1 |
| 25 | 4/10 | 癸丑 | 4 | 2 |
| 26 | 4/11 | 甲寅 | 1 | 3 |
| 27 | 4/12 | 乙卯 | 1 | 4 |
| 28 | 4/13 | 丙辰 | 1 | 5 |
| 29 | 4/14 | 丁巳 | 1 | 6 |

**正月　戊寅　二黑土**　驚蟄：十九 18時17分 酉時；雨水：初四 20時02分 戌時；奇門遁甲局數

| 農曆 | 國曆 | 干支 | 時盤 | 日盤 |
|---|---|---|---|---|
| 1 | 2/16 | 己未 | 2 | 2 |
| 2 | 2/17 | 庚申 | 2 | 3 |
| 3 | 2/18 | 辛酉 | 2 | 4 |
| 4 | 2/19 | 壬戌 | 2 | 5 |
| 5 | 2/20 | 癸亥 | 2 | 6 |
| 6 | 2/21 | 甲子 | 9 | 7 |
| 7 | 2/22 | 乙丑 | 9 | 8 |
| 8 | 2/23 | 丙寅 | 9 | 9 |
| 9 | 2/24 | 丁卯 | 9 | 1 |
| 10 | 2/25 | 戊辰 | 9 | 2 |
| 11 | 2/26 | 己巳 | 6 | 3 |
| 12 | 2/27 | 庚午 | 6 | 4 |
| 13 | 2/28 | 辛未 | 6 | 5 |
| 14 | 2/29 | 壬申 | 6 | 6 |
| 15 | 3/1 | 癸酉 | 6 | 7 |
| 16 | 3/2 | 甲戌 | 3 | 8 |
| 17 | 3/3 | 乙亥 | 3 | 9 |
| 18 | 3/4 | 丙子 | 3 | 1 |
| 19 | 3/5 | 丁丑 | 3 | 2 |
| 20 | 3/6 | 戊寅 | 3 | 3 |
| 21 | 3/7 | 己卯 | 1 | 4 |
| 22 | 3/8 | 庚辰 | 1 | 5 |
| 23 | 3/9 | 辛巳 | 1 | 6 |
| 24 | 3/10 | 壬午 | 1 | 7 |
| 25 | 3/11 | 癸未 | 1 | 8 |
| 26 | 3/12 | 甲申 | 7 | 9 |
| 27 | 3/13 | 乙酉 | 7 | 1 |
| 28 | 3/14 | 丙戌 | 7 | 2 |
| 29 | 3/15 | 丁亥 | 7 | 3 |
| 30 | 3/16 | 戊子 | 7 | 4 |

# 西元1980年（庚申）肖猴 民國69年（女巽命）

奇門遁甲局數如標示為 一 ～九表示陰局　　如標示為1 ～9 表示陽局

| 十二月 | | | | | 十一月 | | | | | 十　月 | | | | | 九　月 | | | | | 八　月 | | | | | 七　月 | | | | |
|---|---|---|---|---|---|---|---|---|---|---|---|---|---|---|---|---|---|---|---|---|---|---|---|---|---|---|---|---|---|
| 己丑 | | | | | 戊子 | | | | | 丁亥 | | | | | 丙戌 | | | | | 乙酉 | | | | | 甲申 | | | | |
| 九紫火 | | | | | 一白水 | | | | | 二黑土 | | | | | 三碧木 | | | | | 四綠木 | | | | | 五黃土 | | | | |
| 立春 05時56分 三十卯時 | | 大寒 11時36分 十五午時 | 奇門遁甲局數 | | 小寒 18時13分 三十酉時 | | 冬至 00時56分 十六子時 | 奇門遁甲局數 | | 大雪 07時02分 初一辰時 | | 小雪 11時42分 十五午時 | 奇門遁甲局數 | | 立冬 14時18分 三十未時 | | 霜降 14時18分 十五未時 | 奇門遁甲局數 | | 寒露 11時19分 三十午時 | | 秋分 05時09分 十五卯時 | 奇門遁甲局數 | | 白露 19時54分 廿八戌時 | | 處暑 07時41分 十三辰時 | 奇門遁甲局數 | |
| 農曆 | 國曆 | 干支 | 時盤 | 日盤 | 農曆 | 國曆 | 干支 | 時盤 | 日盤 | 農曆 | 國曆 | 干支 | 時盤 | 日盤 | 農曆 | 國曆 | 干支 | 時盤 | 日盤 | 農曆 | 國曆 | 干支 | 時盤 | 日盤 | 農曆 | 國曆 | 干支 | 時盤 | 日盤 |
| 1 | 1/6 | 甲申 | 8 | 3 | 1 | 12/7 | 甲寅 | 七 | 一 | 1 | 11/8 | 乙酉 | 九 | 三 | 1 | 10/9 | 乙卯 | 九 | 六 | 1 | 9/9 | 乙酉 | 三 | 九 | 1 | 8/11 | 丙辰 | 五 | 二 |
| 2 | 1/7 | 乙酉 | 8 | 4 | 2 | 12/8 | 乙卯 | 七 | 九 | 2 | 11/9 | 丙戌 | 九 | 二 | 2 | 10/10 | 丙辰 | 九 | 五 | 2 | 9/10 | 丙戌 | 三 | 八 | 2 | 8/12 | 丁巳 | 五 | 一 |
| 3 | 1/8 | 丙戌 | 8 | 5 | 3 | 12/9 | 丙辰 | 七 | 八 | 3 | 11/10 | 丁亥 | 九 | 一 | 3 | 10/11 | 丁巳 | 九 | 四 | 3 | 9/11 | 丁亥 | 三 | 七 | 3 | 8/13 | 戊午 | 五 | 九 |
| 4 | 1/9 | 丁亥 | 8 | 6 | 4 | 12/10 | 丁巳 | 七 | 七 | 4 | 11/11 | 戊子 | 九 | 九 | 4 | 10/12 | 戊午 | 九 | 三 | 4 | 9/12 | 戊子 | 三 | 六 | 4 | 8/14 | 己未 | 八 | 八 |
| 5 | 1/10 | 戊子 | 8 | 7 | 5 | 12/11 | 戊午 | 七 | 六 | 5 | 11/12 | 己丑 | 三 | 八 | 5 | 10/13 | 己未 | 三 | 二 | 5 | 9/13 | 己丑 | 六 | 五 | 5 | 8/15 | 庚申 | 八 | 七 |
| 6 | 1/11 | 己丑 | 5 | 8 | 6 | 12/12 | 己未 | 一 | 五 | 6 | 11/13 | 庚寅 | 三 | 七 | 6 | 10/14 | 庚申 | 三 | 一 | 6 | 9/14 | 庚寅 | 六 | 四 | 6 | 8/16 | 辛酉 | 八 | 六 |
| 7 | 1/12 | 庚寅 | 5 | 9 | 7 | 12/13 | 庚申 | 一 | 四 | 7 | 11/14 | 辛卯 | 三 | 六 | 7 | 10/15 | 辛酉 | 三 | 九 | 7 | 9/15 | 辛卯 | 六 | 三 | 7 | 8/17 | 壬戌 | 八 | 五 |
| 8 | 1/13 | 辛卯 | 5 | 1 | 8 | 12/14 | 辛酉 | 一 | 三 | 8 | 11/15 | 壬辰 | 三 | 五 | 8 | 10/16 | 壬戌 | 三 | 八 | 8 | 9/16 | 壬辰 | 六 | 二 | 8 | 8/18 | 癸亥 | 八 | 四 |
| 9 | 1/14 | 壬辰 | 5 | 2 | 9 | 12/15 | 壬戌 | 一 | 二 | 9 | 11/16 | 癸巳 | 三 | 四 | 9 | 10/17 | 癸亥 | 三 | 七 | 9 | 9/17 | 癸巳 | 六 | 一 | 9 | 8/19 | 甲子 | 一 | 三 |
| 10 | 1/15 | 癸巳 | 5 | 3 | 10 | 12/16 | 癸亥 | 一 | 一 | 10 | 11/17 | 甲午 | 五 | 三 | 10 | 10/18 | 甲子 | 五 | 六 | 10 | 9/18 | 甲午 | 七 | 九 | 10 | 8/20 | 乙丑 | 一 | 二 |
| 11 | 1/16 | 甲午 | 3 | 4 | 11 | 12/17 | 甲子 | 1 | 九 | 11 | 11/18 | 乙未 | 五 | 二 | 11 | 10/19 | 乙丑 | 五 | 五 | 11 | 9/19 | 乙未 | 七 | 八 | 11 | 8/21 | 丙寅 | 一 | 一 |
| 12 | 1/17 | 乙未 | 3 | 5 | 12 | 12/18 | 乙丑 | 1 | 八 | 12 | 11/19 | 丙申 | 五 | 一 | 12 | 10/20 | 丙寅 | 五 | 四 | 12 | 9/20 | 丙申 | 七 | 七 | 12 | 8/22 | 丁卯 | 一 | 九 |
| 13 | 1/18 | 丙申 | 3 | 6 | 13 | 12/19 | 丙寅 | 1 | 七 | 13 | 11/20 | 丁酉 | 五 | 九 | 13 | 10/21 | 丁卯 | 五 | 三 | 13 | 9/21 | 丁酉 | 七 | 六 | 13 | 8/23 | 戊辰 | 一 | 八 |
| 14 | 1/19 | 丁酉 | 3 | 7 | 14 | 12/20 | 丁卯 | 1 | 六 | 14 | 11/21 | 戊戌 | 五 | 八 | 14 | 10/22 | 戊辰 | 五 | 二 | 14 | 9/22 | 戊戌 | 七 | 五 | 14 | 8/24 | 己巳 | 四 | 七 |
| 15 | 1/20 | 戊戌 | 3 | 8 | 15 | 12/21 | 戊辰 | 1 | 五 | 15 | 11/22 | 己亥 | 八 | 七 | 15 | 10/23 | 己巳 | 八 | 一 | 15 | 9/23 | 己亥 | 一 | 四 | 15 | 8/25 | 庚午 | 四 | 六 |
| 16 | 1/21 | 己亥 | 9 | 9 | 16 | 12/22 | 己巳 | 7 | 6 | 16 | 11/23 | 庚子 | 八 | 六 | 16 | 10/24 | 庚午 | 八 | 九 | 16 | 9/24 | 庚子 | 一 | 三 | 16 | 8/26 | 辛未 | 四 | 五 |
| 17 | 1/22 | 庚子 | 9 | 1 | 17 | 12/23 | 庚午 | 7 | 7 | 17 | 11/24 | 辛丑 | 八 | 五 | 17 | 10/25 | 辛未 | 八 | 八 | 17 | 9/25 | 辛丑 | 一 | 二 | 17 | 8/27 | 壬申 | 四 | 四 |
| 18 | 1/23 | 辛丑 | 9 | 2 | 18 | 12/24 | 辛未 | 7 | 8 | 18 | 11/25 | 壬寅 | 八 | 四 | 18 | 10/26 | 壬申 | 八 | 七 | 18 | 9/26 | 壬寅 | 一 | 一 | 18 | 8/28 | 癸酉 | 四 | 三 |
| 19 | 1/24 | 壬寅 | 9 | 3 | 19 | 12/25 | 壬申 | 7 | 9 | 19 | 11/26 | 癸卯 | 八 | 三 | 19 | 10/27 | 癸酉 | 八 | 六 | 19 | 9/27 | 癸卯 | 一 | 九 | 19 | 8/29 | 甲戌 | 七 | 二 |
| 20 | 1/25 | 癸卯 | 9 | 4 | 20 | 12/26 | 癸酉 | 7 | 1 | 20 | 11/27 | 甲辰 | 二 | 二 | 20 | 10/28 | 甲戌 | 二 | 五 | 20 | 9/28 | 甲辰 | 四 | 八 | 20 | 8/30 | 乙亥 | 七 | 一 |
| 21 | 1/26 | 甲辰 | 6 | 5 | 21 | 12/27 | 甲戌 | 4 | 2 | 21 | 11/28 | 乙巳 | 二 | 一 | 21 | 10/29 | 乙亥 | 二 | 四 | 21 | 9/29 | 乙巳 | 四 | 七 | 21 | 8/31 | 丙子 | 七 | 九 |
| 22 | 1/27 | 乙巳 | 6 | 6 | 22 | 12/28 | 乙亥 | 4 | 3 | 22 | 11/29 | 丙午 | 二 | 九 | 22 | 10/30 | 丙子 | 二 | 三 | 22 | 9/30 | 丙午 | 四 | 六 | 22 | 9/1 | 丁丑 | 七 | 八 |
| 23 | 1/28 | 丙午 | 6 | 7 | 23 | 12/29 | 丙子 | 4 | 4 | 23 | 11/30 | 丁未 | 二 | 八 | 23 | 10/31 | 丁丑 | 二 | 二 | 23 | 10/1 | 丁未 | 四 | 五 | 23 | 9/2 | 戊寅 | 七 | 七 |
| 24 | 1/29 | 丁未 | 6 | 8 | 24 | 12/30 | 丁丑 | 4 | 5 | 24 | 12/1 | 戊申 | 二 | 七 | 24 | 11/1 | 戊寅 | 二 | 一 | 24 | 10/2 | 戊申 | 四 | 四 | 24 | 9/3 | 己卯 | 九 | 六 |
| 25 | 1/30 | 戊申 | 6 | 9 | 25 | 12/31 | 戊寅 | 4 | 6 | 25 | 12/2 | 己酉 | 四 | 六 | 25 | 11/2 | 己卯 | 六 | 九 | 25 | 10/3 | 己酉 | 六 | 三 | 25 | 9/4 | 庚辰 | 九 | 五 |
| 26 | 1/31 | 己酉 | 8 | 1 | 26 | 1/1 | 己卯 | 2 | 7 | 26 | 12/3 | 庚戌 | 四 | 五 | 26 | 11/3 | 庚辰 | 六 | 八 | 26 | 10/4 | 庚戌 | 六 | 二 | 26 | 9/5 | 辛巳 | 九 | 四 |
| 27 | 2/1 | 庚戌 | 8 | 2 | 27 | 1/2 | 庚辰 | 2 | 8 | 27 | 12/4 | 辛亥 | 四 | 四 | 27 | 11/4 | 辛巳 | 六 | 七 | 27 | 10/5 | 辛亥 | 六 | 一 | 27 | 9/6 | 壬午 | 九 | 三 |
| 28 | 2/2 | 辛亥 | 8 | 3 | 28 | 1/3 | 辛巳 | 2 | 9 | 28 | 12/5 | 壬子 | 四 | 三 | 28 | 11/5 | 壬午 | 六 | 六 | 28 | 10/6 | 壬子 | 六 | 九 | 28 | 9/7 | 癸未 | 九 | 二 |
| 29 | 2/3 | 壬子 | 8 | 4 | 29 | 1/4 | 壬午 | 2 | 1 | 29 | 12/6 | 癸丑 | 四 | 二 | 29 | 11/6 | 癸未 | 六 | 五 | 29 | 10/7 | 癸丑 | 六 | 八 | 29 | 9/8 | 甲申 | 三 | 一 |
| 30 | 2/4 | 癸丑 | 8 | 5 | 30 | 1/5 | 癸未 | 2 | 2 | | | | | | 30 | 11/7 | 甲申 | 九 | 四 | 30 | 10/8 | 甲寅 | 九 | 七 | | | | | |

# 西元1981年（辛酉）肖雞 民國70年（男坎命）

奇門遁甲局數如標示為 一 ～九表示陰局　　如標示為1 ～9 表示陽局

| 六月 | | | | | 五月 | | | | | 四月 | | | | | 三月 | | | | | 二月 | | | | | 正月 | | | | |
|---|---|---|---|---|---|---|---|---|---|---|---|---|---|---|---|---|---|---|---|---|---|---|---|---|---|---|---|---|---|
| 乙未 | | | | | 甲午 | | | | | 癸巳 | | | | | 壬辰 | | | | | 辛卯 | | | | | 庚寅 | | | | |
| 三碧木 | | | | | 四綠木 | | | | | 五黃土 | | | | | 六白金 | | | | | 七赤金 | | | | | 八白土 | | | | |
| 大暑 06時40分 廿二卯時 | 小暑 13時12分 初六未時 | 奇門遁甲局數 | | | 夏至 19時45分 二十戌時 | 芒種 02時53分 初五丑時 | 奇門遁甲局數 | | | 小滿 11時40分 十八午時 | 立夏 22時35分 初二亥時 | 奇門遁甲局數 | | | 穀雨 12時19分 十六午時 | 清明 05時05分 初一卯時 | 奇門遁甲局數 | | | 春分 01時03分 十六丑時 | 驚蟄 00時05分 初一子時 | 奇門遁甲局數 | | | 雨水 01時52分 十五丑時 | | 奇門遁甲局數 | | |
| 農曆 | 國曆 | 干支 | 時盤 | 日盤 | 農曆 | 國曆 | 干支 | 時盤 | 日盤 | 農曆 | 國曆 | 干支 | 時盤 | 日盤 | 農曆 | 國曆 | 干支 | 時盤 | 日盤 | 農曆 | 國曆 | 干支 | 時盤 | 日盤 | 農曆 | 國曆 | 干支 | 時盤 | 日盤 |
| 1 | 7/2 | 辛巳 | 八 | 一 | 1 | 6/2 | 辛亥 | 6 | 6 | 1 | 5/4 | 壬午 | 4 | 4 | 1 | 4/5 | 癸丑 | 4 | 2 | 1 | 3/6 | 癸未 | 1 | 8 | 1 | 2/5 | 甲寅 | 5 | 6 |
| 2 | 7/3 | 壬午 | 八 | 九 | 2 | 6/3 | 壬子 | 6 | 7 | 2 | 5/5 | 癸未 | 4 | 5 | 2 | 4/6 | 甲寅 | 1 | 3 | 2 | 3/7 | 甲申 | 7 | 9 | 2 | 2/6 | 乙卯 | 5 | 7 |
| 3 | 7/4 | 癸未 | 八 | 八 | 3 | 6/4 | 癸丑 | 6 | 8 | 3 | 5/6 | 甲申 | 1 | 6 | 3 | 4/7 | 乙卯 | 1 | 4 | 3 | 3/8 | 乙酉 | 7 | 1 | 3 | 2/7 | 丙辰 | 5 | 8 |
| 4 | 7/5 | 甲申 | 二 | 七 | 4 | 6/5 | 甲寅 | 3 | 9 | 4 | 5/7 | 乙酉 | 1 | 7 | 4 | 4/8 | 丙辰 | 1 | 5 | 4 | 3/9 | 丙戌 | 7 | 2 | 4 | 2/8 | 丁巳 | 5 | 9 |
| 5 | 7/6 | 乙酉 | 二 | 六 | 5 | 6/6 | 乙卯 | 3 | 1 | 5 | 5/8 | 丙戌 | 1 | 8 | 5 | 4/9 | 丁巳 | 1 | 6 | 5 | 3/10 | 丁亥 | 7 | 3 | 5 | 2/9 | 戊午 | 5 | 1 |
| 6 | 7/7 | 丙戌 | 二 | 五 | 6 | 6/7 | 丙辰 | 3 | 2 | 6 | 5/9 | 丁亥 | 1 | 9 | 6 | 4/10 | 戊午 | 1 | 7 | 6 | 3/11 | 戊子 | 7 | 4 | 6 | 2/10 | 己未 | 2 | 2 |
| 7 | 7/8 | 丁亥 | 二 | 四 | 7 | 6/8 | 丁巳 | 3 | 3 | 7 | 5/10 | 戊子 | 1 | 1 | 7 | 4/11 | 己未 | 7 | 8 | 7 | 3/12 | 己丑 | 4 | 5 | 7 | 2/11 | 庚申 | 2 | 3 |
| 8 | 7/9 | 戊子 | 二 | 三 | 8 | 6/9 | 戊午 | 3 | 4 | 8 | 5/11 | 己丑 | 7 | 2 | 8 | 4/12 | 庚申 | 7 | 9 | 8 | 3/13 | 庚寅 | 4 | 6 | 8 | 2/12 | 辛酉 | 2 | 4 |
| 9 | 7/10 | 己丑 | 五 | 二 | 9 | 6/10 | 己未 | 9 | 5 | 9 | 5/12 | 庚寅 | 7 | 3 | 9 | 4/13 | 辛酉 | 7 | 1 | 9 | 3/14 | 辛卯 | 4 | 7 | 9 | 2/13 | 壬戌 | 2 | 5 |
| 10 | 7/11 | 庚寅 | 五 | 一 | 10 | 6/11 | 庚申 | 9 | 6 | 10 | 5/13 | 辛卯 | 7 | 4 | 10 | 4/14 | 壬戌 | 7 | 2 | 10 | 3/15 | 壬辰 | 4 | 8 | 10 | 2/14 | 癸亥 | 2 | 6 |
| 11 | 7/12 | 辛卯 | 五 | 九 | 11 | 6/12 | 辛酉 | 9 | 7 | 11 | 5/14 | 壬辰 | 7 | 5 | 11 | 4/15 | 癸亥 | 7 | 3 | 11 | 3/16 | 癸巳 | 4 | 9 | 11 | 2/15 | 甲子 | 9 | 7 |
| 12 | 7/13 | 壬辰 | 五 | 八 | 12 | 6/13 | 壬戌 | 9 | 8 | 12 | 5/15 | 癸巳 | 7 | 6 | 12 | 4/16 | 甲子 | 5 | 4 | 12 | 3/17 | 甲午 | 3 | 1 | 12 | 2/16 | 乙丑 | 9 | 8 |
| 13 | 7/14 | 癸巳 | 五 | 七 | 13 | 6/14 | 癸亥 | 9 | 9 | 13 | 5/16 | 甲午 | 5 | 7 | 13 | 4/17 | 乙丑 | 5 | 5 | 13 | 3/18 | 乙未 | 3 | 2 | 13 | 2/17 | 丙寅 | 9 | 9 |
| 14 | 7/15 | 甲午 | 七 | 六 | 14 | 6/15 | 甲子 | 九 | 1 | 14 | 5/17 | 乙未 | 5 | 8 | 14 | 4/18 | 丙寅 | 5 | 6 | 14 | 3/19 | 丙申 | 3 | 3 | 14 | 2/18 | 丁卯 | 9 | 1 |
| 15 | 7/16 | 乙未 | 七 | 五 | 15 | 6/16 | 乙丑 | 九 | 2 | 15 | 5/18 | 丙申 | 5 | 9 | 15 | 4/19 | 丁卯 | 5 | 7 | 15 | 3/20 | 丁酉 | 3 | 4 | 15 | 2/19 | 戊辰 | 9 | 2 |
| 16 | 7/17 | 丙申 | 七 | 四 | 16 | 6/17 | 丙寅 | 九 | 3 | 16 | 5/19 | 丁酉 | 5 | 1 | 16 | 4/20 | 戊辰 | 5 | 8 | 16 | 3/21 | 戊戌 | 3 | 5 | 16 | 2/20 | 己巳 | 6 | 3 |
| 17 | 7/18 | 丁酉 | 七 | 三 | 17 | 6/18 | 丁卯 | 九 | 4 | 17 | 5/20 | 戊戌 | 5 | 2 | 17 | 4/21 | 己巳 | 2 | 9 | 17 | 3/22 | 己亥 | 9 | 6 | 17 | 2/21 | 庚午 | 6 | 4 |
| 18 | 7/19 | 戊戌 | 七 | 二 | 18 | 6/19 | 戊辰 | 九 | 5 | 18 | 5/21 | 己亥 | 2 | 3 | 18 | 4/22 | 庚午 | 2 | 1 | 18 | 3/23 | 庚子 | 9 | 7 | 18 | 2/22 | 辛未 | 6 | 5 |
| 19 | 7/20 | 己亥 | 一 | 一 | 19 | 6/20 | 己巳 | 三 | 6 | 19 | 5/22 | 庚子 | 2 | 4 | 19 | 4/23 | 辛未 | 2 | 2 | 19 | 3/24 | 辛丑 | 9 | 8 | 19 | 2/23 | 壬申 | 6 | 6 |
| 20 | 7/21 | 庚子 | 一 | 九 | 20 | 6/21 | 庚午 | 三 | 三 | 20 | 5/23 | 辛丑 | 2 | 5 | 20 | 4/24 | 壬申 | 2 | 3 | 20 | 3/25 | 壬寅 | 9 | 9 | 20 | 2/24 | 癸酉 | 6 | 7 |
| 21 | 7/22 | 辛丑 | 一 | 八 | 21 | 6/22 | 辛未 | 三 | 二 | 21 | 5/24 | 壬寅 | 2 | 6 | 21 | 4/25 | 癸酉 | 2 | 4 | 21 | 3/26 | 癸卯 | 9 | 1 | 21 | 2/25 | 甲戌 | 3 | 8 |
| 22 | 7/23 | 壬寅 | 一 | 七 | 22 | 6/23 | 壬申 | 三 | 一 | 22 | 5/25 | 癸卯 | 2 | 7 | 22 | 4/26 | 甲戌 | 8 | 5 | 22 | 3/27 | 甲辰 | 6 | 2 | 22 | 2/26 | 乙亥 | 3 | 9 |
| 23 | 7/24 | 癸卯 | 一 | 六 | 23 | 6/24 | 癸酉 | 三 | 九 | 23 | 5/26 | 甲辰 | 8 | 8 | 23 | 4/27 | 乙亥 | 8 | 6 | 23 | 3/28 | 乙巳 | 6 | 3 | 23 | 2/27 | 丙子 | 3 | 1 |
| 24 | 7/25 | 甲辰 | 四 | 五 | 24 | 6/25 | 甲戌 | 六 | 八 | 24 | 5/27 | 乙巳 | 8 | 9 | 24 | 4/28 | 丙子 | 8 | 7 | 24 | 3/29 | 丙午 | 6 | 4 | 24 | 2/28 | 丁丑 | 3 | 2 |
| 25 | 7/26 | 乙巳 | 四 | 四 | 25 | 6/26 | 乙亥 | 六 | 七 | 25 | 5/28 | 丙午 | 8 | 1 | 25 | 4/29 | 丁丑 | 8 | 8 | 25 | 3/30 | 丁未 | 6 | 5 | 25 | 3/1 | 戊寅 | 3 | 3 |
| 26 | 7/27 | 丙午 | 四 | 三 | 26 | 6/27 | 丙子 | 六 | 六 | 26 | 5/29 | 丁未 | 8 | 2 | 26 | 4/30 | 戊寅 | 8 | 9 | 26 | 3/31 | 戊申 | 6 | 6 | 26 | 3/2 | 己卯 | 1 | 4 |
| 27 | 7/28 | 丁未 | 四 | 二 | 27 | 6/28 | 丁丑 | 六 | 五 | 27 | 5/30 | 戊申 | 8 | 3 | 27 | 5/1 | 己卯 | 4 | 1 | 27 | 4/1 | 己酉 | 4 | 7 | 27 | 3/3 | 庚辰 | 1 | 5 |
| 28 | 7/29 | 戊申 | 四 | 一 | 28 | 6/29 | 戊寅 | 六 | 四 | 28 | 5/31 | 己酉 | 6 | 4 | 28 | 5/2 | 庚辰 | 4 | 2 | 28 | 4/2 | 庚戌 | 4 | 8 | 28 | 3/4 | 辛巳 | 1 | 6 |
| 29 | 7/30 | 己酉 | 二 | 九 | 29 | 6/30 | 己卯 | 八 | 三 | 29 | 6/1 | 庚戌 | 6 | 5 | 29 | 5/3 | 辛巳 | 4 | 3 | 29 | 4/3 | 辛亥 | 4 | 9 | 29 | 3/5 | 壬午 | 1 | 7 |
| | | | | | 30 | 7/1 | 庚辰 | 八 | 二 | | | | | | | | | | | 30 | 4/4 | 壬子 | 4 | 1 | | | | | |

# 西元1981年（辛酉）肖雞 民國70年（女艮命）

奇門遁甲局數如標示為 一 ～九表示陰局　　如標示為1 ～9 表示陽局

| 十二月 | | | | | 十一月 | | | | | 十　月 | | | | | 九　月 | | | | | 八　月 | | | | | 七　月 | | | | |
|---|---|---|---|---|---|---|---|---|---|---|---|---|---|---|---|---|---|---|---|---|---|---|---|---|---|---|---|---|---|
| 辛丑 | | | | | 庚子 | | | | | 己亥 | | | | | 戊戌 | | | | | 丁酉 | | | | | 丙申 | | | | |
| 六白金 | | | | | 七赤金 | | | | | 八白土 | | | | | 九紫火 | | | | | 一白水 | | | | | 二黑土 | | | | |
| 大寒 17時30分 廿六酉時 | | 小寒 00時03分 十二子時 | 奇門遁甲局數 | | 冬至 06時51分 廿七卯時 | | 大雪 12時51分 十二午時 | 奇門遁甲局數 | | 小雪 17時36分 廿六酉時 | | 立冬 20時09分 十一戌時 | 奇門遁甲局數 | | 霜降 20時13分 廿六戌時 | | 寒露 17時10分 十一酉時 | 奇門遁甲局數 | | 秋分 11時05分 廿六午時 | | 白露 01時43分 十一丑時 | 奇門遁甲局數 | | 處暑 13時38分 廿四未時 | | 立秋 22時57分 初八亥時 | 奇門遁甲局數 | |
| 農曆 | 國曆 | 干支 | 時盤 | 日盤 | 農曆 | 國曆 | 干支 | 時盤 | 日盤 | 農曆 | 國曆 | 干支 | 時盤 | 日盤 | 農曆 | 國曆 | 干支 | 時盤 | 日盤 | 農曆 | 國曆 | 干支 | 時盤 | 日盤 | 農曆 | 國曆 | 干支 | 時盤 | 日盤 |
| 1 | 12/26 | 戊寅 | 一 | 6 | 1 | 11/26 | 戊申 | 二 | 七 | 1 | 10/28 | 己卯 | 六 | 九 | 1 | 9/28 | 己酉 | 六 | 三 | 1 | 8/29 | 己卯 | 九 | 六 | 1 | 7/31 | 庚戌 | 二 | 八 |
| 2 | 12/27 | 己卯 | 1 | 7 | 2 | 11/27 | 己酉 | 四 | 六 | 2 | 10/29 | 庚辰 | 六 | 八 | 2 | 9/29 | 庚戌 | 六 | 二 | 2 | 8/30 | 庚辰 | 九 | 五 | 2 | 8/1 | 辛亥 | 二 | 七 |
| 3 | 12/28 | 庚辰 | 1 | 8 | 3 | 11/28 | 庚戌 | 四 | 五 | 3 | 10/30 | 辛巳 | 六 | 七 | 3 | 9/30 | 辛亥 | 六 | 一 | 3 | 8/31 | 辛巳 | 九 | 四 | 3 | 8/2 | 壬子 | 二 | 六 |
| 4 | 12/29 | 辛巳 | 1 | 9 | 4 | 11/29 | 辛亥 | 四 | 四 | 4 | 10/31 | 壬午 | 六 | 六 | 4 | 10/1 | 壬子 | 六 | 九 | 4 | 9/1 | 壬午 | 九 | 三 | 4 | 8/3 | 癸丑 | 二 | 五 |
| 5 | 12/30 | 壬午 | 1 | 1 | 5 | 11/30 | 壬子 | 四 | 三 | 5 | 11/1 | 癸未 | 六 | 五 | 5 | 10/2 | 癸丑 | 六 | 八 | 5 | 9/2 | 癸未 | 九 | 二 | 5 | 8/4 | 甲寅 | 五 | 四 |
| 6 | 12/31 | 癸未 | 1 | 2 | 6 | 12/1 | 癸丑 | 四 | 二 | 6 | 11/2 | 甲申 | 九 | 四 | 6 | 10/3 | 甲寅 | 九 | 七 | 6 | 9/3 | 甲申 | 三 | 一 | 6 | 8/5 | 乙卯 | 五 | 三 |
| 7 | 1/1 | 甲申 | 7 | 3 | 7 | 12/2 | 甲寅 | 七 | 一 | 7 | 11/3 | 乙酉 | 九 | 三 | 7 | 10/4 | 乙卯 | 九 | 六 | 7 | 9/4 | 乙酉 | 三 | 九 | 7 | 8/6 | 丙辰 | 五 | 二 |
| 8 | 1/2 | 乙酉 | 7 | 4 | 8 | 12/3 | 乙卯 | 七 | 九 | 8 | 11/4 | 丙戌 | 九 | 二 | 8 | 10/5 | 丙辰 | 九 | 五 | 8 | 9/5 | 丙戌 | 三 | 八 | 8 | 8/7 | 丁巳 | 五 | 一 |
| 9 | 1/3 | 丙戌 | 7 | 5 | 9 | 12/4 | 丙辰 | 七 | 八 | 9 | 11/5 | 丁亥 | 九 | 一 | 9 | 10/6 | 丁巳 | 九 | 四 | 9 | 9/6 | 丁亥 | 三 | 七 | 9 | 8/8 | 戊午 | 五 | 九 |
| 10 | 1/4 | 丁亥 | 7 | 6 | 10 | 12/5 | 丁巳 | 七 | 七 | 10 | 11/6 | 戊子 | 九 | 九 | 10 | 10/7 | 戊午 | 九 | 三 | 10 | 9/7 | 戊子 | 三 | 六 | 10 | 8/9 | 己未 | 八 | 八 |
| 11 | 1/5 | 戊子 | 7 | 7 | 11 | 12/6 | 戊午 | 七 | 六 | 11 | 11/7 | 己丑 | 三 | 八 | 11 | 10/8 | 己未 | 三 | 二 | 11 | 9/8 | 己丑 | 六 | 五 | 11 | 8/10 | 庚申 | 八 | 七 |
| 12 | 1/6 | 己丑 | 4 | 8 | 12 | 12/7 | 己未 | 一 | 五 | 12 | 11/8 | 庚寅 | 三 | 七 | 12 | 10/9 | 庚申 | 三 | 一 | 12 | 9/9 | 庚寅 | 六 | 四 | 12 | 8/11 | 辛酉 | 八 | 六 |
| 13 | 1/7 | 庚寅 | 4 | 9 | 13 | 12/8 | 庚申 | 一 | 四 | 13 | 11/9 | 辛卯 | 三 | 六 | 13 | 10/10 | 辛酉 | 三 | 九 | 13 | 9/10 | 辛卯 | 六 | 三 | 13 | 8/12 | 壬戌 | 八 | 五 |
| 14 | 1/8 | 辛卯 | 4 | 1 | 14 | 12/9 | 辛酉 | 一 | 三 | 14 | 11/10 | 壬辰 | 三 | 五 | 14 | 10/11 | 壬戌 | 三 | 八 | 14 | 9/11 | 壬辰 | 六 | 二 | 14 | 8/13 | 癸亥 | 八 | 四 |
| 15 | 1/9 | 壬辰 | 4 | 2 | 15 | 12/10 | 壬戌 | 一 | 二 | 15 | 11/11 | 癸巳 | 三 | 四 | 15 | 10/12 | 癸亥 | 三 | 七 | 15 | 9/12 | 癸巳 | 六 | 一 | 15 | 8/14 | 甲子 | 一 | 三 |
| 16 | 1/10 | 癸巳 | 4 | 3 | 16 | 12/11 | 癸亥 | 一 | 一 | 16 | 11/12 | 甲午 | 五 | 三 | 16 | 10/13 | 甲子 | 五 | 六 | 16 | 9/13 | 甲午 | 七 | 九 | 16 | 8/15 | 乙丑 | 一 | 二 |
| 17 | 1/11 | 甲午 | 2 | 4 | 17 | 12/12 | 甲子 | 四 | 九 | 17 | 11/13 | 乙未 | 五 | 二 | 17 | 10/14 | 乙丑 | 五 | 五 | 17 | 9/14 | 乙未 | 七 | 八 | 17 | 8/16 | 丙寅 | 一 | 一 |
| 18 | 1/12 | 乙未 | 2 | 5 | 18 | 12/13 | 乙丑 | 四 | 八 | 18 | 11/14 | 丙申 | 五 | 一 | 18 | 10/15 | 丙寅 | 五 | 四 | 18 | 9/15 | 丙申 | 七 | 七 | 18 | 8/17 | 丁卯 | 一 | 九 |
| 19 | 1/13 | 丙申 | 2 | 6 | 19 | 12/14 | 丙寅 | 四 | 七 | 19 | 11/15 | 丁酉 | 五 | 九 | 19 | 10/16 | 丁卯 | 五 | 三 | 19 | 9/16 | 丁酉 | 七 | 六 | 19 | 8/18 | 戊辰 | 一 | 八 |
| 20 | 1/14 | 丁酉 | 2 | 7 | 20 | 12/15 | 丁卯 | 四 | 六 | 20 | 11/16 | 戊戌 | 五 | 八 | 20 | 10/17 | 戊辰 | 五 | 二 | 20 | 9/17 | 戊戌 | 七 | 五 | 20 | 8/19 | 己巳 | 四 | 七 |
| 21 | 1/15 | 戊戌 | 2 | 8 | 21 | 12/16 | 戊辰 | 四 | 五 | 21 | 11/17 | 己亥 | 八 | 七 | 21 | 10/18 | 己巳 | 八 | 一 | 21 | 9/18 | 己亥 | 一 | 四 | 21 | 8/20 | 庚午 | 四 | 六 |
| 22 | 1/16 | 己亥 | 8 | 9 | 22 | 12/17 | 己巳 | 七 | 四 | 22 | 11/18 | 庚子 | 八 | 六 | 22 | 10/19 | 庚午 | 八 | 九 | 22 | 9/19 | 庚子 | 一 | 三 | 22 | 8/21 | 辛未 | 四 | 五 |
| 23 | 1/17 | 庚子 | 8 | 1 | 23 | 12/18 | 庚午 | 七 | 三 | 23 | 11/19 | 辛丑 | 八 | 五 | 23 | 10/20 | 辛未 | 八 | 八 | 23 | 9/20 | 辛丑 | 一 | 二 | 23 | 8/22 | 壬申 | 四 | 四 |
| 24 | 1/18 | 辛丑 | 8 | 2 | 24 | 12/19 | 辛未 | 七 | 二 | 24 | 11/20 | 壬寅 | 八 | 四 | 24 | 10/21 | 壬申 | 八 | 七 | 24 | 9/21 | 壬寅 | 一 | 一 | 24 | 8/23 | 癸酉 | 四 | 三 |
| 25 | 1/19 | 壬寅 | 8 | 3 | 25 | 12/20 | 壬申 | 七 | 一 | 25 | 11/21 | 癸卯 | 八 | 三 | 25 | 10/22 | 癸酉 | 八 | 六 | 25 | 9/22 | 癸卯 | 一 | 九 | 25 | 8/24 | 甲戌 | 七 | 二 |
| 26 | 1/20 | 癸卯 | 8 | 4 | 26 | 12/21 | 癸酉 | 七 | 九 | 26 | 11/22 | 甲辰 | 二 | 二 | 26 | 10/23 | 甲戌 | 二 | 五 | 26 | 9/23 | 甲辰 | 四 | 八 | 26 | 8/25 | 乙亥 | 七 | 一 |
| 27 | 1/21 | 甲辰 | 5 | 5 | 27 | 12/22 | 甲戌 | 一 | 2 | 27 | 11/23 | 乙巳 | 二 | 一 | 27 | 10/24 | 乙亥 | 二 | 四 | 27 | 9/24 | 乙巳 | 四 | 七 | 27 | 8/26 | 丙子 | 七 | 九 |
| 28 | 1/22 | 乙巳 | 5 | 6 | 28 | 12/23 | 乙亥 | 一 | 3 | 28 | 11/24 | 丙午 | 二 | 九 | 28 | 10/25 | 丙子 | 二 | 三 | 28 | 9/25 | 丙午 | 四 | 六 | 28 | 8/27 | 丁丑 | 七 | 八 |
| 29 | 1/23 | 丙午 | 5 | 7 | 29 | 12/24 | 丙子 | 一 | 4 | 29 | 11/25 | 丁未 | 二 | 八 | 29 | 10/26 | 丁丑 | 二 | 二 | 29 | 9/26 | 丁未 | 四 | 五 | 29 | 8/28 | 戊寅 | 七 | 七 |
| 30 | 1/24 | 丁未 | 5 | 8 | 30 | 12/25 | 丁丑 | 一 | 5 | | | | | | 30 | 10/27 | 戊寅 | 二 | 一 | 30 | 9/27 | 戊申 | 四 | 四 | | | | | |

# 西元1982年（壬戌）肖狗 民國71年（男離命）

奇門遁甲局數如標示為 一 ～九表示陰局　　如標示為1 ～9 表示陽局

**六 月**　丁未　九紫火

立秋 04時42分 十九寅時　大暑 12時16分 初三午時　奇門遁甲局數

| 農曆 | 國曆 | 干支 | 時盤 | 日盤 |
|---|---|---|---|---|
| 1 | 7/21 | 乙巳 | 五 | 四 |
| 2 | 7/22 | 丙午 | 五 | 三 |
| 3 | 7/23 | 丁未 | 五 | 二 |
| 4 | 7/24 | 戊申 | 五 | 一 |
| 5 | 7/25 | 己酉 | 七 | 九 |
| 6 | 7/26 | 庚戌 | 七 | 八 |
| 7 | 7/27 | 辛亥 | 七 | 七 |
| 8 | 7/28 | 壬子 | 七 | 六 |
| 9 | 7/29 | 癸丑 | 七 | 五 |
| 10 | 7/30 | 甲寅 | 一 | 四 |
| 11 | 7/31 | 乙卯 | 一 | 三 |
| 12 | 8/1 | 丙辰 | 一 | 二 |
| 13 | 8/2 | 丁巳 | 一 | 一 |
| 14 | 8/3 | 戊午 | 一 | 九 |
| 15 | 8/4 | 己未 | 四 | 八 |
| 16 | 8/5 | 庚申 | 四 | 七 |
| 17 | 8/6 | 辛酉 | 四 | 六 |
| 18 | 8/7 | 壬戌 | 四 | 五 |
| 19 | 8/8 | 癸亥 | 四 | 四 |
| 20 | 8/9 | 甲子 | 二 | 三 |
| 21 | 8/10 | 乙丑 | 二 | 二 |
| 22 | 8/11 | 丙寅 | 二 | 一 |
| 23 | 8/12 | 丁卯 | 二 | 九 |
| 24 | 8/13 | 戊辰 | 二 | 八 |
| 25 | 8/14 | 己巳 | 五 | 七 |
| 26 | 8/15 | 庚午 | 五 | 六 |
| 27 | 8/16 | 辛未 | 五 | 五 |
| 28 | 8/17 | 壬申 | 五 | 四 |
| 29 | 8/18 | 癸酉 | 五 | 三 |

**五 月**　丙午　一白水

小暑 18時56分 十七酉時　夏至 01時23分 初二丑時　奇門遁甲局數

| 農曆 | 國曆 | 干支 | 時盤 | 日盤 |
|---|---|---|---|---|
| 1 | 6/21 | 乙亥 | 9 | 3 |
| 2 | 6/22 | 丙子 | 9 | 六 |
| 3 | 6/23 | 丁丑 | 9 | 五 |
| 4 | 6/24 | 戊寅 | 9 | 四 |
| 5 | 6/25 | 己卯 | 九 | 三 |
| 6 | 6/26 | 庚辰 | 九 | 二 |
| 7 | 6/27 | 辛巳 | 九 | 一 |
| 8 | 6/28 | 壬午 | 九 | 九 |
| 9 | 6/29 | 癸未 | 九 | 八 |
| 10 | 6/30 | 甲申 | 三 | 七 |
| 11 | 7/1 | 乙酉 | 三 | 六 |
| 12 | 7/2 | 丙戌 | 三 | 五 |
| 13 | 7/3 | 丁亥 | 三 | 四 |
| 14 | 7/4 | 戊子 | 三 | 三 |
| 15 | 7/5 | 己丑 | 六 | 二 |
| 16 | 7/6 | 庚寅 | 六 | 一 |
| 17 | 7/7 | 辛卯 | 六 | 九 |
| 18 | 7/8 | 壬辰 | 六 | 八 |
| 19 | 7/9 | 癸巳 | 六 | 七 |
| 20 | 7/10 | 甲午 | 八 | 六 |
| 21 | 7/11 | 乙未 | 八 | 五 |
| 22 | 7/12 | 丙申 | 八 | 四 |
| 23 | 7/13 | 丁酉 | 八 | 三 |
| 24 | 7/14 | 戊戌 | 八 | 二 |
| 25 | 7/15 | 己亥 | 二 | 一 |
| 26 | 7/16 | 庚子 | 二 | 九 |
| 27 | 7/17 | 辛丑 | 二 | 八 |
| 28 | 7/18 | 壬寅 | 二 | 七 |
| 29 | 7/19 | 癸卯 | 二 | 六 |
| 30 | 7/20 | 甲辰 | 五 | 五 |

**潤四 月**　丙午

芒種 08時37分 十五辰時　奇門遁甲局數

| 農曆 | 國曆 | 干支 | 時盤 | 日盤 |
|---|---|---|---|---|
| 1 | 5/23 | 丙午 | 7 | 1 |
| 2 | 5/24 | 丁未 | 7 | 2 |
| 3 | 5/25 | 戊申 | 7 | 3 |
| 4 | 5/26 | 己酉 | 5 | 4 |
| 5 | 5/27 | 庚戌 | 5 | 5 |
| 6 | 5/28 | 辛亥 | 5 | 6 |
| 7 | 5/29 | 壬子 | 5 | 7 |
| 8 | 5/30 | 癸丑 | 5 | 8 |
| 9 | 5/31 | 甲寅 | 2 | 9 |
| 10 | 6/1 | 乙卯 | 2 | 1 |
| 11 | 6/2 | 丙辰 | 2 | 2 |
| 12 | 6/3 | 丁巳 | 2 | 3 |
| 13 | 6/4 | 戊午 | 2 | 4 |
| 14 | 6/5 | 己未 | 8 | 5 |
| 15 | 6/6 | 庚申 | 8 | 6 |
| 16 | 6/7 | 辛酉 | 8 | 7 |
| 17 | 6/8 | 壬戌 | 8 | 8 |
| 18 | 6/9 | 癸亥 | 8 | 9 |
| 19 | 6/10 | 甲子 | 6 | 1 |
| 20 | 6/11 | 乙丑 | 6 | 2 |
| 21 | 6/12 | 丙寅 | 6 | 3 |
| 22 | 6/13 | 丁卯 | 6 | 4 |
| 23 | 6/14 | 戊辰 | 6 | 5 |
| 24 | 6/15 | 己巳 | 3 | 6 |
| 25 | 6/16 | 庚午 | 3 | 7 |
| 26 | 6/17 | 辛未 | 3 | 8 |
| 27 | 6/18 | 壬申 | 3 | 9 |
| 28 | 6/19 | 癸酉 | 3 | 1 |
| 29 | 6/20 | 甲戌 | 9 | 2 |

**四 月**　乙巳　二黑土

小滿 17時23分 廿八酉時　立夏 04時20分 十三寅時　奇門遁甲局數

| 農曆 | 國曆 | 干支 | 時盤 | 日盤 |
|---|---|---|---|---|
| 1 | 4/24 | 丁丑 | 7 | 8 |
| 2 | 4/25 | 戊寅 | 7 | 9 |
| 3 | 4/26 | 己卯 | 5 | 1 |
| 4 | 4/27 | 庚辰 | 5 | 2 |
| 5 | 4/28 | 辛巳 | 5 | 3 |
| 6 | 4/29 | 壬午 | 5 | 4 |
| 7 | 4/30 | 癸未 | 5 | 5 |
| 8 | 5/1 | 甲申 | 2 | 6 |
| 9 | 5/2 | 乙酉 | 2 | 7 |
| 10 | 5/3 | 丙戌 | 2 | 8 |
| 11 | 5/4 | 丁亥 | 2 | 9 |
| 12 | 5/5 | 戊子 | 2 | 1 |
| 13 | 5/6 | 己丑 | 8 | 2 |
| 14 | 5/7 | 庚寅 | 8 | 3 |
| 15 | 5/8 | 辛卯 | 8 | 4 |
| 16 | 5/9 | 壬辰 | 8 | 5 |
| 17 | 5/10 | 癸巳 | 8 | 6 |
| 18 | 5/11 | 甲午 | 4 | 7 |
| 19 | 5/12 | 乙未 | 4 | 8 |
| 20 | 5/13 | 丙申 | 4 | 9 |
| 21 | 5/14 | 丁酉 | 4 | 1 |
| 22 | 5/15 | 戊戌 | 4 | 2 |
| 23 | 5/16 | 己亥 | 1 | 3 |
| 24 | 5/17 | 庚子 | 1 | 4 |
| 25 | 5/18 | 辛丑 | 1 | 5 |
| 26 | 5/19 | 壬寅 | 1 | 6 |
| 27 | 5/20 | 癸卯 | 1 | 7 |
| 28 | 5/21 | 甲辰 | 7 | 8 |
| 29 | 5/22 | 乙巳 | 7 | 9 |

**三 月**　甲辰　三碧木

穀雨 18時08分 廿七酉時　清明 10時53分 十二巳時　奇門遁甲局數

| 農曆 | 國曆 | 干支 | 時盤 | 日盤 |
|---|---|---|---|---|
| 1 | 3/25 | 丁未 | 4 | 5 |
| 2 | 3/26 | 戊申 | 4 | 6 |
| 3 | 3/27 | 己酉 | 3 | 7 |
| 4 | 3/28 | 庚戌 | 3 | 8 |
| 5 | 3/29 | 辛亥 | 3 | 9 |
| 6 | 3/30 | 壬子 | 3 | 1 |
| 7 | 3/31 | 癸丑 | 3 | 2 |
| 8 | 4/1 | 甲寅 | 9 | 3 |
| 9 | 4/2 | 乙卯 | 9 | 4 |
| 10 | 4/3 | 丙辰 | 9 | 5 |
| 11 | 4/4 | 丁巳 | 9 | 6 |
| 12 | 4/5 | 戊午 | 9 | 7 |
| 13 | 4/6 | 己未 | 6 | 8 |
| 14 | 4/7 | 庚申 | 6 | 9 |
| 15 | 4/8 | 辛酉 | 6 | 1 |
| 16 | 4/9 | 壬戌 | 6 | 2 |
| 17 | 4/10 | 癸亥 | 6 | 3 |
| 18 | 4/11 | 甲子 | 4 | 4 |
| 19 | 4/12 | 乙丑 | 4 | 5 |
| 20 | 4/13 | 丙寅 | 4 | 6 |
| 21 | 4/14 | 丁卯 | 4 | 7 |
| 22 | 4/15 | 戊辰 | 4 | 8 |
| 23 | 4/16 | 己巳 | 1 | 9 |
| 24 | 4/17 | 庚午 | 1 | 1 |
| 25 | 4/18 | 辛未 | 1 | 2 |
| 26 | 4/19 | 壬申 | 1 | 3 |
| 27 | 4/20 | 癸酉 | 1 | 4 |
| 28 | 4/21 | 甲戌 | 7 | 5 |
| 29 | 4/22 | 乙亥 | 7 | 6 |
| 30 | 4/23 | 丙子 | 7 | 7 |

**二 月**　癸卯　四綠木

春分 06時56分 廿六卯時　驚蟄 05時55分 十一卯時　奇門遁甲局數

| 農曆 | 國曆 | 干支 | 時盤 | 日盤 |
|---|---|---|---|---|
| 1 | 2/24 | 戊寅 | 2 | 3 |
| 2 | 2/25 | 己卯 | 9 | 4 |
| 3 | 2/26 | 庚辰 | 9 | 5 |
| 4 | 2/27 | 辛巳 | 9 | 6 |
| 5 | 2/28 | 壬午 | 9 | 7 |
| 6 | 3/1 | 癸未 | 9 | 8 |
| 7 | 3/2 | 甲申 | 6 | 9 |
| 8 | 3/3 | 乙酉 | 6 | 1 |
| 9 | 3/4 | 丙戌 | 6 | 2 |
| 10 | 3/5 | 丁亥 | 6 | 3 |
| 11 | 3/6 | 戊子 | 6 | 4 |
| 12 | 3/7 | 己丑 | 3 | 5 |
| 13 | 3/8 | 庚寅 | 3 | 6 |
| 14 | 3/9 | 辛卯 | 3 | 7 |
| 15 | 3/10 | 壬辰 | 3 | 8 |
| 16 | 3/11 | 癸巳 | 3 | 9 |
| 17 | 3/12 | 甲午 | 1 | 1 |
| 18 | 3/13 | 乙未 | 1 | 2 |
| 19 | 3/14 | 丙申 | 1 | 3 |
| 20 | 3/15 | 丁酉 | 1 | 4 |
| 21 | 3/16 | 戊戌 | 1 | 5 |
| 22 | 3/17 | 己亥 | 7 | 6 |
| 23 | 3/18 | 庚子 | 7 | 7 |
| 24 | 3/19 | 辛丑 | 7 | 8 |
| 25 | 3/20 | 壬寅 | 7 | 9 |
| 26 | 3/21 | 癸卯 | 7 | 1 |
| 27 | 3/22 | 甲辰 | 4 | 2 |
| 28 | 3/23 | 乙巳 | 4 | 3 |
| 29 | 3/24 | 丙午 | 4 | 4 |

**正 月**　壬寅　五黃土

雨水 07時47分 廿六辰時　立春 11時45分 十一午時　奇門遁甲局數

| 農曆 | 國曆 | 干支 | 時盤 | 日盤 |
|---|---|---|---|---|
| 1 | 1/25 | 戊申 | 5 | 9 |
| 2 | 1/26 | 己酉 | 3 | 1 |
| 3 | 1/27 | 庚戌 | 3 | 2 |
| 4 | 1/28 | 辛亥 | 3 | 3 |
| 5 | 1/29 | 壬子 | 3 | 4 |
| 6 | 1/30 | 癸丑 | 3 | 5 |
| 7 | 1/31 | 甲寅 | 9 | 6 |
| 8 | 2/1 | 乙卯 | 9 | 7 |
| 9 | 2/2 | 丙辰 | 9 | 8 |
| 10 | 2/3 | 丁巳 | 9 | 9 |
| 11 | 2/4 | 戊午 | 9 | 1 |
| 12 | 2/5 | 己未 | 6 | 2 |
| 13 | 2/6 | 庚申 | 6 | 3 |
| 14 | 2/7 | 辛酉 | 6 | 4 |
| 15 | 2/8 | 壬戌 | 6 | 5 |
| 16 | 2/9 | 癸亥 | 6 | 6 |
| 17 | 2/10 | 甲子 | 8 | 7 |
| 18 | 2/11 | 乙丑 | 8 | 8 |
| 19 | 2/12 | 丙寅 | 8 | 9 |
| 20 | 2/13 | 丁卯 | 8 | 1 |
| 21 | 2/14 | 戊辰 | 8 | 2 |
| 22 | 2/15 | 己巳 | 5 | 3 |
| 23 | 2/16 | 庚午 | 5 | 4 |
| 24 | 2/17 | 辛未 | 5 | 5 |
| 25 | 2/18 | 壬申 | 5 | 6 |
| 26 | 2/19 | 癸酉 | 5 | 7 |
| 27 | 2/20 | 甲戌 | 2 | 8 |
| 28 | 2/21 | 乙亥 | 2 | 9 |
| 29 | 2/22 | 丙子 | 2 | 1 |
| 30 | 2/23 | 丁丑 | 2 | 2 |

# 西元1982年（壬戌）肖狗 民國71年（女乾命）

奇門遁甲局數如標示為 一 ～九表示陰局　　如標示為1 ～9 表示陽局

| 十二月 | | | | |
|---|---|---|---|---|
| 癸丑 | | | | |
| 三碧木 | | | | |
| 立春 17時40分 廿二酉時 | | 大寒 23時17分 初七子時 | 奇門遁甲局數 | |
| 農曆 | 國曆 | 干支 | 時盤 | 日盤 |
| 1 | 1/14 | 壬寅 | 8 | 3 |
| 2 | 1/15 | 癸卯 | 8 | 4 |
| 3 | 1/16 | 甲辰 | 5 | 5 |
| 4 | 1/17 | 乙巳 | 5 | 6 |
| 5 | 1/18 | 丙午 | 5 | 7 |
| 6 | 1/19 | 丁未 | 5 | 8 |
| 7 | 1/20 | 戊申 | 5 | 9 |
| 8 | 1/21 | 己酉 | 3 | 1 |
| 9 | 1/22 | 庚戌 | 3 | 2 |
| 10 | 1/23 | 辛亥 | 3 | 3 |
| 11 | 1/24 | 壬子 | 3 | 4 |
| 12 | 1/25 | 癸丑 | 3 | 5 |
| 13 | 1/26 | 甲寅 | 9 | 6 |
| 14 | 1/27 | 乙卯 | 9 | 7 |
| 15 | 1/28 | 丙辰 | 9 | 8 |
| 16 | 1/29 | 丁巳 | 9 | 9 |
| 17 | 1/30 | 戊午 | 9 | 1 |
| 18 | 1/31 | 己未 | 6 | 2 |
| 19 | 2/1 | 庚申 | 6 | 3 |
| 20 | 2/2 | 辛酉 | 6 | 4 |
| 21 | 2/3 | 壬戌 | 6 | 5 |
| 22 | 2/4 | 癸亥 | 6 | 6 |
| 23 | 2/5 | 甲子 | 8 | 7 |
| 24 | 2/6 | 乙丑 | 8 | 8 |
| 25 | 2/7 | 丙寅 | 8 | 9 |
| 26 | 2/8 | 丁卯 | 8 | 1 |
| 27 | 2/9 | 戊辰 | 8 | 2 |
| 28 | 2/10 | 己巳 | 5 | 3 |
| 29 | 2/11 | 庚午 | 5 | 4 |
| 30 | 2/12 | 辛未 | 5 | 5 |

| 十一月 | | | | |
|---|---|---|---|---|
| 壬子 | | | | |
| 四綠木 | | | | |
| 小寒 05時59分 廿三卯時 | | 冬至 12時39分 初八午時 | 奇門遁甲局數 | |
| 農曆 | 國曆 | 干支 | 時盤 | 日盤 |
| 1 | 12/15 | 壬申 | 七 | 一 |
| 2 | 12/16 | 癸酉 | 七 | 九 |
| 3 | 12/17 | 甲戌 | 一 | 八 |
| 4 | 12/18 | 乙亥 | 一 | 七 |
| 5 | 12/19 | 丙子 | 一 | 六 |
| 6 | 12/20 | 丁丑 | 一 | 五 |
| 7 | 12/21 | 戊寅 | 一 | 四 |
| 8 | 12/22 | 己卯 | 1 | 7 |
| 9 | 12/23 | 庚辰 | 1 | 8 |
| 10 | 12/24 | 辛巳 | 1 | 9 |
| 11 | 12/25 | 壬午 | 1 | 1 |
| 12 | 12/26 | 癸未 | 1 | 2 |
| 13 | 12/27 | 甲申 | 7 | 3 |
| 14 | 12/28 | 乙酉 | 7 | 4 |
| 15 | 12/29 | 丙戌 | 7 | 5 |
| 16 | 12/30 | 丁亥 | 7 | 6 |
| 17 | 12/31 | 戊子 | 7 | 7 |
| 18 | 1/1 | 己丑 | 4 | 8 |
| 19 | 1/2 | 庚寅 | 4 | 9 |
| 20 | 1/3 | 辛卯 | 4 | 1 |
| 21 | 1/4 | 壬辰 | 4 | 2 |
| 22 | 1/5 | 癸巳 | 4 | 3 |
| 23 | 1/6 | 甲午 | 2 | 4 |
| 24 | 1/7 | 乙未 | 2 | 5 |
| 25 | 1/8 | 丙申 | 2 | 6 |
| 26 | 1/9 | 丁酉 | 2 | 7 |
| 27 | 1/10 | 戊戌 | 2 | 8 |
| 28 | 1/11 | 己亥 | 8 | 9 |
| 29 | 1/12 | 庚子 | 8 | 1 |
| 30 | 1/13 | 辛丑 | 8 | 2 |

| 十　月 | | | | |
|---|---|---|---|---|
| 辛亥 | | | | |
| 五黃土 | | | | |
| 大雪 18時48分 廿三酉時 | | 小雪 23時24分 初八子時 | 奇門遁甲局數 | |
| 農曆 | 國曆 | 干支 | 時盤 | 日盤 |
| 1 | 11/15 | 壬寅 | 九 | 四 |
| 2 | 11/16 | 癸卯 | 九 | 三 |
| 3 | 11/17 | 甲辰 | 三 | 二 |
| 4 | 11/18 | 乙巳 | 三 | 一 |
| 5 | 11/19 | 丙午 | 三 | 九 |
| 6 | 11/20 | 丁未 | 三 | 八 |
| 7 | 11/21 | 戊申 | 三 | 七 |
| 8 | 11/22 | 己酉 | 五 | 六 |
| 9 | 11/23 | 庚戌 | 五 | 五 |
| 10 | 11/24 | 辛亥 | 五 | 四 |
| 11 | 11/25 | 壬子 | 五 | 三 |
| 12 | 11/26 | 癸丑 | 五 | 二 |
| 13 | 11/27 | 甲寅 | 八 | 一 |
| 14 | 11/28 | 乙卯 | 八 | 九 |
| 15 | 11/29 | 丙辰 | 八 | 八 |
| 16 | 11/30 | 丁巳 | 八 | 七 |
| 17 | 12/1 | 戊午 | 八 | 六 |
| 18 | 12/2 | 己未 | 二 | 五 |
| 19 | 12/3 | 庚申 | 二 | 四 |
| 20 | 12/4 | 辛酉 | 二 | 三 |
| 21 | 12/5 | 壬戌 | 二 | 二 |
| 22 | 12/6 | 癸亥 | 二 | 一 |
| 23 | 12/7 | 甲子 | 四 | 九 |
| 24 | 12/8 | 乙丑 | 四 | 八 |
| 25 | 12/9 | 丙寅 | 四 | 七 |
| 26 | 12/10 | 丁卯 | 四 | 六 |
| 27 | 12/11 | 戊辰 | 四 | 五 |
| 28 | 12/12 | 己巳 | 七 | 四 |
| 29 | 12/13 | 庚午 | 七 | 三 |
| 30 | 12/14 | 辛未 | 七 | 二 |

| 九　月 | | | | |
|---|---|---|---|---|
| 庚戌 | | | | |
| 六白金 | | | | |
| 立冬 02時04分 廿三丑時 | | 霜降 01時58分 初八丑時 | 奇門遁甲局數 | |
| 農曆 | 國曆 | 干支 | 時盤 | 日盤 |
| 1 | 10/17 | 癸酉 | 九 | 六 |
| 2 | 10/18 | 甲戌 | 三 | 五 |
| 3 | 10/19 | 乙亥 | 三 | 四 |
| 4 | 10/20 | 丙子 | 三 | 三 |
| 5 | 10/21 | 丁丑 | 三 | 二 |
| 6 | 10/22 | 戊寅 | 三 | 一 |
| 7 | 10/23 | 己卯 | 五 | 九 |
| 8 | 10/24 | 庚辰 | 五 | 八 |
| 9 | 10/25 | 辛巳 | 五 | 七 |
| 10 | 10/26 | 壬午 | 五 | 六 |
| 11 | 10/27 | 癸未 | 五 | 五 |
| 12 | 10/28 | 甲申 | 八 | 四 |
| 13 | 10/29 | 乙酉 | 八 | 三 |
| 14 | 10/30 | 丙戌 | 八 | 二 |
| 15 | 10/31 | 丁亥 | 八 | 一 |
| 16 | 11/1 | 戊子 | 八 | 九 |
| 17 | 11/2 | 己丑 | 二 | 八 |
| 18 | 11/3 | 庚寅 | 二 | 七 |
| 19 | 11/4 | 辛卯 | 二 | 六 |
| 20 | 11/5 | 壬辰 | 二 | 五 |
| 21 | 11/6 | 癸巳 | 二 | 四 |
| 22 | 11/7 | 甲午 | 六 | 三 |
| 23 | 11/8 | 乙未 | 六 | 二 |
| 24 | 11/9 | 丙申 | 六 | 一 |
| 25 | 11/10 | 丁酉 | 六 | 九 |
| 26 | 11/11 | 戊戌 | 六 | 八 |
| 27 | 11/12 | 己亥 | 九 | 七 |
| 28 | 11/13 | 庚子 | 九 | 六 |
| 29 | 11/14 | 辛丑 | 九 | 五 |
| | | | | |

| 八　月 | | | | |
|---|---|---|---|---|
| 己酉 | | | | |
| 七赤金 | | | | |
| 寒露 23時02分 廿二子時 | | 秋分 16時47分 初七申時 | 奇門遁甲局數 | |
| 農曆 | 國曆 | 干支 | 時盤 | 日盤 |
| 1 | 9/17 | 癸卯 | 三 | 九 |
| 2 | 9/18 | 甲辰 | 六 | 八 |
| 3 | 9/19 | 乙巳 | 六 | 七 |
| 4 | 9/20 | 丙午 | 六 | 六 |
| 5 | 9/21 | 丁未 | 六 | 五 |
| 6 | 9/22 | 戊申 | 六 | 四 |
| 7 | 9/23 | 己酉 | 七 | 三 |
| 8 | 9/24 | 庚戌 | 七 | 二 |
| 9 | 9/25 | 辛亥 | 七 | 一 |
| 10 | 9/26 | 壬子 | 七 | 九 |
| 11 | 9/27 | 癸丑 | 七 | 八 |
| 12 | 9/28 | 甲寅 | 一 | 七 |
| 13 | 9/29 | 乙卯 | 一 | 六 |
| 14 | 9/30 | 丙辰 | 一 | 五 |
| 15 | 10/1 | 丁巳 | 一 | 四 |
| 16 | 10/2 | 戊午 | 一 | 三 |
| 17 | 10/3 | 己未 | 四 | 二 |
| 18 | 10/4 | 庚申 | 四 | 一 |
| 19 | 10/5 | 辛酉 | 四 | 九 |
| 20 | 10/6 | 壬戌 | 四 | 八 |
| 21 | 10/7 | 癸亥 | 四 | 七 |
| 22 | 10/8 | 甲子 | 六 | 六 |
| 23 | 10/9 | 乙丑 | 六 | 五 |
| 24 | 10/10 | 丙寅 | 六 | 四 |
| 25 | 10/11 | 丁卯 | 六 | 三 |
| 26 | 10/12 | 戊辰 | 六 | 二 |
| 27 | 10/13 | 己巳 | 九 | 一 |
| 28 | 10/14 | 庚午 | 九 | 九 |
| 29 | 10/15 | 辛未 | 九 | 八 |
| 30 | 10/16 | 壬申 | 九 | 七 |

| 七　月 | | | | |
|---|---|---|---|---|
| 戊申 | | | | |
| 八白土 | | | | |
| 白露 07時32分 廿一辰時 | | 處暑 19時15分 初五戌時 | 奇門遁甲局數 | |
| 農曆 | 國曆 | 干支 | 時盤 | 日盤 |
| 1 | 8/19 | 甲戌 | 八 | 二 |
| 2 | 8/20 | 乙亥 | 八 | 一 |
| 3 | 8/21 | 丙子 | 八 | 九 |
| 4 | 8/22 | 丁丑 | 八 | 八 |
| 5 | 8/23 | 戊寅 | 八 | 七 |
| 6 | 8/24 | 己卯 | 一 | 六 |
| 7 | 8/25 | 庚辰 | 一 | 五 |
| 8 | 8/26 | 辛巳 | 一 | 四 |
| 9 | 8/27 | 壬午 | 一 | 三 |
| 10 | 8/28 | 癸未 | 一 | 二 |
| 11 | 8/29 | 甲申 | 四 | 一 |
| 12 | 8/30 | 乙酉 | 四 | 九 |
| 13 | 8/31 | 丙戌 | 四 | 八 |
| 14 | 9/1 | 丁亥 | 四 | 七 |
| 15 | 9/2 | 戊子 | 四 | 六 |
| 16 | 9/3 | 己丑 | 七 | 五 |
| 17 | 9/4 | 庚寅 | 七 | 四 |
| 18 | 9/5 | 辛卯 | 七 | 三 |
| 19 | 9/6 | 壬辰 | 七 | 二 |
| 20 | 9/7 | 癸巳 | 七 | 一 |
| 21 | 9/8 | 甲午 | 九 | 九 |
| 22 | 9/9 | 乙未 | 九 | 八 |
| 23 | 9/10 | 丙申 | 九 | 七 |
| 24 | 9/11 | 丁酉 | 九 | 六 |
| 25 | 9/12 | 戊戌 | 九 | 五 |
| 26 | 9/13 | 己亥 | 三 | 四 |
| 27 | 9/14 | 庚子 | 三 | 三 |
| 28 | 9/15 | 辛丑 | 三 | 二 |
| 29 | 9/16 | 壬寅 | 三 | 一 |
| | | | | |

# 西元1983年（癸亥）肖豬 民國72年（男艮命）

奇門遁甲局數如標示為 一 ～九表示陰局　　如標示為1 ～9 表示陽局

| 六月 | | | | | 五月 | | | | | 四月 | | | | | 三月 | | | | | 二月 | | | | | 正月 | | | | |
|---|---|---|---|---|---|---|---|---|---|---|---|---|---|---|---|---|---|---|---|---|---|---|---|---|---|---|---|---|---|
| 己未 | | | | | 戊午 | | | | | 丁巳 | | | | | 丙辰 | | | | | 乙卯 | | | | | 甲寅 | | | | |
| 六白金 | | | | | 七赤金 | | | | | 八白土 | | | | | 九紫火 | | | | | 一白水 | | | | | 二黑土 | | | | |
| 立秋 10時30分 三十巳時 | | 大暑 18時04分 十四酉時 | 奇門遁甲局數 | | 小暑 00時43分 廿八子時 | | 夏至 07時09分 十二辰時 | 奇門遁甲局數 | | 芒種 14時27分 廿五未時 | | 小滿 23時08分 初九子時 | 奇門遁甲局數 | | 立夏 10時12分 廿四巳時 | | 穀雨 23時52分 初八子時 | 奇門遁甲局數 | | 清明 16時44分 廿二申時 | | 春分 12時38分 初七午時 | 奇門遁甲局數 | | 驚蟄 11時47分 廿二午時 | | 雨水 13時31分 初七未時 | 奇門遁甲局數 | |
| 農曆 | 國曆 | 干支 | 時盤 | 日盤 | 農曆 | 國曆 | 干支 | 時盤 | 日盤 | 農曆 | 國曆 | 干支 | 時盤 | 日盤 | 農曆 | 國曆 | 干支 | 時盤 | 日盤 | 農曆 | 國曆 | 干支 | 時盤 | 日盤 | 農曆 | 國曆 | 干支 | 時盤 | 日盤 |
| 1 | 7/10 | 己亥 | 二 | 一 | 1 | 6/11 | 庚午 | 3 | 7 | 1 | 5/13 | 辛丑 | 1 | 5 | 1 | 4/13 | 辛未 | 1 | 2 | 1 | 3/15 | 壬寅 | 7 | 9 | 1 | 2/13 | 壬申 | 5 | 6 |
| 2 | 7/11 | 庚子 | 二 | 九 | 2 | 6/12 | 辛未 | 3 | 8 | 2 | 5/14 | 壬寅 | 1 | 6 | 2 | 4/14 | 壬申 | 1 | 3 | 2 | 3/16 | 癸卯 | 7 | 1 | 2 | 2/14 | 癸酉 | 5 | 7 |
| 3 | 7/12 | 辛丑 | 二 | 八 | 3 | 6/13 | 壬申 | 3 | 9 | 3 | 5/15 | 癸卯 | 1 | 7 | 3 | 4/15 | 癸酉 | 1 | 4 | 3 | 3/17 | 甲辰 | 4 | 2 | 3 | 2/15 | 甲戌 | 2 | 8 |
| 4 | 7/13 | 壬寅 | 二 | 七 | 4 | 6/14 | 癸酉 | 3 | 1 | 4 | 5/16 | 甲辰 | 7 | 8 | 4 | 4/16 | 甲戌 | 7 | 5 | 4 | 3/18 | 乙巳 | 4 | 3 | 4 | 2/16 | 乙亥 | 2 | 9 |
| 5 | 7/14 | 癸卯 | 二 | 六 | 5 | 6/15 | 甲戌 | 9 | 2 | 5 | 5/17 | 乙巳 | 7 | 9 | 5 | 4/17 | 乙亥 | 7 | 6 | 5 | 3/19 | 丙午 | 4 | 4 | 5 | 2/17 | 丙子 | 2 | 1 |
| 6 | 7/15 | 甲辰 | 五 | 五 | 6 | 6/16 | 乙亥 | 9 | 3 | 6 | 5/18 | 丙午 | 7 | 1 | 6 | 4/18 | 丙子 | 7 | 7 | 6 | 3/20 | 丁未 | 4 | 5 | 6 | 2/18 | 丁丑 | 2 | 2 |
| 7 | 7/16 | 乙巳 | 五 | 四 | 7 | 6/17 | 丙子 | 9 | 4 | 7 | 5/19 | 丁未 | 7 | 2 | 7 | 4/19 | 丁丑 | 7 | 8 | 7 | 3/21 | 戊申 | 4 | 6 | 7 | 2/19 | 戊寅 | 2 | 3 |
| 8 | 7/17 | 丙午 | 五 | 三 | 8 | 6/18 | 丁丑 | 9 | 5 | 8 | 5/20 | 戊申 | 7 | 3 | 8 | 4/20 | 戊寅 | 7 | 9 | 8 | 3/22 | 己酉 | 3 | 7 | 8 | 2/20 | 己卯 | 9 | 4 |
| 9 | 7/18 | 丁未 | 五 | 二 | 9 | 6/19 | 戊寅 | 9 | 6 | 9 | 5/21 | 己酉 | 5 | 4 | 9 | 4/21 | 己卯 | 5 | 1 | 9 | 3/23 | 庚戌 | 3 | 8 | 9 | 2/21 | 庚辰 | 9 | 5 |
| 10 | 7/19 | 戊申 | 五 | 一 | 10 | 6/20 | 己卯 | 九 | 7 | 10 | 5/22 | 庚戌 | 5 | 5 | 10 | 4/22 | 庚辰 | 5 | 2 | 10 | 3/24 | 辛亥 | 3 | 9 | 10 | 2/22 | 辛巳 | 9 | 6 |
| 11 | 7/20 | 己酉 | 七 | 九 | 11 | 6/21 | 庚辰 | 九 | 8 | 11 | 5/23 | 辛亥 | 5 | 6 | 11 | 4/23 | 辛巳 | 5 | 3 | 11 | 3/25 | 壬子 | 3 | 1 | 11 | 2/23 | 壬午 | 9 | 7 |
| 12 | 7/21 | 庚戌 | 七 | 八 | 12 | 6/22 | 辛巳 | 九 | 一 | 12 | 5/24 | 壬子 | 5 | 7 | 12 | 4/24 | 壬午 | 5 | 4 | 12 | 3/26 | 癸丑 | 3 | 2 | 12 | 2/24 | 癸未 | 9 | 8 |
| 13 | 7/22 | 辛亥 | 七 | 七 | 13 | 6/23 | 壬午 | 九 | 九 | 13 | 5/25 | 癸丑 | 5 | 8 | 13 | 4/25 | 癸未 | 5 | 5 | 13 | 3/27 | 甲寅 | 9 | 3 | 13 | 2/25 | 甲申 | 6 | 9 |
| 14 | 7/23 | 壬子 | 七 | 六 | 14 | 6/24 | 癸未 | 九 | 八 | 14 | 5/26 | 甲寅 | 2 | 9 | 14 | 4/26 | 甲申 | 2 | 6 | 14 | 3/28 | 乙卯 | 9 | 4 | 14 | 2/26 | 乙酉 | 6 | 1 |
| 15 | 7/24 | 癸丑 | 七 | 五 | 15 | 6/25 | 甲申 | 三 | 七 | 15 | 5/27 | 乙卯 | 2 | 1 | 15 | 4/27 | 乙酉 | 2 | 7 | 15 | 3/29 | 丙辰 | 9 | 5 | 15 | 2/27 | 丙戌 | 6 | 2 |
| 16 | 7/25 | 甲寅 | 一 | 四 | 16 | 6/26 | 乙酉 | 三 | 六 | 16 | 5/28 | 丙辰 | 2 | 2 | 16 | 4/28 | 丙戌 | 2 | 8 | 16 | 3/30 | 丁巳 | 9 | 6 | 16 | 2/28 | 丁亥 | 6 | 3 |
| 17 | 7/26 | 乙卯 | 一 | 三 | 17 | 6/27 | 丙戌 | 三 | 五 | 17 | 5/29 | 丁巳 | 2 | 3 | 17 | 4/29 | 丁亥 | 2 | 9 | 17 | 3/31 | 戊午 | 9 | 7 | 17 | 3/1 | 戊子 | 6 | 4 |
| 18 | 7/27 | 丙辰 | 一 | 二 | 18 | 6/28 | 丁亥 | 三 | 四 | 18 | 5/30 | 戊午 | 2 | 4 | 18 | 4/30 | 戊子 | 2 | 1 | 18 | 4/1 | 己未 | 6 | 8 | 18 | 3/2 | 己丑 | 3 | 5 |
| 19 | 7/28 | 丁巳 | 一 | 一 | 19 | 6/29 | 戊子 | 三 | 三 | 19 | 5/31 | 己未 | 8 | 5 | 19 | 5/1 | 己丑 | 8 | 2 | 19 | 4/2 | 庚申 | 6 | 9 | 19 | 3/3 | 庚寅 | 3 | 6 |
| 20 | 7/29 | 戊午 | 一 | 九 | 20 | 6/30 | 己丑 | 六 | 二 | 20 | 6/1 | 庚申 | 8 | 6 | 20 | 5/2 | 庚寅 | 8 | 3 | 20 | 4/3 | 辛酉 | 6 | 1 | 20 | 3/4 | 辛卯 | 3 | 7 |
| 21 | 7/30 | 己未 | 四 | 八 | 21 | 7/1 | 庚寅 | 六 | 一 | 21 | 6/2 | 辛酉 | 8 | 7 | 21 | 5/3 | 辛卯 | 8 | 4 | 21 | 4/4 | 壬戌 | 6 | 2 | 21 | 3/5 | 壬辰 | 3 | 8 |
| 22 | 7/31 | 庚申 | 四 | 七 | 22 | 7/2 | 辛卯 | 六 | 九 | 22 | 6/3 | 壬戌 | 8 | 8 | 22 | 5/4 | 壬辰 | 8 | 5 | 22 | 4/5 | 癸亥 | 6 | 3 | 22 | 3/6 | 癸巳 | 3 | 9 |
| 23 | 8/1 | 辛酉 | 四 | 六 | 23 | 7/3 | 壬辰 | 六 | 八 | 23 | 6/4 | 癸亥 | 8 | 9 | 23 | 5/5 | 癸巳 | 8 | 6 | 23 | 4/6 | 甲子 | 4 | 4 | 23 | 3/7 | 甲午 | 1 | 1 |
| 24 | 8/2 | 壬戌 | 四 | 五 | 24 | 7/4 | 癸巳 | 六 | 七 | 24 | 6/5 | 甲子 | 6 | 1 | 24 | 5/6 | 甲午 | 4 | 7 | 24 | 4/7 | 乙丑 | 4 | 5 | 24 | 3/8 | 乙未 | 1 | 2 |
| 25 | 8/3 | 癸亥 | 四 | 四 | 25 | 7/5 | 甲午 | 八 | 六 | 25 | 6/6 | 乙丑 | 6 | 2 | 25 | 5/7 | 乙未 | 4 | 8 | 25 | 4/8 | 丙寅 | 4 | 6 | 25 | 3/9 | 丙申 | 1 | 3 |
| 26 | 8/4 | 甲子 | 二 | 三 | 26 | 7/6 | 乙未 | 八 | 五 | 26 | 6/7 | 丙寅 | 6 | 3 | 26 | 5/8 | 丙申 | 4 | 9 | 26 | 4/9 | 丁卯 | 4 | 7 | 26 | 3/10 | 丁酉 | 1 | 4 |
| 27 | 8/5 | 乙丑 | 二 | 二 | 27 | 7/7 | 丙申 | 八 | 四 | 27 | 6/8 | 丁卯 | 6 | 4 | 27 | 5/9 | 丁酉 | 4 | 1 | 27 | 4/10 | 戊辰 | 4 | 8 | 27 | 3/11 | 戊戌 | 1 | 5 |
| 28 | 8/6 | 丙寅 | 二 | 一 | 28 | 7/8 | 丁酉 | 八 | 三 | 28 | 6/9 | 戊辰 | 6 | 5 | 28 | 5/10 | 戊戌 | 4 | 2 | 28 | 4/11 | 己巳 | 1 | 9 | 28 | 3/12 | 己亥 | 7 | 6 |
| 29 | 8/7 | 丁卯 | 二 | 九 | 29 | 7/9 | 戊戌 | 八 | 二 | 29 | 6/10 | 己巳 | 3 | 6 | 29 | 5/11 | 己亥 | 1 | 3 | 29 | 4/12 | 庚午 | 1 | 1 | 29 | 3/13 | 庚子 | 7 | 7 |
| 30 | 8/8 | 戊辰 | 二 | 八 | | | | | | | | | | | 30 | 5/12 | 庚子 | 1 | 4 | | | | | | 30 | 3/14 | 辛丑 | 7 | 8 |

# 西元1983年（癸亥）肖豬 民國72年（女兌命）

奇門遁甲局數如標示為 一 ～九表示陰局　　如標示為1 ～9 表示陽局

| 十二月 | | | | | 十一月 | | | | | 十　月 | | | | | 九　月 | | | | | 八　月 | | | | | 七　月 | | | | |
|---|---|---|---|---|---|---|---|---|---|---|---|---|---|---|---|---|---|---|---|---|---|---|---|---|---|---|---|---|---|
| 乙丑 | | | | | 甲子 | | | | | 癸亥 | | | | | 壬戌 | | | | | 辛酉 | | | | | 庚申 | | | | |
| 九紫火 | | | | | 一白水 | | | | | 二黑土 | | | | | 三碧木 | | | | | 四綠木 | | | | | 五黃土 | | | | |
| 大寒 05時06分 十九卯時 | | 小寒 11時42分 初四午時 | 奇門遁甲局數 | | 冬至 18時30分 十九酉時 | | 大雪 00時34分 初五子時 | 奇門遁甲局數 | | 小雪 05時19分 十九卯時 | | 立冬 07時52分 初四辰時 | 奇門遁甲局數 | | 霜降 07時56分 十九辰時 | | 寒露 04時51分 初四寅時 | 奇門遁甲局數 | | 秋分 22時41分 十七亥時 | | 白露 13時20分 初二未時 | 奇門遁甲局數 | | 處暑 01時08分 十六丑時 | | | 奇門遁甲局數 | |
| 農曆 | 國曆 | 干支 | 時盤 | 日盤 | 農曆 | 國曆 | 干支 | 時盤 | 日盤 | 農曆 | 國曆 | 干支 | 時盤 | 日盤 | 農曆 | 國曆 | 干支 | 時盤 | 日盤 | 農曆 | 國曆 | 干支 | 時盤 | 日盤 | 農曆 | 國曆 | 干支 | 時盤 | 日盤 |
| 1 | 1/3 | 丙申 | 2 | 6 | 1 | 12/4 | 丙寅 | 四 | 七 | 1 | 11/5 | 丁酉 | 六 | 九 | 1 | 10/6 | 丁卯 | 六 | 三 | 1 | 9/7 | 戊戌 | 九 | 五 | 1 | 8/9 | 己巳 | 五 | 七 |
| 2 | 1/4 | 丁酉 | 2 | 7 | 2 | 12/5 | 丁卯 | 四 | 六 | 2 | 11/6 | 戊戌 | 六 | 八 | 2 | 10/7 | 戊辰 | 六 | 二 | 2 | 9/8 | 己亥 | 三 | 四 | 2 | 8/10 | 庚午 | 五 | 六 |
| 3 | 1/5 | 戊戌 | 2 | 8 | 3 | 12/6 | 戊辰 | 四 | 五 | 3 | 11/7 | 己亥 | 九 | 七 | 3 | 10/8 | 己巳 | 九 | 一 | 3 | 9/9 | 庚子 | 三 | 三 | 3 | 8/11 | 辛未 | 五 | 五 |
| 4 | 1/6 | 己亥 | 8 | 9 | 4 | 12/7 | 己巳 | 七 | 四 | 4 | 11/8 | 庚子 | 九 | 六 | 4 | 10/9 | 庚午 | 九 | 九 | 4 | 9/10 | 辛丑 | 三 | 二 | 4 | 8/12 | 壬申 | 五 | 四 |
| 5 | 1/7 | 庚子 | 8 | 1 | 5 | 12/8 | 庚午 | 七 | 三 | 5 | 11/9 | 辛丑 | 九 | 五 | 5 | 10/10 | 辛未 | 九 | 八 | 5 | 9/11 | 壬寅 | 三 | 一 | 5 | 8/13 | 癸酉 | 五 | 三 |
| 6 | 1/8 | 辛丑 | 8 | 2 | 6 | 12/9 | 辛未 | 七 | 二 | 6 | 11/10 | 壬寅 | 九 | 四 | 6 | 10/11 | 壬申 | 九 | 七 | 6 | 9/12 | 癸卯 | 三 | 九 | 6 | 8/14 | 甲戌 | 八 | 二 |
| 7 | 1/9 | 壬寅 | 8 | 3 | 7 | 12/10 | 壬申 | 七 | 一 | 7 | 11/11 | 癸卯 | 九 | 三 | 7 | 10/12 | 癸酉 | 九 | 六 | 7 | 9/13 | 甲辰 | 六 | 八 | 7 | 8/15 | 乙亥 | 八 | 一 |
| 8 | 1/10 | 癸卯 | 8 | 4 | 8 | 12/11 | 癸酉 | 七 | 九 | 8 | 11/12 | 甲辰 | 三 | 二 | 8 | 10/13 | 甲戌 | 三 | 五 | 8 | 9/14 | 乙巳 | 六 | 七 | 8 | 8/16 | 丙子 | 八 | 九 |
| 9 | 1/11 | 甲辰 | 5 | 5 | 9 | 12/12 | 甲戌 | 一 | 八 | 9 | 11/13 | 乙巳 | 三 | 一 | 9 | 10/14 | 乙亥 | 三 | 四 | 9 | 9/15 | 丙午 | 六 | 六 | 9 | 8/17 | 丁丑 | 八 | 八 |
| 10 | 1/12 | 乙巳 | 5 | 6 | 10 | 12/13 | 乙亥 | 一 | 七 | 10 | 11/14 | 丙午 | 三 | 九 | 10 | 10/15 | 丙子 | 三 | 三 | 10 | 9/16 | 丁未 | 六 | 五 | 10 | 8/18 | 戊寅 | 八 | 七 |
| 11 | 1/13 | 丙午 | 5 | 7 | 11 | 12/14 | 丙子 | 一 | 六 | 11 | 11/15 | 丁未 | 三 | 八 | 11 | 10/16 | 丁丑 | 三 | 二 | 11 | 9/17 | 戊申 | 六 | 四 | 11 | 8/19 | 己卯 | 一 | 六 |
| 12 | 1/14 | 丁未 | 5 | 8 | 12 | 12/15 | 丁丑 | 一 | 五 | 12 | 11/16 | 戊申 | 三 | 七 | 12 | 10/17 | 戊寅 | 三 | 一 | 12 | 9/18 | 己酉 | 七 | 三 | 12 | 8/20 | 庚辰 | 一 | 五 |
| 13 | 1/15 | 戊申 | 5 | 9 | 13 | 12/16 | 戊寅 | 一 | 四 | 13 | 11/17 | 己酉 | 五 | 六 | 13 | 10/18 | 己卯 | 五 | 九 | 13 | 9/19 | 庚戌 | 七 | 二 | 13 | 8/21 | 辛巳 | 一 | 四 |
| 14 | 1/16 | 己酉 | 3 | 1 | 14 | 12/17 | 己卯 | 1 | 三 | 14 | 11/18 | 庚戌 | 五 | 五 | 14 | 10/19 | 庚辰 | 五 | 八 | 14 | 9/20 | 辛亥 | 七 | 一 | 14 | 8/22 | 壬午 | 一 | 三 |
| 15 | 1/17 | 庚戌 | 3 | 2 | 15 | 12/18 | 庚辰 | 1 | 二 | 15 | 11/19 | 辛亥 | 五 | 四 | 15 | 10/20 | 辛巳 | 五 | 七 | 15 | 9/21 | 壬子 | 七 | 九 | 15 | 8/23 | 癸未 | 一 | 二 |
| 16 | 1/18 | 辛亥 | 3 | 3 | 16 | 12/19 | 辛巳 | 1 | 一 | 16 | 11/20 | 壬子 | 五 | 三 | 16 | 10/21 | 壬午 | 五 | 六 | 16 | 9/22 | 癸丑 | 七 | 八 | 16 | 8/24 | 甲申 | 四 | 一 |
| 17 | 1/19 | 壬子 | 3 | 4 | 17 | 12/20 | 壬午 | 1 | 九 | 17 | 11/21 | 癸丑 | 五 | 二 | 17 | 10/22 | 癸未 | 五 | 五 | 17 | 9/23 | 甲寅 | 一 | 七 | 17 | 8/25 | 乙酉 | 四 | 九 |
| 18 | 1/20 | 癸丑 | 3 | 5 | 18 | 12/21 | 癸未 | 1 | 八 | 18 | 11/22 | 甲寅 | 八 | 一 | 18 | 10/23 | 甲申 | 八 | 四 | 18 | 9/24 | 乙卯 | 一 | 六 | 18 | 8/26 | 丙戌 | 四 | 八 |
| 19 | 1/21 | 甲寅 | 9 | 6 | 19 | 12/22 | 甲申 | 7 | 3 | 19 | 11/23 | 乙卯 | 八 | 九 | 19 | 10/24 | 乙酉 | 八 | 三 | 19 | 9/25 | 丙辰 | 一 | 五 | 19 | 8/27 | 丁亥 | 四 | 七 |
| 20 | 1/22 | 乙卯 | 9 | 7 | 20 | 12/23 | 乙酉 | 7 | 4 | 20 | 11/24 | 丙辰 | 八 | 八 | 20 | 10/25 | 丙戌 | 八 | 二 | 20 | 9/26 | 丁巳 | 一 | 四 | 20 | 8/28 | 戊子 | 四 | 六 |
| 21 | 1/23 | 丙辰 | 9 | 8 | 21 | 12/24 | 丙戌 | 7 | 5 | 21 | 11/25 | 丁巳 | 八 | 七 | 21 | 10/26 | 丁亥 | 八 | 一 | 21 | 9/27 | 戊午 | 一 | 三 | 21 | 8/29 | 己丑 | 七 | 五 |
| 22 | 1/24 | 丁巳 | 9 | 9 | 22 | 12/25 | 丁亥 | 7 | 6 | 22 | 11/26 | 戊午 | 八 | 六 | 22 | 10/27 | 戊子 | 八 | 九 | 22 | 9/28 | 己未 | 四 | 二 | 22 | 8/30 | 庚寅 | 七 | 四 |
| 23 | 1/25 | 戊午 | 9 | 1 | 23 | 12/26 | 戊子 | 7 | 7 | 23 | 11/27 | 己未 | 二 | 五 | 23 | 10/28 | 己丑 | 二 | 八 | 23 | 9/29 | 庚申 | 四 | 一 | 23 | 8/31 | 辛卯 | 七 | 三 |
| 24 | 1/26 | 己未 | 6 | 2 | 24 | 12/27 | 己丑 | 4 | 8 | 24 | 11/28 | 庚申 | 二 | 四 | 24 | 10/29 | 庚寅 | 二 | 七 | 24 | 9/30 | 辛酉 | 四 | 九 | 24 | 9/1 | 壬辰 | 七 | 二 |
| 25 | 1/27 | 庚申 | 6 | 3 | 25 | 12/28 | 庚寅 | 4 | 9 | 25 | 11/29 | 辛酉 | 二 | 三 | 25 | 10/30 | 辛卯 | 二 | 六 | 25 | 10/1 | 壬戌 | 四 | 八 | 25 | 9/2 | 癸巳 | 七 | 一 |
| 26 | 1/28 | 辛酉 | 6 | 4 | 26 | 12/29 | 辛卯 | 4 | 1 | 26 | 11/30 | 壬戌 | 二 | 二 | 26 | 10/31 | 壬辰 | 二 | 五 | 26 | 10/2 | 癸亥 | 四 | 七 | 26 | 9/3 | 甲午 | 九 | 九 |
| 27 | 1/29 | 壬戌 | 6 | 5 | 27 | 12/30 | 壬辰 | 4 | 2 | 27 | 12/1 | 癸亥 | 二 | 一 | 27 | 11/1 | 癸巳 | 二 | 四 | 27 | 10/3 | 甲子 | 六 | 六 | 27 | 9/4 | 乙未 | 九 | 八 |
| 28 | 1/30 | 癸亥 | 6 | 6 | 28 | 12/31 | 癸巳 | 4 | 3 | 28 | 12/2 | 甲子 | 四 | 九 | 28 | 11/2 | 甲午 | 六 | 三 | 28 | 10/4 | 乙丑 | 六 | 五 | 28 | 9/5 | 丙申 | 九 | 七 |
| 29 | 1/31 | 甲子 | 8 | 7 | 29 | 1/1 | 甲午 | 2 | 4 | 29 | 12/3 | 乙丑 | 四 | 八 | 29 | 11/3 | 乙未 | 六 | 二 | 29 | 10/5 | 丙寅 | 六 | 四 | 29 | 9/6 | 丁酉 | 九 | 六 |
| 30 | 2/1 | 乙丑 | 8 | 8 | 30 | 1/2 | 乙未 | 2 | 5 | | | | | | 30 | 11/4 | 丙申 | 六 | 一 | | | | | | | | | | |

# 西元1984年（甲子）肖鼠 民國73年（男兌命）

奇門遁甲局數如標示為 一 ～九表示陰局　　如標示為1 ～9 表示陽局

| 六月 | | | | | 五月 | | | | | 四月 | | | | | 三月 | | | | | 二月 | | | | | 正月 | | | | |
|---|---|---|---|---|---|---|---|---|---|---|---|---|---|---|---|---|---|---|---|---|---|---|---|---|---|---|---|---|---|
| 辛未 | | | | | 庚午 | | | | | 己巳 | | | | | 戊辰 | | | | | 丁卯 | | | | | 丙寅 | | | | |
| 三碧木 | | | | | 四綠木 | | | | | 五黃土 | | | | | 六白金 | | | | | 七赤金 | | | | | 八白土 | | | | |
| 大暑 23時58分 廿四子時 | | 小暑 06時29分 初九卯時 | 奇門遁甲局數 | | 夏至 13時03分 廿二未時 | | 芒種 20時09分 初六戌時 | 奇門遁甲局數 | | 小滿 04時58分 廿一寅時 | | 立夏 15時52分 初五申時 | 奇門遁甲局數 | | 穀雨 05時38分 二十卯時 | | 清明 22時23分 初四亥時 | 奇門遁甲局數 | | 春分 18時25分 十八酉時 | | 驚蟄 17時26分 初三酉時 | 奇門遁甲局數 | | 雨水 19時16分 十八戌時 | | 立春 23時20分 初三子時 | 奇門遁甲局數 | |
| 農曆 | 國曆 | 干支 | 時盤 | 日盤 | 農曆 | 國曆 | 干支 | 時盤 | 日盤 | 農曆 | 國曆 | 干支 | 時盤 | 日盤 | 農曆 | 國曆 | 干支 | 時盤 | 日盤 | 農曆 | 國曆 | 干支 | 時盤 | 日盤 | 農曆 | 國曆 | 干支 | 時盤 | 日盤 |
| 1 | 6/29 | 甲午 | 八 | 六 | 1 | 5/31 | 乙丑 | 6 | 2 | 1 | 5/1 | 乙未 | 4 | 8 | 1 | 4/1 | 乙丑 | 4 | 5 | 1 | 3/3 | 丙申 | 1 | 3 | 1 | 2/2 | 丙寅 | 8 | 9 |
| 2 | 6/30 | 乙未 | 八 | 五 | 2 | 6/1 | 丙寅 | 6 | 3 | 2 | 5/2 | 丙申 | 4 | 9 | 2 | 4/2 | 丙寅 | 4 | 6 | 2 | 3/4 | 丁酉 | 1 | 4 | 2 | 2/3 | 丁卯 | 8 | 1 |
| 3 | 7/1 | 丙申 | 八 | 四 | 3 | 6/2 | 丁卯 | 6 | 4 | 3 | 5/3 | 丁酉 | 4 | 1 | 3 | 4/3 | 丁卯 | 4 | 7 | 3 | 3/5 | 戊戌 | 1 | 5 | 3 | 2/4 | 戊辰 | 8 | 2 |
| 4 | 7/2 | 丁酉 | 八 | 三 | 4 | 6/3 | 戊辰 | 6 | 5 | 4 | 5/4 | 戊戌 | 4 | 2 | 4 | 4/4 | 戊辰 | 4 | 8 | 4 | 3/6 | 己亥 | 7 | 6 | 4 | 2/5 | 己巳 | 5 | 3 |
| 5 | 7/3 | 戊戌 | 八 | 二 | 5 | 6/4 | 己巳 | 3 | 6 | 5 | 5/5 | 己亥 | 1 | 3 | 5 | 4/5 | 己巳 | 1 | 9 | 5 | 3/7 | 庚子 | 7 | 7 | 5 | 2/6 | 庚午 | 5 | 4 |
| 6 | 7/4 | 己亥 | 二 | 一 | 6 | 6/5 | 庚午 | 3 | 7 | 6 | 5/6 | 庚子 | 1 | 4 | 6 | 4/6 | 庚午 | 1 | 1 | 6 | 3/8 | 辛丑 | 7 | 8 | 6 | 2/7 | 辛未 | 5 | 5 |
| 7 | 7/5 | 庚子 | 二 | 九 | 7 | 6/6 | 辛未 | 3 | 8 | 7 | 5/7 | 辛丑 | 1 | 5 | 7 | 4/7 | 辛未 | 1 | 2 | 7 | 3/9 | 壬寅 | 7 | 9 | 7 | 2/8 | 壬申 | 5 | 6 |
| 8 | 7/6 | 辛丑 | 二 | 八 | 8 | 6/7 | 壬申 | 3 | 9 | 8 | 5/8 | 壬寅 | 1 | 6 | 8 | 4/8 | 壬申 | 1 | 3 | 8 | 3/10 | 癸卯 | 7 | 1 | 8 | 2/9 | 癸酉 | 5 | 7 |
| 9 | 7/7 | 壬寅 | 二 | 七 | 9 | 6/8 | 癸酉 | 3 | 1 | 9 | 5/9 | 癸卯 | 1 | 7 | 9 | 4/9 | 癸酉 | 1 | 4 | 9 | 3/11 | 甲辰 | 4 | 2 | 9 | 2/10 | 甲戌 | 2 | 8 |
| 10 | 7/8 | 癸卯 | 二 | 六 | 10 | 6/9 | 甲戌 | 9 | 2 | 10 | 5/10 | 甲辰 | 7 | 8 | 10 | 4/10 | 甲戌 | 7 | 5 | 10 | 3/12 | 乙巳 | 4 | 3 | 10 | 2/11 | 乙亥 | 2 | 9 |
| 11 | 7/9 | 甲辰 | 五 | 五 | 11 | 6/10 | 乙亥 | 9 | 3 | 11 | 5/11 | 乙巳 | 7 | 9 | 11 | 4/11 | 乙亥 | 7 | 6 | 11 | 3/13 | 丙午 | 4 | 4 | 11 | 2/12 | 丙子 | 2 | 1 |
| 12 | 7/10 | 乙巳 | 五 | 四 | 12 | 6/11 | 丙子 | 9 | 4 | 12 | 5/12 | 丙午 | 7 | 1 | 12 | 4/12 | 丙子 | 7 | 7 | 12 | 3/14 | 丁未 | 4 | 5 | 12 | 2/13 | 丁丑 | 2 | 2 |
| 13 | 7/11 | 丙午 | 五 | 三 | 13 | 6/12 | 丁丑 | 9 | 5 | 13 | 5/13 | 丁未 | 7 | 2 | 13 | 4/13 | 丁丑 | 7 | 8 | 13 | 3/15 | 戊申 | 4 | 6 | 13 | 2/14 | 戊寅 | 2 | 3 |
| 14 | 7/12 | 丁未 | 五 | 二 | 14 | 6/13 | 戊寅 | 9 | 6 | 14 | 5/14 | 戊申 | 7 | 3 | 14 | 4/14 | 戊寅 | 7 | 9 | 14 | 3/16 | 己酉 | 3 | 7 | 14 | 2/15 | 己卯 | 9 | 4 |
| 15 | 7/13 | 戊申 | 五 | 一 | 15 | 6/14 | 己卯 | 九 | 7 | 15 | 5/15 | 己酉 | 5 | 4 | 15 | 4/15 | 己卯 | 5 | 1 | 15 | 3/17 | 庚戌 | 3 | 8 | 15 | 2/16 | 庚辰 | 9 | 5 |
| 16 | 7/14 | 己酉 | 七 | 九 | 16 | 6/15 | 庚辰 | 九 | 8 | 16 | 5/16 | 庚戌 | 5 | 5 | 16 | 4/16 | 庚辰 | 5 | 2 | 16 | 3/18 | 辛亥 | 3 | 9 | 16 | 2/17 | 辛巳 | 9 | 6 |
| 17 | 7/15 | 庚戌 | 七 | 八 | 17 | 6/16 | 辛巳 | 九 | 9 | 17 | 5/17 | 辛亥 | 5 | 6 | 17 | 4/17 | 辛巳 | 5 | 3 | 17 | 3/19 | 壬子 | 3 | 1 | 17 | 2/18 | 壬午 | 9 | 7 |
| 18 | 7/16 | 辛亥 | 七 | 七 | 18 | 6/17 | 壬午 | 九 | 1 | 18 | 5/18 | 壬子 | 5 | 7 | 18 | 4/18 | 壬午 | 5 | 4 | 18 | 3/20 | 癸丑 | 3 | 2 | 18 | 2/19 | 癸未 | 9 | 8 |
| 19 | 7/17 | 壬子 | 七 | 六 | 19 | 6/18 | 癸未 | 九 | 2 | 19 | 5/19 | 癸丑 | 5 | 8 | 19 | 4/19 | 癸未 | 5 | 5 | 19 | 3/21 | 甲寅 | 9 | 3 | 19 | 2/20 | 甲申 | 6 | 9 |
| 20 | 7/18 | 癸丑 | 七 | 五 | 20 | 6/19 | 甲申 | 三 | 3 | 20 | 5/20 | 甲寅 | 2 | 9 | 20 | 4/20 | 甲申 | 2 | 6 | 20 | 3/22 | 乙卯 | 9 | 4 | 20 | 2/21 | 乙酉 | 6 | 1 |
| 21 | 7/19 | 甲寅 | 一 | 四 | 21 | 6/20 | 乙酉 | 三 | 4 | 21 | 5/21 | 乙卯 | 2 | 1 | 21 | 4/21 | 乙酉 | 2 | 7 | 21 | 3/23 | 丙辰 | 9 | 5 | 21 | 2/22 | 丙戌 | 6 | 2 |
| 22 | 7/20 | 乙卯 | 一 | 三 | 22 | 6/21 | 丙戌 | 三 | 五 | 22 | 5/22 | 丙辰 | 2 | 2 | 22 | 4/22 | 丙戌 | 2 | 8 | 22 | 3/24 | 丁巳 | 9 | 6 | 22 | 2/23 | 丁亥 | 6 | 3 |
| 23 | 7/21 | 丙辰 | 一 | 二 | 23 | 6/22 | 丁亥 | 三 | 四 | 23 | 5/23 | 丁巳 | 2 | 3 | 23 | 4/23 | 丁亥 | 2 | 9 | 23 | 3/25 | 戊午 | 9 | 7 | 23 | 2/24 | 戊子 | 6 | 4 |
| 24 | 7/22 | 丁巳 | 一 | 一 | 24 | 6/23 | 戊子 | 三 | 三 | 24 | 5/24 | 戊午 | 2 | 4 | 24 | 4/24 | 戊子 | 2 | 1 | 24 | 3/26 | 己未 | 6 | 8 | 24 | 2/25 | 己丑 | 3 | 5 |
| 25 | 7/23 | 戊午 | 一 | 九 | 25 | 6/24 | 己丑 | 六 | 二 | 25 | 5/25 | 己未 | 8 | 5 | 25 | 4/25 | 己丑 | 8 | 2 | 25 | 3/27 | 庚申 | 6 | 9 | 25 | 2/26 | 庚寅 | 3 | 6 |
| 26 | 7/24 | 己未 | 四 | 八 | 26 | 6/25 | 庚寅 | 六 | 一 | 26 | 5/26 | 庚申 | 8 | 6 | 26 | 4/26 | 庚寅 | 8 | 3 | 26 | 3/28 | 辛酉 | 6 | 1 | 26 | 2/27 | 辛卯 | 3 | 7 |
| 27 | 7/25 | 庚申 | 四 | 七 | 27 | 6/26 | 辛卯 | 六 | 九 | 27 | 5/27 | 辛酉 | 8 | 7 | 27 | 4/27 | 辛卯 | 8 | 4 | 27 | 3/29 | 壬戌 | 6 | 2 | 27 | 2/28 | 壬辰 | 3 | 8 |
| 28 | 7/26 | 辛酉 | 四 | 六 | 28 | 6/27 | 壬辰 | 六 | 八 | 28 | 5/28 | 壬戌 | 8 | 8 | 28 | 4/28 | 壬辰 | 8 | 5 | 28 | 3/30 | 癸亥 | 6 | 3 | 28 | 2/29 | 癸巳 | 3 | 9 |
| 29 | 7/27 | 壬戌 | 四 | 五 | 29 | 6/28 | 癸巳 | 六 | 七 | 29 | 5/29 | 癸亥 | 8 | 9 | 29 | 4/29 | 癸巳 | 8 | 6 | 29 | 3/31 | 甲子 | 4 | 4 | 29 | 3/1 | 甲午 | 1 | 1 |
| | | | | | | | | | | 30 | 5/30 | 甲子 | 6 | 1 | 30 | 4/30 | 甲午 | 4 | 7 | | | | | | 30 | 3/2 | 乙未 | 1 | 2 |

# 西元1984年（甲子）肖鼠 民國73年（女艮命）

奇門遁甲局數如標示為 一 ～九表示陰局　　如標示為1 ～9 表示陽局

| 十二月 | | | | | 十一月 | | | | | 潤十　月 | | | | | 十　月 | | | | | 九　月 | | | | | 八　月 | | | | | 七　月 | | | | |
|---|---|---|---|---|---|---|---|---|---|---|---|---|---|---|---|---|---|---|---|---|---|---|---|---|---|---|---|---|---|---|---|---|---|---|
| 丁丑 | | | | | 丙子 | | | | | 丙子 | | | | | 乙亥 | | | | | 甲戌 | | | | | 癸酉 | | | | | 壬申 | | | | |
| 六白金 | | | | | 七赤金 | | | | | | | | | | 八白土 | | | | | 九紫火 | | | | | 一白水 | | | | | 二黑土 | | | | |
| 雨水 01時08分 | 三十丑時 | 立春 05時12分 十五卯時 | 奇門遁甲局數 | | 大寒 10時58分 | 三十巳時 | 小寒 17時35分 十五酉時 | 奇門遁甲局數 | | 冬至 00時23分 | 初一子時 | 大雪 06時29分 十五卯時 | 奇門遁甲局數 | | 小雪 11時11分 | 三十午時 | 立冬 13時47分 十五未時 | 奇門遁甲局數 | | 霜降 13時46分 | 廿九未時 | 寒露 10時43分 十四巳時 | 奇門遁甲局數 | | 秋分 04時33分 | 廿八寅時 | 白露 19時10分 十二戌時 | 奇門遁甲局數 | | 處暑 07時01分 | 廿七辰時 | 立秋 16時19分 十一申時 | 奇門遁甲局數 | |
| 農曆 | 國曆 | 干支 | 時盤 | 日盤 | 農曆 | 國曆 | 干支 | 時盤 | 日盤 | 農曆 | 國曆 | 干支 | 時盤 | 日盤 | 農曆 | 國曆 | 干支 | 時盤 | 日盤 | 農曆 | 國曆 | 干支 | 時盤 | 日盤 | 農曆 | 國曆 | 干支 | 時盤 | 日盤 | 農曆 | 國曆 | 干支 | 時盤 | 日盤 |
| 1 | 1/21 | 庚申 | 5 | 3 | 1 | 12/22 | 庚寅 | 一 | 9 | 1 | 11/23 | 辛酉 | 二 | 三 | 1 | 10/24 | 辛卯 | 二 | 六 | 1 | 9/25 | 壬戌 | 四 | 八 | 1 | 8/27 | 癸巳 | 七 | 一 | 1 | 7/28 | 癸亥 | 四 | 四 |
| 2 | 1/22 | 辛酉 | 5 | 4 | 2 | 12/23 | 辛卯 | 一 | 1 | 2 | 11/24 | 壬戌 | 二 | 二 | 2 | 10/25 | 壬辰 | 二 | 五 | 2 | 9/26 | 癸亥 | 四 | 七 | 2 | 8/28 | 甲午 | 九 | 九 | 2 | 7/29 | 甲子 | 二 | 三 |
| 3 | 1/23 | 壬戌 | 5 | 5 | 3 | 12/24 | 壬辰 | 一 | 2 | 3 | 11/25 | 癸亥 | 二 | 一 | 3 | 10/26 | 癸巳 | 二 | 四 | 3 | 9/27 | 甲子 | 六 | 六 | 3 | 8/29 | 乙未 | 九 | 八 | 3 | 7/30 | 乙丑 | 二 | 二 |
| 4 | 1/24 | 癸亥 | 5 | 6 | 4 | 12/25 | 癸巳 | 一 | 3 | 4 | 11/26 | 甲子 | 四 | 九 | 4 | 10/27 | 甲午 | 六 | 三 | 4 | 9/28 | 乙丑 | 六 | 五 | 4 | 8/30 | 丙申 | 九 | 七 | 4 | 7/31 | 丙寅 | 二 | 一 |
| 5 | 1/25 | 甲子 | 3 | 7 | 5 | 12/26 | 甲午 | 1 | 4 | 5 | 11/27 | 乙丑 | 四 | 八 | 5 | 10/28 | 乙未 | 六 | 二 | 5 | 9/29 | 丙寅 | 六 | 四 | 5 | 8/31 | 丁酉 | 九 | 六 | 5 | 8/1 | 丁卯 | 二 | 九 |
| 6 | 1/26 | 乙丑 | 3 | 8 | 6 | 12/27 | 乙未 | 1 | 5 | 6 | 11/28 | 丙寅 | 四 | 七 | 6 | 10/29 | 丙申 | 六 | 一 | 6 | 9/30 | 丁卯 | 六 | 三 | 6 | 9/1 | 戊戌 | 九 | 五 | 6 | 8/2 | 戊辰 | 二 | 八 |
| 7 | 1/27 | 丙寅 | 3 | 9 | 7 | 12/28 | 丙申 | 1 | 6 | 7 | 11/29 | 丁卯 | 四 | 六 | 7 | 10/30 | 丁酉 | 六 | 九 | 7 | 10/1 | 戊辰 | 六 | 二 | 7 | 9/2 | 己亥 | 三 | 四 | 7 | 8/3 | 己巳 | 五 | 七 |
| 8 | 1/28 | 丁卯 | 3 | 1 | 8 | 12/29 | 丁酉 | 1 | 7 | 8 | 11/30 | 戊辰 | 四 | 五 | 8 | 10/31 | 戊戌 | 六 | 八 | 8 | 10/2 | 己巳 | 九 | 一 | 8 | 9/3 | 庚子 | 三 | 三 | 8 | 8/4 | 庚午 | 五 | 六 |
| 9 | 1/29 | 戊辰 | 3 | 2 | 9 | 12/30 | 戊戌 | 1 | 8 | 9 | 12/1 | 己巳 | 七 | 四 | 9 | 11/1 | 己亥 | 九 | 七 | 9 | 10/3 | 庚午 | 九 | 九 | 9 | 9/4 | 辛丑 | 三 | 二 | 9 | 8/5 | 辛未 | 五 | 五 |
| 10 | 1/30 | 己巳 | 9 | 3 | 10 | 12/31 | 己亥 | 7 | 9 | 10 | 12/2 | 庚午 | 七 | 三 | 10 | 11/2 | 庚子 | 九 | 六 | 10 | 10/4 | 辛未 | 九 | 八 | 10 | 9/5 | 壬寅 | 三 | 一 | 10 | 8/6 | 壬申 | 五 | 四 |
| 11 | 1/31 | 庚午 | 9 | 4 | 11 | 1/1 | 庚子 | 7 | 1 | 11 | 12/3 | 辛未 | 七 | 二 | 11 | 11/3 | 辛丑 | 九 | 五 | 11 | 10/5 | 壬申 | 九 | 七 | 11 | 9/6 | 癸卯 | 三 | 九 | 11 | 8/7 | 癸酉 | 五 | 三 |
| 12 | 2/1 | 辛未 | 9 | 5 | 12 | 1/2 | 辛丑 | 7 | 2 | 12 | 12/4 | 壬申 | 七 | 一 | 12 | 11/4 | 壬寅 | 九 | 四 | 12 | 10/6 | 癸酉 | 九 | 六 | 12 | 9/7 | 甲辰 | 六 | 八 | 12 | 8/8 | 甲戌 | 八 | 二 |
| 13 | 2/2 | 壬申 | 9 | 6 | 13 | 1/3 | 壬寅 | 7 | 3 | 13 | 12/5 | 癸酉 | 七 | 九 | 13 | 11/5 | 癸卯 | 九 | 三 | 13 | 10/7 | 甲戌 | 三 | 五 | 13 | 9/8 | 乙巳 | 六 | 七 | 13 | 8/9 | 乙亥 | 八 | 一 |
| 14 | 2/3 | 癸酉 | 9 | 7 | 14 | 1/4 | 癸卯 | 7 | 4 | 14 | 12/6 | 甲戌 | 一 | 八 | 14 | 11/6 | 甲辰 | 三 | 二 | 14 | 10/8 | 乙亥 | 三 | 四 | 14 | 9/9 | 丙午 | 六 | 六 | 14 | 8/10 | 丙子 | 八 | 九 |
| 15 | 2/4 | 甲戌 | 6 | 8 | 15 | 1/5 | 甲辰 | 4 | 5 | 15 | 12/7 | 乙亥 | 一 | 七 | 15 | 11/7 | 乙巳 | 三 | 一 | 15 | 10/9 | 丙子 | 三 | 三 | 15 | 9/10 | 丁未 | 六 | 五 | 15 | 8/11 | 丁丑 | 八 | 八 |
| 16 | 2/5 | 乙亥 | 6 | 9 | 16 | 1/6 | 乙巳 | 4 | 6 | 16 | 12/8 | 丙子 | 一 | 六 | 16 | 11/8 | 丙午 | 三 | 九 | 16 | 10/10 | 丁丑 | 三 | 二 | 16 | 9/11 | 戊申 | 六 | 四 | 16 | 8/12 | 戊寅 | 八 | 七 |
| 17 | 2/6 | 丙子 | 6 | 1 | 17 | 1/7 | 丙午 | 4 | 7 | 17 | 12/9 | 丁丑 | 一 | 五 | 17 | 11/9 | 丁未 | 三 | 八 | 17 | 10/11 | 戊寅 | 三 | 一 | 17 | 9/12 | 己酉 | 七 | 三 | 17 | 8/13 | 己卯 | 一 | 六 |
| 18 | 2/7 | 丁丑 | 6 | 2 | 18 | 1/8 | 丁未 | 4 | 8 | 18 | 12/10 | 戊寅 | 一 | 四 | 18 | 11/10 | 戊申 | 三 | 七 | 18 | 10/12 | 己卯 | 五 | 九 | 18 | 9/13 | 庚戌 | 七 | 二 | 18 | 8/14 | 庚辰 | 一 | 五 |
| 19 | 2/8 | 戊寅 | 6 | 3 | 19 | 1/9 | 戊申 | 4 | 9 | 19 | 12/11 | 己卯 | 四 | 三 | 19 | 11/11 | 己酉 | 五 | 六 | 19 | 10/13 | 庚辰 | 五 | 八 | 19 | 9/14 | 辛亥 | 七 | 一 | 19 | 8/15 | 辛巳 | 一 | 四 |
| 20 | 2/9 | 己卯 | 8 | 4 | 20 | 1/10 | 己酉 | 2 | 1 | 20 | 12/12 | 庚辰 | 四 | 二 | 20 | 11/12 | 庚戌 | 五 | 五 | 20 | 10/14 | 辛巳 | 五 | 七 | 20 | 9/15 | 壬子 | 七 | 九 | 20 | 8/16 | 壬午 | 一 | 三 |
| 21 | 2/10 | 庚辰 | 8 | 5 | 21 | 1/11 | 庚戌 | 2 | 2 | 21 | 12/13 | 辛巳 | 四 | 一 | 21 | 11/13 | 辛亥 | 五 | 四 | 21 | 10/15 | 壬午 | 五 | 六 | 21 | 9/16 | 癸丑 | 七 | 八 | 21 | 8/17 | 癸未 | 一 | 二 |
| 22 | 2/11 | 辛巳 | 8 | 6 | 22 | 1/12 | 辛亥 | 2 | 3 | 22 | 12/14 | 壬午 | 四 | 九 | 22 | 11/14 | 壬子 | 五 | 三 | 22 | 10/16 | 癸未 | 五 | 五 | 22 | 9/17 | 甲寅 | 一 | 七 | 22 | 8/18 | 甲申 | 四 | 一 |
| 23 | 2/12 | 壬午 | 8 | 7 | 23 | 1/13 | 壬子 | 2 | 4 | 23 | 12/15 | 癸未 | 四 | 八 | 23 | 11/15 | 癸丑 | 五 | 二 | 23 | 10/17 | 甲申 | 八 | 四 | 23 | 9/18 | 乙卯 | 一 | 六 | 23 | 8/19 | 乙酉 | 四 | 九 |
| 24 | 2/13 | 癸未 | 8 | 8 | 24 | 1/14 | 癸丑 | 2 | 5 | 24 | 12/16 | 甲申 | 七 | 七 | 24 | 11/16 | 甲寅 | 八 | 一 | 24 | 10/18 | 乙酉 | 八 | 三 | 24 | 9/19 | 丙辰 | 一 | 五 | 24 | 8/20 | 丙戌 | 四 | 八 |
| 25 | 2/14 | 甲申 | 5 | 9 | 25 | 1/15 | 甲寅 | 8 | 6 | 25 | 12/17 | 乙酉 | 七 | 六 | 25 | 11/17 | 乙卯 | 八 | 九 | 25 | 10/19 | 丙戌 | 八 | 二 | 25 | 9/20 | 丁巳 | 一 | 四 | 25 | 8/21 | 丁亥 | 四 | 七 |
| 26 | 2/15 | 乙酉 | 5 | 1 | 26 | 1/16 | 乙卯 | 8 | 7 | 26 | 12/18 | 丙戌 | 七 | 五 | 26 | 11/18 | 丙辰 | 八 | 八 | 26 | 10/20 | 丁亥 | 八 | 一 | 26 | 9/21 | 戊午 | 一 | 三 | 26 | 8/22 | 戊子 | 四 | 六 |
| 27 | 2/16 | 丙戌 | 5 | 2 | 27 | 1/17 | 丙辰 | 8 | 8 | 27 | 12/19 | 丁亥 | 七 | 四 | 27 | 11/19 | 丁巳 | 八 | 七 | 27 | 10/21 | 戊子 | 八 | 九 | 27 | 9/22 | 己未 | 四 | 二 | 27 | 8/23 | 己丑 | 七 | 五 |
| 28 | 2/17 | 丁亥 | 5 | 3 | 28 | 1/18 | 丁巳 | 8 | 9 | 28 | 12/20 | 戊子 | 七 | 三 | 28 | 11/20 | 戊午 | 八 | 六 | 28 | 10/22 | 己丑 | 二 | 八 | 28 | 9/23 | 庚申 | 四 | 一 | 28 | 8/24 | 庚寅 | 七 | 四 |
| 29 | 2/18 | 戊子 | 5 | 4 | 29 | 1/19 | 戊午 | 8 | 1 | 29 | 12/21 | 己丑 | 一 | 二 | 29 | 11/21 | 己未 | 二 | 五 | 29 | 10/23 | 庚寅 | 二 | 七 | 29 | 9/24 | 辛酉 | 四 | 九 | 29 | 8/25 | 辛卯 | 七 | 三 |
| 30 | 2/19 | 己丑 | 2 | 5 | 30 | 1/20 | 己未 | 5 | 2 | | | | | | 30 | 11/22 | 庚申 | 二 | 四 | | | | | | | | | | | 30 | 8/26 | 壬辰 | 七 | 二 |

# 西元1985年（乙丑）肖牛 民國74年（男乾命）

奇門遁甲局數如標示為 一 ～九表示陰局　　如標示為1 ～9 表示陽局

| 六月 | | | | |
|---|---|---|---|---|
| 癸未 | | | | |
| 九紫火 | | | | |
| 立秋 廿一亥時 22時04分 | | 大暑 初六卯時 05時37分 | 奇門遁甲局數 | |
| 農曆 | 國曆 | 干支 | 時盤 | 日盤 |
| 1 | 7/18 | 戊午 | 二 | 九 |
| 2 | 7/19 | 己未 | 五 | 八 |
| 3 | 7/20 | 庚申 | 五 | 七 |
| 4 | 7/21 | 辛酉 | 五 | 六 |
| 5 | 7/22 | 壬戌 | 五 | 五 |
| 6 | 7/23 | 癸亥 | 五 | 四 |
| 7 | 7/24 | 甲子 | 七 | 三 |
| 8 | 7/25 | 乙丑 | 七 | 二 |
| 9 | 7/26 | 丙寅 | 七 | 一 |
| 10 | 7/27 | 丁卯 | 七 | 九 |
| 11 | 7/28 | 戊辰 | 七 | 八 |
| 12 | 7/29 | 己巳 | 一 | 七 |
| 13 | 7/30 | 庚午 | 一 | 六 |
| 14 | 7/31 | 辛未 | 一 | 五 |
| 15 | 8/1 | 壬申 | 一 | 四 |
| 16 | 8/2 | 癸酉 | 一 | 三 |
| 17 | 8/3 | 甲戌 | 四 | 二 |
| 18 | 8/4 | 乙亥 | 四 | 一 |
| 19 | 8/5 | 丙子 | 四 | 九 |
| 20 | 8/6 | 丁丑 | 四 | 八 |
| 21 | 8/7 | 戊寅 | 四 | 七 |
| 22 | 8/8 | 己卯 | 二 | 六 |
| 23 | 8/9 | 庚辰 | 二 | 五 |
| 24 | 8/10 | 辛巳 | 二 | 四 |
| 25 | 8/11 | 壬午 | 二 | 三 |
| 26 | 8/12 | 癸未 | 二 | 二 |
| 27 | 8/13 | 甲申 | 五 | 一 |
| 28 | 8/14 | 乙酉 | 五 | 九 |
| 29 | 8/15 | 丙戌 | 五 | 八 |
| | | | | |

| 五月 | | | | |
|---|---|---|---|---|
| 壬午 | | | | |
| 一白水 | | | | |
| 小暑 二十午時 12時19分 | | 夏至 初四酉時 18時44分 | 奇門遁甲局數 | |
| 農曆 | 國曆 | 干支 | 時盤 | 日盤 |
| 1 | 6/18 | 戊子 | 3 | 7 |
| 2 | 6/19 | 己丑 | 9 | 8 |
| 3 | 6/20 | 庚寅 | 9 | 9 |
| 4 | 6/21 | 辛卯 | 9 | 九 |
| 5 | 6/22 | 壬辰 | 9 | 八 |
| 6 | 6/23 | 癸巳 | 9 | 七 |
| 7 | 6/24 | 甲午 | 九 | 六 |
| 8 | 6/25 | 乙未 | 九 | 五 |
| 9 | 6/26 | 丙申 | 九 | 四 |
| 10 | 6/27 | 丁酉 | 九 | 三 |
| 11 | 6/28 | 戊戌 | 九 | 二 |
| 12 | 6/29 | 己亥 | 三 | 一 |
| 13 | 6/30 | 庚子 | 三 | 九 |
| 14 | 7/1 | 辛丑 | 三 | 八 |
| 15 | 7/2 | 壬寅 | 三 | 七 |
| 16 | 7/3 | 癸卯 | 三 | 六 |
| 17 | 7/4 | 甲辰 | 六 | 五 |
| 18 | 7/5 | 乙巳 | 六 | 四 |
| 19 | 7/6 | 丙午 | 六 | 三 |
| 20 | 7/7 | 丁未 | 六 | 二 |
| 21 | 7/8 | 戊申 | 六 | 一 |
| 22 | 7/9 | 己酉 | 八 | 九 |
| 23 | 7/10 | 庚戌 | 八 | 八 |
| 24 | 7/11 | 辛亥 | 八 | 七 |
| 25 | 7/12 | 壬子 | 八 | 六 |
| 26 | 7/13 | 癸丑 | 八 | 五 |
| 27 | 7/14 | 甲寅 | 二 | 四 |
| 28 | 7/15 | 乙卯 | 二 | 三 |
| 29 | 7/16 | 丙辰 | 二 | 二 |
| 30 | 7/17 | 丁巳 | 二 | 一 |

| 四月 | | | | |
|---|---|---|---|---|
| 辛巳 | | | | |
| 二黑土 | | | | |
| 芒種 十八丑時 02時00分 | | 小滿 初二巳時 10時43分 | 奇門遁甲局數 | |
| 農曆 | 國曆 | 干支 | 時盤 | 日盤 |
| 1 | 5/20 | 己未 | 7 | 5 |
| 2 | 5/21 | 庚申 | 7 | 6 |
| 3 | 5/22 | 辛酉 | 7 | 7 |
| 4 | 5/23 | 壬戌 | 7 | 8 |
| 5 | 5/24 | 癸亥 | 7 | 9 |
| 6 | 5/25 | 甲子 | 5 | 1 |
| 7 | 5/26 | 乙丑 | 5 | 2 |
| 8 | 5/27 | 丙寅 | 5 | 3 |
| 9 | 5/28 | 丁卯 | 5 | 4 |
| 10 | 5/29 | 戊辰 | 5 | 5 |
| 11 | 5/30 | 己巳 | 2 | 6 |
| 12 | 5/31 | 庚午 | 2 | 7 |
| 13 | 6/1 | 辛未 | 2 | 8 |
| 14 | 6/2 | 壬申 | 2 | 9 |
| 15 | 6/3 | 癸酉 | 2 | 1 |
| 16 | 6/4 | 甲戌 | 8 | 2 |
| 17 | 6/5 | 乙亥 | 8 | 3 |
| 18 | 6/6 | 丙子 | 8 | 4 |
| 19 | 6/7 | 丁丑 | 8 | 5 |
| 20 | 6/8 | 戊寅 | 8 | 6 |
| 21 | 6/9 | 己卯 | 6 | 7 |
| 22 | 6/10 | 庚辰 | 6 | 8 |
| 23 | 6/11 | 辛巳 | 6 | 9 |
| 24 | 6/12 | 壬午 | 6 | 1 |
| 25 | 6/13 | 癸未 | 6 | 2 |
| 26 | 6/14 | 甲申 | 3 | 3 |
| 27 | 6/15 | 乙酉 | 3 | 4 |
| 28 | 6/16 | 丙戌 | 3 | 5 |
| 29 | 6/17 | 丁亥 | 3 | 6 |
| | | | | |

| 三月 | | | | |
|---|---|---|---|---|
| 庚辰 | | | | |
| 三碧木 | | | | |
| 立夏 十六亥時 21時43分 | | 穀雨 初一午時 11時26分 | 奇門遁甲局數 | |
| 農曆 | 國曆 | 干支 | 時盤 | 日盤 |
| 1 | 4/20 | 己丑 | 7 | 2 |
| 2 | 4/21 | 庚寅 | 7 | 3 |
| 3 | 4/22 | 辛卯 | 7 | 4 |
| 4 | 4/23 | 壬辰 | 7 | 5 |
| 5 | 4/24 | 癸巳 | 7 | 6 |
| 6 | 4/25 | 甲午 | 5 | 7 |
| 7 | 4/26 | 乙未 | 5 | 8 |
| 8 | 4/27 | 丙申 | 5 | 9 |
| 9 | 4/28 | 丁酉 | 5 | 1 |
| 10 | 4/29 | 戊戌 | 5 | 2 |
| 11 | 4/30 | 己亥 | 2 | 3 |
| 12 | 5/1 | 庚子 | 2 | 4 |
| 13 | 5/2 | 辛丑 | 2 | 5 |
| 14 | 5/3 | 壬寅 | 2 | 6 |
| 15 | 5/4 | 癸卯 | 2 | 7 |
| 16 | 5/5 | 甲辰 | 8 | 8 |
| 17 | 5/6 | 乙巳 | 8 | 9 |
| 18 | 5/7 | 丙午 | 8 | 1 |
| 19 | 5/8 | 丁未 | 8 | 2 |
| 20 | 5/9 | 戊申 | 8 | 3 |
| 21 | 5/10 | 己酉 | 4 | 4 |
| 22 | 5/11 | 庚戌 | 4 | 5 |
| 23 | 5/12 | 辛亥 | 4 | 6 |
| 24 | 5/13 | 壬子 | 4 | 7 |
| 25 | 5/14 | 癸丑 | 4 | 8 |
| 26 | 5/15 | 甲寅 | 1 | 9 |
| 27 | 5/16 | 乙卯 | 1 | 1 |
| 28 | 5/17 | 丙辰 | 1 | 2 |
| 29 | 5/18 | 丁巳 | 1 | 3 |
| 30 | 5/19 | 戊午 | 1 | 4 |

| 二月 | | | | |
|---|---|---|---|---|
| 己卯 | | | | |
| 四綠木 | | | | |
| 清明 十六寅時 04時14分 | | 春分 初一子時 00時14分 | 奇門遁甲局數 | |
| 農曆 | 國曆 | 干支 | 時盤 | 日盤 |
| 1 | 3/21 | 己未 | 4 | 8 |
| 2 | 3/22 | 庚申 | 4 | 9 |
| 3 | 3/23 | 辛酉 | 4 | 1 |
| 4 | 3/24 | 壬戌 | 4 | 2 |
| 5 | 3/25 | 癸亥 | 4 | 3 |
| 6 | 3/26 | 甲子 | 3 | 4 |
| 7 | 3/27 | 乙丑 | 3 | 5 |
| 8 | 3/28 | 丙寅 | 3 | 6 |
| 9 | 3/29 | 丁卯 | 3 | 7 |
| 10 | 3/30 | 戊辰 | 3 | 8 |
| 11 | 3/31 | 己巳 | 9 | 9 |
| 12 | 4/1 | 庚午 | 9 | 1 |
| 13 | 4/2 | 辛未 | 9 | 2 |
| 14 | 4/3 | 壬申 | 9 | 3 |
| 15 | 4/4 | 癸酉 | 9 | 4 |
| 16 | 4/5 | 甲戌 | 6 | 5 |
| 17 | 4/6 | 乙亥 | 6 | 6 |
| 18 | 4/7 | 丙子 | 6 | 7 |
| 19 | 4/8 | 丁丑 | 6 | 8 |
| 20 | 4/9 | 戊寅 | 6 | 9 |
| 21 | 4/10 | 己卯 | 4 | 1 |
| 22 | 4/11 | 庚辰 | 4 | 2 |
| 23 | 4/12 | 辛巳 | 4 | 3 |
| 24 | 4/13 | 壬午 | 4 | 4 |
| 25 | 4/14 | 癸未 | 4 | 5 |
| 26 | 4/15 | 甲申 | 1 | 6 |
| 27 | 4/16 | 乙酉 | 1 | 7 |
| 28 | 4/17 | 丙戌 | 1 | 8 |
| 29 | 4/18 | 丁亥 | 1 | 9 |
| 30 | 4/19 | 戊子 | 1 | 1 |

| 正月 | | | | |
|---|---|---|---|---|
| 戊寅 | | | | |
| 五黃土 | | | | |
| 驚蟄 十四子時 23時17分 | | | 奇門遁甲局數 | |
| 農曆 | 國曆 | 干支 | 時盤 | 日盤 |
| 1 | 2/20 | 庚寅 | 2 | 6 |
| 2 | 2/21 | 辛卯 | 2 | 7 |
| 3 | 2/22 | 壬辰 | 2 | 8 |
| 4 | 2/23 | 癸巳 | 2 | 9 |
| 5 | 2/24 | 甲午 | 9 | 1 |
| 6 | 2/25 | 乙未 | 9 | 2 |
| 7 | 2/26 | 丙申 | 9 | 3 |
| 8 | 2/27 | 丁酉 | 9 | 4 |
| 9 | 2/28 | 戊戌 | 9 | 5 |
| 10 | 3/1 | 己亥 | 6 | 6 |
| 11 | 3/2 | 庚子 | 6 | 7 |
| 12 | 3/3 | 辛丑 | 6 | 8 |
| 13 | 3/4 | 壬寅 | 6 | 9 |
| 14 | 3/5 | 癸卯 | 6 | 1 |
| 15 | 3/6 | 甲辰 | 3 | 2 |
| 16 | 3/7 | 乙巳 | 3 | 3 |
| 17 | 3/8 | 丙午 | 3 | 4 |
| 18 | 3/9 | 丁未 | 3 | 5 |
| 19 | 3/10 | 戊申 | 3 | 6 |
| 20 | 3/11 | 己酉 | 1 | 7 |
| 21 | 3/12 | 庚戌 | 1 | 8 |
| 22 | 3/13 | 辛亥 | 1 | 9 |
| 23 | 3/14 | 壬子 | 1 | 1 |
| 24 | 3/15 | 癸丑 | 1 | 2 |
| 25 | 3/16 | 甲寅 | 7 | 3 |
| 26 | 3/17 | 乙卯 | 7 | 4 |
| 27 | 3/18 | 丙辰 | 7 | 5 |
| 28 | 3/19 | 丁巳 | 7 | 6 |
| 29 | 3/20 | 戊午 | 7 | 7 |
| | | | | |

# 西元1985年（乙丑）肖牛 民國74年（女離命）

奇門遁甲局數如標示為 一 ～九表示陰局　　如標示為1 ～9 表示陽局

**十二月**　己丑　三碧木　立春 11時08分 廿六午時　大寒 16時47分 十一申時　奇門遁甲局數

| 農曆 | 國曆 | 干支 | 時盤 | 日盤 |
|---|---|---|---|---|
| 1 | 1/10 | 甲寅 | 8 | 9 |
| 2 | 1/11 | 乙卯 | 8 | 1 |
| 3 | 1/12 | 丙辰 | 8 | 2 |
| 4 | 1/13 | 丁巳 | 8 | 3 |
| 5 | 1/14 | 戊午 | 8 | 4 |
| 6 | 1/15 | 己未 | 5 | 5 |
| 7 | 1/16 | 庚申 | 5 | 6 |
| 8 | 1/17 | 辛酉 | 5 | 7 |
| 9 | 1/18 | 壬戌 | 5 | 8 |
| 10 | 1/19 | 癸亥 | 5 | 9 |
| 11 | 1/20 | 甲子 | 3 | 1 |
| 12 | 1/21 | 乙丑 | 3 | 2 |
| 13 | 1/22 | 丙寅 | 3 | 3 |
| 14 | 1/23 | 丁卯 | 3 | 4 |
| 15 | 1/24 | 戊辰 | 3 | 5 |
| 16 | 1/25 | 己巳 | 9 | 6 |
| 17 | 1/26 | 庚午 | 9 | 7 |
| 18 | 1/27 | 辛未 | 9 | 8 |
| 19 | 1/28 | 壬申 | 9 | 9 |
| 20 | 1/29 | 癸酉 | 9 | 1 |
| 21 | 1/30 | 甲戌 | 6 | 2 |
| 22 | 1/31 | 乙亥 | 6 | 3 |
| 23 | 2/1 | 丙子 | 6 | 4 |
| 24 | 2/2 | 丁丑 | 6 | 5 |
| 25 | 2/3 | 戊寅 | 6 | 6 |
| 26 | 2/4 | 己卯 | 8 | 7 |
| 27 | 2/5 | 庚辰 | 8 | 8 |
| 28 | 2/6 | 辛巳 | 8 | 9 |
| 29 | 2/7 | 壬午 | 8 | 1 |
| 30 | 2/8 | 癸未 | 8 | 2 |

**十一月**　戊子　四綠木　小寒 23時28分 廿五子時　冬至 06時08分 十一卯時　奇門遁甲局數

| 農曆 | 國曆 | 干支 | 時盤 | 日盤 |
|---|---|---|---|---|
| 1 | 12/12 | 乙酉 | 七 | 六 |
| 2 | 12/13 | 丙戌 | 七 | 五 |
| 3 | 12/14 | 丁亥 | 七 | 四 |
| 4 | 12/15 | 戊子 | 七 | 三 |
| 5 | 12/16 | 己丑 | 一 | 二 |
| 6 | 12/17 | 庚寅 | 一 | 一 |
| 7 | 12/18 | 辛卯 | 一 | 九 |
| 8 | 12/19 | 壬辰 | 一 | 八 |
| 9 | 12/20 | 癸巳 | 一 | 七 |
| 10 | 12/21 | 甲午 | 1 | 六 |
| 11 | 12/22 | 乙未 | 1 | 8 |
| 12 | 12/23 | 丙申 | 1 | 9 |
| 13 | 12/24 | 丁酉 | 1 | 1 |
| 14 | 12/25 | 戊戌 | 1 | 2 |
| 15 | 12/26 | 己亥 | 7 | 3 |
| 16 | 12/27 | 庚子 | 7 | 4 |
| 17 | 12/28 | 辛丑 | 7 | 5 |
| 18 | 12/29 | 壬寅 | 7 | 6 |
| 19 | 12/30 | 癸卯 | 7 | 7 |
| 20 | 12/31 | 甲辰 | 4 | 8 |
| 21 | 1/1 | 乙巳 | 4 | 9 |
| 22 | 1/2 | 丙午 | 4 | 1 |
| 23 | 1/3 | 丁未 | 4 | 2 |
| 24 | 1/4 | 戊申 | 4 | 3 |
| 25 | 1/5 | 己酉 | 2 | 4 |
| 26 | 1/6 | 庚戌 | 2 | 5 |
| 27 | 1/7 | 辛亥 | 2 | 6 |
| 28 | 1/8 | 壬子 | 2 | 7 |
| 29 | 1/9 | 癸丑 | 2 | 8 |

**十月**　丁亥　五黃土　大雪 12時17分 廿六午時　小雪 16時51分 十一申時　奇門遁甲局數

| 農曆 | 國曆 | 干支 | 時盤 | 日盤 |
|---|---|---|---|---|
| 1 | 11/12 | 乙卯 | 九 | 九 |
| 2 | 11/13 | 丙辰 | 九 | 八 |
| 3 | 11/14 | 丁巳 | 九 | 七 |
| 4 | 11/15 | 戊午 | 九 | 六 |
| 5 | 11/16 | 己未 | 三 | 五 |
| 6 | 11/17 | 庚申 | 三 | 四 |
| 7 | 11/18 | 辛酉 | 三 | 三 |
| 8 | 11/19 | 壬戌 | 三 | 二 |
| 9 | 11/20 | 癸亥 | 三 | 一 |
| 10 | 11/21 | 甲子 | 五 | 九 |
| 11 | 11/22 | 乙丑 | 五 | 八 |
| 12 | 11/23 | 丙寅 | 五 | 七 |
| 13 | 11/24 | 丁卯 | 五 | 六 |
| 14 | 11/25 | 戊辰 | 五 | 五 |
| 15 | 11/26 | 己巳 | 八 | 四 |
| 16 | 11/27 | 庚午 | 八 | 三 |
| 17 | 11/28 | 辛未 | 八 | 二 |
| 18 | 11/29 | 壬申 | 八 | 一 |
| 19 | 11/30 | 癸酉 | 八 | 九 |
| 20 | 12/1 | 甲戌 | 二 | 八 |
| 21 | 12/2 | 乙亥 | 二 | 七 |
| 22 | 12/3 | 丙子 | 二 | 六 |
| 23 | 12/4 | 丁丑 | 二 | 五 |
| 24 | 12/5 | 戊寅 | 二 | 四 |
| 25 | 12/6 | 己卯 | 四 | 三 |
| 26 | 12/7 | 庚辰 | 四 | 二 |
| 27 | 12/8 | 辛巳 | 四 | 一 |
| 28 | 12/9 | 壬午 | 四 | 九 |
| 29 | 12/10 | 癸未 | 四 | 八 |
| 30 | 12/11 | 甲申 | 七 | 七 |

**九月**　丙戌　六白金　立冬 19時30分 廿五戌時　霜降 19時22分 初十戌時　奇門遁甲局數

| 農曆 | 國曆 | 干支 | 時盤 | 日盤 |
|---|---|---|---|---|
| 1 | 10/14 | 丙戌 | 九 | 二 |
| 2 | 10/15 | 丁亥 | 九 | 一 |
| 3 | 10/16 | 戊子 | 九 | 九 |
| 4 | 10/17 | 己丑 | 三 | 八 |
| 5 | 10/18 | 庚寅 | 三 | 七 |
| 6 | 10/19 | 辛卯 | 三 | 六 |
| 7 | 10/20 | 壬辰 | 三 | 五 |
| 8 | 10/21 | 癸巳 | 三 | 四 |
| 9 | 10/22 | 甲午 | 五 | 三 |
| 10 | 10/23 | 乙未 | 五 | 二 |
| 11 | 10/24 | 丙申 | 五 | 一 |
| 12 | 10/25 | 丁酉 | 五 | 九 |
| 13 | 10/26 | 戊戌 | 五 | 八 |
| 14 | 10/27 | 己亥 | 八 | 七 |
| 15 | 10/28 | 庚子 | 八 | 六 |
| 16 | 10/29 | 辛丑 | 八 | 五 |
| 17 | 10/30 | 壬寅 | 八 | 四 |
| 18 | 10/31 | 癸卯 | 八 | 三 |
| 19 | 11/1 | 甲辰 | 二 | 二 |
| 20 | 11/2 | 乙巳 | 二 | 一 |
| 21 | 11/3 | 丙午 | 二 | 九 |
| 22 | 11/4 | 丁未 | 二 | 八 |
| 23 | 11/5 | 戊申 | 二 | 七 |
| 24 | 11/6 | 己酉 | 六 | 六 |
| 25 | 11/7 | 庚戌 | 六 | 五 |
| 26 | 11/8 | 辛亥 | 六 | 四 |
| 27 | 11/9 | 壬子 | 六 | 三 |
| 28 | 11/10 | 癸丑 | 六 | 二 |
| 29 | 11/11 | 甲寅 | 九 | 一 |

**八月**　乙酉　七赤金　寒露 16時25分 廿四申時　秋分 10時08分 初九巳時　奇門遁甲局數

| 農曆 | 國曆 | 干支 | 時盤 | 日盤 |
|---|---|---|---|---|
| 1 | 9/15 | 丁巳 | 三 | 四 |
| 2 | 9/16 | 戊午 | 三 | 三 |
| 3 | 9/17 | 己未 | 六 | 二 |
| 4 | 9/18 | 庚申 | 六 | 一 |
| 5 | 9/19 | 辛酉 | 六 | 九 |
| 6 | 9/20 | 壬戌 | 六 | 八 |
| 7 | 9/21 | 癸亥 | 六 | 七 |
| 8 | 9/22 | 甲子 | 七 | 六 |
| 9 | 9/23 | 乙丑 | 七 | 五 |
| 10 | 9/24 | 丙寅 | 七 | 四 |
| 11 | 9/25 | 丁卯 | 七 | 三 |
| 12 | 9/26 | 戊辰 | 七 | 二 |
| 13 | 9/27 | 己巳 | 一 | 一 |
| 14 | 9/28 | 庚午 | 一 | 九 |
| 15 | 9/29 | 辛未 | 一 | 八 |
| 16 | 9/30 | 壬申 | 一 | 七 |
| 17 | 10/1 | 癸酉 | 一 | 六 |
| 18 | 10/2 | 甲戌 | 四 | 五 |
| 19 | 10/3 | 乙亥 | 四 | 四 |
| 20 | 10/4 | 丙子 | 四 | 三 |
| 21 | 10/5 | 丁丑 | 四 | 二 |
| 22 | 10/6 | 戊寅 | 四 | 一 |
| 23 | 10/7 | 己卯 | 六 | 九 |
| 24 | 10/8 | 庚辰 | 六 | 八 |
| 25 | 10/9 | 辛巳 | 六 | 七 |
| 26 | 10/10 | 壬午 | 六 | 六 |
| 27 | 10/11 | 癸未 | 六 | 五 |
| 28 | 10/12 | 甲申 | 九 | 四 |
| 29 | 10/13 | 乙酉 | 九 | 三 |

**七月**　甲申　八白土　白露 00時53分 廿四子時　處暑 12時36分 初八午時　奇門遁甲局數

| 農曆 | 國曆 | 干支 | 時盤 | 日盤 |
|---|---|---|---|---|
| 1 | 8/16 | 丁亥 | 五 | 七 |
| 2 | 8/17 | 戊子 | 五 | 六 |
| 3 | 8/18 | 己丑 | 八 | 五 |
| 4 | 8/19 | 庚寅 | 八 | 四 |
| 5 | 8/20 | 辛卯 | 八 | 三 |
| 6 | 8/21 | 壬辰 | 八 | 二 |
| 7 | 8/22 | 癸巳 | 八 | 一 |
| 8 | 8/23 | 甲午 | 一 | 九 |
| 9 | 8/24 | 乙未 | 一 | 八 |
| 10 | 8/25 | 丙申 | 一 | 七 |
| 11 | 8/26 | 丁酉 | 一 | 六 |
| 12 | 8/27 | 戊戌 | 一 | 五 |
| 13 | 8/28 | 己亥 | 四 | 四 |
| 14 | 8/29 | 庚子 | 四 | 三 |
| 15 | 8/30 | 辛丑 | 四 | 二 |
| 16 | 8/31 | 壬寅 | 四 | 一 |
| 17 | 9/1 | 癸卯 | 四 | 九 |
| 18 | 9/2 | 甲辰 | 七 | 八 |
| 19 | 9/3 | 乙巳 | 七 | 七 |
| 20 | 9/4 | 丙午 | 七 | 六 |
| 21 | 9/5 | 丁未 | 七 | 五 |
| 22 | 9/6 | 戊申 | 七 | 四 |
| 23 | 9/7 | 己酉 | 九 | 三 |
| 24 | 9/8 | 庚戌 | 九 | 二 |
| 25 | 9/9 | 辛亥 | 九 | 一 |
| 26 | 9/10 | 壬子 | 九 | 九 |
| 27 | 9/11 | 癸丑 | 九 | 八 |
| 28 | 9/12 | 甲寅 | 三 | 七 |
| 29 | 9/13 | 乙卯 | 三 | 六 |
| 30 | 9/14 | 丙辰 | 三 | 五 |

# 西元1986年（丙寅）肖虎 民國75年（男坤命）

奇門遁甲局數如標示為 一 ～九表示陰局　　如標示為1 ～9 表示陽局

| 六　月 | | | | |
|---|---|---|---|---|
| 乙未 | | | | |
| 六白金 | | | | |
| 大暑 11時25分 十七午時 | | 小暑 18時01分 初一酉時 | 奇門遁甲局數 | |
| 農曆 | 國曆 | 干支 | 時盤 | 日盤 |
| 1 | 7/7 | 壬子 | 八 | 三 |
| 2 | 7/8 | 癸丑 | 八 | 二 |
| 3 | 7/9 | 甲寅 | 二 | 一 |
| 4 | 7/10 | 乙卯 | 二 | 九 |
| 5 | 7/11 | 丙辰 | 二 | 八 |
| 6 | 7/12 | 丁巳 | 二 | 七 |
| 7 | 7/13 | 戊午 | 二 | 六 |
| 8 | 7/14 | 己未 | 五 | 五 |
| 9 | 7/15 | 庚申 | 五 | 四 |
| 10 | 7/16 | 辛酉 | 五 | 三 |
| 11 | 7/17 | 壬戌 | 五 | 二 |
| 12 | 7/18 | 癸亥 | 五 | 一 |
| 13 | 7/19 | 甲子 | 七 | 九 |
| 14 | 7/20 | 乙丑 | 七 | 八 |
| 15 | 7/21 | 丙寅 | 七 | 七 |
| 16 | 7/22 | 丁卯 | 七 | 六 |
| 17 | 7/23 | 戊辰 | 七 | 五 |
| 18 | 7/24 | 己巳 | 一 | 四 |
| 19 | 7/25 | 庚午 | 一 | 三 |
| 20 | 7/26 | 辛未 | 一 | 二 |
| 21 | 7/27 | 壬申 | 一 | 一 |
| 22 | 7/28 | 癸酉 | 一 | 九 |
| 23 | 7/29 | 甲戌 | 四 | 八 |
| 24 | 7/30 | 乙亥 | 四 | 七 |
| 25 | 7/31 | 丙子 | 四 | 六 |
| 26 | 8/1 | 丁丑 | 四 | 五 |
| 27 | 8/2 | 戊寅 | 四 | 四 |
| 28 | 8/3 | 己卯 | 二 | 三 |
| 29 | 8/4 | 庚辰 | 二 | 二 |
| 30 | 8/5 | 辛巳 | 二 | 一 |

| 五　月 | | | | |
|---|---|---|---|---|
| 甲午 | | | | |
| 七赤金 | | | | |
| 夏至 00時30分 十六子時 | | | 奇門遁甲局數 | |
| 農曆 | 國曆 | 干支 | 時盤 | 日盤 |
| 1 | 6/7 | 壬午 | 6 | 4 |
| 2 | 6/8 | 癸未 | 6 | 5 |
| 3 | 6/9 | 甲申 | 3 | 6 |
| 4 | 6/10 | 乙酉 | 3 | 7 |
| 5 | 6/11 | 丙戌 | 3 | 8 |
| 6 | 6/12 | 丁亥 | 3 | 9 |
| 7 | 6/13 | 戊子 | 3 | 1 |
| 8 | 6/14 | 己丑 | 9 | 2 |
| 9 | 6/15 | 庚寅 | 9 | 3 |
| 10 | 6/16 | 辛卯 | 9 | 4 |
| 11 | 6/17 | 壬辰 | 9 | 5 |
| 12 | 6/18 | 癸巳 | 9 | 6 |
| 13 | 6/19 | 甲午 | 九 | 7 |
| 14 | 6/20 | 乙未 | 九 | 8 |
| 15 | 6/21 | 丙申 | 九 | 9 |
| 16 | 6/22 | 丁酉 | 九 | 九 |
| 17 | 6/23 | 戊戌 | 九 | 八 |
| 18 | 6/24 | 己亥 | 三 | 七 |
| 19 | 6/25 | 庚子 | 三 | 六 |
| 20 | 6/26 | 辛丑 | 三 | 五 |
| 21 | 6/27 | 壬寅 | 三 | 四 |
| 22 | 6/28 | 癸卯 | 三 | 三 |
| 23 | 6/29 | 甲辰 | 六 | 二 |
| 24 | 6/30 | 乙巳 | 六 | 一 |
| 25 | 7/1 | 丙午 | 六 | 九 |
| 26 | 7/2 | 丁未 | 六 | 八 |
| 27 | 7/3 | 戊申 | 六 | 七 |
| 28 | 7/4 | 己酉 | 八 | 六 |
| 29 | 7/5 | 庚戌 | 八 | 五 |
| 30 | 7/6 | 辛亥 | 八 | 四 |

| 四　月 | | | | |
|---|---|---|---|---|
| 癸巳 | | | | |
| 八白土 | | | | |
| 芒種 07時45分 廿九辰時 | | 小滿 16時28分 十三申時 | 奇門遁甲局數 | |
| 農曆 | 國曆 | 干支 | 時盤 | 日盤 |
| 1 | 5/9 | 癸丑 | 4 | 2 |
| 2 | 5/10 | 甲寅 | 1 | 3 |
| 3 | 5/11 | 乙卯 | 1 | 4 |
| 4 | 5/12 | 丙辰 | 1 | 5 |
| 5 | 5/13 | 丁巳 | 1 | 6 |
| 6 | 5/14 | 戊午 | 1 | 7 |
| 7 | 5/15 | 己未 | 7 | 8 |
| 8 | 5/16 | 庚申 | 7 | 9 |
| 9 | 5/17 | 辛酉 | 7 | 1 |
| 10 | 5/18 | 壬戌 | 7 | 2 |
| 11 | 5/19 | 癸亥 | 7 | 3 |
| 12 | 5/20 | 甲子 | 5 | 4 |
| 13 | 5/21 | 乙丑 | 5 | 5 |
| 14 | 5/22 | 丙寅 | 5 | 6 |
| 15 | 5/23 | 丁卯 | 5 | 7 |
| 16 | 5/24 | 戊辰 | 5 | 8 |
| 17 | 5/25 | 己巳 | 2 | 9 |
| 18 | 5/26 | 庚午 | 2 | 1 |
| 19 | 5/27 | 辛未 | 2 | 2 |
| 20 | 5/28 | 壬申 | 2 | 3 |
| 21 | 5/29 | 癸酉 | 2 | 4 |
| 22 | 5/30 | 甲戌 | 8 | 5 |
| 23 | 5/31 | 乙亥 | 8 | 6 |
| 24 | 6/1 | 丙子 | 8 | 7 |
| 25 | 6/2 | 丁丑 | 8 | 8 |
| 26 | 6/3 | 戊寅 | 8 | 9 |
| 27 | 6/4 | 己卯 | 6 | 1 |
| 28 | 6/5 | 庚辰 | 6 | 2 |
| 29 | 6/6 | 辛巳 | 6 | 3 |
| | | | | |

| 三　月 | | | | |
|---|---|---|---|---|
| 壬辰 | | | | |
| 九紫火 | | | | |
| 立夏 03時31分 廿八寅時 | | 穀雨 17時12分 十二酉時 | 奇門遁甲局數 | |
| 農曆 | 國曆 | 干支 | 時盤 | 日盤 |
| 1 | 4/9 | 癸未 | 4 | 8 |
| 2 | 4/10 | 甲申 | 1 | 9 |
| 3 | 4/11 | 乙酉 | 1 | 1 |
| 4 | 4/12 | 丙戌 | 1 | 2 |
| 5 | 4/13 | 丁亥 | 1 | 3 |
| 6 | 4/14 | 戊子 | 1 | 4 |
| 7 | 4/15 | 己丑 | 7 | 5 |
| 8 | 4/16 | 庚寅 | 7 | 6 |
| 9 | 4/17 | 辛卯 | 7 | 7 |
| 10 | 4/18 | 壬辰 | 7 | 8 |
| 11 | 4/19 | 癸巳 | 7 | 9 |
| 12 | 4/20 | 甲午 | 5 | 1 |
| 13 | 4/21 | 乙未 | 5 | 2 |
| 14 | 4/22 | 丙申 | 5 | 3 |
| 15 | 4/23 | 丁酉 | 5 | 4 |
| 16 | 4/24 | 戊戌 | 5 | 5 |
| 17 | 4/25 | 己亥 | 2 | 6 |
| 18 | 4/26 | 庚子 | 2 | 7 |
| 19 | 4/27 | 辛丑 | 2 | 8 |
| 20 | 4/28 | 壬寅 | 2 | 9 |
| 21 | 4/29 | 癸卯 | 2 | 1 |
| 22 | 4/30 | 甲辰 | 8 | 2 |
| 23 | 5/1 | 乙巳 | 8 | 3 |
| 24 | 5/2 | 丙午 | 8 | 4 |
| 25 | 5/3 | 丁未 | 8 | 5 |
| 26 | 5/4 | 戊申 | 8 | 6 |
| 27 | 5/5 | 己酉 | 4 | 7 |
| 28 | 5/6 | 庚戌 | 4 | 8 |
| 29 | 5/7 | 辛亥 | 4 | 9 |
| 30 | 5/8 | 壬子 | 4 | 1 |

| 二　月 | | | | |
|---|---|---|---|---|
| 辛卯 | | | | |
| 一白水 | | | | |
| 清明 10時06分 廿七巳時 | | 春分 06時04分 十二卯時 | 奇門遁甲局數 | |
| 農曆 | 國曆 | 干支 | 時盤 | 日盤 |
| 1 | 3/10 | 癸丑 | 1 | 5 |
| 2 | 3/11 | 甲寅 | 7 | 6 |
| 3 | 3/12 | 乙卯 | 7 | 7 |
| 4 | 3/13 | 丙辰 | 7 | 8 |
| 5 | 3/14 | 丁巳 | 7 | 9 |
| 6 | 3/15 | 戊午 | 7 | 1 |
| 7 | 3/16 | 己未 | 4 | 2 |
| 8 | 3/17 | 庚申 | 4 | 3 |
| 9 | 3/18 | 辛酉 | 4 | 4 |
| 10 | 3/19 | 壬戌 | 4 | 5 |
| 11 | 3/20 | 癸亥 | 4 | 6 |
| 12 | 3/21 | 甲子 | 3 | 7 |
| 13 | 3/22 | 乙丑 | 3 | 8 |
| 14 | 3/23 | 丙寅 | 3 | 9 |
| 15 | 3/24 | 丁卯 | 3 | 1 |
| 16 | 3/25 | 戊辰 | 3 | 2 |
| 17 | 3/26 | 己巳 | 9 | 3 |
| 18 | 3/27 | 庚午 | 9 | 4 |
| 19 | 3/28 | 辛未 | 9 | 5 |
| 20 | 3/29 | 壬申 | 9 | 6 |
| 21 | 3/30 | 癸酉 | 9 | 7 |
| 22 | 3/31 | 甲戌 | 6 | 8 |
| 23 | 4/1 | 乙亥 | 6 | 9 |
| 24 | 4/2 | 丙子 | 6 | 1 |
| 25 | 4/3 | 丁丑 | 6 | 2 |
| 26 | 4/4 | 戊寅 | 6 | 3 |
| 27 | 4/5 | 己卯 | 4 | 4 |
| 28 | 4/6 | 庚辰 | 4 | 5 |
| 29 | 4/7 | 辛巳 | 4 | 6 |
| 30 | 4/8 | 壬午 | 4 | 7 |

| 正　月 | | | | |
|---|---|---|---|---|
| 庚寅 | | | | |
| 二黑土 | | | | |
| 驚蟄 05時13分 廿六卯時 | | 雨水 06時58分 十一卯時 | 奇門遁甲局數 | |
| 農曆 | 國曆 | 干支 | 時盤 | 日盤 |
| 1 | 2/9 | 甲申 | 5 | 3 |
| 2 | 2/10 | 乙酉 | 5 | 4 |
| 3 | 2/11 | 丙戌 | 5 | 5 |
| 4 | 2/12 | 丁亥 | 5 | 6 |
| 5 | 2/13 | 戊子 | 5 | 7 |
| 6 | 2/14 | 己丑 | 2 | 8 |
| 7 | 2/15 | 庚寅 | 2 | 9 |
| 8 | 2/16 | 辛卯 | 2 | 1 |
| 9 | 2/17 | 壬辰 | 2 | 2 |
| 10 | 2/18 | 癸巳 | 2 | 3 |
| 11 | 2/19 | 甲午 | 9 | 4 |
| 12 | 2/20 | 乙未 | 9 | 5 |
| 13 | 2/21 | 丙申 | 9 | 6 |
| 14 | 2/22 | 丁酉 | 9 | 7 |
| 15 | 2/23 | 戊戌 | 9 | 8 |
| 16 | 2/24 | 己亥 | 6 | 9 |
| 17 | 2/25 | 庚子 | 6 | 1 |
| 18 | 2/26 | 辛丑 | 6 | 2 |
| 19 | 2/27 | 壬寅 | 6 | 3 |
| 20 | 2/28 | 癸卯 | 6 | 4 |
| 21 | 3/1 | 甲辰 | 3 | 5 |
| 22 | 3/2 | 乙巳 | 3 | 6 |
| 23 | 3/3 | 丙午 | 3 | 7 |
| 24 | 3/4 | 丁未 | 3 | 8 |
| 25 | 3/5 | 戊申 | 3 | 9 |
| 26 | 3/6 | 己酉 | 1 | 1 |
| 27 | 3/7 | 庚戌 | 1 | 2 |
| 28 | 3/8 | 辛亥 | 1 | 3 |
| 29 | 3/9 | 壬子 | 1 | 4 |
| | | | | |

# 西元1986年（丙寅）肖虎 民國75年（女坎命）

奇門遁甲局數如標示為 一 ～九表示陰局　　如標示為1 ～9 表示陽局

| 十二月 | | | | |
|---|---|---|---|---|
| 辛丑 | | | | |
| 九紫火 | | | | |
| 大寒 22時41分 | 廿一亥時 | 小寒 05時13分 初七卯時 | 奇門遁甲局數 | |
| 農曆 | 國曆 | 干支 | 時盤 | 日盤 |
| 1 | 12/31 | 己酉 | 2 | 4 |
| 2 | 1/1 | 庚戌 | 2 | 5 |
| 3 | 1/2 | 辛亥 | 2 | 6 |
| 4 | 1/3 | 壬子 | 2 | 7 |
| 5 | 1/4 | 癸丑 | 2 | 8 |
| 6 | 1/5 | 甲寅 | 8 | 9 |
| 7 | 1/6 | 乙卯 | 8 | 1 |
| 8 | 1/7 | 丙辰 | 8 | 2 |
| 9 | 1/8 | 丁巳 | 8 | 3 |
| 10 | 1/9 | 戊午 | 8 | 4 |
| 11 | 1/10 | 己未 | 5 | 5 |
| 12 | 1/11 | 庚申 | 5 | 6 |
| 13 | 1/12 | 辛酉 | 5 | 7 |
| 14 | 1/13 | 壬戌 | 5 | 8 |
| 15 | 1/14 | 癸亥 | 5 | 9 |
| 16 | 1/15 | 甲子 | 3 | 1 |
| 17 | 1/16 | 乙丑 | 3 | 2 |
| 18 | 1/17 | 丙寅 | 3 | 3 |
| 19 | 1/18 | 丁卯 | 3 | 4 |
| 20 | 1/19 | 戊辰 | 3 | 5 |
| 21 | 1/20 | 己巳 | 9 | 6 |
| 22 | 1/21 | 庚午 | 9 | 7 |
| 23 | 1/22 | 辛未 | 9 | 8 |
| 24 | 1/23 | 壬申 | 9 | 9 |
| 25 | 1/24 | 癸酉 | 9 | 1 |
| 26 | 1/25 | 甲戌 | 6 | 2 |
| 27 | 1/26 | 乙亥 | 6 | 3 |
| 28 | 1/27 | 丙子 | 6 | 4 |
| 29 | 1/28 | 丁丑 | 6 | 5 |
| | | | | |

| 十一月 | | | | |
|---|---|---|---|---|
| 庚子 | | | | |
| 一白水 | | | | |
| 冬至 12時03分 | 廿一午時 | 大雪 18時01分 初六酉時 | 奇門遁甲局數 | |
| 農曆 | 國曆 | 干支 | 時盤 | 日盤 |
| 1 | 12/2 | 庚辰 | 四 | 八 |
| 2 | 12/3 | 辛巳 | 四 | 七 |
| 3 | 12/4 | 壬午 | 四 | 六 |
| 4 | 12/5 | 癸未 | 四 | 五 |
| 5 | 12/6 | 甲申 | 七 | 四 |
| 6 | 12/7 | 乙酉 | 七 | 三 |
| 7 | 12/8 | 丙戌 | 七 | 二 |
| 8 | 12/9 | 丁亥 | 七 | 一 |
| 9 | 12/10 | 戊子 | 七 | 九 |
| 10 | 12/11 | 己丑 | 一 | 八 |
| 11 | 12/12 | 庚寅 | 一 | 七 |
| 12 | 12/13 | 辛卯 | 一 | 六 |
| 13 | 12/14 | 壬辰 | 一 | 五 |
| 14 | 12/15 | 癸巳 | 一 | 四 |
| 15 | 12/16 | 甲午 | 1 | 三 |
| 16 | 12/17 | 乙未 | 1 | 二 |
| 17 | 12/18 | 丙申 | 1 | 一 |
| 18 | 12/19 | 丁酉 | 1 | 九 |
| 19 | 12/20 | 戊戌 | 1 | 八 |
| 20 | 12/21 | 己亥 | 7 | 七 |
| 21 | 12/22 | 庚子 | 7 | 4 |
| 22 | 12/23 | 辛丑 | 7 | 5 |
| 23 | 12/24 | 壬寅 | 7 | 6 |
| 24 | 12/25 | 癸卯 | 7 | 7 |
| 25 | 12/26 | 甲辰 | 4 | 8 |
| 26 | 12/27 | 乙巳 | 4 | 9 |
| 27 | 12/28 | 丙午 | 4 | 1 |
| 28 | 12/29 | 丁未 | 4 | 2 |
| 29 | 12/30 | 戊申 | 4 | 3 |
| | | | | |

| 十　月 | | | | |
|---|---|---|---|---|
| 己亥 | | | | |
| 二黑土 | | | | |
| 小雪 22時45分 | 廿一亥時 | 立冬 01時13分 初七丑時 | 奇門遁甲局數 | |
| 農曆 | 國曆 | 干支 | 時盤 | 日盤 |
| 1 | 11/2 | 庚戌 | 六 | 二 |
| 2 | 11/3 | 辛亥 | 六 | 一 |
| 3 | 11/4 | 壬子 | 六 | 九 |
| 4 | 11/5 | 癸丑 | 六 | 八 |
| 5 | 11/6 | 甲寅 | 九 | 七 |
| 6 | 11/7 | 乙卯 | 九 | 六 |
| 7 | 11/8 | 丙辰 | 九 | 五 |
| 8 | 11/9 | 丁巳 | 九 | 四 |
| 9 | 11/10 | 戊午 | 九 | 三 |
| 10 | 11/11 | 己未 | 三 | 二 |
| 11 | 11/12 | 庚申 | 三 | 一 |
| 12 | 11/13 | 辛酉 | 三 | 九 |
| 13 | 11/14 | 壬戌 | 三 | 八 |
| 14 | 11/15 | 癸亥 | 三 | 七 |
| 15 | 11/16 | 甲子 | 五 | 六 |
| 16 | 11/17 | 乙丑 | 五 | 五 |
| 17 | 11/18 | 丙寅 | 五 | 四 |
| 18 | 11/19 | 丁卯 | 五 | 三 |
| 19 | 11/20 | 戊辰 | 五 | 二 |
| 20 | 11/21 | 己巳 | 八 | 一 |
| 21 | 11/22 | 庚午 | 八 | 九 |
| 22 | 11/23 | 辛未 | 八 | 八 |
| 23 | 11/24 | 壬申 | 八 | 七 |
| 24 | 11/25 | 癸酉 | 八 | 六 |
| 25 | 11/26 | 甲戌 | 二 | 五 |
| 26 | 11/27 | 乙亥 | 二 | 四 |
| 27 | 11/28 | 丙子 | 二 | 三 |
| 28 | 11/29 | 丁丑 | 二 | 二 |
| 29 | 11/30 | 戊寅 | 二 | 一 |
| 30 | 12/1 | 己卯 | 四 | 九 |

| 九　月 | | | | |
|---|---|---|---|---|
| 戊戌 | | | | |
| 三碧木 | | | | |
| 霜降 01時15分 | 廿一丑時 | 寒露 22時07分 初五亥時 | 奇門遁甲局數 | |
| 農曆 | 國曆 | 干支 | 時盤 | 日盤 |
| 1 | 10/4 | 辛巳 | 六 | 四 |
| 2 | 10/5 | 壬午 | 六 | 三 |
| 3 | 10/6 | 癸未 | 六 | 二 |
| 4 | 10/7 | 甲申 | 九 | 一 |
| 5 | 10/8 | 乙酉 | 九 | 九 |
| 6 | 10/9 | 丙戌 | 九 | 八 |
| 7 | 10/10 | 丁亥 | 九 | 七 |
| 8 | 10/11 | 戊子 | 九 | 六 |
| 9 | 10/12 | 己丑 | 三 | 五 |
| 10 | 10/13 | 庚寅 | 三 | 四 |
| 11 | 10/14 | 辛卯 | 三 | 三 |
| 12 | 10/15 | 壬辰 | 三 | 二 |
| 13 | 10/16 | 癸巳 | 三 | 一 |
| 14 | 10/17 | 甲午 | 五 | 九 |
| 15 | 10/18 | 乙未 | 五 | 八 |
| 16 | 10/19 | 丙申 | 五 | 七 |
| 17 | 10/20 | 丁酉 | 五 | 六 |
| 18 | 10/21 | 戊戌 | 五 | 五 |
| 19 | 10/22 | 己亥 | 八 | 四 |
| 20 | 10/23 | 庚子 | 八 | 三 |
| 21 | 10/24 | 辛丑 | 八 | 二 |
| 22 | 10/25 | 壬寅 | 八 | 一 |
| 23 | 10/26 | 癸卯 | 八 | 九 |
| 24 | 10/27 | 甲辰 | 二 | 八 |
| 25 | 10/28 | 乙巳 | 二 | 七 |
| 26 | 10/29 | 丙午 | 二 | 六 |
| 27 | 10/30 | 丁未 | 二 | 五 |
| 28 | 10/31 | 戊申 | 二 | 四 |
| 29 | 11/1 | 己酉 | 六 | 三 |
| | | | | |

| 八　月 | | | | |
|---|---|---|---|---|
| 丁酉 | | | | |
| 四綠木 | | | | |
| 秋分 15時59分 | 二十申時 | 白露 06時35分 初五卯時 | 奇門遁甲局數 | |
| 農曆 | 國曆 | 干支 | 時盤 | 日盤 |
| 1 | 9/4 | 辛亥 | 九 | 七 |
| 2 | 9/5 | 壬子 | 九 | 六 |
| 3 | 9/6 | 癸丑 | 九 | 五 |
| 4 | 9/7 | 甲寅 | 三 | 四 |
| 5 | 9/8 | 乙卯 | 三 | 三 |
| 6 | 9/9 | 丙辰 | 三 | 二 |
| 7 | 9/10 | 丁巳 | 三 | 一 |
| 8 | 9/11 | 戊午 | 三 | 九 |
| 9 | 9/12 | 己未 | 六 | 八 |
| 10 | 9/13 | 庚申 | 六 | 七 |
| 11 | 9/14 | 辛酉 | 六 | 六 |
| 12 | 9/15 | 壬戌 | 六 | 五 |
| 13 | 9/16 | 癸亥 | 六 | 四 |
| 14 | 9/17 | 甲子 | 七 | 三 |
| 15 | 9/18 | 乙丑 | 七 | 二 |
| 16 | 9/19 | 丙寅 | 七 | 一 |
| 17 | 9/20 | 丁卯 | 七 | 九 |
| 18 | 9/21 | 戊辰 | 七 | 八 |
| 19 | 9/22 | 己巳 | 一 | 七 |
| 20 | 9/23 | 庚午 | 一 | 六 |
| 21 | 9/24 | 辛未 | 一 | 五 |
| 22 | 9/25 | 壬申 | 一 | 四 |
| 23 | 9/26 | 癸酉 | 一 | 三 |
| 24 | 9/27 | 甲戌 | 四 | 二 |
| 25 | 9/28 | 乙亥 | 四 | 一 |
| 26 | 9/29 | 丙子 | 四 | 九 |
| 27 | 9/30 | 丁丑 | 四 | 八 |
| 28 | 10/1 | 戊寅 | 四 | 七 |
| 29 | 10/2 | 己卯 | 六 | 六 |
| 30 | 10/3 | 庚辰 | 六 | 五 |

| 七　月 | | | | |
|---|---|---|---|---|
| 丙申 | | | | |
| 五黃土 | | | | |
| 處暑 18時26分 | 十八酉時 | 立秋 03時46分 初三寅時 | 奇門遁甲局數 | |
| 農曆 | 國曆 | 干支 | 時盤 | 日盤 |
| 1 | 8/6 | 壬午 | 二 | 九 |
| 2 | 8/7 | 癸未 | 二 | 八 |
| 3 | 8/8 | 甲申 | 五 | 七 |
| 4 | 8/9 | 乙酉 | 五 | 六 |
| 5 | 8/10 | 丙戌 | 五 | 五 |
| 6 | 8/11 | 丁亥 | 五 | 四 |
| 7 | 8/12 | 戊子 | 五 | 三 |
| 8 | 8/13 | 己丑 | 八 | 二 |
| 9 | 8/14 | 庚寅 | 八 | 一 |
| 10 | 8/15 | 辛卯 | 八 | 九 |
| 11 | 8/16 | 壬辰 | 八 | 八 |
| 12 | 8/17 | 癸巳 | 八 | 七 |
| 13 | 8/18 | 甲午 | 一 | 六 |
| 14 | 8/19 | 乙未 | 一 | 五 |
| 15 | 8/20 | 丙申 | 一 | 四 |
| 16 | 8/21 | 丁酉 | 一 | 三 |
| 17 | 8/22 | 戊戌 | 一 | 二 |
| 18 | 8/23 | 己亥 | 四 | 一 |
| 19 | 8/24 | 庚子 | 四 | 九 |
| 20 | 8/25 | 辛丑 | 四 | 八 |
| 21 | 8/26 | 壬寅 | 四 | 七 |
| 22 | 8/27 | 癸卯 | 四 | 六 |
| 23 | 8/28 | 甲辰 | 七 | 五 |
| 24 | 8/29 | 乙巳 | 七 | 四 |
| 25 | 8/30 | 丙午 | 七 | 三 |
| 26 | 8/31 | 丁未 | 七 | 二 |
| 27 | 9/1 | 戊申 | 七 | 一 |
| 28 | 9/2 | 己酉 | 九 | 九 |
| 29 | 9/3 | 庚戌 | 九 | 八 |
| | | | | |

# 西元1987年（丁卯）肖兔 民國76年（男巽命）

奇門遁甲局數如標示為 一 ～九表示陰局　　如標示為1 ～9 表示陽局

| 潤六　月 | | | | | 六　月 | | | | | 五　月 | | | | | 四　月 | | | | | 三　月 | | | | | 二　月 | | | | | 正　月 | | | | |
|---|---|---|---|---|---|---|---|---|---|---|---|---|---|---|---|---|---|---|---|---|---|---|---|---|---|---|---|---|---|---|---|---|---|---|
| 戊申 | | | | | 丁未 | | | | | 丙午 | | | | | 乙巳 | | | | | 甲辰 | | | | | 癸卯 | | | | | 壬寅 | | | | |
| | | | | | 三碧木 | | | | | 四綠木 | | | | | 五黃土 | | | | | 六白金 | | | | | 七赤金 | | | | | 八白土 | | | | |
| 立秋 十四 09時29分 巳時 | | | | 奇門遁甲局數 | 大暑 廿八 17時06分 酉時 | | 小暑 十二 23時39分 子時 | | 奇門遁甲局數 | 夏至 廿七 06時11分 卯時 | | 芒種 十一 13時19分 未時 | | 奇門遁甲局數 | 小滿 廿四 22時10分 亥時 | | 立夏 初九 09時06分 巳時 | | 奇門遁甲局數 | 穀雨 廿三 22時58分 亥時 | | 清明 初八 15時44分 申時 | | 奇門遁甲局數 | 春分 廿二 11時52分 午時 | | 驚蟄 初七 10時54分 巳時 | | 奇門遁甲局數 | 雨水 廿二 12時50分 午時 | | 立春 初七 16時52分 申時 | | 奇門遁甲局數 |
| 農曆 | 國曆 | 干支 | 時盤 | 日盤 | 農曆 | 國曆 | 干支 | 時盤 | 日盤 | 農曆 | 國曆 | 干支 | 時盤 | 日盤 | 農曆 | 國曆 | 干支 | 時盤 | 日盤 | 農曆 | 國曆 | 干支 | 時盤 | 日盤 | 農曆 | 國曆 | 干支 | 時盤 | 日盤 | 農曆 | 國曆 | 干支 | 時盤 | 日盤 |
| 1 | 7/26 | 丙子 | 五 | 六 | 1 | 6/26 | 丙午 | 9 | 九 | 1 | 5/27 | 丙子 | 8 | 7 | 1 | 4/28 | 丁未 | 8 | 5 | 1 | 3/29 | 丁丑 | 6 | 2 | 1 | 2/28 | 戊申 | 3 | 9 | 1 | 1/29 | 戊寅 | 6 | 6 |
| 2 | 7/27 | 丁丑 | 五 | 五 | 2 | 6/27 | 丁未 | 9 | 八 | 2 | 5/28 | 丁丑 | 8 | 8 | 2 | 4/29 | 戊申 | 8 | 6 | 2 | 3/30 | 戊寅 | 6 | 3 | 2 | 3/1 | 己酉 | 1 | 1 | 2 | 1/30 | 己卯 | 8 | 7 |
| 3 | 7/28 | 戊寅 | 五 | 四 | 3 | 6/28 | 戊申 | 9 | 七 | 3 | 5/29 | 戊寅 | 8 | 9 | 3 | 4/30 | 己酉 | 4 | 7 | 3 | 3/31 | 己卯 | 4 | 4 | 3 | 3/2 | 庚戌 | 1 | 2 | 3 | 1/31 | 庚辰 | 8 | 8 |
| 4 | 7/29 | 己卯 | 七 | 三 | 4 | 6/29 | 己酉 | 九 | 六 | 4 | 5/30 | 己卯 | 6 | 1 | 4 | 5/1 | 庚戌 | 4 | 8 | 4 | 4/1 | 庚辰 | 4 | 5 | 4 | 3/3 | 辛亥 | 1 | 3 | 4 | 2/1 | 辛巳 | 8 | 9 |
| 5 | 7/30 | 庚辰 | 七 | 二 | 5 | 6/30 | 庚戌 | 九 | 五 | 5 | 5/31 | 庚辰 | 6 | 2 | 5 | 5/2 | 辛亥 | 4 | 9 | 5 | 4/2 | 辛巳 | 4 | 6 | 5 | 3/4 | 壬子 | 1 | 4 | 5 | 2/2 | 壬午 | 8 | 1 |
| 6 | 7/31 | 辛巳 | 七 | 一 | 6 | 7/1 | 辛亥 | 九 | 四 | 6 | 6/1 | 辛巳 | 6 | 3 | 6 | 5/3 | 壬子 | 4 | 1 | 6 | 4/3 | 壬午 | 4 | 7 | 6 | 3/5 | 癸丑 | 1 | 5 | 6 | 2/3 | 癸未 | 8 | 2 |
| 7 | 8/1 | 壬午 | 七 | 九 | 7 | 7/2 | 壬子 | 九 | 三 | 7 | 6/2 | 壬午 | 6 | 4 | 7 | 5/4 | 癸丑 | 4 | 2 | 7 | 4/4 | 癸未 | 4 | 8 | 7 | 3/6 | 甲寅 | 7 | 6 | 7 | 2/4 | 甲申 | 5 | 3 |
| 8 | 8/2 | 癸未 | 七 | 八 | 8 | 7/3 | 癸丑 | 九 | 二 | 8 | 6/3 | 癸未 | 6 | 5 | 8 | 5/5 | 甲寅 | 1 | 3 | 8 | 4/5 | 甲申 | 1 | 9 | 8 | 3/7 | 乙卯 | 7 | 7 | 8 | 2/5 | 乙酉 | 5 | 4 |
| 9 | 8/3 | 甲申 | 一 | 七 | 9 | 7/4 | 甲寅 | 三 | 一 | 9 | 6/4 | 甲申 | 3 | 6 | 9 | 5/6 | 乙卯 | 1 | 4 | 9 | 4/6 | 乙酉 | 1 | 1 | 9 | 3/8 | 丙辰 | 7 | 8 | 9 | 2/6 | 丙戌 | 5 | 5 |
| 10 | 8/4 | 乙酉 | 一 | 六 | 10 | 7/5 | 乙卯 | 三 | 九 | 10 | 6/5 | 乙酉 | 3 | 7 | 10 | 5/7 | 丙辰 | 1 | 5 | 10 | 4/7 | 丙戌 | 1 | 2 | 10 | 3/9 | 丁巳 | 7 | 9 | 10 | 2/7 | 丁亥 | 5 | 6 |
| 11 | 8/5 | 丙戌 | 一 | 五 | 11 | 7/6 | 丙辰 | 三 | 八 | 11 | 6/6 | 丙戌 | 3 | 8 | 11 | 5/8 | 丁巳 | 1 | 6 | 11 | 4/8 | 丁亥 | 1 | 3 | 11 | 3/10 | 戊午 | 7 | 1 | 11 | 2/8 | 戊子 | 5 | 7 |
| 12 | 8/6 | 丁亥 | 一 | 四 | 12 | 7/7 | 丁巳 | 三 | 七 | 12 | 6/7 | 丁亥 | 3 | 9 | 12 | 5/9 | 戊午 | 1 | 7 | 12 | 4/9 | 戊子 | 1 | 4 | 12 | 3/11 | 己未 | 4 | 2 | 12 | 2/9 | 己丑 | 2 | 8 |
| 13 | 8/7 | 戊子 | 一 | 三 | 13 | 7/8 | 戊午 | 三 | 六 | 13 | 6/8 | 戊子 | 3 | 1 | 13 | 5/10 | 己未 | 7 | 8 | 13 | 4/10 | 己丑 | 7 | 5 | 13 | 3/12 | 庚申 | 4 | 3 | 13 | 2/10 | 庚寅 | 2 | 9 |
| 14 | 8/8 | 己丑 | 四 | 二 | 14 | 7/9 | 己未 | 六 | 五 | 14 | 6/9 | 己丑 | 9 | 2 | 14 | 5/11 | 庚申 | 7 | 9 | 14 | 4/11 | 庚寅 | 7 | 6 | 14 | 3/13 | 辛酉 | 4 | 4 | 14 | 2/11 | 辛卯 | 2 | 1 |
| 15 | 8/9 | 庚寅 | 四 | 一 | 15 | 7/10 | 庚申 | 六 | 四 | 15 | 6/10 | 庚寅 | 9 | 3 | 15 | 5/12 | 辛酉 | 7 | 1 | 15 | 4/12 | 辛卯 | 7 | 7 | 15 | 3/14 | 壬戌 | 4 | 5 | 15 | 2/12 | 壬辰 | 2 | 2 |
| 16 | 8/10 | 辛卯 | 四 | 九 | 16 | 7/11 | 辛酉 | 六 | 三 | 16 | 6/11 | 辛卯 | 9 | 4 | 16 | 5/13 | 壬戌 | 7 | 2 | 16 | 4/13 | 壬辰 | 7 | 8 | 16 | 3/15 | 癸亥 | 4 | 6 | 16 | 2/13 | 癸巳 | 2 | 3 |
| 17 | 8/11 | 壬辰 | 四 | 八 | 17 | 7/12 | 壬戌 | 六 | 二 | 17 | 6/12 | 壬辰 | 9 | 5 | 17 | 5/14 | 癸亥 | 7 | 3 | 17 | 4/14 | 癸巳 | 7 | 9 | 17 | 3/16 | 甲子 | 3 | 7 | 17 | 2/14 | 甲午 | 9 | 4 |
| 18 | 8/12 | 癸巳 | 四 | 七 | 18 | 7/13 | 癸亥 | 六 | 一 | 18 | 6/13 | 癸巳 | 9 | 6 | 18 | 5/15 | 甲子 | 5 | 4 | 18 | 4/15 | 甲午 | 5 | 1 | 18 | 3/17 | 乙丑 | 3 | 8 | 18 | 2/15 | 乙未 | 9 | 5 |
| 19 | 8/13 | 甲午 | 二 | 六 | 19 | 7/14 | 甲子 | 八 | 九 | 19 | 6/14 | 甲午 | 6 | 7 | 19 | 5/16 | 乙丑 | 5 | 5 | 19 | 4/16 | 乙未 | 5 | 2 | 19 | 3/18 | 丙寅 | 3 | 9 | 19 | 2/16 | 丙申 | 9 | 6 |
| 20 | 8/14 | 乙未 | 二 | 五 | 20 | 7/15 | 乙丑 | 八 | 八 | 20 | 6/15 | 乙未 | 6 | 8 | 20 | 5/17 | 丙寅 | 5 | 6 | 20 | 4/17 | 丙申 | 5 | 3 | 20 | 3/19 | 丁卯 | 3 | 1 | 20 | 2/17 | 丁酉 | 9 | 7 |
| 21 | 8/15 | 丙申 | 二 | 四 | 21 | 7/16 | 丙寅 | 八 | 七 | 21 | 6/16 | 丙申 | 6 | 9 | 21 | 5/18 | 丁卯 | 5 | 7 | 21 | 4/18 | 丁酉 | 5 | 4 | 21 | 3/20 | 戊辰 | 3 | 2 | 21 | 2/18 | 戊戌 | 9 | 8 |
| 22 | 8/16 | 丁酉 | 二 | 三 | 22 | 7/17 | 丁卯 | 八 | 六 | 22 | 6/17 | 丁酉 | 6 | 1 | 22 | 5/19 | 戊辰 | 5 | 8 | 22 | 4/19 | 戊戌 | 5 | 5 | 22 | 3/21 | 己巳 | 9 | 3 | 22 | 2/19 | 己亥 | 6 | 9 |
| 23 | 8/17 | 戊戌 | 二 | 二 | 23 | 7/18 | 戊辰 | 八 | 五 | 23 | 6/18 | 戊戌 | 6 | 2 | 23 | 5/20 | 己巳 | 2 | 9 | 23 | 4/20 | 己亥 | 2 | 6 | 23 | 3/22 | 庚午 | 9 | 4 | 23 | 2/20 | 庚子 | 6 | 1 |
| 24 | 8/18 | 己亥 | 五 | 一 | 24 | 7/19 | 己巳 | 二 | 四 | 24 | 6/19 | 己亥 | 3 | 3 | 24 | 5/21 | 庚午 | 2 | 1 | 24 | 4/21 | 庚子 | 2 | 7 | 24 | 3/23 | 辛未 | 9 | 5 | 24 | 2/21 | 辛丑 | 6 | 2 |
| 25 | 8/19 | 庚子 | 五 | 九 | 25 | 7/20 | 庚午 | 二 | 三 | 25 | 6/20 | 庚子 | 3 | 4 | 25 | 5/22 | 辛未 | 2 | 2 | 25 | 4/22 | 辛丑 | 2 | 8 | 25 | 3/24 | 壬申 | 9 | 6 | 25 | 2/22 | 壬寅 | 6 | 3 |
| 26 | 8/20 | 辛丑 | 五 | 八 | 26 | 7/21 | 辛未 | 二 | 二 | 26 | 6/21 | 辛丑 | 3 | 5 | 26 | 5/23 | 壬申 | 2 | 3 | 26 | 4/23 | 壬寅 | 2 | 9 | 26 | 3/25 | 癸酉 | 9 | 7 | 26 | 2/23 | 癸卯 | 6 | 4 |
| 27 | 8/21 | 壬寅 | 五 | 七 | 27 | 7/22 | 壬申 | 二 | 一 | 27 | 6/22 | 壬寅 | 3 | 四 | 27 | 5/24 | 癸酉 | 2 | 4 | 27 | 4/24 | 癸卯 | 2 | 1 | 27 | 3/26 | 甲戌 | 6 | 8 | 27 | 2/24 | 甲辰 | 3 | 5 |
| 28 | 8/22 | 癸卯 | 五 | 六 | 28 | 7/23 | 癸酉 | 二 | 九 | 28 | 6/23 | 癸卯 | 3 | 三 | 28 | 5/25 | 甲戌 | 8 | 5 | 28 | 4/25 | 甲辰 | 8 | 2 | 28 | 3/27 | 乙亥 | 6 | 9 | 28 | 2/25 | 乙巳 | 3 | 6 |
| 29 | 8/23 | 甲辰 | 八 | 五 | 29 | 7/24 | 甲戌 | 五 | 八 | 29 | 6/24 | 甲辰 | 9 | 二 | 29 | 5/26 | 乙亥 | 8 | 6 | 29 | 4/26 | 乙巳 | 8 | 3 | 29 | 3/28 | 丙子 | 6 | 1 | 29 | 2/26 | 丙午 | 3 | 7 |
| | | | | | 30 | 7/25 | 乙亥 | 五 | 七 | 30 | 6/25 | 乙巳 | 9 | 一 | | | | | | 30 | 4/27 | 丙午 | 8 | 4 | | | | | | 30 | 2/27 | 丁未 | 3 | 8 |

# 西元1987年（丁卯）肖兔 民國76年（女坤命）

奇門遁甲局數如標示為 一 ～九表示陰局　　如標示為1 ～9 表示陽局

| 十二月 | | | | |
|---|---|---|---|---|
| 癸丑 | | | | |
| 六白金 | | | | |
| 立春 22時43分 十七亥時 | | 大寒 04時25分 初三寅時 | 奇門遁甲局數 | |
| 農曆 | 國曆 | 干支 | 時盤 | 日盤 |
| 1 | 1/19 | 癸酉 | 8 | 1 |
| 2 | 1/20 | 甲戌 | 5 | 2 |
| 3 | 1/21 | 乙亥 | 5 | 3 |
| 4 | 1/22 | 丙子 | 5 | 4 |
| 5 | 1/23 | 丁丑 | 5 | 5 |
| 6 | 1/24 | 戊寅 | 5 | 6 |
| 7 | 1/25 | 己卯 | 3 | 7 |
| 8 | 1/26 | 庚辰 | 3 | 8 |
| 9 | 1/27 | 辛巳 | 3 | 9 |
| 10 | 1/28 | 壬午 | 3 | 1 |
| 11 | 1/29 | 癸未 | 3 | 2 |
| 12 | 1/30 | 甲申 | 9 | 3 |
| 13 | 1/31 | 乙酉 | 9 | 4 |
| 14 | 2/1 | 丙戌 | 9 | 5 |
| 15 | 2/2 | 丁亥 | 9 | 6 |
| 16 | 2/3 | 戊子 | 9 | 7 |
| 17 | 2/4 | 己丑 | 6 | 8 |
| 18 | 2/5 | 庚寅 | 6 | 9 |
| 19 | 2/6 | 辛卯 | 6 | 1 |
| 20 | 2/7 | 壬辰 | 6 | 2 |
| 21 | 2/8 | 癸巳 | 6 | 3 |
| 22 | 2/9 | 甲午 | 8 | 4 |
| 23 | 2/10 | 乙未 | 8 | 5 |
| 24 | 2/11 | 丙申 | 8 | 6 |
| 25 | 2/12 | 丁酉 | 8 | 7 |
| 26 | 2/13 | 戊戌 | 8 | 8 |
| 27 | 2/14 | 己亥 | 5 | 9 |
| 28 | 2/15 | 庚子 | 5 | 1 |
| 29 | 2/16 | 辛丑 | 5 | 2 |
| | | | | |

| 十一月 | | | | |
|---|---|---|---|---|
| 壬子 | | | | |
| 七赤金 | | | | |
| 小寒 11時04分 十七午時 | | 冬至 17時46分 初二酉時 | 奇門遁甲局數 | |
| 農曆 | 國曆 | 干支 | 時盤 | 日盤 |
| 1 | 12/21 | 甲辰 | 一 | 二 |
| 2 | 12/22 | 乙巳 | 一 | 9 |
| 3 | 12/23 | 丙午 | 一 | 1 |
| 4 | 12/24 | 丁未 | 一 | 2 |
| 5 | 12/25 | 戊申 | 一 | 3 |
| 6 | 12/26 | 己酉 | 1 | 4 |
| 7 | 12/27 | 庚戌 | 1 | 5 |
| 8 | 12/28 | 辛亥 | 1 | 6 |
| 9 | 12/29 | 壬子 | 1 | 7 |
| 10 | 12/30 | 癸丑 | 1 | 8 |
| 11 | 12/31 | 甲寅 | 7 | 9 |
| 12 | 1/1 | 乙卯 | 7 | 1 |
| 13 | 1/2 | 丙辰 | 7 | 2 |
| 14 | 1/3 | 丁巳 | 7 | 3 |
| 15 | 1/4 | 戊午 | 7 | 4 |
| 16 | 1/5 | 己未 | 4 | 5 |
| 17 | 1/6 | 庚申 | 4 | 6 |
| 18 | 1/7 | 辛酉 | 4 | 7 |
| 19 | 1/8 | 壬戌 | 4 | 8 |
| 20 | 1/9 | 癸亥 | 4 | 9 |
| 21 | 1/10 | 甲子 | 2 | 1 |
| 22 | 1/11 | 乙丑 | 2 | 2 |
| 23 | 1/12 | 丙寅 | 2 | 3 |
| 24 | 1/13 | 丁卯 | 2 | 4 |
| 25 | 1/14 | 戊辰 | 2 | 5 |
| 26 | 1/15 | 己巳 | 8 | 6 |
| 27 | 1/16 | 庚午 | 8 | 7 |
| 28 | 1/17 | 辛未 | 8 | 8 |
| 29 | 1/18 | 壬申 | 8 | 9 |
| | | | | |

| 十　月 | | | | |
|---|---|---|---|---|
| 辛亥 | | | | |
| 八白土 | | | | |
| 大雪 23時53分 十七子時 | | 小雪 04時30分 初三寅時 | 奇門遁甲局數 | |
| 農曆 | 國曆 | 干支 | 時盤 | 日盤 |
| 1 | 11/21 | 甲戌 | 三 | 五 |
| 2 | 11/22 | 乙亥 | 三 | 四 |
| 3 | 11/23 | 丙子 | 三 | 三 |
| 4 | 11/24 | 丁丑 | 三 | 二 |
| 5 | 11/25 | 戊寅 | 三 | 一 |
| 6 | 11/26 | 己卯 | 五 | 九 |
| 7 | 11/27 | 庚辰 | 五 | 八 |
| 8 | 11/28 | 辛巳 | 五 | 七 |
| 9 | 11/29 | 壬午 | 五 | 六 |
| 10 | 11/30 | 癸未 | 五 | 五 |
| 11 | 12/1 | 甲申 | 八 | 四 |
| 12 | 12/2 | 乙酉 | 八 | 三 |
| 13 | 12/3 | 丙戌 | 八 | 二 |
| 14 | 12/4 | 丁亥 | 八 | 一 |
| 15 | 12/5 | 戊子 | 八 | 九 |
| 16 | 12/6 | 己丑 | 二 | 八 |
| 17 | 12/7 | 庚寅 | 二 | 七 |
| 18 | 12/8 | 辛卯 | 二 | 六 |
| 19 | 12/9 | 壬辰 | 二 | 五 |
| 20 | 12/10 | 癸巳 | 二 | 四 |
| 21 | 12/11 | 甲午 | 四 | 三 |
| 22 | 12/12 | 乙未 | 四 | 二 |
| 23 | 12/13 | 丙申 | 四 | 一 |
| 24 | 12/14 | 丁酉 | 四 | 九 |
| 25 | 12/15 | 戊戌 | 四 | 八 |
| 26 | 12/16 | 己亥 | 七 | 七 |
| 27 | 12/17 | 庚子 | 七 | 六 |
| 28 | 12/18 | 辛丑 | 七 | 五 |
| 29 | 12/19 | 壬寅 | 七 | 四 |
| 30 | 12/20 | 癸卯 | 七 | 三 |

| 九　月 | | | | |
|---|---|---|---|---|
| 庚戌 | | | | |
| 九紫火 | | | | |
| 立冬 07時07分 十七辰時 | | 霜降 07時01分 初二辰時 | 奇門遁甲局數 | |
| 農曆 | 國曆 | 干支 | 時盤 | 日盤 |
| 1 | 10/23 | 乙巳 | 三 | 七 |
| 2 | 10/24 | 丙午 | 三 | 六 |
| 3 | 10/25 | 丁未 | 三 | 五 |
| 4 | 10/26 | 戊申 | 三 | 四 |
| 5 | 10/27 | 己酉 | 五 | 三 |
| 6 | 10/28 | 庚戌 | 五 | 二 |
| 7 | 10/29 | 辛亥 | 五 | 一 |
| 8 | 10/30 | 壬子 | 五 | 九 |
| 9 | 10/31 | 癸丑 | 五 | 八 |
| 10 | 11/1 | 甲寅 | 八 | 七 |
| 11 | 11/2 | 乙卯 | 八 | 六 |
| 12 | 11/3 | 丙辰 | 八 | 五 |
| 13 | 11/4 | 丁巳 | 八 | 四 |
| 14 | 11/5 | 戊午 | 八 | 三 |
| 15 | 11/6 | 己未 | 二 | 二 |
| 16 | 11/7 | 庚申 | 二 | 一 |
| 17 | 11/8 | 辛酉 | 二 | 九 |
| 18 | 11/9 | 壬戌 | 二 | 八 |
| 19 | 11/10 | 癸亥 | 二 | 七 |
| 20 | 11/11 | 甲子 | 六 | 六 |
| 21 | 11/12 | 乙丑 | 六 | 五 |
| 22 | 11/13 | 丙寅 | 六 | 四 |
| 23 | 11/14 | 丁卯 | 六 | 三 |
| 24 | 11/15 | 戊辰 | 六 | 二 |
| 25 | 11/16 | 己巳 | 九 | 一 |
| 26 | 11/17 | 庚午 | 九 | 九 |
| 27 | 11/18 | 辛未 | 九 | 八 |
| 28 | 11/19 | 壬申 | 九 | 七 |
| 29 | 11/20 | 癸酉 | 九 | 六 |
| | | | | |

| 八　月 | | | | |
|---|---|---|---|---|
| 己酉 | | | | |
| 一白水 | | | | |
| 寒露 04時00分 十七寅時 | | 秋分 21時46分 初一亥時 | 奇門遁甲局數 | |
| 農曆 | 國曆 | 干支 | 時盤 | 日盤 |
| 1 | 9/23 | 乙亥 | 六 | 一 |
| 2 | 9/24 | 丙子 | 六 | 九 |
| 3 | 9/25 | 丁丑 | 六 | 八 |
| 4 | 9/26 | 戊寅 | 六 | 七 |
| 5 | 9/27 | 己卯 | 七 | 六 |
| 6 | 9/28 | 庚辰 | 七 | 五 |
| 7 | 9/29 | 辛巳 | 七 | 四 |
| 8 | 9/30 | 壬午 | 七 | 三 |
| 9 | 10/1 | 癸未 | 七 | 二 |
| 10 | 10/2 | 甲申 | 一 | 一 |
| 11 | 10/3 | 乙酉 | 一 | 九 |
| 12 | 10/4 | 丙戌 | 一 | 八 |
| 13 | 10/5 | 丁亥 | 一 | 七 |
| 14 | 10/6 | 戊子 | 一 | 六 |
| 15 | 10/7 | 己丑 | 四 | 五 |
| 16 | 10/8 | 庚寅 | 四 | 四 |
| 17 | 10/9 | 辛卯 | 四 | 三 |
| 18 | 10/10 | 壬辰 | 四 | 二 |
| 19 | 10/11 | 癸巳 | 四 | 一 |
| 20 | 10/12 | 甲午 | 六 | 九 |
| 21 | 10/13 | 乙未 | 六 | 八 |
| 22 | 10/14 | 丙申 | 六 | 七 |
| 23 | 10/15 | 丁酉 | 六 | 六 |
| 24 | 10/16 | 戊戌 | 六 | 五 |
| 25 | 10/17 | 己亥 | 九 | 四 |
| 26 | 10/18 | 庚子 | 九 | 三 |
| 27 | 10/19 | 辛丑 | 九 | 二 |
| 28 | 10/20 | 壬寅 | 九 | 一 |
| 29 | 10/21 | 癸卯 | 九 | 九 |
| 30 | 10/22 | 甲辰 | 三 | 八 |

| 七　月 | | | | |
|---|---|---|---|---|
| 戊申 | | | | |
| 二黑土 | | | | |
| 白露 12時24分 十六午時 | | 處暑 00時10分 初一子時 | 奇門遁甲局數 | |
| 農曆 | 國曆 | 干支 | 時盤 | 日盤 |
| 1 | 8/24 | 乙巳 | 八 | 四 |
| 2 | 8/25 | 丙午 | 八 | 三 |
| 3 | 8/26 | 丁未 | 八 | 二 |
| 4 | 8/27 | 戊申 | 八 | 一 |
| 5 | 8/28 | 己酉 | 一 | 九 |
| 6 | 8/29 | 庚戌 | 一 | 八 |
| 7 | 8/30 | 辛亥 | 一 | 七 |
| 8 | 8/31 | 壬子 | 一 | 六 |
| 9 | 9/1 | 癸丑 | 一 | 五 |
| 10 | 9/2 | 甲寅 | 四 | 四 |
| 11 | 9/3 | 乙卯 | 四 | 三 |
| 12 | 9/4 | 丙辰 | 四 | 二 |
| 13 | 9/5 | 丁巳 | 四 | 一 |
| 14 | 9/6 | 戊午 | 四 | 九 |
| 15 | 9/7 | 己未 | 七 | 八 |
| 16 | 9/8 | 庚申 | 七 | 七 |
| 17 | 9/9 | 辛酉 | 七 | 六 |
| 18 | 9/10 | 壬戌 | 七 | 五 |
| 19 | 9/11 | 癸亥 | 七 | 四 |
| 20 | 9/12 | 甲子 | 九 | 三 |
| 21 | 9/13 | 乙丑 | 九 | 二 |
| 22 | 9/14 | 丙寅 | 九 | 一 |
| 23 | 9/15 | 丁卯 | 九 | 九 |
| 24 | 9/16 | 戊辰 | 九 | 八 |
| 25 | 9/17 | 己巳 | 三 | 七 |
| 26 | 9/18 | 庚午 | 三 | 六 |
| 27 | 9/19 | 辛未 | 三 | 五 |
| 28 | 9/20 | 壬申 | 三 | 四 |
| 29 | 9/21 | 癸酉 | 三 | 三 |
| 30 | 9/22 | 甲戌 | 六 | 二 |

# 西元1988年（戊辰）肖龍 民國77年（男震命）

奇門遁甲局數如標示為 一 ～九表示陰局　　如標示為1 ～9 表示陽局

| 六月 | | | | | 五月 | | | | | 四月 | | | | |
|---|---|---|---|---|---|---|---|---|---|---|---|---|---|---|
| 己未 | | | | | 戊午 | | | | | 丁巳 | | | | |
| 九紫火 | | | | | 一白水 | | | | | 二黑土 | | | | |
| 立秋 15時20分 廿五申時 | | 大暑 22時51分 初九亥時 | 奇門遁甲局數 | | 小暑 05時33分 廿四卯時 | | 夏至 11時57分 初八午時 | 奇門遁甲局數 | | 芒種 19時15分 廿一戌時 | | 小滿 03時57分 初六寅時 | 奇門遁甲局數 | |
| 農曆 | 國曆 | 干支 | 時盤 | 日盤 | 農曆 | 國曆 | 干支 | 時盤 | 日盤 | 農曆 | 國曆 | 干支 | 時盤 | 日盤 |
| 1 | 7/14 | 庚午 | 二 | 三 | 1 | 6/14 | 庚子 | 3 | 4 | 1 | 5/16 | 辛未 | 1 | 2 |
| 2 | 7/15 | 辛未 | 二 | 二 | 2 | 6/15 | 辛丑 | 3 | 5 | 2 | 5/17 | 壬申 | 1 | 3 |
| 3 | 7/16 | 壬申 | 二 | 一 | 3 | 6/16 | 壬寅 | 3 | 6 | 3 | 5/18 | 癸酉 | 1 | 4 |
| 4 | 7/17 | 癸酉 | 二 | 九 | 4 | 6/17 | 癸卯 | 3 | 7 | 4 | 5/19 | 甲戌 | 7 | 5 |
| 5 | 7/18 | 甲戌 | 五 | 八 | 5 | 6/18 | 甲辰 | 9 | 8 | 5 | 5/20 | 乙亥 | 7 | 6 |
| 6 | 7/19 | 乙亥 | 五 | 七 | 6 | 6/19 | 乙巳 | 9 | 9 | 6 | 5/21 | 丙子 | 7 | 7 |
| 7 | 7/20 | 丙子 | 五 | 六 | 7 | 6/20 | 丙午 | 9 | 1 | 7 | 5/22 | 丁丑 | 7 | 8 |
| 8 | 7/21 | 丁丑 | 五 | 五 | 8 | 6/21 | 丁未 | 9 | 八 | 8 | 5/23 | 戊寅 | 7 | 9 |
| 9 | 7/22 | 戊寅 | 五 | 四 | 9 | 6/22 | 戊申 | 9 | 七 | 9 | 5/24 | 己卯 | 5 | 1 |
| 10 | 7/23 | 己卯 | 七 | 三 | 10 | 6/23 | 己酉 | 九 | 六 | 10 | 5/25 | 庚辰 | 5 | 2 |
| 11 | 7/24 | 庚辰 | 七 | 二 | 11 | 6/24 | 庚戌 | 九 | 五 | 11 | 5/26 | 辛巳 | 5 | 3 |
| 12 | 7/25 | 辛巳 | 七 | 一 | 12 | 6/25 | 辛亥 | 九 | 四 | 12 | 5/27 | 壬午 | 5 | 4 |
| 13 | 7/26 | 壬午 | 七 | 九 | 13 | 6/26 | 壬子 | 九 | 三 | 13 | 5/28 | 癸未 | 5 | 5 |
| 14 | 7/27 | 癸未 | 七 | 八 | 14 | 6/27 | 癸丑 | 九 | 二 | 14 | 5/29 | 甲申 | 2 | 6 |
| 15 | 7/28 | 甲申 | 一 | 七 | 15 | 6/28 | 甲寅 | 三 | 一 | 15 | 5/30 | 乙酉 | 2 | 7 |
| 16 | 7/29 | 乙酉 | 一 | 六 | 16 | 6/29 | 乙卯 | 三 | 九 | 16 | 5/31 | 丙戌 | 2 | 8 |
| 17 | 7/30 | 丙戌 | 一 | 五 | 17 | 6/30 | 丙辰 | 三 | 八 | 17 | 6/1 | 丁亥 | 2 | 9 |
| 18 | 7/31 | 丁亥 | 一 | 四 | 18 | 7/1 | 丁巳 | 三 | 七 | 18 | 6/2 | 戊子 | 2 | 1 |
| 19 | 8/1 | 戊子 | 一 | 三 | 19 | 7/2 | 戊午 | 三 | 六 | 19 | 6/3 | 己丑 | 8 | 2 |
| 20 | 8/2 | 己丑 | 四 | 二 | 20 | 7/3 | 己未 | 六 | 五 | 20 | 6/4 | 庚寅 | 8 | 3 |
| 21 | 8/3 | 庚寅 | 四 | 一 | 21 | 7/4 | 庚申 | 六 | 四 | 21 | 6/5 | 辛卯 | 8 | 4 |
| 22 | 8/4 | 辛卯 | 四 | 九 | 22 | 7/5 | 辛酉 | 六 | 三 | 22 | 6/6 | 壬辰 | 8 | 5 |
| 23 | 8/5 | 壬辰 | 四 | 八 | 23 | 7/6 | 壬戌 | 六 | 二 | 23 | 6/7 | 癸巳 | 8 | 6 |
| 24 | 8/6 | 癸巳 | 四 | 七 | 24 | 7/7 | 癸亥 | 六 | 一 | 24 | 6/8 | 甲午 | 6 | 7 |
| 25 | 8/7 | 甲午 | 二 | 六 | 25 | 7/8 | 甲子 | 八 | 九 | 25 | 6/9 | 乙未 | 6 | 8 |
| 26 | 8/8 | 乙未 | 二 | 五 | 26 | 7/9 | 乙丑 | 八 | 八 | 26 | 6/10 | 丙申 | 6 | 9 |
| 27 | 8/9 | 丙申 | 二 | 四 | 27 | 7/10 | 丙寅 | 八 | 七 | 27 | 6/11 | 丁酉 | 6 | 1 |
| 28 | 8/10 | 丁酉 | 二 | 三 | 28 | 7/11 | 丁卯 | 八 | 六 | 28 | 6/12 | 戊戌 | 6 | 2 |
| 29 | 8/11 | 戊戌 | 二 | 二 | 29 | 7/12 | 戊辰 | 八 | 五 | 29 | 6/13 | 己亥 | 3 | 3 |
| | | | | | 30 | 7/13 | 己巳 | 二 | 四 | | | | | |

| 三月 | | | | | 二月 | | | | | 正月 | | | | |
|---|---|---|---|---|---|---|---|---|---|---|---|---|---|---|
| 丙辰 | | | | | 乙卯 | | | | | 甲寅 | | | | |
| 三碧木 | | | | | 四綠木 | | | | | 五黃土 | | | | |
| 立夏 15時02分 二十申時 | | 穀雨 04時45分 初五寅時 | 奇門遁甲局數 | | 清明 21時39分 十八亥時 | | 春分 17時39分 初三酉時 | 奇門遁甲局數 | | 驚蟄 16時48分 十八申時 | | 雨水 18時36分 初三酉時 | 奇門遁甲局數 | |
| 農曆 | 國曆 | 干支 | 時盤 | 日盤 | 農曆 | 國曆 | 干支 | 時盤 | 日盤 | 農曆 | 國曆 | 干支 | 時盤 | 日盤 |
| 1 | 4/16 | 辛丑 | 1 | 8 | 1 | 3/18 | 壬申 | 7 | 6 | 1 | 2/17 | 壬寅 | 5 | 3 |
| 2 | 4/17 | 壬寅 | 1 | 9 | 2 | 3/19 | 癸酉 | 7 | 7 | 2 | 2/18 | 癸卯 | 5 | 4 |
| 3 | 4/18 | 癸卯 | 1 | 1 | 3 | 3/20 | 甲戌 | 4 | 8 | 3 | 2/19 | 甲辰 | 2 | 5 |
| 4 | 4/19 | 甲辰 | 7 | 2 | 4 | 3/21 | 乙亥 | 4 | 9 | 4 | 2/20 | 乙巳 | 2 | 6 |
| 5 | 4/20 | 乙巳 | 7 | 3 | 5 | 3/22 | 丙子 | 4 | 1 | 5 | 2/21 | 丙午 | 2 | 7 |
| 6 | 4/21 | 丙午 | 7 | 4 | 6 | 3/23 | 丁丑 | 4 | 2 | 6 | 2/22 | 丁未 | 2 | 8 |
| 7 | 4/22 | 丁未 | 7 | 5 | 7 | 3/24 | 戊寅 | 4 | 3 | 7 | 2/23 | 戊申 | 2 | 9 |
| 8 | 4/23 | 戊申 | 7 | 6 | 8 | 3/25 | 己卯 | 3 | 4 | 8 | 2/24 | 己酉 | 9 | 1 |
| 9 | 4/24 | 己酉 | 5 | 7 | 9 | 3/26 | 庚辰 | 3 | 5 | 9 | 2/25 | 庚戌 | 9 | 2 |
| 10 | 4/25 | 庚戌 | 5 | 8 | 10 | 3/27 | 辛巳 | 3 | 6 | 10 | 2/26 | 辛亥 | 9 | 3 |
| 11 | 4/26 | 辛亥 | 5 | 9 | 11 | 3/28 | 壬午 | 3 | 7 | 11 | 2/27 | 壬子 | 9 | 4 |
| 12 | 4/27 | 壬子 | 5 | 1 | 12 | 3/29 | 癸未 | 3 | 8 | 12 | 2/28 | 癸丑 | 9 | 5 |
| 13 | 4/28 | 癸丑 | 5 | 2 | 13 | 3/30 | 甲申 | 9 | 9 | 13 | 2/29 | 甲寅 | 6 | 6 |
| 14 | 4/29 | 甲寅 | 2 | 3 | 14 | 3/31 | 乙酉 | 9 | 1 | 14 | 3/1 | 乙卯 | 6 | 7 |
| 15 | 4/30 | 乙卯 | 2 | 4 | 15 | 4/1 | 丙戌 | 9 | 2 | 15 | 3/2 | 丙辰 | 6 | 8 |
| 16 | 5/1 | 丙辰 | 2 | 5 | 16 | 4/2 | 丁亥 | 9 | 3 | 16 | 3/3 | 丁巳 | 6 | 9 |
| 17 | 5/2 | 丁巳 | 2 | 6 | 17 | 4/3 | 戊子 | 9 | 4 | 17 | 3/4 | 戊午 | 6 | 1 |
| 18 | 5/3 | 戊午 | 2 | 7 | 18 | 4/4 | 己丑 | 6 | 5 | 18 | 3/5 | 己未 | 3 | 2 |
| 19 | 5/4 | 己未 | 8 | 8 | 19 | 4/5 | 庚寅 | 6 | 6 | 19 | 3/6 | 庚申 | 3 | 3 |
| 20 | 5/5 | 庚申 | 8 | 9 | 20 | 4/6 | 辛卯 | 6 | 7 | 20 | 3/7 | 辛酉 | 3 | 4 |
| 21 | 5/6 | 辛酉 | 8 | 1 | 21 | 4/7 | 壬辰 | 6 | 8 | 21 | 3/8 | 壬戌 | 3 | 5 |
| 22 | 5/7 | 壬戌 | 8 | 2 | 22 | 4/8 | 癸巳 | 6 | 9 | 22 | 3/9 | 癸亥 | 3 | 6 |
| 23 | 5/8 | 癸亥 | 8 | 3 | 23 | 4/9 | 甲午 | 4 | 1 | 23 | 3/10 | 甲子 | 1 | 7 |
| 24 | 5/9 | 甲子 | 4 | 4 | 24 | 4/10 | 乙未 | 4 | 2 | 24 | 3/11 | 乙丑 | 1 | 8 |
| 25 | 5/10 | 乙丑 | 4 | 5 | 25 | 4/11 | 丙申 | 4 | 3 | 25 | 3/12 | 丙寅 | 1 | 9 |
| 26 | 5/11 | 丙寅 | 4 | 6 | 26 | 4/12 | 丁酉 | 4 | 4 | 26 | 3/13 | 丁卯 | 1 | 1 |
| 27 | 5/12 | 丁卯 | 4 | 7 | 27 | 4/13 | 戊戌 | 4 | 5 | 27 | 3/14 | 戊辰 | 1 | 2 |
| 28 | 5/13 | 戊辰 | 4 | 8 | 28 | 4/14 | 己亥 | 1 | 6 | 28 | 3/15 | 己巳 | 7 | 3 |
| 29 | 5/14 | 己巳 | 1 | 9 | 29 | 4/15 | 庚子 | 1 | 7 | 29 | 3/16 | 庚午 | 7 | 4 |
| 30 | 5/15 | 庚午 | 1 | 1 | | | | | | 30 | 3/17 | 辛未 | 7 | 5 |

# 西元1988年（戊辰）肖龍 民國77年（女震命）

奇門遁甲局數如標示為 一 ～九表示陰局　　如標示為1 ～9 表示陽局

| 十二月 | | | | | 十一月 | | | | | 十　月 | | | | | 九　月 | | | | | 八　月 | | | | | 七　月 | | | | |
|---|---|---|---|---|---|---|---|---|---|---|---|---|---|---|---|---|---|---|---|---|---|---|---|---|---|---|---|---|---|
| 乙丑 | | | | | 甲子 | | | | | 癸亥 | | | | | 壬戌 | | | | | 辛酉 | | | | | 庚申 | | | | |
| 三碧木 | | | | | 四綠木 | | | | | 五黃土 | | | | | 六白金 | | | | | 七赤金 | | | | | 八白土 | | | | |
| 立春 04時26分 廿八寅時 | | 大寒 10時07分 十三巳時 | 奇門遁甲局數 | | 小寒 16時46分 廿八申時 | | 冬至 23時28分 十三子時 | 奇門遁甲局數 | | 大雪 05時35分 廿九卯時 | | 小雪 10時12分 十四巳時 | 奇門遁甲局數 | | 立冬 12時49分 廿八午時 | | 霜降 12時44分 十三午時 | 奇門遁甲局數 | | 寒露 09時45分 廿八巳時 | | 秋分 03時29分 十三寅時 | 奇門遁甲局數 | | 白露 18時12分 廿七酉時 | | 處暑 05時54分 十二卯時 | 奇門遁甲局數 | |
| 農曆 | 國曆 | 干支 | 時盤 | 日盤 | 農曆 | 國曆 | 干支 | 時盤 | 日盤 | 農曆 | 國曆 | 干支 | 時盤 | 日盤 | 農曆 | 國曆 | 干支 | 時盤 | 日盤 | 農曆 | 國曆 | 干支 | 時盤 | 日盤 | 農曆 | 國曆 | 干支 | 時盤 | 日盤 |
| 1 | 1/8 | 戊辰 | 2 | 5 | 1 | 12/9 | 戊戌 | 四 | 八 | 1 | 11/9 | 戊辰 | 六 | 二 | 1 | 10/11 | 己亥 | 九 | 四 | 1 | 9/11 | 己巳 | 三 | 七 | 1 | 8/12 | 己亥 | 五 | 一 |
| 2 | 1/9 | 己巳 | 8 | 6 | 2 | 12/10 | 己亥 | 七 | 七 | 2 | 11/10 | 己巳 | 九 | 一 | 2 | 10/12 | 庚子 | 九 | 三 | 2 | 9/12 | 庚午 | 三 | 六 | 2 | 8/13 | 庚子 | 五 | 九 |
| 3 | 1/10 | 庚午 | 8 | 7 | 3 | 12/11 | 庚子 | 七 | 六 | 3 | 11/11 | 庚午 | 九 | 九 | 3 | 10/13 | 辛丑 | 九 | 二 | 3 | 9/13 | 辛未 | 三 | 五 | 3 | 8/14 | 辛丑 | 五 | 八 |
| 4 | 1/11 | 辛未 | 8 | 8 | 4 | 12/12 | 辛丑 | 七 | 五 | 4 | 11/12 | 辛未 | 九 | 八 | 4 | 10/14 | 壬寅 | 九 | 一 | 4 | 9/14 | 壬申 | 三 | 四 | 4 | 8/15 | 壬寅 | 五 | 七 |
| 5 | 1/12 | 壬申 | 8 | 9 | 5 | 12/13 | 壬寅 | 七 | 四 | 5 | 11/13 | 壬申 | 九 | 七 | 5 | 10/15 | 癸卯 | 九 | 九 | 5 | 9/15 | 癸酉 | 三 | 三 | 5 | 8/16 | 癸卯 | 五 | 六 |
| 6 | 1/13 | 癸酉 | 8 | 1 | 6 | 12/14 | 癸卯 | 七 | 三 | 6 | 11/14 | 癸酉 | 九 | 六 | 6 | 10/16 | 甲辰 | 三 | 八 | 6 | 9/16 | 甲戌 | 六 | 二 | 6 | 8/17 | 甲辰 | 八 | 五 |
| 7 | 1/14 | 甲戌 | 5 | 2 | 7 | 12/15 | 甲辰 | 一 | 二 | 7 | 11/15 | 甲戌 | 三 | 五 | 7 | 10/17 | 乙巳 | 三 | 七 | 7 | 9/17 | 乙亥 | 六 | 一 | 7 | 8/18 | 乙巳 | 八 | 四 |
| 8 | 1/15 | 乙亥 | 5 | 3 | 8 | 12/16 | 乙巳 | 一 | 一 | 8 | 11/16 | 乙亥 | 三 | 四 | 8 | 10/18 | 丙午 | 三 | 六 | 8 | 9/18 | 丙子 | 六 | 九 | 8 | 8/19 | 丙午 | 八 | 三 |
| 9 | 1/16 | 丙子 | 5 | 4 | 9 | 12/17 | 丙午 | 一 | 九 | 9 | 11/17 | 丙子 | 三 | 三 | 9 | 10/19 | 丁未 | 三 | 五 | 9 | 9/19 | 丁丑 | 六 | 八 | 9 | 8/20 | 丁未 | 八 | 二 |
| 10 | 1/17 | 丁丑 | 5 | 5 | 10 | 12/18 | 丁未 | 一 | 八 | 10 | 11/18 | 丁丑 | 三 | 二 | 10 | 10/20 | 戊申 | 三 | 四 | 10 | 9/20 | 戊寅 | 六 | 七 | 10 | 8/21 | 戊申 | 八 | 一 |
| 11 | 1/18 | 戊寅 | 5 | 6 | 11 | 12/19 | 戊申 | 一 | 七 | 11 | 11/19 | 戊寅 | 三 | 一 | 11 | 10/21 | 己酉 | 五 | 三 | 11 | 9/21 | 己卯 | 七 | 六 | 11 | 8/22 | 己酉 | 一 | 九 |
| 12 | 1/19 | 己卯 | 3 | 7 | 12 | 12/20 | 己酉 | 1 | 六 | 12 | 11/20 | 己卯 | 五 | 九 | 12 | 10/22 | 庚戌 | 五 | 二 | 12 | 9/22 | 庚辰 | 七 | 五 | 12 | 8/23 | 庚戌 | 一 | 八 |
| 13 | 1/20 | 庚辰 | 3 | 8 | 13 | 12/21 | 庚戌 | 1 | 5 | 13 | 11/21 | 庚辰 | 五 | 八 | 13 | 10/23 | 辛亥 | 五 | 一 | 13 | 9/23 | 辛巳 | 七 | 四 | 13 | 8/24 | 辛亥 | 一 | 七 |
| 14 | 1/21 | 辛巳 | 3 | 9 | 14 | 12/22 | 辛亥 | 1 | 6 | 14 | 11/22 | 辛巳 | 五 | 七 | 14 | 10/24 | 壬子 | 五 | 九 | 14 | 9/24 | 壬午 | 七 | 三 | 14 | 8/25 | 壬子 | 一 | 六 |
| 15 | 1/22 | 壬午 | 3 | 1 | 15 | 12/23 | 壬子 | 1 | 7 | 15 | 11/23 | 壬午 | 五 | 六 | 15 | 10/25 | 癸丑 | 五 | 八 | 15 | 9/25 | 癸未 | 七 | 二 | 15 | 8/26 | 癸丑 | 一 | 五 |
| 16 | 1/23 | 癸未 | 3 | 2 | 16 | 12/24 | 癸丑 | 1 | 8 | 16 | 11/24 | 癸未 | 五 | 五 | 16 | 10/26 | 甲寅 | 八 | 七 | 16 | 9/26 | 甲申 | 一 | 一 | 16 | 8/27 | 甲寅 | 四 | 四 |
| 17 | 1/24 | 甲申 | 9 | 3 | 17 | 12/25 | 甲寅 | 7 | 9 | 17 | 11/25 | 甲申 | 八 | 四 | 17 | 10/27 | 乙卯 | 八 | 六 | 17 | 9/27 | 乙酉 | 一 | 九 | 17 | 8/28 | 乙卯 | 四 | 三 |
| 18 | 1/25 | 乙酉 | 9 | 4 | 18 | 12/26 | 乙卯 | 7 | 1 | 18 | 11/26 | 乙酉 | 八 | 三 | 18 | 10/28 | 丙辰 | 八 | 五 | 18 | 9/28 | 丙戌 | 一 | 八 | 18 | 8/29 | 丙辰 | 四 | 二 |
| 19 | 1/26 | 丙戌 | 9 | 5 | 19 | 12/27 | 丙辰 | 7 | 2 | 19 | 11/27 | 丙戌 | 八 | 二 | 19 | 10/29 | 丁巳 | 八 | 四 | 19 | 9/29 | 丁亥 | 一 | 七 | 19 | 8/30 | 丁巳 | 四 | 一 |
| 20 | 1/27 | 丁亥 | 9 | 6 | 20 | 12/28 | 丁巳 | 7 | 3 | 20 | 11/28 | 丁亥 | 八 | 一 | 20 | 10/30 | 戊午 | 八 | 三 | 20 | 9/30 | 戊子 | 一 | 六 | 20 | 8/31 | 戊午 | 四 | 九 |
| 21 | 1/28 | 戊子 | 9 | 7 | 21 | 12/29 | 戊午 | 7 | 4 | 21 | 11/29 | 戊子 | 八 | 九 | 21 | 10/31 | 己未 | 二 | 二 | 21 | 10/1 | 己丑 | 四 | 五 | 21 | 9/1 | 己未 | 七 | 八 |
| 22 | 1/29 | 己丑 | 6 | 8 | 22 | 12/30 | 己未 | 4 | 5 | 22 | 11/30 | 己丑 | 二 | 八 | 22 | 11/1 | 庚申 | 二 | 一 | 22 | 10/2 | 庚寅 | 四 | 四 | 22 | 9/2 | 庚申 | 七 | 七 |
| 23 | 1/30 | 庚寅 | 6 | 9 | 23 | 12/31 | 庚申 | 4 | 6 | 23 | 12/1 | 庚寅 | 二 | 七 | 23 | 11/2 | 辛酉 | 二 | 九 | 23 | 10/3 | 辛卯 | 四 | 三 | 23 | 9/3 | 辛酉 | 七 | 六 |
| 24 | 1/31 | 辛卯 | 6 | 1 | 24 | 1/1 | 辛酉 | 4 | 7 | 24 | 12/2 | 辛卯 | 二 | 六 | 24 | 11/3 | 壬戌 | 二 | 八 | 24 | 10/4 | 壬辰 | 四 | 二 | 24 | 9/4 | 壬戌 | 七 | 五 |
| 25 | 2/1 | 壬辰 | 6 | 2 | 25 | 1/2 | 壬戌 | 4 | 8 | 25 | 12/3 | 壬辰 | 二 | 五 | 25 | 11/4 | 癸亥 | 二 | 七 | 25 | 10/5 | 癸巳 | 四 | 一 | 25 | 9/5 | 癸亥 | 七 | 四 |
| 26 | 2/2 | 癸巳 | 6 | 3 | 26 | 1/3 | 癸亥 | 4 | 9 | 26 | 12/4 | 癸巳 | 二 | 四 | 26 | 11/5 | 甲子 | 六 | 六 | 26 | 10/6 | 甲午 | 六 | 九 | 26 | 9/6 | 甲子 | 九 | 三 |
| 27 | 2/3 | 甲午 | 8 | 4 | 27 | 1/4 | 甲子 | 2 | 1 | 27 | 12/5 | 甲午 | 四 | 三 | 27 | 11/6 | 乙丑 | 六 | 五 | 27 | 10/7 | 乙未 | 六 | 八 | 27 | 9/7 | 乙丑 | 九 | 二 |
| 28 | 2/4 | 乙未 | 8 | 5 | 28 | 1/5 | 乙丑 | 2 | 2 | 28 | 12/6 | 乙未 | 四 | 二 | 28 | 11/7 | 丙寅 | 六 | 四 | 28 | 10/8 | 丙申 | 六 | 七 | 28 | 9/8 | 丙寅 | 九 | 一 |
| 29 | 2/5 | 丙申 | 8 | 6 | 29 | 1/6 | 丙寅 | 2 | 3 | 29 | 12/7 | 丙申 | 四 | 一 | 29 | 11/8 | 丁卯 | 六 | 三 | 29 | 10/9 | 丁酉 | 六 | 六 | 29 | 9/9 | 丁卯 | 九 | 九 |
| | | | | | 30 | 1/7 | 丁卯 | 2 | 4 | 30 | 12/8 | 丁酉 | 四 | 九 | | | | | | 30 | 10/10 | 戊戌 | 六 | 五 | 30 | 9/10 | 戊辰 | 九 | 八 |

# 西元1989年（己巳）肖蛇 民國78年（男坤命）

奇門遁甲局數如標示為 一 ～九表示陰局　　如標示為1 ～9 表示陽局

| 六　月 | | | | | 五　月 | | | | | 四　月 | | | | | 三　月 | | | | | 二　月 | | | | | 正　月 | | | | |
|---|---|---|---|---|---|---|---|---|---|---|---|---|---|---|---|---|---|---|---|---|---|---|---|---|---|---|---|---|---|
| 辛未 | | | | | 庚午 | | | | | 己巳 | | | | | 戊辰 | | | | | 丁卯 | | | | | 丙寅 | | | | |
| 六白金 | | | | | 七赤金 | | | | | 八白土 | | | | | 九紫火 | | | | | 一白水 | | | | | 二黑土 | | | | |
| 大暑 04時46分 廿一寅時 | | 小暑 11時20分 初五午時 | 奇門遁甲局數 | | 夏至 17時53分 十八酉時 | | 芒種 01時05分 初三丑時 | 奇門遁甲局數 | | 小滿 09時54分 十七巳時 | | 立夏 20時54分 初一戌時 | 奇門遁甲局數 | | 穀雨 10時39分 十五巳時 | | | 奇門遁甲局數 | | 清明 03時30分 廿九寅時 | | 春分 23時29分 十三子時 | 奇門遁甲局數 | | 驚蟄 22時34分 廿八亥時 | | 雨水 00時21分 十四子時 | 奇門遁甲局數 | |
| 農曆 | 國曆 | 干支 | 時盤 | 日盤 | 農曆 | 國曆 | 干支 | 時盤 | 日盤 | 農曆 | 國曆 | 干支 | 時盤 | 日盤 | 農曆 | 國曆 | 干支 | 時盤 | 日盤 | 農曆 | 國曆 | 干支 | 時盤 | 日盤 | 農曆 | 國曆 | 干支 | 時盤 | 日盤 |
| 1 | 7/3 | 甲子 | 八 | 九 | 1 | 6/4 | 乙未 | 6 | 8 | 1 | 5/5 | 乙丑 | 4 | 5 | 1 | 4/6 | 丙申 | 4 | 3 | 1 | 3/8 | 丁卯 | 1 | 1 | 1 | 2/6 | 丁酉 | 8 | 7 |
| 2 | 7/4 | 乙丑 | 八 | 八 | 2 | 6/5 | 丙申 | 6 | 9 | 2 | 5/6 | 丙寅 | 4 | 6 | 2 | 4/7 | 丁酉 | 4 | 4 | 2 | 3/9 | 戊辰 | 1 | 2 | 2 | 2/7 | 戊戌 | 8 | 8 |
| 3 | 7/5 | 丙寅 | 八 | 七 | 3 | 6/6 | 丁酉 | 6 | 1 | 3 | 5/7 | 丁卯 | 4 | 7 | 3 | 4/8 | 戊戌 | 4 | 5 | 3 | 3/10 | 己巳 | 7 | 3 | 3 | 2/8 | 己亥 | 5 | 9 |
| 4 | 7/6 | 丁卯 | 八 | 六 | 4 | 6/7 | 戊戌 | 6 | 2 | 4 | 5/8 | 戊辰 | 4 | 8 | 4 | 4/9 | 己亥 | 1 | 6 | 4 | 3/11 | 庚午 | 7 | 4 | 4 | 2/9 | 庚子 | 5 | 1 |
| 5 | 7/7 | 戊辰 | 八 | 五 | 5 | 6/8 | 己亥 | 3 | 3 | 5 | 5/9 | 己巳 | 1 | 9 | 5 | 4/10 | 庚子 | 1 | 7 | 5 | 3/12 | 辛未 | 7 | 5 | 5 | 2/10 | 辛丑 | 5 | 2 |
| 6 | 7/8 | 己巳 | 二 | 四 | 6 | 6/9 | 庚子 | 3 | 4 | 6 | 5/10 | 庚午 | 1 | 1 | 6 | 4/11 | 辛丑 | 1 | 8 | 6 | 3/13 | 壬申 | 7 | 6 | 6 | 2/11 | 壬寅 | 5 | 3 |
| 7 | 7/9 | 庚午 | 二 | 三 | 7 | 6/10 | 辛丑 | 3 | 5 | 7 | 5/11 | 辛未 | 1 | 2 | 7 | 4/12 | 壬寅 | 1 | 9 | 7 | 3/14 | 癸酉 | 7 | 7 | 7 | 2/12 | 癸卯 | 5 | 4 |
| 8 | 7/10 | 辛未 | 二 | 二 | 8 | 6/11 | 壬寅 | 3 | 6 | 8 | 5/12 | 壬申 | 1 | 3 | 8 | 4/13 | 癸卯 | 1 | 1 | 8 | 3/15 | 甲戌 | 4 | 8 | 8 | 2/13 | 甲辰 | 2 | 5 |
| 9 | 7/11 | 壬申 | 二 | 一 | 9 | 6/12 | 癸卯 | 3 | 7 | 9 | 5/13 | 癸酉 | 1 | 4 | 9 | 4/14 | 甲辰 | 7 | 2 | 9 | 3/16 | 乙亥 | 4 | 9 | 9 | 2/14 | 乙巳 | 2 | 6 |
| 10 | 7/12 | 癸酉 | 二 | 九 | 10 | 6/13 | 甲辰 | 9 | 8 | 10 | 5/14 | 甲戌 | 7 | 5 | 10 | 4/15 | 乙巳 | 7 | 3 | 10 | 3/17 | 丙子 | 4 | 1 | 10 | 2/15 | 丙午 | 2 | 7 |
| 11 | 7/13 | 甲戌 | 五 | 八 | 11 | 6/14 | 乙巳 | 9 | 9 | 11 | 5/15 | 乙亥 | 7 | 6 | 11 | 4/16 | 丙午 | 7 | 4 | 11 | 3/18 | 丁丑 | 4 | 2 | 11 | 2/16 | 丁未 | 2 | 8 |
| 12 | 7/14 | 乙亥 | 五 | 七 | 12 | 6/15 | 丙午 | 9 | 1 | 12 | 5/16 | 丙子 | 7 | 7 | 12 | 4/17 | 丁未 | 7 | 5 | 12 | 3/19 | 戊寅 | 4 | 3 | 12 | 2/17 | 戊申 | 2 | 9 |
| 13 | 7/15 | 丙子 | 五 | 六 | 13 | 6/16 | 丁未 | 9 | 2 | 13 | 5/17 | 丁丑 | 7 | 8 | 13 | 4/18 | 戊申 | 7 | 6 | 13 | 3/20 | 己卯 | 3 | 4 | 13 | 2/18 | 己酉 | 9 | 1 |
| 14 | 7/16 | 丁丑 | 五 | 五 | 14 | 6/17 | 戊申 | 9 | 3 | 14 | 5/18 | 戊寅 | 7 | 9 | 14 | 4/19 | 己酉 | 5 | 7 | 14 | 3/21 | 庚辰 | 3 | 5 | 14 | 2/19 | 庚戌 | 9 | 2 |
| 15 | 7/17 | 戊寅 | 五 | 四 | 15 | 6/18 | 己酉 | 九 | 4 | 15 | 5/19 | 己卯 | 5 | 1 | 15 | 4/20 | 庚戌 | 5 | 8 | 15 | 3/22 | 辛巳 | 3 | 6 | 15 | 2/20 | 辛亥 | 9 | 3 |
| 16 | 7/18 | 己卯 | 七 | 三 | 16 | 6/19 | 庚戌 | 九 | 5 | 16 | 5/20 | 庚辰 | 5 | 2 | 16 | 4/21 | 辛亥 | 5 | 9 | 16 | 3/23 | 壬午 | 3 | 7 | 16 | 2/21 | 壬子 | 9 | 4 |
| 17 | 7/19 | 庚辰 | 七 | 二 | 17 | 6/20 | 辛亥 | 九 | 6 | 17 | 5/21 | 辛巳 | 5 | 3 | 17 | 4/22 | 壬子 | 5 | 1 | 17 | 3/24 | 癸未 | 3 | 8 | 17 | 2/22 | 癸丑 | 9 | 5 |
| 18 | 7/20 | 辛巳 | 七 | 一 | 18 | 6/21 | 壬子 | 九 | 三 | 18 | 5/22 | 壬午 | 5 | 4 | 18 | 4/23 | 癸丑 | 5 | 2 | 18 | 3/25 | 甲申 | 9 | 9 | 18 | 2/23 | 甲寅 | 6 | 6 |
| 19 | 7/21 | 壬午 | 七 | 九 | 19 | 6/22 | 癸丑 | 九 | 二 | 19 | 5/23 | 癸未 | 5 | 5 | 19 | 4/24 | 甲寅 | 2 | 3 | 19 | 3/26 | 乙酉 | 9 | 1 | 19 | 2/24 | 乙卯 | 6 | 7 |
| 20 | 7/22 | 癸未 | 七 | 八 | 20 | 6/23 | 甲寅 | 三 | 一 | 20 | 5/24 | 甲申 | 2 | 6 | 20 | 4/25 | 乙卯 | 2 | 4 | 20 | 3/27 | 丙戌 | 9 | 2 | 20 | 2/25 | 丙辰 | 6 | 8 |
| 21 | 7/23 | 甲申 | 一 | 七 | 21 | 6/24 | 乙卯 | 三 | 九 | 21 | 5/25 | 乙酉 | 2 | 7 | 21 | 4/26 | 丙辰 | 2 | 5 | 21 | 3/28 | 丁亥 | 9 | 3 | 21 | 2/26 | 丁巳 | 6 | 9 |
| 22 | 7/24 | 乙酉 | 一 | 六 | 22 | 6/25 | 丙辰 | 三 | 八 | 22 | 5/26 | 丙戌 | 2 | 8 | 22 | 4/27 | 丁巳 | 2 | 6 | 22 | 3/29 | 戊子 | 9 | 4 | 22 | 2/27 | 戊午 | 6 | 1 |
| 23 | 7/25 | 丙戌 | 一 | 五 | 23 | 6/26 | 丁巳 | 三 | 七 | 23 | 5/27 | 丁亥 | 2 | 9 | 23 | 4/28 | 戊午 | 2 | 7 | 23 | 3/30 | 己丑 | 6 | 5 | 23 | 2/28 | 己未 | 3 | 2 |
| 24 | 7/26 | 丁亥 | 一 | 四 | 24 | 6/27 | 戊午 | 三 | 六 | 24 | 5/28 | 戊子 | 2 | 1 | 24 | 4/29 | 己未 | 8 | 8 | 24 | 3/31 | 庚寅 | 6 | 6 | 24 | 3/1 | 庚申 | 3 | 3 |
| 25 | 7/27 | 戊子 | 一 | 三 | 25 | 6/28 | 己未 | 六 | 五 | 25 | 5/29 | 己丑 | 8 | 2 | 25 | 4/30 | 庚申 | 8 | 9 | 25 | 4/1 | 辛卯 | 6 | 7 | 25 | 3/2 | 辛酉 | 3 | 4 |
| 26 | 7/28 | 己丑 | 四 | 二 | 26 | 6/29 | 庚申 | 六 | 四 | 26 | 5/30 | 庚寅 | 8 | 3 | 26 | 5/1 | 辛酉 | 8 | 1 | 26 | 4/2 | 壬辰 | 6 | 8 | 26 | 3/3 | 壬戌 | 3 | 5 |
| 27 | 7/29 | 庚寅 | 四 | 一 | 27 | 6/30 | 辛酉 | 六 | 三 | 27 | 5/31 | 辛卯 | 8 | 4 | 27 | 5/2 | 壬戌 | 8 | 2 | 27 | 4/3 | 癸巳 | 6 | 9 | 27 | 3/4 | 癸亥 | 3 | 6 |
| 28 | 7/30 | 辛卯 | 四 | 九 | 28 | 7/1 | 壬戌 | 六 | 二 | 28 | 6/1 | 壬辰 | 8 | 5 | 28 | 5/3 | 癸亥 | 8 | 3 | 28 | 4/4 | 甲午 | 4 | 1 | 28 | 3/5 | 甲子 | 1 | 7 |
| 29 | 7/31 | 壬辰 | 四 | 八 | 29 | 7/2 | 癸亥 | 六 | 一 | 29 | 6/2 | 癸巳 | 8 | 6 | 29 | 5/4 | 甲子 | 4 | 4 | 29 | 4/5 | 乙未 | 4 | 2 | 29 | 3/6 | 乙丑 | 1 | 8 |
| 30 | 8/1 | 癸巳 | 四 | 七 | | | | | | 30 | 6/3 | 甲午 | 6 | 7 | | | | | | | | | | | 30 | 3/7 | 丙寅 | 1 | 9 |

# 西元1989年（己巳）肖蛇 民國78年（女巽命）

奇門遁甲局數如標示為 一 ～九表示陰局　　如標示為1 ～9 表示陽局

| 十二月 | | | | | 十一月 | | | | | 十　月 | | | | | 九　月 | | | | | 八　月 | | | | | 七　月 | | | | |
|---|---|---|---|---|---|---|---|---|---|---|---|---|---|---|---|---|---|---|---|---|---|---|---|---|---|---|---|---|---|
| 丁丑 | | | | | 丙子 | | | | | 乙亥 | | | | | 甲戌 | | | | | 癸酉 | | | | | 壬申 | | | | |
| 九紫火 | | | | | 一白水 | | | | | 二黑土 | | | | | 三碧木 | | | | | 四綠木 | | | | | 五黃土 | | | | |
| 大寒 16時02分 廿四申時 | | 小寒 22時34分 初九亥時 | 奇門遁甲局數 | | 冬至 05時22分 廿五卯時 | | 大雪 11時21分 初十午時 | 奇門遁甲局數 | | 小雪 16時05分 廿五申時 | | 立冬 18時34分 初十酉時 | 奇門遁甲局數 | | 霜降 18時36分 廿四酉時 | | 寒露 15時28分 初九申時 | 奇門遁甲局數 | | 秋分 09時20分 廿四巳時 | | 白露 23時54分 初九子時 | 奇門遁甲局數 | | 處暑 11時46分 廿三午時 | | 立秋 21時04分 初六亥時 | 奇門遁甲局數 | |
| 農曆 | 國曆 | 干支 | 時盤 | 日盤 | 農曆 | 國曆 | 干支 | 時盤 | 日盤 | 農曆 | 國曆 | 干支 | 時盤 | 日盤 | 農曆 | 國曆 | 干支 | 時盤 | 日盤 | 農曆 | 國曆 | 干支 | 時盤 | 日盤 | 農曆 | 國曆 | 干支 | 時盤 | 日盤 |
| 1 | 12/28 | 壬戌 | 4 | 8 | 1 | 11/28 | 壬辰 | 二 | 五 | 1 | 10/29 | 壬戌 | 二 | 八 | 1 | 9/30 | 癸巳 | 四 | 一 | 1 | 8/31 | 癸亥 | 七 | 四 | 1 | 8/2 | 甲午 | 二 | 六 |
| 2 | 12/29 | 癸亥 | 4 | 9 | 2 | 11/29 | 癸巳 | 二 | 四 | 2 | 10/30 | 癸亥 | 二 | 七 | 2 | 10/1 | 甲午 | 六 | 九 | 2 | 9/1 | 甲子 | 九 | 三 | 2 | 8/3 | 乙未 | 二 | 五 |
| 3 | 12/30 | 甲子 | 2 | 1 | 3 | 11/30 | 甲午 | 四 | 三 | 3 | 10/31 | 甲子 | 六 | 六 | 3 | 10/2 | 乙未 | 六 | 八 | 3 | 9/2 | 乙丑 | 九 | 二 | 3 | 8/4 | 丙申 | 二 | 四 |
| 4 | 12/31 | 乙丑 | 2 | 2 | 4 | 12/1 | 乙未 | 四 | 二 | 4 | 11/1 | 乙丑 | 六 | 五 | 4 | 10/3 | 丙申 | 六 | 七 | 4 | 9/3 | 丙寅 | 九 | 一 | 4 | 8/5 | 丁酉 | 二 | 三 |
| 5 | 1/1 | 丙寅 | 2 | 3 | 5 | 12/2 | 丙申 | 四 | 一 | 5 | 11/2 | 丙寅 | 六 | 四 | 5 | 10/4 | 丁酉 | 六 | 六 | 5 | 9/4 | 丁卯 | 九 | 九 | 5 | 8/6 | 戊戌 | 二 | 二 |
| 6 | 1/2 | 丁卯 | 2 | 4 | 6 | 12/3 | 丁酉 | 四 | 九 | 6 | 11/3 | 丁卯 | 六 | 三 | 6 | 10/5 | 戊戌 | 六 | 五 | 6 | 9/5 | 戊辰 | 九 | 八 | 6 | 8/7 | 己亥 | 五 | 一 |
| 7 | 1/3 | 戊辰 | 2 | 5 | 7 | 12/4 | 戊戌 | 四 | 八 | 7 | 11/4 | 戊辰 | 六 | 二 | 7 | 10/6 | 己亥 | 九 | 四 | 7 | 9/6 | 己巳 | 三 | 七 | 7 | 8/8 | 庚子 | 五 | 九 |
| 8 | 1/4 | 己巳 | 8 | 6 | 8 | 12/5 | 己亥 | 七 | 七 | 8 | 11/5 | 己巳 | 九 | 一 | 8 | 10/7 | 庚子 | 九 | 三 | 8 | 9/7 | 庚午 | 三 | 六 | 8 | 8/9 | 辛丑 | 五 | 八 |
| 9 | 1/5 | 庚午 | 8 | 7 | 9 | 12/6 | 庚子 | 七 | 六 | 9 | 11/6 | 庚午 | 九 | 九 | 9 | 10/8 | 辛丑 | 九 | 二 | 9 | 9/8 | 辛未 | 三 | 五 | 9 | 8/10 | 壬寅 | 五 | 七 |
| 10 | 1/6 | 辛未 | 8 | 8 | 10 | 12/7 | 辛丑 | 七 | 五 | 10 | 11/7 | 辛未 | 九 | 八 | 10 | 10/9 | 壬寅 | 九 | 一 | 10 | 9/9 | 壬申 | 三 | 四 | 10 | 8/11 | 癸卯 | 五 | 六 |
| 11 | 1/7 | 壬申 | 8 | 9 | 11 | 12/8 | 壬寅 | 七 | 四 | 11 | 11/8 | 壬申 | 九 | 七 | 11 | 10/10 | 癸卯 | 九 | 九 | 11 | 9/10 | 癸酉 | 三 | 三 | 11 | 8/12 | 甲辰 | 八 | 五 |
| 12 | 1/8 | 癸酉 | 8 | 1 | 12 | 12/9 | 癸卯 | 七 | 三 | 12 | 11/9 | 癸酉 | 九 | 六 | 12 | 10/11 | 甲辰 | 三 | 八 | 12 | 9/11 | 甲戌 | 六 | 二 | 12 | 8/13 | 乙巳 | 八 | 四 |
| 13 | 1/9 | 甲戌 | 5 | 2 | 13 | 12/10 | 甲辰 | 一 | 二 | 13 | 11/10 | 甲戌 | 三 | 五 | 13 | 10/12 | 乙巳 | 三 | 七 | 13 | 9/12 | 乙亥 | 六 | 一 | 13 | 8/14 | 丙午 | 八 | 三 |
| 14 | 1/10 | 乙亥 | 5 | 3 | 14 | 12/11 | 乙巳 | 一 | 一 | 14 | 11/11 | 乙亥 | 三 | 四 | 14 | 10/13 | 丙午 | 三 | 六 | 14 | 9/13 | 丙子 | 六 | 九 | 14 | 8/15 | 丁未 | 八 | 二 |
| 15 | 1/11 | 丙子 | 5 | 4 | 15 | 12/12 | 丙午 | 一 | 九 | 15 | 11/12 | 丙子 | 三 | 三 | 15 | 10/14 | 丁未 | 三 | 五 | 15 | 9/14 | 丁丑 | 六 | 八 | 15 | 8/16 | 戊申 | 八 | 一 |
| 16 | 1/12 | 丁丑 | 5 | 5 | 16 | 12/13 | 丁未 | 一 | 八 | 16 | 11/13 | 丁丑 | 三 | 二 | 16 | 10/15 | 戊申 | 三 | 四 | 16 | 9/15 | 戊寅 | 六 | 七 | 16 | 8/17 | 己酉 | 一 | 九 |
| 17 | 1/13 | 戊寅 | 5 | 6 | 17 | 12/14 | 戊申 | 一 | 七 | 17 | 11/14 | 戊寅 | 三 | 一 | 17 | 10/16 | 己酉 | 五 | 三 | 17 | 9/16 | 己卯 | 七 | 六 | 17 | 8/18 | 庚戌 | 一 | 八 |
| 18 | 1/14 | 己卯 | 3 | 7 | 18 | 12/15 | 己酉 | 1 | 六 | 18 | 11/15 | 己卯 | 五 | 九 | 18 | 10/17 | 庚戌 | 五 | 二 | 18 | 9/17 | 庚辰 | 七 | 五 | 18 | 8/19 | 辛亥 | 一 | 七 |
| 19 | 1/15 | 庚辰 | 3 | 8 | 19 | 12/16 | 庚戌 | 1 | 五 | 19 | 11/16 | 庚辰 | 五 | 八 | 19 | 10/18 | 辛亥 | 五 | 一 | 19 | 9/18 | 辛巳 | 七 | 四 | 19 | 8/20 | 壬子 | 一 | 六 |
| 20 | 1/16 | 辛巳 | 3 | 9 | 20 | 12/17 | 辛亥 | 1 | 四 | 20 | 11/17 | 辛巳 | 五 | 七 | 20 | 10/19 | 壬子 | 五 | 九 | 20 | 9/19 | 壬午 | 七 | 三 | 20 | 8/21 | 癸丑 | 一 | 五 |
| 21 | 1/17 | 壬午 | 3 | 1 | 21 | 12/18 | 壬子 | 1 | 三 | 21 | 11/18 | 壬午 | 五 | 六 | 21 | 10/20 | 癸丑 | 五 | 八 | 21 | 9/20 | 癸未 | 七 | 二 | 21 | 8/22 | 甲寅 | 四 | 四 |
| 22 | 1/18 | 癸未 | 3 | 2 | 22 | 12/19 | 癸丑 | 1 | 二 | 22 | 11/19 | 癸未 | 五 | 五 | 22 | 10/21 | 甲寅 | 八 | 七 | 22 | 9/21 | 甲申 | 一 | 一 | 22 | 8/23 | 乙卯 | 四 | 三 |
| 23 | 1/19 | 甲申 | 9 | 3 | 23 | 12/20 | 甲寅 | 7 | 一 | 23 | 11/20 | 甲申 | 八 | 四 | 23 | 10/22 | 乙卯 | 八 | 六 | 23 | 9/22 | 乙酉 | 一 | 九 | 23 | 8/24 | 丙辰 | 四 | 二 |
| 24 | 1/20 | 乙酉 | 9 | 4 | 24 | 12/21 | 乙卯 | 7 | 九 | 24 | 11/21 | 乙酉 | 八 | 三 | 24 | 10/23 | 丙辰 | 八 | 五 | 24 | 9/23 | 丙戌 | 一 | 八 | 24 | 8/25 | 丁巳 | 四 | 一 |
| 25 | 1/21 | 丙戌 | 9 | 5 | 25 | 12/22 | 丙辰 | 7 | 2 | 25 | 11/22 | 丙戌 | 八 | 二 | 25 | 10/24 | 丁巳 | 八 | 四 | 25 | 9/24 | 丁亥 | 一 | 七 | 25 | 8/26 | 戊午 | 四 | 九 |
| 26 | 1/22 | 丁亥 | 9 | 6 | 26 | 12/23 | 丁巳 | 7 | 3 | 26 | 11/23 | 丁亥 | 八 | 一 | 26 | 10/25 | 戊午 | 八 | 三 | 26 | 9/25 | 戊子 | 一 | 六 | 26 | 8/27 | 己未 | 七 | 八 |
| 27 | 1/23 | 戊子 | 9 | 7 | 27 | 12/24 | 戊午 | 7 | 4 | 27 | 11/24 | 戊子 | 八 | 九 | 27 | 10/26 | 己未 | 二 | 二 | 27 | 9/26 | 己丑 | 四 | 五 | 27 | 8/28 | 庚申 | 七 | 七 |
| 28 | 1/24 | 己丑 | 6 | 8 | 28 | 12/25 | 己未 | 4 | 5 | 28 | 11/25 | 己丑 | 二 | 八 | 28 | 10/27 | 庚申 | 二 | 一 | 28 | 9/27 | 庚寅 | 四 | 四 | 28 | 8/29 | 辛酉 | 七 | 六 |
| 29 | 1/25 | 庚寅 | 6 | 9 | 29 | 12/26 | 庚申 | 4 | 6 | 29 | 11/26 | 庚寅 | 二 | 七 | 29 | 10/28 | 辛酉 | 二 | 九 | 29 | 9/28 | 辛卯 | 四 | 三 | 29 | 8/30 | 壬戌 | 七 | 五 |
| 30 | 1/26 | 辛卯 | 6 | 1 | 30 | 12/27 | 辛酉 | 4 | 7 | 30 | 11/27 | 辛卯 | 二 | 六 | | | | | | 30 | 9/29 | 壬辰 | 四 | 二 | | | | | |

# 西元1990年（庚午）肖馬 民國79年（男坎命）

奇門遁甲局數如標示為 一 ～九表示陰局　　如標示為1 ～9 表示陽局

| 六　月 | 潤五　月 | 五　月 | 四　月 | 三　月 | 二　月 | 正　月 |
|---|---|---|---|---|---|---|
| 癸未 | 癸未 | 壬午 | 辛巳 | 庚辰 | 己卯 | 戊寅 |
| 三碧木 | | 四綠木 | 五黃土 | 六白金 | 七赤金 | 八白土 |
| 立秋 02時46分 十八丑時；大暑 10時22分 初二巳時 | 小暑 17時01分 十五酉時 | 夏至 23時33分 廿九子時；芒種 06時46分 十四卯時 | 小滿 15時37分 廿七申時；立夏 02時35分 十二丑時 | 穀雨 16時27分 廿五申時；清明 09時13分 初十巳時 | 春分 05時19分 廿五卯時；驚蟄 04時20分 初十寅時 | 雨水 06時14分 廿四卯時；立春 10時15分 初九巳時 |
| 奇門遁甲局數 | 奇門遁甲局數 | 奇門遁甲局數 | 奇門遁甲局數 | 奇門遁甲局數 | 奇門遁甲局數 | 奇門遁甲局數 |

六月

| 農曆 | 國曆 | 干支 | 時盤 | 日盤 |
|---|---|---|---|---|
| 1 | 7/22 | 戊子 | 二 | 三 |
| 2 | 7/23 | 己丑 | 五 | 二 |
| 3 | 7/24 | 庚寅 | 五 | 一 |
| 4 | 7/25 | 辛卯 | 五 | 九 |
| 5 | 7/26 | 壬辰 | 五 | 八 |
| 6 | 7/27 | 癸巳 | 五 | 七 |
| 7 | 7/28 | 甲午 | 七 | 六 |
| 8 | 7/29 | 乙未 | 七 | 五 |
| 9 | 7/30 | 丙申 | 七 | 四 |
| 10 | 7/31 | 丁酉 | 七 | 三 |
| 11 | 8/1 | 戊戌 | 七 | 二 |
| 12 | 8/2 | 己亥 | 一 | 一 |
| 13 | 8/3 | 庚子 | 一 | 九 |
| 14 | 8/4 | 辛丑 | 一 | 八 |
| 15 | 8/5 | 壬寅 | 一 | 七 |
| 16 | 8/6 | 癸卯 | 一 | 六 |
| 17 | 8/7 | 甲辰 | 四 | 五 |
| 18 | 8/8 | 乙巳 | 四 | 四 |
| 19 | 8/9 | 丙午 | 四 | 三 |
| 20 | 8/10 | 丁未 | 四 | 二 |
| 21 | 8/11 | 戊申 | 四 | 一 |
| 22 | 8/12 | 己酉 | 二 | 九 |
| 23 | 8/13 | 庚戌 | 二 | 八 |
| 24 | 8/14 | 辛亥 | 二 | 七 |
| 25 | 8/15 | 壬子 | 二 | 六 |
| 26 | 8/16 | 癸丑 | 二 | 五 |
| 27 | 8/17 | 甲寅 | 五 | 四 |
| 28 | 8/18 | 乙卯 | 五 | 三 |
| 29 | 8/19 | 丙辰 | 五 | 二 |

潤五月

| 農曆 | 國曆 | 干支 | 時盤 | 日盤 |
|---|---|---|---|---|
| 1 | 6/23 | 己未 | 9 | 五 |
| 2 | 6/24 | 庚申 | 9 | 四 |
| 3 | 6/25 | 辛酉 | 9 | 三 |
| 4 | 6/26 | 壬戌 | 9 | 二 |
| 5 | 6/27 | 癸亥 | 9 | 一 |
| 6 | 6/28 | 甲子 | 九 | 九 |
| 7 | 6/29 | 乙丑 | 九 | 八 |
| 8 | 6/30 | 丙寅 | 九 | 七 |
| 9 | 7/1 | 丁卯 | 九 | 六 |
| 10 | 7/2 | 戊辰 | 九 | 五 |
| 11 | 7/3 | 己巳 | 三 | 四 |
| 12 | 7/4 | 庚午 | 三 | 三 |
| 13 | 7/5 | 辛未 | 三 | 二 |
| 14 | 7/6 | 壬申 | 三 | 一 |
| 15 | 7/7 | 癸酉 | 三 | 九 |
| 16 | 7/8 | 甲戌 | 六 | 八 |
| 17 | 7/9 | 乙亥 | 六 | 七 |
| 18 | 7/10 | 丙子 | 六 | 六 |
| 19 | 7/11 | 丁丑 | 六 | 五 |
| 20 | 7/12 | 戊寅 | 六 | 四 |
| 21 | 7/13 | 己卯 | 八 | 三 |
| 22 | 7/14 | 庚辰 | 八 | 二 |
| 23 | 7/15 | 辛巳 | 八 | 一 |
| 24 | 7/16 | 壬午 | 八 | 九 |
| 25 | 7/17 | 癸未 | 八 | 八 |
| 26 | 7/18 | 甲申 | 二 | 七 |
| 27 | 7/19 | 乙酉 | 二 | 六 |
| 28 | 7/20 | 丙戌 | 二 | 五 |
| 29 | 7/21 | 丁亥 | 二 | 四 |

五月

| 農曆 | 國曆 | 干支 | 時盤 | 日盤 |
|---|---|---|---|---|
| 1 | 5/24 | 己丑 | 8 | 2 |
| 2 | 5/25 | 庚寅 | 8 | 3 |
| 3 | 5/26 | 辛卯 | 8 | 4 |
| 4 | 5/27 | 壬辰 | 8 | 5 |
| 5 | 5/28 | 癸巳 | 8 | 6 |
| 6 | 5/29 | 甲午 | 6 | 7 |
| 7 | 5/30 | 乙未 | 6 | 8 |
| 8 | 5/31 | 丙申 | 6 | 9 |
| 9 | 6/1 | 丁酉 | 6 | 1 |
| 10 | 6/2 | 戊戌 | 6 | 2 |
| 11 | 6/3 | 己亥 | 3 | 3 |
| 12 | 6/4 | 庚子 | 3 | 4 |
| 13 | 6/5 | 辛丑 | 3 | 5 |
| 14 | 6/6 | 壬寅 | 3 | 6 |
| 15 | 6/7 | 癸卯 | 3 | 7 |
| 16 | 6/8 | 甲辰 | 9 | 8 |
| 17 | 6/9 | 乙巳 | 9 | 9 |
| 18 | 6/10 | 丙午 | 9 | 1 |
| 19 | 6/11 | 丁未 | 9 | 2 |
| 20 | 6/12 | 戊申 | 9 | 3 |
| 21 | 6/13 | 己酉 | 6 | 4 |
| 22 | 6/14 | 庚戌 | 6 | 5 |
| 23 | 6/15 | 辛亥 | 6 | 6 |
| 24 | 6/16 | 壬子 | 6 | 7 |
| 25 | 6/17 | 癸丑 | 6 | 8 |
| 26 | 6/18 | 甲寅 | 3 | 9 |
| 27 | 6/19 | 乙卯 | 3 | 1 |
| 28 | 6/20 | 丙辰 | 3 | 2 |
| 29 | 6/21 | 丁巳 | 3 | 七 |
| 30 | 6/22 | 戊午 | 3 | 六 |

四月

| 農曆 | 國曆 | 干支 | 時盤 | 日盤 |
|---|---|---|---|---|
| 1 | 4/25 | 庚申 | 8 | 9 |
| 2 | 4/26 | 辛酉 | 8 | 1 |
| 3 | 4/27 | 壬戌 | 8 | 2 |
| 4 | 4/28 | 癸亥 | 8 | 3 |
| 5 | 4/29 | 甲子 | 4 | 4 |
| 6 | 4/30 | 乙丑 | 4 | 5 |
| 7 | 5/1 | 丙寅 | 4 | 6 |
| 8 | 5/2 | 丁卯 | 4 | 7 |
| 9 | 5/3 | 戊辰 | 4 | 8 |
| 10 | 5/4 | 己巳 | 1 | 9 |
| 11 | 5/5 | 庚午 | 1 | 1 |
| 12 | 5/6 | 辛未 | 1 | 2 |
| 13 | 5/7 | 壬申 | 1 | 3 |
| 14 | 5/8 | 癸酉 | 1 | 4 |
| 15 | 5/9 | 甲戌 | 7 | 5 |
| 16 | 5/10 | 乙亥 | 7 | 6 |
| 17 | 5/11 | 丙子 | 7 | 7 |
| 18 | 5/12 | 丁丑 | 7 | 8 |
| 19 | 5/13 | 戊寅 | 7 | 9 |
| 20 | 5/14 | 己卯 | 5 | 1 |
| 21 | 5/15 | 庚辰 | 5 | 2 |
| 22 | 5/16 | 辛巳 | 5 | 3 |
| 23 | 5/17 | 壬午 | 5 | 4 |
| 24 | 5/18 | 癸未 | 5 | 5 |
| 25 | 5/19 | 甲申 | 2 | 6 |
| 26 | 5/20 | 乙酉 | 2 | 7 |
| 27 | 5/21 | 丙戌 | 2 | 8 |
| 28 | 5/22 | 丁亥 | 2 | 9 |
| 29 | 5/23 | 戊子 | 2 | 1 |

三月

| 農曆 | 國曆 | 干支 | 時盤 | 日盤 |
|---|---|---|---|---|
| 1 | 3/27 | 辛卯 | 6 | 7 |
| 2 | 3/28 | 壬辰 | 6 | 8 |
| 3 | 3/29 | 癸巳 | 6 | 9 |
| 4 | 3/30 | 甲午 | 4 | 1 |
| 5 | 3/31 | 乙未 | 4 | 2 |
| 6 | 4/1 | 丙申 | 4 | 3 |
| 7 | 4/2 | 丁酉 | 4 | 4 |
| 8 | 4/3 | 戊戌 | 4 | 5 |
| 9 | 4/4 | 己亥 | 1 | 6 |
| 10 | 4/5 | 庚子 | 1 | 7 |
| 11 | 4/6 | 辛丑 | 1 | 8 |
| 12 | 4/7 | 壬寅 | 1 | 9 |
| 13 | 4/8 | 癸卯 | 1 | 1 |
| 14 | 4/9 | 甲辰 | 7 | 2 |
| 15 | 4/10 | 乙巳 | 7 | 3 |
| 16 | 4/11 | 丙午 | 7 | 4 |
| 17 | 4/12 | 丁未 | 7 | 5 |
| 18 | 4/13 | 戊申 | 7 | 6 |
| 19 | 4/14 | 己酉 | 5 | 7 |
| 20 | 4/15 | 庚戌 | 5 | 8 |
| 21 | 4/16 | 辛亥 | 5 | 9 |
| 22 | 4/17 | 壬子 | 5 | 1 |
| 23 | 4/18 | 癸丑 | 5 | 2 |
| 24 | 4/19 | 甲寅 | 2 | 3 |
| 25 | 4/20 | 乙卯 | 2 | 4 |
| 26 | 4/21 | 丙辰 | 2 | 5 |
| 27 | 4/22 | 丁巳 | 2 | 6 |
| 28 | 4/23 | 戊午 | 2 | 7 |
| 29 | 4/24 | 己未 | 8 | 8 |

二月

| 農曆 | 國曆 | 干支 | 時盤 | 日盤 |
|---|---|---|---|---|
| 1 | 2/25 | 辛酉 | 3 | 4 |
| 2 | 2/26 | 壬戌 | 3 | 5 |
| 3 | 2/27 | 癸亥 | 3 | 6 |
| 4 | 2/28 | 甲子 | 1 | 7 |
| 5 | 3/1 | 乙丑 | 1 | 8 |
| 6 | 3/2 | 丙寅 | 1 | 9 |
| 7 | 3/3 | 丁卯 | 1 | 1 |
| 8 | 3/4 | 戊辰 | 1 | 2 |
| 9 | 3/5 | 己巳 | 7 | 3 |
| 10 | 3/6 | 庚午 | 7 | 4 |
| 11 | 3/7 | 辛未 | 7 | 5 |
| 12 | 3/8 | 壬申 | 7 | 6 |
| 13 | 3/9 | 癸酉 | 7 | 7 |
| 14 | 3/10 | 甲戌 | 4 | 8 |
| 15 | 3/11 | 乙亥 | 4 | 9 |
| 16 | 3/12 | 丙子 | 4 | 1 |
| 17 | 3/13 | 丁丑 | 4 | 2 |
| 18 | 3/14 | 戊寅 | 4 | 3 |
| 19 | 3/15 | 己卯 | 3 | 4 |
| 20 | 3/16 | 庚辰 | 3 | 5 |
| 21 | 3/17 | 辛巳 | 3 | 6 |
| 22 | 3/18 | 壬午 | 3 | 7 |
| 23 | 3/19 | 癸未 | 3 | 8 |
| 24 | 3/20 | 甲申 | 9 | 9 |
| 25 | 3/21 | 乙酉 | 9 | 1 |
| 26 | 3/22 | 丙戌 | 9 | 2 |
| 27 | 3/23 | 丁亥 | 9 | 3 |
| 28 | 3/24 | 戊子 | 9 | 4 |
| 29 | 3/25 | 己丑 | 6 | 5 |
| 30 | 3/26 | 庚寅 | 6 | 6 |

正月

| 農曆 | 國曆 | 干支 | 時盤 | 日盤 |
|---|---|---|---|---|
| 1 | 1/27 | 壬辰 | 6 | 2 |
| 2 | 1/28 | 癸巳 | 6 | 3 |
| 3 | 1/29 | 甲午 | 8 | 4 |
| 4 | 1/30 | 乙未 | 8 | 5 |
| 5 | 1/31 | 丙申 | 8 | 6 |
| 6 | 2/1 | 丁酉 | 8 | 7 |
| 7 | 2/2 | 戊戌 | 8 | 8 |
| 8 | 2/3 | 己亥 | 5 | 9 |
| 9 | 2/4 | 庚子 | 5 | 1 |
| 10 | 2/5 | 辛丑 | 5 | 2 |
| 11 | 2/6 | 壬寅 | 5 | 3 |
| 12 | 2/7 | 癸卯 | 5 | 4 |
| 13 | 2/8 | 甲辰 | 2 | 5 |
| 14 | 2/9 | 乙巳 | 2 | 6 |
| 15 | 2/10 | 丙午 | 2 | 7 |
| 16 | 2/11 | 丁未 | 2 | 8 |
| 17 | 2/12 | 戊申 | 2 | 9 |
| 18 | 2/13 | 己酉 | 9 | 1 |
| 19 | 2/14 | 庚戌 | 9 | 2 |
| 20 | 2/15 | 辛亥 | 9 | 3 |
| 21 | 2/16 | 壬子 | 9 | 4 |
| 22 | 2/17 | 癸丑 | 9 | 5 |
| 23 | 2/18 | 甲寅 | 6 | 6 |
| 24 | 2/19 | 乙卯 | 6 | 7 |
| 25 | 2/20 | 丙辰 | 6 | 8 |
| 26 | 2/21 | 丁巳 | 6 | 9 |
| 27 | 2/22 | 戊午 | 6 | 1 |
| 28 | 2/23 | 己未 | 3 | 2 |
| 29 | 2/24 | 庚申 | 3 | 3 |

# 西元1990年（庚午）肖馬 民國79年（女艮命）

奇門遁甲局數如標示為 一 ～九表示陰局　　如標示為1 ～9 表示陽局

| 十二月 | | | | | 十一月 | | | | | 十月 | | | | |
|---|---|---|---|---|---|---|---|---|---|---|---|---|---|---|
| 己丑 | | | | | 戊子 | | | | | 丁亥 | | | | |
| 六白金 | | | | | 七赤金 | | | | | 八白土 | | | | |
| 立春<br>16時09分 二十申時 | | 大寒<br>21時48分 初五亥時 | 奇門遁甲局數 | | 小寒<br>04時28分 廿一寅時 | | 冬至<br>11時07分 初六午時 | 奇門遁甲局數 | | 大雪<br>17時14分 廿一酉時 | | 小雪<br>21時47分 初六亥時 | 奇門遁甲局數 | |
| 農曆 | 國曆 | 干支 | 時盤 | 日盤 | 農曆 | 國曆 | 干支 | 時盤 | 日盤 | 農曆 | 國曆 | 干支 | 時盤 | 日盤 |
| 1 | 1/16 | 丙戌 | 8 | 5 | 1 | 12/17 | 丙辰 | 七 | 八 | 1 | 11/17 | 丙戌 | 九 | 二 |
| 2 | 1/17 | 丁亥 | 8 | 6 | 2 | 12/18 | 丁巳 | 七 | 七 | 2 | 11/18 | 丁亥 | 九 | 一 |
| 3 | 1/18 | 戊子 | 8 | 7 | 3 | 12/19 | 戊午 | 七 | 六 | 3 | 11/19 | 戊子 | 九 | 九 |
| 4 | 1/19 | 己丑 | 5 | 8 | 4 | 12/20 | 己未 | 一 | 五 | 4 | 11/20 | 己丑 | 三 | 八 |
| 5 | 1/20 | 庚寅 | 5 | 9 | 5 | 12/21 | 庚申 | 一 | 四 | 5 | 11/21 | 庚寅 | 三 | 七 |
| 6 | 1/21 | 辛卯 | 5 | 1 | 6 | 12/22 | 辛酉 | 一 | 7 | 6 | 11/22 | 辛卯 | 三 | 六 |
| 7 | 1/22 | 壬辰 | 5 | 2 | 7 | 12/23 | 壬戌 | 一 | 8 | 7 | 11/23 | 壬辰 | 三 | 五 |
| 8 | 1/23 | 癸巳 | 5 | 3 | 8 | 12/24 | 癸亥 | 一 | 9 | 8 | 11/24 | 癸巳 | 三 | 四 |
| 9 | 1/24 | 甲午 | 3 | 4 | 9 | 12/25 | 甲子 | 1 | 1 | 9 | 11/25 | 甲午 | 五 | 三 |
| 10 | 1/25 | 乙未 | 3 | 5 | 10 | 12/26 | 乙丑 | 1 | 2 | 10 | 11/26 | 乙未 | 五 | 二 |
| 11 | 1/26 | 丙申 | 3 | 6 | 11 | 12/27 | 丙寅 | 1 | 3 | 11 | 11/27 | 丙申 | 五 | 一 |
| 12 | 1/27 | 丁酉 | 3 | 7 | 12 | 12/28 | 丁卯 | 1 | 4 | 12 | 11/28 | 丁酉 | 五 | 九 |
| 13 | 1/28 | 戊戌 | 3 | 8 | 13 | 12/29 | 戊辰 | 1 | 5 | 13 | 11/29 | 戊戌 | 五 | 八 |
| 14 | 1/29 | 己亥 | 9 | 9 | 14 | 12/30 | 己巳 | 7 | 6 | 14 | 11/30 | 己亥 | 八 | 七 |
| 15 | 1/30 | 庚子 | 9 | 1 | 15 | 12/31 | 庚午 | 7 | 7 | 15 | 12/1 | 庚子 | 八 | 六 |
| 16 | 1/31 | 辛丑 | 9 | 2 | 16 | 1/1 | 辛未 | 7 | 8 | 16 | 12/2 | 辛丑 | 八 | 五 |
| 17 | 2/1 | 壬寅 | 9 | 3 | 17 | 1/2 | 壬申 | 7 | 9 | 17 | 12/3 | 壬寅 | 八 | 四 |
| 18 | 2/2 | 癸卯 | 9 | 4 | 18 | 1/3 | 癸酉 | 7 | 1 | 18 | 12/4 | 癸卯 | 八 | 三 |
| 19 | 2/3 | 甲辰 | 6 | 5 | 19 | 1/4 | 甲戌 | 4 | 2 | 19 | 12/5 | 甲辰 | 二 | 二 |
| 20 | 2/4 | 乙巳 | 6 | 6 | 20 | 1/5 | 乙亥 | 4 | 3 | 20 | 12/6 | 乙巳 | 二 | 一 |
| 21 | 2/5 | 丙午 | 6 | 7 | 21 | 1/6 | 丙子 | 4 | 4 | 21 | 12/7 | 丙午 | 二 | 九 |
| 22 | 2/6 | 丁未 | 6 | 8 | 22 | 1/7 | 丁丑 | 4 | 5 | 22 | 12/8 | 丁未 | 二 | 八 |
| 23 | 2/7 | 戊申 | 6 | 9 | 23 | 1/8 | 戊寅 | 4 | 6 | 23 | 12/9 | 戊申 | 二 | 七 |
| 24 | 2/8 | 己酉 | 8 | 1 | 24 | 1/9 | 己卯 | 2 | 7 | 24 | 12/10 | 己酉 | 四 | 六 |
| 25 | 2/9 | 庚戌 | 8 | 2 | 25 | 1/10 | 庚辰 | 2 | 8 | 25 | 12/11 | 庚戌 | 四 | 五 |
| 26 | 2/10 | 辛亥 | 8 | 3 | 26 | 1/11 | 辛巳 | 2 | 9 | 26 | 12/12 | 辛亥 | 四 | 四 |
| 27 | 2/11 | 壬子 | 8 | 4 | 27 | 1/12 | 壬午 | 2 | 1 | 27 | 12/13 | 壬子 | 四 | 三 |
| 28 | 2/12 | 癸丑 | 8 | 5 | 28 | 1/13 | 癸未 | 2 | 2 | 28 | 12/14 | 癸丑 | 四 | 二 |
| 29 | 2/13 | 甲寅 | 5 | 6 | 29 | 1/14 | 甲申 | 8 | 3 | 29 | 12/15 | 甲寅 | 七 | 一 |
| 30 | 2/14 | 乙卯 | 5 | 7 | 30 | 1/15 | 乙酉 | 8 | 4 | 30 | 12/16 | 乙卯 | 七 | 九 |

| 九月 | | | | | 八月 | | | | | 七月 | | | | |
|---|---|---|---|---|---|---|---|---|---|---|---|---|---|---|
| 丙戌 | | | | | 乙酉 | | | | | 甲申 | | | | |
| 九紫火 | | | | | 一白水 | | | | | 二黑土 | | | | |
| 立冬<br>00時24分 廿二子時 | | 霜降<br>00時14分 初七子時 | 奇門遁甲局數 | | 寒露<br>21時14分 二十亥時 | | 秋分<br>14時56分 初五未時 | 奇門遁甲局數 | | 白露<br>05時38分 二十卯時 | | 處暑<br>17時21分 初四酉時 | 奇門遁甲局數 | |
| 農曆 | 國曆 | 干支 | 時盤 | 日盤 | 農曆 | 國曆 | 干支 | 時盤 | 日盤 | 農曆 | 國曆 | 干支 | 時盤 | 日盤 |
| 1 | 10/18 | 丙辰 | 九 | 五 | 1 | 9/19 | 丁亥 | 三 | 七 | 1 | 8/20 | 丁巳 | 五 | 一 |
| 2 | 10/19 | 丁巳 | 九 | 四 | 2 | 9/20 | 戊子 | 三 | 六 | 2 | 8/21 | 戊午 | 五 | 九 |
| 3 | 10/20 | 戊午 | 九 | 三 | 3 | 9/21 | 己丑 | 六 | 五 | 3 | 8/22 | 己未 | 八 | 八 |
| 4 | 10/21 | 己未 | 三 | 二 | 4 | 9/22 | 庚寅 | 六 | 四 | 4 | 8/23 | 庚申 | 八 | 七 |
| 5 | 10/22 | 庚申 | 三 | 一 | 5 | 9/23 | 辛卯 | 六 | 三 | 5 | 8/24 | 辛酉 | 八 | 六 |
| 6 | 10/23 | 辛酉 | 三 | 九 | 6 | 9/24 | 壬辰 | 六 | 二 | 6 | 8/25 | 壬戌 | 八 | 五 |
| 7 | 10/24 | 壬戌 | 三 | 八 | 7 | 9/25 | 癸巳 | 六 | 一 | 7 | 8/26 | 癸亥 | 八 | 四 |
| 8 | 10/25 | 癸亥 | 三 | 七 | 8 | 9/26 | 甲午 | 七 | 九 | 8 | 8/27 | 甲子 | 一 | 三 |
| 9 | 10/26 | 甲子 | 五 | 六 | 9 | 9/27 | 乙未 | 七 | 八 | 9 | 8/28 | 乙丑 | 一 | 二 |
| 10 | 10/27 | 乙丑 | 五 | 五 | 10 | 9/28 | 丙申 | 七 | 七 | 10 | 8/29 | 丙寅 | 一 | 一 |
| 11 | 10/28 | 丙寅 | 五 | 四 | 11 | 9/29 | 丁酉 | 七 | 六 | 11 | 8/30 | 丁卯 | 一 | 九 |
| 12 | 10/29 | 丁卯 | 五 | 三 | 12 | 9/30 | 戊戌 | 七 | 五 | 12 | 8/31 | 戊辰 | 一 | 八 |
| 13 | 10/30 | 戊辰 | 五 | 二 | 13 | 10/1 | 己亥 | 一 | 四 | 13 | 9/1 | 己巳 | 四 | 七 |
| 14 | 10/31 | 己巳 | 八 | 一 | 14 | 10/2 | 庚子 | 一 | 三 | 14 | 9/2 | 庚午 | 四 | 六 |
| 15 | 11/1 | 庚午 | 八 | 九 | 15 | 10/3 | 辛丑 | 一 | 二 | 15 | 9/3 | 辛未 | 四 | 五 |
| 16 | 11/2 | 辛未 | 八 | 八 | 16 | 10/4 | 壬寅 | 一 | 一 | 16 | 9/4 | 壬申 | 四 | 四 |
| 17 | 11/3 | 壬申 | 八 | 七 | 17 | 10/5 | 癸卯 | 一 | 九 | 17 | 9/5 | 癸酉 | 四 | 三 |
| 18 | 11/4 | 癸酉 | 八 | 六 | 18 | 10/6 | 甲辰 | 四 | 八 | 18 | 9/6 | 甲戌 | 七 | 二 |
| 19 | 11/5 | 甲戌 | 二 | 五 | 19 | 10/7 | 乙巳 | 四 | 七 | 19 | 9/7 | 乙亥 | 七 | 一 |
| 20 | 11/6 | 乙亥 | 二 | 四 | 20 | 10/8 | 丙午 | 四 | 六 | 20 | 9/8 | 丙子 | 七 | 九 |
| 21 | 11/7 | 丙子 | 二 | 三 | 21 | 10/9 | 丁未 | 四 | 五 | 21 | 9/9 | 丁丑 | 七 | 八 |
| 22 | 11/8 | 丁丑 | 二 | 二 | 22 | 10/10 | 戊申 | 四 | 四 | 22 | 9/10 | 戊寅 | 七 | 七 |
| 23 | 11/9 | 戊寅 | 二 | 一 | 23 | 10/11 | 己酉 | 六 | 三 | 23 | 9/11 | 己卯 | 九 | 六 |
| 24 | 11/10 | 己卯 | 六 | 九 | 24 | 10/12 | 庚戌 | 六 | 二 | 24 | 9/12 | 庚辰 | 九 | 五 |
| 25 | 11/11 | 庚辰 | 六 | 八 | 25 | 10/13 | 辛亥 | 六 | 一 | 25 | 9/13 | 辛巳 | 九 | 四 |
| 26 | 11/12 | 辛巳 | 六 | 七 | 26 | 10/14 | 壬子 | 六 | 九 | 26 | 9/14 | 壬午 | 九 | 三 |
| 27 | 11/13 | 壬午 | 六 | 六 | 27 | 10/15 | 癸丑 | 六 | 八 | 27 | 9/15 | 癸未 | 九 | 二 |
| 28 | 11/14 | 癸未 | 六 | 五 | 28 | 10/16 | 甲寅 | 九 | 七 | 28 | 9/16 | 甲申 | 三 | 一 |
| 29 | 11/15 | 甲申 | 九 | 四 | 29 | 10/17 | 乙卯 | 九 | 六 | 29 | 9/17 | 乙酉 | 三 | 九 |
| 30 | 11/16 | 乙酉 | 九 | 三 | | | | | | 30 | 9/18 | 丙戌 | 三 | 八 |

# 西元1991年（辛未）肖羊 民國80年（男離命）

奇門遁甲局數如標示為 一 ～九表示陰局　　如標示為1 ～9 表示陽局

| 六月 | | | | |
|---|---|---|---|---|
| 乙未 | | | | |
| 九紫火 | | | | |
| 立秋 08時38分 廿八辰時 | | 大暑 16時11分 十二申時 | 奇門遁甲局數 | |
| 農曆 | 國曆 | 干支 | 時盤 | 日盤 |
| 1 | 7/12 | 癸未 | 八 | 八 |
| 2 | 7/13 | 甲申 | 二 | 七 |
| 3 | 7/14 | 乙酉 | 二 | 六 |
| 4 | 7/15 | 丙戌 | 二 | 五 |
| 5 | 7/16 | 丁亥 | 二 | 四 |
| 6 | 7/17 | 戊子 | 二 | 三 |
| 7 | 7/18 | 己丑 | 五 | 二 |
| 8 | 7/19 | 庚寅 | 五 | 一 |
| 9 | 7/20 | 辛卯 | 五 | 九 |
| 10 | 7/21 | 壬辰 | 五 | 八 |
| 11 | 7/22 | 癸巳 | 五 | 七 |
| 12 | 7/23 | 甲午 | 七 | 六 |
| 13 | 7/24 | 乙未 | 七 | 五 |
| 14 | 7/25 | 丙申 | 七 | 四 |
| 15 | 7/26 | 丁酉 | 七 | 三 |
| 16 | 7/27 | 戊戌 | 七 | 二 |
| 17 | 7/28 | 己亥 | 一 | 一 |
| 18 | 7/29 | 庚子 | 一 | 九 |
| 19 | 7/30 | 辛丑 | 一 | 八 |
| 20 | 7/31 | 壬寅 | 一 | 七 |
| 21 | 8/1 | 癸卯 | 一 | 六 |
| 22 | 8/2 | 甲辰 | 四 | 五 |
| 23 | 8/3 | 乙巳 | 四 | 四 |
| 24 | 8/4 | 丙午 | 四 | 三 |
| 25 | 8/5 | 丁未 | 四 | 二 |
| 26 | 8/6 | 戊申 | 四 | 一 |
| 27 | 8/7 | 己酉 | 二 | 九 |
| 28 | 8/8 | 庚戌 | 二 | 八 |
| 29 | 8/9 | 辛亥 | 二 | 七 |

| 五月 | | | | |
|---|---|---|---|---|
| 甲午 | | | | |
| 一白水 | | | | |
| 小暑 22時53分 廿六亥時 | | 夏至 05時19分 十一卯時 | 奇門遁甲局數 | |
| 農曆 | 國曆 | 干支 | 時盤 | 日盤 |
| 1 | 6/12 | 癸丑 | 6 | 8 |
| 2 | 6/13 | 甲寅 | 3 | 9 |
| 3 | 6/14 | 乙卯 | 3 | 1 |
| 4 | 6/15 | 丙辰 | 3 | 2 |
| 5 | 6/16 | 丁巳 | 3 | 3 |
| 6 | 6/17 | 戊午 | 3 | 4 |
| 7 | 6/18 | 己未 | 9 | 5 |
| 8 | 6/19 | 庚申 | 9 | 6 |
| 9 | 6/20 | 辛酉 | 9 | 7 |
| 10 | 6/21 | 壬戌 | 9 | 8 |
| 11 | 6/22 | 癸亥 | 9 | 一 |
| 12 | 6/23 | 甲子 | 九 | 九 |
| 13 | 6/24 | 乙丑 | 九 | 八 |
| 14 | 6/25 | 丙寅 | 九 | 七 |
| 15 | 6/26 | 丁卯 | 九 | 六 |
| 16 | 6/27 | 戊辰 | 九 | 五 |
| 17 | 6/28 | 己巳 | 三 | 四 |
| 18 | 6/29 | 庚午 | 三 | 三 |
| 19 | 6/30 | 辛未 | 三 | 二 |
| 20 | 7/1 | 壬申 | 三 | 一 |
| 21 | 7/2 | 癸酉 | 三 | 九 |
| 22 | 7/3 | 甲戌 | 六 | 八 |
| 23 | 7/4 | 乙亥 | 六 | 七 |
| 24 | 7/5 | 丙子 | 六 | 六 |
| 25 | 7/6 | 丁丑 | 六 | 五 |
| 26 | 7/7 | 戊寅 | 六 | 四 |
| 27 | 7/8 | 己卯 | 八 | 三 |
| 28 | 7/9 | 庚辰 | 八 | 二 |
| 29 | 7/10 | 辛巳 | 八 | 一 |
| 30 | 7/11 | 壬午 | 八 | 九 |

| 四月 | | | | |
|---|---|---|---|---|
| 癸巳 | | | | |
| 二黑土 | | | | |
| 芒種 12時38分 廿四午時 | | 小滿 21時20分 初八亥時 | 奇門遁甲局數 | |
| 農曆 | 國曆 | 干支 | 時盤 | 日盤 |
| 1 | 5/14 | 甲申 | 1 | 6 |
| 2 | 5/15 | 乙酉 | 1 | 7 |
| 3 | 5/16 | 丙戌 | 1 | 8 |
| 4 | 5/17 | 丁亥 | 1 | 9 |
| 5 | 5/18 | 戊子 | 1 | 1 |
| 6 | 5/19 | 己丑 | 7 | 2 |
| 7 | 5/20 | 庚寅 | 7 | 3 |
| 8 | 5/21 | 辛卯 | 7 | 4 |
| 9 | 5/22 | 壬辰 | 7 | 5 |
| 10 | 5/23 | 癸巳 | 7 | 6 |
| 11 | 5/24 | 甲午 | 5 | 7 |
| 12 | 5/25 | 乙未 | 5 | 8 |
| 13 | 5/26 | 丙申 | 5 | 9 |
| 14 | 5/27 | 丁酉 | 5 | 1 |
| 15 | 5/28 | 戊戌 | 5 | 2 |
| 16 | 5/29 | 己亥 | 2 | 3 |
| 17 | 5/30 | 庚子 | 2 | 4 |
| 18 | 5/31 | 辛丑 | 2 | 5 |
| 19 | 6/1 | 壬寅 | 2 | 6 |
| 20 | 6/2 | 癸卯 | 2 | 7 |
| 21 | 6/3 | 甲辰 | 8 | 8 |
| 22 | 6/4 | 乙巳 | 8 | 9 |
| 23 | 6/5 | 丙午 | 8 | 1 |
| 24 | 6/6 | 丁未 | 8 | 2 |
| 25 | 6/7 | 戊申 | 8 | 3 |
| 26 | 6/8 | 己酉 | 6 | 4 |
| 27 | 6/9 | 庚戌 | 6 | 5 |
| 28 | 6/10 | 辛亥 | 6 | 6 |
| 29 | 6/11 | 壬子 | 6 | 7 |

| 三月 | | | | |
|---|---|---|---|---|
| 壬辰 | | | | |
| 三碧木 | | | | |
| 立夏 08時27分 廿二辰時 | | 穀雨 22時09分 初六亥時 | 奇門遁甲局數 | |
| 農曆 | 國曆 | 干支 | 時盤 | 日盤 |
| 1 | 4/15 | 乙卯 | 1 | 4 |
| 2 | 4/16 | 丙辰 | 1 | 5 |
| 3 | 4/17 | 丁巳 | 1 | 6 |
| 4 | 4/18 | 戊午 | 1 | 7 |
| 5 | 4/19 | 己未 | 7 | 8 |
| 6 | 4/20 | 庚申 | 7 | 9 |
| 7 | 4/21 | 辛酉 | 7 | 1 |
| 8 | 4/22 | 壬戌 | 7 | 2 |
| 9 | 4/23 | 癸亥 | 7 | 3 |
| 10 | 4/24 | 甲子 | 5 | 4 |
| 11 | 4/25 | 乙丑 | 5 | 5 |
| 12 | 4/26 | 丙寅 | 5 | 6 |
| 13 | 4/27 | 丁卯 | 5 | 7 |
| 14 | 4/28 | 戊辰 | 5 | 8 |
| 15 | 4/29 | 己巳 | 2 | 9 |
| 16 | 4/30 | 庚午 | 2 | 1 |
| 17 | 5/1 | 辛未 | 2 | 2 |
| 18 | 5/2 | 壬申 | 2 | 3 |
| 19 | 5/3 | 癸酉 | 2 | 4 |
| 20 | 5/4 | 甲戌 | 8 | 5 |
| 21 | 5/5 | 乙亥 | 8 | 6 |
| 22 | 5/6 | 丙子 | 8 | 7 |
| 23 | 5/7 | 丁丑 | 8 | 8 |
| 24 | 5/8 | 戊寅 | 8 | 9 |
| 25 | 5/9 | 己卯 | 4 | 1 |
| 26 | 5/10 | 庚辰 | 4 | 2 |
| 27 | 5/11 | 辛巳 | 4 | 3 |
| 28 | 5/12 | 壬午 | 4 | 4 |
| 29 | 5/13 | 癸未 | 4 | 5 |

| 二月 | | | | |
|---|---|---|---|---|
| 辛卯 | | | | |
| 四綠木 | | | | |
| 清明 15時05分 廿一申時 | | 春分 11時02分 初六午時 | 奇門遁甲局數 | |
| 農曆 | 國曆 | 干支 | 時盤 | 日盤 |
| 1 | 3/16 | 乙酉 | 7 | 1 |
| 2 | 3/17 | 丙戌 | 7 | 2 |
| 3 | 3/18 | 丁亥 | 7 | 3 |
| 4 | 3/19 | 戊子 | 7 | 4 |
| 5 | 3/20 | 己丑 | 4 | 5 |
| 6 | 3/21 | 庚寅 | 4 | 6 |
| 7 | 3/22 | 辛卯 | 4 | 7 |
| 8 | 3/23 | 壬辰 | 4 | 8 |
| 9 | 3/24 | 癸巳 | 4 | 9 |
| 10 | 3/25 | 甲午 | 3 | 1 |
| 11 | 3/26 | 乙未 | 3 | 2 |
| 12 | 3/27 | 丙申 | 3 | 3 |
| 13 | 3/28 | 丁酉 | 3 | 4 |
| 14 | 3/29 | 戊戌 | 3 | 5 |
| 15 | 3/30 | 己亥 | 9 | 6 |
| 16 | 3/31 | 庚子 | 9 | 7 |
| 17 | 4/1 | 辛丑 | 9 | 8 |
| 18 | 4/2 | 壬寅 | 9 | 9 |
| 19 | 4/3 | 癸卯 | 9 | 1 |
| 20 | 4/4 | 甲辰 | 6 | 2 |
| 21 | 4/5 | 乙巳 | 6 | 3 |
| 22 | 4/6 | 丙午 | 6 | 4 |
| 23 | 4/7 | 丁未 | 6 | 5 |
| 24 | 4/8 | 戊申 | 6 | 6 |
| 25 | 4/9 | 己酉 | 4 | 7 |
| 26 | 4/10 | 庚戌 | 4 | 8 |
| 27 | 4/11 | 辛亥 | 4 | 9 |
| 28 | 4/12 | 壬子 | 4 | 1 |
| 29 | 4/13 | 癸丑 | 4 | 2 |
| 30 | 4/14 | 甲寅 | 1 | 3 |

| 正月 | | | | |
|---|---|---|---|---|
| 庚寅 | | | | |
| 五黃土 | | | | |
| 驚蟄 10時14分 二十巳時 | | 雨水 11時58分 初五午時 | 奇門遁甲局數 | |
| 農曆 | 國曆 | 干支 | 時盤 | 日盤 |
| 1 | 2/15 | 丙辰 | 5 | 8 |
| 2 | 2/16 | 丁巳 | 5 | 9 |
| 3 | 2/17 | 戊午 | 5 | 1 |
| 4 | 2/18 | 己未 | 2 | 2 |
| 5 | 2/19 | 庚申 | 2 | 3 |
| 6 | 2/20 | 辛酉 | 2 | 4 |
| 7 | 2/21 | 壬戌 | 2 | 5 |
| 8 | 2/22 | 癸亥 | 2 | 6 |
| 9 | 2/23 | 甲子 | 9 | 7 |
| 10 | 2/24 | 乙丑 | 9 | 8 |
| 11 | 2/25 | 丙寅 | 9 | 9 |
| 12 | 2/26 | 丁卯 | 9 | 1 |
| 13 | 2/27 | 戊辰 | 9 | 2 |
| 14 | 2/28 | 己巳 | 6 | 3 |
| 15 | 3/1 | 庚午 | 6 | 4 |
| 16 | 3/2 | 辛未 | 6 | 5 |
| 17 | 3/3 | 壬申 | 6 | 6 |
| 18 | 3/4 | 癸酉 | 6 | 7 |
| 19 | 3/5 | 甲戌 | 3 | 8 |
| 20 | 3/6 | 乙亥 | 3 | 9 |
| 21 | 3/7 | 丙子 | 3 | 1 |
| 22 | 3/8 | 丁丑 | 3 | 2 |
| 23 | 3/9 | 戊寅 | 3 | 3 |
| 24 | 3/10 | 己卯 | 1 | 4 |
| 25 | 3/11 | 庚辰 | 1 | 5 |
| 26 | 3/12 | 辛巳 | 1 | 6 |
| 27 | 3/13 | 壬午 | 1 | 7 |
| 28 | 3/14 | 癸未 | 1 | 8 |
| 29 | 3/15 | 甲申 | 7 | 9 |

# 西元1991年（辛未）肖羊 民國80年（女乾命）

奇門遁甲局數如標示為 一 ～九表示陰局　　如標示為1 ～9 表示陽局

| 十二月 | 十一月 | 十　月 | 九　月 | 八　月 | 七　月 |
|---|---|---|---|---|---|
| 辛丑 | 庚子 | 己亥 | 戊戌 | 丁酉 | 丙申 |
| 三碧木 | 四綠木 | 五黃土 | 六白金 | 七赤金 | 八白土 |
| 大寒 03時33分 十七寅時 | 冬至 16時54分 十七申時 | 小雪 03時36分 十八寅時 | 霜降 06時05分 十七卯時 | 秋分 20時48分 十六戌時 | 處暑 23時13分 十四子時 |
| 小寒 10時09分 初二巳時 | 大雪 22時56分 初二亥時 | 立冬 06時08分 初三卯時 | 寒露 03時01分 初二寅時 | 白露 11時28分 初一午時 | |
| 奇門遁甲局數 | 奇門遁甲局數 | 奇門遁甲局數 | 奇門遁甲局數 | 奇門遁甲局數 | 奇門遁甲局數 |

十二月

| 農曆 | 國曆 | 干支 | 時盤 | 日盤 |
|---|---|---|---|---|
| 1 | 1/5 | 庚辰 | 2 | 8 |
| 2 | 1/6 | 辛巳 | 2 | 9 |
| 3 | 1/7 | 壬午 | 2 | 1 |
| 4 | 1/8 | 癸未 | 2 | 2 |
| 5 | 1/9 | 甲申 | 8 | 3 |
| 6 | 1/10 | 乙酉 | 8 | 4 |
| 7 | 1/11 | 丙戌 | 8 | 5 |
| 8 | 1/12 | 丁亥 | 8 | 6 |
| 9 | 1/13 | 戊子 | 8 | 7 |
| 10 | 1/14 | 己丑 | 5 | 8 |
| 11 | 1/15 | 庚寅 | 5 | 9 |
| 12 | 1/16 | 辛卯 | 5 | 1 |
| 13 | 1/17 | 壬辰 | 5 | 2 |
| 14 | 1/18 | 癸巳 | 5 | 3 |
| 15 | 1/19 | 甲午 | 3 | 4 |
| 16 | 1/20 | 乙未 | 3 | 5 |
| 17 | 1/21 | 丙申 | 3 | 6 |
| 18 | 1/22 | 丁酉 | 3 | 7 |
| 19 | 1/23 | 戊戌 | 3 | 8 |
| 20 | 1/24 | 己亥 | 9 | 9 |
| 21 | 1/25 | 庚子 | 9 | 1 |
| 22 | 1/26 | 辛丑 | 9 | 2 |
| 23 | 1/27 | 壬寅 | 9 | 3 |
| 24 | 1/28 | 癸卯 | 9 | 4 |
| 25 | 1/29 | 甲辰 | 6 | 5 |
| 26 | 1/30 | 乙巳 | 6 | 6 |
| 27 | 1/31 | 丙午 | 6 | 7 |
| 28 | 2/1 | 丁未 | 6 | 8 |
| 29 | 2/2 | 戊申 | 6 | 9 |
| 30 | 2/3 | 己酉 | 8 | 1 |

十一月

| 農曆 | 國曆 | 干支 | 時盤 | 日盤 |
|---|---|---|---|---|
| 1 | 12/6 | 庚戌 | 四 | 五 |
| 2 | 12/7 | 辛亥 | 四 | 四 |
| 3 | 12/8 | 壬子 | 四 | 三 |
| 4 | 12/9 | 癸丑 | 四 | 二 |
| 5 | 12/10 | 甲寅 | 七 | 一 |
| 6 | 12/11 | 乙卯 | 七 | 九 |
| 7 | 12/12 | 丙辰 | 七 | 八 |
| 8 | 12/13 | 丁巳 | 七 | 七 |
| 9 | 12/14 | 戊午 | 七 | 六 |
| 10 | 12/15 | 己未 | 一 | 五 |
| 11 | 12/16 | 庚申 | 一 | 四 |
| 12 | 12/17 | 辛酉 | 一 | 三 |
| 13 | 12/18 | 壬戌 | 一 | 二 |
| 14 | 12/19 | 癸亥 | 一 | 一 |
| 15 | 12/20 | 甲子 | 1 | 九 |
| 16 | 12/21 | 乙丑 | 1 | 八 |
| 17 | 12/22 | 丙寅 | 1 | 3 |
| 18 | 12/23 | 丁卯 | 1 | 4 |
| 19 | 12/24 | 戊辰 | 1 | 5 |
| 20 | 12/25 | 己巳 | 7 | 6 |
| 21 | 12/26 | 庚午 | 7 | 7 |
| 22 | 12/27 | 辛未 | 7 | 8 |
| 23 | 12/28 | 壬申 | 7 | 9 |
| 24 | 12/29 | 癸酉 | 7 | 1 |
| 25 | 12/30 | 甲戌 | 4 | 2 |
| 26 | 12/31 | 乙亥 | 4 | 3 |
| 27 | 1/1 | 丙子 | 4 | 4 |
| 28 | 1/2 | 丁丑 | 4 | 5 |
| 29 | 1/3 | 戊寅 | 4 | 6 |
| 30 | 1/4 | 己卯 | 2 | 7 |

十月

| 農曆 | 國曆 | 干支 | 時盤 | 日盤 |
|---|---|---|---|---|
| 1 | 11/6 | 庚辰 | 六 | 八 |
| 2 | 11/7 | 辛巳 | 六 | 七 |
| 3 | 11/8 | 壬午 | 六 | 六 |
| 4 | 11/9 | 癸未 | 六 | 五 |
| 5 | 11/10 | 甲申 | 九 | 四 |
| 6 | 11/11 | 乙酉 | 九 | 三 |
| 7 | 11/12 | 丙戌 | 九 | 二 |
| 8 | 11/13 | 丁亥 | 九 | 一 |
| 9 | 11/14 | 戊子 | 九 | 九 |
| 10 | 11/15 | 己丑 | 三 | 八 |
| 11 | 11/16 | 庚寅 | 三 | 七 |
| 12 | 11/17 | 辛卯 | 三 | 六 |
| 13 | 11/18 | 壬辰 | 三 | 五 |
| 14 | 11/19 | 癸巳 | 三 | 四 |
| 15 | 11/20 | 甲午 | 五 | 三 |
| 16 | 11/21 | 乙未 | 五 | 二 |
| 17 | 11/22 | 丙申 | 五 | 一 |
| 18 | 11/23 | 丁酉 | 五 | 九 |
| 19 | 11/24 | 戊戌 | 五 | 八 |
| 20 | 11/25 | 己亥 | 八 | 七 |
| 21 | 11/26 | 庚子 | 八 | 六 |
| 22 | 11/27 | 辛丑 | 八 | 五 |
| 23 | 11/28 | 壬寅 | 八 | 四 |
| 24 | 11/29 | 癸卯 | 八 | 三 |
| 25 | 11/30 | 甲辰 | 二 | 二 |
| 26 | 12/1 | 乙巳 | 二 | 一 |
| 27 | 12/2 | 丙午 | 二 | 九 |
| 28 | 12/3 | 丁未 | 二 | 八 |
| 29 | 12/4 | 戊申 | 二 | 七 |
| 30 | 12/5 | 己酉 | 四 | 六 |

九月

| 農曆 | 國曆 | 干支 | 時盤 | 日盤 |
|---|---|---|---|---|
| 1 | 10/8 | 辛亥 | 六 | 一 |
| 2 | 10/9 | 壬子 | 六 | 九 |
| 3 | 10/10 | 癸丑 | 六 | 八 |
| 4 | 10/11 | 甲寅 | 九 | 七 |
| 5 | 10/12 | 乙卯 | 九 | 六 |
| 6 | 10/13 | 丙辰 | 九 | 五 |
| 7 | 10/14 | 丁巳 | 九 | 四 |
| 8 | 10/15 | 戊午 | 九 | 三 |
| 9 | 10/16 | 己未 | 三 | 二 |
| 10 | 10/17 | 庚申 | 三 | 一 |
| 11 | 10/18 | 辛酉 | 三 | 九 |
| 12 | 10/19 | 壬戌 | 三 | 八 |
| 13 | 10/20 | 癸亥 | 三 | 七 |
| 14 | 10/21 | 甲子 | 五 | 六 |
| 15 | 10/22 | 乙丑 | 五 | 五 |
| 16 | 10/23 | 丙寅 | 五 | 四 |
| 17 | 10/24 | 丁卯 | 五 | 三 |
| 18 | 10/25 | 戊辰 | 五 | 二 |
| 19 | 10/26 | 己巳 | 八 | 一 |
| 20 | 10/27 | 庚午 | 八 | 九 |
| 21 | 10/28 | 辛未 | 八 | 八 |
| 22 | 10/29 | 壬申 | 八 | 七 |
| 23 | 10/30 | 癸酉 | 八 | 六 |
| 24 | 10/31 | 甲戌 | 二 | 五 |
| 25 | 11/1 | 乙亥 | 二 | 四 |
| 26 | 11/2 | 丙子 | 二 | 三 |
| 27 | 11/3 | 丁丑 | 二 | 二 |
| 28 | 11/4 | 戊寅 | 二 | 一 |
| 29 | 11/5 | 己卯 | 六 | 九 |

八月

| 農曆 | 國曆 | 干支 | 時盤 | 日盤 |
|---|---|---|---|---|
| 1 | 9/8 | 辛巳 | 九 | 四 |
| 2 | 9/9 | 壬午 | 九 | 三 |
| 3 | 9/10 | 癸未 | 九 | 二 |
| 4 | 9/11 | 甲申 | 三 | 一 |
| 5 | 9/12 | 乙酉 | 三 | 九 |
| 6 | 9/13 | 丙戌 | 三 | 八 |
| 7 | 9/14 | 丁亥 | 三 | 七 |
| 8 | 9/15 | 戊子 | 三 | 六 |
| 9 | 9/16 | 己丑 | 六 | 五 |
| 10 | 9/17 | 庚寅 | 六 | 四 |
| 11 | 9/18 | 辛卯 | 六 | 三 |
| 12 | 9/19 | 壬辰 | 六 | 二 |
| 13 | 9/20 | 癸巳 | 六 | 一 |
| 14 | 9/21 | 甲午 | 七 | 九 |
| 15 | 9/22 | 乙未 | 七 | 八 |
| 16 | 9/23 | 丙申 | 七 | 七 |
| 17 | 9/24 | 丁酉 | 七 | 六 |
| 18 | 9/25 | 戊戌 | 七 | 五 |
| 19 | 9/26 | 己亥 | 一 | 四 |
| 20 | 9/27 | 庚子 | 一 | 三 |
| 21 | 9/28 | 辛丑 | 一 | 二 |
| 22 | 9/29 | 壬寅 | 一 | 一 |
| 23 | 9/30 | 癸卯 | 一 | 九 |
| 24 | 10/1 | 甲辰 | 四 | 八 |
| 25 | 10/2 | 乙巳 | 四 | 七 |
| 26 | 10/3 | 丙午 | 四 | 六 |
| 27 | 10/4 | 丁未 | 四 | 五 |
| 28 | 10/5 | 戊申 | 四 | 四 |
| 29 | 10/6 | 己酉 | 六 | 三 |
| 30 | 10/7 | 庚戌 | 六 | 二 |

七月

| 農曆 | 國曆 | 干支 | 時盤 | 日盤 |
|---|---|---|---|---|
| 1 | 8/10 | 壬子 | 二 | 六 |
| 2 | 8/11 | 癸丑 | 二 | 五 |
| 3 | 8/12 | 甲寅 | 五 | 四 |
| 4 | 8/13 | 乙卯 | 五 | 三 |
| 5 | 8/14 | 丙辰 | 五 | 二 |
| 6 | 8/15 | 丁巳 | 五 | 一 |
| 7 | 8/16 | 戊午 | 五 | 九 |
| 8 | 8/17 | 己未 | 八 | 八 |
| 9 | 8/18 | 庚申 | 八 | 七 |
| 10 | 8/19 | 辛酉 | 八 | 六 |
| 11 | 8/20 | 壬戌 | 八 | 五 |
| 12 | 8/21 | 癸亥 | 八 | 四 |
| 13 | 8/22 | 甲子 | 一 | 三 |
| 14 | 8/23 | 乙丑 | 一 | 二 |
| 15 | 8/24 | 丙寅 | 一 | 一 |
| 16 | 8/25 | 丁卯 | 一 | 九 |
| 17 | 8/26 | 戊辰 | 一 | 八 |
| 18 | 8/27 | 己巳 | 四 | 七 |
| 19 | 8/28 | 庚午 | 四 | 六 |
| 20 | 8/29 | 辛未 | 四 | 五 |
| 21 | 8/30 | 壬申 | 四 | 四 |
| 22 | 8/31 | 癸酉 | 四 | 三 |
| 23 | 9/1 | 甲戌 | 七 | 二 |
| 24 | 9/2 | 乙亥 | 七 | 一 |
| 25 | 9/3 | 丙子 | 七 | 九 |
| 26 | 9/4 | 丁丑 | 七 | 八 |
| 27 | 9/5 | 戊寅 | 七 | 七 |
| 28 | 9/6 | 己卯 | 九 | 六 |
| 29 | 9/7 | 庚辰 | 九 | 五 |

# 西元1992年（壬申）肖猴 民國81年（男艮命）

奇門遁甲局數如標示為 一 ～九表示陰局　　如標示為1 ～9 表示陽局

| 六月 | | | | | 五月 | | | | | 四月 | | | | | 三月 | | | | | 二月 | | | | | 正月 | | | | |
|---|---|---|---|---|---|---|---|---|---|---|---|---|---|---|---|---|---|---|---|---|---|---|---|---|---|---|---|---|---|
| 丁未 | | | | | 丙午 | | | | | 乙巳 | | | | | 甲辰 | | | | | 癸卯 | | | | | 壬寅 | | | | |
| 六白金 | | | | | 七赤金 | | | | | 八白土 | | | | | 九紫火 | | | | | 一白水 | | | | | 二黑土 | | | | |
| 大暑 22時09分 廿三亥時 | | 小暑 04時40分 初八寅時 | 奇門遁甲局數 | | 夏至 11時14分 廿一午時 | | 芒種 18時23分 初五酉時 | 奇門遁甲局數 | | 小滿 03時12分 十九寅時 | | 立夏 14時09分 初三未時 | 奇門遁甲局數 | | 穀雨 03時57分 十八寅時 | | 清明 20時45分 初二戌時 | 奇門遁甲局數 | | 春分 16時48分 十七申時 | | 驚蟄 15時52分 初二申時 | 奇門遁甲局數 | | 雨水 17時44分 十六酉時 | | 立春 21時49分 初一亥時 | 奇門遁甲局數 | |
| 農曆 | 國曆 | 干支 | 時盤 | 日盤 | 農曆 | 國曆 | 干支 | 時盤 | 日盤 | 農曆 | 國曆 | 干支 | 時盤 | 日盤 | 農曆 | 國曆 | 干支 | 時盤 | 日盤 | 農曆 | 國曆 | 干支 | 時盤 | 日盤 | 農曆 | 國曆 | 干支 | 時盤 | 日盤 |
| 1 | 6/30 | 丁丑 | 六 | 五 | 1 | 6/1 | 戊申 | 8 | 3 | 1 | 5/3 | 己卯 | 4 | 1 | 1 | 4/3 | 己酉 | 4 | 7 | 1 | 3/4 | 己卯 | 1 | 4 | 1 | 2/4 | 庚戌 | 8 | 2 |
| 2 | 7/1 | 戊寅 | 六 | 四 | 2 | 6/2 | 己酉 | 6 | 4 | 2 | 5/4 | 庚辰 | 4 | 2 | 2 | 4/4 | 庚戌 | 4 | 8 | 2 | 3/5 | 庚辰 | 1 | 5 | 2 | 2/5 | 辛亥 | 8 | 3 |
| 3 | 7/2 | 己卯 | 八 | 三 | 3 | 6/3 | 庚戌 | 6 | 5 | 3 | 5/5 | 辛巳 | 4 | 3 | 3 | 4/5 | 辛亥 | 4 | 9 | 3 | 3/6 | 辛巳 | 1 | 6 | 3 | 2/6 | 壬子 | 8 | 4 |
| 4 | 7/3 | 庚辰 | 八 | 二 | 4 | 6/4 | 辛亥 | 6 | 6 | 4 | 5/6 | 壬午 | 4 | 4 | 4 | 4/6 | 壬子 | 4 | 1 | 4 | 3/7 | 壬午 | 1 | 7 | 4 | 2/7 | 癸丑 | 8 | 5 |
| 5 | 7/4 | 辛巳 | 八 | 一 | 5 | 6/5 | 壬子 | 6 | 7 | 5 | 5/7 | 癸未 | 4 | 5 | 5 | 4/7 | 癸丑 | 4 | 2 | 5 | 3/8 | 癸未 | 1 | 8 | 5 | 2/8 | 甲寅 | 5 | 6 |
| 6 | 7/5 | 壬午 | 八 | 九 | 6 | 6/6 | 癸丑 | 6 | 8 | 6 | 5/8 | 甲申 | 1 | 6 | 6 | 4/8 | 甲寅 | 1 | 3 | 6 | 3/9 | 甲申 | 7 | 9 | 6 | 2/9 | 乙卯 | 5 | 7 |
| 7 | 7/6 | 癸未 | 八 | 八 | 7 | 6/7 | 甲寅 | 3 | 9 | 7 | 5/9 | 乙酉 | 1 | 7 | 7 | 4/9 | 乙卯 | 1 | 4 | 7 | 3/10 | 乙酉 | 7 | 1 | 7 | 2/10 | 丙辰 | 5 | 8 |
| 8 | 7/7 | 甲申 | 二 | 七 | 8 | 6/8 | 乙卯 | 3 | 1 | 8 | 5/10 | 丙戌 | 1 | 8 | 8 | 4/10 | 丙辰 | 1 | 5 | 8 | 3/11 | 丙戌 | 7 | 2 | 8 | 2/11 | 丁巳 | 5 | 9 |
| 9 | 7/8 | 乙酉 | 二 | 六 | 9 | 6/9 | 丙辰 | 3 | 2 | 9 | 5/11 | 丁亥 | 1 | 9 | 9 | 4/11 | 丁巳 | 1 | 6 | 9 | 3/12 | 丁亥 | 7 | 3 | 9 | 2/12 | 戊午 | 5 | 1 |
| 10 | 7/9 | 丙戌 | 二 | 五 | 10 | 6/10 | 丁巳 | 3 | 3 | 10 | 5/12 | 戊子 | 1 | 1 | 10 | 4/12 | 戊午 | 1 | 7 | 10 | 3/13 | 戊子 | 7 | 4 | 10 | 2/13 | 己未 | 2 | 2 |
| 11 | 7/10 | 丁亥 | 二 | 四 | 11 | 6/11 | 戊午 | 3 | 4 | 11 | 5/13 | 己丑 | 7 | 2 | 11 | 4/13 | 己未 | 7 | 8 | 11 | 3/14 | 己丑 | 4 | 5 | 11 | 2/14 | 庚申 | 2 | 3 |
| 12 | 7/11 | 戊子 | 二 | 三 | 12 | 6/12 | 己未 | 9 | 5 | 12 | 5/14 | 庚寅 | 7 | 3 | 12 | 4/14 | 庚申 | 7 | 9 | 12 | 3/15 | 庚寅 | 4 | 6 | 12 | 2/15 | 辛酉 | 2 | 4 |
| 13 | 7/12 | 己丑 | 五 | 二 | 13 | 6/13 | 庚申 | 9 | 6 | 13 | 5/15 | 辛卯 | 7 | 4 | 13 | 4/15 | 辛酉 | 7 | 1 | 13 | 3/16 | 辛卯 | 4 | 7 | 13 | 2/16 | 壬戌 | 2 | 5 |
| 14 | 7/13 | 庚寅 | 五 | 一 | 14 | 6/14 | 辛酉 | 9 | 7 | 14 | 5/16 | 壬辰 | 7 | 5 | 14 | 4/16 | 壬戌 | 7 | 2 | 14 | 3/17 | 壬辰 | 4 | 8 | 14 | 2/17 | 癸亥 | 2 | 6 |
| 15 | 7/14 | 辛卯 | 五 | 九 | 15 | 6/15 | 壬戌 | 9 | 8 | 15 | 5/17 | 癸巳 | 7 | 6 | 15 | 4/17 | 癸亥 | 7 | 3 | 15 | 3/18 | 癸巳 | 4 | 9 | 15 | 2/18 | 甲子 | 9 | 7 |
| 16 | 7/15 | 壬辰 | 五 | 八 | 16 | 6/16 | 癸亥 | 9 | 9 | 16 | 5/18 | 甲午 | 5 | 7 | 16 | 4/18 | 甲子 | 5 | 4 | 16 | 3/19 | 甲午 | 3 | 1 | 16 | 2/19 | 乙丑 | 9 | 8 |
| 17 | 7/16 | 癸巳 | 五 | 七 | 17 | 6/17 | 甲子 | 九 | 1 | 17 | 5/19 | 乙未 | 5 | 8 | 17 | 4/19 | 乙丑 | 5 | 5 | 17 | 3/20 | 乙未 | 3 | 2 | 17 | 2/20 | 丙寅 | 9 | 9 |
| 18 | 7/17 | 甲午 | 七 | 六 | 18 | 6/18 | 乙丑 | 九 | 2 | 18 | 5/20 | 丙申 | 5 | 9 | 18 | 4/20 | 丙寅 | 5 | 6 | 18 | 3/21 | 丙申 | 3 | 3 | 18 | 2/21 | 丁卯 | 9 | 1 |
| 19 | 7/18 | 乙未 | 七 | 五 | 19 | 6/19 | 丙寅 | 九 | 3 | 19 | 5/21 | 丁酉 | 5 | 1 | 19 | 4/21 | 丁卯 | 5 | 7 | 19 | 3/22 | 丁酉 | 3 | 4 | 19 | 2/22 | 戊辰 | 9 | 2 |
| 20 | 7/19 | 丙申 | 七 | 四 | 20 | 6/20 | 丁卯 | 九 | 4 | 20 | 5/22 | 戊戌 | 5 | 2 | 20 | 4/22 | 戊辰 | 5 | 8 | 20 | 3/23 | 戊戌 | 3 | 5 | 20 | 2/23 | 己巳 | 6 | 3 |
| 21 | 7/20 | 丁酉 | 七 | 三 | 21 | 6/21 | 戊辰 | 九 | 五 | 21 | 5/23 | 己亥 | 2 | 3 | 21 | 4/23 | 己巳 | 2 | 9 | 21 | 3/24 | 己亥 | 9 | 6 | 21 | 2/24 | 庚午 | 6 | 4 |
| 22 | 7/21 | 戊戌 | 七 | 二 | 22 | 6/22 | 己巳 | 三 | 四 | 22 | 5/24 | 庚子 | 2 | 4 | 22 | 4/24 | 庚午 | 2 | 1 | 22 | 3/25 | 庚子 | 9 | 7 | 22 | 2/25 | 辛未 | 6 | 5 |
| 23 | 7/22 | 己亥 | 一 | 一 | 23 | 6/23 | 庚午 | 三 | 三 | 23 | 5/25 | 辛丑 | 2 | 5 | 23 | 4/25 | 辛未 | 2 | 2 | 23 | 3/26 | 辛丑 | 9 | 8 | 23 | 2/26 | 壬申 | 6 | 6 |
| 24 | 7/23 | 庚子 | 一 | 九 | 24 | 6/24 | 辛未 | 三 | 二 | 24 | 5/26 | 壬寅 | 2 | 6 | 24 | 4/26 | 壬申 | 2 | 3 | 24 | 3/27 | 壬寅 | 9 | 9 | 24 | 2/27 | 癸酉 | 6 | 7 |
| 25 | 7/24 | 辛丑 | 一 | 八 | 25 | 6/25 | 壬申 | 三 | 一 | 25 | 5/27 | 癸卯 | 2 | 7 | 25 | 4/27 | 癸酉 | 2 | 4 | 25 | 3/28 | 癸卯 | 9 | 1 | 25 | 2/28 | 甲戌 | 3 | 8 |
| 26 | 7/25 | 壬寅 | 一 | 七 | 26 | 6/26 | 癸酉 | 三 | 九 | 26 | 5/28 | 甲辰 | 8 | 8 | 26 | 4/28 | 甲戌 | 8 | 5 | 26 | 3/29 | 甲辰 | 6 | 2 | 26 | 2/29 | 乙亥 | 3 | 9 |
| 27 | 7/26 | 癸卯 | 一 | 六 | 27 | 6/27 | 甲戌 | 六 | 八 | 27 | 5/29 | 乙巳 | 8 | 9 | 27 | 4/29 | 乙亥 | 8 | 6 | 27 | 3/30 | 乙巳 | 6 | 3 | 27 | 3/1 | 丙子 | 3 | 1 |
| 28 | 7/27 | 甲辰 | 四 | 五 | 28 | 6/28 | 乙亥 | 六 | 七 | 28 | 5/30 | 丙午 | 8 | 1 | 28 | 4/30 | 丙子 | 8 | 7 | 28 | 3/31 | 丙午 | 6 | 4 | 28 | 3/2 | 丁丑 | 3 | 2 |
| 29 | 7/28 | 乙巳 | 四 | 四 | 29 | 6/29 | 丙子 | 六 | 六 | 29 | 5/31 | 丁未 | 8 | 2 | 29 | 5/1 | 丁丑 | 8 | 8 | 29 | 4/1 | 丁未 | 6 | 5 | 29 | 3/3 | 戊寅 | 3 | 3 |
| 30 | 7/29 | 丙午 | 四 | 三 | | | | | | | | | | | 30 | 5/2 | 戊寅 | 8 | 9 | 30 | 4/2 | 戊申 | 6 | 6 | | | | | |

# 西元1992年（壬申）肖猴 民國81年（女兌命）

奇門遁甲局數如標示為 一 ～九表示陰局　　如標示為1 ～9 表示陽局

| 十二月 | | | | | 十一月 | | | | | 十　月 | | | | |
|---|---|---|---|---|---|---|---|---|---|---|---|---|---|---|
| 癸丑 | | | | | 壬子 | | | | | 辛亥 | | | | |
| 九紫火 | | | | | 一白水 | | | | | 二黑土 | | | | |
| 大寒 09時23分 廿八巳時 | | 小寒 15時57分 十三申時 | 奇門遁甲局數 | | 冬至 22時44分 廿八亥時 | | 大雪 04時45分 十四寅時 | 奇門遁甲局數 | | 小雪 09時26分 廿八巳時 | | 立冬 11時58分 十三午時 | 奇門遁甲局數 | |
| 農曆 | 國曆 | 干支 | 時盤 | 日盤 | 農曆 | 國曆 | 干支 | 時盤 | 日盤 | 農曆 | 國曆 | 干支 | 時盤 | 日盤 |
| 1 | 12/24 | 甲戌 | 4 | 2 | 1 | 11/24 | 甲辰 | 二 | 二 | 1 | 10/26 | 乙亥 | 二 | 四 |
| 2 | 12/25 | 乙亥 | 4 | 3 | 2 | 11/25 | 乙巳 | 二 | 一 | 2 | 10/27 | 丙子 | 二 | 三 |
| 3 | 12/26 | 丙子 | 4 | 4 | 3 | 11/26 | 丙午 | 二 | 九 | 3 | 10/28 | 丁丑 | 二 | 二 |
| 4 | 12/27 | 丁丑 | 4 | 5 | 4 | 11/27 | 丁未 | 二 | 八 | 4 | 10/29 | 戊寅 | 二 | 一 |
| 5 | 12/28 | 戊寅 | 4 | 6 | 5 | 11/28 | 戊申 | 二 | 七 | 5 | 10/30 | 己卯 | 六 | 九 |
| 6 | 12/29 | 己卯 | 2 | 7 | 6 | 11/29 | 己酉 | 四 | 六 | 6 | 10/31 | 庚辰 | 六 | 八 |
| 7 | 12/30 | 庚辰 | 2 | 8 | 7 | 11/30 | 庚戌 | 四 | 五 | 7 | 11/ 1 | 辛巳 | 六 | 七 |
| 8 | 12/31 | 辛巳 | 2 | 9 | 8 | 12/ 1 | 辛亥 | 四 | 四 | 8 | 11/ 2 | 壬午 | 六 | 六 |
| 9 | 1/ 1 | 壬午 | 2 | 1 | 9 | 12/ 2 | 壬子 | 四 | 三 | 9 | 11/ 3 | 癸未 | 六 | 五 |
| 10 | 1/ 2 | 癸未 | 2 | 2 | 10 | 12/ 3 | 癸丑 | 四 | 二 | 10 | 11/ 4 | 甲申 | 九 | 四 |
| 11 | 1/ 3 | 甲申 | 8 | 3 | 11 | 12/ 4 | 甲寅 | 七 | 一 | 11 | 11/ 5 | 乙酉 | 九 | 三 |
| 12 | 1/ 4 | 乙酉 | 8 | 4 | 12 | 12/ 5 | 乙卯 | 七 | 九 | 12 | 11/ 6 | 丙戌 | 九 | 二 |
| 13 | 1/ 5 | 丙戌 | 8 | 5 | 13 | 12/ 6 | 丙辰 | 七 | 八 | 13 | 11/ 7 | 丁亥 | 九 | 一 |
| 14 | 1/ 6 | 丁亥 | 8 | 6 | 14 | 12/ 7 | 丁巳 | 七 | 七 | 14 | 11/ 8 | 戊子 | 九 | 九 |
| 15 | 1/ 7 | 戊子 | 8 | 7 | 15 | 12/ 8 | 戊午 | 七 | 六 | 15 | 11/ 9 | 己丑 | 三 | 八 |
| 16 | 1/ 8 | 己丑 | 5 | 8 | 16 | 12/ 9 | 己未 | 一 | 五 | 16 | 11/10 | 庚寅 | 三 | 七 |
| 17 | 1/ 9 | 庚寅 | 5 | 9 | 17 | 12/10 | 庚申 | 一 | 四 | 17 | 11/11 | 辛卯 | 三 | 六 |
| 18 | 1/10 | 辛卯 | 5 | 1 | 18 | 12/11 | 辛酉 | 一 | 三 | 18 | 11/12 | 壬辰 | 三 | 五 |
| 19 | 1/11 | 壬辰 | 5 | 2 | 19 | 12/12 | 壬戌 | 一 | 二 | 19 | 11/13 | 癸巳 | 三 | 四 |
| 20 | 1/12 | 癸巳 | 5 | 3 | 20 | 12/13 | 癸亥 | 一 | 一 | 20 | 11/14 | 甲午 | 五 | 三 |
| 21 | 1/13 | 甲午 | 3 | 4 | 21 | 12/14 | 甲子 | 1 | 九 | 21 | 11/15 | 乙未 | 五 | 二 |
| 22 | 1/14 | 乙未 | 3 | 5 | 22 | 12/15 | 乙丑 | 1 | 八 | 22 | 11/16 | 丙申 | 五 | 一 |
| 23 | 1/15 | 丙申 | 3 | 6 | 23 | 12/16 | 丙寅 | 1 | 七 | 23 | 11/17 | 丁酉 | 五 | 九 |
| 24 | 1/16 | 丁酉 | 3 | 7 | 24 | 12/17 | 丁卯 | 1 | 六 | 24 | 11/18 | 戊戌 | 五 | 八 |
| 25 | 1/17 | 戊戌 | 3 | 8 | 25 | 12/18 | 戊辰 | 1 | 五 | 25 | 11/19 | 己亥 | 八 | 七 |
| 26 | 1/18 | 己亥 | 9 | 9 | 26 | 12/19 | 己巳 | 7 | 四 | 26 | 11/20 | 庚子 | 八 | 六 |
| 27 | 1/19 | 庚子 | 9 | 1 | 27 | 12/20 | 庚午 | 7 | 三 | 27 | 11/21 | 辛丑 | 八 | 五 |
| 28 | 1/20 | 辛丑 | 9 | 2 | 28 | 12/21 | 辛未 | 7 | 8 | 28 | 11/22 | 壬寅 | 八 | 四 |
| 29 | 1/21 | 壬寅 | 9 | 3 | 29 | 12/22 | 壬申 | 7 | 9 | 29 | 11/23 | 癸卯 | 八 | 三 |
| 30 | 1/22 | 癸卯 | 9 | 4 | 30 | 12/23 | 癸酉 | 7 | 1 | | | | | |

| 九　月 | | | | | 八　月 | | | | | 七　月 | | | | |
|---|---|---|---|---|---|---|---|---|---|---|---|---|---|---|
| 庚戌 | | | | | 己酉 | | | | | 戊申 | | | | |
| 三碧木 | | | | | 四綠木 | | | | | 五黃土 | | | | |
| 霜降 11時57分 廿八午時 | | 寒露 08時52分 十三辰時 | 奇門遁甲局數 | | 秋分 02時43分 廿七丑時 | | 白露 17時18分 十一酉時 | 奇門遁甲局數 | | 處暑 05時10分 廿五卯時 | | 立秋 14時27分 初九未時 | 奇門遁甲局數 | |
| 農曆 | 國曆 | 干支 | 時盤 | 日盤 | 農曆 | 國曆 | 干支 | 時盤 | 日盤 | 農曆 | 國曆 | 干支 | 時盤 | 日盤 |
| 1 | 9/26 | 乙巳 | 四 | 七 | 1 | 8/28 | 丙子 | 七 | 九 | 1 | 7/30 | 丁未 | 四 | 二 |
| 2 | 9/27 | 丙午 | 四 | 六 | 2 | 8/29 | 丁丑 | 七 | 八 | 2 | 7/31 | 戊申 | 四 | 一 |
| 3 | 9/28 | 丁未 | 四 | 五 | 3 | 8/30 | 戊寅 | 七 | 七 | 3 | 8/ 1 | 己酉 | 二 | 九 |
| 4 | 9/29 | 戊申 | 四 | 四 | 4 | 8/31 | 己卯 | 九 | 六 | 4 | 8/ 2 | 庚戌 | 二 | 八 |
| 5 | 9/30 | 己酉 | 六 | 三 | 5 | 9/ 1 | 庚辰 | 九 | 五 | 5 | 8/ 3 | 辛亥 | 二 | 七 |
| 6 | 10/ 1 | 庚戌 | 六 | 二 | 6 | 9/ 2 | 辛巳 | 九 | 四 | 6 | 8/ 4 | 壬子 | 二 | 六 |
| 7 | 10/ 2 | 辛亥 | 六 | 一 | 7 | 9/ 3 | 壬午 | 九 | 三 | 7 | 8/ 5 | 癸丑 | 二 | 五 |
| 8 | 10/ 3 | 壬子 | 六 | 九 | 8 | 9/ 4 | 癸未 | 九 | 二 | 8 | 8/ 6 | 甲寅 | 五 | 四 |
| 9 | 10/ 4 | 癸丑 | 六 | 八 | 9 | 9/ 5 | 甲申 | 三 | 一 | 9 | 8/ 7 | 乙卯 | 五 | 三 |
| 10 | 10/ 5 | 甲寅 | 九 | 七 | 10 | 9/ 6 | 乙酉 | 三 | 九 | 10 | 8/ 8 | 丙辰 | 五 | 二 |
| 11 | 10/ 6 | 乙卯 | 九 | 六 | 11 | 9/ 7 | 丙戌 | 三 | 八 | 11 | 8/ 9 | 丁巳 | 五 | 一 |
| 12 | 10/ 7 | 丙辰 | 九 | 五 | 12 | 9/ 8 | 丁亥 | 三 | 七 | 12 | 8/10 | 戊午 | 五 | 九 |
| 13 | 10/ 8 | 丁巳 | 九 | 四 | 13 | 9/ 9 | 戊子 | 三 | 六 | 13 | 8/11 | 己未 | 八 | 八 |
| 14 | 10/ 9 | 戊午 | 九 | 三 | 14 | 9/10 | 己丑 | 六 | 五 | 14 | 8/12 | 庚申 | 八 | 七 |
| 15 | 10/10 | 己未 | 三 | 二 | 15 | 9/11 | 庚寅 | 六 | 四 | 15 | 8/13 | 辛酉 | 八 | 六 |
| 16 | 10/11 | 庚申 | 三 | 一 | 16 | 9/12 | 辛卯 | 六 | 三 | 16 | 8/14 | 壬戌 | 八 | 五 |
| 17 | 10/12 | 辛酉 | 三 | 九 | 17 | 9/13 | 壬辰 | 六 | 二 | 17 | 8/15 | 癸亥 | 八 | 四 |
| 18 | 10/13 | 壬戌 | 三 | 八 | 18 | 9/14 | 癸巳 | 六 | 一 | 18 | 8/16 | 甲子 | 一 | 三 |
| 19 | 10/14 | 癸亥 | 三 | 七 | 19 | 9/15 | 甲午 | 七 | 九 | 19 | 8/17 | 乙丑 | 一 | 二 |
| 20 | 10/15 | 甲子 | 五 | 六 | 20 | 9/16 | 乙未 | 七 | 八 | 20 | 8/18 | 丙寅 | 一 | 一 |
| 21 | 10/16 | 乙丑 | 五 | 五 | 21 | 9/17 | 丙申 | 七 | 七 | 21 | 8/19 | 丁卯 | 一 | 九 |
| 22 | 10/17 | 丙寅 | 五 | 四 | 22 | 9/18 | 丁酉 | 七 | 六 | 22 | 8/20 | 戊辰 | 一 | 八 |
| 23 | 10/18 | 丁卯 | 五 | 三 | 23 | 9/19 | 戊戌 | 七 | 五 | 23 | 8/21 | 己巳 | 四 | 七 |
| 24 | 10/19 | 戊辰 | 五 | 二 | 24 | 9/20 | 己亥 | 一 | 四 | 24 | 8/22 | 庚午 | 四 | 六 |
| 25 | 10/20 | 己巳 | 八 | 一 | 25 | 9/21 | 庚子 | 一 | 三 | 25 | 8/23 | 辛未 | 四 | 五 |
| 26 | 10/21 | 庚午 | 八 | 九 | 26 | 9/22 | 辛丑 | 一 | 二 | 26 | 8/24 | 壬申 | 四 | 四 |
| 27 | 10/22 | 辛未 | 八 | 八 | 27 | 9/23 | 壬寅 | 一 | 一 | 27 | 8/25 | 癸酉 | 四 | 三 |
| 28 | 10/23 | 壬申 | 八 | 七 | 28 | 9/24 | 癸卯 | 一 | 九 | 28 | 8/26 | 甲戌 | 七 | 二 |
| 29 | 10/24 | 癸酉 | 八 | 六 | 29 | 9/25 | 甲辰 | 四 | 八 | 29 | 8/27 | 乙亥 | 七 | 一 |
| 30 | 10/25 | 甲戌 | 二 | 五 | | | | | | | | | | |

# 西元1993年（癸酉）肖雞 民國82年（男兌命）

奇門遁甲局數如標示為 一 ～九表示陰局　　如標示為1 ～9 表示陽局

## 六月　己未　三碧木

立秋：20時18分 二十戌時　大暑：03時51分 初五寅時

| 農曆 | 國曆 | 干支 | 時盤 | 日盤 |
|---|---|---|---|---|
| 1 | 7/19 | 辛丑 | 二 | 八 |
| 2 | 7/20 | 壬寅 | 二 | 七 |
| 3 | 7/21 | 癸卯 | 二 | 六 |
| 4 | 7/22 | 甲辰 | 五 | 五 |
| 5 | 7/23 | 乙巳 | 五 | 四 |
| 6 | 7/24 | 丙午 | 五 | 三 |
| 7 | 7/25 | 丁未 | 五 | 二 |
| 8 | 7/26 | 戊申 | 五 | 一 |
| 9 | 7/27 | 己酉 | 七 | 九 |
| 10 | 7/28 | 庚戌 | 七 | 八 |
| 11 | 7/29 | 辛亥 | 七 | 七 |
| 12 | 7/30 | 壬子 | 七 | 六 |
| 13 | 7/31 | 癸丑 | 七 | 五 |
| 14 | 8/1 | 甲寅 | 一 | 四 |
| 15 | 8/2 | 乙卯 | 一 | 三 |
| 16 | 8/3 | 丙辰 | 一 | 二 |
| 17 | 8/4 | 丁巳 | 一 | 一 |
| 18 | 8/5 | 戊午 | 一 | 九 |
| 19 | 8/6 | 己未 | 四 | 八 |
| 20 | 8/7 | 庚申 | 四 | 七 |
| 21 | 8/8 | 辛酉 | 四 | 六 |
| 22 | 8/9 | 壬戌 | 四 | 五 |
| 23 | 8/10 | 癸亥 | 四 | 四 |
| 24 | 8/11 | 甲子 | 二 | 三 |
| 25 | 8/12 | 乙丑 | 二 | 二 |
| 26 | 8/13 | 丙寅 | 二 | 一 |
| 27 | 8/14 | 丁卯 | 二 | 九 |
| 28 | 8/15 | 戊辰 | 二 | 八 |
| 29 | 8/16 | 己巳 | 五 | 七 |
| 30 | 8/17 | 庚午 | 五 | 六 |

## 五月　戊午　四綠木

小暑：10時32分 十八巳時　夏至：17時00分 初二酉時

| 農曆 | 國曆 | 干支 | 時盤 | 日盤 |
|---|---|---|---|---|
| 1 | 6/20 | 壬申 | 3 | 9 |
| 2 | 6/21 | 癸酉 | 3 | 九 |
| 3 | 6/22 | 甲戌 | 9 | 八 |
| 4 | 6/23 | 乙亥 | 9 | 七 |
| 5 | 6/24 | 丙子 | 9 | 六 |
| 6 | 6/25 | 丁丑 | 9 | 五 |
| 7 | 6/26 | 戊寅 | 9 | 四 |
| 8 | 6/27 | 己卯 | 九 | 三 |
| 9 | 6/28 | 庚辰 | 九 | 二 |
| 10 | 6/29 | 辛巳 | 九 | 一 |
| 11 | 6/30 | 壬午 | 九 | 九 |
| 12 | 7/1 | 癸未 | 九 | 八 |
| 13 | 7/2 | 甲申 | 三 | 七 |
| 14 | 7/3 | 乙酉 | 三 | 六 |
| 15 | 7/4 | 丙戌 | 三 | 五 |
| 16 | 7/5 | 丁亥 | 三 | 四 |
| 17 | 7/6 | 戊子 | 三 | 三 |
| 18 | 7/7 | 己丑 | 六 | 二 |
| 19 | 7/8 | 庚寅 | 六 | 一 |
| 20 | 7/9 | 辛卯 | 六 | 九 |
| 21 | 7/10 | 壬辰 | 六 | 八 |
| 22 | 7/11 | 癸巳 | 六 | 七 |
| 23 | 7/12 | 甲午 | 八 | 六 |
| 24 | 7/13 | 乙未 | 八 | 五 |
| 25 | 7/14 | 丙申 | 八 | 四 |
| 26 | 7/15 | 丁酉 | 八 | 三 |
| 27 | 7/16 | 戊戌 | 八 | 二 |
| 28 | 7/17 | 己亥 | 二 | 一 |
| 29 | 7/18 | 庚子 | 二 | 九 |

## 四月　丁巳　五黃土

芒種：00時15分 十七子時　小滿：09時02分 初一巳時

| 農曆 | 國曆 | 干支 | 時盤 | 日盤 |
|---|---|---|---|---|
| 1 | 5/21 | 壬寅 | 2 | 6 |
| 2 | 5/22 | 癸卯 | 2 | 7 |
| 3 | 5/23 | 甲辰 | 8 | 8 |
| 4 | 5/24 | 乙巳 | 8 | 9 |
| 5 | 5/25 | 丙午 | 8 | 1 |
| 6 | 5/26 | 丁未 | 8 | 2 |
| 7 | 5/27 | 戊申 | 8 | 3 |
| 8 | 5/28 | 己酉 | 6 | 4 |
| 9 | 5/29 | 庚戌 | 6 | 5 |
| 10 | 5/30 | 辛亥 | 6 | 6 |
| 11 | 5/31 | 壬子 | 6 | 7 |
| 12 | 6/1 | 癸丑 | 6 | 8 |
| 13 | 6/2 | 甲寅 | 3 | 9 |
| 14 | 6/3 | 乙卯 | 3 | 1 |
| 15 | 6/4 | 丙辰 | 3 | 2 |
| 16 | 6/5 | 丁巳 | 3 | 3 |
| 17 | 6/6 | 戊午 | 3 | 4 |
| 18 | 6/7 | 己未 | 9 | 5 |
| 19 | 6/8 | 庚申 | 9 | 6 |
| 20 | 6/9 | 辛酉 | 9 | 7 |
| 21 | 6/10 | 壬戌 | 9 | 8 |
| 22 | 6/11 | 癸亥 | 9 | 9 |
| 23 | 6/12 | 甲子 | 6 | 1 |
| 24 | 6/13 | 乙丑 | 6 | 2 |
| 25 | 6/14 | 丙寅 | 6 | 3 |
| 26 | 6/15 | 丁卯 | 6 | 4 |
| 27 | 6/16 | 戊辰 | 6 | 5 |
| 28 | 6/17 | 己巳 | 3 | 6 |
| 29 | 6/18 | 庚午 | 3 | 7 |
| 30 | 6/19 | 辛未 | 3 | 8 |

## 潤三月　丁巳

立夏：20時02分 十四戌時

| 農曆 | 國曆 | 干支 | 時盤 | 日盤 |
|---|---|---|---|---|
| 1 | 4/22 | 癸酉 | 2 | 4 |
| 2 | 4/23 | 甲戌 | 8 | 5 |
| 3 | 4/24 | 乙亥 | 8 | 6 |
| 4 | 4/25 | 丙子 | 8 | 7 |
| 5 | 4/26 | 丁丑 | 8 | 8 |
| 6 | 4/27 | 戊寅 | 8 | 9 |
| 7 | 4/28 | 己卯 | 4 | 1 |
| 8 | 4/29 | 庚辰 | 4 | 2 |
| 9 | 4/30 | 辛巳 | 4 | 3 |
| 10 | 5/1 | 壬午 | 4 | 4 |
| 11 | 5/2 | 癸未 | 4 | 5 |
| 12 | 5/3 | 甲申 | 1 | 6 |
| 13 | 5/4 | 乙酉 | 1 | 7 |
| 14 | 5/5 | 丙戌 | 1 | 8 |
| 15 | 5/6 | 丁亥 | 1 | 9 |
| 16 | 5/7 | 戊子 | 1 | 1 |
| 17 | 5/8 | 己丑 | 7 | 2 |
| 18 | 5/9 | 庚寅 | 7 | 3 |
| 19 | 5/10 | 辛卯 | 7 | 4 |
| 20 | 5/11 | 壬辰 | 7 | 5 |
| 21 | 5/12 | 癸巳 | 7 | 6 |
| 22 | 5/13 | 甲午 | 5 | 7 |
| 23 | 5/14 | 乙未 | 5 | 8 |
| 24 | 5/15 | 丙申 | 5 | 9 |
| 25 | 5/16 | 丁酉 | 5 | 1 |
| 26 | 5/17 | 戊戌 | 5 | 2 |
| 27 | 5/18 | 己亥 | 2 | 3 |
| 28 | 5/19 | 庚子 | 2 | 4 |
| 29 | 5/20 | 辛丑 | 2 | 5 |

## 三月　丙辰　六白金

穀雨：09時49分 廿九巳時　清明：02時37分 十四丑時

| 農曆 | 國曆 | 干支 | 時盤 | 日盤 |
|---|---|---|---|---|
| 1 | 3/23 | 癸卯 | 9 | 1 |
| 2 | 3/24 | 甲辰 | 6 | 2 |
| 3 | 3/25 | 乙巳 | 6 | 3 |
| 4 | 3/26 | 丙午 | 6 | 4 |
| 5 | 3/27 | 丁未 | 6 | 5 |
| 6 | 3/28 | 戊申 | 6 | 6 |
| 7 | 3/29 | 己酉 | 4 | 7 |
| 8 | 3/30 | 庚戌 | 4 | 8 |
| 9 | 3/31 | 辛亥 | 4 | 9 |
| 10 | 4/1 | 壬子 | 4 | 1 |
| 11 | 4/2 | 癸丑 | 4 | 2 |
| 12 | 4/3 | 甲寅 | 1 | 3 |
| 13 | 4/4 | 乙卯 | 1 | 4 |
| 14 | 4/5 | 丙辰 | 1 | 5 |
| 15 | 4/6 | 丁巳 | 1 | 6 |
| 16 | 4/7 | 戊午 | 1 | 7 |
| 17 | 4/8 | 己未 | 7 | 8 |
| 18 | 4/9 | 庚申 | 7 | 9 |
| 19 | 4/10 | 辛酉 | 7 | 1 |
| 20 | 4/11 | 壬戌 | 7 | 2 |
| 21 | 4/12 | 癸亥 | 7 | 3 |
| 22 | 4/13 | 甲子 | 5 | 4 |
| 23 | 4/14 | 乙丑 | 5 | 5 |
| 24 | 4/15 | 丙寅 | 5 | 6 |
| 25 | 4/16 | 丁卯 | 5 | 7 |
| 26 | 4/17 | 戊辰 | 5 | 8 |
| 27 | 4/18 | 己巳 | 2 | 9 |
| 28 | 4/19 | 庚午 | 2 | 1 |
| 29 | 4/20 | 辛未 | 2 | 2 |
| 30 | 4/21 | 壬申 | 2 | 3 |

## 二月　乙卯　七赤金

春分：22時41分 廿八亥時　驚蟄：21時43分 十三亥時

| 農曆 | 國曆 | 干支 | 時盤 | 日盤 |
|---|---|---|---|---|
| 1 | 2/21 | 癸酉 | 6 | 7 |
| 2 | 2/22 | 甲戌 | 3 | 8 |
| 3 | 2/23 | 乙亥 | 3 | 9 |
| 4 | 2/24 | 丙子 | 3 | 1 |
| 5 | 2/25 | 丁丑 | 3 | 2 |
| 6 | 2/26 | 戊寅 | 3 | 3 |
| 7 | 2/27 | 己卯 | 1 | 4 |
| 8 | 2/28 | 庚辰 | 1 | 5 |
| 9 | 3/1 | 辛巳 | 1 | 6 |
| 10 | 3/2 | 壬午 | 1 | 7 |
| 11 | 3/3 | 癸未 | 1 | 8 |
| 12 | 3/4 | 甲申 | 7 | 9 |
| 13 | 3/5 | 乙酉 | 7 | 1 |
| 14 | 3/6 | 丙戌 | 7 | 2 |
| 15 | 3/7 | 丁亥 | 7 | 3 |
| 16 | 3/8 | 戊子 | 7 | 4 |
| 17 | 3/9 | 己丑 | 4 | 5 |
| 18 | 3/10 | 庚寅 | 4 | 6 |
| 19 | 3/11 | 辛卯 | 4 | 7 |
| 20 | 3/12 | 壬辰 | 4 | 8 |
| 21 | 3/13 | 癸巳 | 4 | 9 |
| 22 | 3/14 | 甲午 | 3 | 1 |
| 23 | 3/15 | 乙未 | 3 | 2 |
| 24 | 3/16 | 丙申 | 3 | 3 |
| 25 | 3/17 | 丁酉 | 3 | 4 |
| 26 | 3/18 | 戊戌 | 3 | 5 |
| 27 | 3/19 | 己亥 | 9 | 6 |
| 28 | 3/20 | 庚子 | 9 | 7 |
| 29 | 3/21 | 辛丑 | 9 | 8 |
| 30 | 3/22 | 壬寅 | 9 | 9 |

## 正月　甲寅　八白土

雨水：23時36分 廿七子時　立春：03時38分 十三寅時

| 農曆 | 國曆 | 干支 | 時盤 | 日盤 |
|---|---|---|---|---|
| 1 | 1/23 | 甲辰 | 6 | 5 |
| 2 | 1/24 | 乙巳 | 6 | 6 |
| 3 | 1/25 | 丙午 | 6 | 7 |
| 4 | 1/26 | 丁未 | 6 | 8 |
| 5 | 1/27 | 戊申 | 6 | 9 |
| 6 | 1/28 | 己酉 | 8 | 1 |
| 7 | 1/29 | 庚戌 | 8 | 2 |
| 8 | 1/30 | 辛亥 | 8 | 3 |
| 9 | 1/31 | 壬子 | 8 | 4 |
| 10 | 2/1 | 癸丑 | 8 | 5 |
| 11 | 2/2 | 甲寅 | 5 | 6 |
| 12 | 2/3 | 乙卯 | 5 | 7 |
| 13 | 2/4 | 丙辰 | 5 | 8 |
| 14 | 2/5 | 丁巳 | 5 | 9 |
| 15 | 2/6 | 戊午 | 5 | 1 |
| 16 | 2/7 | 己未 | 2 | 2 |
| 17 | 2/8 | 庚申 | 2 | 3 |
| 18 | 2/9 | 辛酉 | 2 | 4 |
| 19 | 2/10 | 壬戌 | 2 | 5 |
| 20 | 2/11 | 癸亥 | 2 | 6 |
| 21 | 2/12 | 甲子 | 9 | 7 |
| 22 | 2/13 | 乙丑 | 9 | 8 |
| 23 | 2/14 | 丙寅 | 9 | 9 |
| 24 | 2/15 | 丁卯 | 9 | 1 |
| 25 | 2/16 | 戊辰 | 9 | 2 |
| 26 | 2/17 | 己巳 | 6 | 3 |
| 27 | 2/18 | 庚午 | 6 | 4 |
| 28 | 2/19 | 辛未 | 6 | 5 |
| 29 | 2/20 | 壬申 | 6 | 6 |

# 西元1993年（癸酉）肖雞 民國82年（女艮命）

奇門遁甲局數如標示為 一 ～九表示陰局　　如標示為1 ～9 表示陽局

| 十二月 | | | | | 十一月 | | | | | 十　月 | | | | | 九　月 | | | | | 八　月 | | | | | 七　月 | | | | |
|---|---|---|---|---|---|---|---|---|---|---|---|---|---|---|---|---|---|---|---|---|---|---|---|---|---|---|---|---|---|
| 乙丑 | | | | | 甲子 | | | | | 癸亥 | | | | | 壬戌 | | | | | 辛酉 | | | | | 庚申 | | | | |
| 六白金 | | | | | 七赤金 | | | | | 八白土 | | | | | 九紫火 | | | | | 一白水 | | | | | 二黑土 | | | | |
| 立春 09時31分 廿四巳時 | | 大寒 15時07分 初九申時 | 奇門遁甲局數 | | 小寒 21時49分 廿四亥時 | | 冬至 04時26分 初十寅時 | 奇門遁甲局數 | | 大雪 10時34分 廿四巳時 | | 小雪 15時07分 初九申時 | 奇門遁甲局數 | | 立冬 17時46分 廿四酉時 | | 霜降 17時38分 初九酉時 | 奇門遁甲局數 | | 寒露 14時40分 廿三未時 | | 秋分 08時23分 初八辰時 | 奇門遁甲局數 | | 白露 23時08分 廿一子時 | | 處暑 10時51分 初六巳時 | 奇門遁甲局數 | |
| 農曆 | 國曆 | 干支 | 時盤 | 日盤 | 農曆 | 國曆 | 干支 | 時盤 | 日盤 | 農曆 | 國曆 | 干支 | 時盤 | 日盤 | 農曆 | 國曆 | 干支 | 時盤 | 日盤 | 農曆 | 國曆 | 干支 | 時盤 | 日盤 | 農曆 | 國曆 | 干支 | 時盤 | 日盤 |
| 1 | 1/12 | 戊戌 | 2 | 8 | 1 | 12/13 | 戊辰 | 四 | 五 | 1 | 11/14 | 己亥 | 九 | 七 | 1 | 10/15 | 己巳 | 九 | 一 | 1 | 9/16 | 庚子 | 三 | 三 | 1 | 8/18 | 辛未 | 五 | 五 |
| 2 | 1/13 | 己亥 | 8 | 9 | 2 | 12/14 | 己巳 | 七 | 四 | 2 | 11/15 | 庚子 | 九 | 六 | 2 | 10/16 | 庚午 | 九 | 九 | 2 | 9/17 | 辛丑 | 三 | 二 | 2 | 8/19 | 壬申 | 五 | 四 |
| 3 | 1/14 | 庚子 | 8 | 1 | 3 | 12/15 | 庚午 | 七 | 三 | 3 | 11/16 | 辛丑 | 九 | 五 | 3 | 10/17 | 辛未 | 九 | 八 | 3 | 9/18 | 壬寅 | 三 | 一 | 3 | 8/20 | 癸酉 | 五 | 三 |
| 4 | 1/15 | 辛丑 | 8 | 2 | 4 | 12/16 | 辛未 | 七 | 二 | 4 | 11/17 | 壬寅 | 九 | 四 | 4 | 10/18 | 壬申 | 九 | 七 | 4 | 9/19 | 癸卯 | 三 | 九 | 4 | 8/21 | 甲戌 | 八 | 二 |
| 5 | 1/16 | 壬寅 | 8 | 3 | 5 | 12/17 | 壬申 | 七 | 一 | 5 | 11/18 | 癸卯 | 九 | 三 | 5 | 10/19 | 癸酉 | 九 | 六 | 5 | 9/20 | 甲辰 | 六 | 八 | 5 | 8/22 | 乙亥 | 八 | 一 |
| 6 | 1/17 | 癸卯 | 8 | 4 | 6 | 12/18 | 癸酉 | 七 | 九 | 6 | 11/19 | 甲辰 | 三 | 二 | 6 | 10/20 | 甲戌 | 三 | 五 | 6 | 9/21 | 乙巳 | 六 | 七 | 6 | 8/23 | 丙子 | 八 | 九 |
| 7 | 1/18 | 甲辰 | 5 | 5 | 7 | 12/19 | 甲戌 | 一 | 八 | 7 | 11/20 | 乙巳 | 三 | 一 | 7 | 10/21 | 乙亥 | 三 | 四 | 7 | 9/22 | 丙午 | 六 | 六 | 7 | 8/24 | 丁丑 | 八 | 八 |
| 8 | 1/19 | 乙巳 | 5 | 6 | 8 | 12/20 | 乙亥 | 一 | 七 | 8 | 11/21 | 丙午 | 三 | 九 | 8 | 10/22 | 丙子 | 三 | 三 | 8 | 9/23 | 丁未 | 六 | 五 | 8 | 8/25 | 戊寅 | 八 | 七 |
| 9 | 1/20 | 丙午 | 5 | 7 | 9 | 12/21 | 丙子 | 一 | 六 | 9 | 11/22 | 丁未 | 三 | 八 | 9 | 10/23 | 丁丑 | 三 | 二 | 9 | 9/24 | 戊申 | 六 | 四 | 9 | 8/26 | 己卯 | 一 | 六 |
| 10 | 1/21 | 丁未 | 5 | 8 | 10 | 12/22 | 丁丑 | 一 | 5 | 10 | 11/23 | 戊申 | 三 | 七 | 10 | 10/24 | 戊寅 | 三 | 一 | 10 | 9/25 | 己酉 | 七 | 三 | 10 | 8/27 | 庚辰 | 一 | 五 |
| 11 | 1/22 | 戊申 | 5 | 9 | 11 | 12/23 | 戊寅 | 一 | 6 | 11 | 11/24 | 己酉 | 五 | 六 | 11 | 10/25 | 己卯 | 五 | 九 | 11 | 9/26 | 庚戌 | 七 | 二 | 11 | 8/28 | 辛巳 | 一 | 四 |
| 12 | 1/23 | 己酉 | 3 | 1 | 12 | 12/24 | 己卯 | 1 | 7 | 12 | 11/25 | 庚戌 | 五 | 五 | 12 | 10/26 | 庚辰 | 五 | 八 | 12 | 9/27 | 辛亥 | 七 | 一 | 12 | 8/29 | 壬午 | 一 | 三 |
| 13 | 1/24 | 庚戌 | 3 | 2 | 13 | 12/25 | 庚辰 | 1 | 8 | 13 | 11/26 | 辛亥 | 五 | 四 | 13 | 10/27 | 辛巳 | 五 | 七 | 13 | 9/28 | 壬子 | 七 | 九 | 13 | 8/30 | 癸未 | 一 | 二 |
| 14 | 1/25 | 辛亥 | 3 | 3 | 14 | 12/26 | 辛巳 | 1 | 9 | 14 | 11/27 | 壬子 | 五 | 三 | 14 | 10/28 | 壬午 | 五 | 六 | 14 | 9/29 | 癸丑 | 七 | 八 | 14 | 8/31 | 甲申 | 四 | 一 |
| 15 | 1/26 | 壬子 | 3 | 4 | 15 | 12/27 | 壬午 | 1 | 1 | 15 | 11/28 | 癸丑 | 五 | 二 | 15 | 10/29 | 癸未 | 五 | 五 | 15 | 9/30 | 甲寅 | 一 | 七 | 15 | 9/1 | 乙酉 | 四 | 九 |
| 16 | 1/27 | 癸丑 | 3 | 5 | 16 | 12/28 | 癸未 | 1 | 2 | 16 | 11/29 | 甲寅 | 八 | 一 | 16 | 10/30 | 甲申 | 八 | 四 | 16 | 10/1 | 乙卯 | 一 | 六 | 16 | 9/2 | 丙戌 | 四 | 八 |
| 17 | 1/28 | 甲寅 | 9 | 6 | 17 | 12/29 | 甲申 | 7 | 3 | 17 | 11/30 | 乙卯 | 八 | 九 | 17 | 10/31 | 乙酉 | 八 | 三 | 17 | 10/2 | 丙辰 | 一 | 五 | 17 | 9/3 | 丁亥 | 四 | 七 |
| 18 | 1/29 | 乙卯 | 9 | 7 | 18 | 12/30 | 乙酉 | 7 | 4 | 18 | 12/1 | 丙辰 | 八 | 八 | 18 | 11/1 | 丙戌 | 八 | 二 | 18 | 10/3 | 丁巳 | 一 | 四 | 18 | 9/4 | 戊子 | 四 | 六 |
| 19 | 1/30 | 丙辰 | 9 | 8 | 19 | 12/31 | 丙戌 | 7 | 5 | 19 | 12/2 | 丁巳 | 八 | 七 | 19 | 11/2 | 丁亥 | 八 | 一 | 19 | 10/4 | 戊午 | 一 | 三 | 19 | 9/5 | 己丑 | 七 | 五 |
| 20 | 1/31 | 丁巳 | 9 | 9 | 20 | 1/1 | 丁亥 | 7 | 6 | 20 | 12/3 | 戊午 | 八 | 六 | 20 | 11/3 | 戊子 | 八 | 九 | 20 | 10/5 | 己未 | 四 | 二 | 20 | 9/6 | 庚寅 | 七 | 四 |
| 21 | 2/1 | 戊午 | 9 | 1 | 21 | 1/2 | 戊子 | 7 | 7 | 21 | 12/4 | 己未 | 二 | 五 | 21 | 11/4 | 己丑 | 二 | 八 | 21 | 10/6 | 庚申 | 四 | 一 | 21 | 9/7 | 辛卯 | 七 | 三 |
| 22 | 2/2 | 己未 | 6 | 2 | 22 | 1/3 | 己丑 | 4 | 8 | 22 | 12/5 | 庚申 | 二 | 四 | 22 | 11/5 | 庚寅 | 二 | 七 | 22 | 10/7 | 辛酉 | 四 | 九 | 22 | 9/8 | 壬辰 | 七 | 二 |
| 23 | 2/3 | 庚申 | 6 | 3 | 23 | 1/4 | 庚寅 | 4 | 9 | 23 | 12/6 | 辛酉 | 二 | 三 | 23 | 11/6 | 辛卯 | 二 | 六 | 23 | 10/8 | 壬戌 | 四 | 八 | 23 | 9/9 | 癸巳 | 七 | 一 |
| 24 | 2/4 | 辛酉 | 6 | 4 | 24 | 1/5 | 辛卯 | 4 | 1 | 24 | 12/7 | 壬戌 | 二 | 二 | 24 | 11/7 | 壬辰 | 二 | 五 | 24 | 10/9 | 癸亥 | 四 | 七 | 24 | 9/10 | 甲午 | 九 | 九 |
| 25 | 2/5 | 壬戌 | 6 | 5 | 25 | 1/6 | 壬辰 | 4 | 2 | 25 | 12/8 | 癸亥 | 二 | 一 | 25 | 11/8 | 癸巳 | 二 | 四 | 25 | 10/10 | 甲子 | 六 | 六 | 25 | 9/11 | 乙未 | 九 | 八 |
| 26 | 2/6 | 癸亥 | 6 | 6 | 26 | 1/7 | 癸巳 | 4 | 3 | 26 | 12/9 | 甲子 | 四 | 九 | 26 | 11/9 | 甲午 | 六 | 三 | 26 | 10/11 | 乙丑 | 六 | 五 | 26 | 9/12 | 丙申 | 九 | 七 |
| 27 | 2/7 | 甲子 | 8 | 7 | 27 | 1/8 | 甲午 | 2 | 4 | 27 | 12/10 | 乙丑 | 四 | 八 | 27 | 11/10 | 乙未 | 六 | 二 | 27 | 10/12 | 丙寅 | 六 | 四 | 27 | 9/13 | 丁酉 | 九 | 六 |
| 28 | 2/8 | 乙丑 | 8 | 8 | 28 | 1/9 | 乙未 | 2 | 5 | 28 | 12/11 | 丙寅 | 四 | 七 | 28 | 11/11 | 丙申 | 六 | 一 | 28 | 10/13 | 丁卯 | 六 | 三 | 28 | 9/14 | 戊戌 | 九 | 五 |
| 29 | 2/9 | 丙寅 | 8 | 9 | 29 | 1/10 | 丙申 | 2 | 6 | 29 | 12/12 | 丁卯 | 四 | 六 | 29 | 11/12 | 丁酉 | 六 | 九 | 29 | 10/14 | 戊辰 | 六 | 二 | 29 | 9/15 | 己亥 | 三 | 四 |
| | | | | | 30 | 1/11 | 丁酉 | 2 | 7 | | | | | | 30 | 11/13 | 戊戌 | 六 | 八 | | | | | | | | | | |

# 西元1994年（甲戌）肖狗 民國83年（男乾命）

奇門遁甲局數如標示為 一 ～九表示陰局　　如標示為1 ～9 表示陽局

| 六月 | | | | | 五月 | | | | | 四月 | | | | | 三月 | | | | | 二月 | | | | | 正月 | | | | |
|---|---|---|---|---|---|---|---|---|---|---|---|---|---|---|---|---|---|---|---|---|---|---|---|---|---|---|---|---|---|
| 辛未 | | | | | 庚午 | | | | | 己巳 | | | | | 戊辰 | | | | | 丁卯 | | | | | 丙寅 | | | | |
| 九紫火 | | | | | 一白水 | | | | | 二黑土 | | | | | 三碧木 | | | | | 四綠木 | | | | | 五黃土 | | | | |
| 大暑 09時41分 十五巳時 | | | 奇門遁甲局數 | | 小暑 16時19分 廿九申時 | | 夏至 22時48分 十三亥時 | 奇門遁甲局數 | | 芒種 06時05分 廿七卯時 | | 小滿 14時49分 十一未時 | 奇門遁甲局數 | | 立夏 01時54分 廿六丑時 | | 穀雨 15時36分 初十申時 | 奇門遁甲局數 | | 清明 08時32分 廿五辰時 | | 春分 04時28分 初十寅時 | 奇門遁甲局數 | | 驚蟄 03時38分 廿五寅時 | | 雨水 05時22分 初十卯時 | 奇門遁甲局數 | |
| 農曆 | 國曆 | 干支 | 時盤 | 日盤 | 農曆 | 國曆 | 干支 | 時盤 | 日盤 | 農曆 | 國曆 | 干支 | 時盤 | 日盤 | 農曆 | 國曆 | 干支 | 時盤 | 日盤 | 農曆 | 國曆 | 干支 | 時盤 | 日盤 | 農曆 | 國曆 | 干支 | 時盤 | 日盤 |
| 1 | 7/9 | 丙申 | 八 | 四 | 1 | 6/9 | 丙寅 | 6 | 3 | 1 | 5/11 | 丁酉 | 4 | 1 | 1 | 4/11 | 丁卯 | 4 | 7 | 1 | 3/12 | 丁酉 | 1 | 4 | 1 | 2/10 | 丁卯 | 8 | 1 |
| 2 | 7/10 | 丁酉 | 八 | 三 | 2 | 6/10 | 丁卯 | 6 | 4 | 2 | 5/12 | 戊戌 | 4 | 2 | 2 | 4/12 | 戊辰 | 4 | 8 | 2 | 3/13 | 戊戌 | 1 | 5 | 2 | 2/11 | 戊辰 | 8 | 2 |
| 3 | 7/11 | 戊戌 | 八 | 二 | 3 | 6/11 | 戊辰 | 6 | 5 | 3 | 5/13 | 己亥 | 1 | 3 | 3 | 4/13 | 己巳 | 1 | 9 | 3 | 3/14 | 己亥 | 7 | 6 | 3 | 2/12 | 己巳 | 5 | 3 |
| 4 | 7/12 | 己亥 | 二 | 一 | 4 | 6/12 | 己巳 | 3 | 6 | 4 | 5/14 | 庚子 | 1 | 4 | 4 | 4/14 | 庚午 | 1 | 1 | 4 | 3/15 | 庚子 | 7 | 7 | 4 | 2/13 | 庚午 | 5 | 4 |
| 5 | 7/13 | 庚子 | 二 | 九 | 5 | 6/13 | 庚午 | 3 | 7 | 5 | 5/15 | 辛丑 | 1 | 5 | 5 | 4/15 | 辛未 | 1 | 2 | 5 | 3/16 | 辛丑 | 7 | 8 | 5 | 2/14 | 辛未 | 5 | 5 |
| 6 | 7/14 | 辛丑 | 二 | 八 | 6 | 6/14 | 辛未 | 3 | 8 | 6 | 5/16 | 壬寅 | 1 | 6 | 6 | 4/16 | 壬申 | 1 | 3 | 6 | 3/17 | 壬寅 | 7 | 9 | 6 | 2/15 | 壬申 | 5 | 6 |
| 7 | 7/15 | 壬寅 | 二 | 七 | 7 | 6/15 | 壬申 | 3 | 9 | 7 | 5/17 | 癸卯 | 1 | 7 | 7 | 4/17 | 癸酉 | 1 | 4 | 7 | 3/18 | 癸卯 | 7 | 1 | 7 | 2/16 | 癸酉 | 5 | 7 |
| 8 | 7/16 | 癸卯 | 二 | 六 | 8 | 6/16 | 癸酉 | 3 | 1 | 8 | 5/18 | 甲辰 | 7 | 8 | 8 | 4/18 | 甲戌 | 7 | 5 | 8 | 3/19 | 甲辰 | 4 | 2 | 8 | 2/17 | 甲戌 | 2 | 8 |
| 9 | 7/17 | 甲辰 | 五 | 五 | 9 | 6/17 | 甲戌 | 9 | 2 | 9 | 5/19 | 乙巳 | 7 | 9 | 9 | 4/19 | 乙亥 | 7 | 6 | 9 | 3/20 | 乙巳 | 4 | 3 | 9 | 2/18 | 乙亥 | 2 | 9 |
| 10 | 7/18 | 乙巳 | 五 | 四 | 10 | 6/18 | 乙亥 | 9 | 3 | 10 | 5/20 | 丙午 | 7 | 1 | 10 | 4/20 | 丙子 | 7 | 7 | 10 | 3/21 | 丙午 | 4 | 4 | 10 | 2/19 | 丙子 | 2 | 1 |
| 11 | 7/19 | 丙午 | 五 | 三 | 11 | 6/19 | 丙子 | 9 | 4 | 11 | 5/21 | 丁未 | 7 | 2 | 11 | 4/21 | 丁丑 | 7 | 8 | 11 | 3/22 | 丁未 | 4 | 5 | 11 | 2/20 | 丁丑 | 2 | 2 |
| 12 | 7/20 | 丁未 | 五 | 二 | 12 | 6/20 | 丁丑 | 9 | 5 | 12 | 5/22 | 戊申 | 7 | 3 | 12 | 4/22 | 戊寅 | 7 | 9 | 12 | 3/23 | 戊申 | 4 | 6 | 12 | 2/21 | 戊寅 | 2 | 3 |
| 13 | 7/21 | 戊申 | 五 | 一 | 13 | 6/21 | 戊寅 | 9 | 四 | 13 | 5/23 | 己酉 | 5 | 4 | 13 | 4/23 | 己卯 | 5 | 1 | 13 | 3/24 | 己酉 | 3 | 7 | 13 | 2/22 | 己卯 | 9 | 4 |
| 14 | 7/22 | 己酉 | 七 | 九 | 14 | 6/22 | 己卯 | 九 | 三 | 14 | 5/24 | 庚戌 | 5 | 5 | 14 | 4/24 | 庚辰 | 5 | 2 | 14 | 3/25 | 庚戌 | 3 | 8 | 14 | 2/23 | 庚辰 | 9 | 5 |
| 15 | 7/23 | 庚戌 | 七 | 八 | 15 | 6/23 | 庚辰 | 九 | 二 | 15 | 5/25 | 辛亥 | 5 | 6 | 15 | 4/25 | 辛巳 | 5 | 3 | 15 | 3/26 | 辛亥 | 3 | 9 | 15 | 2/24 | 辛巳 | 9 | 6 |
| 16 | 7/24 | 辛亥 | 七 | 七 | 16 | 6/24 | 辛巳 | 九 | 一 | 16 | 5/26 | 壬子 | 5 | 7 | 16 | 4/26 | 壬午 | 5 | 4 | 16 | 3/27 | 壬子 | 3 | 1 | 16 | 2/25 | 壬午 | 9 | 7 |
| 17 | 7/25 | 壬子 | 七 | 六 | 17 | 6/25 | 壬午 | 九 | 九 | 17 | 5/27 | 癸丑 | 5 | 8 | 17 | 4/27 | 癸未 | 5 | 5 | 17 | 3/28 | 癸丑 | 3 | 2 | 17 | 2/26 | 癸未 | 9 | 8 |
| 18 | 7/26 | 癸丑 | 七 | 五 | 18 | 6/26 | 癸未 | 九 | 八 | 18 | 5/28 | 甲寅 | 2 | 9 | 18 | 4/28 | 甲申 | 2 | 6 | 18 | 3/29 | 甲寅 | 9 | 3 | 18 | 2/27 | 甲申 | 6 | 9 |
| 19 | 7/27 | 甲寅 | 一 | 四 | 19 | 6/27 | 甲申 | 三 | 七 | 19 | 5/29 | 乙卯 | 2 | 1 | 19 | 4/29 | 乙酉 | 2 | 7 | 19 | 3/30 | 乙卯 | 9 | 4 | 19 | 2/28 | 乙酉 | 6 | 1 |
| 20 | 7/28 | 乙卯 | 一 | 三 | 20 | 6/28 | 乙酉 | 三 | 六 | 20 | 5/30 | 丙辰 | 2 | 2 | 20 | 4/30 | 丙戌 | 2 | 8 | 20 | 3/31 | 丙辰 | 9 | 5 | 20 | 3/ 1 | 丙戌 | 6 | 2 |
| 21 | 7/29 | 丙辰 | 一 | 二 | 21 | 6/29 | 丙戌 | 三 | 五 | 21 | 5/31 | 丁巳 | 2 | 3 | 21 | 5/ 1 | 丁亥 | 2 | 9 | 21 | 4/ 1 | 丁巳 | 9 | 6 | 21 | 3/ 2 | 丁亥 | 6 | 3 |
| 22 | 7/30 | 丁巳 | 一 | 一 | 22 | 6/30 | 丁亥 | 三 | 四 | 22 | 6/ 1 | 戊午 | 2 | 4 | 22 | 5/ 2 | 戊子 | 2 | 1 | 22 | 4/ 2 | 戊午 | 9 | 7 | 22 | 3/ 3 | 戊子 | 6 | 4 |
| 23 | 7/31 | 戊午 | 一 | 九 | 23 | 7/ 1 | 戊子 | 三 | 三 | 23 | 6/ 2 | 己未 | 8 | 5 | 23 | 5/ 3 | 己丑 | 8 | 2 | 23 | 4/ 3 | 己未 | 6 | 8 | 23 | 3/ 4 | 己丑 | 3 | 5 |
| 24 | 8/ 1 | 己未 | 四 | 八 | 24 | 7/ 2 | 己丑 | 六 | 二 | 24 | 6/ 3 | 庚申 | 8 | 6 | 24 | 5/ 4 | 庚寅 | 8 | 3 | 24 | 4/ 4 | 庚申 | 6 | 9 | 24 | 3/ 5 | 庚寅 | 3 | 6 |
| 25 | 8/ 2 | 庚申 | 四 | 七 | 25 | 7/ 3 | 庚寅 | 六 | 一 | 25 | 6/ 4 | 辛酉 | 8 | 7 | 25 | 5/ 5 | 辛卯 | 8 | 4 | 25 | 4/ 5 | 辛酉 | 6 | 1 | 25 | 3/ 6 | 辛卯 | 3 | 7 |
| 26 | 8/ 3 | 辛酉 | 四 | 六 | 26 | 7/ 4 | 辛卯 | 六 | 九 | 26 | 6/ 5 | 壬戌 | 8 | 8 | 26 | 5/ 6 | 壬辰 | 8 | 5 | 26 | 4/ 6 | 壬戌 | 6 | 2 | 26 | 3/ 7 | 壬辰 | 3 | 8 |
| 27 | 8/ 4 | 壬戌 | 四 | 五 | 27 | 7/ 5 | 壬辰 | 六 | 八 | 27 | 6/ 6 | 癸亥 | 8 | 9 | 27 | 5/ 7 | 癸巳 | 8 | 6 | 27 | 4/ 7 | 癸亥 | 6 | 3 | 27 | 3/ 8 | 癸巳 | 3 | 9 |
| 28 | 8/ 5 | 癸亥 | 四 | 四 | 28 | 7/ 6 | 癸巳 | 六 | 七 | 28 | 6/ 7 | 甲子 | 6 | 1 | 28 | 5/ 8 | 甲午 | 4 | 7 | 28 | 4/ 8 | 甲子 | 4 | 4 | 28 | 3/ 9 | 甲午 | 1 | 1 |
| 29 | 8/ 6 | 甲子 | 二 | 三 | 29 | 7/ 7 | 甲午 | 八 | 六 | 29 | 6/ 8 | 乙丑 | 6 | 2 | 29 | 5/ 9 | 乙未 | 4 | 8 | 29 | 4/ 9 | 乙丑 | 4 | 5 | 29 | 3/10 | 乙未 | 1 | 2 |
| | | | | | 30 | 7/ 8 | 乙未 | 八 | 五 | | | | | | 30 | 5/10 | 丙申 | 4 | 9 | 30 | 4/10 | 丙寅 | 4 | 6 | 30 | 3/11 | 丙申 | 1 | 3 |

# 西元1994年（甲戌）肖狗 民國83年（女離命）

奇門遁甲局數如標示為 一 ～九表示陰局　　如標示為1 ～9 表示陽局

| 十二月 | | | | | 十一月 | | | | | 十 月 | | | | | 九 月 | | | | | 八 月 | | | | | 七 月 | | | | |
|---|---|---|---|---|---|---|---|---|---|---|---|---|---|---|---|---|---|---|---|---|---|---|---|---|---|---|---|---|---|
| 丁丑 | | | | | 丙子 | | | | | 乙亥 | | | | | 甲戌 | | | | | 癸酉 | | | | | 壬申 | | | | |
| 三碧木 | | | | | 四綠木 | | | | | 五黃土 | | | | | 六白金 | | | | | 七赤金 | | | | | 八白土 | | | | |
| 大寒 21時01分 二十亥時 | | 小寒 03時34分 初六寅時 | 奇門遁甲局數 | | 冬至 10時23分 二十巳時 | | 大雪 16時23分 初五申時 | 奇門遁甲局數 | | 小雪 21時06分 二十亥時 | | 立冬 23時36分 初五子時 | 奇門遁甲局數 | | 霜降 23時36分 十九子時 | | 寒露 20時29分 初四戌時 | 奇門遁甲局數 | | 秋分 14時19分 十八未時 | | 白露 04時55分 初三寅時 | 奇門遁甲局數 | | 處暑 16時44分 十七申時 | | 立秋 02時04分 初二丑時 | 奇門遁甲局數 | |
| 農曆 | 國曆 | 干支 | 時盤 | 日盤 | 農曆 | 國曆 | 干支 | 時盤 | 日盤 | 農曆 | 國曆 | 干支 | 時盤 | 日盤 | 農曆 | 國曆 | 干支 | 時盤 | 日盤 | 農曆 | 國曆 | 干支 | 時盤 | 日盤 | 農曆 | 國曆 | 干支 | 時盤 | 日盤 |
| 1 | 1/1 | 壬辰 | 4 | 2 | 1 | 12/3 | 癸亥 | 二 | 一 | 1 | 11/3 | 癸巳 | 二 | 四 | 1 | 10/5 | 甲子 | 六 | 六 | 1 | 9/6 | 乙未 | 九 | 八 | 1 | 8/7 | 乙丑 | 二 | 二 |
| 2 | 1/2 | 癸巳 | 4 | 3 | 2 | 12/4 | 甲子 | 四 | 九 | 2 | 11/4 | 甲午 | 六 | 三 | 2 | 10/6 | 乙丑 | 六 | 五 | 2 | 9/7 | 丙申 | 九 | 七 | 2 | 8/8 | 丙寅 | 二 | 一 |
| 3 | 1/3 | 甲午 | 2 | 4 | 3 | 12/5 | 乙丑 | 四 | 八 | 3 | 11/5 | 乙未 | 六 | 二 | 3 | 10/7 | 丙寅 | 六 | 四 | 3 | 9/8 | 丁酉 | 九 | 六 | 3 | 8/9 | 丁卯 | 二 | 九 |
| 4 | 1/4 | 乙未 | 2 | 5 | 4 | 12/6 | 丙寅 | 四 | 七 | 4 | 11/6 | 丙申 | 六 | 一 | 4 | 10/8 | 丁卯 | 六 | 三 | 4 | 9/9 | 戊戌 | 九 | 五 | 4 | 8/10 | 戊辰 | 二 | 八 |
| 5 | 1/5 | 丙申 | 2 | 6 | 5 | 12/7 | 丁卯 | 四 | 六 | 5 | 11/7 | 丁酉 | 六 | 九 | 5 | 10/9 | 戊辰 | 六 | 二 | 5 | 9/10 | 己亥 | 三 | 四 | 5 | 8/11 | 己巳 | 五 | 七 |
| 6 | 1/6 | 丁酉 | 2 | 7 | 6 | 12/8 | 戊辰 | 四 | 五 | 6 | 11/8 | 戊戌 | 六 | 八 | 6 | 10/10 | 己巳 | 九 | 一 | 6 | 9/11 | 庚子 | 三 | 三 | 6 | 8/12 | 庚午 | 五 | 六 |
| 7 | 1/7 | 戊戌 | 2 | 8 | 7 | 12/9 | 己巳 | 七 | 四 | 7 | 11/9 | 己亥 | 九 | 七 | 7 | 10/11 | 庚午 | 九 | 九 | 7 | 9/12 | 辛丑 | 三 | 二 | 7 | 8/13 | 辛未 | 五 | 五 |
| 8 | 1/8 | 己亥 | 8 | 9 | 8 | 12/10 | 庚午 | 七 | 三 | 8 | 11/10 | 庚子 | 九 | 六 | 8 | 10/12 | 辛未 | 九 | 八 | 8 | 9/13 | 壬寅 | 三 | 一 | 8 | 8/14 | 壬申 | 五 | 四 |
| 9 | 1/9 | 庚子 | 8 | 1 | 9 | 12/11 | 辛未 | 七 | 二 | 9 | 11/11 | 辛丑 | 九 | 五 | 9 | 10/13 | 壬申 | 九 | 七 | 9 | 9/14 | 癸卯 | 三 | 九 | 9 | 8/15 | 癸酉 | 五 | 三 |
| 10 | 1/10 | 辛丑 | 8 | 2 | 10 | 12/12 | 壬申 | 七 | 一 | 10 | 11/12 | 壬寅 | 九 | 四 | 10 | 10/14 | 癸酉 | 九 | 六 | 10 | 9/15 | 甲辰 | 六 | 八 | 10 | 8/16 | 甲戌 | 八 | 二 |
| 11 | 1/11 | 壬寅 | 8 | 3 | 11 | 12/13 | 癸酉 | 七 | 九 | 11 | 11/13 | 癸卯 | 九 | 三 | 11 | 10/15 | 甲戌 | 三 | 五 | 11 | 9/16 | 乙巳 | 六 | 七 | 11 | 8/17 | 乙亥 | 八 | 一 |
| 12 | 1/12 | 癸卯 | 8 | 4 | 12 | 12/14 | 甲戌 | 一 | 八 | 12 | 11/14 | 甲辰 | 三 | 二 | 12 | 10/16 | 乙亥 | 三 | 四 | 12 | 9/17 | 丙午 | 六 | 六 | 12 | 8/18 | 丙子 | 八 | 九 |
| 13 | 1/13 | 甲辰 | 5 | 5 | 13 | 12/15 | 乙亥 | 一 | 七 | 13 | 11/15 | 乙巳 | 三 | 一 | 13 | 10/17 | 丙子 | 三 | 三 | 13 | 9/18 | 丁未 | 六 | 五 | 13 | 8/19 | 丁丑 | 八 | 八 |
| 14 | 1/14 | 乙巳 | 5 | 6 | 14 | 12/16 | 丙子 | 一 | 六 | 14 | 11/16 | 丙午 | 三 | 九 | 14 | 10/18 | 丁丑 | 三 | 二 | 14 | 9/19 | 戊申 | 六 | 四 | 14 | 8/20 | 戊寅 | 八 | 七 |
| 15 | 1/15 | 丙午 | 5 | 7 | 15 | 12/17 | 丁丑 | 一 | 五 | 15 | 11/17 | 丁未 | 三 | 八 | 15 | 10/19 | 戊寅 | 三 | 一 | 15 | 9/20 | 己酉 | 七 | 三 | 15 | 8/21 | 己卯 | 一 | 六 |
| 16 | 1/16 | 丁未 | 5 | 8 | 16 | 12/18 | 戊寅 | 一 | 四 | 16 | 11/18 | 戊申 | 三 | 七 | 16 | 10/20 | 己卯 | 五 | 九 | 16 | 9/21 | 庚戌 | 七 | 二 | 16 | 8/22 | 庚辰 | 一 | 五 |
| 17 | 1/17 | 戊申 | 5 | 9 | 17 | 12/19 | 己卯 | 1 | 三 | 17 | 11/19 | 己酉 | 五 | 六 | 17 | 10/21 | 庚辰 | 五 | 八 | 17 | 9/22 | 辛亥 | 七 | 一 | 17 | 8/23 | 辛巳 | 一 | 四 |
| 18 | 1/18 | 己酉 | 3 | 1 | 18 | 12/20 | 庚辰 | 1 | 二 | 18 | 11/20 | 庚戌 | 五 | 五 | 18 | 10/22 | 辛巳 | 五 | 七 | 18 | 9/23 | 壬子 | 七 | 九 | 18 | 8/24 | 壬午 | 一 | 三 |
| 19 | 1/19 | 庚戌 | 3 | 2 | 19 | 12/21 | 辛巳 | 1 | 一 | 19 | 11/21 | 辛亥 | 五 | 四 | 19 | 10/23 | 壬午 | 五 | 六 | 19 | 9/24 | 癸丑 | 七 | 八 | 19 | 8/25 | 癸未 | 一 | 二 |
| 20 | 1/20 | 辛亥 | 3 | 3 | 20 | 12/22 | 壬午 | 1 | 1 | 20 | 11/22 | 壬子 | 五 | 三 | 20 | 10/24 | 癸未 | 五 | 五 | 20 | 9/25 | 甲寅 | 一 | 七 | 20 | 8/26 | 甲申 | 四 | 一 |
| 21 | 1/21 | 壬子 | 3 | 4 | 21 | 12/23 | 癸未 | 1 | 2 | 21 | 11/23 | 癸丑 | 五 | 二 | 21 | 10/25 | 甲申 | 八 | 四 | 21 | 9/26 | 乙卯 | 一 | 六 | 21 | 8/27 | 乙酉 | 四 | 九 |
| 22 | 1/22 | 癸丑 | 3 | 5 | 22 | 12/24 | 甲申 | 7 | 3 | 22 | 11/24 | 甲寅 | 八 | 一 | 22 | 10/26 | 乙酉 | 八 | 三 | 22 | 9/27 | 丙辰 | 一 | 五 | 22 | 8/28 | 丙戌 | 四 | 八 |
| 23 | 1/23 | 甲寅 | 9 | 6 | 23 | 12/25 | 乙酉 | 7 | 4 | 23 | 11/25 | 乙卯 | 八 | 九 | 23 | 10/27 | 丙戌 | 八 | 二 | 23 | 9/28 | 丁巳 | 一 | 四 | 23 | 8/29 | 丁亥 | 四 | 七 |
| 24 | 1/24 | 乙卯 | 9 | 7 | 24 | 12/26 | 丙戌 | 7 | 5 | 24 | 11/26 | 丙辰 | 八 | 八 | 24 | 10/28 | 丁亥 | 八 | 一 | 24 | 9/29 | 戊午 | 一 | 三 | 24 | 8/30 | 戊子 | 四 | 六 |
| 25 | 1/25 | 丙辰 | 9 | 8 | 25 | 12/27 | 丁亥 | 7 | 6 | 25 | 11/27 | 丁巳 | 八 | 七 | 25 | 10/29 | 戊子 | 八 | 九 | 25 | 9/30 | 己未 | 四 | 二 | 25 | 8/31 | 己丑 | 七 | 五 |
| 26 | 1/26 | 丁巳 | 9 | 9 | 26 | 12/28 | 戊子 | 7 | 7 | 26 | 11/28 | 戊午 | 八 | 六 | 26 | 10/30 | 己丑 | 二 | 八 | 26 | 10/1 | 庚申 | 四 | 一 | 26 | 9/1 | 庚寅 | 七 | 四 |
| 27 | 1/27 | 戊午 | 9 | 1 | 27 | 12/29 | 己丑 | 4 | 8 | 27 | 11/29 | 己未 | 二 | 五 | 27 | 10/31 | 庚寅 | 二 | 七 | 27 | 10/2 | 辛酉 | 四 | 九 | 27 | 9/2 | 辛卯 | 七 | 三 |
| 28 | 1/28 | 己未 | 6 | 2 | 28 | 12/30 | 庚寅 | 4 | 9 | 28 | 11/30 | 庚申 | 二 | 四 | 28 | 11/1 | 辛卯 | 二 | 六 | 28 | 10/3 | 壬戌 | 四 | 八 | 28 | 9/3 | 壬辰 | 七 | 二 |
| 29 | 1/29 | 庚申 | 6 | 3 | 29 | 12/31 | 辛卯 | 4 | 1 | 29 | 12/1 | 辛酉 | 二 | 三 | 29 | 11/2 | 壬辰 | 二 | 五 | 29 | 10/4 | 癸亥 | 四 | 七 | 29 | 9/4 | 癸巳 | 七 | 一 |
| 30 | 1/30 | 辛酉 | 6 | 4 | | | | | | 30 | 12/2 | 壬戌 | 二 | 二 | | | | | | | | | | | 30 | 9/5 | 甲午 | 九 | 九 |

# 西元1995年（乙亥）肖豬 民國84年（男坤命）

奇門遁甲局數如標示為 一 ～九表示陰局　　如標示為1 ～9 表示陽局

| 六月 | | | | |
|---|---|---|---|---|
| 癸未 | | | | |
| 六白金 | | | | |
| 大暑 15時30分 廿六申時 | | 小暑 22時01分 初十亥時 | 奇門遁甲局數 | |
| 農曆 | 國曆 | 干支 | 時盤 | 日盤 |
| 1 | 6/28 | 庚寅 | 六 | 一 |
| 2 | 6/29 | 辛卯 | 六 | 九 |
| 3 | 6/30 | 壬辰 | 六 | 八 |
| 4 | 7/1 | 癸巳 | 六 | 七 |
| 5 | 7/2 | 甲午 | 八 | 六 |
| 6 | 7/3 | 乙未 | 八 | 五 |
| 7 | 7/4 | 丙申 | 八 | 四 |
| 8 | 7/5 | 丁酉 | 八 | 三 |
| 9 | 7/6 | 戊戌 | 八 | 二 |
| 10 | 7/7 | 己亥 | 二 | 一 |
| 11 | 7/8 | 庚子 | 二 | 九 |
| 12 | 7/9 | 辛丑 | 二 | 八 |
| 13 | 7/10 | 壬寅 | 二 | 七 |
| 14 | 7/11 | 癸卯 | 二 | 六 |
| 15 | 7/12 | 甲辰 | 五 | 五 |
| 16 | 7/13 | 乙巳 | 五 | 四 |
| 17 | 7/14 | 丙午 | 五 | 三 |
| 18 | 7/15 | 丁未 | 五 | 二 |
| 19 | 7/16 | 戊申 | 五 | 一 |
| 20 | 7/17 | 己酉 | 七 | 九 |
| 21 | 7/18 | 庚戌 | 七 | 八 |
| 22 | 7/19 | 辛亥 | 七 | 七 |
| 23 | 7/20 | 壬子 | 七 | 六 |
| 24 | 7/21 | 癸丑 | 七 | 五 |
| 25 | 7/22 | 甲寅 | 一 | 四 |
| 26 | 7/23 | 乙卯 | 一 | 三 |
| 27 | 7/24 | 丙辰 | 一 | 二 |
| 28 | 7/25 | 丁巳 | 一 | 一 |
| 29 | 7/26 | 戊午 | 一 | 九 |
| | | | | |

| 五月 | | | | |
|---|---|---|---|---|
| 壬午 | | | | |
| 七赤金 | | | | |
| 夏至 04時34分 廿五寅時 | | 芒種 11時43分 初九午時 | 奇門遁甲局數 | |
| 農曆 | 國曆 | 干支 | 時盤 | 日盤 |
| 1 | 5/29 | 庚申 | 8 | 6 |
| 2 | 5/30 | 辛酉 | 8 | 7 |
| 3 | 5/31 | 壬戌 | 8 | 8 |
| 4 | 6/1 | 癸亥 | 8 | 9 |
| 5 | 6/2 | 甲子 | 6 | 1 |
| 6 | 6/3 | 乙丑 | 6 | 2 |
| 7 | 6/4 | 丙寅 | 6 | 3 |
| 8 | 6/5 | 丁卯 | 6 | 4 |
| 9 | 6/6 | 戊辰 | 6 | 5 |
| 10 | 6/7 | 己巳 | 3 | 6 |
| 11 | 6/8 | 庚午 | 3 | 7 |
| 12 | 6/9 | 辛未 | 3 | 8 |
| 13 | 6/10 | 壬申 | 3 | 9 |
| 14 | 6/11 | 癸酉 | 3 | 1 |
| 15 | 6/12 | 甲戌 | 9 | 2 |
| 16 | 6/13 | 乙亥 | 9 | 3 |
| 17 | 6/14 | 丙子 | 9 | 4 |
| 18 | 6/15 | 丁丑 | 9 | 5 |
| 19 | 6/16 | 戊寅 | 9 | 6 |
| 20 | 6/17 | 己卯 | 九 | 7 |
| 21 | 6/18 | 庚辰 | 九 | 8 |
| 22 | 6/19 | 辛巳 | 九 | 9 |
| 23 | 6/20 | 壬午 | 九 | 1 |
| 24 | 6/21 | 癸未 | 九 | 2 |
| 25 | 6/22 | 甲申 | 三 | 七 |
| 26 | 6/23 | 乙酉 | 三 | 六 |
| 27 | 6/24 | 丙戌 | 三 | 五 |
| 28 | 6/25 | 丁亥 | 三 | 四 |
| 29 | 6/26 | 戊子 | 三 | 三 |
| 30 | 6/27 | 己丑 | 六 | 二 |

| 四月 | | | | |
|---|---|---|---|---|
| 辛巳 | | | | |
| 八白土 | | | | |
| 小滿 20時34分 廿二戌時 | | 立夏 07時31分 初七辰時 | 奇門遁甲局數 | |
| 農曆 | 國曆 | 干支 | 時盤 | 日盤 |
| 1 | 4/30 | 辛卯 | 8 | 4 |
| 2 | 5/1 | 壬辰 | 8 | 5 |
| 3 | 5/2 | 癸巳 | 8 | 6 |
| 4 | 5/3 | 甲午 | 4 | 7 |
| 5 | 5/4 | 乙未 | 4 | 8 |
| 6 | 5/5 | 丙申 | 4 | 9 |
| 7 | 5/6 | 丁酉 | 4 | 1 |
| 8 | 5/7 | 戊戌 | 4 | 2 |
| 9 | 5/8 | 己亥 | 1 | 3 |
| 10 | 5/9 | 庚子 | 1 | 4 |
| 11 | 5/10 | 辛丑 | 1 | 5 |
| 12 | 5/11 | 壬寅 | 1 | 6 |
| 13 | 5/12 | 癸卯 | 1 | 7 |
| 14 | 5/13 | 甲辰 | 7 | 8 |
| 15 | 5/14 | 乙巳 | 7 | 9 |
| 16 | 5/15 | 丙午 | 7 | 1 |
| 17 | 5/16 | 丁未 | 7 | 2 |
| 18 | 5/17 | 戊申 | 7 | 3 |
| 19 | 5/18 | 己酉 | 5 | 4 |
| 20 | 5/19 | 庚戌 | 5 | 5 |
| 21 | 5/20 | 辛亥 | 5 | 6 |
| 22 | 5/21 | 壬子 | 5 | 7 |
| 23 | 5/22 | 癸丑 | 5 | 8 |
| 24 | 5/23 | 甲寅 | 2 | 9 |
| 25 | 5/24 | 乙卯 | 2 | 1 |
| 26 | 5/25 | 丙辰 | 2 | 2 |
| 27 | 5/26 | 丁巳 | 2 | 3 |
| 28 | 5/27 | 戊午 | 2 | 4 |
| 29 | 5/28 | 己未 | 8 | 5 |
| | | | | |

| 三月 | | | | |
|---|---|---|---|---|
| 庚辰 | | | | |
| 九紫火 | | | | |
| 穀雨 21時22分 廿一亥時 | | 清明 14時08分 初六未時 | 奇門遁甲局數 | |
| 農曆 | 國曆 | 干支 | 時盤 | 日盤 |
| 1 | 3/31 | 辛酉 | 6 | 1 |
| 2 | 4/1 | 壬戌 | 6 | 2 |
| 3 | 4/2 | 癸亥 | 6 | 3 |
| 4 | 4/3 | 甲子 | 4 | 4 |
| 5 | 4/4 | 乙丑 | 4 | 5 |
| 6 | 4/5 | 丙寅 | 4 | 6 |
| 7 | 4/6 | 丁卯 | 4 | 7 |
| 8 | 4/7 | 戊辰 | 4 | 8 |
| 9 | 4/8 | 己巳 | 1 | 9 |
| 10 | 4/9 | 庚午 | 1 | 1 |
| 11 | 4/10 | 辛未 | 1 | 2 |
| 12 | 4/11 | 壬申 | 1 | 3 |
| 13 | 4/12 | 癸酉 | 1 | 4 |
| 14 | 4/13 | 甲戌 | 7 | 5 |
| 15 | 4/14 | 乙亥 | 7 | 6 |
| 16 | 4/15 | 丙子 | 7 | 7 |
| 17 | 4/16 | 丁丑 | 7 | 8 |
| 18 | 4/17 | 戊寅 | 7 | 9 |
| 19 | 4/18 | 己卯 | 5 | 1 |
| 20 | 4/19 | 庚辰 | 5 | 2 |
| 21 | 4/20 | 辛巳 | 5 | 3 |
| 22 | 4/21 | 壬午 | 5 | 4 |
| 23 | 4/22 | 癸未 | 5 | 5 |
| 24 | 4/23 | 甲申 | 2 | 6 |
| 25 | 4/24 | 乙酉 | 2 | 7 |
| 26 | 4/25 | 丙戌 | 2 | 8 |
| 27 | 4/26 | 丁亥 | 2 | 9 |
| 28 | 4/27 | 戊子 | 2 | 1 |
| 29 | 4/28 | 己丑 | 8 | 2 |
| 30 | 4/29 | 庚寅 | 8 | 3 |

| 二月 | | | | |
|---|---|---|---|---|
| 己卯 | | | | |
| 一白水 | | | | |
| 春分 10時15分 廿一巳時 | | 驚蟄 09時16分 初六巳時 | 奇門遁甲局數 | |
| 農曆 | 國曆 | 干支 | 時盤 | 日盤 |
| 1 | 3/1 | 辛卯 | 3 | 7 |
| 2 | 3/2 | 壬辰 | 3 | 8 |
| 3 | 3/3 | 癸巳 | 3 | 9 |
| 4 | 3/4 | 甲午 | 1 | 1 |
| 5 | 3/5 | 乙未 | 1 | 2 |
| 6 | 3/6 | 丙申 | 1 | 3 |
| 7 | 3/7 | 丁酉 | 1 | 4 |
| 8 | 3/8 | 戊戌 | 1 | 5 |
| 9 | 3/9 | 己亥 | 7 | 6 |
| 10 | 3/10 | 庚子 | 7 | 7 |
| 11 | 3/11 | 辛丑 | 7 | 8 |
| 12 | 3/12 | 壬寅 | 7 | 9 |
| 13 | 3/13 | 癸卯 | 7 | 1 |
| 14 | 3/14 | 甲辰 | 4 | 2 |
| 15 | 3/15 | 乙巳 | 4 | 3 |
| 16 | 3/16 | 丙午 | 4 | 4 |
| 17 | 3/17 | 丁未 | 4 | 5 |
| 18 | 3/18 | 戊申 | 4 | 6 |
| 19 | 3/19 | 己酉 | 3 | 7 |
| 20 | 3/20 | 庚戌 | 3 | 8 |
| 21 | 3/21 | 辛亥 | 3 | 9 |
| 22 | 3/22 | 壬子 | 3 | 1 |
| 23 | 3/23 | 癸丑 | 3 | 2 |
| 24 | 3/24 | 甲寅 | 9 | 3 |
| 25 | 3/25 | 乙卯 | 9 | 4 |
| 26 | 3/26 | 丙辰 | 9 | 5 |
| 27 | 3/27 | 丁巳 | 9 | 6 |
| 28 | 3/28 | 戊午 | 9 | 7 |
| 29 | 3/29 | 己未 | 6 | 8 |
| 30 | 3/30 | 庚申 | 6 | 9 |

| 正月 | | | | |
|---|---|---|---|---|
| 戊寅 | | | | |
| 二黑土 | | | | |
| 雨水 11時11分 二十午時 | | 立春 15時13分 初五申時 | 奇門遁甲局數 | |
| 農曆 | 國曆 | 干支 | 時盤 | 日盤 |
| 1 | 1/31 | 壬戌 | 6 | 5 |
| 2 | 2/1 | 癸亥 | 6 | 6 |
| 3 | 2/2 | 甲子 | 8 | 7 |
| 4 | 2/3 | 乙丑 | 8 | 8 |
| 5 | 2/4 | 丙寅 | 8 | 9 |
| 6 | 2/5 | 丁卯 | 8 | 1 |
| 7 | 2/6 | 戊辰 | 8 | 2 |
| 8 | 2/7 | 己巳 | 5 | 3 |
| 9 | 2/8 | 庚午 | 5 | 4 |
| 10 | 2/9 | 辛未 | 5 | 5 |
| 11 | 2/10 | 壬申 | 5 | 6 |
| 12 | 2/11 | 癸酉 | 5 | 7 |
| 13 | 2/12 | 甲戌 | 2 | 8 |
| 14 | 2/13 | 乙亥 | 2 | 9 |
| 15 | 2/14 | 丙子 | 2 | 1 |
| 16 | 2/15 | 丁丑 | 2 | 2 |
| 17 | 2/16 | 戊寅 | 2 | 3 |
| 18 | 2/17 | 己卯 | 9 | 4 |
| 19 | 2/18 | 庚辰 | 9 | 5 |
| 20 | 2/19 | 辛巳 | 9 | 6 |
| 21 | 2/20 | 壬午 | 9 | 7 |
| 22 | 2/21 | 癸未 | 9 | 8 |
| 23 | 2/22 | 甲申 | 6 | 9 |
| 24 | 2/23 | 乙酉 | 6 | 1 |
| 25 | 2/24 | 丙戌 | 6 | 2 |
| 26 | 2/25 | 丁亥 | 6 | 3 |
| 27 | 2/26 | 戊子 | 6 | 4 |
| 28 | 2/27 | 己丑 | 3 | 5 |
| 29 | 2/28 | 庚寅 | 3 | 6 |
| | | | | |

# 西元1995年（乙亥）肖豬 民國84年（女坎命）

奇門遁甲局數如標示為 一 ～九表示陰局　　如標示為1 ～9 表示陽局

| 十二月 | | | | |
|---|---|---|---|---|
| 己丑 | | | | |
| 九紫火 | | | | |
| 立春 21時08分 十六亥時 | | 大寒 02時53分 初二丑時 | | 奇門遁甲局數 |
| 農曆 | 國曆 | 干支 | 時盤 | 日盤 |
| 1 | 1/20 | 丙辰 | 8 | 8 |
| 2 | 1/21 | 丁巳 | 8 | 9 |
| 3 | 1/22 | 戊午 | 8 | 1 |
| 4 | 1/23 | 己未 | 5 | 2 |
| 5 | 1/24 | 庚申 | 5 | 3 |
| 6 | 1/25 | 辛酉 | 5 | 4 |
| 7 | 1/26 | 壬戌 | 5 | 5 |
| 8 | 1/27 | 癸亥 | 5 | 6 |
| 9 | 1/28 | 甲子 | 3 | 7 |
| 10 | 1/29 | 乙丑 | 3 | 8 |
| 11 | 1/30 | 丙寅 | 3 | 9 |
| 12 | 1/31 | 丁卯 | 3 | 1 |
| 13 | 2/1 | 戊辰 | 3 | 2 |
| 14 | 2/2 | 己巳 | 9 | 3 |
| 15 | 2/3 | 庚午 | 9 | 4 |
| 16 | 2/4 | 辛未 | 9 | 5 |
| 17 | 2/5 | 壬申 | 9 | 6 |
| 18 | 2/6 | 癸酉 | 9 | 7 |
| 19 | 2/7 | 甲戌 | 6 | 8 |
| 20 | 2/8 | 乙亥 | 6 | 9 |
| 21 | 2/9 | 丙子 | 6 | 1 |
| 22 | 2/10 | 丁丑 | 6 | 2 |
| 23 | 2/11 | 戊寅 | 6 | 3 |
| 24 | 2/12 | 己卯 | 8 | 4 |
| 25 | 2/13 | 庚辰 | 8 | 5 |
| 26 | 2/14 | 辛巳 | 8 | 6 |
| 27 | 2/15 | 壬午 | 8 | 7 |
| 28 | 2/16 | 癸未 | 8 | 8 |
| 29 | 2/17 | 甲申 | 5 | 9 |
| 30 | 2/18 | 乙酉 | 5 | 1 |

| 十一月 | | | | |
|---|---|---|---|---|
| 戊子 | | | | |
| 一白水 | | | | |
| 小寒 09時32分 十六巳時 | | 冬至 16時17分 初一申時 | | 奇門遁甲局數 |
| 農曆 | 國曆 | 干支 | 時盤 | 日盤 |
| 1 | 12/22 | 丁亥 | 七 | 6 |
| 2 | 12/23 | 戊子 | 七 | 7 |
| 3 | 12/24 | 己丑 | 一 | 8 |
| 4 | 12/25 | 庚寅 | 一 | 9 |
| 5 | 12/26 | 辛卯 | 一 | 1 |
| 6 | 12/27 | 壬辰 | 一 | 2 |
| 7 | 12/28 | 癸巳 | 一 | 3 |
| 8 | 12/29 | 甲午 | 1 | 4 |
| 9 | 12/30 | 乙未 | 1 | 5 |
| 10 | 12/31 | 丙申 | 1 | 6 |
| 11 | 1/1 | 丁酉 | 1 | 7 |
| 12 | 1/2 | 戊戌 | 1 | 8 |
| 13 | 1/3 | 己亥 | 7 | 9 |
| 14 | 1/4 | 庚子 | 7 | 1 |
| 15 | 1/5 | 辛丑 | 7 | 2 |
| 16 | 1/6 | 壬寅 | 7 | 3 |
| 17 | 1/7 | 癸卯 | 7 | 4 |
| 18 | 1/8 | 甲辰 | 4 | 5 |
| 19 | 1/9 | 乙巳 | 4 | 6 |
| 20 | 1/10 | 丙午 | 4 | 7 |
| 21 | 1/11 | 丁未 | 4 | 8 |
| 22 | 1/12 | 戊申 | 4 | 9 |
| 23 | 1/13 | 己酉 | 2 | 1 |
| 24 | 1/14 | 庚戌 | 2 | 2 |
| 25 | 1/15 | 辛亥 | 2 | 3 |
| 26 | 1/16 | 壬子 | 2 | 4 |
| 27 | 1/17 | 癸丑 | 2 | 5 |
| 28 | 1/18 | 甲寅 | 8 | 6 |
| 29 | 1/19 | 乙卯 | 8 | 7 |
| | | | | |

| 十　月 | | | | |
|---|---|---|---|---|
| 丁亥 | | | | |
| 二黑土 | | | | |
| 大雪 22時23分 十六亥時 | | 小雪 03時02分 初二寅時 | | 奇門遁甲局數 |
| 農曆 | 國曆 | 干支 | 時盤 | 日盤 |
| 1 | 11/22 | 丁巳 | 八 | 七 |
| 2 | 11/23 | 戊午 | 八 | 六 |
| 3 | 11/24 | 己未 | 二 | 五 |
| 4 | 11/25 | 庚申 | 二 | 四 |
| 5 | 11/26 | 辛酉 | 二 | 三 |
| 6 | 11/27 | 壬戌 | 二 | 二 |
| 7 | 11/28 | 癸亥 | 二 | 一 |
| 8 | 11/29 | 甲子 | 四 | 九 |
| 9 | 11/30 | 乙丑 | 四 | 八 |
| 10 | 12/1 | 丙寅 | 四 | 七 |
| 11 | 12/2 | 丁卯 | 四 | 六 |
| 12 | 12/3 | 戊辰 | 四 | 五 |
| 13 | 12/4 | 己巳 | 七 | 四 |
| 14 | 12/5 | 庚午 | 七 | 三 |
| 15 | 12/6 | 辛未 | 七 | 二 |
| 16 | 12/7 | 壬申 | 七 | 一 |
| 17 | 12/8 | 癸酉 | 七 | 九 |
| 18 | 12/9 | 甲戌 | 一 | 八 |
| 19 | 12/10 | 乙亥 | 一 | 七 |
| 20 | 12/11 | 丙子 | 一 | 六 |
| 21 | 12/12 | 丁丑 | 一 | 五 |
| 22 | 12/13 | 戊寅 | 一 | 四 |
| 23 | 12/14 | 己卯 | 四 | 三 |
| 24 | 12/15 | 庚辰 | 四 | 二 |
| 25 | 12/16 | 辛巳 | 四 | 一 |
| 26 | 12/17 | 壬午 | 四 | 九 |
| 27 | 12/18 | 癸未 | 四 | 八 |
| 28 | 12/19 | 甲申 | 七 | 七 |
| 29 | 12/20 | 乙酉 | 七 | 六 |
| 30 | 12/21 | 丙戌 | 七 | 五 |

| 九　月 | | | | |
|---|---|---|---|---|
| 丙戌 | | | | |
| 三碧木 | | | | |
| 立冬 05時36分 十六卯時 | | 霜降 05時32分 初一卯時 | | 奇門遁甲局數 |
| 農曆 | 國曆 | 干支 | 時盤 | 日盤 |
| 1 | 10/24 | 戊子 | 八 | 九 |
| 2 | 10/25 | 己丑 | 二 | 八 |
| 3 | 10/26 | 庚寅 | 二 | 七 |
| 4 | 10/27 | 辛卯 | 二 | 六 |
| 5 | 10/28 | 壬辰 | 二 | 五 |
| 6 | 10/29 | 癸巳 | 二 | 四 |
| 7 | 10/30 | 甲午 | 六 | 三 |
| 8 | 10/31 | 乙未 | 六 | 二 |
| 9 | 11/1 | 丙申 | 六 | 一 |
| 10 | 11/2 | 丁酉 | 六 | 九 |
| 11 | 11/3 | 戊戌 | 六 | 八 |
| 12 | 11/4 | 己亥 | 九 | 七 |
| 13 | 11/5 | 庚子 | 九 | 六 |
| 14 | 11/6 | 辛丑 | 九 | 五 |
| 15 | 11/7 | 壬寅 | 九 | 四 |
| 16 | 11/8 | 癸卯 | 九 | 三 |
| 17 | 11/9 | 甲辰 | 三 | 二 |
| 18 | 11/10 | 乙巳 | 三 | 一 |
| 19 | 11/11 | 丙午 | 三 | 九 |
| 20 | 11/12 | 丁未 | 三 | 八 |
| 21 | 11/13 | 戊申 | 三 | 七 |
| 22 | 11/14 | 己酉 | 五 | 六 |
| 23 | 11/15 | 庚戌 | 五 | 五 |
| 24 | 11/16 | 辛亥 | 五 | 四 |
| 25 | 11/17 | 壬子 | 五 | 三 |
| 26 | 11/18 | 癸丑 | 五 | 二 |
| 27 | 11/19 | 甲寅 | 八 | 一 |
| 28 | 11/20 | 乙卯 | 八 | 九 |
| 29 | 11/21 | 丙辰 | 八 | 八 |
| | | | | |

| 潤八　月 | | | | |
|---|---|---|---|---|
| 丙戌 | | | | |
| | | | | |
| 寒露 02時28分 十五丑時 | | | | 奇門遁甲局數 |
| 農曆 | 國曆 | 干支 | 時盤 | 日盤 |
| 1 | 9/25 | 己未 | 四 | 二 |
| 2 | 9/26 | 庚申 | 四 | 一 |
| 3 | 9/27 | 辛酉 | 四 | 九 |
| 4 | 9/28 | 壬戌 | 四 | 八 |
| 5 | 9/29 | 癸亥 | 四 | 七 |
| 6 | 9/30 | 甲子 | 六 | 六 |
| 7 | 10/1 | 乙丑 | 六 | 五 |
| 8 | 10/2 | 丙寅 | 六 | 四 |
| 9 | 10/3 | 丁卯 | 六 | 三 |
| 10 | 10/4 | 戊辰 | 六 | 二 |
| 11 | 10/5 | 己巳 | 九 | 一 |
| 12 | 10/6 | 庚午 | 九 | 九 |
| 13 | 10/7 | 辛未 | 九 | 八 |
| 14 | 10/8 | 壬申 | 九 | 七 |
| 15 | 10/9 | 癸酉 | 九 | 六 |
| 16 | 10/10 | 甲戌 | 三 | 五 |
| 17 | 10/11 | 乙亥 | 三 | 四 |
| 18 | 10/12 | 丙子 | 三 | 三 |
| 19 | 10/13 | 丁丑 | 三 | 二 |
| 20 | 10/14 | 戊寅 | 三 | 一 |
| 21 | 10/15 | 己卯 | 五 | 九 |
| 22 | 10/16 | 庚辰 | 五 | 八 |
| 23 | 10/17 | 辛巳 | 五 | 七 |
| 24 | 10/18 | 壬午 | 五 | 六 |
| 25 | 10/19 | 癸未 | 五 | 五 |
| 26 | 10/20 | 甲申 | 八 | 四 |
| 27 | 10/21 | 乙酉 | 八 | 三 |
| 28 | 10/22 | 丙戌 | 八 | 二 |
| 29 | 10/23 | 丁亥 | 八 | 一 |
| | | | | |

| 八　月 | | | | |
|---|---|---|---|---|
| 乙酉 | | | | |
| 四綠木 | | | | |
| 秋分 20時13分 廿九戌時 | | 白露 10時49分 十四巳時 | | 奇門遁甲局數 |
| 農曆 | 國曆 | 干支 | 時盤 | 日盤 |
| 1 | 8/26 | 己丑 | 七 | 五 |
| 2 | 8/27 | 庚寅 | 七 | 四 |
| 3 | 8/28 | 辛卯 | 七 | 三 |
| 4 | 8/29 | 壬辰 | 七 | 二 |
| 5 | 8/30 | 癸巳 | 七 | 一 |
| 6 | 8/31 | 甲午 | 九 | 九 |
| 7 | 9/1 | 乙未 | 九 | 八 |
| 8 | 9/2 | 丙申 | 九 | 七 |
| 9 | 9/3 | 丁酉 | 九 | 六 |
| 10 | 9/4 | 戊戌 | 九 | 五 |
| 11 | 9/5 | 己亥 | 三 | 四 |
| 12 | 9/6 | 庚子 | 三 | 三 |
| 13 | 9/7 | 辛丑 | 三 | 二 |
| 14 | 9/8 | 壬寅 | 三 | 一 |
| 15 | 9/9 | 癸卯 | 三 | 九 |
| 16 | 9/10 | 甲辰 | 六 | 八 |
| 17 | 9/11 | 乙巳 | 六 | 七 |
| 18 | 9/12 | 丙午 | 六 | 六 |
| 19 | 9/13 | 丁未 | 六 | 五 |
| 20 | 9/14 | 戊申 | 六 | 四 |
| 21 | 9/15 | 己酉 | 七 | 三 |
| 22 | 9/16 | 庚戌 | 七 | 二 |
| 23 | 9/17 | 辛亥 | 七 | 一 |
| 24 | 9/18 | 壬子 | 七 | 九 |
| 25 | 9/19 | 癸丑 | 七 | 八 |
| 26 | 9/20 | 甲寅 | 一 | 七 |
| 27 | 9/21 | 乙卯 | 一 | 六 |
| 28 | 9/22 | 丙辰 | 一 | 五 |
| 29 | 9/23 | 丁巳 | 一 | 四 |
| 30 | 9/24 | 戊午 | 一 | 三 |

| 七　月 | | | | |
|---|---|---|---|---|
| 甲申 | | | | |
| 五黃土 | | | | |
| 處暑 22時35分 廿八亥時 | | 立秋 07時52分 十三辰時 | | 奇門遁甲局數 |
| 農曆 | 國曆 | 干支 | 時盤 | 日盤 |
| 1 | 7/27 | 己未 | 四 | 八 |
| 2 | 7/28 | 庚申 | 四 | 七 |
| 3 | 7/29 | 辛酉 | 四 | 六 |
| 4 | 7/30 | 壬戌 | 四 | 五 |
| 5 | 7/31 | 癸亥 | 四 | 四 |
| 6 | 8/1 | 甲子 | 二 | 三 |
| 7 | 8/2 | 乙丑 | 二 | 二 |
| 8 | 8/3 | 丙寅 | 二 | 一 |
| 9 | 8/4 | 丁卯 | 二 | 九 |
| 10 | 8/5 | 戊辰 | 二 | 八 |
| 11 | 8/6 | 己巳 | 五 | 七 |
| 12 | 8/7 | 庚午 | 五 | 六 |
| 13 | 8/8 | 辛未 | 五 | 五 |
| 14 | 8/9 | 壬申 | 五 | 四 |
| 15 | 8/10 | 癸酉 | 五 | 三 |
| 16 | 8/11 | 甲戌 | 八 | 二 |
| 17 | 8/12 | 乙亥 | 八 | 一 |
| 18 | 8/13 | 丙子 | 八 | 九 |
| 19 | 8/14 | 丁丑 | 八 | 八 |
| 20 | 8/15 | 戊寅 | 八 | 七 |
| 21 | 8/16 | 己卯 | 一 | 六 |
| 22 | 8/17 | 庚辰 | 一 | 五 |
| 23 | 8/18 | 辛巳 | 一 | 四 |
| 24 | 8/19 | 壬午 | 一 | 三 |
| 25 | 8/20 | 癸未 | 一 | 二 |
| 26 | 8/21 | 甲申 | 四 | 一 |
| 27 | 8/22 | 乙酉 | 四 | 九 |
| 28 | 8/23 | 丙戌 | 四 | 八 |
| 29 | 8/24 | 丁亥 | 四 | 七 |
| 30 | 8/25 | 戊子 | 四 | 六 |

# 西元1996年（丙子）肖鼠 民國85年（男巽命）

奇門遁甲局數如標示為 一 ～九表示陰局　　如標示為1 ～9 表示陽局

| 六　月 | 五　月 | 四　月 | 三　月 | 二　月 | 正　月 |
|---|---|---|---|---|---|
| 乙未 | 甲午 | 癸巳 | 壬辰 | 辛卯 | 庚寅 |
| 三碧木 | 四綠木 | 五黃土 | 六白金 | 七赤金 | 八白土 |
| 立秋 13時49分 廿三未時 | 小暑 04時00分 廿二寅時 | 芒種 17時41分 二十酉時 | 立夏 13時26分 十八未時 | 清明 20時02分 十七戌時 | 驚蟄 15時10分 十六申時 |
| 大暑 21時19分 初七亥時 | 夏至 10時24分 初六巳時 | 小滿 02時23分 初五丑時 | 穀雨 03時10分 初三寅時 | 春分 16時03分 初二申時 | 雨水 17時01分 初一酉時 |
| 奇門遁甲局數 | 奇門遁甲局數 | 奇門遁甲局數 | 奇門遁甲局數 | 奇門遁甲局數 | 奇門遁甲局數 |

六月

| 農曆 | 國曆 | 干支 | 時盤 | 日盤 |
|---|---|---|---|---|
| 1 | 7/16 | 甲寅 | 二 | 四 |
| 2 | 7/17 | 乙卯 | 二 | 三 |
| 3 | 7/18 | 丙辰 | 二 | 二 |
| 4 | 7/19 | 丁巳 | 二 | 一 |
| 5 | 7/20 | 戊午 | 二 | 九 |
| 6 | 7/21 | 己未 | 五 | 八 |
| 7 | 7/22 | 庚申 | 五 | 七 |
| 8 | 7/23 | 辛酉 | 五 | 六 |
| 9 | 7/24 | 壬戌 | 五 | 五 |
| 10 | 7/25 | 癸亥 | 五 | 四 |
| 11 | 7/26 | 甲子 | 七 | 三 |
| 12 | 7/27 | 乙丑 | 七 | 二 |
| 13 | 7/28 | 丙寅 | 七 | 一 |
| 14 | 7/29 | 丁卯 | 七 | 九 |
| 15 | 7/30 | 戊辰 | 七 | 八 |
| 16 | 7/31 | 己巳 | 一 | 七 |
| 17 | 8/1 | 庚午 | 一 | 六 |
| 18 | 8/2 | 辛未 | 一 | 五 |
| 19 | 8/3 | 壬申 | 一 | 四 |
| 20 | 8/4 | 癸酉 | 一 | 三 |
| 21 | 8/5 | 甲戌 | 四 | 二 |
| 22 | 8/6 | 乙亥 | 四 | 一 |
| 23 | 8/7 | 丙子 | 四 | 九 |
| 24 | 8/8 | 丁丑 | 四 | 八 |
| 25 | 8/9 | 戊寅 | 四 | 七 |
| 26 | 8/10 | 己卯 | 二 | 六 |
| 27 | 8/11 | 庚辰 | 二 | 五 |
| 28 | 8/12 | 辛巳 | 二 | 四 |
| 29 | 8/13 | 壬午 | 二 | 三 |

五月

| 農曆 | 國曆 | 干支 | 時盤 | 日盤 |
|---|---|---|---|---|
| 1 | 6/16 | 甲申 | 3 | 3 |
| 2 | 6/17 | 乙酉 | 3 | 4 |
| 3 | 6/18 | 丙戌 | 3 | 5 |
| 4 | 6/19 | 丁亥 | 3 | 6 |
| 5 | 6/20 | 戊子 | 3 | 7 |
| 6 | 6/21 | 己丑 | 9 | 二 |
| 7 | 6/22 | 庚寅 | 9 | 一 |
| 8 | 6/23 | 辛卯 | 9 | 九 |
| 9 | 6/24 | 壬辰 | 9 | 八 |
| 10 | 6/25 | 癸巳 | 9 | 七 |
| 11 | 6/26 | 甲午 | 九 | 六 |
| 12 | 6/27 | 乙未 | 九 | 五 |
| 13 | 6/28 | 丙申 | 九 | 四 |
| 14 | 6/29 | 丁酉 | 九 | 三 |
| 15 | 6/30 | 戊戌 | 九 | 二 |
| 16 | 7/1 | 己亥 | 三 | 一 |
| 17 | 7/2 | 庚子 | 三 | 九 |
| 18 | 7/3 | 辛丑 | 三 | 八 |
| 19 | 7/4 | 壬寅 | 三 | 七 |
| 20 | 7/5 | 癸卯 | 三 | 六 |
| 21 | 7/6 | 甲辰 | 六 | 五 |
| 22 | 7/7 | 乙巳 | 六 | 四 |
| 23 | 7/8 | 丙午 | 六 | 三 |
| 24 | 7/9 | 丁未 | 六 | 二 |
| 25 | 7/10 | 戊申 | 六 | 一 |
| 26 | 7/11 | 己酉 | 八 | 九 |
| 27 | 7/12 | 庚戌 | 八 | 八 |
| 28 | 7/13 | 辛亥 | 八 | 七 |
| 29 | 7/14 | 壬子 | 八 | 六 |
| 30 | 7/15 | 癸丑 | 八 | 五 |

四月

| 農曆 | 國曆 | 干支 | 時盤 | 日盤 |
|---|---|---|---|---|
| 1 | 5/17 | 甲寅 | 1 | 9 |
| 2 | 5/18 | 乙卯 | 1 | 1 |
| 3 | 5/19 | 丙辰 | 1 | 2 |
| 4 | 5/20 | 丁巳 | 1 | 3 |
| 5 | 5/21 | 戊午 | 1 | 4 |
| 6 | 5/22 | 己未 | 7 | 5 |
| 7 | 5/23 | 庚申 | 7 | 6 |
| 8 | 5/24 | 辛酉 | 7 | 7 |
| 9 | 5/25 | 壬戌 | 7 | 8 |
| 10 | 5/26 | 癸亥 | 7 | 9 |
| 11 | 5/27 | 甲子 | 5 | 1 |
| 12 | 5/28 | 乙丑 | 5 | 2 |
| 13 | 5/29 | 丙寅 | 5 | 3 |
| 14 | 5/30 | 丁卯 | 5 | 4 |
| 15 | 5/31 | 戊辰 | 5 | 5 |
| 16 | 6/1 | 己巳 | 2 | 6 |
| 17 | 6/2 | 庚午 | 2 | 7 |
| 18 | 6/3 | 辛未 | 2 | 8 |
| 19 | 6/4 | 壬申 | 2 | 9 |
| 20 | 6/5 | 癸酉 | 2 | 1 |
| 21 | 6/6 | 甲戌 | 8 | 2 |
| 22 | 6/7 | 乙亥 | 8 | 3 |
| 23 | 6/8 | 丙子 | 8 | 4 |
| 24 | 6/9 | 丁丑 | 8 | 5 |
| 25 | 6/10 | 戊寅 | 8 | 6 |
| 26 | 6/11 | 己卯 | 6 | 7 |
| 27 | 6/12 | 庚辰 | 6 | 8 |
| 28 | 6/13 | 辛巳 | 6 | 9 |
| 29 | 6/14 | 壬午 | 6 | 1 |
| 30 | 6/15 | 癸未 | 6 | 2 |

三月

| 農曆 | 國曆 | 干支 | 時盤 | 日盤 |
|---|---|---|---|---|
| 1 | 4/18 | 乙酉 | 1 | 7 |
| 2 | 4/19 | 丙戌 | 1 | 8 |
| 3 | 4/20 | 丁亥 | 1 | 9 |
| 4 | 4/21 | 戊子 | 1 | 1 |
| 5 | 4/22 | 己丑 | 7 | 2 |
| 6 | 4/23 | 庚寅 | 7 | 3 |
| 7 | 4/24 | 辛卯 | 7 | 4 |
| 8 | 4/25 | 壬辰 | 7 | 5 |
| 9 | 4/26 | 癸巳 | 7 | 6 |
| 10 | 4/27 | 甲午 | 5 | 7 |
| 11 | 4/28 | 乙未 | 5 | 8 |
| 12 | 4/29 | 丙申 | 5 | 9 |
| 13 | 4/30 | 丁酉 | 5 | 1 |
| 14 | 5/1 | 戊戌 | 5 | 2 |
| 15 | 5/2 | 己亥 | 2 | 3 |
| 16 | 5/3 | 庚子 | 2 | 4 |
| 17 | 5/4 | 辛丑 | 2 | 5 |
| 18 | 5/5 | 壬寅 | 2 | 6 |
| 19 | 5/6 | 癸卯 | 2 | 7 |
| 20 | 5/7 | 甲辰 | 8 | 8 |
| 21 | 5/8 | 乙巳 | 8 | 9 |
| 22 | 5/9 | 丙午 | 8 | 1 |
| 23 | 5/10 | 丁未 | 8 | 2 |
| 24 | 5/11 | 戊申 | 8 | 3 |
| 25 | 5/12 | 己酉 | 4 | 4 |
| 26 | 5/13 | 庚戌 | 4 | 5 |
| 27 | 5/14 | 辛亥 | 4 | 6 |
| 28 | 5/15 | 壬子 | 4 | 7 |
| 29 | 5/16 | 癸丑 | 4 | 8 |

二月

| 農曆 | 國曆 | 干支 | 時盤 | 日盤 |
|---|---|---|---|---|
| 1 | 3/19 | 乙卯 | 7 | 4 |
| 2 | 3/20 | 丙辰 | 7 | 5 |
| 3 | 3/21 | 丁巳 | 7 | 6 |
| 4 | 3/22 | 戊午 | 7 | 7 |
| 5 | 3/23 | 己未 | 4 | 8 |
| 6 | 3/24 | 庚申 | 4 | 9 |
| 7 | 3/25 | 辛酉 | 4 | 1 |
| 8 | 3/26 | 壬戌 | 4 | 2 |
| 9 | 3/27 | 癸亥 | 4 | 3 |
| 10 | 3/28 | 甲子 | 3 | 4 |
| 11 | 3/29 | 乙丑 | 3 | 5 |
| 12 | 3/30 | 丙寅 | 3 | 6 |
| 13 | 3/31 | 丁卯 | 3 | 7 |
| 14 | 4/1 | 戊辰 | 3 | 8 |
| 15 | 4/2 | 己巳 | 9 | 9 |
| 16 | 4/3 | 庚午 | 9 | 1 |
| 17 | 4/4 | 辛未 | 9 | 2 |
| 18 | 4/5 | 壬申 | 9 | 3 |
| 19 | 4/6 | 癸酉 | 9 | 4 |
| 20 | 4/7 | 甲戌 | 6 | 5 |
| 21 | 4/8 | 乙亥 | 6 | 6 |
| 22 | 4/9 | 丙子 | 6 | 7 |
| 23 | 4/10 | 丁丑 | 6 | 8 |
| 24 | 4/11 | 戊寅 | 6 | 9 |
| 25 | 4/12 | 己卯 | 4 | 1 |
| 26 | 4/13 | 庚辰 | 4 | 2 |
| 27 | 4/14 | 辛巳 | 4 | 3 |
| 28 | 4/15 | 壬午 | 4 | 4 |
| 29 | 4/16 | 癸未 | 4 | 5 |
| 30 | 4/17 | 甲申 | 1 | 6 |

正月

| 農曆 | 國曆 | 干支 | 時盤 | 日盤 |
|---|---|---|---|---|
| 1 | 2/19 | 丙戌 | 5 | 2 |
| 2 | 2/20 | 丁亥 | 5 | 3 |
| 3 | 2/21 | 戊子 | 5 | 4 |
| 4 | 2/22 | 己丑 | 2 | 5 |
| 5 | 2/23 | 庚寅 | 2 | 6 |
| 6 | 2/24 | 辛卯 | 2 | 7 |
| 7 | 2/25 | 壬辰 | 2 | 8 |
| 8 | 2/26 | 癸巳 | 2 | 9 |
| 9 | 2/27 | 甲午 | 9 | 1 |
| 10 | 2/28 | 乙未 | 9 | 2 |
| 11 | 2/29 | 丙申 | 9 | 3 |
| 12 | 3/1 | 丁酉 | 9 | 4 |
| 13 | 3/2 | 戊戌 | 9 | 5 |
| 14 | 3/3 | 己亥 | 6 | 6 |
| 15 | 3/4 | 庚子 | 6 | 7 |
| 16 | 3/5 | 辛丑 | 6 | 8 |
| 17 | 3/6 | 壬寅 | 6 | 9 |
| 18 | 3/7 | 癸卯 | 6 | 1 |
| 19 | 3/8 | 甲辰 | 3 | 2 |
| 20 | 3/9 | 乙巳 | 3 | 3 |
| 21 | 3/10 | 丙午 | 3 | 4 |
| 22 | 3/11 | 丁未 | 3 | 5 |
| 23 | 3/12 | 戊申 | 3 | 6 |
| 24 | 3/13 | 己酉 | 1 | 7 |
| 25 | 3/14 | 庚戌 | 1 | 8 |
| 26 | 3/15 | 辛亥 | 1 | 9 |
| 27 | 3/16 | 壬子 | 1 | 1 |
| 28 | 3/17 | 癸丑 | 1 | 2 |
| 29 | 3/18 | 甲寅 | 7 | 3 |

# 西元1996年（丙子）肖鼠 民國85年（女坤命）

奇門遁甲局數如標示為 一 ～九表示陰局　　如標示為1 ～9 表示陽局

| 十二月 | | | | | 十一月 | | | | | 十 月 | | | | | 九 月 | | | | | 八 月 | | | | | 七 月 | | | | |
|---|---|---|---|---|---|---|---|---|---|---|---|---|---|---|---|---|---|---|---|---|---|---|---|---|---|---|---|---|---|
| 辛丑 | | | | | 庚子 | | | | | 己亥 | | | | | 戊戌 | | | | | 丁酉 | | | | | 丙申 | | | | |
| 六白金 | | | | | 七赤金 | | | | | 八白土 | | | | | 九紫火 | | | | | 一白水 | | | | | 二黑土 | | | | |
| 立春 03時02分 廿七寅時 | | 大寒 08時43分 十二辰時 | 奇門遁甲局數 | | 小寒 15時25分 廿六申時 | | 冬至 22時06分 十一亥時 | 奇門遁甲局數 | | 大雪 04時14分 廿七寅時 | | 小雪 08時50分 十二辰時 | 奇門遁甲局數 | | 立冬 11時27分 廿七午時 | | 霜降 11時19分 十二午時 | 奇門遁甲局數 | | 寒露 08時19分 廿六辰時 | | 秋分 02時01分 十一丑時 | 奇門遁甲局數 | | 白露 16時43分 廿五申時 | | 處暑 04時23分 初十寅時 | 奇門遁甲局數 | |
| 農曆 | 國曆 | 干支 | 時盤 | 日盤 | 農曆 | 國曆 | 干支 | 時盤 | 日盤 | 農曆 | 國曆 | 干支 | 時盤 | 日盤 | 農曆 | 國曆 | 干支 | 時盤 | 日盤 | 農曆 | 國曆 | 干支 | 時盤 | 日盤 | 農曆 | 國曆 | 干支 | 時盤 | 日盤 |
| 1 | 1/9 | 辛亥 | 2 | 3 | 1 | 12/11 | 壬午 | 四 | 九 | 1 | 11/11 | 壬子 | 六 | 三 | 1 | 10/12 | 壬午 | 六 | 六 | 1 | 9/13 | 癸丑 | 九 | 八 | 1 | 8/14 | 癸未 | 二 | 二 |
| 2 | 1/10 | 壬子 | 2 | 4 | 2 | 12/12 | 癸未 | 四 | 八 | 2 | 11/12 | 癸丑 | 六 | 二 | 2 | 10/13 | 癸未 | 六 | 五 | 2 | 9/14 | 甲寅 | 三 | 七 | 2 | 8/15 | 甲申 | 五 | 一 |
| 3 | 1/11 | 癸丑 | 2 | 5 | 3 | 12/13 | 甲申 | 七 | 七 | 3 | 11/13 | 甲寅 | 九 | 一 | 3 | 10/14 | 甲申 | 九 | 四 | 3 | 9/15 | 乙卯 | 三 | 六 | 3 | 8/16 | 乙酉 | 五 | 九 |
| 4 | 1/12 | 甲寅 | 8 | 6 | 4 | 12/14 | 乙酉 | 七 | 六 | 4 | 11/14 | 乙卯 | 九 | 九 | 4 | 10/15 | 乙酉 | 九 | 三 | 4 | 9/16 | 丙辰 | 三 | 五 | 4 | 8/17 | 丙戌 | 五 | 八 |
| 5 | 1/13 | 乙卯 | 8 | 7 | 5 | 12/15 | 丙戌 | 七 | 五 | 5 | 11/15 | 丙辰 | 九 | 八 | 5 | 10/16 | 丙戌 | 九 | 二 | 5 | 9/17 | 丁巳 | 三 | 四 | 5 | 8/18 | 丁亥 | 五 | 七 |
| 6 | 1/14 | 丙辰 | 8 | 8 | 6 | 12/16 | 丁亥 | 七 | 四 | 6 | 11/16 | 丁巳 | 九 | 七 | 6 | 10/17 | 丁亥 | 九 | 一 | 6 | 9/18 | 戊午 | 三 | 三 | 6 | 8/19 | 戊子 | 五 | 六 |
| 7 | 1/15 | 丁巳 | 8 | 9 | 7 | 12/17 | 戊子 | 七 | 三 | 7 | 11/17 | 戊午 | 九 | 六 | 7 | 10/18 | 戊子 | 九 | 九 | 7 | 9/19 | 己未 | 六 | 二 | 7 | 8/20 | 己丑 | 八 | 五 |
| 8 | 1/16 | 戊午 | 8 | 1 | 8 | 12/18 | 己丑 | 一 | 二 | 8 | 11/18 | 己未 | 三 | 五 | 8 | 10/19 | 己丑 | 三 | 八 | 8 | 9/20 | 庚申 | 六 | 一 | 8 | 8/21 | 庚寅 | 八 | 四 |
| 9 | 1/17 | 己未 | 5 | 2 | 9 | 12/19 | 庚寅 | 一 | 一 | 9 | 11/19 | 庚申 | 三 | 四 | 9 | 10/20 | 庚寅 | 三 | 七 | 9 | 9/21 | 辛酉 | 六 | 九 | 9 | 8/22 | 辛卯 | 八 | 三 |
| 10 | 1/18 | 庚申 | 5 | 3 | 10 | 12/20 | 辛卯 | 一 | 九 | 10 | 11/20 | 辛酉 | 三 | 三 | 10 | 10/21 | 辛卯 | 三 | 六 | 10 | 9/22 | 壬戌 | 六 | 八 | 10 | 8/23 | 壬辰 | 八 | 二 |
| 11 | 1/19 | 辛酉 | 5 | 4 | 11 | 12/21 | 壬辰 | 一 | 2 | 11 | 11/21 | 壬戌 | 三 | 二 | 11 | 10/22 | 壬辰 | 三 | 五 | 11 | 9/23 | 癸亥 | 六 | 七 | 11 | 8/24 | 癸巳 | 八 | 一 |
| 12 | 1/20 | 壬戌 | 5 | 5 | 12 | 12/22 | 癸巳 | 一 | 3 | 12 | 11/22 | 癸亥 | 三 | 一 | 12 | 10/23 | 癸巳 | 三 | 四 | 12 | 9/24 | 甲子 | 七 | 六 | 12 | 8/25 | 甲午 | 一 | 九 |
| 13 | 1/21 | 癸亥 | 5 | 6 | 13 | 12/23 | 甲午 | 1 | 4 | 13 | 11/23 | 甲子 | 五 | 九 | 13 | 10/24 | 甲午 | 五 | 三 | 13 | 9/25 | 乙丑 | 七 | 五 | 13 | 8/26 | 乙未 | 一 | 八 |
| 14 | 1/22 | 甲子 | 3 | 7 | 14 | 12/24 | 乙未 | 1 | 5 | 14 | 11/24 | 乙丑 | 五 | 八 | 14 | 10/25 | 乙未 | 五 | 二 | 14 | 9/26 | 丙寅 | 七 | 四 | 14 | 8/27 | 丙申 | 一 | 七 |
| 15 | 1/23 | 乙丑 | 3 | 8 | 15 | 12/25 | 丙申 | 1 | 6 | 15 | 11/25 | 丙寅 | 五 | 七 | 15 | 10/26 | 丙申 | 五 | 一 | 15 | 9/27 | 丁卯 | 七 | 三 | 15 | 8/28 | 丁酉 | 一 | 六 |
| 16 | 1/24 | 丙寅 | 3 | 9 | 16 | 12/26 | 丁酉 | 1 | 7 | 16 | 11/26 | 丁卯 | 五 | 六 | 16 | 10/27 | 丁酉 | 五 | 九 | 16 | 9/28 | 戊辰 | 七 | 二 | 16 | 8/29 | 戊戌 | 一 | 五 |
| 17 | 1/25 | 丁卯 | 3 | 1 | 17 | 12/27 | 戊戌 | 1 | 8 | 17 | 11/27 | 戊辰 | 五 | 五 | 17 | 10/28 | 戊戌 | 五 | 八 | 17 | 9/29 | 己巳 | 一 | 一 | 17 | 8/30 | 己亥 | 四 | 四 |
| 18 | 1/26 | 戊辰 | 3 | 2 | 18 | 12/28 | 己亥 | 7 | 9 | 18 | 11/28 | 己巳 | 八 | 四 | 18 | 10/29 | 己亥 | 八 | 七 | 18 | 9/30 | 庚午 | 一 | 九 | 18 | 8/31 | 庚子 | 四 | 三 |
| 19 | 1/27 | 己巳 | 9 | 3 | 19 | 12/29 | 庚子 | 7 | 1 | 19 | 11/29 | 庚午 | 八 | 三 | 19 | 10/30 | 庚子 | 八 | 六 | 19 | 10/ 1 | 辛未 | 一 | 八 | 19 | 9/ 1 | 辛丑 | 四 | 二 |
| 20 | 1/28 | 庚午 | 9 | 4 | 20 | 12/30 | 辛丑 | 7 | 2 | 20 | 11/30 | 辛未 | 八 | 二 | 20 | 10/31 | 辛丑 | 八 | 五 | 20 | 10/ 2 | 壬申 | 一 | 七 | 20 | 9/ 2 | 壬寅 | 四 | 一 |
| 21 | 1/29 | 辛未 | 9 | 5 | 21 | 12/31 | 壬寅 | 7 | 3 | 21 | 12/ 1 | 壬申 | 八 | 一 | 21 | 11/ 1 | 壬寅 | 八 | 四 | 21 | 10/ 3 | 癸酉 | 一 | 六 | 21 | 9/ 3 | 癸卯 | 四 | 九 |
| 22 | 1/30 | 壬申 | 9 | 6 | 22 | 1/ 1 | 癸卯 | 7 | 4 | 22 | 12/ 2 | 癸酉 | 八 | 九 | 22 | 11/ 2 | 癸卯 | 八 | 三 | 22 | 10/ 4 | 甲戌 | 四 | 五 | 22 | 9/ 4 | 甲辰 | 七 | 八 |
| 23 | 1/31 | 癸酉 | 9 | 7 | 23 | 1/ 2 | 甲辰 | 4 | 5 | 23 | 12/ 3 | 甲戌 | 二 | 八 | 23 | 11/ 3 | 甲辰 | 二 | 二 | 23 | 10/ 5 | 乙亥 | 四 | 四 | 23 | 9/ 5 | 乙巳 | 七 | 七 |
| 24 | 2/ 1 | 甲戌 | 6 | 8 | 24 | 1/ 3 | 乙巳 | 4 | 6 | 24 | 12/ 4 | 乙亥 | 二 | 七 | 24 | 11/ 4 | 乙巳 | 二 | 一 | 24 | 10/ 6 | 丙子 | 四 | 三 | 24 | 9/ 6 | 丙午 | 七 | 六 |
| 25 | 2/ 2 | 乙亥 | 6 | 9 | 25 | 1/ 4 | 丙午 | 4 | 7 | 25 | 12/ 5 | 丙子 | 二 | 六 | 25 | 11/ 5 | 丙午 | 二 | 九 | 25 | 10/ 7 | 丁丑 | 四 | 二 | 25 | 9/ 7 | 丁未 | 七 | 五 |
| 26 | 2/ 3 | 丙子 | 6 | 1 | 26 | 1/ 5 | 丁未 | 4 | 8 | 26 | 12/ 6 | 丁丑 | 二 | 五 | 26 | 11/ 6 | 丁未 | 二 | 八 | 26 | 10/ 8 | 戊寅 | 四 | 一 | 26 | 9/ 8 | 戊申 | 七 | 四 |
| 27 | 2/ 4 | 丁丑 | 6 | 2 | 27 | 1/ 6 | 戊申 | 4 | 9 | 27 | 12/ 7 | 戊寅 | 二 | 四 | 27 | 11/ 7 | 戊申 | 二 | 七 | 27 | 10/ 9 | 己卯 | 六 | 九 | 27 | 9/ 9 | 己酉 | 九 | 三 |
| 28 | 2/ 5 | 戊寅 | 6 | 3 | 28 | 1/ 7 | 己酉 | 2 | 1 | 28 | 12/ 8 | 己卯 | 四 | 三 | 28 | 11/ 8 | 己酉 | 六 | 六 | 28 | 10/10 | 庚辰 | 六 | 八 | 28 | 9/10 | 庚戌 | 九 | 二 |
| 29 | 2/ 6 | 己卯 | 8 | 4 | 29 | 1/ 8 | 庚戌 | 2 | 2 | 29 | 12/ 9 | 庚辰 | 四 | 二 | 29 | 11/ 9 | 庚戌 | 六 | 五 | 29 | 10/11 | 辛巳 | 六 | 七 | 29 | 9/11 | 辛亥 | 九 | 一 |
| | | | | | | | | | | 30 | 12/10 | 辛巳 | 四 | 一 | 30 | 11/10 | 辛亥 | 六 | 四 | | | | | | 30 | 9/12 | 壬子 | 九 | 九 |

# 西元1997年（丁丑）肖牛 民國86年（男震命）

奇門遁甲局數如標示為 一 ～九表示陰局　　如標示為1 ～9 表示陽局

| 六月 | | | | | 五月 | | | | | 四月 | | | | | 三月 | | | | | 二月 | | | | | 正月 | | | | |
|---|---|---|---|---|---|---|---|---|---|---|---|---|---|---|---|---|---|---|---|---|---|---|---|---|---|---|---|---|---|
| 丁未 | | | | | 丙午 | | | | | 乙巳 | | | | | 甲辰 | | | | | 癸卯 | | | | | 壬寅 | | | | |
| 九紫火 | | | | | 一白水 | | | | | 二黑土 | | | | | 三碧木 | | | | | 四綠木 | | | | | 五黃土 | | | | |
| 大暑 03時16分 十九寅時 | | 小暑 09時49分 初三巳時 | 奇門遁甲局數 | | 夏至 16時20分 十七申時 | | 芒種 23時33分 初一子時 | 奇門遁甲局數 | | 小滿 08時18分 十五辰時 | | | 奇門遁甲局數 | | 立夏 19時20分 廿九戌時 | | 穀雨 09時03分 十四巳時 | 奇門遁甲局數 | | 清明 01時57分 廿八丑時 | | 春分 21時55分 十二亥時 | 奇門遁甲局數 | | 驚蟄 21時04分 廿七亥時 | | 雨水 22時53分 十二亥時 | 奇門遁甲局數 | |
| 農曆 | 國曆 | 干支 | 時盤 | 日盤 | 農曆 | 國曆 | 干支 | 時盤 | 日盤 | 農曆 | 國曆 | 干支 | 時盤 | 日盤 | 農曆 | 國曆 | 干支 | 時盤 | 日盤 | 農曆 | 國曆 | 干支 | 時盤 | 日盤 | 農曆 | 國曆 | 干支 | 時盤 | 日盤 |
| 1 | 7/5 | 戊申 | 六 | 七 | 1 | 6/5 | 戊寅 | 8 | 6 | 1 | 5/7 | 己酉 | 4 | 4 | 1 | 4/7 | 己卯 | 4 | 1 | 1 | 3/9 | 庚戌 | 1 | 8 | 1 | 2/7 | 庚辰 | 8 | 5 |
| 2 | 7/6 | 己酉 | 八 | 六 | 2 | 6/6 | 己卯 | 6 | 7 | 2 | 5/8 | 庚戌 | 4 | 5 | 2 | 4/8 | 庚辰 | 4 | 2 | 2 | 3/10 | 辛亥 | 1 | 9 | 2 | 2/8 | 辛巳 | 8 | 6 |
| 3 | 7/7 | 庚戌 | 八 | 五 | 3 | 6/7 | 庚辰 | 6 | 8 | 3 | 5/9 | 辛亥 | 4 | 6 | 3 | 4/9 | 辛巳 | 4 | 3 | 3 | 3/11 | 壬子 | 1 | 1 | 3 | 2/9 | 壬午 | 8 | 7 |
| 4 | 7/8 | 辛亥 | 八 | 四 | 4 | 6/8 | 辛巳 | 6 | 9 | 4 | 5/10 | 壬子 | 4 | 7 | 4 | 4/10 | 壬午 | 4 | 4 | 4 | 3/12 | 癸丑 | 1 | 2 | 4 | 2/10 | 癸未 | 8 | 8 |
| 5 | 7/9 | 壬子 | 八 | 三 | 5 | 6/9 | 壬午 | 6 | 1 | 5 | 5/11 | 癸丑 | 4 | 8 | 5 | 4/11 | 癸未 | 4 | 5 | 5 | 3/13 | 甲寅 | 7 | 3 | 5 | 2/11 | 甲申 | 5 | 9 |
| 6 | 7/10 | 癸丑 | 八 | 二 | 6 | 6/10 | 癸未 | 6 | 2 | 6 | 5/12 | 甲寅 | 1 | 9 | 6 | 4/12 | 甲申 | 1 | 6 | 6 | 3/14 | 乙卯 | 7 | 4 | 6 | 2/12 | 乙酉 | 5 | 1 |
| 7 | 7/11 | 甲寅 | 二 | 一 | 7 | 6/11 | 甲申 | 3 | 3 | 7 | 5/13 | 乙卯 | 1 | 1 | 7 | 4/13 | 乙酉 | 1 | 7 | 7 | 3/15 | 丙辰 | 7 | 5 | 7 | 2/13 | 丙戌 | 5 | 2 |
| 8 | 7/12 | 乙卯 | 二 | 九 | 8 | 6/12 | 乙酉 | 3 | 4 | 8 | 5/14 | 丙辰 | 1 | 2 | 8 | 4/14 | 丙戌 | 1 | 8 | 8 | 3/16 | 丁巳 | 7 | 6 | 8 | 2/14 | 丁亥 | 5 | 3 |
| 9 | 7/13 | 丙辰 | 二 | 八 | 9 | 6/13 | 丙戌 | 3 | 5 | 9 | 5/15 | 丁巳 | 1 | 3 | 9 | 4/15 | 丁亥 | 1 | 9 | 9 | 3/17 | 戊午 | 7 | 7 | 9 | 2/15 | 戊子 | 5 | 4 |
| 10 | 7/14 | 丁巳 | 二 | 七 | 10 | 6/14 | 丁亥 | 3 | 6 | 10 | 5/16 | 戊午 | 1 | 4 | 10 | 4/16 | 戊子 | 1 | 1 | 10 | 3/18 | 己未 | 4 | 8 | 10 | 2/16 | 己丑 | 2 | 5 |
| 11 | 7/15 | 戊午 | 二 | 六 | 11 | 6/15 | 戊子 | 3 | 7 | 11 | 5/17 | 己未 | 7 | 5 | 11 | 4/17 | 己丑 | 7 | 2 | 11 | 3/19 | 庚申 | 4 | 9 | 11 | 2/17 | 庚寅 | 2 | 6 |
| 12 | 7/16 | 己未 | 五 | 五 | 12 | 6/16 | 己丑 | 9 | 8 | 12 | 5/18 | 庚申 | 7 | 6 | 12 | 4/18 | 庚寅 | 7 | 3 | 12 | 3/20 | 辛酉 | 4 | 1 | 12 | 2/18 | 辛卯 | 2 | 7 |
| 13 | 7/17 | 庚申 | 五 | 四 | 13 | 6/17 | 庚寅 | 9 | 9 | 13 | 5/19 | 辛酉 | 7 | 7 | 13 | 4/19 | 辛卯 | 7 | 4 | 13 | 3/21 | 壬戌 | 4 | 2 | 13 | 2/19 | 壬辰 | 2 | 8 |
| 14 | 7/18 | 辛酉 | 五 | 三 | 14 | 6/18 | 辛卯 | 9 | 1 | 14 | 5/20 | 壬戌 | 7 | 8 | 14 | 4/20 | 壬辰 | 7 | 5 | 14 | 3/22 | 癸亥 | 4 | 3 | 14 | 2/20 | 癸巳 | 2 | 9 |
| 15 | 7/19 | 壬戌 | 五 | 二 | 15 | 6/19 | 壬辰 | 9 | 2 | 15 | 5/21 | 癸亥 | 7 | 9 | 15 | 4/21 | 癸巳 | 7 | 6 | 15 | 3/23 | 甲子 | 3 | 4 | 15 | 2/21 | 甲午 | 9 | 1 |
| 16 | 7/20 | 癸亥 | 五 | 一 | 16 | 6/20 | 癸巳 | 9 | 3 | 16 | 5/22 | 甲子 | 5 | 1 | 16 | 4/22 | 甲午 | 5 | 7 | 16 | 3/24 | 乙丑 | 3 | 5 | 16 | 2/22 | 乙未 | 9 | 2 |
| 17 | 7/21 | 甲子 | 七 | 九 | 17 | 6/21 | 甲午 | 九 | 三 | 17 | 5/23 | 乙丑 | 5 | 2 | 17 | 4/23 | 乙未 | 5 | 8 | 17 | 3/25 | 丙寅 | 3 | 6 | 17 | 2/23 | 丙申 | 9 | 3 |
| 18 | 7/22 | 乙丑 | 七 | 八 | 18 | 6/22 | 乙未 | 九 | 二 | 18 | 5/24 | 丙寅 | 5 | 3 | 18 | 4/24 | 丙申 | 5 | 9 | 18 | 3/26 | 丁卯 | 3 | 7 | 18 | 2/24 | 丁酉 | 9 | 4 |
| 19 | 7/23 | 丙寅 | 七 | 七 | 19 | 6/23 | 丙申 | 九 | 一 | 19 | 5/25 | 丁卯 | 5 | 4 | 19 | 4/25 | 丁酉 | 5 | 1 | 19 | 3/27 | 戊辰 | 3 | 8 | 19 | 2/25 | 戊戌 | 9 | 5 |
| 20 | 7/24 | 丁卯 | 七 | 六 | 20 | 6/24 | 丁酉 | 九 | 九 | 20 | 5/26 | 戊辰 | 5 | 5 | 20 | 4/26 | 戊戌 | 5 | 2 | 20 | 3/28 | 己巳 | 9 | 9 | 20 | 2/26 | 己亥 | 6 | 6 |
| 21 | 7/25 | 戊辰 | 七 | 五 | 21 | 6/25 | 戊戌 | 九 | 八 | 21 | 5/27 | 己巳 | 2 | 6 | 21 | 4/27 | 己亥 | 2 | 3 | 21 | 3/29 | 庚午 | 9 | 1 | 21 | 2/27 | 庚子 | 6 | 7 |
| 22 | 7/26 | 己巳 | 一 | 四 | 22 | 6/26 | 己亥 | 三 | 七 | 22 | 5/28 | 庚午 | 2 | 7 | 22 | 4/28 | 庚子 | 2 | 4 | 22 | 3/30 | 辛未 | 9 | 2 | 22 | 2/28 | 辛丑 | 6 | 8 |
| 23 | 7/27 | 庚午 | 一 | 三 | 23 | 6/27 | 庚子 | 三 | 六 | 23 | 5/29 | 辛未 | 2 | 8 | 23 | 4/29 | 辛丑 | 2 | 5 | 23 | 3/31 | 壬申 | 9 | 3 | 23 | 3/1 | 壬寅 | 6 | 9 |
| 24 | 7/28 | 辛未 | 一 | 二 | 24 | 6/28 | 辛丑 | 三 | 五 | 24 | 5/30 | 壬申 | 2 | 9 | 24 | 4/30 | 壬寅 | 2 | 6 | 24 | 4/1 | 癸酉 | 9 | 4 | 24 | 3/2 | 癸卯 | 6 | 1 |
| 25 | 7/29 | 壬申 | 一 | 一 | 25 | 6/29 | 壬寅 | 三 | 四 | 25 | 5/31 | 癸酉 | 2 | 1 | 25 | 5/1 | 癸卯 | 2 | 7 | 25 | 4/2 | 甲戌 | 6 | 5 | 25 | 3/3 | 甲辰 | 3 | 2 |
| 26 | 7/30 | 癸酉 | 一 | 九 | 26 | 6/30 | 癸卯 | 三 | 三 | 26 | 6/1 | 甲戌 | 8 | 2 | 26 | 5/2 | 甲辰 | 8 | 8 | 26 | 4/3 | 乙亥 | 6 | 6 | 26 | 3/4 | 乙巳 | 3 | 3 |
| 27 | 7/31 | 甲戌 | 四 | 八 | 27 | 7/1 | 甲辰 | 六 | 二 | 27 | 6/2 | 乙亥 | 8 | 3 | 27 | 5/3 | 乙巳 | 8 | 9 | 27 | 4/4 | 丙子 | 6 | 7 | 27 | 3/5 | 丙午 | 3 | 4 |
| 28 | 8/1 | 乙亥 | 四 | 七 | 28 | 7/2 | 乙巳 | 六 | 一 | 28 | 6/3 | 丙子 | 8 | 4 | 28 | 5/4 | 丙午 | 8 | 1 | 28 | 4/5 | 丁丑 | 6 | 8 | 28 | 3/6 | 丁未 | 3 | 5 |
| 29 | 8/2 | 丙子 | 四 | 六 | 29 | 7/3 | 丙午 | 六 | 九 | 29 | 6/4 | 丁丑 | 8 | 5 | 29 | 5/5 | 丁未 | 8 | 2 | 29 | 4/6 | 戊寅 | 6 | 9 | 29 | 3/7 | 戊申 | 3 | 6 |
| | | | | | 30 | 7/4 | 丁未 | 六 | 八 | | | | | | 30 | 5/6 | 戊申 | 8 | 3 | | | | | | 30 | 3/8 | 己酉 | 1 | 7 |

# 西元1997年（丁丑）肖牛 民國86年（女震命）

奇門遁甲局數如標示為 一 ～九表示陰局　　如標示為1 ～9 表示陽局

| 十二月 | | | | | 十一月 | | | | | 十　月 | | | | | 九　月 | | | | | 八　月 | | | | | 七　月 | | | | |
|---|---|---|---|---|---|---|---|---|---|---|---|---|---|---|---|---|---|---|---|---|---|---|---|---|---|---|---|---|---|
| 癸丑 | | | | | 壬子 | | | | | 辛亥 | | | | | 庚戌 | | | | | 己酉 | | | | | 戊申 | | | | |
| 三碧木 | | | | | 四綠木 | | | | | 五黃土 | | | | | 六白金 | | | | | 七赤金 | | | | | 八白土 | | | | |
| 大寒 14時47分 廿二未時 | | 小寒 21時19分 初七亥時 | 奇門遁甲局數 | | 冬至 04時08分 廿三寅時 | | 大雪 10時07分 初八巳時 | 奇門遁甲局數 | | 小雪 14時48分 廿三未時 | | 立冬 17時15分 初八酉時 | 奇門遁甲局數 | | 霜降 17時15分 廿二酉時 | | 寒露 14時05分 初七未時 | 奇門遁甲局數 | | 秋分 07時56分 廿二辰時 | | 白露 22時29分 初六亥時 | 奇門遁甲局數 | | 處暑 10時20分 廿一巳時 | | 立秋 19時36分 初五戌時 | 奇門遁甲局數 | |
| 農曆 | 國曆 | 干支 | 時盤 | 日盤 | 農曆 | 國曆 | 干支 | 時盤 | 日盤 | 農曆 | 國曆 | 干支 | 時盤 | 日盤 | 農曆 | 國曆 | 干支 | 時盤 | 日盤 | 農曆 | 國曆 | 干支 | 時盤 | 日盤 | 農曆 | 國曆 | 干支 | 時盤 | 日盤 |
| 1 | 12/30 | 丙午 | 4 | 1 | 1 | 11/30 | 丙子 | 二 | 三 | 1 | 10/31 | 丙午 | 二 | 六 | 1 | 10/2 | 丁丑 | 四 | 八 | 1 | 9/2 | 丁未 | 七 | 二 | 1 | 8/3 | 丁丑 | 四 | 五 |
| 2 | 12/31 | 丁未 | 4 | 2 | 2 | 12/1 | 丁丑 | 二 | 二 | 2 | 11/1 | 丁未 | 二 | 五 | 2 | 10/3 | 戊寅 | 四 | 七 | 2 | 9/3 | 戊申 | 七 | 一 | 2 | 8/4 | 戊寅 | 四 | 四 |
| 3 | 1/1 | 戊申 | 4 | 3 | 3 | 12/2 | 戊寅 | 二 | 一 | 3 | 11/2 | 戊申 | 二 | 四 | 3 | 10/4 | 己卯 | 六 | 六 | 3 | 9/4 | 己酉 | 九 | 九 | 3 | 8/5 | 己卯 | 二 | 三 |
| 4 | 1/2 | 己酉 | 2 | 4 | 4 | 12/3 | 己卯 | 四 | 九 | 4 | 11/3 | 己酉 | 六 | 三 | 4 | 10/5 | 庚辰 | 六 | 五 | 4 | 9/5 | 庚戌 | 九 | 八 | 4 | 8/6 | 庚辰 | 二 | 二 |
| 5 | 1/3 | 庚戌 | 2 | 5 | 5 | 12/4 | 庚辰 | 四 | 八 | 5 | 11/4 | 庚戌 | 六 | 二 | 5 | 10/6 | 辛巳 | 六 | 四 | 5 | 9/6 | 辛亥 | 九 | 七 | 5 | 8/7 | 辛巳 | 二 | 一 |
| 6 | 1/4 | 辛亥 | 2 | 6 | 6 | 12/5 | 辛巳 | 四 | 七 | 6 | 11/5 | 辛亥 | 六 | 一 | 6 | 10/7 | 壬午 | 六 | 三 | 6 | 9/7 | 壬子 | 九 | 六 | 6 | 8/8 | 壬午 | 二 | 九 |
| 7 | 1/5 | 壬子 | 2 | 7 | 7 | 12/6 | 壬午 | 四 | 六 | 7 | 11/6 | 壬子 | 六 | 九 | 7 | 10/8 | 癸未 | 六 | 二 | 7 | 9/8 | 癸丑 | 九 | 五 | 7 | 8/9 | 癸未 | 二 | 八 |
| 8 | 1/6 | 癸丑 | 2 | 8 | 8 | 12/7 | 癸未 | 四 | 五 | 8 | 11/7 | 癸丑 | 六 | 八 | 8 | 10/9 | 甲申 | 九 | 一 | 8 | 9/9 | 甲寅 | 三 | 四 | 8 | 8/10 | 甲申 | 五 | 七 |
| 9 | 1/7 | 甲寅 | 8 | 9 | 9 | 12/8 | 甲申 | 七 | 四 | 9 | 11/8 | 甲寅 | 九 | 七 | 9 | 10/10 | 乙酉 | 九 | 九 | 9 | 9/10 | 乙卯 | 三 | 三 | 9 | 8/11 | 乙酉 | 五 | 六 |
| 10 | 1/8 | 乙卯 | 8 | 1 | 10 | 12/9 | 乙酉 | 七 | 三 | 10 | 11/9 | 乙卯 | 九 | 六 | 10 | 10/11 | 丙戌 | 九 | 八 | 10 | 9/11 | 丙辰 | 三 | 二 | 10 | 8/12 | 丙戌 | 五 | 五 |
| 11 | 1/9 | 丙辰 | 8 | 2 | 11 | 12/10 | 丙戌 | 七 | 二 | 11 | 11/10 | 丙辰 | 九 | 五 | 11 | 10/12 | 丁亥 | 九 | 七 | 11 | 9/12 | 丁巳 | 三 | 一 | 11 | 8/13 | 丁亥 | 五 | 四 |
| 12 | 1/10 | 丁巳 | 8 | 3 | 12 | 12/11 | 丁亥 | 七 | 一 | 12 | 11/11 | 丁巳 | 九 | 四 | 12 | 10/13 | 戊子 | 九 | 六 | 12 | 9/13 | 戊午 | 三 | 九 | 12 | 8/14 | 戊子 | 五 | 三 |
| 13 | 1/11 | 戊午 | 8 | 4 | 13 | 12/12 | 戊子 | 七 | 九 | 13 | 11/12 | 戊午 | 九 | 三 | 13 | 10/14 | 己丑 | 三 | 五 | 13 | 9/14 | 己未 | 六 | 八 | 13 | 8/15 | 己丑 | 八 | 二 |
| 14 | 1/12 | 己未 | 5 | 5 | 14 | 12/13 | 己丑 | 一 | 八 | 14 | 11/13 | 己未 | 三 | 二 | 14 | 10/15 | 庚寅 | 三 | 四 | 14 | 9/15 | 庚申 | 六 | 七 | 14 | 8/16 | 庚寅 | 八 | 一 |
| 15 | 1/13 | 庚申 | 5 | 6 | 15 | 12/14 | 庚寅 | 一 | 七 | 15 | 11/14 | 庚申 | 三 | 一 | 15 | 10/16 | 辛卯 | 三 | 三 | 15 | 9/16 | 辛酉 | 六 | 六 | 15 | 8/17 | 辛卯 | 八 | 九 |
| 16 | 1/14 | 辛酉 | 5 | 7 | 16 | 12/15 | 辛卯 | 一 | 六 | 16 | 11/15 | 辛酉 | 三 | 九 | 16 | 10/17 | 壬辰 | 三 | 二 | 16 | 9/17 | 壬戌 | 六 | 五 | 16 | 8/18 | 壬辰 | 八 | 八 |
| 17 | 1/15 | 壬戌 | 5 | 8 | 17 | 12/16 | 壬辰 | 一 | 五 | 17 | 11/16 | 壬戌 | 三 | 八 | 17 | 10/18 | 癸巳 | 三 | 一 | 17 | 9/18 | 癸亥 | 六 | 四 | 17 | 8/19 | 癸巳 | 八 | 七 |
| 18 | 1/16 | 癸亥 | 5 | 9 | 18 | 12/17 | 癸巳 | 一 | 四 | 18 | 11/17 | 癸亥 | 三 | 七 | 18 | 10/19 | 甲午 | 五 | 九 | 18 | 9/19 | 甲子 | 七 | 三 | 18 | 8/20 | 甲午 | 一 | 六 |
| 19 | 1/17 | 甲子 | 3 | 1 | 19 | 12/18 | 甲午 | 1 | 三 | 19 | 11/18 | 甲子 | 五 | 六 | 19 | 10/20 | 乙未 | 五 | 八 | 19 | 9/20 | 乙丑 | 七 | 二 | 19 | 8/21 | 乙未 | 一 | 五 |
| 20 | 1/18 | 乙丑 | 3 | 2 | 20 | 12/19 | 乙未 | 1 | 二 | 20 | 11/19 | 乙丑 | 五 | 五 | 20 | 10/21 | 丙申 | 五 | 七 | 20 | 9/21 | 丙寅 | 七 | 一 | 20 | 8/22 | 丙申 | 一 | 四 |
| 21 | 1/19 | 丙寅 | 3 | 3 | 21 | 12/20 | 丙申 | 1 | 一 | 21 | 11/20 | 丙寅 | 五 | 四 | 21 | 10/22 | 丁酉 | 五 | 六 | 21 | 9/22 | 丁卯 | 七 | 九 | 21 | 8/23 | 丁酉 | 一 | 三 |
| 22 | 1/20 | 丁卯 | 3 | 4 | 22 | 12/21 | 丁酉 | 1 | 九 | 22 | 11/21 | 丁卯 | 五 | 三 | 22 | 10/23 | 戊戌 | 五 | 五 | 22 | 9/23 | 戊辰 | 七 | 八 | 22 | 8/24 | 戊戌 | 一 | 二 |
| 23 | 1/21 | 戊辰 | 3 | 5 | 23 | 12/22 | 戊戌 | 1 | 2 | 23 | 11/22 | 戊辰 | 五 | 二 | 23 | 10/24 | 己亥 | 八 | 四 | 23 | 9/24 | 己巳 | 一 | 七 | 23 | 8/25 | 己亥 | 四 | 一 |
| 24 | 1/22 | 己巳 | 9 | 6 | 24 | 12/23 | 己亥 | 7 | 3 | 24 | 11/23 | 己巳 | 八 | 一 | 24 | 10/25 | 庚子 | 八 | 三 | 24 | 9/25 | 庚午 | 一 | 六 | 24 | 8/26 | 庚子 | 四 | 九 |
| 25 | 1/23 | 庚午 | 9 | 7 | 25 | 12/24 | 庚子 | 7 | 4 | 25 | 11/24 | 庚午 | 八 | 九 | 25 | 10/26 | 辛丑 | 八 | 二 | 25 | 9/26 | 辛未 | 一 | 五 | 25 | 8/27 | 辛丑 | 四 | 八 |
| 26 | 1/24 | 辛未 | 9 | 8 | 26 | 12/25 | 辛丑 | 7 | 5 | 26 | 11/25 | 辛未 | 八 | 八 | 26 | 10/27 | 壬寅 | 八 | 一 | 26 | 9/27 | 壬申 | 一 | 四 | 26 | 8/28 | 壬寅 | 四 | 七 |
| 27 | 1/25 | 壬申 | 9 | 9 | 27 | 12/26 | 壬寅 | 7 | 6 | 27 | 11/26 | 壬申 | 八 | 七 | 27 | 10/28 | 癸卯 | 八 | 九 | 27 | 9/28 | 癸酉 | 一 | 三 | 27 | 8/29 | 癸卯 | 四 | 六 |
| 28 | 1/26 | 癸酉 | 9 | 1 | 28 | 12/27 | 癸卯 | 7 | 7 | 28 | 11/27 | 癸酉 | 八 | 六 | 28 | 10/29 | 甲辰 | 二 | 八 | 28 | 9/29 | 甲戌 | 四 | 二 | 28 | 8/30 | 甲辰 | 七 | 五 |
| 29 | 1/27 | 甲戌 | 6 | 2 | 29 | 12/28 | 甲辰 | 4 | 8 | 29 | 11/28 | 甲戌 | 二 | 五 | 29 | 10/30 | 乙巳 | 二 | 七 | 29 | 9/30 | 乙亥 | 四 | 一 | 29 | 8/31 | 乙巳 | 七 | 四 |
| | | | | | 30 | 12/29 | 乙巳 | 4 | 9 | 30 | 11/29 | 乙亥 | 二 | 四 | | | | | | 30 | 10/1 | 丙子 | 四 | 九 | 30 | 9/1 | 丙午 | 七 | 三 |

# 西元1998年（戊寅）肖虎 民國87年（男坤命）

奇門遁甲局數如標示為 一 ～九表示陰局　　如標示為1 ～9 表示陽局

| 六 月 | | | | |
|---|---|---|---|---|
| 己未 | | | | |
| 六白金 | | | | |
| 立秋 01時20分 十七丑時 | | 大暑 08時56分 初一辰時 | 奇門遁甲局數 | |
| 農曆 | 國曆 | 干支 | 時盤 | 日盤 |
| 1 | 7/23 | 辛未 | 一 | 二 |
| 2 | 7/24 | 壬申 | 一 | 一 |
| 3 | 7/25 | 癸酉 | 一 | 九 |
| 4 | 7/26 | 甲戌 | 四 | 八 |
| 5 | 7/27 | 乙亥 | 四 | 七 |
| 6 | 7/28 | 丙子 | 四 | 六 |
| 7 | 7/29 | 丁丑 | 四 | 五 |
| 8 | 7/30 | 戊寅 | 四 | 四 |
| 9 | 7/31 | 己卯 | 二 | 三 |
| 10 | 8/1 | 庚辰 | 二 | 二 |
| 11 | 8/2 | 辛巳 | 二 | 一 |
| 12 | 8/3 | 壬午 | 二 | 九 |
| 13 | 8/4 | 癸未 | 二 | 八 |
| 14 | 8/5 | 甲申 | 五 | 七 |
| 15 | 8/6 | 乙酉 | 五 | 六 |
| 16 | 8/7 | 丙戌 | 五 | 五 |
| 17 | 8/8 | 丁亥 | 五 | 四 |
| 18 | 8/9 | 戊子 | 五 | 三 |
| 19 | 8/10 | 己丑 | 八 | 二 |
| 20 | 8/11 | 庚寅 | 八 | 一 |
| 21 | 8/12 | 辛卯 | 八 | 九 |
| 22 | 8/13 | 壬辰 | 八 | 八 |
| 23 | 8/14 | 癸巳 | 八 | 七 |
| 24 | 8/15 | 甲午 | 一 | 六 |
| 25 | 8/16 | 乙未 | 一 | 五 |
| 26 | 8/17 | 丙申 | 一 | 四 |
| 27 | 8/18 | 丁酉 | 一 | 三 |
| 28 | 8/19 | 戊戌 | 一 | 二 |
| 29 | 8/20 | 己亥 | 四 | 一 |
| 30 | 8/21 | 庚子 | 四 | 九 |

| 閏五 月 | | | | |
|---|---|---|---|---|
| 己未 | | | | |
| | | | | |
| 小暑 15時31分 十四申時 | | | 奇門遁甲局數 | |
| 農曆 | 國曆 | 干支 | 時盤 | 日盤 |
| 1 | 6/24 | 壬寅 | 三 | 四 |
| 2 | 6/25 | 癸卯 | 三 | 三 |
| 3 | 6/26 | 甲辰 | 六 | 二 |
| 4 | 6/27 | 乙巳 | 六 | 一 |
| 5 | 6/28 | 丙午 | 六 | 九 |
| 6 | 6/29 | 丁未 | 六 | 八 |
| 7 | 6/30 | 戊申 | 六 | 七 |
| 8 | 7/1 | 己酉 | 八 | 六 |
| 9 | 7/2 | 庚戌 | 八 | 五 |
| 10 | 7/3 | 辛亥 | 八 | 四 |
| 11 | 7/4 | 壬子 | 八 | 三 |
| 12 | 7/5 | 癸丑 | 八 | 二 |
| 13 | 7/6 | 甲寅 | 二 | 一 |
| 14 | 7/7 | 乙卯 | 二 | 九 |
| 15 | 7/8 | 丙辰 | 二 | 八 |
| 16 | 7/9 | 丁巳 | 二 | 七 |
| 17 | 7/10 | 戊午 | 二 | 六 |
| 18 | 7/11 | 己未 | 五 | 五 |
| 19 | 7/12 | 庚申 | 五 | 四 |
| 20 | 7/13 | 辛酉 | 五 | 三 |
| 21 | 7/14 | 壬戌 | 五 | 二 |
| 22 | 7/15 | 癸亥 | 五 | 一 |
| 23 | 7/16 | 甲子 | 七 | 九 |
| 24 | 7/17 | 乙丑 | 七 | 八 |
| 25 | 7/18 | 丙寅 | 七 | 七 |
| 26 | 7/19 | 丁卯 | 七 | 六 |
| 27 | 7/20 | 戊辰 | 七 | 五 |
| 28 | 7/21 | 己巳 | 一 | 四 |
| 29 | 7/22 | 庚午 | 一 | 三 |
| | | | | |

| 五 月 | | | | |
|---|---|---|---|---|
| 戊午 | | | | |
| 七赤金 | | | | |
| 夏至 22時03分 廿七亥時 | | 芒種 05時14分 十二卯時 | 奇門遁甲局數 | |
| 農曆 | 國曆 | 干支 | 時盤 | 日盤 |
| 1 | 5/26 | 癸酉 | 2 | 4 |
| 2 | 5/27 | 甲戌 | 8 | 5 |
| 3 | 5/28 | 乙亥 | 8 | 6 |
| 4 | 5/29 | 丙子 | 8 | 7 |
| 5 | 5/30 | 丁丑 | 8 | 8 |
| 6 | 5/31 | 戊寅 | 8 | 9 |
| 7 | 6/1 | 己卯 | 6 | 1 |
| 8 | 6/2 | 庚辰 | 6 | 2 |
| 9 | 6/3 | 辛巳 | 6 | 3 |
| 10 | 6/4 | 壬午 | 6 | 4 |
| 11 | 6/5 | 癸未 | 6 | 5 |
| 12 | 6/6 | 甲申 | 3 | 6 |
| 13 | 6/7 | 乙酉 | 3 | 7 |
| 14 | 6/8 | 丙戌 | 3 | 8 |
| 15 | 6/9 | 丁亥 | 3 | 9 |
| 16 | 6/10 | 戊子 | 3 | 1 |
| 17 | 6/11 | 己丑 | 9 | 2 |
| 18 | 6/12 | 庚寅 | 9 | 3 |
| 19 | 6/13 | 辛卯 | 9 | 4 |
| 20 | 6/14 | 壬辰 | 9 | 5 |
| 21 | 6/15 | 癸巳 | 9 | 6 |
| 22 | 6/16 | 甲午 | 九 | 7 |
| 23 | 6/17 | 乙未 | 九 | 8 |
| 24 | 6/18 | 丙申 | 九 | 9 |
| 25 | 6/19 | 丁酉 | 九 | 1 |
| 26 | 6/20 | 戊戌 | 九 | 2 |
| 27 | 6/21 | 己亥 | 三 | 七 |
| 28 | 6/22 | 庚子 | 三 | 六 |
| 29 | 6/23 | 辛丑 | 三 | 五 |
| | | | | |

| 四 月 | | | | |
|---|---|---|---|---|
| 丁巳 | | | | |
| 八白土 | | | | |
| 小滿 14時06分 廿六未時 | | 立夏 01時03分 十一丑時 | 奇門遁甲局數 | |
| 農曆 | 國曆 | 干支 | 時盤 | 日盤 |
| 1 | 4/26 | 癸卯 | 2 | 1 |
| 2 | 4/27 | 甲辰 | 8 | 2 |
| 3 | 4/28 | 乙巳 | 8 | 3 |
| 4 | 4/29 | 丙午 | 8 | 4 |
| 5 | 4/30 | 丁未 | 8 | 5 |
| 6 | 5/1 | 戊申 | 8 | 6 |
| 7 | 5/2 | 己酉 | 4 | 7 |
| 8 | 5/3 | 庚戌 | 4 | 8 |
| 9 | 5/4 | 辛亥 | 4 | 9 |
| 10 | 5/5 | 壬子 | 4 | 1 |
| 11 | 5/6 | 癸丑 | 4 | 2 |
| 12 | 5/7 | 甲寅 | 1 | 3 |
| 13 | 5/8 | 乙卯 | 1 | 4 |
| 14 | 5/9 | 丙辰 | 1 | 5 |
| 15 | 5/10 | 丁巳 | 1 | 6 |
| 16 | 5/11 | 戊午 | 1 | 7 |
| 17 | 5/12 | 己未 | 7 | 8 |
| 18 | 5/13 | 庚申 | 7 | 9 |
| 19 | 5/14 | 辛酉 | 7 | 1 |
| 20 | 5/15 | 壬戌 | 7 | 2 |
| 21 | 5/16 | 癸亥 | 7 | 3 |
| 22 | 5/17 | 甲子 | 5 | 4 |
| 23 | 5/18 | 乙丑 | 5 | 5 |
| 24 | 5/19 | 丙寅 | 5 | 6 |
| 25 | 5/20 | 丁卯 | 5 | 7 |
| 26 | 5/21 | 戊辰 | 5 | 8 |
| 27 | 5/22 | 己巳 | 2 | 9 |
| 28 | 5/23 | 庚午 | 2 | 1 |
| 29 | 5/24 | 辛未 | 2 | 2 |
| 30 | 5/25 | 壬申 | 2 | 3 |

| 三 月 | | | | |
|---|---|---|---|---|
| 丙辰 | | | | |
| 九紫火 | | | | |
| 穀雨 14時57分 廿四未時 | | 清明 07時45分 初九辰時 | 奇門遁甲局數 | |
| 農曆 | 國曆 | 干支 | 時盤 | 日盤 |
| 1 | 3/28 | 甲戌 | 6 | 8 |
| 2 | 3/29 | 乙亥 | 6 | 9 |
| 3 | 3/30 | 丙子 | 6 | 1 |
| 4 | 3/31 | 丁丑 | 6 | 2 |
| 5 | 4/1 | 戊寅 | 6 | 3 |
| 6 | 4/2 | 己卯 | 4 | 4 |
| 7 | 4/3 | 庚辰 | 4 | 5 |
| 8 | 4/4 | 辛巳 | 4 | 6 |
| 9 | 4/5 | 壬午 | 4 | 7 |
| 10 | 4/6 | 癸未 | 4 | 8 |
| 11 | 4/7 | 甲申 | 1 | 9 |
| 12 | 4/8 | 乙酉 | 1 | 1 |
| 13 | 4/9 | 丙戌 | 1 | 2 |
| 14 | 4/10 | 丁亥 | 1 | 3 |
| 15 | 4/11 | 戊子 | 1 | 4 |
| 16 | 4/12 | 己丑 | 7 | 5 |
| 17 | 4/13 | 庚寅 | 7 | 6 |
| 18 | 4/14 | 辛卯 | 7 | 7 |
| 19 | 4/15 | 壬辰 | 7 | 8 |
| 20 | 4/16 | 癸巳 | 7 | 9 |
| 21 | 4/17 | 甲午 | 5 | 1 |
| 22 | 4/18 | 乙未 | 5 | 2 |
| 23 | 4/19 | 丙申 | 5 | 3 |
| 24 | 4/20 | 丁酉 | 5 | 4 |
| 25 | 4/21 | 戊戌 | 5 | 5 |
| 26 | 4/22 | 己亥 | 2 | 6 |
| 27 | 4/23 | 庚子 | 2 | 7 |
| 28 | 4/24 | 辛丑 | 2 | 8 |
| 29 | 4/25 | 壬寅 | 2 | 9 |
| | | | | |

| 二 月 | | | | |
|---|---|---|---|---|
| 乙卯 | | | | |
| 一白水 | | | | |
| 春分 03時55分 廿三寅時 | | 驚蟄 02時58分 初八丑時 | 奇門遁甲局數 | |
| 農曆 | 國曆 | 干支 | 時盤 | 日盤 |
| 1 | 2/27 | 乙巳 | 3 | 6 |
| 2 | 2/28 | 丙午 | 3 | 7 |
| 3 | 3/1 | 丁未 | 3 | 8 |
| 4 | 3/2 | 戊申 | 3 | 9 |
| 5 | 3/3 | 己酉 | 1 | 1 |
| 6 | 3/4 | 庚戌 | 1 | 2 |
| 7 | 3/5 | 辛亥 | 1 | 3 |
| 8 | 3/6 | 壬子 | 1 | 4 |
| 9 | 3/7 | 癸丑 | 1 | 5 |
| 10 | 3/8 | 甲寅 | 7 | 6 |
| 11 | 3/9 | 乙卯 | 7 | 7 |
| 12 | 3/10 | 丙辰 | 7 | 8 |
| 13 | 3/11 | 丁巳 | 7 | 9 |
| 14 | 3/12 | 戊午 | 7 | 1 |
| 15 | 3/13 | 己未 | 4 | 2 |
| 16 | 3/14 | 庚申 | 4 | 3 |
| 17 | 3/15 | 辛酉 | 4 | 4 |
| 18 | 3/16 | 壬戌 | 4 | 5 |
| 19 | 3/17 | 癸亥 | 4 | 6 |
| 20 | 3/18 | 甲子 | 3 | 7 |
| 21 | 3/19 | 乙丑 | 3 | 8 |
| 22 | 3/20 | 丙寅 | 3 | 9 |
| 23 | 3/21 | 丁卯 | 3 | 1 |
| 24 | 3/22 | 戊辰 | 3 | 2 |
| 25 | 3/23 | 己巳 | 9 | 3 |
| 26 | 3/24 | 庚午 | 9 | 4 |
| 27 | 3/25 | 辛未 | 9 | 5 |
| 28 | 3/26 | 壬申 | 9 | 6 |
| 29 | 3/27 | 癸酉 | 9 | 7 |
| | | | | |

| 正 月 | | | | |
|---|---|---|---|---|
| 甲寅 | | | | |
| 二黑土 | | | | |
| 雨水 04時55分 廿三寅時 | | 立春 08時57分 初八辰時 | 奇門遁甲局數 | |
| 農曆 | 國曆 | 干支 | 時盤 | 日盤 |
| 1 | 1/28 | 乙亥 | 6 | 3 |
| 2 | 1/29 | 丙子 | 6 | 4 |
| 3 | 1/30 | 丁丑 | 6 | 5 |
| 4 | 1/31 | 戊寅 | 6 | 6 |
| 5 | 2/1 | 己卯 | 8 | 7 |
| 6 | 2/2 | 庚辰 | 8 | 8 |
| 7 | 2/3 | 辛巳 | 8 | 9 |
| 8 | 2/4 | 壬午 | 8 | 1 |
| 9 | 2/5 | 癸未 | 8 | 2 |
| 10 | 2/6 | 甲申 | 5 | 3 |
| 11 | 2/7 | 乙酉 | 5 | 4 |
| 12 | 2/8 | 丙戌 | 5 | 5 |
| 13 | 2/9 | 丁亥 | 5 | 6 |
| 14 | 2/10 | 戊子 | 5 | 7 |
| 15 | 2/11 | 己丑 | 2 | 8 |
| 16 | 2/12 | 庚寅 | 2 | 9 |
| 17 | 2/13 | 辛卯 | 2 | 1 |
| 18 | 2/14 | 壬辰 | 2 | 2 |
| 19 | 2/15 | 癸巳 | 2 | 3 |
| 20 | 2/16 | 甲午 | 9 | 4 |
| 21 | 2/17 | 乙未 | 9 | 5 |
| 22 | 2/18 | 丙申 | 9 | 6 |
| 23 | 2/19 | 丁酉 | 9 | 7 |
| 24 | 2/20 | 戊戌 | 9 | 8 |
| 25 | 2/21 | 己亥 | 6 | 9 |
| 26 | 2/22 | 庚子 | 6 | 1 |
| 27 | 2/23 | 辛丑 | 6 | 2 |
| 28 | 2/24 | 壬寅 | 6 | 3 |
| 29 | 2/25 | 癸卯 | 6 | 4 |
| 30 | 2/26 | 甲辰 | 3 | 5 |

# 西元1998年（戊寅）肖虎 民國87年（女巽命）

奇門遁甲局數如標示為 一 ～九表示陰局　　如標示為1 ～9 表示陽局

| 十二月 | | | | | 十一月 | | | | | 十　月 | | | | | 九　月 | | | | | 八　月 | | | | | 七　月 | | | | |
|---|---|---|---|---|---|---|---|---|---|---|---|---|---|---|---|---|---|---|---|---|---|---|---|---|---|---|---|---|---|
| 乙丑 | | | | | 甲子 | | | | | 癸亥 | | | | | 壬戌 | | | | | 辛酉 | | | | | 庚申 | | | | |
| 九紫火 | | | | | 一白水 | | | | | 二黑土 | | | | | 三碧木 | | | | | 四綠木 | | | | | 五黃土 | | | | |
| 立春 14時58分 十九未時 | | 大寒 20時38分 初四戌時 | 奇門遁甲局數 | | 小寒 03時18分 十九寅時 | | 冬至 09時57分 初四巳時 | 奇門遁甲局數 | | 大雪 16時02分 十九申時 | | 小雪 20時35分 初四戌時 | 奇門遁甲局數 | | 立冬 23時09分 十九子時 | | 霜降 22時59分 初四亥時 | 奇門遁甲局數 | | 寒露 19時56分 十八戌時 | | 秋分 13時38分 初三未時 | 奇門遁甲局數 | | 白露 04時16分 十八寅時 | | 處暑 15時59分 初二申時 | 奇門遁甲局數 | |
| 農曆 | 國曆 | 干支 | 時盤 | 日盤 | 農曆 | 國曆 | 干支 | 時盤 | 日盤 | 農曆 | 國曆 | 干支 | 時盤 | 日盤 | 農曆 | 國曆 | 干支 | 時盤 | 日盤 | 農曆 | 國曆 | 干支 | 時盤 | 日盤 | 農曆 | 國曆 | 干支 | 時盤 | 日盤 |
| 1 | 1/17 | 己巳 | 8 | 6 | 1 | 12/19 | 庚子 | 七 | 六 | 1 | 11/19 | 庚午 | 八 | 九 | 1 | 10/20 | 庚子 | 八 | 三 | 1 | 9/21 | 辛未 | 一 | 五 | 1 | 8/22 | 辛丑 | 四 | 八 |
| 2 | 1/18 | 庚午 | 8 | 7 | 2 | 12/20 | 辛丑 | 七 | 五 | 2 | 11/20 | 辛未 | 八 | 八 | 2 | 10/21 | 辛丑 | 八 | 二 | 2 | 9/22 | 壬申 | 一 | 四 | 2 | 8/23 | 壬寅 | 四 | 七 |
| 3 | 1/19 | 辛未 | 8 | 8 | 3 | 12/21 | 壬寅 | 七 | 四 | 3 | 11/21 | 壬申 | 八 | 七 | 3 | 10/22 | 壬寅 | 八 | 一 | 3 | 9/23 | 癸酉 | 一 | 三 | 3 | 8/24 | 癸卯 | 四 | 六 |
| 4 | 1/20 | 壬申 | 8 | 9 | 4 | 12/22 | 癸卯 | 七 | 7 | 4 | 11/22 | 癸酉 | 八 | 六 | 4 | 10/23 | 癸卯 | 八 | 九 | 4 | 9/24 | 甲戌 | 四 | 二 | 4 | 8/25 | 甲辰 | 七 | 五 |
| 5 | 1/21 | 癸酉 | 8 | 1 | 5 | 12/23 | 甲辰 | 一 | 8 | 5 | 11/23 | 甲戌 | 二 | 五 | 5 | 10/24 | 甲辰 | 二 | 八 | 5 | 9/25 | 乙亥 | 四 | 一 | 5 | 8/26 | 乙巳 | 七 | 四 |
| 6 | 1/22 | 甲戌 | 5 | 2 | 6 | 12/24 | 乙巳 | 一 | 9 | 6 | 11/24 | 乙亥 | 二 | 四 | 6 | 10/25 | 乙巳 | 二 | 七 | 6 | 9/26 | 丙子 | 四 | 九 | 6 | 8/27 | 丙午 | 七 | 三 |
| 7 | 1/23 | 乙亥 | 5 | 3 | 7 | 12/25 | 丙午 | 一 | 1 | 7 | 11/25 | 丙子 | 二 | 三 | 7 | 10/26 | 丙午 | 二 | 六 | 7 | 9/27 | 丁丑 | 四 | 八 | 7 | 8/28 | 丁未 | 七 | 二 |
| 8 | 1/24 | 丙子 | 5 | 4 | 8 | 12/26 | 丁未 | 一 | 2 | 8 | 11/26 | 丁丑 | 二 | 二 | 8 | 10/27 | 丁未 | 二 | 五 | 8 | 9/28 | 戊寅 | 四 | 七 | 8 | 8/29 | 戊申 | 七 | 一 |
| 9 | 1/25 | 丁丑 | 5 | 5 | 9 | 12/27 | 戊申 | 一 | 3 | 9 | 11/27 | 戊寅 | 二 | 一 | 9 | 10/28 | 戊申 | 二 | 四 | 9 | 9/29 | 己卯 | 六 | 六 | 9 | 8/30 | 己酉 | 九 | 九 |
| 10 | 1/26 | 戊寅 | 5 | 6 | 10 | 12/28 | 己酉 | 1 | 4 | 10 | 11/28 | 己卯 | 四 | 九 | 10 | 10/29 | 己酉 | 六 | 三 | 10 | 9/30 | 庚辰 | 六 | 五 | 10 | 8/31 | 庚戌 | 九 | 八 |
| 11 | 1/27 | 己卯 | 3 | 7 | 11 | 12/29 | 庚戌 | 1 | 5 | 11 | 11/29 | 庚辰 | 四 | 八 | 11 | 10/30 | 庚戌 | 六 | 二 | 11 | 10/ 1 | 辛巳 | 六 | 四 | 11 | 9/ 1 | 辛亥 | 九 | 七 |
| 12 | 1/28 | 庚辰 | 3 | 8 | 12 | 12/30 | 辛亥 | 1 | 6 | 12 | 11/30 | 辛巳 | 四 | 七 | 12 | 10/31 | 辛亥 | 六 | 一 | 12 | 10/ 2 | 壬午 | 六 | 三 | 12 | 9/ 2 | 壬子 | 九 | 六 |
| 13 | 1/29 | 辛巳 | 3 | 9 | 13 | 12/31 | 壬子 | 1 | 7 | 13 | 12/ 1 | 壬午 | 四 | 六 | 13 | 11/ 1 | 壬子 | 六 | 九 | 13 | 10/ 3 | 癸未 | 六 | 二 | 13 | 9/ 3 | 癸丑 | 九 | 五 |
| 14 | 1/30 | 壬午 | 3 | 1 | 14 | 1/ 1 | 癸丑 | 1 | 8 | 14 | 12/ 2 | 癸未 | 四 | 五 | 14 | 11/ 2 | 癸丑 | 六 | 八 | 14 | 10/ 4 | 甲申 | 九 | 一 | 14 | 9/ 4 | 甲寅 | 三 | 四 |
| 15 | 1/31 | 癸未 | 3 | 2 | 15 | 1/ 2 | 甲寅 | 7 | 9 | 15 | 12/ 3 | 甲申 | 七 | 四 | 15 | 11/ 3 | 甲寅 | 九 | 七 | 15 | 10/ 5 | 乙酉 | 九 | 九 | 15 | 9/ 5 | 乙卯 | 三 | 三 |
| 16 | 2/ 1 | 甲申 | 9 | 3 | 16 | 1/ 3 | 乙卯 | 7 | 1 | 16 | 12/ 4 | 乙酉 | 七 | 三 | 16 | 11/ 4 | 乙卯 | 九 | 六 | 16 | 10/ 6 | 丙戌 | 九 | 八 | 16 | 9/ 6 | 丙辰 | 三 | 二 |
| 17 | 2/ 2 | 乙酉 | 9 | 4 | 17 | 1/ 4 | 丙辰 | 7 | 2 | 17 | 12/ 5 | 丙戌 | 七 | 二 | 17 | 11/ 5 | 丙辰 | 九 | 五 | 17 | 10/ 7 | 丁亥 | 九 | 七 | 17 | 9/ 7 | 丁巳 | 三 | 一 |
| 18 | 2/ 3 | 丙戌 | 9 | 5 | 18 | 1/ 5 | 丁巳 | 7 | 3 | 18 | 12/ 6 | 丁亥 | 七 | 一 | 18 | 11/ 6 | 丁巳 | 九 | 四 | 18 | 10/ 8 | 戊子 | 九 | 六 | 18 | 9/ 8 | 戊午 | 三 | 九 |
| 19 | 2/ 4 | 丁亥 | 9 | 6 | 19 | 1/ 6 | 戊午 | 7 | 4 | 19 | 12/ 7 | 戊子 | 七 | 九 | 19 | 11/ 7 | 戊午 | 九 | 三 | 19 | 10/ 9 | 己丑 | 三 | 五 | 19 | 9/ 9 | 己未 | 六 | 八 |
| 20 | 2/ 5 | 戊子 | 9 | 7 | 20 | 1/ 7 | 己未 | 4 | 5 | 20 | 12/ 8 | 己丑 | 一 | 八 | 20 | 11/ 8 | 己未 | 三 | 二 | 20 | 10/10 | 庚寅 | 三 | 四 | 20 | 9/10 | 庚申 | 六 | 七 |
| 21 | 2/ 6 | 己丑 | 6 | 8 | 21 | 1/ 8 | 庚申 | 4 | 6 | 21 | 12/ 9 | 庚寅 | 一 | 七 | 21 | 11/ 9 | 庚申 | 三 | 一 | 21 | 10/11 | 辛卯 | 三 | 三 | 21 | 9/11 | 辛酉 | 六 | 六 |
| 22 | 2/ 7 | 庚寅 | 6 | 9 | 22 | 1/ 9 | 辛酉 | 4 | 7 | 22 | 12/10 | 辛卯 | 一 | 六 | 22 | 11/10 | 辛酉 | 三 | 九 | 22 | 10/12 | 壬辰 | 三 | 二 | 22 | 9/12 | 壬戌 | 六 | 五 |
| 23 | 2/ 8 | 辛卯 | 6 | 1 | 23 | 1/10 | 壬戌 | 4 | 8 | 23 | 12/11 | 壬辰 | 一 | 五 | 23 | 11/11 | 壬戌 | 三 | 八 | 23 | 10/13 | 癸巳 | 三 | 一 | 23 | 9/13 | 癸亥 | 六 | 四 |
| 24 | 2/ 9 | 壬辰 | 6 | 2 | 24 | 1/11 | 癸亥 | 4 | 9 | 24 | 12/12 | 癸巳 | 一 | 四 | 24 | 11/12 | 癸亥 | 三 | 七 | 24 | 10/14 | 甲午 | 五 | 九 | 24 | 9/14 | 甲子 | 七 | 三 |
| 25 | 2/10 | 癸巳 | 6 | 3 | 25 | 1/12 | 甲子 | 2 | 1 | 25 | 12/13 | 甲午 | 四 | 三 | 25 | 11/13 | 甲子 | 五 | 六 | 25 | 10/15 | 乙未 | 五 | 八 | 25 | 9/15 | 乙丑 | 七 | 二 |
| 26 | 2/11 | 甲午 | 8 | 4 | 26 | 1/13 | 乙丑 | 2 | 2 | 26 | 12/14 | 乙未 | 四 | 二 | 26 | 11/14 | 乙丑 | 五 | 五 | 26 | 10/16 | 丙申 | 五 | 七 | 26 | 9/16 | 丙寅 | 七 | 一 |
| 27 | 2/12 | 乙未 | 8 | 5 | 27 | 1/14 | 丙寅 | 2 | 3 | 27 | 12/15 | 丙申 | 四 | 一 | 27 | 11/15 | 丙寅 | 五 | 四 | 27 | 10/17 | 丁酉 | 五 | 六 | 27 | 9/17 | 丁卯 | 七 | 九 |
| 28 | 2/13 | 丙申 | 8 | 6 | 28 | 1/15 | 丁卯 | 2 | 4 | 28 | 12/16 | 丁酉 | 四 | 九 | 28 | 11/16 | 丁卯 | 五 | 三 | 28 | 10/18 | 戊戌 | 五 | 五 | 28 | 9/18 | 戊辰 | 七 | 八 |
| 29 | 2/14 | 丁酉 | 8 | 7 | 29 | 1/16 | 戊辰 | 2 | 5 | 29 | 12/17 | 戊戌 | 四 | 八 | 29 | 11/17 | 戊辰 | 五 | 二 | 29 | 10/19 | 己亥 | 八 | 四 | 29 | 9/19 | 己巳 | 一 | 七 |
| 30 | 2/15 | 戊戌 | 8 | 8 | | | | | | 30 | 12/18 | 己亥 | 七 | 七 | 30 | 11/18 | 己巳 | 八 | 一 | | | | | | 30 | 9/20 | 庚午 | 一 | 六 |

# 西元1999年（己卯）肖兔 民國88年（男坎命）

奇門遁甲局數如標示為 一 ～九表示陰局　　如標示為1 ～9 表示陽局

## 六月　辛未　三碧木

立秋：07時15分 廿七辰時　大暑：14時44分 十一未時

| 農曆 | 國曆 | 干支 | 時盤 | 日盤 |
|---|---|---|---|---|
| 1 | 7/13 | 丙寅 | 八 | 七 |
| 2 | 7/14 | 丁卯 | 八 | 六 |
| 3 | 7/15 | 戊辰 | 八 | 五 |
| 4 | 7/16 | 己巳 | 二 | 四 |
| 5 | 7/17 | 庚午 | 二 | 三 |
| 6 | 7/18 | 辛未 | 二 | 二 |
| 7 | 7/19 | 壬申 | 二 | 一 |
| 8 | 7/20 | 癸酉 | 二 | 九 |
| 9 | 7/21 | 甲戌 | 五 | 八 |
| 10 | 7/22 | 乙亥 | 五 | 七 |
| 11 | 7/23 | 丙子 | 五 | 六 |
| 12 | 7/24 | 丁丑 | 五 | 五 |
| 13 | 7/25 | 戊寅 | 五 | 四 |
| 14 | 7/26 | 己卯 | 七 | 三 |
| 15 | 7/27 | 庚辰 | 七 | 二 |
| 16 | 7/28 | 辛巳 | 七 | 一 |
| 17 | 7/29 | 壬午 | 七 | 九 |
| 18 | 7/30 | 癸未 | 七 | 八 |
| 19 | 7/31 | 甲申 | 一 | 七 |
| 20 | 8/1 | 乙酉 | 一 | 六 |
| 21 | 8/2 | 丙戌 | 一 | 五 |
| 22 | 8/3 | 丁亥 | 一 | 四 |
| 23 | 8/4 | 戊子 | 一 | 三 |
| 24 | 8/5 | 己丑 | 四 | 二 |
| 25 | 8/6 | 庚寅 | 四 | 一 |
| 26 | 8/7 | 辛卯 | 四 | 九 |
| 27 | 8/8 | 壬辰 | 四 | 八 |
| 28 | 8/9 | 癸巳 | 四 | 七 |
| 29 | 8/10 | 甲午 | 二 | 六 |

## 五月　庚午　四綠木

小暑：21時25分 廿四亥時　夏至：03時49分 初九寅時

| 農曆 | 國曆 | 干支 | 時盤 | 日盤 |
|---|---|---|---|---|
| 1 | 6/14 | 丁酉 | 6 | 1 |
| 2 | 6/15 | 戊戌 | 6 | 2 |
| 3 | 6/16 | 己亥 | 3 | 3 |
| 4 | 6/17 | 庚子 | 3 | 4 |
| 5 | 6/18 | 辛丑 | 3 | 5 |
| 6 | 6/19 | 壬寅 | 3 | 6 |
| 7 | 6/20 | 癸卯 | 3 | 7 |
| 8 | 6/21 | 甲辰 | 9 | 8 |
| 9 | 6/22 | 乙巳 | 9 | 一 |
| 10 | 6/23 | 丙午 | 9 | 九 |
| 11 | 6/24 | 丁未 | 9 | 八 |
| 12 | 6/25 | 戊申 | 9 | 七 |
| 13 | 6/26 | 己酉 | 九 | 六 |
| 14 | 6/27 | 庚戌 | 九 | 五 |
| 15 | 6/28 | 辛亥 | 九 | 四 |
| 16 | 6/29 | 壬子 | 九 | 三 |
| 17 | 6/30 | 癸丑 | 九 | 二 |
| 18 | 7/1 | 甲寅 | 三 | 一 |
| 19 | 7/2 | 乙卯 | 三 | 九 |
| 20 | 7/3 | 丙辰 | 三 | 八 |
| 21 | 7/4 | 丁巳 | 三 | 七 |
| 22 | 7/5 | 戊午 | 三 | 六 |
| 23 | 7/6 | 己未 | 六 | 五 |
| 24 | 7/7 | 庚申 | 六 | 四 |
| 25 | 7/8 | 辛酉 | 六 | 三 |
| 26 | 7/9 | 壬戌 | 六 | 二 |
| 27 | 7/10 | 癸亥 | 六 | 一 |
| 28 | 7/11 | 甲子 | 八 | 九 |
| 29 | 7/12 | 乙丑 | 八 | 八 |

## 四月　己巳　五黃土

芒種：11時09分 廿三午時　小滿：19時53分 初七戌時

| 農曆 | 國曆 | 干支 | 時盤 | 日盤 |
|---|---|---|---|---|
| 1 | 5/15 | 丁卯 | 4 | 7 |
| 2 | 5/16 | 戊辰 | 4 | 8 |
| 3 | 5/17 | 己巳 | 1 | 9 |
| 4 | 5/18 | 庚午 | 1 | 1 |
| 5 | 5/19 | 辛未 | 1 | 2 |
| 6 | 5/20 | 壬申 | 1 | 3 |
| 7 | 5/21 | 癸酉 | 1 | 4 |
| 8 | 5/22 | 甲戌 | 7 | 5 |
| 9 | 5/23 | 乙亥 | 7 | 6 |
| 10 | 5/24 | 丙子 | 7 | 7 |
| 11 | 5/25 | 丁丑 | 7 | 8 |
| 12 | 5/26 | 戊寅 | 7 | 9 |
| 13 | 5/27 | 己卯 | 5 | 1 |
| 14 | 5/28 | 庚辰 | 5 | 2 |
| 15 | 5/29 | 辛巳 | 5 | 3 |
| 16 | 5/30 | 壬午 | 5 | 4 |
| 17 | 5/31 | 癸未 | 5 | 5 |
| 18 | 6/1 | 甲申 | 2 | 6 |
| 19 | 6/2 | 乙酉 | 2 | 7 |
| 20 | 6/3 | 丙戌 | 2 | 8 |
| 21 | 6/4 | 丁亥 | 2 | 9 |
| 22 | 6/5 | 戊子 | 2 | 1 |
| 23 | 6/6 | 己丑 | 8 | 2 |
| 24 | 6/7 | 庚寅 | 8 | 3 |
| 25 | 6/8 | 辛卯 | 8 | 4 |
| 26 | 6/9 | 壬辰 | 8 | 5 |
| 27 | 6/10 | 癸巳 | 8 | 6 |
| 28 | 6/11 | 甲午 | 6 | 7 |
| 29 | 6/12 | 乙未 | 6 | 8 |
| 30 | 6/13 | 丙申 | 6 | 9 |

## 三月　戊辰　六白金

立夏：07時01分 廿一辰時　穀雨：20時46分 初五戌時

| 農曆 | 國曆 | 干支 | 時盤 | 日盤 |
|---|---|---|---|---|
| 1 | 4/16 | 戊戌 | 4 | 5 |
| 2 | 4/17 | 己亥 | 1 | 6 |
| 3 | 4/18 | 庚子 | 1 | 7 |
| 4 | 4/19 | 辛丑 | 1 | 8 |
| 5 | 4/20 | 壬寅 | 1 | 9 |
| 6 | 4/21 | 癸卯 | 1 | 1 |
| 7 | 4/22 | 甲辰 | 7 | 2 |
| 8 | 4/23 | 乙巳 | 7 | 3 |
| 9 | 4/24 | 丙午 | 7 | 4 |
| 10 | 4/25 | 丁未 | 7 | 5 |
| 11 | 4/26 | 戊申 | 7 | 6 |
| 12 | 4/27 | 己酉 | 5 | 7 |
| 13 | 4/28 | 庚戌 | 5 | 8 |
| 14 | 4/29 | 辛亥 | 5 | 9 |
| 15 | 4/30 | 壬子 | 5 | 1 |
| 16 | 5/1 | 癸丑 | 5 | 2 |
| 17 | 5/2 | 甲寅 | 2 | 3 |
| 18 | 5/3 | 乙卯 | 2 | 4 |
| 19 | 5/4 | 丙辰 | 2 | 5 |
| 20 | 5/5 | 丁巳 | 2 | 6 |
| 21 | 5/6 | 戊午 | 2 | 7 |
| 22 | 5/7 | 己未 | 8 | 8 |
| 23 | 5/8 | 庚申 | 8 | 9 |
| 24 | 5/9 | 辛酉 | 8 | 1 |
| 25 | 5/10 | 壬戌 | 8 | 2 |
| 26 | 5/11 | 癸亥 | 8 | 3 |
| 27 | 5/12 | 甲子 | 4 | 4 |
| 28 | 5/13 | 乙丑 | 4 | 5 |
| 29 | 5/14 | 丙寅 | 4 | 6 |

## 二月　丁卯　七赤金

清明：13時45分 十九未時　春分：09時46分 初四巳時

| 農曆 | 國曆 | 干支 | 時盤 | 日盤 |
|---|---|---|---|---|
| 1 | 3/18 | 己巳 | 7 | 3 |
| 2 | 3/19 | 庚午 | 7 | 4 |
| 3 | 3/20 | 辛未 | 7 | 5 |
| 4 | 3/21 | 壬申 | 7 | 6 |
| 5 | 3/22 | 癸酉 | 7 | 7 |
| 6 | 3/23 | 甲戌 | 4 | 8 |
| 7 | 3/24 | 乙亥 | 4 | 9 |
| 8 | 3/25 | 丙子 | 4 | 1 |
| 9 | 3/26 | 丁丑 | 4 | 2 |
| 10 | 3/27 | 戊寅 | 4 | 3 |
| 11 | 3/28 | 己卯 | 3 | 4 |
| 12 | 3/29 | 庚辰 | 3 | 5 |
| 13 | 3/30 | 辛巳 | 3 | 6 |
| 14 | 3/31 | 壬午 | 3 | 7 |
| 15 | 4/1 | 癸未 | 3 | 8 |
| 16 | 4/2 | 甲申 | 9 | 9 |
| 17 | 4/3 | 乙酉 | 9 | 1 |
| 18 | 4/4 | 丙戌 | 9 | 2 |
| 19 | 4/5 | 丁亥 | 9 | 3 |
| 20 | 4/6 | 戊子 | 9 | 4 |
| 21 | 4/7 | 己丑 | 6 | 5 |
| 22 | 4/8 | 庚寅 | 6 | 6 |
| 23 | 4/9 | 辛卯 | 6 | 7 |
| 24 | 4/10 | 壬辰 | 6 | 8 |
| 25 | 4/11 | 癸巳 | 6 | 9 |
| 26 | 4/12 | 甲午 | 4 | 1 |
| 27 | 4/13 | 乙未 | 4 | 2 |
| 28 | 4/14 | 丙申 | 4 | 3 |
| 29 | 4/15 | 丁酉 | 4 | 4 |

## 正月　丙寅　八白土

驚蟄：08時58分 十九辰時　雨水：10時47分 初四巳時

| 農曆 | 國曆 | 干支 | 時盤 | 日盤 |
|---|---|---|---|---|
| 1 | 2/16 | 己亥 | 5 | 9 |
| 2 | 2/17 | 庚子 | 5 | 1 |
| 3 | 2/18 | 辛丑 | 5 | 2 |
| 4 | 2/19 | 壬寅 | 5 | 3 |
| 5 | 2/20 | 癸卯 | 5 | 4 |
| 6 | 2/21 | 甲辰 | 2 | 5 |
| 7 | 2/22 | 乙巳 | 2 | 6 |
| 8 | 2/23 | 丙午 | 2 | 7 |
| 9 | 2/24 | 丁未 | 2 | 8 |
| 10 | 2/25 | 戊申 | 2 | 9 |
| 11 | 2/26 | 己酉 | 9 | 1 |
| 12 | 2/27 | 庚戌 | 9 | 2 |
| 13 | 2/28 | 辛亥 | 9 | 3 |
| 14 | 3/1 | 壬子 | 9 | 4 |
| 15 | 3/2 | 癸丑 | 9 | 5 |
| 16 | 3/3 | 甲寅 | 6 | 6 |
| 17 | 3/4 | 乙卯 | 6 | 7 |
| 18 | 3/5 | 丙辰 | 6 | 8 |
| 19 | 3/6 | 丁巳 | 6 | 9 |
| 20 | 3/7 | 戊午 | 6 | 1 |
| 21 | 3/8 | 己未 | 3 | 2 |
| 22 | 3/9 | 庚申 | 3 | 3 |
| 23 | 3/10 | 辛酉 | 3 | 4 |
| 24 | 3/11 | 壬戌 | 3 | 5 |
| 25 | 3/12 | 癸亥 | 3 | 6 |
| 26 | 3/13 | 甲子 | 1 | 7 |
| 27 | 3/14 | 乙丑 | 1 | 8 |
| 28 | 3/15 | 丙寅 | 1 | 9 |
| 29 | 3/16 | 丁卯 | 1 | 1 |
| 30 | 3/17 | 戊辰 | 1 | 2 |

# 西元1999年（己卯）肖兔 民國88年（女艮命）

奇門遁甲局數如標示為 一 ～九表示陰局　　如標示為1 ～9 表示陽局

## 十二月　丁丑　六白金

| 立春 | 大寒 | 奇門遁甲局數 |
|---|---|---|
| 20時41分 廿九戌時 | 02時24分 十五丑時 | |

| 農曆 | 國曆 | 干支 | 時盤 | 日盤 |
|---|---|---|---|---|
| 1 | 1/7 | 甲子 | 2 | 1 |
| 2 | 1/8 | 乙丑 | 2 | 2 |
| 3 | 1/9 | 丙寅 | 2 | 3 |
| 4 | 1/10 | 丁卯 | 2 | 4 |
| 5 | 1/11 | 戊辰 | 2 | 5 |
| 6 | 1/12 | 己巳 | 8 | 6 |
| 7 | 1/13 | 庚午 | 8 | 7 |
| 8 | 1/14 | 辛未 | 8 | 8 |
| 9 | 1/15 | 壬申 | 8 | 9 |
| 10 | 1/16 | 癸酉 | 8 | 1 |
| 11 | 1/17 | 甲戌 | 5 | 2 |
| 12 | 1/18 | 乙亥 | 5 | 3 |
| 13 | 1/19 | 丙子 | 5 | 4 |
| 14 | 1/20 | 丁丑 | 5 | 5 |
| 15 | 1/21 | 戊寅 | 5 | 6 |
| 16 | 1/22 | 己卯 | 3 | 7 |
| 17 | 1/23 | 庚辰 | 3 | 8 |
| 18 | 1/24 | 辛巳 | 3 | 9 |
| 19 | 1/25 | 壬午 | 3 | 1 |
| 20 | 1/26 | 癸未 | 3 | 2 |
| 21 | 1/27 | 甲申 | 9 | 3 |
| 22 | 1/28 | 乙酉 | 9 | 4 |
| 23 | 1/29 | 丙戌 | 9 | 5 |
| 24 | 1/30 | 丁亥 | 9 | 6 |
| 25 | 1/31 | 戊子 | 9 | 7 |
| 26 | 2/1 | 己丑 | 6 | 8 |
| 27 | 2/2 | 庚寅 | 6 | 9 |
| 28 | 2/3 | 辛卯 | 6 | 1 |
| 29 | 2/4 | 壬辰 | 6 | 2 |
| | | | | |

## 十一月　丙子　七赤金

| 小寒 | 冬至 | 奇門遁甲局數 |
|---|---|---|
| 09時01分 三十巳時 | 15時44分 十五申時 | |

| 農曆 | 國曆 | 干支 | 時盤 | 日盤 |
|---|---|---|---|---|
| 1 | 12/8 | 甲午 | 四 | 三 |
| 2 | 12/9 | 乙未 | 四 | 二 |
| 3 | 12/10 | 丙申 | 四 | 一 |
| 4 | 12/11 | 丁酉 | 四 | 九 |
| 5 | 12/12 | 戊戌 | 四 | 八 |
| 6 | 12/13 | 己亥 | 七 | 七 |
| 7 | 12/14 | 庚子 | 七 | 六 |
| 8 | 12/15 | 辛丑 | 七 | 五 |
| 9 | 12/16 | 壬寅 | 七 | 四 |
| 10 | 12/17 | 癸卯 | 七 | 三 |
| 11 | 12/18 | 甲辰 | 一 | 二 |
| 12 | 12/19 | 乙巳 | 一 | 一 |
| 13 | 12/20 | 丙午 | 一 | 九 |
| 14 | 12/21 | 丁未 | 一 | 八 |
| 15 | 12/22 | 戊申 | 一 | 3 |
| 16 | 12/23 | 己酉 | 1 | 4 |
| 17 | 12/24 | 庚戌 | 1 | 5 |
| 18 | 12/25 | 辛亥 | 1 | 6 |
| 19 | 12/26 | 壬子 | 1 | 7 |
| 20 | 12/27 | 癸丑 | 1 | 8 |
| 21 | 12/28 | 甲寅 | 7 | 9 |
| 22 | 12/29 | 乙卯 | 7 | 1 |
| 23 | 12/30 | 丙辰 | 7 | 2 |
| 24 | 12/31 | 丁巳 | 7 | 3 |
| 25 | 1/1 | 戊午 | 7 | 4 |
| 26 | 1/2 | 己未 | 4 | 5 |
| 27 | 1/3 | 庚申 | 4 | 6 |
| 28 | 1/4 | 辛酉 | 4 | 7 |
| 29 | 1/5 | 壬戌 | 4 | 8 |
| 30 | 1/6 | 癸亥 | 4 | 9 |

## 十月　乙亥　八白土

| 大雪 | 小雪 | 奇門遁甲局數 |
|---|---|---|
| 21時48分 三十亥時 | 02時25分 十六丑時 | |

| 農曆 | 國曆 | 干支 | 時盤 | 日盤 |
|---|---|---|---|---|
| 1 | 11/8 | 甲子 | 六 | 六 |
| 2 | 11/9 | 乙丑 | 六 | 五 |
| 3 | 11/10 | 丙寅 | 六 | 四 |
| 4 | 11/11 | 丁卯 | 六 | 三 |
| 5 | 11/12 | 戊辰 | 六 | 二 |
| 6 | 11/13 | 己巳 | 九 | 一 |
| 7 | 11/14 | 庚午 | 九 | 九 |
| 8 | 11/15 | 辛未 | 九 | 八 |
| 9 | 11/16 | 壬申 | 九 | 七 |
| 10 | 11/17 | 癸酉 | 九 | 六 |
| 11 | 11/18 | 甲戌 | 三 | 五 |
| 12 | 11/19 | 乙亥 | 三 | 四 |
| 13 | 11/20 | 丙子 | 三 | 三 |
| 14 | 11/21 | 丁丑 | 三 | 二 |
| 15 | 11/22 | 戊寅 | 三 | 一 |
| 16 | 11/23 | 己卯 | 五 | 九 |
| 17 | 11/24 | 庚辰 | 五 | 八 |
| 18 | 11/25 | 辛巳 | 五 | 七 |
| 19 | 11/26 | 壬午 | 五 | 六 |
| 20 | 11/27 | 癸未 | 五 | 五 |
| 21 | 11/28 | 甲申 | 八 | 四 |
| 22 | 11/29 | 乙酉 | 八 | 三 |
| 23 | 11/30 | 丙戌 | 八 | 二 |
| 24 | 12/1 | 丁亥 | 八 | 一 |
| 25 | 12/2 | 戊子 | 八 | 九 |
| 26 | 12/3 | 己丑 | 二 | 八 |
| 27 | 12/4 | 庚寅 | 二 | 七 |
| 28 | 12/5 | 辛卯 | 二 | 六 |
| 29 | 12/6 | 壬辰 | 二 | 五 |
| 30 | 12/7 | 癸巳 | 二 | 四 |

## 九月　甲戌　九紫火

| 立冬 | 霜降 | 奇門遁甲局數 |
|---|---|---|
| 04時58分 初一寅時 | 04時52分 十六寅時 | |

| 農曆 | 國曆 | 干支 | 時盤 | 日盤 |
|---|---|---|---|---|
| 1 | 10/9 | 甲午 | 六 | 九 |
| 2 | 10/10 | 乙未 | 六 | 八 |
| 3 | 10/11 | 丙申 | 六 | 七 |
| 4 | 10/12 | 丁酉 | 六 | 六 |
| 5 | 10/13 | 戊戌 | 六 | 五 |
| 6 | 10/14 | 己亥 | 九 | 四 |
| 7 | 10/15 | 庚子 | 九 | 三 |
| 8 | 10/16 | 辛丑 | 九 | 二 |
| 9 | 10/17 | 壬寅 | 九 | 一 |
| 10 | 10/18 | 癸卯 | 九 | 九 |
| 11 | 10/19 | 甲辰 | 三 | 八 |
| 12 | 10/20 | 乙巳 | 三 | 七 |
| 13 | 10/21 | 丙午 | 三 | 六 |
| 14 | 10/22 | 丁未 | 三 | 五 |
| 15 | 10/23 | 戊申 | 三 | 四 |
| 16 | 10/24 | 己酉 | 五 | 三 |
| 17 | 10/25 | 庚戌 | 五 | 二 |
| 18 | 10/26 | 辛亥 | 五 | 一 |
| 19 | 10/27 | 壬子 | 五 | 九 |
| 20 | 10/28 | 癸丑 | 五 | 八 |
| 21 | 10/29 | 甲寅 | 八 | 七 |
| 22 | 10/30 | 乙卯 | 八 | 六 |
| 23 | 10/31 | 丙辰 | 八 | 五 |
| 24 | 11/1 | 丁巳 | 八 | 四 |
| 25 | 11/2 | 戊午 | 八 | 三 |
| 26 | 11/3 | 己未 | 二 | 二 |
| 27 | 11/4 | 庚申 | 二 | 一 |
| 28 | 11/5 | 辛酉 | 二 | 九 |
| 29 | 11/6 | 壬戌 | 二 | 八 |
| 30 | 11/7 | 癸亥 | 二 | 七 |

## 八月　癸酉　一白水

| 寒露 | 秋分 | 奇門遁甲局數 |
|---|---|---|
| 01時49分 初一丑時 | 19時32分 十四戌時 | |

| 農曆 | 國曆 | 干支 | 時盤 | 日盤 |
|---|---|---|---|---|
| 1 | 9/10 | 乙丑 | 九 | 二 |
| 2 | 9/11 | 丙寅 | 九 | 一 |
| 3 | 9/12 | 丁卯 | 九 | 九 |
| 4 | 9/13 | 戊辰 | 九 | 八 |
| 5 | 9/14 | 己巳 | 三 | 七 |
| 6 | 9/15 | 庚午 | 三 | 六 |
| 7 | 9/16 | 辛未 | 三 | 五 |
| 8 | 9/17 | 壬申 | 三 | 四 |
| 9 | 9/18 | 癸酉 | 三 | 三 |
| 10 | 9/19 | 甲戌 | 六 | 二 |
| 11 | 9/20 | 乙亥 | 六 | 一 |
| 12 | 9/21 | 丙子 | 六 | 九 |
| 13 | 9/22 | 丁丑 | 六 | 八 |
| 14 | 9/23 | 戊寅 | 六 | 七 |
| 15 | 9/24 | 己卯 | 七 | 六 |
| 16 | 9/25 | 庚辰 | 七 | 五 |
| 17 | 9/26 | 辛巳 | 七 | 四 |
| 18 | 9/27 | 壬午 | 七 | 三 |
| 19 | 9/28 | 癸未 | 七 | 二 |
| 20 | 9/29 | 甲申 | 一 | 一 |
| 21 | 9/30 | 乙酉 | 一 | 九 |
| 22 | 10/1 | 丙戌 | 一 | 八 |
| 23 | 10/2 | 丁亥 | 一 | 七 |
| 24 | 10/3 | 戊子 | 一 | 六 |
| 25 | 10/4 | 己丑 | 四 | 五 |
| 26 | 10/5 | 庚寅 | 四 | 四 |
| 27 | 10/6 | 辛卯 | 四 | 三 |
| 28 | 10/7 | 壬辰 | 四 | 二 |
| 29 | 10/8 | 癸巳 | 四 | 一 |
| | | | | |

## 七月　壬申　二黑土

| 白露 | 處暑 | 奇門遁甲局數 |
|---|---|---|
| 10時11分 廿九巳時 | 21時51分 十三亥時 | |

| 農曆 | 國曆 | 干支 | 時盤 | 日盤 |
|---|---|---|---|---|
| 1 | 8/11 | 乙未 | 二 | 五 |
| 2 | 8/12 | 丙申 | 二 | 四 |
| 3 | 8/13 | 丁酉 | 二 | 三 |
| 4 | 8/14 | 戊戌 | 二 | 二 |
| 5 | 8/15 | 己亥 | 五 | 一 |
| 6 | 8/16 | 庚子 | 五 | 九 |
| 7 | 8/17 | 辛丑 | 五 | 八 |
| 8 | 8/18 | 壬寅 | 五 | 七 |
| 9 | 8/19 | 癸卯 | 五 | 六 |
| 10 | 8/20 | 甲辰 | 八 | 五 |
| 11 | 8/21 | 乙巳 | 八 | 四 |
| 12 | 8/22 | 丙午 | 八 | 三 |
| 13 | 8/23 | 丁未 | 八 | 二 |
| 14 | 8/24 | 戊申 | 八 | 一 |
| 15 | 8/25 | 己酉 | 一 | 九 |
| 16 | 8/26 | 庚戌 | 一 | 八 |
| 17 | 8/27 | 辛亥 | 一 | 七 |
| 18 | 8/28 | 壬子 | 一 | 六 |
| 19 | 8/29 | 癸丑 | 一 | 五 |
| 20 | 8/30 | 甲寅 | 四 | 四 |
| 21 | 8/31 | 乙卯 | 四 | 三 |
| 22 | 9/1 | 丙辰 | 四 | 二 |
| 23 | 9/2 | 丁巳 | 四 | 一 |
| 24 | 9/3 | 戊午 | 四 | 九 |
| 25 | 9/4 | 己未 | 七 | 八 |
| 26 | 9/5 | 庚申 | 七 | 七 |
| 27 | 9/6 | 辛酉 | 七 | 六 |
| 28 | 9/7 | 壬戌 | 七 | 五 |
| 29 | 9/8 | 癸亥 | 七 | 四 |
| 30 | 9/9 | 甲子 | 九 | 三 |

# 西元2000年（庚辰）肖龍 民國89年（男離命）

奇門遁甲局數如標示為 一 ～九表示陰局　　如標示為1 ～9 表示陽局

| 六月 | | | | | 五月 | | | | | 四月 | | | | | 三月 | | | | | 二月 | | | | | 正月 | | | | |
|---|---|---|---|---|---|---|---|---|---|---|---|---|---|---|---|---|---|---|---|---|---|---|---|---|---|---|---|---|---|
| 癸未 | | | | | 壬午 | | | | | 辛巳 | | | | | 庚辰 | | | | | 己卯 | | | | | 戊寅 | | | | |
| 九紫火 | | | | | 一白水 | | | | | 二黑土 | | | | | 三碧木 | | | | | 四綠木 | | | | | 五黃土 | | | | |
| 大暑 20時43分 廿一戌時 | | 小暑 03時14分 初六寅時 | 奇門遁甲局數 | | 夏至 09時48分 二十巳時 | | 芒種 16時59分 初四申時 | 奇門遁甲局數 | | 小滿 01時50分 十八丑時 | | 立夏 12時51分 初二午時 | 奇門遁甲局數 | | 穀雨 02時40分 十六丑時 | | | 奇門遁甲局數 | | 清明 19時32分 三十戌時 | | 春分 15時36分 十五申時 | 奇門遁甲局數 | | 驚蟄 14時43分 三十未時 | | 雨水 16時34分 十五申時 | 奇門遁甲局數 | |
| 農曆 | 國曆 | 干支 | 時盤 | 日盤 | 農曆 | 國曆 | 干支 | 時盤 | 日盤 | 農曆 | 國曆 | 干支 | 時盤 | 日盤 | 農曆 | 國曆 | 干支 | 時盤 | 日盤 | 農曆 | 國曆 | 干支 | 時盤 | 日盤 | 農曆 | 國曆 | 干支 | 時盤 | 日盤 |
| 1 | 7/2 | 辛酉 | 六 | 三 | 1 | 6/2 | 辛卯 | 8 | 4 | 1 | 5/4 | 壬戌 | 8 | 2 | 1 | 4/5 | 癸巳 | 6 | 9 | 1 | 3/6 | 癸亥 | 3 | 6 | 1 | 2/5 | 癸巳 | 6 | 3 |
| 2 | 7/3 | 壬戌 | 六 | 二 | 2 | 6/3 | 壬辰 | 8 | 5 | 2 | 5/5 | 癸亥 | 8 | 3 | 2 | 4/6 | 甲午 | 4 | 1 | 2 | 3/7 | 甲子 | 1 | 7 | 2 | 2/6 | 甲午 | 8 | 4 |
| 3 | 7/4 | 癸亥 | 六 | 一 | 3 | 6/4 | 癸巳 | 8 | 6 | 3 | 5/6 | 甲子 | 4 | 4 | 3 | 4/7 | 乙未 | 4 | 2 | 3 | 3/8 | 乙丑 | 1 | 8 | 3 | 2/7 | 乙未 | 8 | 5 |
| 4 | 7/5 | 甲子 | 八 | 九 | 4 | 6/5 | 甲午 | 6 | 7 | 4 | 5/7 | 乙丑 | 4 | 5 | 4 | 4/8 | 丙申 | 4 | 3 | 4 | 3/9 | 丙寅 | 1 | 9 | 4 | 2/8 | 丙申 | 8 | 6 |
| 5 | 7/6 | 乙丑 | 八 | 八 | 5 | 6/6 | 乙未 | 6 | 8 | 5 | 5/8 | 丙寅 | 4 | 6 | 5 | 4/9 | 丁酉 | 4 | 4 | 5 | 3/10 | 丁卯 | 1 | 1 | 5 | 2/9 | 丁酉 | 8 | 7 |
| 6 | 7/7 | 丙寅 | 八 | 七 | 6 | 6/7 | 丙申 | 6 | 9 | 6 | 5/9 | 丁卯 | 4 | 7 | 6 | 4/10 | 戊戌 | 4 | 5 | 6 | 3/11 | 戊辰 | 1 | 2 | 6 | 2/10 | 戊戌 | 8 | 8 |
| 7 | 7/8 | 丁卯 | 八 | 六 | 7 | 6/8 | 丁酉 | 6 | 1 | 7 | 5/10 | 戊辰 | 4 | 8 | 7 | 4/11 | 己亥 | 1 | 6 | 7 | 3/12 | 己巳 | 7 | 3 | 7 | 2/11 | 己亥 | 5 | 9 |
| 8 | 7/9 | 戊辰 | 八 | 五 | 8 | 6/9 | 戊戌 | 6 | 2 | 8 | 5/11 | 己巳 | 1 | 9 | 8 | 4/12 | 庚子 | 1 | 7 | 8 | 3/13 | 庚午 | 7 | 4 | 8 | 2/12 | 庚子 | 5 | 1 |
| 9 | 7/10 | 己巳 | 二 | 四 | 9 | 6/10 | 己亥 | 3 | 3 | 9 | 5/12 | 庚午 | 1 | 1 | 9 | 4/13 | 辛丑 | 1 | 8 | 9 | 3/14 | 辛未 | 7 | 5 | 9 | 2/13 | 辛丑 | 5 | 2 |
| 10 | 7/11 | 庚午 | 二 | 三 | 10 | 6/11 | 庚子 | 3 | 4 | 10 | 5/13 | 辛未 | 1 | 2 | 10 | 4/14 | 壬寅 | 1 | 9 | 10 | 3/15 | 壬申 | 7 | 6 | 10 | 2/14 | 壬寅 | 5 | 3 |
| 11 | 7/12 | 辛未 | 二 | 二 | 11 | 6/12 | 辛丑 | 3 | 5 | 11 | 5/14 | 壬申 | 1 | 3 | 11 | 4/15 | 癸卯 | 1 | 1 | 11 | 3/16 | 癸酉 | 7 | 7 | 11 | 2/15 | 癸卯 | 5 | 4 |
| 12 | 7/13 | 壬申 | 二 | 一 | 12 | 6/13 | 壬寅 | 3 | 6 | 12 | 5/15 | 癸酉 | 1 | 4 | 12 | 4/16 | 甲辰 | 7 | 2 | 12 | 3/17 | 甲戌 | 4 | 8 | 12 | 2/16 | 甲辰 | 2 | 5 |
| 13 | 7/14 | 癸酉 | 二 | 九 | 13 | 6/14 | 癸卯 | 3 | 7 | 13 | 5/16 | 甲戌 | 7 | 5 | 13 | 4/17 | 乙巳 | 7 | 3 | 13 | 3/18 | 乙亥 | 4 | 9 | 13 | 2/17 | 乙巳 | 2 | 6 |
| 14 | 7/15 | 甲戌 | 五 | 八 | 14 | 6/15 | 甲辰 | 9 | 8 | 14 | 5/17 | 乙亥 | 7 | 6 | 14 | 4/18 | 丙午 | 7 | 4 | 14 | 3/19 | 丙子 | 4 | 1 | 14 | 2/18 | 丙午 | 2 | 7 |
| 15 | 7/16 | 乙亥 | 五 | 七 | 15 | 6/16 | 乙巳 | 9 | 9 | 15 | 5/18 | 丙子 | 7 | 7 | 15 | 4/19 | 丁未 | 7 | 5 | 15 | 3/20 | 丁丑 | 4 | 2 | 15 | 2/19 | 丁未 | 2 | 8 |
| 16 | 7/17 | 丙子 | 五 | 六 | 16 | 6/17 | 丙午 | 9 | 1 | 16 | 5/19 | 丁丑 | 7 | 8 | 16 | 4/20 | 戊申 | 7 | 6 | 16 | 3/21 | 戊寅 | 4 | 3 | 16 | 2/20 | 戊申 | 2 | 9 |
| 17 | 7/18 | 丁丑 | 五 | 五 | 17 | 6/18 | 丁未 | 9 | 2 | 17 | 5/20 | 戊寅 | 7 | 9 | 17 | 4/21 | 己酉 | 5 | 7 | 17 | 3/22 | 己卯 | 3 | 4 | 17 | 2/21 | 己酉 | 9 | 1 |
| 18 | 7/19 | 戊寅 | 五 | 四 | 18 | 6/19 | 戊申 | 9 | 3 | 18 | 5/21 | 己卯 | 5 | 1 | 18 | 4/22 | 庚戌 | 5 | 8 | 18 | 3/23 | 庚辰 | 3 | 5 | 18 | 2/22 | 庚戌 | 9 | 2 |
| 19 | 7/20 | 己卯 | 七 | 三 | 19 | 6/20 | 己酉 | 九 | 4 | 19 | 5/22 | 庚辰 | 5 | 2 | 19 | 4/23 | 辛亥 | 5 | 9 | 19 | 3/24 | 辛巳 | 3 | 6 | 19 | 2/23 | 辛亥 | 9 | 3 |
| 20 | 7/21 | 庚辰 | 七 | 二 | 20 | 6/21 | 庚戌 | 九 | 五 | 20 | 5/23 | 辛巳 | 5 | 3 | 20 | 4/24 | 壬子 | 5 | 1 | 20 | 3/25 | 壬午 | 3 | 7 | 20 | 2/24 | 壬子 | 9 | 4 |
| 21 | 7/22 | 辛巳 | 七 | 一 | 21 | 6/22 | 辛亥 | 九 | 四 | 21 | 5/24 | 壬午 | 5 | 4 | 21 | 4/25 | 癸丑 | 5 | 2 | 21 | 3/26 | 癸未 | 3 | 8 | 21 | 2/25 | 癸丑 | 9 | 5 |
| 22 | 7/23 | 壬午 | 七 | 九 | 22 | 6/23 | 壬子 | 九 | 三 | 22 | 5/25 | 癸未 | 5 | 5 | 22 | 4/26 | 甲寅 | 2 | 3 | 22 | 3/27 | 甲申 | 9 | 9 | 22 | 2/26 | 甲寅 | 6 | 6 |
| 23 | 7/24 | 癸未 | 七 | 八 | 23 | 6/24 | 癸丑 | 九 | 二 | 23 | 5/26 | 甲申 | 2 | 6 | 23 | 4/27 | 乙卯 | 2 | 4 | 23 | 3/28 | 乙酉 | 9 | 1 | 23 | 2/27 | 乙卯 | 6 | 7 |
| 24 | 7/25 | 甲申 | 一 | 七 | 24 | 6/25 | 甲寅 | 三 | 一 | 24 | 5/27 | 乙酉 | 2 | 7 | 24 | 4/28 | 丙辰 | 2 | 5 | 24 | 3/29 | 丙戌 | 9 | 2 | 24 | 2/28 | 丙辰 | 6 | 8 |
| 25 | 7/26 | 乙酉 | 一 | 六 | 25 | 6/26 | 乙卯 | 三 | 九 | 25 | 5/28 | 丙戌 | 2 | 8 | 25 | 4/29 | 丁巳 | 2 | 6 | 25 | 3/30 | 丁亥 | 9 | 3 | 25 | 2/29 | 丁巳 | 6 | 9 |
| 26 | 7/27 | 丙戌 | 一 | 五 | 26 | 6/27 | 丙辰 | 三 | 八 | 26 | 5/29 | 丁亥 | 2 | 9 | 26 | 4/30 | 戊午 | 2 | 7 | 26 | 3/31 | 戊子 | 9 | 4 | 26 | 3/1 | 戊午 | 6 | 1 |
| 27 | 7/28 | 丁亥 | 一 | 四 | 27 | 6/28 | 丁巳 | 三 | 七 | 27 | 5/30 | 戊子 | 2 | 1 | 27 | 5/1 | 己未 | 8 | 8 | 27 | 4/1 | 己丑 | 6 | 5 | 27 | 3/2 | 己未 | 3 | 2 |
| 28 | 7/29 | 戊子 | 一 | 三 | 28 | 6/29 | 戊午 | 三 | 六 | 28 | 5/31 | 己丑 | 8 | 2 | 28 | 5/2 | 庚申 | 8 | 9 | 28 | 4/2 | 庚寅 | 6 | 6 | 28 | 3/3 | 庚申 | 3 | 3 |
| 29 | 7/30 | 己丑 | 四 | 二 | 29 | 6/30 | 己未 | 六 | 五 | 29 | 6/1 | 庚寅 | 8 | 3 | 29 | 5/3 | 辛酉 | 8 | 1 | 29 | 4/3 | 辛卯 | 6 | 7 | 29 | 3/4 | 辛酉 | 3 | 4 |
| | | | | | 30 | 7/1 | 庚申 | 六 | 四 | | | | | | | | | | | 30 | 4/4 | 壬辰 | 6 | 8 | 30 | 3/5 | 壬戌 | 3 | 5 |

# 西元2000年（庚辰）肖龍 民國89年（女乾命）

奇門遁甲局數如標示為 一 ～九表示陰局　　如標示為1 ～9 表示陽局

| 十二月 | | | | | 十一月 | | | | | 十　月 | | | | | 九　月 | | | | | 八　月 | | | | | 七　月 | | | | |
|---|---|---|---|---|---|---|---|---|---|---|---|---|---|---|---|---|---|---|---|---|---|---|---|---|---|---|---|---|---|
| 己丑 | | | | | 戊子 | | | | | 丁亥 | | | | | 丙戌 | | | | | 乙酉 | | | | | 甲申 | | | | |
| 三碧木 | | | | | 四綠木 | | | | | 五黃土 | | | | | 六白金 | | | | | 七赤金 | | | | | 八白土 | | | | |
| 大寒 08時18分 廿六辰時 | | 小寒 14時51分 十一未時 | 奇門遁甲局數 | | 冬至 21時38分 廿六亥時 | | 大雪 03時38分 十二寅時 | 奇門遁甲局數 | | 小雪 08時20分 廿七辰時 | | 立冬 10時49分 十二巳時 | 奇門遁甲局數 | | 霜降 10時48分 廿六巳時 | | 寒露 07時39分 十一辰時 | 奇門遁甲局數 | | 秋分 01時28分 廿六丑時 | | 白露 16時00分 初十申時 | 奇門遁甲局數 | | 處暑 03時49分 廿四寅時 | | 立秋 13時03分 初八未時 | 奇門遁甲局數 | |
| 農曆 | 國曆 | 干支 | 時盤 | 日盤 | 農曆 | 國曆 | 干支 | 時盤 | 日盤 | 農曆 | 國曆 | 干支 | 時盤 | 日盤 | 農曆 | 國曆 | 干支 | 時盤 | 日盤 | 農曆 | 國曆 | 干支 | 時盤 | 日盤 | 農曆 | 國曆 | 干支 | 時盤 | 日盤 |
| 1 | 12/26 | 戊午 | 7 | 4 | 1 | 11/26 | 戊子 | 八 | 九 | 1 | 10/27 | 戊午 | 八 | 三 | 1 | 9/28 | 己丑 | 四 | 五 | 1 | 8/29 | 己未 | 七 | 八 | 1 | 7/31 | 庚寅 | 四 | 一 |
| 2 | 12/27 | 己未 | 4 | 5 | 2 | 11/27 | 己丑 | 二 | 八 | 2 | 10/28 | 己未 | 二 | 二 | 2 | 9/29 | 庚寅 | 四 | 四 | 2 | 8/30 | 庚申 | 七 | 七 | 2 | 8/1 | 辛卯 | 四 | 九 |
| 3 | 12/28 | 庚申 | 4 | 6 | 3 | 11/28 | 庚寅 | 二 | 七 | 3 | 10/29 | 庚申 | 二 | 一 | 3 | 9/30 | 辛卯 | 四 | 三 | 3 | 8/31 | 辛酉 | 七 | 六 | 3 | 8/2 | 壬辰 | 四 | 八 |
| 4 | 12/29 | 辛酉 | 4 | 7 | 4 | 11/29 | 辛卯 | 二 | 六 | 4 | 10/30 | 辛酉 | 二 | 九 | 4 | 10/1 | 壬辰 | 四 | 二 | 4 | 9/1 | 壬戌 | 七 | 五 | 4 | 8/3 | 癸巳 | 四 | 七 |
| 5 | 12/30 | 壬戌 | 4 | 8 | 5 | 11/30 | 壬辰 | 二 | 五 | 5 | 10/31 | 壬戌 | 二 | 八 | 5 | 10/2 | 癸巳 | 四 | 一 | 5 | 9/2 | 癸亥 | 七 | 四 | 5 | 8/4 | 甲午 | 二 | 六 |
| 6 | 12/31 | 癸亥 | 4 | 9 | 6 | 12/1 | 癸巳 | 二 | 四 | 6 | 11/1 | 癸亥 | 二 | 七 | 6 | 10/3 | 甲午 | 六 | 九 | 6 | 9/3 | 甲子 | 九 | 三 | 6 | 8/5 | 乙未 | 二 | 五 |
| 7 | 1/1 | 甲子 | 2 | 1 | 7 | 12/2 | 甲午 | 四 | 三 | 7 | 11/2 | 甲子 | 六 | 六 | 7 | 10/4 | 乙未 | 六 | 八 | 7 | 9/4 | 乙丑 | 九 | 二 | 7 | 8/6 | 丙申 | 二 | 四 |
| 8 | 1/2 | 乙丑 | 2 | 2 | 8 | 12/3 | 乙未 | 四 | 二 | 8 | 11/3 | 乙丑 | 六 | 五 | 8 | 10/5 | 丙申 | 六 | 七 | 8 | 9/5 | 丙寅 | 九 | 一 | 8 | 8/7 | 丁酉 | 二 | 三 |
| 9 | 1/3 | 丙寅 | 2 | 3 | 9 | 12/4 | 丙申 | 四 | 一 | 9 | 11/4 | 丙寅 | 六 | 四 | 9 | 10/6 | 丁酉 | 六 | 六 | 9 | 9/6 | 丁卯 | 九 | 九 | 9 | 8/8 | 戊戌 | 二 | 二 |
| 10 | 1/4 | 丁卯 | 2 | 4 | 10 | 12/5 | 丁酉 | 四 | 九 | 10 | 11/5 | 丁卯 | 六 | 三 | 10 | 10/7 | 戊戌 | 六 | 五 | 10 | 9/7 | 戊辰 | 九 | 八 | 10 | 8/9 | 己亥 | 五 | 一 |
| 11 | 1/5 | 戊辰 | 2 | 5 | 11 | 12/6 | 戊戌 | 四 | 八 | 11 | 11/6 | 戊辰 | 六 | 二 | 11 | 10/8 | 己亥 | 九 | 四 | 11 | 9/8 | 己巳 | 三 | 七 | 11 | 8/10 | 庚子 | 五 | 九 |
| 12 | 1/6 | 己巳 | 8 | 6 | 12 | 12/7 | 己亥 | 七 | 七 | 12 | 11/7 | 己巳 | 九 | 一 | 12 | 10/9 | 庚子 | 九 | 三 | 12 | 9/9 | 庚午 | 三 | 六 | 12 | 8/11 | 辛丑 | 五 | 八 |
| 13 | 1/7 | 庚午 | 8 | 7 | 13 | 12/8 | 庚子 | 七 | 六 | 13 | 11/8 | 庚午 | 九 | 九 | 13 | 10/10 | 辛丑 | 九 | 二 | 13 | 9/10 | 辛未 | 三 | 五 | 13 | 8/12 | 壬寅 | 五 | 七 |
| 14 | 1/8 | 辛未 | 8 | 8 | 14 | 12/9 | 辛丑 | 七 | 五 | 14 | 11/9 | 辛未 | 九 | 八 | 14 | 10/11 | 壬寅 | 九 | 一 | 14 | 9/11 | 壬申 | 三 | 四 | 14 | 8/13 | 癸卯 | 五 | 六 |
| 15 | 1/9 | 壬申 | 8 | 9 | 15 | 12/10 | 壬寅 | 七 | 四 | 15 | 11/10 | 壬申 | 九 | 七 | 15 | 10/12 | 癸卯 | 九 | 九 | 15 | 9/12 | 癸酉 | 三 | 三 | 15 | 8/14 | 甲辰 | 八 | 五 |
| 16 | 1/10 | 癸酉 | 8 | 1 | 16 | 12/11 | 癸卯 | 七 | 三 | 16 | 11/11 | 癸酉 | 九 | 六 | 16 | 10/13 | 甲辰 | 三 | 八 | 16 | 9/13 | 甲戌 | 六 | 二 | 16 | 8/15 | 乙巳 | 八 | 四 |
| 17 | 1/11 | 甲戌 | 5 | 2 | 17 | 12/12 | 甲辰 | 一 | 二 | 17 | 11/12 | 甲戌 | 三 | 五 | 17 | 10/14 | 乙巳 | 三 | 七 | 17 | 9/14 | 乙亥 | 六 | 一 | 17 | 8/16 | 丙午 | 八 | 三 |
| 18 | 1/12 | 乙亥 | 5 | 3 | 18 | 12/13 | 乙巳 | 一 | 一 | 18 | 11/13 | 乙亥 | 三 | 四 | 18 | 10/15 | 丙午 | 三 | 六 | 18 | 9/15 | 丙子 | 六 | 九 | 18 | 8/17 | 丁未 | 八 | 二 |
| 19 | 1/13 | 丙子 | 5 | 4 | 19 | 12/14 | 丙午 | 一 | 九 | 19 | 11/14 | 丙子 | 三 | 三 | 19 | 10/16 | 丁未 | 三 | 五 | 19 | 9/16 | 丁丑 | 六 | 八 | 19 | 8/18 | 戊申 | 八 | 一 |
| 20 | 1/14 | 丁丑 | 5 | 5 | 20 | 12/15 | 丁未 | 一 | 八 | 20 | 11/15 | 丁丑 | 三 | 二 | 20 | 10/17 | 戊申 | 三 | 四 | 20 | 9/17 | 戊寅 | 六 | 七 | 20 | 8/19 | 己酉 | 一 | 九 |
| 21 | 1/15 | 戊寅 | 5 | 6 | 21 | 12/16 | 戊申 | 一 | 七 | 21 | 11/16 | 戊寅 | 三 | 一 | 21 | 10/18 | 己酉 | 五 | 三 | 21 | 9/18 | 己卯 | 七 | 六 | 21 | 8/20 | 庚戌 | 一 | 八 |
| 22 | 1/16 | 己卯 | 3 | 7 | 22 | 12/17 | 己酉 | 1 | 六 | 22 | 11/17 | 己卯 | 五 | 九 | 22 | 10/19 | 庚戌 | 五 | 二 | 22 | 9/19 | 庚辰 | 七 | 五 | 22 | 8/21 | 辛亥 | 一 | 七 |
| 23 | 1/17 | 庚辰 | 3 | 8 | 23 | 12/18 | 庚戌 | 1 | 五 | 23 | 11/18 | 庚辰 | 五 | 八 | 23 | 10/20 | 辛亥 | 五 | 一 | 23 | 9/20 | 辛巳 | 七 | 四 | 23 | 8/22 | 壬子 | 一 | 六 |
| 24 | 1/18 | 辛巳 | 3 | 9 | 24 | 12/19 | 辛亥 | 1 | 四 | 24 | 11/19 | 辛巳 | 五 | 七 | 24 | 10/21 | 壬子 | 五 | 九 | 24 | 9/21 | 壬午 | 七 | 三 | 24 | 8/23 | 癸丑 | 一 | 五 |
| 25 | 1/19 | 壬午 | 3 | 1 | 25 | 12/20 | 壬子 | 1 | 三 | 25 | 11/20 | 壬午 | 五 | 六 | 25 | 10/22 | 癸丑 | 五 | 八 | 25 | 9/22 | 癸未 | 七 | 二 | 25 | 8/24 | 甲寅 | 四 | 四 |
| 26 | 1/20 | 癸未 | 3 | 2 | 26 | 12/21 | 癸丑 | 1 | 8 | 26 | 11/21 | 癸未 | 五 | 五 | 26 | 10/23 | 甲寅 | 八 | 七 | 26 | 9/23 | 甲申 | 一 | 一 | 26 | 8/25 | 乙卯 | 四 | 三 |
| 27 | 1/21 | 甲申 | 9 | 3 | 27 | 12/22 | 甲寅 | 7 | 9 | 27 | 11/22 | 甲申 | 八 | 四 | 27 | 10/24 | 乙卯 | 八 | 六 | 27 | 9/24 | 乙酉 | 一 | 九 | 27 | 8/26 | 丙辰 | 四 | 二 |
| 28 | 1/22 | 乙酉 | 9 | 4 | 28 | 12/23 | 乙卯 | 7 | 1 | 28 | 11/23 | 乙酉 | 八 | 三 | 28 | 10/25 | 丙辰 | 八 | 五 | 28 | 9/25 | 丙戌 | 一 | 八 | 28 | 8/27 | 丁巳 | 四 | 一 |
| 29 | 1/23 | 丙戌 | 9 | 5 | 29 | 12/24 | 丙辰 | 7 | 2 | 29 | 11/24 | 丙戌 | 八 | 二 | 29 | 10/26 | 丁巳 | 八 | 四 | 29 | 9/26 | 丁亥 | 一 | 七 | 29 | 8/28 | 戊午 | 四 | 九 |
| | | | | | 30 | 12/25 | 丁巳 | 7 | 3 | 30 | 11/25 | 丁亥 | 八 | 一 | | | | | | 30 | 9/27 | 戊子 | 一 | 六 | | | | | |

# 西元2001年（辛巳）肖蛇 民國90年（男艮命）

奇門遁甲局數如標示為 一 ～九表示陰局　　如標示為1 ～9 表示陽局

## 六月

乙未　六白金

立秋：18時54分 十八酉時　大暑：02時28分 初三丑時　奇門遁甲局數

| 農曆 | 國曆 | 干支 | 時盤 | 日盤 |
|---|---|---|---|---|
| 1 | 7/21 | 乙酉 | 一 | 六 |
| 2 | 7/22 | 丙戌 | 一 | 五 |
| 3 | 7/23 | 丁亥 | 一 | 四 |
| 4 | 7/24 | 戊子 | 一 | 三 |
| 5 | 7/25 | 己丑 | 四 | 二 |
| 6 | 7/26 | 庚寅 | 四 | 一 |
| 7 | 7/27 | 辛卯 | 四 | 九 |
| 8 | 7/28 | 壬辰 | 四 | 八 |
| 9 | 7/29 | 癸巳 | 四 | 七 |
| 10 | 7/30 | 甲午 | 二 | 六 |
| 11 | 7/31 | 乙未 | 二 | 五 |
| 12 | 8/1 | 丙申 | 二 | 四 |
| 13 | 8/2 | 丁酉 | 二 | 三 |
| 14 | 8/3 | 戊戌 | 二 | 二 |
| 15 | 8/4 | 己亥 | 五 | 一 |
| 16 | 8/5 | 庚子 | 五 | 九 |
| 17 | 8/6 | 辛丑 | 五 | 八 |
| 18 | 8/7 | 壬寅 | 五 | 七 |
| 19 | 8/8 | 癸卯 | 五 | 六 |
| 20 | 8/9 | 甲辰 | 八 | 五 |
| 21 | 8/10 | 乙巳 | 八 | 四 |
| 22 | 8/11 | 丙午 | 八 | 三 |
| 23 | 8/12 | 丁未 | 八 | 二 |
| 24 | 8/13 | 戊申 | 八 | 一 |
| 25 | 8/14 | 己酉 | 一 | 九 |
| 26 | 8/15 | 庚戌 | 一 | 八 |
| 27 | 8/16 | 辛亥 | 一 | 七 |
| 28 | 8/17 | 壬子 | 一 | 六 |
| 29 | 8/18 | 癸丑 | 一 | 五 |

## 五月

甲午　七赤金

小暑：09時08分 十七巳時　夏至：15時39分 初一申時　奇門遁甲局數

| 農曆 | 國曆 | 干支 | 時盤 | 日盤 |
|---|---|---|---|---|
| 1 | 6/21 | 乙卯 | 三 | 九 |
| 2 | 6/22 | 丙辰 | 三 | 八 |
| 3 | 6/23 | 丁巳 | 三 | 七 |
| 4 | 6/24 | 戊午 | 三 | 六 |
| 5 | 6/25 | 己未 | 六 | 五 |
| 6 | 6/26 | 庚申 | 六 | 四 |
| 7 | 6/27 | 辛酉 | 六 | 三 |
| 8 | 6/28 | 壬戌 | 六 | 二 |
| 9 | 6/29 | 癸亥 | 六 | 一 |
| 10 | 6/30 | 甲子 | 八 | 九 |
| 11 | 7/1 | 乙丑 | 八 | 八 |
| 12 | 7/2 | 丙寅 | 八 | 七 |
| 13 | 7/3 | 丁卯 | 八 | 六 |
| 14 | 7/4 | 戊辰 | 八 | 五 |
| 15 | 7/5 | 己巳 | 二 | 四 |
| 16 | 7/6 | 庚午 | 二 | 三 |
| 17 | 7/7 | 辛未 | 二 | 二 |
| 18 | 7/8 | 壬申 | 二 | 一 |
| 19 | 7/9 | 癸酉 | 二 | 九 |
| 20 | 7/10 | 甲戌 | 五 | 八 |
| 21 | 7/11 | 乙亥 | 五 | 七 |
| 22 | 7/12 | 丙子 | 五 | 六 |
| 23 | 7/13 | 丁丑 | 五 | 五 |
| 24 | 7/14 | 戊寅 | 五 | 四 |
| 25 | 7/15 | 己卯 | 七 | 三 |
| 26 | 7/16 | 庚辰 | 七 | 二 |
| 27 | 7/17 | 辛巳 | 七 | 一 |
| 28 | 7/18 | 壬午 | 七 | 九 |
| 29 | 7/19 | 癸未 | 七 | 八 |
| 30 | 7/20 | 甲申 | 一 | 七 |

## 潤四月

甲午

芒種：22時55分 十四亥時　奇門遁甲局數

| 農曆 | 國曆 | 干支 | 時盤 | 日盤 |
|---|---|---|---|---|
| 1 | 5/23 | 丙戌 | 2 | 8 |
| 2 | 5/24 | 丁亥 | 2 | 9 |
| 3 | 5/25 | 戊子 | 2 | 1 |
| 4 | 5/26 | 己丑 | 8 | 2 |
| 5 | 5/27 | 庚寅 | 8 | 3 |
| 6 | 5/28 | 辛卯 | 8 | 4 |
| 7 | 5/29 | 壬辰 | 8 | 5 |
| 8 | 5/30 | 癸巳 | 8 | 6 |
| 9 | 5/31 | 甲午 | 6 | 7 |
| 10 | 6/1 | 乙未 | 6 | 8 |
| 11 | 6/2 | 丙申 | 6 | 9 |
| 12 | 6/3 | 丁酉 | 6 | 1 |
| 13 | 6/4 | 戊戌 | 6 | 2 |
| 14 | 6/5 | 己亥 | 3 | 3 |
| 15 | 6/6 | 庚子 | 3 | 4 |
| 16 | 6/7 | 辛丑 | 3 | 5 |
| 17 | 6/8 | 壬寅 | 3 | 6 |
| 18 | 6/9 | 癸卯 | 3 | 7 |
| 19 | 6/10 | 甲辰 | 9 | 8 |
| 20 | 6/11 | 乙巳 | 9 | 9 |
| 21 | 6/12 | 丙午 | 9 | 1 |
| 22 | 6/13 | 丁未 | 9 | 2 |
| 23 | 6/14 | 戊申 | 9 | 3 |
| 24 | 6/15 | 己酉 | 九 | 4 |
| 25 | 6/16 | 庚戌 | 九 | 5 |
| 26 | 6/17 | 辛亥 | 九 | 6 |
| 27 | 6/18 | 壬子 | 九 | 7 |
| 28 | 6/19 | 癸丑 | 九 | 8 |
| 29 | 6/20 | 甲寅 | 三 | 9 |

## 四月

癸巳　八白土

小滿：07時45分 廿九辰時　立夏：18時46分 十三酉時　奇門遁甲局數

| 農曆 | 國曆 | 干支 | 時盤 | 日盤 |
|---|---|---|---|---|
| 1 | 4/23 | 丙辰 | 2 | 5 |
| 2 | 4/24 | 丁巳 | 2 | 6 |
| 3 | 4/25 | 戊午 | 2 | 7 |
| 4 | 4/26 | 己未 | 8 | 8 |
| 5 | 4/27 | 庚申 | 8 | 9 |
| 6 | 4/28 | 辛酉 | 8 | 1 |
| 7 | 4/29 | 壬戌 | 8 | 2 |
| 8 | 4/30 | 癸亥 | 8 | 3 |
| 9 | 5/1 | 甲子 | 4 | 4 |
| 10 | 5/2 | 乙丑 | 4 | 5 |
| 11 | 5/3 | 丙寅 | 4 | 6 |
| 12 | 5/4 | 丁卯 | 4 | 7 |
| 13 | 5/5 | 戊辰 | 4 | 8 |
| 14 | 5/6 | 己巳 | 1 | 9 |
| 15 | 5/7 | 庚午 | 1 | 1 |
| 16 | 5/8 | 辛未 | 1 | 2 |
| 17 | 5/9 | 壬申 | 1 | 3 |
| 18 | 5/10 | 癸酉 | 1 | 4 |
| 19 | 5/11 | 甲戌 | 7 | 5 |
| 20 | 5/12 | 乙亥 | 7 | 6 |
| 21 | 5/13 | 丙子 | 7 | 7 |
| 22 | 5/14 | 丁丑 | 7 | 8 |
| 23 | 5/15 | 戊寅 | 7 | 9 |
| 24 | 5/16 | 己卯 | 5 | 1 |
| 25 | 5/17 | 庚辰 | 5 | 2 |
| 26 | 5/18 | 辛巳 | 5 | 3 |
| 27 | 5/19 | 壬午 | 5 | 4 |
| 28 | 5/20 | 癸未 | 5 | 5 |
| 29 | 5/21 | 甲申 | 2 | 6 |
| 30 | 5/22 | 乙酉 | 2 | 7 |

## 三月

壬辰　九紫火

穀雨：08時37分 廿七辰時　清明：01時26分 十二丑時　奇門遁甲局數

| 農曆 | 國曆 | 干支 | 時盤 | 日盤 |
|---|---|---|---|---|
| 1 | 3/25 | 丁亥 | 9 | 3 |
| 2 | 3/26 | 戊子 | 9 | 4 |
| 3 | 3/27 | 己丑 | 6 | 5 |
| 4 | 3/28 | 庚寅 | 6 | 6 |
| 5 | 3/29 | 辛卯 | 6 | 7 |
| 6 | 3/30 | 壬辰 | 6 | 8 |
| 7 | 3/31 | 癸巳 | 6 | 9 |
| 8 | 4/1 | 甲午 | 4 | 1 |
| 9 | 4/2 | 乙未 | 4 | 2 |
| 10 | 4/3 | 丙申 | 4 | 3 |
| 11 | 4/4 | 丁酉 | 4 | 4 |
| 12 | 4/5 | 戊戌 | 4 | 5 |
| 13 | 4/6 | 己亥 | 1 | 6 |
| 14 | 4/7 | 庚子 | 1 | 7 |
| 15 | 4/8 | 辛丑 | 1 | 8 |
| 16 | 4/9 | 壬寅 | 1 | 9 |
| 17 | 4/10 | 癸卯 | 1 | 1 |
| 18 | 4/11 | 甲辰 | 7 | 2 |
| 19 | 4/12 | 乙巳 | 7 | 3 |
| 20 | 4/13 | 丙午 | 7 | 4 |
| 21 | 4/14 | 丁未 | 7 | 5 |
| 22 | 4/15 | 戊申 | 7 | 6 |
| 23 | 4/16 | 己酉 | 5 | 7 |
| 24 | 4/17 | 庚戌 | 5 | 8 |
| 25 | 4/18 | 辛亥 | 5 | 9 |
| 26 | 4/19 | 壬子 | 5 | 1 |
| 27 | 4/20 | 癸丑 | 5 | 2 |
| 28 | 4/21 | 甲寅 | 2 | 3 |
| 29 | 4/22 | 乙卯 | 2 | 4 |

## 二月

辛卯　一白水

春分：21時32分 廿六亥時　驚蟄：20時34分 十一戌時　奇門遁甲局數

| 農曆 | 國曆 | 干支 | 時盤 | 日盤 |
|---|---|---|---|---|
| 1 | 2/23 | 丁巳 | 6 | 9 |
| 2 | 2/24 | 戊午 | 6 | 1 |
| 3 | 2/25 | 己未 | 3 | 2 |
| 4 | 2/26 | 庚申 | 3 | 3 |
| 5 | 2/27 | 辛酉 | 3 | 4 |
| 6 | 2/28 | 壬戌 | 3 | 5 |
| 7 | 3/1 | 癸亥 | 3 | 6 |
| 8 | 3/2 | 甲子 | 1 | 7 |
| 9 | 3/3 | 乙丑 | 1 | 8 |
| 10 | 3/4 | 丙寅 | 1 | 9 |
| 11 | 3/5 | 丁卯 | 1 | 1 |
| 12 | 3/6 | 戊辰 | 1 | 2 |
| 13 | 3/7 | 己巳 | 7 | 3 |
| 14 | 3/8 | 庚午 | 7 | 4 |
| 15 | 3/9 | 辛未 | 7 | 5 |
| 16 | 3/10 | 壬申 | 7 | 6 |
| 17 | 3/11 | 癸酉 | 7 | 7 |
| 18 | 3/12 | 甲戌 | 4 | 8 |
| 19 | 3/13 | 乙亥 | 4 | 9 |
| 20 | 3/14 | 丙子 | 4 | 1 |
| 21 | 3/15 | 丁丑 | 4 | 2 |
| 22 | 3/16 | 戊寅 | 4 | 3 |
| 23 | 3/17 | 己卯 | 3 | 4 |
| 24 | 3/18 | 庚辰 | 3 | 5 |
| 25 | 3/19 | 辛巳 | 3 | 6 |
| 26 | 3/20 | 壬午 | 3 | 7 |
| 27 | 3/21 | 癸未 | 3 | 8 |
| 28 | 3/22 | 甲申 | 9 | 9 |
| 29 | 3/23 | 乙酉 | 9 | 1 |
| 30 | 3/24 | 丙戌 | 9 | 2 |

## 正月

庚寅　二黑土

雨水：22時29分 廿六亥時　立春：02時30分 十二丑時　奇門遁甲局數

| 農曆 | 國曆 | 干支 | 時盤 | 日盤 |
|---|---|---|---|---|
| 1 | 1/24 | 丁亥 | 9 | 6 |
| 2 | 1/25 | 戊子 | 9 | 7 |
| 3 | 1/26 | 己丑 | 6 | 8 |
| 4 | 1/27 | 庚寅 | 6 | 9 |
| 5 | 1/28 | 辛卯 | 6 | 1 |
| 6 | 1/29 | 壬辰 | 6 | 2 |
| 7 | 1/30 | 癸巳 | 6 | 3 |
| 8 | 1/31 | 甲午 | 8 | 4 |
| 9 | 2/1 | 乙未 | 8 | 5 |
| 10 | 2/2 | 丙申 | 8 | 6 |
| 11 | 2/3 | 丁酉 | 8 | 7 |
| 12 | 2/4 | 戊戌 | 8 | 8 |
| 13 | 2/5 | 己亥 | 5 | 9 |
| 14 | 2/6 | 庚子 | 5 | 1 |
| 15 | 2/7 | 辛丑 | 5 | 2 |
| 16 | 2/8 | 壬寅 | 5 | 3 |
| 17 | 2/9 | 癸卯 | 5 | 4 |
| 18 | 2/10 | 甲辰 | 2 | 5 |
| 19 | 2/11 | 乙巳 | 2 | 6 |
| 20 | 2/12 | 丙午 | 2 | 7 |
| 21 | 2/13 | 丁未 | 2 | 8 |
| 22 | 2/14 | 戊申 | 2 | 9 |
| 23 | 2/15 | 己酉 | 9 | 1 |
| 24 | 2/16 | 庚戌 | 9 | 2 |
| 25 | 2/17 | 辛亥 | 9 | 3 |
| 26 | 2/18 | 壬子 | 9 | 4 |
| 27 | 2/19 | 癸丑 | 9 | 5 |
| 28 | 2/20 | 甲寅 | 6 | 6 |
| 29 | 2/21 | 乙卯 | 6 | 7 |
| 30 | 2/22 | 丙辰 | 6 | 8 |

# 西元2001年（辛巳）肖蛇 民國90年（女兌命）

奇門遁甲局數如標示為 一 ～九表示陰局　　如標示為1 ～9 表示陽局

| 十二月 | | | | | 十一月 | | | | | 十　月 | | | | | 九　月 | | | | | 八　月 | | | | | 七　月 | | | | |
|---|---|---|---|---|---|---|---|---|---|---|---|---|---|---|---|---|---|---|---|---|---|---|---|---|---|---|---|---|---|
| 辛丑 | | | | | 庚子 | | | | | 己亥 | | | | | 戊戌 | | | | | 丁酉 | | | | | 丙申 | | | | |
| 九紫火 | | | | | 一白水 | | | | | 二黑土 | | | | | 三碧木 | | | | | 四綠木 | | | | | 五黃土 | | | | |
| 立春 08時26分 廿三辰時 | | 大寒 14時04分 初八未時 | 奇門遁甲局數 | | 小寒 20時45分 廿二戌時 | | 冬至 03時23分 初八寅時 | 奇門遁甲局數 | | 大雪 09時30分 廿三巳時 | | 小雪 14時02分 初八未時 | 奇門遁甲局數 | | 立冬 16時38分 廿二申時 | | 霜降 16時27分 初七申時 | 奇門遁甲局數 | | 寒露 13時26分 廿二未時 | | 秋分 07時06分 初七辰時 | 奇門遁甲局數 | | 白露 21時47分 二十亥時 | | 處暑 09時29分 初五巳時 | 奇門遁甲局數 | |
| 農曆 | 國曆 | 干支 | 時盤 | 日盤 | 農曆 | 國曆 | 干支 | 時盤 | 日盤 | 農曆 | 國曆 | 干支 | 時盤 | 日盤 | 農曆 | 國曆 | 干支 | 時盤 | 日盤 | 農曆 | 國曆 | 干支 | 時盤 | 日盤 | 農曆 | 國曆 | 干支 | 時盤 | 日盤 |
| 1 | 1/13 | 辛巳 | 2 | 9 | 1 | 12/15 | 壬子 | 四 | 三 | 1 | 11/15 | 壬午 | 五 | 六 | 1 | 10/17 | 癸丑 | 五 | 八 | 1 | 9/17 | 癸未 | 七 | 二 | 1 | 8/19 | 甲寅 | 四 | 四 |
| 2 | 1/14 | 壬午 | 2 | 1 | 2 | 12/16 | 癸丑 | 四 | 二 | 2 | 11/16 | 癸未 | 五 | 五 | 2 | 10/18 | 甲寅 | 八 | 七 | 2 | 9/18 | 甲申 | 一 | 一 | 2 | 8/20 | 乙卯 | 四 | 三 |
| 3 | 1/15 | 癸未 | 2 | 2 | 3 | 12/17 | 甲寅 | 七 | 一 | 3 | 11/17 | 甲申 | 八 | 四 | 3 | 10/19 | 乙卯 | 八 | 六 | 3 | 9/19 | 乙酉 | 一 | 九 | 3 | 8/21 | 丙辰 | 四 | 二 |
| 4 | 1/16 | 甲申 | 8 | 3 | 4 | 12/18 | 乙卯 | 七 | 九 | 4 | 11/18 | 乙酉 | 八 | 三 | 4 | 10/20 | 丙辰 | 八 | 五 | 4 | 9/20 | 丙戌 | 一 | 八 | 4 | 8/22 | 丁巳 | 四 | 一 |
| 5 | 1/17 | 乙酉 | 8 | 4 | 5 | 12/19 | 丙辰 | 七 | 八 | 5 | 11/19 | 丙戌 | 八 | 二 | 5 | 10/21 | 丁巳 | 八 | 四 | 5 | 9/21 | 丁亥 | 一 | 七 | 5 | 8/23 | 戊午 | 四 | 九 |
| 6 | 1/18 | 丙戌 | 8 | 5 | 6 | 12/20 | 丁巳 | 七 | 七 | 6 | 11/20 | 丁亥 | 八 | 一 | 6 | 10/22 | 戊午 | 八 | 三 | 6 | 9/22 | 戊子 | 一 | 六 | 6 | 8/24 | 己未 | 七 | 八 |
| 7 | 1/19 | 丁亥 | 8 | 6 | 7 | 12/21 | 戊午 | 七 | 六 | 7 | 11/21 | 戊子 | 八 | 九 | 7 | 10/23 | 己未 | 二 | 二 | 7 | 9/23 | 己丑 | 四 | 五 | 7 | 8/25 | 庚申 | 七 | 七 |
| 8 | 1/20 | 戊子 | 8 | 7 | 8 | 12/22 | 己未 | 一 | 5 | 8 | 11/22 | 己丑 | 二 | 八 | 8 | 10/24 | 庚申 | 二 | 一 | 8 | 9/24 | 庚寅 | 四 | 四 | 8 | 8/26 | 辛酉 | 七 | 六 |
| 9 | 1/21 | 己丑 | 5 | 8 | 9 | 12/23 | 庚申 | 一 | 6 | 9 | 11/23 | 庚寅 | 二 | 七 | 9 | 10/25 | 辛酉 | 二 | 九 | 9 | 9/25 | 辛卯 | 四 | 三 | 9 | 8/27 | 壬戌 | 七 | 五 |
| 10 | 1/22 | 庚寅 | 5 | 9 | 10 | 12/24 | 辛酉 | 一 | 7 | 10 | 11/24 | 辛卯 | 二 | 六 | 10 | 10/26 | 壬戌 | 二 | 八 | 10 | 9/26 | 壬辰 | 四 | 二 | 10 | 8/28 | 癸亥 | 七 | 四 |
| 11 | 1/23 | 辛卯 | 5 | 1 | 11 | 12/25 | 壬戌 | 一 | 8 | 11 | 11/25 | 壬辰 | 二 | 五 | 11 | 10/27 | 癸亥 | 二 | 七 | 11 | 9/27 | 癸巳 | 四 | 一 | 11 | 8/29 | 甲子 | 九 | 三 |
| 12 | 1/24 | 壬辰 | 5 | 2 | 12 | 12/26 | 癸亥 | 一 | 9 | 12 | 11/26 | 癸巳 | 二 | 四 | 12 | 10/28 | 甲子 | 六 | 六 | 12 | 9/28 | 甲午 | 六 | 九 | 12 | 8/30 | 乙丑 | 九 | 二 |
| 13 | 1/25 | 癸巳 | 5 | 3 | 13 | 12/27 | 甲子 | 1 | 1 | 13 | 11/27 | 甲午 | 四 | 三 | 13 | 10/29 | 乙丑 | 六 | 五 | 13 | 9/29 | 乙未 | 六 | 八 | 13 | 8/31 | 丙寅 | 九 | 一 |
| 14 | 1/26 | 甲午 | 3 | 4 | 14 | 12/28 | 乙丑 | 1 | 2 | 14 | 11/28 | 乙未 | 四 | 二 | 14 | 10/30 | 丙寅 | 六 | 四 | 14 | 9/30 | 丙申 | 六 | 七 | 14 | 9/1 | 丁卯 | 九 | 九 |
| 15 | 1/27 | 乙未 | 3 | 5 | 15 | 12/29 | 丙寅 | 1 | 3 | 15 | 11/29 | 丙申 | 四 | 一 | 15 | 10/31 | 丁卯 | 六 | 三 | 15 | 10/1 | 丁酉 | 六 | 六 | 15 | 9/2 | 戊辰 | 九 | 八 |
| 16 | 1/28 | 丙申 | 3 | 6 | 16 | 12/30 | 丁卯 | 1 | 4 | 16 | 11/30 | 丁酉 | 四 | 九 | 16 | 11/1 | 戊辰 | 六 | 二 | 16 | 10/2 | 戊戌 | 六 | 五 | 16 | 9/3 | 己巳 | 三 | 七 |
| 17 | 1/29 | 丁酉 | 3 | 7 | 17 | 12/31 | 戊辰 | 1 | 5 | 17 | 12/1 | 戊戌 | 四 | 八 | 17 | 11/2 | 己巳 | 九 | 一 | 17 | 10/3 | 己亥 | 九 | 四 | 17 | 9/4 | 庚午 | 三 | 六 |
| 18 | 1/30 | 戊戌 | 3 | 8 | 18 | 1/1 | 己巳 | 7 | 6 | 18 | 12/2 | 己亥 | 七 | 七 | 18 | 11/3 | 庚午 | 九 | 九 | 18 | 10/4 | 庚子 | 九 | 三 | 18 | 9/5 | 辛未 | 三 | 五 |
| 19 | 1/31 | 己亥 | 9 | 9 | 19 | 1/2 | 庚午 | 7 | 7 | 19 | 12/3 | 庚子 | 七 | 六 | 19 | 11/4 | 辛未 | 九 | 八 | 19 | 10/5 | 辛丑 | 九 | 二 | 19 | 9/6 | 壬申 | 三 | 四 |
| 20 | 2/1 | 庚子 | 9 | 1 | 20 | 1/3 | 辛未 | 7 | 8 | 20 | 12/4 | 辛丑 | 七 | 五 | 20 | 11/5 | 壬申 | 九 | 七 | 20 | 10/6 | 壬寅 | 九 | 一 | 20 | 9/7 | 癸酉 | 三 | 三 |
| 21 | 2/2 | 辛丑 | 9 | 2 | 21 | 1/4 | 壬申 | 7 | 9 | 21 | 12/5 | 壬寅 | 七 | 四 | 21 | 11/6 | 癸酉 | 九 | 六 | 21 | 10/7 | 癸卯 | 九 | 九 | 21 | 9/8 | 甲戌 | 六 | 二 |
| 22 | 2/3 | 壬寅 | 9 | 3 | 22 | 1/5 | 癸酉 | 7 | 1 | 22 | 12/6 | 癸卯 | 七 | 三 | 22 | 11/7 | 甲戌 | 三 | 五 | 22 | 10/8 | 甲辰 | 三 | 八 | 22 | 9/9 | 乙亥 | 六 | 一 |
| 23 | 2/4 | 癸卯 | 9 | 4 | 23 | 1/6 | 甲戌 | 4 | 2 | 23 | 12/7 | 甲辰 | 一 | 二 | 23 | 11/8 | 乙亥 | 三 | 四 | 23 | 10/9 | 乙巳 | 三 | 七 | 23 | 9/10 | 丙子 | 六 | 九 |
| 24 | 2/5 | 甲辰 | 6 | 5 | 24 | 1/7 | 乙亥 | 4 | 3 | 24 | 12/8 | 乙巳 | 一 | 一 | 24 | 11/9 | 丙子 | 三 | 三 | 24 | 10/10 | 丙午 | 三 | 六 | 24 | 9/11 | 丁丑 | 六 | 八 |
| 25 | 2/6 | 乙巳 | 6 | 6 | 25 | 1/8 | 丙子 | 4 | 4 | 25 | 12/9 | 丙午 | 一 | 九 | 25 | 11/10 | 丁丑 | 三 | 二 | 25 | 10/11 | 丁未 | 三 | 五 | 25 | 9/12 | 戊寅 | 六 | 七 |
| 26 | 2/7 | 丙午 | 6 | 7 | 26 | 1/9 | 丁丑 | 4 | 5 | 26 | 12/10 | 丁未 | 一 | 八 | 26 | 11/11 | 戊寅 | 三 | 一 | 26 | 10/12 | 戊申 | 三 | 四 | 26 | 9/13 | 己卯 | 七 | 六 |
| 27 | 2/8 | 丁未 | 6 | 8 | 27 | 1/10 | 戊寅 | 4 | 6 | 27 | 12/11 | 戊申 | 一 | 七 | 27 | 11/12 | 己卯 | 五 | 九 | 27 | 10/13 | 己酉 | 五 | 三 | 27 | 9/14 | 庚辰 | 七 | 五 |
| 28 | 2/9 | 戊申 | 6 | 9 | 28 | 1/11 | 己卯 | 2 | 7 | 28 | 12/12 | 己酉 | 四 | 六 | 28 | 11/13 | 庚辰 | 五 | 八 | 28 | 10/14 | 庚戌 | 五 | 二 | 28 | 9/15 | 辛巳 | 七 | 四 |
| 29 | 2/10 | 己酉 | 8 | 1 | 29 | 1/12 | 庚辰 | 2 | 8 | 29 | 12/13 | 庚戌 | 四 | 五 | 29 | 11/14 | 辛巳 | 五 | 七 | 29 | 10/15 | 辛亥 | 五 | 一 | 29 | 9/16 | 壬午 | 七 | 三 |
| 30 | 2/11 | 庚戌 | 8 | 2 | | | | | | 30 | 12/14 | 辛亥 | 四 | 四 | | | | | | 30 | 10/16 | 壬子 | 五 | 九 | | | | | |

# 西元2002年（壬午）肖馬 民國91年（男兌命）

奇門遁甲局數如標示為 一 ～九表示陰局　　如標示為1 ～9 表示陽局

| 六月 | | | | | 五月 | | | | | 四月 | | | | | 三月 | | | | | 二月 | | | | | 正月 | | | | |
|---|---|---|---|---|---|---|---|---|---|---|---|---|---|---|---|---|---|---|---|---|---|---|---|---|---|---|---|---|---|
| 丁未 | | | | | 丙午 | | | | | 乙巳 | | | | | 甲辰 | | | | | 癸卯 | | | | | 壬寅 | | | | |
| 三碧木 | | | | | 四綠木 | | | | | 五黃土 | | | | | 六白金 | | | | | 七赤金 | | | | | 八白土 | | | | |
| 立秋 00時41分 三十子時 | | 大暑 08時16分 十四辰時 | 奇門遁甲局數 | | 小暑 14時57分 廿七未時 | | 夏至 21時26分 十一亥時 | 奇門遁甲局數 | | 芒種 04時46分 廿六寅時 | | 小滿 13時30分 初十未時 | 奇門遁甲局數 | | 立夏 00時39分 廿四子時 | | 穀雨 14時22分 初八未時 | 奇門遁甲局數 | | 清明 07時19分 廿三辰時 | | 春分 03時17分 初八寅時 | 奇門遁甲局數 | | 驚蟄 02時29分 廿三丑時 | | 雨水 04時15分 初八寅時 | 奇門遁甲局數 | |
| 農曆 | 國曆 | 干支 | 時盤 | 日盤 | 農曆 | 國曆 | 干支 | 時盤 | 日盤 | 農曆 | 國曆 | 干支 | 時盤 | 日盤 | 農曆 | 國曆 | 干支 | 時盤 | 日盤 | 農曆 | 國曆 | 干支 | 時盤 | 日盤 | 農曆 | 國曆 | 干支 | 時盤 | 日盤 |
| 1 | 7/10 | 己卯 | 八 | 三 | 1 | 6/11 | 庚戌 | 6 | 5 | 1 | 5/12 | 庚辰 | 4 | 2 | 1 | 4/13 | 辛亥 | 4 | 9 | 1 | 3/14 | 辛巳 | 1 | 6 | 1 | 2/12 | 辛亥 | 8 | 3 |
| 2 | 7/11 | 庚辰 | 八 | 二 | 2 | 6/12 | 辛亥 | 6 | 6 | 2 | 5/13 | 辛巳 | 4 | 3 | 2 | 4/14 | 壬子 | 4 | 1 | 2 | 3/15 | 壬午 | 1 | 7 | 2 | 2/13 | 壬子 | 8 | 4 |
| 3 | 7/12 | 辛巳 | 八 | 一 | 3 | 6/13 | 壬子 | 6 | 7 | 3 | 5/14 | 壬午 | 4 | 4 | 3 | 4/15 | 癸丑 | 4 | 2 | 3 | 3/16 | 癸未 | 1 | 8 | 3 | 2/14 | 癸丑 | 8 | 5 |
| 4 | 7/13 | 壬午 | 八 | 九 | 4 | 6/14 | 癸丑 | 6 | 8 | 4 | 5/15 | 癸未 | 4 | 5 | 4 | 4/16 | 甲寅 | 1 | 3 | 4 | 3/17 | 甲申 | 7 | 9 | 4 | 2/15 | 甲寅 | 5 | 6 |
| 5 | 7/14 | 癸未 | 八 | 八 | 5 | 6/15 | 甲寅 | 3 | 9 | 5 | 5/16 | 甲申 | 1 | 6 | 5 | 4/17 | 乙卯 | 1 | 4 | 5 | 3/18 | 乙酉 | 7 | 1 | 5 | 2/16 | 乙卯 | 5 | 7 |
| 6 | 7/15 | 甲申 | 二 | 七 | 6 | 6/16 | 乙卯 | 3 | 1 | 6 | 5/17 | 乙酉 | 1 | 7 | 6 | 4/18 | 丙辰 | 1 | 5 | 6 | 3/19 | 丙戌 | 7 | 2 | 6 | 2/17 | 丙辰 | 5 | 8 |
| 7 | 7/16 | 乙酉 | 二 | 六 | 7 | 6/17 | 丙辰 | 3 | 2 | 7 | 5/18 | 丙戌 | 1 | 8 | 7 | 4/19 | 丁巳 | 1 | 6 | 7 | 3/20 | 丁亥 | 7 | 3 | 7 | 2/18 | 丁巳 | 5 | 9 |
| 8 | 7/17 | 丙戌 | 二 | 五 | 8 | 6/18 | 丁巳 | 3 | 3 | 8 | 5/19 | 丁亥 | 1 | 9 | 8 | 4/20 | 戊午 | 1 | 7 | 8 | 3/21 | 戊子 | 7 | 4 | 8 | 2/19 | 戊午 | 5 | 1 |
| 9 | 7/18 | 丁亥 | 二 | 四 | 9 | 6/19 | 戊午 | 3 | 4 | 9 | 5/20 | 戊子 | 1 | 1 | 9 | 4/21 | 己未 | 7 | 8 | 9 | 3/22 | 己丑 | 4 | 5 | 9 | 2/20 | 己未 | 2 | 2 |
| 10 | 7/19 | 戊子 | 二 | 三 | 10 | 6/20 | 己未 | 9 | 5 | 10 | 5/21 | 己丑 | 7 | 2 | 10 | 4/22 | 庚申 | 7 | 9 | 10 | 3/23 | 庚寅 | 4 | 6 | 10 | 2/21 | 庚申 | 2 | 3 |
| 11 | 7/20 | 己丑 | 五 | 二 | 11 | 6/21 | 庚申 | 9 | 四 | 11 | 5/22 | 庚寅 | 7 | 3 | 11 | 4/23 | 辛酉 | 7 | 1 | 11 | 3/24 | 辛卯 | 4 | 7 | 11 | 2/22 | 辛酉 | 2 | 4 |
| 12 | 7/21 | 庚寅 | 五 | 一 | 12 | 6/22 | 辛酉 | 9 | 三 | 12 | 5/23 | 辛卯 | 7 | 4 | 12 | 4/24 | 壬戌 | 7 | 2 | 12 | 3/25 | 壬辰 | 4 | 8 | 12 | 2/23 | 壬戌 | 2 | 5 |
| 13 | 7/22 | 辛卯 | 五 | 九 | 13 | 6/23 | 壬戌 | 9 | 二 | 13 | 5/24 | 壬辰 | 7 | 5 | 13 | 4/25 | 癸亥 | 7 | 3 | 13 | 3/26 | 癸巳 | 4 | 9 | 13 | 2/24 | 癸亥 | 2 | 6 |
| 14 | 7/23 | 壬辰 | 五 | 八 | 14 | 6/24 | 癸亥 | 9 | 一 | 14 | 5/25 | 癸巳 | 7 | 6 | 14 | 4/26 | 甲子 | 5 | 4 | 14 | 3/27 | 甲午 | 3 | 1 | 14 | 2/25 | 甲子 | 9 | 7 |
| 15 | 7/24 | 癸巳 | 五 | 七 | 15 | 6/25 | 甲子 | 九 | 九 | 15 | 5/26 | 甲午 | 5 | 7 | 15 | 4/27 | 乙丑 | 5 | 5 | 15 | 3/28 | 乙未 | 3 | 2 | 15 | 2/26 | 乙丑 | 9 | 8 |
| 16 | 7/25 | 甲午 | 七 | 六 | 16 | 6/26 | 乙丑 | 九 | 八 | 16 | 5/27 | 乙未 | 5 | 8 | 16 | 4/28 | 丙寅 | 5 | 6 | 16 | 3/29 | 丙申 | 3 | 3 | 16 | 2/27 | 丙寅 | 9 | 9 |
| 17 | 7/26 | 乙未 | 七 | 五 | 17 | 6/27 | 丙寅 | 九 | 七 | 17 | 5/28 | 丙申 | 5 | 9 | 17 | 4/29 | 丁卯 | 5 | 7 | 17 | 3/30 | 丁酉 | 3 | 4 | 17 | 2/28 | 丁卯 | 9 | 1 |
| 18 | 7/27 | 丙申 | 七 | 四 | 18 | 6/28 | 丁卯 | 九 | 六 | 18 | 5/29 | 丁酉 | 5 | 1 | 18 | 4/30 | 戊辰 | 5 | 8 | 18 | 3/31 | 戊戌 | 3 | 5 | 18 | 3/1 | 戊辰 | 9 | 2 |
| 19 | 7/28 | 丁酉 | 七 | 三 | 19 | 6/29 | 戊辰 | 九 | 五 | 19 | 5/30 | 戊戌 | 5 | 2 | 19 | 5/1 | 己巳 | 2 | 9 | 19 | 4/1 | 己亥 | 9 | 6 | 19 | 3/2 | 己巳 | 6 | 3 |
| 20 | 7/29 | 戊戌 | 七 | 二 | 20 | 6/30 | 己巳 | 三 | 四 | 20 | 5/31 | 己亥 | 2 | 3 | 20 | 5/2 | 庚午 | 2 | 1 | 20 | 4/2 | 庚子 | 9 | 7 | 20 | 3/3 | 庚午 | 6 | 4 |
| 21 | 7/30 | 己亥 | 一 | 一 | 21 | 7/1 | 庚午 | 三 | 三 | 21 | 6/1 | 庚子 | 2 | 4 | 21 | 5/3 | 辛未 | 2 | 2 | 21 | 4/3 | 辛丑 | 9 | 8 | 21 | 3/4 | 辛未 | 6 | 5 |
| 22 | 7/31 | 庚子 | 一 | 九 | 22 | 7/2 | 辛未 | 三 | 二 | 22 | 6/2 | 辛丑 | 2 | 5 | 22 | 5/4 | 壬申 | 2 | 3 | 22 | 4/4 | 壬寅 | 9 | 9 | 22 | 3/5 | 壬申 | 6 | 6 |
| 23 | 8/1 | 辛丑 | 一 | 八 | 23 | 7/3 | 壬申 | 三 | 一 | 23 | 6/3 | 壬寅 | 2 | 6 | 23 | 5/5 | 癸酉 | 2 | 4 | 23 | 4/5 | 癸卯 | 9 | 1 | 23 | 3/6 | 癸酉 | 6 | 7 |
| 24 | 8/2 | 壬寅 | 一 | 七 | 24 | 7/4 | 癸酉 | 三 | 九 | 24 | 6/4 | 癸卯 | 2 | 7 | 24 | 5/6 | 甲戌 | 8 | 5 | 24 | 4/6 | 甲辰 | 6 | 2 | 24 | 3/7 | 甲戌 | 3 | 8 |
| 25 | 8/3 | 癸卯 | 一 | 六 | 25 | 7/5 | 甲戌 | 六 | 八 | 25 | 6/5 | 甲辰 | 8 | 8 | 25 | 5/7 | 乙亥 | 8 | 6 | 25 | 4/7 | 乙巳 | 6 | 3 | 25 | 3/8 | 乙亥 | 3 | 9 |
| 26 | 8/4 | 甲辰 | 四 | 五 | 26 | 7/6 | 乙亥 | 六 | 七 | 26 | 6/6 | 乙巳 | 8 | 9 | 26 | 5/8 | 丙子 | 8 | 7 | 26 | 4/8 | 丙午 | 6 | 4 | 26 | 3/9 | 丙子 | 3 | 1 |
| 27 | 8/5 | 乙巳 | 四 | 四 | 27 | 7/7 | 丙子 | 六 | 六 | 27 | 6/7 | 丙午 | 8 | 1 | 27 | 5/9 | 丁丑 | 8 | 8 | 27 | 4/9 | 丁未 | 6 | 5 | 27 | 3/10 | 丁丑 | 3 | 2 |
| 28 | 8/6 | 丙午 | 四 | 三 | 28 | 7/8 | 丁丑 | 六 | 五 | 28 | 6/8 | 丁未 | 8 | 2 | 28 | 5/10 | 戊寅 | 8 | 9 | 28 | 4/10 | 戊申 | 6 | 6 | 28 | 3/11 | 戊寅 | 3 | 3 |
| 29 | 8/7 | 丁未 | 四 | 二 | 29 | 7/9 | 戊寅 | 六 | 四 | 29 | 6/9 | 戊申 | 8 | 3 | 29 | 5/11 | 己卯 | 4 | 1 | 29 | 4/11 | 己酉 | 4 | 7 | 29 | 3/12 | 己卯 | 1 | 4 |
| 30 | 8/8 | 戊申 | 四 | 一 | | | | | | 30 | 6/10 | 己酉 | 6 | 4 | | | | | | 30 | 4/12 | 庚戌 | 4 | 8 | 30 | 3/13 | 庚辰 | 1 | 5 |

# 西元2002年（壬午）肖馬 民國91年（女艮命）

奇門遁甲局數如標示為 一 ～九表示陰局　　如標示為1 ～9 表示陽局

| 十二月 | 十一月 | 十　月 | 九　月 | 八　月 | 七　月 |
|---|---|---|---|---|---|
| 癸丑 | 壬子 | 辛亥 | 庚戌 | 己酉 | 戊申 |
| 六白金 | 七赤金 | 八白土 | 九紫火 | 一白水 | 二黑土 |
| 大寒 19時54分 十八戌時；小寒 02時29分 初四丑時；奇門遁甲局數 | 冬至 09時16分 十九巳時；大雪 15時16分 初四申時；奇門遁甲局數 | 小雪 19時55分 十八戌時；立冬 22時23分 初三亥時；奇門遁甲局數 | 霜降 22時19分 十八亥時；寒露 19時11分 初三戌時；奇門遁甲局數 | 秋分 12時57分 十七午時；白露 03時32分 初二寅時；奇門遁甲局數 | 處暑 15時18分 十五申時；奇門遁甲局數 |

十二月

| 農曆 | 國曆 | 干支 | 時盤 | 日盤 |
|---|---|---|---|---|
| 1 | 1/3 | 丙子 | 4 | 4 |
| 2 | 1/4 | 丁丑 | 4 | 5 |
| 3 | 1/5 | 戊寅 | 4 | 6 |
| 4 | 1/6 | 己卯 | 2 | 7 |
| 5 | 1/7 | 庚辰 | 2 | 8 |
| 6 | 1/8 | 辛巳 | 2 | 9 |
| 7 | 1/9 | 壬午 | 2 | 1 |
| 8 | 1/10 | 癸未 | 2 | 2 |
| 9 | 1/11 | 甲申 | 8 | 3 |
| 10 | 1/12 | 乙酉 | 8 | 4 |
| 11 | 1/13 | 丙戌 | 8 | 5 |
| 12 | 1/14 | 丁亥 | 8 | 6 |
| 13 | 1/15 | 戊子 | 8 | 7 |
| 14 | 1/16 | 己丑 | 5 | 8 |
| 15 | 1/17 | 庚寅 | 5 | 9 |
| 16 | 1/18 | 辛卯 | 5 | 1 |
| 17 | 1/19 | 壬辰 | 5 | 2 |
| 18 | 1/20 | 癸巳 | 5 | 3 |
| 19 | 1/21 | 甲午 | 3 | 4 |
| 20 | 1/22 | 乙未 | 3 | 5 |
| 21 | 1/23 | 丙申 | 3 | 6 |
| 22 | 1/24 | 丁酉 | 3 | 7 |
| 23 | 1/25 | 戊戌 | 3 | 8 |
| 24 | 1/26 | 己亥 | 9 | 9 |
| 25 | 1/27 | 庚子 | 9 | 1 |
| 26 | 1/28 | 辛丑 | 9 | 2 |
| 27 | 1/29 | 壬寅 | 9 | 3 |
| 28 | 1/30 | 癸卯 | 9 | 4 |
| 29 | 1/31 | 甲辰 | 6 | 5 |

十一月

| 農曆 | 國曆 | 干支 | 時盤 | 日盤 |
|---|---|---|---|---|
| 1 | 12/4 | 丙午 | 二 | 九 |
| 2 | 12/5 | 丁未 | 二 | 八 |
| 3 | 12/6 | 戊申 | 二 | 七 |
| 4 | 12/7 | 己酉 | 四 | 六 |
| 5 | 12/8 | 庚戌 | 四 | 五 |
| 6 | 12/9 | 辛亥 | 四 | 四 |
| 7 | 12/10 | 壬子 | 四 | 三 |
| 8 | 12/11 | 癸丑 | 四 | 二 |
| 9 | 12/12 | 甲寅 | 七 | 一 |
| 10 | 12/13 | 乙卯 | 七 | 九 |
| 11 | 12/14 | 丙辰 | 七 | 八 |
| 12 | 12/15 | 丁巳 | 七 | 七 |
| 13 | 12/16 | 戊午 | 七 | 六 |
| 14 | 12/17 | 己未 | 一 | 五 |
| 15 | 12/18 | 庚申 | 一 | 四 |
| 16 | 12/19 | 辛酉 | 一 | 三 |
| 17 | 12/20 | 壬戌 | 一 | 二 |
| 18 | 12/21 | 癸亥 | 一 | 一 |
| 19 | 12/22 | 甲子 | 1 | 1 |
| 20 | 12/23 | 乙丑 | 1 | 2 |
| 21 | 12/24 | 丙寅 | 1 | 3 |
| 22 | 12/25 | 丁卯 | 1 | 4 |
| 23 | 12/26 | 戊辰 | 1 | 5 |
| 24 | 12/27 | 己巳 | 7 | 6 |
| 25 | 12/28 | 庚午 | 7 | 7 |
| 26 | 12/29 | 辛未 | 7 | 8 |
| 27 | 12/30 | 壬申 | 7 | 9 |
| 28 | 12/31 | 癸酉 | 7 | 1 |
| 29 | 1/1 | 甲戌 | 4 | 2 |
| 30 | 1/2 | 乙亥 | 4 | 3 |

十月

| 農曆 | 國曆 | 干支 | 時盤 | 日盤 |
|---|---|---|---|---|
| 1 | 11/5 | 丁丑 | 二 | 二 |
| 2 | 11/6 | 戊寅 | 二 | 一 |
| 3 | 11/7 | 己卯 | 六 | 九 |
| 4 | 11/8 | 庚辰 | 六 | 八 |
| 5 | 11/9 | 辛巳 | 六 | 七 |
| 6 | 11/10 | 壬午 | 六 | 六 |
| 7 | 11/11 | 癸未 | 六 | 五 |
| 8 | 11/12 | 甲申 | 九 | 四 |
| 9 | 11/13 | 乙酉 | 九 | 三 |
| 10 | 11/14 | 丙戌 | 九 | 二 |
| 11 | 11/15 | 丁亥 | 九 | 一 |
| 12 | 11/16 | 戊子 | 九 | 九 |
| 13 | 11/17 | 己丑 | 三 | 八 |
| 14 | 11/18 | 庚寅 | 三 | 七 |
| 15 | 11/19 | 辛卯 | 三 | 六 |
| 16 | 11/20 | 壬辰 | 三 | 五 |
| 17 | 11/21 | 癸巳 | 三 | 四 |
| 18 | 11/22 | 甲午 | 五 | 三 |
| 19 | 11/23 | 乙未 | 五 | 二 |
| 20 | 11/24 | 丙申 | 五 | 一 |
| 21 | 11/25 | 丁酉 | 五 | 九 |
| 22 | 11/26 | 戊戌 | 五 | 八 |
| 23 | 11/27 | 己亥 | 八 | 七 |
| 24 | 11/28 | 庚子 | 八 | 六 |
| 25 | 11/29 | 辛丑 | 八 | 五 |
| 26 | 11/30 | 壬寅 | 八 | 四 |
| 27 | 12/1 | 癸卯 | 八 | 三 |
| 28 | 12/2 | 甲辰 | 二 | 二 |
| 29 | 12/3 | 乙巳 | 二 | 一 |

九月

| 農曆 | 國曆 | 干支 | 時盤 | 日盤 |
|---|---|---|---|---|
| 1 | 10/6 | 丁未 | 四 | 五 |
| 2 | 10/7 | 戊申 | 四 | 四 |
| 3 | 10/8 | 己酉 | 六 | 三 |
| 4 | 10/9 | 庚戌 | 六 | 二 |
| 5 | 10/10 | 辛亥 | 六 | 一 |
| 6 | 10/11 | 壬子 | 六 | 九 |
| 7 | 10/12 | 癸丑 | 六 | 八 |
| 8 | 10/13 | 甲寅 | 九 | 七 |
| 9 | 10/14 | 乙卯 | 九 | 六 |
| 10 | 10/15 | 丙辰 | 九 | 五 |
| 11 | 10/16 | 丁巳 | 九 | 四 |
| 12 | 10/17 | 戊午 | 九 | 三 |
| 13 | 10/18 | 己未 | 三 | 二 |
| 14 | 10/19 | 庚申 | 三 | 一 |
| 15 | 10/20 | 辛酉 | 三 | 九 |
| 16 | 10/21 | 壬戌 | 三 | 八 |
| 17 | 10/22 | 癸亥 | 三 | 七 |
| 18 | 10/23 | 甲子 | 五 | 六 |
| 19 | 10/24 | 乙丑 | 五 | 五 |
| 20 | 10/25 | 丙寅 | 五 | 四 |
| 21 | 10/26 | 丁卯 | 五 | 三 |
| 22 | 10/27 | 戊辰 | 五 | 二 |
| 23 | 10/28 | 己巳 | 八 | 一 |
| 24 | 10/29 | 庚午 | 八 | 九 |
| 25 | 10/30 | 辛未 | 八 | 八 |
| 26 | 10/31 | 壬申 | 八 | 七 |
| 27 | 11/1 | 癸酉 | 八 | 六 |
| 28 | 11/2 | 甲戌 | 二 | 五 |
| 29 | 11/3 | 乙亥 | 二 | 四 |
| 30 | 11/4 | 丙子 | 二 | 三 |

八月

| 農曆 | 國曆 | 干支 | 時盤 | 日盤 |
|---|---|---|---|---|
| 1 | 9/7 | 戊寅 | 七 | 七 |
| 2 | 9/8 | 己卯 | 九 | 六 |
| 3 | 9/9 | 庚辰 | 九 | 五 |
| 4 | 9/10 | 辛巳 | 九 | 四 |
| 5 | 9/11 | 壬午 | 九 | 三 |
| 6 | 9/12 | 癸未 | 九 | 二 |
| 7 | 9/13 | 甲申 | 三 | 一 |
| 8 | 9/14 | 乙酉 | 三 | 九 |
| 9 | 9/15 | 丙戌 | 三 | 八 |
| 10 | 9/16 | 丁亥 | 三 | 七 |
| 11 | 9/17 | 戊子 | 三 | 六 |
| 12 | 9/18 | 己丑 | 六 | 五 |
| 13 | 9/19 | 庚寅 | 六 | 四 |
| 14 | 9/20 | 辛卯 | 六 | 三 |
| 15 | 9/21 | 壬辰 | 六 | 二 |
| 16 | 9/22 | 癸巳 | 六 | 一 |
| 17 | 9/23 | 甲午 | 七 | 九 |
| 18 | 9/24 | 乙未 | 七 | 八 |
| 19 | 9/25 | 丙申 | 七 | 七 |
| 20 | 9/26 | 丁酉 | 七 | 六 |
| 21 | 9/27 | 戊戌 | 七 | 五 |
| 22 | 9/28 | 己亥 | 一 | 四 |
| 23 | 9/29 | 庚子 | 一 | 三 |
| 24 | 9/30 | 辛丑 | 一 | 二 |
| 25 | 10/1 | 壬寅 | 一 | 一 |
| 26 | 10/2 | 癸卯 | 一 | 九 |
| 27 | 10/3 | 甲辰 | 四 | 八 |
| 28 | 10/4 | 乙巳 | 四 | 七 |
| 29 | 10/5 | 丙午 | 四 | 六 |

七月

| 農曆 | 國曆 | 干支 | 時盤 | 日盤 |
|---|---|---|---|---|
| 1 | 8/9 | 己酉 | 二 | 九 |
| 2 | 8/10 | 庚戌 | 二 | 八 |
| 3 | 8/11 | 辛亥 | 二 | 七 |
| 4 | 8/12 | 壬子 | 二 | 六 |
| 5 | 8/13 | 癸丑 | 二 | 五 |
| 6 | 8/14 | 甲寅 | 五 | 四 |
| 7 | 8/15 | 乙卯 | 五 | 三 |
| 8 | 8/16 | 丙辰 | 五 | 二 |
| 9 | 8/17 | 丁巳 | 五 | 一 |
| 10 | 8/18 | 戊午 | 五 | 九 |
| 11 | 8/19 | 己未 | 八 | 八 |
| 12 | 8/20 | 庚申 | 八 | 七 |
| 13 | 8/21 | 辛酉 | 八 | 六 |
| 14 | 8/22 | 壬戌 | 八 | 五 |
| 15 | 8/23 | 癸亥 | 八 | 四 |
| 16 | 8/24 | 甲子 | 一 | 三 |
| 17 | 8/25 | 乙丑 | 一 | 二 |
| 18 | 8/26 | 丙寅 | 一 | 一 |
| 19 | 8/27 | 丁卯 | 一 | 九 |
| 20 | 8/28 | 戊辰 | 一 | 八 |
| 21 | 8/29 | 己巳 | 四 | 七 |
| 22 | 8/30 | 庚午 | 四 | 六 |
| 23 | 8/31 | 辛未 | 四 | 五 |
| 24 | 9/1 | 壬申 | 四 | 四 |
| 25 | 9/2 | 癸酉 | 四 | 三 |
| 26 | 9/3 | 甲戌 | 七 | 二 |
| 27 | 9/4 | 乙亥 | 七 | 一 |
| 28 | 9/5 | 丙子 | 七 | 九 |
| 29 | 9/6 | 丁丑 | 七 | 八 |

# 西元2003年（癸未）肖羊 民國92年（男乾命）

奇門遁甲局數如標示為 一 ～九表示陰局　　如標示為1 ～9 表示陽局

| 六月 | | | | | 五月 | | | | | 四月 | | | | | 三月 | | | | | 二月 | | | | | 正月 | | | | |
|---|---|---|---|---|---|---|---|---|---|---|---|---|---|---|---|---|---|---|---|---|---|---|---|---|---|---|---|---|---|
| 己未 | | | | | 戊午 | | | | | 丁巳 | | | | | 丙辰 | | | | | 乙卯 | | | | | 甲寅 | | | | |
| 九紫火 | | | | | 一白水 | | | | | 二黑土 | | | | | 三碧木 | | | | | 四綠木 | | | | | 五黃土 | | | | |
| 大暑 14時05分 廿四未時 | | 小暑 20時37分 初八戌時 | 奇門遁甲局數 | | 夏至 03時12分 廿三寅時 | | 芒種 10時21分 初七巳時 | 奇門遁甲局數 | | 小滿 19時14分 廿一戌時 | | 立夏 06時12分 初六卯時 | 奇門遁甲局數 | | 穀雨 20時04分 十九戌時 | | 清明 12時54分 初四午時 | 奇門遁甲局數 | | 春分 09時01分 十九巳時 | | 驚蟄 08時06分 初四辰時 | 奇門遁甲局數 | | 雨水 10時02分 十九巳時 | | 立春 14時07分 初四未時 | 奇門遁甲局數 | |
| 農曆 | 國曆 | 干支 | 時盤 | 日盤 | 農曆 | 國曆 | 干支 | 時盤 | 日盤 | 農曆 | 國曆 | 干支 | 時盤 | 日盤 | 農曆 | 國曆 | 干支 | 時盤 | 日盤 | 農曆 | 國曆 | 干支 | 時盤 | 日盤 | 農曆 | 國曆 | 干支 | 時盤 | 日盤 |
| 1 | 6/30 | 甲戌 | 六 | 八 | 1 | 5/31 | 甲辰 | 8 | 8 | 1 | 5/1 | 甲戌 | 8 | 5 | 1 | 4/2 | 乙巳 | 6 | 3 | 1 | 3/3 | 乙亥 | 3 | 9 | 1 | 2/1 | 乙巳 | 6 | 6 |
| 2 | 7/1 | 乙亥 | 六 | 七 | 2 | 6/1 | 乙巳 | 8 | 9 | 2 | 5/2 | 乙亥 | 8 | 6 | 2 | 4/3 | 丙午 | 6 | 4 | 2 | 3/4 | 丙子 | 3 | 1 | 2 | 2/2 | 丙午 | 6 | 7 |
| 3 | 7/2 | 丙子 | 六 | 六 | 3 | 6/2 | 丙午 | 8 | 1 | 3 | 5/3 | 丙子 | 8 | 7 | 3 | 4/4 | 丁未 | 6 | 5 | 3 | 3/5 | 丁丑 | 3 | 2 | 3 | 2/3 | 丁未 | 6 | 8 |
| 4 | 7/3 | 丁丑 | 六 | 五 | 4 | 6/3 | 丁未 | 8 | 2 | 4 | 5/4 | 丁丑 | 8 | 8 | 4 | 4/5 | 戊申 | 6 | 6 | 4 | 3/6 | 戊寅 | 3 | 3 | 4 | 2/4 | 戊申 | 6 | 9 |
| 5 | 7/4 | 戊寅 | 六 | 四 | 5 | 6/4 | 戊申 | 8 | 3 | 5 | 5/5 | 戊寅 | 8 | 9 | 5 | 4/6 | 己酉 | 4 | 7 | 5 | 3/7 | 己卯 | 1 | 4 | 5 | 2/5 | 己酉 | 8 | 1 |
| 6 | 7/5 | 己卯 | 八 | 三 | 6 | 6/5 | 己酉 | 6 | 4 | 6 | 5/6 | 己卯 | 4 | 1 | 6 | 4/7 | 庚戌 | 4 | 8 | 6 | 3/8 | 庚辰 | 1 | 5 | 6 | 2/6 | 庚戌 | 8 | 2 |
| 7 | 7/6 | 庚辰 | 八 | 二 | 7 | 6/6 | 庚戌 | 6 | 5 | 7 | 5/7 | 庚辰 | 4 | 2 | 7 | 4/8 | 辛亥 | 4 | 9 | 7 | 3/9 | 辛巳 | 1 | 6 | 7 | 2/7 | 辛亥 | 8 | 3 |
| 8 | 7/7 | 辛巳 | 八 | 一 | 8 | 6/7 | 辛亥 | 6 | 6 | 8 | 5/8 | 辛巳 | 4 | 3 | 8 | 4/9 | 壬子 | 4 | 1 | 8 | 3/10 | 壬午 | 1 | 7 | 8 | 2/8 | 壬子 | 8 | 4 |
| 9 | 7/8 | 壬午 | 八 | 九 | 9 | 6/8 | 壬子 | 6 | 7 | 9 | 5/9 | 壬午 | 4 | 4 | 9 | 4/10 | 癸丑 | 4 | 2 | 9 | 3/11 | 癸未 | 1 | 8 | 9 | 2/9 | 癸丑 | 8 | 5 |
| 10 | 7/9 | 癸未 | 八 | 八 | 10 | 6/9 | 癸丑 | 6 | 8 | 10 | 5/10 | 癸未 | 4 | 5 | 10 | 4/11 | 甲寅 | 1 | 3 | 10 | 3/12 | 甲申 | 7 | 9 | 10 | 2/10 | 甲寅 | 5 | 6 |
| 11 | 7/10 | 甲申 | 二 | 七 | 11 | 6/10 | 甲寅 | 3 | 9 | 11 | 5/11 | 甲申 | 1 | 6 | 11 | 4/12 | 乙卯 | 1 | 4 | 11 | 3/13 | 乙酉 | 7 | 1 | 11 | 2/11 | 乙卯 | 5 | 7 |
| 12 | 7/11 | 乙酉 | 二 | 六 | 12 | 6/11 | 乙卯 | 3 | 1 | 12 | 5/12 | 乙酉 | 1 | 7 | 12 | 4/13 | 丙辰 | 1 | 5 | 12 | 3/14 | 丙戌 | 7 | 2 | 12 | 2/12 | 丙辰 | 5 | 8 |
| 13 | 7/12 | 丙戌 | 二 | 五 | 13 | 6/12 | 丙辰 | 3 | 2 | 13 | 5/13 | 丙戌 | 1 | 8 | 13 | 4/14 | 丁巳 | 1 | 6 | 13 | 3/15 | 丁亥 | 7 | 3 | 13 | 2/13 | 丁巳 | 5 | 9 |
| 14 | 7/13 | 丁亥 | 二 | 四 | 14 | 6/13 | 丁巳 | 3 | 3 | 14 | 5/14 | 丁亥 | 1 | 9 | 14 | 4/15 | 戊午 | 1 | 7 | 14 | 3/16 | 戊子 | 7 | 4 | 14 | 2/14 | 戊午 | 5 | 1 |
| 15 | 7/14 | 戊子 | 二 | 三 | 15 | 6/14 | 戊午 | 3 | 4 | 15 | 5/15 | 戊子 | 1 | 1 | 15 | 4/16 | 己未 | 7 | 8 | 15 | 3/17 | 己丑 | 4 | 5 | 15 | 2/15 | 己未 | 2 | 2 |
| 16 | 7/15 | 己丑 | 五 | 二 | 16 | 6/15 | 己未 | 9 | 5 | 16 | 5/16 | 己丑 | 7 | 2 | 16 | 4/17 | 庚申 | 7 | 9 | 16 | 3/18 | 庚寅 | 4 | 6 | 16 | 2/16 | 庚申 | 2 | 3 |
| 17 | 7/16 | 庚寅 | 五 | 一 | 17 | 6/16 | 庚申 | 9 | 6 | 17 | 5/17 | 庚寅 | 7 | 3 | 17 | 4/18 | 辛酉 | 7 | 1 | 17 | 3/19 | 辛卯 | 4 | 7 | 17 | 2/17 | 辛酉 | 2 | 4 |
| 18 | 7/17 | 辛卯 | 五 | 九 | 18 | 6/17 | 辛酉 | 9 | 7 | 18 | 5/18 | 辛卯 | 7 | 4 | 18 | 4/19 | 壬戌 | 7 | 2 | 18 | 3/20 | 壬辰 | 4 | 8 | 18 | 2/18 | 壬戌 | 2 | 5 |
| 19 | 7/18 | 壬辰 | 五 | 八 | 19 | 6/18 | 壬戌 | 9 | 8 | 19 | 5/19 | 壬辰 | 7 | 5 | 19 | 4/20 | 癸亥 | 7 | 3 | 19 | 3/21 | 癸巳 | 4 | 9 | 19 | 2/19 | 癸亥 | 2 | 6 |
| 20 | 7/19 | 癸巳 | 五 | 七 | 20 | 6/19 | 癸亥 | 9 | 9 | 20 | 5/20 | 癸巳 | 7 | 6 | 20 | 4/21 | 甲子 | 5 | 4 | 20 | 3/22 | 甲午 | 3 | 1 | 20 | 2/20 | 甲子 | 9 | 7 |
| 21 | 7/20 | 甲午 | 七 | 六 | 21 | 6/20 | 甲子 | 九 | 1 | 21 | 5/21 | 甲午 | 5 | 7 | 21 | 4/22 | 乙丑 | 5 | 5 | 21 | 3/23 | 乙未 | 3 | 2 | 21 | 2/21 | 乙丑 | 9 | 8 |
| 22 | 7/21 | 乙未 | 七 | 五 | 22 | 6/21 | 乙丑 | 九 | 2 | 22 | 5/22 | 乙未 | 5 | 8 | 22 | 4/23 | 丙寅 | 5 | 6 | 22 | 3/24 | 丙申 | 3 | 3 | 22 | 2/22 | 丙寅 | 9 | 9 |
| 23 | 7/22 | 丙申 | 七 | 四 | 23 | 6/22 | 丙寅 | 九 | 七 | 23 | 5/23 | 丙申 | 5 | 9 | 23 | 4/24 | 丁卯 | 5 | 7 | 23 | 3/25 | 丁酉 | 3 | 4 | 23 | 2/23 | 丁卯 | 9 | 1 |
| 24 | 7/23 | 丁酉 | 七 | 三 | 24 | 6/23 | 丁卯 | 九 | 六 | 24 | 5/24 | 丁酉 | 5 | 1 | 24 | 4/25 | 戊辰 | 5 | 8 | 24 | 3/26 | 戊戌 | 3 | 5 | 24 | 2/24 | 戊辰 | 9 | 2 |
| 25 | 7/24 | 戊戌 | 七 | 二 | 25 | 6/24 | 戊辰 | 九 | 五 | 25 | 5/25 | 戊戌 | 5 | 2 | 25 | 4/26 | 己巳 | 2 | 9 | 25 | 3/27 | 己亥 | 9 | 6 | 25 | 2/25 | 己巳 | 6 | 3 |
| 26 | 7/25 | 己亥 | 一 | 一 | 26 | 6/25 | 己巳 | 三 | 四 | 26 | 5/26 | 己亥 | 2 | 3 | 26 | 4/27 | 庚午 | 2 | 1 | 26 | 3/28 | 庚子 | 9 | 7 | 26 | 2/26 | 庚午 | 6 | 4 |
| 27 | 7/26 | 庚子 | 一 | 九 | 27 | 6/26 | 庚午 | 三 | 三 | 27 | 5/27 | 庚子 | 2 | 4 | 27 | 4/28 | 辛未 | 2 | 2 | 27 | 3/29 | 辛丑 | 9 | 8 | 27 | 2/27 | 辛未 | 6 | 5 |
| 28 | 7/27 | 辛丑 | 一 | 八 | 28 | 6/27 | 辛未 | 三 | 二 | 28 | 5/28 | 辛丑 | 2 | 5 | 28 | 4/29 | 壬申 | 2 | 3 | 28 | 3/30 | 壬寅 | 9 | 9 | 28 | 2/28 | 壬申 | 6 | 6 |
| 29 | 7/28 | 壬寅 | 一 | 七 | 29 | 6/28 | 壬申 | 三 | 一 | 29 | 5/29 | 壬寅 | 2 | 6 | 29 | 4/30 | 癸酉 | 2 | 4 | 29 | 3/31 | 癸卯 | 9 | 1 | 29 | 3/1 | 癸酉 | 6 | 7 |
| | | | | | 30 | 6/29 | 癸酉 | 三 | 九 | 30 | 5/30 | 癸卯 | 2 | 7 | | | | | | 30 | 4/1 | 甲辰 | 6 | 2 | 30 | 3/2 | 甲戌 | 3 | 8 |

# 西元2003年（癸未）肖羊 民國92年（女離命）

奇門遁甲局數如標示為 一 ～九表示陰局　　如標示為1 ～9 表示陽局

| 十二月 | | | | | 十一月 | | | | | 十　月 | | | | | 九　月 | | | | | 八　月 | | | | | 七　月 | | | | |
|---|---|---|---|---|---|---|---|---|---|---|---|---|---|---|---|---|---|---|---|---|---|---|---|---|---|---|---|---|---|
| 乙丑 | | | | | 甲子 | | | | | 癸亥 | | | | | 壬戌 | | | | | 辛酉 | | | | | 庚申 | | | | |
| 三碧木 | | | | | 四綠木 | | | | | 五黃土 | | | | | 六白金 | | | | | 七赤金 | | | | | 八白土 | | | | |
| 大寒 01時44分 三十丑時 | | 小寒 08時20分 十五辰時 | 奇門遁甲局數 | | 冬至 15時05分 廿九申時 | | 大雪 21時07分 十四亥時 | 奇門遁甲局數 | | 小雪 01時45分 三十丑時 | | 立冬 04時15分 十五寅時 | 奇門遁甲局數 | | 霜降 04時09分 廿九寅時 | | 寒露 01時02分 十四丑時 | 奇門遁甲局數 | | 秋分 18時48分 廿七酉時 | | 白露 09時22分 十二巳時 | 奇門遁甲局數 | | 處暑 21時10分 廿六亥時 | | 立秋 06時26分 十一卯時 | 奇門遁甲局數 | |
| 農曆 | 國曆 | 干支 | 時盤 | 日盤 | 農曆 | 國曆 | 干支 | 時盤 | 日盤 | 農曆 | 國曆 | 干支 | 時盤 | 日盤 | 農曆 | 國曆 | 干支 | 時盤 | 日盤 | 農曆 | 國曆 | 干支 | 時盤 | 日盤 | 農曆 | 國曆 | 干支 | 時盤 | 日盤 |
| 1 | 12/23 | 庚午 | 7 | 7 | 1 | 11/24 | 辛丑 | 八 | 五 | 1 | 10/25 | 辛未 | 八 | 八 | 1 | 9/26 | 壬寅 | 一 | 一 | 1 | 8/28 | 癸酉 | 四 | 三 | 1 | 7/29 | 癸卯 | 一 | 六 |
| 2 | 12/24 | 辛未 | 7 | 8 | 2 | 11/25 | 壬寅 | 八 | 四 | 2 | 10/26 | 壬申 | 八 | 七 | 2 | 9/27 | 癸卯 | 一 | 九 | 2 | 8/29 | 甲戌 | 七 | 二 | 2 | 7/30 | 甲辰 | 四 | 五 |
| 3 | 12/25 | 壬申 | 7 | 9 | 3 | 11/26 | 癸卯 | 八 | 三 | 3 | 10/27 | 癸酉 | 八 | 六 | 3 | 9/28 | 甲辰 | 四 | 八 | 3 | 8/30 | 乙亥 | 七 | 一 | 3 | 7/31 | 乙巳 | 四 | 四 |
| 4 | 12/26 | 癸酉 | 7 | 1 | 4 | 11/27 | 甲辰 | 二 | 二 | 4 | 10/28 | 甲戌 | 二 | 五 | 4 | 9/29 | 乙巳 | 四 | 七 | 4 | 8/31 | 丙子 | 七 | 九 | 4 | 8/1 | 丙午 | 四 | 三 |
| 5 | 12/27 | 甲戌 | 4 | 2 | 5 | 11/28 | 乙巳 | 二 | 一 | 5 | 10/29 | 乙亥 | 二 | 四 | 5 | 9/30 | 丙午 | 四 | 六 | 5 | 9/1 | 丁丑 | 七 | 八 | 5 | 8/2 | 丁未 | 四 | 二 |
| 6 | 12/28 | 乙亥 | 4 | 3 | 6 | 11/29 | 丙午 | 二 | 九 | 6 | 10/30 | 丙子 | 二 | 三 | 6 | 10/1 | 丁未 | 四 | 五 | 6 | 9/2 | 戊寅 | 七 | 七 | 6 | 8/3 | 戊申 | 四 | 一 |
| 7 | 12/29 | 丙子 | 4 | 4 | 7 | 11/30 | 丁未 | 二 | 八 | 7 | 10/31 | 丁丑 | 二 | 二 | 7 | 10/2 | 戊申 | 四 | 四 | 7 | 9/3 | 己卯 | 九 | 六 | 7 | 8/4 | 己酉 | 二 | 九 |
| 8 | 12/30 | 丁丑 | 4 | 5 | 8 | 12/1 | 戊申 | 二 | 七 | 8 | 11/1 | 戊寅 | 二 | 一 | 8 | 10/3 | 己酉 | 六 | 三 | 8 | 9/4 | 庚辰 | 九 | 五 | 8 | 8/5 | 庚戌 | 二 | 八 |
| 9 | 12/31 | 戊寅 | 4 | 6 | 9 | 12/2 | 己酉 | 四 | 六 | 9 | 11/2 | 己卯 | 六 | 九 | 9 | 10/4 | 庚戌 | 六 | 二 | 9 | 9/5 | 辛巳 | 九 | 四 | 9 | 8/6 | 辛亥 | 二 | 七 |
| 10 | 1/1 | 己卯 | 2 | 7 | 10 | 12/3 | 庚戌 | 四 | 五 | 10 | 11/3 | 庚辰 | 六 | 八 | 10 | 10/5 | 辛亥 | 六 | 一 | 10 | 9/6 | 壬午 | 九 | 三 | 10 | 8/7 | 壬子 | 二 | 六 |
| 11 | 1/2 | 庚辰 | 2 | 8 | 11 | 12/4 | 辛亥 | 四 | 四 | 11 | 11/4 | 辛巳 | 六 | 七 | 11 | 10/6 | 壬子 | 六 | 九 | 11 | 9/7 | 癸未 | 九 | 二 | 11 | 8/8 | 癸丑 | 二 | 五 |
| 12 | 1/3 | 辛巳 | 2 | 9 | 12 | 12/5 | 壬子 | 四 | 三 | 12 | 11/5 | 壬午 | 六 | 六 | 12 | 10/7 | 癸丑 | 六 | 八 | 12 | 9/8 | 甲申 | 三 | 一 | 12 | 8/9 | 甲寅 | 五 | 四 |
| 13 | 1/4 | 壬午 | 2 | 1 | 13 | 12/6 | 癸丑 | 四 | 二 | 13 | 11/6 | 癸未 | 六 | 五 | 13 | 10/8 | 甲寅 | 九 | 七 | 13 | 9/9 | 乙酉 | 三 | 九 | 13 | 8/10 | 乙卯 | 五 | 三 |
| 14 | 1/5 | 癸未 | 2 | 2 | 14 | 12/7 | 甲寅 | 七 | 一 | 14 | 11/7 | 甲申 | 九 | 四 | 14 | 10/9 | 乙卯 | 九 | 六 | 14 | 9/10 | 丙戌 | 三 | 八 | 14 | 8/11 | 丙辰 | 五 | 二 |
| 15 | 1/6 | 甲申 | 8 | 3 | 15 | 12/8 | 乙卯 | 七 | 九 | 15 | 11/8 | 乙酉 | 九 | 三 | 15 | 10/10 | 丙辰 | 九 | 五 | 15 | 9/11 | 丁亥 | 三 | 七 | 15 | 8/12 | 丁巳 | 五 | 一 |
| 16 | 1/7 | 乙酉 | 8 | 4 | 16 | 12/9 | 丙辰 | 七 | 八 | 16 | 11/9 | 丙戌 | 九 | 二 | 16 | 10/11 | 丁巳 | 九 | 四 | 16 | 9/12 | 戊子 | 三 | 六 | 16 | 8/13 | 戊午 | 五 | 九 |
| 17 | 1/8 | 丙戌 | 8 | 5 | 17 | 12/10 | 丁巳 | 七 | 七 | 17 | 11/10 | 丁亥 | 九 | 一 | 17 | 10/12 | 戊午 | 九 | 三 | 17 | 9/13 | 己丑 | 六 | 五 | 17 | 8/14 | 己未 | 八 | 八 |
| 18 | 1/9 | 丁亥 | 8 | 6 | 18 | 12/11 | 戊午 | 七 | 六 | 18 | 11/11 | 戊子 | 九 | 九 | 18 | 10/13 | 己未 | 三 | 二 | 18 | 9/14 | 庚寅 | 六 | 四 | 18 | 8/15 | 庚申 | 八 | 七 |
| 19 | 1/10 | 戊子 | 8 | 7 | 19 | 12/12 | 己未 | 一 | 五 | 19 | 11/12 | 己丑 | 三 | 八 | 19 | 10/14 | 庚申 | 三 | 一 | 19 | 9/15 | 辛卯 | 六 | 三 | 19 | 8/16 | 辛酉 | 八 | 六 |
| 20 | 1/11 | 己丑 | 5 | 8 | 20 | 12/13 | 庚申 | 一 | 四 | 20 | 11/13 | 庚寅 | 三 | 七 | 20 | 10/15 | 辛酉 | 三 | 九 | 20 | 9/16 | 壬辰 | 六 | 二 | 20 | 8/17 | 壬戌 | 八 | 五 |
| 21 | 1/12 | 庚寅 | 5 | 9 | 21 | 12/14 | 辛酉 | 一 | 三 | 21 | 11/14 | 辛卯 | 三 | 六 | 21 | 10/16 | 壬戌 | 三 | 八 | 21 | 9/17 | 癸巳 | 六 | 一 | 21 | 8/18 | 癸亥 | 八 | 四 |
| 22 | 1/13 | 辛卯 | 5 | 1 | 22 | 12/15 | 壬戌 | 一 | 二 | 22 | 11/15 | 壬辰 | 三 | 五 | 22 | 10/17 | 癸亥 | 三 | 七 | 22 | 9/18 | 甲午 | 七 | 九 | 22 | 8/19 | 甲子 | 一 | 三 |
| 23 | 1/14 | 壬辰 | 5 | 2 | 23 | 12/16 | 癸亥 | 一 | 一 | 23 | 11/16 | 癸巳 | 三 | 四 | 23 | 10/18 | 甲子 | 五 | 六 | 23 | 9/19 | 乙未 | 七 | 八 | 23 | 8/20 | 乙丑 | 一 | 二 |
| 24 | 1/15 | 癸巳 | 5 | 3 | 24 | 12/17 | 甲子 | 1 | 九 | 24 | 11/17 | 甲午 | 五 | 三 | 24 | 10/19 | 乙丑 | 五 | 五 | 24 | 9/20 | 丙申 | 七 | 七 | 24 | 8/21 | 丙寅 | 一 | 一 |
| 25 | 1/16 | 甲午 | 3 | 4 | 25 | 12/18 | 乙丑 | 1 | 八 | 25 | 11/18 | 乙未 | 五 | 二 | 25 | 10/20 | 丙寅 | 五 | 四 | 25 | 9/21 | 丁酉 | 七 | 六 | 25 | 8/22 | 丁卯 | 一 | 九 |
| 26 | 1/17 | 乙未 | 3 | 5 | 26 | 12/19 | 丙寅 | 1 | 七 | 26 | 11/19 | 丙申 | 五 | 一 | 26 | 10/21 | 丁卯 | 五 | 三 | 26 | 9/22 | 戊戌 | 七 | 五 | 26 | 8/23 | 戊辰 | 一 | 八 |
| 27 | 1/18 | 丙申 | 3 | 6 | 27 | 12/20 | 丁卯 | 1 | 六 | 27 | 11/20 | 丁酉 | 五 | 九 | 27 | 10/22 | 戊辰 | 五 | 二 | 27 | 9/23 | 己亥 | 一 | 四 | 27 | 8/24 | 己巳 | 四 | 七 |
| 28 | 1/19 | 丁酉 | 3 | 7 | 28 | 12/21 | 戊辰 | 1 | 五 | 28 | 11/21 | 戊戌 | 五 | 八 | 28 | 10/23 | 己巳 | 八 | 一 | 28 | 9/24 | 庚子 | 一 | 三 | 28 | 8/25 | 庚午 | 四 | 六 |
| 29 | 1/20 | 戊戌 | 3 | 8 | 29 | 12/22 | 己巳 | 7 | 6 | 29 | 11/22 | 己亥 | 八 | 七 | 29 | 10/24 | 庚午 | 八 | 九 | 29 | 9/25 | 辛丑 | 一 | 二 | 29 | 8/26 | 辛未 | 四 | 五 |
| 30 | 1/21 | 己亥 | 9 | 9 | | | | | | 30 | 11/23 | 庚子 | 八 | 六 | | | | | | | | | | | 30 | 8/27 | 壬申 | 四 | 四 |

# 西元2004年（甲申）肖猴 民國93年（男坤命）

奇門遁甲局數如標示為 一 ～九表示陰局　　如標示為1 ～9 表示陽局

**六月**　辛未　六白金
立秋：12時21分 廿二午時　大暑：19時51分 初六戌時　（奇門遁甲局數）

| 農曆 | 國曆 | 干支 | 時盤 | 日盤 |
|---|---|---|---|---|
| 1 | 7/17 | 丁酉 | 七 | 三 |
| 2 | 7/18 | 戊戌 | 七 | 二 |
| 3 | 7/19 | 己亥 | 一 | 一 |
| 4 | 7/20 | 庚子 | 一 | 九 |
| 5 | 7/21 | 辛丑 | 一 | 八 |
| 6 | 7/22 | 壬寅 | 一 | 七 |
| 7 | 7/23 | 癸卯 | 一 | 六 |
| 8 | 7/24 | 甲辰 | 四 | 五 |
| 9 | 7/25 | 乙巳 | 四 | 四 |
| 10 | 7/26 | 丙午 | 四 | 三 |
| 11 | 7/27 | 丁未 | 四 | 二 |
| 12 | 7/28 | 戊申 | 四 | 一 |
| 13 | 7/29 | 己酉 | 二 | 九 |
| 14 | 7/30 | 庚戌 | 二 | 八 |
| 15 | 7/31 | 辛亥 | 二 | 七 |
| 16 | 8/1 | 壬子 | 二 | 六 |
| 17 | 8/2 | 癸丑 | 二 | 五 |
| 18 | 8/3 | 甲寅 | 五 | 四 |
| 19 | 8/4 | 乙卯 | 五 | 三 |
| 20 | 8/5 | 丙辰 | 五 | 二 |
| 21 | 8/6 | 丁巳 | 五 | 一 |
| 22 | 8/7 | 戊午 | 五 | 九 |
| 23 | 8/8 | 己未 | 八 | 八 |
| 24 | 8/9 | 庚申 | 八 | 七 |
| 25 | 8/10 | 辛酉 | 八 | 六 |
| 26 | 8/11 | 壬戌 | 八 | 五 |
| 27 | 8/12 | 癸亥 | 八 | 四 |
| 28 | 8/13 | 甲子 | 一 | 三 |
| 29 | 8/14 | 乙丑 | 一 | 二 |
| 30 | 8/15 | 丙寅 | 一 | 一 |

**五月**　庚午　七赤金
小暑：02時33分 二十丑時　夏至：08時58分 初四辰時　（奇門遁甲局數）

| 農曆 | 國曆 | 干支 | 時盤 | 日盤 |
|---|---|---|---|---|
| 1 | 6/18 | 戊辰 | 九 | 5 |
| 2 | 6/19 | 己巳 | 三 | 6 |
| 3 | 6/20 | 庚午 | 三 | 7 |
| 4 | 6/21 | 辛未 | 三 | 二 |
| 5 | 6/22 | 壬申 | 三 | 一 |
| 6 | 6/23 | 癸酉 | 三 | 九 |
| 7 | 6/24 | 甲戌 | 六 | 八 |
| 8 | 6/25 | 乙亥 | 六 | 七 |
| 9 | 6/26 | 丙子 | 六 | 六 |
| 10 | 6/27 | 丁丑 | 六 | 五 |
| 11 | 6/28 | 戊寅 | 六 | 四 |
| 12 | 6/29 | 己卯 | 八 | 三 |
| 13 | 6/30 | 庚辰 | 八 | 二 |
| 14 | 7/1 | 辛巳 | 八 | 一 |
| 15 | 7/2 | 壬午 | 八 | 九 |
| 16 | 7/3 | 癸未 | 八 | 八 |
| 17 | 7/4 | 甲申 | 二 | 七 |
| 18 | 7/5 | 乙酉 | 二 | 六 |
| 19 | 7/6 | 丙戌 | 二 | 五 |
| 20 | 7/7 | 丁亥 | 二 | 四 |
| 21 | 7/8 | 戊子 | 二 | 三 |
| 22 | 7/9 | 己丑 | 五 | 二 |
| 23 | 7/10 | 庚寅 | 五 | 一 |
| 24 | 7/11 | 辛卯 | 五 | 九 |
| 25 | 7/12 | 壬辰 | 五 | 八 |
| 26 | 7/13 | 癸巳 | 五 | 七 |
| 27 | 7/14 | 甲午 | 七 | 六 |
| 28 | 7/15 | 乙未 | 七 | 五 |
| 29 | 7/16 | 丙申 | 七 | 四 |

**四月**　己巳　八白土
芒種：16時15分 十八申時　小滿：01時00分 初三丑時　（奇門遁甲局數）

| 農曆 | 國曆 | 干支 | 時盤 | 日盤 |
|---|---|---|---|---|
| 1 | 5/19 | 戊戌 | 5 | 2 |
| 2 | 5/20 | 己亥 | 2 | 3 |
| 3 | 5/21 | 庚子 | 2 | 4 |
| 4 | 5/22 | 辛丑 | 2 | 5 |
| 5 | 5/23 | 壬寅 | 2 | 6 |
| 6 | 5/24 | 癸卯 | 2 | 7 |
| 7 | 5/25 | 甲辰 | 8 | 8 |
| 8 | 5/26 | 乙巳 | 8 | 9 |
| 9 | 5/27 | 丙午 | 8 | 1 |
| 10 | 5/28 | 丁未 | 8 | 2 |
| 11 | 5/29 | 戊申 | 8 | 3 |
| 12 | 5/30 | 己酉 | 6 | 4 |
| 13 | 5/31 | 庚戌 | 6 | 5 |
| 14 | 6/1 | 辛亥 | 6 | 6 |
| 15 | 6/2 | 壬子 | 6 | 7 |
| 16 | 6/3 | 癸丑 | 6 | 8 |
| 17 | 6/4 | 甲寅 | 3 | 9 |
| 18 | 6/5 | 乙卯 | 3 | 1 |
| 19 | 6/6 | 丙辰 | 3 | 2 |
| 20 | 6/7 | 丁巳 | 3 | 3 |
| 21 | 6/8 | 戊午 | 3 | 4 |
| 22 | 6/9 | 己未 | 9 | 5 |
| 23 | 6/10 | 庚申 | 9 | 6 |
| 24 | 6/11 | 辛酉 | 9 | 7 |
| 25 | 6/12 | 壬戌 | 9 | 8 |
| 26 | 6/13 | 癸亥 | 9 | 9 |
| 27 | 6/14 | 甲子 | 九 | 1 |
| 28 | 6/15 | 乙丑 | 九 | 2 |
| 29 | 6/16 | 丙寅 | 九 | 3 |
| 30 | 6/17 | 丁卯 | 九 | 4 |

**三月**　戊辰　九紫火
立夏：12時04分 十七午時　穀雨：01時52分 初二丑時　（奇門遁甲局數）

| 農曆 | 國曆 | 干支 | 時盤 | 日盤 |
|---|---|---|---|---|
| 1 | 4/19 | 戊辰 | 5 | 8 |
| 2 | 4/20 | 己巳 | 2 | 9 |
| 3 | 4/21 | 庚午 | 2 | 1 |
| 4 | 4/22 | 辛未 | 2 | 2 |
| 5 | 4/23 | 壬申 | 2 | 3 |
| 6 | 4/24 | 癸酉 | 2 | 4 |
| 7 | 4/25 | 甲戌 | 8 | 5 |
| 8 | 4/26 | 乙亥 | 8 | 6 |
| 9 | 4/27 | 丙子 | 8 | 7 |
| 10 | 4/28 | 丁丑 | 8 | 8 |
| 11 | 4/29 | 戊寅 | 8 | 9 |
| 12 | 4/30 | 己卯 | 4 | 1 |
| 13 | 5/1 | 庚辰 | 4 | 2 |
| 14 | 5/2 | 辛巳 | 4 | 3 |
| 15 | 5/3 | 壬午 | 4 | 4 |
| 16 | 5/4 | 癸未 | 4 | 5 |
| 17 | 5/5 | 甲申 | 1 | 6 |
| 18 | 5/6 | 乙酉 | 1 | 7 |
| 19 | 5/7 | 丙戌 | 1 | 8 |
| 20 | 5/8 | 丁亥 | 1 | 9 |
| 21 | 5/9 | 戊子 | 1 | 1 |
| 22 | 5/10 | 己丑 | 7 | 2 |
| 23 | 5/11 | 庚寅 | 7 | 3 |
| 24 | 5/12 | 辛卯 | 7 | 4 |
| 25 | 5/13 | 壬辰 | 7 | 5 |
| 26 | 5/14 | 癸巳 | 7 | 6 |
| 27 | 5/15 | 甲午 | 5 | 7 |
| 28 | 5/16 | 乙未 | 5 | 8 |
| 29 | 5/17 | 丙申 | 5 | 9 |
| 30 | 5/18 | 丁酉 | 5 | 1 |

**閏二月**　戊辰
清明：18時44分 十五酉時　（奇門遁甲局數）

| 農曆 | 國曆 | 干支 | 時盤 | 日盤 |
|---|---|---|---|---|
| 1 | 3/21 | 己亥 | 9 | 6 |
| 2 | 3/22 | 庚子 | 9 | 7 |
| 3 | 3/23 | 辛丑 | 9 | 8 |
| 4 | 3/24 | 壬寅 | 9 | 9 |
| 5 | 3/25 | 癸卯 | 9 | 1 |
| 6 | 3/26 | 甲辰 | 6 | 2 |
| 7 | 3/27 | 乙巳 | 6 | 3 |
| 8 | 3/28 | 丙午 | 6 | 4 |
| 9 | 3/29 | 丁未 | 6 | 5 |
| 10 | 3/30 | 戊申 | 6 | 6 |
| 11 | 3/31 | 己酉 | 4 | 7 |
| 12 | 4/1 | 庚戌 | 4 | 8 |
| 13 | 4/2 | 辛亥 | 4 | 9 |
| 14 | 4/3 | 壬子 | 4 | 1 |
| 15 | 4/4 | 癸丑 | 4 | 2 |
| 16 | 4/5 | 甲寅 | 1 | 3 |
| 17 | 4/6 | 乙卯 | 1 | 4 |
| 18 | 4/7 | 丙辰 | 1 | 5 |
| 19 | 4/8 | 丁巳 | 1 | 6 |
| 20 | 4/9 | 戊午 | 1 | 7 |
| 21 | 4/10 | 己未 | 7 | 8 |
| 22 | 4/11 | 庚申 | 7 | 9 |
| 23 | 4/12 | 辛酉 | 7 | 1 |
| 24 | 4/13 | 壬戌 | 7 | 2 |
| 25 | 4/14 | 癸亥 | 7 | 3 |
| 26 | 4/15 | 甲子 | 5 | 4 |
| 27 | 4/16 | 乙丑 | 5 | 5 |
| 28 | 4/17 | 丙寅 | 5 | 6 |
| 29 | 4/18 | 丁卯 | 5 | 7 |

**二月**　丁卯　一白水
春分：14時50分 三十未時　驚蟄：13時56分 十五未時　（奇門遁甲局數）

| 農曆 | 國曆 | 干支 | 時盤 | 日盤 |
|---|---|---|---|---|
| 1 | 2/20 | 己巳 | 6 | 3 |
| 2 | 2/21 | 庚午 | 6 | 4 |
| 3 | 2/22 | 辛未 | 6 | 5 |
| 4 | 2/23 | 壬申 | 6 | 6 |
| 5 | 2/24 | 癸酉 | 6 | 7 |
| 6 | 2/25 | 甲戌 | 3 | 8 |
| 7 | 2/26 | 乙亥 | 3 | 9 |
| 8 | 2/27 | 丙子 | 3 | 1 |
| 9 | 2/28 | 丁丑 | 3 | 2 |
| 10 | 2/29 | 戊寅 | 3 | 3 |
| 11 | 3/1 | 己卯 | 1 | 4 |
| 12 | 3/2 | 庚辰 | 1 | 5 |
| 13 | 3/3 | 辛巳 | 1 | 6 |
| 14 | 3/4 | 壬午 | 1 | 7 |
| 15 | 3/5 | 癸未 | 1 | 8 |
| 16 | 3/6 | 甲申 | 7 | 9 |
| 17 | 3/7 | 乙酉 | 7 | 1 |
| 18 | 3/8 | 丙戌 | 7 | 2 |
| 19 | 3/9 | 丁亥 | 7 | 3 |
| 20 | 3/10 | 戊子 | 7 | 4 |
| 21 | 3/11 | 己丑 | 4 | 5 |
| 22 | 3/12 | 庚寅 | 4 | 6 |
| 23 | 3/13 | 辛卯 | 4 | 7 |
| 24 | 3/14 | 壬辰 | 4 | 8 |
| 25 | 3/15 | 癸巳 | 4 | 9 |
| 26 | 3/16 | 甲午 | 3 | 1 |
| 27 | 3/17 | 乙未 | 3 | 2 |
| 28 | 3/18 | 丙申 | 3 | 3 |
| 29 | 3/19 | 丁酉 | 3 | 4 |
| 30 | 3/20 | 戊戌 | 3 | 5 |

**正月**　丙寅　二黑土
雨水：15時51分 廿九申時　立春：19時58分 十四戌時　（奇門遁甲局數）

| 農曆 | 國曆 | 干支 | 時盤 | 日盤 |
|---|---|---|---|---|
| 1 | 1/22 | 庚子 | 9 | 1 |
| 2 | 1/23 | 辛丑 | 9 | 2 |
| 3 | 1/24 | 壬寅 | 9 | 3 |
| 4 | 1/25 | 癸卯 | 9 | 4 |
| 5 | 1/26 | 甲辰 | 6 | 5 |
| 6 | 1/27 | 乙巳 | 6 | 6 |
| 7 | 1/28 | 丙午 | 6 | 7 |
| 8 | 1/29 | 丁未 | 6 | 8 |
| 9 | 1/30 | 戊申 | 6 | 9 |
| 10 | 1/31 | 己酉 | 8 | 1 |
| 11 | 2/1 | 庚戌 | 8 | 2 |
| 12 | 2/2 | 辛亥 | 8 | 3 |
| 13 | 2/3 | 壬子 | 8 | 4 |
| 14 | 2/4 | 癸丑 | 8 | 5 |
| 15 | 2/5 | 甲寅 | 5 | 6 |
| 16 | 2/6 | 乙卯 | 5 | 7 |
| 17 | 2/7 | 丙辰 | 5 | 8 |
| 18 | 2/8 | 丁巳 | 5 | 9 |
| 19 | 2/9 | 戊午 | 5 | 1 |
| 20 | 2/10 | 己未 | 2 | 2 |
| 21 | 2/11 | 庚申 | 2 | 3 |
| 22 | 2/12 | 辛酉 | 2 | 4 |
| 23 | 2/13 | 壬戌 | 2 | 5 |
| 24 | 2/14 | 癸亥 | 2 | 6 |
| 25 | 2/15 | 甲子 | 9 | 7 |
| 26 | 2/16 | 乙丑 | 9 | 8 |
| 27 | 2/17 | 丙寅 | 9 | 9 |
| 28 | 2/18 | 丁卯 | 9 | 1 |
| 29 | 2/19 | 戊辰 | 9 | 2 |

# 西元2004年（甲申）肖猴 民國93年（女坎命）

奇門遁甲局數如標示為 一 ～九表示陰局　　如標示為1 ～9 表示陽局

| 十二月 | | | | | 十一月 | | | | | 十　月 | | | | | 九　月 | | | | | 八　月 | | | | | 七　月 | | | | |
|---|---|---|---|---|---|---|---|---|---|---|---|---|---|---|---|---|---|---|---|---|---|---|---|---|---|---|---|---|---|
| 丁丑 | | | | | 丙子 | | | | | 乙亥 | | | | | 甲戌 | | | | | 癸酉 | | | | | 壬申 | | | | |
| 九紫火 | | | | | 一白水 | | | | | 二黑土 | | | | | 三碧木 | | | | | 四綠木 | | | | | 五黃土 | | | | |
| 立春 01時45分 廿六丑時 | | 大寒 07時23分 十一辰時 | 奇門遁甲局數 | | 小寒 14時10分 廿五未時 | | 冬至 20時43分 初十戌時 | 奇門遁甲局數 | | 大雪 02時50分 廿六丑時 | | 小雪 07時23分 十一辰時 | 奇門遁甲局數 | | 立冬 10時00分 廿五巳時 | | 霜降 09時50分 初十巳時 | 奇門遁甲局數 | | 寒露 06時51分 廿五卯時 | | 秋分 00時31分 初十子時 | 奇門遁甲局數 | | 白露 15時14分 廿三申時 | | 處暑 02時55分 初八丑時 | 奇門遁甲局數 | |
| 農曆 | 國曆 | 干支 | 時盤 | 日盤 | 農曆 | 國曆 | 干支 | 時盤 | 日盤 | 農曆 | 國曆 | 干支 | 時盤 | 日盤 | 農曆 | 國曆 | 干支 | 時盤 | 日盤 | 農曆 | 國曆 | 干支 | 時盤 | 日盤 | 農曆 | 國曆 | 干支 | 時盤 | 日盤 |
| 1 | 1/10 | 甲午 | 2 | 4 | 1 | 12/12 | 乙丑 | 四 | 八 | 1 | 11/12 | 乙未 | 五 | 二 | 1 | 10/14 | 丙寅 | 五 | 四 | 1 | 9/14 | 丙申 | 七 | 七 | 1 | 8/16 | 丁卯 | 一 | 九 |
| 2 | 1/11 | 乙未 | 2 | 5 | 2 | 12/13 | 丙寅 | 四 | 七 | 2 | 11/13 | 丙申 | 五 | 一 | 2 | 10/15 | 丁卯 | 五 | 三 | 2 | 9/15 | 丁酉 | 七 | 六 | 2 | 8/17 | 戊辰 | 一 | 八 |
| 3 | 1/12 | 丙申 | 2 | 6 | 3 | 12/14 | 丁卯 | 四 | 六 | 3 | 11/14 | 丁酉 | 五 | 九 | 3 | 10/16 | 戊辰 | 五 | 二 | 3 | 9/16 | 戊戌 | 七 | 五 | 3 | 8/18 | 己巳 | 四 | 七 |
| 4 | 1/13 | 丁酉 | 2 | 7 | 4 | 12/15 | 戊辰 | 四 | 五 | 4 | 11/15 | 戊戌 | 五 | 八 | 4 | 10/17 | 己巳 | 八 | 一 | 4 | 9/17 | 己亥 | 一 | 四 | 4 | 8/19 | 庚午 | 四 | 六 |
| 5 | 1/14 | 戊戌 | 2 | 8 | 5 | 12/16 | 己巳 | 七 | 四 | 5 | 11/16 | 己亥 | 八 | 七 | 5 | 10/18 | 庚午 | 八 | 九 | 5 | 9/18 | 庚子 | 一 | 三 | 5 | 8/20 | 辛未 | 四 | 五 |
| 6 | 1/15 | 己亥 | 8 | 9 | 6 | 12/17 | 庚午 | 七 | 三 | 6 | 11/17 | 庚子 | 八 | 六 | 6 | 10/19 | 辛未 | 八 | 八 | 6 | 9/19 | 辛丑 | 一 | 二 | 6 | 8/21 | 壬申 | 四 | 四 |
| 7 | 1/16 | 庚子 | 8 | 1 | 7 | 12/18 | 辛未 | 七 | 二 | 7 | 11/18 | 辛丑 | 八 | 五 | 7 | 10/20 | 壬申 | 八 | 七 | 7 | 9/20 | 壬寅 | 一 | 一 | 7 | 8/22 | 癸酉 | 四 | 三 |
| 8 | 1/17 | 辛丑 | 8 | 2 | 8 | 12/19 | 壬申 | 七 | 一 | 8 | 11/19 | 壬寅 | 八 | 四 | 8 | 10/21 | 癸酉 | 八 | 六 | 8 | 9/21 | 癸卯 | 一 | 九 | 8 | 8/23 | 甲戌 | 七 | 二 |
| 9 | 1/18 | 壬寅 | 8 | 3 | 9 | 12/20 | 癸酉 | 七 | 九 | 9 | 11/20 | 癸卯 | 八 | 三 | 9 | 10/22 | 甲戌 | 二 | 五 | 9 | 9/22 | 甲辰 | 四 | 八 | 9 | 8/24 | 乙亥 | 七 | 一 |
| 10 | 1/19 | 癸卯 | 8 | 4 | 10 | 12/21 | 甲戌 | 一 | 2 | 10 | 11/21 | 甲辰 | 二 | 二 | 10 | 10/23 | 乙亥 | 二 | 四 | 10 | 9/23 | 乙巳 | 四 | 七 | 10 | 8/25 | 丙子 | 七 | 九 |
| 11 | 1/20 | 甲辰 | 5 | 5 | 11 | 12/22 | 乙亥 | 一 | 3 | 11 | 11/22 | 乙巳 | 二 | 一 | 11 | 10/24 | 丙子 | 二 | 三 | 11 | 9/24 | 丙午 | 四 | 六 | 11 | 8/26 | 丁丑 | 七 | 八 |
| 12 | 1/21 | 乙巳 | 5 | 6 | 12 | 12/23 | 丙子 | 一 | 4 | 12 | 11/23 | 丙午 | 二 | 九 | 12 | 10/25 | 丁丑 | 二 | 二 | 12 | 9/25 | 丁未 | 四 | 五 | 12 | 8/27 | 戊寅 | 七 | 七 |
| 13 | 1/22 | 丙午 | 5 | 7 | 13 | 12/24 | 丁丑 | 一 | 5 | 13 | 11/24 | 丁未 | 二 | 八 | 13 | 10/26 | 戊寅 | 二 | 一 | 13 | 9/26 | 戊申 | 四 | 四 | 13 | 8/28 | 己卯 | 九 | 六 |
| 14 | 1/23 | 丁未 | 5 | 8 | 14 | 12/25 | 戊寅 | 一 | 6 | 14 | 11/25 | 戊申 | 二 | 七 | 14 | 10/27 | 己卯 | 六 | 九 | 14 | 9/27 | 己酉 | 六 | 三 | 14 | 8/29 | 庚辰 | 九 | 五 |
| 15 | 1/24 | 戊申 | 5 | 9 | 15 | 12/26 | 己卯 | 1 | 7 | 15 | 11/26 | 己酉 | 四 | 六 | 15 | 10/28 | 庚辰 | 六 | 八 | 15 | 9/28 | 庚戌 | 六 | 二 | 15 | 8/30 | 辛巳 | 九 | 四 |
| 16 | 1/25 | 己酉 | 3 | 1 | 16 | 12/27 | 庚辰 | 1 | 8 | 16 | 11/27 | 庚戌 | 四 | 五 | 16 | 10/29 | 辛巳 | 六 | 七 | 16 | 9/29 | 辛亥 | 六 | 一 | 16 | 8/31 | 壬午 | 九 | 三 |
| 17 | 1/26 | 庚戌 | 3 | 2 | 17 | 12/28 | 辛巳 | 1 | 9 | 17 | 11/28 | 辛亥 | 四 | 四 | 17 | 10/30 | 壬午 | 六 | 六 | 17 | 9/30 | 壬子 | 六 | 九 | 17 | 9/1 | 癸未 | 九 | 二 |
| 18 | 1/27 | 辛亥 | 3 | 3 | 18 | 12/29 | 壬午 | 1 | 1 | 18 | 11/29 | 壬子 | 四 | 三 | 18 | 10/31 | 癸未 | 六 | 五 | 18 | 10/1 | 癸丑 | 六 | 八 | 18 | 9/2 | 甲申 | 三 | 一 |
| 19 | 1/28 | 壬子 | 3 | 4 | 19 | 12/30 | 癸未 | 1 | 2 | 19 | 11/30 | 癸丑 | 四 | 二 | 19 | 11/1 | 甲申 | 九 | 四 | 19 | 10/2 | 甲寅 | 九 | 七 | 19 | 9/3 | 乙酉 | 三 | 九 |
| 20 | 1/29 | 癸丑 | 3 | 5 | 20 | 12/31 | 甲申 | 7 | 3 | 20 | 12/1 | 甲寅 | 七 | 一 | 20 | 11/2 | 乙酉 | 九 | 三 | 20 | 10/3 | 乙卯 | 九 | 六 | 20 | 9/4 | 丙戌 | 三 | 八 |
| 21 | 1/30 | 甲寅 | 9 | 6 | 21 | 1/1 | 乙酉 | 7 | 4 | 21 | 12/2 | 乙卯 | 七 | 九 | 21 | 11/3 | 丙戌 | 九 | 二 | 21 | 10/4 | 丙辰 | 九 | 五 | 21 | 9/5 | 丁亥 | 三 | 七 |
| 22 | 1/31 | 乙卯 | 9 | 7 | 22 | 1/2 | 丙戌 | 7 | 5 | 22 | 12/3 | 丙辰 | 七 | 八 | 22 | 11/4 | 丁亥 | 九 | 一 | 22 | 10/5 | 丁巳 | 九 | 四 | 22 | 9/6 | 戊子 | 三 | 六 |
| 23 | 2/1 | 丙辰 | 9 | 8 | 23 | 1/3 | 丁亥 | 7 | 6 | 23 | 12/4 | 丁巳 | 七 | 七 | 23 | 11/5 | 戊子 | 九 | 九 | 23 | 10/6 | 戊午 | 九 | 三 | 23 | 9/7 | 己丑 | 六 | 五 |
| 24 | 2/2 | 丁巳 | 9 | 9 | 24 | 1/4 | 戊子 | 7 | 7 | 24 | 12/5 | 戊午 | 七 | 六 | 24 | 11/6 | 己丑 | 三 | 八 | 24 | 10/7 | 己未 | 三 | 二 | 24 | 9/8 | 庚寅 | 六 | 四 |
| 25 | 2/3 | 戊午 | 9 | 1 | 25 | 1/5 | 己丑 | 4 | 8 | 25 | 12/6 | 己未 | 一 | 五 | 25 | 11/7 | 庚寅 | 三 | 七 | 25 | 10/8 | 庚申 | 三 | 一 | 25 | 9/9 | 辛卯 | 六 | 三 |
| 26 | 2/4 | 己未 | 6 | 2 | 26 | 1/6 | 庚寅 | 4 | 9 | 26 | 12/7 | 庚申 | 一 | 四 | 26 | 11/8 | 辛卯 | 三 | 六 | 26 | 10/9 | 辛酉 | 三 | 九 | 26 | 9/10 | 壬辰 | 六 | 二 |
| 27 | 2/5 | 庚申 | 6 | 3 | 27 | 1/7 | 辛卯 | 4 | 1 | 27 | 12/8 | 辛酉 | 一 | 三 | 27 | 11/9 | 壬辰 | 三 | 五 | 27 | 10/10 | 壬戌 | 三 | 八 | 27 | 9/11 | 癸巳 | 六 | 一 |
| 28 | 2/6 | 辛酉 | 6 | 4 | 28 | 1/8 | 壬辰 | 4 | 2 | 28 | 12/9 | 壬戌 | 一 | 二 | 28 | 11/10 | 癸巳 | 三 | 四 | 28 | 10/11 | 癸亥 | 三 | 七 | 28 | 9/12 | 甲午 | 七 | 九 |
| 29 | 2/7 | 壬戌 | 6 | 5 | 29 | 1/9 | 癸巳 | 4 | 3 | 29 | 12/10 | 癸亥 | 一 | 一 | 29 | 11/11 | 甲午 | 五 | 三 | 29 | 10/12 | 甲子 | 五 | 六 | 29 | 9/13 | 乙未 | 七 | 八 |
| 30 | 2/8 | 癸亥 | 6 | 6 | | | | | | 30 | 12/11 | 甲子 | 四 | 九 | | | | | | 30 | 10/13 | 乙丑 | 五 | 五 | | | | | |

# 西元2005年（乙酉）肖雞 民國94年（男巽命）

奇門遁甲局數如標示為 一 ～九表示陰局　　如標示為1 ～9 表示陽局

| 六月 | | | | | 五月 | | | | | 四月 | | | | | 三月 | | | | | 二月 | | | | | 正月 | | | | |
|---|---|---|---|---|---|---|---|---|---|---|---|---|---|---|---|---|---|---|---|---|---|---|---|---|---|---|---|---|---|
| 癸未 | | | | | 壬午 | | | | | 辛巳 | | | | | 庚辰 | | | | | 己卯 | | | | | 戊寅 | | | | |
| 三碧木 | | | | | 四綠木 | | | | | 五黃土 | | | | | 六白金 | | | | | 七赤金 | | | | | 八白土 | | | | |
| 大暑 01時42分 十八丑時 | | 小暑 08時18分 初二辰時 | 奇門遁甲局數 | | 夏至 14時47分 十五未時 | | | 奇門遁甲局數 | | 芒種 22時03分 廿九亥時 | | 小滿 06時49分 十四卯時 | 奇門遁甲局數 | | 立夏 17時54分 廿七酉時 | | 穀雨 07時38分 十二辰時 | 奇門遁甲局數 | | 清明 00時36分 廿七子時 | | 春分 20時35分 十一戌時 | 奇門遁甲局數 | | 驚蟄 19時46分 廿五戌時 | | 雨水 21時33分 初十亥時 | 奇門遁甲局數 | |
| 農曆 | 國曆 | 干支 | 時盤 | 日盤 | 農曆 | 國曆 | 干支 | 時盤 | 日盤 | 農曆 | 國曆 | 干支 | 時盤 | 日盤 | 農曆 | 國曆 | 干支 | 時盤 | 日盤 | 農曆 | 國曆 | 干支 | 時盤 | 日盤 | 農曆 | 國曆 | 干支 | 時盤 | 日盤 |
| 1 | 7/6 | 辛卯 | 六 | 九 | 1 | 6/7 | 壬戌 | 8 | 8 | 1 | 5/8 | 壬辰 | 8 | 5 | 1 | 4/9 | 癸亥 | 6 | 3 | 1 | 3/10 | 癸巳 | 3 | 9 | 1 | 2/9 | 甲子 | 8 | 7 |
| 2 | 7/7 | 壬辰 | 六 | 八 | 2 | 6/8 | 癸亥 | 8 | 9 | 2 | 5/9 | 癸巳 | 8 | 6 | 2 | 4/10 | 甲子 | 4 | 4 | 2 | 3/11 | 甲午 | 1 | 1 | 2 | 2/10 | 乙丑 | 8 | 8 |
| 3 | 7/8 | 癸巳 | 六 | 七 | 3 | 6/9 | 甲子 | 6 | 1 | 3 | 5/10 | 甲午 | 4 | 7 | 3 | 4/11 | 乙丑 | 4 | 5 | 3 | 3/12 | 乙未 | 1 | 2 | 3 | 2/11 | 丙寅 | 8 | 9 |
| 4 | 7/9 | 甲午 | 八 | 六 | 4 | 6/10 | 乙丑 | 6 | 2 | 4 | 5/11 | 乙未 | 4 | 8 | 4 | 4/12 | 丙寅 | 4 | 6 | 4 | 3/13 | 丙申 | 1 | 3 | 4 | 2/12 | 丁卯 | 8 | 1 |
| 5 | 7/10 | 乙未 | 八 | 五 | 5 | 6/11 | 丙寅 | 6 | 3 | 5 | 5/12 | 丙申 | 4 | 9 | 5 | 4/13 | 丁卯 | 4 | 7 | 5 | 3/14 | 丁酉 | 1 | 4 | 5 | 2/13 | 戊辰 | 8 | 2 |
| 6 | 7/11 | 丙申 | 八 | 四 | 6 | 6/12 | 丁卯 | 6 | 4 | 6 | 5/13 | 丁酉 | 4 | 1 | 6 | 4/14 | 戊辰 | 4 | 8 | 6 | 3/15 | 戊戌 | 1 | 5 | 6 | 2/14 | 己巳 | 5 | 3 |
| 7 | 7/12 | 丁酉 | 八 | 三 | 7 | 6/13 | 戊辰 | 6 | 5 | 7 | 5/14 | 戊戌 | 4 | 2 | 7 | 4/15 | 己巳 | 1 | 9 | 7 | 3/16 | 己亥 | 7 | 6 | 7 | 2/15 | 庚午 | 5 | 4 |
| 8 | 7/13 | 戊戌 | 八 | 二 | 8 | 6/14 | 己巳 | 3 | 6 | 8 | 5/15 | 己亥 | 1 | 3 | 8 | 4/16 | 庚午 | 1 | 1 | 8 | 3/17 | 庚子 | 7 | 7 | 8 | 2/16 | 辛未 | 5 | 5 |
| 9 | 7/14 | 己亥 | 二 | 一 | 9 | 6/15 | 庚午 | 3 | 7 | 9 | 5/16 | 庚子 | 1 | 4 | 9 | 4/17 | 辛未 | 1 | 2 | 9 | 3/18 | 辛丑 | 7 | 8 | 9 | 2/17 | 壬申 | 5 | 6 |
| 10 | 7/15 | 庚子 | 二 | 九 | 10 | 6/16 | 辛未 | 3 | 8 | 10 | 5/17 | 辛丑 | 1 | 5 | 10 | 4/18 | 壬申 | 1 | 3 | 10 | 3/19 | 壬寅 | 7 | 9 | 10 | 2/18 | 癸酉 | 5 | 7 |
| 11 | 7/16 | 辛丑 | 二 | 八 | 11 | 6/17 | 壬申 | 3 | 9 | 11 | 5/18 | 壬寅 | 1 | 6 | 11 | 4/19 | 癸酉 | 1 | 4 | 11 | 3/20 | 癸卯 | 7 | 1 | 11 | 2/19 | 甲戌 | 2 | 8 |
| 12 | 7/17 | 壬寅 | 二 | 七 | 12 | 6/18 | 癸酉 | 3 | 1 | 12 | 5/19 | 癸卯 | 1 | 7 | 12 | 4/20 | 甲戌 | 7 | 5 | 12 | 3/21 | 甲辰 | 4 | 2 | 12 | 2/20 | 乙亥 | 2 | 9 |
| 13 | 7/18 | 癸卯 | 二 | 六 | 13 | 6/19 | 甲戌 | 9 | 2 | 13 | 5/20 | 甲辰 | 7 | 8 | 13 | 4/21 | 乙亥 | 7 | 6 | 13 | 3/22 | 乙巳 | 4 | 3 | 13 | 2/21 | 丙子 | 2 | 1 |
| 14 | 7/19 | 甲辰 | 五 | 五 | 14 | 6/20 | 乙亥 | 9 | 3 | 14 | 5/21 | 乙巳 | 7 | 9 | 14 | 4/22 | 丙子 | 7 | 7 | 14 | 3/23 | 丙午 | 4 | 4 | 14 | 2/22 | 丁丑 | 2 | 2 |
| 15 | 7/20 | 乙巳 | 五 | 四 | 15 | 6/21 | 丙子 | 9 | 六 | 15 | 5/22 | 丙午 | 7 | 1 | 15 | 4/23 | 丁丑 | 7 | 8 | 15 | 3/24 | 丁未 | 4 | 5 | 15 | 2/23 | 戊寅 | 2 | 3 |
| 16 | 7/21 | 丙午 | 五 | 三 | 16 | 6/22 | 丁丑 | 9 | 五 | 16 | 5/23 | 丁未 | 7 | 2 | 16 | 4/24 | 戊寅 | 7 | 9 | 16 | 3/25 | 戊申 | 4 | 6 | 16 | 2/24 | 己卯 | 9 | 4 |
| 17 | 7/22 | 丁未 | 五 | 二 | 17 | 6/23 | 戊寅 | 9 | 四 | 17 | 5/24 | 戊申 | 7 | 3 | 17 | 4/25 | 己卯 | 5 | 1 | 17 | 3/26 | 己酉 | 3 | 7 | 17 | 2/25 | 庚辰 | 9 | 5 |
| 18 | 7/23 | 戊申 | 五 | 一 | 18 | 6/24 | 己卯 | 九 | 三 | 18 | 5/25 | 己酉 | 5 | 4 | 18 | 4/26 | 庚辰 | 5 | 2 | 18 | 3/27 | 庚戌 | 3 | 8 | 18 | 2/26 | 辛巳 | 9 | 6 |
| 19 | 7/24 | 己酉 | 七 | 九 | 19 | 6/25 | 庚辰 | 九 | 二 | 19 | 5/26 | 庚戌 | 5 | 5 | 19 | 4/27 | 辛巳 | 5 | 3 | 19 | 3/28 | 辛亥 | 3 | 9 | 19 | 2/27 | 壬午 | 9 | 7 |
| 20 | 7/25 | 庚戌 | 七 | 八 | 20 | 6/26 | 辛巳 | 九 | 一 | 20 | 5/27 | 辛亥 | 5 | 6 | 20 | 4/28 | 壬午 | 5 | 4 | 20 | 3/29 | 壬子 | 3 | 1 | 20 | 2/28 | 癸未 | 9 | 8 |
| 21 | 7/26 | 辛亥 | 七 | 七 | 21 | 6/27 | 壬午 | 九 | 九 | 21 | 5/28 | 壬子 | 5 | 7 | 21 | 4/29 | 癸未 | 5 | 5 | 21 | 3/30 | 癸丑 | 3 | 2 | 21 | 3/1 | 甲申 | 6 | 9 |
| 22 | 7/27 | 壬子 | 七 | 六 | 22 | 6/28 | 癸未 | 九 | 八 | 22 | 5/29 | 癸丑 | 5 | 8 | 22 | 4/30 | 甲申 | 2 | 6 | 22 | 3/31 | 甲寅 | 9 | 3 | 22 | 3/2 | 乙酉 | 6 | 1 |
| 23 | 7/28 | 癸丑 | 七 | 五 | 23 | 6/29 | 甲申 | 三 | 七 | 23 | 5/30 | 甲寅 | 2 | 9 | 23 | 5/1 | 乙酉 | 2 | 7 | 23 | 4/1 | 乙卯 | 9 | 4 | 23 | 3/3 | 丙戌 | 6 | 2 |
| 24 | 7/29 | 甲寅 | 一 | 四 | 24 | 6/30 | 乙酉 | 三 | 六 | 24 | 5/31 | 乙卯 | 2 | 1 | 24 | 5/2 | 丙戌 | 2 | 8 | 24 | 4/2 | 丙辰 | 9 | 5 | 24 | 3/4 | 丁亥 | 6 | 3 |
| 25 | 7/30 | 乙卯 | 一 | 三 | 25 | 7/1 | 丙戌 | 三 | 五 | 25 | 6/1 | 丙辰 | 2 | 2 | 25 | 5/3 | 丁亥 | 2 | 9 | 25 | 4/3 | 丁巳 | 9 | 6 | 25 | 3/5 | 戊子 | 6 | 4 |
| 26 | 7/31 | 丙辰 | 一 | 二 | 26 | 7/2 | 丁亥 | 三 | 四 | 26 | 6/2 | 丁巳 | 2 | 3 | 26 | 5/4 | 戊子 | 2 | 1 | 26 | 4/4 | 戊午 | 9 | 7 | 26 | 3/6 | 己丑 | 3 | 5 |
| 27 | 8/1 | 丁巳 | 一 | 一 | 27 | 7/3 | 戊子 | 三 | 三 | 27 | 6/3 | 戊午 | 2 | 4 | 27 | 5/5 | 己丑 | 8 | 2 | 27 | 4/5 | 己未 | 6 | 8 | 27 | 3/7 | 庚寅 | 3 | 6 |
| 28 | 8/2 | 戊午 | 一 | 九 | 28 | 7/4 | 己丑 | 六 | 二 | 28 | 6/4 | 己未 | 8 | 5 | 28 | 5/6 | 庚寅 | 8 | 3 | 28 | 4/6 | 庚申 | 6 | 9 | 28 | 3/8 | 辛卯 | 3 | 7 |
| 29 | 8/3 | 己未 | 四 | 八 | 29 | 7/5 | 庚寅 | 六 | 一 | 29 | 6/5 | 庚申 | 8 | 6 | 29 | 5/7 | 辛卯 | 8 | 4 | 29 | 4/7 | 辛酉 | 6 | 1 | 29 | 3/9 | 壬辰 | 3 | 8 |
| 30 | 8/4 | 庚申 | 四 | 七 | | | | | | 30 | 6/6 | 辛酉 | 8 | 7 | | | | | | 30 | 4/8 | 壬戌 | 6 | 2 | | | | | |

# 西元2005年（乙酉）肖雞 民國94年（女坤命）

奇門遁甲局數如標示為 一 ～九表示陰局　　如標示為1 ～9 表示陽局

**十二月　己丑　六白金**

大寒 13時17分 廿一未時　小寒 19時49分 初六戌時　奇門遁甲局數

| 農曆 | 國曆 | 干支 | 時盤 | 日盤 |
|---|---|---|---|---|
| 1 | 12/31 | 己丑 | 4 | 8 |
| 2 | 1/1 | 庚寅 | 4 | 9 |
| 3 | 1/2 | 辛卯 | 4 | 1 |
| 4 | 1/3 | 壬辰 | 4 | 2 |
| 5 | 1/4 | 癸巳 | 4 | 3 |
| 6 | 1/5 | 甲午 | 2 | 4 |
| 7 | 1/6 | 乙未 | 2 | 5 |
| 8 | 1/7 | 丙申 | 2 | 6 |
| 9 | 1/8 | 丁酉 | 2 | 7 |
| 10 | 1/9 | 戊戌 | 2 | 8 |
| 11 | 1/10 | 己亥 | 8 | 9 |
| 12 | 1/11 | 庚子 | 8 | 1 |
| 13 | 1/12 | 辛丑 | 8 | 2 |
| 14 | 1/13 | 壬寅 | 8 | 3 |
| 15 | 1/14 | 癸卯 | 8 | 4 |
| 16 | 1/15 | 甲辰 | 5 | 5 |
| 17 | 1/16 | 乙巳 | 5 | 6 |
| 18 | 1/17 | 丙午 | 5 | 7 |
| 19 | 1/18 | 丁未 | 5 | 8 |
| 20 | 1/19 | 戊申 | 5 | 9 |
| 21 | 1/20 | 己酉 | 3 | 1 |
| 22 | 1/21 | 庚戌 | 3 | 2 |
| 23 | 1/22 | 辛亥 | 3 | 3 |
| 24 | 1/23 | 壬子 | 3 | 4 |
| 25 | 1/24 | 癸丑 | 3 | 5 |
| 26 | 1/25 | 甲寅 | 9 | 6 |
| 27 | 1/26 | 乙卯 | 9 | 7 |
| 28 | 1/27 | 丙辰 | 9 | 8 |
| 29 | 1/28 | 丁巳 | 9 | 9 |

**十一月　戊子　七赤金**

冬至 02時37分 廿二丑時　大雪 08時34分 初七辰時　奇門遁甲局數

| 農曆 | 國曆 | 干支 | 時盤 | 日盤 |
|---|---|---|---|---|
| 1 | 12/1 | 己未 | 二 | 五 |
| 2 | 12/2 | 庚申 | 二 | 四 |
| 3 | 12/3 | 辛酉 | 二 | 三 |
| 4 | 12/4 | 壬戌 | 二 | 二 |
| 5 | 12/5 | 癸亥 | 二 | 一 |
| 6 | 12/6 | 甲子 | 四 | 九 |
| 7 | 12/7 | 乙丑 | 四 | 八 |
| 8 | 12/8 | 丙寅 | 四 | 七 |
| 9 | 12/9 | 丁卯 | 四 | 六 |
| 10 | 12/10 | 戊辰 | 四 | 五 |
| 11 | 12/11 | 己巳 | 七 | 四 |
| 12 | 12/12 | 庚午 | 七 | 三 |
| 13 | 12/13 | 辛未 | 七 | 二 |
| 14 | 12/14 | 壬申 | 七 | 一 |
| 15 | 12/15 | 癸酉 | 七 | 九 |
| 16 | 12/16 | 甲戌 | 一 | 八 |
| 17 | 12/17 | 乙亥 | 一 | 七 |
| 18 | 12/18 | 丙子 | 一 | 六 |
| 19 | 12/19 | 丁丑 | 一 | 五 |
| 20 | 12/20 | 戊寅 | 一 | 四 |
| 21 | 12/21 | 己卯 | 1 | 三 |
| 22 | 12/22 | 庚辰 | 1 | 8 |
| 23 | 12/23 | 辛巳 | 1 | 9 |
| 24 | 12/24 | 壬午 | 1 | 1 |
| 25 | 12/25 | 癸未 | 1 | 2 |
| 26 | 12/26 | 甲申 | 7 | 3 |
| 27 | 12/27 | 乙酉 | 7 | 4 |
| 28 | 12/28 | 丙戌 | 7 | 5 |
| 29 | 12/29 | 丁亥 | 7 | 6 |
| 30 | 12/30 | 戊子 | 7 | 7 |

**十月　丁亥　八白土**

小雪 13時17分 廿一未時　立冬 15時44分 初六申時　奇門遁甲局數

| 農曆 | 國曆 | 干支 | 時盤 | 日盤 |
|---|---|---|---|---|
| 1 | 11/2 | 庚寅 | 二 | 七 |
| 2 | 11/3 | 辛卯 | 二 | 六 |
| 3 | 11/4 | 壬辰 | 二 | 五 |
| 4 | 11/5 | 癸巳 | 二 | 四 |
| 5 | 11/6 | 甲午 | 六 | 三 |
| 6 | 11/7 | 乙未 | 六 | 二 |
| 7 | 11/8 | 丙申 | 六 | 一 |
| 8 | 11/9 | 丁酉 | 六 | 九 |
| 9 | 11/10 | 戊戌 | 六 | 八 |
| 10 | 11/11 | 己亥 | 九 | 七 |
| 11 | 11/12 | 庚子 | 九 | 六 |
| 12 | 11/13 | 辛丑 | 九 | 五 |
| 13 | 11/14 | 壬寅 | 九 | 四 |
| 14 | 11/15 | 癸卯 | 九 | 三 |
| 15 | 11/16 | 甲辰 | 三 | 二 |
| 16 | 11/17 | 乙巳 | 三 | 一 |
| 17 | 11/18 | 丙午 | 三 | 九 |
| 18 | 11/19 | 丁未 | 三 | 八 |
| 19 | 11/20 | 戊申 | 三 | 七 |
| 20 | 11/21 | 己酉 | 五 | 六 |
| 21 | 11/22 | 庚戌 | 五 | 五 |
| 22 | 11/23 | 辛亥 | 五 | 四 |
| 23 | 11/24 | 壬子 | 五 | 三 |
| 24 | 11/25 | 癸丑 | 五 | 二 |
| 25 | 11/26 | 甲寅 | 八 | 一 |
| 26 | 11/27 | 乙卯 | 八 | 九 |
| 27 | 11/28 | 丙辰 | 八 | 八 |
| 28 | 11/29 | 丁巳 | 八 | 七 |
| 29 | 11/30 | 戊午 | 八 | 六 |

**九月　丙戌　九紫火**

霜降 15時44分 廿一申時　寒露 12時35分 初六午時　奇門遁甲局數

| 農曆 | 國曆 | 干支 | 時盤 | 日盤 |
|---|---|---|---|---|
| 1 | 10/3 | 庚申 | 四 | 一 |
| 2 | 10/4 | 辛酉 | 四 | 九 |
| 3 | 10/5 | 壬戌 | 四 | 八 |
| 4 | 10/6 | 癸亥 | 四 | 七 |
| 5 | 10/7 | 甲子 | 六 | 六 |
| 6 | 10/8 | 乙丑 | 六 | 五 |
| 7 | 10/9 | 丙寅 | 六 | 四 |
| 8 | 10/10 | 丁卯 | 六 | 三 |
| 9 | 10/11 | 戊辰 | 六 | 二 |
| 10 | 10/12 | 己巳 | 九 | 一 |
| 11 | 10/13 | 庚午 | 九 | 九 |
| 12 | 10/14 | 辛未 | 九 | 八 |
| 13 | 10/15 | 壬申 | 九 | 七 |
| 14 | 10/16 | 癸酉 | 九 | 六 |
| 15 | 10/17 | 甲戌 | 三 | 五 |
| 16 | 10/18 | 乙亥 | 三 | 四 |
| 17 | 10/19 | 丙子 | 三 | 三 |
| 18 | 10/20 | 丁丑 | 三 | 二 |
| 19 | 10/21 | 戊寅 | 三 | 一 |
| 20 | 10/22 | 己卯 | 五 | 九 |
| 21 | 10/23 | 庚辰 | 五 | 八 |
| 22 | 10/24 | 辛巳 | 五 | 七 |
| 23 | 10/25 | 壬午 | 五 | 六 |
| 24 | 10/26 | 癸未 | 五 | 五 |
| 25 | 10/27 | 甲申 | 八 | 四 |
| 26 | 10/28 | 乙酉 | 八 | 三 |
| 27 | 10/29 | 丙戌 | 八 | 二 |
| 28 | 10/30 | 丁亥 | 八 | 一 |
| 29 | 10/31 | 戊子 | 八 | 九 |
| 30 | 11/1 | 己丑 | 二 | 八 |

**八月　乙酉　一白水**

秋分 06時25分 二十卯時　白露 20時58分 初四戌時　奇門遁甲局數

| 農曆 | 國曆 | 干支 | 時盤 | 日盤 |
|---|---|---|---|---|
| 1 | 9/4 | 辛卯 | 七 | 三 |
| 2 | 9/5 | 壬辰 | 七 | 二 |
| 3 | 9/6 | 癸巳 | 七 | 一 |
| 4 | 9/7 | 甲午 | 九 | 九 |
| 5 | 9/8 | 乙未 | 九 | 八 |
| 6 | 9/9 | 丙申 | 九 | 七 |
| 7 | 9/10 | 丁酉 | 九 | 六 |
| 8 | 9/11 | 戊戌 | 九 | 五 |
| 9 | 9/12 | 己亥 | 三 | 四 |
| 10 | 9/13 | 庚子 | 三 | 三 |
| 11 | 9/14 | 辛丑 | 三 | 二 |
| 12 | 9/15 | 壬寅 | 三 | 一 |
| 13 | 9/16 | 癸卯 | 三 | 九 |
| 14 | 9/17 | 甲辰 | 六 | 八 |
| 15 | 9/18 | 乙巳 | 六 | 七 |
| 16 | 9/19 | 丙午 | 六 | 六 |
| 17 | 9/20 | 丁未 | 六 | 五 |
| 18 | 9/21 | 戊申 | 六 | 四 |
| 19 | 9/22 | 己酉 | 七 | 三 |
| 20 | 9/23 | 庚戌 | 七 | 二 |
| 21 | 9/24 | 辛亥 | 七 | 一 |
| 22 | 9/25 | 壬子 | 七 | 九 |
| 23 | 9/26 | 癸丑 | 七 | 八 |
| 24 | 9/27 | 甲寅 | 一 | 七 |
| 25 | 9/28 | 乙卯 | 一 | 六 |
| 26 | 9/29 | 丙辰 | 一 | 五 |
| 27 | 9/30 | 丁巳 | 一 | 四 |
| 28 | 10/1 | 戊午 | 一 | 三 |
| 29 | 10/2 | 己未 | 四 | 二 |

**七月　甲申　二黑土**

處暑 08時47分 十九辰時　立秋 18時05分 初三酉時　奇門遁甲局數

| 農曆 | 國曆 | 干支 | 時盤 | 日盤 |
|---|---|---|---|---|
| 1 | 8/5 | 辛酉 | 四 | 六 |
| 2 | 8/6 | 壬戌 | 四 | 五 |
| 3 | 8/7 | 癸亥 | 四 | 四 |
| 4 | 8/8 | 甲子 | 二 | 三 |
| 5 | 8/9 | 乙丑 | 二 | 二 |
| 6 | 8/10 | 丙寅 | 二 | 一 |
| 7 | 8/11 | 丁卯 | 二 | 九 |
| 8 | 8/12 | 戊辰 | 二 | 八 |
| 9 | 8/13 | 己巳 | 五 | 七 |
| 10 | 8/14 | 庚午 | 五 | 六 |
| 11 | 8/15 | 辛未 | 五 | 五 |
| 12 | 8/16 | 壬申 | 五 | 四 |
| 13 | 8/17 | 癸酉 | 五 | 三 |
| 14 | 8/18 | 甲戌 | 八 | 二 |
| 15 | 8/19 | 乙亥 | 八 | 一 |
| 16 | 8/20 | 丙子 | 八 | 九 |
| 17 | 8/21 | 丁丑 | 八 | 八 |
| 18 | 8/22 | 戊寅 | 八 | 七 |
| 19 | 8/23 | 己卯 | 一 | 六 |
| 20 | 8/24 | 庚辰 | 一 | 五 |
| 21 | 8/25 | 辛巳 | 一 | 四 |
| 22 | 8/26 | 壬午 | 一 | 三 |
| 23 | 8/27 | 癸未 | 一 | 二 |
| 24 | 8/28 | 甲申 | 四 | 一 |
| 25 | 8/29 | 乙酉 | 四 | 九 |
| 26 | 8/30 | 丙戌 | 四 | 八 |
| 27 | 8/31 | 丁亥 | 四 | 七 |
| 28 | 9/1 | 戊子 | 四 | 六 |
| 29 | 9/2 | 己丑 | 七 | 五 |
| 30 | 9/3 | 庚寅 | 七 | 四 |

# 西元2006年（丙戌）肖狗 民國95年（男震命）

奇門遁甲局數如標示為 一 ～九表示陰局　　如標示為1 ～9 表示陽局

| 六月 | | | | | 五月 | | | | | 四月 | | | | | 三月 | | | | | 二月 | | | | | 正月 | | | | |
|---|---|---|---|---|---|---|---|---|---|---|---|---|---|---|---|---|---|---|---|---|---|---|---|---|---|---|---|---|---|
| 乙未 | | | | | 甲午 | | | | | 癸巳 | | | | | 壬辰 | | | | | 辛卯 | | | | | 庚寅 | | | | |
| 九紫火 | | | | | 一白水 | | | | | 二黑土 | | | | | 三碧木 | | | | | 四綠木 | | | | | 五黃土 | | | | |
| 大暑 07時19分 廿八辰時 | | 小暑 13時53分 十二未時 | 奇門遁甲局數 | | 夏至 20時27分 廿六戌時 | | 芒種 03時38分 十一寅時 | 奇門遁甲局數 | | 小滿 12時33分 廿四午時 | | 立夏 23時32分 初八子時 | 奇門遁甲局數 | | 穀雨 13時27分 廿三未時 | | 清明 06時17分 初八卯時 | 奇門遁甲局數 | | 春分 02時27分 廿二丑時 | | 驚蟄 01時30分 初七丑時 | 奇門遁甲局數 | | 雨水 03時27分 廿二寅時 | | 立春 07時29分 初七辰時 | 奇門遁甲局數 | |
| 農曆 | 國曆 | 干支 | 時盤 | 日盤 | 農曆 | 國曆 | 干支 | 時盤 | 日盤 | 農曆 | 國曆 | 干支 | 時盤 | 日盤 | 農曆 | 國曆 | 干支 | 時盤 | 日盤 | 農曆 | 國曆 | 干支 | 時盤 | 日盤 | 農曆 | 國曆 | 干支 | 時盤 | 日盤 |
| 1 | 6/26 | 丙戌 | 三 | 五 | 1 | 5/27 | 丙辰 | 2 | 2 | 1 | 4/28 | 丁亥 | 2 | 9 | 1 | 3/29 | 丁巳 | 9 | 6 | 1 | 2/28 | 戊子 | 6 | 4 | 1 | 1/29 | 戊午 | 9 | 1 |
| 2 | 6/27 | 丁亥 | 三 | 四 | 2 | 5/28 | 丁巳 | 2 | 3 | 2 | 4/29 | 戊子 | 2 | 1 | 2 | 3/30 | 戊午 | 9 | 7 | 2 | 3/1 | 己丑 | 3 | 5 | 2 | 1/30 | 己未 | 6 | 2 |
| 3 | 6/28 | 戊子 | 三 | 三 | 3 | 5/29 | 戊午 | 2 | 4 | 3 | 4/30 | 己丑 | 8 | 2 | 3 | 3/31 | 己未 | 6 | 8 | 3 | 3/2 | 庚寅 | 3 | 6 | 3 | 1/31 | 庚申 | 6 | 3 |
| 4 | 6/29 | 己丑 | 六 | 二 | 4 | 5/30 | 己未 | 8 | 5 | 4 | 5/1 | 庚寅 | 8 | 3 | 4 | 4/1 | 庚申 | 6 | 9 | 4 | 3/3 | 辛卯 | 3 | 7 | 4 | 2/1 | 辛酉 | 6 | 4 |
| 5 | 6/30 | 庚寅 | 六 | 一 | 5 | 5/31 | 庚申 | 8 | 6 | 5 | 5/2 | 辛卯 | 8 | 4 | 5 | 4/2 | 辛酉 | 6 | 1 | 5 | 3/4 | 壬辰 | 3 | 8 | 5 | 2/2 | 壬戌 | 6 | 5 |
| 6 | 7/1 | 辛卯 | 六 | 九 | 6 | 6/1 | 辛酉 | 8 | 7 | 6 | 5/3 | 壬辰 | 8 | 5 | 6 | 4/3 | 壬戌 | 6 | 2 | 6 | 3/5 | 癸巳 | 3 | 9 | 6 | 2/3 | 癸亥 | 6 | 6 |
| 7 | 7/2 | 壬辰 | 六 | 八 | 7 | 6/2 | 壬戌 | 8 | 8 | 7 | 5/4 | 癸巳 | 8 | 6 | 7 | 4/4 | 癸亥 | 6 | 3 | 7 | 3/6 | 甲午 | 1 | 1 | 7 | 2/4 | 甲子 | 8 | 7 |
| 8 | 7/3 | 癸巳 | 六 | 七 | 8 | 6/3 | 癸亥 | 8 | 9 | 8 | 5/5 | 甲午 | 4 | 7 | 8 | 4/5 | 甲子 | 4 | 4 | 8 | 3/7 | 乙未 | 1 | 2 | 8 | 2/5 | 乙丑 | 8 | 8 |
| 9 | 7/4 | 甲午 | 八 | 六 | 9 | 6/4 | 甲子 | 6 | 1 | 9 | 5/6 | 乙未 | 4 | 8 | 9 | 4/6 | 乙丑 | 4 | 5 | 9 | 3/8 | 丙申 | 1 | 3 | 9 | 2/6 | 丙寅 | 8 | 9 |
| 10 | 7/5 | 乙未 | 八 | 五 | 10 | 6/5 | 乙丑 | 6 | 2 | 10 | 5/7 | 丙申 | 4 | 9 | 10 | 4/7 | 丙寅 | 4 | 6 | 10 | 3/9 | 丁酉 | 1 | 4 | 10 | 2/7 | 丁卯 | 8 | 1 |
| 11 | 7/6 | 丙申 | 八 | 四 | 11 | 6/6 | 丙寅 | 6 | 3 | 11 | 5/8 | 丁酉 | 4 | 1 | 11 | 4/8 | 丁卯 | 4 | 7 | 11 | 3/10 | 戊戌 | 1 | 5 | 11 | 2/8 | 戊辰 | 8 | 2 |
| 12 | 7/7 | 丁酉 | 八 | 三 | 12 | 6/7 | 丁卯 | 6 | 4 | 12 | 5/9 | 戊戌 | 4 | 2 | 12 | 4/9 | 戊辰 | 4 | 8 | 12 | 3/11 | 己亥 | 7 | 6 | 12 | 2/9 | 己巳 | 5 | 3 |
| 13 | 7/8 | 戊戌 | 八 | 二 | 13 | 6/8 | 戊辰 | 6 | 5 | 13 | 5/10 | 己亥 | 1 | 3 | 13 | 4/10 | 己巳 | 1 | 9 | 13 | 3/12 | 庚子 | 7 | 7 | 13 | 2/10 | 庚午 | 5 | 4 |
| 14 | 7/9 | 己亥 | 二 | 一 | 14 | 6/9 | 己巳 | 3 | 6 | 14 | 5/11 | 庚子 | 1 | 4 | 14 | 4/11 | 庚午 | 1 | 1 | 14 | 3/13 | 辛丑 | 7 | 8 | 14 | 2/11 | 辛未 | 5 | 5 |
| 15 | 7/10 | 庚子 | 二 | 九 | 15 | 6/10 | 庚午 | 3 | 7 | 15 | 5/12 | 辛丑 | 1 | 5 | 15 | 4/12 | 辛未 | 1 | 2 | 15 | 3/14 | 壬寅 | 7 | 9 | 15 | 2/12 | 壬申 | 5 | 6 |
| 16 | 7/11 | 辛丑 | 二 | 八 | 16 | 6/11 | 辛未 | 3 | 8 | 16 | 5/13 | 壬寅 | 1 | 6 | 16 | 4/13 | 壬申 | 1 | 3 | 16 | 3/15 | 癸卯 | 7 | 1 | 16 | 2/13 | 癸酉 | 5 | 7 |
| 17 | 7/12 | 壬寅 | 二 | 七 | 17 | 6/12 | 壬申 | 3 | 9 | 17 | 5/14 | 癸卯 | 1 | 7 | 17 | 4/14 | 癸酉 | 1 | 4 | 17 | 3/16 | 甲辰 | 4 | 2 | 17 | 2/14 | 甲戌 | 2 | 8 |
| 18 | 7/13 | 癸卯 | 二 | 六 | 18 | 6/13 | 癸酉 | 3 | 1 | 18 | 5/15 | 甲辰 | 7 | 8 | 18 | 4/15 | 甲戌 | 7 | 5 | 18 | 3/17 | 乙巳 | 4 | 3 | 18 | 2/15 | 乙亥 | 2 | 9 |
| 19 | 7/14 | 甲辰 | 五 | 五 | 19 | 6/14 | 甲戌 | 9 | 2 | 19 | 5/16 | 乙巳 | 7 | 9 | 19 | 4/16 | 乙亥 | 7 | 6 | 19 | 3/18 | 丙午 | 4 | 4 | 19 | 2/16 | 丙子 | 2 | 1 |
| 20 | 7/15 | 乙巳 | 五 | 四 | 20 | 6/15 | 乙亥 | 9 | 3 | 20 | 5/17 | 丙午 | 7 | 1 | 20 | 4/17 | 丙子 | 7 | 7 | 20 | 3/19 | 丁未 | 4 | 5 | 20 | 2/17 | 丁丑 | 2 | 2 |
| 21 | 7/16 | 丙午 | 五 | 三 | 21 | 6/16 | 丙子 | 9 | 4 | 21 | 5/18 | 丁未 | 7 | 2 | 21 | 4/18 | 丁丑 | 7 | 8 | 21 | 3/20 | 戊申 | 4 | 6 | 21 | 2/18 | 戊寅 | 2 | 3 |
| 22 | 7/17 | 丁未 | 五 | 二 | 22 | 6/17 | 丁丑 | 9 | 5 | 22 | 5/19 | 戊申 | 7 | 3 | 22 | 4/19 | 戊寅 | 7 | 9 | 22 | 3/21 | 己酉 | 3 | 7 | 22 | 2/19 | 己卯 | 9 | 4 |
| 23 | 7/18 | 戊申 | 五 | 一 | 23 | 6/18 | 戊寅 | 9 | 6 | 23 | 5/20 | 己酉 | 5 | 4 | 23 | 4/20 | 己卯 | 5 | 1 | 23 | 3/22 | 庚戌 | 3 | 8 | 23 | 2/20 | 庚辰 | 9 | 5 |
| 24 | 7/19 | 己酉 | 七 | 九 | 24 | 6/19 | 己卯 | 九 | 7 | 24 | 5/21 | 庚戌 | 5 | 5 | 24 | 4/21 | 庚辰 | 5 | 2 | 24 | 3/23 | 辛亥 | 3 | 9 | 24 | 2/21 | 辛巳 | 9 | 6 |
| 25 | 7/20 | 庚戌 | 七 | 八 | 25 | 6/20 | 庚辰 | 九 | 8 | 25 | 5/22 | 辛亥 | 5 | 6 | 25 | 4/22 | 辛巳 | 5 | 3 | 25 | 3/24 | 壬子 | 3 | 1 | 25 | 2/22 | 壬午 | 9 | 7 |
| 26 | 7/21 | 辛亥 | 七 | 七 | 26 | 6/21 | 辛巳 | 九 | 一 | 26 | 5/23 | 壬子 | 5 | 7 | 26 | 4/23 | 壬午 | 5 | 4 | 26 | 3/25 | 癸丑 | 3 | 2 | 26 | 2/23 | 癸未 | 9 | 8 |
| 27 | 7/22 | 壬子 | 七 | 六 | 27 | 6/22 | 壬午 | 九 | 九 | 27 | 5/24 | 癸丑 | 5 | 8 | 27 | 4/24 | 癸未 | 5 | 5 | 27 | 3/26 | 甲寅 | 9 | 3 | 27 | 2/24 | 甲申 | 6 | 9 |
| 28 | 7/23 | 癸丑 | 七 | 五 | 28 | 6/23 | 癸未 | 九 | 八 | 28 | 5/25 | 甲寅 | 2 | 9 | 28 | 4/25 | 甲申 | 2 | 6 | 28 | 3/27 | 乙卯 | 9 | 4 | 28 | 2/25 | 乙酉 | 6 | 1 |
| 29 | 7/24 | 甲寅 | 一 | 四 | 29 | 6/24 | 甲申 | 三 | 七 | 29 | 5/26 | 乙卯 | 2 | 1 | 29 | 4/26 | 乙酉 | 2 | 7 | 29 | 3/28 | 丙辰 | 9 | 5 | 29 | 2/26 | 丙戌 | 6 | 2 |
| | | | | | 30 | 6/25 | 乙酉 | 三 | 六 | | | | | | 30 | 4/27 | 丙戌 | 2 | 8 | | | | | | 30 | 2/27 | 丁亥 | 6 | 3 |

# 西元2006年（丙戌）肖狗 民國95年（女震命）

奇門遁甲局數如標示為 一 ～九表示陰局　　如標示為1 ～9 表示陽局

| 十二月 | | | | | 十一月 | | | | | 十　月 | | | | | 九　月 | | | | | 八　月 | | | | | 潤七　月 | | | | | 七　月 | | | | |
|---|---|---|---|---|---|---|---|---|---|---|---|---|---|---|---|---|---|---|---|---|---|---|---|---|---|---|---|---|---|---|---|---|---|---|
| 辛丑 | | | | | 庚子 | | | | | 己亥 | | | | | 戊戌 | | | | | 丁酉 | | | | | 丁酉 | | | | | 丙申 | | | | |
| 三碧木 | | | | | 四綠木 | | | | | 五黃土 | | | | | 六白金 | | | | | 七赤金 | | | | | | | | | | 八白土 | | | | |
| 立春 13時20分 十七未時 | | 大寒 19時02分 初二戌時 | 奇門遁甲局數 | | 小寒 01時42分 十八丑時 | | 冬至 08時24分 初三辰時 | 奇門遁甲局數 | | 大雪 14時28分 十七未時 | | 小雪 19時03分 初二戌時 | 奇門遁甲局數 | | 立冬 21時36分 十七亥時 | | 霜降 21時28分 初二亥時 | 奇門遁甲局數 | | 寒露 18時23分 十七酉時 | | 秋分 12時05分 初二午時 | 奇門遁甲局數 | | 白露 02時40分 十六丑時 | | | 奇門遁甲局數 | | 處暑 14時24分 三十未時 | | 立秋 23時42分 十四子時 | 奇門遁甲局數 | |
| 農曆 | 國曆 | 干支 | 時盤 | 日盤 | 農曆 | 國曆 | 干支 | 時盤 | 日盤 | 農曆 | 國曆 | 干支 | 時盤 | 日盤 | 農曆 | 國曆 | 干支 | 時盤 | 日盤 | 農曆 | 國曆 | 干支 | 時盤 | 日盤 | 農曆 | 國曆 | 干支 | 時盤 | 日盤 | 農曆 | 國曆 | 干支 | 時盤 | 日盤 |
| 1 | 1/19 | 癸丑 | 3 | 5 | 1 | 12/20 | 癸未 | 1 | 八 | 1 | 11/21 | 甲寅 | 八 | 一 | 1 | 10/22 | 甲申 | 八 | 四 | 1 | 9/22 | 甲寅 | 一 | 七 | 1 | 8/24 | 乙酉 | 四 | 九 | 1 | 7/25 | 乙卯 | 一 | 三 |
| 2 | 1/20 | 甲寅 | 9 | 6 | 2 | 12/21 | 甲申 | 7 | 七 | 2 | 11/22 | 乙卯 | 八 | 九 | 2 | 10/23 | 乙酉 | 八 | 三 | 2 | 9/23 | 乙卯 | 一 | 六 | 2 | 8/25 | 丙戌 | 四 | 八 | 2 | 7/26 | 丙辰 | 一 | 二 |
| 3 | 1/21 | 乙卯 | 9 | 7 | 3 | 12/22 | 乙酉 | 7 | 4 | 3 | 11/23 | 丙辰 | 八 | 八 | 3 | 10/24 | 丙戌 | 八 | 二 | 3 | 9/24 | 丙辰 | 一 | 五 | 3 | 8/26 | 丁亥 | 四 | 七 | 3 | 7/27 | 丁巳 | 一 | 一 |
| 4 | 1/22 | 丙辰 | 9 | 8 | 4 | 12/23 | 丙戌 | 7 | 5 | 4 | 11/24 | 丁巳 | 八 | 七 | 4 | 10/25 | 丁亥 | 八 | 一 | 4 | 9/25 | 丁巳 | 一 | 四 | 4 | 8/27 | 戊子 | 四 | 六 | 4 | 7/28 | 戊午 | 一 | 九 |
| 5 | 1/23 | 丁巳 | 9 | 9 | 5 | 12/24 | 丁亥 | 7 | 6 | 5 | 11/25 | 戊午 | 八 | 六 | 5 | 10/26 | 戊子 | 八 | 九 | 5 | 9/26 | 戊午 | 一 | 三 | 5 | 8/28 | 己丑 | 七 | 五 | 5 | 7/29 | 己未 | 四 | 八 |
| 6 | 1/24 | 戊午 | 9 | 1 | 6 | 12/25 | 戊子 | 7 | 7 | 6 | 11/26 | 己未 | 二 | 五 | 6 | 10/27 | 己丑 | 二 | 八 | 6 | 9/27 | 己未 | 四 | 二 | 6 | 8/29 | 庚寅 | 七 | 四 | 6 | 7/30 | 庚申 | 四 | 七 |
| 7 | 1/25 | 己未 | 6 | 2 | 7 | 12/26 | 己丑 | 4 | 8 | 7 | 11/27 | 庚申 | 二 | 四 | 7 | 10/28 | 庚寅 | 二 | 七 | 7 | 9/28 | 庚申 | 四 | 一 | 7 | 8/30 | 辛卯 | 七 | 三 | 7 | 7/31 | 辛酉 | 四 | 六 |
| 8 | 1/26 | 庚申 | 6 | 3 | 8 | 12/27 | 庚寅 | 4 | 9 | 8 | 11/28 | 辛酉 | 二 | 三 | 8 | 10/29 | 辛卯 | 二 | 六 | 8 | 9/29 | 辛酉 | 四 | 九 | 8 | 8/31 | 壬辰 | 七 | 二 | 8 | 8/1 | 壬戌 | 四 | 五 |
| 9 | 1/27 | 辛酉 | 6 | 4 | 9 | 12/28 | 辛卯 | 4 | 1 | 9 | 11/29 | 壬戌 | 二 | 二 | 9 | 10/30 | 壬辰 | 二 | 五 | 9 | 9/30 | 壬戌 | 四 | 八 | 9 | 9/1 | 癸巳 | 七 | 一 | 9 | 8/2 | 癸亥 | 四 | 四 |
| 10 | 1/28 | 壬戌 | 6 | 5 | 10 | 12/29 | 壬辰 | 4 | 2 | 10 | 11/30 | 癸亥 | 二 | 一 | 10 | 10/31 | 癸巳 | 二 | 四 | 10 | 10/1 | 癸亥 | 四 | 七 | 10 | 9/2 | 甲午 | 九 | 九 | 10 | 8/3 | 甲子 | 二 | 三 |
| 11 | 1/29 | 癸亥 | 6 | 6 | 11 | 12/30 | 癸巳 | 4 | 3 | 11 | 12/1 | 甲子 | 四 | 九 | 11 | 11/1 | 甲午 | 六 | 三 | 11 | 10/2 | 甲子 | 六 | 六 | 11 | 9/3 | 乙未 | 九 | 八 | 11 | 8/4 | 乙丑 | 二 | 二 |
| 12 | 1/30 | 甲子 | 8 | 7 | 12 | 12/31 | 甲午 | 2 | 4 | 12 | 12/2 | 乙丑 | 四 | 八 | 12 | 11/2 | 乙未 | 六 | 二 | 12 | 10/3 | 乙丑 | 六 | 五 | 12 | 9/4 | 丙申 | 九 | 七 | 12 | 8/5 | 丙寅 | 二 | 一 |
| 13 | 1/31 | 乙丑 | 8 | 8 | 13 | 1/1 | 乙未 | 2 | 5 | 13 | 12/3 | 丙寅 | 四 | 七 | 13 | 11/3 | 丙申 | 六 | 一 | 13 | 10/4 | 丙寅 | 六 | 四 | 13 | 9/5 | 丁酉 | 九 | 六 | 13 | 8/6 | 丁卯 | 二 | 九 |
| 14 | 2/1 | 丙寅 | 8 | 9 | 14 | 1/2 | 丙申 | 2 | 6 | 14 | 12/4 | 丁卯 | 四 | 六 | 14 | 11/4 | 丁酉 | 六 | 九 | 14 | 10/5 | 丁卯 | 六 | 三 | 14 | 9/6 | 戊戌 | 九 | 五 | 14 | 8/7 | 戊辰 | 二 | 八 |
| 15 | 2/2 | 丁卯 | 8 | 1 | 15 | 1/3 | 丁酉 | 2 | 7 | 15 | 12/5 | 戊辰 | 四 | 五 | 15 | 11/5 | 戊戌 | 六 | 八 | 15 | 10/6 | 戊辰 | 六 | 二 | 15 | 9/7 | 己亥 | 三 | 四 | 15 | 8/8 | 己巳 | 五 | 七 |
| 16 | 2/3 | 戊辰 | 8 | 2 | 16 | 1/4 | 戊戌 | 2 | 8 | 16 | 12/6 | 己巳 | 七 | 四 | 16 | 11/6 | 己亥 | 九 | 七 | 16 | 10/7 | 己巳 | 九 | 一 | 16 | 9/8 | 庚子 | 三 | 三 | 16 | 8/9 | 庚午 | 五 | 六 |
| 17 | 2/4 | 己巳 | 5 | 3 | 17 | 1/5 | 己亥 | 8 | 9 | 17 | 12/7 | 庚午 | 七 | 三 | 17 | 11/7 | 庚子 | 九 | 六 | 17 | 10/8 | 庚午 | 九 | 九 | 17 | 9/9 | 辛丑 | 三 | 二 | 17 | 8/10 | 辛未 | 五 | 五 |
| 18 | 2/5 | 庚午 | 5 | 4 | 18 | 1/6 | 庚子 | 8 | 1 | 18 | 12/8 | 辛未 | 七 | 二 | 18 | 11/8 | 辛丑 | 九 | 五 | 18 | 10/9 | 辛未 | 九 | 八 | 18 | 9/10 | 壬寅 | 三 | 一 | 18 | 8/11 | 壬申 | 五 | 四 |
| 19 | 2/6 | 辛未 | 5 | 5 | 19 | 1/7 | 辛丑 | 8 | 2 | 19 | 12/9 | 壬申 | 七 | 一 | 19 | 11/9 | 壬寅 | 九 | 四 | 19 | 10/10 | 壬申 | 九 | 七 | 19 | 9/11 | 癸卯 | 三 | 九 | 19 | 8/12 | 癸酉 | 五 | 三 |
| 20 | 2/7 | 壬申 | 5 | 6 | 20 | 1/8 | 壬寅 | 8 | 3 | 20 | 12/10 | 癸酉 | 七 | 九 | 20 | 11/10 | 癸卯 | 九 | 三 | 20 | 10/11 | 癸酉 | 九 | 六 | 20 | 9/12 | 甲辰 | 六 | 八 | 20 | 8/13 | 甲戌 | 八 | 二 |
| 21 | 2/8 | 癸酉 | 5 | 7 | 21 | 1/9 | 癸卯 | 8 | 4 | 21 | 12/11 | 甲戌 | 一 | 八 | 21 | 11/11 | 甲辰 | 三 | 二 | 21 | 10/12 | 甲戌 | 三 | 五 | 21 | 9/13 | 乙巳 | 六 | 七 | 21 | 8/14 | 乙亥 | 八 | 一 |
| 22 | 2/9 | 甲戌 | 2 | 8 | 22 | 1/10 | 甲辰 | 5 | 5 | 22 | 12/12 | 乙亥 | 一 | 七 | 22 | 11/12 | 乙巳 | 三 | 一 | 22 | 10/13 | 乙亥 | 三 | 四 | 22 | 9/14 | 丙午 | 六 | 六 | 22 | 8/15 | 丙子 | 八 | 九 |
| 23 | 2/10 | 乙亥 | 2 | 9 | 23 | 1/11 | 乙巳 | 5 | 6 | 23 | 12/13 | 丙子 | 一 | 六 | 23 | 11/13 | 丙午 | 三 | 九 | 23 | 10/14 | 丙子 | 三 | 三 | 23 | 9/15 | 丁未 | 六 | 五 | 23 | 8/16 | 丁丑 | 八 | 八 |
| 24 | 2/11 | 丙子 | 2 | 1 | 24 | 1/12 | 丙午 | 5 | 7 | 24 | 12/14 | 丁丑 | 一 | 五 | 24 | 11/14 | 丁未 | 三 | 八 | 24 | 10/15 | 丁丑 | 三 | 二 | 24 | 9/16 | 戊申 | 六 | 四 | 24 | 8/17 | 戊寅 | 八 | 七 |
| 25 | 2/12 | 丁丑 | 2 | 2 | 25 | 1/13 | 丁未 | 5 | 8 | 25 | 12/15 | 戊寅 | 一 | 四 | 25 | 11/15 | 戊申 | 三 | 七 | 25 | 10/16 | 戊寅 | 三 | 一 | 25 | 9/17 | 己酉 | 七 | 三 | 25 | 8/18 | 己卯 | 一 | 六 |
| 26 | 2/13 | 戊寅 | 2 | 3 | 26 | 1/14 | 戊申 | 5 | 9 | 26 | 12/16 | 己卯 | 1 | 三 | 26 | 11/16 | 己酉 | 五 | 六 | 26 | 10/17 | 己卯 | 五 | 九 | 26 | 9/18 | 庚戌 | 七 | 二 | 26 | 8/19 | 庚辰 | 一 | 五 |
| 27 | 2/14 | 己卯 | 9 | 4 | 27 | 1/15 | 己酉 | 3 | 1 | 27 | 12/17 | 庚辰 | 1 | 二 | 27 | 11/17 | 庚戌 | 五 | 五 | 27 | 10/18 | 庚辰 | 五 | 八 | 27 | 9/19 | 辛亥 | 七 | 一 | 27 | 8/20 | 辛巳 | 一 | 四 |
| 28 | 2/15 | 庚辰 | 9 | 5 | 28 | 1/16 | 庚戌 | 3 | 2 | 28 | 12/18 | 辛巳 | 1 | 一 | 28 | 11/18 | 辛亥 | 五 | 四 | 28 | 10/19 | 辛巳 | 五 | 七 | 28 | 9/20 | 壬子 | 七 | 九 | 28 | 8/21 | 壬午 | 一 | 三 |
| 29 | 2/16 | 辛巳 | 9 | 6 | 29 | 1/17 | 辛亥 | 3 | 3 | 29 | 12/19 | 壬午 | 1 | 九 | 29 | 11/19 | 壬子 | 五 | 三 | 29 | 10/20 | 壬午 | 五 | 六 | 29 | 9/21 | 癸丑 | 七 | 八 | 29 | 8/22 | 癸未 | 一 | 二 |
| 30 | 2/17 | 壬午 | 9 | 7 | 30 | 1/18 | 壬子 | 3 | 4 | | | | | | 30 | 11/20 | 癸丑 | 五 | 二 | 30 | 10/21 | 癸未 | 五 | 五 | | | | | | 30 | 8/23 | 甲申 | 四 | 一 |

# 西元2007年（丁亥）肖豬 民國96年（男坤命）

奇門遁甲局數如標示為 一 ～九表示陰局　　如標示為1 ～9 表示陽局

| 六月 | | | | | 五月 | | | | | 四月 | | | | | 三月 | | | | | 二月 | | | | | 正月 | | | | |
|---|---|---|---|---|---|---|---|---|---|---|---|---|---|---|---|---|---|---|---|---|---|---|---|---|---|---|---|---|---|
| 丁未 | | | | | 丙午 | | | | | 乙巳 | | | | | 甲辰 | | | | | 癸卯 | | | | | 壬寅 | | | | |
| 六白金 | | | | | 七赤金 | | | | | 八白土 | | | | | 九紫火 | | | | | 一白水 | | | | | 二黑土 | | | | |
| 立秋 05時33分 廿六卯時 | | 大暑 13時01分 初十未時 | 奇門遁甲局數 | | 小暑 19時43分 廿三戌時 | | 夏至 02時08分 初八丑時 | 奇門遁甲局數 | | 芒種 09時28分 廿一巳時 | | 小滿 18時13分 初五酉時 | 奇門遁甲局數 | | 立夏 05時21分 二十卯時 | | 穀雨 19時08分 初四戌時 | 奇門遁甲局數 | | 清明 12時06分 十八午時 | | 春分 08時09分 初三辰時 | 奇門遁甲局數 | | 驚蟄 07時19分 十七辰時 | | 雨水 09時11分 初二巳時 | 奇門遁甲局數 | |
| 農曆 | 國曆 | 干支 | 時盤 | 日盤 | 農曆 | 國曆 | 干支 | 時盤 | 日盤 | 農曆 | 國曆 | 干支 | 時盤 | 日盤 | 農曆 | 國曆 | 干支 | 時盤 | 日盤 | 農曆 | 國曆 | 干支 | 時盤 | 日盤 | 農曆 | 國曆 | 干支 | 時盤 | 日盤 |
| 1 | 7/14 | 己酉 | 八 | 九 | 1 | 6/15 | 庚辰 | 6 | 8 | 1 | 5/17 | 辛亥 | 5 | 6 | 1 | 4/17 | 辛巳 | 5 | 3 | 1 | 3/19 | 壬子 | 3 | 1 | 1 | 2/18 | 癸未 | 9 | 8 |
| 2 | 7/15 | 庚戌 | 八 | 八 | 2 | 6/16 | 辛巳 | 6 | 9 | 2 | 5/18 | 壬子 | 5 | 7 | 2 | 4/18 | 壬午 | 5 | 4 | 2 | 3/20 | 癸丑 | 3 | 2 | 2 | 2/19 | 甲申 | 6 | 9 |
| 3 | 7/16 | 辛亥 | 八 | 七 | 3 | 6/17 | 壬午 | 6 | 1 | 3 | 5/19 | 癸丑 | 5 | 8 | 3 | 4/19 | 癸未 | 5 | 5 | 3 | 3/21 | 甲寅 | 9 | 3 | 3 | 2/20 | 乙酉 | 6 | 1 |
| 4 | 7/17 | 壬子 | 八 | 六 | 4 | 6/18 | 癸未 | 6 | 2 | 4 | 5/20 | 甲寅 | 2 | 9 | 4 | 4/20 | 甲申 | 2 | 6 | 4 | 3/22 | 乙卯 | 9 | 4 | 4 | 2/21 | 丙戌 | 6 | 2 |
| 5 | 7/18 | 癸丑 | 八 | 五 | 5 | 6/19 | 甲申 | 3 | 3 | 5 | 5/21 | 乙卯 | 2 | 1 | 5 | 4/21 | 乙酉 | 2 | 7 | 5 | 3/23 | 丙辰 | 9 | 5 | 5 | 2/22 | 丁亥 | 6 | 3 |
| 6 | 7/19 | 甲寅 | 二 | 四 | 6 | 6/20 | 乙酉 | 3 | 4 | 6 | 5/22 | 丙辰 | 2 | 2 | 6 | 4/22 | 丙戌 | 2 | 8 | 6 | 3/24 | 丁巳 | 9 | 6 | 6 | 2/23 | 戊子 | 6 | 4 |
| 7 | 7/20 | 乙卯 | 二 | 三 | 7 | 6/21 | 丙戌 | 3 | 5 | 7 | 5/23 | 丁巳 | 2 | 3 | 7 | 4/23 | 丁亥 | 2 | 9 | 7 | 3/25 | 戊午 | 9 | 7 | 7 | 2/24 | 己丑 | 3 | 5 |
| 8 | 7/21 | 丙辰 | 二 | 二 | 8 | 6/22 | 丁亥 | 3 | 四 | 8 | 5/24 | 戊午 | 2 | 4 | 8 | 4/24 | 戊子 | 2 | 1 | 8 | 3/26 | 己未 | 6 | 8 | 8 | 2/25 | 庚寅 | 3 | 6 |
| 9 | 7/22 | 丁巳 | 二 | 一 | 9 | 6/23 | 戊子 | 3 | 三 | 9 | 5/25 | 己未 | 8 | 5 | 9 | 4/25 | 己丑 | 8 | 2 | 9 | 3/27 | 庚申 | 6 | 9 | 9 | 2/26 | 辛卯 | 3 | 7 |
| 10 | 7/23 | 戊午 | 二 | 九 | 10 | 6/24 | 己丑 | 9 | 二 | 10 | 5/26 | 庚申 | 8 | 6 | 10 | 4/26 | 庚寅 | 8 | 3 | 10 | 3/28 | 辛酉 | 6 | 1 | 10 | 2/27 | 壬辰 | 3 | 8 |
| 11 | 7/24 | 己未 | 五 | 八 | 11 | 6/25 | 庚寅 | 9 | 一 | 11 | 5/27 | 辛酉 | 8 | 7 | 11 | 4/27 | 辛卯 | 8 | 4 | 11 | 3/29 | 壬戌 | 6 | 2 | 11 | 2/28 | 癸巳 | 3 | 9 |
| 12 | 7/25 | 庚申 | 五 | 七 | 12 | 6/26 | 辛卯 | 9 | 九 | 12 | 5/28 | 壬戌 | 8 | 8 | 12 | 4/28 | 壬辰 | 8 | 5 | 12 | 3/30 | 癸亥 | 6 | 3 | 12 | 3/1 | 甲午 | 1 | 1 |
| 13 | 7/26 | 辛酉 | 五 | 六 | 13 | 6/27 | 壬辰 | 9 | 八 | 13 | 5/29 | 癸亥 | 8 | 9 | 13 | 4/29 | 癸巳 | 8 | 6 | 13 | 3/31 | 甲子 | 4 | 4 | 13 | 3/2 | 乙未 | 1 | 2 |
| 14 | 7/27 | 壬戌 | 五 | 五 | 14 | 6/28 | 癸巳 | 9 | 七 | 14 | 5/30 | 甲子 | 6 | 1 | 14 | 4/30 | 甲午 | 4 | 7 | 14 | 4/1 | 乙丑 | 4 | 5 | 14 | 3/3 | 丙申 | 1 | 3 |
| 15 | 7/28 | 癸亥 | 五 | 四 | 15 | 6/29 | 甲午 | 九 | 六 | 15 | 5/31 | 乙丑 | 6 | 2 | 15 | 5/1 | 乙未 | 4 | 8 | 15 | 4/2 | 丙寅 | 4 | 6 | 15 | 3/4 | 丁酉 | 1 | 4 |
| 16 | 7/29 | 甲子 | 七 | 三 | 16 | 6/30 | 乙未 | 九 | 五 | 16 | 6/1 | 丙寅 | 6 | 3 | 16 | 5/2 | 丙申 | 4 | 9 | 16 | 4/3 | 丁卯 | 4 | 7 | 16 | 3/5 | 戊戌 | 1 | 5 |
| 17 | 7/30 | 乙丑 | 七 | 二 | 17 | 7/1 | 丙申 | 九 | 四 | 17 | 6/2 | 丁卯 | 6 | 4 | 17 | 5/3 | 丁酉 | 4 | 1 | 17 | 4/4 | 戊辰 | 4 | 8 | 17 | 3/6 | 己亥 | 7 | 6 |
| 18 | 7/31 | 丙寅 | 七 | 一 | 18 | 7/2 | 丁酉 | 九 | 三 | 18 | 6/3 | 戊辰 | 6 | 5 | 18 | 5/4 | 戊戌 | 4 | 2 | 18 | 4/5 | 己巳 | 1 | 9 | 18 | 3/7 | 庚子 | 7 | 7 |
| 19 | 8/1 | 丁卯 | 七 | 九 | 19 | 7/3 | 戊戌 | 九 | 二 | 19 | 6/4 | 己巳 | 3 | 6 | 19 | 5/5 | 己亥 | 1 | 3 | 19 | 4/6 | 庚午 | 1 | 1 | 19 | 3/8 | 辛丑 | 7 | 8 |
| 20 | 8/2 | 戊辰 | 七 | 八 | 20 | 7/4 | 己亥 | 三 | 一 | 20 | 6/5 | 庚午 | 3 | 7 | 20 | 5/6 | 庚子 | 1 | 4 | 20 | 4/7 | 辛未 | 1 | 2 | 20 | 3/9 | 壬寅 | 7 | 9 |
| 21 | 8/3 | 己巳 | 一 | 七 | 21 | 7/5 | 庚子 | 三 | 九 | 21 | 6/6 | 辛未 | 3 | 8 | 21 | 5/7 | 辛丑 | 1 | 5 | 21 | 4/8 | 壬申 | 1 | 3 | 21 | 3/10 | 癸卯 | 7 | 1 |
| 22 | 8/4 | 庚午 | 一 | 六 | 22 | 7/6 | 辛丑 | 三 | 八 | 22 | 6/7 | 壬申 | 3 | 9 | 22 | 5/8 | 壬寅 | 1 | 6 | 22 | 4/9 | 癸酉 | 1 | 4 | 22 | 3/11 | 甲辰 | 4 | 2 |
| 23 | 8/5 | 辛未 | 一 | 五 | 23 | 7/7 | 壬寅 | 三 | 七 | 23 | 6/8 | 癸酉 | 3 | 1 | 23 | 5/9 | 癸卯 | 1 | 7 | 23 | 4/10 | 甲戌 | 7 | 5 | 23 | 3/12 | 乙巳 | 4 | 3 |
| 24 | 8/6 | 壬申 | 一 | 四 | 24 | 7/8 | 癸卯 | 三 | 六 | 24 | 6/9 | 甲戌 | 9 | 2 | 24 | 5/10 | 甲辰 | 7 | 8 | 24 | 4/11 | 乙亥 | 7 | 6 | 24 | 3/13 | 丙午 | 4 | 4 |
| 25 | 8/7 | 癸酉 | 一 | 三 | 25 | 7/9 | 甲辰 | 六 | 五 | 25 | 6/10 | 乙亥 | 9 | 3 | 25 | 5/11 | 乙巳 | 7 | 9 | 25 | 4/12 | 丙子 | 7 | 7 | 25 | 3/14 | 丁未 | 4 | 5 |
| 26 | 8/8 | 甲戌 | 四 | 二 | 26 | 7/10 | 乙巳 | 六 | 四 | 26 | 6/11 | 丙子 | 9 | 4 | 26 | 5/12 | 丙午 | 7 | 1 | 26 | 4/13 | 丁丑 | 7 | 8 | 26 | 3/15 | 戊申 | 4 | 6 |
| 27 | 8/9 | 乙亥 | 四 | 一 | 27 | 7/11 | 丙午 | 六 | 三 | 27 | 6/12 | 丁丑 | 9 | 5 | 27 | 5/13 | 丁未 | 7 | 2 | 27 | 4/14 | 戊寅 | 7 | 9 | 27 | 3/16 | 己酉 | 3 | 7 |
| 28 | 8/10 | 丙子 | 四 | 九 | 28 | 7/12 | 丁未 | 六 | 二 | 28 | 6/13 | 戊寅 | 9 | 6 | 28 | 5/14 | 戊申 | 7 | 3 | 28 | 4/15 | 己卯 | 5 | 1 | 28 | 3/17 | 庚戌 | 3 | 8 |
| 29 | 8/11 | 丁丑 | 四 | 八 | 29 | 7/13 | 戊申 | 六 | 一 | 29 | 6/14 | 己卯 | 6 | 7 | 29 | 5/15 | 己酉 | 5 | 4 | 29 | 4/16 | 庚辰 | 5 | 2 | 29 | 3/18 | 辛亥 | 3 | 9 |
| 30 | 8/12 | 戊寅 | 四 | 七 | | | | | | | | | | | 30 | 5/16 | 庚戌 | 5 | 5 | | | | | | | | | | |

# 西元2007年（丁亥）肖豬 民國96年（女巽命）

奇門遁甲局數如標示為 一 ～九表示陰局　　如標示為1 ～9 表示陽局

| 十二月 | | | | |
|---|---|---|---|---|
| 癸丑 | | | | |
| 九紫火 | | | | |
| 立春 廿八 19時02分 戌時 | | 大寒 十四 00時45分 子時 | 奇門遁甲局數 | |
| 農曆 | 國曆 | 干支 | 時盤 | 日盤 |
| 1 | 1/8 | 丁未 | 4 | 8 |
| 2 | 1/9 | 戊申 | 4 | 9 |
| 3 | 1/10 | 己酉 | 2 | 1 |
| 4 | 1/11 | 庚戌 | 2 | 2 |
| 5 | 1/12 | 辛亥 | 2 | 3 |
| 6 | 1/13 | 壬子 | 2 | 4 |
| 7 | 1/14 | 癸丑 | 2 | 5 |
| 8 | 1/15 | 甲寅 | 8 | 6 |
| 9 | 1/16 | 乙卯 | 8 | 7 |
| 10 | 1/17 | 丙辰 | 8 | 8 |
| 11 | 1/18 | 丁巳 | 8 | 9 |
| 12 | 1/19 | 戊午 | 8 | 1 |
| 13 | 1/20 | 己未 | 5 | 2 |
| 14 | 1/21 | 庚申 | 5 | 3 |
| 15 | 1/22 | 辛酉 | 5 | 4 |
| 16 | 1/23 | 壬戌 | 5 | 5 |
| 17 | 1/24 | 癸亥 | 5 | 6 |
| 18 | 1/25 | 甲子 | 3 | 7 |
| 19 | 1/26 | 乙丑 | 3 | 8 |
| 20 | 1/27 | 丙寅 | 3 | 9 |
| 21 | 1/28 | 丁卯 | 3 | 1 |
| 22 | 1/29 | 戊辰 | 3 | 2 |
| 23 | 1/30 | 己巳 | 9 | 3 |
| 24 | 1/31 | 庚午 | 9 | 4 |
| 25 | 2/1 | 辛未 | 9 | 5 |
| 26 | 2/2 | 壬申 | 9 | 6 |
| 27 | 2/3 | 癸酉 | 9 | 7 |
| 28 | 2/4 | 甲戌 | 6 | 8 |
| 29 | 2/5 | 乙亥 | 6 | 9 |
| 30 | 2/6 | 丙子 | 6 | 1 |

| 十一月 | | | | |
|---|---|---|---|---|
| 壬子 | | | | |
| 一白水 | | | | |
| 小寒 廿八 07時26分 辰時 | | 冬至 十三 14時09分 未時 | 奇門遁甲局數 | |
| 農曆 | 國曆 | 干支 | 時盤 | 日盤 |
| 1 | 12/10 | 戊寅 | 二 | 四 |
| 2 | 12/11 | 己卯 | 四 | 三 |
| 3 | 12/12 | 庚辰 | 四 | 二 |
| 4 | 12/13 | 辛巳 | 四 | 一 |
| 5 | 12/14 | 壬午 | 四 | 九 |
| 6 | 12/15 | 癸未 | 四 | 八 |
| 7 | 12/16 | 甲申 | 七 | 七 |
| 8 | 12/17 | 乙酉 | 七 | 六 |
| 9 | 12/18 | 丙戌 | 七 | 五 |
| 10 | 12/19 | 丁亥 | 七 | 四 |
| 11 | 12/20 | 戊子 | 七 | 三 |
| 12 | 12/21 | 己丑 | 一 | 二 |
| 13 | 12/22 | 庚寅 | 一 | 9 |
| 14 | 12/23 | 辛卯 | 一 | 1 |
| 15 | 12/24 | 壬辰 | 一 | 2 |
| 16 | 12/25 | 癸巳 | 一 | 3 |
| 17 | 12/26 | 甲午 | 1 | 4 |
| 18 | 12/27 | 乙未 | 1 | 5 |
| 19 | 12/28 | 丙申 | 1 | 6 |
| 20 | 12/29 | 丁酉 | 1 | 7 |
| 21 | 12/30 | 戊戌 | 1 | 8 |
| 22 | 12/31 | 己亥 | 7 | 9 |
| 23 | 1/1 | 庚子 | 7 | 1 |
| 24 | 1/2 | 辛丑 | 7 | 2 |
| 25 | 1/3 | 壬寅 | 7 | 3 |
| 26 | 1/4 | 癸卯 | 7 | 4 |
| 27 | 1/5 | 甲辰 | 4 | 5 |
| 28 | 1/6 | 乙巳 | 4 | 6 |
| 29 | 1/7 | 丙午 | 4 | 7 |
| | | | | |

| 十月 | | | | |
|---|---|---|---|---|
| 辛亥 | | | | |
| 二黑土 | | | | |
| 大雪 廿八 20時16分 戌時 | | 小雪 十四 00時52分 子時 | 奇門遁甲局數 | |
| 農曆 | 國曆 | 干支 | 時盤 | 日盤 |
| 1 | 11/10 | 戊申 | 二 | 七 |
| 2 | 11/11 | 己酉 | 六 | 六 |
| 3 | 11/12 | 庚戌 | 六 | 五 |
| 4 | 11/13 | 辛亥 | 六 | 四 |
| 5 | 11/14 | 壬子 | 六 | 三 |
| 6 | 11/15 | 癸丑 | 六 | 二 |
| 7 | 11/16 | 甲寅 | 九 | 一 |
| 8 | 11/17 | 乙卯 | 九 | 九 |
| 9 | 11/18 | 丙辰 | 九 | 八 |
| 10 | 11/19 | 丁巳 | 九 | 七 |
| 11 | 11/20 | 戊午 | 九 | 六 |
| 12 | 11/21 | 己未 | 三 | 五 |
| 13 | 11/22 | 庚申 | 三 | 四 |
| 14 | 11/23 | 辛酉 | 三 | 三 |
| 15 | 11/24 | 壬戌 | 三 | 二 |
| 16 | 11/25 | 癸亥 | 三 | 一 |
| 17 | 11/26 | 甲子 | 五 | 九 |
| 18 | 11/27 | 乙丑 | 五 | 八 |
| 19 | 11/28 | 丙寅 | 五 | 七 |
| 20 | 11/29 | 丁卯 | 五 | 六 |
| 21 | 11/30 | 戊辰 | 五 | 五 |
| 22 | 12/1 | 己巳 | 八 | 四 |
| 23 | 12/2 | 庚午 | 八 | 三 |
| 24 | 12/3 | 辛未 | 八 | 二 |
| 25 | 12/4 | 壬申 | 八 | 一 |
| 26 | 12/5 | 癸酉 | 八 | 九 |
| 27 | 12/6 | 甲戌 | 二 | 八 |
| 28 | 12/7 | 乙亥 | 二 | 七 |
| 29 | 12/8 | 丙子 | 二 | 六 |
| 30 | 12/9 | 丁丑 | 二 | 五 |

| 九月 | | | | |
|---|---|---|---|---|
| 庚戌 | | | | |
| 三碧木 | | | | |
| 立冬 廿九 03時25分 寅時 | | 霜降 十四 03時17分 寅時 | 奇門遁甲局數 | |
| 農曆 | 國曆 | 干支 | 時盤 | 日盤 |
| 1 | 10/11 | 戊寅 | 四 | 一 |
| 2 | 10/12 | 己卯 | 六 | 九 |
| 3 | 10/13 | 庚辰 | 六 | 八 |
| 4 | 10/14 | 辛巳 | 六 | 七 |
| 5 | 10/15 | 壬午 | 六 | 六 |
| 6 | 10/16 | 癸未 | 六 | 五 |
| 7 | 10/17 | 甲申 | 九 | 四 |
| 8 | 10/18 | 乙酉 | 九 | 三 |
| 9 | 10/19 | 丙戌 | 九 | 二 |
| 10 | 10/20 | 丁亥 | 九 | 一 |
| 11 | 10/21 | 戊子 | 九 | 九 |
| 12 | 10/22 | 己丑 | 三 | 八 |
| 13 | 10/23 | 庚寅 | 三 | 七 |
| 14 | 10/24 | 辛卯 | 三 | 六 |
| 15 | 10/25 | 壬辰 | 三 | 五 |
| 16 | 10/26 | 癸巳 | 三 | 四 |
| 17 | 10/27 | 甲午 | 五 | 三 |
| 18 | 10/28 | 乙未 | 五 | 二 |
| 19 | 10/29 | 丙申 | 五 | 一 |
| 20 | 10/30 | 丁酉 | 五 | 九 |
| 21 | 10/31 | 戊戌 | 五 | 八 |
| 22 | 11/1 | 己亥 | 八 | 七 |
| 23 | 11/2 | 庚子 | 八 | 六 |
| 24 | 11/3 | 辛丑 | 八 | 五 |
| 25 | 11/4 | 壬寅 | 八 | 四 |
| 26 | 11/5 | 癸卯 | 八 | 三 |
| 27 | 11/6 | 甲辰 | 二 | 二 |
| 28 | 11/7 | 乙巳 | 二 | 一 |
| 29 | 11/8 | 丙午 | 二 | 九 |
| 30 | 11/9 | 丁未 | 二 | 八 |

| 八月 | | | | |
|---|---|---|---|---|
| 己酉 | | | | |
| 四綠木 | | | | |
| 寒露 廿九 00時13分 子時 | | 秋分 十三 17時53分 酉時 | 奇門遁甲局數 | |
| 農曆 | 國曆 | 干支 | 時盤 | 日盤 |
| 1 | 9/11 | 戊申 | 七 | 四 |
| 2 | 9/12 | 己酉 | 九 | 三 |
| 3 | 9/13 | 庚戌 | 九 | 二 |
| 4 | 9/14 | 辛亥 | 九 | 一 |
| 5 | 9/15 | 壬子 | 九 | 九 |
| 6 | 9/16 | 癸丑 | 九 | 八 |
| 7 | 9/17 | 甲寅 | 三 | 七 |
| 8 | 9/18 | 乙卯 | 三 | 六 |
| 9 | 9/19 | 丙辰 | 三 | 五 |
| 10 | 9/20 | 丁巳 | 三 | 四 |
| 11 | 9/21 | 戊午 | 三 | 三 |
| 12 | 9/22 | 己未 | 六 | 二 |
| 13 | 9/23 | 庚申 | 六 | 一 |
| 14 | 9/24 | 辛酉 | 六 | 九 |
| 15 | 9/25 | 壬戌 | 六 | 八 |
| 16 | 9/26 | 癸亥 | 六 | 七 |
| 17 | 9/27 | 甲子 | 七 | 六 |
| 18 | 9/28 | 乙丑 | 七 | 五 |
| 19 | 9/29 | 丙寅 | 七 | 四 |
| 20 | 9/30 | 丁卯 | 七 | 三 |
| 21 | 10/1 | 戊辰 | 七 | 二 |
| 22 | 10/2 | 己巳 | 一 | 一 |
| 23 | 10/3 | 庚午 | 一 | 九 |
| 24 | 10/4 | 辛未 | 一 | 八 |
| 25 | 10/5 | 壬申 | 一 | 七 |
| 26 | 10/6 | 癸酉 | 一 | 六 |
| 27 | 10/7 | 甲戌 | 四 | 五 |
| 28 | 10/8 | 乙亥 | 四 | 四 |
| 29 | 10/9 | 丙子 | 四 | 三 |
| 30 | 10/10 | 丁丑 | 四 | 二 |

| 七月 | | | | |
|---|---|---|---|---|
| 戊申 | | | | |
| 五黃土 | | | | |
| 白露 廿七 08時31分 辰時 | | 處暑 十一 20時09分 戌時 | 奇門遁甲局數 | |
| 農曆 | 國曆 | 干支 | 時盤 | 日盤 |
| 1 | 8/13 | 己卯 | 二 | 六 |
| 2 | 8/14 | 庚辰 | 二 | 五 |
| 3 | 8/15 | 辛巳 | 二 | 四 |
| 4 | 8/16 | 壬午 | 二 | 三 |
| 5 | 8/17 | 癸未 | 二 | 二 |
| 6 | 8/18 | 甲申 | 五 | 一 |
| 7 | 8/19 | 乙酉 | 五 | 九 |
| 8 | 8/20 | 丙戌 | 五 | 八 |
| 9 | 8/21 | 丁亥 | 五 | 七 |
| 10 | 8/22 | 戊子 | 五 | 六 |
| 11 | 8/23 | 己丑 | 八 | 五 |
| 12 | 8/24 | 庚寅 | 八 | 四 |
| 13 | 8/25 | 辛卯 | 八 | 三 |
| 14 | 8/26 | 壬辰 | 八 | 二 |
| 15 | 8/27 | 癸巳 | 八 | 一 |
| 16 | 8/28 | 甲午 | 一 | 九 |
| 17 | 8/29 | 乙未 | 一 | 八 |
| 18 | 8/30 | 丙申 | 一 | 七 |
| 19 | 8/31 | 丁酉 | 一 | 六 |
| 20 | 9/1 | 戊戌 | 一 | 五 |
| 21 | 9/2 | 己亥 | 四 | 四 |
| 22 | 9/3 | 庚子 | 四 | 三 |
| 23 | 9/4 | 辛丑 | 四 | 二 |
| 24 | 9/5 | 壬寅 | 四 | 一 |
| 25 | 9/6 | 癸卯 | 四 | 九 |
| 26 | 9/7 | 甲辰 | 七 | 八 |
| 27 | 9/8 | 乙巳 | 七 | 七 |
| 28 | 9/9 | 丙午 | 七 | 六 |
| 29 | 9/10 | 丁未 | 七 | 五 |
| | | | | |

# 西元2008年（戊子）肖鼠 民國97年（男坎命）

奇門遁甲局數如標示為 一 ～九表示陰局　　如標示為1 ～9 表示陽局

| 六月 | | | | | 五月 | | | | | 四月 | | | | | 三月 | | | | | 二月 | | | | | 正月 | | | | |
|---|---|---|---|---|---|---|---|---|---|---|---|---|---|---|---|---|---|---|---|---|---|---|---|---|---|---|---|---|---|
| 己未 | | | | | 戊午 | | | | | 丁巳 | | | | | 丙辰 | | | | | 乙卯 | | | | | 甲寅 | | | | |
| 三碧木 | | | | | 四綠木 | | | | | 五黃土 | | | | | 六白金 | | | | | 七赤金 | | | | | 八白土 | | | | |
| 大暑 18時56分 二十酉時 | | 小暑 01時29分 初五丑時 | 奇門遁甲局數 | | 夏至 08時01分 十八辰時 | | 芒種 15時13分 初二申時 | 奇門遁甲局數 | | 小滿 00時02分 十七子時 | | 立夏 11時05分 初一午時 | 奇門遁甲局數 | | 穀雨 00時52分 十五子時 | | | 奇門遁甲局數 | | 清明 17時47分 廿八酉時 | | 春分 13時50分 十三未時 | 奇門遁甲局數 | | 驚蟄 13時00分 廿八未時 | | 雨水 14時51分 十三未時 | 奇門遁甲局數 | |
| 農曆 | 國曆 | 干支 | 時盤 | 日盤 | 農曆 | 國曆 | 干支 | 時盤 | 日盤 | 農曆 | 國曆 | 干支 | 時盤 | 日盤 | 農曆 | 國曆 | 干支 | 時盤 | 日盤 | 農曆 | 國曆 | 干支 | 時盤 | 日盤 | 農曆 | 國曆 | 干支 | 時盤 | 日盤 |
| 1 | 7/3 | 甲辰 | 六 | 五 | 1 | 6/4 | 乙亥 | 8 | 3 | 1 | 5/5 | 乙巳 | 8 | 9 | 1 | 4/6 | 丙子 | 6 | 7 | 1 | 3/8 | 丁未 | 3 | 5 | 1 | 2/7 | 丁丑 | 6 | 2 |
| 2 | 7/4 | 乙巳 | 六 | 四 | 2 | 6/5 | 丙子 | 8 | 4 | 2 | 5/6 | 丙午 | 8 | 1 | 2 | 4/7 | 丁丑 | 6 | 8 | 2 | 3/9 | 戊申 | 3 | 6 | 2 | 2/8 | 戊寅 | 6 | 3 |
| 3 | 7/5 | 丙午 | 六 | 三 | 3 | 6/6 | 丁丑 | 8 | 5 | 3 | 5/7 | 丁未 | 8 | 2 | 3 | 4/8 | 戊寅 | 6 | 9 | 3 | 3/10 | 己酉 | 1 | 7 | 3 | 2/9 | 己卯 | 8 | 4 |
| 4 | 7/6 | 丁未 | 六 | 二 | 4 | 6/7 | 戊寅 | 8 | 6 | 4 | 5/8 | 戊申 | 8 | 3 | 4 | 4/9 | 己卯 | 4 | 1 | 4 | 3/11 | 庚戌 | 1 | 8 | 4 | 2/10 | 庚辰 | 8 | 5 |
| 5 | 7/7 | 戊申 | 六 | 一 | 5 | 6/8 | 己卯 | 6 | 7 | 5 | 5/9 | 己酉 | 4 | 4 | 5 | 4/10 | 庚辰 | 4 | 2 | 5 | 3/12 | 辛亥 | 1 | 9 | 5 | 2/11 | 辛巳 | 8 | 6 |
| 6 | 7/8 | 己酉 | 八 | 九 | 6 | 6/9 | 庚辰 | 6 | 8 | 6 | 5/10 | 庚戌 | 4 | 5 | 6 | 4/11 | 辛巳 | 4 | 3 | 6 | 3/13 | 壬子 | 1 | 1 | 6 | 2/12 | 壬午 | 8 | 7 |
| 7 | 7/9 | 庚戌 | 八 | 八 | 7 | 6/10 | 辛巳 | 6 | 9 | 7 | 5/11 | 辛亥 | 4 | 6 | 7 | 4/12 | 壬午 | 4 | 4 | 7 | 3/14 | 癸丑 | 1 | 2 | 7 | 2/13 | 癸未 | 8 | 8 |
| 8 | 7/10 | 辛亥 | 八 | 七 | 8 | 6/11 | 壬午 | 6 | 1 | 8 | 5/12 | 壬子 | 4 | 7 | 8 | 4/13 | 癸未 | 4 | 5 | 8 | 3/15 | 甲寅 | 7 | 3 | 8 | 2/14 | 甲申 | 5 | 9 |
| 9 | 7/11 | 壬子 | 八 | 六 | 9 | 6/12 | 癸未 | 6 | 2 | 9 | 5/13 | 癸丑 | 4 | 8 | 9 | 4/14 | 甲申 | 1 | 6 | 9 | 3/16 | 乙卯 | 7 | 4 | 9 | 2/15 | 乙酉 | 5 | 1 |
| 10 | 7/12 | 癸丑 | 八 | 五 | 10 | 6/13 | 甲申 | 3 | 3 | 10 | 5/14 | 甲寅 | 1 | 9 | 10 | 4/15 | 乙酉 | 1 | 7 | 10 | 3/17 | 丙辰 | 7 | 5 | 10 | 2/16 | 丙戌 | 5 | 2 |
| 11 | 7/13 | 甲寅 | 二 | 四 | 11 | 6/14 | 乙酉 | 3 | 4 | 11 | 5/15 | 乙卯 | 1 | 1 | 11 | 4/16 | 丙戌 | 1 | 8 | 11 | 3/18 | 丁巳 | 7 | 6 | 11 | 2/17 | 丁亥 | 5 | 3 |
| 12 | 7/14 | 乙卯 | 二 | 三 | 12 | 6/15 | 丙戌 | 3 | 5 | 12 | 5/16 | 丙辰 | 1 | 2 | 12 | 4/17 | 丁亥 | 1 | 9 | 12 | 3/19 | 戊午 | 7 | 7 | 12 | 2/18 | 戊子 | 5 | 4 |
| 13 | 7/15 | 丙辰 | 二 | 二 | 13 | 6/16 | 丁亥 | 3 | 6 | 13 | 5/17 | 丁巳 | 1 | 3 | 13 | 4/18 | 戊子 | 1 | 1 | 13 | 3/20 | 己未 | 4 | 8 | 13 | 2/19 | 己丑 | 2 | 5 |
| 14 | 7/16 | 丁巳 | 二 | 一 | 14 | 6/17 | 戊子 | 3 | 7 | 14 | 5/18 | 戊午 | 1 | 4 | 14 | 4/19 | 己丑 | 7 | 2 | 14 | 3/21 | 庚申 | 4 | 9 | 14 | 2/20 | 庚寅 | 2 | 6 |
| 15 | 7/17 | 戊午 | 二 | 九 | 15 | 6/18 | 己丑 | 9 | 8 | 15 | 5/19 | 己未 | 7 | 5 | 15 | 4/20 | 庚寅 | 7 | 3 | 15 | 3/22 | 辛酉 | 4 | 1 | 15 | 2/21 | 辛卯 | 2 | 7 |
| 16 | 7/18 | 己未 | 五 | 八 | 16 | 6/19 | 庚寅 | 9 | 9 | 16 | 5/20 | 庚申 | 7 | 6 | 16 | 4/21 | 辛卯 | 7 | 4 | 16 | 3/23 | 壬戌 | 4 | 2 | 16 | 2/22 | 壬辰 | 2 | 8 |
| 17 | 7/19 | 庚申 | 五 | 七 | 17 | 6/20 | 辛卯 | 9 | 1 | 17 | 5/21 | 辛酉 | 7 | 7 | 17 | 4/22 | 壬辰 | 7 | 5 | 17 | 3/24 | 癸亥 | 4 | 3 | 17 | 2/23 | 癸巳 | 2 | 9 |
| 18 | 7/20 | 辛酉 | 五 | 六 | 18 | 6/21 | 壬辰 | 9 | 八 | 18 | 5/22 | 壬戌 | 7 | 8 | 18 | 4/23 | 癸巳 | 7 | 6 | 18 | 3/25 | 甲子 | 3 | 4 | 18 | 2/24 | 甲午 | 9 | 1 |
| 19 | 7/21 | 壬戌 | 五 | 五 | 19 | 6/22 | 癸巳 | 9 | 七 | 19 | 5/23 | 癸亥 | 7 | 9 | 19 | 4/24 | 甲午 | 5 | 7 | 19 | 3/26 | 乙丑 | 3 | 5 | 19 | 2/25 | 乙未 | 9 | 2 |
| 20 | 7/22 | 癸亥 | 五 | 四 | 20 | 6/23 | 甲午 | 九 | 六 | 20 | 5/24 | 甲子 | 5 | 1 | 20 | 4/25 | 乙未 | 5 | 8 | 20 | 3/27 | 丙寅 | 3 | 6 | 20 | 2/26 | 丙申 | 9 | 3 |
| 21 | 7/23 | 甲子 | 七 | 三 | 21 | 6/24 | 乙未 | 九 | 五 | 21 | 5/25 | 乙丑 | 5 | 2 | 21 | 4/26 | 丙申 | 5 | 9 | 21 | 3/28 | 丁卯 | 3 | 7 | 21 | 2/27 | 丁酉 | 9 | 4 |
| 22 | 7/24 | 乙丑 | 七 | 二 | 22 | 6/25 | 丙申 | 九 | 四 | 22 | 5/26 | 丙寅 | 5 | 3 | 22 | 4/27 | 丁酉 | 5 | 1 | 22 | 3/29 | 戊辰 | 3 | 8 | 22 | 2/28 | 戊戌 | 9 | 5 |
| 23 | 7/25 | 丙寅 | 七 | 一 | 23 | 6/26 | 丁酉 | 九 | 三 | 23 | 5/27 | 丁卯 | 5 | 4 | 23 | 4/28 | 戊戌 | 5 | 2 | 23 | 3/30 | 己巳 | 9 | 9 | 23 | 2/29 | 己亥 | 6 | 6 |
| 24 | 7/26 | 丁卯 | 七 | 九 | 24 | 6/27 | 戊戌 | 九 | 二 | 24 | 5/28 | 戊辰 | 5 | 5 | 24 | 4/29 | 己亥 | 2 | 3 | 24 | 3/31 | 庚午 | 9 | 1 | 24 | 3/1 | 庚子 | 6 | 7 |
| 25 | 7/27 | 戊辰 | 七 | 八 | 25 | 6/28 | 己亥 | 三 | 一 | 25 | 5/29 | 己巳 | 2 | 6 | 25 | 4/30 | 庚子 | 2 | 4 | 25 | 4/1 | 辛未 | 9 | 2 | 25 | 3/2 | 辛丑 | 6 | 8 |
| 26 | 7/28 | 己巳 | 一 | 七 | 26 | 6/29 | 庚子 | 三 | 九 | 26 | 5/30 | 庚午 | 2 | 7 | 26 | 5/1 | 辛丑 | 2 | 5 | 26 | 4/2 | 壬申 | 9 | 3 | 26 | 3/3 | 壬寅 | 6 | 9 |
| 27 | 7/29 | 庚午 | 一 | 六 | 27 | 6/30 | 辛丑 | 三 | 八 | 27 | 5/31 | 辛未 | 2 | 8 | 27 | 5/2 | 壬寅 | 2 | 6 | 27 | 4/3 | 癸酉 | 9 | 4 | 27 | 3/4 | 癸卯 | 6 | 1 |
| 28 | 7/30 | 辛未 | 一 | 五 | 28 | 7/1 | 壬寅 | 三 | 七 | 28 | 6/1 | 壬申 | 2 | 9 | 28 | 5/3 | 癸卯 | 2 | 7 | 28 | 4/4 | 甲戌 | 6 | 5 | 28 | 3/5 | 甲辰 | 3 | 2 |
| 29 | 7/31 | 壬申 | 一 | 四 | 29 | 7/2 | 癸卯 | 三 | 六 | 29 | 6/2 | 癸酉 | 2 | 1 | 29 | 5/4 | 甲辰 | 8 | 8 | 29 | 4/5 | 乙亥 | 6 | 6 | 29 | 3/6 | 乙巳 | 3 | 3 |
| | | | | | | | | | | 30 | 6/3 | 甲戌 | 8 | 2 | | | | | | | | | | | 30 | 3/7 | 丙午 | 3 | 4 |

# 西元2008年（戊子）肖鼠 民國97年（女艮命）

奇門遁甲局數如標示為 一 ～九表示陰局　　如標示為1 ～9 表示陽局

| 十二月 | | | | | 十一月 | | | | | 十　月 | | | | | 九　月 | | | | | 八　月 | | | | | 七　月 | | | | |
|---|---|---|---|---|---|---|---|---|---|---|---|---|---|---|---|---|---|---|---|---|---|---|---|---|---|---|---|---|---|
| 乙丑 | | | | | 甲子 | | | | | 癸亥 | | | | | 壬戌 | | | | | 辛酉 | | | | | 庚申 | | | | |
| 六白金 | | | | | 七赤金 | | | | | 八白土 | | | | | 九紫火 | | | | | 一白水 | | | | | 二黑土 | | | | |
| 大寒 06時42分 廿五卯時 | | 小寒 13時16分 初十未時 | 奇門遁甲局數 | | 冬至 20時05分 廿四戌時 | | 大雪 02時03分 初十丑時 | 奇門遁甲局數 | | 小雪 06時46分 廿五卯時 | | 立冬 09時12分 初十巳時 | 奇門遁甲局數 | | 霜降 09時10分 廿五巳時 | | 寒露 05時58分 初十卯時 | 奇門遁甲局數 | | 秋分 23時46分 廿三子時 | | 白露 14時15分 初八未時 | 奇門遁甲局數 | | 處暑 02時04分 廿三丑時 | | 立秋 11時17分 初七午時 | 奇門遁甲局數 | |
| 農曆 | 國曆 | 干支 | 時盤 | 日盤 | 農曆 | 國曆 | 干支 | 時盤 | 日盤 | 農曆 | 國曆 | 干支 | 時盤 | 日盤 | 農曆 | 國曆 | 干支 | 時盤 | 日盤 | 農曆 | 國曆 | 干支 | 時盤 | 日盤 | 農曆 | 國曆 | 干支 | 時盤 | 日盤 |
| 1 | 12/27 | 辛丑 | 7 | 5 | 1 | 11/28 | 壬申 | 八 | 一 | 1 | 10/29 | 壬寅 | 八 | 四 | 1 | 9/29 | 壬申 | 一 | 七 | 1 | 8/31 | 癸卯 | 四 | 九 | 1 | 8/1 | 癸酉 | 一 | 三 |
| 2 | 12/28 | 壬寅 | 7 | 6 | 2 | 11/29 | 癸酉 | 八 | 九 | 2 | 10/30 | 癸卯 | 八 | 三 | 2 | 9/30 | 癸酉 | 一 | 六 | 2 | 9/1 | 甲辰 | 七 | 八 | 2 | 8/2 | 甲戌 | 四 | 二 |
| 3 | 12/29 | 癸卯 | 7 | 7 | 3 | 11/30 | 甲戌 | 二 | 八 | 3 | 10/31 | 甲辰 | 二 | 二 | 3 | 10/1 | 甲戌 | 四 | 五 | 3 | 9/2 | 乙巳 | 七 | 七 | 3 | 8/3 | 乙亥 | 四 | 一 |
| 4 | 12/30 | 甲辰 | 4 | 8 | 4 | 12/1 | 乙亥 | 二 | 七 | 4 | 11/1 | 乙巳 | 二 | 一 | 4 | 10/2 | 乙亥 | 四 | 四 | 4 | 9/3 | 丙午 | 七 | 六 | 4 | 8/4 | 丙子 | 四 | 九 |
| 5 | 12/31 | 乙巳 | 4 | 9 | 5 | 12/2 | 丙子 | 二 | 六 | 5 | 11/2 | 丙午 | 二 | 九 | 5 | 10/3 | 丙子 | 四 | 三 | 5 | 9/4 | 丁未 | 七 | 五 | 5 | 8/5 | 丁丑 | 四 | 八 |
| 6 | 1/1 | 丙午 | 4 | 1 | 6 | 12/3 | 丁丑 | 二 | 五 | 6 | 11/3 | 丁未 | 二 | 八 | 6 | 10/4 | 丁丑 | 四 | 二 | 6 | 9/5 | 戊申 | 七 | 四 | 6 | 8/6 | 戊寅 | 四 | 七 |
| 7 | 1/2 | 丁未 | 4 | 2 | 7 | 12/4 | 戊寅 | 二 | 四 | 7 | 11/4 | 戊申 | 二 | 七 | 7 | 10/5 | 戊寅 | 四 | 一 | 7 | 9/6 | 己酉 | 九 | 三 | 7 | 8/7 | 己卯 | 二 | 六 |
| 8 | 1/3 | 戊申 | 4 | 3 | 8 | 12/5 | 己卯 | 四 | 三 | 8 | 11/5 | 己酉 | 六 | 六 | 8 | 10/6 | 己卯 | 六 | 九 | 8 | 9/7 | 庚戌 | 九 | 二 | 8 | 8/8 | 庚辰 | 二 | 五 |
| 9 | 1/4 | 己酉 | 2 | 4 | 9 | 12/6 | 庚辰 | 四 | 二 | 9 | 11/6 | 庚戌 | 六 | 五 | 9 | 10/7 | 庚辰 | 六 | 八 | 9 | 9/8 | 辛亥 | 九 | 一 | 9 | 8/9 | 辛巳 | 二 | 四 |
| 10 | 1/5 | 庚戌 | 2 | 5 | 10 | 12/7 | 辛巳 | 四 | 一 | 10 | 11/7 | 辛亥 | 六 | 四 | 10 | 10/8 | 辛巳 | 六 | 七 | 10 | 9/9 | 壬子 | 九 | 九 | 10 | 8/10 | 壬午 | 二 | 三 |
| 11 | 1/6 | 辛亥 | 2 | 6 | 11 | 12/8 | 壬午 | 四 | 九 | 11 | 11/8 | 壬子 | 六 | 三 | 11 | 10/9 | 壬午 | 六 | 六 | 11 | 9/10 | 癸丑 | 九 | 八 | 11 | 8/11 | 癸未 | 二 | 二 |
| 12 | 1/7 | 壬子 | 2 | 7 | 12 | 12/9 | 癸未 | 四 | 八 | 12 | 11/9 | 癸丑 | 六 | 二 | 12 | 10/10 | 癸未 | 六 | 五 | 12 | 9/11 | 甲寅 | 三 | 七 | 12 | 8/12 | 甲申 | 五 | 一 |
| 13 | 1/8 | 癸丑 | 2 | 8 | 13 | 12/10 | 甲申 | 七 | 七 | 13 | 11/10 | 甲寅 | 九 | 一 | 13 | 10/11 | 甲申 | 九 | 四 | 13 | 9/12 | 乙卯 | 三 | 六 | 13 | 8/13 | 乙酉 | 五 | 九 |
| 14 | 1/9 | 甲寅 | 8 | 9 | 14 | 12/11 | 乙酉 | 七 | 六 | 14 | 11/11 | 乙卯 | 九 | 九 | 14 | 10/12 | 乙酉 | 九 | 三 | 14 | 9/13 | 丙辰 | 三 | 五 | 14 | 8/14 | 丙戌 | 五 | 八 |
| 15 | 1/10 | 乙卯 | 8 | 1 | 15 | 12/12 | 丙戌 | 七 | 五 | 15 | 11/12 | 丙辰 | 九 | 八 | 15 | 10/13 | 丙戌 | 九 | 二 | 15 | 9/14 | 丁巳 | 三 | 四 | 15 | 8/15 | 丁亥 | 五 | 七 |
| 16 | 1/11 | 丙辰 | 8 | 2 | 16 | 12/13 | 丁亥 | 七 | 四 | 16 | 11/13 | 丁巳 | 九 | 七 | 16 | 10/14 | 丁亥 | 九 | 一 | 16 | 9/15 | 戊午 | 三 | 三 | 16 | 8/16 | 戊子 | 五 | 六 |
| 17 | 1/12 | 丁巳 | 8 | 3 | 17 | 12/14 | 戊子 | 七 | 三 | 17 | 11/14 | 戊午 | 九 | 六 | 17 | 10/15 | 戊子 | 九 | 九 | 17 | 9/16 | 己未 | 六 | 二 | 17 | 8/17 | 己丑 | 八 | 五 |
| 18 | 1/13 | 戊午 | 8 | 4 | 18 | 12/15 | 己丑 | 一 | 二 | 18 | 11/15 | 己未 | 三 | 五 | 18 | 10/16 | 己丑 | 三 | 八 | 18 | 9/17 | 庚申 | 六 | 一 | 18 | 8/18 | 庚寅 | 八 | 四 |
| 19 | 1/14 | 己未 | 5 | 5 | 19 | 12/16 | 庚寅 | 一 | 一 | 19 | 11/16 | 庚申 | 三 | 四 | 19 | 10/17 | 庚寅 | 三 | 七 | 19 | 9/18 | 辛酉 | 六 | 九 | 19 | 8/19 | 辛卯 | 八 | 三 |
| 20 | 1/15 | 庚申 | 5 | 6 | 20 | 12/17 | 辛卯 | 一 | 九 | 20 | 11/17 | 辛酉 | 三 | 三 | 20 | 10/18 | 辛卯 | 三 | 六 | 20 | 9/19 | 壬戌 | 六 | 八 | 20 | 8/20 | 壬辰 | 八 | 二 |
| 21 | 1/16 | 辛酉 | 5 | 7 | 21 | 12/18 | 壬辰 | 一 | 八 | 21 | 11/18 | 壬戌 | 三 | 二 | 21 | 10/19 | 壬辰 | 三 | 五 | 21 | 9/20 | 癸亥 | 六 | 七 | 21 | 8/21 | 癸巳 | 八 | 一 |
| 22 | 1/17 | 壬戌 | 5 | 8 | 22 | 12/19 | 癸巳 | 一 | 七 | 22 | 11/19 | 癸亥 | 三 | 一 | 22 | 10/20 | 癸巳 | 三 | 四 | 22 | 9/21 | 甲子 | 七 | 六 | 22 | 8/22 | 甲午 | 一 | 九 |
| 23 | 1/18 | 癸亥 | 5 | 9 | 23 | 12/20 | 甲午 | 1 | 六 | 23 | 11/20 | 甲子 | 五 | 九 | 23 | 10/21 | 甲午 | 五 | 三 | 23 | 9/22 | 乙丑 | 七 | 五 | 23 | 8/23 | 乙未 | 一 | 八 |
| 24 | 1/19 | 甲子 | 3 | 1 | 24 | 12/21 | 乙未 | 1 | 8 | 24 | 11/21 | 乙丑 | 五 | 八 | 24 | 10/22 | 乙未 | 五 | 二 | 24 | 9/23 | 丙寅 | 七 | 四 | 24 | 8/24 | 丙申 | 一 | 七 |
| 25 | 1/20 | 乙丑 | 3 | 2 | 25 | 12/22 | 丙申 | 1 | 9 | 25 | 11/22 | 丙寅 | 五 | 七 | 25 | 10/23 | 丙申 | 五 | 一 | 25 | 9/24 | 丁卯 | 七 | 三 | 25 | 8/25 | 丁酉 | 一 | 六 |
| 26 | 1/21 | 丙寅 | 3 | 3 | 26 | 12/23 | 丁酉 | 1 | 1 | 26 | 11/23 | 丁卯 | 五 | 六 | 26 | 10/24 | 丁酉 | 五 | 九 | 26 | 9/25 | 戊辰 | 七 | 二 | 26 | 8/26 | 戊戌 | 一 | 五 |
| 27 | 1/22 | 丁卯 | 3 | 4 | 27 | 12/24 | 戊戌 | 1 | 2 | 27 | 11/24 | 戊辰 | 五 | 五 | 27 | 10/25 | 戊戌 | 五 | 八 | 27 | 9/26 | 己巳 | 一 | 一 | 27 | 8/27 | 己亥 | 四 | 四 |
| 28 | 1/23 | 戊辰 | 3 | 5 | 28 | 12/25 | 己亥 | 7 | 3 | 28 | 11/25 | 己巳 | 八 | 四 | 28 | 10/26 | 己亥 | 八 | 七 | 28 | 9/27 | 庚午 | 一 | 九 | 28 | 8/28 | 庚子 | 四 | 三 |
| 29 | 1/24 | 己巳 | 9 | 6 | 29 | 12/26 | 庚子 | 7 | 4 | 29 | 11/26 | 庚午 | 八 | 三 | 29 | 10/27 | 庚子 | 八 | 六 | 29 | 9/28 | 辛未 | 一 | 八 | 29 | 8/29 | 辛丑 | 四 | 二 |
| 30 | 1/25 | 庚午 | 9 | 7 | | | | | | 30 | 11/27 | 辛未 | 八 | 二 | 30 | 10/28 | 辛丑 | 八 | 五 | | | | | | 30 | 8/30 | 壬寅 | 四 | 一 |

# 西元2009年（己丑）肖牛 民國98年（男離命）

奇門遁甲局數如標示為 一 ～九表示陰局　　如標示為1 ～9 表示陽局

## 六月
辛未　九紫火

立秋：17時02分 十七酉時　大暑：00時37分 初二子時

| 農曆 | 國曆 | 干支 | 時盤 | 日盤 |
|---|---|---|---|---|
| 1 | 7/22 | 戊辰 | 七 | 五 |
| 2 | 7/23 | 己巳 | 一 | 四 |
| 3 | 7/24 | 庚午 | 一 | 三 |
| 4 | 7/25 | 辛未 | 一 | 二 |
| 5 | 7/26 | 壬申 | 一 | 一 |
| 6 | 7/27 | 癸酉 | 一 | 九 |
| 7 | 7/28 | 甲戌 | 四 | 八 |
| 8 | 7/29 | 乙亥 | 四 | 七 |
| 9 | 7/30 | 丙子 | 四 | 六 |
| 10 | 7/31 | 丁丑 | 四 | 五 |
| 11 | 8/1 | 戊寅 | 四 | 四 |
| 12 | 8/2 | 己卯 | 二 | 三 |
| 13 | 8/3 | 庚辰 | 二 | 二 |
| 14 | 8/4 | 辛巳 | 二 | 一 |
| 15 | 8/5 | 壬午 | 二 | 九 |
| 16 | 8/6 | 癸未 | 二 | 八 |
| 17 | 8/7 | 甲申 | 五 | 七 |
| 18 | 8/8 | 乙酉 | 五 | 六 |
| 19 | 8/9 | 丙戌 | 五 | 五 |
| 20 | 8/10 | 丁亥 | 五 | 四 |
| 21 | 8/11 | 戊子 | 五 | 三 |
| 22 | 8/12 | 己丑 | 八 | 二 |
| 23 | 8/13 | 庚寅 | 八 | 一 |
| 24 | 8/14 | 辛卯 | 八 | 九 |
| 25 | 8/15 | 壬辰 | 八 | 八 |
| 26 | 8/16 | 癸巳 | 八 | 七 |
| 27 | 8/17 | 甲午 | 一 | 六 |
| 28 | 8/18 | 乙未 | 一 | 五 |
| 29 | 8/19 | 丙申 | 一 | 四 |

## 閏五月
辛未

小暑：07時15分 十五辰時

| 農曆 | 國曆 | 干支 | 時盤 | 日盤 |
|---|---|---|---|---|
| 1 | 6/23 | 己亥 | 三 | 七 |
| 2 | 6/24 | 庚子 | 三 | 六 |
| 3 | 6/25 | 辛丑 | 三 | 五 |
| 4 | 6/26 | 壬寅 | 三 | 四 |
| 5 | 6/27 | 癸卯 | 三 | 三 |
| 6 | 6/28 | 甲辰 | 六 | 二 |
| 7 | 6/29 | 乙巳 | 六 | 一 |
| 8 | 6/30 | 丙午 | 六 | 九 |
| 9 | 7/1 | 丁未 | 六 | 八 |
| 10 | 7/2 | 戊申 | 六 | 七 |
| 11 | 7/3 | 己酉 | 八 | 六 |
| 12 | 7/4 | 庚戌 | 八 | 五 |
| 13 | 7/5 | 辛亥 | 八 | 四 |
| 14 | 7/6 | 壬子 | 八 | 三 |
| 15 | 7/7 | 癸丑 | 八 | 二 |
| 16 | 7/8 | 甲寅 | 二 | 一 |
| 17 | 7/9 | 乙卯 | 二 | 九 |
| 18 | 7/10 | 丙辰 | 二 | 八 |
| 19 | 7/11 | 丁巳 | 二 | 七 |
| 20 | 7/12 | 戊午 | 二 | 六 |
| 21 | 7/13 | 己未 | 五 | 五 |
| 22 | 7/14 | 庚申 | 五 | 四 |
| 23 | 7/15 | 辛酉 | 五 | 三 |
| 24 | 7/16 | 壬戌 | 五 | 二 |
| 25 | 7/17 | 癸亥 | 五 | 一 |
| 26 | 7/18 | 甲子 | 七 | 九 |
| 27 | 7/19 | 乙丑 | 七 | 八 |
| 28 | 7/20 | 丙寅 | 七 | 七 |
| 29 | 7/21 | 丁卯 | 七 | 六 |

## 五月
庚午　一白水

夏至：13時47分 廿九未時　芒種：21時00分 十三亥時

| 農曆 | 國曆 | 干支 | 時盤 | 日盤 |
|---|---|---|---|---|
| 1 | 5/24 | 己巳 | 2 | 9 |
| 2 | 5/25 | 庚午 | 2 | 1 |
| 3 | 5/26 | 辛未 | 2 | 2 |
| 4 | 5/27 | 壬申 | 2 | 3 |
| 5 | 5/28 | 癸酉 | 2 | 4 |
| 6 | 5/29 | 甲戌 | 8 | 5 |
| 7 | 5/30 | 乙亥 | 8 | 6 |
| 8 | 5/31 | 丙子 | 8 | 7 |
| 9 | 6/1 | 丁丑 | 8 | 8 |
| 10 | 6/2 | 戊寅 | 8 | 9 |
| 11 | 6/3 | 己卯 | 6 | 1 |
| 12 | 6/4 | 庚辰 | 6 | 2 |
| 13 | 6/5 | 辛巳 | 6 | 3 |
| 14 | 6/6 | 壬午 | 6 | 4 |
| 15 | 6/7 | 癸未 | 6 | 5 |
| 16 | 6/8 | 甲申 | 3 | 6 |
| 17 | 6/9 | 乙酉 | 3 | 7 |
| 18 | 6/10 | 丙戌 | 3 | 8 |
| 19 | 6/11 | 丁亥 | 3 | 9 |
| 20 | 6/12 | 戊子 | 3 | 1 |
| 21 | 6/13 | 己丑 | 9 | 2 |
| 22 | 6/14 | 庚寅 | 9 | 3 |
| 23 | 6/15 | 辛卯 | 9 | 4 |
| 24 | 6/16 | 壬辰 | 9 | 5 |
| 25 | 6/17 | 癸巳 | 9 | 6 |
| 26 | 6/18 | 甲午 | 九 | 7 |
| 27 | 6/19 | 乙未 | 九 | 8 |
| 28 | 6/20 | 丙申 | 九 | 9 |
| 29 | 6/21 | 丁酉 | 九 | 九 |
| 30 | 6/22 | 戊戌 | 九 | 八 |

## 四月
己巳　二黑土

小滿：05時52分 廿七卯時　立夏：16時52分 十一申時

| 農曆 | 國曆 | 干支 | 時盤 | 日盤 |
|---|---|---|---|---|
| 1 | 4/25 | 庚子 | 2 | 7 |
| 2 | 4/26 | 辛丑 | 2 | 8 |
| 3 | 4/27 | 壬寅 | 2 | 9 |
| 4 | 4/28 | 癸卯 | 2 | 1 |
| 5 | 4/29 | 甲辰 | 8 | 2 |
| 6 | 4/30 | 乙巳 | 8 | 3 |
| 7 | 5/1 | 丙午 | 8 | 4 |
| 8 | 5/2 | 丁未 | 8 | 5 |
| 9 | 5/3 | 戊申 | 8 | 6 |
| 10 | 5/4 | 己酉 | 4 | 7 |
| 11 | 5/5 | 庚戌 | 4 | 8 |
| 12 | 5/6 | 辛亥 | 4 | 9 |
| 13 | 5/7 | 壬子 | 4 | 1 |
| 14 | 5/8 | 癸丑 | 4 | 2 |
| 15 | 5/9 | 甲寅 | 1 | 3 |
| 16 | 5/10 | 乙卯 | 1 | 4 |
| 17 | 5/11 | 丙辰 | 1 | 5 |
| 18 | 5/12 | 丁巳 | 1 | 6 |
| 19 | 5/13 | 戊午 | 1 | 7 |
| 20 | 5/14 | 己未 | 7 | 8 |
| 21 | 5/15 | 庚申 | 7 | 9 |
| 22 | 5/16 | 辛酉 | 7 | 1 |
| 23 | 5/17 | 壬戌 | 7 | 2 |
| 24 | 5/18 | 癸亥 | 7 | 3 |
| 25 | 5/19 | 甲子 | 5 | 4 |
| 26 | 5/20 | 乙丑 | 5 | 5 |
| 27 | 5/21 | 丙寅 | 5 | 6 |
| 28 | 5/22 | 丁卯 | 5 | 7 |
| 29 | 5/23 | 戊辰 | 5 | 8 |

## 三月
戊辰　三碧木

穀雨：06時46分 廿五卯時　清明：23時35分 初九子時

| 農曆 | 國曆 | 干支 | 時盤 | 日盤 |
|---|---|---|---|---|
| 1 | 3/27 | 辛未 | 9 | 5 |
| 2 | 3/28 | 壬申 | 9 | 6 |
| 3 | 3/29 | 癸酉 | 9 | 7 |
| 4 | 3/30 | 甲戌 | 6 | 8 |
| 5 | 3/31 | 乙亥 | 6 | 9 |
| 6 | 4/1 | 丙子 | 6 | 1 |
| 7 | 4/2 | 丁丑 | 6 | 2 |
| 8 | 4/3 | 戊寅 | 6 | 3 |
| 9 | 4/4 | 己卯 | 4 | 4 |
| 10 | 4/5 | 庚辰 | 4 | 5 |
| 11 | 4/6 | 辛巳 | 4 | 6 |
| 12 | 4/7 | 壬午 | 4 | 7 |
| 13 | 4/8 | 癸未 | 4 | 8 |
| 14 | 4/9 | 甲申 | 1 | 9 |
| 15 | 4/10 | 乙酉 | 1 | 1 |
| 16 | 4/11 | 丙戌 | 1 | 2 |
| 17 | 4/12 | 丁亥 | 1 | 3 |
| 18 | 4/13 | 戊子 | 1 | 4 |
| 19 | 4/14 | 己丑 | 7 | 5 |
| 20 | 4/15 | 庚寅 | 7 | 6 |
| 21 | 4/16 | 辛卯 | 7 | 7 |
| 22 | 4/17 | 壬辰 | 7 | 8 |
| 23 | 4/18 | 癸巳 | 7 | 9 |
| 24 | 4/19 | 甲午 | 5 | 1 |
| 25 | 4/20 | 乙未 | 5 | 2 |
| 26 | 4/21 | 丙申 | 5 | 3 |
| 27 | 4/22 | 丁酉 | 5 | 4 |
| 28 | 4/23 | 戊戌 | 5 | 5 |
| 29 | 4/24 | 己亥 | 2 | 6 |

## 二月
丁卯　四綠木

春分：19時45分 廿四戌時　驚蟄：18時49分 初九酉時

| 農曆 | 國曆 | 干支 | 時盤 | 日盤 |
|---|---|---|---|---|
| 1 | 2/25 | 辛丑 | 6 | 2 |
| 2 | 2/26 | 壬寅 | 6 | 3 |
| 3 | 2/27 | 癸卯 | 6 | 4 |
| 4 | 2/28 | 甲辰 | 3 | 5 |
| 5 | 3/1 | 乙巳 | 3 | 6 |
| 6 | 3/2 | 丙午 | 3 | 7 |
| 7 | 3/3 | 丁未 | 3 | 8 |
| 8 | 3/4 | 戊申 | 3 | 9 |
| 9 | 3/5 | 己酉 | 1 | 1 |
| 10 | 3/6 | 庚戌 | 1 | 2 |
| 11 | 3/7 | 辛亥 | 1 | 3 |
| 12 | 3/8 | 壬子 | 1 | 4 |
| 13 | 3/9 | 癸丑 | 1 | 5 |
| 14 | 3/10 | 甲寅 | 7 | 6 |
| 15 | 3/11 | 乙卯 | 7 | 7 |
| 16 | 3/12 | 丙辰 | 7 | 8 |
| 17 | 3/13 | 丁巳 | 7 | 9 |
| 18 | 3/14 | 戊午 | 7 | 1 |
| 19 | 3/15 | 己未 | 4 | 2 |
| 20 | 3/16 | 庚申 | 4 | 3 |
| 21 | 3/17 | 辛酉 | 4 | 4 |
| 22 | 3/18 | 壬戌 | 4 | 5 |
| 23 | 3/19 | 癸亥 | 4 | 6 |
| 24 | 3/20 | 甲子 | 3 | 7 |
| 25 | 3/21 | 乙丑 | 3 | 8 |
| 26 | 3/22 | 丙寅 | 3 | 9 |
| 27 | 3/23 | 丁卯 | 3 | 1 |
| 28 | 3/24 | 戊辰 | 3 | 2 |
| 29 | 3/25 | 己巳 | 9 | 3 |
| 30 | 3/26 | 庚午 | 9 | 4 |

## 正月
丙寅　五黃土

雨水：20時48分 廿四戌時　立春：00時51分 初十子時

| 農曆 | 國曆 | 干支 | 時盤 | 日盤 |
|---|---|---|---|---|
| 1 | 1/26 | 辛未 | 9 | 8 |
| 2 | 1/27 | 壬申 | 9 | 9 |
| 3 | 1/28 | 癸酉 | 9 | 1 |
| 4 | 1/29 | 甲戌 | 6 | 2 |
| 5 | 1/30 | 乙亥 | 6 | 3 |
| 6 | 1/31 | 丙子 | 6 | 4 |
| 7 | 2/1 | 丁丑 | 6 | 5 |
| 8 | 2/2 | 戊寅 | 6 | 6 |
| 9 | 2/3 | 己卯 | 8 | 7 |
| 10 | 2/4 | 庚辰 | 8 | 8 |
| 11 | 2/5 | 辛巳 | 8 | 9 |
| 12 | 2/6 | 壬午 | 8 | 1 |
| 13 | 2/7 | 癸未 | 8 | 2 |
| 14 | 2/8 | 甲申 | 5 | 3 |
| 15 | 2/9 | 乙酉 | 5 | 4 |
| 16 | 2/10 | 丙戌 | 5 | 5 |
| 17 | 2/11 | 丁亥 | 5 | 6 |
| 18 | 2/12 | 戊子 | 5 | 7 |
| 19 | 2/13 | 己丑 | 2 | 8 |
| 20 | 2/14 | 庚寅 | 2 | 9 |
| 21 | 2/15 | 辛卯 | 2 | 1 |
| 22 | 2/16 | 壬辰 | 2 | 2 |
| 23 | 2/17 | 癸巳 | 2 | 3 |
| 24 | 2/18 | 甲午 | 9 | 4 |
| 25 | 2/19 | 乙未 | 9 | 5 |
| 26 | 2/20 | 丙申 | 9 | 6 |
| 27 | 2/21 | 丁酉 | 9 | 7 |
| 28 | 2/22 | 戊戌 | 9 | 8 |
| 29 | 2/23 | 己亥 | 6 | 9 |
| 30 | 2/24 | 庚子 | 6 | 1 |

# 西元2009年（己丑）肖牛 民國98年（女乾命）

奇門遁甲局數如標示為 一 ～九表示陰局　　如標示為1 ～9 表示陽局

| 十二月 | | | | | 十一月 | | | | | 十　月 | | | | | 九　月 | | | | | 八　月 | | | | | 七　月 | | | | |
|---|---|---|---|---|---|---|---|---|---|---|---|---|---|---|---|---|---|---|---|---|---|---|---|---|---|---|---|---|---|
| 丁丑 | | | | | 丙子 | | | | | 乙亥 | | | | | 甲戌 | | | | | 癸酉 | | | | | 壬申 | | | | |
| 三碧木 | | | | | 四綠木 | | | | | 五黃土 | | | | | 六白金 | | | | | 七赤金 | | | | | 八白土 | | | | |
| 立春 06時49分 廿一卯時 | | 大寒 12時29分 初六午時 | 奇門遁甲局數 | | 小寒 19時10分 廿一戌時 | | 冬至 01時48分 初七丑時 | 奇門遁甲局數 | | 大雪 07時54分 廿一辰時 | | 小雪 12時24分 初六午時 | 奇門遁甲局數 | | 立冬 14時58分 廿一未時 | | 霜降 14時45分 初六未時 | 奇門遁甲局數 | | 寒露 11時42分 二十午時 | | 秋分 05時20分 初五卯時 | 奇門遁甲局數 | | 白露 19時59分 十九戌時 | | 處暑 07時40分 初四辰時 | 奇門遁甲局數 | |
| 農曆 | 國曆 | 干支 | 時盤 | 日盤 | 農曆 | 國曆 | 干支 | 時盤 | 日盤 | 農曆 | 國曆 | 干支 | 時盤 | 日盤 | 農曆 | 國曆 | 干支 | 時盤 | 日盤 | 農曆 | 國曆 | 干支 | 時盤 | 日盤 | 農曆 | 國曆 | 干支 | 時盤 | 日盤 |
| 1 | 1/15 | 乙丑 | 3 | 2 | 1 | 12/16 | 乙未 | 1 | 二 | 1 | 11/17 | 丙寅 | 五 | 四 | 1 | 10/18 | 丙申 | 五 | 七 | 1 | 9/19 | 丁卯 | 七 | 九 | 1 | 8/20 | 丁酉 | 一 | 三 |
| 2 | 1/16 | 丙寅 | 3 | 3 | 2 | 12/17 | 丙申 | 1 | 一 | 2 | 11/18 | 丁卯 | 五 | 三 | 2 | 10/19 | 丁酉 | 五 | 六 | 2 | 9/20 | 戊辰 | 七 | 八 | 2 | 8/21 | 戊戌 | 一 | 二 |
| 3 | 1/17 | 丁卯 | 3 | 4 | 3 | 12/18 | 丁酉 | 1 | 九 | 3 | 11/19 | 戊辰 | 五 | 二 | 3 | 10/20 | 戊戌 | 五 | 五 | 3 | 9/21 | 己巳 | 一 | 七 | 3 | 8/22 | 己亥 | 四 | 一 |
| 4 | 1/18 | 戊辰 | 3 | 5 | 4 | 12/19 | 戊戌 | 1 | 八 | 4 | 11/20 | 己巳 | 八 | 一 | 4 | 10/21 | 己亥 | 八 | 四 | 4 | 9/22 | 庚午 | 一 | 六 | 4 | 8/23 | 庚子 | 四 | 九 |
| 5 | 1/19 | 己巳 | 9 | 6 | 5 | 12/20 | 己亥 | 7 | 七 | 5 | 11/21 | 庚午 | 八 | 九 | 5 | 10/22 | 庚子 | 八 | 三 | 5 | 9/23 | 辛未 | 一 | 五 | 5 | 8/24 | 辛丑 | 四 | 八 |
| 6 | 1/20 | 庚午 | 9 | 7 | 6 | 12/21 | 庚子 | 7 | 六 | 6 | 11/22 | 辛未 | 八 | 八 | 6 | 10/23 | 辛丑 | 八 | 二 | 6 | 9/24 | 壬申 | 一 | 四 | 6 | 8/25 | 壬寅 | 四 | 七 |
| 7 | 1/21 | 辛未 | 9 | 8 | 7 | 12/22 | 辛丑 | 7 | 5 | 7 | 11/23 | 壬申 | 八 | 七 | 7 | 10/24 | 壬寅 | 八 | 一 | 7 | 9/25 | 癸酉 | 一 | 三 | 7 | 8/26 | 癸卯 | 四 | 六 |
| 8 | 1/22 | 壬申 | 9 | 9 | 8 | 12/23 | 壬寅 | 7 | 6 | 8 | 11/24 | 癸酉 | 八 | 六 | 8 | 10/25 | 癸卯 | 八 | 九 | 8 | 9/26 | 甲戌 | 四 | 二 | 8 | 8/27 | 甲辰 | 七 | 五 |
| 9 | 1/23 | 癸酉 | 9 | 1 | 9 | 12/24 | 癸卯 | 7 | 7 | 9 | 11/25 | 甲戌 | 二 | 五 | 9 | 10/26 | 甲辰 | 二 | 八 | 9 | 9/27 | 乙亥 | 四 | 一 | 9 | 8/28 | 乙巳 | 七 | 四 |
| 10 | 1/24 | 甲戌 | 6 | 2 | 10 | 12/25 | 甲辰 | 4 | 8 | 10 | 11/26 | 乙亥 | 二 | 四 | 10 | 10/27 | 乙巳 | 二 | 七 | 10 | 9/28 | 丙子 | 四 | 九 | 10 | 8/29 | 丙午 | 七 | 三 |
| 11 | 1/25 | 乙亥 | 6 | 3 | 11 | 12/26 | 乙巳 | 4 | 9 | 11 | 11/27 | 丙子 | 二 | 三 | 11 | 10/28 | 丙午 | 二 | 六 | 11 | 9/29 | 丁丑 | 四 | 八 | 11 | 8/30 | 丁未 | 七 | 二 |
| 12 | 1/26 | 丙子 | 6 | 4 | 12 | 12/27 | 丙午 | 4 | 1 | 12 | 11/28 | 丁丑 | 二 | 二 | 12 | 10/29 | 丁未 | 二 | 五 | 12 | 9/30 | 戊寅 | 四 | 七 | 12 | 8/31 | 戊申 | 七 | 一 |
| 13 | 1/27 | 丁丑 | 6 | 5 | 13 | 12/28 | 丁未 | 4 | 2 | 13 | 11/29 | 戊寅 | 二 | 一 | 13 | 10/30 | 戊申 | 二 | 四 | 13 | 10/1 | 己卯 | 六 | 六 | 13 | 9/1 | 己酉 | 九 | 九 |
| 14 | 1/28 | 戊寅 | 6 | 6 | 14 | 12/29 | 戊申 | 4 | 3 | 14 | 11/30 | 己卯 | 四 | 九 | 14 | 10/31 | 己酉 | 六 | 三 | 14 | 10/2 | 庚辰 | 六 | 五 | 14 | 9/2 | 庚戌 | 九 | 八 |
| 15 | 1/29 | 己卯 | 8 | 7 | 15 | 12/30 | 己酉 | 2 | 4 | 15 | 12/1 | 庚辰 | 四 | 八 | 15 | 11/1 | 庚戌 | 六 | 二 | 15 | 10/3 | 辛巳 | 六 | 四 | 15 | 9/3 | 辛亥 | 九 | 七 |
| 16 | 1/30 | 庚辰 | 8 | 8 | 16 | 12/31 | 庚戌 | 2 | 5 | 16 | 12/2 | 辛巳 | 四 | 七 | 16 | 11/2 | 辛亥 | 六 | 一 | 16 | 10/4 | 壬午 | 六 | 三 | 16 | 9/4 | 壬子 | 九 | 六 |
| 17 | 1/31 | 辛巳 | 8 | 9 | 17 | 1/1 | 辛亥 | 2 | 6 | 17 | 12/3 | 壬午 | 四 | 六 | 17 | 11/3 | 壬子 | 六 | 九 | 17 | 10/5 | 癸未 | 六 | 二 | 17 | 9/5 | 癸丑 | 九 | 五 |
| 18 | 2/1 | 壬午 | 8 | 1 | 18 | 1/2 | 壬子 | 2 | 7 | 18 | 12/4 | 癸未 | 四 | 五 | 18 | 11/4 | 癸丑 | 六 | 八 | 18 | 10/6 | 甲申 | 九 | 一 | 18 | 9/6 | 甲寅 | 三 | 四 |
| 19 | 2/2 | 癸未 | 8 | 2 | 19 | 1/3 | 癸丑 | 2 | 8 | 19 | 12/5 | 甲申 | 七 | 四 | 19 | 11/5 | 甲寅 | 九 | 七 | 19 | 10/7 | 乙酉 | 九 | 九 | 19 | 9/7 | 乙卯 | 三 | 三 |
| 20 | 2/3 | 甲申 | 5 | 3 | 20 | 1/4 | 甲寅 | 8 | 9 | 20 | 12/6 | 乙酉 | 七 | 三 | 20 | 11/6 | 乙卯 | 九 | 六 | 20 | 10/8 | 丙戌 | 九 | 八 | 20 | 9/8 | 丙辰 | 三 | 二 |
| 21 | 2/4 | 乙酉 | 5 | 4 | 21 | 1/5 | 乙卯 | 8 | 1 | 21 | 12/7 | 丙戌 | 七 | 二 | 21 | 11/7 | 丙辰 | 九 | 五 | 21 | 10/9 | 丁亥 | 九 | 七 | 21 | 9/9 | 丁巳 | 三 | 一 |
| 22 | 2/5 | 丙戌 | 5 | 5 | 22 | 1/6 | 丙辰 | 8 | 2 | 22 | 12/8 | 丁亥 | 七 | 一 | 22 | 11/8 | 丁巳 | 九 | 四 | 22 | 10/10 | 戊子 | 九 | 六 | 22 | 9/10 | 戊午 | 三 | 九 |
| 23 | 2/6 | 丁亥 | 5 | 6 | 23 | 1/7 | 丁巳 | 8 | 3 | 23 | 12/9 | 戊子 | 七 | 九 | 23 | 11/9 | 戊午 | 九 | 三 | 23 | 10/11 | 己丑 | 三 | 五 | 23 | 9/11 | 己未 | 六 | 八 |
| 24 | 2/7 | 戊子 | 5 | 7 | 24 | 1/8 | 戊午 | 8 | 4 | 24 | 12/10 | 己丑 | 一 | 八 | 24 | 11/10 | 己未 | 三 | 二 | 24 | 10/12 | 庚寅 | 三 | 四 | 24 | 9/12 | 庚申 | 六 | 七 |
| 25 | 2/8 | 己丑 | 2 | 8 | 25 | 1/9 | 己未 | 5 | 5 | 25 | 12/11 | 庚寅 | 一 | 七 | 25 | 11/11 | 庚申 | 三 | 一 | 25 | 10/13 | 辛卯 | 三 | 三 | 25 | 9/13 | 辛酉 | 六 | 六 |
| 26 | 2/9 | 庚寅 | 2 | 9 | 26 | 1/10 | 庚申 | 5 | 6 | 26 | 12/12 | 辛卯 | 一 | 六 | 26 | 11/12 | 辛酉 | 三 | 九 | 26 | 10/14 | 壬辰 | 三 | 二 | 26 | 9/14 | 壬戌 | 六 | 五 |
| 27 | 2/10 | 辛卯 | 2 | 1 | 27 | 1/11 | 辛酉 | 5 | 7 | 27 | 12/13 | 壬辰 | 一 | 五 | 27 | 11/13 | 壬戌 | 三 | 八 | 27 | 10/15 | 癸巳 | 三 | 一 | 27 | 9/15 | 癸亥 | 六 | 四 |
| 28 | 2/11 | 壬辰 | 2 | 2 | 28 | 1/12 | 壬戌 | 5 | 8 | 28 | 12/14 | 癸巳 | 一 | 四 | 28 | 11/14 | 癸亥 | 三 | 七 | 28 | 10/16 | 甲午 | 五 | 九 | 28 | 9/16 | 甲子 | 七 | 三 |
| 29 | 2/12 | 癸巳 | 2 | 3 | 29 | 1/13 | 癸亥 | 5 | 9 | 29 | 12/15 | 甲午 | 1 | 三 | 29 | 11/15 | 甲子 | 五 | 六 | 29 | 10/17 | 乙未 | 五 | 八 | 29 | 9/17 | 乙丑 | 七 | 二 |
| 30 | 2/13 | 甲午 | 9 | 4 | 30 | 1/14 | 甲子 | 3 | 1 | | | | | | 30 | 11/16 | 乙丑 | 五 | 五 | | | | | | 30 | 9/18 | 丙寅 | 七 | 一 |

# 西元2010年（庚寅）肖虎 民國99年（男艮命）

奇門遁甲局數如標示為 一 ～九表示陰局　　如標示為1 ～9 表示陽局

| 六　月 | | | | | 五　月 | | | | | 四　月 | | | | | 三　月 | | | | | 二　月 | | | | | 正　月 | | | | |
|---|---|---|---|---|---|---|---|---|---|---|---|---|---|---|---|---|---|---|---|---|---|---|---|---|---|---|---|---|---|
| 癸未 | | | | | 壬午 | | | | | 辛巳 | | | | | 庚辰 | | | | | 己卯 | | | | | 戊寅 | | | | |
| 六白金 | | | | | 七赤金 | | | | | 八白土 | | | | | 九紫火 | | | | | 一白水 | | | | | 二黑土 | | | | |
| 立秋 廿七亥時 22時50分 | | 大暑 十二卯時 06時23分 | 奇門遁甲局數 | | 小暑 廿六未時 13時04分 | | 夏至 初十戌時 19時30分 | 奇門遁甲局數 | | 芒種 廿四丑時 02時51分 | | 小滿 初八午時 11時35分 | 奇門遁甲局數 | | 立夏 廿二亥時 22時45分 | | 穀雨 初七午時 12時31分 | 奇門遁甲局數 | | 清明 廿一卯時 05時32分 | | 春分 初六丑時 01時34分 | 奇門遁甲局數 | | 驚蟄 廿一丑時 01時48分 | | 雨水 初六丑時 02時37分 | 奇門遁甲局數 | |
| 農曆 | 國曆 | 干支 | 時盤 | 日盤 | 農曆 | 國曆 | 干支 | 時盤 | 日盤 | 農曆 | 國曆 | 干支 | 時盤 | 日盤 | 農曆 | 國曆 | 干支 | 時盤 | 日盤 | 農曆 | 國曆 | 干支 | 時盤 | 日盤 | 農曆 | 國曆 | 干支 | 時盤 | 日盤 |
| 1 | 7/12 | 癸亥 | 六 | 一 | 1 | 6/12 | 癸巳 | 9 | 6 | 1 | 5/14 | 甲子 | 5 | 4 | 1 | 4/14 | 甲午 | 5 | 1 | 1 | 3/16 | 乙丑 | 3 | 8 | 1 | 2/14 | 乙未 | 9 | 5 |
| 2 | 7/13 | 甲子 | 八 | 九 | 2 | 6/13 | 甲午 | 6 | 7 | 2 | 5/15 | 乙丑 | 5 | 5 | 2 | 4/15 | 乙未 | 5 | 2 | 2 | 3/17 | 丙寅 | 3 | 9 | 2 | 2/15 | 丙申 | 9 | 6 |
| 3 | 7/14 | 乙丑 | 八 | 八 | 3 | 6/14 | 乙未 | 6 | 8 | 3 | 5/16 | 丙寅 | 5 | 6 | 3 | 4/16 | 丙申 | 5 | 3 | 3 | 3/18 | 丁卯 | 3 | 1 | 3 | 2/16 | 丁酉 | 9 | 7 |
| 4 | 7/15 | 丙寅 | 八 | 七 | 4 | 6/15 | 丙申 | 6 | 9 | 4 | 5/17 | 丁卯 | 5 | 7 | 4 | 4/17 | 丁酉 | 5 | 4 | 4 | 3/19 | 戊辰 | 3 | 2 | 4 | 2/17 | 戊戌 | 9 | 8 |
| 5 | 7/16 | 丁卯 | 八 | 六 | 5 | 6/16 | 丁酉 | 6 | 1 | 5 | 5/18 | 戊辰 | 5 | 8 | 5 | 4/18 | 戊戌 | 5 | 5 | 5 | 3/20 | 己巳 | 9 | 3 | 5 | 2/18 | 己亥 | 6 | 9 |
| 6 | 7/17 | 戊辰 | 八 | 五 | 6 | 6/17 | 戊戌 | 6 | 2 | 6 | 5/19 | 己巳 | 2 | 9 | 6 | 4/19 | 己亥 | 2 | 6 | 6 | 3/21 | 庚午 | 9 | 4 | 6 | 2/19 | 庚子 | 6 | 1 |
| 7 | 7/18 | 己巳 | 二 | 四 | 7 | 6/18 | 己亥 | 3 | 3 | 7 | 5/20 | 庚午 | 2 | 1 | 7 | 4/20 | 庚子 | 2 | 7 | 7 | 3/22 | 辛未 | 9 | 5 | 7 | 2/20 | 辛丑 | 6 | 2 |
| 8 | 7/19 | 庚午 | 二 | 三 | 8 | 6/19 | 庚子 | 3 | 4 | 8 | 5/21 | 辛未 | 2 | 2 | 8 | 4/21 | 辛丑 | 2 | 8 | 8 | 3/23 | 壬申 | 9 | 6 | 8 | 2/21 | 壬寅 | 6 | 3 |
| 9 | 7/20 | 辛未 | 二 | 二 | 9 | 6/20 | 辛丑 | 3 | 5 | 9 | 5/22 | 壬申 | 2 | 3 | 9 | 4/22 | 壬寅 | 2 | 9 | 9 | 3/24 | 癸酉 | 9 | 7 | 9 | 2/22 | 癸卯 | 6 | 4 |
| 10 | 7/21 | 壬申 | 二 | 一 | 10 | 6/21 | 壬寅 | 3 | 四 | 10 | 5/23 | 癸酉 | 2 | 4 | 10 | 4/23 | 癸卯 | 2 | 1 | 10 | 3/25 | 甲戌 | 6 | 8 | 10 | 2/23 | 甲辰 | 3 | 5 |
| 11 | 7/22 | 癸酉 | 二 | 九 | 11 | 6/22 | 癸卯 | 3 | 三 | 11 | 5/24 | 甲戌 | 8 | 5 | 11 | 4/24 | 甲辰 | 8 | 2 | 11 | 3/26 | 乙亥 | 6 | 9 | 11 | 2/24 | 乙巳 | 3 | 6 |
| 12 | 7/23 | 甲戌 | 五 | 八 | 12 | 6/23 | 甲辰 | 9 | 二 | 12 | 5/25 | 乙亥 | 8 | 6 | 12 | 4/25 | 乙巳 | 8 | 3 | 12 | 3/27 | 丙子 | 6 | 1 | 12 | 2/25 | 丙午 | 3 | 7 |
| 13 | 7/24 | 乙亥 | 五 | 七 | 13 | 6/24 | 乙巳 | 9 | 一 | 13 | 5/26 | 丙子 | 8 | 7 | 13 | 4/26 | 丙午 | 8 | 4 | 13 | 3/28 | 丁丑 | 6 | 2 | 13 | 2/26 | 丁未 | 3 | 8 |
| 14 | 7/25 | 丙子 | 五 | 六 | 14 | 6/25 | 丙午 | 9 | 九 | 14 | 5/27 | 丁丑 | 8 | 8 | 14 | 4/27 | 丁未 | 8 | 5 | 14 | 3/29 | 戊寅 | 6 | 3 | 14 | 2/27 | 戊申 | 3 | 9 |
| 15 | 7/26 | 丁丑 | 五 | 五 | 15 | 6/26 | 丁未 | 9 | 八 | 15 | 5/28 | 戊寅 | 8 | 9 | 15 | 4/28 | 戊申 | 8 | 6 | 15 | 3/30 | 己卯 | 4 | 4 | 15 | 2/28 | 己酉 | 1 | 1 |
| 16 | 7/27 | 戊寅 | 五 | 四 | 16 | 6/27 | 戊申 | 9 | 七 | 16 | 5/29 | 己卯 | 6 | 1 | 16 | 4/29 | 己酉 | 4 | 7 | 16 | 3/31 | 庚辰 | 4 | 5 | 16 | 3/1 | 庚戌 | 1 | 2 |
| 17 | 7/28 | 己卯 | 七 | 三 | 17 | 6/28 | 己酉 | 九 | 六 | 17 | 5/30 | 庚辰 | 6 | 2 | 17 | 4/30 | 庚戌 | 4 | 8 | 17 | 4/1 | 辛巳 | 4 | 6 | 17 | 3/2 | 辛亥 | 1 | 3 |
| 18 | 7/29 | 庚辰 | 七 | 二 | 18 | 6/29 | 庚戌 | 九 | 五 | 18 | 5/31 | 辛巳 | 6 | 3 | 18 | 5/1 | 辛亥 | 4 | 9 | 18 | 4/2 | 壬午 | 4 | 7 | 18 | 3/3 | 壬子 | 1 | 4 |
| 19 | 7/30 | 辛巳 | 七 | 一 | 19 | 6/30 | 辛亥 | 九 | 四 | 19 | 6/1 | 壬午 | 6 | 4 | 19 | 5/2 | 壬子 | 4 | 1 | 19 | 4/3 | 癸未 | 4 | 8 | 19 | 3/4 | 癸丑 | 1 | 5 |
| 20 | 7/31 | 壬午 | 七 | 九 | 20 | 7/1 | 壬子 | 九 | 三 | 20 | 6/2 | 癸未 | 6 | 5 | 20 | 5/3 | 癸丑 | 4 | 2 | 20 | 4/4 | 甲申 | 1 | 9 | 20 | 3/5 | 甲寅 | 7 | 6 |
| 21 | 8/1 | 癸未 | 七 | 八 | 21 | 7/2 | 癸丑 | 九 | 二 | 21 | 6/3 | 甲申 | 3 | 6 | 21 | 5/4 | 甲寅 | 1 | 3 | 21 | 4/5 | 乙酉 | 1 | 1 | 21 | 3/6 | 乙卯 | 7 | 7 |
| 22 | 8/2 | 甲申 | 一 | 七 | 22 | 7/3 | 甲寅 | 三 | 一 | 22 | 6/4 | 乙酉 | 3 | 7 | 22 | 5/5 | 乙卯 | 1 | 4 | 22 | 4/6 | 丙戌 | 1 | 2 | 22 | 3/7 | 丙辰 | 7 | 8 |
| 23 | 8/3 | 乙酉 | 一 | 六 | 23 | 7/4 | 乙卯 | 三 | 九 | 23 | 6/5 | 丙戌 | 3 | 8 | 23 | 5/6 | 丙辰 | 1 | 5 | 23 | 4/7 | 丁亥 | 1 | 3 | 23 | 3/8 | 丁巳 | 7 | 9 |
| 24 | 8/4 | 丙戌 | 一 | 五 | 24 | 7/5 | 丙辰 | 三 | 八 | 24 | 6/6 | 丁亥 | 3 | 9 | 24 | 5/7 | 丁巳 | 1 | 6 | 24 | 4/8 | 戊子 | 1 | 4 | 24 | 3/9 | 戊午 | 7 | 1 |
| 25 | 8/5 | 丁亥 | 一 | 四 | 25 | 7/6 | 丁巳 | 三 | 七 | 25 | 6/7 | 戊子 | 3 | 1 | 25 | 5/8 | 戊午 | 1 | 7 | 25 | 4/9 | 己丑 | 7 | 5 | 25 | 3/10 | 己未 | 4 | 2 |
| 26 | 8/6 | 戊子 | 一 | 三 | 26 | 7/7 | 戊午 | 三 | 六 | 26 | 6/8 | 己丑 | 9 | 2 | 26 | 5/9 | 己未 | 7 | 8 | 26 | 4/10 | 庚寅 | 7 | 6 | 26 | 3/11 | 庚申 | 4 | 3 |
| 27 | 8/7 | 己丑 | 四 | 二 | 27 | 7/8 | 己未 | 六 | 五 | 27 | 6/9 | 庚寅 | 9 | 3 | 27 | 5/10 | 庚申 | 7 | 9 | 27 | 4/11 | 辛卯 | 7 | 7 | 27 | 3/12 | 辛酉 | 4 | 4 |
| 28 | 8/8 | 庚寅 | 四 | 一 | 28 | 7/9 | 庚申 | 六 | 四 | 28 | 6/10 | 辛卯 | 9 | 4 | 28 | 5/11 | 辛酉 | 7 | 1 | 28 | 4/12 | 壬辰 | 7 | 8 | 28 | 3/13 | 壬戌 | 4 | 5 |
| 29 | 8/9 | 辛卯 | 四 | 九 | 29 | 7/10 | 辛酉 | 六 | 三 | 29 | 6/11 | 壬辰 | 9 | 5 | 29 | 5/12 | 壬戌 | 7 | 2 | 29 | 4/13 | 癸巳 | 7 | 9 | 29 | 3/14 | 癸亥 | 4 | 6 |
| | | | | | 30 | 7/11 | 壬戌 | 六 | 二 | | | | | | 30 | 5/13 | 癸亥 | 7 | 3 | | | | | | 30 | 3/15 | 甲子 | 3 | 7 |

# 西元2010年（庚寅）肖虎 民國99年（女兌命）

奇門遁甲局數如標示為 一 ～九表示陰局　　如標示為1 ～9 表示陽局

| 十二月 | | | | | 十一月 | | | | | 十　月 | | | | | 九　月 | | | | | 八　月 | | | | | 七　月 | | | | |
|---|---|---|---|---|---|---|---|---|---|---|---|---|---|---|---|---|---|---|---|---|---|---|---|---|---|---|---|---|---|
| 己丑 | | | | | 戊子 | | | | | 丁亥 | | | | | 丙戌 | | | | | 乙酉 | | | | | 甲申 | | | | |
| 九紫火 | | | | | 一白水 | | | | | 二黑土 | | | | | 三碧木 | | | | | 四綠木 | | | | | 五黃土 | | | | |
| 大寒 18時20分 | 十七酉時 | 小寒 00時56分 初三子時 | 奇門遁甲局數 | | 冬至 07時40分 | 十七辰時 | 大雪 13時40分 初二未時 | 奇門遁甲局數 | | 小雪 18時16分 | 十七酉時 | 立冬 20時44分 初二戌時 | 奇門遁甲局數 | | 霜降 20時37分 | 十六戌時 | 寒露 17時28分 初一酉時 | 奇門遁甲局數 | | 秋分 11時11分 | 十六午時 | 白露 01時46分 初一丑時 | 奇門遁甲局數 | | 處暑 13時28分 | 十四未時 | | 奇門遁甲局數 | |
| 農曆 | 國曆 | 干支 | 時盤 | 日盤 | 農曆 | 國曆 | 干支 | 時盤 | 日盤 | 農曆 | 國曆 | 干支 | 時盤 | 日盤 | 農曆 | 國曆 | 干支 | 時盤 | 日盤 | 農曆 | 國曆 | 干支 | 時盤 | 日盤 | 農曆 | 國曆 | 干支 | 時盤 | 日盤 |
| 1 | 1/4 | 己未 | 4 | 5 | 1 | 12/6 | 庚寅 | 二 | 七 | 1 | 11/6 | 庚申 | 二 | 一 | 1 | 10/8 | 辛卯 | 四 | 三 | 1 | 9/8 | 辛酉 | 七 | 六 | 1 | 8/10 | 壬辰 | 四 | 八 |
| 2 | 1/5 | 庚申 | 4 | 6 | 2 | 12/7 | 辛卯 | 二 | 六 | 2 | 11/7 | 辛酉 | 二 | 九 | 2 | 10/9 | 壬辰 | 四 | 二 | 2 | 9/9 | 壬戌 | 七 | 五 | 2 | 8/11 | 癸巳 | 四 | 七 |
| 3 | 1/6 | 辛酉 | 4 | 7 | 3 | 12/8 | 壬辰 | 二 | 五 | 3 | 11/8 | 壬戌 | 二 | 八 | 3 | 10/10 | 癸巳 | 四 | 一 | 3 | 9/10 | 癸亥 | 七 | 四 | 3 | 8/12 | 甲午 | 二 | 六 |
| 4 | 1/7 | 壬戌 | 4 | 8 | 4 | 12/9 | 癸巳 | 二 | 四 | 4 | 11/9 | 癸亥 | 二 | 七 | 4 | 10/11 | 甲午 | 六 | 九 | 4 | 9/11 | 甲子 | 九 | 三 | 4 | 8/13 | 乙未 | 二 | 五 |
| 5 | 1/8 | 癸亥 | 4 | 9 | 5 | 12/10 | 甲午 | 四 | 三 | 5 | 11/10 | 甲子 | 六 | 六 | 5 | 10/12 | 乙未 | 六 | 八 | 5 | 9/12 | 乙丑 | 九 | 二 | 5 | 8/14 | 丙申 | 二 | 四 |
| 6 | 1/9 | 甲子 | 2 | 1 | 6 | 12/11 | 乙未 | 四 | 二 | 6 | 11/11 | 乙丑 | 六 | 五 | 6 | 10/13 | 丙申 | 六 | 七 | 6 | 9/13 | 丙寅 | 九 | 一 | 6 | 8/15 | 丁酉 | 二 | 三 |
| 7 | 1/10 | 乙丑 | 2 | 2 | 7 | 12/12 | 丙申 | 四 | 一 | 7 | 11/12 | 丙寅 | 六 | 四 | 7 | 10/14 | 丁酉 | 六 | 六 | 7 | 9/14 | 丁卯 | 九 | 九 | 7 | 8/16 | 戊戌 | 二 | 二 |
| 8 | 1/11 | 丙寅 | 2 | 3 | 8 | 12/13 | 丁酉 | 四 | 九 | 8 | 11/13 | 丁卯 | 六 | 三 | 8 | 10/15 | 戊戌 | 六 | 五 | 8 | 9/15 | 戊辰 | 九 | 八 | 8 | 8/17 | 己亥 | 五 | 一 |
| 9 | 1/12 | 丁卯 | 2 | 4 | 9 | 12/14 | 戊戌 | 四 | 八 | 9 | 11/14 | 戊辰 | 六 | 二 | 9 | 10/16 | 己亥 | 九 | 四 | 9 | 9/16 | 己巳 | 三 | 七 | 9 | 8/18 | 庚子 | 五 | 九 |
| 10 | 1/13 | 戊辰 | 2 | 5 | 10 | 12/15 | 己亥 | 七 | 七 | 10 | 11/15 | 己巳 | 九 | 一 | 10 | 10/17 | 庚子 | 九 | 三 | 10 | 9/17 | 庚午 | 三 | 六 | 10 | 8/19 | 辛丑 | 五 | 八 |
| 11 | 1/14 | 己巳 | 8 | 6 | 11 | 12/16 | 庚子 | 七 | 六 | 11 | 11/16 | 庚午 | 九 | 九 | 11 | 10/18 | 辛丑 | 九 | 二 | 11 | 9/18 | 辛未 | 三 | 五 | 11 | 8/20 | 壬寅 | 五 | 七 |
| 12 | 1/15 | 庚午 | 8 | 7 | 12 | 12/17 | 辛丑 | 七 | 五 | 12 | 11/17 | 辛未 | 九 | 八 | 12 | 10/19 | 壬寅 | 九 | 一 | 12 | 9/19 | 壬申 | 三 | 四 | 12 | 8/21 | 癸卯 | 五 | 六 |
| 13 | 1/16 | 辛未 | 8 | 8 | 13 | 12/18 | 壬寅 | 七 | 四 | 13 | 11/18 | 壬申 | 九 | 七 | 13 | 10/20 | 癸卯 | 九 | 九 | 13 | 9/20 | 癸酉 | 三 | 三 | 13 | 8/22 | 甲辰 | 八 | 五 |
| 14 | 1/17 | 壬申 | 8 | 9 | 14 | 12/19 | 癸卯 | 七 | 三 | 14 | 11/19 | 癸酉 | 九 | 六 | 14 | 10/21 | 甲辰 | 三 | 八 | 14 | 9/21 | 甲戌 | 六 | 二 | 14 | 8/23 | 乙巳 | 八 | 四 |
| 15 | 1/18 | 癸酉 | 8 | 1 | 15 | 12/20 | 甲辰 | 一 | 二 | 15 | 11/20 | 甲戌 | 三 | 五 | 15 | 10/22 | 乙巳 | 三 | 七 | 15 | 9/22 | 乙亥 | 六 | 一 | 15 | 8/24 | 丙午 | 八 | 三 |
| 16 | 1/19 | 甲戌 | 5 | 2 | 16 | 12/21 | 乙巳 | 一 | 一 | 16 | 11/21 | 乙亥 | 三 | 四 | 16 | 10/23 | 丙午 | 三 | 六 | 16 | 9/23 | 丙子 | 六 | 九 | 16 | 8/25 | 丁未 | 八 | 二 |
| 17 | 1/20 | 乙亥 | 5 | 3 | 17 | 12/22 | 丙午 | 一 | 1 | 17 | 11/22 | 丙子 | 三 | 三 | 17 | 10/24 | 丁未 | 三 | 五 | 17 | 9/24 | 丁丑 | 六 | 八 | 17 | 8/26 | 戊申 | 八 | 一 |
| 18 | 1/21 | 丙子 | 5 | 4 | 18 | 12/23 | 丁未 | 一 | 2 | 18 | 11/23 | 丁丑 | 三 | 二 | 18 | 10/25 | 戊申 | 三 | 四 | 18 | 9/25 | 戊寅 | 六 | 七 | 18 | 8/27 | 己酉 | 一 | 九 |
| 19 | 1/22 | 丁丑 | 5 | 5 | 19 | 12/24 | 戊申 | 一 | 3 | 19 | 11/24 | 戊寅 | 三 | 一 | 19 | 10/26 | 己酉 | 五 | 三 | 19 | 9/26 | 己卯 | 七 | 六 | 19 | 8/28 | 庚戌 | 一 | 八 |
| 20 | 1/23 | 戊寅 | 5 | 6 | 20 | 12/25 | 己酉 | 1 | 4 | 20 | 11/25 | 己卯 | 五 | 九 | 20 | 10/27 | 庚戌 | 五 | 二 | 20 | 9/27 | 庚辰 | 七 | 五 | 20 | 8/29 | 辛亥 | 一 | 七 |
| 21 | 1/24 | 己卯 | 3 | 7 | 21 | 12/26 | 庚戌 | 1 | 5 | 21 | 11/26 | 庚辰 | 五 | 八 | 21 | 10/28 | 辛亥 | 五 | 一 | 21 | 9/28 | 辛巳 | 七 | 四 | 21 | 8/30 | 壬子 | 一 | 六 |
| 22 | 1/25 | 庚辰 | 3 | 8 | 22 | 12/27 | 辛亥 | 1 | 6 | 22 | 11/27 | 辛巳 | 五 | 七 | 22 | 10/29 | 壬子 | 五 | 九 | 22 | 9/29 | 壬午 | 七 | 三 | 22 | 8/31 | 癸丑 | 一 | 五 |
| 23 | 1/26 | 辛巳 | 3 | 9 | 23 | 12/28 | 壬子 | 1 | 7 | 23 | 11/28 | 壬午 | 五 | 六 | 23 | 10/30 | 癸丑 | 五 | 八 | 23 | 9/30 | 癸未 | 七 | 二 | 23 | 9/1 | 甲寅 | 四 | 四 |
| 24 | 1/27 | 壬午 | 3 | 1 | 24 | 12/29 | 癸丑 | 1 | 8 | 24 | 11/29 | 癸未 | 五 | 五 | 24 | 10/31 | 甲寅 | 八 | 七 | 24 | 10/1 | 甲申 | 一 | 一 | 24 | 9/2 | 乙卯 | 四 | 三 |
| 25 | 1/28 | 癸未 | 3 | 2 | 25 | 12/30 | 甲寅 | 7 | 9 | 25 | 11/30 | 甲申 | 八 | 四 | 25 | 11/1 | 乙卯 | 八 | 六 | 25 | 10/2 | 乙酉 | 一 | 九 | 25 | 9/3 | 丙辰 | 四 | 二 |
| 26 | 1/29 | 甲申 | 9 | 3 | 26 | 12/31 | 乙卯 | 7 | 1 | 26 | 12/1 | 乙酉 | 八 | 三 | 26 | 11/2 | 丙辰 | 八 | 五 | 26 | 10/3 | 丙戌 | 一 | 八 | 26 | 9/4 | 丁巳 | 四 | 一 |
| 27 | 1/30 | 乙酉 | 9 | 4 | 27 | 1/1 | 丙辰 | 7 | 2 | 27 | 12/2 | 丙戌 | 八 | 二 | 27 | 11/3 | 丁巳 | 八 | 四 | 27 | 10/4 | 丁亥 | 一 | 七 | 27 | 9/5 | 戊午 | 四 | 九 |
| 28 | 1/31 | 丙戌 | 9 | 5 | 28 | 1/2 | 丁巳 | 7 | 3 | 28 | 12/3 | 丁亥 | 八 | 一 | 28 | 11/4 | 戊午 | 八 | 三 | 28 | 10/5 | 戊子 | 一 | 六 | 28 | 9/6 | 己未 | 七 | 八 |
| 29 | 2/1 | 丁亥 | 9 | 6 | 29 | 1/3 | 戊午 | 7 | 4 | 29 | 12/4 | 戊子 | 八 | 九 | 29 | 11/5 | 己未 | 二 | 二 | 29 | 10/6 | 己丑 | 四 | 五 | 29 | 9/7 | 庚申 | 七 | 七 |
| 30 | 2/2 | 戊子 | 9 | 7 | | | | | | 30 | 12/5 | 己丑 | 二 | 八 | | | | | | 30 | 10/7 | 庚寅 | 四 | 四 | | | | | |

# 西元2011年（辛卯）肖兔 民國100年（男兌命）

奇門遁甲局數如標示為 一 ～九表示陰局　　如標示為1 ～9 表示陽局

| 六　月 | | | | | 五　月 | | | | | 四　月 | | | | | 三　月 | | | | | 二　月 | | | | | 正　月 | | | | |
|---|---|---|---|---|---|---|---|---|---|---|---|---|---|---|---|---|---|---|---|---|---|---|---|---|---|---|---|---|---|
| 乙未 | | | | | 甲午 | | | | | 癸巳 | | | | | 壬辰 | | | | | 辛卯 | | | | | 庚寅 | | | | |
| 三碧木 | | | | | 四綠木 | | | | | 五黃土 | | | | | 六白金 | | | | | 七赤金 | | | | | 八白土 | | | | |
| 大暑 12時13分 廿三午時 | | 小暑 18時43分 初七酉時 | 奇門遁甲局數 | | 夏至 01時18分 廿一丑時 | | 芒種 08時28分 初五辰時 | 奇門遁甲局數 | | 小滿 17時22分 十九酉時 | | 立夏 04時25分 初四寅時 | 奇門遁甲局數 | | 穀雨 18時19分 十八酉時 | | 清明 11時13分 初三午時 | 奇門遁甲局數 | | 春分 07時22分 十七辰時 | | 驚蟄 06時31分 初二卯時 | 奇門遁甲局數 | | 雨水 08時27分 十七辰時 | | 立春 12時34分 初二午時 | 奇門遁甲局數 | |
| 農曆 | 國曆 | 干支 | 時盤 | 日盤 | 農曆 | 國曆 | 干支 | 時盤 | 日盤 | 農曆 | 國曆 | 干支 | 時盤 | 日盤 | 農曆 | 國曆 | 干支 | 時盤 | 日盤 | 農曆 | 國曆 | 干支 | 時盤 | 日盤 | 農曆 | 國曆 | 干支 | 時盤 | 日盤 |
| 1 | 7/1 | 丁巳 | 三 | 七 | 1 | 6/2 | 戊子 | 2 | 1 | 1 | 5/3 | 戊午 | 2 | 7 | 1 | 4/3 | 戊子 | 9 | 4 | 1 | 3/5 | 己未 | 3 | 2 | 1 | 2/3 | 己丑 | 6 | 8 |
| 2 | 7/2 | 戊午 | 三 | 六 | 2 | 6/3 | 己丑 | 8 | 2 | 2 | 5/4 | 己未 | 8 | 8 | 2 | 4/4 | 己丑 | 6 | 5 | 2 | 3/6 | 庚申 | 3 | 3 | 2 | 2/4 | 庚寅 | 6 | 9 |
| 3 | 7/3 | 己未 | 六 | 五 | 3 | 6/4 | 庚寅 | 8 | 3 | 3 | 5/5 | 庚申 | 8 | 9 | 3 | 4/5 | 庚寅 | 6 | 6 | 3 | 3/7 | 辛酉 | 3 | 4 | 3 | 2/5 | 辛卯 | 6 | 1 |
| 4 | 7/4 | 庚申 | 六 | 四 | 4 | 6/5 | 辛卯 | 8 | 4 | 4 | 5/6 | 辛酉 | 8 | 1 | 4 | 4/6 | 辛卯 | 6 | 7 | 4 | 3/8 | 壬戌 | 3 | 5 | 4 | 2/6 | 壬辰 | 6 | 2 |
| 5 | 7/5 | 辛酉 | 六 | 三 | 5 | 6/6 | 壬辰 | 8 | 5 | 5 | 5/7 | 壬戌 | 8 | 2 | 5 | 4/7 | 壬辰 | 6 | 8 | 5 | 3/9 | 癸亥 | 3 | 6 | 5 | 2/7 | 癸巳 | 6 | 3 |
| 6 | 7/6 | 壬戌 | 六 | 二 | 6 | 6/7 | 癸巳 | 8 | 6 | 6 | 5/8 | 癸亥 | 8 | 3 | 6 | 4/8 | 癸巳 | 6 | 9 | 6 | 3/10 | 甲子 | 1 | 7 | 6 | 2/8 | 甲午 | 8 | 4 |
| 7 | 7/7 | 癸亥 | 六 | 一 | 7 | 6/8 | 甲午 | 6 | 7 | 7 | 5/9 | 甲子 | 4 | 4 | 7 | 4/9 | 甲午 | 4 | 1 | 7 | 3/11 | 乙丑 | 1 | 8 | 7 | 2/9 | 乙未 | 8 | 5 |
| 8 | 7/8 | 甲子 | 八 | 九 | 8 | 6/9 | 乙未 | 6 | 8 | 8 | 5/10 | 乙丑 | 4 | 5 | 8 | 4/10 | 乙未 | 4 | 2 | 8 | 3/12 | 丙寅 | 1 | 9 | 8 | 2/10 | 丙申 | 8 | 6 |
| 9 | 7/9 | 乙丑 | 八 | 八 | 9 | 6/10 | 丙申 | 6 | 9 | 9 | 5/11 | 丙寅 | 4 | 6 | 9 | 4/11 | 丙申 | 4 | 3 | 9 | 3/13 | 丁卯 | 1 | 1 | 9 | 2/11 | 丁酉 | 8 | 7 |
| 10 | 7/10 | 丙寅 | 八 | 七 | 10 | 6/11 | 丁酉 | 6 | 1 | 10 | 5/12 | 丁卯 | 4 | 7 | 10 | 4/12 | 丁酉 | 4 | 4 | 10 | 3/14 | 戊辰 | 1 | 2 | 10 | 2/12 | 戊戌 | 8 | 8 |
| 11 | 7/11 | 丁卯 | 八 | 六 | 11 | 6/12 | 戊戌 | 6 | 2 | 11 | 5/13 | 戊辰 | 4 | 8 | 11 | 4/13 | 戊戌 | 4 | 5 | 11 | 3/15 | 己巳 | 7 | 3 | 11 | 2/13 | 己亥 | 5 | 9 |
| 12 | 7/12 | 戊辰 | 八 | 五 | 12 | 6/13 | 己亥 | 3 | 3 | 12 | 5/14 | 己巳 | 1 | 9 | 12 | 4/14 | 己亥 | 1 | 6 | 12 | 3/16 | 庚午 | 7 | 4 | 12 | 2/14 | 庚子 | 5 | 1 |
| 13 | 7/13 | 己巳 | 二 | 四 | 13 | 6/14 | 庚子 | 3 | 4 | 13 | 5/15 | 庚午 | 1 | 1 | 13 | 4/15 | 庚子 | 1 | 7 | 13 | 3/17 | 辛未 | 7 | 5 | 13 | 2/15 | 辛丑 | 5 | 2 |
| 14 | 7/14 | 庚午 | 二 | 三 | 14 | 6/15 | 辛丑 | 3 | 5 | 14 | 5/16 | 辛未 | 1 | 2 | 14 | 4/16 | 辛丑 | 1 | 8 | 14 | 3/18 | 壬申 | 7 | 6 | 14 | 2/16 | 壬寅 | 5 | 3 |
| 15 | 7/15 | 辛未 | 二 | 二 | 15 | 6/16 | 壬寅 | 3 | 6 | 15 | 5/17 | 壬申 | 1 | 3 | 15 | 4/17 | 壬寅 | 1 | 9 | 15 | 3/19 | 癸酉 | 7 | 7 | 15 | 2/17 | 癸卯 | 5 | 4 |
| 16 | 7/16 | 壬申 | 二 | 一 | 16 | 6/17 | 癸卯 | 3 | 7 | 16 | 5/18 | 癸酉 | 1 | 4 | 16 | 4/18 | 癸卯 | 1 | 1 | 16 | 3/20 | 甲戌 | 4 | 8 | 16 | 2/18 | 甲辰 | 2 | 5 |
| 17 | 7/17 | 癸酉 | 二 | 九 | 17 | 6/18 | 甲辰 | 9 | 8 | 17 | 5/19 | 甲戌 | 7 | 5 | 17 | 4/19 | 甲辰 | 7 | 2 | 17 | 3/21 | 乙亥 | 4 | 9 | 17 | 2/19 | 乙巳 | 2 | 6 |
| 18 | 7/18 | 甲戌 | 五 | 八 | 18 | 6/19 | 乙巳 | 9 | 9 | 18 | 5/20 | 乙亥 | 7 | 6 | 18 | 4/20 | 乙巳 | 7 | 3 | 18 | 3/22 | 丙子 | 4 | 1 | 18 | 2/20 | 丙午 | 2 | 7 |
| 19 | 7/19 | 乙亥 | 五 | 七 | 19 | 6/20 | 丙午 | 9 | 1 | 19 | 5/21 | 丙子 | 7 | 7 | 19 | 4/21 | 丙午 | 7 | 4 | 19 | 3/23 | 丁丑 | 4 | 2 | 19 | 2/21 | 丁未 | 2 | 8 |
| 20 | 7/20 | 丙子 | 五 | 六 | 20 | 6/21 | 丁未 | 9 | 2 | 20 | 5/22 | 丁丑 | 7 | 8 | 20 | 4/22 | 丁未 | 7 | 5 | 20 | 3/24 | 戊寅 | 4 | 3 | 20 | 2/22 | 戊申 | 2 | 9 |
| 21 | 7/21 | 丁丑 | 五 | 五 | 21 | 6/22 | 戊申 | 9 | 七 | 21 | 5/23 | 戊寅 | 7 | 9 | 21 | 4/23 | 戊申 | 7 | 6 | 21 | 3/25 | 己卯 | 3 | 4 | 21 | 2/23 | 己酉 | 9 | 1 |
| 22 | 7/22 | 戊寅 | 五 | 四 | 22 | 6/23 | 己酉 | 九 | 六 | 22 | 5/24 | 己卯 | 5 | 1 | 22 | 4/24 | 己酉 | 5 | 7 | 22 | 3/26 | 庚辰 | 3 | 5 | 22 | 2/24 | 庚戌 | 9 | 2 |
| 23 | 7/23 | 己卯 | 七 | 三 | 23 | 6/24 | 庚戌 | 九 | 五 | 23 | 5/25 | 庚辰 | 5 | 2 | 23 | 4/25 | 庚戌 | 5 | 8 | 23 | 3/27 | 辛巳 | 3 | 6 | 23 | 2/25 | 辛亥 | 9 | 3 |
| 24 | 7/24 | 庚辰 | 七 | 二 | 24 | 6/25 | 辛亥 | 九 | 四 | 24 | 5/26 | 辛巳 | 5 | 3 | 24 | 4/26 | 辛亥 | 5 | 9 | 24 | 3/28 | 壬午 | 3 | 7 | 24 | 2/26 | 壬子 | 9 | 4 |
| 25 | 7/25 | 辛巳 | 七 | 一 | 25 | 6/26 | 壬子 | 九 | 三 | 25 | 5/27 | 壬午 | 5 | 4 | 25 | 4/27 | 壬子 | 5 | 1 | 25 | 3/29 | 癸未 | 3 | 8 | 25 | 2/27 | 癸丑 | 9 | 5 |
| 26 | 7/26 | 壬午 | 七 | 九 | 26 | 6/27 | 癸丑 | 九 | 二 | 26 | 5/28 | 癸未 | 5 | 5 | 26 | 4/28 | 癸丑 | 5 | 2 | 26 | 3/30 | 甲申 | 9 | 9 | 26 | 2/28 | 甲寅 | 6 | 6 |
| 27 | 7/27 | 癸未 | 七 | 八 | 27 | 6/28 | 甲寅 | 三 | 一 | 27 | 5/29 | 甲申 | 2 | 6 | 27 | 4/29 | 甲寅 | 2 | 3 | 27 | 3/31 | 乙酉 | 9 | 1 | 27 | 3/1 | 乙卯 | 6 | 7 |
| 28 | 7/28 | 甲申 | 一 | 七 | 28 | 6/29 | 乙卯 | 三 | 九 | 28 | 5/30 | 乙酉 | 2 | 7 | 28 | 4/30 | 乙卯 | 2 | 4 | 28 | 4/1 | 丙戌 | 9 | 2 | 28 | 3/2 | 丙辰 | 6 | 8 |
| 29 | 7/29 | 乙酉 | 一 | 六 | 29 | 6/30 | 丙辰 | 三 | 八 | 29 | 5/31 | 丙戌 | 2 | 8 | 29 | 5/1 | 丙辰 | 2 | 5 | 29 | 4/2 | 丁亥 | 9 | 3 | 29 | 3/3 | 丁巳 | 6 | 9 |
| 30 | 7/30 | 丙戌 | 一 | 五 | | | | | | 30 | 6/1 | 丁亥 | 2 | 9 | 30 | 5/2 | 丁巳 | 2 | 6 | | | | | | 30 | 3/4 | 戊午 | 6 | 1 |

# 西元2011年（辛卯）肖兔 民國100年（女艮命）

奇門遁甲局數如標示為 一 ～九表示陰局　　如標示為1 ～9 表示陽局

| 十二月 | | | | | 十一月 | | | | | 十　月 | | | | | 九　月 | | | | | 八　月 | | | | | 七　月 | | | | |
|---|---|---|---|---|---|---|---|---|---|---|---|---|---|---|---|---|---|---|---|---|---|---|---|---|---|---|---|---|---|
| 辛丑 | | | | | 庚子 | | | | | 己亥 | | | | | 戊戌 | | | | | 丁酉 | | | | | 丙申 | | | | |
| 六白金 | | | | | 七赤金 | | | | | 八白土 | | | | | 九紫火 | | | | | 一白水 | | | | | 二黑土 | | | | |
| 大寒 00時11分 | 廿八子時 | 小寒 06時45分 十三卯時 | 奇門遁甲局數 | | 冬至 13時32分 | 廿八未時 | 大雪 19時30分 十三戌時 | 奇門遁甲局數 | | 小雪 00時09分 | 廿八子時 | 立冬 02時37分 十三丑時 | 奇門遁甲局數 | | 霜降 02時32分 | 廿八丑時 | 寒露 23時20分 十二子時 | 奇門遁甲局數 | | 秋分 17時06分 | 廿六酉時 | 白露 07時35分 十一辰時 | 奇門遁甲局數 | | 處暑 19時22分 | 廿四戌時 | 立秋 04時35分 初九寅時 | 奇門遁甲局數 | |
| 農曆 | 國曆 | 干支 | 時盤 | 日盤 | 農曆 | 國曆 | 干支 | 時盤 | 日盤 | 農曆 | 國曆 | 干支 | 時盤 | 日盤 | 農曆 | 國曆 | 干支 | 時盤 | 日盤 | 農曆 | 國曆 | 干支 | 時盤 | 日盤 | 農曆 | 國曆 | 干支 | 時盤 | 日盤 |
| 1 | 12/25 | 甲寅 | 7 | 9 | 1 | 11/25 | 甲申 | 八 | 四 | 1 | 10/27 | 乙卯 | 八 | 六 | 1 | 9/27 | 乙酉 | 一 | 九 | 1 | 8/29 | 丙辰 | 四 | 二 | 1 | 7/31 | 丁亥 | 一 | 四 |
| 2 | 12/26 | 乙卯 | 7 | 1 | 2 | 11/26 | 乙酉 | 八 | 三 | 2 | 10/28 | 丙辰 | 八 | 五 | 2 | 9/28 | 丙戌 | 一 | 八 | 2 | 8/30 | 丁巳 | 四 | 一 | 2 | 8/1 | 戊子 | 一 | 三 |
| 3 | 12/27 | 丙辰 | 7 | 2 | 3 | 11/27 | 丙戌 | 八 | 二 | 3 | 10/29 | 丁巳 | 八 | 四 | 3 | 9/29 | 丁亥 | 一 | 七 | 3 | 8/31 | 戊午 | 四 | 九 | 3 | 8/2 | 己丑 | 四 | 二 |
| 4 | 12/28 | 丁巳 | 7 | 3 | 4 | 11/28 | 丁亥 | 八 | 一 | 4 | 10/30 | 戊午 | 八 | 三 | 4 | 9/30 | 戊子 | 一 | 六 | 4 | 9/1 | 己未 | 七 | 八 | 4 | 8/3 | 庚寅 | 四 | 一 |
| 5 | 12/29 | 戊午 | 7 | 4 | 5 | 11/29 | 戊子 | 八 | 九 | 5 | 10/31 | 己未 | 二 | 二 | 5 | 10/1 | 己丑 | 四 | 五 | 5 | 9/2 | 庚申 | 七 | 七 | 5 | 8/4 | 辛卯 | 四 | 九 |
| 6 | 12/30 | 己未 | 4 | 5 | 6 | 11/30 | 己丑 | 二 | 八 | 6 | 11/1 | 庚申 | 二 | 一 | 6 | 10/2 | 庚寅 | 四 | 四 | 6 | 9/3 | 辛酉 | 七 | 六 | 6 | 8/5 | 壬辰 | 四 | 八 |
| 7 | 12/31 | 庚申 | 4 | 6 | 7 | 12/1 | 庚寅 | 二 | 七 | 7 | 11/2 | 辛酉 | 二 | 九 | 7 | 10/3 | 辛卯 | 四 | 三 | 7 | 9/4 | 壬戌 | 七 | 五 | 7 | 8/6 | 癸巳 | 四 | 七 |
| 8 | 1/1 | 辛酉 | 4 | 7 | 8 | 12/2 | 辛卯 | 二 | 六 | 8 | 11/3 | 壬戌 | 二 | 八 | 8 | 10/4 | 壬辰 | 四 | 二 | 8 | 9/5 | 癸亥 | 七 | 四 | 8 | 8/7 | 甲午 | 二 | 六 |
| 9 | 1/2 | 壬戌 | 4 | 8 | 9 | 12/3 | 壬辰 | 二 | 五 | 9 | 11/4 | 癸亥 | 二 | 七 | 9 | 10/5 | 癸巳 | 四 | 一 | 9 | 9/6 | 甲子 | 九 | 三 | 9 | 8/8 | 乙未 | 二 | 五 |
| 10 | 1/3 | 癸亥 | 4 | 9 | 10 | 12/4 | 癸巳 | 二 | 四 | 10 | 11/5 | 甲子 | 六 | 六 | 10 | 10/6 | 甲午 | 六 | 九 | 10 | 9/7 | 乙丑 | 九 | 二 | 10 | 8/9 | 丙申 | 二 | 四 |
| 11 | 1/4 | 甲子 | 2 | 1 | 11 | 12/5 | 甲午 | 四 | 三 | 11 | 11/6 | 乙丑 | 六 | 五 | 11 | 10/7 | 乙未 | 六 | 八 | 11 | 9/8 | 丙寅 | 九 | 一 | 11 | 8/10 | 丁酉 | 二 | 三 |
| 12 | 1/5 | 乙丑 | 2 | 2 | 12 | 12/6 | 乙未 | 四 | 二 | 12 | 11/7 | 丙寅 | 六 | 四 | 12 | 10/8 | 丙申 | 六 | 七 | 12 | 9/9 | 丁卯 | 九 | 九 | 12 | 8/11 | 戊戌 | 二 | 二 |
| 13 | 1/6 | 丙寅 | 2 | 3 | 13 | 12/7 | 丙申 | 四 | 一 | 13 | 11/8 | 丁卯 | 六 | 三 | 13 | 10/9 | 丁酉 | 六 | 六 | 13 | 9/10 | 戊辰 | 九 | 八 | 13 | 8/12 | 己亥 | 五 | 一 |
| 14 | 1/7 | 丁卯 | 2 | 4 | 14 | 12/8 | 丁酉 | 四 | 九 | 14 | 11/9 | 戊辰 | 六 | 二 | 14 | 10/10 | 戊戌 | 六 | 五 | 14 | 9/11 | 己巳 | 三 | 七 | 14 | 8/13 | 庚子 | 五 | 九 |
| 15 | 1/8 | 戊辰 | 2 | 5 | 15 | 12/9 | 戊戌 | 四 | 八 | 15 | 11/10 | 己巳 | 九 | 一 | 15 | 10/11 | 己亥 | 九 | 四 | 15 | 9/12 | 庚午 | 三 | 六 | 15 | 8/14 | 辛丑 | 五 | 八 |
| 16 | 1/9 | 己巳 | 8 | 6 | 16 | 12/10 | 己亥 | 七 | 七 | 16 | 11/11 | 庚午 | 九 | 九 | 16 | 10/12 | 庚子 | 九 | 三 | 16 | 9/13 | 辛未 | 三 | 五 | 16 | 8/15 | 壬寅 | 五 | 七 |
| 17 | 1/10 | 庚午 | 8 | 7 | 17 | 12/11 | 庚子 | 七 | 六 | 17 | 11/12 | 辛未 | 九 | 八 | 17 | 10/13 | 辛丑 | 九 | 二 | 17 | 9/14 | 壬申 | 三 | 四 | 17 | 8/16 | 癸卯 | 五 | 六 |
| 18 | 1/11 | 辛未 | 8 | 8 | 18 | 12/12 | 辛丑 | 七 | 五 | 18 | 11/13 | 壬申 | 九 | 七 | 18 | 10/14 | 壬寅 | 九 | 一 | 18 | 9/15 | 癸酉 | 三 | 三 | 18 | 8/17 | 甲辰 | 八 | 五 |
| 19 | 1/12 | 壬申 | 8 | 9 | 19 | 12/13 | 壬寅 | 七 | 四 | 19 | 11/14 | 癸酉 | 九 | 六 | 19 | 10/15 | 癸卯 | 九 | 九 | 19 | 9/16 | 甲戌 | 六 | 二 | 19 | 8/18 | 乙巳 | 八 | 四 |
| 20 | 1/13 | 癸酉 | 8 | 1 | 20 | 12/14 | 癸卯 | 七 | 三 | 20 | 11/15 | 甲戌 | 三 | 五 | 20 | 10/16 | 甲辰 | 三 | 八 | 20 | 9/17 | 乙亥 | 六 | 一 | 20 | 8/19 | 丙午 | 八 | 三 |
| 21 | 1/14 | 甲戌 | 5 | 2 | 21 | 12/15 | 甲辰 | 一 | 二 | 21 | 11/16 | 乙亥 | 三 | 四 | 21 | 10/17 | 乙巳 | 三 | 七 | 21 | 9/18 | 丙子 | 六 | 九 | 21 | 8/20 | 丁未 | 八 | 二 |
| 22 | 1/15 | 乙亥 | 5 | 3 | 22 | 12/16 | 乙巳 | 一 | 一 | 22 | 11/17 | 丙子 | 三 | 三 | 22 | 10/18 | 丙午 | 三 | 六 | 22 | 9/19 | 丁丑 | 六 | 八 | 22 | 8/21 | 戊申 | 八 | 一 |
| 23 | 1/16 | 丙子 | 5 | 4 | 23 | 12/17 | 丙午 | 一 | 九 | 23 | 11/18 | 丁丑 | 三 | 二 | 23 | 10/19 | 丁未 | 三 | 五 | 23 | 9/20 | 戊寅 | 六 | 七 | 23 | 8/22 | 己酉 | 一 | 九 |
| 24 | 1/17 | 丁丑 | 5 | 5 | 24 | 12/18 | 丁未 | 一 | 八 | 24 | 11/19 | 戊寅 | 三 | 一 | 24 | 10/20 | 戊申 | 三 | 四 | 24 | 9/21 | 己卯 | 七 | 六 | 24 | 8/23 | 庚戌 | 一 | 八 |
| 25 | 1/18 | 戊寅 | 5 | 6 | 25 | 12/19 | 戊申 | 一 | 七 | 25 | 11/20 | 己卯 | 五 | 九 | 25 | 10/21 | 己酉 | 五 | 三 | 25 | 9/22 | 庚辰 | 七 | 五 | 25 | 8/24 | 辛亥 | 一 | 七 |
| 26 | 1/19 | 己卯 | 3 | 7 | 26 | 12/20 | 己酉 | 1 | 六 | 26 | 11/21 | 庚辰 | 五 | 八 | 26 | 10/22 | 庚戌 | 五 | 二 | 26 | 9/23 | 辛巳 | 七 | 四 | 26 | 8/25 | 壬子 | 一 | 六 |
| 27 | 1/20 | 庚辰 | 3 | 8 | 27 | 12/21 | 庚戌 | 1 | 五 | 27 | 11/22 | 辛巳 | 五 | 七 | 27 | 10/23 | 辛亥 | 五 | 一 | 27 | 9/24 | 壬午 | 七 | 三 | 27 | 8/26 | 癸丑 | 一 | 五 |
| 28 | 1/21 | 辛巳 | 3 | 9 | 28 | 12/22 | 辛亥 | 1 | 6 | 28 | 11/23 | 壬午 | 五 | 六 | 28 | 10/24 | 壬子 | 五 | 九 | 28 | 9/25 | 癸未 | 七 | 二 | 28 | 8/27 | 甲寅 | 四 | 四 |
| 29 | 1/22 | 壬午 | 3 | 1 | 29 | 12/23 | 壬子 | 1 | 7 | 29 | 11/24 | 癸未 | 五 | 五 | 29 | 10/25 | 癸丑 | 五 | 八 | 29 | 9/26 | 甲申 | 一 | 一 | 29 | 8/28 | 乙卯 | 四 | 三 |
| | | | | | 30 | 12/24 | 癸丑 | 1 | 8 | | | | | | 30 | 10/26 | 甲寅 | 八 | 七 | | | | | | | | | | |

# 西元2012年（壬辰）肖龍 民國101年（男乾命）

奇門遁甲局數如標示為 一 ～九表示陰局　　如標示為1 ～9 表示陽局

**六月　丁未　九紫火**　立秋：二十巳時 10時32分　大暑：初四酉時 18時02分

| 農曆 | 國曆 | 干支 | 時盤 | 日盤 |
|---|---|---|---|---|
| 1 | 7/19 | 辛巳 | 七 | 一 |
| 2 | 7/20 | 壬午 | 七 | 九 |
| 3 | 7/21 | 癸未 | 七 | 八 |
| 4 | 7/22 | 甲申 | 一 | 七 |
| 5 | 7/23 | 乙酉 | 一 | 六 |
| 6 | 7/24 | 丙戌 | 一 | 五 |
| 7 | 7/25 | 丁亥 | 一 | 四 |
| 8 | 7/26 | 戊子 | 一 | 三 |
| 9 | 7/27 | 己丑 | 四 | 二 |
| 10 | 7/28 | 庚寅 | 四 | 一 |
| 11 | 7/29 | 辛卯 | 四 | 九 |
| 12 | 7/30 | 壬辰 | 四 | 八 |
| 13 | 7/31 | 癸巳 | 四 | 七 |
| 14 | 8/1 | 甲午 | 二 | 六 |
| 15 | 8/2 | 乙未 | 二 | 五 |
| 16 | 8/3 | 丙申 | 二 | 四 |
| 17 | 8/4 | 丁酉 | 二 | 三 |
| 18 | 8/5 | 戊戌 | 二 | 二 |
| 19 | 8/6 | 己亥 | 五 | 一 |
| 20 | 8/7 | 庚子 | 五 | 九 |
| 21 | 8/8 | 辛丑 | 五 | 八 |
| 22 | 8/9 | 壬寅 | 五 | 七 |
| 23 | 8/10 | 癸卯 | 五 | 六 |
| 24 | 8/11 | 甲辰 | 八 | 五 |
| 25 | 8/12 | 乙巳 | 八 | 四 |
| 26 | 8/13 | 丙午 | 八 | 三 |
| 27 | 8/14 | 丁未 | 八 | 二 |
| 28 | 8/15 | 戊申 | 八 | 一 |
| 29 | 8/16 | 己酉 | 一 | 九 |

**五月　丙午　一白水**　小暑：十九子時 00時42分　夏至：初三辰時 07時10分

| 農曆 | 國曆 | 干支 | 時盤 | 日盤 |
|---|---|---|---|---|
| 1 | 6/19 | 辛亥 | 九 | 6 |
| 2 | 6/20 | 壬子 | 九 | 7 |
| 3 | 6/21 | 癸丑 | 九 | 二 |
| 4 | 6/22 | 甲寅 | 三 | 一 |
| 5 | 6/23 | 乙卯 | 三 | 九 |
| 6 | 6/24 | 丙辰 | 三 | 八 |
| 7 | 6/25 | 丁巳 | 三 | 七 |
| 8 | 6/26 | 戊午 | 三 | 六 |
| 9 | 6/27 | 己未 | 六 | 五 |
| 10 | 6/28 | 庚申 | 六 | 四 |
| 11 | 6/29 | 辛酉 | 六 | 三 |
| 12 | 6/30 | 壬戌 | 六 | 二 |
| 13 | 7/1 | 癸亥 | 六 | 一 |
| 14 | 7/2 | 甲子 | 八 | 九 |
| 15 | 7/3 | 乙丑 | 八 | 八 |
| 16 | 7/4 | 丙寅 | 八 | 七 |
| 17 | 7/5 | 丁卯 | 八 | 六 |
| 18 | 7/6 | 戊辰 | 八 | 五 |
| 19 | 7/7 | 己巳 | 二 | 四 |
| 20 | 7/8 | 庚午 | 二 | 三 |
| 21 | 7/9 | 辛未 | 二 | 二 |
| 22 | 7/10 | 壬申 | 二 | 一 |
| 23 | 7/11 | 癸酉 | 二 | 九 |
| 24 | 7/12 | 甲戌 | 五 | 八 |
| 25 | 7/13 | 乙亥 | 五 | 七 |
| 26 | 7/14 | 丙子 | 五 | 六 |
| 27 | 7/15 | 丁丑 | 五 | 五 |
| 28 | 7/16 | 戊寅 | 五 | 四 |
| 29 | 7/17 | 己卯 | 七 | 三 |
| 30 | 7/18 | 庚辰 | 七 | 二 |

**閏四月　丙午**　芒種：十六未時 14時27分

| 農曆 | 國曆 | 干支 | 時盤 | 日盤 |
|---|---|---|---|---|
| 1 | 5/21 | 壬午 | 5 | 4 |
| 2 | 5/22 | 癸未 | 5 | 5 |
| 3 | 5/23 | 甲申 | 2 | 6 |
| 4 | 5/24 | 乙酉 | 2 | 7 |
| 5 | 5/25 | 丙戌 | 2 | 8 |
| 6 | 5/26 | 丁亥 | 2 | 9 |
| 7 | 5/27 | 戊子 | 2 | 1 |
| 8 | 5/28 | 己丑 | 8 | 2 |
| 9 | 5/29 | 庚寅 | 8 | 3 |
| 10 | 5/30 | 辛卯 | 8 | 4 |
| 11 | 5/31 | 壬辰 | 8 | 5 |
| 12 | 6/1 | 癸巳 | 8 | 6 |
| 13 | 6/2 | 甲午 | 6 | 7 |
| 14 | 6/3 | 乙未 | 6 | 8 |
| 15 | 6/4 | 丙申 | 6 | 9 |
| 16 | 6/5 | 丁酉 | 6 | 1 |
| 17 | 6/6 | 戊戌 | 6 | 2 |
| 18 | 6/7 | 己亥 | 3 | 3 |
| 19 | 6/8 | 庚子 | 3 | 4 |
| 20 | 6/9 | 辛丑 | 3 | 5 |
| 21 | 6/10 | 壬寅 | 3 | 6 |
| 22 | 6/11 | 癸卯 | 3 | 7 |
| 23 | 6/12 | 甲辰 | 9 | 8 |
| 24 | 6/13 | 乙巳 | 9 | 9 |
| 25 | 6/14 | 丙午 | 9 | 1 |
| 26 | 6/15 | 丁未 | 9 | 2 |
| 27 | 6/16 | 戊申 | 9 | 3 |
| 28 | 6/17 | 己酉 | 九 | 4 |
| 29 | 6/18 | 庚戌 | 九 | 5 |

**四月　乙巳　二黑土**　小滿：三十子時 23時17分　立夏：十五巳時 10時21分

| 農曆 | 國曆 | 干支 | 時盤 | 日盤 |
|---|---|---|---|---|
| 1 | 4/21 | 壬子 | 5 | 1 |
| 2 | 4/22 | 癸丑 | 5 | 2 |
| 3 | 4/23 | 甲寅 | 2 | 3 |
| 4 | 4/24 | 乙卯 | 2 | 4 |
| 5 | 4/25 | 丙辰 | 2 | 5 |
| 6 | 4/26 | 丁巳 | 2 | 6 |
| 7 | 4/27 | 戊午 | 2 | 7 |
| 8 | 4/28 | 己未 | 8 | 8 |
| 9 | 4/29 | 庚申 | 8 | 9 |
| 10 | 4/30 | 辛酉 | 8 | 1 |
| 11 | 5/1 | 壬戌 | 8 | 2 |
| 12 | 5/2 | 癸亥 | 8 | 3 |
| 13 | 5/3 | 甲子 | 4 | 4 |
| 14 | 5/4 | 乙丑 | 4 | 5 |
| 15 | 5/5 | 丙寅 | 4 | 6 |
| 16 | 5/6 | 丁卯 | 4 | 7 |
| 17 | 5/7 | 戊辰 | 4 | 8 |
| 18 | 5/8 | 己巳 | 1 | 9 |
| 19 | 5/9 | 庚午 | 1 | 1 |
| 20 | 5/10 | 辛未 | 1 | 2 |
| 21 | 5/11 | 壬申 | 1 | 3 |
| 22 | 5/12 | 癸酉 | 1 | 4 |
| 23 | 5/13 | 甲戌 | 7 | 5 |
| 24 | 5/14 | 乙亥 | 7 | 6 |
| 25 | 5/15 | 丙子 | 7 | 7 |
| 26 | 5/16 | 丁丑 | 7 | 8 |
| 27 | 5/17 | 戊寅 | 7 | 9 |
| 28 | 5/18 | 己卯 | 5 | 1 |
| 29 | 5/19 | 庚辰 | 5 | 2 |
| 30 | 5/20 | 辛巳 | 5 | 3 |

**三月　甲辰　三碧木**　穀雨：三十子時 00時13分　清明：十四酉時 17時07分

| 農曆 | 國曆 | 干支 | 時盤 | 日盤 |
|---|---|---|---|---|
| 1 | 3/22 | 壬午 | 3 | 7 |
| 2 | 3/23 | 癸未 | 3 | 8 |
| 3 | 3/24 | 甲申 | 9 | 9 |
| 4 | 3/25 | 乙酉 | 9 | 1 |
| 5 | 3/26 | 丙戌 | 9 | 2 |
| 6 | 3/27 | 丁亥 | 9 | 3 |
| 7 | 3/28 | 戊子 | 9 | 4 |
| 8 | 3/29 | 己丑 | 6 | 5 |
| 9 | 3/30 | 庚寅 | 6 | 6 |
| 10 | 3/31 | 辛卯 | 6 | 7 |
| 11 | 4/1 | 壬辰 | 6 | 8 |
| 12 | 4/2 | 癸巳 | 6 | 9 |
| 13 | 4/3 | 甲午 | 4 | 1 |
| 14 | 4/4 | 乙未 | 4 | 2 |
| 15 | 4/5 | 丙申 | 4 | 3 |
| 16 | 4/6 | 丁酉 | 4 | 4 |
| 17 | 4/7 | 戊戌 | 4 | 5 |
| 18 | 4/8 | 己亥 | 1 | 6 |
| 19 | 4/9 | 庚子 | 1 | 7 |
| 20 | 4/10 | 辛丑 | 1 | 8 |
| 21 | 4/11 | 壬寅 | 1 | 9 |
| 22 | 4/12 | 癸卯 | 1 | 1 |
| 23 | 4/13 | 甲辰 | 7 | 2 |
| 24 | 4/14 | 乙巳 | 7 | 3 |
| 25 | 4/15 | 丙午 | 7 | 4 |
| 26 | 4/16 | 丁未 | 7 | 5 |
| 27 | 4/17 | 戊申 | 7 | 6 |
| 28 | 4/18 | 己酉 | 5 | 7 |
| 29 | 4/19 | 庚戌 | 5 | 8 |
| 30 | 4/20 | 辛亥 | 5 | 9 |

**二月　癸卯　四綠木**　春分：廿八未時 13時16分　驚蟄：十三午時 12時23分

| 農曆 | 國曆 | 干支 | 時盤 | 日盤 |
|---|---|---|---|---|
| 1 | 2/22 | 癸丑 | 9 | 5 |
| 2 | 2/23 | 甲寅 | 6 | 6 |
| 3 | 2/24 | 乙卯 | 6 | 7 |
| 4 | 2/25 | 丙辰 | 6 | 8 |
| 5 | 2/26 | 丁巳 | 6 | 9 |
| 6 | 2/27 | 戊午 | 6 | 1 |
| 7 | 2/28 | 己未 | 3 | 2 |
| 8 | 2/29 | 庚申 | 3 | 3 |
| 9 | 3/1 | 辛酉 | 3 | 4 |
| 10 | 3/2 | 壬戌 | 3 | 5 |
| 11 | 3/3 | 癸亥 | 3 | 6 |
| 12 | 3/4 | 甲子 | 1 | 7 |
| 13 | 3/5 | 乙丑 | 1 | 8 |
| 14 | 3/6 | 丙寅 | 1 | 9 |
| 15 | 3/7 | 丁卯 | 1 | 1 |
| 16 | 3/8 | 戊辰 | 1 | 2 |
| 17 | 3/9 | 己巳 | 7 | 3 |
| 18 | 3/10 | 庚午 | 7 | 4 |
| 19 | 3/11 | 辛未 | 7 | 5 |
| 20 | 3/12 | 壬申 | 7 | 6 |
| 21 | 3/13 | 癸酉 | 7 | 7 |
| 22 | 3/14 | 甲戌 | 4 | 8 |
| 23 | 3/15 | 乙亥 | 4 | 9 |
| 24 | 3/16 | 丙子 | 4 | 1 |
| 25 | 3/17 | 丁丑 | 4 | 2 |
| 26 | 3/18 | 戊寅 | 4 | 3 |
| 27 | 3/19 | 己卯 | 3 | 4 |
| 28 | 3/20 | 庚辰 | 3 | 5 |
| 29 | 3/21 | 辛巳 | 3 | 6 |

**正月　壬寅　五黃土**　雨水：廿八未時 14時19分　立春：十三酉時 18時24分

| 農曆 | 國曆 | 干支 | 時盤 | 日盤 |
|---|---|---|---|---|
| 1 | 1/23 | 癸未 | 3 | 2 |
| 2 | 1/24 | 甲申 | 9 | 3 |
| 3 | 1/25 | 乙酉 | 9 | 4 |
| 4 | 1/26 | 丙戌 | 9 | 5 |
| 5 | 1/27 | 丁亥 | 9 | 6 |
| 6 | 1/28 | 戊子 | 9 | 7 |
| 7 | 1/29 | 己丑 | 6 | 8 |
| 8 | 1/30 | 庚寅 | 6 | 9 |
| 9 | 1/31 | 辛卯 | 6 | 1 |
| 10 | 2/1 | 壬辰 | 6 | 2 |
| 11 | 2/2 | 癸巳 | 6 | 3 |
| 12 | 2/3 | 甲午 | 8 | 4 |
| 13 | 2/4 | 乙未 | 8 | 5 |
| 14 | 2/5 | 丙申 | 8 | 6 |
| 15 | 2/6 | 丁酉 | 8 | 7 |
| 16 | 2/7 | 戊戌 | 8 | 8 |
| 17 | 2/8 | 己亥 | 5 | 9 |
| 18 | 2/9 | 庚子 | 5 | 1 |
| 19 | 2/10 | 辛丑 | 5 | 2 |
| 20 | 2/11 | 壬寅 | 5 | 3 |
| 21 | 2/12 | 癸卯 | 5 | 4 |
| 22 | 2/13 | 甲辰 | 2 | 5 |
| 23 | 2/14 | 乙巳 | 2 | 6 |
| 24 | 2/15 | 丙午 | 2 | 7 |
| 25 | 2/16 | 丁未 | 2 | 8 |
| 26 | 2/17 | 戊申 | 2 | 9 |
| 27 | 2/18 | 己酉 | 9 | 1 |
| 28 | 2/19 | 庚戌 | 9 | 2 |
| 29 | 2/20 | 辛亥 | 9 | 3 |
| 30 | 2/21 | 壬子 | 9 | 4 |

# 西元2012年（壬辰）肖龍 民國101年（女離命）

奇門遁甲局數如標示為 一 ～九表示陰局　　如標示為1 ～9 表示陽局

| 十二月 | | | | | 十一月 | | | | | 十　月 | | | | | 九　月 | | | | | 八　月 | | | | | 七　月 | | | | |
|---|---|---|---|---|---|---|---|---|---|---|---|---|---|---|---|---|---|---|---|---|---|---|---|---|---|---|---|---|---|
| 癸丑 | | | | | 壬子 | | | | | 辛亥 | | | | | 庚戌 | | | | | 己酉 | | | | | 戊申 | | | | |
| 三碧木 | | | | | 四綠木 | | | | | 五黃土 | | | | | 六白金 | | | | | 七赤金 | | | | | 八白土 | | | | |
| 立春 00時15分 廿四 子時 | | 大寒 05時53分 初九 卯時 | 奇門遁甲局數 | | 小寒 12時35分 廿四 午時 | | 冬至 19時13分 初九 戌時 | 奇門遁甲局數 | | 大雪 01時21分 廿四 丑時 | | 小雪 05時52分 初九 卯時 | 奇門遁甲局數 | | 立冬 08時27分 廿四 辰時 | | 霜降 08時15分 初九 辰時 | 奇門遁甲局數 | | 寒露 05時13分 廿三 卯時 | | 秋分 22時51分 初七 亥時 | 奇門遁甲局數 | | 白露 13時30分 廿二 未時 | | 處暑 01時08分 初七 丑時 | 奇門遁甲局數 | |
| 農曆 | 國曆 | 干支 | 時盤 | 日盤 | 農曆 | 國曆 | 干支 | 時盤 | 日盤 | 農曆 | 國曆 | 干支 | 時盤 | 日盤 | 農曆 | 國曆 | 干支 | 時盤 | 日盤 | 農曆 | 國曆 | 干支 | 時盤 | 日盤 | 農曆 | 國曆 | 干支 | 時盤 | 日盤 |
| 1 | 1/12 | 戊寅 | 5 | 6 | 1 | 12/13 | 戊申 | 一 | 七 | 1 | 11/14 | 己卯 | 五 | 九 | 1 | 10/15 | 己酉 | 五 | 三 | 1 | 9/16 | 庚辰 | 七 | 五 | 1 | 8/17 | 庚戌 | 一 | 八 |
| 2 | 1/13 | 己卯 | 3 | 7 | 2 | 12/14 | 己酉 | 1 | 六 | 2 | 11/15 | 庚辰 | 五 | 八 | 2 | 10/16 | 庚戌 | 五 | 二 | 2 | 9/17 | 辛巳 | 七 | 四 | 2 | 8/18 | 辛亥 | 一 | 七 |
| 3 | 1/14 | 庚辰 | 3 | 8 | 3 | 12/15 | 庚戌 | 1 | 五 | 3 | 11/16 | 辛巳 | 五 | 七 | 3 | 10/17 | 辛亥 | 五 | 一 | 3 | 9/18 | 壬午 | 七 | 三 | 3 | 8/19 | 壬子 | 一 | 六 |
| 4 | 1/15 | 辛巳 | 3 | 9 | 4 | 12/16 | 辛亥 | 1 | 四 | 4 | 11/17 | 壬午 | 五 | 六 | 4 | 10/18 | 壬子 | 五 | 九 | 4 | 9/19 | 癸未 | 七 | 二 | 4 | 8/20 | 癸丑 | 一 | 五 |
| 5 | 1/16 | 壬午 | 3 | 1 | 5 | 12/17 | 壬子 | 1 | 三 | 5 | 11/18 | 癸未 | 五 | 五 | 5 | 10/19 | 癸丑 | 五 | 八 | 5 | 9/20 | 甲申 | 一 | 一 | 5 | 8/21 | 甲寅 | 四 | 四 |
| 6 | 1/17 | 癸未 | 3 | 2 | 6 | 12/18 | 癸丑 | 1 | 二 | 6 | 11/19 | 甲申 | 八 | 四 | 6 | 10/20 | 甲寅 | 八 | 七 | 6 | 9/21 | 乙酉 | 一 | 九 | 6 | 8/22 | 乙卯 | 四 | 三 |
| 7 | 1/18 | 甲申 | 9 | 3 | 7 | 12/19 | 甲寅 | 7 | 一 | 7 | 11/20 | 乙酉 | 八 | 三 | 7 | 10/21 | 乙卯 | 八 | 六 | 7 | 9/22 | 丙戌 | 一 | 八 | 7 | 8/23 | 丙辰 | 四 | 二 |
| 8 | 1/19 | 乙酉 | 9 | 4 | 8 | 12/20 | 乙卯 | 7 | 九 | 8 | 11/21 | 丙戌 | 八 | 二 | 8 | 10/22 | 丙辰 | 八 | 五 | 8 | 9/23 | 丁亥 | 一 | 七 | 8 | 8/24 | 丁巳 | 四 | 一 |
| 9 | 1/20 | 丙戌 | 9 | 5 | 9 | 12/21 | 丙辰 | 7 | 2 | 9 | 11/22 | 丁亥 | 八 | 一 | 9 | 10/23 | 丁巳 | 八 | 四 | 9 | 9/24 | 戊子 | 一 | 六 | 9 | 8/25 | 戊午 | 四 | 九 |
| 10 | 1/21 | 丁亥 | 9 | 6 | 10 | 12/22 | 丁巳 | 7 | 3 | 10 | 11/23 | 戊子 | 八 | 九 | 10 | 10/24 | 戊午 | 八 | 三 | 10 | 9/25 | 己丑 | 四 | 五 | 10 | 8/26 | 己未 | 七 | 八 |
| 11 | 1/22 | 戊子 | 9 | 7 | 11 | 12/23 | 戊午 | 7 | 4 | 11 | 11/24 | 己丑 | 二 | 八 | 11 | 10/25 | 己未 | 二 | 二 | 11 | 9/26 | 庚寅 | 四 | 四 | 11 | 8/27 | 庚申 | 七 | 七 |
| 12 | 1/23 | 己丑 | 6 | 8 | 12 | 12/24 | 己未 | 4 | 5 | 12 | 11/25 | 庚寅 | 二 | 七 | 12 | 10/26 | 庚申 | 二 | 一 | 12 | 9/27 | 辛卯 | 四 | 三 | 12 | 8/28 | 辛酉 | 七 | 六 |
| 13 | 1/24 | 庚寅 | 6 | 9 | 13 | 12/25 | 庚申 | 4 | 6 | 13 | 11/26 | 辛卯 | 二 | 六 | 13 | 10/27 | 辛酉 | 二 | 九 | 13 | 9/28 | 壬辰 | 四 | 二 | 13 | 8/29 | 壬戌 | 七 | 五 |
| 14 | 1/25 | 辛卯 | 6 | 1 | 14 | 12/26 | 辛酉 | 4 | 7 | 14 | 11/27 | 壬辰 | 二 | 五 | 14 | 10/28 | 壬戌 | 二 | 八 | 14 | 9/29 | 癸巳 | 四 | 一 | 14 | 8/30 | 癸亥 | 七 | 四 |
| 15 | 1/26 | 壬辰 | 6 | 2 | 15 | 12/27 | 壬戌 | 4 | 8 | 15 | 11/28 | 癸巳 | 二 | 四 | 15 | 10/29 | 癸亥 | 二 | 七 | 15 | 9/30 | 甲午 | 六 | 九 | 15 | 8/31 | 甲子 | 九 | 三 |
| 16 | 1/27 | 癸巳 | 6 | 3 | 16 | 12/28 | 癸亥 | 4 | 9 | 16 | 11/29 | 甲午 | 四 | 三 | 16 | 10/30 | 甲子 | 六 | 六 | 16 | 10/ 1 | 乙未 | 六 | 八 | 16 | 9/ 1 | 乙丑 | 九 | 二 |
| 17 | 1/28 | 甲午 | 8 | 4 | 17 | 12/29 | 甲子 | 2 | 1 | 17 | 11/30 | 乙未 | 四 | 二 | 17 | 10/31 | 乙丑 | 六 | 五 | 17 | 10/ 2 | 丙申 | 六 | 七 | 17 | 9/ 2 | 丙寅 | 九 | 一 |
| 18 | 1/29 | 乙未 | 8 | 5 | 18 | 12/30 | 乙丑 | 2 | 2 | 18 | 12/ 1 | 丙申 | 四 | 一 | 18 | 11/ 1 | 丙寅 | 六 | 四 | 18 | 10/ 3 | 丁酉 | 六 | 六 | 18 | 9/ 3 | 丁卯 | 九 | 九 |
| 19 | 1/30 | 丙申 | 8 | 6 | 19 | 12/31 | 丙寅 | 2 | 3 | 19 | 12/ 2 | 丁酉 | 四 | 九 | 19 | 11/ 2 | 丁卯 | 六 | 三 | 19 | 10/ 4 | 戊戌 | 六 | 五 | 19 | 9/ 4 | 戊辰 | 九 | 八 |
| 20 | 1/31 | 丁酉 | 8 | 7 | 20 | 1/ 1 | 丁卯 | 2 | 4 | 20 | 12/ 3 | 戊戌 | 四 | 八 | 20 | 11/ 3 | 戊辰 | 六 | 二 | 20 | 10/ 5 | 己亥 | 九 | 四 | 20 | 9/ 5 | 己巳 | 三 | 七 |
| 21 | 2/ 1 | 戊戌 | 8 | 8 | 21 | 1/ 2 | 戊辰 | 2 | 5 | 21 | 12/ 4 | 己亥 | 七 | 七 | 21 | 11/ 4 | 己巳 | 九 | 一 | 21 | 10/ 6 | 庚子 | 九 | 三 | 21 | 9/ 6 | 庚午 | 三 | 六 |
| 22 | 2/ 2 | 己亥 | 5 | 9 | 22 | 1/ 3 | 己巳 | 8 | 6 | 22 | 12/ 5 | 庚子 | 七 | 六 | 22 | 11/ 5 | 庚午 | 九 | 九 | 22 | 10/ 7 | 辛丑 | 九 | 二 | 22 | 9/ 7 | 辛未 | 三 | 五 |
| 23 | 2/ 3 | 庚子 | 5 | 1 | 23 | 1/ 4 | 庚午 | 8 | 7 | 23 | 12/ 6 | 辛丑 | 七 | 五 | 23 | 11/ 6 | 辛未 | 九 | 八 | 23 | 10/ 8 | 壬寅 | 九 | 一 | 23 | 9/ 8 | 壬申 | 三 | 四 |
| 24 | 2/ 4 | 辛丑 | 5 | 2 | 24 | 1/ 5 | 辛未 | 8 | 8 | 24 | 12/ 7 | 壬寅 | 七 | 四 | 24 | 11/ 7 | 壬申 | 九 | 七 | 24 | 10/ 9 | 癸卯 | 九 | 九 | 24 | 9/ 9 | 癸酉 | 三 | 三 |
| 25 | 2/ 5 | 壬寅 | 5 | 3 | 25 | 1/ 6 | 壬申 | 8 | 9 | 25 | 12/ 8 | 癸卯 | 七 | 三 | 25 | 11/ 8 | 癸酉 | 九 | 六 | 25 | 10/10 | 甲辰 | 三 | 八 | 25 | 9/10 | 甲戌 | 六 | 二 |
| 26 | 2/ 6 | 癸卯 | 5 | 4 | 26 | 1/ 7 | 癸酉 | 8 | 1 | 26 | 12/ 9 | 甲辰 | 一 | 二 | 26 | 11/ 9 | 甲戌 | 三 | 五 | 26 | 10/11 | 乙巳 | 三 | 七 | 26 | 9/11 | 乙亥 | 六 | 一 |
| 27 | 2/ 7 | 甲辰 | 2 | 5 | 27 | 1/ 8 | 甲戌 | 5 | 2 | 27 | 12/10 | 乙巳 | 一 | 一 | 27 | 11/10 | 乙亥 | 三 | 四 | 27 | 10/12 | 丙午 | 三 | 六 | 27 | 9/12 | 丙子 | 六 | 九 |
| 28 | 2/ 8 | 乙巳 | 2 | 6 | 28 | 1/ 9 | 乙亥 | 5 | 3 | 28 | 12/11 | 丙午 | 一 | 九 | 28 | 11/11 | 丙子 | 三 | 三 | 28 | 10/13 | 丁未 | 三 | 五 | 28 | 9/13 | 丁丑 | 六 | 八 |
| 29 | 2/ 9 | 丙午 | 2 | 7 | 29 | 1/10 | 丙子 | 5 | 4 | 29 | 12/12 | 丁未 | 一 | 八 | 29 | 11/12 | 丁丑 | 三 | 二 | 29 | 10/14 | 戊申 | 三 | 四 | 29 | 9/14 | 戊寅 | 六 | 七 |
| | | | | | 30 | 1/11 | 丁丑 | 5 | 5 | | | | | | 30 | 11/13 | 戊寅 | 三 | 一 | | | | | | 30 | 9/15 | 己卯 | 七 | 六 |

# 西元2013年（癸巳）肖蛇 民國102年（男坤命）

奇門遁甲局數如標示為 一 ～九表示陰局　　如標示為1 ～9 表示陽局

## 六月　己未　六白金

大暑 23時57分 十五子時　奇門遁甲局數

| 農曆 | 國曆 | 干支 | 時盤 | 日盤 |
|---|---|---|---|---|
| 1 | 7/8 | 乙亥 | 六 | 七 |
| 2 | 7/9 | 丙子 | 六 | 六 |
| 3 | 7/10 | 丁丑 | 六 | 五 |
| 4 | 7/11 | 戊寅 | 六 | 四 |
| 5 | 7/12 | 己卯 | 八 | 三 |
| 6 | 7/13 | 庚辰 | 八 | 二 |
| 7 | 7/14 | 辛巳 | 八 | 一 |
| 8 | 7/15 | 壬午 | 八 | 九 |
| 9 | 7/16 | 癸未 | 八 | 八 |
| 10 | 7/17 | 甲申 | 二 | 七 |
| 11 | 7/18 | 乙酉 | 二 | 六 |
| 12 | 7/19 | 丙戌 | 二 | 五 |
| 13 | 7/20 | 丁亥 | 二 | 四 |
| 14 | 7/21 | 戊子 | 二 | 三 |
| 15 | 7/22 | 己丑 | 五 | 二 |
| 16 | 7/23 | 庚寅 | 五 | 一 |
| 17 | 7/24 | 辛卯 | 五 | 九 |
| 18 | 7/25 | 壬辰 | 五 | 八 |
| 19 | 7/26 | 癸巳 | 五 | 七 |
| 20 | 7/27 | 甲午 | 七 | 六 |
| 21 | 7/28 | 乙未 | 七 | 五 |
| 22 | 7/29 | 丙申 | 七 | 四 |
| 23 | 7/30 | 丁酉 | 七 | 三 |
| 24 | 7/31 | 戊戌 | 七 | 二 |
| 25 | 8/1 | 己亥 | 一 | 一 |
| 26 | 8/2 | 庚子 | 一 | 九 |
| 27 | 8/3 | 辛丑 | 一 | 八 |
| 28 | 8/4 | 壬寅 | 一 | 七 |
| 29 | 8/5 | 癸卯 | 一 | 六 |
| 30 | 8/6 | 甲辰 | 四 | 五 |

## 五月　戊午　七赤金

小暑 07時09分 廿九辰時　夏至 13時05分 十四未時　奇門遁甲局數

| 農曆 | 國曆 | 干支 | 時盤 | 日盤 |
|---|---|---|---|---|
| 30 | 6/8 | 乙巳 | 9 | 9 |
| 1 | 6/9 | 丙午 | 9 | 1 |
| 2 | 6/10 | 丁未 | 9 | 2 |
| 3 | 6/11 | 戊申 | 9 | 3 |
| 4 | 6/12 | 己酉 | 6 | 4 |
| 5 | 6/13 | 庚戌 | 6 | 5 |
| 6 | 6/14 | 辛亥 | 6 | 6 |
| 7 | 6/15 | 壬子 | 6 | 7 |
| 8 | 6/16 | 癸丑 | 6 | 8 |
| 9 | 6/17 | 甲寅 | 3 | 9 |
| 10 | 6/18 | 乙卯 | 3 | 1 |
| 11 | 6/19 | 丙辰 | 3 | 2 |
| 12 | 6/20 | 丁巳 | 3 | 3 |
| 13 | 6/21 | 戊午 | 3 | 4 |
| 14 | 6/22 | 己未 | 9 | 五 |
| 15 | 6/23 | 庚申 | 9 | 四 |
| 16 | 6/24 | 辛酉 | 9 | 三 |
| 17 | 6/25 | 壬戌 | 9 | 二 |
| 18 | 6/26 | 癸亥 | 9 | 一 |
| 19 | 6/27 | 甲子 | 九 | 九 |
| 20 | 6/28 | 乙丑 | 九 | 八 |
| 21 | 6/29 | 丙寅 | 九 | 七 |
| 22 | 6/30 | 丁卯 | 九 | 六 |
| 23 | 7/1 | 戊辰 | 九 | 五 |
| 24 | 7/2 | 己巳 | 三 | 四 |
| 25 | 7/3 | 庚午 | 三 | 三 |
| 26 | 7/4 | 辛未 | 三 | 二 |
| 27 | 7/5 | 壬申 | 三 | 一 |
| 28 | 7/6 | 癸酉 | 三 | 九 |
| 29 | 7/7 | 甲戌 | 六 | 八 |

## 四月　丁巳　八白土

芒種 20時24分 廿七戌時　小滿 05時11分 十二卯時　奇門遁甲局數

| 農曆 | 國曆 | 干支 | 時盤 | 日盤 |
|---|---|---|---|---|
| 1 | 5/10 | 丙子 | 7 | 7 |
| 2 | 5/11 | 丁丑 | 7 | 8 |
| 3 | 5/12 | 戊寅 | 7 | 9 |
| 4 | 5/13 | 己卯 | 5 | 1 |
| 5 | 5/14 | 庚辰 | 5 | 2 |
| 6 | 5/15 | 辛巳 | 5 | 3 |
| 7 | 5/16 | 壬午 | 5 | 4 |
| 8 | 5/17 | 癸未 | 5 | 5 |
| 9 | 5/18 | 甲申 | 2 | 6 |
| 10 | 5/19 | 乙酉 | 2 | 7 |
| 11 | 5/20 | 丙戌 | 2 | 8 |
| 12 | 5/21 | 丁亥 | 2 | 9 |
| 13 | 5/22 | 戊子 | 2 | 1 |
| 14 | 5/23 | 己丑 | 8 | 2 |
| 15 | 5/24 | 庚寅 | 8 | 3 |
| 16 | 5/25 | 辛卯 | 8 | 4 |
| 17 | 5/26 | 壬辰 | 8 | 5 |
| 18 | 5/27 | 癸巳 | 8 | 6 |
| 19 | 5/28 | 甲午 | 6 | 7 |
| 20 | 5/29 | 乙未 | 6 | 8 |
| 21 | 5/30 | 丙申 | 6 | 9 |
| 22 | 5/31 | 丁酉 | 6 | 1 |
| 23 | 6/1 | 戊戌 | 6 | 2 |
| 24 | 6/2 | 己亥 | 3 | 3 |
| 25 | 6/3 | 庚子 | 3 | 4 |
| 26 | 6/4 | 辛丑 | 3 | 5 |
| 27 | 6/5 | 壬寅 | 3 | 6 |
| 28 | 6/6 | 癸卯 | 3 | 7 |
| 29 | 6/7 | 甲辰 | 9 | 8 |

## 三月　丙辰　九紫火

立夏 16時20分 廿六申時　穀雨 06時05分 十一卯時　奇門遁甲局數

| 農曆 | 國曆 | 干支 | 時盤 | 日盤 |
|---|---|---|---|---|
| 1 | 4/10 | 丙午 | 7 | 4 |
| 2 | 4/11 | 丁未 | 7 | 5 |
| 3 | 4/12 | 戊申 | 7 | 6 |
| 4 | 4/13 | 己酉 | 5 | 7 |
| 5 | 4/14 | 庚戌 | 5 | 8 |
| 6 | 4/15 | 辛亥 | 5 | 9 |
| 7 | 4/16 | 壬子 | 5 | 1 |
| 8 | 4/17 | 癸丑 | 5 | 2 |
| 9 | 4/18 | 甲寅 | 2 | 3 |
| 10 | 4/19 | 乙卯 | 2 | 4 |
| 11 | 4/20 | 丙辰 | 2 | 5 |
| 12 | 4/21 | 丁巳 | 2 | 6 |
| 13 | 4/22 | 戊午 | 2 | 7 |
| 14 | 4/23 | 己未 | 8 | 8 |
| 15 | 4/24 | 庚申 | 8 | 9 |
| 16 | 4/25 | 辛酉 | 8 | 1 |
| 17 | 4/26 | 壬戌 | 8 | 2 |
| 18 | 4/27 | 癸亥 | 8 | 3 |
| 19 | 4/28 | 甲子 | 4 | 4 |
| 20 | 4/29 | 乙丑 | 4 | 5 |
| 21 | 4/30 | 丙寅 | 4 | 6 |
| 22 | 5/1 | 丁卯 | 4 | 7 |
| 23 | 5/2 | 戊辰 | 4 | 8 |
| 24 | 5/3 | 己巳 | 1 | 9 |
| 25 | 5/4 | 庚午 | 1 | 1 |
| 26 | 5/5 | 辛未 | 1 | 2 |
| 27 | 5/6 | 壬申 | 1 | 3 |
| 28 | 5/7 | 癸酉 | 1 | 4 |
| 29 | 5/8 | 甲戌 | 7 | 5 |
| 30 | 5/9 | 乙亥 | 7 | 6 |

## 二月　乙卯　一白水

清明 23時04分 廿四子時　春分 19時03分 初九戌時　奇門遁甲局數

| 農曆 | 國曆 | 干支 | 時盤 | 日盤 |
|---|---|---|---|---|
| 1 | 3/12 | 丁丑 | 4 | 2 |
| 2 | 3/13 | 戊寅 | 4 | 3 |
| 3 | 3/14 | 己卯 | 3 | 4 |
| 4 | 3/15 | 庚辰 | 3 | 5 |
| 5 | 3/16 | 辛巳 | 3 | 6 |
| 6 | 3/17 | 壬午 | 3 | 7 |
| 7 | 3/18 | 癸未 | 3 | 8 |
| 8 | 3/19 | 甲申 | 9 | 9 |
| 9 | 3/20 | 乙酉 | 9 | 1 |
| 10 | 3/21 | 丙戌 | 9 | 2 |
| 11 | 3/22 | 丁亥 | 9 | 3 |
| 12 | 3/23 | 戊子 | 9 | 4 |
| 13 | 3/24 | 己丑 | 6 | 5 |
| 14 | 3/25 | 庚寅 | 6 | 6 |
| 15 | 3/26 | 辛卯 | 6 | 7 |
| 16 | 3/27 | 壬辰 | 6 | 8 |
| 17 | 3/28 | 癸巳 | 6 | 9 |
| 18 | 3/29 | 甲午 | 4 | 1 |
| 19 | 3/30 | 乙未 | 4 | 2 |
| 20 | 3/31 | 丙申 | 4 | 3 |
| 21 | 4/1 | 丁酉 | 4 | 4 |
| 22 | 4/2 | 戊戌 | 4 | 5 |
| 23 | 4/3 | 己亥 | 1 | 6 |
| 24 | 4/4 | 庚子 | 1 | 7 |
| 25 | 4/5 | 辛丑 | 1 | 8 |
| 26 | 4/6 | 壬寅 | 1 | 9 |
| 27 | 4/7 | 癸卯 | 1 | 1 |
| 28 | 4/8 | 甲辰 | 7 | 2 |
| 29 | 4/9 | 乙巳 | 7 | 3 |

## 正月　甲寅　二黑土

驚蟄 18時16分 廿四酉時　雨水 20時03分 初九戌時　奇門遁甲局數

| 農曆 | 國曆 | 干支 | 時盤 | 日盤 |
|---|---|---|---|---|
| 1 | 2/10 | 丁未 | 2 | 8 |
| 2 | 2/11 | 戊申 | 2 | 9 |
| 3 | 2/12 | 己酉 | 9 | 1 |
| 4 | 2/13 | 庚戌 | 9 | 2 |
| 5 | 2/14 | 辛亥 | 9 | 3 |
| 6 | 2/15 | 壬子 | 9 | 4 |
| 7 | 2/16 | 癸丑 | 9 | 5 |
| 8 | 2/17 | 甲寅 | 6 | 6 |
| 9 | 2/18 | 乙卯 | 6 | 7 |
| 10 | 2/19 | 丙辰 | 6 | 8 |
| 11 | 2/20 | 丁巳 | 6 | 9 |
| 12 | 2/21 | 戊午 | 6 | 1 |
| 13 | 2/22 | 己未 | 3 | 2 |
| 14 | 2/23 | 庚申 | 3 | 3 |
| 15 | 2/24 | 辛酉 | 3 | 4 |
| 16 | 2/25 | 壬戌 | 3 | 5 |
| 17 | 2/26 | 癸亥 | 3 | 6 |
| 18 | 2/27 | 甲子 | 1 | 7 |
| 19 | 2/28 | 乙丑 | 1 | 8 |
| 20 | 3/1 | 丙寅 | 1 | 9 |
| 21 | 3/2 | 丁卯 | 1 | 1 |
| 22 | 3/3 | 戊辰 | 1 | 2 |
| 23 | 3/4 | 己巳 | 7 | 3 |
| 24 | 3/5 | 庚午 | 7 | 4 |
| 25 | 3/6 | 辛未 | 7 | 5 |
| 26 | 3/7 | 壬申 | 7 | 6 |
| 27 | 3/8 | 癸酉 | 7 | 7 |
| 28 | 3/9 | 甲戌 | 4 | 8 |
| 29 | 3/10 | 乙亥 | 4 | 9 |
| 30 | 3/11 | 丙子 | 4 | 1 |

# 西元2013年（癸巳）肖蛇 民國102年（女坎命）

奇門遁甲局數如標示為 一 ～九表示陰局　　如標示為1 ～9 表示陽局

| 十二月 | | | | | 十一月 | | | | | 十 月 | | | | | 九 月 | | | | | 八 月 | | | | | 七 月 | | | | |
|---|---|---|---|---|---|---|---|---|---|---|---|---|---|---|---|---|---|---|---|---|---|---|---|---|---|---|---|---|---|
| 乙丑 | | | | | 甲子 | | | | | 癸亥 | | | | | 壬戌 | | | | | 辛酉 | | | | | 庚申 | | | | |
| 九紫火 | | | | | 一白水 | | | | | 二黑土 | | | | | 三碧木 | | | | | 四綠木 | | | | | 五黃土 | | | | |
| 大寒 11時53分 | 二十午時 | 小寒 18時26分 初五酉時 | 奇門遁甲局數 | | 冬至 01時13分 | 二十丑時 | 大雪 07時10分 初五辰時 | 奇門遁甲局數 | | 小雪 11時50分 | 二十午時 | 立冬 14時15分 初五未時 | 奇門遁甲局數 | | 霜降 14時11分 | 十九未時 | 寒露 11時00分 初四午時 | 奇門遁甲局數 | | 秋分 04時46分 | 十九寅時 | 白露 19時18分 初三戌時 | 奇門遁甲局數 | | 處暑 07時03分 | 十七辰時 | 立秋 16時22分 初一申時 | 奇門遁甲局數 | |
| 農曆 | 國曆 | 干支 | 時盤 | 日盤 | 農曆 | 國曆 | 干支 | 時盤 | 日盤 | 農曆 | 國曆 | 干支 | 時盤 | 日盤 | 農曆 | 國曆 | 干支 | 時盤 | 日盤 | 農曆 | 國曆 | 干支 | 時盤 | 日盤 | 農曆 | 國曆 | 干支 | 時盤 | 日盤 |
| 1 | 1/1 | 壬申 | 7 | 9 | 1 | 12/3 | 癸卯 | 八 | 三 | 1 | 11/3 | 癸酉 | 八 | 六 | 1 | 10/5 | 甲辰 | 四 | 八 | 1 | 9/5 | 甲戌 | 七 | 二 | 1 | 8/7 | 乙巳 | 四 | 四 |
| 2 | 1/2 | 癸酉 | 7 | 1 | 2 | 12/4 | 甲辰 | 二 | 二 | 2 | 11/4 | 甲戌 | 二 | 五 | 2 | 10/6 | 乙巳 | 四 | 七 | 2 | 9/6 | 乙亥 | 七 | 一 | 2 | 8/8 | 丙午 | 四 | 三 |
| 3 | 1/3 | 甲戌 | 4 | 2 | 3 | 12/5 | 乙巳 | 二 | 一 | 3 | 11/5 | 乙亥 | 二 | 四 | 3 | 10/7 | 丙午 | 四 | 六 | 3 | 9/7 | 丙子 | 七 | 九 | 3 | 8/9 | 丁未 | 四 | 二 |
| 4 | 1/4 | 乙亥 | 4 | 3 | 4 | 12/6 | 丙午 | 二 | 九 | 4 | 11/6 | 丙子 | 二 | 三 | 4 | 10/8 | 丁未 | 四 | 五 | 4 | 9/8 | 丁丑 | 七 | 八 | 4 | 8/10 | 戊申 | 四 | 一 |
| 5 | 1/5 | 丙子 | 4 | 4 | 5 | 12/7 | 丁未 | 二 | 八 | 5 | 11/7 | 丁丑 | 二 | 二 | 5 | 10/9 | 戊申 | 四 | 四 | 5 | 9/9 | 戊寅 | 七 | 七 | 5 | 8/11 | 己酉 | 二 | 九 |
| 6 | 1/6 | 丁丑 | 4 | 5 | 6 | 12/8 | 戊申 | 二 | 七 | 6 | 11/8 | 戊寅 | 二 | 一 | 6 | 10/10 | 己酉 | 六 | 三 | 6 | 9/10 | 己卯 | 九 | 六 | 6 | 8/12 | 庚戌 | 二 | 八 |
| 7 | 1/7 | 戊寅 | 4 | 6 | 7 | 12/9 | 己酉 | 四 | 六 | 7 | 11/9 | 己卯 | 六 | 九 | 7 | 10/11 | 庚戌 | 六 | 二 | 7 | 9/11 | 庚辰 | 九 | 五 | 7 | 8/13 | 辛亥 | 二 | 七 |
| 8 | 1/8 | 己卯 | 2 | 7 | 8 | 12/10 | 庚戌 | 四 | 五 | 8 | 11/10 | 庚辰 | 六 | 八 | 8 | 10/12 | 辛亥 | 六 | 一 | 8 | 9/12 | 辛巳 | 九 | 四 | 8 | 8/14 | 壬子 | 二 | 六 |
| 9 | 1/9 | 庚辰 | 2 | 8 | 9 | 12/11 | 辛亥 | 四 | 四 | 9 | 11/11 | 辛巳 | 六 | 七 | 9 | 10/13 | 壬子 | 六 | 九 | 9 | 9/13 | 壬午 | 九 | 三 | 9 | 8/15 | 癸丑 | 二 | 五 |
| 10 | 1/10 | 辛巳 | 2 | 9 | 10 | 12/12 | 壬子 | 四 | 三 | 10 | 11/12 | 壬午 | 六 | 六 | 10 | 10/14 | 癸丑 | 六 | 八 | 10 | 9/14 | 癸未 | 九 | 二 | 10 | 8/16 | 甲寅 | 五 | 四 |
| 11 | 1/11 | 壬午 | 2 | 1 | 11 | 12/13 | 癸丑 | 四 | 二 | 11 | 11/13 | 癸未 | 六 | 五 | 11 | 10/15 | 甲寅 | 九 | 七 | 11 | 9/15 | 甲申 | 三 | 一 | 11 | 8/17 | 乙卯 | 五 | 三 |
| 12 | 1/12 | 癸未 | 2 | 2 | 12 | 12/14 | 甲寅 | 七 | 一 | 12 | 11/14 | 甲申 | 九 | 四 | 12 | 10/16 | 乙卯 | 九 | 六 | 12 | 9/16 | 乙酉 | 三 | 九 | 12 | 8/18 | 丙辰 | 五 | 二 |
| 13 | 1/13 | 甲申 | 8 | 3 | 13 | 12/15 | 乙卯 | 七 | 九 | 13 | 11/15 | 乙酉 | 九 | 三 | 13 | 10/17 | 丙辰 | 九 | 五 | 13 | 9/17 | 丙戌 | 三 | 八 | 13 | 8/19 | 丁巳 | 五 | 一 |
| 14 | 1/14 | 乙酉 | 8 | 4 | 14 | 12/16 | 丙辰 | 七 | 八 | 14 | 11/16 | 丙戌 | 九 | 二 | 14 | 10/18 | 丁巳 | 九 | 四 | 14 | 9/18 | 丁亥 | 三 | 七 | 14 | 8/20 | 戊午 | 五 | 九 |
| 15 | 1/15 | 丙戌 | 8 | 5 | 15 | 12/17 | 丁巳 | 七 | 七 | 15 | 11/17 | 丁亥 | 九 | 一 | 15 | 10/19 | 戊午 | 九 | 三 | 15 | 9/19 | 戊子 | 三 | 六 | 15 | 8/21 | 己未 | 八 | 八 |
| 16 | 1/16 | 丁亥 | 8 | 6 | 16 | 12/18 | 戊午 | 七 | 六 | 16 | 11/18 | 戊子 | 九 | 九 | 16 | 10/20 | 己未 | 三 | 二 | 16 | 9/20 | 己丑 | 六 | 五 | 16 | 8/22 | 庚申 | 八 | 七 |
| 17 | 1/17 | 戊子 | 8 | 7 | 17 | 12/19 | 己未 | 一 | 五 | 17 | 11/19 | 己丑 | 三 | 八 | 17 | 10/21 | 庚申 | 三 | 一 | 17 | 9/21 | 庚寅 | 六 | 四 | 17 | 8/23 | 辛酉 | 八 | 六 |
| 18 | 1/18 | 己丑 | 5 | 8 | 18 | 12/20 | 庚申 | 一 | 四 | 18 | 11/20 | 庚寅 | 三 | 七 | 18 | 10/22 | 辛酉 | 三 | 九 | 18 | 9/22 | 辛卯 | 六 | 三 | 18 | 8/24 | 壬戌 | 八 | 五 |
| 19 | 1/19 | 庚寅 | 5 | 9 | 19 | 12/21 | 辛酉 | 一 | 三 | 19 | 11/21 | 辛卯 | 三 | 六 | 19 | 10/23 | 壬戌 | 三 | 八 | 19 | 9/23 | 壬辰 | 六 | 二 | 19 | 8/25 | 癸亥 | 八 | 四 |
| 20 | 1/20 | 辛卯 | 5 | 1 | 20 | 12/22 | 壬戌 | 一 | 8 | 20 | 11/22 | 壬辰 | 三 | 五 | 20 | 10/24 | 癸亥 | 三 | 七 | 20 | 9/24 | 癸巳 | 六 | 一 | 20 | 8/26 | 甲子 | 一 | 三 |
| 21 | 1/21 | 壬辰 | 5 | 2 | 21 | 12/23 | 癸亥 | 一 | 9 | 21 | 11/23 | 癸巳 | 三 | 四 | 21 | 10/25 | 甲子 | 五 | 六 | 21 | 9/25 | 甲午 | 七 | 九 | 21 | 8/27 | 乙丑 | 一 | 二 |
| 22 | 1/22 | 癸巳 | 5 | 3 | 22 | 12/24 | 甲子 | 1 | 1 | 22 | 11/24 | 甲午 | 五 | 三 | 22 | 10/26 | 乙丑 | 五 | 五 | 22 | 9/26 | 乙未 | 七 | 八 | 22 | 8/28 | 丙寅 | 一 | 一 |
| 23 | 1/23 | 甲午 | 3 | 4 | 23 | 12/25 | 乙丑 | 1 | 2 | 23 | 11/25 | 乙未 | 五 | 二 | 23 | 10/27 | 丙寅 | 五 | 四 | 23 | 9/27 | 丙申 | 七 | 七 | 23 | 8/29 | 丁卯 | 一 | 九 |
| 24 | 1/24 | 乙未 | 3 | 5 | 24 | 12/26 | 丙寅 | 1 | 3 | 24 | 11/26 | 丙申 | 五 | 一 | 24 | 10/28 | 丁卯 | 五 | 三 | 24 | 9/28 | 丁酉 | 七 | 六 | 24 | 8/30 | 戊辰 | 一 | 八 |
| 25 | 1/25 | 丙申 | 3 | 6 | 25 | 12/27 | 丁卯 | 1 | 4 | 25 | 11/27 | 丁酉 | 五 | 九 | 25 | 10/29 | 戊辰 | 五 | 二 | 25 | 9/29 | 戊戌 | 七 | 五 | 25 | 8/31 | 己巳 | 四 | 七 |
| 26 | 1/26 | 丁酉 | 3 | 7 | 26 | 12/28 | 戊辰 | 1 | 5 | 26 | 11/28 | 戊戌 | 五 | 八 | 26 | 10/30 | 己巳 | 八 | 一 | 26 | 9/30 | 己亥 | 一 | 四 | 26 | 9/1 | 庚午 | 四 | 六 |
| 27 | 1/27 | 戊戌 | 3 | 8 | 27 | 12/29 | 己巳 | 7 | 6 | 27 | 11/29 | 己亥 | 八 | 七 | 27 | 10/31 | 庚午 | 八 | 九 | 27 | 10/1 | 庚子 | 一 | 三 | 27 | 9/2 | 辛未 | 四 | 五 |
| 28 | 1/28 | 己亥 | 9 | 9 | 28 | 12/30 | 庚午 | 7 | 7 | 28 | 11/30 | 庚子 | 八 | 六 | 28 | 11/1 | 辛未 | 八 | 八 | 28 | 10/2 | 辛丑 | 一 | 二 | 28 | 9/3 | 壬申 | 四 | 四 |
| 29 | 1/29 | 庚子 | 9 | 1 | 29 | 12/31 | 辛未 | 7 | 8 | 29 | 12/1 | 辛丑 | 八 | 五 | 29 | 11/2 | 壬申 | 八 | 七 | 29 | 10/3 | 壬寅 | 一 | 一 | 29 | 9/4 | 癸酉 | 四 | 三 |
| 30 | 1/30 | 辛丑 | 9 | 2 | | | | | | 30 | 12/2 | 壬寅 | 八 | 四 | | | | | | 30 | 10/4 | 癸卯 | 一 | 九 | | | | | |

# 西元2014年（甲午）肖馬 民國103年（男巽命）

奇門遁甲局數如標示為 一 ～九表示陰局　　如標示為1 ～9 表示陽局

| 六月 | | | | | 五月 | | | | | 四月 | | | | | 三月 | | | | | 二月 | | | | | 正月 | | | | |
|---|---|---|---|---|---|---|---|---|---|---|---|---|---|---|---|---|---|---|---|---|---|---|---|---|---|---|---|---|---|
| 辛未 | | | | | 庚午 | | | | | 己巳 | | | | | 戊辰 | | | | | 丁卯 | | | | | 丙寅 | | | | |
| 三碧木 | | | | | 四綠木 | | | | | 五黃土 | | | | | 六白金 | | | | | 七赤金 | | | | | 八白土 | | | | |
| 大暑 05時43分 廿七卯時 | | 小暑 12時16分 十一午時 | 奇門遁甲局數 | | 夏至 18時52分 廿四酉時 | | 芒種 02時04分 初九丑時 | 奇門遁甲局數 | | 小滿 11時00分 廿三午時 | | 立夏 22時01分 初七亥時 | 奇門遁甲局數 | | 穀雨 11時57分 廿一午時 | | 清明 04時48分 初六寅時 | 奇門遁甲局數 | | 春分 00時59分 廿一子時 | | 驚蟄 00時04分 初六子時 | 奇門遁甲局數 | | 雨水 02時01分 二十丑時 | | 立春 06時05分 初五卯時 | 奇門遁甲局數 | |
| 農曆 | 國曆 | 干支 | 時盤 | 日盤 | 農曆 | 國曆 | 干支 | 時盤 | 日盤 | 農曆 | 國曆 | 干支 | 時盤 | 日盤 | 農曆 | 國曆 | 干支 | 時盤 | 日盤 | 農曆 | 國曆 | 干支 | 時盤 | 日盤 | 農曆 | 國曆 | 干支 | 時盤 | 日盤 |
| 1 | 6/27 | 己巳 | 三 | 四 | 1 | 5/29 | 庚子 | 2 | 4 | 1 | 4/29 | 庚午 | 2 | 1 | 1 | 3/31 | 辛丑 | 9 | 8 | 1 | 3/1 | 辛未 | 6 | 5 | 1 | 1/31 | 壬寅 | 9 | 3 |
| 2 | 6/28 | 庚午 | 三 | 三 | 2 | 5/30 | 辛丑 | 2 | 5 | 2 | 4/30 | 辛未 | 2 | 2 | 2 | 4/1 | 壬寅 | 9 | 9 | 2 | 3/2 | 壬申 | 6 | 6 | 2 | 2/1 | 癸卯 | 9 | 4 |
| 3 | 6/29 | 辛未 | 三 | 二 | 3 | 5/31 | 壬寅 | 2 | 6 | 3 | 5/1 | 壬申 | 2 | 3 | 3 | 4/2 | 癸卯 | 9 | 1 | 3 | 3/3 | 癸酉 | 6 | 7 | 3 | 2/2 | 甲辰 | 6 | 5 |
| 4 | 6/30 | 壬申 | 三 | 一 | 4 | 6/1 | 癸卯 | 2 | 7 | 4 | 5/2 | 癸酉 | 2 | 4 | 4 | 4/3 | 甲辰 | 6 | 2 | 4 | 3/4 | 甲戌 | 3 | 8 | 4 | 2/3 | 乙巳 | 6 | 6 |
| 5 | 7/1 | 癸酉 | 三 | 九 | 5 | 6/2 | 甲辰 | 8 | 8 | 5 | 5/3 | 甲戌 | 8 | 5 | 5 | 4/4 | 乙巳 | 6 | 3 | 5 | 3/5 | 乙亥 | 3 | 9 | 5 | 2/4 | 丙午 | 6 | 7 |
| 6 | 7/2 | 甲戌 | 六 | 八 | 6 | 6/3 | 乙巳 | 8 | 9 | 6 | 5/4 | 乙亥 | 8 | 6 | 6 | 4/5 | 丙午 | 6 | 4 | 6 | 3/6 | 丙子 | 3 | 1 | 6 | 2/5 | 丁未 | 6 | 8 |
| 7 | 7/3 | 乙亥 | 六 | 七 | 7 | 6/4 | 丙午 | 8 | 1 | 7 | 5/5 | 丙子 | 8 | 7 | 7 | 4/6 | 丁未 | 6 | 5 | 7 | 3/7 | 丁丑 | 3 | 2 | 7 | 2/6 | 戊申 | 6 | 9 |
| 8 | 7/4 | 丙子 | 六 | 六 | 8 | 6/5 | 丁未 | 8 | 2 | 8 | 5/6 | 丁丑 | 8 | 8 | 8 | 4/7 | 戊申 | 6 | 6 | 8 | 3/8 | 戊寅 | 3 | 3 | 8 | 2/7 | 己酉 | 8 | 1 |
| 9 | 7/5 | 丁丑 | 六 | 五 | 9 | 6/6 | 戊申 | 8 | 3 | 9 | 5/7 | 戊寅 | 8 | 9 | 9 | 4/8 | 己酉 | 4 | 7 | 9 | 3/9 | 己卯 | 1 | 4 | 9 | 2/8 | 庚戌 | 8 | 2 |
| 10 | 7/6 | 戊寅 | 六 | 四 | 10 | 6/7 | 己酉 | 6 | 4 | 10 | 5/8 | 己卯 | 4 | 1 | 10 | 4/9 | 庚戌 | 4 | 8 | 10 | 3/10 | 庚辰 | 1 | 5 | 10 | 2/9 | 辛亥 | 8 | 3 |
| 11 | 7/7 | 己卯 | 八 | 三 | 11 | 6/8 | 庚戌 | 6 | 5 | 11 | 5/9 | 庚辰 | 4 | 2 | 11 | 4/10 | 辛亥 | 4 | 9 | 11 | 3/11 | 辛巳 | 1 | 6 | 11 | 2/10 | 壬子 | 8 | 4 |
| 12 | 7/8 | 庚辰 | 八 | 二 | 12 | 6/9 | 辛亥 | 6 | 6 | 12 | 5/10 | 辛巳 | 4 | 3 | 12 | 4/11 | 壬子 | 4 | 1 | 12 | 3/12 | 壬午 | 1 | 7 | 12 | 2/11 | 癸丑 | 8 | 5 |
| 13 | 7/9 | 辛巳 | 八 | 一 | 13 | 6/10 | 壬子 | 6 | 7 | 13 | 5/11 | 壬午 | 4 | 4 | 13 | 4/12 | 癸丑 | 4 | 2 | 13 | 3/13 | 癸未 | 1 | 8 | 13 | 2/12 | 甲寅 | 5 | 6 |
| 14 | 7/10 | 壬午 | 八 | 九 | 14 | 6/11 | 癸丑 | 6 | 8 | 14 | 5/12 | 癸未 | 4 | 5 | 14 | 4/13 | 甲寅 | 1 | 3 | 14 | 3/14 | 甲申 | 7 | 9 | 14 | 2/13 | 乙卯 | 5 | 7 |
| 15 | 7/11 | 癸未 | 八 | 八 | 15 | 6/12 | 甲寅 | 3 | 9 | 15 | 5/13 | 甲申 | 1 | 6 | 15 | 4/14 | 乙卯 | 1 | 4 | 15 | 3/15 | 乙酉 | 7 | 1 | 15 | 2/14 | 丙辰 | 5 | 8 |
| 16 | 7/12 | 甲申 | 二 | 七 | 16 | 6/13 | 乙卯 | 3 | 1 | 16 | 5/14 | 乙酉 | 1 | 7 | 16 | 4/15 | 丙辰 | 1 | 5 | 16 | 3/16 | 丙戌 | 7 | 2 | 16 | 2/15 | 丁巳 | 5 | 9 |
| 17 | 7/13 | 乙酉 | 二 | 六 | 17 | 6/14 | 丙辰 | 3 | 2 | 17 | 5/15 | 丙戌 | 1 | 8 | 17 | 4/16 | 丁巳 | 1 | 6 | 17 | 3/17 | 丁亥 | 7 | 3 | 17 | 2/16 | 戊午 | 5 | 1 |
| 18 | 7/14 | 丙戌 | 二 | 五 | 18 | 6/15 | 丁巳 | 3 | 3 | 18 | 5/16 | 丁亥 | 1 | 9 | 18 | 4/17 | 戊午 | 1 | 7 | 18 | 3/18 | 戊子 | 7 | 4 | 18 | 2/17 | 己未 | 2 | 2 |
| 19 | 7/15 | 丁亥 | 二 | 四 | 19 | 6/16 | 戊午 | 3 | 4 | 19 | 5/17 | 戊子 | 1 | 1 | 19 | 4/18 | 己未 | 7 | 8 | 19 | 3/19 | 己丑 | 4 | 5 | 19 | 2/18 | 庚申 | 2 | 3 |
| 20 | 7/16 | 戊子 | 二 | 三 | 20 | 6/17 | 己未 | 9 | 5 | 20 | 5/18 | 己丑 | 7 | 2 | 20 | 4/19 | 庚申 | 7 | 9 | 20 | 3/20 | 庚寅 | 4 | 6 | 20 | 2/19 | 辛酉 | 2 | 4 |
| 21 | 7/17 | 己丑 | 五 | 二 | 21 | 6/18 | 庚申 | 9 | 6 | 21 | 5/19 | 庚寅 | 7 | 3 | 21 | 4/20 | 辛酉 | 7 | 1 | 21 | 3/21 | 辛卯 | 4 | 7 | 21 | 2/20 | 壬戌 | 2 | 5 |
| 22 | 7/18 | 庚寅 | 五 | 一 | 22 | 6/19 | 辛酉 | 9 | 7 | 22 | 5/20 | 辛卯 | 7 | 4 | 22 | 4/21 | 壬戌 | 7 | 2 | 22 | 3/22 | 壬辰 | 4 | 8 | 22 | 2/21 | 癸亥 | 2 | 6 |
| 23 | 7/19 | 辛卯 | 五 | 九 | 23 | 6/20 | 壬戌 | 9 | 8 | 23 | 5/21 | 壬辰 | 7 | 5 | 23 | 4/22 | 癸亥 | 7 | 3 | 23 | 3/23 | 癸巳 | 4 | 9 | 23 | 2/22 | 甲子 | 9 | 7 |
| 24 | 7/20 | 壬辰 | 五 | 八 | 24 | 6/21 | 癸亥 | 9 | 一 | 24 | 5/22 | 癸巳 | 7 | 6 | 24 | 4/23 | 甲子 | 5 | 4 | 24 | 3/24 | 甲午 | 3 | 1 | 24 | 2/23 | 乙丑 | 9 | 8 |
| 25 | 7/21 | 癸巳 | 五 | 七 | 25 | 6/22 | 甲子 | 九 | 九 | 25 | 5/23 | 甲午 | 5 | 7 | 25 | 4/24 | 乙丑 | 5 | 5 | 25 | 3/25 | 乙未 | 3 | 2 | 25 | 2/24 | 丙寅 | 9 | 9 |
| 26 | 7/22 | 甲午 | 七 | 六 | 26 | 6/23 | 乙丑 | 九 | 八 | 26 | 5/24 | 乙未 | 5 | 8 | 26 | 4/25 | 丙寅 | 5 | 6 | 26 | 3/26 | 丙申 | 3 | 3 | 26 | 2/25 | 丁卯 | 9 | 1 |
| 27 | 7/23 | 乙未 | 七 | 五 | 27 | 6/24 | 丙寅 | 九 | 七 | 27 | 5/25 | 丙申 | 5 | 9 | 27 | 4/26 | 丁卯 | 5 | 7 | 27 | 3/27 | 丁酉 | 3 | 4 | 27 | 2/26 | 戊辰 | 9 | 2 |
| 28 | 7/24 | 丙申 | 七 | 四 | 28 | 6/25 | 丁卯 | 九 | 六 | 28 | 5/26 | 丁酉 | 5 | 1 | 28 | 4/27 | 戊辰 | 5 | 8 | 28 | 3/28 | 戊戌 | 3 | 5 | 28 | 2/27 | 己巳 | 6 | 3 |
| 29 | 7/25 | 丁酉 | 七 | 三 | 29 | 6/26 | 戊辰 | 九 | 五 | 29 | 5/27 | 戊戌 | 5 | 2 | 29 | 4/28 | 己巳 | 2 | 9 | 29 | 3/29 | 己亥 | 9 | 6 | 29 | 2/28 | 庚午 | 6 | 4 |
| 30 | 7/26 | 戊戌 | 七 | 二 | | | | | | 30 | 5/28 | 己亥 | 2 | 3 | | | | | | 30 | 3/30 | 庚子 | 9 | 7 | | | | | |

# 西元2014年（甲午）肖馬 民國103年（女坤命）

奇門遁甲局數如標示為 一 ～九表示陰局　　如標示為1 ～9 表示陽局

| 十二月 | | | | | 十一月 | | | | | 十　月 | | | | | 潤九　月 | | | | | 九　月 | | | | | 八　月 | | | | | 七　月 | | | | |
|---|---|---|---|---|---|---|---|---|---|---|---|---|---|---|---|---|---|---|---|---|---|---|---|---|---|---|---|---|---|---|---|---|---|---|
| 丁丑 | | | | | 丙子 | | | | | 乙亥 | | | | | 乙亥 | | | | | 甲戌 | | | | | 癸酉 | | | | | 壬申 | | | | |
| 六白金 | | | | | 七赤金 | | | | | 八白土 | | | | | | | | | | 九紫火 | | | | | 一白水 | | | | | 二黑土 | | | | |
| 立春 12時00分 十六午時 | | 大寒 17時45分 初一酉時 | 奇門遁甲局數 | | 小寒 00時22分 十六子時 | | 冬至 07時05分 初一辰時 | 奇門遁甲局數 | | 大雪 13時06分 十六未時 | | 小雪 17時40分 初一酉時 | 奇門遁甲局數 | | 立冬 20時08分 十五戌時 | | | 奇門遁甲局數 | | 霜降 19時59分 三十戌時 | | 寒露 16時49分 十五申時 | 奇門遁甲局數 | | 秋分 10時31分 三十巳時 | | 白露 01時03分 十五丑時 | 奇門遁甲局數 | | 處暑 12時47分 廿八午時 | | 立秋 22時04分 十二亥時 | 奇門遁甲局數 | |
| 農曆 | 國曆 | 干支 | 時盤 | 日盤 | 農曆 | 國曆 | 干支 | 時盤 | 日盤 | 農曆 | 國曆 | 干支 | 時盤 | 日盤 | 農曆 | 國曆 | 干支 | 時盤 | 日盤 | 農曆 | 國曆 | 干支 | 時盤 | 日盤 | 農曆 | 國曆 | 干支 | 時盤 | 日盤 | 農曆 | 國曆 | 干支 | 時盤 | 日盤 |
| 1 | 1/20 | 丙申 | 3 | 6 | 1 | 12/22 | 丁卯 | 1 | 4 | 1 | 11/22 | 丁酉 | 五 | 九 | 1 | 10/24 | 戊辰 | 五 | 二 | 1 | 9/24 | 戊戌 | 七 | 五 | 1 | 8/25 | 戊辰 | 一 | 八 | 1 | 7/27 | 己亥 | 一 | 一 |
| 2 | 1/21 | 丁酉 | 3 | 7 | 2 | 12/23 | 戊辰 | 1 | 5 | 2 | 11/23 | 戊戌 | 五 | 八 | 2 | 10/25 | 己巳 | 八 | 一 | 2 | 9/25 | 己亥 | 一 | 四 | 2 | 8/26 | 己巳 | 四 | 七 | 2 | 7/28 | 庚子 | 一 | 九 |
| 3 | 1/22 | 戊戌 | 3 | 8 | 3 | 12/24 | 己巳 | 7 | 6 | 3 | 11/24 | 己亥 | 八 | 七 | 3 | 10/26 | 庚午 | 八 | 九 | 3 | 9/26 | 庚子 | 一 | 三 | 3 | 8/27 | 庚午 | 四 | 六 | 3 | 7/29 | 辛丑 | 一 | 八 |
| 4 | 1/23 | 己亥 | 9 | 9 | 4 | 12/25 | 庚午 | 7 | 7 | 4 | 11/25 | 庚子 | 八 | 六 | 4 | 10/27 | 辛未 | 八 | 八 | 4 | 9/27 | 辛丑 | 一 | 二 | 4 | 8/28 | 辛未 | 四 | 五 | 4 | 7/30 | 壬寅 | 一 | 七 |
| 5 | 1/24 | 庚子 | 9 | 1 | 5 | 12/26 | 辛未 | 7 | 8 | 5 | 11/26 | 辛丑 | 八 | 五 | 5 | 10/28 | 壬申 | 八 | 七 | 5 | 9/28 | 壬寅 | 一 | 一 | 5 | 8/29 | 壬申 | 四 | 四 | 5 | 7/31 | 癸卯 | 一 | 六 |
| 6 | 1/25 | 辛丑 | 9 | 2 | 6 | 12/27 | 壬申 | 7 | 9 | 6 | 11/27 | 壬寅 | 八 | 四 | 6 | 10/29 | 癸酉 | 八 | 六 | 6 | 9/29 | 癸卯 | 一 | 九 | 6 | 8/30 | 癸酉 | 四 | 三 | 6 | 8/1 | 甲辰 | 四 | 五 |
| 7 | 1/26 | 壬寅 | 9 | 3 | 7 | 12/28 | 癸酉 | 7 | 1 | 7 | 11/28 | 癸卯 | 八 | 三 | 7 | 10/30 | 甲戌 | 二 | 五 | 7 | 9/30 | 甲辰 | 四 | 八 | 7 | 8/31 | 甲戌 | 七 | 二 | 7 | 8/2 | 乙巳 | 四 | 四 |
| 8 | 1/27 | 癸卯 | 9 | 4 | 8 | 12/29 | 甲戌 | 4 | 2 | 8 | 11/29 | 甲辰 | 二 | 二 | 8 | 10/31 | 乙亥 | 二 | 四 | 8 | 10/1 | 乙巳 | 四 | 七 | 8 | 9/1 | 乙亥 | 七 | 一 | 8 | 8/3 | 丙午 | 四 | 三 |
| 9 | 1/28 | 甲辰 | 6 | 5 | 9 | 12/30 | 乙亥 | 4 | 3 | 9 | 11/30 | 乙巳 | 二 | 一 | 9 | 11/1 | 丙子 | 二 | 三 | 9 | 10/2 | 丙午 | 四 | 六 | 9 | 9/2 | 丙子 | 七 | 九 | 9 | 8/4 | 丁未 | 四 | 二 |
| 10 | 1/29 | 乙巳 | 6 | 6 | 10 | 12/31 | 丙子 | 4 | 4 | 10 | 12/1 | 丙午 | 二 | 九 | 10 | 11/2 | 丁丑 | 二 | 二 | 10 | 10/3 | 丁未 | 四 | 五 | 10 | 9/3 | 丁丑 | 七 | 八 | 10 | 8/5 | 戊申 | 四 | 一 |
| 11 | 1/30 | 丙午 | 6 | 7 | 11 | 1/1 | 丁丑 | 4 | 5 | 11 | 12/2 | 丁未 | 二 | 八 | 11 | 11/3 | 戊寅 | 二 | 一 | 11 | 10/4 | 戊申 | 四 | 四 | 11 | 9/4 | 戊寅 | 七 | 七 | 11 | 8/6 | 己酉 | 二 | 九 |
| 12 | 1/31 | 丁未 | 6 | 8 | 12 | 1/2 | 戊寅 | 4 | 6 | 12 | 12/3 | 戊申 | 二 | 七 | 12 | 11/4 | 己卯 | 六 | 九 | 12 | 10/5 | 己酉 | 六 | 三 | 12 | 9/5 | 己卯 | 九 | 六 | 12 | 8/7 | 庚戌 | 二 | 八 |
| 13 | 2/1 | 戊申 | 6 | 9 | 13 | 1/3 | 己卯 | 2 | 7 | 13 | 12/4 | 己酉 | 四 | 六 | 13 | 11/5 | 庚辰 | 六 | 八 | 13 | 10/6 | 庚戌 | 六 | 二 | 13 | 9/6 | 庚辰 | 九 | 五 | 13 | 8/8 | 辛亥 | 二 | 七 |
| 14 | 2/2 | 己酉 | 8 | 1 | 14 | 1/4 | 庚辰 | 2 | 8 | 14 | 12/5 | 庚戌 | 四 | 五 | 14 | 11/6 | 辛巳 | 六 | 七 | 14 | 10/7 | 辛亥 | 六 | 一 | 14 | 9/7 | 辛巳 | 九 | 四 | 14 | 8/9 | 壬子 | 二 | 六 |
| 15 | 2/3 | 庚戌 | 8 | 2 | 15 | 1/5 | 辛巳 | 2 | 9 | 15 | 12/6 | 辛亥 | 四 | 四 | 15 | 11/7 | 壬午 | 六 | 六 | 15 | 10/8 | 壬子 | 六 | 九 | 15 | 9/8 | 壬午 | 九 | 三 | 15 | 8/10 | 癸丑 | 二 | 五 |
| 16 | 2/4 | 辛亥 | 8 | 3 | 16 | 1/6 | 壬午 | 2 | 1 | 16 | 12/7 | 壬子 | 四 | 三 | 16 | 11/8 | 癸未 | 六 | 五 | 16 | 10/9 | 癸丑 | 六 | 八 | 16 | 9/9 | 癸未 | 九 | 二 | 16 | 8/11 | 甲寅 | 五 | 四 |
| 17 | 2/5 | 壬子 | 8 | 4 | 17 | 1/7 | 癸未 | 2 | 2 | 17 | 12/8 | 癸丑 | 四 | 二 | 17 | 11/9 | 甲申 | 九 | 四 | 17 | 10/10 | 甲寅 | 九 | 七 | 17 | 9/10 | 甲申 | 三 | 一 | 17 | 8/12 | 乙卯 | 五 | 三 |
| 18 | 2/6 | 癸丑 | 8 | 5 | 18 | 1/8 | 甲申 | 8 | 3 | 18 | 12/9 | 甲寅 | 七 | 一 | 18 | 11/10 | 乙酉 | 九 | 三 | 18 | 10/11 | 乙卯 | 九 | 六 | 18 | 9/11 | 乙酉 | 三 | 九 | 18 | 8/13 | 丙辰 | 五 | 二 |
| 19 | 2/7 | 甲寅 | 5 | 6 | 19 | 1/9 | 乙酉 | 8 | 4 | 19 | 12/10 | 乙卯 | 七 | 九 | 19 | 11/11 | 丙戌 | 九 | 二 | 19 | 10/12 | 丙辰 | 九 | 五 | 19 | 9/12 | 丙戌 | 三 | 八 | 19 | 8/14 | 丁巳 | 五 | 一 |
| 20 | 2/8 | 乙卯 | 5 | 7 | 20 | 1/10 | 丙戌 | 8 | 5 | 20 | 12/11 | 丙辰 | 七 | 八 | 20 | 11/12 | 丁亥 | 九 | 一 | 20 | 10/13 | 丁巳 | 九 | 四 | 20 | 9/13 | 丁亥 | 三 | 七 | 20 | 8/15 | 戊午 | 五 | 九 |
| 21 | 2/9 | 丙辰 | 5 | 8 | 21 | 1/11 | 丁亥 | 8 | 6 | 21 | 12/12 | 丁巳 | 七 | 七 | 21 | 11/13 | 戊子 | 九 | 九 | 21 | 10/14 | 戊午 | 九 | 三 | 21 | 9/14 | 戊子 | 三 | 六 | 21 | 8/16 | 己未 | 八 | 八 |
| 22 | 2/10 | 丁巳 | 5 | 9 | 22 | 1/12 | 戊子 | 8 | 7 | 22 | 12/13 | 戊午 | 七 | 六 | 22 | 11/14 | 己丑 | 三 | 八 | 22 | 10/15 | 己未 | 三 | 二 | 22 | 9/15 | 己丑 | 六 | 五 | 22 | 8/17 | 庚申 | 八 | 七 |
| 23 | 2/11 | 戊午 | 5 | 1 | 23 | 1/13 | 己丑 | 5 | 8 | 23 | 12/14 | 己未 | 一 | 五 | 23 | 11/15 | 庚寅 | 三 | 七 | 23 | 10/16 | 庚申 | 三 | 一 | 23 | 9/16 | 庚寅 | 六 | 四 | 23 | 8/18 | 辛酉 | 八 | 六 |
| 24 | 2/12 | 己未 | 2 | 2 | 24 | 1/14 | 庚寅 | 5 | 9 | 24 | 12/15 | 庚申 | 一 | 四 | 24 | 11/16 | 辛卯 | 三 | 六 | 24 | 10/17 | 辛酉 | 三 | 九 | 24 | 9/17 | 辛卯 | 六 | 三 | 24 | 8/19 | 壬戌 | 八 | 五 |
| 25 | 2/13 | 庚申 | 2 | 3 | 25 | 1/15 | 辛卯 | 5 | 1 | 25 | 12/16 | 辛酉 | 一 | 三 | 25 | 11/17 | 壬辰 | 三 | 五 | 25 | 10/18 | 壬戌 | 三 | 八 | 25 | 9/18 | 壬辰 | 六 | 二 | 25 | 8/20 | 癸亥 | 八 | 四 |
| 26 | 2/14 | 辛酉 | 2 | 4 | 26 | 1/16 | 壬辰 | 5 | 2 | 26 | 12/17 | 壬戌 | 一 | 二 | 26 | 11/18 | 癸巳 | 三 | 四 | 26 | 10/19 | 癸亥 | 三 | 七 | 26 | 9/19 | 癸巳 | 六 | 一 | 26 | 8/21 | 甲子 | 一 | 三 |
| 27 | 2/15 | 壬戌 | 2 | 5 | 27 | 1/17 | 癸巳 | 5 | 3 | 27 | 12/18 | 癸亥 | 一 | 一 | 27 | 11/19 | 甲午 | 五 | 三 | 27 | 10/20 | 甲子 | 五 | 六 | 27 | 9/20 | 甲午 | 七 | 九 | 27 | 8/22 | 乙丑 | 一 | 二 |
| 28 | 2/16 | 癸亥 | 2 | 6 | 28 | 1/18 | 甲午 | 3 | 4 | 28 | 12/19 | 甲子 | 1 | 九 | 28 | 11/20 | 乙未 | 五 | 二 | 28 | 10/21 | 乙丑 | 五 | 五 | 28 | 9/21 | 乙未 | 七 | 八 | 28 | 8/23 | 丙寅 | 一 | 一 |
| 29 | 2/17 | 甲子 | 9 | 7 | 29 | 1/19 | 乙未 | 3 | 5 | 29 | 12/20 | 乙丑 | 1 | 八 | 29 | 11/21 | 丙申 | 五 | 一 | 29 | 10/22 | 丙寅 | 五 | 四 | 29 | 9/22 | 丙申 | 七 | 七 | 29 | 8/24 | 丁卯 | 一 | 九 |
| 30 | 2/18 | 乙丑 | 9 | 8 | | | | | | 30 | 12/21 | 丙寅 | 1 | 七 | | | | | | 30 | 10/23 | 丁卯 | 五 | 三 | 30 | 9/23 | 丁酉 | 七 | 六 | | | | | |

# 西元2015年（乙未）肖羊 民國104年（男震命）

奇門遁甲局數如標示為 一 ～九表示陰局　　如標示為1 ～9 表示陽局

| 六　月 | | | | | 五　月 | | | | | 四　月 | | | | | 三　月 | | | | | 二　月 | | | | | 正　月 | | | | |
|---|---|---|---|---|---|---|---|---|---|---|---|---|---|---|---|---|---|---|---|---|---|---|---|---|---|---|---|---|---|
| 癸未 | | | | | 壬午 | | | | | 辛巳 | | | | | 庚辰 | | | | | 己卯 | | | | | 戊寅 | | | | |
| 九紫火 | | | | | 一白水 | | | | | 二黑土 | | | | | 三碧木 | | | | | 四綠木 | | | | | 五黃土 | | | | |
| 立秋 04時03分 廿四寅時 | | 大暑 11時32分 初八午時 | 奇門遁甲局數 | | 小暑 18時13分 廿二酉時 | | 夏至 00時39分 初七子時 | 奇門遁甲局數 | | 芒種 08時00分 二十辰時 | | 小滿 16時46分 初四申時 | 奇門遁甲局數 | | 立夏 03時54分 十八寅時 | | 穀雨 17時43分 初二酉時 | 奇門遁甲局數 | | 清明 10時40分 十七巳時 | | 春分 06時47分 初二卯時 | 奇門遁甲局數 | | 驚蟄 05時57分 十六卯時 | | 雨水 07時51分 初一辰時 | 奇門遁甲局數 | |
| 農曆 | 國曆 | 干支 | 時盤 | 日盤 | 農曆 | 國曆 | 干支 | 時盤 | 日盤 | 農曆 | 國曆 | 干支 | 時盤 | 日盤 | 農曆 | 國曆 | 干支 | 時盤 | 日盤 | 農曆 | 國曆 | 干支 | 時盤 | 日盤 | 農曆 | 國曆 | 干支 | 時盤 | 日盤 |
| 1 | 7/16 | 癸巳 | 五 | 七 | 1 | 6/16 | 癸亥 | 9 | 9 | 1 | 5/18 | 甲午 | 5 | 7 | 1 | 4/19 | 乙丑 | 5 | 5 | 1 | 3/20 | 乙未 | 3 | 2 | 1 | 2/19 | 丙寅 | 9 | 9 |
| 2 | 7/17 | 甲午 | 七 | 六 | 2 | 6/17 | 甲子 | 九 | 1 | 2 | 5/19 | 乙未 | 5 | 8 | 2 | 4/20 | 丙寅 | 5 | 6 | 2 | 3/21 | 丙申 | 3 | 3 | 2 | 2/20 | 丁卯 | 9 | 1 |
| 3 | 7/18 | 乙未 | 七 | 五 | 3 | 6/18 | 乙丑 | 九 | 2 | 3 | 5/20 | 丙申 | 5 | 9 | 3 | 4/21 | 丁卯 | 5 | 7 | 3 | 3/22 | 丁酉 | 3 | 4 | 3 | 2/21 | 戊辰 | 9 | 2 |
| 4 | 7/19 | 丙申 | 七 | 四 | 4 | 6/19 | 丙寅 | 九 | 3 | 4 | 5/21 | 丁酉 | 5 | 1 | 4 | 4/22 | 戊辰 | 5 | 8 | 4 | 3/23 | 戊戌 | 3 | 5 | 4 | 2/22 | 己巳 | 6 | 3 |
| 5 | 7/20 | 丁酉 | 七 | 三 | 5 | 6/20 | 丁卯 | 九 | 4 | 5 | 5/22 | 戊戌 | 5 | 2 | 5 | 4/23 | 己巳 | 2 | 9 | 5 | 3/24 | 己亥 | 9 | 6 | 5 | 2/23 | 庚午 | 6 | 4 |
| 6 | 7/21 | 戊戌 | 七 | 二 | 6 | 6/21 | 戊辰 | 九 | 5 | 6 | 5/23 | 己亥 | 2 | 3 | 6 | 4/24 | 庚午 | 2 | 1 | 6 | 3/25 | 庚子 | 9 | 7 | 6 | 2/24 | 辛未 | 6 | 5 |
| 7 | 7/22 | 己亥 | 一 | 一 | 7 | 6/22 | 己巳 | 三 | 四 | 7 | 5/24 | 庚子 | 2 | 4 | 7 | 4/25 | 辛未 | 2 | 2 | 7 | 3/26 | 辛丑 | 9 | 8 | 7 | 2/25 | 壬申 | 6 | 6 |
| 8 | 7/23 | 庚子 | 一 | 九 | 8 | 6/23 | 庚午 | 三 | 三 | 8 | 5/25 | 辛丑 | 2 | 5 | 8 | 4/26 | 壬申 | 2 | 3 | 8 | 3/27 | 壬寅 | 9 | 9 | 8 | 2/26 | 癸酉 | 6 | 7 |
| 9 | 7/24 | 辛丑 | 一 | 八 | 9 | 6/24 | 辛未 | 三 | 二 | 9 | 5/26 | 壬寅 | 2 | 6 | 9 | 4/27 | 癸酉 | 2 | 4 | 9 | 3/28 | 癸卯 | 9 | 1 | 9 | 2/27 | 甲戌 | 3 | 8 |
| 10 | 7/25 | 壬寅 | 一 | 七 | 10 | 6/25 | 壬申 | 三 | 一 | 10 | 5/27 | 癸卯 | 2 | 7 | 10 | 4/28 | 甲戌 | 8 | 5 | 10 | 3/29 | 甲辰 | 6 | 2 | 10 | 2/28 | 乙亥 | 3 | 9 |
| 11 | 7/26 | 癸卯 | 一 | 六 | 11 | 6/26 | 癸酉 | 三 | 九 | 11 | 5/28 | 甲辰 | 8 | 8 | 11 | 4/29 | 乙亥 | 8 | 6 | 11 | 3/30 | 乙巳 | 6 | 3 | 11 | 3/1 | 丙子 | 3 | 1 |
| 12 | 7/27 | 甲辰 | 四 | 五 | 12 | 6/27 | 甲戌 | 六 | 八 | 12 | 5/29 | 乙巳 | 8 | 9 | 12 | 4/30 | 丙子 | 8 | 7 | 12 | 3/31 | 丙午 | 6 | 4 | 12 | 3/2 | 丁丑 | 3 | 2 |
| 13 | 7/28 | 乙巳 | 四 | 四 | 13 | 6/28 | 乙亥 | 六 | 七 | 13 | 5/30 | 丙午 | 8 | 1 | 13 | 5/1 | 丁丑 | 8 | 8 | 13 | 4/1 | 丁未 | 6 | 5 | 13 | 3/3 | 戊寅 | 3 | 3 |
| 14 | 7/29 | 丙午 | 四 | 三 | 14 | 6/29 | 丙子 | 六 | 六 | 14 | 5/31 | 丁未 | 8 | 2 | 14 | 5/2 | 戊寅 | 8 | 9 | 14 | 4/2 | 戊申 | 6 | 6 | 14 | 3/4 | 己卯 | 1 | 4 |
| 15 | 7/30 | 丁未 | 四 | 二 | 15 | 6/30 | 丁丑 | 六 | 五 | 15 | 6/1 | 戊申 | 8 | 3 | 15 | 5/3 | 己卯 | 4 | 1 | 15 | 4/3 | 己酉 | 4 | 7 | 15 | 3/5 | 庚辰 | 1 | 5 |
| 16 | 7/31 | 戊申 | 四 | 一 | 16 | 7/1 | 戊寅 | 六 | 四 | 16 | 6/2 | 己酉 | 6 | 4 | 16 | 5/4 | 庚辰 | 4 | 2 | 16 | 4/4 | 庚戌 | 4 | 8 | 16 | 3/6 | 辛巳 | 1 | 6 |
| 17 | 8/1 | 己酉 | 二 | 九 | 17 | 7/2 | 己卯 | 八 | 三 | 17 | 6/3 | 庚戌 | 6 | 5 | 17 | 5/5 | 辛巳 | 4 | 3 | 17 | 4/5 | 辛亥 | 4 | 9 | 17 | 3/7 | 壬午 | 1 | 7 |
| 18 | 8/2 | 庚戌 | 二 | 八 | 18 | 7/3 | 庚辰 | 八 | 二 | 18 | 6/4 | 辛亥 | 6 | 6 | 18 | 5/6 | 壬午 | 4 | 4 | 18 | 4/6 | 壬子 | 4 | 1 | 18 | 3/8 | 癸未 | 1 | 8 |
| 19 | 8/3 | 辛亥 | 二 | 七 | 19 | 7/4 | 辛巳 | 八 | 一 | 19 | 6/5 | 壬子 | 6 | 7 | 19 | 5/7 | 癸未 | 4 | 5 | 19 | 4/7 | 癸丑 | 4 | 2 | 19 | 3/9 | 甲申 | 7 | 9 |
| 20 | 8/4 | 壬子 | 二 | 六 | 20 | 7/5 | 壬午 | 八 | 九 | 20 | 6/6 | 癸丑 | 6 | 8 | 20 | 5/8 | 甲申 | 1 | 6 | 20 | 4/8 | 甲寅 | 1 | 3 | 20 | 3/10 | 乙酉 | 7 | 1 |
| 21 | 8/5 | 癸丑 | 二 | 五 | 21 | 7/6 | 癸未 | 八 | 八 | 21 | 6/7 | 甲寅 | 3 | 9 | 21 | 5/9 | 乙酉 | 1 | 7 | 21 | 4/9 | 乙卯 | 1 | 4 | 21 | 3/11 | 丙戌 | 7 | 2 |
| 22 | 8/6 | 甲寅 | 五 | 四 | 22 | 7/7 | 甲申 | 二 | 七 | 22 | 6/8 | 乙卯 | 3 | 1 | 22 | 5/10 | 丙戌 | 1 | 8 | 22 | 4/10 | 丙辰 | 1 | 5 | 22 | 3/12 | 丁亥 | 7 | 3 |
| 23 | 8/7 | 乙卯 | 五 | 三 | 23 | 7/8 | 乙酉 | 二 | 六 | 23 | 6/9 | 丙辰 | 3 | 2 | 23 | 5/11 | 丁亥 | 1 | 9 | 23 | 4/11 | 丁巳 | 1 | 6 | 23 | 3/13 | 戊子 | 7 | 4 |
| 24 | 8/8 | 丙辰 | 五 | 二 | 24 | 7/9 | 丙戌 | 二 | 五 | 24 | 6/10 | 丁巳 | 3 | 3 | 24 | 5/12 | 戊子 | 1 | 1 | 24 | 4/12 | 戊午 | 1 | 7 | 24 | 3/14 | 己丑 | 4 | 5 |
| 25 | 8/9 | 丁巳 | 五 | 一 | 25 | 7/10 | 丁亥 | 二 | 四 | 25 | 6/11 | 戊午 | 3 | 4 | 25 | 5/13 | 己丑 | 7 | 2 | 25 | 4/13 | 己未 | 7 | 8 | 25 | 3/15 | 庚寅 | 4 | 6 |
| 26 | 8/10 | 戊午 | 五 | 九 | 26 | 7/11 | 戊子 | 二 | 三 | 26 | 6/12 | 己未 | 9 | 5 | 26 | 5/14 | 庚寅 | 7 | 3 | 26 | 4/14 | 庚申 | 7 | 9 | 26 | 3/16 | 辛卯 | 4 | 7 |
| 27 | 8/11 | 己未 | 八 | 八 | 27 | 7/12 | 己丑 | 五 | 二 | 27 | 6/13 | 庚申 | 9 | 6 | 27 | 5/15 | 辛卯 | 7 | 4 | 27 | 4/15 | 辛酉 | 7 | 1 | 27 | 3/17 | 壬辰 | 4 | 8 |
| 28 | 8/12 | 庚申 | 八 | 七 | 28 | 7/13 | 庚寅 | 五 | 一 | 28 | 6/14 | 辛酉 | 9 | 7 | 28 | 5/16 | 壬辰 | 7 | 5 | 28 | 4/16 | 壬戌 | 7 | 2 | 28 | 3/18 | 癸巳 | 4 | 9 |
| 29 | 8/13 | 辛酉 | 八 | 六 | 29 | 7/14 | 辛卯 | 五 | 九 | 29 | 6/15 | 壬戌 | 9 | 8 | 29 | 5/17 | 癸巳 | 7 | 6 | 29 | 4/17 | 癸亥 | 7 | 3 | 29 | 3/19 | 甲午 | 3 | 1 |
| | | | | | 30 | 7/15 | 壬辰 | 五 | 八 | | | | | | | | | | | 30 | 4/18 | 甲子 | 5 | 4 | | | | | |

# 西元2015年（乙未）肖羊 民國104年（女震命）

奇門遁甲局數如標示為 一 ～九表示陰局　　如標示為1 ～9 表示陽局

| 十二月 | | | | | 十一月 | | | | | 十　月 | | | | | 九　月 | | | | | 八　月 | | | | | 七　月 | | | | |
|---|---|---|---|---|---|---|---|---|---|---|---|---|---|---|---|---|---|---|---|---|---|---|---|---|---|---|---|---|---|
| 己丑 | | | | | 戊子 | | | | | 丁亥 | | | | | 丙戌 | | | | | 乙酉 | | | | | 甲申 | | | | |
| 三碧木 | | | | | 四綠木 | | | | | 五黃土 | | | | | 六白金 | | | | | 七赤金 | | | | | 八白土 | | | | |
| 立春 17時48分 廿六酉時 | | 大寒 23時29分 十一子時 | 奇門遁甲局數 | | 小寒 06時10分 廿七卯時 | | 冬至 12時50分 十二午時 | 奇門遁甲局數 | | 大雪 18時55分 廿六酉時 | | 小雪 23時27分 十一子時 | 奇門遁甲局數 | | 立冬 02時00分 廿七丑時 | | 霜降 01時48分 十二丑時 | 奇門遁甲局數 | | 寒露 22時44分 廿七亥時 | | 秋分 16時22分 十一申時 | 奇門遁甲局數 | | 白露 07時01分 廿六辰時 | | 處暑 18時39分 初十酉時 | 奇門遁甲局數 | |
| 農曆 | 國曆 | 干支 | 時盤 | 日盤 | 農曆 | 國曆 | 干支 | 時盤 | 日盤 | 農曆 | 國曆 | 干支 | 時盤 | 日盤 | 農曆 | 國曆 | 干支 | 時盤 | 日盤 | 農曆 | 國曆 | 干支 | 時盤 | 日盤 | 農曆 | 國曆 | 干支 | 時盤 | 日盤 |
| 1 | 1/10 | 辛卯 | 4 | 1 | 1 | 12/11 | 辛酉 | 一 | 三 | 1 | 11/12 | 壬辰 | 三 | 五 | 1 | 10/13 | 壬戌 | 三 | 八 | 1 | 9/13 | 壬辰 | 六 | 二 | 1 | 8/14 | 壬戌 | 八 | 五 |
| 2 | 1/11 | 壬辰 | 4 | 2 | 2 | 12/12 | 壬戌 | 一 | 二 | 2 | 11/13 | 癸巳 | 三 | 四 | 2 | 10/14 | 癸亥 | 三 | 七 | 2 | 9/14 | 癸巳 | 六 | 一 | 2 | 8/15 | 癸亥 | 八 | 四 |
| 3 | 1/12 | 癸巳 | 4 | 3 | 3 | 12/13 | 癸亥 | 一 | 一 | 3 | 11/14 | 甲午 | 五 | 三 | 3 | 10/15 | 甲子 | 五 | 六 | 3 | 9/15 | 甲午 | 七 | 九 | 3 | 8/16 | 甲子 | 一 | 三 |
| 4 | 1/13 | 甲午 | 2 | 4 | 4 | 12/14 | 甲子 | 四 | 九 | 4 | 11/15 | 乙未 | 五 | 二 | 4 | 10/16 | 乙丑 | 五 | 五 | 4 | 9/16 | 乙未 | 七 | 八 | 4 | 8/17 | 乙丑 | 一 | 二 |
| 5 | 1/14 | 乙未 | 2 | 5 | 5 | 12/15 | 乙丑 | 四 | 八 | 5 | 11/16 | 丙申 | 五 | 一 | 5 | 10/17 | 丙寅 | 五 | 四 | 5 | 9/17 | 丙申 | 七 | 七 | 5 | 8/18 | 丙寅 | 一 | 一 |
| 6 | 1/15 | 丙申 | 2 | 6 | 6 | 12/16 | 丙寅 | 四 | 七 | 6 | 11/17 | 丁酉 | 五 | 九 | 6 | 10/18 | 丁卯 | 五 | 三 | 6 | 9/18 | 丁酉 | 七 | 六 | 6 | 8/19 | 丁卯 | 一 | 九 |
| 7 | 1/16 | 丁酉 | 2 | 7 | 7 | 12/17 | 丁卯 | 四 | 六 | 7 | 11/18 | 戊戌 | 五 | 八 | 7 | 10/19 | 戊辰 | 五 | 二 | 7 | 9/19 | 戊戌 | 七 | 五 | 7 | 8/20 | 戊辰 | 一 | 八 |
| 8 | 1/17 | 戊戌 | 2 | 8 | 8 | 12/18 | 戊辰 | 四 | 五 | 8 | 11/19 | 己亥 | 八 | 七 | 8 | 10/20 | 己巳 | 八 | 一 | 8 | 9/20 | 己亥 | 一 | 四 | 8 | 8/21 | 己巳 | 四 | 七 |
| 9 | 1/18 | 己亥 | 8 | 9 | 9 | 12/19 | 己巳 | 七 | 四 | 9 | 11/20 | 庚子 | 八 | 六 | 9 | 10/21 | 庚午 | 八 | 九 | 9 | 9/21 | 庚子 | 一 | 三 | 9 | 8/22 | 庚午 | 四 | 六 |
| 10 | 1/19 | 庚子 | 8 | 1 | 10 | 12/20 | 庚午 | 七 | 三 | 10 | 11/21 | 辛丑 | 八 | 五 | 10 | 10/22 | 辛未 | 八 | 八 | 10 | 9/22 | 辛丑 | 一 | 二 | 10 | 8/23 | 辛未 | 四 | 五 |
| 11 | 1/20 | 辛丑 | 8 | 2 | 11 | 12/21 | 辛未 | 七 | 二 | 11 | 11/22 | 壬寅 | 八 | 四 | 11 | 10/23 | 壬申 | 八 | 七 | 11 | 9/23 | 壬寅 | 一 | 一 | 11 | 8/24 | 壬申 | 四 | 四 |
| 12 | 1/21 | 壬寅 | 8 | 3 | 12 | 12/22 | 壬申 | 七 | 9 | 12 | 11/23 | 癸卯 | 八 | 三 | 12 | 10/24 | 癸酉 | 八 | 六 | 12 | 9/24 | 癸卯 | 一 | 九 | 12 | 8/25 | 癸酉 | 四 | 三 |
| 13 | 1/22 | 癸卯 | 8 | 4 | 13 | 12/23 | 癸酉 | 七 | 1 | 13 | 11/24 | 甲辰 | 二 | 二 | 13 | 10/25 | 甲戌 | 二 | 五 | 13 | 9/25 | 甲辰 | 四 | 八 | 13 | 8/26 | 甲戌 | 七 | 二 |
| 14 | 1/23 | 甲辰 | 5 | 5 | 14 | 12/24 | 甲戌 | 一 | 2 | 14 | 11/25 | 乙巳 | 二 | 一 | 14 | 10/26 | 乙亥 | 二 | 四 | 14 | 9/26 | 乙巳 | 四 | 七 | 14 | 8/27 | 乙亥 | 七 | 一 |
| 15 | 1/24 | 乙巳 | 5 | 6 | 15 | 12/25 | 乙亥 | 一 | 3 | 15 | 11/26 | 丙午 | 二 | 九 | 15 | 10/27 | 丙子 | 二 | 三 | 15 | 9/27 | 丙午 | 四 | 六 | 15 | 8/28 | 丙子 | 七 | 九 |
| 16 | 1/25 | 丙午 | 5 | 7 | 16 | 12/26 | 丙子 | 一 | 4 | 16 | 11/27 | 丁未 | 二 | 八 | 16 | 10/28 | 丁丑 | 二 | 二 | 16 | 9/28 | 丁未 | 四 | 五 | 16 | 8/29 | 丁丑 | 七 | 八 |
| 17 | 1/26 | 丁未 | 5 | 8 | 17 | 12/27 | 丁丑 | 一 | 5 | 17 | 11/28 | 戊申 | 二 | 七 | 17 | 10/29 | 戊寅 | 二 | 一 | 17 | 9/29 | 戊申 | 四 | 四 | 17 | 8/30 | 戊寅 | 七 | 七 |
| 18 | 1/27 | 戊申 | 5 | 9 | 18 | 12/28 | 戊寅 | 一 | 6 | 18 | 11/29 | 己酉 | 四 | 六 | 18 | 10/30 | 己卯 | 六 | 九 | 18 | 9/30 | 己酉 | 六 | 三 | 18 | 8/31 | 己卯 | 九 | 六 |
| 19 | 1/28 | 己酉 | 3 | 1 | 19 | 12/29 | 己卯 | 1 | 7 | 19 | 11/30 | 庚戌 | 四 | 五 | 19 | 10/31 | 庚辰 | 六 | 八 | 19 | 10/1 | 庚戌 | 六 | 二 | 19 | 9/1 | 庚辰 | 九 | 五 |
| 20 | 1/29 | 庚戌 | 3 | 2 | 20 | 12/30 | 庚辰 | 1 | 8 | 20 | 12/1 | 辛亥 | 四 | 四 | 20 | 11/1 | 辛巳 | 六 | 七 | 20 | 10/2 | 辛亥 | 六 | 一 | 20 | 9/2 | 辛巳 | 九 | 四 |
| 21 | 1/30 | 辛亥 | 3 | 3 | 21 | 12/31 | 辛巳 | 1 | 9 | 21 | 12/2 | 壬子 | 四 | 三 | 21 | 11/2 | 壬午 | 六 | 六 | 21 | 10/3 | 壬子 | 六 | 九 | 21 | 9/3 | 壬午 | 九 | 三 |
| 22 | 1/31 | 壬子 | 3 | 4 | 22 | 1/1 | 壬午 | 1 | 1 | 22 | 12/3 | 癸丑 | 四 | 二 | 22 | 11/3 | 癸未 | 六 | 五 | 22 | 10/4 | 癸丑 | 六 | 八 | 22 | 9/4 | 癸未 | 九 | 二 |
| 23 | 2/1 | 癸丑 | 3 | 5 | 23 | 1/2 | 癸未 | 1 | 2 | 23 | 12/4 | 甲寅 | 七 | 一 | 23 | 11/4 | 甲申 | 九 | 四 | 23 | 10/5 | 甲寅 | 九 | 七 | 23 | 9/5 | 甲申 | 三 | 一 |
| 24 | 2/2 | 甲寅 | 9 | 6 | 24 | 1/3 | 甲申 | 7 | 3 | 24 | 12/5 | 乙卯 | 七 | 九 | 24 | 11/5 | 乙酉 | 九 | 三 | 24 | 10/6 | 乙卯 | 九 | 六 | 24 | 9/6 | 乙酉 | 三 | 九 |
| 25 | 2/3 | 乙卯 | 9 | 7 | 25 | 1/4 | 乙酉 | 7 | 4 | 25 | 12/6 | 丙辰 | 七 | 八 | 25 | 11/6 | 丙戌 | 九 | 二 | 25 | 10/7 | 丙辰 | 九 | 五 | 25 | 9/7 | 丙戌 | 三 | 八 |
| 26 | 2/4 | 丙辰 | 9 | 8 | 26 | 1/5 | 丙戌 | 7 | 5 | 26 | 12/7 | 丁巳 | 七 | 七 | 26 | 11/7 | 丁亥 | 九 | 一 | 26 | 10/8 | 丁巳 | 九 | 四 | 26 | 9/8 | 丁亥 | 三 | 七 |
| 27 | 2/5 | 丁巳 | 9 | 9 | 27 | 1/6 | 丁亥 | 7 | 6 | 27 | 12/8 | 戊午 | 七 | 六 | 27 | 11/8 | 戊子 | 九 | 九 | 27 | 10/9 | 戊午 | 九 | 三 | 27 | 9/9 | 戊子 | 三 | 六 |
| 28 | 2/6 | 戊午 | 9 | 1 | 28 | 1/7 | 戊子 | 7 | 7 | 28 | 12/9 | 己未 | 一 | 五 | 28 | 11/9 | 己丑 | 三 | 八 | 28 | 10/10 | 己未 | 三 | 二 | 28 | 9/10 | 己丑 | 六 | 五 |
| 29 | 2/7 | 己未 | 6 | 2 | 29 | 1/8 | 己丑 | 4 | 8 | 29 | 12/10 | 庚申 | 一 | 四 | 29 | 11/10 | 庚寅 | 三 | 七 | 29 | 10/11 | 庚申 | 三 | 一 | 29 | 9/11 | 庚寅 | 六 | 四 |
| | | | | | 30 | 1/9 | 庚寅 | 4 | 9 | | | | | | 30 | 11/11 | 辛卯 | 三 | 六 | 30 | 10/12 | 辛酉 | 三 | 九 | 30 | 9/12 | 辛卯 | 六 | 三 |

# 西元2016年（丙申）肖猴 民國105年（男坤命）

奇門遁甲局數如標示為 一 ～九表示陰局　　如標示為1 ～9 表示陽局

| 六月 | | | | | 五月 | | | | | 四月 | | | | | 三月 | | | | | 二月 | | | | | 正月 | | | | |
|---|---|---|---|---|---|---|---|---|---|---|---|---|---|---|---|---|---|---|---|---|---|---|---|---|---|---|---|---|---|
| 乙未 | | | | | 甲午 | | | | | 癸巳 | | | | | 壬辰 | | | | | 辛卯 | | | | | 庚寅 | | | | |
| 六白金 | | | | | 七赤金 | | | | | 八白土 | | | | | 九紫火 | | | | | 一白水 | | | | | 二黑土 | | | | |
| 大暑 17時32分 十九酉時 | | 小暑 00時05分 初四子時 | 奇門遁甲局數 | | 夏至 06時35分 十七卯時 | | 芒種 13時50分 初一未時 | 奇門遁甲局數 | | 小滿 22時38分 十四亥時 | | | 奇門遁甲局數 | | 立夏 09時43分 廿九巳時 | | 穀雨 23時31分 十三子時 | 奇門遁甲局數 | | 清明 16時29分 廿七申時 | | 春分 12時32分 十二午時 | 奇門遁甲局數 | | 驚蟄 11時45分 廿七午時 | | 雨水 13時35分 十二未時 | 奇門遁甲局數 | |
| 農曆 | 國曆 | 干支 | 時盤 | 日盤 | 農曆 | 國曆 | 干支 | 時盤 | 日盤 | 農曆 | 國曆 | 干支 | 時盤 | 日盤 | 農曆 | 國曆 | 干支 | 時盤 | 日盤 | 農曆 | 國曆 | 干支 | 時盤 | 日盤 | 農曆 | 國曆 | 干支 | 時盤 | 日盤 |
| 1 | 7/4 | 丁亥 | 三 | 四 | 1 | 6/5 | 戊午 | 2 | 4 | 1 | 5/7 | 己丑 | 8 | 2 | 1 | 4/7 | 己未 | 6 | 8 | 1 | 3/9 | 庚寅 | 3 | 6 | 1 | 2/8 | 庚申 | 6 | 3 |
| 2 | 7/5 | 戊子 | 三 | 三 | 2 | 6/6 | 己未 | 8 | 5 | 2 | 5/8 | 庚寅 | 8 | 3 | 2 | 4/8 | 庚申 | 6 | 9 | 2 | 3/10 | 辛卯 | 3 | 7 | 2 | 2/9 | 辛酉 | 6 | 4 |
| 3 | 7/6 | 己丑 | 六 | 二 | 3 | 6/7 | 庚申 | 8 | 6 | 3 | 5/9 | 辛卯 | 8 | 4 | 3 | 4/9 | 辛酉 | 6 | 1 | 3 | 3/11 | 壬辰 | 3 | 8 | 3 | 2/10 | 壬戌 | 6 | 5 |
| 4 | 7/7 | 庚寅 | 六 | 一 | 4 | 6/8 | 辛酉 | 8 | 7 | 4 | 5/10 | 壬辰 | 8 | 5 | 4 | 4/10 | 壬戌 | 6 | 2 | 4 | 3/12 | 癸巳 | 3 | 9 | 4 | 2/11 | 癸亥 | 6 | 6 |
| 5 | 7/8 | 辛卯 | 六 | 九 | 5 | 6/9 | 壬戌 | 8 | 8 | 5 | 5/11 | 癸巳 | 8 | 6 | 5 | 4/11 | 癸亥 | 6 | 3 | 5 | 3/13 | 甲午 | 1 | 1 | 5 | 2/12 | 甲子 | 8 | 7 |
| 6 | 7/9 | 壬辰 | 六 | 八 | 6 | 6/10 | 癸亥 | 8 | 9 | 6 | 5/12 | 甲午 | 4 | 7 | 6 | 4/12 | 甲子 | 4 | 4 | 6 | 3/14 | 乙未 | 1 | 2 | 6 | 2/13 | 乙丑 | 8 | 8 |
| 7 | 7/10 | 癸巳 | 六 | 七 | 7 | 6/11 | 甲子 | 6 | 1 | 7 | 5/13 | 乙未 | 4 | 8 | 7 | 4/13 | 乙丑 | 4 | 5 | 7 | 3/15 | 丙申 | 1 | 3 | 7 | 2/14 | 丙寅 | 8 | 9 |
| 8 | 7/11 | 甲午 | 八 | 六 | 8 | 6/12 | 乙丑 | 6 | 2 | 8 | 5/14 | 丙申 | 4 | 9 | 8 | 4/14 | 丙寅 | 4 | 6 | 8 | 3/16 | 丁酉 | 1 | 4 | 8 | 2/15 | 丁卯 | 8 | 1 |
| 9 | 7/12 | 乙未 | 八 | 五 | 9 | 6/13 | 丙寅 | 6 | 3 | 9 | 5/15 | 丁酉 | 4 | 1 | 9 | 4/15 | 丁卯 | 4 | 7 | 9 | 3/17 | 戊戌 | 1 | 5 | 9 | 2/16 | 戊辰 | 8 | 2 |
| 10 | 7/13 | 丙申 | 八 | 四 | 10 | 6/14 | 丁卯 | 6 | 4 | 10 | 5/16 | 戊戌 | 4 | 2 | 10 | 4/16 | 戊辰 | 4 | 8 | 10 | 3/18 | 己亥 | 7 | 6 | 10 | 2/17 | 己巳 | 5 | 3 |
| 11 | 7/14 | 丁酉 | 八 | 三 | 11 | 6/15 | 戊辰 | 6 | 5 | 11 | 5/17 | 己亥 | 1 | 3 | 11 | 4/17 | 己巳 | 1 | 9 | 11 | 3/19 | 庚子 | 7 | 7 | 11 | 2/18 | 庚午 | 5 | 4 |
| 12 | 7/15 | 戊戌 | 八 | 二 | 12 | 6/16 | 己巳 | 3 | 6 | 12 | 5/18 | 庚子 | 1 | 4 | 12 | 4/18 | 庚午 | 1 | 1 | 12 | 3/20 | 辛丑 | 7 | 8 | 12 | 2/19 | 辛未 | 5 | 5 |
| 13 | 7/16 | 己亥 | 二 | 一 | 13 | 6/17 | 庚午 | 3 | 7 | 13 | 5/19 | 辛丑 | 1 | 5 | 13 | 4/19 | 辛未 | 1 | 2 | 13 | 3/21 | 壬寅 | 7 | 9 | 13 | 2/20 | 壬申 | 5 | 6 |
| 14 | 7/17 | 庚子 | 二 | 九 | 14 | 6/18 | 辛未 | 3 | 8 | 14 | 5/20 | 壬寅 | 1 | 6 | 14 | 4/20 | 壬申 | 1 | 3 | 14 | 3/22 | 癸卯 | 7 | 1 | 14 | 2/21 | 癸酉 | 5 | 7 |
| 15 | 7/18 | 辛丑 | 二 | 八 | 15 | 6/19 | 壬申 | 3 | 9 | 15 | 5/21 | 癸卯 | 1 | 7 | 15 | 4/21 | 癸酉 | 1 | 4 | 15 | 3/23 | 甲辰 | 4 | 2 | 15 | 2/22 | 甲戌 | 2 | 8 |
| 16 | 7/19 | 壬寅 | 二 | 七 | 16 | 6/20 | 癸酉 | 3 | 1 | 16 | 5/22 | 甲辰 | 7 | 8 | 16 | 4/22 | 甲戌 | 7 | 5 | 16 | 3/24 | 乙巳 | 4 | 3 | 16 | 2/23 | 乙亥 | 2 | 9 |
| 17 | 7/20 | 癸卯 | 二 | 六 | 17 | 6/21 | 甲戌 | 9 | 八 | 17 | 5/23 | 乙巳 | 7 | 9 | 17 | 4/23 | 乙亥 | 7 | 6 | 17 | 3/25 | 丙午 | 4 | 4 | 17 | 2/24 | 丙子 | 2 | 1 |
| 18 | 7/21 | 甲辰 | 五 | 五 | 18 | 6/22 | 乙亥 | 9 | 七 | 18 | 5/24 | 丙午 | 7 | 1 | 18 | 4/24 | 丙子 | 7 | 7 | 18 | 3/26 | 丁未 | 4 | 5 | 18 | 2/25 | 丁丑 | 2 | 2 |
| 19 | 7/22 | 乙巳 | 五 | 四 | 19 | 6/23 | 丙子 | 9 | 六 | 19 | 5/25 | 丁未 | 7 | 2 | 19 | 4/25 | 丁丑 | 7 | 8 | 19 | 3/27 | 戊申 | 4 | 6 | 19 | 2/26 | 戊寅 | 2 | 3 |
| 20 | 7/23 | 丙午 | 五 | 三 | 20 | 6/24 | 丁丑 | 9 | 五 | 20 | 5/26 | 戊申 | 7 | 3 | 20 | 4/26 | 戊寅 | 7 | 9 | 20 | 3/28 | 己酉 | 3 | 7 | 20 | 2/27 | 己卯 | 9 | 4 |
| 21 | 7/24 | 丁未 | 五 | 二 | 21 | 6/25 | 戊寅 | 9 | 四 | 21 | 5/27 | 己酉 | 5 | 4 | 21 | 4/27 | 己卯 | 5 | 1 | 21 | 3/29 | 庚戌 | 3 | 8 | 21 | 2/28 | 庚辰 | 9 | 5 |
| 22 | 7/25 | 戊申 | 五 | 一 | 22 | 6/26 | 己卯 | 九 | 三 | 22 | 5/28 | 庚戌 | 5 | 5 | 22 | 4/28 | 庚辰 | 5 | 2 | 22 | 3/30 | 辛亥 | 3 | 9 | 22 | 2/29 | 辛巳 | 9 | 6 |
| 23 | 7/26 | 己酉 | 七 | 九 | 23 | 6/27 | 庚辰 | 九 | 二 | 23 | 5/29 | 辛亥 | 5 | 6 | 23 | 4/29 | 辛巳 | 5 | 3 | 23 | 3/31 | 壬子 | 3 | 1 | 23 | 3/1 | 壬午 | 9 | 7 |
| 24 | 7/27 | 庚戌 | 七 | 八 | 24 | 6/28 | 辛巳 | 九 | 一 | 24 | 5/30 | 壬子 | 5 | 7 | 24 | 4/30 | 壬午 | 5 | 4 | 24 | 4/1 | 癸丑 | 3 | 2 | 24 | 3/2 | 癸未 | 9 | 8 |
| 25 | 7/28 | 辛亥 | 七 | 七 | 25 | 6/29 | 壬午 | 九 | 九 | 25 | 5/31 | 癸丑 | 5 | 8 | 25 | 5/1 | 癸未 | 5 | 5 | 25 | 4/2 | 甲寅 | 9 | 3 | 25 | 3/3 | 甲申 | 6 | 9 |
| 26 | 7/29 | 壬子 | 七 | 六 | 26 | 6/30 | 癸未 | 九 | 八 | 26 | 6/1 | 甲寅 | 2 | 9 | 26 | 5/2 | 甲申 | 2 | 6 | 26 | 4/3 | 乙卯 | 9 | 4 | 26 | 3/4 | 乙酉 | 6 | 1 |
| 27 | 7/30 | 癸丑 | 七 | 五 | 27 | 7/1 | 甲申 | 三 | 七 | 27 | 6/2 | 乙卯 | 2 | 1 | 27 | 5/3 | 乙酉 | 2 | 7 | 27 | 4/4 | 丙辰 | 9 | 5 | 27 | 3/5 | 丙戌 | 6 | 2 |
| 28 | 7/31 | 甲寅 | 一 | 四 | 28 | 7/2 | 乙酉 | 三 | 六 | 28 | 6/3 | 丙辰 | 2 | 2 | 28 | 5/4 | 丙戌 | 2 | 8 | 28 | 4/5 | 丁巳 | 9 | 6 | 28 | 3/6 | 丁亥 | 6 | 3 |
| 29 | 8/1 | 乙卯 | 一 | 三 | 29 | 7/3 | 丙戌 | 三 | 五 | 29 | 6/4 | 丁巳 | 2 | 3 | 29 | 5/5 | 丁亥 | 2 | 9 | 29 | 4/6 | 戊午 | 9 | 7 | 29 | 3/7 | 戊子 | 6 | 4 |
| 30 | 8/2 | 丙辰 | 一 | 二 | | | | | | | | | | | 30 | 5/6 | 戊子 | 2 | 1 | | | | | | 30 | 3/8 | 己丑 | 3 | 5 |

# 西元2016年（丙申）肖猴 民國105年（女巽命）

奇門遁甲局數如標示為 一 ～九表示陰局　　如標示為1 ～9 表示陽局

**十二月　辛丑　九紫火**

大寒：05時25分　廿三卯時　小寒：11時57分　初八午時　（奇門遁甲局數）

| 農曆 | 國曆 | 干支 | 時盤 | 日盤 |
|---|---|---|---|---|
| 1 | 12/29 | 乙酉 | 7 | 4 |
| 2 | 12/30 | 丙戌 | 7 | 5 |
| 3 | 12/31 | 丁亥 | 7 | 6 |
| 4 | 1/1 | 戊子 | 7 | 7 |
| 5 | 1/2 | 己丑 | 4 | 8 |
| 6 | 1/3 | 庚寅 | 4 | 9 |
| 7 | 1/4 | 辛卯 | 4 | 1 |
| 8 | 1/5 | 壬辰 | 4 | 2 |
| 9 | 1/6 | 癸巳 | 4 | 3 |
| 10 | 1/7 | 甲午 | 2 | 4 |
| 11 | 1/8 | 乙未 | 2 | 5 |
| 12 | 1/9 | 丙申 | 2 | 6 |
| 13 | 1/10 | 丁酉 | 2 | 7 |
| 14 | 1/11 | 戊戌 | 2 | 8 |
| 15 | 1/12 | 己亥 | 8 | 9 |
| 16 | 1/13 | 庚子 | 8 | 1 |
| 17 | 1/14 | 辛丑 | 8 | 2 |
| 18 | 1/15 | 壬寅 | 8 | 3 |
| 19 | 1/16 | 癸卯 | 8 | 4 |
| 20 | 1/17 | 甲辰 | 5 | 5 |
| 21 | 1/18 | 乙巳 | 5 | 6 |
| 22 | 1/19 | 丙午 | 5 | 7 |
| 23 | 1/20 | 丁未 | 5 | 8 |
| 24 | 1/21 | 戊申 | 5 | 9 |
| 25 | 1/22 | 己酉 | 3 | 1 |
| 26 | 1/23 | 庚戌 | 3 | 2 |
| 27 | 1/24 | 辛亥 | 3 | 3 |
| 28 | 1/25 | 壬子 | 3 | 4 |
| 29 | 1/26 | 癸丑 | 3 | 5 |
| 30 | 1/27 | 甲寅 | 9 | 6 |

**十一月　庚子　一白水**

冬至：18時46分　廿三酉時　大雪：00時43分　初九子時　（奇門遁甲局數）

| 農曆 | 國曆 | 干支 | 時盤 | 日盤 |
|---|---|---|---|---|
| 1 | 11/29 | 乙卯 | 八 | 九 |
| 2 | 11/30 | 丙辰 | 八 | 八 |
| 3 | 12/1 | 丁巳 | 八 | 七 |
| 4 | 12/2 | 戊午 | 八 | 六 |
| 5 | 12/3 | 己未 | 二 | 五 |
| 6 | 12/4 | 庚申 | 二 | 四 |
| 7 | 12/5 | 辛酉 | 二 | 三 |
| 8 | 12/6 | 壬戌 | 二 | 二 |
| 9 | 12/7 | 癸亥 | 二 | 一 |
| 10 | 12/8 | 甲子 | 四 | 九 |
| 11 | 12/9 | 乙丑 | 四 | 八 |
| 12 | 12/10 | 丙寅 | 四 | 七 |
| 13 | 12/11 | 丁卯 | 四 | 六 |
| 14 | 12/12 | 戊辰 | 四 | 五 |
| 15 | 12/13 | 己巳 | 七 | 四 |
| 16 | 12/14 | 庚午 | 七 | 三 |
| 17 | 12/15 | 辛未 | 七 | 二 |
| 18 | 12/16 | 壬申 | 七 | 一 |
| 19 | 12/17 | 癸酉 | 七 | 九 |
| 20 | 12/18 | 甲戌 | 一 | 八 |
| 21 | 12/19 | 乙亥 | 一 | 七 |
| 22 | 12/20 | 丙子 | 一 | 六 |
| 23 | 12/21 | 丁丑 | 一 | 5 |
| 24 | 12/22 | 戊寅 | 一 | 6 |
| 25 | 12/23 | 己卯 | 1 | 7 |
| 26 | 12/24 | 庚辰 | 1 | 8 |
| 27 | 12/25 | 辛巳 | 1 | 9 |
| 28 | 12/26 | 壬午 | 1 | 1 |
| 29 | 12/27 | 癸未 | 1 | 2 |
| 30 | 12/28 | 甲申 | 7 | 3 |

**十月　己亥　二黑土**

小雪：05時24分　廿三卯時　立冬：07時49分　初八辰時　（奇門遁甲局數）

| 農曆 | 國曆 | 干支 | 時盤 | 日盤 |
|---|---|---|---|---|
| 1 | 10/31 | 丙戌 | 八 | 二 |
| 2 | 11/1 | 丁亥 | 八 | 一 |
| 3 | 11/2 | 戊子 | 八 | 九 |
| 4 | 11/3 | 己丑 | 二 | 八 |
| 5 | 11/4 | 庚寅 | 二 | 七 |
| 6 | 11/5 | 辛卯 | 二 | 六 |
| 7 | 11/6 | 壬辰 | 二 | 五 |
| 8 | 11/7 | 癸巳 | 二 | 四 |
| 9 | 11/8 | 甲午 | 六 | 三 |
| 10 | 11/9 | 乙未 | 六 | 二 |
| 11 | 11/10 | 丙申 | 六 | 一 |
| 12 | 11/11 | 丁酉 | 六 | 九 |
| 13 | 11/12 | 戊戌 | 六 | 八 |
| 14 | 11/13 | 己亥 | 九 | 七 |
| 15 | 11/14 | 庚子 | 九 | 六 |
| 16 | 11/15 | 辛丑 | 九 | 五 |
| 17 | 11/16 | 壬寅 | 九 | 四 |
| 18 | 11/17 | 癸卯 | 九 | 三 |
| 19 | 11/18 | 甲辰 | 三 | 二 |
| 20 | 11/19 | 乙巳 | 三 | 一 |
| 21 | 11/20 | 丙午 | 三 | 九 |
| 22 | 11/21 | 丁未 | 三 | 八 |
| 23 | 11/22 | 戊申 | 三 | 七 |
| 24 | 11/23 | 己酉 | 五 | 六 |
| 25 | 11/24 | 庚戌 | 五 | 五 |
| 26 | 11/25 | 辛亥 | 五 | 四 |
| 27 | 11/26 | 壬子 | 五 | 三 |
| 28 | 11/27 | 癸丑 | 五 | 二 |
| 29 | 11/28 | 甲寅 | 八 | 一 |
| | | | | |

**九月　戊戌　三碧木**

霜降：07時47分　廿三辰時　寒露：04時35分　初八寅時　（奇門遁甲局數）

| 農曆 | 國曆 | 干支 | 時盤 | 日盤 |
|---|---|---|---|---|
| 1 | 10/1 | 丙辰 | 一 | 五 |
| 2 | 10/2 | 丁巳 | 一 | 四 |
| 3 | 10/3 | 戊午 | 一 | 三 |
| 4 | 10/4 | 己未 | 四 | 二 |
| 5 | 10/5 | 庚申 | 四 | 一 |
| 6 | 10/6 | 辛酉 | 四 | 九 |
| 7 | 10/7 | 壬戌 | 四 | 八 |
| 8 | 10/8 | 癸亥 | 四 | 七 |
| 9 | 10/9 | 甲子 | 六 | 六 |
| 10 | 10/10 | 乙丑 | 六 | 五 |
| 11 | 10/11 | 丙寅 | 六 | 四 |
| 12 | 10/12 | 丁卯 | 六 | 三 |
| 13 | 10/13 | 戊辰 | 六 | 二 |
| 14 | 10/14 | 己巳 | 九 | 一 |
| 15 | 10/15 | 庚午 | 九 | 九 |
| 16 | 10/16 | 辛未 | 九 | 八 |
| 17 | 10/17 | 壬申 | 九 | 七 |
| 18 | 10/18 | 癸酉 | 九 | 六 |
| 19 | 10/19 | 甲戌 | 三 | 五 |
| 20 | 10/20 | 乙亥 | 三 | 四 |
| 21 | 10/21 | 丙子 | 三 | 三 |
| 22 | 10/22 | 丁丑 | 三 | 二 |
| 23 | 10/23 | 戊寅 | 三 | 一 |
| 24 | 10/24 | 己卯 | 五 | 九 |
| 25 | 10/25 | 庚辰 | 五 | 八 |
| 26 | 10/26 | 辛巳 | 五 | 七 |
| 27 | 10/27 | 壬午 | 五 | 六 |
| 28 | 10/28 | 癸未 | 五 | 五 |
| 29 | 10/29 | 甲申 | 八 | 四 |
| 30 | 10/30 | 乙酉 | 八 | 三 |

**八月　丁酉　四綠木**

秋分：22時23分　廿二亥時　白露：12時53分　初七午時　（奇門遁甲局數）

| 農曆 | 國曆 | 干支 | 時盤 | 日盤 |
|---|---|---|---|---|
| 1 | 9/1 | 丙戌 | 四 | 八 |
| 2 | 9/2 | 丁亥 | 四 | 七 |
| 3 | 9/3 | 戊子 | 四 | 六 |
| 4 | 9/4 | 己丑 | 七 | 五 |
| 5 | 9/5 | 庚寅 | 七 | 四 |
| 6 | 9/6 | 辛卯 | 七 | 三 |
| 7 | 9/7 | 壬辰 | 七 | 二 |
| 8 | 9/8 | 癸巳 | 七 | 一 |
| 9 | 9/9 | 甲午 | 九 | 九 |
| 10 | 9/10 | 乙未 | 九 | 八 |
| 11 | 9/11 | 丙申 | 九 | 七 |
| 12 | 9/12 | 丁酉 | 九 | 六 |
| 13 | 9/13 | 戊戌 | 九 | 五 |
| 14 | 9/14 | 己亥 | 三 | 四 |
| 15 | 9/15 | 庚子 | 三 | 三 |
| 16 | 9/16 | 辛丑 | 三 | 二 |
| 17 | 9/17 | 壬寅 | 三 | 一 |
| 18 | 9/18 | 癸卯 | 三 | 九 |
| 19 | 9/19 | 甲辰 | 六 | 八 |
| 20 | 9/20 | 乙巳 | 六 | 七 |
| 21 | 9/21 | 丙午 | 六 | 六 |
| 22 | 9/22 | 丁未 | 六 | 五 |
| 23 | 9/23 | 戊申 | 六 | 四 |
| 24 | 9/24 | 己酉 | 七 | 三 |
| 25 | 9/25 | 庚戌 | 七 | 二 |
| 26 | 9/26 | 辛亥 | 七 | 一 |
| 27 | 9/27 | 壬子 | 七 | 九 |
| 28 | 9/28 | 癸丑 | 七 | 八 |
| 29 | 9/29 | 甲寅 | 一 | 七 |
| 30 | 9/30 | 乙卯 | 一 | 六 |

**七月　丙申　五黃土**

處暑：00時40分　廿一子時　立秋：09時54分　初五巳時　（奇門遁甲局數）

| 農曆 | 國曆 | 干支 | 時盤 | 日盤 |
|---|---|---|---|---|
| 1 | 8/3 | 丁巳 | 一 | 一 |
| 2 | 8/4 | 戊午 | 一 | 九 |
| 3 | 8/5 | 己未 | 四 | 八 |
| 4 | 8/6 | 庚申 | 四 | 七 |
| 5 | 8/7 | 辛酉 | 四 | 六 |
| 6 | 8/8 | 壬戌 | 四 | 五 |
| 7 | 8/9 | 癸亥 | 四 | 四 |
| 8 | 8/10 | 甲子 | 二 | 三 |
| 9 | 8/11 | 乙丑 | 二 | 二 |
| 10 | 8/12 | 丙寅 | 二 | 一 |
| 11 | 8/13 | 丁卯 | 二 | 九 |
| 12 | 8/14 | 戊辰 | 二 | 八 |
| 13 | 8/15 | 己巳 | 五 | 七 |
| 14 | 8/16 | 庚午 | 五 | 六 |
| 15 | 8/17 | 辛未 | 五 | 五 |
| 16 | 8/18 | 壬申 | 五 | 四 |
| 17 | 8/19 | 癸酉 | 五 | 三 |
| 18 | 8/20 | 甲戌 | 八 | 二 |
| 19 | 8/21 | 乙亥 | 八 | 一 |
| 20 | 8/22 | 丙子 | 八 | 九 |
| 21 | 8/23 | 丁丑 | 八 | 八 |
| 22 | 8/24 | 戊寅 | 八 | 七 |
| 23 | 8/25 | 己卯 | 一 | 六 |
| 24 | 8/26 | 庚辰 | 一 | 五 |
| 25 | 8/27 | 辛巳 | 一 | 四 |
| 26 | 8/28 | 壬午 | 一 | 三 |
| 27 | 8/29 | 癸未 | 一 | 二 |
| 28 | 8/30 | 甲申 | 四 | 一 |
| 29 | 8/31 | 乙酉 | 四 | 九 |
| | | | | |

# 西元2017年（丁酉）肖雞 民國106年（男坎命）

奇門遁甲局數如標示為 一 ～九表示陰局　　如標示為1 ～9 表示陽局

| 潤六月 | | | | | 六月 | | | | | 五月 | | | | | 四月 | | | | | 三月 | | | | | 二月 | | | | | 正月 | | | | |
|---|---|---|---|---|---|---|---|---|---|---|---|---|---|---|---|---|---|---|---|---|---|---|---|---|---|---|---|---|---|---|---|---|---|---|
| 戊申 | | | | | 丁未 | | | | | 丙午 | | | | | 乙巳 | | | | | 甲辰 | | | | | 癸卯 | | | | | 壬寅 | | | | |
| | | | | | 三碧木 | | | | | 四綠木 | | | | | 五黃土 | | | | | 六白金 | | | | | 七赤金 | | | | | 八白土 | | | | |
| 立秋 15時41分 十六申時 | | | 奇門遁甲局數 | | 大暑 23時17分 廿九子時 | | 小暑 05時52分 十四卯時 | 奇門遁甲局數 | | 夏至 12時25分 廿七午時 | | 芒種 19時38分 十一戌時 | 奇門遁甲局數 | | 小滿 04時32分 廿六寅時 | | 立夏 15時33分 初十申時 | 奇門遁甲局數 | | 穀雨 05時28分 廿四卯時 | | 清明 22時19分 初八亥時 | 奇門遁甲局數 | | 春分 18時30分 廿三酉時 | | 驚蟄 17時34分 初八酉時 | 奇門遁甲局數 | | 雨水 19時33分 廿二戌時 | | 立春 23時36分 初七子時 | 奇門遁甲局數 | |
| 農曆 | 國曆 | 干支 | 時盤 | 日盤 | 農曆 | 國曆 | 干支 | 時盤 | 日盤 | 農曆 | 國曆 | 干支 | 時盤 | 日盤 | 農曆 | 國曆 | 干支 | 時盤 | 日盤 | 農曆 | 國曆 | 干支 | 時盤 | 日盤 | 農曆 | 國曆 | 干支 | 時盤 | 日盤 | 農曆 | 國曆 | 干支 | 時盤 | 日盤 |
| 1 | 7/23 | 辛亥 | 七 | 七 | 1 | 6/24 | 壬午 | 九 | 九 | 1 | 5/26 | 癸丑 | 5 | 8 | 1 | 4/26 | 癸未 | 5 | 5 | 1 | 3/28 | 甲寅 | 9 | 3 | 1 | 2/26 | 甲申 | 6 | 9 | 1 | 1/28 | 乙卯 | 9 | 7 |
| 2 | 7/24 | 壬子 | 七 | 六 | 2 | 6/25 | 癸未 | 九 | 八 | 2 | 5/27 | 甲寅 | 2 | 9 | 2 | 4/27 | 甲申 | 2 | 6 | 2 | 3/29 | 乙卯 | 9 | 4 | 2 | 2/27 | 乙酉 | 6 | 1 | 2 | 1/29 | 丙辰 | 9 | 8 |
| 3 | 7/25 | 癸丑 | 七 | 五 | 3 | 6/26 | 甲申 | 三 | 七 | 3 | 5/28 | 乙卯 | 2 | 1 | 3 | 4/28 | 乙酉 | 2 | 7 | 3 | 3/30 | 丙辰 | 9 | 5 | 3 | 2/28 | 丙戌 | 6 | 2 | 3 | 1/30 | 丁巳 | 9 | 9 |
| 4 | 7/26 | 甲寅 | 一 | 四 | 4 | 6/27 | 乙酉 | 三 | 六 | 4 | 5/29 | 丙辰 | 2 | 2 | 4 | 4/29 | 丙戌 | 2 | 8 | 4 | 3/31 | 丁巳 | 9 | 6 | 4 | 3/1 | 丁亥 | 6 | 3 | 4 | 1/31 | 戊午 | 9 | 1 |
| 5 | 7/27 | 乙卯 | 一 | 三 | 5 | 6/28 | 丙戌 | 三 | 五 | 5 | 5/30 | 丁巳 | 2 | 3 | 5 | 4/30 | 丁亥 | 2 | 9 | 5 | 4/1 | 戊午 | 9 | 7 | 5 | 3/2 | 戊子 | 6 | 4 | 5 | 2/1 | 己未 | 6 | 2 |
| 6 | 7/28 | 丙辰 | 一 | 二 | 6 | 6/29 | 丁亥 | 三 | 四 | 6 | 5/31 | 戊午 | 2 | 4 | 6 | 5/1 | 戊子 | 2 | 1 | 6 | 4/2 | 己未 | 6 | 8 | 6 | 3/3 | 己丑 | 3 | 5 | 6 | 2/2 | 庚申 | 6 | 3 |
| 7 | 7/29 | 丁巳 | 一 | 一 | 7 | 6/30 | 戊子 | 三 | 三 | 7 | 6/1 | 己未 | 8 | 5 | 7 | 5/2 | 己丑 | 8 | 2 | 7 | 4/3 | 庚申 | 6 | 9 | 7 | 3/4 | 庚寅 | 3 | 6 | 7 | 2/3 | 辛酉 | 6 | 4 |
| 8 | 7/30 | 戊午 | 一 | 九 | 8 | 7/1 | 己丑 | 六 | 二 | 8 | 6/2 | 庚申 | 8 | 6 | 8 | 5/3 | 庚寅 | 8 | 3 | 8 | 4/4 | 辛酉 | 6 | 1 | 8 | 3/5 | 辛卯 | 3 | 7 | 8 | 2/4 | 壬戌 | 6 | 5 |
| 9 | 7/31 | 己未 | 四 | 八 | 9 | 7/2 | 庚寅 | 六 | 一 | 9 | 6/3 | 辛酉 | 8 | 7 | 9 | 5/4 | 辛卯 | 8 | 4 | 9 | 4/5 | 壬戌 | 6 | 2 | 9 | 3/6 | 壬辰 | 3 | 8 | 9 | 2/5 | 癸亥 | 6 | 6 |
| 10 | 8/1 | 庚申 | 四 | 七 | 10 | 7/3 | 辛卯 | 六 | 九 | 10 | 6/4 | 壬戌 | 8 | 8 | 10 | 5/5 | 壬辰 | 8 | 5 | 10 | 4/6 | 癸亥 | 6 | 3 | 10 | 3/7 | 癸巳 | 3 | 9 | 10 | 2/6 | 甲子 | 8 | 7 |
| 11 | 8/2 | 辛酉 | 四 | 六 | 11 | 7/4 | 壬辰 | 六 | 八 | 11 | 6/5 | 癸亥 | 8 | 9 | 11 | 5/6 | 癸巳 | 8 | 6 | 11 | 4/7 | 甲子 | 4 | 4 | 11 | 3/8 | 甲午 | 1 | 1 | 11 | 2/7 | 乙丑 | 8 | 8 |
| 12 | 8/3 | 壬戌 | 四 | 五 | 12 | 7/5 | 癸巳 | 六 | 七 | 12 | 6/6 | 甲子 | 6 | 1 | 12 | 5/7 | 甲午 | 4 | 7 | 12 | 4/8 | 乙丑 | 4 | 5 | 12 | 3/9 | 乙未 | 1 | 2 | 12 | 2/8 | 丙寅 | 8 | 9 |
| 13 | 8/4 | 癸亥 | 四 | 四 | 13 | 7/6 | 甲午 | 八 | 六 | 13 | 6/7 | 乙丑 | 6 | 2 | 13 | 5/8 | 乙未 | 4 | 8 | 13 | 4/9 | 丙寅 | 4 | 6 | 13 | 3/10 | 丙申 | 1 | 3 | 13 | 2/9 | 丁卯 | 8 | 1 |
| 14 | 8/5 | 甲子 | 二 | 三 | 14 | 7/7 | 乙未 | 八 | 五 | 14 | 6/8 | 丙寅 | 6 | 3 | 14 | 5/9 | 丙申 | 4 | 9 | 14 | 4/10 | 丁卯 | 4 | 7 | 14 | 3/11 | 丁酉 | 1 | 4 | 14 | 2/10 | 戊辰 | 8 | 2 |
| 15 | 8/6 | 乙丑 | 二 | 二 | 15 | 7/8 | 丙申 | 八 | 四 | 15 | 6/9 | 丁卯 | 6 | 4 | 15 | 5/10 | 丁酉 | 4 | 1 | 15 | 4/11 | 戊辰 | 4 | 8 | 15 | 3/12 | 戊戌 | 1 | 5 | 15 | 2/11 | 己巳 | 5 | 3 |
| 16 | 8/7 | 丙寅 | 二 | 一 | 16 | 7/9 | 丁酉 | 八 | 三 | 16 | 6/10 | 戊辰 | 6 | 5 | 16 | 5/11 | 戊戌 | 4 | 2 | 16 | 4/12 | 己巳 | 1 | 9 | 16 | 3/13 | 己亥 | 7 | 6 | 16 | 2/12 | 庚午 | 5 | 4 |
| 17 | 8/8 | 丁卯 | 二 | 九 | 17 | 7/10 | 戊戌 | 八 | 二 | 17 | 6/11 | 己巳 | 3 | 6 | 17 | 5/12 | 己亥 | 1 | 3 | 17 | 4/13 | 庚午 | 1 | 1 | 17 | 3/14 | 庚子 | 7 | 7 | 17 | 2/13 | 辛未 | 5 | 5 |
| 18 | 8/9 | 戊辰 | 二 | 八 | 18 | 7/11 | 己亥 | 二 | 一 | 18 | 6/12 | 庚午 | 3 | 7 | 18 | 5/13 | 庚子 | 1 | 4 | 18 | 4/14 | 辛未 | 1 | 2 | 18 | 3/15 | 辛丑 | 7 | 8 | 18 | 2/14 | 壬申 | 5 | 6 |
| 19 | 8/10 | 己巳 | 五 | 七 | 19 | 7/12 | 庚子 | 二 | 九 | 19 | 6/13 | 辛未 | 3 | 8 | 19 | 5/14 | 辛丑 | 1 | 5 | 19 | 4/15 | 壬申 | 1 | 3 | 19 | 3/16 | 壬寅 | 7 | 9 | 19 | 2/15 | 癸酉 | 5 | 7 |
| 20 | 8/11 | 庚午 | 五 | 六 | 20 | 7/13 | 辛丑 | 二 | 八 | 20 | 6/14 | 壬申 | 3 | 9 | 20 | 5/15 | 壬寅 | 1 | 6 | 20 | 4/16 | 癸酉 | 1 | 4 | 20 | 3/17 | 癸卯 | 7 | 1 | 20 | 2/16 | 甲戌 | 2 | 8 |
| 21 | 8/12 | 辛未 | 五 | 五 | 21 | 7/14 | 壬寅 | 二 | 七 | 21 | 6/15 | 癸酉 | 3 | 1 | 21 | 5/16 | 癸卯 | 1 | 7 | 21 | 4/17 | 甲戌 | 7 | 5 | 21 | 3/18 | 甲辰 | 4 | 2 | 21 | 2/17 | 乙亥 | 2 | 9 |
| 22 | 8/13 | 壬申 | 五 | 四 | 22 | 7/15 | 癸卯 | 二 | 六 | 22 | 6/16 | 甲戌 | 9 | 2 | 22 | 5/17 | 甲辰 | 7 | 8 | 22 | 4/18 | 乙亥 | 7 | 6 | 22 | 3/19 | 乙巳 | 4 | 3 | 22 | 2/18 | 丙子 | 2 | 1 |
| 23 | 8/14 | 癸酉 | 五 | 三 | 23 | 7/16 | 甲辰 | 五 | 五 | 23 | 6/17 | 乙亥 | 9 | 3 | 23 | 5/18 | 乙巳 | 7 | 9 | 23 | 4/19 | 丙子 | 7 | 7 | 23 | 3/20 | 丙午 | 4 | 4 | 23 | 2/19 | 丁丑 | 2 | 2 |
| 24 | 8/15 | 甲戌 | 八 | 二 | 24 | 7/17 | 乙巳 | 五 | 四 | 24 | 6/18 | 丙子 | 9 | 4 | 24 | 5/19 | 丙午 | 7 | 1 | 24 | 4/20 | 丁丑 | 7 | 8 | 24 | 3/21 | 丁未 | 4 | 5 | 24 | 2/20 | 戊寅 | 2 | 3 |
| 25 | 8/16 | 乙亥 | 八 | 一 | 25 | 7/18 | 丙午 | 五 | 三 | 25 | 6/19 | 丁丑 | 9 | 5 | 25 | 5/20 | 丁未 | 7 | 2 | 25 | 4/21 | 戊寅 | 7 | 9 | 25 | 3/22 | 戊申 | 4 | 6 | 25 | 2/21 | 己卯 | 9 | 4 |
| 26 | 8/17 | 丙子 | 八 | 九 | 26 | 7/19 | 丁未 | 五 | 二 | 26 | 6/20 | 戊寅 | 9 | 6 | 26 | 5/21 | 戊申 | 7 | 3 | 26 | 4/22 | 己卯 | 5 | 1 | 26 | 3/23 | 己酉 | 3 | 7 | 26 | 2/22 | 庚辰 | 9 | 5 |
| 27 | 8/18 | 丁丑 | 八 | 八 | 27 | 7/20 | 戊申 | 五 | 一 | 27 | 6/21 | 己卯 | 九 | 三 | 27 | 5/22 | 己酉 | 5 | 4 | 27 | 4/23 | 庚辰 | 5 | 2 | 27 | 3/24 | 庚戌 | 3 | 8 | 27 | 2/23 | 辛巳 | 9 | 6 |
| 28 | 8/19 | 戊寅 | 八 | 七 | 28 | 7/21 | 己酉 | 七 | 九 | 28 | 6/22 | 庚辰 | 九 | 二 | 28 | 5/23 | 庚戌 | 5 | 5 | 28 | 4/24 | 辛巳 | 5 | 3 | 28 | 3/25 | 辛亥 | 3 | 9 | 28 | 2/24 | 壬午 | 9 | 7 |
| 29 | 8/20 | 己卯 | 一 | 六 | 29 | 7/22 | 庚戌 | 七 | 八 | 29 | 6/23 | 辛巳 | 九 | 一 | 29 | 5/24 | 辛亥 | 5 | 6 | 29 | 4/25 | 壬午 | 5 | 4 | 29 | 3/26 | 壬子 | 3 | 1 | 29 | 2/25 | 癸未 | 9 | 8 |
| 30 | 8/21 | 庚辰 | 一 | 五 | | | | | | | | | | | 30 | 5/25 | 壬子 | 5 | 7 | | | | | | 30 | 3/27 | 癸丑 | 3 | 2 | | | | | |

# 西元2017年（丁酉）肖雞 民國106年（女艮命）

奇門遁甲局數如標示為 一 ～九表示陰局　　如標示為1 ～9 表示陽局

| 十二月 | | | | | 十一月 | | | | | 十　月 | | | | | 九　月 | | | | | 八　月 | | | | | 七　月 | | | | |
|---|---|---|---|---|---|---|---|---|---|---|---|---|---|---|---|---|---|---|---|---|---|---|---|---|---|---|---|---|---|
| 癸丑 | | | | | 壬子 | | | | | 辛亥 | | | | | 庚戌 | | | | | 己酉 | | | | | 戊申 | | | | |
| 六白金 | | | | | 七赤金 | | | | | 八白土 | | | | | 九紫火 | | | | | 一白水 | | | | | 二黑土 | | | | |
| 立春 | | 大寒 | 奇門遁甲局數 | | 小寒 | | 冬至 | 奇門遁甲局數 | | 大雪 | | 小雪 | 奇門遁甲局數 | | 立冬 | | 霜降 | 奇門遁甲局數 | | 寒露 | | 秋分 | 奇門遁甲局數 | | 白露 | | 處暑 | 奇門遁甲局數 | |
| 05時30分 | 十九卯時 | 11時11分初六午時 | | | 17時50分 | 十九酉時 | 00時30分初五子時 | | | 06時34分 | 二十卯時 | 11時06分初五午時 | | | 13時39分 | 十九未時 | 13時28分初四未時 | | | 10時24分 | 十九巳時 | 04時03分初四寅時 | | | 18時40分 | 十七酉時 | 06時22分初二卯時 | | |
| 農曆 | 國曆 | 干支 | 時盤 | 日盤 | 農曆 | 國曆 | 干支 | 時盤 | 日盤 | 農曆 | 國曆 | 干支 | 時盤 | 日盤 | 農曆 | 國曆 | 干支 | 時盤 | 日盤 | 農曆 | 國曆 | 干支 | 時盤 | 日盤 | 農曆 | 國曆 | 干支 | 時盤 | 日盤 |
| 1 | 1/17 | 己酉 | 3 | 1 | 1 | 12/18 | 己卯 | 1 | 三 | 1 | 11/18 | 己酉 | 五 | 六 | 1 | 10/20 | 庚辰 | 五 | 八 | 1 | 9/20 | 庚戌 | 七 | 二 | 1 | 8/22 | 辛巳 | 一 | 四 |
| 2 | 1/18 | 庚戌 | 3 | 2 | 2 | 12/19 | 庚辰 | 1 | 二 | 2 | 11/19 | 庚戌 | 五 | 五 | 2 | 10/21 | 辛巳 | 五 | 七 | 2 | 9/21 | 辛亥 | 七 | 一 | 2 | 8/23 | 壬午 | 一 | 三 |
| 3 | 1/19 | 辛亥 | 3 | 3 | 3 | 12/20 | 辛巳 | 1 | 一 | 3 | 11/20 | 辛亥 | 五 | 四 | 3 | 10/22 | 壬午 | 五 | 六 | 3 | 9/22 | 壬子 | 七 | 九 | 3 | 8/24 | 癸未 | 一 | 二 |
| 4 | 1/20 | 壬子 | 3 | 4 | 4 | 12/21 | 壬午 | 1 | 九 | 4 | 11/21 | 壬子 | 五 | 三 | 4 | 10/23 | 癸未 | 五 | 五 | 4 | 9/23 | 癸丑 | 七 | 八 | 4 | 8/25 | 甲申 | 四 | 一 |
| 5 | 1/21 | 癸丑 | 3 | 5 | 5 | 12/22 | 癸未 | 1 | 2 | 5 | 11/22 | 癸丑 | 五 | 二 | 5 | 10/24 | 甲申 | 八 | 四 | 5 | 9/24 | 甲寅 | 一 | 七 | 5 | 8/26 | 乙酉 | 四 | 九 |
| 6 | 1/22 | 甲寅 | 9 | 6 | 6 | 12/23 | 甲申 | 7 | 3 | 6 | 11/23 | 甲寅 | 八 | 一 | 6 | 10/25 | 乙酉 | 八 | 三 | 6 | 9/25 | 乙卯 | 一 | 六 | 6 | 8/27 | 丙戌 | 四 | 八 |
| 7 | 1/23 | 乙卯 | 9 | 7 | 7 | 12/24 | 乙酉 | 7 | 4 | 7 | 11/24 | 乙卯 | 八 | 九 | 7 | 10/26 | 丙戌 | 八 | 二 | 7 | 9/26 | 丙辰 | 一 | 五 | 7 | 8/28 | 丁亥 | 四 | 七 |
| 8 | 1/24 | 丙辰 | 9 | 8 | 8 | 12/25 | 丙戌 | 7 | 5 | 8 | 11/25 | 丙辰 | 八 | 八 | 8 | 10/27 | 丁亥 | 八 | 一 | 8 | 9/27 | 丁巳 | 一 | 四 | 8 | 8/29 | 戊子 | 四 | 六 |
| 9 | 1/25 | 丁巳 | 9 | 9 | 9 | 12/26 | 丁亥 | 7 | 6 | 9 | 11/26 | 丁巳 | 八 | 七 | 9 | 10/28 | 戊子 | 八 | 九 | 9 | 9/28 | 戊午 | 一 | 三 | 9 | 8/30 | 己丑 | 七 | 五 |
| 10 | 1/26 | 戊午 | 9 | 1 | 10 | 12/27 | 戊子 | 7 | 7 | 10 | 11/27 | 戊午 | 八 | 六 | 10 | 10/29 | 己丑 | 二 | 八 | 10 | 9/29 | 己未 | 四 | 二 | 10 | 8/31 | 庚寅 | 七 | 四 |
| 11 | 1/27 | 己未 | 6 | 2 | 11 | 12/28 | 己丑 | 4 | 8 | 11 | 11/28 | 己未 | 二 | 五 | 11 | 10/30 | 庚寅 | 二 | 七 | 11 | 9/30 | 庚申 | 四 | 一 | 11 | 9/1 | 辛卯 | 七 | 三 |
| 12 | 1/28 | 庚申 | 6 | 3 | 12 | 12/29 | 庚寅 | 4 | 9 | 12 | 11/29 | 庚申 | 二 | 四 | 12 | 10/31 | 辛卯 | 二 | 六 | 12 | 10/1 | 辛酉 | 四 | 九 | 12 | 9/2 | 壬辰 | 七 | 二 |
| 13 | 1/29 | 辛酉 | 6 | 4 | 13 | 12/30 | 辛卯 | 4 | 1 | 13 | 11/30 | 辛酉 | 二 | 三 | 13 | 11/1 | 壬辰 | 二 | 五 | 13 | 10/2 | 壬戌 | 四 | 八 | 13 | 9/3 | 癸巳 | 七 | 一 |
| 14 | 1/30 | 壬戌 | 6 | 5 | 14 | 12/31 | 壬辰 | 4 | 2 | 14 | 12/1 | 壬戌 | 二 | 二 | 14 | 11/2 | 癸巳 | 二 | 四 | 14 | 10/3 | 癸亥 | 四 | 七 | 14 | 9/4 | 甲午 | 九 | 九 |
| 15 | 1/31 | 癸亥 | 6 | 6 | 15 | 1/1 | 癸巳 | 4 | 3 | 15 | 12/2 | 癸亥 | 二 | 一 | 15 | 11/3 | 甲午 | 六 | 三 | 15 | 10/4 | 甲子 | 六 | 六 | 15 | 9/5 | 乙未 | 九 | 八 |
| 16 | 2/1 | 甲子 | 8 | 7 | 16 | 1/2 | 甲午 | 2 | 4 | 16 | 12/3 | 甲子 | 四 | 九 | 16 | 11/4 | 乙未 | 六 | 二 | 16 | 10/5 | 乙丑 | 六 | 五 | 16 | 9/6 | 丙申 | 九 | 七 |
| 17 | 2/2 | 乙丑 | 8 | 8 | 17 | 1/3 | 乙未 | 2 | 5 | 17 | 12/4 | 乙丑 | 四 | 八 | 17 | 11/5 | 丙申 | 六 | 一 | 17 | 10/6 | 丙寅 | 六 | 四 | 17 | 9/7 | 丁酉 | 九 | 六 |
| 18 | 2/3 | 丙寅 | 8 | 9 | 18 | 1/4 | 丙申 | 2 | 6 | 18 | 12/5 | 丙寅 | 四 | 七 | 18 | 11/6 | 丁酉 | 六 | 九 | 18 | 10/7 | 丁卯 | 六 | 三 | 18 | 9/8 | 戊戌 | 九 | 五 |
| 19 | 2/4 | 丁卯 | 8 | 1 | 19 | 1/5 | 丁酉 | 2 | 7 | 19 | 12/6 | 丁卯 | 四 | 六 | 19 | 11/7 | 戊戌 | 六 | 八 | 19 | 10/8 | 戊辰 | 六 | 二 | 19 | 9/9 | 己亥 | 三 | 四 |
| 20 | 2/5 | 戊辰 | 8 | 2 | 20 | 1/6 | 戊戌 | 2 | 8 | 20 | 12/7 | 戊辰 | 四 | 五 | 20 | 11/8 | 己亥 | 九 | 七 | 20 | 10/9 | 己巳 | 九 | 一 | 20 | 9/10 | 庚子 | 三 | 三 |
| 21 | 2/6 | 己巳 | 5 | 3 | 21 | 1/7 | 己亥 | 8 | 9 | 21 | 12/8 | 己巳 | 七 | 四 | 21 | 11/9 | 庚子 | 九 | 六 | 21 | 10/10 | 庚午 | 九 | 九 | 21 | 9/11 | 辛丑 | 三 | 二 |
| 22 | 2/7 | 庚午 | 5 | 4 | 22 | 1/8 | 庚子 | 8 | 1 | 22 | 12/9 | 庚午 | 七 | 三 | 22 | 11/10 | 辛丑 | 九 | 五 | 22 | 10/11 | 辛未 | 九 | 八 | 22 | 9/12 | 壬寅 | 三 | 一 |
| 23 | 2/8 | 辛未 | 5 | 5 | 23 | 1/9 | 辛丑 | 8 | 2 | 23 | 12/10 | 辛未 | 七 | 二 | 23 | 11/11 | 壬寅 | 九 | 四 | 23 | 10/12 | 壬申 | 九 | 七 | 23 | 9/13 | 癸卯 | 三 | 九 |
| 24 | 2/9 | 壬申 | 5 | 6 | 24 | 1/10 | 壬寅 | 8 | 3 | 24 | 12/11 | 壬申 | 七 | 一 | 24 | 11/12 | 癸卯 | 九 | 三 | 24 | 10/13 | 癸酉 | 九 | 六 | 24 | 9/14 | 甲辰 | 六 | 八 |
| 25 | 2/10 | 癸酉 | 5 | 7 | 25 | 1/11 | 癸卯 | 8 | 4 | 25 | 12/12 | 癸酉 | 七 | 九 | 25 | 11/13 | 甲辰 | 三 | 二 | 25 | 10/14 | 甲戌 | 三 | 五 | 25 | 9/15 | 乙巳 | 六 | 七 |
| 26 | 2/11 | 甲戌 | 2 | 8 | 26 | 1/12 | 甲辰 | 5 | 5 | 26 | 12/13 | 甲戌 | 一 | 八 | 26 | 11/14 | 乙巳 | 三 | 一 | 26 | 10/15 | 乙亥 | 三 | 四 | 26 | 9/16 | 丙午 | 六 | 六 |
| 27 | 2/12 | 乙亥 | 2 | 9 | 27 | 1/13 | 乙巳 | 5 | 6 | 27 | 12/14 | 乙亥 | 一 | 七 | 27 | 11/15 | 丙午 | 三 | 九 | 27 | 10/16 | 丙子 | 三 | 三 | 27 | 9/17 | 丁未 | 六 | 五 |
| 28 | 2/13 | 丙子 | 2 | 1 | 28 | 1/14 | 丙午 | 5 | 7 | 28 | 12/15 | 丙子 | 一 | 六 | 28 | 11/16 | 丁未 | 三 | 八 | 28 | 10/17 | 丁丑 | 三 | 二 | 28 | 9/18 | 戊申 | 六 | 四 |
| 29 | 2/14 | 丁丑 | 2 | 2 | 29 | 1/15 | 丁未 | 5 | 8 | 29 | 12/16 | 丁丑 | 一 | 五 | 29 | 11/17 | 戊申 | 三 | 七 | 29 | 10/18 | 戊寅 | 三 | 一 | 29 | 9/19 | 己酉 | 七 | 三 |
| 30 | 2/15 | 戊寅 | 2 | 3 | 30 | 1/16 | 戊申 | 5 | 9 | 30 | 12/17 | 戊寅 | 一 | 四 | | | | | | 30 | 10/19 | 己卯 | 五 | 九 | | | | | |

# 西元2018年（戊戌）肖狗 民國107年（男離命）

奇門遁甲局數如標示為 一 ～九表示陰局　　如標示為1 ～9 表示陽局

| 六　月 | | | | | 五　月 | | | | | 四　月 | | | | | 三　月 | | | | | 二　月 | | | | | 正　月 | | | | |
|---|---|---|---|---|---|---|---|---|---|---|---|---|---|---|---|---|---|---|---|---|---|---|---|---|---|---|---|---|---|
| 己未 | | | | | 戊午 | | | | | 丁巳 | | | | | 丙辰 | | | | | 乙卯 | | | | | 甲寅 | | | | |
| 九紫火 | | | | | 一白水 | | | | | 二黑土 | | | | | 三碧木 | | | | | 四綠木 | | | | | 五黃土 | | | | |
| 立秋 21時32分 廿六亥時 | | 大暑 05時02分 十一卯時 | 奇門遁甲局數 | | 小暑 11時43分 廿四午時 | | 夏至 18時09分 初八酉時 | 奇門遁甲局數 | | 芒種 01時31分 廿三丑時 | | 小滿 10時16分 初七巳時 | 奇門遁甲局數 | | 立夏 21時27分 二十亥時 | | 穀雨 11時14分 初五午時 | 奇門遁甲局數 | | 清明 04時14分 二十寅時 | | 春分 00時17分 初五子時 | 奇門遁甲局數 | | 驚蟄 23時30分 十八子時 | | 雨水 01時20分 初四丑時 | 奇門遁甲局數 | |
| 農曆 | 國曆 | 干支 | 時盤 | 日盤 | 農曆 | 國曆 | 干支 | 時盤 | 日盤 | 農曆 | 國曆 | 干支 | 時盤 | 日盤 | 農曆 | 國曆 | 干支 | 時盤 | 日盤 | 農曆 | 國曆 | 干支 | 時盤 | 日盤 | 農曆 | 國曆 | 干支 | 時盤 | 日盤 |
| 1 | 7/13 | 丙午 | 五 | 三 | 1 | 6/14 | 丁丑 | 9 | 5 | 1 | 5/15 | 丁未 | 7 | 2 | 1 | 4/16 | 戊寅 | 7 | 9 | 1 | 3/17 | 戊申 | 4 | 6 | 1 | 2/16 | 己卯 | 9 | 4 |
| 2 | 7/14 | 丁未 | 五 | 二 | 2 | 6/15 | 戊寅 | 9 | 6 | 2 | 5/16 | 戊申 | 7 | 3 | 2 | 4/17 | 己卯 | 5 | 1 | 2 | 3/18 | 己酉 | 3 | 7 | 2 | 2/17 | 庚辰 | 9 | 5 |
| 3 | 7/15 | 戊申 | 五 | 一 | 3 | 6/16 | 己卯 | 九 | 7 | 3 | 5/17 | 己酉 | 5 | 4 | 3 | 4/18 | 庚辰 | 5 | 2 | 3 | 3/19 | 庚戌 | 3 | 8 | 3 | 2/18 | 辛巳 | 9 | 6 |
| 4 | 7/16 | 己酉 | 七 | 九 | 4 | 6/17 | 庚辰 | 九 | 8 | 4 | 5/18 | 庚戌 | 5 | 5 | 4 | 4/19 | 辛巳 | 5 | 3 | 4 | 3/20 | 辛亥 | 3 | 9 | 4 | 2/19 | 壬午 | 9 | 7 |
| 5 | 7/17 | 庚戌 | 七 | 八 | 5 | 6/18 | 辛巳 | 九 | 9 | 5 | 5/19 | 辛亥 | 5 | 6 | 5 | 4/20 | 壬午 | 5 | 4 | 5 | 3/21 | 壬子 | 3 | 1 | 5 | 2/20 | 癸未 | 9 | 8 |
| 6 | 7/18 | 辛亥 | 七 | 七 | 6 | 6/19 | 壬午 | 九 | 1 | 6 | 5/20 | 壬子 | 5 | 7 | 6 | 4/21 | 癸未 | 5 | 5 | 6 | 3/22 | 癸丑 | 3 | 2 | 6 | 2/21 | 甲申 | 6 | 9 |
| 7 | 7/19 | 壬子 | 七 | 六 | 7 | 6/20 | 癸未 | 九 | 2 | 7 | 5/21 | 癸丑 | 5 | 8 | 7 | 4/22 | 甲申 | 2 | 6 | 7 | 3/23 | 甲寅 | 9 | 3 | 7 | 2/22 | 乙酉 | 6 | 1 |
| 8 | 7/20 | 癸丑 | 七 | 五 | 8 | 6/21 | 甲申 | 三 | 七 | 8 | 5/22 | 甲寅 | 2 | 9 | 8 | 4/23 | 乙酉 | 2 | 7 | 8 | 3/24 | 乙卯 | 9 | 4 | 8 | 2/23 | 丙戌 | 6 | 2 |
| 9 | 7/21 | 甲寅 | 一 | 四 | 9 | 6/22 | 乙酉 | 三 | 六 | 9 | 5/23 | 乙卯 | 2 | 1 | 9 | 4/24 | 丙戌 | 2 | 8 | 9 | 3/25 | 丙辰 | 9 | 5 | 9 | 2/24 | 丁亥 | 6 | 3 |
| 10 | 7/22 | 乙卯 | 一 | 三 | 10 | 6/23 | 丙戌 | 三 | 五 | 10 | 5/24 | 丙辰 | 2 | 2 | 10 | 4/25 | 丁亥 | 2 | 9 | 10 | 3/26 | 丁巳 | 9 | 6 | 10 | 2/25 | 戊子 | 6 | 4 |
| 11 | 7/23 | 丙辰 | 一 | 二 | 11 | 6/24 | 丁亥 | 三 | 四 | 11 | 5/25 | 丁巳 | 2 | 3 | 11 | 4/26 | 戊子 | 2 | 1 | 11 | 3/27 | 戊午 | 9 | 7 | 11 | 2/26 | 己丑 | 3 | 5 |
| 12 | 7/24 | 丁巳 | 一 | 一 | 12 | 6/25 | 戊子 | 三 | 三 | 12 | 5/26 | 戊午 | 2 | 4 | 12 | 4/27 | 己丑 | 8 | 2 | 12 | 3/28 | 己未 | 6 | 8 | 12 | 2/27 | 庚寅 | 3 | 6 |
| 13 | 7/25 | 戊午 | 一 | 九 | 13 | 6/26 | 己丑 | 六 | 二 | 13 | 5/27 | 己未 | 8 | 5 | 13 | 4/28 | 庚寅 | 8 | 3 | 13 | 3/29 | 庚申 | 6 | 9 | 13 | 2/28 | 辛卯 | 3 | 7 |
| 14 | 7/26 | 己未 | 四 | 八 | 14 | 6/27 | 庚寅 | 六 | 一 | 14 | 5/28 | 庚申 | 8 | 6 | 14 | 4/29 | 辛卯 | 8 | 4 | 14 | 3/30 | 辛酉 | 6 | 1 | 14 | 3/1 | 壬辰 | 3 | 8 |
| 15 | 7/27 | 庚申 | 四 | 七 | 15 | 6/28 | 辛卯 | 六 | 九 | 15 | 5/29 | 辛酉 | 8 | 7 | 15 | 4/30 | 壬辰 | 8 | 5 | 15 | 3/31 | 壬戌 | 6 | 2 | 15 | 3/2 | 癸巳 | 3 | 9 |
| 16 | 7/28 | 辛酉 | 四 | 六 | 16 | 6/29 | 壬辰 | 六 | 八 | 16 | 5/30 | 壬戌 | 8 | 8 | 16 | 5/1 | 癸巳 | 8 | 6 | 16 | 4/1 | 癸亥 | 6 | 3 | 16 | 3/3 | 甲午 | 1 | 1 |
| 17 | 7/29 | 壬戌 | 四 | 五 | 17 | 6/30 | 癸巳 | 六 | 七 | 17 | 5/31 | 癸亥 | 8 | 9 | 17 | 5/2 | 甲午 | 4 | 7 | 17 | 4/2 | 甲子 | 4 | 4 | 17 | 3/4 | 乙未 | 1 | 2 |
| 18 | 7/30 | 癸亥 | 四 | 四 | 18 | 7/1 | 甲午 | 八 | 六 | 18 | 6/1 | 甲子 | 6 | 1 | 18 | 5/3 | 乙未 | 4 | 8 | 18 | 4/3 | 乙丑 | 4 | 5 | 18 | 3/5 | 丙申 | 1 | 3 |
| 19 | 7/31 | 甲子 | 二 | 三 | 19 | 7/2 | 乙未 | 八 | 五 | 19 | 6/2 | 乙丑 | 6 | 2 | 19 | 5/4 | 丙申 | 4 | 9 | 19 | 4/4 | 丙寅 | 4 | 6 | 19 | 3/6 | 丁酉 | 1 | 4 |
| 20 | 8/1 | 乙丑 | 二 | 二 | 20 | 7/3 | 丙申 | 八 | 四 | 20 | 6/3 | 丙寅 | 6 | 3 | 20 | 5/5 | 丁酉 | 4 | 1 | 20 | 4/5 | 丁卯 | 4 | 7 | 20 | 3/7 | 戊戌 | 1 | 5 |
| 21 | 8/2 | 丙寅 | 二 | 一 | 21 | 7/4 | 丁酉 | 八 | 三 | 21 | 6/4 | 丁卯 | 6 | 4 | 21 | 5/6 | 戊戌 | 4 | 2 | 21 | 4/6 | 戊辰 | 4 | 8 | 21 | 3/8 | 己亥 | 7 | 6 |
| 22 | 8/3 | 丁卯 | 二 | 九 | 22 | 7/5 | 戊戌 | 八 | 二 | 22 | 6/5 | 戊辰 | 6 | 5 | 22 | 5/7 | 己亥 | 1 | 3 | 22 | 4/7 | 己巳 | 1 | 9 | 22 | 3/9 | 庚子 | 7 | 7 |
| 23 | 8/4 | 戊辰 | 二 | 八 | 23 | 7/6 | 己亥 | 二 | 一 | 23 | 6/6 | 己巳 | 3 | 6 | 23 | 5/8 | 庚子 | 1 | 4 | 23 | 4/8 | 庚午 | 1 | 1 | 23 | 3/10 | 辛丑 | 7 | 8 |
| 24 | 8/5 | 己巳 | 五 | 七 | 24 | 7/7 | 庚子 | 二 | 九 | 24 | 6/7 | 庚午 | 3 | 7 | 24 | 5/9 | 辛丑 | 1 | 5 | 24 | 4/9 | 辛未 | 1 | 2 | 24 | 3/11 | 壬寅 | 7 | 9 |
| 25 | 8/6 | 庚午 | 五 | 六 | 25 | 7/8 | 辛丑 | 二 | 八 | 25 | 6/8 | 辛未 | 3 | 8 | 25 | 5/10 | 壬寅 | 1 | 6 | 25 | 4/10 | 壬申 | 1 | 3 | 25 | 3/12 | 癸卯 | 7 | 1 |
| 26 | 8/7 | 辛未 | 五 | 五 | 26 | 7/9 | 壬寅 | 二 | 七 | 26 | 6/9 | 壬申 | 3 | 9 | 26 | 5/11 | 癸卯 | 1 | 7 | 26 | 4/11 | 癸酉 | 1 | 4 | 26 | 3/13 | 甲辰 | 4 | 2 |
| 27 | 8/8 | 壬申 | 五 | 四 | 27 | 7/10 | 癸卯 | 二 | 六 | 27 | 6/10 | 癸酉 | 3 | 1 | 27 | 5/12 | 甲辰 | 7 | 8 | 27 | 4/12 | 甲戌 | 7 | 5 | 27 | 3/14 | 乙巳 | 4 | 3 |
| 28 | 8/9 | 癸酉 | 五 | 三 | 28 | 7/11 | 甲辰 | 五 | 五 | 28 | 6/11 | 甲戌 | 9 | 2 | 28 | 5/13 | 乙巳 | 7 | 9 | 28 | 4/13 | 乙亥 | 7 | 6 | 28 | 3/15 | 丙午 | 4 | 4 |
| 29 | 8/10 | 甲戌 | 八 | 二 | 29 | 7/12 | 乙巳 | 五 | 四 | 29 | 6/12 | 乙亥 | 9 | 3 | 29 | 5/14 | 丙午 | 7 | 1 | 29 | 4/14 | 丙子 | 7 | 7 | 29 | 3/16 | 丁未 | 4 | 5 |
| | | | | | | | | | | 30 | 6/13 | 丙子 | 9 | 4 | | | | | | 30 | 4/15 | 丁丑 | 7 | 8 | | | | | |

# 西元2018年（戊戌）肖狗 民國107年（女乾命）

奇門遁甲局數如標示為 一 ～九表示陰局　　如標示為1 ～9 表示陽局

| 十二月 | | | | | 十一月 | | | | | 十　月 | | | | | 九　月 | | | | | 八　月 | | | | | 七　月 | | | | |
|---|---|---|---|---|---|---|---|---|---|---|---|---|---|---|---|---|---|---|---|---|---|---|---|---|---|---|---|---|---|
| 乙丑 | | | | | 甲子 | | | | | 癸亥 | | | | | 壬戌 | | | | | 辛酉 | | | | | 庚申 | | | | |
| 三碧木 | | | | | 四綠木 | | | | | 五黃土 | | | | | 六白金 | | | | | 七赤金 | | | | | 八白土 | | | | |
| 大寒 17時01分 十五酉時 | 小寒 23時41分 三十子時 | 奇門遁甲局數 | | | 冬至 06時24分 十六卯時 | 大雪 12時28分 初一午時 | 奇門遁甲局數 | | | 小雪 17時03分 十五酉時 | | 奇門遁甲局數 | | | 立冬 19時33分 三十戌時 | 霜降 19時24分 十五戌時 | 奇門遁甲局數 | | | 寒露 16時16分 廿九申時 | 秋分 09時56分 十四巳時 | 奇門遁甲局數 | | | 白露 00時31分 廿九子時 | 處暑 12時10分 十三午時 | 奇門遁甲局數 | | |
| 農曆 | 國曆 | 干支 | 時盤 | 日盤 | 農曆 | 國曆 | 干支 | 時盤 | 日盤 | 農曆 | 國曆 | 干支 | 時盤 | 日盤 | 農曆 | 國曆 | 干支 | 時盤 | 日盤 | 農曆 | 國曆 | 干支 | 時盤 | 日盤 | 農曆 | 國曆 | 干支 | 時盤 | 日盤 |
| 1 | 1/6 | 癸卯 | 7 | 4 | 1 | 12/7 | 癸酉 | 七 | 九 | 1 | 11/8 | 甲辰 | 三 | 二 | 1 | 10/9 | 甲戌 | 三 | 五 | 1 | 9/10 | 乙巳 | 六 | 七 | 1 | 8/11 | 乙亥 | 八 | 一 |
| 2 | 1/7 | 甲辰 | 4 | 5 | 2 | 12/8 | 甲戌 | 一 | 八 | 2 | 11/9 | 乙巳 | 三 | 一 | 2 | 10/10 | 乙亥 | 三 | 四 | 2 | 9/11 | 丙午 | 六 | 六 | 2 | 8/12 | 丙子 | 八 | 九 |
| 3 | 1/8 | 乙巳 | 4 | 6 | 3 | 12/9 | 乙亥 | 一 | 七 | 3 | 11/10 | 丙午 | 三 | 九 | 3 | 10/11 | 丙子 | 三 | 三 | 3 | 9/12 | 丁未 | 六 | 五 | 3 | 8/13 | 丁丑 | 八 | 八 |
| 4 | 1/9 | 丙午 | 4 | 7 | 4 | 12/10 | 丙子 | 一 | 六 | 4 | 11/11 | 丁未 | 三 | 八 | 4 | 10/12 | 丁丑 | 三 | 二 | 4 | 9/13 | 戊申 | 六 | 四 | 4 | 8/14 | 戊寅 | 八 | 七 |
| 5 | 1/10 | 丁未 | 4 | 8 | 5 | 12/11 | 丁丑 | 一 | 五 | 5 | 11/12 | 戊申 | 三 | 七 | 5 | 10/13 | 戊寅 | 三 | 一 | 5 | 9/14 | 己酉 | 七 | 三 | 5 | 8/15 | 己卯 | 一 | 六 |
| 6 | 1/11 | 戊申 | 4 | 9 | 6 | 12/12 | 戊寅 | 一 | 四 | 6 | 11/13 | 己酉 | 五 | 六 | 6 | 10/14 | 己卯 | 五 | 九 | 6 | 9/15 | 庚戌 | 七 | 二 | 6 | 8/16 | 庚辰 | 一 | 五 |
| 7 | 1/12 | 己酉 | 2 | 1 | 7 | 12/13 | 己卯 | 四 | 三 | 7 | 11/14 | 庚戌 | 五 | 五 | 7 | 10/15 | 庚辰 | 五 | 八 | 7 | 9/16 | 辛亥 | 七 | 一 | 7 | 8/17 | 辛巳 | 一 | 四 |
| 8 | 1/13 | 庚戌 | 2 | 2 | 8 | 12/14 | 庚辰 | 四 | 二 | 8 | 11/15 | 辛亥 | 五 | 四 | 8 | 10/16 | 辛巳 | 五 | 七 | 8 | 9/17 | 壬子 | 七 | 九 | 8 | 8/18 | 壬午 | 一 | 三 |
| 9 | 1/14 | 辛亥 | 2 | 3 | 9 | 12/15 | 辛巳 | 四 | 一 | 9 | 11/16 | 壬子 | 五 | 三 | 9 | 10/17 | 壬午 | 五 | 六 | 9 | 9/18 | 癸丑 | 七 | 八 | 9 | 8/19 | 癸未 | 一 | 二 |
| 10 | 1/15 | 壬子 | 2 | 4 | 10 | 12/16 | 壬午 | 四 | 九 | 10 | 11/17 | 癸丑 | 五 | 二 | 10 | 10/18 | 癸未 | 五 | 五 | 10 | 9/19 | 甲寅 | 一 | 七 | 10 | 8/20 | 甲申 | 四 | 一 |
| 11 | 1/16 | 癸丑 | 2 | 5 | 11 | 12/17 | 癸未 | 四 | 八 | 11 | 11/18 | 甲寅 | 八 | 一 | 11 | 10/19 | 甲申 | 八 | 四 | 11 | 9/20 | 乙卯 | 一 | 六 | 11 | 8/21 | 乙酉 | 四 | 九 |
| 12 | 1/17 | 甲寅 | 8 | 6 | 12 | 12/18 | 甲申 | 七 | 七 | 12 | 11/19 | 乙卯 | 八 | 九 | 12 | 10/20 | 乙酉 | 八 | 三 | 12 | 9/21 | 丙辰 | 一 | 五 | 12 | 8/22 | 丙戌 | 四 | 八 |
| 13 | 1/18 | 乙卯 | 8 | 7 | 13 | 12/19 | 乙酉 | 七 | 六 | 13 | 11/20 | 丙辰 | 八 | 八 | 13 | 10/21 | 丙戌 | 八 | 二 | 13 | 9/22 | 丁巳 | 一 | 四 | 13 | 8/23 | 丁亥 | 四 | 七 |
| 14 | 1/19 | 丙辰 | 8 | 8 | 14 | 12/20 | 丙戌 | 七 | 五 | 14 | 11/21 | 丁巳 | 八 | 七 | 14 | 10/22 | 丁亥 | 八 | 一 | 14 | 9/23 | 戊午 | 一 | 三 | 14 | 8/24 | 戊子 | 四 | 六 |
| 15 | 1/20 | 丁巳 | 8 | 9 | 15 | 12/21 | 丁亥 | 七 | 四 | 15 | 11/22 | 戊午 | 八 | 六 | 15 | 10/23 | 戊子 | 八 | 九 | 15 | 9/24 | 己未 | 四 | 二 | 15 | 8/25 | 己丑 | 七 | 五 |
| 16 | 1/21 | 戊午 | 8 | 1 | 16 | 12/22 | 戊子 | 七 | 7 | 16 | 11/23 | 己未 | 二 | 五 | 16 | 10/24 | 己丑 | 二 | 八 | 16 | 9/25 | 庚申 | 四 | 一 | 16 | 8/26 | 庚寅 | 七 | 四 |
| 17 | 1/22 | 己未 | 5 | 2 | 17 | 12/23 | 己丑 | 一 | 8 | 17 | 11/24 | 庚申 | 二 | 四 | 17 | 10/25 | 庚寅 | 二 | 七 | 17 | 9/26 | 辛酉 | 四 | 九 | 17 | 8/27 | 辛卯 | 七 | 三 |
| 18 | 1/23 | 庚申 | 5 | 3 | 18 | 12/24 | 庚寅 | 一 | 9 | 18 | 11/25 | 辛酉 | 二 | 三 | 18 | 10/26 | 辛卯 | 二 | 六 | 18 | 9/27 | 壬戌 | 四 | 八 | 18 | 8/28 | 壬辰 | 七 | 二 |
| 19 | 1/24 | 辛酉 | 5 | 4 | 19 | 12/25 | 辛卯 | 一 | 1 | 19 | 11/26 | 壬戌 | 二 | 二 | 19 | 10/27 | 壬辰 | 二 | 五 | 19 | 9/28 | 癸亥 | 四 | 七 | 19 | 8/29 | 癸巳 | 七 | 一 |
| 20 | 1/25 | 壬戌 | 5 | 5 | 20 | 12/26 | 壬辰 | 一 | 2 | 20 | 11/27 | 癸亥 | 二 | 一 | 20 | 10/28 | 癸巳 | 二 | 四 | 20 | 9/29 | 甲子 | 六 | 六 | 20 | 8/30 | 甲午 | 九 | 九 |
| 21 | 1/26 | 癸亥 | 5 | 6 | 21 | 12/27 | 癸巳 | 一 | 3 | 21 | 11/28 | 甲子 | 四 | 九 | 21 | 10/29 | 甲午 | 六 | 三 | 21 | 9/30 | 乙丑 | 六 | 五 | 21 | 8/31 | 乙未 | 九 | 八 |
| 22 | 1/27 | 甲子 | 3 | 7 | 22 | 12/28 | 甲午 | 1 | 4 | 22 | 11/29 | 乙丑 | 四 | 八 | 22 | 10/30 | 乙未 | 六 | 二 | 22 | 10/1 | 丙寅 | 六 | 四 | 22 | 9/1 | 丙申 | 九 | 七 |
| 23 | 1/28 | 乙丑 | 3 | 8 | 23 | 12/29 | 乙未 | 1 | 5 | 23 | 11/30 | 丙寅 | 四 | 七 | 23 | 10/31 | 丙申 | 六 | 一 | 23 | 10/2 | 丁卯 | 六 | 三 | 23 | 9/2 | 丁酉 | 九 | 六 |
| 24 | 1/29 | 丙寅 | 3 | 9 | 24 | 12/30 | 丙申 | 1 | 6 | 24 | 12/1 | 丁卯 | 四 | 六 | 24 | 11/1 | 丁酉 | 六 | 九 | 24 | 10/3 | 戊辰 | 六 | 二 | 24 | 9/3 | 戊戌 | 九 | 五 |
| 25 | 1/30 | 丁卯 | 3 | 1 | 25 | 12/31 | 丁酉 | 1 | 7 | 25 | 12/2 | 戊辰 | 四 | 五 | 25 | 11/2 | 戊戌 | 六 | 八 | 25 | 10/4 | 己巳 | 九 | 一 | 25 | 9/4 | 己亥 | 三 | 四 |
| 26 | 1/31 | 戊辰 | 3 | 2 | 26 | 1/1 | 戊戌 | 1 | 8 | 26 | 12/3 | 己巳 | 七 | 四 | 26 | 11/3 | 己亥 | 九 | 七 | 26 | 10/5 | 庚午 | 九 | 九 | 26 | 9/5 | 庚子 | 三 | 三 |
| 27 | 2/1 | 己巳 | 9 | 3 | 27 | 1/2 | 己亥 | 7 | 9 | 27 | 12/4 | 庚午 | 七 | 三 | 27 | 11/4 | 庚子 | 九 | 六 | 27 | 10/6 | 辛未 | 九 | 八 | 27 | 9/6 | 辛丑 | 三 | 二 |
| 28 | 2/2 | 庚午 | 9 | 4 | 28 | 1/3 | 庚子 | 7 | 1 | 28 | 12/5 | 辛未 | 七 | 二 | 28 | 11/5 | 辛丑 | 九 | 五 | 28 | 10/7 | 壬申 | 九 | 七 | 28 | 9/7 | 壬寅 | 三 | 一 |
| 29 | 2/3 | 辛未 | 9 | 5 | 29 | 1/4 | 辛丑 | 7 | 2 | 29 | 12/6 | 壬申 | 七 | 一 | 29 | 11/6 | 壬寅 | 九 | 四 | 29 | 10/8 | 癸酉 | 九 | 六 | 29 | 9/8 | 癸卯 | 三 | 九 |
| 30 | 2/4 | 壬申 | 9 | 6 | 30 | 1/5 | 壬寅 | 7 | 3 | | | | | | 30 | 11/7 | 癸卯 | 九 | 三 | | | | | | 30 | 9/9 | 甲辰 | 六 | 八 |

# 西元2019年（己亥）肖豬 民國108年（男艮命）

奇門遁甲局數如標示為 一 ～九表示陰局　　如標示為1 ～9 表示陽局

| 六月 | | | | | 五月 | | | | | 四月 | | | | | 三月 | | | | | 二月 | | | | | 正月 | | | | |
|---|---|---|---|---|---|---|---|---|---|---|---|---|---|---|---|---|---|---|---|---|---|---|---|---|---|---|---|---|---|
| 辛未 | | | | | 庚午 | | | | | 己巳 | | | | | 戊辰 | | | | | 丁卯 | | | | | 丙寅 | | | | |
| 六白金 | | | | | 七赤金 | | | | | 八白土 | | | | | 九紫火 | | | | | 一白水 | | | | | 二黑土 | | | | |
| 大暑 10時52分 廿一巳時 | | 小暑 17時22分 初五酉時 | 奇門遁甲局數 | | 夏至 23時56分 十九子時 | | 芒種 07時08分 初四辰時 | 奇門遁甲局數 | | 小滿 16時00分 十七申時 | | 立夏 03時04分 初二寅時 | 奇門遁甲局數 | | 穀雨 16時57分 十六申時 | | 清明 09時53分 初一巳時 | 奇門遁甲局數 | | 春分 06時00分 十六卯時 | | 驚蟄 05時11分 初一卯時 | 奇門遁甲局數 | | 雨水 07時06分 十五辰時 | | 立春 11時16分 三十午時 | 奇門遁甲局數 | |
| 農曆 | 國曆 | 干支 | 時盤 | 日盤 | 農曆 | 國曆 | 干支 | 時盤 | 日盤 | 農曆 | 國曆 | 干支 | 時盤 | 日盤 | 農曆 | 國曆 | 干支 | 時盤 | 日盤 | 農曆 | 國曆 | 干支 | 時盤 | 日盤 | 農曆 | 國曆 | 干支 | 時盤 | 日盤 |
| 1 | 7/3 | 辛丑 | 三 | 八 | 1 | 6/3 | 辛未 | 2 | 8 | 1 | 5/5 | 壬寅 | 2 | 6 | 1 | 4/5 | 壬申 | 9 | 3 | 1 | 3/7 | 癸卯 | 6 | 1 | 1 | 2/5 | 癸酉 | 9 | 7 |
| 2 | 7/4 | 壬寅 | 三 | 七 | 2 | 6/4 | 壬申 | 2 | 9 | 2 | 5/6 | 癸卯 | 2 | 7 | 2 | 4/6 | 癸酉 | 9 | 4 | 2 | 3/8 | 甲辰 | 3 | 2 | 2 | 2/6 | 甲戌 | 6 | 8 |
| 3 | 7/5 | 癸卯 | 三 | 六 | 3 | 6/5 | 癸酉 | 2 | 1 | 3 | 5/7 | 甲辰 | 8 | 8 | 3 | 4/7 | 甲戌 | 6 | 5 | 3 | 3/9 | 乙巳 | 3 | 3 | 3 | 2/7 | 乙亥 | 6 | 9 |
| 4 | 7/6 | 甲辰 | 六 | 五 | 4 | 6/6 | 甲戌 | 8 | 2 | 4 | 5/8 | 乙巳 | 8 | 9 | 4 | 4/8 | 乙亥 | 6 | 6 | 4 | 3/10 | 丙午 | 3 | 4 | 4 | 2/8 | 丙子 | 6 | 1 |
| 5 | 7/7 | 乙巳 | 六 | 四 | 5 | 6/7 | 乙亥 | 8 | 3 | 5 | 5/9 | 丙午 | 8 | 1 | 5 | 4/9 | 丙子 | 6 | 7 | 5 | 3/11 | 丁未 | 3 | 5 | 5 | 2/9 | 丁丑 | 6 | 2 |
| 6 | 7/8 | 丙午 | 六 | 三 | 6 | 6/8 | 丙子 | 8 | 4 | 6 | 5/10 | 丁未 | 8 | 2 | 6 | 4/10 | 丁丑 | 6 | 8 | 6 | 3/12 | 戊申 | 3 | 6 | 6 | 2/10 | 戊寅 | 6 | 3 |
| 7 | 7/9 | 丁未 | 六 | 二 | 7 | 6/9 | 丁丑 | 8 | 5 | 7 | 5/11 | 戊申 | 8 | 3 | 7 | 4/11 | 戊寅 | 6 | 9 | 7 | 3/13 | 己酉 | 1 | 7 | 7 | 2/11 | 己卯 | 8 | 4 |
| 8 | 7/10 | 戊申 | 六 | 一 | 8 | 6/10 | 戊寅 | 8 | 6 | 8 | 5/12 | 己酉 | 4 | 4 | 8 | 4/12 | 己卯 | 4 | 1 | 8 | 3/14 | 庚戌 | 1 | 8 | 8 | 2/12 | 庚辰 | 8 | 5 |
| 9 | 7/11 | 己酉 | 八 | 九 | 9 | 6/11 | 己卯 | 6 | 7 | 9 | 5/13 | 庚戌 | 4 | 5 | 9 | 4/13 | 庚辰 | 4 | 2 | 9 | 3/15 | 辛亥 | 1 | 9 | 9 | 2/13 | 辛巳 | 8 | 6 |
| 10 | 7/12 | 庚戌 | 八 | 八 | 10 | 6/12 | 庚辰 | 6 | 8 | 10 | 5/14 | 辛亥 | 4 | 6 | 10 | 4/14 | 辛巳 | 4 | 3 | 10 | 3/16 | 壬子 | 1 | 1 | 10 | 2/14 | 壬午 | 8 | 7 |
| 11 | 7/13 | 辛亥 | 八 | 七 | 11 | 6/13 | 辛巳 | 6 | 9 | 11 | 5/15 | 壬子 | 4 | 7 | 11 | 4/15 | 壬午 | 4 | 4 | 11 | 3/17 | 癸丑 | 1 | 2 | 11 | 2/15 | 癸未 | 8 | 8 |
| 12 | 7/14 | 壬子 | 八 | 六 | 12 | 6/14 | 壬午 | 6 | 1 | 12 | 5/16 | 癸丑 | 4 | 8 | 12 | 4/16 | 癸未 | 4 | 5 | 12 | 3/18 | 甲寅 | 7 | 3 | 12 | 2/16 | 甲申 | 5 | 9 |
| 13 | 7/15 | 癸丑 | 八 | 五 | 13 | 6/15 | 癸未 | 6 | 2 | 13 | 5/17 | 甲寅 | 1 | 9 | 13 | 4/17 | 甲申 | 1 | 6 | 13 | 3/19 | 乙卯 | 7 | 4 | 13 | 2/17 | 乙酉 | 5 | 1 |
| 14 | 7/16 | 甲寅 | 二 | 四 | 14 | 6/16 | 甲申 | 3 | 3 | 14 | 5/18 | 乙卯 | 1 | 1 | 14 | 4/18 | 乙酉 | 1 | 7 | 14 | 3/20 | 丙辰 | 7 | 5 | 14 | 2/18 | 丙戌 | 5 | 2 |
| 15 | 7/17 | 乙卯 | 二 | 三 | 15 | 6/17 | 乙酉 | 3 | 4 | 15 | 5/19 | 丙辰 | 1 | 2 | 15 | 4/19 | 丙戌 | 1 | 8 | 15 | 3/21 | 丁巳 | 7 | 6 | 15 | 2/19 | 丁亥 | 5 | 3 |
| 16 | 7/18 | 丙辰 | 二 | 二 | 16 | 6/18 | 丙戌 | 3 | 5 | 16 | 5/20 | 丁巳 | 1 | 3 | 16 | 4/20 | 丁亥 | 1 | 9 | 16 | 3/22 | 戊午 | 7 | 7 | 16 | 2/20 | 戊子 | 5 | 4 |
| 17 | 7/19 | 丁巳 | 二 | 一 | 17 | 6/19 | 丁亥 | 3 | 6 | 17 | 5/21 | 戊午 | 1 | 4 | 17 | 4/21 | 戊子 | 1 | 1 | 17 | 3/23 | 己未 | 4 | 8 | 17 | 2/21 | 己丑 | 2 | 5 |
| 18 | 7/20 | 戊午 | 二 | 九 | 18 | 6/20 | 戊子 | 3 | 7 | 18 | 5/22 | 己未 | 7 | 5 | 18 | 4/22 | 己丑 | 7 | 2 | 18 | 3/24 | 庚申 | 4 | 9 | 18 | 2/22 | 庚寅 | 2 | 6 |
| 19 | 7/21 | 己未 | 五 | 八 | 19 | 6/21 | 己丑 | 9 | 二 | 19 | 5/23 | 庚申 | 7 | 6 | 19 | 4/23 | 庚寅 | 7 | 3 | 19 | 3/25 | 辛酉 | 4 | 1 | 19 | 2/23 | 辛卯 | 2 | 7 |
| 20 | 7/22 | 庚申 | 五 | 七 | 20 | 6/22 | 庚寅 | 9 | 一 | 20 | 5/24 | 辛酉 | 7 | 7 | 20 | 4/24 | 辛卯 | 7 | 4 | 20 | 3/26 | 壬戌 | 4 | 2 | 20 | 2/24 | 壬辰 | 2 | 8 |
| 21 | 7/23 | 辛酉 | 五 | 六 | 21 | 6/23 | 辛卯 | 9 | 九 | 21 | 5/25 | 壬戌 | 7 | 8 | 21 | 4/25 | 壬辰 | 7 | 5 | 21 | 3/27 | 癸亥 | 4 | 3 | 21 | 2/25 | 癸巳 | 2 | 9 |
| 22 | 7/24 | 壬戌 | 五 | 五 | 22 | 6/24 | 壬辰 | 9 | 八 | 22 | 5/26 | 癸亥 | 7 | 9 | 22 | 4/26 | 癸巳 | 7 | 6 | 22 | 3/28 | 甲子 | 3 | 4 | 22 | 2/26 | 甲午 | 9 | 1 |
| 23 | 7/25 | 癸亥 | 五 | 四 | 23 | 6/25 | 癸巳 | 9 | 七 | 23 | 5/27 | 甲子 | 5 | 1 | 23 | 4/27 | 甲午 | 5 | 7 | 23 | 3/29 | 乙丑 | 3 | 5 | 23 | 2/27 | 乙未 | 9 | 2 |
| 24 | 7/26 | 甲子 | 七 | 三 | 24 | 6/26 | 甲午 | 九 | 六 | 24 | 5/28 | 乙丑 | 5 | 2 | 24 | 4/28 | 乙未 | 5 | 8 | 24 | 3/30 | 丙寅 | 3 | 6 | 24 | 2/28 | 丙申 | 9 | 3 |
| 25 | 7/27 | 乙丑 | 七 | 二 | 25 | 6/27 | 乙未 | 九 | 五 | 25 | 5/29 | 丙寅 | 5 | 3 | 25 | 4/29 | 丙申 | 5 | 9 | 25 | 3/31 | 丁卯 | 3 | 7 | 25 | 3/1 | 丁酉 | 9 | 4 |
| 26 | 7/28 | 丙寅 | 七 | 一 | 26 | 6/28 | 丙申 | 九 | 四 | 26 | 5/30 | 丁卯 | 5 | 4 | 26 | 4/30 | 丁酉 | 5 | 1 | 26 | 4/1 | 戊辰 | 3 | 8 | 26 | 3/2 | 戊戌 | 9 | 5 |
| 27 | 7/29 | 丁卯 | 七 | 九 | 27 | 6/29 | 丁酉 | 九 | 三 | 27 | 5/31 | 戊辰 | 5 | 5 | 27 | 5/1 | 戊戌 | 5 | 2 | 27 | 4/2 | 己巳 | 9 | 9 | 27 | 3/3 | 己亥 | 6 | 6 |
| 28 | 7/30 | 戊辰 | 七 | 八 | 28 | 6/30 | 戊戌 | 九 | 二 | 28 | 6/1 | 己巳 | 2 | 6 | 28 | 5/2 | 己亥 | 2 | 3 | 28 | 4/3 | 庚午 | 9 | 1 | 28 | 3/4 | 庚子 | 6 | 7 |
| 29 | 7/31 | 己巳 | 一 | 七 | 29 | 7/1 | 己亥 | 三 | 一 | 29 | 6/2 | 庚午 | 2 | 7 | 29 | 5/3 | 庚子 | 2 | 4 | 29 | 4/4 | 辛未 | 9 | 2 | 29 | 3/5 | 辛丑 | 6 | 8 |
| | | | | | 30 | 7/2 | 庚子 | 三 | 九 | | | | | | 30 | 5/4 | 辛丑 | 2 | 5 | | | | | | 1 | 3/6 | 壬寅 | 6 | 9 |

# 西元2019年（己亥）肖豬 民國108年（女兌命）

奇門遁甲局數如標示為 一 ～九表示陰局　　如標示為1 ～9 表示陽局

| 十二月 | | | | | 十一月 | | | | | 十　月 | | | | | 九　月 | | | | | 八　月 | | | | | 七　月 | | | | |
|---|---|---|---|---|---|---|---|---|---|---|---|---|---|---|---|---|---|---|---|---|---|---|---|---|---|---|---|---|---|
| 丁丑 | | | | | 丙子 | | | | | 乙亥 | | | | | 甲戌 | | | | | 癸酉 | | | | | 壬申 | | | | |
| 九紫火 | | | | | 一白水 | | | | | 二黑土 | | | | | 三碧木 | | | | | 四綠木 | | | | | 五黃土 | | | | |
| 大寒 22時56分 廿六亥時 | | 小寒 05時32分 十二卯時 | 奇門遁甲局數 | | 冬至 12時21分 廿七午時 | | 大雪 18時20分 十二酉時 | 奇門遁甲局數 | | 小雪 23時01分 廿六子時 | | 立冬 01時26分 十二丑時 | 奇門遁甲局數 | | 霜降 01時21分 廿六丑時 | | 寒露 22時07分 初十亥時 | 奇門遁甲局數 | | 秋分 15時52分 廿五申時 | | 白露 06時19分 初十卯時 | 奇門遁甲局數 | | 處暑 18時03分 廿三酉時 | | 立秋 03時14分 初八寅時 | 奇門遁甲局數 | |
| 農曆 | 國曆 | 干支 | 時盤 | 日盤 | 農曆 | 國曆 | 干支 | 時盤 | 日盤 | 農曆 | 國曆 | 干支 | 時盤 | 日盤 | 農曆 | 國曆 | 干支 | 時盤 | 日盤 | 農曆 | 國曆 | 干支 | 時盤 | 日盤 | 農曆 | 國曆 | 干支 | 時盤 | 日盤 |
| 1 | 12/26 | 丁酉 | 1 | 7 | 1 | 11/26 | 丁卯 | 五 | 六 | 1 | 10/28 | 戊戌 | 五 | 八 | 1 | 9/29 | 己巳 | 一 | 一 | 1 | 8/30 | 己亥 | 四 | 四 | 1 | 8/1 | 庚午 | 一 | 六 |
| 2 | 12/27 | 戊戌 | 1 | 8 | 2 | 11/27 | 戊辰 | 五 | 五 | 2 | 10/29 | 己亥 | 八 | 七 | 2 | 9/30 | 庚午 | 一 | 九 | 2 | 8/31 | 庚子 | 四 | 三 | 2 | 8/2 | 辛未 | 一 | 五 |
| 3 | 12/28 | 己亥 | 7 | 9 | 3 | 11/28 | 己巳 | 八 | 四 | 3 | 10/30 | 庚子 | 八 | 六 | 3 | 10/1 | 辛未 | 一 | 八 | 3 | 9/1 | 辛丑 | 四 | 二 | 3 | 8/3 | 壬申 | 一 | 四 |
| 4 | 12/29 | 庚子 | 7 | 1 | 4 | 11/29 | 庚午 | 八 | 三 | 4 | 10/31 | 辛丑 | 八 | 五 | 4 | 10/2 | 壬申 | 一 | 七 | 4 | 9/2 | 壬寅 | 四 | 一 | 4 | 8/4 | 癸酉 | 一 | 三 |
| 5 | 12/30 | 辛丑 | 7 | 2 | 5 | 11/30 | 辛未 | 八 | 二 | 5 | 11/1 | 壬寅 | 八 | 四 | 5 | 10/3 | 癸酉 | 一 | 六 | 5 | 9/3 | 癸卯 | 四 | 九 | 5 | 8/5 | 甲戌 | 四 | 二 |
| 6 | 12/31 | 壬寅 | 7 | 3 | 6 | 12/1 | 壬申 | 八 | 一 | 6 | 11/2 | 癸卯 | 八 | 三 | 6 | 10/4 | 甲戌 | 四 | 五 | 6 | 9/4 | 甲辰 | 七 | 八 | 6 | 8/6 | 乙亥 | 四 | 一 |
| 7 | 1/1 | 癸卯 | 7 | 4 | 7 | 12/2 | 癸酉 | 八 | 九 | 7 | 11/3 | 甲辰 | 二 | 二 | 7 | 10/5 | 乙亥 | 四 | 四 | 7 | 9/5 | 乙巳 | 七 | 七 | 7 | 8/7 | 丙子 | 四 | 九 |
| 8 | 1/2 | 甲辰 | 4 | 5 | 8 | 12/3 | 甲戌 | 二 | 八 | 8 | 11/4 | 乙巳 | 二 | 一 | 8 | 10/6 | 丙子 | 四 | 三 | 8 | 9/6 | 丙午 | 七 | 六 | 8 | 8/8 | 丁丑 | 四 | 八 |
| 9 | 1/3 | 乙巳 | 4 | 6 | 9 | 12/4 | 乙亥 | 二 | 七 | 9 | 11/5 | 丙午 | 二 | 九 | 9 | 10/7 | 丁丑 | 四 | 二 | 9 | 9/7 | 丁未 | 七 | 五 | 9 | 8/9 | 戊寅 | 四 | 七 |
| 10 | 1/4 | 丙午 | 4 | 7 | 10 | 12/5 | 丙子 | 二 | 六 | 10 | 11/6 | 丁未 | 二 | 八 | 10 | 10/8 | 戊寅 | 四 | 一 | 10 | 9/8 | 戊申 | 七 | 四 | 10 | 8/10 | 己卯 | 二 | 六 |
| 11 | 1/5 | 丁未 | 4 | 8 | 11 | 12/6 | 丁丑 | 二 | 五 | 11 | 11/7 | 戊申 | 二 | 七 | 11 | 10/9 | 己卯 | 六 | 九 | 11 | 9/9 | 己酉 | 九 | 三 | 11 | 8/11 | 庚辰 | 二 | 五 |
| 12 | 1/6 | 戊申 | 4 | 9 | 12 | 12/7 | 戊寅 | 二 | 四 | 12 | 11/8 | 己酉 | 六 | 六 | 12 | 10/10 | 庚辰 | 六 | 八 | 12 | 9/10 | 庚戌 | 九 | 二 | 12 | 8/12 | 辛巳 | 二 | 四 |
| 13 | 1/7 | 己酉 | 2 | 1 | 13 | 12/8 | 己卯 | 四 | 三 | 13 | 11/9 | 庚戌 | 六 | 五 | 13 | 10/11 | 辛巳 | 六 | 七 | 13 | 9/11 | 辛亥 | 九 | 一 | 13 | 8/13 | 壬午 | 二 | 三 |
| 14 | 1/8 | 庚戌 | 2 | 2 | 14 | 12/9 | 庚辰 | 四 | 二 | 14 | 11/10 | 辛亥 | 六 | 四 | 14 | 10/12 | 壬午 | 六 | 六 | 14 | 9/12 | 壬子 | 九 | 九 | 14 | 8/14 | 癸未 | 二 | 二 |
| 15 | 1/9 | 辛亥 | 2 | 3 | 15 | 12/10 | 辛巳 | 四 | 一 | 15 | 11/11 | 壬子 | 六 | 三 | 15 | 10/13 | 癸未 | 六 | 五 | 15 | 9/13 | 癸丑 | 九 | 八 | 15 | 8/15 | 甲申 | 五 | 一 |
| 16 | 1/10 | 壬子 | 2 | 4 | 16 | 12/11 | 壬午 | 四 | 九 | 16 | 11/12 | 癸丑 | 六 | 二 | 16 | 10/14 | 甲申 | 九 | 四 | 16 | 9/14 | 甲寅 | 三 | 七 | 16 | 8/16 | 乙酉 | 五 | 九 |
| 17 | 1/11 | 癸丑 | 2 | 5 | 17 | 12/12 | 癸未 | 四 | 八 | 17 | 11/13 | 甲寅 | 九 | 一 | 17 | 10/15 | 乙酉 | 九 | 三 | 17 | 9/15 | 乙卯 | 三 | 六 | 17 | 8/17 | 丙戌 | 五 | 八 |
| 18 | 1/12 | 甲寅 | 8 | 6 | 18 | 12/13 | 甲申 | 七 | 七 | 18 | 11/14 | 乙卯 | 九 | 九 | 18 | 10/16 | 丙戌 | 九 | 二 | 18 | 9/16 | 丙辰 | 三 | 五 | 18 | 8/18 | 丁亥 | 五 | 七 |
| 19 | 1/13 | 乙卯 | 8 | 7 | 19 | 12/14 | 乙酉 | 七 | 六 | 19 | 11/15 | 丙辰 | 九 | 八 | 19 | 10/17 | 丁亥 | 九 | 一 | 19 | 9/17 | 丁巳 | 三 | 四 | 19 | 8/19 | 戊子 | 五 | 六 |
| 20 | 1/14 | 丙辰 | 8 | 8 | 20 | 12/15 | 丙戌 | 七 | 五 | 20 | 11/16 | 丁巳 | 九 | 七 | 20 | 10/18 | 戊子 | 九 | 九 | 20 | 9/18 | 戊午 | 三 | 三 | 20 | 8/20 | 己丑 | 八 | 五 |
| 21 | 1/15 | 丁巳 | 8 | 9 | 21 | 12/16 | 丁亥 | 七 | 四 | 21 | 11/17 | 戊午 | 九 | 六 | 21 | 10/19 | 己丑 | 三 | 八 | 21 | 9/19 | 己未 | 六 | 二 | 21 | 8/21 | 庚寅 | 八 | 四 |
| 22 | 1/16 | 戊午 | 8 | 1 | 22 | 12/17 | 戊子 | 七 | 三 | 22 | 11/18 | 己未 | 三 | 五 | 22 | 10/20 | 庚寅 | 三 | 七 | 22 | 9/20 | 庚申 | 六 | 一 | 22 | 8/22 | 辛卯 | 八 | 三 |
| 23 | 1/17 | 己未 | 5 | 2 | 23 | 12/18 | 己丑 | 一 | 二 | 23 | 11/19 | 庚申 | 三 | 四 | 23 | 10/21 | 辛卯 | 三 | 六 | 23 | 9/21 | 辛酉 | 六 | 九 | 23 | 8/23 | 壬辰 | 八 | 二 |
| 24 | 1/18 | 庚申 | 5 | 3 | 24 | 12/19 | 庚寅 | 一 | 一 | 24 | 11/20 | 辛酉 | 三 | 三 | 24 | 10/22 | 壬辰 | 三 | 五 | 24 | 9/22 | 壬戌 | 六 | 八 | 24 | 8/24 | 癸巳 | 八 | 一 |
| 25 | 1/19 | 辛酉 | 5 | 4 | 25 | 12/20 | 辛卯 | 一 | 九 | 25 | 11/21 | 壬戌 | 三 | 二 | 25 | 10/23 | 癸巳 | 三 | 四 | 25 | 9/23 | 癸亥 | 六 | 七 | 25 | 8/25 | 甲午 | 一 | 九 |
| 26 | 1/20 | 壬戌 | 5 | 5 | 26 | 12/21 | 壬辰 | 一 | 八 | 26 | 11/22 | 癸亥 | 三 | 一 | 26 | 10/24 | 甲午 | 五 | 三 | 26 | 9/24 | 甲子 | 七 | 六 | 26 | 8/26 | 乙未 | 一 | 八 |
| 27 | 1/21 | 癸亥 | 5 | 6 | 27 | 12/22 | 癸巳 | 一 | 3 | 27 | 11/23 | 甲子 | 五 | 九 | 27 | 10/25 | 乙未 | 五 | 二 | 27 | 9/25 | 乙丑 | 七 | 五 | 27 | 8/27 | 丙申 | 一 | 七 |
| 28 | 1/22 | 甲子 | 3 | 7 | 28 | 12/23 | 甲午 | 1 | 4 | 28 | 11/24 | 乙丑 | 五 | 八 | 28 | 10/26 | 丙申 | 五 | 一 | 28 | 9/26 | 丙寅 | 七 | 四 | 28 | 8/28 | 丁酉 | 一 | 六 |
| 29 | 1/23 | 乙丑 | 3 | 8 | 29 | 12/24 | 乙未 | 1 | 5 | 29 | 11/25 | 丙寅 | 五 | 七 | 29 | 10/27 | 丁酉 | 五 | 九 | 29 | 9/27 | 丁卯 | 七 | 三 | 29 | 8/29 | 戊戌 | 一 | 五 |
| 30 | 1/24 | 丙寅 | 3 | 9 | 30 | 12/25 | 丙申 | 1 | 6 | | | | | | | | | | | 30 | 9/28 | 戊辰 | 七 | 二 | | | | | |

# 西元2020年（庚子）肖鼠 民國109年（男兌命）

奇門遁甲局數如標示為 一 ～九表示陰局　　如標示為1 ～9 表示陽局

| 六　月 | | | | | 五　月 | | | | | 潤四　月 | | | | | 四　月 | | | | | 三　月 | | | | | 二　月 | | | | | 正　月 | | | | |
|---|---|---|---|---|---|---|---|---|---|---|---|---|---|---|---|---|---|---|---|---|---|---|---|---|---|---|---|---|---|---|---|---|---|---|
| 癸未 | | | | | 壬午 | | | | | 壬午 | | | | | 辛巳 | | | | | 庚辰 | | | | | 己卯 | | | | | 戊寅 | | | | |
| 三碧木 | | | | | 四綠木 | | | | | | | | | | 五黃土 | | | | | 六白金 | | | | | 七赤金 | | | | | 八白土 | | | | |
| 立秋 09時08分 十八巳時 | | 大暑 16時38分 初二申時 | 奇門遁甲局數 | | 小暑 23時16分 十六子時 | | 夏至 05時45分 初一卯時 | 奇門遁甲局數 | | 芒種 13時00分 十四未時 | | | 奇門遁甲局數 | | 小滿 21時51分 廿八亥時 | | 立夏 08時53分 十三辰時 | 奇門遁甲局數 | | 穀雨 22時47分 廿七亥時 | | 清明 15時40分 十二申時 | 奇門遁甲局數 | | 春分 11時51分 廿七午時 | | 驚蟄 10時59分 十二巳時 | 奇門遁甲局數 | | 雨水 12時59分 廿六午時 | | 立春 17時05分 十一酉時 | 奇門遁甲局數 | |
| 農曆 | 國曆 | 干支 | 時盤 | 日盤 | 農曆 | 國曆 | 干支 | 時盤 | 日盤 | 農曆 | 國曆 | 干支 | 時盤 | 日盤 | 農曆 | 國曆 | 干支 | 時盤 | 日盤 | 農曆 | 國曆 | 干支 | 時盤 | 日盤 | 農曆 | 國曆 | 干支 | 時盤 | 日盤 | 農曆 | 國曆 | 干支 | 時盤 | 日盤 |
| 1 | 7/21 | 乙丑 | 七 | 八 | 1 | 6/21 | 乙未 | 九 | 二 | 1 | 5/23 | 丙寅 | 5 | 3 | 1 | 4/23 | 丙申 | 5 | 9 | 1 | 3/24 | 丙寅 | 3 | 6 | 1 | 2/23 | 丙申 | 9 | 3 | 1 | 1/25 | 丁卯 | 3 | 1 |
| 2 | 7/22 | 丙寅 | 七 | 七 | 2 | 6/22 | 丙申 | 九 | 一 | 2 | 5/24 | 丁卯 | 5 | 4 | 2 | 4/24 | 丁酉 | 5 | 1 | 2 | 3/25 | 丁卯 | 3 | 7 | 2 | 2/24 | 丁酉 | 9 | 4 | 2 | 1/26 | 戊辰 | 3 | 2 |
| 3 | 7/23 | 丁卯 | 七 | 六 | 3 | 6/23 | 丁酉 | 九 | 九 | 3 | 5/25 | 戊辰 | 5 | 5 | 3 | 4/25 | 戊戌 | 5 | 2 | 3 | 3/26 | 戊辰 | 3 | 8 | 3 | 2/25 | 戊戌 | 9 | 5 | 3 | 1/27 | 己巳 | 9 | 3 |
| 4 | 7/24 | 戊辰 | 七 | 五 | 4 | 6/24 | 戊戌 | 九 | 八 | 4 | 5/26 | 己巳 | 2 | 6 | 4 | 4/26 | 己亥 | 2 | 3 | 4 | 3/27 | 己巳 | 9 | 9 | 4 | 2/26 | 己亥 | 6 | 6 | 4 | 1/28 | 庚午 | 9 | 4 |
| 5 | 7/25 | 己巳 | 一 | 四 | 5 | 6/25 | 己亥 | 三 | 七 | 5 | 5/27 | 庚午 | 2 | 7 | 5 | 4/27 | 庚子 | 2 | 4 | 5 | 3/28 | 庚午 | 9 | 1 | 5 | 2/27 | 庚子 | 6 | 7 | 5 | 1/29 | 辛未 | 9 | 5 |
| 6 | 7/26 | 庚午 | 一 | 三 | 6 | 6/26 | 庚子 | 三 | 六 | 6 | 5/28 | 辛未 | 2 | 8 | 6 | 4/28 | 辛丑 | 2 | 5 | 6 | 3/29 | 辛未 | 9 | 2 | 6 | 2/28 | 辛丑 | 6 | 8 | 6 | 1/30 | 壬申 | 9 | 6 |
| 7 | 7/27 | 辛未 | 一 | 二 | 7 | 6/27 | 辛丑 | 三 | 五 | 7 | 5/29 | 壬申 | 2 | 9 | 7 | 4/29 | 壬寅 | 2 | 6 | 7 | 3/30 | 壬申 | 9 | 3 | 7 | 2/29 | 壬寅 | 6 | 9 | 7 | 1/31 | 癸酉 | 9 | 7 |
| 8 | 7/28 | 壬申 | 一 | 一 | 8 | 6/28 | 壬寅 | 三 | 四 | 8 | 5/30 | 癸酉 | 2 | 1 | 8 | 4/30 | 癸卯 | 2 | 7 | 8 | 3/31 | 癸酉 | 9 | 4 | 8 | 3/1 | 癸卯 | 6 | 1 | 8 | 2/1 | 甲戌 | 6 | 8 |
| 9 | 7/29 | 癸酉 | 一 | 九 | 9 | 6/29 | 癸卯 | 三 | 三 | 9 | 5/31 | 甲戌 | 8 | 2 | 9 | 5/1 | 甲辰 | 8 | 8 | 9 | 4/1 | 甲戌 | 6 | 5 | 9 | 3/2 | 甲辰 | 3 | 2 | 9 | 2/2 | 乙亥 | 6 | 9 |
| 10 | 7/30 | 甲戌 | 四 | 八 | 10 | 6/30 | 甲辰 | 六 | 二 | 10 | 6/1 | 乙亥 | 8 | 3 | 10 | 5/2 | 乙巳 | 8 | 9 | 10 | 4/2 | 乙亥 | 6 | 6 | 10 | 3/3 | 乙巳 | 3 | 3 | 10 | 2/3 | 丙子 | 6 | 1 |
| 11 | 7/31 | 乙亥 | 四 | 七 | 11 | 7/1 | 乙巳 | 六 | 一 | 11 | 6/2 | 丙子 | 8 | 4 | 11 | 5/3 | 丙午 | 8 | 1 | 11 | 4/3 | 丙子 | 6 | 7 | 11 | 3/4 | 丙午 | 3 | 4 | 11 | 2/4 | 丁丑 | 6 | 2 |
| 12 | 8/1 | 丙子 | 四 | 六 | 12 | 7/2 | 丙午 | 六 | 九 | 12 | 6/3 | 丁丑 | 8 | 5 | 12 | 5/4 | 丁未 | 8 | 2 | 12 | 4/4 | 丁丑 | 6 | 8 | 12 | 3/5 | 丁未 | 3 | 5 | 12 | 2/5 | 戊寅 | 6 | 3 |
| 13 | 8/2 | 丁丑 | 四 | 五 | 13 | 7/3 | 丁未 | 六 | 八 | 13 | 6/4 | 戊寅 | 8 | 6 | 13 | 5/5 | 戊申 | 8 | 3 | 13 | 4/5 | 戊寅 | 6 | 9 | 13 | 3/6 | 戊申 | 3 | 6 | 13 | 2/6 | 己卯 | 8 | 4 |
| 14 | 8/3 | 戊寅 | 四 | 四 | 14 | 7/4 | 戊申 | 六 | 七 | 14 | 6/5 | 己卯 | 6 | 7 | 14 | 5/6 | 己酉 | 4 | 4 | 14 | 4/6 | 己卯 | 4 | 1 | 14 | 3/7 | 己酉 | 1 | 7 | 14 | 2/7 | 庚辰 | 8 | 5 |
| 15 | 8/4 | 己卯 | 二 | 三 | 15 | 7/5 | 己酉 | 八 | 六 | 15 | 6/6 | 庚辰 | 6 | 8 | 15 | 5/7 | 庚戌 | 4 | 5 | 15 | 4/7 | 庚辰 | 4 | 2 | 15 | 3/8 | 庚戌 | 1 | 8 | 15 | 2/8 | 辛巳 | 8 | 6 |
| 16 | 8/5 | 庚辰 | 二 | 二 | 16 | 7/6 | 庚戌 | 八 | 五 | 16 | 6/7 | 辛巳 | 6 | 9 | 16 | 5/8 | 辛亥 | 4 | 6 | 16 | 4/8 | 辛巳 | 4 | 3 | 16 | 3/9 | 辛亥 | 1 | 9 | 16 | 2/9 | 壬午 | 8 | 7 |
| 17 | 8/6 | 辛巳 | 二 | 一 | 17 | 7/7 | 辛亥 | 八 | 四 | 17 | 6/8 | 壬午 | 6 | 1 | 17 | 5/9 | 壬子 | 4 | 7 | 17 | 4/9 | 壬午 | 4 | 4 | 17 | 3/10 | 壬子 | 1 | 1 | 17 | 2/10 | 癸未 | 8 | 8 |
| 18 | 8/7 | 壬午 | 二 | 九 | 18 | 7/8 | 壬子 | 八 | 三 | 18 | 6/9 | 癸未 | 6 | 2 | 18 | 5/10 | 癸丑 | 4 | 8 | 18 | 4/10 | 癸未 | 4 | 5 | 18 | 3/11 | 癸丑 | 1 | 2 | 18 | 2/11 | 甲申 | 5 | 9 |
| 19 | 8/8 | 癸未 | 二 | 八 | 19 | 7/9 | 癸丑 | 八 | 二 | 19 | 6/10 | 甲申 | 3 | 3 | 19 | 5/11 | 甲寅 | 1 | 9 | 19 | 4/11 | 甲申 | 1 | 6 | 19 | 3/12 | 甲寅 | 7 | 3 | 19 | 2/12 | 乙酉 | 5 | 1 |
| 20 | 8/9 | 甲申 | 五 | 七 | 20 | 7/10 | 甲寅 | 二 | 一 | 20 | 6/11 | 乙酉 | 3 | 4 | 20 | 5/12 | 乙卯 | 1 | 1 | 20 | 4/12 | 乙酉 | 1 | 7 | 20 | 3/13 | 乙卯 | 7 | 4 | 20 | 2/13 | 丙戌 | 5 | 2 |
| 21 | 8/10 | 乙酉 | 五 | 六 | 21 | 7/11 | 乙卯 | 二 | 九 | 21 | 6/12 | 丙戌 | 3 | 5 | 21 | 5/13 | 丙辰 | 1 | 2 | 21 | 4/13 | 丙戌 | 1 | 8 | 21 | 3/14 | 丙辰 | 7 | 5 | 21 | 2/14 | 丁亥 | 5 | 3 |
| 22 | 8/11 | 丙戌 | 五 | 五 | 22 | 7/12 | 丙辰 | 二 | 八 | 22 | 6/13 | 丁亥 | 3 | 6 | 22 | 5/14 | 丁巳 | 1 | 3 | 22 | 4/14 | 丁亥 | 1 | 9 | 22 | 3/15 | 丁巳 | 7 | 6 | 22 | 2/15 | 戊子 | 5 | 4 |
| 23 | 8/12 | 丁亥 | 五 | 四 | 23 | 7/13 | 丁巳 | 二 | 七 | 23 | 6/14 | 戊子 | 3 | 7 | 23 | 5/15 | 戊午 | 1 | 4 | 23 | 4/15 | 戊子 | 1 | 1 | 23 | 3/16 | 戊午 | 7 | 7 | 23 | 2/16 | 己丑 | 2 | 5 |
| 24 | 8/13 | 戊子 | 五 | 三 | 24 | 7/14 | 戊午 | 二 | 六 | 24 | 6/15 | 己丑 | 9 | 8 | 24 | 5/16 | 己未 | 7 | 5 | 24 | 4/16 | 己丑 | 7 | 2 | 24 | 3/17 | 己未 | 4 | 8 | 24 | 2/17 | 庚寅 | 2 | 6 |
| 25 | 8/14 | 己丑 | 八 | 二 | 25 | 7/15 | 己未 | 五 | 五 | 25 | 6/16 | 庚寅 | 9 | 9 | 25 | 5/17 | 庚申 | 7 | 6 | 25 | 4/17 | 庚寅 | 7 | 3 | 25 | 3/18 | 庚申 | 4 | 9 | 25 | 2/18 | 辛卯 | 2 | 7 |
| 26 | 8/15 | 庚寅 | 八 | 一 | 26 | 7/16 | 庚申 | 五 | 四 | 26 | 6/17 | 辛卯 | 9 | 1 | 26 | 5/18 | 辛酉 | 7 | 7 | 26 | 4/18 | 辛卯 | 7 | 4 | 26 | 3/19 | 辛酉 | 4 | 1 | 26 | 2/19 | 壬辰 | 2 | 8 |
| 27 | 8/16 | 辛卯 | 八 | 九 | 27 | 7/17 | 辛酉 | 五 | 三 | 27 | 6/18 | 壬辰 | 9 | 2 | 27 | 5/19 | 壬戌 | 7 | 8 | 27 | 4/19 | 壬辰 | 7 | 5 | 27 | 3/20 | 壬戌 | 4 | 2 | 27 | 2/20 | 癸巳 | 2 | 9 |
| 28 | 8/17 | 壬辰 | 八 | 八 | 28 | 7/18 | 壬戌 | 五 | 二 | 28 | 6/19 | 癸巳 | 9 | 3 | 28 | 5/20 | 癸亥 | 7 | 9 | 28 | 4/20 | 癸巳 | 7 | 6 | 28 | 3/21 | 癸亥 | 4 | 3 | 28 | 2/21 | 甲午 | 9 | 1 |
| 29 | 8/18 | 癸巳 | 八 | 七 | 29 | 7/19 | 癸亥 | 五 | 一 | 29 | 6/20 | 甲午 | 九 | 4 | 29 | 5/21 | 甲子 | 5 | 1 | 29 | 4/21 | 甲午 | 5 | 7 | 29 | 3/22 | 甲子 | 3 | 4 | 29 | 2/22 | 乙未 | 9 | 2 |
| | | | | | 30 | 7/20 | 甲子 | 七 | 九 | | | | | | 30 | 5/22 | 乙丑 | 5 | 2 | 30 | 4/22 | 乙未 | 5 | 8 | 30 | 3/23 | 乙丑 | 3 | 5 | | | | | |

# 西元2020年（庚子）肖鼠 民國109年（女艮命）

奇門遁甲局數如標示為 一 ～九表示陰局　　如標示為1 ～9 表示陽局

| 十二月 | | | | | 十一月 | | | | | 十　月 | | | | | 九　月 | | | | | 八　月 | | | | | 七　月 | | | | |
|---|---|---|---|---|---|---|---|---|---|---|---|---|---|---|---|---|---|---|---|---|---|---|---|---|---|---|---|---|---|
| 己丑 | | | | | 戊子 | | | | | 丁亥 | | | | | 丙戌 | | | | | 乙酉 | | | | | 甲申 | | | | |
| 六白金 | | | | | 七赤金 | | | | | 八白土 | | | | | 九紫火 | | | | | 一白水 | | | | | 二黑土 | | | | |
| 立春<br>23時00分<br>廿二子時 | | 大寒<br>04時42分<br>初八寅時 | 奇門遁甲局數 | | 小寒<br>11時25分<br>廿二午時 | | 冬至<br>18時04分<br>初七酉時 | 奇門遁甲局數 | | 大雪<br>00時11分<br>廿三子時 | | 小雪<br>04時42分<br>初八寅時 | 奇門遁甲局數 | | 立冬<br>07時16分<br>廿二辰時 | | 霜降<br>07時01分<br>初七辰時 | 奇門遁甲局數 | | 寒露<br>03時57分<br>廿二寅時 | | 秋分<br>21時32分<br>初六亥時 | 奇門遁甲局數 | | 白露<br>12時09分<br>二十午時 | | 處暑<br>23時46分<br>初四子時 | 奇門遁甲局數 | |
| 農曆 | 國曆 | 干支 | 時盤 | 日盤 | 農曆 | 國曆 | 干支 | 時盤 | 日盤 | 農曆 | 國曆 | 干支 | 時盤 | 日盤 | 農曆 | 國曆 | 干支 | 時盤 | 日盤 | 農曆 | 國曆 | 干支 | 時盤 | 日盤 | 農曆 | 國曆 | 干支 | 時盤 | 日盤 |
| 1 | 1/13 | 辛酉 | 5 | 7 | 1 | 12/15 | 壬辰 | 一 | 五 | 1 | 11/15 | 壬戌 | 三 | 八 | 1 | 10/17 | 癸巳 | 三 | 一 | 1 | 9/17 | 癸亥 | 六 | 四 | 1 | 8/19 | 甲午 | 一 | 六 |
| 2 | 1/14 | 壬戌 | 5 | 8 | 2 | 12/16 | 癸巳 | 一 | 四 | 2 | 11/16 | 癸亥 | 三 | 七 | 2 | 10/18 | 甲午 | 五 | 九 | 2 | 9/18 | 甲子 | 七 | 三 | 2 | 8/20 | 乙未 | 一 | 五 |
| 3 | 1/15 | 癸亥 | 5 | 9 | 3 | 12/17 | 甲午 | 1 | 三 | 3 | 11/17 | 甲子 | 五 | 六 | 3 | 10/19 | 乙未 | 五 | 八 | 3 | 9/19 | 乙丑 | 七 | 二 | 3 | 8/21 | 丙申 | 一 | 四 |
| 4 | 1/16 | 甲子 | 3 | 1 | 4 | 12/18 | 乙未 | 1 | 二 | 4 | 11/18 | 乙丑 | 五 | 五 | 4 | 10/20 | 丙申 | 五 | 七 | 4 | 9/20 | 丙寅 | 七 | 一 | 4 | 8/22 | 丁酉 | 一 | 三 |
| 5 | 1/17 | 乙丑 | 3 | 2 | 5 | 12/19 | 丙申 | 1 | 一 | 5 | 11/19 | 丙寅 | 五 | 四 | 5 | 10/21 | 丁酉 | 五 | 六 | 5 | 9/21 | 丁卯 | 七 | 九 | 5 | 8/23 | 戊戌 | 一 | 二 |
| 6 | 1/18 | 丙寅 | 3 | 3 | 6 | 12/20 | 丁酉 | 1 | 九 | 6 | 11/20 | 丁卯 | 五 | 三 | 6 | 10/22 | 戊戌 | 五 | 五 | 6 | 9/22 | 戊辰 | 七 | 八 | 6 | 8/24 | 己亥 | 四 | 一 |
| 7 | 1/19 | 丁卯 | 3 | 4 | 7 | 12/21 | 戊戌 | 1 | 2 | 7 | 11/21 | 戊辰 | 五 | 二 | 7 | 10/23 | 己亥 | 八 | 四 | 7 | 9/23 | 己巳 | 一 | 七 | 7 | 8/25 | 庚子 | 四 | 九 |
| 8 | 1/20 | 戊辰 | 3 | 5 | 8 | 12/22 | 己亥 | 7 | 3 | 8 | 11/22 | 己巳 | 八 | 一 | 8 | 10/24 | 庚子 | 八 | 三 | 8 | 9/24 | 庚午 | 一 | 六 | 8 | 8/26 | 辛丑 | 四 | 八 |
| 9 | 1/21 | 己巳 | 9 | 6 | 9 | 12/23 | 庚子 | 7 | 4 | 9 | 11/23 | 庚午 | 八 | 九 | 9 | 10/25 | 辛丑 | 八 | 二 | 9 | 9/25 | 辛未 | 一 | 五 | 9 | 8/27 | 壬寅 | 四 | 七 |
| 10 | 1/22 | 庚午 | 9 | 7 | 10 | 12/24 | 辛丑 | 7 | 5 | 10 | 11/24 | 辛未 | 八 | 八 | 10 | 10/26 | 壬寅 | 八 | 一 | 10 | 9/26 | 壬申 | 一 | 四 | 10 | 8/28 | 癸卯 | 四 | 六 |
| 11 | 1/23 | 辛未 | 9 | 8 | 11 | 12/25 | 壬寅 | 7 | 6 | 11 | 11/25 | 壬申 | 八 | 七 | 11 | 10/27 | 癸卯 | 八 | 九 | 11 | 9/27 | 癸酉 | 一 | 三 | 11 | 8/29 | 甲辰 | 七 | 五 |
| 12 | 1/24 | 壬申 | 9 | 9 | 12 | 12/26 | 癸卯 | 7 | 7 | 12 | 11/26 | 癸酉 | 八 | 六 | 12 | 10/28 | 甲辰 | 二 | 八 | 12 | 9/28 | 甲戌 | 四 | 二 | 12 | 8/30 | 乙巳 | 七 | 四 |
| 13 | 1/25 | 癸酉 | 9 | 1 | 13 | 12/27 | 甲辰 | 4 | 8 | 13 | 11/27 | 甲戌 | 二 | 五 | 13 | 10/29 | 乙巳 | 二 | 七 | 13 | 9/29 | 乙亥 | 四 | 一 | 13 | 8/31 | 丙午 | 七 | 三 |
| 14 | 1/26 | 甲戌 | 6 | 2 | 14 | 12/28 | 乙巳 | 4 | 9 | 14 | 11/28 | 乙亥 | 二 | 四 | 14 | 10/30 | 丙午 | 二 | 六 | 14 | 9/30 | 丙子 | 四 | 九 | 14 | 9/1 | 丁未 | 七 | 二 |
| 15 | 1/27 | 乙亥 | 6 | 3 | 15 | 12/29 | 丙午 | 4 | 1 | 15 | 11/29 | 丙子 | 二 | 三 | 15 | 10/31 | 丁未 | 二 | 五 | 15 | 10/1 | 丁丑 | 四 | 八 | 15 | 9/2 | 戊申 | 七 | 一 |
| 16 | 1/28 | 丙子 | 6 | 4 | 16 | 12/30 | 丁未 | 4 | 2 | 16 | 11/30 | 丁丑 | 二 | 二 | 16 | 11/1 | 戊申 | 二 | 四 | 16 | 10/2 | 戊寅 | 四 | 七 | 16 | 9/3 | 己酉 | 九 | 九 |
| 17 | 1/29 | 丁丑 | 6 | 5 | 17 | 12/31 | 戊申 | 4 | 3 | 17 | 12/1 | 戊寅 | 二 | 一 | 17 | 11/2 | 己酉 | 六 | 三 | 17 | 10/3 | 己卯 | 六 | 六 | 17 | 9/4 | 庚戌 | 九 | 八 |
| 18 | 1/30 | 戊寅 | 6 | 6 | 18 | 1/1 | 己酉 | 2 | 4 | 18 | 12/2 | 己卯 | 四 | 九 | 18 | 11/3 | 庚戌 | 六 | 二 | 18 | 10/4 | 庚辰 | 六 | 五 | 18 | 9/5 | 辛亥 | 九 | 七 |
| 19 | 1/31 | 己卯 | 8 | 7 | 19 | 1/2 | 庚戌 | 2 | 5 | 19 | 12/3 | 庚辰 | 四 | 八 | 19 | 11/4 | 辛亥 | 六 | 一 | 19 | 10/5 | 辛巳 | 六 | 四 | 19 | 9/6 | 壬子 | 九 | 六 |
| 20 | 2/1 | 庚辰 | 8 | 8 | 20 | 1/3 | 辛亥 | 2 | 6 | 20 | 12/4 | 辛巳 | 四 | 七 | 20 | 11/5 | 壬子 | 六 | 九 | 20 | 10/6 | 壬午 | 六 | 三 | 20 | 9/7 | 癸丑 | 九 | 五 |
| 21 | 2/2 | 辛巳 | 8 | 9 | 21 | 1/4 | 壬子 | 2 | 7 | 21 | 12/5 | 壬午 | 四 | 六 | 21 | 11/6 | 癸丑 | 六 | 八 | 21 | 10/7 | 癸未 | 六 | 二 | 21 | 9/8 | 甲寅 | 三 | 四 |
| 22 | 2/3 | 壬午 | 8 | 1 | 22 | 1/5 | 癸丑 | 2 | 8 | 22 | 12/6 | 癸未 | 四 | 五 | 22 | 11/7 | 甲寅 | 九 | 七 | 22 | 10/8 | 甲申 | 九 | 一 | 22 | 9/9 | 乙卯 | 三 | 三 |
| 23 | 2/4 | 癸未 | 8 | 2 | 23 | 1/6 | 甲寅 | 8 | 9 | 23 | 12/7 | 甲申 | 七 | 四 | 23 | 11/8 | 乙卯 | 九 | 六 | 23 | 10/9 | 乙酉 | 九 | 九 | 23 | 9/10 | 丙辰 | 三 | 二 |
| 24 | 2/5 | 甲申 | 5 | 3 | 24 | 1/7 | 乙卯 | 8 | 1 | 24 | 12/8 | 乙酉 | 七 | 三 | 24 | 11/9 | 丙辰 | 九 | 五 | 24 | 10/10 | 丙戌 | 九 | 八 | 24 | 9/11 | 丁巳 | 三 | 一 |
| 25 | 2/6 | 乙酉 | 5 | 4 | 25 | 1/8 | 丙辰 | 8 | 2 | 25 | 12/9 | 丙戌 | 七 | 二 | 25 | 11/10 | 丁巳 | 九 | 四 | 25 | 10/11 | 丁亥 | 九 | 七 | 25 | 9/12 | 戊午 | 三 | 九 |
| 26 | 2/7 | 丙戌 | 5 | 5 | 26 | 1/9 | 丁巳 | 8 | 3 | 26 | 12/10 | 丁亥 | 七 | 一 | 26 | 11/11 | 戊午 | 九 | 三 | 26 | 10/12 | 戊子 | 九 | 六 | 26 | 9/13 | 己未 | 六 | 八 |
| 27 | 2/8 | 丁亥 | 5 | 6 | 27 | 1/10 | 戊午 | 8 | 4 | 27 | 12/11 | 戊子 | 七 | 九 | 27 | 11/12 | 己未 | 三 | 二 | 27 | 10/13 | 己丑 | 三 | 五 | 27 | 9/14 | 庚申 | 六 | 七 |
| 28 | 2/9 | 戊子 | 5 | 7 | 28 | 1/11 | 己未 | 5 | 5 | 28 | 12/12 | 己丑 | 一 | 八 | 28 | 11/13 | 庚申 | 三 | 一 | 28 | 10/14 | 庚寅 | 三 | 四 | 28 | 9/15 | 辛酉 | 六 | 六 |
| 29 | 2/10 | 己丑 | 2 | 8 | 29 | 1/12 | 庚申 | 5 | 6 | 29 | 12/13 | 庚寅 | 一 | 七 | 29 | 11/14 | 辛酉 | 三 | 九 | 29 | 10/15 | 辛卯 | 三 | 三 | 29 | 9/16 | 壬戌 | 六 | 五 |
| 30 | 2/11 | 庚寅 | 2 | 9 | | | | | | 30 | 12/14 | 辛卯 | 一 | 六 | | | | | | 30 | 10/16 | 壬辰 | 三 | 二 | | | | | |

# 西元2021年（辛丑）肖牛 民國110年（男乾命）

奇門遁甲局數如標示為 一 ～九表示陰局　　如標示為1 ～9 表示陽局

| 六月 | | | | |
|---|---|---|---|---|
| 乙未 | | | | |
| 九紫火 | | | | |
| 立秋 14時55分 廿九未時 | | 大暑 22時28分 十三亥時 | 奇門遁甲局數 | |
| 農曆 | 國曆 | 干支 | 時盤 | 日盤 |
| 1 | 7/10 | 己未 | 五 | 五 |
| 2 | 7/11 | 庚申 | 五 | 四 |
| 3 | 7/12 | 辛酉 | 五 | 三 |
| 4 | 7/13 | 壬戌 | 五 | 二 |
| 5 | 7/14 | 癸亥 | 五 | 一 |
| 6 | 7/15 | 甲子 | 七 | 九 |
| 7 | 7/16 | 乙丑 | 七 | 八 |
| 8 | 7/17 | 丙寅 | 七 | 七 |
| 9 | 7/18 | 丁卯 | 七 | 六 |
| 10 | 7/19 | 戊辰 | 七 | 五 |
| 11 | 7/20 | 己巳 | 一 | 四 |
| 12 | 7/21 | 庚午 | 一 | 三 |
| 13 | 7/22 | 辛未 | 一 | 二 |
| 14 | 7/23 | 壬申 | 一 | 一 |
| 15 | 7/24 | 癸酉 | 一 | 九 |
| 16 | 7/25 | 甲戌 | 四 | 八 |
| 17 | 7/26 | 乙亥 | 四 | 七 |
| 18 | 7/27 | 丙子 | 四 | 六 |
| 19 | 7/28 | 丁丑 | 四 | 五 |
| 20 | 7/29 | 戊寅 | 四 | 四 |
| 21 | 7/30 | 己卯 | 二 | 三 |
| 22 | 7/31 | 庚辰 | 二 | 二 |
| 23 | 8/1 | 辛巳 | 二 | 一 |
| 24 | 8/2 | 壬午 | 二 | 九 |
| 25 | 8/3 | 癸未 | 二 | 八 |
| 26 | 8/4 | 甲申 | 五 | 七 |
| 27 | 8/5 | 乙酉 | 五 | 六 |
| 28 | 8/6 | 丙戌 | 五 | 五 |
| 29 | 8/7 | 丁亥 | 五 | 四 |
| | | | | |

| 五月 | | | | |
|---|---|---|---|---|
| 甲午 | | | | |
| 一白水 | | | | |
| 小暑 05時07分 廿八卯時 | | 夏至 11時34分 十二午時 | 奇門遁甲局數 | |
| 農曆 | 國曆 | 干支 | 時盤 | 日盤 |
| 1 | 6/10 | 己丑 | 9 | 2 |
| 2 | 6/11 | 庚寅 | 9 | 3 |
| 3 | 6/12 | 辛卯 | 9 | 4 |
| 4 | 6/13 | 壬辰 | 9 | 5 |
| 5 | 6/14 | 癸巳 | 9 | 6 |
| 6 | 6/15 | 甲午 | 九 | 7 |
| 7 | 6/16 | 乙未 | 九 | 8 |
| 8 | 6/17 | 丙申 | 九 | 9 |
| 9 | 6/18 | 丁酉 | 九 | 1 |
| 10 | 6/19 | 戊戌 | 九 | 2 |
| 11 | 6/20 | 己亥 | 三 | 3 |
| 12 | 6/21 | 庚子 | 三 | 六 |
| 13 | 6/22 | 辛丑 | 三 | 五 |
| 14 | 6/23 | 壬寅 | 三 | 四 |
| 15 | 6/24 | 癸卯 | 三 | 三 |
| 16 | 6/25 | 甲辰 | 六 | 二 |
| 17 | 6/26 | 乙巳 | 六 | 一 |
| 18 | 6/27 | 丙午 | 六 | 九 |
| 19 | 6/28 | 丁未 | 六 | 八 |
| 20 | 6/29 | 戊申 | 六 | 七 |
| 21 | 6/30 | 己酉 | 八 | 六 |
| 22 | 7/1 | 庚戌 | 八 | 五 |
| 23 | 7/2 | 辛亥 | 八 | 四 |
| 24 | 7/3 | 壬子 | 八 | 三 |
| 25 | 7/4 | 癸丑 | 八 | 二 |
| 26 | 7/5 | 甲寅 | 二 | 一 |
| 27 | 7/6 | 乙卯 | 二 | 九 |
| 28 | 7/7 | 丙辰 | 二 | 八 |
| 29 | 7/8 | 丁巳 | 二 | 七 |
| 30 | 7/9 | 戊午 | 二 | 六 |

| 四月 | | | | |
|---|---|---|---|---|
| 癸巳 | | | | |
| 二黑土 | | | | |
| 芒種 18時53分 廿五酉時 | | 小滿 03時39分 初十寅時 | 奇門遁甲局數 | |
| 農曆 | 國曆 | 干支 | 時盤 | 日盤 |
| 1 | 5/12 | 庚申 | 7 | 9 |
| 2 | 5/13 | 辛酉 | 7 | 1 |
| 3 | 5/14 | 壬戌 | 7 | 2 |
| 4 | 5/15 | 癸亥 | 7 | 3 |
| 5 | 5/16 | 甲子 | 5 | 4 |
| 6 | 5/17 | 乙丑 | 5 | 5 |
| 7 | 5/18 | 丙寅 | 5 | 6 |
| 8 | 5/19 | 丁卯 | 5 | 7 |
| 9 | 5/20 | 戊辰 | 5 | 8 |
| 10 | 5/21 | 己巳 | 2 | 9 |
| 11 | 5/22 | 庚午 | 2 | 1 |
| 12 | 5/23 | 辛未 | 2 | 2 |
| 13 | 5/24 | 壬申 | 2 | 3 |
| 14 | 5/25 | 癸酉 | 2 | 4 |
| 15 | 5/26 | 甲戌 | 8 | 5 |
| 16 | 5/27 | 乙亥 | 8 | 6 |
| 17 | 5/28 | 丙子 | 8 | 7 |
| 18 | 5/29 | 丁丑 | 8 | 8 |
| 19 | 5/30 | 戊寅 | 8 | 9 |
| 20 | 5/31 | 己卯 | 6 | 1 |
| 21 | 6/1 | 庚辰 | 6 | 2 |
| 22 | 6/2 | 辛巳 | 6 | 3 |
| 23 | 6/3 | 壬午 | 6 | 4 |
| 24 | 6/4 | 癸未 | 6 | 5 |
| 25 | 6/5 | 甲申 | 3 | 6 |
| 26 | 6/6 | 乙酉 | 3 | 7 |
| 27 | 6/7 | 丙戌 | 3 | 8 |
| 28 | 6/8 | 丁亥 | 3 | 9 |
| 29 | 6/9 | 戊子 | 3 | 1 |
| | | | | |

| 三月 | | | | |
|---|---|---|---|---|
| 壬辰 | | | | |
| 三碧木 | | | | |
| 立夏 21時49分 廿四亥時 | | 穀雨 04時35分 初九寅時 | 奇門遁甲局數 | |
| 農曆 | 國曆 | 干支 | 時盤 | 日盤 |
| 1 | 4/12 | 庚寅 | 7 | 6 |
| 2 | 4/13 | 辛卯 | 7 | 7 |
| 3 | 4/14 | 壬辰 | 7 | 8 |
| 4 | 4/15 | 癸巳 | 7 | 9 |
| 5 | 4/16 | 甲午 | 5 | 1 |
| 6 | 4/17 | 乙未 | 5 | 2 |
| 7 | 4/18 | 丙申 | 5 | 3 |
| 8 | 4/19 | 丁酉 | 5 | 4 |
| 9 | 4/20 | 戊戌 | 5 | 5 |
| 10 | 4/21 | 己亥 | 2 | 6 |
| 11 | 4/22 | 庚子 | 2 | 7 |
| 12 | 4/23 | 辛丑 | 2 | 8 |
| 13 | 4/24 | 壬寅 | 2 | 9 |
| 14 | 4/25 | 癸卯 | 2 | 1 |
| 15 | 4/26 | 甲辰 | 8 | 2 |
| 16 | 4/27 | 乙巳 | 8 | 3 |
| 17 | 4/28 | 丙午 | 8 | 4 |
| 18 | 4/29 | 丁未 | 8 | 5 |
| 19 | 4/30 | 戊申 | 8 | 6 |
| 20 | 5/1 | 己酉 | 4 | 7 |
| 21 | 5/2 | 庚戌 | 4 | 8 |
| 22 | 5/3 | 辛亥 | 4 | 9 |
| 23 | 5/4 | 壬子 | 4 | 1 |
| 24 | 5/5 | 癸丑 | 4 | 2 |
| 25 | 5/6 | 甲寅 | 1 | 3 |
| 26 | 5/7 | 乙卯 | 1 | 4 |
| 27 | 5/8 | 丙辰 | 1 | 5 |
| 28 | 5/9 | 丁巳 | 1 | 6 |
| 29 | 5/10 | 戊午 | 1 | 7 |
| 30 | 5/11 | 己未 | 7 | 8 |

| 二月 | | | | |
|---|---|---|---|---|
| 辛卯 | | | | |
| 四綠木 | | | | |
| 清明 21時37分 廿三亥時 | | 春分 17時39分 初八酉時 | 奇門遁甲局數 | |
| 農曆 | 國曆 | 干支 | 時盤 | 日盤 |
| 1 | 3/13 | 庚申 | 4 | 3 |
| 2 | 3/14 | 辛酉 | 4 | 4 |
| 3 | 3/15 | 壬戌 | 4 | 5 |
| 4 | 3/16 | 癸亥 | 4 | 6 |
| 5 | 3/17 | 甲子 | 3 | 7 |
| 6 | 3/18 | 乙丑 | 3 | 8 |
| 7 | 3/19 | 丙寅 | 3 | 9 |
| 8 | 3/20 | 丁卯 | 3 | 1 |
| 9 | 3/21 | 戊辰 | 3 | 2 |
| 10 | 3/22 | 己巳 | 9 | 3 |
| 11 | 3/23 | 庚午 | 9 | 4 |
| 12 | 3/24 | 辛未 | 9 | 5 |
| 13 | 3/25 | 壬申 | 9 | 6 |
| 14 | 3/26 | 癸酉 | 9 | 7 |
| 15 | 3/27 | 甲戌 | 6 | 8 |
| 16 | 3/28 | 乙亥 | 6 | 9 |
| 17 | 3/29 | 丙子 | 6 | 1 |
| 18 | 3/30 | 丁丑 | 6 | 2 |
| 19 | 3/31 | 戊寅 | 6 | 3 |
| 20 | 4/1 | 己卯 | 4 | 4 |
| 21 | 4/2 | 庚辰 | 4 | 5 |
| 22 | 4/3 | 辛巳 | 4 | 6 |
| 23 | 4/4 | 壬午 | 4 | 7 |
| 24 | 4/5 | 癸未 | 4 | 8 |
| 25 | 4/6 | 甲申 | 1 | 9 |
| 26 | 4/7 | 乙酉 | 1 | 1 |
| 27 | 4/8 | 丙戌 | 1 | 2 |
| 28 | 4/9 | 丁亥 | 1 | 3 |
| 29 | 4/10 | 戊子 | 1 | 4 |
| 30 | 4/11 | 己丑 | 7 | 5 |

| 正月 | | | | |
|---|---|---|---|---|
| 庚寅 | | | | |
| 五黃土 | | | | |
| 驚蟄 16時55分 廿二申時 | | 雨水 18時46分 初七酉時 | 奇門遁甲局數 | |
| 農曆 | 國曆 | 干支 | 時盤 | 日盤 |
| 1 | 2/12 | 辛卯 | 2 | 1 |
| 2 | 2/13 | 壬辰 | 2 | 2 |
| 3 | 2/14 | 癸巳 | 2 | 3 |
| 4 | 2/15 | 甲午 | 9 | 4 |
| 5 | 2/16 | 乙未 | 9 | 5 |
| 6 | 2/17 | 丙申 | 9 | 6 |
| 7 | 2/18 | 丁酉 | 9 | 7 |
| 8 | 2/19 | 戊戌 | 9 | 8 |
| 9 | 2/20 | 己亥 | 6 | 9 |
| 10 | 2/21 | 庚子 | 6 | 1 |
| 11 | 2/22 | 辛丑 | 6 | 2 |
| 12 | 2/23 | 壬寅 | 6 | 3 |
| 13 | 2/24 | 癸卯 | 6 | 4 |
| 14 | 2/25 | 甲辰 | 3 | 5 |
| 15 | 2/26 | 乙巳 | 3 | 6 |
| 16 | 2/27 | 丙午 | 3 | 7 |
| 17 | 2/28 | 丁未 | 3 | 8 |
| 18 | 3/1 | 戊申 | 3 | 9 |
| 19 | 3/2 | 己酉 | 1 | 1 |
| 20 | 3/3 | 庚戌 | 1 | 2 |
| 21 | 3/4 | 辛亥 | 1 | 3 |
| 22 | 3/5 | 壬子 | 1 | 4 |
| 23 | 3/6 | 癸丑 | 1 | 5 |
| 24 | 3/7 | 甲寅 | 7 | 6 |
| 25 | 3/8 | 乙卯 | 7 | 7 |
| 26 | 3/9 | 丙辰 | 7 | 8 |
| 27 | 3/10 | 丁巳 | 7 | 9 |
| 28 | 3/11 | 戊午 | 7 | 1 |
| 29 | 3/12 | 己未 | 4 | 2 |
| | | | | |

# 西元2021年（辛丑）肖牛 民國110年（女離命）

奇門遁甲局數如標示為 一 ～九表示陰局　　如標示為1 ～9 表示陽局

| 十二月 | | | | | 十一月 | | | | | 十　月 | | | | | 九　月 | | | | | 八　月 | | | | | 七　月 | | | | |
|---|---|---|---|---|---|---|---|---|---|---|---|---|---|---|---|---|---|---|---|---|---|---|---|---|---|---|---|---|---|
| 辛丑 | | | | | 庚子 | | | | | 己亥 | | | | | 戊戌 | | | | | 丁酉 | | | | | 丙申 | | | | |
| 三碧木 | | | | | 四綠木 | | | | | 五黃土 | | | | | 六白金 | | | | | 七赤金 | | | | | 八白土 | | | | |
| 大寒 10時41分 十八巳時 | | 小寒 17時16分 初三酉時 | 奇門遁甲局數 | | 冬至 00時01分 十九子時 | | 大雪 05時59分 初四卯時 | 奇門遁甲局數 | | 小雪 10時36分 十八巳時 | | 立冬 13時00分 初三未時 | 奇門遁甲局數 | | 霜降 12時53分 十八午時 | | 寒露 09時41分 初三巳時 | 奇門遁甲局數 | | 秋分 03時23分 十七寅時 | | 白露 17時55分 初一酉時 | 奇門遁甲局數 | | 處暑 05時37分 十六卯時 | | | 奇門遁甲局數 | |
| 農曆 | 國曆 | 干支 | 時盤 | 日盤 | 農曆 | 國曆 | 干支 | 時盤 | 日盤 | 農曆 | 國曆 | 干支 | 時盤 | 日盤 | 農曆 | 國曆 | 干支 | 時盤 | 日盤 | 農曆 | 國曆 | 干支 | 時盤 | 日盤 | 農曆 | 國曆 | 干支 | 時盤 | 日盤 |
| 1 | 1/3 | 丙辰 | 7 | 2 | 1 | 12/4 | 丙戌 | 七 | 二 | 1 | 11/5 | 丁巳 | 九 | 四 | 1 | 10/6 | 丁亥 | 九 | 七 | 1 | 9/7 | 戊午 | 三 | 九 | 1 | 8/8 | 戊子 | 五 | 三 |
| 2 | 1/4 | 丁巳 | 7 | 3 | 2 | 12/5 | 丁亥 | 七 | 一 | 2 | 11/6 | 戊午 | 九 | 三 | 2 | 10/7 | 戊子 | 九 | 六 | 2 | 9/8 | 己未 | 六 | 八 | 2 | 8/9 | 己丑 | 八 | 二 |
| 3 | 1/5 | 戊午 | 7 | 4 | 3 | 12/6 | 戊子 | 七 | 九 | 3 | 11/7 | 己未 | 三 | 二 | 3 | 10/8 | 己丑 | 三 | 五 | 3 | 9/9 | 庚申 | 六 | 七 | 3 | 8/10 | 庚寅 | 八 | 一 |
| 4 | 1/6 | 己未 | 4 | 5 | 4 | 12/7 | 己丑 | 一 | 八 | 4 | 11/8 | 庚申 | 三 | 一 | 4 | 10/9 | 庚寅 | 三 | 四 | 4 | 9/10 | 辛酉 | 六 | 六 | 4 | 8/11 | 辛卯 | 八 | 九 |
| 5 | 1/7 | 庚申 | 4 | 6 | 5 | 12/8 | 庚寅 | 一 | 七 | 5 | 11/9 | 辛酉 | 三 | 九 | 5 | 10/10 | 辛卯 | 三 | 三 | 5 | 9/11 | 壬戌 | 六 | 五 | 5 | 8/12 | 壬辰 | 八 | 八 |
| 6 | 1/8 | 辛酉 | 4 | 7 | 6 | 12/9 | 辛卯 | 一 | 六 | 6 | 11/10 | 壬戌 | 三 | 八 | 6 | 10/11 | 壬辰 | 三 | 二 | 6 | 9/12 | 癸亥 | 六 | 四 | 6 | 8/13 | 癸巳 | 八 | 七 |
| 7 | 1/9 | 壬戌 | 4 | 8 | 7 | 12/10 | 壬辰 | 一 | 五 | 7 | 11/11 | 癸亥 | 三 | 七 | 7 | 10/12 | 癸巳 | 三 | 一 | 7 | 9/13 | 甲子 | 七 | 三 | 7 | 8/14 | 甲午 | 一 | 六 |
| 8 | 1/10 | 癸亥 | 4 | 9 | 8 | 12/11 | 癸巳 | 一 | 四 | 8 | 11/12 | 甲子 | 五 | 六 | 8 | 10/13 | 甲午 | 五 | 九 | 8 | 9/14 | 乙丑 | 七 | 二 | 8 | 8/15 | 乙未 | 一 | 五 |
| 9 | 1/11 | 甲子 | 2 | 1 | 9 | 12/12 | 甲午 | 四 | 三 | 9 | 11/13 | 乙丑 | 五 | 五 | 9 | 10/14 | 乙未 | 五 | 八 | 9 | 9/15 | 丙寅 | 七 | 一 | 9 | 8/16 | 丙申 | 一 | 四 |
| 10 | 1/12 | 乙丑 | 2 | 2 | 10 | 12/13 | 乙未 | 四 | 二 | 10 | 11/14 | 丙寅 | 五 | 四 | 10 | 10/15 | 丙申 | 五 | 七 | 10 | 9/16 | 丁卯 | 七 | 九 | 10 | 8/17 | 丁酉 | 一 | 三 |
| 11 | 1/13 | 丙寅 | 2 | 3 | 11 | 12/14 | 丙申 | 四 | 一 | 11 | 11/15 | 丁卯 | 五 | 三 | 11 | 10/16 | 丁酉 | 五 | 六 | 11 | 9/17 | 戊辰 | 七 | 八 | 11 | 8/18 | 戊戌 | 一 | 二 |
| 12 | 1/14 | 丁卯 | 2 | 4 | 12 | 12/15 | 丁酉 | 四 | 九 | 12 | 11/16 | 戊辰 | 五 | 二 | 12 | 10/17 | 戊戌 | 五 | 五 | 12 | 9/18 | 己巳 | 一 | 七 | 12 | 8/19 | 己亥 | 四 | 一 |
| 13 | 1/15 | 戊辰 | 2 | 5 | 13 | 12/16 | 戊戌 | 四 | 八 | 13 | 11/17 | 己巳 | 八 | 一 | 13 | 10/18 | 己亥 | 八 | 四 | 13 | 9/19 | 庚午 | 一 | 六 | 13 | 8/20 | 庚子 | 四 | 九 |
| 14 | 1/16 | 己巳 | 8 | 6 | 14 | 12/17 | 己亥 | 七 | 七 | 14 | 11/18 | 庚午 | 八 | 九 | 14 | 10/19 | 庚子 | 八 | 三 | 14 | 9/20 | 辛未 | 一 | 五 | 14 | 8/21 | 辛丑 | 四 | 八 |
| 15 | 1/17 | 庚午 | 8 | 7 | 15 | 12/18 | 庚子 | 七 | 六 | 15 | 11/19 | 辛未 | 八 | 八 | 15 | 10/20 | 辛丑 | 八 | 二 | 15 | 9/21 | 壬申 | 一 | 四 | 15 | 8/22 | 壬寅 | 四 | 七 |
| 16 | 1/18 | 辛未 | 8 | 8 | 16 | 12/19 | 辛丑 | 七 | 五 | 16 | 11/20 | 壬申 | 八 | 七 | 16 | 10/21 | 壬寅 | 八 | 一 | 16 | 9/22 | 癸酉 | 一 | 三 | 16 | 8/23 | 癸卯 | 四 | 六 |
| 17 | 1/19 | 壬申 | 8 | 9 | 17 | 12/20 | 壬寅 | 七 | 四 | 17 | 11/21 | 癸酉 | 八 | 六 | 17 | 10/22 | 癸卯 | 八 | 九 | 17 | 9/23 | 甲戌 | 四 | 二 | 17 | 8/24 | 甲辰 | 七 | 五 |
| 18 | 1/20 | 癸酉 | 8 | 1 | 18 | 12/21 | 癸卯 | 七 | 三 | 18 | 11/22 | 甲戌 | 二 | 五 | 18 | 10/23 | 甲辰 | 二 | 八 | 18 | 9/24 | 乙亥 | 四 | 一 | 18 | 8/25 | 乙巳 | 七 | 四 |
| 19 | 1/21 | 甲戌 | 5 | 2 | 19 | 12/22 | 甲辰 | 一 | 8 | 19 | 11/23 | 乙亥 | 二 | 四 | 19 | 10/24 | 乙巳 | 二 | 七 | 19 | 9/25 | 丙子 | 四 | 九 | 19 | 8/26 | 丙午 | 七 | 三 |
| 20 | 1/22 | 乙亥 | 5 | 3 | 20 | 12/23 | 乙巳 | 一 | 9 | 20 | 11/24 | 丙子 | 二 | 三 | 20 | 10/25 | 丙午 | 二 | 六 | 20 | 9/26 | 丁丑 | 四 | 八 | 20 | 8/27 | 丁未 | 七 | 二 |
| 21 | 1/23 | 丙子 | 5 | 4 | 21 | 12/24 | 丙午 | 一 | 1 | 21 | 11/25 | 丁丑 | 二 | 二 | 21 | 10/26 | 丁未 | 二 | 五 | 21 | 9/27 | 戊寅 | 四 | 七 | 21 | 8/28 | 戊申 | 七 | 一 |
| 22 | 1/24 | 丁丑 | 5 | 5 | 22 | 12/25 | 丁未 | 一 | 2 | 22 | 11/26 | 戊寅 | 二 | 一 | 22 | 10/27 | 戊申 | 二 | 四 | 22 | 9/28 | 己卯 | 六 | 六 | 22 | 8/29 | 己酉 | 九 | 九 |
| 23 | 1/25 | 戊寅 | 5 | 6 | 23 | 12/26 | 戊申 | 一 | 3 | 23 | 11/27 | 己卯 | 四 | 九 | 23 | 10/28 | 己酉 | 六 | 三 | 23 | 9/29 | 庚辰 | 六 | 五 | 23 | 8/30 | 庚戌 | 九 | 八 |
| 24 | 1/26 | 己卯 | 3 | 7 | 24 | 12/27 | 己酉 | 1 | 4 | 24 | 11/28 | 庚辰 | 四 | 八 | 24 | 10/29 | 庚戌 | 六 | 二 | 24 | 9/30 | 辛巳 | 六 | 四 | 24 | 8/31 | 辛亥 | 九 | 七 |
| 25 | 1/27 | 庚辰 | 3 | 8 | 25 | 12/28 | 庚戌 | 1 | 5 | 25 | 11/29 | 辛巳 | 四 | 七 | 25 | 10/30 | 辛亥 | 六 | 一 | 25 | 10/1 | 壬午 | 六 | 三 | 25 | 9/1 | 壬子 | 九 | 六 |
| 26 | 1/28 | 辛巳 | 3 | 9 | 26 | 12/29 | 辛亥 | 1 | 6 | 26 | 11/30 | 壬午 | 四 | 六 | 26 | 10/31 | 壬子 | 六 | 九 | 26 | 10/2 | 癸未 | 六 | 二 | 26 | 9/2 | 癸丑 | 九 | 五 |
| 27 | 1/29 | 壬午 | 3 | 1 | 27 | 12/30 | 壬子 | 1 | 7 | 27 | 12/1 | 癸未 | 四 | 五 | 27 | 11/1 | 癸丑 | 六 | 八 | 27 | 10/3 | 甲申 | 九 | 一 | 27 | 9/3 | 甲寅 | 三 | 四 |
| 28 | 1/30 | 癸未 | 3 | 2 | 28 | 12/31 | 癸丑 | 1 | 8 | 28 | 12/2 | 甲申 | 七 | 四 | 28 | 11/2 | 甲寅 | 九 | 七 | 28 | 10/4 | 乙酉 | 九 | 九 | 28 | 9/4 | 乙卯 | 三 | 三 |
| 29 | 1/31 | 甲申 | 9 | 3 | 29 | 1/1 | 甲寅 | 7 | 9 | 29 | 12/3 | 乙酉 | 七 | 三 | 29 | 11/3 | 乙卯 | 九 | 六 | 29 | 10/5 | 丙戌 | 九 | 八 | 29 | 9/5 | 丙辰 | 三 | 二 |
| | | | | | 30 | 1/2 | 乙卯 | 7 | 1 | | | | | | 30 | 11/4 | 丙辰 | 九 | 五 | | | | | | 30 | 9/6 | 丁巳 | 三 | 一 |

# 西元2022年（壬寅）肖虎 民國111年（男坤命）

奇門遁甲局數如標示為 一 ～九表示陰局　　如標示為1 ～9 表示陽局

| 六月 | | | | | 五月 | | | | | 四月 | | | | | 三月 | | | | | 二月 | | | | | 正月 | | | | |
|---|---|---|---|---|---|---|---|---|---|---|---|---|---|---|---|---|---|---|---|---|---|---|---|---|---|---|---|---|---|
| 丁未 | | | | | 丙午 | | | | | 乙巳 | | | | | 甲辰 | | | | | 癸卯 | | | | | 壬寅 | | | | |
| 六白金 | | | | | 七赤金 | | | | | 八白土 | | | | | 九紫火 | | | | | 一白水 | | | | | 二黑土 | | | | |
| 大暑 04時08分 廿五寅時 | | 小暑 10時39分 初九巳時 | 奇門遁甲局數 | | 夏至 17時15分 廿三酉時 | | 芒種 00時27分 初八子時 | 奇門遁甲局數 | | 小滿 09時24分 廿一巳時 | | 立夏 20時27分 初五戌時 | 奇門遁甲局數 | | 穀雨 10時26分 二十巳時 | | 清明 03時22分 初五寅時 | 奇門遁甲局數 | | 春分 23時35分 十八子時 | | 驚蟄 22時45分 初三亥時 | 奇門遁甲局數 | | 雨水 00時44分 十九子時 | | 立春 04時52分 初四寅時 | 奇門遁甲局數 | |
| 農曆 | 國曆 | 干支 | 時盤 | 日盤 | 農曆 | 國曆 | 干支 | 時盤 | 日盤 | 農曆 | 國曆 | 干支 | 時盤 | 日盤 | 農曆 | 國曆 | 干支 | 時盤 | 日盤 | 農曆 | 國曆 | 干支 | 時盤 | 日盤 | 農曆 | 國曆 | 干支 | 時盤 | 日盤 |
| 1 | 6/29 | 癸丑 | 九 | 二 | 1 | 5/30 | 癸未 | 5 | 5 | 1 | 5/1 | 甲寅 | 2 | 3 | 1 | 4/1 | 甲申 | 9 | 9 | 1 | 3/3 | 乙卯 | 6 | 7 | 1 | 2/1 | 乙酉 | 9 | 4 |
| 2 | 6/30 | 甲寅 | 三 | 一 | 2 | 5/31 | 甲申 | 2 | 6 | 2 | 5/2 | 乙卯 | 2 | 4 | 2 | 4/2 | 乙酉 | 9 | 1 | 2 | 3/4 | 丙辰 | 6 | 8 | 2 | 2/2 | 丙戌 | 9 | 5 |
| 3 | 7/1 | 乙卯 | 三 | 九 | 3 | 6/1 | 乙酉 | 2 | 7 | 3 | 5/3 | 丙辰 | 2 | 5 | 3 | 4/3 | 丙戌 | 9 | 2 | 3 | 3/5 | 丁巳 | 6 | 9 | 3 | 2/3 | 丁亥 | 9 | 6 |
| 4 | 7/2 | 丙辰 | 三 | 八 | 4 | 6/2 | 丙戌 | 2 | 8 | 4 | 5/4 | 丁巳 | 2 | 6 | 4 | 4/4 | 丁亥 | 9 | 3 | 4 | 3/6 | 戊午 | 6 | 1 | 4 | 2/4 | 戊子 | 9 | 7 |
| 5 | 7/3 | 丁巳 | 三 | 七 | 5 | 6/3 | 丁亥 | 2 | 9 | 5 | 5/5 | 戊午 | 2 | 7 | 5 | 4/5 | 戊子 | 9 | 4 | 5 | 3/7 | 己未 | 3 | 2 | 5 | 2/5 | 己丑 | 6 | 8 |
| 6 | 7/4 | 戊午 | 三 | 六 | 6 | 6/4 | 戊子 | 2 | 1 | 6 | 5/6 | 己未 | 8 | 8 | 6 | 4/6 | 己丑 | 6 | 5 | 6 | 3/8 | 庚申 | 3 | 3 | 6 | 2/6 | 庚寅 | 6 | 9 |
| 7 | 7/5 | 己未 | 六 | 五 | 7 | 6/5 | 己丑 | 8 | 2 | 7 | 5/7 | 庚申 | 8 | 9 | 7 | 4/7 | 庚寅 | 6 | 6 | 7 | 3/9 | 辛酉 | 3 | 4 | 7 | 2/7 | 辛卯 | 6 | 1 |
| 8 | 7/6 | 庚申 | 六 | 四 | 8 | 6/6 | 庚寅 | 8 | 3 | 8 | 5/8 | 辛酉 | 8 | 1 | 8 | 4/8 | 辛卯 | 6 | 7 | 8 | 3/10 | 壬戌 | 3 | 5 | 8 | 2/8 | 壬辰 | 6 | 2 |
| 9 | 7/7 | 辛酉 | 六 | 三 | 9 | 6/7 | 辛卯 | 8 | 4 | 9 | 5/9 | 壬戌 | 8 | 2 | 9 | 4/9 | 壬辰 | 6 | 8 | 9 | 3/11 | 癸亥 | 3 | 6 | 9 | 2/9 | 癸巳 | 6 | 3 |
| 10 | 7/8 | 壬戌 | 六 | 二 | 10 | 6/8 | 壬辰 | 8 | 5 | 10 | 5/10 | 癸亥 | 8 | 3 | 10 | 4/10 | 癸巳 | 6 | 9 | 10 | 3/12 | 甲子 | 1 | 7 | 10 | 2/10 | 甲午 | 8 | 4 |
| 11 | 7/9 | 癸亥 | 六 | 一 | 11 | 6/9 | 癸巳 | 8 | 6 | 11 | 5/11 | 甲子 | 4 | 4 | 11 | 4/11 | 甲午 | 4 | 1 | 11 | 3/13 | 乙丑 | 1 | 8 | 11 | 2/11 | 乙未 | 8 | 5 |
| 12 | 7/10 | 甲子 | 八 | 九 | 12 | 6/10 | 甲午 | 6 | 7 | 12 | 5/12 | 乙丑 | 4 | 5 | 12 | 4/12 | 乙未 | 4 | 2 | 12 | 3/14 | 丙寅 | 1 | 9 | 12 | 2/12 | 丙申 | 8 | 6 |
| 13 | 7/11 | 乙丑 | 八 | 八 | 13 | 6/11 | 乙未 | 6 | 8 | 13 | 5/13 | 丙寅 | 4 | 6 | 13 | 4/13 | 丙申 | 4 | 3 | 13 | 3/15 | 丁卯 | 1 | 1 | 13 | 2/13 | 丁酉 | 8 | 7 |
| 14 | 7/12 | 丙寅 | 八 | 七 | 14 | 6/12 | 丙申 | 6 | 9 | 14 | 5/14 | 丁卯 | 4 | 7 | 14 | 4/14 | 丁酉 | 4 | 4 | 14 | 3/16 | 戊辰 | 1 | 2 | 14 | 2/14 | 戊戌 | 8 | 8 |
| 15 | 7/13 | 丁卯 | 八 | 六 | 15 | 6/13 | 丁酉 | 6 | 1 | 15 | 5/15 | 戊辰 | 4 | 8 | 15 | 4/15 | 戊戌 | 4 | 5 | 15 | 3/17 | 己巳 | 7 | 3 | 15 | 2/15 | 己亥 | 5 | 9 |
| 16 | 7/14 | 戊辰 | 八 | 五 | 16 | 6/14 | 戊戌 | 6 | 2 | 16 | 5/16 | 己巳 | 1 | 9 | 16 | 4/16 | 己亥 | 1 | 6 | 16 | 3/18 | 庚午 | 7 | 4 | 16 | 2/16 | 庚子 | 5 | 1 |
| 17 | 7/15 | 己巳 | 二 | 四 | 17 | 6/15 | 己亥 | 3 | 3 | 17 | 5/17 | 庚午 | 1 | 1 | 17 | 4/17 | 庚子 | 1 | 7 | 17 | 3/19 | 辛未 | 7 | 5 | 17 | 2/17 | 辛丑 | 5 | 2 |
| 18 | 7/16 | 庚午 | 二 | 三 | 18 | 6/16 | 庚子 | 3 | 4 | 18 | 5/18 | 辛未 | 1 | 2 | 18 | 4/18 | 辛丑 | 1 | 8 | 18 | 3/20 | 壬申 | 7 | 6 | 18 | 2/18 | 壬寅 | 5 | 3 |
| 19 | 7/17 | 辛未 | 二 | 二 | 19 | 6/17 | 辛丑 | 3 | 5 | 19 | 5/19 | 壬申 | 1 | 3 | 19 | 4/19 | 壬寅 | 1 | 9 | 19 | 3/21 | 癸酉 | 7 | 7 | 19 | 2/19 | 癸卯 | 5 | 4 |
| 20 | 7/18 | 壬申 | 二 | 一 | 20 | 6/18 | 壬寅 | 3 | 6 | 20 | 5/20 | 癸酉 | 1 | 4 | 20 | 4/20 | 癸卯 | 1 | 1 | 20 | 3/22 | 甲戌 | 4 | 8 | 20 | 2/20 | 甲辰 | 2 | 5 |
| 21 | 7/19 | 癸酉 | 二 | 九 | 21 | 6/19 | 癸卯 | 3 | 7 | 21 | 5/21 | 甲戌 | 7 | 5 | 21 | 4/21 | 甲辰 | 7 | 2 | 21 | 3/23 | 乙亥 | 4 | 9 | 21 | 2/21 | 乙巳 | 2 | 6 |
| 22 | 7/20 | 甲戌 | 五 | 八 | 22 | 6/20 | 甲辰 | 9 | 8 | 22 | 5/22 | 乙亥 | 7 | 6 | 22 | 4/22 | 乙巳 | 7 | 3 | 22 | 3/24 | 丙子 | 4 | 1 | 22 | 2/22 | 丙午 | 2 | 7 |
| 23 | 7/21 | 乙亥 | 五 | 七 | 23 | 6/21 | 乙巳 | 9 | 一 | 23 | 5/23 | 丙子 | 7 | 7 | 23 | 4/23 | 丙午 | 7 | 4 | 23 | 3/25 | 丁丑 | 4 | 2 | 23 | 2/23 | 丁未 | 2 | 8 |
| 24 | 7/22 | 丙子 | 五 | 六 | 24 | 6/22 | 丙午 | 9 | 九 | 24 | 5/24 | 丁丑 | 7 | 8 | 24 | 4/24 | 丁未 | 7 | 5 | 24 | 3/26 | 戊寅 | 4 | 3 | 24 | 2/24 | 戊申 | 2 | 9 |
| 25 | 7/23 | 丁丑 | 五 | 五 | 25 | 6/23 | 丁未 | 9 | 八 | 25 | 5/25 | 戊寅 | 7 | 9 | 25 | 4/25 | 戊申 | 7 | 6 | 25 | 3/27 | 己卯 | 3 | 4 | 25 | 2/25 | 己酉 | 9 | 1 |
| 26 | 7/24 | 戊寅 | 五 | 四 | 26 | 6/24 | 戊申 | 9 | 七 | 26 | 5/26 | 己卯 | 5 | 1 | 26 | 4/26 | 己酉 | 5 | 7 | 26 | 3/28 | 庚辰 | 3 | 5 | 26 | 2/26 | 庚戌 | 9 | 2 |
| 27 | 7/25 | 己卯 | 七 | 三 | 27 | 6/25 | 己酉 | 九 | 六 | 27 | 5/27 | 庚辰 | 5 | 2 | 27 | 4/27 | 庚戌 | 5 | 8 | 27 | 3/29 | 辛巳 | 3 | 6 | 27 | 2/27 | 辛亥 | 9 | 3 |
| 28 | 7/26 | 庚辰 | 七 | 二 | 28 | 6/26 | 庚戌 | 九 | 五 | 28 | 5/28 | 辛巳 | 5 | 3 | 28 | 4/28 | 辛亥 | 5 | 9 | 28 | 3/30 | 壬午 | 3 | 7 | 28 | 2/28 | 壬子 | 9 | 4 |
| 29 | 7/27 | 辛巳 | 七 | 一 | 29 | 6/27 | 辛亥 | 九 | 四 | 29 | 5/29 | 壬午 | 5 | 4 | 29 | 4/29 | 壬子 | 5 | 1 | 29 | 3/31 | 癸未 | 3 | 8 | 29 | 3/1 | 癸丑 | 9 | 5 |
| 30 | 7/28 | 壬午 | 七 | 九 | 30 | 6/28 | 壬子 | 九 | 三 | | | | | | 30 | 4/30 | 癸丑 | 5 | 2 | | | | | | 30 | 3/2 | 甲寅 | 6 | 6 |

# 西元2022年（壬寅）肖虎 民國111年（女坎命）

奇門遁甲局數如標示為 一 ～九表示陰局　　如標示為1 ～9 表示陽局

## 十二月　癸丑　九紫火

大寒：16時31分　廿九申時｜小寒：23時06分　十四子時｜奇門遁甲局數

| 農曆 | 國曆 | 干支 | 時盤 | 日盤 |
|---|---|---|---|---|
| 1 | 12/23 | 庚戌 | 1 | 5 |
| 2 | 12/24 | 辛亥 | 1 | 6 |
| 3 | 12/25 | 壬子 | 1 | 7 |
| 4 | 12/26 | 癸丑 | 1 | 8 |
| 5 | 12/27 | 甲寅 | 7 | 9 |
| 6 | 12/28 | 乙卯 | 7 | 1 |
| 7 | 12/29 | 丙辰 | 7 | 2 |
| 8 | 12/30 | 丁巳 | 7 | 3 |
| 9 | 12/31 | 戊午 | 7 | 4 |
| 10 | 1/1 | 己未 | 4 | 5 |
| 11 | 1/2 | 庚申 | 4 | 6 |
| 12 | 1/3 | 辛酉 | 4 | 7 |
| 13 | 1/4 | 壬戌 | 4 | 8 |
| 14 | 1/5 | 癸亥 | 4 | 9 |
| 15 | 1/6 | 甲子 | 2 | 1 |
| 16 | 1/7 | 乙丑 | 2 | 2 |
| 17 | 1/8 | 丙寅 | 2 | 3 |
| 18 | 1/9 | 丁卯 | 2 | 4 |
| 19 | 1/10 | 戊辰 | 2 | 5 |
| 20 | 1/11 | 己巳 | 8 | 6 |
| 21 | 1/12 | 庚午 | 8 | 7 |
| 22 | 1/13 | 辛未 | 8 | 8 |
| 23 | 1/14 | 壬申 | 8 | 9 |
| 24 | 1/15 | 癸酉 | 8 | 1 |
| 25 | 1/16 | 甲戌 | 5 | 2 |
| 26 | 1/17 | 乙亥 | 5 | 3 |
| 27 | 1/18 | 丙子 | 5 | 4 |
| 28 | 1/19 | 丁丑 | 5 | 5 |
| 29 | 1/20 | 戊寅 | 5 | 6 |
| 30 | 1/21 | 己卯 | 3 | 7 |

## 十一月　壬子　一白水

冬至：05時50分　廿九卯時｜大雪：11時49分　十四午時｜奇門遁甲局數

| 農曆 | 國曆 | 干支 | 時盤 | 日盤 |
|---|---|---|---|---|
| 1 | 11/24 | 辛巳 | 五 | 七 |
| 2 | 11/25 | 壬午 | 五 | 六 |
| 3 | 11/26 | 癸未 | 五 | 五 |
| 4 | 11/27 | 甲申 | 八 | 四 |
| 5 | 11/28 | 乙酉 | 八 | 三 |
| 6 | 11/29 | 丙戌 | 八 | 二 |
| 7 | 11/30 | 丁亥 | 八 | 一 |
| 8 | 12/1 | 戊子 | 八 | 九 |
| 9 | 12/2 | 己丑 | 二 | 八 |
| 10 | 12/3 | 庚寅 | 二 | 七 |
| 11 | 12/4 | 辛卯 | 二 | 六 |
| 12 | 12/5 | 壬辰 | 二 | 五 |
| 13 | 12/6 | 癸巳 | 二 | 四 |
| 14 | 12/7 | 甲午 | 四 | 三 |
| 15 | 12/8 | 乙未 | 四 | 二 |
| 16 | 12/9 | 丙申 | 四 | 一 |
| 17 | 12/10 | 丁酉 | 四 | 九 |
| 18 | 12/11 | 戊戌 | 四 | 八 |
| 19 | 12/12 | 己亥 | 七 | 七 |
| 20 | 12/13 | 庚子 | 七 | 六 |
| 21 | 12/14 | 辛丑 | 七 | 五 |
| 22 | 12/15 | 壬寅 | 七 | 四 |
| 23 | 12/16 | 癸卯 | 七 | 三 |
| 24 | 12/17 | 甲辰 | 一 | 二 |
| 25 | 12/18 | 乙巳 | 一 | 一 |
| 26 | 12/19 | 丙午 | 一 | 九 |
| 27 | 12/20 | 丁未 | 一 | 八 |
| 28 | 12/21 | 戊申 | 一 | 七 |
| 29 | 12/22 | 己酉 | 1 | 4 |
| | | | | |

## 十月　辛亥　二黑土

小雪：16時22分　廿九申時｜立冬：18時47分　十四酉時｜奇門遁甲局數

| 農曆 | 國曆 | 干支 | 時盤 | 日盤 |
|---|---|---|---|---|
| 1 | 10/25 | 辛亥 | 五 | 一 |
| 2 | 10/26 | 壬子 | 五 | 九 |
| 3 | 10/27 | 癸丑 | 五 | 八 |
| 4 | 10/28 | 甲寅 | 八 | 七 |
| 5 | 10/29 | 乙卯 | 八 | 六 |
| 6 | 10/30 | 丙辰 | 八 | 五 |
| 7 | 10/31 | 丁巳 | 八 | 四 |
| 8 | 11/1 | 戊午 | 八 | 三 |
| 9 | 11/2 | 己未 | 二 | 二 |
| 10 | 11/3 | 庚申 | 二 | 一 |
| 11 | 11/4 | 辛酉 | 二 | 九 |
| 12 | 11/5 | 壬戌 | 二 | 八 |
| 13 | 11/6 | 癸亥 | 二 | 七 |
| 14 | 11/7 | 甲子 | 六 | 六 |
| 15 | 11/8 | 乙丑 | 六 | 五 |
| 16 | 11/9 | 丙寅 | 六 | 四 |
| 17 | 11/10 | 丁卯 | 六 | 三 |
| 18 | 11/11 | 戊辰 | 六 | 二 |
| 19 | 11/12 | 己巳 | 九 | 一 |
| 20 | 11/13 | 庚午 | 九 | 九 |
| 21 | 11/14 | 辛未 | 九 | 八 |
| 22 | 11/15 | 壬申 | 九 | 七 |
| 23 | 11/16 | 癸酉 | 九 | 六 |
| 24 | 11/17 | 甲戌 | 三 | 五 |
| 25 | 11/18 | 乙亥 | 三 | 四 |
| 26 | 11/19 | 丙子 | 三 | 三 |
| 27 | 11/20 | 丁丑 | 三 | 二 |
| 28 | 11/21 | 戊寅 | 三 | 一 |
| 29 | 11/22 | 己卯 | 五 | 九 |
| 30 | 11/23 | 庚辰 | 五 | 八 |

## 九月　庚戌　三碧木

霜降：18時37分　廿八酉時｜寒露：15時24分　十三申時｜奇門遁甲局數

| 農曆 | 國曆 | 干支 | 時盤 | 日盤 |
|---|---|---|---|---|
| 1 | 9/26 | 壬午 | 七 | 三 |
| 2 | 9/27 | 癸未 | 七 | 二 |
| 3 | 9/28 | 甲申 | 一 | 一 |
| 4 | 9/29 | 乙酉 | 一 | 九 |
| 5 | 9/30 | 丙戌 | 一 | 八 |
| 6 | 10/1 | 丁亥 | 一 | 七 |
| 7 | 10/2 | 戊子 | 一 | 六 |
| 8 | 10/3 | 己丑 | 四 | 五 |
| 9 | 10/4 | 庚寅 | 四 | 四 |
| 10 | 10/5 | 辛卯 | 四 | 三 |
| 11 | 10/6 | 壬辰 | 四 | 二 |
| 12 | 10/7 | 癸巳 | 四 | 一 |
| 13 | 10/8 | 甲午 | 六 | 九 |
| 14 | 10/9 | 乙未 | 六 | 八 |
| 15 | 10/10 | 丙申 | 六 | 七 |
| 16 | 10/11 | 丁酉 | 六 | 六 |
| 17 | 10/12 | 戊戌 | 六 | 五 |
| 18 | 10/13 | 己亥 | 九 | 四 |
| 19 | 10/14 | 庚子 | 九 | 三 |
| 20 | 10/15 | 辛丑 | 九 | 二 |
| 21 | 10/16 | 壬寅 | 九 | 一 |
| 22 | 10/17 | 癸卯 | 九 | 九 |
| 23 | 10/18 | 甲辰 | 三 | 八 |
| 24 | 10/19 | 乙巳 | 三 | 七 |
| 25 | 10/20 | 丙午 | 三 | 六 |
| 26 | 10/21 | 丁未 | 三 | 五 |
| 27 | 10/22 | 戊申 | 三 | 四 |
| 28 | 10/23 | 己酉 | 五 | 三 |
| 29 | 10/24 | 庚戌 | 五 | 二 |
| | | | | |

## 八月　己酉　四綠木

秋分：09時05分　廿八巳時｜白露：23時34分　十二子時｜奇門遁甲局數

| 農曆 | 國曆 | 干支 | 時盤 | 日盤 |
|---|---|---|---|---|
| 1 | 8/27 | 壬子 | 一 | 六 |
| 2 | 8/28 | 癸丑 | 一 | 五 |
| 3 | 8/29 | 甲寅 | 四 | 四 |
| 4 | 8/30 | 乙卯 | 四 | 三 |
| 5 | 8/31 | 丙辰 | 四 | 二 |
| 6 | 9/1 | 丁巳 | 四 | 一 |
| 7 | 9/2 | 戊午 | 四 | 九 |
| 8 | 9/3 | 己未 | 七 | 八 |
| 9 | 9/4 | 庚申 | 七 | 七 |
| 10 | 9/5 | 辛酉 | 七 | 六 |
| 11 | 9/6 | 壬戌 | 七 | 五 |
| 12 | 9/7 | 癸亥 | 七 | 四 |
| 13 | 9/8 | 甲子 | 九 | 三 |
| 14 | 9/9 | 乙丑 | 九 | 二 |
| 15 | 9/10 | 丙寅 | 九 | 一 |
| 16 | 9/11 | 丁卯 | 九 | 九 |
| 17 | 9/12 | 戊辰 | 九 | 八 |
| 18 | 9/13 | 己巳 | 三 | 七 |
| 19 | 9/14 | 庚午 | 三 | 六 |
| 20 | 9/15 | 辛未 | 三 | 五 |
| 21 | 9/16 | 壬申 | 三 | 四 |
| 22 | 9/17 | 癸酉 | 三 | 三 |
| 23 | 9/18 | 甲戌 | 六 | 二 |
| 24 | 9/19 | 乙亥 | 六 | 一 |
| 25 | 9/20 | 丙子 | 六 | 九 |
| 26 | 9/21 | 丁丑 | 六 | 八 |
| 27 | 9/22 | 戊寅 | 六 | 七 |
| 28 | 9/23 | 己卯 | 七 | 六 |
| 29 | 9/24 | 庚辰 | 七 | 五 |
| 30 | 9/25 | 辛巳 | 七 | 四 |

## 七月　戊申　五黃土

處暑：11時18分　廿六午時｜立秋：20時31分　初十戌時｜奇門遁甲局數

| 農曆 | 國曆 | 干支 | 時盤 | 日盤 |
|---|---|---|---|---|
| 1 | 7/29 | 癸未 | 七 | 八 |
| 2 | 7/30 | 甲申 | 一 | 七 |
| 3 | 7/31 | 乙酉 | 一 | 六 |
| 4 | 8/1 | 丙戌 | 一 | 五 |
| 5 | 8/2 | 丁亥 | 一 | 四 |
| 6 | 8/3 | 戊子 | 一 | 三 |
| 7 | 8/4 | 己丑 | 四 | 二 |
| 8 | 8/5 | 庚寅 | 四 | 一 |
| 9 | 8/6 | 辛卯 | 四 | 九 |
| 10 | 8/7 | 壬辰 | 四 | 八 |
| 11 | 8/8 | 癸巳 | 四 | 七 |
| 12 | 8/9 | 甲午 | 二 | 六 |
| 13 | 8/10 | 乙未 | 二 | 五 |
| 14 | 8/11 | 丙申 | 二 | 四 |
| 15 | 8/12 | 丁酉 | 二 | 三 |
| 16 | 8/13 | 戊戌 | 二 | 二 |
| 17 | 8/14 | 己亥 | 五 | 一 |
| 18 | 8/15 | 庚子 | 五 | 九 |
| 19 | 8/16 | 辛丑 | 五 | 八 |
| 20 | 8/17 | 壬寅 | 五 | 七 |
| 21 | 8/18 | 癸卯 | 五 | 六 |
| 22 | 8/19 | 甲辰 | 八 | 五 |
| 23 | 8/20 | 乙巳 | 八 | 四 |
| 24 | 8/21 | 丙午 | 八 | 三 |
| 25 | 8/22 | 丁未 | 八 | 二 |
| 26 | 8/23 | 戊申 | 八 | 一 |
| 27 | 8/24 | 己酉 | 一 | 九 |
| 28 | 8/25 | 庚戌 | 一 | 八 |
| 29 | 8/26 | 辛亥 | 一 | 七 |
| | | | | |

# 西元2023年（癸卯）肖兔 民國112年（男巽命）

奇門遁甲局數如標示為 一 ～九表示陰局　　如標示為1 ～9 表示陽局

| 六月 | | | | | 五月 | | | | | 四月 | | | | | 三月 | | | | | 閏二月 | | | | | 二月 | | | | | 正月 | | | | |
|---|---|---|---|---|---|---|---|---|---|---|---|---|---|---|---|---|---|---|---|---|---|---|---|---|---|---|---|---|---|---|---|---|---|---|
| 己未 | | | | | 戊午 | | | | | 丁巳 | | | | | 丙辰 | | | | | 丙辰 | | | | | 乙卯 | | | | | 甲寅 | | | | |
| 三碧木 | | | | | 四綠木 | | | | | 五黃土 | | | | | 六白金 | | | | | | | | | | 七赤金 | | | | | 八白土 | | | | |
| 立秋 02時24分 廿二丑時 | | 大暑 09時52分 初六巳時 | 奇門遁甲局數 | | 小暑 16時32分 二十申時 | | 夏至 22時59分 初四亥時 | 奇門遁甲局數 | | 芒種 06時20分 十九卯時 | | 小滿 15時11分 初三申時 | 奇門遁甲局數 | | 立夏 02時20分 十七丑時 | | 穀雨 16時15分 初一申時 | 奇門遁甲局數 | | 清明 09時14分 十五巳時 | | | 奇門遁甲局數 | | 春分 05時26分 三十卯時 | | 驚蟄 04時38分 十五寅時 | 奇門遁甲局數 | | 雨水 06時36分 廿九卯時 | | 立春 10時44分 十四巳時 | 奇門遁甲局數 | |
| 農曆 | 國曆 | 干支 | 時盤 | 日盤 | 農曆 | 國曆 | 干支 | 時盤 | 日盤 | 農曆 | 國曆 | 干支 | 時盤 | 日盤 | 農曆 | 國曆 | 干支 | 時盤 | 日盤 | 農曆 | 國曆 | 干支 | 時盤 | 日盤 | 農曆 | 國曆 | 干支 | 時盤 | 日盤 | 農曆 | 國曆 | 干支 | 時盤 | 日盤 |
| 1 | 7/18 | 丁丑 | 五 | 五 | 1 | 6/18 | 丁未 | 9 | 2 | 1 | 5/19 | 丁丑 | 7 | 8 | 1 | 4/20 | 戊申 | 7 | 6 | 1 | 3/22 | 己卯 | 3 | 4 | 1 | 2/20 | 己酉 | 9 | 1 | 1 | 1/22 | 庚辰 | 3 | 8 |
| 2 | 7/19 | 戊寅 | 五 | 四 | 2 | 6/19 | 戊申 | 9 | 3 | 2 | 5/20 | 戊寅 | 7 | 9 | 2 | 4/21 | 己酉 | 5 | 7 | 2 | 3/23 | 庚辰 | 3 | 5 | 2 | 2/21 | 庚戌 | 9 | 2 | 2 | 1/23 | 辛巳 | 3 | 9 |
| 3 | 7/20 | 己卯 | 七 | 三 | 3 | 6/20 | 己酉 | 九 | 4 | 3 | 5/21 | 己卯 | 5 | 1 | 3 | 4/22 | 庚戌 | 5 | 8 | 3 | 3/24 | 辛巳 | 3 | 6 | 3 | 2/22 | 辛亥 | 9 | 3 | 3 | 1/24 | 壬午 | 3 | 1 |
| 4 | 7/21 | 庚辰 | 七 | 二 | 4 | 6/21 | 庚戌 | 九 | 五 | 4 | 5/22 | 庚辰 | 5 | 2 | 4 | 4/23 | 辛亥 | 5 | 9 | 4 | 3/25 | 壬午 | 3 | 7 | 4 | 2/23 | 壬子 | 9 | 4 | 4 | 1/25 | 癸未 | 3 | 2 |
| 5 | 7/22 | 辛巳 | 七 | 一 | 5 | 6/22 | 辛亥 | 九 | 四 | 5 | 5/23 | 辛巳 | 5 | 3 | 5 | 4/24 | 壬子 | 5 | 1 | 5 | 3/26 | 癸未 | 3 | 8 | 5 | 2/24 | 癸丑 | 9 | 5 | 5 | 1/26 | 甲申 | 9 | 3 |
| 6 | 7/23 | 壬午 | 七 | 九 | 6 | 6/23 | 壬子 | 九 | 三 | 6 | 5/24 | 壬午 | 5 | 4 | 6 | 4/25 | 癸丑 | 5 | 2 | 6 | 3/27 | 甲申 | 9 | 9 | 6 | 2/25 | 甲寅 | 6 | 6 | 6 | 1/27 | 乙酉 | 9 | 4 |
| 7 | 7/24 | 癸未 | 七 | 八 | 7 | 6/24 | 癸丑 | 九 | 二 | 7 | 5/25 | 癸未 | 5 | 5 | 7 | 4/26 | 甲寅 | 2 | 3 | 7 | 3/28 | 乙酉 | 9 | 1 | 7 | 2/26 | 乙卯 | 6 | 7 | 7 | 1/28 | 丙戌 | 9 | 5 |
| 8 | 7/25 | 甲申 | 一 | 七 | 8 | 6/25 | 甲寅 | 三 | 一 | 8 | 5/26 | 甲申 | 2 | 6 | 8 | 4/27 | 乙卯 | 2 | 4 | 8 | 3/29 | 丙戌 | 9 | 2 | 8 | 2/27 | 丙辰 | 6 | 8 | 8 | 1/29 | 丁亥 | 9 | 6 |
| 9 | 7/26 | 乙酉 | 一 | 六 | 9 | 6/26 | 乙卯 | 三 | 九 | 9 | 5/27 | 乙酉 | 2 | 7 | 9 | 4/28 | 丙辰 | 2 | 5 | 9 | 3/30 | 丁亥 | 9 | 3 | 9 | 2/28 | 丁巳 | 6 | 9 | 9 | 1/30 | 戊子 | 9 | 7 |
| 10 | 7/27 | 丙戌 | 一 | 五 | 10 | 6/27 | 丙辰 | 三 | 八 | 10 | 5/28 | 丙戌 | 2 | 8 | 10 | 4/29 | 丁巳 | 2 | 6 | 10 | 3/31 | 戊子 | 9 | 4 | 10 | 3/1 | 戊午 | 6 | 1 | 10 | 1/31 | 己丑 | 6 | 8 |
| 11 | 7/28 | 丁亥 | 一 | 四 | 11 | 6/28 | 丁巳 | 三 | 七 | 11 | 5/29 | 丁亥 | 2 | 9 | 11 | 4/30 | 戊午 | 2 | 7 | 11 | 4/1 | 己丑 | 6 | 5 | 11 | 3/2 | 己未 | 3 | 2 | 11 | 2/1 | 庚寅 | 6 | 9 |
| 12 | 7/29 | 戊子 | 一 | 三 | 12 | 6/29 | 戊午 | 三 | 六 | 12 | 5/30 | 戊子 | 2 | 1 | 12 | 5/1 | 己未 | 8 | 8 | 12 | 4/2 | 庚寅 | 6 | 6 | 12 | 3/3 | 庚申 | 3 | 3 | 12 | 2/2 | 辛卯 | 6 | 1 |
| 13 | 7/30 | 己丑 | 四 | 二 | 13 | 6/30 | 己未 | 六 | 五 | 13 | 5/31 | 己丑 | 8 | 2 | 13 | 5/2 | 庚申 | 8 | 9 | 13 | 4/3 | 辛卯 | 6 | 7 | 13 | 3/4 | 辛酉 | 3 | 4 | 13 | 2/3 | 壬辰 | 6 | 2 |
| 14 | 7/31 | 庚寅 | 四 | 一 | 14 | 7/1 | 庚申 | 六 | 四 | 14 | 6/1 | 庚寅 | 8 | 3 | 14 | 5/3 | 辛酉 | 8 | 1 | 14 | 4/4 | 壬辰 | 6 | 8 | 14 | 3/5 | 壬戌 | 3 | 5 | 14 | 2/4 | 癸巳 | 6 | 3 |
| 15 | 8/1 | 辛卯 | 四 | 九 | 15 | 7/2 | 辛酉 | 六 | 三 | 15 | 6/2 | 辛卯 | 8 | 4 | 15 | 5/4 | 壬戌 | 8 | 2 | 15 | 4/5 | 癸巳 | 6 | 9 | 15 | 3/6 | 癸亥 | 3 | 6 | 15 | 2/5 | 甲午 | 8 | 4 |
| 16 | 8/2 | 壬辰 | 四 | 八 | 16 | 7/3 | 壬戌 | 六 | 二 | 16 | 6/3 | 壬辰 | 8 | 5 | 16 | 5/5 | 癸亥 | 8 | 3 | 16 | 4/6 | 甲午 | 4 | 1 | 16 | 3/7 | 甲子 | 1 | 7 | 16 | 2/6 | 乙未 | 8 | 5 |
| 17 | 8/3 | 癸巳 | 四 | 七 | 17 | 7/4 | 癸亥 | 六 | 一 | 17 | 6/4 | 癸巳 | 8 | 6 | 17 | 5/6 | 甲子 | 4 | 4 | 17 | 4/7 | 乙未 | 4 | 2 | 17 | 3/8 | 乙丑 | 1 | 8 | 17 | 2/7 | 丙申 | 8 | 6 |
| 18 | 8/4 | 甲午 | 二 | 六 | 18 | 7/5 | 甲子 | 八 | 九 | 18 | 6/5 | 甲午 | 6 | 7 | 18 | 5/7 | 乙丑 | 4 | 5 | 18 | 4/8 | 丙申 | 4 | 3 | 18 | 3/9 | 丙寅 | 1 | 9 | 18 | 2/8 | 丁酉 | 8 | 7 |
| 19 | 8/5 | 乙未 | 二 | 五 | 19 | 7/6 | 乙丑 | 八 | 八 | 19 | 6/6 | 乙未 | 6 | 8 | 19 | 5/8 | 丙寅 | 4 | 6 | 19 | 4/9 | 丁酉 | 4 | 4 | 19 | 3/10 | 丁卯 | 1 | 1 | 19 | 2/9 | 戊戌 | 8 | 8 |
| 20 | 8/6 | 丙申 | 二 | 四 | 20 | 7/7 | 丙寅 | 八 | 七 | 20 | 6/7 | 丙申 | 6 | 9 | 20 | 5/9 | 丁卯 | 4 | 7 | 20 | 4/10 | 戊戌 | 4 | 5 | 20 | 3/11 | 戊辰 | 1 | 2 | 20 | 2/10 | 己亥 | 5 | 9 |
| 21 | 8/7 | 丁酉 | 二 | 三 | 21 | 7/8 | 丁卯 | 八 | 六 | 21 | 6/8 | 丁酉 | 6 | 1 | 21 | 5/10 | 戊辰 | 4 | 8 | 21 | 4/11 | 己亥 | 1 | 6 | 21 | 3/12 | 己巳 | 7 | 3 | 21 | 2/11 | 庚子 | 5 | 1 |
| 22 | 8/8 | 戊戌 | 二 | 二 | 22 | 7/9 | 戊辰 | 八 | 五 | 22 | 6/9 | 戊戌 | 6 | 2 | 22 | 5/11 | 己巳 | 1 | 9 | 22 | 4/12 | 庚子 | 1 | 7 | 22 | 3/13 | 庚午 | 7 | 4 | 22 | 2/12 | 辛丑 | 5 | 2 |
| 23 | 8/9 | 己亥 | 五 | 一 | 23 | 7/10 | 己巳 | 二 | 四 | 23 | 6/10 | 己亥 | 3 | 3 | 23 | 5/12 | 庚午 | 1 | 1 | 23 | 4/13 | 辛丑 | 1 | 8 | 23 | 3/14 | 辛未 | 7 | 5 | 23 | 2/13 | 壬寅 | 5 | 3 |
| 24 | 8/10 | 庚子 | 五 | 九 | 24 | 7/11 | 庚午 | 二 | 三 | 24 | 6/11 | 庚子 | 3 | 4 | 24 | 5/13 | 辛未 | 1 | 2 | 24 | 4/14 | 壬寅 | 1 | 9 | 24 | 3/15 | 壬申 | 7 | 6 | 24 | 2/14 | 癸卯 | 5 | 4 |
| 25 | 8/11 | 辛丑 | 五 | 八 | 25 | 7/12 | 辛未 | 二 | 二 | 25 | 6/12 | 辛丑 | 3 | 5 | 25 | 5/14 | 壬申 | 1 | 3 | 25 | 4/15 | 癸卯 | 1 | 1 | 25 | 3/16 | 癸酉 | 7 | 7 | 25 | 2/15 | 甲辰 | 2 | 5 |
| 26 | 8/12 | 壬寅 | 五 | 七 | 26 | 7/13 | 壬申 | 二 | 一 | 26 | 6/13 | 壬寅 | 3 | 6 | 26 | 5/15 | 癸酉 | 1 | 4 | 26 | 4/16 | 甲辰 | 7 | 2 | 26 | 3/17 | 甲戌 | 4 | 8 | 26 | 2/16 | 乙巳 | 2 | 6 |
| 27 | 8/13 | 癸卯 | 五 | 六 | 27 | 7/14 | 癸酉 | 二 | 九 | 27 | 6/14 | 癸卯 | 3 | 7 | 27 | 5/16 | 甲戌 | 7 | 5 | 27 | 4/17 | 乙巳 | 7 | 3 | 27 | 3/18 | 乙亥 | 4 | 9 | 27 | 2/17 | 丙午 | 2 | 7 |
| 28 | 8/14 | 甲辰 | 八 | 五 | 28 | 7/15 | 甲戌 | 五 | 八 | 28 | 6/15 | 甲辰 | 9 | 8 | 28 | 5/17 | 乙亥 | 7 | 6 | 28 | 4/18 | 丙午 | 7 | 4 | 28 | 3/19 | 丙子 | 4 | 1 | 28 | 2/18 | 丁未 | 2 | 8 |
| 29 | 8/15 | 乙巳 | 八 | 四 | 29 | 7/16 | 乙亥 | 五 | 七 | 29 | 6/16 | 乙巳 | 9 | 9 | 29 | 5/18 | 丙子 | 7 | 7 | 29 | 4/19 | 丁未 | 7 | 5 | 29 | 3/20 | 丁丑 | 4 | 2 | 29 | 2/19 | 戊申 | 2 | 9 |
| | | | | | 30 | 7/17 | 丙子 | 五 | 六 | 30 | 6/17 | 丙午 | 9 | 1 | | | | | | | | | | | 30 | 3/21 | 戊寅 | 4 | 3 | | | | | |

# 西元2023年（癸卯）肖兔 民國112年（女坤命）

奇門遁甲局數如標示為 一 ～九表示陰局　　如標示為1 ～9 表示陽局

| 十二月 | | | | | 十一月 | | | | | 十　月 | | | | | 九　月 | | | | | 八　月 | | | | | 七　月 | | | | |
|---|---|---|---|---|---|---|---|---|---|---|---|---|---|---|---|---|---|---|---|---|---|---|---|---|---|---|---|---|---|
| 乙丑 | | | | | 甲子 | | | | | 癸亥 | | | | | 壬戌 | | | | | 辛酉 | | | | | 庚申 | | | | |
| 六白金 | | | | | 七赤金 | | | | | 八白土 | | | | | 九紫火 | | | | | 一白水 | | | | | 二黑土 | | | | |
| 立春 16時29分 廿五申時 | | 大寒 22時09分 初十亥時 | 奇門遁甲局數 | | 小寒 04時51分 廿五寅時 | | 冬至 11時29分 初十午時 | 奇門遁甲局數 | | 大雪 17時35分 廿五酉時 | | 小雪 22時04分 初十亥時 | 奇門遁甲局數 | | 立冬 00時37分 廿五子時 | | 霜降 00時23分 初十子時 | 奇門遁甲局數 | | 寒露 21時17分 廿四亥時 | | 秋分 14時52分 初九未時 | 奇門遁甲局數 | | 白露 05時28分 廿四卯時 | | 處暑 17時03分 初八酉時 | 奇門遁甲局數 | |
| 農曆 | 國曆 | 干支 | 時盤 | 日盤 | 農曆 | 國曆 | 干支 | 時盤 | 日盤 | 農曆 | 國曆 | 干支 | 時盤 | 日盤 | 農曆 | 國曆 | 干支 | 時盤 | 日盤 | 農曆 | 國曆 | 干支 | 時盤 | 日盤 | 農曆 | 國曆 | 干支 | 時盤 | 日盤 |
| 1 | 1/11 | 甲戌 | 5 | 2 | 1 | 12/13 | 乙巳 | 一 | 一 | 1 | 11/13 | 乙亥 | 三 | 四 | 1 | 10/15 | 丙午 | 三 | 六 | 1 | 9/15 | 丙子 | 六 | 九 | 1 | 8/16 | 丙午 | 八 | 三 |
| 2 | 1/12 | 乙亥 | 5 | 3 | 2 | 12/14 | 丙午 | 一 | 九 | 2 | 11/14 | 丙子 | 三 | 三 | 2 | 10/16 | 丁未 | 三 | 五 | 2 | 9/16 | 丁丑 | 六 | 八 | 2 | 8/17 | 丁未 | 八 | 二 |
| 3 | 1/13 | 丙子 | 5 | 4 | 3 | 12/15 | 丁未 | 一 | 八 | 3 | 11/15 | 丁丑 | 三 | 二 | 3 | 10/17 | 戊申 | 三 | 四 | 3 | 9/17 | 戊寅 | 六 | 七 | 3 | 8/18 | 戊申 | 八 | 一 |
| 4 | 1/14 | 丁丑 | 5 | 5 | 4 | 12/16 | 戊申 | 一 | 七 | 4 | 11/16 | 戊寅 | 三 | 一 | 4 | 10/18 | 己酉 | 五 | 三 | 4 | 9/18 | 己卯 | 七 | 六 | 4 | 8/19 | 己酉 | 一 | 九 |
| 5 | 1/15 | 戊寅 | 5 | 6 | 5 | 12/17 | 己酉 | 1 | 六 | 5 | 11/17 | 己卯 | 五 | 九 | 5 | 10/19 | 庚戌 | 五 | 二 | 5 | 9/19 | 庚辰 | 七 | 五 | 5 | 8/20 | 庚戌 | 一 | 八 |
| 6 | 1/16 | 己卯 | 3 | 7 | 6 | 12/18 | 庚戌 | 1 | 五 | 6 | 11/18 | 庚辰 | 五 | 八 | 6 | 10/20 | 辛亥 | 五 | 一 | 6 | 9/20 | 辛巳 | 七 | 四 | 6 | 8/21 | 辛亥 | 一 | 七 |
| 7 | 1/17 | 庚辰 | 3 | 8 | 7 | 12/19 | 辛亥 | 1 | 四 | 7 | 11/19 | 辛巳 | 五 | 七 | 7 | 10/21 | 壬子 | 五 | 九 | 7 | 9/21 | 壬午 | 七 | 三 | 7 | 8/22 | 壬子 | 一 | 六 |
| 8 | 1/18 | 辛巳 | 3 | 9 | 8 | 12/20 | 壬子 | 1 | 三 | 8 | 11/20 | 壬午 | 五 | 六 | 8 | 10/22 | 癸丑 | 五 | 八 | 8 | 9/22 | 癸未 | 七 | 二 | 8 | 8/23 | 癸丑 | 一 | 五 |
| 9 | 1/19 | 壬午 | 3 | 1 | 9 | 12/21 | 癸丑 | 1 | 二 | 9 | 11/21 | 癸未 | 五 | 五 | 9 | 10/23 | 甲寅 | 八 | 七 | 9 | 9/23 | 甲申 | 一 | 一 | 9 | 8/24 | 甲寅 | 四 | 四 |
| 10 | 1/20 | 癸未 | 3 | 2 | 10 | 12/22 | 甲寅 | 7 | 9 | 10 | 11/22 | 甲申 | 八 | 四 | 10 | 10/24 | 乙卯 | 八 | 六 | 10 | 9/24 | 乙酉 | 一 | 九 | 10 | 8/25 | 乙卯 | 四 | 三 |
| 11 | 1/21 | 甲申 | 9 | 3 | 11 | 12/23 | 乙卯 | 7 | 1 | 11 | 11/23 | 乙酉 | 八 | 三 | 11 | 10/25 | 丙辰 | 八 | 五 | 11 | 9/25 | 丙戌 | 一 | 八 | 11 | 8/26 | 丙辰 | 四 | 二 |
| 12 | 1/22 | 乙酉 | 9 | 4 | 12 | 12/24 | 丙辰 | 7 | 2 | 12 | 11/24 | 丙戌 | 八 | 二 | 12 | 10/26 | 丁巳 | 八 | 四 | 12 | 9/26 | 丁亥 | 一 | 七 | 12 | 8/27 | 丁巳 | 四 | 一 |
| 13 | 1/23 | 丙戌 | 9 | 5 | 13 | 12/25 | 丁巳 | 7 | 3 | 13 | 11/25 | 丁亥 | 八 | 一 | 13 | 10/27 | 戊午 | 八 | 三 | 13 | 9/27 | 戊子 | 一 | 六 | 13 | 8/28 | 戊午 | 四 | 九 |
| 14 | 1/24 | 丁亥 | 9 | 6 | 14 | 12/26 | 戊午 | 7 | 4 | 14 | 11/26 | 戊子 | 八 | 九 | 14 | 10/28 | 己未 | 二 | 二 | 14 | 9/28 | 己丑 | 四 | 五 | 14 | 8/29 | 己未 | 七 | 八 |
| 15 | 1/25 | 戊子 | 9 | 7 | 15 | 12/27 | 己未 | 4 | 5 | 15 | 11/27 | 己丑 | 二 | 八 | 15 | 10/29 | 庚申 | 二 | 一 | 15 | 9/29 | 庚寅 | 四 | 四 | 15 | 8/30 | 庚申 | 七 | 七 |
| 16 | 1/26 | 己丑 | 6 | 8 | 16 | 12/28 | 庚申 | 4 | 6 | 16 | 11/28 | 庚寅 | 二 | 七 | 16 | 10/30 | 辛酉 | 二 | 九 | 16 | 9/30 | 辛卯 | 四 | 三 | 16 | 8/31 | 辛酉 | 七 | 六 |
| 17 | 1/27 | 庚寅 | 6 | 9 | 17 | 12/29 | 辛酉 | 4 | 7 | 17 | 11/29 | 辛卯 | 二 | 六 | 17 | 10/31 | 壬戌 | 二 | 八 | 17 | 10/1 | 壬辰 | 四 | 二 | 17 | 9/1 | 壬戌 | 七 | 五 |
| 18 | 1/28 | 辛卯 | 6 | 1 | 18 | 12/30 | 壬戌 | 4 | 8 | 18 | 11/30 | 壬辰 | 二 | 五 | 18 | 11/1 | 癸亥 | 二 | 七 | 18 | 10/2 | 癸巳 | 四 | 一 | 18 | 9/2 | 癸亥 | 七 | 四 |
| 19 | 1/29 | 壬辰 | 6 | 2 | 19 | 12/31 | 癸亥 | 4 | 9 | 19 | 12/1 | 癸巳 | 二 | 四 | 19 | 11/2 | 甲子 | 六 | 六 | 19 | 10/3 | 甲午 | 六 | 九 | 19 | 9/3 | 甲子 | 九 | 三 |
| 20 | 1/30 | 癸巳 | 6 | 3 | 20 | 1/1 | 甲子 | 2 | 1 | 20 | 12/2 | 甲午 | 四 | 三 | 20 | 11/3 | 乙丑 | 六 | 五 | 20 | 10/4 | 乙未 | 六 | 八 | 20 | 9/4 | 乙丑 | 九 | 二 |
| 21 | 1/31 | 甲午 | 8 | 4 | 21 | 1/2 | 乙丑 | 2 | 2 | 21 | 12/3 | 乙未 | 四 | 二 | 21 | 11/4 | 丙寅 | 六 | 四 | 21 | 10/5 | 丙申 | 六 | 七 | 21 | 9/5 | 丙寅 | 九 | 一 |
| 22 | 2/1 | 乙未 | 8 | 5 | 22 | 1/3 | 丙寅 | 2 | 3 | 22 | 12/4 | 丙申 | 四 | 一 | 22 | 11/5 | 丁卯 | 六 | 三 | 22 | 10/6 | 丁酉 | 六 | 六 | 22 | 9/6 | 丁卯 | 九 | 九 |
| 23 | 2/2 | 丙申 | 8 | 6 | 23 | 1/4 | 丁卯 | 2 | 4 | 23 | 12/5 | 丁酉 | 四 | 九 | 23 | 11/6 | 戊辰 | 六 | 二 | 23 | 10/7 | 戊戌 | 六 | 五 | 23 | 9/7 | 戊辰 | 九 | 八 |
| 24 | 2/3 | 丁酉 | 8 | 7 | 24 | 1/5 | 戊辰 | 2 | 5 | 24 | 12/6 | 戊戌 | 四 | 八 | 24 | 11/7 | 己巳 | 九 | 一 | 24 | 10/8 | 己亥 | 九 | 四 | 24 | 9/8 | 己巳 | 三 | 七 |
| 25 | 2/4 | 戊戌 | 8 | 8 | 25 | 1/6 | 己巳 | 8 | 6 | 25 | 12/7 | 己亥 | 七 | 七 | 25 | 11/8 | 庚午 | 九 | 九 | 25 | 10/9 | 庚子 | 九 | 三 | 25 | 9/9 | 庚午 | 三 | 六 |
| 26 | 2/5 | 己亥 | 5 | 9 | 26 | 1/7 | 庚午 | 8 | 7 | 26 | 12/8 | 庚子 | 七 | 六 | 26 | 11/9 | 辛未 | 九 | 八 | 26 | 10/10 | 辛丑 | 九 | 二 | 26 | 9/10 | 辛未 | 三 | 五 |
| 27 | 2/6 | 庚子 | 5 | 1 | 27 | 1/8 | 辛未 | 8 | 8 | 27 | 12/9 | 辛丑 | 七 | 五 | 27 | 11/10 | 壬申 | 九 | 七 | 27 | 10/11 | 壬寅 | 九 | 一 | 27 | 9/11 | 壬申 | 三 | 四 |
| 28 | 2/7 | 辛丑 | 5 | 2 | 28 | 1/9 | 壬申 | 8 | 9 | 28 | 12/10 | 壬寅 | 七 | 四 | 28 | 11/11 | 癸酉 | 九 | 六 | 28 | 10/12 | 癸卯 | 九 | 九 | 28 | 9/12 | 癸酉 | 三 | 三 |
| 29 | 2/8 | 壬寅 | 5 | 3 | 29 | 1/10 | 癸酉 | 8 | 1 | 29 | 12/11 | 癸卯 | 七 | 三 | 29 | 11/12 | 甲戌 | 三 | 五 | 29 | 10/13 | 甲辰 | 三 | 八 | 29 | 9/13 | 甲戌 | 六 | 二 |
| 30 | 2/9 | 癸卯 | 5 | 4 | | | | | | 30 | 12/12 | 甲辰 | 一 | 二 | | | | | | 30 | 10/14 | 乙巳 | 三 | 七 | 30 | 9/14 | 乙亥 | 六 | 一 |

# 西元2024年（甲辰）肖龍 民國113年（男震命）

奇門遁甲局數如標示為 一 ～九表示陰局　　如標示為1 ～9 表示陽局

**六月　辛未　九紫火**　大暑 十七申時 15時46分　小暑 初一亥時 22時21分　奇門遁甲局數

| 農曆 | 國曆 | 干支 | 時盤 | 日盤 |
|---|---|---|---|---|
| 1 | 7/6 | 辛未 | 二 | 二 |
| 2 | 7/7 | 壬申 | 二 | 一 |
| 3 | 7/8 | 癸酉 | 二 | 九 |
| 4 | 7/9 | 甲戌 | 五 | 八 |
| 5 | 7/10 | 乙亥 | 五 | 七 |
| 6 | 7/11 | 丙子 | 五 | 六 |
| 7 | 7/12 | 丁丑 | 五 | 五 |
| 8 | 7/13 | 戊寅 | 五 | 四 |
| 9 | 7/14 | 己卯 | 七 | 三 |
| 10 | 7/15 | 庚辰 | 七 | 二 |
| 11 | 7/16 | 辛巳 | 七 | 一 |
| 12 | 7/17 | 壬午 | 七 | 九 |
| 13 | 7/18 | 癸未 | 七 | 八 |
| 14 | 7/19 | 甲申 | 一 | 七 |
| 15 | 7/20 | 乙酉 | 一 | 六 |
| 16 | 7/21 | 丙戌 | 一 | 五 |
| 17 | 7/22 | 丁亥 | 一 | 四 |
| 18 | 7/23 | 戊子 | 一 | 三 |
| 19 | 7/24 | 己丑 | 四 | 二 |
| 20 | 7/25 | 庚寅 | 四 | 一 |
| 21 | 7/26 | 辛卯 | 四 | 九 |
| 22 | 7/27 | 壬辰 | 四 | 八 |
| 23 | 7/28 | 癸巳 | 四 | 七 |
| 24 | 7/29 | 甲午 | 二 | 六 |
| 25 | 7/30 | 乙未 | 二 | 五 |
| 26 | 7/31 | 丙申 | 二 | 四 |
| 27 | 8/1 | 丁酉 | 二 | 三 |
| 28 | 8/2 | 戊戌 | 二 | 二 |
| 29 | 8/3 | 己亥 | 五 | 一 |

**五月　庚午　一白水**　夏至 十六寅時 04時52分　奇門遁甲局數

| 農曆 | 國曆 | 干支 | 時盤 | 日盤 |
|---|---|---|---|---|
| 1 | 6/6 | 辛丑 | 3 | 5 |
| 2 | 6/7 | 壬寅 | 3 | 6 |
| 3 | 6/8 | 癸卯 | 3 | 7 |
| 4 | 6/9 | 甲辰 | 9 | 8 |
| 5 | 6/10 | 乙巳 | 9 | 9 |
| 6 | 6/11 | 丙午 | 9 | 1 |
| 7 | 6/12 | 丁未 | 9 | 2 |
| 8 | 6/13 | 戊申 | 9 | 3 |
| 9 | 6/14 | 己酉 | 九 | 4 |
| 10 | 6/15 | 庚戌 | 九 | 5 |
| 11 | 6/16 | 辛亥 | 九 | 6 |
| 12 | 6/17 | 壬子 | 九 | 7 |
| 13 | 6/18 | 癸丑 | 九 | 8 |
| 14 | 6/19 | 甲寅 | 三 | 9 |
| 15 | 6/20 | 乙卯 | 三 | 1 |
| 16 | 6/21 | 丙辰 | 三 | 八 |
| 17 | 6/22 | 丁巳 | 三 | 七 |
| 18 | 6/23 | 戊午 | 三 | 六 |
| 19 | 6/24 | 己未 | 六 | 五 |
| 20 | 6/25 | 庚申 | 六 | 四 |
| 21 | 6/26 | 辛酉 | 六 | 三 |
| 22 | 6/27 | 壬戌 | 六 | 二 |
| 23 | 6/28 | 癸亥 | 六 | 一 |
| 24 | 6/29 | 甲子 | 八 | 九 |
| 25 | 6/30 | 乙丑 | 八 | 八 |
| 26 | 7/1 | 丙寅 | 八 | 七 |
| 27 | 7/2 | 丁卯 | 八 | 六 |
| 28 | 7/3 | 戊辰 | 八 | 五 |
| 29 | 7/4 | 己巳 | 二 | 四 |
| 30 | 7/5 | 庚午 | 二 | 三 |

**四月　己巳　二黑土**　芒種 廿九午時 12時11分　小滿 十三亥時 21時01分　奇門遁甲局數

| 農曆 | 國曆 | 干支 | 時盤 | 日盤 |
|---|---|---|---|---|
| 1 | 5/8 | 壬申 | 1 | 3 |
| 2 | 5/9 | 癸酉 | 1 | 4 |
| 3 | 5/10 | 甲戌 | 7 | 5 |
| 4 | 5/11 | 乙亥 | 7 | 6 |
| 5 | 5/12 | 丙子 | 7 | 7 |
| 6 | 5/13 | 丁丑 | 7 | 8 |
| 7 | 5/14 | 戊寅 | 7 | 9 |
| 8 | 5/15 | 己卯 | 5 | 1 |
| 9 | 5/16 | 庚辰 | 5 | 2 |
| 10 | 5/17 | 辛巳 | 5 | 3 |
| 11 | 5/18 | 壬午 | 5 | 4 |
| 12 | 5/19 | 癸未 | 5 | 5 |
| 13 | 5/20 | 甲申 | 2 | 6 |
| 14 | 5/21 | 乙酉 | 2 | 7 |
| 15 | 5/22 | 丙戌 | 2 | 8 |
| 16 | 5/23 | 丁亥 | 2 | 9 |
| 17 | 5/24 | 戊子 | 2 | 1 |
| 18 | 5/25 | 己丑 | 8 | 2 |
| 19 | 5/26 | 庚寅 | 8 | 3 |
| 20 | 5/27 | 辛卯 | 8 | 4 |
| 21 | 5/28 | 壬辰 | 8 | 5 |
| 22 | 5/29 | 癸巳 | 8 | 6 |
| 23 | 5/30 | 甲午 | 6 | 7 |
| 24 | 5/31 | 乙未 | 6 | 8 |
| 25 | 6/1 | 丙申 | 6 | 9 |
| 26 | 6/2 | 丁酉 | 6 | 1 |
| 27 | 6/3 | 戊戌 | 6 | 2 |
| 28 | 6/4 | 己亥 | 3 | 3 |
| 29 | 6/5 | 庚子 | 3 | 4 |

**三月　戊辰　三碧木**　立夏 廿七辰時 08時12分　穀雨 十一亥時 22時01分　奇門遁甲局數

| 農曆 | 國曆 | 干支 | 時盤 | 日盤 |
|---|---|---|---|---|
| 1 | 4/9 | 癸卯 | 1 | 1 |
| 2 | 4/10 | 甲辰 | 7 | 2 |
| 3 | 4/11 | 乙巳 | 7 | 3 |
| 4 | 4/12 | 丙午 | 7 | 4 |
| 5 | 4/13 | 丁未 | 7 | 5 |
| 6 | 4/14 | 戊申 | 7 | 6 |
| 7 | 4/15 | 己酉 | 5 | 7 |
| 8 | 4/16 | 庚戌 | 5 | 8 |
| 9 | 4/17 | 辛亥 | 5 | 9 |
| 10 | 4/18 | 壬子 | 5 | 1 |
| 11 | 4/19 | 癸丑 | 5 | 2 |
| 12 | 4/20 | 甲寅 | 2 | 3 |
| 13 | 4/21 | 乙卯 | 2 | 4 |
| 14 | 4/22 | 丙辰 | 2 | 5 |
| 15 | 4/23 | 丁巳 | 2 | 6 |
| 16 | 4/24 | 戊午 | 2 | 7 |
| 17 | 4/25 | 己未 | 8 | 8 |
| 18 | 4/26 | 庚申 | 8 | 9 |
| 19 | 4/27 | 辛酉 | 8 | 1 |
| 20 | 4/28 | 壬戌 | 8 | 2 |
| 21 | 4/29 | 癸亥 | 8 | 3 |
| 22 | 4/30 | 甲子 | 4 | 4 |
| 23 | 5/1 | 乙丑 | 4 | 5 |
| 24 | 5/2 | 丙寅 | 4 | 6 |
| 25 | 5/3 | 丁卯 | 4 | 7 |
| 26 | 5/4 | 戊辰 | 4 | 8 |
| 27 | 5/5 | 己巳 | 1 | 9 |
| 28 | 5/6 | 庚午 | 1 | 1 |
| 29 | 5/7 | 辛未 | 1 | 2 |

**二月　丁卯　四綠木**　清明 廿六申時 15時04分　春分 十一午時 11時08分　奇門遁甲局數

| 農曆 | 國曆 | 干支 | 時盤 | 日盤 |
|---|---|---|---|---|
| 1 | 3/10 | 癸酉 | 7 | 7 |
| 2 | 3/11 | 甲戌 | 4 | 8 |
| 3 | 3/12 | 乙亥 | 4 | 9 |
| 4 | 3/13 | 丙子 | 4 | 1 |
| 5 | 3/14 | 丁丑 | 4 | 2 |
| 6 | 3/15 | 戊寅 | 4 | 3 |
| 7 | 3/16 | 己卯 | 3 | 4 |
| 8 | 3/17 | 庚辰 | 3 | 5 |
| 9 | 3/18 | 辛巳 | 3 | 6 |
| 10 | 3/19 | 壬午 | 3 | 7 |
| 11 | 3/20 | 癸未 | 3 | 8 |
| 12 | 3/21 | 甲申 | 9 | 9 |
| 13 | 3/22 | 乙酉 | 9 | 1 |
| 14 | 3/23 | 丙戌 | 9 | 2 |
| 15 | 3/24 | 丁亥 | 9 | 3 |
| 16 | 3/25 | 戊子 | 9 | 4 |
| 17 | 3/26 | 己丑 | 6 | 5 |
| 18 | 3/27 | 庚寅 | 6 | 6 |
| 19 | 3/28 | 辛卯 | 6 | 7 |
| 20 | 3/29 | 壬辰 | 6 | 8 |
| 21 | 3/30 | 癸巳 | 6 | 9 |
| 22 | 3/31 | 甲午 | 4 | 1 |
| 23 | 4/1 | 乙未 | 4 | 2 |
| 24 | 4/2 | 丙申 | 4 | 3 |
| 25 | 4/3 | 丁酉 | 4 | 4 |
| 26 | 4/4 | 戊戌 | 4 | 5 |
| 27 | 4/5 | 己亥 | 1 | 6 |
| 28 | 4/6 | 庚子 | 1 | 7 |
| 29 | 4/7 | 辛丑 | 1 | 8 |
| 30 | 4/8 | 壬寅 | 1 | 9 |

**正月　丙寅　五黃土**　驚蟄 廿五巳時 10時24分　雨水 初十午時 12時15分　奇門遁甲局數

| 農曆 | 國曆 | 干支 | 時盤 | 日盤 |
|---|---|---|---|---|
| 1 | 2/10 | 甲辰 | 2 | 5 |
| 2 | 2/11 | 乙巳 | 2 | 6 |
| 3 | 2/12 | 丙午 | 2 | 7 |
| 4 | 2/13 | 丁未 | 2 | 8 |
| 5 | 2/14 | 戊申 | 2 | 9 |
| 6 | 2/15 | 己酉 | 9 | 1 |
| 7 | 2/16 | 庚戌 | 9 | 2 |
| 8 | 2/17 | 辛亥 | 9 | 3 |
| 9 | 2/18 | 壬子 | 9 | 4 |
| 10 | 2/19 | 癸丑 | 9 | 5 |
| 11 | 2/20 | 甲寅 | 6 | 6 |
| 12 | 2/21 | 乙卯 | 6 | 7 |
| 13 | 2/22 | 丙辰 | 6 | 8 |
| 14 | 2/23 | 丁巳 | 6 | 9 |
| 15 | 2/24 | 戊午 | 6 | 1 |
| 16 | 2/25 | 己未 | 3 | 2 |
| 17 | 2/26 | 庚申 | 3 | 3 |
| 18 | 2/27 | 辛酉 | 3 | 4 |
| 19 | 2/28 | 壬戌 | 3 | 5 |
| 20 | 2/29 | 癸亥 | 3 | 6 |
| 21 | 3/1 | 甲子 | 1 | 7 |
| 22 | 3/2 | 乙丑 | 1 | 8 |
| 23 | 3/3 | 丙寅 | 1 | 9 |
| 24 | 3/4 | 丁卯 | 1 | 1 |
| 25 | 3/5 | 戊辰 | 1 | 2 |
| 26 | 3/6 | 己巳 | 7 | 3 |
| 27 | 3/7 | 庚午 | 7 | 4 |
| 28 | 3/8 | 辛未 | 7 | 5 |
| 29 | 3/9 | 壬申 | 7 | 6 |

# 西元2024年（甲辰）肖龍 民國113年（女震命）

奇門遁甲局數如標示為 一 ～九表示陰局　　如標示為1 ～9 表示陽局

| 十二月 | | | | | 十一月 | | | | | 十 月 | | | | | 九 月 | | | | | 八 月 | | | | | 七 月 | | | | |
|---|---|---|---|---|---|---|---|---|---|---|---|---|---|---|---|---|---|---|---|---|---|---|---|---|---|---|---|---|---|
| 丁丑 | | | | | 丙子 | | | | | 乙亥 | | | | | 甲戌 | | | | | 癸酉 | | | | | 壬申 | | | | |
| 三碧木 | | | | | 四綠木 | | | | | 五黃土 | | | | | 六白金 | | | | | 七赤金 | | | | | 八白土 | | | | |
| 大寒<br>04時02分 | 廿一寅時 | 小寒<br>10時35分 初六巳時 | 奇門遁甲局數 | | 冬至<br>17時22分 | 廿一酉時 | 大雪<br>23時19分 初六子時 | 奇門遁甲局數 | | 小雪<br>03時58分 | 廿二寅時 | 立冬<br>06時22分 初七卯時 | 奇門遁甲局數 | | 霜降<br>06時16分 | 廿一卯時 | 寒露<br>03時02分 初六寅時 | 奇門遁甲局數 | | 秋分<br>20時45分 | 二十戌時 | 白露<br>11時13分 初五午時 | 奇門遁甲局數 | | 處暑<br>22時57分 | 十九亥時 | 立秋<br>08時11分 初四辰時 | 奇門遁甲局數 | |
| 農曆 | 國曆 | 干支 | 時盤 | 日盤 | 農曆 | 國曆 | 干支 | 時盤 | 日盤 | 農曆 | 國曆 | 干支 | 時盤 | 日盤 | 農曆 | 國曆 | 干支 | 時盤 | 日盤 | 農曆 | 國曆 | 干支 | 時盤 | 日盤 | 農曆 | 國曆 | 干支 | 時盤 | 日盤 |
| 1 | 12/31 | 己巳 | 7 | 6 | 1 | 12/1 | 己亥 | 七 | 七 | 1 | 11/1 | 己巳 | 九 | 一 | 1 | 10/3 | 庚子 | 九 | 三 | 1 | 9/3 | 庚午 | 三 | 六 | 1 | 8/4 | 庚子 | 五 | 九 |
| 2 | 1/1 | 庚午 | 7 | 7 | 2 | 12/2 | 庚子 | 七 | 六 | 2 | 11/2 | 庚午 | 九 | 九 | 2 | 10/4 | 辛丑 | 九 | 二 | 2 | 9/4 | 辛未 | 三 | 五 | 2 | 8/5 | 辛丑 | 五 | 八 |
| 3 | 1/2 | 辛未 | 7 | 8 | 3 | 12/3 | 辛丑 | 七 | 五 | 3 | 11/3 | 辛未 | 九 | 八 | 3 | 10/5 | 壬寅 | 九 | 一 | 3 | 9/5 | 壬申 | 三 | 四 | 3 | 8/6 | 壬寅 | 五 | 七 |
| 4 | 1/3 | 壬申 | 7 | 9 | 4 | 12/4 | 壬寅 | 七 | 四 | 4 | 11/4 | 壬申 | 九 | 七 | 4 | 10/6 | 癸卯 | 九 | 九 | 4 | 9/6 | 癸酉 | 三 | 三 | 4 | 8/7 | 癸卯 | 五 | 六 |
| 5 | 1/4 | 癸酉 | 7 | 1 | 5 | 12/5 | 癸卯 | 七 | 三 | 5 | 11/5 | 癸酉 | 九 | 六 | 5 | 10/7 | 甲辰 | 三 | 八 | 5 | 9/7 | 甲戌 | 六 | 二 | 5 | 8/8 | 甲辰 | 八 | 五 |
| 6 | 1/5 | 甲戌 | 4 | 2 | 6 | 12/6 | 甲辰 | 一 | 二 | 6 | 11/6 | 甲戌 | 三 | 五 | 6 | 10/8 | 乙巳 | 三 | 七 | 6 | 9/8 | 乙亥 | 六 | 一 | 6 | 8/9 | 乙巳 | 八 | 四 |
| 7 | 1/6 | 乙亥 | 4 | 3 | 7 | 12/7 | 乙巳 | 一 | 一 | 7 | 11/7 | 乙亥 | 三 | 四 | 7 | 10/9 | 丙午 | 三 | 六 | 7 | 9/9 | 丙子 | 六 | 九 | 7 | 8/10 | 丙午 | 八 | 三 |
| 8 | 1/7 | 丙子 | 4 | 4 | 8 | 12/8 | 丙午 | 一 | 九 | 8 | 11/8 | 丙子 | 三 | 三 | 8 | 10/10 | 丁未 | 三 | 五 | 8 | 9/10 | 丁丑 | 六 | 八 | 8 | 8/11 | 丁未 | 八 | 二 |
| 9 | 1/8 | 丁丑 | 4 | 5 | 9 | 12/9 | 丁未 | 一 | 八 | 9 | 11/9 | 丁丑 | 三 | 二 | 9 | 10/11 | 戊申 | 三 | 四 | 9 | 9/11 | 戊寅 | 六 | 七 | 9 | 8/12 | 戊申 | 八 | 一 |
| 10 | 1/9 | 戊寅 | 4 | 6 | 10 | 12/10 | 戊申 | 一 | 七 | 10 | 11/10 | 戊寅 | 三 | 一 | 10 | 10/12 | 己酉 | 五 | 三 | 10 | 9/12 | 己卯 | 七 | 六 | 10 | 8/13 | 己酉 | 一 | 九 |
| 11 | 1/10 | 己卯 | 2 | 7 | 11 | 12/11 | 己酉 | 四 | 六 | 11 | 11/11 | 己卯 | 五 | 九 | 11 | 10/13 | 庚戌 | 五 | 二 | 11 | 9/13 | 庚辰 | 七 | 五 | 11 | 8/14 | 庚戌 | 一 | 八 |
| 12 | 1/11 | 庚辰 | 2 | 8 | 12 | 12/12 | 庚戌 | 四 | 五 | 12 | 11/12 | 庚辰 | 五 | 八 | 12 | 10/14 | 辛亥 | 五 | 一 | 12 | 9/14 | 辛巳 | 七 | 四 | 12 | 8/15 | 辛亥 | 一 | 七 |
| 13 | 1/12 | 辛巳 | 2 | 9 | 13 | 12/13 | 辛亥 | 四 | 四 | 13 | 11/13 | 辛巳 | 五 | 七 | 13 | 10/15 | 壬子 | 五 | 九 | 13 | 9/15 | 壬午 | 七 | 三 | 13 | 8/16 | 壬子 | 一 | 六 |
| 14 | 1/13 | 壬午 | 2 | 1 | 14 | 12/14 | 壬子 | 四 | 三 | 14 | 11/14 | 壬午 | 五 | 六 | 14 | 10/16 | 癸丑 | 五 | 八 | 14 | 9/16 | 癸未 | 七 | 二 | 14 | 8/17 | 癸丑 | 一 | 五 |
| 15 | 1/14 | 癸未 | 2 | 2 | 15 | 12/15 | 癸丑 | 四 | 二 | 15 | 11/15 | 癸未 | 五 | 五 | 15 | 10/17 | 甲寅 | 八 | 七 | 15 | 9/17 | 甲申 | 一 | 一 | 15 | 8/18 | 甲寅 | 四 | 四 |
| 16 | 1/15 | 甲申 | 8 | 3 | 16 | 12/16 | 甲寅 | 七 | 一 | 16 | 11/16 | 甲申 | 八 | 四 | 16 | 10/18 | 乙卯 | 八 | 六 | 16 | 9/18 | 乙酉 | 一 | 九 | 16 | 8/19 | 乙卯 | 四 | 三 |
| 17 | 1/16 | 乙酉 | 8 | 4 | 17 | 12/17 | 乙卯 | 七 | 九 | 17 | 11/17 | 乙酉 | 八 | 三 | 17 | 10/19 | 丙辰 | 八 | 五 | 17 | 9/19 | 丙戌 | 一 | 八 | 17 | 8/20 | 丙辰 | 四 | 二 |
| 18 | 1/17 | 丙戌 | 8 | 5 | 18 | 12/18 | 丙辰 | 七 | 八 | 18 | 11/18 | 丙戌 | 八 | 二 | 18 | 10/20 | 丁巳 | 八 | 四 | 18 | 9/20 | 丁亥 | 一 | 七 | 18 | 8/21 | 丁巳 | 四 | 一 |
| 19 | 1/18 | 丁亥 | 8 | 6 | 19 | 12/19 | 丁巳 | 七 | 七 | 19 | 11/19 | 丁亥 | 八 | 一 | 19 | 10/21 | 戊午 | 八 | 三 | 19 | 9/21 | 戊子 | 一 | 六 | 19 | 8/22 | 戊午 | 四 | 九 |
| 20 | 1/19 | 戊子 | 8 | 7 | 20 | 12/20 | 戊午 | 七 | 六 | 20 | 11/20 | 戊子 | 八 | 九 | 20 | 10/22 | 己未 | 二 | 二 | 20 | 9/22 | 己丑 | 四 | 五 | 20 | 8/23 | 己未 | 七 | 八 |
| 21 | 1/20 | 己丑 | 5 | 8 | 21 | 12/21 | 己未 | 一 | 5 | 21 | 11/21 | 己丑 | 二 | 八 | 21 | 10/23 | 庚申 | 二 | 一 | 21 | 9/23 | 庚寅 | 四 | 四 | 21 | 8/24 | 庚申 | 七 | 七 |
| 22 | 1/21 | 庚寅 | 5 | 9 | 22 | 12/22 | 庚申 | 一 | 6 | 22 | 11/22 | 庚寅 | 二 | 七 | 22 | 10/24 | 辛酉 | 二 | 九 | 22 | 9/24 | 辛卯 | 四 | 三 | 22 | 8/25 | 辛酉 | 七 | 六 |
| 23 | 1/22 | 辛卯 | 5 | 1 | 23 | 12/23 | 辛酉 | 一 | 7 | 23 | 11/23 | 辛卯 | 二 | 六 | 23 | 10/25 | 壬戌 | 二 | 八 | 23 | 9/25 | 壬辰 | 四 | 二 | 23 | 8/26 | 壬戌 | 七 | 五 |
| 24 | 1/23 | 壬辰 | 5 | 2 | 24 | 12/24 | 壬戌 | 一 | 8 | 24 | 11/24 | 壬辰 | 二 | 五 | 24 | 10/26 | 癸亥 | 二 | 七 | 24 | 9/26 | 癸巳 | 四 | 一 | 24 | 8/27 | 癸亥 | 七 | 四 |
| 25 | 1/24 | 癸巳 | 5 | 3 | 25 | 12/25 | 癸亥 | 一 | 9 | 25 | 11/25 | 癸巳 | 二 | 四 | 25 | 10/27 | 甲子 | 六 | 六 | 25 | 9/27 | 甲午 | 六 | 九 | 25 | 8/28 | 甲子 | 九 | 三 |
| 26 | 1/25 | 甲午 | 3 | 4 | 26 | 12/26 | 甲子 | 1 | 1 | 26 | 11/26 | 甲午 | 四 | 三 | 26 | 10/28 | 乙丑 | 六 | 五 | 26 | 9/28 | 乙未 | 六 | 八 | 26 | 8/29 | 乙丑 | 九 | 二 |
| 27 | 1/26 | 乙未 | 3 | 5 | 27 | 12/27 | 乙丑 | 1 | 2 | 27 | 11/27 | 乙未 | 四 | 二 | 27 | 10/29 | 丙寅 | 六 | 四 | 27 | 9/29 | 丙申 | 六 | 七 | 27 | 8/30 | 丙寅 | 九 | 一 |
| 28 | 1/27 | 丙申 | 3 | 6 | 28 | 12/28 | 丙寅 | 1 | 3 | 28 | 11/28 | 丙申 | 四 | 一 | 28 | 10/30 | 丁卯 | 六 | 三 | 28 | 9/30 | 丁酉 | 六 | 六 | 28 | 8/31 | 丁卯 | 九 | 九 |
| 29 | 1/28 | 丁酉 | 3 | 7 | 29 | 12/29 | 丁卯 | 1 | 4 | 29 | 11/29 | 丁酉 | 四 | 九 | 29 | 10/31 | 戊辰 | 六 | 二 | 29 | 10/1 | 戊戌 | 六 | 五 | 29 | 9/1 | 戊辰 | 九 | 八 |
| | | | | | 30 | 12/30 | 戊辰 | 1 | 5 | 30 | 11/30 | 戊戌 | 四 | 八 | | | | | | 30 | 10/2 | 己亥 | 九 | 四 | 30 | 9/2 | 己巳 | 三 | 七 |

# 西元2025年（乙巳）肖蛇 民國114年（男坤命）

奇門遁甲局數如標示為 一 ～九表示陰局　　如標示為1 ～9 表示陽局

## 潤六月

甲申

立秋 13時53分 十四未時　奇門遁甲局數

| 農曆 | 國曆 | 干支 | 時盤 | 日盤 |
|---|---|---|---|---|
| 1 | 7/25 | 乙未 | 七 | 五 |
| 2 | 7/26 | 丙申 | 七 | 四 |
| 3 | 7/27 | 丁酉 | 七 | 三 |
| 4 | 7/28 | 戊戌 | 七 | 二 |
| 5 | 7/29 | 己亥 | 一 | 一 |
| 6 | 7/30 | 庚子 | 一 | 九 |
| 7 | 7/31 | 辛丑 | 一 | 八 |
| 8 | 8/1 | 壬寅 | 一 | 七 |
| 9 | 8/2 | 癸卯 | 一 | 六 |
| 10 | 8/3 | 甲辰 | 四 | 五 |
| 11 | 8/4 | 乙巳 | 四 | 四 |
| 12 | 8/5 | 丙午 | 四 | 三 |
| 13 | 8/6 | 丁未 | 四 | 二 |
| 14 | 8/7 | 戊申 | 四 | 一 |
| 15 | 8/8 | 己酉 | 二 | 九 |
| 16 | 8/9 | 庚戌 | 二 | 八 |
| 17 | 8/10 | 辛亥 | 二 | 七 |
| 18 | 8/11 | 壬子 | 二 | 六 |
| 19 | 8/12 | 癸丑 | 二 | 五 |
| 20 | 8/13 | 甲寅 | 五 | 四 |
| 21 | 8/14 | 乙卯 | 五 | 三 |
| 22 | 8/15 | 丙辰 | 五 | 二 |
| 23 | 8/16 | 丁巳 | 五 | 一 |
| 24 | 8/17 | 戊午 | 五 | 九 |
| 25 | 8/18 | 己未 | 八 | 八 |
| 26 | 8/19 | 庚申 | 八 | 七 |
| 27 | 8/20 | 辛酉 | 八 | 六 |
| 28 | 8/21 | 壬戌 | 八 | 五 |
| 29 | 8/22 | 癸亥 | 八 | 四 |

## 六月

癸未　六白金

大暑 21時31分 廿八亥時　小暑 04時06分 十三寅時　奇門遁甲局數

| 農曆 | 國曆 | 干支 | 時盤 | 日盤 |
|---|---|---|---|---|
| 1 | 6/25 | 乙丑 | 九 | 八 |
| 2 | 6/26 | 丙寅 | 九 | 七 |
| 3 | 6/27 | 丁卯 | 九 | 六 |
| 4 | 6/28 | 戊辰 | 九 | 五 |
| 5 | 6/29 | 己巳 | 三 | 四 |
| 6 | 6/30 | 庚午 | 三 | 三 |
| 7 | 7/1 | 辛未 | 三 | 二 |
| 8 | 7/2 | 壬申 | 三 | 一 |
| 9 | 7/3 | 癸酉 | 三 | 九 |
| 10 | 7/4 | 甲戌 | 六 | 八 |
| 11 | 7/5 | 乙亥 | 六 | 七 |
| 12 | 7/6 | 丙子 | 六 | 六 |
| 13 | 7/7 | 丁丑 | 六 | 五 |
| 14 | 7/8 | 戊寅 | 六 | 四 |
| 15 | 7/9 | 己卯 | 八 | 三 |
| 16 | 7/10 | 庚辰 | 八 | 二 |
| 17 | 7/11 | 辛巳 | 八 | 一 |
| 18 | 7/12 | 壬午 | 八 | 九 |
| 19 | 7/13 | 癸未 | 八 | 八 |
| 20 | 7/14 | 甲申 | 二 | 七 |
| 21 | 7/15 | 乙酉 | 二 | 六 |
| 22 | 7/16 | 丙戌 | 二 | 五 |
| 23 | 7/17 | 丁亥 | 二 | 四 |
| 24 | 7/18 | 戊子 | 二 | 三 |
| 25 | 7/19 | 己丑 | 五 | 二 |
| 26 | 7/20 | 庚寅 | 五 | 一 |
| 27 | 7/21 | 辛卯 | 五 | 九 |
| 28 | 7/22 | 壬辰 | 五 | 八 |
| 29 | 7/23 | 癸巳 | 五 | 七 |
| 30 | 7/24 | 甲午 | 七 | 六 |

## 五月

壬午　七赤金

夏至 10時44分 廿六巳時　芒種 17時58分 初十酉時　奇門遁甲局數

| 農曆 | 國曆 | 干支 | 時盤 | 日盤 |
|---|---|---|---|---|
| 1 | 5/27 | 丙申 | 5 | 9 |
| 2 | 5/28 | 丁酉 | 5 | 1 |
| 3 | 5/29 | 戊戌 | 5 | 2 |
| 4 | 5/30 | 己亥 | 2 | 3 |
| 5 | 5/31 | 庚子 | 2 | 4 |
| 6 | 6/1 | 辛丑 | 2 | 5 |
| 7 | 6/2 | 壬寅 | 2 | 6 |
| 8 | 6/3 | 癸卯 | 2 | 7 |
| 9 | 6/4 | 甲辰 | 8 | 8 |
| 10 | 6/5 | 乙巳 | 8 | 9 |
| 11 | 6/6 | 丙午 | 8 | 1 |
| 12 | 6/7 | 丁未 | 8 | 2 |
| 13 | 6/8 | 戊申 | 8 | 3 |
| 14 | 6/9 | 己酉 | 6 | 4 |
| 15 | 6/10 | 庚戌 | 6 | 5 |
| 16 | 6/11 | 辛亥 | 6 | 6 |
| 17 | 6/12 | 壬子 | 6 | 7 |
| 18 | 6/13 | 癸丑 | 6 | 8 |
| 19 | 6/14 | 甲寅 | 3 | 9 |
| 20 | 6/15 | 乙卯 | 3 | 1 |
| 21 | 6/16 | 丙辰 | 3 | 2 |
| 22 | 6/17 | 丁巳 | 3 | 3 |
| 23 | 6/18 | 戊午 | 3 | 4 |
| 24 | 6/19 | 己未 | 9 | 5 |
| 25 | 6/20 | 庚申 | 9 | 6 |
| 26 | 6/21 | 辛酉 | 9 | 三 |
| 27 | 6/22 | 壬戌 | 9 | 二 |
| 28 | 6/23 | 癸亥 | 9 | 一 |
| 29 | 6/24 | 甲子 | 九 | 九 |

## 四月

辛巳　八白土

小滿 02時56分 廿四丑時　立夏 13時59分 初八未時　奇門遁甲局數

| 農曆 | 國曆 | 干支 | 時盤 | 日盤 |
|---|---|---|---|---|
| 1 | 4/28 | 丁卯 | 5 | 7 |
| 2 | 4/29 | 戊辰 | 5 | 8 |
| 3 | 4/30 | 己巳 | 2 | 9 |
| 4 | 5/1 | 庚午 | 2 | 1 |
| 5 | 5/2 | 辛未 | 2 | 2 |
| 6 | 5/3 | 壬申 | 2 | 3 |
| 7 | 5/4 | 癸酉 | 2 | 4 |
| 8 | 5/5 | 甲戌 | 8 | 5 |
| 9 | 5/6 | 乙亥 | 8 | 6 |
| 10 | 5/7 | 丙子 | 8 | 7 |
| 11 | 5/8 | 丁丑 | 8 | 8 |
| 12 | 5/9 | 戊寅 | 8 | 9 |
| 13 | 5/10 | 己卯 | 4 | 1 |
| 14 | 5/11 | 庚辰 | 4 | 2 |
| 15 | 5/12 | 辛巳 | 4 | 3 |
| 16 | 5/13 | 壬午 | 4 | 4 |
| 17 | 5/14 | 癸未 | 4 | 5 |
| 18 | 5/15 | 甲申 | 1 | 6 |
| 19 | 5/16 | 乙酉 | 1 | 7 |
| 20 | 5/17 | 丙戌 | 1 | 8 |
| 21 | 5/18 | 丁亥 | 1 | 9 |
| 22 | 5/19 | 戊子 | 1 | 1 |
| 23 | 5/20 | 己丑 | 7 | 2 |
| 24 | 5/21 | 庚寅 | 7 | 3 |
| 25 | 5/22 | 辛卯 | 7 | 4 |
| 26 | 5/23 | 壬辰 | 7 | 5 |
| 27 | 5/24 | 癸巳 | 7 | 6 |
| 28 | 5/25 | 甲午 | 5 | 7 |
| 29 | 5/26 | 乙未 | 5 | 8 |

## 三月

庚辰　九紫火

穀雨 03時57分 廿三寅時　清明 20時50分 初七戌時　奇門遁甲局數

| 農曆 | 國曆 | 干支 | 時盤 | 日盤 |
|---|---|---|---|---|
| 1 | 3/29 | 丁酉 | 3 | 4 |
| 2 | 3/30 | 戊戌 | 3 | 5 |
| 3 | 3/31 | 己亥 | 9 | 6 |
| 4 | 4/1 | 庚子 | 9 | 7 |
| 5 | 4/2 | 辛丑 | 9 | 8 |
| 6 | 4/3 | 壬寅 | 9 | 9 |
| 7 | 4/4 | 癸卯 | 9 | 1 |
| 8 | 4/5 | 甲辰 | 6 | 2 |
| 9 | 4/6 | 乙巳 | 6 | 3 |
| 10 | 4/7 | 丙午 | 6 | 4 |
| 11 | 4/8 | 丁未 | 6 | 5 |
| 12 | 4/9 | 戊申 | 6 | 6 |
| 13 | 4/10 | 己酉 | 4 | 7 |
| 14 | 4/11 | 庚戌 | 4 | 8 |
| 15 | 4/12 | 辛亥 | 4 | 9 |
| 16 | 4/13 | 壬子 | 4 | 1 |
| 17 | 4/14 | 癸丑 | 4 | 2 |
| 18 | 4/15 | 甲寅 | 1 | 3 |
| 19 | 4/16 | 乙卯 | 1 | 4 |
| 20 | 4/17 | 丙辰 | 1 | 5 |
| 21 | 4/18 | 丁巳 | 1 | 6 |
| 22 | 4/19 | 戊午 | 1 | 7 |
| 23 | 4/20 | 己未 | 7 | 8 |
| 24 | 4/21 | 庚申 | 7 | 9 |
| 25 | 4/22 | 辛酉 | 7 | 1 |
| 26 | 4/23 | 壬戌 | 7 | 2 |
| 27 | 4/24 | 癸亥 | 7 | 3 |
| 28 | 4/25 | 甲子 | 5 | 4 |
| 29 | 4/26 | 乙丑 | 5 | 5 |
| 30 | 4/27 | 丙寅 | 5 | 6 |

## 二月

己卯　一白水

春分 17時03分 廿一酉時　驚蟄 16時09分 初六申時　奇門遁甲局數

| 農曆 | 國曆 | 干支 | 時盤 | 日盤 |
|---|---|---|---|---|
| 1 | 2/28 | 戊辰 | 9 | 2 |
| 2 | 3/1 | 己巳 | 6 | 3 |
| 3 | 3/2 | 庚午 | 6 | 4 |
| 4 | 3/3 | 辛未 | 6 | 5 |
| 5 | 3/4 | 壬申 | 6 | 6 |
| 6 | 3/5 | 癸酉 | 6 | 7 |
| 7 | 3/6 | 甲戌 | 3 | 8 |
| 8 | 3/7 | 乙亥 | 3 | 9 |
| 9 | 3/8 | 丙子 | 3 | 1 |
| 10 | 3/9 | 丁丑 | 3 | 2 |
| 11 | 3/10 | 戊寅 | 3 | 3 |
| 12 | 3/11 | 己卯 | 1 | 4 |
| 13 | 3/12 | 庚辰 | 1 | 5 |
| 14 | 3/13 | 辛巳 | 1 | 6 |
| 15 | 3/14 | 壬午 | 1 | 7 |
| 16 | 3/15 | 癸未 | 1 | 8 |
| 17 | 3/16 | 甲申 | 7 | 9 |
| 18 | 3/17 | 乙酉 | 7 | 1 |
| 19 | 3/18 | 丙戌 | 7 | 2 |
| 20 | 3/19 | 丁亥 | 7 | 3 |
| 21 | 3/20 | 戊子 | 7 | 4 |
| 22 | 3/21 | 己丑 | 4 | 5 |
| 23 | 3/22 | 庚寅 | 4 | 6 |
| 24 | 3/23 | 辛卯 | 4 | 7 |
| 25 | 3/24 | 壬辰 | 4 | 8 |
| 26 | 3/25 | 癸巳 | 4 | 9 |
| 27 | 3/26 | 甲午 | 3 | 1 |
| 28 | 3/27 | 乙未 | 3 | 2 |
| 29 | 3/28 | 丙申 | 3 | 3 |

## 正月

戊寅　二黑土

雨水 18時08分 廿一酉時　立春 22時12分 初六亥時　奇門遁甲局數

| 農曆 | 國曆 | 干支 | 時盤 | 日盤 |
|---|---|---|---|---|
| 1 | 1/29 | 戊戌 | 3 | 8 |
| 2 | 1/30 | 己亥 | 9 | 9 |
| 3 | 1/31 | 庚子 | 9 | 1 |
| 4 | 2/1 | 辛丑 | 9 | 2 |
| 5 | 2/2 | 壬寅 | 9 | 3 |
| 6 | 2/3 | 癸卯 | 9 | 4 |
| 7 | 2/4 | 甲辰 | 6 | 5 |
| 8 | 2/5 | 乙巳 | 6 | 6 |
| 9 | 2/6 | 丙午 | 6 | 7 |
| 10 | 2/7 | 丁未 | 6 | 8 |
| 11 | 2/8 | 戊申 | 6 | 9 |
| 12 | 2/9 | 己酉 | 8 | 1 |
| 13 | 2/10 | 庚戌 | 8 | 2 |
| 14 | 2/11 | 辛亥 | 8 | 3 |
| 15 | 2/12 | 壬子 | 8 | 4 |
| 16 | 2/13 | 癸丑 | 8 | 5 |
| 17 | 2/14 | 甲寅 | 5 | 6 |
| 18 | 2/15 | 乙卯 | 5 | 7 |
| 19 | 2/16 | 丙辰 | 5 | 8 |
| 20 | 2/17 | 丁巳 | 5 | 9 |
| 21 | 2/18 | 戊午 | 5 | 1 |
| 22 | 2/19 | 己未 | 2 | 2 |
| 23 | 2/20 | 庚申 | 2 | 3 |
| 24 | 2/21 | 辛酉 | 2 | 4 |
| 25 | 2/22 | 壬戌 | 2 | 5 |
| 26 | 2/23 | 癸亥 | 2 | 6 |
| 27 | 2/24 | 甲子 | 9 | 7 |
| 28 | 2/25 | 乙丑 | 9 | 8 |
| 29 | 2/26 | 丙寅 | 9 | 9 |
| 30 | 2/27 | 丁卯 | 9 | 1 |

# 西元2025年（乙巳）肖蛇 民國114年（女巽命）

奇門遁甲局數如標示為 一 ～九表示陰局　　如標示為1 ～9 表示陽局

| 十二月 | | | | | 十一月 | | | | | 十　月 | | | | | 九　月 | | | | | 八　月 | | | | | 七　月 | | | | |
|---|---|---|---|---|---|---|---|---|---|---|---|---|---|---|---|---|---|---|---|---|---|---|---|---|---|---|---|---|---|
| 己丑 | | | | | 戊子 | | | | | 丁亥 | | | | | 丙戌 | | | | | 乙酉 | | | | | 甲申 | | | | |
| 九紫火 | | | | | 一白水 | | | | | 二黑土 | | | | | 三碧木 | | | | | 四綠木 | | | | | 五黃土 | | | | |
| 立春 | | 大寒 | 奇門遁甲局數 | | 小寒 | | 冬至 | 奇門遁甲局數 | | 大雪 | | 小雪 | 奇門遁甲局數 | | 立冬 | | 霜降 | 奇門遁甲局數 | | 寒露 | | 秋分 | 奇門遁甲局數 | | 白露 | | 處暑 | 奇門遁甲局數 | |
| 04時04分 | 十七寅時 | 09時47分 初二巳時 | | | 16時25分 | 十七申時 | 23時05分 初二子時 | | | 05時06分 | 十八卯時 | 09時37分 初三巳時 | | | 12時05分 | 十八午時 | 11時53分 初三午時 | | | 08時43分 | 十七辰時 | 02時21分 初二丑時 | | | 16時53分 | 十六申時 | 04時35分 初一寅時 | | |
| 農曆 | 國曆 | 干支 | 時盤 | 日盤 | 農曆 | 國曆 | 干支 | 時盤 | 日盤 | 農曆 | 國曆 | 干支 | 時盤 | 日盤 | 農曆 | 國曆 | 干支 | 時盤 | 日盤 | 農曆 | 國曆 | 干支 | 時盤 | 日盤 | 農曆 | 國曆 | 干支 | 時盤 | 日盤 |
| 1 | 1/19 | 癸巳 | 5 | 3 | 1 | 12/20 | 癸亥 | 一 | 一 | 1 | 11/20 | 癸巳 | 三 | 四 | 1 | 10/21 | 癸亥 | 三 | 七 | 1 | 9/22 | 甲午 | 七 | 九 | 1 | 8/23 | 甲子 | 一 | 三 |
| 2 | 1/20 | 甲午 | 3 | 4 | 2 | 12/21 | 甲子 | 1 | 1 | 2 | 11/21 | 甲午 | 五 | 三 | 2 | 10/22 | 甲子 | 五 | 六 | 2 | 9/23 | 乙未 | 七 | 八 | 2 | 8/24 | 乙丑 | 一 | 二 |
| 3 | 1/21 | 乙未 | 3 | 5 | 3 | 12/22 | 乙丑 | 1 | 2 | 3 | 11/22 | 乙未 | 五 | 二 | 3 | 10/23 | 乙丑 | 五 | 五 | 3 | 9/24 | 丙申 | 七 | 七 | 3 | 8/25 | 丙寅 | 一 | 一 |
| 4 | 1/22 | 丙申 | 3 | 6 | 4 | 12/23 | 丙寅 | 1 | 3 | 4 | 11/23 | 丙申 | 五 | 一 | 4 | 10/24 | 丙寅 | 五 | 四 | 4 | 9/25 | 丁酉 | 七 | 六 | 4 | 8/26 | 丁卯 | 一 | 九 |
| 5 | 1/23 | 丁酉 | 3 | 7 | 5 | 12/24 | 丁卯 | 1 | 4 | 5 | 11/24 | 丁酉 | 五 | 九 | 5 | 10/25 | 丁卯 | 五 | 三 | 5 | 9/26 | 戊戌 | 七 | 五 | 5 | 8/27 | 戊辰 | 一 | 八 |
| 6 | 1/24 | 戊戌 | 3 | 8 | 6 | 12/25 | 戊辰 | 1 | 5 | 6 | 11/25 | 戊戌 | 五 | 八 | 6 | 10/26 | 戊辰 | 五 | 二 | 6 | 9/27 | 己亥 | 一 | 四 | 6 | 8/28 | 己巳 | 四 | 七 |
| 7 | 1/25 | 己亥 | 9 | 9 | 7 | 12/26 | 己巳 | 7 | 6 | 7 | 11/26 | 己亥 | 八 | 七 | 7 | 10/27 | 己巳 | 八 | 一 | 7 | 9/28 | 庚子 | 一 | 三 | 7 | 8/29 | 庚午 | 四 | 六 |
| 8 | 1/26 | 庚子 | 9 | 1 | 8 | 12/27 | 庚午 | 7 | 7 | 8 | 11/27 | 庚子 | 八 | 六 | 8 | 10/28 | 庚午 | 八 | 九 | 8 | 9/29 | 辛丑 | 一 | 二 | 8 | 8/30 | 辛未 | 四 | 五 |
| 9 | 1/27 | 辛丑 | 9 | 2 | 9 | 12/28 | 辛未 | 7 | 8 | 9 | 11/28 | 辛丑 | 八 | 五 | 9 | 10/29 | 辛未 | 八 | 八 | 9 | 9/30 | 壬寅 | 一 | 一 | 9 | 8/31 | 壬申 | 四 | 四 |
| 10 | 1/28 | 壬寅 | 9 | 3 | 10 | 12/29 | 壬申 | 7 | 9 | 10 | 11/29 | 壬寅 | 八 | 四 | 10 | 10/30 | 壬申 | 八 | 七 | 10 | 10/ 1 | 癸卯 | 一 | 九 | 10 | 9/ 1 | 癸酉 | 四 | 三 |
| 11 | 1/29 | 癸卯 | 9 | 4 | 11 | 12/30 | 癸酉 | 7 | 1 | 11 | 11/30 | 癸卯 | 八 | 三 | 11 | 10/31 | 癸酉 | 八 | 六 | 11 | 10/ 2 | 甲辰 | 四 | 八 | 11 | 9/ 2 | 甲戌 | 七 | 二 |
| 12 | 1/30 | 甲辰 | 6 | 5 | 12 | 12/31 | 甲戌 | 4 | 2 | 12 | 12/ 1 | 甲辰 | 二 | 二 | 12 | 11/ 1 | 甲戌 | 二 | 五 | 12 | 10/ 3 | 乙巳 | 四 | 七 | 12 | 9/ 3 | 乙亥 | 七 | 一 |
| 13 | 1/31 | 乙巳 | 6 | 6 | 13 | 1/ 1 | 乙亥 | 4 | 3 | 13 | 12/ 2 | 乙巳 | 二 | 一 | 13 | 11/ 2 | 乙亥 | 二 | 四 | 13 | 10/ 4 | 丙午 | 四 | 六 | 13 | 9/ 4 | 丙子 | 七 | 九 |
| 14 | 2/ 1 | 丙午 | 6 | 7 | 14 | 1/ 2 | 丙子 | 4 | 4 | 14 | 12/ 3 | 丙午 | 二 | 九 | 14 | 11/ 3 | 丙子 | 二 | 三 | 14 | 10/ 5 | 丁未 | 四 | 五 | 14 | 9/ 5 | 丁丑 | 七 | 八 |
| 15 | 2/ 2 | 丁未 | 6 | 8 | 15 | 1/ 3 | 丁丑 | 4 | 5 | 15 | 12/ 4 | 丁未 | 二 | 八 | 15 | 11/ 4 | 丁丑 | 二 | 二 | 15 | 10/ 6 | 戊申 | 四 | 四 | 15 | 9/ 6 | 戊寅 | 七 | 七 |
| 16 | 2/ 3 | 戊申 | 6 | 9 | 16 | 1/ 4 | 戊寅 | 4 | 6 | 16 | 12/ 5 | 戊申 | 二 | 七 | 16 | 11/ 5 | 戊寅 | 二 | 一 | 16 | 10/ 7 | 己酉 | 六 | 三 | 16 | 9/ 7 | 己卯 | 九 | 六 |
| 17 | 2/ 4 | 己酉 | 8 | 1 | 17 | 1/ 5 | 己卯 | 2 | 7 | 17 | 12/ 6 | 己酉 | 四 | 六 | 17 | 11/ 6 | 己卯 | 六 | 九 | 17 | 10/ 8 | 庚戌 | 六 | 二 | 17 | 9/ 8 | 庚辰 | 九 | 五 |
| 18 | 2/ 5 | 庚戌 | 8 | 2 | 18 | 1/ 6 | 庚辰 | 2 | 8 | 18 | 12/ 7 | 庚戌 | 四 | 五 | 18 | 11/ 7 | 庚辰 | 六 | 八 | 18 | 10/ 9 | 辛亥 | 六 | 一 | 18 | 9/ 9 | 辛巳 | 九 | 四 |
| 19 | 2/ 6 | 辛亥 | 8 | 3 | 19 | 1/ 7 | 辛巳 | 2 | 9 | 19 | 12/ 8 | 辛亥 | 四 | 四 | 19 | 11/ 8 | 辛巳 | 六 | 七 | 19 | 10/10 | 壬子 | 六 | 九 | 19 | 9/10 | 壬午 | 九 | 三 |
| 20 | 2/ 7 | 壬子 | 8 | 4 | 20 | 1/ 8 | 壬午 | 2 | 1 | 20 | 12/ 9 | 壬子 | 四 | 三 | 20 | 11/ 9 | 壬午 | 六 | 六 | 20 | 10/11 | 癸丑 | 六 | 八 | 20 | 9/11 | 癸未 | 九 | 二 |
| 21 | 2/ 8 | 癸丑 | 8 | 5 | 21 | 1/ 9 | 癸未 | 2 | 2 | 21 | 12/10 | 癸丑 | 四 | 二 | 21 | 11/10 | 癸未 | 六 | 五 | 21 | 10/12 | 甲寅 | 九 | 七 | 21 | 9/12 | 甲申 | 三 | 一 |
| 22 | 2/ 9 | 甲寅 | 5 | 6 | 22 | 1/10 | 甲申 | 8 | 3 | 22 | 12/11 | 甲寅 | 七 | 一 | 22 | 11/11 | 甲申 | 九 | 四 | 22 | 10/13 | 乙卯 | 九 | 六 | 22 | 9/13 | 乙酉 | 三 | 九 |
| 23 | 2/10 | 乙卯 | 5 | 7 | 23 | 1/11 | 乙酉 | 8 | 4 | 23 | 12/12 | 乙卯 | 七 | 九 | 23 | 11/12 | 乙酉 | 九 | 三 | 23 | 10/14 | 丙辰 | 九 | 五 | 23 | 9/14 | 丙戌 | 三 | 八 |
| 24 | 2/11 | 丙辰 | 5 | 8 | 24 | 1/12 | 丙戌 | 8 | 5 | 24 | 12/13 | 丙辰 | 七 | 八 | 24 | 11/13 | 丙戌 | 九 | 二 | 24 | 10/15 | 丁巳 | 九 | 四 | 24 | 9/15 | 丁亥 | 三 | 七 |
| 25 | 2/12 | 丁巳 | 5 | 9 | 25 | 1/13 | 丁亥 | 8 | 6 | 25 | 12/14 | 丁巳 | 七 | 七 | 25 | 11/14 | 丁亥 | 九 | 一 | 25 | 10/16 | 戊午 | 九 | 三 | 25 | 9/16 | 戊子 | 三 | 六 |
| 26 | 2/13 | 戊午 | 5 | 1 | 26 | 1/14 | 戊子 | 8 | 7 | 26 | 12/15 | 戊午 | 七 | 六 | 26 | 11/15 | 戊子 | 九 | 九 | 26 | 10/17 | 己未 | 三 | 二 | 26 | 9/17 | 己丑 | 六 | 五 |
| 27 | 2/14 | 己未 | 2 | 2 | 27 | 1/15 | 己丑 | 5 | 8 | 27 | 12/16 | 己未 | 一 | 五 | 27 | 11/16 | 己丑 | 三 | 八 | 27 | 10/18 | 庚申 | 三 | 一 | 27 | 9/18 | 庚寅 | 六 | 四 |
| 28 | 2/15 | 庚申 | 2 | 3 | 28 | 1/16 | 庚寅 | 5 | 9 | 28 | 12/17 | 庚申 | 一 | 四 | 28 | 11/17 | 庚寅 | 三 | 七 | 28 | 10/19 | 辛酉 | 三 | 九 | 28 | 9/19 | 辛卯 | 六 | 三 |
| 29 | 2/16 | 辛酉 | 2 | 4 | 29 | 1/17 | 辛卯 | 5 | 1 | 29 | 12/18 | 辛酉 | 一 | 三 | 29 | 11/18 | 辛卯 | 三 | 六 | 29 | 10/20 | 壬戌 | 三 | 八 | 29 | 9/20 | 壬辰 | 六 | 二 |
| | | | | | 30 | 1/18 | 壬辰 | 5 | 2 | 30 | 12/19 | 壬戌 | 一 | 二 | 30 | 11/19 | 壬辰 | 三 | 五 | | | | | | 30 | 9/21 | 癸巳 | 六 | 一 |

# 西元2026年（丙午）肖馬 民國115年（男坎命）

奇門遁甲局數如標示為 一 ～九表示陰局　　如標示為1 ～9 表示陽局

| 六　月 | | | | | 五　月 | | | | | 四　月 | | | | | 三　月 | | | | | 二　月 | | | | | 正　月 | | | | |
|---|---|---|---|---|---|---|---|---|---|---|---|---|---|---|---|---|---|---|---|---|---|---|---|---|---|---|---|---|---|
| 乙未 | | | | | 甲午 | | | | | 癸巳 | | | | | 壬辰 | | | | | 辛卯 | | | | | 庚寅 | | | | |
| 三碧木 | | | | | 四綠木 | | | | | 五黃土 | | | | | 六白金 | | | | | 七赤金 | | | | | 八白土 | | | | |
| 立秋 19時44分 廿五戌時 | | 大暑 03時15分 初十寅時 | 奇門遁甲局數 | | 小暑 09時58分 廿三巳時 | | 夏至 16時26分 初七申時 | 奇門遁甲局數 | | 芒種 23時50分 二十子時 | | 小滿 08時38分 初五辰時 | 奇門遁甲局數 | | 立夏 19時50分 十九戌時 | | 穀雨 09時41分 初四巳時 | 奇門遁甲局數 | | 清明 02時42分 十八丑時 | | 春分 22時47分 初二亥時 | 奇門遁甲局數 | | 驚蟄 22時00分 十七亥時 | | 雨水 23時54分 初二子時 | 奇門遁甲局數 | |
| 農曆 | 國曆 | 干支 | 時盤 | 日盤 | 農曆 | 國曆 | 干支 | 時盤 | 日盤 | 農曆 | 國曆 | 干支 | 時盤 | 日盤 | 農曆 | 國曆 | 干支 | 時盤 | 日盤 | 農曆 | 國曆 | 干支 | 時盤 | 日盤 | 農曆 | 國曆 | 干支 | 時盤 | 日盤 |
| 1 | 7/14 | 己丑 | 五 | 二 | 1 | 6/15 | 庚申 | 9 | 6 | 1 | 5/17 | 辛卯 | 7 | 4 | 1 | 4/17 | 辛酉 | 7 | 1 | 1 | 3/19 | 壬辰 | 4 | 8 | 1 | 2/17 | 壬戌 | 2 | 5 |
| 2 | 7/15 | 庚寅 | 五 | 一 | 2 | 6/16 | 辛酉 | 9 | 7 | 2 | 5/18 | 壬辰 | 7 | 5 | 2 | 4/18 | 壬戌 | 7 | 2 | 2 | 3/20 | 癸巳 | 4 | 9 | 2 | 2/18 | 癸亥 | 2 | 6 |
| 3 | 7/16 | 辛卯 | 五 | 九 | 3 | 6/17 | 壬戌 | 9 | 8 | 3 | 5/19 | 癸巳 | 7 | 6 | 3 | 4/19 | 癸亥 | 7 | 3 | 3 | 3/21 | 甲午 | 3 | 1 | 3 | 2/19 | 甲子 | 9 | 7 |
| 4 | 7/17 | 壬辰 | 五 | 八 | 4 | 6/18 | 癸亥 | 9 | 9 | 4 | 5/20 | 甲午 | 5 | 7 | 4 | 4/20 | 甲子 | 5 | 4 | 4 | 3/22 | 乙未 | 3 | 2 | 4 | 2/20 | 乙丑 | 9 | 8 |
| 5 | 7/18 | 癸巳 | 五 | 七 | 5 | 6/19 | 甲子 | 九 | 1 | 5 | 5/21 | 乙未 | 5 | 8 | 5 | 4/21 | 乙丑 | 5 | 5 | 5 | 3/23 | 丙申 | 3 | 3 | 5 | 2/21 | 丙寅 | 9 | 9 |
| 6 | 7/19 | 甲午 | 七 | 六 | 6 | 6/20 | 乙丑 | 九 | 2 | 6 | 5/22 | 丙申 | 5 | 9 | 6 | 4/22 | 丙寅 | 5 | 6 | 6 | 3/24 | 丁酉 | 3 | 4 | 6 | 2/22 | 丁卯 | 9 | 1 |
| 7 | 7/20 | 乙未 | 七 | 五 | 7 | 6/21 | 丙寅 | 九 | 七 | 7 | 5/23 | 丁酉 | 5 | 1 | 7 | 4/23 | 丁卯 | 5 | 7 | 7 | 3/25 | 戊戌 | 3 | 5 | 7 | 2/23 | 戊辰 | 9 | 2 |
| 8 | 7/21 | 丙申 | 七 | 四 | 8 | 6/22 | 丁卯 | 九 | 六 | 8 | 5/24 | 戊戌 | 5 | 2 | 8 | 4/24 | 戊辰 | 5 | 8 | 8 | 3/26 | 己亥 | 9 | 6 | 8 | 2/24 | 己巳 | 6 | 3 |
| 9 | 7/22 | 丁酉 | 七 | 三 | 9 | 6/23 | 戊辰 | 九 | 五 | 9 | 5/25 | 己亥 | 2 | 3 | 9 | 4/25 | 己巳 | 2 | 9 | 9 | 3/27 | 庚子 | 9 | 7 | 9 | 2/25 | 庚午 | 6 | 4 |
| 10 | 7/23 | 戊戌 | 七 | 二 | 10 | 6/24 | 己巳 | 三 | 四 | 10 | 5/26 | 庚子 | 2 | 4 | 10 | 4/26 | 庚午 | 2 | 1 | 10 | 3/28 | 辛丑 | 9 | 8 | 10 | 2/26 | 辛未 | 6 | 5 |
| 11 | 7/24 | 己亥 | 一 | 一 | 11 | 6/25 | 庚午 | 三 | 三 | 11 | 5/27 | 辛丑 | 2 | 5 | 11 | 4/27 | 辛未 | 2 | 2 | 11 | 3/29 | 壬寅 | 9 | 9 | 11 | 2/27 | 壬申 | 6 | 6 |
| 12 | 7/25 | 庚子 | 一 | 九 | 12 | 6/26 | 辛未 | 三 | 二 | 12 | 5/28 | 壬寅 | 2 | 6 | 12 | 4/28 | 壬申 | 2 | 3 | 12 | 3/30 | 癸卯 | 9 | 1 | 12 | 2/28 | 癸酉 | 6 | 7 |
| 13 | 7/26 | 辛丑 | 一 | 八 | 13 | 6/27 | 壬申 | 三 | 一 | 13 | 5/29 | 癸卯 | 2 | 7 | 13 | 4/29 | 癸酉 | 2 | 4 | 13 | 3/31 | 甲辰 | 6 | 2 | 13 | 3/1 | 甲戌 | 3 | 8 |
| 14 | 7/27 | 壬寅 | 一 | 七 | 14 | 6/28 | 癸酉 | 三 | 九 | 14 | 5/30 | 甲辰 | 8 | 8 | 14 | 4/30 | 甲戌 | 8 | 5 | 14 | 4/1 | 乙巳 | 6 | 3 | 14 | 3/2 | 乙亥 | 3 | 9 |
| 15 | 7/28 | 癸卯 | 一 | 六 | 15 | 6/29 | 甲戌 | 六 | 八 | 15 | 5/31 | 乙巳 | 8 | 9 | 15 | 5/1 | 乙亥 | 8 | 6 | 15 | 4/2 | 丙午 | 6 | 4 | 15 | 3/3 | 丙子 | 3 | 1 |
| 16 | 7/29 | 甲辰 | 四 | 五 | 16 | 6/30 | 乙亥 | 六 | 七 | 16 | 6/1 | 丙午 | 8 | 1 | 16 | 5/2 | 丙子 | 8 | 7 | 16 | 4/3 | 丁未 | 6 | 5 | 16 | 3/4 | 丁丑 | 3 | 2 |
| 17 | 7/30 | 乙巳 | 四 | 四 | 17 | 7/1 | 丙子 | 六 | 六 | 17 | 6/2 | 丁未 | 8 | 2 | 17 | 5/3 | 丁丑 | 8 | 8 | 17 | 4/4 | 戊申 | 6 | 6 | 17 | 3/5 | 戊寅 | 3 | 3 |
| 18 | 7/31 | 丙午 | 四 | 三 | 18 | 7/2 | 丁丑 | 六 | 五 | 18 | 6/3 | 戊申 | 8 | 3 | 18 | 5/4 | 戊寅 | 8 | 9 | 18 | 4/5 | 己酉 | 4 | 7 | 18 | 3/6 | 己卯 | 1 | 4 |
| 19 | 8/1 | 丁未 | 四 | 二 | 19 | 7/3 | 戊寅 | 六 | 四 | 19 | 6/4 | 己酉 | 6 | 4 | 19 | 5/5 | 己卯 | 4 | 1 | 19 | 4/6 | 庚戌 | 4 | 8 | 19 | 3/7 | 庚辰 | 1 | 5 |
| 20 | 8/2 | 戊申 | 四 | 一 | 20 | 7/4 | 己卯 | 八 | 三 | 20 | 6/5 | 庚戌 | 6 | 5 | 20 | 5/6 | 庚辰 | 4 | 2 | 20 | 4/7 | 辛亥 | 4 | 9 | 20 | 3/8 | 辛巳 | 1 | 6 |
| 21 | 8/3 | 己酉 | 二 | 九 | 21 | 7/5 | 庚辰 | 八 | 二 | 21 | 6/6 | 辛亥 | 6 | 6 | 21 | 5/7 | 辛巳 | 4 | 3 | 21 | 4/8 | 壬子 | 4 | 1 | 21 | 3/9 | 壬午 | 1 | 7 |
| 22 | 8/4 | 庚戌 | 二 | 八 | 22 | 7/6 | 辛巳 | 八 | 一 | 22 | 6/7 | 壬子 | 6 | 7 | 22 | 5/8 | 壬午 | 4 | 4 | 22 | 4/9 | 癸丑 | 4 | 2 | 22 | 3/10 | 癸未 | 1 | 8 |
| 23 | 8/5 | 辛亥 | 二 | 七 | 23 | 7/7 | 壬午 | 八 | 九 | 23 | 6/8 | 癸丑 | 6 | 8 | 23 | 5/9 | 癸未 | 4 | 5 | 23 | 4/10 | 甲寅 | 1 | 3 | 23 | 3/11 | 甲申 | 7 | 9 |
| 24 | 8/6 | 壬子 | 二 | 六 | 24 | 7/8 | 癸未 | 八 | 八 | 24 | 6/9 | 甲寅 | 3 | 9 | 24 | 5/10 | 甲申 | 1 | 6 | 24 | 4/11 | 乙卯 | 1 | 4 | 24 | 3/12 | 乙酉 | 7 | 1 |
| 25 | 8/7 | 癸丑 | 二 | 五 | 25 | 7/9 | 甲申 | 二 | 七 | 25 | 6/10 | 乙卯 | 3 | 1 | 25 | 5/11 | 乙酉 | 1 | 7 | 25 | 4/12 | 丙辰 | 1 | 5 | 25 | 3/13 | 丙戌 | 7 | 2 |
| 26 | 8/8 | 甲寅 | 五 | 四 | 26 | 7/10 | 乙酉 | 二 | 六 | 26 | 6/11 | 丙辰 | 3 | 2 | 26 | 5/12 | 丙戌 | 1 | 8 | 26 | 4/13 | 丁巳 | 1 | 6 | 26 | 3/14 | 丁亥 | 7 | 3 |
| 27 | 8/9 | 乙卯 | 五 | 三 | 27 | 7/11 | 丙戌 | 二 | 五 | 27 | 6/12 | 丁巳 | 3 | 3 | 27 | 5/13 | 丁亥 | 1 | 9 | 27 | 4/14 | 戊午 | 1 | 7 | 27 | 3/15 | 戊子 | 7 | 4 |
| 28 | 8/10 | 丙辰 | 五 | 二 | 28 | 7/12 | 丁亥 | 二 | 四 | 28 | 6/13 | 戊午 | 3 | 4 | 28 | 5/14 | 戊子 | 1 | 1 | 28 | 4/15 | 己未 | 7 | 8 | 28 | 3/16 | 己丑 | 4 | 5 |
| 29 | 8/11 | 丁巳 | 五 | 一 | 29 | 7/13 | 戊子 | 二 | 三 | 29 | 6/14 | 己未 | 9 | 5 | 29 | 5/15 | 己丑 | 7 | 2 | 29 | 4/16 | 庚申 | 7 | 9 | 29 | 3/17 | 庚寅 | 4 | 6 |
| 30 | 8/12 | 戊午 | 五 | 九 | | | | | | | | | | | 30 | 5/16 | 庚寅 | 7 | 3 | | | | | | 30 | 3/18 | 辛卯 | 4 | 7 |

# 西元2026年（丙午）肖馬 民國115年（女艮命）

奇門遁甲局數如標示為 一 ～九表示陰局　　如標示為1 ～9 表示陽局

| 十二月 | | | | | 十一月 | | | | | 十　月 | | | | | 九　月 | | | | | 八　月 | | | | | 七　月 | | | | |
|---|---|---|---|---|---|---|---|---|---|---|---|---|---|---|---|---|---|---|---|---|---|---|---|---|---|---|---|---|---|
| 辛丑 | | | | | 庚子 | | | | | 己亥 | | | | | 戊戌 | | | | | 丁酉 | | | | | 丙申 | | | | |
| 六白金 | | | | | 七赤金 | | | | | 八白土 | | | | | 九紫火 | | | | | 一白水 | | | | | 二黑土 | | | | |
| 立春 09時48分 廿八巳時 | | 大寒 15時32分 十三申時 | 奇門遁甲局數 | | 小寒 22時12分 廿八亥時 | | 冬至 04時52分 十四寅時 | 奇門遁甲局數 | | 大雪 10時54分 廿九巳時 | | 小雪 15時25分 十四申時 | 奇門遁甲局數 | | 立冬 17時54分 廿九酉時 | | 霜降 17時40分 十四酉時 | 奇門遁甲局數 | | 寒露 14時31分 廿八未時 | | 秋分 08時07分 十三辰時 | 奇門遁甲局數 | | 白露 22時43分 廿六亥時 | | 處暑 10時20分 十一巳時 | 奇門遁甲局數 | |
| 農曆 | 國曆 | 干支 | 時盤 | 日盤 | 農曆 | 國曆 | 干支 | 時盤 | 日盤 | 農曆 | 國曆 | 干支 | 時盤 | 日盤 | 農曆 | 國曆 | 干支 | 時盤 | 日盤 | 農曆 | 國曆 | 干支 | 時盤 | 日盤 | 農曆 | 國曆 | 干支 | 時盤 | 日盤 |
| 1 | 1/8 | 丁亥 | 8 | 6 | 1 | 12/9 | 丁巳 | 七 | 七 | 1 | 11/9 | 丁亥 | 九 | 一 | 1 | 10/10 | 丁巳 | 九 | 四 | 1 | 9/11 | 戊子 | 三 | 六 | 1 | 8/13 | 己未 | 八 | 八 |
| 2 | 1/9 | 戊子 | 8 | 7 | 2 | 12/10 | 戊午 | 七 | 六 | 2 | 11/10 | 戊子 | 九 | 九 | 2 | 10/11 | 戊午 | 九 | 三 | 2 | 9/12 | 己丑 | 六 | 五 | 2 | 8/14 | 庚申 | 八 | 七 |
| 3 | 1/10 | 己丑 | 5 | 8 | 3 | 12/11 | 己未 | 一 | 五 | 3 | 11/11 | 己丑 | 三 | 八 | 3 | 10/12 | 己未 | 三 | 二 | 3 | 9/13 | 庚寅 | 六 | 四 | 3 | 8/15 | 辛酉 | 八 | 六 |
| 4 | 1/11 | 庚寅 | 5 | 9 | 4 | 12/12 | 庚申 | 一 | 四 | 4 | 11/12 | 庚寅 | 三 | 七 | 4 | 10/13 | 庚申 | 三 | 一 | 4 | 9/14 | 辛卯 | 六 | 三 | 4 | 8/16 | 壬戌 | 八 | 五 |
| 5 | 1/12 | 辛卯 | 5 | 1 | 5 | 12/13 | 辛酉 | 一 | 三 | 5 | 11/13 | 辛卯 | 三 | 六 | 5 | 10/14 | 辛酉 | 三 | 九 | 5 | 9/15 | 壬辰 | 六 | 二 | 5 | 8/17 | 癸亥 | 八 | 四 |
| 6 | 1/13 | 壬辰 | 5 | 2 | 6 | 12/14 | 壬戌 | 一 | 二 | 6 | 11/14 | 壬辰 | 三 | 五 | 6 | 10/15 | 壬戌 | 三 | 八 | 6 | 9/16 | 癸巳 | 六 | 一 | 6 | 8/18 | 甲子 | 一 | 三 |
| 7 | 1/14 | 癸巳 | 5 | 3 | 7 | 12/15 | 癸亥 | 一 | 一 | 7 | 11/15 | 癸巳 | 三 | 四 | 7 | 10/16 | 癸亥 | 三 | 七 | 7 | 9/17 | 甲午 | 七 | 九 | 7 | 8/19 | 乙丑 | 一 | 二 |
| 8 | 1/15 | 甲午 | 3 | 4 | 8 | 12/16 | 甲子 | 1 | 九 | 8 | 11/16 | 甲午 | 五 | 三 | 8 | 10/17 | 甲子 | 五 | 六 | 8 | 9/18 | 乙未 | 七 | 八 | 8 | 8/20 | 丙寅 | 一 | 一 |
| 9 | 1/16 | 乙未 | 3 | 5 | 9 | 12/17 | 乙丑 | 1 | 八 | 9 | 11/17 | 乙未 | 五 | 二 | 9 | 10/18 | 乙丑 | 五 | 五 | 9 | 9/19 | 丙申 | 七 | 七 | 9 | 8/21 | 丁卯 | 一 | 九 |
| 10 | 1/17 | 丙申 | 3 | 6 | 10 | 12/18 | 丙寅 | 1 | 七 | 10 | 11/18 | 丙申 | 五 | 一 | 10 | 10/19 | 丙寅 | 五 | 四 | 10 | 9/20 | 丁酉 | 七 | 六 | 10 | 8/22 | 戊辰 | 一 | 八 |
| 11 | 1/18 | 丁酉 | 3 | 7 | 11 | 12/19 | 丁卯 | 1 | 六 | 11 | 11/19 | 丁酉 | 五 | 九 | 11 | 10/20 | 丁卯 | 五 | 三 | 11 | 9/21 | 戊戌 | 七 | 五 | 11 | 8/23 | 己巳 | 四 | 七 |
| 12 | 1/19 | 戊戌 | 3 | 8 | 12 | 12/20 | 戊辰 | 1 | 五 | 12 | 11/20 | 戊戌 | 五 | 八 | 12 | 10/21 | 戊辰 | 五 | 二 | 12 | 9/22 | 己亥 | 一 | 四 | 12 | 8/24 | 庚午 | 四 | 六 |
| 13 | 1/20 | 己亥 | 9 | 9 | 13 | 12/21 | 己巳 | 7 | 四 | 13 | 11/21 | 己亥 | 八 | 七 | 13 | 10/22 | 己巳 | 八 | 一 | 13 | 9/23 | 庚子 | 一 | 三 | 13 | 8/25 | 辛未 | 四 | 五 |
| 14 | 1/21 | 庚子 | 9 | 1 | 14 | 12/22 | 庚午 | 7 | 7 | 14 | 11/22 | 庚子 | 八 | 六 | 14 | 10/23 | 庚午 | 八 | 九 | 14 | 9/24 | 辛丑 | 一 | 二 | 14 | 8/26 | 壬申 | 四 | 四 |
| 15 | 1/22 | 辛丑 | 9 | 2 | 15 | 12/23 | 辛未 | 7 | 8 | 15 | 11/23 | 辛丑 | 八 | 五 | 15 | 10/24 | 辛未 | 八 | 八 | 15 | 9/25 | 壬寅 | 一 | 一 | 15 | 8/27 | 癸酉 | 四 | 三 |
| 16 | 1/23 | 壬寅 | 9 | 3 | 16 | 12/24 | 壬申 | 7 | 9 | 16 | 11/24 | 壬寅 | 八 | 四 | 16 | 10/25 | 壬申 | 八 | 七 | 16 | 9/26 | 癸卯 | 一 | 九 | 16 | 8/28 | 甲戌 | 七 | 二 |
| 17 | 1/24 | 癸卯 | 9 | 4 | 17 | 12/25 | 癸酉 | 7 | 1 | 17 | 11/25 | 癸卯 | 八 | 三 | 17 | 10/26 | 癸酉 | 八 | 六 | 17 | 9/27 | 甲辰 | 四 | 八 | 17 | 8/29 | 乙亥 | 七 | 一 |
| 18 | 1/25 | 甲辰 | 6 | 5 | 18 | 12/26 | 甲戌 | 4 | 2 | 18 | 11/26 | 甲辰 | 二 | 二 | 18 | 10/27 | 甲戌 | 二 | 五 | 18 | 9/28 | 乙巳 | 四 | 七 | 18 | 8/30 | 丙子 | 七 | 九 |
| 19 | 1/26 | 乙巳 | 6 | 6 | 19 | 12/27 | 乙亥 | 4 | 3 | 19 | 11/27 | 乙巳 | 二 | 一 | 19 | 10/28 | 乙亥 | 二 | 四 | 19 | 9/29 | 丙午 | 四 | 六 | 19 | 8/31 | 丁丑 | 七 | 八 |
| 20 | 1/27 | 丙午 | 6 | 7 | 20 | 12/28 | 丙子 | 4 | 4 | 20 | 11/28 | 丙午 | 二 | 九 | 20 | 10/29 | 丙子 | 二 | 三 | 20 | 9/30 | 丁未 | 四 | 五 | 20 | 9/1 | 戊寅 | 七 | 七 |
| 21 | 1/28 | 丁未 | 6 | 8 | 21 | 12/29 | 丁丑 | 4 | 5 | 21 | 11/29 | 丁未 | 二 | 八 | 21 | 10/30 | 丁丑 | 二 | 二 | 21 | 10/1 | 戊申 | 四 | 四 | 21 | 9/2 | 己卯 | 九 | 六 |
| 22 | 1/29 | 戊申 | 6 | 9 | 22 | 12/30 | 戊寅 | 4 | 6 | 22 | 11/30 | 戊申 | 二 | 七 | 22 | 10/31 | 戊寅 | 二 | 一 | 22 | 10/2 | 己酉 | 六 | 三 | 22 | 9/3 | 庚辰 | 九 | 五 |
| 23 | 1/30 | 己酉 | 8 | 1 | 23 | 12/31 | 己卯 | 2 | 7 | 23 | 12/1 | 己酉 | 四 | 六 | 23 | 11/1 | 己卯 | 六 | 九 | 23 | 10/3 | 庚戌 | 六 | 二 | 23 | 9/4 | 辛巳 | 九 | 四 |
| 24 | 1/31 | 庚戌 | 8 | 2 | 24 | 1/1 | 庚辰 | 2 | 8 | 24 | 12/2 | 庚戌 | 四 | 五 | 24 | 11/2 | 庚辰 | 六 | 八 | 24 | 10/4 | 辛亥 | 六 | 一 | 24 | 9/5 | 壬午 | 九 | 三 |
| 25 | 2/1 | 辛亥 | 8 | 3 | 25 | 1/2 | 辛巳 | 2 | 9 | 25 | 12/3 | 辛亥 | 四 | 四 | 25 | 11/3 | 辛巳 | 六 | 七 | 25 | 10/5 | 壬子 | 六 | 九 | 25 | 9/6 | 癸未 | 九 | 二 |
| 26 | 2/2 | 壬子 | 8 | 4 | 26 | 1/3 | 壬午 | 2 | 1 | 26 | 12/4 | 壬子 | 四 | 三 | 26 | 11/4 | 壬午 | 六 | 六 | 26 | 10/6 | 癸丑 | 六 | 八 | 26 | 9/7 | 甲申 | 三 | 一 |
| 27 | 2/3 | 癸丑 | 8 | 5 | 27 | 1/4 | 癸未 | 2 | 2 | 27 | 12/5 | 癸丑 | 四 | 二 | 27 | 11/5 | 癸未 | 六 | 五 | 27 | 10/7 | 甲寅 | 九 | 七 | 27 | 9/8 | 乙酉 | 三 | 九 |
| 28 | 2/4 | 甲寅 | 5 | 6 | 28 | 1/5 | 甲申 | 8 | 3 | 28 | 12/6 | 甲寅 | 七 | 一 | 28 | 11/6 | 甲申 | 九 | 四 | 28 | 10/8 | 乙卯 | 九 | 六 | 28 | 9/9 | 丙戌 | 三 | 八 |
| 29 | 2/5 | 乙卯 | 5 | 7 | 29 | 1/6 | 乙酉 | 8 | 4 | 29 | 12/7 | 乙卯 | 七 | 九 | 29 | 11/7 | 乙酉 | 九 | 三 | 29 | 10/9 | 丙辰 | 九 | 五 | 29 | 9/10 | 丁亥 | 三 | 七 |
| | | | | | 30 | 1/7 | 丙戌 | 8 | 5 | 30 | 12/8 | 丙辰 | 七 | 八 | 30 | 11/8 | 丙戌 | 九 | 二 | | | | | | | | | | |

# 西元2027年（丁未）肖羊 民國116年（男離命）

奇門遁甲局數如標示為 一 ～九表示陰局　　如標示為1 ～9 表示陽局

| 六月 | | | | | 五月 | | | | | 四月 | | | | | 三月 | | | | | 二月 | | | | | 正月 | | | | |
|---|---|---|---|---|---|---|---|---|---|---|---|---|---|---|---|---|---|---|---|---|---|---|---|---|---|---|---|---|---|
| 丁未 | | | | | 丙午 | | | | | 乙巳 | | | | | 甲辰 | | | | | 癸卯 | | | | | 壬寅 | | | | |
| 九紫火 | | | | | 一白水 | | | | | 二黑土 | | | | | 三碧木 | | | | | 四綠木 | | | | | 五黃土 | | | | |
| 大暑 09時06分 十二巳時 | | 小暑 15時38分 初四申時 | 奇門遁甲局數 | | 夏至 22時12分 十七亥時 | | 芒種 05時27分 初二卯時 | 奇門遁甲局數 | | 小滿 14時20分 十六未時 | | 立夏 01時26分 初一丑時 | 奇門遁甲局數 | | 穀雨 15時19分 十四申時 | | | 奇門遁甲局數 | | 清明 08時19分 廿九辰時 | | 春分 04時26分 十四寅時 | 奇門遁甲局數 | | 驚蟄 03時41分 廿九寅時 | | 雨水 05時35分 十四卯時 | 奇門遁甲局數 | |
| 農曆 | 國曆 | 干支 | 時盤 | 日盤 | 農曆 | 國曆 | 干支 | 時盤 | 日盤 | 農曆 | 國曆 | 干支 | 時盤 | 日盤 | 農曆 | 國曆 | 干支 | 時盤 | 日盤 | 農曆 | 國曆 | 干支 | 時盤 | 日盤 | 農曆 | 國曆 | 干支 | 時盤 | 日盤 |
| 1 | 7/4 | 甲申 | 二 | 七 | 1 | 6/5 | 乙卯 | 3 | 1 | 1 | 5/6 | 乙酉 | 1 | 7 | 1 | 4/7 | 丙辰 | 1 | 5 | 1 | 3/8 | 丙戌 | 7 | 2 | 1 | 2/6 | 丙辰 | 5 | 8 |
| 2 | 7/5 | 乙酉 | 二 | 六 | 2 | 6/6 | 丙辰 | 3 | 2 | 2 | 5/7 | 丙戌 | 1 | 8 | 2 | 4/8 | 丁巳 | 1 | 6 | 2 | 3/9 | 丁亥 | 7 | 3 | 2 | 2/7 | 丁巳 | 5 | 9 |
| 3 | 7/6 | 丙戌 | 二 | 五 | 3 | 6/7 | 丁巳 | 3 | 3 | 3 | 5/8 | 丁亥 | 1 | 9 | 3 | 4/9 | 戊午 | 1 | 7 | 3 | 3/10 | 戊子 | 7 | 4 | 3 | 2/8 | 戊午 | 5 | 1 |
| 4 | 7/7 | 丁亥 | 二 | 四 | 4 | 6/8 | 戊午 | 3 | 4 | 4 | 5/9 | 戊子 | 1 | 1 | 4 | 4/10 | 己未 | 7 | 8 | 4 | 3/11 | 己丑 | 4 | 5 | 4 | 2/9 | 己未 | 2 | 2 |
| 5 | 7/8 | 戊子 | 二 | 三 | 5 | 6/9 | 己未 | 9 | 5 | 5 | 5/10 | 己丑 | 7 | 2 | 5 | 4/11 | 庚申 | 7 | 9 | 5 | 3/12 | 庚寅 | 4 | 6 | 5 | 2/10 | 庚申 | 2 | 3 |
| 6 | 7/9 | 己丑 | 五 | 二 | 6 | 6/10 | 庚申 | 9 | 6 | 6 | 5/11 | 庚寅 | 7 | 3 | 6 | 4/12 | 辛酉 | 7 | 1 | 6 | 3/13 | 辛卯 | 4 | 7 | 6 | 2/11 | 辛酉 | 2 | 4 |
| 7 | 7/10 | 庚寅 | 五 | 一 | 7 | 6/11 | 辛酉 | 9 | 7 | 7 | 5/12 | 辛卯 | 7 | 4 | 7 | 4/13 | 壬戌 | 7 | 2 | 7 | 3/14 | 壬辰 | 4 | 8 | 7 | 2/12 | 壬戌 | 2 | 5 |
| 8 | 7/11 | 辛卯 | 五 | 九 | 8 | 6/12 | 壬戌 | 9 | 8 | 8 | 5/13 | 壬辰 | 7 | 5 | 8 | 4/14 | 癸亥 | 7 | 3 | 8 | 3/15 | 癸巳 | 4 | 9 | 8 | 2/13 | 癸亥 | 2 | 6 |
| 9 | 7/12 | 壬辰 | 五 | 八 | 9 | 6/13 | 癸亥 | 9 | 9 | 9 | 5/14 | 癸巳 | 7 | 6 | 9 | 4/15 | 甲子 | 5 | 4 | 9 | 3/16 | 甲午 | 3 | 1 | 9 | 2/14 | 甲子 | 9 | 7 |
| 10 | 7/13 | 癸巳 | 五 | 七 | 10 | 6/14 | 甲子 | 九 | 1 | 10 | 5/15 | 甲午 | 5 | 7 | 10 | 4/16 | 乙丑 | 5 | 5 | 10 | 3/17 | 乙未 | 3 | 2 | 10 | 2/15 | 乙丑 | 9 | 8 |
| 11 | 7/14 | 甲午 | 七 | 六 | 11 | 6/15 | 乙丑 | 九 | 2 | 11 | 5/16 | 乙未 | 5 | 8 | 11 | 4/17 | 丙寅 | 5 | 6 | 11 | 3/18 | 丙申 | 3 | 3 | 11 | 2/16 | 丙寅 | 9 | 9 |
| 12 | 7/15 | 乙未 | 七 | 五 | 12 | 6/16 | 丙寅 | 九 | 3 | 12 | 5/17 | 丙申 | 5 | 9 | 12 | 4/18 | 丁卯 | 5 | 7 | 12 | 3/19 | 丁酉 | 3 | 4 | 12 | 2/17 | 丁卯 | 9 | 1 |
| 13 | 7/16 | 丙申 | 七 | 四 | 13 | 6/17 | 丁卯 | 九 | 4 | 13 | 5/18 | 丁酉 | 5 | 1 | 13 | 4/19 | 戊辰 | 5 | 8 | 13 | 3/20 | 戊戌 | 3 | 5 | 13 | 2/18 | 戊辰 | 9 | 2 |
| 14 | 7/17 | 丁酉 | 七 | 三 | 14 | 6/18 | 戊辰 | 九 | 5 | 14 | 5/19 | 戊戌 | 5 | 2 | 14 | 4/20 | 己巳 | 2 | 9 | 14 | 3/21 | 己亥 | 9 | 6 | 14 | 2/19 | 己巳 | 6 | 3 |
| 15 | 7/18 | 戊戌 | 七 | 二 | 15 | 6/19 | 己巳 | 三 | 6 | 15 | 5/20 | 己亥 | 2 | 3 | 15 | 4/21 | 庚午 | 2 | 1 | 15 | 3/22 | 庚子 | 9 | 7 | 15 | 2/20 | 庚午 | 6 | 4 |
| 16 | 7/19 | 己亥 | 一 | 一 | 16 | 6/20 | 庚午 | 三 | 7 | 16 | 5/21 | 庚子 | 2 | 4 | 16 | 4/22 | 辛未 | 2 | 2 | 16 | 3/23 | 辛丑 | 9 | 8 | 16 | 2/21 | 辛未 | 6 | 5 |
| 17 | 7/20 | 庚子 | 一 | 九 | 17 | 6/21 | 辛未 | 三 | 二 | 17 | 5/22 | 辛丑 | 2 | 5 | 17 | 4/23 | 壬申 | 2 | 3 | 17 | 3/24 | 壬寅 | 9 | 9 | 17 | 2/22 | 壬申 | 6 | 6 |
| 18 | 7/21 | 辛丑 | 一 | 八 | 18 | 6/22 | 壬申 | 三 | 一 | 18 | 5/23 | 壬寅 | 2 | 6 | 18 | 4/24 | 癸酉 | 2 | 4 | 18 | 3/25 | 癸卯 | 9 | 1 | 18 | 2/23 | 癸酉 | 6 | 7 |
| 19 | 7/22 | 壬寅 | 一 | 七 | 19 | 6/23 | 癸酉 | 三 | 九 | 19 | 5/24 | 癸卯 | 2 | 7 | 19 | 4/25 | 甲戌 | 8 | 5 | 19 | 3/26 | 甲辰 | 6 | 2 | 19 | 2/24 | 甲戌 | 3 | 8 |
| 20 | 7/23 | 癸卯 | 一 | 六 | 20 | 6/24 | 甲戌 | 六 | 八 | 20 | 5/25 | 甲辰 | 8 | 8 | 20 | 4/26 | 乙亥 | 8 | 6 | 20 | 3/27 | 乙巳 | 6 | 3 | 20 | 2/25 | 乙亥 | 3 | 9 |
| 21 | 7/24 | 甲辰 | 四 | 五 | 21 | 6/25 | 乙亥 | 六 | 七 | 21 | 5/26 | 乙巳 | 8 | 9 | 21 | 4/27 | 丙子 | 8 | 7 | 21 | 3/28 | 丙午 | 6 | 4 | 21 | 2/26 | 丙子 | 3 | 1 |
| 22 | 7/25 | 乙巳 | 四 | 四 | 22 | 6/26 | 丙子 | 六 | 六 | 22 | 5/27 | 丙午 | 8 | 1 | 22 | 4/28 | 丁丑 | 8 | 8 | 22 | 3/29 | 丁未 | 6 | 5 | 22 | 2/27 | 丁丑 | 3 | 2 |
| 23 | 7/26 | 丙午 | 四 | 三 | 23 | 6/27 | 丁丑 | 六 | 五 | 23 | 5/28 | 丁未 | 8 | 2 | 23 | 4/29 | 戊寅 | 8 | 9 | 23 | 3/30 | 戊申 | 6 | 6 | 23 | 2/28 | 戊寅 | 3 | 3 |
| 24 | 7/27 | 丁未 | 四 | 二 | 24 | 6/28 | 戊寅 | 六 | 四 | 24 | 5/29 | 戊申 | 8 | 3 | 24 | 4/30 | 己卯 | 4 | 1 | 24 | 3/31 | 己酉 | 4 | 7 | 24 | 3/1 | 己卯 | 1 | 4 |
| 25 | 7/28 | 戊申 | 四 | 一 | 25 | 6/29 | 己卯 | 八 | 三 | 25 | 5/30 | 己酉 | 6 | 4 | 25 | 5/1 | 庚辰 | 4 | 2 | 25 | 4/1 | 庚戌 | 4 | 8 | 25 | 3/2 | 庚辰 | 1 | 5 |
| 26 | 7/29 | 己酉 | 二 | 九 | 26 | 6/30 | 庚辰 | 八 | 二 | 26 | 5/31 | 庚戌 | 6 | 5 | 26 | 5/2 | 辛巳 | 4 | 3 | 26 | 4/2 | 辛亥 | 4 | 9 | 26 | 3/3 | 辛巳 | 1 | 6 |
| 27 | 7/30 | 庚戌 | 二 | 八 | 27 | 7/1 | 辛巳 | 八 | 一 | 27 | 6/1 | 辛亥 | 6 | 6 | 27 | 5/3 | 壬午 | 4 | 4 | 27 | 4/3 | 壬子 | 4 | 1 | 27 | 3/4 | 壬午 | 1 | 7 |
| 28 | 7/31 | 辛亥 | 二 | 七 | 28 | 7/2 | 壬午 | 八 | 九 | 28 | 6/2 | 壬子 | 6 | 7 | 28 | 5/4 | 癸未 | 4 | 5 | 28 | 4/4 | 癸丑 | 4 | 2 | 28 | 3/5 | 癸未 | 1 | 8 |
| 29 | 8/1 | 壬子 | 二 | 六 | 29 | 7/3 | 癸未 | 八 | 八 | 29 | 6/3 | 癸丑 | 6 | 8 | 29 | 5/5 | 甲申 | 1 | 6 | 29 | 4/5 | 甲寅 | 1 | 3 | 29 | 3/6 | 甲申 | 7 | 9 |
| | | | | | | | | | | 30 | 6/4 | 甲寅 | 3 | 9 | | | | | | 30 | 4/6 | 乙卯 | 1 | 4 | 30 | 3/7 | 乙酉 | 7 | 1 |

# 西元2027年（丁未）肖羊 民國116年（女乾命）

奇門遁甲局數如標示為 一 ～九表示陰局　　如標示為1 ～9 表示陽局

## 十二月　癸丑　三碧木

大寒：21時24分 廿四 亥時　小寒：03時56分 初十 寅時　奇門遁甲局數

| 農曆 | 國曆 | 干支 | 時盤 | 日盤 |
|---|---|---|---|---|
| 1 | 12/28 | 辛巳 | 1 | 9 |
| 2 | 12/29 | 壬午 | 1 | 1 |
| 3 | 12/30 | 癸未 | 1 | 2 |
| 4 | 12/31 | 甲申 | 7 | 3 |
| 5 | 1/1 | 乙酉 | 7 | 4 |
| 6 | 1/2 | 丙戌 | 7 | 5 |
| 7 | 1/3 | 丁亥 | 7 | 6 |
| 8 | 1/4 | 戊子 | 7 | 7 |
| 9 | 1/5 | 己丑 | 4 | 8 |
| 10 | 1/6 | 庚寅 | 4 | 9 |
| 11 | 1/7 | 辛卯 | 4 | 1 |
| 12 | 1/8 | 壬辰 | 4 | 2 |
| 13 | 1/9 | 癸巳 | 4 | 3 |
| 14 | 1/10 | 甲午 | 2 | 4 |
| 15 | 1/11 | 乙未 | 2 | 5 |
| 16 | 1/12 | 丙申 | 2 | 6 |
| 17 | 1/13 | 丁酉 | 2 | 7 |
| 18 | 1/14 | 戊戌 | 2 | 8 |
| 19 | 1/15 | 己亥 | 8 | 9 |
| 20 | 1/16 | 庚子 | 8 | 1 |
| 21 | 1/17 | 辛丑 | 8 | 2 |
| 22 | 1/18 | 壬寅 | 8 | 3 |
| 23 | 1/19 | 癸卯 | 8 | 4 |
| 24 | 1/20 | 甲辰 | 5 | 5 |
| 25 | 1/21 | 乙巳 | 5 | 6 |
| 26 | 1/22 | 丙午 | 5 | 7 |
| 27 | 1/23 | 丁未 | 5 | 8 |
| 28 | 1/24 | 戊申 | 5 | 9 |
| 29 | 1/25 | 己酉 | 3 | 1 |
| | | | | |

## 十一月　壬子　四綠木

冬至：10時44分 廿五 巳時　大雪：16時39分 初十 申時　奇門遁甲局數

| 農曆 | 國曆 | 干支 | 時盤 | 日盤 |
|---|---|---|---|---|
| 1 | 11/28 | 辛亥 | 四 | 四 |
| 2 | 11/29 | 壬子 | 四 | 三 |
| 3 | 11/30 | 癸丑 | 四 | 二 |
| 4 | 12/1 | 甲寅 | 七 | 一 |
| 5 | 12/2 | 乙卯 | 七 | 九 |
| 6 | 12/3 | 丙辰 | 七 | 八 |
| 7 | 12/4 | 丁巳 | 七 | 七 |
| 8 | 12/5 | 戊午 | 七 | 六 |
| 9 | 12/6 | 己未 | 一 | 五 |
| 10 | 12/7 | 庚申 | 一 | 四 |
| 11 | 12/8 | 辛酉 | 一 | 三 |
| 12 | 12/9 | 壬戌 | 一 | 二 |
| 13 | 12/10 | 癸亥 | 一 | 一 |
| 14 | 12/11 | 甲子 | 四 | 九 |
| 15 | 12/12 | 乙丑 | 四 | 八 |
| 16 | 12/13 | 丙寅 | 四 | 七 |
| 17 | 12/14 | 丁卯 | 四 | 六 |
| 18 | 12/15 | 戊辰 | 四 | 五 |
| 19 | 12/16 | 己巳 | 七 | 四 |
| 20 | 12/17 | 庚午 | 七 | 三 |
| 21 | 12/18 | 辛未 | 七 | 二 |
| 22 | 12/19 | 壬申 | 七 | 一 |
| 23 | 12/20 | 癸酉 | 七 | 九 |
| 24 | 12/21 | 甲戌 | 一 | 八 |
| 25 | 12/22 | 乙亥 | 一 | 3 |
| 26 | 12/23 | 丙子 | 一 | 4 |
| 27 | 12/24 | 丁丑 | 一 | 5 |
| 28 | 12/25 | 戊寅 | 一 | 6 |
| 29 | 12/26 | 己卯 | 1 | 7 |
| 30 | 12/27 | 庚辰 | 1 | 8 |

## 十月　辛亥　五黃土

小雪：21時18分 廿五 亥時　立冬：23時40分 初十 子時　奇門遁甲局數

| 農曆 | 國曆 | 干支 | 時盤 | 日盤 |
|---|---|---|---|---|
| 1 | 10/29 | 辛巳 | 六 | 七 |
| 2 | 10/30 | 壬午 | 六 | 六 |
| 3 | 10/31 | 癸未 | 六 | 五 |
| 4 | 11/1 | 甲申 | 九 | 四 |
| 5 | 11/2 | 乙酉 | 九 | 三 |
| 6 | 11/3 | 丙戌 | 九 | 二 |
| 7 | 11/4 | 丁亥 | 九 | 一 |
| 8 | 11/5 | 戊子 | 九 | 九 |
| 9 | 11/6 | 己丑 | 三 | 八 |
| 10 | 11/7 | 庚寅 | 三 | 七 |
| 11 | 11/8 | 辛卯 | 三 | 六 |
| 12 | 11/9 | 壬辰 | 三 | 五 |
| 13 | 11/10 | 癸巳 | 三 | 四 |
| 14 | 11/11 | 甲午 | 五 | 三 |
| 15 | 11/12 | 乙未 | 五 | 二 |
| 16 | 11/13 | 丙申 | 五 | 一 |
| 17 | 11/14 | 丁酉 | 五 | 九 |
| 18 | 11/15 | 戊戌 | 五 | 八 |
| 19 | 11/16 | 己亥 | 八 | 七 |
| 20 | 11/17 | 庚子 | 八 | 六 |
| 21 | 11/18 | 辛丑 | 八 | 五 |
| 22 | 11/19 | 壬寅 | 八 | 四 |
| 23 | 11/20 | 癸卯 | 八 | 三 |
| 24 | 11/21 | 甲辰 | 二 | 二 |
| 25 | 11/22 | 乙巳 | 二 | 一 |
| 26 | 11/23 | 丙午 | 二 | 九 |
| 27 | 11/24 | 丁未 | 二 | 八 |
| 28 | 11/25 | 戊申 | 二 | 七 |
| 29 | 11/26 | 己酉 | 四 | 六 |
| 30 | 11/27 | 庚戌 | 四 | 五 |

## 九月　庚戌　六白金

霜降：23時35分 廿四 子時　寒露：20時18分 初九 戌時　奇門遁甲局數

| 農曆 | 國曆 | 干支 | 時盤 | 日盤 |
|---|---|---|---|---|
| 1 | 9/30 | 壬子 | 六 | 九 |
| 2 | 10/1 | 癸丑 | 六 | 八 |
| 3 | 10/2 | 甲寅 | 九 | 七 |
| 4 | 10/3 | 乙卯 | 九 | 六 |
| 5 | 10/4 | 丙辰 | 九 | 五 |
| 6 | 10/5 | 丁巳 | 九 | 四 |
| 7 | 10/6 | 戊午 | 九 | 三 |
| 8 | 10/7 | 己未 | 三 | 二 |
| 9 | 10/8 | 庚申 | 三 | 一 |
| 10 | 10/9 | 辛酉 | 三 | 九 |
| 11 | 10/10 | 壬戌 | 三 | 八 |
| 12 | 10/11 | 癸亥 | 三 | 七 |
| 13 | 10/12 | 甲子 | 五 | 六 |
| 14 | 10/13 | 乙丑 | 五 | 五 |
| 15 | 10/14 | 丙寅 | 五 | 四 |
| 16 | 10/15 | 丁卯 | 五 | 三 |
| 17 | 10/16 | 戊辰 | 五 | 二 |
| 18 | 10/17 | 己巳 | 八 | 一 |
| 19 | 10/18 | 庚午 | 八 | 九 |
| 20 | 10/19 | 辛未 | 八 | 八 |
| 21 | 10/20 | 壬申 | 八 | 七 |
| 22 | 10/21 | 癸酉 | 八 | 六 |
| 23 | 10/22 | 甲戌 | 二 | 五 |
| 24 | 10/23 | 乙亥 | 二 | 四 |
| 25 | 10/24 | 丙子 | 二 | 三 |
| 26 | 10/25 | 丁丑 | 二 | 二 |
| 27 | 10/26 | 戊寅 | 二 | 一 |
| 28 | 10/27 | 己卯 | 六 | 九 |
| 29 | 10/28 | 庚辰 | 六 | 八 |
| | | | | |

## 八月　己酉　七赤金

秋分：14時03分 廿三 未時　白露：04時30分 初八 寅時　奇門遁甲局數

| 農曆 | 國曆 | 干支 | 時盤 | 日盤 |
|---|---|---|---|---|
| 1 | 9/1 | 癸未 | 九 | 二 |
| 2 | 9/2 | 甲申 | 三 | 一 |
| 3 | 9/3 | 乙酉 | 三 | 九 |
| 4 | 9/4 | 丙戌 | 三 | 八 |
| 5 | 9/5 | 丁亥 | 三 | 七 |
| 6 | 9/6 | 戊子 | 三 | 六 |
| 7 | 9/7 | 己丑 | 六 | 五 |
| 8 | 9/8 | 庚寅 | 六 | 四 |
| 9 | 9/9 | 辛卯 | 六 | 三 |
| 10 | 9/10 | 壬辰 | 六 | 二 |
| 11 | 9/11 | 癸巳 | 六 | 一 |
| 12 | 9/12 | 甲午 | 七 | 九 |
| 13 | 9/13 | 乙未 | 七 | 八 |
| 14 | 9/14 | 丙申 | 七 | 七 |
| 15 | 9/15 | 丁酉 | 七 | 六 |
| 16 | 9/16 | 戊戌 | 七 | 五 |
| 17 | 9/17 | 己亥 | 一 | 四 |
| 18 | 9/18 | 庚子 | 一 | 三 |
| 19 | 9/19 | 辛丑 | 一 | 二 |
| 20 | 9/20 | 壬寅 | 一 | 一 |
| 21 | 9/21 | 癸卯 | 一 | 九 |
| 22 | 9/22 | 甲辰 | 四 | 八 |
| 23 | 9/23 | 乙巳 | 四 | 七 |
| 24 | 9/24 | 丙午 | 四 | 六 |
| 25 | 9/25 | 丁未 | 四 | 五 |
| 26 | 9/26 | 戊申 | 四 | 四 |
| 27 | 9/27 | 己酉 | 六 | 三 |
| 28 | 9/28 | 庚戌 | 六 | 二 |
| 29 | 9/29 | 辛亥 | 六 | 一 |
| | | | | |

## 七月　戊申　八白土

處暑：16時16分 廿二 申時　立秋：01時28分 初七 丑時　奇門遁甲局數

| 農曆 | 國曆 | 干支 | 時盤 | 日盤 |
|---|---|---|---|---|
| 1 | 8/2 | 癸丑 | 二 | 五 |
| 2 | 8/3 | 甲寅 | 五 | 四 |
| 3 | 8/4 | 乙卯 | 五 | 三 |
| 4 | 8/5 | 丙辰 | 五 | 二 |
| 5 | 8/6 | 丁巳 | 五 | 一 |
| 6 | 8/7 | 戊午 | 五 | 九 |
| 7 | 8/8 | 己未 | 八 | 八 |
| 8 | 8/9 | 庚申 | 八 | 七 |
| 9 | 8/10 | 辛酉 | 八 | 六 |
| 10 | 8/11 | 壬戌 | 八 | 五 |
| 11 | 8/12 | 癸亥 | 八 | 四 |
| 12 | 8/13 | 甲子 | 一 | 三 |
| 13 | 8/14 | 乙丑 | 一 | 二 |
| 14 | 8/15 | 丙寅 | 一 | 一 |
| 15 | 8/16 | 丁卯 | 一 | 九 |
| 16 | 8/17 | 戊辰 | 一 | 八 |
| 17 | 8/18 | 己巳 | 四 | 七 |
| 18 | 8/19 | 庚午 | 四 | 六 |
| 19 | 8/20 | 辛未 | 四 | 五 |
| 20 | 8/21 | 壬申 | 四 | 四 |
| 21 | 8/22 | 癸酉 | 四 | 三 |
| 22 | 8/23 | 甲戌 | 七 | 二 |
| 23 | 8/24 | 乙亥 | 七 | 一 |
| 24 | 8/25 | 丙子 | 七 | 九 |
| 25 | 8/26 | 丁丑 | 七 | 八 |
| 26 | 8/27 | 戊寅 | 七 | 七 |
| 27 | 8/28 | 己卯 | 九 | 六 |
| 28 | 8/29 | 庚辰 | 九 | 五 |
| 29 | 8/30 | 辛巳 | 九 | 四 |
| 30 | 8/31 | 壬午 | 九 | 三 |

# 西元2028年（戊申）肖猴 民國117年（男艮命）

奇門遁甲局數如標示為 一 ～九表示陰局　　如標示為1 ～9 表示陽局

| 六 月 | 潤五 月 | 五 月 | 四 月 | 三 月 | 二 月 | 正 月 |
|---|---|---|---|---|---|---|
| 己未 | 己未 | 戊午 | 丁巳 | 丙辰 | 乙卯 | 甲寅 |
| 六白金 | | 七赤金 | 八白土 | 九紫火 | 一白水 | 二黑土 |
| 立秋 07時22分 十七辰時 | 小暑 21時32分 十四亥時 | 夏至 04時03分 廿九寅時 | 小滿 20時11分 廿六戌時 | 穀雨 21時11分 廿五亥時 | 春分 10時19分 廿五巳時 | 雨水 11時28分 廿五午時 |
| 大暑 14時55分 初一未時 | | 芒種 11時17分 十三午時 | 立夏 07時13分 十一辰時 | 清明 14時05分 初十未時 | 驚蟄 09時26分 初十巳時 | 立春 15時33分 初十申時 |
| 奇門遁甲局數 | 奇門遁甲局數 | 奇門遁甲局數 | 奇門遁甲局數 | 奇門遁甲局數 | 奇門遁甲局數 | 奇門遁甲局數 |

六 月

| 農曆 | 國曆 | 干支 | 時盤 | 日盤 |
|---|---|---|---|---|
| 1 | 7/22 | 戊申 | 五 | 一 |
| 2 | 7/23 | 己酉 | 七 | 九 |
| 3 | 7/24 | 庚戌 | 七 | 八 |
| 4 | 7/25 | 辛亥 | 七 | 七 |
| 5 | 7/26 | 壬子 | 七 | 六 |
| 6 | 7/27 | 癸丑 | 七 | 五 |
| 7 | 7/28 | 甲寅 | 一 | 四 |
| 8 | 7/29 | 乙卯 | 一 | 三 |
| 9 | 7/30 | 丙辰 | 一 | 二 |
| 10 | 7/31 | 丁巳 | 一 | 一 |
| 11 | 8/1 | 戊午 | 一 | 九 |
| 12 | 8/2 | 己未 | 四 | 八 |
| 13 | 8/3 | 庚申 | 四 | 七 |
| 14 | 8/4 | 辛酉 | 四 | 六 |
| 15 | 8/5 | 壬戌 | 四 | 五 |
| 16 | 8/6 | 癸亥 | 四 | 四 |
| 17 | 8/7 | 甲子 | 二 | 三 |
| 18 | 8/8 | 乙丑 | 二 | 二 |
| 19 | 8/9 | 丙寅 | 二 | 一 |
| 20 | 8/10 | 丁卯 | 二 | 九 |
| 21 | 8/11 | 戊辰 | 二 | 八 |
| 22 | 8/12 | 己巳 | 五 | 七 |
| 23 | 8/13 | 庚午 | 五 | 六 |
| 24 | 8/14 | 辛未 | 五 | 五 |
| 25 | 8/15 | 壬申 | 五 | 四 |
| 26 | 8/16 | 癸酉 | 五 | 三 |
| 27 | 8/17 | 甲戌 | 八 | 二 |
| 28 | 8/18 | 乙亥 | 八 | 一 |
| 29 | 8/19 | 丙子 | 八 | 九 |

潤五 月

| 農曆 | 國曆 | 干支 | 時盤 | 日盤 |
|---|---|---|---|---|
| 1 | 6/23 | 己卯 | 九 | 三 |
| 2 | 6/24 | 庚辰 | 九 | 二 |
| 3 | 6/25 | 辛巳 | 九 | 一 |
| 4 | 6/26 | 壬午 | 九 | 九 |
| 5 | 6/27 | 癸未 | 九 | 八 |
| 6 | 6/28 | 甲申 | 三 | 七 |
| 7 | 6/29 | 乙酉 | 三 | 六 |
| 8 | 6/30 | 丙戌 | 三 | 五 |
| 9 | 7/1 | 丁亥 | 三 | 四 |
| 10 | 7/2 | 戊子 | 三 | 三 |
| 11 | 7/3 | 己丑 | 六 | 二 |
| 12 | 7/4 | 庚寅 | 六 | 一 |
| 13 | 7/5 | 辛卯 | 六 | 九 |
| 14 | 7/6 | 壬辰 | 六 | 八 |
| 15 | 7/7 | 癸巳 | 六 | 七 |
| 16 | 7/8 | 甲午 | 八 | 六 |
| 17 | 7/9 | 乙未 | 八 | 五 |
| 18 | 7/10 | 丙申 | 八 | 四 |
| 19 | 7/11 | 丁酉 | 八 | 三 |
| 20 | 7/12 | 戊戌 | 八 | 二 |
| 21 | 7/13 | 己亥 | 二 | 一 |
| 22 | 7/14 | 庚子 | 二 | 九 |
| 23 | 7/15 | 辛丑 | 二 | 八 |
| 24 | 7/16 | 壬寅 | 二 | 七 |
| 25 | 7/17 | 癸卯 | 二 | 六 |
| 26 | 7/18 | 甲辰 | 五 | 五 |
| 27 | 7/19 | 乙巳 | 五 | 四 |
| 28 | 7/20 | 丙午 | 五 | 三 |
| 29 | 7/21 | 丁未 | 五 | 二 |

五 月

| 農曆 | 國曆 | 干支 | 時盤 | 日盤 |
|---|---|---|---|---|
| 1 | 5/24 | 己酉 | 5 | 4 |
| 2 | 5/25 | 庚戌 | 5 | 5 |
| 3 | 5/26 | 辛亥 | 5 | 6 |
| 4 | 5/27 | 壬子 | 5 | 7 |
| 5 | 5/28 | 癸丑 | 5 | 8 |
| 6 | 5/29 | 甲寅 | 2 | 9 |
| 7 | 5/30 | 乙卯 | 2 | 1 |
| 8 | 5/31 | 丙辰 | 2 | 2 |
| 9 | 6/1 | 丁巳 | 2 | 3 |
| 10 | 6/2 | 戊午 | 2 | 4 |
| 11 | 6/3 | 己未 | 8 | 5 |
| 12 | 6/4 | 庚申 | 8 | 6 |
| 13 | 6/5 | 辛酉 | 8 | 7 |
| 14 | 6/6 | 壬戌 | 8 | 8 |
| 15 | 6/7 | 癸亥 | 8 | 9 |
| 16 | 6/8 | 甲子 | 6 | 1 |
| 17 | 6/9 | 乙丑 | 6 | 2 |
| 18 | 6/10 | 丙寅 | 6 | 3 |
| 19 | 6/11 | 丁卯 | 6 | 4 |
| 20 | 6/12 | 戊辰 | 6 | 5 |
| 21 | 6/13 | 己巳 | 3 | 6 |
| 22 | 6/14 | 庚午 | 3 | 7 |
| 23 | 6/15 | 辛未 | 3 | 8 |
| 24 | 6/16 | 壬申 | 3 | 9 |
| 25 | 6/17 | 癸酉 | 3 | 1 |
| 26 | 6/18 | 甲戌 | 9 | 2 |
| 27 | 6/19 | 乙亥 | 9 | 3 |
| 28 | 6/20 | 丙子 | 9 | 4 |
| 29 | 6/21 | 丁丑 | 9 | 五 |
| 30 | 6/22 | 戊寅 | 9 | 四 |

四 月

| 農曆 | 國曆 | 干支 | 時盤 | 日盤 |
|---|---|---|---|---|
| 1 | 4/25 | 庚辰 | 5 | 2 |
| 2 | 4/26 | 辛巳 | 5 | 3 |
| 3 | 4/27 | 壬午 | 5 | 4 |
| 4 | 4/28 | 癸未 | 5 | 5 |
| 5 | 4/29 | 甲申 | 2 | 6 |
| 6 | 4/30 | 乙酉 | 2 | 7 |
| 7 | 5/1 | 丙戌 | 2 | 8 |
| 8 | 5/2 | 丁亥 | 2 | 9 |
| 9 | 5/3 | 戊子 | 2 | 1 |
| 10 | 5/4 | 己丑 | 8 | 2 |
| 11 | 5/5 | 庚寅 | 8 | 3 |
| 12 | 5/6 | 辛卯 | 8 | 4 |
| 13 | 5/7 | 壬辰 | 8 | 5 |
| 14 | 5/8 | 癸巳 | 8 | 6 |
| 15 | 5/9 | 甲午 | 4 | 7 |
| 16 | 5/10 | 乙未 | 4 | 8 |
| 17 | 5/11 | 丙申 | 4 | 9 |
| 18 | 5/12 | 丁酉 | 4 | 1 |
| 19 | 5/13 | 戊戌 | 4 | 2 |
| 20 | 5/14 | 己亥 | 1 | 3 |
| 21 | 5/15 | 庚子 | 1 | 4 |
| 22 | 5/16 | 辛丑 | 1 | 5 |
| 23 | 5/17 | 壬寅 | 1 | 6 |
| 24 | 5/18 | 癸卯 | 1 | 7 |
| 25 | 5/19 | 甲辰 | 7 | 8 |
| 26 | 5/20 | 乙巳 | 7 | 9 |
| 27 | 5/21 | 丙午 | 7 | 1 |
| 28 | 5/22 | 丁未 | 7 | 2 |
| 29 | 5/23 | 戊申 | 7 | 3 |

三 月

| 農曆 | 國曆 | 干支 | 時盤 | 日盤 |
|---|---|---|---|---|
| 1 | 3/26 | 庚戌 | 3 | 8 |
| 2 | 3/27 | 辛亥 | 3 | 9 |
| 3 | 3/28 | 壬子 | 3 | 1 |
| 4 | 3/29 | 癸丑 | 3 | 2 |
| 5 | 3/30 | 甲寅 | 9 | 3 |
| 6 | 3/31 | 乙卯 | 9 | 4 |
| 7 | 4/1 | 丙辰 | 9 | 5 |
| 8 | 4/2 | 丁巳 | 9 | 6 |
| 9 | 4/3 | 戊午 | 9 | 7 |
| 10 | 4/4 | 己未 | 6 | 8 |
| 11 | 4/5 | 庚申 | 6 | 9 |
| 12 | 4/6 | 辛酉 | 6 | 1 |
| 13 | 4/7 | 壬戌 | 6 | 2 |
| 14 | 4/8 | 癸亥 | 6 | 3 |
| 15 | 4/9 | 甲子 | 4 | 4 |
| 16 | 4/10 | 乙丑 | 4 | 5 |
| 17 | 4/11 | 丙寅 | 4 | 6 |
| 18 | 4/12 | 丁卯 | 4 | 7 |
| 19 | 4/13 | 戊辰 | 4 | 8 |
| 20 | 4/14 | 己巳 | 1 | 9 |
| 21 | 4/15 | 庚午 | 1 | 1 |
| 22 | 4/16 | 辛未 | 1 | 2 |
| 23 | 4/17 | 壬申 | 1 | 3 |
| 24 | 4/18 | 癸酉 | 1 | 4 |
| 25 | 4/19 | 甲戌 | 7 | 5 |
| 26 | 4/20 | 乙亥 | 7 | 6 |
| 27 | 4/21 | 丙子 | 7 | 7 |
| 28 | 4/22 | 丁丑 | 7 | 8 |
| 29 | 4/23 | 戊寅 | 7 | 9 |
| 30 | 4/24 | 己卯 | 5 | 1 |

二 月

| 農曆 | 國曆 | 干支 | 時盤 | 日盤 |
|---|---|---|---|---|
| 1 | 2/25 | 庚辰 | 9 | 5 |
| 2 | 2/26 | 辛巳 | 9 | 6 |
| 3 | 2/27 | 壬午 | 9 | 7 |
| 4 | 2/28 | 癸未 | 9 | 8 |
| 5 | 2/29 | 甲申 | 6 | 9 |
| 6 | 3/1 | 乙酉 | 6 | 1 |
| 7 | 3/2 | 丙戌 | 6 | 2 |
| 8 | 3/3 | 丁亥 | 6 | 3 |
| 9 | 3/4 | 戊子 | 6 | 4 |
| 10 | 3/5 | 己丑 | 3 | 5 |
| 11 | 3/6 | 庚寅 | 3 | 6 |
| 12 | 3/7 | 辛卯 | 3 | 7 |
| 13 | 3/8 | 壬辰 | 3 | 8 |
| 14 | 3/9 | 癸巳 | 3 | 9 |
| 15 | 3/10 | 甲午 | 1 | 1 |
| 16 | 3/11 | 乙未 | 1 | 2 |
| 17 | 3/12 | 丙申 | 1 | 3 |
| 18 | 3/13 | 丁酉 | 1 | 4 |
| 19 | 3/14 | 戊戌 | 1 | 5 |
| 20 | 3/15 | 己亥 | 7 | 6 |
| 21 | 3/16 | 庚子 | 7 | 7 |
| 22 | 3/17 | 辛丑 | 7 | 8 |
| 23 | 3/18 | 壬寅 | 7 | 9 |
| 24 | 3/19 | 癸卯 | 7 | 1 |
| 25 | 3/20 | 甲辰 | 4 | 2 |
| 26 | 3/21 | 乙巳 | 4 | 3 |
| 27 | 3/22 | 丙午 | 4 | 4 |
| 28 | 3/23 | 丁未 | 4 | 5 |
| 29 | 3/24 | 戊申 | 4 | 6 |
| 30 | 3/25 | 己酉 | 3 | 7 |

正 月

| 農曆 | 國曆 | 干支 | 時盤 | 日盤 |
|---|---|---|---|---|
| 1 | 1/26 | 庚戌 | 3 | 2 |
| 2 | 1/27 | 辛亥 | 3 | 3 |
| 3 | 1/28 | 壬子 | 3 | 4 |
| 4 | 1/29 | 癸丑 | 3 | 5 |
| 5 | 1/30 | 甲寅 | 9 | 6 |
| 6 | 1/31 | 乙卯 | 9 | 7 |
| 7 | 2/1 | 丙辰 | 9 | 8 |
| 8 | 2/2 | 丁巳 | 9 | 9 |
| 9 | 2/3 | 戊午 | 9 | 1 |
| 10 | 2/4 | 己未 | 6 | 2 |
| 11 | 2/5 | 庚申 | 6 | 3 |
| 12 | 2/6 | 辛酉 | 6 | 4 |
| 13 | 2/7 | 壬戌 | 6 | 5 |
| 14 | 2/8 | 癸亥 | 6 | 6 |
| 15 | 2/9 | 甲子 | 8 | 7 |
| 16 | 2/10 | 乙丑 | 8 | 8 |
| 17 | 2/11 | 丙寅 | 8 | 9 |
| 18 | 2/12 | 丁卯 | 8 | 1 |
| 19 | 2/13 | 戊辰 | 8 | 2 |
| 20 | 2/14 | 己巳 | 5 | 3 |
| 21 | 2/15 | 庚午 | 5 | 4 |
| 22 | 2/16 | 辛未 | 5 | 5 |
| 23 | 2/17 | 壬申 | 5 | 6 |
| 24 | 2/18 | 癸酉 | 5 | 7 |
| 25 | 2/19 | 甲戌 | 2 | 8 |
| 26 | 2/20 | 乙亥 | 2 | 9 |
| 27 | 2/21 | 丙子 | 2 | 1 |
| 28 | 2/22 | 丁丑 | 2 | 2 |
| 29 | 2/23 | 戊寅 | 2 | 3 |
| 30 | 2/24 | 己卯 | 9 | 4 |

# 西元2028年（戊申）肖猴 民國117年（女兌命）

奇門遁甲局數如標示為 一 ～九表示陰局　　如標示為1 ～9 表示陽局

| 十二月 | | | | | 十一月 | | | | | 十 月 | | | | |
|---|---|---|---|---|---|---|---|---|---|---|---|---|---|---|
| 乙丑 | | | | | 甲子 | | | | | 癸亥 | | | | |
| 九紫火 | | | | | 一白水 | | | | | 二黑土 | | | | |
| 立春 | | 大寒 | 奇門遁甲局數 | | 小寒 | | 冬至 | 奇門遁甲局數 | | 大雪 | | 小雪 | 奇門遁甲局數 | |
| 21時22分 | 二十亥時 | 03時03分 初六寅時 | | | 09時44分 | 廿一巳時 | 16時21分 初六申時 | | | 22時26分 | 廿一亥時 | 02時56分 初七丑時 | | |
| 農曆 | 國曆 | 干支 | 時盤 | 日盤 | 農曆 | 國曆 | 干支 | 時盤 | 日盤 | 農曆 | 國曆 | 干支 | 時盤 | 日盤 |
| 1 | 1/15 | 乙巳 | 5 | 6 | 1 | 12/16 | 乙亥 | 一 | 七 | 1 | 11/16 | 乙巳 | 三 | 一 |
| 2 | 1/16 | 丙午 | 5 | 7 | 2 | 12/17 | 丙子 | 一 | 六 | 2 | 11/17 | 丙午 | 三 | 九 |
| 3 | 1/17 | 丁未 | 5 | 8 | 3 | 12/18 | 丁丑 | 一 | 五 | 3 | 11/18 | 丁未 | 三 | 八 |
| 4 | 1/18 | 戊申 | 5 | 9 | 4 | 12/19 | 戊寅 | 一 | 四 | 4 | 11/19 | 戊申 | 三 | 七 |
| 5 | 1/19 | 己酉 | 3 | 1 | 5 | 12/20 | 己卯 | 1 | 三 | 5 | 11/20 | 己酉 | 五 | 六 |
| 6 | 1/20 | 庚戌 | 3 | 2 | 6 | 12/21 | 庚辰 | 1 | 8 | 6 | 11/21 | 庚戌 | 五 | 五 |
| 7 | 1/21 | 辛亥 | 3 | 3 | 7 | 12/22 | 辛巳 | 1 | 9 | 7 | 11/22 | 辛亥 | 五 | 四 |
| 8 | 1/22 | 壬子 | 3 | 4 | 8 | 12/23 | 壬午 | 1 | 1 | 8 | 11/23 | 壬子 | 五 | 三 |
| 9 | 1/23 | 癸丑 | 3 | 5 | 9 | 12/24 | 癸未 | 1 | 2 | 9 | 11/24 | 癸丑 | 五 | 二 |
| 10 | 1/24 | 甲寅 | 9 | 6 | 10 | 12/25 | 甲申 | 7 | 3 | 10 | 11/25 | 甲寅 | 八 | 一 |
| 11 | 1/25 | 乙卯 | 9 | 7 | 11 | 12/26 | 乙酉 | 7 | 4 | 11 | 11/26 | 乙卯 | 八 | 九 |
| 12 | 1/26 | 丙辰 | 9 | 8 | 12 | 12/27 | 丙戌 | 7 | 5 | 12 | 11/27 | 丙辰 | 八 | 八 |
| 13 | 1/27 | 丁巳 | 9 | 9 | 13 | 12/28 | 丁亥 | 7 | 6 | 13 | 11/28 | 丁巳 | 八 | 七 |
| 14 | 1/28 | 戊午 | 9 | 1 | 14 | 12/29 | 戊子 | 7 | 7 | 14 | 11/29 | 戊午 | 八 | 六 |
| 15 | 1/29 | 己未 | 6 | 2 | 15 | 12/30 | 己丑 | 4 | 8 | 15 | 11/30 | 己未 | 二 | 五 |
| 16 | 1/30 | 庚申 | 6 | 3 | 16 | 12/31 | 庚寅 | 4 | 9 | 16 | 12/ 1 | 庚申 | 二 | 四 |
| 17 | 1/31 | 辛酉 | 6 | 4 | 17 | 1/ 1 | 辛卯 | 4 | 1 | 17 | 12/ 2 | 辛酉 | 二 | 三 |
| 18 | 2/ 1 | 壬戌 | 6 | 5 | 18 | 1/ 2 | 壬辰 | 4 | 2 | 18 | 12/ 3 | 壬戌 | 二 | 二 |
| 19 | 2/ 2 | 癸亥 | 6 | 6 | 19 | 1/ 3 | 癸巳 | 4 | 3 | 19 | 12/ 4 | 癸亥 | 二 | 一 |
| 20 | 2/ 3 | 甲子 | 8 | 7 | 20 | 1/ 4 | 甲午 | 2 | 4 | 20 | 12/ 5 | 甲子 | 四 | 九 |
| 21 | 2/ 4 | 乙丑 | 8 | 8 | 21 | 1/ 5 | 乙未 | 2 | 5 | 21 | 12/ 6 | 乙丑 | 四 | 八 |
| 22 | 2/ 5 | 丙寅 | 8 | 9 | 22 | 1/ 6 | 丙申 | 2 | 6 | 22 | 12/ 7 | 丙寅 | 四 | 七 |
| 23 | 2/ 6 | 丁卯 | 8 | 1 | 23 | 1/ 7 | 丁酉 | 2 | 7 | 23 | 12/ 8 | 丁卯 | 四 | 六 |
| 24 | 2/ 7 | 戊辰 | 8 | 2 | 24 | 1/ 8 | 戊戌 | 2 | 8 | 24 | 12/ 9 | 戊辰 | 四 | 五 |
| 25 | 2/ 8 | 己巳 | 5 | 3 | 25 | 1/ 9 | 己亥 | 8 | 9 | 25 | 12/10 | 己巳 | 七 | 四 |
| 26 | 2/ 9 | 庚午 | 5 | 4 | 26 | 1/10 | 庚子 | 8 | 1 | 26 | 12/11 | 庚午 | 七 | 三 |
| 27 | 2/10 | 辛未 | 5 | 5 | 27 | 1/11 | 辛丑 | 8 | 2 | 27 | 12/12 | 辛未 | 七 | 二 |
| 28 | 2/11 | 壬申 | 5 | 6 | 28 | 1/12 | 壬寅 | 8 | 3 | 28 | 12/13 | 壬申 | 七 | 一 |
| 29 | 2/12 | 癸酉 | 5 | 7 | 29 | 1/13 | 癸卯 | 8 | 4 | 29 | 12/14 | 癸酉 | 七 | 九 |
| | | | | | 30 | 1/14 | 甲辰 | 5 | 5 | 30 | 12/15 | 甲戌 | 一 | 八 |

| 九 月 | | | | | 八 月 | | | | | 七 月 | | | | |
|---|---|---|---|---|---|---|---|---|---|---|---|---|---|---|
| 壬戌 | | | | | 辛酉 | | | | | 庚申 | | | | |
| 三碧木 | | | | | 四綠木 | | | | | 五黃土 | | | | |
| 立冬 | | 霜降 | 奇門遁甲局數 | | 寒露 | | 秋分 | 奇門遁甲局數 | | 白露 | | 處暑 | 奇門遁甲局數 | |
| 05時29分 | 廿一卯時 | 05時15分 初六卯時 | | | 02時10分 | 十二丑時 | 19時47分 初四戌時 | | | 10時23分 | 十九巳時 | 22時02分 初三亥時 | | |
| 農曆 | 國曆 | 干支 | 時盤 | 日盤 | 農曆 | 國曆 | 干支 | 時盤 | 日盤 | 農曆 | 國曆 | 干支 | 時盤 | 日盤 |
| 1 | 10/18 | 丙子 | 三 | 三 | 1 | 9/19 | 丁未 | 六 | 五 | 1 | 8/20 | 丁丑 | 八 | 八 |
| 2 | 10/19 | 丁丑 | 三 | 二 | 2 | 9/20 | 戊申 | 六 | 四 | 2 | 8/21 | 戊寅 | 八 | 七 |
| 3 | 10/20 | 戊寅 | 三 | 一 | 3 | 9/21 | 己酉 | 七 | 三 | 3 | 8/22 | 己卯 | 一 | 六 |
| 4 | 10/21 | 己卯 | 五 | 九 | 4 | 9/22 | 庚戌 | 七 | 二 | 4 | 8/23 | 庚辰 | 一 | 五 |
| 5 | 10/22 | 庚辰 | 五 | 八 | 5 | 9/23 | 辛亥 | 七 | 一 | 5 | 8/24 | 辛巳 | 一 | 四 |
| 6 | 10/23 | 辛巳 | 五 | 七 | 6 | 9/24 | 壬子 | 七 | 九 | 6 | 8/25 | 壬午 | 一 | 三 |
| 7 | 10/24 | 壬午 | 五 | 六 | 7 | 9/25 | 癸丑 | 七 | 八 | 7 | 8/26 | 癸未 | 一 | 二 |
| 8 | 10/25 | 癸未 | 五 | 五 | 8 | 9/26 | 甲寅 | 一 | 七 | 8 | 8/27 | 甲申 | 四 | 一 |
| 9 | 10/26 | 甲申 | 八 | 四 | 9 | 9/27 | 乙卯 | 一 | 六 | 9 | 8/28 | 乙酉 | 四 | 九 |
| 10 | 10/27 | 乙酉 | 八 | 三 | 10 | 9/28 | 丙辰 | 一 | 五 | 10 | 8/29 | 丙戌 | 四 | 八 |
| 11 | 10/28 | 丙戌 | 八 | 二 | 11 | 9/29 | 丁巳 | 一 | 四 | 11 | 8/30 | 丁亥 | 四 | 七 |
| 12 | 10/29 | 丁亥 | 八 | 一 | 12 | 9/30 | 戊午 | 一 | 三 | 12 | 8/31 | 戊子 | 四 | 六 |
| 13 | 10/30 | 戊子 | 八 | 九 | 13 | 10/ 1 | 己未 | 四 | 二 | 13 | 9/ 1 | 己丑 | 七 | 五 |
| 14 | 10/31 | 己丑 | 二 | 八 | 14 | 10/ 2 | 庚申 | 四 | 一 | 14 | 9/ 2 | 庚寅 | 七 | 四 |
| 15 | 11/ 1 | 庚寅 | 二 | 七 | 15 | 10/ 3 | 辛酉 | 四 | 九 | 15 | 9/ 3 | 辛卯 | 七 | 三 |
| 16 | 11/ 2 | 辛卯 | 二 | 六 | 16 | 10/ 4 | 壬戌 | 四 | 八 | 16 | 9/ 4 | 壬辰 | 七 | 二 |
| 17 | 11/ 3 | 壬辰 | 二 | 五 | 17 | 10/ 5 | 癸亥 | 四 | 七 | 17 | 9/ 5 | 癸巳 | 七 | 一 |
| 18 | 11/ 4 | 癸巳 | 二 | 四 | 18 | 10/ 6 | 甲子 | 六 | 六 | 18 | 9/ 6 | 甲午 | 九 | 九 |
| 19 | 11/ 5 | 甲午 | 六 | 三 | 19 | 10/ 7 | 乙丑 | 六 | 五 | 19 | 9/ 7 | 乙未 | 九 | 八 |
| 20 | 11/ 6 | 乙未 | 六 | 二 | 20 | 10/ 8 | 丙寅 | 六 | 四 | 20 | 9/ 8 | 丙申 | 九 | 七 |
| 21 | 11/ 7 | 丙申 | 六 | 一 | 21 | 10/ 9 | 丁卯 | 六 | 三 | 21 | 9/ 9 | 丁酉 | 九 | 六 |
| 22 | 11/ 8 | 丁酉 | 六 | 九 | 22 | 10/10 | 戊辰 | 六 | 二 | 22 | 9/10 | 戊戌 | 九 | 五 |
| 23 | 11/ 9 | 戊戌 | 六 | 八 | 23 | 10/11 | 己巳 | 九 | 一 | 23 | 9/11 | 己亥 | 三 | 四 |
| 24 | 11/10 | 己亥 | 九 | 七 | 24 | 10/12 | 庚午 | 九 | 九 | 24 | 9/12 | 庚子 | 三 | 三 |
| 25 | 11/11 | 庚子 | 九 | 六 | 25 | 10/13 | 辛未 | 九 | 八 | 25 | 9/13 | 辛丑 | 三 | 二 |
| 26 | 11/12 | 辛丑 | 九 | 五 | 26 | 10/14 | 壬申 | 九 | 七 | 26 | 9/14 | 壬寅 | 三 | 一 |
| 27 | 11/13 | 壬寅 | 九 | 四 | 27 | 10/15 | 癸酉 | 九 | 六 | 27 | 9/15 | 癸卯 | 三 | 九 |
| 28 | 11/14 | 癸卯 | 九 | 三 | 28 | 10/16 | 甲戌 | 三 | 五 | 28 | 9/16 | 甲辰 | 六 | 八 |
| 29 | 11/15 | 甲辰 | 三 | 二 | 29 | 10/17 | 乙亥 | 三 | 四 | 29 | 9/17 | 乙巳 | 六 | 七 |
| | | | | | | | | | | 30 | 9/18 | 丙午 | 六 | 六 |

# 西元2029年（己酉）肖雞 民國118年（男兌命）

奇門遁甲局數如標示為 一 ～九表示陰局　　如標示為1 ～9 表示陽局

| 六月 | | | | | 五月 | | | | | 四月 | | | | | 三月 | | | | | 二月 | | | | | 正月 | | | | |
|---|---|---|---|---|---|---|---|---|---|---|---|---|---|---|---|---|---|---|---|---|---|---|---|---|---|---|---|---|---|
| 辛未 | | | | | 庚午 | | | | | 己巳 | | | | | 戊辰 | | | | | 丁卯 | | | | | 丙寅 | | | | |
| 三碧木 | | | | | 四綠木 | | | | | 五黃土 | | | | | 六白金 | | | | | 七赤金 | | | | | 八白土 | | | | |
| 立秋<br>13時13分 廿八未時 | | 大暑<br>20時44分 十二戌時 | 奇門遁甲局數 | | 小暑<br>03時24分 廿六寅時 | | 夏至<br>09時50分 初十巳時 | 奇門遁甲局數 | | 芒種<br>17時11分 廿四酉時 | | 小滿<br>01時57分 初九丑時 | 奇門遁甲局數 | | 立夏<br>13時09分 廿二未時 | | 穀雨<br>02時57分 初七丑時 | 奇門遁甲局數 | | 清明<br>20時00分 廿一戌時 | | 春分<br>16時04分 初六申時 | 奇門遁甲局數 | | 驚蟄<br>15時19分 廿一申時 | | 雨水<br>17時10分 初六酉時 | 奇門遁甲局數 | |
| 農曆 | 國曆 | 干支 | 時盤 | 日盤 | 農曆 | 國曆 | 干支 | 時盤 | 日盤 | 農曆 | 國曆 | 干支 | 時盤 | 日盤 | 農曆 | 國曆 | 干支 | 時盤 | 日盤 | 農曆 | 國曆 | 干支 | 時盤 | 日盤 | 農曆 | 國曆 | 干支 | 時盤 | 日盤 |
| 1 | 7/11 | 壬寅 | 二 | 七 | 1 | 6/12 | 癸酉 | 3 | 1 | 1 | 5/13 | 癸卯 | 1 | 7 | 1 | 4/14 | 甲戌 | 7 | 5 | 1 | 3/15 | 甲辰 | 4 | 2 | 1 | 2/13 | 甲戌 | 2 | 8 |
| 2 | 7/12 | 癸卯 | 二 | 六 | 2 | 6/13 | 甲戌 | 9 | 2 | 2 | 5/14 | 甲辰 | 7 | 8 | 2 | 4/15 | 乙亥 | 7 | 6 | 2 | 3/16 | 乙巳 | 4 | 3 | 2 | 2/14 | 乙亥 | 2 | 9 |
| 3 | 7/13 | 甲辰 | 五 | 五 | 3 | 6/14 | 乙亥 | 9 | 3 | 3 | 5/15 | 乙巳 | 7 | 9 | 3 | 4/16 | 丙子 | 7 | 7 | 3 | 3/17 | 丙午 | 4 | 4 | 3 | 2/15 | 丙子 | 2 | 1 |
| 4 | 7/14 | 乙巳 | 五 | 四 | 4 | 6/15 | 丙子 | 9 | 4 | 4 | 5/16 | 丙午 | 7 | 1 | 4 | 4/17 | 丁丑 | 7 | 8 | 4 | 3/18 | 丁未 | 4 | 5 | 4 | 2/16 | 丁丑 | 2 | 2 |
| 5 | 7/15 | 丙午 | 五 | 三 | 5 | 6/16 | 丁丑 | 9 | 5 | 5 | 5/17 | 丁未 | 7 | 2 | 5 | 4/18 | 戊寅 | 7 | 9 | 5 | 3/19 | 戊申 | 4 | 6 | 5 | 2/17 | 戊寅 | 2 | 3 |
| 6 | 7/16 | 丁未 | 五 | 二 | 6 | 6/17 | 戊寅 | 9 | 6 | 6 | 5/18 | 戊申 | 7 | 3 | 6 | 4/19 | 己卯 | 5 | 1 | 6 | 3/20 | 己酉 | 3 | 7 | 6 | 2/18 | 己卯 | 9 | 4 |
| 7 | 7/17 | 戊申 | 五 | 一 | 7 | 6/18 | 己卯 | 九 | 7 | 7 | 5/19 | 己酉 | 5 | 4 | 7 | 4/20 | 庚辰 | 5 | 2 | 7 | 3/21 | 庚戌 | 3 | 8 | 7 | 2/19 | 庚辰 | 9 | 5 |
| 8 | 7/18 | 己酉 | 七 | 九 | 8 | 6/19 | 庚辰 | 九 | 8 | 8 | 5/20 | 庚戌 | 5 | 5 | 8 | 4/21 | 辛巳 | 5 | 3 | 8 | 3/22 | 辛亥 | 3 | 9 | 8 | 2/20 | 辛巳 | 9 | 6 |
| 9 | 7/19 | 庚戌 | 七 | 八 | 9 | 6/20 | 辛巳 | 九 | 9 | 9 | 5/21 | 辛亥 | 5 | 6 | 9 | 4/22 | 壬午 | 5 | 4 | 9 | 3/23 | 壬子 | 3 | 1 | 9 | 2/21 | 壬午 | 9 | 7 |
| 10 | 7/20 | 辛亥 | 七 | 七 | 10 | 6/21 | 壬午 | 九 | 九 | 10 | 5/22 | 壬子 | 5 | 7 | 10 | 4/23 | 癸未 | 5 | 5 | 10 | 3/24 | 癸丑 | 3 | 2 | 10 | 2/22 | 癸未 | 9 | 8 |
| 11 | 7/21 | 壬子 | 七 | 六 | 11 | 6/22 | 癸未 | 九 | 八 | 11 | 5/23 | 癸丑 | 5 | 8 | 11 | 4/24 | 甲申 | 2 | 6 | 11 | 3/25 | 甲寅 | 9 | 3 | 11 | 2/23 | 甲申 | 6 | 9 |
| 12 | 7/22 | 癸丑 | 七 | 五 | 12 | 6/23 | 甲申 | 三 | 七 | 12 | 5/24 | 甲寅 | 2 | 9 | 12 | 4/25 | 乙酉 | 2 | 7 | 12 | 3/26 | 乙卯 | 9 | 4 | 12 | 2/24 | 乙酉 | 6 | 1 |
| 13 | 7/23 | 甲寅 | 一 | 四 | 13 | 6/24 | 乙酉 | 三 | 六 | 13 | 5/25 | 乙卯 | 2 | 1 | 13 | 4/26 | 丙戌 | 2 | 8 | 13 | 3/27 | 丙辰 | 9 | 5 | 13 | 2/25 | 丙戌 | 6 | 2 |
| 14 | 7/24 | 乙卯 | 一 | 三 | 14 | 6/25 | 丙戌 | 三 | 五 | 14 | 5/26 | 丙辰 | 2 | 2 | 14 | 4/27 | 丁亥 | 2 | 9 | 14 | 3/28 | 丁巳 | 9 | 6 | 14 | 2/26 | 丁亥 | 6 | 3 |
| 15 | 7/25 | 丙辰 | 一 | 二 | 15 | 6/26 | 丁亥 | 三 | 四 | 15 | 5/27 | 丁巳 | 2 | 3 | 15 | 4/28 | 戊子 | 2 | 1 | 15 | 3/29 | 戊午 | 9 | 7 | 15 | 2/27 | 戊子 | 6 | 4 |
| 16 | 7/26 | 丁巳 | 一 | 一 | 16 | 6/27 | 戊子 | 三 | 三 | 16 | 5/28 | 戊午 | 2 | 4 | 16 | 4/29 | 己丑 | 8 | 2 | 16 | 3/30 | 己未 | 6 | 8 | 16 | 2/28 | 己丑 | 3 | 5 |
| 17 | 7/27 | 戊午 | 一 | 九 | 17 | 6/28 | 己丑 | 六 | 二 | 17 | 5/29 | 己未 | 8 | 5 | 17 | 4/30 | 庚寅 | 8 | 3 | 17 | 3/31 | 庚申 | 6 | 9 | 17 | 3/1 | 庚寅 | 3 | 6 |
| 18 | 7/28 | 己未 | 四 | 八 | 18 | 6/29 | 庚寅 | 六 | 一 | 18 | 5/30 | 庚申 | 8 | 6 | 18 | 5/1 | 辛卯 | 8 | 4 | 18 | 4/1 | 辛酉 | 6 | 1 | 18 | 3/2 | 辛卯 | 3 | 7 |
| 19 | 7/29 | 庚申 | 四 | 七 | 19 | 6/30 | 辛卯 | 六 | 九 | 19 | 5/31 | 辛酉 | 8 | 7 | 19 | 5/2 | 壬辰 | 8 | 5 | 19 | 4/2 | 壬戌 | 6 | 2 | 19 | 3/3 | 壬辰 | 3 | 8 |
| 20 | 7/30 | 辛酉 | 四 | 六 | 20 | 7/1 | 壬辰 | 六 | 八 | 20 | 6/1 | 壬戌 | 8 | 8 | 20 | 5/3 | 癸巳 | 8 | 6 | 20 | 4/3 | 癸亥 | 6 | 3 | 20 | 3/4 | 癸巳 | 3 | 9 |
| 21 | 7/31 | 壬戌 | 四 | 五 | 21 | 7/2 | 癸巳 | 六 | 七 | 21 | 6/2 | 癸亥 | 8 | 9 | 21 | 5/4 | 甲午 | 4 | 7 | 21 | 4/4 | 甲子 | 4 | 4 | 21 | 3/5 | 甲午 | 1 | 1 |
| 22 | 8/1 | 癸亥 | 四 | 四 | 22 | 7/3 | 甲午 | 八 | 六 | 22 | 6/3 | 甲子 | 6 | 1 | 22 | 5/5 | 乙未 | 4 | 8 | 22 | 4/5 | 乙丑 | 4 | 5 | 22 | 3/6 | 乙未 | 1 | 2 |
| 23 | 8/2 | 甲子 | 二 | 三 | 23 | 7/4 | 乙未 | 八 | 五 | 23 | 6/4 | 乙丑 | 6 | 2 | 23 | 5/6 | 丙申 | 4 | 9 | 23 | 4/6 | 丙寅 | 4 | 6 | 23 | 3/7 | 丙申 | 1 | 3 |
| 24 | 8/3 | 乙丑 | 二 | 二 | 24 | 7/5 | 丙申 | 八 | 四 | 24 | 6/5 | 丙寅 | 6 | 3 | 24 | 5/7 | 丁酉 | 4 | 1 | 24 | 4/7 | 丁卯 | 4 | 7 | 24 | 3/8 | 丁酉 | 1 | 4 |
| 25 | 8/4 | 丙寅 | 二 | 一 | 25 | 7/6 | 丁酉 | 八 | 三 | 25 | 6/6 | 丁卯 | 6 | 4 | 25 | 5/8 | 戊戌 | 4 | 2 | 25 | 4/8 | 戊辰 | 4 | 8 | 25 | 3/9 | 戊戌 | 1 | 5 |
| 26 | 8/5 | 丁卯 | 二 | 九 | 26 | 7/7 | 戊戌 | 八 | 二 | 26 | 6/7 | 戊辰 | 6 | 5 | 26 | 5/9 | 己亥 | 1 | 3 | 26 | 4/9 | 己巳 | 1 | 9 | 26 | 3/10 | 己亥 | 7 | 6 |
| 27 | 8/6 | 戊辰 | 二 | 八 | 27 | 7/8 | 己亥 | 二 | 一 | 27 | 6/8 | 己巳 | 3 | 6 | 27 | 5/10 | 庚子 | 1 | 4 | 27 | 4/10 | 庚午 | 1 | 1 | 27 | 3/11 | 庚子 | 7 | 7 |
| 28 | 8/7 | 己巳 | 五 | 七 | 28 | 7/9 | 庚子 | 二 | 九 | 28 | 6/9 | 庚午 | 3 | 7 | 28 | 5/11 | 辛丑 | 1 | 5 | 28 | 4/11 | 辛未 | 1 | 2 | 28 | 3/12 | 辛丑 | 7 | 8 |
| 29 | 8/8 | 庚午 | 五 | 六 | 29 | 7/10 | 辛丑 | 二 | 八 | 29 | 6/10 | 辛未 | 3 | 8 | 29 | 5/12 | 壬寅 | 1 | 6 | 29 | 4/12 | 壬申 | 1 | 3 | 29 | 3/13 | 壬寅 | 7 | 9 |
| 30 | 8/9 | 辛未 | 五 | 五 | | | | | | 30 | 6/11 | 壬申 | 3 | 9 | | | | | | 30 | 4/13 | 癸酉 | 1 | 4 | 30 | 3/14 | 癸卯 | 7 | 1 |

# 西元2029年（己酉）肖雞 民國118年（女艮命）

奇門遁甲局數如標示為 一 ～九表示陰局　　如標示為1 ～9 表示陽局

| 十二月 | | | | | 十一月 | | | | | 十　月 | | | | | 九　月 | | | | | 八　月 | | | | | 七　月 | | | | |
|---|---|---|---|---|---|---|---|---|---|---|---|---|---|---|---|---|---|---|---|---|---|---|---|---|---|---|---|---|---|
| 丁丑 | | | | | 丙子 | | | | | 乙亥 | | | | | 甲戌 | | | | | 癸酉 | | | | | 壬申 | | | | |
| 六白金 | | | | | 七赤金 | | | | | 八白土 | | | | | 九紫火 | | | | | 一白水 | | | | | 二黑土 | | | | |
| 大寒 08時56分 十七辰時 | | 小寒 15時32分 初二申時 | 奇門遁甲局數 | | 冬至 22時16分 十七亥時 | | 大雪 04時15分 初三寅時 | 奇門遁甲局數 | | 小雪 08時51分 十七辰時 | | 立冬 11時18分 初二午時 | 奇門遁甲局數 | | 霜降 11時10分 十六午時 | | 寒露 07時59分 初一辰時 | 奇門遁甲局數 | | 秋分 01時40分 十六丑時 | | | 奇門遁甲局數 | | 白露 16時13分 廿九申時 | | 處暑 03時53分 十四寅時 | 奇門遁甲局數 | |
| 農曆 | 國曆 | 干支 | 時盤 | 日盤 | 農曆 | 國曆 | 干支 | 時盤 | 日盤 | 農曆 | 國曆 | 干支 | 時盤 | 日盤 | 農曆 | 國曆 | 干支 | 時盤 | 日盤 | 農曆 | 國曆 | 干支 | 時盤 | 日盤 | 農曆 | 國曆 | 干支 | 時盤 | 日盤 |
| 1 | 1/4 | 己亥 | 8 | 9 | 1 | 12/5 | 己巳 | 七 | 四 | 1 | 11/6 | 庚子 | 九 | 六 | 1 | 10/8 | 辛未 | 九 | 八 | 1 | 9/8 | 辛丑 | 三 | 二 | 1 | 8/10 | 壬申 | 五 | 四 |
| 2 | 1/5 | 庚子 | 8 | 1 | 2 | 12/6 | 庚午 | 七 | 三 | 2 | 11/7 | 辛丑 | 九 | 五 | 2 | 10/9 | 壬申 | 九 | 七 | 2 | 9/9 | 壬寅 | 三 | 一 | 2 | 8/11 | 癸酉 | 五 | 三 |
| 3 | 1/6 | 辛丑 | 8 | 2 | 3 | 12/7 | 辛未 | 七 | 二 | 3 | 11/8 | 壬寅 | 九 | 四 | 3 | 10/10 | 癸酉 | 九 | 六 | 3 | 9/10 | 癸卯 | 三 | 九 | 3 | 8/12 | 甲戌 | 八 | 二 |
| 4 | 1/7 | 壬寅 | 8 | 3 | 4 | 12/8 | 壬申 | 七 | 一 | 4 | 11/9 | 癸卯 | 九 | 三 | 4 | 10/11 | 甲戌 | 三 | 五 | 4 | 9/11 | 甲辰 | 六 | 八 | 4 | 8/13 | 乙亥 | 八 | 一 |
| 5 | 1/8 | 癸卯 | 8 | 4 | 5 | 12/9 | 癸酉 | 七 | 九 | 5 | 11/10 | 甲辰 | 三 | 二 | 5 | 10/12 | 乙亥 | 三 | 四 | 5 | 9/12 | 乙巳 | 六 | 七 | 5 | 8/14 | 丙子 | 八 | 九 |
| 6 | 1/9 | 甲辰 | 5 | 5 | 6 | 12/10 | 甲戌 | 一 | 八 | 6 | 11/11 | 乙巳 | 三 | 一 | 6 | 10/13 | 丙子 | 三 | 三 | 6 | 9/13 | 丙午 | 六 | 六 | 6 | 8/15 | 丁丑 | 八 | 八 |
| 7 | 1/10 | 乙巳 | 5 | 6 | 7 | 12/11 | 乙亥 | 一 | 七 | 7 | 11/12 | 丙午 | 三 | 九 | 7 | 10/14 | 丁丑 | 三 | 二 | 7 | 9/14 | 丁未 | 六 | 五 | 7 | 8/16 | 戊寅 | 八 | 七 |
| 8 | 1/11 | 丙午 | 5 | 7 | 8 | 12/12 | 丙子 | 一 | 六 | 8 | 11/13 | 丁未 | 三 | 八 | 8 | 10/15 | 戊寅 | 三 | 一 | 8 | 9/15 | 戊申 | 六 | 四 | 8 | 8/17 | 己卯 | 一 | 六 |
| 9 | 1/12 | 丁未 | 5 | 8 | 9 | 12/13 | 丁丑 | 一 | 五 | 9 | 11/14 | 戊申 | 三 | 七 | 9 | 10/16 | 己卯 | 五 | 九 | 9 | 9/16 | 己酉 | 七 | 三 | 9 | 8/18 | 庚辰 | 一 | 五 |
| 10 | 1/13 | 戊申 | 5 | 9 | 10 | 12/14 | 戊寅 | 一 | 四 | 10 | 11/15 | 己酉 | 五 | 六 | 10 | 10/17 | 庚辰 | 五 | 八 | 10 | 9/17 | 庚戌 | 七 | 二 | 10 | 8/19 | 辛巳 | 一 | 四 |
| 11 | 1/14 | 己酉 | 3 | 1 | 11 | 12/15 | 己卯 | 1 | 三 | 11 | 11/16 | 庚戌 | 五 | 五 | 11 | 10/18 | 辛巳 | 五 | 七 | 11 | 9/18 | 辛亥 | 七 | 一 | 11 | 8/20 | 壬午 | 一 | 三 |
| 12 | 1/15 | 庚戌 | 3 | 2 | 12 | 12/16 | 庚辰 | 1 | 二 | 12 | 11/17 | 辛亥 | 五 | 四 | 12 | 10/19 | 壬午 | 五 | 六 | 12 | 9/19 | 壬子 | 七 | 九 | 12 | 8/21 | 癸未 | 一 | 二 |
| 13 | 1/16 | 辛亥 | 3 | 3 | 13 | 12/17 | 辛巳 | 1 | 一 | 13 | 11/18 | 壬子 | 五 | 三 | 13 | 10/20 | 癸未 | 五 | 五 | 13 | 9/20 | 癸丑 | 七 | 八 | 13 | 8/22 | 甲申 | 四 | 一 |
| 14 | 1/17 | 壬子 | 3 | 4 | 14 | 12/18 | 壬午 | 1 | 九 | 14 | 11/19 | 癸丑 | 五 | 二 | 14 | 10/21 | 甲申 | 八 | 四 | 14 | 9/21 | 甲寅 | 一 | 七 | 14 | 8/23 | 乙酉 | 四 | 九 |
| 15 | 1/18 | 癸丑 | 3 | 5 | 15 | 12/19 | 癸未 | 1 | 八 | 15 | 11/20 | 甲寅 | 八 | 一 | 15 | 10/22 | 乙酉 | 八 | 三 | 15 | 9/22 | 乙卯 | 一 | 六 | 15 | 8/24 | 丙戌 | 四 | 八 |
| 16 | 1/19 | 甲寅 | 9 | 6 | 16 | 12/20 | 甲申 | 7 | 七 | 16 | 11/21 | 乙卯 | 八 | 九 | 16 | 10/23 | 丙戌 | 八 | 二 | 16 | 9/23 | 丙辰 | 一 | 五 | 16 | 8/25 | 丁亥 | 四 | 七 |
| 17 | 1/20 | 乙卯 | 9 | 7 | 17 | 12/21 | 乙酉 | 7 | 4 | 17 | 11/22 | 丙辰 | 八 | 八 | 17 | 10/24 | 丁亥 | 八 | 一 | 17 | 9/24 | 丁巳 | 一 | 四 | 17 | 8/26 | 戊子 | 四 | 六 |
| 18 | 1/21 | 丙辰 | 9 | 8 | 18 | 12/22 | 丙戌 | 7 | 5 | 18 | 11/23 | 丁巳 | 八 | 七 | 18 | 10/25 | 戊子 | 八 | 九 | 18 | 9/25 | 戊午 | 一 | 三 | 18 | 8/27 | 己丑 | 七 | 五 |
| 19 | 1/22 | 丁巳 | 9 | 9 | 19 | 12/23 | 丁亥 | 7 | 6 | 19 | 11/24 | 戊午 | 八 | 六 | 19 | 10/26 | 己丑 | 二 | 八 | 19 | 9/26 | 己未 | 四 | 二 | 19 | 8/28 | 庚寅 | 七 | 四 |
| 20 | 1/23 | 戊午 | 9 | 1 | 20 | 12/24 | 戊子 | 7 | 7 | 20 | 11/25 | 己未 | 二 | 五 | 20 | 10/27 | 庚寅 | 二 | 七 | 20 | 9/27 | 庚申 | 四 | 一 | 20 | 8/29 | 辛卯 | 七 | 三 |
| 21 | 1/24 | 己未 | 6 | 2 | 21 | 12/25 | 己丑 | 4 | 8 | 21 | 11/26 | 庚申 | 二 | 四 | 21 | 10/28 | 辛卯 | 二 | 六 | 21 | 9/28 | 辛酉 | 四 | 九 | 21 | 8/30 | 壬辰 | 七 | 二 |
| 22 | 1/25 | 庚申 | 6 | 3 | 22 | 12/26 | 庚寅 | 4 | 9 | 22 | 11/27 | 辛酉 | 二 | 三 | 22 | 10/29 | 壬辰 | 二 | 五 | 22 | 9/29 | 壬戌 | 四 | 八 | 22 | 8/31 | 癸巳 | 七 | 一 |
| 23 | 1/26 | 辛酉 | 6 | 4 | 23 | 12/27 | 辛卯 | 4 | 1 | 23 | 11/28 | 壬戌 | 二 | 二 | 23 | 10/30 | 癸巳 | 二 | 四 | 23 | 9/30 | 癸亥 | 四 | 七 | 23 | 9/1 | 甲午 | 九 | 九 |
| 24 | 1/27 | 壬戌 | 6 | 5 | 24 | 12/28 | 壬辰 | 4 | 2 | 24 | 11/29 | 癸亥 | 二 | 一 | 24 | 10/31 | 甲午 | 六 | 三 | 24 | 10/1 | 甲子 | 六 | 六 | 24 | 9/2 | 乙未 | 九 | 八 |
| 25 | 1/28 | 癸亥 | 6 | 6 | 25 | 12/29 | 癸巳 | 4 | 3 | 25 | 11/30 | 甲子 | 四 | 九 | 25 | 11/1 | 乙未 | 六 | 二 | 25 | 10/2 | 乙丑 | 六 | 五 | 25 | 9/3 | 丙申 | 九 | 七 |
| 26 | 1/29 | 甲子 | 8 | 7 | 26 | 12/30 | 甲午 | 2 | 4 | 26 | 12/1 | 乙丑 | 四 | 八 | 26 | 11/2 | 丙申 | 六 | 一 | 26 | 10/3 | 丙寅 | 六 | 四 | 26 | 9/4 | 丁酉 | 九 | 六 |
| 27 | 1/30 | 乙丑 | 8 | 8 | 27 | 12/31 | 乙未 | 2 | 5 | 27 | 12/2 | 丙寅 | 四 | 七 | 27 | 11/3 | 丁酉 | 六 | 九 | 27 | 10/4 | 丁卯 | 六 | 三 | 27 | 9/5 | 戊戌 | 九 | 五 |
| 28 | 1/31 | 丙寅 | 8 | 9 | 28 | 1/1 | 丙申 | 2 | 6 | 28 | 12/3 | 丁卯 | 四 | 六 | 28 | 11/4 | 戊戌 | 六 | 八 | 28 | 10/5 | 戊辰 | 六 | 二 | 28 | 9/6 | 己亥 | 三 | 四 |
| 29 | 2/1 | 丁卯 | 8 | 1 | 29 | 1/2 | 丁酉 | 2 | 7 | 29 | 12/4 | 戊辰 | 四 | 五 | 29 | 11/5 | 己亥 | 九 | 七 | 29 | 10/6 | 己巳 | 九 | 一 | 29 | 9/7 | 庚子 | 三 | 三 |
| | | | | | 30 | 1/3 | 戊戌 | 2 | 8 | | | | | | | | | | | 30 | 10/7 | 庚午 | 九 | 九 | | | | | |

# 西元2030年（庚戌）肖狗 民國119年（男乾命）

奇門遁甲局數如標示為 一 ～九表示陰局　　如標示為1 ～9 表示陽局

| 六月 | | | | | 五月 | | | | | 四月 | | | | | 三月 | | | | | 二月 | | | | | 正月 | | | | |
|---|---|---|---|---|---|---|---|---|---|---|---|---|---|---|---|---|---|---|---|---|---|---|---|---|---|---|---|---|---|
| 癸未 | | | | | 壬午 | | | | | 辛巳 | | | | | 庚辰 | | | | | 己卯 | | | | | 戊寅 | | | | |
| 九紫火 | | | | | 一白水 | | | | | 二黑土 | | | | | 三碧木 | | | | | 四綠木 | | | | | 五黃土 | | | | |
| 大暑 02時26分 廿三丑時 | | 小暑 08時57分 初七辰時 | 奇門遁甲局數 | | 夏至 15時33分 廿一申時 | | 芒種 22時46分 初五亥時 | 奇門遁甲局數 | | 小滿 07時42分 二十辰時 | | 立夏 18時48分 初四酉時 | 奇門遁甲局數 | | 穀雨 08時45分 十八辰時 | | 清明 01時43分 初三丑時 | 奇門遁甲局數 | | 春分 21時54分 十七亥時 | | 驚蟄 21時05分 初二亥時 | 奇門遁甲局數 | | 雨水 23時02分 十六子時 | | 立春 03時10分 初二寅時 | 奇門遁甲局數 | |
| 農曆 | 國曆 | 干支 | 時盤 | 日盤 | 農曆 | 國曆 | 干支 | 時盤 | 日盤 | 農曆 | 國曆 | 干支 | 時盤 | 日盤 | 農曆 | 國曆 | 干支 | 時盤 | 日盤 | 農曆 | 國曆 | 干支 | 時盤 | 日盤 | 農曆 | 國曆 | 干支 | 時盤 | 日盤 |
| 1 | 7/1 | 丁酉 | 九 | 三 | 1 | 6/1 | 丁卯 | 6 | 4 | 1 | 5/2 | 丁酉 | 4 | 1 | 1 | 4/3 | 戊辰 | 4 | 8 | 1 | 3/4 | 戊戌 | 1 | 5 | 1 | 2/3 | 己巳 | 5 | 3 |
| 2 | 7/2 | 戊戌 | 九 | 二 | 2 | 6/2 | 戊辰 | 6 | 5 | 2 | 5/3 | 戊戌 | 4 | 2 | 2 | 4/4 | 己巳 | 1 | 9 | 2 | 3/5 | 己亥 | 7 | 6 | 2 | 2/4 | 庚午 | 5 | 4 |
| 3 | 7/3 | 己亥 | 三 | 一 | 3 | 6/3 | 己巳 | 3 | 6 | 3 | 5/4 | 己亥 | 1 | 3 | 3 | 4/5 | 庚午 | 1 | 1 | 3 | 3/6 | 庚子 | 7 | 7 | 3 | 2/5 | 辛未 | 5 | 5 |
| 4 | 7/4 | 庚子 | 三 | 九 | 4 | 6/4 | 庚午 | 3 | 7 | 4 | 5/5 | 庚子 | 1 | 4 | 4 | 4/6 | 辛未 | 1 | 2 | 4 | 3/7 | 辛丑 | 7 | 8 | 4 | 2/6 | 壬申 | 5 | 6 |
| 5 | 7/5 | 辛丑 | 三 | 八 | 5 | 6/5 | 辛未 | 3 | 8 | 5 | 5/6 | 辛丑 | 1 | 5 | 5 | 4/7 | 壬申 | 1 | 3 | 5 | 3/8 | 壬寅 | 7 | 9 | 5 | 2/7 | 癸酉 | 5 | 7 |
| 6 | 7/6 | 壬寅 | 三 | 七 | 6 | 6/6 | 壬申 | 3 | 9 | 6 | 5/7 | 壬寅 | 1 | 6 | 6 | 4/8 | 癸酉 | 1 | 4 | 6 | 3/9 | 癸卯 | 7 | 1 | 6 | 2/8 | 甲戌 | 2 | 8 |
| 7 | 7/7 | 癸卯 | 三 | 六 | 7 | 6/7 | 癸酉 | 3 | 1 | 7 | 5/8 | 癸卯 | 1 | 7 | 7 | 4/9 | 甲戌 | 7 | 5 | 7 | 3/10 | 甲辰 | 4 | 2 | 7 | 2/9 | 乙亥 | 2 | 9 |
| 8 | 7/8 | 甲辰 | 六 | 五 | 8 | 6/8 | 甲戌 | 9 | 2 | 8 | 5/9 | 甲辰 | 7 | 8 | 8 | 4/10 | 乙亥 | 7 | 6 | 8 | 3/11 | 乙巳 | 4 | 3 | 8 | 2/10 | 丙子 | 2 | 1 |
| 9 | 7/9 | 乙巳 | 六 | 四 | 9 | 6/9 | 乙亥 | 9 | 3 | 9 | 5/10 | 乙巳 | 7 | 9 | 9 | 4/11 | 丙子 | 7 | 7 | 9 | 3/12 | 丙午 | 4 | 4 | 9 | 2/11 | 丁丑 | 2 | 2 |
| 10 | 7/10 | 丙午 | 六 | 三 | 10 | 6/10 | 丙子 | 9 | 4 | 10 | 5/11 | 丙午 | 7 | 1 | 10 | 4/12 | 丁丑 | 7 | 8 | 10 | 3/13 | 丁未 | 4 | 5 | 10 | 2/12 | 戊寅 | 2 | 3 |
| 11 | 7/11 | 丁未 | 六 | 二 | 11 | 6/11 | 丁丑 | 9 | 5 | 11 | 5/12 | 丁未 | 7 | 2 | 11 | 4/13 | 戊寅 | 7 | 9 | 11 | 3/14 | 戊申 | 4 | 6 | 11 | 2/13 | 己卯 | 9 | 4 |
| 12 | 7/12 | 戊申 | 六 | 一 | 12 | 6/12 | 戊寅 | 9 | 6 | 12 | 5/13 | 戊申 | 7 | 3 | 12 | 4/14 | 己卯 | 5 | 1 | 12 | 3/15 | 己酉 | 3 | 7 | 12 | 2/14 | 庚辰 | 9 | 5 |
| 13 | 7/13 | 己酉 | 八 | 九 | 13 | 6/13 | 己卯 | 6 | 7 | 13 | 5/14 | 己酉 | 5 | 4 | 13 | 4/15 | 庚辰 | 5 | 2 | 13 | 3/16 | 庚戌 | 3 | 8 | 13 | 2/15 | 辛巳 | 9 | 6 |
| 14 | 7/14 | 庚戌 | 八 | 八 | 14 | 6/14 | 庚辰 | 6 | 8 | 14 | 5/15 | 庚戌 | 5 | 5 | 14 | 4/16 | 辛巳 | 5 | 3 | 14 | 3/17 | 辛亥 | 3 | 9 | 14 | 2/16 | 壬午 | 9 | 7 |
| 15 | 7/15 | 辛亥 | 八 | 七 | 15 | 6/15 | 辛巳 | 6 | 9 | 15 | 5/16 | 辛亥 | 5 | 6 | 15 | 4/17 | 壬午 | 5 | 4 | 15 | 3/18 | 壬子 | 3 | 1 | 15 | 2/17 | 癸未 | 9 | 8 |
| 16 | 7/16 | 壬子 | 八 | 六 | 16 | 6/16 | 壬午 | 6 | 1 | 16 | 5/17 | 壬子 | 5 | 7 | 16 | 4/18 | 癸未 | 5 | 5 | 16 | 3/19 | 癸丑 | 3 | 2 | 16 | 2/18 | 甲申 | 6 | 9 |
| 17 | 7/17 | 癸丑 | 八 | 五 | 17 | 6/17 | 癸未 | 6 | 2 | 17 | 5/18 | 癸丑 | 5 | 8 | 17 | 4/19 | 甲申 | 2 | 6 | 17 | 3/20 | 甲寅 | 9 | 3 | 17 | 2/19 | 乙酉 | 6 | 1 |
| 18 | 7/18 | 甲寅 | 二 | 四 | 18 | 6/18 | 甲申 | 3 | 3 | 18 | 5/19 | 甲寅 | 2 | 9 | 18 | 4/20 | 乙酉 | 2 | 7 | 18 | 3/21 | 乙卯 | 9 | 4 | 18 | 2/20 | 丙戌 | 6 | 2 |
| 19 | 7/19 | 乙卯 | 二 | 三 | 19 | 6/19 | 乙酉 | 3 | 4 | 19 | 5/20 | 乙卯 | 2 | 1 | 19 | 4/21 | 丙戌 | 2 | 8 | 19 | 3/22 | 丙辰 | 9 | 5 | 19 | 2/21 | 丁亥 | 6 | 3 |
| 20 | 7/20 | 丙辰 | 二 | 二 | 20 | 6/20 | 丙戌 | 3 | 5 | 20 | 5/21 | 丙辰 | 2 | 2 | 20 | 4/22 | 丁亥 | 2 | 9 | 20 | 3/23 | 丁巳 | 9 | 6 | 20 | 2/22 | 戊子 | 6 | 4 |
| 21 | 7/21 | 丁巳 | 二 | 一 | 21 | 6/21 | 丁亥 | 3 | 四 | 21 | 5/22 | 丁巳 | 2 | 3 | 21 | 4/23 | 戊子 | 2 | 1 | 21 | 3/24 | 戊午 | 9 | 7 | 21 | 2/23 | 己丑 | 3 | 5 |
| 22 | 7/22 | 戊午 | 二 | 九 | 22 | 6/22 | 戊子 | 3 | 三 | 22 | 5/23 | 戊午 | 2 | 4 | 22 | 4/24 | 己丑 | 8 | 2 | 22 | 3/25 | 己未 | 6 | 8 | 22 | 2/24 | 庚寅 | 3 | 6 |
| 23 | 7/23 | 己未 | 五 | 八 | 23 | 6/23 | 己丑 | 9 | 二 | 23 | 5/24 | 己未 | 8 | 5 | 23 | 4/25 | 庚寅 | 8 | 3 | 23 | 3/26 | 庚申 | 6 | 9 | 23 | 2/25 | 辛卯 | 3 | 7 |
| 24 | 7/24 | 庚申 | 五 | 七 | 24 | 6/24 | 庚寅 | 9 | 一 | 24 | 5/25 | 庚申 | 8 | 6 | 24 | 4/26 | 辛卯 | 8 | 4 | 24 | 3/27 | 辛酉 | 6 | 1 | 24 | 2/26 | 壬辰 | 3 | 8 |
| 25 | 7/25 | 辛酉 | 五 | 六 | 25 | 6/25 | 辛卯 | 9 | 九 | 25 | 5/26 | 辛酉 | 8 | 7 | 25 | 4/27 | 壬辰 | 8 | 5 | 25 | 3/28 | 壬戌 | 6 | 2 | 25 | 2/27 | 癸巳 | 3 | 9 |
| 26 | 7/26 | 壬戌 | 五 | 五 | 26 | 6/26 | 壬辰 | 9 | 八 | 26 | 5/27 | 壬戌 | 8 | 8 | 26 | 4/28 | 癸巳 | 8 | 6 | 26 | 3/29 | 癸亥 | 6 | 3 | 26 | 2/28 | 甲午 | 1 | 1 |
| 27 | 7/27 | 癸亥 | 五 | 四 | 27 | 6/27 | 癸巳 | 9 | 七 | 27 | 5/28 | 癸亥 | 8 | 9 | 27 | 4/29 | 甲午 | 4 | 7 | 27 | 3/30 | 甲子 | 4 | 4 | 27 | 3/1 | 乙未 | 1 | 2 |
| 28 | 7/28 | 甲子 | 七 | 三 | 28 | 6/28 | 甲午 | 九 | 六 | 28 | 5/29 | 甲子 | 6 | 1 | 28 | 4/30 | 乙未 | 4 | 8 | 28 | 3/31 | 乙丑 | 4 | 5 | 28 | 3/2 | 丙申 | 1 | 3 |
| 29 | 7/29 | 乙丑 | 七 | 二 | 29 | 6/29 | 乙未 | 九 | 五 | 29 | 5/30 | 乙丑 | 6 | 2 | 29 | 5/1 | 丙申 | 4 | 9 | 29 | 4/1 | 丙寅 | 4 | 6 | 29 | 3/3 | 丁酉 | 1 | 4 |
| | | | | | 30 | 6/30 | 丙申 | 九 | 四 | 30 | 5/31 | 丙寅 | 6 | 3 | | | | | | 30 | 4/2 | 丁卯 | 4 | 7 | | | | | |

# 西元2030年（庚戌）肖狗 民國119年（女離命）

奇門遁甲局數如標示為 一 ～九表示陰局　　如標示為1 ～9 表示陽局

| 十二月 | | | | | 十一月 | | | | | 十　月 | | | | | 九　月 | | | | | 八　月 | | | | | 七　月 | | | | |
|---|---|---|---|---|---|---|---|---|---|---|---|---|---|---|---|---|---|---|---|---|---|---|---|---|---|---|---|---|---|
| 己丑 | | | | | 戊子 | | | | | 丁亥 | | | | | 丙戌 | | | | | 乙酉 | | | | | 甲申 | | | | |
| 三碧木 | | | | | 四綠木 | | | | | 五黃土 | | | | | 六白金 | | | | | 七赤金 | | | | | 八白土 | | | | |
| 大寒 | | 小寒 | 奇門遁甲局數 | | 冬至 | | 大雪 | 奇門遁甲局數 | | 小雪 | | 立冬 | 奇門遁甲局數 | | 霜降 | | 寒露 | 奇門遁甲局數 | | 秋分 | | 白露 | 奇門遁甲局數 | | 處暑 | | 立秋 | 奇門遁甲局數 | |
| 14時50分 | 廿七未時 | 21時25分十二亥時 | | | 04時11分 | 廿八寅時 | 10時09分十三巳時 | | | 14時46分 | 廿七未時 | 17時10分十二酉時 | | | 17時02分 | 廿七酉時 | 13時47分十二未時 | | | 07時28分 | 廿六辰時 | 21時54分初十亥時 | | | 09時38分 | 廿五巳時 | 18時49分初九酉時 | | |
| 農曆 | 國曆 | 干支 | 時盤 | 日盤 | 農曆 | 國曆 | 干支 | 時盤 | 日盤 | 農曆 | 國曆 | 干支 | 時盤 | 日盤 | 農曆 | 國曆 | 干支 | 時盤 | 日盤 | 農曆 | 國曆 | 干支 | 時盤 | 日盤 | 農曆 | 國曆 | 干支 | 時盤 | 日盤 |
| 1 | 12/25 | 甲午 | 1 | 4 | 1 | 11/25 | 甲子 | 五 | 九 | 1 | 10/27 | 乙未 | 五 | 二 | 1 | 9/27 | 乙丑 | 七 | 五 | 1 | 8/29 | 丙申 | 一 | 七 | 1 | 7/30 | 丙寅 | 七 | 一 |
| 2 | 12/26 | 乙未 | 1 | 5 | 2 | 11/26 | 乙丑 | 五 | 八 | 2 | 10/28 | 丙申 | 五 | 一 | 2 | 9/28 | 丙寅 | 七 | 四 | 2 | 8/30 | 丁酉 | 一 | 六 | 2 | 7/31 | 丁卯 | 七 | 九 |
| 3 | 12/27 | 丙申 | 1 | 6 | 3 | 11/27 | 丙寅 | 五 | 七 | 3 | 10/29 | 丁酉 | 五 | 九 | 3 | 9/29 | 丁卯 | 七 | 三 | 3 | 8/31 | 戊戌 | 一 | 五 | 3 | 8/1 | 戊辰 | 七 | 八 |
| 4 | 12/28 | 丁酉 | 1 | 7 | 4 | 11/28 | 丁卯 | 五 | 六 | 4 | 10/30 | 戊戌 | 五 | 八 | 4 | 9/30 | 戊辰 | 七 | 二 | 4 | 9/1 | 己亥 | 四 | 四 | 4 | 8/2 | 己巳 | 一 | 七 |
| 5 | 12/29 | 戊戌 | 1 | 8 | 5 | 11/29 | 戊辰 | 五 | 五 | 5 | 10/31 | 己亥 | 八 | 七 | 5 | 10/1 | 己巳 | 一 | 一 | 5 | 9/2 | 庚子 | 四 | 三 | 5 | 8/3 | 庚午 | 一 | 六 |
| 6 | 12/30 | 己亥 | 7 | 9 | 6 | 11/30 | 己巳 | 八 | 四 | 6 | 11/1 | 庚子 | 八 | 六 | 6 | 10/2 | 庚午 | 一 | 九 | 6 | 9/3 | 辛丑 | 四 | 二 | 6 | 8/4 | 辛未 | 一 | 五 |
| 7 | 12/31 | 庚子 | 7 | 1 | 7 | 12/1 | 庚午 | 八 | 三 | 7 | 11/2 | 辛丑 | 八 | 五 | 7 | 10/3 | 辛未 | 一 | 八 | 7 | 9/4 | 壬寅 | 四 | 一 | 7 | 8/5 | 壬申 | 一 | 四 |
| 8 | 1/1 | 辛丑 | 7 | 2 | 8 | 12/2 | 辛未 | 八 | 二 | 8 | 11/3 | 壬寅 | 八 | 四 | 8 | 10/4 | 壬申 | 一 | 七 | 8 | 9/5 | 癸卯 | 四 | 九 | 8 | 8/6 | 癸酉 | 一 | 三 |
| 9 | 1/2 | 壬寅 | 7 | 3 | 9 | 12/3 | 壬申 | 八 | 一 | 9 | 11/4 | 癸卯 | 八 | 三 | 9 | 10/5 | 癸酉 | 一 | 六 | 9 | 9/6 | 甲辰 | 七 | 八 | 9 | 8/7 | 甲戌 | 四 | 二 |
| 10 | 1/3 | 癸卯 | 7 | 4 | 10 | 12/4 | 癸酉 | 八 | 九 | 10 | 11/5 | 甲辰 | 二 | 二 | 10 | 10/6 | 甲戌 | 四 | 五 | 10 | 9/7 | 乙巳 | 七 | 七 | 10 | 8/8 | 乙亥 | 四 | 一 |
| 11 | 1/4 | 甲辰 | 4 | 5 | 11 | 12/5 | 甲戌 | 二 | 八 | 11 | 11/6 | 乙巳 | 二 | 一 | 11 | 10/7 | 乙亥 | 四 | 四 | 11 | 9/8 | 丙午 | 七 | 六 | 11 | 8/9 | 丙子 | 四 | 九 |
| 12 | 1/5 | 乙巳 | 4 | 6 | 12 | 12/6 | 乙亥 | 二 | 七 | 12 | 11/7 | 丙午 | 二 | 九 | 12 | 10/8 | 丙子 | 四 | 三 | 12 | 9/9 | 丁未 | 七 | 五 | 12 | 8/10 | 丁丑 | 四 | 八 |
| 13 | 1/6 | 丙午 | 4 | 7 | 13 | 12/7 | 丙子 | 二 | 六 | 13 | 11/8 | 丁未 | 二 | 八 | 13 | 10/9 | 丁丑 | 四 | 二 | 13 | 9/10 | 戊申 | 七 | 四 | 13 | 8/11 | 戊寅 | 四 | 七 |
| 14 | 1/7 | 丁未 | 4 | 8 | 14 | 12/8 | 丁丑 | 二 | 五 | 14 | 11/9 | 戊申 | 二 | 七 | 14 | 10/10 | 戊寅 | 四 | 一 | 14 | 9/11 | 己酉 | 九 | 三 | 14 | 8/12 | 己卯 | 二 | 六 |
| 15 | 1/8 | 戊申 | 4 | 9 | 15 | 12/9 | 戊寅 | 二 | 四 | 15 | 11/10 | 己酉 | 六 | 六 | 15 | 10/11 | 己卯 | 六 | 九 | 15 | 9/12 | 庚戌 | 九 | 二 | 15 | 8/13 | 庚辰 | 二 | 五 |
| 16 | 1/9 | 己酉 | 2 | 1 | 16 | 12/10 | 己卯 | 四 | 三 | 16 | 11/11 | 庚戌 | 六 | 五 | 16 | 10/12 | 庚辰 | 六 | 八 | 16 | 9/13 | 辛亥 | 九 | 一 | 16 | 8/14 | 辛巳 | 二 | 四 |
| 17 | 1/10 | 庚戌 | 2 | 2 | 17 | 12/11 | 庚辰 | 四 | 二 | 17 | 11/12 | 辛亥 | 六 | 四 | 17 | 10/13 | 辛巳 | 六 | 七 | 17 | 9/14 | 壬子 | 九 | 九 | 17 | 8/15 | 壬午 | 二 | 三 |
| 18 | 1/11 | 辛亥 | 2 | 3 | 18 | 12/12 | 辛巳 | 四 | 一 | 18 | 11/13 | 壬子 | 六 | 三 | 18 | 10/14 | 壬午 | 六 | 六 | 18 | 9/15 | 癸丑 | 九 | 八 | 18 | 8/16 | 癸未 | 二 | 二 |
| 19 | 1/12 | 壬子 | 2 | 4 | 19 | 12/13 | 壬午 | 四 | 九 | 19 | 11/14 | 癸丑 | 六 | 二 | 19 | 10/15 | 癸未 | 六 | 五 | 19 | 9/16 | 甲寅 | 三 | 七 | 19 | 8/17 | 甲申 | 五 | 一 |
| 20 | 1/13 | 癸丑 | 2 | 5 | 20 | 12/14 | 癸未 | 四 | 八 | 20 | 11/15 | 甲寅 | 九 | 一 | 20 | 10/16 | 甲申 | 九 | 四 | 20 | 9/17 | 乙卯 | 三 | 六 | 20 | 8/18 | 乙酉 | 五 | 九 |
| 21 | 1/14 | 甲寅 | 8 | 6 | 21 | 12/15 | 甲申 | 七 | 七 | 21 | 11/16 | 乙卯 | 九 | 九 | 21 | 10/17 | 乙酉 | 九 | 三 | 21 | 9/18 | 丙辰 | 三 | 五 | 21 | 8/19 | 丙戌 | 五 | 八 |
| 22 | 1/15 | 乙卯 | 8 | 7 | 22 | 12/16 | 乙酉 | 七 | 六 | 22 | 11/17 | 丙辰 | 九 | 八 | 22 | 10/18 | 丙戌 | 九 | 二 | 22 | 9/19 | 丁巳 | 三 | 四 | 22 | 8/20 | 丁亥 | 五 | 七 |
| 23 | 1/16 | 丙辰 | 8 | 8 | 23 | 12/17 | 丙戌 | 七 | 五 | 23 | 11/18 | 丁巳 | 九 | 七 | 23 | 10/19 | 丁亥 | 九 | 一 | 23 | 9/20 | 戊午 | 三 | 三 | 23 | 8/21 | 戊子 | 五 | 六 |
| 24 | 1/17 | 丁巳 | 8 | 9 | 24 | 12/18 | 丁亥 | 七 | 四 | 24 | 11/19 | 戊午 | 九 | 六 | 24 | 10/20 | 戊子 | 九 | 九 | 24 | 9/21 | 己未 | 六 | 二 | 24 | 8/22 | 己丑 | 八 | 五 |
| 25 | 1/18 | 戊午 | 8 | 1 | 25 | 12/19 | 戊子 | 七 | 三 | 25 | 11/20 | 己未 | 三 | 五 | 25 | 10/21 | 己丑 | 三 | 八 | 25 | 9/22 | 庚申 | 六 | 一 | 25 | 8/23 | 庚寅 | 八 | 四 |
| 26 | 1/19 | 己未 | 5 | 2 | 26 | 12/20 | 己丑 | 一 | 二 | 26 | 11/21 | 庚申 | 三 | 四 | 26 | 10/22 | 庚寅 | 三 | 七 | 26 | 9/23 | 辛酉 | 六 | 九 | 26 | 8/24 | 辛卯 | 八 | 三 |
| 27 | 1/20 | 庚申 | 5 | 3 | 27 | 12/21 | 庚寅 | 一 | 一 | 27 | 11/22 | 辛酉 | 三 | 三 | 27 | 10/23 | 辛卯 | 三 | 六 | 27 | 9/24 | 壬戌 | 六 | 八 | 27 | 8/25 | 壬辰 | 八 | 二 |
| 28 | 1/21 | 辛酉 | 5 | 4 | 28 | 12/22 | 辛卯 | 一 | 1 | 28 | 11/23 | 壬戌 | 三 | 二 | 28 | 10/24 | 壬辰 | 三 | 五 | 28 | 9/25 | 癸亥 | 六 | 七 | 28 | 8/26 | 癸巳 | 八 | 一 |
| 29 | 1/22 | 壬戌 | 5 | 5 | 29 | 12/23 | 壬辰 | 一 | 2 | 29 | 11/24 | 癸亥 | 三 | 一 | 29 | 10/25 | 癸巳 | 三 | 四 | 29 | 9/26 | 甲子 | 七 | 六 | 29 | 8/27 | 甲午 | 一 | 九 |
| | | | | | 30 | 12/24 | 癸巳 | 一 | 3 | | | | | | 30 | 10/26 | 甲午 | 五 | 三 | | | | | | 30 | 8/28 | 乙未 | 一 | 八 |

# 西元2031年（辛亥）肖豬 民國120年（男坤命）

奇門遁甲局數如標示為 一 ～九表示陰局　　如標示為1 ～9 表示陽局

| 月份 | 六 月 | 五 月 | 四 月 | 潤三 月 | 三 月 | 二 月 | 正 月 |
|---|---|---|---|---|---|---|---|
| 干支 | 乙未 | 甲午 | 癸巳 | 癸巳 | 壬辰 | 辛卯 | 庚寅 |
| 九星 | 六白金 | 七赤金 | 八白土 | | 九紫火 | 一白水 | 二黑土 |
| 節氣 | 立秋 00時44分 廿一子時 | 小暑 14時50分 十八未時 | 芒種 04時37分 十七寅時 | 立夏 00時36分 十五子時 | 穀雨 14時33分 廿九未時 | 春分 03時42分 廿九寅時 | 雨水 04時52分 廿八寅時 |
| 節氣 | 大暑 08時12分 初五辰時 | 夏至 21時18分 初二亥時 | 小滿 13時29分 初一未時 | | 清明 07時30分 十四辰時 | 驚蟄 02時53分 十四丑時 | 立春 09時00分 十三巳時 |
| | 奇門遁甲局數 | 奇門遁甲局數 | 奇門遁甲局數 | 奇門遁甲局數 | 奇門遁甲局數 | 奇門遁甲局數 | 奇門遁甲局數 |

### 六 月

| 農曆 | 國曆 | 干支 | 時盤 | 日盤 |
|---|---|---|---|---|
| 1 | 7/19 | 庚申 | 五 | 七 |
| 2 | 7/20 | 辛酉 | 五 | 六 |
| 3 | 7/21 | 壬戌 | 五 | 五 |
| 4 | 7/22 | 癸亥 | 五 | 四 |
| 5 | 7/23 | 甲子 | 七 | 三 |
| 6 | 7/24 | 乙丑 | 七 | 二 |
| 7 | 7/25 | 丙寅 | 七 | 一 |
| 8 | 7/26 | 丁卯 | 七 | 九 |
| 9 | 7/27 | 戊辰 | 七 | 八 |
| 10 | 7/28 | 己巳 | 一 | 七 |
| 11 | 7/29 | 庚午 | 一 | 六 |
| 12 | 7/30 | 辛未 | 一 | 五 |
| 13 | 7/31 | 壬申 | 一 | 四 |
| 14 | 8/1 | 癸酉 | 一 | 三 |
| 15 | 8/2 | 甲戌 | 四 | 二 |
| 16 | 8/3 | 乙亥 | 四 | 一 |
| 17 | 8/4 | 丙子 | 四 | 九 |
| 18 | 8/5 | 丁丑 | 四 | 八 |
| 19 | 8/6 | 戊寅 | 四 | 七 |
| 20 | 8/7 | 己卯 | 二 | 六 |
| 21 | 8/8 | 庚辰 | 二 | 五 |
| 22 | 8/9 | 辛巳 | 二 | 四 |
| 23 | 8/10 | 壬午 | 二 | 三 |
| 24 | 8/11 | 癸未 | 二 | 二 |
| 25 | 8/12 | 甲申 | 五 | 一 |
| 26 | 8/13 | 乙酉 | 五 | 九 |
| 27 | 8/14 | 丙戌 | 五 | 八 |
| 28 | 8/15 | 丁亥 | 五 | 七 |
| 29 | 8/16 | 戊子 | 五 | 六 |
| 30 | 8/17 | 己丑 | 八 | 五 |

### 五 月

| 農曆 | 國曆 | 干支 | 時盤 | 日盤 |
|---|---|---|---|---|
| 1 | 6/20 | 辛卯 | 9 | 1 |
| 2 | 6/21 | 壬辰 | 9 | 八 |
| 3 | 6/22 | 癸巳 | 9 | 七 |
| 4 | 6/23 | 甲午 | 九 | 六 |
| 5 | 6/24 | 乙未 | 九 | 五 |
| 6 | 6/25 | 丙申 | 九 | 四 |
| 7 | 6/26 | 丁酉 | 九 | 三 |
| 8 | 6/27 | 戊戌 | 九 | 二 |
| 9 | 6/28 | 己亥 | 三 | 一 |
| 10 | 6/29 | 庚子 | 三 | 九 |
| 11 | 6/30 | 辛丑 | 三 | 八 |
| 12 | 7/1 | 壬寅 | 三 | 七 |
| 13 | 7/2 | 癸卯 | 三 | 六 |
| 14 | 7/3 | 甲辰 | 六 | 五 |
| 15 | 7/4 | 乙巳 | 六 | 四 |
| 16 | 7/5 | 丙午 | 六 | 三 |
| 17 | 7/6 | 丁未 | 六 | 二 |
| 18 | 7/7 | 戊申 | 六 | 一 |
| 19 | 7/8 | 己酉 | 八 | 九 |
| 20 | 7/9 | 庚戌 | 八 | 八 |
| 21 | 7/10 | 辛亥 | 八 | 七 |
| 22 | 7/11 | 壬子 | 八 | 六 |
| 23 | 7/12 | 癸丑 | 八 | 五 |
| 24 | 7/13 | 甲寅 | 二 | 四 |
| 25 | 7/14 | 乙卯 | 二 | 三 |
| 26 | 7/15 | 丙辰 | 二 | 二 |
| 27 | 7/16 | 丁巳 | 二 | 一 |
| 28 | 7/17 | 戊午 | 二 | 九 |
| 29 | 7/18 | 己未 | 五 | 八 |

### 四 月

| 農曆 | 國曆 | 干支 | 時盤 | 日盤 |
|---|---|---|---|---|
| 1 | 5/21 | 辛酉 | 7 | 7 |
| 2 | 5/22 | 壬戌 | 7 | 8 |
| 3 | 5/23 | 癸亥 | 7 | 9 |
| 4 | 5/24 | 甲子 | 5 | 1 |
| 5 | 5/25 | 乙丑 | 5 | 2 |
| 6 | 5/26 | 丙寅 | 5 | 3 |
| 7 | 5/27 | 丁卯 | 5 | 4 |
| 8 | 5/28 | 戊辰 | 5 | 5 |
| 9 | 5/29 | 己巳 | 2 | 6 |
| 10 | 5/30 | 庚午 | 2 | 7 |
| 11 | 5/31 | 辛未 | 2 | 8 |
| 12 | 6/1 | 壬申 | 2 | 9 |
| 13 | 6/2 | 癸酉 | 2 | 1 |
| 14 | 6/3 | 甲戌 | 8 | 2 |
| 15 | 6/4 | 乙亥 | 8 | 3 |
| 16 | 6/5 | 丙子 | 8 | 4 |
| 17 | 6/6 | 丁丑 | 8 | 5 |
| 18 | 6/7 | 戊寅 | 8 | 6 |
| 19 | 6/8 | 己卯 | 6 | 7 |
| 20 | 6/9 | 庚辰 | 6 | 8 |
| 21 | 6/10 | 辛巳 | 6 | 9 |
| 22 | 6/11 | 壬午 | 6 | 1 |
| 23 | 6/12 | 癸未 | 6 | 2 |
| 24 | 6/13 | 甲申 | 3 | 3 |
| 25 | 6/14 | 乙酉 | 3 | 4 |
| 26 | 6/15 | 丙戌 | 3 | 5 |
| 27 | 6/16 | 丁亥 | 3 | 6 |
| 28 | 6/17 | 戊子 | 3 | 7 |
| 29 | 6/18 | 己丑 | 9 | 8 |
| 30 | 6/19 | 庚寅 | 9 | 9 |

### 潤三 月

| 農曆 | 國曆 | 干支 | 時盤 | 日盤 |
|---|---|---|---|---|
| 1 | 4/22 | 壬辰 | 7 | 5 |
| 2 | 4/23 | 癸巳 | 7 | 6 |
| 3 | 4/24 | 甲午 | 5 | 7 |
| 4 | 4/25 | 乙未 | 5 | 8 |
| 5 | 4/26 | 丙申 | 5 | 9 |
| 6 | 4/27 | 丁酉 | 5 | 1 |
| 7 | 4/28 | 戊戌 | 5 | 2 |
| 8 | 4/29 | 己亥 | 2 | 3 |
| 9 | 4/30 | 庚子 | 2 | 4 |
| 10 | 5/1 | 辛丑 | 2 | 5 |
| 11 | 5/2 | 壬寅 | 2 | 6 |
| 12 | 5/3 | 癸卯 | 2 | 7 |
| 13 | 5/4 | 甲辰 | 8 | 8 |
| 14 | 5/5 | 乙巳 | 8 | 9 |
| 15 | 5/6 | 丙午 | 8 | 1 |
| 16 | 5/7 | 丁未 | 8 | 2 |
| 17 | 5/8 | 戊申 | 8 | 3 |
| 18 | 5/9 | 己酉 | 4 | 4 |
| 19 | 5/10 | 庚戌 | 4 | 5 |
| 20 | 5/11 | 辛亥 | 4 | 6 |
| 21 | 5/12 | 壬子 | 4 | 7 |
| 22 | 5/13 | 癸丑 | 4 | 8 |
| 23 | 5/14 | 甲寅 | 1 | 9 |
| 24 | 5/15 | 乙卯 | 1 | 1 |
| 25 | 5/16 | 丙辰 | 1 | 2 |
| 26 | 5/17 | 丁巳 | 1 | 3 |
| 27 | 5/18 | 戊午 | 1 | 4 |
| 28 | 5/19 | 己未 | 7 | 5 |
| 29 | 5/20 | 庚申 | 7 | 6 |

### 三 月

| 農曆 | 國曆 | 干支 | 時盤 | 日盤 |
|---|---|---|---|---|
| 1 | 3/23 | 壬戌 | 4 | 2 |
| 2 | 3/24 | 癸亥 | 4 | 3 |
| 3 | 3/25 | 甲子 | 3 | 4 |
| 4 | 3/26 | 乙丑 | 3 | 5 |
| 5 | 3/27 | 丙寅 | 3 | 6 |
| 6 | 3/28 | 丁卯 | 3 | 7 |
| 7 | 3/29 | 戊辰 | 3 | 8 |
| 8 | 3/30 | 己巳 | 9 | 9 |
| 9 | 3/31 | 庚午 | 9 | 1 |
| 10 | 4/1 | 辛未 | 9 | 2 |
| 11 | 4/2 | 壬申 | 9 | 3 |
| 12 | 4/3 | 癸酉 | 9 | 4 |
| 13 | 4/4 | 甲戌 | 6 | 5 |
| 14 | 4/5 | 乙亥 | 6 | 6 |
| 15 | 4/6 | 丙子 | 6 | 7 |
| 16 | 4/7 | 丁丑 | 6 | 8 |
| 17 | 4/8 | 戊寅 | 6 | 9 |
| 18 | 4/9 | 己卯 | 4 | 1 |
| 19 | 4/10 | 庚辰 | 4 | 2 |
| 20 | 4/11 | 辛巳 | 4 | 3 |
| 21 | 4/12 | 壬午 | 4 | 4 |
| 22 | 4/13 | 癸未 | 4 | 5 |
| 23 | 4/14 | 甲申 | 1 | 6 |
| 24 | 4/15 | 乙酉 | 1 | 7 |
| 25 | 4/16 | 丙戌 | 1 | 8 |
| 26 | 4/17 | 丁亥 | 1 | 9 |
| 27 | 4/18 | 戊子 | 1 | 1 |
| 28 | 4/19 | 己丑 | 7 | 2 |
| 29 | 4/20 | 庚寅 | 7 | 3 |
| 30 | 4/21 | 辛卯 | 7 | 4 |

### 二 月

| 農曆 | 國曆 | 干支 | 時盤 | 日盤 |
|---|---|---|---|---|
| 1 | 2/21 | 壬辰 | 2 | 8 |
| 2 | 2/22 | 癸巳 | 2 | 9 |
| 3 | 2/23 | 甲午 | 9 | 1 |
| 4 | 2/24 | 乙未 | 9 | 2 |
| 5 | 2/25 | 丙申 | 9 | 3 |
| 6 | 2/26 | 丁酉 | 9 | 4 |
| 7 | 2/27 | 戊戌 | 9 | 5 |
| 8 | 2/28 | 己亥 | 6 | 6 |
| 9 | 3/1 | 庚子 | 6 | 7 |
| 10 | 3/2 | 辛丑 | 6 | 8 |
| 11 | 3/3 | 壬寅 | 6 | 9 |
| 12 | 3/4 | 癸卯 | 6 | 1 |
| 13 | 3/5 | 甲辰 | 3 | 2 |
| 14 | 3/6 | 乙巳 | 3 | 3 |
| 15 | 3/7 | 丙午 | 3 | 4 |
| 16 | 3/8 | 丁未 | 3 | 5 |
| 17 | 3/9 | 戊申 | 3 | 6 |
| 18 | 3/10 | 己酉 | 1 | 7 |
| 19 | 3/11 | 庚戌 | 1 | 8 |
| 20 | 3/12 | 辛亥 | 1 | 9 |
| 21 | 3/13 | 壬子 | 1 | 1 |
| 22 | 3/14 | 癸丑 | 1 | 2 |
| 23 | 3/15 | 甲寅 | 7 | 3 |
| 24 | 3/16 | 乙卯 | 7 | 4 |
| 25 | 3/17 | 丙辰 | 7 | 5 |
| 26 | 3/18 | 丁巳 | 7 | 6 |
| 27 | 3/19 | 戊午 | 7 | 7 |
| 28 | 3/20 | 己未 | 4 | 8 |
| 29 | 3/21 | 庚申 | 4 | 9 |
| 30 | 3/22 | 辛酉 | 4 | 1 |

### 正 月

| 農曆 | 國曆 | 干支 | 時盤 | 日盤 |
|---|---|---|---|---|
| 1 | 1/23 | 癸亥 | 5 | 6 |
| 2 | 1/24 | 甲子 | 3 | 7 |
| 3 | 1/25 | 乙丑 | 3 | 8 |
| 4 | 1/26 | 丙寅 | 3 | 9 |
| 5 | 1/27 | 丁卯 | 3 | 1 |
| 6 | 1/28 | 戊辰 | 3 | 2 |
| 7 | 1/29 | 己巳 | 9 | 3 |
| 8 | 1/30 | 庚午 | 9 | 4 |
| 9 | 1/31 | 辛未 | 9 | 5 |
| 10 | 2/1 | 壬申 | 9 | 6 |
| 11 | 2/2 | 癸酉 | 9 | 7 |
| 12 | 2/3 | 甲戌 | 6 | 8 |
| 13 | 2/4 | 乙亥 | 6 | 9 |
| 14 | 2/5 | 丙子 | 6 | 1 |
| 15 | 2/6 | 丁丑 | 6 | 2 |
| 16 | 2/7 | 戊寅 | 6 | 3 |
| 17 | 2/8 | 己卯 | 8 | 4 |
| 18 | 2/9 | 庚辰 | 8 | 5 |
| 19 | 2/10 | 辛巳 | 8 | 6 |
| 20 | 2/11 | 壬午 | 8 | 7 |
| 21 | 2/12 | 癸未 | 8 | 8 |
| 22 | 2/13 | 甲申 | 5 | 9 |
| 23 | 2/14 | 乙酉 | 5 | 1 |
| 24 | 2/15 | 丙戌 | 5 | 2 |
| 25 | 2/16 | 丁亥 | 5 | 3 |
| 26 | 2/17 | 戊子 | 5 | 4 |
| 27 | 2/18 | 己丑 | 2 | 5 |
| 28 | 2/19 | 庚寅 | 2 | 6 |
| 29 | 2/20 | 辛卯 | 2 | 7 |

# 西元2031年（辛亥）肖豬 民國120年（女坎命）

奇門遁甲局數如標示為 一 ～九表示陰局　　如標示為1 ～9 表示陽局

| 十二月 | | | | |
|---|---|---|---|---|
| 辛丑 | | | | |
| 九紫火 | | | | |
| 立春 14時50分 廿三未時 | | 大寒 20時33分 初八戌時 | 奇門遁甲局數 | |
| 農曆 | 國曆 | 干支 | 時盤 | 日盤 |
| 1 | 1/13 | 戊午 | 8 | 4 |
| 2 | 1/14 | 己未 | 5 | 5 |
| 3 | 1/15 | 庚申 | 5 | 6 |
| 4 | 1/16 | 辛酉 | 5 | 7 |
| 5 | 1/17 | 壬戌 | 5 | 8 |
| 6 | 1/18 | 癸亥 | 5 | 9 |
| 7 | 1/19 | 甲子 | 3 | 1 |
| 8 | 1/20 | 乙丑 | 3 | 2 |
| 9 | 1/21 | 丙寅 | 3 | 3 |
| 10 | 1/22 | 丁卯 | 3 | 4 |
| 11 | 1/23 | 戊辰 | 3 | 5 |
| 12 | 1/24 | 己巳 | 9 | 6 |
| 13 | 1/25 | 庚午 | 9 | 7 |
| 14 | 1/26 | 辛未 | 9 | 8 |
| 15 | 1/27 | 壬申 | 9 | 9 |
| 16 | 1/28 | 癸酉 | 9 | 1 |
| 17 | 1/29 | 甲戌 | 6 | 2 |
| 18 | 1/30 | 乙亥 | 6 | 3 |
| 19 | 1/31 | 丙子 | 6 | 4 |
| 20 | 2/1 | 丁丑 | 6 | 5 |
| 21 | 2/2 | 戊寅 | 6 | 6 |
| 22 | 2/3 | 己卯 | 8 | 7 |
| 23 | 2/4 | 庚辰 | 8 | 8 |
| 24 | 2/5 | 辛巳 | 8 | 9 |
| 25 | 2/6 | 壬午 | 8 | 1 |
| 26 | 2/7 | 癸未 | 8 | 2 |
| 27 | 2/8 | 甲申 | 5 | 3 |
| 28 | 2/9 | 乙酉 | 5 | 4 |
| 29 | 2/10 | 丙戌 | 5 | 5 |

| 十一月 | | | | |
|---|---|---|---|---|
| 庚子 | | | | |
| 一白水 | | | | |
| 小寒 03時18分 廿四寅時 | | 冬至 09時57分 初九巳時 | 奇門遁甲局數 | |
| 農曆 | 國曆 | 干支 | 時盤 | 日盤 |
| 1 | 12/14 | 戊子 | 七 | 三 |
| 2 | 12/15 | 己丑 | 一 | 二 |
| 3 | 12/16 | 庚寅 | 一 | 一 |
| 4 | 12/17 | 辛卯 | 一 | 九 |
| 5 | 12/18 | 壬辰 | 一 | 八 |
| 6 | 12/19 | 癸巳 | 一 | 七 |
| 7 | 12/20 | 甲午 | 1 | 六 |
| 8 | 12/21 | 乙未 | 1 | 五 |
| 9 | 12/22 | 丙申 | 1 | 9 |
| 10 | 12/23 | 丁酉 | 1 | 1 |
| 11 | 12/24 | 戊戌 | 1 | 2 |
| 12 | 12/25 | 己亥 | 7 | 3 |
| 13 | 12/26 | 庚子 | 7 | 4 |
| 14 | 12/27 | 辛丑 | 7 | 5 |
| 15 | 12/28 | 壬寅 | 7 | 6 |
| 16 | 12/29 | 癸卯 | 7 | 7 |
| 17 | 12/30 | 甲辰 | 4 | 8 |
| 18 | 12/31 | 乙巳 | 4 | 9 |
| 19 | 1/1 | 丙午 | 4 | 1 |
| 20 | 1/2 | 丁未 | 4 | 2 |
| 21 | 1/3 | 戊申 | 4 | 3 |
| 22 | 1/4 | 己酉 | 2 | 4 |
| 23 | 1/5 | 庚戌 | 2 | 5 |
| 24 | 1/6 | 辛亥 | 2 | 6 |
| 25 | 1/7 | 壬子 | 2 | 7 |
| 26 | 1/8 | 癸丑 | 2 | 8 |
| 27 | 1/9 | 甲寅 | 8 | 9 |
| 28 | 1/10 | 乙卯 | 8 | 1 |
| 29 | 1/11 | 丙辰 | 8 | 2 |
| 30 | 1/12 | 丁巳 | 8 | 3 |

| 十　月 | | | | |
|---|---|---|---|---|
| 己亥 | | | | |
| 二黑土 | | | | |
| 大雪 16時05分 廿三申時 | | 小雪 20時34分 初八戌時 | 奇門遁甲局數 | |
| 農曆 | 國曆 | 干支 | 時盤 | 日盤 |
| 1 | 11/15 | 己未 | 三 | 五 |
| 2 | 11/16 | 庚申 | 三 | 四 |
| 3 | 11/17 | 辛酉 | 三 | 三 |
| 4 | 11/18 | 壬戌 | 三 | 二 |
| 5 | 11/19 | 癸亥 | 三 | 一 |
| 6 | 11/20 | 甲子 | 五 | 九 |
| 7 | 11/21 | 乙丑 | 五 | 八 |
| 8 | 11/22 | 丙寅 | 五 | 七 |
| 9 | 11/23 | 丁卯 | 五 | 六 |
| 10 | 11/24 | 戊辰 | 五 | 五 |
| 11 | 11/25 | 己巳 | 八 | 四 |
| 12 | 11/26 | 庚午 | 八 | 三 |
| 13 | 11/27 | 辛未 | 八 | 二 |
| 14 | 11/28 | 壬申 | 八 | 一 |
| 15 | 11/29 | 癸酉 | 八 | 九 |
| 16 | 11/30 | 甲戌 | 二 | 八 |
| 17 | 12/1 | 乙亥 | 二 | 七 |
| 18 | 12/2 | 丙子 | 二 | 六 |
| 19 | 12/3 | 丁丑 | 二 | 五 |
| 20 | 12/4 | 戊寅 | 二 | 四 |
| 21 | 12/5 | 己卯 | 四 | 三 |
| 22 | 12/6 | 庚辰 | 四 | 二 |
| 23 | 12/7 | 辛巳 | 四 | 一 |
| 24 | 12/8 | 壬午 | 四 | 九 |
| 25 | 12/9 | 癸未 | 四 | 八 |
| 26 | 12/10 | 甲申 | 七 | 七 |
| 27 | 12/11 | 乙酉 | 七 | 六 |
| 28 | 12/12 | 丙戌 | 七 | 五 |
| 29 | 12/13 | 丁亥 | 七 | 四 |

| 九　月 | | | | |
|---|---|---|---|---|
| 戊戌 | | | | |
| 三碧木 | | | | |
| 立冬 23時07分 廿三子時 | | 霜降 22時51分 初八亥時 | 奇門遁甲局數 | |
| 農曆 | 國曆 | 干支 | 時盤 | 日盤 |
| 1 | 10/16 | 己丑 | 三 | 八 |
| 2 | 10/17 | 庚寅 | 三 | 七 |
| 3 | 10/18 | 辛卯 | 三 | 六 |
| 4 | 10/19 | 壬辰 | 三 | 五 |
| 5 | 10/20 | 癸巳 | 三 | 四 |
| 6 | 10/21 | 甲午 | 五 | 三 |
| 7 | 10/22 | 乙未 | 五 | 二 |
| 8 | 10/23 | 丙申 | 五 | 一 |
| 9 | 10/24 | 丁酉 | 五 | 九 |
| 10 | 10/25 | 戊戌 | 五 | 八 |
| 11 | 10/26 | 己亥 | 八 | 七 |
| 12 | 10/27 | 庚子 | 八 | 六 |
| 13 | 10/28 | 辛丑 | 八 | 五 |
| 14 | 10/29 | 壬寅 | 八 | 四 |
| 15 | 10/30 | 癸卯 | 八 | 三 |
| 16 | 10/31 | 甲辰 | 二 | 二 |
| 17 | 11/1 | 乙巳 | 二 | 一 |
| 18 | 11/2 | 丙午 | 二 | 九 |
| 19 | 11/3 | 丁未 | 二 | 八 |
| 20 | 11/4 | 戊申 | 二 | 七 |
| 21 | 11/5 | 己酉 | 六 | 六 |
| 22 | 11/6 | 庚戌 | 六 | 五 |
| 23 | 11/7 | 辛亥 | 六 | 四 |
| 24 | 11/8 | 壬子 | 六 | 三 |
| 25 | 11/9 | 癸丑 | 六 | 二 |
| 26 | 11/10 | 甲寅 | 九 | 一 |
| 27 | 11/11 | 乙卯 | 九 | 九 |
| 28 | 11/12 | 丙辰 | 九 | 八 |
| 29 | 11/13 | 丁巳 | 九 | 七 |
| 30 | 11/14 | 戊午 | 九 | 六 |

| 八　月 | | | | |
|---|---|---|---|---|
| 丁酉 | | | | |
| 四綠木 | | | | |
| 寒露 19時44分 廿二戌時 | | 秋分 13時17分 初七未時 | 奇門遁甲局數 | |
| 農曆 | 國曆 | 干支 | 時盤 | 日盤 |
| 1 | 9/17 | 庚申 | 六 | 一 |
| 2 | 9/18 | 辛酉 | 六 | 九 |
| 3 | 9/19 | 壬戌 | 六 | 八 |
| 4 | 9/20 | 癸亥 | 六 | 七 |
| 5 | 9/21 | 甲子 | 七 | 六 |
| 6 | 9/22 | 乙丑 | 七 | 五 |
| 7 | 9/23 | 丙寅 | 七 | 四 |
| 8 | 9/24 | 丁卯 | 七 | 三 |
| 9 | 9/25 | 戊辰 | 七 | 二 |
| 10 | 9/26 | 己巳 | 一 | 一 |
| 11 | 9/27 | 庚午 | 一 | 九 |
| 12 | 9/28 | 辛未 | 一 | 八 |
| 13 | 9/29 | 壬申 | 一 | 七 |
| 14 | 9/30 | 癸酉 | 一 | 六 |
| 15 | 10/1 | 甲戌 | 四 | 五 |
| 16 | 10/2 | 乙亥 | 四 | 四 |
| 17 | 10/3 | 丙子 | 四 | 三 |
| 18 | 10/4 | 丁丑 | 四 | 二 |
| 19 | 10/5 | 戊寅 | 四 | 一 |
| 20 | 10/6 | 己卯 | 六 | 九 |
| 21 | 10/7 | 庚辰 | 六 | 八 |
| 22 | 10/8 | 辛巳 | 六 | 七 |
| 23 | 10/9 | 壬午 | 六 | 六 |
| 24 | 10/10 | 癸未 | 六 | 五 |
| 25 | 10/11 | 甲申 | 九 | 四 |
| 26 | 10/12 | 乙酉 | 九 | 三 |
| 27 | 10/13 | 丙戌 | 九 | 二 |
| 28 | 10/14 | 丁亥 | 九 | 一 |
| 29 | 10/15 | 戊子 | 九 | 九 |

| 七　月 | | | | |
|---|---|---|---|---|
| 丙申 | | | | |
| 五黃土 | | | | |
| 白露 03時52分 廿二寅時 | | 處暑 15時25分 初六申時 | 奇門遁甲局數 | |
| 農曆 | 國曆 | 干支 | 時盤 | 日盤 |
| 1 | 8/18 | 庚寅 | 八 | 四 |
| 2 | 8/19 | 辛卯 | 八 | 三 |
| 3 | 8/20 | 壬辰 | 八 | 二 |
| 4 | 8/21 | 癸巳 | 八 | 一 |
| 5 | 8/22 | 甲午 | 一 | 九 |
| 6 | 8/23 | 乙未 | 一 | 八 |
| 7 | 8/24 | 丙申 | 一 | 七 |
| 8 | 8/25 | 丁酉 | 一 | 六 |
| 9 | 8/26 | 戊戌 | 一 | 五 |
| 10 | 8/27 | 己亥 | 四 | 四 |
| 11 | 8/28 | 庚子 | 四 | 三 |
| 12 | 8/29 | 辛丑 | 四 | 二 |
| 13 | 8/30 | 壬寅 | 四 | 一 |
| 14 | 8/31 | 癸卯 | 四 | 九 |
| 15 | 9/1 | 甲辰 | 七 | 八 |
| 16 | 9/2 | 乙巳 | 七 | 七 |
| 17 | 9/3 | 丙午 | 七 | 六 |
| 18 | 9/4 | 丁未 | 七 | 五 |
| 19 | 9/5 | 戊申 | 七 | 四 |
| 20 | 9/6 | 己酉 | 九 | 三 |
| 21 | 9/7 | 庚戌 | 九 | 二 |
| 22 | 9/8 | 辛亥 | 九 | 一 |
| 23 | 9/9 | 壬子 | 九 | 九 |
| 24 | 9/10 | 癸丑 | 九 | 八 |
| 25 | 9/11 | 甲寅 | 三 | 七 |
| 26 | 9/12 | 乙卯 | 三 | 六 |
| 27 | 9/13 | 丙辰 | 三 | 五 |
| 28 | 9/14 | 丁巳 | 三 | 四 |
| 29 | 9/15 | 戊午 | 三 | 三 |
| 30 | 9/16 | 己未 | 六 | 二 |

# 西元2032年（壬子）肖鼠 民國121年（男巽命）

奇門遁甲局數如標示為 一 ～九表示陰局　　如標示為1 ～9 表示陽局

| 六月 | | | | | 五月 | | | | | 四月 | | | | | 三月 | | | | | 二月 | | | | | 正月 | | | | |
|---|---|---|---|---|---|---|---|---|---|---|---|---|---|---|---|---|---|---|---|---|---|---|---|---|---|---|---|---|---|
| 丁未 | | | | | 丙午 | | | | | 乙巳 | | | | | 甲辰 | | | | | 癸卯 | | | | | 壬寅 | | | | |
| 三碧木 | | | | | 四綠木 | | | | | 五黃土 | | | | | 六白金 | | | | | 七赤金 | | | | | 八白土 | | | | |
| 大暑 14時06分 十六未時 | | | 奇門遁甲局數 | | 小暑 20時42分 廿九戌時 | | 夏至 03時10分 十四寅時 | 奇門遁甲局數 | | 芒種 10時29分 廿八巳時 | | 小滿 19時16分 十二戌時 | 奇門遁甲局數 | | 立夏 06時27分 廿六卯時 | | 穀雨 20時16分 初十戌時 | 奇門遁甲局數 | | 清明 13時19分 廿四未時 | | 春分 09時23分 初九巳時 | 奇門遁甲局數 | | 驚蟄 08時42分 廿四辰時 | | 雨水 10時33分 初九巳時 | 奇門遁甲局數 | |
| 農曆 | 國曆 | 干支 | 時盤 | 日盤 | 農曆 | 國曆 | 干支 | 時盤 | 日盤 | 農曆 | 國曆 | 干支 | 時盤 | 日盤 | 農曆 | 國曆 | 干支 | 時盤 | 日盤 | 農曆 | 國曆 | 干支 | 時盤 | 日盤 | 農曆 | 國曆 | 干支 | 時盤 | 日盤 |
| 1 | 7/7 | 甲寅 | 二 | 一 | 1 | 6/8 | 乙酉 | 3 | 7 | 1 | 5/9 | 乙卯 | 1 | 4 | 1 | 4/10 | 丙戌 | 1 | 2 | 1 | 3/12 | 丁巳 | 7 | 9 | 1 | 2/11 | 丁亥 | 5 | 6 |
| 2 | 7/8 | 乙卯 | 二 | 九 | 2 | 6/9 | 丙戌 | 3 | 8 | 2 | 5/10 | 丙辰 | 1 | 5 | 2 | 4/11 | 丁亥 | 1 | 3 | 2 | 3/13 | 戊午 | 7 | 1 | 2 | 2/12 | 戊子 | 5 | 7 |
| 3 | 7/9 | 丙辰 | 二 | 八 | 3 | 6/10 | 丁亥 | 3 | 9 | 3 | 5/11 | 丁巳 | 1 | 6 | 3 | 4/12 | 戊子 | 1 | 4 | 3 | 3/14 | 己未 | 4 | 2 | 3 | 2/13 | 己丑 | 2 | 8 |
| 4 | 7/10 | 丁巳 | 二 | 七 | 4 | 6/11 | 戊子 | 3 | 1 | 4 | 5/12 | 戊午 | 1 | 7 | 4 | 4/13 | 己丑 | 7 | 5 | 4 | 3/15 | 庚申 | 4 | 3 | 4 | 2/14 | 庚寅 | 2 | 9 |
| 5 | 7/11 | 戊午 | 二 | 六 | 5 | 6/12 | 己丑 | 9 | 2 | 5 | 5/13 | 己未 | 7 | 8 | 5 | 4/14 | 庚寅 | 7 | 6 | 5 | 3/16 | 辛酉 | 4 | 4 | 5 | 2/15 | 辛卯 | 2 | 1 |
| 6 | 7/12 | 己未 | 五 | 五 | 6 | 6/13 | 庚寅 | 9 | 3 | 6 | 5/14 | 庚申 | 7 | 9 | 6 | 4/15 | 辛卯 | 7 | 7 | 6 | 3/17 | 壬戌 | 4 | 5 | 6 | 2/16 | 壬辰 | 2 | 2 |
| 7 | 7/13 | 庚申 | 五 | 四 | 7 | 6/14 | 辛卯 | 9 | 4 | 7 | 5/15 | 辛酉 | 7 | 1 | 7 | 4/16 | 壬辰 | 7 | 8 | 7 | 3/18 | 癸亥 | 4 | 6 | 7 | 2/17 | 癸巳 | 2 | 3 |
| 8 | 7/14 | 辛酉 | 五 | 三 | 8 | 6/15 | 壬辰 | 9 | 5 | 8 | 5/16 | 壬戌 | 7 | 2 | 8 | 4/17 | 癸巳 | 7 | 9 | 8 | 3/19 | 甲子 | 3 | 7 | 8 | 2/18 | 甲午 | 9 | 4 |
| 9 | 7/15 | 壬戌 | 五 | 二 | 9 | 6/16 | 癸巳 | 9 | 6 | 9 | 5/17 | 癸亥 | 7 | 3 | 9 | 4/18 | 甲午 | 5 | 1 | 9 | 3/20 | 乙丑 | 3 | 8 | 9 | 2/19 | 乙未 | 9 | 5 |
| 10 | 7/16 | 癸亥 | 五 | 一 | 10 | 6/17 | 甲午 | 九 | 7 | 10 | 5/18 | 甲子 | 5 | 4 | 10 | 4/19 | 乙未 | 5 | 2 | 10 | 3/21 | 丙寅 | 3 | 9 | 10 | 2/20 | 丙申 | 9 | 6 |
| 11 | 7/17 | 甲子 | 七 | 九 | 11 | 6/18 | 乙未 | 九 | 8 | 11 | 5/19 | 乙丑 | 5 | 5 | 11 | 4/20 | 丙申 | 5 | 3 | 11 | 3/22 | 丁卯 | 3 | 1 | 11 | 2/21 | 丁酉 | 9 | 7 |
| 12 | 7/18 | 乙丑 | 七 | 八 | 12 | 6/19 | 丙申 | 九 | 9 | 12 | 5/20 | 丙寅 | 5 | 6 | 12 | 4/21 | 丁酉 | 5 | 4 | 12 | 3/23 | 戊辰 | 3 | 2 | 12 | 2/22 | 戊戌 | 9 | 8 |
| 13 | 7/19 | 丙寅 | 七 | 七 | 13 | 6/20 | 丁酉 | 九 | 1 | 13 | 5/21 | 丁卯 | 5 | 7 | 13 | 4/22 | 戊戌 | 5 | 5 | 13 | 3/24 | 己巳 | 9 | 3 | 13 | 2/23 | 己亥 | 6 | 9 |
| 14 | 7/20 | 丁卯 | 七 | 六 | 14 | 6/21 | 戊戌 | 九 | 八 | 14 | 5/22 | 戊辰 | 5 | 8 | 14 | 4/23 | 己亥 | 2 | 6 | 14 | 3/25 | 庚午 | 9 | 4 | 14 | 2/24 | 庚子 | 6 | 1 |
| 15 | 7/21 | 戊辰 | 七 | 五 | 15 | 6/22 | 己亥 | 三 | 七 | 15 | 5/23 | 己巳 | 2 | 9 | 15 | 4/24 | 庚子 | 2 | 7 | 15 | 3/26 | 辛未 | 9 | 5 | 15 | 2/25 | 辛丑 | 6 | 2 |
| 16 | 7/22 | 己巳 | 一 | 四 | 16 | 6/23 | 庚子 | 三 | 六 | 16 | 5/24 | 庚午 | 2 | 1 | 16 | 4/25 | 辛丑 | 2 | 8 | 16 | 3/27 | 壬申 | 9 | 6 | 16 | 2/26 | 壬寅 | 6 | 3 |
| 17 | 7/23 | 庚午 | 一 | 三 | 17 | 6/24 | 辛丑 | 三 | 五 | 17 | 5/25 | 辛未 | 2 | 2 | 17 | 4/26 | 壬寅 | 2 | 9 | 17 | 3/28 | 癸酉 | 9 | 7 | 17 | 2/27 | 癸卯 | 6 | 4 |
| 18 | 7/24 | 辛未 | 一 | 二 | 18 | 6/25 | 壬寅 | 三 | 四 | 18 | 5/26 | 壬申 | 2 | 3 | 18 | 4/27 | 癸卯 | 2 | 1 | 18 | 3/29 | 甲戌 | 6 | 8 | 18 | 2/28 | 甲辰 | 3 | 5 |
| 19 | 7/25 | 壬申 | 一 | 一 | 19 | 6/26 | 癸卯 | 三 | 三 | 19 | 5/27 | 癸酉 | 2 | 4 | 19 | 4/28 | 甲辰 | 8 | 2 | 19 | 3/30 | 乙亥 | 6 | 9 | 19 | 2/29 | 乙巳 | 3 | 6 |
| 20 | 7/26 | 癸酉 | 一 | 九 | 20 | 6/27 | 甲辰 | 六 | 二 | 20 | 5/28 | 甲戌 | 8 | 5 | 20 | 4/29 | 乙巳 | 8 | 3 | 20 | 3/31 | 丙子 | 6 | 1 | 20 | 3/1 | 丙午 | 3 | 7 |
| 21 | 7/27 | 甲戌 | 四 | 八 | 21 | 6/28 | 乙巳 | 六 | 一 | 21 | 5/29 | 乙亥 | 8 | 6 | 21 | 4/30 | 丙午 | 8 | 4 | 21 | 4/1 | 丁丑 | 6 | 2 | 21 | 3/2 | 丁未 | 3 | 8 |
| 22 | 7/28 | 乙亥 | 四 | 七 | 22 | 6/29 | 丙午 | 六 | 九 | 22 | 5/30 | 丙子 | 8 | 7 | 22 | 5/1 | 丁未 | 8 | 5 | 22 | 4/2 | 戊寅 | 6 | 3 | 22 | 3/3 | 戊申 | 3 | 9 |
| 23 | 7/29 | 丙子 | 四 | 六 | 23 | 6/30 | 丁未 | 六 | 八 | 23 | 5/31 | 丁丑 | 8 | 8 | 23 | 5/2 | 戊申 | 8 | 6 | 23 | 4/3 | 己卯 | 4 | 4 | 23 | 3/4 | 己酉 | 1 | 1 |
| 24 | 7/30 | 丁丑 | 四 | 五 | 24 | 7/1 | 戊申 | 六 | 七 | 24 | 6/1 | 戊寅 | 8 | 9 | 24 | 5/3 | 己酉 | 4 | 7 | 24 | 4/4 | 庚辰 | 4 | 5 | 24 | 3/5 | 庚戌 | 1 | 2 |
| 25 | 7/31 | 戊寅 | 四 | 四 | 25 | 7/2 | 己酉 | 八 | 六 | 25 | 6/2 | 己卯 | 6 | 1 | 25 | 5/4 | 庚戌 | 4 | 8 | 25 | 4/5 | 辛巳 | 4 | 6 | 25 | 3/6 | 辛亥 | 1 | 3 |
| 26 | 8/1 | 己卯 | 二 | 三 | 26 | 7/3 | 庚戌 | 八 | 五 | 26 | 6/3 | 庚辰 | 6 | 2 | 26 | 5/5 | 辛亥 | 4 | 9 | 26 | 4/6 | 壬午 | 4 | 7 | 26 | 3/7 | 壬子 | 1 | 4 |
| 27 | 8/2 | 庚辰 | 二 | 二 | 27 | 7/4 | 辛亥 | 八 | 四 | 27 | 6/4 | 辛巳 | 6 | 3 | 27 | 5/6 | 壬子 | 4 | 1 | 27 | 4/7 | 癸未 | 4 | 8 | 27 | 3/8 | 癸丑 | 1 | 5 |
| 28 | 8/3 | 辛巳 | 二 | 一 | 28 | 7/5 | 壬子 | 八 | 三 | 28 | 6/5 | 壬午 | 6 | 4 | 28 | 5/7 | 癸丑 | 4 | 2 | 28 | 4/8 | 甲申 | 1 | 9 | 28 | 3/9 | 甲寅 | 7 | 6 |
| 29 | 8/4 | 壬午 | 二 | 九 | 29 | 7/6 | 癸丑 | 八 | 二 | 29 | 6/6 | 癸未 | 6 | 5 | 29 | 5/8 | 甲寅 | 1 | 3 | 29 | 4/9 | 乙酉 | 1 | 1 | 29 | 3/10 | 乙卯 | 7 | 7 |
| 30 | 8/5 | 癸未 | 二 | 八 | | | | | | 30 | 6/7 | 甲申 | 3 | 6 | | | | | | | | | | | 30 | 3/11 | 丙辰 | 7 | 8 |

# 西元2032年（壬子）肖鼠 民國121年（女坤命）

奇門遁甲局數如標示為 一 ～九表示陰局　　如標示為1 ～9 表示陽局

| 十二月 | | | | | 十一月 | | | | | 十　月 | | | | | 九　月 | | | | | 八　月 | | | | | 七　月 | | | | |
|---|---|---|---|---|---|---|---|---|---|---|---|---|---|---|---|---|---|---|---|---|---|---|---|---|---|---|---|---|---|
| 癸丑 | | | | | 壬子 | | | | | 辛亥 | | | | | 庚戌 | | | | | 己酉 | | | | | 戊申 | | | | |
| 六白金 | | | | | 七赤金 | | | | | 八白土 | | | | | 九紫火 | | | | | 一白水 | | | | | 二黑土 | | | | |
| 大寒 02時34分 二十丑時 | | 小寒 09時09分 初五巳時 | 奇門遁甲局數 | | 冬至 15時58分 十九申時 | | 大雪 21時55分 初四亥時 | 奇門遁甲局數 | | 小雪 02時32分 二十丑時 | | 立冬 04時56分 初五寅時 | 奇門遁甲局數 | | 霜降 04時47分 二十寅時 | | 寒露 01時32分 初五丑時 | 奇門遁甲局數 | | 秋分 19時12分 十八戌時 | | 白露 09時39分 初三巳時 | 奇門遁甲局數 | | 處暑 21時19分 十七亥時 | | 立秋 06時43分 初二卯時 | 奇門遁甲局數 | |
| 農曆 | 國曆 | 干支 | 時盤 | 日盤 | 農曆 | 國曆 | 干支 | 時盤 | 日盤 | 農曆 | 國曆 | 干支 | 時盤 | 日盤 | 農曆 | 國曆 | 干支 | 時盤 | 日盤 | 農曆 | 國曆 | 干支 | 時盤 | 日盤 | 農曆 | 國曆 | 干支 | 時盤 | 日盤 |
| 1 | 1/1 | 壬子 | 2 | 7 | 1 | 12/3 | 癸未 | 四 | 五 | 1 | 11/3 | 癸丑 | 六 | 八 | 1 | 10/4 | 癸未 | 六 | 二 | 1 | 9/5 | 甲寅 | 三 | 四 | 1 | 8/6 | 甲申 | 五 | 七 |
| 2 | 1/2 | 癸丑 | 2 | 8 | 2 | 12/4 | 甲申 | 七 | 四 | 2 | 11/4 | 甲寅 | 九 | 七 | 2 | 10/5 | 甲申 | 九 | 一 | 2 | 9/6 | 乙卯 | 三 | 三 | 2 | 8/7 | 乙酉 | 五 | 六 |
| 3 | 1/3 | 甲寅 | 8 | 9 | 3 | 12/5 | 乙酉 | 七 | 三 | 3 | 11/5 | 乙卯 | 九 | 六 | 3 | 10/6 | 乙酉 | 九 | 九 | 3 | 9/7 | 丙辰 | 三 | 二 | 3 | 8/8 | 丙戌 | 五 | 五 |
| 4 | 1/4 | 乙卯 | 8 | 1 | 4 | 12/6 | 丙戌 | 七 | 二 | 4 | 11/6 | 丙辰 | 九 | 五 | 4 | 10/7 | 丙戌 | 九 | 八 | 4 | 9/8 | 丁巳 | 三 | 一 | 4 | 8/9 | 丁亥 | 五 | 四 |
| 5 | 1/5 | 丙辰 | 8 | 2 | 5 | 12/7 | 丁亥 | 七 | 一 | 5 | 11/7 | 丁巳 | 九 | 四 | 5 | 10/8 | 丁亥 | 九 | 七 | 5 | 9/9 | 戊午 | 三 | 九 | 5 | 8/10 | 戊子 | 五 | 三 |
| 6 | 1/6 | 丁巳 | 8 | 3 | 6 | 12/8 | 戊子 | 七 | 九 | 6 | 11/8 | 戊午 | 九 | 三 | 6 | 10/9 | 戊子 | 九 | 六 | 6 | 9/10 | 己未 | 六 | 八 | 6 | 8/11 | 己丑 | 八 | 二 |
| 7 | 1/7 | 戊午 | 8 | 4 | 7 | 12/9 | 己丑 | 一 | 八 | 7 | 11/9 | 己未 | 三 | 二 | 7 | 10/10 | 己丑 | 三 | 五 | 7 | 9/11 | 庚申 | 六 | 七 | 7 | 8/12 | 庚寅 | 八 | 一 |
| 8 | 1/8 | 己未 | 5 | 5 | 8 | 12/10 | 庚寅 | 一 | 七 | 8 | 11/10 | 庚申 | 三 | 一 | 8 | 10/11 | 庚寅 | 三 | 四 | 8 | 9/12 | 辛酉 | 六 | 六 | 8 | 8/13 | 辛卯 | 八 | 九 |
| 9 | 1/9 | 庚申 | 5 | 6 | 9 | 12/11 | 辛卯 | 一 | 六 | 9 | 11/11 | 辛酉 | 三 | 九 | 9 | 10/12 | 辛卯 | 三 | 三 | 9 | 9/13 | 壬戌 | 六 | 五 | 9 | 8/14 | 壬辰 | 八 | 八 |
| 10 | 1/10 | 辛酉 | 5 | 7 | 10 | 12/12 | 壬辰 | 一 | 五 | 10 | 11/12 | 壬戌 | 三 | 八 | 10 | 10/13 | 壬辰 | 三 | 二 | 10 | 9/14 | 癸亥 | 六 | 四 | 10 | 8/15 | 癸巳 | 八 | 七 |
| 11 | 1/11 | 壬戌 | 5 | 8 | 11 | 12/13 | 癸巳 | 一 | 四 | 11 | 11/13 | 癸亥 | 三 | 七 | 11 | 10/14 | 癸巳 | 三 | 一 | 11 | 9/15 | 甲子 | 七 | 三 | 11 | 8/16 | 甲午 | 一 | 六 |
| 12 | 1/12 | 癸亥 | 5 | 9 | 12 | 12/14 | 甲午 | 1 | 三 | 12 | 11/14 | 甲子 | 五 | 六 | 12 | 10/15 | 甲午 | 五 | 九 | 12 | 9/16 | 乙丑 | 七 | 二 | 12 | 8/17 | 乙未 | 一 | 五 |
| 13 | 1/13 | 甲子 | 3 | 1 | 13 | 12/15 | 乙未 | 1 | 二 | 13 | 11/15 | 乙丑 | 五 | 五 | 13 | 10/16 | 乙未 | 五 | 八 | 13 | 9/17 | 丙寅 | 七 | 一 | 13 | 8/18 | 丙申 | 一 | 四 |
| 14 | 1/14 | 乙丑 | 3 | 2 | 14 | 12/16 | 丙申 | 1 | 一 | 14 | 11/16 | 丙寅 | 五 | 四 | 14 | 10/17 | 丙申 | 五 | 七 | 14 | 9/18 | 丁卯 | 七 | 九 | 14 | 8/19 | 丁酉 | 一 | 三 |
| 15 | 1/15 | 丙寅 | 3 | 3 | 15 | 12/17 | 丁酉 | 1 | 九 | 15 | 11/17 | 丁卯 | 五 | 三 | 15 | 10/18 | 丁酉 | 五 | 六 | 15 | 9/19 | 戊辰 | 七 | 八 | 15 | 8/20 | 戊戌 | 一 | 二 |
| 16 | 1/16 | 丁卯 | 3 | 4 | 16 | 12/18 | 戊戌 | 1 | 八 | 16 | 11/18 | 戊辰 | 五 | 二 | 16 | 10/19 | 戊戌 | 五 | 五 | 16 | 9/20 | 己巳 | 一 | 七 | 16 | 8/21 | 己亥 | 四 | 一 |
| 17 | 1/17 | 戊辰 | 3 | 5 | 17 | 12/19 | 己亥 | 7 | 七 | 17 | 11/19 | 己巳 | 八 | 一 | 17 | 10/20 | 己亥 | 八 | 四 | 17 | 9/21 | 庚午 | 一 | 六 | 17 | 8/22 | 庚子 | 四 | 九 |
| 18 | 1/18 | 己巳 | 9 | 6 | 18 | 12/20 | 庚子 | 7 | 六 | 18 | 11/20 | 庚午 | 八 | 九 | 18 | 10/21 | 庚子 | 八 | 三 | 18 | 9/22 | 辛未 | 一 | 五 | 18 | 8/23 | 辛丑 | 四 | 八 |
| 19 | 1/19 | 庚午 | 9 | 7 | 19 | 12/21 | 辛丑 | 7 | 5 | 19 | 11/21 | 辛未 | 八 | 八 | 19 | 10/22 | 辛丑 | 八 | 二 | 19 | 9/23 | 壬申 | 一 | 四 | 19 | 8/24 | 壬寅 | 四 | 七 |
| 20 | 1/20 | 辛未 | 9 | 8 | 20 | 12/22 | 壬寅 | 7 | 6 | 20 | 11/22 | 壬申 | 八 | 七 | 20 | 10/23 | 壬寅 | 八 | 一 | 20 | 9/24 | 癸酉 | 一 | 三 | 20 | 8/25 | 癸卯 | 四 | 六 |
| 21 | 1/21 | 壬申 | 9 | 9 | 21 | 12/23 | 癸卯 | 7 | 7 | 21 | 11/23 | 癸酉 | 八 | 六 | 21 | 10/24 | 癸卯 | 八 | 九 | 21 | 9/25 | 甲戌 | 四 | 二 | 21 | 8/26 | 甲辰 | 七 | 五 |
| 22 | 1/22 | 癸酉 | 9 | 1 | 22 | 12/24 | 甲辰 | 4 | 8 | 22 | 11/24 | 甲戌 | 二 | 五 | 22 | 10/25 | 甲辰 | 二 | 八 | 22 | 9/26 | 乙亥 | 四 | 一 | 22 | 8/27 | 乙巳 | 七 | 四 |
| 23 | 1/23 | 甲戌 | 6 | 2 | 23 | 12/25 | 乙巳 | 4 | 9 | 23 | 11/25 | 乙亥 | 二 | 四 | 23 | 10/26 | 乙巳 | 二 | 七 | 23 | 9/27 | 丙子 | 四 | 九 | 23 | 8/28 | 丙午 | 七 | 三 |
| 24 | 1/24 | 乙亥 | 6 | 3 | 24 | 12/26 | 丙午 | 4 | 1 | 24 | 11/26 | 丙子 | 二 | 三 | 24 | 10/27 | 丙午 | 二 | 六 | 24 | 9/28 | 丁丑 | 四 | 八 | 24 | 8/29 | 丁未 | 七 | 二 |
| 25 | 1/25 | 丙子 | 6 | 4 | 25 | 12/27 | 丁未 | 4 | 2 | 25 | 11/27 | 丁丑 | 二 | 二 | 25 | 10/28 | 丁未 | 二 | 五 | 25 | 9/29 | 戊寅 | 四 | 七 | 25 | 8/30 | 戊申 | 七 | 一 |
| 26 | 1/26 | 丁丑 | 6 | 5 | 26 | 12/28 | 戊申 | 4 | 3 | 26 | 11/28 | 戊寅 | 二 | 一 | 26 | 10/29 | 戊申 | 二 | 四 | 26 | 9/30 | 己卯 | 六 | 六 | 26 | 8/31 | 己酉 | 九 | 九 |
| 27 | 1/27 | 戊寅 | 6 | 6 | 27 | 12/29 | 己酉 | 2 | 4 | 27 | 11/29 | 己卯 | 四 | 九 | 27 | 10/30 | 己酉 | 六 | 三 | 27 | 10/1 | 庚辰 | 六 | 五 | 27 | 9/1 | 庚戌 | 九 | 八 |
| 28 | 1/28 | 己卯 | 8 | 7 | 28 | 12/30 | 庚戌 | 2 | 5 | 28 | 11/30 | 庚辰 | 四 | 八 | 28 | 10/31 | 庚戌 | 六 | 二 | 28 | 10/2 | 辛巳 | 六 | 四 | 28 | 9/2 | 辛亥 | 九 | 七 |
| 29 | 1/29 | 庚辰 | 8 | 8 | 29 | 12/31 | 辛亥 | 2 | 6 | 29 | 12/1 | 辛巳 | 四 | 七 | 29 | 11/1 | 辛亥 | 六 | 一 | 29 | 10/3 | 壬午 | 六 | 三 | 29 | 9/3 | 壬子 | 九 | 六 |
| 30 | 1/30 | 辛巳 | 8 | 9 | | | | | | 30 | 12/2 | 壬午 | 四 | 六 | 30 | 11/2 | 壬子 | 六 | 九 | | | | | | 30 | 9/4 | 癸丑 | 九 | 五 |

# 西元2033年（癸丑）肖牛 民國122年（男震命）

奇門遁甲局數如標示為 一 ～九表示陰局　　如標示為1 ～9 表示陽局

| 六　月 | | | | | 五　月 | | | | | 四　月 | | | | | 三　月 | | | | | 二　月 | | | | | 正　月 | | | | |
|---|---|---|---|---|---|---|---|---|---|---|---|---|---|---|---|---|---|---|---|---|---|---|---|---|---|---|---|---|---|
| 己未 | | | | | 戊午 | | | | | 丁巳 | | | | | 丙辰 | | | | | 乙卯 | | | | | 甲寅 | | | | |
| 九紫火 | | | | | 一白水 | | | | | 二黑土 | | | | | 三碧木 | | | | | 四綠木 | | | | | 五黃土 | | | | |
| 大暑 19時54分 廿六戌時 | | 小暑 02時26分 十一丑時 | 奇門遁甲局數 | | 夏至 09時02分 廿五巳時 | | 芒種 16時15分 初九申時 | 奇門遁甲局數 | | 小滿 01時12分 廿三丑時 | | 立夏 12時15分 初七午時 | 奇門遁甲局數 | | 穀雨 02時15分 廿一丑時 | | 清明 19時10分 初五戌時 | 奇門遁甲局數 | | 春分 15時24分 二十申時 | | 驚蟄 14時34分 初五未時 | 奇門遁甲局數 | | 雨水 16時35分 十九申時 | | 立春 20時43分 初四戌時 | 奇門遁甲局數 | |
| 農曆 | 國曆 | 干支 | 時盤 | 日盤 | 農曆 | 國曆 | 干支 | 時盤 | 日盤 | 農曆 | 國曆 | 干支 | 時盤 | 日盤 | 農曆 | 國曆 | 干支 | 時盤 | 日盤 | 農曆 | 國曆 | 干支 | 時盤 | 日盤 | 農曆 | 國曆 | 干支 | 時盤 | 日盤 |
| 1 | 6/27 | 己酉 | 九 | 六 | 1 | 5/28 | 己卯 | 6 | 1 | 1 | 4/29 | 庚戌 | 4 | 8 | 1 | 3/31 | 辛巳 | 4 | 6 | 1 | 3/1 | 辛亥 | 1 | 3 | 1 | 1/31 | 壬午 | 8 | 1 |
| 2 | 6/28 | 庚戌 | 九 | 五 | 2 | 5/29 | 庚辰 | 6 | 2 | 2 | 4/30 | 辛亥 | 4 | 9 | 2 | 4/1 | 壬午 | 4 | 7 | 2 | 3/2 | 壬子 | 1 | 4 | 2 | 2/1 | 癸未 | 8 | 2 |
| 3 | 6/29 | 辛亥 | 九 | 四 | 3 | 5/30 | 辛巳 | 6 | 3 | 3 | 5/1 | 壬子 | 4 | 1 | 3 | 4/2 | 癸未 | 4 | 8 | 3 | 3/3 | 癸丑 | 1 | 5 | 3 | 2/2 | 甲申 | 5 | 3 |
| 4 | 6/30 | 壬子 | 九 | 三 | 4 | 5/31 | 壬午 | 6 | 4 | 4 | 5/2 | 癸丑 | 4 | 2 | 4 | 4/3 | 甲申 | 1 | 9 | 4 | 3/4 | 甲寅 | 7 | 6 | 4 | 2/3 | 乙酉 | 5 | 4 |
| 5 | 7/1 | 癸丑 | 九 | 二 | 5 | 6/1 | 癸未 | 6 | 5 | 5 | 5/3 | 甲寅 | 1 | 3 | 5 | 4/4 | 乙酉 | 1 | 1 | 5 | 3/5 | 乙卯 | 7 | 7 | 5 | 2/4 | 丙戌 | 5 | 5 |
| 6 | 7/2 | 甲寅 | 三 | 一 | 6 | 6/2 | 甲申 | 3 | 6 | 6 | 5/4 | 乙卯 | 1 | 4 | 6 | 4/5 | 丙戌 | 1 | 2 | 6 | 3/6 | 丙辰 | 7 | 8 | 6 | 2/5 | 丁亥 | 5 | 6 |
| 7 | 7/3 | 乙卯 | 三 | 九 | 7 | 6/3 | 乙酉 | 3 | 7 | 7 | 5/5 | 丙辰 | 1 | 5 | 7 | 4/6 | 丁亥 | 1 | 3 | 7 | 3/7 | 丁巳 | 7 | 9 | 7 | 2/6 | 戊子 | 5 | 7 |
| 8 | 7/4 | 丙辰 | 三 | 八 | 8 | 6/4 | 丙戌 | 3 | 8 | 8 | 5/6 | 丁巳 | 1 | 6 | 8 | 4/7 | 戊子 | 1 | 4 | 8 | 3/8 | 戊午 | 7 | 1 | 8 | 2/7 | 己丑 | 2 | 8 |
| 9 | 7/5 | 丁巳 | 三 | 七 | 9 | 6/5 | 丁亥 | 3 | 9 | 9 | 5/7 | 戊午 | 1 | 7 | 9 | 4/8 | 己丑 | 7 | 5 | 9 | 3/9 | 己未 | 4 | 2 | 9 | 2/8 | 庚寅 | 2 | 9 |
| 10 | 7/6 | 戊午 | 三 | 六 | 10 | 6/6 | 戊子 | 3 | 1 | 10 | 5/8 | 己未 | 7 | 8 | 10 | 4/9 | 庚寅 | 7 | 6 | 10 | 3/10 | 庚申 | 4 | 3 | 10 | 2/9 | 辛卯 | 2 | 1 |
| 11 | 7/7 | 己未 | 六 | 五 | 11 | 6/7 | 己丑 | 9 | 2 | 11 | 5/9 | 庚申 | 7 | 9 | 11 | 4/10 | 辛卯 | 7 | 7 | 11 | 3/11 | 辛酉 | 4 | 4 | 11 | 2/10 | 壬辰 | 2 | 2 |
| 12 | 7/8 | 庚申 | 六 | 四 | 12 | 6/8 | 庚寅 | 9 | 3 | 12 | 5/10 | 辛酉 | 7 | 1 | 12 | 4/11 | 壬辰 | 7 | 8 | 12 | 3/12 | 壬戌 | 4 | 5 | 12 | 2/11 | 癸巳 | 2 | 3 |
| 13 | 7/9 | 辛酉 | 六 | 三 | 13 | 6/9 | 辛卯 | 9 | 4 | 13 | 5/11 | 壬戌 | 7 | 2 | 13 | 4/12 | 癸巳 | 7 | 9 | 13 | 3/13 | 癸亥 | 4 | 6 | 13 | 2/12 | 甲午 | 9 | 4 |
| 14 | 7/10 | 壬戌 | 六 | 二 | 14 | 6/10 | 壬辰 | 9 | 5 | 14 | 5/12 | 癸亥 | 7 | 3 | 14 | 4/13 | 甲午 | 5 | 1 | 14 | 3/14 | 甲子 | 3 | 7 | 14 | 2/13 | 乙未 | 9 | 5 |
| 15 | 7/11 | 癸亥 | 六 | 一 | 15 | 6/11 | 癸巳 | 9 | 6 | 15 | 5/13 | 甲子 | 5 | 4 | 15 | 4/14 | 乙未 | 5 | 2 | 15 | 3/15 | 乙丑 | 3 | 8 | 15 | 2/14 | 丙申 | 9 | 6 |
| 16 | 7/12 | 甲子 | 八 | 九 | 16 | 6/12 | 甲午 | 6 | 7 | 16 | 5/14 | 乙丑 | 5 | 5 | 16 | 4/15 | 丙申 | 5 | 3 | 16 | 3/16 | 丙寅 | 3 | 9 | 16 | 2/15 | 丁酉 | 9 | 7 |
| 17 | 7/13 | 乙丑 | 八 | 八 | 17 | 6/13 | 乙未 | 6 | 8 | 17 | 5/15 | 丙寅 | 5 | 6 | 17 | 4/16 | 丁酉 | 5 | 4 | 17 | 3/17 | 丁卯 | 3 | 1 | 17 | 2/16 | 戊戌 | 9 | 8 |
| 18 | 7/14 | 丙寅 | 八 | 七 | 18 | 6/14 | 丙申 | 6 | 9 | 18 | 5/16 | 丁卯 | 5 | 7 | 18 | 4/17 | 戊戌 | 5 | 5 | 18 | 3/18 | 戊辰 | 3 | 2 | 18 | 2/17 | 己亥 | 6 | 9 |
| 19 | 7/15 | 丁卯 | 八 | 六 | 19 | 6/15 | 丁酉 | 6 | 1 | 19 | 5/17 | 戊辰 | 5 | 8 | 19 | 4/18 | 己亥 | 2 | 6 | 19 | 3/19 | 己巳 | 9 | 3 | 19 | 2/18 | 庚子 | 6 | 1 |
| 20 | 7/16 | 戊辰 | 八 | 五 | 20 | 6/16 | 戊戌 | 6 | 2 | 20 | 5/18 | 己巳 | 2 | 9 | 20 | 4/19 | 庚子 | 2 | 7 | 20 | 3/20 | 庚午 | 9 | 4 | 20 | 2/19 | 辛丑 | 6 | 2 |
| 21 | 7/17 | 己巳 | 二 | 四 | 21 | 6/17 | 己亥 | 3 | 3 | 21 | 5/19 | 庚午 | 2 | 1 | 21 | 4/20 | 辛丑 | 2 | 8 | 21 | 3/21 | 辛未 | 9 | 5 | 21 | 2/20 | 壬寅 | 6 | 3 |
| 22 | 7/18 | 庚午 | 二 | 三 | 22 | 6/18 | 庚子 | 3 | 4 | 22 | 5/20 | 辛未 | 2 | 2 | 22 | 4/21 | 壬寅 | 2 | 9 | 22 | 3/22 | 壬申 | 9 | 6 | 22 | 2/21 | 癸卯 | 6 | 4 |
| 23 | 7/19 | 辛未 | 二 | 二 | 23 | 6/19 | 辛丑 | 3 | 5 | 23 | 5/21 | 壬申 | 2 | 3 | 23 | 4/22 | 癸卯 | 2 | 1 | 23 | 3/23 | 癸酉 | 9 | 7 | 23 | 2/22 | 甲辰 | 3 | 5 |
| 24 | 7/20 | 壬申 | 二 | 一 | 24 | 6/20 | 壬寅 | 3 | 6 | 24 | 5/22 | 癸酉 | 2 | 4 | 24 | 4/23 | 甲辰 | 8 | 2 | 24 | 3/24 | 甲戌 | 6 | 8 | 24 | 2/23 | 乙巳 | 3 | 6 |
| 25 | 7/21 | 癸酉 | 二 | 九 | 25 | 6/21 | 癸卯 | 3 | 三 | 25 | 5/23 | 甲戌 | 8 | 5 | 25 | 4/24 | 乙巳 | 8 | 3 | 25 | 3/25 | 乙亥 | 6 | 9 | 25 | 2/24 | 丙午 | 3 | 7 |
| 26 | 7/22 | 甲戌 | 五 | 八 | 26 | 6/22 | 甲辰 | 9 | 二 | 26 | 5/24 | 乙亥 | 8 | 6 | 26 | 4/25 | 丙午 | 8 | 4 | 26 | 3/26 | 丙子 | 6 | 1 | 26 | 2/25 | 丁未 | 3 | 8 |
| 27 | 7/23 | 乙亥 | 五 | 七 | 27 | 6/23 | 乙巳 | 9 | 一 | 27 | 5/25 | 丙子 | 8 | 7 | 27 | 4/26 | 丁未 | 8 | 5 | 27 | 3/27 | 丁丑 | 6 | 2 | 27 | 2/26 | 戊申 | 3 | 9 |
| 28 | 7/24 | 丙子 | 五 | 六 | 28 | 6/24 | 丙午 | 9 | 九 | 28 | 5/26 | 丁丑 | 8 | 8 | 28 | 4/27 | 戊申 | 8 | 6 | 28 | 3/28 | 戊寅 | 6 | 3 | 28 | 2/27 | 己酉 | 1 | 1 |
| 29 | 7/25 | 丁丑 | 五 | 五 | 29 | 6/25 | 丁未 | 9 | 八 | 29 | 5/27 | 戊寅 | 8 | 9 | 29 | 4/28 | 己酉 | 4 | 7 | 29 | 3/29 | 己卯 | 4 | 4 | 29 | 2/28 | 庚戌 | 1 | 2 |
| | | | | | 30 | 6/26 | 戊申 | 9 | 七 | | | | | | | | | | | 30 | 3/30 | 庚辰 | 4 | 5 | | | | | |

# 西元2033年（癸丑）肖牛 民國122年（女震命）

奇門遁甲局數如標示為 一 ～九表示陰局　　如標示為1 ～9 表示陽局

| 十二月 | | | | |
|---|---|---|---|---|
| 乙丑 | | | | |
| 三碧木 | | | | |
| 立春 | | 大寒 | 奇門遁甲局數 | |
| 02時43分 | 十六丑時 | 08時29分 初一辰時 | | |
| 農曆 | 國曆 | 干支 | 時盤 | 日盤 |
| 1 | 1/20 | 丙子 | 5 | 4 |
| 2 | 1/21 | 丁丑 | 5 | 5 |
| 3 | 1/22 | 戊寅 | 5 | 6 |
| 4 | 1/23 | 己卯 | 3 | 7 |
| 5 | 1/24 | 庚辰 | 3 | 8 |
| 6 | 1/25 | 辛巳 | 3 | 9 |
| 7 | 1/26 | 壬午 | 3 | 1 |
| 8 | 1/27 | 癸未 | 3 | 2 |
| 9 | 1/28 | 甲申 | 9 | 3 |
| 10 | 1/29 | 乙酉 | 9 | 4 |
| 11 | 1/30 | 丙戌 | 9 | 5 |
| 12 | 1/31 | 丁亥 | 9 | 6 |
| 13 | 2/1 | 戊子 | 9 | 7 |
| 14 | 2/2 | 己丑 | 6 | 8 |
| 15 | 2/3 | 庚寅 | 6 | 9 |
| 16 | 2/4 | 辛卯 | 6 | 1 |
| 17 | 2/5 | 壬辰 | 6 | 2 |
| 18 | 2/6 | 癸巳 | 6 | 3 |
| 19 | 2/7 | 甲午 | 8 | 4 |
| 20 | 2/8 | 乙未 | 8 | 5 |
| 21 | 2/9 | 丙申 | 8 | 6 |
| 22 | 2/10 | 丁酉 | 8 | 7 |
| 23 | 2/11 | 戊戌 | 8 | 8 |
| 24 | 2/12 | 己亥 | 5 | 9 |
| 25 | 2/13 | 庚子 | 5 | 1 |
| 26 | 2/14 | 辛丑 | 5 | 2 |
| 27 | 2/15 | 壬寅 | 5 | 3 |
| 28 | 2/16 | 癸卯 | 5 | 4 |
| 29 | 2/17 | 甲辰 | 2 | 5 |
| 30 | 2/18 | 乙巳 | 2 | 6 |

| 潤十一月 | | | | |
|---|---|---|---|---|
| | | | | |
| | | | | |
| 小寒 | | 小寒 | 奇門遁甲局數 | |
| 15時06分 | 十五申時 | 15時06分 十五申時 | | |
| 農曆 | 國曆 | 干支 | 時盤 | 日盤 |
| 1 | 12/22 | 丁未 | 一 | 2 |
| 2 | 12/23 | 戊申 | 一 | 3 |
| 3 | 12/24 | 己酉 | 1 | 4 |
| 4 | 12/25 | 庚戌 | 1 | 5 |
| 5 | 12/26 | 辛亥 | 1 | 6 |
| 6 | 12/27 | 壬子 | 1 | 7 |
| 7 | 12/28 | 癸丑 | 1 | 8 |
| 8 | 12/29 | 甲寅 | 7 | 9 |
| 9 | 12/30 | 乙卯 | 7 | 1 |
| 10 | 12/31 | 丙辰 | 7 | 2 |
| 11 | 1/1 | 丁巳 | 7 | 3 |
| 12 | 1/2 | 戊午 | 7 | 4 |
| 13 | 1/3 | 己未 | 4 | 5 |
| 14 | 1/4 | 庚申 | 4 | 6 |
| 15 | 1/5 | 辛酉 | 4 | 7 |
| 16 | 1/6 | 壬戌 | 4 | 8 |
| 17 | 1/7 | 癸亥 | 4 | 9 |
| 18 | 1/8 | 甲子 | 2 | 1 |
| 19 | 1/9 | 乙丑 | 2 | 2 |
| 20 | 1/10 | 丙寅 | 2 | 3 |
| 21 | 1/11 | 丁卯 | 2 | 4 |
| 22 | 1/12 | 戊辰 | 2 | 5 |
| 23 | 1/13 | 己巳 | 8 | 6 |
| 24 | 1/14 | 庚午 | 8 | 7 |
| 25 | 1/15 | 辛未 | 8 | 8 |
| 26 | 1/16 | 壬申 | 8 | 9 |
| 27 | 1/17 | 癸酉 | 8 | 1 |
| 28 | 1/18 | 甲戌 | 5 | 2 |
| 29 | 1/19 | 乙亥 | 5 | 3 |

| 十一月 | | | | |
|---|---|---|---|---|
| 甲子 | | | | |
| 四綠木 | | | | |
| 冬至 | | 大雪 | 奇門遁甲局數 | |
| 21時47分 | 三十亥時 | 03時47分 十六寅時 | | |
| 農曆 | 國曆 | 干支 | 時盤 | 日盤 |
| 1 | 11/22 | 丁丑 | 三 | 二 |
| 2 | 11/23 | 戊寅 | 三 | 一 |
| 3 | 11/24 | 己卯 | 五 | 九 |
| 4 | 11/25 | 庚辰 | 五 | 八 |
| 5 | 11/26 | 辛巳 | 五 | 七 |
| 6 | 11/27 | 壬午 | 五 | 六 |
| 7 | 11/28 | 癸未 | 五 | 五 |
| 8 | 11/29 | 甲申 | 八 | 四 |
| 9 | 11/30 | 乙酉 | 八 | 三 |
| 10 | 12/1 | 丙戌 | 八 | 二 |
| 11 | 12/2 | 丁亥 | 八 | 一 |
| 12 | 12/3 | 戊子 | 八 | 九 |
| 13 | 12/4 | 己丑 | 二 | 八 |
| 14 | 12/5 | 庚寅 | 二 | 七 |
| 15 | 12/6 | 辛卯 | 二 | 六 |
| 16 | 12/7 | 壬辰 | 二 | 五 |
| 17 | 12/8 | 癸巳 | 二 | 四 |
| 18 | 12/9 | 甲午 | 四 | 三 |
| 19 | 12/10 | 乙未 | 四 | 二 |
| 20 | 12/11 | 丙申 | 四 | 一 |
| 21 | 12/12 | 丁酉 | 四 | 九 |
| 22 | 12/13 | 戊戌 | 四 | 八 |
| 23 | 12/14 | 己亥 | 七 | 七 |
| 24 | 12/15 | 庚子 | 七 | 六 |
| 25 | 12/16 | 辛丑 | 七 | 五 |
| 26 | 12/17 | 壬寅 | 七 | 四 |
| 27 | 12/18 | 癸卯 | 七 | 三 |
| 28 | 12/19 | 甲辰 | 一 | 二 |
| 29 | 12/20 | 乙巳 | 一 | 一 |
| 30 | 12/21 | 丙午 | 一 | 1 |

| 十月 | | | | |
|---|---|---|---|---|
| 癸亥 | | | | |
| 五黃土 | | | | |
| 小雪 | | 立冬 | 奇門遁甲局數 | |
| 08時18分 | 初一辰時 | 10時43分 十六巳時 | | |
| 農曆 | 國曆 | 干支 | 時盤 | 日盤 |
| 1 | 10/23 | 丁未 | 三 | 五 |
| 2 | 10/24 | 戊申 | 三 | 四 |
| 3 | 10/25 | 己酉 | 五 | 三 |
| 4 | 10/26 | 庚戌 | 五 | 二 |
| 5 | 10/27 | 辛亥 | 五 | 一 |
| 6 | 10/28 | 壬子 | 五 | 九 |
| 7 | 10/29 | 癸丑 | 五 | 八 |
| 8 | 10/30 | 甲寅 | 八 | 七 |
| 9 | 10/31 | 乙卯 | 八 | 六 |
| 10 | 11/1 | 丙辰 | 八 | 五 |
| 11 | 11/2 | 丁巳 | 八 | 四 |
| 12 | 11/3 | 戊午 | 八 | 三 |
| 13 | 11/4 | 己未 | 二 | 二 |
| 14 | 11/5 | 庚申 | 二 | 一 |
| 15 | 11/6 | 辛酉 | 二 | 九 |
| 16 | 11/7 | 壬戌 | 二 | 八 |
| 17 | 11/8 | 癸亥 | 二 | 七 |
| 18 | 11/9 | 甲子 | 六 | 六 |
| 19 | 11/10 | 乙丑 | 六 | 五 |
| 20 | 11/11 | 丙寅 | 六 | 四 |
| 21 | 11/12 | 丁卯 | 六 | 三 |
| 22 | 11/13 | 戊辰 | 六 | 二 |
| 23 | 11/14 | 己巳 | 九 | 一 |
| 24 | 11/15 | 庚午 | 九 | 九 |
| 25 | 11/16 | 辛未 | 九 | 八 |
| 26 | 11/17 | 壬申 | 九 | 七 |
| 27 | 11/18 | 癸酉 | 九 | 六 |
| 28 | 11/19 | 甲戌 | 三 | 五 |
| 29 | 11/20 | 乙亥 | 三 | 四 |
| 30 | 11/21 | 丙子 | 三 | 三 |

| 九月 | | | | |
|---|---|---|---|---|
| 壬戌 | | | | |
| 六白金 | | | | |
| 霜降 | | 寒露 | 奇門遁甲局數 | |
| 10時29分 | 初一巳時 | 07時15分 十六辰時 | | |
| 農曆 | 國曆 | 干支 | 時盤 | 日盤 |
| 1 | 9/23 | 丁丑 | 六 | 八 |
| 2 | 9/24 | 戊寅 | 六 | 七 |
| 3 | 9/25 | 己卯 | 七 | 六 |
| 4 | 9/26 | 庚辰 | 七 | 五 |
| 5 | 9/27 | 辛巳 | 七 | 四 |
| 6 | 9/28 | 壬午 | 七 | 三 |
| 7 | 9/29 | 癸未 | 七 | 二 |
| 8 | 9/30 | 甲申 | 一 | 一 |
| 9 | 10/1 | 乙酉 | 一 | 九 |
| 10 | 10/2 | 丙戌 | 一 | 八 |
| 11 | 10/3 | 丁亥 | 一 | 七 |
| 12 | 10/4 | 戊子 | 一 | 六 |
| 13 | 10/5 | 己丑 | 四 | 五 |
| 14 | 10/6 | 庚寅 | 四 | 四 |
| 15 | 10/7 | 辛卯 | 四 | 三 |
| 16 | 10/8 | 壬辰 | 四 | 二 |
| 17 | 10/9 | 癸巳 | 四 | 一 |
| 18 | 10/10 | 甲午 | 六 | 九 |
| 19 | 10/11 | 乙未 | 六 | 八 |
| 20 | 10/12 | 丙申 | 六 | 七 |
| 21 | 10/13 | 丁酉 | 六 | 六 |
| 22 | 10/14 | 戊戌 | 六 | 五 |
| 23 | 10/15 | 己亥 | 九 | 四 |
| 24 | 10/16 | 庚子 | 九 | 三 |
| 25 | 10/17 | 辛丑 | 九 | 二 |
| 26 | 10/18 | 壬寅 | 九 | 一 |
| 27 | 10/19 | 癸卯 | 九 | 九 |
| 28 | 10/20 | 甲辰 | 三 | 八 |
| 29 | 10/21 | 乙巳 | 三 | 七 |
| 30 | 10/22 | 丙午 | 三 | 六 |

| 八月 | | | | |
|---|---|---|---|---|
| 辛酉 | | | | |
| 七赤金 | | | | |
| 秋分 | | 白露 | 奇門遁甲局數 | |
| 00時51分 | 初一子時 | 15時22分 十四申時 | | |
| 農曆 | 國曆 | 干支 | 時盤 | 日盤 |
| 1 | 8/25 | 戊申 | 八 | 一 |
| 2 | 8/26 | 己酉 | 一 | 九 |
| 3 | 8/27 | 庚戌 | 一 | 八 |
| 4 | 8/28 | 辛亥 | 一 | 七 |
| 5 | 8/29 | 壬子 | 一 | 六 |
| 6 | 8/30 | 癸丑 | 一 | 五 |
| 7 | 8/31 | 甲寅 | 四 | 四 |
| 8 | 9/1 | 乙卯 | 四 | 三 |
| 9 | 9/2 | 丙辰 | 四 | 二 |
| 10 | 9/3 | 丁巳 | 四 | 一 |
| 11 | 9/4 | 戊午 | 四 | 九 |
| 12 | 9/5 | 己未 | 七 | 八 |
| 13 | 9/6 | 庚申 | 七 | 七 |
| 14 | 9/7 | 辛酉 | 七 | 六 |
| 15 | 9/8 | 壬戌 | 七 | 五 |
| 16 | 9/9 | 癸亥 | 七 | 四 |
| 17 | 9/10 | 甲子 | 九 | 三 |
| 18 | 9/11 | 乙丑 | 九 | 二 |
| 19 | 9/12 | 丙寅 | 九 | 一 |
| 20 | 9/13 | 丁卯 | 九 | 九 |
| 21 | 9/14 | 戊辰 | 九 | 八 |
| 22 | 9/15 | 己巳 | 三 | 七 |
| 23 | 9/16 | 庚午 | 三 | 六 |
| 24 | 9/17 | 辛未 | 三 | 五 |
| 25 | 9/18 | 壬申 | 三 | 四 |
| 26 | 9/19 | 癸酉 | 三 | 三 |
| 27 | 9/20 | 甲戌 | 六 | 二 |
| 28 | 9/21 | 乙亥 | 六 | 一 |
| 29 | 9/22 | 丙子 | 六 | 九 |

| 七月 | | | | |
|---|---|---|---|---|
| 庚申 | | | | |
| 八白土 | | | | |
| 處暑 | | 立秋 | 奇門遁甲局數 | |
| 03時03分 | 廿九寅時 | 12時17分 十三午時 | | |
| 農曆 | 國曆 | 干支 | 時盤 | 日盤 |
| 1 | 7/26 | 戊寅 | 五 | 四 |
| 2 | 7/27 | 己卯 | 七 | 三 |
| 3 | 7/28 | 庚辰 | 七 | 二 |
| 4 | 7/29 | 辛巳 | 七 | 一 |
| 5 | 7/30 | 壬午 | 七 | 九 |
| 6 | 7/31 | 癸未 | 七 | 八 |
| 7 | 8/1 | 甲申 | 一 | 七 |
| 8 | 8/2 | 乙酉 | 一 | 六 |
| 9 | 8/3 | 丙戌 | 一 | 五 |
| 10 | 8/4 | 丁亥 | 一 | 四 |
| 11 | 8/5 | 戊子 | 一 | 三 |
| 12 | 8/6 | 己丑 | 四 | 二 |
| 13 | 8/7 | 庚寅 | 四 | 一 |
| 14 | 8/8 | 辛卯 | 四 | 九 |
| 15 | 8/9 | 壬辰 | 四 | 八 |
| 16 | 8/10 | 癸巳 | 四 | 七 |
| 17 | 8/11 | 甲午 | 二 | 六 |
| 18 | 8/12 | 乙未 | 二 | 五 |
| 19 | 8/13 | 丙申 | 二 | 四 |
| 20 | 8/14 | 丁酉 | 二 | 三 |
| 21 | 8/15 | 戊戌 | 二 | 二 |
| 22 | 8/16 | 己亥 | 五 | 一 |
| 23 | 8/17 | 庚子 | 五 | 九 |
| 24 | 8/18 | 辛丑 | 五 | 八 |
| 25 | 8/19 | 壬寅 | 五 | 七 |
| 26 | 8/20 | 癸卯 | 五 | 六 |
| 27 | 8/21 | 甲辰 | 八 | 五 |
| 28 | 8/22 | 乙巳 | 八 | 四 |
| 29 | 8/23 | 丙午 | 八 | 三 |
| 30 | 8/24 | 丁未 | 八 | 二 |

# 西元2034年（甲寅）肖虎 民國123年（男坤命）

奇門遁甲局數如標示為 一 ～九表示陰局　　如標示為1 ～9 表示陽局

| 六月 | | | | | 五月 | | | | | 四月 | | | | | 三月 | | | | | 二月 | | | | | 正月 | | | | |
|---|---|---|---|---|---|---|---|---|---|---|---|---|---|---|---|---|---|---|---|---|---|---|---|---|---|---|---|---|---|
| 辛未 | | | | | 庚午 | | | | | 己巳 | | | | | 戊辰 | | | | | 丁卯 | | | | | 丙寅 | | | | |
| 六白金 | | | | | 七赤金 | | | | | 八白土 | | | | | 九紫火 | | | | | 一白水 | | | | | 二黑土 | | | | |
| 立秋 18時10分 廿三酉時 | | 大暑 01時38分 初八丑時 | 奇門遁甲局數 | | 小暑 08時19分 廿二辰時 | | 夏至 14時46分 初六未時 | 奇門遁甲局數 | | 芒種 22時08分 十九亥時 | | 小滿 06時58分 初四卯時 | 奇門遁甲局數 | | 立夏 18時11分 十七酉時 | | 穀雨 08時05分 初二辰時 | 奇門遁甲局數 | | 清明 01時08分 十七丑時 | | 春分 21時19分 初一亥時 | 奇門遁甲局數 | | 驚蟄 20時34分 十五戌時 | | 雨水 22時31分 初二亥時 | 奇門遁甲局數 | |
| 農曆 | 國曆 | 干支 | 時盤 | 日盤 | 農曆 | 國曆 | 干支 | 時盤 | 日盤 | 農曆 | 國曆 | 干支 | 時盤 | 日盤 | 農曆 | 國曆 | 干支 | 時盤 | 日盤 | 農曆 | 國曆 | 干支 | 時盤 | 日盤 | 農曆 | 國曆 | 干支 | 時盤 | 日盤 |
| 1 | 7/16 | 癸酉 | 二 | 九 | 1 | 6/16 | 癸卯 | 3 | 7 | 1 | 5/18 | 甲戌 | 7 | 5 | 1 | 4/19 | 乙巳 | 7 | 3 | 1 | 3/20 | 乙亥 | 4 | 9 | 1 | 2/19 | 丙午 | 2 | 7 |
| 2 | 7/17 | 甲戌 | 五 | 八 | 2 | 6/17 | 甲辰 | 9 | 8 | 2 | 5/19 | 乙亥 | 7 | 6 | 2 | 4/20 | 丙午 | 7 | 4 | 2 | 3/21 | 丙子 | 4 | 1 | 2 | 2/20 | 丁未 | 2 | 8 |
| 3 | 7/18 | 乙亥 | 五 | 七 | 3 | 6/18 | 乙巳 | 9 | 9 | 3 | 5/20 | 丙子 | 7 | 7 | 3 | 4/21 | 丁未 | 7 | 5 | 3 | 3/22 | 丁丑 | 4 | 2 | 3 | 2/21 | 戊申 | 2 | 9 |
| 4 | 7/19 | 丙子 | 五 | 六 | 4 | 6/19 | 丙午 | 9 | 1 | 4 | 5/21 | 丁丑 | 7 | 8 | 4 | 4/22 | 戊申 | 7 | 6 | 4 | 3/23 | 戊寅 | 4 | 3 | 4 | 2/22 | 己酉 | 9 | 1 |
| 5 | 7/20 | 丁丑 | 五 | 五 | 5 | 6/20 | 丁未 | 9 | 2 | 5 | 5/22 | 戊寅 | 7 | 9 | 5 | 4/23 | 己酉 | 5 | 7 | 5 | 3/24 | 己卯 | 3 | 4 | 5 | 2/23 | 庚戌 | 9 | 2 |
| 6 | 7/21 | 戊寅 | 五 | 四 | 6 | 6/21 | 戊申 | 9 | 七 | 6 | 5/23 | 己卯 | 5 | 1 | 6 | 4/24 | 庚戌 | 5 | 8 | 6 | 3/25 | 庚辰 | 3 | 5 | 6 | 2/24 | 辛亥 | 9 | 3 |
| 7 | 7/22 | 己卯 | 七 | 三 | 7 | 6/22 | 己酉 | 九 | 六 | 7 | 5/24 | 庚辰 | 5 | 2 | 7 | 4/25 | 辛亥 | 5 | 9 | 7 | 3/26 | 辛巳 | 3 | 6 | 7 | 2/25 | 壬子 | 9 | 4 |
| 8 | 7/23 | 庚辰 | 七 | 二 | 8 | 6/23 | 庚戌 | 九 | 五 | 8 | 5/25 | 辛巳 | 5 | 3 | 8 | 4/26 | 壬子 | 5 | 1 | 8 | 3/27 | 壬午 | 3 | 7 | 8 | 2/26 | 癸丑 | 9 | 5 |
| 9 | 7/24 | 辛巳 | 七 | 一 | 9 | 6/24 | 辛亥 | 九 | 四 | 9 | 5/26 | 壬午 | 5 | 4 | 9 | 4/27 | 癸丑 | 5 | 2 | 9 | 3/28 | 癸未 | 3 | 8 | 9 | 2/27 | 甲寅 | 6 | 6 |
| 10 | 7/25 | 壬午 | 七 | 九 | 10 | 6/25 | 壬子 | 九 | 三 | 10 | 5/27 | 癸未 | 5 | 5 | 10 | 4/28 | 甲寅 | 2 | 3 | 10 | 3/29 | 甲申 | 9 | 9 | 10 | 2/28 | 乙卯 | 6 | 7 |
| 11 | 7/26 | 癸未 | 七 | 八 | 11 | 6/26 | 癸丑 | 九 | 二 | 11 | 5/28 | 甲申 | 2 | 6 | 11 | 4/29 | 乙卯 | 2 | 4 | 11 | 3/30 | 乙酉 | 9 | 1 | 11 | 3/1 | 丙辰 | 6 | 8 |
| 12 | 7/27 | 甲申 | 一 | 七 | 12 | 6/27 | 甲寅 | 三 | 一 | 12 | 5/29 | 乙酉 | 2 | 7 | 12 | 4/30 | 丙辰 | 2 | 5 | 12 | 3/31 | 丙戌 | 9 | 2 | 12 | 3/2 | 丁巳 | 6 | 9 |
| 13 | 7/28 | 乙酉 | 一 | 六 | 13 | 6/28 | 乙卯 | 三 | 九 | 13 | 5/30 | 丙戌 | 2 | 8 | 13 | 5/1 | 丁巳 | 2 | 6 | 13 | 4/1 | 丁亥 | 9 | 3 | 13 | 3/3 | 戊午 | 6 | 1 |
| 14 | 7/29 | 丙戌 | 一 | 五 | 14 | 6/29 | 丙辰 | 三 | 八 | 14 | 5/31 | 丁亥 | 2 | 9 | 14 | 5/2 | 戊午 | 2 | 7 | 14 | 4/2 | 戊子 | 9 | 4 | 14 | 3/4 | 己未 | 3 | 2 |
| 15 | 7/30 | 丁亥 | 一 | 四 | 15 | 6/30 | 丁巳 | 三 | 七 | 15 | 6/1 | 戊子 | 2 | 1 | 15 | 5/3 | 己未 | 8 | 8 | 15 | 4/3 | 己丑 | 6 | 5 | 15 | 3/5 | 庚申 | 3 | 3 |
| 16 | 7/31 | 戊子 | 一 | 三 | 16 | 7/1 | 戊午 | 三 | 六 | 16 | 6/2 | 己丑 | 8 | 2 | 16 | 5/4 | 庚申 | 8 | 9 | 16 | 4/4 | 庚寅 | 6 | 6 | 16 | 3/6 | 辛酉 | 3 | 4 |
| 17 | 8/1 | 己丑 | 四 | 二 | 17 | 7/2 | 己未 | 六 | 五 | 17 | 6/3 | 庚寅 | 8 | 3 | 17 | 5/5 | 辛酉 | 8 | 1 | 17 | 4/5 | 辛卯 | 6 | 7 | 17 | 3/7 | 壬戌 | 3 | 5 |
| 18 | 8/2 | 庚寅 | 四 | 一 | 18 | 7/3 | 庚申 | 六 | 四 | 18 | 6/4 | 辛卯 | 8 | 4 | 18 | 5/6 | 壬戌 | 8 | 2 | 18 | 4/6 | 壬辰 | 6 | 8 | 18 | 3/8 | 癸亥 | 3 | 6 |
| 19 | 8/3 | 辛卯 | 四 | 九 | 19 | 7/4 | 辛酉 | 六 | 三 | 19 | 6/5 | 壬辰 | 8 | 5 | 19 | 5/7 | 癸亥 | 8 | 3 | 19 | 4/7 | 癸巳 | 6 | 9 | 19 | 3/9 | 甲子 | 1 | 7 |
| 20 | 8/4 | 壬辰 | 四 | 八 | 20 | 7/5 | 壬戌 | 六 | 二 | 20 | 6/6 | 癸巳 | 8 | 6 | 20 | 5/8 | 甲子 | 4 | 4 | 20 | 4/8 | 甲午 | 4 | 1 | 20 | 3/10 | 乙丑 | 1 | 8 |
| 21 | 8/5 | 癸巳 | 四 | 七 | 21 | 7/6 | 癸亥 | 六 | 一 | 21 | 6/7 | 甲午 | 6 | 7 | 21 | 5/9 | 乙丑 | 4 | 5 | 21 | 4/9 | 乙未 | 4 | 2 | 21 | 3/11 | 丙寅 | 1 | 9 |
| 22 | 8/6 | 甲午 | 二 | 六 | 22 | 7/7 | 甲子 | 八 | 九 | 22 | 6/8 | 乙未 | 6 | 8 | 22 | 5/10 | 丙寅 | 4 | 6 | 22 | 4/10 | 丙申 | 4 | 3 | 22 | 3/12 | 丁卯 | 1 | 1 |
| 23 | 8/7 | 乙未 | 二 | 五 | 23 | 7/8 | 乙丑 | 八 | 八 | 23 | 6/9 | 丙申 | 6 | 9 | 23 | 5/11 | 丁卯 | 4 | 7 | 23 | 4/11 | 丁酉 | 4 | 4 | 23 | 3/13 | 戊辰 | 1 | 2 |
| 24 | 8/8 | 丙申 | 二 | 四 | 24 | 7/9 | 丙寅 | 八 | 七 | 24 | 6/10 | 丁酉 | 6 | 1 | 24 | 5/12 | 戊辰 | 4 | 8 | 24 | 4/12 | 戊戌 | 4 | 5 | 24 | 3/14 | 己巳 | 7 | 3 |
| 25 | 8/9 | 丁酉 | 二 | 三 | 25 | 7/10 | 丁卯 | 八 | 六 | 25 | 6/11 | 戊戌 | 6 | 2 | 25 | 5/13 | 己巳 | 1 | 9 | 25 | 4/13 | 己亥 | 1 | 6 | 25 | 3/15 | 庚午 | 7 | 4 |
| 26 | 8/10 | 戊戌 | 二 | 二 | 26 | 7/11 | 戊辰 | 八 | 五 | 26 | 6/12 | 己亥 | 3 | 3 | 26 | 5/14 | 庚午 | 1 | 1 | 26 | 4/14 | 庚子 | 1 | 7 | 26 | 3/16 | 辛未 | 7 | 5 |
| 27 | 8/11 | 己亥 | 五 | 一 | 27 | 7/12 | 己巳 | 二 | 四 | 27 | 6/13 | 庚子 | 3 | 4 | 27 | 5/15 | 辛未 | 1 | 2 | 27 | 4/15 | 辛丑 | 1 | 8 | 27 | 3/17 | 壬申 | 7 | 6 |
| 28 | 8/12 | 庚子 | 五 | 九 | 28 | 7/13 | 庚午 | 二 | 三 | 28 | 6/14 | 辛丑 | 3 | 5 | 28 | 5/16 | 壬申 | 1 | 3 | 28 | 4/16 | 壬寅 | 1 | 9 | 28 | 3/18 | 癸酉 | 7 | 7 |
| 29 | 8/13 | 辛丑 | 五 | 八 | 29 | 7/14 | 辛未 | 二 | 二 | 29 | 6/15 | 壬寅 | 3 | 6 | 29 | 5/17 | 癸酉 | 1 | 4 | 29 | 4/17 | 癸卯 | 1 | 1 | 29 | 3/19 | 甲戌 | 4 | 8 |
| | | | | | 30 | 7/15 | 壬申 | 二 | 一 | | | | | | | | | | | 30 | 4/18 | 甲辰 | 7 | 2 | | | | | |

# 西元2034年（甲寅）肖虎 民國123年（女巽命）

奇門遁甲局數如標示為 一 ～九表示陰局　　如標示為1 ～9 表示陽局

| 十二月 | | | | | 十一月 | | | | | 十月 | | | | | 九月 | | | | | 八月 | | | | | 七月 | | | | |
|---|---|---|---|---|---|---|---|---|---|---|---|---|---|---|---|---|---|---|---|---|---|---|---|---|---|---|---|---|---|
| 丁丑 | | | | | 丙子 | | | | | 乙亥 | | | | | 甲戌 | | | | | 癸酉 | | | | | 壬申 | | | | |
| 九紫火 | | | | | 一白水 | | | | | 二黑土 | | | | | 三碧木 | | | | | 四綠木 | | | | | 五黃土 | | | | |
| 立春 08時33分 廿七辰時 | | 大寒 14時16分 十二未時 | 奇門遁甲局數 | | 小寒 20時57分 廿六戌時 | | 冬至 03時36分 十二寅時 | 奇門遁甲局數 | | 大雪 09時38分 廿七巳時 | | 小雪 14時07分 十二未時 | 奇門遁甲局數 | | 立冬 16時35分 廿七申時 | | 霜降 16時18分 十二申時 | 奇門遁甲局數 | | 寒露 13時09分 廿六未時 | | 秋分 06時41分 十一卯時 | 奇門遁甲局數 | | 白露 21時15分 廿五亥時 | | 處暑 08時49分 初十辰時 | 奇門遁甲局數 | |
| 農曆 | 國曆 | 干支 | 時盤 | 日盤 | 農曆 | 國曆 | 干支 | 時盤 | 日盤 | 農曆 | 國曆 | 干支 | 時盤 | 日盤 | 農曆 | 國曆 | 干支 | 時盤 | 日盤 | 農曆 | 國曆 | 干支 | 時盤 | 日盤 | 農曆 | 國曆 | 干支 | 時盤 | 日盤 |
| 1 | 1/9 | 庚午 | 8 | 7 | 1 | 12/11 | 辛丑 | 七 | 五 | 1 | 11/11 | 辛未 | 九 | 八 | 1 | 10/12 | 辛丑 | 九 | 二 | 1 | 9/13 | 壬申 | 三 | 四 | 1 | 8/14 | 壬寅 | 五 | 七 |
| 2 | 1/10 | 辛未 | 8 | 8 | 2 | 12/12 | 壬寅 | 七 | 四 | 2 | 11/12 | 壬申 | 九 | 七 | 2 | 10/13 | 壬寅 | 九 | 一 | 2 | 9/14 | 癸酉 | 三 | 三 | 2 | 8/15 | 癸卯 | 五 | 六 |
| 3 | 1/11 | 壬申 | 8 | 9 | 3 | 12/13 | 癸卯 | 七 | 三 | 3 | 11/13 | 癸酉 | 九 | 六 | 3 | 10/14 | 癸卯 | 九 | 九 | 3 | 9/15 | 甲戌 | 六 | 二 | 3 | 8/16 | 甲辰 | 八 | 五 |
| 4 | 1/12 | 癸酉 | 8 | 1 | 4 | 12/14 | 甲辰 | 一 | 二 | 4 | 11/14 | 甲戌 | 三 | 五 | 4 | 10/15 | 甲辰 | 三 | 八 | 4 | 9/16 | 乙亥 | 六 | 一 | 4 | 8/17 | 乙巳 | 八 | 四 |
| 5 | 1/13 | 甲戌 | 5 | 2 | 5 | 12/15 | 乙巳 | 一 | 一 | 5 | 11/15 | 乙亥 | 三 | 四 | 5 | 10/16 | 乙巳 | 三 | 七 | 5 | 9/17 | 丙子 | 六 | 九 | 5 | 8/18 | 丙午 | 八 | 三 |
| 6 | 1/14 | 乙亥 | 5 | 3 | 6 | 12/16 | 丙午 | 一 | 九 | 6 | 11/16 | 丙子 | 三 | 三 | 6 | 10/17 | 丙午 | 三 | 六 | 6 | 9/18 | 丁丑 | 六 | 八 | 6 | 8/19 | 丁未 | 八 | 二 |
| 7 | 1/15 | 丙子 | 5 | 4 | 7 | 12/17 | 丁未 | 一 | 八 | 7 | 11/17 | 丁丑 | 三 | 二 | 7 | 10/18 | 丁未 | 三 | 五 | 7 | 9/19 | 戊寅 | 六 | 七 | 7 | 8/20 | 戊申 | 八 | 一 |
| 8 | 1/16 | 丁丑 | 5 | 5 | 8 | 12/18 | 戊申 | 一 | 七 | 8 | 11/18 | 戊寅 | 三 | 一 | 8 | 10/19 | 戊申 | 三 | 四 | 8 | 9/20 | 己卯 | 七 | 六 | 8 | 8/21 | 己酉 | 一 | 九 |
| 9 | 1/17 | 戊寅 | 5 | 6 | 9 | 12/19 | 己酉 | 1 | 六 | 9 | 11/19 | 己卯 | 五 | 九 | 9 | 10/20 | 己酉 | 五 | 三 | 9 | 9/21 | 庚辰 | 七 | 五 | 9 | 8/22 | 庚戌 | 一 | 八 |
| 10 | 1/18 | 己卯 | 3 | 7 | 10 | 12/20 | 庚戌 | 1 | 五 | 10 | 11/20 | 庚辰 | 五 | 八 | 10 | 10/21 | 庚戌 | 五 | 二 | 10 | 9/22 | 辛巳 | 七 | 四 | 10 | 8/23 | 辛亥 | 一 | 七 |
| 11 | 1/19 | 庚辰 | 3 | 8 | 11 | 12/21 | 辛亥 | 1 | 四 | 11 | 11/21 | 辛巳 | 五 | 七 | 11 | 10/22 | 辛亥 | 五 | 一 | 11 | 9/23 | 壬午 | 七 | 三 | 11 | 8/24 | 壬子 | 一 | 六 |
| 12 | 1/20 | 辛巳 | 3 | 9 | 12 | 12/22 | 壬子 | 1 | 7 | 12 | 11/22 | 壬午 | 五 | 六 | 12 | 10/23 | 壬子 | 五 | 九 | 12 | 9/24 | 癸未 | 七 | 二 | 12 | 8/25 | 癸丑 | 一 | 五 |
| 13 | 1/21 | 壬午 | 3 | 1 | 13 | 12/23 | 癸丑 | 1 | 8 | 13 | 11/23 | 癸未 | 五 | 五 | 13 | 10/24 | 癸丑 | 五 | 八 | 13 | 9/25 | 甲申 | 一 | 一 | 13 | 8/26 | 甲寅 | 四 | 四 |
| 14 | 1/22 | 癸未 | 3 | 2 | 14 | 12/24 | 甲寅 | 7 | 9 | 14 | 11/24 | 甲申 | 八 | 四 | 14 | 10/25 | 甲寅 | 八 | 七 | 14 | 9/26 | 乙酉 | 一 | 九 | 14 | 8/27 | 乙卯 | 四 | 三 |
| 15 | 1/23 | 甲申 | 9 | 3 | 15 | 12/25 | 乙卯 | 7 | 1 | 15 | 11/25 | 乙酉 | 八 | 三 | 15 | 10/26 | 乙卯 | 八 | 六 | 15 | 9/27 | 丙戌 | 一 | 八 | 15 | 8/28 | 丙辰 | 四 | 二 |
| 16 | 1/24 | 乙酉 | 9 | 4 | 16 | 12/26 | 丙辰 | 7 | 2 | 16 | 11/26 | 丙戌 | 八 | 二 | 16 | 10/27 | 丙辰 | 八 | 五 | 16 | 9/28 | 丁亥 | 一 | 七 | 16 | 8/29 | 丁巳 | 四 | 一 |
| 17 | 1/25 | 丙戌 | 9 | 5 | 17 | 12/27 | 丁巳 | 7 | 3 | 17 | 11/27 | 丁亥 | 八 | 一 | 17 | 10/28 | 丁巳 | 八 | 四 | 17 | 9/29 | 戊子 | 一 | 六 | 17 | 8/30 | 戊午 | 四 | 九 |
| 18 | 1/26 | 丁亥 | 9 | 6 | 18 | 12/28 | 戊午 | 7 | 4 | 18 | 11/28 | 戊子 | 八 | 九 | 18 | 10/29 | 戊午 | 八 | 三 | 18 | 9/30 | 己丑 | 四 | 五 | 18 | 8/31 | 己未 | 七 | 八 |
| 19 | 1/27 | 戊子 | 9 | 7 | 19 | 12/29 | 己未 | 4 | 5 | 19 | 11/29 | 己丑 | 二 | 八 | 19 | 10/30 | 己未 | 二 | 二 | 19 | 10/1 | 庚寅 | 四 | 四 | 19 | 9/1 | 庚申 | 七 | 七 |
| 20 | 1/28 | 己丑 | 6 | 8 | 20 | 12/30 | 庚申 | 4 | 6 | 20 | 11/30 | 庚寅 | 二 | 七 | 20 | 10/31 | 庚申 | 二 | 一 | 20 | 10/2 | 辛卯 | 四 | 三 | 20 | 9/2 | 辛酉 | 七 | 六 |
| 21 | 1/29 | 庚寅 | 6 | 9 | 21 | 12/31 | 辛酉 | 4 | 7 | 21 | 12/1 | 辛卯 | 二 | 六 | 21 | 11/1 | 辛酉 | 二 | 九 | 21 | 10/3 | 壬辰 | 四 | 二 | 21 | 9/3 | 壬戌 | 七 | 五 |
| 22 | 1/30 | 辛卯 | 6 | 1 | 22 | 1/1 | 壬戌 | 4 | 8 | 22 | 12/2 | 壬辰 | 二 | 五 | 22 | 11/2 | 壬戌 | 二 | 八 | 22 | 10/4 | 癸巳 | 四 | 一 | 22 | 9/4 | 癸亥 | 七 | 四 |
| 23 | 1/31 | 壬辰 | 6 | 2 | 23 | 1/2 | 癸亥 | 4 | 9 | 23 | 12/3 | 癸巳 | 二 | 四 | 23 | 11/3 | 癸亥 | 二 | 七 | 23 | 10/5 | 甲午 | 六 | 九 | 23 | 9/5 | 甲子 | 九 | 三 |
| 24 | 2/1 | 癸巳 | 6 | 3 | 24 | 1/3 | 甲子 | 2 | 1 | 24 | 12/4 | 甲午 | 四 | 三 | 24 | 11/4 | 甲子 | 六 | 六 | 24 | 10/6 | 乙未 | 六 | 八 | 24 | 9/6 | 乙丑 | 九 | 二 |
| 25 | 2/2 | 甲午 | 8 | 4 | 25 | 1/4 | 乙丑 | 2 | 2 | 25 | 12/5 | 乙未 | 四 | 二 | 25 | 11/5 | 乙丑 | 六 | 五 | 25 | 10/7 | 丙申 | 六 | 七 | 25 | 9/7 | 丙寅 | 九 | 一 |
| 26 | 2/3 | 乙未 | 8 | 5 | 26 | 1/5 | 丙寅 | 2 | 3 | 26 | 12/6 | 丙申 | 四 | 一 | 26 | 11/6 | 丙寅 | 六 | 四 | 26 | 10/8 | 丁酉 | 六 | 六 | 26 | 9/8 | 丁卯 | 九 | 九 |
| 27 | 2/4 | 丙申 | 8 | 6 | 27 | 1/6 | 丁卯 | 2 | 4 | 27 | 12/7 | 丁酉 | 四 | 九 | 27 | 11/7 | 丁卯 | 六 | 三 | 27 | 10/9 | 戊戌 | 六 | 五 | 27 | 9/9 | 戊辰 | 九 | 八 |
| 28 | 2/5 | 丁酉 | 8 | 7 | 28 | 1/7 | 戊辰 | 2 | 5 | 28 | 12/8 | 戊戌 | 四 | 八 | 28 | 11/8 | 戊辰 | 六 | 二 | 28 | 10/10 | 己亥 | 九 | 四 | 28 | 9/10 | 己巳 | 三 | 七 |
| 29 | 2/6 | 戊戌 | 8 | 8 | 29 | 1/8 | 己巳 | 8 | 6 | 29 | 12/9 | 己亥 | 七 | 七 | 29 | 11/9 | 己巳 | 九 | 一 | 29 | 10/11 | 庚子 | 九 | 三 | 29 | 9/11 | 庚午 | 三 | 六 |
| 30 | 2/7 | 己亥 | 5 | 9 | | | | | | 30 | 12/10 | 庚子 | 七 | 六 | 30 | 11/10 | 庚午 | 九 | 九 | | | | | | 30 | 9/12 | 辛未 | 三 | 五 |

# 西元2035年（乙卯）肖兔 民國124年（男坎命）

奇門遁甲局數如標示為 一 ～九表示陰局　　如標示為1 ～9 表示陽局

| 月 | 六 月 | 五 月 | 四 月 | 三 月 | 二 月 | 正 月 |
|---|---|---|---|---|---|---|
| 月干支 | 癸未 | 壬午 | 辛巳 | 庚辰 | 己卯 | 戊寅 |
| 月飛星 | 三碧木 | 四綠木 | 五黃土 | 六白金 | 七赤金 | 八白土 |
| 節氣 | 大暑 07時30分 十九辰時；小暑 14時03分 初三未時 | 夏至 20時35分 十六戌時；芒種 03時52分 初一寅時 | 小滿 12時45分 十四午時 | 立夏 23時56分 廿七子時；穀雨 13時50分 十三未時 | 清明 06時55分 廿七卯時；春分 03時04分 十二寅時 | 驚蟄 02時23分 廿七丑時；雨水 04時18分 十二寅時 |

六月（癸未）奇門遁甲局數

| 農曆 | 國曆 | 干支 | 時盤 | 日盤 |
|---|---|---|---|---|
| 1 | 7/5 | 丁卯 | 八 | 六 |
| 2 | 7/6 | 戊辰 | 八 | 五 |
| 3 | 7/7 | 己巳 | 二 | 四 |
| 4 | 7/8 | 庚午 | 二 | 三 |
| 5 | 7/9 | 辛未 | 二 | 二 |
| 6 | 7/10 | 壬申 | 二 | 一 |
| 7 | 7/11 | 癸酉 | 二 | 九 |
| 8 | 7/12 | 甲戌 | 五 | 八 |
| 9 | 7/13 | 乙亥 | 五 | 七 |
| 10 | 7/14 | 丙子 | 五 | 六 |
| 11 | 7/15 | 丁丑 | 五 | 五 |
| 12 | 7/16 | 戊寅 | 五 | 四 |
| 13 | 7/17 | 己卯 | 七 | 三 |
| 14 | 7/18 | 庚辰 | 七 | 二 |
| 15 | 7/19 | 辛巳 | 七 | 一 |
| 16 | 7/20 | 壬午 | 七 | 九 |
| 17 | 7/21 | 癸未 | 七 | 八 |
| 18 | 7/22 | 甲申 | 一 | 七 |
| 19 | 7/23 | 乙酉 | 一 | 六 |
| 20 | 7/24 | 丙戌 | 一 | 五 |
| 21 | 7/25 | 丁亥 | 一 | 四 |
| 22 | 7/26 | 戊子 | 一 | 三 |
| 23 | 7/27 | 己丑 | 四 | 二 |
| 24 | 7/28 | 庚寅 | 四 | 一 |
| 25 | 7/29 | 辛卯 | 四 | 九 |
| 26 | 7/30 | 壬辰 | 四 | 八 |
| 27 | 7/31 | 癸巳 | 四 | 七 |
| 28 | 8/1 | 甲午 | 二 | 六 |
| 29 | 8/2 | 乙未 | 二 | 五 |
| 30 | 8/3 | 丙申 | 二 | 四 |

五月（壬午）奇門遁甲局數

| 農曆 | 國曆 | 干支 | 時盤 | 日盤 |
|---|---|---|---|---|
| 1 | 6/6 | 戊戌 | 6 | 2 |
| 2 | 6/7 | 己亥 | 3 | 3 |
| 3 | 6/8 | 庚子 | 3 | 4 |
| 4 | 6/9 | 辛丑 | 3 | 5 |
| 5 | 6/10 | 壬寅 | 3 | 6 |
| 6 | 6/11 | 癸卯 | 3 | 7 |
| 7 | 6/12 | 甲辰 | 9 | 8 |
| 8 | 6/13 | 乙巳 | 9 | 9 |
| 9 | 6/14 | 丙午 | 9 | 1 |
| 10 | 6/15 | 丁未 | 9 | 2 |
| 11 | 6/16 | 戊申 | 9 | 3 |
| 12 | 6/17 | 己酉 | 九 | 4 |
| 13 | 6/18 | 庚戌 | 九 | 5 |
| 14 | 6/19 | 辛亥 | 九 | 6 |
| 15 | 6/20 | 壬子 | 九 | 7 |
| 16 | 6/21 | 癸丑 | 九 | 二 |
| 17 | 6/22 | 甲寅 | 三 | 一 |
| 18 | 6/23 | 乙卯 | 三 | 九 |
| 19 | 6/24 | 丙辰 | 三 | 八 |
| 20 | 6/25 | 丁巳 | 三 | 七 |
| 21 | 6/26 | 戊午 | 三 | 六 |
| 22 | 6/27 | 己未 | 六 | 五 |
| 23 | 6/28 | 庚申 | 六 | 四 |
| 24 | 6/29 | 辛酉 | 六 | 三 |
| 25 | 6/30 | 壬戌 | 六 | 二 |
| 26 | 7/1 | 癸亥 | 六 | 一 |
| 27 | 7/2 | 甲子 | 八 | 九 |
| 28 | 7/3 | 乙丑 | 八 | 八 |
| 29 | 7/4 | 丙寅 | 八 | 七 |

四月（辛巳）奇門遁甲局數

| 農曆 | 國曆 | 干支 | 時盤 | 日盤 |
|---|---|---|---|---|
| 1 | 5/8 | 己巳 | 1 | 9 |
| 2 | 5/9 | 庚午 | 1 | 1 |
| 3 | 5/10 | 辛未 | 1 | 2 |
| 4 | 5/11 | 壬申 | 1 | 3 |
| 5 | 5/12 | 癸酉 | 1 | 4 |
| 6 | 5/13 | 甲戌 | 7 | 5 |
| 7 | 5/14 | 乙亥 | 7 | 6 |
| 8 | 5/15 | 丙子 | 7 | 7 |
| 9 | 5/16 | 丁丑 | 7 | 8 |
| 10 | 5/17 | 戊寅 | 7 | 9 |
| 11 | 5/18 | 己卯 | 5 | 1 |
| 12 | 5/19 | 庚辰 | 5 | 2 |
| 13 | 5/20 | 辛巳 | 5 | 3 |
| 14 | 5/21 | 壬午 | 5 | 4 |
| 15 | 5/22 | 癸未 | 5 | 5 |
| 16 | 5/23 | 甲申 | 2 | 6 |
| 17 | 5/24 | 乙酉 | 2 | 7 |
| 18 | 5/25 | 丙戌 | 2 | 8 |
| 19 | 5/26 | 丁亥 | 2 | 9 |
| 20 | 5/27 | 戊子 | 2 | 1 |
| 21 | 5/28 | 己丑 | 8 | 2 |
| 22 | 5/29 | 庚寅 | 8 | 3 |
| 23 | 5/30 | 辛卯 | 8 | 4 |
| 24 | 5/31 | 壬辰 | 8 | 5 |
| 25 | 6/1 | 癸巳 | 8 | 6 |
| 26 | 6/2 | 甲午 | 6 | 7 |
| 27 | 6/3 | 乙未 | 6 | 8 |
| 28 | 6/4 | 丙申 | 6 | 9 |
| 29 | 6/5 | 丁酉 | 6 | 1 |

三月（庚辰）奇門遁甲局數

| 農曆 | 國曆 | 干支 | 時盤 | 日盤 |
|---|---|---|---|---|
| 1 | 4/8 | 己亥 | 1 | 6 |
| 2 | 4/9 | 庚子 | 1 | 7 |
| 3 | 4/10 | 辛丑 | 1 | 8 |
| 4 | 4/11 | 壬寅 | 1 | 9 |
| 5 | 4/12 | 癸卯 | 1 | 1 |
| 6 | 4/13 | 甲辰 | 7 | 2 |
| 7 | 4/14 | 乙巳 | 7 | 3 |
| 8 | 4/15 | 丙午 | 7 | 4 |
| 9 | 4/16 | 丁未 | 7 | 5 |
| 10 | 4/17 | 戊申 | 7 | 6 |
| 11 | 4/18 | 己酉 | 5 | 7 |
| 12 | 4/19 | 庚戌 | 5 | 8 |
| 13 | 4/20 | 辛亥 | 5 | 9 |
| 14 | 4/21 | 壬子 | 5 | 1 |
| 15 | 4/22 | 癸丑 | 5 | 2 |
| 16 | 4/23 | 甲寅 | 2 | 3 |
| 17 | 4/24 | 乙卯 | 2 | 4 |
| 18 | 4/25 | 丙辰 | 2 | 5 |
| 19 | 4/26 | 丁巳 | 2 | 6 |
| 20 | 4/27 | 戊午 | 2 | 7 |
| 21 | 4/28 | 己未 | 8 | 8 |
| 22 | 4/29 | 庚申 | 8 | 9 |
| 23 | 4/30 | 辛酉 | 8 | 1 |
| 24 | 5/1 | 壬戌 | 8 | 2 |
| 25 | 5/2 | 癸亥 | 8 | 3 |
| 26 | 5/3 | 甲子 | 4 | 4 |
| 27 | 5/4 | 乙丑 | 4 | 5 |
| 28 | 5/5 | 丙寅 | 4 | 6 |
| 29 | 5/6 | 丁卯 | 4 | 7 |
| 30 | 5/7 | 戊辰 | 4 | 8 |

二月（己卯）奇門遁甲局數

| 農曆 | 國曆 | 干支 | 時盤 | 日盤 |
|---|---|---|---|---|
| 1 | 3/10 | 庚午 | 7 | 4 |
| 2 | 3/11 | 辛未 | 7 | 5 |
| 3 | 3/12 | 壬申 | 7 | 6 |
| 4 | 3/13 | 癸酉 | 7 | 7 |
| 5 | 3/14 | 甲戌 | 4 | 8 |
| 6 | 3/15 | 乙亥 | 4 | 9 |
| 7 | 3/16 | 丙子 | 4 | 1 |
| 8 | 3/17 | 丁丑 | 4 | 2 |
| 9 | 3/18 | 戊寅 | 4 | 3 |
| 10 | 3/19 | 己卯 | 3 | 4 |
| 11 | 3/20 | 庚辰 | 3 | 5 |
| 12 | 3/21 | 辛巳 | 3 | 6 |
| 13 | 3/22 | 壬午 | 3 | 7 |
| 14 | 3/23 | 癸未 | 3 | 8 |
| 15 | 3/24 | 甲申 | 9 | 9 |
| 16 | 3/25 | 乙酉 | 9 | 1 |
| 17 | 3/26 | 丙戌 | 9 | 2 |
| 18 | 3/27 | 丁亥 | 9 | 3 |
| 19 | 3/28 | 戊子 | 9 | 4 |
| 20 | 3/29 | 己丑 | 6 | 5 |
| 21 | 3/30 | 庚寅 | 6 | 6 |
| 22 | 3/31 | 辛卯 | 6 | 7 |
| 23 | 4/1 | 壬辰 | 6 | 8 |
| 24 | 4/2 | 癸巳 | 6 | 9 |
| 25 | 4/3 | 甲午 | 4 | 1 |
| 26 | 4/4 | 乙未 | 4 | 2 |
| 27 | 4/5 | 丙申 | 4 | 3 |
| 28 | 4/6 | 丁酉 | 4 | 4 |
| 29 | 4/7 | 戊戌 | 4 | 5 |

正月（戊寅）奇門遁甲局數

| 農曆 | 國曆 | 干支 | 時盤 | 日盤 |
|---|---|---|---|---|
| 1 | 2/8 | 庚子 | 5 | 1 |
| 2 | 2/9 | 辛丑 | 5 | 2 |
| 3 | 2/10 | 壬寅 | 5 | 3 |
| 4 | 2/11 | 癸卯 | 5 | 4 |
| 5 | 2/12 | 甲辰 | 2 | 5 |
| 6 | 2/13 | 乙巳 | 2 | 6 |
| 7 | 2/14 | 丙午 | 2 | 7 |
| 8 | 2/15 | 丁未 | 2 | 8 |
| 9 | 2/16 | 戊申 | 2 | 9 |
| 10 | 2/17 | 己酉 | 9 | 1 |
| 11 | 2/18 | 庚戌 | 9 | 2 |
| 12 | 2/19 | 辛亥 | 9 | 3 |
| 13 | 2/20 | 壬子 | 9 | 4 |
| 14 | 2/21 | 癸丑 | 9 | 5 |
| 15 | 2/22 | 甲寅 | 6 | 6 |
| 16 | 2/23 | 乙卯 | 6 | 7 |
| 17 | 2/24 | 丙辰 | 6 | 8 |
| 18 | 2/25 | 丁巳 | 6 | 9 |
| 19 | 2/26 | 戊午 | 6 | 1 |
| 20 | 2/27 | 己未 | 3 | 2 |
| 21 | 2/28 | 庚申 | 3 | 3 |
| 22 | 3/1 | 辛酉 | 3 | 4 |
| 23 | 3/2 | 壬戌 | 3 | 5 |
| 24 | 3/3 | 癸亥 | 3 | 6 |
| 25 | 3/4 | 甲子 | 1 | 7 |
| 26 | 3/5 | 乙丑 | 1 | 8 |
| 27 | 3/6 | 丙寅 | 1 | 9 |
| 28 | 3/7 | 丁卯 | 1 | 1 |
| 29 | 3/8 | 戊辰 | 1 | 2 |
| 30 | 3/9 | 己巳 | 7 | 3 |

# 西元2035年（乙卯）肖兔 民國124年（女艮命）

奇門遁甲局數如標示為 一 ～九表示陰局　　如標示為1 ～9 表示陽局

| 十二月 | | | | | 十一月 | | | | | 十　月 | | | | | 九　月 | | | | | 八　月 | | | | | 七　月 | | | | |
|---|---|---|---|---|---|---|---|---|---|---|---|---|---|---|---|---|---|---|---|---|---|---|---|---|---|---|---|---|---|
| 己丑 | | | | | 戊子 | | | | | 丁亥 | | | | | 丙戌 | | | | | 乙酉 | | | | | 甲申 | | | | |
| 六白金 | | | | | 七赤金 | | | | | 八白土 | | | | | 九紫火 | | | | | 一白水 | | | | | 二黑土 | | | | |
| 大寒 20時13分 | 廿三戌時 | 小寒 02時45分 初九丑時 | 奇門遁甲局數 | | 冬至 09時33分 | 廿三巳時 | 大雪 15時27分 初八申時 | 奇門遁甲局數 | | 小雪 20時05分 | 廿三戌時 | 立冬 22時26分 初八亥時 | 奇門遁甲局數 | | 霜降 22時18分 | 廿三亥時 | 寒露 18時59分 初八酉時 | 奇門遁甲局數 | | 秋分 12時41分 | 廿二午時 | 白露 03時04分 初七寅時 | 奇門遁甲局數 | | 處暑 14時46分 | 二十未時 | 立秋 23時56分 初四子時 | 奇門遁甲局數 | |
| 農曆 | 國曆 | 干支 | 時盤 | 日盤 | 農曆 | 國曆 | 干支 | 時盤 | 日盤 | 農曆 | 國曆 | 干支 | 時盤 | 日盤 | 農曆 | 國曆 | 干支 | 時盤 | 日盤 | 農曆 | 國曆 | 干支 | 時盤 | 日盤 | 農曆 | 國曆 | 干支 | 時盤 | 日盤 |
| 1 | 12/29 | 甲子 | 1 | 1 | 1 | 11/30 | 乙未 | 四 | 二 | 1 | 10/31 | 乙丑 | 六 | 五 | 1 | 10/1 | 乙未 | 六 | 八 | 1 | 9/2 | 丙寅 | 九 | 一 | 1 | 8/4 | 丁酉 | 二 | 三 |
| 2 | 12/30 | 乙丑 | 1 | 2 | 2 | 12/1 | 丙申 | 四 | 一 | 2 | 11/1 | 丙寅 | 六 | 四 | 2 | 10/2 | 丙申 | 六 | 七 | 2 | 9/3 | 丁卯 | 九 | 九 | 2 | 8/5 | 戊戌 | 二 | 二 |
| 3 | 12/31 | 丙寅 | 1 | 3 | 3 | 12/2 | 丁酉 | 四 | 九 | 3 | 11/2 | 丁卯 | 六 | 三 | 3 | 10/3 | 丁酉 | 六 | 六 | 3 | 9/4 | 戊辰 | 九 | 八 | 3 | 8/6 | 己亥 | 五 | 一 |
| 4 | 1/1 | 丁卯 | 1 | 4 | 4 | 12/3 | 戊戌 | 四 | 八 | 4 | 11/3 | 戊辰 | 六 | 二 | 4 | 10/4 | 戊戌 | 六 | 五 | 4 | 9/5 | 己巳 | 三 | 七 | 4 | 8/7 | 庚子 | 五 | 九 |
| 5 | 1/2 | 戊辰 | 1 | 5 | 5 | 12/4 | 己亥 | 七 | 七 | 5 | 11/4 | 己巳 | 九 | 一 | 5 | 10/5 | 己亥 | 九 | 四 | 5 | 9/6 | 庚午 | 三 | 六 | 5 | 8/8 | 辛丑 | 五 | 八 |
| 6 | 1/3 | 己巳 | 7 | 6 | 6 | 12/5 | 庚子 | 七 | 六 | 6 | 11/5 | 庚午 | 九 | 九 | 6 | 10/6 | 庚子 | 九 | 三 | 6 | 9/7 | 辛未 | 三 | 五 | 6 | 8/9 | 壬寅 | 五 | 七 |
| 7 | 1/4 | 庚午 | 7 | 7 | 7 | 12/6 | 辛丑 | 七 | 五 | 7 | 11/6 | 辛未 | 九 | 八 | 7 | 10/7 | 辛丑 | 九 | 二 | 7 | 9/8 | 壬申 | 三 | 四 | 7 | 8/10 | 癸卯 | 五 | 六 |
| 8 | 1/5 | 辛未 | 7 | 8 | 8 | 12/7 | 壬寅 | 七 | 四 | 8 | 11/7 | 壬申 | 九 | 七 | 8 | 10/8 | 壬寅 | 九 | 一 | 8 | 9/9 | 癸酉 | 三 | 三 | 8 | 8/11 | 甲辰 | 八 | 五 |
| 9 | 1/6 | 壬申 | 7 | 9 | 9 | 12/8 | 癸卯 | 七 | 三 | 9 | 11/8 | 癸酉 | 九 | 六 | 9 | 10/9 | 癸卯 | 九 | 九 | 9 | 9/10 | 甲戌 | 六 | 二 | 9 | 8/12 | 乙巳 | 八 | 四 |
| 10 | 1/7 | 癸酉 | 7 | 1 | 10 | 12/9 | 甲辰 | 一 | 二 | 10 | 11/9 | 甲戌 | 三 | 五 | 10 | 10/10 | 甲辰 | 三 | 八 | 10 | 9/11 | 乙亥 | 六 | 一 | 10 | 8/13 | 丙午 | 八 | 三 |
| 11 | 1/8 | 甲戌 | 4 | 2 | 11 | 12/10 | 乙巳 | 一 | 一 | 11 | 11/10 | 乙亥 | 三 | 四 | 11 | 10/11 | 乙巳 | 三 | 七 | 11 | 9/12 | 丙子 | 六 | 九 | 11 | 8/14 | 丁未 | 八 | 二 |
| 12 | 1/9 | 乙亥 | 4 | 3 | 12 | 12/11 | 丙午 | 一 | 九 | 12 | 11/11 | 丙子 | 三 | 三 | 12 | 10/12 | 丙午 | 三 | 六 | 12 | 9/13 | 丁丑 | 六 | 八 | 12 | 8/15 | 戊申 | 八 | 一 |
| 13 | 1/10 | 丙子 | 4 | 4 | 13 | 12/12 | 丁未 | 一 | 八 | 13 | 11/12 | 丁丑 | 三 | 二 | 13 | 10/13 | 丁未 | 三 | 五 | 13 | 9/14 | 戊寅 | 六 | 七 | 13 | 8/16 | 己酉 | 一 | 九 |
| 14 | 1/11 | 丁丑 | 4 | 5 | 14 | 12/13 | 戊申 | 一 | 七 | 14 | 11/13 | 戊寅 | 三 | 一 | 14 | 10/14 | 戊申 | 三 | 四 | 14 | 9/15 | 己卯 | 七 | 六 | 14 | 8/17 | 庚戌 | 一 | 八 |
| 15 | 1/12 | 戊寅 | 4 | 6 | 15 | 12/14 | 己酉 | 四 | 六 | 15 | 11/14 | 己卯 | 五 | 九 | 15 | 10/15 | 己酉 | 五 | 三 | 15 | 9/16 | 庚辰 | 七 | 五 | 15 | 8/18 | 辛亥 | 一 | 七 |
| 16 | 1/13 | 己卯 | 2 | 7 | 16 | 12/15 | 庚戌 | 四 | 五 | 16 | 11/15 | 庚辰 | 五 | 八 | 16 | 10/16 | 庚戌 | 五 | 二 | 16 | 9/17 | 辛巳 | 七 | 四 | 16 | 8/19 | 壬子 | 一 | 六 |
| 17 | 1/14 | 庚辰 | 2 | 8 | 17 | 12/16 | 辛亥 | 四 | 四 | 17 | 11/16 | 辛巳 | 五 | 七 | 17 | 10/17 | 辛亥 | 五 | 一 | 17 | 9/18 | 壬午 | 七 | 三 | 17 | 8/20 | 癸丑 | 一 | 五 |
| 18 | 1/15 | 辛巳 | 2 | 9 | 18 | 12/17 | 壬子 | 四 | 三 | 18 | 11/17 | 壬午 | 五 | 六 | 18 | 10/18 | 壬子 | 五 | 九 | 18 | 9/19 | 癸未 | 七 | 二 | 18 | 8/21 | 甲寅 | 四 | 四 |
| 19 | 1/16 | 壬午 | 2 | 1 | 19 | 12/18 | 癸丑 | 四 | 二 | 19 | 11/18 | 癸未 | 五 | 五 | 19 | 10/19 | 癸丑 | 五 | 八 | 19 | 9/20 | 甲申 | 一 | 一 | 19 | 8/22 | 乙卯 | 四 | 三 |
| 20 | 1/17 | 癸未 | 2 | 2 | 20 | 12/19 | 甲寅 | 七 | 一 | 20 | 11/19 | 甲申 | 八 | 四 | 20 | 10/20 | 甲寅 | 八 | 七 | 20 | 9/21 | 乙酉 | 一 | 九 | 20 | 8/23 | 丙辰 | 四 | 二 |
| 21 | 1/18 | 甲申 | 8 | 3 | 21 | 12/20 | 乙卯 | 七 | 九 | 21 | 11/20 | 乙酉 | 八 | 三 | 21 | 10/21 | 乙卯 | 八 | 六 | 21 | 9/22 | 丙戌 | 一 | 八 | 21 | 8/24 | 丁巳 | 四 | 一 |
| 22 | 1/19 | 乙酉 | 8 | 4 | 22 | 12/21 | 丙辰 | 七 | 八 | 22 | 11/21 | 丙戌 | 八 | 二 | 22 | 10/22 | 丙辰 | 八 | 五 | 22 | 9/23 | 丁亥 | 一 | 七 | 22 | 8/25 | 戊午 | 四 | 九 |
| 23 | 1/20 | 丙戌 | 8 | 5 | 23 | 12/22 | 丁巳 | 七 | 3 | 23 | 11/22 | 丁亥 | 八 | 一 | 23 | 10/23 | 丁巳 | 八 | 四 | 23 | 9/24 | 戊子 | 一 | 六 | 23 | 8/26 | 己未 | 七 | 八 |
| 24 | 1/21 | 丁亥 | 8 | 6 | 24 | 12/23 | 戊午 | 七 | 4 | 24 | 11/23 | 戊子 | 八 | 九 | 24 | 10/24 | 戊午 | 八 | 三 | 24 | 9/25 | 己丑 | 四 | 五 | 24 | 8/27 | 庚申 | 七 | 七 |
| 25 | 1/22 | 戊子 | 8 | 7 | 25 | 12/24 | 己未 | 一 | 5 | 25 | 11/24 | 己丑 | 二 | 八 | 25 | 10/25 | 己未 | 二 | 二 | 25 | 9/26 | 庚寅 | 四 | 四 | 25 | 8/28 | 辛酉 | 七 | 六 |
| 26 | 1/23 | 己丑 | 5 | 8 | 26 | 12/25 | 庚申 | 一 | 6 | 26 | 11/25 | 庚寅 | 二 | 七 | 26 | 10/26 | 庚申 | 二 | 一 | 26 | 9/27 | 辛卯 | 四 | 三 | 26 | 8/29 | 壬戌 | 七 | 五 |
| 27 | 1/24 | 庚寅 | 5 | 9 | 27 | 12/26 | 辛酉 | 一 | 7 | 27 | 11/26 | 辛卯 | 二 | 六 | 27 | 10/27 | 辛酉 | 二 | 九 | 27 | 9/28 | 壬辰 | 四 | 二 | 27 | 8/30 | 癸亥 | 七 | 四 |
| 28 | 1/25 | 辛卯 | 5 | 1 | 28 | 12/27 | 壬戌 | 一 | 8 | 28 | 11/27 | 壬辰 | 二 | 五 | 28 | 10/28 | 壬戌 | 二 | 八 | 28 | 9/29 | 癸巳 | 四 | 一 | 28 | 8/31 | 甲子 | 九 | 三 |
| 29 | 1/26 | 壬辰 | 5 | 2 | 29 | 12/28 | 癸亥 | 一 | 9 | 29 | 11/28 | 癸巳 | 二 | 四 | 29 | 10/29 | 癸亥 | 二 | 七 | 29 | 9/30 | 甲午 | 六 | 九 | 29 | 9/1 | 乙丑 | 九 | 二 |
| 30 | 1/27 | 癸巳 | 5 | 3 | | | | | | 30 | 11/29 | 甲午 | 四 | 三 | 30 | 10/30 | 甲子 | 六 | 六 | | | | | | | | | | |

# 西元2036年（丙辰）肖龍 民國125年（男離命）

奇門遁甲局數如標示為 一 ～九表示陰局　　如標示為1 ～9 表示陽局

| 潤六　月 | | | | | 六　月 | | | | | 五　月 | | | | | 四　月 | | | | | 三　月 | | | | | 二　月 | | | | | 正　月 | | | | |
|---|---|---|---|---|---|---|---|---|---|---|---|---|---|---|---|---|---|---|---|---|---|---|---|---|---|---|---|---|---|---|---|---|---|---|
| 丙申 | | | | | 乙未 | | | | | 甲午 | | | | | 癸巳 | | | | | 壬辰 | | | | | 辛卯 | | | | | 庚寅 | | | | |
| | | | | | 九紫火 | | | | | 一白水 | | | | | 二黑土 | | | | | 三碧木 | | | | | 四綠木 | | | | | 五黃土 | | | | |
| 立秋 05時51分 十六卯時 | | | 奇門遁甲局數 | | 大暑 13時24分 廿九未時 | | 小暑 19時59分 十三戌時 | 奇門遁甲局數 | | 夏至 02時34分 廿七丑時 | | 芒種 09時48分 十一巳時 | 奇門遁甲局數 | | 小滿 18時46分 廿五酉時 | | 立夏 05時51分 初十卯時 | 奇門遁甲局數 | | 穀雨 19時52分 廿三戌時 | | 清明 12時48分 初八午時 | 奇門遁甲局數 | | 春分 09時04分 廿三巳時 | | 驚蟄 08時14分 初八辰時 | 奇門遁甲局數 | | 雨水 10時16分 廿三巳時 | | 立春 14時22分 初八未時 | 奇門遁甲局數 | |
| 農曆 | 國曆 | 干支 | 時盤 | 日盤 | 農曆 | 國曆 | 干支 | 時盤 | 日盤 | 農曆 | 國曆 | 干支 | 時盤 | 日盤 | 農曆 | 國曆 | 干支 | 時盤 | 日盤 | 農曆 | 國曆 | 干支 | 時盤 | 日盤 | 農曆 | 國曆 | 干支 | 時盤 | 日盤 | 農曆 | 國曆 | 干支 | 時盤 | 日盤 |
| 1 | 7/23 | 辛卯 | 五 | 九 | 1 | 6/24 | 壬戌 | 9 | 二 | 1 | 5/26 | 癸巳 | 7 | 6 | 1 | 4/26 | 癸亥 | 7 | 3 | 1 | 3/28 | 甲午 | 3 | 1 | 1 | 2/27 | 甲子 | 9 | 7 | 1 | 1/28 | 甲午 | 3 | 4 |
| 2 | 7/24 | 壬辰 | 五 | 八 | 2 | 6/25 | 癸亥 | 9 | 一 | 2 | 5/27 | 甲午 | 5 | 7 | 2 | 4/27 | 甲子 | 5 | 4 | 2 | 3/29 | 乙未 | 3 | 2 | 2 | 2/28 | 乙丑 | 9 | 8 | 2 | 1/29 | 乙未 | 3 | 5 |
| 3 | 7/25 | 癸巳 | 五 | 七 | 3 | 6/26 | 甲子 | 九 | 九 | 3 | 5/28 | 乙未 | 5 | 8 | 3 | 4/28 | 乙丑 | 5 | 5 | 3 | 3/30 | 丙申 | 3 | 3 | 3 | 2/29 | 丙寅 | 9 | 9 | 3 | 1/30 | 丙申 | 3 | 6 |
| 4 | 7/26 | 甲午 | 七 | 六 | 4 | 6/27 | 乙丑 | 九 | 八 | 4 | 5/29 | 丙申 | 5 | 9 | 4 | 4/29 | 丙寅 | 5 | 6 | 4 | 3/31 | 丁酉 | 3 | 4 | 4 | 3/1 | 丁卯 | 9 | 1 | 4 | 1/31 | 丁酉 | 3 | 7 |
| 5 | 7/27 | 乙未 | 七 | 五 | 5 | 6/28 | 丙寅 | 九 | 七 | 5 | 5/30 | 丁酉 | 5 | 1 | 5 | 4/30 | 丁卯 | 5 | 7 | 5 | 4/1 | 戊戌 | 3 | 5 | 5 | 3/2 | 戊辰 | 9 | 2 | 5 | 2/1 | 戊戌 | 3 | 8 |
| 6 | 7/28 | 丙申 | 七 | 四 | 6 | 6/29 | 丁卯 | 九 | 六 | 6 | 5/31 | 戊戌 | 5 | 2 | 6 | 5/1 | 戊辰 | 5 | 8 | 6 | 4/2 | 己亥 | 9 | 6 | 6 | 3/3 | 己巳 | 6 | 3 | 6 | 2/2 | 己亥 | 9 | 9 |
| 7 | 7/29 | 丁酉 | 七 | 三 | 7 | 6/30 | 戊辰 | 九 | 五 | 7 | 6/1 | 己亥 | 2 | 3 | 7 | 5/2 | 己巳 | 2 | 9 | 7 | 4/3 | 庚子 | 9 | 7 | 7 | 3/4 | 庚午 | 6 | 4 | 7 | 2/3 | 庚子 | 9 | 1 |
| 8 | 7/30 | 戊戌 | 七 | 二 | 8 | 7/1 | 己巳 | 三 | 四 | 8 | 6/2 | 庚子 | 2 | 4 | 8 | 5/3 | 庚午 | 2 | 1 | 8 | 4/4 | 辛丑 | 9 | 8 | 8 | 3/5 | 辛未 | 6 | 5 | 8 | 2/4 | 辛丑 | 9 | 2 |
| 9 | 7/31 | 己亥 | 一 | 一 | 9 | 7/2 | 庚午 | 三 | 三 | 9 | 6/3 | 辛丑 | 2 | 5 | 9 | 5/4 | 辛未 | 2 | 2 | 9 | 4/5 | 壬寅 | 9 | 9 | 9 | 3/6 | 壬申 | 6 | 6 | 9 | 2/5 | 壬寅 | 9 | 3 |
| 10 | 8/1 | 庚子 | 一 | 九 | 10 | 7/3 | 辛未 | 三 | 二 | 10 | 6/4 | 壬寅 | 2 | 6 | 10 | 5/5 | 壬申 | 2 | 3 | 10 | 4/6 | 癸卯 | 9 | 1 | 10 | 3/7 | 癸酉 | 6 | 7 | 10 | 2/6 | 癸卯 | 9 | 4 |
| 11 | 8/2 | 辛丑 | 一 | 八 | 11 | 7/4 | 壬申 | 三 | 一 | 11 | 6/5 | 癸卯 | 2 | 7 | 11 | 5/6 | 癸酉 | 2 | 4 | 11 | 4/7 | 甲辰 | 6 | 2 | 11 | 3/8 | 甲戌 | 3 | 8 | 11 | 2/7 | 甲辰 | 6 | 5 |
| 12 | 8/3 | 壬寅 | 一 | 七 | 12 | 7/5 | 癸酉 | 三 | 九 | 12 | 6/6 | 甲辰 | 8 | 8 | 12 | 5/7 | 甲戌 | 8 | 5 | 12 | 4/8 | 乙巳 | 6 | 3 | 12 | 3/9 | 乙亥 | 3 | 9 | 12 | 2/8 | 乙巳 | 6 | 6 |
| 13 | 8/4 | 癸卯 | 一 | 六 | 13 | 7/6 | 甲戌 | 六 | 八 | 13 | 6/7 | 乙巳 | 8 | 9 | 13 | 5/8 | 乙亥 | 8 | 6 | 13 | 4/9 | 丙午 | 6 | 4 | 13 | 3/10 | 丙子 | 3 | 1 | 13 | 2/9 | 丙午 | 6 | 7 |
| 14 | 8/5 | 甲辰 | 四 | 五 | 14 | 7/7 | 乙亥 | 六 | 七 | 14 | 6/8 | 丙午 | 8 | 1 | 14 | 5/9 | 丙子 | 8 | 7 | 14 | 4/10 | 丁未 | 6 | 5 | 14 | 3/11 | 丁丑 | 3 | 2 | 14 | 2/10 | 丁未 | 6 | 8 |
| 15 | 8/6 | 乙巳 | 四 | 四 | 15 | 7/8 | 丙子 | 六 | 六 | 15 | 6/9 | 丁未 | 8 | 2 | 15 | 5/10 | 丁丑 | 8 | 8 | 15 | 4/11 | 戊申 | 6 | 6 | 15 | 3/12 | 戊寅 | 3 | 3 | 15 | 2/11 | 戊申 | 6 | 9 |
| 16 | 8/7 | 丙午 | 四 | 三 | 16 | 7/9 | 丁丑 | 六 | 五 | 16 | 6/10 | 戊申 | 8 | 3 | 16 | 5/11 | 戊寅 | 8 | 9 | 16 | 4/12 | 己酉 | 4 | 7 | 16 | 3/13 | 己卯 | 1 | 4 | 16 | 2/12 | 己酉 | 8 | 1 |
| 17 | 8/8 | 丁未 | 四 | 二 | 17 | 7/10 | 戊寅 | 六 | 四 | 17 | 6/11 | 己酉 | 6 | 4 | 17 | 5/12 | 己卯 | 4 | 1 | 17 | 4/13 | 庚戌 | 4 | 8 | 17 | 3/14 | 庚辰 | 1 | 5 | 17 | 2/13 | 庚戌 | 8 | 2 |
| 18 | 8/9 | 戊申 | 四 | 一 | 18 | 7/11 | 己卯 | 八 | 三 | 18 | 6/12 | 庚戌 | 6 | 5 | 18 | 5/13 | 庚辰 | 4 | 2 | 18 | 4/14 | 辛亥 | 4 | 9 | 18 | 3/15 | 辛巳 | 1 | 6 | 18 | 2/14 | 辛亥 | 8 | 3 |
| 19 | 8/10 | 己酉 | 二 | 九 | 19 | 7/12 | 庚辰 | 八 | 二 | 19 | 6/13 | 辛亥 | 6 | 6 | 19 | 5/14 | 辛巳 | 4 | 3 | 19 | 4/15 | 壬子 | 4 | 1 | 19 | 3/16 | 壬午 | 1 | 7 | 19 | 2/15 | 壬子 | 8 | 4 |
| 20 | 8/11 | 庚戌 | 二 | 八 | 20 | 7/13 | 辛巳 | 八 | 一 | 20 | 6/14 | 壬子 | 6 | 7 | 20 | 5/15 | 壬午 | 4 | 4 | 20 | 4/16 | 癸丑 | 4 | 2 | 20 | 3/17 | 癸未 | 1 | 8 | 20 | 2/16 | 癸丑 | 8 | 5 |
| 21 | 8/12 | 辛亥 | 二 | 七 | 21 | 7/14 | 壬午 | 八 | 九 | 21 | 6/15 | 癸丑 | 6 | 8 | 21 | 5/16 | 癸未 | 4 | 5 | 21 | 4/17 | 甲寅 | 1 | 3 | 21 | 3/18 | 甲申 | 7 | 9 | 21 | 2/17 | 甲寅 | 5 | 6 |
| 22 | 8/13 | 壬子 | 二 | 六 | 22 | 7/15 | 癸未 | 八 | 八 | 22 | 6/16 | 甲寅 | 3 | 9 | 22 | 5/17 | 甲申 | 1 | 6 | 22 | 4/18 | 乙卯 | 1 | 4 | 22 | 3/19 | 乙酉 | 7 | 1 | 22 | 2/18 | 乙卯 | 5 | 7 |
| 23 | 8/14 | 癸丑 | 二 | 五 | 23 | 7/16 | 甲申 | 二 | 七 | 23 | 6/17 | 乙卯 | 3 | 1 | 23 | 5/18 | 乙酉 | 1 | 7 | 23 | 4/19 | 丙辰 | 1 | 5 | 23 | 3/20 | 丙戌 | 7 | 2 | 23 | 2/19 | 丙辰 | 5 | 8 |
| 24 | 8/15 | 甲寅 | 五 | 四 | 24 | 7/17 | 乙酉 | 二 | 六 | 24 | 6/18 | 丙辰 | 3 | 2 | 24 | 5/19 | 丙戌 | 1 | 8 | 24 | 4/20 | 丁巳 | 1 | 6 | 24 | 3/21 | 丁亥 | 7 | 3 | 24 | 2/20 | 丁巳 | 5 | 9 |
| 25 | 8/16 | 乙卯 | 五 | 三 | 25 | 7/18 | 丙戌 | 二 | 五 | 25 | 6/19 | 丁巳 | 3 | 3 | 25 | 5/20 | 丁亥 | 1 | 9 | 25 | 4/21 | 戊午 | 1 | 7 | 25 | 3/22 | 戊子 | 7 | 4 | 25 | 2/21 | 戊午 | 5 | 1 |
| 26 | 8/17 | 丙辰 | 五 | 二 | 26 | 7/19 | 丁亥 | 二 | 四 | 26 | 6/20 | 戊午 | 3 | 4 | 26 | 5/21 | 戊子 | 1 | 1 | 26 | 4/22 | 己未 | 7 | 8 | 26 | 3/23 | 己丑 | 4 | 5 | 26 | 2/22 | 己未 | 2 | 2 |
| 27 | 8/18 | 丁巳 | 五 | 一 | 27 | 7/20 | 戊子 | 二 | 三 | 27 | 6/21 | 己未 | 9 | 五 | 27 | 5/22 | 己丑 | 7 | 2 | 27 | 4/23 | 庚申 | 7 | 9 | 27 | 3/24 | 庚寅 | 4 | 6 | 27 | 2/23 | 庚申 | 2 | 3 |
| 28 | 8/19 | 戊午 | 五 | 九 | 28 | 7/21 | 己丑 | 五 | 二 | 28 | 6/22 | 庚申 | 9 | 四 | 28 | 5/23 | 庚寅 | 7 | 3 | 28 | 4/24 | 辛酉 | 7 | 1 | 28 | 3/25 | 辛卯 | 4 | 7 | 28 | 2/24 | 辛酉 | 2 | 4 |
| 29 | 8/20 | 己未 | 八 | 八 | 29 | 7/22 | 庚寅 | 五 | 一 | 29 | 6/23 | 辛酉 | 9 | 三 | 29 | 5/24 | 辛卯 | 7 | 4 | 29 | 4/25 | 壬戌 | 7 | 2 | 29 | 3/26 | 壬辰 | 4 | 8 | 29 | 2/25 | 壬戌 | 2 | 5 |
| 30 | 8/21 | 庚申 | 八 | 七 | | | | | | | | | | | 30 | 5/25 | 壬辰 | 7 | 5 | | | | | | 30 | 3/27 | 癸巳 | 4 | 9 | 30 | 2/26 | 癸亥 | 2 | 6 |

# 西元2036年（丙辰）肖龍 民國125年（女乾命）

奇門遁甲局數如標示為 一 ～九表示陰局　　如標示為1 ～9 表示陽局

| 十二月 | | | | | 十一月 | | | | | 十　月 | | | | | 九　月 | | | | | 八　月 | | | | | 七　月 | | | | |
|---|---|---|---|---|---|---|---|---|---|---|---|---|---|---|---|---|---|---|---|---|---|---|---|---|---|---|---|---|---|
| 辛丑 | | | | | 庚子 | | | | | 己亥 | | | | | 戊戌 | | | | | 丁酉 | | | | | 丙申 | | | | |
| 三碧木 | | | | | 四綠木 | | | | | 五黃土 | | | | | 六白金 | | | | | 七赤金 | | | | | 八白土 | | | | |
| 立春 20時13分 十九戌時 | | 大寒 01時56分 初五丑時 | 奇門遁甲局數 | | 小寒 08時36分 二十辰時 | | 冬至 15時15分 初五申時 | 奇門遁甲局數 | | 大雪 21時18分 十九亥時 | | 小雪 01時47分 初五丑時 | 奇門遁甲局數 | | 立冬 04時16分 二十寅時 | | 霜降 04時01分 初五寅時 | 奇門遁甲局數 | | 寒露 00時51分 十九子時 | | 秋分 18時25分 初三酉時 | 奇門遁甲局數 | | 白露 08時56分 十七辰時 | | 處暑 20時34分 初一戌時 | 奇門遁甲局數 | |
| 農曆 | 國曆 | 干支 | 時盤 | 日盤 | 農曆 | 國曆 | 干支 | 時盤 | 日盤 | 農曆 | 國曆 | 干支 | 時盤 | 日盤 | 農曆 | 國曆 | 干支 | 時盤 | 日盤 | 農曆 | 國曆 | 干支 | 時盤 | 日盤 | 農曆 | 國曆 | 干支 | 時盤 | 日盤 |
| 1 | 1/16 | 戊子 | 8 | 7 | 1 | 12/17 | 戊午 | 七 | 六 | 1 | 11/18 | 己丑 | 三 | 八 | 1 | 10/19 | 己未 | 三 | 二 | 1 | 9/20 | 庚寅 | 六 | 四 | 1 | 8/22 | 辛酉 | 八 | 六 |
| 2 | 1/17 | 己丑 | 5 | 8 | 2 | 12/18 | 己未 | 一 | 五 | 2 | 11/19 | 庚寅 | 三 | 七 | 2 | 10/20 | 庚申 | 三 | 一 | 2 | 9/21 | 辛卯 | 六 | 三 | 2 | 8/23 | 壬戌 | 八 | 五 |
| 3 | 1/18 | 庚寅 | 5 | 9 | 3 | 12/19 | 庚申 | 一 | 四 | 3 | 11/20 | 辛卯 | 三 | 六 | 3 | 10/21 | 辛酉 | 三 | 九 | 3 | 9/22 | 壬辰 | 六 | 二 | 3 | 8/24 | 癸亥 | 八 | 四 |
| 4 | 1/19 | 辛卯 | 5 | 1 | 4 | 12/20 | 辛酉 | 一 | 三 | 4 | 11/21 | 壬辰 | 三 | 五 | 4 | 10/22 | 壬戌 | 三 | 八 | 4 | 9/23 | 癸巳 | 六 | 一 | 4 | 8/25 | 甲子 | 一 | 三 |
| 5 | 1/20 | 壬辰 | 5 | 2 | 5 | 12/21 | 壬戌 | 一 | 8 | 5 | 11/22 | 癸巳 | 三 | 四 | 5 | 10/23 | 癸亥 | 三 | 七 | 5 | 9/24 | 甲午 | 七 | 九 | 5 | 8/26 | 乙丑 | 一 | 二 |
| 6 | 1/21 | 癸巳 | 5 | 3 | 6 | 12/22 | 癸亥 | 一 | 9 | 6 | 11/23 | 甲午 | 五 | 三 | 6 | 10/24 | 甲子 | 五 | 六 | 6 | 9/25 | 乙未 | 七 | 八 | 6 | 8/27 | 丙寅 | 一 | 一 |
| 7 | 1/22 | 甲午 | 3 | 4 | 7 | 12/23 | 甲子 | 1 | 1 | 7 | 11/24 | 乙未 | 五 | 二 | 7 | 10/25 | 乙丑 | 五 | 五 | 7 | 9/26 | 丙申 | 七 | 七 | 7 | 8/28 | 丁卯 | 一 | 九 |
| 8 | 1/23 | 乙未 | 3 | 5 | 8 | 12/24 | 乙丑 | 1 | 2 | 8 | 11/25 | 丙申 | 五 | 一 | 8 | 10/26 | 丙寅 | 五 | 四 | 8 | 9/27 | 丁酉 | 七 | 六 | 8 | 8/29 | 戊辰 | 一 | 八 |
| 9 | 1/24 | 丙申 | 3 | 6 | 9 | 12/25 | 丙寅 | 1 | 3 | 9 | 11/26 | 丁酉 | 五 | 九 | 9 | 10/27 | 丁卯 | 五 | 三 | 9 | 9/28 | 戊戌 | 七 | 五 | 9 | 8/30 | 己巳 | 四 | 七 |
| 10 | 1/25 | 丁酉 | 3 | 7 | 10 | 12/26 | 丁卯 | 1 | 4 | 10 | 11/27 | 戊戌 | 五 | 八 | 10 | 10/28 | 戊辰 | 五 | 二 | 10 | 9/29 | 己亥 | 一 | 四 | 10 | 8/31 | 庚午 | 四 | 六 |
| 11 | 1/26 | 戊戌 | 3 | 8 | 11 | 12/27 | 戊辰 | 1 | 5 | 11 | 11/28 | 己亥 | 八 | 七 | 11 | 10/29 | 己巳 | 八 | 一 | 11 | 9/30 | 庚子 | 一 | 三 | 11 | 9/1 | 辛未 | 四 | 五 |
| 12 | 1/27 | 己亥 | 9 | 9 | 12 | 12/28 | 己巳 | 7 | 6 | 12 | 11/29 | 庚子 | 八 | 六 | 12 | 10/30 | 庚午 | 八 | 九 | 12 | 10/1 | 辛丑 | 一 | 二 | 12 | 9/2 | 壬申 | 四 | 四 |
| 13 | 1/28 | 庚子 | 9 | 1 | 13 | 12/29 | 庚午 | 7 | 7 | 13 | 11/30 | 辛丑 | 八 | 五 | 13 | 10/31 | 辛未 | 八 | 八 | 13 | 10/2 | 壬寅 | 一 | 一 | 13 | 9/3 | 癸酉 | 四 | 三 |
| 14 | 1/29 | 辛丑 | 9 | 2 | 14 | 12/30 | 辛未 | 7 | 8 | 14 | 12/1 | 壬寅 | 八 | 四 | 14 | 11/1 | 壬申 | 八 | 七 | 14 | 10/3 | 癸卯 | 一 | 九 | 14 | 9/4 | 甲戌 | 七 | 二 |
| 15 | 1/30 | 壬寅 | 9 | 3 | 15 | 12/31 | 壬申 | 7 | 9 | 15 | 12/2 | 癸卯 | 八 | 三 | 15 | 11/2 | 癸酉 | 八 | 六 | 15 | 10/4 | 甲辰 | 四 | 八 | 15 | 9/5 | 乙亥 | 七 | 一 |
| 16 | 1/31 | 癸卯 | 9 | 4 | 16 | 1/1 | 癸酉 | 7 | 1 | 16 | 12/3 | 甲辰 | 二 | 二 | 16 | 11/3 | 甲戌 | 二 | 五 | 16 | 10/5 | 乙巳 | 四 | 七 | 16 | 9/6 | 丙子 | 七 | 九 |
| 17 | 2/1 | 甲辰 | 6 | 5 | 17 | 1/2 | 甲戌 | 4 | 2 | 17 | 12/4 | 乙巳 | 二 | 一 | 17 | 11/4 | 乙亥 | 二 | 四 | 17 | 10/6 | 丙午 | 四 | 六 | 17 | 9/7 | 丁丑 | 七 | 八 |
| 18 | 2/2 | 乙巳 | 6 | 6 | 18 | 1/3 | 乙亥 | 4 | 3 | 18 | 12/5 | 丙午 | 二 | 九 | 18 | 11/5 | 丙子 | 二 | 三 | 18 | 10/7 | 丁未 | 四 | 五 | 18 | 9/8 | 戊寅 | 七 | 七 |
| 19 | 2/3 | 丙午 | 6 | 7 | 19 | 1/4 | 丙子 | 4 | 4 | 19 | 12/6 | 丁未 | 二 | 八 | 19 | 11/6 | 丁丑 | 二 | 二 | 19 | 10/8 | 戊申 | 四 | 四 | 19 | 9/9 | 己卯 | 九 | 六 |
| 20 | 2/4 | 丁未 | 6 | 8 | 20 | 1/5 | 丁丑 | 4 | 5 | 20 | 12/7 | 戊申 | 二 | 七 | 20 | 11/7 | 戊寅 | 二 | 一 | 20 | 10/9 | 己酉 | 六 | 三 | 20 | 9/10 | 庚辰 | 九 | 五 |
| 21 | 2/5 | 戊申 | 6 | 9 | 21 | 1/6 | 戊寅 | 4 | 6 | 21 | 12/8 | 己酉 | 四 | 六 | 21 | 11/8 | 己卯 | 六 | 九 | 21 | 10/10 | 庚戌 | 六 | 二 | 21 | 9/11 | 辛巳 | 九 | 四 |
| 22 | 2/6 | 己酉 | 8 | 1 | 22 | 1/7 | 己卯 | 2 | 7 | 22 | 12/9 | 庚戌 | 四 | 五 | 22 | 11/9 | 庚辰 | 六 | 八 | 22 | 10/11 | 辛亥 | 六 | 一 | 22 | 9/12 | 壬午 | 九 | 三 |
| 23 | 2/7 | 庚戌 | 8 | 2 | 23 | 1/8 | 庚辰 | 2 | 8 | 23 | 12/10 | 辛亥 | 四 | 四 | 23 | 11/10 | 辛巳 | 六 | 七 | 23 | 10/12 | 壬子 | 六 | 九 | 23 | 9/13 | 癸未 | 九 | 二 |
| 24 | 2/8 | 辛亥 | 8 | 3 | 24 | 1/9 | 辛巳 | 2 | 9 | 24 | 12/11 | 壬子 | 四 | 三 | 24 | 11/11 | 壬午 | 六 | 六 | 24 | 10/13 | 癸丑 | 六 | 八 | 24 | 9/14 | 甲申 | 三 | 一 |
| 25 | 2/9 | 壬子 | 8 | 4 | 25 | 1/10 | 壬午 | 2 | 1 | 25 | 12/12 | 癸丑 | 四 | 二 | 25 | 11/12 | 癸未 | 六 | 五 | 25 | 10/14 | 甲寅 | 九 | 七 | 25 | 9/15 | 乙酉 | 三 | 九 |
| 26 | 2/10 | 癸丑 | 8 | 5 | 26 | 1/11 | 癸未 | 2 | 2 | 26 | 12/13 | 甲寅 | 七 | 一 | 26 | 11/13 | 甲申 | 九 | 四 | 26 | 10/15 | 乙卯 | 九 | 六 | 26 | 9/16 | 丙戌 | 三 | 八 |
| 27 | 2/11 | 甲寅 | 5 | 6 | 27 | 1/12 | 甲申 | 8 | 3 | 27 | 12/14 | 乙卯 | 七 | 九 | 27 | 11/14 | 乙酉 | 九 | 三 | 27 | 10/16 | 丙辰 | 九 | 五 | 27 | 9/17 | 丁亥 | 三 | 七 |
| 28 | 2/12 | 乙卯 | 5 | 7 | 28 | 1/13 | 乙酉 | 8 | 4 | 28 | 12/15 | 丙辰 | 七 | 八 | 28 | 11/15 | 丙戌 | 九 | 二 | 28 | 10/17 | 丁巳 | 九 | 四 | 28 | 9/18 | 戊子 | 三 | 六 |
| 29 | 2/13 | 丙辰 | 5 | 8 | 29 | 1/14 | 丙戌 | 8 | 5 | 29 | 12/16 | 丁巳 | 七 | 七 | 29 | 11/16 | 丁亥 | 九 | 一 | 29 | 10/18 | 戊午 | 九 | 三 | 29 | 9/19 | 己丑 | 六 | 五 |
| 30 | 2/14 | 丁巳 | 5 | 9 | 30 | 1/15 | 丁亥 | 8 | 6 | | | | | | 30 | 11/17 | 戊子 | 九 | 九 | | | | | | | | | | |

# 西元2037年（丁巳）肖蛇 民國126年（男艮命）

奇門遁甲局數如標示為 一 ～九表示陰局　　如標示為1 ～9 表示陽局

| 六　月 | | | | | 五　月 | | | | | 四　月 | | | | | 三　月 | | | | | 二　月 | | | | | 正　月 | | | | |
|---|---|---|---|---|---|---|---|---|---|---|---|---|---|---|---|---|---|---|---|---|---|---|---|---|---|---|---|---|---|
| 丁未 | | | | | 丙午 | | | | | 乙巳 | | | | | 甲辰 | | | | | 癸卯 | | | | | 壬寅 | | | | |
| 六白金 | | | | | 七赤金 | | | | | 八白土 | | | | | 九紫火 | | | | | 一白水 | | | | | 二黑土 | | | | |
| 立秋 | | 大暑 | 奇門遁甲局數 | | 小暑 | | 夏至 | 奇門遁甲局數 | | 芒種 | | 小滿 | 奇門遁甲局數 | | 立夏 | | 穀雨 | 奇門遁甲局數 | | 清明 | | 春分 | 奇門遁甲局數 | | 驚蟄 | | 雨水 | 奇門遁甲局數 | |
| 11時44分 | 廿六午時 | 19時14分 初十戌時 | | | 01時57分 | 廿四丑時 | 08時24分 初八辰時 | | | 15時48分 | 廿二申時 | 00時37分 初七子時 | | | 11時51分 | 二十午時 | 01時42分 初五丑時 | | | 18時46分 | 十九酉時 | 14時52分 初四未時 | | | 14時08分 | 十九未時 | 16時01分 初四申時 | | |
| 農曆 | 國曆 | 干支 | 時盤 | 日盤 | 農曆 | 國曆 | 干支 | 時盤 | 日盤 | 農曆 | 國曆 | 干支 | 時盤 | 日盤 | 農曆 | 國曆 | 干支 | 時盤 | 日盤 | 農曆 | 國曆 | 干支 | 時盤 | 日盤 | 農曆 | 國曆 | 干支 | 時盤 | 日盤 |
| 1 | 7/13 | 丙戌 | 二 | 五 | 1 | 6/14 | 丁巳 | 3 | 3 | 1 | 5/15 | 丁亥 | 1 | 9 | 1 | 4/16 | 戊午 | 1 | 7 | 1 | 3/17 | 戊子 | 7 | 4 | 1 | 2/15 | 戊午 | 5 | 1 |
| 2 | 7/14 | 丁亥 | 二 | 四 | 2 | 6/15 | 戊午 | 3 | 4 | 2 | 5/16 | 戊子 | 1 | 1 | 2 | 4/17 | 己未 | 7 | 8 | 2 | 3/18 | 己丑 | 4 | 5 | 2 | 2/16 | 己未 | 2 | 2 |
| 3 | 7/15 | 戊子 | 二 | 三 | 3 | 6/16 | 己未 | 9 | 5 | 3 | 5/17 | 己丑 | 7 | 2 | 3 | 4/18 | 庚申 | 7 | 9 | 3 | 3/19 | 庚寅 | 4 | 6 | 3 | 2/17 | 庚申 | 2 | 3 |
| 4 | 7/16 | 己丑 | 五 | 二 | 4 | 6/17 | 庚申 | 9 | 6 | 4 | 5/18 | 庚寅 | 7 | 3 | 4 | 4/19 | 辛酉 | 7 | 1 | 4 | 3/20 | 辛卯 | 4 | 7 | 4 | 2/18 | 辛酉 | 2 | 4 |
| 5 | 7/17 | 庚寅 | 五 | 一 | 5 | 6/18 | 辛酉 | 9 | 7 | 5 | 5/19 | 辛卯 | 7 | 4 | 5 | 4/20 | 壬戌 | 7 | 2 | 5 | 3/21 | 壬辰 | 4 | 8 | 5 | 2/19 | 壬戌 | 2 | 5 |
| 6 | 7/18 | 辛卯 | 五 | 九 | 6 | 6/19 | 壬戌 | 9 | 8 | 6 | 5/20 | 壬辰 | 7 | 5 | 6 | 4/21 | 癸亥 | 7 | 3 | 6 | 3/22 | 癸巳 | 4 | 9 | 6 | 2/20 | 癸亥 | 2 | 6 |
| 7 | 7/19 | 壬辰 | 五 | 八 | 7 | 6/20 | 癸亥 | 9 | 9 | 7 | 5/21 | 癸巳 | 7 | 6 | 7 | 4/22 | 甲子 | 5 | 4 | 7 | 3/23 | 甲午 | 3 | 1 | 7 | 2/21 | 甲子 | 9 | 7 |
| 8 | 7/20 | 癸巳 | 五 | 七 | 8 | 6/21 | 甲子 | 九 | 九 | 8 | 5/22 | 甲午 | 5 | 7 | 8 | 4/23 | 乙丑 | 5 | 5 | 8 | 3/24 | 乙未 | 3 | 2 | 8 | 2/22 | 乙丑 | 9 | 8 |
| 9 | 7/21 | 甲午 | 七 | 六 | 9 | 6/22 | 乙丑 | 九 | 八 | 9 | 5/23 | 乙未 | 5 | 8 | 9 | 4/24 | 丙寅 | 5 | 6 | 9 | 3/25 | 丙申 | 3 | 3 | 9 | 2/23 | 丙寅 | 9 | 9 |
| 10 | 7/22 | 乙未 | 七 | 五 | 10 | 6/23 | 丙寅 | 九 | 七 | 10 | 5/24 | 丙申 | 5 | 9 | 10 | 4/25 | 丁卯 | 5 | 7 | 10 | 3/26 | 丁酉 | 3 | 4 | 10 | 2/24 | 丁卯 | 9 | 1 |
| 11 | 7/23 | 丙申 | 七 | 四 | 11 | 6/24 | 丁卯 | 九 | 六 | 11 | 5/25 | 丁酉 | 5 | 1 | 11 | 4/26 | 戊辰 | 5 | 8 | 11 | 3/27 | 戊戌 | 3 | 5 | 11 | 2/25 | 戊辰 | 9 | 2 |
| 12 | 7/24 | 丁酉 | 七 | 三 | 12 | 6/25 | 戊辰 | 九 | 五 | 12 | 5/26 | 戊戌 | 5 | 2 | 12 | 4/27 | 己巳 | 2 | 9 | 12 | 3/28 | 己亥 | 9 | 6 | 12 | 2/26 | 己巳 | 6 | 3 |
| 13 | 7/25 | 戊戌 | 七 | 二 | 13 | 6/26 | 己巳 | 三 | 四 | 13 | 5/27 | 己亥 | 2 | 3 | 13 | 4/28 | 庚午 | 2 | 1 | 13 | 3/29 | 庚子 | 9 | 7 | 13 | 2/27 | 庚午 | 6 | 4 |
| 14 | 7/26 | 己亥 | 一 | 一 | 14 | 6/27 | 庚午 | 三 | 三 | 14 | 5/28 | 庚子 | 2 | 4 | 14 | 4/29 | 辛未 | 2 | 2 | 14 | 3/30 | 辛丑 | 9 | 8 | 14 | 2/28 | 辛未 | 6 | 5 |
| 15 | 7/27 | 庚子 | 一 | 九 | 15 | 6/28 | 辛未 | 三 | 二 | 15 | 5/29 | 辛丑 | 2 | 5 | 15 | 4/30 | 壬申 | 2 | 3 | 15 | 3/31 | 壬寅 | 9 | 9 | 15 | 3/1 | 壬申 | 6 | 6 |
| 16 | 7/28 | 辛丑 | 一 | 八 | 16 | 6/29 | 壬申 | 三 | 一 | 16 | 5/30 | 壬寅 | 2 | 6 | 16 | 5/1 | 癸酉 | 2 | 4 | 16 | 4/1 | 癸卯 | 9 | 1 | 16 | 3/2 | 癸酉 | 6 | 7 |
| 17 | 7/29 | 壬寅 | 一 | 七 | 17 | 6/30 | 癸酉 | 三 | 九 | 17 | 5/31 | 癸卯 | 2 | 7 | 17 | 5/2 | 甲戌 | 8 | 5 | 17 | 4/2 | 甲辰 | 6 | 2 | 17 | 3/3 | 甲戌 | 3 | 8 |
| 18 | 7/30 | 癸卯 | 一 | 六 | 18 | 7/1 | 甲戌 | 六 | 八 | 18 | 6/1 | 甲辰 | 8 | 8 | 18 | 5/3 | 乙亥 | 8 | 6 | 18 | 4/3 | 乙巳 | 6 | 3 | 18 | 3/4 | 乙亥 | 3 | 9 |
| 19 | 7/31 | 甲辰 | 四 | 五 | 19 | 7/2 | 乙亥 | 六 | 七 | 19 | 6/2 | 乙巳 | 8 | 9 | 19 | 5/4 | 丙子 | 8 | 7 | 19 | 4/4 | 丙午 | 6 | 4 | 19 | 3/5 | 丙子 | 3 | 1 |
| 20 | 8/1 | 乙巳 | 四 | 四 | 20 | 7/3 | 丙子 | 六 | 六 | 20 | 6/3 | 丙午 | 8 | 1 | 20 | 5/5 | 丁丑 | 8 | 8 | 20 | 4/5 | 丁未 | 6 | 5 | 20 | 3/6 | 丁丑 | 3 | 2 |
| 21 | 8/2 | 丙午 | 四 | 三 | 21 | 7/4 | 丁丑 | 六 | 五 | 21 | 6/4 | 丁未 | 8 | 2 | 21 | 5/6 | 戊寅 | 8 | 9 | 21 | 4/6 | 戊申 | 6 | 6 | 21 | 3/7 | 戊寅 | 3 | 3 |
| 22 | 8/3 | 丁未 | 四 | 二 | 22 | 7/5 | 戊寅 | 六 | 四 | 22 | 6/5 | 戊申 | 8 | 3 | 22 | 5/7 | 己卯 | 4 | 1 | 22 | 4/7 | 己酉 | 4 | 7 | 22 | 3/8 | 己卯 | 1 | 4 |
| 23 | 8/4 | 戊申 | 四 | 一 | 23 | 7/6 | 己卯 | 八 | 三 | 23 | 6/6 | 己酉 | 6 | 4 | 23 | 5/8 | 庚辰 | 4 | 2 | 23 | 4/8 | 庚戌 | 4 | 8 | 23 | 3/9 | 庚辰 | 1 | 5 |
| 24 | 8/5 | 己酉 | 二 | 九 | 24 | 7/7 | 庚辰 | 八 | 二 | 24 | 6/7 | 庚戌 | 6 | 5 | 24 | 5/9 | 辛巳 | 4 | 3 | 24 | 4/9 | 辛亥 | 4 | 9 | 24 | 3/10 | 辛巳 | 1 | 6 |
| 25 | 8/6 | 庚戌 | 二 | 八 | 25 | 7/8 | 辛巳 | 八 | 一 | 25 | 6/8 | 辛亥 | 6 | 6 | 25 | 5/10 | 壬午 | 4 | 4 | 25 | 4/10 | 壬子 | 4 | 1 | 25 | 3/11 | 壬午 | 1 | 7 |
| 26 | 8/7 | 辛亥 | 二 | 七 | 26 | 7/9 | 壬午 | 八 | 九 | 26 | 6/9 | 壬子 | 6 | 7 | 26 | 5/11 | 癸未 | 4 | 5 | 26 | 4/11 | 癸丑 | 4 | 2 | 26 | 3/12 | 癸未 | 1 | 8 |
| 27 | 8/8 | 壬子 | 二 | 六 | 27 | 7/10 | 癸未 | 八 | 八 | 27 | 6/10 | 癸丑 | 6 | 8 | 27 | 5/12 | 甲申 | 1 | 6 | 27 | 4/12 | 甲寅 | 1 | 3 | 27 | 3/13 | 甲申 | 7 | 9 |
| 28 | 8/9 | 癸丑 | 二 | 五 | 28 | 7/11 | 甲申 | 二 | 七 | 28 | 6/11 | 甲寅 | 3 | 9 | 28 | 5/13 | 乙酉 | 1 | 7 | 28 | 4/13 | 乙卯 | 1 | 4 | 28 | 3/14 | 乙酉 | 7 | 1 |
| 29 | 8/10 | 甲寅 | 五 | 四 | 29 | 7/12 | 乙酉 | 二 | 六 | 29 | 6/12 | 乙卯 | 3 | 1 | 29 | 5/14 | 丙戌 | 1 | 8 | 29 | 4/14 | 丙辰 | 1 | 5 | 29 | 3/15 | 丙戌 | 7 | 2 |
| | | | | | | | | | | 30 | 6/13 | 丙辰 | 3 | 2 | | | | | | 30 | 4/15 | 丁巳 | 1 | 6 | 30 | 3/16 | 丁亥 | 7 | 3 |

# 西元2037年（丁巳）肖蛇 民國126年（女兌命）

奇門遁甲局數如標示為 一 ～九表示陰局　　如標示為1 ～9 表示陽局

| 十二月 | | | | | 十一月 | | | | | 十 月 | | | | | 九 月 | | | | | 八 月 | | | | | 七 月 | | | | |
|---|---|---|---|---|---|---|---|---|---|---|---|---|---|---|---|---|---|---|---|---|---|---|---|---|---|---|---|---|---|
| 癸丑 | | | | | 壬子 | | | | | 辛亥 | | | | | 庚戌 | | | | | 己酉 | | | | | 戊申 | | | | |
| 九紫火 | | | | | 一白水 | | | | | 二黑土 | | | | | 三碧木 | | | | | 四綠木 | | | | | 五黃土 | | | | |
| 大寒 07時51分 十六辰時 | | 小寒 14時29分 初一未時 | 奇門遁甲局數 | | 冬至 21時10分 十五亥時 | | 大雪 03時09分 初一寅時 | 奇門遁甲局數 | | 小雪 07時40分 十六辰時 | | 立冬 10時06分 初一巳時 | 奇門遁甲局數 | | 霜降 09時52分 十五巳時 | | | 奇門遁甲局數 | | 寒露 06時39分 廿九卯時 | | 秋分 00時14分 十四子時 | 奇門遁甲局數 | | 白露 14時47分 廿八未時 | | 處暑 02時24分 十三丑時 | 奇門遁甲局數 | |
| 農曆 | 國曆 | 干支 | 時盤 | 日盤 | 農曆 | 國曆 | 干支 | 時盤 | 日盤 | 農曆 | 國曆 | 干支 | 時盤 | 日盤 | 農曆 | 國曆 | 干支 | 時盤 | 日盤 | 農曆 | 國曆 | 干支 | 時盤 | 日盤 | 農曆 | 國曆 | 干支 | 時盤 | 日盤 |
| 1 | 1/5 | 壬午 | 2 | 1 | 1 | 12/7 | 癸丑 | 四 | 二 | 1 | 11/7 | 癸未 | 六 | 五 | 1 | 10/9 | 甲寅 | 九 | 七 | 1 | 9/10 | 乙酉 | 三 | 九 | 1 | 8/11 | 乙卯 | 五 | 三 |
| 2 | 1/6 | 癸未 | 2 | 2 | 2 | 12/8 | 甲寅 | 七 | 一 | 2 | 11/8 | 甲申 | 九 | 四 | 2 | 10/10 | 乙卯 | 九 | 六 | 2 | 9/11 | 丙戌 | 三 | 八 | 2 | 8/12 | 丙辰 | 五 | 二 |
| 3 | 1/7 | 甲申 | 8 | 3 | 3 | 12/9 | 乙卯 | 七 | 九 | 3 | 11/9 | 乙酉 | 九 | 三 | 3 | 10/11 | 丙辰 | 九 | 五 | 3 | 9/12 | 丁亥 | 三 | 七 | 3 | 8/13 | 丁巳 | 五 | 一 |
| 4 | 1/8 | 乙酉 | 8 | 4 | 4 | 12/10 | 丙辰 | 七 | 八 | 4 | 11/10 | 丙戌 | 九 | 二 | 4 | 10/12 | 丁巳 | 九 | 四 | 4 | 9/13 | 戊子 | 三 | 六 | 4 | 8/14 | 戊午 | 五 | 九 |
| 5 | 1/9 | 丙戌 | 8 | 5 | 5 | 12/11 | 丁巳 | 七 | 七 | 5 | 11/11 | 丁亥 | 九 | 一 | 5 | 10/13 | 戊午 | 九 | 三 | 5 | 9/14 | 己丑 | 六 | 五 | 5 | 8/15 | 己未 | 八 | 八 |
| 6 | 1/10 | 丁亥 | 8 | 6 | 6 | 12/12 | 戊午 | 七 | 六 | 6 | 11/12 | 戊子 | 九 | 九 | 6 | 10/14 | 己未 | 三 | 二 | 6 | 9/15 | 庚寅 | 六 | 四 | 6 | 8/16 | 庚申 | 八 | 七 |
| 7 | 1/11 | 戊子 | 8 | 7 | 7 | 12/13 | 己未 | 一 | 五 | 7 | 11/13 | 己丑 | 三 | 八 | 7 | 10/15 | 庚申 | 三 | 一 | 7 | 9/16 | 辛卯 | 六 | 三 | 7 | 8/17 | 辛酉 | 八 | 六 |
| 8 | 1/12 | 己丑 | 5 | 8 | 8 | 12/14 | 庚申 | 一 | 四 | 8 | 11/14 | 庚寅 | 三 | 七 | 8 | 10/16 | 辛酉 | 三 | 九 | 8 | 9/17 | 壬辰 | 六 | 二 | 8 | 8/18 | 壬戌 | 八 | 五 |
| 9 | 1/13 | 庚寅 | 5 | 9 | 9 | 12/15 | 辛酉 | 一 | 三 | 9 | 11/15 | 辛卯 | 三 | 六 | 9 | 10/17 | 壬戌 | 三 | 八 | 9 | 9/18 | 癸巳 | 六 | 一 | 9 | 8/19 | 癸亥 | 八 | 四 |
| 10 | 1/14 | 辛卯 | 5 | 1 | 10 | 12/16 | 壬戌 | 一 | 二 | 10 | 11/16 | 壬辰 | 三 | 五 | 10 | 10/18 | 癸亥 | 三 | 七 | 10 | 9/19 | 甲午 | 七 | 九 | 10 | 8/20 | 甲子 | 一 | 三 |
| 11 | 1/15 | 壬辰 | 5 | 2 | 11 | 12/17 | 癸亥 | 一 | 一 | 11 | 11/17 | 癸巳 | 三 | 四 | 11 | 10/19 | 甲子 | 五 | 六 | 11 | 9/20 | 乙未 | 七 | 八 | 11 | 8/21 | 乙丑 | 一 | 二 |
| 12 | 1/16 | 癸巳 | 5 | 3 | 12 | 12/18 | 甲子 | 1 | 九 | 12 | 11/18 | 甲午 | 五 | 三 | 12 | 10/20 | 乙丑 | 五 | 五 | 12 | 9/21 | 丙申 | 七 | 七 | 12 | 8/22 | 丙寅 | 一 | 一 |
| 13 | 1/17 | 甲午 | 3 | 4 | 13 | 12/19 | 乙丑 | 1 | 八 | 13 | 11/19 | 乙未 | 五 | 二 | 13 | 10/21 | 丙寅 | 五 | 四 | 13 | 9/22 | 丁酉 | 七 | 六 | 13 | 8/23 | 丁卯 | 一 | 九 |
| 14 | 1/18 | 乙未 | 3 | 5 | 14 | 12/20 | 丙寅 | 1 | 七 | 14 | 11/20 | 丙申 | 五 | 一 | 14 | 10/22 | 丁卯 | 五 | 三 | 14 | 9/23 | 戊戌 | 七 | 五 | 14 | 8/24 | 戊辰 | 一 | 八 |
| 15 | 1/19 | 丙申 | 3 | 6 | 15 | 12/21 | 丁卯 | 1 | 4 | 15 | 11/21 | 丁酉 | 五 | 九 | 15 | 10/23 | 戊辰 | 五 | 二 | 15 | 9/24 | 己亥 | 一 | 四 | 15 | 8/25 | 己巳 | 四 | 七 |
| 16 | 1/20 | 丁酉 | 3 | 7 | 16 | 12/22 | 戊辰 | 1 | 5 | 16 | 11/22 | 戊戌 | 五 | 八 | 16 | 10/24 | 己巳 | 八 | 一 | 16 | 9/25 | 庚子 | 一 | 三 | 16 | 8/26 | 庚午 | 四 | 六 |
| 17 | 1/21 | 戊戌 | 3 | 8 | 17 | 12/23 | 己巳 | 7 | 6 | 17 | 11/23 | 己亥 | 八 | 七 | 17 | 10/25 | 庚午 | 八 | 九 | 17 | 9/26 | 辛丑 | 一 | 二 | 17 | 8/27 | 辛未 | 四 | 五 |
| 18 | 1/22 | 己亥 | 9 | 9 | 18 | 12/24 | 庚午 | 7 | 7 | 18 | 11/24 | 庚子 | 八 | 六 | 18 | 10/26 | 辛未 | 八 | 八 | 18 | 9/27 | 壬寅 | 一 | 一 | 18 | 8/28 | 壬申 | 四 | 四 |
| 19 | 1/23 | 庚子 | 9 | 1 | 19 | 12/25 | 辛未 | 7 | 8 | 19 | 11/25 | 辛丑 | 八 | 五 | 19 | 10/27 | 壬申 | 八 | 七 | 19 | 9/28 | 癸卯 | 一 | 九 | 19 | 8/29 | 癸酉 | 四 | 三 |
| 20 | 1/24 | 辛丑 | 9 | 2 | 20 | 12/26 | 壬申 | 7 | 9 | 20 | 11/26 | 壬寅 | 八 | 四 | 20 | 10/28 | 癸酉 | 八 | 六 | 20 | 9/29 | 甲辰 | 四 | 八 | 20 | 8/30 | 甲戌 | 七 | 二 |
| 21 | 1/25 | 壬寅 | 9 | 3 | 21 | 12/27 | 癸酉 | 7 | 1 | 21 | 11/27 | 癸卯 | 八 | 三 | 21 | 10/29 | 甲戌 | 二 | 五 | 21 | 9/30 | 乙巳 | 四 | 七 | 21 | 8/31 | 乙亥 | 七 | 一 |
| 22 | 1/26 | 癸卯 | 9 | 4 | 22 | 12/28 | 甲戌 | 4 | 2 | 22 | 11/28 | 甲辰 | 二 | 二 | 22 | 10/30 | 乙亥 | 二 | 四 | 22 | 10/1 | 丙午 | 四 | 六 | 22 | 9/1 | 丙子 | 七 | 九 |
| 23 | 1/27 | 甲辰 | 6 | 5 | 23 | 12/29 | 乙亥 | 4 | 3 | 23 | 11/29 | 乙巳 | 二 | 一 | 23 | 10/31 | 丙子 | 二 | 三 | 23 | 10/2 | 丁未 | 四 | 五 | 23 | 9/2 | 丁丑 | 七 | 八 |
| 24 | 1/28 | 乙巳 | 6 | 6 | 24 | 12/30 | 丙子 | 4 | 4 | 24 | 11/30 | 丙午 | 二 | 九 | 24 | 11/1 | 丁丑 | 二 | 二 | 24 | 10/3 | 戊申 | 四 | 四 | 24 | 9/3 | 戊寅 | 七 | 七 |
| 25 | 1/29 | 丙午 | 6 | 7 | 25 | 12/31 | 丁丑 | 4 | 5 | 25 | 12/1 | 丁未 | 二 | 八 | 25 | 11/2 | 戊寅 | 二 | 一 | 25 | 10/4 | 己酉 | 六 | 三 | 25 | 9/4 | 己卯 | 九 | 六 |
| 26 | 1/30 | 丁未 | 6 | 8 | 26 | 1/1 | 戊寅 | 4 | 6 | 26 | 12/2 | 戊申 | 二 | 七 | 26 | 11/3 | 己卯 | 六 | 九 | 26 | 10/5 | 庚戌 | 六 | 二 | 26 | 9/5 | 庚辰 | 九 | 五 |
| 27 | 1/31 | 戊申 | 6 | 9 | 27 | 1/2 | 己卯 | 2 | 7 | 27 | 12/3 | 己酉 | 四 | 六 | 27 | 11/4 | 庚辰 | 六 | 八 | 27 | 10/6 | 辛亥 | 六 | 一 | 27 | 9/6 | 辛巳 | 九 | 四 |
| 28 | 2/1 | 己酉 | 8 | 1 | 28 | 1/3 | 庚辰 | 2 | 8 | 28 | 12/4 | 庚戌 | 四 | 五 | 28 | 11/5 | 辛巳 | 六 | 七 | 28 | 10/7 | 壬子 | 六 | 九 | 28 | 9/7 | 壬午 | 九 | 三 |
| 29 | 2/2 | 庚戌 | 8 | 2 | 29 | 1/4 | 辛巳 | 2 | 9 | 29 | 12/5 | 辛亥 | 四 | 四 | 29 | 11/6 | 壬午 | 六 | 六 | 29 | 10/8 | 癸丑 | 六 | 八 | 29 | 9/8 | 癸未 | 九 | 二 |
| 30 | 2/3 | 辛亥 | 8 | 3 | | | | | | 30 | 12/6 | 壬子 | 四 | 三 | | | | | | | | | | | 30 | 9/9 | 甲申 | 三 | 一 |

# 西元2038年（戊午）肖馬 民國127年（男兌命）

奇門遁甲局數如標示為 一 ～九表示陰局　　如標示為1 ～9 表示陽局

| 六　月 | | | | | 五　月 | | | | | 四　月 | | | | | 三　月 | | | | | 二　月 | | | | | 正　月 | | | | |
|---|---|---|---|---|---|---|---|---|---|---|---|---|---|---|---|---|---|---|---|---|---|---|---|---|---|---|---|---|---|
| 己未 | | | | | 戊午 | | | | | 丁巳 | | | | | 丙辰 | | | | | 乙卯 | | | | | 甲寅 | | | | |
| 三碧木 | | | | | 四綠木 | | | | | 五黃土 | | | | | 六白金 | | | | | 七赤金 | | | | | 八白土 | | | | |
| 大暑 01時01分 廿二丑時 | | 小暑 07時34分 初六辰時 | 奇門遁甲局數 | | 夏至 14時11分 十九未時 | | 芒種 21時27分 初三亥時 | 奇門遁甲局數 | | 小滿 06時24分 十八卯時 | | 立夏 17時33分 初二酉時 | 奇門遁甲局數 | | 穀雨 07時30分 十六辰時 | | 清明 00時31分 初一子時 | 奇門遁甲局數 | | 春分 20時42分 十五戌時 | | 驚蟄 19時57分 三十戌時 | 奇門遁甲局數 | | 雨水 21時54分 十五亥時 | | 立春 02時06分 初一丑時 | 奇門遁甲局數 | |
| 農曆 | 國曆 | 干支 | 時盤 | 日盤 | 農曆 | 國曆 | 干支 | 時盤 | 日盤 | 農曆 | 國曆 | 干支 | 時盤 | 日盤 | 農曆 | 國曆 | 干支 | 時盤 | 日盤 | 農曆 | 國曆 | 干支 | 時盤 | 日盤 | 農曆 | 國曆 | 干支 | 時盤 | 日盤 |
| 1 | 7/2 | 庚辰 | 八 | 二 | 1 | 6/3 | 辛亥 | 6 | 6 | 1 | 5/4 | 辛巳 | 4 | 3 | 1 | 4/5 | 壬子 | 4 | 1 | 1 | 3/6 | 壬午 | 1 | 7 | 1 | 2/4 | 壬子 | 8 | 4 |
| 2 | 7/3 | 辛巳 | 八 | 一 | 2 | 6/4 | 壬子 | 6 | 7 | 2 | 5/5 | 壬午 | 4 | 4 | 2 | 4/6 | 癸丑 | 4 | 2 | 2 | 3/7 | 癸未 | 1 | 8 | 2 | 2/5 | 癸丑 | 8 | 5 |
| 3 | 7/4 | 壬午 | 八 | 九 | 3 | 6/5 | 癸丑 | 6 | 8 | 3 | 5/6 | 癸未 | 4 | 5 | 3 | 4/7 | 甲寅 | 1 | 3 | 3 | 3/8 | 甲申 | 7 | 9 | 3 | 2/6 | 甲寅 | 5 | 6 |
| 4 | 7/5 | 癸未 | 八 | 八 | 4 | 6/6 | 甲寅 | 3 | 9 | 4 | 5/7 | 甲申 | 1 | 6 | 4 | 4/8 | 乙卯 | 1 | 4 | 4 | 3/9 | 乙酉 | 7 | 1 | 4 | 2/7 | 乙卯 | 5 | 7 |
| 5 | 7/6 | 甲申 | 二 | 七 | 5 | 6/7 | 乙卯 | 3 | 1 | 5 | 5/8 | 乙酉 | 1 | 7 | 5 | 4/9 | 丙辰 | 1 | 5 | 5 | 3/10 | 丙戌 | 7 | 2 | 5 | 2/8 | 丙辰 | 5 | 8 |
| 6 | 7/7 | 乙酉 | 二 | 六 | 6 | 6/8 | 丙辰 | 3 | 2 | 6 | 5/9 | 丙戌 | 1 | 8 | 6 | 4/10 | 丁巳 | 1 | 6 | 6 | 3/11 | 丁亥 | 7 | 3 | 6 | 2/9 | 丁巳 | 5 | 9 |
| 7 | 7/8 | 丙戌 | 二 | 五 | 7 | 6/9 | 丁巳 | 3 | 3 | 7 | 5/10 | 丁亥 | 1 | 9 | 7 | 4/11 | 戊午 | 1 | 7 | 7 | 3/12 | 戊子 | 7 | 4 | 7 | 2/10 | 戊午 | 5 | 1 |
| 8 | 7/9 | 丁亥 | 二 | 四 | 8 | 6/10 | 戊午 | 3 | 4 | 8 | 5/11 | 戊子 | 1 | 1 | 8 | 4/12 | 己未 | 7 | 8 | 8 | 3/13 | 己丑 | 4 | 5 | 8 | 2/11 | 己未 | 2 | 2 |
| 9 | 7/10 | 戊子 | 二 | 三 | 9 | 6/11 | 己未 | 9 | 5 | 9 | 5/12 | 己丑 | 7 | 2 | 9 | 4/13 | 庚申 | 7 | 9 | 9 | 3/14 | 庚寅 | 4 | 6 | 9 | 2/12 | 庚申 | 2 | 3 |
| 10 | 7/11 | 己丑 | 五 | 二 | 10 | 6/12 | 庚申 | 9 | 6 | 10 | 5/13 | 庚寅 | 7 | 3 | 10 | 4/14 | 辛酉 | 7 | 1 | 10 | 3/15 | 辛卯 | 4 | 7 | 10 | 2/13 | 辛酉 | 2 | 4 |
| 11 | 7/12 | 庚寅 | 五 | 一 | 11 | 6/13 | 辛酉 | 9 | 7 | 11 | 5/14 | 辛卯 | 7 | 4 | 11 | 4/15 | 壬戌 | 7 | 2 | 11 | 3/16 | 壬辰 | 4 | 8 | 11 | 2/14 | 壬戌 | 2 | 5 |
| 12 | 7/13 | 辛卯 | 五 | 九 | 12 | 6/14 | 壬戌 | 9 | 8 | 12 | 5/15 | 壬辰 | 7 | 5 | 12 | 4/16 | 癸亥 | 7 | 3 | 12 | 3/17 | 癸巳 | 4 | 9 | 12 | 2/15 | 癸亥 | 2 | 6 |
| 13 | 7/14 | 壬辰 | 五 | 八 | 13 | 6/15 | 癸亥 | 9 | 9 | 13 | 5/16 | 癸巳 | 7 | 6 | 13 | 4/17 | 甲子 | 5 | 4 | 13 | 3/18 | 甲午 | 3 | 1 | 13 | 2/16 | 甲子 | 9 | 7 |
| 14 | 7/15 | 癸巳 | 五 | 七 | 14 | 6/16 | 甲子 | 九 | 1 | 14 | 5/17 | 甲午 | 5 | 7 | 14 | 4/18 | 乙丑 | 5 | 5 | 14 | 3/19 | 乙未 | 3 | 2 | 14 | 2/17 | 乙丑 | 9 | 8 |
| 15 | 7/16 | 甲午 | 七 | 六 | 15 | 6/17 | 乙丑 | 九 | 2 | 15 | 5/18 | 乙未 | 5 | 8 | 15 | 4/19 | 丙寅 | 5 | 6 | 15 | 3/20 | 丙申 | 3 | 3 | 15 | 2/18 | 丙寅 | 9 | 9 |
| 16 | 7/17 | 乙未 | 七 | 五 | 16 | 6/18 | 丙寅 | 九 | 3 | 16 | 5/19 | 丙申 | 5 | 9 | 16 | 4/20 | 丁卯 | 5 | 7 | 16 | 3/21 | 丁酉 | 3 | 4 | 16 | 2/19 | 丁卯 | 9 | 1 |
| 17 | 7/18 | 丙申 | 七 | 四 | 17 | 6/19 | 丁卯 | 九 | 4 | 17 | 5/20 | 丁酉 | 5 | 1 | 17 | 4/21 | 戊辰 | 5 | 8 | 17 | 3/22 | 戊戌 | 3 | 5 | 17 | 2/20 | 戊辰 | 9 | 2 |
| 18 | 7/19 | 丁酉 | 七 | 三 | 18 | 6/20 | 戊辰 | 九 | 5 | 18 | 5/21 | 戊戌 | 5 | 2 | 18 | 4/22 | 己巳 | 2 | 9 | 18 | 3/23 | 己亥 | 9 | 6 | 18 | 2/21 | 己巳 | 6 | 3 |
| 19 | 7/20 | 戊戌 | 七 | 二 | 19 | 6/21 | 己巳 | 三 | 四 | 19 | 5/22 | 己亥 | 2 | 3 | 19 | 4/23 | 庚午 | 2 | 1 | 19 | 3/24 | 庚子 | 9 | 7 | 19 | 2/22 | 庚午 | 6 | 4 |
| 20 | 7/21 | 己亥 | 一 | 一 | 20 | 6/22 | 庚午 | 三 | 三 | 20 | 5/23 | 庚子 | 2 | 4 | 20 | 4/24 | 辛未 | 2 | 2 | 20 | 3/25 | 辛丑 | 9 | 8 | 20 | 2/23 | 辛未 | 6 | 5 |
| 21 | 7/22 | 庚子 | 一 | 九 | 21 | 6/23 | 辛未 | 三 | 二 | 21 | 5/24 | 辛丑 | 2 | 5 | 21 | 4/25 | 壬申 | 2 | 3 | 21 | 3/26 | 壬寅 | 9 | 9 | 21 | 2/24 | 壬申 | 6 | 6 |
| 22 | 7/23 | 辛丑 | 一 | 八 | 22 | 6/24 | 壬申 | 三 | 一 | 22 | 5/25 | 壬寅 | 2 | 6 | 22 | 4/26 | 癸酉 | 2 | 4 | 22 | 3/27 | 癸卯 | 9 | 1 | 22 | 2/25 | 癸酉 | 6 | 7 |
| 23 | 7/24 | 壬寅 | 一 | 七 | 23 | 6/25 | 癸酉 | 三 | 九 | 23 | 5/26 | 癸卯 | 2 | 7 | 23 | 4/27 | 甲戌 | 8 | 5 | 23 | 3/28 | 甲辰 | 6 | 2 | 23 | 2/26 | 甲戌 | 3 | 8 |
| 24 | 7/25 | 癸卯 | 一 | 六 | 24 | 6/26 | 甲戌 | 六 | 八 | 24 | 5/27 | 甲辰 | 8 | 8 | 24 | 4/28 | 乙亥 | 8 | 6 | 24 | 3/29 | 乙巳 | 6 | 3 | 24 | 2/27 | 乙亥 | 3 | 9 |
| 25 | 7/26 | 甲辰 | 四 | 五 | 25 | 6/27 | 乙亥 | 六 | 七 | 25 | 5/28 | 乙巳 | 8 | 9 | 25 | 4/29 | 丙子 | 8 | 7 | 25 | 3/30 | 丙午 | 6 | 4 | 25 | 2/28 | 丙子 | 3 | 1 |
| 26 | 7/27 | 乙巳 | 四 | 四 | 26 | 6/28 | 丙子 | 六 | 六 | 26 | 5/29 | 丙午 | 8 | 1 | 26 | 4/30 | 丁丑 | 8 | 8 | 26 | 3/31 | 丁未 | 6 | 5 | 26 | 3/1 | 丁丑 | 3 | 2 |
| 27 | 7/28 | 丙午 | 四 | 三 | 27 | 6/29 | 丁丑 | 六 | 五 | 27 | 5/30 | 丁未 | 8 | 2 | 27 | 5/1 | 戊寅 | 8 | 9 | 27 | 4/1 | 戊申 | 6 | 6 | 27 | 3/2 | 戊寅 | 3 | 3 |
| 28 | 7/29 | 丁未 | 四 | 二 | 28 | 6/30 | 戊寅 | 六 | 四 | 28 | 5/31 | 戊申 | 8 | 3 | 28 | 5/2 | 己卯 | 4 | 1 | 28 | 4/2 | 己酉 | 4 | 7 | 28 | 3/3 | 己卯 | 1 | 4 |
| 29 | 7/30 | 戊申 | 四 | 一 | 29 | 7/1 | 己卯 | 八 | 三 | 29 | 6/1 | 己酉 | 6 | 4 | 29 | 5/3 | 庚辰 | 4 | 2 | 29 | 4/3 | 庚戌 | 4 | 8 | 29 | 3/4 | 庚辰 | 1 | 5 |
| 30 | 7/31 | 己酉 | 二 | 九 | | | | | | 30 | 6/2 | 庚戌 | 6 | 5 | | | | | | 30 | 4/4 | 辛亥 | 4 | 9 | 30 | 3/5 | 辛巳 | 1 | 6 |

# 西元2038年（戊午）肖馬 民國127年（女艮命）

奇門遁甲局數如標示為 一 ～九表示陰局　　如標示為1 ～9 表示陽局

| 十二月 | | | | | 十一月 | | | | | 十 月 | | | | |
|---|---|---|---|---|---|---|---|---|---|---|---|---|---|---|
| 乙丑 | | | | | 甲子 | | | | | 癸亥 | | | | |
| 六白金 | | | | | 七赤金 | | | | | 八白土 | | | | |
| 大寒 13時45分 | 廿六未時 | 小寒 20時18分 十一戌時 | 奇門遁甲局數 | | 冬至 03時04分 | 廿七寅時 | 大雪 08時58分 十二辰時 | 奇門遁甲局數 | | 小雪 13時33分 | 廿六未時 | 立冬 15時53分 十一申時 | 奇門遁甲局數 | |
| 農曆 | 國曆 | 干支 | 時盤 | 日盤 | 農曆 | 國曆 | 干支 | 時盤 | 日盤 | 農曆 | 國曆 | 干支 | 時盤 | 日盤 |
| 1 | 12/26 | 丁丑 | 一 | 5 | 1 | 11/26 | 丁未 | 二 | 八 | 1 | 10/28 | 戊寅 | 二 | 一 |
| 2 | 12/27 | 戊寅 | 一 | 6 | 2 | 11/27 | 戊申 | 二 | 七 | 2 | 10/29 | 己卯 | 六 | 九 |
| 3 | 12/28 | 己卯 | 1 | 7 | 3 | 11/28 | 己酉 | 四 | 六 | 3 | 10/30 | 庚辰 | 六 | 八 |
| 4 | 12/29 | 庚辰 | 1 | 8 | 4 | 11/29 | 庚戌 | 四 | 五 | 4 | 10/31 | 辛巳 | 六 | 七 |
| 5 | 12/30 | 辛巳 | 1 | 9 | 5 | 11/30 | 辛亥 | 四 | 四 | 5 | 11/ 1 | 壬午 | 六 | 六 |
| 6 | 12/31 | 壬午 | 1 | 1 | 6 | 12/ 1 | 壬子 | 四 | 三 | 6 | 11/ 2 | 癸未 | 六 | 五 |
| 7 | 1/ 1 | 癸未 | 1 | 2 | 7 | 12/ 2 | 癸丑 | 四 | 二 | 7 | 11/ 3 | 甲申 | 九 | 四 |
| 8 | 1/ 2 | 甲申 | 7 | 3 | 8 | 12/ 3 | 甲寅 | 七 | 一 | 8 | 11/ 4 | 乙酉 | 九 | 三 |
| 9 | 1/ 3 | 乙酉 | 7 | 4 | 9 | 12/ 4 | 乙卯 | 七 | 九 | 9 | 11/ 5 | 丙戌 | 九 | 二 |
| 10 | 1/ 4 | 丙戌 | 7 | 5 | 10 | 12/ 5 | 丙辰 | 七 | 八 | 10 | 11/ 6 | 丁亥 | 九 | 一 |
| 11 | 1/ 5 | 丁亥 | 7 | 6 | 11 | 12/ 6 | 丁巳 | 七 | 七 | 11 | 11/ 7 | 戊子 | 九 | 九 |
| 12 | 1/ 6 | 戊子 | 7 | 7 | 12 | 12/ 7 | 戊午 | 七 | 六 | 12 | 11/ 8 | 己丑 | 三 | 八 |
| 13 | 1/ 7 | 己丑 | 4 | 8 | 13 | 12/ 8 | 己未 | 一 | 五 | 13 | 11/ 9 | 庚寅 | 三 | 七 |
| 14 | 1/ 8 | 庚寅 | 4 | 9 | 14 | 12/ 9 | 庚申 | 一 | 四 | 14 | 11/10 | 辛卯 | 三 | 六 |
| 15 | 1/ 9 | 辛卯 | 4 | 1 | 15 | 12/10 | 辛酉 | 一 | 三 | 15 | 11/11 | 壬辰 | 三 | 五 |
| 16 | 1/10 | 壬辰 | 4 | 2 | 16 | 12/11 | 壬戌 | 一 | 二 | 16 | 11/12 | 癸巳 | 三 | 四 |
| 17 | 1/11 | 癸巳 | 4 | 3 | 17 | 12/12 | 癸亥 | 一 | 一 | 17 | 11/13 | 甲午 | 五 | 三 |
| 18 | 1/12 | 甲午 | 2 | 4 | 18 | 12/13 | 甲子 | 四 | 九 | 18 | 11/14 | 乙未 | 五 | 二 |
| 19 | 1/13 | 乙未 | 2 | 5 | 19 | 12/14 | 乙丑 | 四 | 八 | 19 | 11/15 | 丙申 | 五 | 一 |
| 20 | 1/14 | 丙申 | 2 | 6 | 20 | 12/15 | 丙寅 | 四 | 七 | 20 | 11/16 | 丁酉 | 五 | 九 |
| 21 | 1/15 | 丁酉 | 2 | 7 | 21 | 12/16 | 丁卯 | 四 | 六 | 21 | 11/17 | 戊戌 | 五 | 八 |
| 22 | 1/16 | 戊戌 | 2 | 8 | 22 | 12/17 | 戊辰 | 四 | 五 | 22 | 11/18 | 己亥 | 八 | 七 |
| 23 | 1/17 | 己亥 | 8 | 9 | 23 | 12/18 | 己巳 | 七 | 四 | 23 | 11/19 | 庚子 | 八 | 六 |
| 24 | 1/18 | 庚子 | 8 | 1 | 24 | 12/19 | 庚午 | 七 | 三 | 24 | 11/20 | 辛丑 | 八 | 五 |
| 25 | 1/19 | 辛丑 | 8 | 2 | 25 | 12/20 | 辛未 | 七 | 二 | 25 | 11/21 | 壬寅 | 八 | 四 |
| 26 | 1/20 | 壬寅 | 8 | 3 | 26 | 12/21 | 壬申 | 七 | 一 | 26 | 11/22 | 癸卯 | 八 | 三 |
| 27 | 1/21 | 癸卯 | 8 | 4 | 27 | 12/22 | 癸酉 | 七 | 1 | 27 | 11/23 | 甲辰 | 二 | 二 |
| 28 | 1/22 | 甲辰 | 5 | 5 | 28 | 12/23 | 甲戌 | 一 | 2 | 28 | 11/24 | 乙巳 | 二 | 一 |
| 29 | 1/23 | 乙巳 | 5 | 6 | 29 | 12/24 | 乙亥 | 一 | 3 | 29 | 11/25 | 丙午 | 二 | 九 |
| | | | | | 30 | 12/25 | 丙子 | 一 | 4 | | | | | |

| 九 月 | | | | | 八 月 | | | | | 七 月 | | | | |
|---|---|---|---|---|---|---|---|---|---|---|---|---|---|---|
| 壬戌 | | | | | 辛酉 | | | | | 庚申 | | | | |
| 九紫火 | | | | | 一白水 | | | | | 二黑土 | | | | |
| 霜降 15時42分 | 廿五申時 | 寒露 12時23分 初十午時 | 奇門遁甲局數 | | 秋分 06時04分 | 廿五卯時 | 白露 20時28分 初九戌時 | 奇門遁甲局數 | | 處暑 08時12分 | 廿三辰時 | 立秋 17時23分 初七酉時 | 奇門遁甲局數 | |
| 農曆 | 國曆 | 干支 | 時盤 | 日盤 | 農曆 | 國曆 | 干支 | 時盤 | 日盤 | 農曆 | 國曆 | 干支 | 時盤 | 日盤 |
| 1 | 9/29 | 己酉 | 六 | 三 | 1 | 8/30 | 己卯 | 九 | 六 | 1 | 8/ 1 | 庚戌 | 二 | 八 |
| 2 | 9/30 | 庚戌 | 六 | 二 | 2 | 8/31 | 庚辰 | 九 | 五 | 2 | 8/ 2 | 辛亥 | 二 | 七 |
| 3 | 10/ 1 | 辛亥 | 六 | 一 | 3 | 9/ 1 | 辛巳 | 九 | 四 | 3 | 8/ 3 | 壬子 | 二 | 六 |
| 4 | 10/ 2 | 壬子 | 六 | 九 | 4 | 9/ 2 | 壬午 | 九 | 三 | 4 | 8/ 4 | 癸丑 | 二 | 五 |
| 5 | 10/ 3 | 癸丑 | 六 | 八 | 5 | 9/ 3 | 癸未 | 九 | 二 | 5 | 8/ 5 | 甲寅 | 五 | 四 |
| 6 | 10/ 4 | 甲寅 | 九 | 七 | 6 | 9/ 4 | 甲申 | 三 | 一 | 6 | 8/ 6 | 乙卯 | 五 | 三 |
| 7 | 10/ 5 | 乙卯 | 九 | 六 | 7 | 9/ 5 | 乙酉 | 三 | 九 | 7 | 8/ 7 | 丙辰 | 五 | 二 |
| 8 | 10/ 6 | 丙辰 | 九 | 五 | 8 | 9/ 6 | 丙戌 | 三 | 八 | 8 | 8/ 8 | 丁巳 | 五 | 一 |
| 9 | 10/ 7 | 丁巳 | 九 | 四 | 9 | 9/ 7 | 丁亥 | 三 | 七 | 9 | 8/ 9 | 戊午 | 五 | 九 |
| 10 | 10/ 8 | 戊午 | 九 | 三 | 10 | 9/ 8 | 戊子 | 三 | 六 | 10 | 8/10 | 己未 | 八 | 八 |
| 11 | 10/ 9 | 己未 | 三 | 二 | 11 | 9/ 9 | 己丑 | 六 | 五 | 11 | 8/11 | 庚申 | 八 | 七 |
| 12 | 10/10 | 庚申 | 三 | 一 | 12 | 9/10 | 庚寅 | 六 | 四 | 12 | 8/12 | 辛酉 | 八 | 六 |
| 13 | 10/11 | 辛酉 | 三 | 九 | 13 | 9/11 | 辛卯 | 六 | 三 | 13 | 8/13 | 壬戌 | 八 | 五 |
| 14 | 10/12 | 壬戌 | 三 | 八 | 14 | 9/12 | 壬辰 | 六 | 二 | 14 | 8/14 | 癸亥 | 八 | 四 |
| 15 | 10/13 | 癸亥 | 三 | 七 | 15 | 9/13 | 癸巳 | 六 | 一 | 15 | 8/15 | 甲子 | 一 | 三 |
| 16 | 10/14 | 甲子 | 五 | 六 | 16 | 9/14 | 甲午 | 七 | 九 | 16 | 8/16 | 乙丑 | 一 | 二 |
| 17 | 10/15 | 乙丑 | 五 | 五 | 17 | 9/15 | 乙未 | 七 | 八 | 17 | 8/17 | 丙寅 | 一 | 一 |
| 18 | 10/16 | 丙寅 | 五 | 四 | 18 | 9/16 | 丙申 | 七 | 七 | 18 | 8/18 | 丁卯 | 一 | 九 |
| 19 | 10/17 | 丁卯 | 五 | 三 | 19 | 9/17 | 丁酉 | 七 | 六 | 19 | 8/19 | 戊辰 | 一 | 八 |
| 20 | 10/18 | 戊辰 | 五 | 二 | 20 | 9/18 | 戊戌 | 七 | 五 | 20 | 8/20 | 己巳 | 四 | 七 |
| 21 | 10/19 | 己巳 | 八 | 一 | 21 | 9/19 | 己亥 | 一 | 四 | 21 | 8/21 | 庚午 | 四 | 六 |
| 22 | 10/20 | 庚午 | 八 | 九 | 22 | 9/20 | 庚子 | 一 | 三 | 22 | 8/22 | 辛未 | 四 | 五 |
| 23 | 10/21 | 辛未 | 八 | 八 | 23 | 9/21 | 辛丑 | 一 | 二 | 23 | 8/23 | 壬申 | 四 | 四 |
| 24 | 10/22 | 壬申 | 八 | 七 | 24 | 9/22 | 壬寅 | 一 | 一 | 24 | 8/24 | 癸酉 | 四 | 三 |
| 25 | 10/23 | 癸酉 | 八 | 六 | 25 | 9/23 | 癸卯 | 一 | 九 | 25 | 8/25 | 甲戌 | 七 | 二 |
| 26 | 10/24 | 甲戌 | 二 | 五 | 26 | 9/24 | 甲辰 | 四 | 八 | 26 | 8/26 | 乙亥 | 七 | 一 |
| 27 | 10/25 | 乙亥 | 二 | 四 | 27 | 9/25 | 乙巳 | 四 | 七 | 27 | 8/27 | 丙子 | 七 | 九 |
| 28 | 10/26 | 丙子 | 二 | 三 | 28 | 9/26 | 丙午 | 四 | 六 | 28 | 8/28 | 丁丑 | 七 | 八 |
| 29 | 10/27 | 丁丑 | 二 | 二 | 29 | 9/27 | 丁未 | 四 | 五 | 29 | 8/29 | 戊寅 | 七 | 七 |
| | | | | | 30 | 9/28 | 戊申 | 四 | 四 | | | | | |

# 西元2039年（己未）肖羊 民國128年（男乾命）

奇門遁甲局數如標示為 一 ～九表示陰局　　如標示為1 ～9 表示陽局

| 六　月 | 潤五　月 | 五　月 | 四　月 | 三　月 | 二　月 | 正　月 |
|---|---|---|---|---|---|---|
| 辛未 | 辛未 | 庚午 | 己巳 | 戊辰 | 丁卯 | 丙寅 |
| 九紫火 | | 一白水 | 二黑土 | 三碧木 | 四綠木 | 五黃土 |
| 立秋 23時20分 十八子時；大暑 06時50分 初三卯時；奇門遁甲局數 | 小暑 13時28分 十六未時；奇門遁甲局數 | 夏至 19時59分 三十戌時；芒種 03時17分 十五寅時；奇門遁甲局數 | 小滿 12時12分 廿九午時；立夏 23時20分 十三子時；奇門遁甲局數 | 穀雨 13時19分 廿七未時；清明 06時17分 十二卯時；奇門遁甲局數 | 春分 02時34分 廿七丑時；驚蟄 01時45分 十二丑時；奇門遁甲局數 | 雨水 03時47分 廿七寅時；立春 07時54分 十二辰時；奇門遁甲局數 |

| 農曆 | 國曆 | 干支 | 時盤 | 日盤 | 農曆 | 國曆 | 干支 | 時盤 | 日盤 | 農曆 | 國曆 | 干支 | 時盤 | 日盤 | 農曆 | 國曆 | 干支 | 時盤 | 日盤 | 農曆 | 國曆 | 干支 | 時盤 | 日盤 | 農曆 | 國曆 | 干支 | 時盤 | 日盤 | 農曆 | 國曆 | 干支 | 時盤 | 日盤 |
|---|---|---|---|---|---|---|---|---|---|---|---|---|---|---|---|---|---|---|---|---|---|---|---|---|---|---|---|---|---|---|---|---|---|---|
| 1 | 7/21 | 甲辰 | 五 | 五 | 1 | 6/22 | 乙亥 | 9 | 七 | 1 | 5/23 | 乙巳 | 7 | 9 | 1 | 4/23 | 乙亥 | 7 | 6 | 1 | 3/25 | 丙午 | 4 | 4 | 1 | 2/23 | 丙子 | 2 | 1 | 1 | 1/24 | 丙午 | 5 | 7 |
| 2 | 7/22 | 乙巳 | 五 | 四 | 2 | 6/23 | 丙子 | 9 | 六 | 2 | 5/24 | 丙午 | 7 | 1 | 2 | 4/24 | 丙子 | 7 | 7 | 2 | 3/26 | 丁未 | 4 | 5 | 2 | 2/24 | 丁丑 | 2 | 2 | 2 | 1/25 | 丁未 | 5 | 8 |
| 3 | 7/23 | 丙午 | 五 | 三 | 3 | 6/24 | 丁丑 | 9 | 五 | 3 | 5/25 | 丁未 | 7 | 2 | 3 | 4/25 | 丁丑 | 7 | 8 | 3 | 3/27 | 戊申 | 4 | 6 | 3 | 2/25 | 戊寅 | 2 | 3 | 3 | 1/26 | 戊申 | 5 | 9 |
| 4 | 7/24 | 丁未 | 五 | 二 | 4 | 6/25 | 戊寅 | 9 | 四 | 4 | 5/26 | 戊申 | 7 | 3 | 4 | 4/26 | 戊寅 | 7 | 9 | 4 | 3/28 | 己酉 | 3 | 7 | 4 | 2/26 | 己卯 | 9 | 4 | 4 | 1/27 | 己酉 | 3 | 1 |
| 5 | 7/25 | 戊申 | 五 | 一 | 5 | 6/26 | 己卯 | 九 | 三 | 5 | 5/27 | 己酉 | 5 | 4 | 5 | 4/27 | 己卯 | 5 | 1 | 5 | 3/29 | 庚戌 | 3 | 8 | 5 | 2/27 | 庚辰 | 9 | 5 | 5 | 1/28 | 庚戌 | 3 | 2 |
| 6 | 7/26 | 己酉 | 七 | 九 | 6 | 6/27 | 庚辰 | 九 | 二 | 6 | 5/28 | 庚戌 | 5 | 5 | 6 | 4/28 | 庚辰 | 5 | 2 | 6 | 3/30 | 辛亥 | 3 | 9 | 6 | 2/28 | 辛巳 | 9 | 6 | 6 | 1/29 | 辛亥 | 3 | 3 |
| 7 | 7/27 | 庚戌 | 七 | 八 | 7 | 6/28 | 辛巳 | 九 | 一 | 7 | 5/29 | 辛亥 | 5 | 6 | 7 | 4/29 | 辛巳 | 5 | 3 | 7 | 3/31 | 壬子 | 3 | 1 | 7 | 3/1 | 壬午 | 9 | 7 | 7 | 1/30 | 壬子 | 3 | 4 |
| 8 | 7/28 | 辛亥 | 七 | 七 | 8 | 6/29 | 壬午 | 九 | 九 | 8 | 5/30 | 壬子 | 5 | 7 | 8 | 4/30 | 壬午 | 5 | 4 | 8 | 4/1 | 癸丑 | 3 | 2 | 8 | 3/2 | 癸未 | 9 | 8 | 8 | 1/31 | 癸丑 | 3 | 5 |
| 9 | 7/29 | 壬子 | 七 | 六 | 9 | 6/30 | 癸未 | 九 | 八 | 9 | 5/31 | 癸丑 | 5 | 8 | 9 | 5/1 | 癸未 | 5 | 5 | 9 | 4/2 | 甲寅 | 9 | 3 | 9 | 3/3 | 甲申 | 6 | 9 | 9 | 2/1 | 甲寅 | 9 | 6 |
| 10 | 7/30 | 癸丑 | 七 | 五 | 10 | 7/1 | 甲申 | 三 | 七 | 10 | 6/1 | 甲寅 | 2 | 9 | 10 | 5/2 | 甲申 | 2 | 6 | 10 | 4/3 | 乙卯 | 9 | 4 | 10 | 3/4 | 乙酉 | 6 | 1 | 10 | 2/2 | 乙卯 | 9 | 7 |
| 11 | 7/31 | 甲寅 | 一 | 四 | 11 | 7/2 | 乙酉 | 三 | 六 | 11 | 6/2 | 乙卯 | 2 | 1 | 11 | 5/3 | 乙酉 | 2 | 7 | 11 | 4/4 | 丙辰 | 9 | 5 | 11 | 3/5 | 丙戌 | 6 | 2 | 11 | 2/3 | 丙辰 | 9 | 8 |
| 12 | 8/1 | 乙卯 | 一 | 三 | 12 | 7/3 | 丙戌 | 三 | 五 | 12 | 6/3 | 丙辰 | 2 | 2 | 12 | 5/4 | 丙戌 | 2 | 8 | 12 | 4/5 | 丁巳 | 9 | 6 | 12 | 3/6 | 丁亥 | 6 | 3 | 12 | 2/4 | 丁巳 | 9 | 9 |
| 13 | 8/2 | 丙辰 | 一 | 二 | 13 | 7/4 | 丁亥 | 三 | 四 | 13 | 6/4 | 丁巳 | 2 | 3 | 13 | 5/5 | 丁亥 | 2 | 9 | 13 | 4/6 | 戊午 | 9 | 7 | 13 | 3/7 | 戊子 | 6 | 4 | 13 | 2/5 | 戊午 | 9 | 1 |
| 14 | 8/3 | 丁巳 | 一 | 一 | 14 | 7/5 | 戊子 | 三 | 三 | 14 | 6/5 | 戊午 | 2 | 4 | 14 | 5/6 | 戊子 | 2 | 1 | 14 | 4/7 | 己未 | 6 | 8 | 14 | 3/8 | 己丑 | 3 | 5 | 14 | 2/6 | 己未 | 6 | 2 |
| 15 | 8/4 | 戊午 | 一 | 九 | 15 | 7/6 | 己丑 | 六 | 二 | 15 | 6/6 | 己未 | 8 | 5 | 15 | 5/7 | 己丑 | 8 | 2 | 15 | 4/8 | 庚申 | 6 | 9 | 15 | 3/9 | 庚寅 | 3 | 6 | 15 | 2/7 | 庚申 | 6 | 3 |
| 16 | 8/5 | 己未 | 四 | 八 | 16 | 7/7 | 庚寅 | 六 | 一 | 16 | 6/7 | 庚申 | 8 | 6 | 16 | 5/8 | 庚寅 | 8 | 3 | 16 | 4/9 | 辛酉 | 6 | 1 | 16 | 3/10 | 辛卯 | 3 | 7 | 16 | 2/8 | 辛酉 | 6 | 4 |
| 17 | 8/6 | 庚申 | 四 | 七 | 17 | 7/8 | 辛卯 | 六 | 九 | 17 | 6/8 | 辛酉 | 8 | 7 | 17 | 5/9 | 辛卯 | 8 | 4 | 17 | 4/10 | 壬戌 | 6 | 2 | 17 | 3/11 | 壬辰 | 3 | 8 | 17 | 2/9 | 壬戌 | 6 | 5 |
| 18 | 8/7 | 辛酉 | 四 | 六 | 18 | 7/9 | 壬辰 | 六 | 八 | 18 | 6/9 | 壬戌 | 8 | 8 | 18 | 5/10 | 壬辰 | 8 | 5 | 18 | 4/11 | 癸亥 | 6 | 3 | 18 | 3/12 | 癸巳 | 3 | 9 | 18 | 2/10 | 癸亥 | 6 | 6 |
| 19 | 8/8 | 壬戌 | 四 | 五 | 19 | 7/10 | 癸巳 | 六 | 七 | 19 | 6/10 | 癸亥 | 8 | 9 | 19 | 5/11 | 癸巳 | 8 | 6 | 19 | 4/12 | 甲子 | 4 | 4 | 19 | 3/13 | 甲午 | 1 | 1 | 19 | 2/11 | 甲子 | 8 | 7 |
| 20 | 8/9 | 癸亥 | 四 | 四 | 20 | 7/11 | 甲午 | 八 | 六 | 20 | 6/11 | 甲子 | 6 | 1 | 20 | 5/12 | 甲午 | 4 | 7 | 20 | 4/13 | 乙丑 | 4 | 5 | 20 | 3/14 | 乙未 | 1 | 2 | 20 | 2/12 | 乙丑 | 8 | 8 |
| 21 | 8/10 | 甲子 | 二 | 三 | 21 | 7/12 | 乙未 | 八 | 五 | 21 | 6/12 | 乙丑 | 6 | 2 | 21 | 5/13 | 乙未 | 4 | 8 | 21 | 4/14 | 丙寅 | 4 | 6 | 21 | 3/15 | 丙申 | 1 | 3 | 21 | 2/13 | 丙寅 | 8 | 9 |
| 22 | 8/11 | 乙丑 | 二 | 二 | 22 | 7/13 | 丙申 | 八 | 四 | 22 | 6/13 | 丙寅 | 6 | 3 | 22 | 5/14 | 丙申 | 4 | 9 | 22 | 4/15 | 丁卯 | 4 | 7 | 22 | 3/16 | 丁酉 | 1 | 4 | 22 | 2/14 | 丁卯 | 8 | 1 |
| 23 | 8/12 | 丙寅 | 二 | 一 | 23 | 7/14 | 丁酉 | 八 | 三 | 23 | 6/14 | 丁卯 | 6 | 4 | 23 | 5/15 | 丁酉 | 4 | 1 | 23 | 4/16 | 戊辰 | 4 | 8 | 23 | 3/17 | 戊戌 | 1 | 5 | 23 | 2/15 | 戊辰 | 8 | 2 |
| 24 | 8/13 | 丁卯 | 二 | 九 | 24 | 7/15 | 戊戌 | 八 | 二 | 24 | 6/15 | 戊辰 | 6 | 5 | 24 | 5/16 | 戊戌 | 4 | 2 | 24 | 4/17 | 己巳 | 1 | 9 | 24 | 3/18 | 己亥 | 7 | 6 | 24 | 2/16 | 己巳 | 5 | 3 |
| 25 | 8/14 | 戊辰 | 二 | 八 | 25 | 7/16 | 己亥 | 二 | 一 | 25 | 6/16 | 己巳 | 3 | 6 | 25 | 5/17 | 己亥 | 1 | 3 | 25 | 4/18 | 庚午 | 1 | 1 | 25 | 3/19 | 庚子 | 7 | 7 | 25 | 2/17 | 庚午 | 5 | 4 |
| 26 | 8/15 | 己巳 | 五 | 七 | 26 | 7/17 | 庚子 | 二 | 九 | 26 | 6/17 | 庚午 | 3 | 7 | 26 | 5/18 | 庚子 | 1 | 4 | 26 | 4/19 | 辛未 | 1 | 2 | 26 | 3/20 | 辛丑 | 7 | 8 | 26 | 2/18 | 辛未 | 5 | 5 |
| 27 | 8/16 | 庚午 | 五 | 六 | 27 | 7/18 | 辛丑 | 二 | 八 | 27 | 6/18 | 辛未 | 3 | 8 | 27 | 5/19 | 辛丑 | 1 | 5 | 27 | 4/20 | 壬申 | 1 | 3 | 27 | 3/21 | 壬寅 | 7 | 9 | 27 | 2/19 | 壬申 | 5 | 6 |
| 28 | 8/17 | 辛未 | 五 | 五 | 28 | 7/19 | 壬寅 | 二 | 七 | 28 | 6/19 | 壬申 | 3 | 9 | 28 | 5/20 | 壬寅 | 1 | 6 | 28 | 4/21 | 癸酉 | 1 | 4 | 28 | 3/22 | 癸卯 | 7 | 1 | 28 | 2/20 | 癸酉 | 5 | 7 |
| 29 | 8/18 | 壬申 | 五 | 四 | 29 | 7/20 | 癸卯 | 二 | 六 | 29 | 6/20 | 癸酉 | 3 | 1 | 29 | 5/21 | 癸卯 | 1 | 7 | 29 | 4/22 | 甲戌 | 7 | 5 | 29 | 3/23 | 甲辰 | 4 | 2 | 29 | 2/21 | 甲戌 | 2 | 8 |
| 30 | 8/19 | 癸酉 | 五 | 三 | | | | | | 30 | 6/21 | 甲戌 | 9 | 八 | 30 | 5/22 | 甲辰 | 7 | 8 | | | | | | 30 | 3/24 | 乙巳 | 4 | 3 | 30 | 2/22 | 乙亥 | 2 | 9 |

# 西元2039年（己未）肖羊 民國128年（女離命）

奇門遁甲局數如標示為 一 ～九表示陰局　　如標示為1 ～9 表示陽局

| 十二月 | | | | | 十一月 | | | | | 十　月 | | | | | 九　月 | | | | | 八　月 | | | | | 七　月 | | | | |
|---|---|---|---|---|---|---|---|---|---|---|---|---|---|---|---|---|---|---|---|---|---|---|---|---|---|---|---|---|---|
| 丁丑 | | | | | 丙子 | | | | | 乙亥 | | | | | 甲戌 | | | | | 癸酉 | | | | | 壬申 | | | | |
| 三碧木 | | | | | 四綠木 | | | | | 五黃土 | | | | | 六白金 | | | | | 七赤金 | | | | | 八白土 | | | | |
| 立春 13時42分 | 廿二未時 | 大寒 19時23分 初七戌時 | 奇門遁甲局數 | | 小寒 02時05分 | 廿二丑時 | 冬至 08時42分 初七辰時 | 奇門遁甲局數 | | 大雪 14時47分 | 廿二未時 | 小雪 19時14分 初七戌時 | 奇門遁甲局數 | | 立冬 21時45分 | 廿一亥時 | 霜降 21時27分 初六亥時 | 奇門遁甲局數 | | 寒露 18時19分 | 廿一酉時 | 秋分 11時51分 初六午時 | 奇門遁甲局數 | | 白露 02時26分 | 二十丑時 | 處暑 14時00分 初四未時 | 奇門遁甲局數 | |
| 農曆 | 國曆 | 干支 | 時盤 | 日盤 | 農曆 | 國曆 | 干支 | 時盤 | 日盤 | 農曆 | 國曆 | 干支 | 時盤 | 日盤 | 農曆 | 國曆 | 干支 | 時盤 | 日盤 | 農曆 | 國曆 | 干支 | 時盤 | 日盤 | 農曆 | 國曆 | 干支 | 時盤 | 日盤 |
| 1 | 1/14 | 辛丑 | 8 | 2 | 1 | 12/16 | 壬申 | 七 | 一 | 1 | 11/16 | 壬寅 | 九 | 四 | 1 | 10/18 | 癸酉 | 九 | 六 | 1 | 9/18 | 癸卯 | 三 | 九 | 1 | 8/20 | 甲戌 | 八 | 二 |
| 2 | 1/15 | 壬寅 | 8 | 3 | 2 | 12/17 | 癸酉 | 七 | 九 | 2 | 11/17 | 癸卯 | 九 | 三 | 2 | 10/19 | 甲戌 | 三 | 五 | 2 | 9/19 | 甲辰 | 六 | 八 | 2 | 8/21 | 乙亥 | 八 | 一 |
| 3 | 1/16 | 癸卯 | 8 | 4 | 3 | 12/18 | 甲戌 | 一 | 八 | 3 | 11/18 | 甲辰 | 三 | 二 | 3 | 10/20 | 乙亥 | 三 | 四 | 3 | 9/20 | 乙巳 | 六 | 七 | 3 | 8/22 | 丙子 | 八 | 九 |
| 4 | 1/17 | 甲辰 | 5 | 5 | 4 | 12/19 | 乙亥 | 一 | 七 | 4 | 11/19 | 乙巳 | 三 | 一 | 4 | 10/21 | 丙子 | 三 | 三 | 4 | 9/21 | 丙午 | 六 | 六 | 4 | 8/23 | 丁丑 | 八 | 八 |
| 5 | 1/18 | 乙巳 | 5 | 6 | 5 | 12/20 | 丙子 | 一 | 六 | 5 | 11/20 | 丙午 | 三 | 九 | 5 | 10/22 | 丁丑 | 三 | 二 | 5 | 9/22 | 丁未 | 六 | 五 | 5 | 8/24 | 戊寅 | 八 | 七 |
| 6 | 1/19 | 丙午 | 5 | 7 | 6 | 12/21 | 丁丑 | 一 | 五 | 6 | 11/21 | 丁未 | 三 | 八 | 6 | 10/23 | 戊寅 | 三 | 一 | 6 | 9/23 | 戊申 | 六 | 四 | 6 | 8/25 | 己卯 | 一 | 六 |
| 7 | 1/20 | 丁未 | 5 | 8 | 7 | 12/22 | 戊寅 | 一 | 6 | 7 | 11/22 | 戊申 | 三 | 七 | 7 | 10/24 | 己卯 | 五 | 九 | 7 | 9/24 | 己酉 | 七 | 三 | 7 | 8/26 | 庚辰 | 一 | 五 |
| 8 | 1/21 | 戊申 | 5 | 9 | 8 | 12/23 | 己卯 | 1 | 7 | 8 | 11/23 | 己酉 | 五 | 六 | 8 | 10/25 | 庚辰 | 五 | 八 | 8 | 9/25 | 庚戌 | 七 | 二 | 8 | 8/27 | 辛巳 | 一 | 四 |
| 9 | 1/22 | 己酉 | 3 | 1 | 9 | 12/24 | 庚辰 | 1 | 8 | 9 | 11/24 | 庚戌 | 五 | 五 | 9 | 10/26 | 辛巳 | 五 | 七 | 9 | 9/26 | 辛亥 | 七 | 一 | 9 | 8/28 | 壬午 | 一 | 三 |
| 10 | 1/23 | 庚戌 | 3 | 2 | 10 | 12/25 | 辛巳 | 1 | 9 | 10 | 11/25 | 辛亥 | 五 | 四 | 10 | 10/27 | 壬午 | 五 | 六 | 10 | 9/27 | 壬子 | 七 | 九 | 10 | 8/29 | 癸未 | 一 | 二 |
| 11 | 1/24 | 辛亥 | 3 | 3 | 11 | 12/26 | 壬午 | 1 | 1 | 11 | 11/26 | 壬子 | 五 | 三 | 11 | 10/28 | 癸未 | 五 | 五 | 11 | 9/28 | 癸丑 | 七 | 八 | 11 | 8/30 | 甲申 | 四 | 一 |
| 12 | 1/25 | 壬子 | 3 | 4 | 12 | 12/27 | 癸未 | 1 | 2 | 12 | 11/27 | 癸丑 | 五 | 二 | 12 | 10/29 | 甲申 | 八 | 四 | 12 | 9/29 | 甲寅 | 一 | 七 | 12 | 8/31 | 乙酉 | 四 | 九 |
| 13 | 1/26 | 癸丑 | 3 | 5 | 13 | 12/28 | 甲申 | 7 | 3 | 13 | 11/28 | 甲寅 | 八 | 一 | 13 | 10/30 | 乙酉 | 八 | 三 | 13 | 9/30 | 乙卯 | 一 | 六 | 13 | 9/1 | 丙戌 | 四 | 八 |
| 14 | 1/27 | 甲寅 | 9 | 6 | 14 | 12/29 | 乙酉 | 7 | 4 | 14 | 11/29 | 乙卯 | 八 | 九 | 14 | 10/31 | 丙戌 | 八 | 二 | 14 | 10/1 | 丙辰 | 一 | 五 | 14 | 9/2 | 丁亥 | 四 | 七 |
| 15 | 1/28 | 乙卯 | 9 | 7 | 15 | 12/30 | 丙戌 | 7 | 5 | 15 | 11/30 | 丙辰 | 八 | 八 | 15 | 11/1 | 丁亥 | 八 | 一 | 15 | 10/2 | 丁巳 | 一 | 四 | 15 | 9/3 | 戊子 | 四 | 六 |
| 16 | 1/29 | 丙辰 | 9 | 8 | 16 | 12/31 | 丁亥 | 7 | 6 | 16 | 12/1 | 丁巳 | 八 | 七 | 16 | 11/2 | 戊子 | 八 | 九 | 16 | 10/3 | 戊午 | 一 | 三 | 16 | 9/4 | 己丑 | 七 | 五 |
| 17 | 1/30 | 丁巳 | 9 | 9 | 17 | 1/1 | 戊子 | 7 | 7 | 17 | 12/2 | 戊午 | 八 | 六 | 17 | 11/3 | 己丑 | 二 | 八 | 17 | 10/4 | 己未 | 四 | 二 | 17 | 9/5 | 庚寅 | 七 | 四 |
| 18 | 1/31 | 戊午 | 9 | 1 | 18 | 1/2 | 己丑 | 4 | 8 | 18 | 12/3 | 己未 | 二 | 五 | 18 | 11/4 | 庚寅 | 二 | 七 | 18 | 10/5 | 庚申 | 四 | 一 | 18 | 9/6 | 辛卯 | 七 | 三 |
| 19 | 2/1 | 己未 | 6 | 2 | 19 | 1/3 | 庚寅 | 4 | 9 | 19 | 12/4 | 庚申 | 二 | 四 | 19 | 11/5 | 辛卯 | 二 | 六 | 19 | 10/6 | 辛酉 | 四 | 九 | 19 | 9/7 | 壬辰 | 七 | 二 |
| 20 | 2/2 | 庚申 | 6 | 3 | 20 | 1/4 | 辛卯 | 4 | 1 | 20 | 12/5 | 辛酉 | 二 | 三 | 20 | 11/6 | 壬辰 | 二 | 五 | 20 | 10/7 | 壬戌 | 四 | 八 | 20 | 9/8 | 癸巳 | 七 | 一 |
| 21 | 2/3 | 辛酉 | 6 | 4 | 21 | 1/5 | 壬辰 | 4 | 2 | 21 | 12/6 | 壬戌 | 二 | 二 | 21 | 11/7 | 癸巳 | 二 | 四 | 21 | 10/8 | 癸亥 | 四 | 七 | 21 | 9/9 | 甲午 | 九 | 九 |
| 22 | 2/4 | 壬戌 | 6 | 5 | 22 | 1/6 | 癸巳 | 4 | 3 | 22 | 12/7 | 癸亥 | 二 | 一 | 22 | 11/8 | 甲午 | 六 | 三 | 22 | 10/9 | 甲子 | 六 | 六 | 22 | 9/10 | 乙未 | 九 | 八 |
| 23 | 2/5 | 癸亥 | 6 | 6 | 23 | 1/7 | 甲午 | 2 | 4 | 23 | 12/8 | 甲子 | 四 | 九 | 23 | 11/9 | 乙未 | 六 | 二 | 23 | 10/10 | 乙丑 | 六 | 五 | 23 | 9/11 | 丙申 | 九 | 七 |
| 24 | 2/6 | 甲子 | 8 | 7 | 24 | 1/8 | 乙未 | 2 | 5 | 24 | 12/9 | 乙丑 | 四 | 八 | 24 | 11/10 | 丙申 | 六 | 一 | 24 | 10/11 | 丙寅 | 六 | 四 | 24 | 9/12 | 丁酉 | 九 | 六 |
| 25 | 2/7 | 乙丑 | 8 | 8 | 25 | 1/9 | 丙申 | 2 | 6 | 25 | 12/10 | 丙寅 | 四 | 七 | 25 | 11/11 | 丁酉 | 六 | 九 | 25 | 10/12 | 丁卯 | 六 | 三 | 25 | 9/13 | 戊戌 | 九 | 五 |
| 26 | 2/8 | 丙寅 | 8 | 9 | 26 | 1/10 | 丁酉 | 2 | 7 | 26 | 12/11 | 丁卯 | 四 | 六 | 26 | 11/12 | 戊戌 | 六 | 八 | 26 | 10/13 | 戊辰 | 六 | 二 | 26 | 9/14 | 己亥 | 三 | 四 |
| 27 | 2/9 | 丁卯 | 8 | 1 | 27 | 1/11 | 戊戌 | 2 | 8 | 27 | 12/12 | 戊辰 | 四 | 五 | 27 | 11/13 | 己亥 | 九 | 七 | 27 | 10/14 | 己巳 | 九 | 一 | 27 | 9/15 | 庚子 | 三 | 三 |
| 28 | 2/10 | 戊辰 | 8 | 2 | 28 | 1/12 | 己亥 | 8 | 9 | 28 | 12/13 | 己巳 | 七 | 四 | 28 | 11/14 | 庚子 | 九 | 六 | 28 | 10/15 | 庚午 | 九 | 九 | 28 | 9/16 | 辛丑 | 三 | 二 |
| 29 | 2/11 | 己巳 | 5 | 3 | 29 | 1/13 | 庚子 | 8 | 1 | 29 | 12/14 | 庚午 | 七 | 三 | 29 | 11/15 | 辛丑 | 九 | 五 | 29 | 10/16 | 辛未 | 九 | 八 | 29 | 9/17 | 壬寅 | 三 | 一 |
| | | | | | | | | | | 30 | 12/15 | 辛未 | 七 | 二 | | | | | | 30 | 10/17 | 壬申 | 九 | 七 | | | | | |

# 西元2040年（庚申）肖猴 民國129年（男坤命）

奇門遁甲局數如標示為 一 ～九表示陰局　　如標示為1 ～9 表示陽局

| 六　月 | | | | | 五　月 | | | | | 四　月 | | | | | 三　月 | | | | | 二　月 | | | | | 正　月 | | | | |
|---|---|---|---|---|---|---|---|---|---|---|---|---|---|---|---|---|---|---|---|---|---|---|---|---|---|---|---|---|---|
| 癸未 | | | | | 壬午 | | | | | 辛巳 | | | | | 庚辰 | | | | | 己卯 | | | | | 戊寅 | | | | |
| 六白金 | | | | | 七赤金 | | | | | 八白土 | | | | | 九紫火 | | | | | 一白水 | | | | | 二黑土 | | | | |
| 立秋 | | 大暑 | 奇門遁甲局數 | | 小暑 | | 夏至 | 奇門遁甲局數 | | 芒種 | | 小滿 | 奇門遁甲局數 | | 立夏 | | 穀雨 | 奇門遁甲局數 | | 清明 | | 春分 | 奇門遁甲局數 | | 驚蟄 | | 雨水 | 奇門遁甲局數 | |
| 05時11分 | 三十卯時 | 12時42分 十四午時 | | | 19時21分 | 廿七戌時 | 01時48分 十二丑時 | | | 09時09分 | 廿六巳時 | 17時57分 初十酉時 | | | 05時11分 | 廿五卯時 | 19時01分 初九戌時 | | | 12時07分 | 廿三午時 | 08時13分 初八辰時 | | | 07時33分 | 廿三辰時 | 09時26分 初八巳時 | | |
| 農曆 | 國曆 | 干支 | 時盤 | 日盤 | 農曆 | 國曆 | 干支 | 時盤 | 日盤 | 農曆 | 國曆 | 干支 | 時盤 | 日盤 | 農曆 | 國曆 | 干支 | 時盤 | 日盤 | 農曆 | 國曆 | 干支 | 時盤 | 日盤 | 農曆 | 國曆 | 干支 | 時盤 | 日盤 |
| 1 | 7/9 | 戊戌 | 八 | 二 | 1 | 6/10 | 己巳 | 3 | 6 | 1 | 5/11 | 己亥 | 1 | 3 | 1 | 4/11 | 己巳 | 1 | 9 | 1 | 3/13 | 庚子 | 7 | 7 | 1 | 2/12 | 庚午 | 5 | 4 |
| 2 | 7/10 | 己亥 | 二 | 一 | 2 | 6/11 | 庚午 | 3 | 7 | 2 | 5/12 | 庚子 | 1 | 4 | 2 | 4/12 | 庚午 | 1 | 1 | 2 | 3/14 | 辛丑 | 7 | 8 | 2 | 2/13 | 辛未 | 5 | 5 |
| 3 | 7/11 | 庚子 | 二 | 九 | 3 | 6/12 | 辛未 | 3 | 8 | 3 | 5/13 | 辛丑 | 1 | 5 | 3 | 4/13 | 辛未 | 1 | 2 | 3 | 3/15 | 壬寅 | 7 | 9 | 3 | 2/14 | 壬申 | 5 | 6 |
| 4 | 7/12 | 辛丑 | 二 | 八 | 4 | 6/13 | 壬申 | 3 | 9 | 4 | 5/14 | 壬寅 | 1 | 6 | 4 | 4/14 | 壬申 | 1 | 3 | 4 | 3/16 | 癸卯 | 7 | 1 | 4 | 2/15 | 癸酉 | 5 | 7 |
| 5 | 7/13 | 壬寅 | 二 | 七 | 5 | 6/14 | 癸酉 | 3 | 1 | 5 | 5/15 | 癸卯 | 1 | 7 | 5 | 4/15 | 癸酉 | 1 | 4 | 5 | 3/17 | 甲辰 | 4 | 2 | 5 | 2/16 | 甲戌 | 2 | 8 |
| 6 | 7/14 | 癸卯 | 二 | 六 | 6 | 6/15 | 甲戌 | 9 | 2 | 6 | 5/16 | 甲辰 | 7 | 8 | 6 | 4/16 | 甲戌 | 7 | 5 | 6 | 3/18 | 乙巳 | 4 | 3 | 6 | 2/17 | 乙亥 | 2 | 9 |
| 7 | 7/15 | 甲辰 | 五 | 五 | 7 | 6/16 | 乙亥 | 9 | 3 | 7 | 5/17 | 乙巳 | 7 | 9 | 7 | 4/17 | 乙亥 | 7 | 6 | 7 | 3/19 | 丙午 | 4 | 4 | 7 | 2/18 | 丙子 | 2 | 1 |
| 8 | 7/16 | 乙巳 | 五 | 四 | 8 | 6/17 | 丙子 | 9 | 4 | 8 | 5/18 | 丙午 | 7 | 1 | 8 | 4/18 | 丙子 | 7 | 7 | 8 | 3/20 | 丁未 | 4 | 5 | 8 | 2/19 | 丁丑 | 2 | 2 |
| 9 | 7/17 | 丙午 | 五 | 三 | 9 | 6/18 | 丁丑 | 9 | 5 | 9 | 5/19 | 丁未 | 7 | 2 | 9 | 4/19 | 丁丑 | 7 | 8 | 9 | 3/21 | 戊申 | 4 | 6 | 9 | 2/20 | 戊寅 | 2 | 3 |
| 10 | 7/18 | 丁未 | 五 | 二 | 10 | 6/19 | 戊寅 | 9 | 6 | 10 | 5/20 | 戊申 | 7 | 3 | 10 | 4/20 | 戊寅 | 7 | 9 | 10 | 3/22 | 己酉 | 3 | 7 | 10 | 2/21 | 己卯 | 9 | 4 |
| 11 | 7/19 | 戊申 | 五 | 一 | 11 | 6/20 | 己卯 | 九 | 7 | 11 | 5/21 | 己酉 | 5 | 4 | 11 | 4/21 | 己卯 | 5 | 1 | 11 | 3/23 | 庚戌 | 3 | 8 | 11 | 2/22 | 庚辰 | 9 | 5 |
| 12 | 7/20 | 己酉 | 七 | 九 | 12 | 6/21 | 庚辰 | 九 | 二 | 12 | 5/22 | 庚戌 | 5 | 5 | 12 | 4/22 | 庚辰 | 5 | 2 | 12 | 3/24 | 辛亥 | 3 | 9 | 12 | 2/23 | 辛巳 | 9 | 6 |
| 13 | 7/21 | 庚戌 | 七 | 八 | 13 | 6/22 | 辛巳 | 九 | 一 | 13 | 5/23 | 辛亥 | 5 | 6 | 13 | 4/23 | 辛巳 | 5 | 3 | 13 | 3/25 | 壬子 | 3 | 1 | 13 | 2/24 | 壬午 | 9 | 7 |
| 14 | 7/22 | 辛亥 | 七 | 七 | 14 | 6/23 | 壬午 | 九 | 九 | 14 | 5/24 | 壬子 | 5 | 7 | 14 | 4/24 | 壬午 | 5 | 4 | 14 | 3/26 | 癸丑 | 3 | 2 | 14 | 2/25 | 癸未 | 9 | 8 |
| 15 | 7/23 | 壬子 | 七 | 六 | 15 | 6/24 | 癸未 | 九 | 八 | 15 | 5/25 | 癸丑 | 5 | 8 | 15 | 4/25 | 癸未 | 5 | 5 | 15 | 3/27 | 甲寅 | 9 | 3 | 15 | 2/26 | 甲申 | 6 | 9 |
| 16 | 7/24 | 癸丑 | 七 | 五 | 16 | 6/25 | 甲申 | 三 | 七 | 16 | 5/26 | 甲寅 | 2 | 9 | 16 | 4/26 | 甲申 | 2 | 6 | 16 | 3/28 | 乙卯 | 9 | 4 | 16 | 2/27 | 乙酉 | 6 | 1 |
| 17 | 7/25 | 甲寅 | 一 | 四 | 17 | 6/26 | 乙酉 | 三 | 六 | 17 | 5/27 | 乙卯 | 2 | 1 | 17 | 4/27 | 乙酉 | 2 | 7 | 17 | 3/29 | 丙辰 | 9 | 5 | 17 | 2/28 | 丙戌 | 6 | 2 |
| 18 | 7/26 | 乙卯 | 一 | 三 | 18 | 6/27 | 丙戌 | 三 | 五 | 18 | 5/28 | 丙辰 | 2 | 2 | 18 | 4/28 | 丙戌 | 2 | 8 | 18 | 3/30 | 丁巳 | 9 | 6 | 18 | 2/29 | 丁亥 | 6 | 3 |
| 19 | 7/27 | 丙辰 | 一 | 二 | 19 | 6/28 | 丁亥 | 三 | 四 | 19 | 5/29 | 丁巳 | 2 | 3 | 19 | 4/29 | 丁亥 | 2 | 9 | 19 | 3/31 | 戊午 | 9 | 7 | 19 | 3/1 | 戊子 | 6 | 4 |
| 20 | 7/28 | 丁巳 | 一 | 一 | 20 | 6/29 | 戊子 | 三 | 三 | 20 | 5/30 | 戊午 | 2 | 4 | 20 | 4/30 | 戊子 | 2 | 1 | 20 | 4/1 | 己未 | 6 | 8 | 20 | 3/2 | 己丑 | 3 | 5 |
| 21 | 7/29 | 戊午 | 一 | 九 | 21 | 6/30 | 己丑 | 六 | 二 | 21 | 5/31 | 己未 | 8 | 5 | 21 | 5/1 | 己丑 | 8 | 2 | 21 | 4/2 | 庚申 | 6 | 9 | 21 | 3/3 | 庚寅 | 3 | 6 |
| 22 | 7/30 | 己未 | 四 | 八 | 22 | 7/1 | 庚寅 | 六 | 一 | 22 | 6/1 | 庚申 | 8 | 6 | 22 | 5/2 | 庚寅 | 8 | 3 | 22 | 4/3 | 辛酉 | 6 | 1 | 22 | 3/4 | 辛卯 | 3 | 7 |
| 23 | 7/31 | 庚申 | 四 | 七 | 23 | 7/2 | 辛卯 | 六 | 九 | 23 | 6/2 | 辛酉 | 8 | 7 | 23 | 5/3 | 辛卯 | 8 | 4 | 23 | 4/4 | 壬戌 | 6 | 2 | 23 | 3/5 | 壬辰 | 3 | 8 |
| 24 | 8/1 | 辛酉 | 四 | 六 | 24 | 7/3 | 壬辰 | 六 | 八 | 24 | 6/3 | 壬戌 | 8 | 8 | 24 | 5/4 | 壬辰 | 8 | 5 | 24 | 4/5 | 癸亥 | 6 | 3 | 24 | 3/6 | 癸巳 | 3 | 9 |
| 25 | 8/2 | 壬戌 | 四 | 五 | 25 | 7/4 | 癸巳 | 六 | 七 | 25 | 6/4 | 癸亥 | 8 | 9 | 25 | 5/5 | 癸巳 | 8 | 6 | 25 | 4/6 | 甲子 | 4 | 4 | 25 | 3/7 | 甲午 | 1 | 1 |
| 26 | 8/3 | 癸亥 | 四 | 四 | 26 | 7/5 | 甲午 | 八 | 六 | 26 | 6/5 | 甲子 | 6 | 1 | 26 | 5/6 | 甲午 | 4 | 7 | 26 | 4/7 | 乙丑 | 4 | 5 | 26 | 3/8 | 乙未 | 1 | 2 |
| 27 | 8/4 | 甲子 | 二 | 三 | 27 | 7/6 | 乙未 | 八 | 五 | 27 | 6/6 | 乙丑 | 6 | 2 | 27 | 5/7 | 乙未 | 4 | 8 | 27 | 4/8 | 丙寅 | 4 | 6 | 27 | 3/9 | 丙申 | 1 | 3 |
| 28 | 8/5 | 乙丑 | 二 | 二 | 28 | 7/7 | 丙申 | 八 | 四 | 28 | 6/7 | 丙寅 | 6 | 3 | 28 | 5/8 | 丙申 | 4 | 9 | 28 | 4/9 | 丁卯 | 4 | 7 | 28 | 3/10 | 丁酉 | 1 | 4 |
| 29 | 8/6 | 丙寅 | 二 | 一 | 29 | 7/8 | 丁酉 | 八 | 三 | 29 | 6/8 | 丁卯 | 6 | 4 | 29 | 5/9 | 丁酉 | 4 | 1 | 29 | 4/10 | 戊辰 | 4 | 8 | 29 | 3/11 | 戊戌 | 1 | 5 |
| 30 | 8/7 | 丁卯 | 二 | 九 | | | | | | 30 | 6/9 | 戊辰 | 6 | 5 | 30 | 5/10 | 戊戌 | 4 | 2 | | | | | | 30 | 3/12 | 己亥 | 7 | 6 |

# 西元2040年（庚申）肖猴 民國129年（女坎命）

奇門遁甲局數如標示為 一 ～九表示陰局　　如標示為1 ～9 表示陽局

| 十二月 | | | | | 十一月 | | | | | 十　月 | | | | | 九　月 | | | | | 八　月 | | | | | 七　月 | | | | |
|---|---|---|---|---|---|---|---|---|---|---|---|---|---|---|---|---|---|---|---|---|---|---|---|---|---|---|---|---|---|
| 己丑 | | | | | 戊子 | | | | | 丁亥 | | | | | 丙戌 | | | | | 乙酉 | | | | | 甲申 | | | | |
| 九紫火 | | | | | 一白水 | | | | | 二黑土 | | | | | 三碧木 | | | | | 四綠木 | | | | | 五黃土 | | | | |
| 大寒 01時14分 十八丑時 | | 小寒 07時50分 初三辰時 | 奇門遁甲局數 | | 冬至 14時35分 十八未時 | | 大雪 20時32分 初三戌時 | 奇門遁甲局數 | | 小雪 01時07分 十八丑時 | | 立冬 03時31分 初三寅時 | 奇門遁甲局數 | | 霜降 03時22分 十八寅時 | | 寒露 00時07分 初三子時 | 奇門遁甲局數 | | 秋分 17時47分 十七酉時 | | 白露 08時16分 初二辰時 | 奇門遁甲局數 | | 處暑 19時55分 十五戌時 | | | 奇門遁甲局數 | |
| 農曆 | 國曆 | 干支 | 時盤 | 日盤 | 農曆 | 國曆 | 干支 | 時盤 | 日盤 | 農曆 | 國曆 | 干支 | 時盤 | 日盤 | 農曆 | 國曆 | 干支 | 時盤 | 日盤 | 農曆 | 國曆 | 干支 | 時盤 | 日盤 | 農曆 | 國曆 | 干支 | 時盤 | 日盤 |
| 1 | 1/3 | 丙申 | 2 | 6 | 1 | 12/4 | 丙寅 | 四 | 七 | 1 | 11/5 | 丁酉 | 六 | 九 | 1 | 10/6 | 丁卯 | 六 | 三 | 1 | 9/6 | 丁酉 | 九 | 六 | 1 | 8/8 | 戊辰 | 二 | 八 |
| 2 | 1/4 | 丁酉 | 2 | 7 | 2 | 12/5 | 丁卯 | 四 | 六 | 2 | 11/6 | 戊戌 | 六 | 八 | 2 | 10/7 | 戊辰 | 六 | 二 | 2 | 9/7 | 戊戌 | 九 | 五 | 2 | 8/9 | 己巳 | 五 | 七 |
| 3 | 1/5 | 戊戌 | 2 | 8 | 3 | 12/6 | 戊辰 | 四 | 五 | 3 | 11/7 | 己亥 | 九 | 七 | 3 | 10/8 | 己巳 | 九 | 一 | 3 | 9/8 | 己亥 | 三 | 四 | 3 | 8/10 | 庚午 | 五 | 六 |
| 4 | 1/6 | 己亥 | 8 | 9 | 4 | 12/7 | 己巳 | 七 | 四 | 4 | 11/8 | 庚子 | 九 | 六 | 4 | 10/9 | 庚午 | 九 | 九 | 4 | 9/9 | 庚子 | 三 | 三 | 4 | 8/11 | 辛未 | 五 | 五 |
| 5 | 1/7 | 庚子 | 8 | 1 | 5 | 12/8 | 庚午 | 七 | 三 | 5 | 11/9 | 辛丑 | 九 | 五 | 5 | 10/10 | 辛未 | 九 | 八 | 5 | 9/10 | 辛丑 | 三 | 二 | 5 | 8/12 | 壬申 | 五 | 四 |
| 6 | 1/8 | 辛丑 | 8 | 2 | 6 | 12/9 | 辛未 | 七 | 二 | 6 | 11/10 | 壬寅 | 九 | 四 | 6 | 10/11 | 壬申 | 九 | 七 | 6 | 9/11 | 壬寅 | 三 | 一 | 6 | 8/13 | 癸酉 | 五 | 三 |
| 7 | 1/9 | 壬寅 | 8 | 3 | 7 | 12/10 | 壬申 | 七 | 一 | 7 | 11/11 | 癸卯 | 九 | 三 | 7 | 10/12 | 癸酉 | 九 | 六 | 7 | 9/12 | 癸卯 | 三 | 九 | 7 | 8/14 | 甲戌 | 八 | 二 |
| 8 | 1/10 | 癸卯 | 8 | 4 | 8 | 12/11 | 癸酉 | 七 | 九 | 8 | 11/12 | 甲辰 | 三 | 二 | 8 | 10/13 | 甲戌 | 三 | 五 | 8 | 9/13 | 甲辰 | 六 | 八 | 8 | 8/15 | 乙亥 | 八 | 一 |
| 9 | 1/11 | 甲辰 | 5 | 5 | 9 | 12/12 | 甲戌 | 一 | 八 | 9 | 11/13 | 乙巳 | 三 | 一 | 9 | 10/14 | 乙亥 | 三 | 四 | 9 | 9/14 | 乙巳 | 六 | 七 | 9 | 8/16 | 丙子 | 八 | 九 |
| 10 | 1/12 | 乙巳 | 5 | 6 | 10 | 12/13 | 乙亥 | 一 | 七 | 10 | 11/14 | 丙午 | 三 | 九 | 10 | 10/15 | 丙子 | 三 | 三 | 10 | 9/15 | 丙午 | 六 | 六 | 10 | 8/17 | 丁丑 | 八 | 八 |
| 11 | 1/13 | 丙午 | 5 | 7 | 11 | 12/14 | 丙子 | 一 | 六 | 11 | 11/15 | 丁未 | 三 | 八 | 11 | 10/16 | 丁丑 | 三 | 二 | 11 | 9/16 | 丁未 | 六 | 五 | 11 | 8/18 | 戊寅 | 八 | 七 |
| 12 | 1/14 | 丁未 | 5 | 8 | 12 | 12/15 | 丁丑 | 一 | 五 | 12 | 11/16 | 戊申 | 三 | 七 | 12 | 10/17 | 戊寅 | 三 | 一 | 12 | 9/17 | 戊申 | 六 | 四 | 12 | 8/19 | 己卯 | 一 | 六 |
| 13 | 1/15 | 戊申 | 5 | 9 | 13 | 12/16 | 戊寅 | 一 | 四 | 13 | 11/17 | 己酉 | 五 | 六 | 13 | 10/18 | 己卯 | 五 | 九 | 13 | 9/18 | 己酉 | 七 | 三 | 13 | 8/20 | 庚辰 | 一 | 五 |
| 14 | 1/16 | 己酉 | 3 | 1 | 14 | 12/17 | 己卯 | 1 | 三 | 14 | 11/18 | 庚戌 | 五 | 五 | 14 | 10/19 | 庚辰 | 五 | 八 | 14 | 9/19 | 庚戌 | 七 | 二 | 14 | 8/21 | 辛巳 | 一 | 四 |
| 15 | 1/17 | 庚戌 | 3 | 2 | 15 | 12/18 | 庚辰 | 1 | 二 | 15 | 11/19 | 辛亥 | 五 | 四 | 15 | 10/20 | 辛巳 | 五 | 七 | 15 | 9/20 | 辛亥 | 七 | 一 | 15 | 8/22 | 壬午 | 一 | 三 |
| 16 | 1/18 | 辛亥 | 3 | 3 | 16 | 12/19 | 辛巳 | 1 | 一 | 16 | 11/20 | 壬子 | 五 | 三 | 16 | 10/21 | 壬午 | 五 | 六 | 16 | 9/21 | 壬子 | 七 | 九 | 16 | 8/23 | 癸未 | 一 | 二 |
| 17 | 1/19 | 壬子 | 3 | 4 | 17 | 12/20 | 壬午 | 1 | 九 | 17 | 11/21 | 癸丑 | 五 | 二 | 17 | 10/22 | 癸未 | 五 | 五 | 17 | 9/22 | 癸丑 | 七 | 八 | 17 | 8/24 | 甲申 | 四 | 一 |
| 18 | 1/20 | 癸丑 | 3 | 5 | 18 | 12/21 | 癸未 | 1 | 2 | 18 | 11/22 | 甲寅 | 八 | 一 | 18 | 10/23 | 甲申 | 八 | 四 | 18 | 9/23 | 甲寅 | 一 | 七 | 18 | 8/25 | 乙酉 | 四 | 九 |
| 19 | 1/21 | 甲寅 | 9 | 6 | 19 | 12/22 | 甲申 | 7 | 3 | 19 | 11/23 | 乙卯 | 八 | 九 | 19 | 10/24 | 乙酉 | 八 | 三 | 19 | 9/24 | 乙卯 | 一 | 六 | 19 | 8/26 | 丙戌 | 四 | 八 |
| 20 | 1/22 | 乙卯 | 9 | 7 | 20 | 12/23 | 乙酉 | 7 | 4 | 20 | 11/24 | 丙辰 | 八 | 八 | 20 | 10/25 | 丙戌 | 八 | 二 | 20 | 9/25 | 丙辰 | 一 | 五 | 20 | 8/27 | 丁亥 | 四 | 七 |
| 21 | 1/23 | 丙辰 | 9 | 8 | 21 | 12/24 | 丙戌 | 7 | 5 | 21 | 11/25 | 丁巳 | 八 | 七 | 21 | 10/26 | 丁亥 | 八 | 一 | 21 | 9/26 | 丁巳 | 一 | 四 | 21 | 8/28 | 戊子 | 四 | 六 |
| 22 | 1/24 | 丁巳 | 9 | 9 | 22 | 12/25 | 丁亥 | 7 | 6 | 22 | 11/26 | 戊午 | 八 | 六 | 22 | 10/27 | 戊子 | 八 | 九 | 22 | 9/27 | 戊午 | 一 | 三 | 22 | 8/29 | 己丑 | 七 | 五 |
| 23 | 1/25 | 戊午 | 9 | 1 | 23 | 12/26 | 戊子 | 7 | 7 | 23 | 11/27 | 己未 | 二 | 五 | 23 | 10/28 | 己丑 | 二 | 八 | 23 | 9/28 | 己未 | 四 | 二 | 23 | 8/30 | 庚寅 | 七 | 四 |
| 24 | 1/26 | 己未 | 6 | 2 | 24 | 12/27 | 己丑 | 4 | 8 | 24 | 11/28 | 庚申 | 二 | 四 | 24 | 10/29 | 庚寅 | 二 | 七 | 24 | 9/29 | 庚申 | 四 | 一 | 24 | 8/31 | 辛卯 | 七 | 三 |
| 25 | 1/27 | 庚申 | 6 | 3 | 25 | 12/28 | 庚寅 | 4 | 9 | 25 | 11/29 | 辛酉 | 二 | 三 | 25 | 10/30 | 辛卯 | 二 | 六 | 25 | 9/30 | 辛酉 | 四 | 九 | 25 | 9/1 | 壬辰 | 七 | 二 |
| 26 | 1/28 | 辛酉 | 6 | 4 | 26 | 12/29 | 辛卯 | 4 | 1 | 26 | 11/30 | 壬戌 | 二 | 二 | 26 | 10/31 | 壬辰 | 二 | 五 | 26 | 10/1 | 壬戌 | 四 | 八 | 26 | 9/2 | 癸巳 | 七 | 一 |
| 27 | 1/29 | 壬戌 | 6 | 5 | 27 | 12/30 | 壬辰 | 4 | 2 | 27 | 12/1 | 癸亥 | 二 | 一 | 27 | 11/1 | 癸巳 | 二 | 四 | 27 | 10/2 | 癸亥 | 四 | 七 | 27 | 9/3 | 甲午 | 九 | 九 |
| 28 | 1/30 | 癸亥 | 6 | 6 | 28 | 12/31 | 癸巳 | 4 | 3 | 28 | 12/2 | 甲子 | 四 | 九 | 28 | 11/2 | 甲午 | 六 | 三 | 28 | 10/3 | 甲子 | 六 | 六 | 28 | 9/4 | 乙未 | 九 | 八 |
| 29 | 1/31 | 甲子 | 8 | 7 | 29 | 1/1 | 甲午 | 2 | 4 | 29 | 12/3 | 乙丑 | 四 | 八 | 29 | 11/3 | 乙未 | 六 | 二 | 29 | 10/4 | 乙丑 | 六 | 五 | 29 | 9/5 | 丙申 | 九 | 七 |
| | | | | | 30 | 1/2 | 乙未 | 2 | 5 | | | | | | 30 | 11/4 | 丙申 | 六 | 一 | 30 | 10/5 | 丙寅 | 六 | 四 | | | | | |

# 西元2041年（辛酉）肖雞 民國130年（男巽命）

奇門遁甲局數如標示為 一 ～九表示陰局　　如標示為1 ～9 表示陽局

| 六月 | 乙未 | 三碧木 | | |
|---|---|---|---|---|
| 大暑 18時28分 廿五酉時 | | 小暑 01時00分 初十丑時 | 奇門遁甲局數 | |
| 農曆 | 國曆 | 干支 | 時盤 | 日盤 |
| 1 | 6/28 | 壬辰 | 六 | 八 |
| 2 | 6/29 | 癸巳 | 六 | 七 |
| 3 | 6/30 | 甲午 | 八 | 六 |
| 4 | 7/1 | 乙未 | 八 | 五 |
| 5 | 7/2 | 丙申 | 八 | 四 |
| 6 | 7/3 | 丁酉 | 八 | 三 |
| 7 | 7/4 | 戊戌 | 八 | 二 |
| 8 | 7/5 | 己亥 | 二 | 一 |
| 9 | 7/6 | 庚子 | 二 | 九 |
| 10 | 7/7 | 辛丑 | 二 | 八 |
| 11 | 7/8 | 壬寅 | 二 | 七 |
| 12 | 7/9 | 癸卯 | 二 | 六 |
| 13 | 7/10 | 甲辰 | 五 | 五 |
| 14 | 7/11 | 乙巳 | 五 | 四 |
| 15 | 7/12 | 丙午 | 五 | 三 |
| 16 | 7/13 | 丁未 | 五 | 二 |
| 17 | 7/14 | 戊申 | 五 | 一 |
| 18 | 7/15 | 己酉 | 七 | 九 |
| 19 | 7/16 | 庚戌 | 七 | 八 |
| 20 | 7/17 | 辛亥 | 七 | 七 |
| 21 | 7/18 | 壬子 | 七 | 六 |
| 22 | 7/19 | 癸丑 | 七 | 五 |
| 23 | 7/20 | 甲寅 | 一 | 四 |
| 24 | 7/21 | 乙卯 | 一 | 三 |
| 25 | 7/22 | 丙辰 | 一 | 二 |
| 26 | 7/23 | 丁巳 | 一 | 一 |
| 27 | 7/24 | 戊午 | 一 | 九 |
| 28 | 7/25 | 己未 | 四 | 八 |
| 29 | 7/26 | 庚申 | 四 | 七 |
| 30 | 7/27 | 辛酉 | 四 | 六 |

| 五月 | 甲午 | 四綠木 | | |
|---|---|---|---|---|
| 夏至 07時37分 廿三辰時 | | 芒種 14時51分 初七未時 | 奇門遁甲局數 | |
| 農曆 | 國曆 | 干支 | 時盤 | 日盤 |
| 1 | 5/30 | 癸亥 | 8 | 9 |
| 2 | 5/31 | 甲子 | 6 | 1 |
| 3 | 6/1 | 乙丑 | 6 | 2 |
| 4 | 6/2 | 丙寅 | 6 | 3 |
| 5 | 6/3 | 丁卯 | 6 | 4 |
| 6 | 6/4 | 戊辰 | 6 | 5 |
| 7 | 6/5 | 己巳 | 3 | 6 |
| 8 | 6/6 | 庚午 | 3 | 7 |
| 9 | 6/7 | 辛未 | 3 | 8 |
| 10 | 6/8 | 壬申 | 3 | 9 |
| 11 | 6/9 | 癸酉 | 3 | 1 |
| 12 | 6/10 | 甲戌 | 9 | 2 |
| 13 | 6/11 | 乙亥 | 9 | 3 |
| 14 | 6/12 | 丙子 | 9 | 4 |
| 15 | 6/13 | 丁丑 | 9 | 5 |
| 16 | 6/14 | 戊寅 | 9 | 6 |
| 17 | 6/15 | 己卯 | 九 | 7 |
| 18 | 6/16 | 庚辰 | 九 | 8 |
| 19 | 6/17 | 辛巳 | 九 | 9 |
| 20 | 6/18 | 壬午 | 九 | 1 |
| 21 | 6/19 | 癸未 | 九 | 2 |
| 22 | 6/20 | 甲申 | 三 | 3 |
| 23 | 6/21 | 乙酉 | 三 | 六 |
| 24 | 6/22 | 丙戌 | 三 | 五 |
| 25 | 6/23 | 丁亥 | 三 | 四 |
| 26 | 6/24 | 戊子 | 三 | 三 |
| 27 | 6/25 | 己丑 | 六 | 二 |
| 28 | 6/26 | 庚寅 | 六 | 一 |
| 29 | 6/27 | 辛卯 | 六 | 九 |
| | | | | |

| 四月 | 癸巳 | 五黃土 | | |
|---|---|---|---|---|
| 小滿 23時50分 廿一子時 | | 立夏 10時56分 初六巳時 | 奇門遁甲局數 | |
| 農曆 | 國曆 | 干支 | 時盤 | 日盤 |
| 1 | 4/30 | 癸巳 | 8 | 6 |
| 2 | 5/1 | 甲午 | 4 | 7 |
| 3 | 5/2 | 乙未 | 4 | 8 |
| 4 | 5/3 | 丙申 | 4 | 9 |
| 5 | 5/4 | 丁酉 | 4 | 1 |
| 6 | 5/5 | 戊戌 | 4 | 2 |
| 7 | 5/6 | 己亥 | 1 | 3 |
| 8 | 5/7 | 庚子 | 1 | 4 |
| 9 | 5/8 | 辛丑 | 1 | 5 |
| 10 | 5/9 | 壬寅 | 1 | 6 |
| 11 | 5/10 | 癸卯 | 1 | 7 |
| 12 | 5/11 | 甲辰 | 7 | 8 |
| 13 | 5/12 | 乙巳 | 7 | 9 |
| 14 | 5/13 | 丙午 | 7 | 1 |
| 15 | 5/14 | 丁未 | 7 | 2 |
| 16 | 5/15 | 戊申 | 7 | 3 |
| 17 | 5/16 | 己酉 | 5 | 4 |
| 18 | 5/17 | 庚戌 | 5 | 5 |
| 19 | 5/18 | 辛亥 | 5 | 6 |
| 20 | 5/19 | 壬子 | 5 | 7 |
| 21 | 5/20 | 癸丑 | 5 | 8 |
| 22 | 5/21 | 甲寅 | 2 | 9 |
| 23 | 5/22 | 乙卯 | 2 | 1 |
| 24 | 5/23 | 丙辰 | 2 | 2 |
| 25 | 5/24 | 丁巳 | 2 | 3 |
| 26 | 5/25 | 戊午 | 2 | 4 |
| 27 | 5/26 | 己未 | 8 | 5 |
| 28 | 5/27 | 庚申 | 8 | 6 |
| 29 | 5/28 | 辛酉 | 8 | 7 |
| 30 | 5/29 | 壬戌 | 8 | 8 |

| 三月 | 壬辰 | 六白金 | | |
|---|---|---|---|---|
| 穀雨 00時56分 二十子時 | | 清明 17時54分 初四酉時 | 奇門遁甲局數 | |
| 農曆 | 國曆 | 干支 | 時盤 | 日盤 |
| 1 | 4/1 | 甲子 | 4 | 4 |
| 2 | 4/2 | 乙丑 | 4 | 5 |
| 3 | 4/3 | 丙寅 | 4 | 6 |
| 4 | 4/4 | 丁卯 | 4 | 7 |
| 5 | 4/5 | 戊辰 | 4 | 8 |
| 6 | 4/6 | 己巳 | 1 | 9 |
| 7 | 4/7 | 庚午 | 1 | 1 |
| 8 | 4/8 | 辛未 | 1 | 2 |
| 9 | 4/9 | 壬申 | 1 | 3 |
| 10 | 4/10 | 癸酉 | 1 | 4 |
| 11 | 4/11 | 甲戌 | 7 | 5 |
| 12 | 4/12 | 乙亥 | 7 | 6 |
| 13 | 4/13 | 丙子 | 7 | 7 |
| 14 | 4/14 | 丁丑 | 7 | 8 |
| 15 | 4/15 | 戊寅 | 7 | 9 |
| 16 | 4/16 | 己卯 | 5 | 1 |
| 17 | 4/17 | 庚辰 | 5 | 2 |
| 18 | 4/18 | 辛巳 | 5 | 3 |
| 19 | 4/19 | 壬午 | 5 | 4 |
| 20 | 4/20 | 癸未 | 5 | 5 |
| 21 | 4/21 | 甲申 | 2 | 6 |
| 22 | 4/22 | 乙酉 | 2 | 7 |
| 23 | 4/23 | 丙戌 | 2 | 8 |
| 24 | 4/24 | 丁亥 | 2 | 9 |
| 25 | 4/25 | 戊子 | 2 | 1 |
| 26 | 4/26 | 己丑 | 8 | 2 |
| 27 | 4/27 | 庚寅 | 8 | 3 |
| 28 | 4/28 | 辛卯 | 8 | 4 |
| 29 | 4/29 | 壬辰 | 8 | 5 |
| | | | | |

| 二月 | 辛卯 | 七赤金 | | |
|---|---|---|---|---|
| 春分 14時08分 十九未時 | | 驚蟄 13時19分 初四未時 | 奇門遁甲局數 | |
| 農曆 | 國曆 | 干支 | 時盤 | 日盤 |
| 1 | 3/2 | 甲午 | 1 | 1 |
| 2 | 3/3 | 乙未 | 1 | 2 |
| 3 | 3/4 | 丙申 | 1 | 3 |
| 4 | 3/5 | 丁酉 | 1 | 4 |
| 5 | 3/6 | 戊戌 | 1 | 5 |
| 6 | 3/7 | 己亥 | 7 | 6 |
| 7 | 3/8 | 庚子 | 7 | 7 |
| 8 | 3/9 | 辛丑 | 7 | 8 |
| 9 | 3/10 | 壬寅 | 7 | 9 |
| 10 | 3/11 | 癸卯 | 7 | 1 |
| 11 | 3/12 | 甲辰 | 4 | 2 |
| 12 | 3/13 | 乙巳 | 4 | 3 |
| 13 | 3/14 | 丙午 | 4 | 4 |
| 14 | 3/15 | 丁未 | 4 | 5 |
| 15 | 3/16 | 戊申 | 4 | 6 |
| 16 | 3/17 | 己酉 | 3 | 7 |
| 17 | 3/18 | 庚戌 | 3 | 8 |
| 18 | 3/19 | 辛亥 | 3 | 9 |
| 19 | 3/20 | 壬子 | 3 | 1 |
| 20 | 3/21 | 癸丑 | 3 | 2 |
| 21 | 3/22 | 甲寅 | 9 | 3 |
| 22 | 3/23 | 乙卯 | 9 | 4 |
| 23 | 3/24 | 丙辰 | 9 | 5 |
| 24 | 3/25 | 丁巳 | 9 | 6 |
| 25 | 3/26 | 戊午 | 9 | 7 |
| 26 | 3/27 | 己未 | 6 | 8 |
| 27 | 3/28 | 庚申 | 6 | 9 |
| 28 | 3/29 | 辛酉 | 6 | 1 |
| 29 | 3/30 | 壬戌 | 6 | 2 |
| 30 | 3/31 | 癸亥 | 6 | 3 |

| 正月 | 庚寅 | 八白土 | | |
|---|---|---|---|---|
| 雨水 15時18分 十八申時 | | 立春 19時26分 初三戌時 | 奇門遁甲局數 | |
| 農曆 | 國曆 | 干支 | 時盤 | 日盤 |
| 1 | 2/1 | 乙丑 | 8 | 8 |
| 2 | 2/2 | 丙寅 | 8 | 9 |
| 3 | 2/3 | 丁卯 | 8 | 1 |
| 4 | 2/4 | 戊辰 | 8 | 2 |
| 5 | 2/5 | 己巳 | 5 | 3 |
| 6 | 2/6 | 庚午 | 5 | 4 |
| 7 | 2/7 | 辛未 | 5 | 5 |
| 8 | 2/8 | 壬申 | 5 | 6 |
| 9 | 2/9 | 癸酉 | 5 | 7 |
| 10 | 2/10 | 甲戌 | 2 | 8 |
| 11 | 2/11 | 乙亥 | 2 | 9 |
| 12 | 2/12 | 丙子 | 2 | 1 |
| 13 | 2/13 | 丁丑 | 2 | 2 |
| 14 | 2/14 | 戊寅 | 2 | 3 |
| 15 | 2/15 | 己卯 | 9 | 4 |
| 16 | 2/16 | 庚辰 | 9 | 5 |
| 17 | 2/17 | 辛巳 | 9 | 6 |
| 18 | 2/18 | 壬午 | 9 | 7 |
| 19 | 2/19 | 癸未 | 9 | 8 |
| 20 | 2/20 | 甲申 | 6 | 9 |
| 21 | 2/21 | 乙酉 | 6 | 1 |
| 22 | 2/22 | 丙戌 | 6 | 2 |
| 23 | 2/23 | 丁亥 | 6 | 3 |
| 24 | 2/24 | 戊子 | 6 | 4 |
| 25 | 2/25 | 己丑 | 3 | 5 |
| 26 | 2/26 | 庚寅 | 3 | 6 |
| 27 | 2/27 | 辛卯 | 3 | 7 |
| 28 | 2/28 | 壬辰 | 3 | 8 |
| 29 | 3/1 | 癸巳 | 3 | 9 |
| | | | | |

# 西元2041年（辛酉）肖雞 民國130年（女坤命）

奇門遁甲局數如標示為 一 ～九表示陰局　　如標示為1 ～9 表示陽局

| 十二月 | | | | | 十一月 | | | | | 十　月 | | | | | 九　月 | | | | | 八　月 | | | | | 七　月 | | | | |
|---|---|---|---|---|---|---|---|---|---|---|---|---|---|---|---|---|---|---|---|---|---|---|---|---|---|---|---|---|---|
| 辛丑 | | | | | 庚子 | | | | | 己亥 | | | | | 戊戌 | | | | | 丁酉 | | | | | 丙申 | | | | |
| 六白金 | | | | | 七赤金 | | | | | 八白土 | | | | | 九紫火 | | | | | 一白水 | | | | | 二黑土 | | | | |
| 大寒<br>07時01分<br>廿九辰時 | | 小寒<br>13時36分<br>十四未時 | 奇門遁甲局數 | | 冬至<br>20時19分<br>廿八戌時 | | 大雪<br>02時17分<br>十四丑時 | 奇門遁甲局數 | | 小雪<br>06時50分<br>廿九卯時 | | 立冬<br>09時14分<br>十四巳時 | 奇門遁甲局數 | | 霜降<br>09時03分<br>廿九巳時 | | 寒露<br>05時48分<br>十四卯時 | 奇門遁甲局數 | | 秋分<br>23時28分<br>廿七子時 | | 白露<br>13時55分<br>十二未時 | 奇門遁甲局數 | | 處暑<br>01時37分<br>廿七丑時 | | 立秋<br>10時50分<br>十一巳時 | 奇門遁甲局數 | |
| 農曆 | 國曆 | 干支 | 時盤 | 日盤 | 農曆 | 國曆 | 干支 | 時盤 | 日盤 | 農曆 | 國曆 | 干支 | 時盤 | 日盤 | 農曆 | 國曆 | 干支 | 時盤 | 日盤 | 農曆 | 國曆 | 干支 | 時盤 | 日盤 | 農曆 | 國曆 | 干支 | 時盤 | 日盤 |
| 1 | 12/23 | 庚寅 | 一 | 9 | 1 | 11/24 | 辛酉 | 二 | 三 | 1 | 10/25 | 辛卯 | 二 | 六 | 1 | 9/25 | 辛酉 | 四 | 九 | 1 | 8/27 | 壬辰 | 七 | 二 | 1 | 7/28 | 壬戌 | 四 | 五 |
| 2 | 12/24 | 辛卯 | 一 | 1 | 2 | 11/25 | 壬戌 | 二 | 二 | 2 | 10/26 | 壬辰 | 二 | 五 | 2 | 9/26 | 壬戌 | 四 | 八 | 2 | 8/28 | 癸巳 | 七 | 一 | 2 | 7/29 | 癸亥 | 四 | 四 |
| 3 | 12/25 | 壬辰 | 一 | 2 | 3 | 11/26 | 癸亥 | 二 | 一 | 3 | 10/27 | 癸巳 | 二 | 四 | 3 | 9/27 | 癸亥 | 四 | 七 | 3 | 8/29 | 甲午 | 九 | 九 | 3 | 7/30 | 甲子 | 二 | 三 |
| 4 | 12/26 | 癸巳 | 一 | 3 | 4 | 11/27 | 甲子 | 四 | 九 | 4 | 10/28 | 甲午 | 六 | 三 | 4 | 9/28 | 甲子 | 六 | 六 | 4 | 8/30 | 乙未 | 九 | 八 | 4 | 7/31 | 乙丑 | 二 | 二 |
| 5 | 12/27 | 甲午 | 1 | 4 | 5 | 11/28 | 乙丑 | 四 | 八 | 5 | 10/29 | 乙未 | 六 | 二 | 5 | 9/29 | 乙丑 | 六 | 五 | 5 | 8/31 | 丙申 | 九 | 七 | 5 | 8/1 | 丙寅 | 二 | 一 |
| 6 | 12/28 | 乙未 | 1 | 5 | 6 | 11/29 | 丙寅 | 四 | 七 | 6 | 10/30 | 丙申 | 六 | 一 | 6 | 9/30 | 丙寅 | 六 | 四 | 6 | 9/1 | 丁酉 | 九 | 六 | 6 | 8/2 | 丁卯 | 二 | 九 |
| 7 | 12/29 | 丙申 | 1 | 6 | 7 | 11/30 | 丁卯 | 四 | 六 | 7 | 10/31 | 丁酉 | 六 | 九 | 7 | 10/1 | 丁卯 | 六 | 三 | 7 | 9/2 | 戊戌 | 九 | 五 | 7 | 8/3 | 戊辰 | 二 | 八 |
| 8 | 12/30 | 丁酉 | 1 | 7 | 8 | 12/1 | 戊辰 | 四 | 五 | 8 | 11/1 | 戊戌 | 六 | 八 | 8 | 10/2 | 戊辰 | 六 | 二 | 8 | 9/3 | 己亥 | 三 | 四 | 8 | 8/4 | 己巳 | 五 | 七 |
| 9 | 12/31 | 戊戌 | 1 | 8 | 9 | 12/2 | 己巳 | 七 | 四 | 9 | 11/2 | 己亥 | 九 | 七 | 9 | 10/3 | 己巳 | 九 | 一 | 9 | 9/4 | 庚子 | 三 | 三 | 9 | 8/5 | 庚午 | 五 | 六 |
| 10 | 1/1 | 己亥 | 7 | 9 | 10 | 12/3 | 庚午 | 七 | 三 | 10 | 11/3 | 庚子 | 九 | 六 | 10 | 10/4 | 庚午 | 九 | 九 | 10 | 9/5 | 辛丑 | 三 | 二 | 10 | 8/6 | 辛未 | 五 | 五 |
| 11 | 1/2 | 庚子 | 7 | 1 | 11 | 12/4 | 辛未 | 七 | 二 | 11 | 11/4 | 辛丑 | 九 | 五 | 11 | 10/5 | 辛未 | 九 | 八 | 11 | 9/6 | 壬寅 | 三 | 一 | 11 | 8/7 | 壬申 | 五 | 四 |
| 12 | 1/3 | 辛丑 | 7 | 2 | 12 | 12/5 | 壬申 | 七 | 一 | 12 | 11/5 | 壬寅 | 九 | 四 | 12 | 10/6 | 壬申 | 九 | 七 | 12 | 9/7 | 癸卯 | 三 | 九 | 12 | 8/8 | 癸酉 | 五 | 三 |
| 13 | 1/4 | 壬寅 | 7 | 3 | 13 | 12/6 | 癸酉 | 七 | 九 | 13 | 11/6 | 癸卯 | 九 | 三 | 13 | 10/7 | 癸酉 | 九 | 六 | 13 | 9/8 | 甲辰 | 六 | 八 | 13 | 8/9 | 甲戌 | 八 | 二 |
| 14 | 1/5 | 癸卯 | 7 | 4 | 14 | 12/7 | 甲戌 | 一 | 八 | 14 | 11/7 | 甲辰 | 三 | 二 | 14 | 10/8 | 甲戌 | 三 | 五 | 14 | 9/9 | 乙巳 | 六 | 七 | 14 | 8/10 | 乙亥 | 八 | 一 |
| 15 | 1/6 | 甲辰 | 4 | 5 | 15 | 12/8 | 乙亥 | 一 | 七 | 15 | 11/8 | 乙巳 | 三 | 一 | 15 | 10/9 | 乙亥 | 三 | 四 | 15 | 9/10 | 丙午 | 六 | 六 | 15 | 8/11 | 丙子 | 八 | 九 |
| 16 | 1/7 | 乙巳 | 4 | 6 | 16 | 12/9 | 丙子 | 一 | 六 | 16 | 11/9 | 丙午 | 三 | 九 | 16 | 10/10 | 丙子 | 三 | 三 | 16 | 9/11 | 丁未 | 六 | 五 | 16 | 8/12 | 丁丑 | 八 | 八 |
| 17 | 1/8 | 丙午 | 4 | 7 | 17 | 12/10 | 丁丑 | 一 | 五 | 17 | 11/10 | 丁未 | 三 | 八 | 17 | 10/11 | 丁丑 | 三 | 二 | 17 | 9/12 | 戊申 | 六 | 四 | 17 | 8/13 | 戊寅 | 八 | 七 |
| 18 | 1/9 | 丁未 | 4 | 8 | 18 | 12/11 | 戊寅 | 一 | 四 | 18 | 11/11 | 戊申 | 三 | 七 | 18 | 10/12 | 戊寅 | 三 | 一 | 18 | 9/13 | 己酉 | 七 | 三 | 18 | 8/14 | 己卯 | 一 | 六 |
| 19 | 1/10 | 戊申 | 4 | 9 | 19 | 12/12 | 己卯 | 四 | 三 | 19 | 11/12 | 己酉 | 五 | 六 | 19 | 10/13 | 己卯 | 五 | 九 | 19 | 9/14 | 庚戌 | 七 | 二 | 19 | 8/15 | 庚辰 | 一 | 五 |
| 20 | 1/11 | 己酉 | 2 | 1 | 20 | 12/13 | 庚辰 | 四 | 二 | 20 | 11/13 | 庚戌 | 五 | 五 | 20 | 10/14 | 庚辰 | 五 | 八 | 20 | 9/15 | 辛亥 | 七 | 一 | 20 | 8/16 | 辛巳 | 一 | 四 |
| 21 | 1/12 | 庚戌 | 2 | 2 | 21 | 12/14 | 辛巳 | 四 | 一 | 21 | 11/14 | 辛亥 | 五 | 四 | 21 | 10/15 | 辛巳 | 五 | 七 | 21 | 9/16 | 壬子 | 七 | 九 | 21 | 8/17 | 壬午 | 一 | 三 |
| 22 | 1/13 | 辛亥 | 2 | 3 | 22 | 12/15 | 壬午 | 四 | 九 | 22 | 11/15 | 壬子 | 五 | 三 | 22 | 10/16 | 壬午 | 五 | 六 | 22 | 9/17 | 癸丑 | 七 | 八 | 22 | 8/18 | 癸未 | 一 | 二 |
| 23 | 1/14 | 壬子 | 2 | 4 | 23 | 12/16 | 癸未 | 四 | 八 | 23 | 11/16 | 癸丑 | 五 | 二 | 23 | 10/17 | 癸未 | 五 | 五 | 23 | 9/18 | 甲寅 | 一 | 七 | 23 | 8/19 | 甲申 | 四 | 一 |
| 24 | 1/15 | 癸丑 | 2 | 5 | 24 | 12/17 | 甲申 | 七 | 七 | 24 | 11/17 | 甲寅 | 八 | 一 | 24 | 10/18 | 甲申 | 八 | 四 | 24 | 9/19 | 乙卯 | 一 | 六 | 24 | 8/20 | 乙酉 | 四 | 九 |
| 25 | 1/16 | 甲寅 | 8 | 6 | 25 | 12/18 | 乙酉 | 七 | 六 | 25 | 11/18 | 乙卯 | 八 | 九 | 25 | 10/19 | 乙酉 | 八 | 三 | 25 | 9/20 | 丙辰 | 一 | 五 | 25 | 8/21 | 丙戌 | 四 | 八 |
| 26 | 1/17 | 乙卯 | 8 | 7 | 26 | 12/19 | 丙戌 | 七 | 五 | 26 | 11/19 | 丙辰 | 八 | 八 | 26 | 10/20 | 丙戌 | 八 | 二 | 26 | 9/21 | 丁巳 | 一 | 四 | 26 | 8/22 | 丁亥 | 四 | 七 |
| 27 | 1/18 | 丙辰 | 8 | 8 | 27 | 12/20 | 丁亥 | 七 | 四 | 27 | 11/20 | 丁巳 | 八 | 七 | 27 | 10/21 | 丁亥 | 八 | 一 | 27 | 9/22 | 戊午 | 一 | 三 | 27 | 8/23 | 戊子 | 四 | 六 |
| 28 | 1/19 | 丁巳 | 8 | 9 | 28 | 12/21 | 戊子 | 七 | 7 | 28 | 11/21 | 戊午 | 八 | 六 | 28 | 10/22 | 戊子 | 八 | 九 | 28 | 9/23 | 己未 | 四 | 二 | 28 | 8/24 | 己丑 | 七 | 五 |
| 29 | 1/20 | 戊午 | 8 | 1 | 29 | 12/22 | 己丑 | 一 | 8 | 29 | 11/22 | 己未 | 二 | 五 | 29 | 10/23 | 己丑 | 二 | 八 | 29 | 9/24 | 庚申 | 四 | 一 | 29 | 8/25 | 庚寅 | 七 | 四 |
| 30 | 1/21 | 己未 | 5 | 2 | | | | | | 30 | 11/23 | 庚申 | 二 | 四 | 30 | 10/24 | 庚寅 | 二 | 七 | | | | | | 30 | 8/26 | 辛卯 | 七 | 三 |

# 西元2042年（壬戌）肖狗 民國131年（男震命）

奇門遁甲局數如標示為 一 ～九表示陰局　　如標示為1 ～9 表示陽局

| 六月 | | | | | 五月 | | | | | 四月 | | | | | 三月 | | | | | 潤二月 | | | | | 二月 | | | | | 正月 | | | | |
|---|---|---|---|---|---|---|---|---|---|---|---|---|---|---|---|---|---|---|---|---|---|---|---|---|---|---|---|---|---|---|---|---|---|---|
| 丁未 | | | | | 丙午 | | | | | 乙巳 | | | | | 甲辰 | | | | | 甲辰 | | | | | 癸卯 | | | | | 壬寅 | | | | |
| 九紫火 | | | | | 一白水 | | | | | 二黑土 | | | | | 三碧木 | | | | | | | | | | 四綠木 | | | | | 五黃土 | | | | |
| 立秋 16時40分 廿二申時 | | 大暑 00時08分 初七子時 | 奇門遁甲局數 | | 小暑 06時49分 二十卯時 | | 夏至 13時17分 初四未時 | 奇門遁甲局數 | | 芒種 20時40分 十八戌時 | | 小滿 05時33分 初三卯時 | 奇門遁甲局數 | | 立夏 16時45分 十六申時 | | 穀雨 06時41分 初一卯時 | 奇門遁甲局數 | | 清明 23時42分 十四子時 | | | 奇門遁甲局數 | | 春分 19時55分 廿九戌時 | | 驚蟄 19時08分 十四戌時 | 奇門遁甲局數 | | 雨水 21時06分 廿八亥時 | | 立春 01時14分 十四丑時 | 奇門遁甲局數 | |
| 農曆 | 國曆 | 干支 | 時盤 | 日盤 | 農曆 | 國曆 | 干支 | 時盤 | 日盤 | 農曆 | 國曆 | 干支 | 時盤 | 日盤 | 農曆 | 國曆 | 干支 | 時盤 | 日盤 | 農曆 | 國曆 | 干支 | 時盤 | 日盤 | 農曆 | 國曆 | 干支 | 時盤 | 日盤 | 農曆 | 國曆 | 干支 | 時盤 | 日盤 |
| 1 | 7/17 | 丙辰 | 二 | 二 | 1 | 6/18 | 丁亥 | 3 | 6 | 1 | 5/19 | 丁巳 | 1 | 3 | 1 | 4/20 | 戊子 | 1 | 1 | 1 | 3/22 | 己未 | 4 | 8 | 1 | 2/20 | 己丑 | 2 | 5 | 1 | 1/22 | 庚申 | 5 | 3 |
| 2 | 7/18 | 丁巳 | 二 | 一 | 2 | 6/19 | 戊子 | 3 | 7 | 2 | 5/20 | 戊午 | 1 | 4 | 2 | 4/21 | 己丑 | 7 | 2 | 2 | 3/23 | 庚申 | 4 | 9 | 2 | 2/21 | 庚寅 | 2 | 6 | 2 | 1/23 | 辛酉 | 5 | 4 |
| 3 | 7/19 | 戊午 | 二 | 九 | 3 | 6/20 | 己丑 | 9 | 8 | 3 | 5/21 | 己未 | 7 | 5 | 3 | 4/22 | 庚寅 | 7 | 3 | 3 | 3/24 | 辛酉 | 4 | 1 | 3 | 2/22 | 辛卯 | 2 | 7 | 3 | 1/24 | 壬戌 | 5 | 5 |
| 4 | 7/20 | 己未 | 五 | 八 | 4 | 6/21 | 庚寅 | 9 | 一 | 4 | 5/22 | 庚申 | 7 | 6 | 4 | 4/23 | 辛卯 | 7 | 4 | 4 | 3/25 | 壬戌 | 4 | 2 | 4 | 2/23 | 壬辰 | 2 | 8 | 4 | 1/25 | 癸亥 | 5 | 6 |
| 5 | 7/21 | 庚申 | 五 | 七 | 5 | 6/22 | 辛卯 | 9 | 九 | 5 | 5/23 | 辛酉 | 7 | 7 | 5 | 4/24 | 壬辰 | 7 | 5 | 5 | 3/26 | 癸亥 | 4 | 3 | 5 | 2/24 | 癸巳 | 2 | 9 | 5 | 1/26 | 甲子 | 3 | 7 |
| 6 | 7/22 | 辛酉 | 五 | 六 | 6 | 6/23 | 壬辰 | 9 | 八 | 6 | 5/24 | 壬戌 | 7 | 8 | 6 | 4/25 | 癸巳 | 7 | 6 | 6 | 3/27 | 甲子 | 3 | 4 | 6 | 2/25 | 甲午 | 9 | 1 | 6 | 1/27 | 乙丑 | 3 | 8 |
| 7 | 7/23 | 壬戌 | 五 | 五 | 7 | 6/24 | 癸巳 | 9 | 七 | 7 | 5/25 | 癸亥 | 7 | 9 | 7 | 4/26 | 甲午 | 5 | 7 | 7 | 3/28 | 乙丑 | 3 | 5 | 7 | 2/26 | 乙未 | 9 | 2 | 7 | 1/28 | 丙寅 | 3 | 9 |
| 8 | 7/24 | 癸亥 | 五 | 四 | 8 | 6/25 | 甲午 | 九 | 六 | 8 | 5/26 | 甲子 | 5 | 1 | 8 | 4/27 | 乙未 | 5 | 8 | 8 | 3/29 | 丙寅 | 3 | 6 | 8 | 2/27 | 丙申 | 9 | 3 | 8 | 1/29 | 丁卯 | 3 | 1 |
| 9 | 7/25 | 甲子 | 七 | 三 | 9 | 6/26 | 乙未 | 九 | 五 | 9 | 5/27 | 乙丑 | 5 | 2 | 9 | 4/28 | 丙申 | 5 | 9 | 9 | 3/30 | 丁卯 | 3 | 7 | 9 | 2/28 | 丁酉 | 9 | 4 | 9 | 1/30 | 戊辰 | 3 | 2 |
| 10 | 7/26 | 乙丑 | 七 | 二 | 10 | 6/27 | 丙申 | 九 | 四 | 10 | 5/28 | 丙寅 | 5 | 3 | 10 | 4/29 | 丁酉 | 5 | 1 | 10 | 3/31 | 戊辰 | 3 | 8 | 10 | 3/ 1 | 戊戌 | 9 | 5 | 10 | 1/31 | 己巳 | 9 | 3 |
| 11 | 7/27 | 丙寅 | 七 | 一 | 11 | 6/28 | 丁酉 | 九 | 三 | 11 | 5/29 | 丁卯 | 5 | 4 | 11 | 4/30 | 戊戌 | 5 | 2 | 11 | 4/ 1 | 己巳 | 9 | 9 | 11 | 3/ 2 | 己亥 | 6 | 6 | 11 | 2/ 1 | 庚午 | 9 | 4 |
| 12 | 7/28 | 丁卯 | 七 | 九 | 12 | 6/29 | 戊戌 | 九 | 二 | 12 | 5/30 | 戊辰 | 5 | 5 | 12 | 5/ 1 | 己亥 | 2 | 3 | 12 | 4/ 2 | 庚午 | 9 | 1 | 12 | 3/ 3 | 庚子 | 6 | 7 | 12 | 2/ 2 | 辛未 | 9 | 5 |
| 13 | 7/29 | 戊辰 | 七 | 八 | 13 | 6/30 | 己亥 | 三 | 一 | 13 | 5/31 | 己巳 | 2 | 6 | 13 | 5/ 2 | 庚子 | 2 | 4 | 13 | 4/ 3 | 辛未 | 9 | 2 | 13 | 3/ 4 | 辛丑 | 6 | 8 | 13 | 2/ 3 | 壬申 | 9 | 6 |
| 14 | 7/30 | 己巳 | 一 | 七 | 14 | 7/ 1 | 庚子 | 三 | 九 | 14 | 6/ 1 | 庚午 | 2 | 7 | 14 | 5/ 3 | 辛丑 | 2 | 5 | 14 | 4/ 4 | 壬申 | 9 | 3 | 14 | 3/ 5 | 壬寅 | 6 | 9 | 14 | 2/ 4 | 癸酉 | 9 | 7 |
| 15 | 7/31 | 庚午 | 一 | 六 | 15 | 7/ 2 | 辛丑 | 三 | 八 | 15 | 6/ 2 | 辛未 | 2 | 8 | 15 | 5/ 4 | 壬寅 | 2 | 6 | 15 | 4/ 5 | 癸酉 | 9 | 4 | 15 | 3/ 6 | 癸卯 | 6 | 1 | 15 | 2/ 5 | 甲戌 | 6 | 8 |
| 16 | 8/ 1 | 辛未 | 一 | 五 | 16 | 7/ 3 | 壬寅 | 三 | 七 | 16 | 6/ 3 | 壬申 | 2 | 9 | 16 | 5/ 5 | 癸卯 | 2 | 7 | 16 | 4/ 6 | 甲戌 | 6 | 5 | 16 | 3/ 7 | 甲辰 | 3 | 2 | 16 | 2/ 6 | 乙亥 | 6 | 9 |
| 17 | 8/ 2 | 壬申 | 一 | 四 | 17 | 7/ 4 | 癸卯 | 三 | 六 | 17 | 6/ 4 | 癸酉 | 2 | 1 | 17 | 5/ 6 | 甲辰 | 8 | 8 | 17 | 4/ 7 | 乙亥 | 6 | 6 | 17 | 3/ 8 | 乙巳 | 3 | 3 | 17 | 2/ 7 | 丙子 | 6 | 1 |
| 18 | 8/ 3 | 癸酉 | 一 | 三 | 18 | 7/ 5 | 甲辰 | 六 | 五 | 18 | 6/ 5 | 甲戌 | 8 | 2 | 18 | 5/ 7 | 乙巳 | 8 | 9 | 18 | 4/ 8 | 丙子 | 6 | 7 | 18 | 3/ 9 | 丙午 | 3 | 4 | 18 | 2/ 8 | 丁丑 | 6 | 2 |
| 19 | 8/ 4 | 甲戌 | 四 | 二 | 19 | 7/ 6 | 乙巳 | 六 | 四 | 19 | 6/ 6 | 乙亥 | 8 | 3 | 19 | 5/ 8 | 丙午 | 8 | 1 | 19 | 4/ 9 | 丁丑 | 6 | 8 | 19 | 3/10 | 丁未 | 3 | 5 | 19 | 2/ 9 | 戊寅 | 6 | 3 |
| 20 | 8/ 5 | 乙亥 | 四 | 一 | 20 | 7/ 7 | 丙午 | 六 | 三 | 20 | 6/ 7 | 丙子 | 8 | 4 | 20 | 5/ 9 | 丁未 | 8 | 2 | 20 | 4/10 | 戊寅 | 6 | 9 | 20 | 3/11 | 戊申 | 3 | 6 | 20 | 2/10 | 己卯 | 8 | 4 |
| 21 | 8/ 6 | 丙子 | 四 | 九 | 21 | 7/ 8 | 丁未 | 六 | 二 | 21 | 6/ 8 | 丁丑 | 8 | 5 | 21 | 5/10 | 戊申 | 8 | 3 | 21 | 4/11 | 己卯 | 4 | 1 | 21 | 3/12 | 己酉 | 1 | 7 | 21 | 2/11 | 庚辰 | 8 | 5 |
| 22 | 8/ 7 | 丁丑 | 四 | 八 | 22 | 7/ 9 | 戊申 | 六 | 一 | 22 | 6/ 9 | 戊寅 | 8 | 6 | 22 | 5/11 | 己酉 | 4 | 4 | 22 | 4/12 | 庚辰 | 4 | 2 | 22 | 3/13 | 庚戌 | 1 | 8 | 22 | 2/12 | 辛巳 | 8 | 6 |
| 23 | 8/ 8 | 戊寅 | 四 | 七 | 23 | 7/10 | 己酉 | 八 | 九 | 23 | 6/10 | 己卯 | 6 | 7 | 23 | 5/12 | 庚戌 | 4 | 5 | 23 | 4/13 | 辛巳 | 4 | 3 | 23 | 3/14 | 辛亥 | 1 | 9 | 23 | 2/13 | 壬午 | 8 | 7 |
| 24 | 8/ 9 | 己卯 | 二 | 六 | 24 | 7/11 | 庚戌 | 八 | 八 | 24 | 6/11 | 庚辰 | 6 | 8 | 24 | 5/13 | 辛亥 | 4 | 6 | 24 | 4/14 | 壬午 | 4 | 4 | 24 | 3/15 | 壬子 | 1 | 1 | 24 | 2/14 | 癸未 | 8 | 8 |
| 25 | 8/10 | 庚辰 | 二 | 五 | 25 | 7/12 | 辛亥 | 八 | 七 | 25 | 6/12 | 辛巳 | 6 | 9 | 25 | 5/14 | 壬子 | 4 | 7 | 25 | 4/15 | 癸未 | 4 | 5 | 25 | 3/16 | 癸丑 | 1 | 2 | 25 | 2/15 | 甲申 | 5 | 9 |
| 26 | 8/11 | 辛巳 | 二 | 四 | 26 | 7/13 | 壬子 | 八 | 六 | 26 | 6/13 | 壬午 | 6 | 1 | 26 | 5/15 | 癸丑 | 4 | 8 | 26 | 4/16 | 甲申 | 1 | 6 | 26 | 3/17 | 甲寅 | 7 | 3 | 26 | 2/16 | 乙酉 | 5 | 1 |
| 27 | 8/12 | 壬午 | 二 | 三 | 27 | 7/14 | 癸丑 | 八 | 五 | 27 | 6/14 | 癸未 | 6 | 2 | 27 | 5/16 | 甲寅 | 1 | 9 | 27 | 4/17 | 乙酉 | 1 | 7 | 27 | 3/18 | 乙卯 | 7 | 4 | 27 | 2/17 | 丙戌 | 5 | 2 |
| 28 | 8/13 | 癸未 | 二 | 二 | 28 | 7/15 | 甲寅 | 二 | 四 | 28 | 6/15 | 甲申 | 3 | 3 | 28 | 5/17 | 乙卯 | 1 | 1 | 28 | 4/18 | 丙戌 | 1 | 8 | 28 | 3/19 | 丙辰 | 7 | 5 | 28 | 2/18 | 丁亥 | 5 | 3 |
| 29 | 8/14 | 甲申 | 五 | 一 | 29 | 7/16 | 乙卯 | 二 | 三 | 29 | 6/16 | 乙酉 | 3 | 4 | 29 | 5/18 | 丙辰 | 1 | 2 | 29 | 4/19 | 丁亥 | 1 | 9 | 29 | 3/20 | 丁巳 | 7 | 6 | 29 | 2/19 | 戊子 | 5 | 4 |
| 30 | 8/15 | 乙酉 | 五 | 九 | | | | | | 30 | 6/17 | 丙戌 | 3 | 5 | | | | | | | | | | | 30 | 3/21 | 戊午 | 7 | 7 | | | | | |

# 西元2042年（壬戌）肖狗 民國131年（女震命）

奇門遁甲局數如標示為 一 ～九表示陰局　　如標示為1 ～9 表示陽局

| 十二月 | | | | | 十一月 | | | | | 十 月 | | | | | 九 月 | | | | | 八 月 | | | | | 七 月 | | | | |
|---|---|---|---|---|---|---|---|---|---|---|---|---|---|---|---|---|---|---|---|---|---|---|---|---|---|---|---|---|---|
| 癸丑 | | | | | 壬子 | | | | | 辛亥 | | | | | 庚戌 | | | | | 己酉 | | | | | 戊申 | | | | |
| 三碧木 | | | | | 四綠木 | | | | | 五黃土 | | | | | 六白金 | | | | | 七赤金 | | | | | 八白土 | | | | |
| 立春 07時01分 廿五辰時 | | 大寒 12時43分 初十午時 | 奇門遁甲局數 | | 小寒 19時27分 廿五戌時 | | 冬至 02時06分 十一丑時 | 奇門遁甲局數 | | 大雪 08時11分 廿五辰時 | | 小雪 12時39分 初十午時 | 奇門遁甲局數 | | 立冬 15時09分 廿五申時 | | 霜降 14時51分 初十未時 | 奇門遁甲局數 | | 寒露 11時42分 廿五午時 | | 秋分 05時13分 初十卯時 | 奇門遁甲局數 | | 白露 19時47分 廿三戌時 | | 處暑 07時20分 初八辰時 | 奇門遁甲局數 | |
| 農曆 | 國曆 | 干支 | 時盤 | 日盤 | 農曆 | 國曆 | 干支 | 時盤 | 日盤 | 農曆 | 國曆 | 干支 | 時盤 | 日盤 | 農曆 | 國曆 | 干支 | 時盤 | 日盤 | 農曆 | 國曆 | 干支 | 時盤 | 日盤 | 農曆 | 國曆 | 干支 | 時盤 | 日盤 |
| 1 | 1/11 | 甲寅 | 8 | 9 | 1 | 12/12 | 甲申 | 七 | 七 | 1 | 11/13 | 乙卯 | 九 | 九 | 1 | 10/14 | 乙酉 | 九 | 三 | 1 | 9/14 | 乙卯 | 三 | 六 | 1 | 8/16 | 丙戌 | 五 | 八 |
| 2 | 1/12 | 乙卯 | 8 | 1 | 2 | 12/13 | 乙酉 | 七 | 六 | 2 | 11/14 | 丙辰 | 九 | 八 | 2 | 10/15 | 丙戌 | 九 | 二 | 2 | 9/15 | 丙辰 | 三 | 五 | 2 | 8/17 | 丁亥 | 五 | 七 |
| 3 | 1/13 | 丙辰 | 8 | 2 | 3 | 12/14 | 丙戌 | 七 | 五 | 3 | 11/15 | 丁巳 | 九 | 七 | 3 | 10/16 | 丁亥 | 九 | 一 | 3 | 9/16 | 丁巳 | 三 | 四 | 3 | 8/18 | 戊子 | 五 | 六 |
| 4 | 1/14 | 丁巳 | 8 | 3 | 4 | 12/15 | 丁亥 | 七 | 四 | 4 | 11/16 | 戊午 | 九 | 六 | 4 | 10/17 | 戊子 | 九 | 九 | 4 | 9/17 | 戊午 | 三 | 三 | 4 | 8/19 | 己丑 | 八 | 五 |
| 5 | 1/15 | 戊午 | 8 | 4 | 5 | 12/16 | 戊子 | 七 | 三 | 5 | 11/17 | 己未 | 三 | 五 | 5 | 10/18 | 己丑 | 三 | 八 | 5 | 9/18 | 己未 | 六 | 二 | 5 | 8/20 | 庚寅 | 八 | 四 |
| 6 | 1/16 | 己未 | 5 | 5 | 6 | 12/17 | 己丑 | 一 | 二 | 6 | 11/18 | 庚申 | 三 | 四 | 6 | 10/19 | 庚寅 | 三 | 七 | 6 | 9/19 | 庚申 | 六 | 一 | 6 | 8/21 | 辛卯 | 八 | 三 |
| 7 | 1/17 | 庚申 | 5 | 6 | 7 | 12/18 | 庚寅 | 一 | 一 | 7 | 11/19 | 辛酉 | 三 | 三 | 7 | 10/20 | 辛卯 | 三 | 六 | 7 | 9/20 | 辛酉 | 六 | 九 | 7 | 8/22 | 壬辰 | 八 | 二 |
| 8 | 1/18 | 辛酉 | 5 | 7 | 8 | 12/19 | 辛卯 | 一 | 九 | 8 | 11/20 | 壬戌 | 三 | 二 | 8 | 10/21 | 壬辰 | 三 | 五 | 8 | 9/21 | 壬戌 | 六 | 八 | 8 | 8/23 | 癸巳 | 八 | 一 |
| 9 | 1/19 | 壬戌 | 5 | 8 | 9 | 12/20 | 壬辰 | 一 | 八 | 9 | 11/21 | 癸亥 | 三 | 一 | 9 | 10/22 | 癸巳 | 三 | 四 | 9 | 9/22 | 癸亥 | 六 | 七 | 9 | 8/24 | 甲午 | 一 | 九 |
| 10 | 1/20 | 癸亥 | 5 | 9 | 10 | 12/21 | 癸巳 | 一 | 七 | 10 | 11/22 | 甲子 | 五 | 九 | 10 | 10/23 | 甲午 | 五 | 三 | 10 | 9/23 | 甲子 | 七 | 六 | 10 | 8/25 | 乙未 | 一 | 八 |
| 11 | 1/21 | 甲子 | 3 | 1 | 11 | 12/22 | 甲午 | 1 | 7 | 11 | 11/23 | 乙丑 | 五 | 八 | 11 | 10/24 | 乙未 | 五 | 二 | 11 | 9/24 | 乙丑 | 七 | 五 | 11 | 8/26 | 丙申 | 一 | 七 |
| 12 | 1/22 | 乙丑 | 3 | 2 | 12 | 12/23 | 乙未 | 1 | 8 | 12 | 11/24 | 丙寅 | 五 | 七 | 12 | 10/25 | 丙申 | 五 | 一 | 12 | 9/25 | 丙寅 | 七 | 四 | 12 | 8/27 | 丁酉 | 一 | 六 |
| 13 | 1/23 | 丙寅 | 3 | 3 | 13 | 12/24 | 丙申 | 1 | 9 | 13 | 11/25 | 丁卯 | 五 | 六 | 13 | 10/26 | 丁酉 | 五 | 九 | 13 | 9/26 | 丁卯 | 七 | 三 | 13 | 8/28 | 戊戌 | 一 | 五 |
| 14 | 1/24 | 丁卯 | 3 | 4 | 14 | 12/25 | 丁酉 | 1 | 1 | 14 | 11/26 | 戊辰 | 五 | 五 | 14 | 10/27 | 戊戌 | 五 | 八 | 14 | 9/27 | 戊辰 | 七 | 二 | 14 | 8/29 | 己亥 | 四 | 四 |
| 15 | 1/25 | 戊辰 | 3 | 5 | 15 | 12/26 | 戊戌 | 1 | 2 | 15 | 11/27 | 己巳 | 八 | 四 | 15 | 10/28 | 己亥 | 八 | 七 | 15 | 9/28 | 己巳 | 一 | 一 | 15 | 8/30 | 庚子 | 四 | 三 |
| 16 | 1/26 | 己巳 | 9 | 6 | 16 | 12/27 | 己亥 | 7 | 3 | 16 | 11/28 | 庚午 | 八 | 三 | 16 | 10/29 | 庚子 | 八 | 六 | 16 | 9/29 | 庚午 | 一 | 九 | 16 | 8/31 | 辛丑 | 四 | 二 |
| 17 | 1/27 | 庚午 | 9 | 7 | 17 | 12/28 | 庚子 | 7 | 4 | 17 | 11/29 | 辛未 | 八 | 二 | 17 | 10/30 | 辛丑 | 八 | 五 | 17 | 9/30 | 辛未 | 一 | 八 | 17 | 9/1 | 壬寅 | 四 | 一 |
| 18 | 1/28 | 辛未 | 9 | 8 | 18 | 12/29 | 辛丑 | 7 | 5 | 18 | 11/30 | 壬申 | 八 | 一 | 18 | 10/31 | 壬寅 | 八 | 四 | 18 | 10/1 | 壬申 | 一 | 七 | 18 | 9/2 | 癸卯 | 四 | 九 |
| 19 | 1/29 | 壬申 | 9 | 9 | 19 | 12/30 | 壬寅 | 7 | 6 | 19 | 12/1 | 癸酉 | 八 | 九 | 19 | 11/1 | 癸卯 | 八 | 三 | 19 | 10/2 | 癸酉 | 一 | 六 | 19 | 9/3 | 甲辰 | 七 | 八 |
| 20 | 1/30 | 癸酉 | 9 | 1 | 20 | 12/31 | 癸卯 | 7 | 7 | 20 | 12/2 | 甲戌 | 二 | 八 | 20 | 11/2 | 甲辰 | 二 | 二 | 20 | 10/3 | 甲戌 | 四 | 五 | 20 | 9/4 | 乙巳 | 七 | 七 |
| 21 | 1/31 | 甲戌 | 6 | 2 | 21 | 1/1 | 甲辰 | 4 | 8 | 21 | 12/3 | 乙亥 | 二 | 七 | 21 | 11/3 | 乙巳 | 二 | 一 | 21 | 10/4 | 乙亥 | 四 | 四 | 21 | 9/5 | 丙午 | 七 | 六 |
| 22 | 2/1 | 乙亥 | 6 | 3 | 22 | 1/2 | 乙巳 | 4 | 9 | 22 | 12/4 | 丙子 | 二 | 六 | 22 | 11/4 | 丙午 | 二 | 九 | 22 | 10/5 | 丙子 | 四 | 三 | 22 | 9/6 | 丁未 | 七 | 五 |
| 23 | 2/2 | 丙子 | 6 | 4 | 23 | 1/3 | 丙午 | 4 | 1 | 23 | 12/5 | 丁丑 | 二 | 五 | 23 | 11/5 | 丁未 | 二 | 八 | 23 | 10/6 | 丁丑 | 四 | 二 | 23 | 9/7 | 戊申 | 七 | 四 |
| 24 | 2/3 | 丁丑 | 6 | 5 | 24 | 1/4 | 丁未 | 4 | 2 | 24 | 12/6 | 戊寅 | 二 | 四 | 24 | 11/6 | 戊申 | 二 | 七 | 24 | 10/7 | 戊寅 | 四 | 一 | 24 | 9/8 | 己酉 | 九 | 三 |
| 25 | 2/4 | 戊寅 | 6 | 6 | 25 | 1/5 | 戊申 | 4 | 3 | 25 | 12/7 | 己卯 | 四 | 三 | 25 | 11/7 | 己酉 | 六 | 六 | 25 | 10/8 | 己卯 | 六 | 九 | 25 | 9/9 | 庚戌 | 九 | 二 |
| 26 | 2/5 | 己卯 | 8 | 7 | 26 | 1/6 | 己酉 | 2 | 4 | 26 | 12/8 | 庚辰 | 四 | 二 | 26 | 11/8 | 庚戌 | 六 | 五 | 26 | 10/9 | 庚辰 | 六 | 八 | 26 | 9/10 | 辛亥 | 九 | 一 |
| 27 | 2/6 | 庚辰 | 8 | 8 | 27 | 1/7 | 庚戌 | 2 | 5 | 27 | 12/9 | 辛巳 | 四 | 一 | 27 | 11/9 | 辛亥 | 六 | 四 | 27 | 10/10 | 辛巳 | 六 | 七 | 27 | 9/11 | 壬子 | 九 | 九 |
| 28 | 2/7 | 辛巳 | 8 | 9 | 28 | 1/8 | 辛亥 | 2 | 6 | 28 | 12/10 | 壬午 | 四 | 九 | 28 | 11/10 | 壬子 | 六 | 三 | 28 | 10/11 | 壬午 | 六 | 六 | 28 | 9/12 | 癸丑 | 九 | 八 |
| 29 | 2/8 | 壬午 | 8 | 1 | 29 | 1/9 | 壬子 | 2 | 7 | 29 | 12/11 | 癸未 | 四 | 八 | 29 | 11/11 | 癸丑 | 六 | 二 | 29 | 10/12 | 癸未 | 六 | 五 | 29 | 9/13 | 甲寅 | 三 | 七 |
| 30 | 2/9 | 癸未 | 8 | 2 | 30 | 1/10 | 癸丑 | 2 | 8 | | | | | | 30 | 11/12 | 甲寅 | 九 | 一 | 30 | 10/13 | 甲申 | 九 | 四 | | | | | |

# 西元2043年（癸亥）肖豬 民國132年（男坤命）

奇門遁甲局數如標示為 一 ～九表示陰局　　如標示為1 ～9 表示陽局

| 六　月 | | | | | 五　月 | | | | | 四　月 | | | | | 三　月 | | | | | 二　月 | | | | | 正　月 | | | | |
|---|---|---|---|---|---|---|---|---|---|---|---|---|---|---|---|---|---|---|---|---|---|---|---|---|---|---|---|---|---|
| 己未 | | | | | 戊午 | | | | | 丁巳 | | | | | 丙辰 | | | | | 乙卯 | | | | | 甲寅 | | | | |
| 六白金 | | | | | 七赤金 | | | | | 八白土 | | | | | 九紫火 | | | | | 一白水 | | | | | 二黑土 | | | | |
| 大暑 05時55分 十七卯時 | | 小暑 12時29分 初一午時 | 奇門遁甲局數 | | 夏至 19時00分 十五戌時 | | | 奇門遁甲局數 | | 芒種 02時20分 廿九丑時 | | 小滿 11時10分 十三午時 | 奇門遁甲局數 | | 立夏 22時23分 廿六亥時 | | 穀雨 12時16分 十一午時 | 奇門遁甲局數 | | 清明 05時22分 廿六卯時 | | 春分 01時30分 十一丑時 | 奇門遁甲局數 | | 驚蟄 00時49分 廿五子時 | | 雨水 02時43分 初十丑時 | 奇門遁甲局數 | |
| 農曆 | 國曆 | 干支 | 時盤 | 日盤 | 農曆 | 國曆 | 干支 | 時盤 | 日盤 | 農曆 | 國曆 | 干支 | 時盤 | 日盤 | 農曆 | 國曆 | 干支 | 時盤 | 日盤 | 農曆 | 國曆 | 干支 | 時盤 | 日盤 | 農曆 | 國曆 | 干支 | 時盤 | 日盤 |
| 1 | 7/7 | 辛亥 | 八 | 四 | 1 | 6/7 | 辛巳 | 6 | 3 | 1 | 5/9 | 壬子 | 4 | 1 | 1 | 4/10 | 癸未 | 4 | 8 | 1 | 3/11 | 癸丑 | 1 | 5 | 1 | 2/10 | 甲申 | 5 | 3 |
| 2 | 7/8 | 壬子 | 八 | 三 | 2 | 6/8 | 壬午 | 6 | 4 | 2 | 5/10 | 癸丑 | 4 | 2 | 2 | 4/11 | 甲申 | 1 | 9 | 2 | 3/12 | 甲寅 | 7 | 6 | 2 | 2/11 | 乙酉 | 5 | 4 |
| 3 | 7/9 | 癸丑 | 八 | 二 | 3 | 6/9 | 癸未 | 6 | 5 | 3 | 5/11 | 甲寅 | 1 | 3 | 3 | 4/12 | 乙酉 | 1 | 1 | 3 | 3/13 | 乙卯 | 7 | 7 | 3 | 2/12 | 丙戌 | 5 | 5 |
| 4 | 7/10 | 甲寅 | 二 | 一 | 4 | 6/10 | 甲申 | 3 | 6 | 4 | 5/12 | 乙卯 | 1 | 4 | 4 | 4/13 | 丙戌 | 1 | 2 | 4 | 3/14 | 丙辰 | 7 | 8 | 4 | 2/13 | 丁亥 | 5 | 6 |
| 5 | 7/11 | 乙卯 | 二 | 九 | 5 | 6/11 | 乙酉 | 3 | 7 | 5 | 5/13 | 丙辰 | 1 | 5 | 5 | 4/14 | 丁亥 | 1 | 3 | 5 | 3/15 | 丁巳 | 7 | 9 | 5 | 2/14 | 戊子 | 5 | 7 |
| 6 | 7/12 | 丙辰 | 二 | 八 | 6 | 6/12 | 丙戌 | 3 | 8 | 6 | 5/14 | 丁巳 | 1 | 6 | 6 | 4/15 | 戊子 | 1 | 4 | 6 | 3/16 | 戊午 | 7 | 1 | 6 | 2/15 | 己丑 | 2 | 8 |
| 7 | 7/13 | 丁巳 | 二 | 七 | 7 | 6/13 | 丁亥 | 3 | 9 | 7 | 5/15 | 戊午 | 1 | 7 | 7 | 4/16 | 己丑 | 7 | 5 | 7 | 3/17 | 己未 | 4 | 2 | 7 | 2/16 | 庚寅 | 2 | 9 |
| 8 | 7/14 | 戊午 | 二 | 六 | 8 | 6/14 | 戊子 | 3 | 1 | 8 | 5/16 | 己未 | 7 | 8 | 8 | 4/17 | 庚寅 | 7 | 6 | 8 | 3/18 | 庚申 | 4 | 3 | 8 | 2/17 | 辛卯 | 2 | 1 |
| 9 | 7/15 | 己未 | 五 | 五 | 9 | 6/15 | 己丑 | 9 | 2 | 9 | 5/17 | 庚申 | 7 | 9 | 9 | 4/18 | 辛卯 | 7 | 7 | 9 | 3/19 | 辛酉 | 4 | 4 | 9 | 2/18 | 壬辰 | 2 | 2 |
| 10 | 7/16 | 庚申 | 五 | 四 | 10 | 6/16 | 庚寅 | 9 | 3 | 10 | 5/18 | 辛酉 | 7 | 1 | 10 | 4/19 | 壬辰 | 7 | 8 | 10 | 3/20 | 壬戌 | 4 | 5 | 10 | 2/19 | 癸巳 | 2 | 3 |
| 11 | 7/17 | 辛酉 | 五 | 三 | 11 | 6/17 | 辛卯 | 9 | 4 | 11 | 5/19 | 壬戌 | 7 | 2 | 11 | 4/20 | 癸巳 | 7 | 9 | 11 | 3/21 | 癸亥 | 4 | 6 | 11 | 2/20 | 甲午 | 9 | 4 |
| 12 | 7/18 | 壬戌 | 五 | 二 | 12 | 6/18 | 壬辰 | 9 | 5 | 12 | 5/20 | 癸亥 | 7 | 3 | 12 | 4/21 | 甲午 | 5 | 1 | 12 | 3/22 | 甲子 | 3 | 7 | 12 | 2/21 | 乙未 | 9 | 5 |
| 13 | 7/19 | 癸亥 | 五 | 一 | 13 | 6/19 | 癸巳 | 9 | 6 | 13 | 5/21 | 甲子 | 5 | 4 | 13 | 4/22 | 乙未 | 5 | 2 | 13 | 3/23 | 乙丑 | 3 | 8 | 13 | 2/22 | 丙申 | 9 | 6 |
| 14 | 7/20 | 甲子 | 七 | 九 | 14 | 6/20 | 甲午 | 九 | 7 | 14 | 5/22 | 乙丑 | 5 | 5 | 14 | 4/23 | 丙申 | 5 | 3 | 14 | 3/24 | 丙寅 | 3 | 9 | 14 | 2/23 | 丁酉 | 9 | 7 |
| 15 | 7/21 | 乙丑 | 七 | 八 | 15 | 6/21 | 乙未 | 九 | 二 | 15 | 5/23 | 丙寅 | 5 | 6 | 15 | 4/24 | 丁酉 | 5 | 4 | 15 | 3/25 | 丁卯 | 3 | 1 | 15 | 2/24 | 戊戌 | 9 | 8 |
| 16 | 7/22 | 丙寅 | 七 | 七 | 16 | 6/22 | 丙申 | 九 | 一 | 16 | 5/24 | 丁卯 | 5 | 7 | 16 | 4/25 | 戊戌 | 5 | 5 | 16 | 3/26 | 戊辰 | 3 | 2 | 16 | 2/25 | 己亥 | 6 | 9 |
| 17 | 7/23 | 丁卯 | 七 | 六 | 17 | 6/23 | 丁酉 | 九 | 九 | 17 | 5/25 | 戊辰 | 5 | 8 | 17 | 4/26 | 己亥 | 2 | 6 | 17 | 3/27 | 己巳 | 9 | 3 | 17 | 2/26 | 庚子 | 6 | 1 |
| 18 | 7/24 | 戊辰 | 七 | 五 | 18 | 6/24 | 戊戌 | 九 | 八 | 18 | 5/26 | 己巳 | 2 | 9 | 18 | 4/27 | 庚子 | 2 | 7 | 18 | 3/28 | 庚午 | 9 | 4 | 18 | 2/27 | 辛丑 | 6 | 2 |
| 19 | 7/25 | 己巳 | 一 | 四 | 19 | 6/25 | 己亥 | 三 | 七 | 19 | 5/27 | 庚午 | 2 | 1 | 19 | 4/28 | 辛丑 | 2 | 8 | 19 | 3/29 | 辛未 | 9 | 5 | 19 | 2/28 | 壬寅 | 6 | 3 |
| 20 | 7/26 | 庚午 | 一 | 三 | 20 | 6/26 | 庚子 | 三 | 六 | 20 | 5/28 | 辛未 | 2 | 2 | 20 | 4/29 | 壬寅 | 2 | 9 | 20 | 3/30 | 壬申 | 9 | 6 | 20 | 3/1 | 癸卯 | 6 | 4 |
| 21 | 7/27 | 辛未 | 一 | 二 | 21 | 6/27 | 辛丑 | 三 | 五 | 21 | 5/29 | 壬申 | 2 | 3 | 21 | 4/30 | 癸卯 | 2 | 1 | 21 | 3/31 | 癸酉 | 9 | 7 | 21 | 3/2 | 甲辰 | 3 | 5 |
| 22 | 7/28 | 壬申 | 一 | 一 | 22 | 6/28 | 壬寅 | 三 | 四 | 22 | 5/30 | 癸酉 | 2 | 4 | 22 | 5/1 | 甲辰 | 8 | 2 | 22 | 4/1 | 甲戌 | 6 | 8 | 22 | 3/3 | 乙巳 | 3 | 6 |
| 23 | 7/29 | 癸酉 | 一 | 九 | 23 | 6/29 | 癸卯 | 三 | 三 | 23 | 5/31 | 甲戌 | 8 | 5 | 23 | 5/2 | 乙巳 | 8 | 3 | 23 | 4/2 | 乙亥 | 6 | 9 | 23 | 3/4 | 丙午 | 3 | 7 |
| 24 | 7/30 | 甲戌 | 四 | 八 | 24 | 6/30 | 甲辰 | 六 | 二 | 24 | 6/1 | 乙亥 | 8 | 6 | 24 | 5/3 | 丙午 | 8 | 4 | 24 | 4/3 | 丙子 | 6 | 1 | 24 | 3/5 | 丁未 | 3 | 8 |
| 25 | 7/31 | 乙亥 | 四 | 七 | 25 | 7/1 | 乙巳 | 六 | 一 | 25 | 6/2 | 丙子 | 8 | 7 | 25 | 5/4 | 丁未 | 8 | 5 | 25 | 4/4 | 丁丑 | 6 | 2 | 25 | 3/6 | 戊申 | 3 | 9 |
| 26 | 8/1 | 丙子 | 四 | 六 | 26 | 7/2 | 丙午 | 六 | 九 | 26 | 6/3 | 丁丑 | 8 | 8 | 26 | 5/5 | 戊申 | 8 | 6 | 26 | 4/5 | 戊寅 | 6 | 3 | 26 | 3/7 | 己酉 | 1 | 1 |
| 27 | 8/2 | 丁丑 | 四 | 五 | 27 | 7/3 | 丁未 | 六 | 八 | 27 | 6/4 | 戊寅 | 8 | 9 | 27 | 5/6 | 己酉 | 4 | 7 | 27 | 4/6 | 己卯 | 4 | 4 | 27 | 3/8 | 庚戌 | 1 | 2 |
| 28 | 8/3 | 戊寅 | 四 | 四 | 28 | 7/4 | 戊申 | 六 | 七 | 28 | 6/5 | 己卯 | 6 | 1 | 28 | 5/7 | 庚戌 | 4 | 8 | 28 | 4/7 | 庚辰 | 4 | 5 | 28 | 3/9 | 辛亥 | 1 | 3 |
| 29 | 8/4 | 己卯 | 二 | 三 | 29 | 7/5 | 己酉 | 八 | 六 | 29 | 6/6 | 庚辰 | 6 | 2 | 29 | 5/8 | 辛亥 | 4 | 9 | 29 | 4/8 | 辛巳 | 4 | 6 | 29 | 3/10 | 壬子 | 1 | 4 |
| | | | | | 30 | 7/6 | 庚戌 | 八 | 五 | | | | | | | | | | | 30 | 4/9 | 壬午 | 4 | 7 | | | | | |

# 西元2043年（癸亥）肖豬 民國132年（女巽命）

奇門遁甲局數如標示為 一 ～九表示陰局　　如標示為1 ～9 表示陽局

| 十二月 | | | | | 十一月 | | | | | 十　月 | | | | | 九　月 | | | | | 八　月 | | | | | 七　月 | | | | |
|---|---|---|---|---|---|---|---|---|---|---|---|---|---|---|---|---|---|---|---|---|---|---|---|---|---|---|---|---|---|
| 乙丑 | | | | | 甲子 | | | | | 癸亥 | | | | | 壬戌 | | | | | 辛酉 | | | | | 庚申 | | | | |
| 九紫火 | | | | | 一白水 | | | | | 二黑土 | | | | | 三碧木 | | | | | 四綠木 | | | | | 五黃土 | | | | |
| 大寒 18時39分 廿一酉時 | | 小寒 01時14分 初七丑時 | 奇門遁甲局數 | | 冬至 08時03分 廿二辰時 | | 大雪 13時59分 初七未時 | 奇門遁甲局數 | | 小雪 18時37分 廿一酉時 | | 立冬 20時57分 初六戌時 | 奇門遁甲局數 | | 霜降 20時49分 廿一戌時 | | 寒露 17時29分 初六酉時 | 奇門遁甲局數 | | 秋分 11時08分 廿一午時 | | 白露 00時31分 初六子時 | 奇門遁甲局數 | | 處暑 13時11分 十九未時 | | 立秋 22時02分 初三亥時 | 奇門遁甲局數 | |
| 農曆 | 國曆 | 干支 | 時盤 | 日盤 | 農曆 | 國曆 | 干支 | 時盤 | 日盤 | 農曆 | 國曆 | 干支 | 時盤 | 日盤 | 農曆 | 國曆 | 干支 | 時盤 | 日盤 | 農曆 | 國曆 | 干支 | 時盤 | 日盤 | 農曆 | 國曆 | 干支 | 時盤 | 日盤 |
| 1 | 12/31 | 戊申 | 4 | 3 | 1 | 12/1 | 戊寅 | 二 | 一 | 1 | 11/2 | 己酉 | 六 | 三 | 1 | 10/3 | 己卯 | 六 | 六 | 1 | 9/3 | 己酉 | 九 | 九 | 1 | 8/5 | 庚辰 | 二 | 二 |
| 2 | 1/1 | 己酉 | 2 | 4 | 2 | 12/2 | 己卯 | 四 | 九 | 2 | 11/3 | 庚戌 | 六 | 二 | 2 | 10/4 | 庚辰 | 六 | 五 | 2 | 9/4 | 庚戌 | 九 | 八 | 2 | 8/6 | 辛巳 | 二 | 一 |
| 3 | 1/2 | 庚戌 | 2 | 5 | 3 | 12/3 | 庚辰 | 四 | 八 | 3 | 11/4 | 辛亥 | 六 | 一 | 3 | 10/5 | 辛巳 | 六 | 四 | 3 | 9/5 | 辛亥 | 九 | 七 | 3 | 8/7 | 壬午 | 二 | 九 |
| 4 | 1/3 | 辛亥 | 2 | 6 | 4 | 12/4 | 辛巳 | 四 | 七 | 4 | 11/5 | 壬子 | 六 | 九 | 4 | 10/6 | 壬午 | 六 | 三 | 4 | 9/6 | 壬子 | 九 | 六 | 4 | 8/8 | 癸未 | 二 | 八 |
| 5 | 1/4 | 壬子 | 2 | 7 | 5 | 12/5 | 壬午 | 四 | 六 | 5 | 11/6 | 癸丑 | 六 | 八 | 5 | 10/7 | 癸未 | 六 | 二 | 5 | 9/7 | 癸丑 | 九 | 五 | 5 | 8/9 | 甲申 | 五 | 七 |
| 6 | 1/5 | 癸丑 | 2 | 8 | 6 | 12/6 | 癸未 | 四 | 五 | 6 | 11/7 | 甲寅 | 九 | 七 | 6 | 10/8 | 甲申 | 九 | 一 | 6 | 9/8 | 甲寅 | 三 | 四 | 6 | 8/10 | 乙酉 | 五 | 六 |
| 7 | 1/6 | 甲寅 | 8 | 9 | 7 | 12/7 | 甲申 | 七 | 四 | 7 | 11/8 | 乙卯 | 九 | 六 | 7 | 10/9 | 乙酉 | 九 | 九 | 7 | 9/9 | 乙卯 | 三 | 三 | 7 | 8/11 | 丙戌 | 五 | 五 |
| 8 | 1/7 | 乙卯 | 8 | 1 | 8 | 12/8 | 乙酉 | 七 | 三 | 8 | 11/9 | 丙辰 | 九 | 五 | 8 | 10/10 | 丙戌 | 九 | 八 | 8 | 9/10 | 丙辰 | 三 | 二 | 8 | 8/12 | 丁亥 | 五 | 四 |
| 9 | 1/8 | 丙辰 | 8 | 2 | 9 | 12/9 | 丙戌 | 七 | 二 | 9 | 11/10 | 丁巳 | 九 | 四 | 9 | 10/11 | 丁亥 | 九 | 七 | 9 | 9/11 | 丁巳 | 三 | 一 | 9 | 8/13 | 戊子 | 五 | 三 |
| 10 | 1/9 | 丁巳 | 8 | 3 | 10 | 12/10 | 丁亥 | 七 | 一 | 10 | 11/11 | 戊午 | 九 | 三 | 10 | 10/12 | 戊子 | 九 | 六 | 10 | 9/12 | 戊午 | 三 | 九 | 10 | 8/14 | 己丑 | 八 | 二 |
| 11 | 1/10 | 戊午 | 8 | 4 | 11 | 12/11 | 戊子 | 七 | 九 | 11 | 11/12 | 己未 | 三 | 二 | 11 | 10/13 | 己丑 | 三 | 五 | 11 | 9/13 | 己未 | 六 | 八 | 11 | 8/15 | 庚寅 | 八 | 一 |
| 12 | 1/11 | 己未 | 5 | 5 | 12 | 12/12 | 己丑 | 一 | 八 | 12 | 11/13 | 庚申 | 三 | 一 | 12 | 10/14 | 庚寅 | 三 | 四 | 12 | 9/14 | 庚申 | 六 | 七 | 12 | 8/16 | 辛卯 | 八 | 九 |
| 13 | 1/12 | 庚申 | 5 | 6 | 13 | 12/13 | 庚寅 | 一 | 七 | 13 | 11/14 | 辛酉 | 三 | 九 | 13 | 10/15 | 辛卯 | 三 | 三 | 13 | 9/15 | 辛酉 | 六 | 六 | 13 | 8/17 | 壬辰 | 八 | 八 |
| 14 | 1/13 | 辛酉 | 5 | 7 | 14 | 12/14 | 辛卯 | 一 | 六 | 14 | 11/15 | 壬戌 | 三 | 八 | 14 | 10/16 | 壬辰 | 三 | 二 | 14 | 9/16 | 壬戌 | 六 | 五 | 14 | 8/18 | 癸巳 | 八 | 七 |
| 15 | 1/14 | 壬戌 | 5 | 8 | 15 | 12/15 | 壬辰 | 一 | 五 | 15 | 11/16 | 癸亥 | 三 | 七 | 15 | 10/17 | 癸巳 | 三 | 一 | 15 | 9/17 | 癸亥 | 六 | 四 | 15 | 8/19 | 甲午 | 一 | 六 |
| 16 | 1/15 | 癸亥 | 5 | 9 | 16 | 12/16 | 癸巳 | 一 | 四 | 16 | 11/17 | 甲子 | 五 | 六 | 16 | 10/18 | 甲午 | 五 | 九 | 16 | 9/18 | 甲子 | 七 | 三 | 16 | 8/20 | 乙未 | 一 | 五 |
| 17 | 1/16 | 甲子 | 3 | 1 | 17 | 12/17 | 甲午 | 1 | 三 | 17 | 11/18 | 乙丑 | 五 | 五 | 17 | 10/19 | 乙未 | 五 | 八 | 17 | 9/19 | 乙丑 | 七 | 二 | 17 | 8/21 | 丙申 | 一 | 四 |
| 18 | 1/17 | 乙丑 | 3 | 2 | 18 | 12/18 | 乙未 | 1 | 二 | 18 | 11/19 | 丙寅 | 五 | 四 | 18 | 10/20 | 丙申 | 五 | 七 | 18 | 9/20 | 丙寅 | 七 | 一 | 18 | 8/22 | 丁酉 | 一 | 三 |
| 19 | 1/18 | 丙寅 | 3 | 3 | 19 | 12/19 | 丙申 | 1 | 一 | 19 | 11/20 | 丁卯 | 五 | 三 | 19 | 10/21 | 丁酉 | 五 | 六 | 19 | 9/21 | 丁卯 | 七 | 九 | 19 | 8/23 | 戊戌 | 一 | 二 |
| 20 | 1/19 | 丁卯 | 3 | 4 | 20 | 12/20 | 丁酉 | 1 | 九 | 20 | 11/21 | 戊辰 | 五 | 二 | 20 | 10/22 | 戊戌 | 五 | 五 | 20 | 9/22 | 戊辰 | 七 | 八 | 20 | 8/24 | 己亥 | 四 | 一 |
| 21 | 1/20 | 戊辰 | 3 | 5 | 21 | 12/21 | 戊戌 | 1 | 八 | 21 | 11/22 | 己巳 | 八 | 一 | 21 | 10/23 | 己亥 | 八 | 四 | 21 | 9/23 | 己巳 | 一 | 七 | 21 | 8/25 | 庚子 | 四 | 九 |
| 22 | 1/21 | 己巳 | 9 | 6 | 22 | 12/22 | 己亥 | 7 | 3 | 22 | 11/23 | 庚午 | 八 | 九 | 22 | 10/24 | 庚子 | 八 | 三 | 22 | 9/24 | 庚午 | 一 | 六 | 22 | 8/26 | 辛丑 | 四 | 八 |
| 23 | 1/22 | 庚午 | 9 | 7 | 23 | 12/23 | 庚子 | 7 | 4 | 23 | 11/24 | 辛未 | 八 | 八 | 23 | 10/25 | 辛丑 | 八 | 二 | 23 | 9/25 | 辛未 | 一 | 五 | 23 | 8/27 | 壬寅 | 四 | 七 |
| 24 | 1/23 | 辛未 | 9 | 8 | 24 | 12/24 | 辛丑 | 7 | 5 | 24 | 11/25 | 壬申 | 八 | 七 | 24 | 10/26 | 壬寅 | 八 | 一 | 24 | 9/26 | 壬申 | 一 | 四 | 24 | 8/28 | 癸卯 | 四 | 六 |
| 25 | 1/24 | 壬申 | 9 | 9 | 25 | 12/25 | 壬寅 | 7 | 6 | 25 | 11/26 | 癸酉 | 八 | 六 | 25 | 10/27 | 癸卯 | 八 | 九 | 25 | 9/27 | 癸酉 | 一 | 三 | 25 | 8/29 | 甲辰 | 七 | 五 |
| 26 | 1/25 | 癸酉 | 9 | 1 | 26 | 12/26 | 癸卯 | 7 | 7 | 26 | 11/27 | 甲戌 | 二 | 五 | 26 | 10/28 | 甲辰 | 二 | 八 | 26 | 9/28 | 甲戌 | 四 | 二 | 26 | 8/30 | 乙巳 | 七 | 四 |
| 27 | 1/26 | 甲戌 | 6 | 2 | 27 | 12/27 | 甲辰 | 4 | 8 | 27 | 11/28 | 乙亥 | 二 | 四 | 27 | 10/29 | 乙巳 | 二 | 七 | 27 | 9/29 | 乙亥 | 四 | 一 | 27 | 8/31 | 丙午 | 七 | 三 |
| 28 | 1/27 | 乙亥 | 6 | 3 | 28 | 12/28 | 乙巳 | 4 | 9 | 28 | 11/29 | 丙子 | 二 | 三 | 28 | 10/30 | 丙午 | 二 | 六 | 28 | 9/30 | 丙子 | 四 | 九 | 28 | 9/1 | 丁未 | 七 | 二 |
| 29 | 1/28 | 丙子 | 6 | 4 | 29 | 12/29 | 丙午 | 4 | 1 | 29 | 11/30 | 丁丑 | 二 | 二 | 29 | 10/31 | 丁未 | 二 | 五 | 29 | 10/1 | 丁丑 | 四 | 八 | 29 | 9/2 | 戊申 | 七 | 一 |
| 30 | 1/29 | 丁丑 | 6 | 5 | 30 | 12/30 | 丁未 | 4 | 2 | | | | | | 30 | 11/1 | 戊申 | 二 | 四 | 30 | 10/2 | 戊寅 | 四 | 七 | | | | | |

# 西元2044年（甲子）肖鼠 民國133年（男坎命）

奇門遁甲局數如標示為 一 ～九表示陰局　　如標示為1 ～9 表示陽局

| 六月 | | | | | 五月 | | | | | 四月 | | | | | 三月 | | | | | 二月 | | | | | 正月 | | | | |
|---|---|---|---|---|---|---|---|---|---|---|---|---|---|---|---|---|---|---|---|---|---|---|---|---|---|---|---|---|---|
| 辛未 | | | | | 庚午 | | | | | 己巳 | | | | | 戊辰 | | | | | 丁卯 | | | | | 丙寅 | | | | |
| 三碧木 | | | | | 四綠木 | | | | | 五黃土 | | | | | 六白金 | | | | | 七赤金 | | | | | 八白土 | | | | |
| 大暑 11時45分 廿八午時 | | 小暑 18時17分 十二酉時 | 奇門遁甲局數 | | 夏至 00時52分 廿六子時 | | 芒種 08時05分 初十辰時 | 奇門遁甲局數 | | 小滿 17時03分 廿三酉時 | | 立夏 04時07分 初八寅時 | 奇門遁甲局數 | | 穀雨 18時08分 廿二酉時 | | 清明 11時05分 初七午時 | 奇門遁甲局數 | | 春分 07時22分 廿一辰時 | | 驚蟄 06時33分 初六卯時 | 奇門遁甲局數 | | 雨水 08時38分 廿一辰時 | | 立春 12時44分 初六午時 | 奇門遁甲局數 | |
| 農曆 | 國曆 | 干支 | 時盤 | 日盤 | 農曆 | 國曆 | 干支 | 時盤 | 日盤 | 農曆 | 國曆 | 干支 | 時盤 | 日盤 | 農曆 | 國曆 | 干支 | 時盤 | 日盤 | 農曆 | 國曆 | 干支 | 時盤 | 日盤 | 農曆 | 國曆 | 干支 | 時盤 | 日盤 |
| 1 | 6/25 | 乙巳 | 六 | 一 | 1 | 5/27 | 丙子 | 8 | 7 | 1 | 4/28 | 丁未 | 8 | 5 | 1 | 3/29 | 丁丑 | 6 | 2 | 1 | 2/29 | 戊申 | 3 | 9 | 1 | 1/30 | 戊寅 | 6 | 6 |
| 2 | 6/26 | 丙午 | 六 | 九 | 2 | 5/28 | 丁丑 | 8 | 8 | 2 | 4/29 | 戊申 | 8 | 6 | 2 | 3/30 | 戊寅 | 6 | 3 | 2 | 3/1 | 己酉 | 1 | 1 | 2 | 1/31 | 己卯 | 8 | 7 |
| 3 | 6/27 | 丁未 | 六 | 八 | 3 | 5/29 | 戊寅 | 8 | 9 | 3 | 4/30 | 己酉 | 4 | 7 | 3 | 3/31 | 己卯 | 4 | 4 | 3 | 3/2 | 庚戌 | 1 | 2 | 3 | 2/1 | 庚辰 | 8 | 8 |
| 4 | 6/28 | 戊申 | 六 | 七 | 4 | 5/30 | 己卯 | 6 | 1 | 4 | 5/1 | 庚戌 | 4 | 8 | 4 | 4/1 | 庚辰 | 4 | 5 | 4 | 3/3 | 辛亥 | 1 | 3 | 4 | 2/2 | 辛巳 | 8 | 9 |
| 5 | 6/29 | 己酉 | 八 | 六 | 5 | 5/31 | 庚辰 | 6 | 2 | 5 | 5/2 | 辛亥 | 4 | 9 | 5 | 4/2 | 辛巳 | 4 | 6 | 5 | 3/4 | 壬子 | 1 | 4 | 5 | 2/3 | 壬午 | 8 | 1 |
| 6 | 6/30 | 庚戌 | 八 | 五 | 6 | 6/1 | 辛巳 | 6 | 3 | 6 | 5/3 | 壬子 | 4 | 1 | 6 | 4/3 | 壬午 | 4 | 7 | 6 | 3/5 | 癸丑 | 1 | 5 | 6 | 2/4 | 癸未 | 8 | 2 |
| 7 | 7/1 | 辛亥 | 八 | 四 | 7 | 6/2 | 壬午 | 6 | 4 | 7 | 5/4 | 癸丑 | 4 | 2 | 7 | 4/4 | 癸未 | 4 | 8 | 7 | 3/6 | 甲寅 | 7 | 6 | 7 | 2/5 | 甲申 | 5 | 3 |
| 8 | 7/2 | 壬子 | 八 | 三 | 8 | 6/3 | 癸未 | 6 | 5 | 8 | 5/5 | 甲寅 | 1 | 3 | 8 | 4/5 | 甲申 | 1 | 9 | 8 | 3/7 | 乙卯 | 7 | 7 | 8 | 2/6 | 乙酉 | 5 | 4 |
| 9 | 7/3 | 癸丑 | 八 | 二 | 9 | 6/4 | 甲申 | 3 | 6 | 9 | 5/6 | 乙卯 | 1 | 4 | 9 | 4/6 | 乙酉 | 1 | 1 | 9 | 3/8 | 丙辰 | 7 | 8 | 9 | 2/7 | 丙戌 | 5 | 5 |
| 10 | 7/4 | 甲寅 | 二 | 一 | 10 | 6/5 | 乙酉 | 3 | 7 | 10 | 5/7 | 丙辰 | 1 | 5 | 10 | 4/7 | 丙戌 | 1 | 2 | 10 | 3/9 | 丁巳 | 7 | 9 | 10 | 2/8 | 丁亥 | 5 | 6 |
| 11 | 7/5 | 乙卯 | 二 | 九 | 11 | 6/6 | 丙戌 | 3 | 8 | 11 | 5/8 | 丁巳 | 1 | 6 | 11 | 4/8 | 丁亥 | 1 | 3 | 11 | 3/10 | 戊午 | 7 | 1 | 11 | 2/9 | 戊子 | 5 | 7 |
| 12 | 7/6 | 丙辰 | 二 | 八 | 12 | 6/7 | 丁亥 | 3 | 9 | 12 | 5/9 | 戊午 | 1 | 7 | 12 | 4/9 | 戊子 | 1 | 4 | 12 | 3/11 | 己未 | 4 | 2 | 12 | 2/10 | 己丑 | 2 | 8 |
| 13 | 7/7 | 丁巳 | 二 | 七 | 13 | 6/8 | 戊子 | 3 | 1 | 13 | 5/10 | 己未 | 7 | 8 | 13 | 4/10 | 己丑 | 7 | 5 | 13 | 3/12 | 庚申 | 4 | 3 | 13 | 2/11 | 庚寅 | 2 | 9 |
| 14 | 7/8 | 戊午 | 二 | 六 | 14 | 6/9 | 己丑 | 9 | 2 | 14 | 5/11 | 庚申 | 7 | 9 | 14 | 4/11 | 庚寅 | 7 | 6 | 14 | 3/13 | 辛酉 | 4 | 4 | 14 | 2/12 | 辛卯 | 2 | 1 |
| 15 | 7/9 | 己未 | 五 | 五 | 15 | 6/10 | 庚寅 | 9 | 3 | 15 | 5/12 | 辛酉 | 7 | 1 | 15 | 4/12 | 辛卯 | 7 | 7 | 15 | 3/14 | 壬戌 | 4 | 5 | 15 | 2/13 | 壬辰 | 2 | 2 |
| 16 | 7/10 | 庚申 | 五 | 四 | 16 | 6/11 | 辛卯 | 9 | 4 | 16 | 5/13 | 壬戌 | 7 | 2 | 16 | 4/13 | 壬辰 | 7 | 8 | 16 | 3/15 | 癸亥 | 4 | 6 | 16 | 2/14 | 癸巳 | 2 | 3 |
| 17 | 7/11 | 辛酉 | 五 | 三 | 17 | 6/12 | 壬辰 | 9 | 5 | 17 | 5/14 | 癸亥 | 7 | 3 | 17 | 4/14 | 癸巳 | 7 | 9 | 17 | 3/16 | 甲子 | 3 | 7 | 17 | 2/15 | 甲午 | 9 | 4 |
| 18 | 7/12 | 壬戌 | 五 | 二 | 18 | 6/13 | 癸巳 | 9 | 6 | 18 | 5/15 | 甲子 | 5 | 4 | 18 | 4/15 | 甲午 | 5 | 1 | 18 | 3/17 | 乙丑 | 3 | 8 | 18 | 2/16 | 乙未 | 9 | 5 |
| 19 | 7/13 | 癸亥 | 五 | 一 | 19 | 6/14 | 甲午 | 九 | 7 | 19 | 5/16 | 乙丑 | 5 | 5 | 19 | 4/16 | 乙未 | 5 | 2 | 19 | 3/18 | 丙寅 | 3 | 9 | 19 | 2/17 | 丙申 | 9 | 6 |
| 20 | 7/14 | 甲子 | 七 | 九 | 20 | 6/15 | 乙未 | 九 | 8 | 20 | 5/17 | 丙寅 | 5 | 6 | 20 | 4/17 | 丙申 | 5 | 3 | 20 | 3/19 | 丁卯 | 3 | 1 | 20 | 2/18 | 丁酉 | 9 | 7 |
| 21 | 7/15 | 乙丑 | 七 | 八 | 21 | 6/16 | 丙申 | 九 | 9 | 21 | 5/18 | 丁卯 | 5 | 7 | 21 | 4/18 | 丁酉 | 5 | 4 | 21 | 3/20 | 戊辰 | 3 | 2 | 21 | 2/19 | 戊戌 | 9 | 8 |
| 22 | 7/16 | 丙寅 | 七 | 七 | 22 | 6/17 | 丁酉 | 九 | 1 | 22 | 5/19 | 戊辰 | 5 | 8 | 22 | 4/19 | 戊戌 | 5 | 5 | 22 | 3/21 | 己巳 | 9 | 3 | 22 | 2/20 | 己亥 | 6 | 9 |
| 23 | 7/17 | 丁卯 | 七 | 六 | 23 | 6/18 | 戊戌 | 九 | 2 | 23 | 5/20 | 己巳 | 2 | 9 | 23 | 4/20 | 己亥 | 2 | 6 | 23 | 3/22 | 庚午 | 9 | 4 | 23 | 2/21 | 庚子 | 6 | 1 |
| 24 | 7/18 | 戊辰 | 七 | 五 | 24 | 6/19 | 己亥 | 三 | 3 | 24 | 5/21 | 庚午 | 2 | 1 | 24 | 4/21 | 庚子 | 2 | 7 | 24 | 3/23 | 辛未 | 9 | 5 | 24 | 2/22 | 辛丑 | 6 | 2 |
| 25 | 7/19 | 己巳 | 一 | 四 | 25 | 6/20 | 庚子 | 三 | 4 | 25 | 5/22 | 辛未 | 2 | 2 | 25 | 4/22 | 辛丑 | 2 | 8 | 25 | 3/24 | 壬申 | 9 | 6 | 25 | 2/23 | 壬寅 | 6 | 3 |
| 26 | 7/20 | 庚午 | 一 | 三 | 26 | 6/21 | 辛丑 | 三 | 五 | 26 | 5/23 | 壬申 | 2 | 3 | 26 | 4/23 | 壬寅 | 2 | 9 | 26 | 3/25 | 癸酉 | 9 | 7 | 26 | 2/24 | 癸卯 | 6 | 4 |
| 27 | 7/21 | 辛未 | 一 | 二 | 27 | 6/22 | 壬寅 | 三 | 四 | 27 | 5/24 | 癸酉 | 2 | 4 | 27 | 4/24 | 癸卯 | 2 | 1 | 27 | 3/26 | 甲戌 | 6 | 8 | 27 | 2/25 | 甲辰 | 3 | 5 |
| 28 | 7/22 | 壬申 | 一 | 一 | 28 | 6/23 | 癸卯 | 三 | 三 | 28 | 5/25 | 甲戌 | 8 | 5 | 28 | 4/25 | 甲辰 | 8 | 2 | 28 | 3/27 | 乙亥 | 6 | 9 | 28 | 2/26 | 乙巳 | 3 | 6 |
| 29 | 7/23 | 癸酉 | 一 | 九 | 29 | 6/24 | 甲辰 | 六 | 二 | 29 | 5/26 | 乙亥 | 8 | 6 | 29 | 4/26 | 乙巳 | 8 | 3 | 29 | 3/28 | 丙子 | 6 | 1 | 29 | 2/27 | 丙午 | 3 | 7 |
| 30 | 7/24 | 甲戌 | 四 | 八 | | | | | | | | | | | 30 | 4/27 | 丙午 | 8 | 4 | | | | | | 30 | 2/28 | 丁未 | 3 | 8 |

# 西元2044年（甲子）肖鼠 民國133年（女艮命）

奇門遁甲局數如標示為 一 ～九表示陰局　　如標示為1 ～9 表示陽局

| 十二月 | | | | | 十一月 | | | | | 十　月 | | | | | 九　月 | | | | | 八　月 | | | | | 潤七　月 | | | | | 七　月 | | | | |
|---|---|---|---|---|---|---|---|---|---|---|---|---|---|---|---|---|---|---|---|---|---|---|---|---|---|---|---|---|---|---|---|---|---|---|
| 丁丑 | | | | | 丙子 | | | | | 乙亥 | | | | | 甲戌 | | | | | 癸酉 | | | | | 癸酉 | | | | | 壬申 | | | | |
| 六白金 | | | | | 七赤金 | | | | | 八白土 | | | | | 九紫火 | | | | | 一白水 | | | | | | | | | | 二黑土 | | | | |
| 立春 十七 酉時 18時38分 | | 大寒 初三 子時 00時24分 | 奇門遁甲局數 | | 小寒 十八 辰時 07時04分 | | 冬至 初三 未時 13時45分 | 奇門遁甲局數 | | 大雪 十八 戌時 19時47分 | | 小雪 初四 子時 00時17分 | 奇門遁甲局數 | | 立冬 十八 丑時 02時44分 | | 霜降 初三 丑時 02時28分 | 奇門遁甲局數 | | 寒露 十七 子時 23時15分 | | 秋分 初二 申時 16時48分 | 奇門遁甲局數 | | 白露 十六 辰時 07時18分 | | | 奇門遁甲局數 | | 處暑 廿九 酉時 18時56分 | | 立秋 十四 寅時 04時10分 | 奇門遁甲局數 | |
| 農曆 | 國曆 | 干支 | 時盤 | 日盤 | 農曆 | 國曆 | 干支 | 時盤 | 日盤 | 農曆 | 國曆 | 干支 | 時盤 | 日盤 | 農曆 | 國曆 | 干支 | 時盤 | 日盤 | 農曆 | 國曆 | 干支 | 時盤 | 日盤 | 農曆 | 國曆 | 干支 | 時盤 | 日盤 | 農曆 | 國曆 | 干支 | 時盤 | 日盤 |
| 1 | 1/18 | 壬申 | 8 | 9 | 1 | 12/19 | 壬寅 | 七 | 四 | 1 | 11/19 | 壬申 | 八 | 七 | 1 | 10/21 | 癸卯 | 八 | 九 | 1 | 9/21 | 癸酉 | 一 | 三 | 1 | 8/23 | 甲辰 | 七 | 五 | 1 | 7/25 | 乙亥 | 四 | 七 |
| 2 | 1/19 | 癸酉 | 8 | 1 | 2 | 12/20 | 癸卯 | 七 | 三 | 2 | 11/20 | 癸酉 | 八 | 六 | 2 | 10/22 | 甲辰 | 二 | 八 | 2 | 9/22 | 甲戌 | 四 | 二 | 2 | 8/24 | 乙巳 | 七 | 四 | 2 | 7/26 | 丙子 | 四 | 六 |
| 3 | 1/20 | 甲戌 | 5 | 2 | 3 | 12/21 | 甲辰 | 一 | 8 | 3 | 11/21 | 甲戌 | 二 | 五 | 3 | 10/23 | 乙巳 | 二 | 七 | 3 | 9/23 | 乙亥 | 四 | 一 | 3 | 8/25 | 丙午 | 七 | 三 | 3 | 7/27 | 丁丑 | 四 | 五 |
| 4 | 1/21 | 乙亥 | 5 | 3 | 4 | 12/22 | 乙巳 | 一 | 9 | 4 | 11/22 | 乙亥 | 二 | 四 | 4 | 10/24 | 丙午 | 二 | 六 | 4 | 9/24 | 丙子 | 四 | 九 | 4 | 8/26 | 丁未 | 七 | 二 | 4 | 7/28 | 戊寅 | 四 | 四 |
| 5 | 1/22 | 丙子 | 5 | 4 | 5 | 12/23 | 丙午 | 一 | 1 | 5 | 11/23 | 丙子 | 二 | 三 | 5 | 10/25 | 丁未 | 二 | 五 | 5 | 9/25 | 丁丑 | 四 | 八 | 5 | 8/27 | 戊申 | 七 | 一 | 5 | 7/29 | 己卯 | 二 | 三 |
| 6 | 1/23 | 丁丑 | 5 | 5 | 6 | 12/24 | 丁未 | 一 | 2 | 6 | 11/24 | 丁丑 | 二 | 二 | 6 | 10/26 | 戊申 | 二 | 四 | 6 | 9/26 | 戊寅 | 四 | 七 | 6 | 8/28 | 己酉 | 九 | 九 | 6 | 7/30 | 庚辰 | 二 | 二 |
| 7 | 1/24 | 戊寅 | 5 | 6 | 7 | 12/25 | 戊申 | 一 | 3 | 7 | 11/25 | 戊寅 | 二 | 一 | 7 | 10/27 | 己酉 | 六 | 三 | 7 | 9/27 | 己卯 | 六 | 六 | 7 | 8/29 | 庚戌 | 九 | 八 | 7 | 7/31 | 辛巳 | 二 | 一 |
| 8 | 1/25 | 己卯 | 3 | 7 | 8 | 12/26 | 己酉 | 1 | 4 | 8 | 11/26 | 己卯 | 四 | 九 | 8 | 10/28 | 庚戌 | 六 | 二 | 8 | 9/28 | 庚辰 | 六 | 五 | 8 | 8/30 | 辛亥 | 九 | 七 | 8 | 8/1 | 壬午 | 二 | 九 |
| 9 | 1/26 | 庚辰 | 3 | 8 | 9 | 12/27 | 庚戌 | 1 | 5 | 9 | 11/27 | 庚辰 | 四 | 八 | 9 | 10/29 | 辛亥 | 六 | 一 | 9 | 9/29 | 辛巳 | 六 | 四 | 9 | 8/31 | 壬子 | 九 | 六 | 9 | 8/2 | 癸未 | 二 | 八 |
| 10 | 1/27 | 辛巳 | 3 | 9 | 10 | 12/28 | 辛亥 | 1 | 6 | 10 | 11/28 | 辛巳 | 四 | 七 | 10 | 10/30 | 壬子 | 六 | 九 | 10 | 9/30 | 壬午 | 六 | 三 | 10 | 9/1 | 癸丑 | 九 | 五 | 10 | 8/3 | 甲申 | 五 | 七 |
| 11 | 1/28 | 壬午 | 3 | 1 | 11 | 12/29 | 壬子 | 1 | 7 | 11 | 11/29 | 壬午 | 四 | 六 | 11 | 10/31 | 癸丑 | 六 | 八 | 11 | 10/1 | 癸未 | 六 | 二 | 11 | 9/2 | 甲寅 | 三 | 四 | 11 | 8/4 | 乙酉 | 五 | 六 |
| 12 | 1/29 | 癸未 | 3 | 2 | 12 | 12/30 | 癸丑 | 1 | 8 | 12 | 11/30 | 癸未 | 四 | 五 | 12 | 11/1 | 甲寅 | 九 | 七 | 12 | 10/2 | 甲申 | 九 | 一 | 12 | 9/3 | 乙卯 | 三 | 三 | 12 | 8/5 | 丙戌 | 五 | 五 |
| 13 | 1/30 | 甲申 | 9 | 3 | 13 | 12/31 | 甲寅 | 7 | 9 | 13 | 12/1 | 甲申 | 七 | 四 | 13 | 11/2 | 乙卯 | 九 | 六 | 13 | 10/3 | 乙酉 | 九 | 九 | 13 | 9/4 | 丙辰 | 三 | 二 | 13 | 8/6 | 丁亥 | 五 | 四 |
| 14 | 1/31 | 乙酉 | 9 | 4 | 14 | 1/1 | 乙卯 | 7 | 1 | 14 | 12/2 | 乙酉 | 七 | 三 | 14 | 11/3 | 丙辰 | 九 | 五 | 14 | 10/4 | 丙戌 | 九 | 八 | 14 | 9/5 | 丁巳 | 三 | 一 | 14 | 8/7 | 戊子 | 五 | 三 |
| 15 | 2/1 | 丙戌 | 9 | 5 | 15 | 1/2 | 丙辰 | 7 | 2 | 15 | 12/3 | 丙戌 | 七 | 二 | 15 | 11/4 | 丁巳 | 九 | 四 | 15 | 10/5 | 丁亥 | 九 | 七 | 15 | 9/6 | 戊午 | 三 | 九 | 15 | 8/8 | 己丑 | 八 | 二 |
| 16 | 2/2 | 丁亥 | 9 | 6 | 16 | 1/3 | 丁巳 | 7 | 3 | 16 | 12/4 | 丁亥 | 七 | 一 | 16 | 11/5 | 戊午 | 九 | 三 | 16 | 10/6 | 戊子 | 九 | 六 | 16 | 9/7 | 己未 | 六 | 八 | 16 | 8/9 | 庚寅 | 八 | 一 |
| 17 | 2/3 | 戊子 | 9 | 7 | 17 | 1/4 | 戊午 | 7 | 4 | 17 | 12/5 | 戊子 | 七 | 九 | 17 | 11/6 | 己未 | 三 | 二 | 17 | 10/7 | 己丑 | 三 | 五 | 17 | 9/8 | 庚申 | 六 | 七 | 17 | 8/10 | 辛卯 | 八 | 九 |
| 18 | 2/4 | 己丑 | 6 | 8 | 18 | 1/5 | 己未 | 4 | 5 | 18 | 12/6 | 己丑 | 一 | 八 | 18 | 11/7 | 庚申 | 三 | 一 | 18 | 10/8 | 庚寅 | 三 | 四 | 18 | 9/9 | 辛酉 | 六 | 六 | 18 | 8/11 | 壬辰 | 八 | 八 |
| 19 | 2/5 | 庚寅 | 6 | 9 | 19 | 1/6 | 庚申 | 4 | 6 | 19 | 12/7 | 庚寅 | 一 | 七 | 19 | 11/8 | 辛酉 | 三 | 九 | 19 | 10/9 | 辛卯 | 三 | 三 | 19 | 9/10 | 壬戌 | 六 | 五 | 19 | 8/12 | 癸巳 | 八 | 七 |
| 20 | 2/6 | 辛卯 | 6 | 1 | 20 | 1/7 | 辛酉 | 4 | 7 | 20 | 12/8 | 辛卯 | 一 | 六 | 20 | 11/9 | 壬戌 | 三 | 八 | 20 | 10/10 | 壬辰 | 三 | 二 | 20 | 9/11 | 癸亥 | 六 | 四 | 20 | 8/13 | 甲午 | 一 | 六 |
| 21 | 2/7 | 壬辰 | 6 | 2 | 21 | 1/8 | 壬戌 | 4 | 8 | 21 | 12/9 | 壬辰 | 一 | 五 | 21 | 11/10 | 癸亥 | 三 | 七 | 21 | 10/11 | 癸巳 | 三 | 一 | 21 | 9/12 | 甲子 | 七 | 三 | 21 | 8/14 | 乙未 | 一 | 五 |
| 22 | 2/8 | 癸巳 | 6 | 3 | 22 | 1/9 | 癸亥 | 4 | 9 | 22 | 12/10 | 癸巳 | 一 | 四 | 22 | 11/11 | 甲子 | 五 | 六 | 22 | 10/12 | 甲午 | 五 | 九 | 22 | 9/13 | 乙丑 | 七 | 二 | 22 | 8/15 | 丙申 | 一 | 四 |
| 23 | 2/9 | 甲午 | 8 | 4 | 23 | 1/10 | 甲子 | 2 | 1 | 23 | 12/11 | 甲午 | 四 | 三 | 23 | 11/12 | 乙丑 | 五 | 五 | 23 | 10/13 | 乙未 | 五 | 八 | 23 | 9/14 | 丙寅 | 七 | 一 | 23 | 8/16 | 丁酉 | 一 | 三 |
| 24 | 2/10 | 乙未 | 8 | 5 | 24 | 1/11 | 乙丑 | 2 | 2 | 24 | 12/12 | 乙未 | 四 | 二 | 24 | 11/13 | 丙寅 | 五 | 四 | 24 | 10/14 | 丙申 | 五 | 七 | 24 | 9/15 | 丁卯 | 七 | 九 | 24 | 8/17 | 戊戌 | 一 | 二 |
| 25 | 2/11 | 丙申 | 8 | 6 | 25 | 1/12 | 丙寅 | 2 | 3 | 25 | 12/13 | 丙申 | 四 | 一 | 25 | 11/14 | 丁卯 | 五 | 三 | 25 | 10/15 | 丁酉 | 五 | 六 | 25 | 9/16 | 戊辰 | 七 | 八 | 25 | 8/18 | 己亥 | 四 | 一 |
| 26 | 2/12 | 丁酉 | 8 | 7 | 26 | 1/13 | 丁卯 | 2 | 4 | 26 | 12/14 | 丁酉 | 四 | 九 | 26 | 11/15 | 戊辰 | 五 | 二 | 26 | 10/16 | 戊戌 | 五 | 五 | 26 | 9/17 | 己巳 | 一 | 七 | 26 | 8/19 | 庚子 | 四 | 九 |
| 27 | 2/13 | 戊戌 | 8 | 8 | 27 | 1/14 | 戊辰 | 2 | 5 | 27 | 12/15 | 戊戌 | 四 | 八 | 27 | 11/16 | 己巳 | 八 | 一 | 27 | 10/17 | 己亥 | 八 | 四 | 27 | 9/18 | 庚午 | 一 | 六 | 27 | 8/20 | 辛丑 | 四 | 八 |
| 28 | 2/14 | 己亥 | 5 | 9 | 28 | 1/15 | 己巳 | 8 | 6 | 28 | 12/16 | 己亥 | 七 | 七 | 28 | 11/17 | 庚午 | 八 | 九 | 28 | 10/18 | 庚子 | 八 | 三 | 28 | 9/19 | 辛未 | 一 | 五 | 28 | 8/21 | 壬寅 | 四 | 七 |
| 29 | 2/15 | 庚子 | 5 | 1 | 29 | 1/16 | 庚午 | 8 | 7 | 29 | 12/17 | 庚子 | 七 | 六 | 29 | 11/18 | 辛未 | 八 | 八 | 29 | 10/19 | 辛丑 | 八 | 二 | 29 | 9/20 | 壬申 | 一 | 四 | 29 | 8/22 | 癸卯 | 四 | 六 |
| 30 | 2/16 | 辛丑 | 5 | 2 | 30 | 1/17 | 辛未 | 8 | 8 | 30 | 12/18 | 辛丑 | 七 | 五 | | | | | | 30 | 10/20 | 壬寅 | 八 | 一 | | | | | | | | | | |

# 西元2045年（乙丑）肖牛 民國134年（男離命）

奇門遁甲局數如標示為 一 ～九表示陰局　　如標示為1 ～9 表示陽局

| 六月 | | | | |
|---|---|---|---|---|
| 癸未 | | | | |
| 九紫火 | | | | |
| 立秋<br>10時01分 廿五巳時 | | 大暑<br>17時28分 初九酉時 | 奇門遁甲局數 | |
| 農曆 | 國曆 | 干支 | 時盤 | 日盤 |
| 1 | 7/14 | 己巳 | 二 | 四 |
| 2 | 7/15 | 庚午 | 二 | 三 |
| 3 | 7/16 | 辛未 | 二 | 二 |
| 4 | 7/17 | 壬申 | 二 | 一 |
| 5 | 7/18 | 癸酉 | 二 | 九 |
| 6 | 7/19 | 甲戌 | 五 | 八 |
| 7 | 7/20 | 乙亥 | 五 | 七 |
| 8 | 7/21 | 丙子 | 五 | 六 |
| 9 | 7/22 | 丁丑 | 五 | 五 |
| 10 | 7/23 | 戊寅 | 五 | 四 |
| 11 | 7/24 | 己卯 | 七 | 三 |
| 12 | 7/25 | 庚辰 | 七 | 二 |
| 13 | 7/26 | 辛巳 | 七 | 一 |
| 14 | 7/27 | 壬午 | 七 | 九 |
| 15 | 7/28 | 癸未 | 七 | 八 |
| 16 | 7/29 | 甲申 | 一 | 七 |
| 17 | 7/30 | 乙酉 | 一 | 六 |
| 18 | 7/31 | 丙戌 | 一 | 五 |
| 19 | 8/1 | 丁亥 | 一 | 四 |
| 20 | 8/2 | 戊子 | 一 | 三 |
| 21 | 8/3 | 己丑 | 四 | 二 |
| 22 | 8/4 | 庚寅 | 四 | 一 |
| 23 | 8/5 | 辛卯 | 四 | 九 |
| 24 | 8/6 | 壬辰 | 四 | 八 |
| 25 | 8/7 | 癸巳 | 四 | 七 |
| 26 | 8/8 | 甲午 | 二 | 六 |
| 27 | 8/9 | 乙未 | 二 | 五 |
| 28 | 8/10 | 丙申 | 二 | 四 |
| 29 | 8/11 | 丁酉 | 二 | 三 |
| 30 | 8/12 | 戊戌 | 二 | 二 |

| 五月 | | | | |
|---|---|---|---|---|
| 壬午 | | | | |
| 一白水 | | | | |
| 小暑<br>00時09分 廿三子時 | | 夏至<br>06時35分 初七卯時 | 奇門遁甲局數 | |
| 農曆 | 國曆 | 干支 | 時盤 | 日盤 |
| 1 | 6/15 | 庚子 | 3 | 4 |
| 2 | 6/16 | 辛丑 | 3 | 5 |
| 3 | 6/17 | 壬寅 | 3 | 6 |
| 4 | 6/18 | 癸卯 | 3 | 7 |
| 5 | 6/19 | 甲辰 | 9 | 8 |
| 6 | 6/20 | 乙巳 | 9 | 9 |
| 7 | 6/21 | 丙午 | 9 | 九 |
| 8 | 6/22 | 丁未 | 9 | 八 |
| 9 | 6/23 | 戊申 | 9 | 七 |
| 10 | 6/24 | 己酉 | 九 | 六 |
| 11 | 6/25 | 庚戌 | 九 | 五 |
| 12 | 6/26 | 辛亥 | 九 | 四 |
| 13 | 6/27 | 壬子 | 九 | 三 |
| 14 | 6/28 | 癸丑 | 九 | 二 |
| 15 | 6/29 | 甲寅 | 三 | 一 |
| 16 | 6/30 | 乙卯 | 三 | 九 |
| 17 | 7/1 | 丙辰 | 三 | 八 |
| 18 | 7/2 | 丁巳 | 三 | 七 |
| 19 | 7/3 | 戊午 | 三 | 六 |
| 20 | 7/4 | 己未 | 六 | 五 |
| 21 | 7/5 | 庚申 | 六 | 四 |
| 22 | 7/6 | 辛酉 | 六 | 三 |
| 23 | 7/7 | 壬戌 | 六 | 二 |
| 24 | 7/8 | 癸亥 | 六 | 一 |
| 25 | 7/9 | 甲子 | 八 | 九 |
| 26 | 7/10 | 乙丑 | 八 | 八 |
| 27 | 7/11 | 丙寅 | 八 | 七 |
| 28 | 7/12 | 丁卯 | 八 | 六 |
| 29 | 7/13 | 戊辰 | 八 | 五 |

| 四月 | | | | |
|---|---|---|---|---|
| 辛巳 | | | | |
| 二黑土 | | | | |
| 芒種<br>13時59分 二十未時 | | 小滿<br>22時47分 初四亥時 | 奇門遁甲局數 | |
| 農曆 | 國曆 | 干支 | 時盤 | 日盤 |
| 1 | 5/17 | 辛未 | 1 | 2 |
| 2 | 5/18 | 壬申 | 1 | 3 |
| 3 | 5/19 | 癸酉 | 1 | 4 |
| 4 | 5/20 | 甲戌 | 7 | 5 |
| 5 | 5/21 | 乙亥 | 7 | 6 |
| 6 | 5/22 | 丙子 | 7 | 7 |
| 7 | 5/23 | 丁丑 | 7 | 8 |
| 8 | 5/24 | 戊寅 | 7 | 9 |
| 9 | 5/25 | 己卯 | 5 | 1 |
| 10 | 5/26 | 庚辰 | 5 | 2 |
| 11 | 5/27 | 辛巳 | 5 | 3 |
| 12 | 5/28 | 壬午 | 5 | 4 |
| 13 | 5/29 | 癸未 | 5 | 5 |
| 14 | 5/30 | 甲申 | 2 | 6 |
| 15 | 5/31 | 乙酉 | 2 | 7 |
| 16 | 6/1 | 丙戌 | 2 | 8 |
| 17 | 6/2 | 丁亥 | 2 | 9 |
| 18 | 6/3 | 戊子 | 2 | 1 |
| 19 | 6/4 | 己丑 | 8 | 2 |
| 20 | 6/5 | 庚寅 | 8 | 3 |
| 21 | 6/6 | 辛卯 | 8 | 4 |
| 22 | 6/7 | 壬辰 | 8 | 5 |
| 23 | 6/8 | 癸巳 | 8 | 6 |
| 24 | 6/9 | 甲午 | 6 | 7 |
| 25 | 6/10 | 乙未 | 6 | 8 |
| 26 | 6/11 | 丙申 | 6 | 9 |
| 27 | 6/12 | 丁酉 | 6 | 1 |
| 28 | 6/13 | 戊戌 | 6 | 2 |
| 29 | 6/14 | 己亥 | 3 | 3 |

| 三月 | | | | |
|---|---|---|---|---|
| 庚辰 | | | | |
| 三碧木 | | | | |
| 立夏<br>10時01分 十九巳時 | | 穀雨<br>23時54分 初三子時 | 奇門遁甲局數 | |
| 農曆 | 國曆 | 干支 | 時盤 | 日盤 |
| 1 | 4/17 | 辛丑 | 1 | 8 |
| 2 | 4/18 | 壬寅 | 1 | 9 |
| 3 | 4/19 | 癸卯 | 1 | 1 |
| 4 | 4/20 | 甲辰 | 7 | 2 |
| 5 | 4/21 | 乙巳 | 7 | 3 |
| 6 | 4/22 | 丙午 | 7 | 4 |
| 7 | 4/23 | 丁未 | 7 | 5 |
| 8 | 4/24 | 戊申 | 7 | 6 |
| 9 | 4/25 | 己酉 | 5 | 7 |
| 10 | 4/26 | 庚戌 | 5 | 8 |
| 11 | 4/27 | 辛亥 | 5 | 9 |
| 12 | 4/28 | 壬子 | 5 | 1 |
| 13 | 4/29 | 癸丑 | 5 | 2 |
| 14 | 4/30 | 甲寅 | 2 | 3 |
| 15 | 5/1 | 乙卯 | 2 | 4 |
| 16 | 5/2 | 丙辰 | 2 | 5 |
| 17 | 5/3 | 丁巳 | 2 | 6 |
| 18 | 5/4 | 戊午 | 2 | 7 |
| 19 | 5/5 | 己未 | 8 | 8 |
| 20 | 5/6 | 庚申 | 8 | 9 |
| 21 | 5/7 | 辛酉 | 8 | 1 |
| 22 | 5/8 | 壬戌 | 8 | 2 |
| 23 | 5/9 | 癸亥 | 8 | 3 |
| 24 | 5/10 | 甲子 | 4 | 4 |
| 25 | 5/11 | 乙丑 | 4 | 5 |
| 26 | 5/12 | 丙寅 | 4 | 6 |
| 27 | 5/13 | 丁卯 | 4 | 7 |
| 28 | 5/14 | 戊辰 | 4 | 8 |
| 29 | 5/15 | 己巳 | 1 | 9 |
| 30 | 5/16 | 庚午 | 1 | 1 |

| 二月 | | | | |
|---|---|---|---|---|
| 己卯 | | | | |
| 四綠木 | | | | |
| 清明<br>16時58分 十七申時 | | 春分<br>13時09分 初二未時 | 奇門遁甲局數 | |
| 農曆 | 國曆 | 干支 | 時盤 | 日盤 |
| 1 | 3/19 | 壬申 | 7 | 6 |
| 2 | 3/20 | 癸酉 | 7 | 7 |
| 3 | 3/21 | 甲戌 | 4 | 8 |
| 4 | 3/22 | 乙亥 | 4 | 9 |
| 5 | 3/23 | 丙子 | 4 | 1 |
| 6 | 3/24 | 丁丑 | 4 | 2 |
| 7 | 3/25 | 戊寅 | 4 | 3 |
| 8 | 3/26 | 己卯 | 3 | 4 |
| 9 | 3/27 | 庚辰 | 3 | 5 |
| 10 | 3/28 | 辛巳 | 3 | 6 |
| 11 | 3/29 | 壬午 | 3 | 7 |
| 12 | 3/30 | 癸未 | 3 | 8 |
| 13 | 3/31 | 甲申 | 9 | 9 |
| 14 | 4/1 | 乙酉 | 9 | 1 |
| 15 | 4/2 | 丙戌 | 9 | 2 |
| 16 | 4/3 | 丁亥 | 9 | 3 |
| 17 | 4/4 | 戊子 | 9 | 4 |
| 18 | 4/5 | 己丑 | 6 | 5 |
| 19 | 4/6 | 庚寅 | 6 | 6 |
| 20 | 4/7 | 辛卯 | 6 | 7 |
| 21 | 4/8 | 壬辰 | 6 | 8 |
| 22 | 4/9 | 癸巳 | 6 | 9 |
| 23 | 4/10 | 甲午 | 4 | 1 |
| 24 | 4/11 | 乙未 | 4 | 2 |
| 25 | 4/12 | 丙申 | 4 | 3 |
| 26 | 4/13 | 丁酉 | 4 | 4 |
| 27 | 4/14 | 戊戌 | 4 | 5 |
| 28 | 4/15 | 己亥 | 1 | 6 |
| 29 | 4/16 | 庚子 | 1 | 7 |

| 正月 | | | | |
|---|---|---|---|---|
| 戊寅 | | | | |
| 五黃土 | | | | |
| 驚蟄<br>12時27分 十七午時 | | 雨水<br>14時24分 初二未時 | 奇門遁甲局數 | |
| 農曆 | 國曆 | 干支 | 時盤 | 日盤 |
| 1 | 2/17 | 壬寅 | 5 | 3 |
| 2 | 2/18 | 癸卯 | 5 | 4 |
| 3 | 2/19 | 甲辰 | 2 | 5 |
| 4 | 2/20 | 乙巳 | 2 | 6 |
| 5 | 2/21 | 丙午 | 2 | 7 |
| 6 | 2/22 | 丁未 | 2 | 8 |
| 7 | 2/23 | 戊申 | 2 | 9 |
| 8 | 2/24 | 己酉 | 9 | 1 |
| 9 | 2/25 | 庚戌 | 9 | 2 |
| 10 | 2/26 | 辛亥 | 9 | 3 |
| 11 | 2/27 | 壬子 | 9 | 4 |
| 12 | 2/28 | 癸丑 | 9 | 5 |
| 13 | 3/1 | 甲寅 | 6 | 6 |
| 14 | 3/2 | 乙卯 | 6 | 7 |
| 15 | 3/3 | 丙辰 | 6 | 8 |
| 16 | 3/4 | 丁巳 | 6 | 9 |
| 17 | 3/5 | 戊午 | 6 | 1 |
| 18 | 3/6 | 己未 | 3 | 2 |
| 19 | 3/7 | 庚申 | 3 | 3 |
| 20 | 3/8 | 辛酉 | 3 | 4 |
| 21 | 3/9 | 壬戌 | 3 | 5 |
| 22 | 3/10 | 癸亥 | 3 | 6 |
| 23 | 3/11 | 甲子 | 1 | 7 |
| 24 | 3/12 | 乙丑 | 1 | 8 |
| 25 | 3/13 | 丙寅 | 1 | 9 |
| 26 | 3/14 | 丁卯 | 1 | 1 |
| 27 | 3/15 | 戊辰 | 1 | 2 |
| 28 | 3/16 | 己巳 | 7 | 3 |
| 29 | 3/17 | 庚午 | 7 | 4 |
| 30 | 3/18 | 辛未 | 7 | 5 |

# 西元2045年（乙丑）肖牛 民國134年（女乾命）

奇門遁甲局數如標示為 一 ～九表示陰局　　如標示為1 ～9 表示陽局

| 十二月 | | | | | 十一月 | | | | | 十　月 | | | | | 九　月 | | | | | 八　月 | | | | | 七　月 | | | | |
|---|---|---|---|---|---|---|---|---|---|---|---|---|---|---|---|---|---|---|---|---|---|---|---|---|---|---|---|---|---|
| 己丑 | | | | | 戊子 | | | | | 丁亥 | | | | | 丙戌 | | | | | 乙酉 | | | | | 甲申 | | | | |
| 三碧木 | | | | | 四綠木 | | | | | 五黃土 | | | | | 六白金 | | | | | 七赤金 | | | | | 八白土 | | | | |
| 立春 00時32分 廿九子時 | | 大寒 06時28分 十四卯時 | 奇門遁甲局數 | | 小寒 12時57分 廿九午時 | | 冬至 19時37分 十四戌時 | 奇門遁甲局數 | | 大雪 01時37分 廿九丑時 | | 小雪 06時06分 十四卯時 | 奇門遁甲局數 | | 立冬 08時31分 廿九辰時 | | 霜降 08時14分 十四辰時 | 奇門遁甲局數 | | 寒露 05時02分 廿八卯時 | | 秋分 22時35分 十二亥時 | 奇門遁甲局數 | | 白露 13時07分 廿六未時 | | 處暑 00時41分 十一子時 | 奇門遁甲局數 | |
| 農曆 | 國曆 | 干支 | 時盤 | 日盤 | 農曆 | 國曆 | 干支 | 時盤 | 日盤 | 農曆 | 國曆 | 干支 | 時盤 | 日盤 | 農曆 | 國曆 | 干支 | 時盤 | 日盤 | 農曆 | 國曆 | 干支 | 時盤 | 日盤 | 農曆 | 國曆 | 干支 | 時盤 | 日盤 |
| 1 | 1/7 | 丙寅 | 2 | 3 | 1 | 12/8 | 丙申 | 四 | 一 | 1 | 11/9 | 丁卯 | 六 | 三 | 1 | 10/10 | 丁酉 | 六 | 六 | 1 | 9/11 | 戊辰 | 九 | 八 | 1 | 8/13 | 己亥 | 五 | 一 |
| 2 | 1/8 | 丁卯 | 2 | 4 | 2 | 12/9 | 丁酉 | 四 | 九 | 2 | 11/10 | 戊辰 | 六 | 二 | 2 | 10/11 | 戊戌 | 六 | 五 | 2 | 9/12 | 己巳 | 三 | 七 | 2 | 8/14 | 庚子 | 五 | 九 |
| 3 | 1/9 | 戊辰 | 2 | 5 | 3 | 12/10 | 戊戌 | 四 | 八 | 3 | 11/11 | 己巳 | 九 | 一 | 3 | 10/12 | 己亥 | 九 | 四 | 3 | 9/13 | 庚午 | 三 | 六 | 3 | 8/15 | 辛丑 | 五 | 八 |
| 4 | 1/10 | 己巳 | 8 | 6 | 4 | 12/11 | 己亥 | 七 | 七 | 4 | 11/12 | 庚午 | 九 | 九 | 4 | 10/13 | 庚子 | 九 | 三 | 4 | 9/14 | 辛未 | 三 | 五 | 4 | 8/16 | 壬寅 | 五 | 七 |
| 5 | 1/11 | 庚午 | 8 | 7 | 5 | 12/12 | 庚子 | 七 | 六 | 5 | 11/13 | 辛未 | 九 | 八 | 5 | 10/14 | 辛丑 | 九 | 二 | 5 | 9/15 | 壬申 | 三 | 四 | 5 | 8/17 | 癸卯 | 五 | 六 |
| 6 | 1/12 | 辛未 | 8 | 8 | 6 | 12/13 | 辛丑 | 七 | 五 | 6 | 11/14 | 壬申 | 九 | 七 | 6 | 10/15 | 壬寅 | 九 | 一 | 6 | 9/16 | 癸酉 | 三 | 三 | 6 | 8/18 | 甲辰 | 八 | 五 |
| 7 | 1/13 | 壬申 | 8 | 9 | 7 | 12/14 | 壬寅 | 七 | 四 | 7 | 11/15 | 癸酉 | 九 | 六 | 7 | 10/16 | 癸卯 | 九 | 九 | 7 | 9/17 | 甲戌 | 六 | 二 | 7 | 8/19 | 乙巳 | 八 | 四 |
| 8 | 1/14 | 癸酉 | 8 | 1 | 8 | 12/15 | 癸卯 | 七 | 三 | 8 | 11/16 | 甲戌 | 三 | 五 | 8 | 10/17 | 甲辰 | 三 | 八 | 8 | 9/18 | 乙亥 | 六 | 一 | 8 | 8/20 | 丙午 | 八 | 三 |
| 9 | 1/15 | 甲戌 | 5 | 2 | 9 | 12/16 | 甲辰 | 一 | 二 | 9 | 11/17 | 乙亥 | 三 | 四 | 9 | 10/18 | 乙巳 | 三 | 七 | 9 | 9/19 | 丙子 | 六 | 九 | 9 | 8/21 | 丁未 | 八 | 二 |
| 10 | 1/16 | 乙亥 | 5 | 3 | 10 | 12/17 | 乙巳 | 一 | 一 | 10 | 11/18 | 丙子 | 三 | 三 | 10 | 10/19 | 丙午 | 三 | 六 | 10 | 9/20 | 丁丑 | 六 | 八 | 10 | 8/22 | 戊申 | 八 | 一 |
| 11 | 1/17 | 丙子 | 5 | 4 | 11 | 12/18 | 丙午 | 一 | 九 | 11 | 11/19 | 丁丑 | 三 | 二 | 11 | 10/20 | 丁未 | 三 | 五 | 11 | 9/21 | 戊寅 | 六 | 七 | 11 | 8/23 | 己酉 | 一 | 九 |
| 12 | 1/18 | 丁丑 | 5 | 5 | 12 | 12/19 | 丁未 | 一 | 八 | 12 | 11/20 | 戊寅 | 三 | 一 | 12 | 10/21 | 戊申 | 三 | 四 | 12 | 9/22 | 己卯 | 七 | 六 | 12 | 8/24 | 庚戌 | 一 | 八 |
| 13 | 1/19 | 戊寅 | 5 | 6 | 13 | 12/20 | 戊申 | 一 | 七 | 13 | 11/21 | 己卯 | 五 | 九 | 13 | 10/22 | 己酉 | 五 | 三 | 13 | 9/23 | 庚辰 | 七 | 五 | 13 | 8/25 | 辛亥 | 一 | 七 |
| 14 | 1/20 | 己卯 | 3 | 7 | 14 | 12/21 | 己酉 | 1 | 4 | 14 | 11/22 | 庚辰 | 五 | 八 | 14 | 10/23 | 庚戌 | 五 | 二 | 14 | 9/24 | 辛巳 | 七 | 四 | 14 | 8/26 | 壬子 | 一 | 六 |
| 15 | 1/21 | 庚辰 | 3 | 8 | 15 | 12/22 | 庚戌 | 1 | 5 | 15 | 11/23 | 辛巳 | 五 | 七 | 15 | 10/24 | 辛亥 | 五 | 一 | 15 | 9/25 | 壬午 | 七 | 三 | 15 | 8/27 | 癸丑 | 一 | 五 |
| 16 | 1/22 | 辛巳 | 3 | 9 | 16 | 12/23 | 辛亥 | 1 | 6 | 16 | 11/24 | 壬午 | 五 | 六 | 16 | 10/25 | 壬子 | 五 | 九 | 16 | 9/26 | 癸未 | 七 | 二 | 16 | 8/28 | 甲寅 | 四 | 四 |
| 17 | 1/23 | 壬午 | 3 | 1 | 17 | 12/24 | 壬子 | 1 | 7 | 17 | 11/25 | 癸未 | 五 | 五 | 17 | 10/26 | 癸丑 | 五 | 八 | 17 | 9/27 | 甲申 | 一 | 一 | 17 | 8/29 | 乙卯 | 四 | 三 |
| 18 | 1/24 | 癸未 | 3 | 2 | 18 | 12/25 | 癸丑 | 1 | 8 | 18 | 11/26 | 甲申 | 八 | 四 | 18 | 10/27 | 甲寅 | 八 | 七 | 18 | 9/28 | 乙酉 | 一 | 九 | 18 | 8/30 | 丙辰 | 四 | 二 |
| 19 | 1/25 | 甲申 | 9 | 3 | 19 | 12/26 | 甲寅 | 7 | 9 | 19 | 11/27 | 乙酉 | 八 | 三 | 19 | 10/28 | 乙卯 | 八 | 六 | 19 | 9/29 | 丙戌 | 一 | 八 | 19 | 8/31 | 丁巳 | 四 | 一 |
| 20 | 1/26 | 乙酉 | 9 | 4 | 20 | 12/27 | 乙卯 | 7 | 1 | 20 | 11/28 | 丙戌 | 八 | 二 | 20 | 10/29 | 丙辰 | 八 | 五 | 20 | 9/30 | 丁亥 | 一 | 七 | 20 | 9/1 | 戊午 | 四 | 九 |
| 21 | 1/27 | 丙戌 | 9 | 5 | 21 | 12/28 | 丙辰 | 7 | 2 | 21 | 11/29 | 丁亥 | 八 | 一 | 21 | 10/30 | 丁巳 | 八 | 四 | 21 | 10/1 | 戊子 | 一 | 六 | 21 | 9/2 | 己未 | 七 | 八 |
| 22 | 1/28 | 丁亥 | 9 | 6 | 22 | 12/29 | 丁巳 | 7 | 3 | 22 | 11/30 | 戊子 | 八 | 九 | 22 | 10/31 | 戊午 | 八 | 三 | 22 | 10/2 | 己丑 | 四 | 五 | 22 | 9/3 | 庚申 | 七 | 七 |
| 23 | 1/29 | 戊子 | 9 | 7 | 23 | 12/30 | 戊午 | 7 | 4 | 23 | 12/1 | 己丑 | 二 | 八 | 23 | 11/1 | 己未 | 二 | 二 | 23 | 10/3 | 庚寅 | 四 | 四 | 23 | 9/4 | 辛酉 | 七 | 六 |
| 24 | 1/30 | 己丑 | 6 | 8 | 24 | 12/31 | 己未 | 4 | 5 | 24 | 12/2 | 庚寅 | 二 | 七 | 24 | 11/2 | 庚申 | 二 | 一 | 24 | 10/4 | 辛卯 | 四 | 三 | 24 | 9/5 | 壬戌 | 七 | 五 |
| 25 | 1/31 | 庚寅 | 6 | 9 | 25 | 1/1 | 庚申 | 4 | 6 | 25 | 12/3 | 辛卯 | 二 | 六 | 25 | 11/3 | 辛酉 | 二 | 九 | 25 | 10/5 | 壬辰 | 四 | 二 | 25 | 9/6 | 癸亥 | 七 | 四 |
| 26 | 2/1 | 辛卯 | 6 | 1 | 26 | 1/2 | 辛酉 | 4 | 7 | 26 | 12/4 | 壬辰 | 二 | 五 | 26 | 11/4 | 壬戌 | 二 | 八 | 26 | 10/6 | 癸巳 | 四 | 一 | 26 | 9/7 | 甲子 | 九 | 三 |
| 27 | 2/2 | 壬辰 | 6 | 2 | 27 | 1/3 | 壬戌 | 4 | 8 | 27 | 12/5 | 癸巳 | 二 | 四 | 27 | 11/5 | 癸亥 | 二 | 七 | 27 | 10/7 | 甲午 | 六 | 九 | 27 | 9/8 | 乙丑 | 九 | 二 |
| 28 | 2/3 | 癸巳 | 6 | 3 | 28 | 1/4 | 癸亥 | 4 | 9 | 28 | 12/6 | 甲午 | 四 | 三 | 28 | 11/6 | 甲子 | 六 | 六 | 28 | 10/8 | 乙未 | 六 | 八 | 28 | 9/9 | 丙寅 | 九 | 一 |
| 29 | 2/4 | 甲午 | 8 | 4 | 29 | 1/5 | 甲子 | 2 | 1 | 29 | 12/7 | 乙未 | 四 | 二 | 29 | 11/7 | 乙丑 | 六 | 五 | 29 | 10/9 | 丙申 | 六 | 七 | 29 | 9/10 | 丁卯 | 九 | 九 |
| 30 | 2/5 | 乙未 | 8 | 5 | 30 | 1/6 | 乙丑 | 2 | 2 | | | | | | 30 | 11/8 | 丙寅 | 六 | 四 | | | | | | | | | | |

# 西元2046年（丙寅）肖虎 民國135年（男艮命）

奇門遁甲局數如標示為 一 ～九表示陰局　　如標示為1 ～9 表示陽局

| 六月 | | | | | 五月 | | | | | 四月 | | | | | 三月 | | | | | 二月 | | | | | 正月 | | | | |
|---|---|---|---|---|---|---|---|---|---|---|---|---|---|---|---|---|---|---|---|---|---|---|---|---|---|---|---|---|---|
| 乙未 | | | | | 甲午 | | | | | 癸巳 | | | | | 壬辰 | | | | | 辛卯 | | | | | 庚寅 | | | | |
| 六白金 | | | | | 七赤金 | | | | | 八白土 | | | | | 九紫火 | | | | | 一白水 | | | | | 二黑土 | | | | |
| 大暑 23時10分 十九子時 | | 小暑 05時41分 初四卯時 | 奇門遁甲局數 | | 夏至 12時16分 十八午時 | | 芒種 19時33分 初二戌時 | 奇門遁甲局數 | | 小滿 04時30分 十六寅時 | | | 奇門遁甲局數 | | 立夏 15時42分 三十申時 | | 穀雨 05時40分 十五卯時 | 奇門遁甲局數 | | 清明 22時46分 廿八亥時 | | 春分 18時59分 十三酉時 | 奇門遁甲局數 | | 驚蟄 18時20分 廿八酉時 | | 雨水 20時18分 十三戌時 | 奇門遁甲局數 | |
| 農曆 | 國曆 | 干支 | 時盤 | 日盤 | 農曆 | 國曆 | 干支 | 時盤 | 日盤 | 農曆 | 國曆 | 干支 | 時盤 | 日盤 | 農曆 | 國曆 | 干支 | 時盤 | 日盤 | 農曆 | 國曆 | 干支 | 時盤 | 日盤 | 農曆 | 國曆 | 干支 | 時盤 | 日盤 |
| 1 | 7/4 | 甲子 | 八 | 九 | 1 | 6/4 | 甲午 | 6 | 7 | 1 | 5/6 | 乙丑 | 4 | 5 | 1 | 4/6 | 乙未 | 4 | 2 | 1 | 3/8 | 丙寅 | 1 | 9 | 1 | 2/6 | 丙申 | 8 | 6 |
| 2 | 7/5 | 乙丑 | 八 | 八 | 2 | 6/5 | 乙未 | 6 | 8 | 2 | 5/7 | 丙寅 | 4 | 6 | 2 | 4/7 | 丙申 | 4 | 3 | 2 | 3/9 | 丁卯 | 1 | 1 | 2 | 2/7 | 丁酉 | 8 | 7 |
| 3 | 7/6 | 丙寅 | 八 | 七 | 3 | 6/6 | 丙申 | 6 | 9 | 3 | 5/8 | 丁卯 | 4 | 7 | 3 | 4/8 | 丁酉 | 4 | 4 | 3 | 3/10 | 戊辰 | 1 | 2 | 3 | 2/8 | 戊戌 | 8 | 8 |
| 4 | 7/7 | 丁卯 | 八 | 六 | 4 | 6/7 | 丁酉 | 6 | 1 | 4 | 5/9 | 戊辰 | 4 | 8 | 4 | 4/9 | 戊戌 | 4 | 5 | 4 | 3/11 | 己巳 | 7 | 3 | 4 | 2/9 | 己亥 | 5 | 9 |
| 5 | 7/8 | 戊辰 | 八 | 五 | 5 | 6/8 | 戊戌 | 6 | 2 | 5 | 5/10 | 己巳 | 1 | 9 | 5 | 4/10 | 己亥 | 1 | 6 | 5 | 3/12 | 庚午 | 7 | 4 | 5 | 2/10 | 庚子 | 5 | 1 |
| 6 | 7/9 | 己巳 | 二 | 四 | 6 | 6/9 | 己亥 | 3 | 3 | 6 | 5/11 | 庚午 | 1 | 1 | 6 | 4/11 | 庚子 | 1 | 7 | 6 | 3/13 | 辛未 | 7 | 5 | 6 | 2/11 | 辛丑 | 5 | 2 |
| 7 | 7/10 | 庚午 | 二 | 三 | 7 | 6/10 | 庚子 | 3 | 4 | 7 | 5/12 | 辛未 | 1 | 2 | 7 | 4/12 | 辛丑 | 1 | 8 | 7 | 3/14 | 壬申 | 7 | 6 | 7 | 2/12 | 壬寅 | 5 | 3 |
| 8 | 7/11 | 辛未 | 二 | 二 | 8 | 6/11 | 辛丑 | 3 | 5 | 8 | 5/13 | 壬申 | 1 | 3 | 8 | 4/13 | 壬寅 | 1 | 9 | 8 | 3/15 | 癸酉 | 7 | 7 | 8 | 2/13 | 癸卯 | 5 | 4 |
| 9 | 7/12 | 壬申 | 二 | 一 | 9 | 6/12 | 壬寅 | 3 | 6 | 9 | 5/14 | 癸酉 | 1 | 4 | 9 | 4/14 | 癸卯 | 1 | 1 | 9 | 3/16 | 甲戌 | 4 | 8 | 9 | 2/14 | 甲辰 | 2 | 5 |
| 10 | 7/13 | 癸酉 | 二 | 九 | 10 | 6/13 | 癸卯 | 3 | 7 | 10 | 5/15 | 甲戌 | 7 | 5 | 10 | 4/15 | 甲辰 | 7 | 2 | 10 | 3/17 | 乙亥 | 4 | 9 | 10 | 2/15 | 乙巳 | 2 | 6 |
| 11 | 7/14 | 甲戌 | 五 | 八 | 11 | 6/14 | 甲辰 | 9 | 8 | 11 | 5/16 | 乙亥 | 7 | 6 | 11 | 4/16 | 乙巳 | 7 | 3 | 11 | 3/18 | 丙子 | 4 | 1 | 11 | 2/16 | 丙午 | 2 | 7 |
| 12 | 7/15 | 乙亥 | 五 | 七 | 12 | 6/15 | 乙巳 | 9 | 9 | 12 | 5/17 | 丙子 | 7 | 7 | 12 | 4/17 | 丙午 | 7 | 4 | 12 | 3/19 | 丁丑 | 4 | 2 | 12 | 2/17 | 丁未 | 2 | 8 |
| 13 | 7/16 | 丙子 | 五 | 六 | 13 | 6/16 | 丙午 | 9 | 1 | 13 | 5/18 | 丁丑 | 7 | 8 | 13 | 4/18 | 丁未 | 7 | 5 | 13 | 3/20 | 戊寅 | 4 | 3 | 13 | 2/18 | 戊申 | 2 | 9 |
| 14 | 7/17 | 丁丑 | 五 | 五 | 14 | 6/17 | 丁未 | 9 | 2 | 14 | 5/19 | 戊寅 | 7 | 9 | 14 | 4/19 | 戊申 | 7 | 6 | 14 | 3/21 | 己卯 | 3 | 4 | 14 | 2/19 | 己酉 | 9 | 1 |
| 15 | 7/18 | 戊寅 | 五 | 四 | 15 | 6/18 | 戊申 | 9 | 3 | 15 | 5/20 | 己卯 | 5 | 1 | 15 | 4/20 | 己酉 | 5 | 7 | 15 | 3/22 | 庚辰 | 3 | 5 | 15 | 2/20 | 庚戌 | 9 | 2 |
| 16 | 7/19 | 己卯 | 七 | 三 | 16 | 6/19 | 己酉 | 九 | 4 | 16 | 5/21 | 庚辰 | 5 | 2 | 16 | 4/21 | 庚戌 | 5 | 8 | 16 | 3/23 | 辛巳 | 3 | 6 | 16 | 2/21 | 辛亥 | 9 | 3 |
| 17 | 7/20 | 庚辰 | 七 | 二 | 17 | 6/20 | 庚戌 | 九 | 5 | 17 | 5/22 | 辛巳 | 5 | 3 | 17 | 4/22 | 辛亥 | 5 | 9 | 17 | 3/24 | 壬午 | 3 | 7 | 17 | 2/22 | 壬子 | 9 | 4 |
| 18 | 7/21 | 辛巳 | 七 | 一 | 18 | 6/21 | 辛亥 | 九 | 四 | 18 | 5/23 | 壬午 | 5 | 4 | 18 | 4/23 | 壬子 | 5 | 1 | 18 | 3/25 | 癸未 | 3 | 8 | 18 | 2/23 | 癸丑 | 9 | 5 |
| 19 | 7/22 | 壬午 | 七 | 九 | 19 | 6/22 | 壬子 | 九 | 三 | 19 | 5/24 | 癸未 | 5 | 5 | 19 | 4/24 | 癸丑 | 5 | 2 | 19 | 3/26 | 甲申 | 9 | 9 | 19 | 2/24 | 甲寅 | 6 | 6 |
| 20 | 7/23 | 癸未 | 七 | 八 | 20 | 6/23 | 癸丑 | 九 | 二 | 20 | 5/25 | 甲申 | 2 | 6 | 20 | 4/25 | 甲寅 | 2 | 3 | 20 | 3/27 | 乙酉 | 9 | 1 | 20 | 2/25 | 乙卯 | 6 | 7 |
| 21 | 7/24 | 甲申 | 一 | 七 | 21 | 6/24 | 甲寅 | 三 | 一 | 21 | 5/26 | 乙酉 | 2 | 7 | 21 | 4/26 | 乙卯 | 2 | 4 | 21 | 3/28 | 丙戌 | 9 | 2 | 21 | 2/26 | 丙辰 | 6 | 8 |
| 22 | 7/25 | 乙酉 | 一 | 六 | 22 | 6/25 | 乙卯 | 三 | 九 | 22 | 5/27 | 丙戌 | 2 | 8 | 22 | 4/27 | 丙辰 | 2 | 5 | 22 | 3/29 | 丁亥 | 9 | 3 | 22 | 2/27 | 丁巳 | 6 | 9 |
| 23 | 7/26 | 丙戌 | 一 | 五 | 23 | 6/26 | 丙辰 | 三 | 八 | 23 | 5/28 | 丁亥 | 2 | 9 | 23 | 4/28 | 丁巳 | 2 | 6 | 23 | 3/30 | 戊子 | 9 | 4 | 23 | 2/28 | 戊午 | 6 | 1 |
| 24 | 7/27 | 丁亥 | 一 | 四 | 24 | 6/27 | 丁巳 | 三 | 七 | 24 | 5/29 | 戊子 | 2 | 1 | 24 | 4/29 | 戊午 | 2 | 7 | 24 | 3/31 | 己丑 | 6 | 5 | 24 | 3/1 | 己未 | 3 | 2 |
| 25 | 7/28 | 戊子 | 一 | 三 | 25 | 6/28 | 戊午 | 三 | 六 | 25 | 5/30 | 己丑 | 8 | 2 | 25 | 4/30 | 己未 | 8 | 8 | 25 | 4/1 | 庚寅 | 6 | 6 | 25 | 3/2 | 庚申 | 3 | 3 |
| 26 | 7/29 | 己丑 | 四 | 二 | 26 | 6/29 | 己未 | 六 | 五 | 26 | 5/31 | 庚寅 | 8 | 3 | 26 | 5/1 | 庚申 | 8 | 9 | 26 | 4/2 | 辛卯 | 6 | 7 | 26 | 3/3 | 辛酉 | 3 | 4 |
| 27 | 7/30 | 庚寅 | 四 | 一 | 27 | 6/30 | 庚申 | 六 | 四 | 27 | 6/1 | 辛卯 | 8 | 4 | 27 | 5/2 | 辛酉 | 8 | 1 | 27 | 4/3 | 壬辰 | 6 | 8 | 27 | 3/4 | 壬戌 | 3 | 5 |
| 28 | 7/31 | 辛卯 | 四 | 九 | 28 | 7/1 | 辛酉 | 六 | 三 | 28 | 6/2 | 壬辰 | 8 | 5 | 28 | 5/3 | 壬戌 | 8 | 2 | 28 | 4/4 | 癸巳 | 6 | 9 | 28 | 3/5 | 癸亥 | 3 | 6 |
| 29 | 8/1 | 壬辰 | 四 | 八 | 29 | 7/2 | 壬戌 | 六 | 二 | 29 | 6/3 | 癸巳 | 8 | 6 | 29 | 5/4 | 癸亥 | 8 | 3 | 29 | 4/5 | 甲午 | 4 | 1 | 29 | 3/6 | 甲子 | 1 | 7 |
| | | | | | 30 | 7/3 | 癸亥 | 六 | 一 | | | | | | 30 | 5/5 | 甲子 | 4 | 4 | | | | | | 30 | 3/7 | 乙丑 | 1 | 8 |

# 西元2046年（丙寅）肖虎 民國135年（女兌命）

奇門遁甲局數如標示為 一 ～九表示陰局　　如標示為1 ～9 表示陽局

| 十二月 | | | | |
|---|---|---|---|---|
| 辛丑 | | | | |
| 九紫火 | | | | |
| 大寒 12時12分 廿五午時 | | 小寒 18時44分 初十酉時 | 奇門遁甲局數 | |
| 農曆 | 國曆 | 干支 | 時盤 | 日盤 |
| 1 | 12/27 | 庚申 | 4 | 6 |
| 2 | 12/28 | 辛酉 | 4 | 7 |
| 3 | 12/29 | 壬戌 | 4 | 8 |
| 4 | 12/30 | 癸亥 | 4 | 9 |
| 5 | 12/31 | 甲子 | 2 | 1 |
| 6 | 1/1 | 乙丑 | 2 | 2 |
| 7 | 1/2 | 丙寅 | 2 | 3 |
| 8 | 1/3 | 丁卯 | 2 | 4 |
| 9 | 1/4 | 戊辰 | 2 | 5 |
| 10 | 1/5 | 己巳 | 8 | 6 |
| 11 | 1/6 | 庚午 | 8 | 7 |
| 12 | 1/7 | 辛未 | 8 | 8 |
| 13 | 1/8 | 壬申 | 8 | 9 |
| 14 | 1/9 | 癸酉 | 8 | 1 |
| 15 | 1/10 | 甲戌 | 5 | 2 |
| 16 | 1/11 | 乙亥 | 5 | 3 |
| 17 | 1/12 | 丙子 | 5 | 4 |
| 18 | 1/13 | 丁丑 | 5 | 5 |
| 19 | 1/14 | 戊寅 | 5 | 6 |
| 20 | 1/15 | 己卯 | 3 | 7 |
| 21 | 1/16 | 庚辰 | 3 | 8 |
| 22 | 1/17 | 辛巳 | 3 | 9 |
| 23 | 1/18 | 壬午 | 3 | 1 |
| 24 | 1/19 | 癸未 | 3 | 2 |
| 25 | 1/20 | 甲申 | 9 | 3 |
| 26 | 1/21 | 乙酉 | 9 | 4 |
| 27 | 1/22 | 丙戌 | 9 | 5 |
| 28 | 1/23 | 丁亥 | 9 | 6 |
| 29 | 1/24 | 戊子 | 9 | 7 |
| 30 | 1/25 | 己丑 | 6 | 8 |

| 十一月 | | | | |
|---|---|---|---|---|
| 庚子 | | | | |
| 一白水 | | | | |
| 冬至 01時30分 廿五丑時 | | 大雪 07時23分 初十辰時 | 奇門遁甲局數 | |
| 農曆 | 國曆 | 干支 | 時盤 | 日盤 |
| 1 | 11/28 | 辛卯 | 二 | 六 |
| 2 | 11/29 | 壬辰 | 二 | 五 |
| 3 | 11/30 | 癸巳 | 二 | 四 |
| 4 | 12/1 | 甲午 | 四 | 三 |
| 5 | 12/2 | 乙未 | 四 | 二 |
| 6 | 12/3 | 丙申 | 四 | 一 |
| 7 | 12/4 | 丁酉 | 四 | 九 |
| 8 | 12/5 | 戊戌 | 四 | 八 |
| 9 | 12/6 | 己亥 | 七 | 七 |
| 10 | 12/7 | 庚子 | 七 | 六 |
| 11 | 12/8 | 辛丑 | 七 | 五 |
| 12 | 12/9 | 壬寅 | 七 | 四 |
| 13 | 12/10 | 癸卯 | 七 | 三 |
| 14 | 12/11 | 甲辰 | 一 | 二 |
| 15 | 12/12 | 乙巳 | 一 | 一 |
| 16 | 12/13 | 丙午 | 一 | 九 |
| 17 | 12/14 | 丁未 | 一 | 八 |
| 18 | 12/15 | 戊申 | 一 | 七 |
| 19 | 12/16 | 己酉 | 1 | 六 |
| 20 | 12/17 | 庚戌 | 1 | 五 |
| 21 | 12/18 | 辛亥 | 1 | 四 |
| 22 | 12/19 | 壬子 | 1 | 三 |
| 23 | 12/20 | 癸丑 | 1 | 二 |
| 24 | 12/21 | 甲寅 | 7 | 一 |
| 25 | 12/22 | 乙卯 | 7 | 1 |
| 26 | 12/23 | 丙辰 | 7 | 2 |
| 27 | 12/24 | 丁巳 | 7 | 3 |
| 28 | 12/25 | 戊午 | 7 | 4 |
| 29 | 12/26 | 己未 | 4 | 5 |
| | | | | |

| 十　月 | | | | |
|---|---|---|---|---|
| 己亥 | | | | |
| 二黑土 | | | | |
| 小雪 11時58分 廿五午時 | | 立冬 14時14分 初十未時 | 奇門遁甲局數 | |
| 農曆 | 國曆 | 干支 | 時盤 | 日盤 |
| 1 | 10/29 | 辛酉 | 二 | 九 |
| 2 | 10/30 | 壬戌 | 二 | 八 |
| 3 | 10/31 | 癸亥 | 二 | 七 |
| 4 | 11/1 | 甲子 | 六 | 六 |
| 5 | 11/2 | 乙丑 | 六 | 五 |
| 6 | 11/3 | 丙寅 | 六 | 四 |
| 7 | 11/4 | 丁卯 | 六 | 三 |
| 8 | 11/5 | 戊辰 | 六 | 二 |
| 9 | 11/6 | 己巳 | 九 | 一 |
| 10 | 11/7 | 庚午 | 九 | 九 |
| 11 | 11/8 | 辛未 | 九 | 八 |
| 12 | 11/9 | 壬申 | 九 | 七 |
| 13 | 11/10 | 癸酉 | 九 | 六 |
| 14 | 11/11 | 甲戌 | 三 | 五 |
| 15 | 11/12 | 乙亥 | 三 | 四 |
| 16 | 11/13 | 丙子 | 三 | 三 |
| 17 | 11/14 | 丁丑 | 三 | 二 |
| 18 | 11/15 | 戊寅 | 三 | 一 |
| 19 | 11/16 | 己卯 | 五 | 九 |
| 20 | 11/17 | 庚辰 | 五 | 八 |
| 21 | 11/18 | 辛巳 | 五 | 七 |
| 22 | 11/19 | 壬午 | 五 | 六 |
| 23 | 11/20 | 癸未 | 五 | 五 |
| 24 | 11/21 | 甲申 | 八 | 四 |
| 25 | 11/22 | 乙酉 | 八 | 三 |
| 26 | 11/23 | 丙戌 | 八 | 二 |
| 27 | 11/24 | 丁亥 | 八 | 一 |
| 28 | 11/25 | 戊子 | 八 | 九 |
| 29 | 11/26 | 己丑 | 二 | 八 |
| 30 | 11/27 | 庚寅 | 二 | 七 |

| 九　月 | | | | |
|---|---|---|---|---|
| 戊戌 | | | | |
| 三碧木 | | | | |
| 霜降 14時05分 廿四未時 | | 寒露 10時44分 初九巳時 | 奇門遁甲局數 | |
| 農曆 | 國曆 | 干支 | 時盤 | 日盤 |
| 1 | 9/30 | 壬辰 | 四 | 二 |
| 2 | 10/1 | 癸巳 | 四 | 一 |
| 3 | 10/2 | 甲午 | 六 | 九 |
| 4 | 10/3 | 乙未 | 六 | 八 |
| 5 | 10/4 | 丙申 | 六 | 七 |
| 6 | 10/5 | 丁酉 | 六 | 六 |
| 7 | 10/6 | 戊戌 | 六 | 五 |
| 8 | 10/7 | 己亥 | 九 | 四 |
| 9 | 10/8 | 庚子 | 九 | 三 |
| 10 | 10/9 | 辛丑 | 九 | 二 |
| 11 | 10/10 | 壬寅 | 九 | 一 |
| 12 | 10/11 | 癸卯 | 九 | 九 |
| 13 | 10/12 | 甲辰 | 三 | 八 |
| 14 | 10/13 | 乙巳 | 三 | 七 |
| 15 | 10/14 | 丙午 | 三 | 六 |
| 16 | 10/15 | 丁未 | 三 | 五 |
| 17 | 10/16 | 戊申 | 三 | 四 |
| 18 | 10/17 | 己酉 | 五 | 三 |
| 19 | 10/18 | 庚戌 | 五 | 二 |
| 20 | 10/19 | 辛亥 | 五 | 一 |
| 21 | 10/20 | 壬子 | 五 | 九 |
| 22 | 10/21 | 癸丑 | 五 | 八 |
| 23 | 10/22 | 甲寅 | 八 | 七 |
| 24 | 10/23 | 乙卯 | 八 | 六 |
| 25 | 10/24 | 丙辰 | 八 | 五 |
| 26 | 10/25 | 丁巳 | 八 | 四 |
| 27 | 10/26 | 戊午 | 八 | 三 |
| 28 | 10/27 | 己未 | 二 | 二 |
| 29 | 10/28 | 庚申 | 二 | 一 |
| | | | | |

| 八　月 | | | | |
|---|---|---|---|---|
| 丁酉 | | | | |
| 四綠木 | | | | |
| 秋分 04時22分 廿三寅時 | | 白露 18時45分 初七酉時 | 奇門遁甲局數 | |
| 農曆 | 國曆 | 干支 | 時盤 | 日盤 |
| 1 | 9/1 | 癸亥 | 七 | 四 |
| 2 | 9/2 | 甲子 | 九 | 三 |
| 3 | 9/3 | 乙丑 | 九 | 二 |
| 4 | 9/4 | 丙寅 | 九 | 一 |
| 5 | 9/5 | 丁卯 | 九 | 九 |
| 6 | 9/6 | 戊辰 | 九 | 八 |
| 7 | 9/7 | 己巳 | 三 | 七 |
| 8 | 9/8 | 庚午 | 三 | 六 |
| 9 | 9/9 | 辛未 | 三 | 五 |
| 10 | 9/10 | 壬申 | 三 | 四 |
| 11 | 9/11 | 癸酉 | 三 | 三 |
| 12 | 9/12 | 甲戌 | 六 | 二 |
| 13 | 9/13 | 乙亥 | 六 | 一 |
| 14 | 9/14 | 丙子 | 六 | 九 |
| 15 | 9/15 | 丁丑 | 六 | 八 |
| 16 | 9/16 | 戊寅 | 六 | 七 |
| 17 | 9/17 | 己卯 | 七 | 六 |
| 18 | 9/18 | 庚辰 | 七 | 五 |
| 19 | 9/19 | 辛巳 | 七 | 四 |
| 20 | 9/20 | 壬午 | 七 | 三 |
| 21 | 9/21 | 癸未 | 七 | 二 |
| 22 | 9/22 | 甲申 | 一 | 一 |
| 23 | 9/23 | 乙酉 | 一 | 九 |
| 24 | 9/24 | 丙戌 | 一 | 八 |
| 25 | 9/25 | 丁亥 | 一 | 七 |
| 26 | 9/26 | 戊子 | 一 | 六 |
| 27 | 9/27 | 己丑 | 四 | 五 |
| 28 | 9/28 | 庚寅 | 四 | 四 |
| 29 | 9/29 | 辛卯 | 四 | 三 |
| | | | | |

| 七　月 | | | | |
|---|---|---|---|---|
| 丙申 | | | | |
| 五黃土 | | | | |
| 處暑 06時26分 廿二卯時 | | 立秋 15時35分 初六申時 | 奇門遁甲局數 | |
| 農曆 | 國曆 | 干支 | 時盤 | 日盤 |
| 1 | 8/2 | 癸巳 | 四 | 七 |
| 2 | 8/3 | 甲午 | 二 | 六 |
| 3 | 8/4 | 乙未 | 二 | 五 |
| 4 | 8/5 | 丙申 | 二 | 四 |
| 5 | 8/6 | 丁酉 | 二 | 三 |
| 6 | 8/7 | 戊戌 | 二 | 二 |
| 7 | 8/8 | 己亥 | 五 | 一 |
| 8 | 8/9 | 庚子 | 五 | 九 |
| 9 | 8/10 | 辛丑 | 五 | 八 |
| 10 | 8/11 | 壬寅 | 五 | 七 |
| 11 | 8/12 | 癸卯 | 五 | 六 |
| 12 | 8/13 | 甲辰 | 八 | 五 |
| 13 | 8/14 | 乙巳 | 八 | 四 |
| 14 | 8/15 | 丙午 | 八 | 三 |
| 15 | 8/16 | 丁未 | 八 | 二 |
| 16 | 8/17 | 戊申 | 八 | 一 |
| 17 | 8/18 | 己酉 | 一 | 九 |
| 18 | 8/19 | 庚戌 | 一 | 八 |
| 19 | 8/20 | 辛亥 | 一 | 七 |
| 20 | 8/21 | 壬子 | 一 | 六 |
| 21 | 8/22 | 癸丑 | 一 | 五 |
| 22 | 8/23 | 甲寅 | 四 | 四 |
| 23 | 8/24 | 乙卯 | 四 | 三 |
| 24 | 8/25 | 丙辰 | 四 | 二 |
| 25 | 8/26 | 丁巳 | 四 | 一 |
| 26 | 8/27 | 戊午 | 四 | 九 |
| 27 | 8/28 | 己未 | 七 | 八 |
| 28 | 8/29 | 庚申 | 七 | 七 |
| 29 | 8/30 | 辛酉 | 七 | 六 |
| 30 | 8/31 | 壬戌 | 七 | 五 |

# 西元2047年（丁卯）肖兔 民國136年（男兌命）

奇門遁甲局數如標示為 一 ～九表示陰局　　如標示為1 ～9 表示陽局

## 六月　丁未　三碧木

立秋：21時25分　十六亥時　大暑：04時57分　初一寅時

| 農曆 | 國曆 | 干支 | 時盤 | 日盤 |
|---|---|---|---|---|
| 1 | 7/23 | 戊子 | 一 | 三 |
| 2 | 7/24 | 己丑 | 四 | 二 |
| 3 | 7/25 | 庚寅 | 四 | 一 |
| 4 | 7/26 | 辛卯 | 四 | 九 |
| 5 | 7/27 | 壬辰 | 四 | 八 |
| 6 | 7/28 | 癸巳 | 四 | 七 |
| 7 | 7/29 | 甲午 | 二 | 六 |
| 8 | 7/30 | 乙未 | 二 | 五 |
| 9 | 7/31 | 丙申 | 二 | 四 |
| 10 | 8/1 | 丁酉 | 二 | 三 |
| 11 | 8/2 | 戊戌 | 二 | 二 |
| 12 | 8/3 | 己亥 | 五 | 一 |
| 13 | 8/4 | 庚子 | 五 | 九 |
| 14 | 8/5 | 辛丑 | 五 | 八 |
| 15 | 8/6 | 壬寅 | 五 | 七 |
| 16 | 8/7 | 癸卯 | 五 | 六 |
| 17 | 8/8 | 甲辰 | 八 | 五 |
| 18 | 8/9 | 乙巳 | 八 | 四 |
| 19 | 8/10 | 丙午 | 八 | 三 |
| 20 | 8/11 | 丁未 | 八 | 二 |
| 21 | 8/12 | 戊申 | 八 | 一 |
| 22 | 8/13 | 己酉 | 一 | 九 |
| 23 | 8/14 | 庚戌 | 一 | 八 |
| 24 | 8/15 | 辛亥 | 一 | 七 |
| 25 | 8/16 | 壬子 | 一 | 六 |
| 26 | 8/17 | 癸丑 | 一 | 五 |
| 27 | 8/18 | 甲寅 | 四 | 四 |
| 28 | 8/19 | 乙卯 | 四 | 三 |
| 29 | 8/20 | 丙辰 | 四 | 二 |

## 潤五月　丁未

小暑：11時32分　十五午時

| 農曆 | 國曆 | 干支 | 時盤 | 日盤 |
|---|---|---|---|---|
| 1 | 6/23 | 戊午 | 三 | 六 |
| 2 | 6/24 | 己未 | 六 | 五 |
| 3 | 6/25 | 庚申 | 六 | 四 |
| 4 | 6/26 | 辛酉 | 六 | 三 |
| 5 | 6/27 | 壬戌 | 六 | 二 |
| 6 | 6/28 | 癸亥 | 六 | 一 |
| 7 | 6/29 | 甲子 | 八 | 九 |
| 8 | 6/30 | 乙丑 | 八 | 八 |
| 9 | 7/1 | 丙寅 | 八 | 七 |
| 10 | 7/2 | 丁卯 | 八 | 六 |
| 11 | 7/3 | 戊辰 | 八 | 五 |
| 12 | 7/4 | 己巳 | 二 | 四 |
| 13 | 7/5 | 庚午 | 二 | 三 |
| 14 | 7/6 | 辛未 | 二 | 二 |
| 15 | 7/7 | 壬申 | 二 | 一 |
| 16 | 7/8 | 癸酉 | 二 | 九 |
| 17 | 7/9 | 甲戌 | 五 | 八 |
| 18 | 7/10 | 乙亥 | 五 | 七 |
| 19 | 7/11 | 丙子 | 五 | 六 |
| 20 | 7/12 | 丁丑 | 五 | 五 |
| 21 | 7/13 | 戊寅 | 五 | 四 |
| 22 | 7/14 | 己卯 | 七 | 三 |
| 23 | 7/15 | 庚辰 | 七 | 二 |
| 24 | 7/16 | 辛巳 | 七 | 一 |
| 25 | 7/17 | 壬午 | 七 | 九 |
| 26 | 7/18 | 癸未 | 七 | 八 |
| 27 | 7/19 | 甲申 | 一 | 七 |
| 28 | 7/20 | 乙酉 | 一 | 六 |
| 29 | 7/21 | 丙戌 | 一 | 五 |
| 30 | 7/22 | 丁亥 | 一 | 四 |

## 五月　丙午　四綠木

夏至：18時15分　廿八酉時　芒種：01時22分　十三丑時

| 農曆 | 國曆 | 干支 | 時盤 | 日盤 |
|---|---|---|---|---|
| 1 | 5/25 | 己丑 | 8 | 2 |
| 2 | 5/26 | 庚寅 | 8 | 3 |
| 3 | 5/27 | 辛卯 | 8 | 4 |
| 4 | 5/28 | 壬辰 | 8 | 5 |
| 5 | 5/29 | 癸巳 | 8 | 6 |
| 6 | 5/30 | 甲午 | 6 | 7 |
| 7 | 5/31 | 乙未 | 6 | 8 |
| 8 | 6/1 | 丙申 | 6 | 9 |
| 9 | 6/2 | 丁酉 | 6 | 1 |
| 10 | 6/3 | 戊戌 | 6 | 2 |
| 11 | 6/4 | 己亥 | 3 | 3 |
| 12 | 6/5 | 庚子 | 3 | 4 |
| 13 | 6/6 | 辛丑 | 3 | 5 |
| 14 | 6/7 | 壬寅 | 3 | 6 |
| 15 | 6/8 | 癸卯 | 3 | 7 |
| 16 | 6/9 | 甲辰 | 9 | 8 |
| 17 | 6/10 | 乙巳 | 9 | 9 |
| 18 | 6/11 | 丙午 | 9 | 1 |
| 19 | 6/12 | 丁未 | 9 | 2 |
| 20 | 6/13 | 戊申 | 9 | 3 |
| 21 | 6/14 | 己酉 | 九 | 4 |
| 22 | 6/15 | 庚戌 | 九 | 5 |
| 23 | 6/16 | 辛亥 | 九 | 6 |
| 24 | 6/17 | 壬子 | 九 | 7 |
| 25 | 6/18 | 癸丑 | 九 | 8 |
| 26 | 6/19 | 甲寅 | 三 | 9 |
| 27 | 6/20 | 乙卯 | 三 | 1 |
| 28 | 6/21 | 丙辰 | 三 | 八 |
| 29 | 6/22 | 丁巳 | 三 | 七 |

## 四月　乙巳　五黃土

小滿：10時21分　廿七巳時　立夏：21時28分　十一亥時

| 農曆 | 國曆 | 干支 | 時盤 | 日盤 |
|---|---|---|---|---|
| 1 | 4/25 | 己未 | 8 | 8 |
| 2 | 4/26 | 庚申 | 8 | 9 |
| 3 | 4/27 | 辛酉 | 8 | 1 |
| 4 | 4/28 | 壬戌 | 8 | 2 |
| 5 | 4/29 | 癸亥 | 8 | 3 |
| 6 | 4/30 | 甲子 | 4 | 4 |
| 7 | 5/1 | 乙丑 | 4 | 5 |
| 8 | 5/2 | 丙寅 | 4 | 6 |
| 9 | 5/3 | 丁卯 | 4 | 7 |
| 10 | 5/4 | 戊辰 | 4 | 8 |
| 11 | 5/5 | 己巳 | 1 | 9 |
| 12 | 5/6 | 庚午 | 1 | 1 |
| 13 | 5/7 | 辛未 | 1 | 2 |
| 14 | 5/8 | 壬申 | 1 | 3 |
| 15 | 5/9 | 癸酉 | 1 | 4 |
| 16 | 5/10 | 甲戌 | 7 | 5 |
| 17 | 5/11 | 乙亥 | 7 | 6 |
| 18 | 5/12 | 丙子 | 7 | 7 |
| 19 | 5/13 | 丁丑 | 7 | 8 |
| 20 | 5/14 | 戊寅 | 7 | 9 |
| 21 | 5/15 | 己卯 | 5 | 1 |
| 22 | 5/16 | 庚辰 | 5 | 2 |
| 23 | 5/17 | 辛巳 | 5 | 3 |
| 24 | 5/18 | 壬午 | 5 | 4 |
| 25 | 5/19 | 癸未 | 5 | 5 |
| 26 | 5/20 | 甲申 | 2 | 6 |
| 27 | 5/21 | 乙酉 | 2 | 7 |
| 28 | 5/22 | 丙戌 | 2 | 8 |
| 29 | 5/23 | 丁亥 | 2 | 9 |
| 30 | 5/24 | 戊子 | 2 | 1 |

## 三月　甲辰　六白金

穀雨：11時34分　廿六午時　清明：04時34分　十一寅時

| 農曆 | 國曆 | 干支 | 時盤 | 日盤 |
|---|---|---|---|---|
| 1 | 3/26 | 己丑 | 6 | 5 |
| 2 | 3/27 | 庚寅 | 6 | 6 |
| 3 | 3/28 | 辛卯 | 6 | 7 |
| 4 | 3/29 | 壬辰 | 6 | 8 |
| 5 | 3/30 | 癸巳 | 6 | 9 |
| 6 | 3/31 | 甲午 | 4 | 1 |
| 7 | 4/1 | 乙未 | 4 | 2 |
| 8 | 4/2 | 丙申 | 4 | 3 |
| 9 | 4/3 | 丁酉 | 4 | 4 |
| 10 | 4/4 | 戊戌 | 4 | 5 |
| 11 | 4/5 | 己亥 | 1 | 6 |
| 12 | 4/6 | 庚子 | 1 | 7 |
| 13 | 4/7 | 辛丑 | 1 | 8 |
| 14 | 4/8 | 壬寅 | 1 | 9 |
| 15 | 4/9 | 癸卯 | 1 | 1 |
| 16 | 4/10 | 甲辰 | 7 | 2 |
| 17 | 4/11 | 乙巳 | 7 | 3 |
| 18 | 4/12 | 丙午 | 7 | 4 |
| 19 | 4/13 | 丁未 | 7 | 5 |
| 20 | 4/14 | 戊申 | 7 | 6 |
| 21 | 4/15 | 己酉 | 5 | 7 |
| 22 | 4/16 | 庚戌 | 5 | 8 |
| 23 | 4/17 | 辛亥 | 5 | 9 |
| 24 | 4/18 | 壬子 | 5 | 1 |
| 25 | 4/19 | 癸丑 | 5 | 2 |
| 26 | 4/20 | 甲寅 | 2 | 3 |
| 27 | 4/21 | 乙卯 | 2 | 4 |
| 28 | 4/22 | 丙辰 | 2 | 5 |
| 29 | 4/23 | 丁巳 | 2 | 6 |
| 30 | 4/24 | 戊午 | 2 | 7 |

## 二月　癸卯　七赤金

春分：00時52分　廿五子時　驚蟄：00時07分　初十子時

| 農曆 | 國曆 | 干支 | 時盤 | 日盤 |
|---|---|---|---|---|
| 1 | 2/25 | 庚申 | 3 | 3 |
| 2 | 2/26 | 辛酉 | 3 | 4 |
| 3 | 2/27 | 壬戌 | 3 | 5 |
| 4 | 2/28 | 癸亥 | 3 | 6 |
| 5 | 3/1 | 甲子 | 1 | 7 |
| 6 | 3/2 | 乙丑 | 1 | 8 |
| 7 | 3/3 | 丙寅 | 1 | 9 |
| 8 | 3/4 | 丁卯 | 1 | 1 |
| 9 | 3/5 | 戊辰 | 1 | 2 |
| 10 | 3/6 | 己巳 | 7 | 3 |
| 11 | 3/7 | 庚午 | 7 | 4 |
| 12 | 3/8 | 辛未 | 7 | 5 |
| 13 | 3/9 | 壬申 | 7 | 6 |
| 14 | 3/10 | 癸酉 | 7 | 7 |
| 15 | 3/11 | 甲戌 | 4 | 8 |
| 16 | 3/12 | 乙亥 | 4 | 9 |
| 17 | 3/13 | 丙子 | 4 | 1 |
| 18 | 3/14 | 丁丑 | 4 | 2 |
| 19 | 3/15 | 戊寅 | 4 | 3 |
| 20 | 3/16 | 己卯 | 3 | 4 |
| 21 | 3/17 | 庚辰 | 3 | 5 |
| 22 | 3/18 | 辛巳 | 3 | 6 |
| 23 | 3/19 | 壬午 | 3 | 7 |
| 24 | 3/20 | 癸未 | 3 | 8 |
| 25 | 3/21 | 甲申 | 9 | 9 |
| 26 | 3/22 | 乙酉 | 9 | 1 |
| 27 | 3/23 | 丙戌 | 9 | 2 |
| 28 | 3/24 | 丁亥 | 9 | 3 |
| 29 | 3/25 | 戊子 | 9 | 4 |

## 正月　壬寅　八白土

雨水：02時12分　廿五丑時　立春：06時18分　初十卯時

| 農曆 | 國曆 | 干支 | 時盤 | 日盤 |
|---|---|---|---|---|
| 1 | 1/26 | 庚寅 | 6 | 9 |
| 2 | 1/27 | 辛卯 | 6 | 1 |
| 3 | 1/28 | 壬辰 | 6 | 2 |
| 4 | 1/29 | 癸巳 | 6 | 3 |
| 5 | 1/30 | 甲午 | 8 | 4 |
| 6 | 1/31 | 乙未 | 8 | 5 |
| 7 | 2/1 | 丙申 | 8 | 6 |
| 8 | 2/2 | 丁酉 | 8 | 7 |
| 9 | 2/3 | 戊戌 | 8 | 8 |
| 10 | 2/4 | 己亥 | 5 | 9 |
| 11 | 2/5 | 庚子 | 5 | 1 |
| 12 | 2/6 | 辛丑 | 5 | 2 |
| 13 | 2/7 | 壬寅 | 5 | 3 |
| 14 | 2/8 | 癸卯 | 5 | 4 |
| 15 | 2/9 | 甲辰 | 2 | 5 |
| 16 | 2/10 | 乙巳 | 2 | 6 |
| 17 | 2/11 | 丙午 | 2 | 7 |
| 18 | 2/12 | 丁未 | 2 | 8 |
| 19 | 2/13 | 戊申 | 2 | 9 |
| 20 | 2/14 | 己酉 | 9 | 1 |
| 21 | 2/15 | 庚戌 | 9 | 2 |
| 22 | 2/16 | 辛亥 | 9 | 3 |
| 23 | 2/17 | 壬子 | 9 | 4 |
| 24 | 2/18 | 癸丑 | 9 | 5 |
| 25 | 2/19 | 甲寅 | 6 | 6 |
| 26 | 2/20 | 乙卯 | 6 | 7 |
| 27 | 2/21 | 丙辰 | 6 | 8 |
| 28 | 2/22 | 丁巳 | 6 | 9 |
| 29 | 2/23 | 戊午 | 6 | 1 |
| 30 | 2/24 | 己未 | 3 | 2 |

# 西元2047年（丁卯）肖兔 民國136年（女艮命）

奇門遁甲局數如標示為 一 ～九表示陰局　　如標示為1 ～9 表示陽局

| 十二月 | | | | | 十一月 | | | | | 十　月 | | | | | 九　月 | | | | | 八　月 | | | | | 七　月 | | | | |
|---|---|---|---|---|---|---|---|---|---|---|---|---|---|---|---|---|---|---|---|---|---|---|---|---|---|---|---|---|---|
| 癸丑 | | | | | 壬子 | | | | | 辛亥 | | | | | 庚戌 | | | | | 己酉 | | | | | 戊申 | | | | |
| 六白金 | | | | | 七赤金 | | | | | 八白土 | | | | | 九紫火 | | | | | 一白水 | | | | | 二黑土 | | | | |
| 立春 12時16分 廿一午時 | | 大寒 17時49分 初六酉時 | 奇門遁甲局數 | | 小寒 00時31分 廿一子時 | | 冬至 07時07分 初六辰時 | 奇門遁甲局數 | | 大雪 13時13分 廿一未時 | | 小雪 17時40分 初六酉時 | 奇門遁甲局數 | | 立冬 20時07分 二十戌時 | | 霜降 19時50分 初五戌時 | 奇門遁甲局數 | | 寒露 16時40分 十九申時 | | 秋分 10時19分 初四巳時 | 奇門遁甲局數 | | 白露 00時40分 十九子時 | | 處暑 12時12分 初三午時 | 奇門遁甲局數 | |
| 農曆 | 國曆 | 干支 | 時盤 | 日盤 | 農曆 | 國曆 | 干支 | 時盤 | 日盤 | 農曆 | 國曆 | 干支 | 時盤 | 日盤 | 農曆 | 國曆 | 干支 | 時盤 | 日盤 | 農曆 | 國曆 | 干支 | 時盤 | 日盤 | 農曆 | 國曆 | 干支 | 時盤 | 日盤 |
| 1 | 1/15 | 甲申 | 8 | 3 | 1 | 12/17 | 乙卯 | 七 | 九 | 1 | 11/17 | 乙酉 | 八 | 三 | 1 | 10/19 | 丙辰 | 八 | 五 | 1 | 9/20 | 丁亥 | 一 | 七 | 1 | 8/21 | 丁巳 | 四 | 一 |
| 2 | 1/16 | 乙酉 | 8 | 4 | 2 | 12/18 | 丙辰 | 七 | 八 | 2 | 11/18 | 丙戌 | 八 | 二 | 2 | 10/20 | 丁巳 | 八 | 四 | 2 | 9/21 | 戊子 | 一 | 六 | 2 | 8/22 | 戊午 | 四 | 九 |
| 3 | 1/17 | 丙戌 | 8 | 5 | 3 | 12/19 | 丁巳 | 七 | 七 | 3 | 11/19 | 丁亥 | 八 | 一 | 3 | 10/21 | 戊午 | 八 | 三 | 3 | 9/22 | 己丑 | 四 | 五 | 3 | 8/23 | 己未 | 七 | 八 |
| 4 | 1/18 | 丁亥 | 8 | 6 | 4 | 12/20 | 戊午 | 七 | 六 | 4 | 11/20 | 戊子 | 八 | 九 | 4 | 10/22 | 己未 | 二 | 二 | 4 | 9/23 | 庚寅 | 四 | 四 | 4 | 8/24 | 庚申 | 七 | 七 |
| 5 | 1/19 | 戊子 | 8 | 7 | 5 | 12/21 | 己未 | 一 | 五 | 5 | 11/21 | 己丑 | 二 | 八 | 5 | 10/23 | 庚申 | 二 | 一 | 5 | 9/24 | 辛卯 | 四 | 三 | 5 | 8/25 | 辛酉 | 七 | 六 |
| 6 | 1/20 | 己丑 | 5 | 8 | 6 | 12/22 | 庚申 | 一 | 6 | 6 | 11/22 | 庚寅 | 二 | 七 | 6 | 10/24 | 辛酉 | 二 | 九 | 6 | 9/25 | 壬辰 | 四 | 二 | 6 | 8/26 | 壬戌 | 七 | 五 |
| 7 | 1/21 | 庚寅 | 5 | 9 | 7 | 12/23 | 辛酉 | 一 | 7 | 7 | 11/23 | 辛卯 | 二 | 六 | 7 | 10/25 | 壬戌 | 二 | 八 | 7 | 9/26 | 癸巳 | 四 | 一 | 7 | 8/27 | 癸亥 | 七 | 四 |
| 8 | 1/22 | 辛卯 | 5 | 1 | 8 | 12/24 | 壬戌 | 一 | 8 | 8 | 11/24 | 壬辰 | 二 | 五 | 8 | 10/26 | 癸亥 | 二 | 七 | 8 | 9/27 | 甲午 | 六 | 九 | 8 | 8/28 | 甲子 | 九 | 三 |
| 9 | 1/23 | 壬辰 | 5 | 2 | 9 | 12/25 | 癸亥 | 一 | 9 | 9 | 11/25 | 癸巳 | 二 | 四 | 9 | 10/27 | 甲子 | 六 | 六 | 9 | 9/28 | 乙未 | 六 | 八 | 9 | 8/29 | 乙丑 | 九 | 二 |
| 10 | 1/24 | 癸巳 | 5 | 3 | 10 | 12/26 | 甲子 | 1 | 1 | 10 | 11/26 | 甲午 | 四 | 三 | 10 | 10/28 | 乙丑 | 六 | 五 | 10 | 9/29 | 丙申 | 六 | 七 | 10 | 8/30 | 丙寅 | 九 | 一 |
| 11 | 1/25 | 甲午 | 3 | 4 | 11 | 12/27 | 乙丑 | 1 | 2 | 11 | 11/27 | 乙未 | 四 | 二 | 11 | 10/29 | 丙寅 | 六 | 四 | 11 | 9/30 | 丁酉 | 六 | 六 | 11 | 8/31 | 丁卯 | 九 | 九 |
| 12 | 1/26 | 乙未 | 3 | 5 | 12 | 12/28 | 丙寅 | 1 | 3 | 12 | 11/28 | 丙申 | 四 | 一 | 12 | 10/30 | 丁卯 | 六 | 三 | 12 | 10/1 | 戊戌 | 六 | 五 | 12 | 9/1 | 戊辰 | 九 | 八 |
| 13 | 1/27 | 丙申 | 3 | 6 | 13 | 12/29 | 丁卯 | 1 | 4 | 13 | 11/29 | 丁酉 | 四 | 九 | 13 | 10/31 | 戊辰 | 六 | 二 | 13 | 10/2 | 己亥 | 九 | 四 | 13 | 9/2 | 己巳 | 三 | 七 |
| 14 | 1/28 | 丁酉 | 3 | 7 | 14 | 12/30 | 戊辰 | 1 | 5 | 14 | 11/30 | 戊戌 | 四 | 八 | 14 | 11/1 | 己巳 | 九 | 一 | 14 | 10/3 | 庚子 | 九 | 三 | 14 | 9/3 | 庚午 | 三 | 六 |
| 15 | 1/29 | 戊戌 | 3 | 8 | 15 | 12/31 | 己巳 | 7 | 6 | 15 | 12/1 | 己亥 | 七 | 七 | 15 | 11/2 | 庚午 | 九 | 九 | 15 | 10/4 | 辛丑 | 九 | 二 | 15 | 9/4 | 辛未 | 三 | 五 |
| 16 | 1/30 | 己亥 | 9 | 9 | 16 | 1/1 | 庚午 | 7 | 7 | 16 | 12/2 | 庚子 | 七 | 六 | 16 | 11/3 | 辛未 | 九 | 八 | 16 | 10/5 | 壬寅 | 九 | 一 | 16 | 9/5 | 壬申 | 三 | 四 |
| 17 | 1/31 | 庚子 | 9 | 1 | 17 | 1/2 | 辛未 | 7 | 8 | 17 | 12/3 | 辛丑 | 七 | 五 | 17 | 11/4 | 壬申 | 九 | 七 | 17 | 10/6 | 癸卯 | 九 | 九 | 17 | 9/6 | 癸酉 | 三 | 三 |
| 18 | 2/1 | 辛丑 | 9 | 2 | 18 | 1/3 | 壬申 | 7 | 9 | 18 | 12/4 | 壬寅 | 七 | 四 | 18 | 11/5 | 癸酉 | 九 | 六 | 18 | 10/7 | 甲辰 | 三 | 八 | 18 | 9/7 | 甲戌 | 六 | 二 |
| 19 | 2/2 | 壬寅 | 9 | 3 | 19 | 1/4 | 癸酉 | 7 | 1 | 19 | 12/5 | 癸卯 | 七 | 三 | 19 | 11/6 | 甲戌 | 三 | 五 | 19 | 10/8 | 乙巳 | 三 | 七 | 19 | 9/8 | 乙亥 | 六 | 一 |
| 20 | 2/3 | 癸卯 | 9 | 4 | 20 | 1/5 | 甲戌 | 4 | 2 | 20 | 12/6 | 甲辰 | 一 | 二 | 20 | 11/7 | 乙亥 | 三 | 四 | 20 | 10/9 | 丙午 | 三 | 六 | 20 | 9/9 | 丙子 | 六 | 九 |
| 21 | 2/4 | 甲辰 | 6 | 5 | 21 | 1/6 | 乙亥 | 4 | 3 | 21 | 12/7 | 乙巳 | 一 | 一 | 21 | 11/8 | 丙子 | 三 | 三 | 21 | 10/10 | 丁未 | 三 | 五 | 21 | 9/10 | 丁丑 | 六 | 八 |
| 22 | 2/5 | 乙巳 | 6 | 6 | 22 | 1/7 | 丙子 | 4 | 4 | 22 | 12/8 | 丙午 | 一 | 九 | 22 | 11/9 | 丁丑 | 三 | 二 | 22 | 10/11 | 戊申 | 三 | 四 | 22 | 9/11 | 戊寅 | 六 | 七 |
| 23 | 2/6 | 丙午 | 6 | 7 | 23 | 1/8 | 丁丑 | 4 | 5 | 23 | 12/9 | 丁未 | 一 | 八 | 23 | 11/10 | 戊寅 | 三 | 一 | 23 | 10/12 | 己酉 | 五 | 三 | 23 | 9/12 | 己卯 | 七 | 六 |
| 24 | 2/7 | 丁未 | 6 | 8 | 24 | 1/9 | 戊寅 | 4 | 6 | 24 | 12/10 | 戊申 | 一 | 七 | 24 | 11/11 | 己卯 | 五 | 九 | 24 | 10/13 | 庚戌 | 五 | 二 | 24 | 9/13 | 庚辰 | 七 | 五 |
| 25 | 2/8 | 戊申 | 6 | 9 | 25 | 1/10 | 己卯 | 2 | 7 | 25 | 12/11 | 己酉 | 四 | 六 | 25 | 11/12 | 庚辰 | 五 | 八 | 25 | 10/14 | 辛亥 | 五 | 一 | 25 | 9/14 | 辛巳 | 七 | 四 |
| 26 | 2/9 | 己酉 | 8 | 1 | 26 | 1/11 | 庚辰 | 2 | 8 | 26 | 12/12 | 庚戌 | 四 | 五 | 26 | 11/13 | 辛巳 | 五 | 七 | 26 | 10/15 | 壬子 | 五 | 九 | 26 | 9/15 | 壬午 | 七 | 三 |
| 27 | 2/10 | 庚戌 | 8 | 2 | 27 | 1/12 | 辛巳 | 2 | 9 | 27 | 12/13 | 辛亥 | 四 | 四 | 27 | 11/14 | 壬午 | 五 | 六 | 27 | 10/16 | 癸丑 | 五 | 八 | 27 | 9/16 | 癸未 | 七 | 二 |
| 28 | 2/11 | 辛亥 | 8 | 3 | 28 | 1/13 | 壬午 | 2 | 1 | 28 | 12/14 | 壬子 | 四 | 三 | 28 | 11/15 | 癸未 | 五 | 五 | 28 | 10/17 | 甲寅 | 八 | 七 | 28 | 9/17 | 甲申 | 一 | 一 |
| 29 | 2/12 | 壬子 | 8 | 4 | 29 | 1/14 | 癸未 | 2 | 2 | 29 | 12/15 | 癸丑 | 四 | 二 | 29 | 11/16 | 甲申 | 八 | 四 | 29 | 10/18 | 乙卯 | 八 | 六 | 29 | 9/18 | 乙酉 | 一 | 九 |
| 30 | 2/13 | 癸丑 | 8 | 5 | | | | | | 30 | 12/16 | 甲寅 | 七 | 一 | | | | | | | | | | | 30 | 9/19 | 丙戌 | 一 | 八 |

# 西元2048年（戊辰）肖龍 民國137年（男乾命）

奇門遁甲局數如標示為 一 ～九表示陰局　　如標示為1 ～9 表示陽局

| 六　月 | | | | |
|---|---|---|---|---|
| 己未 | | | | |
| 九紫火 | | | | |
| 立秋 03時18分 廿八寅時 | | 大暑 10時49分 十二巳時 | 奇門遁甲局數 | |
| 農曆 | 國曆 | 干支 | 時盤 | 日盤 |
| 1 | 7/11 | 壬午 | 八 | 九 |
| 2 | 7/12 | 癸未 | 八 | 八 |
| 3 | 7/13 | 甲申 | 二 | 七 |
| 4 | 7/14 | 乙酉 | 二 | 六 |
| 5 | 7/15 | 丙戌 | 二 | 五 |
| 6 | 7/16 | 丁亥 | 二 | 四 |
| 7 | 7/17 | 戊子 | 二 | 三 |
| 8 | 7/18 | 己丑 | 五 | 二 |
| 9 | 7/19 | 庚寅 | 五 | 一 |
| 10 | 7/20 | 辛卯 | 五 | 九 |
| 11 | 7/21 | 壬辰 | 五 | 八 |
| 12 | 7/22 | 癸巳 | 五 | 七 |
| 13 | 7/23 | 甲午 | 七 | 六 |
| 14 | 7/24 | 乙未 | 七 | 五 |
| 15 | 7/25 | 丙申 | 七 | 四 |
| 16 | 7/26 | 丁酉 | 七 | 三 |
| 17 | 7/27 | 戊戌 | 七 | 二 |
| 18 | 7/28 | 己亥 | 一 | 一 |
| 19 | 7/29 | 庚子 | 一 | 九 |
| 20 | 7/30 | 辛丑 | 一 | 八 |
| 21 | 7/31 | 壬寅 | 一 | 七 |
| 22 | 8/1 | 癸卯 | 一 | 六 |
| 23 | 8/2 | 甲辰 | 四 | 五 |
| 24 | 8/3 | 乙巳 | 四 | 四 |
| 25 | 8/4 | 丙午 | 四 | 三 |
| 26 | 8/5 | 丁未 | 四 | 二 |
| 27 | 8/6 | 戊申 | 四 | 一 |
| 28 | 8/7 | 己酉 | 二 | 九 |
| 29 | 8/8 | 庚戌 | 二 | 八 |
| 30 | 8/9 | 辛亥 | 二 | 七 |

| 五　月 | | | | |
|---|---|---|---|---|
| 戊午 | | | | |
| 一白水 | | | | |
| 小暑 17時28分 廿六酉時 | | 夏至 23時53分 初十子時 | 奇門遁甲局數 | |
| 農曆 | 國曆 | 干支 | 時盤 | 日盤 |
| 1 | 6/11 | 壬子 | 6 | 7 |
| 2 | 6/12 | 癸丑 | 6 | 8 |
| 3 | 6/13 | 甲寅 | 3 | 9 |
| 4 | 6/14 | 乙卯 | 3 | 1 |
| 5 | 6/15 | 丙辰 | 3 | 2 |
| 6 | 6/16 | 丁巳 | 3 | 3 |
| 7 | 6/17 | 戊午 | 3 | 4 |
| 8 | 6/18 | 己未 | 9 | 5 |
| 9 | 6/19 | 庚申 | 9 | 6 |
| 10 | 6/20 | 辛酉 | 9 | 三 |
| 11 | 6/21 | 壬戌 | 9 | 二 |
| 12 | 6/22 | 癸亥 | 9 | 一 |
| 13 | 6/23 | 甲子 | 九 | 九 |
| 14 | 6/24 | 乙丑 | 九 | 八 |
| 15 | 6/25 | 丙寅 | 九 | 七 |
| 16 | 6/26 | 丁卯 | 九 | 六 |
| 17 | 6/27 | 戊辰 | 九 | 五 |
| 18 | 6/28 | 己巳 | 三 | 四 |
| 19 | 6/29 | 庚午 | 三 | 三 |
| 20 | 6/30 | 辛未 | 三 | 二 |
| 21 | 7/1 | 壬申 | 三 | 一 |
| 22 | 7/2 | 癸酉 | 三 | 九 |
| 23 | 7/3 | 甲戌 | 六 | 八 |
| 24 | 7/4 | 乙亥 | 六 | 七 |
| 25 | 7/5 | 丙子 | 六 | 六 |
| 26 | 7/6 | 丁丑 | 六 | 五 |
| 27 | 7/7 | 戊寅 | 六 | 四 |
| 28 | 7/8 | 己卯 | 八 | 三 |
| 29 | 7/9 | 庚辰 | 八 | 二 |
| 30 | 7/10 | 辛巳 | 八 | 一 |

| 四　月 | | | | |
|---|---|---|---|---|
| 丁巳 | | | | |
| 二黑土 | | | | |
| 芒種 07時20分 廿四辰時 | | 小滿 16時10分 初八申時 | 奇門遁甲局數 | |
| 農曆 | 國曆 | 干支 | 時盤 | 日盤 |
| 1 | 5/13 | 癸未 | 4 | 5 |
| 2 | 5/14 | 甲申 | 1 | 6 |
| 3 | 5/15 | 乙酉 | 1 | 7 |
| 4 | 5/16 | 丙戌 | 1 | 8 |
| 5 | 5/17 | 丁亥 | 1 | 9 |
| 6 | 5/18 | 戊子 | 1 | 1 |
| 7 | 5/19 | 己丑 | 7 | 2 |
| 8 | 5/20 | 庚寅 | 7 | 3 |
| 9 | 5/21 | 辛卯 | 7 | 4 |
| 10 | 5/22 | 壬辰 | 7 | 5 |
| 11 | 5/23 | 癸巳 | 7 | 6 |
| 12 | 5/24 | 甲午 | 5 | 7 |
| 13 | 5/25 | 乙未 | 5 | 8 |
| 14 | 5/26 | 丙申 | 5 | 9 |
| 15 | 5/27 | 丁酉 | 5 | 1 |
| 16 | 5/28 | 戊戌 | 5 | 2 |
| 17 | 5/29 | 己亥 | 2 | 3 |
| 18 | 5/30 | 庚子 | 2 | 4 |
| 19 | 5/31 | 辛丑 | 2 | 5 |
| 20 | 6/1 | 壬寅 | 2 | 6 |
| 21 | 6/2 | 癸卯 | 2 | 7 |
| 22 | 6/3 | 甲辰 | 8 | 8 |
| 23 | 6/4 | 乙巳 | 8 | 9 |
| 24 | 6/5 | 丙午 | 8 | 1 |
| 25 | 6/6 | 丁未 | 8 | 2 |
| 26 | 6/7 | 戊申 | 8 | 3 |
| 27 | 6/8 | 己酉 | 6 | 4 |
| 28 | 6/9 | 庚戌 | 6 | 5 |
| 29 | 6/10 | 辛亥 | 6 | 6 |
| | | | | |

| 三　月 | | | | |
|---|---|---|---|---|
| 丙辰 | | | | |
| 三碧木 | | | | |
| 立夏 03時24分 廿三寅時 | | 穀雨 17時19分 初七酉時 | 奇門遁甲局數 | |
| 農曆 | 國曆 | 干支 | 時盤 | 日盤 |
| 1 | 4/13 | 癸丑 | 4 | 2 |
| 2 | 4/14 | 甲寅 | 1 | 3 |
| 3 | 4/15 | 乙卯 | 1 | 4 |
| 4 | 4/16 | 丙辰 | 1 | 5 |
| 5 | 4/17 | 丁巳 | 1 | 6 |
| 6 | 4/18 | 戊午 | 1 | 7 |
| 7 | 4/19 | 己未 | 7 | 8 |
| 8 | 4/20 | 庚申 | 7 | 9 |
| 9 | 4/21 | 辛酉 | 7 | 1 |
| 10 | 4/22 | 壬戌 | 7 | 2 |
| 11 | 4/23 | 癸亥 | 7 | 3 |
| 12 | 4/24 | 甲子 | 5 | 4 |
| 13 | 4/25 | 乙丑 | 5 | 5 |
| 14 | 4/26 | 丙寅 | 5 | 6 |
| 15 | 4/27 | 丁卯 | 5 | 7 |
| 16 | 4/28 | 戊辰 | 5 | 8 |
| 17 | 4/29 | 己巳 | 2 | 9 |
| 18 | 4/30 | 庚午 | 2 | 1 |
| 19 | 5/1 | 辛未 | 2 | 2 |
| 20 | 5/2 | 壬申 | 2 | 3 |
| 21 | 5/3 | 癸酉 | 2 | 4 |
| 22 | 5/4 | 甲戌 | 8 | 5 |
| 23 | 5/5 | 乙亥 | 8 | 6 |
| 24 | 5/6 | 丙子 | 8 | 7 |
| 25 | 5/7 | 丁丑 | 8 | 8 |
| 26 | 5/8 | 戊寅 | 8 | 9 |
| 27 | 5/9 | 己卯 | 4 | 1 |
| 28 | 5/10 | 庚辰 | 4 | 2 |
| 29 | 5/11 | 辛巳 | 4 | 3 |
| 30 | 5/12 | 壬午 | 4 | 4 |

| 二　月 | | | | |
|---|---|---|---|---|
| 乙卯 | | | | |
| 四綠木 | | | | |
| 清明 10時22分 廿二巳時 | | 春分 06時33分 初七卯時 | 奇門遁甲局數 | |
| 農曆 | 國曆 | 干支 | 時盤 | 日盤 |
| 1 | 3/14 | 癸未 | 1 | 8 |
| 2 | 3/15 | 甲申 | 7 | 9 |
| 3 | 3/16 | 乙酉 | 7 | 1 |
| 4 | 3/17 | 丙戌 | 7 | 2 |
| 5 | 3/18 | 丁亥 | 7 | 3 |
| 6 | 3/19 | 戊子 | 7 | 4 |
| 7 | 3/20 | 己丑 | 4 | 5 |
| 8 | 3/21 | 庚寅 | 4 | 6 |
| 9 | 3/22 | 辛卯 | 4 | 7 |
| 10 | 3/23 | 壬辰 | 4 | 8 |
| 11 | 3/24 | 癸巳 | 4 | 9 |
| 12 | 3/25 | 甲午 | 3 | 1 |
| 13 | 3/26 | 乙未 | 3 | 2 |
| 14 | 3/27 | 丙申 | 3 | 3 |
| 15 | 3/28 | 丁酉 | 3 | 4 |
| 16 | 3/29 | 戊戌 | 3 | 5 |
| 17 | 3/30 | 己亥 | 9 | 6 |
| 18 | 3/31 | 庚子 | 9 | 7 |
| 19 | 4/1 | 辛丑 | 9 | 8 |
| 20 | 4/2 | 壬寅 | 9 | 9 |
| 21 | 4/3 | 癸卯 | 9 | 1 |
| 22 | 4/4 | 甲辰 | 6 | 2 |
| 23 | 4/5 | 乙巳 | 6 | 3 |
| 24 | 4/6 | 丙午 | 6 | 4 |
| 25 | 4/7 | 丁未 | 6 | 5 |
| 26 | 4/8 | 戊申 | 6 | 6 |
| 27 | 4/9 | 己酉 | 4 | 7 |
| 28 | 4/10 | 庚戌 | 4 | 8 |
| 29 | 4/11 | 辛亥 | 4 | 9 |
| 30 | 4/12 | 壬子 | 4 | 1 |

| 正　月 | | | | |
|---|---|---|---|---|
| 甲寅 | | | | |
| 五黃土 | | | | |
| 驚蟄 05時56分 廿一卯時 | | 雨水 07時51分 初六辰時 | 奇門遁甲局數 | |
| 農曆 | 國曆 | 干支 | 時盤 | 日盤 |
| 1 | 2/14 | 甲寅 | 5 | 6 |
| 2 | 2/15 | 乙卯 | 5 | 7 |
| 3 | 2/16 | 丙辰 | 5 | 8 |
| 4 | 2/17 | 丁巳 | 5 | 9 |
| 5 | 2/18 | 戊午 | 5 | 1 |
| 6 | 2/19 | 己未 | 2 | 2 |
| 7 | 2/20 | 庚申 | 2 | 3 |
| 8 | 2/21 | 辛酉 | 2 | 4 |
| 9 | 2/22 | 壬戌 | 2 | 5 |
| 10 | 2/23 | 癸亥 | 2 | 6 |
| 11 | 2/24 | 甲子 | 9 | 7 |
| 12 | 2/25 | 乙丑 | 9 | 8 |
| 13 | 2/26 | 丙寅 | 9 | 9 |
| 14 | 2/27 | 丁卯 | 9 | 1 |
| 15 | 2/28 | 戊辰 | 9 | 2 |
| 16 | 2/29 | 己巳 | 6 | 3 |
| 17 | 3/1 | 庚午 | 6 | 4 |
| 18 | 3/2 | 辛未 | 6 | 5 |
| 19 | 3/3 | 壬申 | 6 | 6 |
| 20 | 3/4 | 癸酉 | 6 | 7 |
| 21 | 3/5 | 甲戌 | 3 | 8 |
| 22 | 3/6 | 乙亥 | 3 | 9 |
| 23 | 3/7 | 丙子 | 3 | 1 |
| 24 | 3/8 | 丁丑 | 3 | 2 |
| 25 | 3/9 | 戊寅 | 3 | 3 |
| 26 | 3/10 | 己卯 | 1 | 4 |
| 27 | 3/11 | 庚辰 | 1 | 5 |
| 28 | 3/12 | 辛巳 | 1 | 6 |
| 29 | 3/13 | 壬午 | 1 | 7 |
| | | | | |

# 西元2048年（戊辰）肖龍 民國137年（女離命）

奇門遁甲局數如標示為 一 ～九表示陰局　　如標示為1 ～9 表示陽局

| 十二月 | | | | | 十一月 | | | | | 十　月 | | | | | 九　月 | | | | | 八　月 | | | | | 七　月 | | | | |
|---|---|---|---|---|---|---|---|---|---|---|---|---|---|---|---|---|---|---|---|---|---|---|---|---|---|---|---|---|---|
| 乙丑 | | | | | 甲子 | | | | | 癸亥 | | | | | 壬戌 | | | | | 辛酉 | | | | | 庚申 | | | | |
| 三碧木 | | | | | 四綠木 | | | | | 五黃土 | | | | | 六白金 | | | | | 七赤金 | | | | | 八白土 | | | | |
| 大寒 23時43分 十六子時 | | 小寒 06時26分 初二卯時 | 奇門遁甲局數 | | 冬至 13時14分 十七未時 | | 大雪 19時12分 初二戌時 | 奇門遁甲局數 | | 小雪 23時35分 十六子時 | | 立冬 01時58分 初二丑時 | 奇門遁甲局數 | | 霜降 01時44分 十六丑時 | | | 奇門遁甲局數 | | 寒露 22時28分 三十亥時 | | 秋分 16時25分 十五申時 | 奇門遁甲局數 | | 白露 06時30分 廿九卯時 | | 處暑 18時14分 十三酉時 | 奇門遁甲局數 | |
| 農曆 | 國曆 | 干支 | 時盤 | 日盤 | 農曆 | 國曆 | 干支 | 時盤 | 日盤 | 農曆 | 國曆 | 干支 | 時盤 | 日盤 | 農曆 | 國曆 | 干支 | 時盤 | 日盤 | 農曆 | 國曆 | 干支 | 時盤 | 日盤 | 農曆 | 國曆 | 干支 | 時盤 | 日盤 |
| 1 | 1/4 | 己卯 | 2 | 7 | 1 | 12/5 | 己酉 | 四 | 六 | 1 | 11/6 | 庚辰 | 六 | 八 | 1 | 10/8 | 辛亥 | 六 | 一 | 1 | 9/8 | 辛巳 | 九 | 四 | 1 | 8/10 | 壬子 | 二 | 六 |
| 2 | 1/5 | 庚辰 | 2 | 8 | 2 | 12/6 | 庚戌 | 四 | 五 | 2 | 11/7 | 辛巳 | 六 | 七 | 2 | 10/9 | 壬子 | 六 | 九 | 2 | 9/9 | 壬午 | 九 | 三 | 2 | 8/11 | 癸丑 | 二 | 五 |
| 3 | 1/6 | 辛巳 | 2 | 9 | 3 | 12/7 | 辛亥 | 四 | 四 | 3 | 11/8 | 壬午 | 六 | 六 | 3 | 10/10 | 癸丑 | 六 | 八 | 3 | 9/10 | 癸未 | 九 | 二 | 3 | 8/12 | 甲寅 | 五 | 四 |
| 4 | 1/7 | 壬午 | 2 | 1 | 4 | 12/8 | 壬子 | 四 | 三 | 4 | 11/9 | 癸未 | 六 | 五 | 4 | 10/11 | 甲寅 | 九 | 七 | 4 | 9/11 | 甲申 | 三 | 一 | 4 | 8/13 | 乙卯 | 五 | 三 |
| 5 | 1/8 | 癸未 | 2 | 2 | 5 | 12/9 | 癸丑 | 四 | 二 | 5 | 11/10 | 甲申 | 九 | 四 | 5 | 10/12 | 乙卯 | 九 | 六 | 5 | 9/12 | 乙酉 | 三 | 九 | 5 | 8/14 | 丙辰 | 五 | 二 |
| 6 | 1/9 | 甲申 | 8 | 3 | 6 | 12/10 | 甲寅 | 七 | 一 | 6 | 11/11 | 乙酉 | 九 | 三 | 6 | 10/13 | 丙辰 | 九 | 五 | 6 | 9/13 | 丙戌 | 三 | 八 | 6 | 8/15 | 丁巳 | 五 | 一 |
| 7 | 1/10 | 乙酉 | 8 | 4 | 7 | 12/11 | 乙卯 | 七 | 九 | 7 | 11/12 | 丙戌 | 九 | 二 | 7 | 10/14 | 丁巳 | 九 | 四 | 7 | 9/14 | 丁亥 | 三 | 七 | 7 | 8/16 | 戊午 | 五 | 九 |
| 8 | 1/11 | 丙戌 | 8 | 5 | 8 | 12/12 | 丙辰 | 七 | 八 | 8 | 11/13 | 丁亥 | 九 | 一 | 8 | 10/15 | 戊午 | 九 | 三 | 8 | 9/15 | 戊子 | 三 | 六 | 8 | 8/17 | 己未 | 八 | 八 |
| 9 | 1/12 | 丁亥 | 8 | 6 | 9 | 12/13 | 丁巳 | 七 | 七 | 9 | 11/14 | 戊子 | 九 | 九 | 9 | 10/16 | 己未 | 三 | 二 | 9 | 9/16 | 己丑 | 六 | 五 | 9 | 8/18 | 庚申 | 八 | 七 |
| 10 | 1/13 | 戊子 | 8 | 7 | 10 | 12/14 | 戊午 | 七 | 六 | 10 | 11/15 | 己丑 | 三 | 八 | 10 | 10/17 | 庚申 | 三 | 一 | 10 | 9/17 | 庚寅 | 六 | 四 | 10 | 8/19 | 辛酉 | 八 | 六 |
| 11 | 1/14 | 己丑 | 5 | 8 | 11 | 12/15 | 己未 | 一 | 五 | 11 | 11/16 | 庚寅 | 三 | 七 | 11 | 10/18 | 辛酉 | 三 | 九 | 11 | 9/18 | 辛卯 | 六 | 三 | 11 | 8/20 | 壬戌 | 八 | 五 |
| 12 | 1/15 | 庚寅 | 5 | 9 | 12 | 12/16 | 庚申 | 一 | 四 | 12 | 11/17 | 辛卯 | 三 | 六 | 12 | 10/19 | 壬戌 | 三 | 八 | 12 | 9/19 | 壬辰 | 六 | 二 | 12 | 8/21 | 癸亥 | 八 | 四 |
| 13 | 1/16 | 辛卯 | 5 | 1 | 13 | 12/17 | 辛酉 | 一 | 三 | 13 | 11/18 | 壬辰 | 三 | 五 | 13 | 10/20 | 癸亥 | 三 | 七 | 13 | 9/20 | 癸巳 | 六 | 一 | 13 | 8/22 | 甲子 | 一 | 三 |
| 14 | 1/17 | 壬辰 | 5 | 2 | 14 | 12/18 | 壬戌 | 一 | 二 | 14 | 11/19 | 癸巳 | 三 | 四 | 14 | 10/21 | 甲子 | 五 | 六 | 14 | 9/21 | 甲午 | 七 | 九 | 14 | 8/23 | 乙丑 | 一 | 二 |
| 15 | 1/18 | 癸巳 | 5 | 3 | 15 | 12/19 | 癸亥 | 一 | 一 | 15 | 11/20 | 甲午 | 五 | 三 | 15 | 10/22 | 乙丑 | 五 | 五 | 15 | 9/22 | 乙未 | 七 | 八 | 15 | 8/24 | 丙寅 | 一 | 一 |
| 16 | 1/19 | 甲午 | 3 | 4 | 16 | 12/20 | 甲子 | 1 | 九 | 16 | 11/21 | 乙未 | 五 | 二 | 16 | 10/23 | 丙寅 | 五 | 四 | 16 | 9/23 | 丙申 | 七 | 七 | 16 | 8/25 | 丁卯 | 一 | 九 |
| 17 | 1/20 | 乙未 | 3 | 5 | 17 | 12/21 | 乙丑 | 1 | 2 | 17 | 11/22 | 丙申 | 五 | 一 | 17 | 10/24 | 丁卯 | 五 | 三 | 17 | 9/24 | 丁酉 | 七 | 六 | 17 | 8/26 | 戊辰 | 一 | 八 |
| 18 | 1/21 | 丙申 | 3 | 6 | 18 | 12/22 | 丙寅 | 1 | 3 | 18 | 11/23 | 丁酉 | 五 | 九 | 18 | 10/25 | 戊辰 | 五 | 二 | 18 | 9/25 | 戊戌 | 七 | 五 | 18 | 8/27 | 己巳 | 四 | 七 |
| 19 | 1/22 | 丁酉 | 3 | 7 | 19 | 12/23 | 丁卯 | 1 | 4 | 19 | 11/24 | 戊戌 | 五 | 八 | 19 | 10/26 | 己巳 | 八 | 一 | 19 | 9/26 | 己亥 | 一 | 四 | 19 | 8/28 | 庚午 | 四 | 六 |
| 20 | 1/23 | 戊戌 | 3 | 8 | 20 | 12/24 | 戊辰 | 1 | 5 | 20 | 11/25 | 己亥 | 八 | 七 | 20 | 10/27 | 庚午 | 八 | 九 | 20 | 9/27 | 庚子 | 一 | 三 | 20 | 8/29 | 辛未 | 四 | 五 |
| 21 | 1/24 | 己亥 | 9 | 9 | 21 | 12/25 | 己巳 | 7 | 6 | 21 | 11/26 | 庚子 | 八 | 六 | 21 | 10/28 | 辛未 | 八 | 八 | 21 | 9/28 | 辛丑 | 一 | 二 | 21 | 8/30 | 壬申 | 四 | 四 |
| 22 | 1/25 | 庚子 | 9 | 1 | 22 | 12/26 | 庚午 | 7 | 7 | 22 | 11/27 | 辛丑 | 八 | 五 | 22 | 10/29 | 壬申 | 八 | 七 | 22 | 9/29 | 壬寅 | 一 | 一 | 22 | 8/31 | 癸酉 | 四 | 三 |
| 23 | 1/26 | 辛丑 | 9 | 2 | 23 | 12/27 | 辛未 | 7 | 8 | 23 | 11/28 | 壬寅 | 八 | 四 | 23 | 10/30 | 癸酉 | 八 | 六 | 23 | 9/30 | 癸卯 | 一 | 九 | 23 | 9/1 | 甲戌 | 七 | 二 |
| 24 | 1/27 | 壬寅 | 9 | 3 | 24 | 12/28 | 壬申 | 7 | 9 | 24 | 11/29 | 癸卯 | 八 | 三 | 24 | 10/31 | 甲戌 | 二 | 五 | 24 | 10/1 | 甲辰 | 四 | 八 | 24 | 9/2 | 乙亥 | 七 | 一 |
| 25 | 1/28 | 癸卯 | 9 | 4 | 25 | 12/29 | 癸酉 | 7 | 1 | 25 | 11/30 | 甲辰 | 二 | 二 | 25 | 11/1 | 乙亥 | 二 | 四 | 25 | 10/2 | 乙巳 | 四 | 七 | 25 | 9/3 | 丙子 | 七 | 九 |
| 26 | 1/29 | 甲辰 | 6 | 5 | 26 | 12/30 | 甲戌 | 4 | 2 | 26 | 12/1 | 乙巳 | 二 | 一 | 26 | 11/2 | 丙子 | 二 | 三 | 26 | 10/3 | 丙午 | 四 | 六 | 26 | 9/4 | 丁丑 | 七 | 八 |
| 27 | 1/30 | 乙巳 | 6 | 6 | 27 | 12/31 | 乙亥 | 4 | 3 | 27 | 12/2 | 丙午 | 二 | 九 | 27 | 11/3 | 丁丑 | 二 | 二 | 27 | 10/4 | 丁未 | 四 | 五 | 27 | 9/5 | 戊寅 | 七 | 七 |
| 28 | 1/31 | 丙午 | 6 | 7 | 28 | 1/1 | 丙子 | 4 | 4 | 28 | 12/3 | 丁未 | 二 | 八 | 28 | 11/4 | 戊寅 | 二 | 一 | 28 | 10/5 | 戊申 | 四 | 四 | 28 | 9/6 | 己卯 | 九 | 六 |
| 29 | 2/1 | 丁未 | 6 | 8 | 29 | 1/2 | 丁丑 | 4 | 5 | 29 | 12/4 | 戊申 | 二 | 七 | 29 | 11/5 | 己卯 | 六 | 九 | 29 | 10/6 | 己酉 | 六 | 三 | 29 | 9/7 | 庚辰 | 九 | 五 |
| | | | | | 30 | 1/3 | 戊寅 | 4 | 6 | | | | | | | | | | | 30 | 10/7 | 庚戌 | 六 | 二 | | | | | |

# 西元2049年（己巳）肖蛇 民國138年（男坤命）

奇門遁甲局數如標示為 一 ～九表示陰局　　如標示為1 ～9 表示陽局

| 六月 | | | | | 五月 | | | | | 四月 | | | | | 三月 | | | | | 二月 | | | | | 正月 | | | | |
|---|---|---|---|---|---|---|---|---|---|---|---|---|---|---|---|---|---|---|---|---|---|---|---|---|---|---|---|---|---|
| 辛未 | | | | | 庚午 | | | | | 己巳 | | | | | 戊辰 | | | | | 丁卯 | | | | | 丙寅 | | | | |
| 六白金 | | | | | 七赤金 | | | | | 八白土 | | | | | 九紫火 | | | | | 一白水 | | | | | 二黑土 | | | | |
| 大暑 16時38分 廿三申時 | | 小暑 23時16分 初七子時 | 奇門遁甲局數 | | 夏至 05時49分 廿二卯時 | | 芒種 13時52分 初六未時 | 奇門遁甲局數 | | 小滿 22時05分 十九亥時 | | 立夏 09時14分 初四巳時 | 奇門遁甲局數 | | 穀雨 23時15分 十八子時 | | 清明 16時16分 初三申時 | 奇門遁甲局數 | | 春分 12時36分 十七午時 | | 驚蟄 11時45分 初二午時 | 奇門遁甲局數 | | 雨水 13時44分 十七未時 | | 立春 17時55分 初二酉時 | 奇門遁甲局數 | |
| 農曆 | 國曆 | 干支 | 時盤 | 日盤 | 農曆 | 國曆 | 干支 | 時盤 | 日盤 | 農曆 | 國曆 | 干支 | 時盤 | 日盤 | 農曆 | 國曆 | 干支 | 時盤 | 日盤 | 農曆 | 國曆 | 干支 | 時盤 | 日盤 | 農曆 | 國曆 | 干支 | 時盤 | 日盤 |
| 1 | 6/30 | 丙子 | 六 | 六 | 1 | 5/31 | 丙午 | 8 | 1 | 1 | 5/2 | 丁丑 | 8 | 8 | 1 | 4/2 | 丁未 | 6 | 5 | 1 | 3/4 | 戊寅 | 3 | 3 | 1 | 2/2 | 戊申 | 6 | 9 |
| 2 | 7/1 | 丁丑 | 六 | 五 | 2 | 6/1 | 丁未 | 8 | 2 | 2 | 5/3 | 戊寅 | 8 | 9 | 2 | 4/3 | 戊申 | 6 | 6 | 2 | 3/5 | 己卯 | 1 | 4 | 2 | 2/3 | 己酉 | 8 | 1 |
| 3 | 7/2 | 戊寅 | 六 | 四 | 3 | 6/2 | 戊申 | 8 | 3 | 3 | 5/4 | 己卯 | 4 | 1 | 3 | 4/4 | 己酉 | 4 | 7 | 3 | 3/6 | 庚辰 | 1 | 5 | 3 | 2/4 | 庚戌 | 8 | 2 |
| 4 | 7/3 | 己卯 | 八 | 三 | 4 | 6/3 | 己酉 | 6 | 4 | 4 | 5/5 | 庚辰 | 4 | 2 | 4 | 4/5 | 庚戌 | 4 | 8 | 4 | 3/7 | 辛巳 | 1 | 6 | 4 | 2/5 | 辛亥 | 8 | 3 |
| 5 | 7/4 | 庚辰 | 八 | 二 | 5 | 6/4 | 庚戌 | 6 | 5 | 5 | 5/6 | 辛巳 | 4 | 3 | 5 | 4/6 | 辛亥 | 4 | 9 | 5 | 3/8 | 壬午 | 1 | 7 | 5 | 2/6 | 壬子 | 8 | 4 |
| 6 | 7/5 | 辛巳 | 八 | 一 | 6 | 6/5 | 辛亥 | 6 | 6 | 6 | 5/7 | 壬午 | 4 | 4 | 6 | 4/7 | 壬子 | 4 | 1 | 6 | 3/9 | 癸未 | 1 | 8 | 6 | 2/7 | 癸丑 | 8 | 5 |
| 7 | 7/6 | 壬午 | 八 | 九 | 7 | 6/6 | 壬子 | 6 | 7 | 7 | 5/8 | 癸未 | 4 | 5 | 7 | 4/8 | 癸丑 | 4 | 2 | 7 | 3/10 | 甲申 | 7 | 9 | 7 | 2/8 | 甲寅 | 5 | 6 |
| 8 | 7/7 | 癸未 | 八 | 八 | 8 | 6/7 | 癸丑 | 6 | 8 | 8 | 5/9 | 甲申 | 1 | 6 | 8 | 4/9 | 甲寅 | 1 | 3 | 8 | 3/11 | 乙酉 | 7 | 1 | 8 | 2/9 | 乙卯 | 5 | 7 |
| 9 | 7/8 | 甲申 | 二 | 七 | 9 | 6/8 | 甲寅 | 3 | 9 | 9 | 5/10 | 乙酉 | 1 | 7 | 9 | 4/10 | 乙卯 | 1 | 4 | 9 | 3/12 | 丙戌 | 7 | 2 | 9 | 2/10 | 丙辰 | 5 | 8 |
| 10 | 7/9 | 乙酉 | 二 | 六 | 10 | 6/9 | 乙卯 | 3 | 1 | 10 | 5/11 | 丙戌 | 1 | 8 | 10 | 4/11 | 丙辰 | 1 | 5 | 10 | 3/13 | 丁亥 | 7 | 3 | 10 | 2/11 | 丁巳 | 5 | 9 |
| 11 | 7/10 | 丙戌 | 二 | 五 | 11 | 6/10 | 丙辰 | 3 | 2 | 11 | 5/12 | 丁亥 | 1 | 9 | 11 | 4/12 | 丁巳 | 1 | 6 | 11 | 3/14 | 戊子 | 7 | 4 | 11 | 2/12 | 戊午 | 5 | 1 |
| 12 | 7/11 | 丁亥 | 二 | 四 | 12 | 6/11 | 丁巳 | 3 | 3 | 12 | 5/13 | 戊子 | 1 | 1 | 12 | 4/13 | 戊午 | 1 | 7 | 12 | 3/15 | 己丑 | 4 | 5 | 12 | 2/13 | 己未 | 2 | 2 |
| 13 | 7/12 | 戊子 | 二 | 三 | 13 | 6/12 | 戊午 | 3 | 4 | 13 | 5/14 | 己丑 | 7 | 2 | 13 | 4/14 | 己未 | 7 | 8 | 13 | 3/16 | 庚寅 | 4 | 6 | 13 | 2/14 | 庚申 | 2 | 3 |
| 14 | 7/13 | 己丑 | 五 | 二 | 14 | 6/13 | 己未 | 9 | 5 | 14 | 5/15 | 庚寅 | 7 | 3 | 14 | 4/15 | 庚申 | 7 | 9 | 14 | 3/17 | 辛卯 | 4 | 7 | 14 | 2/15 | 辛酉 | 2 | 4 |
| 15 | 7/14 | 庚寅 | 五 | 一 | 15 | 6/14 | 庚申 | 9 | 6 | 15 | 5/16 | 辛卯 | 7 | 4 | 15 | 4/16 | 辛酉 | 7 | 1 | 15 | 3/18 | 壬辰 | 4 | 8 | 15 | 2/16 | 壬戌 | 2 | 5 |
| 16 | 7/15 | 辛卯 | 五 | 九 | 16 | 6/15 | 辛酉 | 9 | 7 | 16 | 5/17 | 壬辰 | 7 | 5 | 16 | 4/17 | 壬戌 | 7 | 2 | 16 | 3/19 | 癸巳 | 4 | 9 | 16 | 2/17 | 癸亥 | 2 | 6 |
| 17 | 7/16 | 壬辰 | 五 | 八 | 17 | 6/16 | 壬戌 | 9 | 8 | 17 | 5/18 | 癸巳 | 7 | 6 | 17 | 4/18 | 癸亥 | 7 | 3 | 17 | 3/20 | 甲午 | 3 | 1 | 17 | 2/18 | 甲子 | 9 | 7 |
| 18 | 7/17 | 癸巳 | 五 | 七 | 18 | 6/17 | 癸亥 | 9 | 9 | 18 | 5/19 | 甲午 | 5 | 7 | 18 | 4/19 | 甲子 | 5 | 4 | 18 | 3/21 | 乙未 | 3 | 2 | 18 | 2/19 | 乙丑 | 9 | 8 |
| 19 | 7/18 | 甲午 | 七 | 六 | 19 | 6/18 | 甲子 | 九 | 1 | 19 | 5/20 | 乙未 | 5 | 8 | 19 | 4/20 | 乙丑 | 5 | 5 | 19 | 3/22 | 丙申 | 3 | 3 | 19 | 2/20 | 丙寅 | 9 | 9 |
| 20 | 7/19 | 乙未 | 七 | 五 | 20 | 6/19 | 乙丑 | 九 | 2 | 20 | 5/21 | 丙申 | 5 | 9 | 20 | 4/21 | 丙寅 | 5 | 6 | 20 | 3/23 | 丁酉 | 3 | 4 | 20 | 2/21 | 丁卯 | 9 | 1 |
| 21 | 7/20 | 丙申 | 七 | 四 | 21 | 6/20 | 丙寅 | 九 | 3 | 21 | 5/22 | 丁酉 | 5 | 1 | 21 | 4/22 | 丁卯 | 5 | 7 | 21 | 3/24 | 戊戌 | 3 | 5 | 21 | 2/22 | 戊辰 | 9 | 2 |
| 22 | 7/21 | 丁酉 | 七 | 三 | 22 | 6/21 | 丁卯 | 九 | 六 | 22 | 5/23 | 戊戌 | 5 | 2 | 22 | 4/23 | 戊辰 | 5 | 8 | 22 | 3/25 | 己亥 | 9 | 6 | 22 | 2/23 | 己巳 | 6 | 3 |
| 23 | 7/22 | 戊戌 | 七 | 二 | 23 | 6/22 | 戊辰 | 九 | 五 | 23 | 5/24 | 己亥 | 2 | 3 | 23 | 4/24 | 己巳 | 2 | 9 | 23 | 3/26 | 庚子 | 9 | 7 | 23 | 2/24 | 庚午 | 6 | 4 |
| 24 | 7/23 | 己亥 | 一 | 一 | 24 | 6/23 | 己巳 | 三 | 四 | 24 | 5/25 | 庚子 | 2 | 4 | 24 | 4/25 | 庚午 | 2 | 1 | 24 | 3/27 | 辛丑 | 9 | 8 | 24 | 2/25 | 辛未 | 6 | 5 |
| 25 | 7/24 | 庚子 | 一 | 九 | 25 | 6/24 | 庚午 | 三 | 三 | 25 | 5/26 | 辛丑 | 2 | 5 | 25 | 4/26 | 辛未 | 2 | 2 | 25 | 3/28 | 壬寅 | 9 | 9 | 25 | 2/26 | 壬申 | 6 | 6 |
| 26 | 7/25 | 辛丑 | 一 | 八 | 26 | 6/25 | 辛未 | 三 | 二 | 26 | 5/27 | 壬寅 | 2 | 6 | 26 | 4/27 | 壬申 | 2 | 3 | 26 | 3/29 | 癸卯 | 9 | 1 | 26 | 2/27 | 癸酉 | 6 | 7 |
| 27 | 7/26 | 壬寅 | 一 | 七 | 27 | 6/26 | 壬申 | 三 | 一 | 27 | 5/28 | 癸卯 | 2 | 7 | 27 | 4/28 | 癸酉 | 2 | 4 | 27 | 3/30 | 甲辰 | 6 | 2 | 27 | 2/28 | 甲戌 | 3 | 8 |
| 28 | 7/27 | 癸卯 | 一 | 六 | 28 | 6/27 | 癸酉 | 三 | 九 | 28 | 5/29 | 甲辰 | 8 | 8 | 28 | 4/29 | 甲戌 | 8 | 5 | 28 | 3/31 | 乙巳 | 6 | 3 | 28 | 3/1 | 乙亥 | 3 | 9 |
| 29 | 7/28 | 甲辰 | 四 | 五 | 29 | 6/28 | 甲戌 | 六 | 八 | 29 | 5/30 | 乙巳 | 8 | 9 | 29 | 4/30 | 乙亥 | 8 | 6 | 29 | 4/1 | 丙午 | 6 | 4 | 29 | 3/2 | 丙子 | 3 | 1 |
| 30 | 7/29 | 乙巳 | 四 | 四 | 30 | 6/29 | 乙亥 | 六 | 七 | | | | | | 30 | 5/1 | 丙子 | 8 | 7 | | | | | | 30 | 3/3 | 丁丑 | 3 | 2 |

# 西元2049年（己巳）肖蛇 民國138年（女坎命）

奇門遁甲局數如標示為 一 ～九表示陰局　　如標示為1 ～9 表示陽局

| 十二月 | | | | | 十一月 | | | | | 十　月 | | | | |
|---|---|---|---|---|---|---|---|---|---|---|---|---|---|---|
| 丁丑 | | | | | 丙子 | | | | | 乙亥 | | | | |
| 九紫火 | | | | | 一白水 | | | | | 二黑土 | | | | |
| 大寒 05時35分 廿七卯時 | | 小寒 12時09分 十二午時 | 奇門遁甲局數 | | 冬至 18時53分 廿七酉時 | | 大雪 00時48分 十三子時 | 奇門遁甲局數 | | 小雪 05時21分 廿七卯時 | | 立冬 07時40分 十二辰時 | 奇門遁甲局數 | |
| 農曆 | 國曆 | 干支 | 時盤 | 日盤 | 農曆 | 國曆 | 干支 | 時盤 | 日盤 | 農曆 | 國曆 | 干支 | 時盤 | 日盤 |
| 1 | 12/25 | 甲戌 | 4 | 2 | 1 | 11/25 | 甲辰 | 二 | 二 | 1 | 10/27 | 乙亥 | 二 | 四 |
| 2 | 12/26 | 乙亥 | 4 | 3 | 2 | 11/26 | 乙巳 | 二 | 一 | 2 | 10/28 | 丙子 | 二 | 三 |
| 3 | 12/27 | 丙子 | 4 | 4 | 3 | 11/27 | 丙午 | 二 | 九 | 3 | 10/29 | 丁丑 | 二 | 二 |
| 4 | 12/28 | 丁丑 | 4 | 5 | 4 | 11/28 | 丁未 | 二 | 八 | 4 | 10/30 | 戊寅 | 二 | 一 |
| 5 | 12/29 | 戊寅 | 4 | 6 | 5 | 11/29 | 戊申 | 二 | 七 | 5 | 10/31 | 己卯 | 六 | 九 |
| 6 | 12/30 | 己卯 | 2 | 7 | 6 | 11/30 | 己酉 | 四 | 六 | 6 | 11/1 | 庚辰 | 六 | 八 |
| 7 | 12/31 | 庚辰 | 2 | 8 | 7 | 12/1 | 庚戌 | 四 | 五 | 7 | 11/2 | 辛巳 | 六 | 七 |
| 8 | 1/1 | 辛巳 | 2 | 9 | 8 | 12/2 | 辛亥 | 四 | 四 | 8 | 11/3 | 壬午 | 六 | 六 |
| 9 | 1/2 | 壬午 | 2 | 1 | 9 | 12/3 | 壬子 | 四 | 三 | 9 | 11/4 | 癸未 | 六 | 五 |
| 10 | 1/3 | 癸未 | 2 | 2 | 10 | 12/4 | 癸丑 | 四 | 二 | 10 | 11/5 | 甲申 | 九 | 四 |
| 11 | 1/4 | 甲申 | 8 | 3 | 11 | 12/5 | 甲寅 | 七 | 一 | 11 | 11/6 | 乙酉 | 九 | 三 |
| 12 | 1/5 | 乙酉 | 8 | 4 | 12 | 12/6 | 乙卯 | 七 | 九 | 12 | 11/7 | 丙戌 | 九 | 二 |
| 13 | 1/6 | 丙戌 | 8 | 5 | 13 | 12/7 | 丙辰 | 七 | 八 | 13 | 11/8 | 丁亥 | 九 | 一 |
| 14 | 1/7 | 丁亥 | 8 | 6 | 14 | 12/8 | 丁巳 | 七 | 七 | 14 | 11/9 | 戊子 | 九 | 九 |
| 15 | 1/8 | 戊子 | 8 | 7 | 15 | 12/9 | 戊午 | 七 | 六 | 15 | 11/10 | 己丑 | 三 | 八 |
| 16 | 1/9 | 己丑 | 5 | 8 | 16 | 12/10 | 己未 | 一 | 五 | 16 | 11/11 | 庚寅 | 三 | 七 |
| 17 | 1/10 | 庚寅 | 5 | 9 | 17 | 12/11 | 庚申 | 一 | 四 | 17 | 11/12 | 辛卯 | 三 | 六 |
| 18 | 1/11 | 辛卯 | 5 | 1 | 18 | 12/12 | 辛酉 | 一 | 三 | 18 | 11/13 | 壬辰 | 三 | 五 |
| 19 | 1/12 | 壬辰 | 5 | 2 | 19 | 12/13 | 壬戌 | 一 | 二 | 19 | 11/14 | 癸巳 | 三 | 四 |
| 20 | 1/13 | 癸巳 | 5 | 3 | 20 | 12/14 | 癸亥 | 一 | 一 | 20 | 11/15 | 甲午 | 五 | 三 |
| 21 | 1/14 | 甲午 | 3 | 4 | 21 | 12/15 | 甲子 | 1 | 九 | 21 | 11/16 | 乙未 | 五 | 二 |
| 22 | 1/15 | 乙未 | 3 | 5 | 22 | 12/16 | 乙丑 | 1 | 八 | 22 | 11/17 | 丙申 | 五 | 一 |
| 23 | 1/16 | 丙申 | 3 | 6 | 23 | 12/17 | 丙寅 | 1 | 七 | 23 | 11/18 | 丁酉 | 五 | 九 |
| 24 | 1/17 | 丁酉 | 3 | 7 | 24 | 12/18 | 丁卯 | 1 | 六 | 24 | 11/19 | 戊戌 | 五 | 八 |
| 25 | 1/18 | 戊戌 | 3 | 8 | 25 | 12/19 | 戊辰 | 1 | 五 | 25 | 11/20 | 己亥 | 八 | 七 |
| 26 | 1/19 | 己亥 | 9 | 9 | 26 | 12/20 | 己巳 | 7 | 四 | 26 | 11/21 | 庚子 | 八 | 六 |
| 27 | 1/20 | 庚子 | 9 | 1 | 27 | 12/21 | 庚午 | 7 | 7 | 27 | 11/22 | 辛丑 | 八 | 五 |
| 28 | 1/21 | 辛丑 | 9 | 2 | 28 | 12/22 | 辛未 | 7 | 8 | 28 | 11/23 | 壬寅 | 八 | 四 |
| 29 | 1/22 | 壬寅 | 9 | 3 | 29 | 12/23 | 壬申 | 7 | 9 | 29 | 11/24 | 癸卯 | 八 | 三 |
| | | | | | 30 | 12/24 | 癸酉 | 7 | 1 | | | | | |

| 九　月 | | | | | 八　月 | | | | | 七　月 | | | | |
|---|---|---|---|---|---|---|---|---|---|---|---|---|---|---|
| 甲戌 | | | | | 癸酉 | | | | | 壬申 | | | | |
| 三碧木 | | | | | 四綠木 | | | | | 五黃土 | | | | |
| 霜降 07時26分 廿七辰時 | | 寒露 04時16分 十二寅時 | 奇門遁甲局數 | | 秋分 21時44分 廿六亥時 | | 白露 12時17分 十一午時 | 奇門遁甲局數 | | 處暑 23時49分 廿四子時 | | 立秋 08時57分 初九辰時 | 奇門遁甲局數 | |
| 農曆 | 國曆 | 干支 | 時盤 | 日盤 | 農曆 | 國曆 | 干支 | 時盤 | 日盤 | 農曆 | 國曆 | 干支 | 時盤 | 日盤 |
| 1 | 9/27 | 乙巳 | 四 | 七 | 1 | 8/28 | 乙亥 | 七 | 一 | 1 | 7/30 | 丙午 | 四 | 三 |
| 2 | 9/28 | 丙午 | 四 | 六 | 2 | 8/29 | 丙子 | 七 | 九 | 2 | 7/31 | 丁未 | 四 | 二 |
| 3 | 9/29 | 丁未 | 四 | 五 | 3 | 8/30 | 丁丑 | 七 | 八 | 3 | 8/1 | 戊申 | 四 | 一 |
| 4 | 9/30 | 戊申 | 四 | 四 | 4 | 8/31 | 戊寅 | 七 | 七 | 4 | 8/2 | 己酉 | 二 | 九 |
| 5 | 10/1 | 己酉 | 六 | 三 | 5 | 9/1 | 己卯 | 九 | 六 | 5 | 8/3 | 庚戌 | 二 | 八 |
| 6 | 10/2 | 庚戌 | 六 | 二 | 6 | 9/2 | 庚辰 | 九 | 五 | 6 | 8/4 | 辛亥 | 二 | 七 |
| 7 | 10/3 | 辛亥 | 六 | 一 | 7 | 9/3 | 辛巳 | 九 | 四 | 7 | 8/5 | 壬子 | 二 | 六 |
| 8 | 10/4 | 壬子 | 六 | 九 | 8 | 9/4 | 壬午 | 九 | 三 | 8 | 8/6 | 癸丑 | 二 | 五 |
| 9 | 10/5 | 癸丑 | 六 | 八 | 9 | 9/5 | 癸未 | 九 | 二 | 9 | 8/7 | 甲寅 | 五 | 四 |
| 10 | 10/6 | 甲寅 | 九 | 七 | 10 | 9/6 | 甲申 | 三 | 一 | 10 | 8/8 | 乙卯 | 五 | 三 |
| 11 | 10/7 | 乙卯 | 九 | 六 | 11 | 9/7 | 乙酉 | 三 | 九 | 11 | 8/9 | 丙辰 | 五 | 二 |
| 12 | 10/8 | 丙辰 | 九 | 五 | 12 | 9/8 | 丙戌 | 三 | 八 | 12 | 8/10 | 丁巳 | 五 | 一 |
| 13 | 10/9 | 丁巳 | 九 | 四 | 13 | 9/9 | 丁亥 | 三 | 七 | 13 | 8/11 | 戊午 | 五 | 九 |
| 14 | 10/10 | 戊午 | 九 | 三 | 14 | 9/10 | 戊子 | 三 | 六 | 14 | 8/12 | 己未 | 八 | 八 |
| 15 | 10/11 | 己未 | 三 | 二 | 15 | 9/11 | 己丑 | 六 | 五 | 15 | 8/13 | 庚申 | 八 | 七 |
| 16 | 10/12 | 庚申 | 三 | 一 | 16 | 9/12 | 庚寅 | 六 | 四 | 16 | 8/14 | 辛酉 | 八 | 六 |
| 17 | 10/13 | 辛酉 | 三 | 九 | 17 | 9/13 | 辛卯 | 六 | 三 | 17 | 8/15 | 壬戌 | 八 | 五 |
| 18 | 10/14 | 壬戌 | 三 | 八 | 18 | 9/14 | 壬辰 | 六 | 二 | 18 | 8/16 | 癸亥 | 八 | 四 |
| 19 | 10/15 | 癸亥 | 三 | 七 | 19 | 9/15 | 癸巳 | 六 | 一 | 19 | 8/17 | 甲子 | 一 | 三 |
| 20 | 10/16 | 甲子 | 五 | 六 | 20 | 9/16 | 甲午 | 七 | 九 | 20 | 8/18 | 乙丑 | 一 | 二 |
| 21 | 10/17 | 乙丑 | 五 | 五 | 21 | 9/17 | 乙未 | 七 | 八 | 21 | 8/19 | 丙寅 | 一 | 一 |
| 22 | 10/18 | 丙寅 | 五 | 四 | 22 | 9/18 | 丙申 | 七 | 七 | 22 | 8/20 | 丁卯 | 一 | 九 |
| 23 | 10/19 | 丁卯 | 五 | 三 | 23 | 9/19 | 丁酉 | 七 | 六 | 23 | 8/21 | 戊辰 | 一 | 八 |
| 24 | 10/20 | 戊辰 | 五 | 二 | 24 | 9/20 | 戊戌 | 七 | 五 | 24 | 8/22 | 己巳 | 四 | 七 |
| 25 | 10/21 | 己巳 | 八 | 一 | 25 | 9/21 | 己亥 | 一 | 四 | 25 | 8/23 | 庚午 | 四 | 六 |
| 26 | 10/22 | 庚午 | 八 | 九 | 26 | 9/22 | 庚子 | 一 | 三 | 26 | 8/24 | 辛未 | 四 | 五 |
| 27 | 10/23 | 辛未 | 八 | 八 | 27 | 9/23 | 辛丑 | 一 | 二 | 27 | 8/25 | 壬申 | 四 | 四 |
| 28 | 10/24 | 壬申 | 八 | 七 | 28 | 9/24 | 壬寅 | 一 | 一 | 28 | 8/26 | 癸酉 | 四 | 三 |
| 29 | 10/25 | 癸酉 | 八 | 六 | 29 | 9/25 | 癸卯 | 一 | 九 | 29 | 8/27 | 甲戌 | 七 | 二 |
| 30 | 10/26 | 甲戌 | 二 | 五 | 30 | 9/26 | 甲辰 | 四 | 八 | | | | | |

# 西元2050年（庚午）肖馬 民國139年（男巽命）

奇門遁甲局數如標示為 一 ～九表示陰局　　如標示為1 ～9 表示陽局

**六月　癸未　三碧木**　立秋 14時54分 二十未時；大暑 22時23分 初四亥時（奇門遁甲局數）

| 農曆 | 國曆 | 干支 | 時盤 | 日盤 |
|---|---|---|---|---|
| 1 | 7/19 | 庚子 | 二 | 九 |
| 2 | 7/20 | 辛丑 | 二 | 八 |
| 3 | 7/21 | 壬寅 | 二 | 七 |
| 4 | 7/22 | 癸卯 | 二 | 六 |
| 5 | 7/23 | 甲辰 | 五 | 五 |
| 6 | 7/24 | 乙巳 | 五 | 四 |
| 7 | 7/25 | 丙午 | 五 | 三 |
| 8 | 7/26 | 丁未 | 五 | 二 |
| 9 | 7/27 | 戊申 | 五 | 一 |
| 10 | 7/28 | 己酉 | 七 | 九 |
| 11 | 7/29 | 庚戌 | 七 | 八 |
| 12 | 7/30 | 辛亥 | 七 | 七 |
| 13 | 7/31 | 壬子 | 七 | 六 |
| 14 | 8/1 | 癸丑 | 七 | 五 |
| 15 | 8/2 | 甲寅 | 一 | 四 |
| 16 | 8/3 | 乙卯 | 一 | 三 |
| 17 | 8/4 | 丙辰 | 一 | 二 |
| 18 | 8/5 | 丁巳 | 一 | 一 |
| 19 | 8/6 | 戊午 | 一 | 九 |
| 20 | 8/7 | 己未 | 四 | 八 |
| 21 | 8/8 | 庚申 | 四 | 七 |
| 22 | 8/9 | 辛酉 | 四 | 六 |
| 23 | 8/10 | 壬戌 | 四 | 五 |
| 24 | 8/11 | 癸亥 | 四 | 四 |
| 25 | 8/12 | 甲子 | 二 | 三 |
| 26 | 8/13 | 乙丑 | 二 | 二 |
| 27 | 8/14 | 丙寅 | 二 | 一 |
| 28 | 8/15 | 丁卯 | 二 | 九 |
| 29 | 8/16 | 戊辰 | 二 | 八 |

**五月　壬午　四綠木**　小暑 05時13分 十九卯時；夏至 11時33分 初三午時（奇門遁甲局數）

| 農曆 | 國曆 | 干支 | 時盤 | 日盤 |
|---|---|---|---|---|
| 1 | 6/19 | 庚午 | 3 | 7 |
| 2 | 6/20 | 辛未 | 3 | 8 |
| 3 | 6/21 | 壬申 | 3 | 一 |
| 4 | 6/22 | 癸酉 | 3 | 九 |
| 5 | 6/23 | 甲戌 | 9 | 八 |
| 6 | 6/24 | 乙亥 | 9 | 七 |
| 7 | 6/25 | 丙子 | 9 | 六 |
| 8 | 6/26 | 丁丑 | 9 | 五 |
| 9 | 6/27 | 戊寅 | 9 | 四 |
| 10 | 6/28 | 己卯 | 九 | 三 |
| 11 | 6/29 | 庚辰 | 九 | 二 |
| 12 | 6/30 | 辛巳 | 九 | 一 |
| 13 | 7/1 | 壬午 | 九 | 九 |
| 14 | 7/2 | 癸未 | 九 | 八 |
| 15 | 7/3 | 甲申 | 三 | 七 |
| 16 | 7/4 | 乙酉 | 三 | 六 |
| 17 | 7/5 | 丙戌 | 三 | 五 |
| 18 | 7/6 | 丁亥 | 三 | 四 |
| 19 | 7/7 | 戊子 | 三 | 三 |
| 20 | 7/8 | 己丑 | 六 | 二 |
| 21 | 7/9 | 庚寅 | 六 | 一 |
| 22 | 7/10 | 辛卯 | 六 | 九 |
| 23 | 7/11 | 壬辰 | 六 | 八 |
| 24 | 7/12 | 癸巳 | 六 | 七 |
| 25 | 7/13 | 甲午 | 八 | 六 |
| 26 | 7/14 | 乙未 | 八 | 五 |
| 27 | 7/15 | 丙申 | 八 | 四 |
| 28 | 7/16 | 丁酉 | 八 | 三 |
| 29 | 7/17 | 戊戌 | 八 | 二 |
| 30 | 7/18 | 己亥 | 二 | 一 |

**四月　辛巳　五黃土**　芒種 18時56分 十六酉時；小滿 03時53分 初一寅時（奇門遁甲局數）

| 農曆 | 國曆 | 干支 | 時盤 | 日盤 |
|---|---|---|---|---|
| 1 | 5/21 | 辛丑 | 2 | 5 |
| 2 | 5/22 | 壬寅 | 2 | 6 |
| 3 | 5/23 | 癸卯 | 2 | 7 |
| 4 | 5/24 | 甲辰 | 8 | 8 |
| 5 | 5/25 | 乙巳 | 8 | 9 |
| 6 | 5/26 | 丙午 | 8 | 1 |
| 7 | 5/27 | 丁未 | 8 | 2 |
| 8 | 5/28 | 戊申 | 8 | 3 |
| 9 | 5/29 | 己酉 | 6 | 4 |
| 10 | 5/30 | 庚戌 | 6 | 5 |
| 11 | 5/31 | 辛亥 | 6 | 6 |
| 12 | 6/1 | 壬子 | 6 | 7 |
| 13 | 6/2 | 癸丑 | 6 | 8 |
| 14 | 6/3 | 甲寅 | 3 | 9 |
| 15 | 6/4 | 乙卯 | 3 | 1 |
| 16 | 6/5 | 丙辰 | 3 | 2 |
| 17 | 6/6 | 丁巳 | 3 | 3 |
| 18 | 6/7 | 戊午 | 3 | 4 |
| 19 | 6/8 | 己未 | 9 | 5 |
| 20 | 6/9 | 庚申 | 9 | 6 |
| 21 | 6/10 | 辛酉 | 9 | 7 |
| 22 | 6/11 | 壬戌 | 9 | 8 |
| 23 | 6/12 | 癸亥 | 9 | 9 |
| 24 | 6/13 | 甲子 | 6 | 1 |
| 25 | 6/14 | 乙丑 | 6 | 2 |
| 26 | 6/15 | 丙寅 | 6 | 3 |
| 27 | 6/16 | 丁卯 | 6 | 4 |
| 28 | 6/17 | 戊辰 | 6 | 5 |
| 29 | 6/18 | 己巳 | 3 | 6 |

**潤三月　辛巳**　立夏 15時13分 十五申時（奇門遁甲局數）

| 農曆 | 國曆 | 干支 | 時盤 | 日盤 |
|---|---|---|---|---|
| 1 | 4/21 | 辛未 | 2 | 2 |
| 2 | 4/22 | 壬申 | 2 | 3 |
| 3 | 4/23 | 癸酉 | 2 | 4 |
| 4 | 4/24 | 甲戌 | 8 | 5 |
| 5 | 4/25 | 乙亥 | 8 | 6 |
| 6 | 4/26 | 丙子 | 8 | 7 |
| 7 | 4/27 | 丁丑 | 8 | 8 |
| 8 | 4/28 | 戊寅 | 8 | 9 |
| 9 | 4/29 | 己卯 | 4 | 1 |
| 10 | 4/30 | 庚辰 | 4 | 2 |
| 11 | 5/1 | 辛巳 | 4 | 3 |
| 12 | 5/2 | 壬午 | 4 | 4 |
| 13 | 5/3 | 癸未 | 4 | 5 |
| 14 | 5/4 | 甲申 | 1 | 6 |
| 15 | 5/5 | 乙酉 | 1 | 7 |
| 16 | 5/6 | 丙戌 | 1 | 8 |
| 17 | 5/7 | 丁亥 | 1 | 9 |
| 18 | 5/8 | 戊子 | 1 | 1 |
| 19 | 5/9 | 己丑 | 7 | 2 |
| 20 | 5/10 | 庚寅 | 7 | 3 |
| 21 | 5/11 | 辛卯 | 7 | 4 |
| 22 | 5/12 | 壬辰 | 7 | 5 |
| 23 | 5/13 | 癸巳 | 7 | 6 |
| 24 | 5/14 | 甲午 | 5 | 7 |
| 25 | 5/15 | 乙未 | 5 | 8 |
| 26 | 5/16 | 丙申 | 5 | 9 |
| 27 | 5/17 | 丁酉 | 5 | 1 |
| 28 | 5/18 | 戊戌 | 5 | 2 |
| 29 | 5/19 | 己亥 | 2 | 3 |
| 30 | 5/20 | 庚子 | 2 | 4 |

**三月　庚辰　六白金**　穀雨 05時32分 廿九卯時；清明 22時51分 十三亥時（奇門遁甲局數）

| 農曆 | 國曆 | 干支 | 時盤 | 日盤 |
|---|---|---|---|---|
| 1 | 3/23 | 壬寅 | 9 | 9 |
| 2 | 3/24 | 癸卯 | 9 | 1 |
| 3 | 3/25 | 甲辰 | 6 | 2 |
| 4 | 3/26 | 乙巳 | 6 | 3 |
| 5 | 3/27 | 丙午 | 6 | 4 |
| 6 | 3/28 | 丁未 | 6 | 5 |
| 7 | 3/29 | 戊申 | 6 | 6 |
| 8 | 3/30 | 己酉 | 4 | 7 |
| 9 | 3/31 | 庚戌 | 4 | 8 |
| 10 | 4/1 | 辛亥 | 4 | 9 |
| 11 | 4/2 | 壬子 | 4 | 1 |
| 12 | 4/3 | 癸丑 | 4 | 2 |
| 13 | 4/4 | 甲寅 | 1 | 3 |
| 14 | 4/5 | 乙卯 | 1 | 4 |
| 15 | 4/6 | 丙辰 | 1 | 5 |
| 16 | 4/7 | 丁巳 | 1 | 6 |
| 17 | 4/8 | 戊午 | 1 | 7 |
| 18 | 4/9 | 己未 | 7 | 8 |
| 19 | 4/10 | 庚申 | 7 | 9 |
| 20 | 4/11 | 辛酉 | 7 | 1 |
| 21 | 4/12 | 壬戌 | 7 | 2 |
| 22 | 4/13 | 癸亥 | 7 | 3 |
| 23 | 4/14 | 甲子 | 5 | 4 |
| 24 | 4/15 | 乙丑 | 5 | 5 |
| 25 | 4/16 | 丙寅 | 5 | 6 |
| 26 | 4/17 | 丁卯 | 5 | 7 |
| 27 | 4/18 | 戊辰 | 5 | 8 |
| 28 | 4/19 | 己巳 | 2 | 9 |
| 29 | 4/20 | 庚午 | 2 | 1 |

**二月　己卯　七赤金**　春分 18時21分 廿八酉時；驚蟄 17時34分 十三酉時（奇門遁甲局數）

| 農曆 | 國曆 | 干支 | 時盤 | 日盤 |
|---|---|---|---|---|
| 1 | 2/21 | 壬申 | 6 | 6 |
| 2 | 2/22 | 癸酉 | 6 | 7 |
| 3 | 2/23 | 甲戌 | 3 | 8 |
| 4 | 2/24 | 乙亥 | 3 | 9 |
| 5 | 2/25 | 丙子 | 3 | 1 |
| 6 | 2/26 | 丁丑 | 3 | 2 |
| 7 | 2/27 | 戊寅 | 3 | 3 |
| 8 | 2/28 | 己卯 | 1 | 4 |
| 9 | 3/1 | 庚辰 | 1 | 5 |
| 10 | 3/2 | 辛巳 | 1 | 6 |
| 11 | 3/3 | 壬午 | 1 | 7 |
| 12 | 3/4 | 癸未 | 1 | 8 |
| 13 | 3/5 | 甲申 | 7 | 9 |
| 14 | 3/6 | 乙酉 | 7 | 1 |
| 15 | 3/7 | 丙戌 | 7 | 2 |
| 16 | 3/8 | 丁亥 | 7 | 3 |
| 17 | 3/9 | 戊子 | 7 | 4 |
| 18 | 3/10 | 己丑 | 4 | 5 |
| 19 | 3/11 | 庚寅 | 4 | 6 |
| 20 | 3/12 | 辛卯 | 4 | 7 |
| 21 | 3/13 | 壬辰 | 4 | 8 |
| 22 | 3/14 | 癸巳 | 4 | 9 |
| 23 | 3/15 | 甲午 | 3 | 1 |
| 24 | 3/16 | 乙未 | 3 | 2 |
| 25 | 3/17 | 丙申 | 3 | 3 |
| 26 | 3/18 | 丁酉 | 3 | 4 |
| 27 | 3/19 | 戊戌 | 3 | 5 |
| 28 | 3/20 | 己亥 | 9 | 6 |
| 29 | 3/21 | 庚子 | 9 | 7 |
| 30 | 3/22 | 辛丑 | 9 | 8 |

**正月　戊寅　八白土**　雨水 19時36分 廿七戌時；立春 23時45分 十二子時（奇門遁甲局數）

| 農曆 | 國曆 | 干支 | 時盤 | 日盤 |
|---|---|---|---|---|
| 1 | 1/23 | 癸卯 | 9 | 4 |
| 2 | 1/24 | 甲辰 | 6 | 5 |
| 3 | 1/25 | 乙巳 | 6 | 6 |
| 4 | 1/26 | 丙午 | 6 | 7 |
| 5 | 1/27 | 丁未 | 6 | 8 |
| 6 | 1/28 | 戊申 | 6 | 9 |
| 7 | 1/29 | 己酉 | 8 | 1 |
| 8 | 1/30 | 庚戌 | 8 | 2 |
| 9 | 1/31 | 辛亥 | 8 | 3 |
| 10 | 2/1 | 壬子 | 8 | 4 |
| 11 | 2/2 | 癸丑 | 8 | 5 |
| 12 | 2/3 | 甲寅 | 5 | 6 |
| 13 | 2/4 | 乙卯 | 5 | 7 |
| 14 | 2/5 | 丙辰 | 5 | 8 |
| 15 | 2/6 | 丁巳 | 5 | 9 |
| 16 | 2/7 | 戊午 | 5 | 1 |
| 17 | 2/8 | 己未 | 2 | 2 |
| 18 | 2/9 | 庚申 | 2 | 3 |
| 19 | 2/10 | 辛酉 | 2 | 4 |
| 20 | 2/11 | 壬戌 | 2 | 5 |
| 21 | 2/12 | 癸亥 | 2 | 6 |
| 22 | 2/13 | 甲子 | 9 | 7 |
| 23 | 2/14 | 乙丑 | 9 | 8 |
| 24 | 2/15 | 丙寅 | 9 | 9 |
| 25 | 2/16 | 丁卯 | 9 | 1 |
| 26 | 2/17 | 戊辰 | 9 | 2 |
| 27 | 2/18 | 己巳 | 6 | 3 |
| 28 | 2/19 | 庚午 | 6 | 4 |
| 29 | 2/20 | 辛未 | 6 | 5 |

# 西元2050年（庚午）肖馬 民國139年（女坤命）

奇門遁甲局數如標示為 一 ～九表示陰局　　如標示為1 ～9 表示陽局

| 十二月 | | | | | 十一月 | | | | | 十　月 | | | | | 九　月 | | | | | 八　月 | | | | | 七　月 | | | | |
|---|---|---|---|---|---|---|---|---|---|---|---|---|---|---|---|---|---|---|---|---|---|---|---|---|---|---|---|---|---|
| 己丑 | | | | | 戊子 | | | | | 丁亥 | | | | | 丙戌 | | | | | 乙酉 | | | | | 甲申 | | | | |
| 六白金 | | | | | 七赤金 | | | | | 八白土 | | | | | 九紫火 | | | | | 一白水 | | | | | 二黑土 | | | | |
| 立春 05時38分 | 廿三卯時 | 大寒 11時22分 初八午時 | 奇門遁甲局數 | | 小寒 18時14分 | 廿三酉時 | 冬至 00時40分 初九子時 | 奇門遁甲局數 | | 大雪 06時44分 | 廿四卯時 | 小雪 11時08分 初九午時 | 奇門遁甲局數 | | 立冬 13時35分 | 廿三未時 | 霜降 13時13分 初八未時 | 奇門遁甲局數 | | 寒露 10時21分 | 廿三巳時 | 秋分 03時30分 初八寅時 | 奇門遁甲局數 | | 白露 18時02分 | 廿二酉時 | 處暑 05時34分 初七卯時 | 奇門遁甲局數 | |
| 農曆 | 國曆 | 干支 | 時盤 | 日盤 | 農曆 | 國曆 | 干支 | 時盤 | 日盤 | 農曆 | 國曆 | 干支 | 時盤 | 日盤 | 農曆 | 國曆 | 干支 | 時盤 | 日盤 | 農曆 | 國曆 | 干支 | 時盤 | 日盤 | 農曆 | 國曆 | 干支 | 時盤 | 日盤 |
| 1 | 1/13 | 戊戌 | 2 | 8 | 1 | 12/14 | 戊辰 | 四 | 五 | 1 | 11/14 | 戊戌 | 六 | 八 | 1 | 10/16 | 己巳 | 九 | 一 | 1 | 9/16 | 己亥 | 三 | 四 | 1 | 8/17 | 己巳 | 五 | 七 |
| 2 | 1/14 | 己亥 | 8 | 9 | 2 | 12/15 | 己巳 | 七 | 四 | 2 | 11/15 | 己亥 | 九 | 七 | 2 | 10/17 | 庚午 | 九 | 九 | 2 | 9/17 | 庚子 | 三 | 三 | 2 | 8/18 | 庚午 | 五 | 六 |
| 3 | 1/15 | 庚子 | 8 | 1 | 3 | 12/16 | 庚午 | 七 | 三 | 3 | 11/16 | 庚子 | 九 | 六 | 3 | 10/18 | 辛未 | 九 | 八 | 3 | 9/18 | 辛丑 | 三 | 二 | 3 | 8/19 | 辛未 | 五 | 五 |
| 4 | 1/16 | 辛丑 | 8 | 2 | 4 | 12/17 | 辛未 | 七 | 二 | 4 | 11/17 | 辛丑 | 九 | 五 | 4 | 10/19 | 壬申 | 九 | 七 | 4 | 9/19 | 壬寅 | 三 | 一 | 4 | 8/20 | 壬申 | 五 | 四 |
| 5 | 1/17 | 壬寅 | 8 | 3 | 5 | 12/18 | 壬申 | 七 | 一 | 5 | 11/18 | 壬寅 | 九 | 四 | 5 | 10/20 | 癸酉 | 九 | 六 | 5 | 9/20 | 癸卯 | 三 | 九 | 5 | 8/21 | 癸酉 | 五 | 三 |
| 6 | 1/18 | 癸卯 | 8 | 4 | 6 | 12/19 | 癸酉 | 七 | 九 | 6 | 11/19 | 癸卯 | 九 | 三 | 6 | 10/21 | 甲戌 | 三 | 五 | 6 | 9/21 | 甲辰 | 六 | 八 | 6 | 8/22 | 甲戌 | 八 | 二 |
| 7 | 1/19 | 甲辰 | 5 | 5 | 7 | 12/20 | 甲戌 | 一 | 八 | 7 | 11/20 | 甲辰 | 三 | 二 | 7 | 10/22 | 乙亥 | 三 | 四 | 7 | 9/22 | 乙巳 | 六 | 七 | 7 | 8/23 | 乙亥 | 八 | 一 |
| 8 | 1/20 | 乙巳 | 5 | 6 | 8 | 12/21 | 乙亥 | 一 | 七 | 8 | 11/21 | 乙巳 | 三 | 一 | 8 | 10/23 | 丙子 | 三 | 三 | 8 | 9/23 | 丙午 | 六 | 六 | 8 | 8/24 | 丙子 | 八 | 九 |
| 9 | 1/21 | 丙午 | 5 | 7 | 9 | 12/22 | 丙子 | 一 | 4 | 9 | 11/22 | 丙午 | 三 | 九 | 9 | 10/24 | 丁丑 | 三 | 二 | 9 | 9/24 | 丁未 | 六 | 五 | 9 | 8/25 | 丁丑 | 八 | 八 |
| 10 | 1/22 | 丁未 | 5 | 8 | 10 | 12/23 | 丁丑 | 一 | 5 | 10 | 11/23 | 丁未 | 三 | 八 | 10 | 10/25 | 戊寅 | 三 | 一 | 10 | 9/25 | 戊申 | 六 | 四 | 10 | 8/26 | 戊寅 | 八 | 七 |
| 11 | 1/23 | 戊申 | 5 | 9 | 11 | 12/24 | 戊寅 | 一 | 6 | 11 | 11/24 | 戊申 | 三 | 七 | 11 | 10/26 | 己卯 | 五 | 九 | 11 | 9/26 | 己酉 | 七 | 三 | 11 | 8/27 | 己卯 | 一 | 六 |
| 12 | 1/24 | 己酉 | 3 | 1 | 12 | 12/25 | 己卯 | 1 | 7 | 12 | 11/25 | 己酉 | 五 | 六 | 12 | 10/27 | 庚辰 | 五 | 八 | 12 | 9/27 | 庚戌 | 七 | 二 | 12 | 8/28 | 庚辰 | 一 | 五 |
| 13 | 1/25 | 庚戌 | 3 | 2 | 13 | 12/26 | 庚辰 | 1 | 8 | 13 | 11/26 | 庚戌 | 五 | 五 | 13 | 10/28 | 辛巳 | 五 | 七 | 13 | 9/28 | 辛亥 | 七 | 一 | 13 | 8/29 | 辛巳 | 一 | 四 |
| 14 | 1/26 | 辛亥 | 3 | 3 | 14 | 12/27 | 辛巳 | 1 | 9 | 14 | 11/27 | 辛亥 | 五 | 四 | 14 | 10/29 | 壬午 | 五 | 六 | 14 | 9/29 | 壬子 | 七 | 九 | 14 | 8/30 | 壬午 | 一 | 三 |
| 15 | 1/27 | 壬子 | 3 | 4 | 15 | 12/28 | 壬午 | 1 | 1 | 15 | 11/28 | 壬子 | 五 | 三 | 15 | 10/30 | 癸未 | 五 | 五 | 15 | 9/30 | 癸丑 | 七 | 八 | 15 | 8/31 | 癸未 | 一 | 二 |
| 16 | 1/28 | 癸丑 | 3 | 5 | 16 | 12/29 | 癸未 | 1 | 2 | 16 | 11/29 | 癸丑 | 五 | 二 | 16 | 10/31 | 甲申 | 八 | 四 | 16 | 10/1 | 甲寅 | 一 | 七 | 16 | 9/1 | 甲申 | 四 | 一 |
| 17 | 1/29 | 甲寅 | 9 | 6 | 17 | 12/30 | 甲申 | 7 | 3 | 17 | 11/30 | 甲寅 | 八 | 一 | 17 | 11/1 | 乙酉 | 八 | 三 | 17 | 10/2 | 乙卯 | 一 | 六 | 17 | 9/2 | 乙酉 | 四 | 九 |
| 18 | 1/30 | 乙卯 | 9 | 7 | 18 | 12/31 | 乙酉 | 7 | 4 | 18 | 12/1 | 乙卯 | 八 | 九 | 18 | 11/2 | 丙戌 | 八 | 二 | 18 | 10/3 | 丙辰 | 一 | 五 | 18 | 9/3 | 丙戌 | 四 | 八 |
| 19 | 1/31 | 丙辰 | 9 | 8 | 19 | 1/1 | 丙戌 | 7 | 5 | 19 | 12/2 | 丙辰 | 八 | 八 | 19 | 11/3 | 丁亥 | 八 | 一 | 19 | 10/4 | 丁巳 | 一 | 四 | 19 | 9/4 | 丁亥 | 四 | 七 |
| 20 | 2/1 | 丁巳 | 9 | 9 | 20 | 1/2 | 丁亥 | 7 | 6 | 20 | 12/3 | 丁巳 | 八 | 七 | 20 | 11/4 | 戊子 | 八 | 九 | 20 | 10/5 | 戊午 | 一 | 三 | 20 | 9/5 | 戊子 | 四 | 六 |
| 21 | 2/2 | 戊午 | 9 | 1 | 21 | 1/3 | 戊子 | 7 | 7 | 21 | 12/4 | 戊午 | 八 | 六 | 21 | 11/5 | 己丑 | 二 | 八 | 21 | 10/6 | 己未 | 四 | 二 | 21 | 9/6 | 己丑 | 七 | 五 |
| 22 | 2/3 | 己未 | 6 | 2 | 22 | 1/4 | 己丑 | 4 | 8 | 22 | 12/5 | 己未 | 二 | 五 | 22 | 11/6 | 庚寅 | 二 | 七 | 22 | 10/7 | 庚申 | 四 | 一 | 22 | 9/7 | 庚寅 | 七 | 四 |
| 23 | 2/4 | 庚申 | 6 | 3 | 23 | 1/5 | 庚寅 | 4 | 9 | 23 | 12/6 | 庚申 | 二 | 四 | 23 | 11/7 | 辛卯 | 二 | 六 | 23 | 10/8 | 辛酉 | 四 | 九 | 23 | 9/8 | 辛卯 | 七 | 三 |
| 24 | 2/5 | 辛酉 | 6 | 4 | 24 | 1/6 | 辛卯 | 4 | 1 | 24 | 12/7 | 辛酉 | 二 | 三 | 24 | 11/8 | 壬辰 | 二 | 五 | 24 | 10/9 | 壬戌 | 四 | 八 | 24 | 9/9 | 壬辰 | 七 | 二 |
| 25 | 2/6 | 壬戌 | 6 | 5 | 25 | 1/7 | 壬辰 | 4 | 2 | 25 | 12/8 | 壬戌 | 二 | 二 | 25 | 11/9 | 癸巳 | 二 | 四 | 25 | 10/10 | 癸亥 | 四 | 七 | 25 | 9/10 | 癸巳 | 七 | 一 |
| 26 | 2/7 | 癸亥 | 6 | 6 | 26 | 1/8 | 癸巳 | 4 | 3 | 26 | 12/9 | 癸亥 | 二 | 一 | 26 | 11/10 | 甲午 | 六 | 三 | 26 | 10/11 | 甲子 | 六 | 六 | 26 | 9/11 | 甲午 | 九 | 九 |
| 27 | 2/8 | 甲子 | 8 | 7 | 27 | 1/9 | 甲午 | 2 | 4 | 27 | 12/10 | 甲子 | 四 | 九 | 27 | 11/11 | 乙未 | 六 | 二 | 27 | 10/12 | 乙丑 | 六 | 五 | 27 | 9/12 | 乙未 | 九 | 八 |
| 28 | 2/9 | 乙丑 | 8 | 8 | 28 | 1/10 | 乙未 | 2 | 5 | 28 | 12/11 | 乙丑 | 四 | 八 | 28 | 11/12 | 丙申 | 六 | 一 | 28 | 10/13 | 丙寅 | 六 | 四 | 28 | 9/13 | 丙申 | 九 | 七 |
| 29 | 2/10 | 丙寅 | 8 | 9 | 29 | 1/11 | 丙申 | 2 | 6 | 29 | 12/12 | 丙寅 | 四 | 七 | 29 | 11/13 | 丁酉 | 六 | 九 | 29 | 10/14 | 丁卯 | 六 | 三 | 29 | 9/14 | 丁酉 | 九 | 六 |
| | | | | | 30 | 1/12 | 丁酉 | 2 | 7 | 30 | 12/13 | 丁卯 | 四 | 六 | | | | | | 30 | 10/15 | 戊辰 | 六 | 二 | 30 | 9/15 | 戊戌 | 九 | 五 |

# 西元2051年（辛未）肖羊 民國140年（男震命）

奇門遁甲局數如標示為 一 ～九表示陰局　　如標示為1 ～9 表示陽局

| 六月 | | | | | 五月 | | | | | 四月 | | | | | 三月 | | | | | 二月 | | | | | 正月 | | | | |
|---|---|---|---|---|---|---|---|---|---|---|---|---|---|---|---|---|---|---|---|---|---|---|---|---|---|---|---|---|---|
| 乙未 | | | | | 甲午 | | | | | 癸巳 | | | | | 壬辰 | | | | | 辛卯 | | | | | 庚寅 | | | | |
| 九紫火 | | | | | 一白水 | | | | | 二黑土 | | | | | 三碧木 | | | | | 四綠木 | | | | | 五黃土 | | | | |
| 大暑 04時45分 十六寅時 | | | 奇門遁甲局數 | | 小暑 10時51分 廿九巳時 | | 夏至 17時20分 十三酉時 | 奇門遁甲局數 | | 芒種 00時42分 廿八子時 | | 小滿 09時33分 十二巳時 | 奇門遁甲局數 | | 立夏 20時49分 廿五戌時 | | 穀雨 10時42分 初十巳時 | 奇門遁甲局數 | | 清明 03時51分 廿四寅時 | | 春分 00時14分 初九子時 | 奇門遁甲局數 | | 驚蟄 23時24分 廿三子時 | | 雨水 01時19分 初九丑時 | 奇門遁甲局數 | |
| 農曆 | 國曆 | 干支 | 時盤 | 日盤 | 農曆 | 國曆 | 干支 | 時盤 | 日盤 | 農曆 | 國曆 | 干支 | 時盤 | 日盤 | 農曆 | 國曆 | 干支 | 時盤 | 日盤 | 農曆 | 國曆 | 干支 | 時盤 | 日盤 | 農曆 | 國曆 | 干支 | 時盤 | 日盤 |
| 1 | 7/8 | 甲午 | 八 | 六 | 1 | 6/9 | 乙丑 | 6 | 2 | 1 | 5/10 | 乙未 | 4 | 8 | 1 | 4/11 | 丙寅 | 4 | 6 | 1 | 3/13 | 丁酉 | 1 | 4 | 1 | 2/11 | 丁卯 | 8 | 1 |
| 2 | 7/9 | 乙未 | 八 | 五 | 2 | 6/10 | 丙寅 | 6 | 3 | 2 | 5/11 | 丙申 | 4 | 9 | 2 | 4/12 | 丁卯 | 4 | 7 | 2 | 3/14 | 戊戌 | 1 | 5 | 2 | 2/12 | 戊辰 | 8 | 2 |
| 3 | 7/10 | 丙申 | 八 | 四 | 3 | 6/11 | 丁卯 | 6 | 4 | 3 | 5/12 | 丁酉 | 4 | 1 | 3 | 4/13 | 戊辰 | 4 | 8 | 3 | 3/15 | 己亥 | 7 | 6 | 3 | 2/13 | 己巳 | 5 | 3 |
| 4 | 7/11 | 丁酉 | 八 | 三 | 4 | 6/12 | 戊辰 | 6 | 5 | 4 | 5/13 | 戊戌 | 4 | 2 | 4 | 4/14 | 己巳 | 1 | 9 | 4 | 3/16 | 庚子 | 7 | 7 | 4 | 2/14 | 庚午 | 5 | 4 |
| 5 | 7/12 | 戊戌 | 八 | 二 | 5 | 6/13 | 己巳 | 3 | 6 | 5 | 5/14 | 己亥 | 1 | 3 | 5 | 4/15 | 庚午 | 1 | 1 | 5 | 3/17 | 辛丑 | 7 | 8 | 5 | 2/15 | 辛未 | 5 | 5 |
| 6 | 7/13 | 己亥 | 二 | 一 | 6 | 6/14 | 庚午 | 3 | 7 | 6 | 5/15 | 庚子 | 1 | 4 | 6 | 4/16 | 辛未 | 1 | 2 | 6 | 3/18 | 壬寅 | 7 | 9 | 6 | 2/16 | 壬申 | 5 | 6 |
| 7 | 7/14 | 庚子 | 二 | 九 | 7 | 6/15 | 辛未 | 3 | 8 | 7 | 5/16 | 辛丑 | 1 | 5 | 7 | 4/17 | 壬申 | 1 | 3 | 7 | 3/19 | 癸卯 | 7 | 1 | 7 | 2/17 | 癸酉 | 5 | 7 |
| 8 | 7/15 | 辛丑 | 二 | 八 | 8 | 6/16 | 壬申 | 3 | 9 | 8 | 5/17 | 壬寅 | 1 | 6 | 8 | 4/18 | 癸酉 | 1 | 4 | 8 | 3/20 | 甲辰 | 4 | 2 | 8 | 2/18 | 甲戌 | 2 | 8 |
| 9 | 7/16 | 壬寅 | 二 | 七 | 9 | 6/17 | 癸酉 | 3 | 1 | 9 | 5/18 | 癸卯 | 1 | 7 | 9 | 4/19 | 甲戌 | 7 | 5 | 9 | 3/21 | 乙巳 | 4 | 3 | 9 | 2/19 | 乙亥 | 2 | 9 |
| 10 | 7/17 | 癸卯 | 二 | 六 | 10 | 6/18 | 甲戌 | 9 | 2 | 10 | 5/19 | 甲辰 | 7 | 8 | 10 | 4/20 | 乙亥 | 7 | 6 | 10 | 3/22 | 丙午 | 4 | 4 | 10 | 2/20 | 丙子 | 2 | 1 |
| 11 | 7/18 | 甲辰 | 五 | 五 | 11 | 6/19 | 乙亥 | 9 | 3 | 11 | 5/20 | 乙巳 | 7 | 9 | 11 | 4/21 | 丙子 | 7 | 7 | 11 | 3/23 | 丁未 | 4 | 5 | 11 | 2/21 | 丁丑 | 2 | 2 |
| 12 | 7/19 | 乙巳 | 五 | 四 | 12 | 6/20 | 丙子 | 9 | 4 | 12 | 5/21 | 丙午 | 7 | 1 | 12 | 4/22 | 丁丑 | 7 | 8 | 12 | 3/24 | 戊申 | 4 | 6 | 12 | 2/22 | 戊寅 | 2 | 3 |
| 13 | 7/20 | 丙午 | 五 | 三 | 13 | 6/21 | 丁丑 | 9 | 五 | 13 | 5/22 | 丁未 | 7 | 2 | 13 | 4/23 | 戊寅 | 7 | 9 | 13 | 3/25 | 己酉 | 3 | 7 | 13 | 2/23 | 己卯 | 9 | 4 |
| 14 | 7/21 | 丁未 | 五 | 二 | 14 | 6/22 | 戊寅 | 9 | 四 | 14 | 5/23 | 戊申 | 7 | 3 | 14 | 4/24 | 己卯 | 5 | 1 | 14 | 3/26 | 庚戌 | 3 | 8 | 14 | 2/24 | 庚辰 | 9 | 5 |
| 15 | 7/22 | 戊申 | 五 | 一 | 15 | 6/23 | 己卯 | 九 | 三 | 15 | 5/24 | 己酉 | 5 | 4 | 15 | 4/25 | 庚辰 | 5 | 2 | 15 | 3/27 | 辛亥 | 3 | 9 | 15 | 2/25 | 辛巳 | 9 | 6 |
| 16 | 7/23 | 己酉 | 七 | 九 | 16 | 6/24 | 庚辰 | 九 | 二 | 16 | 5/25 | 庚戌 | 5 | 5 | 16 | 4/26 | 辛巳 | 5 | 3 | 16 | 3/28 | 壬子 | 3 | 1 | 16 | 2/26 | 壬午 | 9 | 7 |
| 17 | 7/24 | 庚戌 | 七 | 八 | 17 | 6/25 | 辛巳 | 九 | 一 | 17 | 5/26 | 辛亥 | 5 | 6 | 17 | 4/27 | 壬午 | 5 | 4 | 17 | 3/29 | 癸丑 | 3 | 2 | 17 | 2/27 | 癸未 | 9 | 8 |
| 18 | 7/25 | 辛亥 | 七 | 七 | 18 | 6/26 | 壬午 | 九 | 九 | 18 | 5/27 | 壬子 | 5 | 7 | 18 | 4/28 | 癸未 | 5 | 5 | 18 | 3/30 | 甲寅 | 9 | 3 | 18 | 2/28 | 甲申 | 6 | 9 |
| 19 | 7/26 | 壬子 | 七 | 六 | 19 | 6/27 | 癸未 | 九 | 八 | 19 | 5/28 | 癸丑 | 5 | 8 | 19 | 4/29 | 甲申 | 2 | 6 | 19 | 3/31 | 乙卯 | 9 | 4 | 19 | 3/1 | 乙酉 | 6 | 1 |
| 20 | 7/27 | 癸丑 | 七 | 五 | 20 | 6/28 | 甲申 | 三 | 七 | 20 | 5/29 | 甲寅 | 2 | 9 | 20 | 4/30 | 乙酉 | 2 | 7 | 20 | 4/1 | 丙辰 | 9 | 5 | 20 | 3/2 | 丙戌 | 6 | 2 |
| 21 | 7/28 | 甲寅 | 一 | 四 | 21 | 6/29 | 乙酉 | 三 | 六 | 21 | 5/30 | 乙卯 | 2 | 1 | 21 | 5/1 | 丙戌 | 2 | 8 | 21 | 4/2 | 丁巳 | 9 | 6 | 21 | 3/3 | 丁亥 | 6 | 3 |
| 22 | 7/29 | 乙卯 | 一 | 三 | 22 | 6/30 | 丙戌 | 三 | 五 | 22 | 5/31 | 丙辰 | 2 | 2 | 22 | 5/2 | 丁亥 | 2 | 9 | 22 | 4/3 | 戊午 | 9 | 7 | 22 | 3/4 | 戊子 | 6 | 4 |
| 23 | 7/30 | 丙辰 | 一 | 二 | 23 | 7/1 | 丁亥 | 三 | 四 | 23 | 6/1 | 丁巳 | 2 | 3 | 23 | 5/3 | 戊子 | 2 | 1 | 23 | 4/4 | 己未 | 6 | 8 | 23 | 3/5 | 己丑 | 3 | 5 |
| 24 | 7/31 | 丁巳 | 一 | 一 | 24 | 7/2 | 戊子 | 三 | 三 | 24 | 6/2 | 戊午 | 2 | 4 | 24 | 5/4 | 己丑 | 8 | 2 | 24 | 4/5 | 庚申 | 6 | 9 | 24 | 3/6 | 庚寅 | 3 | 6 |
| 25 | 8/1 | 戊午 | 一 | 九 | 25 | 7/3 | 己丑 | 六 | 二 | 25 | 6/3 | 己未 | 8 | 5 | 25 | 5/5 | 庚寅 | 8 | 3 | 25 | 4/6 | 辛酉 | 6 | 1 | 25 | 3/7 | 辛卯 | 3 | 7 |
| 26 | 8/2 | 己未 | 四 | 八 | 26 | 7/4 | 庚寅 | 六 | 一 | 26 | 6/4 | 庚申 | 8 | 6 | 26 | 5/6 | 辛卯 | 8 | 4 | 26 | 4/7 | 壬戌 | 6 | 2 | 26 | 3/8 | 壬辰 | 3 | 8 |
| 27 | 8/3 | 庚申 | 四 | 七 | 27 | 7/5 | 辛卯 | 六 | 九 | 27 | 6/5 | 辛酉 | 8 | 7 | 27 | 5/7 | 壬辰 | 8 | 5 | 27 | 4/8 | 癸亥 | 6 | 3 | 27 | 3/9 | 癸巳 | 3 | 9 |
| 28 | 8/4 | 辛酉 | 四 | 六 | 28 | 7/6 | 壬辰 | 六 | 八 | 28 | 6/6 | 壬戌 | 8 | 8 | 28 | 5/8 | 癸巳 | 8 | 6 | 28 | 4/9 | 甲子 | 4 | 4 | 28 | 3/10 | 甲午 | 1 | 1 |
| 29 | 8/5 | 壬戌 | 四 | 五 | 29 | 7/7 | 癸巳 | 六 | 七 | 29 | 6/7 | 癸亥 | 8 | 9 | 29 | 5/9 | 甲午 | 4 | 7 | 29 | 4/10 | 乙丑 | 4 | 5 | 29 | 3/11 | 乙未 | 1 | 2 |
| | | | | | | | | | | 30 | 6/8 | 甲子 | 6 | 1 | | | | | | | | | | | 30 | 3/12 | 丙申 | 1 | 3 |

# 西元2051年（辛未）肖羊 民國140年（女震命）

奇門遁甲局數如標示為 一 ～九表示陰局　　如標示為1 ～9 表示陽局

| 十二月 | | | | | 十一月 | | | | | 十　月 | | | | | 九　月 | | | | | 八　月 | | | | | 七　月 | | | | |
|---|---|---|---|---|---|---|---|---|---|---|---|---|---|---|---|---|---|---|---|---|---|---|---|---|---|---|---|---|---|
| 辛丑 | | | | | 庚子 | | | | | 己亥 | | | | | 戊戌 | | | | | 丁酉 | | | | | 丙申 | | | | |
| 三碧木 | | | | | 四綠木 | | | | | 五黃土 | | | | | 六白金 | | | | | 七赤金 | | | | | 八白土 | | | | |
| 大寒<br>17時46分<br>十九酉時 | | 小寒<br>23時51分<br>初四子時 | 奇門遁甲局數 | | 冬至<br>06時36分<br>二十卯時 | | 大雪<br>12時31分<br>初五午時 | 奇門遁甲局數 | | 小雪<br>17時51分<br>二十酉時 | | 立冬<br>19時24分<br>初五戌時 | 奇門遁甲局數 | | 霜降<br>19時12分<br>十九戌時 | | 寒露<br>15時52分<br>初四申時 | 奇門遁甲局數 | | 秋分<br>09時29分<br>十九巳時 | | 白露<br>23時53分<br>初三子時 | 奇門遁甲局數 | | 處暑<br>11時31分<br>十八午時 | | 立秋<br>20時43分<br>初二戌時 | 奇門遁甲局數 | |
| 農曆 | 國曆 | 干支 | 時盤 | 日盤 | 農曆 | 國曆 | 干支 | 時盤 | 日盤 | 農曆 | 國曆 | 干支 | 時盤 | 日盤 | 農曆 | 國曆 | 干支 | 時盤 | 日盤 | 農曆 | 國曆 | 干支 | 時盤 | 日盤 | 農曆 | 國曆 | 干支 | 時盤 | 日盤 |
| 1 | 1/2 | 壬辰 | 4 | 2 | 1 | 12/3 | 壬戌 | 二 | 二 | 1 | 11/3 | 壬辰 | 二 | 五 | 1 | 10/5 | 癸亥 | 四 | 七 | 1 | 9/5 | 癸巳 | 七 | 一 | 1 | 8/6 | 癸亥 | 四 | 四 |
| 2 | 1/3 | 癸巳 | 4 | 3 | 2 | 12/4 | 癸亥 | 二 | 一 | 2 | 11/4 | 癸巳 | 二 | 四 | 2 | 10/6 | 甲子 | 六 | 六 | 2 | 9/6 | 甲午 | 九 | 九 | 2 | 8/7 | 甲子 | 二 | 三 |
| 3 | 1/4 | 甲午 | 2 | 4 | 3 | 12/5 | 甲子 | 四 | 九 | 3 | 11/5 | 甲午 | 六 | 三 | 3 | 10/7 | 乙丑 | 六 | 五 | 3 | 9/7 | 乙未 | 九 | 八 | 3 | 8/8 | 乙丑 | 二 | 二 |
| 4 | 1/5 | 乙未 | 2 | 5 | 4 | 12/6 | 乙丑 | 四 | 八 | 4 | 11/6 | 乙未 | 六 | 二 | 4 | 10/8 | 丙寅 | 六 | 四 | 4 | 9/8 | 丙申 | 九 | 七 | 4 | 8/9 | 丙寅 | 二 | 一 |
| 5 | 1/6 | 丙申 | 2 | 6 | 5 | 12/7 | 丙寅 | 四 | 七 | 5 | 11/7 | 丙申 | 六 | 一 | 5 | 10/9 | 丁卯 | 六 | 三 | 5 | 9/9 | 丁酉 | 九 | 六 | 5 | 8/10 | 丁卯 | 二 | 九 |
| 6 | 1/7 | 丁酉 | 2 | 7 | 6 | 12/8 | 丁卯 | 四 | 六 | 6 | 11/8 | 丁酉 | 六 | 九 | 6 | 10/10 | 戊辰 | 六 | 二 | 6 | 9/10 | 戊戌 | 九 | 五 | 6 | 8/11 | 戊辰 | 二 | 八 |
| 7 | 1/8 | 戊戌 | 2 | 8 | 7 | 12/9 | 戊辰 | 四 | 五 | 7 | 11/9 | 戊戌 | 六 | 八 | 7 | 10/11 | 己巳 | 九 | 一 | 7 | 9/11 | 己亥 | 三 | 四 | 7 | 8/12 | 己巳 | 五 | 七 |
| 8 | 1/9 | 己亥 | 8 | 9 | 8 | 12/10 | 己巳 | 七 | 四 | 8 | 11/10 | 己亥 | 九 | 七 | 8 | 10/12 | 庚午 | 九 | 九 | 8 | 9/12 | 庚子 | 三 | 三 | 8 | 8/13 | 庚午 | 五 | 六 |
| 9 | 1/10 | 庚子 | 8 | 1 | 9 | 12/11 | 庚午 | 七 | 三 | 9 | 11/11 | 庚子 | 九 | 六 | 9 | 10/13 | 辛未 | 九 | 八 | 9 | 9/13 | 辛丑 | 三 | 二 | 9 | 8/14 | 辛未 | 五 | 五 |
| 10 | 1/11 | 辛丑 | 8 | 2 | 10 | 12/12 | 辛未 | 七 | 二 | 10 | 11/12 | 辛丑 | 九 | 五 | 10 | 10/14 | 壬申 | 九 | 七 | 10 | 9/14 | 壬寅 | 三 | 一 | 10 | 8/15 | 壬申 | 五 | 四 |
| 11 | 1/12 | 壬寅 | 8 | 3 | 11 | 12/13 | 壬申 | 七 | 一 | 11 | 11/13 | 壬寅 | 九 | 四 | 11 | 10/15 | 癸酉 | 九 | 六 | 11 | 9/15 | 癸卯 | 三 | 九 | 11 | 8/16 | 癸酉 | 五 | 三 |
| 12 | 1/13 | 癸卯 | 8 | 4 | 12 | 12/14 | 癸酉 | 七 | 九 | 12 | 11/14 | 癸卯 | 九 | 三 | 12 | 10/16 | 甲戌 | 三 | 五 | 12 | 9/16 | 甲辰 | 六 | 八 | 12 | 8/17 | 甲戌 | 八 | 二 |
| 13 | 1/14 | 甲辰 | 5 | 5 | 13 | 12/15 | 甲戌 | 一 | 八 | 13 | 11/15 | 甲辰 | 三 | 二 | 13 | 10/17 | 乙亥 | 三 | 四 | 13 | 9/17 | 乙巳 | 六 | 七 | 13 | 8/18 | 乙亥 | 八 | 一 |
| 14 | 1/15 | 乙巳 | 5 | 6 | 14 | 12/16 | 乙亥 | 一 | 七 | 14 | 11/16 | 乙巳 | 三 | 一 | 14 | 10/18 | 丙子 | 三 | 三 | 14 | 9/18 | 丙午 | 六 | 六 | 14 | 8/19 | 丙子 | 八 | 九 |
| 15 | 1/16 | 丙午 | 5 | 7 | 15 | 12/17 | 丙子 | 一 | 六 | 15 | 11/17 | 丙午 | 三 | 九 | 15 | 10/19 | 丁丑 | 三 | 二 | 15 | 9/19 | 丁未 | 六 | 五 | 15 | 8/20 | 丁丑 | 八 | 八 |
| 16 | 1/17 | 丁未 | 5 | 8 | 16 | 12/18 | 丁丑 | 一 | 五 | 16 | 11/18 | 丁未 | 三 | 八 | 16 | 10/20 | 戊寅 | 三 | 一 | 16 | 9/20 | 戊申 | 六 | 四 | 16 | 8/21 | 戊寅 | 八 | 七 |
| 17 | 1/18 | 戊申 | 5 | 9 | 17 | 12/19 | 戊寅 | 一 | 四 | 17 | 11/19 | 戊申 | 三 | 七 | 17 | 10/21 | 己卯 | 五 | 九 | 17 | 9/21 | 己酉 | 七 | 三 | 17 | 8/22 | 己卯 | 一 | 六 |
| 18 | 1/19 | 己酉 | 3 | 1 | 18 | 12/20 | 己卯 | 1 | 三 | 18 | 11/20 | 己酉 | 五 | 六 | 18 | 10/22 | 庚辰 | 五 | 八 | 18 | 9/22 | 庚戌 | 七 | 二 | 18 | 8/23 | 庚辰 | 一 | 五 |
| 19 | 1/20 | 庚戌 | 3 | 2 | 19 | 12/21 | 庚辰 | 1 | 二 | 19 | 11/21 | 庚戌 | 五 | 五 | 19 | 10/23 | 辛巳 | 五 | 七 | 19 | 9/23 | 辛亥 | 七 | 一 | 19 | 8/24 | 辛巳 | 一 | 四 |
| 20 | 1/21 | 辛亥 | 3 | 3 | 20 | 12/22 | 辛巳 | 1 | 9 | 20 | 11/22 | 辛亥 | 五 | 四 | 20 | 10/24 | 壬午 | 五 | 六 | 20 | 9/24 | 壬子 | 七 | 九 | 20 | 8/25 | 壬午 | 一 | 三 |
| 21 | 1/22 | 壬子 | 3 | 4 | 21 | 12/23 | 壬午 | 1 | 1 | 21 | 11/23 | 壬子 | 五 | 三 | 21 | 10/25 | 癸未 | 五 | 五 | 21 | 9/25 | 癸丑 | 七 | 八 | 21 | 8/26 | 癸未 | 一 | 二 |
| 22 | 1/23 | 癸丑 | 3 | 5 | 22 | 12/24 | 癸未 | 1 | 2 | 22 | 11/24 | 癸丑 | 五 | 二 | 22 | 10/26 | 甲申 | 八 | 四 | 22 | 9/26 | 甲寅 | 一 | 七 | 22 | 8/27 | 甲申 | 四 | 一 |
| 23 | 1/24 | 甲寅 | 9 | 6 | 23 | 12/25 | 甲申 | 7 | 3 | 23 | 11/25 | 甲寅 | 八 | 一 | 23 | 10/27 | 乙酉 | 八 | 三 | 23 | 9/27 | 乙卯 | 一 | 六 | 23 | 8/28 | 乙酉 | 四 | 九 |
| 24 | 1/25 | 乙卯 | 9 | 7 | 24 | 12/26 | 乙酉 | 7 | 4 | 24 | 11/26 | 乙卯 | 八 | 九 | 24 | 10/28 | 丙戌 | 八 | 二 | 24 | 9/28 | 丙辰 | 一 | 五 | 24 | 8/29 | 丙戌 | 四 | 八 |
| 25 | 1/26 | 丙辰 | 9 | 8 | 25 | 12/27 | 丙戌 | 7 | 5 | 25 | 11/27 | 丙辰 | 八 | 八 | 25 | 10/29 | 丁亥 | 八 | 一 | 25 | 9/29 | 丁巳 | 一 | 四 | 25 | 8/30 | 丁亥 | 四 | 七 |
| 26 | 1/27 | 丁巳 | 9 | 9 | 26 | 12/28 | 丁亥 | 7 | 6 | 26 | 11/28 | 丁巳 | 八 | 七 | 26 | 10/30 | 戊子 | 八 | 九 | 26 | 9/30 | 戊午 | 一 | 三 | 26 | 8/31 | 戊子 | 四 | 六 |
| 27 | 1/28 | 戊午 | 9 | 1 | 27 | 12/29 | 戊子 | 7 | 7 | 27 | 11/29 | 戊午 | 八 | 六 | 27 | 10/31 | 己丑 | 二 | 八 | 27 | 10/1 | 己未 | 四 | 二 | 27 | 9/1 | 己丑 | 七 | 五 |
| 28 | 1/29 | 己未 | 6 | 2 | 28 | 12/30 | 己丑 | 4 | 8 | 28 | 11/30 | 己未 | 二 | 五 | 28 | 11/1 | 庚寅 | 二 | 七 | 28 | 10/2 | 庚申 | 四 | 一 | 28 | 9/2 | 庚寅 | 七 | 四 |
| 29 | 1/30 | 庚申 | 6 | 3 | 29 | 12/31 | 庚寅 | 4 | 9 | 29 | 12/1 | 庚申 | 二 | 四 | 29 | 11/2 | 辛卯 | 二 | 六 | 29 | 10/3 | 辛酉 | 四 | 九 | 29 | 9/3 | 辛卯 | 七 | 三 |
| 30 | 1/31 | 辛酉 | 6 | 4 | 30 | 1/1 | 辛卯 | 4 | 1 | 30 | 12/2 | 辛酉 | 二 | 三 | | | | | | 30 | 10/4 | 壬戌 | 四 | 八 | 30 | 9/4 | 壬辰 | 七 | 二 |

# 西元2052年（壬申）肖猴 民國141年（男坤命）

奇門遁甲局數如標示為 一 ～九表示陰局　如標示為1 ～9 表示陽局

| 六月 | | | | | 五月 | | | | | 四月 | | | | | 三月 | | | | | 二月 | | | | | 正月 | | | | |
|---|---|---|---|---|---|---|---|---|---|---|---|---|---|---|---|---|---|---|---|---|---|---|---|---|---|---|---|---|---|
| 丁未 | | | | | 丙午 | | | | | 乙巳 | | | | | 甲辰 | | | | | 癸卯 | | | | | 壬寅 | | | | |
| 六白金 | | | | | 七赤金 | | | | | 八白土 | | | | | 九紫火 | | | | | 一白水 | | | | | 二黑土 | | | | |
| 大暑 10時11分 廿六巳時 | | 小暑 16時42分 初十申時 | 奇門遁甲局數 | | 夏至 23時18分 廿四子時 | | 芒種 06時31分 初九卯時 | 奇門遁甲局數 | | 小滿 15時31分 廿二申時 | | 立夏 02時37分 初七丑時 | 奇門遁甲局數 | | 穀雨 16時46分 二十申時 | | 清明 09時39分 初五巳時 | 奇門遁甲局數 | | 春分 05時58分 二十卯時 | | 驚蟄 05時12分 初五卯時 | 奇門遁甲局數 | | 雨水 07時16分 十九辰時 | | 立春 11時25分 初四午時 | 奇門遁甲局數 | |
| 農曆 | 國曆 | 干支 | 時盤 | 日盤 | 農曆 | 國曆 | 干支 | 時盤 | 日盤 | 農曆 | 國曆 | 干支 | 時盤 | 日盤 | 農曆 | 國曆 | 干支 | 時盤 | 日盤 | 農曆 | 國曆 | 干支 | 時盤 | 日盤 | 農曆 | 國曆 | 干支 | 時盤 | 日盤 |
| 1 | 6/27 | 己丑 | 六 | 二 | 1 | 5/28 | 己未 | 8 | 5 | 1 | 4/29 | 庚寅 | 8 | 3 | 1 | 3/31 | 辛酉 | 6 | 1 | 1 | 3/1 | 辛卯 | 3 | 7 | 1 | 2/1 | 壬戌 | 6 | 5 |
| 2 | 6/28 | 庚寅 | 六 | 一 | 2 | 5/29 | 庚申 | 8 | 6 | 2 | 4/30 | 辛卯 | 8 | 4 | 2 | 4/1 | 壬戌 | 6 | 2 | 2 | 3/2 | 壬辰 | 3 | 8 | 2 | 2/2 | 癸亥 | 6 | 6 |
| 3 | 6/29 | 辛卯 | 六 | 九 | 3 | 5/30 | 辛酉 | 8 | 7 | 3 | 5/1 | 壬辰 | 8 | 5 | 3 | 4/2 | 癸亥 | 6 | 3 | 3 | 3/3 | 癸巳 | 3 | 9 | 3 | 2/3 | 甲子 | 8 | 7 |
| 4 | 6/30 | 壬辰 | 六 | 八 | 4 | 5/31 | 壬戌 | 8 | 8 | 4 | 5/2 | 癸巳 | 8 | 6 | 4 | 4/3 | 甲子 | 4 | 4 | 4 | 3/4 | 甲午 | 1 | 1 | 4 | 2/4 | 乙丑 | 8 | 8 |
| 5 | 7/1 | 癸巳 | 六 | 七 | 5 | 6/1 | 癸亥 | 8 | 9 | 5 | 5/3 | 甲午 | 4 | 7 | 5 | 4/4 | 乙丑 | 4 | 5 | 5 | 3/5 | 乙未 | 1 | 2 | 5 | 2/5 | 丙寅 | 8 | 9 |
| 6 | 7/2 | 甲午 | 八 | 六 | 6 | 6/2 | 甲子 | 6 | 1 | 6 | 5/4 | 乙未 | 4 | 8 | 6 | 4/5 | 丙寅 | 4 | 6 | 6 | 3/6 | 丙申 | 1 | 3 | 6 | 2/6 | 丁卯 | 8 | 1 |
| 7 | 7/3 | 乙未 | 八 | 五 | 7 | 6/3 | 乙丑 | 6 | 2 | 7 | 5/5 | 丙申 | 4 | 9 | 7 | 4/6 | 丁卯 | 4 | 7 | 7 | 3/7 | 丁酉 | 1 | 4 | 7 | 2/7 | 戊辰 | 8 | 2 |
| 8 | 7/4 | 丙申 | 八 | 四 | 8 | 6/4 | 丙寅 | 6 | 3 | 8 | 5/6 | 丁酉 | 4 | 1 | 8 | 4/7 | 戊辰 | 4 | 8 | 8 | 3/8 | 戊戌 | 1 | 5 | 8 | 2/8 | 己巳 | 5 | 3 |
| 9 | 7/5 | 丁酉 | 八 | 三 | 9 | 6/5 | 丁卯 | 6 | 4 | 9 | 5/7 | 戊戌 | 4 | 2 | 9 | 4/8 | 己巳 | 1 | 9 | 9 | 3/9 | 己亥 | 7 | 6 | 9 | 2/9 | 庚午 | 5 | 4 |
| 10 | 7/6 | 戊戌 | 八 | 二 | 10 | 6/6 | 戊辰 | 6 | 5 | 10 | 5/8 | 己亥 | 1 | 3 | 10 | 4/9 | 庚午 | 1 | 1 | 10 | 3/10 | 庚子 | 7 | 7 | 10 | 2/10 | 辛未 | 5 | 5 |
| 11 | 7/7 | 己亥 | 二 | 一 | 11 | 6/7 | 己巳 | 3 | 6 | 11 | 5/9 | 庚子 | 1 | 4 | 11 | 4/10 | 辛未 | 1 | 2 | 11 | 3/11 | 辛丑 | 7 | 8 | 11 | 2/11 | 壬申 | 5 | 6 |
| 12 | 7/8 | 庚子 | 二 | 九 | 12 | 6/8 | 庚午 | 3 | 7 | 12 | 5/10 | 辛丑 | 1 | 5 | 12 | 4/11 | 壬申 | 1 | 3 | 12 | 3/12 | 壬寅 | 7 | 9 | 12 | 2/12 | 癸酉 | 5 | 7 |
| 13 | 7/9 | 辛丑 | 二 | 八 | 13 | 6/9 | 辛未 | 3 | 8 | 13 | 5/11 | 壬寅 | 1 | 6 | 13 | 4/12 | 癸酉 | 1 | 4 | 13 | 3/13 | 癸卯 | 7 | 1 | 13 | 2/13 | 甲戌 | 2 | 8 |
| 14 | 7/10 | 壬寅 | 二 | 七 | 14 | 6/10 | 壬申 | 3 | 9 | 14 | 5/12 | 癸卯 | 1 | 7 | 14 | 4/13 | 甲戌 | 7 | 5 | 14 | 3/14 | 甲辰 | 4 | 2 | 14 | 2/14 | 乙亥 | 2 | 9 |
| 15 | 7/11 | 癸卯 | 二 | 六 | 15 | 6/11 | 癸酉 | 3 | 1 | 15 | 5/13 | 甲辰 | 7 | 8 | 15 | 4/14 | 乙亥 | 7 | 6 | 15 | 3/15 | 乙巳 | 4 | 3 | 15 | 2/15 | 丙子 | 2 | 1 |
| 16 | 7/12 | 甲辰 | 五 | 五 | 16 | 6/12 | 甲戌 | 9 | 2 | 16 | 5/14 | 乙巳 | 7 | 9 | 16 | 4/15 | 丙子 | 7 | 7 | 16 | 3/16 | 丙午 | 4 | 4 | 16 | 2/16 | 丁丑 | 2 | 2 |
| 17 | 7/13 | 乙巳 | 五 | 四 | 17 | 6/13 | 乙亥 | 9 | 3 | 17 | 5/15 | 丙午 | 7 | 1 | 17 | 4/16 | 丁丑 | 7 | 8 | 17 | 3/17 | 丁未 | 4 | 5 | 17 | 2/17 | 戊寅 | 2 | 3 |
| 18 | 7/14 | 丙午 | 五 | 三 | 18 | 6/14 | 丙子 | 9 | 4 | 18 | 5/16 | 丁未 | 7 | 2 | 18 | 4/17 | 戊寅 | 7 | 9 | 18 | 3/18 | 戊申 | 4 | 6 | 18 | 2/18 | 己卯 | 9 | 4 |
| 19 | 7/15 | 丁未 | 五 | 二 | 19 | 6/15 | 丁丑 | 9 | 5 | 19 | 5/17 | 戊申 | 7 | 3 | 19 | 4/18 | 己卯 | 5 | 1 | 19 | 3/19 | 己酉 | 3 | 7 | 19 | 2/19 | 庚辰 | 9 | 5 |
| 20 | 7/16 | 戊申 | 五 | 一 | 20 | 6/16 | 戊寅 | 9 | 6 | 20 | 5/18 | 己酉 | 5 | 4 | 20 | 4/19 | 庚辰 | 5 | 2 | 20 | 3/20 | 庚戌 | 3 | 8 | 20 | 2/20 | 辛巳 | 9 | 6 |
| 21 | 7/17 | 己酉 | 七 | 九 | 21 | 6/17 | 己卯 | 九 | 7 | 21 | 5/19 | 庚戌 | 5 | 5 | 21 | 4/20 | 辛巳 | 5 | 3 | 21 | 3/21 | 辛亥 | 3 | 9 | 21 | 2/21 | 壬午 | 9 | 7 |
| 22 | 7/18 | 庚戌 | 七 | 八 | 22 | 6/18 | 庚辰 | 九 | 8 | 22 | 5/20 | 辛亥 | 5 | 6 | 22 | 4/21 | 壬午 | 5 | 4 | 22 | 3/22 | 壬子 | 3 | 1 | 22 | 2/22 | 癸未 | 9 | 8 |
| 23 | 7/19 | 辛亥 | 七 | 七 | 23 | 6/19 | 辛巳 | 九 | 9 | 23 | 5/21 | 壬子 | 5 | 7 | 23 | 4/22 | 癸未 | 5 | 5 | 23 | 3/23 | 癸丑 | 3 | 2 | 23 | 2/23 | 甲申 | 6 | 9 |
| 24 | 7/20 | 壬子 | 七 | 六 | 24 | 6/20 | 壬午 | 九 | 九 | 24 | 5/22 | 癸丑 | 5 | 8 | 24 | 4/23 | 甲申 | 2 | 6 | 24 | 3/24 | 甲寅 | 9 | 3 | 24 | 2/24 | 乙酉 | 6 | 1 |
| 25 | 7/21 | 癸丑 | 七 | 五 | 25 | 6/21 | 癸未 | 九 | 八 | 25 | 5/23 | 甲寅 | 2 | 9 | 25 | 4/24 | 乙酉 | 2 | 7 | 25 | 3/25 | 乙卯 | 9 | 4 | 25 | 2/25 | 丙戌 | 6 | 2 |
| 26 | 7/22 | 甲寅 | 一 | 四 | 26 | 6/22 | 甲申 | 三 | 七 | 26 | 5/24 | 乙卯 | 2 | 1 | 26 | 4/25 | 丙戌 | 2 | 8 | 26 | 3/26 | 丙辰 | 9 | 5 | 26 | 2/26 | 丁亥 | 6 | 3 |
| 27 | 7/23 | 乙卯 | 一 | 三 | 27 | 6/23 | 乙酉 | 三 | 六 | 27 | 5/25 | 丙辰 | 2 | 2 | 27 | 4/26 | 丁亥 | 2 | 9 | 27 | 3/27 | 丁巳 | 9 | 6 | 27 | 2/27 | 戊子 | 6 | 4 |
| 28 | 7/24 | 丙辰 | 一 | 二 | 28 | 6/24 | 丙戌 | 三 | 五 | 28 | 5/26 | 丁巳 | 2 | 3 | 28 | 4/27 | 戊子 | 2 | 1 | 28 | 3/28 | 戊午 | 9 | 7 | 28 | 2/28 | 己丑 | 3 | 5 |
| 29 | 7/25 | 丁巳 | 一 | 一 | 29 | 6/25 | 丁亥 | 三 | 四 | 29 | 5/27 | 戊午 | 2 | 4 | 29 | 4/28 | 己丑 | 8 | 2 | 29 | 3/29 | 己未 | 6 | 8 | 29 | 2/29 | 庚寅 | 3 | 6 |
| | | | | | 30 | 6/26 | 戊子 | 三 | 三 | | | | | | | | | | | 30 | 3/30 | 庚申 | 6 | 9 | | | | | |

# 西元2052年（壬申）肖猴 民國141年（女巽命）

奇門遁甲局數如標示為 一 ～九表示陰局　　如標示為1 ～9 表示陽局

| 十二月 | | | | | 十一月 | | | | | 十　月 | | | | | 九　月 | | | | | 潤八　月 | | | | | 八　月 | | | | | 七　月 | | | | |
|---|---|---|---|---|---|---|---|---|---|---|---|---|---|---|---|---|---|---|---|---|---|---|---|---|---|---|---|---|---|---|---|---|---|---|
| 癸丑 | | | | | 壬子 | | | | | 辛亥 | | | | | 庚戌 | | | | | 庚戌 | | | | | 己酉 | | | | | 戊申 | | | | |
| 九紫火 | | | | | 一白水 | | | | | 二黑土 | | | | | 三碧木 | | | | | | | | | | 四綠木 | | | | | 五黃土 | | | | |
| 立春 17時15分 十五酉時 | | 大寒 23時12分 三十子時 | 奇門遁甲局數 | | 小寒 05時38分 十六卯時 | | 冬至 12時19分 初一午時 | 奇門遁甲局數 | | 大雪 18時17分 十六酉時 | | 小雪 22時48分 初一亥時 | 奇門遁甲局數 | | 立冬 01時12分 十七丑時 | | 霜降 00時57分 初二子時 | 奇門遁甲局數 | | 寒露 21時42分 十五亥時 | | | 奇門遁甲局數 | | 秋分 15時18分 三十申時 | | 白露 05時44分 十五卯時 | 奇門遁甲局數 | | 處暑 17時23分 廿八酉時 | | 立秋 02時35分 十三丑時 | 奇門遁甲局數 | |
| 農曆 | 國曆 | 干支 | 時盤 | 日盤 | 農曆 | 國曆 | 干支 | 時盤 | 日盤 | 農曆 | 國曆 | 干支 | 時盤 | 日盤 | 農曆 | 國曆 | 干支 | 時盤 | 日盤 | 農曆 | 國曆 | 干支 | 時盤 | 日盤 | 農曆 | 國曆 | 干支 | 時盤 | 日盤 | 農曆 | 國曆 | 干支 | 時盤 | 日盤 |
| 1 | 1/20 | 丙辰 | 9 | 8 | 1 | 12/21 | 丙戌 | 7 | 5 | 1 | 11/21 | 丙辰 | 八 | 八 | 1 | 10/22 | 丙戌 | 八 | 二 | 1 | 9/23 | 丁巳 | 一 | 四 | 1 | 8/24 | 丁亥 | 四 | 七 | 1 | 7/26 | 戊午 | 一 | 九 |
| 2 | 1/21 | 丁巳 | 9 | 9 | 2 | 12/22 | 丁亥 | 7 | 6 | 2 | 11/22 | 丁巳 | 八 | 七 | 2 | 10/23 | 丁亥 | 八 | 一 | 2 | 9/24 | 戊午 | 一 | 三 | 2 | 8/25 | 戊子 | 四 | 六 | 2 | 7/27 | 己未 | 四 | 八 |
| 3 | 1/22 | 戊午 | 9 | 1 | 3 | 12/23 | 戊子 | 7 | 7 | 3 | 11/23 | 戊午 | 八 | 六 | 3 | 10/24 | 戊子 | 八 | 九 | 3 | 9/25 | 己未 | 四 | 二 | 3 | 8/26 | 己丑 | 七 | 五 | 3 | 7/28 | 庚申 | 四 | 七 |
| 4 | 1/23 | 己未 | 6 | 2 | 4 | 12/24 | 己丑 | 4 | 8 | 4 | 11/24 | 己未 | 二 | 五 | 4 | 10/25 | 己丑 | 二 | 八 | 4 | 9/26 | 庚申 | 四 | 一 | 4 | 8/27 | 庚寅 | 七 | 四 | 4 | 7/29 | 辛酉 | 四 | 六 |
| 5 | 1/24 | 庚申 | 6 | 3 | 5 | 12/25 | 庚寅 | 4 | 9 | 5 | 11/25 | 庚申 | 二 | 四 | 5 | 10/26 | 庚寅 | 二 | 七 | 5 | 9/27 | 辛酉 | 四 | 九 | 5 | 8/28 | 辛卯 | 七 | 三 | 5 | 7/30 | 壬戌 | 四 | 五 |
| 6 | 1/25 | 辛酉 | 6 | 4 | 6 | 12/26 | 辛卯 | 4 | 1 | 6 | 11/26 | 辛酉 | 二 | 三 | 6 | 10/27 | 辛卯 | 二 | 六 | 6 | 9/28 | 壬戌 | 四 | 八 | 6 | 8/29 | 壬辰 | 七 | 二 | 6 | 7/31 | 癸亥 | 四 | 四 |
| 7 | 1/26 | 壬戌 | 6 | 5 | 7 | 12/27 | 壬辰 | 4 | 2 | 7 | 11/27 | 壬戌 | 二 | 二 | 7 | 10/28 | 壬辰 | 二 | 五 | 7 | 9/29 | 癸亥 | 四 | 七 | 7 | 8/30 | 癸巳 | 七 | 一 | 7 | 8/1 | 甲子 | 二 | 三 |
| 8 | 1/27 | 癸亥 | 6 | 6 | 8 | 12/28 | 癸巳 | 4 | 3 | 8 | 11/28 | 癸亥 | 二 | 一 | 8 | 10/29 | 癸巳 | 二 | 四 | 8 | 9/30 | 甲子 | 六 | 六 | 8 | 8/31 | 甲午 | 九 | 九 | 8 | 8/2 | 乙丑 | 二 | 二 |
| 9 | 1/28 | 甲子 | 8 | 7 | 9 | 12/29 | 甲午 | 2 | 4 | 9 | 11/29 | 甲子 | 四 | 九 | 9 | 10/30 | 甲午 | 六 | 三 | 9 | 10/1 | 乙丑 | 六 | 五 | 9 | 9/1 | 乙未 | 九 | 八 | 9 | 8/3 | 丙寅 | 二 | 一 |
| 10 | 1/29 | 乙丑 | 8 | 8 | 10 | 12/30 | 乙未 | 2 | 5 | 10 | 11/30 | 乙丑 | 四 | 八 | 10 | 10/31 | 乙未 | 六 | 二 | 10 | 10/2 | 丙寅 | 六 | 四 | 10 | 9/2 | 丙申 | 九 | 七 | 10 | 8/4 | 丁卯 | 二 | 九 |
| 11 | 1/30 | 丙寅 | 8 | 9 | 11 | 12/31 | 丙申 | 2 | 6 | 11 | 12/1 | 丙寅 | 四 | 七 | 11 | 11/1 | 丙申 | 六 | 一 | 11 | 10/3 | 丁卯 | 六 | 三 | 11 | 9/3 | 丁酉 | 九 | 六 | 11 | 8/5 | 戊辰 | 二 | 八 |
| 12 | 1/31 | 丁卯 | 8 | 1 | 12 | 1/1 | 丁酉 | 2 | 7 | 12 | 12/2 | 丁卯 | 四 | 六 | 12 | 11/2 | 丁酉 | 六 | 九 | 12 | 10/4 | 戊辰 | 六 | 二 | 12 | 9/4 | 戊戌 | 九 | 五 | 12 | 8/6 | 己巳 | 五 | 七 |
| 13 | 2/1 | 戊辰 | 8 | 2 | 13 | 1/2 | 戊戌 | 2 | 8 | 13 | 12/3 | 戊辰 | 四 | 五 | 13 | 11/3 | 戊戌 | 六 | 八 | 13 | 10/5 | 己巳 | 九 | 一 | 13 | 9/5 | 己亥 | 三 | 四 | 13 | 8/7 | 庚午 | 五 | 六 |
| 14 | 2/2 | 己巳 | 5 | 3 | 14 | 1/3 | 己亥 | 8 | 9 | 14 | 12/4 | 己巳 | 七 | 四 | 14 | 11/4 | 己亥 | 九 | 七 | 14 | 10/6 | 庚午 | 九 | 九 | 14 | 9/6 | 庚子 | 三 | 三 | 14 | 8/8 | 辛未 | 五 | 五 |
| 15 | 2/3 | 庚午 | 5 | 4 | 15 | 1/4 | 庚子 | 8 | 1 | 15 | 12/5 | 庚午 | 七 | 三 | 15 | 11/5 | 庚子 | 九 | 六 | 15 | 10/7 | 辛未 | 九 | 八 | 15 | 9/7 | 辛丑 | 三 | 二 | 15 | 8/9 | 壬申 | 五 | 四 |
| 16 | 2/4 | 辛未 | 5 | 5 | 16 | 1/5 | 辛丑 | 8 | 2 | 16 | 12/6 | 辛未 | 七 | 二 | 16 | 11/6 | 辛丑 | 九 | 五 | 16 | 10/8 | 壬申 | 九 | 七 | 16 | 9/8 | 壬寅 | 三 | 一 | 16 | 8/10 | 癸酉 | 五 | 三 |
| 17 | 2/5 | 壬申 | 5 | 6 | 17 | 1/6 | 壬寅 | 8 | 3 | 17 | 12/7 | 壬申 | 七 | 一 | 17 | 11/7 | 壬寅 | 九 | 四 | 17 | 10/9 | 癸酉 | 九 | 六 | 17 | 9/9 | 癸卯 | 三 | 九 | 17 | 8/11 | 甲戌 | 八 | 二 |
| 18 | 2/6 | 癸酉 | 5 | 7 | 18 | 1/7 | 癸卯 | 8 | 4 | 18 | 12/8 | 癸酉 | 七 | 九 | 18 | 11/8 | 癸卯 | 九 | 三 | 18 | 10/10 | 甲戌 | 三 | 五 | 18 | 9/10 | 甲辰 | 六 | 八 | 18 | 8/12 | 乙亥 | 八 | 一 |
| 19 | 2/7 | 甲戌 | 2 | 8 | 19 | 1/8 | 甲辰 | 5 | 5 | 19 | 12/9 | 甲戌 | 一 | 八 | 19 | 11/9 | 甲辰 | 三 | 二 | 19 | 10/11 | 乙亥 | 三 | 四 | 19 | 9/11 | 乙巳 | 六 | 七 | 19 | 8/13 | 丙子 | 八 | 九 |
| 20 | 2/8 | 乙亥 | 2 | 9 | 20 | 1/9 | 乙巳 | 5 | 6 | 20 | 12/10 | 乙亥 | 一 | 七 | 20 | 11/10 | 乙巳 | 三 | 一 | 20 | 10/12 | 丙子 | 三 | 三 | 20 | 9/12 | 丙午 | 六 | 六 | 20 | 8/14 | 丁丑 | 八 | 八 |
| 21 | 2/9 | 丙子 | 2 | 1 | 21 | 1/10 | 丙午 | 5 | 7 | 21 | 12/11 | 丙子 | 一 | 六 | 21 | 11/11 | 丙午 | 三 | 九 | 21 | 10/13 | 丁丑 | 三 | 二 | 21 | 9/13 | 丁未 | 六 | 五 | 21 | 8/15 | 戊寅 | 八 | 七 |
| 22 | 2/10 | 丁丑 | 2 | 2 | 22 | 1/11 | 丁未 | 5 | 8 | 22 | 12/12 | 丁丑 | 一 | 五 | 22 | 11/12 | 丁未 | 三 | 八 | 22 | 10/14 | 戊寅 | 三 | 一 | 22 | 9/14 | 戊申 | 六 | 四 | 22 | 8/16 | 己卯 | 一 | 六 |
| 23 | 2/11 | 戊寅 | 2 | 3 | 23 | 1/12 | 戊申 | 5 | 9 | 23 | 12/13 | 戊寅 | 一 | 四 | 23 | 11/13 | 戊申 | 三 | 七 | 23 | 10/15 | 己卯 | 五 | 九 | 23 | 9/15 | 己酉 | 七 | 三 | 23 | 8/17 | 庚辰 | 一 | 五 |
| 24 | 2/12 | 己卯 | 9 | 4 | 24 | 1/13 | 己酉 | 3 | 1 | 24 | 12/14 | 己卯 | 1 | 三 | 24 | 11/14 | 己酉 | 五 | 六 | 24 | 10/16 | 庚辰 | 五 | 八 | 24 | 9/16 | 庚戌 | 七 | 二 | 24 | 8/18 | 辛巳 | 一 | 四 |
| 25 | 2/13 | 庚辰 | 9 | 5 | 25 | 1/14 | 庚戌 | 3 | 2 | 25 | 12/15 | 庚辰 | 1 | 二 | 25 | 11/15 | 庚戌 | 五 | 五 | 25 | 10/17 | 辛巳 | 五 | 七 | 25 | 9/17 | 辛亥 | 七 | 一 | 25 | 8/19 | 壬午 | 一 | 三 |
| 26 | 2/14 | 辛巳 | 9 | 6 | 26 | 1/15 | 辛亥 | 3 | 3 | 26 | 12/16 | 辛巳 | 1 | 一 | 26 | 11/16 | 辛亥 | 五 | 四 | 26 | 10/18 | 壬午 | 五 | 六 | 26 | 9/18 | 壬子 | 七 | 九 | 26 | 8/20 | 癸未 | 一 | 二 |
| 27 | 2/15 | 壬午 | 9 | 7 | 27 | 1/16 | 壬子 | 3 | 4 | 27 | 12/17 | 壬午 | 1 | 九 | 27 | 11/17 | 壬子 | 五 | 三 | 27 | 10/19 | 癸未 | 五 | 五 | 27 | 9/19 | 癸丑 | 七 | 八 | 27 | 8/21 | 甲申 | 四 | 一 |
| 28 | 2/16 | 癸未 | 9 | 8 | 28 | 1/17 | 癸丑 | 3 | 5 | 28 | 12/18 | 癸未 | 1 | 八 | 28 | 11/18 | 癸丑 | 五 | 二 | 28 | 10/20 | 甲申 | 八 | 四 | 28 | 9/20 | 甲寅 | 一 | 七 | 28 | 8/22 | 乙酉 | 四 | 九 |
| 29 | 2/17 | 甲申 | 6 | 9 | 29 | 1/18 | 甲寅 | 9 | 6 | 29 | 12/19 | 甲申 | 7 | 七 | 29 | 11/19 | 甲寅 | 八 | 一 | 29 | 10/21 | 乙酉 | 八 | 三 | 29 | 9/21 | 乙卯 | 一 | 六 | 29 | 8/23 | 丙戌 | 四 | 八 |
| 30 | 2/18 | 乙酉 | 6 | 1 | 30 | 1/19 | 乙卯 | 9 | 7 | 30 | 12/20 | 乙酉 | 7 | 六 | 30 | 11/20 | 乙卯 | 八 | 九 | | | | | | 30 | 9/22 | 丙辰 | 一 | 五 | | | | | |

# 西元2053年（癸酉）肖雞 民國142年（男坎命）

奇門遁甲局數如標示為 一 ～九表示陰局　　如標示為1 ～9 表示陽局

| 六月 | | | | | 五月 | | | | | 四月 | | | | | 三月 | | | | | 二月 | | | | | 正月 | | | | |
|---|---|---|---|---|---|---|---|---|---|---|---|---|---|---|---|---|---|---|---|---|---|---|---|---|---|---|---|---|---|
| 己未 | | | | | 戊午 | | | | | 丁巳 | | | | | 丙辰 | | | | | 乙卯 | | | | | 甲寅 | | | | |
| 三碧木 | | | | | 四綠木 | | | | | 五黃土 | | | | | 六白金 | | | | | 七赤金 | | | | | 八白土 | | | | |
| 立秋 08時32分 廿三辰時 | | 大暑 15時58分 初七申時 | 奇門遁甲局數 | | 小暑 22時39分 廿一亥時 | | 夏至 05時36分 初六卯時 | 奇門遁甲局數 | | 芒種 12時29分 十九午時 | | 小滿 21時21分 初三亥時 | 奇門遁甲局數 | | 立夏 08時35分 十七辰時 | | 穀雨 22時32分 初一亥時 | 奇門遁甲局數 | | 清明 15時36分 十六申時 | | 春分 11時49分 初一午時 | 奇門遁甲局數 | | 驚蟄 11時15分 十五午時 | | 雨水 13時24分 三十未時 | 奇門遁甲局數 | |
| 農曆 | 國曆 | 干支 | 時盤 | 日盤 | 農曆 | 國曆 | 干支 | 時盤 | 日盤 | 農曆 | 國曆 | 干支 | 時盤 | 日盤 | 農曆 | 國曆 | 干支 | 時盤 | 日盤 | 農曆 | 國曆 | 干支 | 時盤 | 日盤 | 農曆 | 國曆 | 干支 | 時盤 | 日盤 |
| 1 | 7/16 | 癸丑 | 八 | 五 | 1 | 6/16 | 癸未 | 6 | 2 | 1 | 5/18 | 甲寅 | 2 | 9 | 1 | 4/19 | 乙酉 | 2 | 7 | 1 | 3/20 | 乙卯 | 9 | 4 | 1 | 2/19 | 丙戌 | 6 | 2 |
| 2 | 7/17 | 甲寅 | 二 | 四 | 2 | 6/17 | 甲申 | 3 | 3 | 2 | 5/19 | 乙卯 | 2 | 1 | 2 | 4/20 | 丙戌 | 2 | 8 | 2 | 3/21 | 丙辰 | 9 | 5 | 2 | 2/20 | 丁亥 | 6 | 3 |
| 3 | 7/18 | 乙卯 | 二 | 三 | 3 | 6/18 | 乙酉 | 3 | 4 | 3 | 5/20 | 丙辰 | 2 | 2 | 3 | 4/21 | 丁亥 | 2 | 9 | 3 | 3/22 | 丁巳 | 9 | 6 | 3 | 2/21 | 戊子 | 6 | 4 |
| 4 | 7/19 | 丙辰 | 二 | 二 | 4 | 6/19 | 丙戌 | 3 | 5 | 4 | 5/21 | 丁巳 | 2 | 3 | 4 | 4/22 | 戊子 | 2 | 1 | 4 | 3/23 | 戊午 | 9 | 7 | 4 | 2/22 | 己丑 | 3 | 5 |
| 5 | 7/20 | 丁巳 | 二 | 一 | 5 | 6/20 | 丁亥 | 3 | 6 | 5 | 5/22 | 戊午 | 2 | 4 | 5 | 4/23 | 己丑 | 8 | 2 | 5 | 3/24 | 己未 | 6 | 8 | 5 | 2/23 | 庚寅 | 3 | 6 |
| 6 | 7/21 | 戊午 | 二 | 九 | 6 | 6/21 | 戊子 | 3 | 三 | 6 | 5/23 | 己未 | 8 | 5 | 6 | 4/24 | 庚寅 | 8 | 3 | 6 | 3/25 | 庚申 | 6 | 9 | 6 | 2/24 | 辛卯 | 3 | 7 |
| 7 | 7/22 | 己未 | 五 | 八 | 7 | 6/22 | 己丑 | 9 | 二 | 7 | 5/24 | 庚申 | 8 | 6 | 7 | 4/25 | 辛卯 | 8 | 4 | 7 | 3/26 | 辛酉 | 6 | 1 | 7 | 2/25 | 壬辰 | 3 | 8 |
| 8 | 7/23 | 庚申 | 五 | 七 | 8 | 6/23 | 庚寅 | 9 | 一 | 8 | 5/25 | 辛酉 | 8 | 7 | 8 | 4/26 | 壬辰 | 8 | 5 | 8 | 3/27 | 壬戌 | 6 | 2 | 8 | 2/26 | 癸巳 | 3 | 9 |
| 9 | 7/24 | 辛酉 | 五 | 六 | 9 | 6/24 | 辛卯 | 9 | 九 | 9 | 5/26 | 壬戌 | 8 | 8 | 9 | 4/27 | 癸巳 | 8 | 6 | 9 | 3/28 | 癸亥 | 6 | 3 | 9 | 2/27 | 甲午 | 1 | 1 |
| 10 | 7/25 | 壬戌 | 五 | 五 | 10 | 6/25 | 壬辰 | 9 | 八 | 10 | 5/27 | 癸亥 | 8 | 9 | 10 | 4/28 | 甲午 | 4 | 7 | 10 | 3/29 | 甲子 | 4 | 4 | 10 | 2/28 | 乙未 | 1 | 2 |
| 11 | 7/26 | 癸亥 | 五 | 四 | 11 | 6/26 | 癸巳 | 9 | 七 | 11 | 5/28 | 甲子 | 6 | 1 | 11 | 4/29 | 乙未 | 4 | 8 | 11 | 3/30 | 乙丑 | 4 | 5 | 11 | 3/1 | 丙申 | 1 | 3 |
| 12 | 7/27 | 甲子 | 七 | 三 | 12 | 6/27 | 甲午 | 九 | 六 | 12 | 5/29 | 乙丑 | 6 | 2 | 12 | 4/30 | 丙申 | 4 | 9 | 12 | 3/31 | 丙寅 | 4 | 6 | 12 | 3/2 | 丁酉 | 1 | 4 |
| 13 | 7/28 | 乙丑 | 七 | 二 | 13 | 6/28 | 乙未 | 九 | 五 | 13 | 5/30 | 丙寅 | 6 | 3 | 13 | 5/1 | 丁酉 | 4 | 1 | 13 | 4/1 | 丁卯 | 4 | 7 | 13 | 3/3 | 戊戌 | 1 | 5 |
| 14 | 7/29 | 丙寅 | 七 | 一 | 14 | 6/29 | 丙申 | 九 | 四 | 14 | 5/31 | 丁卯 | 6 | 4 | 14 | 5/2 | 戊戌 | 4 | 2 | 14 | 4/2 | 戊辰 | 4 | 8 | 14 | 3/4 | 己亥 | 7 | 6 |
| 15 | 7/30 | 丁卯 | 七 | 九 | 15 | 6/30 | 丁酉 | 九 | 三 | 15 | 6/1 | 戊辰 | 6 | 5 | 15 | 5/3 | 己亥 | 1 | 3 | 15 | 4/3 | 己巳 | 1 | 9 | 15 | 3/5 | 庚子 | 7 | 7 |
| 16 | 7/31 | 戊辰 | 七 | 八 | 16 | 7/1 | 戊戌 | 九 | 二 | 16 | 6/2 | 己巳 | 3 | 6 | 16 | 5/4 | 庚子 | 1 | 4 | 16 | 4/4 | 庚午 | 1 | 1 | 16 | 3/6 | 辛丑 | 7 | 8 |
| 17 | 8/1 | 己巳 | 一 | 七 | 17 | 7/2 | 己亥 | 三 | 一 | 17 | 6/3 | 庚午 | 3 | 7 | 17 | 5/5 | 辛丑 | 1 | 5 | 17 | 4/5 | 辛未 | 1 | 2 | 17 | 3/7 | 壬寅 | 7 | 9 |
| 18 | 8/2 | 庚午 | 一 | 六 | 18 | 7/3 | 庚子 | 三 | 九 | 18 | 6/4 | 辛未 | 3 | 8 | 18 | 5/6 | 壬寅 | 1 | 6 | 18 | 4/6 | 壬申 | 1 | 3 | 18 | 3/8 | 癸卯 | 7 | 1 |
| 19 | 8/3 | 辛未 | 一 | 五 | 19 | 7/4 | 辛丑 | 三 | 八 | 19 | 6/5 | 壬申 | 3 | 9 | 19 | 5/7 | 癸卯 | 1 | 7 | 19 | 4/7 | 癸酉 | 1 | 4 | 19 | 3/9 | 甲辰 | 4 | 2 |
| 20 | 8/4 | 壬申 | 一 | 四 | 20 | 7/5 | 壬寅 | 三 | 七 | 20 | 6/6 | 癸酉 | 3 | 1 | 20 | 5/8 | 甲辰 | 7 | 8 | 20 | 4/8 | 甲戌 | 7 | 5 | 20 | 3/10 | 乙巳 | 4 | 3 |
| 21 | 8/5 | 癸酉 | 一 | 三 | 21 | 7/6 | 癸卯 | 三 | 六 | 21 | 6/7 | 甲戌 | 9 | 2 | 21 | 5/9 | 乙巳 | 7 | 9 | 21 | 4/9 | 乙亥 | 7 | 6 | 21 | 3/11 | 丙午 | 4 | 4 |
| 22 | 8/6 | 甲戌 | 四 | 二 | 22 | 7/7 | 甲辰 | 六 | 五 | 22 | 6/8 | 乙亥 | 9 | 3 | 22 | 5/10 | 丙午 | 7 | 1 | 22 | 4/10 | 丙子 | 7 | 7 | 22 | 3/12 | 丁未 | 4 | 5 |
| 23 | 8/7 | 乙亥 | 四 | 一 | 23 | 7/8 | 乙巳 | 六 | 四 | 23 | 6/9 | 丙子 | 9 | 4 | 23 | 5/11 | 丁未 | 7 | 2 | 23 | 4/11 | 丁丑 | 7 | 8 | 23 | 3/13 | 戊申 | 4 | 6 |
| 24 | 8/8 | 丙子 | 四 | 九 | 24 | 7/9 | 丙午 | 六 | 三 | 24 | 6/10 | 丁丑 | 9 | 5 | 24 | 5/12 | 戊申 | 7 | 3 | 24 | 4/12 | 戊寅 | 7 | 9 | 24 | 3/14 | 己酉 | 3 | 7 |
| 25 | 8/9 | 丁丑 | 四 | 八 | 25 | 7/10 | 丁未 | 六 | 二 | 25 | 6/11 | 戊寅 | 9 | 6 | 25 | 5/13 | 己酉 | 5 | 4 | 25 | 4/13 | 己卯 | 5 | 1 | 25 | 3/15 | 庚戌 | 3 | 8 |
| 26 | 8/10 | 戊寅 | 四 | 七 | 26 | 7/11 | 戊申 | 六 | 一 | 26 | 6/12 | 己卯 | 6 | 7 | 26 | 5/14 | 庚戌 | 5 | 5 | 26 | 4/14 | 庚辰 | 5 | 2 | 26 | 3/16 | 辛亥 | 3 | 9 |
| 27 | 8/11 | 己卯 | 二 | 六 | 27 | 7/12 | 己酉 | 八 | 九 | 27 | 6/13 | 庚辰 | 6 | 8 | 27 | 5/15 | 辛亥 | 5 | 6 | 27 | 4/15 | 辛巳 | 5 | 3 | 27 | 3/17 | 壬子 | 3 | 1 |
| 28 | 8/12 | 庚辰 | 二 | 五 | 28 | 7/13 | 庚戌 | 八 | 八 | 28 | 6/14 | 辛巳 | 6 | 9 | 28 | 5/16 | 壬子 | 5 | 7 | 28 | 4/16 | 壬午 | 5 | 4 | 28 | 3/18 | 癸丑 | 3 | 2 |
| 29 | 8/13 | 辛巳 | 二 | 四 | 29 | 7/14 | 辛亥 | 八 | 七 | 29 | 6/15 | 壬午 | 6 | 1 | 29 | 5/17 | 癸丑 | 5 | 8 | 29 | 4/17 | 癸未 | 5 | 5 | 29 | 3/19 | 甲寅 | 9 | 3 |
| | | | | | 30 | 7/15 | 壬子 | 八 | 六 | | | | | | | | | | | 30 | 4/18 | 甲申 | 2 | 6 | | | | | |

# 西元2053年（癸酉）肖雞 民國142年（女艮命）

奇門遁甲局數如標示為 一 ～九表示陰局　　如標示為1 ～9 表示陽局

| 十二月 | | | | | 十一月 | | | | | 十　月 | | | | | 九　月 | | | | | 八　月 | | | | | 七　月 | | | | |
|---|---|---|---|---|---|---|---|---|---|---|---|---|---|---|---|---|---|---|---|---|---|---|---|---|---|---|---|---|---|
| 乙丑 | | | | | 甲子 | | | | | 癸亥 | | | | | 壬戌 | | | | | 辛酉 | | | | | 庚申 | | | | |
| 六白金 | | | | | 七赤金 | | | | | 八白土 | | | | | 九紫火 | | | | | 一白水 | | | | | 二黑土 | | | | |
| 立春 23時10分 廿六子時 | | 大寒 04時53分 十二寅時 | 奇門遁甲局數 | | 小寒 11時34分 廿七午時 | | 冬至 18時12分 十二酉時 | 奇門遁甲局數 | | 大雪 00時14分 廿八子時 | | 小雪 04時41分 十三寅時 | 奇門遁甲局數 | | 立冬 07時08分 廿七辰時 | | 霜降 06時49分 十二卯時 | 奇門遁甲局數 | | 寒露 03時38分 廿七寅時 | | 秋分 21時48分 十一亥時 | 奇門遁甲局數 | | 白露 11時40分 廿五午時 | | 處暑 23時12分 初九子時 | 奇門遁甲局數 | |
| 農曆 | 國曆 | 干支 | 時盤 | 日盤 | 農曆 | 國曆 | 干支 | 時盤 | 日盤 | 農曆 | 國曆 | 干支 | 時盤 | 日盤 | 農曆 | 國曆 | 干支 | 時盤 | 日盤 | 農曆 | 國曆 | 干支 | 時盤 | 日盤 | 農曆 | 國曆 | 干支 | 時盤 | 日盤 |
| 1 | 1/9 | 庚戌 | 2 | 2 | 1 | 12/10 | 庚辰 | 四 | 二 | 1 | 11/10 | 庚戌 | 六 | 五 | 1 | 10/12 | 辛巳 | 六 | 七 | 1 | 9/12 | 辛亥 | 九 | 一 | 1 | 8/14 | 壬午 | 二 | 三 |
| 2 | 1/10 | 辛亥 | 2 | 3 | 2 | 12/11 | 辛巳 | 四 | 一 | 2 | 11/11 | 辛亥 | 六 | 四 | 2 | 10/13 | 壬午 | 六 | 六 | 2 | 9/13 | 壬子 | 九 | 九 | 2 | 8/15 | 癸未 | 二 | 二 |
| 3 | 1/11 | 壬子 | 2 | 4 | 3 | 12/12 | 壬午 | 四 | 九 | 3 | 11/12 | 壬子 | 六 | 三 | 3 | 10/14 | 癸未 | 六 | 五 | 3 | 9/14 | 癸丑 | 九 | 八 | 3 | 8/16 | 甲申 | 五 | 一 |
| 4 | 1/12 | 癸丑 | 2 | 5 | 4 | 12/13 | 癸未 | 四 | 八 | 4 | 11/13 | 癸丑 | 六 | 二 | 4 | 10/15 | 甲申 | 九 | 四 | 4 | 9/15 | 甲寅 | 三 | 七 | 4 | 8/17 | 乙酉 | 五 | 九 |
| 5 | 1/13 | 甲寅 | 8 | 6 | 5 | 12/14 | 甲申 | 七 | 七 | 5 | 11/14 | 甲寅 | 九 | 一 | 5 | 10/16 | 乙酉 | 九 | 三 | 5 | 9/16 | 乙卯 | 三 | 六 | 5 | 8/18 | 丙戌 | 五 | 八 |
| 6 | 1/14 | 乙卯 | 8 | 7 | 6 | 12/15 | 乙酉 | 七 | 六 | 6 | 11/15 | 乙卯 | 九 | 九 | 6 | 10/17 | 丙戌 | 九 | 二 | 6 | 9/17 | 丙辰 | 三 | 五 | 6 | 8/19 | 丁亥 | 五 | 七 |
| 7 | 1/15 | 丙辰 | 8 | 8 | 7 | 12/16 | 丙戌 | 七 | 五 | 7 | 11/16 | 丙辰 | 九 | 八 | 7 | 10/18 | 丁亥 | 九 | 一 | 7 | 9/18 | 丁巳 | 三 | 四 | 7 | 8/20 | 戊子 | 五 | 六 |
| 8 | 1/16 | 丁巳 | 8 | 9 | 8 | 12/17 | 丁亥 | 七 | 四 | 8 | 11/17 | 丁巳 | 九 | 七 | 8 | 10/19 | 戊子 | 九 | 九 | 8 | 9/19 | 戊午 | 三 | 三 | 8 | 8/21 | 己丑 | 八 | 五 |
| 9 | 1/17 | 戊午 | 8 | 1 | 9 | 12/18 | 戊子 | 七 | 三 | 9 | 11/18 | 戊午 | 九 | 六 | 9 | 10/20 | 己丑 | 三 | 八 | 9 | 9/20 | 己未 | 六 | 二 | 9 | 8/22 | 庚寅 | 八 | 四 |
| 10 | 1/18 | 己未 | 5 | 2 | 10 | 12/19 | 己丑 | 一 | 二 | 10 | 11/19 | 己未 | 三 | 五 | 10 | 10/21 | 庚寅 | 三 | 七 | 10 | 9/21 | 庚申 | 六 | 一 | 10 | 8/23 | 辛卯 | 八 | 三 |
| 11 | 1/19 | 庚申 | 5 | 3 | 11 | 12/20 | 庚寅 | 一 | 一 | 11 | 11/20 | 庚申 | 三 | 四 | 11 | 10/22 | 辛卯 | 三 | 六 | 11 | 9/22 | 辛酉 | 六 | 九 | 11 | 8/24 | 壬辰 | 八 | 二 |
| 12 | 1/20 | 辛酉 | 5 | 4 | 12 | 12/21 | 辛卯 | 一 | 1 | 12 | 11/21 | 辛酉 | 三 | 三 | 12 | 10/23 | 壬辰 | 三 | 五 | 12 | 9/23 | 壬戌 | 六 | 八 | 12 | 8/25 | 癸巳 | 八 | 一 |
| 13 | 1/21 | 壬戌 | 5 | 5 | 13 | 12/22 | 壬辰 | 一 | 2 | 13 | 11/22 | 壬戌 | 三 | 二 | 13 | 10/24 | 癸巳 | 三 | 四 | 13 | 9/24 | 癸亥 | 六 | 七 | 13 | 8/26 | 甲午 | 一 | 九 |
| 14 | 1/22 | 癸亥 | 5 | 6 | 14 | 12/23 | 癸巳 | 一 | 3 | 14 | 11/23 | 癸亥 | 三 | 一 | 14 | 10/25 | 甲午 | 五 | 三 | 14 | 9/25 | 甲子 | 七 | 六 | 14 | 8/27 | 乙未 | 一 | 八 |
| 15 | 1/23 | 甲子 | 3 | 7 | 15 | 12/24 | 甲午 | 1 | 4 | 15 | 11/24 | 甲子 | 五 | 九 | 15 | 10/26 | 乙未 | 五 | 二 | 15 | 9/26 | 乙丑 | 七 | 五 | 15 | 8/28 | 丙申 | 一 | 七 |
| 16 | 1/24 | 乙丑 | 3 | 8 | 16 | 12/25 | 乙未 | 1 | 5 | 16 | 11/25 | 乙丑 | 五 | 八 | 16 | 10/27 | 丙申 | 五 | 一 | 16 | 9/27 | 丙寅 | 七 | 四 | 16 | 8/29 | 丁酉 | 一 | 六 |
| 17 | 1/25 | 丙寅 | 3 | 9 | 17 | 12/26 | 丙申 | 1 | 6 | 17 | 11/26 | 丙寅 | 五 | 七 | 17 | 10/28 | 丁酉 | 五 | 九 | 17 | 9/28 | 丁卯 | 七 | 三 | 17 | 8/30 | 戊戌 | 一 | 五 |
| 18 | 1/26 | 丁卯 | 3 | 1 | 18 | 12/27 | 丁酉 | 1 | 7 | 18 | 11/27 | 丁卯 | 五 | 六 | 18 | 10/29 | 戊戌 | 五 | 八 | 18 | 9/29 | 戊辰 | 七 | 二 | 18 | 8/31 | 己亥 | 四 | 四 |
| 19 | 1/27 | 戊辰 | 3 | 2 | 19 | 12/28 | 戊戌 | 1 | 8 | 19 | 11/28 | 戊辰 | 五 | 五 | 19 | 10/30 | 己亥 | 八 | 七 | 19 | 9/30 | 己巳 | 一 | 一 | 19 | 9/1 | 庚子 | 四 | 三 |
| 20 | 1/28 | 己巳 | 9 | 3 | 20 | 12/29 | 己亥 | 7 | 9 | 20 | 11/29 | 己巳 | 八 | 四 | 20 | 10/31 | 庚子 | 八 | 六 | 20 | 10/1 | 庚午 | 一 | 九 | 20 | 9/2 | 辛丑 | 四 | 二 |
| 21 | 1/29 | 庚午 | 9 | 4 | 21 | 12/30 | 庚子 | 7 | 1 | 21 | 11/30 | 庚午 | 八 | 三 | 21 | 11/1 | 辛丑 | 八 | 五 | 21 | 10/2 | 辛未 | 一 | 八 | 21 | 9/3 | 壬寅 | 四 | 一 |
| 22 | 1/30 | 辛未 | 9 | 5 | 22 | 12/31 | 辛丑 | 7 | 2 | 22 | 12/1 | 辛未 | 八 | 二 | 22 | 11/2 | 壬寅 | 八 | 四 | 22 | 10/3 | 壬申 | 一 | 七 | 22 | 9/4 | 癸卯 | 四 | 九 |
| 23 | 1/31 | 壬申 | 9 | 6 | 23 | 1/1 | 壬寅 | 7 | 3 | 23 | 12/2 | 壬申 | 八 | 一 | 23 | 11/3 | 癸卯 | 八 | 三 | 23 | 10/4 | 癸酉 | 一 | 六 | 23 | 9/5 | 甲辰 | 七 | 八 |
| 24 | 2/1 | 癸酉 | 9 | 7 | 24 | 1/2 | 癸卯 | 7 | 4 | 24 | 12/3 | 癸酉 | 八 | 九 | 24 | 11/4 | 甲辰 | 二 | 二 | 24 | 10/5 | 甲戌 | 四 | 五 | 24 | 9/6 | 乙巳 | 七 | 七 |
| 25 | 2/2 | 甲戌 | 6 | 8 | 25 | 1/3 | 甲辰 | 4 | 5 | 25 | 12/4 | 甲戌 | 二 | 八 | 25 | 11/5 | 乙巳 | 二 | 一 | 25 | 10/6 | 乙亥 | 四 | 四 | 25 | 9/7 | 丙午 | 七 | 六 |
| 26 | 2/3 | 乙亥 | 6 | 9 | 26 | 1/4 | 乙巳 | 4 | 6 | 26 | 12/5 | 乙亥 | 二 | 七 | 26 | 11/6 | 丙午 | 二 | 九 | 26 | 10/7 | 丙子 | 四 | 三 | 26 | 9/8 | 丁未 | 七 | 五 |
| 27 | 2/4 | 丙子 | 6 | 1 | 27 | 1/5 | 丙午 | 4 | 7 | 27 | 12/6 | 丙子 | 二 | 六 | 27 | 11/7 | 丁未 | 二 | 八 | 27 | 10/8 | 丁丑 | 四 | 二 | 27 | 9/9 | 戊申 | 七 | 四 |
| 28 | 2/5 | 丁丑 | 6 | 2 | 28 | 1/6 | 丁未 | 4 | 8 | 28 | 12/7 | 丁丑 | 二 | 五 | 28 | 11/8 | 戊申 | 二 | 七 | 28 | 10/9 | 戊寅 | 四 | 一 | 28 | 9/10 | 己酉 | 九 | 三 |
| 29 | 2/6 | 戊寅 | 6 | 3 | 29 | 1/7 | 戊申 | 4 | 9 | 29 | 12/8 | 戊寅 | 二 | 四 | 29 | 11/9 | 己酉 | 六 | 六 | 29 | 10/10 | 己卯 | 六 | 九 | 29 | 9/11 | 庚戌 | 九 | 二 |
| 30 | 2/7 | 己卯 | 8 | 4 | 30 | 1/8 | 己酉 | 2 | 1 | 30 | 12/9 | 己卯 | 四 | 三 | | | | | | 30 | 10/11 | 庚辰 | 六 | 八 | | | | | |

# 西元2054年（甲戌）肖狗 民國143年（男離命）

奇門遁甲局數如標示為 一 ～九表示陰局　　如標示為1 ～9 表示陽局

| 六月 | | | | | 五月 | | | | | 四月 | | | | | 三月 | | | | | 二月 | | | | | 正月 | | | | |
|---|---|---|---|---|---|---|---|---|---|---|---|---|---|---|---|---|---|---|---|---|---|---|---|---|---|---|---|---|---|
| 辛未 | | | | | 庚午 | | | | | 己巳 | | | | | 戊辰 | | | | | 丁卯 | | | | | 丙寅 | | | | |
| 九紫火 | | | | | 一白水 | | | | | 二黑土 | | | | | 三碧木 | | | | | 四綠木 | | | | | 五黃土 | | | | |
| 大暑 21時42分 十八亥時 | | 小暑 04時16分 初三寅時 | 奇門遁甲局數 | | 夏至 10時49分 十六巳時 | | | 奇門遁甲局數 | | 芒種 18時09分 廿九酉時 | | 小滿 03時50分 十四寅時 | 奇門遁甲局數 | | 立夏 14時20分 廿八未時 | | 穀雨 04時27分 十三寅時 | 奇門遁甲局數 | | 清明 21時25分 廿七亥時 | | 春分 17時36分 十二酉時 | 奇門遁甲局數 | | 驚蟄 16時58分 廿六申時 | | 雨水 18時54分 十一酉時 | 奇門遁甲局數 | |
| 農曆 | 國曆 | 干支 | 時盤 | 日盤 | 農曆 | 國曆 | 干支 | 時盤 | 日盤 | 農曆 | 國曆 | 干支 | 時盤 | 日盤 | 農曆 | 國曆 | 干支 | 時盤 | 日盤 | 農曆 | 國曆 | 干支 | 時盤 | 日盤 | 農曆 | 國曆 | 干支 | 時盤 | 日盤 |
| 1 | 7/5 | 丁未 | 六 | 二 | 1 | 6/6 | 戊寅 | 8 | 6 | 1 | 5/8 | 己酉 | 4 | 4 | 1 | 4/8 | 己卯 | 4 | 1 | 1 | 3/9 | 己酉 | 1 | 7 | 1 | 2/8 | 庚辰 | 8 | 5 |
| 2 | 7/6 | 戊申 | 六 | 一 | 2 | 6/7 | 己卯 | 6 | 7 | 2 | 5/9 | 庚戌 | 4 | 5 | 2 | 4/9 | 庚辰 | 4 | 2 | 2 | 3/10 | 庚戌 | 1 | 8 | 2 | 2/9 | 辛巳 | 8 | 6 |
| 3 | 7/7 | 己酉 | 八 | 九 | 3 | 6/8 | 庚辰 | 6 | 8 | 3 | 5/10 | 辛亥 | 4 | 6 | 3 | 4/10 | 辛巳 | 4 | 3 | 3 | 3/11 | 辛亥 | 1 | 9 | 3 | 2/10 | 壬午 | 8 | 7 |
| 4 | 7/8 | 庚戌 | 八 | 八 | 4 | 6/9 | 辛巳 | 6 | 9 | 4 | 5/11 | 壬子 | 4 | 7 | 4 | 4/11 | 壬午 | 4 | 4 | 4 | 3/12 | 壬子 | 1 | 1 | 4 | 2/11 | 癸未 | 8 | 8 |
| 5 | 7/9 | 辛亥 | 八 | 七 | 5 | 6/10 | 壬午 | 6 | 1 | 5 | 5/12 | 癸丑 | 4 | 8 | 5 | 4/12 | 癸未 | 4 | 5 | 5 | 3/13 | 癸丑 | 1 | 2 | 5 | 2/12 | 甲申 | 5 | 9 |
| 6 | 7/10 | 壬子 | 八 | 六 | 6 | 6/11 | 癸未 | 6 | 2 | 6 | 5/13 | 甲寅 | 1 | 9 | 6 | 4/13 | 甲申 | 1 | 6 | 6 | 3/14 | 甲寅 | 7 | 3 | 6 | 2/13 | 乙酉 | 5 | 1 |
| 7 | 7/11 | 癸丑 | 八 | 五 | 7 | 6/12 | 甲申 | 3 | 3 | 7 | 5/14 | 乙卯 | 1 | 1 | 7 | 4/14 | 乙酉 | 1 | 7 | 7 | 3/15 | 乙卯 | 7 | 4 | 7 | 2/14 | 丙戌 | 5 | 2 |
| 8 | 7/12 | 甲寅 | 二 | 四 | 8 | 6/13 | 乙酉 | 3 | 4 | 8 | 5/15 | 丙辰 | 1 | 2 | 8 | 4/15 | 丙戌 | 1 | 8 | 8 | 3/16 | 丙辰 | 7 | 5 | 8 | 2/15 | 丁亥 | 5 | 3 |
| 9 | 7/13 | 乙卯 | 二 | 三 | 9 | 6/14 | 丙戌 | 3 | 5 | 9 | 5/16 | 丁巳 | 1 | 3 | 9 | 4/16 | 丁亥 | 1 | 9 | 9 | 3/17 | 丁巳 | 7 | 6 | 9 | 2/16 | 戊子 | 5 | 4 |
| 10 | 7/14 | 丙辰 | 二 | 二 | 10 | 6/15 | 丁亥 | 3 | 6 | 10 | 5/17 | 戊午 | 1 | 4 | 10 | 4/17 | 戊子 | 1 | 1 | 10 | 3/18 | 戊午 | 7 | 7 | 10 | 2/17 | 己丑 | 2 | 5 |
| 11 | 7/15 | 丁巳 | 二 | 一 | 11 | 6/16 | 戊子 | 3 | 7 | 11 | 5/18 | 己未 | 7 | 5 | 11 | 4/18 | 己丑 | 7 | 2 | 11 | 3/19 | 己未 | 4 | 8 | 11 | 2/18 | 庚寅 | 2 | 6 |
| 12 | 7/16 | 戊午 | 二 | 九 | 12 | 6/17 | 己丑 | 9 | 8 | 12 | 5/19 | 庚申 | 7 | 6 | 12 | 4/19 | 庚寅 | 7 | 3 | 12 | 3/20 | 庚申 | 4 | 9 | 12 | 2/19 | 辛卯 | 2 | 7 |
| 13 | 7/17 | 己未 | 五 | 八 | 13 | 6/18 | 庚寅 | 9 | 9 | 13 | 5/20 | 辛酉 | 7 | 7 | 13 | 4/20 | 辛卯 | 7 | 4 | 13 | 3/21 | 辛酉 | 4 | 1 | 13 | 2/20 | 壬辰 | 2 | 8 |
| 14 | 7/18 | 庚申 | 五 | 七 | 14 | 6/19 | 辛卯 | 9 | 1 | 14 | 5/21 | 壬戌 | 7 | 8 | 14 | 4/21 | 壬辰 | 7 | 5 | 14 | 3/22 | 壬戌 | 4 | 2 | 14 | 2/21 | 癸巳 | 2 | 9 |
| 15 | 7/19 | 辛酉 | 五 | 六 | 15 | 6/20 | 壬辰 | 9 | 2 | 15 | 5/22 | 癸亥 | 7 | 9 | 15 | 4/22 | 癸巳 | 7 | 6 | 15 | 3/23 | 癸亥 | 4 | 3 | 15 | 2/22 | 甲午 | 9 | 1 |
| 16 | 7/20 | 壬戌 | 五 | 五 | 16 | 6/21 | 癸巳 | 9 | 七 | 16 | 5/23 | 甲子 | 5 | 1 | 16 | 4/23 | 甲午 | 5 | 7 | 16 | 3/24 | 甲子 | 3 | 4 | 16 | 2/23 | 乙未 | 9 | 2 |
| 17 | 7/21 | 癸亥 | 五 | 四 | 17 | 6/22 | 甲午 | 九 | 六 | 17 | 5/24 | 乙丑 | 5 | 2 | 17 | 4/24 | 乙未 | 5 | 8 | 17 | 3/25 | 乙丑 | 3 | 5 | 17 | 2/24 | 丙申 | 9 | 3 |
| 18 | 7/22 | 甲子 | 七 | 三 | 18 | 6/23 | 乙未 | 九 | 五 | 18 | 5/25 | 丙寅 | 5 | 3 | 18 | 4/25 | 丙申 | 5 | 9 | 18 | 3/26 | 丙寅 | 3 | 6 | 18 | 2/25 | 丁酉 | 9 | 4 |
| 19 | 7/23 | 乙丑 | 七 | 二 | 19 | 6/24 | 丙申 | 九 | 四 | 19 | 5/26 | 丁卯 | 5 | 4 | 19 | 4/26 | 丁酉 | 5 | 1 | 19 | 3/27 | 丁卯 | 3 | 7 | 19 | 2/26 | 戊戌 | 9 | 5 |
| 20 | 7/24 | 丙寅 | 七 | 一 | 20 | 6/25 | 丁酉 | 九 | 三 | 20 | 5/27 | 戊辰 | 5 | 5 | 20 | 4/27 | 戊戌 | 5 | 2 | 20 | 3/28 | 戊辰 | 3 | 8 | 20 | 2/27 | 己亥 | 6 | 6 |
| 21 | 7/25 | 丁卯 | 七 | 九 | 21 | 6/26 | 戊戌 | 九 | 二 | 21 | 5/28 | 己巳 | 2 | 6 | 21 | 4/28 | 己亥 | 2 | 3 | 21 | 3/29 | 己巳 | 9 | 9 | 21 | 2/28 | 庚子 | 6 | 7 |
| 22 | 7/26 | 戊辰 | 七 | 八 | 22 | 6/27 | 己亥 | 三 | 一 | 22 | 5/29 | 庚午 | 2 | 7 | 22 | 4/29 | 庚子 | 2 | 4 | 22 | 3/30 | 庚午 | 9 | 1 | 22 | 3/1 | 辛丑 | 6 | 8 |
| 23 | 7/27 | 己巳 | 一 | 七 | 23 | 6/28 | 庚子 | 三 | 九 | 23 | 5/30 | 辛未 | 2 | 8 | 23 | 4/30 | 辛丑 | 2 | 5 | 23 | 3/31 | 辛未 | 9 | 2 | 23 | 3/2 | 壬寅 | 6 | 9 |
| 24 | 7/28 | 庚午 | 一 | 六 | 24 | 6/29 | 辛丑 | 三 | 八 | 24 | 5/31 | 壬申 | 2 | 9 | 24 | 5/1 | 壬寅 | 2 | 6 | 24 | 4/1 | 壬申 | 9 | 3 | 24 | 3/3 | 癸卯 | 6 | 1 |
| 25 | 7/29 | 辛未 | 一 | 五 | 25 | 6/30 | 壬寅 | 三 | 七 | 25 | 6/1 | 癸酉 | 2 | 1 | 25 | 5/2 | 癸卯 | 2 | 7 | 25 | 4/2 | 癸酉 | 9 | 4 | 25 | 3/4 | 甲辰 | 3 | 2 |
| 26 | 7/30 | 壬申 | 一 | 四 | 26 | 7/1 | 癸卯 | 三 | 六 | 26 | 6/2 | 甲戌 | 8 | 2 | 26 | 5/3 | 甲辰 | 8 | 8 | 26 | 4/3 | 甲戌 | 6 | 5 | 26 | 3/5 | 乙巳 | 3 | 3 |
| 27 | 7/31 | 癸酉 | 一 | 三 | 27 | 7/2 | 甲辰 | 六 | 五 | 27 | 6/3 | 乙亥 | 8 | 3 | 27 | 5/4 | 乙巳 | 8 | 9 | 27 | 4/4 | 乙亥 | 6 | 6 | 27 | 3/6 | 丙午 | 3 | 4 |
| 28 | 8/1 | 甲戌 | 四 | 二 | 28 | 7/3 | 乙巳 | 六 | 四 | 28 | 6/4 | 丙子 | 8 | 4 | 28 | 5/5 | 丙午 | 8 | 1 | 28 | 4/5 | 丙子 | 6 | 7 | 28 | 3/7 | 丁未 | 3 | 5 |
| 29 | 8/2 | 乙亥 | 四 | 一 | 29 | 7/4 | 丙午 | 六 | 三 | 29 | 6/5 | 丁丑 | 8 | 5 | 29 | 5/6 | 丁未 | 8 | 2 | 29 | 4/6 | 丁丑 | 6 | 8 | 29 | 3/8 | 戊申 | 3 | 6 |
| 30 | 8/3 | 丙子 | 四 | 九 | | | | | | | | | | | 30 | 5/7 | 戊申 | 8 | 3 | 30 | 4/7 | 戊寅 | 6 | 9 | | | | | |

# 西元2054年（甲戌）肖狗 民國143年（女乾命）

奇門遁甲局數如標示為 一 ～九表示陰局　　如標示為1 ～9 表示陽局

| 十二月 | | | | | 十一月 | | | | | 十　月 | | | | | 九　月 | | | | | 八　月 | | | | | 七　月 | | | | |
|---|---|---|---|---|---|---|---|---|---|---|---|---|---|---|---|---|---|---|---|---|---|---|---|---|---|---|---|---|---|
| 丁丑 | | | | | 丙子 | | | | | 乙亥 | | | | | 甲戌 | | | | | 癸酉 | | | | | 壬申 | | | | |
| 三碧木 | | | | | 四綠木 | | | | | 五黃土 | | | | | 六白金 | | | | | 七赤金 | | | | | 八白土 | | | | |
| 大寒 10時51分 廿三巳時 | | 小寒 17時25分 初八酉時 | 奇門遁甲局數 | | 冬至 00時12分 廿四子時 | | 大雪 06時06分 初九卯時 | 奇門遁甲局數 | | 小雪 10時41分 廿三巳時 | | 立冬 12時58分 初八午時 | 奇門遁甲局數 | | 霜降 12時47分 廿三午時 | | 寒露 09時24分 初八巳時 | 奇門遁甲局數 | | 秋分 03時11分 廿三寅時 | | 白露 17時21分 初六酉時 | 奇門遁甲局數 | | 處暑 05時00分 二十卯時 | | 立秋 14時19分 初四未時 | 奇門遁甲局數 | |
| 農曆 | 國曆 | 干支 | 時盤 | 日盤 | 農曆 | 國曆 | 干支 | 時盤 | 日盤 | 農曆 | 國曆 | 干支 | 時盤 | 日盤 | 農曆 | 國曆 | 干支 | 時盤 | 日盤 | 農曆 | 國曆 | 干支 | 時盤 | 日盤 | 農曆 | 國曆 | 干支 | 時盤 | 日盤 |
| 1 | 12/29 | 甲辰 | 4 | 8 | 1 | 11/29 | 甲戌 | 二 | 八 | 1 | 10/31 | 乙巳 | 二 | 一 | 1 | 10/1 | 乙亥 | 四 | 四 | 1 | 9/2 | 丙午 | 七 | 六 | 1 | 8/4 | 丁丑 | 四 | 八 |
| 2 | 12/30 | 乙巳 | 4 | 9 | 2 | 11/30 | 乙亥 | 二 | 七 | 2 | 11/1 | 丙午 | 二 | 九 | 2 | 10/2 | 丙子 | 四 | 三 | 2 | 9/3 | 丁未 | 七 | 五 | 2 | 8/5 | 戊寅 | 四 | 七 |
| 3 | 12/31 | 丙午 | 4 | 1 | 3 | 12/1 | 丙子 | 二 | 六 | 3 | 11/2 | 丁未 | 二 | 八 | 3 | 10/3 | 丁丑 | 四 | 二 | 3 | 9/4 | 戊申 | 七 | 四 | 3 | 8/6 | 己卯 | 二 | 六 |
| 4 | 1/1 | 丁未 | 4 | 2 | 4 | 12/2 | 丁丑 | 二 | 五 | 4 | 11/3 | 戊申 | 二 | 七 | 4 | 10/4 | 戊寅 | 四 | 一 | 4 | 9/5 | 己酉 | 九 | 三 | 4 | 8/7 | 庚辰 | 二 | 五 |
| 5 | 1/2 | 戊申 | 4 | 3 | 5 | 12/3 | 戊寅 | 二 | 四 | 5 | 11/4 | 己酉 | 六 | 六 | 5 | 10/5 | 己卯 | 六 | 九 | 5 | 9/6 | 庚戌 | 九 | 二 | 5 | 8/8 | 辛巳 | 二 | 四 |
| 6 | 1/3 | 己酉 | 2 | 4 | 6 | 12/4 | 己卯 | 四 | 三 | 6 | 11/5 | 庚戌 | 六 | 五 | 6 | 10/6 | 庚辰 | 六 | 八 | 6 | 9/7 | 辛亥 | 九 | 一 | 6 | 8/9 | 壬午 | 二 | 三 |
| 7 | 1/4 | 庚戌 | 2 | 5 | 7 | 12/5 | 庚辰 | 四 | 二 | 7 | 11/6 | 辛亥 | 六 | 四 | 7 | 10/7 | 辛巳 | 六 | 七 | 7 | 9/8 | 壬子 | 九 | 九 | 7 | 8/10 | 癸未 | 二 | 二 |
| 8 | 1/5 | 辛亥 | 2 | 6 | 8 | 12/6 | 辛巳 | 四 | 一 | 8 | 11/7 | 壬子 | 六 | 三 | 8 | 10/8 | 壬午 | 六 | 六 | 8 | 9/9 | 癸丑 | 九 | 八 | 8 | 8/11 | 甲申 | 五 | 一 |
| 9 | 1/6 | 壬子 | 2 | 7 | 9 | 12/7 | 壬午 | 四 | 九 | 9 | 11/8 | 癸丑 | 六 | 二 | 9 | 10/9 | 癸未 | 六 | 五 | 9 | 9/10 | 甲寅 | 三 | 七 | 9 | 8/12 | 乙酉 | 五 | 九 |
| 10 | 1/7 | 癸丑 | 2 | 8 | 10 | 12/8 | 癸未 | 四 | 八 | 10 | 11/9 | 甲寅 | 九 | 一 | 10 | 10/10 | 甲申 | 九 | 四 | 10 | 9/11 | 乙卯 | 三 | 六 | 10 | 8/13 | 丙戌 | 五 | 八 |
| 11 | 1/8 | 甲寅 | 8 | 9 | 11 | 12/9 | 甲申 | 七 | 七 | 11 | 11/10 | 乙卯 | 九 | 九 | 11 | 10/11 | 乙酉 | 九 | 三 | 11 | 9/12 | 丙辰 | 三 | 五 | 11 | 8/14 | 丁亥 | 五 | 七 |
| 12 | 1/9 | 乙卯 | 8 | 1 | 12 | 12/10 | 乙酉 | 七 | 六 | 12 | 11/11 | 丙辰 | 九 | 八 | 12 | 10/12 | 丙戌 | 九 | 二 | 12 | 9/13 | 丁巳 | 三 | 四 | 12 | 8/15 | 戊子 | 五 | 六 |
| 13 | 1/10 | 丙辰 | 8 | 2 | 13 | 12/11 | 丙戌 | 七 | 五 | 13 | 11/12 | 丁巳 | 九 | 七 | 13 | 10/13 | 丁亥 | 九 | 一 | 13 | 9/14 | 戊午 | 三 | 三 | 13 | 8/16 | 己丑 | 八 | 五 |
| 14 | 1/11 | 丁巳 | 8 | 3 | 14 | 12/12 | 丁亥 | 七 | 四 | 14 | 11/13 | 戊午 | 九 | 六 | 14 | 10/14 | 戊子 | 九 | 九 | 14 | 9/15 | 己未 | 六 | 二 | 14 | 8/17 | 庚寅 | 八 | 四 |
| 15 | 1/12 | 戊午 | 8 | 4 | 15 | 12/13 | 戊子 | 七 | 三 | 15 | 11/14 | 己未 | 三 | 五 | 15 | 10/15 | 己丑 | 三 | 八 | 15 | 9/16 | 庚申 | 六 | 一 | 15 | 8/18 | 辛卯 | 八 | 三 |
| 16 | 1/13 | 己未 | 5 | 5 | 16 | 12/14 | 己丑 | 一 | 二 | 16 | 11/15 | 庚申 | 三 | 四 | 16 | 10/16 | 庚寅 | 三 | 七 | 16 | 9/17 | 辛酉 | 六 | 九 | 16 | 8/19 | 壬辰 | 八 | 二 |
| 17 | 1/14 | 庚申 | 5 | 6 | 17 | 12/15 | 庚寅 | 一 | 一 | 17 | 11/16 | 辛酉 | 三 | 三 | 17 | 10/17 | 辛卯 | 三 | 六 | 17 | 9/18 | 壬戌 | 六 | 八 | 17 | 8/20 | 癸巳 | 八 | 一 |
| 18 | 1/15 | 辛酉 | 5 | 7 | 18 | 12/16 | 辛卯 | 一 | 九 | 18 | 11/17 | 壬戌 | 三 | 二 | 18 | 10/18 | 壬辰 | 三 | 五 | 18 | 9/19 | 癸亥 | 六 | 七 | 18 | 8/21 | 甲午 | 一 | 九 |
| 19 | 1/16 | 壬戌 | 5 | 8 | 19 | 12/17 | 壬辰 | 一 | 八 | 19 | 11/18 | 癸亥 | 三 | 一 | 19 | 10/19 | 癸巳 | 三 | 四 | 19 | 9/20 | 甲子 | 七 | 六 | 19 | 8/22 | 乙未 | 一 | 八 |
| 20 | 1/17 | 癸亥 | 5 | 9 | 20 | 12/18 | 癸巳 | 一 | 七 | 20 | 11/19 | 甲子 | 五 | 九 | 20 | 10/20 | 甲午 | 五 | 三 | 20 | 9/21 | 乙丑 | 七 | 五 | 20 | 8/23 | 丙申 | 一 | 七 |
| 21 | 1/18 | 甲子 | 3 | 1 | 21 | 12/19 | 甲午 | 1 | 六 | 21 | 11/20 | 乙丑 | 五 | 八 | 21 | 10/21 | 乙未 | 五 | 二 | 21 | 9/22 | 丙寅 | 七 | 四 | 21 | 8/24 | 丁酉 | 一 | 六 |
| 22 | 1/19 | 乙丑 | 3 | 2 | 22 | 12/20 | 乙未 | 1 | 五 | 22 | 11/21 | 丙寅 | 五 | 七 | 22 | 10/22 | 丙申 | 五 | 一 | 22 | 9/23 | 丁卯 | 七 | 三 | 22 | 8/25 | 戊戌 | 一 | 五 |
| 23 | 1/20 | 丙寅 | 3 | 3 | 23 | 12/21 | 丙申 | 1 | 四 | 23 | 11/22 | 丁卯 | 五 | 六 | 23 | 10/23 | 丁酉 | 五 | 九 | 23 | 9/24 | 戊辰 | 七 | 二 | 23 | 8/26 | 己亥 | 四 | 四 |
| 24 | 1/21 | 丁卯 | 3 | 4 | 24 | 12/22 | 丁酉 | 1 | 1 | 24 | 11/23 | 戊辰 | 五 | 五 | 24 | 10/24 | 戊戌 | 五 | 八 | 24 | 9/25 | 己巳 | 一 | 一 | 24 | 8/27 | 庚子 | 四 | 三 |
| 25 | 1/22 | 戊辰 | 3 | 5 | 25 | 12/23 | 戊戌 | 1 | 2 | 25 | 11/24 | 己巳 | 八 | 四 | 25 | 10/25 | 己亥 | 八 | 七 | 25 | 9/26 | 庚午 | 一 | 九 | 25 | 8/28 | 辛丑 | 四 | 二 |
| 26 | 1/23 | 己巳 | 9 | 6 | 26 | 12/24 | 己亥 | 7 | 3 | 26 | 11/25 | 庚午 | 八 | 三 | 26 | 10/26 | 庚子 | 八 | 六 | 26 | 9/27 | 辛未 | 一 | 八 | 26 | 8/29 | 壬寅 | 四 | 一 |
| 27 | 1/24 | 庚午 | 9 | 7 | 27 | 12/25 | 庚子 | 7 | 4 | 27 | 11/26 | 辛未 | 八 | 二 | 27 | 10/27 | 辛丑 | 八 | 五 | 27 | 9/28 | 壬申 | 一 | 七 | 27 | 8/30 | 癸卯 | 四 | 九 |
| 28 | 1/25 | 辛未 | 9 | 8 | 28 | 12/26 | 辛丑 | 7 | 5 | 28 | 11/27 | 壬申 | 八 | 一 | 28 | 10/28 | 壬寅 | 八 | 四 | 28 | 9/29 | 癸酉 | 一 | 六 | 28 | 8/31 | 甲辰 | 七 | 八 |
| 29 | 1/26 | 壬申 | 9 | 9 | 29 | 12/27 | 壬寅 | 7 | 6 | 29 | 11/28 | 癸酉 | 八 | 九 | 29 | 10/29 | 癸卯 | 八 | 三 | 29 | 9/30 | 甲戌 | 四 | 五 | 29 | 9/1 | 乙巳 | 七 | 七 |
| 30 | 1/27 | 癸酉 | 9 | 1 | 30 | 12/28 | 癸卯 | 7 | 7 | | | | | | 30 | 10/30 | 甲辰 | 二 | 二 | | | | | | | | | | |

# 西元2055年（乙亥）肖豬 民國144年（男艮命）

奇門遁甲局數如標示為 一 ～九表示陰局　　如標示為1 ～9 表示陽局

| 閏六月 | | | | |
|---|---|---|---|---|
| 甲申 | | | | |
| | | | | |
| 立秋 20時30分 十五戌時 | | | 奇門遁甲局數 | |
| 農曆 | 國曆 | 干支 | 時盤 | 日盤 |
| 1 | 7/24 | 辛未 | 一 | 二 |
| 2 | 7/25 | 壬申 | 一 | 一 |
| 3 | 7/26 | 癸酉 | 一 | 九 |
| 4 | 7/27 | 甲戌 | 四 | 八 |
| 5 | 7/28 | 乙亥 | 四 | 七 |
| 6 | 7/29 | 丙子 | 四 | 六 |
| 7 | 7/30 | 丁丑 | 四 | 五 |
| 8 | 7/31 | 戊寅 | 四 | 四 |
| 9 | 8/1 | 己卯 | 二 | 三 |
| 10 | 8/2 | 庚辰 | 二 | 二 |
| 11 | 8/3 | 辛巳 | 二 | 一 |
| 12 | 8/4 | 壬午 | 二 | 九 |
| 13 | 8/5 | 癸未 | 二 | 八 |
| 14 | 8/6 | 甲申 | 五 | 七 |
| 15 | 8/7 | 乙酉 | 五 | 六 |
| 16 | 8/8 | 丙戌 | 五 | 五 |
| 17 | 8/9 | 丁亥 | 五 | 四 |
| 18 | 8/10 | 戊子 | 五 | 三 |
| 19 | 8/11 | 己丑 | 八 | 二 |
| 20 | 8/12 | 庚寅 | 八 | 一 |
| 21 | 8/13 | 辛卯 | 八 | 九 |
| 22 | 8/14 | 壬辰 | 八 | 八 |
| 23 | 8/15 | 癸巳 | 八 | 七 |
| 24 | 8/16 | 甲午 | 一 | 六 |
| 25 | 8/17 | 乙未 | 一 | 五 |
| 26 | 8/18 | 丙申 | 一 | 四 |
| 27 | 8/19 | 丁酉 | 一 | 三 |
| 28 | 8/20 | 戊戌 | 一 | 二 |
| 29 | 8/21 | 己亥 | 四 | 一 |
| 30 | 8/22 | 庚子 | 四 | 九 |

| 六月 | | | | |
|---|---|---|---|---|
| 癸未 | | | | |
| 六白金 | | | | |
| 大暑 03時34分 廿九寅時 | | 小暑 10時17分 十三巳時 | 奇門遁甲局數 | |
| 農曆 | 國曆 | 干支 | 時盤 | 日盤 |
| 1 | 6/25 | 壬寅 | 三 | 四 |
| 2 | 6/26 | 癸卯 | 三 | 三 |
| 3 | 6/27 | 甲辰 | 六 | 二 |
| 4 | 6/28 | 乙巳 | 六 | 一 |
| 5 | 6/29 | 丙午 | 六 | 九 |
| 6 | 6/30 | 丁未 | 六 | 八 |
| 7 | 7/1 | 戊申 | 六 | 七 |
| 8 | 7/2 | 己酉 | 八 | 六 |
| 9 | 7/3 | 庚戌 | 八 | 五 |
| 10 | 7/4 | 辛亥 | 八 | 四 |
| 11 | 7/5 | 壬子 | 八 | 三 |
| 12 | 7/6 | 癸丑 | 八 | 二 |
| 13 | 7/7 | 甲寅 | 二 | 一 |
| 14 | 7/8 | 乙卯 | 二 | 九 |
| 15 | 7/9 | 丙辰 | 二 | 八 |
| 16 | 7/10 | 丁巳 | 二 | 七 |
| 17 | 7/11 | 戊午 | 二 | 六 |
| 18 | 7/12 | 己未 | 五 | 五 |
| 19 | 7/13 | 庚申 | 五 | 四 |
| 20 | 7/14 | 辛酉 | 五 | 三 |
| 21 | 7/15 | 壬戌 | 五 | 二 |
| 22 | 7/16 | 癸亥 | 五 | 一 |
| 23 | 7/17 | 甲子 | 七 | 九 |
| 24 | 7/18 | 乙丑 | 七 | 八 |
| 25 | 7/19 | 丙寅 | 七 | 七 |
| 26 | 7/20 | 丁卯 | 七 | 六 |
| 27 | 7/21 | 戊辰 | 七 | 五 |
| 28 | 7/22 | 己巳 | 一 | 四 |
| 29 | 7/23 | 庚午 | 一 | 三 |

| 五月 | | | | |
|---|---|---|---|---|
| 壬午 | | | | |
| 七赤金 | | | | |
| 夏至 16時42分 廿七申時 | | 芒種 23時58分 十一子時 | 奇門遁甲局數 | |
| 農曆 | 國曆 | 干支 | 時盤 | 日盤 |
| 1 | 5/26 | 壬申 | 2 | 3 |
| 2 | 5/27 | 癸酉 | 2 | 4 |
| 3 | 5/28 | 甲戌 | 8 | 5 |
| 4 | 5/29 | 乙亥 | 8 | 6 |
| 5 | 5/30 | 丙子 | 8 | 7 |
| 6 | 5/31 | 丁丑 | 8 | 8 |
| 7 | 6/1 | 戊寅 | 8 | 9 |
| 8 | 6/2 | 己卯 | 6 | 1 |
| 9 | 6/3 | 庚辰 | 6 | 2 |
| 10 | 6/4 | 辛巳 | 6 | 3 |
| 11 | 6/5 | 壬午 | 6 | 4 |
| 12 | 6/6 | 癸未 | 6 | 5 |
| 13 | 6/7 | 甲申 | 3 | 6 |
| 14 | 6/8 | 乙酉 | 3 | 7 |
| 15 | 6/9 | 丙戌 | 3 | 8 |
| 16 | 6/10 | 丁亥 | 3 | 9 |
| 17 | 6/11 | 戊子 | 3 | 1 |
| 18 | 6/12 | 己丑 | 9 | 2 |
| 19 | 6/13 | 庚寅 | 9 | 3 |
| 20 | 6/14 | 辛卯 | 9 | 4 |
| 21 | 6/15 | 壬辰 | 9 | 5 |
| 22 | 6/16 | 癸巳 | 9 | 6 |
| 23 | 6/17 | 甲午 | 九 | 7 |
| 24 | 6/18 | 乙未 | 九 | 8 |
| 25 | 6/19 | 丙申 | 九 | 9 |
| 26 | 6/20 | 丁酉 | 九 | 1 |
| 27 | 6/21 | 戊戌 | 九 | 八 |
| 28 | 6/22 | 己亥 | 三 | 七 |
| 29 | 6/23 | 庚子 | 三 | 六 |
| 30 | 6/24 | 辛丑 | 三 | 五 |

| 四月 | | | | |
|---|---|---|---|---|
| 辛巳 | | | | |
| 八白土 | | | | |
| 小滿 08時58分 廿五辰時 | | 立夏 20時06分 初九戌時 | 奇門遁甲局數 | |
| 農曆 | 國曆 | 干支 | 時盤 | 日盤 |
| 1 | 4/27 | 癸卯 | 2 | 1 |
| 2 | 4/28 | 甲辰 | 8 | 2 |
| 3 | 4/29 | 乙巳 | 8 | 3 |
| 4 | 4/30 | 丙午 | 8 | 4 |
| 5 | 5/1 | 丁未 | 8 | 5 |
| 6 | 5/2 | 戊申 | 8 | 6 |
| 7 | 5/3 | 己酉 | 4 | 7 |
| 8 | 5/4 | 庚戌 | 4 | 8 |
| 9 | 5/5 | 辛亥 | 4 | 9 |
| 10 | 5/6 | 壬子 | 4 | 1 |
| 11 | 5/7 | 癸丑 | 4 | 2 |
| 12 | 5/8 | 甲寅 | 1 | 3 |
| 13 | 5/9 | 乙卯 | 1 | 4 |
| 14 | 5/10 | 丙辰 | 1 | 5 |
| 15 | 5/11 | 丁巳 | 1 | 6 |
| 16 | 5/12 | 戊午 | 1 | 7 |
| 17 | 5/13 | 己未 | 7 | 8 |
| 18 | 5/14 | 庚申 | 7 | 9 |
| 19 | 5/15 | 辛酉 | 7 | 1 |
| 20 | 5/16 | 壬戌 | 7 | 2 |
| 21 | 5/17 | 癸亥 | 7 | 3 |
| 22 | 5/18 | 甲子 | 5 | 4 |
| 23 | 5/19 | 乙丑 | 5 | 5 |
| 24 | 5/20 | 丙寅 | 5 | 6 |
| 25 | 5/21 | 丁卯 | 5 | 7 |
| 26 | 5/22 | 戊辰 | 5 | 8 |
| 27 | 5/23 | 己巳 | 2 | 9 |
| 28 | 5/24 | 庚午 | 2 | 1 |
| 29 | 5/25 | 辛未 | 2 | 2 |

| 三月 | | | | |
|---|---|---|---|---|
| 庚辰 | | | | |
| 九紫火 | | | | |
| 穀雨 10時10分 廿四巳時 | | 清明 03時16分 初九寅時 | 奇門遁甲局數 | |
| 農曆 | 國曆 | 干支 | 時盤 | 日盤 |
| 1 | 3/28 | 癸酉 | 9 | 7 |
| 2 | 3/29 | 甲戌 | 6 | 8 |
| 3 | 3/30 | 乙亥 | 6 | 9 |
| 4 | 3/31 | 丙子 | 6 | 1 |
| 5 | 4/1 | 丁丑 | 6 | 2 |
| 6 | 4/2 | 戊寅 | 6 | 3 |
| 7 | 4/3 | 己卯 | 4 | 4 |
| 8 | 4/4 | 庚辰 | 4 | 5 |
| 9 | 4/5 | 辛巳 | 4 | 6 |
| 10 | 4/6 | 壬午 | 4 | 7 |
| 11 | 4/7 | 癸未 | 4 | 8 |
| 12 | 4/8 | 甲申 | 1 | 9 |
| 13 | 4/9 | 乙酉 | 1 | 1 |
| 14 | 4/10 | 丙戌 | 1 | 2 |
| 15 | 4/11 | 丁亥 | 1 | 3 |
| 16 | 4/12 | 戊子 | 1 | 4 |
| 17 | 4/13 | 己丑 | 7 | 5 |
| 18 | 4/14 | 庚寅 | 7 | 6 |
| 19 | 4/15 | 辛卯 | 7 | 7 |
| 20 | 4/16 | 壬辰 | 7 | 8 |
| 21 | 4/17 | 癸巳 | 7 | 9 |
| 22 | 4/18 | 甲午 | 5 | 1 |
| 23 | 4/19 | 乙未 | 5 | 2 |
| 24 | 4/20 | 丙申 | 5 | 3 |
| 25 | 4/21 | 丁酉 | 5 | 4 |
| 26 | 4/22 | 戊戌 | 5 | 5 |
| 27 | 4/23 | 己亥 | 2 | 6 |
| 28 | 4/24 | 庚子 | 2 | 7 |
| 29 | 4/25 | 辛丑 | 2 | 8 |
| 30 | 4/26 | 壬寅 | 2 | 9 |

| 二月 | | | | |
|---|---|---|---|---|
| 己卯 | | | | |
| 一白水 | | | | |
| 春分 23時31分 廿三子時 | | 驚蟄 22時44分 初八亥時 | 奇門遁甲局數 | |
| 農曆 | 國曆 | 干支 | 時盤 | 日盤 |
| 1 | 2/26 | 癸卯 | 6 | 4 |
| 2 | 2/27 | 甲辰 | 3 | 5 |
| 3 | 2/28 | 乙巳 | 3 | 6 |
| 4 | 3/1 | 丙午 | 3 | 7 |
| 5 | 3/2 | 丁未 | 3 | 8 |
| 6 | 3/3 | 戊申 | 3 | 9 |
| 7 | 3/4 | 己酉 | 1 | 1 |
| 8 | 3/5 | 庚戌 | 1 | 2 |
| 9 | 3/6 | 辛亥 | 1 | 3 |
| 10 | 3/7 | 壬子 | 1 | 4 |
| 11 | 3/8 | 癸丑 | 1 | 5 |
| 12 | 3/9 | 甲寅 | 7 | 6 |
| 13 | 3/10 | 乙卯 | 7 | 7 |
| 14 | 3/11 | 丙辰 | 7 | 8 |
| 15 | 3/12 | 丁巳 | 7 | 9 |
| 16 | 3/13 | 戊午 | 7 | 1 |
| 17 | 3/14 | 己未 | 4 | 2 |
| 18 | 3/15 | 庚申 | 4 | 3 |
| 19 | 3/16 | 辛酉 | 4 | 4 |
| 20 | 3/17 | 壬戌 | 4 | 5 |
| 21 | 3/18 | 癸亥 | 4 | 6 |
| 22 | 3/19 | 甲子 | 3 | 7 |
| 23 | 3/20 | 乙丑 | 3 | 8 |
| 24 | 3/21 | 丙寅 | 3 | 9 |
| 25 | 3/22 | 丁卯 | 3 | 1 |
| 26 | 3/23 | 戊辰 | 3 | 2 |
| 27 | 3/24 | 己巳 | 9 | 3 |
| 28 | 3/25 | 庚午 | 9 | 4 |
| 29 | 3/26 | 辛未 | 9 | 5 |
| 30 | 3/27 | 壬申 | 9 | 6 |

| 正月 | | | | |
|---|---|---|---|---|
| 戊寅 | | | | |
| 二黑土 | | | | |
| 雨水 00時49分 廿三子時 | | 立春 04時58分 初八寅時 | 奇門遁甲局數 | |
| 農曆 | 國曆 | 干支 | 時盤 | 日盤 |
| 1 | 1/28 | 甲戌 | 6 | 2 |
| 2 | 1/29 | 乙亥 | 6 | 3 |
| 3 | 1/30 | 丙子 | 6 | 4 |
| 4 | 1/31 | 丁丑 | 6 | 5 |
| 5 | 2/1 | 戊寅 | 6 | 6 |
| 6 | 2/2 | 己卯 | 8 | 7 |
| 7 | 2/3 | 庚辰 | 8 | 8 |
| 8 | 2/4 | 辛巳 | 8 | 9 |
| 9 | 2/5 | 壬午 | 8 | 1 |
| 10 | 2/6 | 癸未 | 8 | 2 |
| 11 | 2/7 | 甲申 | 5 | 3 |
| 12 | 2/8 | 乙酉 | 5 | 4 |
| 13 | 2/9 | 丙戌 | 5 | 5 |
| 14 | 2/10 | 丁亥 | 5 | 6 |
| 15 | 2/11 | 戊子 | 5 | 7 |
| 16 | 2/12 | 己丑 | 2 | 8 |
| 17 | 2/13 | 庚寅 | 2 | 9 |
| 18 | 2/14 | 辛卯 | 2 | 1 |
| 19 | 2/15 | 壬辰 | 2 | 2 |
| 20 | 2/16 | 癸巳 | 2 | 3 |
| 21 | 2/17 | 甲午 | 9 | 4 |
| 22 | 2/18 | 乙未 | 9 | 5 |
| 23 | 2/19 | 丙申 | 9 | 6 |
| 24 | 2/20 | 丁酉 | 9 | 7 |
| 25 | 2/21 | 戊戌 | 9 | 8 |
| 26 | 2/22 | 己亥 | 6 | 9 |
| 27 | 2/23 | 庚子 | 6 | 1 |
| 28 | 2/24 | 辛丑 | 6 | 2 |
| 29 | 2/25 | 壬寅 | 6 | 3 |

# 西元2055年（乙亥）肖豬 民國144年（女兌命）

奇門遁甲局數如標示為 一 ～九表示陰局　　如標示為1 ～9 表示陽局

| 十二月 | | | | | 十一月 | | | | | 十　月 | | | | | 九　月 | | | | | 八　月 | | | | | 七　月 | | | | |
|---|---|---|---|---|---|---|---|---|---|---|---|---|---|---|---|---|---|---|---|---|---|---|---|---|---|---|---|---|---|
| 己丑 | | | | | 戊子 | | | | | 丁亥 | | | | | 丙戌 | | | | | 乙酉 | | | | | 甲申 | | | | |
| 九紫火 | | | | | 一白水 | | | | | 二黑土 | | | | | 三碧木 | | | | | 四綠木 | | | | | 五黃土 | | | | |
| 立春 十九巳時 10時49分 | | 大寒 初四申時 16時35分 | 奇門遁甲局數 | | 小寒 十九子時 23時18分 | | 冬至 初五卯時 05時58分 | 奇門遁甲局數 | | 大雪 十九午時 12時10分 | | 小雪 初四申時 16時28分 | 奇門遁甲局數 | | 立冬 十九酉時 18時55分 | | 霜降 初四酉時 18時35分 | 奇門遁甲局數 | | 寒露 十八申時 15時21分 | | 秋分 初三辰時 08時51分 | 奇門遁甲局數 | | 白露 十六子時 23時17分 | | 處暑 初一巳時 10時51分 | 奇門遁甲局數 | |
| 農曆 | 國曆 | 干支 | 時盤 | 日盤 | 農曆 | 國曆 | 干支 | 時盤 | 日盤 | 農曆 | 國曆 | 干支 | 時盤 | 日盤 | 農曆 | 國曆 | 干支 | 時盤 | 日盤 | 農曆 | 國曆 | 干支 | 時盤 | 日盤 | 農曆 | 國曆 | 干支 | 時盤 | 日盤 |
| 1 | 1/17 | 戊辰 | 2 | 5 | 1 | 12/18 | 戊戌 | 四 | 八 | 1 | 11/19 | 己巳 | 八 | 一 | 1 | 10/20 | 己亥 | 八 | 四 | 1 | 9/21 | 庚午 | 一 | 六 | 1 | 8/23 | 辛丑 | 四 | 八 |
| 2 | 1/18 | 己巳 | 8 | 6 | 2 | 12/19 | 己亥 | 七 | 七 | 2 | 11/20 | 庚午 | 八 | 九 | 2 | 10/21 | 庚子 | 八 | 三 | 2 | 9/22 | 辛未 | 一 | 五 | 2 | 8/24 | 壬寅 | 四 | 七 |
| 3 | 1/19 | 庚午 | 8 | 7 | 3 | 12/20 | 庚子 | 七 | 六 | 3 | 11/21 | 辛未 | 八 | 八 | 3 | 10/22 | 辛丑 | 八 | 二 | 3 | 9/23 | 壬申 | 一 | 四 | 3 | 8/25 | 癸卯 | 四 | 六 |
| 4 | 1/20 | 辛未 | 8 | 8 | 4 | 12/21 | 辛丑 | 七 | 五 | 4 | 11/22 | 壬申 | 八 | 七 | 4 | 10/23 | 壬寅 | 八 | 一 | 4 | 9/24 | 癸酉 | 一 | 三 | 4 | 8/26 | 甲辰 | 七 | 五 |
| 5 | 1/21 | 壬申 | 8 | 9 | 5 | 12/22 | 壬寅 | 七 | 6 | 5 | 11/23 | 癸酉 | 八 | 六 | 5 | 10/24 | 癸卯 | 八 | 九 | 5 | 9/25 | 甲戌 | 四 | 二 | 5 | 8/27 | 乙巳 | 七 | 四 |
| 6 | 1/22 | 癸酉 | 8 | 1 | 6 | 12/23 | 癸卯 | 七 | 7 | 6 | 11/24 | 甲戌 | 二 | 五 | 6 | 10/25 | 甲辰 | 二 | 八 | 6 | 9/26 | 乙亥 | 四 | 一 | 6 | 8/28 | 丙午 | 七 | 三 |
| 7 | 1/23 | 甲戌 | 5 | 2 | 7 | 12/24 | 甲辰 | 一 | 8 | 7 | 11/25 | 乙亥 | 二 | 四 | 7 | 10/26 | 乙巳 | 二 | 七 | 7 | 9/27 | 丙子 | 四 | 九 | 7 | 8/29 | 丁未 | 七 | 二 |
| 8 | 1/24 | 乙亥 | 5 | 3 | 8 | 12/25 | 乙巳 | 一 | 9 | 8 | 11/26 | 丙子 | 二 | 三 | 8 | 10/27 | 丙午 | 二 | 六 | 8 | 9/28 | 丁丑 | 四 | 八 | 8 | 8/30 | 戊申 | 七 | 一 |
| 9 | 1/25 | 丙子 | 5 | 4 | 9 | 12/26 | 丙午 | 一 | 1 | 9 | 11/27 | 丁丑 | 二 | 二 | 9 | 10/28 | 丁未 | 二 | 五 | 9 | 9/29 | 戊寅 | 四 | 七 | 9 | 8/31 | 己酉 | 九 | 九 |
| 10 | 1/26 | 丁丑 | 5 | 5 | 10 | 12/27 | 丁未 | 一 | 2 | 10 | 11/28 | 戊寅 | 二 | 一 | 10 | 10/29 | 戊申 | 二 | 四 | 10 | 9/30 | 己卯 | 六 | 六 | 10 | 9/ 1 | 庚戌 | 九 | 八 |
| 11 | 1/27 | 戊寅 | 5 | 6 | 11 | 12/28 | 戊申 | 一 | 3 | 11 | 11/29 | 己卯 | 四 | 九 | 11 | 10/30 | 己酉 | 六 | 三 | 11 | 10/ 1 | 庚辰 | 六 | 五 | 11 | 9/ 2 | 辛亥 | 九 | 七 |
| 12 | 1/28 | 己卯 | 3 | 7 | 12 | 12/29 | 己酉 | 1 | 4 | 12 | 11/30 | 庚辰 | 四 | 八 | 12 | 10/31 | 庚戌 | 六 | 二 | 12 | 10/ 2 | 辛巳 | 六 | 四 | 12 | 9/ 3 | 壬子 | 九 | 六 |
| 13 | 1/29 | 庚辰 | 3 | 8 | 13 | 12/30 | 庚戌 | 1 | 5 | 13 | 12/ 1 | 辛巳 | 四 | 七 | 13 | 11/ 1 | 辛亥 | 六 | 一 | 13 | 10/ 3 | 壬午 | 六 | 三 | 13 | 9/ 4 | 癸丑 | 九 | 五 |
| 14 | 1/30 | 辛巳 | 3 | 9 | 14 | 12/31 | 辛亥 | 1 | 6 | 14 | 12/ 2 | 壬午 | 四 | 六 | 14 | 11/ 2 | 壬子 | 六 | 九 | 14 | 10/ 4 | 癸未 | 六 | 二 | 14 | 9/ 5 | 甲寅 | 三 | 四 |
| 15 | 1/31 | 壬午 | 3 | 1 | 15 | 1/ 1 | 壬子 | 1 | 7 | 15 | 12/ 3 | 癸未 | 四 | 五 | 15 | 11/ 3 | 癸丑 | 六 | 八 | 15 | 10/ 5 | 甲申 | 九 | 一 | 15 | 9/ 6 | 乙卯 | 三 | 三 |
| 16 | 2/ 1 | 癸未 | 3 | 2 | 16 | 1/ 2 | 癸丑 | 1 | 8 | 16 | 12/ 4 | 甲申 | 七 | 四 | 16 | 11/ 4 | 甲寅 | 九 | 七 | 16 | 10/ 6 | 乙酉 | 九 | 九 | 16 | 9/ 7 | 丙辰 | 三 | 二 |
| 17 | 2/ 2 | 甲申 | 9 | 3 | 17 | 1/ 3 | 甲寅 | 7 | 9 | 17 | 12/ 5 | 乙酉 | 七 | 三 | 17 | 11/ 5 | 乙卯 | 九 | 六 | 17 | 10/ 7 | 丙戌 | 九 | 八 | 17 | 9/ 8 | 丁巳 | 三 | 一 |
| 18 | 2/ 3 | 乙酉 | 9 | 4 | 18 | 1/ 4 | 乙卯 | 7 | 1 | 18 | 12/ 6 | 丙戌 | 七 | 二 | 18 | 11/ 6 | 丙辰 | 九 | 五 | 18 | 10/ 8 | 丁亥 | 九 | 七 | 18 | 9/ 9 | 戊午 | 三 | 九 |
| 19 | 2/ 4 | 丙戌 | 9 | 5 | 19 | 1/ 5 | 丙辰 | 7 | 2 | 19 | 12/ 7 | 丁亥 | 七 | 一 | 19 | 11/ 7 | 丁巳 | 九 | 四 | 19 | 10/ 9 | 戊子 | 九 | 六 | 19 | 9/10 | 己未 | 六 | 八 |
| 20 | 2/ 5 | 丁亥 | 9 | 6 | 20 | 1/ 6 | 丁巳 | 7 | 3 | 20 | 12/ 8 | 戊子 | 七 | 九 | 20 | 11/ 8 | 戊午 | 九 | 三 | 20 | 10/10 | 己丑 | 三 | 五 | 20 | 9/11 | 庚申 | 六 | 七 |
| 21 | 2/ 6 | 戊子 | 9 | 7 | 21 | 1/ 7 | 戊午 | 7 | 4 | 21 | 12/ 9 | 己丑 | 一 | 八 | 21 | 11/ 9 | 己未 | 三 | 二 | 21 | 10/11 | 庚寅 | 三 | 四 | 21 | 9/12 | 辛酉 | 六 | 六 |
| 22 | 2/ 7 | 己丑 | 6 | 8 | 22 | 1/ 8 | 己未 | 4 | 5 | 22 | 12/10 | 庚寅 | 一 | 七 | 22 | 11/10 | 庚申 | 三 | 一 | 22 | 10/12 | 辛卯 | 三 | 三 | 22 | 9/13 | 壬戌 | 六 | 五 |
| 23 | 2/ 8 | 庚寅 | 6 | 9 | 23 | 1/ 9 | 庚申 | 4 | 6 | 23 | 12/11 | 辛卯 | 一 | 六 | 23 | 11/11 | 辛酉 | 三 | 九 | 23 | 10/13 | 壬辰 | 三 | 二 | 23 | 9/14 | 癸亥 | 六 | 四 |
| 24 | 2/ 9 | 辛卯 | 6 | 1 | 24 | 1/10 | 辛酉 | 4 | 7 | 24 | 12/12 | 壬辰 | 一 | 五 | 24 | 11/12 | 壬戌 | 三 | 八 | 24 | 10/14 | 癸巳 | 三 | 一 | 24 | 9/15 | 甲子 | 七 | 三 |
| 25 | 2/10 | 壬辰 | 6 | 2 | 25 | 1/11 | 壬戌 | 4 | 8 | 25 | 12/13 | 癸巳 | 一 | 四 | 25 | 11/13 | 癸亥 | 三 | 七 | 25 | 10/15 | 甲午 | 五 | 九 | 25 | 9/16 | 乙丑 | 七 | 二 |
| 26 | 2/11 | 癸巳 | 6 | 3 | 26 | 1/12 | 癸亥 | 4 | 9 | 26 | 12/14 | 甲午 | 四 | 三 | 26 | 11/14 | 甲子 | 五 | 六 | 26 | 10/16 | 乙未 | 五 | 八 | 26 | 9/17 | 丙寅 | 七 | 一 |
| 27 | 2/12 | 甲午 | 8 | 4 | 27 | 1/13 | 甲子 | 2 | 1 | 27 | 12/15 | 乙未 | 四 | 二 | 27 | 11/15 | 乙丑 | 五 | 五 | 27 | 10/17 | 丙申 | 五 | 七 | 27 | 9/18 | 丁卯 | 七 | 九 |
| 28 | 2/13 | 乙未 | 8 | 5 | 28 | 1/14 | 乙丑 | 2 | 2 | 28 | 12/16 | 丙申 | 四 | 一 | 28 | 11/16 | 丙寅 | 五 | 四 | 28 | 10/18 | 丁酉 | 五 | 六 | 28 | 9/19 | 戊辰 | 七 | 八 |
| 29 | 2/14 | 丙申 | 8 | 6 | 29 | 1/15 | 丙寅 | 2 | 3 | 29 | 12/17 | 丁酉 | 四 | 九 | 29 | 11/17 | 丁卯 | 五 | 三 | 29 | 10/19 | 戊戌 | 五 | 五 | 29 | 9/20 | 己巳 | 一 | 七 |
| | | | | | 30 | 1/16 | 丁卯 | 2 | 4 | | | | | | 30 | 11/18 | 戊辰 | 五 | 二 | | | | | | | | | | |

# 西元2056年（丙子）肖鼠 民國145年（男兌命）

奇門遁甲局數如標示為 一 ～九表示陰局　　如標示為1 ～9 表示陽局

| 六月 | | | | | 五月 | | | | | 四月 | | | | | 三月 | | | | | 二月 | | | | | 正月 | | | | |
|---|---|---|---|---|---|---|---|---|---|---|---|---|---|---|---|---|---|---|---|---|---|---|---|---|---|---|---|---|---|
| 乙未 | | | | | 甲午 | | | | | 癸巳 | | | | | 壬辰 | | | | | 辛卯 | | | | | 庚寅 | | | | |
| 三碧木 | | | | | 四綠木 | | | | | 五黃土 | | | | | 六白金 | | | | | 七赤金 | | | | | 八白土 | | | | |
| 立秋 01時58分 廿六丑時 | | 大暑 09時24分 初十巳時 | 奇門遁甲局數 | | 小暑 16時14分 廿四申時 | | 夏至 22時30分 初八亥時 | 奇門遁甲局數 | | 芒種 05時54分 廿二卯時 | | 小滿 14時44分 初六未時 | 奇門遁甲局數 | | 立夏 02時10分 廿一丑時 | | 穀雨 15時54分 初五申時 | 奇門遁甲局數 | | 清明 09時24分 二十巳時 | | 春分 05時13分 初五卯時 | 奇門遁甲局數 | | 驚蟄 04時34分 二十寅時 | | 雨水 06時32分 初五卯時 | 奇門遁甲局數 | |
| 農曆 | 國曆 | 干支 | 時盤 | 日盤 | 農曆 | 國曆 | 干支 | 時盤 | 日盤 | 農曆 | 國曆 | 干支 | 時盤 | 日盤 | 農曆 | 國曆 | 干支 | 時盤 | 日盤 | 農曆 | 國曆 | 干支 | 時盤 | 日盤 | 農曆 | 國曆 | 干支 | 時盤 | 日盤 |
| 1 | 7/13 | 丙寅 | 八 | 七 | 1 | 6/13 | 丙申 | 6 | 9 | 1 | 5/15 | 丁卯 | 4 | 7 | 1 | 4/15 | 丁酉 | 4 | 4 | 1 | 3/16 | 丁卯 | 1 | 1 | 1 | 2/15 | 丁酉 | 8 | 7 |
| 2 | 7/14 | 丁卯 | 八 | 六 | 2 | 6/14 | 丁酉 | 6 | 1 | 2 | 5/16 | 戊辰 | 4 | 8 | 2 | 4/16 | 戊戌 | 4 | 5 | 2 | 3/17 | 戊辰 | 1 | 2 | 2 | 2/16 | 戊戌 | 8 | 8 |
| 3 | 7/15 | 戊辰 | 八 | 五 | 3 | 6/15 | 戊戌 | 6 | 2 | 3 | 5/17 | 己巳 | 1 | 9 | 3 | 4/17 | 己亥 | 1 | 6 | 3 | 3/18 | 己巳 | 7 | 3 | 3 | 2/17 | 己亥 | 5 | 9 |
| 4 | 7/16 | 己巳 | 二 | 四 | 4 | 6/16 | 己亥 | 3 | 3 | 4 | 5/18 | 庚午 | 1 | 1 | 4 | 4/18 | 庚子 | 1 | 7 | 4 | 3/19 | 庚午 | 7 | 4 | 4 | 2/18 | 庚子 | 5 | 1 |
| 5 | 7/17 | 庚午 | 二 | 三 | 5 | 6/17 | 庚子 | 3 | 4 | 5 | 5/19 | 辛未 | 1 | 2 | 5 | 4/19 | 辛丑 | 1 | 8 | 5 | 3/20 | 辛未 | 7 | 5 | 5 | 2/19 | 辛丑 | 5 | 2 |
| 6 | 7/18 | 辛未 | 二 | 二 | 6 | 6/18 | 辛丑 | 3 | 5 | 6 | 5/20 | 壬申 | 1 | 3 | 6 | 4/20 | 壬寅 | 1 | 9 | 6 | 3/21 | 壬申 | 7 | 6 | 6 | 2/20 | 壬寅 | 5 | 3 |
| 7 | 7/19 | 壬申 | 二 | 一 | 7 | 6/19 | 壬寅 | 3 | 6 | 7 | 5/21 | 癸酉 | 1 | 4 | 7 | 4/21 | 癸卯 | 1 | 1 | 7 | 3/22 | 癸酉 | 7 | 7 | 7 | 2/21 | 癸卯 | 5 | 4 |
| 8 | 7/20 | 癸酉 | 二 | 九 | 8 | 6/20 | 癸卯 | 3 | 三 | 8 | 5/22 | 甲戌 | 7 | 5 | 8 | 4/22 | 甲辰 | 7 | 2 | 8 | 3/23 | 甲戌 | 4 | 8 | 8 | 2/22 | 甲辰 | 2 | 5 |
| 9 | 7/21 | 甲戌 | 五 | 八 | 9 | 6/21 | 甲辰 | 9 | 二 | 9 | 5/23 | 乙亥 | 7 | 6 | 9 | 4/23 | 乙巳 | 7 | 3 | 9 | 3/24 | 乙亥 | 4 | 9 | 9 | 2/23 | 乙巳 | 2 | 6 |
| 10 | 7/22 | 乙亥 | 五 | 七 | 10 | 6/22 | 乙巳 | 9 | 一 | 10 | 5/24 | 丙子 | 7 | 7 | 10 | 4/24 | 丙午 | 7 | 4 | 10 | 3/25 | 丙子 | 4 | 1 | 10 | 2/24 | 丙午 | 2 | 7 |
| 11 | 7/23 | 丙子 | 五 | 六 | 11 | 6/23 | 丙午 | 9 | 九 | 11 | 5/25 | 丁丑 | 7 | 8 | 11 | 4/25 | 丁未 | 7 | 5 | 11 | 3/26 | 丁丑 | 4 | 2 | 11 | 2/25 | 丁未 | 2 | 8 |
| 12 | 7/24 | 丁丑 | 五 | 五 | 12 | 6/24 | 丁未 | 9 | 八 | 12 | 5/26 | 戊寅 | 7 | 9 | 12 | 4/26 | 戊申 | 7 | 6 | 12 | 3/27 | 戊寅 | 4 | 3 | 12 | 2/26 | 戊申 | 2 | 9 |
| 13 | 7/25 | 戊寅 | 五 | 四 | 13 | 6/25 | 戊申 | 9 | 七 | 13 | 5/27 | 己卯 | 5 | 1 | 13 | 4/27 | 己酉 | 5 | 7 | 13 | 3/28 | 己卯 | 3 | 4 | 13 | 2/27 | 己酉 | 9 | 1 |
| 14 | 7/26 | 己卯 | 七 | 三 | 14 | 6/26 | 己酉 | 九 | 六 | 14 | 5/28 | 庚辰 | 5 | 2 | 14 | 4/28 | 庚戌 | 5 | 8 | 14 | 3/29 | 庚辰 | 3 | 5 | 14 | 2/28 | 庚戌 | 9 | 2 |
| 15 | 7/27 | 庚辰 | 七 | 二 | 15 | 6/27 | 庚戌 | 九 | 五 | 15 | 5/29 | 辛巳 | 5 | 3 | 15 | 4/29 | 辛亥 | 5 | 9 | 15 | 3/30 | 辛巳 | 3 | 6 | 15 | 2/29 | 辛亥 | 9 | 3 |
| 16 | 7/28 | 辛巳 | 七 | 一 | 16 | 6/28 | 辛亥 | 九 | 四 | 16 | 5/30 | 壬午 | 5 | 4 | 16 | 4/30 | 壬子 | 5 | 1 | 16 | 3/31 | 壬午 | 3 | 7 | 16 | 3/1 | 壬子 | 9 | 4 |
| 17 | 7/29 | 壬午 | 七 | 九 | 17 | 6/29 | 壬子 | 九 | 三 | 17 | 5/31 | 癸未 | 5 | 5 | 17 | 5/1 | 癸丑 | 5 | 2 | 17 | 4/1 | 癸未 | 3 | 8 | 17 | 3/2 | 癸丑 | 9 | 5 |
| 18 | 7/30 | 癸未 | 七 | 八 | 18 | 6/30 | 癸丑 | 九 | 二 | 18 | 6/1 | 甲申 | 2 | 6 | 18 | 5/2 | 甲寅 | 2 | 3 | 18 | 4/2 | 甲申 | 9 | 9 | 18 | 3/3 | 甲寅 | 6 | 6 |
| 19 | 7/31 | 甲申 | 一 | 七 | 19 | 7/1 | 甲寅 | 三 | 一 | 19 | 6/2 | 乙酉 | 2 | 7 | 19 | 5/3 | 乙卯 | 2 | 4 | 19 | 4/3 | 乙酉 | 9 | 1 | 19 | 3/4 | 乙卯 | 6 | 7 |
| 20 | 8/1 | 乙酉 | 一 | 六 | 20 | 7/2 | 乙卯 | 三 | 九 | 20 | 6/3 | 丙戌 | 2 | 8 | 20 | 5/4 | 丙辰 | 2 | 5 | 20 | 4/4 | 丙戌 | 9 | 2 | 20 | 3/5 | 丙辰 | 6 | 8 |
| 21 | 8/2 | 丙戌 | 一 | 五 | 21 | 7/3 | 丙辰 | 三 | 八 | 21 | 6/4 | 丁亥 | 2 | 9 | 21 | 5/5 | 丁巳 | 2 | 6 | 21 | 4/5 | 丁亥 | 9 | 3 | 21 | 3/6 | 丁巳 | 6 | 9 |
| 22 | 8/3 | 丁亥 | 一 | 四 | 22 | 7/4 | 丁巳 | 三 | 七 | 22 | 6/5 | 戊子 | 2 | 1 | 22 | 5/6 | 戊午 | 2 | 7 | 22 | 4/6 | 戊子 | 9 | 4 | 22 | 3/7 | 戊午 | 6 | 1 |
| 23 | 8/4 | 戊子 | 一 | 三 | 23 | 7/5 | 戊午 | 三 | 六 | 23 | 6/6 | 己丑 | 8 | 2 | 23 | 5/7 | 己未 | 8 | 8 | 23 | 4/7 | 己丑 | 6 | 5 | 23 | 3/8 | 己未 | 3 | 2 |
| 24 | 8/5 | 己丑 | 四 | 二 | 24 | 7/6 | 己未 | 六 | 五 | 24 | 6/7 | 庚寅 | 8 | 3 | 24 | 5/8 | 庚申 | 8 | 9 | 24 | 4/8 | 庚寅 | 6 | 6 | 24 | 3/9 | 庚申 | 3 | 3 |
| 25 | 8/6 | 庚寅 | 四 | 一 | 25 | 7/7 | 庚申 | 六 | 四 | 25 | 6/8 | 辛卯 | 8 | 4 | 25 | 5/9 | 辛酉 | 8 | 1 | 25 | 4/9 | 辛卯 | 6 | 7 | 25 | 3/10 | 辛酉 | 3 | 4 |
| 26 | 8/7 | 辛卯 | 四 | 九 | 26 | 7/8 | 辛酉 | 六 | 三 | 26 | 6/9 | 壬辰 | 8 | 5 | 26 | 5/10 | 壬戌 | 8 | 2 | 26 | 4/10 | 壬辰 | 6 | 8 | 26 | 3/11 | 壬戌 | 3 | 5 |
| 27 | 8/8 | 壬辰 | 四 | 八 | 27 | 7/9 | 壬戌 | 六 | 二 | 27 | 6/10 | 癸巳 | 8 | 6 | 27 | 5/11 | 癸亥 | 8 | 3 | 27 | 4/11 | 癸巳 | 6 | 9 | 27 | 3/12 | 癸亥 | 3 | 6 |
| 28 | 8/9 | 癸巳 | 四 | 七 | 28 | 7/10 | 癸亥 | 六 | 一 | 28 | 6/11 | 甲午 | 6 | 7 | 28 | 5/12 | 甲子 | 4 | 4 | 28 | 4/12 | 甲午 | 4 | 1 | 28 | 3/13 | 甲子 | 1 | 7 |
| 29 | 8/10 | 甲午 | 二 | 六 | 29 | 7/11 | 甲子 | 八 | 九 | 29 | 6/12 | 乙未 | 6 | 8 | 29 | 5/13 | 乙丑 | 4 | 5 | 29 | 4/13 | 乙未 | 4 | 2 | 29 | 3/14 | 乙丑 | 1 | 8 |
| | | | | | 30 | 7/12 | 乙丑 | 八 | 八 | | | | | | 30 | 5/14 | 丙寅 | 4 | 6 | 30 | 4/14 | 丙申 | 4 | 3 | 30 | 3/15 | 丙寅 | 1 | 9 |

# 西元2056年（丙子）肖鼠 民國145年（女艮命）

奇門遁甲局數如標示為 一 ～九表示陰局　　如標示為1 ～9 表示陽局

| 十二月 | | | | | 十一月 | | | | | 十　月 | | | | | 九　月 | | | | | 八　月 | | | | | 七　月 | | | | |
|---|---|---|---|---|---|---|---|---|---|---|---|---|---|---|---|---|---|---|---|---|---|---|---|---|---|---|---|---|---|
| 辛丑 | | | | | 庚子 | | | | | 己亥 | | | | | 戊戌 | | | | | 丁酉 | | | | | 丙申 | | | | |
| 六白金 | | | | | 七赤金 | | | | | 八白土 | | | | | 九紫火 | | | | | 一白水 | | | | | 二黑土 | | | | |
| 大寒 22時32分 十五亥時 | | 小寒 05時12分 初一卯時 | 奇門遁甲局數 | | 冬至 11時54分 十五午時 | | 大雪 17時53分 三十酉時 | 奇門遁甲局數 | | 小雪 22時22分 十五亥時 | | 立冬 00時45分 初一子時 | 奇門遁甲局數 | | 霜降 00時28分 十五子時 | | | 奇門遁甲局數 | | 寒露 21時11分 廿八亥時 | | 秋分 14時42分 十三未時 | 奇門遁甲局數 | | 白露 05時19分 廿八卯時 | | 處暑 16時41分 十二申時 | 奇門遁甲局數 | |
| 農曆 | 國曆 | 干支 | 時盤 | 日盤 | 農曆 | 國曆 | 干支 | 時盤 | 日盤 | 農曆 | 國曆 | 干支 | 時盤 | 日盤 | 農曆 | 國曆 | 干支 | 時盤 | 日盤 | 農曆 | 國曆 | 干支 | 時盤 | 日盤 | 農曆 | 國曆 | 干支 | 時盤 | 日盤 |
| 1 | 1/5 | 壬戌 | 4 | 8 | 1 | 12/7 | 癸巳 | 二 | 四 | 1 | 11/7 | 癸亥 | 二 | 七 | 1 | 10/9 | 甲午 | 六 | 九 | 1 | 9/10 | 乙丑 | 九 | 二 | 1 | 8/11 | 乙未 | 二 | 五 |
| 2 | 1/6 | 癸亥 | 4 | 9 | 2 | 12/8 | 甲午 | 四 | 三 | 2 | 11/8 | 甲子 | 六 | 六 | 2 | 10/10 | 乙未 | 六 | 八 | 2 | 9/11 | 丙寅 | 九 | 一 | 2 | 8/12 | 丙申 | 二 | 四 |
| 3 | 1/7 | 甲子 | 2 | 1 | 3 | 12/9 | 乙未 | 四 | 二 | 3 | 11/9 | 乙丑 | 六 | 五 | 3 | 10/11 | 丙申 | 六 | 七 | 3 | 9/12 | 丁卯 | 九 | 九 | 3 | 8/13 | 丁酉 | 二 | 三 |
| 4 | 1/8 | 乙丑 | 2 | 2 | 4 | 12/10 | 丙申 | 四 | 一 | 4 | 11/10 | 丙寅 | 六 | 四 | 4 | 10/12 | 丁酉 | 六 | 六 | 4 | 9/13 | 戊辰 | 九 | 八 | 4 | 8/14 | 戊戌 | 二 | 二 |
| 5 | 1/9 | 丙寅 | 2 | 3 | 5 | 12/11 | 丁酉 | 四 | 九 | 5 | 11/11 | 丁卯 | 六 | 三 | 5 | 10/13 | 戊戌 | 六 | 五 | 5 | 9/14 | 己巳 | 三 | 七 | 5 | 8/15 | 己亥 | 五 | 一 |
| 6 | 1/10 | 丁卯 | 2 | 4 | 6 | 12/12 | 戊戌 | 四 | 八 | 6 | 11/12 | 戊辰 | 六 | 二 | 6 | 10/14 | 己亥 | 九 | 四 | 6 | 9/15 | 庚午 | 三 | 六 | 6 | 8/16 | 庚子 | 五 | 九 |
| 7 | 1/11 | 戊辰 | 2 | 5 | 7 | 12/13 | 己亥 | 七 | 七 | 7 | 11/13 | 己巳 | 九 | 一 | 7 | 10/15 | 庚子 | 九 | 三 | 7 | 9/16 | 辛未 | 三 | 五 | 7 | 8/17 | 辛丑 | 五 | 八 |
| 8 | 1/12 | 己巳 | 8 | 6 | 8 | 12/14 | 庚子 | 七 | 六 | 8 | 11/14 | 庚午 | 九 | 九 | 8 | 10/16 | 辛丑 | 九 | 二 | 8 | 9/17 | 壬申 | 三 | 四 | 8 | 8/18 | 壬寅 | 五 | 七 |
| 9 | 1/13 | 庚午 | 8 | 7 | 9 | 12/15 | 辛丑 | 七 | 五 | 9 | 11/15 | 辛未 | 九 | 八 | 9 | 10/17 | 壬寅 | 九 | 一 | 9 | 9/18 | 癸酉 | 三 | 三 | 9 | 8/19 | 癸卯 | 五 | 六 |
| 10 | 1/14 | 辛未 | 8 | 8 | 10 | 12/16 | 壬寅 | 七 | 四 | 10 | 11/16 | 壬申 | 九 | 七 | 10 | 10/18 | 癸卯 | 九 | 九 | 10 | 9/19 | 甲戌 | 六 | 二 | 10 | 8/20 | 甲辰 | 八 | 五 |
| 11 | 1/15 | 壬申 | 8 | 9 | 11 | 12/17 | 癸卯 | 七 | 三 | 11 | 11/17 | 癸酉 | 九 | 六 | 11 | 10/19 | 甲辰 | 三 | 八 | 11 | 9/20 | 乙亥 | 六 | 一 | 11 | 8/21 | 乙巳 | 八 | 四 |
| 12 | 1/16 | 癸酉 | 8 | 1 | 12 | 12/18 | 甲辰 | 一 | 二 | 12 | 11/18 | 甲戌 | 三 | 五 | 12 | 10/20 | 乙巳 | 三 | 七 | 12 | 9/21 | 丙子 | 六 | 九 | 12 | 8/22 | 丙午 | 八 | 三 |
| 13 | 1/17 | 甲戌 | 5 | 2 | 13 | 12/19 | 乙巳 | 一 | 一 | 13 | 11/19 | 乙亥 | 三 | 四 | 13 | 10/21 | 丙午 | 三 | 六 | 13 | 9/22 | 丁丑 | 六 | 八 | 13 | 8/23 | 丁未 | 八 | 二 |
| 14 | 1/18 | 乙亥 | 5 | 3 | 14 | 12/20 | 丙午 | 一 | 九 | 14 | 11/20 | 丙子 | 三 | 三 | 14 | 10/22 | 丁未 | 三 | 五 | 14 | 9/23 | 戊寅 | 六 | 七 | 14 | 8/24 | 戊申 | 八 | 一 |
| 15 | 1/19 | 丙子 | 5 | 4 | 15 | 12/21 | 丁未 | 一 | 2 | 15 | 11/21 | 丁丑 | 三 | 二 | 15 | 10/23 | 戊申 | 三 | 四 | 15 | 9/24 | 己卯 | 七 | 六 | 15 | 8/25 | 己酉 | 一 | 九 |
| 16 | 1/20 | 丁丑 | 5 | 5 | 16 | 12/22 | 戊申 | 一 | 3 | 16 | 11/22 | 戊寅 | 三 | 一 | 16 | 10/24 | 己酉 | 五 | 三 | 16 | 9/25 | 庚辰 | 七 | 五 | 16 | 8/26 | 庚戌 | 一 | 八 |
| 17 | 1/21 | 戊寅 | 5 | 6 | 17 | 12/23 | 己酉 | 1 | 4 | 17 | 11/23 | 己卯 | 五 | 九 | 17 | 10/25 | 庚戌 | 五 | 二 | 17 | 9/26 | 辛巳 | 七 | 四 | 17 | 8/27 | 辛亥 | 一 | 七 |
| 18 | 1/22 | 己卯 | 3 | 7 | 18 | 12/24 | 庚戌 | 1 | 5 | 18 | 11/24 | 庚辰 | 五 | 八 | 18 | 10/26 | 辛亥 | 五 | 一 | 18 | 9/27 | 壬午 | 七 | 三 | 18 | 8/28 | 壬子 | 一 | 六 |
| 19 | 1/23 | 庚辰 | 3 | 8 | 19 | 12/25 | 辛亥 | 1 | 6 | 19 | 11/25 | 辛巳 | 五 | 七 | 19 | 10/27 | 壬子 | 五 | 九 | 19 | 9/28 | 癸未 | 七 | 二 | 19 | 8/29 | 癸丑 | 一 | 五 |
| 20 | 1/24 | 辛巳 | 3 | 9 | 20 | 12/26 | 壬子 | 1 | 7 | 20 | 11/26 | 壬午 | 五 | 六 | 20 | 10/28 | 癸丑 | 五 | 八 | 20 | 9/29 | 甲申 | 一 | 一 | 20 | 8/30 | 甲寅 | 四 | 四 |
| 21 | 1/25 | 壬午 | 3 | 1 | 21 | 12/27 | 癸丑 | 1 | 8 | 21 | 11/27 | 癸未 | 五 | 五 | 21 | 10/29 | 甲寅 | 八 | 七 | 21 | 9/30 | 乙酉 | 一 | 九 | 21 | 8/31 | 乙卯 | 四 | 三 |
| 22 | 1/26 | 癸未 | 3 | 2 | 22 | 12/28 | 甲寅 | 7 | 9 | 22 | 11/28 | 甲申 | 八 | 四 | 22 | 10/30 | 乙卯 | 八 | 六 | 22 | 10/1 | 丙戌 | 一 | 八 | 22 | 9/1 | 丙辰 | 四 | 二 |
| 23 | 1/27 | 甲申 | 9 | 3 | 23 | 12/29 | 乙卯 | 7 | 1 | 23 | 11/29 | 乙酉 | 八 | 三 | 23 | 10/31 | 丙辰 | 八 | 五 | 23 | 10/2 | 丁亥 | 一 | 七 | 23 | 9/2 | 丁巳 | 四 | 一 |
| 24 | 1/28 | 乙酉 | 9 | 4 | 24 | 12/30 | 丙辰 | 7 | 2 | 24 | 11/30 | 丙戌 | 八 | 二 | 24 | 11/1 | 丁巳 | 八 | 四 | 24 | 10/3 | 戊子 | 一 | 六 | 24 | 9/3 | 戊午 | 四 | 九 |
| 25 | 1/29 | 丙戌 | 9 | 5 | 25 | 12/31 | 丁巳 | 7 | 3 | 25 | 12/1 | 丁亥 | 八 | 一 | 25 | 11/2 | 戊午 | 八 | 三 | 25 | 10/4 | 己丑 | 四 | 五 | 25 | 9/4 | 己未 | 七 | 八 |
| 26 | 1/30 | 丁亥 | 9 | 6 | 26 | 1/1 | 戊午 | 7 | 4 | 26 | 12/2 | 戊子 | 八 | 九 | 26 | 11/3 | 己未 | 二 | 二 | 26 | 10/5 | 庚寅 | 四 | 四 | 26 | 9/5 | 庚申 | 七 | 七 |
| 27 | 1/31 | 戊子 | 9 | 7 | 27 | 1/2 | 己未 | 4 | 5 | 27 | 12/3 | 己丑 | 二 | 八 | 27 | 11/4 | 庚申 | 二 | 一 | 27 | 10/6 | 辛卯 | 四 | 三 | 27 | 9/6 | 辛酉 | 七 | 六 |
| 28 | 2/1 | 己丑 | 6 | 8 | 28 | 1/3 | 庚申 | 4 | 6 | 28 | 12/4 | 庚寅 | 二 | 七 | 28 | 11/5 | 辛酉 | 二 | 九 | 28 | 10/7 | 壬辰 | 四 | 二 | 28 | 9/7 | 壬戌 | 七 | 五 |
| 29 | 2/2 | 庚寅 | 6 | 9 | 29 | 1/4 | 辛酉 | 4 | 7 | 29 | 12/5 | 辛卯 | 二 | 六 | 29 | 11/6 | 壬戌 | 二 | 八 | 29 | 10/8 | 癸巳 | 四 | 一 | 29 | 9/8 | 癸亥 | 七 | 四 |
| 30 | 2/3 | 辛卯 | 6 | 1 | | | | | | 30 | 12/6 | 壬辰 | 二 | 五 | | | | | | | | | | | 30 | 9/9 | 甲子 | 九 | 三 |

# 西元2057年（丁丑）肖牛 民國146年（男乾命）

奇門遁甲局數如標示為 一 ～九表示陰局　　如標示為1 ～9 表示陽局

| 六月 | | | | | 五月 | | | | | 四月 | | | | | 三月 | | | | | 二月 | | | | | 正月 | | | | |
|---|---|---|---|---|---|---|---|---|---|---|---|---|---|---|---|---|---|---|---|---|---|---|---|---|---|---|---|---|---|
| 丁未 | | | | | 丙午 | | | | | 乙巳 | | | | | 甲辰 | | | | | 癸卯 | | | | | 壬寅 | | | | |
| 九紫火 | | | | | 一白水 | | | | | 二黑土 | | | | | 三碧木 | | | | | 四綠木 | | | | | 五黃土 | | | | |
| 大暑 15時13分 廿一申時 | | 小暑 21時44分 初五亥時 | 奇門遁甲局數 | | 夏至 04時21分 二十寅時 | | 芒種 11時38分 初四午時 | 奇門遁甲局數 | | 小滿 20時37分 十七戌時 | | 立夏 07時48分 初二辰時 | 奇門遁甲局數 | | 穀雨 21時49分 十六亥時 | | 清明 14時55分 初一未時 | 奇門遁甲局數 | | 春分 11時16分 十六午時 | | 驚蟄 10時29分 初一巳時 | 奇門遁甲局數 | | 雨水 12時30分 十五午時 | | 立春 16時45分 三十申時 | 奇門遁甲局數 | |
| 農曆 | 國曆 | 干支 | 時盤 | 日盤 | 農曆 | 國曆 | 干支 | 時盤 | 日盤 | 農曆 | 國曆 | 干支 | 時盤 | 日盤 | 農曆 | 國曆 | 干支 | 時盤 | 日盤 | 農曆 | 國曆 | 干支 | 時盤 | 日盤 | 農曆 | 國曆 | 干支 | 時盤 | 日盤 |
| 1 | 7/2 | 庚申 | 六 | 四 | 1 | 6/2 | 庚寅 | 8 | 3 | 1 | 5/4 | 辛酉 | 8 | 1 | 1 | 4/4 | 辛卯 | 6 | 7 | 1 | 3/5 | 辛酉 | 3 | 4 | 1 | 2/4 | 壬辰 | 6 | 2 |
| 2 | 7/3 | 辛酉 | 六 | 三 | 2 | 6/3 | 辛卯 | 8 | 4 | 2 | 5/5 | 壬戌 | 8 | 2 | 2 | 4/5 | 壬辰 | 6 | 8 | 2 | 3/6 | 壬戌 | 3 | 5 | 2 | 2/5 | 癸巳 | 6 | 3 |
| 3 | 7/4 | 壬戌 | 六 | 二 | 3 | 6/4 | 壬辰 | 8 | 5 | 3 | 5/6 | 癸亥 | 8 | 3 | 3 | 4/6 | 癸巳 | 6 | 9 | 3 | 3/7 | 癸亥 | 3 | 6 | 3 | 2/6 | 甲午 | 8 | 4 |
| 4 | 7/5 | 癸亥 | 六 | 一 | 4 | 6/5 | 癸巳 | 8 | 6 | 4 | 5/7 | 甲子 | 4 | 4 | 4 | 4/7 | 甲午 | 4 | 1 | 4 | 3/8 | 甲子 | 1 | 7 | 4 | 2/7 | 乙未 | 8 | 5 |
| 5 | 7/6 | 甲子 | 八 | 九 | 5 | 6/6 | 甲午 | 6 | 7 | 5 | 5/8 | 乙丑 | 4 | 5 | 5 | 4/8 | 乙未 | 4 | 2 | 5 | 3/9 | 乙丑 | 1 | 8 | 5 | 2/8 | 丙申 | 8 | 6 |
| 6 | 7/7 | 乙丑 | 八 | 八 | 6 | 6/7 | 乙未 | 6 | 8 | 6 | 5/9 | 丙寅 | 4 | 6 | 6 | 4/9 | 丙申 | 4 | 3 | 6 | 3/10 | 丙寅 | 1 | 9 | 6 | 2/9 | 丁酉 | 8 | 7 |
| 7 | 7/8 | 丙寅 | 八 | 七 | 7 | 6/8 | 丙申 | 6 | 9 | 7 | 5/10 | 丁卯 | 4 | 7 | 7 | 4/10 | 丁酉 | 4 | 4 | 7 | 3/11 | 丁卯 | 1 | 1 | 7 | 2/10 | 戊戌 | 8 | 8 |
| 8 | 7/9 | 丁卯 | 八 | 六 | 8 | 6/9 | 丁酉 | 6 | 1 | 8 | 5/11 | 戊辰 | 4 | 8 | 8 | 4/11 | 戊戌 | 4 | 5 | 8 | 3/12 | 戊辰 | 1 | 2 | 8 | 2/11 | 己亥 | 5 | 9 |
| 9 | 7/10 | 戊辰 | 八 | 五 | 9 | 6/10 | 戊戌 | 6 | 2 | 9 | 5/12 | 己巳 | 1 | 9 | 9 | 4/12 | 己亥 | 1 | 6 | 9 | 3/13 | 己巳 | 7 | 3 | 9 | 2/12 | 庚子 | 5 | 1 |
| 10 | 7/11 | 己巳 | 二 | 四 | 10 | 6/11 | 己亥 | 3 | 3 | 10 | 5/13 | 庚午 | 1 | 1 | 10 | 4/13 | 庚子 | 1 | 7 | 10 | 3/14 | 庚午 | 7 | 4 | 10 | 2/13 | 辛丑 | 5 | 2 |
| 11 | 7/12 | 庚午 | 二 | 三 | 11 | 6/12 | 庚子 | 3 | 4 | 11 | 5/14 | 辛未 | 1 | 2 | 11 | 4/14 | 辛丑 | 1 | 8 | 11 | 3/15 | 辛未 | 7 | 5 | 11 | 2/14 | 壬寅 | 5 | 3 |
| 12 | 7/13 | 辛未 | 二 | 二 | 12 | 6/13 | 辛丑 | 3 | 5 | 12 | 5/15 | 壬申 | 1 | 3 | 12 | 4/15 | 壬寅 | 1 | 9 | 12 | 3/16 | 壬申 | 7 | 6 | 12 | 2/15 | 癸卯 | 5 | 4 |
| 13 | 7/14 | 壬申 | 二 | 一 | 13 | 6/14 | 壬寅 | 3 | 6 | 13 | 5/16 | 癸酉 | 1 | 4 | 13 | 4/16 | 癸卯 | 1 | 1 | 13 | 3/17 | 癸酉 | 7 | 7 | 13 | 2/16 | 甲辰 | 2 | 5 |
| 14 | 7/15 | 癸酉 | 二 | 九 | 14 | 6/15 | 癸卯 | 3 | 7 | 14 | 5/17 | 甲戌 | 7 | 5 | 14 | 4/17 | 甲辰 | 7 | 2 | 14 | 3/18 | 甲戌 | 4 | 8 | 14 | 2/17 | 乙巳 | 2 | 6 |
| 15 | 7/16 | 甲戌 | 五 | 八 | 15 | 6/16 | 甲辰 | 9 | 8 | 15 | 5/18 | 乙亥 | 7 | 6 | 15 | 4/18 | 乙巳 | 7 | 3 | 15 | 3/19 | 乙亥 | 4 | 9 | 15 | 2/18 | 丙午 | 2 | 7 |
| 16 | 7/17 | 乙亥 | 五 | 七 | 16 | 6/17 | 乙巳 | 9 | 9 | 16 | 5/19 | 丙子 | 7 | 7 | 16 | 4/19 | 丙午 | 7 | 4 | 16 | 3/20 | 丙子 | 4 | 1 | 16 | 2/19 | 丁未 | 2 | 8 |
| 17 | 7/18 | 丙子 | 五 | 六 | 17 | 6/18 | 丙午 | 9 | 1 | 17 | 5/20 | 丁丑 | 7 | 8 | 17 | 4/20 | 丁未 | 7 | 5 | 17 | 3/21 | 丁丑 | 4 | 2 | 17 | 2/20 | 戊申 | 2 | 9 |
| 18 | 7/19 | 丁丑 | 五 | 五 | 18 | 6/19 | 丁未 | 9 | 2 | 18 | 5/21 | 戊寅 | 7 | 9 | 18 | 4/21 | 戊申 | 7 | 6 | 18 | 3/22 | 戊寅 | 4 | 3 | 18 | 2/21 | 己酉 | 9 | 1 |
| 19 | 7/20 | 戊寅 | 五 | 四 | 19 | 6/20 | 戊申 | 9 | 3 | 19 | 5/22 | 己卯 | 5 | 1 | 19 | 4/22 | 己酉 | 5 | 7 | 19 | 3/23 | 己卯 | 3 | 4 | 19 | 2/22 | 庚戌 | 9 | 2 |
| 20 | 7/21 | 己卯 | 七 | 三 | 20 | 6/21 | 己酉 | 九 | 六 | 20 | 5/23 | 庚辰 | 5 | 2 | 20 | 4/23 | 庚戌 | 5 | 8 | 20 | 3/24 | 庚辰 | 3 | 5 | 20 | 2/23 | 辛亥 | 9 | 3 |
| 21 | 7/22 | 庚辰 | 七 | 二 | 21 | 6/22 | 庚戌 | 九 | 五 | 21 | 5/24 | 辛巳 | 5 | 3 | 21 | 4/24 | 辛亥 | 5 | 9 | 21 | 3/25 | 辛巳 | 3 | 6 | 21 | 2/24 | 壬子 | 9 | 4 |
| 22 | 7/23 | 辛巳 | 七 | 一 | 22 | 6/23 | 辛亥 | 九 | 四 | 22 | 5/25 | 壬午 | 5 | 4 | 22 | 4/25 | 壬子 | 5 | 1 | 22 | 3/26 | 壬午 | 3 | 7 | 22 | 2/25 | 癸丑 | 9 | 5 |
| 23 | 7/24 | 壬午 | 七 | 九 | 23 | 6/24 | 壬子 | 九 | 三 | 23 | 5/26 | 癸未 | 5 | 5 | 23 | 4/26 | 癸丑 | 5 | 2 | 23 | 3/27 | 癸未 | 3 | 8 | 23 | 2/26 | 甲寅 | 6 | 6 |
| 24 | 7/25 | 癸未 | 七 | 八 | 24 | 6/25 | 癸丑 | 九 | 二 | 24 | 5/27 | 甲申 | 2 | 6 | 24 | 4/27 | 甲寅 | 2 | 3 | 24 | 3/28 | 甲申 | 9 | 9 | 24 | 2/27 | 乙卯 | 6 | 7 |
| 25 | 7/26 | 甲申 | 一 | 七 | 25 | 6/26 | 甲寅 | 三 | 一 | 25 | 5/28 | 乙酉 | 2 | 7 | 25 | 4/28 | 乙卯 | 2 | 4 | 25 | 3/29 | 乙酉 | 9 | 1 | 25 | 2/28 | 丙辰 | 6 | 8 |
| 26 | 7/27 | 乙酉 | 一 | 六 | 26 | 6/27 | 乙卯 | 三 | 九 | 26 | 5/29 | 丙戌 | 2 | 8 | 26 | 4/29 | 丙辰 | 2 | 5 | 26 | 3/30 | 丙戌 | 9 | 2 | 26 | 3/1 | 丁巳 | 6 | 9 |
| 27 | 7/28 | 丙戌 | 一 | 五 | 27 | 6/28 | 丙辰 | 三 | 八 | 27 | 5/30 | 丁亥 | 2 | 9 | 27 | 4/30 | 丁巳 | 2 | 6 | 27 | 3/31 | 丁亥 | 9 | 3 | 27 | 3/2 | 戊午 | 6 | 1 |
| 28 | 7/29 | 丁亥 | 一 | 四 | 28 | 6/29 | 丁巳 | 三 | 七 | 28 | 5/31 | 戊子 | 2 | 1 | 28 | 5/1 | 戊午 | 2 | 7 | 28 | 4/1 | 戊子 | 9 | 4 | 28 | 3/3 | 己未 | 3 | 2 |
| 29 | 7/30 | 戊子 | 一 | 三 | 29 | 6/30 | 戊午 | 三 | 六 | 29 | 6/1 | 己丑 | 8 | 2 | 29 | 5/2 | 己未 | 8 | 8 | 29 | 4/2 | 己丑 | 6 | 5 | 29 | 3/4 | 庚申 | 3 | 3 |
| | | | | | 30 | 7/1 | 己未 | 六 | 五 | | | | | | 30 | 5/3 | 庚申 | 8 | 9 | 30 | 4/3 | 庚寅 | 6 | 6 | | | | | |

# 西元2057年（丁丑）肖牛 民國146年（女離命）

奇門遁甲局數如標示為 一 ～九表示陰局　　如標示為1 ～9 表示陽局

| 十二月 | | | | |
|---|---|---|---|---|
| 癸丑 | | | | |
| 三碧木 | | | | |
| 大寒 04時28分 廿六寅時 | | 小寒 11時11分 十一午時 | 奇門遁甲局數 | |
| 農曆 | 國曆 | 干支 | 時盤 | 日盤 |
| 1 | 12/26 | 丁巳 | 7 | 3 |
| 2 | 12/27 | 戊午 | 7 | 4 |
| 3 | 12/28 | 己未 | 4 | 5 |
| 4 | 12/29 | 庚申 | 4 | 6 |
| 5 | 12/30 | 辛酉 | 4 | 7 |
| 6 | 12/31 | 壬戌 | 4 | 8 |
| 7 | 1/1 | 癸亥 | 4 | 9 |
| 8 | 1/2 | 甲子 | 2 | 1 |
| 9 | 1/3 | 乙丑 | 2 | 2 |
| 10 | 1/4 | 丙寅 | 2 | 3 |
| 11 | 1/5 | 丁卯 | 2 | 4 |
| 12 | 1/6 | 戊辰 | 2 | 5 |
| 13 | 1/7 | 己巳 | 8 | 6 |
| 14 | 1/8 | 庚午 | 8 | 7 |
| 15 | 1/9 | 辛未 | 8 | 8 |
| 16 | 1/10 | 壬申 | 8 | 9 |
| 17 | 1/11 | 癸酉 | 8 | 1 |
| 18 | 1/12 | 甲戌 | 5 | 2 |
| 19 | 1/13 | 乙亥 | 5 | 3 |
| 20 | 1/14 | 丙子 | 5 | 4 |
| 21 | 1/15 | 丁丑 | 5 | 5 |
| 22 | 1/16 | 戊寅 | 5 | 6 |
| 23 | 1/17 | 己卯 | 3 | 7 |
| 24 | 1/18 | 庚辰 | 3 | 8 |
| 25 | 1/19 | 辛巳 | 3 | 9 |
| 26 | 1/20 | 壬午 | 3 | 1 |
| 27 | 1/21 | 癸未 | 3 | 2 |
| 28 | 1/22 | 甲申 | 9 | 3 |
| 29 | 1/23 | 乙酉 | 9 | 4 |

| 十一月 | | | | |
|---|---|---|---|---|
| 壬子 | | | | |
| 四綠木 | | | | |
| 冬至 17時45分 廿六酉時 | | 大雪 23時37分 十一子時 | 奇門遁甲局數 | |
| 農曆 | 國曆 | 干支 | 時盤 | 日盤 |
| 1 | 11/26 | 丁亥 | 八 | 一 |
| 2 | 11/27 | 戊子 | 八 | 九 |
| 3 | 11/28 | 己丑 | 二 | 八 |
| 4 | 11/29 | 庚寅 | 二 | 七 |
| 5 | 11/30 | 辛卯 | 二 | 六 |
| 6 | 12/1 | 壬辰 | 二 | 五 |
| 7 | 12/2 | 癸巳 | 二 | 四 |
| 8 | 12/3 | 甲午 | 四 | 三 |
| 9 | 12/4 | 乙未 | 四 | 二 |
| 10 | 12/5 | 丙申 | 四 | 一 |
| 11 | 12/6 | 丁酉 | 四 | 九 |
| 12 | 12/7 | 戊戌 | 四 | 八 |
| 13 | 12/8 | 己亥 | 七 | 七 |
| 14 | 12/9 | 庚子 | 七 | 六 |
| 15 | 12/10 | 辛丑 | 七 | 五 |
| 16 | 12/11 | 壬寅 | 七 | 四 |
| 17 | 12/12 | 癸卯 | 七 | 三 |
| 18 | 12/13 | 甲辰 | 一 | 二 |
| 19 | 12/14 | 乙巳 | 一 | 一 |
| 20 | 12/15 | 丙午 | 一 | 九 |
| 21 | 12/16 | 丁未 | 一 | 八 |
| 22 | 12/17 | 戊申 | 一 | 七 |
| 23 | 12/18 | 己酉 | 1 | 六 |
| 24 | 12/19 | 庚戌 | 1 | 五 |
| 25 | 12/20 | 辛亥 | 1 | 四 |
| 26 | 12/21 | 壬子 | 1 | 7 |
| 27 | 12/22 | 癸丑 | 1 | 8 |
| 28 | 12/23 | 甲寅 | 7 | 9 |
| 29 | 12/24 | 乙卯 | 7 | 1 |
| 30 | 12/25 | 丙辰 | 7 | 2 |

| 十　月 | | | | |
|---|---|---|---|---|
| 辛亥 | | | | |
| 五黃土 | | | | |
| 小雪 04時09分 廿六寅時 | | 立冬 06時25分 十一卯時 | 奇門遁甲局數 | |
| 農曆 | 國曆 | 干支 | 時盤 | 日盤 |
| 1 | 10/28 | 戊午 | 八 | 三 |
| 2 | 10/29 | 己未 | 二 | 二 |
| 3 | 10/30 | 庚申 | 二 | 一 |
| 4 | 10/31 | 辛酉 | 二 | 九 |
| 5 | 11/1 | 壬戌 | 二 | 八 |
| 6 | 11/2 | 癸亥 | 二 | 七 |
| 7 | 11/3 | 甲子 | 六 | 六 |
| 8 | 11/4 | 乙丑 | 六 | 五 |
| 9 | 11/5 | 丙寅 | 六 | 四 |
| 10 | 11/6 | 丁卯 | 六 | 三 |
| 11 | 11/7 | 戊辰 | 六 | 二 |
| 12 | 11/8 | 己巳 | 九 | 一 |
| 13 | 11/9 | 庚午 | 九 | 九 |
| 14 | 11/10 | 辛未 | 九 | 八 |
| 15 | 11/11 | 壬申 | 九 | 七 |
| 16 | 11/12 | 癸酉 | 九 | 六 |
| 17 | 11/13 | 甲戌 | 三 | 五 |
| 18 | 11/14 | 乙亥 | 三 | 四 |
| 19 | 11/15 | 丙子 | 三 | 三 |
| 20 | 11/16 | 丁丑 | 三 | 二 |
| 21 | 11/17 | 戊寅 | 三 | 一 |
| 22 | 11/18 | 己卯 | 五 | 九 |
| 23 | 11/19 | 庚辰 | 五 | 八 |
| 24 | 11/20 | 辛巳 | 五 | 七 |
| 25 | 11/21 | 壬午 | 五 | 六 |
| 26 | 11/22 | 癸未 | 五 | 五 |
| 27 | 11/23 | 甲申 | 八 | 四 |
| 28 | 11/24 | 乙酉 | 八 | 三 |
| 29 | 11/25 | 丙戌 | 八 | 二 |

| 九　月 | | | | |
|---|---|---|---|---|
| 庚戌 | | | | |
| 六白金 | | | | |
| 霜降 06時12分 廿五卯時 | | 寒露 02時48分 初十丑時 | 奇門遁甲局數 | |
| 農曆 | 國曆 | 干支 | 時盤 | 日盤 |
| 1 | 9/29 | 己丑 | 四 | 五 |
| 2 | 9/30 | 庚寅 | 四 | 四 |
| 3 | 10/1 | 辛卯 | 四 | 三 |
| 4 | 10/2 | 壬辰 | 四 | 二 |
| 5 | 10/3 | 癸巳 | 四 | 一 |
| 6 | 10/4 | 甲午 | 六 | 九 |
| 7 | 10/5 | 乙未 | 六 | 八 |
| 8 | 10/6 | 丙申 | 六 | 七 |
| 9 | 10/7 | 丁酉 | 六 | 六 |
| 10 | 10/8 | 戊戌 | 六 | 五 |
| 11 | 10/9 | 己亥 | 九 | 四 |
| 12 | 10/10 | 庚子 | 九 | 三 |
| 13 | 10/11 | 辛丑 | 九 | 二 |
| 14 | 10/12 | 壬寅 | 九 | 一 |
| 15 | 10/13 | 癸卯 | 九 | 九 |
| 16 | 10/14 | 甲辰 | 三 | 八 |
| 17 | 10/15 | 乙巳 | 三 | 七 |
| 18 | 10/16 | 丙午 | 三 | 六 |
| 19 | 10/17 | 丁未 | 三 | 五 |
| 20 | 10/18 | 戊申 | 三 | 四 |
| 21 | 10/19 | 己酉 | 五 | 三 |
| 22 | 10/20 | 庚戌 | 五 | 二 |
| 23 | 10/21 | 辛亥 | 五 | 一 |
| 24 | 10/22 | 壬子 | 五 | 九 |
| 25 | 10/23 | 癸丑 | 五 | 八 |
| 26 | 10/24 | 甲寅 | 八 | 七 |
| 27 | 10/25 | 乙卯 | 八 | 六 |
| 28 | 10/26 | 丙辰 | 八 | 五 |
| 29 | 10/27 | 丁巳 | 八 | 四 |

| 八　月 | | | | |
|---|---|---|---|---|
| 己酉 | | | | |
| 七赤金 | | | | |
| 秋分 20時25分 廿四戌時 | | 白露 10時46分 初九巳時 | 奇門遁甲局數 | |
| 農曆 | 國曆 | 干支 | 時盤 | 日盤 |
| 1 | 8/30 | 己未 | 七 | 八 |
| 2 | 8/31 | 庚申 | 七 | 七 |
| 3 | 9/1 | 辛酉 | 七 | 六 |
| 4 | 9/2 | 壬戌 | 七 | 五 |
| 5 | 9/3 | 癸亥 | 七 | 四 |
| 6 | 9/4 | 甲子 | 九 | 三 |
| 7 | 9/5 | 乙丑 | 九 | 二 |
| 8 | 9/6 | 丙寅 | 九 | 一 |
| 9 | 9/7 | 丁卯 | 九 | 九 |
| 10 | 9/8 | 戊辰 | 九 | 八 |
| 11 | 9/9 | 己巳 | 三 | 七 |
| 12 | 9/10 | 庚午 | 三 | 六 |
| 13 | 9/11 | 辛未 | 三 | 五 |
| 14 | 9/12 | 壬申 | 三 | 四 |
| 15 | 9/13 | 癸酉 | 三 | 三 |
| 16 | 9/14 | 甲戌 | 六 | 二 |
| 17 | 9/15 | 乙亥 | 六 | 一 |
| 18 | 9/16 | 丙子 | 六 | 九 |
| 19 | 9/17 | 丁丑 | 六 | 八 |
| 20 | 9/18 | 戊寅 | 六 | 七 |
| 21 | 9/19 | 己卯 | 七 | 六 |
| 22 | 9/20 | 庚辰 | 七 | 五 |
| 23 | 9/21 | 辛巳 | 七 | 四 |
| 24 | 9/22 | 壬午 | 七 | 三 |
| 25 | 9/23 | 癸未 | 七 | 二 |
| 26 | 9/24 | 甲申 | 一 | 一 |
| 27 | 9/25 | 乙酉 | 一 | 九 |
| 28 | 9/26 | 丙戌 | 一 | 八 |
| 29 | 9/27 | 丁亥 | 一 | 七 |
| 30 | 9/28 | 戊子 | 一 | 六 |

| 七　月 | | | | |
|---|---|---|---|---|
| 戊申 | | | | |
| 八白土 | | | | |
| 處暑 22時27分 廿三亥時 | | 立秋 07時36分 初八辰時 | 奇門遁甲局數 | |
| 農曆 | 國曆 | 干支 | 時盤 | 日盤 |
| 1 | 7/31 | 己丑 | 四 | 二 |
| 2 | 8/1 | 庚寅 | 四 | 一 |
| 3 | 8/2 | 辛卯 | 四 | 九 |
| 4 | 8/3 | 壬辰 | 四 | 八 |
| 5 | 8/4 | 癸巳 | 四 | 七 |
| 6 | 8/5 | 甲午 | 二 | 六 |
| 7 | 8/6 | 乙未 | 二 | 五 |
| 8 | 8/7 | 丙申 | 二 | 四 |
| 9 | 8/8 | 丁酉 | 二 | 三 |
| 10 | 8/9 | 戊戌 | 二 | 二 |
| 11 | 8/10 | 己亥 | 五 | 一 |
| 12 | 8/11 | 庚子 | 五 | 九 |
| 13 | 8/12 | 辛丑 | 五 | 八 |
| 14 | 8/13 | 壬寅 | 五 | 七 |
| 15 | 8/14 | 癸卯 | 五 | 六 |
| 16 | 8/15 | 甲辰 | 八 | 五 |
| 17 | 8/16 | 乙巳 | 八 | 四 |
| 18 | 8/17 | 丙午 | 八 | 三 |
| 19 | 8/18 | 丁未 | 八 | 二 |
| 20 | 8/19 | 戊申 | 八 | 一 |
| 21 | 8/20 | 己酉 | 一 | 九 |
| 22 | 8/21 | 庚戌 | 一 | 八 |
| 23 | 8/22 | 辛亥 | 一 | 七 |
| 24 | 8/23 | 壬子 | 一 | 六 |
| 25 | 8/24 | 癸丑 | 一 | 五 |
| 26 | 8/25 | 甲寅 | 四 | 四 |
| 27 | 8/26 | 乙卯 | 四 | 三 |
| 28 | 8/27 | 丙辰 | 四 | 二 |
| 29 | 8/28 | 丁巳 | 四 | 一 |
| 30 | 8/29 | 戊午 | 四 | 九 |

# 西元2058年（戊寅）肖虎 民國147年（男坤命）

奇門遁甲局數如標示為 一 ～九表示陰局　　如標示為1 ～9 表示陽局

**正月**　甲寅　二黑土　奇門遁甲局數
雨水 18時28分 廿六酉時　立春 22時37分 十一亥時

| 農曆 | 國曆 | 干支 | 時盤 | 日盤 |
|---|---|---|---|---|
| 1 | 1/24 | 丙戌 | 9 | 5 |
| 2 | 1/25 | 丁亥 | 9 | 6 |
| 3 | 1/26 | 戊子 | 9 | 7 |
| 4 | 1/27 | 己丑 | 6 | 8 |
| 5 | 1/28 | 庚寅 | 6 | 9 |
| 6 | 1/29 | 辛卯 | 6 | 1 |
| 7 | 1/30 | 壬辰 | 6 | 2 |
| 8 | 1/31 | 癸巳 | 6 | 3 |
| 9 | 2/1 | 甲午 | 8 | 4 |
| 10 | 2/2 | 乙未 | 8 | 5 |
| 11 | 2/3 | 丙申 | 8 | 6 |
| 12 | 2/4 | 丁酉 | 8 | 7 |
| 13 | 2/5 | 戊戌 | 8 | 8 |
| 14 | 2/6 | 己亥 | 5 | 9 |
| 15 | 2/7 | 庚子 | 5 | 1 |
| 16 | 2/8 | 辛丑 | 5 | 2 |
| 17 | 2/9 | 壬寅 | 5 | 3 |
| 18 | 2/10 | 癸卯 | 5 | 4 |
| 19 | 2/11 | 甲辰 | 2 | 5 |
| 20 | 2/12 | 乙巳 | 2 | 6 |
| 21 | 2/13 | 丙午 | 2 | 7 |
| 22 | 2/14 | 丁未 | 2 | 8 |
| 23 | 2/15 | 戊申 | 2 | 9 |
| 24 | 2/16 | 己酉 | 9 | 1 |
| 25 | 2/17 | 庚戌 | 9 | 2 |
| 26 | 2/18 | 辛亥 | 9 | 3 |
| 27 | 2/19 | 壬子 | 9 | 4 |
| 28 | 2/20 | 癸丑 | 9 | 5 |
| 29 | 2/21 | 甲寅 | 6 | 6 |
| 30 | 2/22 | 乙卯 | 6 | 7 |

**二月**　乙卯　一白水　奇門遁甲局數
春分 17時07分 廿六酉時　驚蟄 16時22分 十一申時

| 農曆 | 國曆 | 干支 | 時盤 | 日盤 |
|---|---|---|---|---|
| 1 | 2/23 | 丙辰 | 6 | 8 |
| 2 | 2/24 | 丁巳 | 6 | 9 |
| 3 | 2/25 | 戊午 | 6 | 1 |
| 4 | 2/26 | 己未 | 3 | 2 |
| 5 | 2/27 | 庚申 | 3 | 3 |
| 6 | 2/28 | 辛酉 | 3 | 4 |
| 7 | 3/1 | 壬戌 | 3 | 5 |
| 8 | 3/2 | 癸亥 | 3 | 6 |
| 9 | 3/3 | 甲子 | 1 | 7 |
| 10 | 3/4 | 乙丑 | 1 | 8 |
| 11 | 3/5 | 丙寅 | 1 | 9 |
| 12 | 3/6 | 丁卯 | 1 | 1 |
| 13 | 3/7 | 戊辰 | 1 | 2 |
| 14 | 3/8 | 己巳 | 7 | 3 |
| 15 | 3/9 | 庚午 | 7 | 4 |
| 16 | 3/10 | 辛未 | 7 | 5 |
| 17 | 3/11 | 壬申 | 7 | 6 |
| 18 | 3/12 | 癸酉 | 7 | 7 |
| 19 | 3/13 | 甲戌 | 4 | 8 |
| 20 | 3/14 | 乙亥 | 4 | 9 |
| 21 | 3/15 | 丙子 | 4 | 1 |
| 22 | 3/16 | 丁丑 | 4 | 2 |
| 23 | 3/17 | 戊寅 | 4 | 3 |
| 24 | 3/18 | 己卯 | 3 | 4 |
| 25 | 3/19 | 庚辰 | 3 | 5 |
| 26 | 3/20 | 辛巳 | 3 | 6 |
| 27 | 3/21 | 壬午 | 3 | 7 |
| 28 | 3/22 | 癸未 | 3 | 8 |
| 29 | 3/23 | 甲申 | 9 | 9 |

**三月**　丙辰　九紫火　奇門遁甲局數
穀雨 03時43分 廿八寅時　清明 20時46分 十二戌時

| 農曆 | 國曆 | 干支 | 時盤 | 日盤 |
|---|---|---|---|---|
| 1 | 3/24 | 乙酉 | 9 | 1 |
| 2 | 3/25 | 丙戌 | 9 | 2 |
| 3 | 3/26 | 丁亥 | 9 | 3 |
| 4 | 3/27 | 戊子 | 9 | 4 |
| 5 | 3/28 | 己丑 | 6 | 5 |
| 6 | 3/29 | 庚寅 | 6 | 6 |
| 7 | 3/30 | 辛卯 | 6 | 7 |
| 8 | 3/31 | 壬辰 | 6 | 8 |
| 9 | 4/1 | 癸巳 | 6 | 9 |
| 10 | 4/2 | 甲午 | 4 | 1 |
| 11 | 4/3 | 乙未 | 4 | 2 |
| 12 | 4/4 | 丙申 | 4 | 3 |
| 13 | 4/5 | 丁酉 | 4 | 4 |
| 14 | 4/6 | 戊戌 | 4 | 5 |
| 15 | 4/7 | 己亥 | 1 | 6 |
| 16 | 4/8 | 庚子 | 1 | 7 |
| 17 | 4/9 | 辛丑 | 1 | 8 |
| 18 | 4/10 | 壬寅 | 1 | 9 |
| 19 | 4/11 | 癸卯 | 1 | 1 |
| 20 | 4/12 | 甲辰 | 7 | 2 |
| 21 | 4/13 | 乙巳 | 7 | 3 |
| 22 | 4/14 | 丙午 | 7 | 4 |
| 23 | 4/15 | 丁未 | 7 | 5 |
| 24 | 4/16 | 戊申 | 7 | 6 |
| 25 | 4/17 | 己酉 | 5 | 7 |
| 26 | 4/18 | 庚戌 | 5 | 8 |
| 27 | 4/19 | 辛亥 | 5 | 9 |
| 28 | 4/20 | 壬子 | 5 | 1 |
| 29 | 4/21 | 癸丑 | 5 | 2 |
| 30 | 4/22 | 甲寅 | 2 | 3 |

**四月**　丁巳　八白土　奇門遁甲局數
小滿 02時26分 廿九丑時　立夏 13時38分 十三未時

| 農曆 | 國曆 | 干支 | 時盤 | 日盤 |
|---|---|---|---|---|
| 1 | 4/23 | 乙卯 | 2 | 4 |
| 2 | 4/24 | 丙辰 | 2 | 5 |
| 3 | 4/25 | 丁巳 | 2 | 6 |
| 4 | 4/26 | 戊午 | 2 | 7 |
| 5 | 4/27 | 己未 | 8 | 8 |
| 6 | 4/28 | 庚申 | 8 | 9 |
| 7 | 4/29 | 辛酉 | 8 | 1 |
| 8 | 4/30 | 壬戌 | 8 | 2 |
| 9 | 5/1 | 癸亥 | 8 | 3 |
| 10 | 5/2 | 甲子 | 4 | 4 |
| 11 | 5/3 | 乙丑 | 4 | 5 |
| 12 | 5/4 | 丙寅 | 4 | 6 |
| 13 | 5/5 | 丁卯 | 4 | 7 |
| 14 | 5/6 | 戊辰 | 4 | 8 |
| 15 | 5/7 | 己巳 | 1 | 9 |
| 16 | 5/8 | 庚午 | 1 | 1 |
| 17 | 5/9 | 辛未 | 1 | 2 |
| 18 | 5/10 | 壬申 | 1 | 3 |
| 19 | 5/11 | 癸酉 | 1 | 4 |
| 20 | 5/12 | 甲戌 | 7 | 5 |
| 21 | 5/13 | 乙亥 | 7 | 6 |
| 22 | 5/14 | 丙子 | 7 | 7 |
| 23 | 5/15 | 丁丑 | 7 | 8 |
| 24 | 5/16 | 戊寅 | 7 | 9 |
| 25 | 5/17 | 己卯 | 5 | 1 |
| 26 | 5/18 | 庚辰 | 5 | 2 |
| 27 | 5/19 | 辛巳 | 5 | 3 |
| 28 | 5/20 | 壬午 | 5 | 4 |
| 29 | 5/21 | 癸未 | 5 | 5 |

**閏四月**　戊午　奇門遁甲局數
芒種 17時27分 十五酉時

| 農曆 | 國曆 | 干支 | 時盤 | 日盤 |
|---|---|---|---|---|
| 1 | 5/22 | 甲申 | 2 | 6 |
| 2 | 5/23 | 乙酉 | 2 | 7 |
| 3 | 5/24 | 丙戌 | 2 | 8 |
| 4 | 5/25 | 丁亥 | 2 | 9 |
| 5 | 5/26 | 戊子 | 2 | 1 |
| 6 | 5/27 | 己丑 | 8 | 2 |
| 7 | 5/28 | 庚寅 | 8 | 3 |
| 8 | 5/29 | 辛卯 | 8 | 4 |
| 9 | 5/30 | 壬辰 | 8 | 5 |
| 10 | 5/31 | 癸巳 | 8 | 6 |
| 11 | 6/1 | 甲午 | 6 | 7 |
| 12 | 6/2 | 乙未 | 6 | 8 |
| 13 | 6/3 | 丙申 | 6 | 9 |
| 14 | 6/4 | 丁酉 | 6 | 1 |
| 15 | 6/5 | 戊戌 | 6 | 2 |
| 16 | 6/6 | 己亥 | 3 | 3 |
| 17 | 6/7 | 庚子 | 3 | 4 |
| 18 | 6/8 | 辛丑 | 3 | 5 |
| 19 | 6/9 | 壬寅 | 3 | 6 |
| 20 | 6/10 | 癸卯 | 3 | 7 |
| 21 | 6/11 | 甲辰 | 9 | 8 |
| 22 | 6/12 | 乙巳 | 9 | 9 |
| 23 | 6/13 | 丙午 | 9 | 1 |
| 24 | 6/14 | 丁未 | 9 | 2 |
| 25 | 6/15 | 戊申 | 9 | 3 |
| 26 | 6/16 | 己酉 | 九 | 4 |
| 27 | 6/17 | 庚戌 | 九 | 5 |
| 28 | 6/18 | 辛亥 | 九 | 6 |
| 29 | 6/19 | 壬子 | 九 | 7 |
| 30 | 6/20 | 癸丑 | 九 | 8 |

**五月**　戊午　七赤金　奇門遁甲局數
小暑 03時33分 十七寅時　夏至 10時06分 初一巳時

| 農曆 | 國曆 | 干支 | 時盤 | 日盤 |
|---|---|---|---|---|
| 1 | 6/21 | 甲寅 | 三 | 一 |
| 2 | 6/22 | 乙卯 | 三 | 九 |
| 3 | 6/23 | 丙辰 | 三 | 八 |
| 4 | 6/24 | 丁巳 | 三 | 七 |
| 5 | 6/25 | 戊午 | 三 | 六 |
| 6 | 6/26 | 己未 | 六 | 五 |
| 7 | 6/27 | 庚申 | 六 | 四 |
| 8 | 6/28 | 辛酉 | 六 | 三 |
| 9 | 6/29 | 壬戌 | 六 | 二 |
| 10 | 6/30 | 癸亥 | 六 | 一 |
| 11 | 7/1 | 甲子 | 八 | 九 |
| 12 | 7/2 | 乙丑 | 八 | 八 |
| 13 | 7/3 | 丙寅 | 八 | 七 |
| 14 | 7/4 | 丁卯 | 八 | 六 |
| 15 | 7/5 | 戊辰 | 八 | 五 |
| 16 | 7/6 | 己巳 | 二 | 四 |
| 17 | 7/7 | 庚午 | 二 | 三 |
| 18 | 7/8 | 辛未 | 二 | 二 |
| 19 | 7/9 | 壬申 | 二 | 一 |
| 20 | 7/10 | 癸酉 | 二 | 九 |
| 21 | 7/11 | 甲戌 | 五 | 八 |
| 22 | 7/12 | 乙亥 | 五 | 七 |
| 23 | 7/13 | 丙子 | 五 | 六 |
| 24 | 7/14 | 丁丑 | 五 | 五 |
| 25 | 7/15 | 戊寅 | 五 | 四 |
| 26 | 7/16 | 己卯 | 七 | 三 |
| 27 | 7/17 | 庚辰 | 七 | 二 |
| 28 | 7/18 | 辛巳 | 七 | 一 |
| 29 | 7/19 | 壬午 | 七 | 九 |

**六月**　己未　六白金　奇門遁甲局數
立秋 13時27分 十九未時　大暑 20時56分 初三戌時

| 農曆 | 國曆 | 干支 | 時盤 | 日盤 |
|---|---|---|---|---|
| 1 | 7/20 | 癸未 | 七 | 八 |
| 2 | 7/21 | 甲申 | 一 | 七 |
| 3 | 7/22 | 乙酉 | 一 | 六 |
| 4 | 7/23 | 丙戌 | 一 | 五 |
| 5 | 7/24 | 丁亥 | 一 | 四 |
| 6 | 7/25 | 戊子 | 一 | 三 |
| 7 | 7/26 | 己丑 | 四 | 二 |
| 8 | 7/27 | 庚寅 | 四 | 一 |
| 9 | 7/28 | 辛卯 | 四 | 九 |
| 10 | 7/29 | 壬辰 | 四 | 八 |
| 11 | 7/30 | 癸巳 | 四 | 七 |
| 12 | 7/31 | 甲午 | 二 | 六 |
| 13 | 8/1 | 乙未 | 二 | 五 |
| 14 | 8/2 | 丙申 | 二 | 四 |
| 15 | 8/3 | 丁酉 | 二 | 三 |
| 16 | 8/4 | 戊戌 | 二 | 二 |
| 17 | 8/5 | 己亥 | 五 | 一 |
| 18 | 8/6 | 庚子 | 五 | 九 |
| 19 | 8/7 | 辛丑 | 五 | 八 |
| 20 | 8/8 | 壬寅 | 五 | 七 |
| 21 | 8/9 | 癸卯 | 五 | 六 |
| 22 | 8/10 | 甲辰 | 八 | 五 |
| 23 | 8/11 | 乙巳 | 八 | 四 |
| 24 | 8/12 | 丙午 | 八 | 三 |
| 25 | 8/13 | 丁未 | 八 | 二 |
| 26 | 8/14 | 戊申 | 八 | 一 |
| 27 | 8/15 | 己酉 | 一 | 九 |
| 28 | 8/16 | 庚戌 | 一 | 八 |
| 29 | 8/17 | 辛亥 | 一 | 七 |
| 30 | 8/18 | 壬子 | 一 | 六 |

# 西元2058年（戊寅）肖虎 民國147年（女坎命）

奇門遁甲局數如標示為 一 ～九表示陰局　　如標示為1 ～9 表示陽局

| 十二月 | | | | | 十一月 | | | | | 十　月 | | | | | 九　月 | | | | | 八　月 | | | | | 七　月 | | | | |
|---|---|---|---|---|---|---|---|---|---|---|---|---|---|---|---|---|---|---|---|---|---|---|---|---|---|---|---|---|---|
| 乙丑 | | | | | 甲子 | | | | | 癸亥 | | | | | 壬戌 | | | | | 辛酉 | | | | | 庚申 | | | | |
| 九紫火 | | | | | 一白水 | | | | | 二黑土 | | | | | 三碧木 | | | | | 四綠木 | | | | | 五黃土 | | | | |
| 立春<br>04時26分<br>廿二寅時 | | 大寒<br>10時09分<br>初七巳時 | 奇門遁甲局數 | | 小寒<br>16時51分<br>廿一申時 | | 冬至<br>23時27分<br>初六子時 | 奇門遁甲局數 | | 大雪<br>05時29分<br>廿二卯時 | | 小雪<br>09時53分<br>初七巳時 | 奇門遁甲局數 | | 立冬<br>12時19分<br>廿二午時 | | 霜降<br>11時57分<br>初七午時 | 奇門遁甲局數 | | 寒露<br>08時43分<br>廿一辰時 | | 秋分<br>02時11分<br>初六丑時 | 奇門遁甲局數 | | 白露<br>16時40分<br>二十申時 | | 處暑<br>04時11分<br>初五寅時 | 奇門遁甲局數 | |
| 農曆 | 國曆 | 干支 | 時盤 | 日盤 | 農曆 | 國曆 | 干支 | 時盤 | 日盤 | 農曆 | 國曆 | 干支 | 時盤 | 日盤 | 農曆 | 國曆 | 干支 | 時盤 | 日盤 | 農曆 | 國曆 | 干支 | 時盤 | 日盤 | 農曆 | 國曆 | 干支 | 時盤 | 日盤 |
| 1 | 1/14 | 辛巳 | 2 | 9 | 1 | 12/16 | 壬子 | 四 | 三 | 1 | 11/16 | 壬午 | 五 | 六 | 1 | 10/17 | 壬子 | 五 | 九 | 1 | 9/18 | 癸未 | 七 | 二 | 1 | 8/19 | 癸丑 | 一 | 五 |
| 2 | 1/15 | 壬午 | 2 | 1 | 2 | 12/17 | 癸丑 | 四 | 二 | 2 | 11/17 | 癸未 | 五 | 五 | 2 | 10/18 | 癸丑 | 五 | 八 | 2 | 9/19 | 甲申 | 一 | 一 | 2 | 8/20 | 甲寅 | 四 | 四 |
| 3 | 1/16 | 癸未 | 2 | 2 | 3 | 12/18 | 甲寅 | 七 | 一 | 3 | 11/18 | 甲申 | 八 | 四 | 3 | 10/19 | 甲寅 | 八 | 七 | 3 | 9/20 | 乙酉 | 一 | 九 | 3 | 8/21 | 乙卯 | 四 | 三 |
| 4 | 1/17 | 甲申 | 8 | 3 | 4 | 12/19 | 乙卯 | 七 | 九 | 4 | 11/19 | 乙酉 | 八 | 三 | 4 | 10/20 | 乙卯 | 八 | 六 | 4 | 9/21 | 丙戌 | 一 | 八 | 4 | 8/22 | 丙辰 | 四 | 二 |
| 5 | 1/18 | 乙酉 | 8 | 4 | 5 | 12/20 | 丙辰 | 七 | 八 | 5 | 11/20 | 丙戌 | 八 | 二 | 5 | 10/21 | 丙辰 | 八 | 五 | 5 | 9/22 | 丁亥 | 一 | 七 | 5 | 8/23 | 丁巳 | 四 | 一 |
| 6 | 1/19 | 丙戌 | 8 | 5 | 6 | 12/21 | 丁巳 | 七 | 3 | 6 | 11/21 | 丁亥 | 八 | 一 | 6 | 10/22 | 丁巳 | 八 | 四 | 6 | 9/23 | 戊子 | 一 | 六 | 6 | 8/24 | 戊午 | 四 | 九 |
| 7 | 1/20 | 丁亥 | 8 | 6 | 7 | 12/22 | 戊午 | 七 | 4 | 7 | 11/22 | 戊子 | 八 | 九 | 7 | 10/23 | 戊午 | 八 | 三 | 7 | 9/24 | 己丑 | 四 | 五 | 7 | 8/25 | 己未 | 七 | 八 |
| 8 | 1/21 | 戊子 | 8 | 7 | 8 | 12/23 | 己未 | 一 | 5 | 8 | 11/23 | 己丑 | 二 | 八 | 8 | 10/24 | 己未 | 二 | 二 | 8 | 9/25 | 庚寅 | 四 | 四 | 8 | 8/26 | 庚申 | 七 | 七 |
| 9 | 1/22 | 己丑 | 5 | 8 | 9 | 12/24 | 庚申 | 一 | 6 | 9 | 11/24 | 庚寅 | 二 | 七 | 9 | 10/25 | 庚申 | 二 | 一 | 9 | 9/26 | 辛卯 | 四 | 三 | 9 | 8/27 | 辛酉 | 七 | 六 |
| 10 | 1/23 | 庚寅 | 5 | 9 | 10 | 12/25 | 辛酉 | 一 | 7 | 10 | 11/25 | 辛卯 | 二 | 六 | 10 | 10/26 | 辛酉 | 二 | 九 | 10 | 9/27 | 壬辰 | 四 | 二 | 10 | 8/28 | 壬戌 | 七 | 五 |
| 11 | 1/24 | 辛卯 | 5 | 1 | 11 | 12/26 | 壬戌 | 一 | 8 | 11 | 11/26 | 壬辰 | 二 | 五 | 11 | 10/27 | 壬戌 | 二 | 八 | 11 | 9/28 | 癸巳 | 四 | 一 | 11 | 8/29 | 癸亥 | 七 | 四 |
| 12 | 1/25 | 壬辰 | 5 | 2 | 12 | 12/27 | 癸亥 | 一 | 9 | 12 | 11/27 | 癸巳 | 二 | 四 | 12 | 10/28 | 癸亥 | 二 | 七 | 12 | 9/29 | 甲午 | 六 | 九 | 12 | 8/30 | 甲子 | 九 | 三 |
| 13 | 1/26 | 癸巳 | 5 | 3 | 13 | 12/28 | 甲子 | 1 | 1 | 13 | 11/28 | 甲午 | 四 | 三 | 13 | 10/29 | 甲子 | 六 | 六 | 13 | 9/30 | 乙未 | 六 | 八 | 13 | 8/31 | 乙丑 | 九 | 二 |
| 14 | 1/27 | 甲午 | 3 | 4 | 14 | 12/29 | 乙丑 | 1 | 2 | 14 | 11/29 | 乙未 | 四 | 二 | 14 | 10/30 | 乙丑 | 六 | 五 | 14 | 10/ 1 | 丙申 | 六 | 七 | 14 | 9/ 1 | 丙寅 | 九 | 一 |
| 15 | 1/28 | 乙未 | 3 | 5 | 15 | 12/30 | 丙寅 | 1 | 3 | 15 | 11/30 | 丙申 | 四 | 一 | 15 | 10/31 | 丙寅 | 六 | 四 | 15 | 10/ 2 | 丁酉 | 六 | 六 | 15 | 9/ 2 | 丁卯 | 九 | 九 |
| 16 | 1/29 | 丙申 | 3 | 6 | 16 | 12/31 | 丁卯 | 1 | 4 | 16 | 12/ 1 | 丁酉 | 四 | 九 | 16 | 11/ 1 | 丁卯 | 六 | 三 | 16 | 10/ 3 | 戊戌 | 六 | 五 | 16 | 9/ 3 | 戊辰 | 九 | 八 |
| 17 | 1/30 | 丁酉 | 3 | 7 | 17 | 1/ 1 | 戊辰 | 1 | 5 | 17 | 12/ 2 | 戊戌 | 四 | 八 | 17 | 11/ 2 | 戊辰 | 六 | 二 | 17 | 10/ 4 | 己亥 | 九 | 四 | 17 | 9/ 4 | 己巳 | 三 | 七 |
| 18 | 1/31 | 戊戌 | 3 | 8 | 18 | 1/ 2 | 己巳 | 7 | 6 | 18 | 12/ 3 | 己亥 | 七 | 七 | 18 | 11/ 3 | 己巳 | 九 | 一 | 18 | 10/ 5 | 庚子 | 九 | 三 | 18 | 9/ 5 | 庚午 | 三 | 六 |
| 19 | 2/ 1 | 己亥 | 9 | 9 | 19 | 1/ 3 | 庚午 | 7 | 7 | 19 | 12/ 4 | 庚子 | 七 | 六 | 19 | 11/ 4 | 庚午 | 九 | 九 | 19 | 10/ 6 | 辛丑 | 九 | 二 | 19 | 9/ 6 | 辛未 | 三 | 五 |
| 20 | 2/ 2 | 庚子 | 9 | 1 | 20 | 1/ 4 | 辛未 | 7 | 8 | 20 | 12/ 5 | 辛丑 | 七 | 五 | 20 | 11/ 5 | 辛未 | 九 | 八 | 20 | 10/ 7 | 壬寅 | 九 | 一 | 20 | 9/ 7 | 壬申 | 三 | 四 |
| 21 | 2/ 3 | 辛丑 | 9 | 2 | 21 | 1/ 5 | 壬申 | 7 | 9 | 21 | 12/ 6 | 壬寅 | 七 | 四 | 21 | 11/ 6 | 壬申 | 九 | 七 | 21 | 10/ 8 | 癸卯 | 九 | 九 | 21 | 9/ 8 | 癸酉 | 三 | 三 |
| 22 | 2/ 4 | 壬寅 | 9 | 3 | 22 | 1/ 6 | 癸酉 | 7 | 1 | 22 | 12/ 7 | 癸卯 | 七 | 三 | 22 | 11/ 7 | 癸酉 | 九 | 六 | 22 | 10/ 9 | 甲辰 | 三 | 八 | 22 | 9/ 9 | 甲戌 | 六 | 二 |
| 23 | 2/ 5 | 癸卯 | 9 | 4 | 23 | 1/ 7 | 甲戌 | 4 | 2 | 23 | 12/ 8 | 甲辰 | 一 | 二 | 23 | 11/ 8 | 甲戌 | 三 | 五 | 23 | 10/10 | 乙巳 | 三 | 七 | 23 | 9/10 | 乙亥 | 六 | 一 |
| 24 | 2/ 6 | 甲辰 | 6 | 5 | 24 | 1/ 8 | 乙亥 | 4 | 3 | 24 | 12/ 9 | 乙巳 | 一 | 一 | 24 | 11/ 9 | 乙亥 | 三 | 四 | 24 | 10/11 | 丙午 | 三 | 六 | 24 | 9/11 | 丙子 | 六 | 九 |
| 25 | 2/ 7 | 乙巳 | 6 | 6 | 25 | 1/ 9 | 丙子 | 4 | 4 | 25 | 12/10 | 丙午 | 一 | 九 | 25 | 11/10 | 丙子 | 三 | 三 | 25 | 10/12 | 丁未 | 三 | 五 | 25 | 9/12 | 丁丑 | 六 | 八 |
| 26 | 2/ 8 | 丙午 | 6 | 7 | 26 | 1/10 | 丁丑 | 4 | 5 | 26 | 12/11 | 丁未 | 一 | 八 | 26 | 11/11 | 丁丑 | 三 | 二 | 26 | 10/13 | 戊申 | 三 | 四 | 26 | 9/13 | 戊寅 | 六 | 七 |
| 27 | 2/ 9 | 丁未 | 6 | 8 | 27 | 1/11 | 戊寅 | 4 | 6 | 27 | 12/12 | 戊申 | 一 | 七 | 27 | 11/12 | 戊寅 | 三 | 一 | 27 | 10/14 | 己酉 | 五 | 三 | 27 | 9/14 | 己卯 | 七 | 六 |
| 28 | 2/10 | 戊申 | 6 | 9 | 28 | 1/12 | 己卯 | 2 | 7 | 28 | 12/13 | 己酉 | 四 | 六 | 28 | 11/13 | 己卯 | 五 | 九 | 28 | 10/15 | 庚戌 | 五 | 二 | 28 | 9/15 | 庚辰 | 七 | 五 |
| 29 | 2/11 | 己酉 | 8 | 1 | 29 | 1/13 | 庚辰 | 2 | 8 | 29 | 12/14 | 庚戌 | 四 | 五 | 29 | 11/14 | 庚辰 | 五 | 八 | 29 | 10/16 | 辛亥 | 五 | 一 | 29 | 9/16 | 辛巳 | 七 | 四 |
| | | | | | | | | | | 30 | 12/15 | 辛亥 | 四 | 四 | 30 | 11/15 | 辛巳 | 五 | 七 | | | | | | 30 | 9/17 | 壬午 | 七 | 三 |

# 西元2059年（己卯）肖兔 民國148年（男巽命）

奇門遁甲局數如標示為 一 ～九表示陰局　　如標示為1 ～9 表示陽局

| 六月 | | | | | 五月 | | | | | 四月 | | | | | 三月 | | | | | 二月 | | | | | 正月 | | | | |
|---|---|---|---|---|---|---|---|---|---|---|---|---|---|---|---|---|---|---|---|---|---|---|---|---|---|---|---|---|---|
| 辛未 | | | | | 庚午 | | | | | 己巳 | | | | | 戊辰 | | | | | 丁卯 | | | | | 丙寅 | | | | |
| 三碧木 | | | | | 四綠木 | | | | | 五黃土 | | | | | 六白金 | | | | | 七赤金 | | | | | 八白土 | | | | |
| 立秋 19時15分 廿九戌時 | | 大暑 02時43分 十四丑時 | 奇門遁甲局數 | | 小暑 09時21分 廿八巳時 | | 夏至 15時49分 十二申時 | 奇門遁甲局數 | | 芒種 23時14分 廿五子時 | | 小滿 08時27分 初十辰時 | 奇門遁甲局數 | | 立夏 19時26分 廿四戌時 | | 穀雨 09時22分 初九巳時 | 奇門遁甲局數 | | 清明 02時34分 廿三丑時 | | 春分 22時46分 初七亥時 | 奇門遁甲局數 | | 驚蟄 22時11分 廿二亥時 | | 雨水 00時27分 初八子時 | 奇門遁甲局數 | |
| 農曆 | 國曆 | 干支 | 時盤 | 日盤 | 農曆 | 國曆 | 干支 | 時盤 | 日盤 | 農曆 | 國曆 | 干支 | 時盤 | 日盤 | 農曆 | 國曆 | 干支 | 時盤 | 日盤 | 農曆 | 國曆 | 干支 | 時盤 | 日盤 | 農曆 | 國曆 | 干支 | 時盤 | 日盤 |
| 1 | 7/10 | 戊寅 | 六 | 四 | 1 | 6/10 | 戊申 | 8 | 3 | 1 | 5/12 | 己卯 | 4 | 1 | 1 | 4/12 | 己酉 | 4 | 7 | 1 | 3/14 | 庚辰 | 1 | 5 | 1 | 2/12 | 庚戌 | 8 | 2 |
| 2 | 7/11 | 己卯 | 八 | 三 | 2 | 6/11 | 己酉 | 6 | 4 | 2 | 5/13 | 庚辰 | 4 | 2 | 2 | 4/13 | 庚戌 | 4 | 8 | 2 | 3/15 | 辛巳 | 1 | 6 | 2 | 2/13 | 辛亥 | 8 | 3 |
| 3 | 7/12 | 庚辰 | 八 | 二 | 3 | 6/12 | 庚戌 | 6 | 5 | 3 | 5/14 | 辛巳 | 4 | 3 | 3 | 4/14 | 辛亥 | 4 | 9 | 3 | 3/16 | 壬午 | 1 | 7 | 3 | 2/14 | 壬子 | 8 | 4 |
| 4 | 7/13 | 辛巳 | 八 | 一 | 4 | 6/13 | 辛亥 | 6 | 6 | 4 | 5/15 | 壬午 | 4 | 4 | 4 | 4/15 | 壬子 | 4 | 1 | 4 | 3/17 | 癸未 | 1 | 8 | 4 | 2/15 | 癸丑 | 8 | 5 |
| 5 | 7/14 | 壬午 | 八 | 九 | 5 | 6/14 | 壬子 | 6 | 7 | 5 | 5/16 | 癸未 | 4 | 5 | 5 | 4/16 | 癸丑 | 4 | 2 | 5 | 3/18 | 甲申 | 7 | 9 | 5 | 2/16 | 甲寅 | 5 | 6 |
| 6 | 7/15 | 癸未 | 八 | 八 | 6 | 6/15 | 癸丑 | 6 | 8 | 6 | 5/17 | 甲申 | 1 | 6 | 6 | 4/17 | 甲寅 | 1 | 3 | 6 | 3/19 | 乙酉 | 7 | 1 | 6 | 2/17 | 乙卯 | 5 | 7 |
| 7 | 7/16 | 甲申 | 二 | 七 | 7 | 6/16 | 甲寅 | 3 | 9 | 7 | 5/18 | 乙酉 | 1 | 7 | 7 | 4/18 | 乙卯 | 1 | 4 | 7 | 3/20 | 丙戌 | 7 | 2 | 7 | 2/18 | 丙辰 | 5 | 8 |
| 8 | 7/17 | 乙酉 | 二 | 六 | 8 | 6/17 | 乙卯 | 3 | 1 | 8 | 5/19 | 丙戌 | 1 | 8 | 8 | 4/19 | 丙辰 | 1 | 5 | 8 | 3/21 | 丁亥 | 7 | 3 | 8 | 2/19 | 丁巳 | 5 | 9 |
| 9 | 7/18 | 丙戌 | 二 | 五 | 9 | 6/18 | 丙辰 | 3 | 2 | 9 | 5/20 | 丁亥 | 1 | 9 | 9 | 4/20 | 丁巳 | 1 | 6 | 9 | 3/22 | 戊子 | 7 | 4 | 9 | 2/20 | 戊午 | 5 | 1 |
| 10 | 7/19 | 丁亥 | 二 | 四 | 10 | 6/19 | 丁巳 | 3 | 3 | 10 | 5/21 | 戊子 | 1 | 1 | 10 | 4/21 | 戊午 | 1 | 7 | 10 | 3/23 | 己丑 | 4 | 5 | 10 | 2/21 | 己未 | 2 | 2 |
| 11 | 7/20 | 戊子 | 二 | 三 | 11 | 6/20 | 戊午 | 3 | 4 | 11 | 5/22 | 己丑 | 7 | 2 | 11 | 4/22 | 己未 | 7 | 8 | 11 | 3/24 | 庚寅 | 4 | 6 | 11 | 2/22 | 庚申 | 2 | 3 |
| 12 | 7/21 | 己丑 | 五 | 二 | 12 | 6/21 | 己未 | 9 | 五 | 12 | 5/23 | 庚寅 | 7 | 3 | 12 | 4/23 | 庚申 | 7 | 9 | 12 | 3/25 | 辛卯 | 4 | 7 | 12 | 2/23 | 辛酉 | 2 | 4 |
| 13 | 7/22 | 庚寅 | 五 | 一 | 13 | 6/22 | 庚申 | 9 | 四 | 13 | 5/24 | 辛卯 | 7 | 4 | 13 | 4/24 | 辛酉 | 7 | 1 | 13 | 3/26 | 壬辰 | 4 | 8 | 13 | 2/24 | 壬戌 | 2 | 5 |
| 14 | 7/23 | 辛卯 | 五 | 九 | 14 | 6/23 | 辛酉 | 9 | 三 | 14 | 5/25 | 壬辰 | 7 | 5 | 14 | 4/25 | 壬戌 | 7 | 2 | 14 | 3/27 | 癸巳 | 4 | 9 | 14 | 2/25 | 癸亥 | 2 | 6 |
| 15 | 7/24 | 壬辰 | 五 | 八 | 15 | 6/24 | 壬戌 | 9 | 二 | 15 | 5/26 | 癸巳 | 7 | 6 | 15 | 4/26 | 癸亥 | 7 | 3 | 15 | 3/28 | 甲午 | 3 | 1 | 15 | 2/26 | 甲子 | 9 | 7 |
| 16 | 7/25 | 癸巳 | 五 | 七 | 16 | 6/25 | 癸亥 | 9 | 一 | 16 | 5/27 | 甲午 | 5 | 7 | 16 | 4/27 | 甲子 | 5 | 4 | 16 | 3/29 | 乙未 | 3 | 2 | 16 | 2/27 | 乙丑 | 9 | 8 |
| 17 | 7/26 | 甲午 | 七 | 六 | 17 | 6/26 | 甲子 | 九 | 九 | 17 | 5/28 | 乙未 | 5 | 8 | 17 | 4/28 | 乙丑 | 5 | 5 | 17 | 3/30 | 丙申 | 3 | 3 | 17 | 2/28 | 丙寅 | 9 | 9 |
| 18 | 7/27 | 乙未 | 七 | 五 | 18 | 6/27 | 乙丑 | 九 | 八 | 18 | 5/29 | 丙申 | 5 | 9 | 18 | 4/29 | 丙寅 | 5 | 6 | 18 | 3/31 | 丁酉 | 3 | 4 | 18 | 3/1 | 丁卯 | 9 | 1 |
| 19 | 7/28 | 丙申 | 七 | 四 | 19 | 6/28 | 丙寅 | 九 | 七 | 19 | 5/30 | 丁酉 | 5 | 1 | 19 | 4/30 | 丁卯 | 5 | 7 | 19 | 4/1 | 戊戌 | 3 | 5 | 19 | 3/2 | 戊辰 | 9 | 2 |
| 20 | 7/29 | 丁酉 | 七 | 三 | 20 | 6/29 | 丁卯 | 九 | 六 | 20 | 5/31 | 戊戌 | 5 | 2 | 20 | 5/1 | 戊辰 | 5 | 8 | 20 | 4/2 | 己亥 | 9 | 6 | 20 | 3/3 | 己巳 | 6 | 3 |
| 21 | 7/30 | 戊戌 | 七 | 二 | 21 | 6/30 | 戊辰 | 九 | 五 | 21 | 6/1 | 己亥 | 2 | 3 | 21 | 5/2 | 己巳 | 2 | 9 | 21 | 4/3 | 庚子 | 9 | 7 | 21 | 3/4 | 庚午 | 6 | 4 |
| 22 | 7/31 | 己亥 | 一 | 一 | 22 | 7/1 | 己巳 | 三 | 四 | 22 | 6/2 | 庚子 | 2 | 4 | 22 | 5/3 | 庚午 | 2 | 1 | 22 | 4/4 | 辛丑 | 9 | 8 | 22 | 3/5 | 辛未 | 6 | 5 |
| 23 | 8/1 | 庚子 | 一 | 九 | 23 | 7/2 | 庚午 | 三 | 三 | 23 | 6/3 | 辛丑 | 2 | 5 | 23 | 5/4 | 辛未 | 2 | 2 | 23 | 4/5 | 壬寅 | 9 | 9 | 23 | 3/6 | 壬申 | 6 | 6 |
| 24 | 8/2 | 辛丑 | 一 | 八 | 24 | 7/3 | 辛未 | 三 | 二 | 24 | 6/4 | 壬寅 | 2 | 6 | 24 | 5/5 | 壬申 | 2 | 3 | 24 | 4/6 | 癸卯 | 9 | 1 | 24 | 3/7 | 癸酉 | 6 | 7 |
| 25 | 8/3 | 壬寅 | 一 | 七 | 25 | 7/4 | 壬申 | 三 | 一 | 25 | 6/5 | 癸卯 | 2 | 7 | 25 | 5/6 | 癸酉 | 2 | 4 | 25 | 4/7 | 甲辰 | 6 | 2 | 25 | 3/8 | 甲戌 | 3 | 8 |
| 26 | 8/4 | 癸卯 | 一 | 六 | 26 | 7/5 | 癸酉 | 三 | 九 | 26 | 6/6 | 甲辰 | 8 | 8 | 26 | 5/7 | 甲戌 | 8 | 5 | 26 | 4/8 | 乙巳 | 6 | 3 | 26 | 3/9 | 乙亥 | 3 | 9 |
| 27 | 8/5 | 甲辰 | 四 | 五 | 27 | 7/6 | 甲戌 | 六 | 八 | 27 | 6/7 | 乙巳 | 8 | 9 | 27 | 5/8 | 乙亥 | 8 | 6 | 27 | 4/9 | 丙午 | 6 | 4 | 27 | 3/10 | 丙子 | 3 | 1 |
| 28 | 8/6 | 乙巳 | 四 | 四 | 28 | 7/7 | 乙亥 | 六 | 七 | 28 | 6/8 | 丙午 | 8 | 1 | 28 | 5/9 | 丙子 | 8 | 7 | 28 | 4/10 | 丁未 | 6 | 5 | 28 | 3/11 | 丁丑 | 3 | 2 |
| 29 | 8/7 | 丙午 | 四 | 三 | 29 | 7/8 | 丙子 | 六 | 六 | 29 | 6/9 | 丁未 | 8 | 2 | 29 | 5/10 | 丁丑 | 8 | 8 | 29 | 4/11 | 戊申 | 6 | 6 | 29 | 3/12 | 戊寅 | 3 | 3 |
| | | | | | 30 | 7/9 | 丁丑 | 六 | 五 | | | | | | 30 | 5/11 | 戊寅 | 8 | 9 | | | | | | 30 | 3/13 | 己卯 | 1 | 4 |

# 西元2059年（己卯）肖兔 民國148年（女坤命）

奇門遁甲局數如標示為 一 ～九表示陰局　　如標示為1 ～9 表示陽局

| 十二月 | | | | | 十一月 | | | | | 十月 | | | | | 九月 | | | | | 八月 | | | | | 七月 | | | | |
|---|---|---|---|---|---|---|---|---|---|---|---|---|---|---|---|---|---|---|---|---|---|---|---|---|---|---|---|---|---|
| 丁丑 | | | | | 丙子 | | | | | 乙亥 | | | | | 甲戌 | | | | | 癸酉 | | | | | 壬申 | | | | |
| 六白金 | | | | | 七赤金 | | | | | 八白土 | | | | | 九紫火 | | | | | 一白水 | | | | | 二黑土 | | | | |
| 大寒 16時10分 十七申時 | | 小寒 22時36分 初二亥時 | 奇門遁甲局數 | | 冬至 05時20分 十八卯時 | | 大雪 11時16分 初三午時 | 奇門遁甲局數 | | 小雪 15時48分 十八申時 | | 立冬 18時08分 初三酉時 | 奇門遁甲局數 | | 霜降 17時53分 十八酉時 | | 寒露 14時33分 初三未時 | 奇門遁甲局數 | | 秋分 08時26分 十七辰時 | | 白露 22時29分 初一亥時 | 奇門遁甲局數 | | 處暑 10時12分 十六巳時 | | | 奇門遁甲局數 | |
| 農曆 | 國曆 | 干支 | 時盤 | 日盤 | 農曆 | 國曆 | 干支 | 時盤 | 日盤 | 農曆 | 國曆 | 干支 | 時盤 | 日盤 | 農曆 | 國曆 | 干支 | 時盤 | 日盤 | 農曆 | 國曆 | 干支 | 時盤 | 日盤 | 農曆 | 國曆 | 干支 | 時盤 | 日盤 |
| 1 | 1/4 | 丙子 | 4 | 4 | 1 | 12/5 | 丙午 | 二 | 九 | 1 | 11/5 | 丙子 | 二 | 三 | 1 | 10/6 | 丙午 | 四 | 六 | 1 | 9/7 | 丁丑 | 七 | 八 | 1 | 8/8 | 丁未 | 四 | 二 |
| 2 | 1/5 | 丁丑 | 4 | 5 | 2 | 12/6 | 丁未 | 二 | 八 | 2 | 11/6 | 丁丑 | 二 | 二 | 2 | 10/7 | 丁未 | 四 | 五 | 2 | 9/8 | 戊寅 | 七 | 七 | 2 | 8/9 | 戊申 | 四 | 一 |
| 3 | 1/6 | 戊寅 | 4 | 6 | 3 | 12/7 | 戊申 | 二 | 七 | 3 | 11/7 | 戊寅 | 二 | 一 | 3 | 10/8 | 戊申 | 四 | 四 | 3 | 9/9 | 己卯 | 九 | 六 | 3 | 8/10 | 己酉 | 二 | 九 |
| 4 | 1/7 | 己卯 | 2 | 7 | 4 | 12/8 | 己酉 | 四 | 六 | 4 | 11/8 | 己卯 | 六 | 九 | 4 | 10/9 | 己酉 | 六 | 三 | 4 | 9/10 | 庚辰 | 九 | 五 | 4 | 8/11 | 庚戌 | 二 | 八 |
| 5 | 1/8 | 庚辰 | 2 | 8 | 5 | 12/9 | 庚戌 | 四 | 五 | 5 | 11/9 | 庚辰 | 六 | 八 | 5 | 10/10 | 庚戌 | 六 | 二 | 5 | 9/11 | 辛巳 | 九 | 四 | 5 | 8/12 | 辛亥 | 二 | 七 |
| 6 | 1/9 | 辛巳 | 2 | 9 | 6 | 12/10 | 辛亥 | 四 | 四 | 6 | 11/10 | 辛巳 | 六 | 七 | 6 | 10/11 | 辛亥 | 六 | 一 | 6 | 9/12 | 壬午 | 九 | 三 | 6 | 8/13 | 壬子 | 二 | 六 |
| 7 | 1/10 | 壬午 | 2 | 1 | 7 | 12/11 | 壬子 | 四 | 三 | 7 | 11/11 | 壬午 | 六 | 六 | 7 | 10/12 | 壬子 | 六 | 九 | 7 | 9/13 | 癸未 | 九 | 二 | 7 | 8/14 | 癸丑 | 二 | 五 |
| 8 | 1/11 | 癸未 | 2 | 2 | 8 | 12/12 | 癸丑 | 四 | 二 | 8 | 11/12 | 癸未 | 六 | 五 | 8 | 10/13 | 癸丑 | 六 | 八 | 8 | 9/14 | 甲申 | 三 | 一 | 8 | 8/15 | 甲寅 | 五 | 四 |
| 9 | 1/12 | 甲申 | 8 | 3 | 9 | 12/13 | 甲寅 | 七 | 一 | 9 | 11/13 | 甲申 | 九 | 四 | 9 | 10/14 | 甲寅 | 九 | 七 | 9 | 9/15 | 乙酉 | 三 | 九 | 9 | 8/16 | 乙卯 | 五 | 三 |
| 10 | 1/13 | 乙酉 | 8 | 4 | 10 | 12/14 | 乙卯 | 七 | 九 | 10 | 11/14 | 乙酉 | 九 | 三 | 10 | 10/15 | 乙卯 | 九 | 六 | 10 | 9/16 | 丙戌 | 三 | 八 | 10 | 8/17 | 丙辰 | 五 | 二 |
| 11 | 1/14 | 丙戌 | 8 | 5 | 11 | 12/15 | 丙辰 | 七 | 八 | 11 | 11/15 | 丙戌 | 九 | 二 | 11 | 10/16 | 丙辰 | 九 | 五 | 11 | 9/17 | 丁亥 | 三 | 七 | 11 | 8/18 | 丁巳 | 五 | 一 |
| 12 | 1/15 | 丁亥 | 8 | 6 | 12 | 12/16 | 丁巳 | 七 | 七 | 12 | 11/16 | 丁亥 | 九 | 一 | 12 | 10/17 | 丁巳 | 九 | 四 | 12 | 9/18 | 戊子 | 三 | 六 | 12 | 8/19 | 戊午 | 五 | 九 |
| 13 | 1/16 | 戊子 | 8 | 7 | 13 | 12/17 | 戊午 | 七 | 六 | 13 | 11/17 | 戊子 | 九 | 九 | 13 | 10/18 | 戊午 | 九 | 三 | 13 | 9/19 | 己丑 | 六 | 五 | 13 | 8/20 | 己未 | 八 | 八 |
| 14 | 1/17 | 己丑 | 5 | 8 | 14 | 12/18 | 己未 | 一 | 五 | 14 | 11/18 | 己丑 | 三 | 八 | 14 | 10/19 | 己未 | 三 | 二 | 14 | 9/20 | 庚寅 | 六 | 四 | 14 | 8/21 | 庚申 | 八 | 七 |
| 15 | 1/18 | 庚寅 | 5 | 9 | 15 | 12/19 | 庚申 | 一 | 四 | 15 | 11/19 | 庚寅 | 三 | 七 | 15 | 10/20 | 庚申 | 三 | 一 | 15 | 9/21 | 辛卯 | 六 | 三 | 15 | 8/22 | 辛酉 | 八 | 六 |
| 16 | 1/19 | 辛卯 | 5 | 1 | 16 | 12/20 | 辛酉 | 一 | 三 | 16 | 11/20 | 辛卯 | 三 | 六 | 16 | 10/21 | 辛酉 | 三 | 九 | 16 | 9/22 | 壬辰 | 六 | 二 | 16 | 8/23 | 壬戌 | 八 | 五 |
| 17 | 1/20 | 壬辰 | 5 | 2 | 17 | 12/21 | 壬戌 | 一 | 二 | 17 | 11/21 | 壬辰 | 三 | 五 | 17 | 10/22 | 壬戌 | 三 | 八 | 17 | 9/23 | 癸巳 | 六 | 一 | 17 | 8/24 | 癸亥 | 八 | 四 |
| 18 | 1/21 | 癸巳 | 5 | 3 | 18 | 12/22 | 癸亥 | 一 | 9 | 18 | 11/22 | 癸巳 | 三 | 四 | 18 | 10/23 | 癸亥 | 三 | 七 | 18 | 9/24 | 甲午 | 七 | 九 | 18 | 8/25 | 甲子 | 一 | 三 |
| 19 | 1/22 | 甲午 | 3 | 4 | 19 | 12/23 | 甲子 | 1 | 1 | 19 | 11/23 | 甲午 | 五 | 三 | 19 | 10/24 | 甲子 | 五 | 六 | 19 | 9/25 | 乙未 | 七 | 八 | 19 | 8/26 | 乙丑 | 一 | 二 |
| 20 | 1/23 | 乙未 | 3 | 5 | 20 | 12/24 | 乙丑 | 1 | 2 | 20 | 11/24 | 乙未 | 五 | 二 | 20 | 10/25 | 乙丑 | 五 | 五 | 20 | 9/26 | 丙申 | 七 | 七 | 20 | 8/27 | 丙寅 | 一 | 一 |
| 21 | 1/24 | 丙申 | 3 | 6 | 21 | 12/25 | 丙寅 | 1 | 3 | 21 | 11/25 | 丙申 | 五 | 一 | 21 | 10/26 | 丙寅 | 五 | 四 | 21 | 9/27 | 丁酉 | 七 | 六 | 21 | 8/28 | 丁卯 | 一 | 九 |
| 22 | 1/25 | 丁酉 | 3 | 7 | 22 | 12/26 | 丁卯 | 1 | 4 | 22 | 11/26 | 丁酉 | 五 | 九 | 22 | 10/27 | 丁卯 | 五 | 三 | 22 | 9/28 | 戊戌 | 七 | 五 | 22 | 8/29 | 戊辰 | 一 | 八 |
| 23 | 1/26 | 戊戌 | 3 | 8 | 23 | 12/27 | 戊辰 | 1 | 5 | 23 | 11/27 | 戊戌 | 五 | 八 | 23 | 10/28 | 戊辰 | 五 | 二 | 23 | 9/29 | 己亥 | 一 | 四 | 23 | 8/30 | 己巳 | 四 | 七 |
| 24 | 1/27 | 己亥 | 9 | 9 | 24 | 12/28 | 己巳 | 7 | 6 | 24 | 11/28 | 己亥 | 八 | 七 | 24 | 10/29 | 己巳 | 八 | 一 | 24 | 9/30 | 庚子 | 一 | 三 | 24 | 8/31 | 庚午 | 四 | 六 |
| 25 | 1/28 | 庚子 | 9 | 1 | 25 | 12/29 | 庚午 | 7 | 7 | 25 | 11/29 | 庚子 | 八 | 六 | 25 | 10/30 | 庚午 | 八 | 九 | 25 | 10/1 | 辛丑 | 一 | 二 | 25 | 9/1 | 辛未 | 四 | 五 |
| 26 | 1/29 | 辛丑 | 9 | 2 | 26 | 12/30 | 辛未 | 7 | 8 | 26 | 11/30 | 辛丑 | 八 | 五 | 26 | 10/31 | 辛未 | 八 | 八 | 26 | 10/2 | 壬寅 | 一 | 一 | 26 | 9/2 | 壬申 | 四 | 四 |
| 27 | 1/30 | 壬寅 | 9 | 3 | 27 | 12/31 | 壬申 | 7 | 9 | 27 | 12/1 | 壬寅 | 八 | 四 | 27 | 11/1 | 壬申 | 八 | 七 | 27 | 10/3 | 癸卯 | 一 | 九 | 27 | 9/3 | 癸酉 | 四 | 三 |
| 28 | 1/31 | 癸卯 | 9 | 4 | 28 | 1/1 | 癸酉 | 7 | 1 | 28 | 12/2 | 癸卯 | 八 | 三 | 28 | 11/2 | 癸酉 | 八 | 六 | 28 | 10/4 | 甲辰 | 四 | 八 | 28 | 9/4 | 甲戌 | 七 | 二 |
| 29 | 2/1 | 甲辰 | 6 | 5 | 29 | 1/2 | 甲戌 | 4 | 2 | 29 | 12/3 | 甲辰 | 二 | 二 | 29 | 11/3 | 甲戌 | 二 | 五 | 29 | 10/5 | 乙巳 | 四 | 七 | 29 | 9/5 | 乙亥 | 七 | 一 |
| | | | | | 30 | 1/3 | 乙亥 | 4 | 3 | 30 | 12/4 | 乙巳 | 二 | 一 | 30 | 11/4 | 乙亥 | 二 | 四 | | | | | | 30 | 9/6 | 丙子 | 七 | 九 |

# 西元2060年（庚辰）肖龍 民國149年（男震命）

奇門遁甲局數如標示為 一 ～九表示陰局　　如標示為1 ～9 表示陽局

| 六月 | | | | | 五月 | | | | | 四月 | | | | | 三月 | | | | | 二月 | | | | | 正月 | | | | |
|---|---|---|---|---|---|---|---|---|---|---|---|---|---|---|---|---|---|---|---|---|---|---|---|---|---|---|---|---|---|
| 癸未 | | | | | 壬午 | | | | | 辛巳 | | | | | 庚辰 | | | | | 己卯 | | | | | 戊寅 | | | | |
| 九紫火 | | | | | 一白水 | | | | | 二黑土 | | | | | 三碧木 | | | | | 四綠木 | | | | | 五黃土 | | | | |
| 大暑 08時38分 | 廿五辰時 | 小暑 初九 15時39分申時 | 奇門遁甲局數 | | 夏至 21時48分 | 廿二亥時 | 芒種 初七 05時44分卯時 | 奇門遁甲局數 | | 小滿 14時55分 | 廿一未時 | 立夏 初六 01時15分丑時 | 奇門遁甲局數 | | 穀雨 15時19分 | 十九申時 | 清明 初四 08時22分辰時 | 奇門遁甲局數 | | 春分 04時41分 | 十八寅時 | 驚蟄 初三 03時56分寅時 | 奇門遁甲局數 | | 雨水 05時59分 | 十八卯時 | 立春 初三 10時10分巳時 | 奇門遁甲局數 | |
| 農曆 | 國曆 | 干支 | 時盤 | 日盤 | 農曆 | 國曆 | 干支 | 時盤 | 日盤 | 農曆 | 國曆 | 干支 | 時盤 | 日盤 | 農曆 | 國曆 | 干支 | 時盤 | 日盤 | 農曆 | 國曆 | 干支 | 時盤 | 日盤 | 農曆 | 國曆 | 干支 | 時盤 | 日盤 |
| 1 | 6/28 | 壬申 | 三 | 一 | 1 | 5/30 | 癸卯 | 2 | 7 | 1 | 4/30 | 癸酉 | 2 | 4 | 1 | 4/1 | 甲辰 | 6 | 2 | 1 | 3/3 | 乙亥 | 3 | 9 | 1 | 2/2 | 乙巳 | 6 | 6 |
| 2 | 6/29 | 癸酉 | 三 | 九 | 2 | 5/31 | 甲辰 | 8 | 8 | 2 | 5/1 | 甲戌 | 8 | 5 | 2 | 4/2 | 乙巳 | 6 | 3 | 2 | 3/4 | 丙子 | 3 | 1 | 2 | 2/3 | 丙午 | 6 | 7 |
| 3 | 6/30 | 甲戌 | 六 | 八 | 3 | 6/1 | 乙巳 | 8 | 9 | 3 | 5/2 | 乙亥 | 8 | 6 | 3 | 4/3 | 丙午 | 6 | 4 | 3 | 3/5 | 丁丑 | 3 | 2 | 3 | 2/4 | 丁未 | 6 | 8 |
| 4 | 7/1 | 乙亥 | 六 | 七 | 4 | 6/2 | 丙午 | 8 | 1 | 4 | 5/3 | 丙子 | 8 | 7 | 4 | 4/4 | 丁未 | 6 | 5 | 4 | 3/6 | 戊寅 | 3 | 3 | 4 | 2/5 | 戊申 | 6 | 9 |
| 5 | 7/2 | 丙子 | 六 | 六 | 5 | 6/3 | 丁未 | 8 | 2 | 5 | 5/4 | 丁丑 | 8 | 8 | 5 | 4/5 | 戊申 | 6 | 6 | 5 | 3/7 | 己卯 | 1 | 4 | 5 | 2/6 | 己酉 | 8 | 1 |
| 6 | 7/3 | 丁丑 | 六 | 五 | 6 | 6/4 | 戊申 | 8 | 3 | 6 | 5/5 | 戊寅 | 8 | 9 | 6 | 4/6 | 己酉 | 4 | 7 | 6 | 3/8 | 庚辰 | 1 | 5 | 6 | 2/7 | 庚戌 | 8 | 2 |
| 7 | 7/4 | 戊寅 | 六 | 四 | 7 | 6/5 | 己酉 | 6 | 4 | 7 | 5/6 | 己卯 | 4 | 1 | 7 | 4/7 | 庚戌 | 4 | 8 | 7 | 3/9 | 辛巳 | 1 | 6 | 7 | 2/8 | 辛亥 | 8 | 3 |
| 8 | 7/5 | 己卯 | 八 | 三 | 8 | 6/6 | 庚戌 | 6 | 5 | 8 | 5/7 | 庚辰 | 4 | 2 | 8 | 4/8 | 辛亥 | 4 | 9 | 8 | 3/10 | 壬午 | 1 | 7 | 8 | 2/9 | 壬子 | 8 | 4 |
| 9 | 7/6 | 庚辰 | 八 | 二 | 9 | 6/7 | 辛亥 | 6 | 6 | 9 | 5/8 | 辛巳 | 4 | 3 | 9 | 4/9 | 壬子 | 4 | 1 | 9 | 3/11 | 癸未 | 1 | 8 | 9 | 2/10 | 癸丑 | 8 | 5 |
| 10 | 7/7 | 辛巳 | 八 | 一 | 10 | 6/8 | 壬子 | 6 | 7 | 10 | 5/9 | 壬午 | 4 | 4 | 10 | 4/10 | 癸丑 | 4 | 2 | 10 | 3/12 | 甲申 | 7 | 9 | 10 | 2/11 | 甲寅 | 5 | 6 |
| 11 | 7/8 | 壬午 | 八 | 九 | 11 | 6/9 | 癸丑 | 6 | 8 | 11 | 5/10 | 癸未 | 4 | 5 | 11 | 4/11 | 甲寅 | 1 | 3 | 11 | 3/13 | 乙酉 | 7 | 1 | 11 | 2/12 | 乙卯 | 5 | 7 |
| 12 | 7/9 | 癸未 | 八 | 八 | 12 | 6/10 | 甲寅 | 3 | 9 | 12 | 5/11 | 甲申 | 1 | 6 | 12 | 4/12 | 乙卯 | 1 | 4 | 12 | 3/14 | 丙戌 | 7 | 2 | 12 | 2/13 | 丙辰 | 5 | 8 |
| 13 | 7/10 | 甲申 | 二 | 七 | 13 | 6/11 | 乙卯 | 3 | 1 | 13 | 5/12 | 乙酉 | 1 | 7 | 13 | 4/13 | 丙辰 | 1 | 5 | 13 | 3/15 | 丁亥 | 7 | 3 | 13 | 2/14 | 丁巳 | 5 | 9 |
| 14 | 7/11 | 乙酉 | 二 | 六 | 14 | 6/12 | 丙辰 | 3 | 2 | 14 | 5/13 | 丙戌 | 1 | 8 | 14 | 4/14 | 丁巳 | 1 | 6 | 14 | 3/16 | 戊子 | 7 | 4 | 14 | 2/15 | 戊午 | 5 | 1 |
| 15 | 7/12 | 丙戌 | 二 | 五 | 15 | 6/13 | 丁巳 | 3 | 3 | 15 | 5/14 | 丁亥 | 1 | 9 | 15 | 4/15 | 戊午 | 1 | 7 | 15 | 3/17 | 己丑 | 4 | 5 | 15 | 2/16 | 己未 | 2 | 2 |
| 16 | 7/13 | 丁亥 | 二 | 四 | 16 | 6/14 | 戊午 | 3 | 4 | 16 | 5/15 | 戊子 | 1 | 1 | 16 | 4/16 | 己未 | 7 | 8 | 16 | 3/18 | 庚寅 | 4 | 6 | 16 | 2/17 | 庚申 | 2 | 3 |
| 17 | 7/14 | 戊子 | 二 | 三 | 17 | 6/15 | 己未 | 9 | 5 | 17 | 5/16 | 己丑 | 7 | 2 | 17 | 4/17 | 庚申 | 7 | 9 | 17 | 3/19 | 辛卯 | 4 | 7 | 17 | 2/18 | 辛酉 | 2 | 4 |
| 18 | 7/15 | 己丑 | 五 | 二 | 18 | 6/16 | 庚申 | 9 | 6 | 18 | 5/17 | 庚寅 | 7 | 3 | 18 | 4/18 | 辛酉 | 7 | 1 | 18 | 3/20 | 壬辰 | 4 | 8 | 18 | 2/19 | 壬戌 | 2 | 5 |
| 19 | 7/16 | 庚寅 | 五 | 一 | 19 | 6/17 | 辛酉 | 9 | 7 | 19 | 5/18 | 辛卯 | 7 | 4 | 19 | 4/19 | 壬戌 | 7 | 2 | 19 | 3/21 | 癸巳 | 4 | 9 | 19 | 2/20 | 癸亥 | 2 | 6 |
| 20 | 7/17 | 辛卯 | 五 | 九 | 20 | 6/18 | 壬戌 | 9 | 8 | 20 | 5/19 | 壬辰 | 7 | 5 | 20 | 4/20 | 癸亥 | 7 | 3 | 20 | 3/22 | 甲午 | 3 | 1 | 20 | 2/21 | 甲子 | 9 | 7 |
| 21 | 7/18 | 壬辰 | 五 | 八 | 21 | 6/19 | 癸亥 | 9 | 9 | 21 | 5/20 | 癸巳 | 7 | 6 | 21 | 4/21 | 甲子 | 5 | 4 | 21 | 3/23 | 乙未 | 3 | 2 | 21 | 2/22 | 乙丑 | 9 | 8 |
| 22 | 7/19 | 癸巳 | 五 | 七 | 22 | 6/20 | 甲子 | 九 | 九 | 22 | 5/21 | 甲午 | 5 | 7 | 22 | 4/22 | 乙丑 | 5 | 5 | 22 | 3/24 | 丙申 | 3 | 3 | 22 | 2/23 | 丙寅 | 9 | 9 |
| 23 | 7/20 | 甲午 | 七 | 六 | 23 | 6/21 | 乙丑 | 九 | 八 | 23 | 5/22 | 乙未 | 5 | 8 | 23 | 4/23 | 丙寅 | 5 | 6 | 23 | 3/25 | 丁酉 | 3 | 4 | 23 | 2/24 | 丁卯 | 9 | 1 |
| 24 | 7/21 | 乙未 | 七 | 五 | 24 | 6/22 | 丙寅 | 九 | 七 | 24 | 5/23 | 丙申 | 5 | 9 | 24 | 4/24 | 丁卯 | 5 | 7 | 24 | 3/26 | 戊戌 | 3 | 5 | 24 | 2/25 | 戊辰 | 9 | 2 |
| 25 | 7/22 | 丙申 | 七 | 四 | 25 | 6/23 | 丁卯 | 九 | 六 | 25 | 5/24 | 丁酉 | 5 | 1 | 25 | 4/25 | 戊辰 | 5 | 8 | 25 | 3/27 | 己亥 | 9 | 6 | 25 | 2/26 | 己巳 | 6 | 3 |
| 26 | 7/23 | 丁酉 | 七 | 三 | 26 | 6/24 | 戊辰 | 九 | 五 | 26 | 5/25 | 戊戌 | 5 | 2 | 26 | 4/26 | 己巳 | 2 | 9 | 26 | 3/28 | 庚子 | 9 | 7 | 26 | 2/27 | 庚午 | 6 | 4 |
| 27 | 7/24 | 戊戌 | 七 | 二 | 27 | 6/25 | 己巳 | 三 | 四 | 27 | 5/26 | 己亥 | 2 | 3 | 27 | 4/27 | 庚午 | 2 | 1 | 27 | 3/29 | 辛丑 | 9 | 8 | 27 | 2/28 | 辛未 | 6 | 5 |
| 28 | 7/25 | 己亥 | 一 | 一 | 28 | 6/26 | 庚午 | 三 | 三 | 28 | 5/27 | 庚子 | 2 | 4 | 28 | 4/28 | 辛未 | 2 | 2 | 28 | 3/30 | 壬寅 | 9 | 9 | 28 | 2/29 | 壬申 | 6 | 6 |
| 29 | 7/26 | 庚子 | 一 | 九 | 29 | 6/27 | 辛未 | 三 | 二 | 29 | 5/28 | 辛丑 | 2 | 5 | 29 | 4/29 | 壬申 | 2 | 3 | 29 | 3/31 | 癸卯 | 9 | 1 | 29 | 3/1 | 癸酉 | 6 | 7 |
| | | | | | | | | | | 30 | 5/29 | 壬寅 | 2 | 6 | | | | | | | | | | | 30 | 3/2 | 甲戌 | 3 | 8 |

# 西元2060年（庚辰）肖龍 民國149年（女震命）

奇門遁甲局數如標示為 一 ～九表示陰局　　如標示為1 ～9 表示陽局

## 十二月　己丑　三碧木

大寒：21時45分 廿八亥時　小寒：04時21分 十四寅時　奇門遁甲局數

| 農曆 | 國曆 | 干支 | 時盤 | 日盤 |
|---|---|---|---|---|
| 1 | 12/23 | 庚午 | 7 | 7 |
| 2 | 12/24 | 辛未 | 7 | 8 |
| 3 | 12/25 | 壬申 | 7 | 9 |
| 4 | 12/26 | 癸酉 | 7 | 1 |
| 5 | 12/27 | 甲戌 | 4 | 2 |
| 6 | 12/28 | 乙亥 | 4 | 3 |
| 7 | 12/29 | 丙子 | 4 | 4 |
| 8 | 12/30 | 丁丑 | 4 | 5 |
| 9 | 12/31 | 戊寅 | 4 | 6 |
| 10 | 1/1 | 己卯 | 2 | 7 |
| 11 | 1/2 | 庚辰 | 2 | 8 |
| 12 | 1/3 | 辛巳 | 2 | 9 |
| 13 | 1/4 | 壬午 | 2 | 1 |
| 14 | 1/5 | 癸未 | 2 | 2 |
| 15 | 1/6 | 甲申 | 8 | 3 |
| 16 | 1/7 | 乙酉 | 8 | 4 |
| 17 | 1/8 | 丙戌 | 8 | 5 |
| 18 | 1/9 | 丁亥 | 8 | 6 |
| 19 | 1/10 | 戊子 | 8 | 7 |
| 20 | 1/11 | 己丑 | 5 | 8 |
| 21 | 1/12 | 庚寅 | 5 | 9 |
| 22 | 1/13 | 辛卯 | 5 | 1 |
| 23 | 1/14 | 壬辰 | 5 | 2 |
| 24 | 1/15 | 癸巳 | 5 | 3 |
| 25 | 1/16 | 甲午 | 3 | 4 |
| 26 | 1/17 | 乙未 | 3 | 5 |
| 27 | 1/18 | 丙申 | 3 | 6 |
| 28 | 1/19 | 丁酉 | 3 | 7 |
| 29 | 1/20 | 戊戌 | 3 | 8 |

## 十一月　戊子　四綠木

冬至：11時04分 廿九午時　大雪：17時10分 十四酉時　奇門遁甲局數

| 農曆 | 國曆 | 干支 | 時盤 | 日盤 |
|---|---|---|---|---|
| 1 | 11/23 | 庚子 | 八 | 六 |
| 2 | 11/24 | 辛丑 | 八 | 五 |
| 3 | 11/25 | 壬寅 | 八 | 四 |
| 4 | 11/26 | 癸卯 | 八 | 三 |
| 5 | 11/27 | 甲辰 | 二 | 二 |
| 6 | 11/28 | 乙巳 | 二 | 一 |
| 7 | 11/29 | 丙午 | 二 | 九 |
| 8 | 11/30 | 丁未 | 二 | 八 |
| 9 | 12/1 | 戊申 | 二 | 七 |
| 10 | 12/2 | 己酉 | 四 | 六 |
| 11 | 12/3 | 庚戌 | 四 | 五 |
| 12 | 12/4 | 辛亥 | 四 | 四 |
| 13 | 12/5 | 壬子 | 四 | 三 |
| 14 | 12/6 | 癸丑 | 四 | 二 |
| 15 | 12/7 | 甲寅 | 七 | 一 |
| 16 | 12/8 | 乙卯 | 七 | 九 |
| 17 | 12/9 | 丙辰 | 七 | 八 |
| 18 | 12/10 | 丁巳 | 七 | 七 |
| 19 | 12/11 | 戊午 | 七 | 六 |
| 20 | 12/12 | 己未 | 一 | 五 |
| 21 | 12/13 | 庚申 | 一 | 四 |
| 22 | 12/14 | 辛酉 | 一 | 三 |
| 23 | 12/15 | 壬戌 | 一 | 二 |
| 24 | 12/16 | 癸亥 | 一 | 一 |
| 25 | 12/17 | 甲子 | 1 | 九 |
| 26 | 12/18 | 乙丑 | 1 | 八 |
| 27 | 12/19 | 丙寅 | 1 | 七 |
| 28 | 12/20 | 丁卯 | 1 | 六 |
| 29 | 12/21 | 戊辰 | 1 | 5 |
| 30 | 12/22 | 己巳 | 7 | 6 |

## 十　月　丁亥　五黃土

小雪：21時31分 廿九亥時　立冬：23時51分 十四子時　奇門遁甲局數

| 農曆 | 國曆 | 干支 | 時盤 | 日盤 |
|---|---|---|---|---|
| 1 | 10/24 | 庚午 | 八 | 九 |
| 2 | 10/25 | 辛未 | 八 | 八 |
| 3 | 10/26 | 壬申 | 八 | 七 |
| 4 | 10/27 | 癸酉 | 八 | 六 |
| 5 | 10/28 | 甲戌 | 二 | 五 |
| 6 | 10/29 | 乙亥 | 二 | 四 |
| 7 | 10/30 | 丙子 | 二 | 三 |
| 8 | 10/31 | 丁丑 | 二 | 二 |
| 9 | 11/1 | 戊寅 | 二 | 一 |
| 10 | 11/2 | 己卯 | 六 | 九 |
| 11 | 11/3 | 庚辰 | 六 | 八 |
| 12 | 11/4 | 辛巳 | 六 | 七 |
| 13 | 11/5 | 壬午 | 六 | 六 |
| 14 | 11/6 | 癸未 | 六 | 五 |
| 15 | 11/7 | 甲申 | 九 | 四 |
| 16 | 11/8 | 乙酉 | 九 | 三 |
| 17 | 11/9 | 丙戌 | 九 | 二 |
| 18 | 11/10 | 丁亥 | 九 | 一 |
| 19 | 11/11 | 戊子 | 九 | 九 |
| 20 | 11/12 | 己丑 | 三 | 八 |
| 21 | 11/13 | 庚寅 | 三 | 七 |
| 22 | 11/14 | 辛卯 | 三 | 六 |
| 23 | 11/15 | 壬辰 | 三 | 五 |
| 24 | 11/16 | 癸巳 | 三 | 四 |
| 25 | 11/17 | 甲午 | 五 | 三 |
| 26 | 11/18 | 乙未 | 五 | 二 |
| 27 | 11/19 | 丙申 | 五 | 一 |
| 28 | 11/20 | 丁酉 | 五 | 九 |
| 29 | 11/21 | 戊戌 | 五 | 八 |
| 30 | 11/22 | 己亥 | 八 | 七 |

## 九　月　丙戌　六白金

霜降：23時36分 廿九子時　寒露：20時16分 十四戌時　奇門遁甲局數

| 農曆 | 國曆 | 干支 | 時盤 | 日盤 |
|---|---|---|---|---|
| 1 | 9/24 | 庚子 | 一 | 三 |
| 2 | 9/25 | 辛丑 | 一 | 二 |
| 3 | 9/26 | 壬寅 | 一 | 一 |
| 4 | 9/27 | 癸卯 | 一 | 九 |
| 5 | 9/28 | 甲辰 | 四 | 八 |
| 6 | 9/29 | 乙巳 | 四 | 七 |
| 7 | 9/30 | 丙午 | 四 | 六 |
| 8 | 10/1 | 丁未 | 四 | 五 |
| 9 | 10/2 | 戊申 | 四 | 四 |
| 10 | 10/3 | 己酉 | 六 | 三 |
| 11 | 10/4 | 庚戌 | 六 | 二 |
| 12 | 10/5 | 辛亥 | 六 | 一 |
| 13 | 10/6 | 壬子 | 六 | 九 |
| 14 | 10/7 | 癸丑 | 六 | 八 |
| 15 | 10/8 | 甲寅 | 九 | 七 |
| 16 | 10/9 | 乙卯 | 九 | 六 |
| 17 | 10/10 | 丙辰 | 九 | 五 |
| 18 | 10/11 | 丁巳 | 九 | 四 |
| 19 | 10/12 | 戊午 | 九 | 三 |
| 20 | 10/13 | 己未 | 三 | 二 |
| 21 | 10/14 | 庚申 | 三 | 一 |
| 22 | 10/15 | 辛酉 | 三 | 九 |
| 23 | 10/16 | 壬戌 | 三 | 八 |
| 24 | 10/17 | 癸亥 | 三 | 七 |
| 25 | 10/18 | 甲子 | 五 | 六 |
| 26 | 10/19 | 乙丑 | 五 | 五 |
| 27 | 10/20 | 丙寅 | 五 | 四 |
| 28 | 10/21 | 丁卯 | 五 | 三 |
| 29 | 10/22 | 戊辰 | 五 | 二 |
| 30 | 10/23 | 己巳 | 八 | 一 |

## 八　月　乙酉　七赤金

秋分：13時50分 廿八未時　白露：03時48分 十三寅時　奇門遁甲局數

| 農曆 | 國曆 | 干支 | 時盤 | 日盤 |
|---|---|---|---|---|
| 1 | 8/26 | 辛未 | 四 | 五 |
| 2 | 8/27 | 壬申 | 四 | 四 |
| 3 | 8/28 | 癸酉 | 四 | 三 |
| 4 | 8/29 | 甲戌 | 七 | 二 |
| 5 | 8/30 | 乙亥 | 七 | 一 |
| 6 | 8/31 | 丙子 | 七 | 九 |
| 7 | 9/1 | 丁丑 | 七 | 八 |
| 8 | 9/2 | 戊寅 | 七 | 七 |
| 9 | 9/3 | 己卯 | 九 | 六 |
| 10 | 9/4 | 庚辰 | 九 | 五 |
| 11 | 9/5 | 辛巳 | 九 | 四 |
| 12 | 9/6 | 壬午 | 九 | 三 |
| 13 | 9/7 | 癸未 | 九 | 二 |
| 14 | 9/8 | 甲申 | 三 | 一 |
| 15 | 9/9 | 乙酉 | 三 | 九 |
| 16 | 9/10 | 丙戌 | 三 | 八 |
| 17 | 9/11 | 丁亥 | 三 | 七 |
| 18 | 9/12 | 戊子 | 三 | 六 |
| 19 | 9/13 | 己丑 | 六 | 五 |
| 20 | 9/14 | 庚寅 | 六 | 四 |
| 21 | 9/15 | 辛卯 | 六 | 三 |
| 22 | 9/16 | 壬辰 | 六 | 二 |
| 23 | 9/17 | 癸巳 | 六 | 一 |
| 24 | 9/18 | 甲午 | 七 | 九 |
| 25 | 9/19 | 乙未 | 七 | 八 |
| 26 | 9/20 | 丙申 | 七 | 七 |
| 27 | 9/21 | 丁酉 | 七 | 六 |
| 28 | 9/22 | 戊戌 | 七 | 五 |
| 29 | 9/23 | 己亥 | 一 | 四 |

## 七　月　甲申　八白土

處暑：15時52分 廿七申時　立秋：01時21分 十二丑時　奇門遁甲局數

| 農曆 | 國曆 | 干支 | 時盤 | 日盤 |
|---|---|---|---|---|
| 1 | 7/27 | 辛丑 | 一 | 八 |
| 2 | 7/28 | 壬寅 | 一 | 七 |
| 3 | 7/29 | 癸卯 | 一 | 六 |
| 4 | 7/30 | 甲辰 | 四 | 五 |
| 5 | 7/31 | 乙巳 | 四 | 四 |
| 6 | 8/1 | 丙午 | 四 | 三 |
| 7 | 8/2 | 丁未 | 四 | 二 |
| 8 | 8/3 | 戊申 | 四 | 一 |
| 9 | 8/4 | 己酉 | 二 | 九 |
| 10 | 8/5 | 庚戌 | 二 | 八 |
| 11 | 8/6 | 辛亥 | 二 | 七 |
| 12 | 8/7 | 壬子 | 二 | 六 |
| 13 | 8/8 | 癸丑 | 二 | 五 |
| 14 | 8/9 | 甲寅 | 五 | 四 |
| 15 | 8/10 | 乙卯 | 五 | 三 |
| 16 | 8/11 | 丙辰 | 五 | 二 |
| 17 | 8/12 | 丁巳 | 五 | 一 |
| 18 | 8/13 | 戊午 | 五 | 九 |
| 19 | 8/14 | 己未 | 八 | 八 |
| 20 | 8/15 | 庚申 | 八 | 七 |
| 21 | 8/16 | 辛酉 | 八 | 六 |
| 22 | 8/17 | 壬戌 | 八 | 五 |
| 23 | 8/18 | 癸亥 | 八 | 四 |
| 24 | 8/19 | 甲子 | 一 | 三 |
| 25 | 8/20 | 乙丑 | 一 | 二 |
| 26 | 8/21 | 丙寅 | 一 | 一 |
| 27 | 8/22 | 丁卯 | 一 | 九 |
| 28 | 8/23 | 戊辰 | 一 | 八 |
| 29 | 8/24 | 己巳 | 四 | 七 |
| 30 | 8/25 | 庚午 | 四 | 六 |

# 西元2061年（辛巳）肖蛇 民國150年（男坤命）

奇門遁甲局數如標示為 一 ～九表示陰局　　如標示為1 ～9 表示陽局

| 六月 | | | | |
|---|---|---|---|---|
| 乙未 | | | | |
| 六白金 | | | | |
| 立秋 06時55分 廿二 卯時 | 大暑 14時22分 初六 未時 | 奇門遁甲局數 | | |
| 農曆 | 國曆 | 干支 | 時盤 | 日盤 |
| 1 | 7/17 | 丙申 | 七 | 四 |
| 2 | 7/18 | 丁酉 | 七 | 三 |
| 3 | 7/19 | 戊戌 | 七 | 二 |
| 4 | 7/20 | 己亥 | 一 | 一 |
| 5 | 7/21 | 庚子 | 一 | 九 |
| 6 | 7/22 | 辛丑 | 一 | 八 |
| 7 | 7/23 | 壬寅 | 一 | 七 |
| 8 | 7/24 | 癸卯 | 一 | 六 |
| 9 | 7/25 | 甲辰 | 四 | 五 |
| 10 | 7/26 | 乙巳 | 四 | 四 |
| 11 | 7/27 | 丙午 | 四 | 三 |
| 12 | 7/28 | 丁未 | 四 | 二 |
| 13 | 7/29 | 戊申 | 四 | 一 |
| 14 | 7/30 | 己酉 | 二 | 九 |
| 15 | 7/31 | 庚戌 | 二 | 八 |
| 16 | 8/1 | 辛亥 | 二 | 七 |
| 17 | 8/2 | 壬子 | 二 | 六 |
| 18 | 8/3 | 癸丑 | 二 | 五 |
| 19 | 8/4 | 甲寅 | 五 | 四 |
| 20 | 8/5 | 乙卯 | 五 | 三 |
| 21 | 8/6 | 丙辰 | 五 | 二 |
| 22 | 8/7 | 丁巳 | 五 | 一 |
| 23 | 8/8 | 戊午 | 五 | 九 |
| 24 | 8/9 | 己未 | 八 | 八 |
| 25 | 8/10 | 庚申 | 八 | 七 |
| 26 | 8/11 | 辛酉 | 八 | 六 |
| 27 | 8/12 | 壬戌 | 八 | 五 |
| 28 | 8/13 | 癸亥 | 八 | 四 |
| 29 | 8/14 | 甲子 | 一 | 三 |

| 五月 | | | | |
|---|---|---|---|---|
| 甲午 | | | | |
| 七赤金 | | | | |
| 小暑 21時14分 十九 亥時 | 夏至 03時34分 初四 寅時 | 奇門遁甲局數 | | |
| 農曆 | 國曆 | 干支 | 時盤 | 日盤 |
| 1 | 6/18 | 丁卯 | 九 | 4 |
| 2 | 6/19 | 戊辰 | 九 | 5 |
| 3 | 6/20 | 己巳 | 三 | 6 |
| 4 | 6/21 | 庚午 | 三 | 三 |
| 5 | 6/22 | 辛未 | 三 | 二 |
| 6 | 6/23 | 壬申 | 三 | 一 |
| 7 | 6/24 | 癸酉 | 三 | 九 |
| 8 | 6/25 | 甲戌 | 六 | 八 |
| 9 | 6/26 | 乙亥 | 六 | 七 |
| 10 | 6/27 | 丙子 | 六 | 六 |
| 11 | 6/28 | 丁丑 | 六 | 五 |
| 12 | 6/29 | 戊寅 | 六 | 四 |
| 13 | 6/30 | 己卯 | 八 | 三 |
| 14 | 7/1 | 庚辰 | 八 | 二 |
| 15 | 7/2 | 辛巳 | 八 | 一 |
| 16 | 7/3 | 壬午 | 八 | 九 |
| 17 | 7/4 | 癸未 | 八 | 八 |
| 18 | 7/5 | 甲申 | 二 | 七 |
| 19 | 7/6 | 乙酉 | 二 | 六 |
| 20 | 7/7 | 丙戌 | 二 | 五 |
| 21 | 7/8 | 丁亥 | 二 | 四 |
| 22 | 7/9 | 戊子 | 二 | 三 |
| 23 | 7/10 | 己丑 | 五 | 二 |
| 24 | 7/11 | 庚寅 | 五 | 一 |
| 25 | 7/12 | 辛卯 | 五 | 九 |
| 26 | 7/13 | 壬辰 | 五 | 八 |
| 27 | 7/14 | 癸巳 | 五 | 七 |
| 28 | 7/15 | 甲午 | 七 | 六 |
| 29 | 7/16 | 乙未 | 七 | 五 |

| 四月 | | | | |
|---|---|---|---|---|
| 癸巳 | | | | |
| 八白土 | | | | |
| 芒種 10時58分 十八 巳時 | 小滿 19時54分 初二 戌時 | 奇門遁甲局數 | | |
| 農曆 | 國曆 | 干支 | 時盤 | 日盤 |
| 1 | 5/19 | 丁酉 | 5 | 1 |
| 2 | 5/20 | 戊戌 | 5 | 2 |
| 3 | 5/21 | 己亥 | 2 | 3 |
| 4 | 5/22 | 庚子 | 2 | 4 |
| 5 | 5/23 | 辛丑 | 2 | 5 |
| 6 | 5/24 | 壬寅 | 2 | 6 |
| 7 | 5/25 | 癸卯 | 2 | 7 |
| 8 | 5/26 | 甲辰 | 8 | 8 |
| 9 | 5/27 | 乙巳 | 8 | 9 |
| 10 | 5/28 | 丙午 | 8 | 1 |
| 11 | 5/29 | 丁未 | 8 | 2 |
| 12 | 5/30 | 戊申 | 8 | 3 |
| 13 | 5/31 | 己酉 | 6 | 4 |
| 14 | 6/1 | 庚戌 | 6 | 5 |
| 15 | 6/2 | 辛亥 | 6 | 6 |
| 16 | 6/3 | 壬子 | 6 | 7 |
| 17 | 6/4 | 癸丑 | 6 | 8 |
| 18 | 6/5 | 甲寅 | 3 | 9 |
| 19 | 6/6 | 乙卯 | 3 | 1 |
| 20 | 6/7 | 丙辰 | 3 | 2 |
| 21 | 6/8 | 丁巳 | 3 | 3 |
| 22 | 6/9 | 戊午 | 3 | 4 |
| 23 | 6/10 | 己未 | 9 | 5 |
| 24 | 6/11 | 庚申 | 9 | 6 |
| 25 | 6/12 | 辛酉 | 9 | 7 |
| 26 | 6/13 | 壬戌 | 9 | 8 |
| 27 | 6/14 | 癸亥 | 9 | 9 |
| 28 | 6/15 | 甲子 | 九 | 1 |
| 29 | 6/16 | 乙丑 | 九 | 2 |
| 30 | 6/17 | 丙寅 | 九 | 3 |

| 閏三月 | | | | |
|---|---|---|---|---|
| 癸巳 | | | | |
| | | | | |
| 立夏 07時08分 十六 辰時 | | 奇門遁甲局數 | | |
| 農曆 | 國曆 | 干支 | 時盤 | 日盤 |
| 1 | 4/20 | 戊辰 | 5 | 8 |
| 2 | 4/21 | 己巳 | 2 | 9 |
| 3 | 4/22 | 庚午 | 2 | 1 |
| 4 | 4/23 | 辛未 | 2 | 2 |
| 5 | 4/24 | 壬申 | 2 | 3 |
| 6 | 4/25 | 癸酉 | 2 | 4 |
| 7 | 4/26 | 甲戌 | 8 | 5 |
| 8 | 4/27 | 乙亥 | 8 | 6 |
| 9 | 4/28 | 丙子 | 8 | 7 |
| 10 | 4/29 | 丁丑 | 8 | 8 |
| 11 | 4/30 | 戊寅 | 8 | 9 |
| 12 | 5/1 | 己卯 | 4 | 1 |
| 13 | 5/2 | 庚辰 | 4 | 2 |
| 14 | 5/3 | 辛巳 | 4 | 3 |
| 15 | 5/4 | 壬午 | 4 | 4 |
| 16 | 5/5 | 癸未 | 4 | 5 |
| 17 | 5/6 | 甲申 | 1 | 6 |
| 18 | 5/7 | 乙酉 | 1 | 7 |
| 19 | 5/8 | 丙戌 | 1 | 8 |
| 20 | 5/9 | 丁亥 | 1 | 9 |
| 21 | 5/10 | 戊子 | 1 | 1 |
| 22 | 5/11 | 己丑 | 7 | 2 |
| 23 | 5/12 | 庚寅 | 7 | 3 |
| 24 | 5/13 | 辛卯 | 7 | 4 |
| 25 | 5/14 | 壬辰 | 7 | 5 |
| 26 | 5/15 | 癸巳 | 7 | 6 |
| 27 | 5/16 | 甲午 | 5 | 7 |
| 28 | 5/17 | 乙未 | 5 | 8 |
| 29 | 5/18 | 丙申 | 5 | 9 |

| 三月 | | | | |
|---|---|---|---|---|
| 壬辰 | | | | |
| 九紫火 | | | | |
| 穀雨 21時19分 廿九 亥時 | 清明 14時12分 十四 未時 | 奇門遁甲局數 | | |
| 農曆 | 國曆 | 干支 | 時盤 | 日盤 |
| 1 | 3/22 | 己亥 | 9 | 6 |
| 2 | 3/23 | 庚子 | 9 | 7 |
| 3 | 3/24 | 辛丑 | 9 | 8 |
| 4 | 3/25 | 壬寅 | 9 | 9 |
| 5 | 3/26 | 癸卯 | 9 | 1 |
| 6 | 3/27 | 甲辰 | 6 | 2 |
| 7 | 3/28 | 乙巳 | 6 | 3 |
| 8 | 3/29 | 丙午 | 6 | 4 |
| 9 | 3/30 | 丁未 | 6 | 5 |
| 10 | 3/31 | 戊申 | 6 | 6 |
| 11 | 4/1 | 己酉 | 4 | 7 |
| 12 | 4/2 | 庚戌 | 4 | 8 |
| 13 | 4/3 | 辛亥 | 4 | 9 |
| 14 | 4/4 | 壬子 | 4 | 1 |
| 15 | 4/5 | 癸丑 | 4 | 2 |
| 16 | 4/6 | 甲寅 | 1 | 3 |
| 17 | 4/7 | 乙卯 | 1 | 4 |
| 18 | 4/8 | 丙辰 | 1 | 5 |
| 19 | 4/9 | 丁巳 | 1 | 6 |
| 20 | 4/10 | 戊午 | 1 | 7 |
| 21 | 4/11 | 己未 | 7 | 8 |
| 22 | 4/12 | 庚申 | 7 | 9 |
| 23 | 4/13 | 辛酉 | 7 | 1 |
| 24 | 4/14 | 壬戌 | 7 | 2 |
| 25 | 4/15 | 癸亥 | 7 | 3 |
| 26 | 4/16 | 甲子 | 5 | 4 |
| 27 | 4/17 | 乙丑 | 5 | 5 |
| 28 | 4/18 | 丙寅 | 5 | 6 |
| 29 | 4/19 | 丁卯 | 5 | 7 |

| 二月 | | | | |
|---|---|---|---|---|
| 辛卯 | | | | |
| 一白水 | | | | |
| 春分 10時28分 廿九 巳時 | 驚蟄 09時44分 十四 巳時 | 奇門遁甲局數 | | |
| 農曆 | 國曆 | 干支 | 時盤 | 日盤 |
| 1 | 2/20 | 己巳 | 6 | 3 |
| 2 | 2/21 | 庚午 | 6 | 4 |
| 3 | 2/22 | 辛未 | 6 | 5 |
| 4 | 2/23 | 壬申 | 6 | 6 |
| 5 | 2/24 | 癸酉 | 6 | 7 |
| 6 | 2/25 | 甲戌 | 3 | 8 |
| 7 | 2/26 | 乙亥 | 3 | 9 |
| 8 | 2/27 | 丙子 | 3 | 1 |
| 9 | 2/28 | 丁丑 | 3 | 2 |
| 10 | 3/1 | 戊寅 | 3 | 3 |
| 11 | 3/2 | 己卯 | 1 | 4 |
| 12 | 3/3 | 庚辰 | 1 | 5 |
| 13 | 3/4 | 辛巳 | 1 | 6 |
| 14 | 3/5 | 壬午 | 1 | 7 |
| 15 | 3/6 | 癸未 | 1 | 8 |
| 16 | 3/7 | 甲申 | 7 | 9 |
| 17 | 3/8 | 乙酉 | 7 | 1 |
| 18 | 3/9 | 丙戌 | 7 | 2 |
| 19 | 3/10 | 丁亥 | 7 | 3 |
| 20 | 3/11 | 戊子 | 7 | 4 |
| 21 | 3/12 | 己丑 | 4 | 5 |
| 22 | 3/13 | 庚寅 | 4 | 6 |
| 23 | 3/14 | 辛卯 | 4 | 7 |
| 24 | 3/15 | 壬辰 | 4 | 8 |
| 25 | 3/16 | 癸巳 | 4 | 9 |
| 26 | 3/17 | 甲午 | 3 | 1 |
| 27 | 3/18 | 乙未 | 3 | 2 |
| 28 | 3/19 | 丙申 | 3 | 3 |
| 29 | 3/20 | 丁酉 | 3 | 4 |
| 30 | 3/21 | 戊戌 | 3 | 5 |

| 正月 | | | | |
|---|---|---|---|---|
| 庚寅 | | | | |
| 二黑土 | | | | |
| 雨水 11時46分 廿九 午時 | 立春 15時56分 十四 申時 | 奇門遁甲局數 | | |
| 農曆 | 國曆 | 干支 | 時盤 | 日盤 |
| 1 | 1/21 | 己亥 | 9 | 9 |
| 2 | 1/22 | 庚子 | 9 | 1 |
| 3 | 1/23 | 辛丑 | 9 | 2 |
| 4 | 1/24 | 壬寅 | 9 | 3 |
| 5 | 1/25 | 癸卯 | 9 | 4 |
| 6 | 1/26 | 甲辰 | 6 | 5 |
| 7 | 1/27 | 乙巳 | 6 | 6 |
| 8 | 1/28 | 丙午 | 6 | 7 |
| 9 | 1/29 | 丁未 | 6 | 8 |
| 10 | 1/30 | 戊申 | 6 | 9 |
| 11 | 1/31 | 己酉 | 8 | 1 |
| 12 | 2/1 | 庚戌 | 8 | 2 |
| 13 | 2/2 | 辛亥 | 8 | 3 |
| 14 | 2/3 | 壬子 | 8 | 4 |
| 15 | 2/4 | 癸丑 | 8 | 5 |
| 16 | 2/5 | 甲寅 | 5 | 6 |
| 17 | 2/6 | 乙卯 | 5 | 7 |
| 18 | 2/7 | 丙辰 | 5 | 8 |
| 19 | 2/8 | 丁巳 | 5 | 9 |
| 20 | 2/9 | 戊午 | 5 | 1 |
| 21 | 2/10 | 己未 | 2 | 2 |
| 22 | 2/11 | 庚申 | 2 | 3 |
| 23 | 2/12 | 辛酉 | 2 | 4 |
| 24 | 2/13 | 壬戌 | 2 | 5 |
| 25 | 2/14 | 癸亥 | 2 | 6 |
| 26 | 2/15 | 甲子 | 9 | 7 |
| 27 | 2/16 | 乙丑 | 9 | 8 |
| 28 | 2/17 | 丙寅 | 9 | 9 |
| 29 | 2/18 | 丁卯 | 9 | 1 |
| 30 | 2/19 | 戊辰 | 9 | 2 |

# 西元2061年（辛巳）肖蛇 民國150年（女巽命）

奇門遁甲局數如標示為 一 ～九表示陰局　　如標示為1 ～9 表示陽局

| 十二月 | | | | | 十一月 | | | | | 十　月 | | | | | 九　月 | | | | | 八　月 | | | | | 七　月 | | | | |
|---|---|---|---|---|---|---|---|---|---|---|---|---|---|---|---|---|---|---|---|---|---|---|---|---|---|---|---|---|---|
| 辛丑 | | | | | 庚子 | | | | | 己亥 | | | | | 戊戌 | | | | | 丁酉 | | | | | 丙申 | | | | |
| 九紫火 | | | | | 一白水 | | | | | 二黑土 | | | | | 三碧木 | | | | | 四綠木 | | | | | 五黃土 | | | | |
| 立春 21時50分 廿四亥時 | | 大寒 03時33分 初十寅時 | 奇門遁甲局數 | | 小寒 10時15分 廿五巳時 | | 冬至 16時51分 初十申時 | 奇門遁甲局數 | | 大雪 22時53分 廿五亥時 | | 小雪 03時17分 十一寅時 | 奇門遁甲局數 | | 立冬 05時42分 廿六卯時 | | 霜降 05時20分 十一卯時 | 奇門遁甲局數 | | 寒露 02時06分 廿五丑時 | | 秋分 19時34分 初九戌時 | 奇門遁甲局數 | | 白露 10時15分 廿四巳時 | | 處暑 21時35分 初八亥時 | 奇門遁甲局數 | |
| 農曆 | 國曆 | 干支 | 時盤 | 日盤 | 農曆 | 國曆 | 干支 | 時盤 | 日盤 | 農曆 | 國曆 | 干支 | 時盤 | 日盤 | 農曆 | 國曆 | 干支 | 時盤 | 日盤 | 農曆 | 國曆 | 干支 | 時盤 | 日盤 | 農曆 | 國曆 | 干支 | 時盤 | 日盤 |
| 1 | 1/11 | 甲午 | 2 | 4 | 1 | 12/12 | 甲子 | 四 | 九 | 1 | 11/12 | 甲午 | 五 | 三 | 1 | 10/13 | 甲子 | 五 | 六 | 1 | 9/14 | 乙未 | 七 | 八 | 1 | 8/15 | 乙丑 | 一 | 二 |
| 2 | 1/12 | 乙未 | 2 | 5 | 2 | 12/13 | 乙丑 | 四 | 八 | 2 | 11/13 | 乙未 | 五 | 二 | 2 | 10/14 | 乙丑 | 五 | 五 | 2 | 9/15 | 丙申 | 七 | 七 | 2 | 8/16 | 丙寅 | 一 | 一 |
| 3 | 1/13 | 丙申 | 2 | 6 | 3 | 12/14 | 丙寅 | 四 | 七 | 3 | 11/14 | 丙申 | 五 | 一 | 3 | 10/15 | 丙寅 | 五 | 四 | 3 | 9/16 | 丁酉 | 七 | 六 | 3 | 8/17 | 丁卯 | 一 | 九 |
| 4 | 1/14 | 丁酉 | 2 | 7 | 4 | 12/15 | 丁卯 | 四 | 六 | 4 | 11/15 | 丁酉 | 五 | 九 | 4 | 10/16 | 丁卯 | 五 | 三 | 4 | 9/17 | 戊戌 | 七 | 五 | 4 | 8/18 | 戊辰 | 一 | 八 |
| 5 | 1/15 | 戊戌 | 2 | 8 | 5 | 12/16 | 戊辰 | 四 | 五 | 5 | 11/16 | 戊戌 | 五 | 八 | 5 | 10/17 | 戊辰 | 五 | 二 | 5 | 9/18 | 己亥 | 一 | 四 | 5 | 8/19 | 己巳 | 四 | 七 |
| 6 | 1/16 | 己亥 | 8 | 9 | 6 | 12/17 | 己巳 | 七 | 四 | 6 | 11/17 | 己亥 | 八 | 七 | 6 | 10/18 | 己巳 | 八 | 一 | 6 | 9/19 | 庚子 | 一 | 三 | 6 | 8/20 | 庚午 | 四 | 六 |
| 7 | 1/17 | 庚子 | 8 | 1 | 7 | 12/18 | 庚午 | 七 | 三 | 7 | 11/18 | 庚子 | 八 | 六 | 7 | 10/19 | 庚午 | 八 | 九 | 7 | 9/20 | 辛丑 | 一 | 二 | 7 | 8/21 | 辛未 | 四 | 五 |
| 8 | 1/18 | 辛丑 | 8 | 2 | 8 | 12/19 | 辛未 | 七 | 二 | 8 | 11/19 | 辛丑 | 八 | 五 | 8 | 10/20 | 辛未 | 八 | 八 | 8 | 9/21 | 壬寅 | 一 | 一 | 8 | 8/22 | 壬申 | 四 | 四 |
| 9 | 1/19 | 壬寅 | 8 | 3 | 9 | 12/20 | 壬申 | 七 | 一 | 9 | 11/20 | 壬寅 | 八 | 四 | 9 | 10/21 | 壬申 | 八 | 七 | 9 | 9/22 | 癸卯 | 一 | 九 | 9 | 8/23 | 癸酉 | 四 | 三 |
| 10 | 1/20 | 癸卯 | 8 | 4 | 10 | 12/21 | 癸酉 | 七 | 1 | 10 | 11/21 | 癸卯 | 八 | 三 | 10 | 10/22 | 癸酉 | 八 | 六 | 10 | 9/23 | 甲辰 | 四 | 八 | 10 | 8/24 | 甲戌 | 七 | 二 |
| 11 | 1/21 | 甲辰 | 5 | 5 | 11 | 12/22 | 甲戌 | 一 | 2 | 11 | 11/22 | 甲辰 | 二 | 二 | 11 | 10/23 | 甲戌 | 二 | 五 | 11 | 9/24 | 乙巳 | 四 | 七 | 11 | 8/25 | 乙亥 | 七 | 一 |
| 12 | 1/22 | 乙巳 | 5 | 6 | 12 | 12/23 | 乙亥 | 一 | 3 | 12 | 11/23 | 乙巳 | 二 | 一 | 12 | 10/24 | 乙亥 | 二 | 四 | 12 | 9/25 | 丙午 | 四 | 六 | 12 | 8/26 | 丙子 | 七 | 九 |
| 13 | 1/23 | 丙午 | 5 | 7 | 13 | 12/24 | 丙子 | 一 | 4 | 13 | 11/24 | 丙午 | 二 | 九 | 13 | 10/25 | 丙子 | 二 | 三 | 13 | 9/26 | 丁未 | 四 | 五 | 13 | 8/27 | 丁丑 | 七 | 八 |
| 14 | 1/24 | 丁未 | 5 | 8 | 14 | 12/25 | 丁丑 | 一 | 5 | 14 | 11/25 | 丁未 | 二 | 八 | 14 | 10/26 | 丁丑 | 二 | 二 | 14 | 9/27 | 戊申 | 四 | 四 | 14 | 8/28 | 戊寅 | 七 | 七 |
| 15 | 1/25 | 戊申 | 5 | 9 | 15 | 12/26 | 戊寅 | 一 | 6 | 15 | 11/26 | 戊申 | 二 | 七 | 15 | 10/27 | 戊寅 | 二 | 一 | 15 | 9/28 | 己酉 | 六 | 三 | 15 | 8/29 | 己卯 | 九 | 六 |
| 16 | 1/26 | 己酉 | 3 | 1 | 16 | 12/27 | 己卯 | 1 | 7 | 16 | 11/27 | 己酉 | 四 | 六 | 16 | 10/28 | 己卯 | 六 | 九 | 16 | 9/29 | 庚戌 | 六 | 二 | 16 | 8/30 | 庚辰 | 九 | 五 |
| 17 | 1/27 | 庚戌 | 3 | 2 | 17 | 12/28 | 庚辰 | 1 | 8 | 17 | 11/28 | 庚戌 | 四 | 五 | 17 | 10/29 | 庚辰 | 六 | 八 | 17 | 9/30 | 辛亥 | 六 | 一 | 17 | 8/31 | 辛巳 | 九 | 四 |
| 18 | 1/28 | 辛亥 | 3 | 3 | 18 | 12/29 | 辛巳 | 1 | 9 | 18 | 11/29 | 辛亥 | 四 | 四 | 18 | 10/30 | 辛巳 | 六 | 七 | 18 | 10/1 | 壬子 | 六 | 九 | 18 | 9/1 | 壬午 | 九 | 三 |
| 19 | 1/29 | 壬子 | 3 | 4 | 19 | 12/30 | 壬午 | 1 | 1 | 19 | 11/30 | 壬子 | 四 | 三 | 19 | 10/31 | 壬午 | 六 | 六 | 19 | 10/2 | 癸丑 | 六 | 八 | 19 | 9/2 | 癸未 | 九 | 二 |
| 20 | 1/30 | 癸丑 | 3 | 5 | 20 | 12/31 | 癸未 | 1 | 2 | 20 | 12/1 | 癸丑 | 四 | 二 | 20 | 11/1 | 癸未 | 六 | 五 | 20 | 10/3 | 甲寅 | 九 | 七 | 20 | 9/3 | 甲申 | 三 | 一 |
| 21 | 1/31 | 甲寅 | 9 | 6 | 21 | 1/1 | 甲申 | 7 | 3 | 21 | 12/2 | 甲寅 | 七 | 一 | 21 | 11/2 | 甲申 | 九 | 四 | 21 | 10/4 | 乙卯 | 九 | 六 | 21 | 9/4 | 乙酉 | 三 | 九 |
| 22 | 2/1 | 乙卯 | 9 | 7 | 22 | 1/2 | 乙酉 | 7 | 4 | 22 | 12/3 | 乙卯 | 七 | 九 | 22 | 11/3 | 乙酉 | 九 | 三 | 22 | 10/5 | 丙辰 | 九 | 五 | 22 | 9/5 | 丙戌 | 三 | 八 |
| 23 | 2/2 | 丙辰 | 9 | 8 | 23 | 1/3 | 丙戌 | 7 | 5 | 23 | 12/4 | 丙辰 | 七 | 八 | 23 | 11/4 | 丙戌 | 九 | 二 | 23 | 10/6 | 丁巳 | 九 | 四 | 23 | 9/6 | 丁亥 | 三 | 七 |
| 24 | 2/3 | 丁巳 | 9 | 9 | 24 | 1/4 | 丁亥 | 7 | 6 | 24 | 12/5 | 丁巳 | 七 | 七 | 24 | 11/5 | 丁亥 | 九 | 一 | 24 | 10/7 | 戊午 | 九 | 三 | 24 | 9/7 | 戊子 | 三 | 六 |
| 25 | 2/4 | 戊午 | 9 | 1 | 25 | 1/5 | 戊子 | 7 | 7 | 25 | 12/6 | 戊午 | 七 | 六 | 25 | 11/6 | 戊子 | 九 | 九 | 25 | 10/8 | 己未 | 三 | 二 | 25 | 9/8 | 己丑 | 六 | 五 |
| 26 | 2/5 | 己未 | 6 | 2 | 26 | 1/6 | 己丑 | 4 | 8 | 26 | 12/7 | 己未 | 一 | 五 | 26 | 11/7 | 己丑 | 三 | 八 | 26 | 10/9 | 庚申 | 三 | 一 | 26 | 9/9 | 庚寅 | 六 | 四 |
| 27 | 2/6 | 庚申 | 6 | 3 | 27 | 1/7 | 庚寅 | 4 | 9 | 27 | 12/8 | 庚申 | 一 | 四 | 27 | 11/8 | 庚寅 | 三 | 七 | 27 | 10/10 | 辛酉 | 三 | 九 | 27 | 9/10 | 辛卯 | 六 | 三 |
| 28 | 2/7 | 辛酉 | 6 | 4 | 28 | 1/8 | 辛卯 | 4 | 1 | 28 | 12/9 | 辛酉 | 一 | 三 | 28 | 11/9 | 辛卯 | 三 | 六 | 28 | 10/11 | 壬戌 | 三 | 八 | 28 | 9/11 | 壬辰 | 六 | 二 |
| 29 | 2/8 | 壬戌 | 6 | 5 | 29 | 1/9 | 壬辰 | 4 | 2 | 29 | 12/10 | 壬戌 | 一 | 二 | 29 | 11/10 | 壬辰 | 三 | 五 | 29 | 10/12 | 癸亥 | 三 | 七 | 29 | 9/12 | 癸巳 | 六 | 一 |
| | | | | | 30 | 1/10 | 癸巳 | 4 | 3 | 30 | 12/11 | 癸亥 | 一 | 一 | 30 | 11/11 | 癸巳 | 三 | 四 | | | | | | 30 | 9/13 | 甲午 | 七 | 九 |

# 西元2062年（壬午）肖馬 民國151年（男坎命）

奇門遁甲局數如標示為 一 ～九表示陰局　　如標示為1 ～9 表示陽局

| 六　月 | | | | | 五　月 | | | | | 四　月 | | | | | 三　月 | | | | | 二　月 | | | | | 正　月 | | | | |
|---|---|---|---|---|---|---|---|---|---|---|---|---|---|---|---|---|---|---|---|---|---|---|---|---|---|---|---|---|---|
| 丁未 | | | | | 丙午 | | | | | 乙巳 | | | | | 甲辰 | | | | | 癸卯 | | | | | 壬寅 | | | | |
| 三碧木 | | | | | 四綠木 | | | | | 五黃土 | | | | | 六白金 | | | | | 七赤金 | | | | | 八白土 | | | | |
| 大暑 20時14分 十六戌時 | | 小暑 02時40分 初一丑時 | 奇門遁甲局數 | | 夏至 09時13分 十五巳時 | | | 奇門遁甲局數 | | 芒種 16時37分 廿八申時 | | 小滿 01時32分 十三丑時 | 奇門遁甲局數 | | 立夏 12時49分 廿六午時 | | 穀雨 02時47分 十一丑時 | 奇門遁甲局數 | | 清明 19時58分 廿五戌時 | | 春分 16時30分 初十申時 | 奇門遁甲局數 | | 驚蟄 15時34分 廿五申時 | | 雨水 17時31分 初十酉時 | 奇門遁甲局數 | |
| 農曆 | 國曆 | 干支 | 時盤 | 日盤 | 農曆 | 國曆 | 干支 | 時盤 | 日盤 | 農曆 | 國曆 | 干支 | 時盤 | 日盤 | 農曆 | 國曆 | 干支 | 時盤 | 日盤 | 農曆 | 國曆 | 干支 | 時盤 | 日盤 | 農曆 | 國曆 | 干支 | 時盤 | 日盤 |
| 1 | 7/7 | 辛卯 | 六 | 九 | 1 | 6/7 | 辛酉 | 8 | 7 | 1 | 5/9 | 壬辰 | 8 | 5 | 1 | 4/10 | 癸亥 | 6 | 3 | 1 | 3/11 | 癸巳 | 3 | 9 | 1 | 2/9 | 癸亥 | 6 | 6 |
| 2 | 7/8 | 壬辰 | 六 | 八 | 2 | 6/8 | 壬戌 | 8 | 8 | 2 | 5/10 | 癸巳 | 8 | 6 | 2 | 4/11 | 甲子 | 4 | 4 | 2 | 3/12 | 甲午 | 1 | 1 | 2 | 2/10 | 甲子 | 8 | 7 |
| 3 | 7/9 | 癸巳 | 六 | 七 | 3 | 6/9 | 癸亥 | 8 | 9 | 3 | 5/11 | 甲午 | 4 | 7 | 3 | 4/12 | 乙丑 | 4 | 5 | 3 | 3/13 | 乙未 | 1 | 2 | 3 | 2/11 | 乙丑 | 8 | 8 |
| 4 | 7/10 | 甲午 | 八 | 六 | 4 | 6/10 | 甲子 | 6 | 1 | 4 | 5/12 | 乙未 | 4 | 8 | 4 | 4/13 | 丙寅 | 4 | 6 | 4 | 3/14 | 丙申 | 1 | 3 | 4 | 2/12 | 丙寅 | 8 | 9 |
| 5 | 7/11 | 乙未 | 八 | 五 | 5 | 6/11 | 乙丑 | 6 | 2 | 5 | 5/13 | 丙申 | 4 | 9 | 5 | 4/14 | 丁卯 | 4 | 7 | 5 | 3/15 | 丁酉 | 1 | 4 | 5 | 2/13 | 丁卯 | 8 | 1 |
| 6 | 7/12 | 丙申 | 八 | 四 | 6 | 6/12 | 丙寅 | 6 | 3 | 6 | 5/14 | 丁酉 | 4 | 1 | 6 | 4/15 | 戊辰 | 4 | 8 | 6 | 3/16 | 戊戌 | 1 | 5 | 6 | 2/14 | 戊辰 | 8 | 2 |
| 7 | 7/13 | 丁酉 | 八 | 三 | 7 | 6/13 | 丁卯 | 6 | 4 | 7 | 5/15 | 戊戌 | 4 | 2 | 7 | 4/16 | 己巳 | 1 | 9 | 7 | 3/17 | 己亥 | 7 | 6 | 7 | 2/15 | 己巳 | 5 | 3 |
| 8 | 7/14 | 戊戌 | 八 | 二 | 8 | 6/14 | 戊辰 | 6 | 5 | 8 | 5/16 | 己亥 | 1 | 3 | 8 | 4/17 | 庚午 | 1 | 1 | 8 | 3/18 | 庚子 | 7 | 7 | 8 | 2/16 | 庚午 | 5 | 4 |
| 9 | 7/15 | 己亥 | 二 | 一 | 9 | 6/15 | 己巳 | 3 | 6 | 9 | 5/17 | 庚子 | 1 | 4 | 9 | 4/18 | 辛未 | 1 | 2 | 9 | 3/19 | 辛丑 | 7 | 8 | 9 | 2/17 | 辛未 | 5 | 5 |
| 10 | 7/16 | 庚子 | 二 | 九 | 10 | 6/16 | 庚午 | 3 | 7 | 10 | 5/18 | 辛丑 | 1 | 5 | 10 | 4/19 | 壬申 | 1 | 3 | 10 | 3/20 | 壬寅 | 7 | 9 | 10 | 2/18 | 壬申 | 5 | 6 |
| 11 | 7/17 | 辛丑 | 二 | 八 | 11 | 6/17 | 辛未 | 3 | 8 | 11 | 5/19 | 壬寅 | 1 | 6 | 11 | 4/20 | 癸酉 | 1 | 4 | 11 | 3/21 | 癸卯 | 7 | 1 | 11 | 2/19 | 癸酉 | 5 | 7 |
| 12 | 7/18 | 壬寅 | 二 | 七 | 12 | 6/18 | 壬申 | 3 | 9 | 12 | 5/20 | 癸卯 | 1 | 7 | 12 | 4/21 | 甲戌 | 7 | 5 | 12 | 3/22 | 甲辰 | 4 | 2 | 12 | 2/20 | 甲戌 | 2 | 8 |
| 13 | 7/19 | 癸卯 | 二 | 六 | 13 | 6/19 | 癸酉 | 3 | 1 | 13 | 5/21 | 甲辰 | 7 | 8 | 13 | 4/22 | 乙亥 | 7 | 6 | 13 | 3/23 | 乙巳 | 4 | 3 | 13 | 2/21 | 乙亥 | 2 | 9 |
| 14 | 7/20 | 甲辰 | 五 | 五 | 14 | 6/20 | 甲戌 | 9 | 2 | 14 | 5/22 | 乙巳 | 7 | 9 | 14 | 4/23 | 丙子 | 7 | 7 | 14 | 3/24 | 丙午 | 4 | 4 | 14 | 2/22 | 丙子 | 2 | 1 |
| 15 | 7/21 | 乙巳 | 五 | 四 | 15 | 6/21 | 乙亥 | 9 | 七 | 15 | 5/23 | 丙午 | 7 | 1 | 15 | 4/24 | 丁丑 | 7 | 8 | 15 | 3/25 | 丁未 | 4 | 5 | 15 | 2/23 | 丁丑 | 2 | 2 |
| 16 | 7/22 | 丙午 | 五 | 三 | 16 | 6/22 | 丙子 | 9 | 六 | 16 | 5/24 | 丁未 | 7 | 2 | 16 | 4/25 | 戊寅 | 7 | 9 | 16 | 3/26 | 戊申 | 4 | 6 | 16 | 2/24 | 戊寅 | 2 | 3 |
| 17 | 7/23 | 丁未 | 五 | 二 | 17 | 6/23 | 丁丑 | 9 | 五 | 17 | 5/25 | 戊申 | 7 | 3 | 17 | 4/26 | 己卯 | 5 | 1 | 17 | 3/27 | 己酉 | 3 | 7 | 17 | 2/25 | 己卯 | 9 | 4 |
| 18 | 7/24 | 戊申 | 五 | 一 | 18 | 6/24 | 戊寅 | 9 | 四 | 18 | 5/26 | 己酉 | 5 | 4 | 18 | 4/27 | 庚辰 | 5 | 2 | 18 | 3/28 | 庚戌 | 3 | 8 | 18 | 2/26 | 庚辰 | 9 | 5 |
| 19 | 7/25 | 己酉 | 七 | 九 | 19 | 6/25 | 己卯 | 九 | 三 | 19 | 5/27 | 庚戌 | 5 | 5 | 19 | 4/28 | 辛巳 | 5 | 3 | 19 | 3/29 | 辛亥 | 3 | 9 | 19 | 2/27 | 辛巳 | 9 | 6 |
| 20 | 7/26 | 庚戌 | 七 | 八 | 20 | 6/26 | 庚辰 | 九 | 二 | 20 | 5/28 | 辛亥 | 5 | 6 | 20 | 4/29 | 壬午 | 5 | 4 | 20 | 3/30 | 壬子 | 3 | 1 | 20 | 2/28 | 壬午 | 9 | 7 |
| 21 | 7/27 | 辛亥 | 七 | 七 | 21 | 6/27 | 辛巳 | 九 | 一 | 21 | 5/29 | 壬子 | 5 | 7 | 21 | 4/30 | 癸未 | 5 | 5 | 21 | 3/31 | 癸丑 | 3 | 2 | 21 | 3/1 | 癸未 | 9 | 8 |
| 22 | 7/28 | 壬子 | 七 | 六 | 22 | 6/28 | 壬午 | 九 | 九 | 22 | 5/30 | 癸丑 | 5 | 8 | 22 | 5/1 | 甲申 | 2 | 6 | 22 | 4/1 | 甲寅 | 9 | 3 | 22 | 3/2 | 甲申 | 6 | 9 |
| 23 | 7/29 | 癸丑 | 七 | 五 | 23 | 6/29 | 癸未 | 九 | 八 | 23 | 5/31 | 甲寅 | 2 | 9 | 23 | 5/2 | 乙酉 | 2 | 7 | 23 | 4/2 | 乙卯 | 9 | 4 | 23 | 3/3 | 乙酉 | 6 | 1 |
| 24 | 7/30 | 甲寅 | 一 | 四 | 24 | 6/30 | 甲申 | 三 | 七 | 24 | 6/1 | 乙卯 | 2 | 1 | 24 | 5/3 | 丙戌 | 2 | 8 | 24 | 4/3 | 丙辰 | 9 | 5 | 24 | 3/4 | 丙戌 | 6 | 2 |
| 25 | 7/31 | 乙卯 | 一 | 三 | 25 | 7/1 | 乙酉 | 三 | 六 | 25 | 6/2 | 丙辰 | 2 | 2 | 25 | 5/4 | 丁亥 | 2 | 9 | 25 | 4/4 | 丁巳 | 9 | 6 | 25 | 3/5 | 丁亥 | 6 | 3 |
| 26 | 8/1 | 丙辰 | 一 | 二 | 26 | 7/2 | 丙戌 | 三 | 五 | 26 | 6/3 | 丁巳 | 2 | 3 | 26 | 5/5 | 戊子 | 2 | 1 | 26 | 4/5 | 戊午 | 9 | 7 | 26 | 3/6 | 戊子 | 6 | 4 |
| 27 | 8/2 | 丁巳 | 一 | 一 | 27 | 7/3 | 丁亥 | 三 | 四 | 27 | 6/4 | 戊午 | 2 | 4 | 27 | 5/6 | 己丑 | 8 | 2 | 27 | 4/6 | 己未 | 6 | 8 | 27 | 3/7 | 己丑 | 3 | 5 |
| 28 | 8/3 | 戊午 | 一 | 九 | 28 | 7/4 | 戊子 | 三 | 三 | 28 | 6/5 | 己未 | 8 | 5 | 28 | 5/7 | 庚寅 | 8 | 3 | 28 | 4/7 | 庚申 | 6 | 9 | 28 | 3/8 | 庚寅 | 3 | 6 |
| 29 | 8/4 | 己未 | 四 | 八 | 29 | 7/5 | 己丑 | 六 | 二 | 29 | 6/6 | 庚申 | 8 | 6 | 29 | 5/8 | 辛卯 | 8 | 4 | 29 | 4/8 | 辛酉 | 6 | 1 | 29 | 3/9 | 辛卯 | 3 | 7 |
| | | | | | 30 | 7/6 | 庚寅 | 六 | 一 | | | | | | | | | | | 30 | 4/9 | 壬戌 | 6 | 2 | 30 | 3/10 | 壬辰 | 3 | 8 |

# 西元2062年（壬午）肖馬 民國151年（女艮命）

奇門遁甲局數如標示為 一 ～九表示陰局　　如標示為1 ～9 表示陽局

| 十二月 | | | | | 十一月 | | | | | 十月 | | | | | 九月 | | | | | 八月 | | | | | 七月 | | | | |
|---|---|---|---|---|---|---|---|---|---|---|---|---|---|---|---|---|---|---|---|---|---|---|---|---|---|---|---|---|---|
| 癸丑 | | | | | 壬子 | | | | | 辛亥 | | | | | 庚戌 | | | | | 己酉 | | | | | 戊申 | | | | |
| 六白金 | | | | | 七赤金 | | | | | 八白土 | | | | | 九紫火 | | | | | 一白水 | | | | | 二黑土 | | | | |
| 大寒 09時26分 廿一巳時 | | 小寒 16時00分 初六申時 | 奇門遁甲局數 | | 冬至 22時45分 廿一亥時 | | 大雪 04時37分 初七寅時 | 奇門遁甲局數 | | 小雪 09時10分 廿二巳時 | | 立冬 11時25分 初七午時 | 奇門遁甲局數 | | 霜降 11時11分 廿一午時 | | 寒露 07時47分 初六辰時 | 奇門遁甲局數 | | 秋分 01時22分 廿一丑時 | | 白露 15時42分 初五申時 | 奇門遁甲局數 | | 處暑 03時26分 十九寅時 | | 立秋 12時31分 初三午時 | 奇門遁甲局數 | |
| 農曆 | 國曆 | 干支 | 時盤 | 日盤 | 農曆 | 國曆 | 干支 | 時盤 | 日盤 | 農曆 | 國曆 | 干支 | 時盤 | 日盤 | 農曆 | 國曆 | 干支 | 時盤 | 日盤 | 農曆 | 國曆 | 干支 | 時盤 | 日盤 | 農曆 | 國曆 | 干支 | 時盤 | 日盤 |
| 1 | 12/31 | 戊子 | 7 | 7 | 1 | 12/1 | 戊午 | 八 | 六 | 1 | 11/1 | 戊子 | 八 | 九 | 1 | 10/3 | 己未 | 四 | 二 | 1 | 9/3 | 己丑 | 七 | 五 | 1 | 8/5 | 庚申 | 四 | 七 |
| 2 | 1/1 | 己丑 | 4 | 8 | 2 | 12/2 | 己未 | 二 | 五 | 2 | 11/2 | 己丑 | 二 | 八 | 2 | 10/4 | 庚申 | 四 | 一 | 2 | 9/4 | 庚寅 | 七 | 四 | 2 | 8/6 | 辛酉 | 四 | 六 |
| 3 | 1/2 | 庚寅 | 4 | 9 | 3 | 12/3 | 庚申 | 二 | 四 | 3 | 11/3 | 庚寅 | 二 | 七 | 3 | 10/5 | 辛酉 | 四 | 九 | 3 | 9/5 | 辛卯 | 七 | 三 | 3 | 8/7 | 壬戌 | 四 | 五 |
| 4 | 1/3 | 辛卯 | 4 | 1 | 4 | 12/4 | 辛酉 | 二 | 三 | 4 | 11/4 | 辛卯 | 二 | 六 | 4 | 10/6 | 壬戌 | 四 | 八 | 4 | 9/6 | 壬辰 | 七 | 二 | 4 | 8/8 | 癸亥 | 四 | 四 |
| 5 | 1/4 | 壬辰 | 4 | 2 | 5 | 12/5 | 壬戌 | 二 | 二 | 5 | 11/5 | 壬辰 | 二 | 五 | 5 | 10/7 | 癸亥 | 四 | 七 | 5 | 9/7 | 癸巳 | 七 | 一 | 5 | 8/9 | 甲子 | 二 | 三 |
| 6 | 1/5 | 癸巳 | 4 | 3 | 6 | 12/6 | 癸亥 | 二 | 一 | 6 | 11/6 | 癸巳 | 二 | 四 | 6 | 10/8 | 甲子 | 六 | 六 | 6 | 9/8 | 甲午 | 九 | 九 | 6 | 8/10 | 乙丑 | 二 | 二 |
| 7 | 1/6 | 甲午 | 2 | 4 | 7 | 12/7 | 甲子 | 四 | 九 | 7 | 11/7 | 甲午 | 六 | 三 | 7 | 10/9 | 乙丑 | 六 | 五 | 7 | 9/9 | 乙未 | 九 | 八 | 7 | 8/11 | 丙寅 | 二 | 一 |
| 8 | 1/7 | 乙未 | 2 | 5 | 8 | 12/8 | 乙丑 | 四 | 八 | 8 | 11/8 | 乙未 | 六 | 二 | 8 | 10/10 | 丙寅 | 六 | 四 | 8 | 9/10 | 丙申 | 九 | 七 | 8 | 8/12 | 丁卯 | 二 | 九 |
| 9 | 1/8 | 丙申 | 2 | 6 | 9 | 12/9 | 丙寅 | 四 | 七 | 9 | 11/9 | 丙申 | 六 | 一 | 9 | 10/11 | 丁卯 | 六 | 三 | 9 | 9/11 | 丁酉 | 九 | 六 | 9 | 8/13 | 戊辰 | 二 | 八 |
| 10 | 1/9 | 丁酉 | 2 | 7 | 10 | 12/10 | 丁卯 | 四 | 六 | 10 | 11/10 | 丁酉 | 六 | 九 | 10 | 10/12 | 戊辰 | 六 | 二 | 10 | 9/12 | 戊戌 | 九 | 五 | 10 | 8/14 | 己巳 | 五 | 七 |
| 11 | 1/10 | 戊戌 | 2 | 8 | 11 | 12/11 | 戊辰 | 四 | 五 | 11 | 11/11 | 戊戌 | 六 | 八 | 11 | 10/13 | 己巳 | 九 | 一 | 11 | 9/13 | 己亥 | 三 | 四 | 11 | 8/15 | 庚午 | 五 | 六 |
| 12 | 1/11 | 己亥 | 8 | 9 | 12 | 12/12 | 己巳 | 七 | 四 | 12 | 11/12 | 己亥 | 九 | 七 | 12 | 10/14 | 庚午 | 九 | 九 | 12 | 9/14 | 庚子 | 三 | 三 | 12 | 8/16 | 辛未 | 五 | 五 |
| 13 | 1/12 | 庚子 | 8 | 1 | 13 | 12/13 | 庚午 | 七 | 三 | 13 | 11/13 | 庚子 | 九 | 六 | 13 | 10/15 | 辛未 | 九 | 八 | 13 | 9/15 | 辛丑 | 三 | 二 | 13 | 8/17 | 壬申 | 五 | 四 |
| 14 | 1/13 | 辛丑 | 8 | 2 | 14 | 12/14 | 辛未 | 七 | 二 | 14 | 11/14 | 辛丑 | 九 | 五 | 14 | 10/16 | 壬申 | 九 | 七 | 14 | 9/16 | 壬寅 | 三 | 一 | 14 | 8/18 | 癸酉 | 五 | 三 |
| 15 | 1/14 | 壬寅 | 8 | 3 | 15 | 12/15 | 壬申 | 七 | 一 | 15 | 11/15 | 壬寅 | 九 | 四 | 15 | 10/17 | 癸酉 | 九 | 六 | 15 | 9/17 | 癸卯 | 三 | 九 | 15 | 8/19 | 甲戌 | 八 | 二 |
| 16 | 1/15 | 癸卯 | 8 | 4 | 16 | 12/16 | 癸酉 | 七 | 九 | 16 | 11/16 | 癸卯 | 九 | 三 | 16 | 10/18 | 甲戌 | 三 | 五 | 16 | 9/18 | 甲辰 | 六 | 八 | 16 | 8/20 | 乙亥 | 八 | 一 |
| 17 | 1/16 | 甲辰 | 5 | 5 | 17 | 12/17 | 甲戌 | 一 | 八 | 17 | 11/17 | 甲辰 | 三 | 二 | 17 | 10/19 | 乙亥 | 三 | 四 | 17 | 9/19 | 乙巳 | 六 | 七 | 17 | 8/21 | 丙子 | 八 | 九 |
| 18 | 1/17 | 乙巳 | 5 | 6 | 18 | 12/18 | 乙亥 | 一 | 七 | 18 | 11/18 | 乙巳 | 三 | 一 | 18 | 10/20 | 丙子 | 三 | 三 | 18 | 9/20 | 丙午 | 六 | 六 | 18 | 8/22 | 丁丑 | 八 | 八 |
| 19 | 1/18 | 丙午 | 5 | 7 | 19 | 12/19 | 丙子 | 一 | 六 | 19 | 11/19 | 丙午 | 三 | 九 | 19 | 10/21 | 丁丑 | 三 | 二 | 19 | 9/21 | 丁未 | 六 | 五 | 19 | 8/23 | 戊寅 | 八 | 七 |
| 20 | 1/19 | 丁未 | 5 | 8 | 20 | 12/20 | 丁丑 | 一 | 五 | 20 | 11/20 | 丁未 | 三 | 八 | 20 | 10/22 | 戊寅 | 三 | 一 | 20 | 9/22 | 戊申 | 六 | 四 | 20 | 8/24 | 己卯 | 一 | 六 |
| 21 | 1/20 | 戊申 | 5 | 9 | 21 | 12/21 | 戊寅 | 一 | 6 | 21 | 11/21 | 戊申 | 三 | 七 | 21 | 10/23 | 己卯 | 五 | 九 | 21 | 9/23 | 己酉 | 七 | 三 | 21 | 8/25 | 庚辰 | 一 | 五 |
| 22 | 1/21 | 己酉 | 3 | 1 | 22 | 12/22 | 己卯 | 1 | 7 | 22 | 11/22 | 己酉 | 五 | 六 | 22 | 10/24 | 庚辰 | 五 | 八 | 22 | 9/24 | 庚戌 | 七 | 二 | 22 | 8/26 | 辛巳 | 一 | 四 |
| 23 | 1/22 | 庚戌 | 3 | 2 | 23 | 12/23 | 庚辰 | 1 | 8 | 23 | 11/23 | 庚戌 | 五 | 五 | 23 | 10/25 | 辛巳 | 五 | 七 | 23 | 9/25 | 辛亥 | 七 | 一 | 23 | 8/27 | 壬午 | 一 | 三 |
| 24 | 1/23 | 辛亥 | 3 | 3 | 24 | 12/24 | 辛巳 | 1 | 9 | 24 | 11/24 | 辛亥 | 五 | 四 | 24 | 10/26 | 壬午 | 五 | 六 | 24 | 9/26 | 壬子 | 七 | 九 | 24 | 8/28 | 癸未 | 一 | 二 |
| 25 | 1/24 | 壬子 | 3 | 4 | 25 | 12/25 | 壬午 | 1 | 1 | 25 | 11/25 | 壬子 | 五 | 三 | 25 | 10/27 | 癸未 | 五 | 五 | 25 | 9/27 | 癸丑 | 七 | 八 | 25 | 8/29 | 甲申 | 四 | 一 |
| 26 | 1/25 | 癸丑 | 3 | 5 | 26 | 12/26 | 癸未 | 1 | 2 | 26 | 11/26 | 癸丑 | 五 | 二 | 26 | 10/28 | 甲申 | 八 | 四 | 26 | 9/28 | 甲寅 | 一 | 七 | 26 | 8/30 | 乙酉 | 四 | 九 |
| 27 | 1/26 | 甲寅 | 9 | 6 | 27 | 12/27 | 甲申 | 7 | 3 | 27 | 11/27 | 甲寅 | 八 | 一 | 27 | 10/29 | 乙酉 | 八 | 三 | 27 | 9/29 | 乙卯 | 一 | 六 | 27 | 8/31 | 丙戌 | 四 | 八 |
| 28 | 1/27 | 乙卯 | 9 | 7 | 28 | 12/28 | 乙酉 | 7 | 4 | 28 | 11/28 | 乙卯 | 八 | 九 | 28 | 10/30 | 丙戌 | 八 | 二 | 28 | 9/30 | 丙辰 | 一 | 五 | 28 | 9/1 | 丁亥 | 四 | 七 |
| 29 | 1/28 | 丙辰 | 9 | 8 | 29 | 12/29 | 丙戌 | 7 | 5 | 29 | 11/29 | 丙辰 | 八 | 八 | 29 | 10/31 | 丁亥 | 八 | 一 | 29 | 10/1 | 丁巳 | 一 | 四 | 29 | 9/2 | 戊子 | 四 | 六 |
| | | | | | 30 | 12/30 | 丁亥 | 7 | 6 | 30 | 11/30 | 丁巳 | 八 | 七 | | | | | | 30 | 10/2 | 戊午 | 一 | 三 | | | | | |

# 西元2063年（癸未）肖羊 民國152年（男離命）

奇門遁甲局數如標示為 一 ～九表示陰局　　如標示為1 ～9 表示陽局

| 六月 | | | | | 五月 | | | | | 四月 | | | | | 三月 | | | | | 二月 | | | | | 正月 | | | | |
|---|---|---|---|---|---|---|---|---|---|---|---|---|---|---|---|---|---|---|---|---|---|---|---|---|---|---|---|---|---|
| 己未 | | | | | 戊午 | | | | | 丁巳 | | | | | 丙辰 | | | | | 乙卯 | | | | | 甲寅 | | | | |
| 九紫火 | | | | | 一白水 | | | | | 二黑土 | | | | | 三碧木 | | | | | 四綠木 | | | | | 五黃土 | | | | |
| 大暑 01時55分 廿八丑時 | | 小暑 08時28分 十二辰時 | 奇門遁甲局數 | | 夏至 15時04分 廿五申時 | | 芒種 22時19分 初九亥時 | 奇門遁甲局數 | | 小滿 07時22分 廿四辰時 | | 立夏 18時31分 初八酉時 | 奇門遁甲局數 | | 穀雨 08時37分 廿二辰時 | | 清明 01時39分 初七丑時 | 奇門遁甲局數 | | 春分 22時10分 廿一亥時 | | 驚蟄 21時17分 初六亥時 | 奇門遁甲局數 | | 雨水 23時24分 廿一子時 | | 立春 03時34分 初七寅時 | 奇門遁甲局數 | |
| 農曆 | 國曆 | 干支 | 時盤 | 日盤 | 農曆 | 國曆 | 干支 | 時盤 | 日盤 | 農曆 | 國曆 | 干支 | 時盤 | 日盤 | 農曆 | 國曆 | 干支 | 時盤 | 日盤 | 農曆 | 國曆 | 干支 | 時盤 | 日盤 | 農曆 | 國曆 | 干支 | 時盤 | 日盤 |
| 1 | 6/26 | 乙酉 | 三 | 六 | 1 | 5/28 | 丙辰 | 2 | 2 | 1 | 4/28 | 丙戌 | 2 | 8 | 1 | 3/30 | 丁巳 | 9 | 6 | 1 | 2/28 | 丁亥 | 6 | 3 | 1 | 1/29 | 丁巳 | 9 | 9 |
| 2 | 6/27 | 丙戌 | 三 | 五 | 2 | 5/29 | 丁巳 | 2 | 3 | 2 | 4/29 | 丁亥 | 2 | 9 | 2 | 3/31 | 戊午 | 9 | 7 | 2 | 3/1 | 戊子 | 6 | 4 | 2 | 1/30 | 戊午 | 9 | 1 |
| 3 | 6/28 | 丁亥 | 三 | 四 | 3 | 5/30 | 戊午 | 2 | 4 | 3 | 4/30 | 戊子 | 2 | 1 | 3 | 4/1 | 己未 | 6 | 8 | 3 | 3/2 | 己丑 | 3 | 5 | 3 | 1/31 | 己未 | 6 | 2 |
| 4 | 6/29 | 戊子 | 三 | 三 | 4 | 5/31 | 己未 | 8 | 5 | 4 | 5/1 | 己丑 | 8 | 2 | 4 | 4/2 | 庚申 | 6 | 9 | 4 | 3/3 | 庚寅 | 3 | 6 | 4 | 2/1 | 庚申 | 6 | 3 |
| 5 | 6/30 | 己丑 | 六 | 二 | 5 | 6/1 | 庚申 | 8 | 6 | 5 | 5/2 | 庚寅 | 8 | 3 | 5 | 4/3 | 辛酉 | 6 | 1 | 5 | 3/4 | 辛卯 | 3 | 7 | 5 | 2/2 | 辛酉 | 6 | 4 |
| 6 | 7/1 | 庚寅 | 六 | 一 | 6 | 6/2 | 辛酉 | 8 | 7 | 6 | 5/3 | 辛卯 | 8 | 4 | 6 | 4/4 | 壬戌 | 6 | 2 | 6 | 3/5 | 壬辰 | 3 | 8 | 6 | 2/3 | 壬戌 | 6 | 5 |
| 7 | 7/2 | 辛卯 | 六 | 九 | 7 | 6/3 | 壬戌 | 8 | 8 | 7 | 5/4 | 壬辰 | 8 | 5 | 7 | 4/5 | 癸亥 | 6 | 3 | 7 | 3/6 | 癸巳 | 3 | 9 | 7 | 2/4 | 癸亥 | 6 | 6 |
| 8 | 7/3 | 壬辰 | 六 | 八 | 8 | 6/4 | 癸亥 | 8 | 9 | 8 | 5/5 | 癸巳 | 8 | 6 | 8 | 4/6 | 甲子 | 4 | 4 | 8 | 3/7 | 甲午 | 1 | 1 | 8 | 2/5 | 甲子 | 8 | 7 |
| 9 | 7/4 | 癸巳 | 六 | 七 | 9 | 6/5 | 甲子 | 6 | 1 | 9 | 5/6 | 甲午 | 4 | 7 | 9 | 4/7 | 乙丑 | 4 | 5 | 9 | 3/8 | 乙未 | 1 | 2 | 9 | 2/6 | 乙丑 | 8 | 8 |
| 10 | 7/5 | 甲午 | 八 | 六 | 10 | 6/6 | 乙丑 | 6 | 2 | 10 | 5/7 | 乙未 | 4 | 8 | 10 | 4/8 | 丙寅 | 4 | 6 | 10 | 3/9 | 丙申 | 1 | 3 | 10 | 2/7 | 丙寅 | 8 | 9 |
| 11 | 7/6 | 乙未 | 八 | 五 | 11 | 6/7 | 丙寅 | 6 | 3 | 11 | 5/8 | 丙申 | 4 | 9 | 11 | 4/9 | 丁卯 | 4 | 7 | 11 | 3/10 | 丁酉 | 1 | 4 | 11 | 2/8 | 丁卯 | 8 | 1 |
| 12 | 7/7 | 丙申 | 八 | 四 | 12 | 6/8 | 丁卯 | 6 | 4 | 12 | 5/9 | 丁酉 | 4 | 1 | 12 | 4/10 | 戊辰 | 4 | 8 | 12 | 3/11 | 戊戌 | 1 | 5 | 12 | 2/9 | 戊辰 | 8 | 2 |
| 13 | 7/8 | 丁酉 | 八 | 三 | 13 | 6/9 | 戊辰 | 6 | 5 | 13 | 5/10 | 戊戌 | 4 | 2 | 13 | 4/11 | 己巳 | 1 | 9 | 13 | 3/12 | 己亥 | 7 | 6 | 13 | 2/10 | 己巳 | 5 | 3 |
| 14 | 7/9 | 戊戌 | 八 | 二 | 14 | 6/10 | 己巳 | 3 | 6 | 14 | 5/11 | 己亥 | 1 | 3 | 14 | 4/12 | 庚午 | 1 | 1 | 14 | 3/13 | 庚子 | 7 | 7 | 14 | 2/11 | 庚午 | 5 | 4 |
| 15 | 7/10 | 己亥 | 二 | 一 | 15 | 6/11 | 庚午 | 3 | 7 | 15 | 5/12 | 庚子 | 1 | 4 | 15 | 4/13 | 辛未 | 1 | 2 | 15 | 3/14 | 辛丑 | 7 | 8 | 15 | 2/12 | 辛未 | 5 | 5 |
| 16 | 7/11 | 庚子 | 二 | 九 | 16 | 6/12 | 辛未 | 3 | 8 | 16 | 5/13 | 辛丑 | 1 | 5 | 16 | 4/14 | 壬申 | 1 | 3 | 16 | 3/15 | 壬寅 | 7 | 9 | 16 | 2/13 | 壬申 | 5 | 6 |
| 17 | 7/12 | 辛丑 | 二 | 八 | 17 | 6/13 | 壬申 | 3 | 9 | 17 | 5/14 | 壬寅 | 1 | 6 | 17 | 4/15 | 癸酉 | 1 | 4 | 17 | 3/16 | 癸卯 | 7 | 1 | 17 | 2/14 | 癸酉 | 5 | 7 |
| 18 | 7/13 | 壬寅 | 二 | 七 | 18 | 6/14 | 癸酉 | 3 | 1 | 18 | 5/15 | 癸卯 | 1 | 7 | 18 | 4/16 | 甲戌 | 7 | 5 | 18 | 3/17 | 甲辰 | 4 | 2 | 18 | 2/15 | 甲戌 | 2 | 8 |
| 19 | 7/14 | 癸卯 | 二 | 六 | 19 | 6/15 | 甲戌 | 9 | 2 | 19 | 5/16 | 甲辰 | 7 | 8 | 19 | 4/17 | 乙亥 | 7 | 6 | 19 | 3/18 | 乙巳 | 4 | 3 | 19 | 2/16 | 乙亥 | 2 | 9 |
| 20 | 7/15 | 甲辰 | 五 | 五 | 20 | 6/16 | 乙亥 | 9 | 3 | 20 | 5/17 | 乙巳 | 7 | 9 | 20 | 4/18 | 丙子 | 7 | 7 | 20 | 3/19 | 丙午 | 4 | 4 | 20 | 2/17 | 丙子 | 2 | 1 |
| 21 | 7/16 | 乙巳 | 五 | 四 | 21 | 6/17 | 丙子 | 9 | 4 | 21 | 5/18 | 丙午 | 7 | 1 | 21 | 4/19 | 丁丑 | 7 | 8 | 21 | 3/20 | 丁未 | 4 | 5 | 21 | 2/18 | 丁丑 | 2 | 2 |
| 22 | 7/17 | 丙午 | 五 | 三 | 22 | 6/18 | 丁丑 | 9 | 5 | 22 | 5/19 | 丁未 | 7 | 2 | 22 | 4/20 | 戊寅 | 7 | 9 | 22 | 3/21 | 戊申 | 4 | 6 | 22 | 2/19 | 戊寅 | 2 | 3 |
| 23 | 7/18 | 丁未 | 五 | 二 | 23 | 6/19 | 戊寅 | 9 | 6 | 23 | 5/20 | 戊申 | 7 | 3 | 23 | 4/21 | 己卯 | 5 | 1 | 23 | 3/22 | 己酉 | 3 | 7 | 23 | 2/20 | 己卯 | 9 | 4 |
| 24 | 7/19 | 戊申 | 五 | 一 | 24 | 6/20 | 己卯 | 九 | 7 | 24 | 5/21 | 己酉 | 5 | 4 | 24 | 4/22 | 庚辰 | 5 | 2 | 24 | 3/23 | 庚戌 | 3 | 8 | 24 | 2/21 | 庚辰 | 9 | 5 |
| 25 | 7/20 | 己酉 | 七 | 九 | 25 | 6/21 | 庚辰 | 九 | 二 | 25 | 5/22 | 庚戌 | 5 | 5 | 25 | 4/23 | 辛巳 | 5 | 3 | 25 | 3/24 | 辛亥 | 3 | 9 | 25 | 2/22 | 辛巳 | 9 | 6 |
| 26 | 7/21 | 庚戌 | 七 | 八 | 26 | 6/22 | 辛巳 | 九 | 一 | 26 | 5/23 | 辛亥 | 5 | 6 | 26 | 4/24 | 壬午 | 5 | 4 | 26 | 3/25 | 壬子 | 3 | 1 | 26 | 2/23 | 壬午 | 9 | 7 |
| 27 | 7/22 | 辛亥 | 七 | 七 | 27 | 6/23 | 壬午 | 九 | 九 | 27 | 5/24 | 壬子 | 5 | 7 | 27 | 4/25 | 癸未 | 5 | 5 | 27 | 3/26 | 癸丑 | 3 | 2 | 27 | 2/24 | 癸未 | 9 | 8 |
| 28 | 7/23 | 壬子 | 七 | 六 | 28 | 6/24 | 癸未 | 九 | 八 | 28 | 5/25 | 癸丑 | 5 | 8 | 28 | 4/26 | 甲申 | 2 | 6 | 28 | 3/27 | 甲寅 | 9 | 3 | 28 | 2/25 | 甲申 | 6 | 9 |
| 29 | 7/24 | 癸丑 | 七 | 五 | 29 | 6/25 | 甲申 | 三 | 七 | 29 | 5/26 | 甲寅 | 2 | 9 | 29 | 4/27 | 乙酉 | 2 | 7 | 29 | 3/28 | 乙卯 | 9 | 4 | 29 | 2/26 | 乙酉 | 6 | 1 |
| 30 | 7/25 | 甲寅 | 一 | 四 | | | | | | 30 | 5/27 | 乙卯 | 2 | 1 | | | | | | 30 | 3/29 | 丙辰 | 9 | 5 | 30 | 2/27 | 丙戌 | 6 | 2 |

# 西元2063年（癸未）肖羊 民國152年（女乾命）

奇門遁甲局數如標示為 一 ～九表示陰局　　如標示為1 ～9 表示陽局

| 十二月 | | | | |
|---|---|---|---|---|
| 乙丑 | | | | |
| 三碧木 | | | | |
| 立春 09時17分 十八巳時 | 大寒 15時41分 初三申時 | 奇門遁甲局數 | | |
| 農曆 | 國曆 | 干支 | 時盤 | 日盤 |
| 1 | 1/18 | 辛亥 | 3 | 3 |
| 2 | 1/19 | 壬子 | 3 | 4 |
| 3 | 1/20 | 癸丑 | 3 | 5 |
| 4 | 1/21 | 甲寅 | 9 | 6 |
| 5 | 1/22 | 乙卯 | 9 | 7 |
| 6 | 1/23 | 丙辰 | 9 | 8 |
| 7 | 1/24 | 丁巳 | 9 | 9 |
| 8 | 1/25 | 戊午 | 9 | 1 |
| 9 | 1/26 | 己未 | 6 | 2 |
| 10 | 1/27 | 庚申 | 6 | 3 |
| 11 | 1/28 | 辛酉 | 6 | 4 |
| 12 | 1/29 | 壬戌 | 6 | 5 |
| 13 | 1/30 | 癸亥 | 6 | 6 |
| 14 | 1/31 | 甲子 | 8 | 7 |
| 15 | 2/1 | 乙丑 | 8 | 8 |
| 16 | 2/2 | 丙寅 | 8 | 9 |
| 17 | 2/3 | 丁卯 | 8 | 1 |
| 18 | 2/4 | 戊辰 | 8 | 2 |
| 19 | 2/5 | 己巳 | 5 | 3 |
| 20 | 2/6 | 庚午 | 5 | 4 |
| 21 | 2/7 | 辛未 | 5 | 5 |
| 22 | 2/8 | 壬申 | 5 | 6 |
| 23 | 2/9 | 癸酉 | 5 | 7 |
| 24 | 2/10 | 甲戌 | 2 | 8 |
| 25 | 2/11 | 乙亥 | 2 | 9 |
| 26 | 2/12 | 丙子 | 2 | 1 |
| 27 | 2/13 | 丁丑 | 2 | 2 |
| 28 | 2/14 | 戊寅 | 2 | 3 |
| 29 | 2/15 | 己卯 | 9 | 4 |
| 30 | 2/16 | 庚辰 | 9 | 5 |

| 十一月 | | | | |
|---|---|---|---|---|
| 甲子 | | | | |
| 四綠木 | | | | |
| 小寒 21時44分 十七亥時 | 冬至 04時24分 初三寅時 | 奇門遁甲局數 | | |
| 農曆 | 國曆 | 干支 | 時盤 | 日盤 |
| 1 | 12/20 | 壬午 | 1 | 九 |
| 2 | 12/21 | 癸未 | 1 | 八 |
| 3 | 12/22 | 甲申 | 7 | 3 |
| 4 | 12/23 | 乙酉 | 7 | 4 |
| 5 | 12/24 | 丙戌 | 7 | 5 |
| 6 | 12/25 | 丁亥 | 7 | 6 |
| 7 | 12/26 | 戊子 | 7 | 7 |
| 8 | 12/27 | 己丑 | 4 | 8 |
| 9 | 12/28 | 庚寅 | 4 | 9 |
| 10 | 12/29 | 辛卯 | 4 | 1 |
| 11 | 12/30 | 壬辰 | 4 | 2 |
| 12 | 12/31 | 癸巳 | 4 | 3 |
| 13 | 1/1 | 甲午 | 2 | 4 |
| 14 | 1/2 | 乙未 | 2 | 5 |
| 15 | 1/3 | 丙申 | 2 | 6 |
| 16 | 1/4 | 丁酉 | 2 | 7 |
| 17 | 1/5 | 戊戌 | 2 | 8 |
| 18 | 1/6 | 己亥 | 8 | 9 |
| 19 | 1/7 | 庚子 | 8 | 1 |
| 20 | 1/8 | 辛丑 | 8 | 2 |
| 21 | 1/9 | 壬寅 | 8 | 3 |
| 22 | 1/10 | 癸卯 | 8 | 4 |
| 23 | 1/11 | 甲辰 | 5 | 5 |
| 24 | 1/12 | 乙巳 | 5 | 6 |
| 25 | 1/13 | 丙午 | 5 | 7 |
| 26 | 1/14 | 丁未 | 5 | 8 |
| 27 | 1/15 | 戊申 | 5 | 9 |
| 28 | 1/16 | 己酉 | 3 | 1 |
| 29 | 1/17 | 庚戌 | 3 | 2 |

| 十月 | | | | |
|---|---|---|---|---|
| 癸亥 | | | | |
| 五黃土 | | | | |
| 大雪 10時23分 十八巳時 | 小雪 14時51分 初三未時 | 奇門遁甲局數 | | |
| 農曆 | 國曆 | 干支 | 時盤 | 日盤 |
| 1 | 11/20 | 壬子 | 五 | 三 |
| 2 | 11/21 | 癸丑 | 五 | 二 |
| 3 | 11/22 | 甲寅 | 八 | 一 |
| 4 | 11/23 | 乙卯 | 八 | 九 |
| 5 | 11/24 | 丙辰 | 八 | 八 |
| 6 | 11/25 | 丁巳 | 八 | 七 |
| 7 | 11/26 | 戊午 | 八 | 六 |
| 8 | 11/27 | 己未 | 二 | 五 |
| 9 | 11/28 | 庚申 | 二 | 四 |
| 10 | 11/29 | 辛酉 | 二 | 三 |
| 11 | 11/30 | 壬戌 | 二 | 二 |
| 12 | 12/1 | 癸亥 | 二 | 一 |
| 13 | 12/2 | 甲子 | 四 | 九 |
| 14 | 12/3 | 乙丑 | 四 | 八 |
| 15 | 12/4 | 丙寅 | 四 | 七 |
| 16 | 12/5 | 丁卯 | 四 | 六 |
| 17 | 12/6 | 戊辰 | 四 | 五 |
| 18 | 12/7 | 己巳 | 七 | 四 |
| 19 | 12/8 | 庚午 | 七 | 三 |
| 20 | 12/9 | 辛未 | 七 | 二 |
| 21 | 12/10 | 壬申 | 七 | 一 |
| 22 | 12/11 | 癸酉 | 七 | 九 |
| 23 | 12/12 | 甲戌 | 一 | 八 |
| 24 | 12/13 | 乙亥 | 一 | 七 |
| 25 | 12/14 | 丙子 | 一 | 六 |
| 26 | 12/15 | 丁丑 | 一 | 五 |
| 27 | 12/16 | 戊寅 | 一 | 四 |
| 28 | 12/17 | 己卯 | 1 | 三 |
| 29 | 12/18 | 庚辰 | 1 | 二 |
| 30 | 12/19 | 辛巳 | 1 | 一 |

| 九月 | | | | |
|---|---|---|---|---|
| 壬戌 | | | | |
| 六白金 | | | | |
| 立冬 17時14分 十七酉時 | 霜降 16時56分 初二申時 | 奇門遁甲局數 | | |
| 農曆 | 國曆 | 干支 | 時盤 | 日盤 |
| 1 | 10/22 | 癸未 | 五 | 五 |
| 2 | 10/23 | 甲申 | 八 | 四 |
| 3 | 10/24 | 乙酉 | 八 | 三 |
| 4 | 10/25 | 丙戌 | 八 | 二 |
| 5 | 10/26 | 丁亥 | 八 | 一 |
| 6 | 10/27 | 戊子 | 八 | 九 |
| 7 | 10/28 | 己丑 | 二 | 八 |
| 8 | 10/29 | 庚寅 | 二 | 七 |
| 9 | 10/30 | 辛卯 | 二 | 六 |
| 10 | 10/31 | 壬辰 | 二 | 五 |
| 11 | 11/1 | 癸巳 | 二 | 四 |
| 12 | 11/2 | 甲午 | 六 | 三 |
| 13 | 11/3 | 乙未 | 六 | 二 |
| 14 | 11/4 | 丙申 | 六 | 一 |
| 15 | 11/5 | 丁酉 | 六 | 九 |
| 16 | 11/6 | 戊戌 | 六 | 八 |
| 17 | 11/7 | 己亥 | 九 | 七 |
| 18 | 11/8 | 庚子 | 九 | 六 |
| 19 | 11/9 | 辛丑 | 九 | 五 |
| 20 | 11/10 | 壬寅 | 九 | 四 |
| 21 | 11/11 | 癸卯 | 九 | 三 |
| 22 | 11/12 | 甲辰 | 三 | 二 |
| 23 | 11/13 | 乙巳 | 三 | 一 |
| 24 | 11/14 | 丙午 | 三 | 九 |
| 25 | 11/15 | 丁未 | 三 | 八 |
| 26 | 11/16 | 戊申 | 三 | 七 |
| 27 | 11/17 | 己酉 | 五 | 六 |
| 28 | 11/18 | 庚戌 | 五 | 五 |
| 29 | 11/19 | 辛亥 | 五 | 四 |

| 八月 | | | | |
|---|---|---|---|---|
| 辛酉 | | | | |
| 七赤金 | | | | |
| 寒露 13時39分 十七未時 | 秋分 07時11分 初二辰時 | 奇門遁甲局數 | | |
| 農曆 | 國曆 | 干支 | 時盤 | 日盤 |
| 1 | 9/22 | 癸丑 | 七 | 八 |
| 2 | 9/23 | 甲寅 | 一 | 七 |
| 3 | 9/24 | 乙卯 | 一 | 六 |
| 4 | 9/25 | 丙辰 | 一 | 五 |
| 5 | 9/26 | 丁巳 | 一 | 四 |
| 6 | 9/27 | 戊午 | 一 | 三 |
| 7 | 9/28 | 己未 | 四 | 二 |
| 8 | 9/29 | 庚申 | 四 | 一 |
| 9 | 9/30 | 辛酉 | 四 | 九 |
| 10 | 10/1 | 壬戌 | 四 | 八 |
| 11 | 10/2 | 癸亥 | 四 | 七 |
| 12 | 10/3 | 甲子 | 六 | 六 |
| 13 | 10/4 | 乙丑 | 六 | 五 |
| 14 | 10/5 | 丙寅 | 六 | 四 |
| 15 | 10/6 | 丁卯 | 六 | 三 |
| 16 | 10/7 | 戊辰 | 六 | 二 |
| 17 | 10/8 | 己巳 | 九 | 一 |
| 18 | 10/9 | 庚午 | 九 | 九 |
| 19 | 10/10 | 辛未 | 九 | 八 |
| 20 | 10/11 | 壬申 | 九 | 七 |
| 21 | 10/12 | 癸酉 | 九 | 六 |
| 22 | 10/13 | 甲戌 | 三 | 五 |
| 23 | 10/14 | 乙亥 | 三 | 四 |
| 24 | 10/15 | 丙子 | 三 | 三 |
| 25 | 10/16 | 丁丑 | 三 | 二 |
| 26 | 10/17 | 戊寅 | 三 | 一 |
| 27 | 10/18 | 己卯 | 五 | 九 |
| 28 | 10/19 | 庚辰 | 五 | 八 |
| 29 | 10/20 | 辛巳 | 五 | 七 |
| 30 | 10/21 | 壬午 | 五 | 六 |

| 潤七月 | | | | |
|---|---|---|---|---|
| 辛酉 | | | | |
| | | | | |
| 白露 21時36分 十五亥時 | | 奇門遁甲局數 | | |
| 農曆 | 國曆 | 干支 | 時盤 | 日盤 |
| 1 | 8/24 | 甲申 | 四 | 一 |
| 2 | 8/25 | 乙酉 | 四 | 九 |
| 3 | 8/26 | 丙戌 | 四 | 八 |
| 4 | 8/27 | 丁亥 | 四 | 七 |
| 5 | 8/28 | 戊子 | 四 | 六 |
| 6 | 8/29 | 己丑 | 七 | 五 |
| 7 | 8/30 | 庚寅 | 七 | 四 |
| 8 | 8/31 | 辛卯 | 七 | 三 |
| 9 | 9/1 | 壬辰 | 七 | 二 |
| 10 | 9/2 | 癸巳 | 七 | 一 |
| 11 | 9/3 | 甲午 | 九 | 九 |
| 12 | 9/4 | 乙未 | 九 | 八 |
| 13 | 9/5 | 丙申 | 九 | 七 |
| 14 | 9/6 | 丁酉 | 九 | 六 |
| 15 | 9/7 | 戊戌 | 九 | 五 |
| 16 | 9/8 | 己亥 | 三 | 四 |
| 17 | 9/9 | 庚子 | 三 | 三 |
| 18 | 9/10 | 辛丑 | 三 | 二 |
| 19 | 9/11 | 壬寅 | 三 | 一 |
| 20 | 9/12 | 癸卯 | 三 | 九 |
| 21 | 9/13 | 甲辰 | 六 | 八 |
| 22 | 9/14 | 乙巳 | 六 | 七 |
| 23 | 9/15 | 丙午 | 六 | 六 |
| 24 | 9/16 | 丁未 | 六 | 五 |
| 25 | 9/17 | 戊申 | 六 | 四 |
| 26 | 9/18 | 己酉 | 七 | 三 |
| 27 | 9/19 | 庚戌 | 七 | 二 |
| 28 | 9/20 | 辛亥 | 七 | 一 |
| 29 | 9/21 | 壬子 | 七 | 九 |

| 七月 | | | | |
|---|---|---|---|---|
| 庚申 | | | | |
| 八白土 | | | | |
| 處暑 09時11分 廿九巳時 | 立秋 18時22分 十三酉時 | 奇門遁甲局數 | | |
| 農曆 | 國曆 | 干支 | 時盤 | 日盤 |
| 1 | 7/26 | 乙卯 | 一 | 三 |
| 2 | 7/27 | 丙辰 | 一 | 二 |
| 3 | 7/28 | 丁巳 | 一 | 一 |
| 4 | 7/29 | 戊午 | 一 | 九 |
| 5 | 7/30 | 己未 | 四 | 八 |
| 6 | 7/31 | 庚申 | 四 | 七 |
| 7 | 8/1 | 辛酉 | 四 | 六 |
| 8 | 8/2 | 壬戌 | 四 | 五 |
| 9 | 8/3 | 癸亥 | 四 | 四 |
| 10 | 8/4 | 甲子 | 二 | 三 |
| 11 | 8/5 | 乙丑 | 二 | 二 |
| 12 | 8/6 | 丙寅 | 二 | 一 |
| 13 | 8/7 | 丁卯 | 二 | 九 |
| 14 | 8/8 | 戊辰 | 二 | 八 |
| 15 | 8/9 | 己巳 | 五 | 七 |
| 16 | 8/10 | 庚午 | 五 | 六 |
| 17 | 8/11 | 辛未 | 五 | 五 |
| 18 | 8/12 | 壬申 | 五 | 四 |
| 19 | 8/13 | 癸酉 | 五 | 三 |
| 20 | 8/14 | 甲戌 | 八 | 二 |
| 21 | 8/15 | 乙亥 | 八 | 一 |
| 22 | 8/16 | 丙子 | 八 | 九 |
| 23 | 8/17 | 丁丑 | 八 | 八 |
| 24 | 8/18 | 戊寅 | 八 | 七 |
| 25 | 8/19 | 己卯 | 一 | 六 |
| 26 | 8/20 | 庚辰 | 一 | 五 |
| 27 | 8/21 | 辛巳 | 一 | 四 |
| 28 | 8/22 | 壬午 | 一 | 三 |
| 29 | 8/23 | 癸未 | 一 | 二 |

# 西元2064年（甲申）肖猴 民國153年（男艮命）

奇門遁甲局數如標示為 一 ～九表示陰局　　如標示為1 ～9 表示陽局

| 六月 | | | | | 五月 | | | | | 四月 | | | | | 三月 | | | | | 二月 | | | | | 正月 | | | | |
|---|---|---|---|---|---|---|---|---|---|---|---|---|---|---|---|---|---|---|---|---|---|---|---|---|---|---|---|---|---|
| 辛未 | | | | | 庚午 | | | | | 己巳 | | | | | 戊辰 | | | | | 丁卯 | | | | | 丙寅 | | | | |
| 六白金 | | | | | 七赤金 | | | | | 八白土 | | | | | 九紫火 | | | | | 一白水 | | | | | 二黑土 | | | | |
| 立秋 00時17分 廿五子時 | | 大暑 07時42分 初九辰時 | 奇門遁甲局數 | | 小暑 14時22分 廿二未時 | | 夏至 20時48分 初六戌時 | 奇門遁甲局數 | | 芒種 04時12分 廿一寅時 | | 小滿 13時24分 初五未時 | 奇門遁甲局數 | | 立夏 00時21分 十九子時 | | 穀雨 14時18分 初三未時 | 奇門遁甲局數 | | 清明 07時27分 十八辰時 | | 春分 03時41分 初三寅時 | 奇門遁甲局數 | | 驚蟄 03時20分 十八寅時 | | 雨水 05時12分 初三卯時 | 奇門遁甲局數 | |
| 農曆 | 國曆 | 干支 | 時盤 | 日盤 | 農曆 | 國曆 | 干支 | 時盤 | 日盤 | 農曆 | 國曆 | 干支 | 時盤 | 日盤 | 農曆 | 國曆 | 干支 | 時盤 | 日盤 | 農曆 | 國曆 | 干支 | 時盤 | 日盤 | 農曆 | 國曆 | 干支 | 時盤 | 日盤 |
| 1 | 7/14 | 己酉 | 七 | 九 | 1 | 6/15 | 庚辰 | 九 | 8 | 1 | 5/16 | 庚戌 | 5 | 5 | 1 | 4/17 | 辛巳 | 5 | 3 | 1 | 3/18 | 辛亥 | 3 | 9 | 1 | 2/17 | 辛巳 | 9 | 6 |
| 2 | 7/15 | 庚戌 | 七 | 八 | 2 | 6/16 | 辛巳 | 九 | 9 | 2 | 5/17 | 辛亥 | 5 | 6 | 2 | 4/18 | 壬午 | 5 | 4 | 2 | 3/19 | 壬子 | 3 | 1 | 2 | 2/18 | 壬午 | 9 | 7 |
| 3 | 7/16 | 辛亥 | 七 | 七 | 3 | 6/17 | 壬午 | 九 | 1 | 3 | 5/18 | 壬子 | 5 | 7 | 3 | 4/19 | 癸未 | 5 | 5 | 3 | 3/20 | 癸丑 | 3 | 2 | 3 | 2/19 | 癸未 | 9 | 8 |
| 4 | 7/17 | 壬子 | 七 | 六 | 4 | 6/18 | 癸未 | 九 | 2 | 4 | 5/19 | 癸丑 | 5 | 8 | 4 | 4/20 | 甲申 | 2 | 6 | 4 | 3/21 | 甲寅 | 9 | 3 | 4 | 2/20 | 甲申 | 6 | 9 |
| 5 | 7/18 | 癸丑 | 七 | 五 | 5 | 6/19 | 甲申 | 三 | 3 | 5 | 5/20 | 甲寅 | 2 | 9 | 5 | 4/21 | 乙酉 | 2 | 7 | 5 | 3/22 | 乙卯 | 9 | 4 | 5 | 2/21 | 乙酉 | 6 | 1 |
| 6 | 7/19 | 甲寅 | 一 | 四 | 6 | 6/20 | 乙酉 | 三 | 六 | 6 | 5/21 | 乙卯 | 2 | 1 | 6 | 4/22 | 丙戌 | 2 | 8 | 6 | 3/23 | 丙辰 | 9 | 5 | 6 | 2/22 | 丙戌 | 6 | 2 |
| 7 | 7/20 | 乙卯 | 一 | 三 | 7 | 6/21 | 丙戌 | 三 | 五 | 7 | 5/22 | 丙辰 | 2 | 2 | 7 | 4/23 | 丁亥 | 2 | 9 | 7 | 3/24 | 丁巳 | 9 | 6 | 7 | 2/23 | 丁亥 | 6 | 3 |
| 8 | 7/21 | 丙辰 | 一 | 二 | 8 | 6/22 | 丁亥 | 三 | 四 | 8 | 5/23 | 丁巳 | 2 | 3 | 8 | 4/24 | 戊子 | 2 | 1 | 8 | 3/25 | 戊午 | 9 | 7 | 8 | 2/24 | 戊子 | 6 | 4 |
| 9 | 7/22 | 丁巳 | 一 | 一 | 9 | 6/23 | 戊子 | 三 | 三 | 9 | 5/24 | 戊午 | 2 | 4 | 9 | 4/25 | 己丑 | 8 | 2 | 9 | 3/26 | 己未 | 6 | 8 | 9 | 2/25 | 己丑 | 3 | 5 |
| 10 | 7/23 | 戊午 | 一 | 九 | 10 | 6/24 | 己丑 | 六 | 二 | 10 | 5/25 | 己未 | 8 | 5 | 10 | 4/26 | 庚寅 | 8 | 3 | 10 | 3/27 | 庚申 | 6 | 9 | 10 | 2/26 | 庚寅 | 3 | 6 |
| 11 | 7/24 | 己未 | 四 | 八 | 11 | 6/25 | 庚寅 | 六 | 一 | 11 | 5/26 | 庚申 | 8 | 6 | 11 | 4/27 | 辛卯 | 8 | 4 | 11 | 3/28 | 辛酉 | 6 | 1 | 11 | 2/27 | 辛卯 | 3 | 7 |
| 12 | 7/25 | 庚申 | 四 | 七 | 12 | 6/26 | 辛卯 | 六 | 九 | 12 | 5/27 | 辛酉 | 8 | 7 | 12 | 4/28 | 壬辰 | 8 | 5 | 12 | 3/29 | 壬戌 | 6 | 2 | 12 | 2/28 | 壬辰 | 3 | 8 |
| 13 | 7/26 | 辛酉 | 四 | 六 | 13 | 6/27 | 壬辰 | 六 | 八 | 13 | 5/28 | 壬戌 | 8 | 8 | 13 | 4/29 | 癸巳 | 8 | 6 | 13 | 3/30 | 癸亥 | 6 | 3 | 13 | 2/29 | 癸巳 | 3 | 9 |
| 14 | 7/27 | 壬戌 | 四 | 五 | 14 | 6/28 | 癸巳 | 六 | 七 | 14 | 5/29 | 癸亥 | 8 | 9 | 14 | 4/30 | 甲午 | 4 | 7 | 14 | 3/31 | 甲子 | 4 | 4 | 14 | 3/1 | 甲午 | 1 | 1 |
| 15 | 7/28 | 癸亥 | 四 | 四 | 15 | 6/29 | 甲午 | 八 | 六 | 15 | 5/30 | 甲子 | 6 | 1 | 15 | 5/1 | 乙未 | 4 | 8 | 15 | 4/1 | 乙丑 | 4 | 5 | 15 | 3/2 | 乙未 | 1 | 2 |
| 16 | 7/29 | 甲子 | 二 | 三 | 16 | 6/30 | 乙未 | 八 | 五 | 16 | 5/31 | 乙丑 | 6 | 2 | 16 | 5/2 | 丙申 | 4 | 9 | 16 | 4/2 | 丙寅 | 4 | 6 | 16 | 3/3 | 丙申 | 1 | 3 |
| 17 | 7/30 | 乙丑 | 二 | 二 | 17 | 7/1 | 丙申 | 八 | 四 | 17 | 6/1 | 丙寅 | 6 | 3 | 17 | 5/3 | 丁酉 | 4 | 1 | 17 | 4/3 | 丁卯 | 4 | 7 | 17 | 3/4 | 丁酉 | 1 | 4 |
| 18 | 7/31 | 丙寅 | 二 | 一 | 18 | 7/2 | 丁酉 | 八 | 三 | 18 | 6/2 | 丁卯 | 6 | 4 | 18 | 5/4 | 戊戌 | 4 | 2 | 18 | 4/4 | 戊辰 | 4 | 8 | 18 | 3/5 | 戊戌 | 1 | 5 |
| 19 | 8/1 | 丁卯 | 二 | 九 | 19 | 7/3 | 戊戌 | 八 | 二 | 19 | 6/3 | 戊辰 | 6 | 5 | 19 | 5/5 | 己亥 | 1 | 3 | 19 | 4/5 | 己巳 | 1 | 9 | 19 | 3/6 | 己亥 | 7 | 6 |
| 20 | 8/2 | 戊辰 | 二 | 八 | 20 | 7/4 | 己亥 | 二 | 一 | 20 | 6/4 | 己巳 | 3 | 6 | 20 | 5/6 | 庚子 | 1 | 4 | 20 | 4/6 | 庚午 | 1 | 1 | 20 | 3/7 | 庚子 | 7 | 7 |
| 21 | 8/3 | 己巳 | 五 | 七 | 21 | 7/5 | 庚子 | 二 | 九 | 21 | 6/5 | 庚午 | 3 | 7 | 21 | 5/7 | 辛丑 | 1 | 5 | 21 | 4/7 | 辛未 | 1 | 2 | 21 | 3/8 | 辛丑 | 7 | 8 |
| 22 | 8/4 | 庚午 | 五 | 六 | 22 | 7/6 | 辛丑 | 二 | 八 | 22 | 6/6 | 辛未 | 3 | 8 | 22 | 5/8 | 壬寅 | 1 | 6 | 22 | 4/8 | 壬申 | 1 | 3 | 22 | 3/9 | 壬寅 | 7 | 9 |
| 23 | 8/5 | 辛未 | 五 | 五 | 23 | 7/7 | 壬寅 | 二 | 七 | 23 | 6/7 | 壬申 | 3 | 9 | 23 | 5/9 | 癸卯 | 1 | 7 | 23 | 4/9 | 癸酉 | 1 | 4 | 23 | 3/10 | 癸卯 | 7 | 1 |
| 24 | 8/6 | 壬申 | 五 | 四 | 24 | 7/8 | 癸卯 | 二 | 六 | 24 | 6/8 | 癸酉 | 3 | 1 | 24 | 5/10 | 甲辰 | 7 | 8 | 24 | 4/10 | 甲戌 | 7 | 5 | 24 | 3/11 | 甲辰 | 4 | 2 |
| 25 | 8/7 | 癸酉 | 五 | 三 | 25 | 7/9 | 甲辰 | 五 | 五 | 25 | 6/9 | 甲戌 | 9 | 2 | 25 | 5/11 | 乙巳 | 7 | 9 | 25 | 4/11 | 乙亥 | 7 | 6 | 25 | 3/12 | 乙巳 | 4 | 3 |
| 26 | 8/8 | 甲戌 | 八 | 二 | 26 | 7/10 | 乙巳 | 五 | 四 | 26 | 6/10 | 乙亥 | 9 | 3 | 26 | 5/12 | 丙午 | 7 | 1 | 26 | 4/12 | 丙子 | 7 | 7 | 26 | 3/13 | 丙午 | 4 | 4 |
| 27 | 8/9 | 乙亥 | 八 | 一 | 27 | 7/11 | 丙午 | 五 | 三 | 27 | 6/11 | 丙子 | 9 | 4 | 27 | 5/13 | 丁未 | 7 | 2 | 27 | 4/13 | 丁丑 | 7 | 8 | 27 | 3/14 | 丁未 | 4 | 5 |
| 28 | 8/10 | 丙子 | 八 | 九 | 28 | 7/12 | 丁未 | 五 | 二 | 28 | 6/12 | 丁丑 | 9 | 5 | 28 | 5/14 | 戊申 | 7 | 3 | 28 | 4/14 | 戊寅 | 7 | 9 | 28 | 3/15 | 戊申 | 4 | 6 |
| 29 | 8/11 | 丁丑 | 八 | 八 | 29 | 7/13 | 戊申 | 五 | 一 | 29 | 6/13 | 戊寅 | 9 | 6 | 29 | 5/15 | 己酉 | 5 | 4 | 29 | 4/15 | 己卯 | 5 | 1 | 29 | 3/16 | 己酉 | 3 | 7 |
| 30 | 8/12 | 戊寅 | 八 | 七 | | | | | | 30 | 6/14 | 己卯 | 九 | 7 | | | | | | 30 | 4/16 | 庚辰 | 5 | 2 | 30 | 3/17 | 庚戌 | 3 | 8 |

# 西元2064年（甲申）肖猴 民國153年（女兌命）

奇門遁甲局數如標示為 一 ～九表示陰局　　如標示為1 ～9 表示陽局

| 十二月 | | | | | 十一月 | | | | | 十　月 | | | | | 九　月 | | | | | 八　月 | | | | | 七　月 | | | | |
|---|---|---|---|---|---|---|---|---|---|---|---|---|---|---|---|---|---|---|---|---|---|---|---|---|---|---|---|---|---|
| 丁丑 | | | | | 丙子 | | | | | 乙亥 | | | | | 甲戌 | | | | | 癸酉 | | | | | 壬申 | | | | |
| 九紫火 | | | | | 一白水 | | | | | 二黑土 | | | | | 三碧木 | | | | | 四綠木 | | | | | 五黃土 | | | | |
| 立春 15時16分 廿八申時 | | 大寒 20時52分 十三戌時 | 奇門遁甲局數 | | 小寒 07時32分 廿九辰時 | | 冬至 10時11分 十四巳時 | 奇門遁甲局數 | | 大雪 16時12分 廿八申時 | | 小雪 20時39分 十三戌時 | 奇門遁甲局數 | | 立冬 23時14分 廿八子時 | | 霜降 22時45分 十三亥時 | 奇門遁甲局數 | | 寒露 19時30分 廿七戌時 | | 秋分 12時59分 十二午時 | 奇門遁甲局數 | | 白露 03時29分 廿六寅時 | | 處暑 14時59分 初十未時 | 奇門遁甲局數 | |
| 農曆 | 國曆 | 干支 | 時盤 | 日盤 | 農曆 | 國曆 | 干支 | 時盤 | 日盤 | 農曆 | 國曆 | 干支 | 時盤 | 日盤 | 農曆 | 國曆 | 干支 | 時盤 | 日盤 | 農曆 | 國曆 | 干支 | 時盤 | 日盤 | 農曆 | 國曆 | 干支 | 時盤 | 日盤 |
| 1 | 1/7 | 丙午 | 4 | 7 | 1 | 12/8 | 丙子 | 一 | 六 | 1 | 11/9 | 丁未 | 三 | 八 | 1 | 10/10 | 丁丑 | 三 | 二 | 1 | 9/11 | 戊申 | 六 | 四 | 1 | 8/13 | 己卯 | 一 | 六 |
| 2 | 1/8 | 丁未 | 4 | 8 | 2 | 12/9 | 丁丑 | 一 | 五 | 2 | 11/10 | 戊申 | 三 | 七 | 2 | 10/11 | 戊寅 | 三 | 一 | 2 | 9/12 | 己酉 | 七 | 三 | 2 | 8/14 | 庚辰 | 一 | 五 |
| 3 | 1/9 | 戊申 | 4 | 9 | 3 | 12/10 | 戊寅 | 一 | 四 | 3 | 11/11 | 己酉 | 五 | 六 | 3 | 10/12 | 己卯 | 五 | 九 | 3 | 9/13 | 庚戌 | 七 | 二 | 3 | 8/15 | 辛巳 | 一 | 四 |
| 4 | 1/10 | 己酉 | 2 | 1 | 4 | 12/11 | 己卯 | 四 | 三 | 4 | 11/12 | 庚戌 | 五 | 五 | 4 | 10/13 | 庚辰 | 五 | 八 | 4 | 9/14 | 辛亥 | 七 | 一 | 4 | 8/16 | 壬午 | 一 | 三 |
| 5 | 1/11 | 庚戌 | 2 | 2 | 5 | 12/12 | 庚辰 | 四 | 二 | 5 | 11/13 | 辛亥 | 五 | 四 | 5 | 10/14 | 辛巳 | 五 | 七 | 5 | 9/15 | 壬子 | 七 | 九 | 5 | 8/17 | 癸未 | 一 | 二 |
| 6 | 1/12 | 辛亥 | 2 | 3 | 6 | 12/13 | 辛巳 | 四 | 一 | 6 | 11/14 | 壬子 | 五 | 三 | 6 | 10/15 | 壬午 | 五 | 六 | 6 | 9/16 | 癸丑 | 七 | 八 | 6 | 8/18 | 甲申 | 四 | 一 |
| 7 | 1/13 | 壬子 | 2 | 4 | 7 | 12/14 | 壬午 | 四 | 九 | 7 | 11/15 | 癸丑 | 五 | 二 | 7 | 10/16 | 癸未 | 五 | 五 | 7 | 9/17 | 甲寅 | 一 | 七 | 7 | 8/19 | 乙酉 | 四 | 九 |
| 8 | 1/14 | 癸丑 | 2 | 5 | 8 | 12/15 | 癸未 | 四 | 八 | 8 | 11/16 | 甲寅 | 八 | 一 | 8 | 10/17 | 甲申 | 八 | 四 | 8 | 9/18 | 乙卯 | 一 | 六 | 8 | 8/20 | 丙戌 | 四 | 八 |
| 9 | 1/15 | 甲寅 | 8 | 6 | 9 | 12/16 | 甲申 | 七 | 七 | 9 | 11/17 | 乙卯 | 八 | 九 | 9 | 10/18 | 乙酉 | 八 | 三 | 9 | 9/19 | 丙辰 | 一 | 五 | 9 | 8/21 | 丁亥 | 四 | 七 |
| 10 | 1/16 | 乙卯 | 8 | 7 | 10 | 12/17 | 乙酉 | 七 | 六 | 10 | 11/18 | 丙辰 | 八 | 八 | 10 | 10/19 | 丙戌 | 八 | 二 | 10 | 9/20 | 丁巳 | 一 | 四 | 10 | 8/22 | 戊子 | 四 | 六 |
| 11 | 1/17 | 丙辰 | 8 | 8 | 11 | 12/18 | 丙戌 | 七 | 五 | 11 | 11/19 | 丁巳 | 八 | 七 | 11 | 10/20 | 丁亥 | 八 | 一 | 11 | 9/21 | 戊午 | 一 | 三 | 11 | 8/23 | 己丑 | 七 | 五 |
| 12 | 1/18 | 丁巳 | 8 | 9 | 12 | 12/19 | 丁亥 | 七 | 四 | 12 | 11/20 | 戊午 | 八 | 六 | 12 | 10/21 | 戊子 | 八 | 九 | 12 | 9/22 | 己未 | 四 | 二 | 12 | 8/24 | 庚寅 | 七 | 四 |
| 13 | 1/19 | 戊午 | 8 | 1 | 13 | 12/20 | 戊子 | 七 | 三 | 13 | 11/21 | 己未 | 二 | 五 | 13 | 10/22 | 己丑 | 二 | 八 | 13 | 9/23 | 庚申 | 四 | 一 | 13 | 8/25 | 辛卯 | 七 | 三 |
| 14 | 1/20 | 己未 | 5 | 2 | 14 | 12/21 | 己丑 | 一 | 8 | 14 | 11/22 | 庚申 | 二 | 四 | 14 | 10/23 | 庚寅 | 二 | 七 | 14 | 9/24 | 辛酉 | 四 | 九 | 14 | 8/26 | 壬辰 | 七 | 二 |
| 15 | 1/21 | 庚申 | 5 | 3 | 15 | 12/22 | 庚寅 | 一 | 9 | 15 | 11/23 | 辛酉 | 二 | 三 | 15 | 10/24 | 辛卯 | 二 | 六 | 15 | 9/25 | 壬戌 | 四 | 八 | 15 | 8/27 | 癸巳 | 七 | 一 |
| 16 | 1/22 | 辛酉 | 5 | 4 | 16 | 12/23 | 辛卯 | 一 | 1 | 16 | 11/24 | 壬戌 | 二 | 二 | 16 | 10/25 | 壬辰 | 二 | 五 | 16 | 9/26 | 癸亥 | 四 | 七 | 16 | 8/28 | 甲午 | 九 | 九 |
| 17 | 1/23 | 壬戌 | 5 | 5 | 17 | 12/24 | 壬辰 | 一 | 2 | 17 | 11/25 | 癸亥 | 二 | 一 | 17 | 10/26 | 癸巳 | 二 | 四 | 17 | 9/27 | 甲子 | 六 | 六 | 17 | 8/29 | 乙未 | 九 | 八 |
| 18 | 1/24 | 癸亥 | 5 | 6 | 18 | 12/25 | 癸巳 | 一 | 3 | 18 | 11/26 | 甲子 | 四 | 九 | 18 | 10/27 | 甲午 | 六 | 三 | 18 | 9/28 | 乙丑 | 六 | 五 | 18 | 8/30 | 丙申 | 九 | 七 |
| 19 | 1/25 | 甲子 | 3 | 7 | 19 | 12/26 | 甲午 | 1 | 4 | 19 | 11/27 | 乙丑 | 四 | 八 | 19 | 10/28 | 乙未 | 六 | 二 | 19 | 9/29 | 丙寅 | 六 | 四 | 19 | 8/31 | 丁酉 | 九 | 六 |
| 20 | 1/26 | 乙丑 | 3 | 8 | 20 | 12/27 | 乙未 | 1 | 5 | 20 | 11/28 | 丙寅 | 四 | 七 | 20 | 10/29 | 丙申 | 六 | 一 | 20 | 9/30 | 丁卯 | 六 | 三 | 20 | 9/1 | 戊戌 | 九 | 五 |
| 21 | 1/27 | 丙寅 | 3 | 9 | 21 | 12/28 | 丙申 | 1 | 6 | 21 | 11/29 | 丁卯 | 四 | 六 | 21 | 10/30 | 丁酉 | 六 | 九 | 21 | 10/1 | 戊辰 | 六 | 二 | 21 | 9/2 | 己亥 | 三 | 四 |
| 22 | 1/28 | 丁卯 | 3 | 1 | 22 | 12/29 | 丁酉 | 1 | 7 | 22 | 11/30 | 戊辰 | 四 | 五 | 22 | 10/31 | 戊戌 | 六 | 八 | 22 | 10/2 | 己巳 | 九 | 一 | 22 | 9/3 | 庚子 | 三 | 三 |
| 23 | 1/29 | 戊辰 | 3 | 2 | 23 | 12/30 | 戊戌 | 1 | 8 | 23 | 12/1 | 己巳 | 七 | 四 | 23 | 11/1 | 己亥 | 九 | 七 | 23 | 10/3 | 庚午 | 九 | 九 | 23 | 9/4 | 辛丑 | 三 | 二 |
| 24 | 1/30 | 己巳 | 9 | 3 | 24 | 12/31 | 己亥 | 7 | 9 | 24 | 12/2 | 庚午 | 七 | 三 | 24 | 11/2 | 庚子 | 九 | 六 | 24 | 10/4 | 辛未 | 九 | 八 | 24 | 9/5 | 壬寅 | 三 | 一 |
| 25 | 1/31 | 庚午 | 9 | 4 | 25 | 1/1 | 庚子 | 7 | 1 | 25 | 12/3 | 辛未 | 七 | 二 | 25 | 11/3 | 辛丑 | 九 | 五 | 25 | 10/5 | 壬申 | 九 | 七 | 25 | 9/6 | 癸卯 | 三 | 九 |
| 26 | 2/1 | 辛未 | 9 | 5 | 26 | 1/2 | 辛丑 | 7 | 2 | 26 | 12/4 | 壬申 | 七 | 一 | 26 | 11/4 | 壬寅 | 九 | 四 | 26 | 10/6 | 癸酉 | 九 | 六 | 26 | 9/7 | 甲辰 | 六 | 八 |
| 27 | 2/2 | 壬申 | 9 | 6 | 27 | 1/3 | 壬寅 | 7 | 3 | 27 | 12/5 | 癸酉 | 七 | 九 | 27 | 11/5 | 癸卯 | 九 | 三 | 27 | 10/7 | 甲戌 | 三 | 五 | 27 | 9/8 | 乙巳 | 六 | 七 |
| 28 | 2/3 | 癸酉 | 9 | 7 | 28 | 1/4 | 癸卯 | 7 | 4 | 28 | 12/6 | 甲戌 | 一 | 八 | 28 | 11/6 | 甲辰 | 三 | 二 | 28 | 10/8 | 乙亥 | 三 | 四 | 28 | 9/9 | 丙午 | 六 | 六 |
| 29 | 2/4 | 甲戌 | 6 | 8 | 29 | 1/5 | 甲辰 | 4 | 5 | 29 | 12/7 | 乙亥 | 一 | 七 | 29 | 11/7 | 乙巳 | 三 | 一 | 29 | 10/9 | 丙子 | 三 | 三 | 29 | 9/10 | 丁未 | 六 | 五 |
| | | | | | 30 | 1/6 | 乙巳 | 4 | 6 | | | | | | 30 | 11/8 | 丙午 | 三 | 九 | | | | | | | | | | |

# 西元2065年（乙酉）肖雞 民國154年（男兌命）

奇門遁甲局數如標示為 一 ～九表示陰局　　如標示為1 ～9 表示陽局

| 六月 | | | | | 五月 | | | | | 四月 | | | | | 三月 | | | | | 二月 | | | | | 正月 | | | | |
|---|---|---|---|---|---|---|---|---|---|---|---|---|---|---|---|---|---|---|---|---|---|---|---|---|---|---|---|---|---|
| 癸未 | | | | | 壬午 | | | | | 辛巳 | | | | | 庚辰 | | | | | 己卯 | | | | | 戊寅 | | | | |
| 三碧木 | | | | | 四綠木 | | | | | 五黃土 | | | | | 六白金 | | | | | 七赤金 | | | | | 八白土 | | | | |
| 大暑 13時27分 十九未時 | | 小暑 19時59分 初三戌時 | 奇門遁甲局數 | | 夏至 02時35分 十八丑時 | | 芒種 09時54分 初二巳時 | 奇門遁甲局數 | | 小滿 18時53分 十六酉時 | | 立夏 06時27分 初一卯時 | 奇門遁甲局數 | | 穀雨 20時18分 十四戌時 | | | 奇門遁甲局數 | | 清明 13時16分 廿九未時 | | 春分 09時31分 十四巳時 | 奇門遁甲局數 | | 驚蟄 08時51分 廿九辰時 | | 雨水 10時50分 十四巳時 | 奇門遁甲局數 | |
| 農曆 | 國曆 | 干支 | 時盤 | 日盤 | 農曆 | 國曆 | 干支 | 時盤 | 日盤 | 農曆 | 國曆 | 干支 | 時盤 | 日盤 | 農曆 | 國曆 | 干支 | 時盤 | 日盤 | 農曆 | 國曆 | 干支 | 時盤 | 日盤 | 農曆 | 國曆 | 干支 | 時盤 | 日盤 |
| 1 | 7/4 | 甲辰 | 六 | 五 | 1 | 6/4 | 甲戌 | 8 | 2 | 1 | 5/5 | 甲辰 | 8 | 8 | 1 | 4/6 | 乙亥 | 6 | 6 | 1 | 3/7 | 乙巳 | 3 | 3 | 1 | 2/5 | 乙亥 | 6 | 9 |
| 2 | 7/5 | 乙巳 | 六 | 四 | 2 | 6/5 | 乙亥 | 8 | 3 | 2 | 5/6 | 乙巳 | 8 | 9 | 2 | 4/7 | 丙子 | 6 | 7 | 2 | 3/8 | 丙午 | 3 | 4 | 2 | 2/6 | 丙子 | 6 | 1 |
| 3 | 7/6 | 丙午 | 六 | 三 | 3 | 6/6 | 丙子 | 8 | 4 | 3 | 5/7 | 丙午 | 8 | 1 | 3 | 4/8 | 丁丑 | 6 | 8 | 3 | 3/9 | 丁未 | 3 | 5 | 3 | 2/7 | 丁丑 | 6 | 2 |
| 4 | 7/7 | 丁未 | 六 | 二 | 4 | 6/7 | 丁丑 | 8 | 5 | 4 | 5/8 | 丁未 | 8 | 2 | 4 | 4/9 | 戊寅 | 6 | 9 | 4 | 3/10 | 戊申 | 3 | 6 | 4 | 2/8 | 戊寅 | 6 | 3 |
| 5 | 7/8 | 戊申 | 六 | 一 | 5 | 6/8 | 戊寅 | 8 | 6 | 5 | 5/9 | 戊申 | 8 | 3 | 5 | 4/10 | 己卯 | 4 | 1 | 5 | 3/11 | 己酉 | 1 | 7 | 5 | 2/9 | 己卯 | 8 | 4 |
| 6 | 7/9 | 己酉 | 八 | 九 | 6 | 6/9 | 己卯 | 6 | 7 | 6 | 5/10 | 己酉 | 4 | 4 | 6 | 4/11 | 庚辰 | 4 | 2 | 6 | 3/12 | 庚戌 | 1 | 8 | 6 | 2/10 | 庚辰 | 8 | 5 |
| 7 | 7/10 | 庚戌 | 八 | 八 | 7 | 6/10 | 庚辰 | 6 | 8 | 7 | 5/11 | 庚戌 | 4 | 5 | 7 | 4/12 | 辛巳 | 4 | 3 | 7 | 3/13 | 辛亥 | 1 | 9 | 7 | 2/11 | 辛巳 | 8 | 6 |
| 8 | 7/11 | 辛亥 | 八 | 七 | 8 | 6/11 | 辛巳 | 6 | 9 | 8 | 5/12 | 辛亥 | 4 | 6 | 8 | 4/13 | 壬午 | 4 | 4 | 8 | 3/14 | 壬子 | 1 | 1 | 8 | 2/12 | 壬午 | 8 | 7 |
| 9 | 7/12 | 壬子 | 八 | 六 | 9 | 6/12 | 壬午 | 6 | 1 | 9 | 5/13 | 壬子 | 4 | 7 | 9 | 4/14 | 癸未 | 4 | 5 | 9 | 3/15 | 癸丑 | 1 | 2 | 9 | 2/13 | 癸未 | 8 | 8 |
| 10 | 7/13 | 癸丑 | 八 | 五 | 10 | 6/13 | 癸未 | 6 | 2 | 10 | 5/14 | 癸丑 | 4 | 8 | 10 | 4/15 | 甲申 | 1 | 6 | 10 | 3/16 | 甲寅 | 7 | 3 | 10 | 2/14 | 甲申 | 5 | 9 |
| 11 | 7/14 | 甲寅 | 二 | 四 | 11 | 6/14 | 甲申 | 3 | 3 | 11 | 5/15 | 甲寅 | 1 | 9 | 11 | 4/16 | 乙酉 | 1 | 7 | 11 | 3/17 | 乙卯 | 7 | 4 | 11 | 2/15 | 乙酉 | 5 | 1 |
| 12 | 7/15 | 乙卯 | 二 | 三 | 12 | 6/15 | 乙酉 | 3 | 4 | 12 | 5/16 | 乙卯 | 1 | 1 | 12 | 4/17 | 丙戌 | 1 | 8 | 12 | 3/18 | 丙辰 | 7 | 5 | 12 | 2/16 | 丙戌 | 5 | 2 |
| 13 | 7/16 | 丙辰 | 二 | 二 | 13 | 6/16 | 丙戌 | 3 | 5 | 13 | 5/17 | 丙辰 | 1 | 2 | 13 | 4/18 | 丁亥 | 1 | 9 | 13 | 3/19 | 丁巳 | 7 | 6 | 13 | 2/17 | 丁亥 | 5 | 3 |
| 14 | 7/17 | 丁巳 | 二 | 一 | 14 | 6/17 | 丁亥 | 3 | 6 | 14 | 5/18 | 丁巳 | 1 | 3 | 14 | 4/19 | 戊子 | 1 | 1 | 14 | 3/20 | 戊午 | 7 | 7 | 14 | 2/18 | 戊子 | 5 | 4 |
| 15 | 7/18 | 戊午 | 二 | 九 | 15 | 6/18 | 戊子 | 3 | 7 | 15 | 5/19 | 戊午 | 1 | 4 | 15 | 4/20 | 己丑 | 7 | 2 | 15 | 3/21 | 己未 | 4 | 8 | 15 | 2/19 | 己丑 | 2 | 5 |
| 16 | 7/19 | 己未 | 五 | 八 | 16 | 6/19 | 己丑 | 9 | 8 | 16 | 5/20 | 己未 | 7 | 5 | 16 | 4/21 | 庚寅 | 7 | 3 | 16 | 3/22 | 庚申 | 4 | 9 | 16 | 2/20 | 庚寅 | 2 | 6 |
| 17 | 7/20 | 庚申 | 五 | 七 | 17 | 6/20 | 庚寅 | 9 | 9 | 17 | 5/21 | 庚申 | 7 | 6 | 17 | 4/22 | 辛卯 | 7 | 4 | 17 | 3/23 | 辛酉 | 4 | 1 | 17 | 2/21 | 辛卯 | 2 | 7 |
| 18 | 7/21 | 辛酉 | 五 | 六 | 18 | 6/21 | 辛卯 | 9 | 九 | 18 | 5/22 | 辛酉 | 7 | 7 | 18 | 4/23 | 壬辰 | 7 | 5 | 18 | 3/24 | 壬戌 | 4 | 2 | 18 | 2/22 | 壬辰 | 2 | 8 |
| 19 | 7/22 | 壬戌 | 五 | 五 | 19 | 6/22 | 壬辰 | 9 | 八 | 19 | 5/23 | 壬戌 | 7 | 8 | 19 | 4/24 | 癸巳 | 7 | 6 | 19 | 3/25 | 癸亥 | 4 | 3 | 19 | 2/23 | 癸巳 | 2 | 9 |
| 20 | 7/23 | 癸亥 | 五 | 四 | 20 | 6/23 | 癸巳 | 9 | 七 | 20 | 5/24 | 癸亥 | 7 | 9 | 20 | 4/25 | 甲午 | 5 | 7 | 20 | 3/26 | 甲子 | 3 | 4 | 20 | 2/24 | 甲午 | 9 | 1 |
| 21 | 7/24 | 甲子 | 七 | 三 | 21 | 6/24 | 甲午 | 九 | 六 | 21 | 5/25 | 甲子 | 5 | 1 | 21 | 4/26 | 乙未 | 5 | 8 | 21 | 3/27 | 乙丑 | 3 | 5 | 21 | 2/25 | 乙未 | 9 | 2 |
| 22 | 7/25 | 乙丑 | 七 | 二 | 22 | 6/25 | 乙未 | 九 | 五 | 22 | 5/26 | 乙丑 | 5 | 2 | 22 | 4/27 | 丙申 | 5 | 9 | 22 | 3/28 | 丙寅 | 3 | 6 | 22 | 2/26 | 丙申 | 9 | 3 |
| 23 | 7/26 | 丙寅 | 七 | 一 | 23 | 6/26 | 丙申 | 九 | 四 | 23 | 5/27 | 丙寅 | 5 | 3 | 23 | 4/28 | 丁酉 | 5 | 1 | 23 | 3/29 | 丁卯 | 3 | 7 | 23 | 2/27 | 丁酉 | 9 | 4 |
| 24 | 7/27 | 丁卯 | 七 | 九 | 24 | 6/27 | 丁酉 | 九 | 三 | 24 | 5/28 | 丁卯 | 5 | 4 | 24 | 4/29 | 戊戌 | 5 | 2 | 24 | 3/30 | 戊辰 | 3 | 8 | 24 | 2/28 | 戊戌 | 9 | 5 |
| 25 | 7/28 | 戊辰 | 七 | 八 | 25 | 6/28 | 戊戌 | 九 | 二 | 25 | 5/29 | 戊辰 | 5 | 5 | 25 | 4/30 | 己亥 | 2 | 3 | 25 | 3/31 | 己巳 | 9 | 9 | 25 | 3/1 | 己亥 | 6 | 6 |
| 26 | 7/29 | 己巳 | 一 | 七 | 26 | 6/29 | 己亥 | 三 | 一 | 26 | 5/30 | 己巳 | 2 | 6 | 26 | 5/1 | 庚子 | 2 | 4 | 26 | 4/1 | 庚午 | 9 | 1 | 26 | 3/2 | 庚子 | 6 | 7 |
| 27 | 7/30 | 庚午 | 一 | 六 | 27 | 6/30 | 庚子 | 三 | 九 | 27 | 5/31 | 庚午 | 2 | 7 | 27 | 5/2 | 辛丑 | 2 | 5 | 27 | 4/2 | 辛未 | 9 | 2 | 27 | 3/3 | 辛丑 | 6 | 8 |
| 28 | 7/31 | 辛未 | 一 | 五 | 28 | 7/1 | 辛丑 | 三 | 八 | 28 | 6/1 | 辛未 | 2 | 8 | 28 | 5/3 | 壬寅 | 2 | 6 | 28 | 4/3 | 壬申 | 9 | 3 | 28 | 3/4 | 壬寅 | 6 | 9 |
| 29 | 8/1 | 壬申 | 一 | 四 | 29 | 7/2 | 壬寅 | 三 | 七 | 29 | 6/2 | 壬申 | 2 | 9 | 29 | 5/4 | 癸卯 | 2 | 7 | 29 | 4/4 | 癸酉 | 9 | 4 | 29 | 3/5 | 癸卯 | 6 | 1 |
| | | | | | 30 | 7/3 | 癸卯 | 三 | 六 | 30 | 6/3 | 癸酉 | 2 | 1 | | | | | | 30 | 4/5 | 甲戌 | 6 | 5 | 30 | 3/6 | 甲辰 | 3 | 2 |

# 西元2065年（乙酉）肖雞 民國154年（女艮命）

奇門遁甲局數如標示為 一 ～九表示陰局　　如標示為1 ～9 表示陽局

## 十二月　己丑　六白金

大寒 02時45分 廿五丑時；小寒 09時17分 初十巳時；奇門遁甲局數

| 農曆 | 國曆 | 干支 | 時盤 | 日盤 |
|---|---|---|---|---|
| 1 | 12/27 | 庚子 | 7 | 4 |
| 2 | 12/28 | 辛丑 | 7 | 5 |
| 3 | 12/29 | 壬寅 | 7 | 6 |
| 4 | 12/30 | 癸卯 | 7 | 7 |
| 5 | 12/31 | 甲辰 | 4 | 8 |
| 6 | 1/1 | 乙巳 | 4 | 9 |
| 7 | 1/2 | 丙午 | 4 | 1 |
| 8 | 1/3 | 丁未 | 4 | 2 |
| 9 | 1/4 | 戊申 | 4 | 3 |
| 10 | 1/5 | 己酉 | 2 | 4 |
| 11 | 1/6 | 庚戌 | 2 | 5 |
| 12 | 1/7 | 辛亥 | 2 | 6 |
| 13 | 1/8 | 壬子 | 2 | 7 |
| 14 | 1/9 | 癸丑 | 2 | 8 |
| 15 | 1/10 | 甲寅 | 8 | 9 |
| 16 | 1/11 | 乙卯 | 8 | 1 |
| 17 | 1/12 | 丙辰 | 8 | 2 |
| 18 | 1/13 | 丁巳 | 8 | 3 |
| 19 | 1/14 | 戊午 | 8 | 4 |
| 20 | 1/15 | 己未 | 5 | 5 |
| 21 | 1/16 | 庚申 | 5 | 6 |
| 22 | 1/17 | 辛酉 | 5 | 7 |
| 23 | 1/18 | 壬戌 | 5 | 8 |
| 24 | 1/19 | 癸亥 | 5 | 9 |
| 25 | 1/20 | 甲子 | 3 | 1 |
| 26 | 1/21 | 乙丑 | 3 | 2 |
| 27 | 1/22 | 丙寅 | 3 | 3 |
| 28 | 1/23 | 丁卯 | 3 | 4 |
| 29 | 1/24 | 戊辰 | 3 | 5 |
| 30 | 1/25 | 己巳 | 9 | 6 |

## 十一月　戊子　七赤金

冬至 16時31分 廿四申時；大雪 21時55分 初九亥時；奇門遁甲局數

| 農曆 | 國曆 | 干支 | 時盤 | 日盤 |
|---|---|---|---|---|
| 1 | 11/28 | 辛未 | 八 | 二 |
| 2 | 11/29 | 壬申 | 八 | 一 |
| 3 | 11/30 | 癸酉 | 八 | 九 |
| 4 | 12/1 | 甲戌 | 二 | 八 |
| 5 | 12/2 | 乙亥 | 二 | 七 |
| 6 | 12/3 | 丙子 | 二 | 六 |
| 7 | 12/4 | 丁丑 | 二 | 五 |
| 8 | 12/5 | 戊寅 | 二 | 四 |
| 9 | 12/6 | 己卯 | 四 | 三 |
| 10 | 12/7 | 庚辰 | 四 | 二 |
| 11 | 12/8 | 辛巳 | 四 | 一 |
| 12 | 12/9 | 壬午 | 四 | 九 |
| 13 | 12/10 | 癸未 | 四 | 八 |
| 14 | 12/11 | 甲申 | 七 | 七 |
| 15 | 12/12 | 乙酉 | 七 | 六 |
| 16 | 12/13 | 丙戌 | 七 | 五 |
| 17 | 12/14 | 丁亥 | 七 | 四 |
| 18 | 12/15 | 戊子 | 七 | 三 |
| 19 | 12/16 | 己丑 | 一 | 二 |
| 20 | 12/17 | 庚寅 | 一 | 一 |
| 21 | 12/18 | 辛卯 | 一 | 九 |
| 22 | 12/19 | 壬辰 | 一 | 八 |
| 23 | 12/20 | 癸巳 | 一 | 七 |
| 24 | 12/21 | 甲午 | 1 | 7 |
| 25 | 12/22 | 乙未 | 1 | 8 |
| 26 | 12/23 | 丙申 | 1 | 9 |
| 27 | 12/24 | 丁酉 | 1 | 1 |
| 28 | 12/25 | 戊戌 | 1 | 2 |
| 29 | 12/26 | 己亥 | 7 | 3 |
| | | | | |

## 十月　丁亥　八白土

小雪 02時29分 廿五丑時；立冬 04時45分 初十寅時；奇門遁甲局數

| 農曆 | 國曆 | 干支 | 時盤 | 日盤 |
|---|---|---|---|---|
| 1 | 10/29 | 辛丑 | 八 | 五 |
| 2 | 10/30 | 壬寅 | 八 | 四 |
| 3 | 10/31 | 癸卯 | 八 | 三 |
| 4 | 11/1 | 甲辰 | 二 | 二 |
| 5 | 11/2 | 乙巳 | 二 | 一 |
| 6 | 11/3 | 丙午 | 二 | 九 |
| 7 | 11/4 | 丁未 | 二 | 八 |
| 8 | 11/5 | 戊申 | 二 | 七 |
| 9 | 11/6 | 己酉 | 六 | 六 |
| 10 | 11/7 | 庚戌 | 六 | 五 |
| 11 | 11/8 | 辛亥 | 六 | 四 |
| 12 | 11/9 | 壬子 | 六 | 三 |
| 13 | 11/10 | 癸丑 | 六 | 二 |
| 14 | 11/11 | 甲寅 | 九 | 一 |
| 15 | 11/12 | 乙卯 | 九 | 九 |
| 16 | 11/13 | 丙辰 | 九 | 八 |
| 17 | 11/14 | 丁巳 | 九 | 七 |
| 18 | 11/15 | 戊午 | 九 | 六 |
| 19 | 11/16 | 己未 | 三 | 五 |
| 20 | 11/17 | 庚申 | 三 | 四 |
| 21 | 11/18 | 辛酉 | 三 | 三 |
| 22 | 11/19 | 壬戌 | 三 | 二 |
| 23 | 11/20 | 癸亥 | 三 | 一 |
| 24 | 11/21 | 甲子 | 五 | 九 |
| 25 | 11/22 | 乙丑 | 五 | 八 |
| 26 | 11/23 | 丙寅 | 五 | 七 |
| 27 | 11/24 | 丁卯 | 五 | 六 |
| 28 | 11/25 | 戊辰 | 五 | 五 |
| 29 | 11/26 | 己巳 | 八 | 四 |
| 30 | 11/27 | 庚午 | 八 | 三 |

## 九月　丙戌　九紫火

霜降 04時32分 廿四寅時；寒露 01時18分 初九丑時；奇門遁甲局數

| 農曆 | 國曆 | 干支 | 時盤 | 日盤 |
|---|---|---|---|---|
| 1 | 9/30 | 壬申 | 一 | 七 |
| 2 | 10/1 | 癸酉 | 一 | 六 |
| 3 | 10/2 | 甲戌 | 四 | 五 |
| 4 | 10/3 | 乙亥 | 四 | 四 |
| 5 | 10/4 | 丙子 | 四 | 三 |
| 6 | 10/5 | 丁丑 | 四 | 二 |
| 7 | 10/6 | 戊寅 | 四 | 一 |
| 8 | 10/7 | 己卯 | 六 | 九 |
| 9 | 10/8 | 庚辰 | 六 | 八 |
| 10 | 10/9 | 辛巳 | 六 | 七 |
| 11 | 10/10 | 壬午 | 六 | 六 |
| 12 | 10/11 | 癸未 | 六 | 五 |
| 13 | 10/12 | 甲申 | 九 | 四 |
| 14 | 10/13 | 乙酉 | 九 | 三 |
| 15 | 10/14 | 丙戌 | 九 | 二 |
| 16 | 10/15 | 丁亥 | 九 | 一 |
| 17 | 10/16 | 戊子 | 九 | 九 |
| 18 | 10/17 | 己丑 | 三 | 八 |
| 19 | 10/18 | 庚寅 | 三 | 七 |
| 20 | 10/19 | 辛卯 | 三 | 六 |
| 21 | 10/20 | 壬辰 | 三 | 五 |
| 22 | 10/21 | 癸巳 | 三 | 四 |
| 23 | 10/22 | 甲午 | 五 | 三 |
| 24 | 10/23 | 乙未 | 五 | 二 |
| 25 | 10/24 | 丙申 | 五 | 一 |
| 26 | 10/25 | 丁酉 | 五 | 九 |
| 27 | 10/26 | 戊戌 | 五 | 八 |
| 28 | 10/27 | 己亥 | 八 | 七 |
| 29 | 10/28 | 庚子 | 八 | 六 |
| | | | | |

## 八月　乙酉　一白水

秋分 18時45分 廿二酉時；白露 09時41分 初七巳時；奇門遁甲局數

| 農曆 | 國曆 | 干支 | 時盤 | 日盤 |
|---|---|---|---|---|
| 1 | 9/1 | 癸卯 | 四 | 九 |
| 2 | 9/2 | 甲辰 | 七 | 八 |
| 3 | 9/3 | 乙巳 | 七 | 七 |
| 4 | 9/4 | 丙午 | 七 | 六 |
| 5 | 9/5 | 丁未 | 七 | 五 |
| 6 | 9/6 | 戊申 | 七 | 四 |
| 7 | 9/7 | 己酉 | 九 | 三 |
| 8 | 9/8 | 庚戌 | 九 | 二 |
| 9 | 9/9 | 辛亥 | 九 | 一 |
| 10 | 9/10 | 壬子 | 九 | 九 |
| 11 | 9/11 | 癸丑 | 九 | 八 |
| 12 | 9/12 | 甲寅 | 三 | 七 |
| 13 | 9/13 | 乙卯 | 三 | 六 |
| 14 | 9/14 | 丙辰 | 三 | 五 |
| 15 | 9/15 | 丁巳 | 三 | 四 |
| 16 | 9/16 | 戊午 | 三 | 三 |
| 17 | 9/17 | 己未 | 六 | 二 |
| 18 | 9/18 | 庚申 | 六 | 一 |
| 19 | 9/19 | 辛酉 | 六 | 九 |
| 20 | 9/20 | 壬戌 | 六 | 八 |
| 21 | 9/21 | 癸亥 | 六 | 七 |
| 22 | 9/22 | 甲子 | 七 | 六 |
| 23 | 9/23 | 乙丑 | 七 | 五 |
| 24 | 9/24 | 丙寅 | 七 | 四 |
| 25 | 9/25 | 丁卯 | 七 | 三 |
| 26 | 9/26 | 戊辰 | 七 | 二 |
| 27 | 9/27 | 己巳 | 一 | 一 |
| 28 | 9/28 | 庚午 | 一 | 九 |
| 29 | 9/29 | 辛未 | 一 | 八 |
| | | | | |

## 七月　甲申　二黑土

處暑 20時44分 廿一戌時；立秋 05時51分 初六卯時；奇門遁甲局數

| 農曆 | 國曆 | 干支 | 時盤 | 日盤 |
|---|---|---|---|---|
| 1 | 8/2 | 癸酉 | 一 | 三 |
| 2 | 8/3 | 甲戌 | 四 | 二 |
| 3 | 8/4 | 乙亥 | 四 | 一 |
| 4 | 8/5 | 丙子 | 四 | 九 |
| 5 | 8/6 | 丁丑 | 四 | 八 |
| 6 | 8/7 | 戊寅 | 四 | 七 |
| 7 | 8/8 | 己卯 | 二 | 六 |
| 8 | 8/9 | 庚辰 | 二 | 五 |
| 9 | 8/10 | 辛巳 | 二 | 四 |
| 10 | 8/11 | 壬午 | 二 | 三 |
| 11 | 8/12 | 癸未 | 二 | 二 |
| 12 | 8/13 | 甲申 | 五 | 一 |
| 13 | 8/14 | 乙酉 | 五 | 九 |
| 14 | 8/15 | 丙戌 | 五 | 八 |
| 15 | 8/16 | 丁亥 | 五 | 七 |
| 16 | 8/17 | 戊子 | 五 | 六 |
| 17 | 8/18 | 己丑 | 八 | 五 |
| 18 | 8/19 | 庚寅 | 八 | 四 |
| 19 | 8/20 | 辛卯 | 八 | 三 |
| 20 | 8/21 | 壬辰 | 八 | 二 |
| 21 | 8/22 | 癸巳 | 八 | 一 |
| 22 | 8/23 | 甲午 | 一 | 九 |
| 23 | 8/24 | 乙未 | 一 | 八 |
| 24 | 8/25 | 丙申 | 一 | 七 |
| 25 | 8/26 | 丁酉 | 一 | 六 |
| 26 | 8/27 | 戊戌 | 一 | 五 |
| 27 | 8/28 | 己亥 | 四 | 四 |
| 28 | 8/29 | 庚子 | 四 | 三 |
| 29 | 8/30 | 辛丑 | 四 | 二 |
| 30 | 8/31 | 壬寅 | 四 | 一 |

# 西元2066年（丙戌）肖狗 民國155年（男乾命）

奇門遁甲局數如標示為 一 ～九表示陰局　　如標示為1 ～9 表示陽局

| 六　月 | | | | | 潤五　月 | | | | | 五　月 | | | | | 四　月 | | | | | 三　月 | | | | | 二　月 | | | | | 正　月 | | | | |
|---|---|---|---|---|---|---|---|---|---|---|---|---|---|---|---|---|---|---|---|---|---|---|---|---|---|---|---|---|---|---|---|---|---|---|
| 乙未 | | | | | 乙未 | | | | | 甲午 | | | | | 癸巳 | | | | | 壬辰 | | | | | 辛卯 | | | | | 庚寅 | | | | |
| 九紫火 | | | | | | | | | | 一白水 | | | | | 二黑土 | | | | | 三碧木 | | | | | 四綠木 | | | | | 五黃土 | | | | |
| 立秋 11時39分 十七午時 | | 大暑 19時18分 初一戌時 | 奇門遁甲局數 | | 小暑 01時44分 十五丑時 | | | 奇門遁甲局數 | | 夏至 08時19分 廿九辰時 | | 芒種 15時38分 十三申時 | 奇門遁甲局數 | | 小滿 00時40分 廿八子時 | | 立夏 11時51分 十二午時 | 奇門遁甲局數 | | 穀雨 01時58分 廿六丑時 | | 清明 19時00分 初十戌時 | 奇門遁甲局數 | | 春分 15時22分 廿五申時 | | 驚蟄 14時37分 初十未時 | 奇門遁甲局數 | | 雨水 16時43分 廿四申時 | | 立春 20時52分 初九戌時 | 奇門遁甲局數 | |
| 農曆 | 國曆 | 干支 | 時盤 | 日盤 | 農曆 | 國曆 | 干支 | 時盤 | 日盤 | 農曆 | 國曆 | 干支 | 時盤 | 日盤 | 農曆 | 國曆 | 干支 | 時盤 | 日盤 | 農曆 | 國曆 | 干支 | 時盤 | 日盤 | 農曆 | 國曆 | 干支 | 時盤 | 日盤 | 農曆 | 國曆 | 干支 | 時盤 | 日盤 |
| 1 | 7/22 | 丁卯 | 七 | 六 | 1 | 6/23 | 戊戌 | 九 | 八 | 1 | 5/24 | 戊辰 | 5 | 8 | 1 | 4/24 | 戊戌 | 5 | 5 | 1 | 3/26 | 己巳 | 9 | 3 | 1 | 2/24 | 己亥 | 6 | 9 | 1 | 1/26 | 庚午 | 9 | 7 |
| 2 | 7/23 | 戊辰 | 七 | 五 | 2 | 6/24 | 己亥 | 三 | 七 | 2 | 5/25 | 己巳 | 2 | 9 | 2 | 4/25 | 己亥 | 2 | 6 | 2 | 3/27 | 庚午 | 9 | 4 | 2 | 2/25 | 庚子 | 6 | 1 | 2 | 1/27 | 辛未 | 9 | 8 |
| 3 | 7/24 | 己巳 | 一 | 四 | 3 | 6/25 | 庚子 | 三 | 六 | 3 | 5/26 | 庚午 | 2 | 1 | 3 | 4/26 | 庚子 | 2 | 7 | 3 | 3/28 | 辛未 | 9 | 5 | 3 | 2/26 | 辛丑 | 6 | 2 | 3 | 1/28 | 壬申 | 9 | 9 |
| 4 | 7/25 | 庚午 | 一 | 三 | 4 | 6/26 | 辛丑 | 三 | 五 | 4 | 5/27 | 辛未 | 2 | 2 | 4 | 4/27 | 辛丑 | 2 | 8 | 4 | 3/29 | 壬申 | 9 | 6 | 4 | 2/27 | 壬寅 | 6 | 3 | 4 | 1/29 | 癸酉 | 9 | 1 |
| 5 | 7/26 | 辛未 | 一 | 二 | 5 | 6/27 | 壬寅 | 三 | 四 | 5 | 5/28 | 壬申 | 2 | 3 | 5 | 4/28 | 壬寅 | 2 | 9 | 5 | 3/30 | 癸酉 | 9 | 7 | 5 | 2/28 | 癸卯 | 6 | 4 | 5 | 1/30 | 甲戌 | 6 | 2 |
| 6 | 7/27 | 壬申 | 一 | 一 | 6 | 6/28 | 癸卯 | 三 | 三 | 6 | 5/29 | 癸酉 | 2 | 4 | 6 | 4/29 | 癸卯 | 2 | 1 | 6 | 3/31 | 甲戌 | 6 | 8 | 6 | 3/1 | 甲辰 | 3 | 5 | 6 | 1/31 | 乙亥 | 6 | 3 |
| 7 | 7/28 | 癸酉 | 一 | 九 | 7 | 6/29 | 甲辰 | 六 | 二 | 7 | 5/30 | 甲戌 | 8 | 5 | 7 | 4/30 | 甲辰 | 8 | 2 | 7 | 4/1 | 乙亥 | 6 | 9 | 7 | 3/2 | 乙巳 | 3 | 6 | 7 | 2/1 | 丙子 | 6 | 4 |
| 8 | 7/29 | 甲戌 | 四 | 八 | 8 | 6/30 | 乙巳 | 六 | 一 | 8 | 5/31 | 乙亥 | 8 | 6 | 8 | 5/1 | 乙巳 | 8 | 3 | 8 | 4/2 | 丙子 | 6 | 1 | 8 | 3/3 | 丙午 | 3 | 7 | 8 | 2/2 | 丁丑 | 6 | 5 |
| 9 | 7/30 | 乙亥 | 四 | 七 | 9 | 7/1 | 丙午 | 六 | 九 | 9 | 6/1 | 丙子 | 8 | 7 | 9 | 5/2 | 丙午 | 8 | 4 | 9 | 4/3 | 丁丑 | 6 | 2 | 9 | 3/4 | 丁未 | 3 | 8 | 9 | 2/3 | 戊寅 | 6 | 6 |
| 10 | 7/31 | 丙子 | 四 | 六 | 10 | 7/2 | 丁未 | 六 | 八 | 10 | 6/2 | 丁丑 | 8 | 8 | 10 | 5/3 | 丁未 | 8 | 5 | 10 | 4/4 | 戊寅 | 6 | 3 | 10 | 3/5 | 戊申 | 3 | 9 | 10 | 2/4 | 己卯 | 8 | 7 |
| 11 | 8/1 | 丁丑 | 四 | 五 | 11 | 7/3 | 戊申 | 六 | 七 | 11 | 6/3 | 戊寅 | 8 | 9 | 11 | 5/4 | 戊申 | 8 | 6 | 11 | 4/5 | 己卯 | 4 | 4 | 11 | 3/6 | 己酉 | 1 | 1 | 11 | 2/5 | 庚辰 | 8 | 8 |
| 12 | 8/2 | 戊寅 | 四 | 四 | 12 | 7/4 | 己酉 | 八 | 六 | 12 | 6/4 | 己卯 | 6 | 1 | 12 | 5/5 | 己酉 | 4 | 7 | 12 | 4/6 | 庚辰 | 4 | 5 | 12 | 3/7 | 庚戌 | 1 | 2 | 12 | 2/6 | 辛巳 | 8 | 9 |
| 13 | 8/3 | 己卯 | 二 | 三 | 13 | 7/5 | 庚戌 | 八 | 五 | 13 | 6/5 | 庚辰 | 6 | 2 | 13 | 5/6 | 庚戌 | 4 | 8 | 13 | 4/7 | 辛巳 | 4 | 6 | 13 | 3/8 | 辛亥 | 1 | 3 | 13 | 2/7 | 壬午 | 8 | 1 |
| 14 | 8/4 | 庚辰 | 二 | 二 | 14 | 7/6 | 辛亥 | 八 | 四 | 14 | 6/6 | 辛巳 | 6 | 3 | 14 | 5/7 | 辛亥 | 4 | 9 | 14 | 4/8 | 壬午 | 4 | 7 | 14 | 3/9 | 壬子 | 1 | 4 | 14 | 2/8 | 癸未 | 8 | 2 |
| 15 | 8/5 | 辛巳 | 二 | 一 | 15 | 7/7 | 壬子 | 八 | 三 | 15 | 6/7 | 壬午 | 6 | 4 | 15 | 5/8 | 壬子 | 4 | 1 | 15 | 4/9 | 癸未 | 4 | 8 | 15 | 3/10 | 癸丑 | 1 | 5 | 15 | 2/9 | 甲申 | 5 | 3 |
| 16 | 8/6 | 壬午 | 二 | 九 | 16 | 7/8 | 癸丑 | 八 | 二 | 16 | 6/8 | 癸未 | 6 | 5 | 16 | 5/9 | 癸丑 | 4 | 2 | 16 | 4/10 | 甲申 | 1 | 9 | 16 | 3/11 | 甲寅 | 7 | 6 | 16 | 2/10 | 乙酉 | 5 | 4 |
| 17 | 8/7 | 癸未 | 二 | 八 | 17 | 7/9 | 甲寅 | 二 | 一 | 17 | 6/9 | 甲申 | 3 | 6 | 17 | 5/10 | 甲寅 | 1 | 3 | 17 | 4/11 | 乙酉 | 1 | 1 | 17 | 3/12 | 乙卯 | 7 | 7 | 17 | 2/11 | 丙戌 | 5 | 5 |
| 18 | 8/8 | 甲申 | 五 | 七 | 18 | 7/10 | 乙卯 | 二 | 九 | 18 | 6/10 | 乙酉 | 3 | 7 | 18 | 5/11 | 乙卯 | 1 | 4 | 18 | 4/12 | 丙戌 | 1 | 2 | 18 | 3/13 | 丙辰 | 7 | 8 | 18 | 2/12 | 丁亥 | 5 | 6 |
| 19 | 8/9 | 乙酉 | 五 | 六 | 19 | 7/11 | 丙辰 | 二 | 八 | 19 | 6/11 | 丙戌 | 3 | 8 | 19 | 5/12 | 丙辰 | 1 | 5 | 19 | 4/13 | 丁亥 | 1 | 3 | 19 | 3/14 | 丁巳 | 7 | 9 | 19 | 2/13 | 戊子 | 5 | 7 |
| 20 | 8/10 | 丙戌 | 五 | 五 | 20 | 7/12 | 丁巳 | 二 | 七 | 20 | 6/12 | 丁亥 | 3 | 9 | 20 | 5/13 | 丁巳 | 1 | 6 | 20 | 4/14 | 戊子 | 1 | 4 | 20 | 3/15 | 戊午 | 7 | 1 | 20 | 2/14 | 己丑 | 2 | 8 |
| 21 | 8/11 | 丁亥 | 五 | 四 | 21 | 7/13 | 戊午 | 二 | 六 | 21 | 6/13 | 戊子 | 3 | 1 | 21 | 5/14 | 戊午 | 1 | 7 | 21 | 4/15 | 己丑 | 7 | 5 | 21 | 3/16 | 己未 | 4 | 2 | 21 | 2/15 | 庚寅 | 2 | 9 |
| 22 | 8/12 | 戊子 | 五 | 三 | 22 | 7/14 | 己未 | 五 | 五 | 22 | 6/14 | 己丑 | 9 | 2 | 22 | 5/15 | 己未 | 7 | 8 | 22 | 4/16 | 庚寅 | 7 | 6 | 22 | 3/17 | 庚申 | 4 | 3 | 22 | 2/16 | 辛卯 | 2 | 1 |
| 23 | 8/13 | 己丑 | 八 | 二 | 23 | 7/15 | 庚申 | 五 | 四 | 23 | 6/15 | 庚寅 | 9 | 3 | 23 | 5/16 | 庚申 | 7 | 9 | 23 | 4/17 | 辛卯 | 7 | 7 | 23 | 3/18 | 辛酉 | 4 | 4 | 23 | 2/17 | 壬辰 | 2 | 2 |
| 24 | 8/14 | 庚寅 | 八 | 一 | 24 | 7/16 | 辛酉 | 五 | 三 | 24 | 6/16 | 辛卯 | 9 | 4 | 24 | 5/17 | 辛酉 | 7 | 1 | 24 | 4/18 | 壬辰 | 7 | 8 | 24 | 3/19 | 壬戌 | 4 | 5 | 24 | 2/18 | 癸巳 | 2 | 3 |
| 25 | 8/15 | 辛卯 | 八 | 九 | 25 | 7/17 | 壬戌 | 五 | 二 | 25 | 6/17 | 壬辰 | 9 | 5 | 25 | 5/18 | 壬戌 | 7 | 2 | 25 | 4/19 | 癸巳 | 7 | 9 | 25 | 3/20 | 癸亥 | 4 | 6 | 25 | 2/19 | 甲午 | 9 | 4 |
| 26 | 8/16 | 壬辰 | 八 | 八 | 26 | 7/18 | 癸亥 | 五 | 一 | 26 | 6/18 | 癸巳 | 9 | 6 | 26 | 5/19 | 癸亥 | 7 | 3 | 26 | 4/20 | 甲午 | 5 | 1 | 26 | 3/21 | 甲子 | 3 | 7 | 26 | 2/20 | 乙未 | 9 | 5 |
| 27 | 8/17 | 癸巳 | 八 | 七 | 27 | 7/19 | 甲子 | 七 | 九 | 27 | 6/19 | 甲午 | 九 | 7 | 27 | 5/20 | 甲子 | 5 | 4 | 27 | 4/21 | 乙未 | 5 | 2 | 27 | 3/22 | 乙丑 | 3 | 8 | 27 | 2/21 | 丙申 | 9 | 6 |
| 28 | 8/18 | 甲午 | 一 | 六 | 28 | 7/20 | 乙丑 | 七 | 八 | 28 | 6/20 | 乙未 | 九 | 8 | 28 | 5/21 | 乙丑 | 5 | 5 | 28 | 4/22 | 丙申 | 5 | 3 | 28 | 3/23 | 丙寅 | 3 | 9 | 28 | 2/22 | 丁酉 | 9 | 7 |
| 29 | 8/19 | 乙未 | 一 | 五 | 29 | 7/21 | 丙寅 | 七 | 七 | 29 | 6/21 | 丙申 | 九 | 一 | 29 | 5/22 | 丙寅 | 5 | 6 | 29 | 4/23 | 丁酉 | 5 | 4 | 29 | 3/24 | 丁卯 | 3 | 1 | 29 | 2/23 | 戊戌 | 9 | 8 |
| 30 | 8/20 | 丙申 | 一 | 四 | | | | | | 30 | 6/22 | 丁酉 | 九 | 九 | 30 | 5/23 | 丁卯 | 5 | 7 | | | | | | 30 | 3/25 | 戊辰 | 3 | 2 | | | | | |

# 西元2066年（丙戌）肖狗 民國155年（女離命）

奇門遁甲局數如標示為 一 ～九表示陰局　　如標示為1 ～9 表示陽局

| 十二月 | | | | | 十一月 | | | | | 十　月 | | | | | 九　月 | | | | | 八　月 | | | | | 七　月 | | | | |
|---|---|---|---|---|---|---|---|---|---|---|---|---|---|---|---|---|---|---|---|---|---|---|---|---|---|---|---|---|---|
| 辛丑 | | | | | 庚子 | | | | | 己亥 | | | | | 戊戌 | | | | | 丁酉 | | | | | 丙申 | | | | |
| 三碧木 | | | | | 四綠木 | | | | | 五黃土 | | | | | 六白金 | | | | | 七赤金 | | | | | 八白土 | | | | |
| 立春 02時40分 廿一丑時 | | 大寒 08時26分 初六辰時 | 奇門遁甲局數 | | 小寒 15時10分 二十申時 | | 冬至 21時48分 初五亥時 | 奇門遁甲局數 | | 大雪 03時51分 廿一寅時 | | 小雪 08時16分 初六辰時 | 奇門遁甲局數 | | 立冬 10時42分 二十巳時 | | 霜降 10時19分 初五巳時 | 奇門遁甲局數 | | 寒露 07時30分 二十辰時 | | 秋分 00時29分 初五子時 | 奇門遁甲局數 | | 白露 14時56分 十八未時 | | 處暑 02時26分 初三丑時 | 奇門遁甲局數 | |
| 農曆 | 國曆 | 干支 | 時盤 | 日盤 | 農曆 | 國曆 | 干支 | 時盤 | 日盤 | 農曆 | 國曆 | 干支 | 時盤 | 日盤 | 農曆 | 國曆 | 干支 | 時盤 | 日盤 | 農曆 | 國曆 | 干支 | 時盤 | 日盤 | 農曆 | 國曆 | 干支 | 時盤 | 日盤 |
| 1 | 1/15 | 甲子 | 3 | 1 | 1 | 12/17 | 乙未 | 1 | 二 | 1 | 11/17 | 乙丑 | 五 | 五 | 1 | 10/19 | 丙申 | 五 | 七 | 1 | 9/19 | 丙寅 | 七 | 一 | 1 | 8/21 | 丁酉 | 一 | 三 |
| 2 | 1/16 | 乙丑 | 3 | 2 | 2 | 12/18 | 丙申 | 1 | 一 | 2 | 11/18 | 丙寅 | 五 | 四 | 2 | 10/20 | 丁酉 | 五 | 六 | 2 | 9/20 | 丁卯 | 七 | 九 | 2 | 8/22 | 戊戌 | 一 | 二 |
| 3 | 1/17 | 丙寅 | 3 | 3 | 3 | 12/19 | 丁酉 | 1 | 九 | 3 | 11/19 | 丁卯 | 五 | 三 | 3 | 10/21 | 戊戌 | 五 | 五 | 3 | 9/21 | 戊辰 | 七 | 八 | 3 | 8/23 | 己亥 | 四 | 一 |
| 4 | 1/18 | 丁卯 | 3 | 4 | 4 | 12/20 | 戊戌 | 1 | 八 | 4 | 11/20 | 戊辰 | 五 | 二 | 4 | 10/22 | 己亥 | 八 | 四 | 4 | 9/22 | 己巳 | 一 | 七 | 4 | 8/24 | 庚子 | 四 | 九 |
| 5 | 1/19 | 戊辰 | 3 | 5 | 5 | 12/21 | 己亥 | 7 | 3 | 5 | 11/21 | 己巳 | 八 | 一 | 5 | 10/23 | 庚子 | 八 | 三 | 5 | 9/23 | 庚午 | 一 | 六 | 5 | 8/25 | 辛丑 | 四 | 八 |
| 6 | 1/20 | 己巳 | 9 | 6 | 6 | 12/22 | 庚子 | 7 | 4 | 6 | 11/22 | 庚午 | 八 | 九 | 6 | 10/24 | 辛丑 | 八 | 二 | 6 | 9/24 | 辛未 | 一 | 五 | 6 | 8/26 | 壬寅 | 四 | 七 |
| 7 | 1/21 | 庚午 | 9 | 7 | 7 | 12/23 | 辛丑 | 7 | 5 | 7 | 11/23 | 辛未 | 八 | 八 | 7 | 10/25 | 壬寅 | 八 | 一 | 7 | 9/25 | 壬申 | 一 | 四 | 7 | 8/27 | 癸卯 | 四 | 六 |
| 8 | 1/22 | 辛未 | 9 | 8 | 8 | 12/24 | 壬寅 | 7 | 6 | 8 | 11/24 | 壬申 | 八 | 七 | 8 | 10/26 | 癸卯 | 八 | 九 | 8 | 9/26 | 癸酉 | 一 | 三 | 8 | 8/28 | 甲辰 | 七 | 五 |
| 9 | 1/23 | 壬申 | 9 | 9 | 9 | 12/25 | 癸卯 | 7 | 7 | 9 | 11/25 | 癸酉 | 八 | 六 | 9 | 10/27 | 甲辰 | 二 | 八 | 9 | 9/27 | 甲戌 | 四 | 二 | 9 | 8/29 | 乙巳 | 七 | 四 |
| 10 | 1/24 | 癸酉 | 9 | 1 | 10 | 12/26 | 甲辰 | 4 | 8 | 10 | 11/26 | 甲戌 | 二 | 五 | 10 | 10/28 | 乙巳 | 二 | 七 | 10 | 9/28 | 乙亥 | 四 | 一 | 10 | 8/30 | 丙午 | 七 | 三 |
| 11 | 1/25 | 甲戌 | 6 | 2 | 11 | 12/27 | 乙巳 | 4 | 9 | 11 | 11/27 | 乙亥 | 二 | 四 | 11 | 10/29 | 丙午 | 二 | 六 | 11 | 9/29 | 丙子 | 四 | 九 | 11 | 8/31 | 丁未 | 七 | 二 |
| 12 | 1/26 | 乙亥 | 6 | 3 | 12 | 12/28 | 丙午 | 4 | 1 | 12 | 11/28 | 丙子 | 二 | 三 | 12 | 10/30 | 丁未 | 二 | 五 | 12 | 9/30 | 丁丑 | 四 | 八 | 12 | 9/1 | 戊申 | 七 | 一 |
| 13 | 1/27 | 丙子 | 6 | 4 | 13 | 12/29 | 丁未 | 4 | 2 | 13 | 11/29 | 丁丑 | 二 | 二 | 13 | 10/31 | 戊申 | 二 | 四 | 13 | 10/1 | 戊寅 | 四 | 七 | 13 | 9/2 | 己酉 | 九 | 九 |
| 14 | 1/28 | 丁丑 | 6 | 5 | 14 | 12/30 | 戊申 | 4 | 3 | 14 | 11/30 | 戊寅 | 二 | 一 | 14 | 11/1 | 己酉 | 六 | 三 | 14 | 10/2 | 己卯 | 六 | 六 | 14 | 9/3 | 庚戌 | 九 | 八 |
| 15 | 1/29 | 戊寅 | 6 | 6 | 15 | 12/31 | 己酉 | 2 | 4 | 15 | 12/1 | 己卯 | 四 | 九 | 15 | 11/2 | 庚戌 | 六 | 二 | 15 | 10/3 | 庚辰 | 六 | 五 | 15 | 9/4 | 辛亥 | 九 | 七 |
| 16 | 1/30 | 己卯 | 8 | 7 | 16 | 1/1 | 庚戌 | 2 | 5 | 16 | 12/2 | 庚辰 | 四 | 八 | 16 | 11/3 | 辛亥 | 六 | 一 | 16 | 10/4 | 辛巳 | 六 | 四 | 16 | 9/5 | 壬子 | 九 | 六 |
| 17 | 1/31 | 庚辰 | 8 | 8 | 17 | 1/2 | 辛亥 | 2 | 6 | 17 | 12/3 | 辛巳 | 四 | 七 | 17 | 11/4 | 壬子 | 六 | 九 | 17 | 10/5 | 壬午 | 六 | 三 | 17 | 9/6 | 癸丑 | 九 | 五 |
| 18 | 2/1 | 辛巳 | 8 | 9 | 18 | 1/3 | 壬子 | 2 | 7 | 18 | 12/4 | 壬午 | 四 | 六 | 18 | 11/5 | 癸丑 | 六 | 八 | 18 | 10/6 | 癸未 | 六 | 二 | 18 | 9/7 | 甲寅 | 三 | 四 |
| 19 | 2/2 | 壬午 | 8 | 1 | 19 | 1/4 | 癸丑 | 2 | 8 | 19 | 12/5 | 癸未 | 四 | 五 | 19 | 11/6 | 甲寅 | 九 | 七 | 19 | 10/7 | 甲申 | 九 | 一 | 19 | 9/8 | 乙卯 | 三 | 三 |
| 20 | 2/3 | 癸未 | 8 | 2 | 20 | 1/5 | 甲寅 | 8 | 9 | 20 | 12/6 | 甲申 | 七 | 四 | 20 | 11/7 | 乙卯 | 九 | 六 | 20 | 10/8 | 乙酉 | 九 | 九 | 20 | 9/9 | 丙辰 | 三 | 二 |
| 21 | 2/4 | 甲申 | 5 | 3 | 21 | 1/6 | 乙卯 | 8 | 1 | 21 | 12/7 | 乙酉 | 七 | 三 | 21 | 11/8 | 丙辰 | 九 | 五 | 21 | 10/9 | 丙戌 | 九 | 八 | 21 | 9/10 | 丁巳 | 三 | 一 |
| 22 | 2/5 | 乙酉 | 5 | 4 | 22 | 1/7 | 丙辰 | 8 | 2 | 22 | 12/8 | 丙戌 | 七 | 二 | 22 | 11/9 | 丁巳 | 九 | 四 | 22 | 10/10 | 丁亥 | 九 | 七 | 22 | 9/11 | 戊午 | 三 | 九 |
| 23 | 2/6 | 丙戌 | 5 | 5 | 23 | 1/8 | 丁巳 | 8 | 3 | 23 | 12/9 | 丁亥 | 七 | 一 | 23 | 11/10 | 戊午 | 九 | 三 | 23 | 10/11 | 戊子 | 九 | 六 | 23 | 9/12 | 己未 | 六 | 八 |
| 24 | 2/7 | 丁亥 | 5 | 6 | 24 | 1/9 | 戊午 | 8 | 4 | 24 | 12/10 | 戊子 | 七 | 九 | 24 | 11/11 | 己未 | 三 | 二 | 24 | 10/12 | 己丑 | 三 | 五 | 24 | 9/13 | 庚申 | 六 | 七 |
| 25 | 2/8 | 戊子 | 5 | 7 | 25 | 1/10 | 己未 | 5 | 5 | 25 | 12/11 | 己丑 | 一 | 八 | 25 | 11/12 | 庚申 | 三 | 一 | 25 | 10/13 | 庚寅 | 三 | 四 | 25 | 9/14 | 辛酉 | 六 | 六 |
| 26 | 2/9 | 己丑 | 2 | 8 | 26 | 1/11 | 庚申 | 5 | 6 | 26 | 12/12 | 庚寅 | 一 | 七 | 26 | 11/13 | 辛酉 | 三 | 九 | 26 | 10/14 | 辛卯 | 三 | 三 | 26 | 9/15 | 壬戌 | 六 | 五 |
| 27 | 2/10 | 庚寅 | 2 | 9 | 27 | 1/12 | 辛酉 | 5 | 7 | 27 | 12/13 | 辛卯 | 一 | 六 | 27 | 11/14 | 壬戌 | 三 | 八 | 27 | 10/15 | 壬辰 | 三 | 二 | 27 | 9/16 | 癸亥 | 六 | 四 |
| 28 | 2/11 | 辛卯 | 2 | 1 | 28 | 1/13 | 壬戌 | 5 | 8 | 28 | 12/14 | 壬辰 | 一 | 五 | 28 | 11/15 | 癸亥 | 三 | 七 | 28 | 10/16 | 癸巳 | 三 | 一 | 28 | 9/17 | 甲子 | 七 | 三 |
| 29 | 2/12 | 壬辰 | 2 | 2 | 29 | 1/14 | 癸亥 | 5 | 9 | 29 | 12/15 | 癸巳 | 一 | 四 | 29 | 11/16 | 甲子 | 五 | 六 | 29 | 10/17 | 甲午 | 五 | 九 | 29 | 9/18 | 乙丑 | 七 | 二 |
| 30 | 2/13 | 癸巳 | 2 | 3 | | | | | | 30 | 12/16 | 甲午 | 1 | 三 | | | | | | 30 | 10/18 | 乙未 | 五 | 八 | | | | | |

# 西元2067年（丁亥）肖豬 民國156年（男坤命）

奇門遁甲局數如標示為 一 ～九表示陰局　　如標示為1 ～9 表示陽局

| 六月 | | | | | 五月 | | | | | 四月 | | | | |
|---|---|---|---|---|---|---|---|---|---|---|---|---|---|---|
| 丁未 | | | | | 丙午 | | | | | 乙巳 | | | | |
| 六白金 | | | | | 七赤金 | | | | | 八白土 | | | | |
| 立秋 17時27分 廿八酉時 | | 大暑 00時53分 十三子時 | 奇門遁甲局數 | | 小暑 07時31分 廿六辰時 | | 夏至 13時58分 初十未時 | 奇門遁甲局數 | | 芒種 21時35分 廿四亥時 | | 小滿 06時15分 初九卯時 | 奇門遁甲局數 | |
| 農曆 | 國曆 | 干支 | 時盤 | 日盤 | 農曆 | 國曆 | 干支 | 時盤 | 日盤 | 農曆 | 國曆 | 干支 | 時盤 | 日盤 |
| 1 | 7/11 | 辛酉 | 五 | 三 | 1 | 6/12 | 壬辰 | 9 | 5 | 1 | 5/13 | 壬戌 | 7 | 2 |
| 2 | 7/12 | 壬戌 | 五 | 二 | 2 | 6/13 | 癸巳 | 9 | 6 | 2 | 5/14 | 癸亥 | 7 | 3 |
| 3 | 7/13 | 癸亥 | 五 | 一 | 3 | 6/14 | 甲午 | 九 | 7 | 3 | 5/15 | 甲子 | 5 | 4 |
| 4 | 7/14 | 甲子 | 七 | 九 | 4 | 6/15 | 乙未 | 九 | 8 | 4 | 5/16 | 乙丑 | 5 | 5 |
| 5 | 7/15 | 乙丑 | 七 | 八 | 5 | 6/16 | 丙申 | 九 | 9 | 5 | 5/17 | 丙寅 | 5 | 6 |
| 6 | 7/16 | 丙寅 | 七 | 七 | 6 | 6/17 | 丁酉 | 九 | 1 | 6 | 5/18 | 丁卯 | 5 | 7 |
| 7 | 7/17 | 丁卯 | 七 | 六 | 7 | 6/18 | 戊戌 | 九 | 2 | 7 | 5/19 | 戊辰 | 5 | 8 |
| 8 | 7/18 | 戊辰 | 七 | 五 | 8 | 6/19 | 己亥 | 三 | 3 | 8 | 5/20 | 己巳 | 2 | 9 |
| 9 | 7/19 | 己巳 | 一 | 四 | 9 | 6/20 | 庚子 | 三 | 4 | 9 | 5/21 | 庚午 | 2 | 1 |
| 10 | 7/20 | 庚午 | 一 | 三 | 10 | 6/21 | 辛丑 | 三 | 五 | 10 | 5/22 | 辛未 | 2 | 2 |
| 11 | 7/21 | 辛未 | 一 | 二 | 11 | 6/22 | 壬寅 | 三 | 四 | 11 | 5/23 | 壬申 | 2 | 3 |
| 12 | 7/22 | 壬申 | 一 | 一 | 12 | 6/23 | 癸卯 | 三 | 三 | 12 | 5/24 | 癸酉 | 2 | 4 |
| 13 | 7/23 | 癸酉 | 一 | 九 | 13 | 6/24 | 甲辰 | 六 | 二 | 13 | 5/25 | 甲戌 | 8 | 5 |
| 14 | 7/24 | 甲戌 | 四 | 八 | 14 | 6/25 | 乙巳 | 六 | 一 | 14 | 5/26 | 乙亥 | 8 | 6 |
| 15 | 7/25 | 乙亥 | 四 | 七 | 15 | 6/26 | 丙午 | 六 | 九 | 15 | 5/27 | 丙子 | 8 | 7 |
| 16 | 7/26 | 丙子 | 四 | 六 | 16 | 6/27 | 丁未 | 六 | 八 | 16 | 5/28 | 丁丑 | 8 | 8 |
| 17 | 7/27 | 丁丑 | 四 | 五 | 17 | 6/28 | 戊申 | 六 | 七 | 17 | 5/29 | 戊寅 | 8 | 9 |
| 18 | 7/28 | 戊寅 | 四 | 四 | 18 | 6/29 | 己酉 | 八 | 六 | 18 | 5/30 | 己卯 | 6 | 1 |
| 19 | 7/29 | 己卯 | 二 | 三 | 19 | 6/30 | 庚戌 | 八 | 五 | 19 | 5/31 | 庚辰 | 6 | 2 |
| 20 | 7/30 | 庚辰 | 二 | 二 | 20 | 7/1 | 辛亥 | 八 | 四 | 20 | 6/1 | 辛巳 | 6 | 3 |
| 21 | 7/31 | 辛巳 | 二 | 一 | 21 | 7/2 | 壬子 | 八 | 三 | 21 | 6/2 | 壬午 | 6 | 4 |
| 22 | 8/1 | 壬午 | 二 | 九 | 22 | 7/3 | 癸丑 | 八 | 二 | 22 | 6/3 | 癸未 | 6 | 5 |
| 23 | 8/2 | 癸未 | 二 | 八 | 23 | 7/4 | 甲寅 | 二 | 一 | 23 | 6/4 | 甲申 | 3 | 6 |
| 24 | 8/3 | 甲申 | 五 | 七 | 24 | 7/5 | 乙卯 | 二 | 九 | 24 | 6/5 | 乙酉 | 3 | 7 |
| 25 | 8/4 | 乙酉 | 五 | 六 | 25 | 7/6 | 丙辰 | 二 | 八 | 25 | 6/6 | 丙戌 | 3 | 8 |
| 26 | 8/5 | 丙戌 | 五 | 五 | 26 | 7/7 | 丁巳 | 二 | 七 | 26 | 6/7 | 丁亥 | 3 | 9 |
| 27 | 8/6 | 丁亥 | 五 | 四 | 27 | 7/8 | 戊午 | 二 | 六 | 27 | 6/8 | 戊子 | 3 | 1 |
| 28 | 8/7 | 戊子 | 五 | 三 | 28 | 7/9 | 己未 | 五 | 五 | 28 | 6/9 | 己丑 | 9 | 2 |
| 29 | 8/8 | 己丑 | 八 | 二 | 29 | 7/10 | 庚申 | 五 | 四 | 29 | 6/10 | 庚寅 | 9 | 3 |
| 30 | 8/9 | 庚寅 | 八 | 一 | | | | | | 30 | 6/11 | 辛卯 | 9 | 4 |

| 三月 | | | | | 二月 | | | | | 正月 | | | | |
|---|---|---|---|---|---|---|---|---|---|---|---|---|---|---|
| 甲辰 | | | | | 癸卯 | | | | | 壬寅 | | | | |
| 九紫火 | | | | | 一白水 | | | | | 二黑土 | | | | |
| 立夏 17時35分 廿二酉時 | | 穀雨 07時31分 初七辰時 | 奇門遁甲局數 | | 清明 00時43分 廿二子時 | | 春分 20時56分 初六戌時 | 奇門遁甲局數 | | 驚蟄 20時21分 二十戌時 | | 雨水 22時20分 初五亥時 | 奇門遁甲局數 | |
| 農曆 | 國曆 | 干支 | 時盤 | 日盤 | 農曆 | 國曆 | 干支 | 時盤 | 日盤 | 農曆 | 國曆 | 干支 | 時盤 | 日盤 |
| 1 | 4/14 | 癸巳 | 7 | 9 | 1 | 3/15 | 癸亥 | 4 | 6 | 1 | 2/14 | 甲午 | 9 | 4 |
| 2 | 4/15 | 甲午 | 5 | 1 | 2 | 3/16 | 甲子 | 3 | 7 | 2 | 2/15 | 乙未 | 9 | 5 |
| 3 | 4/16 | 乙未 | 5 | 2 | 3 | 3/17 | 乙丑 | 3 | 8 | 3 | 2/16 | 丙申 | 9 | 6 |
| 4 | 4/17 | 丙申 | 5 | 3 | 4 | 3/18 | 丙寅 | 3 | 9 | 4 | 2/17 | 丁酉 | 9 | 7 |
| 5 | 4/18 | 丁酉 | 5 | 4 | 5 | 3/19 | 丁卯 | 3 | 1 | 5 | 2/18 | 戊戌 | 9 | 8 |
| 6 | 4/19 | 戊戌 | 5 | 5 | 6 | 3/20 | 戊辰 | 3 | 2 | 6 | 2/19 | 己亥 | 6 | 9 |
| 7 | 4/20 | 己亥 | 2 | 6 | 7 | 3/21 | 己巳 | 9 | 3 | 7 | 2/20 | 庚子 | 6 | 1 |
| 8 | 4/21 | 庚子 | 2 | 7 | 8 | 3/22 | 庚午 | 9 | 4 | 8 | 2/21 | 辛丑 | 6 | 2 |
| 9 | 4/22 | 辛丑 | 2 | 8 | 9 | 3/23 | 辛未 | 9 | 5 | 9 | 2/22 | 壬寅 | 6 | 3 |
| 10 | 4/23 | 壬寅 | 2 | 9 | 10 | 3/24 | 壬申 | 9 | 6 | 10 | 2/23 | 癸卯 | 6 | 4 |
| 11 | 4/24 | 癸卯 | 2 | 1 | 11 | 3/25 | 癸酉 | 9 | 7 | 11 | 2/24 | 甲辰 | 3 | 5 |
| 12 | 4/25 | 甲辰 | 8 | 2 | 12 | 3/26 | 甲戌 | 6 | 8 | 12 | 2/25 | 乙巳 | 3 | 6 |
| 13 | 4/26 | 乙巳 | 8 | 3 | 13 | 3/27 | 乙亥 | 6 | 9 | 13 | 2/26 | 丙午 | 3 | 7 |
| 14 | 4/27 | 丙午 | 8 | 4 | 14 | 3/28 | 丙子 | 6 | 1 | 14 | 2/27 | 丁未 | 3 | 8 |
| 15 | 4/28 | 丁未 | 8 | 5 | 15 | 3/29 | 丁丑 | 6 | 2 | 15 | 2/28 | 戊申 | 3 | 9 |
| 16 | 4/29 | 戊申 | 8 | 6 | 16 | 3/30 | 戊寅 | 6 | 3 | 16 | 3/1 | 己酉 | 1 | 1 |
| 17 | 4/30 | 己酉 | 4 | 7 | 17 | 3/31 | 己卯 | 4 | 4 | 17 | 3/2 | 庚戌 | 1 | 2 |
| 18 | 5/1 | 庚戌 | 4 | 8 | 18 | 4/1 | 庚辰 | 4 | 5 | 18 | 3/3 | 辛亥 | 1 | 3 |
| 19 | 5/2 | 辛亥 | 4 | 9 | 19 | 4/2 | 辛巳 | 4 | 6 | 19 | 3/4 | 壬子 | 1 | 4 |
| 20 | 5/3 | 壬子 | 4 | 1 | 20 | 4/3 | 壬午 | 4 | 7 | 20 | 3/5 | 癸丑 | 1 | 5 |
| 21 | 5/4 | 癸丑 | 4 | 2 | 21 | 4/4 | 癸未 | 4 | 8 | 21 | 3/6 | 甲寅 | 7 | 6 |
| 22 | 5/5 | 甲寅 | 1 | 3 | 22 | 4/5 | 甲申 | 1 | 9 | 22 | 3/7 | 乙卯 | 7 | 7 |
| 23 | 5/6 | 乙卯 | 1 | 4 | 23 | 4/6 | 乙酉 | 1 | 1 | 23 | 3/8 | 丙辰 | 7 | 8 |
| 24 | 5/7 | 丙辰 | 1 | 5 | 24 | 4/7 | 丙戌 | 1 | 2 | 24 | 3/9 | 丁巳 | 7 | 9 |
| 25 | 5/8 | 丁巳 | 1 | 6 | 25 | 4/8 | 丁亥 | 1 | 3 | 25 | 3/10 | 戊午 | 7 | 1 |
| 26 | 5/9 | 戊午 | 1 | 7 | 26 | 4/9 | 戊子 | 1 | 4 | 26 | 3/11 | 己未 | 4 | 2 |
| 27 | 5/10 | 己未 | 7 | 8 | 27 | 4/10 | 己丑 | 7 | 5 | 27 | 3/12 | 庚申 | 4 | 3 |
| 28 | 5/11 | 庚申 | 7 | 9 | 28 | 4/11 | 庚寅 | 7 | 6 | 28 | 3/13 | 辛酉 | 4 | 4 |
| 29 | 5/12 | 辛酉 | 7 | 1 | 29 | 4/12 | 辛卯 | 7 | 7 | 29 | 3/14 | 壬戌 | 4 | 5 |
| | | | | | 30 | 4/13 | 壬辰 | 7 | 8 | | | | | |

# 西元2067年（丁亥）肖豬 民國156年（女坎命）

奇門遁甲局數如標示為 一 ～九表示陰局　　如標示為1 ～9 表示陽局

## 十二月　癸丑　九紫火

大寒 14時23分 十六未時　小寒 21時20分 初一亥時

| 農曆 | 國曆 | 干支 | 時盤 | 日盤 |
|---|---|---|---|---|
| 1 | 1/5 | 己未 | 4 | 5 |
| 2 | 1/6 | 庚申 | 4 | 6 |
| 3 | 1/7 | 辛酉 | 4 | 7 |
| 4 | 1/8 | 壬戌 | 4 | 8 |
| 5 | 1/9 | 癸亥 | 4 | 9 |
| 6 | 1/10 | 甲子 | 2 | 1 |
| 7 | 1/11 | 乙丑 | 2 | 2 |
| 8 | 1/12 | 丙寅 | 2 | 3 |
| 9 | 1/13 | 丁卯 | 2 | 4 |
| 10 | 1/14 | 戊辰 | 2 | 5 |
| 11 | 1/15 | 己巳 | 8 | 6 |
| 12 | 1/16 | 庚午 | 8 | 7 |
| 13 | 1/17 | 辛未 | 8 | 8 |
| 14 | 1/18 | 壬申 | 8 | 9 |
| 15 | 1/19 | 癸酉 | 8 | 1 |
| 16 | 1/20 | 甲戌 | 5 | 2 |
| 17 | 1/21 | 乙亥 | 5 | 3 |
| 18 | 1/22 | 丙子 | 5 | 4 |
| 19 | 1/23 | 丁丑 | 5 | 5 |
| 20 | 1/24 | 戊寅 | 5 | 6 |
| 21 | 1/25 | 己卯 | 3 | 7 |
| 22 | 1/26 | 庚辰 | 3 | 8 |
| 23 | 1/27 | 辛巳 | 3 | 9 |
| 24 | 1/28 | 壬午 | 3 | 1 |
| 25 | 1/29 | 癸未 | 3 | 2 |
| 26 | 1/30 | 甲申 | 9 | 3 |
| 27 | 1/31 | 乙酉 | 9 | 4 |
| 28 | 2/1 | 丙戌 | 9 | 5 |
| 29 | 2/2 | 丁亥 | 9 | 6 |

## 十一月　壬子　一白水

冬至 03時46分 十七寅時　大雪 09時43分 初二巳時

| 農曆 | 國曆 | 干支 | 時盤 | 日盤 |
|---|---|---|---|---|
| 1 | 12/6 | 己丑 | 一 | 八 |
| 2 | 12/7 | 庚寅 | 一 | 七 |
| 3 | 12/8 | 辛卯 | 一 | 六 |
| 4 | 12/9 | 壬辰 | 一 | 五 |
| 5 | 12/10 | 癸巳 | 一 | 四 |
| 6 | 12/11 | 甲午 | 四 | 三 |
| 7 | 12/12 | 乙未 | 四 | 二 |
| 8 | 12/13 | 丙申 | 四 | 一 |
| 9 | 12/14 | 丁酉 | 四 | 九 |
| 10 | 12/15 | 戊戌 | 四 | 八 |
| 11 | 12/16 | 己亥 | 七 | 七 |
| 12 | 12/17 | 庚子 | 七 | 六 |
| 13 | 12/18 | 辛丑 | 七 | 五 |
| 14 | 12/19 | 壬寅 | 七 | 四 |
| 15 | 12/20 | 癸卯 | 七 | 三 |
| 16 | 12/21 | 甲辰 | 一 | 二 |
| 17 | 12/22 | 乙巳 | 一 | 9 |
| 18 | 12/23 | 丙午 | 一 | 1 |
| 19 | 12/24 | 丁未 | 一 | 2 |
| 20 | 12/25 | 戊申 | 一 | 3 |
| 21 | 12/26 | 己酉 | 1 | 4 |
| 22 | 12/27 | 庚戌 | 1 | 5 |
| 23 | 12/28 | 辛亥 | 1 | 6 |
| 24 | 12/29 | 壬子 | 1 | 7 |
| 25 | 12/30 | 癸丑 | 1 | 8 |
| 26 | 12/31 | 甲寅 | 7 | 9 |
| 27 | 1/1 | 乙卯 | 7 | 1 |
| 28 | 1/2 | 丙辰 | 7 | 2 |
| 29 | 1/3 | 丁巳 | 7 | 3 |
| 30 | 1/4 | 戊午 | 7 | 4 |

## 十月　辛亥　二黑土

小雪 14時13分 十六未時　立冬 16時33分 初一申時

| 農曆 | 國曆 | 干支 | 時盤 | 日盤 |
|---|---|---|---|---|
| 1 | 11/7 | 庚申 | 三 | 一 |
| 2 | 11/8 | 辛酉 | 三 | 九 |
| 3 | 11/9 | 壬戌 | 三 | 八 |
| 4 | 11/10 | 癸亥 | 三 | 七 |
| 5 | 11/11 | 甲子 | 五 | 六 |
| 6 | 11/12 | 乙丑 | 五 | 五 |
| 7 | 11/13 | 丙寅 | 五 | 四 |
| 8 | 11/14 | 丁卯 | 五 | 三 |
| 9 | 11/15 | 戊辰 | 五 | 二 |
| 10 | 11/16 | 己巳 | 八 | 一 |
| 11 | 11/17 | 庚午 | 八 | 九 |
| 12 | 11/18 | 辛未 | 八 | 八 |
| 13 | 11/19 | 壬申 | 八 | 七 |
| 14 | 11/20 | 癸酉 | 八 | 六 |
| 15 | 11/21 | 甲戌 | 二 | 五 |
| 16 | 11/22 | 乙亥 | 二 | 四 |
| 17 | 11/23 | 丙子 | 二 | 三 |
| 18 | 11/24 | 丁丑 | 二 | 二 |
| 19 | 11/25 | 戊寅 | 二 | 一 |
| 20 | 11/26 | 己卯 | 四 | 九 |
| 21 | 11/27 | 庚辰 | 四 | 八 |
| 22 | 11/28 | 辛巳 | 四 | 七 |
| 23 | 11/29 | 壬午 | 四 | 六 |
| 24 | 11/30 | 癸未 | 四 | 五 |
| 25 | 12/1 | 甲申 | 七 | 四 |
| 26 | 12/2 | 乙酉 | 七 | 三 |
| 27 | 12/3 | 丙戌 | 七 | 二 |
| 28 | 12/4 | 丁亥 | 七 | 一 |
| 29 | 12/5 | 戊子 | 七 | 九 |

## 九月　庚戌　三碧木

霜降 16時14分 十六申時　寒露 12時53分 初一午時

| 農曆 | 國曆 | 干支 | 時盤 | 日盤 |
|---|---|---|---|---|
| 1 | 10/8 | 庚寅 | 三 | 四 |
| 2 | 10/9 | 辛卯 | 三 | 三 |
| 3 | 10/10 | 壬辰 | 三 | 二 |
| 4 | 10/11 | 癸巳 | 三 | 一 |
| 5 | 10/12 | 甲午 | 五 | 九 |
| 6 | 10/13 | 乙未 | 五 | 八 |
| 7 | 10/14 | 丙申 | 五 | 七 |
| 8 | 10/15 | 丁酉 | 五 | 六 |
| 9 | 10/16 | 戊戌 | 五 | 五 |
| 10 | 10/17 | 己亥 | 八 | 四 |
| 11 | 10/18 | 庚子 | 八 | 三 |
| 12 | 10/19 | 辛丑 | 八 | 二 |
| 13 | 10/20 | 壬寅 | 八 | 一 |
| 14 | 10/21 | 癸卯 | 八 | 九 |
| 15 | 10/22 | 甲辰 | 二 | 八 |
| 16 | 10/23 | 乙巳 | 二 | 七 |
| 17 | 10/24 | 丙午 | 二 | 六 |
| 18 | 10/25 | 丁未 | 二 | 五 |
| 19 | 10/26 | 戊申 | 二 | 四 |
| 20 | 10/27 | 己酉 | 六 | 三 |
| 21 | 10/28 | 庚戌 | 六 | 二 |
| 22 | 10/29 | 辛亥 | 六 | 一 |
| 23 | 10/30 | 壬子 | 六 | 九 |
| 24 | 10/31 | 癸丑 | 六 | 八 |
| 25 | 11/1 | 甲寅 | 九 | 七 |
| 26 | 11/2 | 乙卯 | 九 | 六 |
| 27 | 11/3 | 丙辰 | 九 | 五 |
| 28 | 11/4 | 丁巳 | 九 | 四 |
| 29 | 11/5 | 戊午 | 九 | 三 |
| 30 | 11/6 | 己未 | 三 | 二 |

## 八月　己酉　四綠木

秋分 06時22分 十五卯時

| 農曆 | 國曆 | 干支 | 時盤 | 日盤 |
|---|---|---|---|---|
| 1 | 9/9 | 辛酉 | 六 | 六 |
| 2 | 9/10 | 壬戌 | 六 | 五 |
| 3 | 9/11 | 癸亥 | 六 | 四 |
| 4 | 9/12 | 甲子 | 七 | 三 |
| 5 | 9/13 | 乙丑 | 七 | 二 |
| 6 | 9/14 | 丙寅 | 七 | 一 |
| 7 | 9/15 | 丁卯 | 七 | 九 |
| 8 | 9/16 | 戊辰 | 七 | 八 |
| 9 | 9/17 | 己巳 | 一 | 七 |
| 10 | 9/18 | 庚午 | 一 | 六 |
| 11 | 9/19 | 辛未 | 一 | 五 |
| 12 | 9/20 | 壬申 | 一 | 四 |
| 13 | 9/21 | 癸酉 | 一 | 三 |
| 14 | 9/22 | 甲戌 | 四 | 二 |
| 15 | 9/23 | 乙亥 | 四 | 一 |
| 16 | 9/24 | 丙子 | 四 | 九 |
| 17 | 9/25 | 丁丑 | 四 | 八 |
| 18 | 9/26 | 戊寅 | 四 | 七 |
| 19 | 9/27 | 己卯 | 六 | 六 |
| 20 | 9/28 | 庚辰 | 六 | 五 |
| 21 | 9/29 | 辛巳 | 六 | 四 |
| 22 | 9/30 | 壬午 | 六 | 三 |
| 23 | 10/1 | 癸未 | 六 | 二 |
| 24 | 10/2 | 甲申 | 九 | 一 |
| 25 | 10/3 | 乙酉 | 九 | 九 |
| 26 | 10/4 | 丙戌 | 九 | 八 |
| 27 | 10/5 | 丁亥 | 九 | 七 |
| 28 | 10/6 | 戊子 | 九 | 六 |
| 29 | 10/7 | 己丑 | 三 | 五 |

## 七月　戊申　五黃土

白露 20時45分 廿九戌時　處暑 08時15分 十四辰時

| 農曆 | 國曆 | 干支 | 時盤 | 日盤 |
|---|---|---|---|---|
| 1 | 8/10 | 辛卯 | 八 | 九 |
| 2 | 8/11 | 壬辰 | 八 | 八 |
| 3 | 8/12 | 癸巳 | 八 | 七 |
| 4 | 8/13 | 甲午 | 一 | 六 |
| 5 | 8/14 | 乙未 | 一 | 五 |
| 6 | 8/15 | 丙申 | 一 | 四 |
| 7 | 8/16 | 丁酉 | 一 | 三 |
| 8 | 8/17 | 戊戌 | 一 | 二 |
| 9 | 8/18 | 己亥 | 四 | 一 |
| 10 | 8/19 | 庚子 | 四 | 九 |
| 11 | 8/20 | 辛丑 | 四 | 八 |
| 12 | 8/21 | 壬寅 | 四 | 七 |
| 13 | 8/22 | 癸卯 | 四 | 六 |
| 14 | 8/23 | 甲辰 | 七 | 五 |
| 15 | 8/24 | 乙巳 | 七 | 四 |
| 16 | 8/25 | 丙午 | 七 | 三 |
| 17 | 8/26 | 丁未 | 七 | 二 |
| 18 | 8/27 | 戊申 | 七 | 一 |
| 19 | 8/28 | 己酉 | 九 | 九 |
| 20 | 8/29 | 庚戌 | 九 | 八 |
| 21 | 8/30 | 辛亥 | 九 | 七 |
| 22 | 8/31 | 壬子 | 九 | 六 |
| 23 | 9/1 | 癸丑 | 九 | 五 |
| 24 | 9/2 | 甲寅 | 三 | 四 |
| 25 | 9/3 | 乙卯 | 三 | 三 |
| 26 | 9/4 | 丙辰 | 三 | 二 |
| 27 | 9/5 | 丁巳 | 三 | 一 |
| 28 | 9/6 | 戊午 | 三 | 九 |
| 29 | 9/7 | 己未 | 六 | 八 |
| 30 | 9/8 | 庚申 | 六 | 七 |

# 西元2068年（戊子）肖鼠 民國157年（男巽命）

奇門遁甲局數如標示為 一 ～九表示陰局　　如標示為1 ～9 表示陽局

| 六　月 | | | | | 五　月 | | | | | 四　月 | | | | | 三　月 | | | | | 二　月 | | | | | 正　月 | | | | |
|---|---|---|---|---|---|---|---|---|---|---|---|---|---|---|---|---|---|---|---|---|---|---|---|---|---|---|---|---|---|
| 己未 | | | | | 戊午 | | | | | 丁巳 | | | | | 丙辰 | | | | | 乙卯 | | | | | 甲寅 | | | | |
| 三碧木 | | | | | 四綠木 | | | | | 五黃土 | | | | | 六白金 | | | | | 七赤金 | | | | | 八白土 | | | | |
| 大暑 06時49分 廿四卯時 | | 小暑 13時19分 初八未時 | 奇門遁甲局數 | | 夏至 19時56分 廿一戌時 | | 芒種 03時12分 初六寅時 | 奇門遁甲局數 | | 小滿 12時12分 十九午時 | | 立夏 23時23分 初三子時 | 奇門遁甲局數 | | 穀雨 13時27分 十八未時 | | 清明 06時32分 初三卯時 | 奇門遁甲局數 | | 春分 02時51分 十七丑時 | | 驚蟄 01時11分 初二丑時 | 奇門遁甲局數 | | 雨水 04時16分 十七寅時 | | 立春 08時32分 初二辰時 | 奇門遁甲局數 | |
| 農曆 | 國曆 | 干支 | 時盤 | 日盤 | 農曆 | 國曆 | 干支 | 時盤 | 日盤 | 農曆 | 國曆 | 干支 | 時盤 | 日盤 | 農曆 | 國曆 | 干支 | 時盤 | 日盤 | 農曆 | 國曆 | 干支 | 時盤 | 日盤 | 農曆 | 國曆 | 干支 | 時盤 | 日盤 |
| 1 | 6/29 | 乙卯 | 三 | 九 | 1 | 5/31 | 丙戌 | 2 | 8 | 1 | 5/2 | 丁巳 | 2 | 6 | 1 | 4/2 | 丁亥 | 9 | 3 | 1 | 3/4 | 戊午 | 6 | 1 | 1 | 2/3 | 戊子 | 9 | 7 |
| 2 | 6/30 | 丙辰 | 三 | 八 | 2 | 6/1 | 丁亥 | 2 | 9 | 2 | 5/3 | 戊午 | 2 | 7 | 2 | 4/3 | 戊子 | 9 | 4 | 2 | 3/5 | 己未 | 3 | 2 | 2 | 2/4 | 己丑 | 6 | 8 |
| 3 | 7/1 | 丁巳 | 三 | 七 | 3 | 6/2 | 戊子 | 2 | 1 | 3 | 5/4 | 己未 | 8 | 8 | 3 | 4/4 | 己丑 | 6 | 5 | 3 | 3/6 | 庚申 | 3 | 3 | 3 | 2/5 | 庚寅 | 6 | 9 |
| 4 | 7/2 | 戊午 | 三 | 六 | 4 | 6/3 | 己丑 | 8 | 2 | 4 | 5/5 | 庚申 | 8 | 9 | 4 | 4/5 | 庚寅 | 6 | 6 | 4 | 3/7 | 辛酉 | 3 | 4 | 4 | 2/6 | 辛卯 | 6 | 1 |
| 5 | 7/3 | 己未 | 六 | 五 | 5 | 6/4 | 庚寅 | 8 | 3 | 5 | 5/6 | 辛酉 | 8 | 1 | 5 | 4/6 | 辛卯 | 6 | 7 | 5 | 3/8 | 壬戌 | 3 | 5 | 5 | 2/7 | 壬辰 | 6 | 2 |
| 6 | 7/4 | 庚申 | 六 | 四 | 6 | 6/5 | 辛卯 | 8 | 4 | 6 | 5/7 | 壬戌 | 8 | 2 | 6 | 4/7 | 壬辰 | 6 | 8 | 6 | 3/9 | 癸亥 | 3 | 6 | 6 | 2/8 | 癸巳 | 6 | 3 |
| 7 | 7/5 | 辛酉 | 六 | 三 | 7 | 6/6 | 壬辰 | 8 | 5 | 7 | 5/8 | 癸亥 | 8 | 3 | 7 | 4/8 | 癸巳 | 6 | 9 | 7 | 3/10 | 甲子 | 1 | 7 | 7 | 2/9 | 甲午 | 8 | 4 |
| 8 | 7/6 | 壬戌 | 六 | 二 | 8 | 6/7 | 癸巳 | 8 | 6 | 8 | 5/9 | 甲子 | 4 | 4 | 8 | 4/9 | 甲午 | 4 | 1 | 8 | 3/11 | 乙丑 | 1 | 8 | 8 | 2/10 | 乙未 | 8 | 5 |
| 9 | 7/7 | 癸亥 | 六 | 一 | 9 | 6/8 | 甲午 | 6 | 7 | 9 | 5/10 | 乙丑 | 4 | 5 | 9 | 4/10 | 乙未 | 4 | 2 | 9 | 3/12 | 丙寅 | 1 | 9 | 9 | 2/11 | 丙申 | 8 | 6 |
| 10 | 7/8 | 甲子 | 八 | 九 | 10 | 6/9 | 乙未 | 6 | 8 | 10 | 5/11 | 丙寅 | 4 | 6 | 10 | 4/11 | 丙申 | 4 | 3 | 10 | 3/13 | 丁卯 | 1 | 1 | 10 | 2/12 | 丁酉 | 8 | 7 |
| 11 | 7/9 | 乙丑 | 八 | 八 | 11 | 6/10 | 丙申 | 6 | 9 | 11 | 5/12 | 丁卯 | 4 | 7 | 11 | 4/12 | 丁酉 | 4 | 4 | 11 | 3/14 | 戊辰 | 1 | 2 | 11 | 2/13 | 戊戌 | 8 | 8 |
| 12 | 7/10 | 丙寅 | 八 | 七 | 12 | 6/11 | 丁酉 | 6 | 1 | 12 | 5/13 | 戊辰 | 4 | 8 | 12 | 4/13 | 戊戌 | 4 | 5 | 12 | 3/15 | 己巳 | 7 | 3 | 12 | 2/14 | 己亥 | 5 | 9 |
| 13 | 7/11 | 丁卯 | 八 | 六 | 13 | 6/12 | 戊戌 | 6 | 2 | 13 | 5/14 | 己巳 | 1 | 9 | 13 | 4/14 | 己亥 | 1 | 6 | 13 | 3/16 | 庚午 | 7 | 4 | 13 | 2/15 | 庚子 | 5 | 1 |
| 14 | 7/12 | 戊辰 | 八 | 五 | 14 | 6/13 | 己亥 | 3 | 3 | 14 | 5/15 | 庚午 | 1 | 1 | 14 | 4/15 | 庚子 | 1 | 7 | 14 | 3/17 | 辛未 | 7 | 5 | 14 | 2/16 | 辛丑 | 5 | 2 |
| 15 | 7/13 | 己巳 | 二 | 四 | 15 | 6/14 | 庚子 | 3 | 4 | 15 | 5/16 | 辛未 | 1 | 2 | 15 | 4/16 | 辛丑 | 1 | 8 | 15 | 3/18 | 壬申 | 7 | 6 | 15 | 2/17 | 壬寅 | 5 | 3 |
| 16 | 7/14 | 庚午 | 二 | 三 | 16 | 6/15 | 辛丑 | 3 | 5 | 16 | 5/17 | 壬申 | 1 | 3 | 16 | 4/17 | 壬寅 | 1 | 9 | 16 | 3/19 | 癸酉 | 7 | 7 | 16 | 2/18 | 癸卯 | 5 | 4 |
| 17 | 7/15 | 辛未 | 二 | 二 | 17 | 6/16 | 壬寅 | 3 | 6 | 17 | 5/18 | 癸酉 | 1 | 4 | 17 | 4/18 | 癸卯 | 1 | 1 | 17 | 3/20 | 甲戌 | 4 | 8 | 17 | 2/19 | 甲辰 | 2 | 5 |
| 18 | 7/16 | 壬申 | 二 | 一 | 18 | 6/17 | 癸卯 | 3 | 7 | 18 | 5/19 | 甲戌 | 7 | 5 | 18 | 4/19 | 甲辰 | 7 | 2 | 18 | 3/21 | 乙亥 | 4 | 9 | 18 | 2/20 | 乙巳 | 2 | 6 |
| 19 | 7/17 | 癸酉 | 二 | 九 | 19 | 6/18 | 甲辰 | 9 | 8 | 19 | 5/20 | 乙亥 | 7 | 6 | 19 | 4/20 | 乙巳 | 7 | 3 | 19 | 3/22 | 丙子 | 4 | 1 | 19 | 2/21 | 丙午 | 2 | 7 |
| 20 | 7/18 | 甲戌 | 五 | 八 | 20 | 6/19 | 乙巳 | 9 | 9 | 20 | 5/21 | 丙子 | 7 | 7 | 20 | 4/21 | 丙午 | 7 | 4 | 20 | 3/23 | 丁丑 | 4 | 2 | 20 | 2/22 | 丁未 | 2 | 8 |
| 21 | 7/19 | 乙亥 | 五 | 七 | 21 | 6/20 | 丙午 | 9 | 九 | 21 | 5/22 | 丁丑 | 7 | 8 | 21 | 4/22 | 丁未 | 7 | 5 | 21 | 3/24 | 戊寅 | 4 | 3 | 21 | 2/23 | 戊申 | 2 | 9 |
| 22 | 7/20 | 丙子 | 五 | 六 | 22 | 6/21 | 丁未 | 9 | 八 | 22 | 5/23 | 戊寅 | 7 | 9 | 22 | 4/23 | 戊申 | 7 | 6 | 22 | 3/25 | 己卯 | 3 | 4 | 22 | 2/24 | 己酉 | 9 | 1 |
| 23 | 7/21 | 丁丑 | 五 | 五 | 23 | 6/22 | 戊申 | 9 | 七 | 23 | 5/24 | 己卯 | 5 | 1 | 23 | 4/24 | 己酉 | 5 | 7 | 23 | 3/26 | 庚辰 | 3 | 5 | 23 | 2/25 | 庚戌 | 9 | 2 |
| 24 | 7/22 | 戊寅 | 五 | 四 | 24 | 6/23 | 己酉 | 九 | 六 | 24 | 5/25 | 庚辰 | 5 | 2 | 24 | 4/25 | 庚戌 | 5 | 8 | 24 | 3/27 | 辛巳 | 3 | 6 | 24 | 2/26 | 辛亥 | 9 | 3 |
| 25 | 7/23 | 己卯 | 七 | 三 | 25 | 6/24 | 庚戌 | 九 | 五 | 25 | 5/26 | 辛巳 | 5 | 3 | 25 | 4/26 | 辛亥 | 5 | 9 | 25 | 3/28 | 壬午 | 3 | 7 | 25 | 2/27 | 壬子 | 9 | 4 |
| 26 | 7/24 | 庚辰 | 七 | 二 | 26 | 6/25 | 辛亥 | 九 | 四 | 26 | 5/27 | 壬午 | 5 | 4 | 26 | 4/27 | 壬子 | 5 | 1 | 26 | 3/29 | 癸未 | 3 | 8 | 26 | 2/28 | 癸丑 | 9 | 5 |
| 27 | 7/25 | 辛巳 | 七 | 一 | 27 | 6/26 | 壬子 | 九 | 三 | 27 | 5/28 | 癸未 | 5 | 5 | 27 | 4/28 | 癸丑 | 5 | 2 | 27 | 3/30 | 甲申 | 9 | 9 | 27 | 2/29 | 甲寅 | 6 | 6 |
| 28 | 7/26 | 壬午 | 七 | 九 | 28 | 6/27 | 癸丑 | 九 | 二 | 28 | 5/29 | 甲申 | 2 | 6 | 28 | 4/29 | 甲寅 | 2 | 3 | 28 | 3/31 | 乙酉 | 9 | 1 | 28 | 3/1 | 乙卯 | 6 | 7 |
| 29 | 7/27 | 癸未 | 七 | 八 | 29 | 6/28 | 甲寅 | 三 | 一 | 29 | 5/30 | 乙酉 | 2 | 7 | 29 | 4/30 | 乙卯 | 2 | 4 | 29 | 4/1 | 丙戌 | 9 | 2 | 29 | 3/2 | 丙辰 | 6 | 8 |
| 30 | 7/28 | 甲申 | 一 | 七 | | | | | | | | | | | 30 | 5/1 | 丙辰 | 2 | 5 | | | | | | 30 | 3/3 | 丁巳 | 6 | 9 |

# 西元2068年（戊子）肖鼠 民國157年（女坤命）

奇門遁甲局數如標示為 一 ～九表示陰局　　如標示為1 ～9 表示陽局

| 十二月 | | | | | 十一月 | | | | | 十　月 | | | | | 九　月 | | | | | 八　月 | | | | | 七　月 | | | | |
|---|---|---|---|---|---|---|---|---|---|---|---|---|---|---|---|---|---|---|---|---|---|---|---|---|---|---|---|---|---|
| 乙丑 | | | | | 甲子 | | | | | 癸亥 | | | | | 壬戌 | | | | | 辛酉 | | | | | 庚申 | | | | |
| 六白金 | | | | | 七赤金 | | | | | 八白土 | | | | | 九紫火 | | | | | 一白水 | | | | | 二黑土 | | | | |
| 大寒 20時16分 廿七戌時 | | 小寒 02時51分 十三丑時 | 奇門遁甲局數 | | 冬至 09時35分 廿七巳時 | | 大雪 15時29分 十二申時 | 奇門遁甲局數 | | 小雪 20時10分 廿七戌時 | | 立冬 22時16分 十二亥時 | 奇門遁甲局數 | | 霜降 22時00分 廿七亥時 | | 寒露 18時35分 十二酉時 | 奇門遁甲局數 | | 秋分 12時19分 廿六午時 | | 白露 02時28分 十一丑時 | 奇門遁甲局數 | | 處暑 14時16分 廿五未時 | | 立秋 23時14分 初九子時 | 奇門遁甲局數 | |
| 農曆 | 國曆 | 干支 | 時盤 | 日盤 | 農曆 | 國曆 | 干支 | 時盤 | 日盤 | 農曆 | 國曆 | 干支 | 時盤 | 日盤 | 農曆 | 國曆 | 干支 | 時盤 | 日盤 | 農曆 | 國曆 | 干支 | 時盤 | 日盤 | 農曆 | 國曆 | 干支 | 時盤 | 日盤 |
| 1 | 12/24 | 癸丑 | 1 | 8 | 1 | 11/25 | 甲申 | 八 | 四 | 1 | 10/26 | 甲寅 | 八 | 七 | 1 | 9/26 | 甲申 | 一 | 一 | 1 | 8/28 | 乙卯 | 四 | 三 | 1 | 7/29 | 乙酉 | 一 | 六 |
| 2 | 12/25 | 甲寅 | 7 | 9 | 2 | 11/26 | 乙酉 | 八 | 三 | 2 | 10/27 | 乙卯 | 八 | 六 | 2 | 9/27 | 乙酉 | 一 | 九 | 2 | 8/29 | 丙辰 | 四 | 二 | 2 | 7/30 | 丙戌 | 一 | 五 |
| 3 | 12/26 | 乙卯 | 7 | 1 | 3 | 11/27 | 丙戌 | 八 | 二 | 3 | 10/28 | 丙辰 | 八 | 五 | 3 | 9/28 | 丙戌 | 一 | 八 | 3 | 8/30 | 丁巳 | 四 | 一 | 3 | 7/31 | 丁亥 | 一 | 四 |
| 4 | 12/27 | 丙辰 | 7 | 2 | 4 | 11/28 | 丁亥 | 八 | 一 | 4 | 10/29 | 丁巳 | 八 | 四 | 4 | 9/29 | 丁亥 | 一 | 七 | 4 | 8/31 | 戊午 | 四 | 九 | 4 | 8/ 1 | 戊子 | 一 | 三 |
| 5 | 12/28 | 丁巳 | 7 | 3 | 5 | 11/29 | 戊子 | 八 | 九 | 5 | 10/30 | 戊午 | 八 | 三 | 5 | 9/30 | 戊子 | 一 | 六 | 5 | 9/ 1 | 己未 | 七 | 八 | 5 | 8/ 2 | 己丑 | 四 | 二 |
| 6 | 12/29 | 戊午 | 7 | 4 | 6 | 11/30 | 己丑 | 二 | 八 | 6 | 10/31 | 己未 | 二 | 二 | 6 | 10/ 1 | 己丑 | 四 | 五 | 6 | 9/ 2 | 庚申 | 七 | 七 | 6 | 8/ 3 | 庚寅 | 四 | 一 |
| 7 | 12/30 | 己未 | 4 | 5 | 7 | 12/ 1 | 庚寅 | 二 | 七 | 7 | 11/ 1 | 庚申 | 二 | 一 | 7 | 10/ 2 | 庚寅 | 四 | 四 | 7 | 9/ 3 | 辛酉 | 七 | 六 | 7 | 8/ 4 | 辛卯 | 四 | 九 |
| 8 | 12/31 | 庚申 | 4 | 6 | 8 | 12/ 2 | 辛卯 | 二 | 六 | 8 | 11/ 2 | 辛酉 | 二 | 九 | 8 | 10/ 3 | 辛卯 | 四 | 三 | 8 | 9/ 4 | 壬戌 | 七 | 五 | 8 | 8/ 5 | 壬辰 | 四 | 八 |
| 9 | 1/ 1 | 辛酉 | 4 | 7 | 9 | 12/ 3 | 壬辰 | 二 | 五 | 9 | 11/ 3 | 壬戌 | 二 | 八 | 9 | 10/ 4 | 壬辰 | 四 | 二 | 9 | 9/ 5 | 癸亥 | 七 | 四 | 9 | 8/ 6 | 癸巳 | 四 | 七 |
| 10 | 1/ 2 | 壬戌 | 4 | 8 | 10 | 12/ 4 | 癸巳 | 二 | 四 | 10 | 11/ 4 | 癸亥 | 二 | 七 | 10 | 10/ 5 | 癸巳 | 四 | 一 | 10 | 9/ 6 | 甲子 | 九 | 三 | 10 | 8/ 7 | 甲午 | 二 | 六 |
| 11 | 1/ 3 | 癸亥 | 4 | 9 | 11 | 12/ 5 | 甲午 | 四 | 三 | 11 | 11/ 5 | 甲子 | 六 | 六 | 11 | 10/ 6 | 甲午 | 六 | 九 | 11 | 9/ 7 | 乙丑 | 九 | 二 | 11 | 8/ 8 | 乙未 | 二 | 五 |
| 12 | 1/ 4 | 甲子 | 2 | 1 | 12 | 12/ 6 | 乙未 | 四 | 二 | 12 | 11/ 6 | 乙丑 | 六 | 五 | 12 | 10/ 7 | 乙未 | 六 | 八 | 12 | 9/ 8 | 丙寅 | 九 | 一 | 12 | 8/ 9 | 丙申 | 二 | 四 |
| 13 | 1/ 5 | 乙丑 | 2 | 2 | 13 | 12/ 7 | 丙申 | 四 | 一 | 13 | 11/ 7 | 丙寅 | 六 | 四 | 13 | 10/ 8 | 丙申 | 六 | 七 | 13 | 9/ 9 | 丁卯 | 九 | 九 | 13 | 8/10 | 丁酉 | 二 | 三 |
| 14 | 1/ 6 | 丙寅 | 2 | 3 | 14 | 12/ 8 | 丁酉 | 四 | 九 | 14 | 11/ 8 | 丁卯 | 六 | 三 | 14 | 10/ 9 | 丁酉 | 六 | 六 | 14 | 9/10 | 戊辰 | 九 | 八 | 14 | 8/11 | 戊戌 | 二 | 二 |
| 15 | 1/ 7 | 丁卯 | 2 | 4 | 15 | 12/ 9 | 戊戌 | 四 | 八 | 15 | 11/ 9 | 戊辰 | 六 | 二 | 15 | 10/10 | 戊戌 | 六 | 五 | 15 | 9/11 | 己巳 | 三 | 七 | 15 | 8/12 | 己亥 | 五 | 一 |
| 16 | 1/ 8 | 戊辰 | 2 | 5 | 16 | 12/10 | 己亥 | 七 | 七 | 16 | 11/10 | 己巳 | 九 | 一 | 16 | 10/11 | 己亥 | 九 | 四 | 16 | 9/12 | 庚午 | 三 | 六 | 16 | 8/13 | 庚子 | 五 | 九 |
| 17 | 1/ 9 | 己巳 | 8 | 6 | 17 | 12/11 | 庚子 | 七 | 六 | 17 | 11/11 | 庚午 | 九 | 九 | 17 | 10/12 | 庚子 | 九 | 三 | 17 | 9/13 | 辛未 | 三 | 五 | 17 | 8/14 | 辛丑 | 五 | 八 |
| 18 | 1/10 | 庚午 | 8 | 7 | 18 | 12/12 | 辛丑 | 七 | 五 | 18 | 11/12 | 辛未 | 九 | 八 | 18 | 10/13 | 辛丑 | 九 | 二 | 18 | 9/14 | 壬申 | 三 | 四 | 18 | 8/15 | 壬寅 | 五 | 七 |
| 19 | 1/11 | 辛未 | 8 | 8 | 19 | 12/13 | 壬寅 | 七 | 四 | 19 | 11/13 | 壬申 | 九 | 七 | 19 | 10/14 | 壬寅 | 九 | 一 | 19 | 9/15 | 癸酉 | 三 | 三 | 19 | 8/16 | 癸卯 | 五 | 六 |
| 20 | 1/12 | 壬申 | 8 | 9 | 20 | 12/14 | 癸卯 | 七 | 三 | 20 | 11/14 | 癸酉 | 九 | 六 | 20 | 10/15 | 癸卯 | 九 | 九 | 20 | 9/16 | 甲戌 | 六 | 二 | 20 | 8/17 | 甲辰 | 八 | 五 |
| 21 | 1/13 | 癸酉 | 8 | 1 | 21 | 12/15 | 甲辰 | 一 | 二 | 21 | 11/15 | 甲戌 | 三 | 五 | 21 | 10/16 | 甲辰 | 三 | 八 | 21 | 9/17 | 乙亥 | 六 | 一 | 21 | 8/18 | 乙巳 | 八 | 四 |
| 22 | 1/14 | 甲戌 | 5 | 2 | 22 | 12/16 | 乙巳 | 一 | 一 | 22 | 11/16 | 乙亥 | 三 | 四 | 22 | 10/17 | 乙巳 | 三 | 七 | 22 | 9/18 | 丙子 | 六 | 九 | 22 | 8/19 | 丙午 | 八 | 三 |
| 23 | 1/15 | 乙亥 | 5 | 3 | 23 | 12/17 | 丙午 | 一 | 九 | 23 | 11/17 | 丙子 | 三 | 三 | 23 | 10/18 | 丙午 | 三 | 六 | 23 | 9/19 | 丁丑 | 六 | 八 | 23 | 8/20 | 丁未 | 八 | 二 |
| 24 | 1/16 | 丙子 | 5 | 4 | 24 | 12/18 | 丁未 | 一 | 八 | 24 | 11/18 | 丁丑 | 三 | 二 | 24 | 10/19 | 丁未 | 三 | 五 | 24 | 9/20 | 戊寅 | 六 | 七 | 24 | 8/21 | 戊申 | 八 | 一 |
| 25 | 1/17 | 丁丑 | 5 | 5 | 25 | 12/19 | 戊申 | 一 | 七 | 25 | 11/19 | 戊寅 | 三 | 一 | 25 | 10/20 | 戊申 | 三 | 四 | 25 | 9/21 | 己卯 | 七 | 六 | 25 | 8/22 | 己酉 | 一 | 九 |
| 26 | 1/18 | 戊寅 | 5 | 6 | 26 | 12/20 | 己酉 | 1 | 六 | 26 | 11/20 | 己卯 | 五 | 九 | 26 | 10/21 | 己酉 | 五 | 三 | 26 | 9/22 | 庚辰 | 七 | 五 | 26 | 8/23 | 庚戌 | 一 | 八 |
| 27 | 1/19 | 己卯 | 3 | 7 | 27 | 12/21 | 庚戌 | 1 | 5 | 27 | 11/21 | 庚辰 | 五 | 八 | 27 | 10/22 | 庚戌 | 五 | 二 | 27 | 9/23 | 辛巳 | 七 | 四 | 27 | 8/24 | 辛亥 | 一 | 七 |
| 28 | 1/20 | 庚辰 | 3 | 8 | 28 | 12/22 | 辛亥 | 1 | 6 | 28 | 11/22 | 辛巳 | 五 | 七 | 28 | 10/23 | 辛亥 | 五 | 一 | 28 | 9/24 | 壬午 | 七 | 三 | 28 | 8/25 | 壬子 | 一 | 六 |
| 29 | 1/21 | 辛巳 | 3 | 9 | 29 | 12/23 | 壬子 | 1 | 7 | 29 | 11/23 | 壬午 | 五 | 六 | 29 | 10/24 | 壬子 | 五 | 九 | 29 | 9/25 | 癸未 | 七 | 二 | 29 | 8/26 | 癸丑 | 一 | 五 |
| 30 | 1/22 | 壬午 | 3 | 1 | | | | | | 30 | 11/24 | 癸未 | 五 | 五 | 30 | 10/25 | 癸丑 | 五 | 八 | | | | | | 30 | 8/27 | 甲寅 | 四 | 四 |

# 西元2069年（己丑）肖牛 民國158年（男震命）

奇門遁甲局數如標示為 一 ～九表示陰局　　如標示為1 ～9 表示陽局

**六月　辛未　九紫火**　立秋 05時18分 廿一卯時｜大暑 12時35分 初五午時｜奇門遁甲局數

| 農曆 | 國曆 | 干支 | 時盤 | 日盤 |
|---|---|---|---|---|
| 1 | 7/18 | 己卯 | 七 | 三 |
| 2 | 7/19 | 庚辰 | 七 | 二 |
| 3 | 7/20 | 辛巳 | 七 | 一 |
| 4 | 7/21 | 壬午 | 七 | 九 |
| 5 | 7/22 | 癸未 | 七 | 八 |
| 6 | 7/23 | 甲申 | 一 | 七 |
| 7 | 7/24 | 乙酉 | 一 | 六 |
| 8 | 7/25 | 丙戌 | 一 | 五 |
| 9 | 7/26 | 丁亥 | 一 | 四 |
| 10 | 7/27 | 戊子 | 一 | 三 |
| 11 | 7/28 | 己丑 | 四 | 二 |
| 12 | 7/29 | 庚寅 | 四 | 一 |
| 13 | 7/30 | 辛卯 | 四 | 九 |
| 14 | 7/31 | 壬辰 | 四 | 八 |
| 15 | 8/1 | 癸巳 | 四 | 七 |
| 16 | 8/2 | 甲午 | 二 | 六 |
| 17 | 8/3 | 乙未 | 二 | 五 |
| 18 | 8/4 | 丙申 | 二 | 四 |
| 19 | 8/5 | 丁酉 | 二 | 三 |
| 20 | 8/6 | 戊戌 | 二 | 二 |
| 21 | 8/7 | 己亥 | 五 | 一 |
| 22 | 8/8 | 庚子 | 五 | 九 |
| 23 | 8/9 | 辛丑 | 五 | 八 |
| 24 | 8/10 | 壬寅 | 五 | 七 |
| 25 | 8/11 | 癸卯 | 五 | 六 |
| 26 | 8/12 | 甲辰 | 八 | 五 |
| 27 | 8/13 | 乙巳 | 八 | 四 |
| 28 | 8/14 | 丙午 | 八 | 三 |
| 29 | 8/15 | 丁未 | 八 | 二 |
| 30 | 8/16 | 戊申 | 八 | 一 |

**五月　庚午　一白水**　小暑 19時13分 十八戌時｜夏至 01時44分 初三丑時｜奇門遁甲局數

| 農曆 | 國曆 | 干支 | 時盤 | 日盤 |
|---|---|---|---|---|
| 1 | 6/19 | 庚戌 | 九 | 5 |
| 2 | 6/20 | 辛亥 | 九 | 6 |
| 3 | 6/21 | 壬子 | 九 | 三 |
| 4 | 6/22 | 癸丑 | 九 | 二 |
| 5 | 6/23 | 甲寅 | 三 | 一 |
| 6 | 6/24 | 乙卯 | 三 | 九 |
| 7 | 6/25 | 丙辰 | 三 | 八 |
| 8 | 6/26 | 丁巳 | 三 | 七 |
| 9 | 6/27 | 戊午 | 三 | 六 |
| 10 | 6/28 | 己未 | 六 | 五 |
| 11 | 6/29 | 庚申 | 六 | 四 |
| 12 | 6/30 | 辛酉 | 六 | 三 |
| 13 | 7/1 | 壬戌 | 六 | 二 |
| 14 | 7/2 | 癸亥 | 六 | 一 |
| 15 | 7/3 | 甲子 | 八 | 九 |
| 16 | 7/4 | 乙丑 | 八 | 八 |
| 17 | 7/5 | 丙寅 | 八 | 七 |
| 18 | 7/6 | 丁卯 | 八 | 六 |
| 19 | 7/7 | 戊辰 | 八 | 五 |
| 20 | 7/8 | 己巳 | 二 | 四 |
| 21 | 7/9 | 庚午 | 二 | 三 |
| 22 | 7/10 | 辛未 | 二 | 二 |
| 23 | 7/11 | 壬申 | 二 | 一 |
| 24 | 7/12 | 癸酉 | 二 | 九 |
| 25 | 7/13 | 甲戌 | 五 | 八 |
| 26 | 7/14 | 乙亥 | 五 | 七 |
| 27 | 7/15 | 丙子 | 五 | 六 |
| 28 | 7/16 | 丁丑 | 五 | 五 |
| 29 | 7/17 | 戊寅 | 五 | 四 |
| | | | | |

**潤四月　庚午**　芒種 09時06分 十六巳時｜奇門遁甲局數

| 農曆 | 國曆 | 干支 | 時盤 | 日盤 |
|---|---|---|---|---|
| 1 | 5/21 | 辛巳 | 5 | 3 |
| 2 | 5/22 | 壬午 | 5 | 4 |
| 3 | 5/23 | 癸未 | 5 | 5 |
| 4 | 5/24 | 甲申 | 2 | 6 |
| 5 | 5/25 | 乙酉 | 2 | 7 |
| 6 | 5/26 | 丙戌 | 2 | 8 |
| 7 | 5/27 | 丁亥 | 2 | 9 |
| 8 | 5/28 | 戊子 | 2 | 1 |
| 9 | 5/29 | 己丑 | 8 | 2 |
| 10 | 5/30 | 庚寅 | 8 | 3 |
| 11 | 5/31 | 辛卯 | 8 | 4 |
| 12 | 6/1 | 壬辰 | 8 | 5 |
| 13 | 6/2 | 癸巳 | 8 | 6 |
| 14 | 6/3 | 甲午 | 6 | 7 |
| 15 | 6/4 | 乙未 | 6 | 8 |
| 16 | 6/5 | 丙申 | 6 | 9 |
| 17 | 6/6 | 丁酉 | 6 | 1 |
| 18 | 6/7 | 戊戌 | 6 | 2 |
| 19 | 6/8 | 己亥 | 3 | 3 |
| 20 | 6/9 | 庚子 | 3 | 4 |
| 21 | 6/10 | 辛丑 | 3 | 5 |
| 22 | 6/11 | 壬寅 | 3 | 6 |
| 23 | 6/12 | 癸卯 | 3 | 7 |
| 24 | 6/13 | 甲辰 | 9 | 8 |
| 25 | 6/14 | 乙巳 | 9 | 9 |
| 26 | 6/15 | 丙午 | 9 | 1 |
| 27 | 6/16 | 丁未 | 9 | 2 |
| 28 | 6/17 | 戊申 | 9 | 3 |
| 29 | 6/18 | 己酉 | 九 | 4 |
| | | | | |

**四月　己巳　二黑土**　小滿 18時31分 三十酉時｜立夏 05時17分 十五卯時｜奇門遁甲局數

| 農曆 | 國曆 | 干支 | 時盤 | 日盤 |
|---|---|---|---|---|
| 1 | 4/21 | 辛亥 | 5 | 9 |
| 2 | 4/22 | 壬子 | 5 | 1 |
| 3 | 4/23 | 癸丑 | 5 | 2 |
| 4 | 4/24 | 甲寅 | 2 | 3 |
| 5 | 4/25 | 乙卯 | 2 | 4 |
| 6 | 4/26 | 丙辰 | 2 | 5 |
| 7 | 4/27 | 丁巳 | 2 | 6 |
| 8 | 4/28 | 戊午 | 2 | 7 |
| 9 | 4/29 | 己未 | 8 | 8 |
| 10 | 4/30 | 庚申 | 8 | 9 |
| 11 | 5/1 | 辛酉 | 8 | 1 |
| 12 | 5/2 | 壬戌 | 8 | 2 |
| 13 | 5/3 | 癸亥 | 8 | 3 |
| 14 | 5/4 | 甲子 | 4 | 4 |
| 15 | 5/5 | 乙丑 | 4 | 5 |
| 16 | 5/6 | 丙寅 | 4 | 6 |
| 17 | 5/7 | 丁卯 | 4 | 7 |
| 18 | 5/8 | 戊辰 | 4 | 8 |
| 19 | 5/9 | 己巳 | 1 | 9 |
| 20 | 5/10 | 庚午 | 1 | 1 |
| 21 | 5/11 | 辛未 | 1 | 2 |
| 22 | 5/12 | 壬申 | 1 | 3 |
| 23 | 5/13 | 癸酉 | 1 | 4 |
| 24 | 5/14 | 甲戌 | 7 | 5 |
| 25 | 5/15 | 乙亥 | 7 | 6 |
| 26 | 5/16 | 丙子 | 7 | 7 |
| 27 | 5/17 | 丁丑 | 7 | 8 |
| 28 | 5/18 | 戊寅 | 7 | 9 |
| 29 | 5/19 | 己卯 | 5 | 1 |
| 30 | 5/20 | 庚辰 | 5 | 2 |

**三月　戊辰　三碧木**　穀雨 19時21分 廿八戌時｜清明 12時26分 十三午時｜奇門遁甲局數

| 農曆 | 國曆 | 干支 | 時盤 | 日盤 |
|---|---|---|---|---|
| 1 | 3/23 | 壬午 | 3 | 7 |
| 2 | 3/24 | 癸未 | 3 | 8 |
| 3 | 3/25 | 甲申 | 9 | 9 |
| 4 | 3/26 | 乙酉 | 9 | 1 |
| 5 | 3/27 | 丙戌 | 9 | 2 |
| 6 | 3/28 | 丁亥 | 9 | 3 |
| 7 | 3/29 | 戊子 | 9 | 4 |
| 8 | 3/30 | 己丑 | 6 | 5 |
| 9 | 3/31 | 庚寅 | 6 | 6 |
| 10 | 4/1 | 辛卯 | 6 | 7 |
| 11 | 4/2 | 壬辰 | 6 | 8 |
| 12 | 4/3 | 癸巳 | 6 | 9 |
| 13 | 4/4 | 甲午 | 4 | 1 |
| 14 | 4/5 | 乙未 | 4 | 2 |
| 15 | 4/6 | 丙申 | 4 | 3 |
| 16 | 4/7 | 丁酉 | 4 | 4 |
| 17 | 4/8 | 戊戌 | 4 | 5 |
| 18 | 4/9 | 己亥 | 1 | 6 |
| 19 | 4/10 | 庚子 | 1 | 7 |
| 20 | 4/11 | 辛丑 | 1 | 8 |
| 21 | 4/12 | 壬寅 | 1 | 9 |
| 22 | 4/13 | 癸卯 | 1 | 1 |
| 23 | 4/14 | 甲辰 | 7 | 2 |
| 24 | 4/15 | 乙巳 | 7 | 3 |
| 25 | 4/16 | 丙午 | 7 | 4 |
| 26 | 4/17 | 丁未 | 7 | 5 |
| 27 | 4/18 | 戊申 | 7 | 6 |
| 28 | 4/19 | 己酉 | 5 | 7 |
| 29 | 4/20 | 庚戌 | 5 | 8 |
| | | | | |

**二月　丁卯　四綠木**　春分 08時48分 廿八辰時｜驚蟄 08時05分 十三辰時｜奇門遁甲局數

| 農曆 | 國曆 | 干支 | 時盤 | 日盤 |
|---|---|---|---|---|
| 1 | 2/21 | 壬子 | 9 | 4 |
| 2 | 2/22 | 癸丑 | 9 | 5 |
| 3 | 2/23 | 甲寅 | 6 | 6 |
| 4 | 2/24 | 乙卯 | 6 | 7 |
| 5 | 2/25 | 丙辰 | 6 | 8 |
| 6 | 2/26 | 丁巳 | 6 | 9 |
| 7 | 2/27 | 戊午 | 6 | 1 |
| 8 | 2/28 | 己未 | 3 | 2 |
| 9 | 3/1 | 庚申 | 3 | 3 |
| 10 | 3/2 | 辛酉 | 3 | 4 |
| 11 | 3/3 | 壬戌 | 3 | 5 |
| 12 | 3/4 | 癸亥 | 3 | 6 |
| 13 | 3/5 | 甲子 | 1 | 7 |
| 14 | 3/6 | 乙丑 | 1 | 8 |
| 15 | 3/7 | 丙寅 | 1 | 9 |
| 16 | 3/8 | 丁卯 | 1 | 1 |
| 17 | 3/9 | 戊辰 | 1 | 2 |
| 18 | 3/10 | 己巳 | 7 | 3 |
| 19 | 3/11 | 庚午 | 7 | 4 |
| 20 | 3/12 | 辛未 | 7 | 5 |
| 21 | 3/13 | 壬申 | 7 | 6 |
| 22 | 3/14 | 癸酉 | 7 | 7 |
| 23 | 3/15 | 甲戌 | 4 | 8 |
| 24 | 3/16 | 乙亥 | 4 | 9 |
| 25 | 3/17 | 丙子 | 4 | 1 |
| 26 | 3/18 | 丁丑 | 4 | 2 |
| 27 | 3/19 | 戊寅 | 4 | 3 |
| 28 | 3/20 | 己卯 | 3 | 4 |
| 29 | 3/21 | 庚辰 | 3 | 5 |
| 30 | 3/22 | 辛巳 | 3 | 6 |

**正月　丙寅　五黃土**　雨水 10時12分 廿七巳時｜立春 14時23分 十二未時｜奇門遁甲局數

| 農曆 | 國曆 | 干支 | 時盤 | 日盤 |
|---|---|---|---|---|
| 1 | 1/23 | 癸未 | 3 | 2 |
| 2 | 1/24 | 甲申 | 9 | 3 |
| 3 | 1/25 | 乙酉 | 9 | 4 |
| 4 | 1/26 | 丙戌 | 9 | 5 |
| 5 | 1/27 | 丁亥 | 9 | 6 |
| 6 | 1/28 | 戊子 | 9 | 7 |
| 7 | 1/29 | 己丑 | 6 | 8 |
| 8 | 1/30 | 庚寅 | 6 | 9 |
| 9 | 1/31 | 辛卯 | 6 | 1 |
| 10 | 2/1 | 壬辰 | 6 | 2 |
| 11 | 2/2 | 癸巳 | 6 | 3 |
| 12 | 2/3 | 甲午 | 8 | 4 |
| 13 | 2/4 | 乙未 | 8 | 5 |
| 14 | 2/5 | 丙申 | 8 | 6 |
| 15 | 2/6 | 丁酉 | 8 | 7 |
| 16 | 2/7 | 戊戌 | 8 | 8 |
| 17 | 2/8 | 己亥 | 5 | 9 |
| 18 | 2/9 | 庚子 | 5 | 1 |
| 19 | 2/10 | 辛丑 | 5 | 2 |
| 20 | 2/11 | 壬寅 | 5 | 3 |
| 21 | 2/12 | 癸卯 | 5 | 4 |
| 22 | 2/13 | 甲辰 | 2 | 5 |
| 23 | 2/14 | 乙巳 | 2 | 6 |
| 24 | 2/15 | 丙午 | 2 | 7 |
| 25 | 2/16 | 丁未 | 2 | 8 |
| 26 | 2/17 | 戊申 | 2 | 9 |
| 27 | 2/18 | 己酉 | 9 | 1 |
| 28 | 2/19 | 庚戌 | 9 | 2 |
| 29 | 2/20 | 辛亥 | 9 | 3 |
| | | | | |

# 西元2069年（己丑）肖牛 民國158年（女震命）

奇門遁甲局數如標示為 一 ～九表示陰局　　如標示為1 ～9 表示陽局

| 十二月 | | | | | 十一月 | | | | | 十 月 | | | | | 九 月 | | | | | 八 月 | | | | | 七 月 | | | | |
|---|---|---|---|---|---|---|---|---|---|---|---|---|---|---|---|---|---|---|---|---|---|---|---|---|---|---|---|---|---|
| 丁丑 | | | | | 丙子 | | | | | 乙亥 | | | | | 甲戌 | | | | | 癸酉 | | | | | 壬申 | | | | |
| 三碧木 | | | | | 四綠木 | | | | | 五黃土 | | | | | 六白金 | | | | | 七赤金 | | | | | 八白土 | | | | |
| 立春 20時24分 廿三戌時 | | 大寒 02時18分 初八丑時 | 奇門遁甲局數 | | 小寒 08時50分 廿三辰時 | | 冬至 15時25分 初九申時 | 奇門遁甲局數 | | 大雪 21時25分 廿三亥時 | | 小雪 01時46分 初九丑時 | 奇門遁甲局數 | | 立冬 04時10分 廿四寅時 | | 霜降 03時45分 初九寅時 | 奇門遁甲局數 | | 寒露 00時29分 廿四子時 | | 秋分 17時54分 初八酉時 | 奇門遁甲局數 | | 白露 08時23分 廿二辰時 | | 處暑 19時52分 初六戌時 | 奇門遁甲局數 | |
| 農曆 | 國曆 | 干支 | 時盤 | 日盤 | 農曆 | 國曆 | 干支 | 時盤 | 日盤 | 農曆 | 國曆 | 干支 | 時盤 | 日盤 | 農曆 | 國曆 | 干支 | 時盤 | 日盤 | 農曆 | 國曆 | 干支 | 時盤 | 日盤 | 農曆 | 國曆 | 干支 | 時盤 | 日盤 |
| 1 | 1/12 | 丁丑 | 5 | 5 | 1 | 12/14 | 戊申 | 一 | 七 | 1 | 11/14 | 戊寅 | 三 | 一 | 1 | 10/15 | 戊申 | 三 | 四 | 1 | 9/15 | 戊寅 | 六 | 七 | 1 | 8/17 | 己酉 | 一 | 九 |
| 2 | 1/13 | 戊寅 | 5 | 6 | 2 | 12/15 | 己酉 | 1 | 六 | 2 | 11/15 | 己卯 | 五 | 九 | 2 | 10/16 | 己酉 | 五 | 三 | 2 | 9/16 | 己卯 | 七 | 六 | 2 | 8/18 | 庚戌 | 一 | 八 |
| 3 | 1/14 | 己卯 | 3 | 7 | 3 | 12/16 | 庚戌 | 1 | 五 | 3 | 11/16 | 庚辰 | 五 | 八 | 3 | 10/17 | 庚戌 | 五 | 二 | 3 | 9/17 | 庚辰 | 七 | 五 | 3 | 8/19 | 辛亥 | 一 | 七 |
| 4 | 1/15 | 庚辰 | 3 | 8 | 4 | 12/17 | 辛亥 | 1 | 四 | 4 | 11/17 | 辛巳 | 五 | 七 | 4 | 10/18 | 辛亥 | 五 | 一 | 4 | 9/18 | 辛巳 | 七 | 四 | 4 | 8/20 | 壬子 | 一 | 六 |
| 5 | 1/16 | 辛巳 | 3 | 9 | 5 | 12/18 | 壬子 | 1 | 三 | 5 | 11/18 | 壬午 | 五 | 六 | 5 | 10/19 | 壬子 | 五 | 九 | 5 | 9/19 | 壬午 | 七 | 三 | 5 | 8/21 | 癸丑 | 一 | 五 |
| 6 | 1/17 | 壬午 | 3 | 1 | 6 | 12/19 | 癸丑 | 1 | 二 | 6 | 11/19 | 癸未 | 五 | 五 | 6 | 10/20 | 癸丑 | 五 | 八 | 6 | 9/20 | 癸未 | 七 | 二 | 6 | 8/22 | 甲寅 | 四 | 四 |
| 7 | 1/18 | 癸未 | 3 | 2 | 7 | 12/20 | 甲寅 | 7 | 一 | 7 | 11/20 | 甲申 | 八 | 四 | 7 | 10/21 | 甲寅 | 八 | 七 | 7 | 9/21 | 甲申 | 一 | 一 | 7 | 8/23 | 乙卯 | 四 | 三 |
| 8 | 1/19 | 甲申 | 9 | 3 | 8 | 12/21 | 乙卯 | 7 | 九 | 8 | 11/21 | 乙酉 | 八 | 三 | 8 | 10/22 | 乙卯 | 八 | 六 | 8 | 9/22 | 乙酉 | 一 | 九 | 8 | 8/24 | 丙辰 | 四 | 二 |
| 9 | 1/20 | 乙酉 | 9 | 4 | 9 | 12/22 | 丙辰 | 7 | 2 | 9 | 11/22 | 丙戌 | 八 | 二 | 9 | 10/23 | 丙辰 | 八 | 五 | 9 | 9/23 | 丙戌 | 一 | 八 | 9 | 8/25 | 丁巳 | 四 | 一 |
| 10 | 1/21 | 丙戌 | 9 | 5 | 10 | 12/23 | 丁巳 | 7 | 3 | 10 | 11/23 | 丁亥 | 八 | 一 | 10 | 10/24 | 丁巳 | 八 | 四 | 10 | 9/24 | 丁亥 | 一 | 七 | 10 | 8/26 | 戊午 | 四 | 九 |
| 11 | 1/22 | 丁亥 | 9 | 6 | 11 | 12/24 | 戊午 | 7 | 4 | 11 | 11/24 | 戊子 | 八 | 九 | 11 | 10/25 | 戊午 | 八 | 三 | 11 | 9/25 | 戊子 | 一 | 六 | 11 | 8/27 | 己未 | 七 | 八 |
| 12 | 1/23 | 戊子 | 9 | 7 | 12 | 12/25 | 己未 | 4 | 5 | 12 | 11/25 | 己丑 | 二 | 八 | 12 | 10/26 | 己未 | 二 | 二 | 12 | 9/26 | 己丑 | 四 | 五 | 12 | 8/28 | 庚申 | 七 | 七 |
| 13 | 1/24 | 己丑 | 6 | 8 | 13 | 12/26 | 庚申 | 4 | 6 | 13 | 11/26 | 庚寅 | 二 | 七 | 13 | 10/27 | 庚申 | 二 | 一 | 13 | 9/27 | 庚寅 | 四 | 四 | 13 | 8/29 | 辛酉 | 七 | 六 |
| 14 | 1/25 | 庚寅 | 6 | 9 | 14 | 12/27 | 辛酉 | 4 | 7 | 14 | 11/27 | 辛卯 | 二 | 六 | 14 | 10/28 | 辛酉 | 二 | 九 | 14 | 9/28 | 辛卯 | 四 | 三 | 14 | 8/30 | 壬戌 | 七 | 五 |
| 15 | 1/26 | 辛卯 | 6 | 1 | 15 | 12/28 | 壬戌 | 4 | 8 | 15 | 11/28 | 壬辰 | 二 | 五 | 15 | 10/29 | 壬戌 | 二 | 八 | 15 | 9/29 | 壬辰 | 四 | 二 | 15 | 8/31 | 癸亥 | 七 | 四 |
| 16 | 1/27 | 壬辰 | 6 | 2 | 16 | 12/29 | 癸亥 | 4 | 9 | 16 | 11/29 | 癸巳 | 二 | 四 | 16 | 10/30 | 癸亥 | 二 | 七 | 16 | 9/30 | 癸巳 | 四 | 一 | 16 | 9/1 | 甲子 | 九 | 三 |
| 17 | 1/28 | 癸巳 | 6 | 3 | 17 | 12/30 | 甲子 | 2 | 1 | 17 | 11/30 | 甲午 | 四 | 三 | 17 | 10/31 | 甲子 | 六 | 六 | 17 | 10/1 | 甲午 | 六 | 九 | 17 | 9/2 | 乙丑 | 九 | 二 |
| 18 | 1/29 | 甲午 | 8 | 4 | 18 | 12/31 | 乙丑 | 2 | 2 | 18 | 12/1 | 乙未 | 四 | 二 | 18 | 11/1 | 乙丑 | 六 | 五 | 18 | 10/2 | 乙未 | 六 | 八 | 18 | 9/3 | 丙寅 | 九 | 一 |
| 19 | 1/30 | 乙未 | 8 | 5 | 19 | 1/1 | 丙寅 | 2 | 3 | 19 | 12/2 | 丙申 | 四 | 一 | 19 | 11/2 | 丙寅 | 六 | 四 | 19 | 10/3 | 丙申 | 六 | 七 | 19 | 9/4 | 丁卯 | 九 | 九 |
| 20 | 1/31 | 丙申 | 8 | 6 | 20 | 1/2 | 丁卯 | 2 | 4 | 20 | 12/3 | 丁酉 | 四 | 九 | 20 | 11/3 | 丁卯 | 六 | 三 | 20 | 10/4 | 丁酉 | 六 | 六 | 20 | 9/5 | 戊辰 | 九 | 八 |
| 21 | 2/1 | 丁酉 | 8 | 7 | 21 | 1/3 | 戊辰 | 2 | 5 | 21 | 12/4 | 戊戌 | 四 | 八 | 21 | 11/4 | 戊辰 | 六 | 二 | 21 | 10/5 | 戊戌 | 六 | 五 | 21 | 9/6 | 己巳 | 三 | 七 |
| 22 | 2/2 | 戊戌 | 8 | 8 | 22 | 1/4 | 己巳 | 8 | 6 | 22 | 12/5 | 己亥 | 七 | 七 | 22 | 11/5 | 己巳 | 九 | 一 | 22 | 10/6 | 己亥 | 九 | 四 | 22 | 9/7 | 庚午 | 三 | 六 |
| 23 | 2/3 | 己亥 | 5 | 9 | 23 | 1/5 | 庚午 | 8 | 7 | 23 | 12/6 | 庚子 | 七 | 六 | 23 | 11/6 | 庚午 | 九 | 九 | 23 | 10/7 | 庚子 | 九 | 三 | 23 | 9/8 | 辛未 | 三 | 五 |
| 24 | 2/4 | 庚子 | 5 | 1 | 24 | 1/6 | 辛未 | 8 | 8 | 24 | 12/7 | 辛丑 | 七 | 五 | 24 | 11/7 | 辛未 | 九 | 八 | 24 | 10/8 | 辛丑 | 九 | 二 | 24 | 9/9 | 壬申 | 三 | 四 |
| 25 | 2/5 | 辛丑 | 5 | 2 | 25 | 1/7 | 壬申 | 8 | 9 | 25 | 12/8 | 壬寅 | 七 | 四 | 25 | 11/8 | 壬申 | 九 | 七 | 25 | 10/9 | 壬寅 | 九 | 一 | 25 | 9/10 | 癸酉 | 三 | 三 |
| 26 | 2/6 | 壬寅 | 5 | 3 | 26 | 1/8 | 癸酉 | 8 | 1 | 26 | 12/9 | 癸卯 | 七 | 三 | 26 | 11/9 | 癸酉 | 九 | 六 | 26 | 10/10 | 癸卯 | 九 | 九 | 26 | 9/11 | 甲戌 | 六 | 二 |
| 27 | 2/7 | 癸卯 | 5 | 4 | 27 | 1/9 | 甲戌 | 5 | 2 | 27 | 12/10 | 甲辰 | 一 | 二 | 27 | 11/10 | 甲戌 | 三 | 五 | 27 | 10/11 | 甲辰 | 三 | 八 | 27 | 9/12 | 乙亥 | 六 | 一 |
| 28 | 2/8 | 甲辰 | 2 | 5 | 28 | 1/10 | 乙亥 | 5 | 3 | 28 | 12/11 | 乙巳 | 一 | 一 | 28 | 11/11 | 乙亥 | 三 | 四 | 28 | 10/12 | 乙巳 | 三 | 七 | 28 | 9/13 | 丙子 | 六 | 九 |
| 29 | 2/9 | 乙巳 | 2 | 6 | 29 | 1/11 | 丙子 | 5 | 4 | 29 | 12/12 | 丙午 | 一 | 九 | 29 | 11/12 | 丙子 | 三 | 三 | 29 | 10/13 | 丙午 | 三 | 六 | 29 | 9/14 | 丁丑 | 六 | 八 |
| 30 | 2/10 | 丙午 | 2 | 7 | | | | | | 30 | 12/13 | 丁未 | 一 | 八 | 30 | 11/13 | 丁丑 | 三 | 二 | 30 | 10/14 | 丁未 | 三 | 五 | | | | | |

# 西元2070年（庚寅）肖虎 民國159年（男坤命）

奇門遁甲局數如標示為 一 ～九表示陰局　　如標示為1 ～9 表示陽局

| 六　月 | | | | | 五　月 | | | | | 四　月 | | | | | 三　月 | | | | | 二　月 | | | | | 正　月 | | | | |
|---|---|---|---|---|---|---|---|---|---|---|---|---|---|---|---|---|---|---|---|---|---|---|---|---|---|---|---|---|---|
| 癸未 | | | | | 壬午 | | | | | 辛巳 | | | | | 庚辰 | | | | | 己卯 | | | | | 戊寅 | | | | |
| 六白金 | | | | | 七赤金 | | | | | 八白土 | | | | | 九紫火 | | | | | 一白水 | | | | | 二黑土 | | | | |
| 大暑 18時18分 十五酉時 | | | 奇門遁甲局數 | | 小暑 00時54分 廿九子時 | | 夏至 07時25分 十三辰時 | 奇門遁甲局數 | | 芒種 14時50分 廿七未時 | | 小滿 23時46分 十一子時 | 奇門遁甲局數 | | 立夏 11時07分 廿五午時 | | 穀雨 01時07分 初十丑時 | 奇門遁甲局數 | | 清明 18時22分 廿四酉時 | | 春分 14時37分 初九未時 | 奇門遁甲局數 | | 驚蟄 14時15分 廿三未時 | | 雨水 16時04分 初八申時 | 奇門遁甲局數 | |
| 農曆 | 國曆 | 干支 | 時盤 | 日盤 | 農曆 | 國曆 | 干支 | 時盤 | 日盤 | 農曆 | 國曆 | 干支 | 時盤 | 日盤 | 農曆 | 國曆 | 干支 | 時盤 | 日盤 | 農曆 | 國曆 | 干支 | 時盤 | 日盤 | 農曆 | 國曆 | 干支 | 時盤 | 日盤 |
| 1 | 7/8 | 甲戌 | 六 | 八 | 1 | 6/9 | 乙巳 | 9 | 9 | 1 | 5/10 | 乙亥 | 7 | 6 | 1 | 4/11 | 丙午 | 7 | 4 | 1 | 3/12 | 丙子 | 4 | 1 | 1 | 2/11 | 丁未 | 2 | 8 |
| 2 | 7/9 | 乙亥 | 六 | 七 | 2 | 6/10 | 丙午 | 9 | 1 | 2 | 5/11 | 丙子 | 7 | 7 | 2 | 4/12 | 丁未 | 7 | 5 | 2 | 3/13 | 丁丑 | 4 | 2 | 2 | 2/12 | 戊申 | 2 | 9 |
| 3 | 7/10 | 丙子 | 六 | 六 | 3 | 6/11 | 丁未 | 9 | 2 | 3 | 5/12 | 丁丑 | 7 | 8 | 3 | 4/13 | 戊申 | 7 | 6 | 3 | 3/14 | 戊寅 | 4 | 3 | 3 | 2/13 | 己酉 | 9 | 1 |
| 4 | 7/11 | 丁丑 | 六 | 五 | 4 | 6/12 | 戊申 | 9 | 3 | 4 | 5/13 | 戊寅 | 7 | 9 | 4 | 4/14 | 己酉 | 5 | 7 | 4 | 3/15 | 己卯 | 3 | 4 | 4 | 2/14 | 庚戌 | 9 | 2 |
| 5 | 7/12 | 戊寅 | 六 | 四 | 5 | 6/13 | 己酉 | 6 | 4 | 5 | 5/14 | 己卯 | 5 | 1 | 5 | 4/15 | 庚戌 | 5 | 8 | 5 | 3/16 | 庚辰 | 3 | 5 | 5 | 2/15 | 辛亥 | 9 | 3 |
| 6 | 7/13 | 己卯 | 八 | 三 | 6 | 6/14 | 庚戌 | 6 | 5 | 6 | 5/15 | 庚辰 | 5 | 2 | 6 | 4/16 | 辛亥 | 5 | 9 | 6 | 3/17 | 辛巳 | 3 | 6 | 6 | 2/16 | 壬子 | 9 | 4 |
| 7 | 7/14 | 庚辰 | 八 | 二 | 7 | 6/15 | 辛亥 | 6 | 6 | 7 | 5/16 | 辛巳 | 5 | 3 | 7 | 4/17 | 壬子 | 5 | 1 | 7 | 3/18 | 壬午 | 3 | 7 | 7 | 2/17 | 癸丑 | 9 | 5 |
| 8 | 7/15 | 辛巳 | 八 | 一 | 8 | 6/16 | 壬子 | 6 | 7 | 8 | 5/17 | 壬午 | 5 | 4 | 8 | 4/18 | 癸丑 | 5 | 2 | 8 | 3/19 | 癸未 | 3 | 8 | 8 | 2/18 | 甲寅 | 6 | 6 |
| 9 | 7/16 | 壬午 | 八 | 九 | 9 | 6/17 | 癸丑 | 6 | 8 | 9 | 5/18 | 癸未 | 5 | 5 | 9 | 4/19 | 甲寅 | 2 | 3 | 9 | 3/20 | 甲申 | 9 | 9 | 9 | 2/19 | 乙卯 | 6 | 7 |
| 10 | 7/17 | 癸未 | 八 | 八 | 10 | 6/18 | 甲寅 | 3 | 9 | 10 | 5/19 | 甲申 | 2 | 6 | 10 | 4/20 | 乙卯 | 2 | 4 | 10 | 3/21 | 乙酉 | 9 | 1 | 10 | 2/20 | 丙辰 | 6 | 8 |
| 11 | 7/18 | 甲申 | 二 | 七 | 11 | 6/19 | 乙卯 | 3 | 1 | 11 | 5/20 | 乙酉 | 2 | 7 | 11 | 4/21 | 丙辰 | 2 | 5 | 11 | 3/22 | 丙戌 | 9 | 2 | 11 | 2/21 | 丁巳 | 6 | 9 |
| 12 | 7/19 | 乙酉 | 二 | 六 | 12 | 6/20 | 丙辰 | 3 | 2 | 12 | 5/21 | 丙戌 | 2 | 8 | 12 | 4/22 | 丁巳 | 2 | 6 | 12 | 3/23 | 丁亥 | 9 | 3 | 12 | 2/22 | 戊午 | 6 | 1 |
| 13 | 7/20 | 丙戌 | 二 | 五 | 13 | 6/21 | 丁巳 | 3 | 七 | 13 | 5/22 | 丁亥 | 2 | 9 | 13 | 4/23 | 戊午 | 2 | 7 | 13 | 3/24 | 戊子 | 9 | 4 | 13 | 2/23 | 己未 | 3 | 2 |
| 14 | 7/21 | 丁亥 | 二 | 四 | 14 | 6/22 | 戊午 | 3 | 六 | 14 | 5/23 | 戊子 | 2 | 1 | 14 | 4/24 | 己未 | 8 | 8 | 14 | 3/25 | 己丑 | 6 | 5 | 14 | 2/24 | 庚申 | 3 | 3 |
| 15 | 7/22 | 戊子 | 二 | 三 | 15 | 6/23 | 己未 | 9 | 五 | 15 | 5/24 | 己丑 | 8 | 2 | 15 | 4/25 | 庚申 | 8 | 9 | 15 | 3/26 | 庚寅 | 6 | 6 | 15 | 2/25 | 辛酉 | 3 | 4 |
| 16 | 7/23 | 己丑 | 五 | 二 | 16 | 6/24 | 庚申 | 9 | 四 | 16 | 5/25 | 庚寅 | 8 | 3 | 16 | 4/26 | 辛酉 | 8 | 1 | 16 | 3/27 | 辛卯 | 6 | 7 | 16 | 2/26 | 壬戌 | 3 | 5 |
| 17 | 7/24 | 庚寅 | 五 | 一 | 17 | 6/25 | 辛酉 | 9 | 三 | 17 | 5/26 | 辛卯 | 8 | 4 | 17 | 4/27 | 壬戌 | 8 | 2 | 17 | 3/28 | 壬辰 | 6 | 8 | 17 | 2/27 | 癸亥 | 3 | 6 |
| 18 | 7/25 | 辛卯 | 五 | 九 | 18 | 6/26 | 壬戌 | 9 | 二 | 18 | 5/27 | 壬辰 | 8 | 5 | 18 | 4/28 | 癸亥 | 8 | 3 | 18 | 3/29 | 癸巳 | 6 | 9 | 18 | 2/28 | 甲子 | 1 | 7 |
| 19 | 7/26 | 壬辰 | 五 | 八 | 19 | 6/27 | 癸亥 | 9 | 一 | 19 | 5/28 | 癸巳 | 8 | 6 | 19 | 4/29 | 甲子 | 4 | 4 | 19 | 3/30 | 甲午 | 4 | 1 | 19 | 3/1 | 乙丑 | 1 | 8 |
| 20 | 7/27 | 癸巳 | 五 | 七 | 20 | 6/28 | 甲子 | 九 | 九 | 20 | 5/29 | 甲午 | 6 | 7 | 20 | 4/30 | 乙丑 | 4 | 5 | 20 | 3/31 | 乙未 | 4 | 2 | 20 | 3/2 | 丙寅 | 1 | 9 |
| 21 | 7/28 | 甲午 | 七 | 六 | 21 | 6/29 | 乙丑 | 九 | 八 | 21 | 5/30 | 乙未 | 6 | 8 | 21 | 5/1 | 丙寅 | 4 | 6 | 21 | 4/1 | 丙申 | 4 | 3 | 21 | 3/3 | 丁卯 | 1 | 1 |
| 22 | 7/29 | 乙未 | 七 | 五 | 22 | 6/30 | 丙寅 | 九 | 七 | 22 | 5/31 | 丙申 | 6 | 9 | 22 | 5/2 | 丁卯 | 4 | 7 | 22 | 4/2 | 丁酉 | 4 | 4 | 22 | 3/4 | 戊辰 | 1 | 2 |
| 23 | 7/30 | 丙申 | 七 | 四 | 23 | 7/1 | 丁卯 | 九 | 六 | 23 | 6/1 | 丁酉 | 6 | 1 | 23 | 5/3 | 戊辰 | 4 | 8 | 23 | 4/3 | 戊戌 | 4 | 5 | 23 | 3/5 | 己巳 | 7 | 3 |
| 24 | 7/31 | 丁酉 | 七 | 三 | 24 | 7/2 | 戊辰 | 九 | 五 | 24 | 6/2 | 戊戌 | 6 | 2 | 24 | 5/4 | 己巳 | 1 | 9 | 24 | 4/4 | 己亥 | 1 | 6 | 24 | 3/6 | 庚午 | 7 | 4 |
| 25 | 8/1 | 戊戌 | 七 | 二 | 25 | 7/3 | 己巳 | 三 | 四 | 25 | 6/3 | 己亥 | 3 | 3 | 25 | 5/5 | 庚午 | 1 | 1 | 25 | 4/5 | 庚子 | 1 | 7 | 25 | 3/7 | 辛未 | 7 | 5 |
| 26 | 8/2 | 己亥 | 一 | 一 | 26 | 7/4 | 庚午 | 三 | 三 | 26 | 6/4 | 庚子 | 3 | 4 | 26 | 5/6 | 辛未 | 1 | 2 | 26 | 4/6 | 辛丑 | 1 | 8 | 26 | 3/8 | 壬申 | 7 | 6 |
| 27 | 8/3 | 庚子 | 一 | 九 | 27 | 7/5 | 辛未 | 三 | 二 | 27 | 6/5 | 辛丑 | 3 | 5 | 27 | 5/7 | 壬申 | 1 | 3 | 27 | 4/7 | 壬寅 | 1 | 9 | 27 | 3/9 | 癸酉 | 7 | 7 |
| 28 | 8/4 | 辛丑 | 一 | 八 | 28 | 7/6 | 壬申 | 三 | 一 | 28 | 6/6 | 壬寅 | 3 | 6 | 28 | 5/8 | 癸酉 | 1 | 4 | 28 | 4/8 | 癸卯 | 1 | 1 | 28 | 3/10 | 甲戌 | 4 | 8 |
| 29 | 8/5 | 壬寅 | 一 | 七 | 29 | 7/7 | 癸酉 | 三 | 九 | 29 | 6/7 | 癸卯 | 3 | 7 | 29 | 5/9 | 甲戌 | 7 | 5 | 29 | 4/9 | 甲辰 | 7 | 2 | 29 | 3/11 | 乙亥 | 4 | 9 |
| | | | | | | | | | | 30 | 6/8 | 甲辰 | 9 | 8 | | | | | | 30 | 4/10 | 乙巳 | 7 | 3 | | | | | |

# 西元2070年（庚寅）肖虎 民國159年（女巽命）

奇門遁甲局數如標示為 一 ～九表示陰局　　如標示為1 ～9 表示陽局

## 十二月　己丑　九紫火

| 大寒 | 小寒 | 奇門遁甲局數 |
| --- | --- | --- |
| 08時15分 二十辰時 | 14時39分 初五未時 | |

| 農曆 | 國曆 | 干支 | 時盤 | 日盤 |
| --- | --- | --- | --- | --- |
| 1 | 1/1 | 辛未 | 7 | 8 |
| 2 | 1/2 | 壬申 | 7 | 9 |
| 3 | 1/3 | 癸酉 | 7 | 1 |
| 4 | 1/4 | 甲戌 | 4 | 2 |
| 5 | 1/5 | 乙亥 | 4 | 3 |
| 6 | 1/6 | 丙子 | 4 | 4 |
| 7 | 1/7 | 丁丑 | 4 | 5 |
| 8 | 1/8 | 戊寅 | 4 | 6 |
| 9 | 1/9 | 己卯 | 2 | 7 |
| 10 | 1/10 | 庚辰 | 2 | 8 |
| 11 | 1/11 | 辛巳 | 2 | 9 |
| 12 | 1/12 | 壬午 | 2 | 1 |
| 13 | 1/13 | 癸未 | 2 | 2 |
| 14 | 1/14 | 甲申 | 8 | 3 |
| 15 | 1/15 | 乙酉 | 8 | 4 |
| 16 | 1/16 | 丙戌 | 8 | 5 |
| 17 | 1/17 | 丁亥 | 8 | 6 |
| 18 | 1/18 | 戊子 | 8 | 7 |
| 19 | 1/19 | 己丑 | 5 | 8 |
| 20 | 1/20 | 庚寅 | 5 | 9 |
| 21 | 1/21 | 辛卯 | 5 | 1 |
| 22 | 1/22 | 壬辰 | 5 | 2 |
| 23 | 1/23 | 癸巳 | 5 | 3 |
| 24 | 1/24 | 甲午 | 3 | 4 |
| 25 | 1/25 | 乙未 | 3 | 5 |
| 26 | 1/26 | 丙申 | 3 | 6 |
| 27 | 1/27 | 丁酉 | 3 | 7 |
| 28 | 1/28 | 戊戌 | 3 | 8 |
| 29 | 1/29 | 己亥 | 9 | 9 |
| 30 | 1/30 | 庚子 | 9 | 1 |

## 十一月　戊子　一白水

| 冬至 | 大雪 | 奇門遁甲局數 |
| --- | --- | --- |
| 21時22分 十九亥時 | 03時13分 初五寅時 | |

| 農曆 | 國曆 | 干支 | 時盤 | 日盤 |
| --- | --- | --- | --- | --- |
| 1 | 12/3 | 壬寅 | 八 | 四 |
| 2 | 12/4 | 癸卯 | 八 | 三 |
| 3 | 12/5 | 甲辰 | 二 | 二 |
| 4 | 12/6 | 乙巳 | 二 | 一 |
| 5 | 12/7 | 丙午 | 二 | 九 |
| 6 | 12/8 | 丁未 | 二 | 八 |
| 7 | 12/9 | 戊申 | 二 | 七 |
| 8 | 12/10 | 己酉 | 四 | 六 |
| 9 | 12/11 | 庚戌 | 四 | 五 |
| 10 | 12/12 | 辛亥 | 四 | 四 |
| 11 | 12/13 | 壬子 | 四 | 三 |
| 12 | 12/14 | 癸丑 | 四 | 二 |
| 13 | 12/15 | 甲寅 | 七 | 一 |
| 14 | 12/16 | 乙卯 | 七 | 九 |
| 15 | 12/17 | 丙辰 | 七 | 八 |
| 16 | 12/18 | 丁巳 | 七 | 七 |
| 17 | 12/19 | 戊午 | 七 | 六 |
| 18 | 12/20 | 己未 | 一 | 五 |
| 19 | 12/21 | 庚申 | 一 | 6 |
| 20 | 12/22 | 辛酉 | 一 | 7 |
| 21 | 12/23 | 壬戌 | 一 | 8 |
| 22 | 12/24 | 癸亥 | 一 | 9 |
| 23 | 12/25 | 甲子 | 1 | 1 |
| 24 | 12/26 | 乙丑 | 1 | 2 |
| 25 | 12/27 | 丙寅 | 1 | 3 |
| 26 | 12/28 | 丁卯 | 1 | 4 |
| 27 | 12/29 | 戊辰 | 1 | 5 |
| 28 | 12/30 | 己巳 | 7 | 6 |
| 29 | 12/31 | 庚午 | 7 | 7 |
| | | | | |

## 十月　丁亥　二黑土

| 小雪 | 立冬 | 奇門遁甲局數 |
| --- | --- | --- |
| 07時44分 二十辰時 | 09時58分 初五巳時 | |

| 農曆 | 國曆 | 干支 | 時盤 | 日盤 |
| --- | --- | --- | --- | --- |
| 1 | 11/3 | 壬申 | 八 | 七 |
| 2 | 11/4 | 癸酉 | 八 | 六 |
| 3 | 11/5 | 甲戌 | 二 | 五 |
| 4 | 11/6 | 乙亥 | 二 | 四 |
| 5 | 11/7 | 丙子 | 二 | 三 |
| 6 | 11/8 | 丁丑 | 二 | 二 |
| 7 | 11/9 | 戊寅 | 二 | 一 |
| 8 | 11/10 | 己卯 | 六 | 九 |
| 9 | 11/11 | 庚辰 | 六 | 八 |
| 10 | 11/12 | 辛巳 | 六 | 七 |
| 11 | 11/13 | 壬午 | 六 | 六 |
| 12 | 11/14 | 癸未 | 六 | 五 |
| 13 | 11/15 | 甲申 | 九 | 四 |
| 14 | 11/16 | 乙酉 | 九 | 三 |
| 15 | 11/17 | 丙戌 | 九 | 二 |
| 16 | 11/18 | 丁亥 | 九 | 一 |
| 17 | 11/19 | 戊子 | 九 | 九 |
| 18 | 11/20 | 己丑 | 三 | 八 |
| 19 | 11/21 | 庚寅 | 三 | 七 |
| 20 | 11/22 | 辛卯 | 三 | 六 |
| 21 | 11/23 | 壬辰 | 三 | 五 |
| 22 | 11/24 | 癸巳 | 三 | 四 |
| 23 | 11/25 | 甲午 | 五 | 三 |
| 24 | 11/26 | 乙未 | 五 | 二 |
| 25 | 11/27 | 丙申 | 五 | 一 |
| 26 | 11/28 | 丁酉 | 五 | 九 |
| 27 | 11/29 | 戊戌 | 五 | 八 |
| 28 | 11/30 | 己亥 | 八 | 七 |
| 29 | 12/1 | 庚子 | 八 | 六 |
| 30 | 12/2 | 辛丑 | 八 | 五 |

## 九月　丙戌　三碧木

| 霜降 | 寒露 | 奇門遁甲局數 |
| --- | --- | --- |
| 09時41分 二十巳時 | 06時15分 初五卯時 | |

| 農曆 | 國曆 | 干支 | 時盤 | 日盤 |
| --- | --- | --- | --- | --- |
| 1 | 10/4 | 壬寅 | 一 | 一 |
| 2 | 10/5 | 癸卯 | 一 | 九 |
| 3 | 10/6 | 甲辰 | 四 | 八 |
| 4 | 10/7 | 乙巳 | 四 | 七 |
| 5 | 10/8 | 丙午 | 四 | 六 |
| 6 | 10/9 | 丁未 | 四 | 五 |
| 7 | 10/10 | 戊申 | 四 | 四 |
| 8 | 10/11 | 己酉 | 六 | 三 |
| 9 | 10/12 | 庚戌 | 六 | 二 |
| 10 | 10/13 | 辛亥 | 六 | 一 |
| 11 | 10/14 | 壬子 | 六 | 九 |
| 12 | 10/15 | 癸丑 | 六 | 八 |
| 13 | 10/16 | 甲寅 | 九 | 七 |
| 14 | 10/17 | 乙卯 | 九 | 六 |
| 15 | 10/18 | 丙辰 | 九 | 五 |
| 16 | 10/19 | 丁巳 | 九 | 四 |
| 17 | 10/20 | 戊午 | 九 | 三 |
| 18 | 10/21 | 己未 | 三 | 二 |
| 19 | 10/22 | 庚申 | 三 | 一 |
| 20 | 10/23 | 辛酉 | 三 | 九 |
| 21 | 10/24 | 壬戌 | 三 | 八 |
| 22 | 10/25 | 癸亥 | 三 | 七 |
| 23 | 10/26 | 甲子 | 五 | 六 |
| 24 | 10/27 | 乙丑 | 五 | 五 |
| 25 | 10/28 | 丙寅 | 五 | 四 |
| 26 | 10/29 | 丁卯 | 五 | 三 |
| 27 | 10/30 | 戊辰 | 五 | 二 |
| 28 | 10/31 | 己巳 | 八 | 一 |
| 29 | 11/1 | 庚午 | 八 | 九 |
| 30 | 11/2 | 辛未 | 八 | 八 |

## 八月　乙酉　四綠木

| 秋分 | 白露 | 奇門遁甲局數 |
| --- | --- | --- |
| 23時47分 十八子時 | 14時16分 初三未時 | |

| 農曆 | 國曆 | 干支 | 時盤 | 日盤 |
| --- | --- | --- | --- | --- |
| 1 | 9/5 | 癸酉 | 四 | 三 |
| 2 | 9/6 | 甲戌 | 七 | 二 |
| 3 | 9/7 | 乙亥 | 七 | 一 |
| 4 | 9/8 | 丙子 | 七 | 九 |
| 5 | 9/9 | 丁丑 | 七 | 八 |
| 6 | 9/10 | 戊寅 | 七 | 七 |
| 7 | 9/11 | 己卯 | 九 | 六 |
| 8 | 9/12 | 庚辰 | 九 | 五 |
| 9 | 9/13 | 辛巳 | 九 | 四 |
| 10 | 9/14 | 壬午 | 九 | 三 |
| 11 | 9/15 | 癸未 | 九 | 二 |
| 12 | 9/16 | 甲申 | 三 | 一 |
| 13 | 9/17 | 乙酉 | 三 | 九 |
| 14 | 9/18 | 丙戌 | 三 | 八 |
| 15 | 9/19 | 丁亥 | 三 | 七 |
| 16 | 9/20 | 戊子 | 三 | 六 |
| 17 | 9/21 | 己丑 | 六 | 五 |
| 18 | 9/22 | 庚寅 | 六 | 四 |
| 19 | 9/23 | 辛卯 | 六 | 三 |
| 20 | 9/24 | 壬辰 | 六 | 二 |
| 21 | 9/25 | 癸巳 | 六 | 一 |
| 22 | 9/26 | 甲午 | 七 | 九 |
| 23 | 9/27 | 乙未 | 七 | 八 |
| 24 | 9/28 | 丙申 | 七 | 七 |
| 25 | 9/29 | 丁酉 | 七 | 六 |
| 26 | 9/30 | 戊戌 | 七 | 五 |
| 27 | 10/1 | 己亥 | 一 | 四 |
| 28 | 10/2 | 庚子 | 一 | 三 |
| 29 | 10/3 | 辛丑 | 一 | 二 |
| | | | | |

## 七月　甲申　五黃土

| 處暑 | 立秋 | 奇門遁甲局數 |
| --- | --- | --- |
| 01時40分 十八丑時 | 10時49分 初二巳時 | |

| 農曆 | 國曆 | 干支 | 時盤 | 日盤 |
| --- | --- | --- | --- | --- |
| 1 | 8/6 | 癸卯 | 一 | 六 |
| 2 | 8/7 | 甲辰 | 四 | 五 |
| 3 | 8/8 | 乙巳 | 四 | 四 |
| 4 | 8/9 | 丙午 | 四 | 三 |
| 5 | 8/10 | 丁未 | 四 | 二 |
| 6 | 8/11 | 戊申 | 四 | 一 |
| 7 | 8/12 | 己酉 | 二 | 九 |
| 8 | 8/13 | 庚戌 | 二 | 八 |
| 9 | 8/14 | 辛亥 | 二 | 七 |
| 10 | 8/15 | 壬子 | 二 | 六 |
| 11 | 8/16 | 癸丑 | 二 | 五 |
| 12 | 8/17 | 甲寅 | 五 | 四 |
| 13 | 8/18 | 乙卯 | 五 | 三 |
| 14 | 8/19 | 丙辰 | 五 | 二 |
| 15 | 8/20 | 丁巳 | 五 | 一 |
| 16 | 8/21 | 戊午 | 五 | 九 |
| 17 | 8/22 | 己未 | 八 | 八 |
| 18 | 8/23 | 庚申 | 八 | 七 |
| 19 | 8/24 | 辛酉 | 八 | 六 |
| 20 | 8/25 | 壬戌 | 八 | 五 |
| 21 | 8/26 | 癸亥 | 八 | 四 |
| 22 | 8/27 | 甲子 | 一 | 三 |
| 23 | 8/28 | 乙丑 | 一 | 二 |
| 24 | 8/29 | 丙寅 | 一 | 一 |
| 25 | 8/30 | 丁卯 | 一 | 九 |
| 26 | 8/31 | 戊辰 | 一 | 八 |
| 27 | 9/1 | 己巳 | 四 | 七 |
| 28 | 9/2 | 庚午 | 四 | 六 |
| 29 | 9/3 | 辛未 | 四 | 五 |
| 30 | 9/4 | 壬申 | 四 | 四 |

# 西元2071年（辛卯）肖兔 民國160年（男坎命）

奇門遁甲局數如標示為 一 ～九表示陰局　　如標示為1 ～9 表示陽局

| 六月 | | | | | 五月 | | | | | 四月 | | | | | 三月 | | | | | 二月 | | | | | 正月 | | | | |
|---|---|---|---|---|---|---|---|---|---|---|---|---|---|---|---|---|---|---|---|---|---|---|---|---|---|---|---|---|---|
| 乙未 | | | | | 甲午 | | | | | 癸巳 | | | | | 壬辰 | | | | | 辛卯 | | | | | 庚寅 | | | | |
| 三碧木 | | | | | 四綠木 | | | | | 五黃土 | | | | | 六白金 | | | | | 七赤金 | | | | | 八白土 | | | | |
| 大暑 00時15分 廿六子時 | | 小暑 06時45分 初十卯時 | 奇門遁甲局數 | | 夏至 13時23分 廿四未時 | | 芒種 20時40分 初八戌時 | 奇門遁甲局數 | | 小滿 05時45分 廿二卯時 | | 立夏 16時58分 初六申時 | 奇門遁甲局數 | | 穀雨 07時07分 廿一辰時 | | 清明 00時13分 初六子時 | 奇門遁甲局數 | | 春分 20時37分 十九戌時 | | 驚蟄 19時55分 初四戌時 | 奇門遁甲局數 | | 雨水 22時22分 十九亥時 | | 立春 02時14分 初五丑時 | 奇門遁甲局數 | |
| 農曆 | 國曆 | 干支 | 時盤 | 日盤 | 農曆 | 國曆 | 干支 | 時盤 | 日盤 | 農曆 | 國曆 | 干支 | 時盤 | 日盤 | 農曆 | 國曆 | 干支 | 時盤 | 日盤 | 農曆 | 國曆 | 干支 | 時盤 | 日盤 | 農曆 | 國曆 | 干支 | 時盤 | 日盤 |
| 1 | 6/28 | 己巳 | 三 | 四 | 1 | 5/29 | 己亥 | 2 | 3 | 1 | 4/30 | 庚午 | 2 | 1 | 1 | 3/31 | 庚子 | 9 | 7 | 1 | 3/2 | 辛未 | 6 | 5 | 1 | 1/31 | 辛丑 | 9 | 2 |
| 2 | 6/29 | 庚午 | 三 | 三 | 2 | 5/30 | 庚子 | 2 | 4 | 2 | 5/1 | 辛未 | 2 | 2 | 2 | 4/1 | 辛丑 | 9 | 8 | 2 | 3/3 | 壬申 | 6 | 6 | 2 | 2/1 | 壬寅 | 9 | 3 |
| 3 | 6/30 | 辛未 | 三 | 二 | 3 | 5/31 | 辛丑 | 2 | 5 | 3 | 5/2 | 壬申 | 2 | 3 | 3 | 4/2 | 壬寅 | 9 | 9 | 3 | 3/4 | 癸酉 | 6 | 7 | 3 | 2/2 | 癸卯 | 9 | 4 |
| 4 | 7/1 | 壬申 | 三 | 一 | 4 | 6/1 | 壬寅 | 2 | 6 | 4 | 5/3 | 癸酉 | 2 | 4 | 4 | 4/3 | 癸卯 | 9 | 1 | 4 | 3/5 | 甲戌 | 3 | 8 | 4 | 2/3 | 甲辰 | 6 | 5 |
| 5 | 7/2 | 癸酉 | 三 | 九 | 5 | 6/2 | 癸卯 | 2 | 7 | 5 | 5/4 | 甲戌 | 8 | 5 | 5 | 4/4 | 甲辰 | 6 | 2 | 5 | 3/6 | 乙亥 | 3 | 9 | 5 | 2/4 | 乙巳 | 6 | 6 |
| 6 | 7/3 | 甲戌 | 六 | 八 | 6 | 6/3 | 甲辰 | 8 | 8 | 6 | 5/5 | 乙亥 | 8 | 6 | 6 | 4/5 | 乙巳 | 6 | 3 | 6 | 3/7 | 丙子 | 3 | 1 | 6 | 2/5 | 丙午 | 6 | 7 |
| 7 | 7/4 | 乙亥 | 六 | 七 | 7 | 6/4 | 乙巳 | 8 | 9 | 7 | 5/6 | 丙子 | 8 | 7 | 7 | 4/6 | 丙午 | 6 | 4 | 7 | 3/8 | 丁丑 | 3 | 2 | 7 | 2/6 | 丁未 | 6 | 8 |
| 8 | 7/5 | 丙子 | 六 | 六 | 8 | 6/5 | 丙午 | 8 | 1 | 8 | 5/7 | 丁丑 | 8 | 8 | 8 | 4/7 | 丁未 | 6 | 5 | 8 | 3/9 | 戊寅 | 3 | 3 | 8 | 2/7 | 戊申 | 6 | 9 |
| 9 | 7/6 | 丁丑 | 六 | 五 | 9 | 6/6 | 丁未 | 8 | 2 | 9 | 5/8 | 戊寅 | 8 | 9 | 9 | 4/8 | 戊申 | 6 | 6 | 9 | 3/10 | 己卯 | 1 | 4 | 9 | 2/8 | 己酉 | 8 | 1 |
| 10 | 7/7 | 戊寅 | 六 | 四 | 10 | 6/7 | 戊申 | 8 | 3 | 10 | 5/9 | 己卯 | 4 | 1 | 10 | 4/9 | 己酉 | 4 | 7 | 10 | 3/11 | 庚辰 | 1 | 5 | 10 | 2/9 | 庚戌 | 8 | 2 |
| 11 | 7/8 | 己卯 | 八 | 三 | 11 | 6/8 | 己酉 | 6 | 4 | 11 | 5/10 | 庚辰 | 4 | 2 | 11 | 4/10 | 庚戌 | 4 | 8 | 11 | 3/12 | 辛巳 | 1 | 6 | 11 | 2/10 | 辛亥 | 8 | 3 |
| 12 | 7/9 | 庚辰 | 八 | 二 | 12 | 6/9 | 庚戌 | 6 | 5 | 12 | 5/11 | 辛巳 | 4 | 3 | 12 | 4/11 | 辛亥 | 4 | 9 | 12 | 3/13 | 壬午 | 1 | 7 | 12 | 2/11 | 壬子 | 8 | 4 |
| 13 | 7/10 | 辛巳 | 八 | 一 | 13 | 6/10 | 辛亥 | 6 | 6 | 13 | 5/12 | 壬午 | 4 | 4 | 13 | 4/12 | 壬子 | 4 | 1 | 13 | 3/14 | 癸未 | 1 | 8 | 13 | 2/12 | 癸丑 | 8 | 5 |
| 14 | 7/11 | 壬午 | 八 | 九 | 14 | 6/11 | 壬子 | 6 | 7 | 14 | 5/13 | 癸未 | 4 | 5 | 14 | 4/13 | 癸丑 | 4 | 2 | 14 | 3/15 | 甲申 | 7 | 9 | 14 | 2/13 | 甲寅 | 5 | 6 |
| 15 | 7/12 | 癸未 | 八 | 八 | 15 | 6/12 | 癸丑 | 6 | 8 | 15 | 5/14 | 甲申 | 1 | 6 | 15 | 4/14 | 甲寅 | 1 | 3 | 15 | 3/16 | 乙酉 | 7 | 1 | 15 | 2/14 | 乙卯 | 5 | 7 |
| 16 | 7/13 | 甲申 | 二 | 七 | 16 | 6/13 | 甲寅 | 3 | 9 | 16 | 5/15 | 乙酉 | 1 | 7 | 16 | 4/15 | 乙卯 | 1 | 4 | 16 | 3/17 | 丙戌 | 7 | 2 | 16 | 2/15 | 丙辰 | 5 | 8 |
| 17 | 7/14 | 乙酉 | 二 | 六 | 17 | 6/14 | 乙卯 | 3 | 1 | 17 | 5/16 | 丙戌 | 1 | 8 | 17 | 4/16 | 丙辰 | 1 | 5 | 17 | 3/18 | 丁亥 | 7 | 3 | 17 | 2/16 | 丁巳 | 5 | 9 |
| 18 | 7/15 | 丙戌 | 二 | 五 | 18 | 6/15 | 丙辰 | 3 | 2 | 18 | 5/17 | 丁亥 | 1 | 9 | 18 | 4/17 | 丁巳 | 1 | 6 | 18 | 3/19 | 戊子 | 7 | 4 | 18 | 2/17 | 戊午 | 5 | 1 |
| 19 | 7/16 | 丁亥 | 二 | 四 | 19 | 6/16 | 丁巳 | 3 | 3 | 19 | 5/18 | 戊子 | 1 | 1 | 19 | 4/18 | 戊午 | 1 | 7 | 19 | 3/20 | 己丑 | 4 | 5 | 19 | 2/18 | 己未 | 2 | 2 |
| 20 | 7/17 | 戊子 | 二 | 三 | 20 | 6/17 | 戊午 | 3 | 4 | 20 | 5/19 | 己丑 | 7 | 2 | 20 | 4/19 | 己未 | 7 | 8 | 20 | 3/21 | 庚寅 | 4 | 6 | 20 | 2/19 | 庚申 | 2 | 3 |
| 21 | 7/18 | 己丑 | 五 | 二 | 21 | 6/18 | 己未 | 9 | 5 | 21 | 5/20 | 庚寅 | 7 | 3 | 21 | 4/20 | 庚申 | 7 | 9 | 21 | 3/22 | 辛卯 | 4 | 7 | 21 | 2/20 | 辛酉 | 2 | 4 |
| 22 | 7/19 | 庚寅 | 五 | 一 | 22 | 6/19 | 庚申 | 9 | 6 | 22 | 5/21 | 辛卯 | 7 | 4 | 22 | 4/21 | 辛酉 | 7 | 1 | 22 | 3/23 | 壬辰 | 4 | 8 | 22 | 2/21 | 壬戌 | 2 | 5 |
| 23 | 7/20 | 辛卯 | 五 | 九 | 23 | 6/20 | 辛酉 | 9 | 7 | 23 | 5/22 | 壬辰 | 7 | 5 | 23 | 4/22 | 壬戌 | 7 | 2 | 23 | 3/24 | 癸巳 | 4 | 9 | 23 | 2/22 | 癸亥 | 2 | 6 |
| 24 | 7/21 | 壬辰 | 五 | 八 | 24 | 6/21 | 壬戌 | 9 | 二 | 24 | 5/23 | 癸巳 | 7 | 6 | 24 | 4/23 | 癸亥 | 7 | 3 | 24 | 3/25 | 甲午 | 3 | 1 | 24 | 2/23 | 甲子 | 9 | 7 |
| 25 | 7/22 | 癸巳 | 五 | 七 | 25 | 6/22 | 癸亥 | 9 | 一 | 25 | 5/24 | 甲午 | 5 | 7 | 25 | 4/24 | 甲子 | 5 | 4 | 25 | 3/26 | 乙未 | 3 | 2 | 25 | 2/24 | 乙丑 | 9 | 8 |
| 26 | 7/23 | 甲午 | 七 | 六 | 26 | 6/23 | 甲子 | 九 | 九 | 26 | 5/25 | 乙未 | 5 | 8 | 26 | 4/25 | 乙丑 | 5 | 5 | 26 | 3/27 | 丙申 | 3 | 3 | 26 | 2/25 | 丙寅 | 9 | 9 |
| 27 | 7/24 | 乙未 | 七 | 五 | 27 | 6/24 | 乙丑 | 九 | 八 | 27 | 5/26 | 丙申 | 5 | 9 | 27 | 4/26 | 丙寅 | 5 | 6 | 27 | 3/28 | 丁酉 | 3 | 4 | 27 | 2/26 | 丁卯 | 9 | 1 |
| 28 | 7/25 | 丙申 | 七 | 四 | 28 | 6/25 | 丙寅 | 九 | 七 | 28 | 5/27 | 丁酉 | 5 | 1 | 28 | 4/27 | 丁卯 | 5 | 7 | 28 | 3/29 | 戊戌 | 3 | 5 | 28 | 2/27 | 戊辰 | 9 | 2 |
| 29 | 7/26 | 丁酉 | 七 | 三 | 29 | 6/26 | 丁卯 | 九 | 六 | 29 | 5/28 | 戊戌 | 5 | 2 | 29 | 4/28 | 戊辰 | 5 | 8 | 29 | 3/30 | 己亥 | 9 | 6 | 29 | 2/28 | 己巳 | 6 | 3 |
| | | | | | 30 | 6/27 | 戊辰 | 九 | 五 | | | | | | 30 | 4/29 | 己巳 | 2 | 9 | | | | | | 30 | 3/1 | 庚午 | 6 | 4 |

# 西元2071年（辛卯）肖兔 民國160年（女艮命）

奇門遁甲局數如標示為 一 ～九表示陰局　　如標示為1 ～9 表示陽局

| 十二月 | | | | | 十一月 | | | | | 十 月 | | | | | 九 月 | | | | | 潤八 月 | | | | | 八 月 | | | | | 七 月 | | | | |
|---|---|---|---|---|---|---|---|---|---|---|---|---|---|---|---|---|---|---|---|---|---|---|---|---|---|---|---|---|---|---|---|---|---|---|
| 辛丑 | | | | | 庚子 | | | | | 己亥 | | | | | 戊戌 | | | | | 戊戌 | | | | | 丁酉 | | | | | 丙申 | | | | |
| 六白金 | | | | | 七赤金 | | | | | 八白土 | | | | | 九紫火 | | | | | | | | | | 一白水 | | | | | 二黑土 | | | | |
| 立春 08時00分 十六辰時 | | 大寒 13時48分 初一未時 | 奇門遁甲局數 | | 小寒 20時26分 十六戌時 | | 冬至 03時07分 初二寅時 | 奇門遁甲局數 | | 大雪 09時03分 十六巳時 | | 小雪 13時31分 初一未時 | 奇門遁甲局數 | | 立冬 15時51分 十六申時 | | 霜降 15時32分 初一申時 | 奇門遁甲局數 | | 寒露 12時10分 十五午時 | | | 奇門遁甲局數 | | 秋分 05時40分 三十卯時 | | 白露 20時10分 十四戌時 | 奇門遁甲局數 | | 處暑 07時34分 廿八辰時 | | 立秋 16時42分 十二申時 | 奇門遁甲局數 | |
| 農曆 | 國曆 | 干支 | 時盤 | 日盤 | 農曆 | 國曆 | 干支 | 時盤 | 日盤 | 農曆 | 國曆 | 干支 | 時盤 | 日盤 | 農曆 | 國曆 | 干支 | 時盤 | 日盤 | 農曆 | 國曆 | 干支 | 時盤 | 日盤 | 農曆 | 國曆 | 干支 | 時盤 | 日盤 | 農曆 | 國曆 | 干支 | 時盤 | 日盤 |
| 1 | 1/20 | 乙未 | 3 | 5 | 1 | 12/21 | 乙丑 | 1 | 八 | 1 | 11/22 | 丙申 | 五 | 一 | 1 | 10/23 | 丙寅 | 五 | 四 | 1 | 9/24 | 丁酉 | 七 | 六 | 1 | 8/25 | 丁卯 | 一 | 九 | 1 | 7/27 | 戊戌 | 七 | 二 |
| 2 | 1/21 | 丙申 | 3 | 6 | 2 | 12/22 | 丙寅 | 1 | 3 | 2 | 11/23 | 丁酉 | 五 | 九 | 2 | 10/24 | 丁卯 | 五 | 三 | 2 | 9/25 | 戊戌 | 七 | 五 | 2 | 8/26 | 戊辰 | 一 | 八 | 2 | 7/28 | 己亥 | 一 | 一 |
| 3 | 1/22 | 丁酉 | 3 | 7 | 3 | 12/23 | 丁卯 | 1 | 4 | 3 | 11/24 | 戊戌 | 五 | 八 | 3 | 10/25 | 戊辰 | 五 | 二 | 3 | 9/26 | 己亥 | 一 | 四 | 3 | 8/27 | 己巳 | 四 | 七 | 3 | 7/29 | 庚子 | 一 | 九 |
| 4 | 1/23 | 戊戌 | 3 | 8 | 4 | 12/24 | 戊辰 | 1 | 5 | 4 | 11/25 | 己亥 | 八 | 七 | 4 | 10/26 | 己巳 | 八 | 一 | 4 | 9/27 | 庚子 | 一 | 三 | 4 | 8/28 | 庚午 | 四 | 六 | 4 | 7/30 | 辛丑 | 一 | 八 |
| 5 | 1/24 | 己亥 | 9 | 9 | 5 | 12/25 | 己巳 | 7 | 6 | 5 | 11/26 | 庚子 | 八 | 六 | 5 | 10/27 | 庚午 | 八 | 九 | 5 | 9/28 | 辛丑 | 一 | 二 | 5 | 8/29 | 辛未 | 四 | 五 | 5 | 7/31 | 壬寅 | 一 | 七 |
| 6 | 1/25 | 庚子 | 9 | 1 | 6 | 12/26 | 庚午 | 7 | 7 | 6 | 11/27 | 辛丑 | 八 | 五 | 6 | 10/28 | 辛未 | 八 | 八 | 6 | 9/29 | 壬寅 | 一 | 一 | 6 | 8/30 | 壬申 | 四 | 四 | 6 | 8/1 | 癸卯 | 一 | 六 |
| 7 | 1/26 | 辛丑 | 9 | 2 | 7 | 12/27 | 辛未 | 7 | 8 | 7 | 11/28 | 壬寅 | 八 | 四 | 7 | 10/29 | 壬申 | 八 | 七 | 7 | 9/30 | 癸卯 | 一 | 九 | 7 | 8/31 | 癸酉 | 四 | 三 | 7 | 8/2 | 甲辰 | 四 | 五 |
| 8 | 1/27 | 壬寅 | 9 | 3 | 8 | 12/28 | 壬申 | 7 | 9 | 8 | 11/29 | 癸卯 | 八 | 三 | 8 | 10/30 | 癸酉 | 八 | 六 | 8 | 10/1 | 甲辰 | 四 | 八 | 8 | 9/1 | 甲戌 | 七 | 二 | 8 | 8/3 | 乙巳 | 四 | 四 |
| 9 | 1/28 | 癸卯 | 9 | 4 | 9 | 12/29 | 癸酉 | 7 | 1 | 9 | 11/30 | 甲辰 | 二 | 二 | 9 | 10/31 | 甲戌 | 二 | 五 | 9 | 10/2 | 乙巳 | 四 | 七 | 9 | 9/2 | 乙亥 | 七 | 一 | 9 | 8/4 | 丙午 | 四 | 三 |
| 10 | 1/29 | 甲辰 | 6 | 5 | 10 | 12/30 | 甲戌 | 4 | 2 | 10 | 12/1 | 乙巳 | 二 | 一 | 10 | 11/1 | 乙亥 | 二 | 四 | 10 | 10/3 | 丙午 | 四 | 六 | 10 | 9/3 | 丙子 | 七 | 九 | 10 | 8/5 | 丁未 | 四 | 二 |
| 11 | 1/30 | 乙巳 | 6 | 6 | 11 | 12/31 | 乙亥 | 4 | 3 | 11 | 12/2 | 丙午 | 二 | 九 | 11 | 11/2 | 丙子 | 二 | 三 | 11 | 10/4 | 丁未 | 四 | 五 | 11 | 9/4 | 丁丑 | 七 | 八 | 11 | 8/6 | 戊申 | 四 | 一 |
| 12 | 1/31 | 丙午 | 6 | 7 | 12 | 1/1 | 丙子 | 4 | 4 | 12 | 12/3 | 丁未 | 二 | 八 | 12 | 11/3 | 丁丑 | 二 | 二 | 12 | 10/5 | 戊申 | 四 | 四 | 12 | 9/5 | 戊寅 | 七 | 七 | 12 | 8/7 | 己酉 | 二 | 九 |
| 13 | 2/1 | 丁未 | 6 | 8 | 13 | 1/2 | 丁丑 | 4 | 5 | 13 | 12/4 | 戊申 | 二 | 七 | 13 | 11/4 | 戊寅 | 二 | 一 | 13 | 10/6 | 己酉 | 六 | 三 | 13 | 9/6 | 己卯 | 九 | 六 | 13 | 8/8 | 庚戌 | 二 | 八 |
| 14 | 2/2 | 戊申 | 6 | 9 | 14 | 1/3 | 戊寅 | 4 | 6 | 14 | 12/5 | 己酉 | 四 | 六 | 14 | 11/5 | 己卯 | 六 | 九 | 14 | 10/7 | 庚戌 | 六 | 二 | 14 | 9/7 | 庚辰 | 九 | 五 | 14 | 8/9 | 辛亥 | 二 | 七 |
| 15 | 2/3 | 己酉 | 8 | 1 | 15 | 1/4 | 己卯 | 2 | 7 | 15 | 12/6 | 庚戌 | 四 | 五 | 15 | 11/6 | 庚辰 | 六 | 八 | 15 | 10/8 | 辛亥 | 六 | 一 | 15 | 9/8 | 辛巳 | 九 | 四 | 15 | 8/10 | 壬子 | 二 | 六 |
| 16 | 2/4 | 庚戌 | 8 | 2 | 16 | 1/5 | 庚辰 | 2 | 8 | 16 | 12/7 | 辛亥 | 四 | 四 | 16 | 11/7 | 辛巳 | 六 | 七 | 16 | 10/9 | 壬子 | 六 | 九 | 16 | 9/9 | 壬午 | 九 | 三 | 16 | 8/11 | 癸丑 | 二 | 五 |
| 17 | 2/5 | 辛亥 | 8 | 3 | 17 | 1/6 | 辛巳 | 2 | 9 | 17 | 12/8 | 壬子 | 四 | 三 | 17 | 11/8 | 壬午 | 六 | 六 | 17 | 10/10 | 癸丑 | 六 | 八 | 17 | 9/10 | 癸未 | 九 | 二 | 17 | 8/12 | 甲寅 | 五 | 四 |
| 18 | 2/6 | 壬子 | 8 | 4 | 18 | 1/7 | 壬午 | 2 | 1 | 18 | 12/9 | 癸丑 | 四 | 二 | 18 | 11/9 | 癸未 | 六 | 五 | 18 | 10/11 | 甲寅 | 九 | 七 | 18 | 9/11 | 甲申 | 三 | 一 | 18 | 8/13 | 乙卯 | 五 | 三 |
| 19 | 2/7 | 癸丑 | 8 | 5 | 19 | 1/8 | 癸未 | 2 | 2 | 19 | 12/10 | 甲寅 | 七 | 一 | 19 | 11/10 | 甲申 | 九 | 四 | 19 | 10/12 | 乙卯 | 九 | 六 | 19 | 9/12 | 乙酉 | 三 | 九 | 19 | 8/14 | 丙辰 | 五 | 二 |
| 20 | 2/8 | 甲寅 | 5 | 6 | 20 | 1/9 | 甲申 | 8 | 3 | 20 | 12/11 | 乙卯 | 七 | 九 | 20 | 11/11 | 乙酉 | 九 | 三 | 20 | 10/13 | 丙辰 | 九 | 五 | 20 | 9/13 | 丙戌 | 三 | 八 | 20 | 8/15 | 丁巳 | 五 | 一 |
| 21 | 2/9 | 乙卯 | 5 | 7 | 21 | 1/10 | 乙酉 | 8 | 4 | 21 | 12/12 | 丙辰 | 七 | 八 | 21 | 11/12 | 丙戌 | 九 | 二 | 21 | 10/14 | 丁巳 | 九 | 四 | 21 | 9/14 | 丁亥 | 三 | 七 | 21 | 8/16 | 戊午 | 五 | 九 |
| 22 | 2/10 | 丙辰 | 5 | 8 | 22 | 1/11 | 丙戌 | 8 | 5 | 22 | 12/13 | 丁巳 | 七 | 七 | 22 | 11/13 | 丁亥 | 九 | 一 | 22 | 10/15 | 戊午 | 九 | 三 | 22 | 9/15 | 戊子 | 三 | 六 | 22 | 8/17 | 己未 | 八 | 八 |
| 23 | 2/11 | 丁巳 | 5 | 9 | 23 | 1/12 | 丁亥 | 8 | 6 | 23 | 12/14 | 戊午 | 七 | 六 | 23 | 11/14 | 戊子 | 九 | 九 | 23 | 10/16 | 己未 | 三 | 二 | 23 | 9/16 | 己丑 | 六 | 五 | 23 | 8/18 | 庚申 | 八 | 七 |
| 24 | 2/12 | 戊午 | 5 | 1 | 24 | 1/13 | 戊子 | 8 | 7 | 24 | 12/15 | 己未 | 一 | 五 | 24 | 11/15 | 己丑 | 三 | 八 | 24 | 10/17 | 庚申 | 三 | 一 | 24 | 9/17 | 庚寅 | 六 | 四 | 24 | 8/19 | 辛酉 | 八 | 六 |
| 25 | 2/13 | 己未 | 2 | 2 | 25 | 1/14 | 己丑 | 5 | 8 | 25 | 12/16 | 庚申 | 一 | 四 | 25 | 11/16 | 庚寅 | 三 | 七 | 25 | 10/18 | 辛酉 | 三 | 九 | 25 | 9/18 | 辛卯 | 六 | 三 | 25 | 8/20 | 壬戌 | 八 | 五 |
| 26 | 2/14 | 庚申 | 2 | 3 | 26 | 1/15 | 庚寅 | 5 | 9 | 26 | 12/17 | 辛酉 | 一 | 三 | 26 | 11/17 | 辛卯 | 三 | 六 | 26 | 10/19 | 壬戌 | 三 | 八 | 26 | 9/19 | 壬辰 | 六 | 二 | 26 | 8/21 | 癸亥 | 八 | 四 |
| 27 | 2/15 | 辛酉 | 2 | 4 | 27 | 1/16 | 辛卯 | 5 | 1 | 27 | 12/18 | 壬戌 | 一 | 二 | 27 | 11/18 | 壬辰 | 三 | 五 | 27 | 10/20 | 癸亥 | 三 | 七 | 27 | 9/20 | 癸巳 | 六 | 一 | 27 | 8/22 | 甲子 | 一 | 三 |
| 28 | 2/16 | 壬戌 | 2 | 5 | 28 | 1/17 | 壬辰 | 5 | 2 | 28 | 12/19 | 癸亥 | 一 | 一 | 28 | 11/19 | 癸巳 | 三 | 四 | 28 | 10/21 | 甲子 | 五 | 六 | 28 | 9/21 | 甲午 | 七 | 九 | 28 | 8/23 | 乙丑 | 一 | 二 |
| 29 | 2/17 | 癸亥 | 2 | 6 | 29 | 1/18 | 癸巳 | 5 | 3 | 29 | 12/20 | 甲子 | 1 | 九 | 29 | 11/20 | 甲午 | 五 | 三 | 29 | 10/22 | 乙丑 | 五 | 五 | 29 | 9/22 | 乙未 | 七 | 八 | 29 | 8/24 | 丙寅 | 一 | 一 |
| 30 | 2/18 | 甲子 | 9 | 7 | 30 | 1/19 | 甲午 | 3 | 4 | | | | | | 30 | 11/21 | 乙未 | 五 | 二 | | | | | | 30 | 9/23 | 丙申 | 七 | 七 | | | | | |

國家圖書館出版品預行編目資料

大師專用彩色萬年曆／黃恆堉編校.
－－第一版－－臺北市：知青頻道出版；
紅螞蟻圖書發行，2008.08
面 ； 公分－－(大師系列；9)
ISBN 978-986-6673-26-2（精裝附光碟片）

1.萬年曆

327.47　　97010976

大師系列 9

大師專用彩色萬年曆

編　　校／黃恆堉
發 行 人／賴秀珍
總 編 輯／何南輝
校　　對／周英嬌
出　　版／知青頻道出版有限公司
發　　行／紅螞蟻圖書有限公司
地　　址／台北市內湖區舊宗路二段121巷19號（紅螞蟻資訊大樓）
網　　站／www.e-redant.com
郵撥帳號／1604621-1　紅螞蟻圖書有限公司
電　　話／(02)2795-3656（代表號）
傳　　真／(02)2795-4100
登 記 證／局版北市業字第796號
法律顧問／許晏賓律師
印 刷 廠／卡樂彩色製版印刷有限公司
出版日期／2008年8月　第一版第一刷
2015年6月　　第二刷（500本）

定價 650 元　港幣 217 元



ISBN-10　986-6643-26-3
ISBN-13　978-986-6643-26-2　　Printed in Taiwan